国 家 电 网 公 司
电力科技著作出版项目

高压直流输电
设计手册

GAOYA ZHILIU SHUDIAN
SHEJI SHOUCE

中国电力工程顾问集团中南电力设计院有限公司　编著

中国电力出版社
CHINA ELECTRIC POWER PRESS

内 容 提 要

本手册系统地介绍了高压直流输电工程设计的内容、要求、方法和技术方案，主要适用于电力系统、送电电气、送电土建、变电一次、变电二次、总图、建筑、结构、水工、暖通等与高压直流输电工程设计相关的专业。

本手册主要涵盖电流源型两端换流站和背靠背换流站、直流线路、直流接地极及接地极引线的设计，包括电力系统论证及其对直流输电工程的要求，换流站成套设计和电气接线、布置、设备选择及二次系统设计，通信设计，总图设计，阀厅等建构筑物设计及噪声防护设计，阀冷却、水工及采暖通风系统设计，接地极及接地极引线设计，直流线路电气及杆塔设计等。

本手册用作高压直流输电工程设计人员的专业技术工具书，可供从事高压直流输电工程建设、施工、调试、运行、维护及直流输电设备制造等专业人员使用，也可作为大专院校相关专业师生的参考书。

图书在版编目（CIP）数据

高压直流输电设计手册 / 中国电力工程顾问集团中南电力设计院有限公司编著. —北京：中国电力出版社，2017.9
（2020.7 重印）
ISBN 978-7-5198-1199-0

Ⅰ. ①高… Ⅱ. ①中… Ⅲ. ①高压输电线路–直流输电线路–设计–手册 Ⅳ. ①TM726–62

中国版本图书馆 CIP 数据核字（2017）第 239477 号

出版发行：中国电力出版社
地　　址：北京市东城区北京站西街 19 号（邮政编码 100005）
网　　址：http://www.cepp.sgcc.com.cn
策划编辑：张　涛　王春娟
责任编辑：丰兴庆　马　青　易　攀
责任校对：闫秀英　常燕昆　王开云　朱丽芳
装帧设计：张俊霞　左　铭
责任印制：石　雷

印　　刷：三河市万龙印装有限公司
版　　次：2017 年 12 月第一版
印　　次：2020 年 7 月北京第二次印刷
开　　本：889 毫米×1194 毫米　16 开本
印　　张：70.25
字　　数：2666 千字
印　　数：1501—2500 册
定　　价：318.00 元

《高压直流输电设计手册》
编 辑 委 员 会

《高压直流输电设计手册》编写分工

第一章	高压直流输电设计技术概论	编写	曾　静	
		校核	吴小东	
		审核	彭开军	
第二章	高压直流输电系统性能	编写	刘晓瑞	周国梁
		校核	杨金根	吴小东
		审核	曾　静	
第三章	电力系统方案论证	编写	陈凌云	李泰军
		校核	康　义	
		审核	钟　胜	
第四章	电力系统对直流输电工程的要求	编写	陈凌云	李泰军
		校核	康　义	
		审核	钟　胜	
第五章	直流输电系统电磁环境	编写	周国梁	曾　静
		校核	吴小东	
		审核	彭开军	
第六章	换流站电气主接线	编写	张先伟	
		校核	曾　静	刘晓瑞
		审核	杨金根	陈宏明
第七章	主回路参数计算	编写	王娜娜	许　斌
		校核	周国梁	戚　乐
		审核	杨金根	
第八章	交流滤波器设计	编写	许　斌	范　宇
		校核	马　亮	吴小东
		审核	曾　静	
第九章	直流滤波器设计	编写	许　斌	范　宇

	校核	马　亮	吴小东
	审核	曾　静	

第十章　换流站电力线载波干扰和无线电干扰

	编写	刘　智	杜明军
	校核	肖水英	杨丕德
	审核	姜利民	

第十一章　换流站过电压保护与绝缘配合

	编写	马　亮	曾维雯
	校核	周国梁	吴小东
	审核	杨金根	

第十二章　暂态过电流计算

	编写	李文津	王丽杰
	校核	周国梁	马　亮
	审核	杨金根	

第十三章　换流站电气设备选择

	编写	谢　龙	韩　琦	赵丽华	谢佳君	马　亮
	校核	吴小东	刘晓瑞			
	审核	陈宏明				

第十四章　换流站电气布置

	编写	谢　龙	王丽杰	邵　毅	王　刚
	校核	张先伟	曾　静		
	审核	陈宏明			

第十五章　换流站站用电系统

	编写	杨金根	李　倩
	校核	张先伟	张巧玲
	审核	曾　静	李　苇

第十六章　换流站控制系统

	编写	李　倩	
	校核	李　苇	谭　静
	审核	张巧玲	

第十七章　高压直流输电系统保护

	编写	张巧玲	谭　静
	校核	邹荣盛	
	审核	李　苇	

第十八章　换流站二次辅助系统　　编写　曹亮　肖昇　邹荣盛　尹刚　谭静

		校核	李 苇		
		审核	张巧玲		
第十九章	换流站二次回路设计及布置	编写	邹荣盛		
		校核	李 苇	肖 昇	
		审核	张巧玲		
第二十章	换流站通信设计	编写	陈 岳		
		校核	程细海		
		审核	杜明军		
第二十一章	换流站总图设计	编写	袁翰笙		
		校核	王 锋	贾怡良	
		审核	吴必华		
第二十二章	换流站建（构）筑物设计	编写	饶 冰	陈 俊	陈传新
		校核	高 湛	李 志	汪志彬
		审核	吴必华		
第二十三章	换流站供水及消防	编写	王国兵		
		校核	李莎莎	陈 念	
		审核	陈传新		
第二十四章	换流站阀冷却系统	编写	毛永东	王 磊	
		校核	王国兵	陈 念	
		审核	吴必华	李莎莎	
第二十五章	换流站供暖通风及空调	编写	毛永东	李 慧	
		校核	李莎莎		
		审核	谢网度	吴必华	
第二十六章	换流站噪声控制	编写	高 湛		
		校核	张 华	陈 俊	
		审核	吴必华		
第二十七章	接地极及其引线设计	编写	曾连生	张冯硕	黄 玲
		校核	戚 乐	曾维雯	
		审核	吴小东		

第二十八章	高压直流输电系统试验	编写	邹荣盛	
		校核	张巧玲	曹 亮
		审核	李 苇	
第二十九章	电压源型直流输电系统	编写	周国梁	刘 超
		校核	马 亮	李 倩
		审核	刘晓瑞	张巧玲
第三十章	多端直流输电系统	编写	周国梁	刘 超
		校核	杨金根	邹荣盛
		审核	彭开军	张巧玲
第三十一章	直流输电系统损耗	编写	吴 桐	岳 浩 张冯硕
		校核	邵 毅	李 健
		审核	杨金根	赵全江
第三十二章	高压直流输电系统可靠性	编写	戚 乐	邹荣盛
		校核	吴小东	张巧玲
		审核	杨金根	曾 静
第三十三章	直流线路电磁环境	编写	柏晓路	郭啸龙
		校核	李 健	
		审核	赵全江	
第三十四章	直流线路导地线选择	编写	陈 媛	
		校核	马 凌	
		审核	赵全江	
第三十五章	直流线路绝缘配合	编写	刘文勋	
		校核	汪 雄	
		审核	赵全江	
第三十六章	直流线路防雷设计	编写	张 瑚	
		校核	李 翔	
		审核	赵全江	
第三十七章	直流线路对地及交叉跨越	编写	林 芳	刘利林
		校核	黄欲成	

序

直流输电是 20 世纪 50 年代发展起来的一种新型输电方式，它将送端交流电变换为直流电，通过直流输电线路进行输送，在受端再将直流电变换为交流电。与交流输电相比，直流输电具有诸多优点，因此世界上大功率长距离输电、海底电缆送电、交流系统间异步联网等均广泛采用直流输电技术。自 1954 年瑞典哥特兰岛世界上第一个高压直流输电工程投运以来，全世界陆续已有 110 多个高压直流输电工程建成投运。

我国能源主要是煤电和水电，且主要集中在西部及华北地区，而能源需求最大的地区则主要集中在京津、华东及华南地区，能源产地与需求地区之间的距离为 1000～3000km。这种能源与负荷分布严重不平衡的现状不仅构成了我国电网"西电东送"和"北电南送"的基本格局，也使得高压直流输电在我国电网建设中得到了越来越广泛的应用。国内第一个远距离、大容量直流输电项目——葛洲坝—南桥 ±500kV 直流输电工程始建于 20 世纪 80 年代并于 1990 年建成，实现了华中与华东区域电网的互联及送电需求。其后第二个直流输电项目——±500kV 天生桥—广州直流输电工程于 2001 年投运，实现了西部水电向华南负荷中心的电力输送。随着三峡输变电工程建设和国家"西电东送"战略部署的全面实施，我国相继建设了三峡—常州、三峡—广东、贵州—广东等 ±500kV 直流输电工程以及西北—华中联网灵宝背靠背和华北—东北联网高岭背靠背直流联网工程。同时，更远距离、更大容量、更高电压等级的 ±660kV 宁东直流和 ±800kV 云南—广东、向家坝—上海、锦屏—苏南、哈密南—郑州、溪洛渡左岸—浙西、糯扎渡—广东、灵州—绍兴等特高压直流输电工程也先后投入商业运行。到 2020 年前，我国将建成大约 40 个高压直流输电工程，直流输电电压最高达到 ±1100kV。

我国高压直流输电虽然起步较晚，但发展迅速，无论是从输送容量还是输电距离，都已成为直流输电第一大国。随着国内高压直流输电建设高速而有序的发展，直流输电从系统研究到成套设计、从工程设计到设备制造已全面实现了国产化，标志着我国的直流输电工程建设已进入一个全新的发展时期。《高压直流输电设计手册》的编纂和出版，顺应了国内直流输电工程建设的新形势，高度契合了直流输电工程设计专业化和规范化的要求，将进一步提升我国高压直流输电的设计水平。

中国电力工程顾问集团中南电力设计院有限公司自国内早期的葛洲坝—南桥 ±500kV 直流输电工程伊始，近三十年来作为主要设计单位参与国内直流输电工程建设的项目多达 30 余项，主持编制了多项直流输电工程设计国家标准和电力行业标准，在直流输电设计领域砥砺耕耘，积累了丰富的设计经验。本着全面实用、体现创新的宗旨，组织一批从事高压直流输电工程设计的专业技术骨干，编写了《高压直流输电设计手册》，并列入了国家电网公司电力科技著作出版资助项目。

《高压直流输电设计手册》主要对电流源型两端换流站和背靠背换流站、直流输电线路、直流接地极及接地极引线各相关专业的设计内容和设计方法进行了系统的阐述，同时对电压源型直流换流站和多端直流换流站的设计也进行了初步论述。该书将为高压直流输电工程设计人员提供一本系统实用的工具书，并为从事高压直流输电工程建设、施工、调试、运行、维护及直流输电设备制造等专业人员和大专院校相关专业的师生提供一本注重实践的参考书。期望本手册的出版能进一步提升我国的高压直流输电工程设计水平，并为我国的直流输电技术发展和电网建设做出贡献！

谢国恩

2017 年 12 月

前言

高压直流输电在远距离大容量输电、异步联网以及海底电缆送电等方面与交流输电相比具有明显的优势。自 20 世纪 80 年代葛洲坝—南桥±500kV 直流输电工程的建设开始，到正在建设中的准东—华东±1100kV 特高压直流输电工程，两端高压直流输电工程电压涵盖了±400kV、±500kV、±660kV、±800kV、±1100kV 各个等级，直流输送容量从 1200MW 到 12 000MW 已整整提升 10 倍，输送距离更是长达 3000 余千米；背靠背异步联网换流容量亦从 360MW 提高到 1250MW。高压直流输电为实现"西电东送""北电南送"和优化全国能源合理配置起到了重要的作用。

20 世纪，中国早期建设的高压直流输电工程基本上依靠国外的技术和设备。随着高压直流输电建设的迅猛发展，直流输电从系统研究到成套设计、从工程设计到设备制造已全面实现了国产化，标志着我国的直流输电工程建设进入一个全新的发展时期。为顺应这一新形势的要求，中国电力工程顾问集团中南电力设计院有限公司在总结多年来大量工程设计实践经验的基础上，编纂了《高压直流输电设计手册》。

在编纂过程中，编写组依托多年以来在直流输电领域工程设计经验的积淀，基于对直流输电设计标准体系的系统化研究和多项国家标准、电力行业标准主持编制的经验，将直流输电技术与工程设计应用紧密结合，力求采辑精华，注重实用性，兼顾先进性，并与国家现行技术政策及规程规范保持协调一致，在一定程度上体现了直流输电技术的发展方向和最新科研成果以及新设备、新材料的应用。同时均衡把握理论性与实践性的篇幅比重，理论性内容尽量简明扼要起引导和铺垫作用，实践性内容体现工程实际应用，辅以设计常用的技术方案、计算公式、数据资料、图表曲线及工程实例和算例，期望对设计人员有较好的指导和参考作用。

本手册作为国内高压直流输电设计领域第一本综合性手册类工具书，系统地介绍了高压直流输电工程各相关专业的设计内容和设计方法，涵盖电流源型两端换流站和背靠背换流站、直流输电线路、直流接地极及接地极引线的设计，对电压源型直流换流站和多端直流换流站的设计也有一定程度的涉及。同时为突出重点，本手册内容主要针对高压直流输电工程中有关直流部分的设计，与交流变电站和交流输电线路设计相同的内容原则上不涉及。

手册共分 39 章，其主要内容有：高压直流输电设计技术概论、高压直流输电系统性能、电力系统方案论证及其对直流输电工程的要求、直流输电系统电磁环境、换流站电气主接线、主回路参数计算、交流滤波器设计、直流滤波器设计、换流站电力线载波干扰和无线电干扰、换流站过电压保护与绝缘配合、暂态过电流计算、换流站电气设备选择、换流站电气布置、换流站站用电系统、换流站控制系统、高压直流输电系统保护、换流站二次辅助系统、换流站二次回路设计及布置、换流站通信设计、换流站总图设计、换流站建（构）筑物设计、换流站供水及消防、换流站阀冷却系统、换流站供暖通风及空调、换流站噪声控制、接地极及其引线设计、高压直流输电系统试验、电压源型直流输电系统、多端直流输电系统、直流输电系统损耗、高压直流输电系统可靠性、直流线路电磁环境、直流线路导地线选择、直流线路绝缘配合、直流线路防雷设计、直流线路对地及交叉跨越、对有线和无线通信设施的影响及防护和直流线路杆塔设计等。所述内容不涉及设计单位相关专业的任何设计分工。

手册第一、二、五～九、十一～十五、二十七、二十九～三十二章由曾静组织编写，由谢国恩和梁言桥审校；第三、四章由陈凌云编写，林廷卫审校；第十、二十章由杜明军组织编写，由谢国恩和林廷卫审校；第十六～十九、二十八章由张巧玲组织编写，由谢国恩和梁言桥审校；第二十一～二十六章由吴必华组织编写，陈一军审校；第三十三～三十九章由赵全江组织编写，吴庆华和王钢审校。全书由李苇和彭开军统稿校对，由谢国恩总审定。

在本手册编写过程中，得到了中国南方电网有限责任公司专家委员会主任委员、中国工程院院士李立涅和国家电网原网联直流工程咨询公司经理、国内知名直流输电技术专家陶瑜的大力支持，同时还得到了国网北京经济技术研究院和南方电网科学研究院的大力协助，在此一并表示深深的谢意。编写组还要对书中所列参考文献的作者表示感谢。

除高压直流输电的设计内容之外，本手册还涉及直流输电理论、技术以及设备、试验等相关内容，涉及面较广，且资料、数据、图表、公式曲线数量较大，同时由于直流输电技术发展较快，新型设备的应用亦不断出现，加之编写人员水平有限，难免出现谬误及不妥之处，恳请高压直流输电行业的读者将发现的问题和错误及时反馈给编写组，以便再版时修正。

编　者

2017 年 12 月

目录

第一章

高压直流输电设计技术概论

直流输电是指以高压直流方式实现电能传输的技术。直流输电与交流输电相互配合，发挥各自的特长，构成现代电力传输系统。目前电力系统中的发电和用电绝大部分为交流电，由于直流输电在远距离输电、电网互联等方面有独特优点，已作为交流输电的有力补充而在全世界广泛应用。自从1954年瑞典哥特兰岛世界上第一个高压直流输电工程投运以来，全世界陆续已有110多个高压直流输电工程建成投运。

我国幅员辽阔，"西电东送""北电南送"的电网发展战略使我国在发展交流输电的同时也一直致力于发展高压直流输电技术。1987年建成了自主设计和供货的舟山±100kV直流输电工程，1990年建成了中国第一个远距离、大容量高压直流输电工程——葛洲坝—南桥±500kV直流输电工程，实现了华东与华中两大区域电网互联及送电需求。此后，伴随着大规模西电东送的需求，高压直流输电技术在我国得到了飞速发展。到2020年前，我国将建成大约40个高压直流输电工程，直流输电电压最高达到±1100kV，这些项目的建设为我国高压直流输电技术的发展提供了良好机遇。

第一节 直流输电的系统构成、技术特点及应用

直流输电系统是将送端交流电变换为直流电，并通过直流输电线路进行输送，在受端将直流电变换为交流电的系统。

直流输电系统有两端（也称端对端）直流输电系统和多端直流输电系统两种类型。

一、直流输电的系统构成

直流输电系统按照其与交流系统的接口数量分为两大类，即两端（或端对端）直流输电系统和多端直流输电系统。两端直流输电系统是只有一个整流站和一个逆变站的直流输电系统，它与交流系统只有两个接口，是结构最简单的直流输电系统，是世界上已运行的直流输电工程普遍采用的方式。我国已经建成的高压直流输电工程也多为这种类型。多端直流输电系统与交流系统有三个及以上的接口，它有多个整流站和逆变站，以实现多个电源系统向多个受端系统的输电。

（一）两端直流输电系统

两端直流输电系统主要由整流站、直流输电线路和逆变站三部分组成，如图1-1所示，图中交流电力系统Ⅰ和Ⅱ通过直流输电系统相连。交流电力系统Ⅰ、Ⅱ分别是送、受端交流系统，送端系统送出的交流电经换流变压器和整流器变换成直流电，然后由直流输电线路把直流电输送给逆变站，经逆变器和换流变压器再将直流电变换成交流电送入受端交流系统。图1-1中完成交、直流变换的站称为换流站，将交流电变换为直流电的换流站称为整流站，而将直流电变换为交流电的换流站称为逆变站。对于可进行功率反送的两端直流输电工程，其换流站既可以作为整流站运行，也可以作为

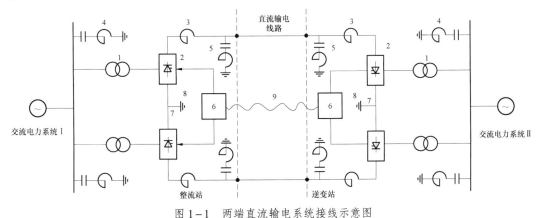

图1-1 两端直流输电系统接线示意图

1—换流变压器；2—换流器；3—平波电抗器；4—交流滤波器；5—直流滤波器；6—控制保护系统；7—接地极引线；8—接地极；9—通信系统

逆变站运行。

为了利用大地（或海水）为回路来提高直流输电运行的可靠性和灵活性，直流输电工程还需要有接地极和接地极引线。因此，一个两端直流输电工程，除整流站、逆变站和直流输电线路以外，还有接地极、接地极引线、控制保护系统和通信系统等。

两端直流输电系统又可分为单极（正极或负极）系统、双极（正、负两极）系统和背靠背直流输电系统（无直流输电线路）三种类型。

1. 单极直流输电系统

单极直流输电系统中换流站出线端对地电位为正的称为正极，为负的称为负极。与正极或负极相连的输电导线称为正极导线或负极导线，或称为正极线路或负极线路。单极直流架空线路通常采用负极性（即正极接地），这是因为正极导线电晕的电磁干扰和可听噪声均比负极导线的大。同时由于雷电大多为负极性，使正极导线雷电闪络的概率也比负极导线的高。

单极系统的接线方式可分为单极大地回线方式和单极金属回线方式两种。图1-2分别给出这两种方式的示意图。

（1）单极大地回线方式。单极大地回线方式是利用一根导线和大地（或海水）构成直流侧的单极回路，两端的换流器均需接地，如图1-2（a）所示。这种方式利用大地作为回线，省去一根导线，线路造价低。但由于地下长期有大的直流电流流过，大地电流所经之处，将引起埋设于地下或放置在地面的管道、金属设施发生电化学腐蚀，以及使附近中性点接地变压器产生直流偏磁而造成变压器磁饱和等问题。这种方式主要用于高压海底电缆直流工程，如北欧的康梯—斯堪工程、芬挪—斯堪工程，瑞典—德国波罗的海工程等。

（2）单极金属回线方式。单极金属回线方式是利用两根导线构成直流侧的单极回路，其中一根采用低绝缘水平的导线（也称金属返回线）代替单极大地回线方式中的大地回线，如图1-2（b）所示。在运行过程中，地中无电流流过，可以避免由此所产生的电化学腐蚀和变压器磁饱和等问题。为了固定直流侧的对地电压和提高运行的安全性，金属返回线的一端接地，其不接地端的最高运行电压为最大直流电流在金属返回线上的压降。这种方式的线路投资和运行费用均较单极大地回线方式高。通常只在不允许利用大地（或海水）作为回线或选择接地极较困难以及输电距离较短的单极直流输电工程中采用。

单极系统运行的可靠性和灵活性不如双极系统好，因此，单极直流输电工程较少。

2. 双极直流输电系统

双极系统接线方式是直流输电工程普遍采用的接线方式，可分为双极两端中性点接地方式、双极一端中性点接地方式和双极金属中性线方式三种类型。图1-3所示为双极直流输电系统接线示意图。

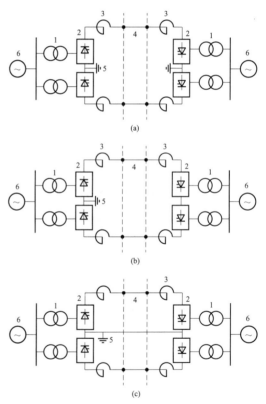

图1-3　双极直流输电系统接线示意图

（a）双极两端中性点接地方式；（b）双极一端中性点接地方式；
（c）双极金属中性线方式

1—换流变压器；2—换流器；3—平波电抗器；4—直流输电线路；
5—接地极系统；6—交流系统

（1）双极两端中性点接地方式。双极两端中性点接地方式（简称双极方式）的正负两极通过导线相连，两端换流

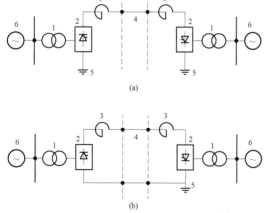

图1-2　单极直流输电系统接线示意图

（a）单极大地回线方式；（b）单极金属回线方式

1—换流变压器；2—换流器；3—平波电抗器；4—直流输电线路；
5—接地极系统；6—交流系统

的中性点均接地，如图 1-3（a）所示。实际上它可看成是两个独立的单极大地回路方式。正负两极在大地回路中的电流方向相反，地中电流为两极电流之差值。双极对称运行时，地中无电流流过或仅有少量的不平衡电流流过，通常小于额定电流的 1%。因此，在双极对称方式运行时，可消除由于地中电流所引起的电腐蚀等问题。当需要时，双极可以不对称运行，这时两极中的电流不相等，地中电流为两极电流之差。

双极两端中性点接地方式的直流输电工程，当一极故障时，另一极可正常并过负荷运行，可以减小送电损失。双极对称运行时，若一端接地极系统故障，可将故障端换流器的中性点自动转换到换流站内的接地网临时接地，并同时断开故障的接地极，以便进行检查和检修。当一极设备故障或检修停运时，可转换成单极大地回线方式、单极金属回线方式或单极双导线并联大地回线方式运行。由于此接线运行方式灵活、可靠性高，大多数直流输电工程都采用此接线方式。

（2）双极一端中性点接地方式。这种接线方式只有一端换流器的中性点接地，如图 1-3（b）所示。它不能利用大地（或海水）作为回路。当一极故障时，不能自动转为单极大地回线方式运行，必须停运双极，在双极停运以后，可以转换成单极金属回线运行方式。因此，这种接线方式的运行可靠性和灵活性均较差。其主要优点是可以保证在运行时地中无电流流过，从而可以避免由此所产生的一系列问题。这种接线方式在实际工程中很少采用，只在英—法海峡直流输电工程中得到应用。

（3）双极金属中性线方式。双极金属中性线方式是在两端换流器中性点之间增加一条低绝缘水平的金属返回线。它相当于两个可独立运行的单极金属回线方式，如图 1-3（c）所示。为了固定直流侧各种设备的对地电位，通常中性线的一端接地，另一端中性点的最高运行电压为流经金属线中最大电流时的电压降。这种方式在运行时地中无电流流过，它既可以避免由于地电流而产生的一系列问题，又具有比较高的可靠性和灵活性。当一极线路发生故障时，可自动转为单极金属回线方式运行。当换流站的一个极发生故障需停运时，可首先自动转为单极金属回线方式，然后还可转为单极双导线并联金属回线方式运行。其运行的可靠性和灵活性与双极两端中性点接地方式相类似。由于采用三根导线组成输电系统，其线路结构较复杂，线路造价较高。通常是当不允许地中流过直流电流或接地极极址很难选择时才采用。例如，英国伦敦的金斯诺斯地下电缆直流工程、日本纪伊直流工程以及加拿大魁北克—美国新英格兰五端直流输电工程的一部分是采用这种接线方式。

3. 背靠背直流输电系统

背靠背直流系统是输电线路长度为零（即无直流输电线路）的两端直流输电系统，它主要用于两个异步运行（不同频率或频率相同但异步）的交流电力系统之间的联网或送电，也称为异步联络站。如果两个被联电网的额定频率不相同（如50Hz 和 60Hz），也可称为变频站。背靠背直流系统的整流站和逆变站设备装设在一个站内，也称背靠背换流站。在背靠背换流站内，整流器和逆变器的直流侧通过平波电抗器相连，其交流侧则分别与各自的被联电网相连，从而形成两个交流电网的联网。两个被联电网之间交换功率的大小和方向均由控制系统进行快速方便的控制。图 1-4 所示为背靠背换流站的接线示意图。

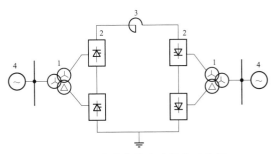

图 1-4　背靠背换流站接线示意图

1—换流变压器；2—换流器；3—平波电抗器；4—两端交流系统

背靠背直流输电系统的主要特点是直流侧可选择低电压、大电流设备（因无直流输电线路，直流侧损耗小），可充分利用大截面晶闸管的通流能力，同时直流侧设备（如换流变压器、换流阀、平波电抗器等）也因直流电压低而使其造价相应降低。由于整流器和逆变器装设在一个阀厅内，直流侧谐波不会造成对通信线路的干扰，因此可省去直流滤波器，并减小平波电抗器的电感值。由于上述因素使背靠背换流站的造价比两端直流输电系统换流站的造价降低 15%～20%。

（二）多端直流输电系统

多端直流输电系统是由三个及以上换流站，以及连接换流站之间的高压直流输电线路所组成，它与交流系统有三个及以上的接口。多端直流输电系统可以解决多电源供电或多落点受电的输电问题，它还可以联系多个交流系统或者将交流系统分成多个孤立运行的电网。在多端直流输电系统中的换流站，可以作为整流站运行，也可以作为逆变站运行，但作为整流站运行的换流站总功率与作为逆变站运行的总功率必须相等，即整个多端系统的输入和输出功率必须平衡。多端直流输电系统各换流站之间的连接方式可以采用串联方式或并联方式，连接换流站之间的输电线路可以是分支形或闭环形。多端直流输电系统按换流站接入直流输电线路的方式可分为串联型和并联型两种类型，如图 1-5 所示。

（1）串联型。串联型多端直流输电系统的特点是全部换流站通过直流电力网各段线路串联构成环形，各换流器均在同一直流电流下运行。各换流站之间的有功功率调节和分配

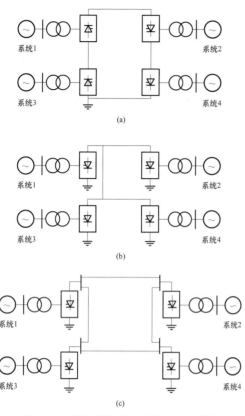

图 1-5 多端直流输电系统接线示意图
（a）串联型；（b）辐射状并联型（并联—分支形）；
（c）环状并联型（并联—闭环形）

主要是靠改变换流站的直流电压来实现，并由其中一个换流站承担整个串联电路中直流电压的平衡，同时也起到调节闭环中的直流电流的作用。串联型的直流侧电压较高，在运行中的直流电流也较大，因此其经济性不如并联型好。当换流站需要改变潮流方向时，串联方式只需改变换流器的触发角，使原来的整流站（或逆变站）变为逆变站（或整流站）运行，不需改变换流器直流侧的接线，潮流反转操作快速方便。当某一换流站发生故障时，可投入其旁通开关，使其退出运行，其余的换流站经自动调整后，仍能继续运行，不需要用直流断路器来断开故障。当某一段直流线路发生瞬时故障时，需要将整个系统的直流电压降到零，待故障消除后，直流系统可自动再启动。当一段直流线路发生永久性故障时，则整个多端系统需要停运。因此，实际工程中串联型应用较少，目前仅有意大利—科西嘉—撒丁岛三端直流输电工程采用过。

（2）并联型。并联型多端直流输电系统的特点是各换流站在同一直流电压下运行，换流站之间的有功调节和分配主要是靠改变换流站的直流电流来实现。由于并联型在运行中保持直流电压不变，负荷的减小是通过降低直流电流来实现，因此其系统损耗小，运行经济性也好。

由于并联型具有上述优点，因此目前已运行的多端直流系统多采用并联型。并联型的主要缺点是当换流站需要改变

潮流方向时，除了改变换流器的触发角，使原来的整流站（或逆变站）变为逆变站（或整流站）以外，还必须将换流器直流侧两个端子的接线倒换过来接入直流网络才能实现。因此，并联型对潮流变化频繁的换流站是很不方便的。另外，并联型多端直流输电系统在运行时，当其中某一换流站发生故障需退出时，需要用直流断路器来断开故障的换流站，但在目前高电压、大功率直流断路器尚未发展到实用阶段的情况下，只能借助于控制系统的调节装置与高速自动隔离开关两者的配合操作来实现。也就是在事故时，将整流站变为逆变站运行，从而使直流电压和电流均很快降到零，然后用高速自动隔离开关将故障的换流站断开，最后对健全部分进行自动再启动，使直流系统在新的工作点恢复工作。

多端直流输电系统比采用多个两端直流输电系统要经济，但其控制保护系统以及运行操作较复杂。今后随着具有关断能力的换流阀，如绝缘栅双极型晶体管（Insulated Gate Bipolar Transistor，IGBT）、集成门极换流晶闸管（Integrated Gate Commutated Thyristors，IGCT）和直流断路器在工程中的应用以及实际工程中对控制保护系统的改进和完善，采用多端直流输电的工程将会更多。

二、直流输电技术的特点

与交流输电技术相比，直流输电技术具有的主要优点为：不存在系统稳定问题、功率调节快速可靠、不增加被联电网的短路容量、线路造价低、损耗小等。

（1）直流输电一般不存在交流输电的稳定问题，有利于远距离大容量送电。交流输电的输送功率 P 可表示为

$$P = \frac{E_1 E_2}{X_{12}} \sin\delta \qquad (1-1)$$

式中 E_1、E_2 ——送端和受端交流系统的等值电动势；

δ ——$\dot{E}_1$ 和 $\dot{E}_2$ 两个电动势之间的相位差；

X_{12} ——E_1 和 E_2 之间的等值电抗，对于远距离输电，X_{12} 主要是输电线路的电抗。

当 $\delta = 90$ 时 $\quad P = P_m = E_1 E_2 / X_{12}$

式中 P_m ——输电线路的静稳定极限。

实际交流系统不允许在静态稳定极限状态下运行，因为在该极限状态下运行，如果系统受到微小扰动可能使运行工况偏离到 $\delta > 90°$，此时送端因送出功率减小，频率上升，而受端则因接收功率减小，频率下降，两端交流系统将会失去同步，甚至导致两系统解裂。即使在 $\delta < 90°$ 状态下运行，当电力系统受到较大扰动时，也可能失去稳定。如采用直流输电系统连接两个交流系统，则不存在两端交流发电机需要同步运行的问题，无需采取提高稳定的措施，有利于远距离大容量输电。

（2）采用直流输电可实现电力系统之间的非同步联网，被联交流电网可以是额定频率不同（如50、60Hz）的电网，也可以是额定频率相同但非同步运行的电网，被联电网可保持自己的电能质量（如频率、电压）而独立运行，不受联网的影响。直流联网不会明显增大被联交流电网的短路容量，不需要采取更换交流系统断路器或其他限流措施。被联电网之间交换的功率可快速方便地进行控制，有利于运行和管理。

（3）由于直流输电的电流或功率是通过计算机控制系统改变换流器的触发角来实现的，它的响应速度极快，可根据交流系统的要求，快速增加或减少直流输送的有功和换流器的无功，对交流系统的有功和无功平衡起快速调节作用，从而提高交流系统频率和电压的稳定性，提高电能质量和电网运行的可靠性。对于交直流并联运行的输电系统，还可以利用直流的快速控制来阻尼交流系统的低频振荡，提高交流线路的输送能力。在交流系统发生故障时，可通过直流输电系统对直流电流的快速调节，实现对事故系统的紧急支援。

（4）直流输电一般采用双极中性点接地方式，因此直流线路仅需2根导线，而三相交流线路则需3根导线。假设直流和交流线路的导线截面相等、电流密度也相等、具有相同的对地绝缘水平，则直流线路所能输送的功率和三相导线的交流线路所能输送的有功功率几乎相等。而直流架空线路与交流架空线路相比，直流线路所需导线、绝缘子、金具都比交流线路节省约1/3，还减轻了杆塔的荷重，节省钢材。由于只有两根导线，还可减少线路走廊的宽度和占地面积。

（5）直流输电线路在稳态运行时没有电容电流，不会像交流长线路那样发生电压异常升高的现象，不需要并联电抗补偿。由于电缆对地电容远比架空线路大得多，用交流进行长距离电缆送电时，电缆芯线需通过大量的电容电流，使供给负荷电流的能力变得很小。为了提高送电能力，必须沿线装设并联电抗器进行补偿，这样不仅使建设和运行费用增加，对于海底电缆来说，要实现这一措施更是非常困难。因此，对于长距离电缆输电宜采用直流输电。

（6）直流输电可方便地进行分期建设和增容扩建，有利于发挥投资效益。如双极直流输电工程可按极分期建设，先建一个极单极运行，然后再建另一个极。对于换流器采用串、并联接线的换流站，如±800kV每极两个12脉动换流器串联接线，除可按极分期建设外，也可以按换流器分期建设，先建一个换流器，以1/2电压运行，根据电源系统的建设进度，适时建设第二个换流器。对于已运行的直流工程，可以采用与原有换流器串、并联的方式进行增容扩建。

与交流输电技术相比，直流输电技术相对复杂。换流站与交流变电站相比，需增加许多设备，如换流器、交流滤波器、无功补偿装置、平波电抗器和直流滤波器、各种类型的交、直流避雷器以及转换直流接线方式用的金属回路和大地回路直流转换开关等。此外，为实现大地作回流电路，还需建设接地极及其引线。这些都使得换流站结构更加复杂，占地面积、造价和运行费用大幅度提高。同时，直流输电在以大地或海水作回流电路时，会对地面、地下或海水中的金属设施造成腐蚀，并使附近中性点接地的变压器产生直流偏磁，引起变压器磁饱和。

三、直流输电技术的应用

直流输电技术的应用有两种情况：一是采用交流输电在技术上有困难或不可能，而只能采用直流输电的情况，如不同频率（如50、60Hz）电网之间的联网或向不同频率的电网送电；因稳定问题采用交流输电难以实现；远距离电缆送电、采用交流电缆因电容电流太大而无法实现等。二是在技术上采用交、直流输电方式均能实现，但采用直流输电比交流输电具有更好的经济性，对于这种情况则需要对工程的输电方案进行全面的比较和论证，最后根据比较的结果决定。

直流输电技术的应用范围如下。

（一）远距离大容量输电

远距离大容量输电采用交流还是直流，取决于经济性能的比较。直流输电线路的造价和运行费用均比交流输电低，但换流站的造价和运行费用均比交流变电站的高。因此，对同样的输送容量，只有当输送距离达到某一长度时，换流站多花费的费用才能被直流线路节省的费用所抵消，将这个输电距离称为交、直流输电的等价距离，如图1-6所示。

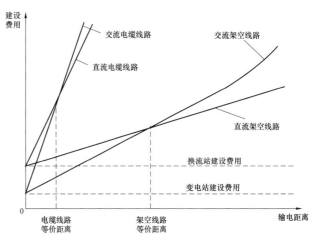

图1-6 交直流输电建设费用与输电距离的关系图

对于一定的输电功率，当输电距离大于等价距离时，采用直流输电比较经济。等价距离与交流和直流输电线路的造价、交流变电站和直流换流站的造价、交流输电和直流输电系统的损耗和运行费用、损耗的电能价格等一系列经济指标有关。对于不同的国家，上述经济指标各不相同，因此，不可能有一个相同的等价距离。同时，随着科学技术的进步，换流设备的造价会有一定的降低，从而使交、直流输电的等价距离进一步缩短,例如国外双极±400kV 直流输电线路的等价距离,已由 1973 年的 750～800km 下降至 500km。目前,国外架空线路的等价距离为 600～800km,而电缆线路为 20～40km。

目前我国已经掌握了高压直流换流站设备的设计和制造技术,仅少量零部件还需进口,因此交、直流输电的等价距离也有大幅缩短。国内目前架空线路的等价距离为 800～1000km。

目前已运行和正在建设的直流工程中远距离大容量直流输电工程约占 1/3 以上,此类工程大多是解决大型水电站或火电厂(煤炭基地的坑口电站)向远方负荷中心的送电问题。例如,巴西的伊泰普直流工程输送总容量为 6300MW,采用两回 ±600kV,输电距离为 800km;加拿大的纳尔逊河直流工程输送总容量为 4000MW,采用两回 ±500kV,输电距离为 940km;我国已建的高压直流输电工程如三峡—常州、三峡—上海、三峡—广东、贵州—广东第一回及第二回工程的输送容量均为 3000MW,采用 ±500kV,输电距离约为 860～1194km;宁东—山东直流工程输送容量为 4000MW,采用 ±660kV,输电距离为 1333km;已建的特高压直流工程如云南—广东、向家坝—上海、锦屏—苏南、哈密南—郑州、溪洛渡左岸—浙江、糯扎渡—广东工程输送容量为 5000～8000MW,采用 ±800kV,输电距离为 1373～2210km。这种远距离输电工程同时具有异步联网的性质,如三峡向华东以及向广东的送电工程,同时也实现了华中与华东、华中与南方电网的异步联网;而巴西伊泰普直流工程则是从 50Hz 的发电厂向 60Hz 的电网送电。

(二)电力系统联网

采用直流输电联网,可以充分发挥联网效益,避免交流联网所存在的问题。直流联网的主要优点是:

(1)直流联网不要求被联的交流电网同步运行,被联电网可用各自的频率异步独立运行,可保持各个电网自己的电能质量(如频率、电压)而不受联网的影响。

(2)被联电网间交换的功率,可以通过直流输电的控制系统进行快速、方便地控制,而不受被联电网运行条件的影响,便于经营和管理。交流联网时,联络线的功率受两端电网运行情况的影响而很难进行控制。

(3)联网后不会明显增加被联电网的短路容量,不需要考虑因短路容量的增加、断路器遮断容量不够而需要更换或采用限流措施等问题。

(4)可以方便地利用直流输电的快速控制来改善交流电网的运行性能,减少故障时两电网的相互影响,提高电网运行的稳定性,降低大电网大面积停电的概率,提高大电网运行的可靠性。

目前,在工程中所采用的直流联网有以下两种类型:

(1)远距离大容量直流输电同时实现联网。例如前面提到的三峡向华东和广东的直流输电工程,既解决了三峡向华东和广东的送电问题,又同时实现了华中与华东和华中与南方电网的联网,在全国联网中起到了重要的作用。

(2)背靠背直流联网。其特点是整流和逆变单元放在一个背靠背换流站内,分别连接两侧被联交流电网,两个被联电网之间交换功率的大小和方向均由控制系统进行快速控制。它可以比远距离直流输电更为方便地调节换流站的无功功率,改善被联电网的电压稳定性。对于电力系统之间的弱联系,采用背靠背联网更为有利。

背靠背直流联网工程发展较快,在已运行和正在建设的直流工程中约占 1/3。例如,北美洲东西部两大电网,长期以来由于稳定问题采用交流联网一直未能实现,20 世纪 80 年代以后先后建成 6 个背靠背换流站,实现了异步联网。东、西欧电网也通过 3 个背靠背换流站实现了互联。俄罗斯与芬兰电网通过背靠背换流站实现了联网。印度将通过 4 个背靠背换流站和数回直流输电线路来完成全国五大电网的异步联网。日本则通过 4 个背靠背换流站和 2 回直流输电线路实现全国 9 大电力公司的联合运行。2005 年投运的灵宝背靠背直流联网工程是我国第一个背靠背直流工程,实现了西北与华中电网的互联。2009 年投运的高岭背靠背直流联网工程实现了东北与华北电网的互联,背靠背换流站将在全国联网中发挥其重要作用。另外,在我国与周边国家的联网送电工程中,背靠背换流站也将得到应用。例如黑河背靠背直流联网工程实现了俄罗斯电网向我国东北电网的联网送电。

(三)远距离海底电缆送电

采用相同的电压、输送相同的功率,直流电缆的费用比交流电缆要节省得多。直流电缆没有电容电流,输送容量不受距离的限制,而交流电缆由于电容电流很大,其输送距离将受到限制。电缆长度超过 40km 时,采用直流输电无论是经济上还是技术上都较为合理。目前大部分跨海峡的输电工程均采用直流输电,如英法海峡直流工程,采用 2 回 ±270kV,总输送功率为 2000MW,海底电缆 72km;瑞典—德国波罗的海直流工程,海底电缆长为 250km,架空线路长为 12km,单极 450kV,输送功率 600MW;日本纪伊直流工程,海底电缆长为 51km,架空线路长为 51km,双极 ±500kV,输送功率 2800MW;马来西亚巴坤直流工程,海底电缆长为 670km,架空线路长为 660km,3 回 ±500kV,总输送功率 2130MW。另外,还有不少小型的跨海峡直流工程,如我国的舟山直流工程和嵊泗直流工程等。因此,远距离、大容量跨海峡或向沿海岛屿送电的直流海底电缆工程将越来越多。

(四)大城市地下电缆送电

大城市的工商业发达、人口稠密、用电密度高,并且受到环境条件的限制一般不允许在附近建设大型电站,同时在这些地区选择高压架空线路走廊也很困难。因此采用地下电缆将远处的电力送往大城市的负荷中心，具有较好的技术经济性，是一种有竞争力的方案。在向大城市送电的地下电缆工程中采用直流地下电缆比交流电缆有明显的优点，如英国伦敦金斯诺斯直流工程，地下电缆长为82km，电压±266kV，输送功率640MW。随着电压源型直流输电和新型聚合物直流地下电缆的应用，此类工程的造价将逐渐降低，并进一步得到应用和发展。

（五）向孤立负荷点送电

向孤立负荷点送电，一般该负荷点远离主干电网，要求的输送容量不大，但输送距离较远，采用直流输电在技术上和经济上会有一定的优势，特别是采用电压源型直流输电技术。电压源型直流输电是20世纪90年代开始发展的一种新型直流输电技术。它采用脉宽调制（Pulse Width Modulation，PWM）技术，应用绝缘栅双极型晶体管（IGBT）组成的电压源换流器进行换流。由于这种换流器的功能强、体积小，可减少换流站的设备、简化换流站的结构，国际上又称为轻型直流输电（HVDC Light）或新型直流输电（HVDC Plus），国内则将其命名为"电压源型直流输电"（也常称"柔性直流输电"），即"HVDC Flexible"。它目前主要应用于向孤立的远方小负荷区供电、小型水电站或风力发电站与主干电网的连接、背靠背换流站以及输送功率较小的配电网络。电压源型直流输电的建设周期短，换流器控制性能好，在配电网络中有较好的竞争力，并逐渐用于输电工程，截至2017年底，已有近40个电压源型直流输电工程投入商业运行。电压源型直流输电技术详见第二十九章。

第二节　直流输电技术发展

目前直流输电技术有两种形式，一是基于晶闸管换流的电流源型换流技术，二是基于绝缘栅双极型晶体管（IGBT）构成的电压源型换流技术。前者又称为传统直流输电技术，已在直流输电工程中广泛应用，后者属新一代直流输电技术，是未来直流输电技术研究的发展方向。

一、国外直流输电发展

直流输电技术是伴随着大功率电力电子器件的进步而发展的。初期以汞弧阀为主，从1954年瑞典投入世界上第一个工业性直流输电工程（哥特兰岛直流工程）起，到1977年最后一个采用汞弧阀的直流工程（加拿大纳尔逊河Ⅰ期工程）建成止，世界上共有12个采用汞弧阀的直流工程投入运行。其中输送容量最大（1440MW）和输送距离最长的是美国太平洋联络线（1362km），输电电压最高的为加拿大纳尔逊河Ⅰ期工程（±450kV）。由于汞弧阀制造技术复杂、价格昂贵、逆弧

故障率高、可靠性较低、运行维护不便等因素，直流输电的发展受到了限制。

20世纪70年代以后，电力电子技术和微电子技术迅速发展，高压大功率晶闸管研制成功，并应用于直流输电工程。晶闸管换流阀和微机控制技术在直流输电工程中的应用，有效地改善了直流输电的运行性能和可靠性，促进了直流输电技术的发展。1970年，瑞典首先采用晶闸管换流阀叠加在原有汞弧阀换流器上，对哥特兰岛直流工程进行扩建增容，增容部分的直流电压为50kV，功率为10MW。1972年，世界上第一个全部采用晶闸管换流阀的伊尔河背靠背直流工程（80kV、320MW）在加拿大投入运行。由于晶闸管换流阀不存在逆弧问题，而且制造、试验、运行维护和检修都比汞弧阀简单而方便，优点明显，此后新建的直流工程均采用晶闸管换流阀。与此同时，原来采用汞弧阀的直流工程也逐步被晶闸管阀所替代。

1954～2000年，世界上已投入运行的直流输电工程共63个，其中架空线路工程17个，电缆线路工程8个，架空线和电缆混合线路工程12个，背靠背直流工程26个。在采用架空线路输电的直流工程中，巴西伊泰普直流工程电压最高（±600kV），输送容量最大（双回6300MW）；南非英加—沙巴直流工程输送距离最长（1700km）；在采用电缆输电的直流工程中，英法海峡直流工程输送容量最大（2000MW）；瑞典—德国波罗的海直流工程电压最高（450kV）；背靠背换流站容量最大的是巴西与阿根廷联网的加勒比工程（1100MW）。在此时期，直流输电工程输送容量的年平均增长量，在1960～1975年为460MW/年，1976～1980年为1500MW/年，1981～1998年为2096MW/年。

20世纪90年代以后，新型氧化物半导体器件——绝缘栅双极型晶体管（IGBT）首先在工业驱动装置上得到广泛的应用。1997年3月世界上第一个采用IGBT构成电压源换流器的直流输电工业性试验工程，在瑞典中部投入运行，其输送功率为3MW，电压为±10kV，输送距离为10km。电压源型换流器具有可向无源网络供电、无换相失败危险、有功和无功可独立控制、无需无功补偿、换流站间无需通信以及易于构成多端直流系统等优点，其独特的技术优势使电压源型直流输电技术近年来获得快速发展。2010年，Siemens公司在美国建设成世界第一个基于模块化多电平换流器的柔性直流输电工程，该工程采用电缆送电，工作电压、输电容量和输送距离分别为±200kV、400MW和85km。截止到2017年底，已有近40个电压源型直流输电工程投入商业运行，其中直流电压最高±350kV，单换流器容量最大1000MW。与采用晶闸管的常规换流器相比，目前采用IGBT的电压源型换流器损耗较大，且通流能力也较小，因而也制约了电压源型直流输电工程的进一步发展。今后随着通流能力更大、损耗更小的大

功率全控型电力电子器件如碳化硅 IGBT 器件的开发应用,将会给直流输电技术的发展创造更好的条件。

直流输电工程主要采用架空输电线路,但在城市或海底,由于直流电缆的导体没有交流电缆的集肤效应和邻近效应,用直流电缆输送大电流更具优势。从 1906 年首条高压直流电缆在法国投入商业运行,到 1973 年 500kV 直流充油电缆的研制成功,直流电缆因电缆材料的限制而发展缓慢。交联聚乙烯(XLPE)塑料直流电缆因其具有耐温等级高、安装不受敷设落差影响等优点一直受到关注,但由于在直流电场下其内部空间电荷的聚集效应,一直无法直接应用于高压直流工程。20 世纪 90 年代,日本对 XLPE 添加纳米材料来抑制空间电荷累积,相继研制出 250、500kV 直流电缆,1998 年北欧化工公司基于化学改性方法研制出 XLPE 高压直流电缆材料,自此 XLPE 高压直流电缆的应用逐渐增多。目前国外运行和在建的 XLPE 绝缘高压直流电缆线路总长度超过 3000km,运行电压最高达到 320kV。

二、国内直流输电发展

20 世纪 60 年代开始,国内科研单位开始对直流输电进行研究,为我国直流输电工程的发展打下了基础、做好了技术准备。1987 年国内自主设计,全部采用国产设备的舟山直流输电工程(单极,100kV,50MW,54km)投入运行;1990 年建成了中国第一个远距离、大容量且具有联网性质的葛洲坝一南桥 ±500kV 直流输电工程(1200MW,1045km),2001 年西电东送重点工程天生桥一广州 ±500kV 直流输电工程(1800MW,960km)顺利投运。随后,国内西电东送工程全面铺开,先后建设了三峡一常州、三峡一广东、贵州一广东第一回、三峡一上海、贵州一广东第二回、荆门一枫泾、云南金沙江中游电站送电广西等 ±500kV 直流输电工程,输送功率为 3000MW,输电距离为 860~1194km。此外还有配合呼伦贝尔煤电基地外送的呼伦贝尔一辽宁 ±500kV 直流输电工程(3000MW,908km)、西北和华中跨区联网送电的宝鸡一德阳 ±500kV 直流输电工程(3000MW,534km)、国内首个省内直流输电工程永仁一富宁 ±500kV 直流输电工程(3000MW,569km)等。

高压直流背靠背工程主要包括西北和华中联网的灵宝背靠背直流联网工程、东北和华北联网的高岭背靠背直流联网工程、中国和俄罗斯联网的黑河背靠背直流联网工程。2005 年,中国第一个自主设计、自主建设的灵宝背靠背直流联网工程投入运行,并于 2009 年完成扩建。

为实现西南水电以及大型火电基地更大容量、更远距离的电力送出,2003 年开始,我国启动了特高压直流输电技术研究工作。2006 年,我国开始实施特高压直流输电示范工程,同年 12 月云南一广东 ±800kV 特高压直流输电工程开工建设,双极输送功率 5000MW,2010 年 6 月 18 日双极正式投入运行。随向家坝一上海 ±800kV 特高压直流输电工程也投入运行。自此,我国在特高压直流输电技术集成领域达到世界领先水平。

2010 年,为了解决宁夏东部煤炭坑口电站向山东青岛地区负荷中心的输送问题,我国还建设了输电电压为 ±660kV、输电功率为 4000MW、输电距离为 1333km 的宁东一山东 ±660kV 直流输电示范工程,于 2011 年 2 月双极投入运行。

2010 年开始,我国又陆续开工建设了糯扎渡一广东 ±800kV 特高压直流输电工程、溪洛渡右岸一广东 ±500kV 同塔双回高压直流输电工程、锦屏一苏南 ±800kV 特高压直流输电工程、哈密南一郑州 ±800kV 特高压直流输电工程等一批高压或特高压直流输电工程。

在建设高压或特高压直流输电工程的同时,我国也在同步进行电压源型(柔性)直流输电技术的研究,2013 年底,建成南澳 ±160kV 多端柔性直流输电示范工程,该工程采用了 XLPE 高压直流电缆线路。2014 年建成舟山 ±200kV 五端柔性直流输电科技示范工程。2015 年,厦门 ±320kV 柔性直流输电科技示范工程建成投运。

截至 2017 年 10 月,我国已有 19 个高压直流输电工程(含背靠背直流联网工程)、10 个特高压直流输电工程、3 个电压源型(柔性)直流输电工程建成并投入运行,这些工程主要参数如表 1-1 所示。在建的 5 条高压和特高压直流输电工程主要参数如表 1-2 所示。

表 1-1 我国建成投运的高压和特高压直流输电工程主要参数(截至 2017 年 10 月)

序号	工程名称(简称)	电压 (kV)	功率 (MW)	直流电流 (A)	输电线路长度 (km)	投运年份	备 注
1	葛洲坝—南桥 ±500kV 直流输电工程(葛—南)	±500	1200	1200	1045	1990	
2	天生桥—广州 ±500kV 直流输电工程(天—广)	±500	1800	1800	960	2001	
3	三峡—常州 ±500kV 直流输电工程(三—常)	±500	3000	3000	860	2003	
4	三峡—广东 ±500kV 直流输电工程(三—广)	±500	3000	3000	960	2004	
5	贵州—广东第一回 ±500kV 直流输电工程(贵—广 I)	±500	3000	3000	936	2004	

续表

序号	工程名称（简称）		电压（kV）	功率（MW）	直流电流（A）	输电线路长度（km）	投运年份	备 注
6	三峡—上海±500kV 直流输电工程（三—沪）		±500	3000	3000	1040	2006	
7	贵州—广东第二回±500kV 直流输电工程（贵—广Ⅱ）		±500	3000	3000	1194	2007	
8	宝鸡—德阳±500kV 直流输电工程（宝—德）		±500	3000	3000	534	2010	
9	呼伦贝尔—辽宁±500kV 直流输电工程（呼—辽）		±500	3000	3000	908	2010	
10	荆门—枫泾±500kV 直流输电工程（荆—枫）		±500	3000	3000	1019	2011	
11	溪洛渡右岸—广东±500kV 同塔双回直流输电工程（牛—从）		±500	2×3200	3200	2×1223	2014	
12	云南金沙江中游电站送电广西直流输电工程（金—中）		±500	3200	3200	1119	2016	
13	永仁—富宁±500kV 直流输电工程（永—富）		±500	3000	3000	569	2016	
14	青海—西藏±400kV 直流输电工程（青—藏）		±400	600	750	1038	2011	
15	宁东—山东±660kV 直流输电示范工程（宁—东）		±660	4000	4000	1333	2011	
16	灵宝背靠背直流联网工程（灵宝）	一期	120	360	3000	/	2005	西北与华中联网
		二期	±166.7	750	4500	/	2009	西北与华中联网
17	高岭背靠背直流联网工程（高岭）	一期	±125	2×750	3000	/	2008	东北与华北联网
		二期	±125	2×750	3000	/	2012	东北与华北联网
18	黑河背靠背直流联网工程（黑河）		±125	750	3000	/	2012	中俄联网送电
19	鲁西背靠背直流异步联网工程（鲁西）		±160（常规）±350（柔直）	1000（常规）1000（柔直）	3125（常规）1428（柔直）	/	2016	
20	云南—广东±800kV 特高压直流输电工程（云—广）		±800	5000	3125	1373	2010	
21	向家坝—上海±800kV 特高压直流输电工程（向—上）		±800	6400	4000	1907	2010	
22	锦屏—苏南±800kV 特高压直流输电工程（锦—苏）		±800	7200	4500	2059	2012	
23	糯扎渡—广东±800kV 特高压直流输电工程（普—侨）		±800	5000	3125	1413	2013	
24	哈密南—郑州±800kV 特高压直流输电工程（哈—郑）		±800	8000	5000	2210	2014	
25	溪洛渡左岸—浙江±800kV 特高压直流输电工程（溪—浙）		±800	8000	5000	1653	2014	
26	灵州—绍兴±800kV 特高压直流输电工程（灵—绍）		±800	8000	5000	1720	2016	
27	酒泉—湖南±800kV 特高压直流输电工程（酒—湖）		±800	8000	5000	2383	2017	
28	晋北—江苏±800kV 特高压直流输电工程（晋—江）		±800	8000	5000	1111	2017	
29	锡盟—泰州±800kV 特高压直流输电工程（锡—泰）		±800	10 000	6250	1619	2017	
30	南澳±160kV 多端柔性直流输电示范工程		±160	塑城站 200 金牛站 100 青澳站 50	塑城站 625 金牛站 312.5 青澳站 156.25	架空线 12.5 埋地电缆 30 架空电缆 13.6	2013	
31	舟山±200kV 五端柔性直流输电科技示范工程		±200	定海站 400 岱山站 300 衢山站 100 洋山站 100 泗礁站 100	定海站 1000 岱山站 750 衢山站 250 洋山站 250 泗礁站 250	141.5（海底电缆 129，陆地电缆 12.5）	2014	
32	厦门±320kV 柔性直流输电科技示范工程		±320	1000	1563	陆地电缆 10.7	2015	

表1-2 我国在建的高压和特高压直流输电工程主要参数（截至2017年10月）

序号	工程名称（简称）	电压（kV）	功率（MW）	直流电流（A）	输电线路设计长度（km）	计划投运年份	备注
1	滇西北—广东±800kV特高压直流输电工程（新—东）	±800	5000	3125	1959	2017	
2	上海庙—山东±800kV特高压直流输电工程（上—山）	±800	10 000	6250	1238	2017	
3	扎鲁特—青州±800kV特高压直流输电工程（扎—青）	±800	10 000	6250	1200	2017	
4	准东—华东±1100kV特高压直流输电工程（吉—泉）	±1100	12 000	5455	3319	2018	
5	渝鄂直流背靠背联网工程	±420	2×2×1250	1488	/	2018	

国内已投运的直流输电工程，最高电压为±800kV，最大输送容量为10 000MW，最长距离2383km。国内在建的特高压直流输电工程，最高电压为±1100kV，最大输送容量为12 000MW，最长距离3319km。

我国直流输电工程总的输送容量超过100GW，已成为世界直流输电第一大国。

三、国内已投运的直流输电工程

（1）葛洲坝—南桥±500kV直流输电工程。该工程是我国第一个远距离、大容量直流输电和联网的工程。该工程设计和全部设备由国外承包商承担。工程建设规模为双极±500kV、1200A、1200MW，输送距离为1045km。整流站在葛洲坝水电站附近的葛洲坝换流站，逆变站在上海的南桥换流站。1989年9月，极1投入运行；1990年8月，全部工程建成，并投入商业运行。

（2）天生桥—广州±500kV直流输电工程。该工程西起天生桥水电站附近的马窝换流站，东至广州的北郊换流站，输电距离为960km，工程建设规模为双极±500kV、1800A、1800MW。工程的主要特点为远距离、大容量的交直流并联输电，可以利用直流输电的快速控制来提高交流的输送容量和系统运行的稳定性。为了促进换流设备的国产化，少量的换流阀在国内制造厂进行组装和试验。工程于2000年12月极1投入运行，2001年工程全部建成。

（3）三峡—常州±500kV直流输电工程。该工程是三峡水电站向华东电网的第一个送电工程，工程建设规模为双极±500kV、3000A、3000MW。直流架空线路从三峡电站附近的龙泉换流站到江苏常州的政平换流站，全长为860km。受端政平换流站首次在国内采用了户内直流场。该工程首次在国内直流工程中引进了5英寸晶闸管换流阀，在引进设备的同时，也进行了技术引进和技术转让，其中部分主要设备（如换流阀、换流变压器、平波电抗器、晶闸管组件等）在国内制造厂组装。工程于2002年12月极1投入运行，2003年5月全部建成。

（4）三峡—广东±500kV直流输电工程。该工程是三峡水电站向广东送电并实现华中与南方电网联网的工程。工程建设规模为双极±500kV、3000A、3000MW。直流架空线路从湖北的江陵换流站到广东的鹅城换流站，全长为960km。2004年2月极1投入运行，6月双极全部建成。该工程采用了与三—常直流输电工程相同参数的直流设备。

（5）贵州—广东第一回±500kV直流输电工程。该工程是云南、贵州电力东送工程，是贵州送广东第1回直流工程，直流架空线路由贵州的安顺换流站到广东的肇庆换流站，全长为936km。工程建设规模为双极±500kV、3000A、3000MW，2004年6月建成。换流站设备由国外承包商供货，并首次采用光直接触发晶闸管（Light Triggered Thyristor，LTT）换流阀。

（6）三峡—上海±500kV直流输电工程。该工程是三峡水电站向华东电网的第二个送电工程。直流架空线路由湖北的宜都换流站到上海的华新换流站，全长为1040km，额定参数与三—常直流输电工程相同。2006年12月投入运行。该工程主设备国产化率达到了70%。

（7）贵州—广东第二回±500kV直流输电工程。该工程是贵州送广东第2回直流工程，直流架空线路由贵州的兴仁换流站到广东的深圳换流站，全长为1194km，输电电压、容量等与贵—广I回相同，2007年12月投运。该工程是我国第一个高压直流输电自主化示范工程。

（8）宝鸡—德阳±500kV直流输电工程。该工程是西北电网与华中电网联网送电工程，起点为陕西宝鸡换流站，落点为四川德阳换流站，线路全长约534km。工程建设规模为双极±500kV、3000A、3000MW，该工程实现了世界上首次750kV交流变电站与±500kV直流换流站同址合建，工程于2010年12月双极投运。

（9）呼伦贝尔—辽宁±500kV直流输电工程。该工程是呼伦贝尔煤电基地外送辽宁的送电工程，起点为内蒙古自治区呼伦贝尔市的伊敏换流站，落点为辽宁省鞍山市穆家换流站，线路全长908km。工程建设规模为双极±500kV、3000A、3000MW。穆家换流站直流场采用了户内直流场。工程于2010年9月双极投运。

（10）荆门—枫泾±500kV 直流输电工程。该工程是葛（洲坝）—上（海）直流综合改造工程子项目，起点为湖北荆门团林换流站，终点为上海市枫泾换流站，线路全长 1019km，其中约 958km 线路利用葛—南直流线路走廊进行改建，工程建设规模为双极±500kV、3000A、3000MW。2011 年 5 月建成投运。该工程为世界上第一条±500kV 同塔双回路直流输电线路。

（11）溪洛渡右岸—广东±500kV 同塔双回直流输电工程。该工程是国家"十二五"西电东送重大能源建设项目，西起云南省昭通市盐津县牛寨换流站，东至广东省广州从化市从西换流站，线路全长 2×1223km。工程额定电压±500kV，单回直流输电容量 320 万 kW，双回直流输电容量 640 万 kW，是世界上输电容量最大、输电距离最长的同塔双回直流输电工程。2014 年 6 月双回四极全面建成并投入运行。

（12）云南金沙江中游电送送电广西直流输电工程。该工程是我国西电东送首条落点广西的直流输电工程。工程西起云南丽江金官换流站，东至广西柳州桂中换流站，线路全长 1119km。工程建设规模为双极±500kV、3200A、3200MW。2016 年 5 月建成投运。

（13）永仁—富宁±500kV 直流输电工程。该工程是云南观音岩水电站外送工程，是我国首个省内直流输电工程，起点为云南楚雄永仁县，落点为云南文山富宁县，线路长度 569km。工程建设规模为双极±500kV、3000A、3000MW。2016 年 6 月建成投运。受端换流站国内首次采用 STATCOM 动态无功补偿装置。

（14）青海—西藏±400kV 直流输电工程。该工程是世界上海拔最高的直流输电工程，起点为青海格尔木换流站（海拔 2850m），落点为西藏拉萨换流站（海拔 3800m），±400kV 直流输电线路全长为 1038km，沿线平均海拔 4500m，最高海拔 5300m，海拔 4000m 以上地区超过 900km。一期工程建设规模为双极±400kV，600MW；远期通过并联换流器扩建，建设总规模达到 1200MW。一期工程于 2011 年 12 月投运。

（15）宁东—山东±660kV 直流输电示范工程。该工程是我国第一条也是世界上首条±660kV 直流输电工程，额定输送功率为 4000MW，起点为宁夏回族自治区银川市银川东换流站，落点为山东省青岛市青岛换流站，线路全长 1333km，该工程首次采用 4×JL/G3A－1000/45 型大截面导线。平波电抗器首次采用干式电抗器分置于极线和中性线接线。银川东换流站采用了户内直流场。工程于 2011 年 2 月双极投运。该工程是世界上相近直流电压等级的高压直流输电系统输电功率最大的项目。在每极采用 1 个 12 脉动换流阀组的条件下，单台换流变压器的运输条件及制造能力均已经达到了技术经济合理范围的极限。

（16）灵宝背靠背直流联网工程。该工程是我国第一个大区联网（华中与西北两大电网）的直流背靠背换流站工程，也是我国第一个自主设计、自主制造、自主建设的直流工程。换流站一期工程采用单极接线，主要参数为直流 120kV、3000A、360MW。一期工程于 2005 年 6 月建成。二期（灵宝扩建）工程采用对称单极接线，主要参数为±166.7kV、4500A、750MW，该工程第一次成功完成了 6 英寸晶闸管换流阀 4500A 大电流试验，二期工程于 2009 年 12 月投运。

（17）高岭背靠背直流联网工程。该工程是华北和东北两个 500kV 电网之间的联网工程。换流站一期工程采用对称单极接线、±125kV、3000A、两组 750MW 换流器，总容量 1500MW，于 2008 年 11 月建成投运。二期工程于 2012 年 11 月投运。本站是世界上容量最大的背靠背换流站之一，最终容量为 3000MW。设备全部由国内提供。

（18）黑河背靠背直流联网工程。中俄直流联网黑河背靠背工程是我国第一个国际直流输电项目，架起了中俄两国能源互惠的桥梁。换流站容量 1×750MW，采用单极对称接线，±125kV，中方侧、俄方侧 500kV 出线各 1 回。工程于 2007 年 7 月 12 日正式开工建设，2008 年 7 月直流区域暂停缓建，2009 年 1 月 26 日中方侧交流部分正式投入运行。2011 年 5 月工程复工建设，从中方侧交流运行状态恢复到背靠背运行方式。主要运行方式为从俄罗斯向中国东北传输功率。2012 年 1 月投运。

（19）鲁西背靠背直流异步联网工程。该工程是云南电网和南方主网两个 500kV 电网之间的联网工程。换流站一期工程为 1 个常规直流单元和 1 个柔性直流单元，总容量为 2000MW。其中常规直流单元采用对称单极接线，主要参数为±160kV、3125A、1000MW；柔性直流单元采用对称单极接线，主要参数为±350kV、1428A、1000MW；常规直流单元 2016 年 6 月建成投运，柔性直流单元 2016 年 8 月建成投运。二期工程再建设 1 个常规直流单元，于 2017 年 6 月投运。该工程是世界首次采用大容量柔性直流与常规直流组合模式的背靠背直流工程，也是世界上容量最大的背靠背换流站之一，最终容量为 3000MW。设备全部由国内提供。

（20）云南—广东±800kV 特高压直流输电工程。该工程是我国也是世界上第一条±800kV 直流输电工程，工程额定输送容量为 5000MW。送端楚雄换流站位于云南楚雄彝族自治州禄丰县，受端穗东换流站位于广州市增城市。直流线路全长为 1373km。工程于 2006 年 2 月开工建设，2009 年 12 月单极投运，2010 年 6 月双极投运。

送、受端换流站均采用双极配置、每极 2 个 12 脉动换流阀组串联接线方式，电压配置为"400kV+400kV"。换流阀采用 5 英寸晶闸管元件，换流变压器采用单相双绕组变压器，平波电抗器采用干式电抗器。送端换流站同时具有孤岛运行功能。

该工程是我国特高压直流输电自主化示范工程，自主化率超过 60%。该工程的顺利投运是我国电网建设史上一个里程碑，在世界电力工程史上也是一个重大突破。

（21）向家坝—上海 ±800kV 特高压直流输电工程。该工程是我国第一条 ±800kV 额定输送容量为 6400MW 的直流输电工程。送端复龙换流站位于四川省宜宾市复龙镇，受端奉贤换流站位于上海市奉贤区，直流线路全长为 1907km。工程于 2010 年 7 月双极投运。

送受端换流站阀组接线、电压配置方案与云—广直流输电工程相同。换流阀首次采用了 6 英寸晶闸管元件。

（22）锦屏—苏南 ±800kV 特高压直流输电工程。该工程是我国第一条 ±800kV 额定输送容量为 7200MW 的直流输电工程，最大连续输送容量 7600MW。送端裕隆换流站位于四川西昌市，受端苏州换流站位于江苏省苏州市同里镇。直流线路全长 2059km。

该工程技术路线同向—上直流输电工程，并在向—上直流输电工程的基础上将容量提升至 7200MW。工程于 2012 年 12 月双极建成投运。

（23）糯扎渡—广东 ±800kV 特高压直流输电工程。该工程为我国第二条 ±800kV、5000MW 直流输电工程，送端为云南普洱换流站，受端为广东江门侨乡换流站，直流线路全长为 1413km。工程于 2013 年 9 月双极建成投运。送端普洱换流站接地极采用了垂直型接地极，为国内首创。

（24）哈密南—郑州 ±800kV 特高压直流输电工程。该工程是我国第一条 ±800kV、8000MW 直流输电工程，工程额定输送容量首次提升为 8000MW。送端哈密南换流站位于新疆哈密市，受端郑州换流站位于河南郑州市，直流线路全长 2210km。工程于 2014 年 1 月双极建成投运。

该工程是我国实施"疆电外送"战略的第一个特高压输电工程，也是将西北地区大型火电、风电基地电力打捆送出的首个特高压工程。与向—上、锦—苏特高压直流输电工程相比，该工程输送容量更大，送电距离更远，技术水平更先进，能够更加充分地发挥特高压直流技术远距离、大容量输电的优势，是 ±800kV 直流输电技术进入规模应用的标准化工程，具有重大的示范效应。

（25）溪洛渡左岸—浙江 ±800kV 特高压直流输电工程。该工程是金沙江下游溪洛渡左岸水电外送配套输电工程，是我国第二条 ±800kV、8000MW 直流输电工程。送端为四川宜宾双龙换流站，受端为浙江金华换流站，直流线路全长为 1653km。工程于 2014 年 7 月双极建成投运。

该工程首次实现了高端换流变压器自主研发和设计制造，并成功投入运行，国产化取得新突破。该工程在世界上首次实现单回路 8000MW 满负荷、8400MW 过负荷试运行，创造了超大容量直流输电的新纪录。

（26）灵州—绍兴 ±800kV 特高压直流输电工程。该工程是我国第一条接入交流 750kV 电网的 ±800kV 直流输电工程，工程额定输送容量为 8000MW。送端灵州换流站位于宁夏银川市，受端绍兴换流站位于浙江诸暨市，直流线路全长为 1720km。工程于 2016 年 8 月双极建成投运。

该工程首次采用了 1250mm² 大截面导线，每千千米的输电损耗仅为 2.79%；工程首次研发并应用了 75mH、5000A 的干式平波电抗器。

（27）酒泉—湖南 ±800kV 特高压直流输电工程。该工程是我国第四条 ±800kV、8000MW 直流输电工程。工程起于甘肃酒泉换流站，止于湖南湘潭换流站，直流线路全长 2383km，工程于 2017 年 6 月建成投运。该工程是国内输电距离最长的特高压直流输电工程。

（28）晋北—江苏 ±800kV 特高压直流输电工程。该工程是我国第五条 ±800kV、8000MW 直流输电工程。工程北起山西朔州晋北换流站，南至江苏淮安南京换流站，直流线路全长 1111km，工程于 2017 年 6 月建成投运。

（29）锡盟—泰州 ±800kV 特高压直流输电工程。该工程是世界上首条 ±800kV、10 000MW 直流输电工程。首次将 ±800kV 直流输电工程容量由 8000MW 提升至 10 000MW。工程北起内蒙古锡盟换流站，南至江苏泰州换流站，直流线路全长 1619km。工程于 2017 年 9 月双极建成投运。

该工程首次在受端换流站采用分层接入 500/1000kV 交流电网这一新技术，直接提高特高压输电效率近 25%，节约了宝贵的土地和走廊资源，显著提升经济和社会效益。

（30）南澳 ±160kV 多端柔性直流输电示范工程。该工程是世界上第一个三端电压源型直流工程，一期总容量为 350MW，远期总容量为 400MW，最大单端容量为 200MW，直流额定电压为 ±160kV。工程于 2013 年 3 月开工建设，2013 年 12 月建成投运。工程共建换流站三座，其中青澳换流站、金牛换流站位于南澳岛上，塑城换流站位于汕头大陆澄海区，青澳换流站直流线路在金牛换流站汇流后经架空线、海缆、陆缆送往塑城换流站。南澳岛上远期将再建一座塔屿换流站，其容量为 50MW。换流站均采用对称单极接线。连接变压器采用三相双绕组变压器，换流阀采用户内支持式阀塔，桥臂电抗器和直流电抗器均采用干式。

（31）舟山 ±200kV 五端柔性直流输电科技示范工程。该工程是世界上第一个五端电压源型直流输电工程，工程总容量为 1000MW，最大单端容量为 400MW，直流额定电压为 ±200kV。工程将舟山本岛、岱山岛、衢山岛、洋山岛和泗礁岛这 5 个岛屿的电力系统通过海底直流电缆和柔性直流换流站互联。工程于 2013 年 8 月开工建设，2014 年 7 月投运。换流站均采用对称单极接线。连接变压器采用三相三绕组变压器（站用电从第三绕组引接），换流阀采用户内支持式阀塔，桥臂电抗器和直流电抗器均采用干式。

（32）厦门±320kV 柔性直流输电科技示范工程。该工程是世界上第一个采用对称双极接线的柔性直流输电工程，工程额定输送容量为 1000MW，直流额定电压为±320kV。起点为厦门市翔安南部地区的彭厝换流站，落点为厦门岛内湖里区的湖边换流站，直流电缆线路路径长度约 10.7km。工程于 2014 年 7 月开工建设，2015 年 12 月投运。换流站采用对称双极接线，每极容量 500MW。换流变压器采用单相双绕组变压器，换流阀采用户内集成式阀塔，桥臂电抗器和直流电抗器均采用干式。

四、国内在建直流输电工程

（1）滇西北—广东±800kV 特高压直流输电工程。该工程是我国第三条±800kV、5000MW 直流输电工程，工程西起云南大理剑川县新松换流站，东至广东深圳宝安区东方换流站，直流线路全长 1959km，计划于 2017 年底具备送电能力。送端新松换流站是世界上海拔最高（2350m）的特高压直流换流站。

（2）上海庙—山东±800kV 特高压直流输电工程。该工程是我国第二条±800kV、10 000MW 直流输电工程。工程起于内蒙古鄂尔多斯鄂托克前旗境内上海庙换流站，止于山东临沂换流站，直流线路全长约 1238km，计划于 2017 年底双极建成投运。受端临沂换流站也采用了分层接入 500/ 1000kV 交流电网这一新技术。

（3）扎鲁特—青州±800kV 特高压直流输电工程。该工程是我国第三条±800kV、10 000MW 直流输电工程，工程起于内蒙古通辽扎鲁特换流站，止于山东青州换流站，直流线路全长约 1200km，计划于 2017 年底双极建成投运。受端青州换流站分层接入 500/1000kV 交流电网。

（4）准东—华东±1100kV 特高压直流输电工程。该工程是世界上首条±1100kV 特高压直流输电工程，并首次将直流输电工程输电容量提升至 12 000MW。工程起点昌吉换流站位于新疆昌吉自治州，落点古泉换流站位于安徽省宣城市，直流线路全长 3319km，计划于 2018 年建成投运。送端昌吉换流站接入 750kV 交流电网，受端古泉换流站分层接入 500/1000kV 交流电网。工程首次成功研制±1100kV 换流变压器、换流阀等关键设备，送受端换流站均首次采用±1100kV 户内直流场方案。

该工程是世界上电压等级最高、输送容量最大、输电距离最远、技术水平最先进的特高压输电工程，是我国在特高压输电领域持续创新的重要里程碑。

（5）渝鄂直流背靠背联网工程。该工程利用西南与华中电网现有的两个 500kV 输电通道，在南通道、北通道上分别建设 1 座直流背靠背换流站，以实现西南与华中两个 500kV 电网之间的异步联网。南、北两个换流站均建设 2 个柔性直流背靠背换流单元，换流单元采用对称单极接线，主要参数为±420kV、1488A、1250MW。南通道换流站位于湖北恩施咸丰县高乐山镇杉树园。北通道换流站位于湖北宜昌龙泉镇香烟寺村，紧邻三—常直流输电工程送端龙泉换流站。工程计划于 2018 年底建成投运。

该工程首次将柔性直流输电电压提升至±420kV，总换流容量 5000MW，是世界上电压等级最高、输送容量最大的柔性直流输电工程。

从 2006 年云南—广东±800kV 特高压直流输电工程开工建设以来，近十年期间我国特高压直流输电取得了举世瞩目的成绩，直流电压等级由±800kV 上升至±1100kV，输送容量从 5000MW 上升至 12 000MW，直流输电距离从 1500～2500km 提升至 3000～5000km，每千千米输电损耗降至约 1.6%，大大提高了直流输电效率，节约了宝贵的土地和走廊资源。

我国已经成为世界上拥有直流输电工程最多、输送线路最长、容量最大的国家。

第三节　直流输电工程设计主要内容

直流输电工程设计按照设计内容可以划分为直流输电系统研究及成套设计、换流站站设计（含接地极设计）、直流送电线路设计、直流通信系统设计四块内容。

直流输电系统研究及成套设计的基本任务是确定工程总体技术方案，实现直流输电系统的整体功能和性能要求，直流输电系统的性能要求详见第二章。

直流输电系统研究及成套设计技术是直流输电设计的核心技术，主要包括主回路参数计算，交流系统等值，无功补偿与控制，过电压与绝缘配合研究，动态性能研究，控制保护系统研究，交、直流滤波器设计，主要直流设备如换流变压器、换流阀、交直流滤波器、直流场设备以及直流控制保护设备等的规范书编制、阀厅设计等。成套设计承担单位有时还需要根据业主的要求负责系统联调、分系统调试等工作。

其中主回路参数计算，是根据系统要求和项目功能规范书（如果有）对系统构成、主回路参数以及运行特性等的要求，确立主设备基本参数并研究、计算分析基本的稳态运行特性，为后续直流系统过电压与绝缘配合研究、动态性能研究以及其他一次、二次设备的研究工作提供必要的输入条件。主回路参数计算详见第七章。

交流系统等值是成套设计中动态性能研究、低次谐振研究、过电压研究、无功投切与控制研究、交流滤波器设计等研究与设计工作的基础。交流系统等值涉及的运行方式由工程可行性研究确定，主要包括工程设计水平年的典型方式，以及过渡年份的代表方式。这些方式是开展交流系统等值研究的基本方式。根据研究工作本身的需要，在这些基本方式之外，还可以提出派生方式，作为等值研究的基础。交流系统等值研究的设计输入需要包括：潮流数据、稳定数据、可行性研究确定的系统条件。设计输出为交流系统等值网络，主要包括用于 AC/DC 系统仿真研究的等值系统、用于无功投切及工频过电压研究的等值系统、用于 AC/DC 系统电磁暂态特性研究的等值系统及用于交流滤波器设计的等值系统。详见第四章相关内容。

换流站无功补偿与控制主要进行高压直流换流站无功补偿容量与配置设计，提出换流站无功平衡、无功补偿容量、无功分组配置等方面的技术要求，规范换流站无功需求计算、无功平衡原则、无功控制方法及策略，确定在无功平衡中应考虑的因素，最终确定换流站的整体无功配置方案及控制策略、参数等。

无功补偿与配置应确定换流站所需的无功补偿设备、分组容量和总容量。换流站无功平衡考虑的无功补偿设备主要指交流滤波器、并联电容器和低压电抗器，如有需要，也可包括为满足无功平衡要求配置的并联电抗器。无功补偿与配置方案应能够满足换流器和交流系统对无功平衡的要求，并综合考虑交流滤波要求、电压控制、投资费用、可用率、可靠性、设备损耗费用和可维护性要求等进行优化配置。详见第四章及第八章相关内容。

过电压与绝缘配合研究包括绝缘配合研究、直流过电压研究、交流过电压研究。其中绝缘配合研究确定直流换流站（不包含交、直流滤波器内部）避雷器配置方案、避雷器参数、设备绝缘水平、阀厅空气间隙绝缘水平、开关场雷电保护要求；直流过电压研究通过仿真直流系统各种故障情况下直流避雷器承受的冲击和系统过电压水平，确定直流避雷器能量要求，修正绝缘配合研究结论；交流过电压研究通过仿真交流系统故障情况下交流避雷器和阀避雷器承受的冲击和交流系统过电压水平，确定交流避雷器和阀避雷器能量要求，修正绝缘配合研究结论。绝缘配合研究应针对换流站内所有设备提出所有必要的保护措施（装置），包括无间隙金属氧化物避雷器、特殊控制功能和其他形式的保护，例如在换流变压器回路的断路器上加合闸电阻，在晶闸管阀内装正向过电压保护触发装置等。详见第十一章。

高压直流输电系统传输功率大，动态响应性能对交直流系统安全运行具有至关重要的作用。动态响应性能主要包括电流控制器的响应性能、功率控制器的响应性能、电压控制器的响应性能、关断角控制器的响应性能、交流系统故障后的响应性能、直流线路故障后的响应性能。动态性能研究的目的在于针对交直流系统各种运行方式，通过动态性能研究，优化确定直流控制系统功能及参数，满足系统动态性能要求。

动态性能研究通常采用电磁暂态仿真软件 PSCAD/EMTDC 进行。本手册仅对高压直流系统动态响应性能和试验提出要求，详见第二章和第二十八章相关内容。

换流站控制保护系统设计包括换流站二次系统整体结构设计、换流站控制系统、直流系统及设备（换流变压器、交流滤波器、直流滤波器）保护、远动通信设备、保护及故障录波信息管理子站、直流线路故障定位系统、直流故障录波系统（含交流滤波器、换流变压器）、与站内其他系统的接口等，详见第十六章、第十七章、第十八章及第十九章。

直流输电系统中的换流器是谐波源，在换流的同时会在换流器的交流侧和直流侧产生谐波。交流侧谐波的主要危害是会造成设备损耗增加，对通信设备产生干扰，可能引起交流电网谐振过电压等，而直流侧谐波主要是在直流线路邻近的电话线上产生噪声。因此，需要在换流站的交流场和直流场分别装设交流和直流滤波器抑制谐波电流或电压。

交流滤波器和直流滤波器的计算主要包括性能、稳态定值和暂态定值计算。性能计算是根据输入的系统参数、运行方式和环境条件等因素，确定滤波器的结构，再计算滤波器性能是否满足规定的性能指标要求。稳态定值计算是考虑所有可能发生的稳态情况，计算滤波器上各元件设备在稳态中可能达到的最大电压和电流。暂态定值计算是为滤波器配置适当的避雷器，计算系统发生故障情况下各元件可能承受的暂态冲击电压和冲击电流。稳态定值计算和暂态定值计算都是用以确定滤波器各元件设备技术参数的基础。交流滤波器设计详见第八章，直流滤波器设计详见第九章。

换流阀是高压直流系统的核心设备，其主要功能是把交流电转换成直流电流或实现逆变换。换流变压器与换流阀一起实现交直流电流之间的相互转换。它通过两侧绕组的磁耦合传送功率，将送端交流系统的功率送到整流器或从逆变器接受功率送到受端交流系统，同时实现交流系统和直流系统的电隔离。通过有载调压的一、二次电压变换，使换流阀获得合适的工作电压，并使直流系统的电压和控制角度等参数满足设计要求。换流变压器的短路阻抗能限制阀臂短路和直流母线短路的故障电流，同时对于从交流电网入侵换流器的过电压波也能起抑制的作用。直流场是指换流站从平波电抗器至直流线路出线的设备布置区域，承担着满足直流系统不同运行方式以及降低直流系统谐波等功能，直流场主要的设备包括直流隔离开关及接地开关、旁路断路器（特高压工程用）、直流断路器、直流滤波器内设备、直流电流电压测量装置以及直流避雷器等。对于背靠背工程，其直流接线部分结构简单，仅需极少量的测量装置和接地开关。

在工程的成套设计中应根据交流系统条件、直流系统额定值要求、成套设计系统研究结论，如过电压及绝缘配合、谐波电流值、谐波电压值结合环境条件要求等来确定换流变压器、换流阀及直流场设备的主要技术参数，进行上述设备的设备选择，设备选择详见第十三章。

换流站站设计（含接地极设计）主要包括电气主接线设计，详见第六章。电气布置设计，详见第十四章。站用电系统设计，详见第十五章。换流站总图、建（构）筑物、供水及消防、阀冷却系统、供暖通风及空调、噪声控制等，详见第二十一至二十六章。接地极及其引线设计见第二十七章。

直流送电线路设计内容见第三十三章至第三十九章相关内容。

换流站通信设计见第二十章。

考虑到电压源型直流输电系统和多端直流输电系统工作原理与传统的高压直流输电系统技术差异较大，因此本手册将这两部分的内容单独成章，单独介绍其工作原理、接线设计、设备选择、过电压及绝缘配合研究、总平面布置、控制保护等，详见第二十九章和第三十章。

本手册对高压直流输电系统试验内容和目的进行了介绍，见第二十八章。此部分通常不属于高压直流输电设计的范围，但了解试验需求，可进一步加深对高压直流设计技术的理解。

参考文献

[1] 赵畹君. 高压直流输电工程技术. 北京：中国电力出版社，2010.

[2] 刘振亚. 特高压直流输电理论. 北京：中国电力出版社，2009.

第二章

高压直流输电系统性能

第一节　高压直流输电系统的稳态性能

一、直流输电系统额定值

直流输电系统的额定值是指工程在各种运行方式下的输送能力，包括连续运行额定值、过负荷额定值、降压运行额定值和反向输送额定值。

连续运行额定值是决定高压直流输电工程设备参数和投资的最基本参数，工程应按满足连续运行额定值要求进行设计，并同时满足过负荷、降压运行和功率反送的要求。

（一）连续运行额定值

连续运行额定值包括额定直流功率、额定直流电流和额定直流电压。额定直流功率是在规定的系统条件和环境条件范围内，不投备用冷却设备时直流输电工程可以连续输送的有功功率[1]。由于直流输电系统的整流站、逆变站和输电线路均有损耗，需要对直流输电工程额定值的测量点做出规定。通常以整流站直流线路出口为测点。

额定直流电流是在规定的各种系统条件和环境条件下，直流输电系统能够长期连续通过的直流电流平均值[1]。额定直流电压是在额定直流电流下输送额定直流功率所要求的直流电压平均值。换流站额定直流电压的测量点规定在换流站直流高压母线平波电抗器的线路侧和换流站直流低压母线（不包括接地极线路）之间。对于远距离直流输电工程，由于两端换流站的额定直流电压不同，通常规定送端整流站的额定直流电压为工程的额定直流电压。

额定直流功率、直流电压和直流电流是根据系统对输电容量的需求与约束、工程实际的输电距离以及设备的研发及制造水平，对工程做综合的技术经济论证后确定，详见本书第三章第三节"高压直流输电工程系统方案"的相关论述。采用经过工程实践的电压等级和输送容量序列，有利于设备标准化、规模化制造并降低工程投资，随着高压直流输电技术的发展，对于远距离大容量直流输电工程，我国目前已经初步形成下列直流电压等级和输送容量的规范：±500kV（3000MW/3200MW）、±660kV（4000MW）、±800kV（5000MW/8000MW/10 000MW），这也是优化和确定工程电压等级和输送容量的重要参考因素。

（二）过负荷额定值

过负荷额定值指在不影响设备安全以及可接受的设备预期寿命下降的条件下，直流系统所具备的超过连续运行额定值运行的能力。直流工程的主设备电气参数和额定值一般按连续运行额定值设计，即在最不利条件（如最高环境温度）下，按连续额定值运行。在考虑环境温度低于最高设计温度、投入备用冷却设备、设备设计本身的裕度、允许设备运行应力短期超过连续运行水平等因素下，直流系统具有一定的过负荷能力。

直流系统的过负荷要求，取决于交流系统对直流功率紧急支援或功率调制阻尼振荡等的需要，特别是在交流或直流系统发生故障后的需要。根据系统运行的需要，直流输电工程的过负荷额定值分为连续过负荷额定值、短期过负荷额定值和暂态过负荷额定值三种[1]。

1. 连续过负荷额定值

连续过负荷额定值是直流输电系统超过额定值的连续输送能力。主要在双极直流工程一极长期停运或电网的负荷或电源出现超出规划水平的情况下需要直流系统在连续过负荷下长期运行。

在连续过负荷工况下，设备应力（如换流变压器绕组热点温度、晶闸管结温等）一般也不允许超过其规定的允许值，连续过负荷能力多受换流变压器限制。直流工程的连续运行过负荷能力主要是利用备用冷却设备（如变压器的备用油泵和风扇、阀的冷却塔等）的投入或环境温度的降低（低于最高设计温度）。在最高环境温度下投入备用冷却设备时的连续过负荷功率额定值一般为额定功率的 1.0～1.1 倍；随着环境温度的降低，连续过负荷能力还将有显著的提高，考虑到无功补偿、交直流侧滤波要求、甩负荷时的工频过电压等因素的限制，一般将连续过负荷功率额定值限制在额定功率的 1.2～1.3 倍以下。通常在备用冷却设备投入和不投入两种工况下，将设备的连续过负荷能力表示为环境温度的函数，方便运行使用。根据应用情况的不同，可以允许在连续过负荷运行时直流系统的某些性能略为降低。

2. 短期过负荷额定值

短期过负荷额定值是指直流系统在一定时段内过负荷运行的能力。大多数系统故障只需直流系统在一定时段内提高输送能力，在此时间段内设备能够修复或者系统调度可以采取处理措施。这一时段不能太短，否则不能满足系统要求，也不能太长，否则设备应力过大，习惯上采用 2h 来定义短期过负荷额定值。由于油浸设备的热时间常数达数小时，而晶闸管及其散热器的热时间常数只有数秒，因此换流变压器和油浸式平波电抗器对于短期过负荷不是限制因素，可适当提高其热应力，来获得过负荷能力，而晶闸管阀及其冷却系统的设计需考虑短期过负荷运行。通常在最高环境温度和备用冷却设备投入的条件下，连续过负荷运行后，直流输电系统 2h 短期过负荷额定值一般取连续运行额定功率的 1.05～1.1 倍。

3. 暂态过负荷额定值

暂态过负荷额定值是直流输电系统在数秒内过负荷运行的能力。在系统发生大扰动的情况下，可能需要直流系统采用快速提高输送功率和大信号功率调制等附加控制手段来满足交流系统稳定运行的要求。根据系统的固有振荡频率，暂态过负荷的时间一般为 3～10s。在数秒时段内提高输送水平，晶闸管阀是主要的限制条件，对于常规的设计，5s 可达到 1.3 倍。如果提高冷却系统容量，则可在设备成本增加不多的情况下达到更高的过负荷水平。通常在最高环境温度和备用冷却设备投入的条件下，2h 过负荷运行后，直流输电系统 3s 过负荷额定值一般取连续运行额定功率的 1.2～1.4 倍，5s 和 10s 的过负荷额定值可根据设备的制造能力确定。

（三）降压运行额定值

降压运行额定值是直流输电系统降低直流电压运行状态下的输送能力，分为降压运行幅值及对应的连续、短期和暂态运行电流幅值。

通过增大换流器的触发角来降低直流电压，将恶化换流站主要设备的运行条件：增加交直流侧的谐波分量、增加换流阀消耗的无功从而增加设备的损耗和应力。由于损耗的增加，冷却器负担加重，在降低直流电压的同时可能需要同时降低直流电流。

在交流系统母线电压处于正常连续运行范围，且不额外增加无功补偿容量的前提下，直流输电系统降压运行的范围一般为 70%～80%额定直流电压，其中 10%～20%由换流变压器有载分接开关来承担，另外的 10%～20%则依靠增大换流器触发角实现。

（四）反向输送额定值

直流输电系统反向输送额定值包括连续运行额定值、过负荷额定值和降压运行额定值。

对于以联网为目的的直流输电工程，一般两侧换流站采

用对称设计，两个方向的输送能力相同，具有同样的额定值。对于以送电为主的长距离直流输电工程，反向输送的要求不高，没有必要按与正向相同的水平设计，因而正反两个方向的额定值不同。反向额定值主要受正送时的逆变站主设备参数和整流站无功补偿配置的限制，只考虑前者的限制一般输送能力可达正向输送能力的 90%以上；如果还考虑正送时整流站无功配置的限制，则一般为额定功率的 50%～80%。

（五）最小输送功率

直流输电工程的最小输送功率主要取决于工程的最小直流电流，而最小直流电流则是由直流断续电流来决定的。当直流电流的平均值小于某一定值时，直流电流的波形可能出现间断，从而在换流变压器、平波电抗器等电感元件上产生很高的过电压，因此不允许直流电流的断续。最小直流电流允许值规定不小于断续电流临界值的 2 倍，在实际工程中，通常取连续运行额定直流电流的 10%。最小输送功率与直流运行电压和电流有关，当最小直流电流确定后，直流工程的最小输送功率随直流运行电压的降低而降低。

二、直流输电系统运行方式

高压直流系统的运行方式是指在运行中可供运行人员进行选择的稳态运行状态，与工程的接线方式、直流功率输送方向、直流电压的高低以及直流输电系统的控制方式有关。直流输电系统的运行方式可以根据工程的具体情况以及两端交流系统的需要，在以下各种方式中进行组合确定：

（1）按运行接线方式可以分为单极大地回线方式、单极金属回线方式、双极方式，以及特殊的融冰方式（详见第六章第三节相关内容）。

（2）按运行电压可分为全压运行方式和降压运行方式。

（3）按功率传输方向可分为功率正送方式和功率反送方式。

（一）运行接线方式

1. 单极直流输电工程

单极直流输电工程只有单极运行方式，包括单极大地回线方式和单极金属回线方式。其中单极大地回线方式是利用一根极导线和大地构成直流系统闭合回路，需要设置专门的接地极系统；而单极金属回线方式，则由极导线和一根低绝缘的金属返回线形成闭合回路，可不设置接地极，但需要在金属回线的一端设置钳制直流侧电位的接地点。单极大地回线方式和单极金属回线方式接线示意图如图 2-1 所示。由于这两种接线方式形式单一，因此在设计和建成后，运行方式是无法改变的。

2. 双极直流输电工程

双极直流输电工程的运行接线方式较为灵活多样，可以有双极方式、单极大地回线方式（还包括双极并联大地回

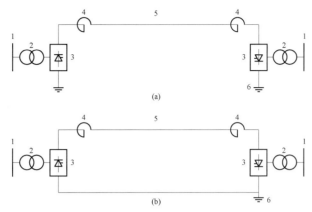

图 2-1 单极直流输电系统运行接线示意图

（a）单极大地回线方式；（b）单极金属回线方式

1—交流母线；2—换流变压器；3—换流器；

4—平波电抗器；5—直流线路；6—接地极

方式）、单极金属回线方式等；对于每极双 12 脉动换流器串联接线的双极直流输电工程，还应具备不完整双极运行方式、不完整单极大地回线运行方式、不完整单极金属回线运行方式的能力。

双极运行方式包括双极对称运行方式和双极不对称运行方式，双极对称运行方式是双极直流工程最基本的运行方式，双极对称运行方式下接地极中仅流过很小的不平衡电流。

双极不对称运行方式包括双极电压不对称运行方式、双极电流不对称运行方式以及双极电压及电流均不对称运行方式。双极电压不对称运行方式是指一极全压运行，另一极降压运行的方式，在电压不对称的运行方式下，最好能保持两极的直流电流相等，这样可使接地极中的电流最小。双极直流输电工程在运行中如某一极的冷却系统有问题，需要降低直流电流运行时，可以考虑双极电流不对称运行方式。如果降压运行的极要求电流也降低运行，此时两极的直流电流也不相等，即形成两极电压和电流均不对称的运行方式。每极双 12 脉动换流器串联接线的双极直流输电工程所应具有的一极完整、另一极不完整的不完整双极运行方式也属双极不对称运行方式。

对于每极单 12 脉动换流器接线的直流输电系统，无论是双极对称运行还是双极不对称运行，直流系统的接线不会发生变化，直流系统的接线只需满足单极大地回线、单极金属回线和双极回路运行接线间的转换即可；但对于每极双 12 脉动换流器串联接线的直流输电系统，在运行过程中，为提高直流输电系统的可用率，如果 1 组或者 2～3 组 12 脉动换流器因故退出运行，其余换流器应能维持正常工作，即会出现不完整双极运行方式（双极中仅有一个完整单极或者两个极均为不完整极）、不完整单极大地回线运行方式、不完整单极金属回线运行方式，这些运行方式的存在要求换流站主接线应能满足任一组 12 脉动换流器单独退出运行或任 2～3 组 12

脉动换流器同时退出运行的要求。图 2-2 分别给出了每极双 12 脉动换流器串联接线的直流输电系统部分可能的运行接线方式示意图，另根据退出运行的换流器的不同可参考得出其他的不完整双极、完整单极大地回线、完整金属回线和不完整单极大地回线和不完整单极金属回线运行方式。

（二）全压运行方式与降压运行方式

降压运行方式一般有两种工况：

（1）在恶劣的气候条件或严重污秽的情况下，因外绝缘问题需要降低直流运行电压，以提高输电线路的可靠性和可用率。

（2）在直流工程被用来进行无功功率控制时，需要增大触发角来增加换流器消耗的无功，此时直流电压相应降低。

直流输电工程运行中可能由于绝缘问题或无功功率控制等需要而采取降压运行措施，此时直流输电工程的直流电压一般降至额定电压的 70%～80%。如果降压幅值太小，则对解决系统绝缘问题或无功需求问题作用不大；降压幅度太大，则导致直流输电工程在大触发角下运行，由此将引起一系列的问题，如引起交直流侧谐波分量增加、换流阀运行工况变恶劣等。

常用的降压运行方法有两种：一种是加大触发角，该方法快速、灵活，但这种措施将导致换流站消耗的无功增加，换流站主要设备运行条件恶化；另一种是调整换流变压器分接开关的位置，降低换流阀的交流电压。实际工程中，常使用上述两种方法结合来保证直流输电工程降压运行。

对于每极采用双 12 脉动换流器串联接线的直流输电工程，可闭锁一个换流器将直流电压降低 50%，且不增加触发角和降低直流电流。

（三）功率正送方式与功率反送方式

高压直流输电系统一般具有功率正送与功率反送的功能，功率正送方向在工程设计前期阶段明确。

高压直流输电系统的功率反送也称潮流反转，潮流反转后，两端换流站的功能反向，原整流站以逆变状态运行，而原逆变站以整流状态运行。由于换流阀的单向导电性，因此潮流反转仅是电压极性的反向，而电流的方向保持不变。

直流输电工程的潮流反转有正常潮流反转和紧急潮流反转。通常紧急潮流反转由控制系统自动进行，而正常潮流反转可以手动进行也可以自动进行。

三、直流输电系统稳态运行特性及控制方式

（一）直流输电系统稳态运行特性

直流输电系统的稳态运行特性主要包括换流器的外特性、功率特性和谐波特性，本小节主要介绍换流器的外特性，即在控制调节器的作用下，直流输电系统稳态运行时的直流电流与直流电压间的关系。

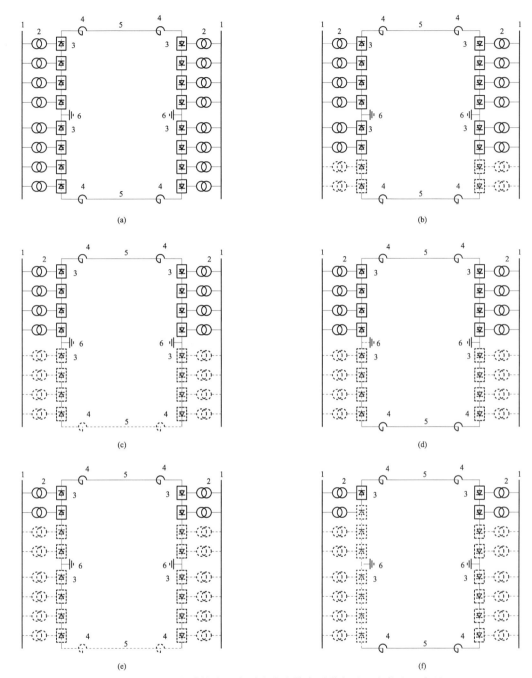

图 2-2　双 12 脉动换流器串联的直流输电系统部分运行接线示意图

（a）完整双极运行方式；（b）不完整双极运行方式；（c）完整单极大地回线运行方式；（d）完整单极金属回线运行方式；

（e）不完整单极大地回线运行方式；（f）不完整单极金属回线运行方式

1—交流母线；2—换流变压器；3—6 脉动换流器；4—平波电抗器；5—直流线路；6—接地极

图 2-3 中直流输电线路用 T 形等值电路表示，所标的直流电压和电流都是稳态平均值。在稳态情况下，它们与主电路中的电感 L 值和电容 C 值无关。以图 2-3 中输电线路始端的 S 点为界，可写出 S 点两侧的稳态伏安特性方程式[2]。

（1）S 点左侧，即整流器的伏安特性

$$U_d = U_{dioR} \cos\alpha - I_d d_{\gamma R} \qquad (2-1)$$

（2）S 点右侧，即逆变器连同直流线路的伏安特性分为

两种：

1）当逆变器按定 β 角运行时

$$U_d = U_{dioI} \cos\beta + I_d (d_{\gamma I} + R) \qquad (2-2)$$

2）当逆变器按定 γ 角运行时

$$U_d = U_{dioI} \cos\gamma - I_d (d_{\gamma I} - R) \qquad (2-3)$$

式中　U_{dioR}、U_{dioI}——整流器和逆变器的无相控理想空载

直流电压；

$d_{\gamma R}$、$d_{\gamma I}$——整流器和逆变器的相对换相压降。

根据整流器和逆变器的各种控制方式，直流输电系统的基本运行特性主要有五种：

（1）整流器定 α 角—逆变器定 β 角的运行特性。

（2）整流器定 α 角—逆变器定 γ 角的运行特性。

（3）整流器定直流电流—逆变器定 γ 角的运行特性。

（4）整流器定 α 角—逆变器定直流电流的运行特性。

（5）整流器定直流电流—逆变器定直流电压的运行特性。

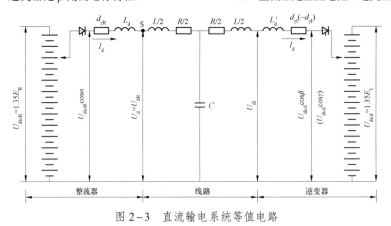

图 2-3　直流输电系统等值电路

L、R、C—直流输电线路的等值电感、电阻和电容；R 和 I—整流侧和逆变侧

除上述五种基本运行特性外，直流输电控制系统还可附加一些调节与控制功能，如低压限流、定直流功率调节、交流系统频率及无功功率调节等，以进一步改善直流输电系统的运行特性，或用以满足某些特定的要求。

1. 整流器定 α 角—逆变器定 β 角的运行特性

系统的运行状态由图 2-4（a）确定。图 2-4（a）中直线 1 是由式（2-1）确定的整流器定 α 角伏安特性；直线 2 是由式（2-2）确定的逆变器定 β 角伏安特性。两直线的交点 M 是系统的稳定运行点。

由图 2-4（a）可见，两端都没有自动调节或只有定触发角开环调节的直流输电系统，其运行特性不好。例如整流器交流电动势从 E_R 上升到 E'_R，则定 α 特性平行地移到 $1'$ 位置，系统新的稳定运行点为 A 点，直流电流增到到 I_{da}。同样，若 E_R 下降到 E''_R，稳定运行点移到 B 点，直流电流减小到 I_{db}。由于直流输电系统的伏安特性的斜率一般较小，交流电压变动不多，就会引起直流电流和直流功率很大的变化。同理，逆变侧交流电动势的变动，也会产生类似的结果。因此，实际直流输电系统不采用这种两端均无自动控制功能的特性，而是在整流器和逆变器都装有自动控制设备，且两端之间还有通信联系。

2. 整流器定 α 角—逆变器定 γ 角运行特性

整流器没有自动控制功能，逆变器采用定 γ 角控制器的直流输电系统运行特性如图 2-4（b）所示，图中直线 1 是整流器定 α 特性，直线 3 是由式（2-3）确定的逆变侧定 γ 特性，系统稳定运行点为两直线的交点 M。与图 2-4（a）相似，采用这种控制方式组合的直流输电系统运行特性也不好。如果受端交流系统太弱，以致 $d_{\gamma I} - R > d_{\gamma R}$，即出现如图 2-4（b）中的特性 1 和 $3'$ 的情况，则当 I_d 稍有增大时，整流器直

流电压将比逆变器反电压降低得少，导致 I_d 恶性循环地增大；而当 I_d 稍有减小时，逆变器直流电压将比整流器直流电压增大得还要多，从而使 I_d 恶性循环地减小，直流输电系统无法在 M 点稳定运行。

3. 整流器定直流电流—逆变器定 γ 角运行特性

整流器定直流电流特性如图 2-4（c）和（d）中的直线 AB 所示，图中还画出了整流器的最小 α 限制特性。正常时，系统运行在整流侧定直流电流特性与逆变侧定 γ 特性的交点 A，利用整流器的定电流控制维持直流电流在设定值，同时利用逆变器的定 γ 角控制在逆变器安全运行的条件下保持直流电压最高，从而得到最好的运行经济性能，是直流工程常用的控制方式组合。

4. 整流器定 α 角—逆变器定直流电流运行特性

定电流控制是直流输电系统的基本控制方式，除了在整流器装设外，通常在逆变器也装设定电流控制器。逆变侧定电流控制器的直流电流设定值 I'_{d0} 比整流侧的小 ΔI_{d0}，ΔI_{d0} 称为电流裕度值，一般取 $\Delta I_{d0} = (0.1 \sim 0.5) I_{d0}$。当整流侧交流电压下降或逆变侧交流电压上升较多，致使整流器因 α 角调节到最小限制值而转入定 α_0 运行时，逆变侧即转入定直流电流运行，直流输电系统的运行点分别移到图 2-4（d）中 C 点或 D 点。

5. 整流器定直流电流—逆变器定直流电压运行特性

如图 2-4（e）所示，正常运行时整流器利用定电流控制维持直流电流在设定值，同时逆变器利用定电压控制来维持直流电压运行在设定值，直流输电系统稳态运行点为两直线的交点 A。当受端为弱交流系统时，逆变器采用定直流电压运行，有利于提高换流站交流电压的稳定性。图 2-4（e）中还给出整流器的最小 α 限制特性以及逆变器的最小 γ 控制特

性，逆变器的最小 γ 控制特性是为了减小换相失败发生概率而装设的，它只在 $\gamma < \gamma_0$ 时才进行调节。

　　除了可利用换流器的触发角控制外，还可以利用整流侧和逆变侧换流变压器的有载分接开关来改变运行特性，但要通过机械动作来实现，需时达秒级，比触发角调节慢得多，所以一般只能用于提高经济性的调节。

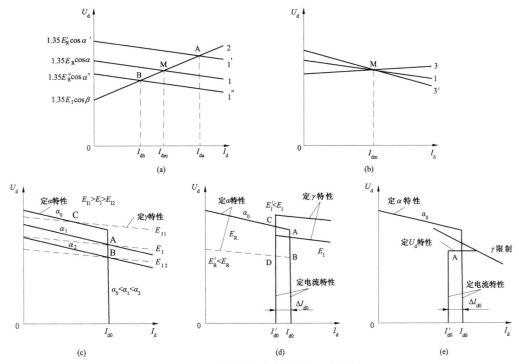

图 2-4　直流输电系统的基本运行特性
（a）整流器定 α 角-逆变器定 β 角；（b）整流器定 α 角-逆变器定 γ 角；（c）整流器定直流电流-逆变器定 γ 角；
（d）整流器定 α 角-逆变器定直流电流；（e）整流器定直流电流-逆变器定直流电压
1、1'、1″—定 α 角特性；2—定 β 角特性；3、3'—定 γ 角特性

（二）直流输电工程控制方式

　　直流输电的优点之一是能够通过换流器触发角的控制，快速实现多种运行方式的调节。在实际系统中，换流器控制是基础，它主要通过对换流器触发脉冲的控制和对换流变压器分接开关的调整来完成对直流传输功率的快速准确控制。

　　对直流系统的运行控制，要求具有下列基本功能：

　　（1）减小由交流系统电压变化引起的直流电流波动。

　　（2）限制最大直流电流，防止换流器受到过载损害；限制最小直流电流，避免直流电流间断而引起过电压。

　　（3）尽量减小逆变器发生换相失败的概率。

　　（4）适当减小换流器所消耗的无功功率。

　　（5）正常运行时，直流电压保持在额定水平。

　　为了应对各种工况，满足正常的运行要求，直流系统换流站的控制系统通常有如下的基本控制方式：

　　（1）直流电流控制：保持电流等于电流调节器的整定值。其基本原理是，把测得的系统实际直流电流反馈给整定值进行比较，再将误差进行放大，放大器的输出用来控制触发角控制电路，从而改变整流器的触发延迟角，使差值消失或减小，以保持电流等于整定值。

　　（2）直流电压控制：定电压调节的原理与定电流调节原理相似，只是反馈信号为直流电压。它保持直流线路送端或受端的电压等于给定值，定电压控制有利于提高换流站交流电压的稳定性。另外，在轻负载运行时，由于逆变器的关断角 γ 比满载运行时大，对防止换相失败有利。

　　（3）整流器触发迟角控制：使正常运行时 α 角较小，一般保持在 $12.5° \sim 17.5°$ 范围内，既减少无功功率的损耗，又留有调节的余地来控制直流潮流。

　　（4）逆变器关断角控制：为保证逆变器的安全运行，限制关断角 γ 不小于给定的最小关断角，以减小换相失败的风险，提高运行可靠性。另外，为了尽可能提高逆变器的功率因数，降低无功功率的损耗，又希望它在较小的 γ 角状态下运行，因此设有关断角的调节装置，使其运行在定 γ 特性上。

　　（5）定功率控制：通常要求直流工程传输预定的功率。在这种应用中，相应的电流指令等于功率指令除以测量的直流电压。这种方式为实际系统常用的控制方式。

　　（6）无功功率控制：换流站进行无功功率控制的手段，主要有投切换流站内的交流滤波器组改变换流站提供的无功功率，以及调节换流器的触发角 α 来改变换流站所消耗的无

功功率。投切滤波器组所引起的无功功率的变化是台阶式的，同时它还受到滤波要求所需要的最小滤波器组数的限制。触发角的调节也受到 α_{max} 和 α_{min} 的限制。在实际工程中，通常是采用上述两种调节手段相互配合的方法。

在高压直流输电控制系统中，实际应用的控制方式并不是一种。两侧的换流站均有多种控制方式供调度员选择，控制方式为各种方式的不同组合，它们各自担负着不同的控制调节任务且相互配合。控制方式的改变可以由运行人员根据需要进行手动操作，也可以由控制系统按规定的条件自动地实现。常用的组合方式有：整流器定直流电流+逆变器定 γ 角、整流器定直流电流+逆变器定直流电压、整流器定 α 角+逆变器定直流电流等。

四、直流输电系统无功功率补偿

直流输电系统整流站和逆变站的换流器运行均需要消耗无功功率，一般满载运行时换流器所消耗的无功功率为额定输送功率的 50%～60%。为保持换流站无功平衡，需要在每个换流站装设无功补偿设备。直流输电系统无功功率补偿研究包括交流系统无功支持能力、无功补偿设备类型、容性无功补偿设备容量、感性无功补偿设备容量、无功补偿设备分组。

在高压直流输电系统换流站成套设计中，通常将无功功率补偿装置与交流滤波装置统一规划，使交流滤波器装置除了要按规定的谐波标准抑制直流输电系统对交流系统所产生的电压与电流畸变值外，还兼作无功功率补偿装置以省投资。

（一）交流系统无功支持能力

在一定条件下，交流系统对换流站具有无功支撑能力，包括直流大功率下的交流系统无功提供能力和直流小功率下交流系统的无功吸收能力。充分利用交流系统无功支持能力可以减少换流站无功补偿设备和无功吸收设备容量（如电容器和电抗器），减少无功补偿设备的分组，节省相应的一次设备和控制保护设备，还可以降低直流系统突然停运时甩负荷过电压水平，降低换流站设备造价。

交流系统无功支持能力可以通过无功平衡和潮流程序进行计算，决定交流系统无功支持能力的一个最重要因素是运行方式选择，包括计算水平年、电网开断方式、开机方式和直流运行方式。

（二）无功补偿设备类型

无功补偿设备类型主要有两类：第一类为机械投切的电容器和电抗器，其中电容器包括滤波电容器和并联电容器；第二类为动态无功补偿装置，包括静止无功补偿装置（Static Var Compensator，SVC）、静止同步补偿装置（Static Synchronous Compensator，STATCOM）和调相机。动态无功

补偿装置一般在换流站接入的交流电网薄弱，电压控制困难，或者是可能发生动态电压稳定问题时采用。

（三）无功补偿设备容量及分组

无功补偿设备的容量由换流站的容性和感性无功平衡计算得出。容性无功补偿设备组数包括小组数和大组数。确定无功补偿设备组数时需考虑交流系统最大允许投切容量、无功补偿设备投切时稳态和暂态电压变化、最少滤波器分组数量要求，详见本书第四章第三节"换流站无功配置"的相关内容。

容性无功补偿装置容量的确定以各种运行方式下，换流器消耗的最大无功功率为基础，考虑交流系统的无功支撑能力以及给定组数的无功补偿设备不可用，换流站仍能够维持无功平衡。换流站感性无功补偿容量确定一般以直流小方式下换流器的最小无功消耗为基础，考虑换流站因交流滤波要求必须投入的滤波器以及交流系统的无功吸收能力后，经过平衡计算确定。

无功小组分组容量需考虑无功小组投切引起换流站交流母线的电压波动影响、换流站无功补偿总容量、滤波性能要求的最小滤波器组数和设备布置等要求进行优化，尽量减少组数。投切一个无功小组引起换流站交流母线的暂态电压波动一般按不大于 1.5%～2%控制，且不导致换流变压器有载分接开关动作；任何无功小组的投切都不应引起换相失败、不改变直流控制模式以及直流功率输送水平。

无功大组的容量选择应结合系统稳定要求、无功小组的分组容量、大组断路器最大开断能力、滤波器类型和配置要求、设备可靠性水平等因素综合确定。切除一个无功大组是一种非正常方式，切除无功大组引起的暂态电压变化不应导致直流系统发生闭锁故障；大组切除后应能以最快的速度将故障设备隔离，并重新投入大组中的其他设备以恢复直流输电系统正常输送能力。

五、直流输电系统交流侧滤波

直流输电系统对于所连接的交流系统而言为谐波电流源，为减小流入交流系统的谐波电流和谐波电压，满足交流系统的电能质量要求，减小对换流站邻近通信设备的影响，通常在换流站交流侧装设交流滤波装置。

交流滤波器的设计分为性能计算、稳态定值计算和暂态定值计算三个部分。性能计算是根据系统的边界条件和换流器产生的特征谐波和非特征谐波，计算交流滤波器性能，确定交流滤波器类型；稳态定值计算是考虑所有可能发生的稳态情况，计算滤波器上各元件在稳态中可能达到的最大电压和电流所承受的基波和各次谐波电压和电流应力；暂态定值计算是为滤波器配置适当的避雷器，并确定滤波器元件的暂态电流和绝缘水平[3]。

交流滤波器设计应满足电压畸变和电话干扰两类性能要

求。电压畸变常采用单次谐波电压畸变率 D_n[Individual Harmonic（Voltage）Distortion]和总谐波电压畸变率 THD[Total Harmonic（Voltage）Distortion]表征；电话干扰指的是对明线通信系统的影响，采用电话谐波波形系数 THFF（Telephone Harmonic Form Factor）表征。

换流站交流母线电压畸变限值标准一般选用的典型范围为：单次谐波畸变率 D_n 多选用 0.5%～1.5%，典型值为 1.0%，THD 多选用 1.5%～2%，电话谐波波形系数 THFF 一般为 1%～2%。对于 D_n，通常根据系统负序电压和背景谐波情况，可对不同次数的谐波采用不同的要求，如奇次谐波、低次谐波（3、5 次等）采用较高的值。

直流输电工程的交流滤波器一般采用无源滤波器，常用的有双调谐阻尼滤波器、三调谐阻尼滤波器、二阶高通阻尼滤波器、C 型阻尼滤波器等类型，通常一个换流站交流滤波器类型不宜超过 3 种。换流站的交流滤波器以特征谐波滤波器（11、13、23 次和 25 次）为主，由于系统条件和背景谐波的影响，有的换流站还需要考虑配置低次谐波滤波器。滤波器型式组合需结合实际的工程情况通过技术经济优化后确定。

六、直流输电系统直流侧滤波

为降低流入直流线路和接地极引线中的谐波电流，减小对直流极线和接地极引线沿线通信明线的干扰，一般在直流换流站的每个极上并联装设直流滤波器，同时也利用平波电抗器和中性点电容器抑制直流侧谐波的影响。平波电抗器相当于串接在主回路上的大阻抗，能起到抑制直流侧谐波的作用。中性点电容器为流过换流变压器杂散电容入地的谐波电流提供就近返回中性点的通道。

直流滤波器的设计分为性能计算、稳态定值计算和暂态定值计算三个部分。性能计算是根据输入的系统参数、运行方式和环境条件等因素，建立直流系统模型，确定直流滤波器类型；稳态定值计算是考虑所有可能发生的稳态情况，计算滤波器上各元件在稳态中可能达到的最大电压和电流；暂态定值计算是为滤波器配置适当的避雷器，并确定滤波器元件的暂态电流和绝缘水平[3]。

直流滤波器装置主要性能指标是加权等值到 800Hz 或 1000Hz 的等效干扰电流。对任意输送方向从最小直流功率到额定直流功率内的任意直流输送功率，直流线路走廊的任意位置和两端接地极引线走廊的任意点，等效干扰电流不宜超过规定的限值要求。等效干扰电流限值一般根据直流线路与周围通信明线平行段的长度、垂直距离、该地区的土壤电阻率等条件并结合直流滤波器的制造水平及设备费用综合确定。

在直流输电系统工程中，设定的等效干扰电流越小，则直流滤波器装置的投资越昂贵。我国 20 世纪 90 年代设计的

长距离高压直流输电系统采用的等效干扰电流值为：双极运行不超过 500mA，单极运行不超过 1000mA。随着现代光纤通信技术的广泛应用，等效干扰电流限制标准有逐步放大的趋势，近期设计的特高压直流输电系统，由于音频通信系统主要采用光纤通道，直流线路的谐波干扰范围缩小，经技术经济比较最大的等效干扰电流限值为：双极运行不超过 3000mA，单极运行不超过 6000mA。

直流滤波器是由电容器、电抗器和电阻器等设备组成的特定调谐频率支路，一般具有架空线路的直流输电工程都配置有直流滤波器，而背靠背工程和电缆工程可不考虑装设直流滤波器。直流滤波器没有提供无功容量的要求，因此组数较少，通常每极装设 1～2 组。采用 12 脉动换流器的直流系统在直流线路侧产生的特征谐波是 12 的整数倍，因此一般直流滤波器设计的调谐频率常选为 12、24 次和 36 次。典型的 ±500kV 直流输电工程一般每极采用双调谐滤波器，如高通滤波器 HP12/24 和 HP12/36，也有采用三调谐直流滤波器 TT12/24/36。某些直流工程会加入较低频率的调谐点（如 2 次），以防止直流侧低频谐振。

七、直流输电系统可听噪声

高压直流输电系统线路的电晕放电、换流站设备在电磁力作用下的振动均会产生可听噪声，严重时会给附近的居民带来烦躁和不安，因此在工程建设阶段，应采取措施将噪声限制到合理的范围内。

（一）可听噪声性能指标

换流站的噪声控制原则是站界和周围敏感点噪声满足国家和地方政府环保部门相关批复的要求，并符合现行国家标准 GB 12348《工业企业厂界环境噪声排放标准》和 GB 3096《声环境质量标准》的规定。

（二）噪声抑制措施

随着电压等级的提升和环境问题的关注度日益增加，降噪成为直流工程设计必须考虑的重要因素。

直流输电线路可通过合理选择导线的外径、分裂数量和分裂半径以及对连接部位加装均压屏蔽环等措施来降低电晕水平，进而抑制可听噪声。

换流站噪声主要从噪声源和传播途径两个方面进行控制。一方面在设备设计时应使设备的固有振动频率不同于主要的电磁频率，以尽量减小设备噪声辐射面的振幅，从而降低设备噪声。另一方面通过优化站区布置，装设换流变压器隔声罩，在噪声源与噪声敏感点之间增设隔声屏障等措施来控制噪声的传播途径。

八、直流输电系统损耗

直流输电系统的损耗是在传输功率中产生的功率损耗，

包括换流站损耗、直流线路损耗、接地极引线及接地电极损耗。通常单个换流站的损耗为换流站额定功率的 0.5%～1%；直流输电线路的损耗，取决于输电线路的长度、导线截面和环境温度，±500kV 直流线路的每千千米损耗一般为额定输送容量的 6%～7%，±800kV 直流线路每千千米损耗一般为额定输送容量的 2.5%～4%；直流输电的接地极系统主要为直流电流提供一个返回通路，在运行中也会产生损耗。

（一）换流站损耗

换流站的损耗主要由换流变压器、换流阀、平波电抗器、交流滤波器的损耗和其他设备及辅助系统的损耗组成，其中换流变压器和换流阀的损耗是换流站损耗的主要部分。换流站中各设备的实际损耗与其运行环境和运行工况有关，通常，高压直流换流站的损耗计算是在交流系统的额定运行条件下选择 3～5 个直流负荷水平进行。

（二）直流线路损耗

直流线路损耗包括与电压相关的损耗和与电流相关的损耗两部分。

与电压相关的损耗主要指线路电晕损耗和线路绝缘子串泄漏损耗，后者损耗量很小，一般可以忽略不计。在相同电压等级下，直流线路电晕损耗小于交流线路电晕损耗。

与电流相关的损耗主要是通过线路的直流电流在线路电阻上产生的损耗，由于线路直流电阻与导体温升有关，因此这部分损耗在冬季和夏季有较大差别。

（三）接地极引线及接地电极损耗

由于接地极引线电压很低，一般不考虑与电压相关的损耗，只需考虑与电流相关的损耗。直流接地极的损耗也和电流相关。

接地极及其引线中的电流与直流系统运行方式有关。当直流系统按单极大地回线方式运行时，流过接地极系统的直流电流是负载电流，这种情况下应计算其损耗；当直流输电系统按单极金属回线方式运行时，接地极系统中无直流电流通过，因而不产生损耗；当直流系统按双极对称运行时，流经接地极系统的电流仅为双极不平衡电流（正常情况下仅为直流系统额定电流的 1%左右），由此产生的损耗可以忽略不计；当直流输电系统按双极电流不对称运行时，接地极系统的损耗按照两极电流差值进行计算。

九、直流输电系统可靠性

直流输电系统的可靠性是直流输电系统在规定条件下和规定时间内完成规定功能的能力。它是用于衡量直流输电系统完成其设计要求和功能的可靠程度、评价直流输电系统运行性能的重要指标，通常以概率值表示。直流输电系统可靠性受系统设计、设备制造、工程建设、环境条件以及运行方式等各个环节的影响。主要用直流系统的停运率、停运时间以及所带来的送电能量的损失来评价。

通过对直流系统的可靠性进行评价分析，进而提出提高工程可靠性的合理措施或对工程设备提出合理的可靠性要求。

（一）可靠性主要统计指标

可靠性的主要统计指标包括不可用次数、等效停运小时、能量不可用率、能量可用率、能量利用率等。

1. 不可用次数

在统计期间内，统计对象处于不可用状态的次数，分为按照计划停运检修的计划停运次数和由于系统或设备故障引起的强迫停运次数。对于双极直流系统，分为单极停运，以及两个极同时停运的双极停运。对采用两个或多个换流器构成一个极的，还应统计换流器停运次数。

2. 等效停运小时

等效停运小时为实际停运持续小时数乘以降额折算系数。该系数为停运期间不可用容量与系统额定输送容量之比。其中，实际停运持续时间又分为由于系统或设备故障引起的等效强迫停运小时和按照计划停运检修的等效计划停运小时。

3. 能量不可用率

包括强迫能量不可用率和计划能量不可用率。强迫能量不可用率指等效强迫停运小时数与统计周期小时数之比；计划能量不可用率指等效计划停运小时数与统计周期小时数之比。

4. 能量可用率

等效可用小时数与统计周期小时数之比，也可用百分之一百减去能量不可用率的百分数。此处能量不可用率指强迫能量不可用率和计划能量不可用率之总和。

5. 能量利用率

输电能量（单位为 kWh）与统计周期内直流输电系统的额定输电能量之比。统计周期内直流输电系统的额定输电能量为直流输电系统的额定输送功率与统计周期小时数的乘积。

直流输电系统具有多种运行接线方式以及过负荷和降压运行的能力，这些性能或使直流输电系统的双极和单极停运率大大减小：当一极停运时不影响另一极的运行，同时另一极还可采用过负荷运行方式；当线路绝缘水平降低时可降压运行。这将减小故障或检修对直流输送功率的影响，从而大大提高直流输电系统的可靠性和可用率。

（二）可靠性指标要求

高压直流输电系统的设计目标是达到高水平的可用率和可靠性，根据 GB/T 51200—2016《高压直流换流站设计规范》和 GB/T 50789—2012《±800kV 直流换流站设计规范》，直流输电工程可靠性设计目标的参考值如下：

强迫能量不可用率不宜大于 0.5%。

计划能量不可用率不宜大于 1.0%。

对于每极采用单 12 脉动换流器接线的两端高压直流输电

系统换流站强迫停运次数目标值为：

单极强迫停运次数不宜大于 5 次/（极·年）。

双极强迫停运次数不宜大于 0.1 次/年。

对于每极采用两个 12 脉动换流器串联接线的两端高压直流输电系统换流站强迫停运次数目标值为：

换流单元平均强迫停运次数不宜大于 2 次/（单元·年）。

单极强迫停运次数不宜大于 2 次/（极·年）。

双极强迫停运次数不宜大于 0.1 次/年。

对于背靠背直流输电系统的换流单元强迫停运次数不宜大于 6 次/年。

十、直流偏磁

直流偏磁是当变压器绕组中含有直流电流分量时，在铁心中产生的直流磁通分量与交流磁通分量相叠加产生的偏移零坐标轴的偏移量。

对于直流输电系统，由于换流器触发角不平衡、稳态运行时由并行的交流线路感应到直流线路上的基频电流、换流站交流母线上的正序 2 次谐波电压，以及单极大地回线方式运行时由于电流注入接地极而引起换流站地电位相对远方地电位升高，都将在换流变压器绕组中产生直流电流，从而引起直流偏磁。

当直流系统采用单极大地回线方式运行时，还会影响到极址一定范围内直接接地的交流变压器，造成交流变压器直流偏磁。

直流偏磁将导致变压器损耗、温升及噪声增加，严重时可能引起绝缘损坏，需采取必要的措施进行抑制。

换流站的成套设计应计算各种原因引起的流过换流变压器绕组的总的直流电流，确定主设备及控制保护功能的相应特性，使直流系统能在任何规定的运行方式下不受限制地连续运行，且不影响设备寿命或降低规定的性能要求。

DL/T 5224—2014《高压直流输电大地返回系统设计技术规程》根据 CIGRE 和厂家调研的情况规定变压器每相绕组允许的直流电流可按单相变压器为额定电流的 0.3%，三相五柱变压器为额定电流的 0.5%，三相三柱变压器为额定电流的 0.7%考虑。当流过变压器绕组的直流电流大于上述允许值或者厂家提供的允许值时，需要采用合理的限流或变压器的中性点串接隔直装置等措施。

第二节 高压直流输电系统的故障

一、换流器故障

换流器是直流输电系统中的核心元件，换流器常见故障包括：桥臂短路、换相失败、误开通故障、不开通故障、桥出口短路故障等。

1. 桥臂短路

换流器桥臂短路是指换流器的桥臂之间发生金属性短路故障。正常运行时，换流阀按一定的顺序导通和关断，换流器交流侧呈现出两相短路状态。当整流侧发生桥臂短路时，换流器交流侧将交替出现两相短路和三相短路，正常导通的桥臂也会因此承受更大的短路电流，系统运行风险加大。当逆变侧发生桥臂短路时严重性较整流侧轻，主要是因为逆变侧的桥臂处于反向阻断电压的时间间隔很短，并且反向电压低，故障电流较小。

2. 换相失败

换流器故障中以逆变器换相失败故障最常见。造成换相失败的原因有多种，包括逆变器换流阀短路、逆变器丢失触发脉冲、逆变侧交流系统故障等均会引起接相失败。当逆变器两个阀进行换相时，因换相过程未能进行完毕，或者预计关断的阀关断后，在反向电压期间未能恢复阻断能力；当加在该阀上的电压为正时，立即重新导通，则发生了倒换相，使预计开通的阀重新关断，这种现象称为换相失败。换相失败波形图如图 2-5 所示。

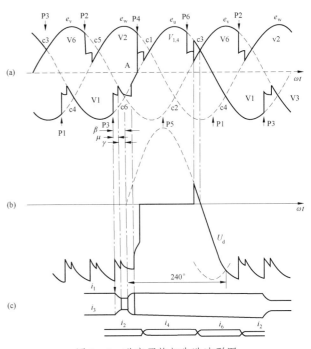

图 2-5 逆变器换相失败波形图
（a）换相电压；（b）直流电压；（c）阀电流

当逆变器某阀发生单次换相失败后，由于直流电流增大，还可能继发两次连续或不连续的换相失败。这种故障除了有较大的故障电流外，还将有工频交流电压加到直流线路上。在这种情况下，当直流侧的谐振频率接近工频时，将有可能引起谐振过电压；同时，两次连续换相失败将使直流电流流经换流变压器，造成变压器直流偏磁饱和。

3. 误开通故障

换流阀的误开通故障是指阀的导通与正常的导通顺序不一致，一般发生在阀正向阻断期间。由于逆变侧的正向阻断时间比整流侧长，发生误开通故障的几率更高，造成的后果也更严重，与上述换相失败相似。

4. 不开通故障

换流阀不开通故障是阀由于其门极控制回路故障或由于触发脉冲丢失而造成阀在预计开通时未能导通的故障。对于整流器将造成直流电压周期性下降，短时为负然后过零的过程，导致直流电压中含有 50Hz 分量，小电流时还可导致直流电流的断续。对于逆变器，其过程与一次换相失败相同，主要区别在于它不存在两个阀的换相过程。

5. 桥出口短路

桥出口短路是指换流器直流侧出口之间的短路。对于整流器，该故障与桥臂短路故障类似，但不同的是，出口短路时换流桥 6 个阀保持单相导通，桥臂短路时故障阀完全被短接由单向导电变为双向导电。逆变侧的桥出口短路相当于直流线路末端短路故障，由于回路中平波电抗器的作用，逆变侧的故障电流相对较小。

二、换流站直流配电装置及接地极故障

换流站直流配电装置故障包括对地故障和设备故障。

直流配电装置对地故障可能发生在高压侧和低压侧。直流配电装置区内的高压侧对地故障，主要是设备支柱绝缘子对地闪络故障，将引起直流电流急剧增大。直流配电装置区内的低压侧对地故障，通常发生的是中性母线或接地极引线对地短路或断线故障。对地故障发生后，直流电流会流入换流变压器中性点，引起换流变压器的直流偏磁增大，铁心饱和。

直流配电装置区的设备故障包括直流滤波器、平波电抗器等故障。直流滤波器可能发生内部短路故障、元部件的过负荷造成元件过热，或者由于支路内电容器元件的损坏数量达到一定程度后而导致电容器组件内的其他电容器元件雪崩式损坏。油浸式平波电抗器故障与变压器故障基本相同。这些故障直接威胁直流系统的设备安全，都将由控制或保护动作而使直流系统停运。

对于双极直流输电系统，单极设备故障只影响到单极运行。但在直流配电装置的中性线侧，发生中性母线处的故障影响最大，将直接影响双极的运行，甚至导致双极停运。

考虑到直流入地电流对站内接地网和换流变压器的影响，接地极通常建在离换流站几十千米的地方，因此换流站与接地极之间需要接地极引线进行连接，正常情况下接地极引线为地电位。接地极发生断线故障，流过接地极的电流为零，站内失去参考电位，中性母线电压将会升高。

三、换流站交流侧故障

换流站交流侧故障按故障区域可分为站内交流配电装置故障及站外交流系统故障。

1. 换流站交流配电装置故障

换流站交流配电装置由于设备多、占地面积大，故障类型较多，主要包括换流变压器、交流滤波器、断路器及隔离开关等设备故障。按照故障对高压直流系统的影响可分为与换流器并联设备故障和主回路交流设备故障两类。

（1）与换流器并联设备故障。与换流器并联设备故障包括交流滤波器、无功补偿装置及其连线部分的故障，这部分故障将由交流系统提供故障电流，故障电流的大小取决于交流系统的强弱。如果故障设备退出运行，将引起交直流系统交换无功的不平衡，或在交流系统中产生的谐波分量增大。交流滤波器和并联电容器组发生的故障通常为内部短路故障。滤波器中的电容器结构一般为 H 形对称桥形，当电容元件短路损坏至一定程度时，将在健全的电容器元件上形成不可承受的过电压应力。此外，由于设计不当或非正常的运行，可能引起交流滤波器内部的电阻器或电抗器元件的谐波过负荷，造成元部件的过热。在交流滤波器的并联电路中元部件发生短路时，同时还会引起其单相阻抗的改变，在滤波器中出现零序电流及引起交流滤波器的失谐。与常规交流系统中同等电压等级的交流断路器相比，交流滤波器断路器投切频繁，且投切时的电容电流和涌流很大，设计时应充分考虑这一因素，以确保直流系统的安全运行。

（2）主回路交流设备故障。主回路交流设备故障主要指换流母线、换流变压器及其网侧断路器，以及换流变压器至换流器之间的连线等处的故障。对于整流侧，发生换流母线单相短路时，直流电压将降低，直流输送功率将减少，同时直流电压中含有 100Hz 的谐波。整流侧换流母线发生三相短路时，将失去换相电压，直流输送功率将为零。对于逆变侧，当换流母线发生故障时，由于换流器交流侧电压降低，引起直流反电动势降低、直流电流瞬时增大；如果电压下降严重，会继而引起换相角的明显增大，这些都将可能最终导致逆变器的换相失败。换流变压器故障除本体故障与常规变压器相同外，还应特别注意其阀侧绕组对地短路故障，其故障点与站内接地网形成回路，相当于换流桥的桥臂短路。此外，换流变压器的冷却系统故障、分接开关控制和执行机构的故障，都将可能导致设备的损坏和直流系统的停运。当换流变压器投切时，往往会产生较大的励磁涌流，必须避免在某些情况下可能导致交流系统继电保护的误动。直流输电系统在正常或暂态工况下，会产生各种特征或非特征谐波，应该注意这些谐波对交流系统中继电保护的影响。

2. 交流系统故障

交流系统故障对直流系统的影响是通过加在换流器上的换相电压的变化而起作用的，换相电压变化与故障点距换流站的电气距离有关，故障点离换流器越近，对换流器的影响就越大。当交流系统发生故障时，交流电压下降的速率、幅值以及相位的变化都会对直流系统的运行造成影响。

交流系统的故障主要包括三相短路、两相短路、两相接地短路、单相接地及断线故障等。

（1）整流侧交流系统故障。交流系统中不同地点发生不同方式短路会使整流侧交流母线电压的幅值、相位、波形发生不同程度的变化，使直流系统受到不同程度的影响。在故障期间由于交流电压的降低均使直流输送功率降低，严重时可降为零。交流故障清除后，直流系统可自动恢复。

若故障引起的整流侧交流母线电压幅值变化未超出整流器触发角和换流变压器分接开关自动调节的范围，在直流控制系统的作用下，直流系统仍可在整定的直流电压和电流下正常运行，仅引起触发角和换流变压器分接开关位置的变化。若故障引起整流侧交流母线电压变化超出整流器触发角和换流变压器分接开关自动调节的范围，将引起直流电压的降低和直流电流的减小，直流系统由整流侧的定电流控制方式转为逆变侧的定电流控制方式，或者转为低压限流（Voltage Dependent Current Limit，VDCL）的控制方式，以避免直流系统的不稳定运行工况。

当故障使整流侧交流电压严重下降时（通常低于换流站母线三相平均整流电压测量值的30%），将导致换流器控制的基准信号消失或阀中触发电路的储能不足，使整流器不能正常触发和换相，导致直流系统停运。故障清除后，交流母线电压恢复到正常值的40%后，直流系统将自动恢复。

对于整流侧交流系统发生的不对称故障，其影响较三相故障轻，与三相对称故障不同的是，由于不平衡换相电压的影响，在直流系统将产生2次谐波。

（2）逆变侧交流系统故障。逆变侧交流系统故障要比整流侧发生故障对直流运行的影响大，原因是在这种情况下由于故障引起的电压骤降和相位改变可能导致换相失败，这就意味着直流电流不能从一个阀顺利地换到另一个阀上，而是仍然流过同一个阀。其他阀的触发将形成一个暂态旁路，使受影响的换流器组在半个周期中短路。此时，控制系统通常要迅速动作、增加关断角并恢复正常的换相过程。

四、直流线路故障

直流线路的故障主要有对地短路、极间短路或断线。按照输电线路的类型直流线路故障可分为架空线路故障和直流电缆线路故障两类。

1. 架空线路故障

直流架空线的短路故障主要是遭受雷击或污秽等环境因素所造成线路绝缘水平降低而产生的闪络。直流线路发生短路后，短路故障电流的过程可分为行波、暂态和稳态三个阶段。首先是故障后初始行波阶段，线路电容通过线路阻抗放电，沿线路的电场和磁场所储存的能量相互转化形成故障电流行波和相应的故障电压行波。故障点短路电流为两侧流向故障点的行波电流之和，幅值取决于线路波阻抗和故障前故障点的直流电压。暂态阶段，定电流控制器将控制动作，抑制两侧换流站流向故障点的电流至整流器、逆变各自的整定值，故障电流进入稳态阶段。虽然在定电流控制器的作用下，直流线路短路的稳态故障电流不大，但是，由于电流没有过零点，因此故障电弧不会自动熄灭。通常当保护系统判定为直流线路短路故障后，整流站的控制系统立刻发出移相指令，使整流器变为逆变器运行，加速直流线路和两端有关设备中存储的能量的释放，使故障电流快速降到零。

直流线路断线将引起直流电流中断并引起直流过电压，从而使直流系统停运。

2. 直流电缆线路故障

直流电缆故障一般为绝缘受损击穿导致的永久性故障。直流电缆线路故障的电流过程和架空线故障类似，但由于线路参数不同，因而故障电流的数值和波形也不同。

第三节　高压直流输电系统的动态性能

一、直流系统的响应

大容量高压直流输电系统的动态响应性能对交直流系统安全运行具有至关重要的作用。动态响应性能主要包括直流输电系统的控制器响应和故障响应。具体为：电流控制器的响应性能、功率控制器的响应性能、关断角控制器的响应性能、电压控制器的响应性能、交流系统故障后的响应性能、直流线路故障后的响应性能。

直流输电系统动态性能的研究多采用电磁暂态仿真软件EMTDC/PSCAD进行，针对直流系统的各种运行方式，充分验证所有影响动态性能的相关控制和保护功能，优化确定直流控制系统的功能参数，满足系统动态性能的要求。涉及的控制系统功能包括：电流控制器、功率控制器、关断角控制器、电压控制器、换流变压器分接开关控制、无功控制以及低压限流、换相失败保护和在交流电压扰动期间改善换相功能[3]。

（一）阶跃响应及响应时间的测量

直流系统控制器的动态响应性能，主要体现在各个控制器在收到整定值阶跃变化指令后的响应时间要求上。

图2-6和图2-7分别表示了整定值阶跃上升和整定值阶跃下降时的系统响应值变化和响应时间的关系。

对于过阻尼系统，响应时间"t_{r3}"定义为：从整定值变化时刻始到测量值达到整定值变化量的90%所需的时间。测量值应在4倍t_{r3}的时间内稳定到新的整定值。

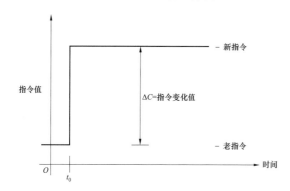

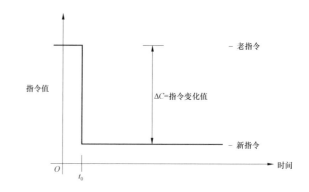

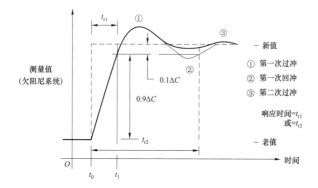

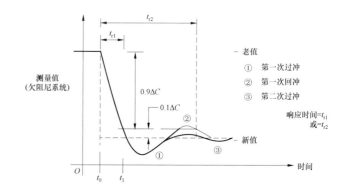

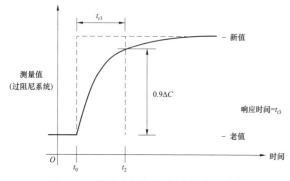

图2-6　阶跃响应的定义（阶跃上升）

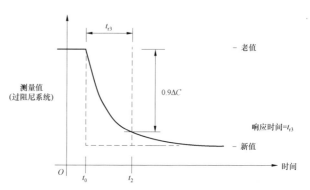

图2-7　阶跃响应的定义（阶跃下降）

如果测量值在第一次过调之后能保持在以新的整定值为中线，误差为整定值变化量的±10%的范围之内，可将响应时间"t_{r1}"定义为从整定值变化时刻始到测量值达到整定值变化量的90%所需的时间。

采用"t_{r1}"应满足的条件为：测量值将最终稳定到新的整定值，第一次过调量不超过整定值变化量的30%，第二次过调时的误差不超过±2%。

如果测量值在第一次过调之后再次超出整定值变化量的±10%，则定义响应时间"t_{r2}"为：从整定值变化时刻始到测量值进入且保持在以新的整定值为中线，误差为整定值变化量的±10%所需要的时间。

（二）控制器响应要求

1. 电流控制器响应

直流电流控制器响应由直流输电系统的参数、交流系统条件等因素决定，对于线路长度在1000km及以下、输送功率在3000MW及以下的直流输电系统，直流极电流对电流指令的阶跃上升或者阶跃下降的响应要求一般为：

（1）当电流指令的变化量不超过直流电流余裕时，响应时间不大于30ms（考虑到电流控制回路的误差，允许电流指令的最大变化比直流电流余裕小额定电流的2%）。

（2）当电流指令变化量超过直流电流余裕时，响应时间不大于70ms。

对于线路长度在 1000km 及以上、输送功率在 3000MW 及以上的直流输电系统，直流电流控制器响应的要求一般为：

（1）当电流指令的变化量不超过直流电流余裕时，响应时间不大于 90ms（考虑到电流控制回路的误差，允许电流指令的最大变化比直流电流余裕小额定电流的 2%）。

（2）当电流指令变化量超过直流电流余裕，响应时间不大于 110ms。

2. 功率控制器响应

直流功率控制器响应由系统研究决定，对于强交流系统或中等强度的交流系统，功率控制器响应要求为：

（1）功率控制器的阶跃响应在 0.1s～9s 间应是可调的。

（2）当直流输电系统在最小功率到额定功率之间的任意功率水平下运行时，直流功率控制器对功率指令阶跃增加或降低的响应，必须使 90% 的直流功率变化能在整定值变化后 150ms 内达到，这个时间还包括电流指令的往返确认时间。

（3）在交流系统瞬时扰动引起直流电压变化时，直流功率控制器的响应要求由电压变化引起的功率变化值的 90%，能在电压变化起始点后 1s 内恢复。

3. 关断角控制器响应

为了减小逆变器消耗的无功功率和换相失败的几率，需要为逆变器配置关断角控制器。关断角控制器响应特性应与直流电流控制器及直流功率控制器的响应特性相配合，当逆变器处于关断角控制之下时，使直流电流控制器和直流功率控制器的阶跃响应性能满足要求。

4. 电压控制器响应

直流电压控制器响应性能研究的目的是调整电压控制器，使其最好地兼顾对直流电压整定值变化的快速响应特性和良好的换相特性，使换相失败的风险降到最低。直流电压控制器应具有适当的响应时间，以满足规定的直流电流控制器和直流功率控制器的阶跃响应性能的要求。

（三）交流系统故障后响应要求

对于强交流系统或中等强度的交流系统，交流系统故障后直流输电系统的响应要求为：

（1）对于逆变侧和整流侧交流系统的各种故障，直流输电系统的输送功率从故障切除瞬间起，应分别在 120ms 和 100ms 内恢复到故障前的 90%；对特高压直流输电系统，直流功率分别应在 140ms 和 120ms 内恢复到故障前的 90%。

（2）恢复期间不允许有换相失败或直流电流和直流电压的持续振荡，实际直流输电系统的恢复时间应方便可调。

（3）在通信系统停运时应达到上述同样的响应时间。

（四）直流线路故障后响应要求

对于强交流系统或中等强度的交流系统，直流线路故障后直流输电系统的响应要求为：

（1）直流线路故障保护系统应能检测到故障，并通过其控制作用使故障极的极线电流过零，等待一段时间用于空气去游离，然后自动去恢复该极的输送功率。直流通信系统完全停运不应对这种直流线路故障保护时序有任何影响。

（2）不计去游离时间，从故障开始到该极的输送功率恢复到故障前输送功率的 90% 所需的时间不得超过 100ms；对特高压直流输电系统不得超过 120ms。对于直流电压下降到正常直流电压的 80% 及以下的所有直流线路故障，都应满足这一响应时间要求。

（五）损失一个极的响应要求

直流输电系统的设计应能满足在直流单极闭锁或者线路故障时，故障极损失的功率全部或一部分转移到非故障极。为了补偿故障极的功率损失，使直流输送功率减少降低到最小，在必要的情况下，非故障极的输送功率将达到暂态或者 2h 过负荷能力，过负荷幅度和回降时间应是可方便调整的。

在一极闭锁需要增加健全极的功率输送水平时，要求增加输送功率的 90% 应在故障极闭锁后的 80ms 内达到。

（六）直流系统响应性能验证

1. 验证内容

通过在电磁暂态仿真软件 EMTDC/PSCAD 或基于实时数字仿真器（Real-time Digital Simulator，RTDS）构建的直流输电实时数字仿真系统，建立交流和直流系统的模型，对直流输电系统的响应性能进行仿真研究和验证。交流系统模型采用全系统潮流稳定数据等值得到；直流系统建模时除了根据直流输电系统的主接线和主回路参数（换流变压器、换流阀、交流无功功率补偿及交流滤波装置、平波电抗器、直流滤波器、直流线路、接地极及其引线）搭建直流系统的模型外，还需要搭建与实际工程功能一致的控制和保护系统，包括通信系统的时延。

直流系统动态响应验证的总体要求如下：

（1）直流系统在所有运行方式下，直流输送功率从最小值到额定值之间的任意值时，所规定的性能要求都应得到满足。

（2）应验证直流控制系统在交流滤波器和交流系统阻抗之间存在低次谐振条件下的性能。即假定交流滤波器与交流系统存在低次（如 2、3、4 次或 5 次）谐波谐振的条件下研究某些工况，以论证直流控制系统在稳态条件下正常运行和在交流系统故障后成功恢复的能力。谐振条件可通过对等值交流系统阻抗进行适当修改后达到。

（3）对于各种强度的交流系统，除了实际运行中可能出现的极小方式下，还应在假定逆变侧短路电流水平下降至该种强度的交流系统的有效短路比为国家标准 GB/Z 20996.3—2007《高压直流系统的性能 第 3 部分：动态》所规定的下限值时，验证直流控制系统的性能。

直流输电系统动态性能的验证应包括但不限于以下几个

方面：

（1）直流输电系统控制器对功率和电流整定值阶跃变化的响应特性。

（2）直流输电系统对整流侧和逆变侧交流系统的各种故障的响应性能，包括直流输电系统在故障期间和紧接故障切除之后的性能，所有相关的控制和保护功能和动作情况都应得到反映。

（3）直流输电系统在各种保护，包括直流线路保护和站内保护动作时和动作后的性能（应选择适当的故障方式，以验证保护的配合、暂态电流和暂态电压特性、清除故障的控制动作和由保护动作所启动的故障隔离控制顺序）。

（4）直流输电系统稳态运行特性，包括换流变压器有载分接开关控制和直流控制模式切换时的性能。

（5）极启动和闭锁顺序控制。

（6）直流系统调制（附加控制）性能。

（7）交流滤波器和并联电容器投切时直流控制系统性能的验证。

2. 电流控制器响应验证方法

电流控制器响应的仿真验证通过对整流侧电流控制器注入阶跃信号，产生电流阶跃指令。所有的控制参数（α、γ、直流电压）在阶跃之前应处于额定运行值；电流阶跃信号加在开环控制的特定注入点，以使电流控制器不要求从逆变站返回的电流指令变化确认信号。为了在整个动态过程中不失去电流裕度，电流指令应先增加，后降低；计算响应时间时不包括允许的通信延迟。

电流阶跃响应需考虑逆变器所有的正常控制模式，即在阶跃之前，逆变器应稳定地处于某一正常控制模式。

在其他极或换流单元以 1.0p.u.直流额定功率运行或停运的条件下，验证被检验极或换流单元在下述条件下直流电流指令为不大于 0.1p.u.的电流阶跃响应：

（1）电流指令从 0.92p.u.跃变到 1.0p.u.。

（2）在上述跃变动态过程结束后，电流指令立即从 1.0p.u.跃回 0.92p.u.。

对于同样的方式和条件，还需进行电流指令为 0.5p.u.的阶跃的电流阶跃响应验证（即用 0.5p.u.代替上文中的 0.92p.u.）。

如果经暂态稳定研究需要采用大信号（大于 0.1p.u.）调制，电流控制器要求在大信号调制下同样满足性能的要求。

3. 功率控制器响应验证方法

功率控制器应采用仿真验证当直流功率输送水平处于最小功率至额定功率之间时，直流功率对功率指令的阶跃增加或者阶跃降低的响应，以及交流系统扰动后直流功率的响应。如果系统研究表明有必要，应对功率控制器进行调整，使直流输电系统在交流系统暂态扰动期间具有恒定电流控制特性（这种扰动持续时间一般小于 10s）。

验证开始前，极或换流单元运行在正常控制模式，所有的参数（α、γ 直流电压）都处于额定运行值。并需考虑逆变器所有正常的控制模式。

在一个极以 1.0p.u.直流额定功率运行或停运条件下，验证另一个极在下述条件下的直流功率阶跃响应：

（1）功率整定值从 1.0p.u.跃变到 0.9p.u.。

（2）在（1）的跃变引起的动态过程结束后立即施加从 0.9p.u.到 1.0p.u.的功率阶跃。

（3）功率整定值从 0.9p.u.跃变到 1.0p.u.。

（4）在（3）的跃变引起的动态过程结束后，立即施加从 1.0p.u.到 0.9p.u.的功率阶跃。

在整流站和逆变站交流母线单相和三相永久接地故障后验证功率控制器对于由此引起的直流电压变化的响应。

4. 关断角控制器响应的验证

验证关断角控制器对整定值阶跃变化的响应特性和在无功分组切除时关断角控制器的响应特性。

5. 电压控制器响应的验证

验证电压控制器对整定值阶跃变化的响应特性，以及在无功分组投切和大组切除时，该控制器对被测控制参数阶跃变化的响应特性。

6. 交流系统故障后响应的验证

整流侧和逆变侧交流系统故障后直流系统的响应性能，应在下列故障条件下进行验证并满足规定的要求：

（1）单相接地短路故障，导致换流站交流母线故障相电压降至故障前电压的 90%、70%、40%、20%和 0%，故障由正常主保护或后备保护清除。

（2）三相接地短路故障，导致换流站交流母线电压降至故障前电压的 90%、70%、40%、20%和 0%，故障由主保护切除。

（3）在主要交流线路两端分别发生单相接地短路故障，故障相单相切除，重合闸不成功，切三相。

（4）在主要交流线路两端分别发生单相接地短路故障，重合闸成功。

（5）在主要交流线路两端分别发生三相接地短路故障，切三相。

在上述故障前，直流输电系统全部投入运行，输送额定功率。

7. 直流线路故障响应的验证

对于远距离直流输电系统，应在故障前直流单极和双极输送额定功率的条件下，验证直流线路极故障清除和恢复特性。直流线路故障地点应考虑一极线路端部和正中点。

8. 损失一个极的响应验证

对于单极或单个单元闭锁时所要求的健全极或单元响应，应验证下述方式：

（1）双极运行在 0.5p.u.额定功率，一极发生永久闭锁。

（2）双极运行在 1.0p.u.额定功率，一极发生直流线路故障，再启动成功。

（3）双极运行在 1.0p.u.额定功率，一极发生永久闭锁。

（4）双极运行在 1.0p.u.额定功率，一极发生直流线路故障，再启动成功。

双极运行的直流系统损失一个极后，健全极的响应能在不同传输方向下实现，直流通信系统完全停运不能对输送功率从故障极向非故障极的转移产生任何影响。

二．换流器在交流系统故障期间的运行

在交流系统故障期间，维持换流器的触发和安全导通，保持一定的功率传输，有利于交流系统的恢复和提升系统的稳定性。无论以整流模式还是以逆变模式运行，当交流系统发生单相对地故障，故障相电压降至 0，持续时间至少为 0.7s；或交流系统三相对地短路故障，电压降至正常电压的 30%，持续时间至少为 0.7s，所有晶闸管级触发电路中的储能装置应具有足够的能量持续向晶闸管元件提供触发脉冲，使晶闸管可以安全导通。交流系统发生三相对地金属短路故障，电压降至 0，持续时间至少为 0.2s，紧接着这类故障的清除及换相电压的恢复，阀触发电路中应有足够的储能以安全触发晶闸管元件，不允许因储能电路需要充电而造成恢复的任何延缓。

在交流系统故障使换流站交流母线上所测量到的三相平均整流电压值大于正常电压的 30%，但小于极端最低连续运行电压并持续长达 1s 的时段内，直流输电系统应能连续稳定运行。这种条件下，所能运行的最大直流电流由交流电压条件和晶闸管阀的热应力极限决定。

在发生严重的交流系统故障，使换流站交流母线三相平均整流电压测量值为正常值的 30%或低于 30%时，如果可能，应通过继续触发换流器维持直流电流以某一幅值运行，从而改善高压直流输电系统的恢复性能。如果为了保护高压直流设备而必须闭锁换流器并投旁通时，换流器应能在换流站交流母线三相整流电压恢复到正常值的 40%后的 20ms 内解锁。

在交流系统故障期间，维持换流器的触发或在故障清除瞬间恢复换流器的触发要求应能降低交流系统恢复过电压的幅值；同时在交流系统故障期间，控制系统的作用应能保证高压直流系统的恢复，并且按照交流系统故障后响应性能要求的时间恢复直流系统的输送功率；直流通信系统的完全停运不应对直流系统在上述交流系统故障期间的性能和故障后的恢复特性产生任何影响。

三．直流输电回路谐振

直流输电回路的谐振是在直流滤波器、直流线路、平波

电抗器等直流侧主回路设备上形成的低阻尼振荡。在直流平波电抗器桥侧，给直流线路施加交流或阶跃电压，或者直流线路发生短路时，直流主回路都会产生一个或多个频率的振荡。施加交流电压会引起直流回路固有频率和外加工频的振荡，如果固有频率接近于外加频率，则容易发生幅值较大的谐振，对直流系统造成很大影响，因此在设计时应避免发生直流回路的谐振。

直流平波电抗器和直流滤波器的设计应确保直流侧主回路不发生基波和 2 次谐波谐振。对于所有的运行接线方式和控制模式，主要的串联谐振频率离开基波频率和二次谐波频率的距离不能小于 15Hz。对于直流回路所产生的谐振，控制系统应能提供正阻尼。

直流输电回路谐振时，会在平波电抗器等设备上产生较大压降，从而导致直流侧出现谐振过电压，对直流系统造成很大影响。直流输电回路谐振的危害主要包括：

（1）增加电气设备的热应力，特别是增加换流变压器磁化电流的直流分量，使铁心饱和，引起过热；

（2）引起保护动作；

（3）对通信产生干扰；

（4）引起直流系统过电压或过电流，导致直流输电系统运行异常甚至系统闭锁。

对于直流输电回路谐振引起的电压过冲，可利用改变平波电抗器的电感值、换流器的快速调节以及设置阻尼电路使其减小。具体为：

（1）在直流工程设计阶段，可通过改变平波电抗器的电感值来调整直流主回路的谐振点，以达到消除谐振的目的；

（2）利用换流器的快速调节作用，通过换流器的电流调节器阻尼振荡并保持电流恒定，可抑制电流振荡和相伴存在的电压振荡；

（3）直流输电主回路加装阻断滤波器或加装包含低次谐波调谐频率的直流滤波器。

四、直流输电系统调制

直流输电系统调制功能是利用所连接的交流系统某些运行参数的变化，对直流系统功率、直流电流、直流电压、换流站吸收的无功功率进行自动调整，充分发挥直流系统的快速可控性，用以改善交流系统运行特性，提高整个交流/直流联合系统性能的控制功能，也称为附加控制功能。

在直流输电系统设计中需要针对直流系统的自身特点及交流系统运行环境，提出直流输电工程需要具备的系统调制功能，以便在控制保护系统中留出相应附加控制所需的输入、输出通信接口。直流输电系统调制一般包括有功功率调制、交流系统频率控制、交流系统电压控制、功率提升/功率回降（紧急功率支持）、阻尼控制等。随着我国电网规模的发展，

大电网中多回直流并列运行的情况日益增多，多回直流之间的协调控制功能也成为直流附加控制的新要求。

五、直流输电系统引起的次同步振荡

次同步振荡为直流换流器控制系统与汽轮发电机扭振机械系统发生相互作用产生的不稳定扭振现象，简称 SSO（Sub-Synchronous Oscillation）。它属于一种装置性次同步振荡，振荡频率段通常在 10～40Hz 范围内。

接近整流站且和交流系统联系较弱的大容量汽轮发电机，容易受到次同步振荡的危害。

直流输电系统引起的 SSO 问题与其控制系统特性有内在联系，主要是因为系统在低阶扭振频段内具有较高的增益和较大的相位滞后，从而形成一种寄生的正反馈作用。当发电机轴系由于某种原因受到电磁转矩的小扰动时，因为轴系扭振动态产生瞬时转速摄动，进而导致换流阀触发角、直流电压、直流电流的扰动，导致直流电压和电流偏离平衡状态，而直流控制系统将感受到这种偏差并加以快速校正和调整，随之发生的电气系统动态过程会引起发电机电磁转矩的摄动，最终又反馈作用于发电机轴系。如果发电机转速变化与由此引起的电磁转矩变化之间的相位滞后（包括闭环控制系统的附加相位滞后）超过 90°，则电磁转矩的摄动会加剧转速摄动，即出现负的电气阻尼。当电气负阻尼幅值超过轴系机械阻尼时，将使摄动响应愈演愈烈，导致扭振失稳，即产生 SSO 问题。

为规避直流输电系统引起的 SSO 问题，最佳方案是在电网规划时，强化直流输电送端相关火电厂附近的交流电网联络。此外，在直流控制系统增加次同步阻尼控制器（Sub-Synchronous Damping Controller，SSDC），是抑制 SSO 的有效手段。次同步阻尼控制器通常采用与机组扭振频率范围相同的频带设计，如 10～40Hz。同时，在相关电厂安装机组轴系扭转保护装置，如扭应力继电器（Torsional Stress relay，TSR），以确保发电机组的安全。

参考文献

[1] 赵畹君. 高压直流输电工程技术. 北京：中国电力出版社，2011.

[2] 浙江大学发电教研组直流输电科研组. 直流输电. 北京：电力工业出版社，1982.

[3] 国家电网公司直流建设分公司. 高压直流输电系统成套标准化设计. 北京：中国电力出版社，2011.

第三章

电力系统方案论证

第一节　电力系统方案论证主要内容及基本原则

一、电力系统方案论证的主要内容

高压直流输电工程的建设必须经过电力系统方案论证阶段，电力系统方案论证重点研究直流工程建设的必要性和直流输电方案的技术经济可行性。电力系统方案论证的主要内容包括：

（1）输电方式选择及直流工程建设的必要性分析。

（2）直流输电容量及输电电压等级的选择。

（3）直流工程起、落点的选择。

（4）直流工程送、受端换流站接入系统方案研究。

（5）直流工程输电线路导线截面的选择。

二、电力系统方案论证的基本原则

电力系统方案论证应满足电力系统运行的可靠性、灵活性、经济性等多方面要求，论证分析过程中应遵循以下基本原则：

（1）坚持"环境友好、资源节约"原则，符合国家的方针政策和法律法规，满足电网可持续发展要求。

（2）方案论证过程系统全面、准确严谨，满足相关导则标准和规程规范要求。

（3）充分考虑项目自身特点，满足工程的功能定位要求。

（4）方案具备较强的适应性，兼顾电网近、远期发展要求，工程分期建设时应便于过渡。

（5）方案具备较优的经济性，节约工程建设投资及运行维护费用，力争使工程的年费用较小。

（6）在综合考虑技术先进、运行可靠、工程实施方便等多方面因素基础上，尽可能采用标准化、序列化的工程实施方案。

第二节　高压直流输电工程建设必要性

一、输电方式选择

输电方式选择包括交流输电和直流输电两种，两种输电方式各有优缺点及其适用的范围。目前直流输电技术主要用于以下场合：

（1）远距离大容量电力输送。

（2）作为区域系统之间或非同步交流系统之间的互联。

（3）海底电缆输电工程。

（4）采用电缆向用电密集地区供电。

除非同步交流系统之间的互联必须使用直流输电技术外，当交流输电方式和直流输电方式均具备可行性时，还应结合实际情况进行详细的技术经济比较。输电方式选择比较可从以下几方面予以考虑：

（1）不同输电方式对系统潮流分布及运行稳定性的影响。

（2）系统运行的灵活性，对远景发展的适应性。

（3）建设条件和运行条件的影响。

（4）用地资源、环境保护等方面的影响。

（5）工程经济性因素。

对于方案经济性的比较，在工程论证阶段一般采用最小年费用法，将不同方案计算期的全部支出费用折算成等额年费用后进行比较，以年费用低的方案为经济性上较优的方案。其中计算期的全部支出费用包括初期建设投资和运营成本（运行损耗和维护费用等）。通用的年费用计算表达式见式（3-1）。

$$AC_m = I_m \left[\frac{i(1+i)^n}{(1+i)^n - 1} \right] + C'_m \qquad (3-1)$$

式中　AC_m——折算至工程建成年的年费用；

I_m——折算到工程建成年的总投资；

C'_m——折算到工程建成年的年运行成本；

i——电力工业基准收益率或折现率；

n——计算期。

电力行业基准收益率或折现率一般取 8%左右；工程计算期可取 25~30 年（特高压交直流输电工程可取 30 年）；年运行维护费一般取初投资的百分比，变电及线路应分开考虑，一般交流变电站和换流站部分可取 2.5%左右，交流线路和直流线路部分可取 1.5%左右；年运行损耗费用考虑为年电量损耗与损耗电价的乘积，损耗电价一般取电源送出端的发电成本。具体计算参数在工程设计阶段可根据实际情况调整。

通过多方面综合比较，若采用直流输电符合电网中长期发展规划、满足系统安全稳定要求、工程建设运行条件良好且经济性较优，则宜选择为合理的输电方式。

二、直流输电工程在系统中的地位和作用

直流输电工程在系统中的地位和作用是工程建设必要性的体现，一般可以从以下几方面进行分析：

（1）直流输电工程的建设符合电网发展规划，是电网规划方案的重要组成部分。直流输电技术已成为电网技术升级发展的关键，在远距离大容量输电、电力系统联网方面拥有明显优势，得到了越来越广泛的应用。在电网发展规划研究阶段，直流输电规划是十分重要的一个环节，直流输电工程的建设必须符合电网规划的整体安排。

（2）远距离、大容量直流输电工程的建设有利于我国能源资源优化配置。我国资源分布和经济发展极不平衡，煤炭、水资源和陆地风能资源主要分布在西部、北部地区，而 2/3 以上的能源需求则集中在东中部地区，这一特点要求能源资源在全国范围优化配置。远距离、大容量直流输电工程的建设是我国能源资源优化配置的需要，在我国"西电东送"战略的实施过程中发挥着重大作用。

（3）直流输电工程的建设可满足电源基地电力外送需要。我国规划建设了一批大型煤电基地、水电基地和风电基地，直流输电工程的建设是实现这些电源基地电力外送的重要手段。

（4）直流输电工程的建设可满足负荷中心地区用电负荷快速增长的需要。经济发达的负荷中心地区用电水平增长迅速，是电力消纳的主力地区，直流输电工程的建设为这些地区的电力供应提供了保障。除此之外，部分能源匮乏地区随着负荷的发展也需要受入大量电力，直流输电方式也常常成为较优的选择。

（5）对于肩负区域联网功能的直流工程，其在系统中的作用可以从错峰效益、送电效益、提高系统安全效益等方面进行论述。

三、直流输电工程建设时机

直流输电工程的建设时机主要从以下两方面进行分析：

1. 与外送电站建设工期相配合

以电力输送为主的直流输电工程，其建设时机必须与外送电站的建设工期相配合，避免发生窝电现象。对于双极直流输电工程，可配合电源投产进度合理安排单极、双极投产时机。

2. 与电网发展需求相配合

直流输电工程的建设时机应与电网发展需求相结合考虑。对于电力外送型直流输电工程，在外送电站建成投产前，如果电网内有富裕电力可以组织外送，也可考虑提前建成投产；对于联网型直流输电工程，应结合电网对电力互济、提高系统安全稳定等方面的需要确定合适的投产时机。

第三节　高压直流输电工程系统方案

一、输电容量

输电容量是直流输电工程的基本参数之一，只有确定了直流工程的输电容量，才能进一步确定输电电压等级、接入系统网络方案、直流设备参数选择等设计方案。对于送电型直流输电工程，其输电容量应满足送端电力送出的需要和受端系统的合理消纳能力；对于联网型直流工程，其输电容量应满足两端系统功率交换的要求。除此之外，直流输电工程的利用率、直流输电工程的序列化设计容量也是输电容量选择时需要考虑的因素。

1. 输电容量的确定需配合送端电源电力的送出

满足电源基地电力外送的需要是送电型直流输电工程的主要任务，我国大型煤电基地和水电基地的大容量、远距离电力外送很大程度上依靠高压直流输电工程得以实现，如葛—南、天—广、三—常、三—广、云—广、向—上等直流输电工程分别实现了葛洲坝、天生桥、三峡、小湾、向家坝等大型水电站的电力外送。因此，作为大型电站的电力外送工程，在确定直流工程的输电容量时应首先考虑满足送端电源电力送出的需求，与电源需外送的容量相配合。

2. 输电容量的确定需考虑对电力系统安全稳定运行的影响

随着直流输电技术的发展，直流工程最大输电容量不断提高，目前特高压直流最大输电容量已达到 12 000MW，远超过发电机组最大单机容量。类似我国电网发展早期对机组接纳能力的研究，过大的直流输电容量对电力系统的安全稳定运行将产生不良的影响。无论是直流独立送电系统，还是交直流混合输电系统，一旦大容量直流发生故障，都将对送、受两端交流系统带来巨大冲击，严重时可能导致系统失去稳定；对于交直流混合输电系统，还将对交流输电通道所在电网产生类似影响。因此，直流输电容量选择时应进行详细的安全稳定计算分析，只有满足 DL 755《电力系统安全稳定导

则》要求的直流输电容量才是可行的。此外，对送、受端电网，还应特别关注直流系统故障停运后交流系统发生的大面积功率转移问题。

3. 输电容量的确定应考虑合理的输电工程利用率

输电工程的利用率也是输电容量选择时需考虑的因素之一，对于火电厂、大型水电站等电源电力的送出，一般来说可以保证较高的最大发电负荷利用小时，配套的直流输电工程也可获得较高的利用率，利用率问题不会对直流输电容量的选择造成限制；但对于季节性小水电、出力特性不稳定的风电等电源电力，一般年平均最大负荷利用小时只在 2000h 左右，若为这一部分电力的外送单独建设直流输电通道，则直流输电工程的利用率较低，将导致较高的输电费用，不利于资源节约原则，也将使送出电能电价竞争性下降。确定直流工程输电容量时应尽可能提高输电工程的利用率，对于利用小时数不高的电源电力，不建议单独进行电力外送，可考虑在电源消纳方案研究阶段即研究与大型火电站或水电站打捆外送的可能性。结合电站出力特性，设计合适的直流输电工程送电特性，以提高输电工程利用率，从而提高输电工程的经济性。因此，对于多种电源混合送电的直流输电工程，其输电容量的确定应考虑提高输电工程利用率的因素。从我国已建直流输电工程的年均最大负荷利用小时数看，一般不低于 4000h，不少直流实际利用小时超过了 6000h。

4. 选取的输电容量宜尽量考虑与已有直流工程设计容量相同

原则上直流输电工程的输电容量可以各不相同，但不利于设备制造的标准化，可能在无形中增加了设备制造成本，不能获得优良的经济效益。我国已建成 20 多回不同规模的直流输电工程，逐渐形成了一批输电容量标准，从设备研发、生产制造、运行经验等多方面考虑，直流输电容量选择与已有直流工程采用的容量相同时，可最大程度上获得经济性、可靠性保证。在前期系统方案研究阶段应对可能采用的输电容量进行详细的技术经济分析、严谨论证，确定科学合理的容量规模。在输电容量差别不大时，尽量选择与已有直流工程相同输电容量。

对于联网型直流输电工程，其输电容量的选择首先应满足两侧电网相互支援的需求，如相互余缺调剂、事故支援、备用支援等对输电容量的需求，在设计过程中可通过电力电量平衡计算、稳定计算等方式予以确认。

二、输电电压等级

（一）输电电压等级初步估算

对于高压直流输电工程，其直流电压的选择是一个不断优化的过程，直流输电电压等级的选择传统上有瑞典 E·乌尔曼经验公式和联邦德国经验公式法，利用这两个公式所计算

出的电压在输电容量不大时具有一定的参考价值，但对于我国目前已建成的大容量远距离直流输电工程，其计算结果还是有着相当的偏差。

还有一类计算曲线法可以用来进行直流输电电压等级的初步选择，其中以国外 A 公司推荐的计算曲线和统计曲线应用较为广泛。

1. 国外 A 公司推荐的计算曲线

国外 A 公司推荐的计算直流输电电压与输送功率关系的计算曲线如图 3-1 所示。根据该曲线，对于确定的直流输送功率，可由该曲线查得最低和最高两个 U_d 值，确定直流电压范围。

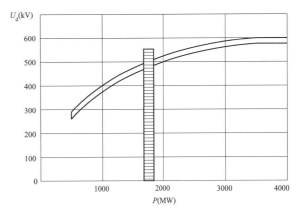

图 3-1　国外 A 公司直流电压 U_d 与输送
功率 P 关系计算曲线

2. 统计曲线

该统计曲线是将早期世界各国已投运的直流输电工程的输送容量与输电电压间关系进行统计分析绘制而得的，如图 3-2 所示。对于确定的直流输送功率，可由该曲线查得适合的直流电压。

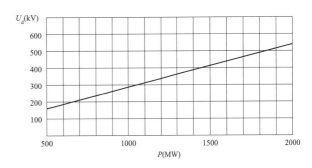

图 3-2　直流电压 U_d 与输送功率 P 关系统计曲线

这一类计算曲线只涉及到 4000MW 以下的直流输电容量，目前我国直流工程输电电压、输电规模均突破了这些传统方法定义时估算的范围。对于更大规模的输送功率，可参考第一章表 1-1 中已投运直流输电工程的直流电压进行初步的选择。

结合统计曲线和实际工程建设经验，可获得直流工程初步估算的电压等级，后期还需在此基础上进行优化选择，随

着直流技术、工程造价等各种影响因素的变化，在实际工程中，最终的直流电压等级仍需通过技术经济比较确定。

（二）直流输电电压序列

从1987年第一回直流输电工程舟山直流投运至今，我国已有三十年直流工程建设运行经验，我国已建成的直流工程输电电压等级、输电容量及输电距离等基本信息统计在第一章表1-1中。

从满足我国大型能源基地不同输电容量需求角度出发，并考虑已形成的直流输变电设备生产制造规模、运行经验、设备研发、制造能力及运输条件等多方面的因素，我国目前形成了一系列合理可行的直流电压等级序列，可供不同输电距离、不同容量直流工程参考选择，以此优化直流电压等级，保证工程建设的经济性和可靠性。目前可考虑列入常规选择的直流电压等级序列包括：±400、±500、±660、±800、±1100kV等，结合我国已投运及在建直流输电工程情况，各电压等级对应的实际工程输送容量及输电距离汇总如表3-1所示。

表3-1　各电压等级对应的实际工程输送容量及输电距离

电压等级（kV）	±400	±500	±660	±800	±1100
输电容量（MW）	1200	3000	4000	5000～10 000	12 000
输电距离（km）	1038	<1300	1335	1100～2400	3319

对于常规背靠背直流工程，从降低设备造价的角度考虑，可采用大电流、低电压系统；若直流工程输电距离相对较近、输电容量相对较低，也可考虑采用较低直流输电电压等级。

（三）输电电压等级技术经济分析

以上对于直流输电电压等级和直流输电电压序列的统计分析，可为直流工程初步的电压选择范围提供参考依据。由于直流输电容量通常都会受到系统需求的约束，现有不同电压等级的直流输电技术在不同的系统条件下都会有着与其相对应的适用范围，输电距离对输电电压等级的选取也会产生影响，一般较低电压等级的直流工程主要适用于较低输电容量、较近输电距离，较高电压等级的直流工程主要适用于较大输电容量、较远输电距离，在具体直流工程的规划设计过程中，对应不同输电容量、不同输电距离，应通过方案的技术经济综合比较来优化确定拟采用的直流输电电压等级。

计算示例：

不考虑直流输电容量约束条件，以单位电量年费用指标为经济性比较依据，分析±500kV/3000MW和±800kV/8000MW这两类直流工程的经济输电距离。参考实际工程建设造价及经济分析相关指标，选取工程经济比较指标如表3-2所示；两类直流输电工程不同输电距离下的单位电量年费用计算结果如表3-3、表3-4所示。

表3-2　直流输电工程经济比较指标

电压等级（kV）	±500	±800
额定容量（MW）	3000	8000
导线截面（mm²）	4×720	6×1000
换流站投资（双侧）（亿元）	32	120
单位长度线路投资（万元/km）	190	450
折现率（%）	8	
运营期（年）	30	
换流站年运行维护费率（%）	2.5	
直流线路年运行维护费率（%）	1.5	
最大负荷利用小时（h）	5000	
损耗小时（h）	3000	
损耗电价（元/kWh）	0.3	

表3-3　±500kV/3000MW直流输电工程单位电量年费用计算

（1）输送距离（km）	700	800	900	1000	1100	1200	1300
（2）投资合计（亿元）	45.3	47.2	49.1	51.0	52.9	54.8	56.7
1）换流站投资（亿元）	32.0	32.0	32.0	32.0	32.0	32.0	32.0
2）线路投资（亿元）	13.3	15.2	17.1	19.0	20.9	22.8	24.7
（3）总年费用（亿元）	6.68	7.06	7.44	7.82	8.18	8.56	8.94
1）投资年值（亿元）	4.02	4.19	4.36	4.53	4.70	4.87	5.04
2）运维费用（亿元）	1.00	1.03	1.06	1.09	1.11	1.14	1.17
3）损耗费用（亿元）	1.66	1.84	2.02	2.20	2.37	2.55	2.73
（4）年损耗电量（×10⁸kWh）	5.53	6.12	6.72	7.32	7.91	8.51	9.11
（5）单位电量年费用（元/kWh）	0.046 2	0.049 1	0.051 9	0.054 7	0.057 6	0.060 5	0.063 4

表 3 - 4　±800kV/8000MW 直流输电工程单位电量年费用计算

（1）输送距离（km）	700	800	900	1000	1100	1200	1300
（2）投资合计（亿元）	151.5	156.0	160.5	165.0	169.5	174.0	178.5
1）换流站投资（亿元）	120.0	120.0	120.0	120.0	120.0	120.0	120.0
2）线路投资（亿元）	31.5	36.0	40.5	45.0	49.5	54.0	58.5
（3）总年费用（亿元）	19.22	19.87	20.51	21.15	21.79	22.43	23.07
1）投资年值（亿元）	13.46	13.86	14.26	14.66	15.06	15.46	15.86
2）运维费用（亿元）	3.47	3.54	3.61	3.68	3.74	3.81	3.88
3）损耗费用（亿元）	2.29	2.47	2.64	2.81	2.99	3.16	3.33
（4）年损耗电量（$\times 10^8$kWh）	7.65	8.22	8.80	9.38	9.96	10.54	11.11
（5）单位电量年费用（元/kWh）	0.049 0	0.050 7	0.052 4	0.054 1	0.055 9	0.057 6	0.059 3

基于所选取的经济性指标，可计算得出 ±500kV/3000MW 和 ±800kV/8000MW 直流工程的经济输电距离临界点在 950km 左右。该分析结论是以某一时期的直流工程经济指标为基础进行的，随着直流技术的发展，工程造价可能出现较大的调整，不同工程建设条件也会对工程造价产生较大影响，且经济性分析的敏感性因素较多，直流输电工程利用小时数、损耗电价等参数的变化均会对输电距离临界点产生影响，在实际工程中需依据最新工程造价指标和相关经济指标进行全面计算分析。

在经济性分析的基础上，不同输电电压等级对系统安全稳定水平、输电可靠性、输电走廊资源等方面的影响也需列入比选因素予以考虑，直流输电电压等级可与输电方式、输电容量、输电网络方案等统一进行详细的比较论证后予以确定。

三、直流输电工程的起落点选择

直流输电工程的起落点选择在一定程度上会影响直流工程的经济性以及系统运行的稳定水平。一般要求起落点选择能使直流输电工程的线路路径较短，以获得较优的工程经济性，然而起落点位于不同地理位置时，可能使换流站的造价及交流电网的接入费用也会有所不同，因此，对经济性的考虑还需全面，不同起落点对换流站造价、直流线路造价以及交流电网接入费用的影响均应计入考虑，不同直流起落点方案所引起的输电损耗不同对年费用的影响也应考虑。部分送端或受端地区网络结构薄弱，不同直流起落点的选择可能对系统运行的稳定水平产生较大影响，此时宜优先考虑具有较高安全稳定水平的起落点方案。直流输电工程的起落点选择需要通过技术经济比较分析来确定。

直流输电工程起点选择主要考虑与外送电源及送端电网结构的协调问题，对直流输电工程起点的选择宜遵循如下原则：

（1）应尽可能靠近电源，便于集中送出，简化网络，降低网损，有利于运行灵活性和经济性。

（2）应与送出地区电网网架规划和电源规划相协调，不同直流起点之间应保持适当的电气距离，降低多回直流相互影响和交流系统故障对多回直流影响程度。

（3）应具有较好的建站条件，保证换流站的安全可靠运行，并具备较优的建设经济性。

直流输电工程落点选择需考虑的因素较为复杂，需结合受端电网电源布局、负荷分布、电网结构特点以及地理环境影响等多方面因素来进行详细的论证，对于直流落点密集的地区还应进行多回直流密集落点的安全稳定计算分析，分析受端电力系统的承受能力。直流落点选择宜遵循如下原则：

（1）应尽可能靠近负荷中心，便于就近供电，减轻交流电网送电压力，降低网损，提高运行经济性。

（2）应与受端电网电源布局结合，避免电源接入点过于集中，对受端电网的远景发展具有较好的适应性，满足电力供应安全稳定的要求。

（3）在直流工程落点密集的地区，各落点间应保持适当的电气距离，以降低多回直流相互影响和交流系统故障对多回直流影响程度。

四、送受端换流站接入系统方案设计

（一）接入系统方案设计原则

直流输电工程的输电容量、输电电压等级及起落点方案确定后，需进行换流站接入系统方案设计，研究确定具体的换流站建设规模、直流系统运行条件、主设备技术参数等。本节主要对换流站接入交流电网的电压等级、出线方向及回路数等换流站接入系统的网络方案设计进行说明，直流系统运行条件等问题在第四章中详细介绍。

直流输电工程送受端换流站接入系统设计时应遵循以下原则：

（1）换流站接入系统设计应以安全稳定为基础、经济效

益为中心，做到远近结合、科学论证。

（2）接入系统方案应与地区电网规划相协调，要求适度超前、技术先进、接线简洁、经济合理、运行灵活、适应性强，并有益于节能降耗。

（3）换流站接入系统设计中应考虑直流与交流电网密切配合、相互协调。

（4）送受两端的换流站接入系统设计应互相配合、统一协调。

（二）接入系统方案设计研究内容及方法

换流站接入系统方案设计主要研究换流站接入交流电网的电压等级、出线方向及回路数等相关内容，接入系统方案应对可能成立的多方案进行详细的技术经济比较后，推荐综合性能最优的方案。

换流站接入系统方案拟定时，应以交流侧的电网现况及规划等系统条件为基础，参与比选的方案应具备可比性，能够满足输电要求，具有可操作性，所列接入系统方案尽可能全面。对拟定的接入系统方案应进行技术经济比较，可从潮流分布、输电损耗、系统稳定水平、短路电流水平、无功补偿容量、网络接线、近远期电网发展适应性、工程实施难易程度、经济性等方面进行综合比较。

换流站接入交流系统电压等级应根据直流系统输电电压等级、输电容量、近区交流系统情况等分析比较确定。一般情况下，送端换流站选择与近区电源接入的最高电压等级相同，受端换流站应与主网电压相适应，在负荷中心地区，为简化变电网络，可适当考虑较低电压等级接入的可能。

进行接入系统方案潮流分析比较时，一般以线路潮流最重的典型运行方式为基础，考虑正常潮流分布和换流站近区线路 $N-1$ 时潮流分布，以潮流分布合理、线路 $N-1$ 潮流不超过热稳极限、系统输电损耗低为优；直流系统单极闭锁也应列入潮流计算考核范围。

对于方案稳定水平比较，可选择稳定问题最严重的典型运行方式进行，主要考虑换流站近区主干交流网络发生三相短路故障、直流单极和双极故障等，方案稳定水平必须满足 DL 755《电力系统安全稳定导则》要求，以故障恢复快、系统输电能力强的方案为优。

对于换流站近区短路电流水平的比较，需关注最大和最小短路电流水平的差异，最大短路电流水平对设备选择影响大，最小短路电流水平在一定程度上反映了交流系统对直流故障扰动的承受能力。在换流站近区电网远景短路电流水平较高时，应考察比选方案的最大短路电流水平，以短路电流水平低为优；在换流站近区交流系统最小短路水平较低时，应考察比选方案最小短路电流水平，以短路电流水平高者为优。

传统换流站无功消耗较大，无功补偿设备投资约占换流站造价的 10%～15%，为节约工程造价，一般会尽可能地利用换流站近区交流系统的无功提供能力，以减少换流站内的无功补偿设备配置。对于不同的接入系统方案，换流站与交流系统的电气距离不同，可能造成交流系统提供无功的能力也不相同，当所列接入系统方案造成交流系统无功提供能力有较大差异时，应将交流系统无功提供能力参与优化比选。

对于接入系统方案的经济性比较，仍可采用最小年费用法。

推荐的接入系统方案必须满足正常和事故运行方式的输电需要，一般以网络结构简洁清晰、潮流分布合理、输电损耗小、短路电流水平满足要求、稳定水平高、适应能力强、经济性优、便于分期建设和过渡的方案作为推荐方案，各项指标不能兼顾时，应进行综合考虑，权衡各项指标利弊予以推荐。

第四节　高压直流输电线路 导线截面选择

一、导线截面选择的主要原则和思路

直流输电线路导线截面的选择直接关系到工程建设投资及运行成本，导线截面的选择首要满足载流量的要求，一般可先根据经济电流密度进行初步的选择，除此之外还必须满足环境保护的要求，对于 ±800kV 及以上电压等级的特高压直流输电工程，线路电磁环境限值的要求可能成为导线选择考虑的主要因素，需进行线路电磁环境特性参数的校核，包括电晕损失、无线电干扰、电场效应和可听噪声等环境影响参数，所选的导线形式应保证各项参数满足指标要求。即使是目前已应用十分成熟的 ±500kV 直流输电技术，若线路沿线存在高海拔、重度污染地区，或者线路采用非常规的排列布置方式，电磁环境参数也是需要重点关注的问题。对于电磁环境特性的分析可参考第三十三章内容，本节不再赘述。

在导线截面各项技术参数满足要求的情况下，经济性仍然是导线截面选择的决定性因素。对于普通钢芯铝绞线，导线截面越大，工程初始投资越大，但采用大截面导线可有效削减电能损耗费用，综合两方面因素，在选择导线截面时需进行全面的经济性比较，一般可采用年费用法对各导线截面的经济性进行比较，以确定经济最优的导线截面。

二、导线载流量及经济电流密度

导线截面的选择首先必须满足载流量的要求，导线载流量应不低于直流输电系统可能出现的最大连续过负荷电流，我国已建的直流系统一般具有 1.05～1.1 倍长期过负荷能力，故所选导线的载流量应不低于直流系统额定运行电流的

1.05～1.1 倍，实际所选导线载流量均有较大裕度。不同导线截面在不同环境下的允许载流量可参考第三十四章图34-2。

在满足载流量要求的前提下，可参考经济电流密度进行导线截面的初选。我国现行经济电流密度仍沿用1956年原电力工业部颁布的经济电流密度标准，但该标准所基于的基础条件已发生了较大变化。导线实际经济电流密度应根据各个时期的导线价格、电能成本及线路工程特点等因素分析决定，不同时期、不同输电工程的导线经济电流密度不相同，大体在一个范围内波动。国内外现有直流输电工程线路的电流密度情况统计见表3-5（表中加拿大纳尔逊河直流输电工程和巴西伊泰普直流输电工程导线型号中对应截面单位为千圆密耳（kcmil），1kcmil = 0.506 6mm^2)，从历年来实际直流导线选择情况看，直流线路的电流密度基本在 0.7～1A/mm^2，可将这一电流密度范围作为导线截面初步选择的依据。

表 3-5　国内外直流输电工程导线电流密度统计

工程项目		额定功率（MW）	额定电流（A）	额定电压（kV）	线路长度（km）	导线型号	导线截面（mm^2)	电流密度（A/mm^2)	投运年份
美国太平洋联络线	初期	1440	1800	±400	1360	2×ACSR-1164	2328	0.77	1970
	一次增容改造	1600	2000	±400	1360	2×ACSR-1164	2328	0.86	1979
	二次增容改造	2000	2000	±500	1360	2×ACSR-1164	2328	0.86	1985
	三次增容改造	3100	3100	±500	1360	2×ACSR-1164	2328	1.33	1989
加拿大纳尔逊河		1620	1800	±450	895	2×ACSR-1843	1868	0.96	1977
巴西伊泰普	一回	3150	2610	±600	805	4×ACSR-1272	2580	1.01	1985
	二回	3150	2610	±600	805	4×ACSR-1272	2580	1.01	1987
葛洲坝一南桥	初期	1200	1200	±500	1045	4×LGJQ-300	1200	1	1990
	增容改造（部分与荆门一枫泾线同塔架设）	3000	3000	±500	1045	4×ACSR-720	2880	1.04	2011
天生桥一广州		1800	1800	±500	960	4×LGJ-400	1600	1.13	2001
三峡一常州		3000	3000	±500	860	4×ACSR-720	2880	1.04	2003
三峡一广东		3000	3000	±500	960	4×ACSR-720	2880	1.04	2004
贵州一广东第一回		3000	3000	±500	936	4×ACSR-720	2880	1.04	2004
三峡一上海		3000	3000	±500	1040	4×ACSR-720	2880	1.04	2006
贵州一广东第二回		3000	3000	±500	1194	4×ACSR-720	2880	1.04	2007
宝鸡一德阳		3000	3000	±500	534	4×ACSR-720	2880	1.04	2010
荆门一枫泾（部分与葛洲坝一南桥线同塔架设）		3000	3000	±500	1019	4×ACSR-720	2880	1.04	2011
呼伦贝尔一辽宁		3000	3000	±500	908	4×ACSR-720	2880	1.04	2010
云南一广东		5000	3125	±800	1373	6×LGJ-630	3780	0.83	2010
宁东一山东		4000	3030	±500	1335	4×JL/G-1000	4000	0.76	2011
向家坝一上海		6400	4000	±800	1907	6×ACSR-720	4320	0.93	2010
青海一西藏		1200	1500	±400	1038	4×LGJ-400	1600	0.94	2011
锦屏一苏南		7200	4500	±800	2059	6×JL/G-900	5400	0.83	2012
溪洛渡右岸一广东（同塔双回）		2×3200	3200	±500	2×1223	4×JL/G-900	3600	0.89	2014
糯扎渡一广东		5000	3125	±800	1413	6×LGJ-630	3780	0.83	2013
哈密南一郑州		8000	5000	±800	2210	6×JL/G-1000	6000	0.83	2014
溪洛渡左岸一浙西		8000	5000	±800	1653	6×JL/G-900	5400	0.93	2014

续表

工程项目	额定功率（MW）	额定电流（A）	额定电压（kV）	线路长度（km）	导线型号	导线截面（mm²）	电流密度（A/mm²）	投运年份
云南金沙江中游电站送电广西	3200	3200	±500	1119	4×JL/G–900	3600	0.89	2016
永仁—富宁	3000	3000	±500	569	4×JL/G800	3200	0.94	2016
灵州—绍兴	8000	5000	±800	1720	6×JL/G–1250	7500	0.67	2016

大截面导线在我国已得到越来越多的应用，900mm²、1000mm² 和 1250mm² 的钢芯铝绞线已在锦屏—苏南、宁东—山东、灵州—绍兴直流输电线路工程中成功应用，生产、施工工艺都已成熟。

三、输电损耗

对于远距离、大容量直流输电工程而言，直流系统运行电流大，电能损耗相当可观，在直流输电线路导线选择时，应充分考虑输电损耗的影响。直流输电线路的输电损耗主要包括两部分，一部分与电流相关，主要是流过线路的直流电流在直流线路电阻上产生的损耗，称为电阻损耗；一部分与电压相关，主要是电晕放电时导线周围空气中的电荷在电场中的移动和发光将引起功率消耗，称为电晕损耗。电阻损耗及电晕损耗的计算方法可参考第三十一章第二节。

电量损耗计算与损耗小时数相关，电阻损耗部分的损耗小时数与直流工程负载运行曲线相关，工程前期设计阶段可参考交流电网功率因数为 1 时的最大负荷利用小时数与损耗小时数的关系确定，对应关系如表 3－6 所示。电晕损耗部分的损耗小时数按直流工程全年运行时间考虑，可极端考虑为 8760h。

表 3－6　最大负荷利用小时数与损耗小时数关系表

最大负荷利用小时（h）	2000	2500	3000	3500	4000	4500	5000	5500	6000	6500	7000	7500	8000
损耗小时（h）	700	950	1250	1000	2000	2500	3000	3600	4200	4850	5600	6400	7250

四、经济比较

直流输电工程的导线截面越大，线路的功率损耗及电能损耗越低，但线路造价也相应提高。因此需结合线路造价和电能损耗对不同导线截面的经济性进行综合分析，采用年费用指标对不同导线截面输送不同功率时的经济性进行比较，确定技术经济最优的导线截面。

直流线路造价对投资年费用影响较大，直流工程年利用小时数及损耗费用的选择对年电量损耗费用有较大影响。当其他条件确定时，年利用小时数越高越有利于大截面导线，损耗费用越高也越有利于大截面导线。当上述因素存在不确定性时，应进行敏感性分析，选择较大范围内均具有较优经济性的导线截面为宜。

计算示例：

以一建设规模±800kV、8000MW，输电距离 2210km 的直流输电工程导线截面选择为例，在满足电磁环境要求的前提下，参考以往直流输电线路电流密度，初步选择 6×720mm²、6×800mm²、6×900mm²、6×1000mm²、6×1120mm²、8×500mm²、8×630mm²、8×720mm²、8×800mm² 等截面导线参与比选，经济比选中采用的各经济指标如表 3－7 所示。

表 3－7　直流输电线路导线截面经济比较指标

导线截面（mm²）	6×720	6×800	6×900	6×1000	6×1120	8×500	8×630	8×720	8×800
单位投资（万元/km）	358	388	415	450	490	343	402	445	485
电流密度（A/mm²）	1.16	1.04	0.93	0.83	0.74	1.25	0.99	0.87	0.78
折现率（%）	8								
运营期（年）	30								
年运行维护费率（%）	1.50								
年利用小时（h）	6000								
年损耗小时（h）	4200								
损耗电价（元/kWh）	0.35								

基于以上基础条件，直流输电线路导线截面经济比较结果如表 3-8 所示。

表 3-8　直流输电线路导线截面经济比较表

导线截面（mm²）		6×720	6×800	6×900	6×1000	6×1120	8×500	8×630	8×720	8×800
线路造价（亿元）		79.1	85.7	91.7	99.5	108.3	75.8	88.8	97.5	105.0
电晕损耗（MW）		22.2	19.9	18.6	17.0	15.6	20.4	16.9	15.1	14.0
电阻损耗（MW）		733.7	655.6	587.5	532.2	475.2	816.3	639.5	550.3	491.7
年费用 （亿元/年）	投资年值	7.03	7.62	8.15	8.83	9.64	6.73	7.89	8.75	9.55
	年运行维护费	1.19	1.29	1.38	1.49	1.60	1.14	1.33	1.46	1.57
	电量损耗	11.47	10.25	9.21	8.34	7.46	12.62	9.92	8.55	7.66
	总年值	19.68	19.15	18.73	18.67	18.71	20.50	19.14	18.76	18.79
年费用差值（亿元/年）		1.01	0.48	0.06	0.00	0.04	1.82	0.47	0.09	0.11

基于设定的计算基础条件，6×1000mm² 导线截面年费用最低，可作为推荐的导线截面予以考虑。在工程实际中，还需要根据可能的运行情况，对不同最大负荷利用小时数、损耗电价、折现率等敏感性因素进行分析，选取敏感性因素变化范围内适应性较好的导线截面。

第四章

电力系统对直流输电工程的要求

根据第三章关于直流系统输电容量、输电电压等级等方面的研究，可以确定直流输电系统的额定输送功率、额定工作电压、额定工作电流等额定运行参数。在直流输电工程设计中，还需进行系统电气计算、直流运行方式研究、换流站无功配置、交流系统谐波阻抗计算分析、交流系统内过电压研究等与直流输电工程电气主接线、电气设备配置及参数选择等设计工作相关的电力系统计算研究；针对直流系统运行对交流系统可能产生的影响，需进行系统次同步振荡、自励磁方面的研究；对于直流落点密集地区，必要时应进行直流系统多落点问题的分析研究；此外，直流系统具有较好的调控特性，宜充分考虑利用直流附加控制提高交流系统运行安全稳定性的措施。

第一节 电 气 计 算

一、潮流计算

潮流计算是电气计算中最基本的计算，通过潮流计算可以获得网络各节点电压、潮流分布及功率损耗等方面的情况。对于直流输电工程，进行潮流计算的主要目的是一方面校核直流工程投运后电网的潮流分布以及周边站点的无功电压水平，合理的电网潮流应基本没有潮流迂回或反送现象、电压水平正常、网损小；另一方面，通过观察潮流计算结果中各种典型运行方式下换流站节点电压，对换流站交流母线正常运行电压水平提出建议，为直流系统运行方式的分析研究及设备额定电压的选择提供参考。

在运行工况选择上，可选择设计水平年系统各种典型运行方式和直流不同运行工况下的正常运行方式、N−1方式等，对双极直流系统单极投运或投运初期系统网架变化较大的过渡年份也应进行潮流计算。典型方式的选择上，对于水电比重小的电力系统，一般可只计算电网的最大、最小两种运行方式；对于水电比重大的电力系统，一般需要计算丰大、丰小、枯大、枯小四种运行方式；若系统中有一定比例的抽水蓄能电站，必要时还需对腰负荷方式进行计算。

二、稳定计算

电力系统受到各种干扰后能够恢复到原稳态运行方式或预期稳态运行方式的能力称为电力系统的稳定性，电力系统稳定一般可分为静态稳定、暂态稳定和动态稳定。在直流输电工程设计阶段进行稳定计算的主要目的是校核推荐方案的稳定水平、直流系统和交流系统的相互影响，提出对直流系统过负荷能力的要求，并确定换流站交流母线运行电压及运行频率的波动范围。

稳定计算范围应包括不同运行工况下直流单极、双极和相关交流系统故障。根据稳定计算结果，参考各种故障方式下的电压及频率变化情况，确定换流站交流母线运行电压及运行频率的波动范围，为电气设备参数设计奠定基础。对于交直流并列运行的同步电网，还需关注直流故障退出对并联交流电网稳定性的影响，特别是强直弱交的输电系统，易出现由于直流故障退出，其潮流转移到交流线路而引起交流线路过载、失稳等现象。

三、短路电流计算

直流输电工程的短路电流计算与交流输电工程有所不同，除需要进行最大短路电流水平计算外，还需进行最小短路电流水平计算。

计算最大短路电流水平的主要目的是选择断路器额定断流容量，从为设备选择留有适当裕度的角度考虑，计算水平年一般按设备投运后十年左右的系统发展规划考虑，计算最大开机方式下的三相短路电流和单相短路电流，其他故障形态的短路电流可视工程具体要求确定。若最大短路电流水平超过设备最高承受能力，应研究降低最大短路电流的措施，如优化网络结构、装设限流设备等，对于单相短路电流超标的情况，可以考虑提高近区电源升压变压器或换流站换流变压器短路阻抗，或者在变压器中性点串接电抗器。

计算最小短路电流水平主要是为了确定直流系统的最小短路比，该参数是直流工程设备参数设计的基础输入指标。

四、短路比

短路比是反映交流系统相对于所建直流输电系统强弱的指标值,在工程应用中,通常采用短路比(Short Circuit Ratio,SCR)和有效短路比(Effective Short Circuit Ratio,ESCR)的概念来评估。SCR 和 ESCR 计算公式见式(4-1)、式(4-2)

$$SCR = \frac{S_{ac}}{P_{dn}} \tag{4-1}$$

$$ESCR = \frac{(S_{ac} - Q_c)}{P_{dn}} \tag{4-2}$$

式中 S_{ac} ——换流站交流母线短路容量;

P_{dn} ——换流站额定容量;

Q_c ——换流站额定输送功率下投入的交流滤波器、电容器总容量。

一般认为,短路比高,属强交流系统,直流系统状态改变对交流系统的影响较小;短路比低,属弱交流系统,直流系统状态改变对交流系统的影响较大,工程设计下一阶段需要重点研究过电压、直流系统换相失败等问题。交流系统可根据 ESCR 的大小进行分类:

ESCR>3 为强系统;

2<ESCR<3 为中等系统;

ESCR<2 为弱系统。

最小短路比的确定应通过不同设计水平年、不同运行方式计算比较得出,一般换流站投运初期,最小开机方式、换流站出线 N—1、N—2 等是重要的计算条件,宜重点考虑。

随着直流输电技术的广泛应用,我国直流输电工程的数量不断增长,在电源集中的送端地区和负荷集中的受端地区,已经出现了多个换流站布点集中的问题,这些换流站之间的电气距离较近,直流系统之间相互影响大,评估单回直流输电系统的短路比指标(SCR、ESCR)已不够准确。2008 年 CIGRE 直流工作组提出了多馈入直流短路比(Multi-infeed Short Circuit Ratio,MISCR)的定义,该指标引起了业内的广泛关注,并在部分工程研究中作为参考指标引入考虑[1]。MISCR 定义如式(4-3)所示。

$$MISCR_i = \frac{S_{aci}}{P_{di} + \sum_{j=1, j\neq i}^{n} MIIF_{ji} \cdot P_{dj}} \tag{4-3}$$

式中 $MISCR_i$ ——第 i 回直流所对应的多馈入短路比;

S_{aci} ——第 i 回直流所对应的换流站交流母线短路容量;

P_{di} ——第 i 回直流的额定功率;

P_{dj} ——第 j 回直流的额定功率。

$MIIF_{ji}$ 为多馈入相互作用因子,其定义见式(4-4)。

$$MIIF_{ji} = \frac{\Delta U_j}{\Delta U_i} \tag{4-4}$$

式中 ΔU_i ——第 i 回直流交流母线电压变化;

ΔU_j ——第 j 回直流交流母线电压变化。

$MIIF_{ji}$ 表述当直流系统 i 交流母线上投入并联无功补偿装置使该母线上的电压降恰好为 1%时,直流系统 j 交流母线上的电压变化率。

类似 ESCR 可定义多馈入直流有效短路比(Multi-infeed Effective Short Circuit Ratio,MIESCR)见式(4-5)。

$$MIESCR_i = \frac{S_{aci} - Q_{ci}}{P_{di} + \sum_{j=1, j\neq i}^{n} MIIF_{ji} \cdot P_{dj}} \tag{4-5}$$

式中 Q_{ci} ——第 i 回直流对应换流站的交流滤波器、电容器总量。

对于多馈入直流系统,应参考多馈入直流短路比指标判断交流系统的强弱,多馈入直流短路比指标的应用及对交流系统强弱的划分与传统的单馈入直流指标类似,当某个系统指标值较低时,存在潜在的过电压、系统失稳等方面的风险。

第二节 直流系统运行方式

直流系统运行方式是指在运行中可供运行人员进行选择的稳态运行状态,根据工程的具体情况及两端交流系统的需要确定可能的运行方式,包括以运行接线划分的运行方式和以运行负载、电压等工况划分的其他运行方式,孤岛运行方式是直流系统存在的一种特殊系统运行方式。对于直流输电系统运行方式的分析研究可为直流工程接线方式设计、设备参数选择等提供参考依据。

一、直流系统运行接线方式

直流系统运行接线方式在第一章第一节中已进行了描述,对于采用单极、双极或是多端直流输电系统,需结合交流系统的要求、运行可靠性、工程投资等因素综合考虑确定。

单极直流输电系统在运行中存在着一定的问题,一般较少采用,多数直流系统还是以双极方式运行为主,在我国已投运的直流输电工程中,只有舟山直流和灵宝背靠背直流是采用的单极输电系统。双极直流输电系统中,受设备制造和运输能力的影响,±500kV 和±660kV 电压等级直流输电系统基本采用每极单 12 脉动换流器接线,±800kV 和±1100kV 电压等级直流输电系统基本采用每极双 12 脉动换流器串联接线。

对于单极直流输电系统和双极直流输电系统,从运行接线的角度考虑,可能的运行方式如下:

(1)单极直流输电系统:单极大地回线方式、单极金属回线方式。

(2)双极直流输电系统:双极对称运行方式、双极不对称运行方式、单极金属回线方式、单极大地回线方式、不完整单极大地回线运行方式、不完整单极金属回线运行方式、不完整双极运行方式、一极完整、另一极不完整不平衡运行方式；其中不完整类型的运行方式主要是在每极双12脉动换流器串联接线的双极直流输电工程中可能出现。

多端直流输电技术主要适用于电源基地输送电力到多个负荷中心、直流输电线路中间分支接入电源或负荷、城市直流配网等场合。由于在设备制造、控制保护等方面更为复杂，较少采用，我国尚未有大容量的常规多端直流的应用实例，仅有采用柔性直流输电技术的南澳±160kV多端柔性直流输电示范工程和舟山±200kV五端柔性直流输电科技示范工程。对于多端直流输电系统，由于包含的换流站较多，运行接线繁琐，其运行方式的可能组合较传统双端直流输电系统更为复杂，除对应于单回直流输电系统的双极方式、单极方式外，还存在换流站间的组合运行问题。多端直流所含的端数越多，设计的运行方式也越多，如加拿大魁北克—新英格兰五端直流输电工程设计有36种运行方式，包括两端直流系统运行方式。复杂的运行方式使多端直流输电系统的控制保护问题成为多端直流输电技术发展的关键技术问题。

从运行灵活性角度考虑，各类直流输电系统的接线方式应适应各种可能运行方式的切换。

二、直流系统运行工作方式

以运行负载、电压等工况划分的运行工作方式主要包括以下几种：

（1）正向额定全压运行方式。

（2）过负荷运行方式。

（3）最小负荷运行方式。

（4）降压运行方式。

（5）反向输送功率运行方式。

在第二章第一节中已对以上运行方式进行了较为详细的论述，本节重点对几类运行方式的系统要求进行阐述。

1. 过负荷运行方式

过负荷运行方式对直流系统过负荷运行能力提出需求，包括连续过负荷能力、短期过负荷能力和暂态过负荷能力，具体要求可结合系统运行需求进行分析，一般过负荷能力越强，对提高系统的运行可靠性及暂态稳定水平越有利，但需与工程建设的经济性协调考虑。若直流系统固有的过负荷能力可以满足系统运行要求，则不宜提出特殊要求，应以直流系统固有能力为准；当从系统运行安全稳定要求出发必须达到某一过负荷能力，或增加不多的过负荷能力可大大提高系统运行稳定水平时，应明确提出过负荷能力要求，并根据系统需求进行过负荷能力设计。

直流系统过负荷方式一般是可控的，只要直流输电设备设计合理，直流系统就不会因过负荷运行而损坏或降低设备的使用寿命。与交流系统电气设备的过负荷运行方式相比，直流系统在过负荷运行时还必须满足其他技术性能要求，如无功平衡要求和谐波水平要求，在无功配置及滤波器设计过程中需予以考虑。

2. 最小负荷运行方式

对于最小负荷运行方式，从运行的角度看，直流系统的最低输送功率越小，调度运行就越方便灵活，且直流系统具有一个较低的最小输送功率可以减少直流系统启停次数，因此，往往希望这个最小负荷运行方式的输送功率尽可能低。直流系统最小输送功率取决于最小直流电流，考虑到留有一定的裕度，通常最小直流限值取值大于为防止直流出现断续现象的连续电流临界值的2倍。连续电流临界值与平波电抗器的电感值、换流器的触发角以及换流器的脉动数有关，6脉动换流器的连续电流临界值可采用式（4-6）近似计算

$$I_{dd6} = \frac{U_{d0}}{\omega L_d}(0.093\,1\sin\alpha) \qquad (4-6)$$

式中　I_{dd6}——6脉动换流器的连续电流临界值，kA；

　　　U_{d0}——换流器理想空载直流电压，kV；

　　　ω——工频角频率，rad/s；

　　　L_d——平波电感值，H；

　　　α——换流器的触发角，（°）。

12脉动换流器的连续电流临界值可采用式（4-7）近似计算

$$I_{dd12} = \frac{U_{d0}}{\omega L_d}(0.023\sin\alpha) \qquad (4-7)$$

式中　I_{dd12}——12脉动换流器的连续电流临界值，kA。

其余参数含义同式（4-6）。

若希望连续电流临界值越小，则需要平波电抗器的电感值越大，对平波电抗器的设计要求较高。

直流系统最小负荷方式运行电流水平的确定应结合系统需求和设备参数设计予以论证，结合国内外已投运的直流输电工程情况看，最小负荷运行方式下的输送电流普遍选择为额定直流电流的10%，一般可较好的协调系统需求和设备设计间的问题，如无特殊情况，可参照这一标准确定。

在直流系统输送最小功率时，直流换流器消耗的无功少，而这时交流系统也往往处于轻载状态，可能会出现无功过剩问题，因此，在直流换流站无功补偿研究时需关注直流轻载时的无功平衡问题。

3. 降压运行方式

直流系统以降压运行方式运行时，当电流一定时，降压幅值越低，损失的功率越大，将引起换流站交流母线电压的降低。从系统运行角度看，并不希望直流以降压方式运行，降压运行方式主要是为直流输电线路绝缘水平降低时恢复直流运行而设置的。

在工程设计时，对降压方式的直流电压、直流电流、过负荷值应做出规定，通常直流工程降压方式的额定电压取为额定直流电压的 70%～80%。降压方式作为一种非正常运行方式，为保证谐波干扰水平、无功平衡及损耗在所允许的范围内，同时也要求降低直流电流值。为保证一定的运行效率，在不增加换流站造价的前提下，降压方式应尽可能运行在较大的直流电流水平下，以保持较大的直流输送功率。通常直流电压降低到 80%时可以不降低额定直流电流，而降低到 70%时大部分情况下需要降低额定直流电流，降压方式下直流电流的确定应根据设备设计裕度、降压运行时对输送功率的要求等工程具体情况优化确定，在降压方式运行时，需特别注意监视换流器冷却系统的温度是否过高、换流站消耗的无功功率是否太多、换流站交流侧和直流侧的谐波分量是否超标、换流变压器和平波电抗器是否发热等。

4. 反向输送功率运行方式

对于电源外送等不要求反向送电的直流输电工程，或者对反向输送能力无明确要求的工程，对功率反送设计可不提特殊要求。这类工程两端换流站一次设备的选择只需满足单方向送电要求，一般两端换流站的额定值不同，逆变站的额定直流功率、额定直流电压均略小于整流站。由于直流系统的可控制，一个按正向送电要求设计的直流输电系统通常也具备一定的反向送电能力，一般可按正向送电设计条件对反向送电能力进行核算，其反向送电能力主要受正向送电时逆变站的主要设备参数和整流站无功补偿设备配置情况的限制。对于无功配置充足的系统，一般远距离输电型直流工程反向输送能力可达到正向输送能力的 90%左右，背靠背直流工程的正向和反向输送能力则基本相同。

对正、反两方向均有功率输送要求的直流输电工程，应提出明确要求，在设备参数选择、无功配置等方面应按照满足正反两方向输送功率的要求进行设计，两端换流站的控制保护系统也应按照既能满足整流运行的要求，又能满足逆变运行的要求进行设计。

三、孤岛运行方式

严格地说，孤岛运行方式与前面提到的直流系统运行方式并不是一个体系，属于电力系统的一种特殊运行方式。一般定义直流换流站孤岛运行方式为：电源直接通过交流线路接入直流换流站，电源及换流站与交流主网均无联系的运行状况，该方式下换流站、电源、交流线路形成孤立电网运行，孤岛运行方式一般发生在送端换流站。

对于纯直流送电系统，往往会为了避免大容量直流系统对送端电网的影响而断开送端电源与交流电网的联系，形成孤岛运行方式。对于一个交直流并列运行的系统而言，大容量直流对系统的稳定性也可能带来不良的影响，直流规模越

大，直流单极闭锁故障时直流功率转移到交流网络的功率也越大，大容量直流的单极故障方式通常会成为交直流并列运行系统最为严重的 N—1 故障，降低了系统的安全稳定水平；另一方面，大容量直流往往造成与其相连的交流系统短路比比较低，若换流站近区交流线路发生三相永久短路等严重性故障，可能导致换流站母线电压大幅度振荡波动，凸显出系统无功支持能力不足的问题，同样会降低系统安全稳定运行水平；在以上情况下，为避免交直流系统间的相互影响，可考虑在送端建立孤岛运行方式。南方电网在 YG 直流工程前期研究工作中，即发现直流投运初期所连接的交流系统相对较弱，直流单极闭锁及换流站近区交流线路三相永久短路故障是系统安全稳定水平的限制因素，限制了南方电网西电东送的输电能力。为解决这一问题，YG 直流最终确定保留转换为孤岛运行方式的可能，以提高系统运行稳定水平。

一旦确定换流站需要适应孤岛运行方式，直流系统设计及设备参数选择条件将更加严格，在工程系统设计中需要注意以下问题的解决：

（1）网络接线方案应能满足孤岛运行要求，协调好电源电力交直流外送的关系，若直流系统需保留交直流并列运行与孤岛运行两种状态，在换流站接入系统方案中应进行并网运行与孤岛运行接线方式转换的研究，以实现两种运行方式间的灵活转换。

（2）孤岛运行方式换流站近区无功平衡状态会发生较大变化，且无功设备投切引起的电压波动较大，需详细研究无功补偿设备配置问题，必要时无功配置方案应满足交直流并列运行与孤岛运行两种状态下的要求。

（3）孤岛运行方式下，交流系统相对较弱，过电压可能难以满足相关规程要求，应对孤岛运行过电压问题进行专题研究，必要时研究过电压限制措施及其可行性。

（4）孤岛运行方式下，系统谐波阻抗往往会恶化，对滤波器设计提出更高要求；此外，较弱的交流系统提供的换流站运行条件更为苛刻，对其他站内设备的参数设计也会产生影响，应予以研究。

鉴于孤岛运行对系统设计将会产生较大影响，在换流站接入系统阶段必须明确整流站是否存在孤岛运行可能，以及孤岛运行是否作为一种正常运行方式考虑。

第三节　换流站无功配置

一、无功配置原则

在传统直流输电技术中，无论是整流站还是逆变站，运行时均需要从交流系统吸收大量的容性无功功率。正常运行时，换流站无功消耗一般会达到有功功率的 40%～60%，换

流站无功补偿设备无论是在全站投资，还是站内占地上，都是比重较大的一部分。合理的无功配置方案可以起到节约建设成本和土地资源的双重效益。由于容性无功平衡和感性无功平衡双方面的要求，加上改善系统动态性能的可能需求，换流站无功补偿配置设备牵涉的类型较多，包括高压电容器、高压电抗器、低压电容器、低压电抗器及动态无功补偿设备。工程设计过程中可对换流站无功补偿设备配置进行专题研究，确定换流站所需的无功补偿总容量、分组容量和无功补偿设备类型，研究过程中应遵循以下原则：

（1）无功补偿与配置方案应能够满足换流站和交流系统对无功平衡的要求，并综合考虑电压控制、交流滤波、可靠性、经济性等方面的要求进行优化配置。

（2）进行换流站无功补偿配置方案设计时，应优先考虑采用近区交流系统既有的无功提供和吸收能力。

（3）换流站无功补偿设备的配置，应满足直流系统及交流系统在各种接线和运行方式下的无功平衡。为避免增加换流站无功配置投资，个别极端运行方式，如基本不会出现或出现概率极小的开机或系统接线方式，可不纳入考虑。

（4）交流运行电压水平对换流站无功消耗没有影响，但对交流系统的无功提供、吸收能力，以及无功补偿设备的无功出力有影响；为保证配置的无功设备正常发挥作用，换流站的无功平衡与无功补偿配置方案设计应基于合理的交流运行电压水平。

二、换流站无功消耗

直流系统运行时消耗感性无功，需配置容性无功补偿设备，本手册中提到的换流站无功消耗和无功过剩均指感性无功，容性无功平衡用于计算容性无功设备的需求，感性无功平衡用于计算感性无功设备的需求，后续不再说明。

换流站的无功消耗容量与直流的输送功率、直流电压、直流电流、换相角以及换相电抗等因素有关，可采用式（4−8）～式（4−11）进行计算

$$Q_{dc} = P \cdot \tan\varphi \tag{4-8}$$

$$\tan\varphi = \frac{(\pi/180) \cdot \mu - \sin\mu \cdot \cos(2\alpha+\mu)}{\sin\mu \cdot \sin(2\alpha+\mu)} \tag{4-9}$$

$$\mu = \arccos\left(\frac{U_d}{U_{dio}} - \frac{X_c \cdot I_d}{\sqrt{2} \cdot E_{11}}\right) - \alpha \tag{4-10}$$

$$\frac{U_d}{U_{dio}} = \cos\alpha - \frac{X_c \cdot I_d}{\sqrt{2} \cdot E_{11}} \tag{4-11}$$

以上式中　P——换流器直流侧功率，MW；

Q_{dc}——换流器的无功消耗，Mvar；

φ——换流器的功率因数角，(°)；

μ——换相重叠角，(°)；

X_c——每相换相电抗，Ω；

I_d——直流运行电流，kA；

α——整流器触发角，(°)；

E_{11}——换流变阀侧绕组空载电压（线电压均方根值），kV；

U_d——极直流电压，kV；

U_{dio}——极理想空载电压（等于 E_{11} 的 $3\sqrt{2}/\pi$ 倍），kV。

计算逆变站无功消耗时以逆变器关断角代替整流器触发角。

换流站需在直流大负荷运行方式下进行容性无功平衡计算，在直流小负荷运行方式下进行感性无功平衡计算，即需进行最大无功消耗和最小无功消耗的计算。换流站最大无功消耗原则上按照直流系统正向全压额定运行方式确定，一般直流系统的过负荷运行是其固有的能力，可不校验该方式的无功消耗。若过负荷运行工况作为一种固定出现的运行方式或在直流系统运行中占据一定的比例，则应将过负荷运行工况作为换流站最大无功消耗的计算基础；换流站最小无功消耗按照直流系统最小功率运行方式确定。

设备制造公差及系统测量、控制误差等因素可能使各参数的取值会偏离实际值，对无功消耗的计算结果会产生一定的影响。实际工程无功计算中各参数取值应根据实际工程技术路线确定，以某±500kV、3000MW 直流工程为例，其各类公差及误差取值如表 4−1 所示。根据公式计算，考虑了各类偏差的最大无功消耗可能达到额定参数的 1.1 倍左右，对换流站无功配置的影响较大，常常会增加 1～2 组无功小组数，故进行换流站最大无功消耗计算时，应计及偏差因素对无功消耗值的影响，使最大无功消耗达到较大值。进行换流站最小无功消耗计算时，以直流系统正常最小负荷运行工况为主，最小无功消耗基数较小，即使考虑了各类偏差，无功消耗值的偏差一般都在 10MW 以内，对无功配置不会产生大的影响，可忽略设备制造公差及系统测量、控制误差等因素的影响。

表 4−1　某直流工程无功消耗计算相关参数取值

名称	说　　明	数值
δd_x	在正常抽头位置直流感性压降的制造公差	±3.75%d_{xN}
δU_{dmeas}	直流电压测量误差	±1.0%U_d
δI_{dmeas}	直流电流测量误差	±0.75%I_d
$\delta\gamma$	逆变侧关断角测量误差	±1.0°
$\delta\alpha$	整流侧触发角测量误差	±0.2°
δU_{dio}	理想直流空载电压测量误差	±1.0%U_{dioN}
α_N	正常触发角	15.0°

续表

名称	说　明	数值
$\Delta\alpha$	稳态控制时 α 的允许变化范围	$\pm 2.5°$
γ_N	正常关断角	$17.0°\sim 19.5°$
ΔU_d	直流电压允许的变化范围（等于两级抽头之间的级差）	$\pm 1.25\% U_{dLN}$

三、交流系统无功支持能力

对于电源外送型直流输电工程，送端换流站一般直接与电源相连，或与送端电源保持较近的电气距离；电源低功率因数运行时可为系统提供较多无功，水电机组一般还具有进相运行能力，进相运行时可为系统吸收过剩无功，即在一定条件下，交流系统对换流站具有无功支持能力。为减少换流站无功设备配置容量，应充分利用交流系统的无功支持能力，交流系统无功支持能力应通过交流系统的无功平衡计算确定，包括直流大功率下的交流系统无功提供能力和直流小功率下的交流系统无功吸收能力。

交流系统无功提供能力应以直流大功率运行作为基础运行方式进行计算。为保守计算交流系统无功提供能力，计算时应以近区机组的不利开机方式或较为严苛的接线方式作为基础，但计算方式过于严苛可能造成计算出来的交流系统无功能力过于保守，大大增加换流站的无功设备投资，因此，对于出现概率低的线路 $N{-}2$ 及以上方式可不计入考虑。

进行交流系统无功提供能力平衡计算时，首先要选择好无功平衡计算的区域，既要避免大范围的无功潮流流动，又要最大限度地利用近区交流系统的无功调节能力；其次应特别注意系统运行电压水平的问题，交流系统运行电压水平对无功平衡计算能力影响较大，线路充电功率、换流站无功补偿设备的出力都受电压水平的影响，线路两端的电压差与无功流动大小也密切相关。若计算时考虑的不是直流系统大负荷运行时基本维持的电压水平，可能造成在直流系统正常运行时实际无法获取计算得到的交流无功提供能力，或实际可获得的更多，造成无功配置不足或过于充裕的问题。应综合考虑系统实际运行情况、输电损耗等因素确定合理的换流站交流母线电压。

进行交流系统无功吸收能力平衡计算时，应以直流最小功率方式作为基础运行方式进行计算，由于直流小功率运行时往往受谐波控制约束，需投入一定量的无功补偿设备用以滤波，造成换流站出现较大无功过剩，无功过剩的最大值一般出现在直流最小功率方式，但有时也可能出现在其他低直流功率运行方式。因此必要时应对 $10\%\sim 30\%$ 小负荷运行方式进行无功平衡核算，各计算方式下换流站考虑投入的无功设备应能满足滤波要求。同样，为保守估计交流系统无功吸

收能力，换流站近区网架宜按全接线方式考虑。此外，利用发电机组的进相能力可以吸收系统过剩的无功，减少感性无功设备的投入，进行交流系统无功吸收能力计算时可适当考虑换流站近区发电机的进相能力，但发电机组的进相能力是否可以调用有一定的不可控性，故进相能力以发电厂出线充电功率基本得到补偿为宜。

四、换流站无功分组容量

换流站无功设备需求量较大，尤其容性无功设备配置总容量会达到直流额定功率的 $40\%\sim 60\%$，从系统运行及滤波需求等角度考虑，一般分为数个大组，每大组下设数个小组，通过无功分组的投切来满足不同直流运行工况下的无功需求，无功大组及小组分组容量的确定是无功配置方案的基础。

无功小组分组容量需考虑无功小组投切引起换流站交流母线的电压波动影响、换流站无功补偿总容量、滤波性能和设备布置等要求进行优化，尽量减少组数。考虑电能质量要求，我国直流输电工程中投切一个无功小组引起换流站交流母线的暂态电压波动一般按不大于 $1.5\%\sim 2\%$ 控制，负荷中心地区或换流站交流侧母线电压为 500kV 以下时可取低值，电源集中地区或距离负荷较远地区可取高值。对于远离负荷中心且交流母线电压等级为 500kV 及以上的换流站，还可研究放宽暂态电压波动标准。投切一个无功小组引起的换流站交流母线稳态电压变化应以不导致换流变压器有载调压分接头动作为原则，一般不大于换流变压器分接头步长的 80%；任何无功小组的投切都不应引起换相失败，不改变直流控制模式以及直流功率输送水平。

无功大组的容量选择应结合系统稳定要求、无功小组的分组容量、大组断路器最大开断能力、滤波器类型和配置要求、设备可靠性水平等因素综合确定。切除一个无功大组是一种非正常方式，只在发生故障情况下可能会出现切除一个无功大组的动作，而这个几率也很小，即使发生了突然切除无功大组的事件，其对系统稳定的影响并不比线路三相短路跳开严重，系统一般是可以承受的，因此在电压波动方面对无功大组容量的限制可以放宽考虑，主要以不影响直流系统运行为主，切除无功大组引起的暂态电压变化不导致直流系统发生闭锁故障即可；但换流站失去一组无功大组后对系统运行的无功平衡会产生较大影响，这时应考虑合理降低直流功率输送水平。

为控制换流站无功设备投切引起的电压波动在系统任何运行方式下都不超过规定限值，换流站无功分组投切引起交流母线的电压变化率计算应选择直流工程投产初期短路容量最小的典型运行方式，并考虑换流站附近对交流母线短路容量影响最大的线路 $N{-}1$ 方式，但考虑完全满足直流投产初期的要求也可能造成无功补偿设备投资的增加。对于双极直流

输电系统，在直流单极投产的过渡年份可适当放宽要求，以直流双极全部投产的年份为基础进行计算。

在确定无功分组容量时可先根据交流母线暂态电压波动估算无功分组容量的初选区域，估算公式如下。

$$\Delta U = \frac{\Delta Q}{S_d - \sum Q} \qquad (4-12)$$

式中　ΔU ——换流站交流母线的暂态电压波动，%；

ΔQ ——无功分组容量，Mvar；

S_d ——换流站交流母线短路容量，Mvar；

$\sum Q$ ——换流站已投入的无功补偿设备总容量，Mvar。

初步估算的无功分组容量区域可作为参考基础，再利用仿真工具对区域内不同容量的单组无功设备投入及切除时的电压波动情况进行仿真计算，根据实际仿真计算的电压波动值确定最终的无功分组容量限制范围。为提高直流系统运行可靠性，无功大组分组应至少为 2 组，一般考虑为 3 组及以上。

五、换流站无功平衡与无功配置方案

（一）容性无功平衡与配置方案

确定换流站容性无功补偿总量时，宜在交流母线正常运行电压水平下进行平衡。若无功补偿设备额定电压与交流母线正常运行电压水平不同，应考虑电压修正系数。换流站内容性无功补偿总容量可按式（4-13）计算

$$Q_{total} = \frac{-Q_{ac} + Q_{dc}}{k_1^2} + N Q_{sb} \qquad (4-13)$$

式中　Q_{total} ——滤波器及电容器组提供的无功总容量，Mvar；

Q_{ac} ——交流系统提供的无功容量，Mvar；

Q_{dc} ——换流器无功消耗，Mvar；

Q_{sb} ——无功小组容量，Mvar；

N ——备用无功设备组数；

k_1 ——电压修正系数，换流站交流母线正常运行电压水平与容性无功设备额定电压的比值。

在备用无功设备组数上，从系统运行的安全可靠性角度考虑，一般设置 1～2 组备用。对于交流系统有无功提供能力的换流站，在送端交流系统无功提供能力计算时考虑了各种不利运行工况，这时可考虑由交流系统承担换流站的无功备用，受端换流站一般位于负荷中心地区，大负荷运行方式下容性无功需求较大，负荷密集地区的受端换流站可设置 1～2 组专门的无功小组备用。

根据容性无功总量需求及前述分组容量限制，可获得经济合理的初步容性无功配置方案；容性无功设备以装设在换流站交流母线侧的交流滤波器及电容器组为主，为节约投资，若换流站内设有自交流母线直接引接的站用变压器，可考虑在站用变压器低压侧装设低压电容器代替部分高压电容器。

（二）感性无功平衡与配置方案

进行换流站感性无功配置方案研究时，应充分利用交流系统吸收无功的能力。换流站感性无功补偿容量缺额一般以计算的最小无功消耗为基础，考虑换流站因交流滤波要求必须投入的滤波器、交流系统无功吸收能力后，经过平衡计算确定；为合理考虑无功补偿设备的利用率，对于双极直流输电系统，感性无功平衡一般以双极小方式作为基础进行计算。确定换流站感性无功缺额时，宜在合理的电压水平下进行平衡，同样，若无功补偿设备额定电压与感性无功平衡的运行电压水平不同，应考虑电压修正系数。直流小方式下，换流站不足的感性无功功率可按式（4-14）计算

$$Q_r = Q_{fmin} \cdot k_2^2 - (Q_{ac} + Q_{dc}) \qquad (4-14)$$

式中　Q_{fmin} ——满足滤波要求投入的滤波器产生的无功功率，Mvar；

Q_r ——换流站需吸收的无功，Mvar；

Q_{dc} ——换流器无功消耗，Mvar；

Q_{ac} ——交流系统吸收的无功容量，Mvar；

k_2 ——电压修正系数，感性平衡计算时换流站交流母线电压水平与感性无功设备额定电压的比值。

在考虑交流系统的无功吸收能力后，若换流站仍存在较多剩余无功，则需要考虑采取相应的措施吸收换流站内剩余无功。换流站剩余无功的吸收可以考虑以下两种方案：

（1）增大触发角或关断角，加大换流站无功消耗。增大触发角或关断角虽然可以在一定程度上平衡剩余容性无功，但该方式会导致换流器运行工况恶化，换流阀阻尼均压回路、平波电抗器和直流滤波器等设备均会承受比正常触发角下大得多的电气应力，对设备寿命有极为不利的影响，直流系统不宜长期在这种方式下运行；因此，从经济性和可靠性两方面平衡考虑，仅在换流站剩余无功总量较小，触发角或关断角增大幅度不大，或者直流小方式出现概率较低时可优先考虑该方案。

（2）在换流站内配置感性无功补偿设备。可以考虑装设站内可投切高压电抗器，若换流站内设有自交流母线直接引接的站用变压器，也可考虑在站用变压器低压侧装设低压电抗器。

若距离换流站较近的交流站点在满足自身平衡外留有装设无功装置的位置，则可考虑在邻近交流站点装设低压无功补偿装置，来平衡换流站内无功，该方案与在换流站高压母线侧装设无功补偿装置相比是经济的，但会增加交直流系统间的无功交换量，在一定程度上增加输电损耗，因此对可替代的无功装设地点需慎重考虑，应通过技术经济比较分析确定。

（三）动态无功补偿

进行换流站的无功补偿装置配置时，除传统滤波器、电

容器外，还可以考虑采用静止无功补偿器（SVC）、静止同步补偿器（STATCOM）、调相机等动态无功补偿设备。相对于传统无功设备，动态无功补偿设备可以快速改变其发出或吸收的无功功率，迅速响应系统无功需求，对系统提供动态无功支持，具备控制交流母线电压、改善系统稳定性、限制暂时过电压及抑制次同步振荡等作用。基于动态无功补偿设备的优点，在换流站内装设动态无功补偿设备能起到提高系统运行稳定性、抑制电压波动的作用，可在一定程度上提高无功小组分组容量、减少无功分组数量；但另一方面，较高的设备造价又可能会限制动态无功补偿设备的应用。

SVC 使用晶闸管阀作为开关器件，通过晶闸管控制来改变电抗器或电容器，可平滑调节其输出的无功功率，响应速度一般在 40～60ms；其缺点为输出无功功率与电压的平方成正比，暂态下的电压支撑能力较弱，且会产生谐波，需要装设滤波装置。在动态无功设备中，SVC 造价相对较低，目前使用较为广泛，YG 直流工程送端 CX 换流站在孤岛运行方式下交流系统较弱，换流站发生直流双极闭锁时工频过电压超过规程规定要求，且无功投切母线电压波动大，原联网运行方式下设计的无功配置方案在投切无功小组时暂态、稳态电压变化均大幅超出设计限值。经综合分析比较，在 CX 换流站装设了两组 ±120Mvar 的 SVC 装置，装设 SVC 装置后可减少一组备用无功补偿装置，并可为换流站提供动态无功支持能力，起到抑制电压波动、降低过电压水平、提高系统稳定水平的作用。

STATCOM 采用可控的大功率电力电子开关器件，通过调节逆变器交流侧输出电压的幅值和相位，迅速吸收或发出所需的无功，从而达到快速动态调节无功的目的，响应速度一般在 10～20ms 左右；与 SVC 装置相比，STATCOM 的无功控制能力受系统电压影响小，在暂态下的电压支撑能力更强，对电网的谐波污染也更小，其占比面积约为同容量 SVC 装置的 1/3 左右。受设备造价较高的影响，STATCOM 目前应用不如 SVC 装置广泛，主要应用在对系统稳定提升要求较高的场合。YF 直流工程的受端 FN 换流站接于弱交流系统，存在直流系统运行不稳定的隐患，为改善 FN 换流站的运行条件，在 FN 换流站内装设了 3 组 ±100Mvar 的 STATCOM 装置，系统研究表明，装设 STATCOM 装置后可有效改善故障后直流的恢复特性，提高系统运行稳定水平，且能平抑交流滤波器投切后的稳态电压波动，显著提高交流电压运行水平。

调相机属旋转无功设备，可视为不发出有功功率的同步发电机，装设有自动调节励磁装置，欠励磁运行时从系统吸收无功，过励磁运行时向系统提供无功，可连续调节无功；其缺点为运行、维修复杂，运行损耗较大，优点为可增加系统短路容量和转动惯量，单机容量可以做的较大，且具有较大的短时过载能力，其无功输出能力不受系统电压影响，可

以有效地支持电网电压，提高电网运行稳定性。调相机是最早使用的无功补偿设备，在 SVC 装置和 STATCOM 装置出现后已较少采用，但是近年来随着特高压直流输电技术的发展，单回直流输电容量已达到 1000 万 kW 以上，电网"强直弱交"问题日益突出，对无功补偿装置也提出了更高的性能要求。解决区域性电压失稳问题要求有大规模动态无功的支持，同时弱受端交流系统也有增强短路容量的需求，在此基础上，调相机成为较好的选择。国内相关单位于 2015 年开始部署调相机应用工作，在一批特高压直流输电工程的换流站内装设 2～3 组 300Mvar 的调相机，用以增加特高压直流工程交流系统的稳定裕度，并为系统提供紧急无功电压支撑，提高故障后电压恢复水平，抑制暂态过电压，保障电网安全稳定运行。

综合前期工程经验，当换流站近区交流系统较弱时，若装设动态无功补偿设备有助于抑制电压波动、优化无功配置方案，或可明显改善电网运行的安全稳定性，则经过充分论证可以考虑在换流站内适量装设 SVC 装置、STATCOM 装置、调相机等具有动态电压调节能力的设备。

第四节　交流系统谐波阻抗计算分析

一、交流系统谐波阻抗概述

一个理想的电力系统是以单一恒定频率与规定幅值的稳定电压供电的，但实际上，由于大功率换流设备以及大量非线性负荷的存在，系统中的电压、电流波形畸变问题一直存在，不是标准的周期性正弦分量。对周期性非正弦电压、电流进行傅里叶级数分解，除了得到与电网基波频率相同的分量，还得到一系列大于电网基波频率的分量，这部分电压、电流称为谐波。随着电力电子技术的广泛应用，电网的谐波问题日趋严重，高压直流输电工程的建设对电力系统而言也是一大谐波源，电网谐波的治理问题一直是热门课题，对系统谐波特性的分析常常需要借助分析谐波阻抗构成的等效电路来实现。

对直流输电工程而言，交流系统谐波阻抗指的是从换流站交流母线向系统看入的系统谐波等值阻抗，交流系统的谐波等值阻抗是十分重要的参数，是交流滤波器设计的基础条件，在交流滤波器参数设计中，需要考虑交流滤波器与系统谐波阻抗的谐振问题。

系统谐波阻抗的计算很复杂，且与换流站近区电网结构、负荷水平、电源开机等因素有关，随外界条件的变化也可能发生显著的变化，而计算模型和统计方式也会对谐波阻抗结果产生影响。一般在研究中采用谐波扫描程序进行系统谐波阻抗计算，常用的谐波扫描程序有 SIMPOW 程序和

NIMSCAN 程序，在我国的直流输电工程设计中，多采用 NIMSCAN 程序进行谐波阻抗等值计算[2]。

二、谐波阻抗模型

换流站交流系统谐波等值阻抗是通过对谐波阻抗等效电路进行等值计算获得的，系统内的发电机、变压器、线路等电气元件均需按其不同特性建立各自的阻抗频率模型。电力系统各元件的谐波阻抗模型实质上是电感元件、电阻元件和电容元件组成的电路，若电感元件和电容元件在基频下的感抗分别为 X_L、X_C，则 n 次谐波的感抗和容抗值分别为 $X_L(n)=nX_L$、$X_C(n)=\dfrac{X_C}{n}$。对电阻元件而言，情况相对复杂一些，谐波分析中需要考虑电流的集肤效应，集肤效应是指导体中有交流电或者交流电磁场时，因变化的电磁场在导体内部产生了涡旋电场，与原来的电流相抵消，使导体内的电流主要集中在导体的表面，导致电阻增大；受集肤效应影响，电阻元件的电阻值通常随谐波次数增大而增大。电力系统发电机、变压器及线路各元件的集肤效应有所不同，目前对考虑集肤效应谐波阻抗模型的也不完全统一，总体上可以归纳为如下两类模型。

模型 1：

发电机：$Z_G(n)=\sqrt{n}R+jnX$

变压器：$Z_T(n)=\sqrt{n}R+jnX$

模型 2：

发电机：$Z_G(n)=nR+jnX$

变压器：$Z_T(n)=nR+jnX$

从实际工具计算情况看，这两类模型中以模型 1 计算获得的谐波阻抗值的谐波阻抗角度较大，工程设计中采用模型 1 可获得更大的安全裕度。

线路元件一般采用常规的 π 形计算模型，集肤效应系数反映线路在各次谐波下的阻抗变化，集肤效应系数的取值在 0.33～0.75 之间，该值越小越保守，工程设计中多取为 0.33[2]。

总的来说，集肤效应具有使电阻增大的特性，计及集肤效应可降低系统谐波阻抗的阻抗角，使滤波器性能更易满足要求，因此，实际工程设计中，对于相对较强的交流系统，系统特性相对较好，系统谐波阻抗计算模型可以忽略电阻的集肤效应；对于相对较弱的交流系统，如换流站孤岛运行方式下，系统谐波阻抗模型则需要考虑电阻集肤效应的影响。

三、运行方式选择

交流系统谐波等值阻抗的计算与换流站近区电网结构、负荷水平、电源开机等因素有关，对交流系统谐波阻抗的考虑，不但需要考虑直流输电工程投运年的情况，还要考虑投运后运行期内的变化情况，因此，在谐波阻抗计算过程中，

应合理选择参与谐波阻抗计算的运行方式，使谐波阻抗计算结果尽可能覆盖绝大部分运行工况。基于这一原则，对谐波阻抗计算运行方式的选择考虑如下：

（1）应包含换流站投产年及设计水平年的最大、最小典型运行方式，对于包含相当比例水电的系统，则应细分为丰大、丰小、枯大、枯小等典型运行方式；必要时，还应包括远景年的典型运行方式。

（2）各典型运行方式下，需考虑可能不同的开机方式，重点对换流站近区电源开机方式进行优化组合。

（3）各典型运行方式下，需考虑线路开断的运行方式，重点对换流站近区线路的 $N-1$ 开断方式进行优化组合，必要时需考虑部分 $N-2$ 开断方式。

（4）为保证换流站设计的经济性，个别极端的运行方式可以不予考虑。

（5）若直流存在孤岛运行方式的可能，且将孤岛运行方式作为一种正常的运行方式予以考虑，则应计算孤岛运行方式下的交流系统谐波阻抗值。

四、谐波阻抗计算结果

交流系统谐波等值阻抗值是在多方式谐波阻抗计算的基础上进行统计获得的，并不是一个确定的值，而是一个范围。一般的统计方法是：针对某个运行方式，以一定的步长扫描 0～2500Hz 范围内的系统谐波阻抗，获得各次谐波阻抗值，阻抗幅值及阻抗角是描述谐波阻抗的基本参数，将某次谐波下各方式的谐波阻抗参数值合并，取极值作为系统在该次谐波下的谐波阻抗值范围。

系统谐波阻抗值通常以 X-R 平面区域表示，根据工程研究经验，一般将 2～13 次低次谐波阻抗用阻抗扇形图描述，14 次及以上的高次谐波阻抗用阻抗圆表示。阻抗扇形图的主要参数有：最大阻抗幅值 Z_{max}、最小阻抗幅值 Z_{min}、最大阻抗角 θ_{max}、最小阻抗角 θ_{min}；阻抗圆的主要参数有：最小电阻 R_{min}、最大电阻 R_{max}、最大阻抗角 θ_{max}、最小阻抗角 θ_{min}、阻抗圆半径 R。谐波阻抗区域示意图如图 4-1 所示。若想使滤波器的设计更精确，高次谐波阻抗也可使用扇形图表示。

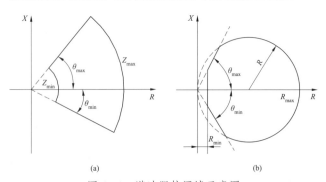

（a）　　　　　　　　　（b）

图 4-1　谐波阻抗区域示意图

（a）低次谐波阻抗扇形图；（b）高次谐波阻抗区域图

上述统计方法是把某次谐波各方式下的谐波阻抗等值区组合，这样做的弊端是会使得谐波阻抗等值区扩大，导致交流滤波器设计条件苛刻。在相对较强的交流系统中，各方式谐波阻抗的聚合度相对较高，统计的偏差不会对交流滤波器的设计造成困难，可以采用这一统计方法；但对于弱交流系统，若按照该方法统计出来的结果使交流滤波器的设计条件变得过于苛刻，可考虑采用分类统计法确定谐波阻抗值的范围。分类统计法即根据系统运行情况将各运行方式归类，针对每类运行方式统计获得一个谐波阻抗区域，如此可减小谐波阻抗区域图中的面积，使滤波器的设计条件相对宽松合理[2][3]。

第五节　次同步振荡及自励磁

一、换流站近区机组次同步振荡

（一）次同步振荡问题概述

火电厂的汽轮机、发电机和励磁机都有转动惯量，并且连接在同一有弹性的轴上，当交流系统的功率发生扰动时，在发电机组轴系中将引起振荡，通常这种振荡频率低于 50Hz，在次同步范围内，把这种现象称为次同步谐振（Subsynchronous Resonance，SSR）。但由直流输电引起的汽轮发电机组的轴系扭振并不存在谐振回路，与由串联电容补偿引起的汽轮发电机组的轴系扭振在机理上是不一样的，为表示区别，称为次同步振荡（SSO）。

对于交流系统，直流整流站的特性是恒功率负荷，对发电机轴的转速偏差呈现的是负阻尼特性。实践表明，位于直流输电系统整流站附近的汽轮发电机组，由于其轴系结构特点，如果该汽轮发电机组的额定功率与直流输电输送的额定功率在同一个数量级上，且与交流大系统之间的联系又比较薄弱的话，很容易引起次同步振荡；直流输电引起次同步振荡现象的根本原因是：若发电机轴系在某一个固有扭振频率下有一个功率或转矩的小扰动，即会在机端引起电压幅值与相位的变化，从而引起近区换流母线上产生相应电压幅值与相位的变化。这种变化会引起直流输电系统运行状态偏离，引起直流电压、电流及功率的变化，直流输电控制系统对这种偏离将按各自的闭环原则来加以校正和调整，使其恢复到给定值，也就是说它将产生有关功率和转矩的变化响应。这种响应又会反馈到机组轴系，如果这种反馈回来的变化对最初随机产生的扰动是一个正反馈，则将使由扰动引起的振荡幅值进一步增大，造成轴系扭振的不稳定，即产生次同步振荡。在交流电网中，电气上靠近高压直流换流站的火电机组易受次同步振荡的影响，其受影响的程度是火电机组距换流站电气距离的函数，电气距离越近，受影响的程度越大。

理论分析和实际经验表明，由直流输电系统引起的次同步振荡基本上只涉及整流站附近的大容量汽轮发电机组。逆变站附近的汽轮发电机组并不向直流输电系统提供任何功率，而只是与逆变站并列运行供给常规的随频率而变化的负荷，逆变站的特性也与常规负荷类似，一般在逆变站附近的汽轮发电机组不会受到由直流输电系统引起同步振荡的困扰。对于水轮发电机，即使离整流站很近，也不容易发生次同步振荡，主要是由于水轮发电机转子的惯量比水轮机及励磁机转子的惯量要大得多，从而增加了模态惯性时间常数和有效模态阻尼，因此发电机上的功率扰动不容易激发起轴系扭振；此外，水轮机水轮上的黏性阻尼使得水轮发电机组对扭振的固有阻尼大大高于汽轮发电机组。

对高压直流输电系统次同步振荡问题的研究一般分两步进行，首先用"筛选法"筛选出需要进行次同步振荡研究的机组，这一步通常在系统规划阶段进行；其后在取得详细和精确参数的前提下用"特征值分析法"或"时域仿真法"等方法进一步研究该问题，并提出预防及控制措施。

（二）次同步振荡的初步判断

对于一个规划好的直流输电系统，估计其是否会引起次同步振荡问题相对来说是比较简单的，一般采用"机组作用系数法（Unit Interaction Factor，UIF）"进行初步筛选，考察系统中潜在的、可能发生次同步振荡的机组。"机组作用系数法"是 IEC 919-3 标准提出的一种定量筛选工具，用来表征发电机组与直流输电系统相互作用的强弱，所需要的原始数据较少，计算方法简单，物理概念明确，但所得结果是近似的，仅作为进一步精确分析次同步振荡问题的基础。作为一种用于筛选的方法，机组作用系数法用于研究由直流输电引起的次同步振荡问题是非常简单而有效的。

机组影响系数的计算公式如下

$$UIF_i = \frac{MVA_{hvdc}}{MVA_i}\left(1 - \frac{SC_i}{SC_{tot}}\right)^2 \qquad (4-15)$$

式中　UIF_i——第 i 台机组的机组影响系数；
　MVA_{hvdc}——直流系统的额定容量，MW；
　MVA_i——第 i 台机组的额定容量，MVA；
　SC_i——不包括第 i 台机组的换流母线的短路容量，MVA；
　SC_{tot}——包括第 i 台机组的换流母线的短路容量，MVA。

判别准则考虑为：若 $UIF_i < 0.1$，则可以认为第 i 台发电机组与直流输电系统之间没有显著的相互作用，不需要对次同步振荡问题做进一步的研究；这时认为系统有足够大的阻尼，可以抵消由于换流站的控制对机组所产生的负阻尼，从而抑制次同步振荡，直流系统不影响发电机组。当某机组离整流站电气距离很远，或交流系统联系紧密，系统容量很大时，$SC_i \approx SC_{tot}$，UIF 值趋于 0，换流站近区机组不会发生次

同步振荡；如果 UIF_i 值大于 0.1，则该机组可能发生次同步振荡，应进行专题研究。

值得注意的是，用来计算机组作用系数的公式只适用于连接于同一母线上的所有发电机组各不相同的情况，这时，各发电机组具有不同的固有扭振频率，一发电机组上的扭振不对另一发电机的扭振产生作用。如果连接于同一母线上的几台发电机组是相同的，例如一个电厂具有几台相同的发电机组，则在扭振激励作用下，几台发电机组将有相同的扭振响应，它们便不再是独立的了。因此在分析扭振相互作用时，须将这几台相同的发电机组当作一等值机组来处理，该等值机组的容量就等于这几台发电机组容量之和，然后再用式（4-15）来计算该等值机组的 UIF_i。

（三）次同步振荡研究方法

利用前述"机组作用系数法"可筛选出需要进一步深入进行次同步振荡研究的机组，对于这些机组需要较为精确和定量地研究次同步振荡的详细特性，可采取的研究方法包括"特征值分析法""复转矩系数法"和"时域仿真法"等。在详细的次同步振荡研究中，需要较详细和精确的原始数据，如发电机组的轴系参数，直流输电系统控制器的结构和参数等，因此，这一工作一般在电厂机组的参数和直流输电工程控制系统的结构和参数基本确定的工程初步设计阶段进行。

由于难以得到直流输电系统在整个次同步频率范围内皆适用的模型，"特征值分析法"实际应用起来十分困难。"复转矩系数法"则更适用于单机无穷大系统，在工程中多采用"时域仿真法"进行详细的次同步振荡研究，直接观察系统是否发生次同步振荡。若机组存在次同步振荡问题，则在扰动时可观察到某一扭振频率下的扭转振荡。时域仿真一般采用 EMTDC 等电磁暂态仿真类软件以及 NETOMAC 等电磁暂态、机电暂态集成仿真类软件，详细地模拟发电机、系统控制器，以及系统故障、开关动作等各种网络操作。由于电磁暂态研究的网络规模不能太大，通常需要对实际网络做一定的简化等值处理。具体研究步骤如下：

（1）进行研究网络的等值简化，一般只保留需要研究的机组，将其他电厂机组简化为固定电源，采用次暂态电抗平均值串联电压源来等值其他发电机。

（2）建立电磁暂态仿真模型，包括简化后的系统网络，详细的直流系统模型，所研究发电机组的定子、转子、轴系模型；对于同一电厂中的发电机组，若其机械轴系完全相同，且电气耦合完全对称，在进行次同步振荡分析时可将其等效为一台机组。

（3）进行电磁暂态仿真计算，模拟系统故障或扰动过程，观察发电机转子轴系相邻质量块之间的扭矩，通过扭矩变化波形判别发电机轴系是否存在次同步振荡问题；在仿真研究运行方式的选择上，需对不同开机、不同网络接线等各种可能出现的运行方式进行分析计算，保证研究的全面性。

直流输电系统一方面是次同步振荡的产生因素，另一方面，也可利用直流输电系统的快速可控性来抑制次同步振荡，如改变直流系统定电流调节器的频率特性或采用次同步阻尼控制器（Supplementary Subsynchronous Damping Controller，SSDC）进行抑制。SSDC 是普遍采用的方法，若研究表明直流工程投产后会对近区机组造成次同步振荡问题，可在直流输电工程控制系统中设置抑制次同步振荡的 SSDC 模块作为解决措施[4][5]。

二、换流站近区机组自励磁

当同步发电机带较大的电容性负载，如空载带长线时，因电枢反应的助磁作用而产生电流、电压幅值自发增大的现象，称为同步发电机的自励磁。所建立电压的大小与线路长度、发电机参数等因素有关，当发电机参数一定时，线路越长，电压越高，甚至会达到非常大的数值，危及系统的正常运行和设备的安全。对于直流换流站近区的发电机组，即使发电机出线较短，由于发电机接线端附近的滤波器和并联电容器的存在，当换流器闭锁时，发电机仍可能发生自励磁，产生自励磁过电压。

发电机组是否会产生自励磁，以及产生自励磁后电流、电压值的大小，在不计电阻时，归结为容抗与感抗的比较，容抗比感抗小得越多，自励磁电流、电压值就越大。发电机自励磁问题实质上是一种参数谐振现象，在直流输电工程设计中，应对存在自励磁接线条件的机组进行初步的自励磁判断，在工程中机组不产生自励磁的条件可按式（4-16）计算

$$|X_d + X_T| < |X_C| \qquad (4-16)$$

式中　X_d——发电机同步电抗；

　　　X_T——变压器漏抗；

　　　X_C——包括空载线路、交流滤波器组、高压电抗器在内的线路端口等值容抗。

考虑机组参数、线路、变压器等元件参数的误差，为了可靠地脱离自励磁区域，实际判断时应留有适量的裕度，采用式（4-17）作为判据

$$K \cdot |X_d + X_T| < |X_C| \qquad (4-17)$$

式中　K——裕度系数，可取 1.2。

根据机组自励磁判据及实际工程经验，对于直流输电系统，当直流输送容量较大时，需要投入的无功滤波器及电容器组容量也较大，在某些特定的运行方式下若发生直流闭锁故障则极有可能激发近区电站机组自励磁问题；特别需要引起注意的运行方式是电站开机数量较少，但直流系统输送功率较大、需要投入的无功补偿设备较多的运行工况，此时机组发生自励磁的可能性较大。

若换流站近区机组存在产生自励磁的可能，则应对发电机组自励磁问题通过电磁暂态仿真软件进行时域仿真研究，提出抑制措施。为抑制自励磁、破坏参数谐振条件，可采取的措施一般有：投入并联电抗器、增加运行发电机数、改善励磁调节装置、在直流系统发生闭锁故障后尽快全部或部分切除与其相连的滤波器组。

第六节　交流系统内过电压和潜供电流计算

一、内过电压和潜供电流计算概述

内过电压计算是输变电工程电抗器、合闸电阻等电气设备配置和绝缘配合的基础，在直流输电工程的系统研究中同样需要对交流系统的内过电压进行计算研究，分析电气设备可能承受的各种电气应力，选择合适的设备，或采取适当的措施使计算结果满足规程规范要求。引起内部过电压的原因是多种多样的，一般可分为暂时过电压和操作过电压两种。

暂时过电压为工频或谐波频率的正弦波，持续时间较长，衰减较慢，又分为工频过电压和谐振过电压，前者为工频暂态电压升高，它与操作过电压同时出现，如长线电容效应，发电机突然甩负荷，不对称短路及传递过电压等；谐振过电压为参数配合不当产生共振，振荡时间较长的电压升高。在直流输电工程设计中，应进行换流站出线工频过电压、换流站交流母线工频过电压、换流站出线的工频谐振过电压等交流系统暂时过电压的计算。

操作过电压为电力系统操作或故障时，其电容、电感元件由于工作状态突然变化，产生充电再充电能量转换的过渡过程，由电压的强制分量叠加以暂态分量而形成的。如切除空载变压器、电抗器过电压，切、合空载长线过电压，重合闸过电压和故障解环过电压等。在直流输电工程设计中，应进行换流站出线合空载线路过电压、单相重合闸过电压、解环操作过电压等交流系统操作过电压的计算。

此外，潜供电流和恢复电压计算也是交流系统内过电压研究的内容之一，为保证电力供应和电网安全稳定运行，我国在高压和超高压系统中，广泛采用的是断路器单相重合闸技术。在单相重合闸中，若潜供电弧不能及时熄灭，将使断路器重合于弧光接地故障，造成重合闸失败。单相重合闸的成功与否主要是由潜供电流和恢复电压的大小决定的，因此，需根据潜供电流和恢复电压的计算情况判断高压电抗器及中性点小电抗的配置是否合适。

交流系统内过电压和潜供电流计算都是针对与换流站连接的 330kV 及以上交流电网进行的，其结果直接影响换流站设备的选型和配置，应满足 GB/T 50064《交流电气装置的过电压保护和绝缘配合设计规范》相关要求。

二、工频过电压

（一）换流站出线工频过电压

系统中的工频过电压一般由线路空载、接地故障和甩负荷等引起，对换流站出线的工频暂态过电压计算可考虑以下三种情况：

1. 空载长线电容效应引起的工频电压升高

空载长线路是无穷多个电感和电容组成的串联链型回路，电容效应使线路上各点电压高于电源电压，而且越接近空载线路末端，电压升高越严重。根据规定，线路末端电压不能超过系统额定电压的 1.15 倍，持续时间不应大于 20min，因此，在给线路充电时，必须估算可能产生的过电压。当可能产生的过电压超过允许值时，要采取相应措施。连同电抗器一起充电是限制其末端电压升高的有效手段。

2. 线路故障引起的工频过电压

从最高过电压出现的几率考虑，一般可只做单相接地三相跳开和无故障三相跳开这两种故障形态下的工频暂态过电压计算。根据工程具体情况，必要时再做其他故障形态下的工频暂态过电压计算。

3. 甩负荷引起的工频电压升高

当输电线路重负荷运行时，线路末端断路器突然甩负荷也会造成工频电压升高，通常称作甩负荷效应。甩负荷引起的工频过电压亦可通过无故障三相跳开或故障三相跳开等故障形态下的工频暂态过电压计算获得。

工频过电压的大小与系统结构、容量、参数及运行方式等因素有关，通过工频暂态过电压计算，提出换流站交流出线是否需要安装高压电抗器及其容量。对于网络最高线电压 $U_m > 252kV$（有效值）的工频暂态过电压水平，线路侧应不超过 1.4p.u.（$1.0p.u. = U_m / \sqrt{3}$）。

使用高压并联电抗器是限制工频过电压的主要措施，在线路中串联电容补偿、装设静止无功补偿设备、使用金属氧化物避雷器限制短时高幅值工频过电压、输电线路采用如钢芯铝合金地线等良导体地线也是减小工频过电压的可能措施。

（二）换流站交流侧工频过电压

直流换流站由于交流侧开断线路或直流侧阀闭锁引起的甩负荷或大的功率变化，将引起暂时过电压。根据 DL/T 605《高压直流换流站绝缘配合导则》，直流换流站甩负荷引起的工频过电压应限制在 1.3～1.4 倍以下，持续时间限制在 1s 以内。

在直流输电工程设计的功能规范书中，一般还要求无功补偿和控制装置应设计为在任何双向功率输送水平下，全部直流功率中断或部分直流功率中断引起的换流站交流母线工频过电压满足如下要求：

（1）5 个周期内降低到 1.3p.u.或电压幅值的变化不得超过扰动前的30%。

（2）500ms 内降低到 1.15p.u.或更低。

（3）2s 内降低到 1.05 倍的扰动前电压或者全部电容性分组都被切除后所能达到的电压水平。

在故障方式选择上一般考虑对换流站近区线路接地故障或无故障导致直流系统双极闭锁的严重情况进行计算。若不考虑滤波器跳闸时的计算结果不能满足要求，则需对切除滤波器的情况进行校核计算。滤波器切除时间、切除量可根据计算情况提出相应建议。若配置的避雷器和电抗器具有良好的耐受短时工频过电压能力，则可根据实际情况适当放宽要求。

三、谐振过电压

电力系统中存在着许多电感和电容，当系统运行状态发生改变时，电感、电容元件可能形成振荡回路，导致谐振现象，使系统中某些部分出现严重的谐振过电压。谐振过电压可以分为线性谐振、铁磁谐振和参数谐振。线性谐振的谐振回路中元件参数是常数，主要产生在如输电线路等不带铁心的电感元件中；铁磁谐振的谐振回路中含有带铁心电感，如变压器，当磁路发生饱和时，电感减小，可激发持续性的铁磁谐振过电压；参数谐振的谐振回路中电路的参数会发生周期性改变，如水轮发电机在正常同步运行时，X_d 与 X_q 周期性地变动，如果满足谐振条件，就可能激发起谐振现象。

谐振过电压的作用时间要比操作过电压长得多，甚至可以稳定存在，直到破坏谐振条件为止；在某些情况下，谐振现象并不能自保持，在一段短促的时间后，自动消失。谐振过电压的危害性既决定于其幅值的大小，也决定于其持续时间的长短；当系统产生谐振过电压时，可能危及电气设备的绝缘，也可能因持续的过电流而烧毁小容量的电感元件设备，还影响保护装置的工作条件，如避雷器的灭弧条件等。

换流站交流系统的参数谐振问题在上一节的机组自励磁问题中进行了阐述，本节主要介绍线性谐振和铁磁谐振问题。

交流线路谐振过电压需要考虑因高压电抗器、串补等装置的接入造成参数配合不当而引起谐振的可能。在超高压输电线路系统中，当空载线路上接有并联电抗器，如发生非全相运行状态，健全相对断开的相间电容同断开相的对地电抗器之间形成谐振回路，断开相上可能会产生较高的谐振过电压；同时，由于并联电抗器铁心的磁饱和特性，有时在断路器操作产生的过渡过程激发下，可能发生以工频基波为主的铁磁谐振过电压。

在工程设计中需考虑线路的电容效应，适当选择电抗器的容量，避开谐振区。线路单位长度的对地电容和相间电容值可决定整条线路的谐振点，不换位的线路谐振点较多，而

且比较分散，电抗器的配合十分困难，对于较长距离的线路一般采用全线换位的方法来铺设线路，可使线路的谐振点集中，有利于选择适当的并联电抗器来避开谐振。此外，如下措施也常被采用：提高开关动作的同期性，防止非全相运行；在并联高压电抗器中性点加装小电抗，阻断非全相运行时工频电压传递及串联谐振。其中，中性点小电抗的选取还需考虑限制潜供电流、并联电抗器中性点绝缘水平的要求。

交流系统中还可能在设备操作的过渡过程中激发变压器铁心磁饱和，产生高频谐振过电压，这一问题在下一节的换流变压器合闸过电压中详细介绍。

四、操作过电压

由于设备操作或故障等原因，系统参数突然变化，在由一种状态转换为另一种状态的过渡过程中，由于电磁能振荡可产生数倍于电源电压的操作过电压。操作过电压是决定电力系统绝缘水平的依据之一，在超高压电网中，操作过电压对某些设备的绝缘选择还可能起到决定性的作用。空载线路合闸、单相重合闸、线路非对称故障分闸和振荡解列是产生操作过电压的主要原因。

根据 GB/T 50064—2014《交流电气装置的过电压保护和绝缘配合设计规范》、GB/Z 24842—2009《1000kV 特高压交流输变电工程过电压和绝缘配合》规程规定，操作过电压水平限制值考虑为：对于 330、500kV 和 750kV 系统分别不宜大于 2.2、2.0p.u.和 1.8p.u.（1.0p.u.＝$\sqrt{2}U_m/\sqrt{3}$，下同）；对于 1000kV 系统，线路沿线最大的相对地统计操作过电压不宜大于 1.7p.u.，变电站最大的相对地统计操作过电压不宜大于 1.6p.u.，最大的相间统计操作过电压不宜大于 2.9p.u.；对于 220kV 及以下系统，其操作过电压水平一般不大于 3.0p.u.，可不采取限制措施。换流站交流侧操作过电压水平限制值可参考变电站考虑。

在直流输电工程的交流系统内过电压研究中，需要重点对合空载线路过电压、单相重合闸过电压、解环操作过电压、换流变压器合闸过电压等进行计算分析。

1. 线路合闸和重合闸过电压

空载线路合闸是常见的一种操作，通常分为两种情况：正常（计划性）合闸与自动重合闸。空载线路合闸时由于线路电感、电容的振荡将产生合闸过电压，重合闸过电压是合闸过电压中较为严重的情况。限制这类过电压的最有效措施是在断路器上安装合闸电阻；对于 330kV 及以上系统，当系统的工频过电压满足规程要求且符合表 4-2 参考条件时，可仅用安装于线路两端（线路断路器的线路侧）的金属氧化物避雷器（MOA），将这类操作引起的线路相对地统计过电压限制到要求值以下。在其他条件下，可否仅用金属氧化物避雷器限制合闸和重合闸过电压，需经计算校验确定。

仅用 MOA 限制合闸、重合闸过电压的条件见表 4-2。

表 4-2　仅用 MOA 限制合闸、重合闸过电压的条件

系统标称电压（kV）	发电机容量（MW）	线路长度（km）
发电机—变压器—线路单元接线		
330	200	＜100
	300	＜200
500	200	＜100
	300	＜150
	≥500	＜200
变电站出线		
330		＜200
500		＜200

2. 线路非对称故障分闸和振荡解列操作过电压

在换流站近区若存在交流弱联络线，如线路非对称故障导致分闸，或在电网振荡状态下解列，将会在单端供电的空载长线上出现解列过电压。解列过电压与线路长度、运行状况以及解列后仍带空载长线的电源容量有关。限制解列过电压，原则上可利用断路器分闸并联电阻，但对超高压断路器来说，其并联电阻主要任务是限制合闸过电压，若在断路器中同时设置分、合闸并联电阻，将使断路器结构过于复杂，降低动作可靠性，故不宜采用这种方式，一般采用安装于线路上的避雷器来限制解列过电压；另外，可采用自动化装置，使异步运行时的振荡解列在两端电势摆动不超过一定角度范围便开断，从而限制解列过电压。

3. 换流变压器合闸过电压

换流站交流侧与一般变电站的不同点在于它接有各种大容量的交流滤波器、电容器及其他无功补偿设备，它们在低频较大范围内呈现容性阻抗，同时这些设备还随着输送直流负荷的变化经常投切。另一方面系统电抗也随运行方式而改变，因此系统电抗和交流滤波器可能形成各种频率的串联或并联谐振回路。而滤波器和换流变压器的投切操作以及系统单相或三相接地故障会激发谐振过电压，特别是合闸空载换流变压器时变压器饱和励磁涌流含有高幅值的低次谐波，更容易激发谐波谐振过电压。因此，一般需对换流变压器合闸过电压进行计算，计算方式需考虑不同的滤波器投入可能性，至少应计算无滤波器和全部滤波器投入的工况。

为降低和防止换流变压器合闸过程中产生谐振过电压，最简单的措施是制定合理的操作顺序，即先合空载变压器，然后依次合交流滤波器；这样最大操作过电压出现在合第一组滤波器时，随后的合闸操作滤波器上的过电压逐步降低；另一种措施是断路器加高值合闸电阻或选相合闸装置，减少合闸涌流。

五、潜供电流和恢复电压

为保证电力供应和电网安全稳定运行，我国在高压和超高压系统中广泛采用断路器单相重合闸技术；在单相重合闸中，由于非故障相与断开相之间存在有静电（电容耦合）和电磁（电感耦合）的联系，虽然短路电流已被切断，但在故障点的弧光通道中，仍然存在非故障的两相与故障相通过相间电容供给的电流，以及非故障相在故障相中产生的互感电势通过故障点和该相对地电容而产生的电流，称为潜供电流。由于潜供电流的影响，将使短路点弧光通道的去游离受到严重阻碍，当工频电弧电流通过自然零点而灭弧后，断开相上产生的电压为恢复电压。潜供电流中与线路长度成正比的静电感应分量占较大比重，线路长度超过一定数值时，须采取措施限制潜供电流和恢复电压；线路潜供电流和恢复电压与线路换位方式有关，线路换位有利于抑制潜供电流和恢复电压；同杆双回线路的潜供电流和恢复电压较高。

对于 330kV 及以上电压等级的交流出线，需要进行潜供电流及恢复电压的计算，计算潜供电流及恢复电压应考虑系统暂态过程中两相运行期间系统摇摆情况，并以摇摆期间潜供电流最大值作为设计依据。潜供电流的允许值取决于潜供电弧自灭时间的要求，如果允许适当延长单相重合闸过程中的无电流间隙时间，则潜供电流在不采取措施情况下也能自行熄灭。无电流间隙时间 t（s）和潜供电流 I（A）的关系可用式（4-18）估算

$$t \approx 0.25(0.1I + 1) \qquad (4-18)$$

潜供电流的持续时间与潜供电流的大小、风速及风向等诸多因素有关，通常由实测来确定关断时间，以便正确地整定单相重合闸的时间。若潜供电弧不能及时熄灭，将使断路器重合于弧光接地故障，造成重合闸失败；恢复电压过大时也有可能导致电弧重燃，单相自动重合闸是否成功，在很大程度上取决于故障点的潜供电流大小和恢复电压幅值及其上升速率。

DL/T 615—2013《高压交流断路器参数选用导则》中对 220～500kV 各电压等级线路断路器单相自动重合闸分合时间与潜供电弧自灭特性相配合提出如下要求：

（1）潜供电弧自灭时限的恢复电压梯度（工频有效值）。无补偿电抗时一般情况约 10kV/m，特殊情况约 16.8kV/m；有补偿电抗时一般情况约 8kV/m，特殊情况约 13.5kV/m。

（2）潜供电弧能快速自灭的电流限值。无补偿时为 12A；有补偿时为 10、20、30A。快速自灭时限分级为小于 0.15s 和小于 0.25s。

（3）各电流下的潜供电弧自灭时限推荐值（概率保证值 90%）见表 4-3～表 4-5。

表 4-3　潜供电弧自灭时限推荐值
（无补偿时恢复电压梯度为 10kV/m）

电流值（A）	12	24	40	50	60	80
自灭时间（s）	0.1～0.15	0.35～0.56	0.4～0.65	0.53～0.79	0.62～0.97	0.96～1.40

表 4-4　潜供电弧自灭时限推荐值
（无补偿时恢复电压梯度为 16.8kV/m）

电流值（A）	12	24	40	50	60	80
自灭时间（s）	0.3～0.5	0.55～0.8	0.7～1.0	0.85～1.23	1.05～1.5	>1.2～2

表 4-5　潜供电弧自灭时限推荐值
（有补偿时恢复电压梯度为 8～16kV/m）

电流值（A）	10	20	30
自灭时间（s）	<0.1	<0.1	0.18～0.22

目前用于熄灭潜供电弧电流的方法主要有使用快速接地开关（HSGS）、采用良导体架空地线和在并联电抗器中性点串联小电抗等，具体措施应根据系统特点结合其他方面的需要进行论证，通常高压并联电抗器中性点小电抗器是首选措施。

第七节　多馈入直流输电

多条直流输电线路落点于同一交流电力系统的交直流输电系统称为多馈入直流输电系统（Multi-Infeed Direct Current，MIDC），随着我国经济快速增长和直流输电技术的发展，部分负荷中心地区接受直流输电的规模日益扩大，华东电网和南方电网已形成了多馈入直流输电系统，多回直流并列运行，且直流系统送入功率占受端系统负荷比例较高。多馈入直流输电系统各逆变站电气距离近，具有强耦合性，交直流系统之间以及直流系统之间都容易产生相互影响，且各直流控制系统结构和参数存在差异，使多馈入交直流系统安全稳定性，尤其是电压稳定问题较为突出。目前对直流多落点系统问题的研究一般考虑如下两个方面[6][7]：

1. 交流故障引起多个逆变站换相失败问题

在多馈入直流输电系统中，由于直流落点电气距离较近，在受端交流系统较弱的情况下，某一地点的交流系统故障可能导致多个换流器同时发生换相失败，使受端系统出现较大的功率和电压波动，若发生持续换相失败可能引发系统电压不稳定或电压崩溃。

当交流系统发生三相短路等严重故障时，会引起系统电压大幅度下降，可能导致逆变站换相失败。直流系统在换相失败时输送功率降低，减少了送入受端电网的有功功率，从功角稳定的角度来说，直流功率在故障后恢复得越快对系统有功功率的平衡越有利；但另一方面，交流故障后，交流系统的电压也处在扰动后的恢复过程中，在传统直流输电技术中，直流换流站无功功率消耗大，直流功率在恢复过程中换流器本身消耗的无功功率也要增加，特别在多回直流同时发生换相失败时，直流功率恢复过程中无功功率消耗量大大增加，而无功补偿设备的无功功率输出与交流电压的平方成正比，在交流电压恢复时无功补偿设备提供的无功功率可能不足以满足换流器的无功消耗，系统处于无功功率缺乏状态，这时若直流输送功率恢复过快，可能不利于交流电压恢复，交流电压的恢复受阻又会导致直流运行工况的变化，从而产生振荡或不稳定。

交流系统故障引发多回直流逆变站换相失败是多馈入直流输电系统运行过程中极有可能出现的问题，在受端交流系统较强时，直流系统可从换相失败中迅速恢复，保持系统稳定；当受端交流系统较弱时，或落点直流数目过多、所有直流输电总容量占受端电网负荷比重较大时，则可能发生由直流连续换相失败引发的系统失稳。

2. 多落点系统各直流间相互影响问题

如前所述，多馈入直流输电系统中各直流落点相对集中，交流故障或扰动可能同时影响到几回直流，直流系统的动态特性是整个交直流系统稳定水平的一个影响因素，直流的恢复速度以及直流之间功率恢复的协调性会对系统稳定性产生较大影响。由于各回直流在同一扰动下受影响的程度不同，各回直流之间恢复策略的设置可能对交直流系统的电压恢复和功角稳定会带来影响。因此，在多馈入直流输电系统中，加强各直流控制间的协调，使系统具有整体的最佳性能十分必要，这一问题可结合多回直流协调控制问题研究解决。

直流输电系统的多落点问题应在系统规划阶段予以重视，若存在潜在风险，应进行系统专题研究，进行详细的安全稳定计算，校核各换流站近区交流系统 N—1、N—2 严重故障及直流系统自身故障对系统运行的影响。对于这一类问题的研究，采用准稳态模型的机电暂态仿真程序已难满足要求，可精确模拟复杂电力系统中直流系统暂态特性的电磁暂态仿真技术已成为重要的研究手段。

第八节　直流系统调制功能

一、直流系统调制功能概述

直流输电系统的调制功能是指利用所连交流系统中的某些运行参数的变化，对直流功率、直流电流、直流电压、换流站吸收的无功功率进行自动调整，用以改善交流系统运行性能的控制功能。直流系统调制功能在提高电力系统的安全稳定性方面已取得了较好的效益，1976 年太平洋联络线上功率调制器对交直流并联系统振荡的阻尼作用大大提升了联络线输电功率，一直被视为直流系统调制功能的经典应用。

在直流输电系统设计中需要针对所设计直流的自身特点及交流系统运行环境，提出直流输电工程需要具备的调制功能，以便在控制保护系统中留出相应调制功能所需的输入、输出通信口。一般包括功率调制功能、交流系统频率控制功能、交流系统电压控制功能、功率提升/功率回降功能等，随着我国电网规模的发展，大电网中多回直流并列运行的情况日益增多，多回直流之间的协调控制功能也获得越来越多的关注。

二、功率调制功能

功率调制功能是指当一侧交流系统受到扰动后，直流系统通过跟踪交流系统某些运行参数变化，快速提升或降低直流系统输送功率或换流站吸收的无功功率，以增加输电系统阻尼，提高系统运行的稳定性。功率调制功能主要用在与交流输电线路并联运行的直流系统中，可用来阻尼所连交流系统的次同步振荡、低频振荡等，也可在一定程度上提高系统的暂态稳定性。用以进行功率调制的交流系统信号包括某一回或某几回交流线路的输送功率、某一节点的频率变化、两个节点（通常是两端换流站交流母线）的频率差、两端换流站交流母线的相角差、某一节点的电压变化等诸多可能的变量，具体功率调制控制器的信号选择及结构参数应根据系统需要研究确定。

直流输电系统还有一种直接通过指令改变输送功率的功率调制功能，称为功率提升/功率回降功能，也称为紧急功率支援功能，该功能主要针对整流侧或逆变侧损失发电机功率或甩负荷故障时，直接下达指令快速提高或降低直流输送功率，从而使相连的交流系统获得来自直流系统的紧急支援，尽快恢复正常运行。

三、频率控制功能

直流系统可通过直流输送功率的改变，控制或改善两侧交流系统的频率，称为直流系统的频率控制功能。频率控制的输入信号可以是一侧交流系统与参考频率之间的频率差，也可以是直流两侧交流系统的频率差；前者用以控制该侧交流系统的频率在一定范围内，多用在较弱的交流系统中，特别是对于孤岛运行的交流系统，一般都会利用频率控制功能来改善系统频率；后者用以控制直流两侧交流系统的频率差在一定范围内，多用在两端交流系统容量相差不大的情况下。

四、电压控制功能

直流系统可通过改变换流阀的换相角，甚至改变直流功

率，对换流站近区交流电压，特别是换流站交流母线电压进行控制，称为电压控制功能，也可称为无功功率调制功能。电压控制的输入信号一般采用某一节点的电压与参考电压值之间的差值，以使该点电压在给定的范围内，一般用以控制换流站交流母线电压效果较好。

五、多回直流协调控制

利用高压直流系统的快速控制功能可以提高交流系统的稳定水平，而多回直流系统的引入，从理论上讲势必大大提高整个系统的可控程度。但当多个直流系统并存时，为了最大限度地发挥各自的潜能，避免相互独立设计的控制器共同作用时有可能相互削弱作用，存在各直流系统调制功能的协调问题。我国资源和负荷分布特点决定了"西电东送""北电南送"的大格局，电源基地与负荷中心地区之间存在着多回直流并列运行的状况，为提高系统整体稳定水平，有必要对多回直流的协调控制问题进行研究。

协调控制的目的是在复杂的交直流并列运行大系统中，根据全局运行状态实现对各直流系统的有序控制，以改善全系统的动态特性，提高整个系统故障恢复能力和速度，达到系统总体性能最优。直流输电系统的协调控制一般是通过分层递阶控制方式实现的，由协调控制中心确定各回直流的控制模式及控制参数，各回直流自身的控制系统接受控制指令并实现控制目标，控制算法是协调控制的研究重点。

参考文献

[1] 郭小江，汤涌，郭强，等. CIGRE 多馈入直流短路比指标影响因素及机理[J]. 电力系统保护与控制，2012，40（9）：69 – 74.

[2] 杨志栋，李亚男，殷威扬，等. ±800kV 向家坝—上海特高压直流输电工程谐波阻抗等值研究[J]. 电网技术，2007，31（18）：1 – 4.

[3] 周保荣，金小明，赵勇，等. 分类谐波阻抗统计应用于弱交流系统换流站交流滤波器设计分析[J]. 南方电网技术，2011，5（4）：37 – 40.

[4] 李立涅，洪潮. 贵广二回直流输电系统次同步振荡问题分析[J]. 电力系统自动化，2007，31（7）：90 – 93.

[5] 曹镇，石岩，蒲莹，等. 呼辽 ±500kV 直流工程送端系统次同步振荡仿真分析[J]. 电网技术，2011，35（6）：107 – 112.

[6] 徐政，杨靖萍，高慧敏，等. 南方电网多直流落点系统稳定性分析[J]. 高电压技术，2004，30（11）：21 – 26.

[7] 吴萍，林伟芳，孙华东，等. 多馈入直流输电系统换相失败机制及特性[J]. 电网技术，2012，36（5）：269 – 274.

第五章

直流输电系统电磁环境

环境影响问题是直流输电工程设计、建设和运行中必须优先考虑的重大技术问题。直流输电工程由换流站、接地极和输电线路组成，其中换流站对环境影响主要包括电场效应、磁场效应、通信干扰、可听噪声、换流变压器直流偏磁等；接地极对环境影响主要包括跨步电压、接触电压、转移电压、对电信系统的影响、对交流电力系统的影响、对埋地金属管道的影响等；直流线路对环境影响主要包括电场、离子流、磁场、无线电干扰和可听噪声等。

本章重点介绍换流站电磁环境，接地极、直流输电线路的电磁环境分别详见第二十七章和第三十三章。运行中的换流站产生的电磁干扰主要对站内设备、人员和站内外电磁环境产生影响。为了保证换流站内设备的正常运行和人员正常工作，防止电磁干扰影响换流站内外的正常通信信号，应对换流站内的主要干扰源采取限制措施，因此本章还对换流站的电磁兼容防护设计进行说明。

第一节 换流站的电磁环境

换流站电磁环境包括工频电磁环境、直流及高频电磁环境等，其中工频电磁环境主要指交流场高压设备产生的工频电场和磁场，其产生原理和强度与电压等级相同的交流变电站情况类似，本章不对其进行详细说明。

直流电磁环境主要由阀厅或直流场内带电高压直流设备或载流一次设备产生，而高频电磁环境主要由换流阀开断过程产生[1]。此外，换流变压器直流偏磁则主要由换流阀触发角不平衡、交流系统正序二次谐波电压、直流线路感应的工频电流、接地极引起的流经中性点的直流电流等因素引起。以下从电场、磁场、通信干扰、可听噪声、换流变压器直流偏磁这几个方面进行说明。

一、电场

换流站的电场由换流站的各种带电导体（直流母线、各种开关设备、金具、绝缘子等）上的电荷和导体电晕产生的空间电荷共同产生，其中由换流站的带电直流母线产生的电场占主要部分。

当导线表面电场强度超过某一临界值（起晕电场强度）时，高压电场使导线周围的空气产生电离，从而出现导线的电晕放电现象。换流站直流母线一般采用管母线，其直径较大，典型尺寸为 $\phi 450$、$\phi 300$、$\phi 250mm$。通过合理的设计，采用大直径的管母线在晴天时可以基本不起晕，此时管母线下的电场主要为标称电场。但在潮湿和污秽情况下，管母线的起晕场强变小，在管母线上有可能会产生电晕，此时管母线下的地面电场为合成电场，由两部分叠加而成，一部分由管母线上的电荷产生，另一部分由电晕产生的空间带电离子产生[2]。

管母线起晕场强与母线表面状况和天气有关。一般可采用经过修正的皮克公式来计算起晕场强

$$E_c = 29.8m\delta\left(1 + \frac{0.301}{\sqrt{\delta d/2}}\right) \qquad (5-1)$$

式中 d——导线直径，cm；

δ——空气的相对密度，$\delta = 0.00289p/(273+t)$，对于标准大气压和温度20℃时 δ 取 1；

E_c——起晕场强，kV/cm；

p——大气压，Pa；

t——摄氏温度，℃；

m——导线表面粗糙系数，其典型值为 0.47。

据试验结果，在低海拔下，可能用于换流站的管母线的起晕场强为：干管母线为18.4kV/cm；湿管母线为11.3kV/cm；另考虑一种污秽状态管母线为9.2kV/cm。

在换流站，正极性和负极性管母线相距很远，可将管母线当成单极方式运行。位于地面上方、无限长且不产生电晕时的单极导体下的地面电场估算公式为

$$E = \frac{2U}{\ln\frac{4H}{D}}\frac{1}{H} \qquad (5-2)$$

式中 E——地面电场强度，kV/m；

U——管母线电压，kV；

H——管母线对地距离，m；

D——管母线直径，m。

式（5-2）为标称电场的估算公式，当管母线起晕时，

管母线下的电场为合成电场，可以采用与计算直流输电线路合成电场相同的方法计算，详见第三十三章。

我国 ±500kV 换流站电磁环境测试结果表明，管母线下地面的合成电场为 20～30kV/m。我国行业标准规定直流输电线路下方最大合成场强按 30kV/m 控制，对于换流站内合成场强控制值没有明确的控制指标。通过人体感受试验得出，当地面电场强度小于 30kV/m 时，人体的皮肤感觉不明显。考虑到站内设备需要运行维护人员进行检查和巡视，因此限值需要考虑人暴露的情况，地面合成电场建议按 30kV/m 进行控制。除了管母线发生电晕时会产生空间电荷外，在换流站内的其他带电导体上发生电晕后也会产生一定数量的空间电荷，换流站总的合成电场比由管母线产生的合成电场要大，因此由管母线产生的地面合成电场限值应小于 30kV/m，其典型值为 27.5kV/m。

导线电晕时，电离形成的离子在电场力的作用下，向空间运动形成离子流，地面单位面积截获的离子流称为离子流密度，单位为 nA/m²。地面离子流密度也可参照直流输电线路的离子流密度限值执行，最大离子流密度限值晴天为 100nA/m²，雨天为 150nA/m²，其计算方法也可参考直流输电线路计算方法执行。

二、磁场

由管母线电流产生的磁场限值可以参照国际非电离辐射防护委员会（ICNIRP）给出的公众暴露限值 40mT 执行，对于直流输电工程，这一限值不会起到制约作用。研究表明，管母线电流引起的地面磁感应强度较小，一般小于 70μT，与我国北部地磁水平相当，远小于 ICNIRP 推荐的公众暴露限值 40mT。在换流站母线设计中，可以不校核磁感应强度。

三、通信干扰

换流阀是换流站的特有设备，也是典型的非线性设备，在运行时会产生复杂谐波，部分谐波处在电力线载波通信和无线电通信的工作频段内，从而产生通信干扰。换流站通信干扰详见第十章。

四、可听噪声

换流站内的电气设备在运行时由于机械振动、电晕放电等而产生的持续性可听噪声，具有声级高、频带宽的特点。换流站内的主要噪声源为换流变压器、平波电抗器、交直流滤波器、冷却风扇等。换流站内管形母线、分裂导线和金具发生电晕时产生的可听噪声较小，对换流站整体噪声环境影响不大，因此不考虑电晕噪声的影响。

换流站厂界或噪声控制区的噪声按 GB 12348—2008《工业企业厂界环境噪声排放标准》进行控制；换流站周围民房处的噪声限值按照 GB 3096—2008《声环境质量标准》执行。

噪声主要可以从减小噪声源、控制噪声传播途径两个方面来控制，详细内容见第二十六章。

五、换流变压器直流偏磁

换流变压器直流偏磁则主要由换流阀触发角不平衡、交流系统正序二次谐波电压、直流线路感应的工频电流、接地极引起的流经中性点的直流电流等因素引起。

不同激励源产生的 50Hz 电流和直流电流计算模型如图 5-1 所示，图中 U 是换流站由于不平衡触发产生的激励电压 U_1 或交流系统正序二次谐波电压引起的直流侧 50Hz 电压 U_2 或直流线路感应的 50Hz 电压 U_3；Xt_1 是送端站换流变压器阻抗（折算到阀侧）；X_L 是直流线路阻抗；Xt_R 是受端站换流变压器阻抗（折算到阀侧）。需注意的是，在计算 U_3 引起的直流偏磁电流时无需考虑换流变压器阻抗的影响，即在图 5-1 中将 XSR_1 和 XSR_R 设为 0。

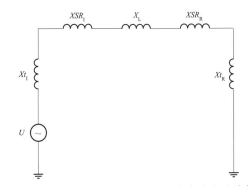

图 5-1　不同激励源产生的 50Hz 电流和直流电流计算模型

以下对这四种激励源进行说明：

（1）换流阀触发角不平衡。每个 6 脉动换流桥触发角不平衡的程度设为 $\Delta\delta$（实际工程中约为 1μs，即对应 ±0.018°），则每个 6 脉动换流桥产生的不平衡电压近似为 $U_1 = U_{dioN} \cdot \sin(2\Delta\delta)$。

（2）交流系统正序二次谐波电压。换流站交流系统正序二次谐波电压设为基波额定电压的 $X\%$，则将会在换流器直流侧产生 50Hz 的电压，其峰值为 $X\%U_{dioN}$，即其有效值为 $X\%U_{dioN}/\sqrt{2}$。

（3）直流线路感应的工频电流。该因素的影响根据并行交流线路对直流线路的影响研究确定。

（4）接地极引起的流经中性点的直流电流原理及计算可参见第二十七章。

为计算换流变压器直流偏磁电流，一般作如下假定：

（1）只考虑本站换流阀触发不平衡的影响。

（2）只考虑本站交流系统正序二次谐波电压的影响。

上述影响计算得到的电流与直流线路感应的工频电流一

起计算均方根值，再乘以 $\sqrt{6}/\pi$ 的系数折算到换流变压器阀侧绕组，然后和接地极引起的流经中性点的直流电流相加，得到直流偏磁电流的额定值。

变压器的直流偏磁电流耐受能力与其结构及铁心材料有关。对于三相三柱式铁心结构，直流磁通在铁心中无通道，中性点允许的直流偏磁电流较大；而对于三相五柱式铁心结构，在较低的磁通密度下就可能产生铁心饱和，直流电流的影响较明显，允许的直流偏磁电流较小；而单相变压器及自耦变压器运行时，直流磁通各自形成回路，产生的影响最大，故允许的直流偏磁电流最小。变压器运行的直流电流及抑制直流偏磁的措施详见第二十七章。

第二节　换流站的电磁兼容防护

运行中的换流站产生的电磁干扰会对站内设备、人员和站外电磁环境产生影响。从产生机理区分，换流站主要骚扰源主要有以下几类[1]：

（1）换流阀运行引起的持续电磁骚扰。

（2）换流站高压设备电晕产生的电磁骚扰。

（3）换流站高压设备火花放电产生的电磁骚扰。

（4）断路器操作和故障暂态引起的电磁骚扰。

（5）雷电等外界原因产生的电磁骚扰。

设备电晕、火花放电、断路器操作和故障、雷电这4类骚扰源在特性和强度方面与一般交流变电站情况类似。而换流阀开通和关断过程产生的持续电磁骚扰是换流站中最主要的骚扰源。换流阀导通和关断时，将引起换流阀两端电压和晶闸管内电流的快速突变，此过程伴随频率分量丰富、能量较高的电磁干扰产生，并在换流站内外传播，会对站内运行的低压二次设备产生干扰。为了保证换流站内设备的正常运行和人员正常工作，防止电磁干扰影响换流站外的正常通信信号，应对其采取限制措施[3]。

从传播途径来区分，可分为传导和辐射两种方式：

（1）传导。在直流侧，由换流阀产生的电磁噪声沿套管、平波电抗器、母线传播到直流架空线路上；交流侧，噪声通过套管、换流变压器、母线传播到交流架空线路上。

（2）辐射。由于主电路金属元件的天线效应，电磁噪声通过主电路传播中会在周围空间产生辐射发射；另外，当换流阀触发导通时，阀阴极和阳极间的电容及其紧密邻近的杂散电容中的电荷迅速重新平衡，会产生偶极辐射。

以下主要从传导防护和辐射防护这两个方面进行说明。

一、传导防护设计

传导防护的主要措施包括滤波器、过电压保护、隔离措施、二次系统抗干扰接地设计等。

对于采用滤波器的措施，一次回路主要是在换流阀交流侧和（或）直流侧装设 PLC/RI 滤波器，二次回路则主要在设备信号端口和电源端口装设滤波器。

PLC/RI 滤波器相关内容详见第十章。对于二次系统中的滤波器、过电压保护和隔离措施，设备制造厂已针对这些问题做了大量的工作，取得了良好的效果，本章不再赘述。

对于二次系统抗干扰接地设计，详见第十九章。

二、辐射防护设计

换流器运行时形成的高幅值、快变化的电压和电流，可形成换流器电路和与之连接的电路向空间辐射电磁能量，形成频率为 10kHz～1GHz 的空间电磁骚扰，不仅可能干扰换流站内控制和保护设备的正常运行，还可能对换流站附近的无线电接收台站及居民无线电接收设备产生影响。因此，必须对阀厅采取有效的电磁屏蔽结构。

阀厅属于典型的大型电磁屏蔽体，其尺寸可达几十到数百米。大型电磁屏蔽体屏蔽的主要特点是接缝多，这些接缝是由于大量金属板（网）的搭接形成的。此外，电磁屏蔽体表面还会因工艺需要而开孔。由于金属板（网）本身对除低频磁场以外的电磁场都具有很高的电磁屏蔽效能，因此开孔和接缝是电磁屏蔽体内外电磁耦合的主要途径，是影响电磁屏蔽效能的主要因素。为了保证电磁屏蔽体的效能，必须对各种孔缝进行妥善的处理。有些开孔，比如便于母线穿越阀厅墙壁而开的孔，可以通过物理封堵的办法来减小其电磁泄漏。另外一些开孔，比如通风孔和窗户等，具备除电磁屏蔽以外的功能，不能被直接物理封堵，需要采用具电磁屏蔽功能的孔阵结构，比如蜂窝波导管或金属网。此时，波导管或金属网孔的孔径是决定电磁屏蔽效能的主要因素。下面分别针对阀厅表面的不同部位，阐述相应的电磁屏蔽设计原理。实际设计时，应结合需要达到的电磁屏蔽效能指标选择相关参数。

（一）阀厅墙壁的电磁屏蔽

墙壁的电磁屏蔽通过金属板来实现。金属板的电导率、磁导率和厚度是影响其电磁屏蔽效能的主要因素。金属板对正入射远场平面电磁波的电磁屏蔽效能的计算公式为

$$SE = 20\log\left\{\left|\frac{(Z_0+Z)^2}{4Z_0Z}\cdot\left[1-\left(\frac{Z_0-Z}{Z_0+Z}\right)^2 \mathrm{e}^{-2\alpha t}\mathrm{e}^{-\mathrm{j}2\beta t}\right]\right|\mathrm{e}^{\alpha t}\right\} \quad (5-3)$$

式中　　SE——电磁屏蔽效能，dB；

Z_0 和 Z——电磁波在空气和金属板中的波阻抗，Ω；

α 和 β——电磁波在金属板中的衰减常数和相位常数；

t——金属板的厚度，m。

假设金属板的电导率、介电常数和磁导率分别为 σ、ε 和 μ，则有 $Z_0 = \sqrt{\mu_0/\varepsilon_0}$，$Z = \sqrt{\mathrm{j}\omega\mu/(\sigma+\mathrm{j}\omega\varepsilon)}$，$\alpha+\mathrm{j}\beta=$

$\sqrt{j\omega\mu(\sigma+j\omega\varepsilon)}$。式（5-3）也可推广到近场情况，只需将 Z_0 替换成相应的近场波阻抗即可。具体而言，对于电场波，$Z_0\rightarrow[\lambda/2\pi r]\sqrt{\mu_0/\varepsilon_0}$；对此磁场波，$Z_0\rightarrow[2\pi r/\lambda]\sqrt{\mu_0/\varepsilon_0}$。其中，$r$ 为场源到金属板的距离。

如图 5-2 所示，对于 10kHz 频率以上的电磁波，包括相对较难屏蔽的磁场波（1m 距离），0.5mm 厚度的铝板可提供 50dB 以上的电磁屏蔽效能。考虑到 10kHz 频率以下的电磁骚扰主要以传导形式耦合进出，建议阀厅墙壁上用于电磁屏蔽的金属板可以选择 0.5mm 以上厚度的钢板，可以改善对低频磁场的屏蔽效能。

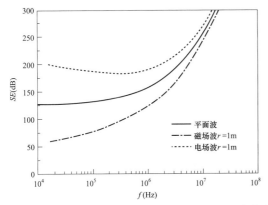

图 5-2 铝板对平面波、磁场波和电场波的屏蔽效能

（二）金属板搭接间距选取

电磁屏蔽通常采用金属螺钉铆接的方式将金属板搭接起来[4]。螺钉的铆固间距，对阀厅和控制楼电磁屏蔽效能有重要影响。综合理论和实验研究结果，在 10kHz～10MHz 频率范围，铆固间距 L 与电磁屏蔽效能的对应关系如下：

（1）$L=70\text{cm}$，电场屏蔽效能 40dB，磁场屏蔽效能 20dB。

（2）$L=35\text{cm}$，电场屏蔽效能 45dB，磁场屏蔽效能 25dB。

（3）$L=20\text{cm}$，电场屏蔽效能 50dB，磁场屏蔽效能 30dB。

对上述结果进行拟合，得出电场和磁场屏蔽效能估计公式分别为

$$SE_E=40+20\lg\frac{70}{L}(\text{dB}) \qquad (5-4)$$

$$SE_H=20+20\lg\frac{70}{L}(\text{dB}) \qquad (5-5)$$

在对金属屏蔽板进行搭接时应注意：金属表面要紧密接触、光滑、清洗干净，并去除非导电物质；在搭建前应使搭接面干燥，搭接后要防潮；避免敲击已固定的螺钉和反复打入/去除螺钉。

综合考虑墙面孔洞等因素，要想确保 40dB 的电场屏蔽效能，建议阀厅的螺钉铆固间距取 25～30cm。

（三）阀厅穿墙套管的电磁封堵

穿墙套管瓷套中有很多同心圆筒形管状的金属膜，构成穿墙套管的电容均压系统。穿墙套管中的这些同心圆筒形管

状的金属膜对电磁辐射而言，构成了圆形波导管系统，对频率低于其截止频率的电磁辐射形成阻断而实现电磁屏蔽作用，其电场的屏蔽效能可按式（5-6）进行计算

$$SE_E=32\frac{l}{d}(\text{dB}) \qquad (5-6)$$

式中 d——圆形波导管的内直径，应明显小于被屏蔽频率的电磁波波长的一半；

l——波导管的长度，穿墙套管法兰还应与阀厅屏蔽体进行良好的电气连接，为了达到 40dB 的电磁屏蔽效果，长度 l 应为直径 d 的 1.25 倍以上。

在穿墙套管与阀厅电磁屏蔽体或含电磁屏蔽网的混凝土墙之间需填加封堵材料。封堵材料主要具有三个作用：① 对穿墙套管起到机械支撑作用，因此要求封堵材料具有一定的机械强度；② 对电磁辐射起到屏蔽隔离作用，因此要求封堵材料中应含有导电材料；③ 穿墙套管中流过的工频和谐波电流不应在封堵材料上产生过大的涡流损耗，因此要求封堵材料中的导电材料为无磁性薄金属板。综合这些要求，封堵材料一般为三明治层状结构，封堵材料外面两侧为导电材料，可以是厚度为 0.5mm 的无磁钢板（不锈钢板），中间层为绝缘性能良好、介质损耗小、具有一定机械强度的非金属材料（如硬质岩棉）。

（四）观察窗

观察窗应该铺设金属网或使用内含金属网的特制的透明玻璃。

观察窗的金属网应与阀厅屏蔽体进行良好的电气连接。将主要电磁骚扰源远离观察窗放置也可明显减少其对外电磁泄漏。

若选用金属网，其对远场平面波的电磁屏蔽效能可以通过式（5-7）计算

$$SE=20\lg\left|1+\frac{Z_0}{2Z_s}\right|(\text{dB}) \qquad (5-7)$$

式中 Z_s——金属网的等效表面阻抗。

$$Z_s=\frac{2a}{\pi d^2\sigma}\sqrt{j\omega\mu\sigma d^2}\frac{I_0(j\omega\mu\sigma d^2/4)}{2I_1(j\omega\mu\sigma d^2/4)}+j\omega\frac{\mu_0 a}{2\pi}\ln\frac{1}{1-e^{-\pi d/a}}$$

$$(5-8)$$

式中 ω——电磁波角频率；

σ、μ——金属线的电导率和磁导率；

a、d——金属线和网孔的直径。

图 5-3 给出了不锈钢（电导率为 1.1×10^7S/m，相对磁导率为 200）金属网对平面波的电磁屏蔽效能随波频率的变化情况。可以看出：随频率增加电磁屏蔽效能下降，减小网孔孔径可以提高电磁屏蔽效能。考虑到磁场波的屏蔽效能要低于平面波的屏蔽效能，为了获得较稳妥的电磁屏蔽效果，建议金属网的孔径为 2cm。

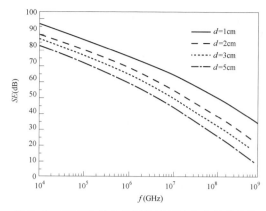

图5-3 不同孔径金属网的平面波电磁屏蔽效能

（五）其他部位的电磁屏蔽

（1）电磁屏蔽门。阀厅的门应采用钢板制作的电磁屏蔽门，钢板的厚度一般不少于1mm。电磁屏蔽门与阀厅电磁屏蔽体应通过金属搭接板来做到良好的电气连接。相邻两个连接点的间距应在20cm以下。

（2）通风孔。可以采用两种方法解决通风口的电磁屏蔽问题。

1）含孔阵金属板：孔的形状应为圆形，孔的直径应尽可能小，至少在2cm以下。在条件许可的情况下，相邻两孔之间的间距应尽量大。

2）金属网：在通风孔上安装金属网，金属网与电磁屏蔽体之间要可靠的电气连接，以防止缝隙的电磁辐射泄漏。网孔尺寸应依据所需的电磁屏蔽效能来选取。建议金属网的网孔孔径应在2cm以下。

（3）地面：阀厅的地面应采用钢筋混凝土建造。地面的电磁屏蔽网的网孔尺寸可按5cm×5cm选取。

（4）顶棚：阀厅的顶棚可采用钢板制作，板厚度0.5mm以上。钢板与钢板之间、钢板与阀厅墙壁之间应具有良好的电气连接。这种连接可以通过每隔一段距离的螺钉铆接来实现。相邻螺钉的间距应在20cm左右。阀厅的顶棚也可采用金属网和其他非金属复合结构制作。金属网的网孔的尺寸在2cm以内。

（5）阀厅内巡视通道的电磁屏蔽：阀厅巡视通道用于运行人员巡视阀厅内换流阀系统运行状态的路径。阀厅内换流阀系统运行时，巡视通道内的电磁环境水平应该低于职业人员电磁环境暴露限值。阀厅巡视通道一般为沿阀厅墙体用角铁架起的、用金属网围成的笼状结构的通道。相邻角铁架之间应通过螺钉在多点进行良好的电气连接。金属网应以点焊的方式焊接在角铁上。金属网的网孔尺寸可通过其电磁屏蔽效能的对应关系选取。金属网的笼状结构对低频磁场源的电磁屏蔽效果最差，因此，阀厅巡视通道应尽量远离换流变压器、平波电抗器以及大电流交、直流导线。阀厅巡视通道金属网一般取宽为1.1～1.2m、高为2～2.2m，网孔尺寸约1.5cm，网线直径约0.4cm。巡视通道金属网应在多点与阀厅电磁屏蔽墙体进行电气连接。

总之，对于电磁屏蔽设计一般具有以下规律：① 将开孔尺寸、搭接间距及金属网孔径和铺设面积等控制在一定范围内，以减少通过它们的电磁泄漏；② 不同元器件在电磁屏蔽体内的位置应合理安排，尽量将电磁敏感性高的元器件放在电磁屏蔽体内场强较低的地方；③ 如果可以确定比较大的辐射源所在的位置，要尽量使电力系统二次设备的开口面背向辐射源；④ 由于低频磁场不易屏蔽，应尽量将强的磁场源布置在远离电磁屏蔽体表面的位置；⑤ 在低频磁场干扰较强的情况下，应采用高导磁材料来作为电磁屏蔽材料；⑥ 在电磁屏蔽体的电磁谐振频率点，电磁屏蔽效果会很差，场强甚至会增大，若有对此频点敏感的设备，应附加其他电磁屏蔽措施，如二次电磁屏蔽或装设滤波器等。

参考文献

[1] 余占清，何金良，曾嵘，等. 高压换流站的主要电磁骚扰源特性[J]. 高电压技术，2008，34（5）：898－902.

[2] 刘振亚. 特高压直流输电工程电磁环境[M]. 北京：中国电力出版社，2011.

[3] 杨新村，沈江，傅正财，等. 输变电设施的电场、磁场及其环境影响[M]. 中国电力出版社，2007.

[4] 张先伟，钟伟华. ±800kV 特高压换流站阀厅及控制楼电磁屏蔽[J]. 电力建设，2012，33（2）：36－39.

第六章

换流站电气主接线

换流站电气主接线是换流站电气设计的重要部分。换流站电气主接线对电气设备选择、配电装置形式选择及布置、继电保护和控制方式的拟定等方面均有较大影响，因此应根据换流站用途及其建设规模，在满足电力系统及换流站自身运行的可靠性、灵活性和经济性前提下，通过技术经济比较，确定合理的电气主接线方案。

第一节 换流站电气主接线的设计原则

一、电气主接线的构成

换流站电气主接线通常划分为换流器单元接线、直流侧接线和交流侧接线。

（一）两端高压直流输电换流站

两端高压直流输电系统由两个高压直流输电换流站和连接它们的高压直流线路组成，两端高压直流输电换流站根据功率传输方向需要，又分为整流站和逆变站。对于双向两端高压直流输电系统，其换流站既可以作为整流站运行，又可

以作为逆变站运行。高压直流输电换流站电气主接线划分如图 6-1 所示。

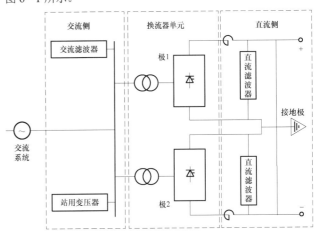

图 6-1 高压直流输电换流站电气主接线划分示意图

（二）背靠背换流站

高压直流背靠背系统是指在同一地点的交流母线之间传输能量的高压直流系统，其整流侧和逆变侧设备通常装设在同一个站内，统称为背靠背换流站。背靠背换流站电气主接线划分如图 6-2 所示。

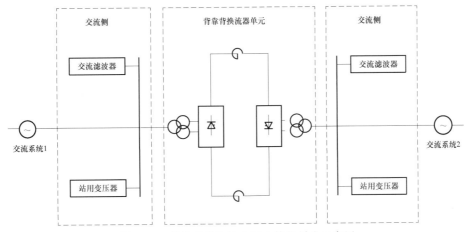

图 6-2 背靠背换流站电气主接线划分示意图

二、电气主接线的设计依据

在确定换流站电气主接线时，应考虑以下因素：

（一）接入系统要求

换流站接入系统设计的主要内容需明确换流站在电力系统中的地位和作用，进而确定换流站的建设规模，包括直流

输电的额定直流功率、额定直流电压和额定直流电流，换流器单元及直流侧配置，交流系统连接方式及进、出线规模，无功补偿及交流滤波器电压、容量和组数等。

（二）分期和最终建设规模

根据电力系统发展规划的需要或者设备供货的限制，对于两端高压直流输电换流站，可考虑双极一次建成；对于背靠背换流站，可考虑本期建设一个或数个高压直流背靠背单元。

（三）调度、运行单位要求

在电气主接线设计中，应充分考虑继电保护的适应性，避免出现特殊接线方式造成继电保护配置及整定难度的增加，为继电保护安全可靠运行创造良好条件。

电气主接线图中的设备编号应注意与调度单位配合，避免出现调度编号与设备编号不一致的情况。同时还应注意与换流站交流系统连接的交流变电站、发电厂线路及相应的设备标号及相序的一致性。

（四）系统专业技术接口要求

系统专业主要技术接口资料一般包括但不限于下列各项：

（1）高压直流系统运行额定值，对于两端高压直流输电换流站，应包括单极额定功率、双极额定功率、直流额定电压、直流额定电流、直流过负荷能力、直流降压能力、功率反送能力及直流最小电流等；对于背靠背换流站，应包括背靠背换流器单元额定功率、换流器单元数量、直流额定电压、直流额定电流、直流过负荷能力及直流最小电流等。

（2）每极换流器单元的组成。

（3）直流运行方式。

（4）初期及最终换流站与系统的连接方式（包括系统单线接线和地理接线），以及推荐的初期和最终交流侧接线方案，包括接入交流系统电压等级、交流出线回路数、出线方向、每回路传输电流（含正常最大工作电流和极端工况下的最大允许电流）和导线截面等。

（5）直流换流站无功补偿总容量，交流滤波器及并联电容器配置情况，无功分组要求。

（6）调相机、静止无功补偿装置、静止同步补偿装置、并联电抗器等类型、数量、容量和运行方式的要求。

（7）换流变压器的类型、台数及容量，换流变压器各侧的额定电压、阻抗电压、调压范围和级差，换流变压器中性点接地方式及接地点的选择，以及各种运行方式下通过换流变压器的功率潮流。

（8）联络变压器的类型、台数、容量及接线组别，联络变压器各侧的额定电压、阻抗电压、调压范围和级差；联络变压器中性点接地方式及接地点的选择，以及各种运行方式下通过联络变压器的功率潮流。

（9）系统的短路容量或归算的电抗值。注明最大、最小运行方式的正、负、零序电抗值，为了进行非周期分量短路电流计算，尚需系统的时间常数或电阻 R、电抗 X 值。

（10）系统内过电压数值及限制内过电压措施。

（11）对同塔双回出线接地开关选型的要求。

（12）交流母线穿越电流（或穿越容量和电压）。

（13）对换流变压器、交流滤波器组及出线断路器装设合闸电阻及选相合闸的要求。

（14）对直流过负荷能力、可靠性、附加控制功能等的特殊要求。

三、电气主接线的设计要求

换流站电气主接线应满足可靠性、灵活性和经济性三项基本要求[1]。

（一）可靠性

可靠性是电力生产和分配的首要要求，电气主接线首先应满足这个要求。

（1）电气主接线可靠性的衡量标准是运行实践，应重视国内、外换流站长期运行的实践经验及其可靠性的定性分析。

（2）电气主接线的可靠性还应综合考虑电气一次部分和相应组成的电气二次部分。

（3）电气主接线的可靠性在很大程度上取决于设备的可靠程度，采用可靠性高的电气设备可以简化接线。具体要求有：

1）交流断路器检修时，不宜影响对系统供电及直流功率送出。

2）交流断路器或母线故障以及母线检修时，尽量减少交流配电装置停运的回路数和停运时间。

3）降低换流站内设备元部件故障率，采取冗余及多重化配置缩短故障停运时间。尽量避免单一元件故障，导致换流站直流单、双极停运的可能性。

4）任何一个换流器的任何故障、退出、检修和投入均不影响其他换流器的运行等。

（4）要考虑换流站在电力系统中的地位和作用。

（二）灵活性

电气主接线应满足在调度运行、检修及扩建时的灵活性。

（1）电气主接线应能适应各种运行方式，并能灵活地转换运行方式，不仅正常运行时能安全、可靠地供电，而且在事故、检修以及特殊运行方式时，也能适应调度运行的要求，能灵活、简便、迅速地调度运行方式，使停电时间最短，影响范围最小。

（2）检修时，可以方便地停运直流系统、交流滤波器、交流配电装置等一次设备及控制保护装置，而不影响电力系统的安全稳定运行，且应操作简单，影响面小。

（3）扩建时，可以方便地从初期接线过渡到最终接线，同时应留有发展扩建的余地及可能性。在不影响直流外送或者在停电时间最短的情况下，新建直流极或线路，与原有直流极或线路互不干扰，同时对电气一次和电气二次部分的改建工作量最少。

（三）经济性

电气主接线在满足可靠性、灵活性要求的前提下，还应做到经济合理。

1．综合投资省

（1）电气主接线应力求简单，以节省一次设备投资。

（2）尽可能选用成熟可靠的设备，避免重要设备的重新研制，如换流器、换流变压器、平波电抗器、直流开关、直流套管和交流滤波器回路断路器等。

（3）要能使控制保护和二次回路不过于复杂，以节省二次设备和控制电缆。

2．占地面积小

电气主接线设计要为交流配电装置、直流配电装置、交流滤波器区、换流变压器区等的布置创造条件，尽量减少占地面积。

3．运营成本小

（1）经济合理地选择换流器、换流变压器、交流滤波器和并联电容器、平波电抗器、直流滤波器及换流站辅助设施等设备的种类、容量和数量，减少不必要的电能损失，降低运营成本。

（2）电气主接线设计要为停运损失最小化创造条件。

第二节　换流器单元接线

一、一般要求

换流器单元接线是指由一个或多个换流桥与一台或多台换流变压器、换流器控制装置、基本保护和开关装置以及用于换流的辅助设备（如有）组成的运行单元的连接方式。

最基本的换流桥是由 6 个换流臂组成的双路连接，由于晶闸管的单向导电性，通常整流桥和逆变桥方向有所不同，如图 6-3 所示。

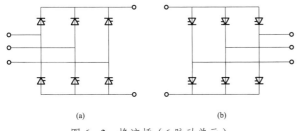

图 6-3　换流桥（6 脉动单元）

（a）整流桥；（b）逆变桥

由于 6 脉动单元会在交、直流侧产生较多的谐波，国内、外绝大多数直流工程采用多桥换流器。当基本换流器单元由两个以上换流桥组成时，虽然能产生更多脉动数，可以进一步减少谐波，如 18 脉动或 24 脉动的换流桥，但是换流变压器自身的造价及其连接会较双桥换流器复杂得多，因此现代高压直流工程多采用双桥换流器，即 12 脉动换流器单元作为基本单元，12 脉动换流器单元由 2 个交流侧电压互差 30° 基波相角的换流桥串联构成，如图 6-4 所示。

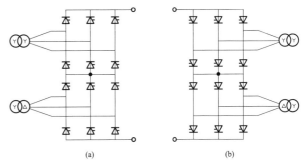

图 6-4　12 脉动换流器单元

（a）两个 6 脉动整流桥串联；（b）两个 6 脉动逆变桥串联

一般而言，构成换流站的换流器单元接线应考虑以下因素：

（1）换流站接入的交流系统条件和要求。

（2）阀和换流变压器的制造能力。

（3）换流变压器的运输条件和限制。

（4）直流工程的可靠性和可用率。

（5）直流工程的运行灵活性。

（6）换流站的分期建设。

（7）换流站的造价等。

（一）两端高压直流输电换流站

两端高压直流输电换流站的换流器单元接线主要是确定换流站每一个极究竟采用多少个基本换流器单元，以及换流器单元之间的连接方式。在上述换流器单元接线应考虑的因素中，单个 12 脉动换流器的最大制造容量和换流变压器的制造及运输限制，往往是确定每极换流器单元组数的决定性因素。因此，换流器单元的接线应根据换流器的额定参数、换流变压器的制造水平及运输条件，通过综合技术经济比较后确定，有时分期建设的要求和资金安排也会影响每极 12 脉动换流器组数的确定。

目前，我国两端高压直流输电换流站中换流器单元采用的接线方案有三类：① 每极单 12 脉动换流器单元接线；② 每极双 12 脉动换流器单元串联接线；③ 每极双 12 脉动换流器单元并联接线。

以上三类换流器单元接线一般选择原则为：

（1）从投资及占地方面考虑，若换流器、换流变压器制造商具备生产能力，且大件运输不受限制，则应优先选用每极单 12 脉动换流器单元接线。

（2）从换流站的分期建设方面考虑。宜采用双 12 脉动并联接线。

（3）从可靠性和可用率方面考虑。根据国内外直流工程的运行经验，每极双 12 脉动换流器接线直流输电工程的可用率高于每极单 12 脉动换流器接线直流输电工程。

（4）对交流系统的影响方面考虑。在输送相同容量下，对于每极单 12 脉动换流器单元接线，当故障或其他原因导致单 12 脉动换流器出现闭锁，而单极停运，影响的输送容量达到 50%，对两侧交流系统造成的冲击和影响较大；对于双 12 脉动换流器单元串联接线，当其中一个 12 脉动换流器出现闭锁而停运时，影响的输送容量为 25%，对两侧的交流系统造成的冲击和影响较小。

（二）背靠背换流站

由于高压直流背靠背系统无直流输电线路，因此背靠背直流工程多采用低直流电压、大直流电流的方案以降低工程投资。通常是根据制造厂所能生产的晶闸管最大电流来选择工程的直流电流，从而用给定的直流功率除以直流电流即得到直流电压。因此，对于大容量的背靠背换流站以及当需要分期建设时，背靠背换流站采用多个 12 脉动换流器单元并联的方案，而不考虑每单元双 12 脉动换流器串联的方案。

根据换流器接地的不同方式，12 脉动背靠背换流器单元接线可分为单极 12 脉动单元一端接地和双极 12 脉动单元中点接地两种方式。

二、每极单 12 脉动换流器单元接线

每极单 12 脉动换流器单元接线是指两端高压直流输电换流站中每极仅采用 1 组 12 脉动单元（2 个换流桥）与一台或者多台换流变压器、换流器控制装置、基本保护和开关装置以及用于换流的辅助设备（如有）组成的运行单元接线。

换流变压器的类型直接影响换流变压器与换流器的连接和布置。因此，根据换流变压器的不同型式，每极单 12 脉动换流器单元接线有 4 种方案可供选择[2]：

（1）1 台三相三绕组换流变压器配 12 脉动换流器，多用于容量较小的直流工程，如图 6-5（a）所示。

（2）2 台三相双绕组换流变压器配 12 脉动换流器，多用于中型直流工程，如图 6-5（b）所示。

（3）3 台单相三绕组换流变压器配 12 脉动换流器，多用于背靠背直流工程，如图 6-5（c）所示。

（4）6 台单相双绕组换流变压器配 12 脉动换流器，多用于大型直流输电工程，如图 6-5（d）所示。

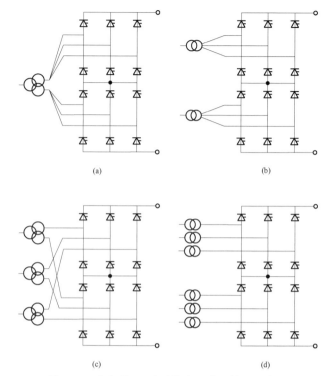

图 6-5　每极单 12 脉动换流器单元接线示意图
（a）1 台三相三绕组换流变压器配 12 脉动换流器；
（b）2 台三相双绕组换流变压器配 12 脉动换流器；
（c）3 台单相三绕组换流变压器配 12 脉动换流器；
（d）6 台单相双绕组换流变压器配 12 脉动换流器

上述 4 种单 12 脉动换流器单元方案特点见表 6-1。

表 6-1　每极单 12 脉动换流器单元方案特点

方案	特　点	适用范围
图 6-5（a）	每极 1 台换流变压器，换流变压器设备材料用量省，投资最省；需备用 1 台换流变压器，备用容量很不经济；直流输电能力非常有限	多用于容量较小的直流工程
图 6-5（b）	每极仅需 2 台换流变压器；需备用 2 台换流变压器，备用容量很不经济；直流输电能力有限	
图 6-5（c）	每极 3 台换流变压器；与单相双绕组变压器相比，变压器制造成本低；运输质量约为直流同容量单相双绕组变压器的 1.6 倍	多用于 ±500kV 及以下直流输电工程和背靠背直流工程
图 6-5（d）	每极 6 台换流变压器；可适应换流变压器的制造能力及对运输尺寸的限制，提高直流输电能力；全站备用 2 台换流变压器	多用于大型直流输电工程

每极单 12 脉动换流器单元接线换流站具有接线简单、可靠性高、投资省、占地小的特点。我国两端高压（±800kV 以下）直流输电换流站普遍采用每极 6 台单相双绕组换流变压

器配 12 脉动单元的接线，其典型接线如图 6-5（d）所示。根据部分避雷器及电压、电流测量装置等的不同配置情况，每极单 12 脉动换流器单元接线的两个工程示例，如图 6-6、图 6-7 所示。

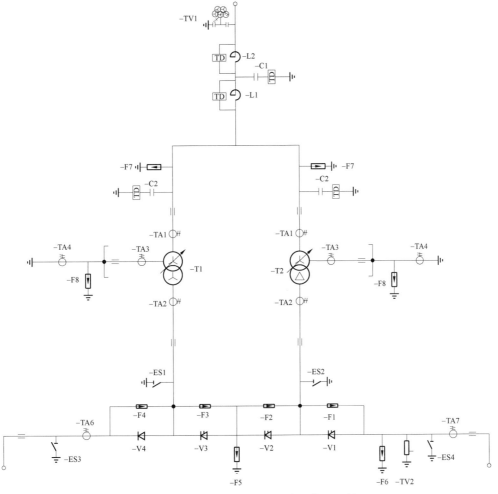

图 6-6 每极单 12 脉动换流器单元接线示例一

每极单 12 脉动换流器单元接线设备配置如下：

（1）换流阀（V1～V4）。换流站中为实现换流所用的三相桥式换流器中作为基本单元设备的桥臂，又称单阀。通常由换流阀连接成一定的回路进行换流，换流阀是换流站的核心设备。示例一按二重阀考虑；示例二按四重阀考虑。

（2）换流变压器（T1、T2）。接在换流桥与交流系统之间的电力变压器，将网侧交流电压通过换流变压器变为阀侧交流电压，再经换流器转换为直流向外传输。根据传输容量的大小，换流变压器可采用不同的类型，如输电容量 1200MW 的 GS 直流工程以及 1800MW 的 TG 直流工程均采用单相三绕组换流变压器，而 3000MW 及以上的直流工程均采用单相双绕组换流变压器。

（3）换流阀避雷器（F1～F4，F5）。用于晶闸管阀的过电压保护。对于示例一，仅整流站配置 F5 避雷器。

（4）直流侧避雷器（F6）。用于中性线设备的过电压保护。对于示例二，该避雷器按布置在阀厅外考虑，图中未

显示。

（5）交流侧避雷器（F7，F8）。用于换流变压器交流侧及中性点侧的过电压保护。对于示例二，换流变压器中性点按不配置避雷器 F8 考虑。

（6）接地开关（ES1～ES4）。在换流变压器阀侧、直流极线和中性线各安装 1 台接地开关，方便检修。

（7）直流电流测量装置（TA6，TA7）。测量换流站直流回路电流，用于直流系统的控制和保护，这些装置安装于换流器极线以及中性母线处。

（8）直流电压测量装置（TV2）。用于测量换流器中性线直流电压的装置。对于示例二，该直流电压测量装置按布置在阀厅外考虑，图 6-7 中未显示。

（9）电流互感器（TA1～TA4）。用于测量换流变压器各支路电流的装置，按需配置在换流变压器各绕组及中性点处。

（10）霍尔元件（TA5）。用于测量换流变压器直流偏磁电流。示例二按配置此霍尔元件。

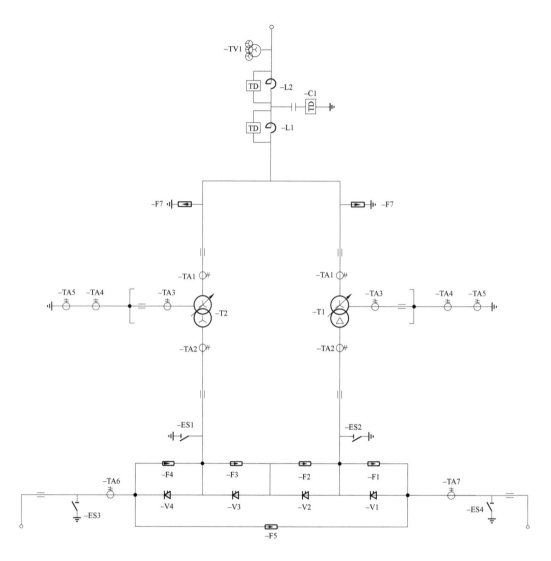

图 6-7　每极单 12 脉动换流器单元接线示例二

（11）交流电压互感器（TV1）。用于测量换流器单元网侧电压的装置。可选用电容式电压互感器或电磁式电压互感器。示例一按电容式电压互感器考虑；示例二按电磁式电压互感器考虑。

（12）交流 PLC（Power Line Carrier）滤波器（L1/L2/C1＋TD）。根据工程实际需要，在换流变压器网侧装设高频阻塞及泄放滤波器，用以阻塞和泄放换流器工作中所引起的高频电流进入交流系统，以减少对载波通信的干扰。工程设计中，是否装设交流 PLC 滤波器应根据工程实际情况确定。若安装此滤波器，安装位置如图 6-6、图 6-7 所示。

（13）交流无线电干扰（RI）滤波器（C2＋TD）。为限制换流器造成的无线电骚扰，避免引起交流开关场内电气设备及交流线路的辐射干扰，可在阀厅旁装设 RI 滤波器。工程设计中，是否装设交流 RI 滤波器应根据工程实际无线电干扰限值水平及惯例确定。若安装此滤波器，安装位置如图 6-6 所示。

三、每极双 12 脉动换流器单元串联接线

每极双 12 脉动换流器单元串联接线是指两端高压直流输电换流站中每极采用 2 组 12 脉动单元串联，并与多台换流变压器、换流器控制装置、基本保护和开关装置以及用于换流的辅助设备（如有）组成的运行单元接线。通过每个 12 脉动换流器两端多个开关的切换操作，可以在每极任意一个 12 脉动换流器故障的情况下，保持该极的健全单元运行。同时，通过两个 12 脉动换流器的串联连接，在单个换流阀耐受相同的电压下，可提高单极的运行电压，进而提高单极的输送功率。每极双 12 脉动换流器单元串联接线示意如图 6-8 所示。

每个 12 脉动换流器网侧电压可根据系统要求单独接入 500～1000kV 电网。为降低换流变压器的制造难度，当高压直流输电换流站需接入 1000kV 系统时，宜考虑低压端换流器接入 1000kV 系统，高压端换流器接入 500kV 系统。

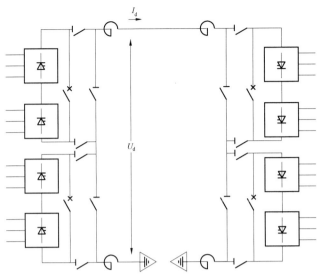

图 6-8 每极双 12 脉动换流器单元串联接线示意图

每个 12 脉动换流器直流侧电压应经过技术经济比较后确定。以 ±800kV 特高压直流系统为例，前期研究中分别对（600＋200）kV、（500＋300）kV、（400＋400）kV（前者为低压端 12 脉动换流器两端电压，后者为高压端 12 脉动换流器两端电压）这几种电压组合方案进行了研究，根据设备制造难度、运输条件及投资费用等，确定每极电压采用（400＋400）kV 方案。对于 ±1100kV 特高压直流输电换流站而言，则每极电压采用（550＋550）kV 方案。

根据部分避雷器及电压、电流测量装置等的不同配置情况，每极双 12 脉动换流器单元串联接线的两个工程示例，如图 6-9、图 6-10 所示。

每极双 12 脉动换流器单元串联接线的设备配置如下：

（1）换流阀（V1～V4）。每极双 12 脉动换流器单元串联接线的两个示例中，换流器均按二重阀考虑。

（2）换流变压器（T1，T2）。每极双 12 脉动换流器单元串联接线的两个示例中，均按单相双绕组变压器考虑。

（3）换流阀避雷器（F1～F5）。用于晶闸管阀的过电压保护。

（4）直流侧避雷器（F6，F9，F10）。用于极线、中性线等设备的过电压保护。

（5）交流侧避雷器（F7，F8）。用于换流变压器交流侧及中性点侧的过电压保护。对于示例二，换流变压器中性点按不配置避雷器 F8 考虑。

（6）接地开关（ES1～ES4）。在换流变压器阀侧、直流极线和中性线各安装 1 台接地开关，方便检修。对于示例一，换流变压器接地开关的配置可考虑两种方案：① 每台变压器配置 1 台接地开关；② 阀侧 3 台星接换流变压器配 1 台接地开关，阀侧 3 台三角形接换流变压器配 1 台接地开关。后一种方案在近期工程中普遍采用；对于接线示例二，每台换流变压器均配置一台接地开关。

（7）电流互感器（TA1～TA4）。用于测量换流变压器各支路电流的装置，按需配置在换流变压器各绕组和中性点处。

（8）霍尔元件（TA5）。用于测量换流变压器直流偏磁电流。示例二按配置此霍尔元件考虑。

（9）直流电流测量装置（TA6～TA9）。用于测量直流回路电流的装置。对于示例一，按安装于换流器极线、极中点以及中

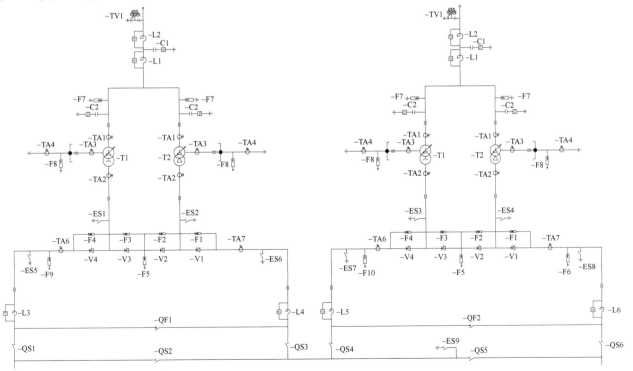

图 6-9 每极双 12 脉动换流器单元串联接线示例一

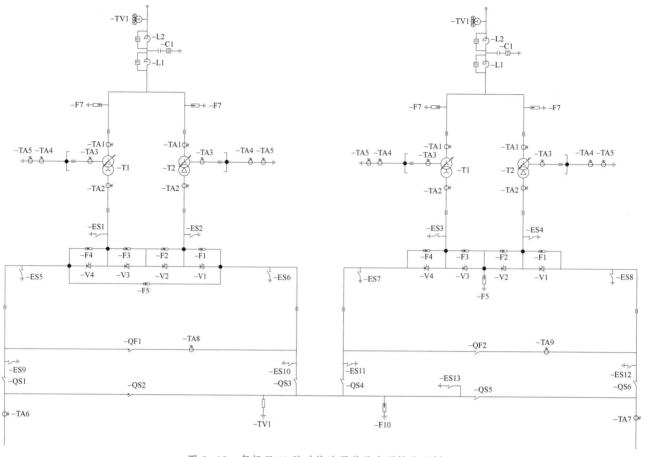

图 6-10　每极双 12 脉动换流器单元串联接线示例二

性母线处；对于示例二，按安装于换流器极线及旁路支路处。

（10）交流电压互感器（TV1）。用于测量换流器单元网侧电压的装置。可选用电容式电压互感器或电磁式电压互感器。对于示例一，按电容式电压互感器考虑；对于示例二，按电磁式电压互感器考虑。

（11）交流 PLC 滤波器（L1/L2/C1+TD）。工程设计中，是否装设交流 PLC 滤波器应根据工程实际情况确定。若安装此滤波器，安装位置如图 6-9、图 6-10 所示。

（12）交流 RI 滤波器（C2+TD）。工程设计中，是否装设交流 RI 滤波器应根据工程实际无线电干扰限值水平及惯例确定。若安装此滤波器，安装位置如图 6-9 所示。

（13）直流 RI 滤波器（L3～L6+TD）。工程设计中，是否装设直流 RI 滤波器应根据工程实际无线电干扰限值水平确定。若安装此滤波器，安装位置如图 6-9 所示。

（14）旁路断路器（QF1，QF2）。为减少单个 12 脉动换流器组故障引起直流系统单极停运的概率，提高直流系统的可用率，同时减少对交流系统的冲击，每个 12 脉动换流器组直流侧装设旁路断路器。

（15）直流隔离开关、接地开关（QS1～QS6，ES5～ES13）。为满足双换流器串联多种运行方式、控制及检修的需要，在 12 脉动换流器直流侧配置了多台隔离开关及接地开关。

四、每极双 12 脉动换流器单元并联接线

每极双 12 脉动换流器单元并联接线是指两端高压直流输电换流站中每极采用 2 组 12 脉动单元并联，并与多台换流变压器、换流器控制装置、基本保护和开关装置以及用于换流的辅助设备（如有）组成的运行单元接线。通过每个 12 脉动换流器两端多个开关的切换操作，可以在每极任意一个 12 脉动换流器故障的情况下，保持该极的部分运行。同时，通过两个 12 脉动换流器的并联连接，在单个换流阀耐受相同的电流下，可提高单极的运行电流，进而提高单极的输送功率。每极双 12 脉动换流器单元并联接线示意如图 6-11 所示。

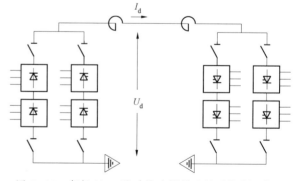

图 6-11　每极双 12 脉动换流器单元并联接线示意图

每极双 12 脉动换流器单元并联接线在我国应用较少,目前仅 QZ 直流工程有采用,如图 6—12 所示,其主要设备配置如下:

(1)换流器(V1~V4)。根据不同的直流电压及输送容量,每极双 12 脉动换流器单元并联的换流器可采用二重阀或者四重阀布置,±400kV、1500MW 的 QZ 直流工程换流器按采用四重阀布置考虑。

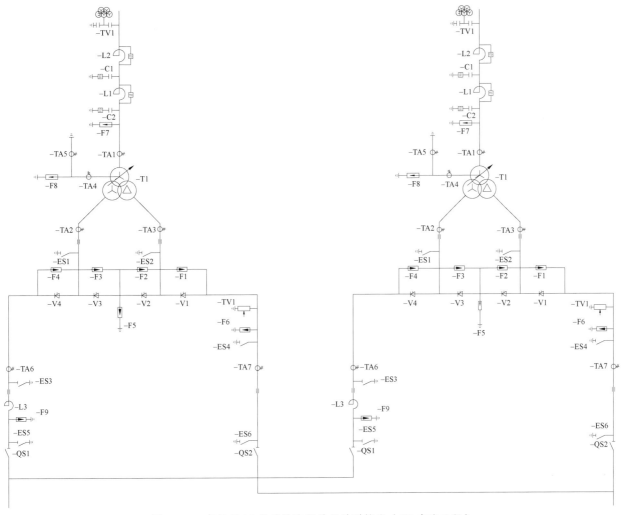

图 6—12 每极双 12 脉动换流器单元并联接线(QZ 直流工程)

(2)换流变压器(T)。根据传输容量的大小,换流变压器可采用不同的类型,本方案按采用单相三绕组换流变压器考虑。

(3)换流器避雷器(F1~F5)。用于晶闸管阀的过电压保护。

(4)直流侧避雷器(F6,F9)。用于极线,中性线等设备的过电压保护。

(5)交流侧避雷器(F7,F8)。用于换流变压器交流侧及中性点侧的过电压保护。

(6)接地开关(ES1~ES4)。在换流变压器阀侧、直流极线和中性线各安装 1 台接地开关,方便检修。

(7)电流互感器(TA1~TA5)。用于测量换流变压器各支路电流的装置,按需配置在换流变压器各绕组和中性点处。

(8)直流电流测量装置(TA6,TA7)。用于测量直流回路电流的装置,用于直流系统的控制和保护。

(9)交流电压互感器(TV1)。用于测量换流器单元网侧电压的装置。本方案按选用电容式电压互感器考虑。

(10)交流 PLC 滤波器(L1/L2/C1+TD)。工程设计中,是否装设交流 PLC 滤波器应根据工程实际情况确定。本方案按装设考虑,其安装位置如图 6—12 所示。

(11)交流 RI 滤波器(C2+TD)。工程设计中,是否装设交流 RI 滤波器应根据工程实际无线电干扰限值水平及惯例确定。本方案按装设考虑,其安装位置如图 6—12 所示。

(12)直流隔离、接地开关(QS1~QS2,ES5~ES6)。为满足双 12 脉动单元并联接线的多种运行方式、控制及检修的需要,在 12 脉动阀组直流侧布置了多台隔离开关及接地开关。

(13)平波电抗器(L3)。平波电抗器主要用于抑制直流侧电流和电压陡波对换流器的冲击,以及避免在低直流功率传输时电流断续和降低换相失败率的作用,在换流站主回路中与换流器直流侧串联连接。平波电抗器按绝缘和冷却方式,有油浸式和干式两种，QZ 直流输电工程两端高压直流输电换流站均采用油浸式。

五、背靠背换流器单元接线

（一）单极 12 脉动单元一端接地接线（方案一）

若将换流器单元末端设定为电位零点，则可构成背靠背换流站单极 12 脉动单元一端接地换流器单元接线，如图 6-13 所示。

（二）双极 12 脉动单元中点接地接线（方案二）

若将换流器单元中点设定为电位零点，则可构成背靠背换流站双极 12 脉动单元中点接地换流器单元接线，如图 6-14 所示。

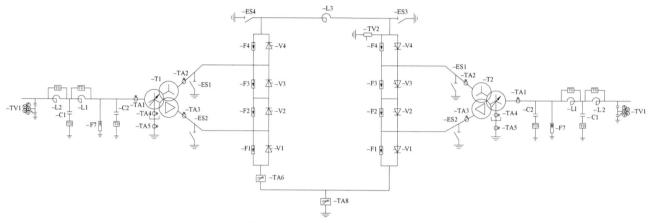

图 6-13　背靠背换流站单极 12 脉动单元一端接地接线示意图

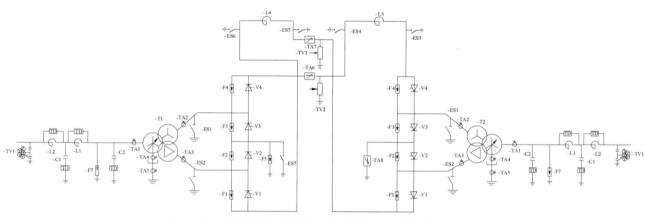

图 6-14　背靠背换流站双极 12 脉动单元中点接地接线示意图

（三）设备配置

两种接线中的设备配置如下：

（1）换流器（V1~V4）。12 脉动单元一端接地接线中，单极构成 1 组 12 脉动单元接线；12 脉动单元中点接地接线中，双极构成 1 组 12 脉动单元接线，两种接线的换流器均采用四重阀。

（2）换流变压器（T1，T2）。两方案中，换流变压器均按单相三绕组换流变压器考虑。

（3）换流器避雷器（F1~F4）。与换流器单阀并联作为晶闸管阀的过电压保护。

（4）直流侧避雷器（F5）。用于换流器等设备的过电压保护。仅方案二配置该避雷器。

（5）交流侧避雷器（F7）。用于换流变压器交流侧的过电压保护。

（6）接地开关（ES1~ES7）。为方便检修，对于方案一，在换流变压器阀侧和直流极线安装 1 台接地开关；对于方案二，在换流变压器阀侧、平波电抗器两侧和整流侧中性点各安装 1 台接地开关。

（7）直流电流测量装置（TA6~TA8）。用于测量直流回路电流的装置。对于方案一，直流电流测量装置安装于换流器中性线及接地处；对于方案二，直流电流测量装置安装于换流器极线及接地处。

（8）直流电压测量装置（TV2，TV3）。用于测量换流器极线直流电压的装置。

（9）交流电流互感器（TA1~TA5）。用于测量换流变压器各支路电流的装置，按需配置在换流变压器各绕组、中性点处。

（10）交流电压互感器（TV1）。用于测量换流器单元网侧电压的装置。两方案均按电容式电压互感器考虑。

（11）交流 PLC 滤波器（L1/L2/C1＋TD）。工程设计中，是否装设交流 PLC 滤波器应根据工程实际情况确定。两方案均按安装此滤波器考虑，安装位置如图 6−13、图 6−14 所示。

（12）交流 RI 滤波器（C2＋TD）。工程设计中，是否装设交流 RI 滤波器应根据工程实际无线电干扰限值水平及惯例确定。两方案均按安装此滤波器考虑，安装位置如图 6−13、图 6−14 所示。

（13）平波电抗器（L3/L4）。对于单极 12 脉动单元一端接地接线，每单元仅配置一台平波电抗器；对于双极 12 脉动单元中点接地接线，每单元配置两台平波电抗器。

第三节　直流侧接线

一、一般要求

直流侧接线是指直流一次设备的连接方式。由于背靠背换流站直流侧接线包含在背靠背单元接线中，故本小节仅讨论两端高压直流输电换流站直流侧接线。对于两端高压直流输电换流站而言，其直流侧接线应满足所需要的运行方式及功能要求：

（1）对于高压直流输电换流站，直流开关场接线应满足双极（包括通过站内地网临时接地运行）、单极大地回线、单极金属回线等基本运行方式。

（2）对于特高压直流输电换流站，直流开关场接线应满足除双极线并联大地回线外其他所有运行方式，包括：完整双极（含通过站内地网临时接地运行）、不完整双极（含通过站内地网临时接地运行）、完整单极金属回线、完整单极大地回线、不完整单极金属回线和不完整单极大地回线等运行方式。

（3）换流站内任一极或任一换流器单元检修时应能对其进行隔离和接地。

（4）直流线路任一极检修时应能对其进行隔离和接地。

（5）在双极平衡运行方式和单极金属回线运行方式下，直流系统一端或两端接地极及其引线时，应能对其进行隔离和接地。

（6）单极运行时，大地回线方式与金属回线方式之间的转换，不应中断直流功率输送，且不宜降低直流输送功率。

（7）故障极或换流器单元的切除和检修不应影响健全极或换流器单元的功率输送。根据上述运行方式及功能要求，我国两端高压直流输电换流站直流侧均采用双极接线，按极组成，极与极之间相对独立。换流站直流侧按极装设平波电抗器、直流滤波器、直流电压测量装置、直流电流测量装置、各种开关设备、避雷器、冲击电容器、耦合电容器、接地极线路保护装置、基波阻塞滤波器（若需要）、PLC/RI 滤波器（若需要）等设备。两端高压直流输电换流站根据运行方式一般

分为整流站和逆变站。

二、整流站直流侧接线

对于两端高压直流输电换流站，为满足直流系统双极运行方式、单极大地回线方式及单极金属回线方式等多种运行方式，直流侧中性线需装设金属回线转换开关（MRTB）和大地回线转换开关（ERTB），在实际工程中，上述直流转换开关通常仅安装在整流站内，图 6−15 为整流站直流侧典型接线。

两端高压直流输电系统通常采用双极平衡运行，这时两极的电流相等方向相反，中性线电流为很小的不平衡电流（通常小于额定直流电流的 1%）；当一极故障停运或其他原因而转为单极运行时，可选择单极大地回线或单极金属回线运行方式。图 6−16 为单极大地回线及金属回线方式之间切换示意图。

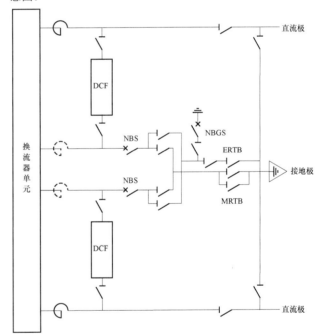

图 6−15　整流站直流侧典型接线图

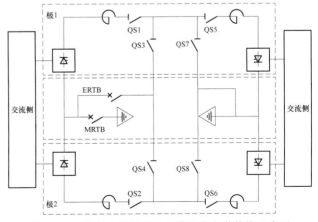

图 6−16　单极大地回线及金属回线方式转换示意图

以下对单极大地回线方式及金属回线方式之间的切换进行说明（以极 1 为例）。

极 1 大地回线方式转换为金属回线方式的步骤：

（1）转换前：极 1 大地回线方式的接线状态为 QS1、QS5 和 MRTB 为闭合状态，QS2、QS3、QS4、QS6、QS7、QS8 和 ERTB 为断开状态。

（2）转换步骤：

1）合上 QS4、QS8 和 ERTB，使极 2 导线（金属回线）和大地回线并联连接。

2）断开 MRTB，将大地回线中的电流转移到金属回线，形成单极金属回线运行方式。

（3）转换后：极 1 金属回线方式接线状态为 QS1、QS5、QS4、QS8 和 ERTB 为闭合状态，QS2、QS3、QS6、QS7 和 MRTB 为断开状态。

极 1 金属回线方式转换为大地回线方式的步骤：

1）合上 MRTB，使大地回线与金属回线相并联连接。同样，两并联回路中的电流与其回路电阻成反比。

2）断开 ERTB，将金属回线中的电流转移到大地回线中去。当 ERTB 完全断开后，将 QS4、QS8 断开。极 1 则又回到大地回线方式运行。

根据部分避雷器及电压、电流测量装置等的不同配置情况，整流站有如下两个工程示例，如图 6-17 和图 6-18 所示。

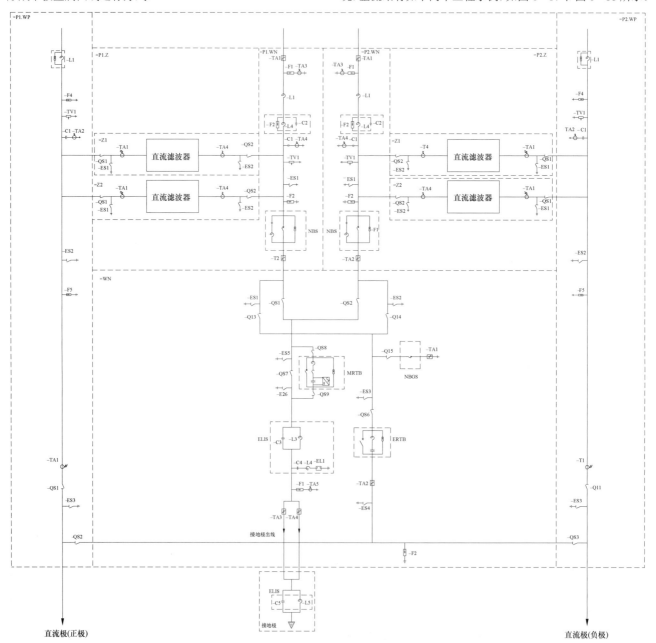

图 6-17　两端高压直流输电整流站直流侧接线示例一

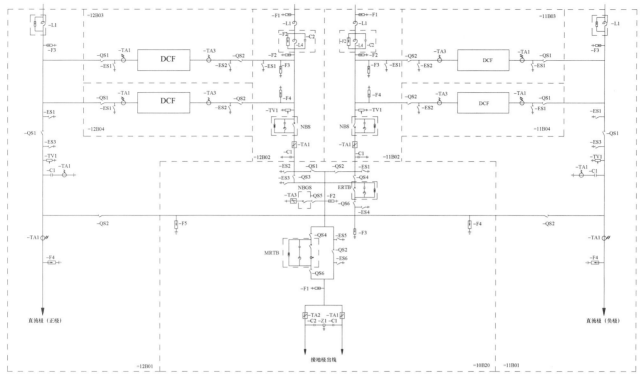

图 6-18　两端高压直流输电整流站直流侧接线示例二

整流站直流侧接线主要设备配置如下：

（1）中性母线开关（NBS）。换流站的每一极中性线配置一台中性母线开关。当单极计划停运或换流器内发生除接地故障以外的故障时，用来对闭锁的极进行隔离，这种开关能够开断在换流站极内和直流输电线路上所发生的任何故障的直流电流，当一个极内部出现故障时，用来把正常极注入故障点的直流电流转换至接地极线路。

（2）金属回线转换开关（MRTB）。用以将直流电流从单极大地回线转换到单极金属回线，以保证转换过程中不中断直流功率的输送。任何工况下将大地回线转换为金属回线运行时，均不应引起直流功率的中断。

（3）大地回线转换开关（ERTB）。在整流站接地极线与极线之间安装一台大地回线转换开关，将直流电流从单极金属回线转换至单极大地回线。任何工况下将金属回线转换为大地回线运行时，均不能引起直流功率的中断。

（4）中性母线接地开关（NBGS）。在换流站中性线与接地网之间安装一台中性母线接地开关。双极平衡运行方式下，当接地极退出运行时两端换流站的中性母线接地开关自动将中性母线转接到换流站接地网。中性母线接地开关不要求具备大电流的转换能力，但需能在双极平衡运行时打开，以及将双极不平衡电流转换至接地极。

（5）直流隔离开关（QS）。为满足两端高压直流输电系统多种运行方式运行与控制的需要，在直流中性母线及直流中性母线与高压母线间布置了多台隔离开关。除了直流滤波器组高压侧隔离开关需具有在正常运行工况的情况下带电投切的能力之外，其他直流隔离开关仅在无电流的情况下，可进行电路的分断或接通。

（6）直流接地开关（ES）。为了安全的目的，在无电压的情况下将直流某部分电路接地或断开接地的开关设备。

（7）直流滤波器（DCF）。安装在极线与中性线之间，与平波电抗器和直流冲击电容器配合，用以抑制高压直流侧、直流输电线路和接地极线路谐波电流或电压，这些谐波可能是特征谐波，也可能是非特征谐波，根据具体工程配置不同类型的滤波器型式及数量。对于特高压直流换流站，考虑直流滤波器的投切策略后，每极两组直流滤波器可共用一组高、低压侧隔离开关。

（8）直流电流测量装置（TA）。用于测量换流站直流回路电流的装置，通常安装于高压直流线路端以及中性母线和接地极引线处，该装置用于直流系统的控制和保护；用于监测各支路电流，通常安装在中性线避雷器、冲击电容器、直流滤波器各相关支路。

（9）直流电压测量装置（TV）。用于测量换流站直流电压的装置。

（10）避雷器（F）。用于直流场各种电气设备的过电压保护。

（11）直流冲击电容器。布置在每极直流中性母线与换流站接地网之间，用于降低施加到换流站设备上的雷电冲击波的幅值和陡度。

（12）接地极线路监视阻断和注流滤波器（ELIS）。一组阻断滤波器布置在换流站接地极出线回路上，另一组布置在接地极极址进线回路上，注流滤波器布置在换流站接地极出线回路上，2组阻断滤波器和1组注流滤波器一并用于监视接地极线路。示例一按采用本技术路线考虑。

（13）接地极线路监视电容器（=10B20-C1+C2+Z1）。接地极线路监视电容器布置在两段平行接地极出线间，用于监视接地极线路。示例二按采用本技术路线考虑。

（14）基波阻塞滤波器（=P1(2)WN-L4+C2）。根据直流回路电气参数计算结果确定是否需要装置基波阻塞滤波器。一般布置在每极中性线上。

（15）直流PLC滤波器（=P1(2)WP-C1和11(2)B01-C1）。国内早期直流输电工程在换流器直流出线装设高频阻塞及泄放滤波器，用以阻塞和泄放换流器工作中所引起的高频电流进入直流线路，以减少对载波通信等的干扰，如GS直流工程，TG直流工程、SC直流工程和GGⅠ直流工程。自SG直流工程以后的工程仅保留PLC滤波器电容器及其调谐单元，此电容器同时兼做线路故障定位耦合电容。

（16）平波电抗器（=P1(2)WP-L1和11(2)B01-L1）。平波电抗器的设置方式有：① 设置在极线；② 设置在中性线；③ 平均分置在极线和中性线；④ 不平均分置在极线和中性线。直流工程具体采用何种方式，应根据绝缘配合及直流过电压等情况，经技术经济比较研究后确定。

三、逆变站直流侧接线

与整流站相比，逆变站直流侧一般不装设金属回线转换开关和大地回线转换开关，其他配置同整流站，如图6-19所示。图6-20和图6-21分别对应于整流站示例一和示例二的逆变站方案。

四、融冰接线

一般来说，线路融冰需采用专门的融冰装置，但对于特高压直流工程而言，直流侧通过增设融冰接线即能实现线路融冰的需求，融冰接线可根据需要设置于整流站或逆变站。融冰的主要原理是将低端12脉动换流器组旁路，将高端12脉动换流器组并联，提高直流线路的输送电流，从而满足直流线路的融冰需要。融冰回路可采用隔离开关或是临时跳线连接方式。

与常规接线比较，图6-22融冰方案接线需要增加融冰回路和断口，2组中性母线避雷器以及支柱绝缘子。

换流站由正常运行转为融冰方式运行的开关操作状态如下：

1）正常运行时，换流站采用双极运行方式，每极的2个12脉动换流器采用串联运行方式；双极极线隔离开关QS7闭合，旁路回路中QS1、QS3、QS4、QS6开关闭合；旁路回路中旁路断路器QF1、QF2和旁路开关QS2、QS5断开；金属回线上的QS8断开；融冰回路断口Q31、Q32、Q34、Q35、Q36断开。

2）当需要由正常运行方式转换为线路融冰运行方式时，首先闭合极2低端阀组的旁路断路器QF2，然后闭合QS5，打开QS6、QS4，极2低端阀组退出运行；然后利用极2高端阀组的旁路回路，断开极2的极线隔离开关QS7和旁路回路中的QS3、QS1，闭合旁路融冰断口Q31、Q32以及融冰回路断口Q31、Q32、Q34、Q35、Q36，控制额定电流 I_d 从极2高端阀组中的400kV侧流入，并将直流系统的运行电压降为半压；此时极2高端阀组旁路回路中的旁路断路器QF1和旁路隔离开关QS2处于断开状态，通过极性转换断口Q31和Q32将极2与极1并联运行，在退出极2的低端阀组时，同时退出极1的低端阀组；整个直流系统采用直流半压单极两个阀组并联金属回线运行。

3）当覆冰直流线路的融冰要求满足时，通过反向操作上述开关，可将直流系统恢复为正常双极运行方式。

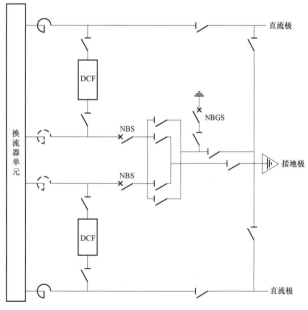

图6-19 逆变站直流侧接线示意图

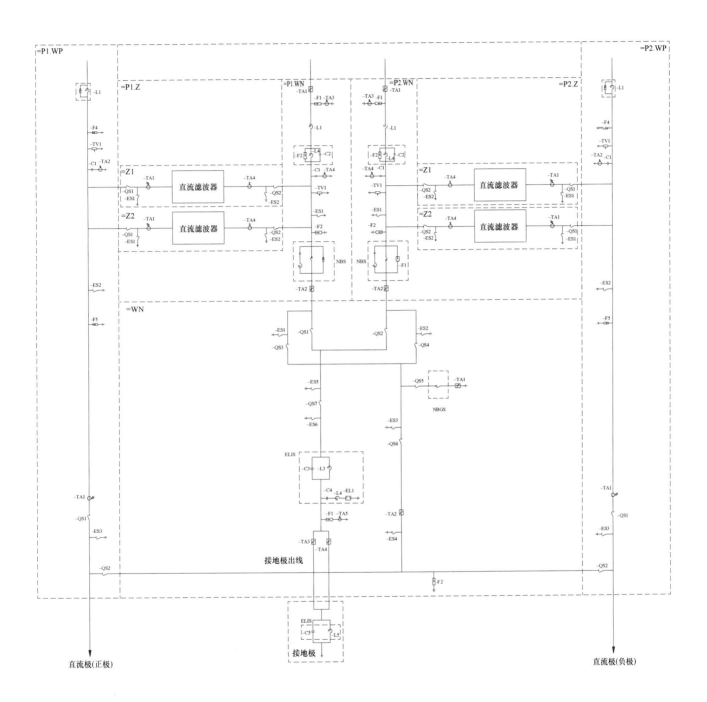

图 6-20 两端高压直流逆变站直流侧接线示例一

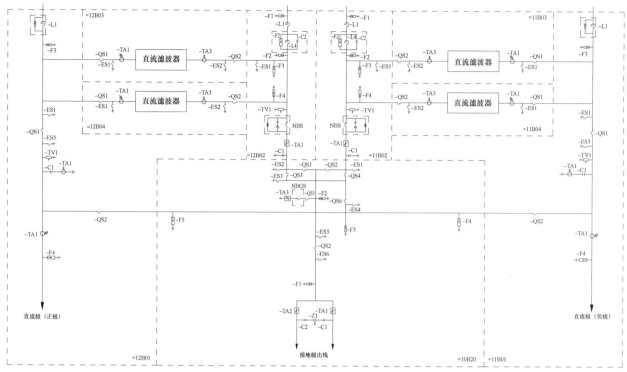

图6-21 两端高压直流逆变站直流侧接线示例二

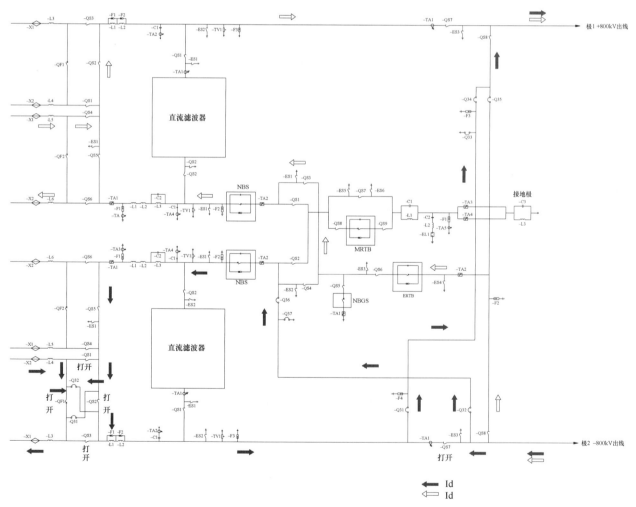

图6-22 融冰运行方式直流侧接线

第四节　交流侧接线

一、一般要求

根据高压直流系统输电电压等级、输电容量、近区交流系统情况等因素，确定高压直流系统接入交流侧电压。我国已建成和正在建设的换流站接入交流系统电压包括 220、330、500、750 和 1000kV。

换流站交流侧接线，主要包括与直流密切相关的交流开关场接线和交流滤波器场接线。交流开关场接线可细分为：① 交流配电装置接线；② 交流滤波器区接线；③ 高压站用变压器接线。高压站用变压器接线参见第十五章第一节。

一般而言，交流侧接线选择原则如下：

（1）交流侧接线要与换流站在系统中的地位、作用相适应，根据换流站在系统中的地位、作用确定对电气主接线的可靠性、灵活性和经济性的要求。在满足工程要求的前提下，可选用简单的接线方式。

（2）交流配电装置接线的选择，应考虑换流站接入交流系统的电压等级、进出线回路数、采用设备的情况、负荷的重要性和本地区的运行习惯等因素。

（3）若换流站非一次建成，需考虑近、远期接线的结合，方便接线的过渡。

（4）交流滤波器接线除应满足直流系统要求外，还应满足交流配电装置接线，以及交、直流系统对交流滤波器投切的要求。

二、交流配电装置接线

根据换流站接入交流系统的电压、重要性及配电装置进出线回路数，可采用单母线、双母线、角形接线和一个半断路器等接线形式。

1. 单母线接线

这种接线是母线制接线中最简单的一种接线，仅设一条母线。其特点是：接线简单、清晰，采用设备少、造价低、操作方便、扩建容易，其缺点是：可靠性不高，当任一连接元件故障，断路器拒动、母线故障或母线隔离开关检修时，均将造成整个配电装置全停。单母线接线在我国直流工程中应用较少，仅在 LB 背靠背换流站中采用。图 6-23 为 LB 背靠背换流站一期交流配电装置接线。

2. 角形接线

当交流配电装置最终进、出线回路数较少（3～5 回）时，可采用 3～5 角形接线。该接线的特点是：投资省，平

均每个回路只需装设一台断路器；无汇流母线，接线任一段发生故障，只需切除这一段及其所连接的元件，对系统运行的影响较小；接线成环形，在闭环运行时，可靠性、灵活性较高。其缺点是：任一台断路器检修，都将开环运行，降低了可靠性；继电保护及控制回路较单、双母线复杂；扩建困难，不宜用在有扩建可能的换流站中。目前，我国直流换流站也仅 HH 背靠背换流站中采用了 4 角形接线，如图 6-24 所示。

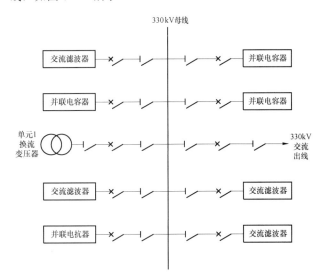

图 6-23　LB 背靠背换流站一期交流配电装置接线

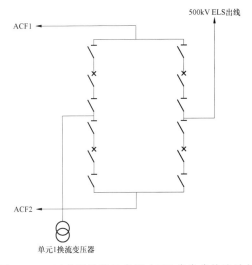

图 6-24　四角形接线示意图（HH 背靠背换流站）

3. 双母线接线

当换流站接入 330kV 及以下电压交流系统时，可采用双母线接线。这种接线，每一个元件通过一台断路器和两组隔离开关连接到两组母线上，两组母线间通过母联断路器连接。当换流站交流配电装置的进、出线回路数较多时，为增加可靠性以及运行灵活性，可在双母线中的一条或两条母线上加分段断路器，形成双母线单分段接线或双母线

双分段接线。双母线接线特点是：供电可靠性高、调度灵活、方便扩建和调试及检修。缺点是：设备投资较大；隔离开关作为操作电器，运行方式改变和事故处理都需要倒闸操作；母线故障和断路器失灵需切除该段母线所有设备，影响面较大。换流变压器接入 220kV 及以下交流系统，当交流配电装置进、出回路数为 4～9 回时，可采用双母线接线；当进、出线回路为 10～14 回时，可采用双母线单分段接线；当进、出线回路数为 15 回及以上时，可采用双母线双分段接线。BJ 换流站交流配电装置采用双母线接线，LS 换流站交流配电装置采用双母线双分段接线。图 6-25 和图 6-26 分别为 BJ 换流站和 LS 220kV 配电装置接线。

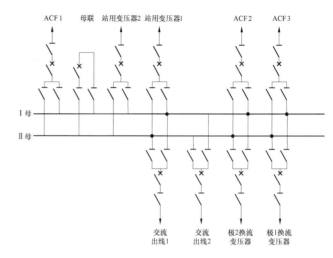

图 6-25　双母线接线示意图（BJ 换流站）

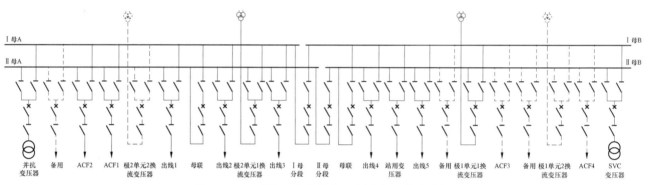

图 6-26　双母线双分段接线示意图（LS 换流站）

4. 一个半断路器接线

一个半断路器接线有两条主母线，在两条主母线间串接了三台断路器，组成一个完整串，每串中两台断路器之间引出一个回路，每一个回路占有 3/2 台断路器，这也是一个半断路器接线名称的由来。在每串中还配有检修断路器用的隔离开关、接地开关，保护、测量用的电流互感器，在各元件回路配有三相电压互感器、避雷器，母线上配有单相电压互感器等。一个半断路器接线是一种没有多路集结点，一个回路有两台断路器供电的多环形接线。其特点是：供电可靠性高，检修母线或者任一台断路器不影响供电；运行灵活性高、操作方便；设备检修方便。其缺点是：每个回路需要 3/2 台断路器，设备投资较大；二次回路、保护回路较复杂。一个半断路器接线在我国高压和特高压电网中有着极其广泛的应用，在直流换流站中也不例外，图 6-27 为 MJ 换流站交流配电装置接线。

采用一个半断路器接线的换流站，交流配电装置接线需符合以下原则：

（1）同名回路不宜配置在同一串内，但可接于同一侧母线。

（2）配串应避免引起交流线路发生交叉。

（3）电源线与负荷线宜配置在同一串上。

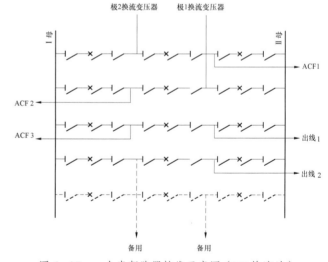

图 6-27　一个半断路器接线示意图（MJ 换流站）

（4）应避免将换流变压器与联络变压器配串，以防止联络变压器或换流变压器检修或者故障退出运行时，换流变压器或者联络变压器仅通过单断路器运行，降低运行可靠性。对于无法避免的情况，应在联络变压器侧安装隔离开关。

三、交流滤波器区接线

此处所指的交流滤波器区接线，特指交流滤波器及

并联电容器的接入方式。交流滤波器区接线应符合下列
要求：

（1）交流滤波器及并联电容器额定电压等级一般应与换
流器交流侧母线电压等级相同。

（2）交流滤波器及并联电容器接线除应满足直流系统要
求外，还应满足交流系统接线，以及交、直流系统对交流滤
波器投切的要求，如全部滤波器投入运行时，应达到满足连
续过负荷及降压运行时的性能要求；任一组滤波器退出运行
时，均可满足额定工况运行时的性能要求；小负荷运行时，
应使投入运行的滤波器容量最小等。

（3）交流滤波器及并联电容器的高压电容器前应设置接
地开关。

交流滤波器及并联电容器小组接入系统的方式有四种：

1）交流滤波器大组按选定的母线连接方式接入交流配
电装置；

2）交流滤波器大组直接接在换流变压器进线；

3）交流滤波器小组直接接在交流母线；

4）交流滤波器小组直接接在换流变压器进线。

上述四种交流滤波器接入系统方式的接线如图 6-28 所
示，其特点见表 6-2。

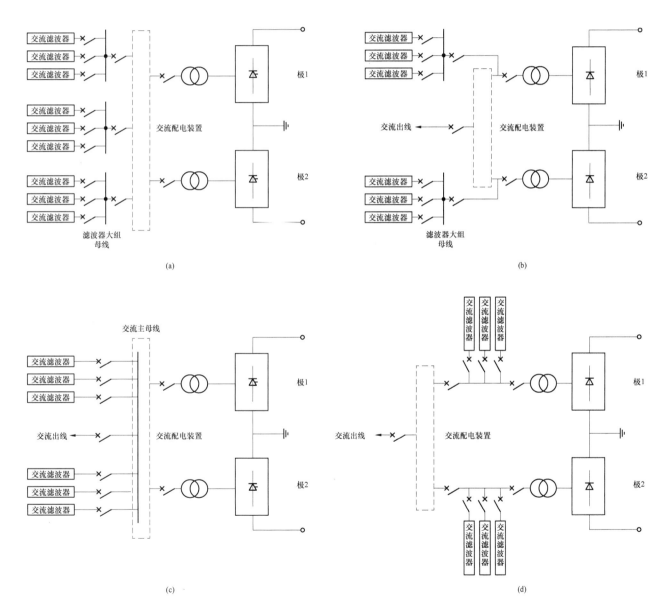

图 6-28　交流滤波器接入系统方式

（a）交流滤波器大组按选定的母线连接方式接入交流配电装置；（b）交流滤波器大组直接接在换流变压器进线；
（c）交流滤波器小组通过一台断路器接交流母线；（d）交流滤波器小组直接接在换流变压器进线

表6-2 交流滤波器接入系统各方式的特点

接线方案	接入方式	特　　点
图6-28（a）	交流滤波器大组按选定的母线连接方式接入交流配电装置	交流滤波器接线及交流主母线可靠性高，对双极直流系统便于交流滤波器双极间的相互备用，滤波器分组开关需选用操作频繁的开关，适用于大型直流输电工程
图6-28（b）	交流滤波器大组直接接在换流变压器进线	交流滤波器按极对应较好，但不便于两极间的相互备用，适用于中型直流输电工程
图6-28（c）	交流滤波器小组直接接在交流母线	投资较省，便于交流滤波器双极间的相互备用；由于交流滤波器投切频繁，断路器故障率较高，会直接影响母线的故障率，适用于小组数较少的直流输电及背靠背换流站
图6-28（d）	交流滤波器小组直接接在换流变压器进线	交流滤波器按极对应较好，但不便于两极间的相互备用，适用于小型直流输电工程

在实际工程中，交流滤波器及并联电容器接入系统的方式应结合交流配电装置电气接线的形式及布置等综合考虑后确定。

第五节　直流换流站电气主接线示例

二维码图6-1～二维码图6-9为我国高压直流换流站几种典型接线。

二维码图6-1　LB背靠背换流站一期电气主接线

二维码图6-2　GL背靠背换流站电气主接线

二维码图6-3　GZB换流站电气主接线

二维码图6-4　BJ换流站电气主接线

二维码图6-5　XR换流站电气主接线

二维码图6-6　MJ换流站电气主接线

二维码图6-7　ZZ换流站电气主接线

二维码图6-8　PE换流站电气主接线

二维码图6-9　TZ换流站电气主接线

参考文献

[1] 《中国电力百科全书》编辑委员会. 中国电力百科全书 输电与变电卷（第三版）[M]. 北京：中国电力出版社，2014.

[2] 赵婉君. 高压直流输电工程技术[M]. 第2版. 北京：中国电力出版社，2011.

[3] 刘振亚. 特高压直流输电技术研究成果专辑（2005年）[M]. 北京：中国电力出版社，2006.

主回路参数计算

第一节 主回路参数计算目的及计算流程

一、主回路参数计算目的

直流输电的主回路参数是换流变压器、换流阀、交流无功功率补偿及交流滤波装置、平波电抗器、直流滤波器、直流线路、接地极及其引线等构成的直流输电系统主回路的元件电气参数。主回路参数计算是直流输电工程设计的基本内容。

主回路参数计算的主要目的包括[1]：

（1）确定稳态条件下的运行特性，如触发角、关断角、换流变压器调压开关位置等。

（2）确定换流阀、换流变压器等主设备的稳态参数。

（3）确定无功功率补偿容量研究的基本条件。

（4）确定交流滤波器研究的基本条件。

（5）确定过电压和绝缘配合研究的基本条件。

（6）为制定控制策略提供基本的稳态控制参数。

主回路参数需根据直流输电系统的性能要求及其所连接的交流系统特性进行计算。本章主回路参数计算主要包括：直流电压、理想空载直流电压及各种限制值；换流变压器的短路阻抗、额定功率、额定电压和额定电流；换流变压器的调压范围和级差；换流器单元的运行特性参数等相关计算。

二、主回路参数计算流程

主回路参数的计算流程如下：

（1）收集直流工程的环境温度等气象条件。

（2）取得换流站交流系统数据，主要包括交流系统电压、短路容量、系统频率等。

（3）明确高压直流输电系统的主接线方式、基本运行方式和性能数据，主要包括直流电压、直流输送功率、直流感性和阻性压降、直流侧回路电阻（包括直流线路电阻、接地极电阻及接地极线路电阻）等。

（4）确定直流系统控制策略，收集系统控制参数，如整流侧触发角、逆变侧关断角及其稳态工作范围等。

（5）收集一次、二次设备的制造公差和测量误差，如换流器相对感性压降制造公差、直流电压和电流的测量误差、触发角和关断角的测量误差等。

（6）在额定工况下，考虑一次设备和二次设备的误差，对直流电流、直流系统压降、阀侧电压和电流、空载直流电压额定值及各种限制值进行计算。

（7）基于以上计算结果，对换流变压器的额定容量和调压范围、换流变压器阀侧电压和电流等参数进行设计。

（8）基于主回路计算参数，借助软件对直流输电系统典型工况的稳态运行特性进行计算。

三、电气量符号及定义

本章涉及的电气量符号及定义如表 7-1 所示。

表 7-1 电气量符号及定义

电气量符号	电气量定义
I_d	直流电流
I_{dmax}	用于计算最大 U_{dio}、U_{dioG}、U_{dioL} 和 $U_{dioabsmax}$ 的直流电流
U_d	直流电压
P_d	直流功率
U_{dLR}	整流站平波电抗器线路侧极线与地之间的直流电压
U_{dLI}	逆变站平波电抗器线路侧极线与地之间的直流电压
U_v	换流变压器阀侧线电压
U_l	换流变压器网侧线电压
I_v	换流变压器阀侧电流
I_l	换流变压器网侧电流
I_{kac}	交流侧短路电流水平
n	每极 6 脉动换流器的数量
U_{dio}	每个 6 脉动换流器的理想空载直流电压
P	有功功率
Q	无功功率

续表

电气量符号	电气量定义
X_t	6脉动换流器对应的换相电抗
u_k	换流变压器短路电压
P_{cu}	折算至一个6脉换流器的换流变压器和平波电抗器的损耗
α	触发角
$\Delta\alpha$	α的稳态控制范围
γ	关断角
$\Delta\gamma$	γ的稳态控制范围
μ	换相角
d_x	6脉动换流器的相对感性压降
d_r	6脉动换流器的相对阻性压降
U_T	6脉动换流器的正向固有压降
δ	测量误差
η	换流变压器的变比U_{IN}/U_{vN}的标幺值，通常取1.0
$\Delta\eta$	有载调压分接开关步长
$\Delta U_{d(R,I)}$	有载调压分接开关变化一挡对应的整流侧、逆变侧直流电压变化范围
$\Delta I_{d(R,I)}$	有载调压分接开关变化一挡对应的整流侧、逆变侧直流电流变化范围
R_{dc}	直流系统的直流电阻
R_d	单极极线的线路电阻
$R_{e(R,I)}$	整流侧、逆变侧的接地极线路电阻
$R_{g(R,I)}$	整流侧、逆变侧的接地极电阻
R_{th}	一个晶闸管换流阀的等效电阻
TC	换流变压器分接开关的位置
S_N	额定容量

第二节　环境条件和系统数据

一、环境条件

主回路参数计算需要的环境条件主要为环境温度，包括常年统计最高干球温度、最低干球温度、平均干球温度。环境温度会影响到直流输电工程的过负荷能力。

二、交流系统数据

（一）系统电压

交流系统电压特性以系统额定运行电压、最高稳态电压、最低稳态电压、极端最高稳态电压（长期耐受）及极端最低稳态电压（长期耐受）表征。其特性会影响到换流变压器分接开关档位的选择。

（二）短路容量

最大和最小短路容量通常以短路电流方式给出，该参数会影响到换流变压器短路阻抗及直流系统短路水平的计算。

（三）系统频率

交流系统的频率特性主要包括系统额定频率、稳态频率变化范围、暂态频率变化范围及极端暂态频率变化范围和耐受时间。

三、直流系统条件

（一）接线方式

本章主回路参数计算主要考虑直流输电工程三种典型的系统接线方式：每极单12脉动换流器接线、每极双12脉动换流器串联接线和背靠背系统接线。

（二）运行方式

1. 每极单12脉动换流器接线

每极单12脉动换流器接线通常有三种运行方式：

（1）双极运行。

（2）单极大地回线运行。

（3）单极金属回线运行。

2. 每极双12脉动换流器串联接线

每极双12脉动换流器串联接线通常有六种运行方式：

（1）完整双极运行。

（2）不完整双极运行。

（3）完整单极大地回线运行。

（4）不完整单极大地回线运行。

（5）完整单极金属回线运行。

（6）不完整单极金属回线运行。

3. 背靠背接线

由于国内背靠背直流工程的每个背靠背换流器单元均采用12脉动换流器单元接线，是最小运行单元，因此只有一种运行方式。

（三）额定直流电压

额定直流电压是在额定直流电流下输送额定直流功率所要求的直流电压平均值[2]。直流电压定义为高压母线上的平波电抗器线路侧与直流中性母线之间的电压。因此，换流站直流电压的测量点，规定在换流站直流高压母线上的平波电抗器线路侧与换流站的直流低压母线之间。

对于远距离、大容量两端直流输电工程，由于直流线路电阻的存在，逆变侧的直流电压低于整流侧的直流电压，一般将整流侧的额定直流电压定为直流工程的额定直流电压。

（四）过负荷能力

过负荷能力指在不影响设备安全以及可接受的设备预期寿命下降的条件下，直流系统所具备的超过连续运行额定值运行的能力。直流系统的过负荷要求，取决于交流系统对直流功率紧急支援或功率调制阻尼振荡等的需要，特别是在交流或直流系统发生故障后的需要。根据系统运行的需要，直流输电工程的过负荷能力分为连续过负荷能力、短期过负荷能力和暂态过负荷能力三种。

直流输电工程的过负荷能力说明详见第二章第一节。

（五）降压运行

降压运行额定值是直流输电系统降低直流电压运行状态下的输送能力，分为降压运行幅值及对应的连续、短期和暂态运行电流幅值。

通过增大换流器的触发角来降低直流电压，将恶化换流站主要设备的运行条件：增加交流侧和直流侧的谐波分量、增加换流阀消耗的无功从而增加设备的损耗和应力。由于损耗的增加，冷却器负担加重，在降低直流电压的同时可能需要同时降低直流电流。

在交流系统母线电压处于正常连续运行范围，且不额外增加无功补偿容量的前提下，直流输电系统降压运行的范围一般为70%～80%额定直流电压。降低的10%～20%由换流变压器有载分接开关来承担，另外的10%～20%则依靠增大换流器触发角实现。

（六）最小输送功率

直流输电工程的最小输送功率主要取决于工程的最小直流电流，而最小直流电流则是由直流断续电流来决定的[2]。

当直流电流的平均值小于某一定值时，直流电流的波形可能出现间断，从而在换流变压器、平波电抗器等电感元件上产生很高的过电压，因此不允许直流电流的断续。最小直流电流允许值规定不小于断续电流临界值的2倍，在实际工程中，通常取连续运行额定直流电流的10%。最小输送功率与直流运行电压和电流有关，当最小直流电流确定后，直流工程的最小输送功率随直流运行电压的降低而降低。

（七）功率正送和功率反送

高压直流输电系统一般具有功率正送与功率反送的功能，功率正送方向在工程设计前期阶段明确。

高压直流输电系统的功率反送也称潮流反转，潮流反转后，两端换流站的功能反向，原整流站以逆变状态运行，而原逆变站以整流状态运行。由于晶闸管阀的单向导电性，因此潮流反转仅是电压极性的反向，而电流的方向保持不变。

一般情况下，功率反送的要求以不额外增加工程投资为前提，因此，功率反送方式通常不作为主回路参数的决定工况。

（八）直流线路、接地极线路和接地极电阻

直流电阻对受端换流器额定容量的计算结果有直接影响。直流系统等值电路如图7-1所示，不同运行方式下，直流系统的回路电阻可按式（7-1）～式（7-3）计算。

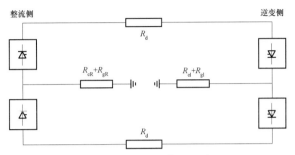

图7-1　直流系统等值电路图

双极运行方式下，两端接地系统全部投运，起平衡两极不平衡电流作用，直流系统的回路电阻为

$$R_{dc} = R_d \qquad (7-1)$$

单极金属回线运行方式下，逆变侧的接地极起钳制零电位的作用，直流系统的回路电阻为

$$R_{dc} = 2R_d \qquad (7-2)$$

单极大地回线运行方式下，两端接地系统与高压极线构成回路，直流系统的回路电阻为

$$R_{dc} = R_d + R_{eR} + R_{eI} + R_{gR} + R_{gI} \qquad (7-3)$$

式中　　R_{dc} ——直流系统的回路电阻，Ω；

$\quad R_d$ ——单极极线的线路电阻，Ω；

$\quad R_{eR}$、R_{eI} ——整流侧、逆变侧的接地极线路电阻，Ω；

$\quad R_{gR}$、R_{gI} ——整流侧、逆变侧的接地极电阻，Ω。

直流线路、接地极线路及接地极电阻的取值影响 U_{dio} 限制值、换流变压器分接开关及直流系统运行特性的计算结果。

线路电阻受负荷电流引起的温升及环境温度对导线电阻的影响，考虑温度修正系数，其计算见式（7-4）～式（7-6）

$$R = R_{20}(1 + \beta_1 + \beta_2) \qquad (7-4)$$

$$\beta_1 = 0.2(I_{av} / I_{20}) \qquad (7-5)$$

$$\beta_2 = \alpha(T_{av} - 20) \qquad (7-6)$$

以上式中　　R_{20} ——导线在20℃时的电阻值，Ω；

$\quad \beta_1$ ——导线温升对电阻的修正系数；

$\quad \beta_2$ ——环境温度对电阻的修正系数；

$\quad I_{20}$ ——环境温度为20℃时，导线达到允许温度时的允许持续电流，A，当环境温度为25℃时的允许持续电流值，应乘以1.05；

$\quad I_{av}$ ——代表日（计算期）平均电流，A；

$\quad T_{av}$ ——代表日（计算期）平均气温，℃；

$\quad \alpha$ ——导线电阻温度系数，对钢芯铝绞线，α=0.004。

温度取最高温度，I_{av} 取最大直流电流值时，直流电阻最大；温度取最低温，I_{av} 取最小直流电流值时，直流电阻最小；环境温度为 20℃时，I_{av} 取额定直流电流时，直流电阻为额定值。

（九）控制策略

直流主回路参数计算时，需确定直流系统的控制策略。直流系统的控制策略详见第十六章。对于远距离直流输电系统，整流侧典型的控制策略通常为定电流控制。逆变侧的典型控制策略分为两种：定关断角控制和定电压控制。

（十）控制参数

主回路参数计算时还应考虑全压运行和降压运行、过负荷运行、最小输送功率运行等特殊运行方式下的控制功能。并根据控制策略的不同，需对控制参数提出要求，如整流侧采用调节触发角的定电流控制时，需给出触发角的稳态控制范围；逆变侧采用定关断角控制时，需给出有载调压分接开关变化一挡对应的整流侧直流电压变化范围；逆变侧采用定电压控制时，逆变侧需给出关断角的稳态控制范围。表 7-2 列出了用于主回路参数计算的控制参数及描述。

表 7-2　控制参数及其描述

控制参数	控制参数描述
α_N	额定触发角
$\Delta\alpha$	α 的稳态控制范围
α_{min}	控制系统的 α 最小限制角
γ_N	额定关断角
$\Delta\gamma$	γ 的稳态控制范围
d_r	6 脉动换流器的相对阻性压降
d_x	6 脉动换流器的相对感性压降
U_T	6 脉动换流器的正向固有压降
$\Delta U_{d(R,I)}$	有载调压分接开关变化一挡对应的整流侧、逆变侧直流电压变化范围 功率正送方式 功率反送方式
$\Delta I_{d(R,I)}$	有载调压分接开关变化一挡对应的整流侧、逆变侧直流电流变化范围 功率正送方式 功率反送方式

（十一）误差

由于一次、二次设备的误差对主回路参数计算有明显影响，设计前须考虑影响主回路的参数误差限值[1]。主要包括正常直流电压运行范围内换流变压器相对感性压降的最大制造公差、直流电压及直流电流测量误差、关断角及触发角测量误差、电容式电压互感器的测量误差等[1]。主回路参数计算时需考虑的参数误差及描述列于表 7-3。

表 7-3　主回路参数计算时需考虑的参数误差及描述

参数误差	参数误差描述
δd_x	正常直流电压运行范围内换流变压器相对感性压降（d_x）的最大制造公差
δU_{dmeas}	U_d 的测量误差
δI_{dmeas}	I_d 的测量误差
δ_γ	γ 的测量误差
δ_α	α 的测量误差
δU_{dio}	U_{dio} 的测量误差

第三节　主回路参数计算方法

一、直流电压计算

6 脉动整流器两端的直流电压计算公式为

$$\frac{U_{dR}}{n} = U_{dioR} \cdot \left(\cos\alpha - (d_{xR} + d_{rR}) \cdot \frac{I_d}{I_{dN}} \cdot \frac{U_{dioNR}}{U_{dioR}} \right) - U_T$$

$$(7-7)$$

6 脉动逆变器两端的直流电压计算公式为

$$\frac{U_{dI}}{n} = U_{dioI} \cdot \left(\cos\gamma - (d_{xI} - d_{rI}) \cdot \frac{I_d}{I_{dN}} \cdot \frac{U_{dioNI}}{U_{dioI}} \right) + U_T$$

$$(7-8)$$

从系统的角度看，单极大地回路运行方式下的 U_{dR} 和 U_{dI} 可计算如下

$$U_{dR} = U_{dLR} + (R_{eR} + R_{gR}) \cdot I_d \qquad (7-9)$$

$$U_{dI} = U_{dLI} - (R_{eI} + R_{gI}) \cdot I_d \qquad (7-10)$$

当双极运行时，有

$$U_{dR} = U_{dLR} \qquad (7-11)$$

$$U_{dI} = U_{dLI} \qquad (7-12)$$

以上式中　U_{dR}、U_{dI} ——整流侧、逆变侧单极换流器两端的直流电压，kV；

U_T ——6 脉动换流器的正向固有压降，kV；

U_{dLR}、U_{dLI} ——整流侧、逆变侧平波电抗器线路侧极线对地电压，kV；

U_{dioR}、U_{dioI} ——整流侧、逆变侧 6 脉动换流器的理想空载电压，kV；

U_{dioNR}、U_{dioNI} ——整流侧、逆变侧 6 脉动换流器的额定理想空载直流电压，kV；

I_d ——直流电流，kA；

I_{dN} ——额定直流电流，kA；

d_{rR}、d_{rI} ——整流侧、逆变侧 6 脉动换流器的相

对阻性压降，用百分数表示；

d_{xR}、d_{xI} ——整流侧、逆变侧 6 脉动换流器的相对感性压降，用百分数表示；

α、γ ——整流侧触发角、逆变侧关断角，°，根据直流输电工程的经验和目前晶闸管的制造水平以及触发控制系统的性能水平，整流器的触发角一般取 12.5°～17.5°，最小值为 5°，逆变器的关断角一般取 15°～18°，最小值为 15°；

n ——每极 6 脉动换流器的数量，如每极单 12 脉动换流器接线时，n 取 2，每极双 12 脉动换流器串联接线时，n 取 4；

R_{eR}、R_{gR}、R_{eI}、R_{gI} 含义同式（7-3）。

二、直流电压差计算

整流器和逆变器的极线对地电压差定义如下

$$\Delta U = U_{dLR} - U_{dLI} \qquad (7-13)$$

电压降表示为

$$\Delta U = R_d I_d \qquad (7-14)$$

单极大地回线运行方式下的 U_{dR} 和 U_{dI} 的关系如下

$$U_{dR} - U_{dI} = U_{dLR} - U_{dLI} + (R_{eR} + R_{gR} + R_{eI} + R_{gI}) I_d \qquad (7-15)$$

单极金属回线运行方式下的 U_{dR} 和 U_{dI} 的关系如下

$$U_{dR} - U_{dI} = 2 R_d I_d \qquad (7-16)$$

在双极运行时

$$U_{dR} - U_{dI} = U_{dLR} - U_{dLI} \qquad (7-17)$$

式中，各符号含义同前。

三、相对感性和阻性压降计算

相对感性压降决定了换流阀的短路电流计算值。相对感性压降 d_x 与以下因素有关：

1）最大阀短路电流。d_x 越大，流过换流阀短路电流越小。

2）换流器吸收的无功功率。d_x 越大，无功功率需求越大。

3）换流变压器损耗。d_x 越大，换流变压器损耗越大。

4）谐波电流。d_x 越大，谐波电流越小。

5）换流变压器运输条件限制。

额定相对感性压降 d_{xN} 可按式（7-18）计算

$$d_{xN} = \frac{3}{\pi} \cdot \frac{X_t I_{dN}}{U_{dioN}} \qquad (7-18)$$

式中　d_{xN} ——6 脉动换流器额定相对感性压降，用百分数表示；

X_t ——6 脉动换流器对应的换相电抗，包括换流变压器短路阻抗和其他在换相电路中可能影响换相过程的电抗，Ω；

I_{dN}、U_{dioN} 含义同式（7-7）。

6 脉动换流器额定相对感性压降 d_{xN} 在工程计算时可按式（7-19）取值

$$d_{xN} \approx (u_k + 交流\ PLC\ 滤波电抗器的相对电压降百分数)/2 \qquad (7-19)$$

式中　u_k ——换流变压器感性压降（短路阻抗），用百分数表示。

若不采用 PLC 滤波器，只有换流变压器提供感性压降，d_{xN} 约为换流变压器感性压降的 1/2。但工程建设初期，考虑预留交流 PLC 滤波电抗器，PLC 滤波电抗器的相对电压降一般可按 0.2% 考虑。

6 脉动换流器额定相对阻性压降 d_{rN} 可按式（7-20）计算

$$d_{rN} = \frac{P_{cu}}{U_{dioN} I_{dN}} + \frac{2 R_{th} I_{dN}}{U_{dioN}} \qquad (7-20)$$

式中　d_{rN} ——6 脉动换流器额定相对阻性压降，用百分数表示。

P_{cu} ——6 脉动换流器运行在额定容量下，换流变压器和平波电抗器的负载损耗，MW；

R_{th} ——单个晶闸阀正向压降的等值电阻，Ω，6 脉动换流器总有 2 个晶闸阀同时导通；

I_{dN}、U_{dioN} 符号含义同式（7-7）。

工程计算时，额定相对阻性压降 d_{rN} 一般可取 0.3%。

四、换相角计算

整流器换相角 μ_R 可按式（7-21）计算

$$\cos(\alpha + \mu_R) = \cos\alpha - 2 d_{xNR} \cdot \frac{I_d}{I_{dN}} \cdot \frac{U_{dioNR}}{U_{dioR}} \qquad (7-21)$$

逆变器换相角 μ_I 可按式（7-22）计算

$$\cos(\gamma + \mu_I) = \cos\gamma - 2 d_{xNI} \cdot \frac{I_d}{I_{dN}} \cdot \frac{U_{dioNI}}{U_{dioI}} \qquad (7-22)$$

以上式中　α、γ ——整流侧触发角、逆变侧关断角，°；

μ_R、μ_I ——整流器、逆变器换相角，°；

d_{xNR}、d_{xNI} ——整流侧、逆变侧 6 脉动换流器额定相对感性压降，%；

I_d、I_{dN} ——直流电流、额定直流电流，kA；

U_{dioR}、U_{dioI} ——整流侧、逆变侧 6 脉动换流器的理想空载电压，kV；

U_{dioNR}、U_{dioNI} ——整流侧、逆变侧 6 脉动换流器的额定理想空载直流电压，kV。

五、无功功率消耗计算

12 脉动换流器消耗的无功功率可按式（7-23）计算

$$Q_d = 2\chi I_d U_{dio} \quad (7-23)$$

$$\chi = \frac{1}{4} \cdot \frac{2\mu + \sin 2\alpha - \sin 2(\alpha + \mu)}{\cos\alpha - \cos(\alpha + \mu)} \quad (7-24)$$

式中　Q_d——12 脉动换流器无功功率，Mvar；

　　　I_d——换流器直流电流，kA；

　　　U_{dio}——6 脉动换流器理想空载直流电压，kV；

　　　μ——换流器换相角，式（7-24）中其单位需折算为 rad；

　　　α——整流侧触发角，式（7-24）中其单位需折算为 rad。

对于逆变器，在式（7-24）中可采用关断角 γ 代替 α。

六、阀侧电压和电流计算

直流主回路计算时，可按式（7-25）计算空载阀侧线电压

$$U_{v0} = \frac{U_{dio}}{\sqrt{2}} \cdot \frac{\pi}{3} \quad (7-25)$$

根据式（7-26）计算阀侧交流电流有效值

$$I_v = \sqrt{\frac{2}{3}} I_d \quad (7-26)$$

七、换流变压器额定容量计算

连接 6 脉动换流器的换流变压器三相容量额定值为

$$S_N = \sqrt{3} U_{vN} I_{vN} = \frac{\pi}{3} U_{dioN} I_{dN} \quad (7-27)$$

式中　S_N——连接 6 脉动换流器的换流变压器三相额定容量，MW；

　　　I_{vN}——额定阀侧交流电流值，kA；

　　　U_{vN}——额定阀侧交流线电压值，kV；

　　　I_{dN}——额定直流电流，kA；

　　　U_{dioN}——额定理想空载直流电压，kV。

连接 12 脉动换流器的单相三绕组换流变压器额定容量为

$$S_{N3w} = \sqrt{3} U_{vN} I_{vN} \times \frac{2}{3} = \frac{2\pi}{9} U_{dioN} I_{dN} \quad (7-28)$$

连接 12 脉动换流器的单相双绕组变压器的额定容量为

$$S_{N2w} = \frac{S_{N3w}}{2} = \frac{\pi}{9} U_{dioN} I_{dN} \quad (7-29)$$

八、换流变压器短路阻抗

换流变压器短路阻抗的确定应综合考虑换流阀晶闸管元

件允许的浪涌电流、换流站无功补偿容量及换流站总体费用等因素。

我国部分直流工程的换流变压器短路阻抗值，见表 7-4。

表 7-4　我国部分直流工程的换流变压器短路阻抗值

工程规模及换流器接线方式描述	送端换流变压器短路阻抗（%）	受端换流变压器短路阻抗（%）
直流额定容量为 3000MW，直流额定电压为 ±500kV，每极单 12 脉动接线	16	16
直流额定容量为 6400MW，直流额定电压为 ±800kV，每极双 12 脉动串联接线	18	16.7
直流额定容量为 5000MW，直流额定电压为 ±800kV，每极双 12 脉动串联接线	18	18.5
直流额定容量为 8000MW，直流额定电压为 ±800kV，每极双 12 脉动串联接线	20	19
直流背靠背额定容量为 2×750MW，直流额定电压为 ±125kV，换流单元采用单极电压对称接线	16	16

九、换流变压器变比和分接开关计算

相对于额定分接开关位置的换流变压器额定变比可按式（7-30）计算

$$n_{nom} = \frac{U_{IN}}{U_{vN}} = \frac{U_{IN}}{\dfrac{U_{dioN}}{\sqrt{2}} \cdot \dfrac{\pi}{3}} \quad (7-30)$$

式中　n_{nom}——换流变压器额定变比；

　　　U_{IN}——换流变压器网侧额定电压，根据交流系统条件确定，kV；

　　　U_{vN}——换流变压器阀侧额定电压，kV；

　　　U_{dioN}——额定理想空载直流电压，kV。

换流变压器最大变比和最小变比可按式（7-31）、式（7-32）计算

$$n_{max} = \frac{U_{lmax}}{U_{IN}} \cdot \frac{U_{dioN}}{U_{diominOLTC}} \quad (7-31)$$

式中　n_{max}——换流变压器最大变比；

　　　U_{lmax}——换流变压器网侧最高电压，根据交流系统条件确定，kV；

　　　U_{IN}——换流变压器网侧额定电压，根据交流系统条件确定，kV；

　　　U_{dioN}——额定理想空载直流电压，kV；

　　　$U_{diominOLTC}$——最小空载直流电压，kV。

$$n_{min} = \frac{U_{lmin}}{U_{IN}} \cdot \frac{U_{dioN}}{U_{diomaxOLTC}} \quad (7-32)$$

式中　n_{min}——换流变压器最小变比；

U_{Imin}——换流变压器网侧最低电压,根据交流系统条件确定,kV;

U_{IN}——换流变压器网侧额定电压,根据交流系统条件确定,kV;

U_{dioN}——额定理想空载直流电压,kV;

$U_{\text{diomaxOLTC}}$——用于计算换流变压器分接开关的最大空载直流电压,kV。

$U_{\text{diominOLTC}}$ 和 $U_{\text{diomaxOLTC}}$ 的计算依托式（7−7）、式（7−8）,并考虑误差,在本章第五节的算例中将给出详细计算过程。

换流变压器一般采用有载调压,以便交流系统电压变化和运行方式转换时,使直流输电系统的触发角α、关断角γ和直流电压保持在给定的参考值范围内。有载调压分接开关挡位级数选择基于式（7−33）

$$TC_{\text{step}} = \frac{n-1}{\Delta\eta} \qquad (7-33)$$

换流变压器的调压范围一般较大,其分接开关的负挡位级数由最低交流系统电压下要求最大的阀侧电压来确定;正挡位级数由直流降压运行方式下,是否加大α（或γ）作为必要的调节措施来确定。

此外,换流变压器的最大挡位级数选择还要结合设备厂家的制造能力及经济性评估综合确定。

第四节　直流系统运行特性计算

一、运行特性参数

基于计算得到的换流变压器主参数,对直流系统典型工况下的稳态运行特性进行计算,计算的主要运行参数包括:直流功率、直流电流、直流电压、理想空载直流电压、触发角、关断角、换流变压器工作的分接开关挡位等。

直流系统运行特性的计算可为过电压与绝缘配合设计、交流滤波器设计、动态性能研究甚至系统调试提供重要的参考依据。直流运行特性参数的计算工况需要考虑运行方式、功率输送方向、直流运行电压、直流回路电阻、整流侧及逆变侧的交流电压水平以及负荷水平等因素,典型的计算工况详见表7−5。

表7−5　直流运行特性参数典型计算工况

工况因素	工况因素描述
运行方式	双极运行
	单极大地回线运行
	单极金属回线运行
功率输送方向	功率正送
	功率反送

续表

工况因素	工况因素描述
直流运行电压	全压运行
	降压运行（直流电压降为额定电压的80%）
	降压运行（直流电压降为额定电压的70%）
线路电阻	线路高电阻
	线路低电阻
整流侧交流电压	最高稳态电压
	额定运行电压
	最低稳态电压
	最高极端电压
	最低极端电压
逆变侧交流电压	最高稳态电压
	额定运行电压
	最低稳态电压
	最高极端电压
	最低极端电压
负荷水平	最小负荷水平至暂态过负荷

二、运行特性参数输出结果

运行特性计算是为了得到直流系统典型工况下的稳态运行参数,包括:直流功率（P_{dR}）、直流电流（I_d）、直流电压（U_{dR}）、理想空载直流电压（U_{dioR} 和 U_{dioI}）、触发角（α）、关断角（γ）、换流变压器工作的分接开关挡位（TC_R 和 TC_I）。其计算结果如表7−6所示。

表7−6　运行特性参数表

P_{dR} (p.u.)	I_d (A)	U_{dR} (kV)	U_{dioR} (kV)	U_{dioI} (kV)	P_{dR} (MW)	α (°)	γ (°)	TC_R	TC_I

三、运行特性的计算手段

由于运行特性的计算工况较多,数据处理量较大,目前对直流系统运行特性的计算采用专用计算软件完成，常用的软件包括 Main C 主回路计算程序、Basic Design 计算程序和 DCDP 直流输电系统基本设计程序等。

以 DCDP 直流输电系统基本设计程序为例，软件主界面如图 7-2 所示。

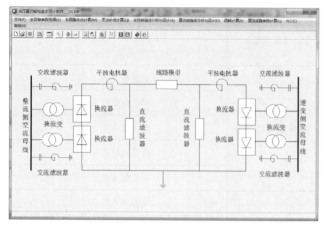

图 7-2　DCDP 直流输电系统基本设计程序界面

DCDP 直流输电系统基本设计程序包括主设备参数选择模块、主回路状态计算模块、无功补偿计算模块、交流侧谐波分析与设计模块、直流侧谐波分析与设计模块、损耗计算模块以及直流线路参数计算模块。其中主回路状态计算模块、无功补偿计算模块、交流侧谐波分析与设计模块、直流侧谐波分析与设计模块以及损耗计算模块作为一个工程整体使用。主设备参数选择模块和直流线路参数计算模块是两个独立的模块。

在直流主回路参数计算模块运行前，需要对控制系统相关参数、直流系统参数、线路电阻及交流系统参数、换流变压器分接开关参数等进行给定，并结合工程特点对需要计算的工况进行定制。相关输入参数及工况设定界面如图 7-3 和图 7-4 所示，输出界面如图 7-5 所示。

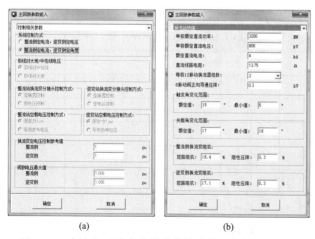

图 7-3　直流主回路参数计算模块参数设定界面（一）
（a）控制参数设定；（b）换流站直流参数设定

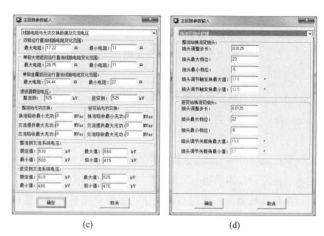

图 7-3　直流主回路参数计算模块参数设定界面（二）
（c）直流线路、无功及交流系统参数设定；
（d）换流变分接开关参数设定

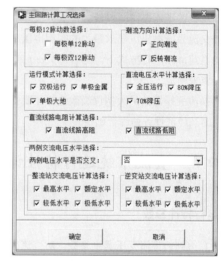

图 7-4　直流主回路参数计算模块工况设定界面

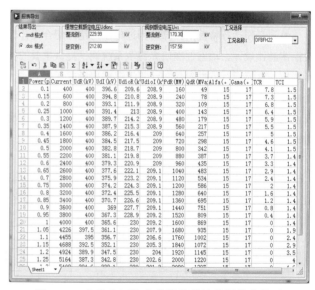

图 7-5　直流主回路参数计算模块结果输出界面

第五节　直流主回路参数计算工程算例

本章第二节提到主回路计算主要考虑直流输电工程三种典型的系统接线方式：每极单12脉动换流器接线、每极双12脉动换流器串联接线和背靠背系统接线。三种接线方式的直流主回路计算方法区别不大。

对于每极双12脉动换流器串联接线的两端高压直流输电系统，其直流主回路参数计算时与每极单12脉动换流器接线的主要区别是每极的6脉动换流器数量不同（直流主回路参数计算是以6脉动换流器为基础进行计算），其他方面基本相同。

对于背靠背接线的直流工程，其直流主回路参数计算时相对简单，主要体现为两点：第一点是没有直流线路（即直流线路电阻为零），因此，两端的直流电压相等；第二点是只有一种运行接线方式，运行特性的计算工况很少。

本节将以具有代表性的每极单12脉动换流器接线的两端高压直流输电系统为例，说明直流主回路参数的计算过程和结果。

一、计算条件

某±500kV高压直流输电工程，其送端换流站为A站，受端换流站为B站。每端换流站均采用双极，每极单12脉动换流器接线。直流线路长度为900km，两端换流站都设置接地极。双极额定功率传输能力为3000MW，单极额定功率传输能力为1500MW。直流控制策略采用整流侧定电流、逆变侧定关断角的控制方式。

1. 环境条件

两端换流站的周围空气温度如表7-7所示。

表7-7　两端换流站的周围空气温度

换流站空气温度	A站	B站
最大干球温度（℃）	+41.4	+40.0
最小干球温度（℃）	-10.0	-15.5

2. 交流系统条件

两端换流站接入交流系统的电压如表7-8所示。

表7-8　两端换流站接入交流系统的电压

交流系统电压	A站	B站
额定运行电压（kV）	525	500
最高稳态电压（kV）	550	525
最低稳态电压（kV）	500	490
最高极端电压（kV）	550	540
最低极端电压（kV）	475	475

两端换流站交流母线的短路容量如表7-9所示。

表7-9　两端换流站交流母线的短路容量

交流母线短路水平	A站	B站
最大短路电流（kA）	63	63
最大短路容量（MVA）	60 016	57 288
最小短路电流（kA）	12.3	23.9
最小短路容量（MVA）	11 185	20 698

两端换流站接入交流系统的频率特性如表7-10所示。

表7-10　两端换流站接入交流系统的频率特性

交流系统频率特性	A站	B站
额定频率（Hz）	50	50
稳态频率偏差（Hz）	±0.2	±0.2
故障清除后10min频率偏差（Hz）	-0.5~+0.3	-0.5~+0.3
事故情况下频率偏差（Hz）	-1~+0.5	-1~+0.5

3. 直流系统条件

该高压直流输电工程有双极、单极金属回线、单极大地回线三种典型接线形式。考虑双极全压运行功率正送和功率反送、降压运行功率正送和功率反送。

正常运行方式下，A站的直流电压为±500kV，直流（运行）电压在各种运行方式下考虑各种设备公差后不应高于515kV或低于485kV。直流电压降至正常水平的70%~100%运行方式下，每极换流变压器都应具备维持交流母线电压在正常稳态范围内连续运行的能力。

在单极金属回线运行方式中，直流运行电压值允许低于正常运行电压值。

该工程在80%正常直流电压即±400kV工况下，双极最小输送能力应为$0.8P_N$（=2400MW）；70%正常直流电压即±350kV工况下，双极最小输送能力应为$0.5P_N$（=1500MW）。

直流系统参数如表7-11所示。

表7-11　直流系统参数

直流功率（MW）	额定值	2×1500
	最小值	2×150（10%额定值）
直流电压（kV）	额定值	±500
直流电流（A）	额定值	4000
	最小值	400

线路电阻和接地回路电阻如表7-12所示。

表 7-12　线路电阻和接地电阻

电阻	电阻值（Ω）		
	最小值	额定值	最大值
直流线路电阻（R_b）	8.0	8.0	10.32
接地回路电阻（$R_e + R_g$）	0.0	1.0	1.0

4. 控制参数（见表 7-13）

表 7-13　控　制　参　数

控制参数	控制参数描述	范围
α_N	额定触发角	15°
$\Delta\alpha$	α 的稳态控制范围	±2.5°
α_{min}	控制系统的 α 最小限制角	5°
γ_N	额定关断角	17°
$\Delta\gamma$	γ 的稳态控制范围	±1°
$\Delta U_{d(R,I)}$	有载调压分接开关变化一挡对应的整侧、逆侧直流电压变化范围	±1.25% U_{dN}
$\Delta I_{d(R,I)}$	有载调压分接开关变化一挡对应的整侧、逆侧直流电流变化范围	±1.25% I_{dN}
d_r	6 脉动换流器的相对阻性压降	0.3%
U_T	6 脉动换流器的正向固有压降	0.3kV

5. 制造与测量误差

用于设计计算的最大误差见表 7-14。

表 7-14　用于设计计算的最大误差

误差参数	误差参数描述	范围
δd_x	正常直流电压运行范围内换流变相对感性压降（d_x）的最大制造公差	±5% d_x
δU_{dmeas}	U_d 的测量误差	±1.0% U_d
δI_{dmeas}	I_d 的测量误差	±0.3% I_d
$\delta\gamma$	γ 的测量误差	±1.0°
$\delta\alpha$	α 的测量误差	±0.5°
δU_{dio}	U_{dio} 的测量误差	±1.0% U_{dio}

二、直流系统主回路参数计算

1. 直流电压

考虑换流变压器有载调压开关变化一挡对直流电压变化的影响和电压测量误差，在功率正送方式下直流电压的最大误差为

$$\Delta U_d = U_{dN}(\Delta U_{dR} + \delta U_{dmeas})$$
$$= 500 \times (0.012\,5 + 0.01) = 11.25 \text{（kV）}$$

考虑误差的最大直流电压为

$$U_{dmax} = U_{dN} + \Delta U_d = 500 + 11.25 = 511.25 \text{（kV）}$$

最大直流电压小于规定的限值 515kV。

2. 直流电流

整流侧的单极直流功率计算额定直流电流 I_{dN} 为

$$I_{dN} = \frac{P_N}{U_{dN}} = \frac{1500}{500} = 3 \text{（kA）}$$

双极运行在输送 1.0p.u. 的功率时，最大连续直流电流 I_{dmax} 为

$$I_{dmax} = I_{dN}(1.0 + \Delta I_{dR} + \delta I_{dmeas})$$
$$= 3 \times (1.0 + 0.012\,5 + 0.003) = 3.046\,5 \text{（kA）}$$

双极运行在输送 0.1p.u. 的功率时，最小连续直流电流 I_{dmin} 为

$$I_{dmin} = I_{dN}(0.1 - \Delta I_{dR} - \delta I_{dmeas})$$
$$= 3 \times (0.1 - 0.012\,5 - 0.003) = 0.253\,5 \text{（kA）}$$

3. d_{xN} 的选择

A、B 站换流变压器的短路阻抗为 16%，PLC 滤波电抗器的相对电压降按 0.2% 考虑，d_{xN} 为 8.2%。

4. U_{dioN} 的计算

$$U_{dioNR} = \frac{\dfrac{U_{dNR}}{n} + U_T}{\cos\alpha_N - (d_{xNR} + d_{rNR})}$$
$$= \frac{\dfrac{500}{2} + 0.3}{\cos 15° - (0.082 + 0.003)} = 284.13 \text{（kV）}$$

$$U_{dioNI} = \frac{\dfrac{U_{dNR} - R_{dN}I_{dN}}{n} - U_T}{\cos\gamma_N - (d_{xNI} - d_{rNI})}$$
$$= \frac{\dfrac{500 - 8 \times 3}{2} - 0.3}{\cos 17° - (0.082 - 0.003)} = 270.94 \text{（kV）}$$

5. 整流站（A 站）$U_{diomaxR}$

$$U_{dioR} = \frac{\dfrac{U_{dR}}{n} + U_{TR} + (d_{xR} + d_{rR})\dfrac{I_d}{I_{dN}} U_{dioNR}}{\cos\alpha}$$

考虑误差，有

$$U_{dR} = U_{dNR}(1 + \Delta U_{dR} + \delta U_{dmeas})$$
$$= 500 \times (1 + 0.012\,5 + 0.01) = 511.25 \text{（kV）}$$

$$d_{xR} = d_{xN}(1 + \delta d_x)$$
$$= 0.082 \times (1 + 0.05) = 0.086\,1$$

$$I_d = I_{dN}(1.0 - \Delta I_{dR} + \delta I_{dmeas})$$
$$= 3 \times (1.0 - 0.012\,5 + 0.003) = 2.971\,5 \text{（kA）}$$

$$\alpha = \alpha_N - \Delta\alpha = 15 - 2.5 = 12.5°$$

则

$$U_{\text{diomaxR}}=\cfrac{\cfrac{U_{\text{dR}}}{n}+U_{\text{TR}}+(d_{\text{xR}}+d_{\text{rR}})\cfrac{I_{\text{d}}}{I_{\text{dN}}}U_{\text{dioNR}}}{\cos\alpha}$$

$$=\cfrac{\cfrac{511.25}{2}+0.3+(0.086\,1+0.003)\times\cfrac{2.971\,5}{3}\times284.13}{\cos(12.5^\circ)}$$

$$=287.8\ (\text{kV})$$

$$U_{\text{diomaxOLTCR}}=U_{\text{diomaxR}}=287.8\text{kV}$$

6. 整流站（A站）U_{diominR}

同样考虑误差，有

$$U_{\text{dR}}=U_{\text{dNR}}(1-\Delta U_{\text{dR}}-\delta U_{\text{dmeas}})$$
$$=500\times(1-0.012\,5-0.01)=488.75\ (\text{kV})$$
$$d_{\text{xR}}=d_{\text{xNR}}(1-\delta d_{\text{x}})$$
$$=0.082\times0.95=0.077\,9$$
$$I_{\text{d}}=I_{\text{dN}}(0.1+\Delta I_{\text{dR}}-\delta I_{\text{dmeas}})$$
$$=3\times(0.1+0.012\,5-0.003)=0.328\,5\ (\text{kA})$$
$$\alpha=\alpha_{\text{N}}+\Delta\alpha=15^\circ+2.5^\circ=17.5^\circ$$

则

$$U_{\text{diominR}}=\cfrac{\cfrac{U_{\text{dR}}}{n}+U_{\text{TR}}+(d_{\text{xR}}+d_{\text{rR}})\cfrac{I_{\text{d}}}{I_{\text{dN}}}U_{\text{dioNR}}}{\cos\alpha}$$

$$=\cfrac{\cfrac{488.75}{2}+0.3+(0.077\,9+0.003)\times\cfrac{0.328\,5}{3}\times284.1}{\cos17.5^\circ}$$

$$=259.2\ (\text{kV})$$

$$U_{\text{diominOLTCR}}=U_{\text{diominR}}=259.2\text{kV}$$

7. 逆变站（B站）最大 U_{dio}

$$U_{\text{dioI}}=\cfrac{\cfrac{U_{\text{dR}}-R_{\text{d}}I_{\text{d}}}{n}-U_{\text{T}}+(d_{\text{x}}-d_{\text{r}})\cfrac{I_{\text{d}}}{I_{\text{dN}}}U_{\text{dioNI}}}{\cos\gamma}$$

最大换流器内部电压降大于最小直流线路压降，考虑误差，有

$$U_{\text{dR}}=U_{\text{dNR}}(1-\Delta U_{\text{dR}})=500\times(1-0.012\,5)=493.75\ (\text{kV})$$
$$d_{\text{x}}=d_{\text{xNI}}(1+\delta d_{\text{x}})$$
$$=0.082\times1.05=0.086\,1$$
$$I_{\text{d}}=I_{\text{dN}}(1.0+\Delta I_{\text{dR}}+\delta I_{\text{dmeas}})$$
$$=3\times(1.0+0.012\,5+0.003)=3.046\,5\ (\text{kA})$$
$$\gamma=\gamma_{\text{N}}+\Delta\gamma=17^\circ+1^\circ=18^\circ$$

则

$$U_{\text{diomaxOLTCI}}=\cfrac{\cfrac{U_{\text{dR}}-R_{\text{d}}I_{\text{d}}}{n}-U_{\text{T}}+(d_{\text{x}}-d_{\text{r}})\cfrac{I_{\text{d}}}{I_{\text{dN}}}U_{\text{dioNI}}}{\cos\gamma}$$

$$=\cfrac{\cfrac{511.25-8\times3.046\,5}{2}-0.3+(0.086\,1-0.003)\times\cfrac{3.046\,5}{3}\times270.9}{\cos18^\circ}$$

$$=270.5\ (\text{kV})$$

$U_{\text{diomaxOLTCI}}$ 用于换流变分接开关计算。

考虑误差，有

$$U_{\text{dR}}=U_{\text{dNR}}(1+\Delta U_{\text{dR}}+\delta U_{\text{dmeas}})$$
$$=500\times(1+0.012\,5+0.01)=511.25\ (\text{kV})$$
$$d_{\text{x}}=d_{\text{xNI}}(1+\delta d_{\text{x}})$$
$$=0.082\times1.05=0.086\,1$$
$$I_{\text{d}}=I_{\text{dN}}(1.0-\Delta I_{\text{dR}}+\delta I_{\text{dmeas}})$$
$$=3\times(1.0-0.012\,5+0.003)=2.971\,5\ (\text{kA})$$
$$\gamma=\gamma_{\text{N}}+\Delta\gamma=17^\circ+1^\circ=18^\circ$$

则

$$U_{\text{diomaxI}}=\cfrac{\cfrac{U_{\text{dR}}-R_{\text{d}}I_{\text{d}}}{n}-U_{\text{T}}+(d_{\text{x}}-d_{\text{r}})\cfrac{I_{\text{d}}}{I_{\text{dN}}}U_{\text{dioNI}}}{\cos\gamma}$$

$$=\cfrac{\cfrac{511.25-8\times2.971\,5}{2}-0.3+(0.086\,1-0.003)\times\cfrac{2.971\,5}{3}\times270.9}{\cos18^\circ}$$

$$=279.4\ (\text{kV})$$

U_{diomaxI} 用于设备选型。

8. 逆变站（B站）最小 U_{dio}

在单极金属回路运行于最大直流电流时具有 U_{diominI}。

由于最大直流线路电压降大于最小换流器内部电压降，考虑误差，有

$$U_{\text{dR}}=U_{\text{dNR}}(1+\Delta U_{\text{dR}})$$
$$=500\times(1+0.012\,5)=506.25\ (\text{kV})$$
$$d_{\text{xI}}=d_{\text{xNI}}(1-\delta d_{\text{x}})$$
$$=0.082\times(1-0.05)=0.077\,9$$
$$I_{\text{d}}=I_{\text{dN}}(1.0-\Delta I_{\text{dR}}+\delta I_{\text{dmeas}})$$
$$=3\times(1.0-0.012\,5+0.003)=2.971\,5\ (\text{kA})$$
$$\gamma=\gamma_{\text{N}}-\Delta\gamma=17^\circ-1^\circ=16^\circ$$

则

$$U_{\text{diominI}}=\cfrac{\cfrac{U_{\text{dR}}-R_{\text{d}}I_{\text{d}}}{n}-U_{\text{T}}+(d_{\text{x}}-d_{\text{r}})\cfrac{I_{\text{d}}}{I_{\text{dN}}}U_{\text{dioNI}}}{\cos\gamma}$$

$$=\cfrac{\cfrac{506.25-2\times10.32\times2.971\,5}{2}-0.3+(0.077\,9-0.003)\times\cfrac{2.971\,5}{3}\times270.9}{\cos16^\circ}$$

$$=252.0\ (\text{kV})$$

$$U_{\text{diominOLTCI}}=U_{\text{diominI}}=252.0\text{kV}$$

9. 全压运行工况换流变压器最大有载调压分接开关挡位数量 TC_{step} 计算

对于整流站（A站），有

$$n_{\text{nomR}}=\cfrac{U_{\text{INR}}}{U_{\text{vNR}}}=\cfrac{U_{\text{INR}}}{\cfrac{U_{\text{dioNR}}}{\sqrt{2}}\cdot\cfrac{\pi}{3}}=\cfrac{525}{\cfrac{284.13\pi}{\sqrt{2}\times3}}=2.495\,3$$

$$n_{\text{maxR}}=\cfrac{U_{\text{lmaxR}}U_{\text{dioNR}}}{U_{\text{INR}}U_{\text{diominOLTCR}}}=\cfrac{550\times284.1}{525\times259.2}=1.148\,3$$

$$n_{\text{minR}}=\cfrac{U_{\text{lminR}}U_{\text{dioNR}}}{U_{\text{INR}}U_{\text{diomaxOLTCR}}}=\cfrac{550\times284.1}{525\times287.8}=0.940\,2$$

$$+TC_{stepR} = \frac{1.148\,3-1}{0.012\,5} = 11.87 \text{，取} +12 \text{挡。}$$

$$-TC_{stepR} = \frac{0.940\,2-1}{0.012\,5} = -4.78 \text{，取} -5 \text{挡。}$$

对于逆变站（B 站），有

$$n_{nomI} = \frac{U_{INI}}{U_{vNI}} = \frac{U_{INI}}{\dfrac{U_{dioNI}}{\sqrt{2}} \cdot \dfrac{\pi}{3}} = \frac{500}{\dfrac{270.94\pi}{\sqrt{2}\times 3}} = 2.492\,2$$

$$n_{maxI} = \frac{U_{lmaxI}U_{dioNI}}{U_{INI}U_{diominOLTCI}} = \frac{525\times 270.9}{500\times 252.0} = 1.128\,8$$

$$n_{minI} = \frac{U_{lminI}U_{dioNI}}{U_{INI}U_{diomaxOLTCI}} = \frac{490\times 270.9}{500\times 270.5} = 0.981\,4$$

$$+TC_{stepI} = \frac{1.128\,8-1}{0.012\,5} = 10.30 \text{，取} +11 \text{挡。}$$

$$-TC_{stepI} = \frac{0.981\,4-1}{0.012\,5} = -1.49 \text{，取} -2 \text{挡。}$$

10. 降压运行工况换流变压器最大有载调压分接开关挡位数量计算

该高压直流输电工程整流站最大触发角 α_{max} 为 39°，逆变站最大关断角 γ_{max} 为 38°。考虑直流降压 70% 运行，单极输送功率为规定的最小值 P_{dmin}（0.1% P_N，150MW）时，I'_{dmin} 为 0.429kA。降压运行时，$U'_{diominR}$ 及 $U'_{diominI}$ 计算如下

$$
\begin{aligned}
U'_{diominR} &= \frac{\dfrac{70\%U_N}{n} + U_T + (d_x+d_r)\dfrac{I'_{dmin}}{I_N}U_{dioNR}}{\cos(\alpha_{max}-\delta_\alpha)} \\
&= \frac{\dfrac{0.7\times 500}{2} + 0.3 + (0.082+0.003)\times \dfrac{0.429}{3}\times 284.13}{\cos(39°-0.5°)} \\
&= 228.41 \text{（kV）}
\end{aligned}
$$

$$
\begin{aligned}
U'_{diominI} &= \frac{\dfrac{70\%U_N - 2R_{dmax}I'_{dmin}}{n} - U_T + (d_x-d_r)\dfrac{I'_{dmin}}{I_{dN}}U_{dioNI}}{\cos(\gamma_{max}-\delta_\gamma)} \\
&= \frac{\dfrac{0.7\times 500 - 2\times 10.32\times 0.429}{2} - 0.3 + (0.082-0.003)\times \dfrac{0.429}{3}\times 270.94}{\cos(38°-1°)} \\
&= 217.04 \text{（kV）}
\end{aligned}
$$

降压运行时，换流变压器的正向最大有载调压分接开关挡位数量计算如下

$$n'_{maxR} = \frac{U_{lmaxR}U_{dioNR}}{U_{INR}U'_{diominR}} = \frac{550\times 284.13}{525\times 228.41} = 1.303\,2$$

$$+TC'_{stepR} = \frac{1.303\,2-1}{0.012\,5} = 24.256 \text{，取} +25 \text{挡。}$$

$$n'_{maxI} = \frac{U_{lmaxI}U_{dioNI}}{U_{INI}U'_{diominI}} = \frac{525\times 270.94}{500\times 217.04} = 1.310\,8$$

$$+TC'_{stepI} = \frac{1.310\,8-1}{0.012\,5} = 24.86 \text{，取} +25 \text{挡。}$$

根据以上计算，直流降压 70% 运行、单极输送功率按 0.1p.u. 工况，选择换流变压器正向最大分接开关。若整流站最大触发角 α_{max} 运行到 39°、逆变站最大关断角 γ_{max} 运行到 38°，换流变压器的正向最大分接开关分别选择 +25 挡可满足需求。考虑到换流变压器制造的经济性，逆变站换流变压器的最大正向分接开关可以提高到 +26 挡。因此该工程送端换流站换流变压器分接开关挡位范围按 +25～-5 挡选择，受端换流站换流变压器分接开关挡位范围按 +26～-2 挡选择。

11. 换流变压器额定容量计算

两端站的换流变压器均采用单相双绕组，额定容量为

$$S_{n2wR} = \frac{\pi}{9}U_{dioNR}I_{dN} = \frac{\pi}{9}\times 284.13\times 3 = 297.54 \text{（MVA）}$$

$$S_{n2wI} = \frac{\pi}{9}U_{dioNI}I_{dN} = \frac{\pi}{9}\times 270.94\times 3 = 283.73 \text{（MVA）}$$

12. 主回路参数计算结果

两端换流站换流变阀侧空载直流电压 U_{dio} 参数值如表 7-15 所示。

表 7-15　U_{dio}　参　数　值

理想空载直流电压	A 站	B 站
U_{dioN}（kV）	284.13	270.94
U_{diomin}（kV）	259.2	252.0
$U_{diominOLTC}$（kV）	259.2	252.0
U_{diomax}（kV）	287.8	279.4
$U_{diomaxOLTC}$（kV）	287.8	270.5

采用单相双绕组的换流变压器，送端与受端换流站的换流变压器的主要设计参数如表 7-16 和表 7-17 所示。

表 7-16　A 站换流变压器主要设计参数

换流变压器设计参数	单位	交流侧绕组	阀侧绕组	
		Y	Y	Δ
额定相电压（分接开关为 0）	kV，rms	$525/\sqrt{3}$	$210.4/\sqrt{3}$	210.4
最大稳态相电压	kV，rms	$550/\sqrt{3}$	$220.0/\sqrt{3}$	220.0
额定容量（S_{n2w}）	MVA	297.54	297.54	297.54
双极运行时额定电流				
无冷却设备投入，分接开关为 0 时的电流	A，rms	982	2449	1414
线路侧分接开关调节范围				
分接开关挡位数		+25/-5		
分接开关调节步长	%	1.25		
分接开关为 0 时的阻抗	%	16.0		
公差	%	±3.75		

表 7-17　B 站换流变压器主要设计参数

换流变压器设计参数	单位	交流侧绕组	阀侧绕组	
		Y	Y	Δ
额定相电压 （分接开关为 0）	kV, rms	$500/\sqrt{3}$	$200.4/\sqrt{3}$	200.4
最大稳态相电压	kV, rms	$540/\sqrt{3}$	$209.6/\sqrt{3}$	209.6
额定容量（S_{n2w}）	MVA	283.73	283.73	283.73
双极运行时额定电流				
无冷却设备投入， 分接开关为 0 时的电流	A, rms	982	2449	1414
线路侧分接开关调节范围				
分接开关挡位数		+26/−2		
分接开关调节步长	%	1.25		
分接开关为 0 时的阻抗	%	16.0		
公差	%	±3.75		

三、运行特性计算

基于以上直流主回路参数计算结果，列出该直流工程的数种典型运行方式及相应方式下的运行特性。

1. 功率正送，双极运行方式

功率正送、直流双极运行，输电线路电阻 $R_b = 8.0\Omega$，全压运行见表 7-18，降压运行见表 7-19。

表 7-18　双极、全压运行，直流输电线路电阻 $R_b = 8.0\Omega$

P_{dR} (p.u.)	I_d (A)	U_{dR} (kV)	U_{dioR} (kV)	U_{dioI} (kV)	P_{dR} (MW)	α (°)	γ (°)	TC_R	TC_I
0.1	300	500	261.6	262.1	300	15.0	17.0	+6.9	+2.6
1.0	3000	500	284.1	270.9	3000	15.0	17.0	0.0	−0.1
1.05	3168	497.2	284.1	270.0	3150	15.0	17.0	0.0	+0.2

表 7-19　双极、降压运行，直流输电线路电阻 $R_b = 8.0\Omega$

P_{dR} (p.u.)	I_d (A)	U_{dR} (kV)	U_{dioR} (kV)	U_{dioI} (kV)	P_{dR} (MW)	α (°)	γ (°)	TC_R	TC_I
0.1	429	350	216.5	204.5	300	34.3	30.6	+25.0	+26.0
0.5	2143	350	216.5	204.5	1500	27.2	27.5	+25.0	+26.0
0.7	3000	350	216.5	204.5	2100	22.9	25.8	+25.0	+26.0

2. 功率正送，单极大地回线运行方式

功率正送、单极大地回线运行，直流输电线路电阻 $R_b = 8.0\Omega$，接地回路电阻为 1.0Ω，全压运行见表 7-20，降压运行见表 7-21。

表 7-20　单极大地回线、全压运行，直流输电线路电阻 $R_b = 8.0\Omega$，接地回路电阻为 1.0Ω

P_{dR} (p.u.)	I_d (A)	U_{dR} (kV)	U_{dlR} (kV)	U_{dioR} (kV)	U_{dioI} (kV)	P_{dR} (MW)	α (°)	γ (°)	TC_R	TC_I
0.1	300	500	499.7	261.6	261.8	150	15.0	17.0	+6.9	+2.7
1.00	3000	500	497.0	284.1	267.8	1500	15.0	17.0	0.0	+0.8
1.05	3168	497.2	494.0	284.1	266.7	1575	15.0	17.0	0.0	+1.2

表 7-21　单极大地回线、降压运行，直流输电线路电阻 $R_b = 8.0\Omega$，接地极电阻为 1.0Ω

P_{dR} (p.u.)	I_d (A)	U_{dR} (kV)	U_{dioR} (kV)	U_{dioI} (kV)	P_{dR} (MW)	α (°)	γ (°)	TC_R	TC_I
0.1	429	350.0	216.5	204.5	150	34.3	30.8	+25.0	+26.0
0.5	2143	350.0	216.5	204.5	750	27.2	28.8	+25.0	+26.0
0.7	3000	350.0	216.5	204.5	1050	22.9	27.7	+25.0	+26.0

3. 功率正送，单极金属回线运行方式

功率正送、单极金属回线运行，直流输电线路电阻 $R_b = 8.0\Omega$，接地回路电阻为 1.0Ω，全压运行见表 7-22，降压运行见表 7-23。

表 7-22　单极金属回线、全压运行，直流输电线路电阻 $R_b = 8.0\Omega$，接地回路电阻为 1.0Ω

P_{dR} (p.u.)	I_d (A)	U_{dR} (kV)	U_{dlR} (kV)	U_{dioR} (kV)	U_{dioI} (kV)	P_{dR} (MW)	α (°)	γ (°)	TC_R	TC_I
0.1	300	500	497.6	261.6	260.8	150	15.0	17.0	+6.9	+3.0
1.00	3000	500	476.0	284.1	258.4	1500	15.0	17.0	0.0	+3.8
1.05	3168	497.3	472.0	284.1	256.8	1575	15.0	17.0	0.0	+4.3

表 7-23　单极金属回线、降压运行，直流输电线路电阻 $R_b = 8.0\Omega$，接地回路电阻为 1.0Ω

P_{dR} (p.u.)	I_d (A)	U_{dR} (kV)	U_{dioR} (kV)	U_{dioI} (kV)	P_{dR} (MW)	α (°)	γ (°)	TC_R	TC_I
0.1	429	350.0	216.5	204.5	150	34.3	31.5	+25.0	+26.0
0.5	2143	350.0	216.5	204.5	750	27.4	32.5	+25.0	+26.0
0.7	3000	350.0	216.5	204.5	1050	22.9	32.7	+25.0	+26.0

4. 功率反送，双极运行方式

功率反送、双极运行，直流输电线路电阻 $R_b = 8.0\Omega$，全压运行见表 7-24，降压运行见表 7-25。

表 7-24　功率反送、双极、全压运行，直流输电线路电阻 $R_b = 8.0\Omega$

P_{dR} (p.u.)	I_d (A)	U_{dR} (kV)	U_{dioR} (kV)	U_{dioI} (kV)	P_{dR} (MW)	α (°)	γ (°)	TC_R	TC_I
0.1	300	500	261.5	262.0	300	15.0	17.0	+2.8	+6.8
0.9	2815	479.5	270.9	258.6	2700	15.0	17.0	−0.1	+7.9

表 7-25 功率反送、双极、降压运行，
直流输电线路电阻 $R_b = 8.0\Omega$

P_{dR} (p.u.)	I_d (A)	U_{dR} (kV)	U_{dioR} (kV)	U_{diol} (kV)	P_{dR} (MW)	α (°)	γ (°)	TC_R	TC_I
0.1	429	350	204.5	216.5	300	29.2	35.7	+26.0	+25.0
0.5	2143	350	204.5	216.5	1500	20.9	33.8	+26.0	+25.0

5. 功率反送，单极大地回线运行方式

功率反送、单极大地回线运行，直流输电线路电阻 $R_b = 8.0\Omega$，接地回路电阻为 1.0Ω，全压运行见表 7-26，降压运行见表 7-27。

表 7-26 功率反送、单极大地回线、全压运行，直流输电线路电阻 $R_b = 8.0\Omega$，接地回路电阻为 1.0Ω

P_{dR} (p.u.)	I_d (A)	U_{dR} (kV)	U_{d1R} (kV)	U_{dioR} (kV)	U_{diol} (kV)	P_{dR} (MW)	α (°)	γ (°)	TC_R	TC_I
0.1	300	500	499.7	261.5	261.7	150	15.0	17.0	+2.8	+6.9
0.9	2815	479.5	476.7	270.9	255.7	1350	15.0	17.0	-0.1	+8.9
0.95	2989	476.8	473.8	270.9	254.6	1425	15.0	17.0	-0.1	+9.3

表 7-27 功率反送、单极大地回线、降压运行，直流输电线路电阻 $R_b = 8.0\Omega$，接地回路电阻为 1.0Ω

P_{dR} (p.u.)	I_d (A)	U_{dR} (kV)	U_{dioR} (kV)	U_{diol} (kV)	P_{dR} (MW)	α (°)	γ (°)	TC_R	TC_I
0.1	429	350.0	204.5	216.5	150	29.1	35.8	+26.0	+25.0
0.5	2143	350.0	204.5	216.5	750	19.7	34.4	+26.0	+25.0

6. 功率反送、单极金属回线运行方式

功率反送、单极金属回线运行，直流输电线路电阻 $R_b = 8.0\Omega$，接地回路电阻为 1.0Ω，全压运行见表 7-28，降压运行见表 7-29。

表 7-28 功率反送、单极金属回线、全压运行，直流输电线路电阻 $R_b = 8.0\Omega$，接地回路电阻为 1.0Ω

P_{dR} (p.u.)	I_d (A)	U_{dR} (kV)	U_{d1R} (kV)	U_{dioR} (kV)	U_{diol} (kV)	P_{dR} (MW)	α (°)	γ (°)	TC_R	TC_I
0.1	300	500	500	261.5	260.7	150	15	17	+2.8	+7.2
0.9	2815	479.5	479.5	270.9	246.1	1350	15.0	17.0	-0.1	+12.1
0.95	2989	476.8	476.8	270.9	245.2	1425	15.0	17.0	-0.1	+12.7

表 7-29 功率反送、单极金属回线、降压运行，直流输电线路电阻 $R_b = 8.0\Omega$，接地回路电阻为 1.0Ω

P_{dR} (p.u.)	I_d (A)	U_{dR} (kV)	U_{dioR} (kV)	U_{diol} (kV)	P_{dR} (MW)	α (°)	γ (°)	TC_R	TC_I
0.1	429	350	204.5	216.5	150	29.1	36.4	+26.0	+25.0
0.5	2143	350	204.5	216.5	750	19.7	37.4	+26.0	+25.0

参考文献

[1] 国家电网公司直流建设分公司. 高压直流输电系统成套标准化设计[M]. 北京：中国电力出版社，2012.

[2] 赵婉君. 高压直流输电工程技术（第二版）[M]. 北京：中国电力出版社，2011.

第八章

交流滤波器设计

第一节　交流侧谐波分析

一、交流侧谐波来源

交流侧谐波主要来源包括两种：换流器产生的谐波和交流系统背景谐波。

（一）换流器产生的谐波

直流输电系统中的换流器是谐波源，在换流的同时会产生谐波。换流变压器网侧或者阀侧的电压和电流不是标准交流正弦波，而是周期性的非正弦波。这种周期性的非正弦波可分解为不同频率的正弦波分量，包含幅值较大的基波分量和幅值较小的谐波分量，其中谐波分量的频率是基波频率的整数倍。

换流器产生的谐波又可分为特征谐波和非特征谐波。特征谐波是换流器在工作时产生的特定次数的谐波，是交流侧谐波的主要成分；非特征谐波是由于交流系统不平衡运行，设备制造公差等因素造成的谐波，其幅值相对较小。

（二）交流系统背景谐波

交流侧除了换流器产生的谐波外，还存在由以下主要原因造成的交流系统背景谐波：

（1）由电气化铁路、工业拖动负荷、整流负荷、家用整流负荷、其他整流工程和静止无功补偿工程等非线性负荷产生。

（2）交流系统变压器等设备饱和产生的低次谐波。

交流系统背景谐波无法通过计算获得，一般是在工程前期由相关单位在拟建换流站的相邻变电站实测获得，并根据交流系统的发展规划进行预测。

二、交流侧谐波的危害

交流侧谐波的危害主要表现在以下几个方面[2]：

（1）使交流电网中的发电机、变压器和电容器等设备由于谐波的附加损耗而过热，缩短使用寿命。

（2）对通信设备产生干扰，特别是对邻近电话线路产生杂音。有时还会在电网中引起局部的谐振过电压，造成电气

元器件及设备的故障和损坏。

（3）使换流器的控制系统不稳定。

因此，为消除交流侧谐波的不良影响，必须在换流站内装设交流滤波器来限制交流侧谐波。

三、换流器产生的谐波计算

（一）特征谐波

目前，我国高压直流工程（±400、±500kV 和 ±660kV）均采用每极单 12 脉动换流器接线方式，±800kV 特高压直流工程则采用每极双 12 脉动换流器串联接线方式，这两种接线方式均由基本的 6 脉动换流器串联而成。单个 6 脉动换流器接线如图 8－1 所示。

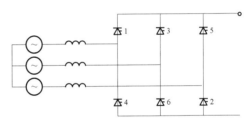

图 8－1　6 脉动换流阀接线

直流输电系统的平波电抗器电抗值通常比换相电抗值大得多，所以对于与换流器连接的交流系统来说，换流器及其直流端所连接的直流系统可视作一个高内阻抗的谐波电流源。

在分析交流侧特征谐波时，通常先假定下列理想条件[2]：

（1）交流系统为三相对称、平衡的正弦波电压，没有任何谐波分量。

（2）直流侧接有无限大电感的平波电抗器，直流电流是无纹波的恒定电流。

（3）换流桥中各阀依次按 1/6 基波周波等间隔触发开通。

（4）三相中的换相电感相等，每一次换相的换相角相等。

首先分析不计换相角（即换相角 $\mu=0°$）时的特征谐波，再考虑计及换向角得到实际工程中的特征谐波。

1. 不计换相角（换相角 $\mu=0°$）时的交流谐波

根据假定理想条件，并且不计换相角时，换流变阀侧的电压和电流（即一个 6 脉动换流器交流侧的电压和电流）波

形如图 8-2 所示。

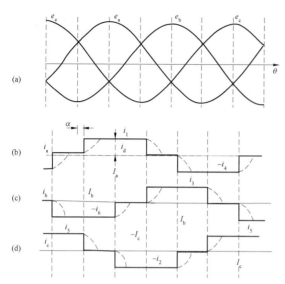

图 8-2　6 脉动换流器交流侧电压和电流波形图
（a）三相交流电动势；（b）A 相交流侧电流波形（实线为不计换相角，
虚线为记及换相角，B 相和 C 相同理）；（c）B 相交流侧电流波形；
（d）C 相交流侧电流波形

图 8-2 中的主要参数有：A、B、C 相的交流电动势 e_a、e_b 和 e_c，触发角 α，换流器 A、B、C 相交流侧的电流 i_a、i_b 和 i_c，编号 V1～V6 单阀中的电流 i_1～i_6，直流电流 I_d。

从图 8-2 中可以看出，换流器交流侧电流（即换流变压器阀侧电流）的周期为 2π，每个周期内是由等时间间隔、交替出现正的和负的方波组成，每个方波的宽度为 $2\pi/3$，幅值等于直流电流 I_d。

根据傅里叶变换，通过换流变压器阀侧电流可以分别得到 Yy 换流变压器（假定匝数比为 1:1）和 Yd 换流变压器（假定匝数比为 $1:\sqrt{3}$）网侧线电流 i_{Yy} 和 i_{Yd}，计算公式如式（8-1）和式（8-2）所示。

$$i_{Yy} = \frac{2\sqrt{3}}{\pi} I_d \left(\cos\omega t - \frac{1}{5}\cos 5\omega t + \frac{1}{7}\cos 7\omega t - \frac{1}{11}\cos 11\omega t \right.$$
$$\left. + \frac{1}{13}\cos 13\omega t - \frac{1}{17}\cos 17\omega t + \frac{1}{19}\cos 19\omega t \cdots \right)$$
$$(8-1)$$

$$i_{Yd} = \frac{2\sqrt{3}}{\pi} I_d \left(\cos\omega t + \frac{1}{5}\cos 5\omega t - \frac{1}{7}\cos 7\omega t - \frac{1}{11}\cos 11\omega t \right.$$
$$\left. + \frac{1}{13}\cos 13\omega t + \frac{1}{17}\cos 17\omega t - \frac{1}{19}\cos 19\omega t \cdots \right)$$
$$(8-2)$$

式中　I_d——直流电流，A；

ω——交流系统角频率。

由此可见，在假定的理想条件下，在 Yy 换流变压器或 Yd 换流变压器网侧线电流中，除基波外，只有 $6k\pm1$ 次的谐波。

根据式（8-3）和式（8-4），换流变压器网侧线电流中基波电流的幅值为

$$I_{(1)m(\mu=0)} = \frac{2\sqrt{3}}{\pi} I_d \qquad (8-3)$$

基波电流有效值为

$$I_{(1)(\mu=0)} = \frac{I_{(1)m(\mu=0)}}{\sqrt{2}} = \frac{\sqrt{6}}{\pi} I_d \qquad (8-4)$$

n 次谐波电流有效值为

$$I_{(n)(\mu=0)} = \frac{I_{(1)(\mu=0)}}{n} \qquad (8-5)$$

当采用 12 脉动器接线时，Yy 换流变压器和 Yd 换流变压器为并联连接，通过换流变压器注入到交流系统中的电流公式如式（8-6）所示。

$$i = \frac{4\sqrt{3}}{\pi} I_d \left(\cos\omega t - \frac{1}{11}\cos 11\omega t + \frac{1}{13}\cos 13\omega t \right.$$
$$\left. - \frac{1}{23}\cos 23\omega t + \frac{1}{25}\cos 25\omega t \cdots \right)$$
$$(8-6)$$

由此可见，当采用 12 脉动器接线时，通过换流变压器注入到变压器流系统中的电流只含（$12k\pm1$）次谐波，第（$12k-6\pm1$）次谐波将在换流变压器的网侧绕组形成环流，不流入交流电网。若采用单相三绕组换流变压器，则第（$12k-6\pm1$）次谐波仅在换流变压器阀侧的两个绕组中，网侧绕组因相互抵消而不存在。

2. 计及换相角时的交流谐波

实际电路中由于换相电抗的存在，晶闸管在导通和关断的过程不可能瞬时完成，而是需要经历一段时间，该段时间对应的电角度即换相角 μ。在换相过程中，将关断的晶闸管电流由 I_d 逐渐降为 0，将导通的晶闸管电流由 0 逐渐升为 I_d，计及换相角时换流器交流侧的电流波形见图 8-2（b）、（c）和（d）中的虚线。

工程设计中通常采用如下公式计算计及换相角时的特征谐波电流[1]，计算公式如下

$$\left. \begin{array}{l} I_n = F_n \dfrac{U_v}{U_1} N_b \dfrac{1}{n} \dfrac{\sqrt{6}}{\pi} I_d \\[2mm] F_n = \dfrac{1}{2\varepsilon}\sqrt{A^2 + B^2 - 2AB\cos(\alpha+\mu)} \\[2mm] A = \dfrac{1}{n+1}\sin\left[(n+1)\dfrac{\mu}{2}\right] \\[2mm] B = \dfrac{1}{n-1}\sin\left[(n-1)\dfrac{\mu}{2}\right] \\[2mm] \varepsilon = d_{xN} \dfrac{I_d U_{dioN}}{I_{dN} U_{dio}} \end{array} \right\} \qquad (8-7)$$

式中　I_n——交流侧第 n 次谐波电流幅值，A；

F_n——由于换相角的存在造成的谐波减少系数；

U_v ——换流变压器实际分接开关位置的阀侧电压，kV；

U_1 ——换流变压器实际分接开关位置的网侧电压，kV；

N_b ——6 脉动换流器数，12 脉动器取 2，双 12 脉动器取 4；

n ——谐波次数；

I_{dN} ——额定直流电流，A；

I_d ——实际直流电流，A；

α ——实际触发角（整流侧）或熄弧角（逆变侧）；

μ ——实际换相角；

ε ——由换相引起的相对电压降；

d_{xN} ——由换相引起的额定相对电压降；

U_{dioN} ——额定空载直流电压，kV；

U_{dio} ——实际空载直流电压，kV。

式（8－7）中所涉及的参数均为直流系统运行的状态参数，由直流系统主回路参数计算得来，其计算方法详见第七章。

通过式（8－7）可以验证，随着特征谐波次数的增大，特征谐波幅值逐渐减小，通常 11 次特征谐波幅值最大，13 次特征谐波幅值次之。当谐波次数达到 35 次时，谐波电流幅值小于 1%基波电流。当谐波电流次数超过 50 次时，谐波电流幅值非常小，可以忽略不计。所以，在设计交流滤波器时，通常只考虑 50 次及以下谐波电流[1]。特征谐波电流幅值随直流电流的典型变化规律如图 8－3 所示。

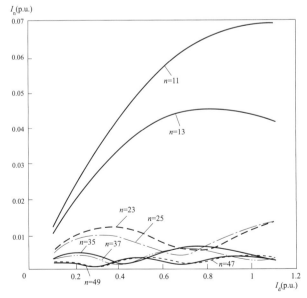

图 8－3　特征谐波电流幅值随直流电流的典型变化规律

（二）非特征谐波

以上在分析换流器交流侧的特征谐波时需假定一些理想条件，在实际的高压直流工程中无法实现，系统内的各种不平衡因素会导致交流侧产生各种次数的非特征谐波。

与特征谐波相比，非特征谐波的幅值相对较小，但对交流滤波器性能和定值计算结果会产生影响，并不能忽略不计。产生交流侧非特征谐波的因素主要有八个[1]：① 直流电流中存在纹波；② 交流电压中存在谐波；③ 交流基波电压不对称，存在负序电压；④ 换流变压器阻抗相间存在差异；⑤ Yy 换流变压器和 Yd 换流变压器对应的 6 脉动换流阀触发角差异；⑥ 由于换流变压器变比不同造成 Yy 换流变压器和 Yd 换流变压器换相电压不同；⑦ Yy 换流变压器和 Yd 换流变压器阻抗差异；⑧ 触发角不完全等距。

以上原因造成的非特征谐波发生的频率、幅值和相位各不相同，难以通过理论分析、数学或物理建模得到清晰的对应关系。因此，在理论分析和工程实际中一般采用逐项分析方法，即假定其他因素都是理想的，考虑上述各种因素均单独出现，再对结果进行叠加。以下对各项因素做定性或定量分析。

1. 影响因素①

在交流系统谐波分析中，所关心的直流电流是指流过换流器和平波电抗器的电流，有别于流过直流线路的电流。直流侧的纹波电流主要是工频、2 次谐波和 12 次谐波电流，其中 12 次谐波电流主要影响交流侧 11 次和 13 次谐波电流。由于这两次谐波电流与特征谐波次数相同，而特征谐波本身幅值较大，因此非特征分量可忽略不计。对交流系统影响较大的是低次谐波，当换流器中流过低次谐波电流时，考虑在谐波电流和交流工频电压相对相位最不利的情况下，将在交流侧某些相中产生最大的谐波电流幅值，其谐波次数和幅值的对应关系如表 8－1 所示。

表 8－1　交流侧谐波电流与直流侧纹波电流的次数和幅值对应关系

直流侧纹波次数和幅值		交流侧谐波次数和幅值	
谐波次数	谐波幅值	谐波次数	最大可能的谐波幅值
1	$I_1 I_d$	0（直流分量）	$0.707 \times I_1 I_{ac}$
		+2	$0.707 \times I_1 I_{ac}$
2	$I_2 I_d$	-1	$0.707 \times I_2 I_{ac}$
		+3	$0.707 \times I_2 I_{ac}$
3	$I_3 I_d$	-2	$0.707 \times I_3 I_{ac}$
4	$I_4 I_d$	-3	$0.707 \times I_4 I_{ac}$
		+5	$0.707 \times I_4 I_{ac}$

注　表中 I_d 是直流电流，I_{ac} 是对应 I_d 的交流基波有效值电流。

直流侧的纹波来源主要有两点：一是沿线附近的交流线路感应所得，二是由于换流器直流电势中含有相应次数的谐波分量。

2. 影响因素②和③

影响因素②和③，即交流电压中的谐波和负序电压将在换流器直流电势中产生低次谐波电势。工程实际应用中通常只考虑低次非特征谐波，其次数和幅值对应关系如表 8-2 所示。

表 8-2　直流侧谐波电压与交流侧谐波电压的次数和幅值对应关系

交流侧谐波电压次数和幅值		直流侧谐波电压次数和幅值	
谐波次数	谐波幅值	谐波次数	最大可能的谐波幅值
−1	$U_{-1}U_{ac}$	2	$0.707 \times U_{-1}U_{dc}$
+2	$U_{+2}U_{ac}$	1	$0.707 \times U_{+2}U_{dc}$
−2	$U_{-2}U_{ac}$	3	$0.707 \times U_{-2}U_{dc}$
+3	$U_{+3}U_{ac}$	2	$0.707 \times U_{+3}U_{dc}$
−3	$U_{-3}U_{ac}$	4	$0.707 \times U_{-3}U_{dc}$
−4	$U_{-4}U_{ac}$	5	$0.707 \times U_{-4}U_{dc}$
−5	$U_{-5}U_{ac}$	6	$0.707 \times U_{-5}U_{dc}$

注　表中 U_{ac} 是交流母线基波电压幅值，U_{dc} 是对应 U_{ac} 的直流电压。

根据表 8-2 的对应关系，可求出直流侧谐波电压，并根据直流侧的谐波阻抗可计算出直流侧的谐波电流，再通过表 8-1 的交流侧谐波电流与直流侧纹波电流的次数和幅值对应关系计算出交流侧低次谐波的电流幅值。

3. 影响因素④

关于换流变压器阻抗相间差异，可用式（8-8）表示换流变各相电抗的标幺值

$$\left. \begin{array}{l} X_u = X_0(1+g_u) \\ X_v = X_0(1+g_v) \\ X_w = X_0(1+g_w) \end{array} \right\} \tag{8-8}$$

式中　　　X_0——标称电抗；

g_u、g_v、g_w——制造公差。

根据电抗的偏差方向，可以归纳为两种最严重工况：

（1）$g_u = 0$，$g_v = \pm g_0$，$g_w = \mp g_0$。其中，g_0 为换流变制造公差的绝对值。该工况下将产生奇数次的三倍次谐波，如 3、9、15 次等，其谐波幅值的计算公式如式（8-9）所示。

$$I_n = \frac{I_1 g_0}{n(n^2-1)I_d X_0 \sqrt{3}} \times \{n^4[\cos(\alpha+\mu)-\cos\alpha]^2$$
$$+ 2n^3 \sin\alpha \sin n\mu[\cos(\alpha+\mu)-\cos\alpha]$$
$$+ n^2[\sin^2\alpha + \sin^2(\alpha+\mu) + 2\cos n\mu(\cos^2 a - \cos\mu)$$
$$+ 2\cos\alpha\cos(\alpha+\mu) - \cos\alpha]$$
$$+ 2n\cos\alpha\sin n\mu[\sin\alpha+\sin(\alpha+\mu)]$$
$$+ 2\cos^2\alpha(1-\cos n\mu)\}^{0.5}$$

$$\tag{8-9}$$

（2）$g_u = \pm g_0$，$g_v = 0$，$g_w = 0$。该工况下将产生奇数次非三的倍数次谐波，如 5、7、11、13 次等，其谐波的幅值为上述计算值的一半。

对于 $X_0 = 0.2$，$g_0 = 0.075$ 的典型值，前几次谐波的幅值如表 8-3 所示。

表 8-3　换流变压器阻抗不平衡引起的谐波电流典型值

谐波次数	可能产生的最大谐波幅值*（%）	谐波次数	可能产生的最大谐波幅值*（%）
3	0.70	11	0.22
5	0.33	13	0.19
7	0.29	15	0.31
9	0.50		

*谐波幅值表示为额定基波电流的百分数。

4. 影响因素⑤～⑦

影响因素⑤～⑦，将引起 Yy 换流变压器和 Yd 换流变压器对应的 6 脉动换流器的运行特性不完全对称，使 2 组 6 脉动换流器特征谐波中的（12k−6±1）次谐波不能彻底抵消，构成了 12 脉动换流器的非特征谐波。

如果分别为这三项不平衡因素假定一个特定的值，则可以套用特征谐波的计算公式，求出每个 6 脉动换流器的谐波分量，再求出各次谐波的差值。由于这种谐波的确定性，可以采用三项因素差值的绝对值之和作为总的谐波源进行求解。

5. 影响因素⑧

以一个 6 脉动换流器为例，考虑以下两种触发不完全等距的情况。

第一种情况，假定组成上半桥的 3 个阀比正常早触发点角度 $\Delta\alpha$，而下半桥的 3 个阀晚触发点角度 $\Delta\alpha$，其他所有条件都为理想条件，则换流器将产生所有偶次谐波，第 n 次偶次谐波对基波的比值公式如下

$$\frac{I_n}{I_1} = \frac{1}{n} \frac{2\sin(n\Delta\alpha)}{2\cos(n\Delta\alpha)} = \frac{n\Delta\alpha - \frac{1}{6}(n\Delta\alpha)^3 + \frac{1}{120}(n\Delta\alpha)^5 \cdots}{n\left[1 - \frac{1}{2}(n\Delta\alpha)^2 + \frac{1}{24}(n\Delta\alpha)^4 \cdots\right]}$$
$$= \Delta\alpha\left[1 + \frac{1}{3}(n\Delta\alpha)^2 + \frac{2}{15}(n\Delta\alpha)^4 \cdots\right] \approx \Delta\alpha(\text{rad})$$

$$\tag{8-10}$$

假定 $\Delta\alpha = 0.1°$，则各偶次谐波对基波电流的标幺值近似地等于 0.174%。若计及换相过程时，各偶次谐波值还将进一步减少。

第二种情况，假定只有 1 相中的两个阀发生上述不平衡情况，而其他四个阀都按正常角度触发，则产生三倍次谐波，计算公式如下

$$\frac{I_\text{n}}{I_1} = \frac{\sin(k\pi \pm 1.5k\Delta\alpha)}{3k\sin\left(\dfrac{\pi}{3} \pm \Delta\alpha/2\right)}$$

$$= \frac{\sin(k\pi)\cos(1.5k\Delta\alpha) \pm \cos(k\pi)\sin(1.5k\Delta\alpha)}{3k\left(\sin\dfrac{\pi}{3}\cos\dfrac{\Delta\alpha}{2} \pm \cos\dfrac{\pi}{3}\sin\dfrac{\Delta\alpha}{2}\right)} \quad (8-11)$$

$$= \frac{\sin(1.5k\Delta\alpha)}{3k\left(\dfrac{\sqrt{3}}{2}\cos\dfrac{\Delta\alpha}{2} \pm \dfrac{1}{2}\sin\dfrac{\Delta\alpha}{2}\right)}$$

当 $\Delta\alpha$ 很小时，$\cos\dfrac{\Delta\alpha}{2} \approx 1$，$\sin\dfrac{\Delta\alpha}{2} \approx 0$，$\sin(1.5k\Delta\alpha) \approx 1.5k\Delta\alpha$，所以

$$\frac{I_\text{n}}{I_1} \approx \frac{1.5k\Delta\alpha}{3k \times \dfrac{\sqrt{3}}{2}} = \frac{\Delta\alpha}{3} = 0.577\Delta\alpha \quad (8-12)$$

假定 $\Delta\alpha = 0.1°$，则所有三倍次谐波的幅值约为基波电流幅值的 0.1%。

实际工程中不能确定触发不对称的模式，因此假定两种模式同时存在，求得偶次谐波和三倍次谐波的幅值。

四、实际谐波电流的选取

特征谐波、非特征谐波和背景谐波是交流滤波器设计的重要输入条件。前面已经提到，背景谐波是在工程前期由相关单位通过实测获得，换流器产生的特征谐波和非特征谐波则需在直流系统研究和成套设计过程中进行计算。

换流器的运行方式较为灵活，如双极运行、单极大地返回运行、单极金属返回运行、降压运行、功率反送等，一些不平衡因素的分布无法预测，因此，要确切地计算换流器的各次谐波并经过实测检验是不现实的。为便于设计同时满足工程要求，常常采用最严重工况进行计算，但取值应在合理范围之内。因此，交流谐波的取值应保证在对应的运行方式下，换流器实际产生的谐波不超过其计算结果。

交流谐波的取值一般有同时最大谐波组和不同时最大谐波组两种方案[1]。

同时最大谐波组是指在所关心的运行方式范围内的某一个运行工况下，计算出的最大特征谐波和非特征谐波组。

非同时最大谐波组是指在所关心的运行方式范围内，计算所有可能的运行方式，得到一系列的谐波电流组合，并在这些组合中选择幅值最大的一个作为各次谐波电流幅值，形成一组谐波电流。

可以看出，非同时最大谐波组比同时最大谐波组取值更加保守。由于谐波电流的不确定性，为确保工程的可靠运行，通常采用非同时最大谐波组计算方法。例如，针对某一种运行方式，从最小运行功率到最大运行功率（通常计算到最大稳态过负荷功率）按 5% 额定功率的步长计算谐波电流。对于最小运行功率，计算所得的谐波电流即用于该功率点交流滤波器的计算，对于其他任何功率点，只需比较该功率点下计算出的每次谐波幅值与前一功率点对应频率的谐波电流幅值，取较大的一个，所得的谐波组合就是该功率点下的非同时最大谐波组。

第二节　交流滤波器滤波原理

一、交流滤波性能指标

滤波器设计中参数选择合理性的评判标准是经滤波后，交流谐波是否会产生危害，其中包括难以完全消除的电话干扰影响，因此，交流滤波性能指标采用电压畸变和电话干扰两类指标进行考量。

（一）电压畸变

电压畸变包括单次谐波电压畸变率和总的谐波电压畸变率。

1. 单次谐波电压畸变率 D_n

$$D_\text{n} = \frac{U_\text{n}}{U_\text{ph}} \times 100\% \quad (8-13)$$

式中　U_n——换流器谐波电流产生的 n 次谐波相对地电压有效值，kV；

　　　U_ph——相对地额定工频电压有效值，kV。

2. 总的谐波电压畸变率 THD（或 D_eff）

$$THD = \sqrt{\sum_{n=2}^{N} D_\text{n}^2} \quad (8-14)$$

式中　N——纳入计算的最大谐波次数，通常取 50。

（二）电话干扰

早期的电话系统都采用明线通信，容易受到邻近电力线路或者通信线路的干扰而降低通信质量，而采用光纤通信则不受任何影响。经过多年的发展，我国的通信主干线基本改造成光纤通信，我国经济发达的地区则基本将通信明线改造完成，但是在其他经济欠发达地区仍然广泛存在明线通信，所以，在设计交流滤波器时，仍然需要考虑换流站交流谐波电话干扰问题。

我国通常采用电话谐波波形系数 $THFF$ 作为交流滤波器设计时电话干扰的性能指标。

$$\left.\begin{array}{l} THFF = \sqrt{\displaystyle\sum_{n=1}^{50}\left(k_\text{n} p_\text{n} \dfrac{U_\text{n}}{U_\text{ph}}\right)^2} \times 100\% \\[12pt] k_\text{n} = \dfrac{nf_0}{800} \\[10pt] p_\text{n} = \dfrac{杂音评价系数}{1000} \end{array}\right\} \quad (8-15)$$

式中　f_0——基波频率，取 50Hz；

　　　n——谐波次数；

k_n——折算至 800Hz 的频率加权系数；

p_n——听力加权系数。

杂音评价系数为国际电话电报咨询委员会（CCITT）规定的，表示人耳对噪声频率的敏感程度。这一敏感程度是通过对抽样人群进行实际试验获得的，不同的试验可能得出不同的结果。杂音评价系数见表 8-4。

表 8-4 杂 音 评 价 系 数

谐波次数	谐波频率（Hz）	杂音评价系数	谐波次数	谐波频率（Hz）	杂音评价系数
1	50	0.71	26	1300	955
2	100	8.91	27	1350	928
3	150	35.5	28	1400	905
4	200	89.1	29	1450	881
5	250	178	30	1500	861
6	300	295	31	1550	842
7	350	376	32	1600	824
8	400	484	33	1650	807
9	450	582	34	1700	791
10	500	661	35	1750	775
11	550	733	36	1800	760
12	600	794	37	1850	745
13	650	851	38	1900	732
14	700	902	39	1950	720
15	750	955	40	2000	708
16	800	1000	41	2050	698
17	850	1035	42	2100	689
18	900	1072	43	2150	679
19	950	1109	44	2200	670
20	1000	1122	45	2250	661
21	1050	1109	46	2300	652
22	1100	1072	47	2350	643
23	1150	1035	48	2400	634
24	1100	1000	59	2450	625
25	1250	977	50	2500	617

从表 8-4 可以看出，高次谐波的杂音评价系数比低次谐波的高，对电话的干扰权重更高。

交流滤波器设计时，交流滤波器性能指标主要执行 GB/T 51200—2016《高压直流换流站设计规范》和 GB/T 50789—2012《±800kV 直流换流站设计规范》两个标准。这两个标准对换流站交流母线谐波电压限值做了如下规定：

对 220kV 及以上的交流系统，谐波干扰的标准需满足：

（1）单次谐波畸变率（D_n），奇次不宜大于 1.0%，其中 3 次和 5 次可不大于 1.25%，偶次不宜大于 0.5%；

（2）总有效谐波畸变率（THD）不宜大于 1.75%；

（3）电话谐波形系统（THFF）不宜大于 1.0%。

对 220kV 以下的交流系统，谐波干扰标准可参照现行国家标准及上述标准执行。具体工程的交流滤波器性能指标应根据该工程的总体性能指标要求确定。

二、交流滤波器滤波原理

交流滤波器的滤波原理是在交流系统中并联交流滤波器回路，给换流器产生的幅值较大的特征谐波和非特征谐波提供低阻抗通路，减少流入交流系统的谐波，从而达到提高电能质量和消除电话干扰的目的。从式（8-13）~式（8-15）可以看出，交流滤波器滤波计算本质上是降低单次谐波的电压畸变率，或者说是降低交流母线谐波电压。图 8-4 为交流滤波器性能计算时的计算模型。

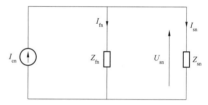

图 8-4 交流滤波系统电路模型

I_{cn}—换流器产生的谐波电流；Z_{fn}—交流滤波器谐波阻抗；Z_{sn}—交流系统谐波阻抗；U_{sn}—交流母线谐波电压；I_{fn}—流入交流滤波器的谐波电流；I_{sn}—流入交流系统的谐波电流；n—谐波次数，一般取 2~50 次

换流器产生的交流谐波电流 I_{cn} 流入到由交流滤波器和交流系统并联组成的回路中，在该回路中产生了交流母线谐波电压 U_{sn}，可采用式（8-16）表达

$$U_{sn} = \frac{Z_{sn} \cdot Z_{fn}}{Z_{sn} + Z_{fn}} I_{cn} \qquad (8-16)$$

从式（8-16）可以看出，交流母线谐波电压与交流谐波电流，交流系统谐波阻抗和交流滤波器谐波阻抗相关。

换流器产生的交流谐波电流 I_{cn} 的计算方法见本章第一节。

交流系统谐波阻抗 Z_{sn} 取决于交流系统的运行方式，因此交流系统谐波阻抗并不是确定的值，而是在一定范围内分布，其计算方法详见第四章第四节内容。交流系统谐波阻抗分布一般可分为扇形和圆形分布图，如图 8-5 所示。

系统谐波阻抗扇形分布图的主要参数有：最大阻抗幅值 Z_{max}、最小阻抗幅值 Z_{min}、最大阻抗角 θ_{max} 和最小阻抗角 θ_{min}。系统谐波阻抗圆形分布图的主要参数有：最小电阻 R_{min}、最大电阻 R_{max}、最大阻抗角 θ_{max}、最小阻抗角 θ_{min} 和阻抗圆半径 R。

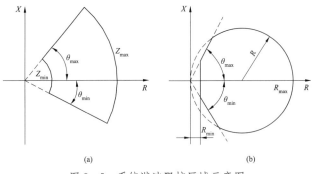

图 8-5 系统谐波阻抗区域示意图
（a）低次谐波阻抗扇形分布图；（b）高次谐波阻抗圆形分布图

由于低次谐波（实际工程并未统一，一般取 $2 \leqslant n \leqslant 13$）幅值较大，对交流滤波器性能计算结果影响较大，通常对每个低次系统谐波阻抗分别采用一个扇形分布图精确地表示阻抗范围，可满足计算的精度要求。高次谐波（一般取 $13 < n \leqslant 50$）对交流滤波器性能计算结果影响较小，可采用统一的圆形分布图表示，既满足工程的设计精度要求，又简化了计算过程。若各次系统谐波阻抗（2~50 次）的范围较为接近时，也可采用统一的圆形分布图。

交流滤波器谐波阻抗 Z_{fn} 通过交流滤波器元件参数和投入的组数计算得到。

对于相同的电压等级、直流输送容量以及换流器接线的工程而言，换流器发出的交流谐波电流 I_{cn} 相差不大，而不同换流站的交流系统谐波阻抗 Z_{sn} 的分布范围则有较大区别。因此，交流系统谐波阻抗 Z_{sn} 的大小直接决定了交流滤波器的设计方案。当交流系统谐波阻抗 Z_{sn} 范围较小时，交流滤波器谐波阻抗 Z_{fn} 可适当增大，即滤波器设计方案相对简单，反之，则滤波器设计方案相对复杂。

三、交流滤波器类型

滤波器主要分为有源滤波器和无源滤波器两大类。

有源滤波器是由指令电流运算电路和补偿电流发生电路两个主要部分组成。指令电流运算电路实时监视线路中的电流，并进行谐波分析，再驱动补偿电流发生电路，生成与电网谐波电流幅值相等、极性相反的补偿电流注入电网，对谐波电流进行补偿或抵消，主动消除电力谐波。无源滤波器是由电容器和电抗器构成的回路或者电容器、电抗器和电阻器构成的回路，其元件均是无源的。有源滤波器结构复杂，可靠性较低，且成本较高，到目前为止，我国的高压直流换流站工程均采用交流无源滤波器。本书如未特别注明，交流滤波器均指交流无源滤波器。

交流无源滤波器分为调谐滤波器和阻尼滤波器，下面分别进行说明。

（一）调谐滤波器

根据滤波器的调谐次数可分为单调谐、双调谐和三调谐

滤波器等类型。

1. 单调谐滤波器

单调谐滤波器是最简单的滤波器拓扑结构，由一个电容器和与之串联的电抗器组成，图 8-6 为典型的单调谐滤波器电路结构和滤波器阻抗—频率特性。

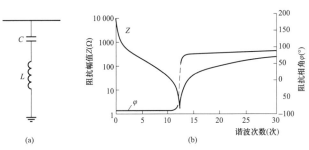

图 8-6 单调谐滤波器接线和阻抗—频率特性
（a）滤波器接线；（b）滤波器阻抗—频率特性

确定滤波器元件参数的主要条件是在额定电压下滤波器的基波无功容量 Q 和调谐点角频率 ω_n（调谐频率对应的谐波次数为 n），可由式（8-17）计算出电容值 C 和电感值 L。

$$\left. \begin{array}{c} Q = \omega_0 C U^2 \\ \dfrac{1}{\omega_n C} = \omega_n L \end{array} \right\} \quad (8-17)$$

式中 ω_0——基波角频率。

决定滤波器性能的另一个因素是滤波器的调谐锐度，即电抗器的品质因数 q。品质因数 q 是衡量电抗器的主要参数，是指电抗器在某一频率的交流电压下所呈现的感抗 X 与其等效损耗电阻 R 之比。谐振频率下的电抗器品质因数可用式（8-18）计算

$$q = \frac{X}{R} = \frac{\omega_n L}{R} = \frac{1}{\omega_n CR} \quad (8-18)$$

由式（8-18）可以得出

$$L = \frac{Rq}{\omega_n} \quad (8-19)$$

$$C = \frac{1}{\omega_n Rq} \quad (8-20)$$

由于实际交流系统频率有一定偏差范围，令频率 ω 对 ω_n 偏差的标幺值为 δ，则

$$\omega = \omega_n(1+\delta) \quad (8-21)$$

可得交流滤波器的阻抗计算公式如下

$$Z = R + \mathrm{j}\left(\omega L - \frac{1}{\omega C}\right) = R\left(1 + \mathrm{j}q\delta\frac{2+\delta}{1+\delta}\right) = X\left(\frac{1}{q} + \mathrm{j}\delta\frac{2+\delta}{1+\delta}\right)$$
$$(8-22)$$

一般情况下 δ 远小于 1，式（8-22）可近似用式（8-23）表示

$$Z = X\left(\frac{1}{q} + \mathrm{j}2\delta\right) \qquad (8-23)$$

交流滤波器阻抗幅值计算

$$|Z| = X\sqrt{\frac{1}{q^2} + 4\delta^2} \qquad (8-24)$$

由以上关系式可知，当电感 L 和电容 C 一定时，q 值越高，滤波器在调谐频率下的阻抗越小，滤波器效果越好，损耗也越低。

但调谐锐度越大，当系统频率变动或电容和电感因温度变化等原因而改变时，会使滤波效果有较大的变动。因此，为克服这一缺点，常常在设计滤波器电感时适当降低其品质因数，如果仍不能满足要求时，可以装设串联的电阻器。

2. 双调谐滤波器

双调谐滤波器等效于两个并联的单调谐滤波器，通过一个单独的合成滤波器接线实现，其无功容量是两个单调谐滤波器无功容量之和。图 8-7 为典型的双调谐滤波器电路结构和滤波器阻抗—频率特性。

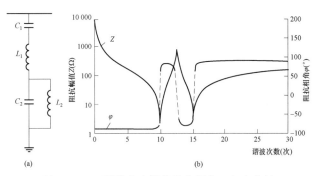

图 8-7　双调谐滤波器接线和阻抗—频率特性

（a）滤波器接线；（b）滤波器阻抗—频率特性

计算双调谐滤波器的电容值和电感值主要有两种方法，以下分别说明。

（1）方法一是将双调谐交流滤波器等效为两个并联的单调谐交流滤波器，如图 8-8 所示。

确定了两个单调谐交流滤波器支路的容量和调谐频率，可以根据式（8-17）求出电容 C_a 和 C_b，以及电感 L_a 和 L_b。

由于两种接线完全等效，因此对应的阻抗—频率特性完全一致，即在任意交流系统角频率 ω 下的阻抗相同，可得

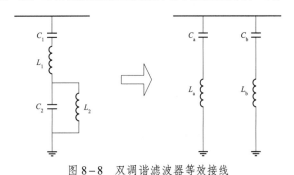

图 8-8　双调谐滤波器等效接线

$$-\frac{1}{\omega C_1} + \omega L_1 + \frac{\omega L_2}{1 - \omega^2 L_2 C_2} = \frac{1}{\dfrac{1}{-\dfrac{1}{\omega C_\mathrm{a}} + \omega L_\mathrm{a}} + \dfrac{1}{-\dfrac{1}{\omega C_\mathrm{b}} + \omega L_\mathrm{b}}} \qquad (8-25)$$

经过公式变换，即可求出双调谐滤波器的电容和电感值。

（2）方法二是确定交流滤波器的基波无功容量 Q、调谐角频率 ω_1 和调谐角频率 ω_2，再给定滤波器并联回路（L2 和 C2 构成）的调谐角频率 ω_p，即可求出双调谐滤波器的电容值和电感值，公式如下

$$\left.\begin{aligned}
Q &= \frac{U^2}{\left(\omega_0 L_1 - \dfrac{1}{\omega_0 C_1} + \dfrac{\omega_0 L_2}{1 - \omega_0^2 L_2 C_2}\right)} \\
\omega_1 L_1 &- \frac{1}{\omega_1 C_1} + \frac{\omega_1 L_2}{1 - \omega_1^2 L_2 C_2} = 0 \\
\omega_2 L_1 &- \frac{1}{\omega_2 C_1} + \frac{\omega_2 L_2}{1 - \omega_2^2 L_2 C_2} = 0 \\
\omega_\mathrm{p} L_2 &= \frac{1}{\omega_\mathrm{p} C_2}
\end{aligned}\right\} \qquad (8-26)$$

3. 三调谐滤波器

三调谐滤波器与双调谐滤波器的设计理念类似，等效于三个并联的单调谐滤波器，通过一个单独的合成滤波器接线实现的，其无功容量是三个单调谐滤波器无功容量之和。图 8-9 为典型的三调谐滤波器电路结构和滤波器阻抗—频率特性。

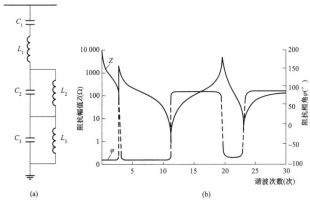

图 8-9　三调谐滤波器接线和阻抗—频率特性

（a）滤波器接线；（b）滤波器阻抗—频率特性

计算三调谐滤波器的电容值和电感值与双调谐滤波器类似，同样有两种方法，以下分别介绍。

（1）方法一是将三调谐交流滤波器等效为三个并联的单调谐交流滤波器，如图 8-10 所示。

确定了三个单调谐交流滤波器支路的容量和调谐频率，可以根据式（8-17）求出电容 C_a、C_b 和 C_c，以及电感 L_a、L_b 和 L_c。

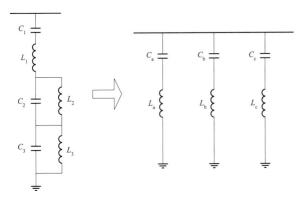

图 8-10　三调谐滤波器等效接线

由于两种接线完全等效，因此对应的阻抗—频率特性完全一致，即在任意交流系统谐波频率 ω 下的阻抗相同，可得

$$-\frac{1}{\omega C_1} + \omega L_1 + \frac{\omega L_2}{1-\omega^2 L_2 C_2} + \frac{\omega L_3}{1-\omega^2 L_3 C_3}$$
$$= \frac{1}{\dfrac{1}{-\dfrac{1}{\omega C_a} + \omega L_a} + \dfrac{1}{-\dfrac{1}{\omega C_b} + \omega L_b} + \dfrac{1}{-\dfrac{1}{\omega C_c} + \omega L_c}} \quad (8-27)$$

经过公式变换，即可求出三调谐滤波器的电容值和电感值。

（2）方法二是确定交流滤波器的基波无功容量 Q 和调谐角频率 ω_1、ω_2 和 ω_3，再给定滤波器两个并联回路的调谐频率 ω_{p1} 和 ω_{p2}，即可求出三调谐滤波器的电容值和电感值。公式如下

$$\left. \begin{aligned}
Q &= \frac{U^2}{\left(\omega_0 L_1 - \dfrac{1}{\omega_0 C_1} + \dfrac{\omega_0 L_2}{1-\omega_0^2 L_2 C_2} + \dfrac{\omega_0 L_3}{1-\omega_0^2 L_3 C_3}\right)} \\
\omega_1 L_1 &- \frac{1}{\omega_1 C_1} + \frac{\omega_1 L_2}{1-\omega_1^2 L_2 C_2} + \frac{\omega_1 L_3}{1-\omega_1^2 L_3 C_3} = 0 \\
\omega_2 L_1 &- \frac{1}{\omega_2 C_1} + \frac{\omega_2 L_2}{1-\omega_2^2 L_2 C_2} + \frac{\omega_2 L_3}{1-\omega_2^2 L_3 C_3} = 0 \\
\omega_3 L_1 &- \frac{1}{\omega_3 C_1} + \frac{\omega_3 L_2}{1-\omega_3^2 L_2 C_2} + \frac{\omega_3 L_3}{1-\omega_3^2 L_3 C_3} = 0 \\
\omega_{p1} L_2 &= \frac{1}{\omega_{p1} C_2} \\
\omega_{p2} L_3 &= \frac{1}{\omega_{p2} C_3}
\end{aligned} \right\} \quad (8-28)$$

（二）阻尼滤波器

阻尼滤波器的作用是用来削弱多次谐波的滤波器，也叫宽带滤波器。通常是在调谐滤波器的基础上，增加一个或多个与电抗器并联的电阻器，这将在一定频率范围内产生阻尼特性。如果它们被用来在比调谐频率高的频率处获得高阻尼特性，那么它们也可称为高通滤波器。

常见的阻尼滤波器有如下几种。

1. 二阶高通阻尼滤波器

二阶高通阻尼滤波器的结构是在单调谐滤波器的电抗器支路并联一个阻尼电阻器 R，具有高通阻尼特性。图 8-11 为典型的二阶高通阻尼滤波器电路结构和滤波器阻抗—频率特性，当 R 较大时，阻抗曲线如 Z_1 所示（调谐点处阻抗相对较小，高频频率范围内阻抗相对较大）；当 R 较小时，阻抗曲线如 Z_2 所示（调谐点处阻抗相对较大，高频频率范围内阻抗相对较小）。

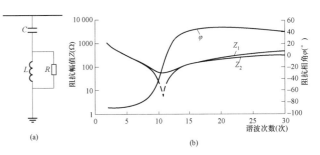

图 8-11　二阶高通阻尼滤波器接线和阻抗—频率特性
（a）滤波器接线；（b）滤波器阻抗—频率特性

二阶高通阻尼滤波器的电容值和电感值选择与单调谐滤波器类似，电阻值的选择主要取决于阻尼效果。二阶高通阻尼滤波器在基波频率下，其具有容性阻抗，而在很宽的高频带范围内阻抗幅值接近电阻器的电阻值，阻抗角接近电阻性。

2. C 形阻尼滤波器

C 形阻尼滤波器由 2 个电容器、1 个电抗器和 1 个电阻器组成。该方案将 C_2 电容器与电抗器 L 串联，并将其串联调谐频率设置在工频，再与电阻器形成并联回路，相当于在工频下将电阻器旁路，大大降低了滤波器电阻器的损耗。图 8-12 为典型的 C 形阻尼滤波器电路结构和滤波器阻抗—频率特性。

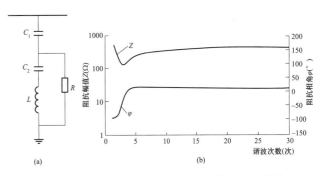

图 8-12　C 形阻尼滤波器接线和阻抗—频率特性
（a）滤波器接线；（b）滤波器阻抗—频率特性

确定交流滤波器的基波无功容量 Q 和调谐角频率 ω_1，即可求出 C 形阻尼滤波器的电容值和电感值，电阻值的选择主要取决于阻尼效果，计算公式如式（8-29）所示。

$$\left.\begin{array}{l} Q = \omega_0 C_1 U^2 \\ \omega_0 L = \dfrac{1}{\omega_0 C_2} \\ \omega_1 L = \dfrac{1}{\omega_1 \dfrac{C_1 C_2}{C_1 + C_2}} = \dfrac{C_1 + C_2}{\omega_1 C_1 C_2} \end{array}\right\} \qquad (8-29)$$

式中　ω_0——基波角频率；

　　　ω_1——滤波器调谐角频率。

3. 双调谐阻尼滤波器

双调谐阻尼滤波器的结构是在双调谐滤波器的回路中并联一个电阻器 R_1，不同工程的交流滤波器电阻安装位置可能不同，常见的几种双调谐阻尼滤波器如图 8-13 所示。

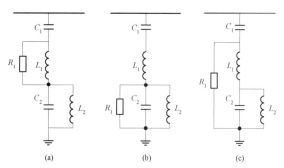

图 8-13　几种典型的双调谐阻尼滤波器接线

（a）R_1 与 L_1 并联方案；（b）R_1 与 L_2 并联方案；

（c）R_1 与 L_1 及 L_2 并联方案

双调谐阻尼滤波器的电容值和电感值选择与双调谐滤波器类似，电阻值的选择主要取决于阻尼效果，其安装位置不同产生的阻尼效果不同。采用图 8-13（a）和（b）的双调谐阻尼滤波器接线方案将在调谐点附近产生阻尼，即具有带通阻尼效果；采用图 8-13（c）的双调谐阻尼滤波器接线方案将在很宽的高频带范围内阻抗幅值接近电阻器的电阻值，阻抗角接近电阻性，即具有高通阻尼效果。图 8-14 给出的是双调谐高通阻尼滤波器接线的阻抗—频率特性。

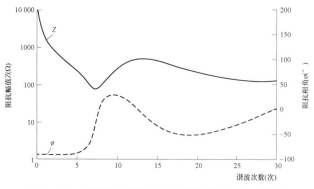

图 8-14　双调谐高通阻尼滤波器的阻抗—频率特性

4. 三调谐阻尼滤波器

常见的三调谐阻尼滤波器结构是在滤波器回路中的 L_1 和 L_2 电抗器旁分别并联 1 个电阻器，其接线如图 8-15 所示。

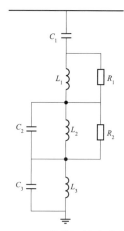

图 8-15　三调谐阻尼滤波器接线

三调谐阻尼滤波器的电容和电感值选择与三调谐滤波器类似，电阻值的选择主要取决于阻尼效果。

以上给出了调谐滤波器和阻尼滤波器的几种主要类型。与调谐滤波器相比，阻尼滤波器的主要优点是：

（1）耐受相对较大范围的频率偏移。

（2）耐受由环境条件引起的较大范围内滤波器元件参数变化。

（3）降低暂态电压并减少谐振存在的可能性。

阻尼滤波器的主要缺点是：

（1）增加的电阻器导致滤波器损耗较大。

（2）由于增大了调谐点的滤波器阻抗，导致调谐性能略低于调谐滤波器。

四、滤波器形式选择原则

调谐滤波器和阻尼滤波器两类滤波器形式基本涵盖了我国高压直流工程交流滤波器的类型，通常可根据下列原则选择交流滤波器：

（1）滤除最大谐波含量的特征谐波。一般来说 11、13、23 次和 25 次特征谐波滤波器是必装的，35 次和 37 次特征谐波滤波器多数工程也安装了，由于 47 次和 49 次特征谐波幅值较小，一般情况下未安装。

（2）根据工程情况安装滤除低次谐波滤波器。对于背景谐波中的低次谐波（3、5 次和 7 次谐波），一般在两种情况下安装低次谐波滤波器：一种是低次谐波电压畸变率的幅值超过了规定的允许值；另一种是当换流站的短路容量比较小时，换流站交流母线可能产生低频谐振。

（3）通常采用阻尼滤波器。由于交直流系统存在诸多的失谐因素，且运行单位一般不采用季节性调谐措施（如电抗器带抽头），因此为提高交流滤波器抗失谐的能力，通常选用阻尼滤波器，包括 C 形阻尼滤波器。

（4）换流站的交流滤波器种类不宜超过 3 种。交流滤波器种类太多，将导致滤波器的投切策略复杂，设备种类和备品数量增多，不便于运行调度和检修维护。

（5）优先选择双调谐阻尼或三调谐阻尼滤波器，而单调谐或二阶高通阻尼滤波器较少采用。因为双调谐阻尼滤波器或三调谐阻尼滤波器的调谐点次数较多，不仅可以减少滤波器种类，而且在直流小方式下减少滤波器投入组数，节省因无功平衡要求而装设的并联电抗器费用。

（6）对电话谐波波形系数 *THFF* 等要求的限制。当滤波性能对电话谐波波形系数 *THFF* 等高频频谱敏感的指标有较为严格的要求时，则一般需装设高通阻尼滤波器。

（7）每种特征谐波滤波器的组数应不小于交流滤波器大组分组数量，低次谐波滤波器（如果需要装设）的组数一般为 1～2 组，剩余无功补偿部分采用并联电容器。

（8）当系统小方式运行时，应校核系统感抗与换流站容抗在换流站交流母线产生低次谐波谐振的可能性，当存在这种可能性时应考虑装设低次谐波滤波器，其组数应为 1～2 组。

以上滤波器形式选择原则仅作为交流滤波器设计的指导，只有进行详细的滤波器性能和额定值计算后才能确定合理的滤波器设计方案。

五、实际工程交流滤波器形式选择

我国已经建成和在建的高压直流工程（包括背靠背直流工程）共有 30 多个，表 8-5 列出了几种典型的交流滤波器配置方案。

表 8-5　实际某工程交流滤波器配置方案

换流站建设规模	交流滤波器配置方案
直流额定容量 3000MW，直流额定电压 ±500kV	3×HP11/13（双调谐高通阻尼）+3×HP24/36（双调谐高通阻尼）+2×HP3（C 形阻尼）
直流额定容量 3000MW，直流额定电压 ±500kV	5×HP12/24（双调谐高通阻尼）+4×SC（并联电容器）
直流额定容量 3000MW，直流额定电压 ±500kV	4×HP11/13（双调谐高通阻尼）+3×TT3/24/36（三调谐阻尼）+3×SC（并联电容器）
直流额定容量 3000MW，直流额定电压 ±500kV	6×HP12/24（双调谐高通阻尼）+6×SC（并联电容器）
直流额定容量 4000MW，直流额定电压 ±660kV	3×HP11/13（双调谐高通阻尼）+3×HP24/36（双调谐高通阻尼）+1×HP3（C 形阻尼）+7×SC（并联电容器）
直流额定容量 4000MW，直流额定电压 ±660kV	3×HP12（二阶高通阻尼）+3×HP24/36（双调谐高通阻尼）+1×HP3（C 形阻尼）+7×SC（并联电容器）
直流额定容量 5000MW，直流额定电压 ±800kV	4×DT11/24（双调谐阻尼）+4×DT13/36（双调谐阻尼）+2×HP3（C 形阻尼）+8×SC（并联电容器）

续表

换流站建设规模	交流滤波器配置方案
直流额定容量 5000MW，直流额定电压 ±800kV	4×DT11/24（双调谐阻尼）+3×DT13/36（双调谐阻尼）+7×SC（并联电容器）
直流额定容量 8000MW，直流额定电压 ±800kV	4×BP11/BP13（双支路并联二阶阻尼）+4×HP24/36（双调谐阻尼）+3×HP3（C 形阻尼）+5×SC（并联电容器）
直流额定容量 8000MW，直流额定电压 ±800kV	8×HP12/24（双调谐阻尼）+2×HP3（C 形阻尼）+9×SC（并联电容器）

上述交流滤波器名称中，HP（High Pass）表示高通滤波器，BP（Band Pass）表示带通滤波器，DT（Double Tuning）表示双调谐滤波器，TT（triple tuning）表示三调谐滤波器，SC（Shunt Capacitor）表示并联电容器。实际工程中，双调谐滤波器（DT）或三调谐滤波器（TT）均装设了电阻器，实为阻尼滤波器。从各种滤波器选型组合方式可以看出：

（1）除了并联电容器不装设电阻器外，其余类型的交流滤波器均采用了安装电阻器的阻尼滤波器，未采用不带电阻器的调谐滤波器。

（2）每个工程的滤波器种类均不超过 3 种（不含并联电容器）。大部分工程都采用了双调谐阻尼滤波器方案或双调谐阻尼滤波器+三调谐阻尼滤波器的组合方案，个别工程采用了二阶高通阻尼滤波器+双调谐阻尼滤波器方案。

（3）每个直流工程均装设了滤除 11、13、23 次和 25 次特征谐波的滤波器（滤波器调谐点若设置在 12 次或 24 次，目的是在简化滤波器设计方案的基础上滤除 11、13、23 次和 25 次特征谐波）。大部分直流工程都装设滤除 35 次和 37 次特征谐波的滤波器（为简化滤波器设计，滤波器调谐点一般设置在 36 次）。

（4）为滤除 3 次谐波以及相邻的 5 次和 7 次谐波，有些工程采用了 HP3 C 形高通阻尼滤波器，有些工程则将 3 次调谐点组合在三调谐滤波器中。

第三节　交流滤波器的计算

一、设计思路和流程

交流滤波器计算首先要根据主回路参数结果计算交流侧的谐波电流。然后，根据系统输入条件以及交流侧谐波电流初定一个交流滤波器配置，并进行交流滤波器性能计算。通常情况下，交流滤波器性能计算很少一次性计算通过，而是一个不断尝试和优化调整的过程。通过改变交流滤波器的设计方案，调整交流滤波器的谐波阻抗，从而使交流滤波器性能满足性能指标要求。之后，下一步工作就是计算交流滤波器元件（电容器、电抗器和电阻器）的稳态定值，即稳态条件下各元件的电压值和电流值等，当计算出的交流滤波器稳态定值太大，导致设备造价和尺寸大幅增加，同样需要对交流滤波器的设计方案进一步优化。最后一步是计算交流滤波器元件的暂态定值，即设备的暂态过电流和绝缘水平。交流滤波器的稳态和暂态定值计算结果将用于交流滤波器的设备招标。

根据交流滤波器设计的主要思路，其设计流程如图 8-16 所示。

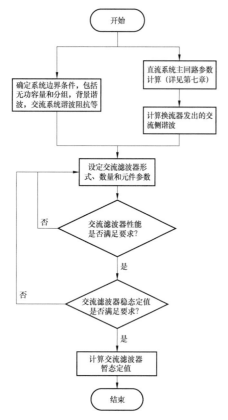

图 8-16　交流滤波器设计流程图

对于交流滤波器性能和稳态定值计算，由于需要计算各种运行工况并考虑各种误差组合情况，因此，计算工作量很大，通常采用专业计算软件如 DCDP 直流输电系统基本设计程序（程序界面见本章第四节）进行计算。交流滤波器暂态定值计算通常利用电磁暂态仿真软件如 PSCAD 或 EMTP 等进行计算。

二、设计输入条件

（一）交流系统条件

交流系统条件主要包括交流系统电压、交流系统频率特性、交流系统谐波阻抗和背景谐波等。

（二）设备制造公差和测量误差

设备制造公差和测量误差是直流系统主回路参数计算和交流侧非特征谐波计算的输入条件。

（三）直流系统主回路参数

由本章第一节可知，直流系统主回路参数用于计算交流侧的特征和非特征谐波。直流系统主回路参数计算方法详见第七章。

（四）总的无功需求和最大分组容量

换流站总的无功需求决定了所需交流滤波器总的无功容量，最大分组容量则决定了单个交流滤波器小组的无功容量最大限值。因此，总的无功需求和最大分组容量是确定交流滤波器小组容量和组数的输入条件。

总的无功需求和最大分组容量计算方法详见第四章第三节内容。

交流滤波器的组数和容量的确定顺序如下：无功总容量→最大分组容量→交流滤波器所要求的组数及容量→并联电容器的组数及容量。

（五）交流侧谐波

换流器产生的交流谐波是交流滤波器设计的输入条件，其计算方法见本章第一节。

三、滤波性能计算

（一）性能计算方法

交流滤波器性能计算的系统电路模型见图 8-4，交流母线谐波电压 U_{sn} 可用式（8-30）计算。

$$U_{sn} = \frac{Z_{sn} \cdot Z_{fn}}{Z_{sn} + Z_{fn}} I_{cn} = \frac{I_{cn}}{Y_{sn} + Y_{fn}} \qquad (8-30)$$

式中　Y_{sn}——交流系统导纳；

Y_{fn}——交流滤波器导纳。

交流系统谐波阻抗 Z_{sn} 和交流母线谐波电流 I_{cn} 在本章第二节已经进行了说明。

交流滤波器阻抗 Z_{fn} 是指在当前计算工况下投入的所有滤波器的并联阻抗，与交流滤波器小组的阻抗、投入交流滤波器的组数和交流滤波器组合方式有关：

（1）交流滤波器小组的阻抗可根据本章第二节的计算方法确定。

（2）投入交流滤波器的组数应根据换流站在当前计算工况下的无功需求确定。一般按 5% 的输送功率步长进行计算，在最小输送功率下投入最小滤波器组合（一般为 2 组）；在双极额定输送功率下投入 $n-1$ 组交流滤波器，即在双极额定输送功率下需考虑 1 组备用；在双极过负荷方式下应投入全部滤波器。

（3）交流滤波器组合应尽量选择不同形式的滤波器，避免因某种类型的滤波器未投入或投入较少导致该滤波器对应的调谐频率性能超标。

在确定交流系统谐波阻抗 Z_{sn}、交流母线谐波电压 I_{fn} 以及交流滤波器阻抗 Z_{fn} 后即可计算出交流母线各次谐波电压幅值

U_{sn}。计算交流滤波器性能时所关心的是在各种工况下，找出最大的交流母线各次谐波电压幅值，以确定该电压是否满足性能指标要求。因此，为得到最大的交流母线各次谐波电压幅值 U_{sn}，需得到交流系统和交流滤波器的并联阻抗最大值，也就是交流滤波器和交流系统导纳之和的最小值，即通常所指的谐振工况。

得到交流母线各次谐波电压幅值 U_{sn} 后，根据式（8-13）～式（8-15）可计算出交流滤波器性能。如果在部分工况下性能超标，则需通过改变交流滤波器的设计方案，调整交流滤波器的谐波阻抗，再重新计算交流滤波器性能，直到在各种工况下，各项性能指标均满足要求。

需要说明的是，在计算用于交流滤波器性能的交流侧谐波时，换流站的负序电压和背景谐波考虑如下：

（1）换流站的负序电压一般取 1%。

（2）一般不考虑换流站的交流系统背景谐波。

（二）性能计算的工况

交流滤波器性能计算应在表 8-6 规定的运行工况（每种运行工况应是表中各列的组合）下均能满足性能指标要求。

表 8-6　交流滤波器性能计算的运行工况

功率方向输送	运行接线方式	直流线路电阻	交流系统电压	直流运行电压
1）正向；2）反向	1）双极运行方式；2）单极大地回线方式；3）单极金属回线方式	1）电阻高；2）电阻低	1）最高；2）额定；3）最低	1）直流系统运行电压为正常运行电压，输送功率为从最小功率至 2h 过负荷功率之间的任意功率，所有交流滤波器分组投运或可用于投运。2）直流系统运行电压为正常运行电压，输送功率为从最小功率到连续额定功率（1.0p.u）间的任意直流输送功率，有一个滤波器小组不可用。3）直流系统降压运行[①]，输送功率为从最小功率到允许的最大功率间的任意直流输送功率，所有交流滤波器分组投运或可用于投运

① 大部分直流工程降压运行电压范围为 70%～100%额定直流电压，少量工程为 80%～100%，主要取决于换流变压器分接开关的制造能力。

由于交流滤波器性能仅考核换流站在正常运行方式下是否满足要求，对于换流站的故障工况则不要求。因此，交流系统电压不考虑极端最低电压水平。

（三）投切策略

交流滤波器投切策略是指在某一运行工况下，交流滤波器应投入的组数和滤波器组合方式。交流滤波器应投入的组数应满足该运行工况下无功平衡的需求，而交流滤波器组合方式应满足交流滤波器性能要求。在选择交流滤波器投切策略时应注意：

（1）优先投入特征谐波滤波器，再投入低次谐波滤波器，避免滤波性能超标。

（2）当滤波器种类较多时，应投入不同形式的滤波器，而避免投入 1 种类型的滤波器，滤波性能超标。

（3）性能计算时，应考虑表 8-6 中交流滤波器小组不可用的情况。

（四）滤波器失谐

实际工程中并不存在理想条件，由于不同原因造成的滤波器失谐将导致滤波器的滤波性能下降，滤波器元件的电流和电压应力增大，因此，在计算交流滤波器阻抗 Z_{fn} 时，应考虑失谐的影响。

滤波器失谐主要考虑以下五个方面的因素。

1. 初始公差

所有交流滤波器元件均会具有一定的制造公差。一般来说，在滤波器元件中只有一小部分元件具有微调的可能性，并将在调试过程中进行调节。该调谐能力可以通过小电容器元件（在必要时将这些元件加在整组电容器上）提供，也可以通过电抗器上的分接头来提供。

2. 温度变化

温度变化将会影响电容器，并可能在冬季最低温度至夏季最高温度的范围内导致电容值发生若干百分比的变化。太阳辐射同样会对电容器介质的温度造成影响，也是一个需要考虑的因素。

3. 元件故障

由于滤波器设计通常允许在失去一个或两个电容器单元时继续运行，在此情况下交流滤波器电容器电容值将发生微小变化。

4. 系统频率变化

当系统频率发生变化时，将改变交流滤波器电容器和电阻器的阻抗值，因此，需要在设计滤波器时考虑系统频率变化带来的影响。

5. 元件老化

电容器参数值可能会在几年之后发生一些轻微的变化。一般而言，与在设计开始时就考虑这一因素相比，在计划停运期间对滤波器的调谐性能进行检查是一个更为有效的方法。

滤波器失谐 δ_e 用等值频率偏差表示，采用式（8-31）计算

$$\delta_e = \frac{\Delta f}{f_N} + \frac{1}{2}\left(\frac{\Delta C}{C_N} + \frac{\Delta L}{L_N}\right) \qquad (8-31)$$

式中 $\dfrac{\Delta f}{f_N}$ ——交流系统频率偏差；

$\dfrac{\Delta C}{C_N}$ ——由于制造公差、温度变化、元件损坏和老化引起的电容变化值；

$\dfrac{\Delta L}{L_N}$ ——由于制造公差和温度变化等引起的电感变化值。

性能计算时，交流系统频率偏差 $\dfrac{\Delta f}{f_N}$ 按交流系统的稳态频率偏差取值，不考虑交流系统在故障情况下的频率偏差。

电容值变化 $\dfrac{\Delta C}{C_N}$ 由制造公差、温度变化、元件损坏和老化共同作用。制造公差与生产厂的制造工艺有关。元件损坏和老化则根据工程经验取典型值，一般高压电容器取 $-0.2\%\sim0.4\%$，低压电容器取 0%。由于温度引起的电容值变化采用式（8-32）计算

$$\left(\frac{\Delta C}{C_N}\right)_{temp} = -\left(\frac{t_a - t_N}{100}\right)\Delta C_t \qquad (8-32)$$

式中 t_a ——环境温度；

t_N ——参考温度；

ΔC_t ——电容值变化百分比，25℃以上通常取 5%，25℃以下取 4%。

电感值变化 $\dfrac{\Delta L}{L_N}$ 的取值分为带抽头和不带抽头两种，如果带抽头则与抽头级差有关，通常可取 $\pm0.3\%$，不带抽头的电抗器可取 $\pm2\%$。

四、稳态定值计算

（一）稳态定值计算方法

稳态定值计算是在系统正常运行工况下，计算交流滤波器各元件（滤波器电容器、电抗器和电阻器）所承受的基波和各次谐波电压和电流应力。各元件的稳态定值计算公式如下。

1. 电容器的额定值

电容器额定电压是基波电压和各次谐波电压的算术和，电压为有效值，其计算式为

$$U_{CN} = \sum_{n=1}^{n=50}(U_{fCn}) \qquad (8-33)$$

式中 U_{fCn} ——基波和各次谐波电压。

电容器额定电流是基波电流和各次谐波电流的几何和，电流为有效值，其计算式为

$$I_{CN} = \sqrt{\sum_{n=1}^{n=50}(I_{fCn})^2} \qquad (8-34)$$

式中 I_{fCn} ——基波和各次谐波电流。

2. 电抗器的额定值

电抗器额定电压是基波电压和各次谐波电压的算术和，

电压为有效值，其计算式为

$$U_{LN} = \sum_{n=1}^{n=50}(U_{fLn}) \qquad (8-35)$$

式中 U_{fLn} ——基波和各次谐波电压。

电抗器额定电流是基波电流和各次谐波电流的几何和，电流为有效值，其计算式为

$$I_{LN} = \sqrt{\sum_{n=1}^{n=50}(I_{fLn})^2} \qquad (8-36)$$

式中 I_{fLn} ——基波和各次谐波电流。

3. 电阻器的额定值

电阻器额定功率是基波功率和各次谐波功率的算术和，其计算式为

$$P_{RN} = \sum_{n=1}^{n=50}P_{fRn} = \sum_{n=1}^{n=50}[(I_{fRn})^2 R] \qquad (8-37)$$

式中 P_{fRn} ——基波和各次谐波功率。

电阻器额定电压是基波电压和各次谐波电压的算术和，电压为有效值，其计算式为

$$U_{RN} = \sum_{n=1}^{n=50}(U_{fRn}) \qquad (8-38)$$

式中 U_{fRn} ——基波和各次谐波电压。

电阻器额定电流是基波电流和各次谐波电流的几何和，电流为有效值，其计算式为

$$I_{RN} = \sqrt{\sum_{n=1}^{n=50}(I_{fRn})^2} \qquad (8-39)$$

从式（8-33）～式（8-39）可以看出，计算交流滤波器元件的稳态额定值的关键是计算基波和每次谐波电压或电流。

交流滤波器元件的稳态应力主要来自两个方面，一方面是换流器产生的谐波电流，另一方面是交流系统的背景谐波电压，采用叠加原理进行计算。

由换流器谐波电流产生的滤波器元件应力计算方法与滤波性能计算方法类似。

由交流系统背景谐波电压产生的滤波器元件应力可以通过图 8-17 的电路模型进行计算。

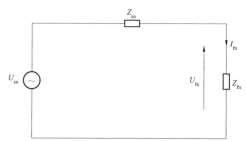

图 8-17 背景谐波产生的滤波器元件应力计算电路图

U_{sn} ——交流系统产生的背景谐波电压；Z_{fn} ——交流滤波器阻抗；

Z_{sn} ——交流系统阻抗；U_{fn} ——交流滤波器谐波电压；

I_{fn} ——流入交流滤波器的谐波电流；n ——谐波次数

在背景谐波产生的滤波器元件应力计算电路图中，交流系统产生的背景谐波电压采用戴维南等值电路表示，交流滤波器谐波电压计算公式如下

$$U_{fn} = \frac{Z_{fn}}{Z_{sn} + Z_{fn}} U_{sn} \qquad (8-40)$$

在给定的计算工况下，交流滤波器阻抗 Z_{fn} 和交流系统产生的背景谐波电压 U_{sn} 是确切值，因此在系统谐波阻抗范围内找出某一 Z_{sn} 使得 $|Z_{sn} + Z_{fn}|$ 最小，即最严重的串联谐振工况，就可计算出交流系统背景谐波产生的最大应力。

通过上述方法分别计算出出换流器谐波电流和交流系统的背景谐波电压产生的滤波器应力后，采用式（8-41）和式（8-42）计算滤波器元件总的电流和电压应力[3]

$$I_n = \sqrt{I_{n1}^2 + I_{n2}^2 + kI_{n1}I_{n2}} \qquad (8-41)$$

$$U_n = \sqrt{U_{n1}^2 + U_{n2}^2 + kU_{n1}U_{n2}} \qquad (8-42)$$

以上式中　I_n 和 U_n——分别为滤波器元件的 n 次谐波电流和电压；

下标1和2——分别表示由换流器谐波电流和交流系统的背景谐波电压所产生的谐波分量；

k——系数，一个经验数值。

我国高压直流工程的取值如表 8-7 所示。

表 8-7　系 数 k 取 值

谐波次数	3	5	7	9	>9 和所有偶次谐波
k	1.62	1.28	0.72	0	0

在对规范要求的所有工况进行计算后，对于每一种滤波器中的元件，选择最大的应力作为元件设计值，并根据规范要求的设计裕度确定滤波器元件的额定值。

需要说明的是，为保证交流滤波器可靠安全运行，在计算用于交流滤波器稳态定值的交流侧谐波时，一般做如下保守处理：

（1）交流系统负序电压，一般按正序电压的 2%考虑。

（2）换流器产生的谐波电流增加 10%。

（二）稳态定值计算工况

交流滤波器稳态定值计算应包含表 8-8 规定的运行工况（每种运行工况应是表中各列的组合）。

从表 8-8 可以看出，交流滤波器稳态定值计算考虑的运行工况比交流滤波器性能计算更多，主要体现在以下两点：

（1）稳态定值计算时应考虑交流系统极端最低电压，即系统故障恢复后的交流系统电压，而性能计算仅考虑交流系统正常运行时的电压波动范围。

（2）稳态定值计算时考虑的交流滤波器不可用数比性能计算更多，给设备运行带来更大的安全裕度。

表 8-8　交流滤波器稳态定值计算的运行工况

功率方向输送	运行接线方式	直流线路电阻	交流系统电压	直流运行电压
1）正向； 2）反向	1）双极运行方式； 2）单极大地回线方式； 3）单极金属回线方式	1）电阻高； 2）电阻低	1）最高； 2）额定； 3）最低； 4）极低	1）直流系统运行电压为正常运行电压，输送功率为从最小功率至2h过负荷功率之间的任意直流功率水平，有一个滤波器小组不可用； 2）直流系统运行电压为正常运行电压，输送功率为从最小功率至额定功率之间的任意直流功率水平，有两个滤波器小组不可用； 3）直流系统降压运行①，输送功率为从最小功率到允许的最大功率间的任意直流功率水平，有一个滤波器小组不可用

① 大部分直流工程降压运行电压范围为 70%～100% 额定直流电压，少量工程为 80%～100% 额定直流电压，主要取决于换流变分接开关的制造能力。

（三）投切策略

在计算稳态定值时，交流滤波器投切策略设定原则与交流滤波器性能计算基本一致，只是交流滤波器小组不可用的情况应满足表 8-8 的要求。

（四）滤波器失谐

交流滤波器稳态定值计算时考虑的滤波器失谐影响与性能计算方法相同，主要区别是交流系统频率波动范围取交流系统在故障情况下的频率偏差，比性能计算更严格。

五、暂态定值计算

滤波器暂态定值的计算包括选择合适的避雷器、滤波器元件的暂态电流和绝缘水平。滤波器中的避雷器用于保护滤波器元件（主要是电感和电阻）避免放电和投切造成的雷电冲击和操作冲击。

滤波器元件暂态应力大于稳态应力，并且是随时间变化的额定值要求。工程中主要考虑以下三种情况：

（一）交流系统发生大的扰动

交流系统发生大的扰动后，系统频率偏离稳态范围，引起滤波器元件额定值增加。计算的办法是将频率随时间变化的曲线以折线近似，通过稳态计算程序计算出每一频率点元件的应力，并以这些应力核算元件的电气应力和热应力。

（二）工频过电压

当交流系统发生工频过电压时，滤波器元件尤其是高压电容器将承受更大的应力。一般情况下，电容器耐受工频过

电压的能力比接在同一母线的交流避雷器能力强,因而这种工况可不作为主要校核工况。

（三）雷电冲击和操作冲击

雷电冲击和操作冲击所产生的暂态应力需要用电磁暂态仿真软件模拟系统参数,包括非线性参数,如变压器的饱和特性以及避雷器特性。滤波器加装避雷器可限制滤波器元件所承受的暂态应力。

为计算雷电冲击和操作冲击情况下元件的最大暂态应力,要使用不同的等值电路和故障模型。暂态计算结果包括以下几个参数:

（1）每个元件上的最高暂态电压。

（2）每个元件上的最大暂态电流。

（3）避雷器和电阻器的最大能量。

（4）滤波器各元件的绝缘水平。

雷电冲击和操作冲击的计算一般考虑表8-9列出的几种典型故障情况。

表8-9 故障工况类型

故障类型	应力类型	影响参数
单相接地故障	雷电操作冲击应力	避雷器操作冲击保护水平、元件操作冲击耐受水平
操作冲击	操作冲击应力	避雷器操作冲击保护水平、元件操作冲击耐受水平
滤波器投入	雷电/操作冲击应力[①]	浪涌电流
三相接地故障恢复	操作冲击应力	避雷器能量

① 取决于操作冲击工况。

1. 单相接地故障

这种故障发生在滤波器的高压电容器和换流器之间的交流母线上。故障等值电路如图8-18所示。故障回路的组成要考虑滤波器高压电容器的杂散电感与故障点的等效电感（包括母线电感）。在故障发生前假设电容器已充电至交流母线避雷器的操作冲击保护水平。

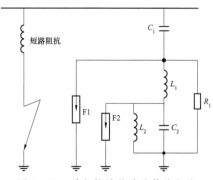

图8-18 单相接地故障的等值电路

2. 操作冲击

计算操作冲击下的暂态应力时,需要在换流器的交流侧引入标准操作冲击波。标准操作冲击波是指250/2500μs,且幅值为交流母线避雷器操作保护水平的波形。故障等值电路如图8-19所示。

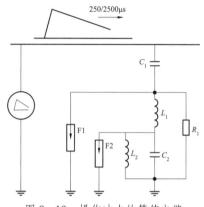

图8-19 操作冲击的等值电路

3. 滤波器投入

假设交流滤波器在交流母线电压处于峰值的时刻合闸,交流电网使用正弦电源与电感串联模型来等效,电感值由交流系统的最大短路电流得出。该工况的等效电路如图8-20所示。

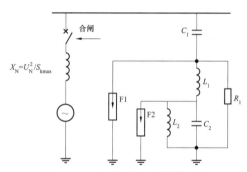

图8-20 滤波器投入的等值电路

仿真计算表明,滤波器投入工况下,滤波器元件上的暂态应力最严重。因此在计算中考虑最严格的情况,即交流母线电压为最高值,并且交流滤波器在电压峰值时合闸。一般情况下交流滤波器断路器上均装有选相合闸装置,使滤波器在电压过零点附近投入,因此,滤波器避雷器在滤波器合闸情况下并不会动作,这将显著降低低压元件上的暂态应力以及避雷器的能量。但是,在避雷器设计中,应考虑最严重的情况,即没有装设选相合闸装置时的情况。

4. 三相接地故障恢复

在研究通过避雷器最大能量时,应考虑到各种情况。其中最严重的情况是在故障发生后换流器闭锁,在故障清除和交流系统电压恢复期间,滤波器一直与交流母线相连。故障切除后,交流电压快速恢复,并在交流母线上产生操作过电压和随后的暂时过电压。

第四节 交流滤波器设计实例

一、计算软件界面

DCDP 直流输电系统基本设计程序设计交流滤波器的模块主要界面如图 8-21～图 8-27 所示。

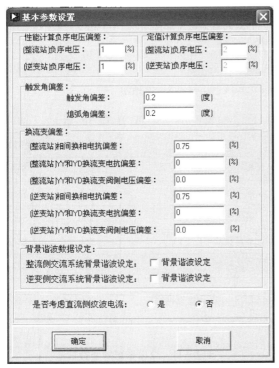

图 8-21 交流侧谐波电流计算基本参数设定界面

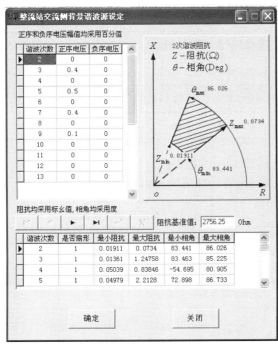

图 8-22 交流侧背景谐波源设定界面

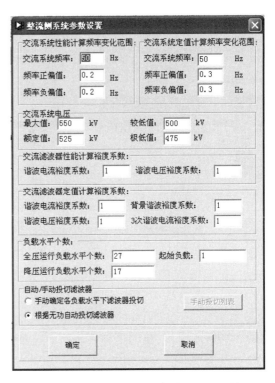

图 8-23 交流系统参数及负载水平设置界面

图 8-24 滤波器类型输入界面

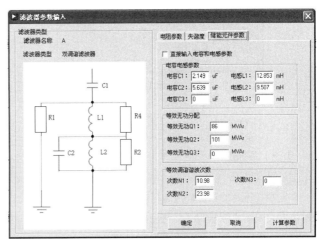

图 8-25 滤波器参数输入界面

图 8-26 投入滤波器组合输入界面

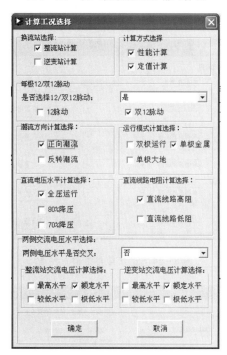

图 8-27 计算工况选择界面

二、计算条件

（一）系统条件

1. 直流电压

送端换流站的直流额定运行电压为±500kV，定义为平波电抗器出线侧直流极母线与直流中性点的电压。在功率正送方式下（降压运行方式除外），传输功率从最小功率至额定功率时，考虑所有可能误差在内的直流运行电压最高不应超过

515kV，最低不应小于 485kV。

2. 直流输送功率

直流输送功率的能力如下：

（1）双极连续运行的额定功率为 3000MW。

（2）单极金属回线连续运行的额定功率为 1500MW。

（3）单极大地回线连续运行的额定功率为 1500MW。

（4）双极直流电压降压 80%（±400kV）时的功率输送能力为 2400MW。

（5）双极直流电压降压 70%（±350kV）时的功率输送能力为 2100MW。

3. 交流系统电压

交流系统电压如表 8-10 所示。

表 8-10 交流系统电压

交流系统电压	送端站	受端站
额定运行电压（kV）	525	525
最高稳态电压（kV）	550	550
最低稳态电压（kV）	500	500
最高极端电压（kV）	550	550
最低极端电压（kV）	475	475

4. 交流系统频率特性

交流系统频率特性如表 8-11 所示。

表 8-11 交流系统频率特性

频 率	送端站	受端站
正常频率（Hz）	50	50
稳态频率变化范围（Hz）	±0.2	±0.2
暂态频率变化范围（Hz）	+0.3/-0.5	+0.3/-0.5
极端暂态频率变化范围（Hz）	+1/-1	+0.5/-1
最大耐受时间（min）	10	10

5. 系统无功交换限值

系统无功交换限值如表 8-12 所示。

表 8-12 系统无功交换限值

系统无功交换限值	送端站	受端站
交流系统提供无功（Mvar）	180	0
交流系统吸收无功（Mvar）	0	200

6. 直流电阻

不同运行方式下直流电阻如表 8-13 所示。

表8-13 直 流 电 阻

运行方式	电阻（Ω）		
	最小	最大	额定
双极运行	10.4	13.89	10.4
单极大地运行	14.36	18.83	14.36
单极金属运行	20.80	27.78	20.80

7. 交流系统背景谐波

送端站和受端站交流系统背景谐波值分别如表 8-14 和表 8-15 所示。

表8-14 送端站交流系统背景谐波值

谐 波 次 数	相对于工频电压幅值（%）
3	0.7
5	1.9
7	0.5
9	0.2
11	0.2
总的系统背景谐波电压 THD	2.1

表8-15 受端站交流系统背景谐波值

谐 波 次 数	相对于工频电压幅值（%）
3	0.336
5	1.074
7	0.356
9	0.139
11	0.125
总的系统背景谐波电压 THD	1.182

8. 交流系统谐波阻抗参数

送端换流站交流系统谐波阻抗数据如表 8-16 所示。

表8-16 送端站交流系统阻抗数据

阻抗圆特征参数	最小电阻 R_{min}（Ω）	最大电阻 R_{max}（Ω）	阻抗圆半径 r_{max}（Ω）	最小阻抗角 φ_{min}（deg）	最大阻抗角 φ_{max}（deg）
数值	1.45	498	249	-68.6	85.3

受端换流站交流低次谐波系统阻抗数据如表 8-17 所示。

表8-17 受端站交流低次谐波系统阻抗数据

谐波次数	最小阻抗幅值 Z_{min}（p.u.）*	最大阻抗幅值 Z_{max}（p.u.）*	最小阻抗角 φ_{min}（deg）	最大阻抗角 φ_{max}（deg）
2	0.004	0.005	55.9	67.5
3	0.003	0.006	40.6	71.1
4	0.005	0.008	51.2	72.1
5	0.006	0.010	51.3	82.8
6	0.005	0.014	15.6	78.9
7	0.006	0.017	39.5	79.2
8	0.006	0.015	36.2	80.4
9	0.009	0.018	62.1	79.6

* 1p.u.＝2500Ω。

受端换流站交流高次谐波系统阻抗数据如表 8-18 所示。

表8-18 受端站交流高次谐波系统阻抗数据

阻抗圆特征参数	最小电阻 R_{min}（Ω）	最大电阻 R_{max}（Ω）	阻抗圆半径 r_{max}（Ω）	最小阻抗角 φ_{min}（deg）	最大阻抗角 φ_{max}（deg）
数值	10.0	265.0	132.5	-53.6	67.5

（二）设备制造公差和测量误差

设备制造公差和测量误差如表 8-19 所示。

表8-19 设备制造公差和测量误差

参数	定义	取值
换流变感性压降 d_x	换流变感性压降制造公差（δd_x）	±3.75%d_{xN}
直流电压 U_d	电压测量误差（δU_{dmeas}）	±1.0%U_d
直流电流 I_d	电流测量误差（δId_{meas}）	±0.75%I_d
触发角 α	触发角 α 测量误差	±0.2°
触发角变化范围 $\Delta\alpha$	触发角正常变化范围	±2.5°
熄弧角 γ	熄弧角 γ 测量误差	±1.0°
熄弧角变化范围 $\Delta\gamma$	熄弧角正常变化范围	+2.5°

（三）主回路参数结果

根据以上系统条件、设备制造公差和测量误差，计算得出的主回路参数计算结果如表 8-20 所示。

表8-20 主回路参数计算结果

主回路参数	送端站	受端站
额定直流功率 P_N（MW）	3000	
最小直流功率 P_{min}（MW）	300	
额定直流电流 I_{dN}（kA）	3	
最大阀侧短路电流 I_{kmax}（kA）	36	
额定直流电压 U_{dN}（kV）	±500	
80%额定直流电压 U_{r1}（kV）	±400	
70%额定直流电压 U_{r2}（kV）	±350	

续表

主回路参数	送端站	受端站
额定空载直流电压 U_{di0N}（kV）	283.2	265.4
最小空载直流电压 U_{di0min}（kV）	259.2	239.5
最大空载直流电压 U_{di0max}（kV）	291.1	275.0
额定触发角 α	15°	—
额定熄弧角 γ	—	17°
单台换流变压器额定容量（MVA）	296.5	277.8
换流变压器短路阻抗（%）	16	15.2
换流变压器网侧额定电压（kV）	525	525
Yy 换流变压器阀侧额定电压（kV）	209.7/$\sqrt{3}$	196.5/$\sqrt{3}$
Yd 换流变压器阀侧额定电压（kV）	209.7	196.5
换流变抽头级数	+18/−6	+18/−6
换流变抽头级差（%）	1.25	
平波电抗器电感值（mH）	300	

（四）总的无功需求和最大分组容量

根据第四章第三节的计算方法，总的无功需求和最大分组容量要求如下：

送端换流站总的无功需求最小值为 1352Mvar，最大的滤波器小组分组容量为 140Mvar。因此，送端换流站交流滤波器可分为 10 个小组，每小组容量为 140Mvar。

受端换流站总的无功需求最小值为 1802Mvar，最大的滤波器小组分组容量为 155Mvar。因此，送端换流站交流滤波器可分为 12 个小组，每小组容量为 155Mvar。

（五）换流器产生的谐波电流

根据主回路参数结果、设备制造公差及测量误差可计算出在各种运行工况下换流器产生的谐波电流。表 8−21 和表 8−22 分别列出的是送端站和受端站典型工况下换流器产生的谐波电流。

表 8−21 送端站交流侧特征谐波电流和非特征谐波电流

续表

功率水平（%） 电流（A） 谐波次数	10	25	40	55	70	85	100	110	120
1	0.16	0.26	0.38	0.49	0.60	0.70	0.79	0.77	0.71
2	1.21	1.34	2.63	3.85	5.04	5.01	5.12	5.09	5.11
3	0.16	0.26	0.38	0.48	0.58	0.66	0.73	0.70	0.63
4	0.68	0.76	1.49	2.19	2.40	2.56	2.82	3.01	3.24
5	0.22	0.36	0.51	0.64	0.76	0.84	0.91	0.85	0.73
6	0.70	0.87	0.92	1.06	1.30	1.63	1.99	2.26	2.53
7	0.16	0.25	0.35	0.43	0.48	0.52	0.54	0.47	0.37
8	0.43	0.51	0.65	0.90	1.22	1.56	1.92	2.15	2.35
9	0.16	0.25	0.33	0.39	0.42	0.42	0.41	0.33	0.22
10	22.08	37.39	54.13	66.48	75.46	79.30	79.77	71.27	60.95
11	0.22	0.34	0.44	0.49	0.50	0.46	0.41	0.27	0.12
12	19.49	30.86	42.82	49.82	53.02	51.47	47.25	38.19	32.22
13	0.16	0.23	0.29	0.30	0.28	0.23	0.17	0.07	0.04
14	0.45	0.53	0.63	0.78	0.94	1.07	1.18	1.20	1.23
15	0.16	0.22	0.26	0.25	0.20	0.13	0.05	0.05	0.12
16	0.36	0.44	0.52	0.63	0.74	0.82	0.89	0.91	0.96
17	0.22	0.30	0.32	0.27	0.18	0.05	0.08	0.18	0.22
18	0.21	0.29	0.40	0.51	0.60	0.66	0.73	0.78	0.88
19	0.15	0.20	0.20	0.14	0.06	0.04	0.12	0.17	0.16
20	0.21	0.29	0.40	0.50	0.57	0.63	0.72	0.81	0.93
21	0.15	0.19	0.17	0.09	0.01	0.09	0.16	0.17	0.13
22	9.70	13.42	12.60	7.68	6.12	11.84	17.09	18.41	15.47
23	0.21	0.25	0.19	0.07	0.08	0.19	0.25	0.22	0.11
24	8.92	11.59	9.53	4.82	7.60	13.15	16.25	14.69	10.30
25	0.15	0.17	0.11	0.01	0.09	0.16	0.18	0.12	0.03
26	0.22	0.29	0.34	0.37	0.42	0.51	0.62	0.68	0.69
27	0.15	0.15	0.08	0.03	0.12	0.15	0.14	0.06	0.04
28	0.19	0.25	0.29	0.31	0.36	0.45	0.53	0.56	0.57
29	0.21	0.19	0.07	0.09	0.18	0.19	0.13	0.01	0.11
30	0.14	0.20	0.24	0.26	0.33	0.42	0.49	0.51	0.54
31	0.15	0.12	0.02	0.09	0.13	0.11	0.05	0.05	0.10
32	0.14	0.20	0.24	0.27	0.36	0.45	0.50	0.52	0.58
33	0.14	0.11	0.00	0.10	0.12	0.08	0.01	0.08	0.09
34	5.96	4.99	1.75	5.87	6.97	4.53	3.59	6.96	7.32
35	0.20	0.14	0.04	0.15	0.15	0.06	0.07	0.14	0.10
36	5.60	4.16	2.23	5.88	5.72	3.02	4.89	7.28	5.66
37	0.14	0.09	0.04	0.11	0.09	0.01	0.08	0.11	0.05
38	0.15	0.19	0.21	0.26	0.32	0.35	0.40	0.45	0.48
39	0.14	0.07	0.06	0.11	0.06	0.04	0.10	0.09	0.01
40	0.13	0.17	0.18	0.23	0.27	0.30	0.35	0.40	0.41
41	0.20	0.08	0.10	0.13	0.04	0.09	0.15	0.08	0.05
42	0.11	0.14	0.16	0.21	0.25	0.28	0.35	0.38	0.39
43	0.14	0.04	0.08	0.08	0.01	0.09	0.10	0.02	0.06
44	0.11	0.15	0.17	0.22	0.26	0.31	0.38	0.40	0.43
45	0.13	0.03	0.08	0.06	0.03	0.09	0.07	0.02	0.07
46	4.08	1.06	3.25	2.44	2.18	4.23	3.23	2.50	4.21
47	0.19	0.02	0.12	0.06	0.07	0.13	0.07	0.07	0.09
48	3.85	0.68	3.19	1.73	2.77	3.93	2.20	3.35	3.72
49	0.13	0.01	0.09	0.03	0.07	0.09	0.02	0.07	0.05

注 表中数据的运行工况为双极运行，直流电压全压工况。

表8－22　受端站交流侧特征谐波电流和非特征谐波电流

功率水平（%） 电流（A） 谐波次数	10	25	40	55	70	85	100	110	120
1	0.15	0.27	0.40	0.52	0.63	0.73	0.83	0.89	0.96
2	0.88	1.12	2.19	2.20	4.13	4.10	4.14	4.22	4.33
3	0.15	0.27	0.39	0.50	0.61	0.70	0.78	0.84	0.89
4	0.53	0.69	1.36	1.42	2.16	2.29	2.49	2.66	2.87
5	0.21	0.37	0.54	0.69	0.81	0.92	1.01	1.06	1.10
6	0.60	0.85	0.89	0.99	1.18	1.45	1.76	1.99	2.23
7	0.15	0.26	0.37	0.46	0.53	0.59	0.62	0.64	0.65
8	0.33	0.45	0.57	0.79	1.07	1.38	1.71	1.94	2.16
9	0.15	0.25	0.36	0.43	0.48	0.51	0.51	0.51	0.49
10	20.55	37.70	55.39	69.29	79.20	85.20	87.31	86.95	85.27
11	0.21	0.35	0.48	0.56	0.60	0.60	0.56	0.52	0.48
12	17.81	31.36	44.68	53.71	58.46	59.28	56.47	53.15	48.93
13	0.15	0.25	0.33	0.36	0.36	0.34	0.29	0.24	0.19
14	0.34	0.46	0.55	0.70	0.87	1.02	1.14	1.21	1.27
15	0.15	0.24	0.30	0.31	0.29	0.24	0.16	0.11	0.05
16	0.29	0.40	0.48	0.60	0.71	0.81	0.88	0.91	0.95
17	0.20	0.32	0.39	0.37	0.31	0.20	0.07	0.02	0.11
18	0.17	0.26	0.37	0.49	0.59	0.66	0.71	0.75	0.79
19	0.14	0.22	0.25	0.22	0.15	0.06	0.04	0.10	0.16
20	0.15	0.25	0.37	0.48	0.57	0.62	0.67	0.72	0.78
21	0.14	0.21	0.22	0.17	0.09	0.02	0.11	0.16	0.20
22	9.05	14.55	15.91	12.57	7.11	6.63	12.58	16.32	19.17
23	0.20	0.28	0.28	0.18	0.04	0.11	0.22	0.27	0.30
24	8.29	12.81	12.89	8.66	4.65	8.87	14.30	16.72	17.90
25	0.14	0.19	0.17	0.09	0.03	0.12	0.19	0.21	0.21
26	0.16	0.25	0.32	0.37	0.39	0.44	0.53	0.61	0.68
27	0.14	0.18	0.14	0.07	0.07	0.15	0.18	0.18	0.16
28	0.15	0.23	0.28	0.31	0.33	0.39	0.48	0.54	0.58
29	0.19	0.24	0.16	0.01	0.14	0.23	0.24	0.20	0.15
30	0.11	0.19	0.24	0.26	0.30	0.37	0.46	0.51	0.54
31	0.14	0.16	0.09	0.03	0.13	0.16	0.14	0.10	0.05
32	0.11	0.18	0.23	0.26	0.31	0.40	0.48	0.52	0.55
33	0.13	0.14	0.06	0.06	0.13	0.15	0.10	0.05	0.02
34	5.56	6.44	2.82	3.92	7.45	7.72	5.02	3.09	3.94
35	0.19	0.19	0.05	0.11	0.19	0.18	0.08	0.02	0.10
36	5.22	5.62	1.88	4.62	7.15	6.17	3.12	3.42	5.68
37	0.13	0.12	0.02	0.10	0.14	0.10	0.01	0.06	0.11
38	0.11	0.17	0.19	0.22	0.29	0.34	0.37	0.39	0.43

续表

功率水平（%） 电流（A） 谐波次数	10	25	40	55	70	85	100	110	120
39	0.13	0.11	0.01	0.11	0.12	0.06	0.04	0.09	0.12
40	0.10	0.16	0.17	0.20	0.26	0.30	0.32	0.34	0.38
41	0.18	0.13	0.04	0.16	0.14	0.03	0.11	0.16	0.17
42	0.08	0.14	0.15	0.19	0.25	0.27	0.30	0.34	0.38
43	0.13	0.08	0.05	0.10	0.08	0.10	0.10	0.12	0.11
44	0.08	0.14	0.15	0.20	0.26	0.28	0.33	0.37	0.41
45	0.12	0.07	0.06	0.11	0.06	0.05	0.11	0.11	0.08
46	3.81	2.31	2.41	4.06	2.03	2.68	4.67	4.41	3.10
47	0.17	0.09	0.10	0.14	0.04	0.10	0.15	0.13	0.07
48	3.60	1.85	2.65	3.62	1.29	3.35	4.40	3.46	1.94
49	0.12	0.05	0.08	0.10	0.01	0.09	0.11	0.07	0.01

注　表中数据的运行工况为双极运行，直流电压全压工况。

三、设计过程

（一）交流滤波器性能要求

交流滤波器的滤波性能满足以下要求：

（1）单次谐波畸变率。单次谐波畸变率 D_n 指标要求如表8－23所示。

表8－23　单次谐波畸变率指标要求

谐波次数	单次谐波畸变率指标	
	送端站（%）	受端站（%）
3次和5次	1.25	1.0
偶次	0.5	0.5
大于5次的奇次谐波	1.0	0.8

（2）总的谐波畸变率 THD。总的谐波畸变率 THD 指标要求如表8－24所示。

表8－24　总的谐波畸变率指标要求

总的谐波畸变率 THD（%）	总的谐波畸变率指标	
	送端站	受端站
	1.75	1.50

（3）电话谐波波形系数 *THFF*。电话谐波波形系数 *THFF* 指标要求如表 8－25 所示。

表 8－25　电话谐波波形系数指标要求

电话谐波波形系数 *THFF*（％）	电话谐波波形系数指标	
	送端站	受端站
	1.0	1.0

（二）交流滤波器配置

本章第二节提到，交流系统谐波阻抗 Z_{sn} 的大小直接决定了交流滤波器的设计方案。当交流系统谐波阻抗 Z_{sn} 范围较小时，交流滤波器谐波阻抗 Z_{fn} 可适当增大，即滤波器设计方案相对简单，反之，则滤波器设计方案相对复杂。

对于送端换流站，由表 8－16 可知，各次交流系统谐波阻抗 Z_{sn} 取值范围相同，均采用圆形分布图表示，且幅值和角度范围较大，意味着交流滤波器谐波阻抗 Z_{fn} 应设计的较小才能使总的谐波阻抗降低，从而满足性能要求。因此，交流滤波器的设计方案相对复杂。

对于受端换流站，由表 8－17 和表 8－18 可知，2～9 次交流系统谐波阻抗 Z_{sn} 取值范围分别采用不同的扇形范围表示，且各次谐波的幅值和角度范围较小；10～50 次则采用统一的圆形分布图表示，且各次谐波的幅值和角度范围小于送端换流站。因此，受端交流滤波器的设计方案相对简单。

基于以上分析，预先设定交流滤波器配置时，可将送端换流站的交流滤波器调谐点设置在 3、11、13、24 次和 36 次（24 次和 36 次调谐点主要用途是滤除 23、25、35 次和 37 次特征谐波），受端换流站的交流滤波器调谐点设置在 12 次和 24 次（滤除 11、13、23 次和 25 次特征谐波）。

参考典型的交流滤波器配置方案，送端换流站一般可用以下几种方案：

（1）HP11/13＋HP24/36＋HP3。

（2）BP11/BP13＋HP24/36＋HP3。

（3）HP11/24＋HP13/36＋HP3。

（4）HP11/13＋TT3/24/36。

受端换流站的滤波器方案相对简单，一般采用 HP12/24。

根据初步设定的交流滤波器配置进行交流滤波器的性能计算，如果满足要求则进行下一步的计算，否则应调整交流滤波器配置（包括修改交流滤波器元件参数或交流滤波器组数等）重新计算交流滤波器性能。

1. 送端换流站

本算例送端换流站交流滤波器配置图如图 8－28 所示。

送端站交流滤波器配置为 4×HP11/13＋3×TT3/24/36＋3×SC，滤波器各参数如表 8－26 所示。

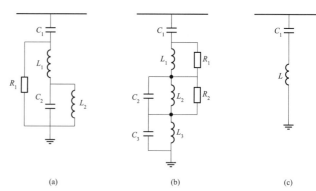

图 8－28　送端站交流滤波器配置图
（a）HP11/13；（b）TT3/24/36；（c）SC

表 8－26　送端站交流滤波器参数

滤波器元件名称及类型	参　　数		
	A	**B**	**C**
	HP11/13	**TT3/24/36**	**SC**
容量（Mvar）	140	140	140
组数	4	3	3
电容器 C_1（μF）	1.605	1.578	1.616
电抗器 L_1（mH）	44.731	8.116	2.721
电阻器 R_1（Ω）	2500	400	—
电容器 C_2（μF）	56.824	7.218	—
电抗器 L_2（mH）	1.239	129.39	—
电阻器 R_2（Ω）	—	1500	—
电容器 C_3（μF）	—	7.704	—
电抗器 L_3（mH）	—	1.634	—

2. 受端换流站

本算例受端换流站交流滤波器配置如图 8－29 所示。

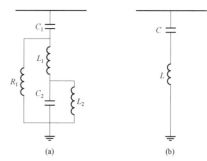

图 8－29　受端站交流滤波器配置图
（a）HP12/24；（b）SC

受端站交流滤波器配置为 6×HP12/24＋6×SC，滤波器各参数如表 8－27 所示。

表 8-27　受端站交流滤波器参数

滤波器元件名称及类型	参　数	
	A	C
	HP12/24	SC
容量（Mvar）	155	155
组数	6	6
电容器 C_1（μF）	1.963	1.972
电抗器 L_1（mH）	17.010	3.964
电阻器 R_1（Ω）	500	—
电容器 C_2（μF）	3.709	—
电抗器 L_2（mH）	9.918	—

（三）交流滤波器无功投切策略

1. 送端换流站

典型的送端换流站无功投切策略如表 8-28～表 8-31 所示。

表 8-28　功率正向、双极运行、直流全压工况无功投切策略表

负荷水平（%）	无功需求小组数	性能要求滤波器组合	定值要求滤波器组合
10～35	2	1A+1B	1A+1B
40～45	3	2A+1B 1A+2B	2A+1B 1A+2B
50～55	4	2A+2B	2A+2B
60～65	5	3A+2B 2A+3B 2A+2B+1C	3A+2B 2A+3B 2A+2B+1C
70	6	3A+3B 3A+2B+1C 2A+3B+1C 2A+2B+2C	3A+3B 3A+2B+1C 2A+3B+1C 2A+2B+2C
75～80	7	3A+3B+1C 2A+3B+2C 3A+2B+2C 2A+2B+3C	3A+3B+1C 2A+3B+2C 3A+2B+2C 2A+2B+3C
85	8	3A+3B+2C 2A+3B+3C 3A+2B+3C	3A+3B+2C 2A+3B+3C 3A+2B+3C 2A+2B+2C
90～95	9	3A+3B+3C 4A+2B+3C	3A+3B+3C 4A+2B+3C 2A+2B+2C
100～120	10	4A+3B+3C	4A+3B+3C 3A+3B+3C

表 8-29　功率正向、单极金属回线运行、直流全压工况无功投切策略表

负荷水平（%）	无功需求小组数	性能要求滤波器组合	定值要求滤波器组合
10～70	2	1A+1B	1A+1B
75～85	3	2A+1B 1A+2B	2A+1B 1A+2B
90～105	4	2A+2B	2A+2B
110～120	5	3A+2B 2A+3B 2A+2B+1C	3A+2B 2A+3B 2A+2B+1C

表 8-30　功率正向、双极运行、直流降压 80% 工况无功投切策略表

负荷水平（%）	无功需求小组数	性能要求滤波器组合	定值要求滤波器组合
≤30	2	1A+1B	1A+1B
≤40	3	2A+1B 1A+2B	2A+1B 1A+2B
≤45	4	2A+2B	2A+2B
≤55	5	3A+2B 2A+3B 2A+2B+1C	3A+2B 2A+3B 2A+2B+1C
≤60	6	3A+3B 3A+2B+1C 2A+3B+1C 2A+2B+2C	3A+3B 3A+2B+1C 2A+3B+1C 2A+2B+2C
≤70	7	3A+3B+1C 2A+3B+2C 3A+2B+2C 2A+2B+3C	3A+3B+1C 2A+3B+2C 3A+2B+2C 2A+2B+3C
≤75	8	3A+3B+2C 2A+3B+3C 3A+2B+3C	3A+3B+2C 2A+3B+3C 3A+2B+3C
≤85	9	3A+3B+3C 4A+2B+3C	3A+3B+3C 4A+2B+3C
≤100	10	4A+3B+3C	4A+3B+3C 3A+3B+3C

表 8-31　功率反向、双极运行、直流全压工况无功投切策略表

负荷水平（%）	无功需求小组数	性能要求滤波器组合	定值要求滤波器组合
10～35	2	1A+1B	1A+1B
40	3	2A+1B 1A+2B	2A+1B 1A+2B
45～50	4	2A+2B	2A+2B
55～60	5	3A+2B 2A+3B 2A+2B+1C	3A+2B 2A+3B 2A+2B+1C

注　A 表示 HP11/13，B 表示 TT3/24/36，C 表示 SC。

续表

负荷水平 （%）	无功需求 小组数	性能要求 滤波器组合	定值要求 滤波器组合
65	6	3A+3B 3A+2B+1C 2A+3B+1C 2A+2B+2C	3A+3B 3A+2B+1C 2A+3B+1C 2A+2B+2C
70～75	7	3A+3B+1C 2A+3B+2C 3A+2B+2C 2A+2B+3C	3A+3B+1C 2A+3B+2C 3A+2B+2C 2A+2B+3C
80	8	3A+3B+2C 2A+3B+3C 3A+2B+3C	3A+3B+2C 2A+3B+3C 3A+2B+3C
85	9	3A+3B+3C 4A+2B+3C	3A+3B+3C 4A+2B+3C
90～110	10	4A+3B+3C	4A+3B+3C 3A+3B+3C

2. 受端换流站

受端换流站无功投切策略如表8-32～表8-35所示。

表8-32　功率正向、双极运行、直流全压工况无功投切策略表

负荷水平 （%）	无功需求 小组数	性能要求 滤波器组合	定值要求 滤波器组合
≤25	2	2A	2A
≤40	3	3A	3A
≤55	4	4A	4A
≤65	5	5A 4A+1C	5A 4A+1C 3A+2C
≤70	6	5A+1C 4A+2C	5A+1C 4A+2C 3A+3C
≤80	7	6A+1C 5A+2C 4A+3C	6A+1C 5A+2C 4A+3C
≤90	8	6A+2C 5A+3C 4A+4C	6A+2C 5A+3C 4A+4C
≤100	9	6A+3C 5A+4C 4A+5C	6A+3C 5A+4C 4A+5C 4A+4C
≤110	10	6A+4C 5A+5C	6A+4C 5A+5C 5A+4C
≤120	11	6A+5C 5A+6C	6A+5C 5A+6C 5A+5C
＞120	12	6A+6C	6A+6C

注　A表示HP12/24，C表示SC。

表8-33　功率正向、单极金属回线运行、直流全压工况无功投切策略表

负荷水平 （%）	无功需求 小组数	性能要求 滤波器组合	定值要求 滤波器组合
≤55	2	2A	2A
≤70	3	3A	3A
≤90	4	4A	4A
≤105	5	5A 4A+1C	5A 4A+1C 3A+2C
≤120	6	5A+1C 4A+2C	5A+1C 4A+2C 3A+3C

表8-34　功率正向、双极运行、直流降压80%工况无功投切策略表

负荷水平 （%）	无功需求 小组数	性能要求 滤波器组合	定值要求 滤波器组合
≤25	2	2A	2A
≤35	3	3A	3A
≤45	4	4A	4A
≤55	5	5A 4A+1C	5A 4A+1C 3A+2C
≤65	6	5A+1C 4A+2C	5A+1C 4A+2C 3A+3C
≤75	7	6A+1C 5A+2C 4A+3C	6A+1C 5A+2C 4A+3C
≤80	8	6A+2C 5A+3C 4A+4C	6A+2C 5A+3C 4A+4C
≤90	9	6A+3C 5A+4C 4A+5C	6A+3C 5A+4C 4A+5C 4A+4C
≤95	10	6A+4C 5A+5C	6A+4C 5A+5C 5A+4C
≤100	11	6A+5C 5A+6C	6A+5C 5A+6C 5A+5C

表8-35　功率反向、双极运行、直流全压工况无功投切策略表

负荷水平 （%）	无功需求 小组数	性能要求 滤波器组合	定值要求 滤波器组合
≤25	2	2A	2A
≤40	3	3A	3A
≤60	4	4A	4A

续表

负荷水平 （%）	无功需求 小组数	性能要求 滤波器组合	定值要求 滤波器组合
≤75	5	5A 4A+1C	5A 4A+1C 3A+2C
≤80	6	5A+1C 4A+2C	5A+1C 4A+2C 3A+3C
≤90	7	6A+1C 5A+2C 4A+3C	6A+1C 5A+2C 4A+3C
≤105	8	6A+2C 5A+3C 4A+4C	6A+2C 5A+3C 4A+4C
≤110	9	6A+3C 5A+4C 4A+5C	6A+3C 5A+4C 4A+5C 4A+4C

四、性能计算结果

（一）送端换流站

送端换流站交流滤波器性能计算结果如表 8-36 所示，各种工况下计算出的交流滤波器性能均满足指标要求，说明该交流滤波器方案可行。

表 8-36　送端站交流滤波器性能计算结果

性能指标	计算结果（最大值）	性能指标
3 次谐波电压畸变率 D_3（%）	0.29	1.25
5 次谐波电压畸变率 D_5（%）	1.03	1.25
奇次谐波电压畸变率 D_{odd}（%）	0.75	1.0
偶次谐波电压畸变率 D_{even}（%）	0.48	0.5
总谐波电压畸变率 THD（%）	1.66	1.75
电话谐波波形系数 $THFF$（%）	0.83	1.0

（二）受端换流站

受端换流站交流滤波器性能计算结果如表 8-37 所示，各种工况下计算出的交流滤波器性能均满足指标要求，说明该交流滤波器方案可行。

表 8-37　受端站交流滤波器性能计算结果

性能指标	计算结果（最大值）	性能指标
3 次谐波电压畸变率 D_3（%）	0.06	1.0
5 次谐波电压畸变率 D_5（%）	0.39	1.0
奇次谐波电压畸变率 D_{odd}（%）	0.78	0.8
偶次谐波电压畸变率 D_{even}（%）	0.11	0.5
总谐波电压畸变率 THD（%）	1.27	1.5
电话谐波波形系数 $THFF$（%）	0.98	1.0

五、定值计算结果

（一）送端换流站

送端换流站交流滤波器定值计算结果见表 8-38～表 8-40。

表 8-38　送端站交流滤波器电容器定值计算结果

参数	HP12/24		TT 3/24/36		SC		SC
	C1	C2	C1	C2	C3	C1	
环境温度 25℃时额定电容值（μF）	1.605	56.824	1.578	7.218	7.704	1.616	
额定频率（Hz）	50	50	50	50	50	50	
最大基波电压（kV，rms）	336	<1	341	7	<1	334	
谐波电压算术和（kV，rms）	138	11	82	35	6	96	
总电压强度（额定电压，kV，rms）	474	11	423	42	6	430	
最大基波电流（A，rms）	173	1	174	17	1	174	
谐波电流几何和（A，rms）	244	1421	138	237	206	181	
总电流强度（额定电流）（A，rms）	294	1421	222	237	206	251	
谐波电压（kV，rms） $n=3$	4.1	0	14.1	11.7	0	5.2	
$n=5$	73.9	0.3	45.4	18.6	0.1	65.4	
$n=7$	24.8	0.3	12.7	3.6	0.1	16	
$n=9$	8.5	0.3	2.6	0.6	0	2.9	
$n=11$	19.6	4.2	0.9	0.2	0.1	0.6	
$n=13$	11.5	5.1	0.5	0.1	0.1	0.6	
$n=23$	0.1	0	3.0	0.6	2.2	0.5	
$n=25$	0.2	0	2.1	0.5	2.0	0.3	
$n=35$	0	0	0.2	0	0.5	0.4	
$n=37$	0	0	0.3	0.1	0.2	0.2	
$n=47$	0	0	0	0	0	0.2	
$n=49$	0	0	0	0	0	0.1	
最高持续运行电压（高压端对低压端，kV，rms）	336	11	341	42	9	334	
最高持续运行电压（高压端对地，kV，rms）	332	11	338	42	9	334	
最高持续运行电压（低压端对地，kV，rms）	54	—	43	9	—	3	
雷电冲击耐受/操作冲击耐受（高压端对低压端，kV）	1300/1175	150/150	1300/1175	250/250	150/150	1300/1175	
雷电冲击耐受/操作冲击耐受（高压端对地，kV）	1550/1175	150/150	1550/1175	250/250	150/150	1550/1175	
雷电冲击耐受/操作冲击耐受（低压端对地，kV）	450/325	95/95	325/250	150/150	95/95	325/250	
雷电冲击电流（kA，crest）	78.9	4	97.4	1.6	2.3	109.1	
操作冲击电流（kA，crest）	5	6.2	5	3.1	6.7	7.1	

表 8-39　送端站交流滤波器电抗器定值计算结果

参　数	HP12/24		TT 3/24/36			SC
	L1	L2	L1	L2	L3	L1
额定电感值（mH）	44.731	1.239	8.116	129.39	1.634	2.721
调谐点的品质因数　（Hz）	≥150	≥150	≥150	≥150	≥150	≥150
	600	600	1200	150	1200	2400
额定频率（Hz）	50	50	50	50	50	50
最大基波电压（kV, rms）	2	<1	<1	7	<1	<1
谐波电压算术和（kV, rms）	71	10	12	36	6	3
总电压强度（额定电压, kV, rms）	73	10	12	43	6	3
最大基波电流（A, rms）	173	165	174	188	166	174
谐波电流几何和（A, rms）	243	1419	138	134	254	181
总电流强度（额定电流, A, rms）	293	1429	222	231	304	251
谐波电流（A, rms）　n=3	8.3	5.2	14.1	97.2	8.6	8.3
n=5	203.9	68.2	122.0	92.4	28.1	170.5
n=7	85.7	58.7	44.3	12.8	17.9	56.0
n=9	30.1	60.4	9.9	1.7	9.0	11.8
n=11	174.7	992.1	4.6	0.4	10.0	5.2
n=13	152.3	1009	2.9	0.2	8.6	3.1
n=23	3.2	1.2	24.6	0.6	177.6	5.9
n=25	3.0	0.3	35.6	0.5	173.3	19.3
n=35	0.3	0	3.3	0	23.3	3.6
n=37	0.2	0	4.4	0	10.2	5.0
n=47	0.4	0	0	0	1.6	0.1
n=49	0.5	0	0.1	0	1.8	2.5
最高持续运行电压（高压端对低压端, kV, rms）	43	11	6	42	9	3
最高持续运行电压（高压端对地, kV, rms）	54	11	43	42	9	3
最高持续运行电压（低压端对地, kV, rms）	11	—	42	9	—	—
雷电冲击耐受/操作冲击耐受（高压端对低压端, kV）	450/325	150/150	325/250	250/250	150/150	325/250
雷电冲击耐受/操作冲击耐受（高压端对地, kV）	450/325	150/150	325/250	250/250	150/150	325/250

续表

参　数	HP12/24		TT 3/24/36			SC
	L1	L2	L1	L2	L3	L1
雷电冲击耐受/操作冲击耐受（低压端对地, kV）	150/150	95/95	250/250	150/150	95/95	95/95
雷电冲击电流（kA, crest）	1.0	4.2	1.5	1.5	2.3	2.8
操作冲击电流（kA, crest）	1.6	6.4	3.1	3.1	7.3	7.1

表 8-40　送端站交流滤波器电阻器定值计算结果

参　数	HP12/24	TT 3/24/36	
	R1	R1	R2
额定电流下的电阻值（Ω）	2500	400	1500
额定频率（Hz）	50	50	50
最大基波损耗（kW）	2	<1	38
谐波损耗算术和（kW）	605	77	300
总损耗（kW）	607	78	339
最大基波电流（A, rms）	<1	1	5
谐波电流几何和（A, rms）	15	12	14
总电流强度（额定电流, A, rms）	15	12	15
谐波电流（A, rms）　n=3	0.1	0.2	7.8
n=5	1.6	0.8	12.4
n=7	1.6	0.7	2.4
n=9	1.4	0.5	0.4
n=11	12.4	0.8	0.1
n=13	9.0	0.9	0.1
n=23	0.4	10.4	0.4
n=25	0.1	5.1	0.3
n=35	0.1	5.4	0
n=37	0	3	0
n=47	0.1	0.8	0
n=49	0.1	1	0
最高持续运行电压（高压端对低压端, kV, rms）	54	6	18
最高持续运行电压（高压端对地, kV, rms）	54	43	34
最高持续运行电压（低压端对地, kV, rms）	—	42	6
雷电冲击耐受/操作冲击耐受（高压端对低压端, kV）	450/325	325/250	250/250
雷电冲击耐受/操作冲击耐受（高压端对地, kV）	450/325	325/250	250/250
雷电冲击耐受/操作冲击耐受（低压端对地, kV）	95/95	250/250	150/150

（二）受端换流站

受端换流站交流滤波器定值计算结果见表 8-41～表 8-43。

表 8-41　受端站交流滤波器电容器定值计算结果

参　　数	HP12/24		SC
	C1	C2	C1
25°时的额定电容值（μF）	1.963	3.709	1.972
额定频率（Hz）	50	50	50
最大基波电压（kV，rms）	319	<1	317
谐波电压算术和（kV，rms）	47	14	37
总电压强度（额定电压，kV，rms）	366	15	355
最大基波电流（A，rms）	202	<1	202
谐波电流几何和（A，rms）	104	113	85
总电流强度（额定电流，A，rms）	227	113	219
谐波电压（kV，rms）　n=3	2	0.1	2
n=5	28.6	0.2	25.1
n=7	7.6	0.3	5.7
n=9	3.6	0.5	0.4
n=11	30.2	3.8	1.4
n=13	21.5	4	1.7
n=23	5.7	2.9	0.2
n=25	9.1	1.1	0.3
n=35	0.1	0.3	0.1
n=37	0.1	0.2	0.1
n=47	0.1	0.1	0.1
n=49	0.1	0.1	0.1
最高持续运行电压（高压端对低压端，kV，rms）	325	25	321
最高持续运行电压（高压端对地，kV，rms）	320	25	320
最高持续运行电压（低压端对地，kV，rms）	35	—	10
雷电冲击耐受/操作冲击耐受（高压端对低压端，kV）	1300/1175	150/150	1300/1175
雷电冲击耐受/操作冲击耐受（高压端对地，kV）	1550/1175	150/150	1550/1175
雷电冲击耐受/操作冲击耐受（低压端对地，kV）	250/250	95/95	325/250
雷电冲击电流（kA，crest）	122.4	1.19	123
操作冲击电流（kA，crest）	6.15	2.13	10.9

表 8-42　受端站交流滤波器电抗器定值计算结果

参　　数	HP12/24		SC
	L1	L2	L1
额定电感值（mH）	17.01	9.918	3.964
调谐点的品质因数（Hz）	≥150	≥150	≥150
	600	1200	1800
额定频率（Hz）	50	50	50
最大基波电压（kV，rms）	1	59	<1
谐波电压算术和（kV，rms）	19	14	4
总电压强度（额定电压，kV，rms）	20	15	4
最大基波电流（A，rms）	202	203	202
谐波电压几何和（A，rms）	103	174	85
总电流强度（额定电流，A，rms）	227	267	219
谐波电流（A，rms）　n=3	4	3	3.8
n=5	90.9	22.6	80.3
n=7	33.7	40	25.5
n=9	4.2	21.6	2.2
n=11	31.3	109.2	9
n=13	23.2	125.8	3.5
n=23	5.7	24.9	3.5
n=25	9	10.6	4
n=35	0.1	1.4	3.3
n=37	0.1	0.9	3.5
n=47	0.2	0.1	2
n=49	0.2	0.2	1.7
最高持续运行电压（高压端对低压端，kV，rms）	35	25	10
最高持续运行电压（高压端对地，kV，rms）	35	25	10
最高持续运行电压（低压端对地，kV，rms）	25	—	—
雷电冲击耐受/操作冲击耐受（高压端对低压端，kV）	250/250	150/150	325/250
雷电冲击耐受/操作冲击耐受（高压端对地，kV）	250/250	150/150	325/250
雷电冲击耐受/操作冲击耐受（低压端对地，kV）	150/150	95/95	95/95
雷电冲击电流（kA，crest）	0.59	0.60	2.0
操作冲击电流（kA，crest）	1.64	2.13	10.9

表 8-43 受端站交流滤波器电阻器定值计算结果

续表

参　数		HP12/24
		R1
额定电流下的电阻值（Ω）		500
额定频率（Hz）		50
最大基波功率（kW）		5
谐波功率算术和（kW）		266
总功率（kW）		272
最大基波电流（A，rms）		3
谐波电压几何和（A，rms）		23
总电流强度（额定电流，A，rms）		23
谐波电流 （A，rms）	$n=3$	0.1
	$n=5$	1.8
	$n=7$	4.2
	$n=9$	2.7
	$n=11$	14.7
	$n=13$	16.9
	$n=23$	0.7
	$n=25$	1
	$n=35$	0.1
	$n=37$	0.1

参　数		HP12/24
		R1
谐波电流 （A，rms）	$n=47$	0.3
	$n=49$	0.3
最高持续运行电压（高压端对低压端，kV，rms）		35
最高持续运行电压（高压端对地，kV，rms）		35
最高持续运行电压（低压端对地，kV，rms）		—
雷电冲击耐受/操作冲击耐受（高压端对低压端，kV）		250/250
雷电冲击耐受/操作冲击耐受（高压端对地，kV）		250/250
雷电冲击耐受/操作冲击耐受（低压端对地，kV）		95/95

参考文献

[1] 赵婉君. 高压直流输电工程技术（第二版）. 北京：中国电力出版社，2011.

[2] 浙江大学发电教研组直流输电科研组. 直流输电. 北京：水利电力出版社，1982.

[3] 国家电网公司直流建设分公司. 高压直流输电系统成套标准化设计. 北京：中国电力出版社，2012.

第九章

直流滤波器设计

第一节 设计一般要求

一、直流滤波器的作用

换流器交流侧的电压和电流的波形不是标准正弦波，直流侧的电压和电流也不是平滑恒定的直流，都含有多种谐波分量。也就是说，换流器在交流侧和直流侧都会产生谐波电压和电流。

直流侧的谐波电流将产生以下三种不利影响：

（1）对直流线路邻近通信系统的干扰。频率在 $5\sim6kHz$ 以下的音频波段的谐波电流，其最大的危害是对直流线路和接地极线路走廊附近的明线电话线路的干扰。在直流输电技术发展的早期，较长距离的裸线作为电话线是十分广泛的，直流线路对电话线的干扰一直是制定直流滤波标准的重要依据。

（2）通过换流器对交流系统的渗透。类似于交流侧谐波电压可以通过换流器转移到直流侧的道理，直流侧的谐波电流也可以通过换流器转移到交流系统。如果一个直流系统直流侧的滤波效果太弱，如取消平波电抗器，使直流回路的谐波电流只能通过两端换流站换流变压器阻抗限制，则流入到交流系统的谐波将显著增加，可能造成交流系统的电能质量下降。

（3）对直流系统的影响。直流侧设备中流过的谐波电流，都会使这些设备产生附加发热，从而增加设备的额定值要求和费用。

以上三种影响因素中，对直流线路邻近通信系统的干扰是直流滤波器设计时重点考虑的。

二、感应噪声及其抑制

（一）噪声的概念

噪声和声音采用相同单位测量，声压与声强的关系计算

$$P = \frac{V^2}{R} \qquad (9-1)$$

式中 P——声强，W/m^2；

V——声压，N/m^2；

R——传播声音介质的声阻，$N \cdot s/m^3$。

人耳对响度增大的声音的感觉近似地取决于声强增量的相对值，噪声声强水平（单位，分贝）计算式为

$$L = 10\lg\left(\frac{P_1}{P_0}\right) = 20\lg\left(\frac{V_1}{V_0}\right) \qquad (9-2)$$

式中 P_1——声强地实际测量值；

P_0——声强的基准值；

V_1——声压的实际测量值；

V_0——声压的基准值。

国际电工委员会（IEC）推荐的声强基准值 P_0 为 $10^{-12}W/m^2$，声压基准值 V_0 为 $2 \times 10^{-5}N/m^2$，相当于人耳所能感觉出来的声强与声压的最小值（听阈）。测量声级以分贝为单位比较方便，这是因为 $1dB$ 相当于人耳可能辨别出来的声强变化的最小值。

人耳可以感觉的声响不仅与声压有关，还与振动频率有关。声音的频率在 $800\sim1100Hz$ 对人耳的感觉最敏感。人耳的灵敏度从听阈（0dB）到病阈（120dB）的全部范围被称为 120 昉，0 昉相当于听阈，120 昉相当于病阈。每一昉的响度水平等于频率 800Hz 或 1000Hz 时的 1dB 的声压水平。部分声源所产生的噪声水平如表 9-1 所示。

表 9-1 部分声源所产生的噪声水平

声 源	与声源的距离（m）	噪声水平（dB）
一般谈话	1	60
喧闹的街道		68
大型变压器	安装处附近	70~90
内燃机	2~3	110~115

频率 $800\sim1000Hz$ 时的响度水平由 60 昉（60dB），一般谈话降到 20 昉（20dB），耳语相当于声强降到原来的 10^{-4}，而声压降到原来的 10^{-2}。

（二）直流输电系统中噪声的规定

1. 基准噪声

基准噪声是在 600Ω 的电阻两端加上 $24.5\mu V$ 的信号所消

耗的功率，其值为 10^{-12}W，称其为基准噪声功率。

2. 标准电话的测试音功率

标准电话的测试音功率为 10^{-3}W，这个功率所产生的信号响声水平定为 0dBm（m 是表示以 10^{-3}W 的信号功率为基准的响声水平等级）。

3. 各次谐波的噪声加权系数

由于人耳可以感觉的声响不仅与声压有关，而且与振动频率有关，也就是与谐波电流的具体频率有关。我国电力系统使用 50Hz 的频率，基准噪声频率为 800Hz，应用 P 加权系数。

（三）电力线感应噪声相关规定

对电力线感应噪声相关规定，用表 9-2 中的数字关系予以描述。

表 9-2 电力线感应噪声相关规定的数字描述

定义域名称	声级分贝数（dB）	噪声功率（W）	噪声电压（mV）	备注
听阈的基点	0	10^{-12}	0.024 5	人耳能感觉出来的声级最小值
我国 1961 年发布的《四部原则协议》允许电力线感应的噪声	45	3.1×10^{-8}	4.5	
电力行业标准 DL/T 436《高压直流架空送电线路技术导则》规定的对本地电话网的干扰允许值			4.5	
通信行业标准 Yd5006 规定的干扰允许值	43	2×10^{-8}	3.5	无其他干扰源时，3.5mV 可认为全部由电力线感应产生

从表 9-2 可知，通信行业标准 Yd5006《本地电话网用户线路工程设计规范》规定的噪声电压 3.5mV 最严格。根据国内科研单位的研究，直流输电系统对邻近电话回路的干扰限值通常取 2～3.5mV。

国际电话电报咨询委员会（CCITT）导则提出了等效干扰电流 I_{eq} 这一概念，用于计算噪声干扰电压。等效干扰电流 I_{eq} 是将直流线路的各次谐波电流分量按加权系数归算到 800Hz 频率，折算成单一频率的等效电流。在音频通信回路用户端产生的噪声干扰电压 U_m 可表示为：

$$U_m = I_{eq} Z_m K B L \qquad (9-3)$$

式中 I_{eq}——加权到基准频率 800Hz 的等效干扰电流；

Z_m——在基准频率下假定导线和通信回路之间的互阻抗；

K——在基准频率下通信回路的屏蔽系数；

B——在基准频率下通信回路的平衡度（敏感系数）；

L——电力线与通信线之间的平行长度。

其中，导线和通信回路之间的互阻抗 Z_m 的计算式为

$$Z_m = u_0 \cdot f \cdot L \frac{\sqrt{D^2 + \left(712 \times \sqrt{\frac{1}{\sigma \cdot f}}\right)^2}}{D} \qquad (9-4)$$

式中 u_0——真空磁导率，取 $4\pi \times 10^{-7}$H/m；

f——基准频率，取 800Hz；

σ——大地电导率，S/m；

D——电力线与通信线之间的距离，m。

（四）抑制音频通信系统中电力干扰噪声的措施

高压直流输电线路路径很长，不可避免对相邻走向的音频通信系统产生感应噪声干扰。根据式（9-3）的计算方法，可以采用下列措施对干扰进行抑制。

1. 改进音频通信系统设备的屏蔽效果

音频通信系统的设备在运行中可能性能下降，包括音频通信电缆线路的屏蔽不良，音频通信电缆线路的平衡性不好以及音频通信电缆屏蔽层接地不良，应对设备进行改进，使屏蔽效果、平衡性等达到正常水平。

2. 用音频通信电缆代替明线电话线路

我国较偏远的落后地区，还有使用明线电话线路的情况，如果干扰噪声难以控制，应改为屏蔽的通信电缆。

3. 修改通信线路路径

根据实际情况改变音频通信线路的路径走向，以减少与直流线路平行走线长度（包括增大交叉角），或增大音频通信线路与高压直流线路的距离。

4. 使用光纤通信系统

在前面的措施不能使噪声干扰抑制在规定的范围时，使用光纤通信系统是一项可能的选择。

5. 提高高压直流系统直流滤波器滤波性能

提高高压直流系统直流滤波器滤波性能可降低高压直流线路中等效干扰电流，从而降低通信线路的噪声干扰电压。解决直流输电线路对音频通信系统的噪声干扰问题，应在直流滤波器的性能改进与通信系统的改造之间取一个恰当的技术经济平衡。一般来说大幅降低等效干扰电流在直流滤波器上要花费很大投资，但过大的等效干扰电流又使改进通信系统的某些措施变为不可行。

第二节 噪声干扰电压及其等效干扰电流的取值

一、直流滤波器设计判据

直流输电系统中，换流器实现了交、直流的相互转换，

但换流器同时也产生了各次特征谐波或非特征谐波并注入到直流线路。在高压直流换流站装设直流滤波器可以滤除直流侧谐波，避免这些谐波流入直流线路并在邻近的通信线路上产生通信干扰。直流滤波器设计应综合考虑技术、经济因素，保证直流滤波器在各种运行工况下都可以将直流线路的谐波电流降低到可以接受的水平。

在高压直流工程中直流滤波器设计通常采用以下三种设计判据：

（1）在高压直流母线上最大的电话干扰系数（TIF）或电话谐波波形系数（THFF）。

（2）离高压直流线路 1km 的平行试验线路上，以 mV/km 为单位的最大感应噪声强度，即纵电动势。

（3）等效干扰电流 I_{eq}，其定义见本章第一节。

以上三种指标都分别用于实际的直流工程，其中以等效干扰电流 I_{eq} 使用最为广泛，我国已投运的直流工程均采用等效干扰电流 I_{eq} 作为判据。原因是采用 I_{eq} 作为判据，则不必要对直流线路周围的通信线路分布情况、线路之间的耦合程度、大地导电率等多方面因素做详细调查，就可以根据 I_{eq} 制定出直流滤波器的基本方案。这对于简化直流滤波器设计流程，尤其是在工程前期阶段，各线路、通信参数不全的情况下是十分有利的。

二、直流滤波器性能指标计算原则

I_{eq} 是按规范书规定的谐波次数及以下所有各次谐波的噪声加权等值大地模式电流。直流线路上某一位置的等效干扰电流 $I_{eq}(x)$ 为两端换流站等效干扰电流的几何和，即

$$I_{eq}(x) = \sqrt{I_e(x)_r^2 + I_e(x)_i^2} \qquad (9-5)$$

式中　$I_{eq}(x)$——沿输电线路任意位置上 800Hz 的噪声加权等效干扰电流，mA；

$I_e(x)_r$——整流器谐波电压所引起的等效干扰电流的幅值，mA；

$I_e(x)_i$——逆变器谐波电压所引起的等效干扰电流的幅值，mA。

线路某一位置由任意一个站的谐波所导致的等效干扰电流可以通过式（9-6）来计算

$$I_{e(x)} = \sqrt{\sum_{n=1}^{n=50} [I_g(n,x) \cdot P(n) \cdot H_f]^2} \qquad (9-6)$$

式中　$I_g(n,x)$——在沿线路走廊位置 'x' 的 n 次谐波残余电流的均方根值，mA；

$P(n)$——n 次谐波的噪声加权系数；

n——谐波次数；

H_f——耦合系数，表示明线耦合阻抗对频率的关系。

各次谐波频率的加权系数 P（n）见表 9-3，这是国际电话电报咨询委员会（CCITT）推荐的值，适用于欧洲及电力

系统为 50Hz 的区域。

表 9-3　直流输电线路各次谐波噪声加权系数表

谐波次数 n	频率（Hz）	噪声加权系数 P（n）	谐波次数 n	频率（Hz）	噪声加权系数 P（n）
1	50	0.000 71	31	1550	0.842
3	150	0.035 5	33	1650	0.807
5	250	0.178	35	1750	0.775
7	350	0.376	37	1850	0.745
9	450	0.582	39	1950	0.720
11	550	0.733	41	2050	0.698
13	650	0.851	43	2150	0.679
15	750	0.955	45	2250	0.661
16	800	1.000	47	2350	0.643
17	850	1.035	49	2450	0.625
19	950	1.109	51	2550	0.607
21	1050	1.109	53	2650	0.590
23	1150	1.035	55	2750	0.571
25	1250	0.977	57	2850	0.553
27	1350	0.928	59	2950	0.534
29	1450	0.881	61	3050	0.519

典型的 H_f 耦合系数对频率的关系，见表 9-4。

表 9-4　直流输电线路与典型明线网络耦合系数表

频率（Hz）	耦合系数 H_f
40～500	0.70
600	0.80
800	1.00
1200	1.30
1800	1.75
2400	2.15
3000	2.55
3600	2.88
4200	2.95
4800	2.98
5000	3.00

注　其他频率的 H_f 值可采取线性插值方法求取。

三、直流输电线路谐波电流对公众电话音频干扰的分析

我国现有直流工程中均以直流线路等效干扰电流 I_{eq} 来作为直流谐波性能的衡量指标。实际上直流线路等效干扰电流 I_{eq} 也只是一个中间指标，直流滤波最终的性能标准，应以不影响周围通信线路的通信质量为前提。

直流线路对周围通信线路的影响及干扰程度可用通信线

路感应杂音电动势表示。

根据国内相关研究，当等效干扰电流 $I_{eq}<1000\text{mA}$，未考虑屏蔽系数时，对市话电缆的影响见表 9-5。

表 9-5　市话电缆的杂音电动势　单位：mV

间距（m） 平行长度（km）	50	100	200	300	500	800	1.2	2	2.5	3
10	22.50	17.20	12.10	9.30	6.10	3.64	1.98	0.70	0.41	0.28
8	18.00	13.76	9.68	7.44	4.88	2.91	1.58	0.56	0.33	0.22
5	11.25	8.60	6.05	4.65	3.05	1.82	0.99	0.35	0.21	0.14
3	6.75	5.16	3.63	2.72	1.83	1.09	0.59	0.21	0.12	0.08
2	4.50	3.44	2.42	1.86	1.22	0.73	0.40	0.14	0.08	0.06
1	2.25	1.72	1.21	0.93	0.61	0.36	0.20	0.07	0.04	0.03

注　由于架空通信明线的敏感性增强，其受影响程度是市话电缆的 5～8 倍。

从表 9-5 可知直流输电线路与周围的通信线路间的间距越大或平行长度越小，则影响就越小。当采用 3.5mV 作为干扰影响杂音电动势的控制标准，则表中灰底色数值反映的相对位置关系均满足要求。

四、高压直流工程直流滤波器性能指标及通信干扰情况

（一）高压直流工程直流滤波器性能指标

对于直流线路最大允许等效干扰电流而言，没有统一的标准。它取决于附近的 HVDC 线路的状态以及电信、电力部门的设计原则。等效干扰电流的大小主要取决于高压直流系统的运行状态。在单极运行中，由于大地模式电流较高，因而电话干扰显著高于双极运行的情况。我国部分高压直流工程直流滤波器性能指标见表 9-6。

表 9-6　我国部分高压直流工程直流滤波器性能指标

工　程　规　模	滤波器性能指标
直流额定电压±500kV，直流额定容量 1800MW，每极单 12 脉动接线	双极运行 $I_{eq}<500\text{mA}$， 单极运行 $I_{eq}<1000\text{mA}$
直流额定电压±500kV，直流额定容量 3000MW，每极单 12 脉动接线	双极运行 $I_{eq}<500\text{mA}$， 单极运行 $I_{eq}<1000\text{mA}$
直流额定电压±660kV，直流额定容量 4000MW，每极单 12 脉动接线	双极运行 $I_{eq}<1500\text{mA}$， 单极运行 $I_{eq}<3000\text{mA}$

（二）已投运的高压直流输电线路对通信干扰情况

对按上述指标设计的直流输电线路工程，如天—广、龙—政、三—广、三—沪、贵—广Ⅰ回、贵—广Ⅱ回等±500KV 输电线路工程对通信线路（指各类电缆）的实际干扰情况进行调研，调研结果表明，早期的工程由于存在通信明线及单线电话和单线广播，投入了一定的改造费用解决交叉角度不够和干扰影响超标等问题，目前已投运的±500kV 输电线路工程对通信线路的实际干扰影响很小，采用防护措施较少，电力建设项目在这方面投入的改造费用不多。

上述调研结果可以说明，目前采用的高压直流工程等效干扰电流指标是比较合适的，能较好地满足直流输电线路对通信线路干扰要求。

五、±800kV 特高压直流工程直流滤波器性能指标

对于±800kV 特高压直流工程，由于采用双 12 脉动换流器串联接线，直流电压等级高，换流器在直流侧产生的谐波电压更大，随之在直流线路上的谐波电流也大，如采用与±500kV 高压直流工程相同的等效干扰电流水平，直流滤波设备的造价可能会相当高。适当放宽直流滤波性能指标，可以相对减少直流滤波设备的造价，但放宽等效干扰电流指标后直流输电线路谐波电流对公众电话音频干扰会加大，因此应对放宽等效干扰电流指标后直流输电线路谐波电流对公众电话音频干扰情况进行分析，在可行的直流滤波器设计方案性能和造价，与受影响的通信线路采取补救措施的可行性和费用之间进行技术经济比较，找到最佳的平衡点。

±500kV 高压直流工程设计经验也表明，如果不综合考虑各项因素，单纯地提高滤波性能要求（即降低直流等效干扰电流 I_{eq}）只是减少直流线路对周围通信线路的干扰的一个方面，往往可能在直流滤波器设备上多用了投资，却并不一定收到明显的效果。从这个角度而言，对于±800kV 特高压直流工程，由于电压等级高，直流侧谐波电流水平会增加较多，适当放宽直流等效干扰电流 I_{eq} 指标，是必要的选择。表 9-7 列出的是我国部分±800kV 特直流工程的直流滤波器性能指标。

表 9-7　我国部分±800kV 特直流工程的
直流滤波器性能指标

工　程　规　模	滤波器性能指标
直流额定电压±800kV，直流额定容量 5000MW，每极双 12 脉动串联接线	双极运行 $I_{eq}<2000\text{mA}$， 单极运行 $I_{eq}<2000\text{mA}$
直流额定电压±800kV，直流额定容量 5000MW，每极双 12 脉动串联接线	双极运行 $I_{eq}<3000\text{mA}$， 单极运行 $I_{eq}<3000\text{mA}$
直流额定电压±800kV，直流额定容量 6400MW，每极双 12 脉动串联接线	双极运行 $I_{eq}<3000\text{mA}$， 单极运行 $I_{eq}<6000\text{mA}$

续表

工 程 规 模	滤波器性能指标
直流额定电压 ±800kV，直流额定容量 7200MW，每极双 12 脉动串联接线	双极运行 $I_{eq}<3000$mA，单极运行 $I_{eq}<6000$mA
直流额定电压 ±800kV，直流额定容量 8000MW，每极双 12 脉动串联接线	双极运行 $I_{eq}<3000$mA，单极运行 $I_{eq}<6000$mA
直流额定电压 ±800kV，直流额定容量 10 000MW，每极双 12 脉动串联接线	双极运行 $I_{eq}<3000$mA，单极运行 $I_{eq}<6000$mA

第三节　直流侧谐波分析

直流侧的谐波主要是换流引起的谐波，即所谓特征谐波，和由换流变压器参数和控制参数的各种不对称引起的谐波，以及交流电网中谐波通过换流器转移到直流侧的谐波，即所谓非特征谐波。换流器可以视为 1 个双端口戴维宁等效的包含特征谐波和非特征谐波的电压源。

一、特征谐波

在分析直流侧的特征谐波电压时，与交流侧的特征谐波分析类似，需要假定同样的理想条件：

（1）交流系统为三相对称、平衡的正弦波电压，没有任何谐波分量。

（2）直流侧接有无限大电感的平波电抗器，直流电流是无纹波的恒定电流。

（3）换流器内部阻抗从交流侧看很高（无穷大），而从直流侧看很低（等于零）。

（4）换流桥中各阀依次按 1/6 基波周波等间隔触发开通。

（5）三相中的换相电感相等，每一次换相的换相角相等。

在直流系统谐波的计算模型中，每一个 12 脉动换流器由 4 个串联的 3 脉动谐波电压源表示。每个 3 脉动换流器的内阻抗模型是以换流变压器相电抗和套管的对地杂散电容组成的。实际工程中，每个 6 脉动换流器的杂散电容给 $3k$ 次谐波提供了对地通路，从而对直流输电线路中的谐波电流流向有重要的影响。图 9-1 为 12 脉动换流器的 3 脉动模型。

杂散电容 C_{6p} 是个假想值，每个 6 脉动换流器的杂散电容用一个集中的电容值表示，根据换流变压器生产厂提供的数据计算得到。这个值包括变压器不同绕组间、绕组与地之间以及套管的杂散电容。工程中此电容的取值约为 $10\sim30$nF[2]。

3 脉动换流器内电感 L_{3p} 的计算公式为

$$L_{3p}=\frac{1}{2}\left(\frac{120-\mu}{60}\right)L_t \tag{9-7}$$

式中　L_t——6 脉动换流器的换相电感；

　　　μ——换向角。

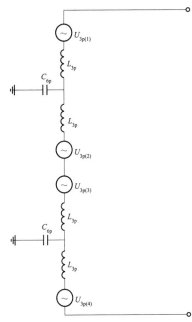

图 9-1　12 脉动换流器的 3 脉动模型

U_{3p}—3 脉动谐波电压源；L_{3p}—3 脉动换流器内电感；

C_{6p}—每个 6 脉动换流器的对地杂散电容

3 脉动模型中各个谐波电压源幅值相等，并等于 12 脉动模型中谐波电压数值的 1/4[3]。式（9-8）为 3 脉动谐波电压源的傅里叶级数展开式，即

$$U_{3p}(t)=\frac{1}{4}U_{dio}\left\{(\cos\alpha+\cos\delta)+\right.$$

$$\left.\sum_{k=1}^{\infty}(-1)^k[a_{3k}\cos(3k\omega t)+b_{3k}\sin(3k\omega t)]\right\} \tag{9-8}$$

其中

$$\left.\begin{array}{l}\theta=\alpha+\mu\\ a_{3k}=\dfrac{\cos[\alpha(1+3k)]+\cos[\delta(1+3k)]}{1+3k}+\dfrac{\cos[\alpha(1-3k)]+\cos[\delta(1-3k)]}{1-3k}\\ b_{3k}=\dfrac{\sin[\alpha(1+3k)]+\sin[\delta(1+3k)]}{1+3k}+\dfrac{\sin[\alpha(1-3k)]+\sin[\delta(1-3k)]}{1-3k}\end{array}\right\} \tag{9-9}$$

以上式中　U_{dio}——6 脉动换流器的理想空载直流电压；

　　　　　α——触发角；

　　　　　μ——换向角。

图 9-1 中的 4 个 12 脉动换流器的 3 脉动模型谐波电压幅值相等，它们之间的相位关系见表 9-8。

表 9-8　3 脉动直流侧谐波模型中各谐波
电压源间的相位关系

谐波次数 电源组别	3,15,27…	9,21,33…	6,18,30…	12,24,36…
$U_{3p(1)}$	φ	φ	φ	φ
$U_{3p(2)}$	$\varphi+180°$	$\varphi+180°$	φ	φ

续表

谐波次数 电源组别	3,15,27…	9,21,33…	6,18,30…	12,24,36…
$U_{3p(3)}$	$\varphi+90°$	$\varphi+270°$	$\varphi+180°$	φ
$U_{3p(4)}$	$\varphi+270°$	$\varphi+90°$	$\varphi+180°$	φ

二、非特征谐波

换流器产生非特征谐波的因素主要有四个[1]:

(一)交流母线电压中存在谐波电压

交流母线电压中还有谐波电压 U_n(以基波电压为基准值的标幺值表示),直流侧将产生非特征谐波电压 U_k(以空载理想直流电压为基准值的标幺值表示)。根据 n 和 k 的关系,可以分为以下四类:

1. $n+k=12p_1+1$, $n-k=12p_2+1$,其中 k, p_1 和 p_2 为整数

当 $n>k$ 时
$$U_k=U_n\left(\frac{n\sqrt{2}}{n^2-k^2}\right) \tag{9-10}$$

当 $n<k$ 时
$$U_k=U_n\left(\frac{k\sqrt{2}}{k^2-n^2}\right) \tag{9-11}$$

2. $n+k=12p_1+1$,但 $n-k\neq12p_2+1$
$$U_k=\frac{U_n}{\sqrt{2}(n+k)} \tag{9-12}$$

3. $n+k\neq12p_1+1$,但 $n-k=12p_2+1$
$$U_k=\frac{U_n}{\sqrt{2}(n-k)} \tag{9-13}$$

4. $n+k\neq12p_1+1$, $n-k\neq12p_2+1$
$$U_k=0 \tag{9-14}$$

(二)换流变压器短路阻抗和变比不相等

对于构成 12 脉动换流器的两个 6 脉动换流器的换流变压器短路阻抗和变比不相等,可以通过计算其运行工况,然后代入 6 脉动换流器直流侧特征谐波计算公式,求得的 $12k$ 次谐波可忽略不计,两个 6 脉动换流器 6($2k+1$)次谐波的差值作为非特征谐波。

(三)换流器运行参数不相等

对于换流站不同换流器之间的任何运行参数不相等,要根据实际情况进行计算,并充分考虑各次谐波幅值和相位的差异。

(四)换流变压器三相之间的短路阻抗不平衡

换流变压器三相短路阻抗不平衡,可用式(9-15)表示换流变各相电抗的标幺值
$$\left.\begin{array}{l}X_u=X_0(1+g_u)\\X_v=X_0(1+g_v)\\X_w=X_0(1+g_w)\end{array}\right\} \tag{9-15}$$

式中　　　X_0——标称电抗;
　　　g_u、g_v、g_w——制造公差。

根据电抗的偏差方向,最严重工况是 $g_u=0$, $g_v=\pm g_0$, $g_w=\mp g_0$, g_0 是换流变压器相间阻抗公差的绝对值。在这种情况下,直流侧最大的各次非特征谐波分量为
$$U_n=\frac{I_d X_0 g_0 U_{dio}}{2\sqrt{6}} \tag{9-16}$$

式中　I_d——直流电流标幺值;
　　　U_{dio}——换流器理想空载直流电压。

非特征谐波电压的谐波次数范围通常考虑 1~50 次,50 次以上的谐波电压较小,在直流滤波器设计时可以忽略不计。

三、实际谐波电压的选取

同选取交流侧实际谐波电流一样,在选取直流侧实际谐波电压时,也提出了同时最大谐波电压组和不同时最大谐波电压组的概念[1]。

同时最大谐波电压组是指在所关心的运行方式范围内(指确定的功率输送方向、直流回路接线方式、直流电压水平等)的某一个运行工况下(指直流功率水平),计算出的最大特征谐波组和非特征谐波组。

非同时最大谐波电压组是指在所关心的运行方式范围内,计算所有可能的运行工况,得到一系列的谐波电压组合,并在这些组合的各次谐波中选择幅值最大的一个作为谐波电压幅值,形成一组谐波电压源。如针对一种确定的功率输送方向、直流回路接线方式、直流电压水平,直流功率从最小运行功率到最大运行功率按照 5% 的步长逐点计算一组谐波电压,取各种直流功率水平下各次谐波幅值最大值,所得的谐波组合就是非同时最大谐波电压组。考虑到非同时最大谐波电压组是在不同工况下的最大值组合,因此,非同时最大谐波电压组比同时最大谐波电压组的结果保守。

由于谐波电压的不确定性,为了确保工程的安全运行,多采用非同时最大谐波电压组的方法。

第四节　直流滤波器设计

一、直流滤波器选型

(一)直流滤波器型式

直流滤波器主要分为有源滤波器和无源滤波器两大类。我国除了某直流工程曾采用过有源直流滤波器外,其余直流工程均采用无源滤波器。该直流工程采用的有源滤波器由谐波发生装置(有源部分)和无源滤波器组成,能够实现谐波的动态补偿,具有较好的滤波效果。但其有源部分故障率较高,且随着通信技术的发展,直流滤波器性能要求逐步放宽。

最终该工程在实际运行中退出了滤波器的有源部分，仍按无源滤波器方式运行。本书如未特别注明，直流滤波器均指直流无源滤波器。

直流无源滤波器分为调谐滤波器和阻尼滤波器两种。

1. 调谐滤波器

由于直流滤波器的作用仅为滤除直流侧谐波，没有提供无功容量的需求，因此，直流滤波器组数较少，通常每极装设 1～2 组，形式不如交流滤波器那样多，最常用的为双调谐滤波器和三调谐滤波器。

（1）双调谐直流滤波器与双调谐交流滤波器接线类似，有两个调谐点。图 9-2 为典型的双调谐滤波器电路结构和滤波器阻抗—频率特性。

设计双调谐滤波器的 4 个元件参数（2 个电容器和 2 个电抗器）需要以下几个输入参数：

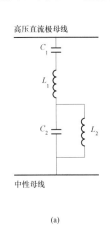
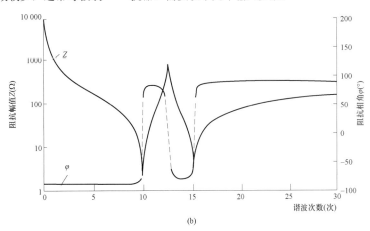

图 9-2　双调谐滤波器接线和阻抗—频率特性
（a）滤波器接线；（b）滤波器阻抗—频率特性

1）两个调谐点角频率 ω_1 和 ω_2。

2）低压电容器 C_2 和电抗器 L_2 的并联谐振频率 ω_p。一般并联谐振频率 $\omega_p = \sqrt{\omega_1 \omega_2}$ ，具有最优的阻抗频率特性。

3）高压直流电容器 C_1 的电容值。高压直流电容器是直流滤波器价格占比最大的设备，直流滤波器的滤波能力和设备成本与电容值大小基本成正比。因此，合理选择高压直流电容器 C_1 的电容值非常关键。

根据上述条件，可以推导出谐振点公式

$$\left.\begin{array}{l} \omega_1 L_1 - \dfrac{1}{\omega_1 C_1} + \dfrac{\omega_1 L_2}{1 - \omega_1^2 L_2 C_2} = 0 \\[2mm] \omega_2 L_1 - \dfrac{1}{\omega_2 C_1} + \dfrac{\omega_2 L_2}{1 - \omega_2^2 L_2 C_2} = 0 \\[2mm] \omega_p L_2 = \dfrac{1}{\omega_p C_2} \end{array}\right\} \quad (9-17)$$

（2）三调谐滤波器与双调谐滤波器的设计理念类似，有三个调谐点。图 9-3 为典型的三调谐滤波器电路结构和滤波器阻抗—频率特性。

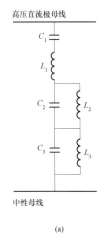
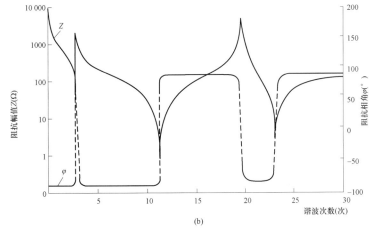

图 9-3　三调谐滤波器接线和阻抗—频率特性
（a）滤波器接线；（b）滤波器阻抗—频率特性

同样的，首先给定一个预期的直流滤波器的高压电容器 C1，调谐角频率 ω_1、ω_2 和 ω_3，以及介于三个调谐频率之间的并联回路调谐角频率 ω_{p1} 和 ω_{p2}，即可求出三调谐滤波器的电容值和电感值，计算式为

$$\left.\begin{array}{r}\omega_1 L_1 - \dfrac{1}{\omega_1 C_1} + \dfrac{\omega_1 L_2}{1 - \omega_1^2 L_2 C_2} + \dfrac{\omega_1 L_3}{1 - \omega_1^2 L_3 C_3} = 0 \\[2mm] \omega_2 L_1 - \dfrac{1}{\omega_2 C_1} + \dfrac{\omega_2 L_2}{1 - \omega_2^2 L_2 C_2} + \dfrac{\omega_2 L_3}{1 - \omega_2^2 L_3 C_3} = 0 \\[2mm] \omega_3 L_1 - \dfrac{1}{\omega_3 C_1} + \dfrac{\omega_3 L_2}{1 - \omega_3^2 L_2 C_2} + \dfrac{\omega_3 L_3}{1 - \omega_3^2 L_3 C_3} = 0 \\[2mm] \omega_{p1} L_2 = \dfrac{1}{\omega_{p1} C_2} \\[2mm] \omega_{p2} L_3 = \dfrac{1}{\omega_{p2} C_3} \end{array}\right\} \quad (9-18)$$

2. 阻尼滤波器

阻尼滤波器的作用是用来削弱多次谐波的滤波器,也称为宽带滤波器。通常是在调谐滤波器的基础上,增加一个或多个与电抗器并联的电阻器,这将在一定频率范围内产生阻尼特性。如果它们被用来在比调谐频率高的频率处获得高阻尼特性,那么它们也可称为高通滤波器。

最常用的为双调谐阻尼滤波器和三调谐阻尼滤波器。

(1)双调谐阻尼滤波器的结构是在双调谐滤波器的回路中并联一个电阻器 R_1,不同工程的交流滤波器电阻器安装位置可能不同,常见的几种双调谐阻尼滤波器如图9-4所示。

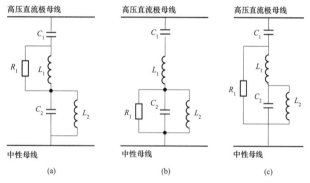

图 9-4 几种典型的双调谐阻尼滤波器接线
(a)R_1 与 L_1 并联方案;(b)R_1 与 L_2 并联方案;
(c)R_1 与 L_1 及 L_2 并联方案

双调谐阻尼滤波器的电容值和电感值选择与双调谐滤波器类似,电阻值的选择主要取决于阻尼效果,其安装位置不同产生的阻尼效果不同。

(2)三调谐阻尼滤波器的结构通常是在滤波器回路中的 L1 和 L2 电抗器旁并联 1 个电阻器,其接线如图9-5所示。

三调谐阻尼滤波器的电容值和电感值选择与三调谐滤波器类似,电阻值的选择主要取决于阻尼效果。

直流滤波器采用调谐滤波器或阻尼滤波器的优缺点与交流滤波器类似。与调谐滤波器相比,阻尼滤波器的主要优点是:

1)耐受相对较大范围的频率偏移。

2)耐受相对较大范围的由于环境条件引起的滤波器元件参数变化。

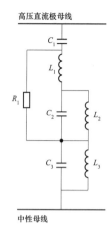

图 9-5 三调谐阻尼滤波器接线

3)降低暂态电压并减少谐振存在的可能性。

阻尼滤波器的主要缺点是:

1)增加的电阻器导致滤波器损耗较大。

2)由于增大了调谐点的滤波器阻抗,导致调谐性能略低于调谐滤波器。

(二)滤波器失谐

直流滤波器失谐的因素与交流滤波器基本相同,详见第八章第三节。

(三)滤波器型式选择原则

直流滤波器型式和组数应综合考虑直流滤波性能指标、设备投资费用和运行可靠性。可从以下几个方面选择直流滤波器型式:

(1)降低直流滤波器高压电容器的电容值。滤波器的滤波效果与高压电容器的电容值基本成正比关系,对于同样额定电压的电容器,其成本也基本上与其电容值成正比。高压电容器占整个直流滤波器的费用比例最高,因此,降低直流滤波器高压电容器的电容值可显著降低直流滤波器的设备费用。

(2)滤除最大谐波含量的特征谐波。一般来说12次和24次特征谐波滤波器是必装的,36 次和 48 次特征谐波采用设置在 36~48 次之间的调谐点同时滤除。

(3)减少滤波器组数或减少滤波器调谐次数。通常换流站每极装设1~2组直流滤波器,滤波器采用双调谐或三调谐。当每极 1 组三调谐直流滤波器或 2 组双调谐直流滤波器可满足性能指标要求时,经技术经济比较后选择经济性较优的方案。

(4)运行可靠性。直流滤波器高压电容器是较容易出现故障的设备之一。当直流滤波器元件发生故障时,直流滤波器需要退出运行。若直流滤波器故障检修时不考核直流滤波器性能时可考虑每极装 1 组直流滤波器;若故障检修时仍考核直流滤波器性能时,为提高直流系统的运行可靠性,按每极装设 2 组直流滤波器考虑。

二、典型直流工程直流滤波器配置方案

直流滤波器名称中，HP（high pass）表示高通滤波器，DT（double tuning）表示双调谐滤波器，TT（triple tuning）表示三调谐滤波器。我国已经建成和在建的高压直流工程主要的直流滤波器选型方案有以下几种。

（一）典型方案一

该方案的直流滤波器的配置为每站每极安装 1 组 DT12/24 和 1 组 DT12/36。直流滤波器的接线图如图 9-6 所示。

（二）典型方案二

该方案的直流滤波器的配置为每站每极安装 2 组 TT12/24/36。直流滤波器的接线图如图 9-7 所示。

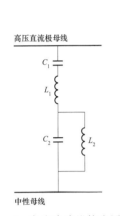
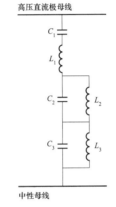

图 9-6　直流滤波器接线图　　图 9-7　直流滤波器接线图
（DT12/24 和 DT12/36）　　　　（TT12/24/36）

（三）典型方案三

该方案的直流滤波器的配置为每站每极安装 1 组 TT2/12/40。直流滤波器的接线图如图 9-8 所示。

（四）典型方案四

该方案的直流滤波器的配置为每站每极安装 1 组 TT12/24/45。直流滤波器的接线图如图 9-9 所示。

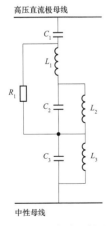
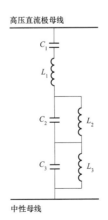

图 9-8　直流滤波器接线图　　图 9-9　直流滤波器接线图
（TT2/12/40）　　　　　　　（TT12/24/45）

（五）典型方案五

该方案的直流滤波器的配置为每站每极安装 1 组 HP2/39 和 1 组 HP12/24。直流滤波器的接线图如图 9-10 所示。

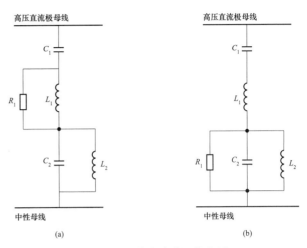

图 9-10　直流滤波器接线图
（a）HP12/24；（b）HP2/39

从以上各种滤波器选型组合方式可以看出：

（1）每个工程的每极直流滤波器种类均为 1～2 种，每极安装直流滤波器组数也为 1～2 组。直流滤波器均采用了双调谐或三协调方案，有工程滤波器不装阻尼电阻器，也有装阻尼电阻器。

（2）每个直流工程的直流滤波器调谐点有 3～4 个，其中 2 个调谐点大都设置在 12 次和 24 次特征谐波（TT2/12/40 的方案除外），另一个调谐点一般设置在 36～48 次之间，主要用于滤除 36 次和 48 次特征谐波。

（3）部分工程设置了 2 次调谐点，主要目的是防止直流侧发生低频谐振，详见本节第四小节。

（4）通常每个站的两极采用相同的设计方案，并且送端和受端换流站采用相同的设计方案。

三、直流滤波器性能计算

（一）输入条件

1. 系统参数

直流滤波器设计所需的系统参数主要包括以下几项：

（1）直流系统电压、直流电流、交流系统频率变化范围等主要系统参数。

（2）直流线路、接地极线路和接地极电阻等参数。

（3）直流滤波器性能指标，一般在直流工程的功能规范书中给出。

（4）直流系统主回路参数（计算方法详见第七章），确定换流变压器和换流器等设备的主要参数。

（5）平波电抗器电感值，计算方法详见本节第五小节。

2. 系统运行状态

搭建直流系统的电路模型时，采用单12脉动换流器接线的直流系统应考虑三种运行方式：

（1）双极运行方式。

（2）单极金属回线运行方式。

（3）单极大地回线运行方式。

采用双12脉动换流器串联接线的直流系统应考虑六种运行方式：

（1）完整双极运行方式。

（2）不完整双极运行方式。

（3）完整单极金属回线运行方式。

（4）完整单极大地回线运行方式。

（5）不完整单极金属回线运行方式。

（6）不完整单极大地回线运行方式。

另外，直流滤波器的计算还要考虑直流系统从小功率启动（0.1p.u.）到2h过负荷运行状态下的所有系统运行条件。

3. 系统频率和环境条件

直流滤波器计算需要考虑系统频率和环境条件变化引起的设备参数变化。

（二）直流滤波器性能计算方法

图9-11所示为直流滤波器性能计算用端口模型图。

图9-11　直流滤波性能计算用端口模型图

其中直流线路架空地线的屏蔽影响已经根据地线的接地方式等效到直流线路参数中。直流线路可以分为若干段，假定每一段线路参数是均匀的，利用线路的分布参数模型，在任一特定的频率下，每一段直流线路下可以采用一个 4 端口网络表示，并具有以下阻抗模型

$$\begin{bmatrix} U_{l1} \\ U_{l2} \\ U_{r1} \\ U_{r2} \end{bmatrix} = \begin{bmatrix} Z_{11} & Z_{12} & Z_{13} & Z_{14} \\ Z_{21} & Z_{22} & Z_{23} & Z_{24} \\ Z_{31} & Z_{32} & Z_{33} & Z_{34} \\ Z_{41} & Z_{42} & Z_{43} & Z_{44} \end{bmatrix} \times \begin{bmatrix} I_{l1} \\ I_{l2} \\ I_{r1} \\ I_{r2} \end{bmatrix} \quad (9-19)$$

利用串联连接的端口网络阻抗模型，即先将每段线路网络的阻抗模型转化成转移模型，然后将所有线段的转移矩阵连乘，得到全部直流线路的转移模型，最后换算成以下阻抗模型

$$\begin{bmatrix} U_{r1} \\ U_{r2} \\ U_{i1} \\ U_{i2} \end{bmatrix} = \begin{bmatrix} Z_{111} & Z_{112} & Z_{113} & Z_{114} \\ Z_{121} & Z_{122} & Z_{123} & Z_{124} \\ Z_{131} & Z_{132} & Z_{133} & Z_{134} \\ Z_{141} & Z_{142} & Z_{143} & Z_{144} \end{bmatrix} \times \begin{bmatrix} I_{r1} \\ I_{r2} \\ I_{i1} \\ I_{i2} \end{bmatrix} \quad (9-20)$$

对于两端换流站，可以用常规的电路网络表示，每一支路都可以表示为具有电压源并带电阻、电感和电容串联表示的内阻抗。对于任一特定的频率，电源的幅值和相位是预先计算出的，并可以通过支路阻抗模型计算各支路的阻抗实部和虚部。

对于每次谐波频率，将与直流线路的接口处设想为两个端口，并假定在端口处开路，可求得整流侧和逆变侧的开口端口电压，并以下述端口模型表示

整流侧
$$\begin{bmatrix} U_{r1} \\ U_{r2} \end{bmatrix} = \begin{bmatrix} U_{r10} \\ U_{r20} \end{bmatrix} - \begin{bmatrix} Z_{r11} & Z_{r12} \\ Z_{r21} & Z_{r22} \end{bmatrix} \times \begin{bmatrix} I_{r1} \\ I_{r2} \end{bmatrix} \quad (9-21)$$

逆变侧
$$\begin{bmatrix} U_{i1} \\ U_{i2} \end{bmatrix} = \begin{bmatrix} U_{i10} \\ U_{i20} \end{bmatrix} - \begin{bmatrix} Z_{i11} & Z_{i12} \\ Z_{i21} & Z_{i22} \end{bmatrix} \times \begin{bmatrix} I_{i1} \\ I_{i2} \end{bmatrix} \quad (9-22)$$

根据等效干扰电流的定义，需分别求出由整流侧谐波电压源和逆变侧谐波电压源引起的谐波电流。对于整流侧引起的谐波电流，只需假定 U_{i10} 和 U_{i20} 为0，联立求解式（9-19）～式（9-21）。在求得端口电流和电压后，可以利用各线路段的转移模型，求得各段线路端口的电流和电压，然后利用分布参数线路模型计算出线路每一点的谐波电流。

类似地，可以求出逆变侧谐波电压源产生的谐波电流。对于所关心的每一次谐波，均重复上述计算过程，便可以求出所有谐波电流值。

四、直流滤波器定值计算

直流滤波器性能计算完成直流滤波器的形式选择后，需要计算滤波器上各元件的稳态和暂态额定值，为滤波器元件的设备规范提供依据。

（一）稳态额定值

稳态额定值是指直流滤波器元件和避雷器等设备在稳态及短时运行条件下的应力。这里所说的滤波器元件应力是指流过元件的电流、各元件端点间的电压及端点对地电压。稳态额定值计算就是求在各种稳态及短时运行工况下有关滤波器元件的电流和电压最大值。

1. 计算条件

利用直流滤波器性能计算的端口模型，可以分别计算出整流侧和逆变侧谐波电压源在整流侧和逆变侧各支路产生的各次谐波电流，再按照式（9-23）求出支路电流的幅值。在求得各支路的各次谐波电流幅值后，便可方便地确定各设备的稳态额定值，即

$$I_{nk} = \sqrt{I_{nkr}^2 + I_{nki}^2} \quad (9-23)$$

式中　I_{nk}——k支路的 n 次谐波电流幅值；

I_{nkr}——k支路由整流侧谐波电压源产生的n次谐波电流幅值；

I_{nki}——k支路由逆变侧谐波电压源产生的n次谐波电流幅值。

直流滤波器元件的稳态额定值应考虑直流电压和从基波到 50 次谐波的应力，并应考虑以下因素：

（1）交流系统稳态频率偏差。

（2）直流线路和接地极线路长度偏差，一般按线路长度 ±10% 考虑。

（3）不同的直流系统运行模式，包括额定直流电压和降低直流电压，双极、单极金属和单极大地运行，直流功率在最小功率直至 2h 过负荷功率范围内的任何传输功率。

（4）直流滤波器支路投入的数量，包括直流滤波器全部投入运行，任意 个换流站任意一极中的 1 组或 2 组直流滤波器退出运行，具体退出数量根据系统需求确定。

（5）直流滤波器元件偏差。元件偏差是由制造偏差和温度偏差组成，通常平波电抗器取 0%～5%，高压直流电容器取 ±1%，低压直流电容器 ±2%；低压电抗器取 ±0.35%。

2. 计算方法

（1）电压额定值的计算方法。直流滤波器高压电容器电压额定值的计算方法与其他滤波器元件有所不同。直流滤波器高压电容器的额定电压为最大连续直流电压与 1～50 次谐波电压峰值的算术和，同时考虑由于电容器套管受污染情况不同、单个电容器单元温升的差异，以及其他原因引起的电压不均匀分布。直流滤波器高压电容器的额定电压计算式为

$$U_{bN} = k \times U_{dc} + \sqrt{2} \times \sum_{n=1}^{50} U_n \qquad (9-24)$$

式中 U_{dc}——最大连续直流电压；

U_n——第 n 次谐波电压（均方根值）；

k——直流电压分布不均匀系数，一般 $k=1.05\sim1.1$（户内），$k=1.2\sim1.3$（户外）。

其他滤波器元件包括低压电容器、电抗器、电阻器和避雷器等。其他滤波器元件的电压额定计算式为

$$U_{bN} = \sum_{n=1}^{50} U_n \qquad (9-25)$$

式中 U_n——第 n 次谐波电压（均方根值）。

（2）电流额定值的计算方法。直流滤波器电容器电流额定值的计算方法与其他滤波器元件有所不同。电容器的额定电流计算式为

$$I_{bN} = \sum_{n=1}^{50} I_n \qquad (9-26)$$

式中 I_n——第 n 次谐波电流（均方根值）。

电抗器和电阻器的额定电流计算式为

$$I_{bN} = \sqrt{\sum_{n=1}^{50} I_n^2} \qquad (9-27)$$

式中 I_n——第 n 次谐波电流（均方根值）。

（3）确定爬电比距电压的计算方法。确定高压电容器端点之间的爬电比距电压计算式为

$$U_{creepage,DC} = \sqrt{U_{dc}^2 + \sum_{n=1}^{50} U_n^2} \qquad (9-28)$$

式中 U_{dc}——最大连续直流电压；

U_n——第 n 次谐波电压（均方根值）。

其他元件（包括低压电容器、电抗器、电阻器和避雷器等）端点之间的爬电比距电压计算式为

$$U_{creepage,DC} = \sqrt{\sum_{n=1}^{50} U_n^2} \qquad (9-29)$$

式中 U_n——第 n 次谐波电压（均方根值）。

元件端点对地的爬电比距电压计算式为

$$U_{creepage,DC} = \sqrt{U_{dc,neutral}^2 + \sum_{n=1}^{50} U_n^2} \qquad (9-30)$$

式中 $U_{dc,neutral}$——中性母线最大连续直流电压；

U_n——端点对地的第 n 次谐波电压（均方根值）。

（4）避雷器最大连续运行电压（MCOV）的计算方法见本小节第二条"暂态额定值"。

（二）暂态额定值

直流滤波器暂态额定值计算，就是在故障情况下，求滤波器元件可能受到的最大暂态应力。暂态额定值计算包括：计算故障情况下流过滤波器各元件的暂态电流，确定滤波器避雷器参数、滤波器元件的保护和绝缘耐受水平。

1. 暂态定值计算工况

直流滤波器暂态额定值计算电路模型应包括直流滤波器、中性母线电容器、中性母线避雷器和接地极监视回路的阻断滤波器模型（如果有）。另外，接地极线路被等效为行波阻抗。在确定直流滤波器暂态额定值时，应至少考虑三种典型故障类型：直流极线对地短路、直流极线侵入操作波和直流线路故障后的再启动。

（1）直流极线对地短路。高压电容器被预充电至直流母线避雷器操作冲击保护水平，电容器充电之后，将电容器高压端对地短路，即滤波器通过一个故障等效电感放电。直流滤波器避雷器、换流站内的接地网、中性母线电容器及中性母线避雷器等设备为故障电流提供回路。通过计算，可以获得滤波器元件及避雷器的放电电流及吸收能量等。由于故障点位置不同，故障等效电感的取值也将随之变化，可以对故障等效电感取不同的值，以找出最苛刻情况下滤波器元件及避雷器所承受的应力。

（2）直流极线侵入操作波。在直流极母线上施加一个（250/2500）μs 的标准操作波，操作波峰值取直流极母线避雷器操作冲击保护水平。

（3）直流线路故障后的再启动。直流线路对地故障后，直流线路保护会尝试几次重新启动。假定故障点还未消失，再启动时就会使故障重现，从而增加避雷器的吸收能量。因

此，确定避雷器的吸收能量时，应考虑直流线路或直流母线故障后保护重新启动时产生的能量。

2. 避雷器参数选择

直流滤波器支路需装设避雷器降低过电压水平以保护元件。实际工程中，直流滤波器避雷器通常接于高压电抗器的高压端子与地之间或与中性母线之间，以及电抗器的两端子之间。典型的避雷器配置图见图 9－12 和图 9－13。

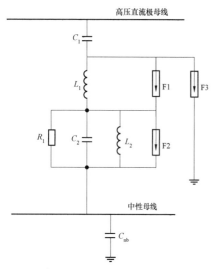

图 9－12　典型双调谐滤波器避雷器配置接线图

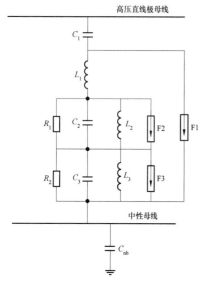

图 9－13　典型三调谐滤波器避雷器配置接线图

避雷器的选择需考虑以下因素：

（1）被保护设备期望的最大绝缘水平。

（2）避雷器最大持续运行电压（MCOV）。

（3）滤波器放电时，在避雷器上出现的最大峰值电流。

（4）避雷器放电时吸收的能量。

避雷器的最大持续运行电压（MCOV）包括基波电压和谐波电压，对于图 9－12 中的 F1 避雷器（低压侧接地）来说

还包括中性母线最大连续直流电压。计算避雷器的最大持续运行电压（MCOV），需考虑最严重的基波电压和谐波电压组合，计算式为

$$U_{arr}(t) = U_{dc,neutral} + \sum_{n=1}^{50} U_n \cos(n\omega_0 t + \varphi_n) \qquad (9-31)$$

式中　　$U_{arr}(t)$——避雷器的最大持续运行电压（MCOV）；

$\qquad$ $U_{dc.\,neutral}$——中性母线最大连续直流电压，对于低压侧不接地的避雷器来说，$U_{dc.\,neutral}$ 为零；

$\qquad$ U_n——避雷器高压端对低压端的第 n 次谐波电压（均方根值）；

$\qquad$ ω_0——基波角频率；

$\qquad$ t——时间；

$\qquad$ φ_n——第 n 次谐波的初始相角。

不同运行情况下，初始相角（φ_n）是变化的，保守的方法是基波电压和谐波电压的初始相角（φ_n）都为零，由此避雷器的最大持续运行电压（MCOV）计算式为

$$MCOV = U_{dc,neutral} + \sum_{n=1}^{50} U_n \qquad (9-32)$$

实际各次谐波的相角不可能为零，因而，施加于避雷器上的电压幅值要低得多。

避雷器的参考电压（U_{ref}）应不低于被保护设备承受的额定稳态运行电压及短时运行电压。对于滤波器避雷器，最大持续运行电压（$MCOV$）与参考电压（U_{ref}）之间的关系式为

$$U_{ref} = \frac{MCOV}{k_f} \qquad (9-33)$$

式中　　k_f——与主导频率有关的系数，需要与避雷器厂家协商确定，一般为 0.6～0.8。

避雷器参考电压越低，放电电流就越大。对于初始选定的避雷器参数，通过计算可以求出避雷器的放电电流及能量。

确定避雷器参数的步骤是一个反复调整优化的过程，采用不同的避雷器参考电压（U_{ref}），经过多次反复计算，才能最终确定避雷器的放电电流、吸收能量和保护水平等参数。

3. 直流滤波器元件的绝缘水平

在确定了直流滤波器避雷器保护水平后，在此基础上加上绝缘裕度可确定最终的直流滤波器元件的绝缘耐受水平。一般操作冲击电压的绝缘裕度不低于 15%，雷电冲击电压的绝缘裕度不低于 20%。

直流滤波器元件的绝缘水平应有海拔修正。

五、直流滤波系统构成

直流滤波器系统的组成主要包括直流滤波器、平波电抗器以及中性线冲击电容器。典型的单极直流系统网络结构图（单 12 脉动换流器接线）见图 9－14。

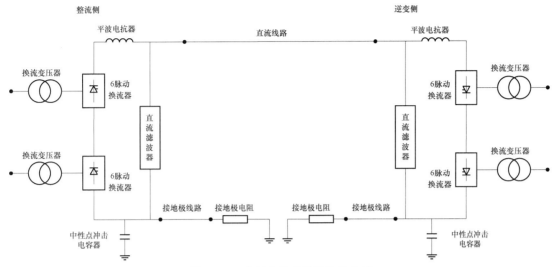

图 9-14　单极直流系统网络结构图

（一）直流侧低频谐振影响

在直流输电系统中，直流回路的直流滤波器与直流线路并联后，与平波电抗器串联，在换流阀导通状态下与换流变压器以及交流系统串联，因此，在直流回路存在多个由直流线路参数、主要设备参数以及系统接线方式所决定的固有谐振频率[4]。给直流回路施加交流或阶跃电压，或者直流线路发生短路时，直流主回路都会产生一个或多个频率的振荡。施加交流电压会引起直流回路的固有频率和外加频率的振荡，如果固有频率接近于外加频率，则容易发生幅值较大的谐振，对直流系统造成很大影响，因此在设计时应避免发生直流回路的谐振。

1. 产生原因

施加到直流回路上的电压主要分为交流电压和阶跃电压。

发生交流电压加到直流回路上的原因主要有以下几点：

（1）在没有旁通阀或旁通阀未开通情况下，换流器因故障闭锁（即停送触发脉冲）时，交流系统通过开始闭锁时仍然导通的两个阀继续施加于直流回路上。

（2）换流器发生持续故障（换相失败，不导通或误导通）。

（3）直流输电线路与同走廊的不换位交流线路耦合较强时，由于直流系统基频阻抗较小，会在直流输电线路上产生较大的工频感应电流。

（4）当交流系统发生短路时，交流系统故障在其直流侧产生二次谐波，从而导致直流侧流过很大的谐波电流。

发生阶跃或接近阶跃的电压加到直流回路上的原因主要有以下几点：

（1）整流器启动。

（2）一个桥被旁通或撤去旁通。

（3）交流短路引起电压下降后恢复。

（4）直流线路在短路后重新启动。

以上施加到直流回路上的电压应重点关注危害较大的基波电压和二次谐波电压（50Hz 和 100Hz）。

2. 谐振的危害

直流回路发生谐振时，会在平波电抗器等设备上产生较大压降，从而导致直流侧出现谐振过电压，对直流系统造成很大影响。谐振的主要危害包括：

（1）增加电气设备的热应力，特别是增加换流变压器磁化电流的直流分量，使铁心饱和，引起过热。

（2）引起保护动作。

（3）对通信产生干扰。

（4）引起直流系统过电压或过电流，导致直流输电系统运行异常甚至系统闭锁。

（二）低频谐振阻尼回路配置

直流回路谐振的分析方法包括理论方法和可用于工程实践的仿真方法，如理论推导和频率扫描分析等。理论推导从原理上推导直流回路的串联谐振频率；频率扫描分析则是利用可进行谐波分析的电磁暂态仿真程序（如 PSCAD），在系统稳定的条件下，通过动态的频率扫描，获得直流回路的频率—阻抗特性。以上两种方法可互为补充，相互验证。

为满足工程实际需求，理论推导和频率扫描分析时应注意：

（1）建模时应包含直流线路和两端换流站的交流系统、交流滤波器、换流变压器、换流阀、平波电抗器、直流滤波器、中性点冲击电容器等。

（2）应考虑所有运行接线方式，主要包括双极运行、单极大地运行和单极金属运行方式。

（3）应考虑直流滤波器全部投入运行和故障退出运行时的接线。

通过分析后，如果直流回路的低频谐振频率离基频和二次谐波频率较近时，应采取抑制措施避免发生直流回路的谐振。我国某直流工程招标文件对直流回路谐振做出规定：所设计的直流平波电抗器和直流滤波器应确保直流侧主回路不发生基波和 2 次谐波谐振。对于所有运行接线方式和控制模式，主要的串联谐振频率离开基波频率和二次谐波频率的距离不能小于 15Hz。对直流回路所产生的谐振，控制系统应能提供正阻尼。

对于实际工程而言，当站址确定后，直流线路长度也基本确定，通过调整直流线路长度来改变直流回路的谐振点并不现实，主要是在换流站设计和利用控制系统采取抑制措施，一般采用设置低频谐振阻尼回路的措施使其减小。

设置阻尼回路的方法主要分为两种：

（1）设置谐波滤波器。该方案是在两端换流站的直流滤波器设计中设置低频谐振频率，即在换流器出口处设置了 1 个低频低阻抗回路，可以显著抑制直流极线谐振过电压。

（2）设置阻断滤波器。该方案是在送端换流站直流侧中性线回路上串接 1 个由电抗器和电容器构成的并联回路，即在直流回路中增加了 1 个低频并联谐振点，相当于一个很大的低频阻抗，有效阻断低次谐波。

以某±800kV 特高压直流工程为例，该工程在不设置阻尼回路时，直流回路双极运行接线方式的频率—阻抗特性如图 9-15 所示。

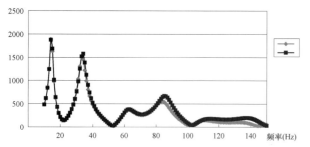

图 9-15　双极运行接线方式的频率—阻抗特性

图 9-15 中谐振频率为 53Hz 和 102Hz，谐波阻抗为 27.7Ω 和 45.4Ω。其谐振频率距离基频和二次谐波频率仅为 3Hz 和 2Hz，小于 15Hz 的要求。

当交流系统发生相间短路时，将在直流回路产生较大的二次谐波电流，该电流在平波电抗器等设备上产生较大压降，从而导致直流侧谐振过电压，极线上的过电压可高达额定直流电压的 1.4 倍以上。与直流线路平行架设的不换位交流线路耦合较强时，会在直流线路中感应工频交流电流，该电流将转化为换流变压器绕组的直流偏磁电流，可能引起直流偏磁超标问题。

因此，需要在直流回路中设置阻尼回路抑制低频谐振。图 9-16 和图 9-17 分别为该±800kV 特高压直流工程送端换流站和受端换流站的阻尼回路接线。

（三）平波电抗器

对于谐波电流而言，平波电抗器是串接在直流回路上的一个大阻抗，对于直流滤波有很大的帮助。平波电抗器的

作用除了与直流滤波器一起构成直流滤波回路外，其主要作用为：

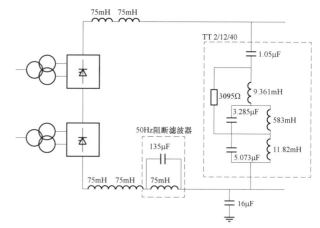

图 9-16　送端换流站低频谐振阻尼回路

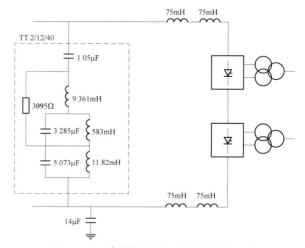

图 9-17　受端换流站低频谐振阻尼回路

（1）抑制直流电流纹波分量，能避免在低直流功率传输时电流的断续。

（2）限制直流系统故障或受扰动时直流电流上升的速率和幅值，从而降低换相失败率。

（3）能防止由直流线路或直流开关场所产生的陡波冲击波进入阀厅，从而使换流阀免于遭受过电压应力而损坏。

（4）减小因交流系统电压下降引起逆变器换向失败的概率。

由此可见，平波电抗器是直流换流站的重要设备之一。

1. 平波电抗器参数分析计算

根据以往高压直流工程的设计经验，确定平波电抗器的电感量并没有一个确切计算出结果的公式，而是一个性能逐步优化的过程，确定一个最优值。平波电抗器电感值的选择主要考虑以下几点。

（1）防止电流断续计算。为了避免整流器在不小于 I_{dmin} 电流下出现电流间断，可根据式（9-34）来计算平波电抗器的电感，即

$$L_d = \frac{2U_{dio} \times 0.023 \sin \alpha}{\omega I_{dp}} \qquad (9-34)$$

式中　U_{dio}——6 脉动换流器理想空载直流电压；

　　　α——直流低负荷时的换流器触发角；

　　　I_{dp}——允许的最小直流电流限值，考虑到换流变压器分接开关挡位和电流测量误差。

（2）限制故障电流上升率。当逆变器的某个桥臂出现短路时，为限制故障电流上升率，可根据式（9-35）来确定平波电抗器的电感，使逆变器熄弧角 γ 不小于 γ_{min}，以避免正常运行的 6 脉动换流桥发生换相失败。电感的计算式为

$$L_d = \frac{\Delta U_d}{\Delta I_d} \Delta t = \frac{\Delta U_d(\gamma_N + \mu - 1 - \gamma_{min})}{\Delta I_d \times 360 f} \qquad (9-35)$$

式中　ΔU_d——由于某个桥路出线短路时发生的直流电压变化，一般选取一个 6 脉动桥的额定直流电压；

　　　ΔI_d——不发生换相失败所允许的直流电流增量，是由于某个桥路出现短路时发生的直流电流的变化值；

　　　γ_N——额定关断角；

　　　γ_{min}——不发生换相失败的最小关断角；

　　　μ——换相重叠角；

　　　f——基波频率。

当某个桥路发生短路时

$$\Delta I_d = 2I_{s2}[\cos \gamma_{min} - \cos(\gamma + \mu - 1°)] - 2I_{dN} \qquad (9-36)$$

式中　I_{s2}——换流变压器阀侧发生 2 相短路的短路电流，

$$I_{s2} = \frac{\sqrt{2}U_{vN}}{2X_{TN}} \qquad (9-37)$$

（3）平抑直流电流纹波。平抑直流电流纹波的计算式为

$$L_d = \frac{U_{d(n)}}{n\omega I_d \times \dfrac{I_{d(n)}}{I_d}} \qquad (9-38)$$

式中　$U_{d(n)}$——直流侧最低次特征谐波电压有效值，即 12 次特征谐波电压；

　　　$\dfrac{I_{d(n)}}{I_d}$——允许的直流侧最低次特征谐波电流的相对值；

　　　n——换流阀的脉动数；

　　　I_d——直流侧电流。

平波电抗器的电感量取值应避免与直流滤波器、直流线路、中性点电容器和换流器等在 50Hz 和 100Hz 发生低频谐振。

2. 对直流滤波器性能的影响

12 脉动换流器可以视为 1 个双端口戴维宁等效的包含特征谐波和非特征谐波的电压源。平波电抗器同该电压源串联，其谐波频率上的高阻抗对降低谐波电流水平起着重

要作用。因此，平波电抗器的电感值大小直接影响直流滤波器的性能。

低阻抗的直流滤波器跨在平波电抗器线路侧的极线和中性母线之间，使直流滤波器与双端口换流器模型的任何外部回路为并联结构。当增加平波电抗器的电感值时，相当于增加了回路的阻抗，因此，对直流侧谐波电流起到抑制作用。平波电抗器电感值越大，对直流滤波器的要求越低，反之亦然。

但是，平波电抗器的电感值并非越大越好，不仅会带来设备价格的上涨，而且如果电感值过大，会降低直流系统动态响应性能，而且在电流迅速变化时，会产生很高的过电压。因此平波电抗器电感值与直流滤波器的参数应从滤波性能和经济方面统筹考虑。

（四）中性点冲击电容器

中性点冲击电容器是安装在直流中性母线对地之间的低压设备，主要为通过换流变压器杂散电容入地的谐波电流提供就近的返回中性点的低阻抗通路。根据 3 脉动模型，合理地设置中性点冲击电容器对降低直流系统的谐波水平有较明显的作用。中性点冲击电容器除了参与直流滤波外，还能缓冲接地极引线遭雷击引起的雷电侵入过电压，一般采用十几微法或更大的电容值。

第五节　直流滤波器设计实例

对于装设直流滤波器的两端直流输电工程而言，典型的系统接线方式主要有两种：每极单 12 脉动换流器接线和每极双 12 脉动换流器串联接线。两种接线方式在计算直流滤波器时主要是谐波电压源模型不同，前者为每极由 4 个串联的 3 脉动谐波电压源表示，后者为每极由 8 个串联的 3 脉动谐波电压源表示，其他方面基本相同。

本节将以每极双 12 脉动换流器接线的两端高压直流输电系统为例，对直流滤波器设计进行说明。

一、计算条件

（一）系统条件

1. 系统额定值

额定直流功率为 6400MW，额定直流电流为 4000A。每极为双 12 脉动换流器接线，换流器的电压分配为 400kV + 400kV。

2. 运行方式

性能计算时主要考虑了下列运行方式：

（1）直流全压，$U_d = 800$kV，$\alpha = 15° \pm 2.5°$，$\gamma = 17° \pm 1°$，正常功率方向。运行接线方式为双极、单极金属回路运行和单极大地回路运行。

（2）直流降压，$U_d = 560\text{kV}$，正常功率方向。运行接线方式为双极、单极金属回路运行和单极大地回路运行。

（3）潮流反送。由于直流电路对称，换流站功率额定值较低，因而此方式不能决定工况。

3. 交流系统频率特性

频率特性	送端站	受端站
稳态频率变化范围（Hz）	±0.2	±0.2
极端暂态频率变化范围（Hz）	+1/−1	+1/−1

性能计算时采用稳态频率变化范围，定值计算时采用极端暂态频率变化范围。

4. 直流主设备参数

每极平波电抗器的电感量为 $2 \times 150\text{mH}$，极线和中性线电感量各为 150mH。

中性母线对地冲击电容器两站分别为 16μF（送端）和 14μF（受端）。

5. 非特征谐波计算考虑因素

（1）相间阻抗偏差按换流变压器短路阻抗 d_{xN} 的 0.7%考虑。

（2）上桥臂和下桥臂之间的相间阻抗偏差同样按换流变压器短路阻抗 d_{xN} 的 0.7%考虑。

（3）上桥臂和下桥臂之间理想空载直流电压 U_{dio} 的差值按 Yd 换流变压器绕组的 0.5 匝来考虑。

（4）12 脉动换流器中，单阀之间的触发角差别取决于交流系统电压和触发系统触发时刻的偏差。触发角的不平衡按 0.018 4°的标准偏差来考虑。

（5）负序电压的相角按 0°～360°内随机矩形分布考虑。在性能计算中，采用 1.1%的负序电压值，其中，1%是由交流系统来的，0.1%是对直流系统的保守估计值。在定值计算中，采用 2.2%的负序电压值，其中，2%是由交流系统来的，0.2%是对直流系统的保守估计值。

6. 直流线路

要考虑直流线路的配置、导线几何尺寸和物理特性、集肤效应、线路间的相互耦合以及大地电阻率等。

直流输电线路极导线结构数据见表 9−9。

表 9−9　直流输电线路极导线结构数据表

导　线　型　号		ACSR−720/50
符合标准		ASTM　B232−81
结构（根数/直径，mm）	铝	45/4.53
	钢	7/3.02
截面积（mm²）	铝	725.3
	钢	50.14
	总	775.44

续表

导　线　型　号	ACSR−720/50
外径（mm）	36.2
单重（kg/km）	2397.7
计算拉断力（N）	170 514
20℃直流电阻（Ω/km）	0.039 84
每极导线分裂根数	6
子导线分裂间距（mm）	450

直流输电线路上使用两根地线，采用铝包钢绞线，其结构数据见表 9−10。

表 9−10　地线结构数据表

地　线　型　号	LBGJ−185−20AC
符合标准	GB 1200
结构（根数/直径，mm）	19/3.5
截面积（mm²）	182.8
外径（mm）	17.5
单重（kg/km）	1221.5
计算拉断力（N）	208 940

典型的线路杆塔尺寸见图 9−18。

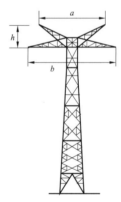

图 9−18　直流线路典型杆塔尺寸图

注：$a = 17\text{m}$，$b = 21\text{m}$，$h = 6.5\text{m}$，保护角约 10°，导线平均高度约 28m，地线平均高度约 46m，铁塔接地电阻分别为平地 5Ω、丘陵 15Ω、山区 25Ω，直流输电线路沿线大地电阻率为 180Ω·m。

（二）性能指标要求

直流滤波器性能指标要求为，在双极运行时等效干扰电流 $I_{eq} < 3000\text{mA}$，单极运行 $I_{eq} < 6000\text{mA}$。

二、计算软件界面

DCDP 直流输电系统基本设计程序设计直流滤波器的模块主要界面如图 9−19～图 9−24 所示。

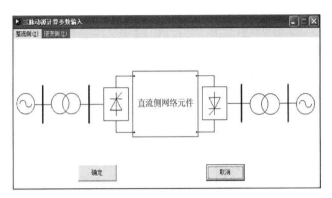

图 9-19 三脉动谐波源参数输入界面

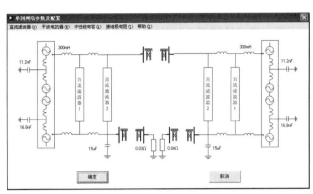

图 9-22 单回网络参数输入界面

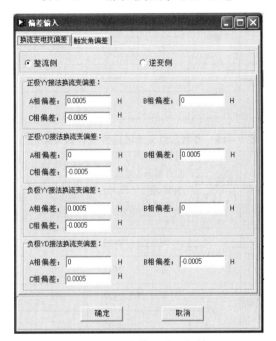

图 9-20 偏差输入（一）界面

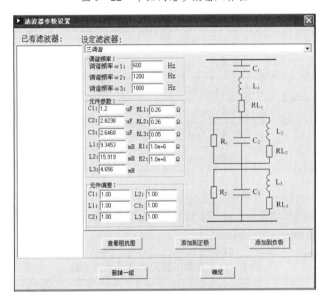

图 9-23 滤波器参数输入界面

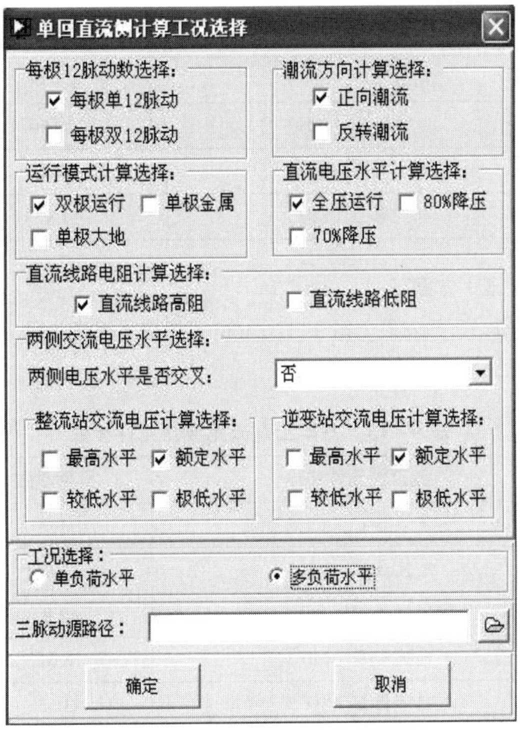

图 9-21 偏差输入（二）界面

图 9-24 计算工况选择界面

三、满足性能要求的配置方案

本设计实例针对三种直流滤波器配置方案进行计算，分别说明如下。

（一）方案一

每站每极安装 1 组 TT2/12/40 三调谐直流滤波器，根据式（9-18）可计算出直流滤波器的元件参数，如表 9-11 所示。

表 9-11　方案一直流滤波器元件参数

滤波器元件名称	元件参数
电容器 C_1（μF）	1.05
电抗器 L_1（mH）	9.361
电容器 C_2（μF）	3.285
电抗器 L_2（mH）	583
电容器 C_3（μF）	5.073
电抗器 L_3（mH）	11.82
电阻器 R_1（Ω）	3095

（二）方案二

每站每极安装 1 组 TT12/24/39 三调谐直流滤波器，元件参数如表 9-12 所示。

表 9-12　方案二直流滤波器元件参数

滤波器元件名称	元件参数
电容器 C_1（μF）	1.0
电抗器 L_1（mH）	10.563
电容器 C_2（μF）	6.978
电抗器 L_2（mH）	2.150
电容器 C_3（μF）	3.497
电抗器 L_3（mH）	14.875

（三）方案三

每站每极安装 1 组 TT12/24/36 三调谐直流滤波器，元件参数如表 9-13 所示。

表 9-13　方案三直流滤波器元件参数

滤波器元件名称	元件参数
电容器 C_1（μF）	1.0
电抗器 L_1（mH）	17.389
电容器 C_2（μF）	2.8
电抗器 L_2（mH）	16.612
电容器 C_3（μF）	3.63
电抗器 L_3（mH）	3.296

经计算，三种直流滤波器性能的计算结果见表 9-14～表 9-16。

表 9-14　方案一直流滤波器性能计算结果汇总

运行方式	直流电压 U_d（kV）	是否投入 50Hz 阻波器	直流极线最大 I_{eq}（mA）	整流侧接地极引线最大 I_{eq}（mA）	逆变侧接地极引线最大 I_{eq}（mA）
双极运行	800	是	2981	1098	588
		否	2945	1043	576
单极大地回线运行	800	是	5045	1479	1456
		否	5012	1435	1468
单极金属回线运行	800	是	5480	1765	
		否	5489	1759	

表 9-15　方案二直流滤波器性能计算结果汇总

运行方式	直流电压 U_d（kV）	是否投入 50Hz 阻波器	直流极线最大 I_{eq}（mA）	整流侧接地极引线最大 I_{eq}（mA）	逆变侧接地极引线最大 I_{eq}（mA）
双极运行	800	是	2481	2777	2853
		否	2481	2740	2853
单极大地回线运行	800	是	2521	2968	2905
		否	2396	2822	2904
单极金属回线运行	800	是	2922		2912
		否	2922		2917

表 9-16　方案三直流滤波器性能计算结果汇总

运行方式	直流电压 U_d（kV）	是否投入 50Hz 阻波器	直流极线最大 I_{eq}（mA）	整流侧接地极引线最大 I_{eq}（mA）	逆变侧接地极引线最大 I_{eq}（mA）
双极运行	800	是	6058	1378	1376
		否	6026	1370	1376
单极大地回线运行	800	是	4960	1544	1498
		否	4966	1508	1496
单极金属回线运行	800	是	3076		1523
		否	3094		1533

比较三种直流滤波器配置方案的性能计算结果，可以看

出，方案一和方案二的滤波效果满足工程要求，方案三的滤波效果不能满足要求。考虑到方案二还需要配置 2 次谐波滤波器来抑制直流系统在 100Hz 附近发生谐振，所以在滤波效果满足要求的情况下，采用方案一作为该算例的直流滤波器配置方案。

送端和受端换流站的直流滤波回路的接线图如图 9-25 和图 9-26 所示。

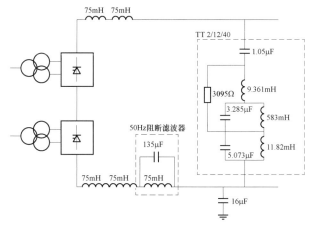

图 9-25　送端换流站直流滤波器回路接线图

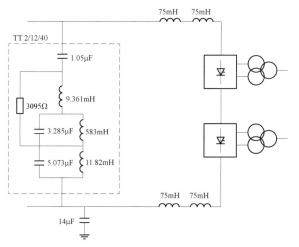

图 9-26　受端换流站直流滤波器回路接线图

直流滤波器主要运行工况下的性能计算结果如表 9-17～表 9-20 所示。

表 9-17　直流滤波器性能计算结果
（额定直流电压，直流滤波器全投）

运行方式	直流电压 U_d（kV）	极线最大 I_{eq}（mA）	送端接地极线最大 I_{eq}（mA）	受端接地极线最大 I_{eq}（mA）	I_{eq} 限制值（mA）
双极运行	800	2900	800	400	3000
单极金属回路运行	800	5500	—	1800	6000
单极大地回路运行	800	4900	1500	1600	6000

表 9-18　直流滤波器性能计算结果
（直流降压运行，直流滤波器全投）

运行方式	直流电压 U_d（kV）	极线最大 I_{eq}（mA）	送端接地极线最大 I_{eq}（mA）	受端接地极线最大 I_{eq}（mA）	I_{eq} 限制值（mA）
双极运行	560	3000	900	400	3000
单极金属回路运行	560	5900	—	1600	6000
单极大地回路运行	560	5600	1500	1500	6000

表 9-19　直流滤波器性能计算结果
（2h 过负荷，额定直流电压，直流滤波器全投）

运行方式	直流电压 U_d（kV）	极线最大 I_{eq}（mA）	送端接地极线最大 I_{eq}（mA）	受端接地极线最大 I_{eq}（mA）	I_{eq} 限制值（mA）
双极运行	800	3000	800	400	3000
单极金属回路运行	800	5800	—	1800	6000
单极大地回路运行	800	5500	1600	1600	6000

表 9-20　直流滤波器性能计算结果
（每极 1 个 12 脉动换流器，直流滤波器全投）

运行方式	直流电压 U_d（kV）	极线最大 I_{eq}（mA）	送端接地极线最大 I_{eq}（mA）	受端接地极线最大 I_{eq}（mA）	I_{eq} 限制值（mA）
双极运行	400/800	2800	600	500	3000
单极金属回路运行	400	3700	—	1000	6000
单极大地回路运行	400	3200	900	900	6000

四、稳态定值计算结果

经计算，直流滤波器元件的稳态定值计算结果如表 9-21～表 9-24 所示。

表 9-21　直流滤波器高压电容器稳态定值

参　　数	TT 2/12/40 C_1	
环境温度 25℃时额定电容值（μF）	1.05	
额定频率（Hz）	50	
谐波电压算数和（连续运行）（kV，rms）	423	
主要谐波电压（kV，rms）	$n=2$	218.96
	$n=12$	18.14
	$n=6$	9.71

续表

参　数		TT 2/12/40
		C_1
主要谐波电压（kV，rms）	$n=3$	3.73
	$n=24$	1.72
	$n=10$	1.34
	$n=42$	1.29
	$n=14$	1.16
	$n=39$	1.14
	$n=8$	1.07
额定电压（连续运行）（kV_{crest}） $U_{bN}=k\times U_{dc}+\sqrt{2}\times\sum_{n=1}^{50}U_n$（$k=1.3$）		1436.7
用于计算爬距的电压（kV，rms） $U_{creepage,DC}=\sqrt{U_{dc}^2+\sum_{n=1}^{50}U_n^2}$ 两端		831
高压端对地（kV，rms）		816
低压端对地（kV，rms）		123.6
谐波电流算数和（连续运行，A，rms）$I_{bN}=\sum_{n=1}^{50}I_n$		292.33
主要谐波电流（A，rms）	$n=2$	71.43
	$n=6$	66.78
	$n=12$	52.38
	$n=39$	29.13
	$n=24$	10.43
	$n=42$	9.56
	$n=10$	6.78
	$n=36$	4.54
	$n=48$	3.72
	$n=30$	3.60

表 9－22　直流滤波器低压电容器稳态定值

参　数	TT 2/12/40			
	C_2		C_3	
环境温度 25℃时额定电容值（μF）	3.285		5.073	
额定频率（Hz）	50		50	
谐波电压算数和（连续运行，kV，rms）	184.39		33.51	
主要谐波电压（kV，rms）	$n=2$	166.79	$n=12$	26.63
	$n=12$	6.43	$n=14$	2.72
	$n=6$	3.3	$n=24$	0.56
	$n=3$	2.89	$n=6$	0.484
	$n=24$	0.574	$n=2$	0.408

续表

参　数	TT 2/12/40			
	C_2		C_3	
主要谐波电压（kV，rms）	$n=10$	0.51	$n=10$	0.285
	$n=42$	0.449	$n=39$	0.264
	$n=14$	0.447	$n=42$	0.259
	$n=39$	0.375	$n=18$	0.212
	$n=8$	0.336	$n=9$	0.21
用于计算爬距的电压（kV，rms） $U_{creepage,DC}=\sqrt{\sum_{n=1}^{50}U_n^2}$ 两端	119.7		0.4	
高压端对地（kV，rms）	122.9		88.5（送端）/ 24.1（受端）	
低压端对地（kV，rms）	88.5（送端）/ 24.1（受端）		87.2（送端）/ 18.8（受端）	
谐波电流算数和（连续运行）（A，rms）$I_{bN}=\sum_{n=1}^{50}I_n$	412.03		529.91	
主要谐波电流（A，rms）	$n=2$	249.5	$n=12$	396.01
	$n=12$	57.55	$n=39$	25.89
	$n=39$	15.27	$n=24$	21.63
	$n=6$	14.79	$n=42$	12.01
	$n=24$	10.18	$n=15$	9.01
	$n=42$	8.78	$n=14$	8.74
	$n=3$	6.45	$n=36$	5.85
	$n=48$	3.95	$n=48$	4.56
	$n=30$	3.71	$n=30$	4.03
	$n=36$	3.56	$n=18$	3.93

表 9－23　直流滤波器电抗器稳态定值

参　数	TT 2/12/40		
	L_1	L_2	L_3
环境温度 25℃时额定电感值（mH）	9.361	583	11.82
额定频率（Hz）	50	50	50
谐波电压算数和（额定电压，连续运行，kV，rms）	16.77	184.39	33.51
用于计算爬距的电压（kV，rms） $U_{creepage,DC}=\sqrt{\sum_{n=1}^{50}U_n^2}$ 两端	5.3	119.7	20.4
高压端对地（kV，rms）	123.6	122.9	88.5（送端）/ 24.1（受端）
低压端对地（kV，rms）	122.9	88.5（送端）/ 24.1（受端）	87.2（送端）/ 18.8（受端）

续表

参　数	TT 2/12/40		
	L_1	L_2	L_3
谐波电流算数和（连续运行， A，rms）$I_{bN}=\sqrt{\sum_{n=1}^{50}I_n^2}$	125.66	328.81	457.02
主要谐波电流（A，rms）	$n=6$　106.41	$n=2$　328.77	$n=12$　453
	$n=2$　45.17	$n=3$　3.78	$n=2$　56.82
	$n=12$　39.17	$n=6$　2.17	$n=6$　13.1
	$n=39$　24.24	$n=12$　2.11	$n=14$　7.35
	$n=10$　8.57	$n=4$　0.367	$n=15$　6.6
	$n=24$　8.02	$n=8$　0.218	$n=24$　6.19
	$n=22$　6.26	$n=10$　0.175	$n=10$　5.12
	$n=42$　5.3	$n=9$　0.145	$n=9$　4
	$n=36$　2.46		$n=8$　3.76
	$n=48$　2.42		$n=39$　2.8

表 9-24　直流滤波器电阻器稳态定值

参　数	TT 2/12/40
	R_1
环境温度 25℃时额定电阻值（Ω）	3095
额定频率（Hz）	50
谐波电压算数和（额定电压， 连续运行，kV，rms）	185.5
用于计算爬距的电压（kV，rms） $U_{creepage,DC}=\sqrt{\sum_{n=1}^{50}U_n^2}$ 两端	120.2
高压端对地（kV，rms）	123.6
低压端对地（kV，rms）	88.5（送端）/24.1（受端）
谐波电流算数和（连续运行，A，rms） $I_{bN}=\sum_{n=1}^{50}I_n$	42.71
主要谐波电流 （A，rms）	$n=2$　42.68
	$n=12$　0.869
	$n=6$　0.776
	$n=3$　0.766
	$n=39$　0.502
	$n=42$　0.334
	$n=48$　0.178
	$n=45$　0.123
	$n=24$　0.116
	$n=36$　0.105

五、暂态定值计算结果

直流滤波器避雷器的配置接线图见图 9-27。

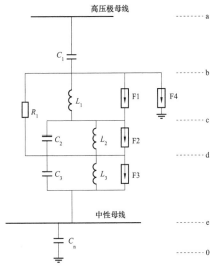

图 9-27　直流滤波器避雷器的配置接线图

直流滤波器避雷器的主要参数如表 9-25。

表 9-25　直流滤波器避雷器主要参数

项　目	F_1	F_2	F_3	F_4
雷电冲击 8/20μs （kV/kA）	687/10.4	—	—	68/80
操作冲击 30/60μs （kV/kA）	623/3.1	536/2.7	138/8.6	553/6.7
峰值电流（kA）	10.374	2.664	8.575	80
峰值时间（μs）	13	100	30	15
最大能量（kJ）	208	307	567	928

送端和受端换流站直流滤波器各元件的绝缘水平见表 9-26 和表 9-27。

表 9-26　送端换流站直流滤波器各元件的绝缘水平

位置	雷电冲击保护水平 LIPL（kV）	雷电冲击绝缘水平 LIWL（kV）	裕度（%）	操作冲击保护水平 SIPL（kV）	操作冲击绝缘水平 SIWL（kV）	裕度（%）
a-0	1625	1950	20	1391	1600	15
b-0	688	830	21	553	640	16
c-0	—	1045	—	753	870	16
d-0	—	574	—	232	270	16
e-0	478	574	20	393	455	16
a-b	—	—	—	1944	2240	15
b-c	687	885	26	623	720	16

续表

位置	雷电冲击保护水平 LIPL（kV）	雷电冲击绝缘水平 LIWL（kV）	裕度（%）	操作冲击保护水平 SIPL（kV）	操作冲击绝缘水平 SIWL（kV）	裕度（%）
c－d	—	745	—	536	620	16
d－e	—	195	—	138	160	16
b－d	666	800	20	501	580	16

表 9－27 受端换流站直流滤波器各元件的绝缘水平

位置	雷电冲击保护水平 LIPL（kV）	雷电冲击绝缘水平 LIWL（kV）	裕度（%）	操作冲击保护水平 SIPL（kV）	操作冲击绝缘水平 SIWL（kV）	裕度（%）
a－0	1625	1950	20	1391	1600	15
b－0	688	830	21	553	640	16
c－0	—	1045	—	753	870	16
d－0	—	574	—	232	270	16
e－0	478	574	20	393	455	16
a－b	—	—	—	1944	2240	15

续表

位置	雷电冲击保护水平 LIPL（kV）	雷电冲击绝缘水平 LIWL（kV）	裕度（%）	操作冲击保护水平 SIPL（kV）	操作冲击绝缘水平 SIWL（kV）	裕度（%）
b－c	687	865	26	623	720	16
c－d	—	745	—	536	620	16
d－e	—	195	—	138	160	16
b－d	666	800	20	501	580	16

参考文献

[1] 赵婉君. 高压直流工程技术（第二版）. 北京：中国电力出版社，2011.

[2] 国家电网公司直流建设分公司. 高压直流输电系统成套标准化设计. 北京：中国电力出版社，2012.

[3] 韩民晓，文俊，徐永海. 高压直流输电原理与运行（第 2 版）. 北京：机械工业出版社，2013.

[4] 田邑安，张万荣，行鹏，胡宇. ±800kV 特高压直流工程直流滤波器设计研究. 高压电器，2012，48（10）：73－77.

第十章

换流站电力线载波干扰和无线电干扰

直流输电系统中，换流阀等设备产生的高频噪声会对直流线路和交流线路上的电力线载波通信和无线电通信产生干扰，影响相关通信系统的正常运行。目前光纤通信技术在电力系统中得到了广泛应用，但电力线载波仍有少量应用，即使从换流站引出的交流和直流线路上不开设电力线载波，换流阀运行时产生的高频噪声也会对与换流站相连的交流电网、直流输电线路沿线邻近的载波通信和无线电通信产生干扰。因此，评估并抑制换流站高频噪声干扰是工程设计中的重要内容。

第一节 换流站高频噪声的影响和限值

一、换流站高频噪声对载波通信和无线电通信的影响

1. 电力线载波通信和无线电通信原理

电力线载波（Power Line Carrier，PLC）通信是利用电力线作为传输媒介进行信息传输的通信方式，通信原理如图 10-1 所示。利用输电线路架设的导线传送载波信号，虽然载波通信的带宽容量较小，但通信的可靠性高，是电力系统特有的通信手段。电力线载波通信的频率范围为 30～500kHz。

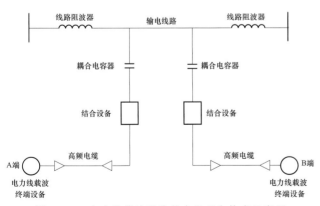

图 10-1　电力线载波通信基本原理和构成示意图

无线电通信是利用电磁波在自由空间传输信息的通信方式，是目前最常用的通信方式之一，在各个行业中都有广泛

应用。根据《中华人民共和国无线电频率划分规定》，无线电通信频率划分为 14 个频带，详见表 10-1。

表 10-1　无线电通信频率划分

带号	频带名称	频率范围	波段名称	波长范围
-1	至低频（TLF）	0.03～0.3Hz	至长波或千兆米波	10 000～1000（Mm）
0	至低频（TLF）	0.3～3Hz	至长波或百兆米波	1000～100（Mm）
1	极低频（ELF）	3～30Hz	极长波	100～10（Mm）
2	超低频（SLF）	30～300Hz	超长波	10～1（Mm）
3	特低频（ULF）	300～3000Hz	特长波	1000～100（km）
4	甚低频（VLF）	3～30kHz	甚长波	100～10（km）
5	低频（LF）	30～300kHz	长波	10～1（km）
6	中频（MF）	300～3000kHz	中波	1000～100（m）
7	高频（HF）	3～30MHz	短波	100～10（m）
8	甚高频（VHF）	30～300MHz	米波	10～1（m）
9	特高频（UHF）	300～3000MHz	分米波	10～1（dm）
10	超高频（SHF）	3～30GHz	厘米波	10～1（cm）
11	极高频（EHF）	30～300GHz	毫米波	10～1（mm）
12	至高频（THF）	300～3000GHz	丝米波	10～1（dmm）

2. 电力线载波通信和无线电通信干扰产生的原因

换流站的电磁环境非常复杂，运行时会产生大量的高频噪声。从产生的机理分，换流站的高频噪声主要有 5 类[1]：

147

换流阀运行引起的噪声、高压设备电晕产生的噪声、高压设备火花放电产生的噪声、断路器操作和故障暂态引起的噪声、雷电等外界原因产生的噪声。其中换流阀噪声和电晕噪声是引起电力线载波干扰（PLC Interference，PLCI）和无线电干扰（Radio Interference，RI）最主要的因素。

（1）换流阀噪声。换流阀是换流站的特有设备，也是典型的非线性设备。12 脉动换流器通过各个桥臂有规律的、快速的开通与关断，实现交流—直流（即整流）和直流—交流（即逆变）的转换，在快速的转换过程中会产生换流阀噪声。在阀的导通和阻断期间，由于新的稳态到达前电抗元件中所储能量的重新分布，造成系统中出现暂态电压和电流。在阻断期间，大多数能量储存在变压器绕组的电感中，此时出现与变压器系统参数相关的较低的干扰频率。在导通期间，由于重新分布的能量储存在不同的杂散电容和集总电容中，因此在一些局部环路中会产生谐振，在某些频率会产生峰值，从而出现频率从千赫兹到兆赫兹级的复杂振荡[2]，形成换流阀噪声。在直流侧，换流阀噪声沿套管、平波电抗器、母线传导到直流架空线路；交流侧，噪声通过套管、换流变压器、母线传导至交流架空线路。通过耦合回路与一次设备连接的载波通信系统会由于电导性耦合而受到干扰，同时噪声通过交流线路会传导到与换流站相连的交流电网，从而对其他线路上的载波通信产生干扰。

换流阀噪声在传导过程中还会从主回路设备上产生辐射噪声，辐射噪声的频率范围从数百千赫兹到数百兆赫兹，从而对换流站及周边的无线电通信产生干扰。由于阀厅的电磁屏蔽结构，阀厅中的辐射噪声穿透阀厅向外界辐射的分量很小，对无线电通信的干扰很小。但开关场内高压设备密集，由套管传导的换流阀噪声在这里会产生较强的辐射噪声，是干扰无线电通信的主要因素。

（2）电晕噪声。换流站内交流开关场、直流开关场中的母线、绝缘子和其他带电导体表面电场强度超过临界值后，使周围中的空气发生电离反应，形成电晕放电，从而产生电晕噪声。电晕噪声是输电线路产生无线电通信干扰的主要因素，详见本书第三十三章。

由于换流站内采用的母线管径较大，且在设备连接处装设有屏蔽环，因此电晕噪声的影响较小。总体上来说，在换流站设计中，主要考虑换流阀噪声对电力线载波和无线电通信的干扰。

二、换流站 PLCI 和 RI 限值

1. PLCI 限值

根据 DL/T 5426—2009《±800kV 高压直流输电系统成套

设计规程》，换流站交直流侧 PLCI 的限值规定见表 10-2。

表 10-2　换流站电力线载波通信噪声干扰限值

地点	PLCI 限值（dBm）			
	30kHz	50kHz	100～500kHz	备注
交流线路端	0	-10	-20	30～50kHz 及 50～100kHz 内，PLCI 限值线性减少
直流极线端	10	5	0	
接地极线端				

规定的测量方法为：通过适当的耦合回路，将 1 个 75Ω 电阻跨接在被测线路上，并在需要的载波频率处将功率调谐到最大。测量仪器采用 3kHz 的标准带宽，0dBm 的基准值为 1mW。

2. RI 限值

根据 DL/T 5426—2009，换流站 RI 的限值规定为：当直流系统以最小功率到 2h 过负荷之间的任意功率运行时，在规定的测量位置和轮廓线处，测量仪器采用 9kHz 的标准带宽，测量由换流站产生的频率在 0.5～20MHz 的无线电干扰水平不超过 100μV/m（40dBμV/m）。

规定的测量位置为：距离换流站或邻近的向换流变压器供电的交流开关场内的任何带电元件 450m 圆周上；从圆周到距被测线路最近一根导线 150m 处的 P1 点到离换流站 5km 处且距同一导线 40m 的 P2 点间的直线段上，如图 10-2 所示。

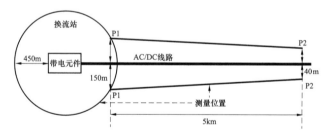

图 10-2　换流站 RI 测量位置示意图

第二节　换流站 PLCI 和 RI 计算

对于一个没有投运的换流站，为了控制换流站的 PLCI 和 RI 在限值内，需要对 PLCI 和 RI 进行仿真计算，根据评估结果制定具体的抑制措施。

仿真计算主要有确定计算模型、确定噪声源、利用仿真软件计算三个步骤。

一、计算模型

根据换流站的电气主接线图和电气设备布局，典型换流站的高频计算模型有 3 个，分别如图 10-3～图 10-5 所示。

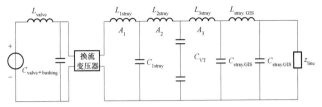

图 10-3　交流侧高频噪声计算模型

L_{valve}—阀电抗，mH；$C_{valve+bushing}$—阀及套管杂散电容，pF；
C_{1stray}—交流母线到 CVT 杂散电容，pF；C_{VT}—CVT 电容，nF；
$C_{stray, GIS}$—GIS 母线的两个平均等效杂散电容，nF；
L_{1stray}、L_{2stray}—连接 CVT 母线的两个平均等效杂散电感，μH；
L_{3stray}—连接 CVT 至 GIS 母线的等效杂散电感，μH；
$L_{stray, GIS}$—GIS 母线杂散电感，μH；Z_{line}—交流线路阻抗，Ω；
A_1～A_3—不同电气区域环面积，m^2

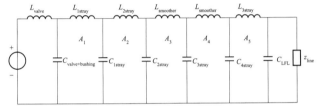

图 10-4　直流侧极线高频噪声计算模型

L_{valve}—阀电抗，mH；$C_{valve+bushing}$—阀及套管杂散电容，pF；
C_{1stray}—直流母线到第一个平抗线圈的杂散电容，pF；
C_{2stray}、C_{4stray}—单极平抗线圈的杂散电容，pF；
C_{3stray}—同时考虑两个平抗线圈的杂散电容，pF；
C_{LFL}—线路故障定位电容，nF；L_{1stray}、L_{2stray}—平抗母线的杂散电感，μH；
L_{3stray}—线路故障定位电容的杂散电感，μH；Z_{line}—直流线路阻抗，Ω；
A_1～A_5—不同电气区域环面积，m^2

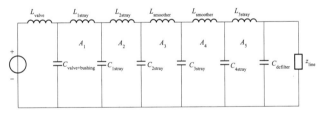

图 10-5　直流侧中性母线高频噪声计算模型

L_{valve}—阀电抗，mH；$C_{valve+bushing}$—阀及套管杂散电容，pF；
C_{1stray}—直流母线到第一个平抗线圈的杂散电容，pF；
C_{2stray}、C_{4stray}—单极平抗线圈的杂散电容，pF；C_{3stray}—同时考虑两个平抗
线圈的杂散电容，pF；$C_{dcfilter}$—直流滤波器电容，μF；
L_{1stray}、L_{2stray}—平抗母线的杂散电感，μH；
L_{3stray}—母线至直流滤波器的杂散电感，μH；Z_{line}—直流线路阻抗，Ω；
A_1～A_5—不同电气区域环面积，m^2

二、噪声源

噪声源的预测有两种方法，一种方法是直接通过公式计算，另一种方法是利用类似工程的数据进行修正计算。

1. 通过公式计算

根据 ANSI C63.2《10Hz 至 40GHz 电磁场噪声和场强仪

表的美国国家标准规范》，换流阀产生的等效噪声计算式为

$$U_{eq} = \frac{6500 U_{v0} A(n)}{\omega \sqrt{1 + (\omega t_v)^2}} \qquad (10-1)$$

式中　U_{v0}—导通时刻的阀电压峰值，kV；

ω—角频率，rad/s；

t_v—阀电压的跃变时间，μs；

$A(n)$—噪声脉冲重复率的修正因数。

修正后的 12 脉动换流桥产生的噪声计算

$$U_n = \frac{\sqrt{2} U_0 B}{f \sqrt{1 + (2\pi f t_0)^2}} \qquad (10-2)$$

式中　U_n—噪声源电压，kV；

U_0—换相跃变电压，kV；

B—噪声频带宽，Hz；

f—噪声带中心频率值，Hz；

t_0—换相跃变时间，μs。

（1）换相跃变电压。U_0 为换相时最大跃变电压，计算式为

$$U_0 = \frac{\pi}{3} \sin a \cdot U_{dioN} \qquad (10-3)$$

式中　U_{dioN}—额定空载直流电压，kV；

α—触发角。

（2）换相跃变时间。换相跃变时间 t_0 为发生电压跃变的时间。在理想情况下，$t_0 = 0$，在实际工程中，换相跃变时间在 100～200μs 之间，通过实际工程测量，可以选取 135μs 作为换相跃变时间 t_0[3]。

（3）噪声频带宽。B 代表噪声测量仪器的带宽。噪声强度实测值随着测量仪器带宽的不同而不同。一般认为，相比噪声平均值与有效值读数，峰值与准峰值读数更容易受测量仪器带宽改变的影响。如果带宽减小 50%，测量的峰值和准峰值约减小 6dB，同等条件下测量的平均值和有效值减小约 3dB。

某 ±800kV 换流站的换流阀噪声频谱如图 10-6 所示。计算条件：触发角 $\alpha = 15°$、$U_{dioN} = 230$kV、带宽 3kHz、采用有效值（Root Mean Square，RMS），0dB 基准值是 1V。

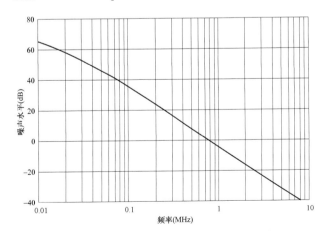

图 10-6　某 ±800kV 换流站噪声源电压频谱图

2. 利用类似工程数据进行修正计算

利用已知类似工程换流站噪声源电压的实际数据，通过修正计算，也可以得到设计工程中的噪声源数据。修正计算时需要考虑的因素包括：换流阀触发时刻的阀电压、触发角、频带宽度、测量表计所采用的是峰值或准峰值或有效值等。噪声源电压修正计算为

$$\left[\frac{U_{uhv}}{U_{ref}}\right] = 20\log\left(\frac{U_{uhv}}{U_{ref}}\right) = 20\log\left(\frac{\frac{\pi}{3}\sin\alpha_{uhv}\cdot U_{uhv.dioN}}{\frac{\pi}{3}\sin\alpha_{ref}\cdot U_{ref.dioN}}\right)$$

$$= 20\log\left(\frac{\sin\alpha_{uhv}\cdot U_{uhv.dioN}}{\sin\alpha_{ref}\cdot U_{ref.dioN}}\right)$$

式中，下标 uhv 为预测工程电压，下标 ref 为参考工程电压。通常情况下，换流阀的触发角 α 基本一致，只需通过 U_{dioN} 的修正计算即可得到噪声源的修正值。

3. RI 和 PLCI 之间的修正计算

在计算 RI 噪声源时，可以直接利用 PLCI 噪声源，通过带宽修正、RMS 转换到峰值的修正、峰值转换到准峰值的修正计算获得。修正计算式为

$$\left[\frac{U_{RI}}{U_{PLC}}\right] = \left[\frac{BW_{RI}}{BW_{PLC}}\right] + \left[\frac{BW_{RI}}{N}\right] + \left[\frac{U_{QP.RI}}{U_{peak.RI}}\right] \quad (10-4)$$

式中　U_{RI}——RI 噪声电压，kV；

$\quad U_{PLC}$——PLC 噪声电压，kV；

$\quad BW_{RI}$——RI 测量带宽，取 9kHz；

$\quad BW_{PLC}$——PLCI 测量带宽，取 3kHz；

$\quad N$——脉冲重复频率，取 600Hz；

$\quad U_{QP.RI}$——RI 准峰值电压；

$\quad U_{peak.RI}$——RI 峰值电压。

其中

$$\left[\frac{BW_{RI}}{BW_{PLC}}\right] = 20\log\left(\frac{BW_{RI}}{BW_{PLC}}\right) = 20\log\left(\frac{9000}{3000}\right) = 9.54\text{dB}；$$

$$\left[\frac{BW_{RI}}{N}\right] = 20\log\left(\frac{BW_{RI}}{N}\right) = 20\log\left(\frac{9000}{600}\right) = 23.52\text{dB}；$$

$$\left[\frac{U_{QP.RI}}{U_{peak.RI}}\right] = 20\log\left(\frac{U_{QP.RI}}{U_{peak.RI}}\right) = 20\log(0.158\cdot\ln N - 0.2545)$$

$$= 20\log 0.756 = -2.43\text{dB}；$$

$$\left[\frac{U_{RI}}{U_{PLC}}\right] = 9.54\text{dB} + 23.52\text{dB} - 2.43\text{dB} = 30.63\text{dB}$$

三、仿真计算

利用某些仿真软件（如 HAP 软件），按照第二节所述的三种计算模型，将换流站主接线图中各设备的参数和噪声源数据输入仿真软件，可模拟仿真计算出 PLCI 和 RI 结果。

1. PLCI 仿真计算结果

图 10-7~图 10-9 是某 ±800kV 换流站的 PLCI 仿真计算结果。通过仿真计算可以看出，该 ±800kV 换流站在交流线路端和直流极线端出现 PLC 噪声干扰超限值的情况。在交流线路端，超限值频率在 150kHz 以下；在直流极线端，超限值频率在 90kHz 以下。交流线路 PLC 噪声干扰水平超限值的情况相对直流线路更严重，超限值频段更宽。

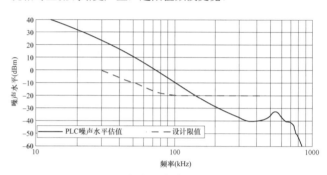

图 10-7　交流线路端 PLC 干扰水平
（未装设 PLC 噪声滤波器）

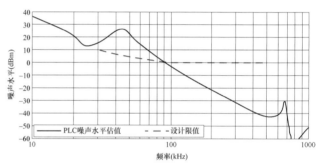

图 10-8　直流极线端 PLC 干扰水平
（未装设 PLC 噪声滤波器）

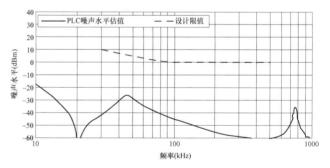

图 10-9　接地极线端 PLC 干扰水平
（未装设 PLC 噪声滤波器）

2. RI 仿真计算结果

图 10-10~图 10-12 是某 ±800kV 换流站的 RI 仿真计算结果。通过仿真计算可以看出，在未装设噪声滤波器时，该 ±800kV 换流站在交、直流开关场和 P2 参考点（如图 10-2 所示）出现 RI 噪声干扰超限值的情况。在交、直流开关场，超限值频率在 600~800kHz 和 1100~1500kHz 两个频段内；在 P2 参考点，超限值频率在 650kHz 和 1100kHz

频点附近。

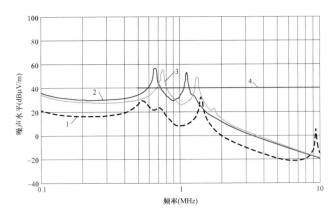

图 10-10　交直流开关场 RI 干扰水平
（未装设 RI 噪声滤波器）

1—交流场；2—直流极线区域；3—直流中性线区域；4—设计限值

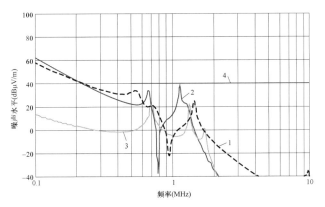

图 10-11　架空线路 RI 干扰水平
（P1 参考点，未装设 RI 噪声滤波器）

1—交流线；2—直流极线；3—直流中性线；4—设计限值

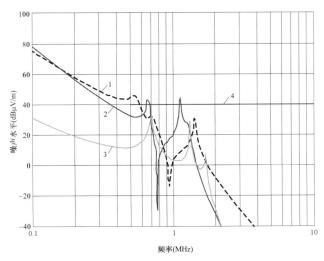

图 10-12　架空线路 RI 干扰水平
（P2 参考点，未装设 RI 噪声滤波器）

1—交流线；2—直流极线；3—直流中性线；4—设计限值

从仿真计算结果的峰值来看，换流站 PLC 噪声干扰水平

超限值的情况相对 RI 更严重，这主要是因为载波通信系统的工作频率更低，随着频率的升高，噪声衰减更强，换流站的高频噪声干扰大幅度降低。

第三节　PLC 和 RI 噪声的抑制

换流站产生的高频噪声会对相关的电力线载波和无线电通信产生干扰，根据仿真计算结果，干扰水平会超过 PLCI 和 RI 的设计限值，可能会影响这些通信系统的正常运行。因此需要根据换流站的电力线载波通信系统、周边无线电通信系统的运行情况以及换流站高频噪声干扰水平综合考虑 PLCI 和 RI 的抑制措施。

一、PLC 和 RI 噪声干扰的抑制措施

常规设计中，换流站的设施和设备本身对高频噪声就有一定的抑制作用，主要体现在以下几个方面：

（1）建筑物电磁屏蔽。换流站的电磁环境非常复杂，对运维人员、换流站设施和设备会产生较强的电磁干扰。常规设计中，换流站的阀厅、通信机房、计算机室、保护小室等建筑物均采用了电磁屏蔽措施，这些措施在抑制电磁干扰的同时，对换流站产生的高频噪声有一定的抑制作用。

（2）隔声罩。为了满足换流站可听噪声排放标准，设计中对换流变压器采用隔声罩方式进行屏蔽，在屏蔽噪声的同时，也可以屏蔽高频噪声。

（3）晶闸管阀。早期的换流站设计中使用汞弧阀，产生的高频噪声水平较高。随着电子元器件技术的发展，目前换流站采用可靠性高、维护简单的晶闸管阀，晶闸管阀产生的噪声干扰水平比汞弧阀低 10～15dB。

（4）直流平波电抗器和直流滤波器。直流平波电抗器串联在换流器和直流线路之间，主要是抑制直流线路纹波脉动的作用。直流滤波器与直流平波电抗器配合用于抑制换流站直流侧谐波电压、限制直流线路上的谐波电流。直流平波电抗器和直流滤波器对直流侧的高频噪声也有一定的抑制作用。

（5）交流滤波器。交流滤波器主要用于吸收由换流阀产生的交流侧谐波电流、限制交流网侧谐波电压畸变，同时对交流侧的高频噪声也有一定的抑制作用。

（6）直流线路故障定位系统。为了实现直流线路故障的精确定位，在换流站配置了直流线路故障定位装置。该装置采用行波检测原理，在换流站极线上，会装设电容器和调谐单元，对高频噪声有抑制作用，通常也称为 PLC/RI 电容器。

在换流站设计中，专门针对 PLC 和 RI 噪声的主要抑制措施有以下几种：

（1）安装交流线路阻波器。阻波器的阻塞频段为 40～500kHz，作用是阻止高频信号向其他分支泄漏，起到减少高频能量损耗的作用。通常情况下安装阻波器是为了有效阻止电力线载波信号的过度衰减。利用这个特性，在换流站交流线路以及对侧变电站交流线路上安装阻波器也可以有效的衰减经交流线路传导的 PLC 噪声信号，从而降低干扰水平。

（2）安装交、直流 PLC 噪声滤波器。交、直流 PLC 噪声滤波器可以有效减少电力线载波频段的噪声干扰，同时也可以降低无线电频段的噪声干扰，因此在设计 PLC 噪声滤波器可综合考虑 RI 的影响，不必再单独设计 RI 滤波器，也称为 PLC/RI 噪声滤波器。

（3）安装交、直流 RI 噪声滤波器。在不装设 PLC 噪声滤波器的情况下，如果需要抑制 RI 噪声，就需要单独设计 RI 滤波器。由于换流站 PLC 噪声干扰水平超限值的情况相对 RI 更为严重，且频率更低，因此 PLC 噪声滤波器的结构更为复杂，RI 噪声滤波器结构相对简单。

安装 PLC 和 RI 噪声滤波器是目前抑制换流站高频噪声最有效的措施。PLC 和 RI 噪声滤波器与电磁干扰（Electromagnetic Interference，EMI）滤波器的工作原理相似，都是对高频信号进行处理。但由于 PLC 和 RI 噪声滤波器使用在换流站内，因此滤波器的各种元器件需要处理和承受相当大的无功电流和无功电压，相比普通的 EMI 滤波器，换流站 PLC 和 RI 噪声滤波器造价高、占地面积大。

二、交流线路 PLC 噪声衰减计算

目前，500kV 和 220kV 交流架空线路采用光纤通信方式的比例越来越大，但仍有少部分线路采用电力线载波通信方式。此外，即使换流站交流线路没有电力线载波通信的要求，但换流站高频噪声也会通过交流线路的传导对与换流站相连变电站其他交流线路的电力线载波通信产生干扰。噪声在随线路传输的过程中会逐步衰减，理想的情况是在不装设 PLC 噪声滤波器的情况下，通过线路衰减、阻波器衰减等使对侧变电站的 PLC 噪声水平降低到限值以下，变电站的 PLCI 限值可参照换流站交流线路侧标准执行。

以某 ±800kV 直流工程为例[4]，在换流站交流侧未装设 PLC 噪声滤波器的情况下，换流站交流线路端的 PLC 噪声计算结果见表 10-3。

由表 10-3 可以看出，当频率在 150kHz 以下时，换流站交流线路的 PLC 噪声干扰超标。根据 DL/T 5189—2004《电力线载波通信设计技术规程》，330kV 及以上电压等级输电线路的信号衰减计算公式为

表 10-3 换流站交流线路端 PLC 噪声水平

f (kHz)	噪声 (dBm)	限值 (dBm)	超标值 (dB)	f (kHz)	噪声 (dBm)	限值 (dBm)	超标值 (dB)
40	11.11	−5	16.11	140	−19.85	−20	0.15
50	15.75	−10	25.75	150	−24.83	−20	−4.83
60	17.90	−12	29.90	200	−15.26	−20	4.47
70	16.30	−14	30.30	250	−23.91	−20	−3.91
80	13.53	−16	29.52	300	−37.84	−20	−17.84
90	8.75	−18	26.75	350	−41.85	−20	−21.85
100	1.75	−20	21.75	400	−45.46	−20	−25.46
110	−2.56	−20	17.44	450	−48.84	−20	−28.87
120	−9.32	−20	10.68	500	−73.38	−20	−53.38
130	−14.33	−20	5.67				

$$A = a_1 l + 2A_c + A_{add} \tag{10-5}$$

式中 A ——线路上信号的衰减值，dB；

a_1 ——最低损失模式的衰减常数，dB/km；

l ——线路长度，km；

A_c ——模式转换损失，即全部模式的总输入功率电平与最低衰减模式以外的其他模式的输入功率电平的差值，dB；

A_{add} ——由于耦合电路、换位等不连续性引起的附加损失，dB。

衰减常数 a_1 的值计算公式为

$$a_1 = 7 \times 10^{-2}\left(\frac{\sqrt{f}}{d_c\sqrt{n}} + 10^{-3}f\right) \tag{10-6}$$

式中 f ——载波通道工作频率，kHz；

d_c ——分裂子导线直径，mm；

n ——每相分裂子导线根数。

1000、500kV 和 220kV 三种电压等级的交流架空线路典型参数见表 10-4。

表 10-4 交流架空线路典型参数表

线路电压 （kV）	220	500	1000
分裂子导线根数	2	4	8
导线排列方式	垂直排列	正方形排列	正八边行排列
导线型号	LGJ-400/35	LGJ-400/50	LGJ-630/45
分裂间距（mm）	400	450	400
分裂子导线直径（mm）	26.82	27.63	33.60

由式（10-6）和表 10-4 计算出三种电压等级不同频率下的衰减常数 a_1，见表 10-5（其中 220kV 线路的计算参照 330kV 线路）。

表 10 − 5　衰减常数 a_1 计算表

单位：dB/km

f (kHz)	a_1 (220kV)	a_1 (500kV)	a_1 (1000kV)
40	0.012 1	0.009 4	0.007 5
50	0.013 9	0.010 9	0.008 7
60	0.015 6	0.012 3	0.009 9
70	0.017 2	0.013 6	0.011 1
80	0.018 8	0.014 9	0.012 2
90	0.020 3	0.016 2	0.013 3
100	0.021 7	0.017 4	0.014 4
110	0.023 2	0.018 6	0.015 4
120	0.024 5	0.019 8	0.016 5
130	0.025 9	0.021 0	0.017 5
140	0.027 2	0.022 1	0.018 5

　　以某±800kV 换流站为例，换流站未装设 PLC 噪声滤波器的情况下的计算模型如图 10−13 所示。

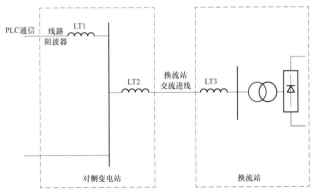

图 10 − 13　换流站交流线路 PLC 噪声计算模型

　　根据表 10−3，在只装设线路滤波器 LT3，不装设线路滤波器 LT2 的情况下，计算出需要通过线路衰减的噪声值见表 10−6。

表 10 − 6　由线路衰减的 PLC 噪声值计算结果

f (kHz)	噪声超标值 (dB)	f (kHz)	噪声超标值 (dB)
40	6.11	140	− 9.85
50	15.75	150	− 14.83
60	19.9	200	− 5.26
70	20.3	250	− 13.91
80	19.52	300	− 27.84
90	16.75	350	− 31.85
100	11.75	400	− 35.46
110	7.44	450	− 38.84
120	0.68	500	− 63.38
130	− 4.33		

注　换流站侧线路阻波器的衰减经验值按10dB 考虑[4]。

　　根据表 10−6 计算结果，当频率在 130kHz 以上时，不需要线路衰耗，只凭借换流站交流线路侧装设的阻波器即能满足 PLC 噪声的限值要求。但对频率 130kHz 以下的电力线载波通信系统，还需考虑利用输电线路衰减来降低 PLC 噪声的干扰水平。

　　由式（10−5）可以导出对应 PLC 噪声衰减值条件下的线路长度计算公式为

$$l = \frac{A - 2A_c - A_{add}}{a_1} \qquad (10-7)$$

　　根据不同线路排列（如垂直排列、三角形排列、水平排列）和耦合方式（如相地耦合、相相耦合），模式转换损失 A_c 的取值范围为 0～3.5dB，附加损失 A_{add} 的取值范围为 0～12dB（参见 DL/T 5189—2004）。模式转换损失和附加损失合称额外损失。考虑以下两种极限情况。

　　（1）额外损失最小，此时 $A_c = 0dB$，$A_{add} = 0dB$。由式（10−7）及表 10−5、表 10−6 计算出满足 PLC 噪声衰减限值下的线路长度见表 10−7。

表 10 − 7　PLC 噪声满足限值要求的线路长度计算表
（额外损失最小）

f (kHz)	220kV 线路 (km)	500kV 线路 (km)	1000kV 线路 (km)
40	504.96	650	814.67
50	1133.1	1445.0	1810.4
60	1275.7	1617.9	2010.2
70	1180.3	1492.7	1828.9
80	1038.3	1310.1	1600
90	825.2	1034.0	1259.4
100	541.5	675.3	675.3
110	320.7	400	483.2
120	27.8	34.4	41.3
130	—	—	—

　　（2）额外损失最大，此时 $A_c = 3.5dB$，$A_{add} = 12dB$。计算出满足 PLC 噪声衰减限值下的线路长度见表 10−8。

表 10 − 8　PLC 噪声满足限值要求的线路长度计算表
（额外损失最大）

f (kHz)	220kV 线路 (km)	500kV 线路 (km)	1000kV 线路 (km)
40	—	—	—
50	—	—	—
60	57.70	73.18	90.91
70	75.59	95.59	117.12
80	27.66	34.90	42.63

f (kHz)	220kV 线路 (km)	500kV 线路 (km)	1000kV 线路 (km)
90	—	—	—
100	—	—	—
110	—	—	—
120	—	—	—
130	—	—	—

分析上述计算结果,当换流站交流侧不装设 PLC 噪声滤波器,但交流线路侧装设线路阻波器时,对于 200、500kV 及 1000kV 交流线路而言,在考虑额外损失最小的情况下,线路长度分别需要超过 1276、1620km 及 2011km 时,才能满足对侧变电站电力线载波通信的噪声限值要求;如果考虑额外损失最严重的情况,线路长度分别需要超过 76、96km 及 118km 才能满足要求。一般在实际工程中,额外损失很难达到最大。因此,对于低频段(如 120kHz 及以下)的电力线载波通信系统来说,需要通过很长的交流线路衰减才能满足噪声限值的要求。

如果在换流站对侧变电站交流线路侧也装设线路阻波器(即图 10-13 中的 LT2 存在,噪声衰减增加 10dB),根据表 10-6 计算结果,电力线载波通信在 50~100kHz 频段内仍不能满足噪声限值的要求,还是需要通过交流线路衰减才能满足噪声限值的要求。

三、PLC 噪声测量实例

为了研究换流站产生的高频噪声水平、高频噪声的传播与衰减特性、高频噪声对交流线路载波通信以及与换流站相连变电站其他交流线路载波通信的影响,比较装设交流 PLC 噪声滤波器前后换流站交流母线高频噪声变化,2005 年 4 月,南方电网公司在某直流输电系统重新安装交流 PLC 噪声滤波器前后,组织在两端换流站对交直流侧的高频噪声进行了测量[5]。

1. 测量方法

某直流输电系统的交、直流 PLC 噪声滤波器安装位置及测量取样点如图 10-14 所示。

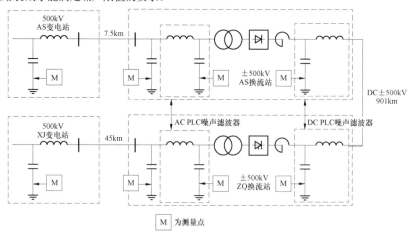

图 10-14 某直流输电系统高频噪声测量模型

换流站交流母线侧噪声测量是在电流互感器末屏与地之间串接一个高频噪声耦合装置,通过双层屏蔽高频电缆将信号引至信号分析仪,如图 10-15 所示。

换流站直流侧噪声测量是在直流 PLC 耦合电容器接地引下线用钳形高频电流互感器取信号,通过双屏蔽高频电缆引至信号分析仪,如图 10-16 所示。

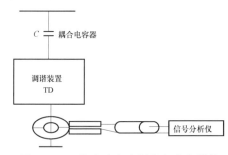

图 10-16 换流站直流侧高频噪声测量

该直流输电系统两端交流 PLC 噪声滤波器电路分别如图 10-17、图 10-18 所示。

在距±500kV AS 换流站 7.5km 的 500kV AS 变电站、距±500kV ZQ 换流站 45km 的 500kV XJ 变电站的其他交流出线上均有载波通信,在这两个变电站的交流线路载波机至耦合电容器的高频电缆上测量高频信号和噪声,研究直流输电

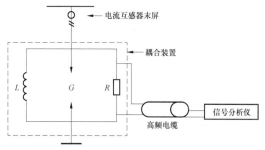

图 10-15 换流站交流母线高频噪声测量

系统运行前后以及在安装交流 PLC 噪声滤波器前后对载波通信信号的干扰程度。

时测量并比较，包括直流输电系统停运时的交流系统背景噪声和直流输电系统不同输电功率及不同直流电压下的噪声。

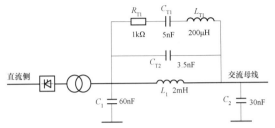

图 10-17 ±500kV AS 换流站交流 PLC 噪声滤波器电路

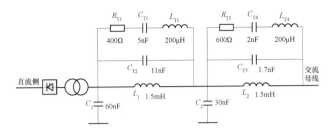

图 10-18 ±500kV ZQ 换流站交流 PLC 噪声滤波器电路

测量采用选频电平表，±500kV AS 换流站采用 E4401B 频谱分析仪，±500kV ZQ 换流站采用 ESHS10 电磁干扰接收机。测量带宽均选择为 3kHz。

在直流输电系统各种不同运行工况下，对各测点进行同

2. 测量结果

（1）交流系统背景噪声。±500kV AS 换流站和 ±500kV ZQ 换流站在双极闭锁时交流母线的背景噪声（实际为 500kV 交流电网的电晕噪声）分别如图 10-19 和图 10-20 所示。

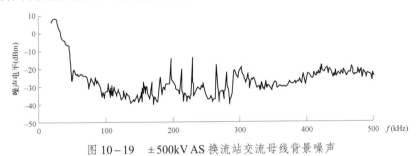

图 10-19 ±500kV AS 换流站交流母线背景噪声

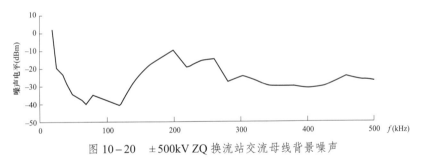

图 10-20 ±500kV ZQ 换流站交流母线背景噪声

从图 10-19 和图 10-20 可以看出，±500kV AS 换流站与 ±500kV ZQ 换流站的交流背景高频噪声波形基本一致，在 40kHz 频段的噪声水平为 -10dBm。±500kV AS 换流站的背景噪声水平显著高于 ±500kV ZQ 换流站的背景噪声水平，与 ±500kV AS 换流站地处高海拔（1420m）有关，高海拔地区的电晕较大。

（2）换流站安装交流 PLC 噪声滤波器前交流侧的噪声。在安装交流 PLC 噪声滤波器之前，直流极 1 单极金属回线方式，直流侧运行电压分别为 500kV 和 350kV，在不同输电功率下测量了两端换流站交流母线的噪声水平，分别如图 10-21 和图 10-22 所示。该测量结果可视为换流站交流侧的噪声源。

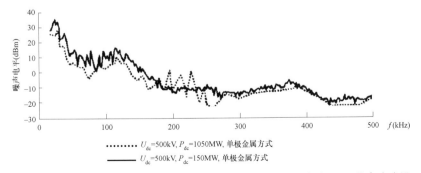

.... U_{dc}=500kV，P_{dc}=1050MW，单极金属方式
——— U_{dc}=500kV，P_{dc}=150MW，单极金属方式

图 10-21 ±500kV AS 换流站交流母线高频噪声测量，无交流 PLC 噪声滤波器

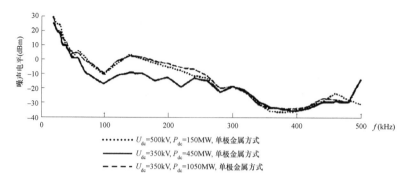

图 10-22 ±500kV ZQ 换流站交流母线高频噪声测量，无交流 PLC 噪声滤波器

从图 10-21 和 10-22 可以看出，两端换流站交流母线的噪声水平在 200kHz 以下特别是 150kHz 以下频段明显高于背景噪声水平，且超出了规范要求。但 300kHz 以上频段内，换流站运行时的噪声水平与背景噪声相当。

直流输电系统的输电功率对换流站交流侧的噪声水平影响不明显。但是，直流侧降压运行时，交流侧的高频噪声略高于直流全压运行时的噪声。这主要是直流降压运行时，换流器的触发角（或熄弧角）大，其开通（或关断）瞬间两端的电压变化量大。

类似于背景噪声，无交流 PLC 噪声滤波器时，±500kV AS 换流站交流母线的高频噪声高于 ±500kV ZQ 换流站交流母线的高频噪声。

（3）换流站安装交流 PLC 噪声滤波器后交流侧的噪声。两端换流站安装交流 PLC 噪声滤波器后，换流站交流母线的高频噪声水平分别如图 10-23 和图 10-24 所示。

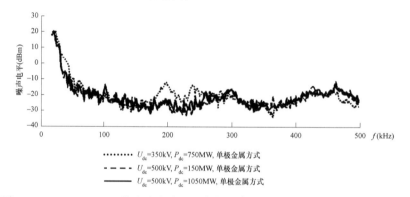

图 10-23 ±500kV AS 换流站交流母线高频噪声测量，有交流 PLC 噪声滤波器

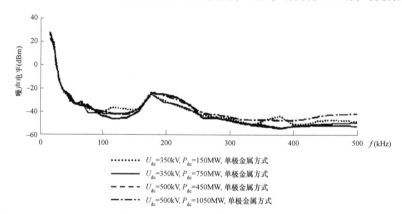

图 10-24 ±500kV ZQ 换流站交流母线高频噪声测量，有交流 PLC 噪声滤波器

从图 10-23 和图 10-24 结果来看，装设交流 PLC 滤波器后，高频噪声水平基本与背景噪声水平相当，基本满足限值要求，安装交流 PLC 噪声滤波器在 150kHz 以下频段对噪声的抑制效果显著。

（4）直流侧的噪声。直流侧噪声测量点位于直流平波电抗器后、直流 PLC 噪声滤波器前，通过耦合电容器的高频电流测量结果换算得出噪声电平分别如图 10-25 和图 10-26 所示。因条件所限，没有就取消直流 PLC 噪声滤波器的方式测量比较直流侧的噪声。

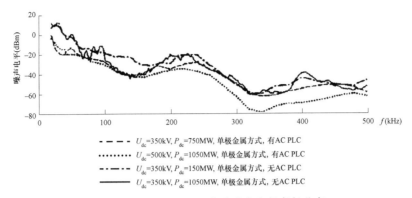

图 10-25 ±500kV AS 换流站直流侧高频噪声

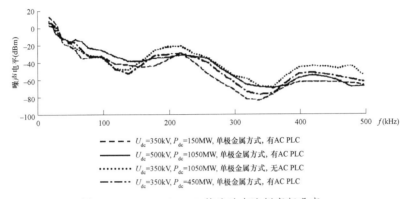

图 10-26 ±500kV ZQ 换流站直流侧高频噪声

从图 10-25 和图 10-26 结果来看,交流侧是否安装交流 PLC 噪声滤波器,对直流侧的噪声水平基本没有影响;直流侧输电功率和直流电压的大小对直流侧的高频噪声水平基本没有影响;直流侧噪声水平比交流侧噪声水平小,这主要是直流平波电抗器对高频噪声有部分抑制作用,其次是直流 PLC 噪声滤波器的耦合电容器也有一定的滤波作用。

(5)换流站高频噪声对相连变电站载波通信的影响。连接 ±500kV AS 换流站和 ±500kV ZQ 换流站的变电站其他线路上的载波频率见表 10-9。

表 10-9 AS、XJ 变电站 500kV 交流线路的载波频率表

线路名称	载波频率(kHz)
AS—GY(Ⅰ,Ⅱ回)	212~216/228~232,180~184/184~188 196~200/200~204,148~152/152~156 164~168/168~172
AS—TEC	84~88/100~104,116~120/132~136

续表

线路名称	载波频率(kHz)
AS—NY(Ⅰ,Ⅱ回)	212~216/228~232,276~280/296~300
AS—QY(Ⅰ,Ⅱ回)	176~180/192~196,208~212/224~228
XJ—JM(Ⅰ,Ⅱ回)	200~204/184~188,232~236/216~220
XJ—LD(Ⅰ,Ⅱ回)	264~268/248~252,484~488/452~456

±500kV AS 流站和 ±500kV ZQ 换流站两端的交流出线线路均采用 OPGW 光纤通信。为评估换流站在没有装设交流 PLC 噪声滤波器时高频噪声对邻近交流线路载波通信影响的程度,在距 ±500kV AS 换流站 7.5km 的某变电站,测量了 500kV AS—TEC 载波机至耦合电容器高频电缆的高频噪声。测量时所有载波通信设备均在工作状态,并分直流输电系统停运和运行两种状态进行测量。500kV AS—TEC 输电线路载波通道电缆上高频噪声测量结果如图 10-27 所示。

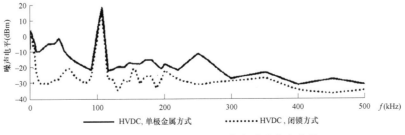

图 10-27 500kV AS—TEC 载波通道噪声比较

从图 10-27 结果来看，在 500kV AS—TEC 载波系统的工作频段内（80～140kHz），直流输电系统运行与否，PLC 噪声基本保持同一电平不变；在非载波频段，直流输电系统停运时，低频段的噪声明显小于直流输电系统运行时的噪声；无论直流输电系统是否运行，300kHz 以上频段的噪声水平基本上小于 -20dBm。

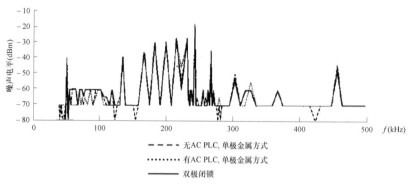

图 10-28　500kV XJ—LD I 线载波通道噪声比较

从图 10-28 结果来看，直流输电系统正常运行时的高频噪声对输电距离 45km 以外变电站的 500kV XJ—LD I 线电力线载波通信几乎没有任何影响。在没有安装交流 PLC 噪声滤波器的条件下，换流站的高频噪声水平虽然在换流站交流母线超出了限制要求，但由于变电站开关场等的附加损耗和线路衰减，对相连的变电站其他线路的载波通信系统的正常运行并没有造成明显影响。

3. 测量结论

（1）换流阀引起的高频噪声，只在换流站的交、直流侧产生影响。交流侧是否安装 PLC 噪声滤波器，不影响直流侧的噪声水平；直流侧是否安装 PLC 噪声滤波器，不影响交流侧的噪声水平。

（2）换流阀引起的高频噪声影响主要集中在 200kHz 以下频段。

（3）直流输电系统直流侧降压运行时的噪声略大于全压运行时的噪声，直流输电功率的大小对换流站产生的噪声水平没有显著影响。

（4）无论换流站是否装设交流 PLC 噪声滤波器，换流阀引起的高频噪声对交流输电线路 45km 以外其他线路上的载波通信系统干扰较小。在不装设交流 PLC 噪声滤波器的情况下，对交流输电线路 7.5km 以内其他线路上的载波通信系统干扰影响主要在 150kHz 以下频段。

四、PLC 和 RI 噪声滤波器配置原则

抑制换流站 PLC 噪声干扰最有效的措施就是装设 PLC 噪声滤波器。但是由于交、直流 PLC 噪声滤波器工程造价高，占地面积较大，并且光纤通信技术在电力系统中已经普及，采用电力线载波的情况越来越少，因此，在工程设计中应论

为了验证直流输电系统对较远距离载波通信电路的影响，在距 ±500kV ZQ 换流站 46.5km 的某变电站同时测量了 500kV XJ—LD I 线载波通道的高频噪声。测量时暂停了该载波通道的载波信号，并分别在换流站的不同运行方式下进行测量。测量结果如图 10-28 所示。

证装设 PLC 噪声滤波器的必要性。

RI 噪声滤波器虽然比 PLC 滤波器结构简单，但由于换流站的选址一般远离人口密集区，距离中波、短波无线电通信站的距离较远，对无线电通信系统的影响非常小，因此，在设计过程中也应综合考虑装设 RI 噪声滤波器的必要性。

在换流站设计中，PLC 和 RI 噪声滤波器的配置可遵循以下原则：

（1）换流站直流线路开设电力线载波通信，应根据载波通信系统的工作频率、直流导线参数、直流线路长度等因素综合考虑是否装设直流 PLC 噪声滤波器。

（2）换流站直流线路不开设电力线载波通信，可不装设直流 PLC 噪声滤波器。

（3）换流站交流线路开设电力线载波通信，应根据载波通信系统的工作频率、交流导线参数、交流线路的长度等因素综合考虑是否装设交流 PLC 噪声滤波器。

（4）换流站交流线路不开设电力线载波通信，并且与换流站相连的变电站也没有开设电力线载波通信，可不装设交流 PLC 噪声滤波器。

（5）换流站交流线路不开设电力线载波通信，但与换流站相连变电站其他交流线路上开设了电力线载波通信，需要根据载波通信系统工作频率、交流导线参数、交流线路长度等因素综合考虑抑制 PLC 噪声的措施。

（6）目前，主流生产厂的载波机设备工作频率在 40～500kHz 范围内可灵活调整，因此可以考虑通过调整载波通信系统的频率，避开换流站高频噪声影响严重的频段。

（7）如果装设 PLC 噪声滤波器，应综合考虑对 RI 的影

响,不再单独设计 RI 滤波器。

(8)根据换流站选址周边无线通信系统的工作情况综合考虑装设 RI 滤波器的必要性。

第四节 PLC 和 RI 噪声滤波器设计

换流站产生的 PLC 和 RI 噪声影响与很多因素有关,比如换流阀的换相跃变电压、换流器的电气结构、换流站的电气接线和设备布局等。因此不同直流输电系统产生的 PLCI 和 RI 也不相同,需要针对具体工程进行特定的分析和计算,才能设计出适合该工程的 PLC 和 RI 噪声滤波器。

一、PLC 和 RI 噪声滤波器典型型式

目前,已投运的直流输电工程中,PLC 和 RI 噪声滤波器多采用 3 种形式,即并联调谐型、串联调谐型和混合 Γ 形。

1. 并联调谐型

并联调谐型滤波器就是并联电容带调谐装置,根据调谐支路的不同可将并联调谐型噪声滤波器分为单调谐式和双调谐式两种,具体电路示意如图 10-29 所示。

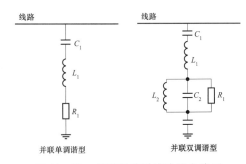

图 10-29 并联调谐型滤波器电路图

并联调谐型滤波器主要用于滤除高频范围内个别频点的超标噪声。

2. 串联调谐型

串联调谐型滤波器就是串联电感带调谐装置,根据调谐支路的不同可将串联调谐型噪声滤波器分为单调谐式和双调谐式两种,具体电路示意如图 10-30 所示。

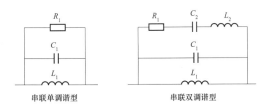

图 10-30 串联调谐型滤波器电路图

串联调谐型滤波器主要用于滤除低频范围内某一频段内

的超标噪声。

3. 混合 Γ 形

混合 Γ 形滤波器就是并联调谐型和串联调谐型的组合,具体电路示意如图 10-31 所示。

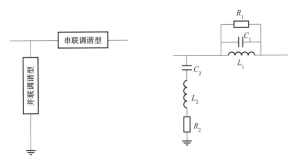

图 10-31 混合 Γ 形滤波器电路图

这种形式的噪声滤波器既能滤除高频噪声干扰范围内连续频段内的谐波,又能改善单个频率点的噪声特性。

目前,大部分工程的 PLC 噪声滤波器多采用混合 Γ 形,交流线路 RI 噪声滤波器多采用并联调谐型,直流线路 RI 滤波器多采用串联调谐型。

二、PLC 和 RI 噪声滤波器设计基本步骤

PLC 和 RI 噪声滤波器的原理类似,设计方法也基本一致。

1. PLC 和 RI 噪声滤波器的设计步骤

PLC 和 RI 噪声滤波器设计流程如图 10-32 所示。

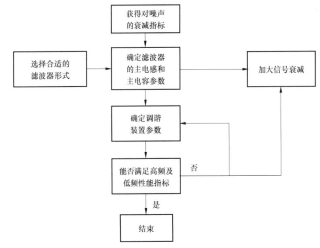

图 10-32 PLC 和 RI 噪声滤波器设计流程图

2. 噪声滤波器的指标

噪声滤波器的衰减指标计算公式为[6]

$$L_A = L_M - L_L \tag{10-8}$$

式中 L_A——噪声滤波器衰减指标,dB;

L_M——测量线路上耦合回路处的高频噪声,dBm;

L_L——测量点处高频噪声限值,dBm。

L_L 不应超过换流站 PLCI 和 RI 的设计限值。对于已经投运的直流输电系统，在条件允许的情况下，可以通过实地测量获得在没有 PLC 和 RI 噪声滤波器情况下的 L_M。对于拟建的直流输电系统，L_M 的计算可参见本章第二节式（10-1）。如果单级 LC/CL 滤波器指标能够满足 PLC 和 RI 噪声滤波器的衰减指标 L_A，则滤波器满足设计要求，如果不能，可以考虑采用两级 LC/CL 型滤波器。

3. 噪声滤波器参数计算

（1）噪声滤波器主参数计算。采用单级 LC 型滤波器时，其截止频率计算公式为

$$f = \frac{1}{2\pi\sqrt{LC}} \qquad (10-9)$$

式中　f——截止频率，Hz；

L——滤波器主电感，mH；

C——滤波器主电容，nF。

确定了式（10-9）中的各参数的指标，就可以确定整个噪声滤波器的主电容和主电感参数。

以串臂结构的 PLC 噪声滤波器为例，根据交流系统电力线阻波器的国家标准，强流线圈电感值可以取 0.2、0.315、0.5、1.0、1.5、2.0mH。根据已有的工程经验，强流线圈电感值一般取 0.2、1.5、2.0mH，其中，当交流侧 PLC 噪声滤波器采用单级结构时，强流线圈电感值可取 2.0mH，当采用双级结构时，可取 1.5mH；直流侧 PLC 噪声滤波器一般可取 0.2mH 或 2.0mH。在已知 L 的基础上，由式（10-9）可计算出 PLC 噪声滤波器主电容 C 的值。

（2）噪声滤波器调谐装置参数计算。噪声滤波器的调谐装置包括串臂和并臂两种结构，串臂调谐装置影响噪声滤波器在整个频段的特性，并臂调谐装置影响 PLC 噪声滤波器在高频段单个频率点的特性。典型串臂结构主回路电路参如图 10-33 所示。

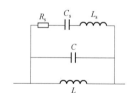

图 10-33　带调谐装置的串臂结构

串臂结构的主回路计算公式为

$$C = \frac{1}{(2\pi f)^2 L} \qquad (10-10)$$

$$R_s = 2\pi f L \qquad (10-11)$$

式中　f——串臂结构中主回路的调谐频率，Hz；

L——串臂结构主电感，mH。

串臂结构调谐装置中的其他元件调谐参数可根据实际情况酌情选择。

如果在安装了串臂调谐装置后，经过 PLC 噪声滤波器后的噪声水平已在限值之内时，可以考虑不安装并臂调谐装置。但如果在安装了串臂调谐装置后，高频段仍有部分谐振点的噪声超标，可考虑使用并臂调谐装置来改善单个频率点的噪声特性。

三、PLC 和 RI 噪声滤波器降噪性能仿真计算

以某 ±800kV 换流站为例，将噪声滤波器的形式和参数输入某仿真计算软件，模拟装设了交、直流 PLC/RI 噪声滤波器后，得出换流站各测量点噪声水平仿真计算结果。

换流站装设 PLC/RI 噪声滤波器后，PLC 噪声水平仿真计算结果如图 10-34、图 10-35 所示。

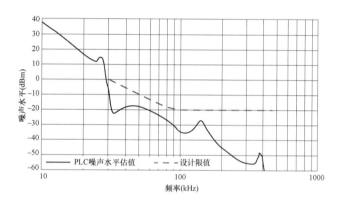

图 10-34　交流线路端 PLC 干扰水平
（装设 PLC/RI 噪声滤波器）

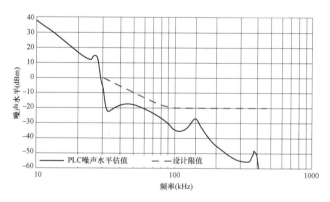

图 10-35　直流极线端 PLC 干扰水平
（装设 PLC/RI 噪声滤波器）

换流站装设 PLC/RI 噪声滤波器后，RI 噪声水平仿真计算结果如图 10-36～图 10-38 所示。

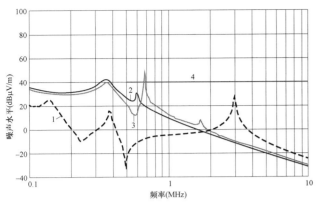

图 10-36　交直流开关场 RI 干扰水平
（装设 PLC/RI 噪声滤波器）

1—交流场；2—直流极线区域；3—直流中性线区域；4—设计限值

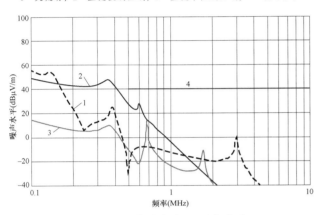

图 10-37　架空线路 RI 干扰水平
（P1 参考点，装设 PLC/RI 噪声滤波器）

1—交流线；2—直流极线；3—直流中性线；4—设计限值

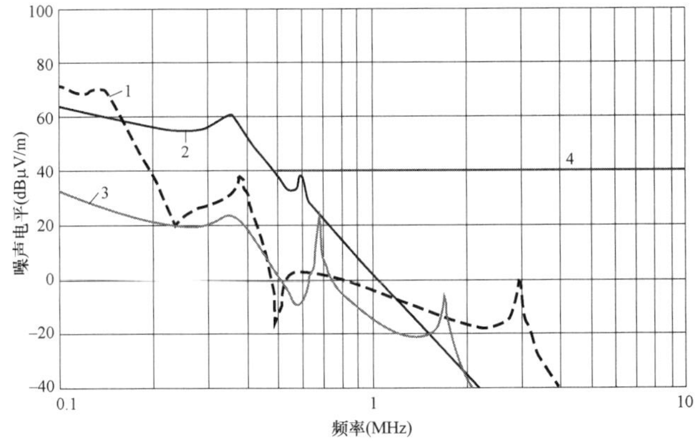

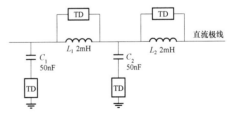

图 10-38　架空线路 RI 干扰水平
（P2 参考点，装设 PLC/RI 噪声滤波器）

1—交流线；2—直流极线；3—直流中性线；4—设计限值

四、PLC 和 RI 噪声滤波器典型案例

1. 交流 PLC 噪声滤波器

SG、SC 直流工程的交流 PLC 噪声滤波器结构基本相同[7]，如图 10-39 所示：

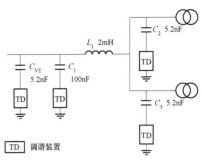

图 10-39　交流 PLC 噪声滤波器典型结构图（Ⅰ）

TG、GG Ⅰ直流工程的交流 PLC 噪声滤波器结构基本相同，如图 10-40 所示。

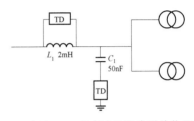

图 10-40　交流 PLC 噪声滤波器典型结构图（Ⅱ）

2. 直流 PLC 噪声滤波器

SG、SC 直流工程的直流 PLC 噪声滤波器结构基本相同，如图 10-41 所示。

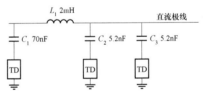

图 10-41　直流 PLC 噪声滤波器结构图（Ⅰ）

TG、GG Ⅰ直流工程的直流 PLC 噪声滤波器结构基本相同，如图 10-42 所示。

图 10-42　直流 PLC 噪声滤波器结构图（Ⅱ）

3. 交流 RI 噪声滤波器

XS、XZ、ND 直流工程的交流 RI 噪声滤波器结构基本相同，如图 10-43 所示。

4. 直流 RI 噪声滤波器

XS、XZ、ND 直流工程的交流 RI 噪声滤波器结构基本相同，如图 10-44 所示。

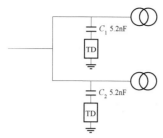

图 10-43　交流 RI 噪声滤波器结构图

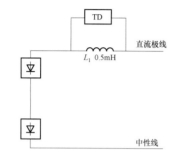

图 10-44　直流 RI 噪声滤波器结构图

参考文献

[1] 余占清，何金良，曾嵘，等. 高压换流站的主要电磁骚扰源特性[J]. 高电压技术，2008，34（5）：898-902.

[2] 薛辰东，瞿雪弟，杨一鸣. ±800kV 换流站无线电干扰研究[J]. 电网技术，2008，32（2）：1-5.

[3] 郝全睿，徐政，黎小林，等. HVDC 换流站 PLC 滤波器设计中的噪声源模型[J]. 高电压技术，2008，34（1）：107-112.

[4] 徐超，文俊，刘连光，等. 特高压直流换流站交流架空线载波噪声及抑制[J]. 高电压技术，2008，34（9）：1844-1849.

[5] 肖遥，张小武，邬雄，等. HVDC 换流站取消载波通信噪声滤波器的可行性[J]. 电力系统自动化，2007，31（10）：102-107.

[6] 张琪祁，郝全睿，黄莹，等. 直流输电系统 PLC 噪声滤波器的设计[J]. 高电压技术，2009，35（9）：2299-2305.

[7] 刘丽芳，杜明军. 高压直流换流站载频噪声滤波器研究[J]. 电力系统通信，2006，27（12）：49-53.

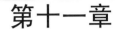

第十一章

换流站过电压保护与绝缘配合

第一节 过电压与绝缘配合研究的目的和方法

一、过电压与绝缘配合研究的主要内容和目的

换流站过电压与绝缘配合研究包括绝缘配合研究和过电压研究两部分，其中绝缘配合研究的主要内容是确定换流站内避雷器参数和配置方案、各设备绝缘水平、空气净距要求以及配电装置区雷电保护要求；过电压研究则主要通过仿真整个换流站系统在各种故障情况下避雷器承受的冲击和过电压水平，确定避雷器吸收能量要求，进而对绝缘配合研究结论进行校验和完善。根据换流站自身的特点，过电压研究又可以分为直流过电压研究和交流过电压研究两个方面。直流过电压研究主要关注直流避雷器的故障响应特性，交流过电压研究主要关注交流避雷器和阀避雷器的故障响应特性。本章主要介绍换流站过电压与绝缘配合研究的目的、思路、过程、方法、结论等[1]。

绝缘配合研究时应综合考虑电气设备在系统中可能承受的各种作用电压（工作电压和过电压）、保护装置的特性和设备绝缘对各种作用电压的耐受特性，合理确定设备必要的绝缘水平，降低设备造价、维护费用和设备绝缘故障引起的事故损失，以使工程在经济和安全运行上总体效益最高。既不因绝缘水平过高使设备造价太贵，造成不必要的浪费；也不会因绝缘水平过低，使设备在运行中的事故率增加，导致停电损失和维护费用大增，最终造成经济上的浪费。[1]

绝缘配合研究应针对换流站内所有设备提出所有必要的保护措施，包括无间隙金属氧化物避雷器、特殊控制功能和其他形式的保护，例如在断路器上加装合闸电阻或选相合闸装置，在晶闸管阀内装设正向过电压保护触发装置等[1]。

二、过电压与绝缘配合研究的方法和步骤

（一）绝缘配合的一般方法

绝缘配合方法主要有 3 种：惯用法、统计法和简化统计法[2]。

1. 惯用法

惯用法是按作用在绝缘间隙上的最大过电压和间隙的最小绝缘强度的概念进行绝缘配合的方法。惯用法简单明了，但由于间隙的冲击放电电压具有随机性，间隙的最小绝缘强度难以确定，因此无法估计绝缘故障的概率以及概率与配合系数之间的关系，故这种方法对绝缘的要求偏严。

2. 统计法

统计法认为过电压的幅值以及绝缘间隙的放电电压都是随机变量，根据其统计特性计算绝缘间隙发生闪络故障的概率。通过增加间隙的距离，使发生故障的概率降低到可以被接受的程度，从而合理地确定绝缘距离。统计法不仅能定量地给出绝缘配合的安全程度，还可综合比较绝缘距离增加导致的成本升高及发生闪络事故造成的经济损失，取二者总和最小的原则进行优化设计。统计法实施的困难在于需要考虑的随机因素较多，某些统计规律还有待认识，故障率的确定相当复杂。

3. 简化统计法

为了便于计算，假定过电压及绝缘放电概率的统计分布均服从正态分布。国际电工委员会标准（IEC）及中国国家标准（GB），均推荐采用出现的概率为 2% 的过电压作为统计（最大）过电压 U_s，再取闪络概率为 10% 的电压作为绝缘的统计耐受电压 U_w。在不同的统计安全系数 $\gamma = U_w / U_s$ 的情况下，计算出绝缘的故障率 R。根据技术经济比较，在成本与故障率间协调，定出可以接受的 R 值，再根据相应的 γ 及 U_s，从而确定绝缘水平。

（二）换流站过电压与绝缘配合研究的基本步骤

近年来，随着金属氧化物避雷器特性的不断改善，避雷器已经逐渐成为换流站内过电压保护的重要手段，同时也是设备绝缘的最后一道防线。换流站内设备的绝缘水平也都是基于避雷器的保护水平来确定的。因此，换流站内过电压和绝缘配合的研究离不开避雷器的配置方案，具体的研究步骤如下：

（1）根据电气主接线方案和主回路参数研究结论并结合以往工程经验，初步确定避雷器的整体配置，包括避雷器的布置、额定电压、伏安特性、配合电流、残压等，一般来说，

根据工程经验可以给出换流站的避雷器典型配置方案[3]。

（2）对换流站内可能出现的各种过电压，包括暂时过电压、操作过电压和雷电过电压等进行分析研究，得出代表性过电压，并综合考虑各部分影响因素后取相应的配合因数，初步选定满足性能指标的设备绝缘水平。

（3）确定避雷器能量要求，校核实际流过避雷器的电流幅值是否超过配合电流。如有必要则进行调整，最终确定换流站避雷器的配置方案及设备绝缘水平。

第二节 内部过电压保护

一、暂时过电压

（一）暂时过电压产生原因

暂时过电压是由于运行操作或发生故障，使电力系统经历过渡过程以后重新达到某种暂时稳定的情况下所出现的超过额定值的电压。暂时过电压的特点是持续时间较长，具有不衰减或弱衰减的（以工频或其倍频、分频）振荡特性。

换流站暂时过电压根据其作用的区域可分为交流侧暂时过电压和直流侧暂时过电压两类。

其中交流侧暂时过电压主要由工频过电压和谐振过电压两部分组成。与交流变电站类似，换流站的工频过电压也是由线路空载、接地故障和甩负荷等因素引起。交流系统暂时过电压的成因在此不再赘述，下面详细介绍一下换流站自身特点所引起的暂时过电压成因。

1. 换流变压器饱和过电压[4]

换流站交流母线上装设有大量的滤波器及无功补偿电容，容易产生换流变压器涌流饱和过电压。它包括：

（1）在正常及各种事故操作时，变压器饱和产生的励磁涌流，含有丰富的谐波成分，如果有一个或多个谐波电流满足谐振条件，在低阻尼网络中将产生较高的谐波电压并导致过电压。由于换流站内交流滤波器和容性无功补偿装置的存在，将导致谐振情况更为严重，可能引起在低次谐波频率（如2次、3次）下发生的谐振，且谐振过电压持续时间较长（可能达到数秒）。

（2）由于电容性电流在系统阻抗上引起的电压升高，使换流变压器饱和，也可能达成稳态谐振条件，从而引发谐振电压。

上述两类过电压是振荡性、小阻尼、弱衰减的，不仅幅值高，持续时间也较长。

2. 换流站甩负荷过电压

由于换流变压器正常工作的需要，换流站一般配有大量的无功补偿装置。当换流器停运或其他原因导致换流站无功负荷显著变化时，将导致交流母线电压上升，无功补偿装置提供的过多无功功率将引起过电压并导致变压器饱和。对于短路电流比较低的情况下，该过电压尤其严重。

直流侧暂时过电压主要是由交流侧暂时过电压直接传导至直流侧产生，或者是由交流基波电压侵入直流侧进而通过谐振放大产生。对于前者，其源头来自于交流侧暂时过电压，作用于直流侧设备绝缘，直接作为直流阀避雷器的考核指标。对于后者，当直流主参数配置不当，谐振频率接近工频时将会形成谐振，交流基波将会被放大，引起长期过电压。

（二）暂时过电压抑制措施

1. 断路器加装合闸电阻或选相合闸装置

对于换流变压器投入时励磁涌流引起的过电压，可通过在换流变压器进线断路器处装设合闸电阻或选相合闸装置来加以限制。

当换流站无功补偿设备与系统感性阻抗在低次谐波频率下达到谐振条件，换流变压器投入时的励磁涌流将作为电流源对谐振回路不断激励，导致变压器饱和过电压幅值高、持续时间长。如果在断路器合闸前预接入适当的电阻，加强对涌流的阻尼，会减小谐波电压。计算表明，通过加装合闸电阻可以有效限制合闸过电压。在换流变压器投入前通过选相合闸装置在相位一致时进行合闸操作，也可以有效限制过电压。

2. 换流器合理控制调节

对于换流站甩负荷引起的过电压，在某些工况下可以通过换流器的控制调节来加以限制。

考虑甩负荷发生在交流侧，当故障清除时，交流母线电压恢复，无功补偿装置开始提供无功功率，而换流器尚未投入运行，导致无功功率过剩产生过电压。这时如果通过换流器控制，在交流母线电压恢复的同时让换流器立即恢复换相运行，并从交流电网获取无功功率（不存在延迟），则可以有效限制甚至避免甩负荷过电压。

如果甩负荷发生在双极直流系统的单极，即50%甩负荷，则可以通过暂时提高未受影响的极中直流电流，使正常极的无功功率需求量提高，从而降低甚至避免甩负荷的影响。

在直流双极停运的工况下，不能通过换流器控制调节来限制甩负荷过电压。

3. 快速切除无功补偿

考虑直流双极停运时，如果甩负荷过电压过高，则需要考虑采取快速切除无功补偿设备的措施来加以限制。

在这种工况下，交流滤波器和并联电容大组及小组进线回路的断路器应具备开断相应容性电流的能力。

二、操作过电压

（一）操作过电压产生原因

操作过电压又称缓波前过电压，是瞬态过电压的一种，其特点是持续时间短，波前时间一般在20～5000μs之间，持续时间小于20ms，通常具有强阻尼的振荡或非振荡特性。

操作过电压一般是由于误触发、故障、分合闸或类似的操作引起的。换流站内的操作过电压根据其发生的位置可以分为交流侧母线操作过电压、换流器内部操作过电压和直流侧操作过电压3种情况。下面分别介绍这3种操作过电压的产生原因。

1. 交流母线操作过电压

交流母线操作过电压主要是由于交流侧的断路器分合闸操作或故障引起的。引起交流母线操作过电压的操作和故障有以下几类。

（1）线路合闸和重合闸。当两端开路的线路在一端（首端）投入到交流系统时，通常在线路的另一端（末端）产生较高的操作过电压，而线路首端的过电压水平则相对较低。这是由于空载线路合闸时，合闸处产生的操作冲击波沿线路传播，至开路的线路末端时电压波发生全反射，从而产生较高的过电压。

（2）投入和重新投入交流滤波器或并联电容器。在投入滤波器时，因滤波电容器电压与交流母线电压相位不一致，将产生操作过电压。最严重的情况是滤波器刚刚退出，还未彻底放电，而因为某种原因需再次投入，这时如果电容器残压与交流母线电压刚好反向，将造成严重的操作过电压。

（3）对地故障。当交流系统中发生单相短路时，由于零序阻抗的影响，会在健全相上感应出操作过电压。对于直流换流站来说，交流侧通常为中性点直接接地系统，因此这种操作过电压一般不太严重。

2. 换流器内部操作过电压

交流母线操作过电压有可能通过换流变压器传导至换流阀侧，而成为换流器故障的初始条件。同样，在直流侧产生的操作过电压也有可能通过平波电抗器传递到阀侧。此外，阀厅内产生操作过电压的其他原因还有换流器故障、阀误触发、通信故障以及失去控制脉冲等。

引起换流器内部操作过电压的原因主要有以下两类：

（1）交流侧操作过电压。交流侧操作过电压可以通过换流变压器传导到换流器。由于交流母线避雷器的保护作用，传导到直流侧的过电压通常不对直流设备产生过大的应力。但一般在考虑换流器内部短路时，都假设交流母线电压为避雷器保护水平，以保证设备安全。

（2）短路故障。在换流器内部发生短路故障，由于直流滤波电容器的放电和交流电流的涌入，通常会在换流器本身和直流中性点等设备上产生操作过电压。最典型的短路工况是换流变压器阀侧出口至换流器之间对地短路。

3. 直流线路操作过电压

直流线路上产生操作过电压的情况主要有以下两种。

（1）在双极运行时，一极对地短路，将在健全极产生操作过电压。这种操作过电压除影响直流线路塔头设计外，还影响两侧换流站直流配电装置区过电压保护与绝缘配合

设计。过电压的幅值除与线路参数相关外，还受两侧电路阻抗的影响。

（2）对空载的线路不受控充电（也称空载加压）。当直流线路对端开路，而本侧以最小触发角解锁时，将在开路端产生很高的过电压。这种过电压不但能加在直流线路上，而且也可能直接施加在对侧直流配电装置和未导通的换流器上。

（二）操作过电压抑制措施

1. 断路器加装合闸电阻

通过加装合闸电阻可以有效限制由断路器操作引起的过电压。

2. 交流滤波器小组断路器配置选相合闸装置

交流滤波器小组断路器通常配置选相合闸功能，在投入交流滤波器或并联电容器小组前先检测断路器断口两端电压相位，当相位一致时再进行合闸操作，从而有效限制操作过电压。

3. 合空载线路操作顺序控制

当换流站交流配电装置投运时，可以让第一回投入的线路首先带电，当达到稳定状态后，再接到换流站交流母线上，这样可以避免在交流配电装置设备上造成大的操作过电压。

4. 配置交流滤波器及电容器最短投入时间保护

在目前的换流站控制保护系统中，无一例外地配备交流滤波器和电容器最短投入时间保护，并要求电容器装设放电电阻。在投入交流滤波器和并联电容器之前将电容器上的剩余电压泄放至较低水平，从而避免产生过高的操作过电压。

5. 站控中协调两端换流站的解锁顺序

通过在站控中协调两端换流站的网络状态和解锁顺序，避免对开路的直流线路直接施加电压，可以避免在空载直流线路开路端产生过高的过电压。

6. 极控中增加连锁功能

通过在换流站极控中增加连锁功能，避免换流器小角度解锁，可以有效限制直流线路空载加压引发的操作过电压。

三、陡波前过电压

（一）陡波前过电压产生的原因

陡波前过电压是瞬时过电压的一种，其特点是持续时间非常短，波前时间一般在0.1μs以内，持续时间小于3ms，通常是单极性的，并叠加有振荡。

陡波前过电压一般是由于近距离反击雷闪络或故障引发的。通常在换流站内以下两种故障情况会在换流器中产生陡波过电压。

1. 对地短路

当处于高电位的换流变压器阀侧出口到换流器之间对地短路时，换流器杂散电容上的极电压将直接作用在闭锁的一

个阀上,对阀产生陡波过电压。

2. 部分换流器中换流阀全部导通和误投旁通对

当两个或多个换流器串联时,如果某一换流器全部阀都导通或误投旁通对,则剩下未导通的换流器将耐受全部极电压,造成陡波过电压。

(二)陡波前过电压抑制措施

避雷器是限制陡波前过电压的主要手段。由于避雷器在陡波冲击下的保护水平比在标准雷电冲击下更高,因此在确定设备绝缘陡波冲击耐受试验值时应考虑这一因素的影响。

第三节 雷电过电压保护

一、直击雷保护

(一)换流站直击雷的保护原则和保护措施

1. 换流站直击雷保护原则

与常规交流变电站直击雷保护原则一样,换流站直击雷保护也是利用避雷针、避雷线等接闪装置的屏蔽作用将可能危害被保护对象的雷电波直击概率限制在工程上可以接受的水平。

根据这一原则,直击雷保护装置设计的原则取决于以下两个方面:

(1)被保护对象的雷电流耐受水平(也可称为雷电配合电流)。

(2)工程上可接受的雷击故障率。

配合电流越小、要求的故障率越低,直击雷保护的投入也就越大。实际工程中应综合考虑可靠性和经济性两方面的因素,合理选取配合电流及故障率进行直击雷保护设计。

2. 换流站雷电配合电流的选取

相比于常规交流工程,换流站配电装置不同电压等级的区域较多,因此设备的雷电流耐受水平也更多样,直击雷保护方案的设计也更复杂。直流换流站各配电装置区雷电配合电流可参考所列数值选取。换流站各配电装置区雷电配合电流参考值见表 11-1。

表 11-1 换流站各配电装置区雷电配合电流参考值

配电装置		雷电配合电流参考值(kA)
直流配电装置	±500kV 及以上	20
	±200～500kV	15
	±200kV 及以下	10
	中性线设备区	2
	直流滤波器低压设备区	2

续表

配电装置		雷电配合电流参考值(kA)
交流配电装置	500kV 及以上	20
	220～500kV	15
	220kV 及以下	10
	交流滤波器低压设备区	2

3. 换流站直击雷保护的措施

避雷针和避雷线是换流站直击雷保护的两种主要措施。避雷针和避雷线的保护原理类似,都是通过不均匀电场吸引雷击,从而降低周围被保护设备遭受雷击的概率。避雷针和避雷线保护特点对比见表 11-2。

表 11-2 避雷针和避雷线保护特点对比

保护措施	避雷针	避雷线
可靠性	不容易受环境因素的影响,安全可靠	容易受到大风、覆冰等因素的影响,存在断落的危险
引雷能力	冲击接地电阻小,引雷能力强	相比避雷针引雷能力稍弱
雷电屏蔽效果	对于较小雷电配合电流的屏蔽效果不佳	通过减小避雷线网格,容易实现对于小雷电流的屏蔽
布置适应性	受反击距离的影响布置位置容易受到限制,部分情况下需要增加占地	悬挂于被保护对象上方,布置灵活,无需增加占地
损耗	没有损耗和感应电压问题	在保护交流跨线时,若避雷线两端都不绝缘,则避雷线上将产生感应电流造成损耗;若避雷线一端绝缘,绝缘末端会产生电磁感应电压。在保护直流跨线时,避雷线上会产生静电感应电压

从表 11-2 的对比中可以看出,避雷针和避雷线这两种保护措施都具有各自的特点。直流换流站各配电装置区直击雷保护措施可参考表 11-3 选取。

表 11-3 换流站各配电装置区直击雷保护措施参考

配电装置		直击雷保护措施
直流配电装置	极线设备区	避雷针和避雷线均可,若布置受限,推荐采用避雷线保护
	中性线设备区	由于中性线设备雷电配合电流较小,宜采用避雷线保护
	直流滤波器围栏内	直流滤波器围栏内低压设备较多,为满足其较小雷电配合电流的屏蔽要求,宜采用避雷线保护

续表

配电装置	直击雷保护措施
换流变压器进线跨线	跨线跨距较长，且考虑到不能占用换流变压器的搬运通道，宜采用避雷线保护
交流母线（HGIS 或 AIS）	若避雷线发生断落，可能引起母线故障或大面积停电，因此宜采用避雷针保护交流母线
交流滤波器大组母线	避雷针和避雷线均可，从可靠性角度考虑，在满足保护范围的情况下可采用避雷针
交流滤波器小组围栏内	同直流滤波器一样，宜采用避雷线保护

表格首列"交流配电装置"跨多行。

（二）避雷针、避雷线保护范围计算

目前常用的直击雷保护范围计算方法主要有折线法和滚球法两种。其中折线法的原理和计算方法可以参见国标 GB/T 50064《交流电气装置的过电压保护和绝缘配合设计规范》，滚球法的原理和计算方法在国标 GB 50057《建筑物防雷设计规范》和美国电气和电子工程师协会标准 IEEE-998《IEEE Guide for Direct Lightning Stroke Shielding of Substations》中均有相关论述。

目前国内常规交流变电站基本采用折线法来确定直击雷保护范围，根据我国变电站的实际运行经验，采用折线法对变电站内电气设备进行防雷保护时，在保护范围内发生绕击的概率不足 0.1%，保护可靠性达到了可以接受的水平。但对于换流站来说，遭受雷击故障造成的停电损失较大，因此在换流站中尤其是直流配电装置及换流区域的防雷可靠性要求更高。在折线法进行防雷设计的基础上，采用滚球法对换流站直击雷保护范围进行校验计算，可以进一步提高直击雷保护的可靠性。

由于折线法在中国电力出版社出版的《电力工程电气设计手册——电气一次部分》中已有详细介绍，在此不再赘述。下面主要介绍如何利用滚球法计算避雷针和避雷线的保护范围。

1. 滚球法的计算原理

滚球法是基于电气几何模型（EGM）提出的一种较简易的直击雷保护范围确定方法。

在介绍滚球法前需引入击距的概念。根据 EGM 的理论，雷电在发展初期首先形成下行先导，下行先导从带电雷雨云向下发展。随着下行先导向下发展，由于静电感应接闪器端部将感应出大量电荷。下行先导越靠近接闪器，接闪器端部所积累的电荷就越多，随着接闪器与下行先导之间距离的缩短，它们之间的电场强度逐步升高，当电场强度超过临界值后，它们之间的空气间隙将发生击穿放电，从而造成雷击事故。在即将发生放电瞬间，接闪器与下行先导间的距离即为

击距。击距的长短主要取决于下行先导所携带的电荷量，即受雷电流大小的影响。雷电流越大，所对应的击距越大。

滚球法基于上述雷击放电模型，给出以下定义：以 h_r 为半径的一个球体，沿需要防直击雷的区域内任意滚动。当球体只触及接闪器或者地面，而不触及被保护物时，则被保护物可以受到接闪器的保护。实际上，h_r 就是击距，与其对应的雷电流幅值为 I，可以认为在由滚球半径 h_r 所确定的保护范围内可以免受幅值高于 I 的雷电流的危害，但仍有可能会遭受幅值小于 I 的雷电流绕击。通常认为，雷电流小于某一临界值时，不会对被保护物造成威胁，即使发生绕击也不会造成重大事故。基于这一理论，在应用滚球法进行直击雷保护时，可以根据有可能造成威胁的临界绕击雷电流值推算出击距 h_r，再以 h_r 作为滚球半径通过几何作图的方法获得其保护范围。

国标 GB 50057—2010 将建筑物的防雷水平划分为三类，分别对应不同的击距。一类防雷建筑物 $h_r=30m$；二类防雷建筑物 $h_r=45m$；三类防雷建筑物 $h_r=60m$。其中，击距为 60m 时所对应的雷电流约为 22kA，因此可以认为按击距为 60m 所确定的保护范围可以完全保护第三类防雷建筑免受超过 22kA 的雷电流侵害，而低于 22kA 的雷电流不会对第三类防雷建筑构成威胁，或者即使发生雷击所造成的损失也是在可以接受的范围内。

对于换流站而言，在应用滚球法时首先要确定电气设备的临界绕击雷电流幅值。电气设备遭受雷电绕击一般有两种情况，一是雷电绕击电气设备高压带电部分，另一种是雷电绕击电气设备的金属支架。取两种情况下计算出的危险绕击雷电流值中的较小者，即为电气设备的临界绕击雷电流。通常换流站内各区域临界绕击雷电流幅值可参考表 11-1 所列数值选取。

确定雷电配合电流幅值 I 后就可以通过式（11-1）确定滚球半径 h_r，即

$$h_r = kI^p \qquad (11-1)$$

式中，k 参数对于避雷线而言可取 8，对于避雷针而言可取 10；p 参数可取 0.65。

2. 避雷针保护范围计算

对于单支避雷针的保护范围，应按下列方法确定见图 11-1、图 11-2。

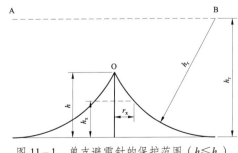

图 11-1 单支避雷针的保护范围（$h \leqslant h_r$）

当 $h \leqslant h_r$ 时，避雷针在被保护物高度 h_x 水平面上的保护半径 r_x 可以用式（11-2）计算

$$r_x = \sqrt{h(2h_r - h)} - \sqrt{h_x(2h_r - h_x)} \qquad (11-2)$$

式中 h ——避雷针的高度；

   h_r ——滚球半径；

   h_x ——表示被保护物高度；

   r_x ——表示保护半径。

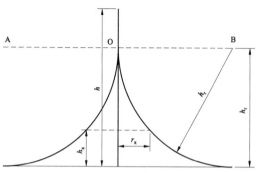

图 11-2 单支避雷针的保护范围（$h > h_r$）

当 $h > h_r$ 时，避雷针在被保护物高度 h_x 水平面上的保护半径 r_x 可以用式（11-3）计算

$$r_x = h_r - \sqrt{h_x(2h_r - h_x)} \qquad (11-3)$$

式中参数含义同式（11-2）。

对于两支等高避雷针的保护范围确定，针高不超过击距（$h \leqslant h_r$）时：

当两支等高避雷针的距离 D 不小于 $2\sqrt{h(2h_r - h)}$ 时，保护范围分别按单支避雷针的计算方法确定。

当两支等高避雷针的距离 D 小于 $2\sqrt{h(2h_r - h)}$ 时，保护范围如图 11-3 所示。

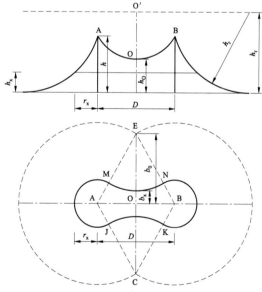

图 11-3 两支等高避雷针的保护范围（$h \leqslant h_r$）

其中，两针外侧的保护范围可以按单支避雷针的方法确

定。两针之间的保护范围可以按通过两针顶点的一段圆弧来确定，以中轴线上距地面高度为 h_r 的点 O′ 为圆心，以 O′A 为半径作圆弧，分别与 A、B 两点相交。所得到的圆弧 AB 即为两针之间的保护范围的上边界。圆弧 AB 上的最低点高度 h_0 可由式（11-4）确定

$$h_0 = h_r - \sqrt{(h_r - h)^2 + \left(\frac{D}{2}\right)^2} \qquad (11-4)$$

式中 h_0 ——两针之间保护范围最低点高度；

   D ——两支等高避雷针的距离。

其余参数含义同式（11-2）。

两针间 h_x 高度水平面上保护范围的最小宽度可以由式（11-5）确定

$$b_x = \sqrt{h(2h_r - h) - \left(\frac{D}{2}\right)^2} - \sqrt{h_x(2h_r - h_x)} \qquad (11-5)$$

式中 b_x ——保护范围的最小宽度；

   其余参数含义同式（11-4）。

针高超过击距（$h > h_r$）时：

当两支等高避雷针的距离 D 不小于 $2h_r$ 时，保护范围分别按单支避雷针的计算方法确定。

当两支等高避雷针的距离 D 小于 $2h_r$ 时，保护范围如图 11-4 所示。

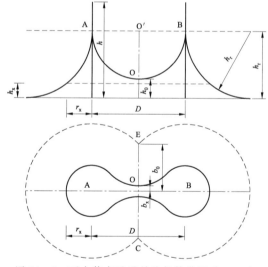

图 11-4 两支等高避雷针的保护范围（$h > h_r$）

取 $h = h_r$，代入式（11-4）、式（11-5）即可得到两针之间的保护范围最低点高度 h_0 以及保护范围的最小宽度 b_x。

其 h_x 高度水平面上保护范围作图方法与 $h \leqslant h_r$ 时保护范围的作图方法一致，仅在计算保护半径时取针高 $h = h_r$ 即可。

对于两支不等高避雷针的保护范围确定，从单支避雷针保护范围的分析可以看出，当 $h > h_r$ 时，其保护范围与 $h = h_r$ 时的保护范围一致，因此只需讨论 $h \leqslant h_r$ 这种情况下的保护范围。此时，当两支不等高避雷针的距离 D 小于 $\sqrt{h_1(2h_r - h_1)} + \sqrt{h_2(2h_r - h_2)}$

时，保护范围如图 11-5 所示。

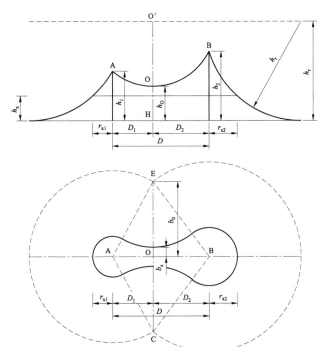

图 11-5　两支不等高避雷针的保护范围（$h \leqslant h_r$）

同两支等高避雷针的计算方法一样，AEBC 外侧的保护范围可以按单支避雷针地方法确定。两针之间保护范围中轴线 OH 的位置可以根据式（11-6）来确定

$$D_1 = \frac{(h_r - h_2)^2 - (h_r - h_1)^2 + D^2}{2D} \quad (11-6)$$

式中　D_1——两针之间保护范围最低点距离 1 号避雷针之间的距离；

h_1、h_2——分别为两个避雷针的高度。

其余参数含义同式（11-4）。

以中轴线上距地面高度为 h_r 的点 O' 为圆心，以 O'A 为半径作圆弧，分别与 A、B 两点相交。所得到的圆弧 AB 即为两针之间的保护范围的上边界。圆弧 AB 上的最低点高度 h_0 可由式（11-7）确定

$$h_0 = h_r - \sqrt{(h_r - h_1)^2 + D_1^2} \quad (11-7)$$

式中各参数含义同式（11-6）。

其 h_x 高度水平面上保护范围作图方法与等高避雷针保护范围作图方法一致。两针间 h_x 高度水平面上保护范围的最小宽度可以由式（11-8）确定

$$b_x = \sqrt{h(2h_r - h) - \left(\frac{D}{2}\right)^2} - \sqrt{h_x(2h_r - h_x)} \quad (11-8)$$

式中各参数含义同式（11-6）。

3. 避雷线保护范围计算

对于单根避雷线的保护范围，应按下列方法确定见图 11-6、图 11-7。

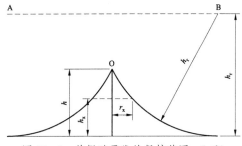

图 11-6　单根避雷线的保护范围，$h \leqslant h_r$

当 $h \leqslant h_r$ 时，避雷线在被保护物高度 h_x 水平面上的保护半径 r_x 可以用式（11-9）确定

$$r_x = \sqrt{h(2h_r - h)} - \sqrt{h_x(2h_r - h_x)} \quad (11-9)$$

式中各参数含义可参见式（11-2）。

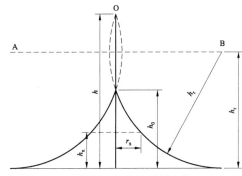

图 11-7　单根避雷线的保护范围，$h > h_r$

当 $2h_r > h > h_r$ 时，避雷线在被保护物高度 h_x 水平面上的保护半径 r_x 可以用式（11-10）确定：

$$r_x = \sqrt{h(2h_r - h)_r} - \sqrt{h_x(2h_r - h_x)} \quad (11-10)$$

式中各参数含义可参见式（11-2）。

当 $h \geqslant 2h_r$ 时，避雷线保护失效，没有保护范围。

对于两根等高避雷线的保护范围，避雷线高不超过击距（$h \leqslant h_r$）时：

当两根等高避雷线的距离 D 不小于 $2\sqrt{h(2h_r - h)}$ 时，保护范围分别按单根避雷线的计算方法确定。

当两根等高避雷线的距离 D 小于 $2\sqrt{h(2h_r - h)}$ 时，保护范围如图 11-8 所示。

其中，两根避雷线外侧的保护范围可以按单根避雷线的方法确定。两根避雷线之间的保护范围可以按通过两根避雷线截面点的一段圆弧来确定。圆弧 AB 上的最低点高度 h_0 可由式（11-11）确定

$$h_0 = h - h_r + \sqrt{h_r^2 - \left(\frac{D}{2}\right)^2} \quad (11-11)$$

式中各参数含义可参见式（11-4）。

避雷线高超过击距（$h > h_r$）时：

当两根等高避雷线的距离 D 不小于 $2h_r$ 时，避雷线保护范围分别按单根避雷线的计算方法确定。

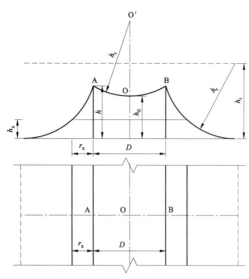

图 11-8 两根等高避雷线的保护范围（$h \leqslant h_r$）

当两根等高避雷线的距离 D 小于 $2h_r$ 时，保护范围如图 11-9 所示。

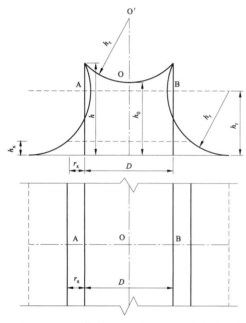

图 11-9 两根等高避雷线的保护范围（$h > h_r$）

其中，两根避雷线外侧的保护范围可以按单根避雷线的方法确定。两根避雷线之间的保护范围可以按通过两根避雷线截面点的一段圆弧来确定。圆弧 AB 上的最低点高度 h_0 同样也可由式（11-11）确定。

二、雷电侵入波保护

通过在换流站内合理布置避雷针、避雷线，可以防止雷直击换流站内电气设备，或将直击雷过电压限制在设备绝缘耐受水平以内。但雷击交、直流输电杆塔或线路时，雷电过电压亦可沿进线段线路侵入换流站交、直流配电装置区，危害换流站内设备绝缘。

（一）雷电侵入波过电压产生原因

对于全线架设避雷线的输电线路而言，雷电侵入波过电压主要由以下两种情况产生。

（1）雷电击中杆塔或避雷线，雷电流通过杆塔入地，由于杆塔波阻抗的作用在塔身上产生较高的雷电过电压。当过电压幅值超过导线与杆塔相地绝缘耐受能力时绝缘击穿形成反击放电，导致雷电过电压传导至导线上，并传导至两端换流站。

（2）雷绕过避雷线的保护击中导线，雷电流注入导线，并通过导线传导至两端变电站/换流站内，危害站内设备绝缘。这种情况又被称为绕击。

（二）雷电侵入波过电压抑制措施

抑制换流站雷电侵入波过电压的主要措施是装设避雷器及进线段保护等。

对于雷电侵入波过电压而言，换流站可分为三个区域：一是换流站交流配电装置区，即从交流线路入口到换流变压器的网侧端子；二是换流区，即从换流变压器的阀侧端子到直流平波电抗器的站侧端子之间；三是换流站直流配电装置区，即从直流线路入口到直流平波电抗器的线路段。交流配电装置区设备上的雷电过电压是由交流输电线路传入的，直流配电装置设备上的雷电过电压是由直流输电线路和接地极线路传入的。对于换流区的设备，由于有换流变压器和平波电抗器的抑制作用，来自于交、直流侧的雷电波传递到该区域后，其波形类似操作波波形，因此应按操作冲击配合考虑[5]。

换流站交流母线产生雷电过电压的原因与常规交流变电站相同。由于换流站安装有多组交流滤波器和电容器组，它们对雷电冲击有一定的吸收作用，因此换流站交流设备上的雷电过电压一般低于常规交流变电站的过电压[5]。

直流侧设备上的雷电过电压是由雷绕击直流（含接地极）线路或雷击直流线路（含接地极）杆塔后反击线路形成的雷电侵入波。进线段杆塔的避雷线保护角应设计成有效屏蔽，减小进线段杆塔避雷线保护角和杆塔接地电阻，尽量降低进线段发生绕击的概率，并通过在直流配电装置安装避雷器来保护直流侧设备。来自直流输电线路的雷电侵入波，首先由直流极线避雷器进行限制，传递到各直流设备上的雷电过电压，由相应位置上的避雷器加以限制。由于换流变压器和平波电抗器的屏蔽作用，换流变压器阀侧设计中一般可不考虑雷击引起的过电压。接地极线路的雷电侵入波，主要由中性母线避雷器和接在中性母线入口处的冲击电容器来限制，冲击吸收电容器对雷电侵入波的抑制效果明显[5]。

在单极金属回线运行方式下，当雷电侵入波来自金属回线的直流输电线路时，由于直流输电线路杆塔和耐雷水平较高，雷电侵入波幅值也较高，当此雷电侵入波传递到直流配电装置的中性母线时，会在中性母线上产生较高的雷电过电压。所以，在中性母线的防雷设计时应特别注意单极金属回线运行方式下的雷电侵入波过电压。与交流配电装置相同，直流配电装置避雷器的安装位置也应尽量紧靠被保护的设备，若距离较大，应根据具体工程的设计，通过仿真计算来验证，以得到最好的防雷效果[5]。

典型的±500kV换流站、±800kV换流站及背靠背换流站避雷器配置方案及参数表见本章第四节。

（三）雷电侵入波过电压计算方法

国内外对变电站和换流站的雷电侵入波过电压计算方法主要有防雷分析仪、补偿法和电力系统数字仿真等方法。其中前两种方法主要是在过去计算机技术不发达的时期，采用模拟法或等效回路来进行过电压计算的方法，由于模拟受到设备条件的限制、计算量庞大等原因，这些方法对过电压的测量或计算结果与实际情况拟合程度不高。目前广泛采用的方法是利用电磁暂态仿真软件对变电站和换流站建立仿真模型，再通过雷电模型将雷电流注入线路或杆塔，从而计算雷电侵入波过电压，主要使用的软件有 PSCAD/EMTDC、ATP/EMTP 等。

雷电侵入波过电压的计算可以分为以下三个步骤：

第一步，利用电磁暂态分析软件建立雷电侵入波仿真模型；

第二步，通过仿真研究雷电侵入波在系统中的传播过程，从而确定设备上可能出现的雷电过电压幅值；

第三步，通过绝缘配合计算进而确定设备雷电过电压耐受水平，并根据落雷概率结合雷击闪络率进行防雷可靠性评价。

1. 系统建模

（1）雷电流模型。雷电过电压计算中常常采用斜角波形，波幅为雷电流幅值 I_m，波头时间为 T_1，波长为 T。在一般的雷电过电压计算中采用这种波形即可满足计算要求，且大大简化了计算过程。波头时间 T_1 可取 2.6μs，波长 T 可取 50μs。雷击过程可以按彼得逊法则等效，将雷电等效为一电流源，雷电通道波阻抗一般随着雷电流幅值增大而减小，反击时雷电通道波阻抗一般为 300～400Ω，绕击时波阻抗一般为 600～900Ω。我国电力行业标准并未对计算用雷电流幅值予以明确规定。反击计算中雷电流幅值可取 150～250kA[6]，换流站可考虑更高的防雷可靠性，可取 260kA。绕击雷电流幅值则根据电气几何模型来确定。

（2）绝缘闪络模型。工程计算中常用的绝缘闪络判据为相交法，即绝缘子串两端实际电压波形与标准波下的伏秒特性曲线相交，或在其首个波峰下降沿与 50%放电电压相交即判为闪络。在仿真软件中通过逻辑运算比较实现闪络判据的输入。

（3）杆塔及线路模型。对于线路杆塔，塔身波阻抗可取150Ω，考虑横担比塔身波阻抗略大一些，横担部分波阻抗取200Ω。采用频率相关模型，根据换流站交直流侧的线路参数，包括导地线型号、外径、20℃直流电阻、分裂数目及间距及

平均大地电阻率等，按照杆塔结构的排列方式建立线路模型。

（4）避雷器模型。仿真软件直接提供的避雷器模型为单一的非线性电阻模型，采用分段线性化方法来拟合其伏安特性。实际工程应用中，避雷器的伏安特性曲线可以通过向生产厂咨询或查阅产品样本获得。下面列出±500kV换流站工程的一种直流避雷器伏安特性作为参考，见表11-4。

表11-4　D形避雷器伏安特性（用于保护直流极线）

持续运行电压峰值 $CCOV=515kV$			
电流（30/60μs，kA）	电压（kV）	电流（8/20μs，kA）	电压（kV）
0.000 012	710	1	847
0.3	802	3	897
1.0	839	10	957
3.0	894	20	1023

（5）设备模型。在雷电冲击波的作用下，由于冲击波传播速度快，雷电侵入波等值频率较高，作用时间短（微秒级）。站内设备如变压器、电压互感器、隔离开关、电抗器及断路器等均采用该设备的入口电容来等效。入口电容可由计算得到，或由设备厂家提供。表 11-5 列出了入口电容参考值。

表11-5　电气设备入口电容

设 备 名 称		入口电容值（pF）
交流 AIS	变压器（含换流变压器）	5000
	高压电抗器	4000
	电容式电压互感器	5000
	电流互感器	1000
	断路器	800
	接地开关	150
	隔离开关	300
	支柱绝缘子	150
	避雷器	20
交流 HGIS/GIS	电流互感器	80
	断路器	300
	隔离开关	80
	接地开关	150
	套管	150
直流配电装置	直流穿墙套管	300
	直流电压测量装置	5000
	极线耦合电容	$20×10^3$
	中性线电容	$15×10^6$

站内导线一般应按分布参数考虑，AIS 电气线路波阻抗可取 300Ω，GIS 电气线路波阻抗可取 60Ω。

平波电抗器、交直流滤波器内电抗器和电容器按实际电感值和电容值建模。

2. 仿真分析

通常在进行雷电侵入波分析时，除了考虑正常工况外，还需考虑主变压器、出线 $N-1$ 的运行方式。所谓的 $N-1$ 是指在整个系统中考虑出现一个元件（主变压器、出线、母线）故障（或检修）而退出运行的工况。应取各类工况下设备过电压最严重值作为仿真结果。

（四）绝缘配合及防雷可靠性评价

仿真计算出各类工况下最大雷电过电压后可以通过绝缘配合及海拔修正方法，计算出设备的雷电耐受过电压水平，对设备绝缘进行校验。绝缘配合及海拔修正计算方法详见本章第四节及第五节相关内容。

按照绝缘配合的惯用法，如果计算出的各设备所要求的雷电耐受电压均低于设备相应绝缘水平，则可认为所采用的避雷器配置方案是满足绝缘配合要求的，在避雷器的保护下各电气设备的绝缘能够承受雷电侵入波过电压的侵害。

为了对换流站内防雷可靠性做出直观评价，目前较多地采用统计法来分析换流站防雷可靠性。统计法将电压和绝缘强度均视为随机变量，根据设备绝缘水平反推最大允许雷电过电压及危险雷电流大小，计算雷击故障率，进而得出平均无故障时间。对于换流站，平均无故障时间宜取 1500 年以上。

第四节 换流站的绝缘配合

换流站绝缘配合计算的主要目的有两个，其一是合理地提出换流站内各设备、空气间隙的绝缘要求（包括设备绝缘水平、空气净距、绝缘子爬距等要求）；其二是明确过电压保护装置的配置方案（如避雷器、合闸电阻等设备的参数和配置方案）。换流站绝缘配合通常可分为两个阶段：参数初选和最终验证。

在参数初选阶段，主要对换流站内避雷器进行初步配置，并根据避雷器的初选参数对设备的绝缘水平进行初步估计。在最终验证阶段，将对避雷器的参数和设备绝缘水平进行详细分析和验证。在工程的详细设计阶段，通常采用电磁暂态仿真计算的手段，校验各种工况下避雷器的配置参数和设备的绝缘水平是否满足要求。

一、换流站避雷器配置及参数初选

（一）避雷器的典型配置

1. 避雷器的配置原则

总的来说，换流站内避雷器的配置原则是"分区保护、各司其职"，具体体现在以下 3 个方面：

（1）交流侧产生的过电压由交流侧避雷器来限制。

（2）直流侧产生的过电压由直流侧避雷器来限制。

（3）重要设备由与之直接并联的避雷器保护。

2. 避雷器的配置方案

以每极单 12 脉动换流器的换流站为例，典型避雷器配置方案如图 11－10 所示。需要指出，图中涵盖换流站可能使用的所有避雷器，但具体工程设计时可根据实际条件进行取舍。在某些工况下，根据被保护设备的过电压耐受水平及其他避雷器对该处过电压的限制作用，可考虑省去某些避雷器。

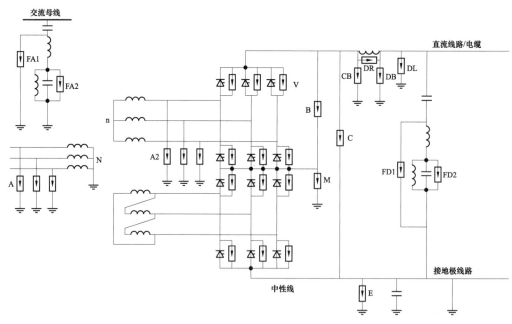

图 11－10 典型 12 脉动换流器的换流站避雷器配置方案

对于每极两个12脉动换流器和背靠背换流站也可以采用类似的避雷器配置模式。对于背靠背换流站，由于没有直流线路且直流运行电压较低，因此一般仅需要装设阀避雷器（V），仅在某些特殊条件下会配置中点避雷器（M）和桥避雷器（B）。

（1）交流侧避雷器的配置。换流站交流侧避雷器（A）主要用于保护交流母线及交流滤波器母线。其配置原则与一般变电站类似，通常根据交流系统过电压研究结论在交流出线、母线、变压器进线回路等位置选择性的装设交流避雷器，同时在重要设备如变压器、并联电抗器旁设置与之并联的避雷器进行保护。

（2）换流器区域避雷器的配置。换流器区域避雷器主要用于保护换流器和换流变压器。换流器区域一般配置有阀避雷器（V）、中点避雷器（M）、桥避雷器（B）和换流器单元避雷器（C）。其中，桥避雷器和上下桥之间中点避雷器的串联组合（B+M）与换流器单元避雷器（C）是12脉动桥的两种保护方案，工程应用时可选择其中一种方案进行保护。同时，由于阀避雷器（V）串联可以代替桥避雷器（B），目前工程中一般不再配置桥避雷器（B）。只有在某些特殊工况下，为了降低YNy变压器阀侧绕组的绝缘水平，可能采用桥避雷器（B）。为进一步限制换流变压器阀侧的过电压水平，降低设备制造难度，某些工程还会在换流阀与换流变压器阀侧绕组的连接线上装设换流变压器阀侧避雷器（A2）。换流变压器阀侧避雷器（A2）通常装设在上桥臂的Yy换流变压器阀侧高压端，从而能够对换流变压器的阀侧套管提供最为直接的保护。另一种选择是采用阀避雷器（V）和上下桥之间中点避雷器（M）串联组合的方案为上桥臂Yy换流变压器的阀侧提供保护，从而取代换流变压器阀侧避雷器（A2）的作用，但应要求换流变压器阀侧的绝缘耐受水平与这种保护组合的保护水平相匹配。

（3）直流侧避雷器配置。换流站直流侧避雷器主要用于保护直流配电装置设备和直流线路/电缆。直流侧一般配置有换流器母线避雷器（CB）、直流母线避雷器（DB）、直流线路/电缆避雷器（DL）、中性母线避雷器（E）、直流平波电抗器避雷器（DR）、接地极引线避雷器（EL）等。其中，对于采用直流电缆出线的换流站而言，由于直流线路不存在雷电过电压侵害的可能，同时发生短路故障进而引发操作过电压的概率相较于架空线路也大大降低，直流线路/电缆避雷器（DL）可以被省去。对于直流出线采用直流电缆和架空线路组合的方式，在电缆端部可能需要装设避雷器以限制来自架空线路的过电压。当采用桥避雷器（B）和上下桥之间中点避雷器（M）串联组合对直流母线提供保护时，可以代替直流母线避雷器（CB）。需要指出，在平波电抗器两端并接避雷器（DR）并不是一种常规的避雷器配置方案，该配置方案会

在一定程度上削弱平波电抗器对于雷电冲击陡波侵入换流器区域的限制作用。当平波电抗器采用干式电抗器时，为降低其纵向绝缘，通过技术经济比较后可考虑采用与电抗器两端并联的避雷器（DR）；当采用油浸式电抗器时，则不采用并联避雷器（DR）而依靠电抗器两端对地的避雷器（CB和DB）进行保护。

（4）交、直流滤波器避雷器的配置。换流站交、直流滤波器避雷器（FA、FD）主要用于对滤波器内各主要元件的保护。换流站内交、直流滤波器一般配置有较大容量的高压电容器，考虑到电容器对过电压的隔离作用和一定的耐受能力，通常不需要专门配置避雷器进行过电压保护，系统侧过电压也不易通过高压电容器传导至低压端设备（如电抗器、电阻器和互感器等）。但是，当滤波器两端短路时，充满电的高压电容器将直接对低压设备放电，低压设备上将承担较高过电压。因此，交、直流滤波器避雷器的主要配置原则为，对于高压电容器一般不配置专门的避雷器，对于低压设备一般配置与之直接并接或配置从其高压端对地的避雷器。

3. 典型工程避雷器配置案例

（1）每极单12脉动换流器的换流站避雷器配置案例一如图11-11所示。

（2）每极单12脉动换流器的换流站避雷器配置案例二如图11-12所示。

（3）每极双12脉动换流器的换流站避雷器配置案例一如图11-13所示。

（4）每极双12脉动换流器的换流站避雷器配置案例二如图11-14所示。

（5）背靠背换流站避雷器配置案例一如图11-15所示。

（6）背靠背换流站避雷器配置案例二如图11-16所示。

（二）避雷器参数的初选

避雷器的主要参数包括额定电压（U_N）或参考电压（U_{ref}）、保护水平（U_{pl}）、配合电流（I）以及吸收能量（E）。在避雷器参数初选阶段，首先要确定避雷器的额定电压或参考电压要求；根据避雷器的参考电压并结合避雷器的伏安特性曲线可以初步确定避雷器在陡波、雷电和操作冲击电流下的残压。最终的保护水平、配合电流以及吸收能量则需要通过过电压仿真计算进行校验后确定。

避雷器的额定电压和参考电压主要由其安装位置的持续运行电压确定。

对于换流站内交流侧使用的避雷器来说，其额定电压和持续运行电压的确定原则和方法与交流避雷器完全相同。

对于换流站内直流侧使用的避雷器来说，由于不同安装位置所承受的电压波形差别较大，因此并不像交流避雷器那样定义额定电压，而是采用参考电压来表征其特性。直流避

雷器关于持续运行电压的定义也不同于交流避雷器，直流避雷器上长期承受的电压应力是叠加交流基频和谐波分量的直流电压，并且在某些情况下还需要承受换相过冲。

针对直流避雷器所承受工作电压的特点，通常采用持续运行电压最大峰值（peak value of continuous operating voltage, *PCOV*）、持续运行电压峰值（crest value of continuous operating voltage, *CCOV*）和等效持续运行电压（equivalent continuous operating voltage, *ECOV*）这三个指标来定义其参数：

（1）持续运行电压最大峰值（*PCOV*）是指避雷器安装位置上持续运行电压的最高峰值，包括换相过冲。

（2）持续运行电压峰值（*CCOV*）是指避雷器安装位置上持续运行电压的最高峰值，但不包括换相过冲。

（3）等效持续运行电压（*ECOV*）是指等同于避雷器在实际运行电压下产生相同能耗的电压值。

换相过冲是指在换流阀的开通与关断过程中产生的瞬态电压叠加至换相电压上，增加了避雷器承受的电压。换相过冲的幅值主要由以下几个因素确定：

1）阀器件（晶闸管）的固有特性（特别是反向恢复特性）。

2）多只串联阀器件的反向恢复电荷分布特性。

3）单个阀器件中的阻尼电阻和电容器。

4）阀和换流回路中的各种电容和电感。

5）触发角和换相角。

6）阀关断时刻的换相电压。

以阀避雷器（V）为例，其持续运行电压波形如图 11-17 所示，图中给出了持续运行电压最大峰值（*PCOV*）、持续运行电压峰值（*CCOV*）以及换相过冲之间的关系。

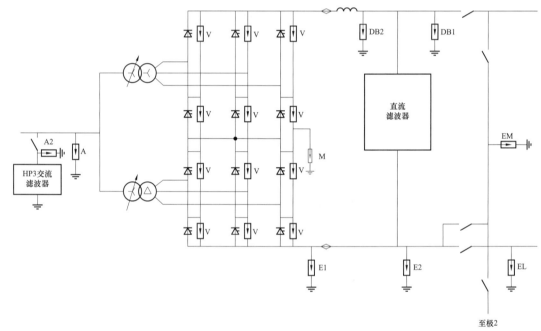

图 11-11　LQ 换流站避雷器配置方案示意图

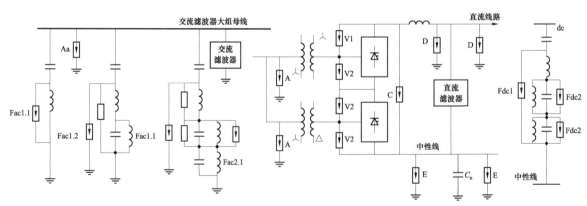

图 11-12　ZQ 换流站避雷器配置方案示意图

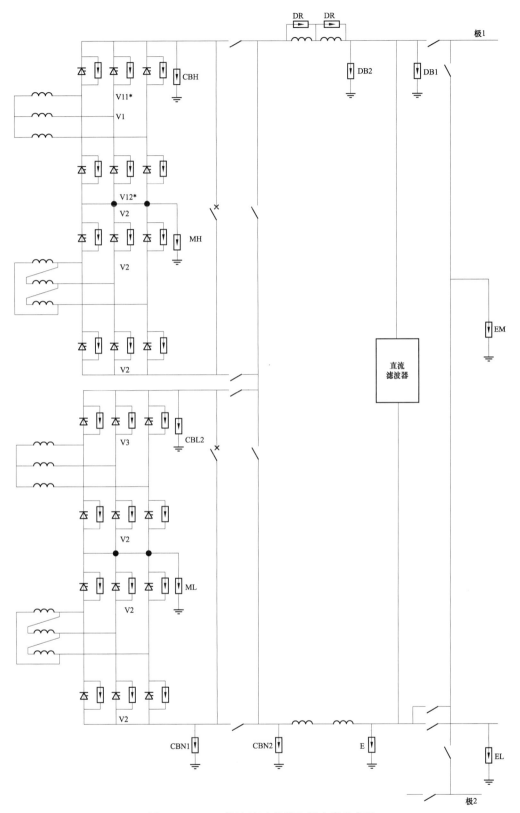

图 11-13　LZ 换流站避雷器配置方案示意图

V1（V11）、V2（V12）、V3—阀避雷器；ML—下 12 脉动换流单元 6 脉动桥避雷器；MH—上 12 脉动换流单元 6 脉动桥避雷器；

CBL2—上下 12 脉动换流单元之间中点直流母线避雷器（对地）；CBH—上 12 脉动换流单元直流母线避雷器（对地）；

DB1—直流线路避雷器；DB2—直流母线避雷器；CBN1、CBN2、E、EL、EM—中性母线避雷器；

A—交流母线避雷器；DR—平波电抗器并联避雷器

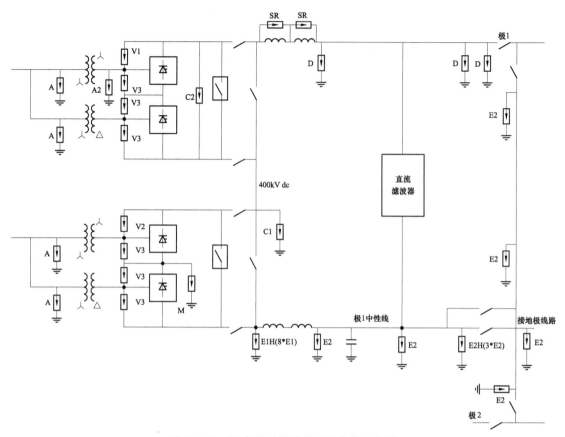

图 11-14　PE 换流站避雷器配置方案示意图

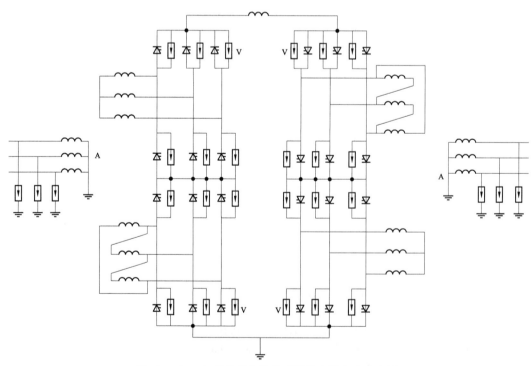

图 11-15　LB 背靠背换流站避雷器配置方案示意图

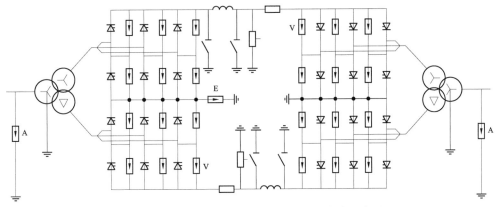

图 11-16　LX 背靠背换流站避雷器配置方案示意图

E—中性母线避雷器；V—阀避雷器；A—交流母线避雷器

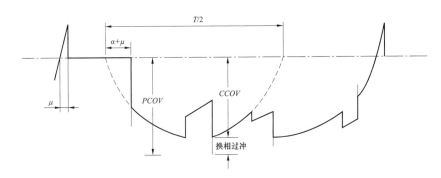

图 11-17　阀避雷器上的持续运行电压示意图

考虑到直流避雷器所承受的工作电压因安装位置不同而有较大差异，同时由于避雷器在不同波形和幅值电压作用下呈现出的老化特性不尽相同，因此需要针对避雷器的典型配置方案，确定各种工况下不同安装位置上的长期工作电压波形和幅值，并针对避雷器在各种电压波形和幅值下的老化特性进行研究，从而确定各种避雷器的额定电压或参考电压选取原则。

下面参照图 11-10 给出各位置避雷器的额定电压或参考电压的确定方法。

1. 交流母线避雷器（A）

考虑到直流换流站运行时会在交流母线投入交流滤波器，从而有效限制交流侧母线上的谐波电压。因此长期作用在交流母线避雷器上的电压应力主要由系统最高运行电压决定，谐波电压的影响可以忽略。

交流母线避雷器（A）的持续运行电压及额定电压的选取原则与交流避雷器完全相同。以 500kV 母线避雷器为例，母线最高运行电压（U_m）为 550kV（线电压），避雷器持续运行电压不低于 318kV（相电压）。根据 GB/T 50064—2014《交流电气装置的过电压保护和绝缘配合设计规范》中的规定，500kV 系统中线路断路器的变电站侧的工频过电压一般不超过 1.3p.u.，相应交流避雷器额定电压可按 $0.75U_m = 412.5kV$ 选取，通常额定电压取 420kV。同时，为降低换流变压器阀侧

和换流阀以及交流滤波器操作过电压，并考虑到金属氧化物避雷器具有耐受 1.3p.u.工频过电压良好的伏秒特性，换流站站控系统也有控制工频过电压的策略，换流变压器网侧的避雷器额定电压可以进一步降低，如 400kV。

2. 阀避雷器（V）

如图 11-17 所示，作用在阀避雷器上的持续运行电压是由带有换相过冲和换相缺口的若干正弦波段组成。不考虑换相过冲的持续运行电压峰值（$CCOV$）可以按式（11-12）计算

$$CCOV = \frac{\pi}{3}U_{diomax} = \sqrt{2}E \qquad (11-12)$$

式中　U_{diomax}——考虑交流电压的测量容差和换流变压器分接开关一档电压偏差的 U_{dio} 最大值；

　　　　E——换流变压器阀侧相对相空载电压（不包括谐波电压）。

在确定阀避雷器的参考电压时，主要基于考虑换相过冲的持续运行电压最大峰值（$PCOV$）。而换相过冲的幅值主要取决于触发角 α。典型的换相过冲范围为 15%～19%，即 $PCOV = (1.15～1.19)CCOV$。

阀避雷器的参考电压可按式（11-13）计算

$$U_{ref} = \frac{PCOV}{m} \qquad (11-13)$$

式中，m 表示避雷器的荷电率。考虑到阀避雷器在一个周波中阀不导通时才承受电压，因此长期工作累计的能耗不大，可以考虑选取较高的荷电率。阀避雷器对应 $PCOV$ 的荷电率一般取值范围为 0.95～1。

3. 桥避雷器（B，见图 11-10）

由于桥避雷器的作用等同于阀避雷器串联，其持续运行电压和参考电压的确定原则和方法与阀避雷器一致。

4. 换流单元避雷器（C，见图 11-10）

作用在换流单元避雷器上的持续运行电压是由直流电压叠加 12 脉动电压组成。其不考虑换相过冲的持续运行电压峰值（$CCOV$）可以按式（11-14）计算

$$CCOV = 2U_{\text{diomax}} \frac{\pi}{3} \cos^2 15° \qquad (11-14)$$

对于较小的触发角和重叠角，理论上最大持续运行电压为

$$CCOV = 2U_{\text{diomax}} \frac{\pi}{3} \cos 15° \qquad (11-15)$$

同样，在计算持续运行电压最大峰值（$PCOV$）时也需要考虑换相过冲的影响。

考虑到换相过冲电压持续时间较短，在避雷器阀片上产生的热量相比于直流分量来说较小，且换流单元避雷器一般布置在阀厅内，基本不受环境影响。在计算换流单元避雷器参考电压时，可选采用较高的荷电率，其对应 $PCOV$ 的荷电率一般约 0.9 左右。

5. 换流单元直流母线避雷器（CB，见图 11-10）

换流单元直流母线避雷器（CB）上的持续运行电压可以等效为上 12 脉动换流单元避雷器 C 的持续运行电压叠加上、下 12 脉动换流单元中点的直流电压。

与 C 避雷器类似，在确定换流单元直流母线避雷器（CB）的参考电压时也要考虑换相过冲，其荷电率可以按 0.9 左右考虑。

6. 上下桥之间中点避雷器（M，见图 11-10）

上下桥之间中点避雷器（M）的持续运行电压类似于 6 脉动桥运行电压叠加中性母线对地电压。其中 6 脉动桥运行电压等同于阀避雷器（V）的持续运行电压，中性母线对地电压等同于中性母线避雷器（E）的持续运行电压。

与 C 避雷器类似，在确定上下桥之间中点避雷器（M）的参考电压时也要考虑换相过冲，其荷电率可以按 0.9 左右考虑。

7. 直流线路避雷器（DL）及直流母线避雷器（DB，见图 11-10）

直流线路避雷器（DL）和直流母线避雷器（DB）安装在直流平波电抗器的线路侧，其长期运行电压主要为纯直流电压，纹波电压幅值小，基本可以忽略。

其持续运行电压峰值（$CCOV$）直接按直流最高运行电压选取，由于不存在换相过冲，其持续运行电压最大峰值（$PCOV$）与持续运行电压峰值（$CCOV$）相同。

如果直流线路避雷器（DL）和直流母线避雷器（DB）安装在户外，环境污秽有可能导致避雷器表面外绝缘电位分布不均匀，导致阀片局部过热。同时环境温度对避雷器的散热和伏安特性影响较大。出于安全考虑，在计算参考电压时，可选用较低的荷电率，一般取 0.8～0.9。

8. 中性母线避雷器（E）及接地极线路避雷器（EL，见图 11-10）

中性母线避雷器（E）及接地极线路避雷器（EL）上的运行电压较低，在双极平衡运行时几乎为零；在单极运行时，最大持续运行电压对整流站而言是金属回线方式下的直流压降，对逆变站而言是大地回线方式下的直流压降。如果中性线上装设平波电抗器，中性母线避雷器（E）的持续运行电压还需要考虑各种运行方式下流经中性母线平波电抗器最大的谐波电流在平波电抗器上产生的压降峰值。

对于中性母线避雷器（E）来说，在发生交直流接地等故障时，在中性母线上将产生操作过电压并导致避雷器上产生较大的电压应力。

如果避雷器选择较低的参考电压，那么在故障工况下，该避雷器需要释放大量的能量，因此需要采用多柱或多支并联的避雷器结构，一方面增加了布置难度；另一方面均流效果差也导致容易出现某支避雷器过载损坏。

而如果避雷器选择较高的参考电压，可以减少避雷器的吸收能量，但会导致操作过电压保护水平较高，中性母线设备的绝缘水平也会相应提高，从而可能增加成本。

因此中性母线避雷器（E）的参考电压选择应权衡避雷器吸收能量和设备绝缘水平两方面的因素。而 $CCOV$ 与 $PCOV$ 对其参考电压的选择不起决定性作用。

对于接地极线路避雷器（EL），其主要作用是限制从接地极线路引入的雷电侵入波过电压。其参数主要由雷电侵入波作用确定，持续运行电压对其参考电压的选择不起决定性作用。

9. 平波电抗器避雷器（DR，见图 11-10）

直流平波电抗器避雷器（DR）上承受的运行电压主要是来自于换流单元的 12 脉动纹波电压。该避雷器需要承受与直流运行电压反极性的雷电过电压或操作过电压。

直流平波电抗器避雷器（DR）的参数主要由操作过电压及雷电过电压作用确定，持续运行电压对其参考电压的选择不起决定性作用。

10. 交、直流滤波器避雷器（FA 和 FD，见图 11-10）

交流滤波器避雷器的持续运行电压为工频电压叠加滤波器支路谐振频率的谐波电压，直流滤波器避雷器的持续运行

电压最大峰值（*PCOV*）为一个或多个与滤波器支路谐振频率对应的谐波电压。其持续运行电压一般较低，因此其额定电压不由荷电率决定，而是由被保护设备的绝缘水平及其造价与避雷器额定电压之间的权衡优化确定。

二、换流站过电压研究

如前所述，避雷器的配置方案一经确定，其主要参数，如持续运行电压、额定电压或参考电压、保护水平乃至设备绝缘水平都可以通过经验初步确定。但实际工程设计时仍需要进行大量的过电压研究，其目的是为了验证在各种工况下，流过避雷器的电流是否超过用以确定避雷器保护水平的配合电流，并在避雷器的吸收能量与保护水平之间确定最优方案。

目前直流换流站中过电压研究的工具主要是高压直流模拟装置和电磁暂态计算程序，如 PSCAD/EMTDC。

（一）研究的事件

过电压研究本质上就是研究在各种工况（事件）下各避雷器上的响应特性。通常在过电压研究中需要考虑的事件及对避雷器的影响见表 11-6 和表 11-7。

表 11-6　作用于各避雷器上的主要事件

事　例①	避雷器类型								
	FA1 FA2	A	V B	M	CB C	E	DR	DB DL	FD1 FD2
直流极线接地故障						×	×	×	×
从直流线路侵入的雷电冲击						×	×	×	×
从直流线路侵入的缓波前过电压						×		×	×
从接地极引线侵入的雷电冲击						×			
阀交流侧相接地故障			×	×		×	×		
3 脉动换流组电流中断			×						
6 脉动换流组电流中断			×	×					
单极运行时失去直流返回路径或换相失败						×			
交流侧接地故障和运行操作	×	×	×	×	×	×			×
从交流系统侵入的雷电冲击	×	×							
站的屏蔽失效（如果适用）			×	×	×				

① 一些事件的发生概率太低时不必考虑。

表 11-7　不同事件对避雷器的作用

事　例	快播前和陡波前过电压作用		缓波前和暂时过电压作用	
	电流	能量	电流	能量
直流极线接地故障	E，FD1，FD2	E，FD1，FD2	DB，DL，DR，E	E
从直流线路侵入的雷电冲击	DB，DL，DR，E，FD1，FD2			
从直流线路侵入的缓波前过电压			DB，DL，E，FD1，FD2	
从接地极引线侵入的雷电冲击	E			
换流阀的交流相接地故障	V，B		DR，V，B，E，M	V，B，E，M
3 脉动换流组电流中断			V，B	V，B
6 脉动换流组电流中断			M，V，B	M，V，B
单极运行时失去直流返回路径或换相失败			E	E
交流侧接地故障和运行操作	FA1，FA2	FA1，FA2	V，B，C，CB，A，FA1，FA2，DR，E，FD1，FD2，M	V，B，A，E，FD1，FD2
从交流系统侵入的雷电冲击	A，FA1，FA2			
站的屏蔽失效（如果适用）	V，B，C，CB，M			

表 11-6 中给出了过电压研究中需要考虑的各类事件，以及在各类事件中受影响的避雷器。表 11-7 详细给出了不同事件类型对避雷器的作用。

上述研究事件的类型直接决定了过电压仿真研究中的系统模型方案。

（二）建模的要求

1. 系统模型的总体要求及划分

在过电压研究时为了实现对实际系统的准确模拟，理想的模型应能在各种频率范围内均是有效的（与实际系统反应特性一致）。然而让所有网络器件模型在全频范围内有效是难以实现的。因此，对应不同频率范围应采用不同的模型参数对各类元件进行表征。例如，在研究稳态或短时工况时，元件杂散参数对其响应特性的影响基本可以忽略；而在研究暂态或瞬时过程时，模型元件的杂散参数可能成主导，研究的频率越高，其杂散参数带来的影响就越大。

表 11-8 给出了各类过电压的典型频率范围及其起因，在建模时需要考虑不同事件的频率范围。

表 11-8　过电压源和相应的频率范围

典型的频率范围	主要代表过电压	过电压产生的原因
0.1Hz～3kHz	暂时过电压	变压器励磁（铁磁谐振）；甩负荷；接地故障发生和清除，线路自激

典型的频率范围	主要代表过电压	过电压产生的原因
50Hz～20kHz	缓波前过电压	出线端接地故障；近区故障；合闸/重合闸
10Hz～3MHz	快波前过电压	快波前过电压；断路器重击穿；站内故障
1～50MHz	陡波前过电压	隔离开关操作；GIS 内的故障；闪络

2. 模型的划分

在进行过电压研究时，可以将换流站系统分为以下三个部分：

（1）交流部分，主要包括换流变压器网侧、交流母线及交流滤波器区域。

（2）直流部分，主要包括换流变压器阀侧、换流单元、直流滤波器、直流极母线及中性母线区域。

（3）直流线路部分，主要包括直流架空线路或电缆、接地极线路以及接地极区域。

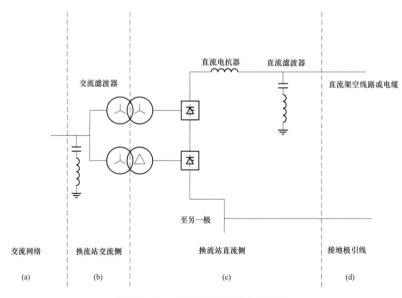

图 11-18　换流站模型划分示意图

3. 交流部分过电压模型要求

（1）缓波前和暂时过电压。换流站附近的交流网络应采用详细的三相模型或合适的等值模型；模型应包括换流站交流出线及邻近的变压器（正确模拟饱和特性）及换流器；可以采用从换流站看向交流系统的等值网络模型来模拟交流侧

系统，但应考虑在各谐振频率上可能产生阻尼的负荷的影响。模型包括安装在换流站交流侧的所有设备（包括换流变压器），换流变压器的饱和特性是过电压研究中的关键参数。模型能够在几百赫频率范围内尽可能准确地模拟交流母线以及交流滤波器避雷器的特性。

（2）快波前和陡波前过电压。交流线路和母线等应采用高频参数模型。交流滤波器元件应包括杂散电感和电容。如果过电压波在交流线路上传播的时间超过研究事件的整个计算时间，交流线路可采用波阻抗模型表示。带有绕组设备的杂散电容可用对地和并联在设备两端的集中电容表示。在过电压所对应的频率范围（见表 11-8）内考虑避雷器的特性。接地系统、接地引线以及闪络电弧（放电通道）应采用合适的模型。

4. 直流部分过电压模型要求

（1）缓波前和暂时过电压。换流站内直流侧设备应采用合适的等值模型，包括直流换流阀、直流平波电抗器、直流滤波器、直流避雷器和电容器等。模型能够在几百赫兹频率范围内尽可能准确模拟避雷器特性。需要考虑控制保护系统对过电压的作用，尤其是在计算暂时过电压时。

（2）快波前和陡波前过电压。直流侧设备模型应考虑杂散电感和杂散电容。带有绕组设备的杂散电容可用对地和并联在设备两端的集中电容表示。在过电压所对应的频率范围（见表 11-8）内考虑避雷器的特性。由于控制和保护系统对快速瞬态过电压来不及响应，因此其对快波前和陡波前过电压的作用无需考虑。

5. 直流线路部分过电压模型要求

（1）缓波前和暂时过电压。模型能够从直流到 20kHz 频率范围内尽可能准确地模拟直流线路及接地极引线。能够在几百赫频率范围内尽可能准确模拟直流极母线和中性母线避雷器特性。

（2）快波前和陡波前过电压。直流线路、接地极引线及母线应使用高频参数模型，如果过电压波在所研究事件时间内不发生反射或者反射波不与事件波过程相叠加，那么线路可以用波阻抗模型模拟。线路绝缘子 50%闪络电压决定了此类过电压的幅值。在过电压所对应的频率范围（见表 11-8）内考虑避雷器的特性。接地系统、接地引线以及闪络电弧（放电通道）应采用合适的模型。

三、换流站主要设备绝缘水平的确定

经过避雷器参数初选和过电压研究（仿真校验）这两个阶段，避雷器在各类过电压作用下的保护水平可以被确定下来，从而具备了确定设备绝缘水平的条件。

（一）确定设备的配合耐受电压

与交流工程一样，换流站内设备的绝缘水平也是采用绝缘配合的确定性法进行确定的，设备的配合耐受电压可由式（11-16）确定

$$U_{cw} = K_{cd}U_{rp} \qquad (11-16)$$

式中　U_{cw}——设备的配合耐受电压；

K_{cd}——确定性配合系数；

U_{rp}——代表性过电压。

1. 确定性配合系数 K_{cd}

确定性配合系数 K_{cd} 主要考虑了以下两个因素：

（1）过电压研究的局限性以及避雷器的非线性特性。

（2）实际过电压波形与标准试验波形之间的差异。

考虑到快波前过电压计算时包括概率的影响（比如雷击发生的概率），计算条件较为严苛，因此确定快波前雷电过电压的绝缘耐受电压时取确定性配合系数 $K_{cd}=1$。

2. 代表性过电压 U_{rp}

代表性过电压 U_{rp} 是通过过电压研究确定的设备安装位置的过电压。对于受避雷器直接保护的设备，其代表性过电压等于相应避雷器的保护水平。

表 11-9 中给出了换流站内直流侧设备及其对应的避雷器保护关系示例，在绝缘配合计算时需要根据实际避雷器配置，建立类似的对应关系表，从而确定设备安装位置的代表性过电压。

表 11-9　换流站直流侧设备避雷器保护关系示例

保护对象	避雷器类型	说明
换流阀的端子之间	V	
换流器端子之间	（1）C； （2）M+E	有两种不同选择
直流母线中点	M	
平波电抗器阀侧直流母线	（1）CB； （2）C+M	（1）可以给出较低保护水平； （2）可以让避雷器承受较低应力
中性母线	E	
平波电抗器线路侧直流母线	DL	
平波电抗器端子之间	DR	
换流阀交流侧相对地		
Yd 换流变压器—换流器底部	V+E	
Yy 换流变压器—换流器底部	（1）2V+E； （2）M+V	（1）换流器解锁； （2）换流器闭锁

对于由多个避雷器串联实现保护的设备来说，其代表性过电压等于该事件中流过每一个避雷器的电流对应的保护水平之和。出于保守考虑，也可以认为该代表性过电压为各个避雷器在各种工况下确定的最大保护水平（流过最大故障电流时）之和。考虑到各个避雷器上流过最大故障电流的事件和时刻不尽相同，不同避雷器的最大故障电流上在同一事件的同一时刻不太可能同时出现，因此用这种保守的方式确定设备绝缘水平时具有额外的裕度。

（二）确定设备的要求耐受电压

在确定设备的要求耐受电压时，需要在配合耐受电压的基础上考虑一定的安全系数，同时确定设备外绝缘时还需要考虑大气校正因数。设备的要求耐受电压可由式（11－17）确定

$$U_{rw} = K_a K_s U_{cw} \qquad (11-17)$$

式中 U_{rw}——设备的要求耐受电压；

K_a——大气校正因数；

K_s——安全系数。

1. 大气校正因数 K_a

大气校正因数 K_a 的计算方法详见本章第五节相关内容。

2. 安全系数 K_s

安全系数 K_s 主要考虑了以下三个因素：

（1）绝缘的寿命。

（2）避雷器特性的变化。

（3）产品质量的分散性。

对于设备内绝缘，取安全系数 $K_s=1.15$；对于设备外绝缘，取安全系数 $K_s=1.05$。

为了简化计算，根据经验对于海拔不超过 1000m 的换流站，其设备的要求耐受电压可以直接通过避雷器保护水平乘以一个绝缘配合裕度系数确定。该绝缘配合裕度系数已包含了确定性配合系数 K_{cd}、安全系数 K_s 和外绝缘在 1000m 海拔下的大气修正因数 K_a。各类设备的绝缘配合裕度系数见表 11－10。

表 11－10 各类设备的绝缘配合裕度系数

设备类型	裕度系数		
	操作	雷电	陡波
交流场：包括母线、户外绝缘和其他常规设备	1.2	1.25	1.25
交流滤波器元件	1.15	1.25	1.25
换流变压器网侧（油绝缘设备）	1.2	1.25	1.25
换流变压器阀侧（油绝缘设备）	1.15	1.2	1.25
换流器	1.1～1.15	1.1～1.15	1.15～1.2

续表

设备类型	裕度系数		
	操作	雷电	陡波
直流阀厅设备	1.15	1.15	1.25
直流配电装置设备（户外）包括直流滤波器和平波电抗器	1.15	1.2	1.25

注 可根据设备绝缘性能标准增高或降低绝缘配合裕度系数，例如可增高换流变压器套管绝缘配合裕度系数。

绝缘配合裕度系数仅适用于由紧靠的避雷器直接保护的设备。陡波参数用于阀避雷器。

由于换流器阀组件有监控装置，易于发现和及时更换故障阀组件，同时阀组件也几乎不存在老化问题，每次检修后其耐受电压都能恢复到初始值，且阀避雷器直接对换流器形成保护，能够有效限制换流器上的过电压水平。同时考虑到换流器的绝缘水平直接关系到换流器的造价和损耗，适当降低换流器的绝缘水平可以有效节约成本。因此换流器的绝缘配合裕度系数的选取应在表 11－10 给出的范围内，兼顾可靠性和成本通过技术经济比较确定。

（三）确定设备的额定耐受电压

在选取设备的额定耐受电压时，仅需考虑不低于要求的耐受电压水平即可。对于交流设备来说，为了便于设备制造，降低生产成本，形成标准化，规定了设备绝缘的耐受电压序列。在选择交流设备绝缘水平时，根据计算出的要求耐受电压水平进行靠档，从耐受电压序列中选取高于要求值的标准耐受电压水平。而对于直流设备来说，并没有规定的标准耐受电压序列，而从直流设备本身的参数选型来说也具有"定制化"的特点，目前的换流站中的直流设备并不具备类似交流设备那样的规模化、标准化生产条件。因此直流设备额定耐受电压的选择没有必要遵循标准化的耐受电压序列，可以结合设备制造能力，将额定耐受电压取为合理的可行值。

四、避雷器配置方案及参数实例

（一）每极双 12 脉动串联接线换流站（LZ）

1. 避雷器保护配置方案

避雷器的保护配置图如图 11－13 所示。

2. 避雷器参数及保护水平（见表 11－11）

表 11－11 避雷器参数及保护水平

避雷器	PCOV（kV）	CCOV（kV）	U_{ref}（kV）	LIPL/配合电流（kV/kA）	SIPL/配合电流（kV/kA）	柱数	能量（MJ）
V1	285.4	239.8	203rms	372/1	388/4	6	7.9

续表

避雷器	PCOV（kV）	CCOV（kV）	U_{ref}（kV）	LIPL/配合电流（kV/kA）	SIPL/配合电流（kV/kA）	柱数	能量（MJ）
V2	285.48	239.8	203rms	377/1	395/3（361/0.2）	3	4
V3	285.4	239.8	203rms	377/1	395/3	3	4
MH	732	666	813	1088/1	1036/0.2	4	15.8
ML	—	298	364	504/1	494/0.5	2	3.8
CBH	927	889	1083	1450/1	1402/0.2	4	20.8
CBL	508	454	566	770/1	734/0.2	4	10.9
DB1	—	824	969	1625/20	1391/1	3	14
DB2	—	824	969	1625/20	1391/1	3	14
CBN1	187	149	333	458/1	—	2	3.2
CBN2	187	149	304	408/1	437/6	14	20
E	—	95	304	478/5	—	2	3
EL	—	20	202	311/10	303/2.5	6	6
EM	—	95	278	431/20	393/6	31	39.1
A	—	462	600	1380/20	1142/2	—	—
A'	—	—	—	—	259	—	—
DR	—	44	483rms	900/0.5	—	1	3.4
F50					120/10	34	12

注　LIPL 表示避雷器的雷电冲击保护水平（lightning impulse protective level），SIPL 表示避雷器的操作冲击保护水平（switching impulse protective level）。

3. 设备的过电压及绝缘水平（见表 11－12）

表 11－12　设备的过电压及绝缘水平

位　　置	起保护作用的避雷器	LIPL（kV）	LIW（kV）	裕度（%）	SIPL（kV）	SIW（kV）	裕度（%）
阀桥两侧	max（V11/V12/V2/V3）	398	458	15	422	486	15
交流母线	A	1380	2100	52	1142	1550	36
直流线路（平波电抗器侧）	max（DB1，DB2）	1625	1950	20	1391	1600	15
极母线阀侧	CBH	1450	1800	24	1402	1620	15
单个平波电抗器两端	DR	900	1080	20	—	—	15
跨高压 12 脉动桥	max（V11，V12）+V2	785	942	20	825	949	15
上换流变压器 Yy 阀侧相对地	MH+V12	1475	1770	20	1409	1620	15

续表

位　置	起保护作用的避雷器	*LIPL*（kV）	*LIW*（kV）	裕度（%）	*SIPL*（kV）	*SIW*（kV）	裕度（%）
上换流变压器 Yy 阀侧中性点	A′＋MH	—	—	—	1296	1490	15
上 12 脉动桥中点母线	MH	1088	1306	20	1036	1191	15
上换流变压器 Yd 阀侧相对地	V2＋CBL	1157	1388	20	1131	1301	15
上 12 脉动桥低压端	CBL	770	924	20	734	844	15
下换流变压器 Yy 阀侧相对地	V2＋ML	896	1076	20	916	1054	15
下换流变压器 Yy 阀侧中性点	A′＋ML	—	—	—	754	867	15
下 12 脉动桥中点母线	ML	504	605	20	494	568	15
下换流变压器 Yd 阀侧相对地	max（V2＋CBN1，V2＋CBN2）	856	1028	20	859	988	15
Yy 阀侧相间	2×A′	—	—	—	520	598	15
Yd 阀侧相间	$\sqrt{3}$×A′	—	—	—	451	519	15
阀侧中性母线	max（CBN1，CBN2）	458	550	20	437	503	15
线侧中性母线	max（E，EL，EM）	478	574	20	393	452	15
接地极母线	EL	311	374	20	303	349	15
金属回路母线	EM	431	518	20	393	452	15
中性线平波电抗器两端	CBN2＋E	892	1071	20	/	/	/

注　LIW 表示设备的雷电冲击耐受电压（lightning impulse withstand），SIW 表示设备的操作冲击耐受电压（switching impulse withstand）。

（二）每极双 12 脉动串联接线换流站（PE）

1. 避雷器保护配置方案（见图 11-14）

2. 避雷器参数及保护水平（见表 11-13）

表 11-13　避雷器参数及保护水平

避雷器	*PCOV/CCOV*（kV）	*LIPL*（kV）	配合电流（kA）	*SIPL*（kV）	配合电流（kA）	柱数	能量（MJ）
A	318ac	907	10	776	1	1	4.5
A2	885	1344	0.6	1344	1	2	9
V1	245	395	2.4	395	4	8	10
V2	245	395	1.2	395	2	4	5
V3	245	395	0.6	395	1	2	2.6
M	245	500	0.6	500	1	2	3.4
C1	477	791	5	706	1	2	4.6
C2	477	791	5	706	1	2	4.6
D	816	1579	10	1328	1	2	9

续表

避雷器	PCOV/CCOV（kV）	LIPL（kV）	配合电流（kA）	SIPL（kV）	配合电流（kA）	柱数	能量（MJ）
E1	52dc+80ac	320	20	269	2	4	3.6
E2	52dc	320	20	269	2	4	3.6
SR	＞40ac	719	10	641	3	1	2

3. 设备的过电压及绝缘水平（见表 11-14）

表 11-14　设备的过电压及绝缘水平

类型	起保护作用的避雷器	LIPL（kV）	LIW（kV）	裕度（%）	SIPL（kV）	SIW（kV）	裕度（%）
相地	A	907	1550	71	776	1175	51
相地	M+V3	—	1300		895	1050	17
相地	V3+E1	—	950		641	750	17
相地	M	500	750	50	500	600	20
相地	A2	1344	1800	34	1344	1600	19
相地	C1+V3	—	1550		1101	1300	18
相地	C1+V3	—	1550		1101	1300	18
相地	E1	320	450	41	269	325	21
相地	E2	320	450	41	269	325	21
相地	C1	791	1175	49	706	950	35
相地	A2	—	1800		1344	1600	19
相地	D	1579	1950	23	1328	1600	20
相间	A'	—	750	—	473	650	37
相间	2V	—	1175	—	790	950	20
相间	C1-E1	—	1175	—	706	950	35
相间	A'	—	750	—	473	650	37
相间	2V	—	1175	—	790	950	20
相间	C2	740	1175	59	706	950	35
相间	SR	719	1050	46	641	950	48
相间	E1E2	—	450	—	269	375	39
相间	V	395	454	15	395	454	15

（三）每极单 12 脉动接线换流站（QD）

1. 避雷器保护配置方案（见图 11-19）

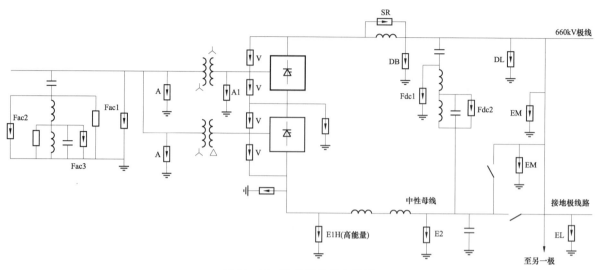

图 11-19　避雷器保护配置图

2. 避雷器参数及保护水平（见表 11-15）

表 11-15　避雷器参数及保护水平

避雷器	LIPL（kV/kA）	SIPL（kV/kA）	PCOV/CCOV（kV）	U_{ref}（dc）（kV）	U_{ref}（ac）（kV）	能量（MJ）
V	611/1	642/4.5	400		468	7.44
M	748/1	759/1.5	473	535		11
DL	1453/20	1174/1	680	830		8.3
DB	1364/10	1174/1	680	830		8.3
E1H	388/1	406/4	113	282		8
E1	407/1	—	113	296		3
E2	327/5	—	20	208		3
EM	366/20	328/4	20	208		3
EL	366/20	296/2	20	208		6
A	1046/20	858/9	318		420	
A1	1291/1	1291/1	852		916	9
SR	611/10	533/2	72	343		2

3. 设备的过电压及绝缘水平（见表 11-16）

表 11-16　设备的过电压及绝缘水平

设备位置	起保护作用的避雷器	LIPL（kV）	LIW（kV）	裕度（%）	SIPL（kV）	SIW（kV）	裕度（%）
交流母线	A	1046	1550	48	858	1175	37
平波电抗器线侧直流母线	DL	1453	1750	21	1174	1500	28
平波电抗器阀侧直流母线	A1	1291	1700	32	1291	1550	20
平波电抗器端子间	SR	611	850	39	533	650	22
Yy 变压器阀侧	A1	1291	1700	32	1291	1550	20
Yd 变压器阀侧	max（V+E1H，E1）	1018	1250	23	1048	1250	19
阀侧相间	$\sqrt{3} \times A'$	—	—	—	708	850	20

续表

设备位置	起保护作用的避雷器	LIPL (kV)	LIW (kV)	裕度 (%)	SIPL (kV)	SIW (kV)	裕度 (%)
中性母线	max（E1H、E1、E2）	407	550	36	406	500	23
中性母线接地极线	EL	366	550	51	328	500	52
金属回路转换母线	EM	366	550	51	296	500	68
阀桥两端子间	V	611	710	16	642	740	15
交流母线	A	1046	1550	48	858	1175	37
平波电抗器线侧直流母线	DB	1364	1700	25	1174	1500	28
直流母线线侧	DL	1453	1800	24	1174	1500	28
平波电抗器阀侧直流母线	A1	1291	1700	32	1291	1550	20
6 脉动桥直流母线	max（V+E1H，E1）	1018	1250	23	1048	1300	24
平波电抗器端子间	SR	611	850	39	533	650	22
Yy 变压器阀侧	A1	1291	1700	32	1291	1550	20
Yd 变压器阀侧	max（V+E1H，E1）	1018	1250	23	1048	1300	24
阀侧相间	$\sqrt{3} \times A'$	—	—	—	708	850	20
中性母线	max（E1H、E1、E2）	407	550	35	406	500	23
中性母线接地极线	EL	366	550	51	328	500	52
金属回路转换母线	EM	366	550	51	296	500	68

（四）每极单 12 脉动接线换流站（FN）

1. 避雷器保护配置方案（见图 11-20）

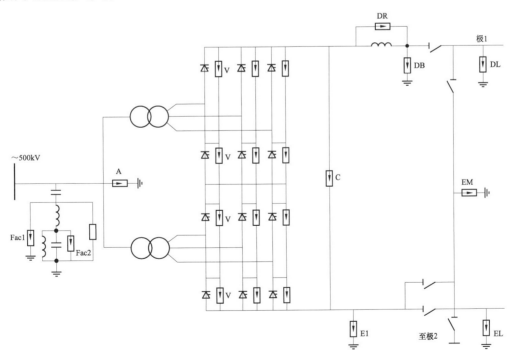

图 11-20 避雷器保护方案

V—阀避雷器；C—12 脉动换流单元避雷器；DL—直流线路避雷器；DB—直流母线避雷器；
DR—平波电抗器并联避雷器；E1、EL、EM—中性母线避雷器；A—交流母线避雷器

2. 避雷器参数及保护水平（见表 11-17）

表 11-17 避雷器参数及保护水平

避雷器	*PCOV/CCOV*（kV）	U_{ref}（kV）	*LIPL*（kV/kA）	*SIPL*（kV/kA）	柱数	能量（MJ）
V	305peak	363peak	506/0.9	506/1.3	2	3.3
C	569peak	750peak	1094/5	920/0.5	1	3
DB	515dc	710peak	1023/20	881/2	2	5.6
DL	515dc	710peak	1023/20	881/2	—	—
E1	50dc+12ac	90peak	140/20	120/2	4	1.7
EL	50dc+12ac	90peak	140/20	120/2	—	—
EM	50dc+12ac	90peak	140/20	120/2	—	—
A	318rms	403rms	906/10	770/1	1	4.5
DR	48peak	429peak	647/10	—	1	0.2

3. 设备的过电压及绝缘水平（见表 11-18）

表 11-18 设备的过电压及绝缘水平

位置	起保护作用的避雷器	*LIPL*（kV）	*LIW*（kV）	裕度（%）	*SIPL*（kV）	*SIW*（kV）	裕度（%）
交流母线	A	906	1550	71	770	1175	36
直流线路（平波电抗器侧）	DB	1023	1425	39	881	1175	33
极母线阀侧	A′ 或 C+E	—	1425	—	1040	1300	25
换流变压器 Yy 阀侧相对地	A′ 或 C+E	—	1550	—	1040	1300	25
换流变压器 Yd 阀侧相对地	V+ECCOV	—	1050	—	568	850	50
12 脉动桥中点母线	V+ECCOV	—	1050	—	568	850	50
中性母线	E1	140	250	79	120	200	67

注　A′ 为交流母线避雷器相对地保护水平，按照换流变压器最小分接开关比率传递至阀侧值。

（五）背靠背换流站（LX）

1. 避雷器保护配置方案（见图 11-16）

2. 避雷器参数及保护水平（见表 11-19）

表 11-19 避雷器参数及保护水平

避雷器	*CCOV*（kV）	*LIPL*/配合电流（kV/kA）	*SIPL*/配合电流（kV/kA）	能量（MJ）
A	318rms	906/10	790/1.5	4.5
V	245peak	348/0.9	348/1.3	2
E	120peak	193/10	184/3	2

3. 设备的过电压及绝缘水平（见表11-20）

表11-20　设备的过电压及绝缘水平

位　　置	起保护作用的避雷器	*LIPL*（kV）	*LIW*（kV）	裕度（%）	*SIPL*（kV）	*SIW*（kV）	裕度（%）
交流网侧	A	906	1550	71	790	1175	48.7
直流母线1、2	V+E	541	750	38.6	532	650	22.1
直流母线4、5	V+E	541	750	38.6	532	650	22.1
Yy换流变压器阀侧6、7	max（A'/$\sqrt{3}$，V+E）	541	750	38.6	532	650	22.1
Yd换流变压器阀侧8、9	max（A'/$\sqrt{3}$，V+E）	541	750	38.6	532	650	22.1
12脉动桥中点3	E	193	250	29.5	184	250	35.8
阀V	V	348	410	17.8	348	410	17.8

第五节　换流站外绝缘

换流站外绝缘研究工作的主要内容包括三个方面：一是确定设备外绝缘的过电压耐受能力；二是计算换流站各关键部位空气间隙的最小安全距离要求；三是计算设备外绝缘介质表面的最小爬电距离要求。与交流变电站外绝缘研究类似，直流换流站的外绝缘计算原则也是基于绝缘介质在各类过电压作用下的耐受要求，并考虑环境条件对绝缘强度的影响，确定空气净距及设备外绝缘配置方案。

设备外绝缘耐受电压的计算在本章第四节中已有详细介绍，本节将重点论述直流空气净距及爬电比距的计算方法。

一、换流站空气净距计算

（一）空气净距计算的基本思路

换流站空气净距计算的基本流程和思路与变电站相似，主要分为以下三个步骤：

（1）根据过电压及绝缘配合结果确定空气间隙需要耐受的各类过电压水平。

（2）根据站址实际海拔和环境条件对要求耐受的过电压进行修正，折算到标准大气条件下对空气间隙的过电压耐受要求。

（3）根据空气间隙在各类过电压作用下的放电特性，确定各类过电压作用下的间隙距离要求，取其中最大值并考虑适当的安全裕度作为实际工程中空气净距的选用值。

其中，步骤（1）要求耐受的过电压水平计算方法详见本章第四节相关论述，步骤（2）海拔及环境条件修正方法详见本节相关论述。本条主要介绍步骤（3）中关于换流站空气间隙的放电特性以及间隙距离的计算方法。

（二）换流站空气间隙放电特性

换流站内直流部分空气间隙主要承受3种类型过电压

作用，分别是直流电压、操作冲击过电压以及雷电冲击过电压。

1. 直流电压下空气间隙放电特性

在直流电压的作用下，换流站内各类间隙的放电特性大致可由棒—棒间隙或棒—板间隙的直流放电特性表征。

根据中国电力科学研究院进行的标准电极直流放电试验结论，对棒—棒间隙，间隙在0.5～2m范围内棒—棒的放电电压与极性无关，与间隙距离呈线性关系，其平均放电电压梯度约为500kV/m。干湿条件对棒—棒间隙的放电电压无明显影响。对棒—板间隙，正极性放电电压与间隙距离亦呈线性关系，其平均放电电压梯度约为485kV/m，略低于棒—棒间隙，且不受湿条件影响；负极性时的放电电压远高于正极性，放电电压梯度约为980kV/m，但湿条件会使其放电电压显著下降。无论是棒—棒间隙，还是棒—板间隙，干条件下的直流电压的标准偏差都很小，其变异系数一般小于0.8%～0.9%。这些数值结果是处于其他试验室试验所得到的数据之间，如图11-21和图11-22所示。

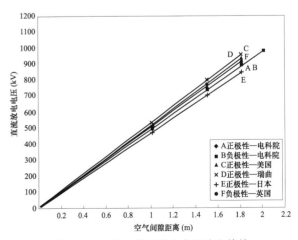

图11-21　棒—棒间隙的直流放电特性

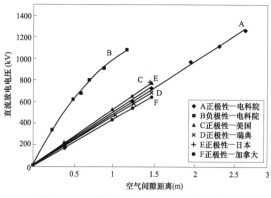

图 11-22　棒—板间隙的直流放电特性

由于间隙对直流电压的耐受能力高于对操作冲击电压的耐受能力，实际换流站中的空气净距主要由操作过电压确定，计算过程中可不考虑由直流工作电压确定的间隙距离。

2. 操作冲击电压下空气间隙放电特性

由于不同间隙形状在操作冲击电压作用下的放电特性差异较大，比较准确的间隙放电特性确定方法是针对换流站内的实际间隙情况进行 1:1 真型间隙放电试验，根据试验结果确定间隙的操作冲击放电特性（$U—d$ 曲线）。

在不具备条件进行真型间隙放电试验的情况下，也可以棒—棒间隙或正极性棒—板间隙的操作冲击放电特性为基准，考虑适当的间隙因数，对实际间隙的操作冲击放电特性进行推算。各类间隙的操作冲击间隙因数参考 IEC 60071-2 中表 G.1 和表 G.2。

棒—棒间隙和棒—板间隙的正极性操作冲击放电特性如图 11-23 所示。

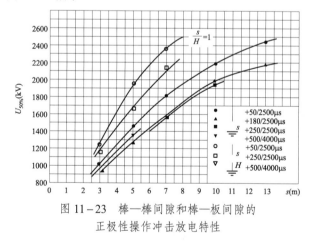

图 11-23　棒—棒间隙和棒—板间隙的
正极性操作冲击放电特性

在故障工况下换流站内空气间隙上可能出现操作过电压叠加直流工作电压的情况。当操作过电压与直流工作电压极性相反时，叠加后合成电压幅值较低，计算时可不予考虑这种反极性电压叠加的情况。当操作过电压与直流工作电压极性相同时，预先存在的直流电压将影响对棒—板间隙的放电电压。

图 11-24 给出操作冲击叠加到 +500kV 直流电压下的棒—

板间隙放电特性。在间隙距离 2～5m 的范围内，其放电电压高于只施加操作冲击时的 12%～17%。

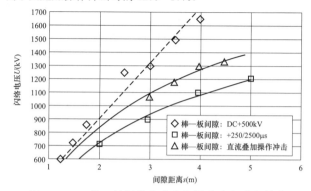

图 11-24　棒—板间隙直流叠加操作冲击放电特性

由图 11-24 可见，叠加同极性直流电压后，将提高间隙的放电电压（耐受能力）。出于安全考虑，进行空气净距计算时可忽略直流工作电压的影响，用单一操作冲击（幅值为操作冲击与直流电压之和）替代操作冲击和直流电压组合的影响，按照单一操作冲击放电电压确定空气净距要求。

3. 雷电冲击电压下空气间隙放电特性

与操作冲击电压类似，不同间隙形状在雷电冲击电压作用下的放电特性差异较大，比较准确的间隙放电特性确定方法是针对换流站内的实际间隙情况进行 1:1 真型间隙放电试验，根据试验结果确定间隙的雷电冲击放电特性（$U—d$ 曲线）。

在不具备条件进行真型间隙放电试验的情况下，也可根据棒—棒间隙或正极性棒—板间隙的雷电冲击放电特性，考虑适当的间隙因数，对实际间隙的雷电冲击放电特性进行推算。各类间隙的雷电冲击间隙因数与操作冲击间隙因数存在一定的线性关系，即

$$K_i = 0.74 + 0.26K_s \qquad (11-18)$$

式中　K_i——雷电冲击间隙因数；

　　　K_s——操作冲击间隙因数。

棒—棒间隙和棒—板间隙的正极性雷电冲击放电特性如图 11-25 所示。

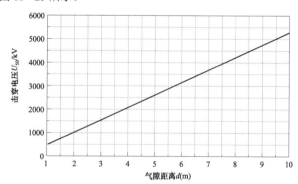

图 11-25　棒—板间隙雷电冲击放电特性

在雷击故障时换流站内空气间隙上可能出现雷电过电压叠加直流工作电压的情况。直流工作电压的极性将会影响对

间隙的雷电放电电压。

图 11-26 给出雷电冲击叠加到直流工作电压下的间隙放电特性。

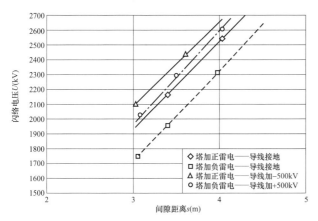

图 11-26　导线—杆塔间隙雷电冲击和
直流叠加雷电冲击放电特性

由图 11-26 可见，无论是导线接地，还是预加直流电压，间隙的雷电放电电压均与间隙距离呈线性关系。直流极性对杆塔加雷电冲击时的放电电压有明显影响，负极性的放电电压梯度低于正极性约 9%。值得注意的是，导线施加直流电压，杆塔施加反极性雷电冲击时，间隙叠加雷电冲击的放电电压低于单独施加雷电冲击的放电电压。因此，确定雷电冲击作用下的空气净距要求时，不能忽略反极性直流工作电压的影响。

（三）换流站空气净距的计算

在确定换流站直流空气净距时，操作冲击是比雷电冲击更为重要的决定因素。对于标准间隙，正极性雷电冲击击穿电压相比正极性操作冲击击穿电压高 30% 以上。也就是说，换流站内直流空气间隙一般是基于操作冲击的耐受要求确定的。

空气净距计算方法：

（1）根据过电压及绝缘配合结论确定间隙需要耐受的过电压值 U_{50}。绝缘配合方法和计算过程见本章第四节相关内容。

（2）考虑实际环境条件对间隙放电电压的修正，确定等效至标准工况下，间隙需要耐受的电压值 $U=K_aU_{50}$，其中大气修正因数 K_a 的计算方法详见本节第 3 小节相关内容。

（3）根据间隙的放电特性确定最小间隙距离要求。如果有真型间隙放电试验数据，直接通过查 $U—d$ 曲线确定最小空气净距 d；如果没有实际间隙放电试验数据，则可以根据标准间隙放电特性 $U=f(d)$，并考虑等效间隙因数 K 修正后，计算最小空气净距，要求 $d=f^{-1}(U/K)$。对于标准棒—板间隙，各种过电压类型对应的放电特性 $U=f(d)$ 可参考 GB 311.2 附录 F。

表 11-21～表 11-23 给出实际换流站工程直流空气净距计算结果，以供参考。

表 11-21　FN±500kV/3000MW 换流站
直流空气净距

位　　置	类型	直流空气净距（m）
阀两端	相间	2.1
直流母线阀侧	相地	5.1
6 脉动中点母线	相地	2.7
Yy 换流变压器阀侧相对地	相地	5.1
Yd 换流变压器阀侧相对地	相地	2.8
Yy 换流变压器阀侧中性点	相地	4
Yy 换流变压器阀侧相间	相间	2.8
直流母线阀侧—Yy 换流变压器阀侧中性点	相间	3.5
极母线—中性母线	相间	4.1
直流母线阀侧—Yd 换流变压器阀侧相间	相间	4.5
Yy 换流变压器阀侧相对中性母线	相间	4.5
Yy 换流变压器阀侧—Yd 换流变压器阀侧相对相	相间	4.5
Yy 换流变压器阀侧中性点—换流桥中点	—	3.5
Yy 换流变压器阀侧中性点—Yd 换流变压器阀侧相间	相间	3.5
Yy 换流变压器阀侧—中性点	相间	2.1
Yd 换流变压器阀侧相对相	相间	2.7
阀厅中性母线	相地	0.7
Yd 换流变压器阀侧至换流阀中点	—	2.1
Yd 换流变压器阀侧至直流中性线	—	2.1

表 11-22　LZ±800kV/8000MW 换流站
直流空气净距

位　　置	类型	直流空气净距（m）
极线平波电抗器阀侧	相地	9.2
阀桥两侧	相间	1.7
12 脉动换流桥两侧	相间	4.7
高端 Yy 换流变压器阀侧相对地	相地	8.1（对地）10.5（对侧墙）
高端 Yy 换流变压器阀侧相间	相间	2.1
高端 Yy 换流变压器阀侧相对中性点	相间	0.93
高端 Yy 换流变压器阀侧中性点对地	相地	7.2

续表

位　　置	类型	直流空气净距（m）
Yy 换流变压器阀侧对 Yd 换流变压器阀侧	相间	4.7
Yy 换流变压器中性点对 Yd 换流变压器阀侧	相间	3.7
高端 Yy 换流变压器中性点对 400kV 母线	相间	3.3
高端 12 脉动桥中点母线	相地	10.7
高端 Yd 换流变压器阀侧相对地	相地	5.9（对地）7.7（对侧墙）
高端 Yd 换流变压器阀侧相间	相间	1.8
高低端两 12 脉动桥之间中点	相地	4.1
400kV 母线对低端 12 脉动 Yy 换流变压器中性点	相间	0.93
低端 Yy 换流变压器阀侧相对地	相地	4.8
低端 Yy 换流变压器阀侧相间	相间	2.1
低端 Yy 换流变压器阀侧相对中性点	相间	0.93
低端 Yy 换流变压器阀侧中性点	相地	3.3

表 11－23　LX±160kV/1000MW 背靠背换流站直流空气净距参考值

位　　置	型式	直流空气净距（m）
直流正负极母线间	相间	3
直流正极母线与阀塔中性母线间	相间	1.2
直流负极母线与阀塔中性母线间	相间	1.2
平波电抗器两引线端子间	相间	2
Yy 换流变压器阀侧引线端子间	相间	1.2
Yd 换流变压器阀侧引线端子间	相间	2
Yy 换流变压器阀侧引线与直流正极母线间	相间	1.2
Yy 换流变压器阀侧引线与直流负极母线间	相间	2.7
Yy 换流变压器阀侧引线与阀塔中性母线间	相间	1.2
Yd 换流变压器阀侧引线与直流正极母线间	相间	2.7
Yd 换流变压器阀侧引线与直流负极母线间	相间	1.2

续表

位　　置	型式	直流空气净距（m）
Yd 换流变压器阀侧引线与阀塔中性母线间	相间	1.2
Yy 换流变压器阀侧中性点与直流正极母线间	相间	2.5
Yy 换流变压器阀侧引线与 Yd 换流变压器阀侧引线间	相间	2.7
换流变压器阀侧相间	相间	2
直流正极母线对地	相对地	2.3
直流负极母线对地	相对地	2.3
阀塔中性母线对地	相对地	0.7
Yy 换流变压器阀侧高压端对地	相对地	2.1
Yy 换流变压器阀侧中性点对地	相对地	1.7

二、换流站直流爬电比距确定

（一）直流爬电比距确定的基本思路

1. 户外设备外绝缘

直流爬电比距的选择方法通常有以下三种：

方法 A：建立在运行经验基础上，对于相同场所、邻近场所和有类似条件的场所，使用现场或试验站的经验。

方法 B：通过测量或评估实地的污秽严重程度，根据外形和爬电比距导则选择预选绝缘子；再通过选择合适的试验室和试验判据调整预选绝缘子。

方法 C：通过测量或评估实地的污秽严重程度，基于外形和爬电比距导则选择绝缘子的类型和尺寸。

方法 A 是直接由运行经验来进行绝缘子的选择和确定尺寸（通常取交流绝缘子爬电比距的 1.8～2 倍）。方法 B 和方法 C 是建立在试验研究的基础上，不同点在于方法 B 完全建立在污耐压基础上，而方法 C 在方法 B 或方法 A 确定某种绝缘子的爬电比距后，应对绝缘子积污特性和爬电距离有效系数进行研究，即应对两因素进行修正。

目前特高压直流工程中均采用方法 B 来选择绝缘子的爬电比距，污秽水平选用长期预测污秽值，因此选择的爬电比距与站址的污秽水平完全对应，可完全满足站址的爬电比距要求。

换流站户外直流爬电比距确定的基本流程和思路与变电站相似，主要分为以下几个步骤：

（1）根据站址污秽条件，进行污秽预测和试验，测量或估计现场污秽度。

（2）根据站址污秽预测结果，确定交流等值盐密和直交流等值盐密之比，进而确定直流等值盐密。根据污秽成分分析确定有效等值盐密。

（3）根据有效等值盐密并参考人工污秽试验结果，确定直流爬电比距。对计算结果进行必要的修正并考虑适当的安全裕度。

（4）根据设备运行所处的环境条件对直流爬电比距进行海拔修正。

其中，步骤（1）中关于污秽预测以及等值盐密的测定/估计方法与交流变电站污秽预测/试验方法完全相同，在此不再赘述；步骤（4）海拔及环境条件修正方法详见本节"三、海拔修正"相关论述。本条主要介绍步骤（2）和步骤（3）中关于直流等值盐密的选取以及直流爬电比距的计算方法。

2. 户内设备外绝缘

考虑到换流站户内环境（尤其是阀厅内）非常干净，因此户内设备爬电比距要求相比户外设备来说可以适当降低。

根据以往大量的工程运行经验表明，阀厅广泛选用14mm/kV的最小爬电比距，并未发生任何闪络事故，说明阀厅内直流爬电比距按14mm/kV选取是比较可靠安全的。

对于户内直流配电装置来说，一般仅设置通风设备，相比阀厅洁净程度略有不足，因此户内直流配电装置（如不装设空调系统）设备爬电比距取值可以略高于阀厅，一般按25mm/kV选取。

（二）直流爬电比距的计算

1. 直流和交流积污比

由于直流的静电吸尘效应，直流电压作用下绝缘子的积污相比于交流来说更为严重。

针对直流和交流积污比的确定，国内外已有大量的研究积累。研究表明，污染源的类型和风速是影响直流和交流积污比的两大重要因素。

中国电力科学研究院根据我国自然积污站和换流站及线路的试验结果，提出了选择绝缘子积污比的方法，见表11－24。

表 11－24 积污比与环境特征、污染源与风速对应关系

直流和交流积污比	环境特征描述	污染源		污染源影响距离（km）	
				风速＜3m/s	风速≥3m/s
1～1.2	自然污染源影响的地区	交通干线		≤0.2	
1.3～1.9	同时有自然污染源和人为污染源，但不包括小风期人为污染源影响的地区	工业排放	独立源	≤1	≤5
			工业区	≤20	≤40
		居民区		≤1	≤5
2～3	小风期人为污染源影响的地区	矿区、建筑工地		≤2	≤10

同时考虑到表 11－24 使用时主观随意性大，不宜操作。中国电力科学研究院根据风洞试验和换流站、线路及临近交流绝缘子积污测试结果的比较，提出了决定绝缘子积污比的两大因素是风速和污秽物颗粒度。换流站用绝缘子的等值积污比可用一衰减的粒径的幂函数表示，如图 11－27 所示。

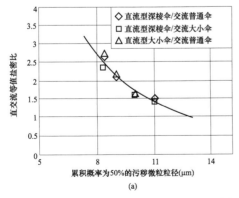

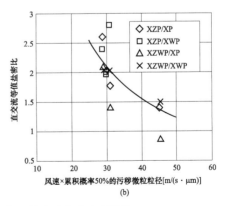

图 11－27 直流绝缘子对交流绝缘子的直流和交流积污比
（a）粒径与积污比关系 （b）风速、粒径与积污比关系

2. 确定直流有效盐密

人工污秽试验的盐密，是绝缘子表面 NaCl 的附着密度。

而自然污秽的盐密，是用一定量的蒸馏水清洗绝缘表面后测得的污液电导率等值于一定量的 NaCl 的多种可溶盐的附着密度。自然污秽中主要成分是溶解度很低的 $CaSO_4$ 等盐类，在自然潮湿的作用下，其溶解的部分极少。这时绝缘表面污秽表现出的等值盐密，远小于进行盐密测量时得到的结果，其原因是盐密测量时的用水足以使绝缘表面污秽中的盐类得到充分溶解。而清洗后不能溶解的残留物的附着密度通常用灰密来表征。为使人工污秽试验与自然污秽试验有较好的一致性，必须根据污秽成分析，求得自然污秽盐密的有效部分，即"有效盐密"，作为人工污秽试验的盐密取值。

3. 直流爬电比距与等值盐密和灰密的关系

根据实验研究表明，爬电比距与表面盐密之间存在幂函数关系，试验曲线如图 11-28 所示[7][8]。

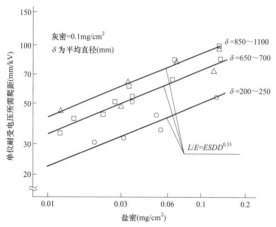

图 11-28　爬电比距与表面盐密之间的关系

通过图 11-31 的关系曲线，根据等值盐密计算出爬电距离后还需要对人工污秽试验结果进行灰密修正。灰密修正系数 K_N 可按式（11-19）计算[7][8]

$$K_N = 0.73 N^{-0.13} \qquad (11-19)$$

式中　N——试验灰密，mg/cm^2。

4. 设计爬电比距的选取

通过上述计算可以得出人工污秽条件下直流爬电距离，在实际设计中还应考虑一定的安全裕度。与绝缘配合公式类似，设计选取的爬电距离 λ_0 可以用通过试验曲线确定的爬距 λ 和配合系数 K 的乘积来表示，按式（11-20）计算[7][8]

$$\lambda_0 = K\lambda = K_s(1 + 1.64\sigma)\lambda \qquad (11-20)$$

其中，配合系数 K 由两部分因素组成，一方面要考虑配合的安全裕度 K_s，通常取 1.1；另一方面要考虑试验结果的分散性，即爬距 λ 的置信度，σ 为试验结果的标准偏差。

5. 工程取值参考

直流爬距的计算准确度受现场污秽预测的误差程度、实验室试验的假设条件、试验结果的分散性、计算模型的等效性和准确度等诸多因素影响。为规避上述因素引起的误差，在确定换流站直流爬电比距时，建议参考具备可靠运行经验的有着相同、邻近站址或类似条件的工程设计方案。

表 11-25、表 11-26 给出我国部分换流站工程的污秽条件及直流爬距设计值，以供参考。

表 11-25　FN±500kV 换流站工程直流爬电比距参考值

类型	瓷支柱绝缘子	垂直瓷套管		
平均直径（mm）	250~300	400	500	600
等径深棱伞（mm/kV）	60	62	64	66
大小伞（mm/kV）	72	74	76	78

注　水平瓷套管爬电比距取 62mm/kV，复合绝缘子和套管爬电比距取 50mm/kV。

表 11-26　LZ±800kV 换流站工程直流爬电比距参考值

类型	支柱绝缘子	垂直套管		
平均直径（mm）	250~300	400	500	600
爬电比距（mm/kV）	52	53	55	57

（三）改善直流外绝缘防污性能的措施

目前现有的高压直流换流站工程中采取多种改善绝缘子防污性能的技术。比较典型的做法有以下几种：

（1）在绝缘子表面涂覆硅脂或室温固化橡胶等复合涂料。

（2）在绝缘子上加装附加的绝缘伞裙（一般为复合材料）。

（3）采用复合外套的绝缘子。

其中方案（1）和方案（3）均是通过改善绝缘表面材料的积污特性，提高绝缘子的防污能力，方案（2）则是变相增加了绝缘表面的爬电距离，提高绝缘子的防污性能。

复合材料的耐污能力相比瓷质材料来说有所提高，单位长度瓷质绝缘子的污闪电压大约是复合绝缘子的 75% 左右，也就是说相同污秽条件下，对复合绝缘子爬电比距的要求相比瓷绝缘子可以降低约 25%。

对于涂覆复合涂料的改善方案而言，受涂料性能和现场污秽情况的影响，需要定期在直流设备外绝缘表面重新涂覆。从保守角度考虑，设计时针对瓷涂覆复合涂料的绝缘表面并不降低其直流爬电比距要求，即仍按瓷质绝缘的爬电比距要求进行。

三、海拔修正

（一）外绝缘试验电压的大气环境修正方法

空气间隙的闪络电压取决于空气中的水分含量和空气密度，绝缘强度随空气湿度的增加而增加（直至绝缘表面凝露）；随空气密度的减小而降低。

在确定绝缘耐受电压时，从强度的观点应考虑最不利的条件（即最低的绝对湿度、低气压和高温）一般不会同时出现。此外，在给定地点，无论作何用途，对所采用的修正中，湿度和周围温度的变化可能会相互抵消，因此，通常可根据安装处的平均环境条件估算强度。

对直流设备外绝缘进行试验时，由于实际试验条件不一定能等同标准环境条件，因此需要将标准环境条件下所规定的试验电压要求折算到实际试验条件下。试验期间施加在设备外绝缘上的电压 U 可以由式（11-21）确定

$$U = U_0 K_t \quad (11-21)$$
$$K_t = k_1 k_2 \quad (11-22)$$
$$k_1 = \delta^m \quad (11-23)$$

式中 U_0——标准环境条件下所规定的试验电压；

K_t——大气修正因数；

k_1——空气密度修正因数；

k_2——湿度修正因数；

m——指数，由表 11-27 给出；

δ——相对空气密度，可由式（11-24）确定

$$\delta = \frac{p}{p_0} \frac{273 t_0}{273 + t} \quad (11-24)$$

式中 p——实际大气压力；

p_0——标准大气压；

t——实际环境温度；

t_0——标准环境温度。

$$k_2 = k^w \quad (11-25)$$

式中 w——指数，由表 11-33 给出；

k——修正函数，可由式（11-26）确定：

直流：$k = 1 + 0.014(h/\delta - 11) - 0.000\,22(h/\delta - 11)^2$，适用于 $1 < h/\delta < 15\text{g/m}^3$；

交流：$k = 1 + 0.012(h/\delta - 11)$，适用于 $1 < h/\delta < 15\text{g/m}^3$；

冲击：$k = 1 + 0.010(h/\delta - 11)$，适用于 $1 < h/\delta < 20\text{g/m}^3$。

k 与 h/δ 的关系如图 11-29 所示。

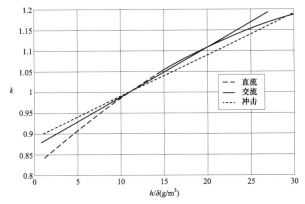

图 11-29 k 与 h/δ 的关系曲线
（h 为绝对湿度，δ 为相对空气密度）

对于最高电压 U_m 低于 72.5kV（或间隙距离 l 小于 0.5m）的设备，目前不进行湿度修正。

由于修正因数与间隙放电类型有关，修正指数 m 与 w 的确定需要引入参数 g 的概念，即

$$g = \frac{U_{50}}{500 L \delta k} \quad (11-26)$$

式中 U_{50}——实际大气条件时的 50%破坏性放电电压（测量值或估算值）；

L——间隙最小放电路径。

指数 m 和 w 可根据 g 的范围由表 11-27 查取。

表 11-27 指数 m 和 w 与参数 g 的关系

g	m	w
<0.2	0	0
0.2~1.0	$g(g-0.2)/0.8$	$g(g-0.2)/0.8$
1.0~1.2	1.0	1.0
1.2~2.0	1.0	$(2.2-g)(2-g)/0.8$
>2.0	1.0	0

（二）绝缘配合和空气净距的海拔修正方法

周围环境的湿度、温度和空气密度均会对空气间隙的闪络电压造成影响。而随着海拔的变化，湿度和温度的变化对外绝缘强度的影响通常会相互抵消。因此，作为绝缘配合的目的，在确定设备外绝缘要求耐受电压时，仅考虑空气密度的影响。大气修正因数 K_a 可由式（11-27）决定：

$$K_a = \left(\frac{p}{p_0}\right)^m \quad (11-27)$$

式中 p——实际大气压力；

p_0——标准大气压。

指数 m 的取值参见表 11-27。

实际经验表明，气压随海拔呈指数下降，因此外绝缘电气强度也随海拔呈指数下降，于是在确定设备外绝缘水平时，海拔修正因数 K_a 可由式（11-28）计算

$$K_a = e^{q \frac{H}{8150}} \quad (11-28)$$

式中 H——实际海拔；

q——指数，对于雷电冲击耐受电压：$q = 1.0$，对于空气间隙和清洁绝缘子的短时工频耐受电压：$q = 1.0$，对于操作冲击耐受电压，q 的取值见图 11-30。

（三）直流绝缘子选型的海拔修正方法

直流绝缘子污闪电压随气压下降而降低，主要是因为局部电弧的伏安特性随气压下降而降低，即电弧常数 A 随气压下降而减小。低气压下沿干燥表面静态直流电弧因周围介质

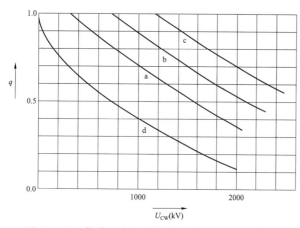

图 11-30 指数 q 与配合操作冲击耐受电压的关系

a 曲线一相对低绝缘；b 曲线一纵绝缘；

c 曲线一相间绝缘；d 曲线一棒一板间隙（标准间隙）

注：当操作冲击耐受电压超出图中范围时，应开展相关研究工作。

的散热性能变差，弧柱增粗，弧心与污面的距离增大，使低气压下的电弧常数 A 比常压下减小；对于湿润染污表面发展中电弧，低气压下因污层中产生水蒸气的影响减小，使电弧伏安特性低于常压；同时因 Na 原子在低气压下对电弧的污染加重，也使电弧的伏安特性进一步降低。

1. 低气压下直流污闪电压的下降指数

大量试验研究表明，在低气压下的正负极性直流污闪电压较常压下降低，可以用式（11-29）计算[9]

$$U = U_0 \left(\frac{p}{p_0} \right)^n \qquad (11-29)$$

式中　U_0——标准大气压下的污闪电压；

　　　p——运行处的大气压；

　　　p_0——标准大气压；

　　　n——污闪电压随气压下降的指数。

对于实用绝缘子，因试验条件、绝缘子结构形状与表面盐密的不同，n 值有所差异。试验表明，绝缘子直流污闪电压随气压下降的指数分散性较大，但都小于相同条件下交流污闪电压的指数，这表明气压对直流污闪电压的影响要比交流小。

指数 n 的取值建议根据实际环境条件下绝缘子的污秽试验结果确定。下面列举部分科研单位的相关研究成果以供工程选用参考。

清华大学根据 3 种直流盘形绝缘子和 2 种直流支柱绝缘子污秽试验得出的 n 值分别平均为 0.12～0.45 和 0.31～0.88；

重庆大学根据 3 种交、直流盘形绝缘子和 2 种交流支柱绝缘子污秽试验得出的 n 值分别平均为 0.14～0.31 和 0.23～0.63；苏联在海拔 3200m 和 800m 试验站得出的 n 值平均为 0.5。

实际工程设计时，考虑大气压力随海拔的变化，可以将式（11-29）写成式（11-30）形式，即

$$U = U_0(1 - k_1 H) \qquad (11-30)$$

式中　H——海拔；

　　　k_1——污闪电压海拔修正系数，由绝缘子的特性确定，例如如钟罩形绝缘子（XZP-210）的海拔修正系数取 0.08。

2. 低气压下通用直流绝缘子串的直流污闪特性

目前的试验数据来自清华大学和重庆大学的短串试验，见图 11-31，其试验表明，对于通用型直流绝缘子，负极性闪络电压随气压降低（即海拔升高）变化较小。由于负极性闪络电压明显低于正极性，且爬距的选择总是根据负极性污秽试验数据进行，因此高海拔应采用负极性试验结果进行比距的校正。

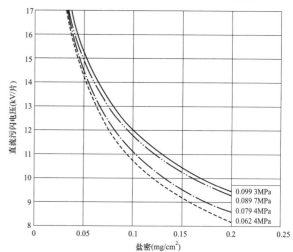

图 11-31 通用直流悬式绝缘子低气压直流污闪特性

对于特高压直流输电工程，则应采用长串试验数据，开展进一步研究工作。

3. 低气压下通用直流支柱绝缘子的直流污闪特性

清华大学的试验在支柱绝缘子局部短节上进行，其中深棱形支柱绝缘子的使用爬距为 1116mm，大小伞形支柱绝缘子的使用爬距为 1265mm，污秽试验盐密取 0.05mg/cm²，灰密取 0.5mg/cm²。其试验结果见表 11-28。

表 11-28　直流支柱绝缘子低气压污闪试验数据

海拔（m）	气压（MPa）	深棱形				大小伞形			
		短节闪络电压（kV）		单位爬距闪络电压（kV/cm）		短节闪络电压（kV）		单位爬距闪络电压（kV/cm）	
		正极性	负极性	正极性	负极性	正极性	负极性	正极性	负极性
0	0.101 3	55.4	40.5	0.496	0.363	46.3	33.1	0.366	0.262
2000	0.079 4	44.8	37.6	0.401	0.337	40.2	29.7	0.318	0.235

经试验表明，在轻盐密下正极性时深棱形绝缘子污闪电压随海拔升高降低得更严重，而负极性时深棱形绝缘子污闪电压随海拔升高反而降低得少。从总体上看，负极性闪络电压随海拔升高的变化较小。

第六节 计 算 实 例

一、±500kV换流站典型工程过电压及绝缘配合计算

以FN±500kV换流站工程为例，进行过电压及绝缘配合计算。

（一）计算条件

1. 系统参数

换流站接入交流系统的电压见表11-29。

表11-29 换流站接入交流系统的电压

单位：kV

电压类型	参 数 值
额定运行电压	525
最高稳态电压	550
最低稳态电压	500
最高极端电压	550
最低极端电压	475

换流站接入交流系统的频率特性见表11-30。

表11-30 换流站接入交流系统的频率特性

单位：Hz

频率类型	参 数 值
额定频率	50
稳态频率变化范围	±0.2
短时频率变化范围	±1

直流系统双极额定输送功率为3000MW，额定运行电压为±500kV，额定运行电流为3000A。

平波电抗器为干式空心式电抗器，仅在极母线装设2×100mH平波电抗器。

单极金属回线运行方式下，本侧换流站为接地站。

2. 基本运行参数

换流站基本运行参数见表11-31和表11-32。

表11-31 换流站主回路参数

名 称	符号	参数值
最大理想空载直流电压	$U_{dioabsmax}$	286.1kV

续表

名 称	符号	参数值
最高直流运行电压	U_{dmax}	515kV
最高交流电压	U_{acmax}	550kV
最大直流电流	I_{dmax}	3691A
直流线路电阻	R_{dcmax}/R_{dcmin}	6.12/4.52Ω
接地极和接地极线路电阻	R_{emax}/R_{emin}	2.61/2.01Ω

表11-32 变压器参数

名 称	符号	参数值
变压器类型		单相双绕组
线路侧额定电压		525kV
阀侧额定电压		204.9kV
变压器分接开关步长		1.25%
分接开关负挡位数目		6
交流侧绝缘水平（空气和油）	$LIWL$	1550kV
	$SIWL$	1175kV

（二）避雷器的配置方案和参数初选

1. 避雷器配置方案

换流站交直流两侧均采用无间隙氧化锌避雷器作为保护装置。FN±500kV换流站避雷器保护配置方案图如图11-20所示。

2. 避雷器参数初选

为便于仿真建模分析，在进行过电压仿真计算之前，根据第四节所述经验计算式对避雷器基本参数CCOV、PCOV和U_{ref}进行初选。

（1）V避雷器。阀避雷器持续运行电压由U_{dio}决定，计算如下

$$CCOV = U_{dioabsmax}\frac{\pi}{3} = 288\frac{\pi}{3} = 302(kV)$$

考虑17%换相过冲，$PCOV = 1.17 \times CCOV = 1.17 \times 302kV = 353kV$。阀避雷器荷电率取0.98（PCOV），避雷器参考电压取361kV（峰值），则避雷器交流额定电压U_{ref}为255kV（有效值）。

（2）C避雷器。C避雷器持续运行电压为12脉动换流单元端电压，计算如下 $CCOV = 2 \times U_{dioabsmax} \times \pi/3 \times \cos15° = 2 \times 288 \times \pi/3 \times \cos15° kV = 582kV$

考虑4%换相过冲，$PCOV = 1.04 \times CCOV = 1.04 \times 582kV = 606kV$，C避雷器荷电率取0.81（PCOV），避雷器额定电压取748kV（峰值）。

（3）DB、DL避雷器。按直流最高运行电压选取，$CCOV = 515kV$，考虑一定的裕度可取518kV。DB避雷器荷电率为0.82（CCOV），避雷器额定电压取631.7kV（峰值）。

（4）E1、EL、EM 避雷器。考虑接地极和接地极线路上的直流压降，考虑一定的裕度，CCOV 取 20kV。E1、EL、EM 避雷器额定电压不由 CCOV 和 PCOV 决定。

（5）A 避雷器。500kV 交流母线避雷器额定电压取 403kV（有效值）。

（6）DR 避雷器。考虑最大谐波电流在平波电抗器上产生的压降峰值：

$$CCOV = \sqrt{2}\,n\omega LI_N$$
$$= \sqrt{2} \times 12 \times 100 \times \pi \times 0.1 \times 0.03 \times 3kV = 48kV$$

DR 避雷器额定电压不由 CCOV 和 PCOV 决定。

（三）避雷器最终配置方案和参数确定

根据过电压仿真计算，确定各计算工况下避雷器最大吸收能量要求，据此确定避雷器并联柱数，并对避雷器参数初选值进行校验修正。避雷器参数及保护水平见表 11-33。

（四）设备绝缘水平的确定

设备最小绝缘裕度不小于表 11-34 中的值。

根据过电压计算结果及各设备绝缘裕度要求确定设备绝缘水平，见表 11-35。

表 11-33　避雷器参数及保护水平

避雷器	PCOV/CCOV（kV）	U_{ref}（kV）	LIPL（kV/kA）	SIPL（kV/kA）	柱数	能量（MJ）
V	305 峰值	363 峰值	506/0.9	506/1.3	2	3.3
C	569 峰值	750 峰值	1094/5	920/0.5	1	3
DB	515dc	710 峰值	1023/20	881/2	2	5.6
DL	515dc	710 峰值	1023/20	881/2		
E1	50dc+12ac	90 峰值	140/20	120/2	4	1.7
EL	50dc+12ac	90 峰值	140/20	120/2		
EM	50dc+12ac	90 峰值	140/20	120/2		
A	318 有效值	403 有效值	906/10	770/1	1	4.5
DR	48 峰值	429 峰值	647/10	—	1	0.2

表 11-34　设备的最小绝缘裕度　　　　　　　　　　　　　单位：%

过电压类型	油绝缘（线侧）	油绝缘（阀侧）	空气绝缘	单个阀
陡波	25	25	25	15
雷击	25	20	20	10
操作	20	15	15	10

表 11-35　设备的过电压及绝缘水平

位　　置	起保护作用的避雷器	LIPL（kV）	LIWL（kV）	裕度（%）	SIPL（kV）	SIWL（kV）	裕度（%）
交流母线	A	906	1550	71	770	1175	36
直流线路（平波电抗器侧）	DB	1023	1425	39	881	1175	33
极母线阀侧	A′ 或 C+E	—	1425	—	1040	1300	25
Yy 换流变压器阀侧相对地	A′ 或 C+E	—	1550	—	1040	1300	25
Yd 换流变压器阀侧相对地	V+ECCOV	—	1050	—	568	850	50
12 脉动桥中点母线	V+ECCOV	—	1050	—	568	850	50
中性母线	E1	140	250	79	120	200	67

注　A′ 为交流母线避雷器相对地保护水平按照换流变压器最小分接开关比率传递至阀侧值。

（五）直流空气间隙的确定

根据过电压计算结果，各区域过电压水平见表11-36。

表11-36 各区域过电压水平

位　　置	起保护作用的避雷器	*SIWL*（kV）	*LIWL*（kV）
阀两端	V	582	582
直流母线阀侧	C+E	1300	1425
六脉动中点母线	V+ECCOV	850	1050
Yy换流变压器阀侧相对地	A′或C+E	1300	1550
Yd换流变压器阀侧中性点		1050	1175
Yy换流变压器阀侧相间		850	1050
直流母线阀侧—Yy换流变压器阀侧中性点	V+17	1050	1175
极母线—中性母线	C	1300	1425
直流母线阀侧—Yd换流变压器阀侧相间	2V	1300	1425
Yy换流变压器阀侧相对中性母线	2V	1300	1550
Yy换流变压器阀侧—Yd换流变压器阀侧相对相		1300	1550

续表

位　　置	起保护作用的避雷器	*SIWL*（kV）	*LIWL*（kV）
Yy换流变压器阀侧中性点—换流桥中点	V+17	1050	1175
Yy换流变压器阀侧中性点—Yd换流变压器阀侧相间	V+A′	1050	1175
Yy换流变压器阀侧—中性点	A′	450	550
Yd换流变压器阀侧相对相		850	1050
阀厅中性母线	E	200	250
YD换流变压器阀至换流阀中点	V	582	582
YD换流变压器阀至直流中性线	V	582	582

工程站址实际海拔约为1400m左右，偏严考虑，计算直流空气净距时按1500m海拔进行修正。根据第五节所述空气净距计算及海拔修正方法，各区域直流空气净距计算见表11-37。阀厅空气温度按40℃考虑，相对湿度25%。

表11-37 各区域直流空气净距计算

位　　置	类型	*SIWL*（kV）	*LIWL*（kV）	K系数	空气净距计算值（m）	空气净距推荐值（m）
阀两端	相间	582	582	1.3	1.339	2.1
直流母线阀侧	相地	1300	1425	1.15	4.888	5.1
六脉动中点母线	相地	850	1050	1.15	2.439	2.7
Yy换流变压器阀侧相对地	相地	1300	1550	1.15	4.888	5.1
Yd换流变压器阀侧相对地	相地	850	1050	1.15	2.439	2.8
Yy换流变压器阀侧中性点	相地	1050	1175	1.15	3.696	4
Yy换流变压器阀侧相间	相间	850	1050	1.3	2.344	2.8
直流母线阀侧—Yy换流变压器阀侧中性点	相间	1050	1175	1.3	3.004	3.5
极母线—中性母线	相间	1300	1425	1.3	3.442	4.1
直流母线阀侧—Yd换流变压器阀侧相间	相间	1300	1425	1.3	3.975	4.5
Yy换流变压器阀侧相对中性母线	相间	1300	1550	1.3	3.975	4.5
Yy换流变压器阀侧—Yd换流变压器阀侧相对相	相间	1300	1550	1.3	3.975	4.5
Yy换流变压器阀侧中性点—换流桥中点	—	1050	1175	1.3	3.004	3.5
Yy换流变压器阀侧中性点—Yd换流变压器阀侧相间	相间	1050	1175	1.3	3.004	3.5
Yy换流变压器阀侧—中性点	相间	450	550	1.3	1.228	2.1

续表

位　置	类型	*SIWL*（kV）	*LIWL*（kV）	*K*系数	空气净距计算值（m）	空气净距推荐值（m）
Yd换流变压器阀侧相对相	相间	850	1050	1.3	2.344	2.7
阀厅中性母线	相地	200	250	1.15	0.581	0.7
Yd换流变压器阀至换流阀中点	—	582	582	1.15	1.635	2.1
Yd换流变压器阀至直流中性线	—	582	582	1.15	1.635	2.1

（六）直流绝缘子选型

根据工程站址污秽预测分析，换流站直流配电装置设备的等值盐密为 0.052mg/cm²。

根据工程实际海拔按 1400m 进行修正。根据气压修正公式，海拔修正下降指数 $k_1 = 0.06$。爬距可按下式计算。

$$\lambda = \lambda_0 / (1 - k_1 H) = \lambda_0 / (1 - 0.06 \times 1.4) = 1.08\lambda_0$$

修正后直流配电装置设备外绝缘爬电比距见表 11-38。

表 11-38　换流站爬电比距计算（修正后）

类型	瓷支柱绝缘子	垂直瓷套管		
平均直径（mm）	250~300	400	500	600
等径深棱伞（mm/kV）	60	62	64	66
大小伞（mm/kV）	72	74	76	78

注　水平瓷套管爬电比距取 62mm/kV，复合绝缘子和套管爬电比距取 50mm/kV。

二、±800kV 换流站典型工程过电压及绝缘配合计算

以 LZ±800kV 换流站工程为例，进行过电压及绝缘配合计算。

（一）计算条件

1. 系统参数

换流站接入交流系统的电压见表 11-39。

表 11-39　换流站接入交流系统的电压

电压类型	参数值（kV）
额定运行电压	765
最高稳态电压	800
最低稳态电压	750
最高极端电压	800
最低极端电压	713

换流站接入交流系统的频率特性见表 11-40。

表 11-40　换流站接入交流系统的频率特性

频率类型	参数值（Hz）
额定频率	50
稳态频率偏差	±0.2
故障清除后 10min 频率偏差	±0.5
事故情况下频率偏差	±1.2

直流系统双极额定输送功率 8000MW，额定运行电压 ±800kV，额定运行电流 5000A。

平波电抗器为干式空心式电抗器，在极母线及中性母线上各安装 2 台 75mH 平波电抗器。

单极金属回线运行方式下，对侧换流站为接地站。

2. 基本运行参数

换流站基本运行参数见表 11-41 和表 11-42。

表 11-41　换流站主回路参数

名　称	符号	参数值
最大理想空载直流电压	$U_{dioabsmax}$	243kV
最高直流运行电压	U_{dmax}	809kV
最高交流电压	U_{acmax}	800kV
最大直流电流	I_{dmax}	5046A
直流线路电阻	R_{dcmax} / R_{dcmin}	7.93 / 5.64Ω

表 11-42　变压器参数

名　称	符号	参数值
变压器类型		单相双绕组
线路侧额定电压		765kV
阀侧额定电压		174.92kV
变压器分接开关步长		0.86%
分接开关负档位数目		3
交流侧绝缘水平（空气和油）	LIWL	2100kV
	SIWL	1550kV

（二）避雷器的配置方案和参数初选

1. 避雷器配置方案

换流站交直流两侧均采用无间隙氧化锌避雷器作为保护装置。LZ±800kV 换流站避雷器保护配置方案如图 11-13 所示，由于双极对称布置，因此图中仅给出一个极的避雷器配置方案，另一个极的避雷器配置方案与之相同。

2. 避雷器参数初选

在进行过电压仿真计算之前，根据第四节所述经验计算公式对避雷器基本参数 CCOV、PCOV 和 U_{ref} 进行初选。

（1）阀避雷器 [（V1（V11）、V2（V12）、V3]。阀避雷器持续运行电压由 U_{dio} 决定，计算如下

$$CCOV = U_{dioabsmax} \times \frac{\pi}{3} = 243 \times \frac{\pi}{3} = 254(kV)$$

考虑 16% 换相过冲，$PCOV = 1.16 \times CCOV = 1.16 \times 254kV = 295kV$。阀避雷器荷电率取为 1.0（PCOV），避雷器参考电压按 295kV（峰值）考虑，则避雷器交流额定电压 U_{ref} 为 209kV（有效值）。

（2）MH 避雷器。MH 避雷器持续运行电压为上、下 12 脉动换流单元中间母线直流电压加上 6 脉冲桥运行电压，即 400kV 中点处电压加上一个阀避雷器的运行电压，即

$$CCOV = 400kV + 254kV = 654kV$$

考虑 10% 换相过冲，$PCOV = 1.1 \times CCOV = 1.1 \times 654kV = 720kV$。M 避雷器荷电率取为 0.9（PCOV），避雷器额定电压取 800kV（峰值）。

（3）ML 避雷器。ML 避雷器持续运行电压为阀避雷器运行电压加上中性母线对地电压。金属回线运行方式下，中性母线对地电压即为金属回线上的压降，最大直流电流为 5046A，线路电阻为 7.93Ω，因此中性母线对地电压约 40kV。

即 $CCOV = 254kV + 40kV = 294kV$。M 避雷器荷电率取为 0.82（CCOV），避雷器额定电压按 359kV（峰值）考虑。

（4）CBH 避雷器。CBH 避雷器持续运行电压为上 12 脉动换流单元端电压加上 400kV 中点处电压。理论上对于 α 角和 μ 角为零时，12 脉动换流单元最大运行电压为 $2 \times \cos(15°)\frac{\pi}{3}U_{dim}$，因此 CBH 持续运行电压计算如下

$$CCOV = 400 + 2 \times U_{dioabsmax} \times \pi/3 \times \cos 15°$$
$$= 400 + 2 \times 243 \times \pi/3 \times \cos 15°\ kV$$
$$= 892kV$$

实际上 CCOV 比计算值要小些，偏保守估计可按直流电压的 1.1 倍，约 890kV。考虑 4% 换相过冲，$PCOV = 1.04 \times CCOV = 1.04 \times 892kV = 927kV$。CB 避雷器荷电率取 0.82（CCOV），避雷器额定电压按 1087kV（峰值）考虑。

（5）CBL 避雷器。CBL 避雷器持续运行电压按下 12 脉动换流单元单独运行方式选择，与 CBH 持续运行电压计算相比不计 400kV 中点处的电压，因此 CBH 持续运行电压计算如下

$$CCOV = 2 \times U_{dioabsmax} \times \pi/3 \times \cos 15°$$
$$= 2 \times 243 \times \pi/3 \times \cos 15°\ kV$$
$$= 492kV$$

实际上 CCOV 比计算值要小些，按 450kV 考虑。考虑 12% 换相，即

$$PCOV - 1.12 \times CCOV = 1.12 \times 450kV = 504kV$$

CB 避雷器荷电率取 0.9（PCOV），避雷器额定电压按 560kV（峰值）考虑。

（6）DB 避雷器。按直流最高运行电压选取，$CCOV = 816kV$，考虑一定的裕度可取 824kV。DB 避雷器荷电率取 0.85（CCOV），避雷器额定电压按 969kV（峰值）考虑。

（7）CBN 避雷器。CBN 避雷器的持续运行电压需考虑最大谐波电流在平波电抗器上产生的压降峰值以及金属回线上的直流压降。最大谐波电流分量按 12 次谐波电流 0.03p.u.考虑。

$$CCOV = \sqrt{2}\ n\omega LI_N + 40$$
$$= \sqrt{2} \times 12 \times 100 \times \pi \times 0.15 \times 0.03 \times 5.046 + 40kV$$
$$= 160kV$$

考虑 17% 换相过冲，$PCOV = 1.17 \times CCOV = 1.17 \times 160kV = 187kV$

CBN 避雷器额定电压不由 CCOV 和 PCOV 决定。

（8）E 避雷器。考虑金属回线上的直流压降，CCOV 为 40kV，E 避雷器额定电压不由 CCOV 和 PCOV 决定。

（9）EM 避雷器。EM 避雷器运行电压同 E 避雷器，用于金属回线的雷电侵入波保护。

（10）EL 避雷器。考虑接地极和接地极线路上的直流压降，考虑一定的裕度，CCOV 为 20kV。EL 避雷器额定电压不由 CCOV 和 PCOV 决定。

（11）A 避雷器。750kV 交流母线避雷器额定电压按 600kV 考虑。

（12）DR 避雷器。考虑最大谐波电流在平波电抗器上产生的压降峰值 $CCOV = \sqrt{2}\ n\omega LI_N + 40 = \sqrt{2} \times 12 \times 100 \times \pi \times 0.075 \times 0.03 \times 5.046kV = 60kV$。

DR 避雷器额定电压不由 CCOV 和 PCOV 决定。

（三）避雷器最终配置方案和参数确定

根据过电压仿真计算，确定各计算工况下避雷器最大吸收能量要求，据此确定避雷器并联柱数，并对避雷器参数初选值进行校验修正。避雷器参数及保护水平见表 11-43。

表 11-43 避雷器参数及保护水平

避雷器	PCOV (kV)	CCOV (kV)	U_{ref} (kV)	LIPL (kV/kA)	SIPL (kV/kA)	柱数	能量 (MJ)
V1	285.4	239.8	203rms	372/1	388/4	6	7.9
V2	285.48	239.8	203rms	377/1	395/3 (361/0.2)	3	4
V3	285.4	239.8	203rms	377/1	395/3	3	4
MH	732	666	813	1088/1	1036/0.2	4	15.8
ML	—	298	364	504/1	494/0.5	2	3.8
CBH	927	889	1083	1450/1	1402/0.2	4	20.8
CBL	508	454	566	770/1	734/0.2	4	10.9
DB1	—	824	969	1625/20	1391/1	3	14
DB2	—	824	969	1625/20	1391/1	3	14
CBN1	187	149	333	458/1	—	2	3.2
CBN2	187	149	304	408/1	437/6	14	20
E	—	95	304	478/5	—	2	3
EL	—	20	202	311/10	303/2.5	6	6
EM	—	95	278	431/20	393/6	31	39.1
A	—	462	600	1380/20	1142/2		—
A′	—	—	—	—	259		—
DR	—	44	483rms	900/0.5	—	1	3.4
F50					120/10	34	12

（四）设备绝缘水平的确定

设备绝缘裕度不小于表 11-44 中的值。

表 11-44 设备的最小绝缘裕度   单位：%

过电压类型	油绝缘（线侧）	油绝缘（阀侧）	空气绝缘	单个阀
陡波	25	25	25	15
雷击	25	20	20	10
操作	20	15	15	10

根据过电压计算结果及各设备绝缘裕度要求确定设备绝缘水平，见表 11-45。

表 11-45 设备的过电压及绝缘水平

设置	起保护作用的避雷器	LIPL (kV)	LIWL (kV)	裕度 (%)	SIPL (kV)	SIWL (kV)	裕度 (%)
阀桥两侧	max（V11/V12/V2/V3）	398	458	15	422	486	15
交流母线	A	1380	2100	52	1142	1550	36

续表

设置	起保护作用的避雷器	LIPL (kV)	LIWL (kV)	裕度 (%)	SIPL (kV)	SIWL (kV)	裕度 (%)
直流线路（平波电抗器侧）	max（DB1，DB2）	1625	1950	20	1391	1600	15
极母线阀侧	CBH	1450	1800	24	1402	1620	15
单个平波电抗器两端	DR	900	1080	20	—	—	15
跨高端 12 脉动桥	max（V11，V12）+V2	785	942	20	825	949	15
高端 Yy 换流变压器阀侧相对地	MH+V12	1475	1770	20	1409	1620	15
高端 Yy 换流变压器阀侧中性点	A′+MH	—	—	—	1296	1490	15
高端 12 脉动桥中点母线	MH	1088	1306	20	1036	1191	15
高端 Yd 换流变压器阀侧相对地	V2+CBL	1157	1388	20	1131	1301	15
高端 12 脉动桥低压端	CBL	770	924	20	734	844	15
低端 Yy 换流变压器阀侧相对地	V2+ML	896	1076	20	916	1054	15
低端 Yy 换流变压器阀侧中性点	A′+ML	—	—	—	754	867	15
低端 12 脉动桥中点母线	ML	504	605	20	494	568	15
低端 Yd 换流变压器阀侧相对地	max（V2+CBN1，V2+CBN2）	856	1028	20	859	988	15
Yy 阀侧相间	2×A′	—	—	—	520	598	15
Yd 阀侧相间	sqrt（3）×A′	—	—	—	451	519	15
阀侧中性母线	max（CBN1，CBN2）	458	550	20	437	503	15
线侧中性母线	max（E，EL，EM）	478	574	20	393	452	15
接地极母线	EL	311	374	20	303	349	15
金属回路母线	EM	431	518	20	393	452	15
中性线平波电抗器两端	CBN2+E	892	1071	20	—	—	—

（五）直流空气间隙的确定

根据过电压计算结果，各区域操作和雷电过电压水平见表 11-46。

表 11-46 各区域过电压水平

位 置	起保护作用的避雷器	LIWL (kV)	SIWL (kV)
直流线路	DB1		1600
极线平波电抗器线侧	DB2		1600
极线平波电抗器阀侧	CBH		1620
阀桥两侧	V1/V2/V3	429	486
高端 12 脉动换流桥两侧	V12+V2		949
低端 12 脉动换流桥两侧	2V2		971
高端 Yy 换流变压器阀侧相对地	V+MH		1620

续表

位 置	起保护作用的避雷器	LIWL (kV)	SIWL (kV)
高端 Yy 换流变压器阀侧相间	2A′		598
高端 Yy 换流变压器阀侧相对中性点	A′		299
高端 Yy 换流变压器阀侧中性点对地	A′+MH		1490
高端 Yy 换流变压器中性点对 Yd 换流变压器阀侧	A′+V		763
高端 Yy 换流变压器中性点对 400kV 母线	A′+V		763
高端 12 脉动桥中点母线	MH		1191
高端 Yd 换流变压器阀侧相对地	V2+CBL		1301

位　　置	起保护作用的避雷器	LIWL (kV)	SIWL (kV)
高端 Yd 换流变压器阀侧相间	$\sqrt{3} * A'$		518
高低端两 12 脉动桥之间中点	CBL		844
400kV 母线对低端 Yy 换流变压器中性点	A'		299
低端 Yy 换流变压器阀侧相对地	V2+ML		1054
低端 Yy 换流变压器阀侧相间	2 A'		598
低端 Yy 换流变压器阀侧相对中性点	A'		299
低端 Yy 换流变压器阀侧中性点	A' +ML		867
低端 12 脉动桥中点母线	ML		568
低端 Yd 换流变压器阀侧相对地	V2+CBN2		988

位　　置	起保护作用的避雷器	LIWL (kV)	SIWL (kV)
低端 Yd 换流变压器阀侧相间	$\sqrt{3} \cdot A'$		519
中性母线平波电抗器阀侧	CBN1, CBN2	550	503
中性母线平波电抗器线侧	E, EL, EM	574	452
接地极母线	EL	374	349
金属回路母线	EM	518	452
交流母线相地	A	2100	1550
交流母线相间	f (A, U_{acN})		2325

工程站址实际海拔约为 1300m 左右，偏严考虑，计算空气净距时按 1500m 海拔进行修正。根据本章第五节所述直流空气净距计算及海拔修正方法。直流各区域直流空气净距计算见表 11－47。

表 11－47　各区域直流空气净距计算

位　　置	SIWL (kV)	类型	海拔修正系数	修正后 SIWL (kV)	K 系数	直流空气净距 m
极线平波电抗器阀侧	1620	相地	1.092	1769	1.1	9.2
阀桥两侧	486	相间	1.202	584	1.1	1.7
12 脉动换流桥两侧	971	相间	1.202	1167	1.1	4.7
高端 Yy 换流变压器阀侧相对地	1620	相地	1.092	1769	1.2	8.1（对地） 10.5（对侧墙）
高端 Yy 换流变压器阀侧相间	598	相间	1.202	719	1.2	2.1
高端 Yy 换流变压器阀侧相对中性点	299	相间	1.202	359	1	0.93
高端 Yy 换流变压器阀侧中性点对地	1490	相地	1.101	1640	1.2	7.2
Yy 换流变压器阀侧对 Yd 换流变压器阀侧	971	相间	1.202	1167	1.1	4.7
Yy 换流变压器中性点对 Yd 换流变压器阀侧	763	相间	1.202	917	1	3.7
高端 Yy 换流变压器中性点对 400kV 母线	763	相间	1.202	917	1.1	3.3
高端 12 脉动桥中点母线	1191	相地	1.123	1338	1	10.7
高端 Yd 换流变压器阀侧相对地	1301	相地	1.115	1450	1.2	5.9（对地） 7.7（对侧墙）
高端 Yd 换流变压器阀侧相间	518	相间	1.202	623	1.15	1.8
高低端两 12 脉动桥之间中点	844	相地	1.152	972	1	4.1
400kV 母线对低端 12 脉动 Yy 换流变压器中性点	299	相间	1.202	359	1	0.93
低端 Yy 换流变压器阀侧相对地	1054	相间	1.202	1267	1.2	4.8
低端 Yy 换流变压器阀侧相间	598	相间	1.202	719	1.2	2.1
低端 Yy 换流变压器阀侧相对中性点	299	相间	1.202	359	1	0.93
低端 Yy 换流变压器阀侧中性点	867	相地	1.15	997	1.2	3.3

续表

位　置	SIWL（kV）	类型	海拔修正系数	修正后 SIWL（kV）	K 系数	直流空气净距 m
低端 12 脉动桥中点母线	568	相地	1.176	668	1	3.4
低端 Yd 换流变压器阀侧相对地	988	相地	1.14	1126	1.2	4（对地）5.2（对侧墙）
低端 Yd 换流变压器阀侧相间	519	相间	1.202	624	1.1	1.9
中性母线平波电抗器阀侧	503	相地	1.182	595	1.1	1.7

（六）直流绝缘子选型

根据工程站址污秽预测分析，换流站支柱绝缘子表面污秽情况见表 11－48。

表 11－48　换流站污秽情况预测结果

交流 XP 型悬式等值盐密	交流普通型支柱绝缘子等值盐密	直交流等值盐密比	直流支柱绝缘子等值盐密	直流支柱绝缘子有效盐密
0.09mg/cm²	0.07mg/cm²	2	0.14mg/cm²	0.11mg/cm²

注　普通支柱绝缘子和普通悬式绝缘子的等值盐密比取 0.78；直流支柱绝缘子有效盐密取直流支柱绝缘子等值盐密的 0.75 倍。

根据污秽条件确定符合外绝缘所需爬电比距见表 11－49。

表 11－49　换流站爬电比距计算（修正前）

类型	支柱绝缘子	垂直套管		
平均直径（mm）	250～300	400	500	600
爬电比距（mm/kV）	48	49	51	53

根据工程实际海拔按 1300m 进行修正。根据气压修正公式，海拔修正下降指数 $k_1=0.065$。

$$\lambda=\lambda_0/(1-k_1H)=\lambda_0/(1-0.065\times1.3)=1.09\lambda_0$$

修正后直流配电装置设备复合外绝缘爬电比距见表 11－50。

表 11－50　换流站爬电比距计算（修正后）

类型	支柱绝缘子	垂直套管		
平均直径（mm）	250～300	400	500	600
爬电比距（mm/kV）	52	53	55	57

三、背靠背换流站典型工程过电压及绝缘配合计算

以 LX 背靠背换流站工程为例，进行过电压及绝缘配合计算。

（一）计算条件

1. 系统参数

换流站接入交流系统的电压见表 11－51。

表 11－51　换流站接入交流系统的电压

单位：kV

电压类型	参数值（交流侧 1）	参数值（交流侧 2）
额定运行电压	525	525
最高稳态电压	550	550
最低稳态电压	500	500
最高极端电压	550	550
最低极端电压	475	475

换流站接入交流系统的频率特性见表 11－52。

表 11－52　换流站接入交流系统的频率特性

单位：Hz

频率类型	参数值（交流侧 1）	参数值（交流侧 2）
额定频率	50	50
稳态频率变化范围	±0.2	±0.2
短时频率变化范围	±0.5	+0.3/−0.5

直流系统背靠背额定输送功率为 1000MW，额定直流电压为 ±160kV，额定直流电流为 3125A。

平波电抗器为油浸式电抗器，仅在极母线装设 2×150mH 平波电抗器。

2. 基本运行参数

换流站基本运行参数见表 11－53 和表 11－54。

表 11－53　换流站主回路参数　单位：kV

名　称	符号	参数值
最大理想空载直流电压	$U_{dioabsmax}$	200
最高直流运行电压	U_{dmax}	168
最高交流电压	U_{acmax}	550

表 11-54 变压器参数

名　　称	符号	参数值
变压器类型		单相三绕组
线路侧额定电压		525kV
阀侧额定电压		135.2kV
变压器分接开关步长		1.25%
分接开关负档位数		7
交流侧绝缘水平（空气和油）	LIWL	1550kV
	SIWL	1175kV

（二）避雷器的配置方案和参数初选

1. 避雷器配置方案

换流站交直流两侧均采用无间隙氧化锌避雷器作为保护装置。LX 背靠背换流站避雷器保护配置方案图如图 11-16 所示。

2. 避雷器参数初选

为便于仿真建模分析，在进行过电压仿真计算前，根据第四小节所述经验计算式对避雷器基本参数 CCOV、PCOV 和 U_{ref} 进行初选。

（1）V 避雷器。阀避雷器持续运行电压由 U_{dio} 决定，计算如下：$CCOV = U_{dioabsmax} \times \frac{\pi}{3} = 200 \times \frac{\pi}{3} = 209$（kV），考虑 17% 换相过冲，$PCOV = 1.17 \times CCOV = 1.17 \times 209kV = 245kV$。阀避雷器荷电率取 0.97（PCOV），避雷器参考电压按 253kV（峰值）考虑，则避雷器交流额定电压 U_{ref} 为 179kV（有效值）。

（2）E 避雷器。由于背靠背换流站没有直流线路，因此对 E 避雷器的 CCOV 和 PCOV 没有要求，且 E 避雷器额定电压不由 CCOV 和 PCOV 决定。

（3）A 避雷器。500kV 交流母线避雷器的持续运行电压 MCOV 为 450kV（峰值），荷电率取 0.79，额定电压 U_{ref} 为 403kV（有效值）。

（三）避雷器最终配置方案和参数确定

根据过电压仿真计算，确定各计算工况下避雷器最大吸收能量要求，据此确定避雷器并联柱数，并对避雷器参数初选值进行校验修正。避雷器参数及保护水平见表 11-55。

表 11-55 避雷器参数及保护水平

避雷器	PCOV/CCOV（kV）	U_{ref}（kV）	LIPL（kV/kA）	SIPL（kV/kA）	能量（MJ）
V	245 峰值	253 峰值	348/0.9	348/1.3	2
E	120 峰值	135 峰值	193/10	184/3	2
A	318 有效值	403 有效值	906/10	790/1.5	4.5

（四）设备绝缘水平的确定

设备最小绝缘裕度不小于表 11-56 中的值。

表 11-56 设备的最小绝缘裕度 单位：%

过电压类型	油绝缘（线侧）	油绝缘（阀侧）	空气绝缘	阀
陡波	25	25	25	20
雷击	25	20	25	15
操作	20	15	20	15

根据过电压计算结果及各设备绝缘裕度要求确定设备绝缘水平，见表 11-57。

表 11-57 设备的过电压及绝缘水平

位　　置	起保护作用的避雷器	LIPL（kV）	LIWL（kV）	裕度（%）	SIPL（kV）	SIWL（kV）	裕度（%）
交流母线	A	906	1550	71	790	1175	48.7
直流母线（平波电抗器）	V+E	541	750	38.6	532	650	22.1
Yy 换流变压器阀侧相对地	max（A′，V+E）	541	750	38.6	532	650	22.1
Yd 换流变压器阀侧相对地	max（A′，V+E）	541	750	38.6	532	650	22.1
12 脉动桥中点母线	E	193	250	29.5	184	250	35.8
换流阀	V	348	410	17.8	348	410	17.8

注　A′为交流母线避雷器相对地保护水平，按照换流变压器最小分接开关比率传递至阀侧值。

（五）直流空气间隙的确定

根据过电压计算结果，各区域过电压水平见表 11-58。

表 11-58 各区域过电压水平

位　　置	起保护作用的避雷器	*SIWL* （kV）	*LIWL* （kV）
直流正负极母线间	2V	850	950
直流极母线对地	V+E	650	750
直流极母线与阀塔中性母线间	V	410	410
直流平波电抗器端子间		650	750
Yy 换流变压器阀侧端子间		325	450
Yd 换流变压器阀侧端子间		550	650
Yy 换流变压器阀侧－直流极母线	2V	850	950
Yy 换流变压器阀侧－阀塔中性母线	V	410	410
Yd 换流变压器阀侧－直流极母线	2V	850	950
Yd 换流变压器阀侧－阀塔中性母线	V	410	410

续表

位　　置	起保护作用的避雷器	*SIWL* （kV）	*LIWL* （kV）
Yy 换流变压器阀侧中性点－直流正极母线		750	850
Yy 换流变压器阀侧－Yd 换流变压器阀侧相对相	2V	696	696
换流变压器阀侧相间	A′	550	650
Yy 换流变压器阀侧对地	V+E	650	750
Yd 换流变压器阀侧对地	V+E	650	750
Yy 换流变压器阀侧中性点对地		650	750

　　工程站址实际海拔为 1600m，计算空气净距时按 1600m 海拔进行修正。根据本章第五节所述直流空气净距计算及海拔修正方法。各区域直流空气净距计算见表 11-59。阀厅空气温度按 40℃考虑，相对湿度 25%。

（六）直流绝缘子选型

　　由于背靠背换流站没有户外直流配电装置，换流器和直流设备均放在阀厅内，洁净度较高，其直流爬电比距可以取 14mm/kV。

表 11-59 各区域直流空气净距计算

位　　置	类型	*SIWL* （kV）	*LIWL* （kV）	K 系数	空气净距计算值 （m）	空气净距推荐值 （m）
直流正负极母线间	相间	850	950	1.3	2.615	3.0
直流极母线对地	相地	650	750	1.15	2.028	2.3
直流极母线与阀塔中性母线间	相间	410	410	1.3	1.033	1.2
直流平波电抗器端子间	相间	650	750	1.3	1.890	2.0
Yy 换流变压器阀侧端子间	相间	325	450	1.3	1.134	1.2
Yd 换流变压器阀侧端子间	相间	550	650	1.3	1.638	2.0
Yy 换流变压器阀侧－直流极母线	相间	850	950	1.3	2.615	2.7
Yy 换流变压器阀侧－阀塔中性母线	相间	410	410	1.3	1.033	1.2
Yd 换流变压器阀侧－直流极母线	相间	850	950	1.3	2.615	2.7
Yd 换流变压器阀侧－阀塔中性母线	相间	410	410	1.3	1.033	1.2
Yy 换流变压器阀侧中性点－直流正极母线	相间	750	850	1.3	2.210	2.5
Yy 换流变压器阀侧－Yd 换流变压器阀侧相对相	相间	696	696	1.3	2.615	2.7
换流变压器阀侧相间	相间	550	650	1.3	1.638	2.0
Yy 换流变压器阀侧对地	相地	650	750	1.15	2.028	2.1
Yd 换流变压器阀侧对地	相地	650	750	1.15	2.028	2.1
Yy 换流变压器阀侧中性点对地	相地	650	750	1.15	1.617	1.7

参考文献

[1] 国家电网公司直流建设分公司. 高压直流输电系统成套标准化设计. 北京：中国电力出版社，2012.

[2] 林福昌. 高电压工程. 北京：中国电力出版社，2016.

[3] 赵婉君. 高压直流输电工程技术. 北京：中国电力出版社，2010.

[4] 王晓瑜，招誉颐，陈献清. 高压直流输电系统换流变压器暂态饱和过电压研究. 华中理工大学学报 Vol.21 No.6，1993.

[5] 中国电力科学研究院. 特高压输电技术. 直流输电分册.

北京：中国电力出版社，2012.

[6] 杨庆，司马文霞，袁涛，等. 1000kV/500kV 同塔混压四回输电线路反击耐雷性能. 高电压技术，2012，38（1）：132－139.

[7] 蔡成良. 三峡直流换流站等值附盐密度取值的研究. 湖北电力 Vol.22 No.4，1998.

[8] 刘煜，李清，刘基勋. 污闪电压与等值盐密理论关系式的推导与应用. 高电压技术，Vol.31 No.3，2005.

[9] 聂定珍，袁智勇. 特高压直流换流站外绝缘海拔修正方法的选择. 电网技术 Vol.32 No.13，2008.

第十二章

暂态过电流计算

换流站暂态过电流计算的目的在于：当换流变压器阀侧套管至直流线路出口间的导线或设备发生故障时，确定直流一次设备需要耐受的故障电流幅值并分析其电流应力，为一次设备暂态电流要求及控制保护的配合提供依据。在暂态过电流计算中主要考虑以下设备：

（1）换流变压器阀侧交流母线。

（2）晶闸管换流阀。

（3）直流极母线及其相关设备。

（4）直流平波电抗器。

（5）直流中性线及其相关设备。

本章暂态过电流计算采用理论计算和仿真分析相结合的方式，先从物理原理角度分析发生不同类型故障后换流站内直流一次设备电流应力，并推导暂态过电流表达式；再结合具体实例计算暂态过电流幅值，最后给出基于 PSCAD/EMTDC 仿真平台的主要故障波形。考虑到每极 12 脉动换流器接线、

每极双 12 脉动换流器接线、背靠背换流器接线在暂态过电流计算中差异不大，故本章以每极单 12 脉动换流器接线为例详细分析计算；对于每极双 12 脉动换流器接线及背靠背换流器接线，仅介绍其与每极单 12 脉动换流器接线在暂态过电流计算中的区别。

第一节 每极单 12 脉动换流器接线暂态过电流分析

一、故障类型

（一）故障位置

GB/T 51200—2016《高压直流换流站设计规范》给出采用每极单 12 脉动换流器接线的换流站主要故障示意图如图 12-1 所示。

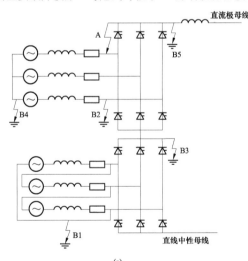

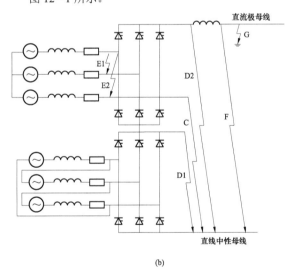

图 12-1 每极单 12 脉动换流器接线故障示意图

（a）阀故障及换流器接地故障；（b）交流短路故障及极线短路故障

图 12-1 中故障类型可分为 A～G 共 7 类：

（1）故障 A：换流阀桥臂短路故障。

（2）故障 B：接地故障，具体包括：

B1：Yd 换流变压器阀侧单相接地故障；

B2：Yy 换流变压器阀侧单相接地故障；

B3：12 脉动换流器中点接地故障；

B4：Yy 换流变压器阀侧中性点接地故障；

B5：平波电抗器阀侧直流极母线接地故障。

（3）故障 C：Yy 换流变压器阀侧单相对直流中性母线短路故障。

（4）故障 D：换流器对中性母线短路故障，具体包括：

D1：12 脉动换流器中点对直流中性母线短路故障；

D2：平波电抗器阀侧直流极母线对直流中性母线短路故障。

（5）故障 E：Yy 换流器交流侧短路故障，具体包括：

E1：两相短路故障；

E2：三相短路故障。

（6）故障 F：平波电抗器线路侧直流极母线对直流中性母线短路故障。

（7）故障 G：平波电抗器线路侧直流极母线接地故障。

（二）决定一次设备暂态电流要求的故障类型

并非所有故障对一次设备暂态电流要求都起决定性作用。通过对比不同故障产生机理及故障电流大小可知，换流站内主要一次设备暂态电流起决定性作用的故障列表见表 12-1。

表 12-1 对一次设备暂态电流要求起决定性作用的故障列表

（每极单 12 脉动换流器接线）

故障类型	故障描述	对哪些一次设备暂态电流要求起决定性作用
E2	换流变压器阀侧三相短路故障	换流变压器阀侧套管与换流器间的交流相母线及相关设备
A	换流阀桥臂短路故障	（1）换流阀；（2）换流阀与直流穿墙套管间的内部母线及相关设备
F	平波电抗器线路侧直流极母线对直流中性母线短路故障	（1）平波电抗器；（2）平波电抗器线路侧直流极母线
G	平波电抗器线路侧直流极母线接地故障	（1）平波电抗器；（2）平波电抗器线路侧直流极母线

对于平波电抗器及其线路侧直流极母线设备，起决定性作用的应是故障 F，即发生平波电抗器线路侧直流极母线对直流中性母线短路故障时，故障电流最大。根据 DL/T 5223《高压直流换流站设计技术规定》，国内直流场典型布置中直流极母线和直流中性母线间的距离足够大，故障 F 实际上是不可能发生的，故工程中多采用平波电抗器线路侧直流极母线接地故障（故障 G），来确定平波电抗器及其线路侧直流极母线设备暂态电流要求。

本章暂态过电流计算以整流站为讨论对象，并给出推导过程及结论；逆变站物理量以下标 I 表示，其暂态过电流计算仅给出结论（推导过程与整流站一致）。直流电流 I_d、直流线路电阻 R_d、6 脉动换流器固有压降 U_T、每极 6 脉动换流器数量 n、电压系数 c 等物理量对整流站及逆变站而言是相同的，不以下标 I 区分。

二、不同故障下暂态过电流计算方法

（一）换流变压器阀侧暂态过电流计算

本条所述故障类型为 E2。发生换流变压器阀侧三相短路故障时的故障电流用来确定换流变压器阀侧套管至换流器间交流母线及相关设备的暂态过电流应力，DL/T 5223 给出其电流峰值计算如下

$$I_{crest} = \frac{U_{vekv}/\sqrt{3}}{X_{SC}}k = \frac{k_1 U_{vmax}/\sqrt{3}}{X_{SC}}k \quad (12-1)$$

式中　U_{vekv}——考虑甩负荷系数后的换流变压器阀侧线电压，kV；

　　U_{vmax}——未考虑甩负荷系数的换流变压器阀侧线电压，kV，其计算见第七章；

　　k_1——甩负荷系数，见式（12-21）；

　　X_{SC}——系统等效阻抗，Ω，见式（12-28）；

　　k——短路电流峰值系数。

系统等效阻抗 X_{SC} 包括：

（1）换流变压器漏抗；

（2）交流 PLC 滤波器等效电抗（若有）；

（3）根据交流系统最大短路容量折算的最小交流系统等效阻抗。

计算中 X_{SC} 一般取最小值，故应考虑换流变压器及 PLC 滤波器的制造公差。

1. 换流变压器阀侧电压最大值 U_{vmax}

DL/T 5426—2009《±800kV 高压直流输电系统成套设计规程》中指出换流变压器阀侧线电压 U_v 与 6 脉动换流器理想空载直流电压 U_{dio} 成正比，即

$$U_v = \frac{\pi}{3\sqrt{2}}U_{dio} \quad (12-2)$$

从一次设备暂态电流要求角度考虑，U_{dio} 取最大值 $U_{dioabsmax}$ 时对应换流变压器阀侧电压最大值 U_{vmax}。U_{dio}、U_{diomax}、$U_{dioabsmax}$ 计算详见第七章。

2. 甩负荷系数 k_1

计算甩负荷系数 k_1 前需首先计算故障发生前一时刻换流站单极输出的有功功率 P_{pre} 及无功功率 Q_{pre}。当换流变压器阀侧三相短路故障发生在换流站短时过载运行时，短路故障电流幅值最大，这时根据换流站过负荷系数，首先计算过负荷工况下直流电压和直流电流，进而计算 P_{pre}、Q_{pre}（这时换流站已运行在过负荷工况）。

定义换流站过负荷系数为 k_2，这时直流电压为 U_{d_k2}。当发生过负荷时，6 脉动换流器理想空载直流电压 U_{dio} 不应超过其稳态额定运行值 U_{dioN}，即有

$$U_{dio} = \frac{\dfrac{U_{d\_k2}}{n} + U_T + (d_x + d_{xplc} + d_r)\dfrac{k_2 U_{dN}}{U_{d\_k2}} U_{dioN}}{\cos \alpha_N} = U_{dioN}$$

$$(12-3)$$

上式可看作关于直流电压 U_{d_k2} 的一元二次方程，令

$$\left. \begin{array}{l} m = (d_x + d_{xplc} + d_r) k_2 U_{dN} U_{dioN} \\ t = U_{dioN} \cos \alpha_N - U_T \end{array} \right\}$$

$$(12-4)$$

则式（12-3）可化简为

$$\frac{U_{d\_k2}}{n} + \frac{m}{U_{d\_k2}} = t \qquad (12-5)$$

在过负荷运行工况下（过负荷系数为 k_2），以 U_{dio} 不超过 U_{dioN} 为边界条件，直流电压 U_{d_k2}、直流电流 I_{d_k2}、考虑测量误差的直流电流最大值 I_{d_k2max} 分别为

$$U_{d\_k2} = \frac{nt + \sqrt{n^2 t^2 - 4mn}}{2} \qquad (12-6)$$

$$I_{d\_k2} = \frac{2k_2 U_{dN} I_{dN}}{nt + \sqrt{n^2 t^2 - 4mn}} \qquad (12-7)$$

$$I_{d\_k2max} = \frac{2k_2 U_{dN} I_{dN}}{nt + \sqrt{n^2 t^2 - 4mn}} \times (1 + \delta I_{dmeas} + \delta I_{dOLTC})$$

$$(12-8)$$

故障发生前一时刻，换流站单极输出的有功功率 P_{pre} 及无功功率 Q_{pre} 分别为

$$P_{pre} = U_{d\_k2} I_{d\_k2} \qquad (12-9)$$

$$Q_{pre} = 2 I_{d\_k2} U_{dioN} \frac{2u + \sin 2\alpha_N - \sin 2(\alpha_N + \mu)}{4[\cos \alpha_N - \cos(\alpha_N + \mu)]}$$

$$(12-10)$$

式（12-10）中 μ 为换流器换相重叠角，其计算式为

$$\mu = \arccos\left[\cos \alpha_N - 2(d_x + d_{xplc}) \frac{I_{d\_k2}}{I_{dN}} \right] - \alpha_N \quad (12-11)$$

对逆变站而言，故障发生前一时刻 P_{preI}、Q_{preI} 计算式为

$$P_{preI} = U_{dI\_k2} I_{dI\_k2} \qquad (12-12)$$

$$Q_{preI} = 2 \times I_{d\_k2I} \times U_{dioNI} \times \frac{2u_I + \sin 2\gamma_N - \sin 2(\gamma_N + \mu_I)}{4 \times [\cos \gamma_N - \cos(\gamma_N + \mu_I)]}$$

$$(12-13)$$

$$\mu_I = \arccos\left[\cos \gamma_N - 2(d_{xI} + d_{xplcI}) \times \frac{I_{d\_k2I}}{I_{dNI}} \right] - \gamma_N$$

$$(12-14)$$

换流阀桥臂短路故障后，控制保护系统将闭锁故障极的 12 脉动换流器，进而引起换流变压器阀侧甩负荷。由于传输功率的降低，系统等效阻抗上的压降随之减小，故换流变压器系统侧及阀侧电压均将增大［增大程度由甩负荷系数 k_1 表示，见式（12-16）］。定义 S_{SC} 为交流系统短路容量，φ 为功率因数角，$S = P_{pre} + jQ_{pre}$ 为换流站单极输出视在功率，则换流站稳态运行及甩负荷时电压相量图如图 12-2 所示。

对换流站而言不论稳态运行还是由于故障导致甩负荷，式（12-15）始终成立，即

$$U_{s\_ph}^2 = \left(\frac{U_L}{\sqrt{3}} + \Delta U \sin \varphi \right)^2 + (\Delta U \cos \varphi)^2 \quad (12-15)$$

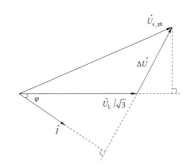

图 12-2　每极单 12 脉动换流器接线稳态运行电压相量图

U_{s_ph}—交流系统相电压；U_L—换流变压器网侧线电压

定义甩负荷系数 k_1 为交流系统相电压与换流变压器网侧相电压之比，即

$$k_1 = \frac{U_{s\_ph}}{\dfrac{U_L}{\sqrt{3}}} \qquad (12-16)$$

将式（12-15）代入式（12-16），得

$$k_1 = \frac{U_{s\_ph}}{U_L} \times \sqrt{3} = \sqrt{\left(1 + \frac{\Delta U}{U_L} \times \sqrt{3} \sin \varphi \right)^2 + \left(\frac{\Delta U}{U_L} \times \sqrt{3} \cos \varphi \right)^2}$$

$$(12-17)$$

系统等效阻抗 X_L 上的压降 ΔU 为

$$\Delta U = X_L I = \frac{U_L^2}{S_{SC}} \times \frac{S}{\sqrt{3} \times U_L} = \frac{U_L \times S}{\sqrt{3} \times S_{SC}} \quad (12-18)$$

由式（12-18）可知，压降 ΔU 与换流变压器网侧相电压满足

$$\frac{\Delta U}{U_L} \times \sqrt{3} = \frac{S}{S_{SC}} \qquad (12-19)$$

将式（12-19）代入式（12-17）有

$$k_1 = \sqrt{\left(1 + \frac{S}{S_{SC}} \times \sin\varphi\right)^2 + \left(\frac{S}{S_{SC}} \times \cos\varphi\right)^2} = \sqrt{\left(1 + \frac{Q_{pre}}{S_{SC}}\right)^2 + \left(\frac{P_{pre}}{S_{SC}}\right)^2} \tag{12-20}$$

当换流变压器阀侧发生三相短路故障时，甩负荷系数 k_1 会受换流站运行的无功补偿装置总容量 Q_{total} 的影响，故甩负荷系数 k_1 计算式为

$$k_1 = \sqrt{\left(1 + \frac{Q_{pre}}{S_{SC} - Q_{total}}\right)^2 + \left(\frac{P_{pre}}{S_{SC} - Q_{total}}\right)^2} \tag{12-21}$$

对逆变站而言，甩负荷系数 k_{II} 计算式为

$$k_{II} = \sqrt{\left(1 + \frac{Q_{preI}}{S_{SCI} - Q_{totalI}}\right)^2 + \left(\frac{P_{preI}}{S_{SCI} - Q_{totalI}}\right)^2} \tag{12-22}$$

3. 等效阻抗有名值 X_{SC}

X_{SC} 包括换流变压器漏抗、交流 PLC 滤波器感抗（若有）、交流系统等效阻抗（由短路容量折算）三部分。

（1）换流变压器漏抗有名值 X_t。定义 S_N 为 6 脉动换流器对应的换流变压器额定容量，e_k 为换流变压器短路电压，考虑设备公差 δd_x，则换流变压器漏抗（即换相电抗）阀侧有名值 X_t 为

$$S_N = \frac{\pi}{3} \times U_{dioN} \times I_{dN} \tag{12-23}$$

$$X_t = (1 - \delta d_x) \times e_k \times \frac{U_{vN}^2}{S_N} \tag{12-24}$$

（2）交流 PLC 滤波器感抗有名值 X_{plc}。定义 L_{plc} 为交流 PLC 滤波器电感，则折算至换流变压器阀侧的交流 PLC 滤波器感抗有名值 X_{plc} 为

$$X_{plc} = \frac{100 \times \pi \times L}{U_L^2} U_v^2 \tag{12-25}$$

当换流变压器网侧、阀侧电压均取最大值时，发生换流变压器阀侧三相短路故障的故障电流幅值最大，考虑设备制造公差，则 X_{plc} 计算式为

$$X_{plc} = \frac{100\pi \times L \times (1 - \delta d_x)}{U_{Lmax}^2} \times U_{vmax}^2 \tag{12-26}$$

（3）短路容量折算交流系统等效阻抗有名值 X_L。GB/T 15544—2013《三相交流系统短路电流计算》规定当发生三相短路故障时，为计算系统短路电流，应在短路点附加理想电压源，且在网络中该等效电压源是唯一的有源电压。GB/T 15544 定义电压系数 c 为等效电压源与交流系统额定电压之比，则根据交流系统短路电流折算的系统等效阻抗有名值 X_L（折算至换流变压器阀侧）为

$$X_L = c \times \frac{U_{Lmax}^2}{S_{SC}} \times \frac{U_{vmax}^2}{U_{Lmax}^2} = c \times \frac{U_{vmax}^2}{S_{SC}} \tag{12-27}$$

系统等效阻抗 X_{SC} 按式（12-28）计算

$$\begin{aligned} X_{SC} &= X_t + X_{plc} + X_L \\ &= (1 - \delta d_x) \times e_k \times \frac{U_{vN}^2}{S_N} + \frac{100 \times \pi \times L \times (1 - \delta d_x)}{U_{Lmax}^2} \times U_{vmax}^2 + \\ &\quad c \times \frac{U_{vmax}^2}{S_{SC}} \end{aligned} \tag{12-28}$$

对逆变站而言，等效阻抗有名值 X_{SCI} 计算式为

$$S_{NI} = \frac{\pi}{3} \times U_{dioNI} \times I_{dN} \tag{12-29}$$

$$\begin{aligned} X_{SCI} &= (1 - \delta d_{xI}) \times e_{kI} \times \frac{U_{vNI}^2}{S_{NI}} + \frac{100 \times \pi \times L \times (1 - \delta d_{xI})}{U_{LmaxI}^2} \times \\ &\quad U_{vmaxI}^2 + c \times \frac{U_{vmaxI}^2}{S_{SCI}} \end{aligned} \tag{12-30}$$

4. 短路电流峰值系数 k

GB/T 15544—2013《三相交流系统短路电流计算》规定：短路电流峰值系数取值与系统短路比（Short Circuit Ratio，SCR）有关。表 12-2 给出了短路电流峰值系数取值与系统短路比的对应关系，当短路比取 1~14 区间内的其他值时，短路电流峰值系数 k 取值采用线性插值法确定。

表 12-2　不同短路比 SCR 下短路电流峰值系数

SCR	1	1.5	2	3	4	5	6	8	10	14
k	1.51	1.64	1.76	1.95	2.09	2.19	2.27	2.38	2.46	2.55

当短路比大于 14 时，短路电流峰值系数 k 取值由换流站容量决定：当换流站容量小于 100MVA 时 k 取 2.55；当换流站容量大于 100MVA 时 k 取 2.69。

（二）换流阀暂态过电流计算

本款所述故障类型为 A。发生换流阀桥臂短路故障时的故障电流，用来确定换流阀及换流阀与直流穿墙套管间的内部母线的暂态过电流。当换流阀桥臂短路故障（串联晶闸管闪络或误导通）发生在系统过负荷运行时（过负荷系数为 k_2）暂态过电流值最大。

1. 短路过程分析

换流阀桥臂短路故障时暂态过电流计算简化示意图如图 12-3 所示。

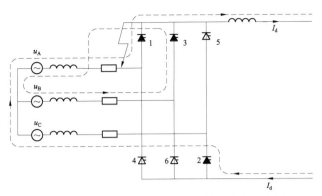

图 12-3 6 脉动换流器阀 1 短路故障简化示意图

假设故障发生在线电压 U_{BA} 自然过零点，触发角为 α_3。

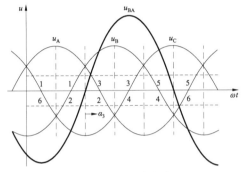

图 12-4 阀 3 换相电压

从图 12-4 中可以看出，故障发生前一时刻，阀 1、阀 2 导通将交流线电压 u_{AC} 接至直流侧正负极线间。u_{BA} 自然过零点后，6 脉动换流器的电流动态分配为：① 阀 1 承受反向电压，流经晶闸管电流逐渐减小直至降为零；② 直流电流从阀 1 换相至阀 3；③ 阀 2 的回流能力保持不变。

若未发生阀 1 短路故障，则流经阀 3 电流增大至稳态运行值，同时阀 1 承受反向电压关断，从而完成该换相过程；但这时由于阀 1 发生短路故障，不具备阻断电压能力，故在流经阀 3 电流增大至稳态运行值后，由于线电压 u_{BA} 仍旧大于零，会形成短路回路，其流通路径为阀 3—阀 1（已短路）—u_A 相—u_B 相—阀 3。这时流经阀 3 的电流会继续上升。当阀 3 电流升高至保护阈值后，控制保护系统将同时闭锁故障极的 2 个 6 脉动换流器，半个工频周期内直流电流降为零，故流经阀 3 的故障电流第一个峰值为交流回路故障电流减去直流电流 I_d 的一半（若未发生阀 1 短路故障，则直流电流流通路径为直流中性母线—阀 2—u_C 相—u_B 相—阀 3—正极直流极母线；但此时由于阀 1 发生短路故障，直流电流将新增一个流通路径，具体为直流中性母线—阀 2—u_C 相—u_A 相—阀 1—正极直流极母线。两条直流电流流通路径阻抗特性基本一致，故各承担一半的直流电流，即 $I_d/2$）。

为应对可能出现的闭锁故障，换流阀应设计为能承受第

2、3 峰值（三个工频周期后，换流阀交流侧断路器跳开，确保换流阀不承受故障电压），因为这时直流电流已衰减为零，故流经阀 3 的短路故障电流第 2、3 峰值（换流器闭锁故障，由交流断路器动作实现故障隔离）相对第 1 峰值（换流器顺利闭锁，实现故障隔离）稍大。

2. 短路电流计算

DL/T 5223《高压直流换流站设计技术规定》给出发生换流阀桥臂短路故障时暂态过电流峰值如式（12-31）所示，这时 6 脉动换流器阀 1 短路故障等效电路图如图 12-5 所示，其中 U_{dioekv} 为考虑甩负荷系数 k_1 后的 U_{dio}。

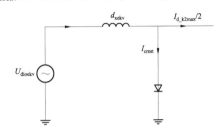

图 12-5 6 脉动换流器阀 1 短路故障等效电路图

暂态过电流第 1 个峰值 $I_{\text{crest\_1st pulse}}$（此时换流器顺利闭锁，实现故障隔离）为

$$I_{\text{crest\_1st pulse}} = \frac{I_{dN} k_1 \times U_{dio}}{2 \times d_{xekv} \times U_{dioN}} \times (1 + \cos\alpha_{min}) - \frac{I_{d\_k_2max}}{2}$$

（12-31）

式中 I_{dN}——额定直流电流，kA；

k_1——甩负荷系数，见式（12-21）；

U_{dio}——6 脉动换流器理想空载输出电压，kV，见式（12-34）；

U_{dioN}——6 脉动换流器额定理想空载输出电压，kV，其计算见第七章；

d_{xekv}——等效阻抗标幺值，见式（12-41）；

I_{d_k2max}——考虑过负荷工况及测量误差的直流电流最大值，kA，见式（12-8）；

α_{min}——最小触发角，（°）。

换流阀应设计为能承受第 2、3 峰值（换流器闭锁故障，由交流断路器动作实现故障隔离），这时直流电流已衰减为零，故 $I_{\text{crest\_3rd pulse}}$ 为

$$I_{\text{crest\_3rd pulse}} = \frac{I_{dN} \times k_1 \times U_{dio}}{2 \times d_{xekv} \times U_{dioN}} \times (1 + \cos\alpha_{min})$$ （12-32）

（1）6 脉动换流器理想空载直流电压 U_{dio}，其计算如式为

$$\frac{U_d}{n} = U_{dio} \times \cos\alpha - (d_x + d_{xplc} + d_r) \times \frac{I_d}{I_{dN}} \times U_{dioN} - U_T$$

（12-33）

发生换流阀桥臂短路故障时，故障前一时刻不同触发角 α 及理想空载直流电压 U_{dio} 对应不同暂态过电流幅值；在相同 α 及 U_{dio} 工况下，暂态过电流幅值也因相对感性压降标幺值 d_x、

213

交流系统短路容量 S_{SC} 不同（主要影响交流系统等效阻抗）而存在差异，因此在根据式（12-33）计算 U_{dio} 时，应首先明确故障发生前一时刻换流站运行工况，即：

U_d——考虑测量误差的直流电压最大值 U_{dmax}，kV；

I_d——考虑过负荷工况及测量误差的直流电流最大值 I_{d_k2max}，kA；

d_x——换流变压器漏抗及交流 PLC 滤波器电抗引起的感性压降标幺值最小值 d_{xmin}；

α——触发角取最小值 α_{min}，（°）。

严格来说上述取值中 U_d 与 I_d 一样，应同时考虑过负荷工况及测量误差［这时 U_d 应由式（12-6）决定，$U_d = U_{d\_k2}$］，但实际应用中一般偏保守考虑，仅对 I_d 考虑过负荷工况而认为 U_d 取额定双极运行工况下计及测量误差的直流电压最大值［这时 U_d 的计算见第七章，即 $U_d = U_{dmax}$］。将 U_{dioN}、I_{dN}、δI_{dmeas}、δI_{dOLTC}、d_x、d_{xplc}、d_r、δd_x、α_{min} 代入式（12-33），得

$$U_{dio} = \frac{\dfrac{U_{dmax}}{n} + [(d_x + d_{xplc}) \times (1-\delta d_x) + d_r] \times \dfrac{I_{d\_k2max}}{I_{dN}} \times U_{dioN} + U_T}{\cos\alpha_{min}}$$

$$(12-34)$$

对逆变站而言，6 脉动换流器理想空载直流电压 U_{dioI} 计算式为

$$U_{dioI} = \left\{ \frac{U_{dmax} - R_{dmin} \times I_{dmax}}{n} + [(d_{xI} + d_{xplcI}) \times (1-\delta d_{xI}) - d_{rI}] \times \frac{I_{d\_k2maxI}}{I_{dN}} \times U_{dioNI} - U_T \right\} / \cos\gamma_{min}$$

$$(12-35)$$

（2）甩负荷系数 k_1。发生换流阀桥臂短路故障时，甩负荷系数 k_1 的计算与换流变压器阀侧三相短路故障一致，这里不再赘述。定义 U_{dioekv} 为考虑甩负荷系数后的换流阀桥臂短路故障时理想空载直流电压，则 U_{dioekv} 计算式为

$$U_{dioekv} = k_1 U_{dio} \qquad (12-36)$$

（3）等效阻抗标幺值 d_{xekv}。当发生换流阀桥臂短路故障时，需首先明确阻抗基值 Z_B，进而计算等效阻抗标幺值 d_{xekv}。DL/T 5223《高压直流换流站设计技术规定》给出换流变压器漏抗标幺值 d_x 计算式为

$$d_x = \frac{3X_t}{\pi} \times \frac{I_{dN}}{U_{dioN}} \times (1-\delta d_x) \approx \frac{e_k}{2} \times (1-\delta d_x) \qquad (12-37)$$

由式（12-37）可知阻抗基值 Z_B 为

$$Z_B = \frac{\pi}{3} \times \frac{U_{dioN}}{I_{dN}} \qquad (12-38)$$

将式（12-38）分别代入式（12-26）、式（12-27），则交流 PLC 滤波器感抗标幺值 d_{xplc} 及短路容量折算交流系统等效阻抗标幺值 d_{xL} 分别为

$$d_{xplc} = \frac{X_{plc}}{Z_B} = \frac{100 \times \pi \times L \times (1-\delta d_x)}{U_{Lmax}^2} \times U_{vmax}^2 \times \frac{3}{\pi} \times \frac{I_{dN}}{U_{dioN}}$$

$$(12-39)$$

$$d_{xL} = \frac{X_L}{Z_B} = c \times \frac{U_{vmax}^2}{S_{SC}} \times \frac{3}{\pi} \times \frac{I_{dN}}{U_{dioN}} \qquad (12-40)$$

等效阻抗标幺值 d_{xekv} 计算如下

$$d_{xekv} = d_x + d_{xplc} + d_{xL} \qquad (12-41)$$

（三）换流器暂态过电流计算

本款所述故障类型为 B1~B4，故障地点均位于换流变压器阀侧套管与换流阀之间。当故障发生时，控制保护系统将闭锁换流器并触发旁通对。根据接地故障位置不同，施加在短路回路中的驱动电压及短路回路中的等效阻抗也不相同。定义 X_t 为 Yy 换流变压器换相电抗；$3X_t$ 为 Yd 换流变压器换相电抗；X_{sm} 为中性母线平波电抗器电感；X_e 为故障回路线路电感。

1. 故障 B1

故障 B1 为 Yd 换流变压器阀侧单相接地故障，假设故障发生在 A 相，则短路故障电流路径如图 12-6 粗实线所示。

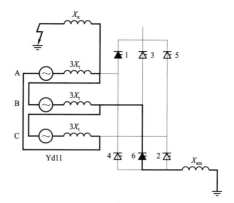

图 12-6 Yd 换流变压器阀侧单相接地
故障短路电流路径（故障 B1）

此时短路回路驱动电压为 Yd 换流变压器阀侧线电压 U_{AB_Yd}，故障 B1 等效电路图见图 12-7。

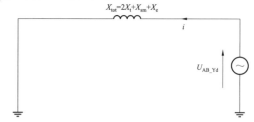

图 12-7 故障 B1 等效电路图

发生故障 B1 时短路电流幅值为

$$I_{B1} = \frac{(1+\cos\alpha) \times \sqrt{2} U_v}{2X_t + X_{sm} + X_e} \qquad (12-42)$$

当 Yd 换流变压器阀侧单相直接接地时，故障 B1 的最大暂态过电流等同于换流阀桥臂短路故障。考虑到中性母线平波

电抗器、故障回路线路电感的作用，故障 B1 的最大暂态过电流数值会降低，且小于换流阀桥臂短路故障时的电流最大值。

2. 故障 B2

故障 B2 为 Yy 换流变压器阀侧单相接地故障，假设故障发生在 A 相，则短路故障电流路径如图 12－8 粗实线所示。

这时短路回路驱动电压为 Yy、Yd 两个 6 脉动换流器交流侧线电压之和 $U_{AB\_Yy} + U_{AB\_Yd}$，故障 B2 等效电路图如图 12－9 所示。

$$X_{tot} = 4X_t + X_{sm} + X_e$$

则发生故障 B2 时短路电流幅值为

$$I_{B2} = \frac{[\cos15° - \cos(120° - \alpha)] + [\cos15° - \cos(150° - \alpha)] \times U_v \times \sqrt{2}}{4X_t + X_{sm} + X_e}$$

（12－43）

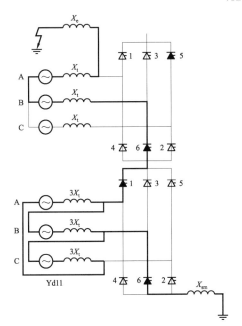

图 12－8　Yy 换流变压器阀侧单相接地
故障短路电流路径（故障 B2）

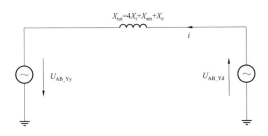

图 12－9　故障 B2 等效电路图

故障 B2 对换流阀厅内一次设备参数选择不起决定性作用。

3. 故障 B3

故障 B3 为两个 6 脉动换流器间母线接地故障。当发生该故障时，初始情况同故障 B1；然后控制保护系统导通旁通对

并闭锁换流器，故障电流以时间常数 L/R 呈指数衰减。故障 B3 暂态过电流幅值计算公式同故障 B1。

4. 故障 B4

故障 B4 为 Yy 换流变压器阀侧中性点接地故障。发生该故障后，控制保护系统将启动直流差动保护，闭锁换流器并导通 Yd 换流器的旁通对。构成旁通对的两个换流桥臂，其中之一为发生故障前 Yd 换流器正常导通桥臂，另一桥臂虽然在保护动作初始时刻即收到导通指令，但必须等下一个工频周期承受正向电压后才会导通，因此 Yd 换流器旁通对的实际导通时间滞后于直流差动保护启动约一个工频周期。

故障 B4 下暂态过电流计算可分为两个阶段：第一阶段为发生故障到旁通对导通前，电流应力分析类似故障 B2，短路回路驱动电压为两个 6 脉动换流器阀侧线电压之和，暂态过电流计算式为

$$I_{B4\_1st\,pulse} = \frac{1 - \cos(120° - \alpha_{min})}{3X_t + X_{sm} + X_e} \times \frac{\pi \times U_{dioabsmax}}{3} \times \left(1 + \frac{1}{\sqrt{3}}\right)$$

（12－44）

第二阶段为旁通对导通后，这时短路回路驱动电压为 Yy 换流变压器阀侧相电压，短路电流路径如图 12－10 所示。

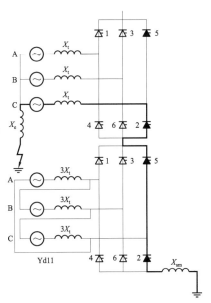

图 12－10　Y 接换流器交流侧接地故障短路
电流路径（故障 B4，旁通对导通后）

故障 B4 第二阶段暂态过电流计算式为

$$I_{B4\_2nd\,pulse} = \frac{2\sqrt{2}}{X_t + X_{sm} + X_e} \times \frac{U_v}{\sqrt{3}}$$

（12－45）

故障 B4 对换流阀厅内一次设备参数选择不起决定性作用。

（四）平波电抗器暂态过电流计算

本款所述故障类型为 G。当发生平波电抗器线路侧直流极母线接地故障时，流经平波电抗器的暂态过电流最大，这时暂态过电流计算如式（12－46）所示

$$I_{dcrest} = \frac{I_{dN}}{\sqrt{3} \times (d_x + d_{xplc}) \times (1 - \delta d_x)} \times \frac{U_{dio}}{U_{dioN}} \qquad (12-46)$$

其中 I_{dN} 为额定直流电流；U_{dioN} 为额定理想空载直流电压；d_x 为相对感性压降；U_{dio} 为发生短路故障发生前一时刻的 6 脉动换流器理想空载直流电压。当 $U_{dio} = U_{dioabsmax}$ 时流经平波电抗器的故障电流最大，这时换流器两端压降为零；同时由于故障电流会一定程度引起交流母线电压跌落，从而降低 U_{dio}，因此故障电流实际值比式（12-46）计算值要低。

故障电流上升率 di/dt 由换流器两端电压及线路电感决定。当控制保护系统动作并导通旁通对时，换流器两端电压降为零，这时故障电流达到最大值。当换流器被闭锁旁通对导通后，由于平波电抗器中存储的磁能，故障电流将继续在回路中流通。考虑到线路阻抗，故障电流将以时间常数 L/R 呈指数衰减，其中 L 为平波电抗器及回路电感，R 为考虑平波电抗器损耗及旁通对损耗在内的等效电阻。

对逆变站而言，平波电抗器暂态过电流计算式为

$$I_{dcrestI} = \frac{I_{dN}}{\sqrt{3} \times (d_{xI} + d_{xplcI}) \times (1 - \delta d_{xI})} \times \frac{U_{dioI}}{U_{dioNI}} \qquad (12-47)$$

式中 U_{dioI} 取 $U_{dioabsmaxI}$。

（五）直流母线暂态过电流计算

（1）对平波电抗器线路侧直流极母线而言，电流分析结果与平波电抗器相同。

（2）对直流中性母线而言，"平波电抗器暂态过电流计算"一节中分析的整流工况最小触发角时的平波电控器故障电流幅值，即为中性线故障电流峰值，同时也是直流中性母线暂态过电流幅值。

第二节　每极双 12 脉动换流器及背靠背换流器接线暂态过电流分析

一、每极双 12 脉动换流器接线暂态过电流分析

（一）故障类型

根据不同故障位置，可以将图 12-11 中所示每极双 12 脉动换流器接线站内故障分为 A~G 七类，分类依据与本章第一节每极单 12 脉动换流器接线一致：

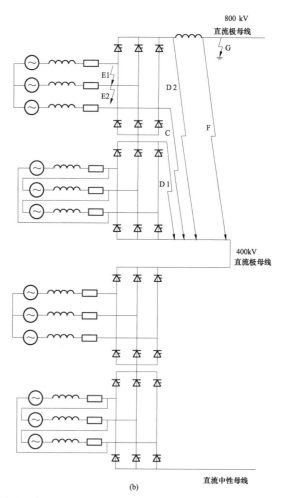

图 12-11　每极双 12 脉动换流器接线站内故障示意图

（a）阀故障及换流器接地故障；（b）交流短路故障及极线短路故障

（1）故障 A：高端 Yy 换流阀桥臂短路故障。

（2）故障 B：接地故障，具体包括：

B1：高端 Yd 换流变压器阀侧单相接地故障；

B2：高端 Yy 换流变压器阀侧单相接地故障；

B3：两个高压 6 脉动换流器间母线接地故障；

B4：高端 Yy 换流变压器阀侧中性点接地故障；

B5：平波电抗器阀侧 800kV 直流极母线接地故障。

（3）故障 C：高端 Yy 换流变压器阀侧单相对直流中性线短路故障。

（4）故障 D：换流器对中性母线短路故障，具体包括：

D1：高压 12 脉动换流器中点对 400kV 直流极母线短路故障；

D2：平波电抗器阀侧 800kV 直流极母线对直流中性母线短路故障。

（5）故障 E：高端 Yy 换流器交流侧短路故障，具体包括：

E1：两相短路故障；

E2：三相短路故障。

（6）故障 F：平波电抗器线路侧 800kV 直流极母线对 400kV 直流极母线短路故障。

（7）故障 G：平波电抗器线路侧 800kV 直流极母线接地故障。

（二）不同故障下暂态过电流计算方法

图 12-11 中所示极 I 高压换流器（12 脉动）的接地、短路各种故障分析过程及暂态过电流计算公式，与每极单 12 脉动换流器接线基本一致，区别仅在于计算暂态过电流幅值时，下列参数典型值相对每极单 12 脉动换流器接线而言有明显改变，需根据不同工程的实际情况选取：① 额定直流电压；② 额定直流电流；③ 每极 6 脉动换流器数量；④ 换流变压器阀侧电压额定值；⑤ 换流变压器感性压降标幺值；⑥ 故障前输出有功、无功功率；⑦ 无功补偿总容量。

每极双 12 脉动换流器接线的主要一次设备暂态电流要求由表 12-3 中几种故障决定。

表 12-3　对一次设备暂态电流要求起决定性作用的故障列表
（每极双 12 脉动换流器接线）

故障类型	故障描述	对哪些一次设备暂态电流要求起决定性作用
E2	换流变压器阀侧三相短路故障	换流变压器阀侧套管与换流器间的交流相母线及相关设备

续表

故障类型	故障描述	对哪些一次设备暂态电流要求起决定性作用
A	换流阀桥臂短路故障	（1）换流阀；（2）换流阀与直流穿墙套管间的内部母线及相关设备
F	平波电抗器线路侧 800kV 直流极母线对 400kV 直流极母线短路故障	（1）平波电抗器；（2）平波电抗器线路侧直流极母线
G	平波电抗器线路侧 800kV 直流极母线接地故障	（1）平波电抗器；（2）平波电抗器线路侧直流极母线

二、背靠背换流器接线暂态过电流分析

（一）故障类型

背靠背换流器一般采用两个单 12 脉动换流器直流侧直接连接，用以实现异步电网互联。根据 12 脉动中点接地情况，背靠背换流器的接线方式可分为单极对称接线和单极不对称接线。单极对称接线相当于每极单 6 脉动换流器接线，本节从略。以单极不对称接线的背靠背换流器为例，根据不同故障位置可以将图 12-12 中背靠背换流器故障分为 A~G 七类，其中分类依据及故障名称与每极单 12 脉动换流器接线完全一致，这里不再赘述。

（二）不同故障下暂态过电流计算方法

当背靠背换流器发生换流变压器阀侧三相短路故障（故障 E2）及换流阀桥臂短路故障（故障 A）时，暂态过电流计算步骤与每极单 12 脉动换流器接线完全一致。

当背靠背换流器发生直流侧故障时，每极单 12 脉动换流器接线稍有不同，后者由于直流场典型布置中直流极母线和直流中性母线间的距离足够大，直流极母线对直流中性母线短路故障（故障 F）实际上是不可能发生的，故工程中均采用平波电抗器线路侧直流极母线接地故障（故障 G），来确定平波电抗器及其线路侧直流极母线设备暂态电流要求。背靠背换流器直流侧均位于阀厅内，故直流极母线对直流中性母线短路故障（故障 F）和直流极母线接地故障（故障 G）均有可能发生，但这时两者在暂态过电流幅值计算公式上没有差异，均可用式（12-55）来计算暂态过电流。

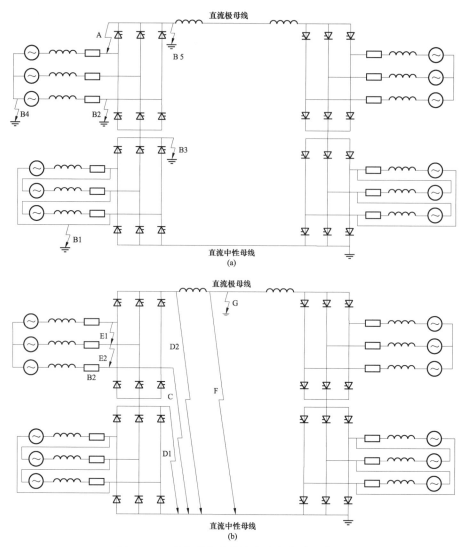

图 12-12 背靠背换流器接线站内故障示意图

（a）阀故障及换流器接地故障；（b）交流短路故障及极线短路故障

背靠背换流器接线的主要一次设备暂态电流要求由表 12-4 中几种故障决定。

表 12-4 对一次设备暂态电流要求起
决定性作用的故障列表
（背靠背换流器接线）

故障类型	故障描述	对哪些一次设备暂态电流要求起决定性作用
E2	换流变压器阀侧三相短路故障	换流变压器阀侧套管与换流器间的交流相母线及相关设备
A	换流阀桥臂短路故障	（1）换流阀；（2）换流阀与直流穿墙套管间的内部母线及相关设备
F	平波电抗器线路侧直流极母线对直流中性母线短路故障	（1）平波电抗器；（2）平波电抗器线路侧直流极母线

续表

故障类型	故障描述	对哪些一次设备暂态电流要求起决定性作用
G	平波电抗器线路侧直流极母线接地故障	（1）平波电抗器；（2）平波电抗器线路侧直流极母线

第三节　暂态过电流计算算例

一、算例概述

参考国内现有工程，本节将给出 4 个实际算例，其中每极单 12 脉动换流器接线算例 2 个，每极双 12 脉动换流器接线算例 2 个；额定直流电压包括 ±500、±660、±800kV；交流系统接入电压包括 330、500kV 及 750kV；额定直流功率分别为3000、4000、5000、8000MW。4个算例的交、直流系统主要参数见表12-5。

表12-5　4个算例的交、直流系统主要参数

参　　数	算例 12-1	算例 12-2	算例 12-3	算例 12-4
额定交流电压 U_{LN}（kV）	525	345	525	765
最大持续运行电压 U_{Lmax}（kV）	550	365	550	800
额定直流电压 U_{dN}（kV）	500	660	800	800
额定直流电流 I_{dN}（kA）	3	3.03	3.125	5
额定直流功率 P_N（MW）	3000	4000	5000	8000
短路比 SCR	15	7.1	10	15
短路电流冲击系数 k	2.69	2.38	2.46	2.69
最大短路容量 S_{sc}（MVA）	60 015	37 647	57 288	87 296
无功补偿总容量 Q_{total}（MVar）	1181	2055	3366	4720

二、详细计算

针对【算例12-1】，本条首先给出详细的计算输入参数，然后分别计算当发生换流变压器阀侧三相短路故障、换流阀桥臂短路故障、平波电抗器线路侧直流极母线接地故障等故障时的暂态过电流，然后以表格形式汇总：

（1）整流站运行且考虑系统等效阻抗；

（2）整流站运行且换流站连接无穷大系统；

（3）逆变站运行且考虑系统等效阻抗；

（4）逆变站运行且换流站连接无穷大系统。

这四种不同系统条件下，各典型故障的暂态过电流计算结果。

针对【算例12-2】～【算例12-4】，不再赘述暂态过电流计算过程，但同样给出详细的计算输入参数，并汇总：

（1）整流站运行且考虑系统等效阻抗；

（2）整流站运行且换流站连接无穷大系统；

（3）逆变站运行且考虑系统等效阻抗；

（4）逆变站运行且换流站连接无穷大系统。

这四种不同系统条件下，各典型故障的暂态过电流计算结果。

上述【算例12-1】～【算例12-4】系统条件均为整流站数据，计算逆变站运行工况时，仍采用对应相同的系统条件，即认为换流站由整流方式运行转为逆变方式运行。

【算例12-1】

1. 计算条件

【算例12-1】的详细计算条件见表12-6。

表12-6　【算例12-1】计算条件

参　　数	数值
系统参数	
额定交流电压 U_{LN}（kV）	525
最大持续运行电压 U_{Lmax}（kV）	550
额定直流电压 U_{dN}（kV）	500
额定直流电流 I_{dN}（kA）	3
额定直流功率 P_N（MW）	3000
最大短路容量 S_{sc}（MVA）	60 015
无功补偿总容量 Q_{total}（Mvar）	1181
线路直流电阻额定值 R_{dN}（Ω）	8.0
线路直流电阻最小值 R_{dmin}（Ω）	8.0
每极6脉动换流器数量 n	2
短路比 SCR	15
短路电流冲击系数 k	2.69
过负荷系数 k_2	1.3
电压系数 c	1.1
设备参数	
换流变压器相对感性压降标幺值 d_x（%）	8
换流变压器相对阻性压降标幺值 d_r（%）	0.3
6脉动换流器的固有压降 U_T（kV）	0.3
交流PLC滤波器电感值 L（mH）	2
额定触发角 α_N（°）	15
额定关断角 γ_N（°）	17
触发角控制范围 $\Delta\alpha$（°）	±2.5
关断角控制范围 $\Delta\gamma$（°）	±1
最小触发角 α_{min}（°）	5
换流变压器分接头档距对应直流电压变化率 δU_{dOLTC}（%）	1.25
换流变压器分接头档距对应直流电流变化率 δI_{dOLTC}（%）	1.25
误差	
换流变压器感抗制造公差 δd_x（%）	5
直流电压测量误差 δU_{dmeas}（%）	1
直流电流测量误差 δI_{dmeas}（%）	0.3
电压互感器测量误差 δU_{dio}（%）	1.0

2. 整流工况计算

（1）换流变压器阀侧三相短路故障。$U_{dN}=500\text{kV}$、$I_{dN}=3\text{kA}$、$\delta U_{dmeas}=0.01$、$\delta I_{dmeas}=0.003$、$\delta U_{dOLTC}=0.012\,5$、$\delta I_{dOLTC}=0.012\,5$，则

$$\begin{cases} U_{dmax}=U_{dN}(1+\delta U_{dOLTC}+\delta U_{dmeas}) \\ \qquad =500\times(1+0.0125+0.01)=511.25\,(\text{kV}) \\ I_{d\_U_{dmax}}=I_{dN}(1-\delta I_{dOLTC}+\delta I_{dmeas}) \\ \qquad =3\times(1-0.0125+0.003)=2.9715\,(\text{kA}) \end{cases}$$

则此时 U_{dioN} 及 U_{diomax} 为

$$U_{dioN}=\dfrac{\dfrac{U_{dN}}{n}+U_T}{\cos\alpha_N-(d_x+d_{xplc}+d_r)}$$
$$=\dfrac{\dfrac{500}{2}+0.3}{\cos15°-(0.08+0.002+0.003)}$$
$$=284.14\,(\text{kV})$$

U_{diomax}

$$=\dfrac{\dfrac{U_{dmax}}{n}+U_T+[(d_x+d_{xplc})\times(1+\delta d_x)+d_r]\times\dfrac{I_{d\_U_{dmax}}}{I_{dN}}\times U_{dioN}}{\cos(\alpha_N-\Delta\alpha)}$$
$$=\dfrac{\dfrac{511.25}{2}+0.3+[0.082\times(1+0.05)+0.003]\times\dfrac{2.9715}{3}\times284.13}{\cos(15°-2.5°)}$$
$$=287.84\,(\text{kV})$$

由上述计算结果及 $\delta U_{dio}=0.01$、$\delta U_{dOLTC}=0.012\,5$，得

$$U_{dioabsmax}=(1+\Delta U_{dio})(U_{diomax}+1.5\times\Delta U_{dOLTC}\times U_{dioN})$$
$$=(1+0.01)\times(287.84+1.5\times0.0125\times284.14)$$
$$=296.09\,(\text{kV})$$

此时换流变压器阀侧额定电压 U_{vN} 及最大电压 U_{vmax} 分别为

$$U_{vN}=\dfrac{\pi}{3\sqrt{2}}\times U_{dioN}=\dfrac{\pi}{3\sqrt{2}}\times284.14=210.4\,(\text{kV})$$
$$U_{vmax}=\dfrac{\pi}{3\sqrt{2}}\times U_{dioabsmax}=\dfrac{\pi}{3\sqrt{2}}\times296.09=219.92\,(\text{kV})$$

单极甩负荷系数 k_1 计算如下。假定故障发生前一时刻过负荷系数 k_2 为 1.3，将其代入式（12-4），可知过负荷 1.3p.u. 工况下关于直流电压 U_{d_k2} 方程的系数 m、t 分别为 $m=15\,705$，$t=274$，再将 m、t、n 分别代入式（12-6）～式（12-8）可知此时直流电压 U_{d_k2}、直流电流 I_{d_k2} 及 I_{d_k2max} 分别为

$$U_{d\_k_2}=\dfrac{nt+\sqrt{n^2t^2-4mn}}{2}$$
$$=\dfrac{2\times274+\sqrt{4\times274^2-4\times15\,705\times2}}{2}$$
$$=483.34\,(\text{kV})$$

$$I_{d\_k_2}=\dfrac{k_2\times U_{dN}\times I_{dN}}{U_{d\_k_2}}=\dfrac{1.3\times500\times3}{483.34}=4.03\,(\text{kA})$$

$$I_{d\_k_2max}=I_{d\_k_2}\times(1+\delta I_{dmeas}+\delta I_{dOLTC})$$
$$=4.03\times(1+0.0125+0.003)$$
$$=4.1\,(\text{kA})$$

根据式（12-11）计算换相重叠角 μ 为

$$\mu=\arccos\left[\cos\alpha_N-2\times(d_x+d_{xplc})\times\dfrac{I_{d\_k_2}}{I_{dN}}\right]-\alpha_N$$
$$=\arccos\left(\cos15°-2\times0.082\times\dfrac{4.03}{3}\right)-15°$$
$$=26.82°$$

则故障发生前一时刻换流站单极 P_{pre}、Q_{pre} 分别为

$$P_{pre}=U_{d\_k_2}\times I_{d\_k_2}=483.34\times4.03=1950\,(\text{MW})$$

$$Q_{pre}=2\times I_{d\_k_2}\times U_{dioN}\times\dfrac{2u+\sin2\alpha_N-\sin2(\alpha_N+\mu)}{4\times[\cos\alpha_N-\cos(\alpha_N+\mu)]}$$
$$=2\times4.07\times284.14\times$$
$$\dfrac{2\times26.82°+\sin(2\times15°)-\sin2\times(26.82°+15°)}{4\times[\cos15°-\cos(15°+26.82°)]}$$
$$=1148.86\,(\text{Mvar})$$

换流站无功补偿装置总容量 Q_{total} 为 1181Mvar，则根据式（12-21）计算单极甩负荷系数 k_1 为

$$k_1=\sqrt{\left(1+\dfrac{Q_{pre}}{S_{SC}-Q_{total}}\right)^2+\left(\dfrac{P_{pre}}{S_{SC}-Q_{total}}\right)^2}$$
$$=\sqrt{\left(1+\dfrac{1148.86}{60\,015-1181}\right)^2+\left(\dfrac{1950}{600\,15-1181}\right)^2}$$
$$=1.02$$

等效阻抗有名值 X_{SC} 计算如下。

X_t 为换流变压器漏抗有名值

$$X_t=(1-\delta d_x)\times e_k\times\dfrac{U_{vN}^2}{S_N}$$
$$=(1-0.05)\times0.08\times210.4^2\times\dfrac{3}{\pi\times284.14\times3}$$
$$=7.538\,(\Omega)$$

X_{plc} 为交流 PLC 滤波器感抗有名值

$$X_{plc}=\dfrac{100\times\pi\times L\times(1-\delta d_x)}{U_{Lmax}^2}\times U_{vmax}^2$$
$$=\dfrac{100\times\pi\times0.002\times(1-0.05)}{550^2}\times219.92^2$$
$$=0.095\,(\Omega)$$

X_L 为短路容量折算交流系统等效阻抗有名值

$$X_L=c\times\dfrac{U_{vmax}^2}{S_{SC}}=1.1\times\dfrac{219.92^2}{60\,015}=0.886\,(\Omega)$$

等效阻抗有名值 X_{SC} 为

$$X_{SC}=X_t+X_{plc}+X_L=7.538+0.095+0.886=8.52\,(\Omega)$$

将 $U_{vmax}=219.92\text{kV}$，$X_{SC}=8.52\Omega$，$k_1=1.02$，$k=2.69$ 代入式（12-1），计算发生换流变压器阀侧三相短路故障时阀

侧交流母线最大短路电流 I_{crest} 为

$$I_{crest} = \frac{k_1 \times U_{vmax}/\sqrt{3}}{X_{SC}} \times k = \frac{1.02 \times 219.92}{\sqrt{3} \times 8.52} \times 2.69 = 40.89 \text{ (A)}$$

（2）换流阀桥臂短路故障。将 $U_{dmax} = 511.25\text{kV}$、$U_{dioN} = 284.14\text{kV}$、$I_{d\_k2max} = 4.1\text{kA}$、$I_{dN} = 3.0\text{kA}$、$\delta I_{dOLTC} = 0.012\,5$、$\delta I_{dmeas} = 0.003$、$d_r = 0.003$、$\delta d_x = 0.05$、$\alpha_{min} = 5°$ 代入式（12−43），计算发生换流阀桥臂短路故障前一时刻，6脉动换流器理想空载直流电压 U_{dio} 为

$$U_{dio} = \frac{\dfrac{U_{dmax}}{n} + [(d_x + d_{xplc})(1 - \delta d_x) + d_r] \times \dfrac{I_{d\_k2max}}{I_{dN}} \times U_{dioN} + U_T}{\cos \alpha_{min}}$$

$$= \frac{\dfrac{511.25}{2} + (0.082 \times (1-0.05) + 0.003) \times \dfrac{4.1}{3} \times 284 + 0.3}{\cos 5°}$$

$$= 288.43 \text{ (kV)}$$

系统等效阻抗计算基值 Z_B 为

$$Z_B = \frac{\pi}{3} \times \frac{U_{dioN}}{I_{dN}} = \frac{\pi}{3} \times \frac{284.14}{3} = 99.19 \text{ (}\Omega\text{)}$$

等效阻抗标幺值 d_{xekv} 为

$$d_{xekv} = d_x + d_{xplc} + d_{xL} = d_x \times (1 - \delta d_x) + \frac{X_{plc}}{Z_B} + \frac{X_L}{Z_B}$$

$$= 0.08 \times (1 - 0.05) + \frac{0.095}{99.19} + \frac{0.886}{99.19}$$

$$= 0.076 + 0.001 + 0.009$$

$$= 0.086$$

将上述结果代入式（12−31），计算发生换流阀桥臂短路故障时流经换流阀的短路电流第1峰值 $I_{crest\_1st\,pulse}$ 为

$$I_{crest\_1st\,pulse} = \frac{I_{dN} \times k_1 \times U_{dio}}{2 \times d_{xekv} \times U_{dioN}} \times (1 + \cos \alpha_{min}) - \frac{I_{d\_k2max}}{2}$$

$$= \frac{3 \times 1.02 \times 288.43}{2 \times 0.086 \times 284.14} \times (1 + \cos 5°) - \frac{4.1}{2}$$

$$= 34.04 \text{ (kA)}$$

流经换流阀的短路电流第2、3峰值 $I_{crest\_3rd\,pulse}$ 为

$$I_{crest\_3rd\,pulse} = \frac{I_{dN} \times k_1 \times U_{dio}}{2 \times d_{xekv} \times U_{dioN}} \times (1 + \cos \alpha_{min})$$

$$= \frac{3 \times 1.02 \times 288.43}{2 \times 0.086 \times 284.14} \times (1 + \cos 5°)$$

$$= 36.09 \text{ (kA)}$$

（3）换流器接地故障。根据本章第一节第二条分析，仅故障B1对换流阀厅内一次设备参数选择具有决定性作用，且发生故障 B1 时流经换流器的暂态过电流幅值不超过换流阀发生短路故障时的故障电流峰值。考虑到后者已由上一小节计算得出，这里不再赘述换流器暂态故障电流计算过程。

（4）平波电抗器线路侧直流极母线接地故障。将 $I_{dN} = 3\text{kA}$、$d_x = 0.08$、$\delta d_x = 0.05$、$U_{dioabsmax} = 296.09\text{kV}$、$U_{dioN} = 284.14\text{kV}$ 代入式（12−46），计算发生平波电抗器线路侧直流极母线接地故障时，平波电抗器最大短路电流为

$$I_{dcrest} = \frac{I_{dN}}{\sqrt{3} \times (d_x + d_{plc}) \times (1 - \delta d_x)} \frac{U_{dioabsmax}}{U_{dioN}}$$

$$= \frac{3}{\sqrt{3} \times 0.082 \times (1 - 0.05)} \times \frac{296.09}{284.14}$$

$$= 23.16 \text{ (kA)}$$

（5）直流极母线短路故障。根据第一节第二条分析，直流极母线暂态过电流应力分析结果同平波电抗器一致，这里不再赘述。

3. 逆变工况计算

当运行于逆变工况时，发生换流变压器阀侧三相短路等典型故障时，暂态过电流计算过程与逆变工况整流工况完全一致，且其计算公式已在本章第一节中给出，故本小节计算结果将直接反映在表12−7中。

4. 计算结果

【算例 12−1】在不同故障下暂态过电流计算结果以表格形式汇总。考虑到工程实用性，汇总表格中将增加一列内容，即不考虑由交流系统短路容量折算系统等效电抗时（换流站连接无穷大交流系统）各短路故障电流幅值。

表 12−7 【算例 12−1】计算结果

故 障 类 型		故障电流幅值			
		考虑系统阻抗（8.52Ω）		无穷大系统	
		整流站	逆变站	整流站	逆变站
换流变压器阀侧三相短路故障（kA）		40.89	40.67	44.74	43.94
换流阀桥臂短路故障	第1峰值（换流阀闭锁，kA）	34.04	35.04	37.51	37.98
	第2、3峰值（断路器动作，kA）	36.09	37.23	39.62	40.24
平波电抗器线路侧直流极母线接地故障（kA）		23.16	22.78	23.16	22.78

【算例 12-2】

1. 计算条件

【算例 12-2】的详细计算条件见表 12-8。

表 12-8 【算例 12-2】计算条件

参　　数	数值
系统参数	
额定交流电压 U_{LN}（kV）	345
最大持续运行电压 U_{Lmax}（kV）	365
额定直流电压 U_{dN}（kV）	660
额定直流电流 I_{dN}（kA）	3.03
额定直流功率 P_N（MW）	4000
最大短路容量 S_{sc}（MVA）	37 647
无功补偿总容量 Q_{total}（Mvar）	2055
线路直流电阻额定值 R_{dN}（Ω）	8.5
线路直流电阻最小值 R_{dmin}（Ω）	8.5
每极 6 脉动换流器数量 n	2
短路比 SCR	7.1
短路电流冲击系数 k	2.38
过负荷系数 k_2	1.1
电压系数 c	1.1

续表

参　　数	数值
设备参数	
换流变压器相对感性压降标幺值 d_x（%）	9
换流变压器相对阻性压降标幺值 d_r（%）	0.3
6 脉动换流器的固有压降 U_T（kV）	0.3
交流 PLC 滤波器电感值 L（mH）	0.64
额定触发角 α_N（°）	15
额定关断角 γ_N（°）	17
触发角控制范围 $\Delta\alpha$（°）	±2.5
关断角控制范围 $\Delta\gamma$（°）	±1
最小触发角 α_{min}（°）	5
换流变压器分接头档距对应直流电压变化率 δU_{dOLTC}（%）	1.25
换流变压器分接头档距对应直流电流变化率 δI_{dOLTC}（%）	1.25
误差	
换流变压器感抗制造公差 δd_x（%）	5
直流电压测量误差 δU_{dmeas}（%）	1
直流电流测量误差 δI_{dmeas}（%）	0.3
电压互感器测量误差 δU_{dio}（%）	1.0

2. 计算结果

【算例 12-2】在不同故障下暂态过电流计算结果见表 12-9。

表 12-9 【算例 12-2】计算结果

故　障　类　型		故障电流幅值			
		考虑系统阻抗（13.84Ω）		无穷大系统	
		整流站	逆变站	整流站	逆变站
换流变压器阀侧三相短路故障（kA）		30.11	30.22	35.56	34.98
换流阀桥臂短路故障	第 1 峰值（换流阀闭锁，kA）	27.90	29.05	33.17	35.58
	第 2、3 峰值（断路器动作，kA）	29.61	30.86	34.89	35.41
平波电抗器线路侧直流极母线接地故障（kA）		20.86	20.51	20.86	20.51

【算例 12-3】

1. 计算条件

【算例 12-3】的详细计算条件见表 12-10。

表 12-10 【算例 12-3】计算条件

参　　数	数值
系统参数	
额定交流电压 U_{LN}（kV）	525
最大持续运行电压 U_{Lmax}（kV）	550
额定直流电压 U_{dN}（kV）	800

续表

参　　数	数值
额定直流电流 I_{dN}（kA）	3.125
额定直流功率 P_N（MW）	5000
最大短路容量 S_{sc}（MVA）	57 288
无功补偿总容量 Q_{total}（Mvar）	3366
线路直流电阻额定值 R_{dN}（Ω）	7.0
线路直流电阻最小值 R_{dmin}（Ω）	7.0
每极 6 脉动换流器数量 n	4

续表

参　数	数值
短路比 SCR	10
短路电流冲击系数 k	2.46
过负荷系数 k_2	1.1
电压系数 c	1.1
设备参数	
换流变压器相对感性压降标幺值 d_x（%）	9
换流变压器相对阻性压降标幺值 d_r（%）	0.4
6 脉动换流器的固有压降 U_T（kV）	0.3
额定触发角 α_N（°）	15
额定关断角 γ_N（°）	18.67
触发角控制范围 $\Delta\alpha$（°）	±2.5
关断角控制范围 $\Delta\gamma$（°）	±1

续表

参　数	数值
最小触发角 α_{min}（°）	5
换流变压器分接头档距对应直流电压变化率 δU_{dOLTC}（%）	0.625
换流变压器分接头档距对应直流电流变化率 δI_{dOLTC}（%）	0.625
误差	
换流变压器感抗制造公差 δd_x（%）	3.75
直流电压测量误差 δU_{dmeas}（%）	1
直流电流测量误差 δI_{dmeas}（%）	0.75
电压互感器测量误差 δU_{dio}（%）	1.0

2. 计算结果

【算例 12-3】在不同故障下暂态过电流计算结果见表 12-11。

表 12-11　【算例12-3】计算结果

故　障　类　型		故障电流幅值			
		考虑系统阻抗（7.27Ω）		无穷大系统	
		整流站	逆变站	整流站	逆变站
换流变压器阀侧三相短路故障（kA）		35.61	35.52	37.69	36.96
换流阀桥臂短路故障	第 1 峰值（换流阀闭锁，kA）	31.74	32.21	34.17	34.15
	第 2、3 峰值（断路器动作，kA）	33.69	34.06	36.13	36.01
平波电抗器线路侧直流极母线接地故障（kA）		21.59	21.19	21.59	21.19

【算例 12-4】

1. 计算条件

【算例 12-4】的详细计算条件见表 12-12。

表 12-12　算例 12-4 计算条件

参　数	数值
系统参数	
额定交流电压 U_{LN}（kV）	765
最大持续运行电压 U_{Lmax}（kV）	800
额定直流电压 U_{dN}（kV）	800
额定直流电流 I_{dN}（kA）	5
额定直流功率 P_N（MW）	8000
最大短路容量 S_{sc}（MVA）	87 296
无功补偿总容量 Q_{total}（Mvar）	4720
线路直流电阻额定值 R_{dN}（Ω）	5.64
线路直流电阻最小值 R_{dmin}（Ω）	6.66

续表

参　数	数值
每极 6 脉动换流器数量 n	4
短路比 SCR	15
短路电流冲击系数 k	2.69
过负荷系数 k_2	1.1
电压系数 c	1.1
设备参数	
换流变压器相对感性压降标幺值 d_x（%）	11.5
换流变压器相对阻性压降标幺值，d_r（%）	0.3
6 脉动换流器的固有压降 U_T（kV）	0.3
额定触发角 α_N（°）	15
额定关断角 γ_N（°）	17
触发角控制范围 $\Delta\alpha$（°）	±2.5
关断角控制范围 $\Delta\gamma$（°）	±1

续表

参　　数	数值
最小触发角 $\alpha_{\min}$（°）	5
换流变压器分接头档距对应直流电压变化率 $\delta U_{\mathrm{dOLTC}}$（%）	0.625
换流变压器分接头档距对应直流电流变化率 $\delta I_{\mathrm{dOLTC}}$（%）	0.625
误差	
换流变压器感抗制造公差 δd_{x}（%）	5
直流电压测量误差 $\delta U_{\mathrm{dmeas}}$（%）	0.5

续表

参　　数	数值
直流电流测量误差 $\delta I_{\mathrm{dmeas}}$（%）	0.3
电压互感器测量误差 δU_{dio}（%）	1.0

2. 计算结果

【算例 12-4】在不同故障下暂态过电流计算结果见表 12-13。

表 12-13　【算例 12-4】计算结果

故　障　类　型		故障电流幅值			
		考虑系统阻抗（5.82Ω）		无穷大系统	
		整流站	逆变站	整流站	逆变站
换流变压器阀侧三相短路故障（kA）		49.99	49.75	52.12	51.44
换流阀桥臂短路故障	第 1 峰值（换流阀闭锁，kA）	39.81	41.00	42.33	43.14
	第 2、3 峰值（断路器动作，kA）	42.64	44.02	45.18	46.12
平波电抗器线路侧直流极母线接地故障（kA）		27.31	26.97	27.31	26.97

第四节　暂态过电流仿真结果

本节以第三节中所讨论的【算例 12-1】为研究对象，给出基于 PSCAD/EMTDC 仿真平台的主要故障电流波形（考虑系统阻抗）。直流换流站在同一种故障下的暂态过电流波形变化趋势一致，主要区别在于暂态过电流幅值不同（由交、直流额定电压、额定传输功率、故障类型等因素共同决定），故算例 12-1 的暂态过电流波形能够反映【算例 12-2】～【算例 12-4】的暂态过电流变化趋势。

图 12-13、图 12-14 为 12 脉动换流器发生阀短路故障（第 1 峰值，即换流器顺利闭锁，实现故障隔离）时的故障电流、故障电压波形，从图中可以看出当 0.03s 发生短路故障后，故障电流在半个工频周期内升高至 34kA 左右，且在故障持续阶段阀端间电压被钳位至零。图 12-15、图 12-16 为 12 脉动换流器发生阀短路故障（第 2、3 峰值，即换流器未成功闭锁，由交流断路器动作实现故障隔离）时的故障电流、故障电压波形，可以看出随着直流电流衰减，阀故障电流幅值从第 1 个波峰的 34kA，增大至第 3 个波峰的 36kA（这时可认为直流电流衰减完毕）。上述波形变化趋势与幅值，与第三节计算结果均吻合较好。

图 12-17 为 12 脉动换流器发生平波电抗器线路侧直流极母线接地故障时的故障电流波形，可以看出故障发生后流经平波电抗器的故障电流迅速增大至 23kA；当控制保护系统动作并导通旁通对进而 12 脉动换流器两端电压降为零时，故障电流开始以时间常数 L/R 呈指数衰减至零。可以看出当 12 脉动换流器发生平波电抗器线路侧直流极母线接地故障时，流经平波电抗器的故障电流快速上升至幅值，当换流器被闭锁及旁通对导通后，故障电流将以时间常数 L/R 呈指数衰减，其中 L 为平波电抗器电感，R 为考虑平波电抗器损耗及旁通对损耗在内的等效电阻。从图 4-5 可以看出波形变化趋势与幅值，与第三节【算例 12-1】计算结果吻合较好。

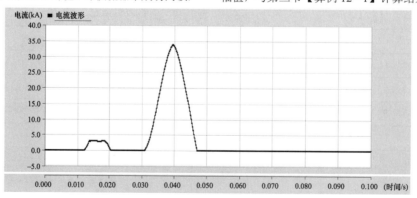

图 12-13　换流阀桥臂短路故障（故障 A）：第 1 峰值，阀故障电流波形

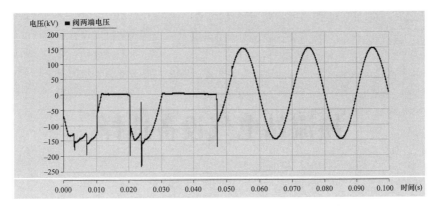

图 12-14　换流阀桥臂短路故障（故障 A）：第 1 峰值，阀电压波形

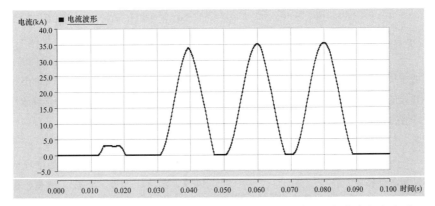

图 12-15　换流阀桥臂短路故障（故障 A）：第 2、3 峰值，阀故障电流波形

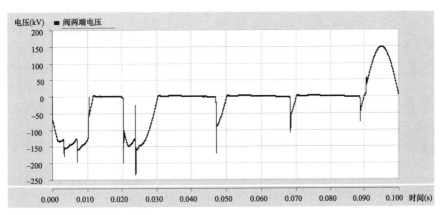

图 12-16　换流阀桥臂短路故障（故障 A）：第 2、3 峰值，阀电压波形

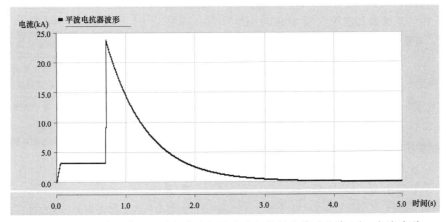

图 12-17　平波电抗器线路侧直流极母线单极接地故障（故障 G）：电流波形

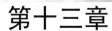

第十三章

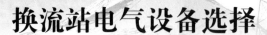

换流站电气设备选择

第一节　设备选择的一般要求

一、总的原则

（1）设备选择设计必须贯彻国家的经济技术政策，要考虑工程发展规划和分期建设的可能，以达到技术先进、安全可靠、经济适用、符合国情的要求。

（2）应满足正常运行、检修、短路和过电压情况下的要求，并考虑远景发展。

（3）应按当地使用环境条件校核。

（4）应与整个工程的建设标准协调一致。

（5）选择的电气设备规格品种不宜太多。

（6）在设计中要积极慎重地采用通过试验并经过工业试运行考验的新技术、新设备。

二、技术条件

选择的电气设备，应能在长期工作条件下和发生过电压、过电流的情况下保持正常运行。

（一）长期工作条件

1. 电压

选用电气设备的最高工作电压不应低于所在系统的系统最高电压值。对于±500kV 直流工程，直流最高电压值为515kV；对于±660kV 直流工程，直流最高电压值为 680kV；对于±800kV 直流工程，直流最高电压值为 816kV；对于±1100kV 直流工程，直流最高电压值为 1122kV。

2. 电流

选用电气设备的额定电流不得低于所在回路在各种可能运行方式下的持续工作电流。

3. 机械荷载

选用电气设备的端子允许荷载，应大于设备引线在正常运行和短路时最大作用力。电气设备机械荷载应具有一定的安全系数。

（二）过电流工况

设备选定后应按最大可能通过的短路电流或暂态电流进行校验，暂态电流的计算详见第十二章。

（三）过电压工况

在工作电压和过电压的作用下，电气设备的内、外绝缘应保证必要的可靠性。在进行绝缘配合时，考虑所采用的过电压保护措施后，决定设备上可能的作用电压，并根据设备的绝缘特性及可能影响绝缘特性的因素，从安全运行和技术经济合理性两方面确定设备的绝缘水平。

三、环境条件

选择电气设备时，应按当地环境条件校核。当气温、风速、湿度、污秽、海拔、地震、覆冰等环境条件超出一般电气设备的基本使用条件时，应通过技术经济比较分别采取下列措施：

（1）向制造部门提出补充要求，定制符合当地环境条件的产品；

（2）在设计或运行中采用相应的防护措施，如采用屋内配电装置、减震器等。

选择电气设备的环境条件按如下原则考虑：

1. 温度

选择电气设备的环境温度宜采用表 13-1 所列数值。

表 13-1　选择电气设备的环境温度

安装场所	环境温度	
	最　　高	最　低
屋外	年最高温度	年最低温度
屋内电抗器	该处通风设计最高排风温度	
屋内其他	该处通风设计温度，当无资料时，可取最热月平均最高温度加 5℃	

注　1. 年最高（或最低）温度为一年中所测得的最高（或最低）温度的多年平均值。

　　2. 最热月平均最高温度为最热月每日最高温度的月平均值，取多年平均值。

2. 风速

选择电气设备时所用的最大风速，可取离地面 10m 高、50 年一遇的 10min 平均最大风速。对于直流电压为 ±800kV

及以上的直流工程，选择电气设备时所用的最大风速，可取离地面 10m 高、100 年一遇的 10min 平均最大风速。最大设计风速超过 35m/s 的地区，可在屋外配电装置的布置中采取措施。阵风对屋外电气设备及电瓷产品的影响，应由制造部门在产品设计中考虑。

3. 冰雪

在积雪、覆冰严重地区，应尽量采取防止冰雪引起事故的措施。隔离开关的破冰厚度，应大于安装场所最大覆冰厚度。

4. 湿度

选择电气设备的相对湿度，应采用当地湿度最高月份的平均相对湿度。对湿度较高的场所，应采用该处实际相对湿度。当无资料时，相对湿度可比当地湿度最高月份的平均相对湿度高 5%。

5. 污秽

为保证空气污秽地区电气设备的安全运行，在工程设计中应根据污秽情况选用下列措施：

（1）增大电瓷外绝缘的有效爬电比距，选用有利于防污的材料或电瓷造型，如采用硅橡胶、大小伞、大倾角、钟罩形等特制绝缘子。

（2）采用 RTV 涂层或热缩增爬裙增大电瓷外绝缘的有效爬电比距。

（3）采用六氟化硫全封闭组合电器（GIS）或屋内配电装置。

6. 海拔

对安装在海拔超过 1000m 地区的电气设备外绝缘应予校验。海拔修正校验详见第十一章第五节。

7. 地震

选择设备时，应根据当地的地震烈度选用能满足地震要求的产品。对 8 度及以上的一般设备和 7 度及以上的重要设备应该核对其抗震能力，必要时进行抗震强度验算。在安装时，应考虑支架对地震力的放大作用。设备的辅助设备应具有与主设备相同的抗震能力。

第二节 换 流 阀

在直流输电系统中，为实现换流所需的三相桥式换流器的桥臂称为换流阀。换流阀是进行换流的关键设备，在直流输电工程中，它除了具有进行整流和逆变的功能外，在整流站还具有开关的功能，可利用其快速可控性对直流输电的启动和停运进行快速操作。

换流阀有汞弧阀和半导体阀两大类。目前常用的为性能更优越的半导体阀，半导体阀可分为常规晶闸管阀（简称晶闸管阀，也称可控硅阀）、门极可关断晶闸管阀（GTO 阀）和

高频绝缘栅双极型晶体管阀（IGBT 阀）三类。大多数直流输电工程均采用晶闸管阀。本节仅论述晶闸管换流阀。

作为换流站的核心设备，通常换流阀投资约占全站设备投资的 1/4。换流阀应能在预定的外部环境及系统条件下，按规定的要求安全可靠地运行，并满足损耗小、安装及维护方便、投资省的要求。

一、换流阀性能要求

（一）换流阀系统参数

以下参数应与系统部分相关内容匹配。

1. 交流系统电压

（1）系统额定运行电压。

（2）最高稳态电压。

（3）最低稳态电压。

（4）极端最高稳态电压（长期耐受）。

（5）极端最低稳态电压（长期耐受）。

2. 系统频率

（1）系统正常频率。

（2）稳态频率变化范围。

（3）极端暂态频率变化范围及持续时间。

（二）换流阀电气参数

以下参数应与第七章主回路参数相匹配。

1. 换流阀电流定值

（1）额定直流电流：即连续运行额定值，应根据系统要求及对直流系统主回路参数研究的结果来确定。

（2）最小直流电流：由直流功率正送与功率反送工况下最小直流电流比较，取两者较小值作为换流阀设计参考的最小直流电流，以保证换流阀在最小负荷运行时，在整个触发角范围内均不会出现断续电流。

（3）最大连续运行电流（包含误差）：考虑了所有测量误差和控制误差后的系统最大连续运行电流值。

（4）最高环境温度时过负荷电流：换流阀的过负荷能力应与直流系统的过负荷要求相匹配，包括可以长期连续运行的过负荷能力、数小时连续运行的过负荷能力、数秒钟内的暂时过负荷能力，以及以上带冗余冷却和不带冗余冷却时的对应值。

2. 换流阀电流耐受能力

（1）换流阀具备后续闭锁功能时的短路电流承受能力：在换流阀所有冗余晶闸管均已损坏，且晶闸管结温为最高设计值的情况下，对于换流阀运行中的任何故障所形成的最大短路电流，换流阀应具备承受一个完全偏置的不对称电流波的能力。并且对于在此之后立即重现的在计算过电流时所采用同样的交流系统短路水平下的最大工频过电压，换流阀应能保持完全的闭锁能力而不引起换流阀的损坏或特性的永久

改变。

（2）换流阀不具备后续闭锁功能时的短路电流承受能力：对于运行中的任何故障所造成的最大短路电流，若在短路后不要求换流阀闭锁任何正向电压或闭锁失败，则换流阀应具备承受数个完全不对称的电流波的能力。换流阀应能承受两次短路电流冲击之间出现的反向交流恢复电压，其幅值与最大短路电流同时出现的最大暂态工频过电压相同。

（3）附加短路电流的承受能力：当一个换流阀中所有晶闸管元件全部短路时，其他换流阀和避雷器将向故障阀注入故障电流，这时该故障阀应能承受这种过电流产生的电动力。

换流阀的最大电流耐受能力计算见第十二章相关内容。

3. 换流阀电压定值

（1）额定直流电压（极对中性点）：在额定直流电流下输送额定直流功率所要求的直流电压平均值。

（2）最大持续直流电压：包含误差，包括极对地和极对中性点的最大持续直流电压。

（3）全电压运行时最小持续直流电压（极对中性点，包含误差）。

（4）降压运行时直流电压（极对中性点）：在直流线路出现严重污秽，绝缘降低时要求换流阀能够满足系统降压运行要求。

（5）中性母线最大持续直流电压。

（6）额定空载直流电压。

（7）绝对最大空载直流电压。

（8）最大空载直流电压：在系统全压、降压及单极降压运行时与直流电流、触发角对应的最大空载直流电压。

（9）功率反送时绝对最大空载直流电压。

4. 换流阀过电压耐受能力

（1）雷电冲击过电压。

（2）陡波冲击过电压。

（3）操作冲击过电压：换流阀过电压耐受能力是由组成换流阀的晶闸管的耐压水平通过多个元件串联叠加来实现的，即换流阀的耐压能力由晶闸管元件个数所决定。在各种过电压工况下，操作冲击过电压是决定串联元件数的主要因素[3]。

换流阀的最小晶闸管串联数可按式（13-1）计算

$$n = \frac{SIPL}{U_{RSM}} k_{im} k_{ds} \qquad (13-1)$$

式中　$SIPL$——跨阀操作冲击保护水平，kV；

　　　U_{RSM}——晶闸管的非重复反向阻断电压，kV；

　　　k_{im}——操作冲击电压下换流阀的绝缘配合安全系数；

　　　k_{ds}——操作冲击电压下换流阀的电压分布系数。

式（13-1）中，晶闸管非重复正向阻断电压虽然较反向阻断电压更低，但由于晶闸管有正向保护触发（BOD），因此

晶闸管串联个数的计算按非重复反向阻断电压考虑。

如某直流工程选用 5 英寸晶闸管元件，非重复反向阻断电压为 7.2kV，跨阀操作冲击保护水平为 268kV，操作冲击电压下换流阀的电压分布系数为 1.069，操作冲击电压下换流阀的绝缘配合安全系数为 1.15，则阀塔串联晶闸管元件数为 $268 \times 1.069 \times 1.15 / 7.2 = 45.76$（个），取整 46 个。

换流阀晶闸管串联个数除满足换流阀过电压承受能力外，还应考虑晶闸管冗余度，即每个阀中必须按规定增加一些晶闸管级，作为两次计划检修之间 12 个月的运行周期中损坏元件的备用。晶闸管级的损坏是指阀中晶闸管元件或相关元件的损坏导致该晶闸管级短路，在功能上减少了阀中晶闸管级的有效数量。

由式（13-1）计算得到的 n 值再加上一定的冗余数量便是每阀实际的串联晶闸管数。依工程经验，每个换流阀的晶闸管级数不得少于阀中晶闸管总数目的 3%，且每阀臂冗余元件数不应少于 3 个。

5. 换流阀运行触发角

换流阀的运行触发角（整流侧即触发角，逆变侧即熄弧角）表示以电角度表示的电流导通开始（或结束）与理想的正弦换相电压过零时刻之间的一段时间。

换流阀的运行触发角工作范围应考虑满足额定负荷、最小负荷和直流降压等各种运行方式的要求；满足正常起停和事故起停的要求；满足交流母线电压控制和无功调节控制等要求。

根据直流输电工程经验和目前晶闸管制造水平以及触发控制系统的性能水平，整流侧换流阀触发角一般取 15° 左右，最小为 5°；逆变侧换流阀熄弧角一般取 15°～18°，最小为 15°。实际工程运行触发角取值应满足运行需求。

6. 典型换流阀的技术参数

上述换流阀技术参数及相关要求由设计提出，并最终由供货商予以满足。表 13-2 给出了一个换流阀典型设计参数。

表 13-2　换流阀典型设计参数

换流阀项目	数值
连续额定值（MW）	750
额定直流电压 U_{dN}（kV）	250
额定直流电流 I_{dN}（A）	3000
20℃环境温度下，最大持续过负荷电流 I（A）	3644
额定空载直流电压 U_{dioN}（kV）	276.4
额定触发角 α	15°
触发角 α——额定运行范围	12.5°～17.5°
触发角 α——最小值	5°

续表

换流阀项目	数值
3000A 70%降压运行触发角最大值 α_{max}	45°
阀短路电流（系统最大短路容量 S_{kmax} 下）（kA）	≤36
断路器分闸最大周期数	3
S_{kmax} 下的阀短路电流后的可重复电压（p.u.）	≤1.10
阀短路电流（系统最小短路容量 S_{kmin} 下）（kA）	≤25
断路器分闸最大周期数	3
S'_{kmin} 下的阀短路电流后的可重复电压（p.u.）	≤1.30
过负荷能力	根据实际工程明确换流阀过负荷能力
换流阀损耗（含阀内、外冷却系统）（kW）	7746

二、换流阀型式选择

为便于安装和维修更换，换流阀通常采用模块化的结构。

一个换流阀由多个单阀组成，一个单阀由多个阀组件串联组成，一个阀组件由多个串联的晶闸管及辅助元件组成。换流阀模块化结构示意图如图13-1所示。

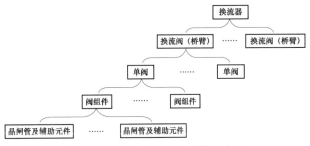

图 13-1　换流阀模块化结构示意图

下面将按阀组件（由各晶闸管及辅助元件组成）→换流阀（由单阀组成）的顺序进行说明。

（一）阀组件

通常阀组件由晶闸管、阻尼电路、直流均压电阻、晶闸管电压监视单元（TVM）、饱和电抗器、均压电容器等组成，如图13-2所示。

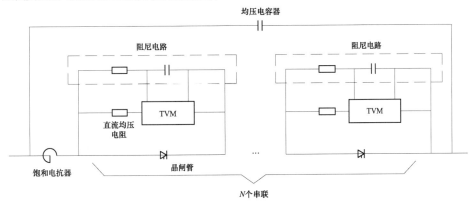

图 13-2　阀组件结构

目前换流阀生产厂所生产的阀组件结构有各自不同的特点，目前应用较多的是光电转换触发的晶闸管。

典型的阀组件如图13-3和图13-4所示。各元件简介如下：

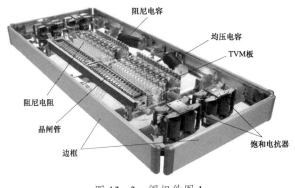

图 13-3　阀组件图 1

（1）晶闸管。选取晶闸管时，晶闸管应能承受最大故障电流的冲击，同时还需考虑过电压设计所要求的晶闸管数，以及产生的总损耗和冷却能力，尽量降低成本。

目前直流输电工程的晶闸管硅片直径最大已达到了 6 英寸，反向非重复阻断电压已高于 9.3kV，通态平均电流已达到 6250A。若晶闸管硅片材质有所突破，如采用碳化硅材料，则阻断电压或可达几十千伏。

一般情况下，多个晶闸管与散热器交叉叠放，形成晶闸管硅堆，晶闸管硅堆是阀组件中最关键的部件。晶闸管实物见图13-5。

（2）RC阻尼电路。阻尼电路由电阻 R 和电容 C 串联组成，其主要作用包括：

1）限制晶闸管两端的暂态电压。

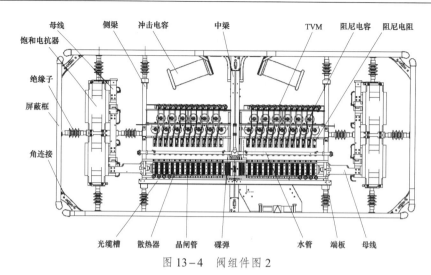

图 13-4　阀组件图 2

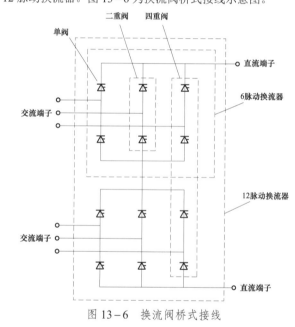

图 13-5　晶闸管实物

2）为 TVM 提供电源。

3）抑制换流阀关断的换相过冲电压：阻尼电路中 C 值越大则损耗越大，因此应在确保能阻尼换相过冲的情况下保证换流阀的损耗最小。

（3）直流均压电阻。直流均压电阻可以在换流阀承受直流电压时进行均压。其主要作用包括：

1）平均分配各晶闸管上的直流电压。

2）为晶闸管监视单元提供晶闸管的电压信息：直流均压电阻上流过的电流不应超过晶闸管监视单元所能承受的最大电流。

（4）饱和电抗器。饱和电抗器通常串联在晶闸管元件阳极端，也称为阳极电抗器。其主要作用包括：

1）限制晶闸管开通的电流上升速率。

2）限制晶闸管瞬态陡波前冲击电压。

（5）晶闸管监视控制单元（TVM）。晶闸管监控单元主要作用包括：

1）为晶闸管正常触发、保护触发和恢复期提供触发脉冲。

2）监视晶闸管的电压信息，并提供给阀基电子设备。

（6）均压电容。用于改善因杂散电容和陡波冲击而产生的阀段间的电压分布不均匀。

（二）换流阀结构

换流阀由多个单阀组成，结构上每相两个单阀紧密连接在一起组成的换流阀称为二重阀，每相四个单阀组成的换流阀称为四重阀。

采用三相桥式接线，共有 6 个单阀，这种三相桥式接线称为 6 脉动换流器，为得到更好的谐波性能，工程中将两个交流网侧电压相位相差 30° 的 6 脉动换流器串联起来，称为12 脉动换流器。图 13-6 为换流阀桥式接线示意图。

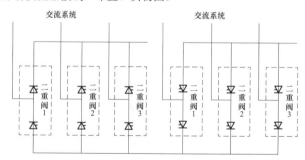

图 13-6　换流阀桥式接线

（1）二重阀。图 13-7～图 13-9 为由二重阀组成的 12脉动换流器接线、布置、实物图。

图 13-7　由二重阀组成的 12 脉动换流器接线图

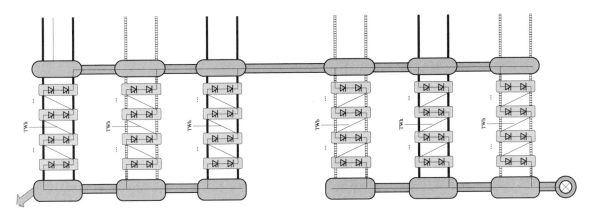

图 13-8　由二重阀组成的 12 脉动换流器布置图

图 13-9　二重阀实物图

（2）四重阀。图 13-10～图 13-12 为由四重阀组成的 12 脉动换流器接线、布置、实物图。

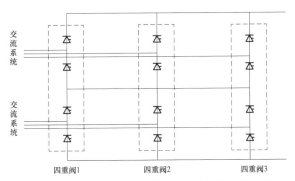

图 13-10　由四重阀组成的 12 脉动换流器接线图

实际工程中，二重阀与四重阀相比，单阀的电气设计相同，两者最大区别体现在阀塔结构上。

采用何种阀塔结构的换流阀应根据实际情况考虑，一旦阀塔形式确定后，将会影响阀厅尺寸、阀厅内电气设备及导体的布置以及换流变压器的布置等。

表 13-3 为某 ±500kV 换流站换流阀采用二重阀或四重阀时，典型技术参数对比。

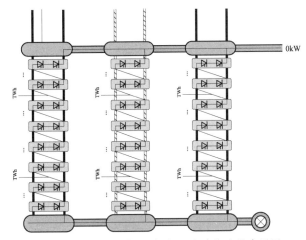

图 13-11　由四重阀组成的 12 脉动换流器布置图

图 13-12　四重阀实物图

表 13-3　二重阀和四重阀典型技术参数对比表

对比项目	二重阀	四重阀
12 脉动阀塔数量（座）	6	3
阀塔层数（层）	5	10
模块数（个）	10	20
阀塔外形（长/宽/高，mm）	5000/3200/13 000	5300/5800/12 300
阀塔质量（t）	14	24

（三）换流阀安装方式

换流阀安装方式有支撑式和悬吊式两种。

支撑式阀不适宜安装在地震活动区或抗震要求高的场合，因为需要增添更多支柱形绝缘构件，将使支撑结构复杂化，相应阀整体重量增加。采用支撑式结构，光缆和冷却水管均从地面引上阀塔，还可能需考虑设置地下室。

悬吊式阀基于铰链结构连接原理，每个组件都是通过标准长度的层间绝缘子自上而下悬吊在一起。而悬吊连接点均采用万向连接金具，最大限度地保持组件免受地震产生机械振动应力的损坏，同时能对机械振动引起的共振起到阻尼作用。采用悬吊式结构，光缆和冷却水管从阀塔顶部钢梁引入。一般考虑在阀厅顶部设置巡视通道。

（四）换流阀触发系统

从换流器控制装置的触发信号输出端到相应的换流阀晶闸管门极之间实现触发信号的传输、分送、变换和触发脉冲形成的整套系统。

换流阀触发系统必须满足的要求有：

（1）控制系统发出的触发指令必须传递到不同高电位下的每个晶闸管；

（2）在晶闸管所处的电位下，需有足够的能量来产生触发脉冲；

（3）所有晶闸管必须同时接收到触发脉冲。

换流阀的触发方式目前主要有光电转换触发和光直接触发两种。光电转换触发是目前使用最普遍的触发方式，它把由阀控系统来的触电信号转换为光信号，通过光缆传送到每个晶闸管级，在门极控制单元把光信号再转换成电信号，经放大后触发晶闸管元件；光直接触发的工作原理是在晶闸管元件门极区周围，有一个小光敏区，当一定波长的光被光敏区吸收后，在硅片的耗尽层内吸收光能，形成注入电流使晶闸管触发，光脉冲通过光缆系统直接触发每个晶闸管的门极。

三、换流阀其他要求

（一）防火要求

晶闸管阀在设计、制造、安装上应能抑制任何原因导致的火灾，以及在阀塔内蔓延的可能性。阀内部任何初期的燃烧在换流阀保护跳闸前应不会蔓延，并且当断开电源后，火势应能自行熄灭。

阀内的非金属材料应是阻燃的，并具有自熄灭功能。同时换流阀内应采用无油化设计，如避免采用充油的电容器。

晶闸管电子设备单元设计要合理，不存在产生过热和电弧的隐患。应使用安全可靠的、难燃的元部件，元件参数的选择要考虑充分的裕度。

载流回路的设计要考虑足够的安全系数。每个电气连接应牢固、可靠，避免产生过热和电弧。

在相邻的材料间和光纤通道间应设置阻燃的防火板，或采用其他措施，防止火灾在相邻材料间以及光纤通道的横向或纵向蔓延。阀厅内所采用的防火隔板布置要合理，避免由于隔板设置不当导致阀内元件过热。

冷却系统应安全可靠，避免因漏水、冷却水中含杂质以及冷却系统腐蚀等原因导致的电弧和火灾[3]。

（二）检修要求

如果需要换流阀停运更换其元件或组件，从停运到重新启动，全部检修工作应尽快完成，其中不包括倒闸操作，但包括确认故障元件或组件以及更换完成后元件或组件检测所必需的时间。为清扫、更换元件或组件而停电检修的周期至少应为 12 个月。

应要求供货商为换流阀提供一套完整的检修工具，为换流站提供一套完整的换流阀功能测试设备，并可在现场对换流阀进行功能性试验，同时必须按当地的安全标准为换流站提供用于换流阀检修的升降机。

（三）试验要求

在所规定的各种试验条件下，阀的各项功能完善，不发生换相失败，具有正确的电压和电流波形，所有的阀内部电路运行功能正确。

开通和关断时的电压、电流应力不超过晶闸管元件和阀内其他电路元件的承受能力。

处于最恶劣的环境温度和运行条件下，仍能提供足够的冷却，没有元器件产生过热现象。处于最恶劣的运行条件下，晶闸管具有足够的耐受能力。

对于多个周期的故障电流，阀仍具有足够的热耐受能力。

换流阀具有适当的保护，能避免阀关断期间暂态冲击电压的损坏。晶闸管元件已达到较高温度的情况下，仍能保持其过电压保护功能。

换流阀试验依据需遵循以下标准：

（1）IEC 60700-1-2008《高压直流（HVDC）输电用晶闸管阀　第 1 部分：电气试验》。

（2）GB/T 20990.1—2007《高压直流输电晶闸管阀　第 1 部分：电气试验》。

（3）GB/T 28563—2012《±800kV 特高压直流输电用晶闸管阀电气试验》。

第三节　换流变压器

一、一般要求

换流变压器是直流输电系统中必不可少的重要设备，其主要参数按直流系统的要求确定，对整个直流输电系统的运行起着至关重要的作用。

1. 换流变压器的特点

直流输电系统中一般采用 12 脉动换流器，它是由一组 Yy 连接和一组 Yd 连接的换流变压器分别连接两组 6 脉动整流桥所构成的。与一般的交流变压器相比较，换流变压器具有下列特点：

（1）在换流变压器的阀侧与大地间存在直流电压分量。

（2）由于晶闸管阀触发角的不均匀性，将使阀侧绕组流过直流电流，从而使铁心受到直流偏磁的影响。

（3）换流阀的不同步触发，将在交流侧和变压器中产生非特征谐波和直流分量，使换流变压器的可听噪声、空载电流和损耗增加。

2. 换流变压器的作用

在直流输电系统中，换流变压器主要有以下作用：

（1）在交流系统和换流阀间提供换相电抗。

（2）将交流系统的电压进行变换，使换流阀工作在最佳的电压范围内，以减少交流侧输出电压和电流的谐波量，进而减小交流滤波装置的容量。

（3）阻止零序电流在交直流系统间传递。

（4）提供相位差为 30° 的 12 脉波交流电压，以降低交流侧谐波电流，特别是 5 次和 7 次谐波电流。

（5）作为交流系统和直流系统的电气隔离，削弱侵入直流系统的交流侧过电压。

（6）限制直流系统的短路电流进入交流系统。

（7）实现直流电压较大幅度的分挡调节。

3. 换流变压器的设计原则

（1）换流变压器额定容量应满足有功传输的要求，且能够提供无功支持。计及变压器损耗后，换流变压器额定容量应大于换流器额定容量。

（2）换流变压器阀侧电压与换流器出口电压匹配。

（3）换流变压器漏抗与相电抗器（如有）共同提供换相电抗。

二、换流变压器型式选择

（一）结构型式和绕组匹接方式

换流变压器的结构型式有三相三绕组式、三相双绕组式、单相三绕组式和单相双绕组式 4 种。

应根据换流变压器交流侧及直流侧的系统电压、变压器容量、运输条件以及换流站布置要求等因素，来确定换流变压器的结构形式。

对中等容量和中等电压等级的换流站，应充分利用运输条件，宜采用三相变压器，可减少材料使用量、占地及损耗。对应于 12 脉动换流器的两个 6 脉动换流桥，其阀侧输出电压彼此应保持 30° 的相角差，网侧绕组均为 Y 连接，而阀侧绕组，一台应为 Y 连接，另一台为 △ 连接。

对于容量较大的换流变压器，可采用单相变压器组。运输条件和制造条件允许时应采用单相三绕组变压器，这种形式的变压器带有一个交流网侧绕组和两个阀侧绕组，阀侧绕组分别为 Y 连接和 △ 连接。两个阀侧绕组具有相同的额定容量和运行参数（如阻抗和损耗），线电压之比为 $\sqrt{3}$，相角差为 30°。

与单相双绕组变压器相比，单相三绕组变压器使用的铁心、油箱、套管及有载分接开关更少，因而也更经济。但单相三绕组变压器运输质量约为单相双绕组的 1.6 倍，宽度也较大，对于大容量换流变压器，不能采用铁路运输。比如，±500kV GZD 换流站的换流变压器采用单相三绕组形式，其网侧电压为 525kV，容量为 237MVA，运输宽度为 5390mm，运输高度为 4900mm，运输质量为 245t，采用的是水路＋公路的运输方案。

（二）冷却方式

变压器在运行过程中，由于有铁耗和铜耗的存在，这些损耗都将转换成热能，从而引起变压器不断发热和温度升高，超过变压器允许的温升水平，轻则减少变压器的使用寿命，重则损坏变压器，影响正常运行。为了保证变压器正常工作，必须采用一定的冷却方式将变压器中产生的热量带走。

1. 冷却方式种类

对于油浸式变压器，冷却方式一般为：ONAN（油浸自冷式）、ONAF（油浸风冷式）、OFAF（强迫油循环非导向风冷式）和 ODAF（强迫油循环导向风冷却式）。

2. 冷却方式选择

变压器冷却方式选择与变压器的容量有关。ONAN 式主要利用油箱表面或油箱壁上的散热管或散热片的表面散热，适合于小容量变压器。ONAF 式适合于大容量变压器，一般自然冷却变压器加上冷却装置后，其出力可提高 40%～50%。OFAF 式和 ODAF 式主要适用于超大容量、特高压变压器。

三、换流变压器参数选择

以下以 12 脉动换流器为基础介绍换流变压器主要参数选择。

1. 电压、电流及容量

（1）换流变压器阀侧交流额定电压

$$U_{VN} = \frac{U_{dioN}}{\sqrt{2}} \frac{\pi}{3} = \frac{U_{dioN}}{1.35} \qquad (13-2)$$

式中，U_{dioN} 为在规定的额定触发角（α_N）或关断角（γ_N）、额定直流电压（U_{dN}）及额定直流电流（I_{dN}）下一个 6 脉动换流器的理想空载直流电压。

（2）换流变压器阀侧交流额定电流。如果把理想的三脉动换流回路的阀侧电流 I_V 的波形视为幅值为 I_d（直流电流），长为 120° 的方波，则对于 6 脉动换流器，换流变压器阀侧交

流电流的有效值为

$$I_{VN} = \frac{\sqrt{2}}{\sqrt{3}} I_{dN} = 0.816 I_{dN} \qquad (13-3)$$

式中 I_{VN} ——换流变压器阀侧额定交流电流有效值；

I_{dN} ——额定直流电流。

（3）换流变压器额定容量

对于 12 脉动换流器，采用单相三绕组换流变压器的额定容量为

$$S_{N3W} = \sqrt{3} U_{VN} I_{VN} \times \frac{2}{3} = \frac{2\pi}{9} U_{dioN} I_{dN} \qquad (13-4)$$

对于 12 脉动换流器，采用单相双绕组换流变压器的额定容量为

$$S_{N2W} = \frac{S_{N3W}}{2} = \frac{\pi}{9} U_{dioN} I_{dN} \qquad (13-5)$$

2. 短路阻抗

换流变压器的短路阻抗是换流运行中换相阻抗的一部分，当换流器换相失败时，换流变压器阀侧绕组短路时，为防止过大的短路电流损坏换流阀，换流变压器应具有足够大的短路阻抗。但短路阻抗过大，会使换流器换相时的叠弧角过大，使换流器的功率因数过低，则换流变压器的无功分量增大，需要相应增加无功补偿容量，并导致直流电压中换相压降过大。

（1）影响因素。在进行高压直流输电系统设计时，对换流变压器的短路阻抗进行优化选择是一项重要的内容。短路阻抗的选择应考虑的因素有：

1）短路阻抗确定了换流变压器的漏磁电感值以及晶闸管承受的短路浪涌电流值；

2）由于短路阻抗越大，换流器内部的电压降就越大，为保证额定输送功率，要求换流变压器有更大的标称容量；

3）短路阻抗确定了换相角的大小，从而也影响逆变站超前触发角或关断角的大小；

4）短路阻抗影响换流站无功功率的需求以及所需的无功补偿设备容量；

5）短路阻抗将影响谐波电流的幅值，一般来说，短路阻抗增大会减小谐波电流的幅值。

以上所述，仅是换流变压器短路阻抗选择应考虑的一些主要因素。还应考虑短路阻抗对换流站总费用的影响。对于长距离高压直流输电系统来说，由于送电容量大，选用的晶闸管元件的载流能力也较大，能承受较大的短路电流，所以可选择较低的短路阻抗。

（2）对阻抗偏差的要求。应尽量减小各绕组、各相和各台变压器的短路阻抗之间的差异，否则将导致各阀的换相时间差异太大，在交流侧产生较大的非特征谐波，引起设备发热，出现过电压、过电流等问题。因此与交流变压器相比，

换流变压器的短路阻抗容差控制更为严格。

阻抗变化对分接范围的某些部分并不太关键。例如最小分接位置通常用于换流站启动时，因此在短时间内阻抗有较大变化是可以接受的。

3. 绝缘

换流变压器阀侧绕组同时承受交流电压和直流电压。由两个 6 脉动换流器串联而形成的 12 脉动换流器接线中，由接地端算起的接入第一个 6 脉动换流器的换流变压器阀侧绕组承受直流电压为 $0.25U_d$（U_d 为 12 脉动换流器的直流电压），第二个 6 脉动换流器的换流变压器阀侧绕组承受 $0.75U_d$。另外，直流全压启动以及极性反转都会造成换流变压器的绝缘结构远比普通交流变压器复杂。

4. 分接开关

（1）分接开关类型。换流变压器有载分接开关有油浸式分接开关和真空分接开关两种类型，油浸式分接开关的切换开关依靠油的绝缘性能来熄灭主触头电弧，TG 直流工程换流变压器使用此类型分接开关；真空分接开关的切换开关虽然泡在油中，但使用密闭真空泡熄弧。真空分接开关体积小、维护量少、灭弧性能好且不易引起油碳化，YG 直流工程换流变压器就使用了真空分接开关。

（2）调压方式。换流变压器有载分接主要有两种调节方式：① 保持换流变压器阀侧空载电压恒定；② 保持控制角（触发角或关断角）于一定范围。

这两种方式的主要区别在于：

1）前者换流变压器的分接调节主要用于交流电网本身的电压波动所引起的换流变压器阀侧空载电压的变化，这种变化一般较小，因此所要求的分接范围也较小。而由直流负荷变化所产生的直流电压变化，则由控制角调节进行补偿。这种调节方式的分接调节开关动作不太频繁，有利于延长分接头调节开关的使用寿命。

2）后者换流器正常运行于较小的控制角范围内，直流电压的变化主要由换流变压器的分接调节补偿。这种方式吸收的无功少，运行经济，阀的应力较小，阀阻尼回路损耗较小，交直流谐波分量也较小，即直流系统的运行性能较好。这种调节方式的分接调节开关动作较频繁，同时要求的分接调节范围要大些。

我国近来建设的远距离高压直流输电工程一般都采用第二种有载分接调节方式，即保持控制角于一定范围的调节方式。

（3）调压范围。换流变压器分接范围的确定主要考虑换流母线电压稳态波动范围、直流输电系统安排的运行方式、降压运行水平、降压运行方式下输送的功率限制以及换流阀允许的最大触发角（关断角）。

许多远距离高压直流输电工程都利用降压运行来降低直

流架空线路的绝缘以及气象污秽原因而发生的非永久性接地故障几率，以提高输电系统的可用率。当采用这种运行方式时，换流变压器分接范围的选择应与控制角配合以适应降压要求。这种运行方式下所要求的正分接范围最大。

为了补偿换流变压器交流网侧电压的变化以及将触发角运行在适当的范围内，以保证运行的安全性和经济性，要求有载调压开关的调压范围较大，特别是可能采用直流降压模式时，要求的调压范围往往高达 20%～30%。

（4）分接头档距。换流变压器分接档位太多或调节步长太大都会给设备制造带来问题，并且降低设备的可靠性。在满足条件的前提下，换流变压器分接档位越少、档距较小为好。

换流变压器分接档距的选择跟直流系统控制策略有密切的关系，要考虑到分接调节一档对换流器控制角度的影响，在角度的控制范围内要防止分接头频繁动作。在以往换流变压器交流侧电压为 500kV 的直流工程中，调节步长通常取 1.25%。

换流变压器正、负分接级数需根据其网侧交流电压稳态变化范围，并结合设备的各种制造公差和测量误差计算得到的阀侧空载电压极值来确定。

换流变压器最大正分接头数需考虑直流系统降压运行时所需的级数来计算。根据换流变压器以及换流阀的设计，直流系统可通过联合控制换流器的控制角与分接头的调节来实现直流电压的降落，大的控制角可实现部分直流电压的降落，控制角包括触发角和关断角。因此，换流变压器最大正分接数与换流器允许的最大控制角有密切的关系。换流器控制角的最大允许值取决于晶闸管的特性，不同生产厂生产的换流器允许的最大控制角不同。该控制角越大，相应的换流变压器最大正分接数相对来说就越少。

5. 直流偏磁

换流变压器绕组中直流偏磁电流的存在会影响磁化曲线，导致铁心磁化曲线不对称，产生偏移零坐标轴的偏移量，加剧铁心饱和，励磁电流显著增大及波形严重畸变。励磁电流过大可能导致变压器网侧断路器因过电流跳闸而误动作，影响系统正常运行；交流电压波形畸变与高次谐波含量大增可导致换流变压器的噪声增大甚至引起其铁心、螺栓、外壳等处过热，严重时可引起换流变压器损坏。

产生直流偏磁电流的原因有：① 换流阀触发角不平衡；② 换流器交流母线上的正序二次谐波电压；③ 在稳态运行时由并行的交流线路感应到直流线路上的基频电流；④ 单极大地回线方式运行时，由于换流站中性点电位升高所产生的流经变压器中性点的直流电流。

直流偏磁将引起变压器空载损耗增加。增加的程度取决于铁心钢片的励磁特性，同时也与工作磁密有关。直流偏磁

还将引起噪声的增大。

6. 谐波影响

换流变压器在运行中有特征谐波电流和非特征谐波电流流过，会引起以下问题：

（1）变压器漏磁的谐波分量会使变压器的杂散损耗增大，有时还可能使某些金属部件和油箱产生局部过热现象。

（2）发出高频噪声。对于有较强漏磁通过的部件要用非磁性材料或采用磁屏蔽措施。数值较大的谐波磁通所引起的磁致伸缩噪声，一般处于听觉较为灵敏的频带，必要时要采取更有效的隔音措施。

通常，减小谐波的方法有两种：一是增加换流变压器的脉波数，但这会使换流变压器的接线非常复杂，且不经济，不适用于高压直流输电；二是在换流装置的交流侧用滤波器限制交流谐波，在直流侧用平波电抗器来限制直流谐波。

在换流变压器的设计中，要充分考虑谐波电流引起的损耗增加。在结构上还应采取有效的冷却措施，在套管升高座等有较强谐波通过的部位采用非导磁材料。在绕组两端和油箱壁上分别加磁屏蔽和电屏蔽，加强换流变压器和安装现场的吸音、减振结构等抑制可听噪声措施，以减小谐波产生的影响。

7. 噪声

与普通交流变压器相比，换流变压器的噪声问题更为严重，主要是由负载电流的谐波分量、与晶闸管阀相连绕组的直流分量和畸变电压引起的。

8. 损耗

换流变压器的损耗直接反映变压器的性能和工程的经济性能，因此要求变压器具有较小的损耗。变压器总损耗的保证值应包括额定电压下的空载损耗和折算到参考温度为 80℃时的总负载损耗。后者包括基波电流负载损耗以及根据系统研究提供的谐波电流频谱，按 IEC 61378-2《高压直流用变压器》的方法计算的换流运行下谐波引起的绕组涡流损耗、结构件的杂散损耗和变压器附件的损耗之和。

第四节　平波电抗器

一、平波电抗器的配置

直流平波电抗器与直流滤波器一起构成高压直流换流站直流侧的直流谐波滤波回路，是高压直流换流站的重要设备之一。

（一）平波电抗器作用

（1）抑制直流线路电流和电压脉动成分，降低直流侧的

谐波分量，减少对邻近音频信道的干扰，改善电磁环境。

（2）防止由直流线路产生的陡波冲击波进入换流阀，使换流阀免于遭受过电压应力而损坏。

（3）当系统发生扰动时，抑制直流电流的上升速度，平滑直流电流中的纹波，避免在低直流功率传输时电流的断续。

（4）当逆变器发生某些故障时，避免引起继发的换相失败，并减小因交流电压下降引起逆变器换相失败的概率。

（5）当直流系统发生短路时，它可在整流侧调节器的配合下，限制短路电流的峰值，还能限制线路端设备的并联电容通过逆变器放电的电流。

（二）设计原则

（1）对于油浸式平波电抗器的磁路由绕组环绕的磁路和中心气隙组成，磁化特性是非线性的，计算短路电流时必须考虑在大电流时电感的降低。

（2）随着电感的增加，直流电流的波形和谐波含量得到改善，但引起控制响应的变慢和谐振频率的下降，使电流控制稳定更加困难。在设计阶段，计算时要考虑到不同的直流电路结构，来选择平波电抗器的合适电感值。

（三）配置方案

平波电抗器配置原则是：若采用油浸式平波电抗器，则全部布置在极母线上；对于干式平波电抗器，经济投资允许时，全部布置在极母线上，当经济投资受限时，分别布置在直流极母线和中性线母线上。常用配置方式如图 13-13 和图 13-14 所示。

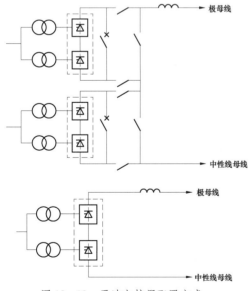

图 13-13　平波电抗器配置方式一

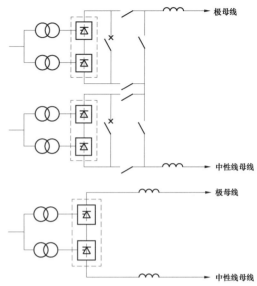

图 13-14　平波电抗器配置方式二

需要注意的是，当采用配置方式二时，对陡波冲击波进行校验后，结合经济投资对电感量进行合理配置。

二、平波电抗器型式选择

1. 平波电抗器型式特点

平波电抗器有干式和油浸式两种。平波电抗器的型式选择应根据配电装置的布置特点、使用要求、设备制造水平等因素，进行综合技术经济比较后确定。两种平波电抗器的型式特点见表 13-4。

这两种型式的平波电抗器在高压直流输电工程中均有成功的运行经验。在国外高压直流输电工程中，干式空心平波电抗器的应用较为广泛，如瑞典至芬兰的 Fenno-Skan 直流工程、丹麦至瑞典的 Konti-Skan 直流工程、印度 Rihand-Dehli 直流工程等，均采用干式空心平波电抗器。在我国早期的高压直流输电工程中，如葛南、天广直流输电工程采用的也是干式空心平波电抗器；而在 2000 年后建设的 ±500kV、3000MW 的高压直流输电工程，如三峡—常州、三峡—广东、三峡—上海、贵州—广东 I 回、贵州—广东 II 回等均选用了油浸铁心式平波电抗器。±800kV 特高压直流输电工程均选用了干式空心平波电抗器。

2. 平波电抗器布置方式

平波电抗器一般布置在阀厅出口侧。电抗器附近应有运输道路。

表 13-4　平波电抗器形式特点

形　式	油　浸　式	干　式
主绝缘	油纸复合绝缘系统，相对复杂，抗污秽能力较好，提高绝缘水平较容易；本体只有套管存在外绝缘问题，较容易解决	对地采用支柱绝缘子支撑，提高了主绝缘的可靠性；提高绝缘水平较难，而且外绝缘长期暴露在空气中，对污秽比较敏感，受外界影响大；由于干式平波电抗器对地电容相对于油浸式平波电抗器要小得多，因此干式平波电抗器要求的冲击绝缘水平相对较低，暂态过电压较低
电感量	由于有铁心，单台电感值较大，以往±500kV 直流输电工程中额定电流为 3000A 时可达到 300mH	每台电感值较低，在额定电流为 3000A 时一般不超过100mH
潮流反转时临界介质场强	高压直流输电系统的潮流反转需改变电压极性，会因捕获电荷的原因在油纸复合绝缘系统中产生临界场强	改变电压极性仅在支柱绝缘子上产生应力，没有临界场强的限制
可听噪声	有可能需采取隔声屏障措施	无铁心，与油浸式平波电抗器相比，可听噪声较低
电磁干扰	线圈被油箱封闭，磁路局限在铁心中，对周围的电磁干扰小	磁力线分布在空间，对周围影响较大，需要较大的空间
负荷电流与磁链的关系	成非线性关系	成线性关系。由于干式平波电抗器没有铁心，因而在故障条件下不会出现磁链的饱和现象，在任何电流下都保持同样的电感值
本体保护	需要配置本体保护，有利于故障的在线检测和预防，并可以通过对油色谱的监测，早期发现谐波电流引起的局部过热故障	一般无需配置在线监测电抗器内部故障的装置，简化了二次控制和保护设备
运输	质量重，受到运输条件的限制	质量相对较轻，运输条件相对容易实现
抗震性能	抗震性能好	抗震性能较差
布置	需配套建设集油池、防火墙等土建设施，布置灵活性较差	布置较为灵活，占地面积较大

当选用油浸式电抗器时，应设置事故油池，并根据噪声计算来决定是否设置隔声屏障。油浸式电抗器与建筑物、其他带油设备之间宜设置防火墙。电气平面布置主要受设备之间的安全净距、带电检修距离和防火距离的限制。

当选用干式平波电抗器时，其电气平面布置主要由 2 个方面的因素决定：

（1）对地操作冲击电压，2 台平波电抗器之间的距离必须大于发生闪络距离；

（2）线圈之间的互感，距离太小，互感过大，会影响等效电感值，增加设备基础和端子的机械受力。

对于极母线串联的平波电抗器之间的距离主要由对地操作冲击电压决定；而对于中性线串联的平波电抗器，2 台平波电抗器之间距离主要由线圈间的互感决定。

三、平波电抗器参数选择

平波电抗器串联于直流回路中，其电压和电流额定值是根据直流主回路确定的，平波电抗器主要参数包括额定直流电流、额定直流电压和额定电感。

1. 额定直流电流

对于两端直流系统，由直流输电线路的额定电流确定；对于多端直流系统，应由系统潮流分析及换流站主接线确定。

2. 额定直流电压

干式平波电抗器采用平抗分置方式（即分别串联于极线与中性母线）时，串联于中性母线，理论上其额定电压可根据中性母线额定电压确定，但考虑到采用相同参数的设备可减少备用平波电抗器的数量，将更经济，一般仍按直流输电极线的额定电压确定。

3. 额定电感

平波电抗器电感量太大，运行时容易产生过电压，使直流输电系统的自动调节特性的反应速度下降，而且平波电抗器的投资也增加。因此，平波电抗器的电感量在满足主要性能要求的前提下应尽量小些，其选择应考虑以下几点。

（1）限制故障电流的上升率。其简化计算公式为

$$L_d = \frac{\Delta U_d}{\Delta I_d} \Delta t = \frac{\Delta U_d(\beta - 1 - \gamma_{min})}{\Delta I_d 360 f} \quad (13-6)$$

其中　　$\Delta I_d = 2I_{s2}[\cos\gamma_{min} - \cos(\beta - 1°)] - 2I_{dc}$ 　(13-7)

$$\Delta t = \frac{\beta - 1 - \gamma_{min}}{360 f} \quad (13-8)$$

$$\beta = \arccos(\cos\gamma_N - I_d / I_{s2}) \qquad (13-9)$$

式中 f——交流系统额定频率；

     γ_{min}——不发生换相失败的最小关断角；

     ΔU_d——在 12 脉动换流器中，一般选取一个 6 脉动桥的额定直流电压；

     ΔI_d——直流电压下为不发生换相失败所容许的直流电流增量；

     Δt——换相持续时间；

     β——逆变器的额定超前触发角；

     γ_N——额定关断角；

     I_d——额定直流电流；

     I_{s2}——换流变压器阀侧两相短路电流的幅值。

计算电感量时，未计及直流线路电感的限制作用，也未考虑直流控制保护系统的动作，所以在实际工程中采用的电感量可适当降低。

（2）平抑直流电流的纹波。其估算公式为

$$L_d = \frac{U_{d(n)}}{n\omega I_d \dfrac{I_{d(n)}}{I_d}} \qquad (13-10)$$

式中 $U_{d(n)}$——直流侧最低次特征谐波电压有效值；

     I_d——额定直流电流；

     $I_{d(n)}/I_d$——允许的直流侧最低次特征谐波电流的相对值；

     n——最低次特征谐波，对 12 脉动换流器 $n=12$；

     ω——基频用角频率。

（3）防止直流低负荷时的电流断续。对于 12 脉动换流器电感可用下式计算

$$L_d = \frac{U_{dio}0.023\sin\alpha}{\omega I_{dp}} \qquad (13-11)$$

式中 U_{dio}——换流器理想空载直流电压；

     α——直流低负荷时的换流器触发角；

     I_{dp}——允许的最小直流电流限值。

（4）平波电抗器是直流滤波回路的组成部分。电感值大，则要求的直流滤波器容量小，反之亦然。因此平波电抗器电感量的取值应与直流滤波器综合考虑，并进行费用的优化。

（5）平波电抗器电感量的取值应避免与直流滤波器、直流线路、中性点电容器、换流变压器等在 50、100Hz 发生低频谐振。

额定电感的确定涉及多方面的因素，受具体工程的若干运行参数，如额定关断角、换流变压器阀侧两相短路电流的幅值、允许的最小直流电流限值、直流低负荷时的换流器触发角和具体工程的低频谐振条件、直流滤波回路设计等影响，因此没有一个统一的计算公式，而需要通过一个性能价格逐步优化的过程来确定最优值。

在对高压直流工程进行系统设计时，考虑系统参数，采用合理的规划方法初步确定平波电抗器的额定电感取值范围，并结合直流滤波器的设计和系统中各点最高正常运行电压的取值等，进行技术经济比较以确定合适的电感，并利用先进的仿真技术进行验证，最终确定该参数作为具体工程设计参数。

第五节 开 关 设 备

一、直流转换开关

（一）直流转换开关参数选择

1. 概述

直流转换开关应按表 13-5 所列技术条件选择，并按表 13-5 中使用环境条件校验。

表 13-5 直流转换开关参数选择

项目		参数
技术条件	正常工作条件	电压、电流、机械荷载
	短路或暂态稳定性	短时或暂态耐受电流和持续时间
	承受过电压能力	对地和断口间的绝缘水平、爬电比距
	操作性能	转换电流、操作顺序、操作次数、分合闸时间、操作机构
环境条件	环境	环境温度、日温差、最大风速[①]、覆冰厚度[①]、相对湿度[②]、污秽[①]、海拔、地震烈度
	环境保护	电磁干扰

[①] 当在屋内使用时，可不校验。

[②] 当在屋外使用时，可不校验。

2. 额定电压

直流转换开关一般位于直流系统的中性母线侧，因此其额定运行电压都不高。直流输电系统一般采用逆变站接地方式，由于输电线路上存在电压降，因此整流站中性母线设备的额定运行电压一般高于逆变站。直流转换开关的额定运行电压可从下列值中选取：10、25、50、100kV。实际应用时可以不同于这些数值，以工程绝缘配合报告为准。

3. 绝缘水平

目前直流输电工程设备绝缘水平标准化有待完善，直流转换开关的绝缘水平可以参考表 13-6 中的值进行选取，实际应用时可以不同于表 13-6 中的数值，以工程绝缘配合报告为准。

表 13-6　额 定 绝 缘 水 平

额定直流电压 （kV）	60min 直流耐受电压 （kV）	额定雷电冲击耐受电压 （kV）	
		对地	断口间
10	15	145	145
25	38	250	250
50	75	450	450
100	150	450	450
		550	550

4. 额定运行电流

直流转换开关的额定运行电流由直流工程的额定运行电流确定。

5. 最大持续运行电流

直流转换开关的最大持续运行电流一般为额定运行电流的 1.05～1.25 倍。

6. 额定转换电流

直流转换开关的转换电流就是指经过分流后，在直流转换开关分闸前刻，流过该直流转换开关的直流电流。各直流转换开关由于其功能和所处位置不同，对其转换电流能力的要求也不同。下面对各直流转换开关的转换电路进行说明。

（1）MRTB：MRTB 位于接地极引线电路中。MRTB 的作用是将单极大地回线运行时的电流转换到单极金属回线中。在转换过程中，首先闭合 ERTB。当单极运行系统重新达到稳态时，断开 MRTB，也就是说，电流由接地极引线和极线两路分流状态转为只从极线流过的单路状态。MRTB 的等效转换电路如图 13-15 所示。

（2）ERTB：ERTB 接在接地极引线和极线之间。ERTB 的作用是将单极金属回线运行时的电流转换到单极大地回线运行回线。在转换过程中，首先先闭合 MRTB。当单极运行系统重新达到稳态时，断开 ERTB，也就是说，电流由接地极引线和极线两路分流状态转为只从接地极引线流过的单路状态。ERTB 的等效转换电路如图 13-15 所示。

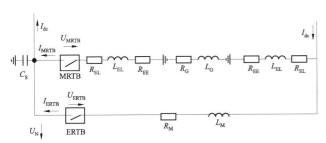

图 13-15　MRTB 和 ERTB 的等效转换电路

EL—接地极引线；EE—接地极；M—金属回线；G—大地路径

（3）NBS：双极运行，发生单极换流器内部接地故障时，故障极在投入旁通对情况下闭锁。这时 NBS 的作用是将由正常运行极产生的、流经短路点和闭锁极的直流电流转换到接地极引线。NBS 的等效转换电路见图 13-16 所示。

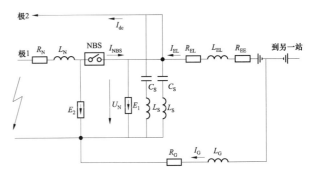

图 13-16　NBS 的等效转换电路

N—中性母线；EL—接地极引线；EE—接地极；G—大地路径

（4）NBGS：使用 NBGS 的主要目的是防止双极停运闭锁以提高高压直流输电系统的可靠性。在接地极引线断开的情况下，不平衡电流将使中性母线上的电压增加，NBGS 合闸为换流站提供临时接地，通过站内的接地系统重新连接到大地回线，这样就可以继续双极运行。当接地极引线可以重新使用时，NBGS 要能将电流从站接地转换为接地极引线接地。NBGS 的等效转换电路见图 13-17 所示。

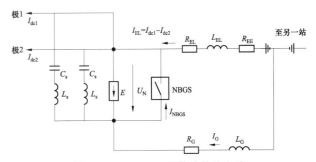

图 13-17　NBGS 的等效转换电路

N—中性母线；EL—接地极引线；EE—接地极；G—大地路径

直流转换开关的关键技术参数是转换电流能力，一般取直流系统带备用冷却连续过负荷电流为系统最大转换电流值。下面介绍一个确定直流转换开关转换电流的实例。

已知：额定连续过负荷直流电流 $I_d = 4.12\text{kA}$，极线最小电阻 $R_{pmin} = 8\Omega$，极线最大电阻 $R_{pmax} = 10\Omega$，整流站接地极线路最小电阻 $R_{er} = 0.3\Omega$，逆变站接地极线路最小电阻 $R_{ei} = 0.2\Omega$，整流站接地极线路最大电阻 $R'_{er} = 1\Omega$，逆变站接地极线路最大电阻 $R'_{ei} = 1\Omega$，两端接地极电阻均假设为 0。按上述已知数据计算，MRTB 的转换电流为

$$I_{MB} = \frac{I_d R_{pmax}}{R_{pmax} + R_{er} + R_{ei}} = \frac{4.12 \times 10}{10 + 0.3 + 0.2} = 3.924 \text{（kA）}$$

相应 ERTB 的转换电流为

$$I_{ER} = \frac{I_d(R'_{er} + R'_{ei})}{R_{pmin} + R'_{er} + R'_{ei}} = \frac{4.12 \times (1+1)}{8+1+1} = 0.824 \, (\text{kA})$$

对于 NBS 和 NBGS，当忽略了主回路（包括平波电抗器和换流阀）电阻时，其转换电流为全直流电流。

7. 操作顺序

直流转换开关的额定操作顺序分别为：

（1）MRTB：分—t—合（t<电弧耐受能力）。

（2）ERTB：分—t—合（t<电弧耐受能力）。

（3）NBS：合—0.1s—分—t—合（t<电弧耐受能力）。

（4）NBGS：分—t—合（t<电弧耐受能力）。

开断最大直流电流时的电弧耐受能力按 150ms 考虑。

8. 机械操作次数

直流转换开关的机械操作次数按 2000 次选取。

9. 分合闸时间

对于 MRTB、ERTB 和 NBS，合闸时间小于 100ms，分闸时间小于 30ms。对于 NBGS，合闸时间小于 55ms，分闸时间小于 30ms。

10. 断口间最大设计恢复电压

断口间最大设计恢复电压可从下列值中选取（直流，kV）：60、145kV。实际应用时可以不同于以上数值，以工程绝缘配合报告为准。

（二）直流转换开关的型式选择

直流转换开关一般可分为两类：有源型和无源型。无源型直流转换开关一般由开断装置（B）、转换电容器（C）和避雷器（R）组成，有时还有电抗器（L）。有源型直流转换开关设备还包括单极关合开关（S1）和充电装置，如图 13－18 所示。

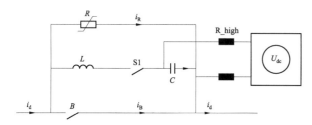

图 13－18 带充电装置的（有源型）直流转换开关

由于有源型直流转换开关中的电容器可以预先充电，因此有源型直流转换开关的直流电流转换能力较强。无源型直流转换开关也可以转换较大幅值的直流电流，而由于不带充电装置，其运行维护更加方便。

二、直流旁路开关

（一）直流旁路开关的参数选择

1. 概述

直流旁路开关是跨接在一个或多个换流桥直流端子的机械电力开关装置，在换流桥退出运行过程中把换流桥短路；

在换流桥投入运行过程中把电流转移到换流阀中。直流旁路开关应按表 13－7 所列技术条件选择，并按表 13－7 中使用环境条件校验。

表 13－7 直流旁路开关参数选择

项 目		参 数
技术条件	正常工作条件	电压、电流、机械荷载
	短路或暂态稳定性	短时或暂态耐受电流和持续时间
	承受过电压能力	对地和断口间的绝缘水平、爬电比距
	操作性能	转移电流、操作顺序、操作次数、分合闸时间、操作机构
环境条件	环境	环境温度、日温差、最大风速[①]、覆冰厚度[①]、相对湿度[②]、污秽[①]、海拔、地震烈度
	环境保护	电磁干扰

① 当在屋内使用时，可不校验。

② 当在屋外使用时，可不校验。

2. 额定电压

对于 ±800kV 直流输电工程，直流旁路开关的断口间额定直流电压为 408kV，端子对地额定直流电压为 408kV 和 816kV。

3. 绝缘水平

对于 ±800kV 直流输电工程，直流旁路开关的绝缘水平应从表 13－8 中的值进行选取。

表 13－8 额 定 绝 缘 水 平

额定直流电压（kV）	直流耐受电压（kV）		操作耐受电压（kV）		雷电耐受电压（kV）	
	端对地	端子间	端对地	端子间	端对地	端子间
408	600	600	850	950	950	950
			950		1175	1175
816	1200	600	1600	950	1800	950
						1175

4. 额定短时直流电流

直流旁路开关的额定短时直流电流是在规定的使用和性能条件下，旁路开关在 30min 内应能通过的直流电流值。额定短时直流电流的标准值为 4000、5000、6300A。在实际直流系统运行中，旁路开关通常处于分闸状态，在操作旁路开关进行换流阀组投入或退出过程中，旁路开关处于合闸状态并承受直流电流的时间不超过 30min。

5. 额定直流转移电流

直流旁路开关的额定直流转移电流等于额定短时直流电流。

6. 与额定直流转移电流相关的瞬态恢复电压（TRV）

与额定直流转移电流相关的瞬态恢复电压是一种参考电压，它构成了旁路开关在进行转移直流电流操作时应能承受的回路预期瞬态恢复电压的极限值。

7. 额定操作顺序

直流旁路开关的额定操作顺序与额定特性有关，额定操作顺序为：

合—t_1—分—t_2—合—t_1—分；

其中：$t_1 \leqslant 0.06s$，$t_2 < 15s$。

8. 机械操作次数

考虑到生产厂规定的维护程序，直流旁路开关应能完成2000次操作循环。

9. 额定转移直流电流操作次数

额定转移直流电流操作次数按500次选取。

（二）直流旁路开关的型式选择

目前 ±800kV 直流输电工程的 ±800kV 和 ±400kV 直流旁路开关均采用瓷柱式 SF₆ 断路器。

三、直流隔离开关

（一）直流隔离开关的参数选择

1. 概述

直流隔离开关应按表 13-9 所列技术条件选择，并按表 13-9 中使用环境条件校验。

表 13-9　直流隔离开关参数选择

项目		参数
技术条件	正常工作条件	电压、电流、机械荷载
	短路或暂态稳定性	短时或暂态耐受电流和持续时间
	承受过电压能力	对地和断口间的绝缘水平、爬电比距
	操作性能	操作机构
环境条件	环境	环境温度、日温差、最大风速①、覆冰厚度①、相对湿度②、污秽①、海拔、地震烈度
	环境保护	电磁干扰

① 当在屋内使用时，可不校验。

② 当在屋外使用时，可不校验。

2. 额定电压

选择直流隔离开关和接地开关的额定电压至少应等于其安装地点的系统最高电压，额定直流电压值见表 13-10。

表 13-10　额定直流电压值

直流隔离开关和接地开关安装位置	额定直流电压值（kV）
换流阀组旁路高压端、极母线、直流滤波器高压端	515，680，816
12 脉动换流阀组中点	408
中性母线、直流滤波器低压端	10，25，50，100
阀厅内接地开关	10，25，50，100，408，515，816，200*

* 阀厅内换流变压器阀侧接地开关为交流接地开关，额定电压值为交流电压。

3. 绝缘水平

目前直流输电工程设备绝缘水平标准化有待完善，直流隔离开关和接地开关的绝缘水平可以参考表 13-11 中的值进行选取，实际应用时可以不同于表 13-11 中的数值，以工程绝缘配合报告为准。

表 13-11　额定绝缘水平

额定直流电压（kV）	60min 直流耐受电压（kV）	额定雷电冲击耐受电压（kV）		额定操作冲击耐受电压（kV）	
		对地	断口间	对地	断口间
10	15	145	145	—	—
25	38	250	250	—	—
50	75	450	450	—	—
100	150	450	450	—	—
		574	574		
408	600	1175	1175	950	950
		903	903	825	825
515	750	1425	1425	1175	1175
680	990	1763	1763	1500	1500
816	1200	1950	1950	1600	1600

注　表中各值参考了现有高压直流输电工程中直流隔离开关和接地开关的绝缘水平给出。

直流隔离开关和交流隔离开关在绝缘上的主要差别在于直流隔离开关要求进行 60min 直流耐压试验，直流耐压试验的试验电压值以设备安装地点系统额定电压的 1.5 倍选取。对于户外直流隔离开关和接地开关应按照湿试程序进行直流耐压湿试，对于户内直流隔离开关和接地开关应进行直流耐压干试。

4. 额定电流

在规定的使用和性能条件下，直流隔离开关在合闸位置能够承载的电流，数值如下：

3150A，4000A，5000A，6300A。

直流隔离开关的额定电流应从以上数值中选取。直流隔离开关应具有承受直流系统过负荷电流能力（10s，2h 和连续）。在选择直流隔离开关的额定电流时，应使其额定电流适应于运行中可能出现的任何负载电流。对于屋外直流隔离开关，由于其触头暴露在露天，受到污秽的直接影响，长期运行以后，触头发热严重而氧化，将引起弹簧退火，使触头温度升高。同时大部分直流隔离开关正常的运行状态，在电流接近设备额定电流下处于合闸位置很长时间工作而不进行操作，所以选择隔离开关额定电流时应留有裕度。

5. 额定短时耐受电流和额定短路持续时间

直流隔离开关的额定短时电流应为等效的直流系统最大短路电流，额定短时持续时间的标准值为 1s。

6. 爬电比距

根据隔离开关用支柱绝缘子防污性能及承受机械力的要求，绝缘子可以分为瓷质、表面涂层及复合绝缘子。换流站阀厅内设备的爬电比距一般为 14mm/kV；户内直流开关场内设备的爬电比距一般为 25mm/kV；户外瓷质绝缘子的爬电比距的确定见第十一章。

7. 直流滤波器高压端隔离开关开合直流滤波器能力

在系统运行中，直流滤波器因故障需要退出运行时，要求直流滤波器高压端隔离开关具有开断故障下谐波电流的能

力，电气寿命不低于 5 次。隔离开关开合直流滤波器能力的额定值如表 13-12 所示，表 13-12 中的值由实际工程的直流滤波器设计确定。

表 13-12　隔离开关开合直流滤波器能力的额定值

设备额定 直流电压 （kV）	稳态电流 （A_{rms}）	合闸电流 （kA_{peak}）	开断电流 （A_{rms}）	恢复电压 （kV_{dc}）	典型频率 （Hz）
515	80	1.6	80	35	600
816	160	1.4	160	46	600

（二）直流隔离开关的型式选择

直流隔离开关的形式选择应根据配电装置的布置特点和使用要求等因素，进行综合技术经济比较后确定。直流隔离开关的形式特点见表 13-13。

直流隔离开关应结构简单，性能可靠，易于安装和调整，便于维护和检修，金属件（包括联锁元件）均应防锈、防腐蚀，各螺纹连接部分应防止松动，接地开关应拆装方便。对户外外露铁件（铸件除外）应经防锈处理。隔离开关带电部分及其传动部分的结构应能防止鸟类做巢。隔离开关触头的触指结构应有防尘措施，对户外型应有自清洁能力。隔离开关上需经常润滑的部位应设有专门的润滑孔或润滑装置，在寒冷地区应采用防冻润滑剂。

表 13-13　直流隔离开关的型式特点

形式	简图	特点	适用范围
双柱水平旋转式		此形式直流隔离开关为双柱水平中间旋转开启式单断口结构。产品结构简单，生产厂较多	多用于 400kV 电压等级以下
双柱水平折叠式		此形式直流隔离开关为双柱水平伸缩折叠开启式单断口结构。该形式直流隔离开关的尺寸相对较小，动、静触指采取密封措施，能有效降低外部环境对于触头影响，长期保持通流能力，但是该结构比较复杂，要求动触头有比较精确的运动轨迹，同时需要通过增加弹簧等储能手段来平衡动触头运动过程的重力势能的变化，对产品的制造精度要求较高	多用于 400 及以上电压等级

续表

形式	简 图	特 点	适用范围
三柱水平旋转式		此形式直流隔离开关为三柱水平中间旋转开启式双断口结构。产品主导电系统结构简单，运动平稳，操作功相对较小，但是该形式直流隔离开关的尺寸相对较大，旋转结构在分、合闸过程中自由度不唯一，且动、静触指长期暴露在外，由于直流具有吸附效应，此种结构更容易受到外部环境的影响，导致触头部位发热	多用于400kV及以上电压等级

四、交流断路器

换流站中使用的某些交流断路器，由于存在着换流站自身的特点，促使其操作负担比一般的断路器可能要重些，需要特别注意的是交流滤波回路断路器和换流变压器回路断路器。

（一）无功大组及分组断路器

在换流站设计中，通常将交流滤波器及无功补偿电容器分成若干大组，每一大组包括若干个交流滤波器及无功补偿电容器分组。设置大组断路器及分组断路器是用于正常投切及故障的保护切除，以满足换流站运行中无功功率的需求。因此，这些断路器正常情况主要是作为回路投切开关用，而且操作较频繁。当换流站发生单极或双极闭锁时，由于交流滤波器组及无功补偿电容器组仍接在交流母线上，因此可能会出现过电压。这时，必须通过分组断路器来切除一个或几个上述无功分组，而且这些断路器两端的恢复电压也可能会很高，甚至会导致断路器电弧的重燃。

当研究这些断路器在上述情况的操作过电压时，应考虑以下可能出现的最严重电网背景条件：

（1）换流站接入电网的短路容量最小。

（2）直流输电系统处在最大的过负荷定值下，相应投运的无功补偿设备的容量也是最大的。

（3）直流输电系统可能处在功率倒送的情况。

由于每个交流滤波器分组的类型可能不完全相同，其中有特征谐波滤波器或低次谐波滤波器，因此对于无功大组断路器的分闸应考虑所有分组都投入和每类分组中有一个退出运行的情况。若设置低次谐波滤波器（如3次或5次），则必须研究单相故障时应考虑其中的一组3次谐波滤波器退出运行的情况。因为单相故障含有较大的3次谐波分量，将导致一定程度的谐振电压，从而加重了大组断路器的分闸负担。

（二）并联电容器组合闸冲击电流

若换流站的无功功率分组中有并联补偿电容器组，则分组断路器应考虑并联电容器组合闸冲击电流的影响。当所选用的断路器难以满足合闸冲击电流要求时，则应在并联电容器组中串以限流电抗。

假设有 m 组同容量电容器，最后一组（即第 m 组）在电源电压为最大值时投入，不计电源对冲击电流的影响，则第 m 组投入时的合闸冲击电流可用下式估算

$$I_{ch} = \frac{m-1}{m}\sqrt{\frac{2000Q_C}{3\omega L}} \qquad (13-12)$$

式中 m——电容器分组数；

Q_C——每分组电容器容量，kvar；

ω——电网基波角频率，$\omega=314\text{rad/s}$；

L——包括串联限流电抗器及连接线的每相电感，μH。

（三）基频容性电流开断容量

对于交流滤波器及并联电容器，断路器所开断的基频容性电流由每一组的无功功率所决定，可用下式求得

$$I = \frac{Q}{\sqrt{3}U_{ac}}\frac{U_{acmax}}{U_{ac}}k \qquad (13-13)$$

式中 I——断路器所开断的基频容性电流，kA；

Q——交流滤波器及并联电容器组的无功功率，Mvar；

U_{ac}——交流系统正常电压，kV；

U_{acmax}/U_{ac}——交流母线运行最大电压与正常电压之比，取1.05；

k——允许偏差，包括频率偏差的安全系数，通常取 $k=1.15$。

（四）换流变压器回路断路器

与一般变电站交流变压器不同之处是换流站的换流变压器铁心的直流磁化的因素要多些，这些因素包括换流变压器三相之间的阻抗不平衡、换流阀触发脉冲的不平衡、交直流线路之间的电磁耦合在直流线路上所感应的交流工频电压，引起换流变压器绕组产生附加的磁化电流，以及换流站接地

极与换流变压器之间的电位差在换流变压器绕组中所产生的直流电流分量对铁心磁化的影响等。计及上述因素并针对换流变压器铁心磁化的影响,当换流变压器空载投入电网时所产生的励磁涌流会很大。由于励磁涌流中包含的 3 次谐波分量很大(可达到基波电流的 50%以上),可能会造成换流站 3 次谐波滤波器的过负荷,因此对换流站的运行会造成不利影响。限制上述励磁涌流影响的有效措施之一是在换流变压器回路的断路器中配置预合闸电阻或选相合闸装置。例如,某直流输电工程换流站采用单相双绕组换流变压器,单相容量为 298MVA,则对 500kV 的断路器可根据经验选用1.5kΩ 的预合闸电阻[1]。

第六节 直流测量装置

为了实现高压直流系统的调节、控制、保护等功能,需要对运行参数、电压、电流量进行监测,所以应在换流站设置完整的测量系统。为了取得相关的测量数据,在换流站的交流侧和直流侧应配置相应的交流和直流测量装置。

交流侧信号可采用交流电力系统中长期使用的常规设备测量,不在本节介绍范围内。本节主要介绍直流测量装置的形式、原理和应用特点。

直流控制保护系统对目前换流站中常用的测量装置的配置、精度及二次输出的要求等内容参见第十九章第一节。

一、直流电流测量装置

选择直流电流测量装置的形式应综合考虑技术参数特性、设备安装、经济性等多方面确定。直流电流测量装置分为电子式直流电流测量装置和电磁式直流电流测量装置两种。光电型、全光纤直流电流测量装置和霍尔电流传感器属于电子式直流电流测量装置,零磁通型和普通电磁型电流测量装置属于电磁式直流电流测量装置。

电子式直流电流测量装置是由连接到传输系统和二次转换器的一个或多个电流传感器组成,用以传输正比于被测量的量。在通常使用条件下,其二次转换器的输出正比于一次回路直流电流。其组成原理示意图见图 13-19,图中列出的所有部件并非皆为直流测量装置必不可缺的。

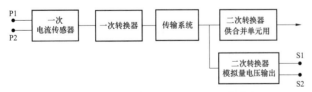

图 13-19 电子式直流电流测量装置原理示意图

电磁式直流电流测量装置是一次传感器利用电磁感应原

理提供与一次直流电流相对应的信号,且该信号通过电缆直接送到自身电子设备的直流电流测量装置。其组成原理示意图见图 13-20。

图 13-20 电磁式直流电流测量装置原理示意图

(一)直流电流测量装置的形式

1. 光电型直流电流测量装置

光电型直流电流测量装置是一种基于传统互感器原理、利用有源器件调制技术、以光纤为信号传输媒介的电流互感器。工作原理是通过一次传感器将高压电信号转化为小电信号,并通过光纤传输。结构方框图如图 13-21 所示。光电流传感器通常的组成部分有:

(1)高精度的分流器,位于装置的高压部分,可以是分流电阻,也可以是罗可夫斯基线圈(Rogovski Coil)。

(2)光电模块(即图 13-21 中的就地模块),该部分也位于装置的高压部分,其功能是实现被测信号的模/数转换及数据发送。就地模块的电子器件是由控制室的光电源通过单独的光纤供电。

(3)信号的传输光纤。

(4)光接口模块(即图 13-21 中的远方模块)。该部分位于控制室,用于接受光纤传输的数字信号,并通过模块中处理器芯片的检测控制送至相应的控制保护装置。

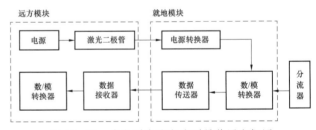

图 13-21 光电型直流电流测量装置方框图

光电型电流测量装置对地绝缘支柱直径小,电子回路较简单,因此可以减少电磁干扰,同时高电位端与低电位端的信号传递光纤可通过直径小的硅橡胶套管,降低污秽影响,相同绝缘水平下造价较低。光电型直流电流互感器的测量精度可达 0.2 级,测量频率范围可从直流至 7kHz。绝缘结构简单、易满足直流控制保护系统对测点冗余的要求,且易于接口。因此在换流站的各个区域(包括直流线路、换流阀组区域、中性母线区域、直流接地极线区域及直流滤波器组区域)均可采用光电型电流测量装置测量。在目前已建的直流工程中得到了广泛应用。

光电型电流测量装置按安装方式一般分为支持式或悬吊式两种。

2. 全光纤型直流电流测量装置

全光纤型直流电流测量装置是基于磁致旋光效应。其传感原理如图 13-22 所示，线偏振光通过处于磁场中的法拉第材料（磁光玻璃或光纤）后，偏振光的偏振方向将产生正比于磁感应强度平行分量 B 的旋转，这个旋转角度叫法拉第旋光角 φ，由于磁感应强度 B 与产生磁场的电流成正比，因此法拉第旋光角 φ 与产生磁场的电流成正比。全光纤型直流电流测量装置结构框图如图 13-23 所示。

全光纤型直流电流测量装置绝缘结构简单可靠、体积小、质量轻、线性度好、精度高、动态范围大，可实现对直流电流及谐波电流的同时监测。缺点是光纤品质要求高，制造工艺

要求高，造价昂贵。目前高压直流换流站中应用经验较少。

3. 零磁通型直流电流测量装置

零磁通互感器测量直流的工作原理是当铁心被交、直流线圈同时激励时，直流电流的大小引起铁心饱和程度的改变，使交流线圈的电抗大小发生变化，交流电流及串在回路中的取样电阻上的电压会相应改变。当直流为被测电流时，在取样电阻上可得到正比于直流电流的电压。零磁通式直流电流测量装置工作原理如图 13-24 所示，其中 N_1 为一次绕组匝数，N_2 为二次绕组匝数，N_0 为检测绕组匝数，N_3 为补偿绕组，绕组的磁平衡方程式如下

$$I_1N_1 + I_2N_2 + I_3N_3 = I_0N_0 \qquad (13-14)$$

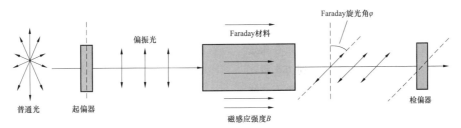

图 13-22　全光纤型直流电流测量装置原理示意图

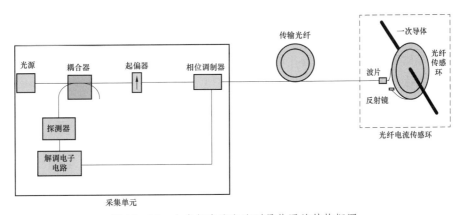

图 13-23　全光纤直流电流测量装置的结构框图

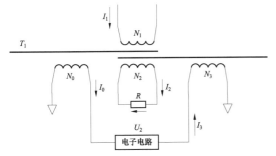

图 13-24　零磁通直流电流互感器测量原理

通过电子电路的补偿作用后，可以使 $I_3N_3 = I_0N_0$，磁芯磁通为 0，一、二次绕组电流之间满足严格的 $I_1N_1 + I_2N_2 = 0$，相当于没有误差。

零磁通型电流互感器测量精度很高，可达 0.1 级。同时，

零磁通电流互感器具有比较宽的频率响应范围，能对交、直流电流进行比较准确测量。

零磁通式电流互感器通常应用在直流中性母线区域、直流接地极线区域。对于电压等级较高的场合，由于零磁通式电流互感器的制造难度较大、造价较高，因此零磁通电流互感器较少用在直流高压极线区域。

4. 普通电磁型直流电流测量装置

普通电磁型直流电流测量装置分为串联和并联两种形式，其原理接线见图 13-25。其主要组成部分为饱和电抗器、辅助交流电源、整流电路和负荷电阻等，工作原理与磁放器相似。由于电抗器磁芯材料的矩形系数很高，矫磁力较小，当主回路直流电流变化时，将在负荷电阻上得到与一次电流成比例的二次直流信号。

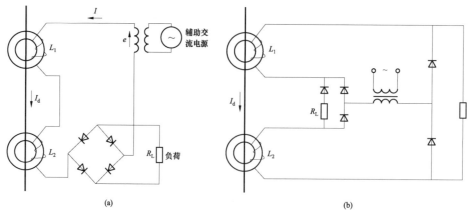

图 13-25　普通电磁型直流电流测量原理接线图[1]

（a）串联型；（b）并联型

电磁型直流测量装置与常规交流互感器类似，存在磁饱和和电磁干扰的问题，其测量精度一般可达到 0.5 级，换流站中多用于对测量精度要求不高的位置，如直流滤波器低压设备区域。

5. 霍尔电流传感器

霍尔电流传感器是利用霍尔效应原理来测量一次电流的，其结构一般由一次电路、聚磁环、霍尔器件、二次绕组和放大电路等组成。其工作原理是当一次电流 I_p 流过一根长导线时，在导线周围将产生一磁场，这一磁场的大小与流过导线的电流成正比，产生的磁场聚集在磁环内，通过磁环气隙中霍尔元件进行测量并放大输出，其输出电压 U_s 精确地反映一次电流 I_p。工作原理图见图 13-26。

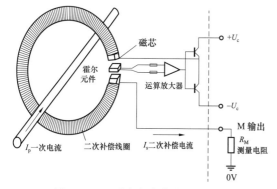

图 13-26　霍尔电流传感器原理图

霍尔电流传感器的体积小，安装方便，测量精度不高，在高压直流换流站中主要用在换流变压器中性点区域测量直流偏磁电流，以及接地极处测量直流入地电流。

（二）直流电流测量装置的参数选择

直流电流测量装置应按表 13-14 所列技术条件选择，并按表 13-14 中使用环境条件校验。对直流电流测量装置总的

要求是：抗电磁干扰性能强、测量精度高、响应时间快、输出电路与被测主回路之间要有足够的绝缘强度等。

表 13-14　直流电流测量装置参数选择

项　　目		参　　数
技术条件	正常工作条件	电压、电流、机械荷载
	短路或暂态稳定性	短时或暂态耐受电流和持续时间
	承受过电压能力	对地的绝缘水平、爬电比距
	机械性能	端子拉力
环境条件	环境	环境温度、最大风速①、覆冰厚度①、相对湿度②、污秽①、海拔、地震烈度
	环境保护	电磁干扰

① 当在屋内使用时，可不校验。

② 当在屋外使用时，可不校验。

1. 额定电流

直流电流测量装置额定电流一般取额定直流电流。

直流滤波器进线回路的电流测量装置额定电流由一次最大谐波电流确定。

2. 测量装置的精度及输出要求

测量装置的精度及输出要求详见第十九章第一节相关内容。

3. 绝缘水平要求

目前直流输电工程设备绝缘水平标准化有待完善，直流电流测量装置的绝缘水平可以参考表 13-15 中的值进行选取，实际应用时可以不同于表 13-15 中的数值，以工程绝缘配合报告为准。

表 13-15　额 定 绝 缘 水 平

额定直流电压 （kV）	最大持续电压 （kV）	额定雷电冲击 耐受电压 （kV）	额定操作冲击 耐受电压 （kV）
132	52$_{dc}$+80$_{ac}$	450	325
150	52$_{dc}$+80$_{ac}$	600 550	550
400	408	1175	950
500	515	1450	1050
800	816	1950	1600 1620

注　表中各值参考了现有高压直流输电工程中直流电流测量装置的绝
　　缘水平给出。

二、直流电压测量装置

（一）直流电压测量装置的型式

直流电压测量装置按其原理可分为电流型和电压型两种。

1. 电流型直流电压测量装置

电流型直流电压测量装置是使用直流电流互感器原理的直流电压测量装置：即在直流电流互感器的一次绕组串联一个高压电阻 R_1，其直流电压为 U_d，假定电流互感器一次绕组电流为 I_1、一次绕组和二次绕组的匝数分别为 W_1 和 W_2、二次绕组电流为 i_2、二次负荷电阻为 R_2、二次负荷电压为 U_2。图 13-27 表示电流型直流电压测量装置的电路原理图，从图中可知

$$U_d = I_1 R_1 \qquad (13-15)$$

$$U_2 = I_2 R_2 \qquad (13-16)$$

当忽略了磁化电流时，则有

$$\frac{i_1}{i_2} = \frac{W_2}{W_1} \qquad (13-17)$$

所以

$$U_2 = \frac{W_1}{W_2} \frac{R_2}{R_1} U_d = k U_d \qquad (13-18)$$

式（13-18）表明，二次电压 U_2 是与 U_d 成正比的。

2. 分压型直流电压测量装置

分压型直流电压测量装置有电阻分压式和阻容分压式两种。采用电阻分压器加直流放大器构成的直流电压互感器，其电路原理见图 13-28（a）。从图中可见，用 R_1 和 R_2 构成直流分压回路，以 R_2 的电压作为直流放大器的输入电压信号，经放大后取得与直流电压 U_d 成比例的电压 U_2 输出。阻容分压器时间响应更快，如图 13-28（b）所示。由于直流电压互感器的高压电阻阻值较大，承受着高电压，因此一般是采用充油或充气结构的。

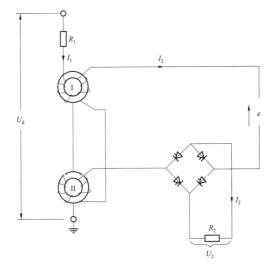

图 13-27　电流型直流电压测量装置原理图

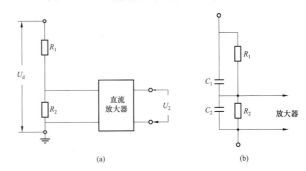

图 13-28　分压型直流电压测量装置原理图
（a）电阻分压式；（b）阻容分压式

目前换流站中极线和中性母线通常采用的是阻容分压式直流电压测量装置，电流型直流电压测量装置应用较少。

（二）直流电压测量装置的参数选择

直流电压测量装置应按表 13-16 所列技术条件选择，并按表 13-16 中使用环境条件校验。对直流电压测量装置总的要求是：抗电磁干扰性能强、测量精度高、响应时间快、输出电路与被测主回路之间要有足够的绝缘强度等。

表 13-16　直流电压测量装置参数选择

项　目		参　数
技术 条件	正常工作条件	电压、机械荷载
	承受过电压能力	对地的绝缘水平、爬电比距
	机械性能	端子拉力
环境 条件	环境	环境温度、最大风速[1]、覆冰厚度[1]、相对湿度[2]、污秽[1]、海拔、地震烈度
	环境保护	电磁干扰

[1] 当在屋内使用时，可不校验。

[2] 当在屋外使用时，可不校验。

1. 额定电压

直流电压测量装置的额定电压一般取极线和中性线的额定直流电压。目前已投运的高压直流换流站中的额定电压主要为 40、100、150、400、500、660kV 和 800kV。

2. 测量范围

通常取 0.1～1.5p.u.的测量范围。

3. 测量装置的精度及输出要求

测量装置的精度及输出要求详见第十九章第一节相关内容。

4. 绝缘水平要求

绝缘水平要求见表 13－15。

第七节　穿墙套管及绝缘子

一、型式选择

（一）直流穿墙套管

直流穿墙套管为干式套管，结构包括导体（杆）、绝缘部分和金属法兰三个部分，内绝缘采用胶浸纸或绝缘气体，外绝缘一般为硅橡胶外套。直流穿墙套管承受的电场较为复杂（包括直流电场、交流电场和极性反转电场），绝缘材料在直流电压下和交流电压下的电场分布不同，需要采取均压、屏蔽等措施。

直流穿墙套管主要用于换流阀厅内和户外的连接，一般只承受微小交流电压波形的直流电压。

直流穿墙套管采用复合绝缘结构，包括环氧树脂浸纸的电容芯子、环氧玻璃筒和硅橡胶外套，电容芯子和环氧玻璃筒之间填充 SF_6 气体，并根据工程需求来安装气体压力监测装置。

（二）直流绝缘子

（1）屋外支柱绝缘子一般采用棒式支柱绝缘子，瓷绝缘子外涂 RTV 涂料或瓷芯复合绝缘子方案。屋外支柱绝缘子既可以正立安装，也可以倒装。

（2）屋内支柱绝缘子一般采用联合胶装的多棱式支柱绝缘子。

（3）在换流站直流场使用深棱形支柱绝缘子。在雨量充沛且无明显积污季节或积污期降雨量比较大的地区，或改变现行维护方式而延长清扫周期时，可以使用自清洗能力较好的一大二小型或大小伞形支柱绝缘子。

（4）平波电抗器支柱绝缘子一般采用玻璃钢为芯棒、硅橡胶为有机外绝缘的复合支柱绝缘子。

二、参数选择

（一）一般技术条件

穿墙套管及绝缘子应按表 13－17 所列技术条件选择，并按表中环境条件校验。

表 13－17　穿墙套管及绝缘子技术条件

项　　目		穿墙套管及绝缘子的参数
技术条件	工作条件	电流①、电压、机械荷载、动稳定、热稳定电流及持续时间①
	承受过电压能力	绝缘水平、爬电比距、干弧距离
	环境条件	环境温度、日温差、最大风速②、相对湿度③、污秽②、海拔、地震烈度

① 适用于穿墙套管。

② 当在屋内使用时，可不校验。

③ 当在屋外使用时，可不校验。

（二）直流穿墙套管

穿墙套管的直流污闪电压也随着套管直径的增加而降低。因此，套管直径增大，爬距则增加。20 世纪 80 年代初期，直流穿墙套管的主要结构尺寸是：平均芯子直径为 190～450mm，爬电比距为 23～48mm/kV，爬电比距与绝缘长度之比为 2.5～4.2，单位绝缘长度的电压为 80～127kV/m。运行经验表明，对于 400kV 以上的穿墙套管，爬电比距高达 50mm/kV 仍难以保证运行的安全。

迄今为止，换流站闪络事故统计结果表明，绝大多数穿墙套管的闪络都不是一般意义上的污闪，而是非均匀淋雨导致的闪络。瑞典、美国、加拿大的非均匀淋雨试验和现场运行经验都表明，仅仅增加套管的爬电比距并不能杜绝闪络的发生。因此，防止穿墙套管非均匀雨闪发生要从改变潮湿套管表面的电场分布着手。使用复合套管（包括瓷套管喷涂 RTV 和加装辅助伞裙）和在套管周围安装固定式水冲洗装置都是有效措施。

（三）直流绝缘子

与线路绝缘子相同，直流支柱绝缘子的结构形状对其污闪电压的影响远大于交流。为防止直流电弧短接绝缘子伞裙，在增加伞裙爬距的同时要控制绝缘子的伞间距。目前国内外的产品均将片间距取在 70～90mm 范围内。

研究表明，包括支柱绝缘子在内的电站用设备绝缘子（竖直安装的瓷套）在相同污秽度下，随着试品平均直径的增加，其污闪电压在逐渐降低。图 13－29 给出了 10 种伞形的设备绝缘子爬电比距与平均直径的关系。试品分为两组：一组伞间距小于 80mm 或伞间距与伞伸出之比小于 0.8；另一组伞间距大于 90mm，且伞间距与伞伸出之比大于 0.9。

试验给出如下经验公式

$$L = KD^{-n} \qquad (13-19)$$

式中　L——爬电比距，mm/kV；

　　　D——平均直径，mm；

　　　K，n——常数，取决于试品伞裙的结构，其中 n 一般取 0.3。

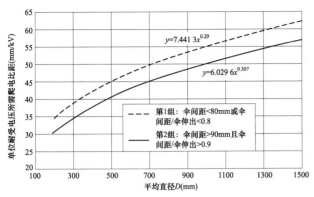

图 13-29 设备绝缘子单位耐受电压所需
爬电比距与平均直径的关系

图 13-30 两组两线的差别表明了试品伞裙结构对其污闪
电压的影响。交流电压下浅棱伞与深棱伞支柱绝缘子在同一
盐密时的耐受电压特性相同，但在直流电压下浅棱伞爬电比
距要较深棱伞多 10%。随着污秽度的增加，支柱绝缘子的直
流和交流耐受电压比值明显下降，因此直流支柱绝缘子的伞
裙不同于交流绝缘子。

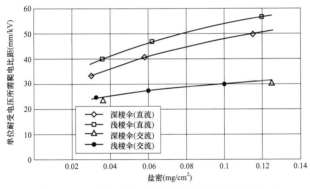

图 13-30 支柱绝缘子不同伞裙结构的污闪性能

美国 EPRI 提出伞间爬距与伞间距的比（也称比爬距）为
3:1 时，其直流耐受特性最佳，当比值超过时即减少伞间距或
增加伞间爬距，都有使空气间隙击穿的趋势。日本有关研究
机构认为，具有较大伞间距的深棱伞的直流污秽特性比其他
伞形绝缘优越。图 13-31 给出了深棱伞站用绝缘子在盐密
0.03mg/cm² 时伞间距与爬电比距的关系曲线。

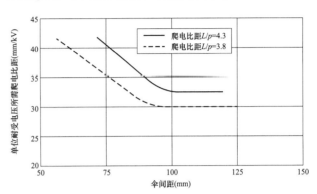

图 13-31 伞间距与单位耐受电压所需爬电比距的关系

参考文献

[1] 赵婉君. 高压直流输电工程技术（第二版）. 北京：中国电
    力出版社，2011.

[2] 浙江大学发电教研组直流输电科研组. 直流输电. 北京：
    电力工业出版社，1982.

[3] 国家电网公司直流建设分公司. 高压直流输电系统成套标
    准化设计. 北京：中国电力出版社，2012.

第十四章

换流站电气布置

第一节 设计原则与要求及换流站布置区域划分

一、总的原则与要求

换流站电气布置设计必须遵循国家及行业有关规程规范和有关技术规定，并根据电力系统条件、自然环境特点和运行、检修、施工方面的要求，合理制定布置方案和选用设备，积极慎重地采用新布置、新设备、新材料、新结构，使配电装置设计不断创新，做到技术先进、经济合理、运行可靠、维护方便。

换流站的配电装置型式选择，应考虑所在地区的地理情况及环境条件，因地制宜，节约用地，并结合运行、检修和安装要求，通过技术经济比较予以确定。在进行配电装置设计时，应满足下列要求：

（1）安全净距的要求。

（2）施工、运行和检修的要求。

（3）噪声限值的要求。

（4）静电感应的场强水平限值的要求。

（5）电晕无线电干扰限值的要求。

二、换流站布置区域划分

直流换流站布置可按区域划分为换流区、直流配电装置区、交流配电装置区、交流滤波器区和辅助生产区。图14-1为一个典型±500kV直流换流站布置区域划分示意图。

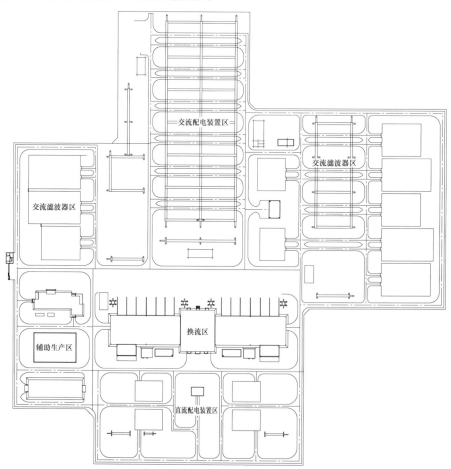

图 14-1 典型±500kV 直流换流站布置区域划分示意图

换流区是实现直流电和交流电相互转换的区域，一般布置在换流站的中心位置。换流区布置包括阀厅、控制楼、换流变压器、换流变压器网侧交流进线设备布置。对于背靠背直流换流站，换流区还包括平波电抗器的布置。换流区布置设计见本章第二节。

阀厅是换流区乃至整个直流换流站的核心。阀厅内除了布置有换流阀外，还布置有穿墙套管、避雷器、接地开关、直流测量装置、管母、支持绝缘子及悬吊绝缘子等电气设备及连接导体。阀厅布置设计见本章第三节。

直流配电装置区是实现直流电输送的区域，由直流极线设备、中性线设备、直流滤波器设备及其配套的控制设备、保护开关设备以及其他必要的辅助设备等组成。对于背靠背直流换流站，则没有直流配电装置区。直流配电装置区一般紧邻换流区布置。直流配电装置区布置设计见本章第四节。

交流配电装置区主要包括换流站内交流线路、换流变压器回路进线、大组交流滤波器进线、高压站用变压器进线等元件，由开关电器、保护和测量电器、载流导体及必要的辅助设备等组成。交流配电装置区紧邻换流区布置。交流配电装置区布置见本章第五节。

交流滤波器区负责滤除换流器产生的谐波电流和向换流器提供部分基波无功。通常一个直流换流站有3～4大组交流滤波器，每个大组交流滤波器又包括3～5小组交流滤波器。交流滤波器区紧邻交流配电装置区布置，各大组交流滤波器可集中布置，也可分散布置。交流滤波器区布置见本章第六节。

辅助生产区布置有综合楼、备品备件库、综合水泵房等生产和生活辅助建筑物。辅助生产区的位置一般结合各配电装置区布置位置以及进站道路引接等因素综合考虑确定。辅助生产区布置详见第二十一章第二节。

本章第七节针对不同的交、直流电压等级以及不同的配电装置型式给出了若干典型的直流换流站电气总平面布置示例。

第二节　换流区布置

一、设计原则

换流区的布置设计应遵守以下原则：

（1）应结合站区总体规划，综合考虑换流变压器的型式、阀厅和控制楼尺寸、换流变压器与阀厅的布置方式、各工艺专业布置要求等因素，充分利用土地，节省占地。

（2）换流变压器安装、运输、更换方便。应考虑换流变压器和油浸式平波电抗器（若有）的布置和运输通道；应满足施工期间现场换流变压器组装、运输和交接试验的空间位置要求；应满足分区、分阶段投运对带电距离的要求；应满足备用换流变压器和备用油浸式平波电抗器（若有）搬运更换对带电部分安全距离的要求。

（3）应考虑阀外冷设备等辅助设施布置要求。

（4）应尽量减少换流变压器噪声对站内运行人员及站区周围的影响。

二、两端直流输电系统换流站换流区布置

（一）每极单12脉动换流器接线的换流区布置

1. 基本布置方式

目前国内已投运的±400、±500、±660kV两端高压直流换流站工程均采用双极每极单12脉动换流器接线。对于每极单12脉动换流器接线，每个换流器阀组设备布置在一个阀厅内，全站共2个阀厅，即极1阀厅和极2阀厅。全站设1个控制楼，用于布置直流控制保护、阀冷和站用电等设备。换流区一般布置方式为2个阀厅和控制楼一字形布置，控制楼布置在两个阀厅之间，以有效节省水工、暖通管道和电缆长度，其布置示意见图14-2。

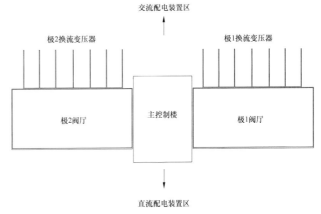

图14-2　每极单12脉动换流器接线的换流区布置示意图

换流变压器与阀厅之间的连接主要有两种方式：换流变压器阀侧套管伸入阀厅布置和换流变压器与阀厅脱开布置。

换流变压器阀侧套管伸入阀厅布置方式的优点是：可利用阀厅内良好的运行环境减小换流变压器套管的爬距，防止换流变压器套管不均匀湿闪，节约换流区占地面积，便于噪声治理；这种方式的缺点是：增加换流变压器制造难度，增大阀厅面积，换流变压器的运行维护不方便。

换流变压器与阀厅脱开布置方式的特点正好与之相反。

工程设计中应通过技术经济比较，确定采用哪种布置方式。目前国内直流工程均采用了换流变压器阀侧套管伸入阀厅布置方式。

每个阀厅对应的1组（3台单相三绕组）或2组（6台单相双绕组）换流变压器与阀厅长轴侧紧靠并一字排列，换流

变压器之间设置防火墙，阀侧套管直接伸入阀厅。直流穿墙套管一般布置于阀厅的直流配电装置侧墙面上，与直流配电装置区设备连接。

阀厅与交流配电装置区之间设置换流变压器运输和组装广场。换流变压器广场布置尺寸，一般按工作换流变压器组

装时，留有其他换流变压器的运输通道来考虑。确定换流变压器运输和组装广场尺寸的方法如图 14-3 所示。其中 A 为防火墙长度；B 为搬运预留间隙，一般取 0.5～2m；C 为换流变压器长度；D 为组装时预留间隙，一般取 0.5～2m；E 为运输通道尺寸，一般取 4～6m。

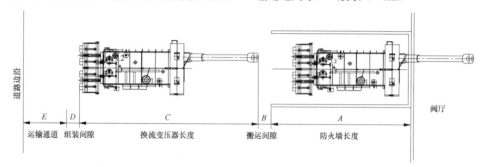

图 14-3　换流变压器运输和组装广场尺寸确定示意图

2. 换流变压器网侧进线及网侧交流设备布置

换流变压器网侧交流设备包括交流避雷器、RI 滤波器电容器（若有）、电压互感器、交流 PLC 设备（若有）、中性点避雷器、中性点电流互感器等。其中，除了交流 PLC 和电压互感器设备布置在交流配电装置区外，其他设备一般均就近布置在换流区的换流变压器防火墙上，以方便接线并节省占地。

对于采用单相三绕组换流变压器的工程，每极 3 台单相三绕组换流变压器，网侧进线作为一个电气元件直接接入交流配电装置。

对于采用单相双绕组换流变压器的工程，每极 6 台单相双绕组换流变压器，即 3 台 Yy 换流变压器和 3 台 Yd 换流变

压器，网侧进线需设置汇流母线，两组换流变压器网侧接线经汇流后作为一个电气元件接入交流配电装置。换流变压器网侧进线汇流母线设置一般有以下两种方式。

方式一：汇流母线设置在换流变压器正上方。

交流配电装置与换流变压器之间设置一回进线跨线，换流变压器汇流母线设置在每极两组换流变压器正上方。对应每个阀厅一字排开的换流变压器，3 台 Yy 换流变压器和 3 台 Yd 换流变压器相序排列相反布置，即中间相邻的 Yy 换流变压器和 Yd 换流变压器相序相同。汇流母线采用 1 跨软导线，设置 2 相，中间 2 台换流变压器的进线可不设置汇流母线，直接由进线跨线引接，如图 14-4 所示。

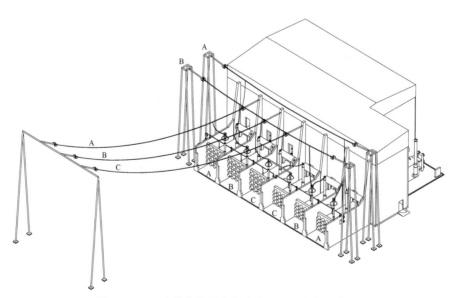

图 14-4　汇流母线设置在换流变压器正上方示意图

方式二：汇流母线设置在交流配电装置区。

汇流母线设置在交流配电装置区，两组换流变压器至汇

流母线之间采用两组跨线（每跨 3 相）分别引接，接线清晰，如图 14-5 所示。

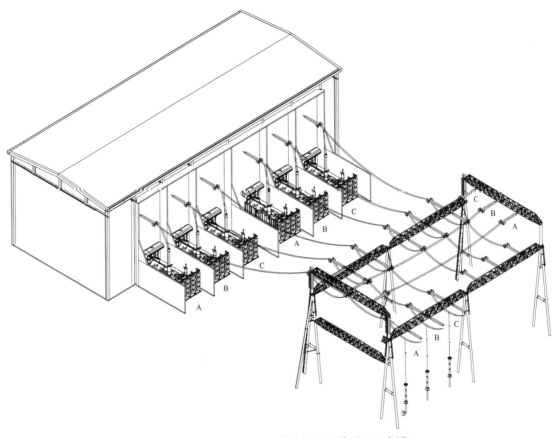

图 14-5 汇流母线设置在交流配电装置区示意图

3. 备用换流变压器的布置

备用换流变压器布置原则如下：

（1）考虑备用换流变压器带套管搬运。

（2）应能方便地搬运和更换，节约占地，并尽量减少轨道系统的长度。

（3）备用换流变压器搬运时应尽量避免拆除已安装好的电气设备及设施，更换任一极的换流变压器时应不影响另一极的正常运行。

（4）由于全站工作换流变压器布置方向相同，备用换流变压器的布置方向应与工作换流变压器安装方向一致，避免备用换流变压器更换就位过程中的转向。

备用换流变压器的布置位置应结合换流区及其邻近区域布置情况来确定，更换距离短，运行维护方便，尽量避免布置在带电导线下方。

4. 换流变压器和油浸式平波电抗器搬运轨道布置

换流变压器和油浸式平波电抗器体积大、质量重，一般设置搬运轨道。搬运轨道的设置应满足正常安装及备用相更换时的要求。

换流变压器和油浸式平波电抗器的备用相更换时可能需要本体转向的工程，需按换流变压器和油浸式平波电抗器外形尺寸校核转向位置空间尺寸。

换流变压器和油浸式平波电抗器的搬运一般通过牵引装置完成。为满足牵引需要，应配置牵引孔。

在换流变压器和油浸式平波电抗器可能的组装和转向区域，应向土建专业提供千斤顶的使用位置及受力要求。

搬运轨道应根据搬运小车结构、备用换流变压器更换时搬运要求进行设置。

在轨道交叉处，可通过旋转小车车轮或小车本体改变小车行走方向。

换流变压器器身较长，运输时一般需要同时使用 2 台小车。

换流变压器搬运有两个方向，即纵向（平行阀侧套管方向）和横向（垂直阀侧套管方向）。换流变压器纵向运输时需设 1 组双轨，双轨间距与小车车轮间距一致；换流变压器横向运输时需 2 组双轨，2 组双轨中心线之间距离与同时使用的 2 台小车间距一致。

根据备用换流变压器布置位置、更换时可能的路径及换流变压器搬运方向，合理规划搬运轨道：沿着换流变压器排列方向，设 2 组双轨，贯穿连通极 1 和极 2 换流变压器区域，换流变压器可横向搬运至任一换流变压器布置区域；至每台换流变压器布置位置（包括备用换流变压器）设 1 组双轨，用于换流变压器纵向搬运就位。如图 14-6 所示，图中虚线及箭头为备用换流变压器更换时搬运路径。

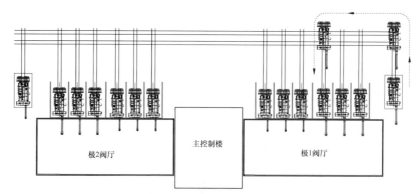

图 14-6 换流变压器搬运轨道布置示意图

对于自带小车的换流变压器，其搬运轨道的设置原则与此相同。

5. 工程示例

（1）±500kV 高压直流换流站换流区布置示例一。图 14-7 为 ±500kV TSQ 换流站换流区布置平断面图。换流区采用四重阀组、单相三绕组换流变压器，网侧额定电压为交流 220kV。全站设一台备用换流变压器，布置在换流区。

换流变压器网侧进线构架（交流配电装置侧）挂点高 17m，阀厅侧挂点高 19m。

（2）±500kV 高压直流换流站换流区布置示例二。图 14-8 为 ±500kV XR 换流站换流区布置平断面图。换流区采用四重阀组，单相双绕组换流变压器，网侧额定电压为交流 500kV。换流变压器网侧进线汇流母线设置在换流变压器正上方（1 跨 2 相）。全站设两台备用换流变压器，即 Yy 换流变压器和 Yd 换流变压器各一台。两台备用换流变压器分别布置在换流区两端。

换流变压器网侧进线构架（交流配电装置侧）挂点高 33m，阀厅侧挂点高 18.25m，汇流母线挂点高 27.5m。根据交流进线相序及位置，合理排列每个换流器阀组的换流变压器布置顺序。2 台换流变压器网侧连接线及相应的防火墙上 500kV 交流设备连接线由汇流母线引接，其他 4 台换流变压器网侧连接线及相应的防火墙上 500kV 交流设备连接线直接由进线跨线引接。

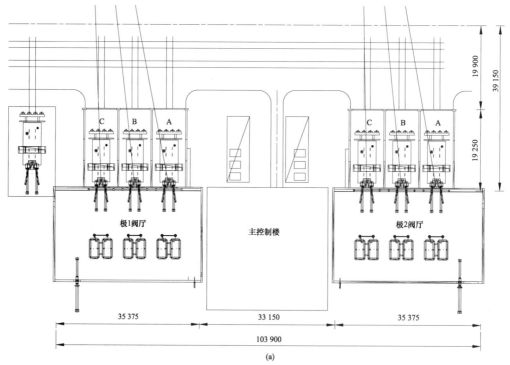

(a)

图 14-7 ±500kV TSQ 换流站换流区平断面布置图（一）

（a）换流区平面布置图

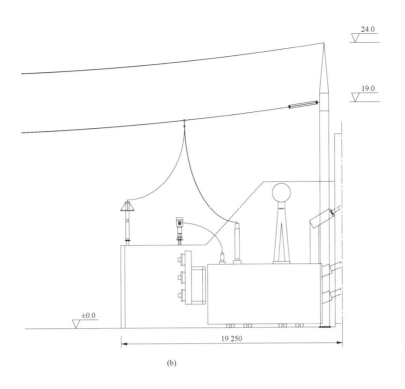

图 14-7 ±500kV TSQ 换流站换流区平断面布置图（二）

（b）换流变压器网侧进线断面图

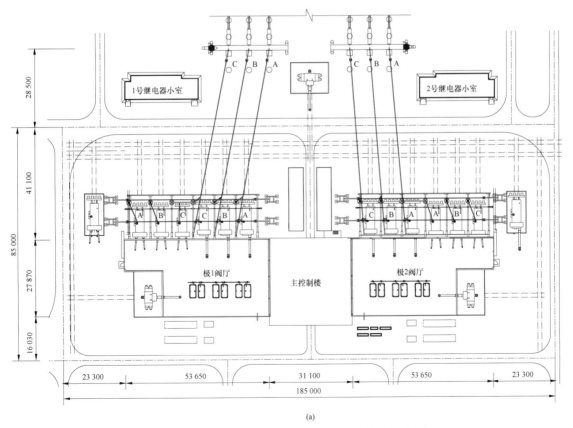

(a)

图 14-8 ±500kV XR 换流站换流区平断面布置图（一）

（a）换流区平面布置图

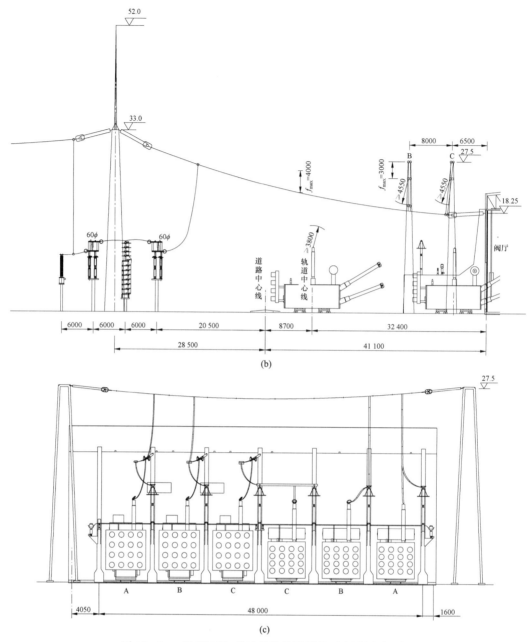

图 14-8 ±500kV XR 换流站换流区平断面布置图（二）

（b）换流变压器网侧进线断面图；（c）换流变压器汇流母线引接断面图

（3）±660kV 高压直流换流站换流区布置。图 14-9 为 ±660kV QD 换流站换流区布置平断面图。换流区采用二重阀组、单相双绕组换流变压器。换流变压器汇流母线（1跨3相）设置在 500kV 交流配电装置区，汇流母线至换流变压器之间设两组跨线，分别用于 Yy 和 Yd 两组换流变压器网侧连接线引接。2 台备用换流变压器分别布置在换流区附近的 500kV 交流配电装置区。

换流变压器网侧进线构架（交流配电装置侧）挂点高 26m，阀厅侧挂点高 22m。

（二）每极双 12 脉动换流器串联接线的换流区布置

目前国内已投运的 ±800kV 双极高压直流换流站工程均采用每极双 12 脉动换流器串联接线。对于每极双 12 脉动换流器串联接线，每个换流器阀组设备布置在一个阀厅内，双极高压直流换流站共 4 个阀厅，即极 1 高端阀厅、极 1 低端阀厅、极 2 高端阀厅和极 2 低端阀厅。

全站设 1 个主控制楼，另根据需要设置数量不等的辅助控制楼，用于布置直流控制保护、阀冷和站用电等设备。主、辅控制楼的设置及布置要兼顾阀厅和换流变压器的布置方式，便于各换流器阀组及相关设备电缆和光缆敷设及运行人员的检修维护。

每极双 12 脉动换流器串联接线的换流区布置方式主要有高低端阀厅"面对面"布置和"一字形"布置两种。

1. 高、低端阀厅面对面布置

（1）基本布置方式。每极高、低端阀厅面对面布置，两极低端阀厅背靠背布置。每个阀厅对应的换流变压器与阀厅长轴侧紧靠并一字排列，换流变压器之间设置防火墙，阀侧套管直接伸入阀厅。

换流变压器上方设置换流变压器进线跨线，对于采用单相双绕组换流变压器的工程，该进线跨线兼做汇流母线，接入交流配电装置。换流变压器网侧交流 RI 滤波电容器（若有）、避雷器布置在防火墙上，通过管型母线或软导线与汇流母线连接。

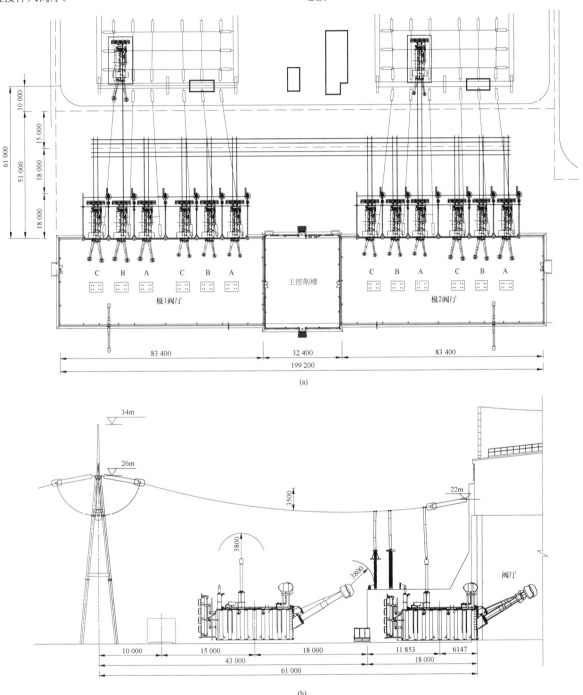

(a)

(b)

图 14-9 ±660kV QD 换流站换流区平断面布置图

（a）换流区平面布置图；（b）换流变压器网侧进线断面图

高、低端阀厅间为换流变压器运输和组装场地。为减少组装场地内运输轨道长度并避免交叉，组装场地内的高、低端换流变压器的运输轨道一般按共轨布置方式进行设计。

每极高端阀厅靠交流配电装置侧布置辅助控制楼，两极低端阀厅靠交流配电装置侧布置主控制楼。

基本布置方式示意见图 14-10。

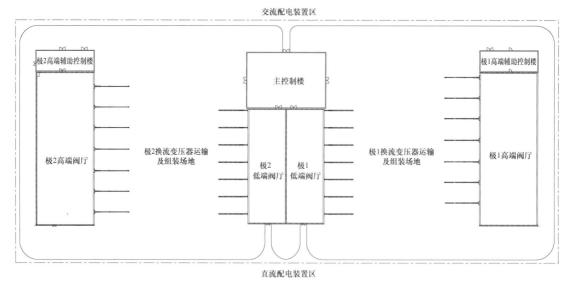

图 14-10　高、低端阀厅面对面布置示意图

（2）换流变压器组装及运输场地设置原则。面对面布置方式中高、低端阀厅间的换流变压器组装运输场地尺寸是影响换流站占地面积的重要因素。该区域尺寸主要根据换流变压器外形尺寸、施工期间换流变压器组装及运输安排等确定，实际工程中一般有以下两种方式。

方式一：每极与同一换流器阀组连接的换流变压器同时进行组装，且考虑同一换流器阀组对应的换流变压器到货先后顺序的不确定性，留出其他换流变压器的运输通道。在该方式下，要求在同一组装场地内，同时进场的换流变压器应为同一换流器阀组对应的换流变压器，如高端换流变压器（或低端换流变压器），待其组装完毕且全部推入安装位置后，才允许与其背对背布置的低端换流变压器（或高端换流变压器）

进入组装场地。

方式二：每极与同一换流器阀组连接的换流变压器同时进行组装，不考虑其他换流变压器的运输通道。在该方式下，应合理安排同时组装的同一侧换流变压器的到货顺序，布置在直流区侧的换流变压器宜先进行组装，靠近交流配电装置侧布置的换流变压器按照顺序依次进行组装。对于采用单相双绕组换流变压器的工程，布置在直流区侧的换流变压器（Yy 高端换流变压器或 Yy 低端换流变压器）宜先进行组装，布置在交流配电装置侧的换流变压器（Yd 高端换流变压器或 Yd 低端换流变压器）宜后进行组装。

两种方式下的换流变压器组装及运输场地尺寸按表 14-1 所列方式确定。

表 14-1　换流变压器组装及运输场地尺寸

设置方式	换流变压器组装及运输场地宽度	示意图	备注
方式一	$A_1+B_1+C_1+D$ $E+F+A_2$		高端换流变压器组装，留出其他换流变压器的运输通道
方式二[①]	取两个尺寸中较大者　A_1+B_1+ C_1+D+ $F+A_2$		高端换流变压器组装时，不留运输通道

续表

设置方式	换流变压器组装及运输场地宽度		示　意　图	备注
方式二①	取两个尺寸中较大者	$A_1+B_1+X_1+X_2+B_2+A_2$	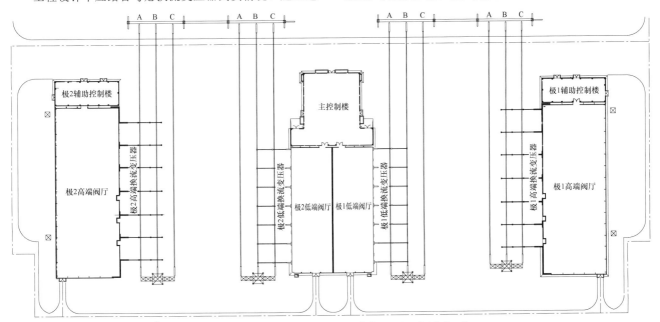	高、低端备用换流变压器更换搬运空间要求

注　表中 A_1 为 Yy 高端换流变压器防火墙长度；B_1 为 Yy 高端换流变压器搬运预留间隙，一般取 1～2m；C_1 为 Yy 高端换流变压器长度；D 为换流变压器组装时预留间隙，一般取 1～2m；E 为运输通道尺寸，一般取 4～6m；F 为换流变压器控制箱超出防火墙端部的尺寸；A_2 为 Yy 低端换流变压器防火墙长度；B_2 为 Yy 低端换流变压器搬运预留间隙，一般取 1～2m；X_1 为 Yy 高端换流变压器身中心线至其阀侧套管端部长度；X_2 为 Yy 低端换流变压器身中心线至其阀侧套管端部长度。

① 对于方式二，由于组装时不留运输通道，组装场地宽度方向尺寸较小，可能不满足备用换流变压器更换搬运时的空间要求，还需结合轨道布置，对高、低端备用换流变压器更换搬运空间尺寸进行校验，取两个尺寸中的较大者。

以上两种方式均按换流变压器在就位位置做阀侧耐压试验考虑。若换流变压器在组装位置做阀侧耐压试验，则换流变压器组装及运输场地的布置尺寸还要考虑换流变压器阀侧耐压试验期间空气净距要求。

工程设计中应结合考虑换流变压器到货情况、施工进度要求等因素选用合适的换流变压器组装及运输场地布置方式。

（3）换流变压器网侧汇流母线构架设置。换流变压器上方设置汇流母线，汇流母线的 2 榀构架分别布置在交流配电装置和换流变压器直流区侧防火墙外侧，如图 14－11 所示。

图 14－11　换流变压器汇流母线构架设置示意图（一）

如果换流变压器网侧进线构架位置受限，可在换流变压器交流配电装置区侧防火墙外侧增加 1 榀构架，以满足换流变压器汇流母线布置角度，如图 14－12 所示。

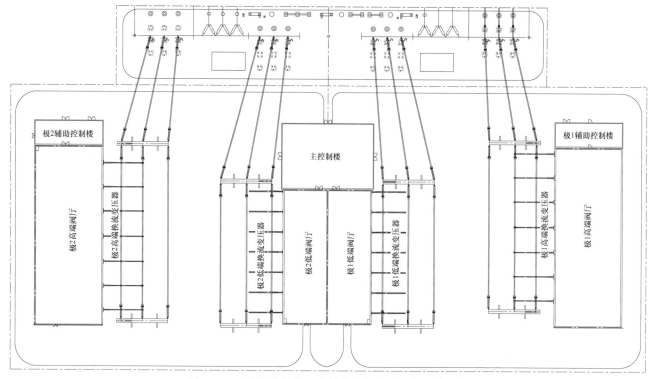

图 14-12　换流变压器汇流母线构架设置示意图（二）

（4）换流变压器搬运轨道布置。备用换流变压器可布置在换流变压器区域或与换流区相邻的交流配电装置区、直流区。更换任一12脉动换流器阀组的换流变压器时应不影响其他12脉动换流器阀组的正常运行。

由于工作换流变压器布置方向有两种（相同类型的换流变压器在极1和极2布置方向相差180°），因此应考虑备用换流变压器的转向位置。

根据备用换流变压器布置位置、移动的路径及其搬运方向，换流区搬运轨道可按如下原则设置：

换流区交流配电装置侧，横跨极1和极2的区域设置一组双轨，用于换流变压器纵向搬运至极1或极2区域，以下称为主搬运轨道1。

每极高、低端换流变压器之间，沿着换流变压器排列方向设两组双轨，换流变压器可横向搬运至该极任一换流变压器就位位置，以下称为主搬运轨道2。

至每台工作换流变压器就位位置设1组双轨用于换流变压器纵向搬运就位，以下称为就位轨道；为了布局美观、节省轨道长度，通过优化调整高低端阀厅及换流变压器布置，以实现每极高、低端换流变压器就位轨道共轨设计。

备用换流变压器的就位轨道则根据备用换流变压器的布置位置及方向设置，且与就近的主搬运轨道连通。

面对面布置方式的换流变压器搬运轨道布置示意图如图14-13所示，图中双点划线为换流变压器转向区域，带箭头的虚线为高端Yy备用换流变压器至极1换流变压器就位区域的搬运路径。

2. 高、低端阀厅一字形布置

全站阀厅一字排列，依次为极1高端阀厅、极1低端阀厅、极2低端阀厅、极2高端阀厅，每个阀厅对应换流变压器沿阀厅长轴一字排列，换流变压器之间设置防火墙，阀侧套管直接伸入阀厅。

根据工程需要可每极设置一个控制楼，即全站控制楼为一主一辅，分别布置在每极的高、低端阀厅之间，如图14-14所示；也可以每个阀厅设置1个控制楼，如图14-15所示。

阀厅与交流场之间设置换流变压器运输和组装广场，其布置原则是：双极高、低端工作换流变压器可同时组装，并留有其他换流变压器的运输通道。换流变压器运输和组装广场尺寸确定方法同每极单12脉动换流器接线的换流站。

同每极单12脉动换流器接线的换流站换流区布置一样，对于采用单相双绕组换流变压器的工程，即每个换流器阀组对应3台Yy换流变压器和3台Yd换流变压器，网侧进线需设置汇流母线，汇流母线的设置方同每极单12脉动换流器接线的换流站。

根据工作换流变压器的布置方位，备用换流变压器可布置在换流区或者与之相邻的交流配电装置区。更换任一换流器阀组的换流变压器时，应不影响其他换流器阀组的正常运行。全站工作换流变压器布置方向相同，备用换流变压器的布置方向宜与工作换流变压器安装方向一致。

换流变压器搬运轨道设置与每极单12脉动换流器接线的换流站类似。

3. 布置方式选择

换流区的面对面和一字形布置方式均能适应其两侧的

交、直流配电装置的布置，两种布置方式各有特点，具体比较如下：

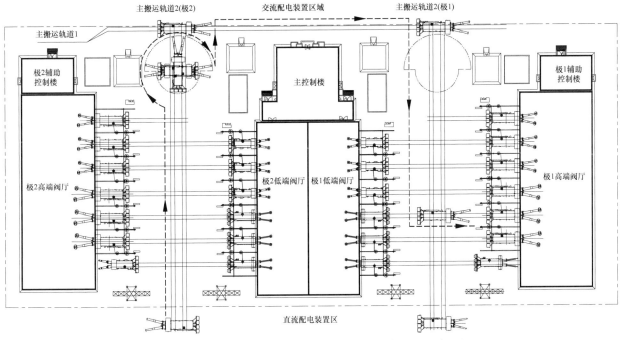

图 14-13　搬运轨道布置示意图（高、低端阀厅面对面布置）

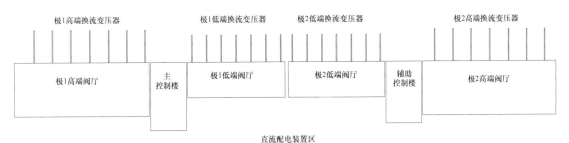

图 14-14　高、低端阀厅一字形布置（4 厅 2 楼）示意图

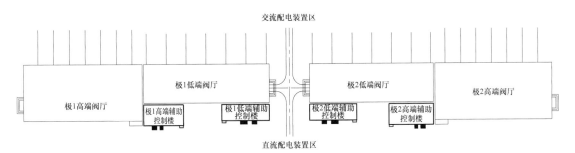

图 14-15　高、低端阀厅一字形布置（4 厅 4 楼）示意图

（1）备用换流变压器更换。换流变压器体积大、质量重，更换过程中，应尽量避免转向操作。一字形布置形式的最大优点在于备用换流变压器更换比较便捷；面对面布置方式中，由于极 1 和极 2 换流变压器布置方向不同，因此备用换流变压器更换过程中需考虑转向操作。

（2）噪声。换流变压器是换流站中最大可听噪声源。面

对面布置方式中，换流变压器布置在高、低端阀厅之间，阀厅可有效地阻止换流变压器噪声向站外的传播，同时也可阻止换流变压器和交流滤波器场噪声声级的相互叠加，减小了换流站对厂界噪声的影响。一字形布置方式中，全站换流变压器一字排开面向交流配电装置区，交流配电装置侧噪声较大，直流配电装置侧因阀厅有效隔离换流变压器噪声而较小。

工程中应结合换流站噪声的控制和噪声敏感点位置选择布置方式。

（3）施工组织。一字形布置方式中，双极全部工作换流变压器可同时组装，并留有其他换流变压器的运输通道，换流变压器的组装顺序不受限制；面对面布置方式中，需要安排好换流变压器组装顺序，施工组织要求较高。

综上所述，工程设计中，换流区的布置方式应结合站址条件及周围环境、交直流配电装置区布置、厂界噪声敏感点位置等因素综合分析比较确定。

4. 工程示例

（1）±800kV 特高压直流换流站换流区面对面布置示例一。图 14-16 为 ±800kV ZZ 换流站换流区面对面布置平断面图。换流区采用二重阀组、单相双绕组换流变压器。换流变压器网侧进线构架挂点高 25.7m，相间距离 8.5m。

全站 4 台备用换流变压器，Yy、Yd 低端备用换流变压器布置在极 1、极 2 高端换流变压器区，Yy、Yd 高端备用

换流变压器布置在直流区。图中虚线所示为备用换流变压器转向轨迹图，虚线区域内不应有影响换流变压器转向的建构筑物。

受直流区布置位置限制，高端备用换流变压器布置方向与工作换流变压器垂直，更换时首先将高端备用换流变压器沿着轨道搬运至转向区域，转向 90° 后再搬运至相应的就位位置。为满足转向后的换流变压器重心位于高、低端换流变压器之间两组双轨的中心线上，需在转向区域设置 1 组过渡轨道。

（2）±800kV 特高压直流换流站换流区一字形布置。图 14-17 为 ±800kV CX 换流站换流区一字形布置平面图。换流区采用二重阀组，单相双绕组换流变压器。换流变压器汇流母线设置在换流变压器正上方（1 跨 2 相）。全站 4 台备用换流变压器布置在 500kV 交流配电装置区。

换流变压器网侧进线构架（交流配电装置侧）挂点高 27m，阀厅侧挂点高 17m；汇流母线挂点高 26m，相间距 10m。

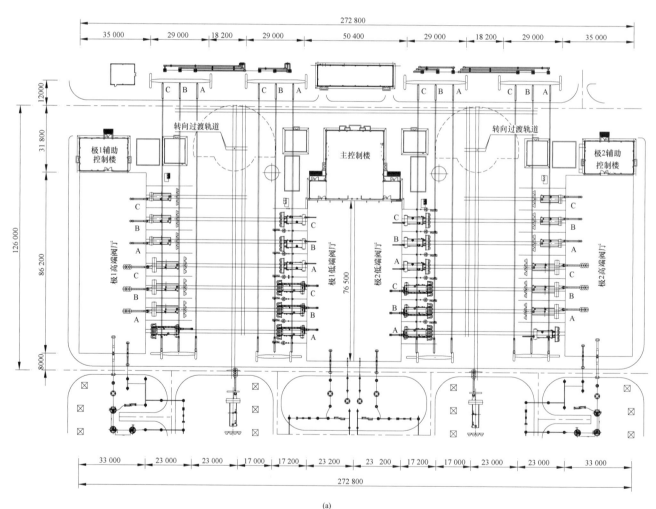

(a)

图 14-16　±800kV ZZ 换流站换流区平断面布置图（一）

（a）换流区平面布置图

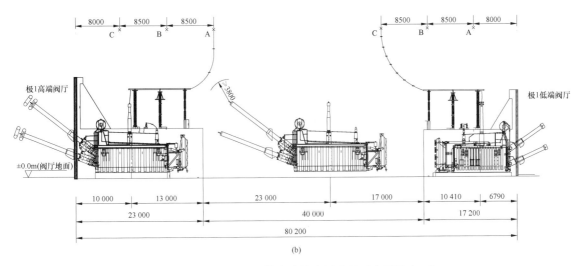

图 14-16　±800kV ZZ 换流站换流区平断面布置图（二）

（b）备用换流变压器搬运带电距离校验断面图

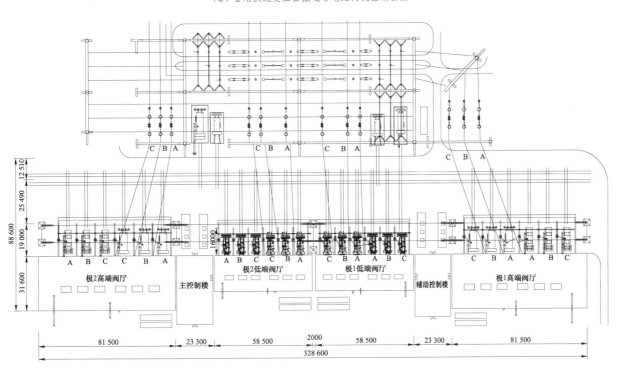

图 14-17　±800kV CX 换流站换流区平面布置图

（三）每极双 12 脉动换流器并联线的换流区布置

1. 基本布置方式

每极双 12 脉动换流器并联接线，每个换流器阀组设备布置在一个阀厅内，双极高压直流换流站共 4 个阀厅，即极 1 阀厅（一）、极 1 阀厅（二）、极 2 阀厅（一）和极 2 阀厅（二）。

全站设 1 个主控制楼，另根据需要设置若干个辅助控制楼。主、辅控制楼的设置及布置要兼顾阀厅和换流变压器的布置方式，便于各换流器阀组及相关设备电缆和光缆敷设及运行人员的检修维护。

每个阀厅对应的换流变压器在阀厅长轴侧一字排开，换流变压器之间设置防火墙，阀侧套管直接伸入阀厅。

同每极双 12 脉动换流器串联接线换流站类似，对于每极双 12 脉动换流器并联接线换流站，阀厅和换流变压器的布置方式主要有一字形布置和面对面布置两种。两种布置方式可参考每极双 12 脉动换流器串联接线换流站换流区布置。

2. 工程示例

图 14-18 为±400kV LS 换流站换流区一字形布置平面图。换流区采用四重阀组，单相三绕组换流变压器。全站阀厅一字排列，依次为极 1 阀厅（二）、极 1 阀厅（一）、极 2 阀厅（一）、极 2 阀厅（二），阀厅与交流配电装置区之间设置换流变压器组装和运输广场。

263

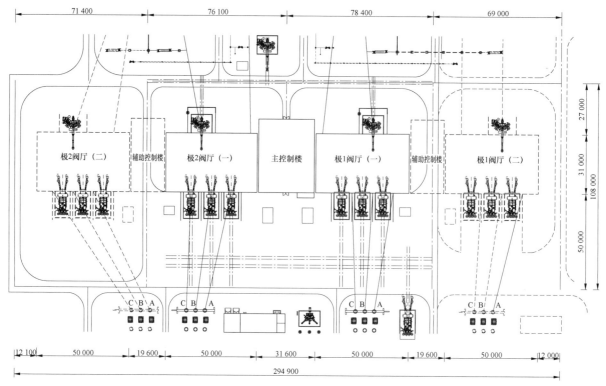

图 14-18 ±400kV LS 换流站换流区平面布置图

全站换流变压器型号相同，设一台备用换流变压器，布置在 500kV 交流配电装置区，方向与工作换流变压器一致，备用换流变压器更换时无需转向。

工程可分期建设，一期每极建设一个换流器阀组，二期每极增容扩建一个换流器阀组。为便于后期增容扩建，全站设置一个主控制楼，两个辅助控制楼。主控制楼布置在极 1 阀厅（一）和极 2 阀厅（一）之间，一期建设；辅助控制楼分别布置在每极两个阀厅之间，二期扩建时建设。

三、背靠背换流站换流区布置

1. 基本布置方式

背靠背换流站应按背靠背换流单元设置阀厅，即每个换流单元的换流器阀组（包括整流侧和逆变侧换流器阀组）布置在一个阀厅内。

阀厅整流侧、逆变侧对应的 1 组（3 台单相三绕组）或 2 组（6 台单相双绕组）换流变压器与阀厅相邻并沿其长轴方向一字排列，换流变压器之间设置防火墙，阀侧套管直接伸入阀厅。

阀厅的另外两侧分别布置平波电抗器和控制楼。

平波电抗器可采用干式或油浸式。若采用干式平波电抗器，其连接线通过穿墙套管进入阀厅；若采用油浸式平波电抗器，其套管可直接伸入阀厅，该布置方式的特点与换流变压器阀侧套管伸入阀厅布置类似。

阀厅与交流配电装置区之间设置换流变压器组装和运输广场。换流变压器广场设置原则为：每个换流单元工作换流变压器可同时组装，并留有其他换流变压器的运输通道。

换流变压器组装和运输广场尺寸的确定方法同每极单 12 脉动换流器接线的换流站。

换流变压器网侧交流 PLC 设备（若有）布置在交流配电装置区，其他换流变压器网侧交流设备一般就近布置在换流变压器防火墙上，以方便接线并节省占地。

油浸式平波电抗器宜设置搬运轨道，用于备用平波电抗器的快速更换。为便于全站轨道统一规划，油浸式平波电抗器宜采用与换流变压器轨距相同的搬运小车。油浸式平波电抗器器身短，1 台小车即可满足搬运要求，横向和纵向搬运均只需 1 组双轨。

全站设 1 个主控制楼，用于布置直流控制保护、阀冷和站用电等设备。若全站有 2 个换流单元（即 2 个阀厅），主控制楼一般布置在两个阀厅之间，便于电缆和光缆敷设及运行人员的检修维护。若全站有 3 个及以上换流单元（即 3 个及以上阀厅），宜设辅助控制楼。1 个换流单元和 2 个换流单元的换流区布置示意图分别见图 14-19 和图 14-20。

2. 备用换流变压器和备用油浸式平波电抗器布置

备用换流变压器和备用油浸式平波电抗器（若有）的布置应考虑能方便地搬运和更换，并尽量减少轨道系统的长度。更换任一换流单元的换流变压器或和油浸式平波电抗器（若有）时应不影响其他换流单元的正常运行。

根据工作换流变压器及工作油浸式平波电抗器（若有）

布置情况，备用换流变压器和备用油浸式平波电抗器（若有）可布置在换流区，或者与之相邻的交流配电装置区。

3. 工程示例

（1）背靠背换流站示例一。图 14-21 为 LB2 背靠背换流站换流区平面布置图。换流区共一个换流单元，采用 12 脉动单元一端接地接线，容量 750MW，直流电压 166.7kV。换流单元采用四重阀组、单相三绕组换流变压器、油浸式平波电抗器。全站设一个主控制楼。

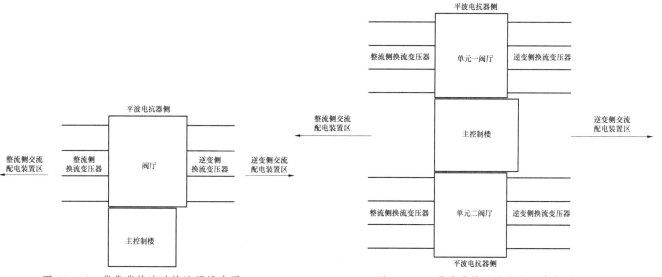

图 14-19　背靠背换流站换流区域布置
示意图（1个换流单元）

图 14-20　背靠背换流站换流区域布置
示意图（2个换流单元）

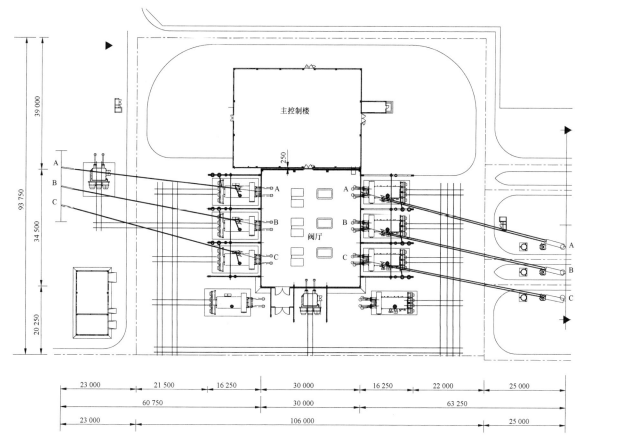

图 14-21　LB2 背靠背换流站换流区平面布置图

整流侧交流系统电压为 330kV，逆变侧交流系统电压为 500kV，背靠背两侧换流变压器规格型号不同，分别设置备用换流变压器。每侧备用换流变压器布置在其工作换流变压器旁，布置方向与工作换流变压器相同。

全站设一台备用平波电抗器，布置在交流配电装置区，布置方向与工作平波电抗器相同。

换流变压器和平波电抗器的搬运小车轨距相同，搬运轨道系统统筹考虑。

（2）背靠背换流站示例二。图 14-22 为 GL 背靠背换流站换流区平面布置图。换流区共 2 个换流单元，每个换流单元采用 12 脉动中点接地接线，容量 750MW，直流电压±125kV。换流单元采用四重阀组、单相三绕组换流变压器、油浸式平波电抗器。全站设一个控制楼，布置在两个阀厅之间。

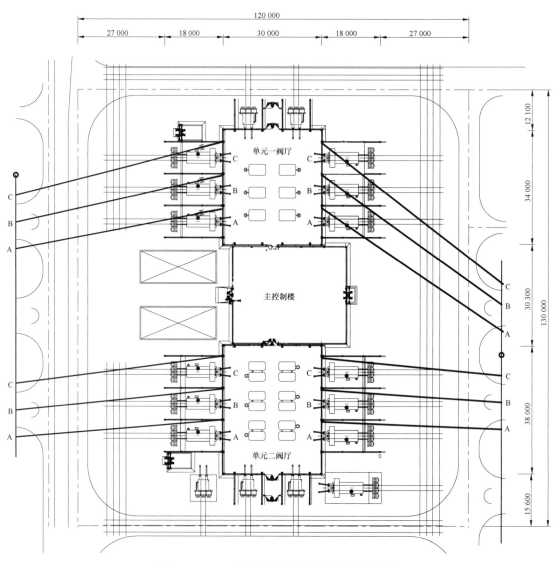

图 14-22　GL 背靠背换流站换流区平面布置图

换流单元联网的两侧交流系统电压相同，均为 500kV。全站设一台备用换流变压器，布置在换流单元 2 逆变侧工作换流变压器旁，备用换流变压器更换至整流侧区域时需转向。

全站设一台备用平波电抗器，布置在换流单元 2 工作平波电抗器旁，布置方向与换流单元 2 工作平波电抗器相同，备用平波电抗器更换至换流单元 1 时需转向。

换流变压器和平波电抗器的搬运小车轨距相同，搬运轨道系统统筹考虑。

第三节　阀厅电气布置

一、设计原则

阀厅电气布置设计应按以下原则考虑：

（1）为保证输电可靠性，换流站阀厅应可独立运行，每个 12 脉动换流器阀组设备布置在一个阀厅内。

（2）应满足电气接线、空气净距、检修维护等要求。

（3）应结合主设备（包括换流阀和换流变压器等）的形式。

（4）应满足检修升降车的移动和使用空间要求。

（5）宜设置巡视小道，满足运行巡视需求。

（6）应设置换流阀光纤通道。

（7）应设置换流阀冷却水管通道。

（8）应满足电气设备及其连接线对暖通风管、巡视小道等辅助设施的带电距离要求。

（9）换流阀有悬吊式（悬吊在阀厅顶部的钢梁上）和支撑式（安装在阀厅内的防震基座上）两种型式。一般情况下，支撑式阀不适宜在抗震要求高的区域采用。悬吊式阀采用柔性结构的摇摆式悬挂系统将整个阀悬挂在阀厅的钢梁上，阀的每一层都可在任何水平方向上摆动，阀受水平方向的地震应力较小，而设置在悬吊点的缓冲阻尼装置，隔离了垂直方向的地震应力。

支撑式阀，光缆和冷却水管均从地面引上阀塔，可能需设置地下室。

悬吊式阀，光缆和冷却水管从阀塔的最低电位引入，大多数直流工程中悬吊式阀的高电位在底部，悬挂点电位最低，光缆和冷却水管沿阀厅顶部敷设并接入阀体，一般在阀厅顶部设置巡视通道。

二、采用二重阀的阀厅电气布置

1. 基本布置方式

二重阀是将一个单相 6 脉动阀组作为一个阀塔，对于采用二重阀的阀厅，每个换流器阀组由 6 个换流阀塔组成，换流变压器一般采用与二重阀布置相匹配的单相双绕组换流变压器。整个阀厅平面布置可按长方形考虑。

（1）换流阀布置及连接。换流阀在阀厅内一字排开布置，以便于阀冷水管和阀控光纤布置以及换流变压器阀侧套管引线连接。低端换流阀对应 Yd 换流变压器，高端换流阀对应 Yy 换流变压器。换流阀的布置应满足带电距离和检修升降平台的移动及使用空间要求。

与 Yy 换流变压器连接的换流阀塔高电压位于底部，低电压位于顶部；与 Yd 换流变压器连接的换流阀塔高电压位于顶部，低电压位于底部；换流阀塔之间采用管形母线连接。两组二重阀阀塔的顶部电位相同，可通过管形母线将两组二重阀塔连接起来，底部则分别接至直流高压设备和直流低压设备。以 500kV 换流阀为例，换流阀布置连接示意如图 14−23 所示。

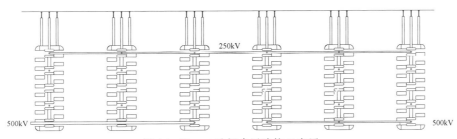

图 14−23 二重阀布置连接示意图

（2）换流变压器阀侧套管布置及连接。对于单相双绕组换流变压器，其阀侧套管在阀厅内通过管形母线或导线实现星、三角连接，并接入换流阀塔。

单相双绕组换流变压器设备的阀侧套管一般有上下布置和平行布置两种，分别如图 14−24 和图 14−25 所示。

阀侧套管上下布置的 Yy 换流变压器，同名端套管位于上方，异名端套管位于下方，通过地面支持绝缘子支撑导体实现三相换流变压器阀侧中性点套管星形连接，如图 14−26 所示。

阀侧套管平行布置的 Yy 换流变压器，可通过悬吊导体实现三相换流变压器阀侧中性点套管星形连接，如图 14−27 所示。

对于 Yd 换流变压器阀侧，相邻两相换流变压器首尾套管通过管形母线或导线直接连接，A 相和 C 相换流变压器首尾套管则通过悬吊绝缘子悬吊过渡导体实现连接。

阀侧套管上下布置的换流变压器，可根据需要方便的接成 YNd1 或 YNd11 的联结组别。如图 14−28 和图 14−29 所示，两组 Yd 换流变压器相序相反，由左至右分别为 C−B−A 和 A−B−C，均可实现 YNd11 联结组别接线。

阀侧套管平行布置的换流变压器，应根据三相 Yd 换流变压器相序排列，接成 YNd1 或 YNd11 的联结组别。如图 14−30 所示，若三相 Yd 换流变压器相序排列由左至右为 C−B−A，联结组别为 YNd1；若三相 Yd 换流变压器相序由左至右为 A−B−C，则联结组别为 YNd11。

（3）直流出线套管布置及连接。阀厅直流侧有高压直流出线和低压直流出线，通过穿墙套管实现与直流区设备之间的连接。根据阀厅的布置方向，直流穿墙套管布置在阀厅邻近直流区侧的墙上。高压直流穿墙套管在阀厅内连接至高端二重阀的底部高压母线上，低压直流穿墙套管在阀厅内连接至低端二重阀底部低压母线上。穿墙套管与换流阀母线之间采用支撑管形母线连接。布置示意图见图 14−31 和图 14−32。

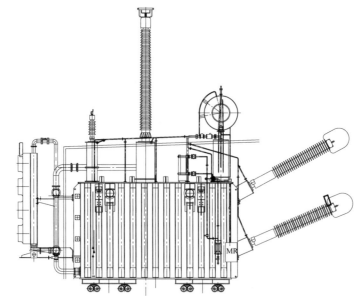

图 14-24　单相双绕组换流变压器阀侧套管上下布置

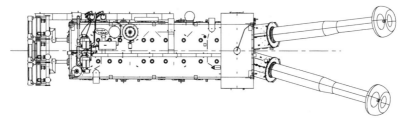

图 14-25　单相双绕组换流变压器阀侧套管平行布置

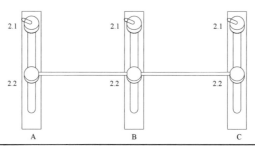

图 14-26　阀侧套管上下布置的 Yy 单相双绕组换流变压器阀侧套管在阀厅内连接示意图

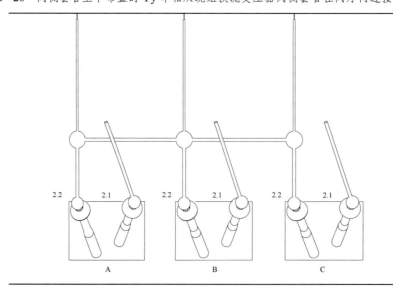

图 14-27　阀侧套管平行布置的 Yy 单相双绕组换流变压器阀侧套管在阀厅内连接示意图

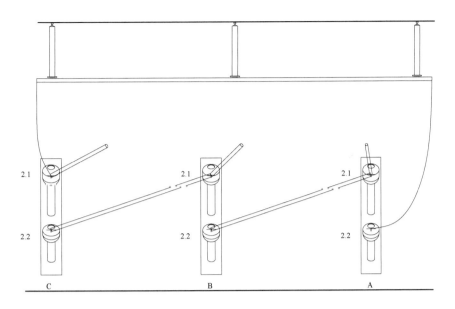

图 14-28　单相双绕组换流变压器阀侧套管连接为 YNd11 联结组别示意图（一）

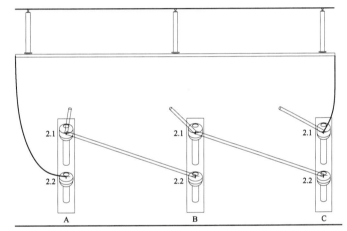

图 14-29　单相双绕组换流变压器阀侧套管连接为 YNd11 联结组别示意图（二）

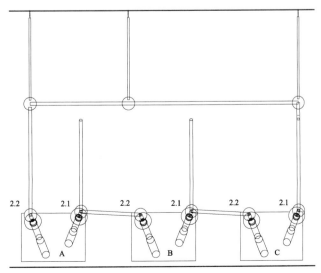

图 14-30　单相双绕组 Yd 换流变压器阀侧套管联结组别连接示意图

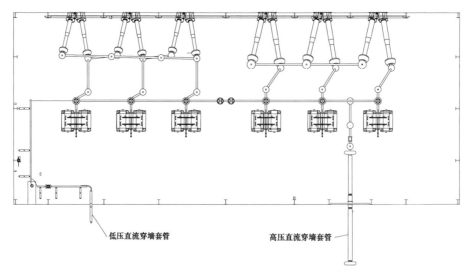

图 14-31　直流穿墙套管布置示意图（一）

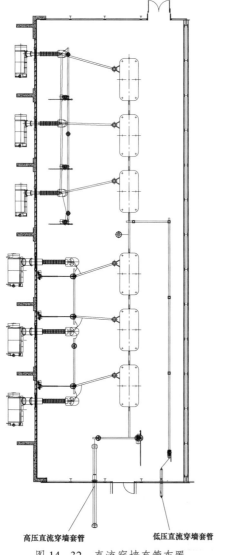

图 14-32　直流穿墙套管布置
示意图（二）

对于采用油浸式平波电抗器且直流区无旁路回路的工程（即平波电抗器直接连接至阀厅内直流极母线上），可将平波电抗器布置在阀厅外，一支套管伸入阀厅与阀厅内设备连接，另一支套管在阀厅外与直流区设备连接，节省占地和高压直流穿墙套管。低压直流穿墙套管仍然布置在阀厅邻近直流区侧的墙上。布置示意见图 14-33。

（4）接地开关设备布置。接地开关选型及布置应综合考虑其刀臂的机械强度以及空气净距要求。接地开关的布置方式有侧墙布置和立地布置两种。侧墙布置方式的接地开关本体均为地电位，无高压瓷套，侧墙布置极为简便。当穿墙套管（包括换流变压器阀侧套管、直流穿墙套管等）检修需要接地时，以手动或电动方式直接将刀口接至套管高压接线端子。立地布置方式与交流接地开关类似，根据接地开关的结构不同可分为立开式和垂直伸缩式。为节省占地，优先采用侧墙布置。若换流变压器阀侧套管长度及角度导致接地开关侧墙布置有困难，且立地布置接地开关的底座无法满足带电距离要求时，也可采用埋地式布置，即接地开关采用垂直伸缩式，安装于地面以下。

（5）阀厅其他设备布置。阀厅内除了换流阀、换流变压器阀侧套管、直流出线套管、接地开关外，还有避雷器、直流测量装置等设备，这些设备要根据其电气接线选择合适的位置及安装方式（支持或悬吊）。换流阀低压直流母线回路的设备（避雷器、电流测量装置、电压测量装置等）可布置在低端换流阀一侧，采用墙上支撑安装方式。

（6）阀厅的净空尺寸按以下原则确定：

1）阀厅净空高度主要取决于阀塔本体高度、阀塔对地安全净距以及运行检修空间等，净空高度取（阀塔高度＋阀塔对地安全净距）和（阀塔本体高度＋检修升降平台移动空间高度）两者的较大值。

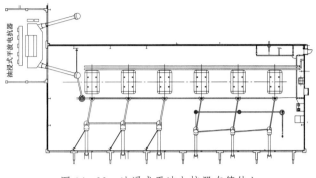

图 14－33　油浸式平波电抗器套管伸入
阀厅布置示意图

2）阀厅的长宽净空尺寸主要取决于设备外形、设备连线、带电距离以及运行检修空间等。阀厅的长度尺寸由换流变压器防火墙的间距、高压直流穿墙套管在阀厅内的长度、阀塔与各设备的空间连接以及带电体的空气净距确定；阀厅的宽度则主要与换流变压器阀侧套管伸入阀厅的长度、换流阀宽度、阀塔与各设备的空间连接以及带电体的空气净距有关。

2. 工程示例

（1）±500kV 高压直流换流站采用二重阀的阀厅电气布置。图 14－34 为±500kV LN 换流站阀厅电气布置图。工程直流额定电压±500kV，采用二重阀、单相双绕组换流变压器、油浸式平波电抗器，换流变压器阀侧套管伸入阀厅布置，与阀厅内高压直流母线连接的平波电抗器套管伸入阀厅连接。换流变压器阀侧套管接地开关、直流极母线（平波电抗器）接地开关、中性母线接地开关均采用侧墙式布置。

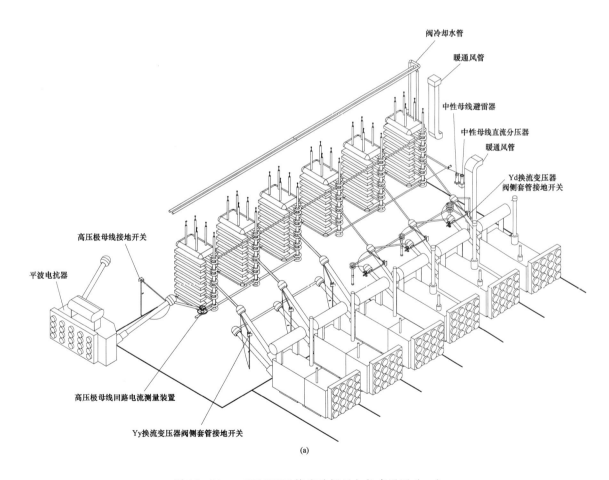

图 14－34　±500kV LN 换流站阀厅电气布置图（一）
（a）阀厅电气布置轴视图

271

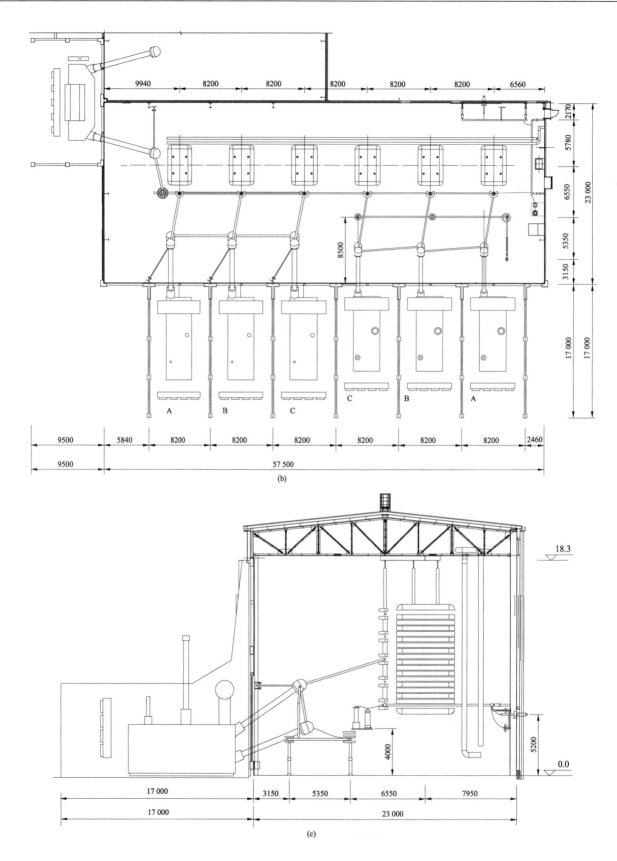

图 14-34　±500kV LN 换流站阀厅电气布置图（二）

（b）阀厅电气布置平面图；（c）阀厅电气布置断面图

（2）±660kV 高压直流换流站采用二重阀的阀厅电气布置。图 14-35 为±660kV QD 换流站阀厅电气布置图。直流额定电压±660kV，采用二重阀、单相双绕组换流变压器、干式平波电抗器，换流变压器阀侧套管伸入阀厅，高、低压直

流出线均通过穿墙套管引出。换流变压器阀侧套管接地开关、极母线接地开关采用埋地式布置，中性点接地开关采用侧墙式布置。

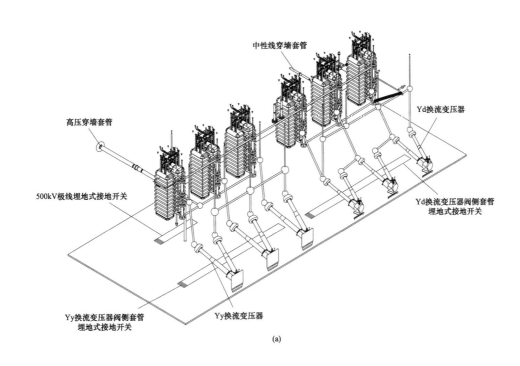

(a)

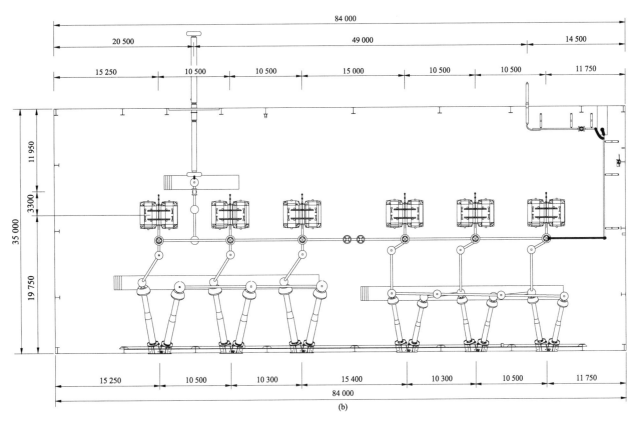

(b)

图 14-35　±660kV QD 换流站阀厅电气布置图（一）

（a）阀厅电气布置轴视图；（b）阀厅电气布置平面图

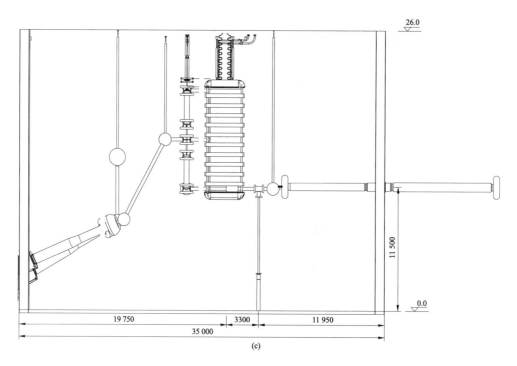

图 14-35　±660kV QD 换流站阀厅电气布置图（二）

（c）阀厅电气布置断面图

（3）±800kV 高压直流换流站采用二重阀的阀厅电气布置。图 14-36 为±800kV PE 换流站阀厅电气布置图。工程采用二重阀组，单相双绕组换流变压器、干式平波电抗器，换流变压器阀侧套管伸入阀厅，高、低压直流出线均通过穿墙套管引出。换流变压器阀侧套管接地开关、极母线接地开关、中性点接地开关采用侧墙式或立地式布置。

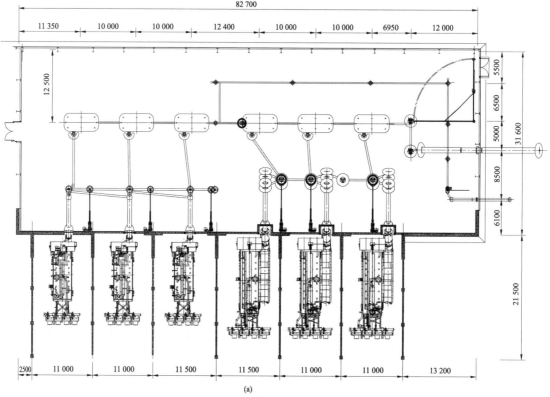

图 14-36　±800kV PE 换流站阀厅电气布置图（一）

（a）阀厅电气布置平面图

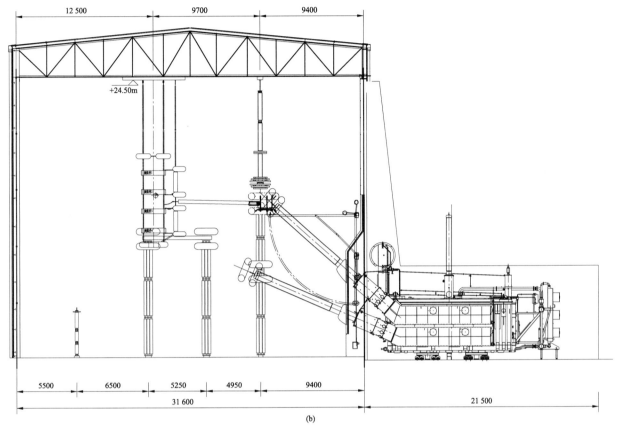

图 14-36 ±800kV PE 换流站阀厅电气布置图（二）

（b）阀厅电气布置断面图

三、采用四重阀的阀厅电气布置

1. 基本布置方式

四重阀是将一个单相12脉动阀组作为一个阀塔，对于采用四重阀的阀厅，每个 12 脉动换流器阀组由 3 个换流阀塔组成，换流变压器可采用单相三绕组换流变压器，也可采用单相双绕组换流变压器。若采用单相三绕组换流变压器，换流变压器与四重阀在宽度上相匹配，阀厅可采用长方形布局，如图 14-37 所示；若采用单相双绕组换流变压器，每个阀厅对应 6 台换流变压器，换流变压器侧阀厅长度由换流变压器布置尺寸控制，而阀厅内的阀塔仅 3 个，为节省占地面积和减少阀厅工程造价，阀厅可采用刀形布置，如图 14-38 所示。

（1）换流阀布置及连接。换流阀在阀厅内一字排开布置，以便于阀冷水管和阀控光纤布置以及换流变压器阀侧套管接线连接。换流阀相序与阀厅外单相三绕组或 Yy 接单相双绕组换流变压器相序相对应。四重换流阀塔布置空间考虑因素同

二重换流阀塔。

换流阀塔高电压位于底部，低电压位于顶部，换流阀之间采用管形母线连接。以 500kV 换流阀为例，换流阀布置连接如图 14-39 所示。

（2）换流变压器阀侧套管布置及连接。换流变压器阀侧套管通过管母或导线实现星、三角形连接，并接入换流阀塔。

对于单相三绕组换流变压器，每台换流变压器阀侧共 4 支套管，上面两支套管为换流变压器阀侧三角形接线绕组出线套管，下面两支套管为星形接线绕组出线套管。换流变压器星形接线绕组出线套管通过地面支持式管形母线或导线实现三相换流变压器阀侧中性点套管星形连接；相邻两相换流变压器三角形接线绕组出线套管通过管形母线或导线直接连接，A 相和 C 相换流变压器首尾套管则通过悬吊管形母线或导线连接。同阀侧套管水平布置的单相双绕组换流变压器一样，应根据 Yd 换流变压器套管同名端位置及相序排列，接成 YNd1 或 YNd11 联结组别，见图 14-40。

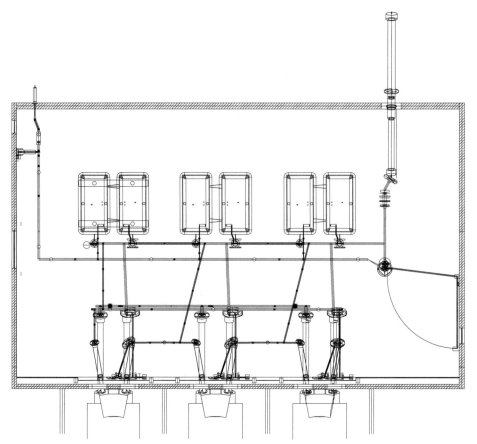

图 14-37　四重阀、单相三绕组换流变压器阀厅布置示意图

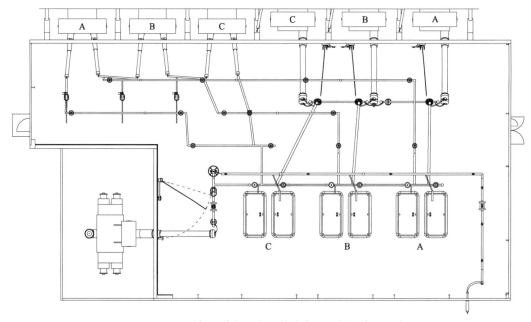

图 14-38　四重阀、单相双绕组换流变压器阀厅布置示意图

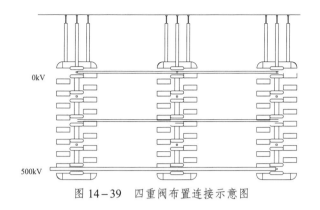

图 14-39　四重阀布置连接示意图

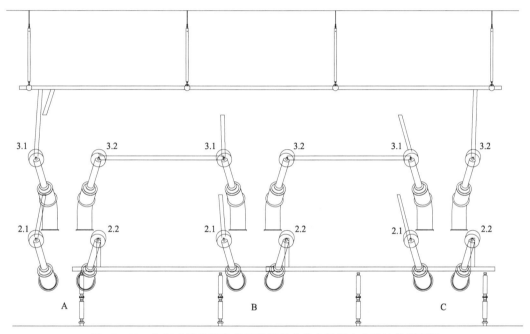

图 14-40　单相三绕组换流变压器阀侧套管在阀厅内布置连接断面图

对于单相双绕组换流变压器，Yy 换流变压器布置与四重阀塔布置相对应，相序排列一致，其阀侧 a（b、c）套管通过导体直接与相应的阀塔连接，换流变压器阀侧中性点套管则通过地面支持式管形母线或导线连接，平断面图见图 14-41 和图 14-42。

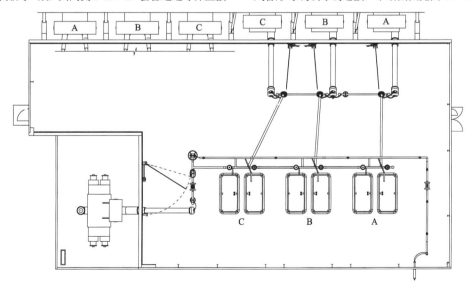

图 14-41　四重阀、单相双绕组 Yy 换流变压器接线平面示意图

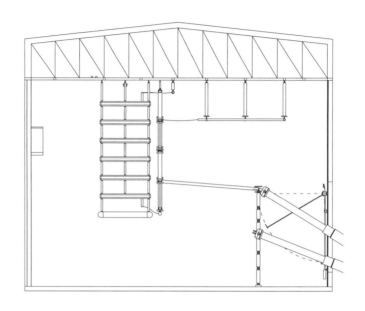

图 14-42　四重阀、单相双绕组 Yy 换流变压器接线断面示意图

对于 Yd 换流变压器，相邻两相换流变压器首尾套管通过管形母线或导线直接连接，A 相和 C 相换流变压器首尾套管则通过悬吊式管形母线或导线连接。Yd 换流变压器远离四重阀塔布置，相序排列与换流阀塔相反，套管首尾相连并经悬吊过渡导线接入阀塔。根据换流变压器布置特点，Yd 换流变压器阀侧接成 YNd5 或 YNd7 联结组别，平断面图见图 14-43 和图 14-44。

（3）阀厅其他设备布置。阀厅内直流出线套管、接地开关、避雷器、直流测量装置等设备布置原则与二重阀的阀厅布置类似。

（4）阀厅的净空尺寸的确定原则与二重阀的阀厅相同。

2. 工程示例

图 14-45 为 ±500kV XR 换流站阀厅电气布置图。直流额定电压 500kV，采用四重阀、单相双绕组换流变压器、油浸式平波电抗器，换流变压器阀侧套管伸入阀厅，与阀厅内高压极母线连接的平波电抗器套管伸入阀厅接线。Yy 换流变压器阀侧套管接地开关、极母线（平波电抗器）接地开关、中性点接地开关均采用侧墙式布置，Yd 换流变压器阀侧套管接地开关采用立地式布置。

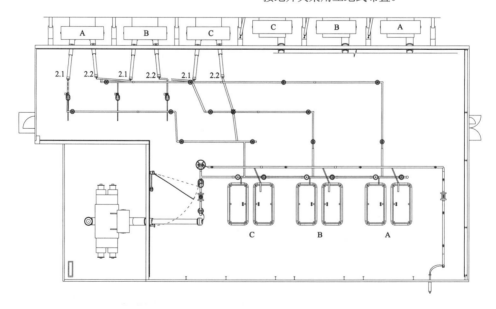

图 14-43　四重阀、单相双绕组 Yd 换流变压器接线平面示意

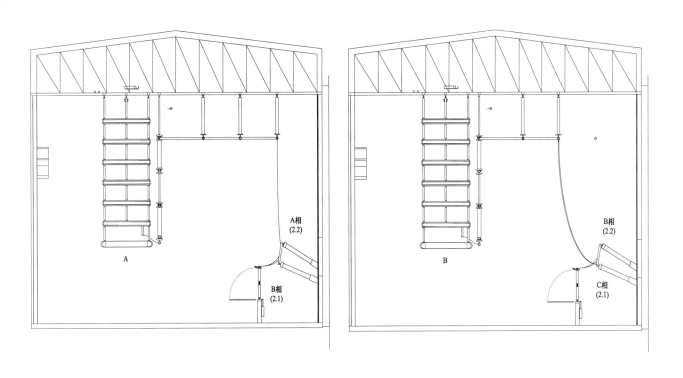

(a)　　　　　　　　　　　　　　　　(b)

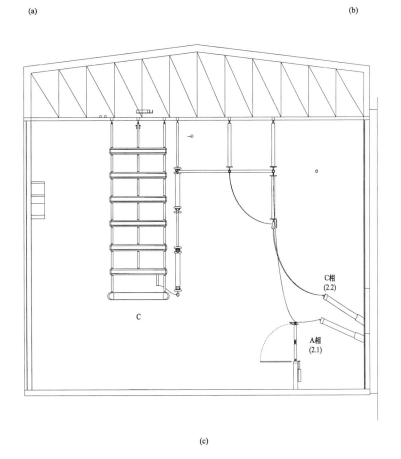

(c)

图 14－44　四重阀、单相双绕组 Yd 换流变压器接线断面示意图

（a）断面图之一；（b）断面图之二；（c）断面图之三

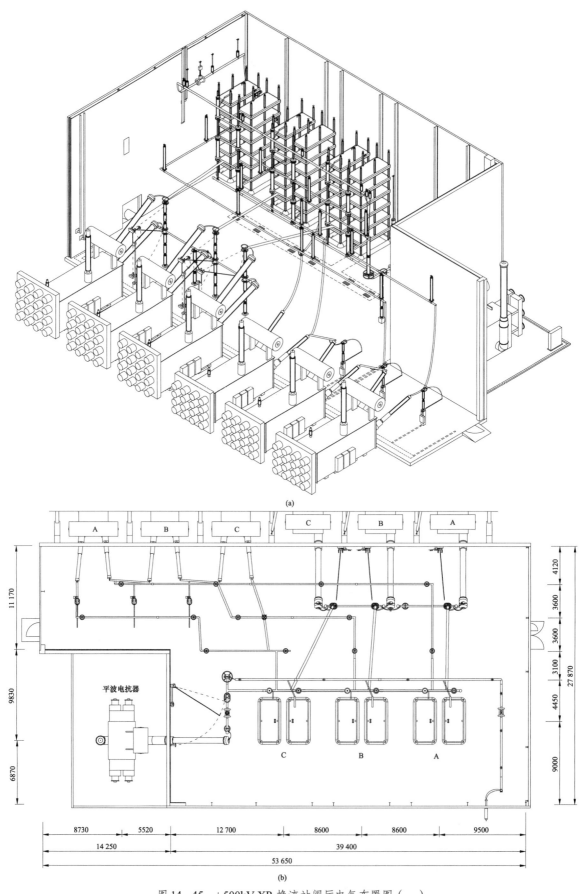

(a)

(b)

图 14-45 ±500kV XR 换流站阀厅电气布置图 (一)

(a) 阀厅电气布置轴视图;(b) 阀厅电气布置平面图

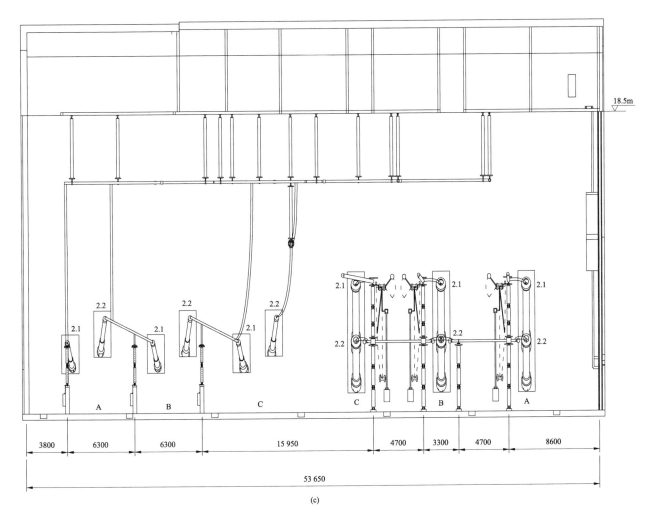

图 14-45　±500kV XR 换流站阀厅电气布置图（二）

（c）阀厅电气布置断面图

四、背靠背换流站阀厅电气布置

背靠背换流站应按背靠背换流单元设置阀厅，即每个换流单元的换流器阀组（包括整流侧和逆变侧换流器阀组）布置在一个阀厅内。整流和逆变换流变压器分别布置在阀厅外两侧交流侧。

背靠背换流站换流单元传输容量较少，一般采用四重阀、单相三绕组换流变压器。

背靠背换流站主要有 12 脉动中点接地接线和 12 脉动单元一端接地接线两种接线形式。12 脉动中点接地接线的换流单元中，换流阀正极母线位于底部，负极母线位于顶部，中间为中点母线；12 脉动单元一端接地接线的换流单元中，换流阀极母线位于底部，中点母线位于顶部。

（一）12 脉动中点接地接线形式的阀厅电气布置

1. 基本布置方式

12 脉动中点接地接线形式的换流单元接线如图 14-46 所示。

（1）换流阀布置及连接。12 脉动中点接地接线形式的阀厅，换流阀塔悬吊布置，正极直流电压位于底部，负极直流电压位于顶部，中间为 12 脉动中点电压，换流阀之间采用管形母线连接。图 14-47 所示为逆变侧换流阀塔布置断面图，其中点管形母线上装设的是直流电流测量装置。整流侧换流阀塔的中点管形母线的相应位置上则装设避雷器装置。

281

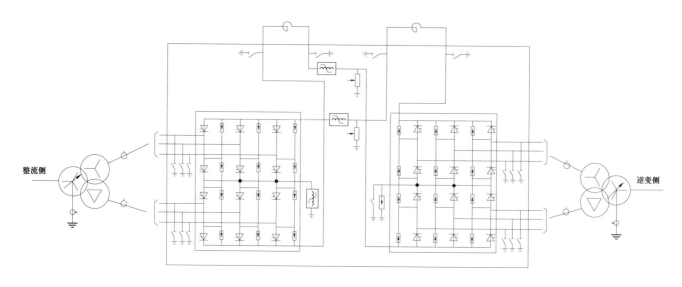

图 14-46　12 脉动中点接地接线形式的换流单元接线

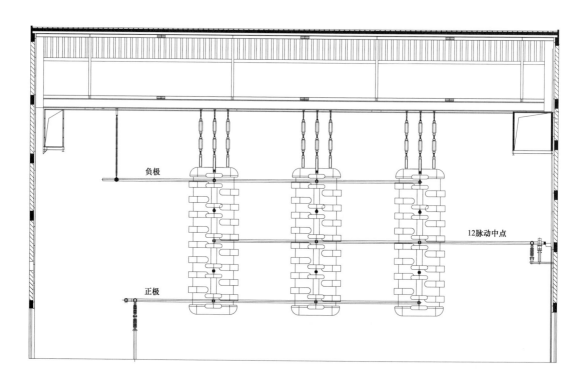

图 14-47　换流阀塔布置断面图（逆变侧）

（2）换流变压器阀侧套管布置及连接。换流变压器阀侧套管布置及连接，与前述"采用四重阀的阀厅电气布置"中单相三绕组换流变压器阀侧套管布置及连接原则一致。

（3）直流回路布置及连接。换流单元正、负极母线回路上各接有一台平波电抗器。若采用油浸式平波电抗器，则平波电抗器的套管伸入阀厅布置；若采用干式平波电抗器，其通过穿墙套管与户内直流极线回路连接。直流正、负极回路均装设电压和电流测量装置。直流侧设备布置断面图如图 14-48 所示。

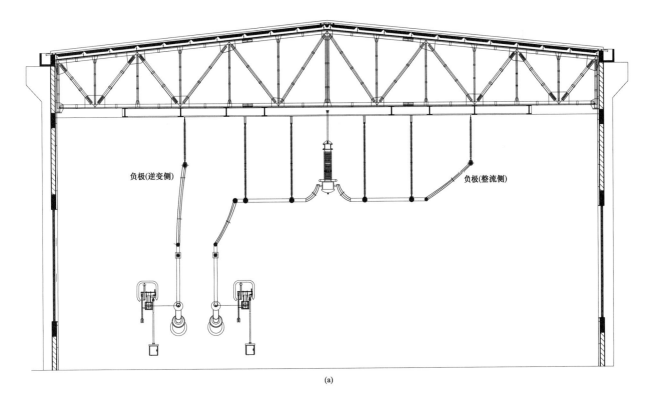

(a)

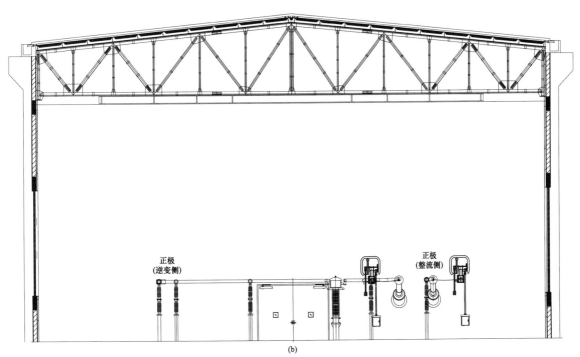

(b)

图 14-48 直流侧设备布置断面图

(a) 负极回路;(b) 正极回路

2. 工程示例

图 14-49 为 GL 背靠背换流站阀厅设计电气布置图。换流单元采用 12 脉动中点接地接线形式,四重阀、单相三绕组换流变压器、油浸式平波电抗器。联网两侧换流变压器联结组别分别为 YNynd11 和 YNynd1。

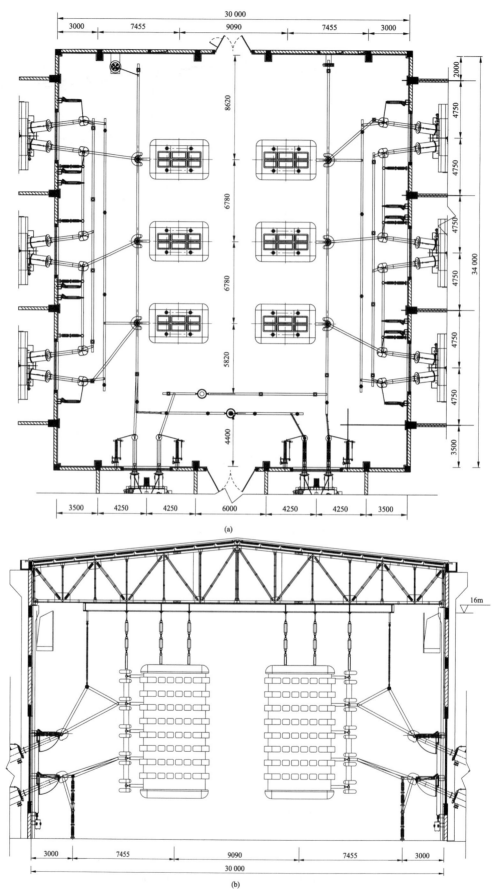

图 14-49　GL 背靠背换流站阀厅电气平断面布置图
（a）阀厅电气布置平面图；（b）阀厅电气布置断面图

（二）12脉动单元一端接地接线形式的阀厅电气布置

1. 基本布置方式

12脉动单元一端接地接线形式的换流单元接线如图14-50所示。

（1）换流阀布置及连接。换流阀塔采用悬吊式，正极直流电压位于底部，中性母线直流电压位于顶部，换流阀之间采用管形母线连接，断面图如图14-51所示。

（2）换流变压器阀侧套管布置及连接。换流变压器阀侧套管布置及连接与12脉动中点接地接线形式的阀厅换流变压器阀侧套管类似。

（3）直流回路布置及连接。换流单元极母线回路上接有一台平波电抗器。若采用油浸式平波电抗器，则平波电抗器的套管伸入阀厅；若采用干式平波电抗器，其通过穿墙套管与户内直流极线回路连接。极线回路设有直流电压测量装置，可立地布置。直流侧设备布置断面图如图14-52和图14-53所示。

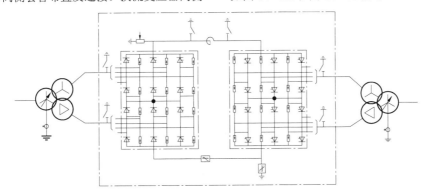

图14-50 12脉动单元一端接地接线形式的换流单元接线

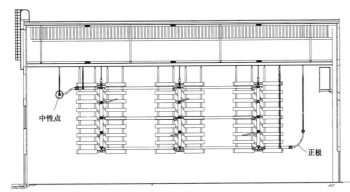

图14-51 换流阀塔布置断面图

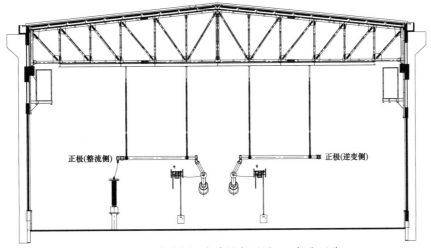

图14-52 直流侧设备布置断面图——极线回路

2. 工程示例

图14-54为LB2背靠背换流站阀厅电气布置平断面图。换流单元采用12脉动单元一端接地接线形式，四重阀、单相三绕组换流变压器、油浸式平波电抗器。联网两侧换流变压器联结组别分别为 YNynd11 和 YNynd1。

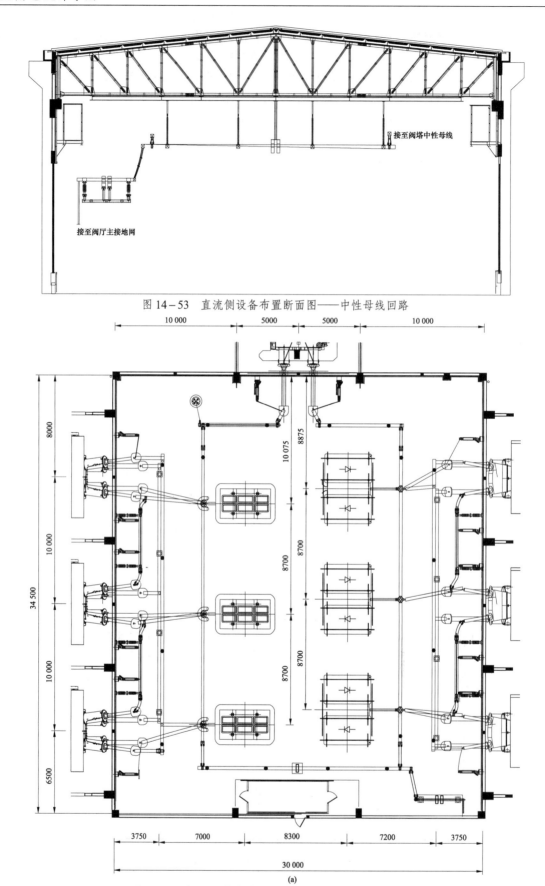

图 14-53　直流侧设备布置断面图——中性母线回路

图 14-54　LB2 背靠背换流站阀厅电气布置图（一）

（a）阀厅电气布置平面图

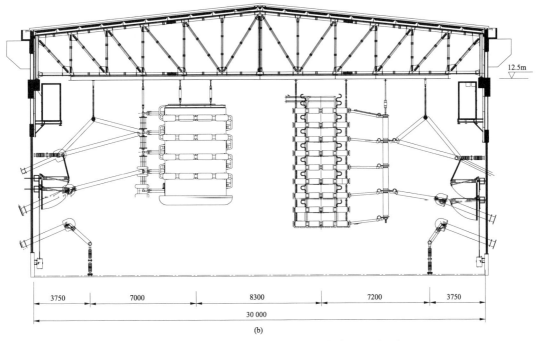

图 14-54　LB2 背靠背换流站阀厅电气布置图（二）

（b）阀厅电气布置断面图

第四节　直流配电装置布置

一、设计原则

直流配电装置的布置应按以下原则考虑：

（1）应结合站址条件、进出线要求、设备大件运输要求等综合考虑。

（2）极母线设备采用户外或户内布置，应根据站址环境条件和设备选型情况确定。

（3）应与直流设备（如平波电抗器、高压直流滤波器电容器等）型式选择相匹配，与换流站环境条件（如地震烈度，最大风速）相适应。

（4）宜按极对称分区布置，且应便于设备的巡视、操作、检修和试验。

（5）带电部分满足空气净距要求。

（6）应考虑设备和母线机械受力的要求。

（7）应符合国家现行有关标准中对于静电感应场强等电磁环境的有关规定。

二、每极单 12 脉动换流器的双极系统换流站直流配电装置

1. 基本布置方式

直流配电装置采用敞开式设备，直流中性设备和接地极出线设备布置在直流配电装置区中间，极线设备布置在直流配电装置区两侧，直流滤波器布置在极线和中性线之间。

2. 极线区域布置

极线回路从阀厅至出线塔布置有平波电抗器、PLC/RI 滤波器（若有）、避雷器、直流电流测量装置、直流电压测量装置和接地开关等设备。

换流阀引出线通过穿墙套管或者油浸式平波电抗器与直流配电装置母线连接。

平波电抗器可采用油浸式电抗器或者户外干式空心电抗器。当采用油浸式平波电抗器时，平波电抗器通常安装在极线，并且通过平波电抗器套管直接接入阀厅。当采用干式平波电抗器时，平波电抗器可分置安装在极线及中性线上，并布置在换流阀和直流滤波器之间。

直流电流测量装置分为"串联于管形母线"、"抱管形母线"两种形式。"串联于管形母线"形式电流测量装置需在设备两侧分别设置支柱绝缘子；"抱管形母线"形式电流测量装置通常安装在管形母线端部。为避免电流测量装置引出线与管形母线或者均压球接触分流而造成电流测量偏差，此类电流测量装置通常需设置带"绝缘部分"的特殊金具。

高压直流分压器布置在极线管形母线下。

3. 中性线区域布置

直流中性线回路从阀厅至出线塔布置有平波电抗器、直流电压测量装置、避雷器、直流转换开关、冲击电容器、电流互感器和接地开关等设备。送端换流站直流配电装置比受端换流站直流配电装置多 MRTB 和 ERTB。

中性线出线可采用跨道路管形母线或者架空线的方式与直流配电装置中性线设备连接。

当中性线回路有干式平波电抗器时，平波电抗器可采

用高位布置方式或者低位布置方式。中性线平波电抗器高位布置采用支架安装,支架高度不小于 2.5m;中性线平波电抗器低位布置,采用落地安装方式,但需要设置平波电抗器围栏。

中性线管形母线高度应满足备用平波电抗器线圈运输时空气净距的要求。

4. 直流滤波器区域布置

直流滤波器布置在极线和中性线之间,并设在独立的围栏中。直流滤波器可由多个直流滤波器支路并联构成。

由于直流滤波器高压电容器电压较高,且体积较大,在布置时需考虑下列因素:

(1)直流滤波器电容器塔可选择支持式和悬吊式,高

地震烈度地区宜选用悬吊式。

(2)高压电容器塔设备高度通常会高于直流极线安装高度,当两者高差较小时,可采用软导线连接;当两者高差较大时,则宜采用管形母线连接。

电抗器布置时应考虑电抗器电磁场对其他电气设备和钢结构构件的影响。

直流滤波器设备布置还应考虑设备的维护、检修要求,合理设置围栏大小、数量,围栏内一般设有检修小车通道。

5. 工程示例

(1)每极单 12 脉动换流器的双极系统送端换流站直流配电装置布置方案。图 14-55 为每极单 12 脉动换流器的双极系统送端换流站直流配电装置平面布置图及主要断面图。

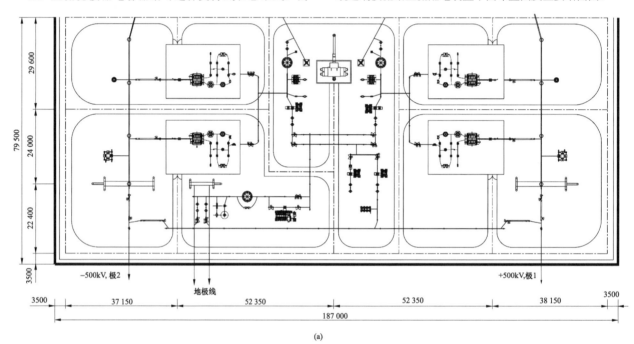

(a)

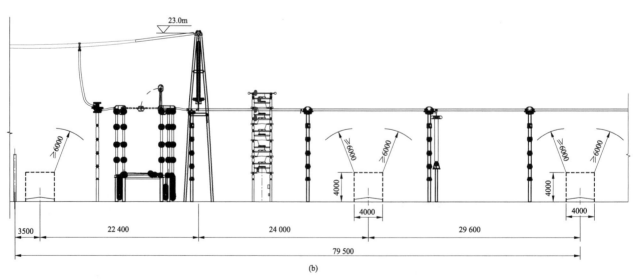

(b)

图 14-55 每极单 12 脉动换流器的双极系统送端换流站直流配电装置平断面图

(a)平面布置图;(b)断面图

（2）每极单12脉动换流器的双极系统受端换流站直流配电装置布置方案。每极单12脉动换流器的双极系统受端换流站直流配电装置布置与送端换流站相比，主要差别在于无MRTB及ERTB开关，其他布置基本一致。图14-56为每极单12脉动换流器的双极系统受端换流站直流配电装置平面布置图。

三、每极双12脉动换流器串联的双极系统换流站直流配电装置

每极双12脉动换流器串联的双极系统换流站的阀厅采用两个12脉动换流器串联，形成双12脉动换流器，全站设置4个阀厅。相对于每极单12脉动换流器的双极系统换流站直流配电装置，每极双12脉动换流器串联的双极系统换流站直流配电装置设置有旁路回路。

1. 基本布置方式

直流配电装置采用敞开式设备，直流中性线设备和接地极出线设备布置在直流配电装置区中间，极线设备布置在直流配电装置区两侧，直流滤波器布置在极线和中性线之间。

2. 极线区域（含旁路）布置

极线出线回路从阀厅至出线塔布置有RI电抗器、隔离开关、平波电抗器、支柱绝缘子、避雷器、电流测量装置、电压测量装置和接地开关等设备。

通常在高压直流穿墙套管出线处设置支柱绝缘子，以减小高压直流穿墙套管端子受力。

为保证RI电抗器对无线电干扰的抑制的效果，直流RI电抗器宜尽可能靠近直流穿墙套管布置。

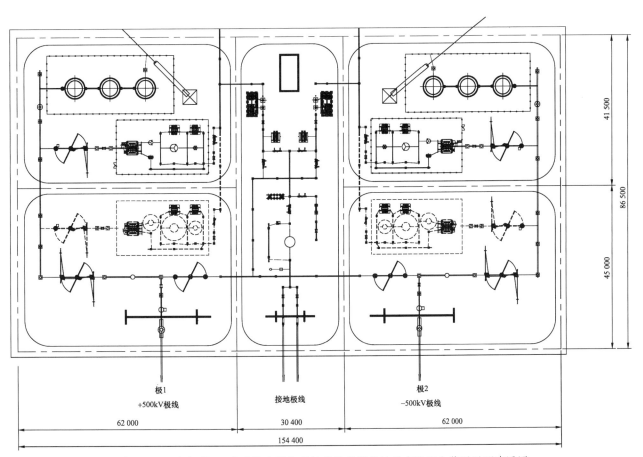

图14-56　每极单12脉动换流器的双极系统受端换流站直流配电装置平面布置图

每个12脉动换流器的1台旁路开关、3台旁路隔离开关形成"回"字形布置，紧靠阀厅侧，通过直流穿墙套管与阀厅设备连接。

平波电抗器采用户外干式空心电抗器。根据平波电抗器电感值及平波电抗器制造工艺，平波电抗器常采用多线圈串联的形式，当采用3个平波电抗器线圈串联时，可采用品字形或者一字形布置方式。高压平波电抗器采用落地安装，设置围栏。

高压直流分压器通常靠近平波电抗器布置，由于运行过程中该设备可能在带电状态下补充SF_6气体，因此高压直流分

压器不宜设置在平波电抗器围栏内。

3. 中性线区域布置

每极双 12 脉动换流器串联换流站的中性线区域布置与每极单 12 脉动换流器换流站的中性线区域布置基本相同。

4. 融冰回路布置

当直流线路有融冰要求时，可在直流配电装置设置融冰回路。直流配电装置融冰回线接线示意图如图 14-57 所示。融冰回路可采用增设隔离开关或临时跳线两种连接方式。

融冰回路布置分为"极 2 旁路跳线反接"和"极 2 极线分别与极 1 极线和中性线跨接"两部分，布置时融冰回线应考虑在输电工况及融冰工况下不同的电压水平及净距要求。

5. 工程示例

根据直流配电装置送受端及有无融冰回路，分别考虑送端有融冰、送端无融冰、受端有融冰、受端无融冰直流配电装置布置方案。布置方案按照 ±800kV 直流换流站考虑，采用干式平波电抗器，平波电抗器按照"3+3"的方式，对称布置在直流极线及中性线。

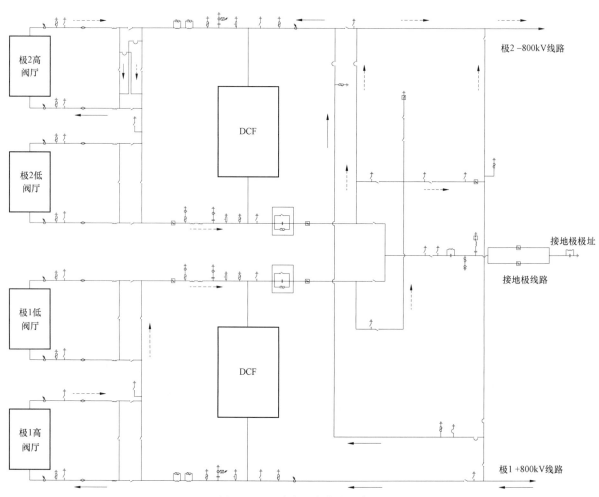

图 14-57 融冰回线接线示意图

（1）每极双 12 脉动换流器串联的双极系统送端换流站直流配电装置布置方案。图 14-58 表示为每极双 12 脉动换流器串联的双极系统送端换流站直流配电装置（有融冰）平面布置图及断面图。

每极双 12 脉动换流器串联的双极系统送端无融冰直流配电装置与送端有融冰直流配电装置的区别，在于无"极 2 旁路跳线反接"和"极 2 极线分别与极 1 极线和中性线跨接"融冰回线。每极双 12 脉动换流器串联的双极系统送端换流站无融冰直流配电装置平面布置图如图 14-59 所示。

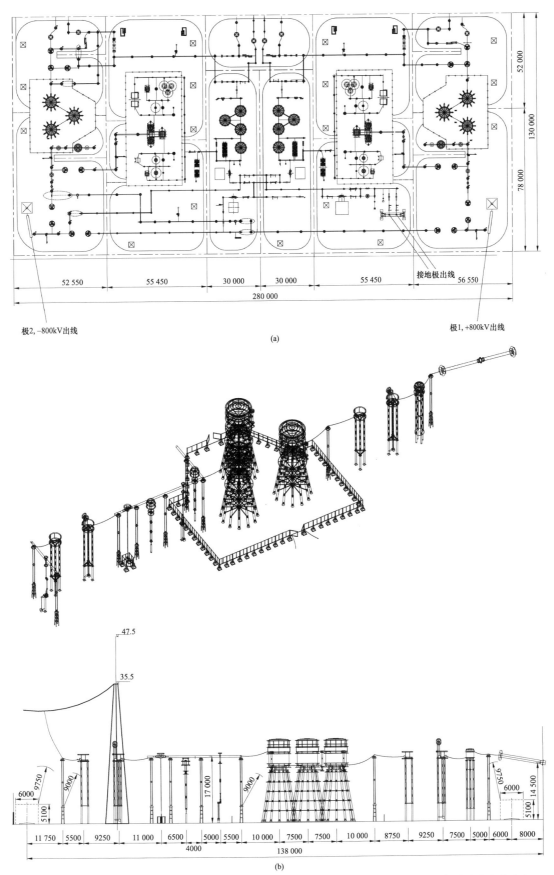

图 14-58　每极双 12 脉动换流器串联的双极系统送端换流站直流配电装置平断面布置图（有融冰）

（a）平面布置图；（b）极线断面图

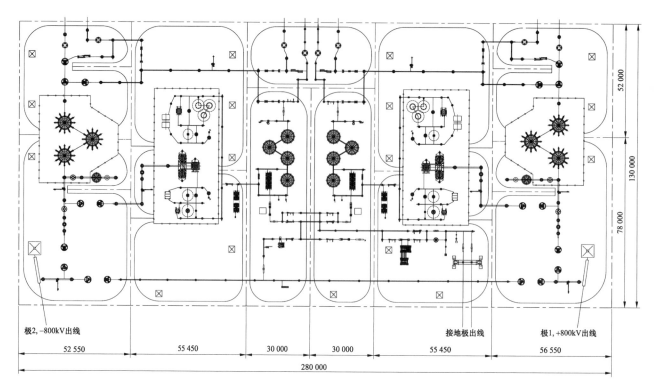

图 14-59　每极双 12 脉动换流器串联的双极系统送端换流站
直流配电装置平面布置图（无融冰）

（2）每极双 12 脉动换流器串联的双极系统受端换流站直流配电装置布置方案。

每极双 12 脉动换流器串联的双极系统受端换流站直流配电装置布置与送端换流站相比，主要差别在于无 MRTB 及 ERTB，其他布置基本一致。每极双 12 脉动换流器串联的双极系统受端换流站有融冰直流配电装置布置如图 14-60 所示。

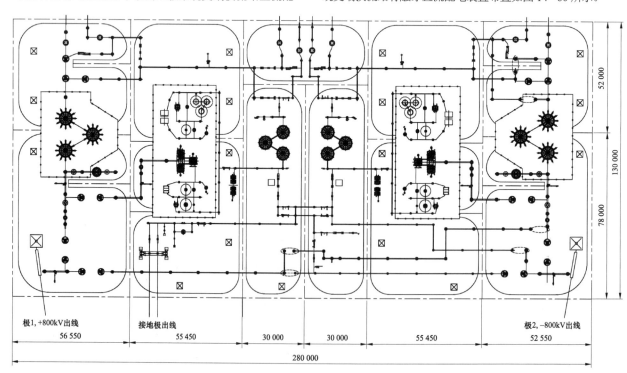

图 14-60　每极双 12 脉动换流器串联的双极系统受端换流站
直流配电装置平面布置图（有融冰）

每极双 12 脉动换流器串联的双极系统受端换流站无融冰

直流配电装置布置如图 14-61 所示。

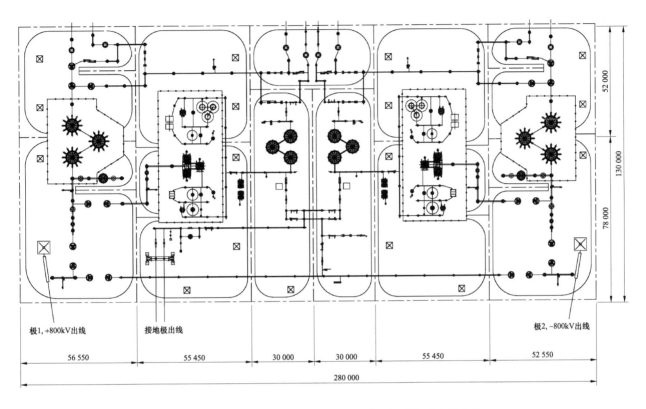

极1,+800kV出线　　接地极出线　　　　　　　　　　　　　　　　　　　　　　　极2,-800kV出线

56 550　　　55 450　　30 000　　30 000　　55 450　　52 550

280 000

图 14-61　每极双 12 脉动换流器串联的双极系统受端换流站
直流配电装置平面布置图（无融冰）

四、户内直流配电装置

户内直流配电装置通常在高污秽地区采用，直流高压极线设备及高压直流滤波器电容器塔布置在户内，从而有效地降低高压直流设备外绝缘的要求。

1. 极线区域布置

直流高压极线设备及高压直流滤波器电容器塔采用户内型，布置在直流配电装置区的两侧；直流配电装置中性线设备、直流滤波器低压设备采用敞开式，布置在直流配电装置区中部。各极户内配电装置紧挨直流阀厅（高端阀厅）布置。当采用油浸式平波电抗器时，平波电抗器的一个套管伸入阀厅，另一个套管伸入户内直流配电装置区；当采用干式平波电抗器时，采用高压直流穿墙套管连接直流阀厅与户内直流配电装置区。

高压极线回路采用户内中型支持管形母线布置方式，所有高压直流设备都布置在户内直流配电装置区中，如极

线设备、直流滤波器用高压隔离开关、直流滤波器高压电容器塔、直流极线与金属回线连接用高压隔离开关。直流极线出线采用直流套管引出户内直流配电装置后，通过架空线引出。

2. 直流滤波器区域布置

高压直流滤波器塔布置在户内直流配电装置区，其低压侧通过穿墙套管引出，与直流滤波器低压设备相连。

3. 中性线区域布置

户内直流配电装置的中性线区域设备布置与户外直流配电装置中性线区域布置基本一致，区别在于直流金属回线隔离开关与金属回线连接通过低压直流套管连接。

4. 工程示例

图 14-62 为 ±500kV 户内直流配电装置平断面布置图。

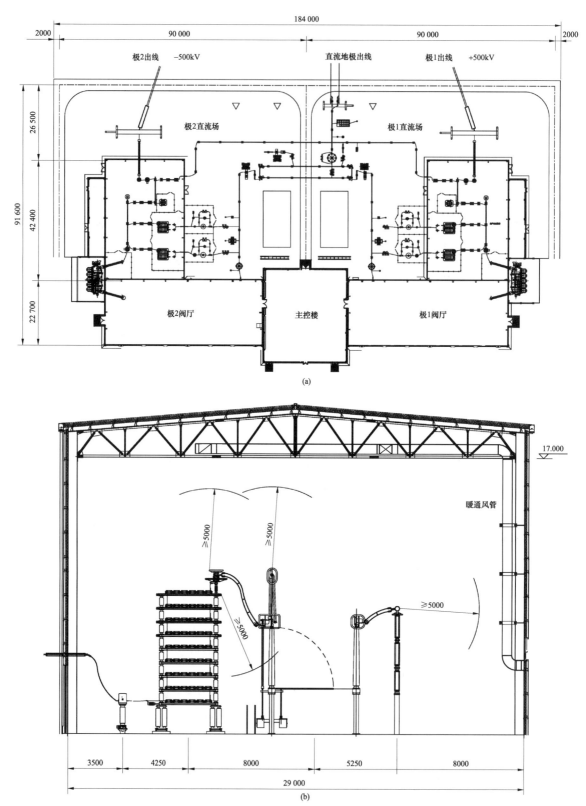

图 14-62 ±500kV 户内直流配电装置平断面布置图

（a）平面布置图；（b）断面图

第五节　交流配电装置布置

换流站交流配电装置的范围主要是指换流站内交流线路、换流变压器交流进线、大组交流滤波器进线、高压站用变压器进线等元件，按照选定的电气接线要求，由开关电器、保护和测量电器、载流导体及必要的辅助设备（包括安装布置电气设备的构架、基础、建筑物和通道等）组成。换流站内交流线路的高压并联电抗器、换流变压器进线回路的 PLC 设备、高压站用变压器设备及其低压侧的无功补偿设备（如果有），也包括在换流站交流配电装置的范围内。各大组交流滤波器的母线和小组回路的设备，以及交流滤波器设备等都不包括在换流站交流配电装置的范围内，其布置见本章第六节交流滤波器区布置。对于输送容量较小的换流站或背靠背换流站，交流滤波器可能不分大组，则各小组交流滤波器进线的设备包括在换流站交流配电装置的范围内。

综合可靠性、灵活性和经济性，结合接入交流电压等级及系统要求等考虑，换流站交流配电装置可采用单母线接线、双母线接线或一个半断路器接线等。交流配电装置需结合交流场接线、配电装置选型和交流场进出线要求等进行布置，并宜与换流场布置及换流变压器进线等统筹考虑。近期投运或在建的换流站交流配电装置一般采用 500、750kV 和 1000kV 电压等级，交流配电装置接线也都采用了一个半断路器接线。

换流站交流配电装置中电气设备形式通常包括敞开式（AIS）和 SF₆ 封闭组合电器（全封闭 GIS 和半封闭 HGIS）。交流配电装置形式的选择，应结合换流站所在地区的地理位置及环境条件、电气设备的形式、换流站总体布置等因素，通过技术经济比较确定。目前国内已投运换流站中交流配电装置的形式主要有：屋外敞开式中型布置、屋外 HGIS、屋外 GIS 和屋内 GIS。近期投运和在建的高压/特高压换流站内的交流配电装置均采用 HGIS 或 GIS，且屋外敞开式中型布置的交流配电装置在变电站电气一次设计手册中有比较详细的介绍，因此本节仅对换流站较为普遍采用的屋外 HGIS、屋外 GIS 和屋内 GIS 布置进行介绍，同时对换流站内特有的换流变压器进线回路 PLC 设备的布置进行简要描述。

一、设计原则

交流配电装置的布置应满足以下设计原则：

（1）应满足安全净距的要求。屋外配电装置带电部分至接地部分和不同相的带电部分之间的最小带电距离，应根据下列三种条件进行校验，并采用其中的最大值：

1）外过电压和风偏。

2）内过电压和风偏。

3）最大工作电压、短路摇摆和风偏。

依据相关规范规定，500、750kV 和 1000kV 屋外配电装置最小安全净距取值见表 14-2。

表 14-2　配电装置最小安全净距

符号	适用范围		最小安全净距（mm）		
			500kV	750kV	1000kV
A_1'	（1）分裂导线至接地部分之间； （2）管形母线至接地部分之间		3800	4800	6800
A_1''	均压环至接地部分之间		3800	5500	7500
A_2	带电导体相间	分裂导线至分裂导线	4300	7200	9200
		均压环至均压环	4300	7200	10 100
		管形母线至管形母线	4300	7200	11 300
B_1	（1）带电导体至栅栏； （2）运输设备外轮廓线至带电导体； （3）不同时停电检修的垂直交叉导体之间		4550	6250	8250
B_2	网状遮栏至带电部分之间		3900	5600	7600
C	带电导体至地面	单根管形母线	7500	12 000	17 500
		分裂架空导线	7500	12 000	19 500
D	（1）不同时停电检修的两平行回路之间水平距离； （2）带电导体至围墙顶部； （3）带电导体至建筑物边缘		5800	7500	9500

注　海拔超过1000m 时，A 值应进行修正。

（2）应满足施工、运行和检修的要求。主要包括：

1）交流配电装置的设计需考虑设备安装检修时便于吊装及搬运。屋外配电装置宜设置环形道路或具备回车条件的道路。屋内配电装置也应考虑设备搬运的方便。

2）交流配电装置的设计应考虑分期建设和扩建过渡的便利。各种型式配电装置对分期过渡有不同的适应性，应从电气主接线特点、进出线布置和分期过渡情况进行综合考虑，提出相应措施，尽量做到过渡时少停电或不停电，为施工安全与方便提供有利条件。

3）交流配电装置及其与建（构）筑物之间的距离和相对位置，应按最终规模统筹规划，充分考虑运行的安全和便利。需合理设置操作、巡视用通道等。

4）根据交流配电装置在系统中的地位、接线方式、配电装置型式及该地区的检修经验等情况，确定是否考虑带电作业的要求。需合理设置检修接地开关、预留检修场地等。

5）为了不限制检修作业方式，屋外配电装置的母线及跨线宜考虑导线上人，其荷重值应符合下列规定：① 单相检修作业，作用在导线上的人重、工具重及绝缘绳梯重的总重可按 350kg 设计，且在梁上作业相处考虑人及工具总重为 200kg 的集中荷重；② 三相停电检修时，作用在每相导线上的人及工具重可按 200kg 设计，且在梁上考虑人及工具集中荷重也为 200kg；③ 设备连线不允许上人。

（3）应满足噪声、静电感应及电晕无线电干扰水平等要求。主要包括：

1）交流配电装置主要噪声源为电抗器及电晕放电。设计中应优先选用低噪声产品，并向制造厂提出噪声水平的要求。

2）配电装置内静电感应场强水平（离地 1.5m 空间场强）不宜超过 10kV/m，少部分地区可允许达到 15kV/m。

降低配电装置静电感应场强措施包括：① 减少同相母线交叉与同相转角布置；减少或避免同相的相邻布置。② 必要时可适当加屏蔽线或设备屏蔽环。③ 当技术合理时，可适当提高电气设备及其引线的安装高度。④ 控制箱等操作设备宜布置在较低场强区。

配电装置围墙外侧（非出线方向，围墙外为居民区时）的静电感应场强水平（离地 1.5m 空间场强），不宜大于 5kV/m。

3）交流配电装置设计中应重视对无线电干扰的控制，在选择导线及电气设备时应考虑到降低整个配电装置的无线电干扰水平。为了增加载流量及限制无线电干扰，配电装置连接导线可采用扩径空心导线、多分裂导线、大直径铝管或组合式铝管；对于设备，一般规定在 1.1 倍最高工作相电压下，屋外晴天夜晚应无可见电晕，无线电干扰电压不应大于

500μV。

（4）应满足通道的要求。配电装置（区）通道布置应满足施工、搬运、运行检修、消防和大件设备运输车辆通行的要求。供消防车辆通行的通道间距和宽度应满足 GB 50016《建筑设计防火规范》的相关要求。

1）屋外配电装置的主干道应设置环形通道和必要的巡视通道，如成环有困难时则应具备回车条件。500kV 及以上屋外配电装置，可设置相间道路，相间道路宽不宜小于 3m。如果设备布置、施工安装、检修机械等条件允许时，也可不设相间道路。

2）配电装置内的巡视道路应根据运行巡视和操作需要设置，并充分利用地面电缆沟的布置作为巡视路线。

二、屋外 HGIS 布置

近来投运的交流配电装置采用屋外 HGIS 的换流站，交流配电装置电压等级一般采用 500kV。500kV 交流配电装置一般采用悬吊式管形母线。HGIS 完整串设备采用串中 3 台断路器整体布置的"3＋0"布置方式；不完整串设备一般采用远期扩建断路器独立于本期 2 台断路器布置的"2＋1"布置方式，以便于远期扩建；相比"2＋1"布置方式，"3＋0"布置方式每个完整串可节省 3 根套管。换流变压器进线构架、交流滤波器大组进线构架、母线构架和出线构架一般采用联合构架。为满足消防要求，沿配电装置周围设置 4m 宽环形道路；为方便检修维护，配电装置相间设置 3m 宽检修通道。

图 14－63 所示为 JM 换流站 500kV 屋外 HGIS 交流配电装置平断面图。

三、屋外 GIS 布置

换流站 500、750kV 和 1000kV 电压等级采用屋外 GIS 设备时，其布置方案目前均已有成熟的工程设计和应用经验。本条仅对近来换流站内常用的几类屋外 GIS 布置做介绍。

1. 500kV 屋外 GIS 布置

对于一个半断路器接线的 500kV GIS 而言，其典型布置方案主要包括断路器单列式布置和断路器一字形布置两大类布置形式。

高式斜连断路器单列式布置方案中，GIS 主母线置于 GIS 相线的上部，且呈水平布置。断路器置于母线下方，串中断路器之间采用斜连母线连接。该布置方式的特点是易于实现交叉接线，出线方向灵活，是我国目前换流站 500kV 一个半断路器接线中广泛采用的一种 GIS 布置形式。高式斜连断路器单列式布置平断面布置图如图 14－64 所示。

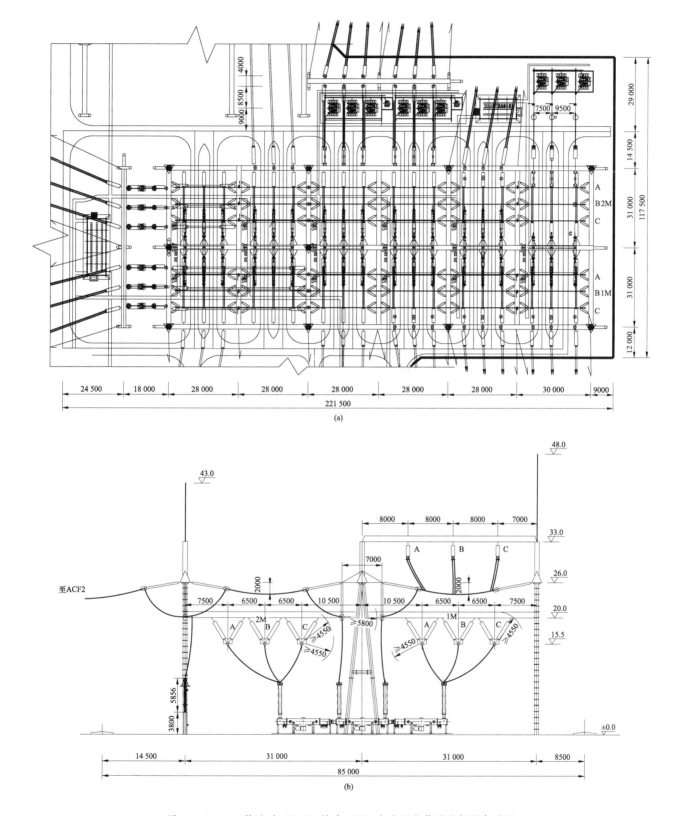

图 14-63　JM 换流站 500kV 屋外 HGIS 交流配电装置平断面布置图

（a）平面图；（b）断面图

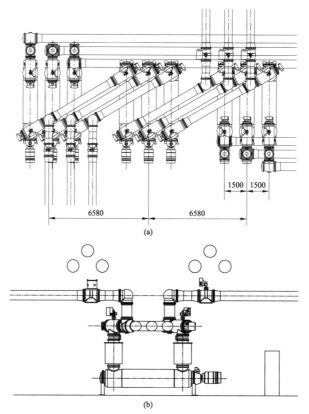

图 14-64　一个半断路器接线的 GIS 断路器单列式平断面布置图
（a）平面图；（b）断面图

断路器一字形布置方案的特点是将 GIS 主母线分别置于 GIS 断路器设备的两侧，且沿配电装置宽度方向布置；断路器布置于两组母线之间，可通过吊车实现设备的吊装检修。母线采用垂直排列方式，占地较小，配电装置的纵向尺寸较小，但该布置方式对于下层主母线的检修稍有不便。断路器一字形平断面图如图 14-65 所示。

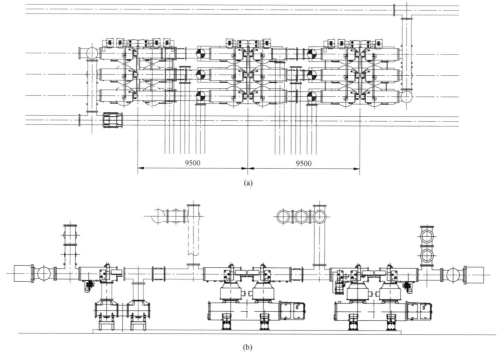

图 14-65　一个半断路器接线的 GIS 断路器一字形平断面布置图
（a）平面图；（b）断面图

对于国内主要厂家生产的 500kV GIS 设备，高位斜连单列式布置和一字形布置方案配电装置纵向尺寸差别不大，因此，利用单列式布置交叉出线的特点，可令出线方向更加灵活，节省 GIS 分支母线，因此，换流站内交流 500kV GIS 配电装置较多都采用单列式布置方案。

500kV 屋外 GIS 配电装置布置时，沿配电装置设置 4m 宽环形道路，以满足消防要求以及 GIS 进出线设备运输、安装和检修吊装的要求。站内 GIS 分支母线需跨越站区运输道路时，其高度应满足设备运输要求，一般不低于6m。

图 14-66 所示为 PE 换流站 500kV 屋外 GIS 交流配电装置平断面布置图。

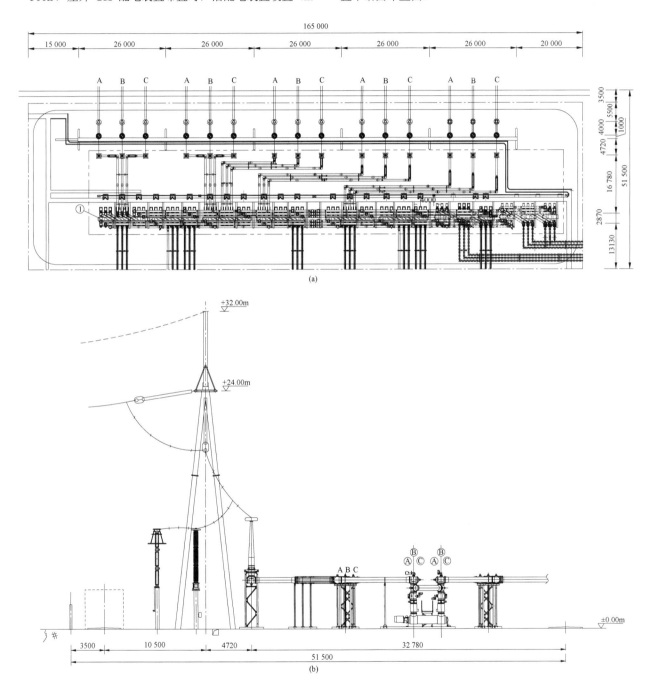

图 14-66　PE 换流站 500kV 屋外 GIS 交流配电装置平断面布置图

（a）平面图；（b）断面图

2. 750kV 屋外 GIS 布置

750kV 及以上电压等级 GIS 设备布置方式与 500kV GIS 类似，但 750kV 及以上 GIS 随着设备本体（尤其是断路器）

长度的增加，使断路器一字形布置方式的优势更加明显。这主要是由于，相比一字形布置方式，断路器单列式布置方式将使配电装置纵向尺寸增加较多而增加占地；而采用一字形布置方式，GIS 横向长度同交流场进出线横向尺寸一般都能实现较好的匹配，使配电装置布置更加紧凑合理。因此，750kV 屋外 GIS 布置一般都采用断路器一字形布置方式。

配电装置布置需考虑消防、GIS 设备运输、安装和检修吊装的相关要求。沿配电装置周围设置 4.5m 宽运输道路，采用断路器一字形布置、母线集中外置方式，GIS 设备、主母线、进线套管及其分支母线均考虑在进线侧吊装，出线侧套管及其分支母线考虑在出线侧吊装，GIS 布置尺寸应校核设备检修吊装时尽量不引起邻近回路停电。

图 14-67 所示为 LZ 换流站 750kV 屋外 GIS 交流配电装置平断面布置图。

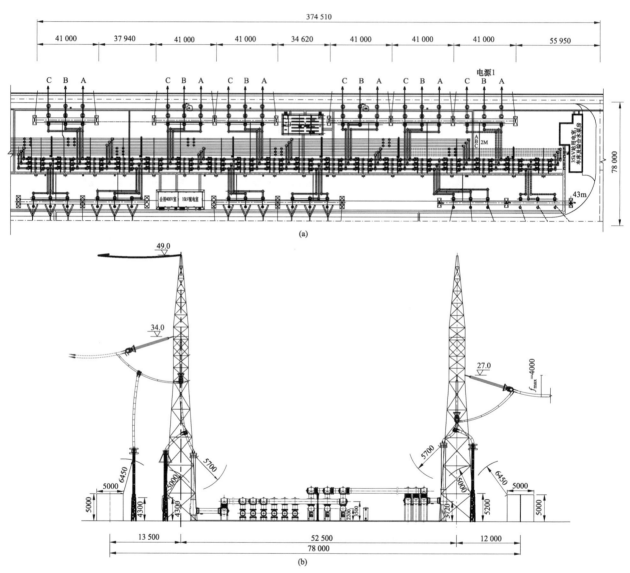

图 14-67　LZ 换流站 750kV 屋外 GIS 交流配电装置平断面布置图

（a）平面图；（b）断面图

3. 1000kV 屋外 GIS 布置

1000kV 屋外 GIS 主要用于特高压换流站分层接入 1000kV 系统。与 750kV 屋外 GIS 设备类似，1000kV GIS 设备横向长度较长，采用一字形布置方式能同 1000kV 配电装置横向尺寸较好匹配，配电装置纵向尺寸较小，更便于检修吊装。因此，1000kV 屋外 GIS 布置都采用断路器一字形布置方式。1000kV 屋外 GIS 配电装置布置的原则与 750kV 屋外 GIS 布置原则基本一致。

图 14-68 所示为 TZ 换流站 1000kV 屋外 GIS 交流配电装置平断面布置图。

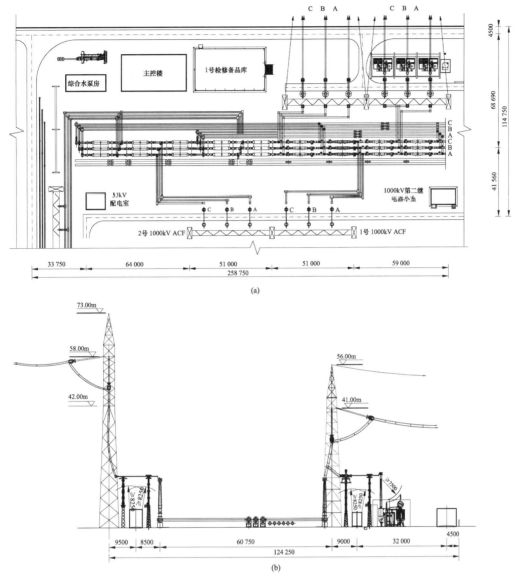

图 14-68 TZ 换流站 1000kV 屋外 GIS 交流配电装置平断面布置图
（a）平面图；（b）断面图

四、屋内 GIS 布置

国内换流站较多 500kV GIS 采用了屋内配电装置布置，以方便设备检修吊装，同时，屋内布置方式施工亦不受季节的影响。屋内布置 GIS 可采用高位斜连单列式布置或一字形布置。750kV 和 1000kV GIS 由于设备本体尺寸较大，因此均采用屋外布置。

屋内配电装置布置的设计，应考虑其安装、检修、起吊、运行、巡视以及气体回收装置所需的空间和通道。为避免基础不均匀沉降对设备的影响，同一间隔 GIS 配电装置的布置应避免跨土建结构缝。

500kV GIS 屋内布置时，应根据所有 GIS 断路器单元（三相）长度之和以及需预留出的检修维护空间和运输通道确定配电装置室的最小长度。以西安西电开关电气有限公司 500kV

GIS 单个完整串产品为例，高位斜连单列式布置方案占地尺寸约为 14m×5.6m（长×宽），一字形布置方案占地尺寸约为 27m×6.4m（长×宽）。以 8 个完整串组成的交流 500kV GIS 屋内配电装置为例，一字形布置所需的 GIS 配电装置室最小长度为 27m×8（8 串）+13.2m（高压站用变压器用断路器）+14m（维护通道）=243.2m；高位斜连布置方式所需的 GIS 配电装置室最小长度为 14×8+13.2+14=139.2（m）。

可以看出，相同建设规模下，高位斜连布置确定的 GIS 配电装置室最小长度小于一字形布置确定的 GIS 配电装置室最小长度。

另一方面，当 GIS 采用一字形布置时，GIS 断路器单元首尾相连、连续布置，GIS 配电装置室尺寸通常仅能满足 GIS 断路器紧凑布置，因而断路器位置基本不可移动。GIS 断路器出线位置与交流 500kV 出线、换流变压器进线、交流滤波器大组进线位置均相对固定，分支母线长度基本没有优化可能；而当 GIS 采用高位斜连布置时，可通过调整 GIS 断路器布置位置，使每串 GIS 断路器至出线的分支母线长度最优，该类调整虽使 GIS 主母线长度和 GIS 配电装置室长度有所增加，但 GIS 总体造价仍将降低。

对于 GIS 配电装置室宽度尺寸的确定，无论采用高位斜连还是一字形布置方式，均由 GIS 本体纵向尺寸、汇控柜、电缆沟、横向分支母线（若有）和两侧的维护检修通道共同确定。屋内 GIS 配电装置两侧应设置安装检修和巡视通道，主通道宜靠近断路器侧，宽度宜为 2～3.5m，巡视通道不应小于 1m。考虑各项因素后，目前换流站内屋内 500kV GIS 配电装置室宽度一般为 14～16m。

GIS 配电装置室内需设置行车等起吊设备，并能满足起吊最大检修单元（如断路器）的要求。与屋外 GIS 布置相同，一般沿 GIS 配电装置室周围设置 4m 宽环形道路，以满足消防和设备运输的要求。

另外，GIS 配电装置室的设计还应满足以下要求：

（1）配电装置室长度大于 7m 时，应设置 2 个出口；长度大于 60m 时，还宜增加出口。

（2）配电装置室距离油浸变压器的外廓间距不宜小于 10m。

（3）配电装置室内应清洁、防尘，地面宜采用耐磨、防滑、高硬度地面，并应满足 GIS 配电装置设备对基础不均匀沉降的要求。

（4）配电装置室内应配备 SF_6 气体净化回收装置，低位区应配有 SF_6 泄漏报警仪及事故排风装置。

图 14-69 所示为 YL 换流站 500kV 屋内 GIS 配电装置平断面布置图。

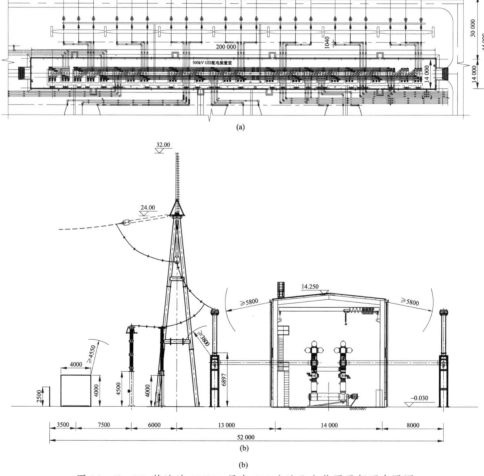

图 14-69 YL 换流站 500kV 屋内 GIS 交流配电装置平断面布置图
（a）平面图；（b）断面图

五、换流变压器进线回路 PLC 设备的布置

交流 PLC 配电装置由滤波电抗器和电容器组成，串接于换流变压器交流进线回路中。交流 PLC 滤波电抗器和电容器一般选用支持式设备，电抗器采用干式电抗器、电容器选用框架式电容器。

交流 PLC 配电装置布置一般采用沿换流变压器交流进线一字形布置方式，需增加换流变压器进线方向纵向尺寸。图 14－70 所示为 500kV 交流 PLC 配电装置布置平断面。

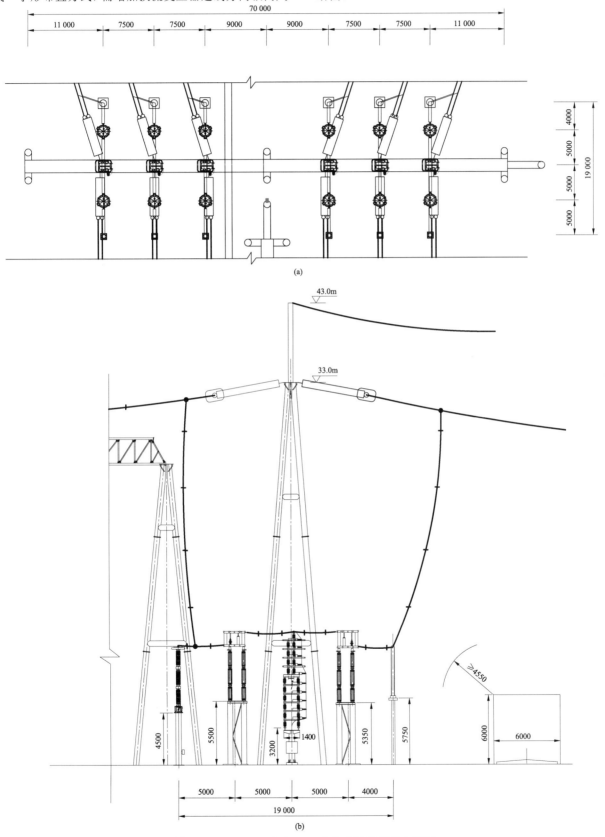

图 14－70　500kV 交流 PLC 配电装置平断面布置图

（a）平面图；（b）断面图

另外，当换流变压器进线设置汇流母线，且汇流母线布置于交流配电装置区域时，两组换流变压器至汇流母线之间采用跨线（每跨 3 相）引接。此时，若换流站装设交流 PLC 设备，则可将交流 PLC 设备布置于汇流母线下方，充分利用站内空余场地，避免由于布置 PLC 设备而额外增加占地，如图 14－71 所示。

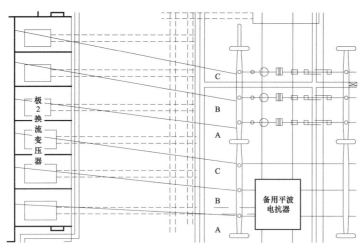

图 14－71　交流 PLC 设备布置于汇流母线下方示意图

第六节　交流滤波器区布置

一、设计原则

交流滤波器区的布置设计应按以下原则考虑：

（1）应根据换流站环境条件（如地震烈度，最大风速），合理选择设备形式和布置形式，如高地震烈度地区宜采用罐式断路器；大风地区不宜采用垂直开启式隔离开关等。

（2）交流滤波器及无功补偿装置设备宜集中或分区集中布置，整体布置应满足换流站厂界的噪声标准要求。

（3）带电部分满足空气净距要求。

（4）交流滤波器区设备布置应考虑布置形式对设备端子、导体等受力的影响。

（5）应满足安装、运行和维护要求。

（6）大组母线避雷器满足雷电侵入波保护的要求。

（7）母线接地开关满足电磁感应电压保护的要求。

二、交流滤波器区大组布置

交流滤波器区大组设备有断路器、隔离开关、电流测量装置、接地开关、母线电压测量装置及交流母线避雷器。根据不同的交流滤波器区小组的排列形式，交流滤波器区大组常用的布置方式有一字形、田字形和改进田字形。

1. 一字形布置方式

一字形布置断路器呈单列式布置，大组中各小组布置在母线的一侧。交流滤波器区小组围栏前后及配电装置相间设置检修道路。

大组母线通常采用悬吊管形母线，母线隔离开关通常采用单柱垂直开启式，分相布置于母线下方。

该布置方式的优点是换流站内各交流滤波器区大组区域布置清晰；运行维护便利，任意一大组设备检修均不影响其他大组滤波器正常工作。

该布置方式的不足是场地利用不够充分，交流滤波器区整体占地面积较大；交流滤波器区大组进线 GIL 管线或者架空线较长，相应的工程经济性较差。

一字形交流滤波器区平断面布置图如图 14－72 所示。

2. 田字形布置方式

田字形布置断路器呈双列式布置，大组中各小组分别布置在大组汇流母线的两侧，构成"田"字形。交流滤波器小组围栏前后及配电装置相间设置检修道路。这种形式的交流滤波器区大组布置方式通常采用 GIL 管线方式接入。

大组母线通常采用软导线形式，母线隔离开关采用两柱水平开启式。利用母线电压互感器作为滤波器小组引下线的过渡支撑，可节省支持绝缘子。

该布置方式的优点是交流滤波器区布置整齐、清晰；母线两侧滤波器小组共用汇流母线，滤波器围栏长度差异较小的滤波器小组布置在母线同一侧，场地得到了有效利用，与一字形布置方式相比，田字形布置方式的占地面积更小。

该布置方式存在的不足是当多组大组交流滤波器区单列布置时，大组的 GIL 进线有相互穿越问题，GIL 管线总量较大，交流滤波器区小组数为奇数时，会出现"空地"，土地利用率较低。

田字形交流滤波器区平断面布置图如图 14－73 所示。

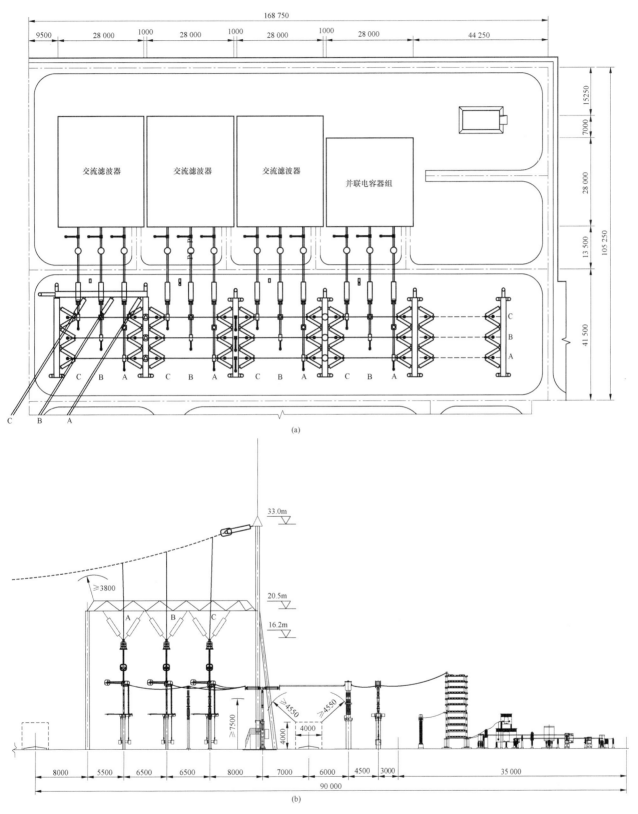

图 14-72　一字形交流滤波器区平断面布置图

（a）平面图；（b）断面图

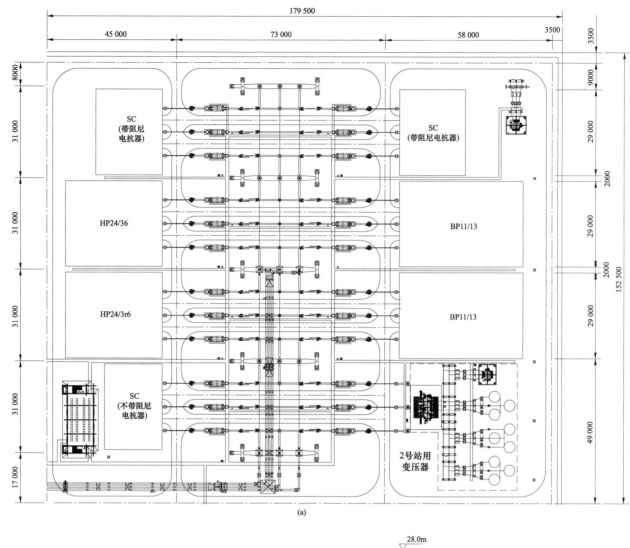

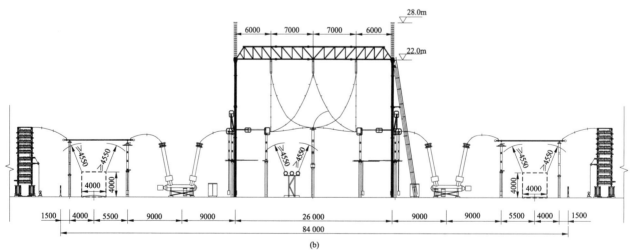

图 14-73 田字形交流滤波器区平断面布置图
（a）平面图；（b）断面图

3. 改进田字形布置方式

改进田字形布置断路器呈双列式布置，大组中各小组分别布置在大组汇流母线的两侧，构成"田"字形。在滤波器大组配电装置中间构架下及滤波器围栏后设置检修道路。

改进田字形交流滤波器区大组采用双层构架、架空软导线进线的布置方式。其中上层导线为滤波器大组母线，下层悬吊管形母线为滤波器大组分支母线（即大组滤波器进线的延伸分支部分），滤波器小组采用单柱式隔离开关。大组母线避雷器及电压互感器设置在两相对布置滤波器小组间隔的中间，与大组分支母线相连。由于两平行大组进线回路距离较近，电磁感应电压较大，需设置大组母线进线回路接地开关，布置在相邻两小组间隔中间。

该布置方式的优点是交流滤波器区大组进线及其分支母线高、低跨设置于设备上方，与田字形布置方式相比，改进田字形布置方式占地面积更小。

该布置方式存在的不足是由于两大组交流滤波器大组母线均采用架空线平行接入，当任一相邻大组母线设备检修时，对应区域仍有另一大组的带电设备，给检修造成了一定的困难。

改进田字形交流滤波器区平断面布置图如图14-74所示。

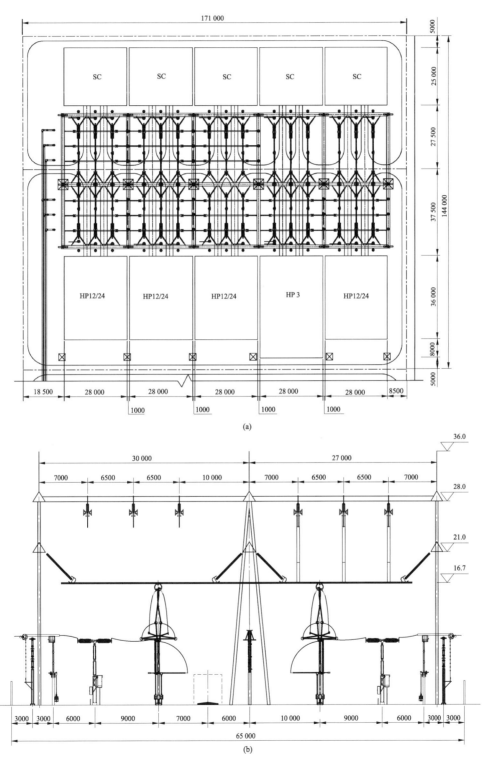

(a)

(b)

图14-74　改进田字形交流滤波器区平断面布置图（一）

（a）平面图；（b）断面图之一

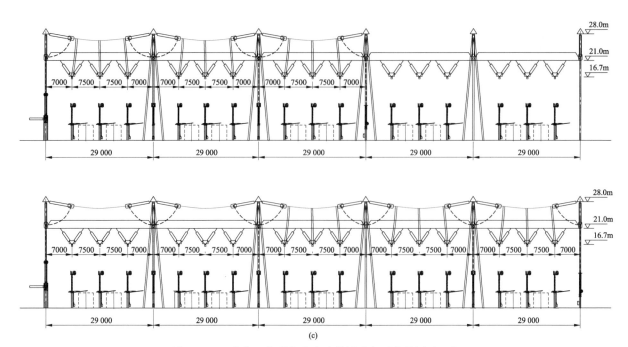

(c)

图 14-74　改进田字形交流滤波器区平断面布置图（二）

（c）断面图之二

三、交流滤波器区小组布置

交流滤波器区小组布置可分为管形母线单侧布置式和管形母线双侧布置式，两种布置方式在工程中均有应用。相比较而言，管形母线单侧布置时滤波器小组围栏宽度较小，滤波器小组内部连接线清晰，直流工程多采用该方式。

管形母线单侧布置式交流滤波器区围栏总体布置具有以下特点：

（1）交流滤波器区围栏设备三相采用三列式布置，同时接至交流滤波器中性管形母线。

（2）交流滤波器等电位管形母线采用多层布置，置于各相设备的一侧。

（3）各交流滤波器小组中性线布置在围栏的末端。

以下以 500kV 交流滤波器区为例，介绍交流滤波器区小组的布置。

1. HP3 布置

HP3 滤波器小组包含高压电容器 C_1，低压电容器 C_2，电抗器 L_1，电阻器 R_1，滤波器避雷器 F1，500kV 避雷器 F2，电流互感器 TA1～TA5。HP3 典型接线及平断面布置如图 14-75 所示。

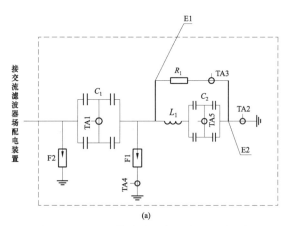

(a)

图 14-75　HP3 接线及平断面布置图（一）

（a）接线图

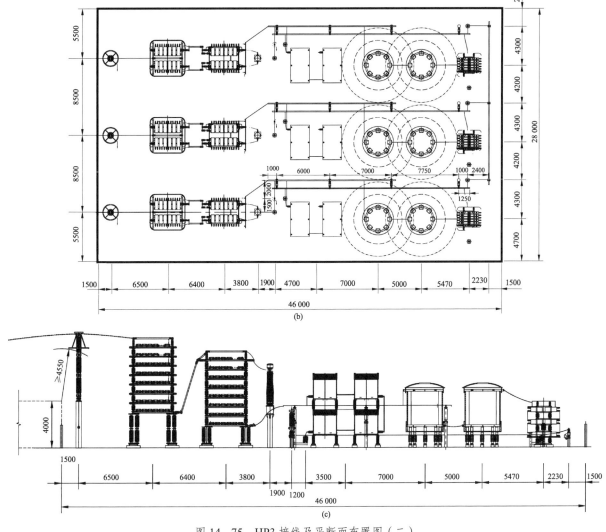

图 14-75　HP3 接线及平断面布置图（二）

（b）平面图；（c）断面图

（1）HP3 滤波器高压电容器 C_1 前通常配置 500kV 避雷器以限制操作过电压，满足断路器过电压要求。500kV 避雷器均压环与道路之间按 $B_1 = 4550$mm 校核。

（2）高压电容器 C_1 均压环大小将决定三相的间距，各相相间净距应满足 $A_2 = 4300$mm 要求，由于 500kV 交流滤波器高压电容器塔顶部尺寸通常小于 4000mm，工程中相间距离通常采用 8500mm。

（3）根据电阻器外形将电阻器长方向与滤波器围栏长方向保持一致，并与设备生产厂配合，确认设备端子朝向便于接线。电阻器与高压电容器塔 C_1 之间留适当间隙，用于布置滤波器避雷器 F1 及电流互感器 TA4。

（4）HP3 电抗器 L_1 电抗值较大，通常采用多台电抗器线圈串联的形式，另外考虑电抗器的电磁距离，电抗器 L_1 一般在滤波器小组内低压设备中占位最大。综合考虑电抗器电磁距离对其他设备布置的影响，通常将电抗器布置在电阻器后

面。电抗器定位后，需与生产厂配合确定电抗器接线端子朝向以便于接线连接。

（5）布置低压电容器 C_2。低压电容器 C_2 布置在电抗器 L_1 电磁距离范围外，顺序布置。

（6）布置滤波器中性线管形母线。中性线管形母线空气净距校验值通常不大于 400mm。

（7）布置避雷器 F1 及电流互感器 TA4。避雷器 F1 及 TA4 串联，通常布置在高压电容器 C_1 侧方，等电位管形母线前方。避雷器及电流互感器布置位置不应影响交流高压滤波器电容器塔的检修、维护。

（8）布置电流互感器 TA1、TA2、TA3、TA5。TA1 和 TA5 为电容器不平衡电流互感器，通常靠近电容器布置。TA2 布置在等电位管形母线与中性线管形母线之间，TA3 布置在电阻器与等电位管形母线之间。由于电流互感器 TA2、TA3 体积较小，通常不会影响 HP3 交流滤波器围栏内设备的布置，

布置时做到设备接线顺畅，设备支架整齐即可。

2. HP11/13 布置

HP11/13 滤波器小组包含高压电容器 C_1，低压电容器 C_2，电抗器 L_1、L_2，电阻器 R_1，滤波器避雷器 F1、F2，电流互感器 TA1～TA5。HP11/13 典型接线及平断面布置如图 14-76 所示。

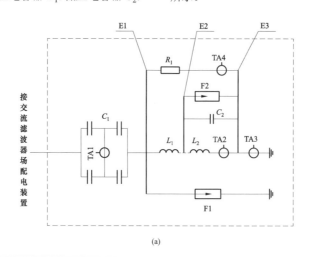

(a)

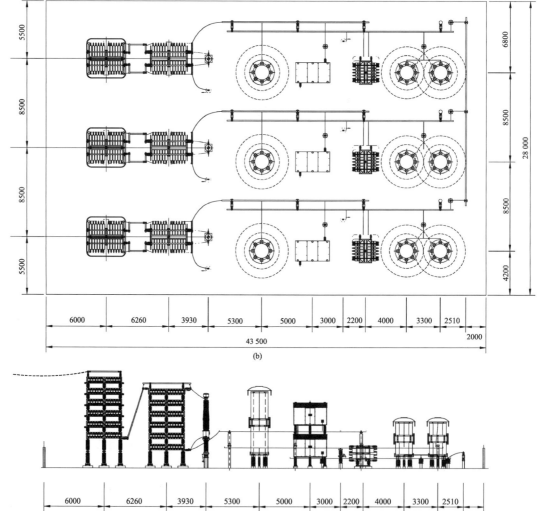

(b)

(c)

图 14-76 HP11/13 接线及平断面布置图

（a）接线图；（b）平面图；（c）断面图

（1）HP11/13 高压电容器 C_1 布置方式与 HP3 高压电容器 C_1 布置方式相同。

（2）设置等电位管形母线。为节约占地，在高压电容器 C_1 的一侧设置等电位管形母线 E1、E2、E3。各管形母线设置在不同高度，各母线之间的距离满足空气净距要求。

（3）布置高压电抗器 L_1 和电阻器 R_1。高压电抗器 L_1 和电阻器 R_1 顺序布置在高压电容器 C_1 的后方，并分别与等电位管形母线 E1、E2 相连。

（4）布置低压电抗器 L_2 和低压电容器 C_2。低压电容器 C_2 和低压电抗器 L_2 顺序布置在电阻器 R_1 后方，并分别

与等电位管形母线 E2、E3 相连。

（5）HP11/13 电流互感器、避雷器的布置方式与 HP3 电流互感器、避雷器的布置方式基本相同。

其他双调谐滤波器配置接线与 HP11/13 配置接线基本一致，均可参考 HP11/13 布置方式。

3. SC（含阻尼电抗器）布置

SC（含阻尼电抗器）并联电容器小组包含高压电容器 C_1，阻尼电抗器 L_1，避雷器 F1 及电流互感器 TA3。SC（含阻尼电抗器）并联电容器设备较少，布置原则可参考其他类型滤波器小组，典型接线及平断面布置如图 14-77 所示。

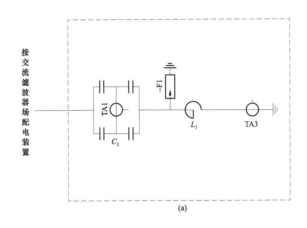

(a)

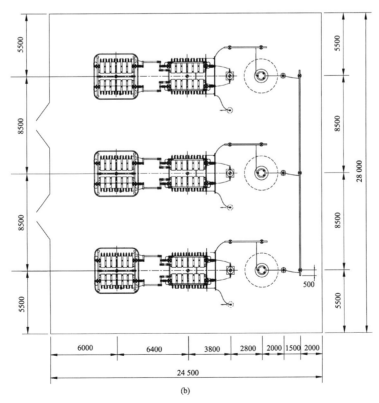

(b)

图 14-77　SC（含阻尼电抗器）接线及平断面布置图（一）

（a）接线图；（b）平面图

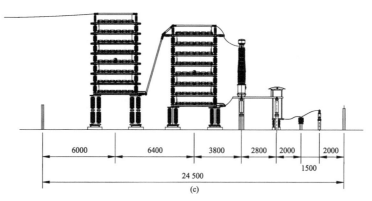

图 14-77 SC（含阻尼电抗器）接线及平断面布置图（二）

（c）断面图

4. BP11/13 布置

BP11/13 包含两组单调谐滤波器，分别包含两组高压电容器 C_{11}、C_{21}，电阻器 R_{11}、R_{21}，电抗器 L_{11}、L_{21}，电流互感器 TA11、TA12、TA13 和 TA21、TA22、TA23，避雷器 F11、F21。

BP11/13 配置接线及平断面布置如图 14-78 所示。

由于 BP11/13 滤波器围栏内设置有两组独立的滤波器（BP11，BP13），使 BP11/13 小组所需围栏宽度略大于其他形式滤波器小组，常取 29m。

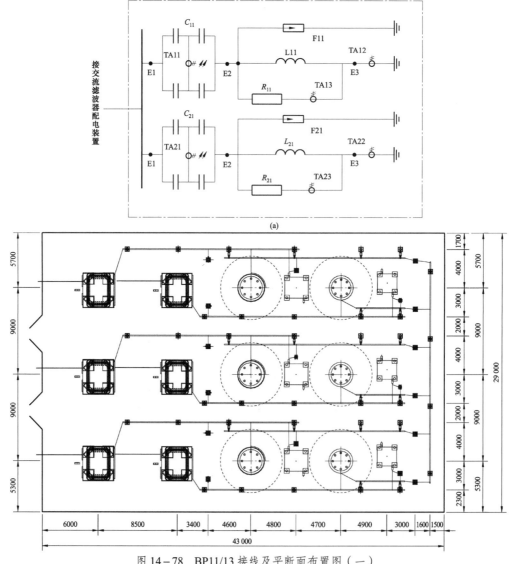

图 14-78 BP11/13 接线及平断面布置图（一）

（a）接线图；（b）平面图

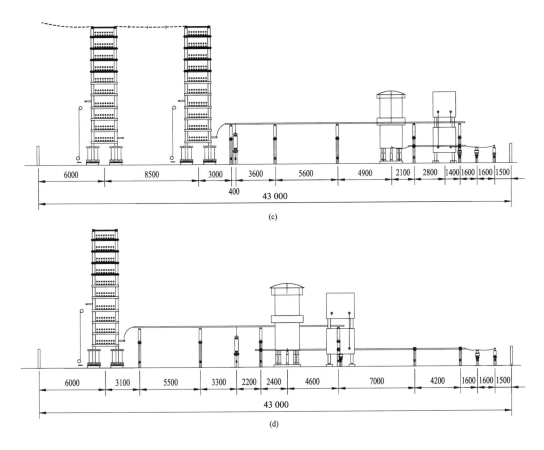

图 14-78　BP11/13 接线及平断面布置图（二）

（c）断面图之一；（d）断面图之二

（1）BP11/13 滤波器因为需要布置两组滤波器，故高压电容器塔通常为单塔形式（与其他滤波器围栏不同）。C_{11} 中心距围栏距离一般按 6000mm 控制，为保证电容器塔 C_{11} 与 C_{21} 检修方便，C_{11} 与 C_{21} 间距一般按 8500mm 控制。

（2）在高压电容器 C_{21} 后面依次布置电抗器 L_{11}，电阻器 R_{11}，电抗器 L_{21} 及电阻器 R_{21}。布置时需考虑电抗器电磁距离及电阻器出线接至电流互感器的接线方式。L_{11} 与 C_{21} 之间应满足空气净距要求。

第七节　电气总平面布置

一、两端高压直流输电系统换流站电气总平面布置

（一）采用每极单 12 脉动换流器接线的换流站电气总平面布置

采用每极单 12 脉动换流器接线的 ±500kV LN 换流站电气总平面布置图如图 14-79 所示。

采用每极单 12 脉动换流器接线的 ±660kV QD 换流站电气总平面布置图如图 14-80 所示。

（二）采用每极双 12 脉动换流器串联接线的换流站电气总平面布置

采用每极双 12 脉动换流器串联接线、高低端阀厅采用面对面布置的 ±800kV ZZ 换流站电气总平面布置图如图 14-81 所示。

采用每极双 12 脉动换流器串联接线、高低端阀厅采用一字形布置的 ±800kV CX 换流站电气总平面布置图如图 14-82 所示。

采用每极双 12 脉动换流器串联接线、网侧分层接入 500kV 及 1000kV 交流系统的 ±800kV TZ 换流站电气总平面布置图如图 14-83 所示。

二、背靠背换流站换流区域布置

±125kV GL 背靠背换流站电气总平面布置图如图 14-84 所示。

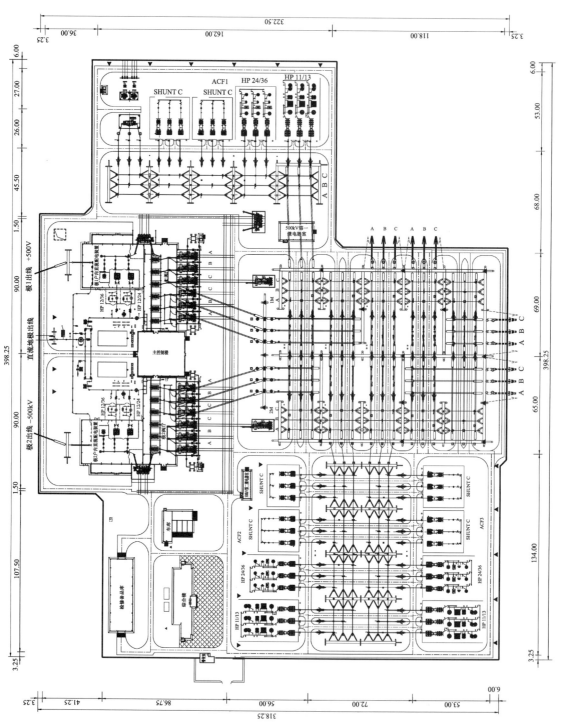

图 14-79 ±500kV LN换流站电气总平面布置图

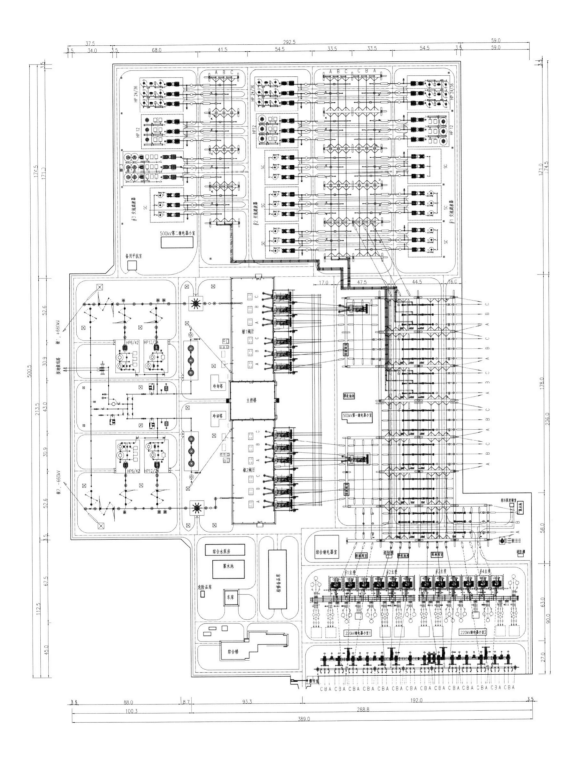

图 14-80 ±660kV QD换流站电气总平面布置图

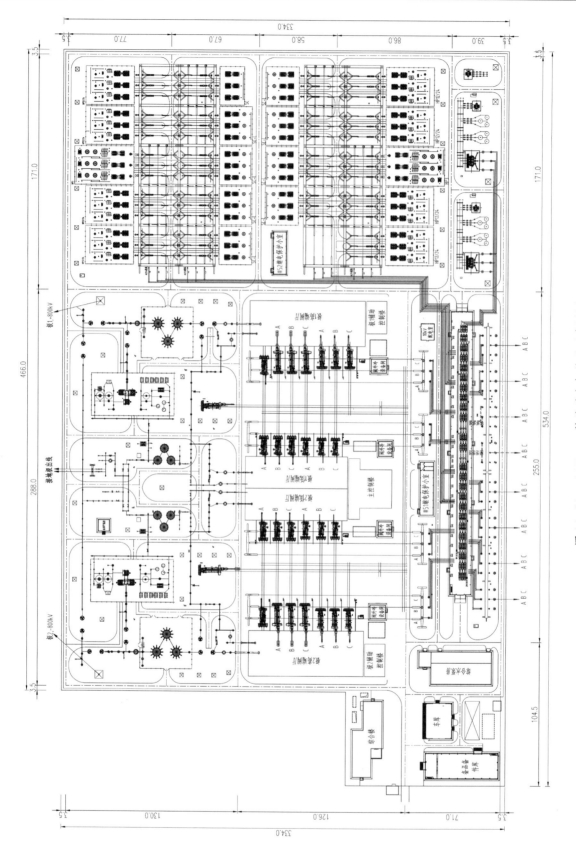

图 14-81　±800kV ZZ换流站电气总平面布置图

注：每极双12脉动换流器串联接线、南低端阀厅面对面布置

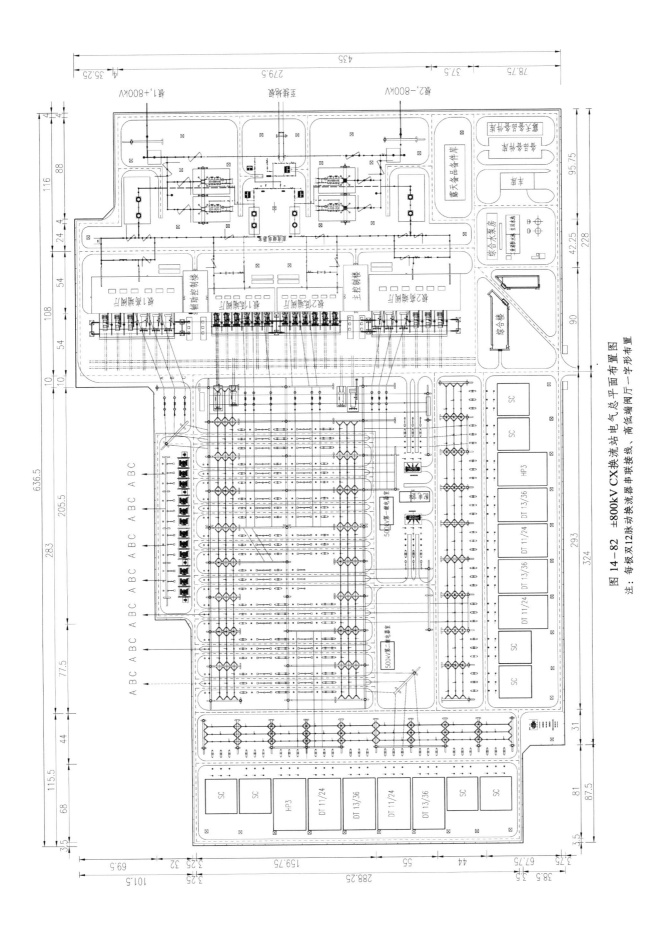

图 14-82 ±800kV CX换流站电气总平面布置图

注：每极双12脉动换流器串联接线、高低端阀厅一字形布置

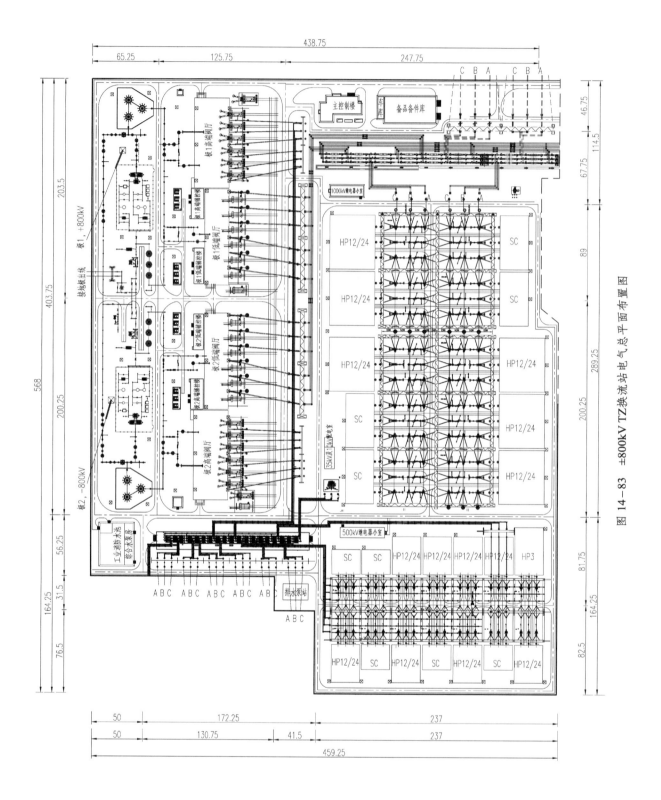

图 14−83 ±800kV TZ换流站电气总平面布置图

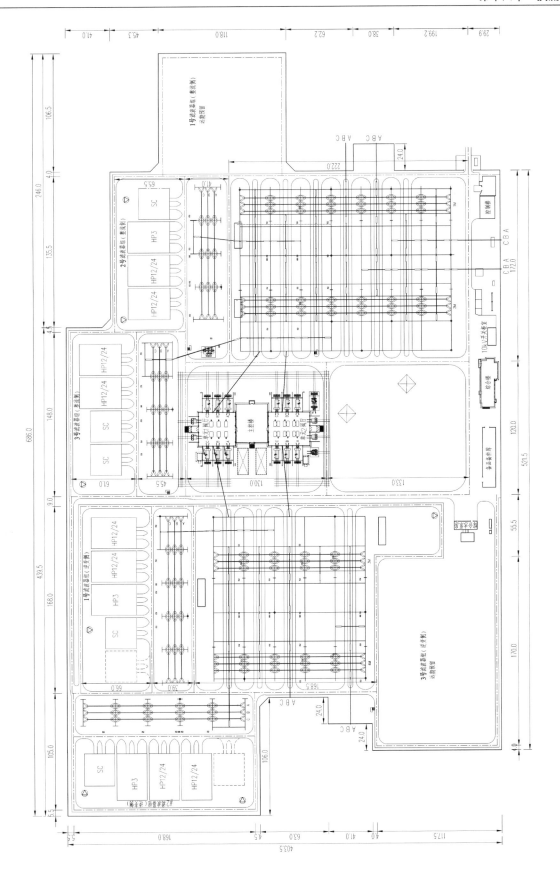

图 14-84 ±125kV GL 背靠背换流站电气总平面布置图

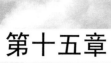

第十五章

换流站站用电系统

第一节 站用电系统接线

一、站用电系统接线原则

换流站的站用电系统，承担着换流阀和换流变压器等设备的冷却以及换流站控制和保护系统等重要负荷的供电职责，对换流站的安全可靠运行起着至关重要的作用。

站用电系统设计应满足运行和检修的需求，并积极、慎重地采用新技术、新工艺、新设备、新材料，推广应用节能、降耗、环保的先进技术和产品，以达到安全可靠、先进适用、经济合理、资源节约、环境友好。

站用电系统接线设计应满足下列原则：

（1）站用电系统接线要有足够高的可靠性。站用电系统可靠性指标一般按如下原则考虑：一回站用电源故障，在不减少直流输送功率情况下仍有 100%冗余；两回站用电源故障，能满足正常直流输送功率的要求。对于联网容量较小的背靠背换流站，当站用电源取得较困难时，可靠性指标可适当降低。

直流输电换流站和背靠背换流站一般设置三回电源，其电源引接宜优先考虑站内两回、站外一回。当站内引接有困难且站外有可靠电源时，可考虑在保证站内一回的前提下，通过技术经济比较，确定站外引接两回电源。对于容量较小的背靠背换流站，经过技术经济比较可按设置两回站用电源考虑，且宜从站内、外各引接一回。

（2）站用电系统中任何一回站用电源容量都应能满足全站最大计算负荷要求。如果换流站配有调相机，则计算负荷还应包括调相机的相关用电负荷。

（3）换流站内每个换流单元的供电系统应是独立的。任何一个换流单元的故障停运或其辅机的电气故障，不应影响到健全换流单元的正常运行。

（4）充分考虑换流站扩建和连续施工过程中站用电系统的运行方式。要便于过渡，尽量减少改变接线和更换设备。

二、站用电源引接方式

（一）站内电源引接方式

（1）当换流站内装设有交流联络变压器时，站用电源宜从联络变压器第三绕组母线引接，引接方式如图 15-1（a）所示；当站内只有一台交流联络变压器时，另一回站用电源宜从较低电压等级的高压配电装置引接，引接方式如图 15-1（b）所示。

（2）当换流站内无交流联络变压器时，站用电源应优先从站内高压配电装置引接，也可从滤波器大组母线引接。

1）当站内无低压感性无功需求且变压器制造又无困难的情况下，一般设一级站用高压变压器，引接方式如图 15-1（b）所示。

2）当站内有低压感性无功需求时，一般结合站内感性无功需求设置两级变压器。上一级变压器（以下称为降压变压器）的电源优先从站内高压配电装置引接，也可从滤波器大组母线引接；下一级变压器（以下称为高压站用变压器）的电源从降压变压器的低压侧引接，引接方式如图 15-1（c）所示。

早期投运的换流站站用电源多从滤波器大组母线引接，这样便于降压变压器及其低压侧设备布置。然而，随着投入运行的换流站增多，运行发现因接于该母线的小组滤波器频繁投切，造成的电压波动对站用电源的电压质量影响甚大。因此，近期投运和在建的换流站，大多从高压配电装置引接站用电源。

对于采用一个半断路器接线的高压配电装置，为节省投资，一般优先从母线上引接；当一个半断路器接线有不完整串时，可考虑接入串中。

（3）对于联网容量较小的背靠背换流站站用电源，当技术经济合理时可考虑从换流变压器第三绕组引接，引接方式如图 15-1（d）所示。

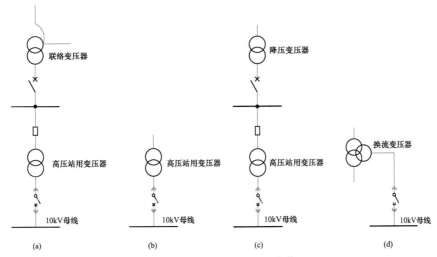

图 15-1　站内电源引接方式简图

（a）从联络变压器第三绕组引接；（b）从站内高压配电装置或滤波器大组母线引接；
（c）从降压变压器低压侧引接；（d）从换流变压器第三绕组引接

（二）站外电源引接方式

站外电源的电压等级和引接方式应根据站址周围交流配电系统地理分布情况，通过技术经济比较后确定。电源应具有独立性和可靠性，其电压等级不宜低于 35kV；当 10kV 电源可靠且能保证电压质量时，也可以采用。电源宜从已投运的配电装置或线路引接，当在建（或即将建设）的配电装置或线路能保证满足换流站工程建设进度的要求时，也可以采用。

三、站用电压等级及中性点接地方式

（一）站用电压等级

由于每个换流单元供电系统用电负荷大且按两回独立电源设置，故换流站需要配置的站用变压器容量较大、台数较多。同时，站用电源的电压等级一般不低于 35kV，站用电负荷的电压等级一般为 380/220V。若采用一级电压供电，在技术上存在站用变压器低压侧短路电流过大的问题，同时由于换流站内站用电供电单元较多，经济上存在由站用变压器及其高压侧设备和低压侧电缆构成的供电电源系统费用，高于设置两级电压。因此，工程中站用电系统一般采用两级电压。

换流站高压站用电电压一般取 10kV，低压站用电电压为 380/220V。

（二）站用电系统中性点接地方式

1. 高压站用电系统中性点接地方式

换流站高压站用电系统馈电回路数量通常较少，且供电电缆较短，单相接地电流一般不超过 10A，因此工程中多采用不接地方式，在单相接地故障情况下可继续运行。对于个别换流站，当 10kV 电缆过长，单相接地故障电流大于 10A 时可采用谐振接地方式。

2. 低压站用电系统中性点接地方式

国内已投运的高压直流工程均采用动力和照明网络共用的中性点直接接地方式，运行良好，能满足工程可靠性要求。为简化设计，低压站用电系统的中性点通常采用三相四线制中性线直接接地的方式。

四、站用电接线

（一）高压站用母线接线

高压站用电系统应采用单母线接线。每段单母线均应由独立的电源供电。当换流站按三回电源设计时，一般设置三段母线，其中两段工作和一段备用。工作段母线与备用段母线间设置联络断路器，实现专用备用，接线方式如图 15-2（a）所示；当换流站按两回电源设计时，则设置两段母线。两段母线之间设置联络断路器，互为备用，接线方式如图 15-2（b）所示。

对于三段单母线接线，在任何一回电源或一台高压站用变压器检修或故障情况下，均能保证两段母线带电，即保证 100%的备用；在任何两回电源或两台高压站用变压器检修或故障情况下，均能保证一段母线供电。由于各台变压器的容量相同且均按全站计算负荷选择，这时仍能保证全站站用电负荷的供电。只有当两段工作母线同时检修或故障才会造成站用电负荷失电，而发生这种事件的概率非常小，这从大量采用这种接线且已投运的变电站、换流站的工程实例中也可以得到证实，因此实际工程设计中可不考虑这种情况。

对于两段单母线接线，由于没有专用备用电源，两段母线互为备用，仅能在一回电源故障情况下保证全站站用电负荷的供电，且不再具备电源备用能力。

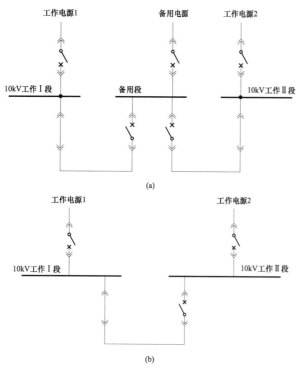

(a)

(b)

图 15-2　高压站用母线接线简图

（a）三段母线接线方式；（b）两段母线接线方式

（二）低压站用母线接线

低压站用电系统应采用单母线分段接线。母线应按构成换流站独立运行的换流单元设置。每个独立运行换流单元应设置两段母线，每段母线分别由引接自不同高压站用工作段的低压站用变压器供电。两段母线间应设置分段断路器，实现互为备用。一般直流输电换流站中独立运行换流单元所需的 12 脉动换流器最少为一个，背靠背换流站中独立运行换流单元所需的 12 脉动换流器最少为整流和逆变两个。

换流站调相机一般按两台配置，其配电系统设置两段母线，母线间设置分段断路器，实现互为备用。每段母线分别由引接自换流站高压站用母线不同工作段的低压站用变压器

供电。

为了减少工作变压器的容量，保证低压侧短路水平在一个合理的水平范围内，使低压电器设备的选择不发生困难，同时也为减少供电电缆，宜对公用负荷较多、容量较大的换流站设置公用段母线。其主要优点如下：

（1）加强了换流单元的独立性。

（2）有利于全站公用负荷的集中管理。

（3）便于配合换流器检修、停运以及检修本换流单元所属站用配电装置。

对寒冷地区换流站，当采用分散供暖方式时，可不设置专用电锅炉变压器；当采用集中供暖方式时，宜设置专用电锅炉变压器，该变压器引接自高压站用母线工作段。

目前国内投运的 ±660kV 及以下电压等级的换流站和两个单元的背靠背换流站低压站用母线接线一般如图 15-3（a）所示；两台调相机站用母线接线一般如图 15-3（b）所示；±800kV 及以上电压等级的换流站低压站用母线接线一般如图 15-3（c）所示。

五、站用电负荷

站用电负荷应包括全站的生产、生活用电负荷。

1. 站用电负荷分类

站用电负荷按其重要程度不同分为 Ⅰ、Ⅱ 和 Ⅲ 三类。Ⅰ 类负荷系指短时停电可能影响人身或设备安全，使生产运行停顿或输送功率减少的负荷；Ⅱ 类负荷系指允许短时停电，但停电时间过长，有可能影响正常生产运行的负荷；Ⅲ 类负荷系指长时间停电不会直接影响生产运行的负荷。

站用电负荷按其使用机会不同分为经常和不经常两种运行方式。经常系指与正常生产过程有关的，一般每天都要使用的负荷；不经常系指正常不用，只在检修、事故或者特定情况下使用的负荷。

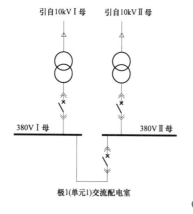

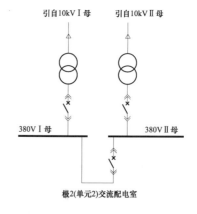

(a)

图 15-3　低压站用母线接线简图（一）

（a）±660kV 及以下电压等级的换流站和两个单元的背靠背换流站低压站用母线接线图

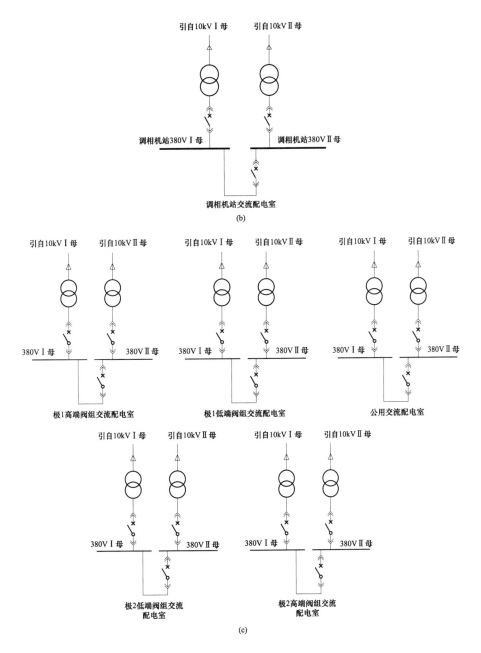

图 15-3 低压站用母线接线简图（二）

（b）2 台调相机低压站用母线接线图；（c）±800kV 及以上电压等级的换流站低压站用母线接线图

站用电负荷按其使用时间的长短不同分为连续、短时、断续三种运行方式。连续系指每次连续带负荷运转 2h 以上；短时系指每次连续带负荷运转 2h 以内，10min 以上；断续系指每次使用从带负荷到空载或停止，反复周期地工作，每个工作周期不超过 10min。

2. 站用电负荷的供电类别

在进行工程设计时，应与暖通、水工等相关专业配合，确定站用电负荷的分类、电动机的控制地点及联锁要求。表 15-1 为主要站用电负荷的特性表。

表 15-1 主要站用电负荷特性表

序号	负 荷 名 称	负荷类别	运行方式
	换流站部分		
1	换流阀		
1.1	阀内冷系统		
（1）	主循环泵	I	经常、连续
（2）	内冷水处理装置（包括电加热器、原水泵、补水泵、蝶阀等）	I	不经常、连续
1.2	阀外冷系统		

序号	负荷名称	负荷类别	运行方式
（1）	喷淋泵（水冷方式）	Ⅰ	经常、连续
（2）	冷却风机	Ⅰ	经常、连续
（3）	外冷水处理装置（包括电加热器、砂滤泵、软水器、排污泵、加药泵等）	Ⅱ	不经常、连续
2	换流变压器、交流变压器		
（1）	换流变压器、交流变压器冷却装置	Ⅰ	经常、连续
（2）	换流变压器、交流变压器有载调压装置	Ⅰ	经常、断续
（3）	换流变压器、交流变压器有载调压装置的带电滤油装置	Ⅱ	经常、连续
3	油浸式平波电抗器冷却装置	Ⅰ	经常、连续
4	直流系统充电器电源	Ⅱ	经常、连续
5	UPS工作电源	Ⅱ	经常、连续
6	二次屏打印、照明电源	Ⅲ	不经常、短时
7	断路器、隔离开关操作电源	Ⅱ	经常、断续
8	户外设备本体加热	Ⅱ	经常、连续
9	断路器、隔离开关端子箱加热	Ⅱ	经常、连续
10	风机		
（1）	换流变压器隔音室、配电室排气通风机	Ⅱ	经常、连续
（2）	其他通风机	Ⅲ	经常、连续
（3）	排烟风机	Ⅱ	不经常、连续
11	空调机		
（1）	阀厅、控制楼、户内直流场	Ⅱ	经常、连续
（2）	其他建筑物空调机	Ⅲ	经常、连续
12	电热锅炉	Ⅲ	经常、连续
13	通信电源	Ⅰ	经常、连续
14	远动装置	Ⅰ	经常、连续
15	在线监测装置	Ⅱ	经常、连续
16	空压机	Ⅱ	经常、短时
17	深井水泵或给水泵	Ⅱ	经常、短时
18	水处理装置	Ⅱ	经常、短时
19	工业水泵	Ⅱ	经常、短时
20	雨水泵	Ⅱ	不经常、短时
21	消防水泵	Ⅰ	不经常、短时
22	水喷雾、泡沫消防装置	Ⅰ	不经常、短时
23	检修电源	Ⅲ	经常、短时
24	电气检修间（行车、电动门等）	Ⅲ	不经常、短时
25	站区生活用电	Ⅲ	经常、连续
	调相机站部分		
1	调相机		

序号	负荷名称	负荷类别	运行方式
1.1	调相机润滑油系统		
（1）	油净化装置（包括油净化装置电动机、净油箱加热器、污油箱加热器）	Ⅱ	不经常、连续
（2）	输油泵	Ⅱ	不经常、连续
（3）	润滑油泵（包括主油泵、备用油泵、直流油泵）	Ⅰ	经常、连续
（4）	交流（直流）顶轴油泵	Ⅰ	不经常、连续
（5）	排油烟风机	Ⅱ	经常、连续
（6）	油箱电加热器	Ⅱ	不经常、连续
1.2	调相机内冷水系统		
（1）	定子冷却水泵	Ⅰ	经常、连续
（2）	转子冷却水泵	Ⅰ	经常、连续
（3）	定子冷却水电加热装置	Ⅱ	不经常、连续
1.3	调相机外冷水系统		
（1）	循环水泵	Ⅰ	经常、连续
（2）	机械通风冷却塔	Ⅰ	经常、连续
（3）	开式水电动滤水器	Ⅱ	不经常、断续
2	盘车电动机	Ⅱ	不经常、短时
3	碳粉收集装置	Ⅲ	经常、连续
4	隔音罩配电柜电源	Ⅱ	经常、连续
5	调相机主变压器强油风冷电源	Ⅰ	经常、连续
6	离相封闭母线防结露装置电源	Ⅱ	经常、连续
7	励磁交流辅助电源	Ⅰ	经常、连续
8	励磁变压器温控器电源	Ⅰ	经常、连续
9	直流系统充电器电源	Ⅱ	经常、连续
10	UPS工作电源	Ⅱ	经常、连续
11	UPS旁路电源	Ⅱ	不经常、连续
12	备用励磁电源	Ⅱ	不经常、短时
13	机组电气二次屏打印、照明电源	Ⅲ	不经常、短时
14	端子箱加热电源	Ⅱ	不经常、断续
15	风机	Ⅱ	经常、连续
16	空调机	Ⅱ	经常、连续
17	化学水处理系统		
（1）	除盐水处理装置	Ⅱ	经常、连续
（2）	加药装置	Ⅱ	经常、连续
18	热控负荷		
（1）	DCS	Ⅰ	经常、连续
（2）	CCTV	Ⅱ	经常、连续
19	起重机	Ⅲ	不经常、短时
20	排污水泵	Ⅱ	不经常、短时
21	工业服务水泵	Ⅱ	不经常、连续

六、站用电负荷供电方式

（一）一般设计原则

（1）互为备用的Ⅰ、Ⅱ类负荷应由不同的母线段供电。

（2）接有单台Ⅰ、Ⅱ类负荷的就地配电柜（箱）应由双电源供电，双电源应从不同的母线段引接；对接有单台Ⅰ类负荷的就地配电柜双电源应能自动切换，接有单台Ⅱ类负荷的就地配电柜双电源可手动切换。

（3）其他无Ⅰ、Ⅱ类负荷的就地配电柜，可采用单电源供电。

（二）换流阀负荷的供电方式

换流阀负荷应按12脉动阀组为单元连接到与其相对应的低压站用母线段上。换流阀每套阀冷系统包括阀外冷却和阀内冷却两个部分。阀外冷却一般有水冷、空冷两种方式。对于水冷方式，阀外冷系统主要由冷却塔、软化装置、加药（或反渗透）装置、旁路过滤装置、缓冲水池等组成。同时，对于站内工业水不能满足阀外冷水质要求时，阀外冷系统还包括工业水预处理系统，主要由工业给水泵、反冲洗水泵、细沙和活性炭过滤器等组成；对于空冷方式，室外换热设备有两种形式：一种是全部采用空气冷却器，另一种是以空气冷却器为主，辅以少量冷却塔。第二种形式主要是基于空气冷却不能完全满足夏季最高温度要求，需采用水冷作为补充手段时的冷却方式，通常这种方式也称为空冷方式。阀内冷系统主要由主循环泵、去离子装置、过滤装置等组成。

目前，换流阀负荷供电方式的设计及相关供电设备的成套供货一般由阀冷却设备厂负责。

1. 阀外冷负荷的供电方式

（1）阀外冷为水冷却方式的供电。每个换流单元对应的水冷却方式一般有4台冷却塔和3台冷却塔两种方案。每台冷却塔负荷主要包括冷却塔风机和喷淋泵。对于每台冷却塔，一般设置两台喷淋泵和两台风机。要求两台喷淋泵、两台风机不得接在同一段母线上，而应分别接在不同母线上。据此，每台冷却塔需设置两段母线，每段母线电源要求取自不同工作母线段，且相互独立。

4台冷却塔方案一般采用4台动力控制柜的供电方式。4台动力控制柜分为2组，每组动力柜向对应的2台冷却塔风机和喷淋泵负荷供电。同时，将该系统中的其他辅助设备如滤沙泵、软水器、排污泵、加药泵等负荷分接在2组动力控制柜中。

每台动力控制柜配有一段供电母线，采用双电源互切的电源进线方式。4台动力控制柜电源均由对应换流单元工作母线（中央配电柜）引接。引接方式一般分为两种：一种为每组（2台）动力控制柜4路电源由2路中央配电柜供电，为安全检修考虑，在距动力控制柜较远的供电负荷附近配置了隔离开关，如图15-4（a）所示；另一种为每台动力控制柜2路电源均由2路中央配电柜供电，如图15-4（b）所示。

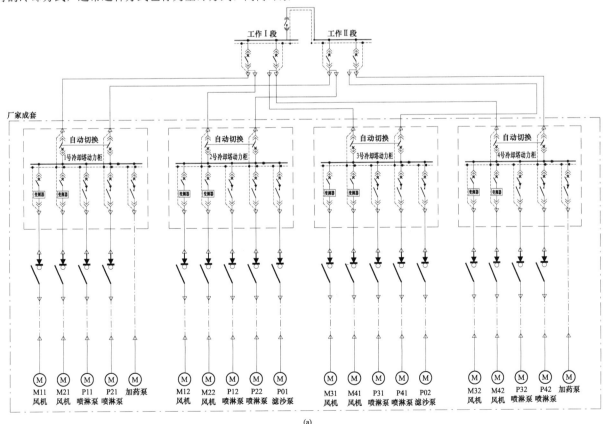

(a)

图15-4　4台冷却塔供电系统图（一）

（a）4路供电电源供电系统图

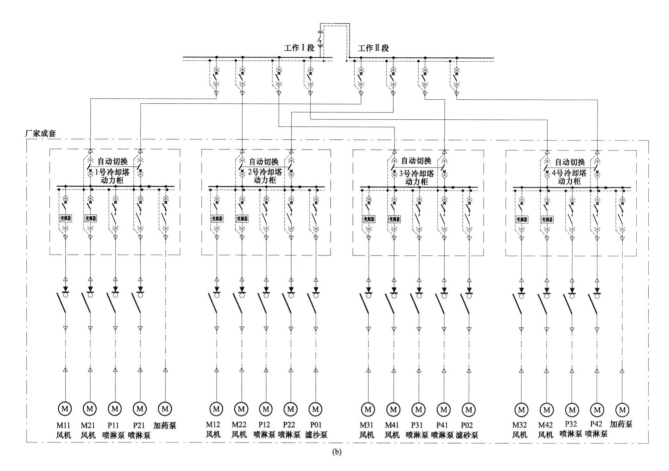

图 15-4 4 台冷却塔供电系统图（二）

（b）8 路供电电源供电系统图

后一种方式引接电源之间没有直接联系，相对独立，任何一路引接电源异常时，不会影响到其他冷却塔动力柜设备的安全运行，目前工程中倾向于这种方式。

对于 3 台冷却塔方案，目前工程中多采用 4 台动力控制柜的供电方式，其中 3 台动力控制柜向 3 台冷却塔的风机和喷淋泵负荷供电，另 1 台动力控制柜向其他辅助设备如滤砂泵、软水器、排污泵、加药泵等负荷供电。早期工程也有采用 2 台动力控制柜的供电方式，每台冷却塔的风机和喷淋泵以及其他辅助设备如滤沙泵、软水器、排污泵、加药泵等负荷分接在 2 台动力控制柜母线上。

4 台动力控制柜的供电方式，其向每台冷却塔的风机和喷淋泵负荷供电的每台动力控制柜内配置一段母线，采用双电源互切的电源进线方式，2 路电源均由 2 路中央配电柜供电；另一台动力控制柜柜内配置 2 段独立母线，每段母线均采用双电源互切的电源进线方式，4 路电源由 2 路中央配电柜供电，图 15-5 为 3 台冷却塔 4 台动力控制柜供电系统配置图；2 台动力控制柜的供电方式，其柜内母线配置及电源进线方式与 4 台动力控制柜供电方式中向风机和喷淋泵负荷供电的动力控制柜相同，3 台冷却塔 2 台动力控制柜供电系统如图 15-6 所示。

接线方式特点：

1）4 台冷却塔 4 台动力控制柜的供电方式见图 15-4，其中图（a）与图（b）的主要差别是电源引接方式，图 15-4（a）方式由于两回进线电缆共用一台引接电源开关，相比图 15-4（b）方式可以节约投资，但电源的独立性稍差。

2）4 台冷却塔 4 台动力控制柜的供电方式与 3 台冷却塔 2 台动力控制柜的供电方式类似，差别在于当一台动力控制柜故障对供电设备的影响范围不同，前者停运的设备不大于 25%，后者不大于 50%。

3）3 台冷却塔 4 台动力控制柜的供电方式主要是将冷却风机和喷淋泵专门配置在 3 台动力控制柜内，将其他辅助设备如砂滤泵、软水器、排污泵、加药泵等设备专门配置在一台动力控制柜内，而 4 台冷却塔 4 台动力控制柜与 3 台冷却塔 2 台动力控制柜的供电方式没有将风机和喷淋泵与其辅助设备分开供电。前者按负荷的重要程度分类配置供电，单元性更好。

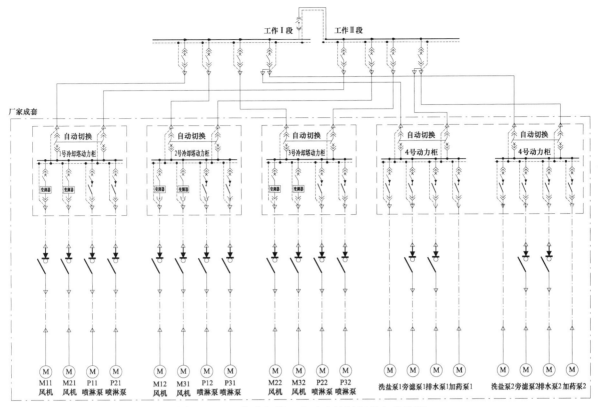

图 15-5 3 台冷却塔 4 台动力控制柜供电系统图

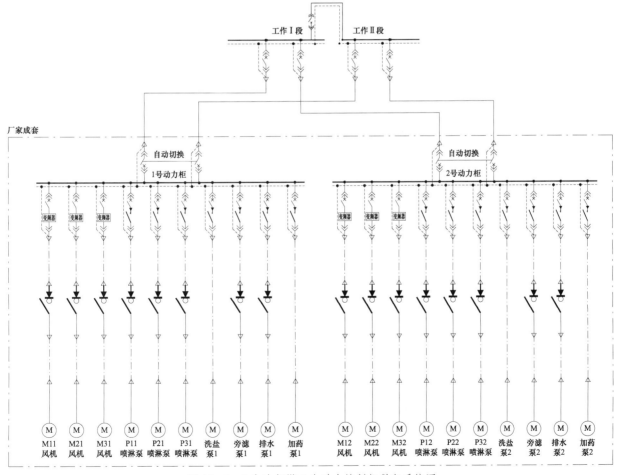

图 15-6 3 台冷却塔 2 台动力控制柜供电系统图

（2）阀外冷为空气冷却方式供电。空气冷却器由若干冷却片构成，一般要求任何一片冷却器检修仍能保证换流器在额定工况下正常运行。同时，每段供电母线停电仍能保证换流器具有 50%或 75%的额定冷却能力（这一指标根据具体工程的重要程度确定，随着工程输送容量的增大，这一指标也逐渐提高，目前 ±800kV 换流站要求达到 80%）。为了减少每段母线故障对单片冷却器冷却能力的影响，一般要求每片中的风机不接在同一母线段而应分散接在不同母线段上。同时，为提高母线电源的可靠性，要求每段母线双电源供电且取自不同工作母线段。生产厂根据上述要求，再按照工程具体情况，通过计算确定冷却器片数、每片中的风机数量和母线段数量。早期工程中每片冷却器风机数量有 2、3、4 台等不同配置方式，对应的母线段设置也有 2、3、4 段三种情况。目前 ±800kV 换流站容量大，每片冷却器配置的风机数量较多，但对应的母线段设置未变。同时，为安全检修风机考虑，在其附近配置了隔离开关。图 15－7 某工程 1 组空冷器给出了 8 片 24 台风机供电系统图。

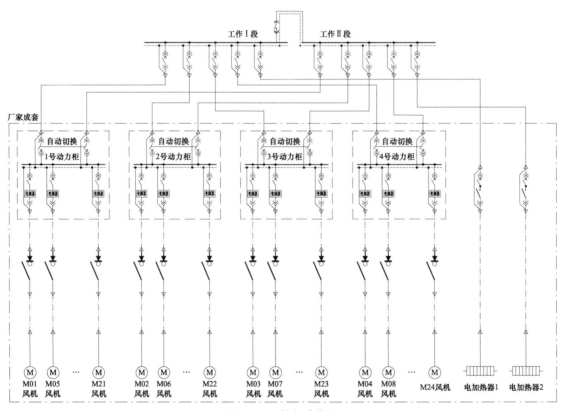

图 15－7 供电系统图

由图 15－7 可知，每台动力控制柜均配有一段供电母线，采用双电源互切的电源进线方式，每台动力控制柜 2 路电源均由 2 路中央配电柜供电；每片中的风机分接在不同的动力控制柜母线上。

该接线方式特点：每面柜内均有双电源切换装置，单个设备或元件故障，对阀冷设备的影响很小。

空气冷却方式有时也带有辅助水冷却，即正常方式为空气冷却方式，在夏季高温时间段增加辅助水冷却的阀外冷系统。两套冷却系统采用串联连接，独立运行。HM

换流站就是采用这种冷却方式，其空气冷却系统对应的配置接线图同纯空气冷却方式，水冷却系统供电系统如图 15－8 所示。

2. 阀内冷负荷的供电方式

阀内冷系统的主要负荷是主循环泵，因该负荷直接涉及换流阀能否安全运行，一般要求单独供电。阀内冷系统的其他负荷一般共接于一段母线，该段母线采用双电源互切的电源进线方式，电源由对应换流单元工作母线（中央配电柜）引接。阀内冷负荷的供电系统如图 15－9 所示。

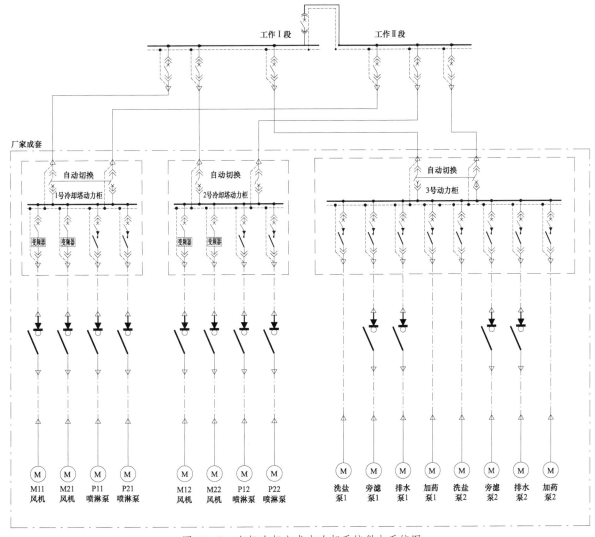

图 15-8　空气冷却方式水冷却系统供电系统图

该接线方式特点：

（1）两台主循环泵分别由两段母线段独立供电，可避免因使用双电源切换装置引起的双泵停运故障，以及阀内冷系统其他负荷回路短路等故障引起主循环泵停运故障。

（2）阀内冷系统中除主循环泵以外的其他用电设备单独设置两路电源供电，避免了与主循环泵混用电源的情况，设置一套双电源切换装置供电增加供电可靠性。

（三）换流变压器辅助系统的供电方式

换流变压器冷却系统一般采用空气冷却，其冷却装置一般与本体布置在一起，主要负荷有风扇和油泵。除冷却装置外，还有有载调压开关与在线滤油机等负荷。换流变压器负荷一般以组（对应换流单元）或台为供电单元。

组为供电单元的供电方式为：一个换流单元对应设置一个电源汇控柜，柜设置两段母线，每段母线采用单电源进线方式，电源引自换流单元工作段（中央配电屏）。每台换流

变压器设置一个动力控制柜，其供电有两种方式：方式1——柜内设置一段主母线，每组冷却器设置一段分支母线，主母线对分支母线供电，每一分支母线对应一组冷却器负荷；方式2——柜内设置一段母线，直接对负荷供电。

台为供电单元的供电方式为：台为供电单元的供电方式较组为供电单元的供电方式，少了电源汇控柜环节，其每台换流变压器动力控制柜电源直接引自对应换流单元工作段（中央配电屏）。图15-10是以单相三绕组换流变压器为例所对应的组为供电单元的供电系统图。图 15-11是以单相双绕组换流变压器为例所对应的台为供电单元的供电系统图。

两种方式均能满足可靠性要求。组为供电单元的供电系统可节省供电电缆，台为供电单元的供电系统单元性更强，可靠性更高。实际工程中，可根据工程的重要程度和供电系统的经济性，通过分析比较确定。

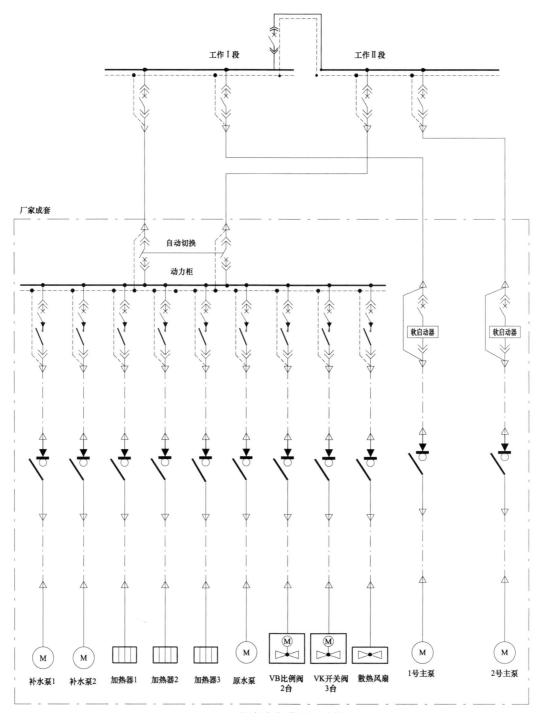

工作Ⅰ段　　　　　　　　工作Ⅱ段

厂家成套

自动切换

动力柜

软启动器　　　　软启动器

M　M　　　　　　　　　M M　散热风扇　M　　M

补水泵1　补水泵2　加热器1　加热器2　加热器3　原水泵　VB比例阀2台　VK开关阀3台　散热风扇　1号主泵　2号主泵

图 15-9　阀内冷负荷供电系统图

（四）调相机辅助系统的供电方式

调相机辅助系统的负荷分正常运行负荷和启动负荷。正常运行负荷电压均为 380/220V，两台调相机配置一个供电单元；启动负荷配置变频启动装置，两台调相机共配置两套独立的 SFC，一用一备，每套 SFC 配置一台专用的变压器，电源引自 10kV 备用段。供电系统如图 15-12 所示。

（五）其他负荷的供电方式

（1）换流站的控制楼、阀厅、户内直流场等建筑物

的空调、通风系统负荷宜分别设置可互为备用的双回路电源进线，该双回路电源应分别接到与其相对应的低压母线段上。

（2）换流站的控制楼、阀厅、户内直流场、综合楼、综合水泵房等建筑物内的照明及其他负荷，根据工程的具体情况，可由中央配电柜供电，也可分别设置就地配电柜向该建筑物内负荷供电。

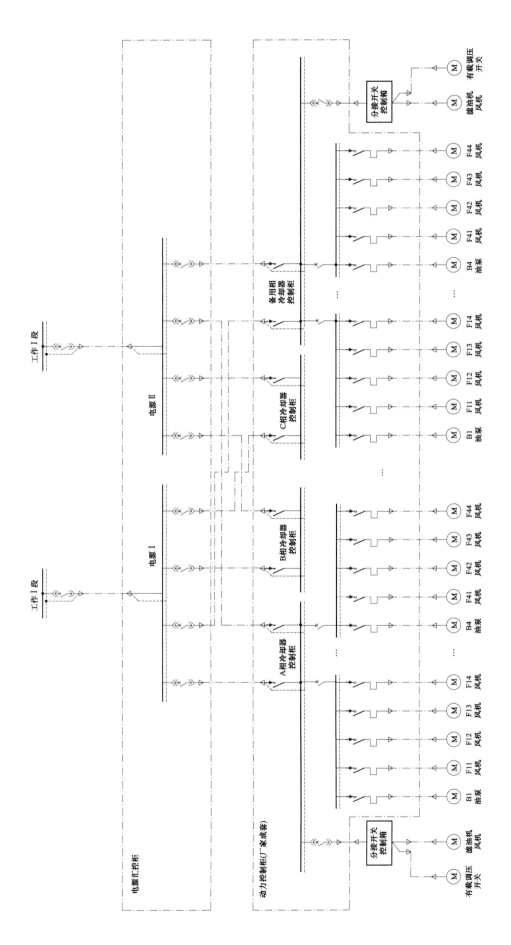

图15-10　单相三绕组换流变压器供电系统图（一组）

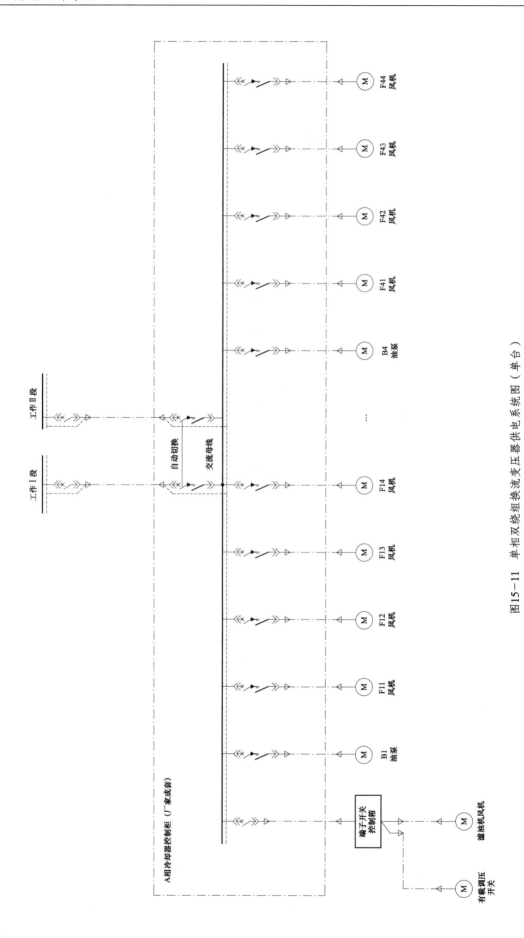

图15-11　单相双绕组换流变压器供电系统图（单台）

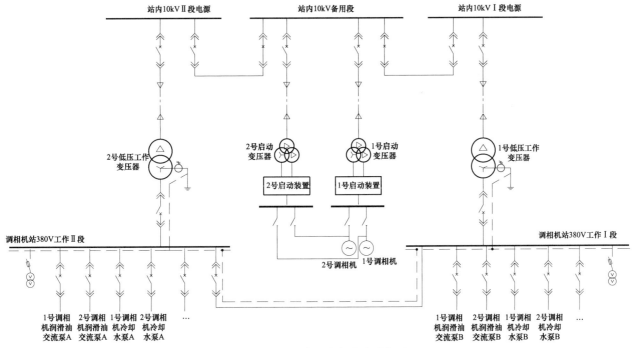

图 15－12　两台调相机供电系统图

（3）断路器、隔离开关的操作及加热负荷，可采用按配电装置区域划分设置动力配电箱，向用电设备负荷辐射供电。寒冷地区断路器本体伴热带的加热应配置独立的双回路电源供电，且与操作电源分开。

（4）当无公用母线段时，全站公用性负荷应根据负荷容量和对供电可靠性的要求，适当集中后接在低压站用母线上。

（5）检修电源宜采用按配电装置区域划分的单回路分支供电方式。

（6）调相机负荷的供电方式见 DL/T 5153《火力发电厂厂用电设计技术规程》。

七、检修供电网络

换流站应设置固定的交流低压检修供电网络，并在各检修现场装设检修电源箱（如箱中预留回路或设负荷开关、电源插座），供电焊机、电动工具和试验设备等使用。

（一）接线原则

检修供电网络一般采用三相四线制的单回路分支的供电接线。其接线原则如下：

（1）在换流变压器/联络变压器、油浸式平波电抗器区域内，一般以一组换流变压器/联络变压器、油浸式平波电抗器为一供电单元；在直流场区域内，一般以极为一供电单元；在高压交流配电装置和交流滤波器/并联电容器区域内，根据其规模可分别设置一路或两路供电单元。同一单元的各检修配电箱采用支接供电，由对应的中央配电柜引接。

（2）在阀厅内，一般以一座阀厅为一供电单元；在控制楼、综合水泵房内，一般分别设置一供电单元。单元的供电均由对应的中央配电柜引接。

（3）其他户内需要设置检修箱的建筑物内，可由对应的就地配电柜引接。

（二）检修电源

（1）换流变压器、油浸式平波电抗器（若有）、联络变压器（若有）附近和屋内、屋外配电装置，应设置固定的检修电源。检修电源的供电半径不宜大于 50m。

（2）专用检修电源箱宜符合的要求：配电装置检修电源箱内的检修电源至少设置三相馈线两路，单相馈线两路，回路容量宜满足电焊等工作的要求；换流变压器、油浸式平波电抗器、联络变压器（若有）附近检修电源箱回路及容量宜满足滤、注油的需要。当缺少资料时，滤油机的额定电流取400A，其他回路电流取 50A。

（3）检修网络应装设漏电保护。漏电保护装置可视馈线回路数的多少确定装设在检修箱进线电源开关处或每个馈线回路分别装设。当馈线回路数在 4 回及以上时，宜按每回路装设。

八、工程实例

±500kV 换流站按换流单元设置供电单元，全站公用负荷平均分摊到换流单元供电单元上。背靠背换流站供电单元的设置与±500kV 换流站相同。±800kV 换流站也是按换流单元设置供电单元，但公用负荷设置专用的供电单元。这三类换流站的站用电原理图类似，图 15-13 为±500kV 换流站典型　　站用电原理图。

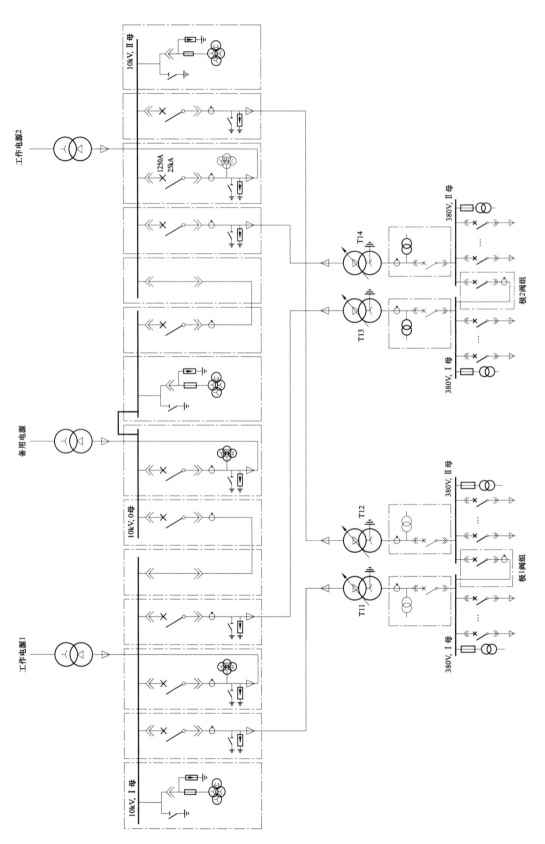

图15-13　±500kV换流站站用电原理图

第二节　站用电系统设备选择

一、站用电负荷统计及计算

1. 计算原则

（1）连续运行及经常短时运行的设备应予计算。

（2）不经常短时及不经常断续运行的设备不予计算。

2. 计算方法

（1）动力负荷计算。动力负荷计算一般采用换算系数法，计算公式为

$$S_c = \sum(KP) \qquad (15-1)$$

式中　S_c——计算负荷，kVA；

　　　K——换算系数，可取 0.85；

　　　P——电动机的计算功率，kW，经常连续和不经常连续运行电动机为额定功率，短时及断续运行电动机为额定功率的一半。

（2）照明负荷计算。照明负荷一般按式（15-2）计算

$$P = \sum\left(K_t \cdot P_A \cdot \frac{1+\alpha}{\cos\varphi}\right) \qquad (15-2)$$

式中　P_A——照明安装功率，kW；

　　　$\cos\varphi$——功率因数，白炽灯、卤钨灯 $\cos\varphi=1$，荧光灯、发光二极管、无极荧光灯 $\cos\varphi=0.6$，高强气体放电灯 $\cos\varphi=0.85$；

　　　α——镇流器及其他附件损耗系数，白炽灯、卤钨灯 $\alpha=0$，气体放电灯、无极荧光灯 $\alpha=0.2$；

　　　K_t——照明负荷同时系数，见表 15-2。

表 15-2　照明负荷同时系数

工　作　场　所	正常照明	应急照明
控制楼（含主、辅控制楼）	0.8	0.9
阀厅、继电器小室、站用电室、气体绝缘金属封闭开关设备（GIS）室、户内直流场	0.3	0.3
屋外配电装置	0.3	—
辅助生产建筑物	0.6	—
办公楼	0.7	—
道路及警卫照明	1.0	—
其他露天照明	0.8	—

二、站用变压器选择

（一）型式及阻抗选择

（1）当站内无功补偿装置与站用电源共用一台变压器时，该变压器可选用三相三绕组，也可选用三相双绕组。选用三相三绕组变压器时，其中一级电压可直接接入站用高压母线而无需再设置站用高压变压器；选用三相双绕组时，由于低压侧电压等级的确定主要是考虑满足无功容量要求，一般不低于 35kV，而站用高压母线电压等级一般为 10kV，因此还需设置一级站用高压变压器以满足这一要求。选择哪种型式应根据工程具体情况通过技术经济比较确定。

（2）站用变压器应选用低损耗节能型产品。高压站用变压器宜选用油浸式，低压站用变压器宜选用干式。

（3）高压站用变压器高压侧的额定电压，应按其接入点的实际运行电压确定，宜取接入点相应的联络变压器或换流变压器主分接电压。

（4）高、低压站用变压器的阻抗选择：宜结合设备制造能力，按高、低压电器对短路电流的承受能力来确定。高压站用电系统宜控制在 40kA 以内、低压站用电系统宜控制在 50kA 以内。根据短路水平要求计算得到的阻抗为理想值，实际选择时，一般选用尽可能接近理想值的标准阻抗系列的普通变压器。

（5）高压站用变压器联结组别的选择，优先使同一电压等级站用变压器的输出电压相位一致。低压站用变压器宜选用 Dyn11 联结组别。

（二）容量选择

1. 选择原则

高压站用变压器容量应按满足全站可能出现的最大运行方式选择；低压站用变压器容量应按满足供电单元或系统可能出现的最大运行方式选择。

2. 高压站用变压器容量

高压站用变压器容量一般按低压站用电的计算负荷之和再减去重复容量选择，若站内接有高压电动机时，还应计及其计算负荷。同时，当高压侧电压等级较高时，还应结合其最小制造容量来确定。

3. 低压站用变压器容量

低压站用变压器容量按式（15-3）计算

$$S \geq K_1 P_1 + P_2 + P_3 \qquad (15-3)$$

式中　S——站用变压器容量，kVA；

　　　K_1——站用动力负荷换算系数，一般取 $K_1=0.85$；

　　　P_1——站用动力负荷之和，kW；

　　　P_2——站用电热负荷之和，kW；

　　　P_3——站用照明负荷之和，kW。

（三）电压调整

在正常的电源电压偏移和站用电负荷波动的情况下，站用电各级母线的电压偏移均应不超过额定电压的±5%。

当站用变压器的电源侧接有无功补偿装置时，应校验投切无功补偿装置对站用电各级母线电压的影响。

1. 母线电压偏移计算

当电源电压和站用电负荷正常变动时，站用电母线电

压可按下列条件及式（15-4）计算。算式中各标幺值的基准电压取 0.38、10kV；基准容量取变压器低压绕组的额定容量 S_{2T}。

（1）按电源电压最低、站用电负荷最大，计算站用母线的最低电压 $U_{m.min}$，并宜满足 $U_{m.min} \geqslant 0.95$p.u.。

（2）按电源电压最高、站用电负荷最小，计算站用母线的最高电压 $U_{m.max}$，并宜满足 $U_{m.max} \leqslant 1.05$p.u.。

站用母线电压的计算式如下

$$U_m = U_0 - SZ_\varphi \qquad (15-4)$$

式中　U_m——站用电母线电压，p.u.；

　　　S——站用电负荷，p.u.；

　　　U_0——变压器低压侧的空载电压，p.u.，其计算式见式（15-5），对连接于电压较稳定的电源上的变压器，最低电源电压取 0.975，U_0 相应为 1.024，最高电源电压取 1.025，U_0 相应为 1.08。

$$U_0 = U_g U'_{2e} / (1 + n\delta_u\%/100) \qquad (15-5)$$

式中　U_g——电源电压，p.u.，$U_g = U_G/U_{1e}$；

　　　U_G——电源电压，kV；

　　　U_{1e}——变压器高压侧额定电压，kV；

　　　U'_{2e}——变压器低压侧额定电压，p.u.，$U'_{2e} = U_{2e}/U_i$；

　　　U_{2e}——变压器低压侧额定电压，kV；

　　　U_i——变压器低压侧母线的基准电压，kV；

　　　n——分接位置，n 为整数，负分接时为负值；

　　　$\delta_u\%$——分接开关的级电压，%；

　　　Z_φ——负荷压降阻抗，p.u.，其算式见式（15-6）；

$$Z_\varphi = R_T\cos\varphi + X_T\sin\varphi \qquad (15-6)$$

式中　R_T——变压器的电阻（标幺值），$R_T = 1.1 P_t/S_{2T}$；

　　　P_t——变压器的额定铜损；

　　　$\cos\varphi$——负载功率因数，取 0.8；

　　　X_T——变压器的电抗，p.u.，其计算式见式（15-7）；

$$X_T = 1.1 (U_d\%/100)(S_{2T}/S_T) \qquad (15-7)$$

式中　S_T——变压器的额定容量，kVA；

　　　S_{2T}——低压绕组的额定容量，kVA；

　　　$U_d\%$——变压器的阻抗百分值。

计算表明，换流站高、低压站用变压器中的一级设置有载调压开关一般可满足电压调整的要求。

2. 站用变压器分接开关选择

（1）无励磁调压变压器分接开关宜按如下要求选择：

1）为适应近、远期电源电压的正常波动，分接开关的调压范围一般为 10%（从正分接到负分接）；

2）分接开关的级电压一般采用 2.5%；

3）额定分接位置宜在调压范围的中间。

（2）有载调压变压器分接开关宜按如下要求选择：

1）调压范围一般为 15%～20%（从正分接到负分接）；

2）调压装置的级电压不宜过大，可采用 1.25% 或 2.5%；

3）额定分接位置宜在调压范围的中间。

3. 站用变压器有载调压开关设置

站用变压器有载调压开关设置的位置有两种方案，一种是设置在高压站用变压器上，另一种是设置在低压站用变压器。换流站用电负荷的电压多为 380V，低压站用变压器配置有载调压开关能较好地保证供电负荷电压质量。早期建设的 ±500kV 换流站，有载调压开关均设置在低压站用变压器上；±800kV 换流站由于低压站用变压器台数多，低压站用变压器配置有载调压开关对主控制楼布置有一定影响，同时控制保护较有载调压开关设置在高压站用变压器上复杂，基于上述原因，有部分工程将有载调压开关设置在高压站用变压器上。

从目前运行情况来看，有载调压开关设置在高压站用变压器上，个别工程反映电压调整有困难，主要是由于每段 10kV 母线接有多台低压站用变压器，存在各台低压站用变压器实际运行容量不等，其对应的低压母线工作电压也不同。通过有载调压开关调整高压母线电压只能保证部分低压站用变压器低压母线电压处于较理想状态。如低压站公用变压器，其实际运行容量受季节影响较大，而低压站用工作变压器实际运行容量除受季节影响因素外，主要受直流输送容量的影响。同时，由于换流站交流滤波器投切引起电源电压扰动可能导致运行站用电负荷跳闸，如 zz 换流站因电压扰动导致运行的阀内冷主循环泵跳闸，备用泵在同一瞬间又合不上从而酿成换流阀停运故障。为保证用电负荷在这一暂态过程中安全工作，使其运行电压能够工作于额定电压附近，有载调压开关设置在低压站用变压器上更容易实现这一目标。在经济上，±500kV 和背靠背换流站的有载调压配置在低压站用变压器便宜，±800kV 换流站则配置在高压站用变压器价格低，但差别均不大。

4. 投切低压并联电抗器对站用电母线电压影响典型算例

【算例 15-1】

见图 15-14，站用电系统有载调压开关设置在 35/10.5kV 变压器高压侧，通过调节有载调压开关控制站用电 10.5kV 母线电压不超过额定电压的 ±5%。

假定 500kV 侧电压达到 U_1 = 545kV，变压器 T1 和 T3 的抽头均在额定位置，即变压器 T1 的变比 k_1 = 525/35kV，变压器 T3 的变比 k_3 = 10.5/0.4kV；35kV 母线短路电流为 40kA；站用变压器 T2 参数为：P_t = 48.05kW，S_N = 10MVA，$U_d\%$ = 7.5，则

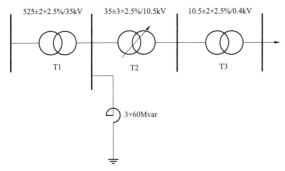

图 15-14　电源侧 35kV 母线配有并联电抗器的
站用电系统之一

$U_2 = 545 \times 35/525 = 36.3$（kV）

为限制 500kV 侧过电压，此时投入 3 组 35kV 低压并联电抗器，由此引起的 35kV 母线电压降百分值为

$$\Delta U_2 = \frac{\Delta Q}{S_k} \times 100\% \qquad (15-8)$$

式中　ΔQ——无功变化量，其值为 $3 \times 60 = 180$Mvar；

S_k——短路容量，$S_k = \sqrt{3} U_{2e} I_d = \sqrt{3} \times 35 \times 40$MVA。

则有　　$\Delta U_2 = \frac{180}{\sqrt{3} \times 35 \times 40} \times 100\% \approx 7.4\%$

因此，投入 3 组低压并联电抗器后，其母线电压变为

$U_2' = U_2 - 35 \times \Delta U_2 = 36.3 - 35 \times 7.4\% = 33.7$（kV）

根据式（15-4）式（15-5）计算站用电 380V 母线电压 U_m

$$U_m = U_0 - S Z_\varphi$$
$$Z_\varphi = R_T \cos\varphi + X_T \sin\varphi$$

站用变压器 T2 参数 $P_t = 48.05$kW，$S_N = 10$MVA，$U_d\% = 7.5$，则

$$R_T = 1.1 P_t / S_{2T} = 1.1 \times 48.05 / 10\ 000 = 0.005\ 29$$

$$X_T = 1.1 \frac{U_d\%}{100} \frac{S_{2T}}{S_T} = 1.1 \times 0.075 \times 1 = 0.082\ 5$$

$$Z_\varphi = 0.005\ 29 \times 0.8 + 0.082\ 5 \times 0.6 = 0.053\ 7$$

$$U_0 = U_g U_{2e}' / (1 + n\delta_u\% / 100) = \frac{33.7}{35} / (1 + n \times 2.5\%)$$

$$U_m = \frac{33.7}{35} / (1 + n \times 2.5\%) - 10 \times 0.053\ 7$$

考虑 T2 站用变压器满载运行极端情况，即站用电负荷 $S=1$。为使低压母线电压满足 $0.95 \leq U_m \leq 1.05$，则

$$0.95 \leq \frac{33.7}{35} / (1 + n \times 2.5\%) - 10 \times 0.053\ 7 \leq 1.05$$

可得 $-1.6 \geq n \geq -5.1$

即 T2 站用变压器抽头在 -2～-5 之间均可满足要求。

【算例 15-2】

如图 15-15 所示，站用电系统有载调压开关设置在 10.5/0.4kV 变压器高压侧，通过调节有载调压开关控制站用电 0.4kV 母线电压不超过额定电压的 ±5%。

假定 500kV 侧电压达到 $U_1 = 545$kV，变压器 T1 和 T2 的抽

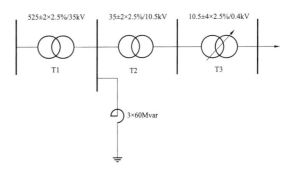

图 15-15　电源侧 35kV 母线配有并联电抗器的
站用电系统之二

头均在额定位置，即变压器 T1 的变比 $k_1 = 525/35$kV，变压器 T2 的变比 $k_2 = 35/10.5$kV；35kV 母线短路电流为 40kA；站用变压器 T3 参数为：$P_t = 15\ 200$W，$S_N = 2000$kVA，$U_d\% = 6$，则

$U_2 = 545 \times 35/525 = 36.3$（kV）

为限制 500kV 侧过电压，此时投入 3 组 60Mvar 低压并联电抗器，由此引起的 35kV 母线电压降百分值为

$$\Delta U_2 = \frac{\Delta Q}{S_k} \times 100\% \qquad (15-9)$$

式中　ΔQ——无功变化量，其值为：$3 \times 60 = 180$Mvar；

S_k——短路容量，$S_k = \sqrt{3} U_{2e} I_d = \sqrt{3} \times 35 \times 40$（MVA）。

则有　　$\Delta U_2 = \frac{180}{\sqrt{3} \times 35 \times 40} \times 100\% \approx 7.4\%$

因此，投入 3 组低压并联电抗器后，35、10kV 母线电压分别变为

$$U_2' = U_2 - 35 \times \Delta U_2 = 36.3 - 35 \times 7.4\% = 33.7$（kV）$$
$$U_3' = U_2' / k_2 = 33.7 \times 10.5/35 = 10.11$（kV）$$

根据式（15-4）和式（15-5）计算站用电母线电压 U_m

$$U_m = U_0 - S Z_\varphi$$
$$Z_\varphi = R_T \cos\varphi + X_T \sin\varphi$$

站用变压器 T3 参数 $P_t = 15\ 200$W，$S_N = 2000$kVA。

$$R_T = 1.1 P_t / S_{2T} = 1.1 \times 15.2 / 2000 = 0.008\ 36$$

$$X_T = 1.1 \times \frac{U_d\%}{100} \times \frac{S_{2T}}{S_T} = 1.1 \times 0.06 \times 1 = 0.066$$

$$Z_\varphi = 0.008\ 36 \times 0.8 + 0.066 \times 0.6 = 0.046\ 3$$

$$U_0 = U_g U_{2e}' / (1 + n\delta_u\% / 100) = \frac{10.11}{10.5} / (1 + n \times 2.5\%)$$

考虑 T3 站用变压器满载运行极端情况，即站用电负荷 $S=1$

为使低压母线电压满足 $0.95 \leq U_m \leq 1.05$，则

$$0.95 \leq \frac{10.11}{10.5} / (1 + n \times 2.5\%) - 0.4 \times 0.046\ 3 \leq 1.05$$

可得 $-1.3 \geq n \geq -4.8$

即 T3 站用变压器抽头在 -2～-4 之间均可满足要求。

（四）电动机启动校验

1. 校验条件

最大容量的电动机单台正常启动时，站用母线的电压不应

低于额定电压的80%。容易启动的电动机启动时电动机的端电压不应低于额定电压的70%，对于启动特别困难的电动机，当制造厂有明确合理的启动电压要求时，应满足制造厂的要求。

当电动机的功率（kW）为电源容量（kVA）的20%以上时，应验算正常启动时的电压水平。

2. 电动机正常启动时站用母线电压的计算

电动机正常启动时的母线电压按式（15-10）计算，算式中各标幺值基准电压取0.38kV、10kV；对变压器的基准容量取低压绕组的额定容量S_{2T}（kVA）。

$$U_m = U_0 / (1 + SX) \tag{15-10}$$

其中

$$S = S_1 + S_q \tag{15-11}$$

式中　U_m——电动机正常启动时的母线电压（p.u.）；

U_0——站用母线上的空载电压（p.u.），对电抗器取1，对无励磁调压变压器取1.05，对有载调压变压器取1.1；

X——变压器或电抗器的电抗，p.u.；

S——合成负荷，p.u.；

S_1——电动机启动前，站用电母线上的已有的负荷，p.u.；

S_q——启动电动机的启动容量，p.u.，$S_q = K_q P_N / S_{2T} \eta_N \cos\varphi_N$；

K_q——电动机的启动电流倍数；

P_N——电动机的额定功率，kW；

η_N——电动机的额定效率；

$\cos\varphi_N$——电动机的额定功率因数。

【算例15-3】

10kV低压站用变压器：三相双绕组SCB10-2500/10.5，2500kVA，10.5±2×2.5%/0.4kV，Dyn11，U_d=6%。

站内排污泵额定电压380V，启动电流倍数K_q=7，额定功率P_N=250kW，额定效率η_N=0.95，额定功率因数$\cos\varphi_N$=0.81。经2根ZR-YJV22-3×150电缆并联接入站380V配电柜，电缆长度100m。

假设排污泵启动前，站用电已有负荷S_1=0.9（标幺值），校验排污泵启动时站用电母线电压，计算过程如下：

10kV站用变压器为无励磁调压变压器，U_0取1.05，

$$X_T = 1.1 \times \frac{U_d\%}{100} \cdot \frac{S_{2T}}{S_T} = 1.1 \times 0.06 \times 1 = 0.066\text{p.u.}$$

电动机启动容量

$$S_q = K_q P_N / S_{2T} \eta_N \cos\varphi_N = \frac{7 \times 250}{2500 \times 0.95 \times 0.81} = 0.91\text{p.u.}$$

合成负荷

$$S = S_1 + S_q = 0.9 + 0.91 = 1.81\text{p.u.}$$

电动机正常启动时的母线电压

$$U_m = \frac{U_0}{1 + SX} = \frac{1.05}{1 + 1.81 \times 0.066} = 0.98\text{p.u.}$$

启动电流

$$I = k_q \frac{P_N}{U\cos\varphi} = 7 \times \frac{250}{380 \times 0.81} = 5.69\ (\text{kA})$$

ZR-YJV22-3×150+1×95电缆电阻r=0.000 115Ω/m

排污泵回路电缆电阻值

$$R = \frac{0.000\,115 \times 100}{2} = 0.007\,5\Omega$$

电缆压降（标幺值）

$$\Delta U = \frac{IR}{U_e} = \frac{5.69 \times 0.007\,5}{0.38} = 0.11\text{p.u.}$$

电动机端部电压为

$$U = U_m - \Delta U = 0.98 - 0.11 = 0.87\text{p.u.}$$

三、其他设备选择

（一）高压站用电器和导体选择

（1）10kV及以上电压等级的电器和导体可按照DL/T 5222《导体和电器选择设计技术规定》要求选择。

（2）站用配电装置应采用成套设备，高压成套开关柜应具备：防止误分、误合断路器；防止带负荷拉隔离开关；防止带电挂（合）接地线（接地开关）；防止带接地线关（合）断路器（隔离开关）以及防止误入带电间隔（简称"五防"）功能。在同一地点相同电压等级的站用配电装置宜采用同一类型。

（3）高压成套开关柜宜采用手车式，也可采用固定式。当采用手车式高压成套开关柜时，每段工作母线宜设置1台备用手车或带有手车的备用柜。

（4）高压开关宜选用真空断路器。

（二）低压站用电器和导体选择

1. 一般原则

低压电器应满足正常持续运行并适应生产过程中各项操作要求，事故时应保证安全迅速而有选择性地切除故障。

（1）低压配电柜宜选用抽屉式或固定插拔式，也可选用固定式。

（2）低压电器和导体的选择，应满足工作电压、工作电流、分断能力、动稳定、热稳定和周围环境的要求。对于柜内电器额定电流的选择，应考虑不利散热的影响，可按电器额定电流乘以0.7~0.9的裕度系数进行修正。

（3）在下列情况下，低压电器和导体可不校验动稳定或热稳定：

1）用限流断路器保护的电器和导体可不校验热稳定。

2）对已满足额定短路分断能力的断路器，可不再校验动、热稳定。但另装继电保护时，应校验断路器的热稳定。

（4）当回路中装有限流作用的保护电器时，该回路的电器和导体可按限流后实际通过的最大短路电流进行校验。

（5）短路保护电器的额定分断能力，应按安装点的预期最大短路电流周期分量有效值进行校验，并应满足下列要求：

1）保护电器的额定分断能力（周期分量有效值）应大于安装点的预期短路电流周期分量有效值。

2）保护电器的额定功率因数应低于安装点的短路功率因数。当不能满足时，电器的额定分断能力宜留有适当裕度。

（6）断路器分断能力的校验尚应符合以下规定：

1）当利用断路器本身的瞬时过电流脱扣器作为短路保护时，应采用断路器的额定短路分断能力校验。

2）当利用断路器本身的延时过电流脱扣器作为短路保护时，应采用断路器相应延时下的短路分断能力校验。

3）当另装继电保护时，如其动作时间未超过该断路器延时脱扣器的最长延时，应以断路器的延时额定分断能力进行校验；如其动作时间超过断路器延时脱扣器的最长延时，则断路器的分断能力应按制造厂规定值进行校验。

（7）三相供电回路中，三极断路器的每极均应配置过电流脱扣器。分励脱扣器的参数及辅助触头的数量，应满足控制和保护的要求。

（8）隔离电器应满足短路电流动、热稳定的要求。

（9）交流接触器和磁力启动器的等级和型号应按电动机的容量和工作方式选择。其吸持线圈的参数及辅助触头的数量应满足控制和联锁的要求。

2. 断路器脱扣器选择

断路器的瞬时或延时脱扣器的整定电流应按躲过电动机启动电流的条件选择，并按最小短路电流校验灵敏系数，校验方法如下。

（1）过电流脱扣器整定电流按表15-3中计算式计算。

表15-3 断路器过电流脱扣器整定电流算式

单台电动机回路	送 电 干 线	
$I_z \geqslant K I_Q$	成组自启动	$I_z \geqslant 1.35 \times \sum I_Q$
	其中最大一台启动	$I_z \geqslant 1.35 \times \left(I_{Q1} + \sum\limits_{i=2}^{n} I_{Gi} \right)$

注 两式中取大者。I_z 为脱扣器整定电流（A）；I_{Q1} 为最大一台电动机启动电流（A）；$\sum\limits_{i=2}^{n} I_{Gi}$ 为除最大一台电动机外，其他所有电动机工作电流之和（A）；$\sum I_Q$ 为由馈电干线供电的所有自启动电动机电流之和（A）；K 为可靠系数，动作时间大于 0.02s 的断路器，取 1.35，动作时间不大于 0.02s 的断路器取 1.7~2。

（2）过电流脱扣器的灵敏度按式（15-12）进行校验

$$\frac{I_k}{I_z} \geqslant 1.5 \qquad (15-12)$$

式中 I_k ——供电回路末端或电动机端部最小短路电流，A；

I_z ——脱扣器整定电流，A。

3. 热继电器选择

（1）按额定电流选择型号，应使电动机额定电流在热继电器额定值的可调范围内；

（2）应采用带温度补偿易于调整整定电流的热继电器。

（3）根据热继电器的特性曲线校验，当回路过负荷 20% 时，应可靠动作，电动机启动时应不动作。

（4）3kW 以上电动机一般选用带断相保护的热继电器。

4. 软启动设备选择

电动机正常启动困难或启动电流过大，对供电母线电压质量产生较大影响的供电回路，宜配置软启动设备。

软启动设备一般按启动控制方式、供电回路形式和控制功能要求选择型号。

目前，±800kV 换流站内冷水主循环泵供电系统由制造商成套供货，配置了软启动设备，采用启动回路与工频旁路开关回路并联的供电回路形式。

（三）站用电缆选择

（1）高低压电缆应按回路的电压、电流、电压损失、短路电流、敷设环境、使用条件等选择，并应符合 GB 50217《电力工程电缆设计规范》的规定。

（2）应尽量采用三芯或四芯电缆；当交流系统采用单芯电缆时，电缆的铠装层必须采用非磁性材料；单芯电缆不得单独穿入钢管内。

（3）应采用阻燃型电缆；进入阀厅的电力电缆应采用屏蔽型。

（4）选择电缆截面时，应考虑回路中的最大工作电流，并计及环境温度和敷设条件对载流量的影响。

（5）校验电缆的热稳定时，应按电缆末端或接头处发生三相短路计算；短路电流的作用时间，应取保护动作时间和断路器开断时间之和。对于直馈线路，保护动作时间应取主保护时间；其他情况，宜取后备保护时间。

四、工程实例

表15-4 为±500kV、3000MW 换流站典型负荷统计实例，背靠背换流站、±800kV 换流站负荷统计与±500kV、3000MW 换流站类似，可参考。

表15-4 ±500kV、3000MW 换流站极1 380/220V 站用电负荷统计

序号	设备名称	额定容量（kW）	运行方式				工作Ⅰ段		工作Ⅱ段		重复容量（kW）
			安装台数	连续台数	间断台数	备用台数	安装台数	计算容量（kW）	安装台数	计算容量（kW）	
	P_1 动力负荷										
1	极1阀外冷 MCC	184	2	1		1	1	184	1	184	184

序号	设备名称	额定容量（kW）	运行方式				工作Ⅰ段		工作Ⅱ段		重复容量（kW）
			安装台数	连续台数	间断台数	备用台数	安装台数	计算容量（kW）	安装台数	计算容量（kW）	
2	极1阀内冷MCC	210	2	1		1	1	210	1	210	210
3	极1阀厅排烟窗控制箱	10	2	1		1	1	10	1	10	10
4	极1换流变压器总电源LY—三相汇控	150	2	1		1	1	150	1	150	150
5	极1换流变压器总电源LD—三相汇控	150	2	1		1	1	150	1	150	150
6	极1平波电抗器控制箱总电源	30	2	1		1	1	30	1	30	30
7	主控楼通信机房高频开关1	20	2	1		1	1	20	1	20	20
8	站公用UPS系统1	15	2	1		1	1	15	1	15	15
9	站公用直流系统1号充电器	30	2	1		1	1	30	1	30	30
10	站公用直流系统3号充电器	30	1	1			1	30			
11	极1控制保护用直流系统1号充电器	20	2	1		1	1	20	1	20	20
12	极1控制保护用直流系统2号充电器	20	2	1		1	1	20	1	20	20
13	极1控制保护用直流系统3号充电器	20	2	1		2	1		1		
14	极1直流场极线回路交流电源配电箱	10	2	1		1	1	10	1	10	10
15	直流场中性线回路交流电源配电箱	10	2	1		1	1	10	1	10	10
16	图像监视系统机柜	3	1	1			1	3			
17	第一继电器小室交流配电柜	56	1	1					1	56	
18	第二继电器小室交流配电柜	161	1	1			1	161			
19	第三继电器小室交流配电柜	41	1	1					1	41	
20	综合水泵房1号交流配电柜	100	1	1			1	100			
21	主控楼一层配电箱	40	1	1			1	40			
22	主控楼二层配电箱	40	1	1			1	40			
23	极1喷淋水泵房配电箱	10	1	1					1	10	
24	1号站用变压器有载调压开关	2	1	1			1	2			
25	2号站用变压器有载调压开关	2	1	1					1	2	
	小计							1235		968	2859
	P_2电热负荷										
1	极1室外加热器	73.1	1	1			1	73.1			
2	极1阀厅空调设备	298	2	1		1	1	298	1	298	298
3	控制楼空调	351	1	1					1	351	
4	第一继电器小室交流配电箱	33.5	1	1			1	33.5			
5	第二继电器小室交流配电箱	36.1	1	1					1	36.1	
6	综合楼1号交流配电柜	176.4	1	1					1	176.4	
	小计							404.6		861.5	298
	P_3照明负荷										
1	主控楼一层照明箱	12	1	1			1	12			
2	主控楼二层照明箱	12	1	1			1	12			
3	主控楼交直流切换箱	6	1	1			1	6			
4	主控楼一层屏内照明及打印电源1	3	2	1		1	1	3	1	3	3
5	主控楼二层屏内照明及打印电源1	3	2	1		1	1	3	1	3	3
6	极1阀厅照明箱	10	2	1		1	1	10	1	10	10
7	第一继电器小室交流照明箱	3.1	1	1			1	3.1			
8	第二继电器小室交流照明箱	3.6	1	1					1	3.6	
	小计							49.1		19.6	16
	其他										
1	消防泵组控制柜1（综合水泵房）	191	1	1			1	191			
2	备用平波电抗器控制箱电源	30	1				1				
3	备用LY换流变压器控制箱电源	50	1				1				

续表

序号	设备名称	额定容量（kW）	运行方式				工作I段		工作II段		重复容量（kW）
			安装台数	连续台数	间断台数	备用台数	安装台数	计算容量（kW）	安装台数	计算容量（kW）	
4	主控楼一层检修箱	50	8				8				
5	极1阀厅插座箱（100A）	50	1				1				
6	极1阀厅插座箱（63A）	31.5	1						1		
7	极1直流场检修箱	50	1				1				
8	500kV交流ACF1和ACF3区域检修箱	50	3				3				
9	500kV配电装置（1～6）串检修箱	50	6				6				
10	500kV站用变压器间隔检修箱	125	2				2				
11	极1换流变压器区域检修箱	200	2						2		
12	极1平波电抗器区域检修箱	200	1				1				
13	备用平波电抗器区域检修箱	200	1						1		
	小计						191		0		0
	计算负荷 $S_c=0.85 \times P_1+P_2+P_3$（kVA）							1503.45		1703.90	1044.15
	变压器容量选择计算负荷（kVA）						2379.52				
	变压器选择容量（kVA）						2500				

注　站用低压变压器容量选择计算负荷=I段计算负荷+II段计算负荷-重复计算负荷。

第三节　站用电气设备布置

一、布置原则

站用电设备布置，应遵守下列基本原则：

（1）10kV及以上电压等级站用配电装置型式和布局应符合DL/T 5352《高压配电装置设计规程》的规定。

（2）站用电设备的布置应符合生产工艺流程的要求，做到设备布局和空间利用合理，运行、维护方便。

（3）设备的布置满足安全净距并符合防火、防爆、防潮、防冻和防尘等要求。

（4）设备的检修和搬运应不影响运行设备的安全。

（5）应结合换流站的整体布局，尽量减少电缆的交叉和电缆用量，引线方便。屏柜的排列应尽量具有规律性和对应性。

（6）在选择站用设备的型式时，应结合站用配电装置的布置特点，择优选用适当的产品。

二、站用变压器的布置

（一）一般要求

（1）高压站用变压器的布置应符合DL/T 5352《高压配电装置设计技术规程》中的有关规定。

（2）高压站用变压器应与总体布置协调一致，并尽可能靠近站用高压配电装置布置。

（3）布置在联络变压器配电装置区域内的高压站用变压器，应与该区域内的低压无功补偿设备或其他设备统筹布置。

（4）对于外引电源的高压站用变压器，在满足总布置要求的前提下，应尽可能方便站外架空线路的引接。

（5）低压站用变压器应采用户内布置，并与站用低压配电装置紧邻布置。

（二）高压站用变压器的布置

（1）高压站用变压器油箱的油量在1000kg以上，应设置能容纳100%或20%油量的储油池或挡油墙等。

设有容纳20%油量的储油池或挡油墙时，应有将油排到安全处所的设施，且不应引起污染危害。当设置有油水分离的总事故储油池时，其容量应按最大一个油箱的60%油量确定。储油池和挡油墙的长、宽尺寸，一般较设备外廓尺寸每边相大1m。储油池内一般铺设厚度不小于250mm的卵（碎）石层（卵石直径宜为50～80mm）。储油池表面可铺设钢格栅，以便于巡视。

（2）高压站用变压器的外绝缘体最低部位距地面高度小于2.5m时，应设固定式围栏。

（3）高压站用变压器装设在建筑物附近时，应保证变压器发生事故时不危及附近建筑物。变压器外壳距离建筑物的距离不应小于0.8m，距离变压器外廓在10m以内的墙壁应按防火墙建筑设计，门窗必须用非燃性材料制成，并采取措施防止外物落在变压器上。

高压直流输电设计手册

三、站用配电装置的布置

（一）一般要求

（1）10kV站用配电装置宜布置在控制楼内，当控制楼内的布置受到限制时，可考虑将其单独布置在站内合适的场所。换流单元用380V站用配电装置宜布置在本换流单元所对应的控制楼内。站公用380V配电装置宜布置在站内公用负荷较为集中的合适场所。

（2）站用配电装置的长度大于6m时，其柜（屏）后应设两个通向本室或其他房间的出口，低压配电装置两个出口间的距离超过15m时还应增加出口。

（3）高压站用配电装置室宜留有发展用的备用位置。当条件许可时，也可留出适当的位置，以便检修及放置专用工具和备品备件。

（4）低压站用配电装置，除应留有备用回路外，每段母线可留有1～2个备用柜的位置。

（5）安装在屋外的检修电源箱宜有防止小动物侵入的措施。落地安装时，底部应高出地坪0.2m以上。

（6）站用配电装置凡有通向电缆隧道或通向邻室孔洞（人孔除外），应以耐燃材料封堵，以防止火灾蔓延和小动物进入。

（二）站用配电装置布置尺寸

（1）高压站用配电装置室的操作、维护通道及开关柜或配电柜的离墙尺寸见表15-5。

表15-5　10kV站用配电装置室的通道尺寸　　　　单位：mm

配电装置形式	操作通道				背面维护通道		侧面维护通道		靠墙布置时离墙常用距离	
	设备单列布置		设备双列布置							
	最小	常用	最小	常用	最小	常用	最小	常用	背面	侧面
固定式高压开关柜	1500	1800	2000	2300			800	1000	50	200
手车式高压开关柜	2000	2300	2500	3000	600	800	800	1000	—	—
中置式高压开关柜	1600	2000	2000	2500	600	800	800	1000	—	—

注　1. 表中尺寸系从常用的开关柜柜面算起（即突出部分已包括在表中尺寸内）。
　　2. 表中所列操作及维护通道的尺寸，在建筑物的个别突出处允许缩小200mm。

（2）低压站用配电柜前后的通道最小宽度要求见表15-6。

表15-6　低压配电屏前后的通道最小宽度　　　　单位：mm

配电屏种类		单列布置			双排面对面布置			双排背对背布置			多排同向布置		
		屏前	屏后		屏前	屏后		屏前	屏后		屏间	前、后排屏距墙	
			维护	操作		维护	操作		维护	操作		维护	操作
固定分隔式	不受限制时	1500	1000	1200	2000	1000	1200	1500	1500	2000	2000	1500	1000
	受限制时	1300	800	1200	1800	800	1200	1300	1300	2000	1800	1300	800
抽屉式	不受限制时	1800	1000	1200	2300	1000	1200	1800	1000	2000	2300	1800	1000
	受限制时	1600	800	1200	2000	800	1200	1600	800	2000	2000	1600	800

注　1. 受限制时是指受到建筑平面的限制、通道内有柱等局部突出物的限制。
　　2. 控制屏、柜前后的通道最小宽度可按本表的规定执行或适当缩小。
　　3. 屏后操作通道是指需在屏后操作运行中的开关设备的通道。

（3）站用配电装置室门的宽度，应按搬运设备中最大的外形尺寸再加200～400mm，但门宽不应小于900mm，门的高度不应低于2100mm。维护门的宽度不应小于750mm，高度不应低于1900mm。

（4）站用配电装置室的门应按照安装不同开关柜、配电柜的大小，由土建设计人员选用标准门。

四、工程实例

±500kV换流站、背靠背换流站、±800kV换流站换流单元380/220V配电装置均布置在主（辅）控制楼内，公用380/220V配电装置一般单独布置。调相机380/220V配电装置一般布置在调相机房电控间0m层，SFC布置在电控间4.5m层。±500kV换流站10kV配电装置一般布置在主（辅）控制楼内，背靠背换流站、±800kV换流站一般单独布置。图15-16为500kV换流站380/220V配电装置、10kV配电装置布置的一个实例；图15-17～图15-19分别为±800kV换流站10kV配电装置、换流单元和公用380/220V配电装置布置的一个实例。

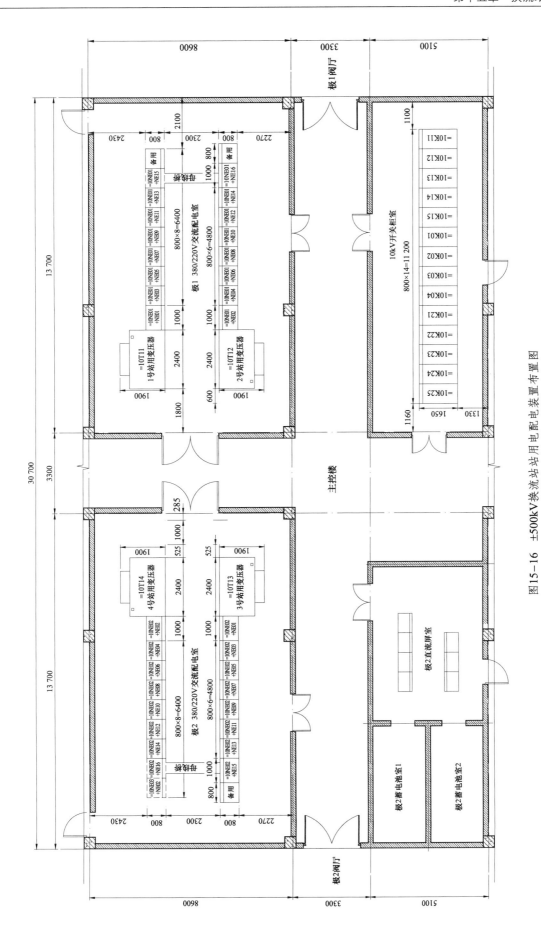

图 15-16　±500kV 换流站站用电配电装置布置图

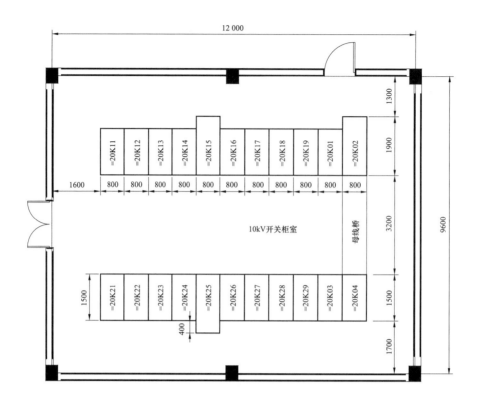

图 15-17　±800kV 换流站 10kV 配电装置布置图

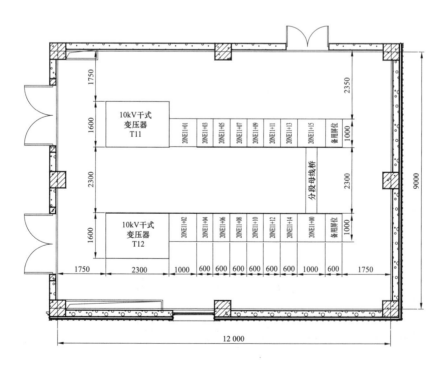

图 15-18　±800kV 换流站阀组 380/220V 配电装置布置图

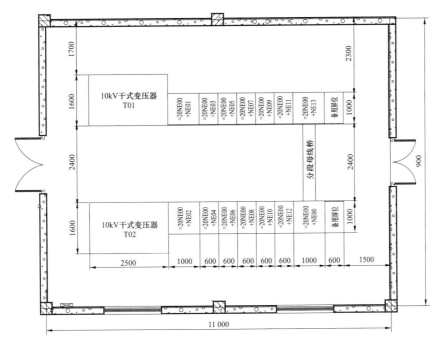

图 15-19 ±800kV 换流站公用 380/220V 配电装置布置图

第四节 站用电二次系统

一、站用电控制系统

站用电源控制系统是换流站控制系统中站控系统的一部分，共享换流站控制系统的站控层设备，其控制层和就地层设备独立配置。站用电控制系统的网络设备及软件系统要求见第十六章第四节相关内容。

1. 设备配置

站用电控制系统包括控制主机和 I/O 设备，控制主机属于换流站控制系统的控制层，I/O 设备属于换流站控制系统的就地层。

较早期的直流工程，站用电系统通常不设置独立的控制主机，其功能由站用电控制保护系统主机或交流站控主机来实现。实际运行中，曾发生由于站用电控制保护系统主机自动切换失败，跳开所有进线断路器，引起站用电全部丢失，从而导致双极停运的严重故障。因此后续的工程中，站用电控制系统主机均采用了独立设置的方式。

站用电控制系统应采用双重化冗余配置，双重化的主机分开组屏，布置于控制楼或就近控制保护设备室内。

站用电 I/O 设备宜按间隔配置，采用单套配置或双套配置方式，配置原则应与换流站控制系统 I/O 设备的配置保持一致。具体配置要求如下：

（1）对于高、低压站用变压器，各变压器两侧断路器及变压器本体宜配置一套 I/O 设备。

（2）对于备用电源进线断路器或联络断路器，每台断路器宜配置一套 I/O 设备。

（3）各母线设备如电压互感器、母线接地开关，可按母线段单独配置 I/O 设备，也可与备用电源进线断路器或联络断路器间隔合并配置。

2. 功能要求

站用电控制系统主要实现站用电系统内主要设备的控制、监视以及设备联锁等功能。

（1）控制范围。站用电控制系统的控制范围包括：站用变压器的高、低压断路器，母线联络断路器等系统主回路的操作电器，以及站用变压器有载调压分接开关。

（2）监视信号。站用电控制系统的模拟量监视信号见表 15-7，开关量监视信号见表 15-8。

表 15-7 模拟量监视信号

设备名称	模拟量信号
高压站用变压器	有功功率、各侧母线三相电压、各侧三相电流，油温、绕组温度、油位
低压站用变压器	有功功率、各侧母线三相电压、各侧三相电流，绕组温度
备用电源进线断路器、联络断路器	三相电流
55kW 及以上电动机	三相电流

表 15-8 开关量监视信号

设备名称	开关量信号
高压站用变压器	本体瓦斯、压力释放、油温、绕组温度、油位报警；冷却器启动、停止、故障，冷却器就地/远方控制；有载分接开关瓦斯、压力释放、油位报警及挡位

续表

设备名称	开关量信号
低压站用变压器	绕组温度报警、跳闸
35kV 及以上电压开关设备	断路器分/合位置，SF_6力压低报警、闭锁，电动机储能/未储能；隔离开关（接地开关）分/合位置；就地/远方控制，电源故障
手车式开关	工作、试验、隔离位置；就地/远方控制，弹簧未储能，电源故障
继电保护装置	保护动作，保护装置报警

（3）联锁。换流站站用电控制系统的联锁要求与交流变电站基本相同，主要包括：隔离开关、接地开关的操作应满足"五防"联锁逻辑；各级联络断路器与相应的进线开关之间必须设置可靠的、防止非同期电源合环运行的"三取二"闭锁逻辑等。

二、继电保护

根据换流站站用电系统的设备构成，需要对高压站用变压器、低压站用变压器、10kV 备用电源进线断路器及380V 联络断路器配置相应的继电保护。考虑到换流站站用变压器保护设计要求与交流变电站基本相同，因此本节对相同部分仅作概要性说明，对换流站站用电保护需要特殊考虑，特别予以关注的内容则详加述之。

1. 高压站用变压器保护

对于电压等级在 220kV 及以上的高压站用变压器，电量保护应双重化配置，非电量保护应单重化配置。对于电压等级在 110kV 及以下的高压站用变压器，电量保护及非电量保护均应单重化配置。

高压站用变压器应配置纵联差动保护、过励磁保护、过电流保护、零序过电流保护、瓦斯保护等，需要时还宜增设引线差动保护或电流速断保护。

根据换流站站用电系统接线特点，近来工程中高压站用变压器高压侧，常采用从站内一个半断路器接线的高压配电装置串内或母线引接，低压侧为 10kV 或 35kV。该高压站用变压器的特点是容量小，阻抗大，其高、低压侧的额定电流相差很大，而实际运行电流极小。对变压器的主保护、高压侧断路器失灵保护的配置和保护用电流互感器的选择均有较大影响，在工程设计中应予以特殊考虑。

（1）高压站用变压器主保护配置。对于高压侧接入一个半断路器接线的高压配电装置串内的变压器，当配置变压器纵联差动保护（也称为变压器大差保护）作为其主保护时，如图 15-20（a）所示，其高压侧采用 500kV 交流串的 TA，这种配置存在如下问题：

1）串内有很大的穿越电流，因此 TA 的变比通常都选得比较大，同时由于变压器高压侧的二次额定电流很小，串内大变比的 TA 将难以满足变压器差动保护差动启动电流值的整定要求。

2）当发生 500kV 母线三相短路的区外故障时，差动保护有可能误动。为了解决这两个问题，可考虑对引线区域增配引线差动保护或电流速断保护共同构成变压器的主保护，相应的主保护配置如图 15-20（b）所示[1][2]。

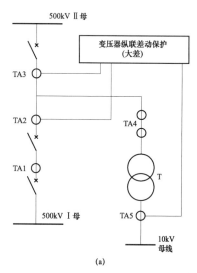

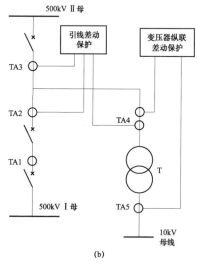

(a) (b)

图 15-20 高压站用变压器主保护配置图
（a）变压器纵联差动保护（大差）；（b）引线差动及变压器纵联差动保护（大差）

此时，变压器纵联差动保护改为采用高压侧套管 TA，TA 可选用合适的小变比，同时，当发生 500kV 母线三相短路故障时，由于引线差动保护的启动电流较变压器纵联差动保护（大差）大得多，且具备比例制动特性，因此由于互感器误差产生的不平衡电流并不会引起引线差动保护的误动。为了简化配置，也可配置电流速断保护来代替引线差动保护。

（2）高压侧断路器失灵保护配置。当站用电源从 500kV 及以上高压配电装置母线引接时，高压侧断路器应配置独立的断路器失灵保护，相应的保护配置如图 15-21（b）所示。

当站用电源从 500kV 及以上高压配电装置一个半断路器接线的串内引接时，由于 500kV 变压器容量较小，且电压变比较大，变压器内部故障时高压侧短路电流很小，甚至小于断路器失灵保护最小整定值。当变压器发生区内故障而断路

器又拒动时，变压器高压侧的断路器失灵保护应可靠动作，保护灵敏度应按变压器低压侧两相短路时可靠启动校验。因此，对于上述变压器，需要进行相关短路电流计算，以核算采用串中大变比 TA 的高压侧路器失灵保护的灵敏度是否满足要求[1]。如果无法满足要求，可考虑增设一套失灵保护，由变压器套管 TA 引接，作为变压器低压侧故障时的补充，相应的保护配置如图 15-21（a）所示。

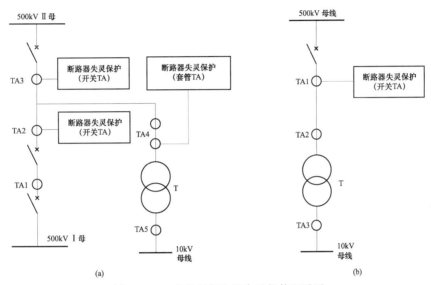

图 15-21　高压侧断路器失灵保护配置图

（a）高压侧接入一个半断路器接线的串内；（b）高压侧接入高压配电装置母线

（3）保护设备的布置。双重化配置的两套电量保护应分别独立组屏，单套配置的电量保护单独组屏，非电量保护可独立组屏也可和 1 套电量保护共同组屏，保护屏均布置于就近控制保护设备室内。

2. 低压站用变压器保护

换流站的低压站用变压器通常指 10kV/400V 的变压器，应配置单套电量保护及非电量保护，包括纵联差动保护或电流速断保护、过电流保护、变压器零序过电流保护、10kV 单相接地短路保护、瓦斯保护、温度保护。

低压站用变压器保护宜布置于相应的 10kV 开关柜内，也可单独组屏布置于就近控制保护设备室内。

三、备用电源自动投入

根据换流站站用电系统的接线特点，通常设置 10kV、380V 两级供电母线，每级电源均配置备用电源自动投入功能。

1. 高压备用电源自动投入的接线及逻辑要求

换流站的高压站用电源指 10kV 电压等级站用电系统，其典型一次接线如图 15-22 所示。系统设置两段工作母线，一段备用母线，工作母线与备用母线间设置备用电源进线断路器，实现专用备用接线。

（1）基本要求。正常运行时，工作变压器 T1（T2）通过

1QF（2QF）对工作Ⅰ（Ⅱ）段母线供电，备用电源进线 4QF、5QF 均处于分开状态，0 段母线为专用备用母线，通过自动投入备用变压器 T0 的高压侧断路器 QF 或低压侧断路器 3QF 实现备用变压器的冷备用或热备用运行方式。

1）当工作变压器 T1（T2）故障或其进线失电时，备用变压器冷备用方式下，备自投逻辑自动检测备用变压器 T0 的高压侧进线电压 U_0G，如果电压正常，则断开Ⅰ（Ⅱ）段母线的进线断路器 1QF（2QF），延时合上备用电源进线断路器 4QF（5QF）和备用变压器 T0 的高压侧断路器 QF；备用变压器热备用方式下，备自投逻辑自动检测 0 段备用母线的进线电压 U_0，如果电压正常，则断开Ⅰ（Ⅱ）段母线的进线断路器 1QF（2QF），延时合上备用电源进线断路器 4QF（5QF）和备用变压器 T0 的低压侧断路器 3QF，保证Ⅰ（Ⅱ）段母线继续运行[3]。

2）备用电源进线断路器的合闸脉冲应是短脉冲，只允许自动投入动作一次。

3）当母线故障时，工作电源进线断路器保护、备用电源进线断路器保护、站用变压器过流保护等反映母线故障的保护动作后应闭锁相关备自投功能。当手动操作变压器低压侧断路器时也应能有效闭锁备自投。

4）应考虑 10kV 与 380V 备自投逻辑在动作时间上的整定配合。10kV 备自投动作延时一般为 1s。

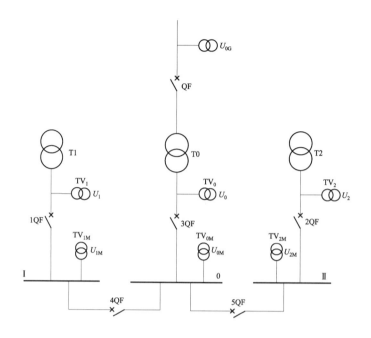

图 15-22 换流站高压站用电源典型一次接线—专备方式

（2）特殊要求。目前的实际工程中，根据运行要求，备用电源自动投入系统还需要具备可自动复归并实现电源回切的功能。此时，需采集工作电源进线电压，即增设进线电压互感器 TV_1（TV_2），当工作电源恢复供电即检测到 U_1（U_2）电压正常后，备自投装置可启动并断开备用电源进线断路器 4QF（5QF），再合上工作电源进线断路器 1QF（2QF）。

近年来，根据运行对站用电系统运行可靠性不断提升的要求，备用电源自动投入系统还需能实现，当三路站用电源中的两路电源丢失时，剩余的一路电源能通过 2 台备用电源进线断路器 4QF、5QF 同时合上带全站负荷的功能。以备用变压器 T0 采用热备用方式为例，此时电源正常的判据为仅有一路电源进线断路器 1QF（2QF、3QF）合上，且相应的进线电压 U_1（U_2、U_0）或母线电压 U_{1M}（U_{2M}、U_{0M}）正常。

2. 低压备用电源自动投入的接线及逻辑要求

换流站的低压站用电源指 380V 电压等级站用电系统，其典型一次接线如图 15-23 所示，两台变压器为互为备用方式。

（1）基本要求。正常运行时，工作变压器 T1（T2）通过 1QF（2QF）对工作 I（Ⅱ）段母线供电，联络开关 3QF 处于分开状态。

1）当变压器 T1（T2）故障或其进线失电时，备自投自动检测 Ⅱ（I）段工作母线的电压 U_2M（U_1M），如果电压正常，则自动断开 I（Ⅱ）段工作母线的进线断路器 1QF（2QF），延时合上联络断路器 3QF，保证 I（Ⅱ）段工作

母线继续运行。

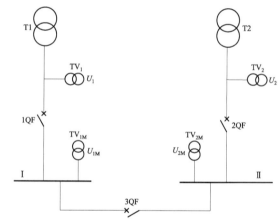

图 15-23 换流站低压站用电源典型一次接线—互备方式

2）备用电源断路器的合闸脉冲应是短脉冲，只允许自动投入动作一次。

3）当母线故障时，进线断路器保护、母线联络断路器保护、站用变压器过流保护等反映母线故障的保护动作后应闭锁相关备自投功能。当手动操作变压器低压侧断路器时也应能有效闭锁备自投。

4）380V 的备自投动作时间应大于 10kV 的备自投动作时间，同时，380V 的备自投动作时间还需要考虑重要负荷如阀冷系统的电源切换时间。380V 备自投动作延时一般为 4s。

（2）特殊要求。目前的实际工程中，根据运行要求，备用电源自动投入系统还需要具备可自动复归并回切的功能。

此时，需采集工作电源进线电压，即增设进线电压互感器 TV1（TV2），当工作电源恢复供电即检测到 U_1（U_2）电压正常后，备自投装置可启动并断开联络断路器 3QF，再合上工作电源进线断路器 1QF（2QF）。

3. 备用电源自动投入设备的配置

站用备用电源自动投入功能可以由站用电控制系统的主机实现，也可以由独立配置的备自投装置实现。

设置独立的备自投装置时，对于专备接线方式的系统，宜按工作电源配置备自投装置，备自投装置可布置于高压站用变压器保护屏内，也可独立组屏；对于互备接线方式的系统，每个系统设置 1 台备自投装置，可布置于相应的开关柜内也可独立组屏。

第五节 新能源在站用电中的应用前景

一、概述

新能源技术研究及其应用已成为近年来各行业炙手可热的内容。目前国内电力企业都非常注重电网工程的新能源技术开发和应用，以达到低碳、节能及环保的目的。在保证换流站可靠性和经济性的前提下，创新设计理念，优化设计方案，将新能源技术应用到高压直流换流站工程设计中，符合国家的低碳节能环保政策。

换流站中一般可考虑利用的新能源有太阳能、风能、地热能等。由于换流站占地面积有限，一般不适合利用风能、地热能发电作为站用电电源，但用电设备选型时可充分考虑，如地源热泵空调系统，风光互补道路照明灯等。对于太阳能发电，由于占地要求不高，可作为站用电电源或站用电电源的补充。

随着太阳能光伏发电技术的发展，太阳能光伏发电除独立布置外，被广泛应用于现代建筑中。

二、太阳能光伏发电

工程设计中应根据站址的太阳能资源确定是否适合采用太阳能光伏发电。太阳能光伏发电系统主要由光伏组件、逆变器构成。光伏组件由太阳能电池组成，其电压由太阳能电池串联数决定，能量由串并联数共同决定，在计算发电容量时应根据安装处的具体条件考虑合适的效率系数。

（一）换流站太阳能资源评价

换流站太阳能资源评价宜依据 QX/T 89—2008《太阳能资源评估方法》。根据换流站所在地区太阳辐照数据，对照太阳能资源丰富程度等级表 15-9，确定换流站是否位于太阳能资源丰富地区，当换流站处于太阳能资源丰富地区时，可考虑配置太阳能光伏组件。

表 15-9 太阳能资源丰富程度等级

太阳总辐射年总量	资源丰富程度
≥1750kWh/（m² · a）	资源最丰富
≥6300MJ/（m² · a）	
1400～1750kWh/（m² · a）	资源很丰富
5040～6300MJ/（m² · a）	
1050～1400kWh/（m² · a）	资源丰富
3780～5040MJ/（m² · a）	
＜1050kWh/（m² · a）	资源一般
＜3780MJ/（m² · a）	

（二）主要设备选型

1. 太阳能电池选型

太阳能光伏系统中最重要的是电池，是收集阳光的基本单位。太阳能光伏电池主要有：晶体硅电池（包括单晶硅 Mono-Si、多晶硅 Multi-Si）和薄膜电池（包括非晶硅电池、硒化铜铟 CIS、碲化镉 CdTe）。目前市场生产和使用的太阳能光伏电池大多数是用晶体硅材料制作，适合太阳能资源丰富地区。薄膜电池中非晶硅薄膜电池占据较大市场，适合气温较高、低辐照度概率较高的地区。

2. 光伏组件选型

大量的电池合成在一起构成光伏组件。目前在国内外太阳能电池市场飞速膨胀、新技术不断出现、电池效率不断提高、产量持续增长、生产规模不断扩大、太阳能电池组件成本不断降低的形势下，如何合理选择太阳能电池组件是太阳能光伏系统设计的重点。在太阳能光伏系统的设计中，太阳能电池组件应在技术成熟度高、运行可靠的前提下选择，优先选用行业内的主导太阳能电池组件类型，并且结合太阳能光伏电站周围的自然环境、施工条件、交通运输条件等因素。同时，应根据太阳能光伏电站所在地的太阳能资源状况和所选用的太阳能电池组件类型，计算太阳能光伏电站的年发电量，进行综合效益分析，选择综合指标最佳的太阳能电池组件。除上述要求外，还应满足下列要求：

（1）光伏组件选型应满足使用场合的要求（如建筑物的类型和使用要求），选用大功率、高效率的晶体硅组件。单晶硅组件效率不低于 15%，多晶硅组件效率不低于 14%。

（2）光伏建筑一体化组件选型时需满足的要求：美观性主要指光学要求、颜色、形状质感和透光率；结构性主要指承压、防雨、隔音、隔热等；安全性主要指电性能安全、结构可靠；功能性主要指温度通风要求、防热斑、方便安装等。

（3）光伏组件的电性能与逆变设备的匹配。

3. 逆变器选型

逆变器选型宜对如下几个主要指标进行比较：

（1）逆变器输入直流电压的范围：应与太阳能电池组串的输出电压匹配，保证在其变化范围内正常工作并具有稳定的交流输出电压。由于太阳能电池组串的输出电压随日照强度、天气条件及负载影响，其变化范围比较大。

（2）逆变器输出效率：大功率逆变器在满载时，效率必须在 95% 以上。中小功率的逆变器在满载时，效率必须在 90% 以上。

（3）逆变器输出波形：为使光伏阵列所产生的直流电经逆变后向公共电网并网供电，就要求逆变器的输出电压波形、幅值及相位等与公共电网一致，以实现向电网无扰动平滑供电。所选逆变器输出电流波形应良好，波形畸变以及频率波动低于门槛值。

（4）最大功率点跟踪：逆变器的输入终端电阻应自适应于光伏发电系统的实际运行特性，保证光伏发电系统运行在最大功率点。

（5）可靠性和可恢复性：逆变器应具有一定的抗干扰能力、环境适应能力、瞬时过载能力及各种保护功能，如在过电压情况下，光伏发电系统应正常运行；过负荷情况下，逆变器需自动向光伏电池特性曲线中的开路电压方向调整运行点，限定输入功率在给定范围内；故障情况下，逆变器必须自动从主网解列。

（6）监控和数据采集：逆变器应有多种通信接口进行数据采集并发送到控制室，其控制器还应有模拟输入端口与外部传感器相连，测量日照和温度等数据，便于整个光伏系统数据处理分析。

（三）光伏组件的串、并联数计算

光伏组件串的数量根据逆变器直流电压和组件的工作电压（U_{pm}），初步定一个串联数量（N），使 U_{pm} 的值大致在逆变器直流电压（MPPT）范围的中间，再按下述条件校验调整 N 数。

（1）在极端最低气温下、辐照度 1000W/m² 、风速 1m/s 时，光伏组件串的开路电压不超过逆变器允许的最大开路电压；

（2）在极端最高气温下、辐照度 1000W/m²、风速 1m/s 时，光伏组件串的工作电压尽可能在逆变器的 MPPT 电压范围内；

（3）在极端最低气温下、辐照度 1000W/m²、风速 1m/s 时，光伏组件串的工作电压尽可能在逆变器的 MPPT 电压范

围内；

（4）并联数主要是依据逆变器功率计算出组件数量再除以 N。在组件的串联电路中，要求同一个组件串中每块组件的工作电流要相同；在并联电路中，要求每个组件串的电压要相同，否则会影响整个系统的效率。

（四）发电量估算

发电量=装机容量×等效年满发小时数×系统效率。等效年满发小时数根据站址太阳资源和安装处的条件确定。系统效率包括光伏组件效率、逆变器效率。光伏组件效率为光伏阵列去除能量转换过程中的损失，包括光伏组件的匹配损失、表面灰尘遮挡损失、不可利用的太阳辐射损失、温度影响损失、其他损失等，工程中一般可取 85%。逆变器效率可根据制造商的制造水平确定，一般为 96.5%。

同时，估算发电量时，还应考虑组件年发电衰减率因素，一般由制造商提供，工程中也可按 0.85%考虑（25 年衰减不超过 20%）。

三、太阳能光伏发电在换流站中的应用及展望

太阳能光伏发电技术在换流站中可考虑应用于如下两个方面，一是太阳能路灯，太阳能路灯是以照明为主，环保、节能为目的制作的采用高效单晶（多晶）硅太阳能电池供电，采用免维护密封型蓄电池储存电能，用高效节能灯照明，发光效率高、亮度大，并采用先进的充放电和照明控制电路。光敏控制具有性能可靠、安装方便、无需专人控制和管理等优点。直流供电，无需敷设电缆电线，无需交流电能，节能、经济、环保、实用、寿命长，是未来户外照明的发展方向。二是独立布置在某一区域或建筑光伏一体化（可考虑在阀厅等建筑物的顶部布置光伏组件），将太阳能转换为电能直接并入站用电系统为站用设备供电。光伏发电与建筑相结合主要有两种形式：一种是附着于建筑外，另一种是包含于建筑内。第一种形式我们称为 BAPV（Building Attached Photovoltaic），其大部分都是将太阳能光伏组件通过支架固定在屋顶结构上，这样有利于降低屋顶的温升，减少屋顶的热量累积，并不与建筑物融为一体，而是附着在建筑物上独立发电。第二种形式我们称其为 BIPV（Building Integrated Photovoltaic），是光伏发电系统与建筑物的完美结合，比如：将传统的建筑物的屋顶换成光伏发电材料，不仅有一定的透光性，还能为建筑物提供一部分电能。

随着新能源技术的不断发展，未来新能源技术的应用是多样化的。在工程设计中应积极跟踪新能源技术发展的水平，结合换流站工程实际情况，分析新能源在换流站中应用的可行性，提出相应的设计方案。比如在阳光资源丰富且土地成本较低的地区设置专门的光伏发电场，在主控楼、阀厅等建

筑物设施的顶部布置光伏组件等。

参考文献

[1] 施世鸿，谭茂强，贾红舟.《±800kV 特高压直流换流站 500kV 站用变压器保护配置》[TM772].电力建设，2013 年，第 34 卷 第 10 期：44～48.

[2] 张庆伟，张晓秋，黄杰，白广亚.《华新换流站 500kV 站用变压器保护的配置方案》[TM411，TM588]. 电力建设，2007 年，第 28 卷 第 12 期：18～20.

[3] 胡晓静，李志勇，杨慧霞，蒋冠前，杨静.《换流站站用电备自投装置设计及整定》[TM762.1]. 电力系统保护与控制，2015 年，第 43 卷 第 17 期：145～148.

第十六章

换流站控制系统

直流输电与交流输电相比较的一个显著特点是可以通过对换流器的快速调节，控制直流输送功率的大小和方向，以满足整个交直流联合系统的运行要求。为保证直流输电系统的安全稳定运行，直流输电控制系统的总体结构、功能配置和总体性能应与工程的主回路结构、运行方式和系统要求相适应，并满足系统灵活性、可靠性等要求。

换流站控制系统按照所实现的功能通常可划分为运行人员控制系统、极和换流器控制系统、交直流站控系统和换流阀触发控制系统 4 部分。本章主要阐述两端直流输电系统换流站以及背靠背换流站控制系统的设计。

第一节 总体设计要求

一、系统分层

控制系统应设计为模块化、分层分布式的网络结构，整个系统根据设备功能以及控制位置可分为站控层、控制层和就地层三个层次，各分层之间以及同一分层内的不同设备之间通过标准接口及网络总线相连。

1. 站控层

站控层也称运行人员控制层，其设备主要由系统服务器、各类工作站、远动通信设备及网络打印机等组成。站控层设备之间以及站控层设备与控制层设备通过站级网络进行通信。站控层设备是换流站运行人员的人机界面，实现全站所有系统和设备的数据采集和处理、监视和控制、记录和存储等功能。

2. 控制层

控制层设备通常包括换流器控制、极控、交流站控、直流站控等控制主机，实现直流输电系统的功率/电流稳定控制。控制层设备之间以及控制层设备与就地层设备通过控制层网络或总线进行通信。

3. 就地层

就地层设备主要由分布式 I/O 单元或测控装置、阀基电子设备等组成。就地层设备通过通信接口或

硬接线方式实现与站内交直流一次设备的接口，完成对设备状态和系统运行数据的采集、处理和上传等功能。

换流站控制系统分层结构示意如图 16-1 所示。

二、冗余要求

为了达到直流输电系统所要求的可用率和可靠性目标，换流站控制系统通常采用双重化冗余设计，由两套功能完全相同且相互独立的控制设备和系统切换逻辑或设备构成。冗余设计的范围应涵盖各自独立的软硬件设备、测量回路、电源回路、信号输入输出回路和通信回路等。在运行过程中，其中一套设备作为运行系统控制直流输电系统的运行，另一套作为热备用系统跟踪运行系统的运行状态和控制输出。当运行系统通过自诊断检测出自身故障时，系统应自动地无缝切换至并列的热备用系统运行，切换过程不应出现扰动，且不影响整个直流输电系统的运行。

三、性能要求

1. 控制系统的稳定性

在工程规定的交流系统电压及频率变化范围内，换流站控制系统应保证换流器的稳定运行，使直流输电系统具有正常的功率输送能力。

2. 控制系统的精度

换流站控制系统的设计应能满足直流功率稳定、无漂移的运行要求，并能使直流输电系统全部运行在稳态范围内。直流功率值的误差控制范围为额定功率的 ±1%；直流电流值的误差控制范围为额定电流的 ±0.5%；直流电压值的误差控制范围为额定电压的 ±0.5%；在交流系统三相平衡且对称的情况下，一个换流器内的触发角不平衡度误差控制范围为 ±0.1°。

3. 控制系统的动态性能

当直流功率输送水平处于设计最小功率至额定功率之间时，直流电流对电流指令的阶跃增加或降低的响应时间和超调量应满足直流输电工程的要求。

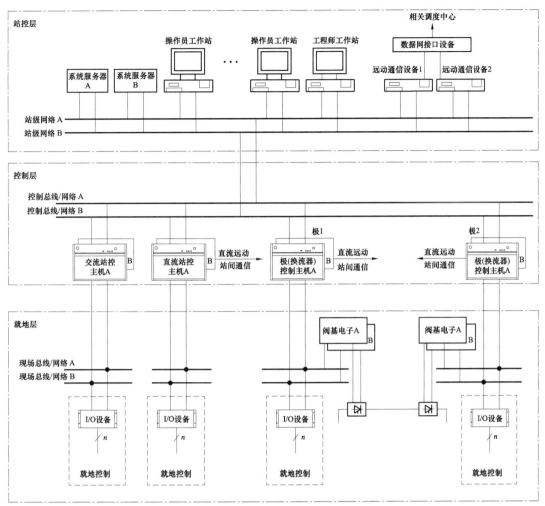

图 16-1　换流站控制系统分层结构示意图

当直流单换流器闭锁、单极闭锁或线路故障时，控制设备应能实现将故障换流器、故障极损失的功率全部或部分转移到正常换流器或正常极。为了补偿故障换流器或故障极的功率损失，正常换流器或正常极的输送功率按额定功率考虑，是否使用其过负荷能力应根据相应地区的调度要求来确定。

当交流系统发生故障时，直流输送功率的恢复期间不允许有换相失败或直流电压/功率的持续振荡。

4. 通信故障时对控制系统的要求

控制系统在通信故障时，应能保持直流输电系统输送功率的稳定。直流输电系统应能按照通信故障前执行的功率指令继续运行。在功率升降或电流指令变化时发生通信故障，控制系统应能防止直流输电系统因失去电流裕度而崩溃，除非安全稳定控制系统快速降低功率以维持系统稳定。

四、控制系统与保护配合要求

直流控制系统与直流系统保护的联系十分紧密，对于直流输电系统的异常或故障工况，通常首先通过直流控制系统的快速性来抑制故障的发展，对于不同的故障工况，直流保护启动不同的直流自动顺序控制程序。因此，直流控制系统和直流系统保护的设计，应充分考虑相互配合、高度协调的原则，包括直流控制与直流系统保护的硬件组成、两者之间的信号交换、直流控制系统对直流保护的信号处理，以及控制系统的冗余选择逻辑、保护配置和不同类型的动作响应等，以确保既能快速抑制故障的发展、迅速切除故障，又能在故障消除后迅速恢复直流输电系统的正常运行。

五、控制系统与换流阀配合要求

控制系统的换流器控制逻辑与换流阀的控制触发特性关系密切，如换流阀是否能输出阀电流过零点信号将对阀的换相失败判别逻辑有很大影响。控制系统设计时，需要深入了解直流控制系统与不同控制触发特性换流阀之间的信号交换和接口要求。

六、不同技术路线对控制系统的影响及要求

基于设计理念和控制特性关注点的不同，直流控制系统在控制策略、硬件构成、功能配置等方面形成了其独特的技术路线。根据技术路线的差异，在直流输电领域衍生出两种主流直流控制保护系统技术路线，不同主流技术路线的直流控制保护系统设备之间在同一换流站并存或实现互联互通在技术上存在较大困难。对于不同技术路线的直流控制系统，在工程设计中需要特别关注如下两方面差异。

1. 控制策略差异

直流输电系统的基本控制策略是整流侧控制直流电流，逆变侧控制直流电压，根据直流电压的控制方式不同，目前形成了两种技术路线。

一种技术路线为整流站采用定电流控制，逆变站采用定关断角控制。当逆变站的交流电压下降导致直流线路电压降低时，关断角应相应减小，以维持直流电压。在该工况下需通过调整换流变压器有载调压分接开关，使关断角维持在限定的较小范围内（如18°±2.5°）。由于逆变站交流电压的变化因素较多，为了适应调节要求，换流变压器有载调压分接开关的调节会比较频繁。同时，由于额定工况时维持在较小的关断角运行，因此消耗的无功功率会少些。

另一种技术路线为整流站采用定电流控制，逆变站采用定电压控制。当逆变站的交流电压下降导致直流线路电压降低时，为维持直流电压稳定，逆变站的电压调节器将减小逆变站换流阀的触发角，使其消耗的无功功率减小，从而使直流线路电压保持不变，并支撑逆变站交流母线电压的恢复。在直流负载较轻时，定电压控制可以保持较大的关断角，从而减小换相失败的几率，同时由于关断角加大，逆变器消耗的无功增加，有利于直流负载较轻时的逆变站无功功率平衡。但是采用定电压控制时，为了给直流电压调节留有适当的裕量，因而在额定工况时，逆变站的关断角要比定关断角控制

方式下的角度大些，消耗的无功功率也要多些。

综上，两种技术路线控制策略的差异可能对主回路参数选择和无功功率平衡有一定影响，在工程设计时应予以考虑。

2. 硬件配置和功能分配差异

不同技术路线的直流控制系统，其硬件设备的配置和相应功能分配存在一定差异，如直流站控系统和双极系统是否配置独立的硬件设备、各区域控制主机和I/O设备的配置以及功能分配等。设计时，需要深入了解不同技术路线的直流控制系统的各设备配置、硬件分配及接口要求等。

第二节 运行人员控制系统

换流站内交流系统和直流输电系统一般应设立统一的运行人员控制系统。运行人员控制系统为运行人员提供控制操作界面，其应满足直流输电系统对大容量过程数据的管理、存储和高速处理的要求，以便针对直流输电工程的需要实现各种复杂的操作控制和运行监视功能。

一、系统构成

（一）硬件设备

运行人员控制系统设备通常按换流站远景建设规模配置，基本功能设备包括操作员工作站、工程师工作站、系统服务器、远动通信设备、文档管理工作站、站长工作站以及网络打印机等，其组成示意如图16-2所示，还可根据运行要求配置其他功能工作站，如仿真培训系统、管理信息系统（management information system, MIS）接口工作站，以及网络设备等。

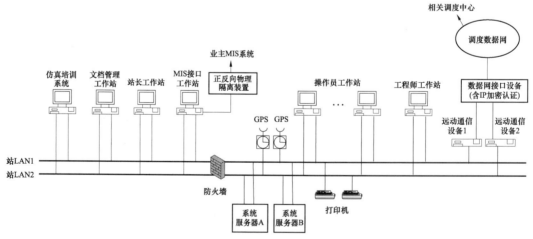

图16-2 运行人员控制系统组成示意图

1. 基本功能设备

（1）操作员工作站：也称运行人员工作站，用于运行人员完成站内交直流设备的正常控制、运行状态监视，事件查询，直流系统运行方式、整定值、附加控制的选择，正常运行中的控制模式在线转换和故障中的紧急操作等功能，工程中通常配置4~5台。

（2）工程师工作站：用于整个控制系统的运行分析、维护和开发，工程中通常配置 1 台。

（3）系统服务器：用于记录并保存顺序事件记录，同时存储站文档管理系统的数据。工程中应按双重化冗余配置 2 台系统服务器，采用组屏布置方式。

（4）远动通信设备：用于从站 LAN 上直接采集远动信息，上送至相关调度主站端，同时接收调度端的控制调节指令。远动通信设备应按双重化冗余配置 2 套，采用组屏布置方式。

（5）文档管理工作站：用于站内文档资料的管理，工程中通常配置 1 台。

（6）站长工作站：用于站长对换流站运行情况进行监视，工程中通常配置 1 台。

（7）网络打印机：用于数据、文档的打印，工程中通常配置 2~3 台。

2．其他功能设备

除了满足运行人员控制要求的基本功能设备外，还有一些设备是可以根据工程实际需求选择配置的，这些设备包括如下两种：

（1）仿真培训系统：用于实现直流输电系统的仿真培训功能，工程中通常配置 1 套，包含工作站和仿真模拟装置。

（2）MIS 接口工作站：用于换流站日常事务操作，是与外部管理信息系统之间的接口，工程中可根据用户需要配置 1 台。

3．网络设备

站控层各设备之间以及站控层与控制层设备之间通过站级网络（Local Area Network，LAN）连接。系统服务器通过站 LAN 网接收控制层的控制保护装置发送的换流站监视数据及事件/报警信息，运行人员工作站同时通过站 LAN 网下发控制指令到相应的控制保护主机。

站 LAN 网是基于通用以太网技术的局域网，采用星形拓扑结构，网络传输速率应不小于 100Mb/s。站 LAN 网应采用双重化冗余设计，并满足网络的安全性和可扩展性要求，单网线或单硬件故障都不应导致系统故障。工程设计中，站 LAN 网设备如交换机等可单独组屏，也可与其他公用设备如公用测控装置、光纤接口设备共同组屏。

（二）软件系统

运行人员控制系统软件采用分层、分布式结构设计，遵循面向对象的设计原则模块化设计，一般由系统软件、支撑软件和应用软件组成。

1．系统软件

系统软件是指控制和协调计算机及外部设备，支持应用软件开发和运行，且无需用户干预的各种程序的集合。系统软件主要由底层驱动软件、操作系统、运行系统及数据一致性算法等部分构成，支持多处理器模块运行机制，和多优先级循环任务及分布式中断任务调度，并通过多缓冲器循环机制和优化的数据一致性算法，保证多任务之间和多处理器之间数据交换的实时性、正确性和完整性，构成多主处理器多任务并发执行运行环境。

在系统软件中，最需要关注的是操作系统平台的选用。早期的直流输电工程中，不同技术路线的运行人员控制系统选用的操作系统也不相同，有的选用 Unix 操作系统，有的选用 Windows 操作系统。这两种操作系统各有优缺点，Unix 操作系统较为安全，但操作界面复杂；Windows 操作系统操作界面简捷易用，但安全性较差。为了满足直流输电系统运行既安全可靠又操作简便的要求，目前的工程中，运行人员控制系统通常采用混合的操作系统平台，即换流站内以数据处理工作为主的设备，如系统服务器、远动通信设备等一般采用 Linux、Unix 操作系统，以保证系统安全；而以人机界面为主的设备，如操作员工作站、工程师工作站等则采用 Windows 操作系统。这种混合平台的配置，既能充分保证整个控制系统的稳定可靠及强大的处理能力，又能给运行人员提供简捷易用的操作界面，是一种综合性能最优的系统配置。

2．支撑软件

支撑软件是支撑各种软件开发与维护的软件，又称为软件开发环境。换流站的支撑软件主要包括工程组态和编程工具、数据库管理、网络管理等软件，通常选用专业化、成熟的主流技术和产品。

工程组态和编程工具是一种集成化的工程开发环境，提供工程项目的建立、控制保护系统的硬件配置、通信组态、应用软件功能模块库、应用软件开发、在线调试、编译下载以及工程的开发过程管理和版本管理等功能。目前，换流站运行人员控制系统的工程组态和编程工具基本采用全图形化的软件编辑形式，编辑功能强大，更加便于应用软件开发。

数据库管理系统采用分布实时数据库与商用数据库结合的方式：实时数据存取采用分布实时数据库，使数据访问快捷高效，从而满足电力系统高实时性的要求；历史数据库保存在商用数据库如 Oracle 数据库中，能高效、安全、快速地处理大容量数据，并且为第三方用户提供开放性的数据访问接口。

网络系统采用基于 TCP/IP 的相关软件，支持多种标准通信规约，支持同时接入使用不同通信协议的装置，支持的通信协议宜符合《变电站通信网络和系统》（DL/T 860）的规定。

3. 应用软件

应用软件主要用于实现换流站的各种监控应用功能，包括实时监视、异常报警、控制操作、统计计算、报表打印、网络拓扑着色等。

应用软件采用模块化结构，具有良好的实时响应速度和可扩充性；具有出错检测能力，出错时应不影响其他软件的正常运行；应用程序和数据在结构上应互相独立。应用软件按用户端/服务器构架设计，将数据处理工作分配给服务器端，而将人机界面部分集中至用户端，充分利用网络系统中各部分的优势，实现信息资源的高度共享，大大提高系统的整体性能。

二、系统功能

运行人员控制系统功能包括监视、数据处理运算和存储、控制调节、人机界面、顺序事件记录、数据库、用户权限管理、系统的维护和自诊断、文档管理系统、系统仿真培训、二次安全防护及远动等。

（一）监视功能

运行人员监视功能包括对直流输电系统本侧换流站所有信号和对侧换流站相关模拟量、开关量的实时数据采集、处理和显示，其模拟量监视信号见表 16-1，开关量监视信号见表 16-2，表中仅列出了换流站中与直流系统和无功设备相关的主要监视信号，与交流系统及其他辅助系统有关的监视信号要求可参见 DL/T 5499《换流站二次系统设计技术规程》。

表 16-1 模 拟 量 监 视 信 号

序号	设备名称	模拟量信号
1	直流控制系统	直流运行电压、电流及功率；直流电流、直流功率及其变化速率或阶跃变化量的整定值；触发角、关断角及换相角；换流器吸收的无功功率；换流站与交流系统交换的无功功率；直流线路电压、电流及谐波电压、电流；中性母线电压
2	直流接地极[①]	引线电流、接地极电流、站内地网电流
3	直流滤波器组[①]	各小组分支电流和谐波电流
4	平波电抗器（油浸式）	油温、绕组温度
5	换流变压器	网侧有功功率、无功功率、三相电压、三相电流；网侧三相谐波电压及电流；阀侧三相电流；油温、绕组温度；中性点直流偏磁电流（如果有）
6	交流滤波器组	各大组母线三相电压；各小组分支三相电流和谐波电流；各大组无功功率
7	低压无功补偿装置	三相电流、无功功率
8	站用交流电源系统	三相电压、三相电流、有功功率；站用变压器油温、油位（油浸式），绕组温度
9	站用直流电源系统	直流母线电压、充电装置输入/输出电流和电压、蓄电池组电压和电流等
10	交流不间断电源系统	输出电压、输出频率、输出功率或电流等
11	阀冷却系统	进/出阀水温、流量、水电导率
12	阀厅	温度、湿度
13	其他	各设备房间环境温度、湿度；生活/消防水池水位等
14	对侧换流站[①]	直流运行电压、电流及功率；触发角、关断角；直流线路电压、电流

① 仅适用于两端直流输电系统换流站。

表 16-2 开 关 量 监 视 信 号

序号	设备名称	开关量信号
1	直流控制系统	直流系统控制模式、紧急闭锁（Emergency Switch Off Sequence，ESOF）信号、直流线路再启动动作次数等运行信号；直流主/备控制系统、附加控制系统的投切状态；主/备通信通道的运行状况
2	直流系统保护	各冗余直流保护的投切状态；主/备通信通道的运行状况；保护动作及报警
3	换流器	换流器解锁/闭锁状态；晶闸管元件的损坏数量和位置、故障报警及漏水监视
4	旁路断路器[②]	分/合闸位置、本体报警信号、远方/就地切换开关位置
5	直流开关[①]	分/合闸位置、本体报警信号、远方/就地切换开关位置
6	直流隔离开关/接地开关	分/合闸位置、本体报警信号、远方/就地切换开关位置
7	直流滤波器组[①]	支路投/切状态

续表

序号	设备名称	开关量信号
8	平波电抗器（油浸式）	运行状态、本体报警信号
9	换流变压器	有载调压分接开关位置、本体报警信号
10	交流滤波器组	支路的投/切状态
11	低压无功补偿装置	支路的投/切状态
12	站用交流电源系统	断路器分/合闸位置、远方/就地切换开关位置
13	站用直流电源系统	直流电源系统接地；充电装置开机/停机、运行方式切换；蓄电池组出口熔断器故障报警；自诊断报警及直流系统主要开关位置状态等
14	交流不间断电源系统	交流输入电压低、直流输入电压低、逆变器输入/输出电压异常；整流器故障、逆变器故障、静态开关故障、风机故障、馈线跳闸；旁路运行、蓄电池放电报警（蓄电池独立配置）等
15	阀冷却系统	主备冷却系统的投切状态、漏水监视、各水泵的运行、停止、故障状态及系统其他监视信号
16	对侧换流站[①]	直流系统 ESOF 信号；换流器解锁、闭锁状态；直流开关、部分隔离开关的投切状态、直流滤波器投切状态；换流变压器网侧断路器的投切状态

① 仅适用于两端直流输电系统换流站。

② 仅适用于每极双 12 脉动换流器串联接线换流站。

（二）控制调节功能

换流站的控制调节功能仅指，运行人员通过操作员工作站向直流控制系统发出设备控制和系统运行参数调节指令的操作，这些控制和参数调节指令的执行仍需要由相应控制层主机和就地层 I/O 接口设备来实现。

1. 直流输电系统的正常启动/停运控制

（1）控制位置的选择。换流站运行人员可以在远方调度中心、换流站主控制室、就地控制设备室或就地设备之间进行控制位置的选择切换。在试验、验收以及紧急状况下，应能允许运行人员在就地控制设备室或设备就地进行安全可靠的操作。

（2）直流输电系统运行方式和模式的选择。换流站运行人员可以在双极运行、单极运行、空载加压等运行方式之间进行选择切换，同时可在双极功率控制、独立极功率控制、同步极电流控制等控制模式之间进行选择切换。

（3）直流控制和附加控制的选择。换流站运行人员可以对直流控制系统中的各项附加控制功能进行手动投入或闭锁操作，对直流控制功能和无功功率控制器进行手动/自动控制方式切换，对无功功率控制器进行交流电压控制方式和交换无功功率方式的切换。

（4）运行整定值的选择。换流站运行人员可以按照调度命令或调度下发的预设调节曲线，对各种控制模式设定稳定运行时的运行、调节定值；可以按照调度命令，进行无功功率控制器中交流电压定值和无功交换定值及其控制死区的设定；可以配置相应的切换"开关"，允许运行人员对手动功率方式（定功率值整定方式）和自动功率曲线方式进行选择或切换。

（5）直流输电系统的正常启动和停运。直流输电系统的启动和停运命令通常由运行人员发出，但在系统未达到解锁条件或处于异常状态时，应禁止执行启动命令。

2. 直流输电系统的状态控制

直流输电系统除了由启动和停运程序自动完成一系列状态控制外，还应能由运行人员进行操作，使系统能分段达到下述不同的状态。

（1）检修状态。换流变压器网侧隔离开关断开，交、直流侧接地开关闭合。

（2）交流系统隔离状态（冷备用）。换流变压器网侧隔离开关断开，交、直流侧接地开关断开。

（3）交流系统连接状态（热备用）。换流变压器网侧断路器闭合、换流变压器充电，满足所有直流解锁条件，换流阀闭锁。

（4）换流阀解锁状态（运行）。

（5）空载加压试验或极线开路试验状态。

3. 直流输电系统的运行人员控制

（1）运行过程中的运行人员控制。运行人员在直流输电系统运行中应能实现下列在线操作，且这些操作不应对直流输电系统引起任何扰动。

1）两端换流站之间主控站/从控站的转换，以及两极之间主导极的转移。

2）控制模式的在线转换，如双极功率/极功率/极电流控制的转换。

3）运行方式的在线转换，如潮流反转、大地回线/金属回线运行转换、全压/降压、正常或融冰运行方式。

4）运行定值的在线整定，包括直流电流/直流功率及其变化率和阶跃变化量的重新整定和在线改变，以及手动定功率方式/功率曲线方式的在线转换。

5）对设计中可能存在的无需满足滤波器自动顺序控制要求的无功补偿分组的手动投/切操作。

6）对直流极控和站控系统主、备通道的在线手动切换，以及备用通道的自检操作。

（2）故障时的运行人员控制。当直流输电系统和交流系统发生故障时，运行人员应能进行下列操作。

1）报警或保护动作后的手动复归，在操作员工作站对保护动作的复归应设置投退功能。

2）紧急停运。

3）控制保护多重通道的手动切换。

4）通信主、备通道的手动切换。

4. 直流输电系统的主设备及其辅助系统设备的操作控制

对换流站内的主设备及其辅助系统主要包括下列控制操作。

1）交、直流配电装置和阀厅内断路器、隔离开关和接地开关的分合。

2）换流变压器和其他变压器分接开关的调节。

3）主、备站用电源系统的切换。

（三）其他功能

1. 数据处理、运算和存储

数据处理功能包括数据合理性检查及处理，状态量异常变化、模拟量和数字量的越限等异常数据处理和事件分类处理；数据运算功能应能支持各种数据运算，包括电力系统常规运算、四则运算、三角运算以及逻辑运算等；历史数据存储功能应能支持灵活设定历史数据存储周期，具有不少于 1 年的历史数据存储能力，灵活的统计计算能力，方便的历史数据查询能力。

2. 人机界面

人机界面功能包括采用全图形、多窗口技术进行画面缩放、屏面叠加，支持各种图形、表格、曲线、棒图、饼图等表达形式，支持画面拷贝，屏幕显示支持多种字体汉字的图形功能；具有模拟量异常报警，数字量变位提示及报警，计算机系统异常报警，数据通信异常报警，可采用闪烁、音响及提示窗等多种方式的报警功能；可由用户自定义趋势曲线，能显示基于实时数据和历史数据的趋势曲线；具有电子报表功能，以及各种报表、异常记录、操作记录的打印功能，能支持多种打印机，能即时、定时、召唤打印，且支持汉字打印。

3. 顺序事件记录

运行人员控制系统的数据采集/通信、事件处理功能和显示存储等功能应满足运行要求的事件记录、报警和趋势记录功能，通常包括生成事件的内容要求、事件标记要求、对象描述要求和等级划分要求、顺序事件记录文件的数据过滤功能、自动生成和自动统计功能、存储和调用要求等。

4. 数据库

数据库包括实时数据库和历史数据库，其外部数据接口应使用标准规约，以保证能方便地扩充、维护及与其他二次子系统之间的交互式查询和调用。

数据库中存储的数据应包括系统运行参数和状态、顺序事件记录、报警记录、趋势记录等。同时，数据库应具有完备的自我检测和监视功能，当剩余存储容量小于 10% 时，应能自动报警。数据库还应具有自动保存功能，自动保存时间可由运行人员手动整定，并能定期将所有数据库文件自动备份到外部存储器（光盘或磁带机）。

5. 用户权限管理

运行人员控制系统必须有严格的权限控制，具备对操作人员、工作站设备、口令开放时间、控制对象的权限设定功能，应能管理、添加、删除用户并分配用户操作权限。

6. 系统的维护和自诊断

运行人员控制系统应具有可维护性，应能提供页面维护、报表维护、曲线维护、数据库维护等灵活方便的维护工具。

运行人员控制系统应具有自诊断的功能，能在线诊断系统通道和网络故障，一旦发生异常或故障应立即发出报警信号并提供相关信息。

7. 文档管理

文档管理系统负责整个换流站的全套设计资料，以及研究报告、运行手册、维护手册等文件的分区、安全防护、存储和管理，以供站工程师、管理人员、运行人员和维修人员查询以及调用等。文档资料包括文件、图表、接线图、报告等。

8. 仿真培训

仿真培训系统可根据换流站的需要设置，一般由系统培训工作站和仿真模拟装置组成。培训工作站上可模拟运行人员操作，包括运行和故障时的处理操作，主要实现运行人员的培训功能。当仿真培训系统接入运行人员控制系统时，应设置软硬件防火墙，确保信息的实时单向传输，不对实时系统产生任何影响。

9. 二次安全防护

为了保证换流站数据的安全，运行人员控制系统应具备安全防护功能，其方案设计应遵照国家发改委 2014 第 14 号令《电力监控系统安全防护规定》的要求进行安全分区、通信边界安全防护。根据各相关业务系统的重要程度和安全要求，换流站二次系统安全防护通常包括纵向和横向的隔离防护。

纵向隔离防护指换流站和调度中心之间的数据传输安全防护，通常通过在调度数据网接入交换机和路由器之间设置

IP 认证加密装置或防火墙来实现安全防护。实时数据通过 IP 认证加密装置实现安全防护，非实时数据可通过 IP 认证加密装置或防火墙实现安全防护。

横向隔离防护指换流站内不同安全区网络间的数据传输安全防护。横向安全区通常分为三个：安全Ⅰ区为实时控制区、安全Ⅱ区为非实时控制区、安全Ⅲ区为管理信息大区。换流站控制系统设备根据上述要求划分如下：运行人员工作站、工程师工作站、系统服务器和远动通信设备等属于安全Ⅰ区，接于安全Ⅰ区的站 LAN 网交换机；站长工作站、仿真培训系统和 MIS 接口工作站等属于安全Ⅱ区，接于安全Ⅱ区的站 LAN 网交换机。安全区Ⅰ与安全区Ⅱ之间配置硬件防火墙实现有效的逻辑隔离。MIS 接口工作站的配置用于实现与

属于安全Ⅲ区管理信息大区的其他系统（如运行部门的 MIS 系统）相连，安全Ⅱ区与安全Ⅲ区之间通过正反向物理隔离装置实现有效的逻辑隔离。

10. 远动功能

换流站的远动功能由远动通信设备实现。远动通信设备应具有远动数据采集、处理及传送的功能，满足系统调度中心对换流站实时监控信息的内容、传输方式、传输速度及规约的要求。远动信息通过站 LAN 网和远动通信设备实现直采直送，并能正确接收、处理、执行各个调度中心的遥控命令。换流站中与直流输电系统相关的远动信息量见表 16 3，交流系统远动信息量参见 DL/T 5003—2005《电力系统调度自动化设计技术规程》。

表 16-3　直流换流系统相关远动信息量表

序号	设备名称	信 号 名 称	备注
遥测量			
1	直流控制系统	每极直流电流、极母线直流电压、中性母线电压、有功功率；接地极引线电流；整流站触发角、逆变站关断角	应传送
		每极直流谐波电流和谐波电压、接地极谐波电流、接地极的"A·h（a）数"以及临时接地极电流	可传送
2	换流变压器	有载调压分接开关位置	应传送
		阀侧电流、电压；网侧电流、电压、频率、有功功率和无功功率；油温、绕组温度	可传送
3	交流滤波器	大组无功功率、母线电压	应传送
		小组无功功率	可传送
遥信量			
1	直流控制系统	直流输电系统运行状态控制信号	应传送
		直流运行模式控制信号	可传送
2	换流器及直流配电装置设备	直流开关位置信号；直流换流站运行方式相关的隔离开关和接地开关位置信号	应传送
		换流器的主要报警信号	可传送
3	直流系统保护	重要保护动作信号，主要包括换流器主保护动作信号、极主保护动作信号、双极主保护动作信号等	应传送
遥控或遥调命令			
1	直流控制系统	主控站/从控站选择命令、主导极选择命令、（双）极启动/停运命令、换流站控制模式的选择命令（双极功率、极电流、单极功率控制）、换流站运行模式的选择命令（极正常/降压运行、功率方向正常/反转）；（双）极电流/功率阶跃上升、下降、停止命令；自动功率曲线的功率和时间设置命令	可传送
2	直流配电装置设备	直流开关闭合/分开命令	可传送

三、通信及接口

为了实现对全站设备的监视和控制，换流站运行人员控制系统与直流控制保护系统和站内其他二次系统都有接口。

1. 与极控、换流器控制或交直流站控系统的接口

运行人员控制系统通过站 LAN 网与极控、换流器控制或交直流站控系统的控制主机进行通信，实现运行人员对直流控制系统的监视和控制，监视信号主要包括直流控制系统的

详细状态、报警及动作信号等，控制命令主要包括运行方式切换、系统参数调节和设备控制指令等。

2. 与直流系统保护的接口

运行人员控制系统通过站 LAN 网与直流系统保护的保护主机或保护装置进行通信，实现运行人员对直流系统保护定值、保护动作、通信故障的监视，以及保护定值的整定。

3. 与时间同步系统的接口

运行人员控制系统设备采用 FE（RJ45）接口接入站 LAN

网，接收接于站 LAN 网的时间同步系统发出的 NTP/SNTP 网络对时信号，时间同步准确度为误差不超过 10ms。

4. 与站内其他系统的接口

运行人员控制系统与站用直流电源系统、交流不间断电源系统、电能计量系统、火灾自动报警系统、图像监视及安全警卫系统等站内其他二次系统设备之间，可根据工程要求和具体设备的情况采用网络或串行接口方式进行通信，实现运行人员对站内二次辅助系统运行状态和设备信息的监视。

对于具备 IEC 61850 标准通信规约接口的系统，可直接接入站 LAN 网；对于采用非标准通信规约的其他二次系统，通过规约转换装置接入站 LAN 网，实现与运行人员控制系统的通信。

第三节　极和换流器控制系统

极和换流器控制系统是直流输电控制系统的核心，其性

能将直接决定直流输电系统的各种响应特性及功率、电流稳定性。本节以每极单 12 脉动换流器接线为叙述主线，对极和换流器控制系统的控制策略、系统构成、系统功能、通信及接口逐一进行说明。对于每极双 12 脉动换流器串联接线和背靠背换流单元接线的不同之处，则在相关部分给出补充。

一、基本控制策略

直流输电系统在稳态运行和动态工况时，整流侧和逆变侧两端控制系统必须具备相互匹配的控制特性。通过对整流换流器、逆变换流器的触发角控制，形成直流电压和直流电流的稳态运行值，通常采用直流输电系统的直流电压、直流电流（U_d/I_d）曲线表示，如图 16-3 所示，图中 A 点为直流输电系统稳态工作点，通常，整流侧触发角为 15°、逆变侧关断角为 17°～18°，直流输电系统运行在额定直流电流、额定直流电压。

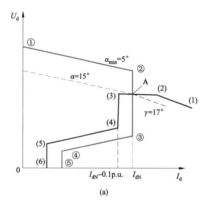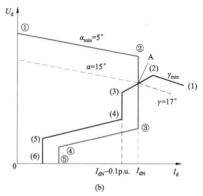

图 16-3　U_d—I_d 特性曲线

（a）逆变侧为定直流电压控制特性的 U_d—I_d 特性曲线；（b）逆变侧为正斜率控制特性的 U_d—I_d 特性曲线

在图 16-3（a）和图 16-3（b）中，整流侧特性均由 4 段曲线组成。①～②段为整流换流器最小触发角（5°）控制，②～③段为定直流电流控制（I_{dN} 为额定值），③～④、④～⑤段为低压限流控制。因此，稳态运行时，整流侧总是执行定电流控制。如果整流侧交流电压降低至整流侧触发角被限制在最小 5° 时（为了保证一个换流桥臂的所有晶闸管同时具备开通条件），则整流侧控制将失去最小触发角的定电流控制能力。整流侧的最大触发角受到换流器应力的影响，通常在控制系统中也被限制，如 50° 左右。

逆变侧控制特性较为复杂，工程中通常采用图 16-3（a）或图 16-3（b）所示的 2 种逆变控制特性。在图 16-3（a）中，逆变侧特性由 5 段曲线组成：（1）～（2）段为最小关断角控制（为避免换相失败，通常为 12° 或 13°），（2）～（3）段为定直流电压控制，（3）～（4）段为逆变侧定电流控制（为防止异常的潮流反转，其整定值必须较整流侧电流整定值小 0.1p.u.），（4）～（5）段及（5）～（6）段为低压限流控制。在图 16-3（b）中，逆变侧特性也由 5 段曲线组成，与图 16-3

（a）不同之处为（2）～（3）段为正斜率特性（通常称为最大触发角控制）。图 16-3（a）表明直流电流在稳态工作电流附近波动时，逆变侧只负责不断调节换流器触发角的大小，以控制直流电压恒定，这种特性通常应用在受端交流系统较弱的工程中。图 16-3（b）为当直流电流偏离稳态工作电流变小时，逆变侧的控制将使本侧直流电压降低以恢复直流电流；而当直流电流偏离稳态工作电流变大时，逆变侧的控制将减小触发角，使本侧直流电压升高，在使电流恢复的同时可尽量避免换相失败，这种特性起到正阻尼的作用。当整流侧失去定电流控制能力时，逆变侧将按照自己的电流整定值进入（3）～（4）段所示的定电流控制特性。为了弥补逆变侧电流控制时功率降低，基本控制功能中通常设置电流裕度补偿控制功能。受到换流器、无功补偿等设备应力的影响，逆变侧的最小触发角通常限制为 110°～120°。

直流输电系统在低直流电压、大直流电流工况下，将加重扰动时直流输电系统的不稳定，因此两端均设置了低压限流控制特性。直流电流的最大控制值受到直流输电系统过负

荷能力的实时控制，直流电流的最小控制值通常设为额定直流电流值的 10%。

二、系统构成

（一）功能分层

针对直流输电系统不同设备和不同范围的监控功能要求，将直流输电控制系统从物理上和控制逻辑上分为若干层次，使直流控制系统形成多个具有独立控制功能和自支持能力的子系统（层），并将各层之间的信号传输及故障影响减至最小，最大限度地提高直流输电控制系统的可靠性、灵活性和方便性。直流控制系统按功能从高层次到低层次等级通常划分为 4 个层次，分别为系统控制层、双极控制层、极控制层、换流器控制层，如图 16-4 所示。当每极只有 1 个换流器时，为简化结构，极控制层和换流器控制层可合并为 1 层；当直流输电系统只有 1 回双极线路时，通常系统控制层和双极控制层可合并为 1 层。

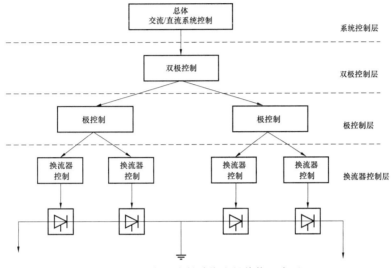

图 16-4　直流控制系统分层结构示意图

1. 系统控制层

系统控制层为直流控制系统中级别最高的控制层次，其主要功能有：① 与调度中心通信，接收其控制指令，同时向其传输系统有关的运行和监测信息；② 根据调度中心的输电功率指令，分配各直流回路的输电功率，当某一直流回路故障时，将少送的输电功率转移到正常的线路，尽可能保持原来的输电功率；③ 紧急功率支援控制；④ 各种调制控制，包括电流、功率调制，用于阻尼交流系统振荡的阻尼控制，交流系统频率、功率控制等[1]。

2. 双极控制层

双极控制层为双极直流输电系统中同时控制 2 个极的控制层次，它用指令形式协调控制双极的运行，其主要功能有：① 根据系统控制层给定的功率指令，决定双极的功率定值；② 功率传输方向的控制；③ 两极电流平衡控制；④ 换流站无功功率和交流母线电压控制等[1]。

3. 极控制层

极控制层控制为直流输电单极控制层次，当任一极故障时，另一极能够独立运行，并能完成其控制任务，因此要求两极各自的控制系统完全独立并设置尽可能多的控制功能。其主要功能有：① 经计算向换流器控制级提供电流整定值，控制直流输电的电流；② 直流输电功率控制；③ 极启动和停运控制；④ 故障处理控制，包括移相停运和自动再启动控

制、低压限流控制等；⑤ 两端换流站同一极之间的远动和通信，包括电流整定值和其他连续控制信息的传输、交直流设备运行状态信息和测量值的传输等[1]。

4. 换流器控制层

换流器控制层是直流输电一个换流单元的控制层次，其主要功能有：① 换流器触发控制；② 换流变压器分接开关控制；③ 换流器解锁/闭锁顺序控制等。

对于每极为双 12 脉动换流器接线时，换流器控制功能设计原则应充分考虑每个 12 脉动换流器的独立性。

上述各层次在结构上分开，系统的主要控制功能尽可能分散配置到较低的层次等级，当高层次控制发生故障时，各下层的控制功能按照故障前的指令继续工作，并保留尽可能多的控制功能。

（二）硬件设备

极和换流器控制系统的硬件设备包括控制层主机、就地层 I/O 设备及相应的网络设备。

1. 控制层主机

（1）每极单 12 脉动换流器接线换流站的极控制系统（简称极控系统），通常以每极为基本单元进行配置，各极控制功能的实现保持最大程度的独立，以利于可以单独退出单个极的换流单元而不影响其他设备的正常运行。因此，每极单 12

361

脉动换流器接线换流站按极设置极控制主机,实现极和换流器控制系统功能,极控主机应双重化配置,每套主机组 1 面屏。双极控制层通常不配置独立的主机,其功能配置在 2 个极的极控系统中或配置在直流站控中。

(2)每极双 12 脉动换流器串联接线换流站的极和换流器控制系统通常以每个 12 脉动换流器为基本单元进行配置,各 12 脉动换流器的控制功能的实现保持最大程度的独立,有利于单独退出单 12 脉动换流器而不影响其他设备的正常运行。因此,每极双 12 脉动换流器串联接线换流站宜按换流器设置换流器控制主机,同时还设置有独立的极控主机。极控、换流器控制主机均应双重化配置,每套极控主机和换流器控制主机均组 1 面屏。双极控制层可配置独立的主机,也可不单独配置主机,而是将其功能配置在直流站控系统中,或 2 个极的极控系统中。

(3)背靠背换流站的极和换流器控制系统通常按背靠背换流单元配置,整流侧和逆变侧共用控制主机。各换流单元控制功能的实现保持最大程度的独立,以利于单独退出单个换流单元时不影响其他设备的正常运行。因此,背靠背换流站按背靠背换流单元设置控制主机,换流单元控制主机应双重化配置,每套主机组 1 面屏。

2. 就地层 I/O 设备

就地层 I/O 设备根据硬件特点可分为测控装置和分布式 I/O 单元 2 类。

极和换流器控制系统的 I/O 设备通常为双重化冗余配置,其范围包括换流变压器和阀冷却系统区域设备,相关设备配置及组屏要求如下:

(1)换流变压器就地层 I/O 设备宜按换流变压器配置。对于每极单 12 脉动换流器接线的换流站和每极双 12 脉动换流器串联接线的换流站,每组 Yy 换流变压器配置 2 面屏,每组 Yd 换流变压器配置 2 面屏;对于背靠背换流站,每个背靠背换流单元的整流侧、逆变侧各配置 2 面屏。

(2)阀冷却系统就地层设备宜按换流器配置,每个换流器配置 2 面屏。

3. 网络设备

(1)控制层网络。控制层网络采用双重化设计,星形拓扑结构。控制层网络包括 2 部分:一为控制层冗余控制系统主机之间的接口和通信网络;二为控制层各控制保护设备之间的接口和通信网络。

1)控制层冗余控制系统主机之间的接口和通信网络。对于双极控制、极控制、换流器控制和交直流站控等设备,各双重化控制主机之间通常采用标准总线进行通信,以实现热备用系统对运行系统控制状态和控制输出的实时跟随。同时,双重化控制主机之间应具备与切换逻辑的接口,以实现系统切换功能。

由于直流控制保护系统技术路线的差异,目前控制层冗余控制主机之间通信采用的总线通常有:高级数据链路控制总线(high level data link control,HDLC)、快速控制总线(insert fast communication,IFC;muti-function interface,MFI)。HDLC 总线是一种高速总线,其通信速率可达 100Mbit/s,可采用并行接口、电以太网接口和光以太网接口的型式。IFC 和 MFI 总线均是快速控制总线,其通信速率可达 50Mbit/s,通常采用光纤接口,两者仅在报文格式上有一定差异。

2)控制层各设备之间的接口和通信网络。控制层各设备之间的接口和通信网络包括:双极层、极层和换流器层的不同层控制主机之间,极(换流器)控制和站控制等不同的控制主机之间,以及极(换流器)控制主机与相应的保护主机之间的接口和通信网络。

双极层、极层和换流器层的不同层控制主机之间应采用高速控制总线或实时网络通信,以满足控制保护的实时性要求;不同控制主机之间、控制主机与保护设备之间的接口可根据实时性要求,同时具备快速和慢速两种通信通道。用于设备之间实时配合的通信可采用高速控制总线或并行硬件接口,一般的状态信息交换可通过局域网或总线进行。当采用并行硬件接口时,应采取电气隔离措施。

由于直流控制保护系统技术路线的差异,目前控制层各设备之间通信采用的网络或总线通常有:控制区域网络(control area network,CAN),简称 CAN 总线;控制层局域网(local area network,LAN),简称控制 LAN;MFI 及 IFC 快速控制总线。

CAN 总线是 ISO 11898 标准总线,是一种多主方式的双向高速总线,用于传送二进制信号,其通信速率最高可达 1Mbit/s,接口可采用双绞线和光纤型式。CAN 总线根据其传输数据的实时性要求分为区域 CAN 总线和站级 CAN 总线,图 16-5 为极 1 区域 CAN 总线连接示意图,极 2 区域 CAN 总线与极 1 完全相同,此处不再重复示意,图 16-6 为站级 CAN 总线连接示意图。

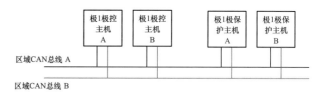

图 16-5　极 1 区域 CAN 总线连接示意图

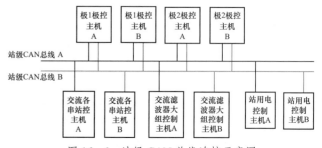

图 16-6　站级 CAN 总线连接示意图

控制 LAN 网采用网络通信方式，开放系统互连（Open System Interconnect，OSI），通过 IEEE 802.3 标准实现，传输层协议则采用 TCP/IP，其通信速率通常为 100Mbit/s，接口可采用电以太网口和光以太网口的型式。控制 LAN 网根据数据交换的区域及传输数据的层次分为实时控制 LAN 和站层控制 LAN，图 16-7 为极 1 实时控制 LAN 网连接示意图，极 2 实时控制 LAN 网与极 1 完全相同，此处不再重复示意，图 16-8 为站层控制 LAN 网连接示意图。

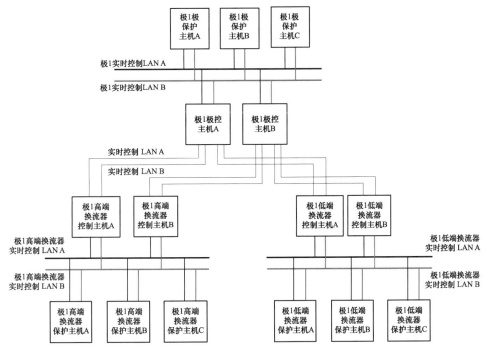

图 16-7　极 1 实时控制 LAN 网连接示意图

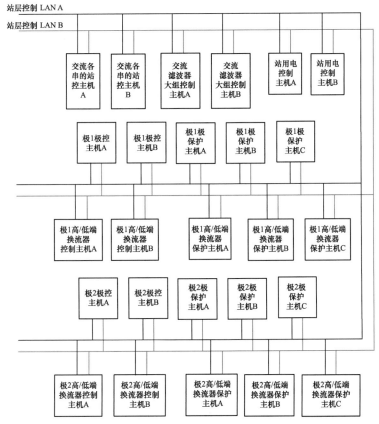

图 16-8　站层控制 LAN 网连接示意图

IFC、MFI 总线均为快速控制总线，用于控制层设备间传输实时性要求较高的数据传输，极 1 快速控制总线连接示意

如图 16-9 所示，极 2 快速控制总线与极 1 完全相同，此处不再重复示意。

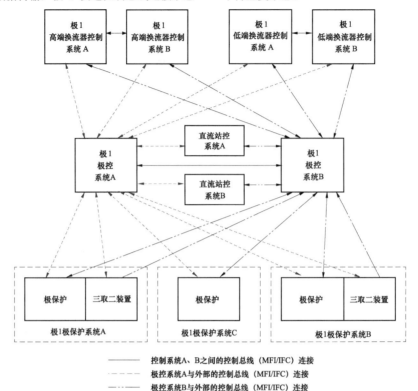

图 16-9　极 1 快速控制总线连接示意图

不同直流控制保护系统所采用的控制层网络类型见表 16-4。

表 16-4　控制层网络类型

序号	直流控制保护系统名称	冗余控制主机之间的传输网络	控制层各主机及与保护之间的传输网络	
			快速通信	慢速通信
1	SIMADYN D 系统	专用光纤接口	硬接线	硬接线
2	SIMATIC-TDC 系统	MFI 快速控制总线	MFI 快速控制总线	站层控制 LAN 网
3	MACH2 系统、PCS 9500 系统	HDLC 总线	区域 CAN 总线	站级 CAN 总线
4	DCC800 系统	HDLC 总线	区域 CAN 总线	站级 CAN 总线
5	HCM3000 系统	IFC 快速控制总线	IFC 快速控制总线	站层控制 LAN 网
6	PCS9550 系统	HDLC 总线	实时控制 LAN 网	站层控制 LAN 网

（2）就地层网络。就地层网络采用双重化设计，星形拓扑结构。就地层网络主要指控制层设备与就地层设备之间的接口和通信网络，包括控制层设备与现场 I/O 设备和控制层设备与测量系统之间的接口和通信网络两部分。

1）控制层设备与现场 I/O 设备之间的接口和通信网络。控制层设备与现场 I/O 层设备之间通常采用标准现场总线和

网络通信，由于直流控制保护系统技术路线的差异，目前常用的有 CAN 总线、ProfiBus 总线和现场层局域网（local area network，LAN），简称现场 LAN。

图 16-10 为极 1 CAN 总线连接示意图，极 2 CAN 总线与极 1 完全相同，此处不再重复示意。

ProfiBus 总线为欧洲规范 EN 50170 要求的标准总线，采用主从方式，其通信速率可达 12Mb/s，接口采用双绞线或光纤形式。图 16-11 为极 1 ProfiBus 总线连接示意图，极 2 ProfiBus 总线与极 1 完全相同，此处不再重复示意。

图 16-12 为极 1 现场 LAN 网连接示意图，极 2 现场 LAN 网与极 1 完全相同，此处不再重复示意。

2）控制层设备与测量设备之间的接口和通信网络。控制层设备与测量设备之间通常采用标准的现场总线通信。由于直流控制保护系统技术路线的差异，目前常用的有时分多路总线（time division multiplex，TDM），简称 TDM 总线和 IEC 60044-8 总线。

TDM 总线是一种串行通信方式，数据单向传送，其通信速率可达 32Mbit/s，接口采用光纤形式。IEC 60044-8 总线是 IEC 的标准协议总线，是一种单向传送、容量大、延时短的总线，其通信速率可达 32Mbit/s，接口采用光纤形式。这两种总线的连接方式相同，相应的连接示意如图 16-13 所示，图示以极 1 为例，极 2 与极 1 的连接完全相同，此处不再重复示意。

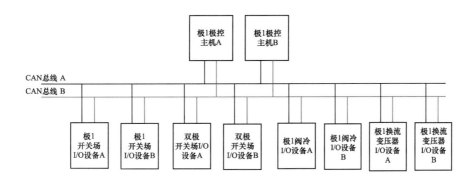

图 16-10 极 1 CAN 总线连接示意图

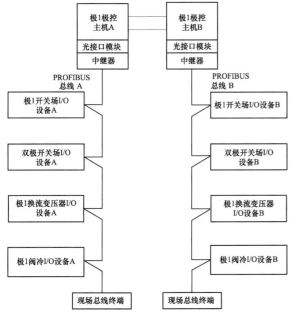

图 16-11 极 1 PROFIBUS 总线连接示意图

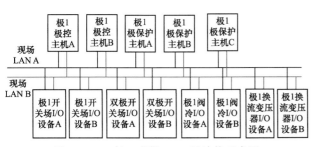

图 16-12 极 1 现场 LAN 网连接示意图

除了上述传输数据类型单一的总线外，实际工程中还有一种同时双向传输开关量和模拟量的高速总线 eTDM 总线，其通信速率可达 32Mbit/s。eTDM 总线连接示意如图 16-14 所示，图示以极 1 为例，极 2 与极 1 的连接完全相同，此处不再重复示意。

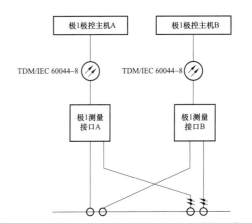

图 16-13 极 1 TDM/IEC 60044-8 总线连接示意图

—○—电磁式互感器； 电子式互感器

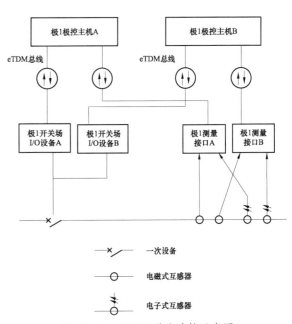

—✕— 一次设备

—○— 电磁式互感器

电子式互感器

图 16-14 eTDM 总线连接示意图

不同直流控制保护系统所采用的就地层网络类型见表 16-5。

表 16-5 就地层网络类型

序号	直流控制保护系统名称	与现场 I/O 设备之间的传输网络	与测量设备之间的传输网络
1	SIMADYN D 系统	ProfiBus 总线	点对点直接采样
2	SIMATIC - TDC 系统	ProfiBus 总线	TDM 总线
3	MACH2 系统、PCS 9500 系统	CAN 总线	TDM 总线
4	DCC800 系统	eTDM 总线	eTDM 总线
5	HCM3000 系统	ProfiBus 总线	TDM /IEC 60044-8 总线
6	PCS9550 系统	现场 LAN 网	TDM /IEC 60044-8 总线

为了提高信号传输的可靠性和抗干扰能力，在实际工程中，上述总线引出屏柜时均应采用光纤为介质进行信号传输。

（三）软件系统

极（换流器）控制系统的软件平台，宜采用多处理器结构和实时操作系统，支持处理器并行处理和多优先级循环任务的运行，以满足直流输电系统对换流站控制系统总体处理能力和相应速度的要求。

软件平台应提供图形化的工程开发工具，和包含经过工程验证的各种软件功能块，开发工具具备控制设备的硬件配置、应用软件开发和在线调试等功能，以方便控制设备的开发和运行维护。

三、系统功能

（一）双极控制层主要功能

根据不同直流控制保护设备成套供货商在硬件设计及功能配置上的差异，双极控制层功能可配置在极控主机，也可配置在独立的直流站控或双极控制主机中。

1. 直流输电系统运行模式切换控制

本功能主要包括系统级/站级控制模式转换、主/从站控制模式转换、主导极选择和切换、系统运行状态转换等。

（1）系统级/站级控制模式转换。系统级/站级控制模式也称为联合/独立控制，是针对整个直流输电系统的模式状态，

而非 1 个站或 1 个极的，同一回直流输电系统中的 2 个极始终保持相同的系统级/站级状态。系统级/站级模式的转换可以根据运行人员的手动命令或某些条件下的自动执行命令来进行。

（2）主控站/从控站控制模式转换。主/从站控制模式是针对一个换流站的模式状态。主控站为协调直流输电系统的 2 个站进行相关操作的换流站，其控制权可以在直流输电系统的整流站和逆变站之间进行切换。

（3）主导极选择和切换。运行中可选取直流双极系统中的极 1 或极 2 作为主导极工作，主导极将执行所有的运行人员指令，调制信号也仅作用于主导极。两极之间相互发送联锁信号和状态信号。当跟从极的状态信号与主导极工作系统的状态信号不同时，主导极工作系统将对其进行更新。

（4）系统运行状态转换。由于不同直流控制保护系统的设计差异，其运行状态的定义各不相同，本节仅对其中一种典型的运行状态定义进行详细说明，以作示例。直流输电系统将极运行状态定义为检修（也称接地）、冷备用（也称交流系统隔离）、热备用（也称交流系统连接）、解锁（也称运行）、空负荷加压试验（也称极线开路试验）5 种，其与主要设备和系统状态的对应关系见表 16-6。系统运行状态可由运行人员手动控制执行，也可按照既定的顺序步骤完成，在各种状态的选择和转换过程中，运行人员可随时干预操作的执行。

表 16-6 典型的系统运行状态与主要设备和系统状态的对应关系

换流站设备和主要系统	状态				
	检修	冷备用	热备用	解锁	空载加压试验
直流控制系统及阀基电子设备状态	—	—	正常	正常	正常
直流系统保护装置故障信号	—	—	无	无	无
交流系统保护跳闸出口信号	—	无	无	无	无
交流系统保护装置故障信号	—	—	无	无	无

换流站设备和主要系统	状 态				
	检修	冷备用	热备用	解锁	空载加压试验
阀冷却系统状态	—	运行	运行	运行	运行
阀冷却控制保护系统状态	—	—	正常	正常	正常
阀厅钥匙状态	释放	已锁	已锁	已锁	已锁
换流变压器网侧进线接地开关	合	分	分	分	分
换流变压器网侧进线隔离开关	分	分	至少1个进线断路器相关的隔离开关合	至少1个进线断路器相关的隔离开关合	至少1个进线断路器相关的隔离开关合
换流变压器网侧进线断路器	分	分	依母线状态进线断路器至少1个合	依母线状态进线断路器至少1个合	依母线状态进线断路器至少1个合
小组交流滤波器	无投入	无投入	无投入	满足解锁所需的最小滤波器投入	满足解锁所需的最小滤波器投入
直流场开关设备	无要求	无要求	无要求	满足解锁接线	满足空载加压试验接线
触发脉冲发出	无	无	无	有	有

2. 双极功率控制

双极功率控制是直流输电系统双极运行时的基本控制模式，双极功率控制功能分配到每一极实现，任一极都可以设置为双极功率控制模式。

当 2 个极均处于双极功率控制模式下，双极功率控制功能为每个极分配相同的电流参考值，以使接地极电流最小。如果 2 个极的运行电压相等，则每个极的传输功率是相等的。但是，如果一极处于降压运行状态而另一极是全压运行，则 2 个极的传输功率比和 2 个极的电压比应一致。如果其中 1 个极被选为独立控制模式（极功率独立控制或同步极电流控制），或者处于应急电流控制模式，则该极的传输功率可以独立改变，整定的双极传输功率由处于双极功率控制状态的另一极维持。在这种情况下，接地电流一般是不平衡的，双极功率控制极的功率参考值等于双极功率参考值和独立运行极实际传输功率的差值。

3. 极间功率转移

极间功率转移的功能仅能由整流站发起。双极功率指令除以双极直流电压得到的电流指令对每个极都相等，极间功率转移将导致接地极线路上有电流。极间功率转移主要考虑在下述情况时需要将功率从一个极转移至另一个极：

（1）当某一极运行在电流控制模式下时，在两极间转移电流指令以保证功率恒定。

（2）当某一极出现电流限制时，在两极间转移电流指令以保证功率恒定。

当某一极运行在电流控制模式下而另一个极运行在双极功率控制模式下时，该极从双极功率指令计算得到的电流指令与电流控制模式下设定的电流指令值之间的差值被送至另一个极，叠加到它的电流指令上。这样，双极功率控制模式的极在其电流容量允许的情况下尽可能地补偿了另一极，以维持功率恒定。

当某一极根据极功率能力出现电流限制而另一个极运行在双极功率控制模式下时，该极的电流指令与最大电流限制值之间的差值送至另一个极，叠加到它的电流指令上。这样，双极功率控制模式的极在其电流容量允许的情况下尽可能地补偿了另一极，以维持功率恒定。

极间电流指令转移是将电流增量信号从一个极转移至另一个极，如果极闭锁，该信号输出将被设为零。考虑双极运行在不相同的极电压情况（一个极按正常电压运行，另一个极降压为 0.7 或 0.8p.u. 运行），电流增量信号应按照电压比进行调整。

4. 双极电流平衡控制

电流平衡控制主要用于补偿每个极电流参考值的累计误差，进而平衡 2 个极的直流电流，尽量减少通过接地极流入大地的电流。

电流平衡控制功能仅当双极都处于双极功率控制模式下时由整流站发起，当逆变站发出类似请求时，该信号也需要通过直流远动系统发送至整流站。换流站内的 2 个极都应配置电流平衡控制功能，但当 2 个极同时解锁时，仅极 1 的电流平衡控制器有效，这要求 2 个极之间能进行信号交换。

5. 自动功率控制

功率整定值及功率变化率可以按预先编好的日（或周、月）直流传输功率负荷曲线自动变化。

运行人员应可以修改已整定的曲线，整定功率曲线的预置与修改，均不应对直流传输功率产生任何扰动。

6. 功率反转控制

功率反转也称为潮流反转、功率反送，是将直流功率传输方向在运行中进行自动反向的一种控制功能，实际工程中可根据系统外部条件和系统研究情况进行选择配置。

由于换流器导电的单向性，直流电流不能反向，只能靠改变直流电压的极性来实现直流功率的反向输送。直流功率的反转过程是在整流器和逆变站的直流控制系统的协同作用下，按预定的顺序自动进行的。

直流输电系统潮流反转过程可以在控制系统的作用下迅速完成。潮流反转有正常运行中所需要的慢速潮流反转和交流系统发生故障需要紧急功率支援时的快速潮流反转 2 种。潮流反转的速度主要取决于两端交流系统对直流功率变化速度的要求及直流输电系统主回路的限制。正常运行中潮流反转过程的时间往往在几秒甚至几十秒以上。紧急功率支援时所需要的快速潮流反转的时间约为几百毫秒，其主要受直流主回路参数的限制，特别是对于电缆线路，太快的电压极性反转会损害其绝缘性能[1]。

潮流反转命令可以由运行人员确认后手动启动，也可以通过交直流输电系统中某些安全自动装置自动发出，作为紧急功率支援的一种策略而自动实现。[1]

7. 无功控制

当直流控制系统配置有独立的直流站控主机时，本功能通常由直流站控主机实现，详见本章第四节相关描述。

8. 系统调制控制

系统调制控制功能是一种利用直流输电系统所连交流系统中的某些运行参数的变化，对直流功率或电流、直流电压、换流器吸收的无功功率进行自动调整，充分发挥直流输电系统的快速可控性，用以改善交流系统运行性能的控制功能。所有直流输电系统的附加调制功能均应纳入所处的交直流混合系统的安全稳定控制系统统一考虑和研究。同时，运行人员应能投入或解除指定的调制功能，每极的附加控制是否启动及相关的启动定值均由极控系统协调发出。

实际工程中调制功能的配置主要取决于所连接交流系统的需要，因而每个工程的功能配置可能各不相同。工程中通常配置的调制功能说明如下：

（1）功率提升/回降。当交流电网发生严重故障时，有可能要求直流输电系统迅速增大（或减小）输送的直流功率，支援相应的交流电网，以便使其尽快地恢复正常运行，这种调制功能也称为紧急功率支援[1]。

（2）有功功率调制。有功功率调制的原理是在直流输电的控制系统中加入附加的直流调制器。当直流输电线路与交流输电线路并联运行时，可以利用交流线路的某些运行参数

的变化（如线路有功功率或频率的增量等）来调节直流线路的传输功率，利用直流输电传输功率的快速可控性，使之快速吸收或补偿交流联网线路的功率过剩或缺额，起到阻尼作用，从而消除交流联网线路上的功率振荡和不稳定因素，并提高交流联网线路的输送容量。

（3）无功功率调制。借助换流器触发角的快速相位控制，改变换流器吸收的无功功率，改善交流系统电压稳定性。无功功率调制的调制信号来自测量的无功功率或交流电压偏差。直流输电系统是否采用无功功率调制，取决于所连接的交流系统的需要。

（4）频率限制控制。当两侧交流电网受到干扰引起频率波动时，利用直流输电系统功率的快速可控性，通过调节系统间传输的直流功率使频率趋于稳定。特别是对于与直流输电系统连接的交流电网为弱小的孤岛系统时，当交流系统的发电丢失或线路故障引起频率波动时，通过调节传输的直流功率来维持系统稳定。频率限制控制在系统频率超出定义的范围时自动投入。当站间通信故障时，整流侧的频率限制控制不受影响；由于逆变侧的调制值要送到整流侧才起作用，所以当通信故障时逆变侧的频率限制控制不起作用。

（5）阻尼控制。阻尼控制包括阻尼次同步振荡、阻尼低频功率振荡等功能，用以保证对直流输电系统与交流系统中的任何同步发电机之间可能发生的次同步振荡产生正阻尼作用，以及消除弱交流系统的低频振荡现象。

（二）极控制层主要功能

1. 极功率控制

极功率控制有手动和自动两种控制方式。极控系统根据运行人员设定的单极功率定值和单极功率升降速率，手动调节该极直流功率到整定值，也可按预先编好的日（或周、月）直流输电功率负荷曲线自动调节功率定值。运行人员应能自由地在手动控制和自动控制之间实现切换。在功率升降过程中，运行人员可以随时停止功率的升降。

极功率控制模式是在电流控制模式的基础上实现的。在极功率控制模式下，极控系统将运行人员设定的功率定值和功率升降速率转化为电流定值和电流升降速率，按照电流控制的方式来实现直流功率的传输。

2. 极电流控制

当一个极处于电流控制模式时，极控系统按照运行人员下发的电流定值和电流升降速率调节直流电流值，在电流升降过程中，运行人员能随时停止、继续电流的升降。

极电流控制应包括同步极电流控制和紧急极电流控制，前一种控制模式要求站间通信正常时电流模式在主站选择，该情况下运行人员下发的定值两站有效。后一种控制模式应用于站间通信故障时，该情况下仅在整流站整定电流参考值，逆变站需要通过电流跟踪功能确定电流参考值。

3. 低压限流控制

低压限流控制用于在某些故障情况下，当发现直流电压低于某一值时，自动降低直流电流控制的定值，待直流电压恢复后，又自动恢复定值的控制功能。低压限流控制的设置，最初是作为换流器换相失败故障的一种保护措施，后来在具有弱交流系统的直流工程所广泛采用，用来改善故障后的直流输电系统的恢复特性。在交流系统扰动情况下，用以提高交流系统电压稳定性，帮助直流输电系统在交直流故障后快速可控的恢复，可以避免连续换相失败引起的阀过应力。

整流侧和逆变侧均配置有这项功能，其电流定值、电压定值、时间常数等参数均应能进行独立调节，同时，整流侧和逆变侧的低压限流控制之间的电流指令限制特性需要相互配合，以保持电流裕度。

4. 电流裕度补偿

电流裕度补偿功能用于实现当直流输电系统的电流控制转移到逆变侧时，补偿与裕度定值相等的电流指令下降，保持稳定的直流输送功率。自动补偿电路通常在 0.5～1s 之内完成对电流下降的补偿。

正常运行时，逆变侧的电流参考值要在整流侧的电流参考值的基础上减去一个电流裕度值，如果逆变侧过渡到定直流电流运行，整流侧的电流裕度补偿功能起作用，将逆变侧的电流参考值增加一个电流裕度值，从而保证系统传输的功率恒定。工程设计中，电流裕度信号应在换流器额定电流的5%～50%范围内可调，以便适应将来某些小信号调制的要求。电流裕度的额定值通常为换流器额定电流的10%。

5. 过负荷限制

过负荷限制控制是指考虑不同环境温度、不同冷却设备投入状态，以及晶闸管当前结温的自动限幅控制，并根据多次过负荷运行之间时间间隔的控制要求和主要参数范围进行控制。

过负荷限制控制功能通常包括限制连续过负荷、短期过负荷和暂态过负荷水平，其运行的电流值由阀冷出水口的水温限制，连续过负荷运行的电流值由环境温度和换流变压器冷却系统的可用性决定。

6. 极全压/降压运行

直流输电系统的各极一般均应具有降压运行的功能，以便在直流线路绝缘强度降低，不能承受全压的情况下，还能降压继续运行[1]。

降压运行有手动和自动 2 种控制方式。极控系统根据运行人员发出的降压运行指令，手动进入降压运行；也可由直流线路保护动作自动转入降压运行。从全压至降压运行的转换过程应当是平稳的，反之亦然。如果该极正处于功率控制方式下运行，则在转换过程中，应同时调整直流电压和直流电流，即在降压时直流电流需按降压的比例相应增加，以保

持直流输送功率不变。全压运行和降压运行之间的转换速度和降压幅度都应是可调的，以适应系统变化的需要。降压运行的电压定值一般取 0.7～0.8 倍额定电压，具体值取决于主回路的设计[1]。

7. 正常启停控制

直流输电系统正常工作时的启动和停运，包括换流变压器网侧断路器操作，直流侧开关设备操作，换流器解锁或闭锁，直流功率按给定速度上升到定值或下降到最小值的全过程。为了降低启停过程中的过电压和过电流，以及减小启停时对两端交流系统的冲击，直流输电的正常启停均严格按一定的步骤顺序进行。

直流输电系统正常启动主要步骤为：

（1）直流侧开关设备的操作，以实现直流回路的连接；

（2）换流变压器网侧断路器分别合闸，使换流变压器和换流器带电；

（3）投入适量的交流滤波器支路；

（4）换流器解锁。

在直流电压和直流电流均升到定值时，启动过程结束，直流输电系统转入正常运行。在此过程中，交流滤波器组随直流功率的增加而逐一投入，以满足无功和谐波的要求。正常启动过程的时间长短，一般由两端交流系统的承受能力决定，可由几秒钟到几十分钟。为了缩短在启动过程中直流电流发生间断的持续时间，电流调节器的定值不是从零开始上升，而是取其开始启动时的定值等于或略大于稳态直流电流的最小允许值，在工程中通常取额定直流电流的10%。

直流输电系统正常停运主要步骤为：换流器闭锁；直流侧开关设备的操作，使直流线路与换流站断开；进行交流开关设备的操作，跳开换流变压器网侧断路器。

8. 紧急停运顺序控制

直流输电系统在运行中发生故障，保护装置动作后的停运称为故障紧急停运，其操作要达到以下两个目的：一是迅速消除故障点的直流电弧；二是跳开交流断路器以与交流电源隔离。为实现瞬时性故障后迅速恢复供电，直流输电系统也可采取自动再启动措施[1]。

故障紧急停运过程中整流器触发角迅速移相到 120°～150°，该过程也称快速移相。快速移相后，两端换流器都处于逆变状态，将直流输电系统内所储存的能量迅速送回两端交流系统。当直流电流下降到 0 时，分别闭锁两侧换流器的触发脉冲，继而跳开两侧换流变压器的网侧断路器，以达到紧急停运的目的[1]。

紧急停运除了由保护启动外，还可以由运行人员手动启动。通常，在换流站主控制室内，设有手动紧急停运按钮，当发生危及人身或设备安全的事件时，可手动按下紧急停运

按钮，实现紧急停运[1]。每极（换流器）的紧急停运按钮一般为独立设置。

9. 直流线路故障再启动控制

直流线路故障再启动控制是直流输电架空线路瞬时故障后，迅速恢复送电的措施。其过程为：当直流保护系统检测到直流线路接地故障后，立即将整流器的触发角快速移相到120°～150°，使整流器转为逆变器运行。在两端均为逆变器运行的情况下，储存在直流输电系统中的电磁能量迅速送回到两端交流系统，直流电流在20～40ms内降到零。再经过预先整定的100～500ms的弧道去游离时间后，按一定速度自动减小整流器的触发角，使其恢复为整流运行，并快速将直流电压和电流升到故障前的运行值。如果故障点的绝缘未能及时恢复，在直流电压升到故障前的运行值之前可能再次发生故障，这时可进行第二次再启动。为了提高再启动的成功率，在第二次启动时，可适当加长整定的去游离时间，或减慢电压上升速度，或降低欲升到的直流电压水平。如果第二次再启动仍未成功，还可进行第三次。如已达到预定的再启动次数，但均未成功，则认为故障是持续性的，此时由保护系统发出停运信号，使直流输电系统停运[1]。

运行人员可以在操作员工作站设置直流线路故障重启次数、每次故障重启动之间的直流线路放电时间及每次重启动之后的电压等级。

由于控制系统的快速作用，直流输电的自动再启动时间一般比交流系统的自动重合闸时间要短，因而对两端交流系统的冲击也较小。对于直流电缆线路，由于其故障多半是持续性的，故不宜采用直流线路故障再启动[1]。双极直流线路故障重启动可能引起系统的不稳定，实际工程应用中需针对直流输电系统特点和控制保护系统功能进行详细研究。

由于背靠背换流站没有直流线路，因此本功能对其不适用。

（三）换流器控制层主要功能

1. 直流电流控制

直流电流控制也可配置在极控制层。

直流电流控制，也称定电流控制，它可以控制直流输电的稳态运行电流，并通过它来控制直流输送功率，以及实现各种直流功率调制功能以改善交流系统的运行性能。同时当系统发生故障时，它能快速限制暂态的故障电流值以保护晶闸管换流阀及换流站的其他设备[1]。

直流输电系统通常由整流侧进行电流控制，根据电流裕度控制原则，逆变侧也需装设电流调节器，不过逆变侧电流调节器的定值比整流侧小，因而在正常工况下，逆变侧电流调节器不参与工作。只有当整流侧直流电压大幅度降低或逆变侧直流电压大幅度升高时，才会发生控制模式的转换，变

为由整流侧最小触发角控制起作用来控制直流电压，逆变侧电流控制起作用来控制直流电流。

2. 直流电压控制

直流电压控制也可配置在极控制层。

直流电压控制，也称定电压控制，通常配置在整流站及逆变站，但其实现的功能不一样。整流站的直流电压控制器通过增加触发角降低直流电压，而逆变站的直流电压控制器则通过减小触发角降低直流电压。

按照电流裕度原则，整流站不需要配备直流电压控制功能，但是为了防止发生某些异常情况，如发生直流回路开路时出现过高的直流电压，通常整流站仍配备直流电压控制功能，其主要目的是限制过电压。电压整定值通常略高于额定直流电压值（如 1.05p.u.），当直流电压高于其整定值时，它将加大触发角，起到限压的作用[1]。

在逆变站，为了使直流电压控制器将整流侧的直流电压控制至额定值，一般将其电压参考值设定为整流侧额定直流电压。直流故障恢复顺序控制在降压自启动时，也由逆变站电压控制器降低直流电压。

3. 关断角控制

关断角控制也可配置在极控制层。

关断角控制通常用于逆变器，以控制逆变器的关断角在限定范围内。

当关断角偏小时，容易发生换相失败，逆变器偶尔单次换相失败，往往可自行恢复正常换相，对直流输电系统的运行影响不大。然而，若发生连续的换相失败，则会严重地扰乱直流功率的传输。因此，从保证逆变器安全运行方面考虑，逆变器的关断角应保持偏大为好；从提高换流器利用率、降低换流器消耗的无功功率的角度而言，关断角又应保持偏小为好。因此，应对关断角进行适当的控制，使其在正常运行条件下，以保证安全为前提，维持尽可能小的角度。

关断角这一变量可以直接测量，却不能直接控制，只能靠改变逆变器的触发角来间接调节。此外，关断角还与直流输电系统的直流电流、逆变器触发角、逆变器阀侧空负荷电压及逆变器等值换相阻抗有关，在选择关断角整定值时，除了需计及晶闸管的关断时间，还宜考虑附加时间裕度，以防止直流电压下降或直流电流增大引起换相失败。直流工程的关断角整定值通常在15°～18°范围内。

4. 锁相同步和换流器触发控制

为了尽可能减少交流电网扰动对极控系统的影响，换流器触发控制中采用数字锁相环的方式与交流电网保持同步，既保证与交流电网同步，又可减少交流电网扰动对控制系统的影响。数字锁相环的输入为换流变压器网侧的三相电压，输出为与时间相关的相角度，在稳态时等于换流变压器网侧电压的相角度。

换流器触发控制是直流控制系统的核心，接受来自极功率控制的电流指令，计算产生触发角指令，然后将角度指令转换为脉冲形式发送至换流阀，从而实现对换流阀的控制。

5. 换流变压器分接开关控制

换流变压器分接开关控制可维持整流器的触发角或逆变器的关断角在指定的范围内，或者维持直流电压或换流变压器阀侧空负荷电压在指定的范围内，其控制策略需要与换流器控制相互配合，通常可以分为角度控制和电压控制两大类[1]。

（1）角度控制。一方面，通常希望整流器运行在较小的触发角状态，以提高换流器的功率因数。另外，触发角越小，在换相结束时出现在晶闸管换流阀两端的电压跃变也相对较小，从而可改善换流阀及其均压、阻尼回路的工作条件。但另一方面，触发角也不能太小，要留有充分的可调范围，通常要求触发角运行在 10°～20° 之间。当交流系统电压发生较大变化，由于定电流调节的结果，可能使触发角长时间超出上述范围，这就应自动改变换流变压器分接开关的位置，使触发角回到要求的范围内[1]。

（2）电压控制。当逆变器使用关断角控制时，通过调整换流变压器分接开关位置，把直流线路电压维持在指定范围内，如 0.98～1.02 倍额定直流电压。同时，为了避免分接开关调节机构频繁动作，只有当直流电压偏离其整定值并达到预设数值，且持续一定时间后，才启动分接开关调节。另一种电压控制策略是通过调整换流变压器分接开关位置，把整流器或逆变器的换流变压器阀侧绕组空载电压维持在指定值[1]。

角度控制方式与电压控制方式相比，其优点是：换流器在各种运行工况下都能保持较高的功率因数，即输送同样的直流功率，换流器吸收的无功功率较少。其缺点是：分接开关动作次数较频繁，因而检修周期会短些。此外，分接开关调压范围也要求宽些。由于换流变压器分接开关均为机械式的，转换一挡通常需要 3～5s 的时间，对控制的响应很慢，所以它只能作为调整直流输电系统输送功率的辅助手段[1]。

6. 换流器解锁/闭锁控制

换流器解锁/闭锁控制通常设置专门的顺序控制。

换流器解锁要求首先解锁逆变侧的换流器，然后解锁整流侧的换流器。换流器解锁意味着控制系统将释放触发脉冲，进而与对端换流站协调以导通直流电流、维持直流电压。换流器解锁的前提条件包括：极必须处于连接状态，即换流器应连接到直流线路和中性母线上；换流器通电，即空载直流电压应高于预设参考值；阀冷却系统在运行中；直流滤波器已投入；交流滤波器可用或已投入；无其他保护性闭锁信号。当以上所有条件都满足时，解锁顺序将启动，投入绝对最少交流滤波器，同时换流器解锁。

换流器闭锁意味着闭锁晶闸管的控制脉冲，当闭锁控制脉冲后，电流一旦为零，换流器就会停止导通。换流器正常的闭锁过程要求先闭锁整流侧的换流器，再闭锁逆变侧的换流器。先按照运行人员设定的功率/电流升降速率将直流功率/电流降到最小值，继而整流侧开始移相，并将触发角移到120°；直流电流过零之后，再将触发角移到160°；然后整流侧和逆变侧的直流电流控制相继退出，触发脉冲闭锁。换流器闭锁还可以由直流保护启动，当控制系统接收到换流器闭锁的动作信号后，将执行闭锁顺序。

（四）保护性控制功能

根据工程需要，在极或换流器控制系统中还配置一些保护性监控功能，用来辅助直流系统保护。

1. 晶闸管结温监测

晶闸管结温监测功能在换流器控制层设备中实现，主要用于检测由于过负荷或冷却能力不足造成的晶闸管结温过高，使换流阀避免遭受过热损坏。该功能与换流器过电流保护和换流变压器过负荷保护一起构成主、后备保护。

本功能工作原理：根据换流阀厂家提供的晶闸管热阻抗模型及参数，包括晶闸管阀的热阻抗、热时间常数、导通阻抗、开通损耗、关断损耗等，完成晶闸管结温计算。

本功能出口先动作于功率回降和限制直流电流，并进行冗余控制系统切换；如果计算值仍然过高，将移相闭锁，并跳开换流变压器网侧交流断路器。

2. 大角度监视

大角度监视功能在换流器控制层设备中实现，主要用于在过大的触发角度运行时，检测并限制主回路设备上的应力。该功能与直流过电压保护一起构成主、后备保护。

本功能工作原理：在增加触发角的操作中计算设备应力，计算建模时应考虑换流阀阻尼回路、跨接避雷器和换流阀电抗等因素的限制。

本功能监测大角度运行时的空载电压，当被监测电压超过晶闸管限值时，将动作于信号报警，禁止分接开关调节，并进行冗余控制系统切换；如果晶闸管换流阀上的应力继续增加，将延时动作于移相闭锁，跳开换流变压器网侧交流断路器。

3. 空载加压试验监视

空载加压试验监视功能在极控制层设备中实现，主要用于在进行空载加压试验时检测直流场设备和极母线的接地故障，以及换流器的相间短路或接地故障。本功能工作原理：监测直流电流超过保护设定值或者直流电压并未升高到设定值，则判断发生直流侧接地故障。如果交流侧的等效电流大于设定值，则判断发生了交流系统故障。在进行空载加压试验时，相应的保护功能自动调整到预先为空载加压试验方式设定的参考值。

本功能动作出口闭锁换流器，跳开换流变压器网侧交流断路器。

4. 换相失败预测/跳闸保护

换相失败预测/跳闸功能在换流器控制层设备中实现，其目的是降低由交流系统干扰引起的换相失败次数，与换流器换相失败保护一并构成主、后备保护。

换相失败预测/跳闸保护一般根据换流阀的特点配置。若换流阀不能提供电流过零点测量信号，应配置有换相失败预测功能。本功能的工作原理：测量换流变压器网侧交流电压，计算其零序分量和触发角、逆变器的超前触发角分量，在交流电压不正常时及时提高换相裕度。其动作出口将加大逆变侧的关断角。

若换流阀能够提供电流过零点测量信号，应设置有换相失败跳闸保护功能。本保护的工作原理：由控制系统持续地监视换流阀电流过零点信号，并据此计算关断角。当关断角小于3°的时长大于200ms时，则判断当前工作控制系统故障，将首先进行控制系统切换，若切换后仍检测到关断角小于3°的时间长于30s即判断为直流输电系统故障。本保护动作出口将根据上述不同情况启动冗余的控制系统切换，闭锁换流器、跳开换流变压器网侧交流断路器。

5. 最后断路器保护

在直流输电系统运行过程中，如果逆变站突然切除全部交流负荷，则逆变器的电流将全部流入换流站内的交流滤波器，使逆变站交流侧的电压突然异常升高。最后断路器保护的配置就是为了避免这种情况的发生。

最后断路器保护用于监视交流配电装置区各断路器的

状态以及交流系统保护的动作情况，当交流系统保护动作需要切除换流站与交流系统网络相连接的最后1台断路器或最后1回线路时，提前闭锁换流器，以减轻对换流阀的电压过应力。

（1）配置原则。最后断路器保护的判别逻辑包括站内和站外两部分。站内用于对本站交流系统进行最后断路器的逻辑判断，站外则用于交流线路对侧变电站的交流系统进行最后断路器的逻辑判断。

站内最后断路器保护一般在逆变站配置，对于配置有功率反转功能的直流输电系统，最后断路器保护在直流输电系统的两端换流站均配置。站内最后断路器保护功能可集成于交流站控系统，也可集成于极控系统。

站外最后断路器保护判别逻辑功能，可由安全稳定控制系统来实现，也可由独立的判别装置来实现。通常对于逆变站交流出线均接至同一个对端交流站且交流出线不多于2回的情况下，对端交流变电站应配置最后断路器保护。

（2）实现方式。根据直流控制保护系统两种技术路线的设计差异，站内最后断路器保护的实现方式可归纳为以下2种：

1）判别逻辑由交流站控采集断路器的预分接点"early make"，以及隔离开关的位置接点来实现。由交流站控判别是否为最后断路器的结果通过控制层网络送至极控，实现紧急停运。

2）判别逻辑由断路器保护跳闸、断路器是否为最后断路器的判别信号串联构成，如图16-15所示，判别逻辑可由硬接线回路实现，也可由交流站控通过软件实现。每个断路器的最后断路器判别回路并联后接至极控主机的开入，实现紧急停运。

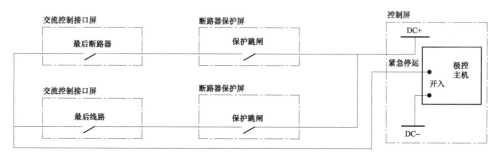

图16-15 最后断路器保护接线示意图

站外最后断路器保护的判别逻辑与站内相同，对端交流变电站的最后断路器跳闸信号，可由安全稳定控制系统或独立的最后断路器保护装置，通过光纤通道发送至换流站极控系统，实现紧急停运。

（五）特殊控制功能

根据换流站接入的电力系统要求，极和换流器控制系统通常还需要配置相应的特殊控制功能，如直流孤岛运行方式控制、共用接地极控制及融冰控制等。

1. 孤岛运行方式控制

大容量直流输电系统采用送端孤岛运行方式，可减少直流跳闸后潮流转移对交流系统的影响，有效改善远距离送电系统的稳定性。孤岛方式下，由于送端与交流主网没有电气联系，孤岛系统的短路比和有效惯性时间常数明显低于联网方式，导致交直流相互间的影响更为明显，由此带来频率稳定、过电压抑制和功角稳定等一系列问题。因此，需对孤岛运行方式下的控制策略的优化包括附加控制策略、调频控制策略和过电压控制策略进行详细研究。

为增强孤岛系统频率的稳定性，避免孤岛系统出现周期性频率波动，提高送端孤岛系统抵御功率扰动的能力，可优先利用直流控制系统的频率限制器（frequency limitation control，FLC），放大机组一次调频动作死区，缩小 FLC 动作死区，发挥 FLC 在孤岛频率控制的主导作用。孤岛系统功率调整时，采用直流功率跟随机组功率调整的模式。

为减小发电机组出力和直流输电系统输送功率不匹配导致的系统运行不稳定，直流控制系统应配置附加控制策略，根据系统的频率下降来降低直流输电系统的功率指令，从而使发电机输出功率和直流输电系统输送的功率相平衡，以达到系统稳定运行的目的。

为抑制孤岛方式下的过电压，直流控制系统应在发生双极闭锁后，快速切除换流站内的所有小组滤波器/电容器，同时应利用换流变压器的励磁饱和特性短时限制工频暂态过电压，在所有交流滤波器/电容器切除后，延时切除所有换流变压器。

2. 共用接地极控制

为了节省工程用地和工程造价，共用接地极的接线方式在土地资源紧张的地区被广泛应用。

从直流控制系统的动作特性分析，共用接地极可能引起接地极电流越限，对直流控制系统的相关功能有一定的影响。当共用接地极的直流输电系统采用双极平衡运行方式或金属回线运行方式时，流过接地极的直流电流几乎为零，采用共用接地极对系统稳态运行没有影响。当其中 1 个或多个直流输电系统转为单极大地回线方式或双极不平衡方式运行时，可能引起接地极电流的越限。由于直流输电系统的控制系统能够灵活调节，如长期流入大地的电流较大，可通过直流输电系统的功率协调控制功能限制流入大地的电流。

从系统保护角度看，共用接地极的直流输电系统中性点被连接到了一点，当 1 条线路发生故障时，故障系统的中性点电压会产生波动，这会对非故障系统产生影响，相应保护定值的调整需要通过准确的输电模型仿真进行计算分析。

3. 融冰控制

直流输电线路在冬季覆冰严重时会威胁电力系统的安全运行。因此，对于输电线路穿越覆冰地区的直流输电工程，在直流控制系统中通常需考虑融冰运行模式。

融冰方式下的控制策略是利用换流器在直流线路导体中形成足够的环流来阻止线路结冰，甚至在已经结冰时产生融冰效果，通常包括异向融冰或并联融冰。

（1）异向融冰。为了在低温下防止线路结冰，预防覆冰的形成，工程中采用了双极功率异向传输的方案。对于每极单 12 脉动换流器接线的换流站，其接线形式为一极的功率传输方向不变，另一极的功率反转运行；对于每极双 12 脉动换流器串联接线的换流站，其接线形式为一极的单个换流器功率传输方向不变，另一极的单个换流器功率反转运行。

异向融冰可完全利用直流控制保护系统的基本功能及接线，仅在系统功能的投入及动作逻辑上有特别需求。直流控制系统的双极功率控制模式不支持 2 个功率方向相反的运行方式，因此，异向融冰方式下，2 个极应各自采用极电流控制模式。异向融冰在双极大地回线运行方式时，为减小不平衡电流，融冰工作模式全过程（包括电流升降过程）2 个极的电流整定值都不应差别过大。如果需要直流输电系统在融冰过程中同时传输少量功率，可尽量采取一极全压运行，另一极降压运行的方式。异向融冰方式下，直流输电系统双极总功率较小，但每个极的传输功率却很大。虽然此时不需要交流系统提供很大的功率，对交流系统造成的扰动也很小，但考虑到融冰时天气情况一般比较恶劣，线路故障概率较高，一旦故障造成一极停运，直流输电系统会转入单极大地回线方式运行，将导致直流输电系统与交流系统的功率交换量突然增大，给两侧交流系统带来一定扰动。为避免出现这种情况，应在直流控制保护系统中增加特殊的控制保护功能，即融冰大电流运行时，如果某极故障停运，直流控制保护系统应使另一极也迅速闭锁。

（2）并联融冰。如果线路已经覆冰，需要在尽可能短的时间内将冰融掉。此时，正常运行电流不足以在有限时间里把冰融掉，工程中采用了极或换流器并联运行的方案，同时为了不使融冰过程中的大电流对接地极造成过应力，还采用了金属回线方式运行。对此直流控制系统的如下功能模块需要增加相应融冰工作方式的程序：

1）直流功率和电流控制，主要涉及融冰方式下换流器的直流电流指令值计算；

2）换流器触发控制，主要涉及融冰方式下电流裕度控制和触发角的协调控制；

3）直流电压和角度参考值计算，主要涉及融冰方式下线路电压降和电压参考值计算；

4）直流开关场和模式顺序控制，主要增加融冰方式接线的开关场顺序控制和融冰模式顺序控制等内容；

5）无功控制，涉及与融冰方式相适应的滤波器投切策略；

6）换流变压器分接开关控制，涉及与融冰方式相适应的分接开关控制策略；

7）开关接口，涉及融冰方式增加的隔离开关接口等。

（六）每极双 12 脉动换流器的控制

本节提到的双 12 脉动换流器仅针对每极双 12 脉动换流器串联的主接线形式。相较于每极单 12 脉动换流器接线，每极双 12 脉动换流器串联接线换流站的极和换流器控制系统宜以每个 12 脉动换流器为基本单元进行配置，各 12 脉动换流器的控制功能宜能相互独立。在上述功能基础上，还需要增加换流器协调控制功能，该功能可以配置在极层，也可以配置在换流器控制层；需要增加单个换流器的投入/退出顺序控制；双极控制层需要对运行接线方式进行相应调整，如增加了不完整单极、不完整双极等基本运行接线方式；在融冰控制中，增加换流器并联融冰的控制逻辑。

（1）换流器协调控制。对于每极双12脉动换流器串联接线的换流站，可以采用对串联的两个换流器进行统一控制，两个换流器接收相同的触发信号，保持串联换流器的触发角相同，从而保证串联换流器的电压平衡；也可采用对串联的两个换流器进行独立控制，2个换流器独立运行，增加换流器协调控制功能。对于逆变侧为分层接入方式即接入不同电压等级交流系统的换流站，其分层接入的2个换流器必须独立进行控制。

换流器协调控制功能包括分接开关协调控制和电压协调控制。对于逆变侧以角度控制为主要控制策略的直流工程，稳态运行时分接开关协调控制功能需保证串联换流单元2台换流变压器分接开关挡位差值不超过2挡；对于逆变侧以电压控制为主要控制策略的直流工程，串联运行的12脉动换流器的电压协调控制是极电压控制的组成部分，其控制精度应与整个直流输电系统的电压控制精度一致。

（2）单个换流器的投入/退出顺序控制。每极双12脉动换流器串联接线的直流输电工程，其极控系统的设计应使每个

单极及每个12脉动换流器的运行具备相对的独立性，应保证在直流输电系统正常运行过程中，可以独立地投入和退出单极或单个12脉动换流器运行。在出现单极或单换流器故障时，能够紧急退出故障部分运行。此时，需对换流器的投入和退出控制进行优化，使正常运行时单个换流器的投入和退出对系统的冲击尽量小、持续时间尽量短，故障情况下单个换流器的紧急退出对系统健全部分继续运行造成的影响尽量小。

单个换流器正常投入顺序包括：换流器隔离状态，如图 16－16（a）所示，隔离开关 Q11、Q13 和旁路开关 Q1 均处于打开状态，旁路隔离开关 Q12 处于合位，直流电流 I_d 正常流过 Q12；开始执行换流器的连接顺序控制，如图 16－16（b）所示，先合 Q11、Q13，然后合 Q1，确认 Q1 合上后，断开 Q12，直流电流 I_d 正常流过 Q1；当换流器顺利连接之后，两站将启动换流器投入的顺序过程，此时先投入整流侧换流器再投入逆变侧换流器，通过电流控制逐步增大流过换流器的直流电流至 I_d，减小流过 Q1 的电流至 0，如图 16－16（c）所示，此时换流器直流电压为 0，输送功率为 0；当流过 Q1 的电流为 0 时，打开 Q1，换流器投入，如图 16－16（d）所示，调节换流器直流电压和功率至正常运行状态。

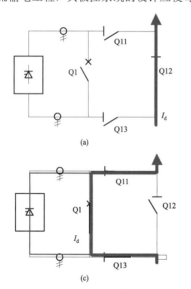
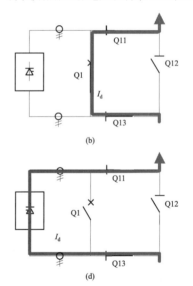

图 16－16　单换流器正常投入顺序示意图
（a）换流器隔离；（b）换流器连接；（c）换流器投入中；（d）换流器投入

单换流器的正常退出顺序可以看作正常投入顺序的逆过程，通常逆变侧的换流器先退出后整流侧的换流器再退出，其顺序如下：合旁路开关 Q1；通过电流控制，逐步减小换流器电流；阀闭锁，直流电流 I_d 流过旁路开关 Q1；合旁路隔离开关 Q12，断开旁路开关 Q1，断开隔离开关 Q11、Q13，直流电流 I_d 流过旁路隔离开关 Q12。

单换流器的故障退出顺序如下：若是逆变侧换流器退出，根据情况投旁通对；若是整流侧换流器退出，该换流器移相

到约 90°；后续顺序操作同单换流器的正常退出顺序。

（3）根据单个 12 脉动换流器的投退，可以产生多种运行接线方式，因此极控（或直流站控）中需要对运行接线方式的设置进行相应调整。每极双 12 脉动换流器串联接线的直流输电工程的基本运行接线方式包括完整双极、不完整双极、完整单极大地回线、不完整单极大地回线、完整单极金属回线、不完整单极金属回线。

（4）换流器并联融冰。融冰工作方式下，需取消同极的 2

个换流器触发角的跟随和协调关系，2 个换流器各自独立控制。整流侧并联的 2 个换流器均处于定电流状态，在换流器额定工况时，各自提供一半的融冰电流指令值。逆变侧的 2 个换流器一个处于定电流状态，另一个处于定电压状态，处于定电流状态换流器的电流定值跟踪直流线路电流的一半，使逆变侧 2 个换流器平均分配直流电流；定电压状态的换流器控制整个极的直流电压。由于 2 个换流器并联，单换流器定电压完全能够确保 2 个换流器的电压均能保持在定值附近。逆变侧另一种可能的运行方式为 2 个并联换流器均工作在定电压模式，由于在大电流融冰的运行方式下，容易导致某个换流器出现电流过载，故不推荐采用此运行方式。

若并联的 2 个换流器处于同一极，极层和换流器层间原本就存在电流指令等通信，因此融冰方式下，各层间的通信信息无明显增加。若并联的 2 个换流器处于不同极，融冰时 2 个换流器跨极并联，两极间还需要通过极间通信或增加双极层功能配置，实现运行模式、功率和电流指令等重要数据的交换。

四、直流远动系统

直流远动系统也称站间通信系统，是为长距离两端直流输电系统设置的，主要用于整流站和逆变站直流控制保护系统之间的信息交换和处理，并提供必要的通信，以确保两端换流站直流控制保护系统的快速协调控制。对于背靠背工程，由于整流器和逆变器的控制和保护功能分别在同一机箱内实现，可以直接通过板卡间的通信交换信息，因此不需要考虑站间通信系统。

无论是每极单 12 脉动换流器接线还是每极双 12 脉动换流器串联接线的换流站，直流远动系统通常均按极双重化冗余配置，也即对于每极双 12 脉动换流器串联接线的换流站，换流器层的控制保护之间不设独立的站间通信。每一极的直流远动系统与另一极的直流远动系统在电气和物理结构上分别独立。

直流远动系统包括极控直流远动、极保护直流远动和站 LAN 直流远动，因此其功能由极控、极保护等相应硬件设备及其站间通信接口设备实现，并不需要配置单独的硬件设备。

1. 实现方式

（1）极控直流远动系统。极控直流远动系统由集成于极控主机的通信板卡、通信接口设备或路由器，以及相应的软件逻辑构成。通信板卡、通信接口设备或路由器用于与通信设备接口，接收或发送需要的信号，软件逻辑则完成信号的编码和解码等功能。根据极控主机通信接口的不同，可采用接口切换方式和接口不切换方式实现通信，其系统接线如图 16-17 所示。

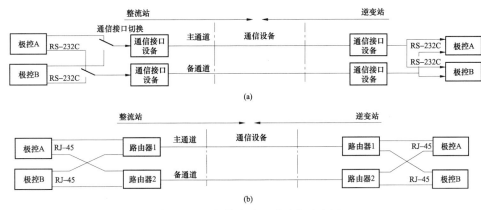

图 16-17 极控直流远动系统示意图
（a）接口切换方式；（b）接口不切换方式

早期的直流工程，由于极控采用 RS-232C 串行接口与对端换流站通信，其极控的直流远动系统采用接口切换方式，如图 16-17（a）所示，两端换流站极控系统交换数据打包后以报文的形式周期性发送，通过硬件切换使仅处于工作状态的极控系统串行开出并发送，接收端 2 套极控系统均可以接收数据。目前的直流工程，由于直流控制系统设备基本均采用 RJ-45 以太网口通信，其极控的直流远动系统则采用接口不切换方式，如图 16-17（b）所示，2 套极控主机同时发送数据，接收端 2 套极控系统都可以接收，需要根据系统的自

动选择来接收主系统发送的数据。

（2）极保护直流远动系统。为了确保直流输电系统保护的可靠运行，极保护直流远动系统通常独立于极控直流远动系统，由极保护主机的通信接口、接口转换设备和相应的软件逻辑构成。每套极保护均同时接收来自主备通道的数据，并自动选用主通道传输的数据。极保护直流远动系统示意如图 16-18 所示。

由于极保护通过直流远动系统传输的信号仅包括直流电流测量值，出于优化通道设计、减少通道数量的考虑，极保护可与极控的直流远动系统共用通信通道，此时，极保护通过与本极极控主机之间的快速控制总线实现直流电流测量的传输。

（3）站 LAN 直流远动系统。站 LAN 直流远动系统由站 LAN 组网交换机和相应的软件逻辑构成，其直流远动系统示意如图 16—19 所示。每套系统的通信可采用 RJ—45 以太网口或通过网桥转换成的 2M 接口，双重化的 2 套站 LAN 网系统分别与对端站的对应 LAN 网交换信息。

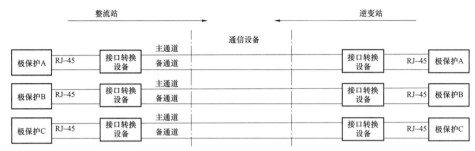

图 16—18　极保护直流远动系统示意图

图 16—19　站 LAN 直流远动系统示意图

当换流站配置了独立的直流站控主机，且双极功能集成在直流站控主机中时，工程设计中通常为直流站控设置独立的直流远动系统，同时集成站 LAN 直流远动系统的功能。直流站控直流远动系统由站控主机的通信接口以及相应的软件逻辑构成，其直流远动系统示意如图 16—20 所示。每套系统的通信接口均采用 RJ—45 以太网口，2 套系统同时发送数据，接收端 2 套系统都可以接收，并根据系统的自动选择来选用主系统发送的数据。

直流站控功能由极控主机实现时，其远动信息传输应由极控的直流远动系统实现。

2. 信息内容

直流远动系统传输的信息量见表 16—7。

图 16—20　直流站控直流远动系统示意图

表 16—7　直 流 远 动 信 息 量 表

直流远动系统＼远动信息	模 拟 量	开 关 量
极控	直流电流指令值；控制调制命令（直流功率指令值）	极（或换流器）闭锁/解锁、功率限制、双极平衡运行请求、站间通道故障信号、稳定控制功能可用/不可用、直流线路保护动作跳闸请求、极（换流器）ESOF 闭锁请求，直流线路故障恢复次数、故障去游离时间等系统参数整定值
极保护	直流电流测量值	无
站 LAN/直流站控	单、双极直流功率，直流电流，直流电压，换流母线三相电压、频率等重要测量监视信号；控制调制命令（直流功率指令值）	直流开关、隔离开关、接地开关分合状态，交/直流滤波器和无功设备投切状态等重要设备状态监视信号；系统运行控制方式，运行接线方式，控制模式，控制操作命令

3. 通道要求

直流远动系统的通道要求主要包括通道配置要求和传输时间要求。

（1）通道配置要求。直流远动系统通道的配置取决于直流控制保护系统的分层、冗余设计，以及通信接口、速率和通信传输设备的选用。

早期的直流工程，由于当时的光纤通信容量有限，所能分配的通道数量不多，因此极控极保护多采用 64kbit/s 的通信接口，通过脉冲编码调制（pulse code modulation，PCM）设备实现对外通信。站 LAN 通常采用 G.703 标准通信接口协议、速率 2Mbit/s 的通道，通过路由器或网桥直接接入通信的数字配线架（digital distribution frame，DDF），如 GG I 直流工程，其直流远动系统通道示意如图 16-21 所示。

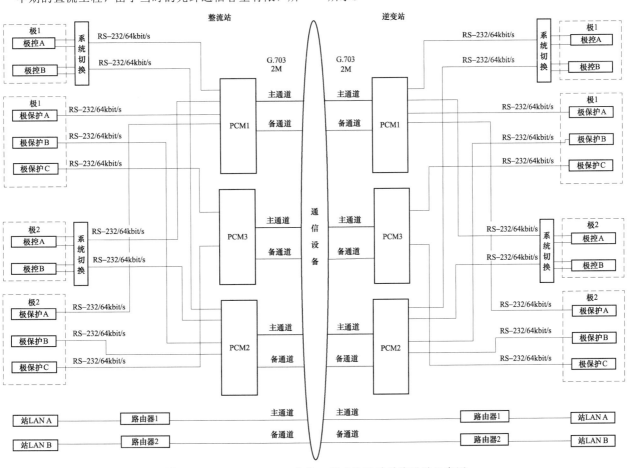

图 16-21　±500kV GG I 直流工程直流远动系统通道示意图

随着通信系统的设备和通道容量不断升级，目前的直流工程中，2M 速率 G.703 标准规约的复用光纤通信系统已代替了 PCM 通信方式，成为信号传输的主流方式。直流控制保护国产化后的工程，首先装置通信口基本统一为 RJ-45 以太网口或 HDLC 光纤接口，再者其与通信系统设备的接口也基本统一为 2M 速率 G.703 标准规约的复用光纤接口，如 YG、XZ 等直流工程，其直流远动系统通道示意如图 16-22 所示。

在工程设计中，也有采用极保护共用极控直流远动通道的设计方案，如 XS、JS 和 HZ 等直流工程，极控装置采用光纤接口，通过光电转换装置后输出 2M 速率 G.703 标准规约的接口接入 DDF 设备。站 LAN 仍通过网桥直接接入 DDF 设备。其直流远动系统通道示意如图 16-23 所示。

实际工程设计中，换流站直流远动通道的配置要求如下：

直流控制保护系统的直流远动通道按极配置，每极极控系统配置 1 路主通道，1 路备用通道，速率要求 2Mbit/s；每极极保护配置 1 路主通道，1 路备用通道，速率要求 2Mbit/s，由于极保护需要传输的直流远动信息不多，也可与相应的极控系统共用通道。站 LAN 的直流远动通道按站配置，整个换流站配置 1 路主通道，1 路备用通道，速率要求 2Mbit/s。

（2）传输时间要求。直流远动系统信号传输时间包括信号传输时间和通信系统的传输时延，其设计必须满足以下要求：

1）保证两侧直流控制系统间不失去电流裕度，满足直流输电系统的动态响应要求。为了避免直流功率崩溃，控制系统必须要保持整流和逆变侧间的电流裕度，即始终保持整流侧比逆变侧高 10%。在电流指令变化时，两侧的电流指令变化有严格的先后顺序，如增加电流指令时，先增加整流侧，再增加逆变侧；减小电流指令时，先减小逆变侧，再减小整流侧。因此，直流电流的最大响应时间需考虑一次通道传输

延时。根据实际工程经验，通道传输延时通常不超过30ms，系统动态响应尤其是阶跃响应通常需要信号传输延时不超过30ms。

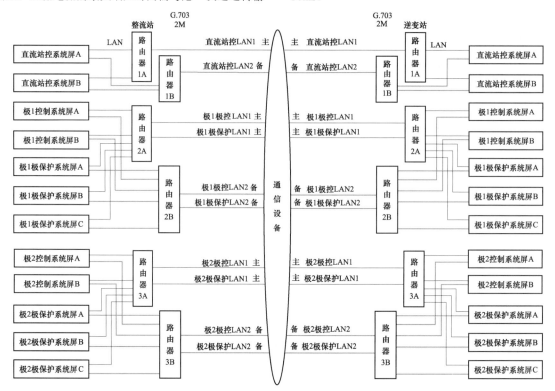

图16-22　±800kV XZ直流工程直流远动系统通道示意图

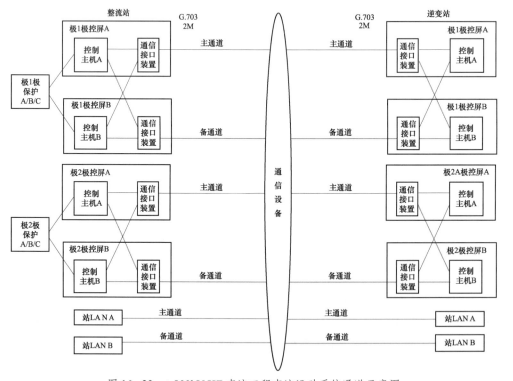

图16-23　±800kV HZ直流工程直流远动系统通道示意图

　　2）满足运行监视、附加控制及顺序控制的要求。通常为正常运行时的监视控制操作，对传输通道的延时要求都不高，

一般秒级的延时即可满足，现有的通信系统完全可以满足该要求。

3）满足相关直流保护对通信延时的要求。直流线路纵差保护对通信延时有一定的补偿能力，在计算两站测量值的差值时，100ms 以内的时间延时一般都可以通过补偿来消除或减小影响。

（3）切换和监视要求。直流远动系统应具有主、备用通道自动切换功能。在主通道发生故障时，能自动切换到备用通道；当主通道恢复正常时，能自动切换回到主通道。同时，直流远动系统还应能对各通信通道的状态进行实时监视，出现通道故障或通道的品质下降时，应能向换流站控制系统发送装置或通道报警信号，报警信号宜包括各独立通道故障信号、站间通信故障信号、通道误码率高信号及设备故障信号等。

4. 站间通信故障对直流输电系统的影响

站间通信故障时，直流控制保护系统将根据站间通信故障信号启动要求，投入或退出相关功能。同时，系统将由系统控制层自动转换到站控制层，2 个站之间不能进行信息交换，运行人员的命令只能够下发到本站。

站间通信故障对直流输电系统的正常运行没有影响，不会导致直流输电系统的单/双极闭锁。此时，如果整流站为主导站，整流站将退出电流定值协调功能和电流裕度补偿功能，逆变站将投入功率跟踪功能和电流跟踪功能。此时，只有整流站的运行人员可以设定直流功率和直流电流定值，逆变站将通过功率跟踪功能和电流跟踪功能，根据测量的直流功率和直流电流增加或者减小相应定值，保证电流裕度。

站间通信故障对直流输电系统的运行操作有一定影响。此时，2 个站的运行人员需要通过电话方式进行协调操作，完成本可实现自动顺序控制的解锁/闭锁、接线方式转换等操作。

站间通信故障对直流输电系统的运行监视有一定影响。此时，本站将无法显示对侧站直流电压、电流等测量值及相应的开关设备状态，相关数据将显示为不定义状态。

站间通信故障时，直流线路差动保护将被闭锁，由于线路差动保护只是行波保护和直流低电压保护的后备保护，因此不影响直流输电系统的正常运行。

五、通信及接口

1. 与阀基电子设备的接口

阀基电子设备是换流阀控制与监视的核心设备，实现换流阀与极（换流器）控制系统之间的信息交互。阀基电子设备按换流器设置，采用双重化冗余配置，通常由换流阀厂家成套提供。极（换流器）控制系统与阀基电子设备接口示意如图 16-24 所示。

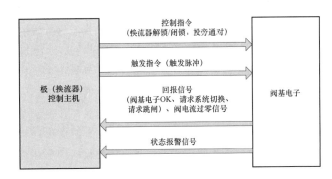

图 16-24　极（换流器）控制系统与阀基电子设备接口示意图

极（换流器）控制系统通过阀基电子设备，将触发指令和控制指令送至换流阀，同时接收阀基电子设备收集的换流阀回报信号、阀电流过零信号及状态报警信号等。

极（换流器）控制系统和阀基电子设备间宜采用光纤方式传送触发信号、控制指令，其他信号可采用现场总线、网络方式连接，请求跳闸等重要回报信号宜采用硬接线方式接口，详细内容见本章第五节相关描述。

2. 与阀冷却系统的接口

换流器配置有相应的阀冷却控制保护系统，由阀冷却设备厂家成套提供，实现对换流阀内、外冷却设备的监视、控制和保护。阀冷却控制保护系统应能与极（换流器）控制系统通信，其通信接口应满足极（换流器）控制系统的冗余要求。极（换流器）控制系统与阀冷却控制保护系统接口方式及接口交换信息如图 16-25 所示。

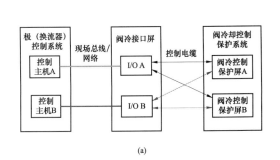

(a)

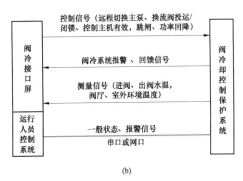

(b)

图 16-25　极（换流器）控制系统与阀冷却系统接口方式及交换信息示意图

（a）系统接口方式示意；（b）接口交换信息

极（换流器）控制系统与阀冷却控制保护系统之间通过阀冷接口屏实现，阀冷控制保护系统的控制信号、测量信号和重要的系统报警、回馈信号通过硬接线接至阀冷接口屏的I/O单元，然后通过现场总线或网络方式送至极（换流器）控制系统。阀冷却控制保护系统的一般状态、报警信号通过通信接口送至换流站运行人员控制系统。详细内容见第十八章第三节相关描述。

3. 与直流系统保护的接口

极（换流器）控制系统与直流系统保护特别是极（换流器）保护关系密切。对于每极单12脉动换流器接线的换流站，极控与极保护需要交换信息；对于每极双12脉动换流器串联接线的换流站，除极控与极保护需要交换信息外，换流器控制和换流器保护之间也需要交换相应的信息。极（换流器）控制主机通常向极（换流器）保护发出换流器解锁/闭锁状态、换流器整流/逆变运行状态、直流输电系统运行方式的信号，以便极保护据此进行某些保护功能的自动投退，极保护通常向极（换流器）控制发出控制系统切换、闭锁换流器、投旁通对、降功率、换流器禁止解锁、极平衡、极（换流器）隔离等保护动作出口信号，实现快速抑制故障的发展，进而达到切除故障的目的，保护动作出口信号详见第十七章相关描述。

极（换流器）控制系统与极（换流器）保护之间的接口可采用控制LAN网、总线或无源触点的方式实现。

对于直流滤波器保护、换流变压器保护和交流滤波器保护，动作后均需要闭锁直流输电系统，此回路可通过站层控制LAN网或硬接线接口实现。

4. 与站控系统的接口

极控系统通常通过控制层网络或硬接线实现与交、直流站控系统的接口。

当工程中配置有独立的直流站控系统时，无功控制及双极层功能通常由直流站控系统实现，具体内容见本章第四节。极控系统与交流站控系统之间的交换信息主要包括相关交流断路器分合闸位置信号、最后断路器判别逻辑信号等，具体内容见本章第四节。

5. 与运行人员控制系统的接口

极控系统与运行人员控制系统的接口通过站LAN网实现。极控系统将其采集到的运行状态信号和系统监视报警信号通过站LAN网接入运行人员控制系统，同时接收调度主站或站内运行人员工作站通过站LAN网下发的控制调节命令，并执行相关操作。具体监视信号和控制调节命令可见本章第二节相关内容。

6. 与安全稳定控制系统的接口

直流控制系统通常通过极控主机与安全稳定控制装置的接口来实现信号交互，以适应交流系统的变化及与多重故障相关的运行方式。在早期的直流工程中，由于直流控制系统的通信规约不开放，无法实现通信口的连接，通常采用无源触点信号实现信号传输。目前的直流工程中，由于直流控制系统均为国产化设备，其通信规约开放，因此也可采用通信接口的方式来实现信息交互。

极控与安全稳定控制系统之间采用冗余接口的方式，如图16-26（a）所示。

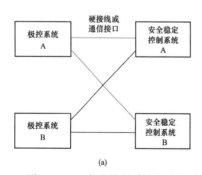

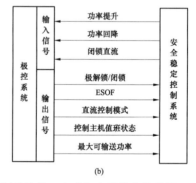

图16-26 直流控制系统与安全稳定控制系统接口方式和交互信号示意图

（a）系统接口方式；（b）接口交互信号

极控与安全稳定控制系统之间的交互信号主要包括直流控制模式、运行状态和功率调制信号，如图16-26（b）所示，不同工程中可能略有差异。

7. 与时间同步系统的接口

极（换流器）控制系统设备均应能接收全站统一的时间同步系统发出的对时信号，时间同步误差不应超过1ms。实际工程中，根据各直流控制主机及I/O设备的差异，其接收的对时信号类型也各不相同。表16-8为极（换流器）控制系统设备的对时接口要求。

表16-8 极（换流器）控制系统设备的对时接口要求

序号	设备	直流控制系统名称	信号接口	信号类型
1	控制主机	SIMADYN D、SIMATIC-TDC、HCM3000系统	无源触点	PPM（分脉冲）

续表

序号	设备	直流控制系统名称	信号接口	信号类型
1	控制主机	MACH2、DCC800、PCS9500 系统	对时总线	PPS（秒脉冲）
		PCS9550 系统	RS-485 串口	IRIG-B（DC）
2	I/O设备	SIMADYN D、SIMATIC-TDC 系统	无源触点、RS-485 串口	PPM、DCF77（欧洲标准广播时钟）
		HCM3000 系统	无源触点	PPM（分脉冲）
		MACH2、DCC800、PCS9500 系统	对时总线	PPS（秒脉冲）
		PCS9550 系统	RS-485 串口、光纤	IRIG-B（DC）

对于上述接收 PPM 和 PPS 脉冲信号对时的控制主机，还通过站 LAN 网接收 NTP 网络对时信号，实现年、月、日等时间信息的同步。

8. 与其他设备的接口

（1）与一次设备的接口。极（换流器）控制系统与一次设备的接口主要指与换流变压器及换流变压器网侧断路器、隔离开关，油浸式平波电抗器的接口。极（换流器）控制系统与一次设备的接口通过就地层 I/O 或测控装置及现场总线、网络实现，其接口方式及交换信息如图 16-27 所示。

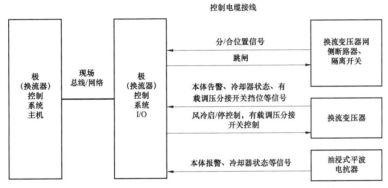

图 16-27　极（换流器）控制系统与一次设备接口及信息交换示意图

极（换流器）控制系统动作均需要跳相应换流变压器的网侧断路器，跳闸命令为极（换流器）控制系统开出的无源触点，通过控制电缆接入对应换流变压器网侧断路器保护屏内的操作箱或操作继电器，实现断路器跳闸。实际工程中，为了提高运行可靠性，每套极（换流器）控制系统通常跳相应换流变压器网侧断路器的 2 个跳闸线圈。

（2）与直流测量设备的接口。极（换流器）控制系统需要的测量信号通常包括：本极换流变压器网侧电流、电压，阀侧电流、电压；本极直流线路电压、中性母线电压，换流器出口电流；另外一极的直流线路电压；接地极引出线电流。

极（换流器）控制系统与一次测量设备通常通过测量接口屏接口。测量接口屏与极（换流器）控制系统采用测量总线连接，其与一次测量设备可采用光纤、直流弱电信号等多种方式实现连接，其详细接口要求见第十九章第一节描述。

（3）与阀厅门联锁装置的接口。为了保证阀厅区域的操作安全，换流站通常设置阀厅门联锁系统。阀厅门联锁系统按阀厅设置，通常包括阀厅主门联锁装置、阀厅大门站长钥匙、主门/紧急门状态位置接点和与极（换流器）控制系统的硬接线接口。

主门联锁装置上有主钥匙插孔和电磁锁，站长钥匙指站长或相应权限的运行值班人员所持的一把机械钥匙及相应电磁锁。当站长钥匙插入钥匙插座，且极控发出"允许释放钥匙"的信号后，主门联锁装置才能释放主钥匙，此时可通过主钥匙打开阀厅大门。当工作完毕，要恢复阀厅供电时，则需要关闭阀厅大门和紧急门，将主钥匙插入主门联锁装置，此时联锁条件信息将反馈至极（换流器）控制系统，控制系统将提示"阀厅门已锁上"的信号，随后阀厅内设备可带电。

第四节　站　控　系　统

站控系统是换流站直流控制系统的一个重要组成部分，根据其实现的功能不同又可分为直流站控和交流站控。其中，直流站控系统可以独立配置，也可以将其功能集成于极控系统设备。本节内容主要包括交直流站控系统构成、功能配置及通信及接口等。

一、系统构成

按照控制区域和对象，站控系统可分为直流站控系统、交流站控系统和站用电源控制系统。其中，直流站控系统用于实现直流配电装置、阀厅等区域设备的监测、控制、联锁、无功功率控制等功能；交流站控系统用于实现交流配电装置区域设备的监测、控制和联锁等功能；站用电源控制系统用于站用电系统设备的监视、控制及联锁等功能。站用电源控制系统相关内容见第十五章第四节。

（一）硬件设备

站控系统的硬件设备包括控制主机及 I/O 设备、相应的网络设备。

1. 控制主机及 I/O 设备

在工程设计中，全站可集中配置独立的直流站控和交流站控等主机设备，也可采用分层分布式设计，将站控功能分别配置在极控设备和交、直流配电装置各设备间隔的控制系统主机中。

（1）直流站控系统。根据不同直流控制保护系统技术路线的差异，直流站控系统可以独立配置，也可以将其功能集成于极控系统设备。

1）独立设置方式。直流站控主机独立配置时，宜按远景规模双重化配置，且双重化的主机应采用单独组屏方式。

直流站控系统的 I/O 设备宜按本期规模配置，其范围包括直流配电装置、阀厅区域设备。

直流配电装置、阀厅就地层设备宜双重化配置，其配置及组屏原则为：每极单 12 脉动换流器接线换流站的直流配电装置就地层设备宜按极、双极配置，极 1、极 2 开关场各配置 2 面屏，双极区开关场配置 4 面屏。阀厅就地层设备可独立配置，也可与相应极的就地层设备共同组屏。

每极双 12 脉动换流器串联接线换流站的直流配电装置就地层设备宜按换流器、极、双极配置，极 1 低端换流器、极 1 高端换流器、极 2 低端换流器、极 2 高端换流器、极 1 和极 2 开关场各配置 2 面屏，双极区开关场配置 4 面屏。阀厅就地层设备可独立配置也可与极（换流器）就地层设备共同组屏。

背靠背换流站直流配电装置就地层设备宜按背靠背换流单元配置，每个背靠背换流单元配置 2 面屏。

2）集成配置方式。直流站控功能集成于极控主机实现时，直流配电装置、阀厅就地层设备接入极控系统。直流配电装置、阀厅就地层 I/O 设备的配置与主机独立设置方式下的配置完全相同。

（2）交流站控系统。工程设计中交流站控主机分按间隔设置、全站集中设置 2 种方式。

1）按间隔设置方式。当交流站控主机按间隔设置时，通常一个半断路器接线交流配电装置按每串、交流滤波器按每大组分别设置，并与间隔内 I/O 单元合并组屏，每面屏包含 1 台主机及间隔内相应的 I/O 单元。

交流站控系统的就地层 I/O 设备宜单重化配置，也可与直流部分 I/O 设备配置原则一致按双重化配置，其配置和组屏原则为：① 1 个半断路器接线交流配电装置就地层设备应按串配置，每串配置 2～4 面屏；② 辅助系统就地层设备宜按区域配置，在主控楼、辅控楼（如果有）和继电器小室内各配置 1～2 面屏；③ 交流滤波器就地层设备宜按大组组屏，每大组配置 2～4 面屏。

2）集中设置方式。当交流站控主机按全站集中设置时，采用双重化配置，且双重化的主机分别组屏。对于一些特殊的交、直流合建的大规模换流站，为了降低主机的负荷，提高运行可靠性，工程中也可考虑按电压等级设置交流站控主机，如可分别设置 500、220kV 交流站控主机。

交流站控系统的就地层 I/O 设备配置原则同按间隔设置方式。

2. 网络设备

（1）控制层网络。控制层网络用于交、直流站控主机与极、换流器控制主机之间交换信号，网络类型、接口信号及接口形式可见本章第三节的相关内容。

（2）就地层网络。就地层网络构成站控主机及其 I/O 设备之间的连接，实现相应设备状态、监视信号、操作命令和电流电压测量信号的传输。对于直流站控功能集成于极控系统的换流站，其现场总线描述见本章第三节相关内容，本节仅说明独立设置的直流站控和交流站控的就地层网络。

由于不同直流控制保护系统成套供货商的设计差异，站控系统采用的就地层网络类型也各不相同，工程应用中主要有 CAN 总线和 ProfiBus 总线 2 种。

1）CAN 总线。CAN 总线的特性描述可见本章第三节相关内容，交流站控系统的 CAN 总线连接示意如图 16-28 所示。

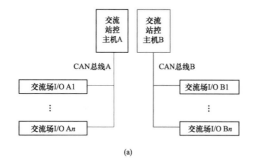
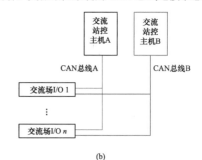

图 16-28　交流站控系统 CAN 总线连接示意图

（a）I/O 设备双套配置；（b）I/O 设备单套配置

2）ProfiBus 总线。ProfiBus 总线的特性描述见本章第三节相关内容。I/O 设备双套配置时，交直流站控的 ProfiBus 总线连接示意与极控系统完全一致，如图 16-28（a）所示。I/O 设备单套配置时，每个 I/O 设备出 2 个通信口，分别组网接入

2 套控制主机，如图 16-28（b）所示。

（二）软件系统

站控系统的软件系统要求与极（换流器）控制系统相同，详见本章第三节相关描述。

二、功能配置

（一）直流站控

直流站控系统主要应实现无功控制、直流配电装置设备的顺序控制、监视控制及设备联锁等功能要求。

1. 无功控制

无功控制应能控制换流站全部的发出和吸收无功的设备，如控制交流滤波器、并联电容器和并联电抗器的投切，以及控制换流器吸收的无功功率等，无功功率控制参数可以是交流侧母线电压、换流站与交流系统交换的无功功率。

（1）无功控制模式。无功控制通常有自动和手动 2 种控制模式。

在手动控制模式下，除了极端滤波器容量限制控制、最高/最低电压限制控制、最大无功交换限制控制功能发出的无功设备投入/切除操作由无功控制自动完成外，最小滤波器控制、无功交换控制/电压控制功能发出的无功设备投入/切除操作均只能由运行人员手动操作完成。

（2）无功控制策略。无功控制按以下优先级决定滤波器的投切，优先级 1）为最高优先级。

1）极端滤波器容量限制（Abs Min Filer）：为了防止滤波设备过负荷所需投入的绝对最小滤波组。正常运行时，该条件应满足。

2）最高/最低电压限制（U max）：监视交流母线的稳态电压，避免稳态过电压引起保护动作。

3）最大无功交换限制（Q max）：根据当前运行状况，限制投入滤波器组的数量，限制稳态过电压。

4）最小滤波器要求（Min Filter）：为满足滤除谐波的要求所需投入的滤波器组的最小数量和类型。

5）无功交换控制/电压控制（可切换）（Q control/U control）：控制换流站与交流系统的无功交换量为设定的参考值/控制换流站交流母线电压为设定的参考值。其中，无功交换控制和电压控制不能同时有效，由运行人员选择当前运行在无功交换控制还是电压控制。

无功控制应能够根据当前运行工况及滤波器组的状态，对可投/切的滤波器组进行优先级排序，决定投/切哪一类型的滤波器组，以及该类型中哪一组滤波器。同一类型的滤波器组可被循环投入，无功控制应具有完善的逻辑保证所有可用的无功设备的投切任务尽可能相等。为了尽量减少换流站无功分组投切的操作次数，无功功率控制器应充分利用换流器内在的无功功率调节能力，即通过改变换流器触发角来调整

其吸收的无功功率。这种调节量必须在换流器及相关直流设备所允许的范围内，同时要考虑到对另一端换流站的无功功率平衡和无功控制的影响。

由于影响无功功率及电压的因素复杂，无功功率控制器的所有功能和特性，都应先用数字计算程序进行计算分析，然后在直流模拟装置上予以验证，以保证其性能满足要求。

2. 顺序控制

为了平稳地启动和停运直流输电系统，实现直流输电系统各种运行方式和状态之间的平稳切换，换流站控制系统应设置相关的顺序控制，依次完成一系列操作步骤的自动控制功能。

其中系统正常启停控制、换流器解锁/闭锁控制由极和换流器控制系统实现，详细内容可见本章第三节相应描述，其余顺序控制由直流站控实现。

（1）金属回线/大地回线转换。大地回线和金属回线的转换均以极为单位进行，可以在直流极运行或闭锁 2 种状态下进行。如果构成金属回线的对极没有被隔离，当金属回线顺序控制启动后，会首先发出极隔离命令。如果经过一定的时间（由该操作过程需要的时间决定，一般为 3min），转换顺序操作没有能够完成，该操作将停止，并将报警事件送到操作员工作站。

大地回线向金属回线转换的过程如下：转换前向另一极发出极隔离命令；中性线区域建立并联金属回线路径，顺序控制程序通过检测 2 个路径中是否都有电流来判断新的路径是否建立完毕；分开整流站的金属回线转换开关（Metallic Return Transfer Breaker，MRTB），断开原来路径的电流。大地回线转金属回线时，为了使 MRTB 承受的应力最小，在金属回线建立后，金属回线电流达到稳定值后再将其打开。如果 MRTB 没有能够断开大地回线电流，它会被重新合上，该重合由保护启动。

金属回线向大地回线转换的过程如下：中性线区域建立并联路径，顺序控制程序通过检测 2 个路径中是否都有电流来判断新的路径是否建立完毕；分开整流站的大地回线转换开关（Earth Return Transfer Breaker，ERTB），断开原来路径的电流。金属回线转大地回线时，极直流电流不能大于 ERTB 的最大开断电流和低环境温度下的最大持续电流。大地回线必须在断开金属回线前建立，如果大地回线中测量到的直流电流小于预定值时要闭锁 ERTB 的操作。为了使 ERTB 承受的应力最小，在大地回线建立后，大地回线中的电流达到稳定时才允许打开 ERTB。

（2）直流滤波器连接/隔离。长距离直流输电系统通常每个极都配有 1～2 组直流滤波器，直流滤波器的投切指令由极控系统发出，在直流站控系统执行。直流滤波器的连接和隔离是一个自动顺序过程，该顺序既可以在极闭锁时执行，也

可以在极运行时执行。除由运行人员单独发出连接或隔离直流滤波器的命令外，还可由保护发出隔离命令。

直流滤波器连接：打开直流滤波器的接地开关（先打开极母线侧接地开关再打开中性母线侧接地开关），然后按照先连接中性母线侧再连接极母线侧的顺序合上相应的隔离开关。

直流滤波器隔离：先打开极母线侧的隔离开关，再打开中性母线侧的隔离开关。在隔离直流滤波器后，合上该组直流滤波器的接地开关；中性母线侧接地开关在直流滤波器隔离后会立刻闭合，而极母线侧接地开关会在一定时间后（由直流滤波器放电时间决定）闭合，目的在于等直流滤波器放电结束。

（3）极连接/隔离。极连接和隔离顺序操作指令由极控系统发出，在直流站控系统执行，只影响本站本极。极连接和极隔离是一个自动顺序过程，该顺序除由运行人员单独发出命令外，还可由保护发出连接或隔离命令。

极连接：极连接表示将换流器连接到极线路和中性母线。通常先把极连接到极中性母线，再连接到极线。

极隔离：把换流器从中性母线和极线上断开。由于极线隔离开关没有断流能力，如果换流器中还有直流电流流过，极隔离时必须先打开中性母线开关，否则需要先打开极线隔离开关。如果直流中性母线开关未能断开电流，则中性母线开关失灵保护会重合该开关，并合上中性母线接地开关。

3. 设备联锁

直流站控系统设备联锁的范围包括直流配电装置区、阀厅及交流滤波器场的断路器、隔离开关、接地开关，以及交流滤波器围栏网门等设备。其所有控制操作，应设计安全可靠的联锁功能。联锁功能应禁止任何可能引起不安全运行的控制操作的执行，以保证设备的正常运行和运行人员的安全。联锁包括硬件联锁和软件联锁，其中软件联锁在站控软件中实现。

对于不参与设备故障及系统运行方式切换操作的直流隔离开关和接地开关，其分、合闸联锁逻辑与交流变电站要求基本一致，这里不再详述，本处仅对有特殊要求的设备联锁逻辑进行说明。

（1）直流开关。直流开关的分、合闸条件不同于交流断路器，均有特殊要求。

分闸条件：本体无闭锁分闸故障；控制位置正确，且通信正常；极闭锁（部分开关要求）；大地回线或金属回线已建立；大地回线或金属回线中的电流建立。

合闸条件：控制位置正确，且通信正常；如果直流开关两侧都有隔离开关，在闭合直流开关时必须遵守两侧的隔离开关同分或同合的条件；与运行接线方式要求相关的其他条件。

（2）直流隔离开关。直流滤波器高压侧的隔离开关，其分闸条件有特殊要求。直流滤波器可能会允许带电投切，在带电切除时，因为该隔离开关没有断流能力，需要对滤波器支路电流进行判断以允许分开隔离开关，通常当电流超过100A的情况下，不允许隔离开关分闸。

极母线隔离开关，在分闸时一般需要判断相应极是否处于闭锁状态。

（3）直流接地开关。直流滤波器高压侧接地开关，其合闸条件有特殊要求。闭合时需要判断直流滤波器低压侧接地开关处于合位，且已经合上一段时间（由滤波器放电时间决定，一般为3～5min），以保证滤波器已放电完毕。

阀厅内接地开关的合、分闸条件都有特殊要求。合闸时，需要判断直流输电系统是否处于检修状态，处于检修状态时才允许合闸。分闸时需要判断阀厅门的状态，只有在阀厅门的主钥匙复位后才允许打开。

（4）交、直流滤波器。交、直流滤波器通常需要为网门设置联锁，网门打开条件为围栏内接地开关均已接地，网门合上的条件为围栏内接地开关均已打开。

（二）交流站控

交流站控系统监视控制和设备联锁的范围包括交流配电装置区域的断路器、隔离开关、接地开关设备。交流站控的系统功能与交流变电站要求基本一致，这里不再赘述。

三、通信及接口

1. 与极控制系统的接口

交、直流站控与极控系统均有信号交换，其接口可采用控制层网络或无源触点的方式。

当工程中配置了独立的直流站控系统设备时，通常将运行方式切换、无功控制及双极层功能设置于直流站控系统内，此时，直流站控与极控系统之间的接口形式及交换的信息见表16-9。

交流站控与极控之间的交换信息主要包括相关交流断路器分/合闸位置信号、最后一台断路器判别逻辑信号等，见表16-10。

表16-9 直流站控与极控系统的接口

序号	直流控制系统名称	接口类型	接 口 信 号	
			直流站控→极控	极控→直流站控
1	SIMDAYN D 系统	硬接线	无功快速停运请求、滤波器投入/退出、直流输电系统运行接线方式	极解锁、极闭锁、ESOF，极控系统有效、极控系统可用

序号	直流控制系统名称	接口类型	接口信号	
			直流站控→极控	极控→直流站控
2	SIMATIC—TDC、HCM3000系统 （直流站控配置双极控制功能）	快速控制总线	无功快速停运请求、滤波器可用、站控系统可用	极解锁、极闭锁、ESOF，极控系统有效、极控系统可用
		站层控制LAN	直流功率、电流指令	—

表 16-10 交流站控与极控系统的接口

序号	直流控制系统名称	接口形式	接口信号	
			交流站控→极控	极控→交流站控
1	HCM3000系统	站层控制LAN	最后断路器跳闸ESOF	—
2	MACH2、DCC800、PCS9500系统	站层CAN总线	无功控制所需交流断路器分/合位置；最后断路器跳闸逻辑所需信号	无功控制下发的滤波器小组投切指令（当直流站控功能集成于极控时）
3	PCS9550系统	站层控制LAN网	无功控制所需交流断路器分/合位置；最后断路器跳闸逻辑所需信号	无功控制下发的滤波器小组投切指令（当直流站控功能集成于极控时）

2. 与时间同步系统的接口

站控系统设备均应能接收全站统一的时间同步系统发出的对时信号，时间同步误差应不超过 1ms。实际工程中根据各不同供货商的产品差异，其接收的对时信号类型也各不相同，站控系统主机和 I/O 设备的对时接口要求与极（换流器）控制系统设备相同，见表 16-8。

3. 与一次设备的接口

站控系统与一次设备的接口通过就地层 I/O 及现场总线实现。直流站控系统与一次设备接口示意如图 16-29 所示，交流站控系统与一次设备的接口方式与此相同，不再示意。

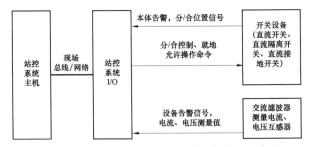

图 16-29 直流站控系统与一次设备接口示意图

第五节 换流阀的触发控制系统

换流阀的触发控制系统是连接极或换流器控制系统和晶闸管换流阀的核心设备，对晶闸管换流阀的安全、稳定运行起着重要作用。

一、系统构成

换流阀触发控制系统由位于阀体高电位的晶闸管换流阀触发监测单元（thyristor trigger and monitor unit，TTM）、位于地电位的阀基电子设备和连接光缆组成，其系统设备连接原理如图 16-30 所示。

1. TTM 设备

晶闸管换流阀分为光触发阀（light triggered thyristor，LTT）和电触发阀（electrically triggered thyristor，ETT）2 种类型，其分别对应 2 种技术类型的换流阀触发监测单元 TTM。

对于光触发晶闸管，晶闸管门极所需的触发能量由阀基电子通过光纤直接传输，过电压保护由集成在晶闸管内部的击穿二极管（break over diode，BOD）实现，其他功能仍由 TTM 完成；对于电触发晶闸管，晶闸管的触发、监测和保护等所有功能都由 TTM 实现。

2. 阀基电子设备

为了与冗余的极（换流器）控制系统接口，阀基电子设备中除了晶闸管触发监测单元中的光发送器/光接收器，其他硬件电路通常采用双重化配置。2 套极（换流器）控制系统分别和各自对应的阀基电子设备作为一个整体工作，其冗余切换逻辑如图 16-31 所示。

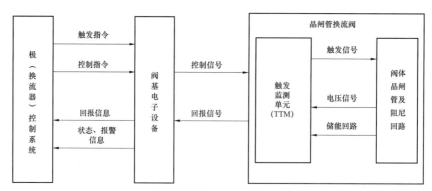

图 16-30　换流阀触发控制系统设备连接原理图

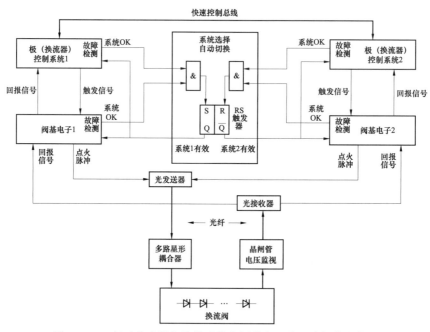

图 16-31　极（换流器）控制系统和阀基电子的冗余切换逻辑图

输出有效的系统称为主系统，另一系统称为热备用系统。为了保证主备极（换流器）控制系统之间切换时直流输电系统的运行状态无扰动，热备用系统的一些关键数据需要被主系统实时刷新。在主系统发生故障时，极（换流器）控制系统和阀基电子作为一个整体向热备用系统切换，原来的热备用系统转为主系统运行。所有信号同时送到主/热备用的极（换流器）控制系统，控制系统根据系统的主/热备用状态对换流器输出控制信号，系统选择单元保证在任何时刻只有主系统的信号输出到换流器。

每极（换流器）的双重化阀基电子设备可以联合组屏，也可以按相单独组屏。阀基电子设备屏柜通常布置于紧邻阀厅的相应二次设备房间内。

二、功能配置

1. 换流阀触发监测单元

TTM 位于阀体的高电位，是一种能按照阀基电子设备命令提供足够陡度和强度的能量触发晶闸管阀，是使晶闸管可靠导通的电子设备。TTM 在晶闸管出现各种异常电压时，能够保护触发晶闸管，以免晶闸管损坏；同时，将晶闸管状态及保护触发信号实时传送至阀基电子，阀基电子根据其回传的信号实现换流阀保护。TTM 与阀基电子之间采用光纤进行信息传输，保证高电位与地电位之间的绝缘强度。

TTM 的主要功能包括取能和储能，光电和电光转换，晶闸管正常触发与监测，电流断续保护，晶闸管反向恢复保护，正向过电压和电压突变量保护等。

（1）取能和储能。TTM 位于高电势，其工作电源从所在的晶闸管级阻尼回路获取，所取得的能量需要满足晶闸管强触发、运算和逻辑电路工作要求，在直流输电系统正常和故障状态下，特别是当交流系统发生单相对地故障、三相对地短路故障或三相对地金属短路故障时，TTM 在一定时间内能够维持正常触发，不会因储能电路需要充电而造成系统恢复的延缓。

（2）光电和电光转换。光电转换电路将阀基电子下发的光信号脉冲编码进行光电转换，供 TTM 逻辑控制电路，TTM 根据阀基电子命令进行触发和监测晶闸管；同时，将 TTM 实时检测到的晶闸管级状态、各种保护触发信号动作状态转换成光脉冲编码回传给阀基电子，实现 TTM 与阀基电子之间晶闸管级的状态信息的光信号传输。

（3）晶闸管正常触发与监测。将光电转换后的阀基电子触发指令进行解码，并触发对应的晶闸管。在直流换流阀中，每个单阀都由很多晶闸管串联组成，由于触发系统及晶闸管本身参数的分散性，会导致串联阀中各个晶闸管的开通时刻不尽相同，造成阀中元件承受的电强度差别较大，元件本身固有的耐受过电压能力脆弱、电压突变量和电流突变量承受能力有限等特点，可能会造成阀中某个晶闸管的损坏，影响换流阀的可靠运行。所以，TTM 的触发脉冲必须具备较好的同时性、一定的前沿陡度和足够的强度，这样才有利于串联阀中晶闸管的同时导通，减轻单个晶闸管所承受的电场强度，确保晶闸管的安全运行。

TTM 实时监测该晶闸管级的状态，如晶闸管是否损坏、TTM 取能是否正常、光通道是否正常、晶闸管反向恢复期保护触发、正向过电压和 du/dt 保护触发以及电流断续保护触发情况等，将通过特定的编码发送至阀基电子。

（4）电流断续保护。晶闸管触发导通后，阳极需要一定的维持电流使其处于开通状态，当电流低于维持电流时，晶闸管可能关断。每个晶闸管特性存在微小差异，所需的维持电流略有不同。在换流站启停或小功率送电时，直流电流小，在晶闸管应导通期间，其阳极电流可能低于维持电流导致关断，出现电流断续，影响直流输电系统运行。为避免电流断续造成影响，TTM 在晶闸管应导通区间内，一旦检测到晶闸管两端承受的正向电压超过保护水平时，自动触发导通晶闸管并向阀基电子发送该保护动作信号。

（5）晶闸管反向恢复保护。如果在反向恢复期内晶闸管两端间过早出现正向电压，TTM 将重新触发晶闸管并向阀基电子发送该保护动作信号，避免破坏性的击穿。

（6）正向过电压和电压突变量保护。当正向电压和电压突变量超出晶闸管耐受能力时将使其破坏性击穿，TTM 对其采取相应的保护措施。通常有以下 2 种实现方法：

1）采用 BOD 器件，当晶闸管两端电压超过 BOD 转折电压后，BOD 器件将保护击穿，使晶闸管触发导通。

2）TTM 实时采集经过分压后的晶闸管两端电压，一旦正向电压或电压突变量达到保护水平，TTM 将触发晶闸管并向阀基电子发送该保护动作信号，保护晶闸管的安全。

2. 阀基电子设备

阀基电子设备用于连接极（换流器）控制系统和晶闸管级触发监测单元 TTM，它可以看作是直流控制保护系统的快速远程 I/O 终端，根据极（换流器）控制系统的命令触发换流阀，并且根据所监测的直流换流阀运行状态信息，对换流阀进行相应的保护。

阀基电子设备的主要功能包括直流控制系统信号处理、晶闸管触发监测和保护、设备自检和保护、系统通信，还可包括监测阀避雷器动作状态和阀塔漏水状态的辅助功能。

（1）直流控制系统信号处理。阀基电子与极（换流器）控制系统的信息交互可通过阀基电子内的信号处理模块实现，其交换的信号包括换流器解锁、换流器闭锁、投旁通对等控制指令和换流器触发指令。

直流输电系统正常投运或系统试验需要时，阀基电子根据极（换流器）控制系统的解锁信号，接收其下发的触发指令，并对该指令进行解码和重新编码后发送至位于换流阀上的 TTM。直流输电系统故障停运时，阀基电子根据极（换流器）控制系统下发的闭锁信号，停止向换流阀发送触发脉冲；根据收到的投旁通对信号时，向极（换流器）控制系统选定的单阀发送触发脉冲。

（2）晶闸管触发监测和保护。完成对晶闸管的触发控制，对晶闸管状态信息的采集和换流阀保护。当检测到异常状态时，根据故障的严重程度采取相应的保护措施。不影响换流阀安全运行的故障，只把故障信息通过通信接口上传至换流站控制系统；影响换流阀安全运行的故障，如某个单阀中已损坏或者过电压保护动作的晶闸管级数超过设定值，阀基电子设备向极（换流器）控制系统发送请求跳闸信号，并且把故障信息通过通信接口上传至换流站控制系统。

（3）设备自检和保护。实时检测自身的运行状态，若发现异常，根据故障的严重程度采取相应的保护措施。阀基电子设备自检到轻微故障，只把故障信息通过通信接口上传至换流站控制系统；自检到严重故障，向极（换流器）控制系统发送请求切换信号，并且把故障信息通过通信接口上传至换流站控制系统。

（4）系统通信。阀基电子设备通过 ProfiBus 总线或站 LAN 等接口方式，将换流阀以及阀基电子设备自身的状态信息发送给换流站控制系统。

三、通信及接口

1. TTM 与晶闸管阀的接口

TTM 是一块逻辑电路板，通过专门定制的接口插头实现与晶闸管阀的可靠连接，且应保证插拔方便。TTM 运行在晶闸管阀体内部，需要有较高的防火要求，且其逻辑电路通常设置有金属屏蔽罩。

2. TTM 与阀基电子设备的接口

TTM 与阀基电子设备通过高压光缆交换控制信号和回报信号，控制信号包括至各晶闸管换流器的触发信号，回报信号包括 TTM 实时检测到的晶闸管级状态、各种保护触发信号和动作状态信号。通常每个换流器需要 2 根光纤，1 根上送触发信号、1 根下发回报信号。

早期工程中，TTM 与阀基电子设备之间的连接光缆受光缆传输特性限制，其仅能传输固定脉冲信号且衰耗较大，因此需要尽量缩短其连接距离，故而阀基电子设备需要布置在阀厅内。随着光缆技术的发展，目前的光缆性能参数均可以满足两者之间的信号传输要求，因此，阀基电子设备的布置不再局限于阀厅内，但考虑到光缆造价问题，宜尽量将阀基电子设备布置于阀厅外靠近换流阀的二次设备室。

3. 阀基电子设备与极（换流器）控制系统的接口

阀基电子设备通常由换流阀厂家成套供货，根据极（换流器）控制系统及换流阀所采用不同技术的特点，两者之间的接口也存在较大差异。

当极（换流器）控制系统和换流阀阀基电子设备采用同一技术时，由于相关设备通常由同一供货商设计、制造，其控制逻辑、接口板卡和信号交换方式均可以实现一体化设计，因此可以实现直接接口。

当极（换流器）控制系统和换流阀阀基电子设备采用不同技术时，由于设备通常由不同供货商提供，各自采用特有的接口板卡和信号接口，因此需要由极（换流器）控制系统增加接口设备方能实现两者之间的信息传送。接口设备用于将极（换流器）控制系统发至阀基电子设备的控制指令和触发指令，经过信号编码和电气接口转换为阀基电子所能读取的信号。

对于不同技术的换流阀，目前工程中已实现的极（换流器）控制系统和阀基电子设备的接口方案见表 16-11。

表 16-11　极（换流器）控制系统和阀基电子设备的接口方案表

系统设备 ＼ 接口方案	接口信号	物理接口	接口方式
SIMADYN D、SIMATIC—TDC、HCM3000 系统与 LTT 阀之阀基电子	控制系统发出的触发指令、控制指令，阀基电子发出的阀电流过零信号	电信号、双绞屏蔽电缆（或光信号、光缆）	直接接口
	阀基电子发出的跳闸、请求系统切换等回报信号	硬接线、屏蔽控制电缆	
	晶闸管阀及阀基电子的状态、报警信号	profibus 总线或其他通信接口	
SIMADYN D、HCM3000 系统与 ETT 阀之阀基电子	控制系统发出的触发指令、控制指令	光信号、光缆	需要增加接口设备
	阀基电子发出的跳闸、请求系统切换等回报信号	光信号、光缆	
	晶闸管阀及阀基电子的状态、报警信号	profibus 总线或其他通信接口	
MACH2、DCC800、PCS9500、PCS9550 系统与 ETT 阀之阀基电子	控制系统发出的触发指令、控制指令	光信号、光缆	直接接口
	阀基电子发出的跳闸、请求系统切换等回报信号	硬接线、屏蔽控制电缆（或光信号、光缆）	
	晶闸管阀及阀基电子的状态、报警信号	CAN 总线或其他通信接口	
PCS9550 系统与 LTT 阀之阀基电子	控制系统发出的触发指令、控制指令；阀基电子发出的阀电流过零信号	光信号、光缆	需要增加接口设备
	阀基电子发出的跳闸、请求系统切换等回报信号	电信号、双绞屏蔽电缆（或光信号、光缆）	
	晶闸管阀及阀基电子的状态、报警信号	profibus 总线或其他通信接口	

从表 16-11 可知，对于不同技术的换流阀，LTT 阀的一个显著特点是能发出阀电流过零信号，其相应的控制系统需要通过持续地监视换流阀电流过零信号计算出实际的关断角，从而实现换相失败的保护功能。阀电流过零信号由各晶闸管阀的电子回路检测到，并通过阀基电子送至极或换流器控制系统，且宜采用光纤接口实现连接。

第六节　工　程　实　例

图 16-32～图 16-35 分别为国内一些具有代表性的 ±500、±660、±800kV 换流站工程直流控制保护系统总体结构图。

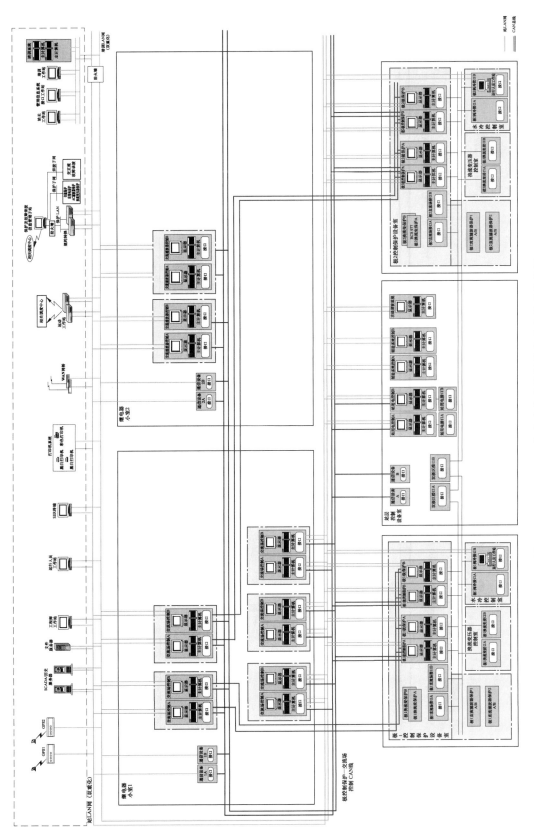

图16-32 ±500kV MJ换流站直流控制保护系统总体结构图

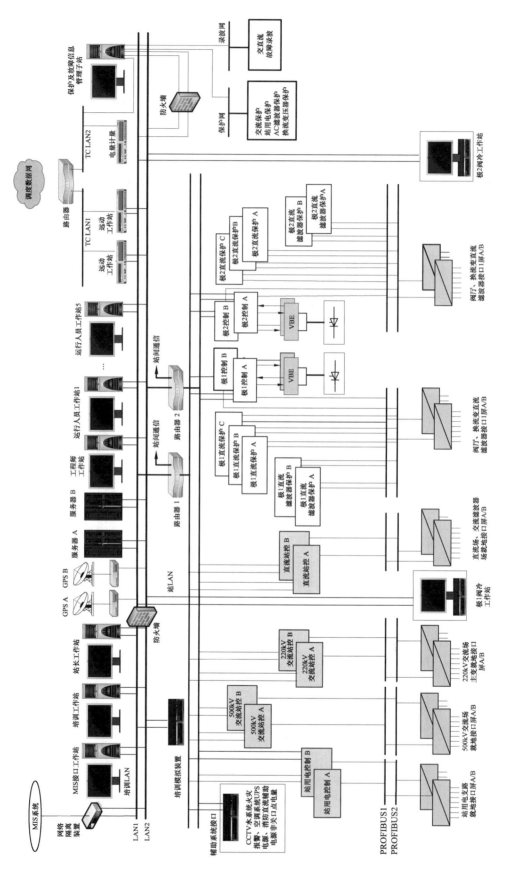

图16-33 ±660kV QD换流站直流控制保护系统总体结构图

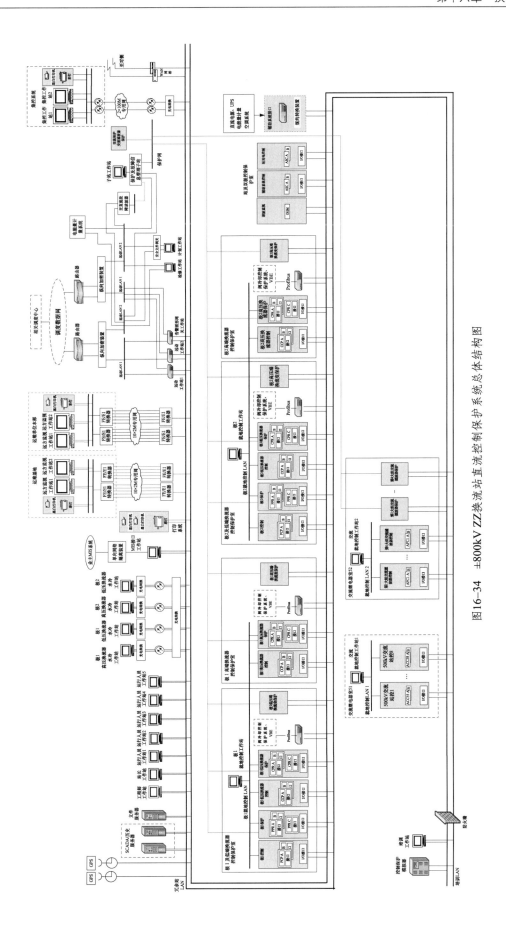

图16-34 ±800kV ZZ换流站直流控制保护系统总体结构图

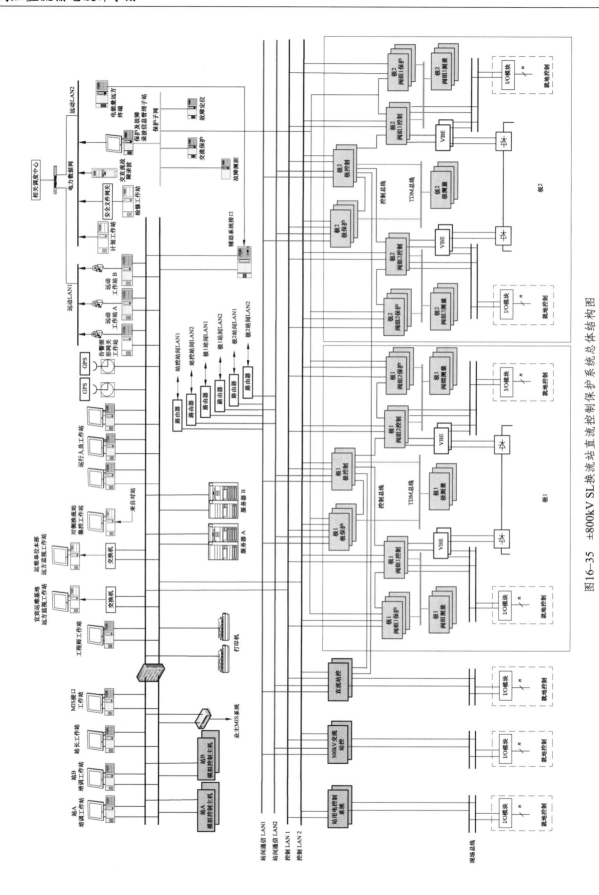

图16-35 ±800kV SL换流站直流控制保护系统总体结构构图

参考文献

[1] 赵畹君.《高压直流输电工程技术》（2 版）[M].北京：中国电力出版社，2010.

[2] 胡静，赵成勇，赵国亮，等.《换流站通用集成控制保护平台体系结构》[TM72]. 中国电机工程学报，2012 年，第 32 卷 第 22 期：133－140.

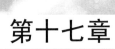

第十七章

高压直流输电系统保护

第一节　高压直流输电系统保护特点及要求

高压直流输电系统保护（以下简称直流系统保护）用于检测发生在直流输电系统中换流站、直流输电线路及相关交流系统的故障，并发出相应的处理指令，以保护直流输电系统免受过电流、过电压、过热和过大电动力的危害，防止系统事故进一步扩大。

直流系统保护通常按直流输电系统保护特性要求配置各种保护功能，对于每个设备或保护区要求配置不同原理的主保护和后备保护，这些保护可分为直流侧保护、交流侧保护和直流线路保护3类。其中直流侧保护主要包含换流器保护、极母线保护、极中性母线保护、双极中性线保护、接地极引线保护、直流滤波器保护、平波电抗器保护；交流侧保护包含换流变压器保护、交流滤波器保护等。在换流站设计中，直流侧保护和直流线路保护又统称为直流保护，其中直流滤波器保护由于其具有相对独立性，可从直流保护中分离出来，采用单独设置方式。因此，本章直流系统保护即按直流保护、换流变压器保护、直流滤波器保护、交流滤波器保护分类述之。

一、直流系统保护特点

直流系统保护的功能和参数，必须针对不同工程的交直流系统特性，与直流控制系统、相关交流系统的继电保护和安全自动装置的功能和参数进行统一的研究、设计、匹配和试验，以确保直流系统设备及相关交流系统的安全可靠。

1. 与直流控制系统关系紧密

直流系统保护与直流控制系统的联系十分紧密，对于直流系统的异常或故障工况，通常首先通过控制的快速性来抑制故障的发展。例如：直流控制可在 10ms 左右将直流故障电流抑制到额定值左右；又如，当换相电压急剧下降时，直流控制将自动降低直流电流整定值以避免低压大电流的不稳定工况，并防止故障的发展。根据不同的故障工况，直流保护启动不同的直流自动控制程序，随着故障进一步发展，则启动保护停运程序，即首先通过换流器触发脉冲的紧急移

相或投旁通对后紧急移相，使直流电流快速降低到零，直流线路迅速去能，然后闭锁触发脉冲并断开所连的交流滤波器和并联电容器，如果需要与交流系统隔离，则进一步跳开交流断路器。因此，直流保护与直流控制的功能和参数应正确协调的配合，这样既能快速抑制故障的发展、迅速切除故障，又能在故障消除后迅速恢复直流输电系统的正常运行。

另外，在直流控制系统和阀基电子设备中还配置有一些保护性监控功能，用来辅助直流系统保护，包括晶闸管元件异常监视、晶闸管结温监视、换相失败预测、大角度监视、线路开路试验监视等。这些保护性监控功能以触发角等控制变量作为输入信号，其结果是调节触发角、升降换流变压器有载调压分接开关、降低功率等控制行为。

2. 与交流系统关系密切

不论整流侧或逆变侧，直流设备均是通过换流变压器与交流系统连接。交流系统的扰动和故障，不可避免的影响到直流设备，所以直流系统保护需要充分考虑交流系统故障带来的影响。

还有某些特殊的保护，如最后断路器保护，用于监视交流场各断路器的状态及交流系统保护的动作情况，当交流系统保护动作需要切除换流站与交流系统网络相连接的最后 1 台断路器或最后 1 回线路时，需要在交流断路器开断之前闭锁换流器，以减轻对换流器的电压过应力。

3. 两端换流站联系紧密

对于长距离直流输电两端换流站，通常 1 个换流站控制直流电压，另 1 个换流站控制直流电流，需要 2 个换流站的密切配合才能将换流器保持在稳定运行状态。由保护启动的故障控制顺序可通过换流站之间的通信系统来优化故障清除后的恢复过程，使故障持续时间和系统恢复时间最短。

换流站的直流线路纵差保护的部分判据需要两站极间通信传输数据，获取对侧站的参数。当换流站间通信系统中断时，如直流输电系统故障，保护应能将系统的扰动减至最小，使设备免受过应力，保证系统安全。

4. 数据处理和集成能力强

随着数字技术的快速发展，直流系统保护设备的硬件运算速度大幅提高，加上高速通信技术的应用，使得直流系统

保护设备能够同时处理大量的数字信号，保证了直流系统保护设备的高速响应性能。

同时，直流系统保护设备集成度高，通常可以将引起换流系统停运的相关设备保护集中在 1 套保护设备中。例如，直流线路保护、直流滤波器保护、换流变压器保护的功能可集中在直流保护设备中；各交流滤波器小组保护功能可集中在一大组交流滤波器保护设备中。

5. 不同的技术路线

同直流控制系统一样，在我国已投运的直流工程中直流系统保护也存在不同的技术路线，不同的技术路线的直流系统保护在电流和电压测点的设置及其引接、保护判据及其实现方式、保护配置和设备组屏等方面均存在一定差异，但不影响直流系统保护功能的实现。

由于直流系统保护和直流控制系统之间的关系紧密，为减少两者之间的接口和协议转换，直流系统保护和直流控制系统通常采用同一技术路线。

二、直流系统保护通用要求

1. 配置原则

直流系统保护应满足以下基本的配置原则：

（1）直流系统保护与直流控制系统应相对独立，原则上优先通过直流系统保护装置自身实现相关保护功能，尽可能减少外部输入量，以降低对相关回路和设备的依赖。

（2）直流系统保护按保护区域配置，保护区域的划分应满足故障时可以区分出可独立运行的一次设备。每一个保护区应与相邻保护的保护区重叠，不能存在保护死区，在任何运行工况下都不应使某一设备或区域失去保护。

（3）直流系统保护应采用可靠的冗余设计，每一个保护区域的保护应采用双重或三重化的冗余配置。冗余配置的保护应分别使用不同的测量器件、通道、电源和出口，不应有任何的电气联系。

（4）冗余设计应保证既可防止误动又可防止拒动，任何单一元件的故障都不应引起保护的误动和拒动。双重化配置的每重保护宜采用"启动+动作"相"与"的跳闸逻辑出口，启动和动作的元件及回路应完全独立；三重化配置的每重保护宜采用独立的"三取二"跳闸逻辑出口。

（5）直流系统保护内部应具有完善的故障录波功能，能记录整个故障过程，录波数据至少要记录保护所使用测点的原始值、保护的输出量。

（6）直流系统保护应在最短的时间内将故障设备或故障区切除，使故障设备迅速退出运行，并尽可能减小对相关系统的影响。

2. 性能要求

直流系统保护与交流系统保护一样，应满足可靠性、选择性、灵敏性和速动性要求，同时应特别注意以下性能要求。

（1）保护应既适用于整流运行，也适用于逆变运行。

（2）直流系统保护与直流控制系统的功能和参数应正确地协调配合，其间的联系宜采用可靠的数字通信方式。保护应首先借助直流控制系统的能力去抑制故障的发展，改善直流输电系统的暂态性能，减少直流输电系统的停运。

（3）由保护启动的故障控制顺序可以通过换流站间的通信系统来优化故障清除后的恢复过程，使故障持续时间和系统恢复时间最短。

（4）应保证在所有系统条件（如交流系统处于大方式、小方式、孤岛方式等）和运行方式（如直流输电系统运行在双极/大地/金属回线、全压/降压方式、正送/反送方式等）下，直流控制、直流保护及交流保护之间应正确配合，并使故障清除及故障清除后协调恢复得到最优处理。

（5）保护应具有完备的自检功能。应能在系统运行过程中对未投运的备用系统的所有保护功能进行检测，并能对保护的定值进行修改。

（6）保护应在硬件、软件上便于系统运行和维护。硬件结构应具有合理的运算单元区和逻辑判断单元区，软件应采用模块化并具有正确的故障判据设计。

（7）保护应具有数字通信接口，便于系统联网监视、信息共享及远方调度中心控制、查看及监视。

3. 对二次回路设计要求

（1）直流系统保护与直流控制设备之间的接口应简洁、紧凑和可靠，尽可能采用通信方式连接，如网络、现场总线或其他串行数据连接方式，传输介质为光纤或通信电缆。如果需要可采用硬接线输入、输出方式，开关量采用强电开入，防止电磁干扰。

（2）直流系统保护内部之间的信号交换应在对应的冗余系统之间进行，即保护子系统 1 的 A 对应保护子系统 2 的 A，保护子系统 1 的 B 对应保护子系统 2 的 B，中间不进行交叉传送，如图 17-1（a）、图 17-2（a）所示。

（3）直流系统保护与直流控制系统之间的信号交换应在冗余系统之间交叉传递，即每一套保护均分别与双重化的直流控制系统进行数据交换。当保护采用三重化冗余设计时，三重化的保护设备与双重化的直流控制系统的接口宜通过独立的"三取二"逻辑单元实现。双重化、三重化配置的保护与直流控制系统之间的连接方式分别如图 17-1（b）、图 17-2（b）所示。

（4）差动保护各侧的电流互感器的相关特性应一致，避免在遇到较大短路电流时因各侧电流互感器的暂态特性不一致导致保护不正确动作。

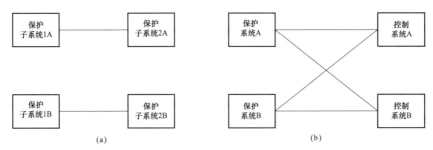

图 17-1　双重化冗余保护系统之间以及与直流控制系统的连接方式
（a）直流系统保护内部连接方式；（b）直流系统保护与直流控制系统连接方式

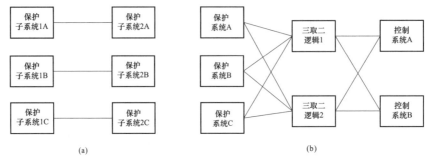

图 17-2　三重化冗余保护系统之间以及与直流控制系统的连接方式
（a）直流系统保护内部连接方式；（b）直流系统保护与直流控制系统连接方式

（5）保护屏柜的电源电压宜采用直流 110V 或直流 220V。

（6）冗余配置的每套直流保护跳闸出口可根据需要同时作用于断路器的 2 组跳闸线圈；独立配置的每套直流滤波器保护、交流滤波器保护及换流变压器电量保护跳闸出口可仅动作于断路器的 1 组跳闸线圈，单套配置的换流变压器非电量保护出口跳闸应同时动作于断路器的 2 组跳闸线圈。

（7）保护装置动作后跳开换流变压器网侧交流断路器后宜进行锁定，在运行人员手动解除锁定后才允许远方操作换流变压器网侧交流断路器。

三、直流系统保护分区

1. 每极单 12 脉动换流器接线换流站直流系统保护分区

每极单 12 脉动换流器接线换流站直流系统保护通常分为换流器保护区、极母线保护区、中性母线保护区、双极中性线保护区、直流线路保护区、接地极引线保护区、直流滤波器保护区、换流变压器保护区、交流滤波器及其母线保护区 9 个保护分区。

每极单 12 脉动换流器接线换流站直流系统保护分区如图 17-3 所示，图中测点符号及定义见表 17-1，各保护分区的保护范围如下：

（1）换流器保护区的保护范围为换流变压器阀侧套管至阀厅直流侧的直流穿墙套管之间的所有设备，覆盖 12 脉动换流器、换流变压器阀侧绕组和阀侧交流连线等区域。

（2）极母线保护区的保护范围为阀厅高压直流穿墙套管至直流出线上的直流电流测量装置之间的所有极设备和母线

设备（不包括直流滤波器设备）。

表 17-1　每极单 12 脉动换流器接线换流站直流系统保护分区图中测点符号及定义

测点符号	电量名称
U_{AC}	换流变压器网侧电压
U_{vY}	Yy 换流变压器阀侧绕组套管末屏电压
U_{vD}	Yd 换流变压器阀侧绕组套管末屏电压
U_{dL}	直流线路电压
U_{dN}	直流中性母线电压
I_{vY}	Yy 换流变压器阀侧绕组套管电流
I_{vD}	Yd 换流变压器阀侧绕组套管电流
I_{dP}	换流器高压端电流
I_{dN}	换流器低压端电流
I_{dL}	直流线路电流
I_{dE}	中性母线电流
I_{dG}	高速接地开关电流
I_{dEL}	接地极电流
I_{dME}	金属回线电流
I_{dEL1}	接地极线路电流 1
I_{dEL2}	接地极线路电流 2

（3）中性母线保护区的保护范围为阀厅低压直流穿墙套管至双极中性线连接点之间的所有设备和母线设备。

（4）双极中性线保护区的保护范围为双极中性线连接点的直流电流测量装置到接地极引线连接点之间的所有设备。

（5）直流线路保护区的保护范围为 2 个换流站直流出线上的直流电流测量装置之间的直流导线和所有设备。

（6）接地极引线保护区的保护范围为接地极引线连接点的直流电流测量装置到接地极连接点之间的所有设备。

（7）直流滤波器保护区的保护范围为直流滤波器高、低压侧之间的所有设备。

（8）换流变压器保护区的保护范围为换流变压器网侧相连的交流断路器至换流变压器阀侧穿墙套管之间的导线及所有设备。

（9）交流滤波器及其母线保护区的保护范围为交流滤波器大组进线交流断路器到交流滤波器本体设备之间的导线及所有设备。

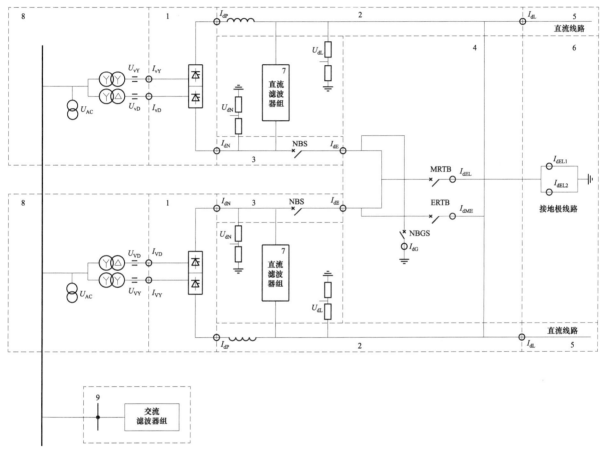

图 17-3　每极单 12 脉动换流器接线换流站直流系统保护分区图

1—换流器保护区；2—极母线保护区；3—中性母线保护区；4—双极中性线保护区；5—直流线路保护区；
6—接地极引线保护区；7—直流滤波器保护区；8—换流变压器保护区；9—交流滤波器及其母线保护区

2. 每极双 12 脉动换流器串联接线换流站直流系统保护分区

每极双 12 脉动换流器串联接线换流站直流系统保护通常分为高端换流器保护区、低端换流器保护区、极母线保护区、中性母线保护区、双极中性线保护区、直流线路保护区、接地极引线保护区、换流器连接母线保护区、直流滤波器保护区、高端换流变压器保护区、低端换流变压器保护区、交流滤波器及其母线保护区 12 个保护分区。

每极双 12 脉动换流器串联接线换流站直流系统保护分区如图 17-4 所示，图中测点符号及定义见表 17-2。

从图 17-4 可知每极双 12 脉动换流器串联接线换流站的

直流系统保护区域的划分是在每极单 12 脉动换流器接线换流站保护分区的基础上，增加了换流器连接母线保护区。另外，将换流器保护区按每极双 12 脉动换流器划分为高端换流器保护区和低端换流器保护区，同时对应换流器将换流变压器保护区划分为高端换流变压器保护区和低端换流变压器保护区。各保护分区的保护范围如下：

（1）高端/低端换流器保护区的保护范围为高端/低端换流变压器阀侧套管至高端/低端阀厅直流侧的直流穿墙套管之间的所有设备，覆盖高端/低端 12 脉动换流器、高端/低端换流变压器阀侧绕组和阀侧交流连线等区域。

（2）换流器连接母线保护区的保护范围为高低端阀厅之

间的连线、旁路开关回路的所有设备及连线。

（3）极母线保护区、中性母线保护区、直流线路保护区、双极中性线保护区、接地极引线保护区、直流滤波器保护区、交流滤波器及其母线保护区的保护范围同每极单12脉动换流

器接线换流站。

（4）高端/低端换流变压器保护区的保护范围为高端/低端换流变压器网侧相连的交流断路器至换流变压器阀侧穿墙套管之间的导线及所有设备。

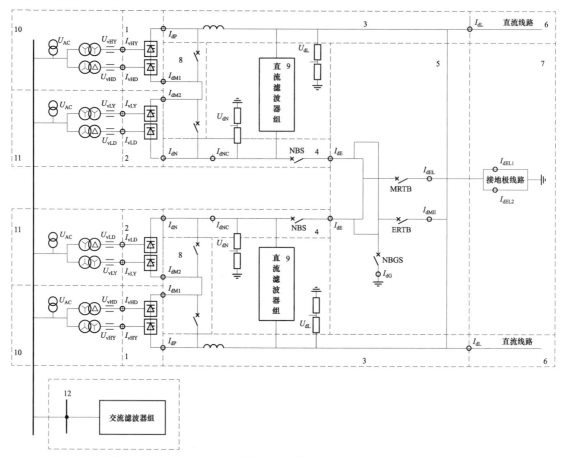

图17-4 每极双12脉动换流器串联接线换流站直流系统保护分区图

1—高端换流器保护区；2—低端换流器保护区；3—极母线保护区；4—中性母线保护区；5—双极中性线保护区；6—直流线路保护区；
7—接地极引线保护区；8—换流器连接母线保护区；9—直流滤波器保护区；10—高端换流变压器保护区；
11—低端换流变压器保护区；12—交流滤波器及其母线保护区

表17-2 每极双12脉动换流器串联接线换流站直流系统保护分区图中测点符号及定义

续表

测点符号	电 量 名 称
U_{AC}	换流变压器网侧电压
U_{vHY}	高端换流器Yy换流变压器阀侧绕组套管末屏电压
U_{vHD}	高端换流器Yd换流变压器阀侧绕组套管末屏电压
U_{vLY}	低端换流器Yy换流变压器阀侧绕组套管末屏电压
U_{vLD}	低端换流器Yd换流变压器阀侧绕组套管末屏电压
U_{dL}	直流线路电压
U_{dN}	直流中性母线电压
I_{vHY}	高端换流器Yy换流变压器阀侧绕组套管电流
I_{vHD}	高端换流器Yd换流变压器阀侧绕组套管电流

测点符号	电 量 名 称
I_{vLY}	低端换流器Yy换流变压器阀侧绕组套管电流
I_{vLD}	低端换流器Yd换流变压器阀侧绕组套管电流
I_{dP}	换流器高压端电流
I_{dM}	高、低端换流器连接电流
I_{dN}	换流器低压端电流
I_{dNC}	中性母线电流（近阀侧）
I_{dL}	直流线路电流
I_{dE}	中性母线电流
I_{dG}	高速接地开关电流

续表

测点符号	电 量 名 称
I_{dEL}	接地极电流
I_{dME}	金属回线电流
I_{dEL1}	接地极电流 1
I_{dEL2}	接地极电流 2

3. 背靠背换流站直流系统保护分区

背靠背换流站直流系统保护通常分为背靠背换流单元保护区、换流变压器保护区、交流滤波器及其母线保护区 3 个保护分区。

图 17-5 为背靠背换流站直流系统保护分区图，图中测点符号及定义见表 17-3。图 17-5 中背靠背换流站为中性点接地形式，对极线接地形式的背靠背换流站，接地点的测量 I_{dG} 设置在极线侧。

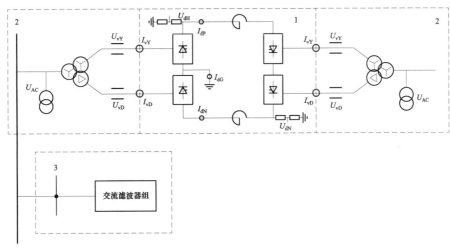

图 17-5 背靠背换流站直流系统保护分区图

1—背靠背换流单元保护区；2—换流变压器保护区；3—交流滤波器及其母线保护区

表 17-3 **背靠背换流站直流系统保护分区图中测点符号及定义**

测点符号	电 量 名 称
U_{AC}	换流变压器网侧电压
U_{vY}	Yy 换流变压器阀侧绕组套管末屏电压
U_{vD}	Yd 换流变压器阀侧绕组套管末屏电压
U_{dH}、U_{dN}	直流母线电压
I_{vY}	Yy 换流变压器阀侧绕组套管电流
I_{vD}	Yd 换流变压器阀侧绕组套管电流
I_{dP}、I_{dN}	直流母线端电流
I_{dG}	接地点电流

（1）背靠背换流单元保护区的保护范围为整流侧换流变压器阀侧套管至逆变侧换流变压器阀侧套管之间的所有设备，覆盖 2 个 12 脉动换流器、换流变压器阀侧绕组和阀侧交流连线等区域。

（2）换流变压器保护区的保护范围为换流变压器网侧相连的交流断路器至换流变压器阀侧穿墙套管之间的导线及所有设备。

（3）交流滤波器及其母线保护区的保护范围为交流滤波

器大组进线交流断路器到交流滤波器本体设备之间的导线及所有设备。

四、直流系统保护动作出口

与交流系统保护动作单一的隔离故障设备不同，直流系统保护一般具有多种动作出口方式。原则上与单 12 脉动换流器相关的保护动作，如换流变压器故障、单 12 脉动换流器故障，应退出相应的单 12 脉动换流器，并避免引起更大范围的设备停运。对于直流保护区内的故障，保护应闭锁换流器，同时跳相关的交流断路器；对于直流滤波器保护区内的故障，对故障电流较大的接地故障，一般闭锁换流器，同时跳开相关的交流断路器，对故障电流较小的内部故障，可仅跳开相关的高压侧直流隔离开关以切除故障的直流滤波器；对于换流变压器保护区内的故障，保护应闭锁与其相连的相应 12 脉动换流器，跳开相关的交流断路器；对于交流滤波器保护区的故障，跳开相关的交流断路器以切除故障的交流滤波器。

直流系统保护动作出口方式，也即保护清除故障的操作主要有以下几种。

1. 闭锁换流器

根据故障类型不同，保护动作出口对换流器的闭锁包括立即闭锁和移相闭锁。

（1）立即闭锁：指令发出后，立即停发换流器的触发脉冲,使换流器在电流过零后关断。

(2)移相闭锁:移相是以一定的速率增大触发角到最大触发角,使直流电压降低,整流侧进入逆变状态运行,从而减小直流电流。移相闭锁为先执行移相操作使直流电压和电流满足一定条件后再停发触发脉冲。

2. 投旁通对

同时触发6脉动换流器接在交流同一相上的1对换流阀,称为投旁通对。投旁通对为先触发旁通对,形成直流侧短路,为电流提供通路,快速降低直流电压到零,隔离交直流回路,以便交流侧断路器快速跳闸。投旁通对的一种策略是:当收到投入旁通对命令时,保持最后导通阀的触发脉冲,同时发出与其同相的另一阀的触发脉冲,闭锁其他阀的触发脉冲。

3. 降功率

按预定的速率降低直流功率到预设定值。

4. 换流器禁止解锁

向极或换流器控制系统发出指令,不允许换流器解锁。

5. 直流线路再启动

为了减少直流系统停运次数,在直流线路发生闪络故障时,直流线路保护动作,启动再启动程序,将整流侧移相,经过一段去游离时间后撤消移相指令快速建立直流电压和电流,重新投入运行。

6. 重合直流开关

当各直流转换开关不能断弧时重合直流开关,以保护直流转换开关。

7. 极平衡

调整双极功率平衡,减小接地极线电流,极平衡后的功率取决于电流较小的那个极。

8. 极或换流器隔离

极隔离是指将直流配电装置区设备与直流线路、接地极引线断开。

换流器隔离是指将故障换流器退至闭锁状态,使换流器与直流配电装置区隔离。

9. 跳交流断路器

换流变压器网侧通过交流断路器与交流系统相连。为了避免故障发展造成换流器或换流变压器损坏,一些保护在闭锁换流器的同时,跳开换流变压器网侧交流断路器。

第二节 直 流 保 护

目前在直流输电工程中广泛采用的换流技术,是以晶闸管换流阀为换流元件的换流技术。晶闸管换流阀是只具有控制接通、无自关断能力的半控型器件,它本身没有逆变换相

的能力,需要靠外部电网提供换相电压。直流保护配置需要考虑晶闸管换流阀的特点。

一、直流保护配置

(一)直流保护配置原则

直流保护的配置除满足本章第一节中的直流系统保护通用要求外,还要满足以下设计原则。

(1)直流保护设备原则上独立配置,不与直流控制系统共用主机。

(2)双极直流输电系统中,2个极的直流保护应完全独立,必须避免单极故障引起直流输电系统双极停运。对于双极公共部分的保护,应具有准确的判据和措施,尽量减少直流输电系统的双极停运。

(3)同一个极的2个12脉动换流器的直流保护应完全独立,必须避免单换流器故障引起另一个换流器停运。

(4)每极单12脉动换流器接线换流站的直流保护应按极层、双极层分层配置,每极双12脉动换流器串联接线换流站的直流保护宜按换流器层、极层和双极层分层配置,背靠背换流站的直流保护应按背靠背换流单元配置。

(5)保护配置应保证在站间失去通信时故障站保护正确动作,非故障站也应采取合理的保护处理策略,使设备免受过应力。

(二)直流保护配置内容

1. 换流器保护区

对每极单12脉动换流器接线换流站,换流器保护区主要配置的保护包括换流器短路保护、换流器过电流保护、换流器交流差动保护、换流器直流差动保护、换流器换相失败保护、换流变压器中性点偏移保护、换流变压器阀侧绕组的交流低电压保护等。

对每极双12脉动换流器串联接线换流站,换流器保护区还应增加换流器旁路开关保护。

对背靠背换流站,通常是按背靠背换流单元配置保护。背靠背换流单元主要配置的保护包括换流器短路保护、换流器过电流保护、换流器换相失败保护、换流变压器中性点偏移保护、直流过电压保护、直流低电压保护、直流谐波保护、背靠背差动保护、接地保护。

图17-6为每极单12脉动换流器接线换流站换流器保护配置图,图中2个极的换流器保护配置完全相同,本图仅示意了1个极的换流器保护配置。图17-6中测点符号含义参见表17-1。

图17-7为背靠背换流站的背靠背换流单元保护配置图,背靠背换流站为中性点接地形式。图17-7中测点符号含义参见表17-3。

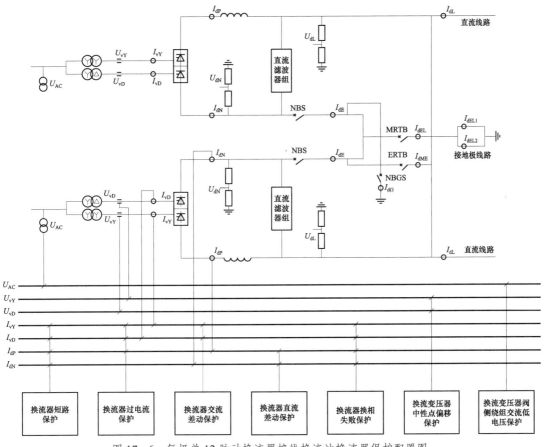

图 17-6　每极单 12 脉动换流器接线换流站换流器保护配置图

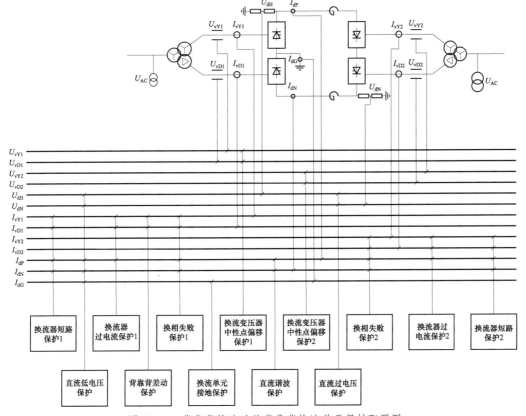

图 17-7　背靠背换流站的背靠背换流单元保护配置图

401

2. 极保护区

对每极单 12 脉动换流器接线换流站，极保护区的范围通常包括极母线保护区、中性母线保护区和直流线路保护区。对每极双 12 脉动换流器串联接线换流站极保护区的范围还应增加换流器连接母线保护区。各保护区的保护配置如下：

（1）极母线保护区主要配置的保护包括极母线差动保护、直流极差动保护、直流过电压保护、直流低电压保护、直流谐波保护、平波电抗器保护。

（2）中性母线保护区主要配置的保护包括中性母线差动保护、接地极线开路保护、中性母线开关保护。

（3）直流线路保护区主要配置的保护包括直流线路行波保护、直流线路电压突变量保护、直流线路低压保护、直流线路纵差保护。

（4）换流器连接母线保护区主要配置的保护包括换流器大差保护、换流器连接母线差动保护。

图 17-8 为每极单 12 脉动换流器接线换流站极区保护配置图，2 个极的保护配置完全相同，本图仅示意了 1 个极的保护配置，图中测点符号含义参见表 17-1。

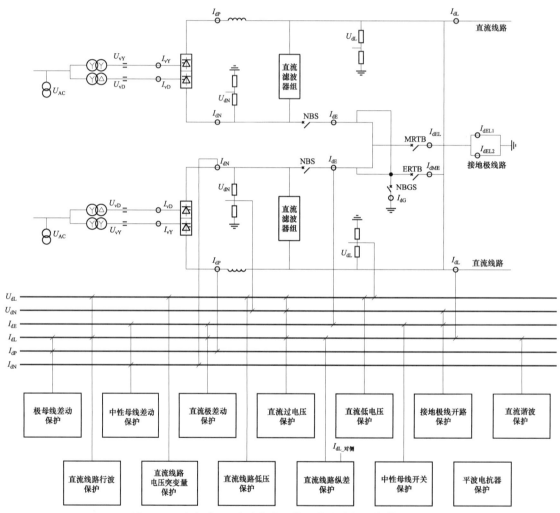

图 17-8　每极单 12 脉动换流器接线换流站极区保护配置图

3. 双极保护区

双极保护区通常包括双极中性线保护区和接地极引线保护区。各保护区的保护配置如下：

（1）双极性中性线保护区主要配置的保护包括双极中性线差动保护、站内接地过电流保护、站内接地开关（NBGS）保护、金属回线转换开关（MRTB）保护、大地回线转换开关（ERTB）保护、金属回线横差保护、金属回线纵差保护、金属回线接地保护。

（2）接地极引线保护区主要配置的保护包括接地极线不

平衡保护、接地极线过电流保护。

图 17-9 为每极单 12 脉动换流器接线换流站双极区保护配置图，每极双 12 脉动换流器串联接线换流站双极区保护配置与每极单 12 脉动换流器接线换流站基本相同，图中测点符号含义参见表 17-1。

（三）直流保护功能

1. 换流器保护区

（1）换流器短路保护。保护范围包括整个换流器及换流变压器阀侧套管，其目的是检测换流器短路故障和换流变压器阀侧相间故障。保护的工作原理是比较换流变压器阀侧电流（I_{vY}、I_{vD}）与换流器高、低压端电流（I_{dP}、I_{dN}），当交流侧电流明显高于直流电流时保护动作。保护的动作出口为立

即闭锁换流器，跳开换流变压器网侧交流断路器，直流极或换流器隔离。

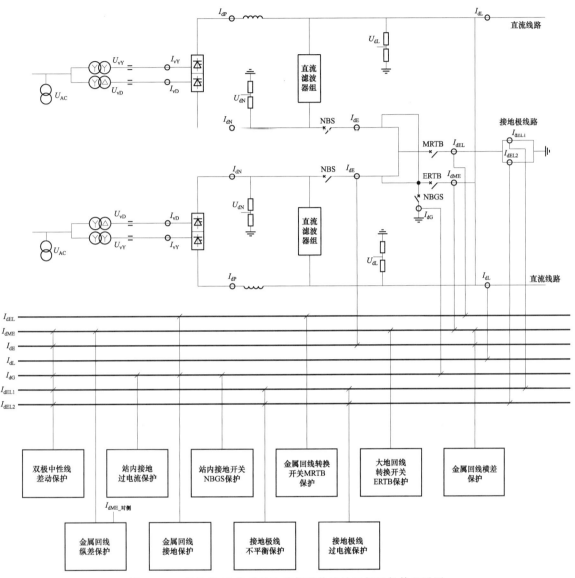

图 17-9　每极单 12 脉动换流器接线换流站双极区保护配置图

（2）换流器过电流保护。保护范围包括整个换流器及换流变压器阀侧套管，其目的是检测换流器短路故障、控制失效和短期过负荷。保护的工作原理是以换流变压器阀侧电流（I_{vY}、I_{vD}）或直流电流（I_{dP}）为动作判据，电流明显高于定值时保护动作。保护的动作出口为带投旁通对的闭锁换流器，跳开换流变压器网侧交流断路器，直流极或换流器隔离。

（3）换流器交流差动保护。保护范围包括整个换流器，其目的是检测换流器发生持续触发异常。保护的工作原理是比较换流变压器阀侧电流（I_{vY}、I_{vD}），差动电流高于定值时保护动作。保护的动作出口为跳开换流变压器网侧交流断路器，直流极或换流器隔离。

（4）换流器直流差动保护。保护范围包括整个换流器，

其目的是检测换流器接地故障。保护的工作原理是比较换流器高、低压端的电流（I_{dP}、I_{dN}），差动电流高于定值，则保护动作。保护的动作出口为跳开换流变压器网侧交流断路器，直流极或换流器隔离。

（5）换流器换相失败保护。保护范围包括整个换流器，其目的是检测换流器换相失败。保护的工作原理是根据换相失败时，直流电流大幅增加，交流电流大幅降低的故障特征来设计，直流电流（I_{dP}、I_{dN}）与交流电流（I_{vY}、I_{vD}）的差值大于定值时保护动作。保护的动作出口为整流侧紧急移相闭锁换流器；逆变侧首先增大关断角，然后紧急移相闭锁换流器，经整定的延时跳开换流变压器网侧交流断路器，直流极或换流器隔离。

（6）换流变压器中性点偏移保护。保护范围包括换流变压器阀侧套管，其目的是换流器未解锁发生单相对地故障时保护动作，避免换流器在交流系统存在故障时解锁。直流系统正常运行时该保护退出。保护的工作原理是检测换流变压器阀侧套管电压（U_{vY}、U_{vD}）的零序分量，如果高于设置值则保护动作。保护的动作出口为禁止换流器解锁。

（7）换流变压器阀侧绕组的交流低电压保护。保护范围包括换流变压器及换流器，其目的是防止交流电压异常，主要作为交流侧的后备保护。保护的工作原理是检测换流变压器网侧电压（U_{AC}），低于定值时保护动作。保护的动作出口为跳开换流变压器网侧交流断路器，直流极或换流器隔离。

（8）换流器旁路开关保护。该保护仅适用于每极双 12 脉动换流器串联接线换流站。保护目的是在投入和退出换流器的过程中，检测旁路开关无法断弧即电流转移失败的故障。在未设置旁路开关电流测量装置时，保护的工作原理是比较中性母线电流（近阀侧）（I_{dNC}）与高端换流器的连接电流（I_{dM}）之间的差值，或者比较中性母线电流（近阀侧）（I_{dNC}）与低端换流器低压端电流（I_{dN}）之间的差值，且高或低端换流器旁通开关不在合位；在设置有旁路开关电流测量装置时，保护的工作原理是旁路开关在分位时，旁路开关电流（I_{BPS}）高于设置值，则表明旁路开关未分开；收到换流器紧急停运和极紧急停运的闭锁信号后，旁路开关电流低于设置值，同时低端换流器高压侧电流高于设置值，则表明旁路开关未合上。保护动作出口为重新投入旁路开关。

（9）换流单元接地保护。该保护仅适用于采用中性点接地方式的背靠背换流站。保护范围为背靠背换流单元，其目的是检测背靠背换流单元范围内的接地故障。保护的工作原理是当背靠背换流单元保护区发生接地短路时，接地点的电流互感器上会流过故障电流（I_{dG}），检测到故障电流后保护动作。保护的动作出口为闭锁换流器，并同时跳开两侧换流变压器网侧交流断路器。

2. 极母线保护区

（1）极母线差动保护。保护范围包括高压侧极母线，其目的是检测极母线接地故障。保护的工作原理是比较极母线两端电流（I_{dP}、I_{dL}）的差值，如果差动电流高于定值，则保护动作。保护的动作出口为闭锁换流器，逆变侧带投旁通对，整流侧根据情况选择是否投旁通对，跳开换流变压器网侧交流断路器，直流极隔离。

（2）直流极差动保护。保护范围包括整个极、极母线、极中性母线，其目的是检测整个极区域内的接地故障。保护的工作原理是比较直流线路与中性母线的差动电流（I_{dL}、I_{dE}），差动电流高于定值，则保护动作。保护的动作出口为闭锁换流器，逆变侧带投旁通对，整流侧根据情况选择是否投旁通

对，跳开换流变压器网侧交流断路器，直流极隔离。

（3）直流过电压保护。保护范围包括整个极区，其目的是检测整个极区域内不正常电压水平及开路故障。保护的工作原理分 2 种：

1）如果直流线路电压（U_{dL}）高于设置值，或者直流线路电压（U_{dL}）与中性母线电压（U_{dN}）的差值高于设置值，则保护动作。

2）如果直流线路电压（U_{dL}）高于设置值且直流电流（I_{dL}）低于设置值，则保护动作。保护的动作出口为闭锁换流器，跳开换流变压器网侧交流断路器，直流极隔离。

（4）直流低电压保护。保护范围包括整个极区，其目的是检测整个极区域内接地短路故障及逆变侧的在无通信情况下的异常停运。保护的工作原理是当直流线路电压（U_{dL}）低于设置值时保护动作。保护的动作出口为闭锁换流器，逆变侧带投旁通对，整流侧根据情况选择是否投旁通对，跳开换流变压器网侧交流断路器，直流极隔离。

（5）直流谐波保护。保护范围包括整个极区，其目的是检测直流电流中的 50Hz 和 100Hz 分量，包括 50Hz 和 100Hz 保护，其中 50Hz 保护主要用于检测持续的换相失败故障和触发故障、交直流碰线故障；100Hz 保护主要用于检测交流系统不对称运行故障。保护的工作原理是当直流线路电流（I_{dL}）中的 50Hz 和 100Hz 分量高于各自设置值时保护动作。保护的动作出口为降功率，降功率后保护不返回将闭锁换流器，逆变侧带投旁通对，整流侧根据情况选择是否投旁通对，跳开换流变压器网侧交流断路器，直流极隔离。

（6）平波电抗器保护。通常不配置独立的平波电抗器电量保护，将其保护功能集成在直流保护中实现。对油浸式平波电抗器，应配置非电量保护，保护的类型与一次设备的配置密切相关。油浸式平波电抗器非电量保护主要包括本体气体保护、主油箱压力释放保护、油位低保护、油温和绕组温度过高保护、冷却系统故障保护、套管 SF_6 密度异常保护或充油套管压力异常保护等。保护的目的和原理同本章第三节中的换流变压器非电量保护相同，气体保护、套管压力异常保护动作于闭锁换流器，跳开换流变压器网侧交流断路器，直流极隔离，其他非电量保护目前一般动作于报警。

（7）背靠背差动保护。本保护仅用于高低压直流母线均配置直流测量装置的背靠背换流站，保护范围为整个背靠背极区，其目的是检测背靠背换流单元内的接地故障。保护的工作原理是比较整流侧、逆变侧换流变压器阀侧绕组套管电流（I_{vY}、I_{vD}）的差值，如果高于定值，则保护动作。保护动作出口为闭锁换流器，逆变侧立即投入旁通对，整流侧根据情况选择是否投入旁通对，同时跳两侧换流变压器网侧交流断路器。

3. 中性母线保护区

（1）中性母线差动保护。保护范围包括各极中性母线直流电流测量装置与换流器低压端直流电流测量装置间的中性母线设备，其目的是检测中性母线连接区内的各种接地故障。保护的工作原理是比较极中性母线两端电流（I_{dN}、I_{dE}）的差值，如果高于设定值则保护动作。保护的动作出口为闭锁换流器，逆变侧带投旁通对，整流侧根据情况选择是否投旁通对，跳开换流变压器网侧交流断路器，直流极隔离。

（2）接地极线开路保护。保护范围包括中性母线、接地极线上的设备，其目的是检测接地极引线断开的情况，使中性母线设备免受接地极开路造成的过电压。保护的工作原理是中性母线电压（U_{dN}）高于设置值，或者中性母线电压（U_{dN}）高于设置值，且中性母线接地极侧直流电流（I_{dE}）低于设置值，则保护动作。动作出口为首先闭合站内接地开关（NBGS），合站内接地开关（NBGS）后动作信号不返回时，闭锁换流器，逆变侧带投旁通对，整流侧根据情况选择是否投旁通对，跳开换流变压器网侧交流断路器，直流极隔离。

（3）中性母线开关保护。保护用于中性母线开关（NBS），其目的是防止中性母线开关（NBS）无法断弧时，重合开关以免造成直流开关损坏。保护的工作原理是中性母线电流（I_{dE}）高于设定值，或者换流器低压端电流（I_{dN}）高于设定值，保护动作，也可以增加该开关的位置信号作为判据。保护动作出口为重合中性母线开关（NBS）。

4. 直流线路保护区

（1）直流线路行波保护。保护范围为整个直流线路，其目的是检测直流线路上的金属性接地故障。保护的工作原理包括2种：① 当直流线路发生故障时，相当于在故障点叠加了一个反向电源，这个反向电源以行波形式向两站传播，通过检测行波的特征可检出线路的故障；② 如果直流线路发生故障，会造成直流电压、电流（U_{dL}、I_{dL}）的变化，利用变化可检测出线路的故障。保护动作出口为直流线路再启动。

（2）直流线路电压突变量保护。保护范围为整个直流线路，其目的是检测直流线路上的接地故障。保护的工作原理是检测直流线路电压（U_{dL}），当其下降斜率及直流电压均小于设置值时，则保护动作。保护动作出口为直流线路再启动。

（3）直流线路低电压保护。保护范围为整个直流线路，其目的是检测直流线路上的接地故障及无通信时逆变侧闭锁情况，一般配置在整流站。保护的工作原理是直流电压（U_{dL}）小于设置值，则保护动作。保护动作出口为直流线路再启动。

（4）直流线路纵差保护。保护范围为整个直流线路，其目的是检测直流线路上的接地故障。保护的工作原理是比较本站的直流线路电流（I_{dL}）和对站的直流线路电流（$I_{dL\_对侧}$）差值，如果高于设置值，则保护动作。保护动作出口为直流线路再启动。

5. 双极中性线保护区

（1）双极中性线差动保护。保护范围为双极中性母线区域的设备，其目的是检测双极中性母线区内的各种接地故障。保护的工作原理是比较各极的中性母线电流（I_{dE}）、接地极电流（I_{dEL}）、金属回线电流（I_{dME}）以及站内接地开关电流（I_{dG}）的差值，如果高于设置值保护动作。动作出口为请求极平衡；极平衡后动作信号不返回闭锁换流器，逆变侧带投旁通对，整流侧根据情况选择是否投旁通对，跳开换流变压器网侧交流断路器，直流极隔离。

（2）站内接地过电流保护。保护用于防止站内接地点流过较大直流接地电流对站接地网造成破坏。保护的工作原理是检测站内接地开关电流（I_{dG}），如果高于设置值保护动作。保护动作出口为请求极平衡；极平衡后动作信号不返回闭锁换流器，逆变侧带投旁通对，整流侧根据情况选择是否投旁通对，跳开换流变压器网侧交流断路器，直流极隔离。

（3）站内接地开关（NBGS）保护。保护用于站内接地开关（NBGS），其目的是防止站内接地开关（NBGS）无法断弧时重合开关，以免造成直流开关损坏。保护的工作原理是站内接地开关（NBGS）电流值（I_{dG}）高于设定值保护动作，也可以增加该开关的位置信号作为判据。保护动作出口为重合站内接地开关（NBGS）。

（4）金属回线转换开关（MRTB）保护。保护用于金属回线转换开关（MRTB），其目的是防止金属回线转换开关（MRTB）无法断弧时，重合开关以免造成损坏直流开关。保护的工作原理是金属回线转换开关（MRTB）电流值（I_{dEL}）高于设定值保护动作，也可以增加该开关的位置信号作为判据。保护动作出口为重合金属回线转换开关（MRTB）。

（5）大地回线转换开关（ERTB）保护。保护用于大地回线转换开关（ERTB），其目的是防止大地回线转换开关（ERTB）无法断弧时，重合开关以免造成损坏直流开关。保护的工作原理是大地回线转换开关（ERTB）电流值（I_{dME}）高于设定值保护动作，也可以增加该开关的位置信号作为判据。动作出口为重合大地回线转换开关（ERTB）。

（6）金属回线横差保护。保护范围为整个直流线路，其目的是检测金属回线方式运行时金属回线上发生接地故障。保护的工作原理是比较中性母线电流（I_{dE}）与金属回线电流（I_{dME}）差值，如果高于设置值保护动作。动作出口为直流线路再启动，再启动后动作信号不返回闭锁换流器，逆变侧带投旁通对，整流侧根据情况选择是否投旁通对，跳开换流变压器网侧交流断路器，直流极隔离。

（7）金属回线纵差保护。保护范围为整个直流线路，其目的是检测金属回线方式运行时金属回线上发生接地故障。保护的工作原理是比较本站金属回线电流（I_{dME}）和对站金属回线电流（$I_{dME\_对侧}$）的电流差值，如果高于设置值保护动作。

保护动作出口闭锁换流器，逆变侧带投旁通对，整流侧根据情况选择是否投旁通对，跳开换流变压器网侧交流断路器，直流极隔离。

（8）金属回线接地保护。保护范围为整个直流线路，其目的是检测单极金属回线方式运行时金属回线上发生接地故障。保护的工作原理是将站内接地开关电流（I_{dG}）与接地极电流（I_{dEL}）求和，如果高于设置值保护动作。保护动作出口为闭锁换流器，逆变侧带投旁通对，整流侧根据情况选择是否投旁通对，跳开换流变压器网侧交流断路器，直流极隔离。

6. 接地极引线保护区

（1）接地极线不平衡保护。保护范围为接地极线路，其目的是防止接地极线路 2 个支路由于接地故障导致电流不一致。保护的工作原理是比较接地极线路电流 1（I_{dEL1}）和接地极线路电流 2（I_{dEL2}）的差值，如果高于设置值保护动作。保护动作出口为报警，报警时间大于直流线路重启时间。双极运行时动作时间大于调节双极电流平衡时间，单极运行时动作时间大于直流线路重启时间。

（2）接地极线过电流保护。保护范围为接地极线路，其目的是防止接地极线路上流过较大电流，以免造成设备损坏。保护的工作原理是分别比较接地极线路电流 1（I_{dEL1}）、接地极线路电流 2（I_{dEL2}），如果分别高于设置值保护动作。保护

动作为双极运行时请求极平衡，单极运行时请求降功率。

7. 换流器连接母线保护区

（1）换流器大差保护。该保护仅适用于每极双 12 脉动换流器串联接线换流站。保护范围为整个双 12 脉动换流器，其目的是检测整个极的换流器区域内的接地故障。保护的工作原理是比较整个极的高压侧直流电流（I_{dP}）与低压侧直流电流（I_{dN}）的差值，如果高于设置值保护动作。保护动作出口闭锁换流器，逆变侧带投旁通对，整流侧根据情况选择是否投旁通对，跳开换流变压器网侧交流断路器，直流极隔离。

（2）换流器连接母线差动保护。该保护仅适用于每极双 12 脉动换流器串联接线换流站。保护范围为 2 个 12 脉动换流器之间的连接母线，其目的是检测 2 个串联的 12 脉动换流器连接母线区域内的接地故障。保护的工作原理是比较高端换流器低压侧电流与低端换流器高压侧电流的差值，如果高于设置值保护动作。保护动作出口闭锁换流器，逆变侧带投旁通对，整流侧根据情况选择是否投旁通对，跳开换流变压器网侧交流断路器，直流极隔离。

表 17-4 为直流保护一览表，包括保护名称、反映的故障或异常运行类型、测量点、保护原理及动作策略。表中保护原理的符号含义参考 DL/T 277《高压直流输电系统控制保护整定技术规程》。

表 17-4 直流保护一览表

保护名称	反映的故障或异常运行类型	测量点	保护原理	保护动作策略									
				报警	闭锁换流器	投旁通对	跳开交流断路器	极或换流器隔离	换流器禁止解锁	重合直流开关	降功率	直流线路再启动	极平衡
换流器保护区													
换流器短路保护	换流器短路故障、换流变压器阀侧相间故障	I_{vY}、I_{vD}、I_{dP}、I_{dN}	$I_{vY} - \max(I_{dP}, I_{dN}) \geq \max(I_{set}, K_{set}I_{res})$ 或 $I_{vY} - \min(I_{dP}, I_{dN}) \geq I_{set}$ $I_{vD} - \max(I_{dP}, I_{dN}) \geq \max(I_{set}, K_{set}I_{res})$ 或 $I_{vD} - \min(I_{dP}, I_{dN}) \geq I_{set}$	√			√	√					
换流器过电流保护	换流器短路故障、控制失效和短期过负荷	I_{vY}、I_{vD}、I_{dP}	$I_{max} \geq I_{ovc.set}$	√	√		√	√					
换流器交流差动保护	换流器持续触发异常	I_{vY}、I_{vD}	$\max(I_{vY} - I_{vD}) - I_{vY} \geq I_{scb.set}$ 或 $\max(I_{vY} - I_{vD}) - I_{vD} \geq I_{scb.set}$					√	√				
换流器直流差动保护	换流器接地故障	I_{dP}、I_{dN}	$\lvert I_{dP} - I_{dN} \rvert \geq \max(I_{v.set}, K_{set}I_{res})$					√	√				

续表

保护名称	反映的故障或异常运行类型	测量点	保护原理	保护动作策略								
				报警	闭锁换流器	投旁通对	跳开交流断路器	极或换流器隔离	换流器禁止解锁	重合直流开关	降功率	直流线路再启动	极平衡
换流器换相失败保护	换流器换相失败	I_{vY}、I_{vD}、I_{dP}、I_{dN}	$\max(I_{dP},I_{dN})-I_{vY}\geq\max(I_{cfp.set},K_{set1}I_d)$ $\max(I_{dP},I_{dN})-I_{vD}\geq\max(I_{cfp.set},K_{set1}I_d)$	√			√	√					
换流变压器中性点偏移保护	换流器未解锁时单相接地故障	U_{vY}、U_{vD}	$|U_{vYa}+U_{vYb}+U_{vYc}|>U_{0.set}$ $|U_{vDa}+U_{vDb}+U_{vDc}|>U_{0.set}$						√				
换流变压器阀侧绕组的交流低电压保护	交流侧电压异常	U_{AC}	$U_{AC}<U_{AC.set}$				√	√					
换流器旁路开关保护	旁路开关无法断弧的故障	I_{BPS}	$I_{BPS}>I_{dBPSset}$							√			
换流单元接地保护	背靠背换流站换流单元的接地故障	I_{dG}	$I_{dG}>I_{dGset}$	√				√					
极母线保护区													
极母线差动保护	极母线接地故障	I_{dP}、I_{dL}	$|I_{dP}-I_{dL}|\geq\max(I_{set},K_{set}I_{res})$ 或 $|I_{dP}-I_{dL}|\geq I_{set}$	√	√	△	√	√					
直流极差动保护	整个极区域内接地故障	I_{dL}、I_{dE}	$|I_{dL}-I_{dE}|\geq\max(I_{set},K_{set}I_{res})$ 或 $|I_{dL}-I_{dE}|\geq I_{set}$	√	√	△	√	√					
直流过电压保护	极区域内不正常电压水平及开路故障	U_{dL}、U_{dN}、I_{dL}	方案1：$|U_{dL}|\geq U_{d.set}$ 或 $|U_{dL}-U_{dN}|\geq U_{d.set}$ 方案2：$|U_{dL}|\geq U_{d.set}$ 与 $|I_{dL}|<I_{dset}$	√			√	√					
直流低电压保护	接地短路故障及逆变侧在无通信情况下的异常运行	U_{dL}	$|U_{dL}|\leq U_{d.set}$	√	√	△	√	√					

续表

保护名称	反映的故障或异常运行类型	测量点	保护原理	保护动作策略									
				报警	闭锁换流器	投旁通对	跳开交流断路器	极或换流器隔离	换流器禁止解锁	重合直流开关	降功率	直流线路再启动	极平衡
直流谐波保护	50Hz反映持续的换相失败和触发故障、交直流碰线故障；100Hz反映交流系统不对称运行故障	I_{dL}	$I_{50Hz} \geq I_{50Hz.set} + k_{50Hz.set}I_{ord}$ $I_{100Hz} \geq I_{100Hz.set} + k_{100Hz.set}I_{ord}$		$\sqrt{}^②$	$\triangle^②$	$\sqrt{}^②$	$\sqrt{}^②$			$\sqrt{}^①$		
背靠背差动保护	背靠背换流站换流单元的接地故障	I_{vY}、I_{vD}	$\left|I_{vY1}-I_{vY2}\right| \geq \max(I_{set}, K_{set}I_{res})$ 或 $\left|I_{vD1}-I_{vD2}\right| \geq \max(I_{set}, K_{set}I_{res})$		$\sqrt{}$	$\triangle$	$\sqrt{}$						
中性母线保护区													
中性母线差动保护	中性母线区内的接地故障	I_{dN}、I_{dE}	$\left|I_{dN}-I_{dE}\right| \geq \max(I_{set}, K_{set}I_{res})$		$\sqrt{}$	$\triangle$	$\sqrt{}$	$\sqrt{}$					
接地极线开路保护	接地极线开断情况	U_{dN}、I_{dE}	$U_{dN} \geq U_{dn.set1}$ 或 $U_{dN} \geq U_{dn.set2}$ 与 $I_{dE} \leq I_{set}$		$\sqrt{}^②$	$\triangle^②$	$\sqrt{}^②$	$\sqrt{}^②$		$\sqrt{}^①$			
中性母线开关保护	中性母线开关无法断弧的故障	I_{dN}、I_{dE}	$I_{dE} \geq I_{set}$ 或 $I_{dN} \geq I_{set}$							$\sqrt{}$			
直流线路保护区													
直流线路行波保护	直流线路的金属性接地故障	U_{dL}、I_{dL}	方案一：$a(t) = ZI_{dL}(t) + U_{dL}(t)$ 方案二：$dU_{dL}/dt > dU_{dL.set}$ 与 $\Delta U_{dL} < \Delta U_{dL.set}$ 与 $\Delta I_{dL} < \Delta I_{dL.set}$									$\sqrt{}$	
直流线路电压突变量保护	直流线路的接地故障	U_{dL}	$dU_{dL}/dt > dU_{dL.set}$ 与 $U_{dL} < U_{dL.set}$									$\sqrt{}$	

续表

保护名称	反映的故障或异常运行类型	测量点	保 护 原 理	保护动作策略									
				报警	闭锁换流器	投旁通对	跳开交流断路器	极或换流器隔离	换流器禁止解锁	重合直流开关	降功率	直流线路再启动	极平衡
直流线路低电压保护	直流线路的接地故障及逆变侧在无通信情况下的异常停运	U_{dL}	$U_{dL} < U_{dL.set}$									√	
直流线路纵差保护	直流线路的接地故障	I_{dL}	$I_{dif} \geq \max(I_{set}, K_{set}I_{res})$									√	
双极中性线保护区													
双极中性线差动保护	双极中性线区内的接地故障	I_{dE}、I_{dEL}、I_{dME}、I_{dG}	$I_{dif} \geq I_{set}$		√[2]	△[2]	√[2]	√[2]					√[1]
站内接地过电流保护	站内接地点流过较大直流接地电流	I_{dG}	$I_{dG} > I_{dG.set}$		√[2]	△[2]	√[2]	√[2]					√[1]
站内接地开关（NBGS）保护	站内接地开关无法断弧的故障	I_{dG}	$I_{dG} > I_{dG.set}$							√			
金属回线转换开关（MRTB）保护	金属回线转换开关无法断弧的故障	I_{dEL}	$|I_{dEL}| > I_{MRTB.set}$							√			
大地回线转换开关（ERTB）保护	大地回线转换开关无法断弧的故障	I_{dME}	$|I_{dME}| > I_{ERTB.set}$							√			
金属回线横差保护	金属回线上的接地故障	I_{dE}、I_{dME}	$I_{dif} \geq \max(I_{set}, K_{set}I_{res})$		√[2]	△[2]	√[2]	√[2]				√[1]	
金属回线纵差保护	金属回线上的接地故障	I_{dME}	$I_{dif} \geq \max(I_{set}, K_{set}I_{res})$		√	△	√	√					

保护名称	反映的故障或异常运行类型	测量点	保护原理	保护动作策略									
				报警	闭锁换流器	投旁通对	跳开交流断路器	极或换流器隔离	换流器禁止解锁	重合直流开关	降功率	直流线路再启动	极平衡
金属回线接地保护	金属回线上的接地故障	I_{dG}、I_{dEL}	$\left| I_{dG}+I_{dEL}\right| > I_{dGMR.set}$	√	△		√	√					
			接地极引线保护区										
接地极不平衡保护	接地极线路2个支路的电流不一致	I_{dEL1}、I_{dEL2}	$\left| I_{dEL1}-I_{dEL2}\right| \geqslant I_{set}$	√									
接地极线过电流保护	接地极线路上流过较大电流	I_{dEL1}、I_{dEL2}	$\left| I_{dEL1}\right| > I_{set}$ 或 $\left| I_{dEL2}\right| > I_{set}$								√[3]		√[3]
			换流器连接母线保护区										
换流器大差保护	整个双12脉动换流器内的接地故障	I_{dP}、I_{dN}	$\left| I_{dP}-I_{dN}\right| \geqslant I_{set}$	√	△		√	√					
换流器连接母线差动保护	2个12脉动换流器连接母线的接地故障	I_{dM}	$\left| I_{dM2}-I_{dM1}\right| \geqslant I_{set}$	√	△		√	√					

注 "√"表示动作；"△"表示整流侧可以根据运行情况选择动作，逆变侧为该动作策略。

① 保护出口先执行该动作策略。

② 当保护信号不返回时执行该动作策略。

③ 双极运行时保护动作策略为极平衡，单极运行时保护动作策略为降功率。

二、直流保护整定计算

直流保护的整定计算原则按 DL/T 277《高压直流输电系统控制保护整定技术规程》的有关规定执行，下面仅简要介绍直流保护中的换流器换相失败保护、换流器直流差动保护、换流变压器中性点偏移保护、极母线差动保护、直流过电压保护、站内接地开关（NBGS）保护的整定计算方式。

（一）换流器换相失败保护

Y 桥换相失败保护判据为

$$\max(I_{dP}, I_{dN}) - I_{vY} \geqslant \max(I_{cfp.set}, K_{set1}I_d) \quad (17-1)$$

D 桥换相失败保护判据为

$$\max(I_{dP}, I_{dN}) - I_{vD} \geqslant \max(I_{cfp.set}, K_{set1}I_d) \quad (17-2)$$

式中 I_{vY} —— Yy 换流变压器阀侧绕组套管三相电流绝对最大值或三相电流的绝对值之和除2；

I_{vD} —— Yd 换流变压器阀侧绕组套管三相电流绝对最大值或三相电流的绝对值之和除2；

I_{dP} —— 换流器高压端电流；

I_{dN} —— 换流器低压端电流；

K_{set1} —— 比例系数，K_{set1} 的整定考虑躲过直流系统短期过负荷工况下两测量回路产生的最大不平衡电流，推荐范围取 0.1～0.15；

$I_{cfp.set}$ —— 保护启动定值。

1）带制动特性时，$I_{cfp.set}$ 可按式（17-3）计算

$$I_{cfp.set} = K_{rel}K_{er}I_n \qquad (17-3)$$

式中 K_{rel} ——可靠系数，取 1.3～1.5；

K_{er} ——测量设备百分比误差，推荐取 0.1；

I_n ——额定电流。

2）不带制动特性时，$I_{cfp.set}$ 可按式（17-4）计算

$$I_{cfp.set} = K_{rel}I_{error.max} \qquad (17-4)$$

式中 K_{rel} ——可靠系数，取 1.3～1.5；

$I_{error.max}$ ——最大故障电流（可按照 6.5 倍额定电流）对应的测量误差，由测量系统厂家提供数据。

（二）换流器直流差动保护

换流器直流差动保护以换流器高、低压端电流构成保护判据，保护判据为

$$\left| I_{dP} - I_{dN} \right| \geqslant \max(I_{v.set}, K_{set}I_{res}) \qquad (17-5)$$

式中 I_{dP} ——换流器高压端电流；

I_{dN} ——换流器低压端电流；

I_{res} ——制动电流；

$I_{v.set}$ ——保护启动定值；

K_{set} ——比例系数。

不考虑制动特性时，即 $K_{set} = 0$，启动定值需要躲过最大穿越电流时的测量误差，最大穿越电流可按高压母线故障时的电流考虑，可根据仿真试验得出，推荐取 0.05p.u.。

考虑制动特性时，区内低压侧故障主要依靠后备保护极差动保护动作，启动定值推荐取值不小于 0.2p.u.，K_{set} 的整定考虑躲过区外最严重故障时两测量回路产生的最大不平衡电流，可根据仿真试验得出，推荐取 0.2。

（三）换流变压器中性点偏移保护

换流变压器中性点偏移保护也称换流变压器零序过电压保护，以换流变压器阀侧套管电压的零序分量构成保护判据，保护判据为

$$\left| U_{vYa} + U_{vYb} + U_{vYc} \right| > U_{0.set} \qquad (17-6)$$

$$\left| U_{vDa} + U_{vDb} + U_{vDc} \right| > U_{0.set} \qquad (17-7)$$

式中 U_{vYa}、U_{vYb}、U_{vYc} ——Yy 换流变压器阀侧绕组套管 A、B、C 相末屏电压；

U_{vDa}、U_{vDb}、U_{vDc} ——Yd 换流变压器阀侧绕组套管 A、B、C 相末屏电压；

$U_{0.set}$ ——电压定值，可按式（17-8）计算

$$U_{0set.min} > 3K_{er}U_{VNOM} \qquad (17-8)$$

K_{er} ——测量误差，取 0.1；

U_{VNOM} ——换流变压器阀侧额定电压。

（四）极母线差动保护

极母线差动保护以直流线路电流与换流器高压端电流构

成保护判据，保护判据为

$$\left| I_{dP} - I_{dL} \right| \geqslant \max(I_{set}, K_{set}I_{res}) \text{或} \left| I_{dP} - I_{dL} \right| \geqslant I_{set} \qquad (17-9)$$

式中 I_{dP} ——换流器高压端电流；

I_{dL} ——直流线路电流；

I_{set} ——启动电流，极母线差动保护区内故障时故障电流一般较大，启动电流定值可较大，最终启动定值由仿真试验确认，推荐取值 0.3～0.4p.u.；

I_{res} ——极母线制动电流；

K_{set} ——比例系数，通常情况下取 0.2；当极母线差流经过 50Hz 以下低通滤波器处理后可取值为 0。

（五）直流过电压保护

直流过电压保护以直流线路电压构成保护判据，该保护判据有 2 个方案。

（1）直流过电压保护判据方案 1。以直流线路电压高或者直流线路电压与中性母线电压的差值作为保护判据，可按下式计算：

$$\left| U_{dL} \right| \geqslant U_{d.set} \text{ 或 } \left| U_{dL} - U_{dN} \right| \geqslant U_{d.set} \qquad (17-10)$$

式中 U_{dL} ——直流线路电压；

U_{dN} ——直流中性母线电压；

$U_{d.set}$ ——电压定值。

过电压保护一般整定为Ⅰ段和Ⅱ段保护，保护动作定值可按下式计算：

$$U_{XX.set} = K_{rel}K_{ov}(1 - K_{er})U_{XX.n} \qquad (17-11)$$

式中 K_{rel} ——可靠系数，取 1.05～1.10；

K_{ov} ——过电压倍数，Ⅰ段取连续过电压倍数，Ⅱ段取暂时过电压倍数；

K_{er} ——测量设备百分比误差；

$U_{XX.n}$ ——设备的额定电压。

考虑开路试验时直流电压可能较高，保护定值整定需要考虑开路试验的过压情况。

（2）直流过电压保护判据方案 2。以直流线路电压高且直流线路电流低，或者直流线路电压与中性母线电压的差值高且直流线路电流低作为保护判据，可按式（17-12）计算：

$$\left| U_{dL} \right| > U_{dset} \text{ 与 } \left| I_{dL} \right| < I_{dset} \qquad (17-12)$$

式中 U_{dL} ——直流线路电压；

I_{dL} ——直流线路电流；

U_{dset} ——电压定值；

I_{dset} ——电流定值。

1）保护电压动作定值可按下式计算：

$$U_{dset} = K_{ov}U_{dn} \qquad (17-13)$$

式中 K_{ov} ——过电压倍数；

U_{dn} ——额定直流电压。

2）保护电流动作定值可按下式计算：

$$I_{dset} = K_{rel}(1 - K_{er})I_{dmin} \qquad (17-14)$$

式中　K_{rel}——可靠系数，取 0.90～0.98；

　　　K_{er}——测量设备百分比误差；

　　　I_{dmin}——正常运行时的最小直流电流。

（六）站内接地开关（NBGS）保护

站内接地开关保护是指站内接地开关失灵的保护，保护判据按下式计算：

$$I_{dG} > I_{dGset} \qquad (17-15)$$

式中　I_{dG}——站内接地开关电流；

　　　I_{dGset}——站地接地开关保护动作值。电流定值需要躲过额定电流时的测量误差，可由式（17-16）计算

$$I_{dGset} = K_{rel}K_{err}I_n \qquad (17-16)$$

式中　K_{rel}——可靠系数，一般取 1.1～1.3；

　　　K_{err}——测量误差系数；

　　　I_n——额定电流。

三、装置及外部接口

（一）保护装置的配置及组屏

在我国已投运的直流输电工程中，直流保护装置的配置经历过多种方式。早期的部分换流站是将直流保护功能和直流控制功能集成在同一主机中实现；后来根据国内的运行习惯和管理要求，直流保护又逐渐从直流控制保护共用主机中分离出来，配置独立的直流保护装置。换流站直流保护通常配置方式如下。

（1）每极单12脉动换流器接线换流站通常为每个极配置独立的直流保护装置，实现换流器、极及双极的所有直流保护功能。对于双极保护功能，通常下放至每个极的保护装置中，使每个极的保护装置同时具备双极保护的功能；也可配置独立的双极保护装置。

（2）每极双12脉动换流器串联接线换流站通常为每个12脉动换流器、每个极分别配置独立的直流保护装置。对于双极保护功能，通常下放至每个极的保护装置中，使每个极的保护装置同时具备双极保护的功能；也可配置独立的双极保护装置。

（3）背靠背换流站通常为每个背靠背换流单元配置独立的直流保护装置。

直流保护设备可以配置独立的保护屏，也可与直流控制主机合并组屏。

（二）通信及接口

1. 与直流控制系统的通信

1）直流控制保护系统之间的接口宜采用以太网或高速控制总线通信，以实现直流控制与保护系统之间的实时性配合，如果需要还可采用硬接线方式。

2）控制保护系统分层配置时，直流保护装置宜只与本层

和上一层控制系统通信。

3）直流保护与直流控制系统交换的信息主要包括换流器解锁/闭锁状态、换流器整流/逆变运行状态、基本运行方式，以及直流保护动作发出的报警、闭锁换流器、投旁通对、换流器禁止解锁、功率回降、极或换流器隔离、极平衡、合上站内接地开关、重合直流开关等信号，直流保护与直流控制系统接口示意图见图17-10。

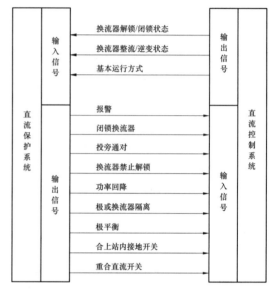

图 17-10　直流保护系统与直流控制系统接口示意图

2. 与对端站直流保护系统的接口

1）直流保护宜配置独立的站间通信通道，以满足直流保护系统站间通信的可靠性和实时性要求。每套直流保护的通信通道应独立配置。

2）两换流站之间直流保护通信速率宜采用 2Mbit/s，与通信系统设备的接口形式宜采用同轴电缆、G.703 标准通信接口协议。

3. 与换流站运行人员控制系统和保护及故障信息子站的通信

直流保护装置应具有与换流站运行人员控制系统和保护及故障信息子站系统通信的功能，以便向其传送保护的动作顺序、动作时间、故障类型、保护状态、报警等信息。通信宜采用以太网接口，通信规约宜采用 DL/T 860《变电站通信网络和系统》。

4. 与时钟同步系统的通信

直流保护装置宜采用 RS-485 串行或以太网数据通信接口接收时间同步系统发出的 IRIG-B（DC）码，作为对时信号源，也可采用脉冲对时信号。

5. 与换流变压器的接口

直流保护与换流变压器的接口主要包括以下模拟量信号：

（1）换流变压器阀侧套管三相电流。

（2）换流变压器阀侧套管三相末屏电压。

（3）换流变压器网侧三相电压。

6. 与平波电抗器的接口

直流保护与油浸式平波电抗器的接口主要包括以下信号：

（1）本体气体。

（2）主油箱压力释放。

（3）主油箱油位。

（4）油温和绕组温度。

（5）套管 SF_6 气体压力低。

7. 与直流测量装置的接口

阀厅及直流配电装置区的直流测量设备输入至直流保护的接口主要包括：

（1）换流器高压端电流。

（2）换流器低压端电流。

（3）直流线路电压。

（4）直流线路电流。

（5）直流中性母线电压。

（6）直流中性母线电流。

（7）高速接地开关电流。

（8）接地极电流。

（9）金属回线电流。

（10）接地极线路电流。

8. 与直流开关的接口

（1）输出跳开直流开关跳闸信号，至直流开关机构箱。

（2）输出跳开直流开关合闸信号，至直流开关机构箱。

9. 与交流断路器的接口

（1）输出跳开换流变压器网侧交流断路器跳闸信号，至断路器操作回路。

（2）输出启动交流断路器失灵信号，至断路器保护屏。

10. 与故障录波器的接口

直流保护与故障录波器的接口主要为开关量和模拟量输出信号，信号内容详见本章第六节相关内容。

11. 与直流系统保护相关的一次设备参数

（1）换流器的额定功率、额定电压、额定电流、过应力水平和过负荷水平。

（2）直流线路波阻抗。

四、工程实例

图 17-11～图 17-13 分别为国内 ±800kV ZZ 换流站工程极 1 低端换流器保护配置图、极 1 极保护配置图和双极保护配置图。

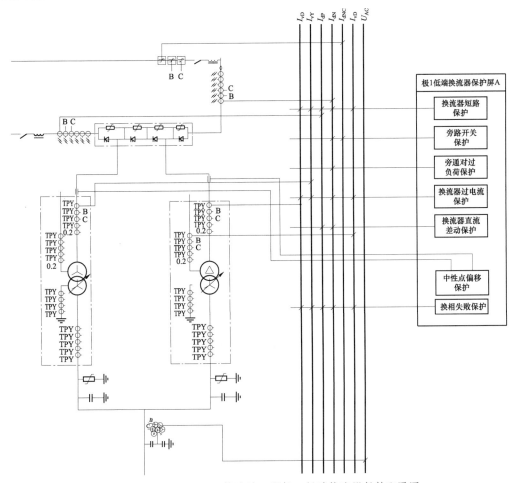

图 17-11　±800kV ZZ 换流站工程极 1 低端换流器保护配置图

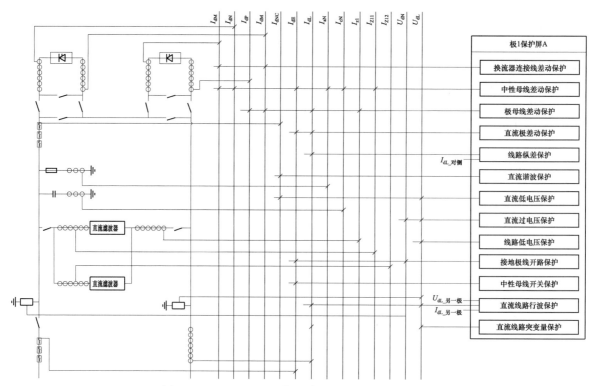

图 17－12　±800kV ZZ 换流站工程极 1 极保护配置图

　　图 17－14～图 17－16 分别为国内 ±500kV FN 换流站工程极 1 换流器保护配置图、极 1 极保护配置图和双极保护配置图。图中 I_{aN}、I_{CN} 分别为直流中性母线避雷器、电容器回路电流，I_{Z1}、I_{Z11}、I_{Z12} 分别为直流滤波器总回路和分支回路电流，其他测点符号含义参见表 17－1、表 17－2。

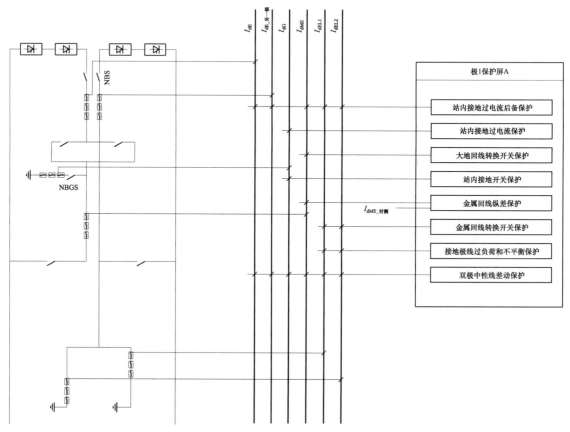

图 17－13　±800kV ZZ 换流站工程双极保护配置图

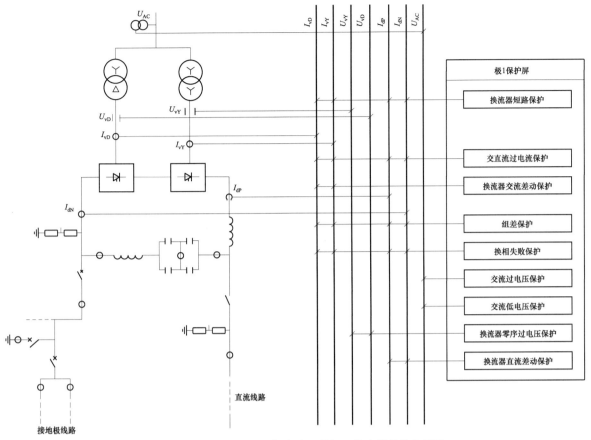

图 17-14　±500kV FN 换流站工程极 1 换流器保护配置图

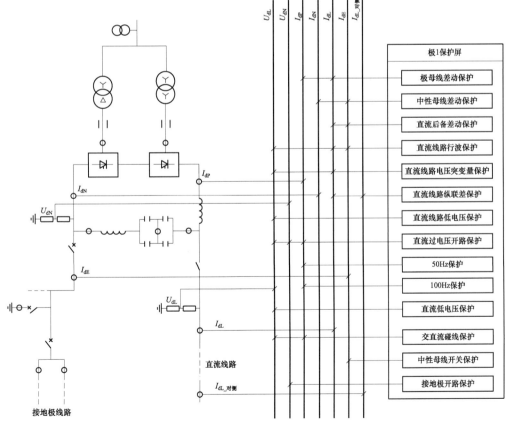

图 17-15　±500kV FN 换流站工程极 1 极保护配置图

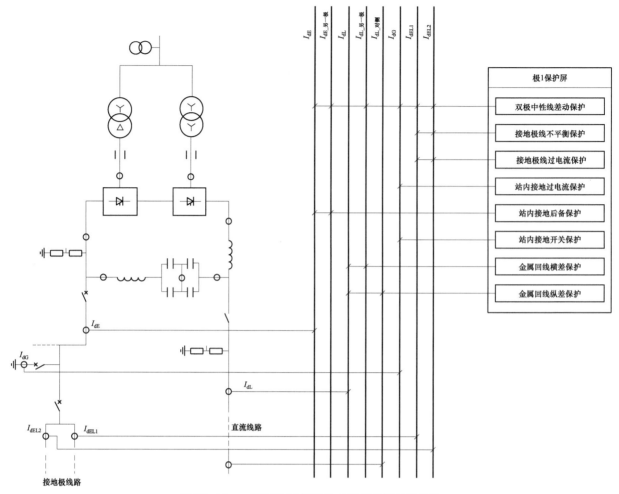

图 17—16 ±500kV FN 换流站工程双极保护配置图

第三节 换流变压器保护

换流变压器是直流输电系统中必不可少的重要设备。它为换流器提供规定相位差和电压值的交流电压,作为交流系统和直流系统的电气隔离并提供阀的换相电抗。由于换流变压器的运行与换流器的换相所造成的非线性密切相关,换流变压器在短路阻抗、谐波、直流偏磁、有载调压等方面与普通电力变压器有着不同的特点,换流变压器保护的配置与整定应予以考虑。

一、换流变压器保护配置

（一）换流变压器保护配置原则

换流变压器保护的配置除应满足本章第一节中的直流系统保护通用要求外,还要满足以下设计原则。

（1）换流变压器保护的配置应结合其特点,并考虑直流输电的各种运行工况对换流变压器的影响。

（2）换流变压器保护以 12 脉动换流器为基础配置,每个 12 脉动换流器所对应的换流变压器分别配置换流变压器保

护,包括电气量保护和非电量保护。

（3）换流变压器电气量保护采用独立的主、后备保护一体的电气量保护装置实现,也可将其保护功能集成在直流保护装置中实现。

（4）换流变压器非电量保护采用独立的非电量保护装置实现,也可由直流控制系统实现其功能。

（5）换流变压器保护应多重冗余配置。换流变压器电气量保护装置可双重化或三重化配置,非电量保护装置可双重化、三重化配置,也可单套配置。

（二）换流变压器保护配置内容

1. 换流变压器保护配置方法

换流变压器电气量主保护主要配置换流变压器及引线差动保护（一般也称换流变压器大差保护）、换流变压器差动保护（一般也称换流变压器小差保护）、换流变压器引线差动保护、换流变压器绕组差动保护和换流变压器零序差动保护;后备保护主要配置换流变压器引线过电流保护、换流变压器过电流保护、换流变压器零序电流保护、换流变压器过电压保护、换流变压器过励磁保护、换流变压器饱和保护、换流变压器过负荷保护。

换流变压器非电气量保护包括本体气体保护、主油箱压力释放保护、主油箱油位异常保护、油温和绕组温度异常保护；有载调压分接开关气体（或油流）保护、压力异常保护、压力释放保护、油位异常保护；套管 SF$_6$ 气体压力异常保护等。

2. 换流变压器保护配置图

目前已投运的直流输电工程中，换流变压器主要采用单相双绕组换流变压器、单相三绕组换流变压器。图 17-17～图 17-18 分别为双绕组换流变压器、三绕组换流变压器保护配置图，图中换流变压器保护用测点符号及定义见表 17-5。

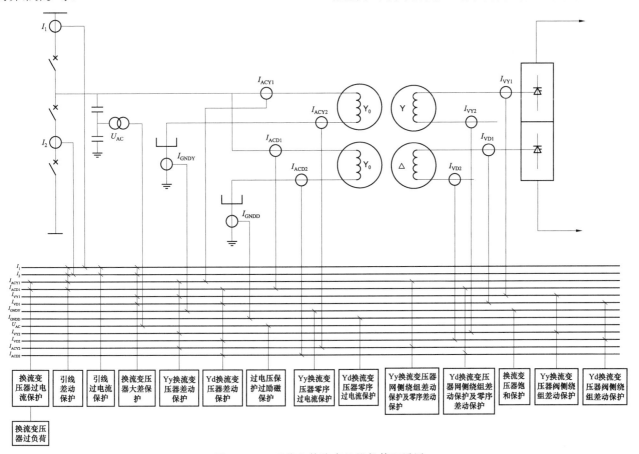

图 17-17　双绕组换流变压器保护配置图

表 17-5　换流变压器保护用测点符号及定义

测点符号	电量名称
I_1	换流变压器网侧边断路器电流
I_2	换流变压器网侧中断路器电流
I_{ACY1}	Yy 换流变压器网侧绕组首端套管电流
I_{ACY2}	Yy 换流变压器网侧绕组尾端套管电流
I_{ACD1}	Yd 换流变压器网侧绕组首端套管电流
I_{ACD2}	Yd 换流变压器网侧绕组尾端套管电流
I_{VY1}	Yy 换流变压器阀侧绕组首端套管电流
I_{VY2}	Yy 换流变压器阀侧绕组尾端套管电流
I_{VD1}	Yd 换流变压器阀侧绕组首端套管电流
I_{VD2}	Yd 换流变压器阀侧绕组尾端套管电流
I_{GNDY}	Yy 换流变压器网侧绕组中性点零序电流
I_{GNDD}	Yd 换流变压器网侧绕组中性点零序电流
U_{AC}	换流变压器网侧交流电压

（三）换流变压器保护功能

1. 换流变压器电气量保护

（1）换流变压器及引线差动保护。保护范围包括换流变压器引线和换流变压器，其目的是检测从换流变压器网侧相连的交流断路器到换流变压器阀侧穿墙套管电流互感器之间的各种区内故障。保护的工作原理是测量换流变压器网侧断路器电流（I_1、I_2）和阀侧套管电流（I_{VY}、I_{VD}），按相比较电流，当差动电流大于整定值时保护动作。保护应具有防止励磁涌流引起误动的能力，通常采用三相差动电流中的二次谐波含量或波形畸变来识别励磁涌流；保护在换流变压器过励磁时不应误动，通常采用三相差动电流中的 5 次谐波分量作为过励磁闭锁判据；具有防止区外故障引起保护误动的制动特性；具有严重内部故障下的差动速断功能，可不检测谐波；具有防止电流互感器暂态饱和过程中误动的措施；具有差流越限报警功能；具有电流互感器断线判别功能，并可选择是否闭锁差动保护。保护的动作出口为跳开换流变压器

417

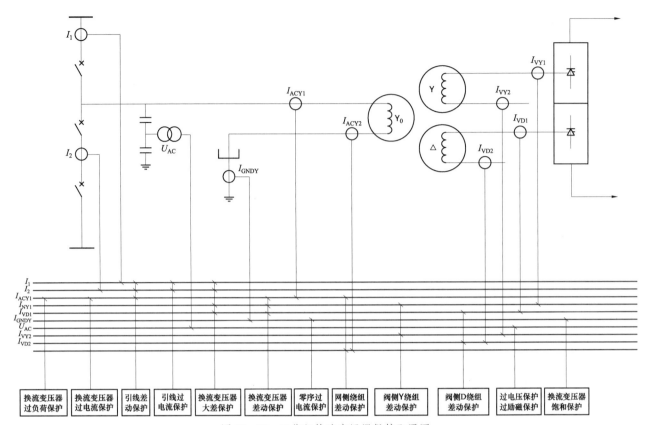

图 17-18　三绕组换流变压器保护配置图

网侧交流断路器、闭锁直流系统，并可根据运行要求切除换流变压器冷却器。

（2）换流变压器引线差动保护。保护范围包括从换流变压器网侧相连的交流断路器到换流变压器网侧套管电流互感器之间的区域，其目的是检测该区域的接地或相间短路故障。保护的工作原理是测量换流变压器网侧断路器电流（I_1、I_2）和网侧套管电流（I_{ACY}、I_{ACD}），按相比较差动电流，当差动电流大于整定值时保护动作，保护仅对工频敏感。保护应具有防止区外故障引起保护误动的制动特性；具有电流互感器断线判别功能，并可选择是否闭锁差动保护。保护的动作出口为跳开换流变压器网侧交流断路器、闭锁直流系统，并可根据运行要求切除换流变压器冷却器。

（3）换流变压器差动保护。保护范围包括换流变压器网侧套管和阀侧套管电流互感器之间的区域，其目的是检测该区域的各种区内故障。保护的工作原理是测量换流变压器网侧套管电流（I_{ACY}、I_{ACD}）和阀侧套管电流（I_{VY}、I_{VD}），按相比较电流，当差动电流大于整定值时保护动作。保护的技术要求和动作出口同换流变压器及引线差动保护。

（4）换流变压器绕组差动保护。保护目的是用于检测换流变压器各侧绕组内部的相间及接地故障，防止换流变压器绕组损坏。保护的工作原理是将换流变压器的各侧绕组分别作为被保护对象，在各侧绕组的两端均装设电流互感器，按

相测量各侧绕组的首端和尾端套管电流，当差动电流超过整定值时，保护以定时限特性动作。绕组差动保护不受换流变压器励磁涌流、带负荷调压及过励磁的影响，其构成简单，不需要设置励磁涌流闭锁元件和差动速断元件。但由于只差接变压器一侧的绕组，故对换流变压器同相绕组的匝间短路无保护作用。保护应具有防止区外故障引起保护误动的制动特性；具有电流互感器断线判别功能，并可选择是否闭锁差动保护。保护的动作出口为跳开换流变压器网侧交流断路器、闭锁直流系统，并可根据运行要求切除换流变压器冷却器。

（5）换流变压器零序差动保护。换流变压器零序差动保护包括引线零序差动保护和网侧绕组零序差动保护，分别反映引线差动和网侧绕组差动零序分量的故障分量，保护目的是检测换流变压器引线和网侧绕组的内部单相接地故障，避免换流变压器差动保护灵敏度不够所导致的保护缺陷，以提高切除换流变压器内部单相接地短路故障的可靠性。保护的工作原理是比较换流变压器网侧三相的零序电流（I_{ACY}、I_{ACD}）和中性线上的零序电流（I_{GNDY}、I_{GNDD}），如果差动电流超过整定值，保护动作。若在中性点采用单相电流互感器，对极性试验检查不宜实现，故零序差动保护采用电流互感器三相同极性并联自产零序电流。零序差动保护不受换流变压器励磁电流、带负荷调压的影响，但需要设置励磁涌流闭锁元件，

在换流变压器正常运行时，通常采用零序差动电流中的 2 次谐波含量来识别励磁涌流；保护应具有防止区外故障引起保护误动的制动特性；具有电流互感器断线判别功能，并可选择是否闭锁差动保护。由于变压器正常工况下及外部相间故障时没有零序电流，此时差动元件中无制动量，为提高零序差动保护动作灵敏度及工作可靠性，差动元件动作特性可取为 1 段折线式。在工程实践中，有的也采用不带制动特性的零序差动元件。保护的动作出口为跳开换流变压器网侧交流断路器、闭锁直流系统，并可根据运行要求切除换流变压器冷却器。

（6）换流变压器引线过电流保护。保护目的是检测换流变压器引线上的过电流，作为外部相间短路引起换流变压器引线过电流的后备保护。保护的工作原理是测量换流变压器网侧交流断路器的和电流（I_1、I_2），通常采用定时限动作特性。保护的动作出口为低定值报警，高定值跳开换流变压器网侧交流断路器、闭锁直流系统。

（7）换流变压器过电流保护。换流变压器过电流保护作为变压器内部相间短路的后备保护，保护目的是检测换流变压器内部的过电流。保护的工作原理是测量换流变压器网侧套管电流（I_{ACY}、I_{ACD}），通常采用定时限特性。保护的动作出口为低定值报警，高定值跳开换流变压器网侧交流断路器、闭锁直流系统。

（8）换流变压器零序过电流保护。换流变压器零序过电流保护是换流变压器绕组、引线、相邻元件接地故障的后备保护，保护目的是检测换流变压器内部单相接地短路故障。保护的工作原理是测量换流变压器网侧中性点零序电流（I_{GNDY}、I_{GNDD}），零序电流采用中性点外接零序电流。保护应能避免区外交流系统故障时误跳闸，应与外部故障期间零序电流的切除时间相配合。保护的动作出口为跳开换流变压器网侧交流断路器、闭锁直流系统。

（9）换流变压器过电压保护。保护目的是检测换流变压器网侧电压，防止严重的交流系统持续过电压对换流变压器和换流器造成损坏。保护的工作原理是测量换流变压器网侧引线上每相的电压（U_{AC}），比较相对地电压和电压整定值，从而判断是否发生非正常过电压。保护的动作出口为低定值动作于报警，高定值跳开换流变压器网侧交流断路器、闭锁直流系统。

（10）换流变压器过励磁保护。保护目的是检测换流变压器因过励磁引起的铁芯工作磁密度过高而损坏。保护的工作原理是根据换流变压器网侧引线上交流电压和频率的比值来反映换流变压器的过励磁。电压和频率的比值增加，会导致励磁电流增加，从而使铁芯发热。保护通常采用反时限特性，其反时限保护特性应与换流变压器的允许过励磁能力相配合。保护的动作出口为低定值动作于报警，高定值跳开换流变压器网侧交流断路器、闭锁直流系统。

（11）换流变压器过负荷保护。保护目的是检测换流变压器的过负荷工况。保护的工作原理是测量换流变压器网侧套管三相电流（I_{ACY}、I_{ACD}），取最大相电流作为判据。保护的动作出口为发过负荷报警信号。

（12）换流变压器饱和保护。保护目的是防止直流电流从换流变压器中性点进入换流变压器，引起换流变压器饱和，防止换流变压器由于直流偏磁导致过热或剧烈的振动。保护的工作原理是监测换流变压器网侧中性点电流（I_{GNDY}），以中性点电流的直流分量作为动作判据。在单极大地运行方式或双极不平衡运行方式时，当直流中性母线接地开关闭合时，会有直流电流通过换流变压器中性点，该直流电流较大时将导致换流变压器励磁电流畸变而使换流变压器铁芯饱和。其主要特征是换流变压器中性点电流将出现周期性的尖峰波，尖峰波的幅值将随着直流偏磁电流的大小线性变化。保护将据此计算出换流变压器的偏磁电流，并进行积分，积分值与换流变压器在一段时间内允许的直流偏磁值进行比较，按比较结果分别发报警或跳闸信号。换流变压器饱和保护可通过在换流变中性点装设专门的直流电流测量装置直接测量直流偏磁；也可通过换流变压器中性点的交流电流互感器来间接测量直流偏磁。如果通过交流电流互感器进行饱和保护，采用交流侧外接零序电流互感器。当直流控制保护系统已经配置换流变压器饱和保护功能时，可不再重复配置。

表 17-6 为换流变压器电气量保护一览表，包括保护名称、反映的故障或异常运行类型、测量点、保护原理及动作策略，表中保护原理的符号含义参考 DL/T 277《高压直流输电系统控制保护整定技术规程》。

表 17-6　换流变压器电量保护一览表

保护名称	反映的故障或异常运行类型	测量点	保护原理	保护动作策略			
				报警	闭锁直流系统	跳换流变压器网侧断路器	切除换流变压器冷却器
换流变压器及引线差动保护	换流变压器及引线各种区内故障	I_2、I_1、I_{VY}、I_{VD}	$I_{cdqd} = K_{rel}(K_{er} + \Delta U + \Delta m)I_n$		√	√	△

保护名称	反映的故障或异常运行类型	测量点	保护原理	保护动作策略			
				报警	闭锁直流系统	跳换流变压器网侧断路器	切除换流变压器冷却器
换流变压器引线差动保护	换流变压器引线故障	I_2、I_1、I_{ACY}、I_{ACD}	$I_{cdqd} = K_{rel}(K_{er} + \Delta m)I_{max}$		√	√	△
换流变压器差动保护	换流变压器各种区内故障	I_{ACY}、I_{ACD}、I_{VY}、I_{VD}	$I_{cdqd} = K_{rel}(K_{er} + \Delta U + \Delta m)I_n$		√	√	△
换流变压器绕组差动保护	换流变压器各侧绕组的相间及接地故障	I_{ACY}、I_{ACD}、I_{VY}、I_{VD}	$I_{cdqd} = K_{rel}I_{unb.0}$ 或 $I_{cdqd} = K_{rel} \times 2 \times 0.03 \times I_n$		√	√	△
换流变压器零差保护	换流变压器引线和网侧绕组的单相接地故障	I_{ACY}、I_{ACD}	当采用比率制动型差动保护时 $I_{cdqd} = K_{rel}(K_{er} + \Delta m)I_n$		√	√	△
换流变压器引线过电流保护	换流变压器引线上的过电流	I_2、I_1	$I_{op} = \dfrac{K_{rel}}{K_r}I_{scmax}$	√[1]	√[2]	√[2]	
换流变压器过电流保护	换流变压器内部的过电流	I_{ACY}、I_{ACD}	$I_{op} = \dfrac{K_{rel}}{K_r}I_{Lmax}$	√[1]	√[2]	√[2]	
换流变压器零序电流保护	换流变压器内部单相接地短路故障	I_{GNDY}、I_{GNDD}	$I_{op.0} > I_{0set}$		√	√	
换流变压器过电压保护	换流变压器因交流系统过电压而损坏	U_{AC}	$U_{op} = K_{set}U_n$	√[1]	√[2]	√[2]	
换流变压器过励磁保护	换流变压器铁芯的工作磁密过高而损坏	U_{AC}	保护特性应与换流变压器的允许过励磁能力相配合	√[1]	√[2]	√[2]	
换流变压器饱和保护	换流变压器由于直流偏磁导致过热或剧烈的振动	I_{GNDY}	保护特性应与换流变压器的允许饱和能力相配合	√[1]	√[2]		
换流变压器过负荷保护	换流变压器的过负荷工况	I_{ACY}、I_{ACD}	$I_{op} = K_{set}I_n$	√			

注　"√"表示动作，"△"表示可以根据运行要求动作到该状态。

[1] 保护低定值动作于该动作策略。

[2] 保护高定值动作于该动作策略。

2. 换流变压器非电气量保护

（1）瓦斯保护。保护包括换流变压器本体瓦斯保护、升高座瓦斯保护和有载调压分接开关瓦斯保护，分别用于检测换流变压器本体油箱、升高座和分接开关内部故障。保护的工作原理是当换流变压器或分接开关内部故障，油箱内产生轻微瓦斯时，瓦斯继电器（也称气体继电器）动作于报警；当油箱内产生大量瓦斯时，瓦斯继电器动作于跳开换流变压器网侧交流断路器、闭锁直流系统，并可根据运行要求切除换流变压器冷却器。

（2）压力释放保护。保护包括换流变压器本体主油箱压力释放保护和有载调压分接开关压力释放保护，分别用于避免换流变压器和分接开关内部故障引起内部过压力。保护的

工作原理是当换流变压器或分接开关的油箱压力太高时，相应的压力释放继电器动作，将阀门打开，释放压力。压力继电器的定值应将压力限制在油箱不受损坏的水平，保护目前一般动作于报警。

（3）油位异常保护。保护包括换流变压器主油箱油位异常保护和有载调压分接开关油位异常保护，分别用于检测换流变压器主油箱和分接开关油位内部故障引起内部过压力。保护的工作原理是通过液压传感器检测储油柜中的油位，当储油柜的油位高于最高油位或低于最低油位时保护动作，保护一般动作于报警。

（4）温度异常保护。保护包括油温异常保护和绕组温度异常保护。油温异常保护用于检测换流变压器油的温度，防

止油温过高引起换流变压器过热。保护的工作原理是分别为换流变压器内顶部和底部的油温配置温度计测量温度。油温异常保护应与换流变压器的耐热特性配合；绕组温度异常保护用于检测换流变压器绕组温度，防止内部绕组温度过高故障对换流变压器造成损坏。保护的工作原理是通过测量流过换流变压器绕组的电流，建模计算绕组的热点温度。并按照可选的发热时间常数动作，保护的定值按照变压器制造厂提供的绕组温度与外部温度的热曲线设置。换流变压器油温和绕组温度保护，一般动作于报警。

（5）油流/压力异常保护。保护用于检测有载调压分接开关的油流/压力。油流保护的工作原理是检测换流变压器分接开关与油箱之间管道中的油流，通过油流在检测器上产生的压强来检测油流大小；压力保护的工作原理是检测油箱中压力，如果油箱中压力高，分接开关的压力继电器动作。若换流变压器分接开关仅配置了油流继电器或压力继电器，则保护一般动作于跳闸；若换流变压器分接开关同时配置了油流和压力继电器，则油流继电器动作于跳闸，压力继电器动作于报警。

（6）阀侧套管 SF_6 气体密度（压力）异常保护。保护用于检测换流变压器套管 SF_6 气体压力，保护换流变压器套管，防止气体压力低受损。保护的工作原理是当套管 SF_6 气体压力降低到低定值时，保护动作于信号；当套管 SF_6 气体压力降低到超低定值时，保护动作于跳闸。

二、换流变压器保护整定计算

换流变压器保护的整定计算原则按 DL/T 277《高压直流输电系统控制保护整定技术规程》的有关规定执行，下面仅简要介绍换流变压器差动保护、换流变压器绕组差动保护、换流变压器过电流保护、换流变压器过电压保护、换流变压器饱和保护的整定计算方式。

（一）换流变压器差动保护

目前，在换流变压器差动保护装置中，为提高内部故障时的动作灵敏度及可靠躲过外部故障引起不平衡的差动电流造成误动作，一般均采用具有比率制动特性的差动保护，其动作特性曲线为折线型。换流变压器差动保护的整定计算通常包括短路电流的计算和差动保护动作特性参数的计算。

短路电流计算包括如下 2 种运行方式的计算：

（1）系统最大运行方式下的换流变压器阀侧外部短路时，计算通过换流变压器差动保护的最大穿越性三相短路电流，其目的为计算差动保护的最大不平衡电流和最大制动电流。

（2）系统最小运行方式下，计算差动保护区内最小两相短路电流，其目的为计算差动保护的最小灵敏系数。

差动保护动作特性参数的计算，就是要确定与比率制动

差动元件、励磁涌流判别元件、差动速断元件及过励磁闭锁元件动作特性有关的物理量的值。

1. 比率制动差动元件

在国内，换流变压器差动保护多采用带比率制动的 3 段折线式动作特性的差动元件，图 17-19 为换流变压器比率差动保护动作特性曲线。折线包括速断区、动作区和制动区，动作特性曲线由启动电流、拐点电流及比率制动特性斜率 3 个参数所确定，它也是决定差动元件动作灵敏度及工作可靠性的三要素。对差动元件的整定就是确定三要素的大小。

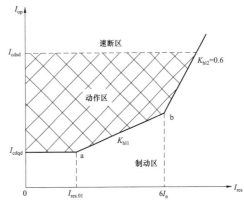

图 17-19 换流变压器比率差动保护动作特性曲线

I_{op} —差动保护的动作电流；I_{res} —差动保护的制动电流；I_n —换流变压器二次额定电流；I_{cdqd} —差动保护最小动作电流；I_{cdsd} —差动速断元件的动作电流；$I_{res.01}$ —起始制动电流；K_{bl1} 、 K_{bl2} —比率制动系数

（1）启动电流 I_{cdqd} 。也叫最小动作电流，用来开放比率差动元件。最小动作电流值应按躲过正常工况下换流变压器额定负荷时的最大不平衡电流整定，可按式（17-17）计算

$$I_{cdqd} = K_{rel}(K_{er} + \Delta U + \Delta m)I_n \qquad (17-17)$$

式中　I_n ——换流变压器二次额定电流；

　　　K_{rel} ——可靠系数，取 1.3～1.5；

　　　K_{er} ——电流互感器的比误差，5P 型和 TP 型取 0.01×2；

　　　ΔU ——换流变压器改变分接开关的分接头或带负荷调压引起的误差，取调压范围中偏离额定值的最大百分值；

　　　Δm ——电流互感器变比未完全匹配产生的相对误差，取 0.05。

一般情况下取 $I_{cdqd} = (0.2～0.5) I_n$ ，并应实测最大负荷时差动回路中的不平衡电流。

（2）拐点电流。也是制动特性曲线的转折点电流。为躲过区外故障被切除后的暂态过程对换流变压器差动保护的影响，应使保护的制动作用提早产生，对于比率差动的第 1 个拐点电流，也是起始制动电流 $I_{res.01}$，通常取为 $(0.8～1.0) I_n$，比率差动的第 2 个拐点电流，通常取为 $6 I_n$。

（3）斜率。动作特性折线的斜率，也是差动元件动作特

性曲线的比率制动系数，是差动保护的动作电流与制动电流的比值。

1）差动保护的制动电流应大于外部短路时流过差动回路的不平衡电流。换流变压器的种类不同，其不平衡电流的计算方式也不同。

两绕组变压器阀侧外部短路时的差动回路最大不平衡电流 $I_{unb.max}$ 可按式（17-18）计算

$$I_{unb.max} = (K_{ap}K_{cc}K_{er} + \Delta U + \Delta m)I_{k.max} \qquad (17-18)$$

式中　K_{ap} ——非周期分量系数，两侧同为 TP 级电流互感器取 1.0，两侧同为 P 级电流互感器取 1.5～2.0；

　　　K_{cc} ——电流互感器的同型系数，取 1.0；

　　　$I_{k.max}$ ——外部短路时最大穿越短路电流周期分量，二次值；

　　　K_{er}、ΔU、Δm 的物理意义同式（17-17）。

2）差动保护的动作电流 I_{op}。应不小于外部故障时差动回路的最大不平衡电流，可按式（17-19）计算

$$I_{op} \geq K_{rel}I_{unb.max} \qquad (17-19)$$

式中　K_{rel} ——可靠系数，取 1.3～1.5；

　　　$I_{unb.max}$ ——差动回路最大不平衡电流，二次值。

3）最大制动系数。在差动元件的动作特性曲线中，制动系数 K_{res} 与制动特性斜率 K_{bl} 的意义完全不同。在制动段上，只有斜率 K_{bl} 值为常数，不随制动电流 I_{res} 变化，而制动系数 K_{res} 却随制动电流 I_{res} 发生变化，故整定的比率制动系数实质上是折线的斜率 K_{bl}。为了防止外部故障时保护装置误动作，依靠的是制动系数，而不是斜率，因此应合理选择制动系数，使各点的制动系数值均满足选择性及灵敏性，使差动元件的制动特性曲线位于理想的制动特性曲线上部。

最大制动系数电流系数 $K_{res.max}$ 可按式（17-20）计算

$$K_{res.max} = I_{op} / I_{res.max} \qquad (17-20)$$

式中　I_{op} ——差动保护的动作电流，二次值；

　　　$I_{res.max}$ ——最大制动电流，二次值，应根据各侧短路时的不同制动电流而定。

4）动作特性折线斜率。根据差动元件的启动电流 I_{cdqd}、第一拐点电流 $I_{res.01}$、最大制动电流 $I_{res.max}$、最大制动系数 $K_{res.max}$，按式（17-21）计算比率差动保护动作特性曲线中折线的斜率 K_{bl1}：

$$K_{bl1} = \frac{K_{res.max} - I_{cdqd} / I_{res.max}}{1 - I_{res.01} / I_{res.max}} \qquad (17-21)$$

当 $I_{res.max} = I_{k.max}$ 时，有 $K_{bl1} = \dfrac{I_{op.max} - I_{cdqd}}{I_{k.max} - I_{res.01}}$，因此对于稳态比率差动，$I_{res.01} = 1.0I_n$ 时，有 $K_{bl1} = \dfrac{I_{op.max} - I_{cdqd}}{I_{k.max} - 1.0I_n}$

斜率 K_{bl1} 一般推荐为 0.5。

（4）灵敏系数的校验。保护的灵敏系数应不小于 2，灵敏系数 K_{sen} 可按式（17-22）计算

$$K_{sen} = I_{k.min} / I_{op} \qquad (17-22)$$

式中　$I_{k.min}$ ——最小运行方式下，差动保护区内换流变压器阀侧两相金属性短路电流；

　　　I_{op} ——根据计算出的制动电流 I_{res}，在制动特性曲线上查得的对应动作电流。

2. 励磁涌流判别元件

在利用二次谐波制动来防止励磁涌流误动的差动保护中，二次谐波制动比表示差电流中的二次谐波分量与基波分量的比值，二次谐波制动比是表征单位二次谐波电流制动作用大小的一个物理量。差动保护的二次谐波制动比，通常整定为 15%～20%。

3. 差动速断元件

由于比率差动保护需要识别换流变压器的励磁涌流和过励磁运行状态，换流变压器内部发生严重故障时，不能够快速切除故障，所以配置差流速断保护，作为纵差保护的辅助保护，快速切除换流变压器内部严重故障，防止由于电流互感器饱和引起的纵差保护延时动作对电力系统稳定带来危害。差动速断保护只反映差流的有效值，不受差流中谐波及波形畸变的影响。

差动速断元件的动作电流 I_{cdsd} 应躲过换流变压器励磁涌流，可按式（17-23）计算

$$I_{cdsd} = KI_n \qquad (17-23)$$

式中　I_n ——换流变压器二次额定电流；

　　　K ——励磁涌流倍数，换流变压器 K 值推荐取大于 5.0。

差动速断保护灵敏系数应按正常运行方式下保护安装处两相金属性短路计算，要求不小于 1.2。

4. 过励磁闭锁元件

换流变压器过励磁时，励磁电流急剧增加，可能引起差动保护误动作，通常采用 5 次谐波制动判据。保护利用三相差动电流中的 5 次谐波的含量作为对过励磁的判断，其判据方程按式（17-24）计算

$$I_{op5} \geq K_5 I_{op1} \qquad (17-24)$$

式中　I_{op5} ——每相差动电流中的 5 次谐波；

　　　K_5 ——5 次谐波制动系数；

　　　I_{op1} ——每相差动电流中的基波。

（二）换流变压器绕组差动保护

换流变压器绕组差动保护是将换流变压器的各侧绕组分别作为被保护对象，采用比率制动特性，构成较简单，不需要设置励磁涌流闭锁元件和差动速断元件。比率制动差动元件的整定计算方法如下。

1. 短路电流计算

为计算差动保护的最大不平衡电流和最大制动电流，网侧最大穿越电流按最大运行方式下阀侧三相金属性短路计算；阀侧 y 绕组最大穿越电流按最大运行方式下阀侧 y 绕组三相金属性短路计算；阀侧 d 绕组最大穿越电流按最大运行方式下阀侧 d 绕组三相金属性短路计算。

2. 比率制动差动元件

（1）启动电流 I_{cdqd}。应按躲过正常工况下换流变压器额定负荷时的最大不平衡电流整定，可按式（17-25）计算

$$I_{cdqd} = K_{rel}I_{unb.0} \text{ 或 } I_{cdqd} = K_{rel} \times 2 \times 0.03 \times I_n \quad (17-25)$$

式中　K_{rel}——可靠系数，取1.5；

　　　$I_{unb.0}$——在变压器额定电流下，差动回路中的不平衡电流实测值；

　　　I_n——换流变压器二次额定电流。

工程中一般宜取 $I_{cdqd} = (0.1 \sim 0.2)I_n$。

（2）拐点电流。比率差动的第 1 个拐点电流，也是起始制动电流 $I_{res.01}$，通常取为（0.8～1.0）I_n。

（3）动作特性折线斜率。根据差动启动值 I_{cdqd}、第一拐点电流 $I_{res.01}$、最大制动电流 $I_{res.max}$、最大制动系数 $K_{res.max}$，计算比率差动保护动作特性曲线中折线的斜率 K_{bl}。

差动保护的最大制动系数 $K_{res.max}$ 可按式（17-26）计算

$$K_{res.max} = K_{rel}K_{ap}K_{cc}K_{er} \quad (17-26)$$

式中　K_{rel}——可靠系数，取1.5；

　　　K_{ap}——非周期分量系数，TP 级电流互感器取 1.0，P 级电流互感器取 1.5～2.0；

　　　K_{cc}——同型系数，取 0.5；

　　　K_{er}——电流互感器比误差，取 0.1。

比率差动保护动作特性曲线中折线的斜率 K_{bl} 按式（17-27）计算

$$K_{bl} = \frac{K_{res.max} - I_{cdqd}/I_{res.max}}{1 - I_{res.01}/I_{res.max}} \quad (17-27)$$

斜率 K_{bl} 一般可选为 0.5。

（4）灵敏系数的校验。灵敏系数 K_{sen} 仍可按式（17-22）计算，只是式中 $I_{k.min}$ 为最小运行方式下的短路电流，对交流侧绕组按差动保护区内换流变压器两相金属性短路或单相故障计算；阀侧绕组按差动保护区内换流变压器阀侧两相金属性短路计算。差动保护灵敏系数应不小于 2。

（三）换流变压器过电流保护

（1）动作电流。换流变压器过电流保护以换流变压器网侧套管电流互感器的测量值作为动作判据，定时限保护动作电流 I_{op} 按式（17-28）计算

$$I_{op} = \frac{K_{rel}}{K_r}I_{Lmax} \quad (17-28)$$

式中　K_{rel}——可靠系数，不低于 1.2；

　　　K_r——返回系数，可取 0.95；

　　　I_{Lmax}——换流变压器的最大负荷电流。

换流变压器的最大负荷电流由系统设计时直流短时过负荷能力决定，保护的延时时间也需要与直流系统允许的过负荷能力相配合。当换流变压器保护同时配置换流变压器引线过电流保护和换流变压器过电流保护时，换流变压器引线过电流保护的动作时间应长于换流变压器过电流保护。

（2）灵敏系数校验。保护的灵敏度系数尽量大于 1.3，灵敏系数 K_{sen} 可按式（17-29）校验

$$K_{sen} = \frac{I_{kmin}^{(2)}}{I_{op}} \quad (17-29)$$

式中　$I_{kmin}^{(2)}$——阀侧两相金属性短路时过电流保护的最小短路电流。

（四）换流变压器过电压保护

换流变压器过电压保护以换流变压器网侧电压互感器的测量值作为动作判据，保护的动作电压 U_{op} 按式（17-30）计算

$$U_{op} = K_{set}U_n \quad (17-30)$$

式中　U_n——换流变压器网侧二次额定电压；

　　　K_{set}——保护定值。

保护定值的选择应根据换流变压器制造厂提供的允许过电压能力或躲过交流系统操作过电压的影响，保护延时时间也需要与直流控制保护系统调节交流电压的时间配合。

（五）换流变压器饱和保护

换流变压器饱和保护以换流变压器中性点电流的直流分量作为动作判据。当换流变压器中性点装设专门的直流电流互感器时，由换流变压器制造厂提供流过换流变压器的直流电流和运行时间的对应表，保护通过检测中性点的直流电流直接进行饱和保护判断；当换流变压器中性点仅装设交流电流互感器时，换流变压器制造厂不仅需提供流过换流变压器的直流电流和运行时间的对应表，还需提供流过换流变压器的零序电流和直流电流的关系，保护通过检测中性点的零序电流间接进行饱和保护判断。

换流变压器饱和保护分定时限和反时限 2 种。

（1）定时限饱和保护。换流变压器定时限饱和保护的保护特性应与换流变压器的允许饱和能力相配合，如图 17-20 所示。

（2）反时限饱和保护。换流变压器反时限饱和保护的保护特性应与换流变压器的允许饱和能力相配合，如图 17-21 所示。

保护定值所形成的曲线要低于换流变压器的直流电流和换流变压器耐受时间的规定曲线，并且不会与其相交。

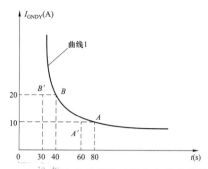

图 17-20 换流变压器定时限饱和保护特性图

A, B—换流变压器允许饱和曲线上的点；A', B'—保护定值，
　动作时间可根据允许的饱和能力适当整定
I_{GNDY}—流过 Yy 换流变压器中性点的直流电流；t—饱和时间；
曲线 1—制造厂提供的换流变压器允许饱和能力曲线

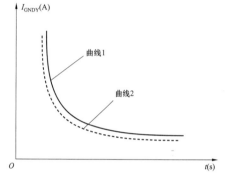

图 17-21 换流变压器反时限饱和保护特性图

I_{GNDY}—流过 Yy 换流变压器中性点的直流电流；t—饱和时间；
曲线 1—制造厂提供的换流变压器允许饱和能力曲线；
曲线 2—饱和保护整定的动作特性曲线

三、装置及外部接口

（一）保护装置的配置及组屏

目前国内已投运的直流输电工程中换流变压器保护配置差异较大，换流变压器电气量保护装置有双重或三重化独立配置，也有考虑到其保护动作出口要闭锁直流系统，将保护功能集成在直流保护装置中实现的；换流变压器非电量保护装置有单重、双重或三重化独立配置的，也有由直流控制系统实现的。因此换流变压器保护功能是由独立的保护装置实现还是集成在直流控制保护装置中，宜综合考虑管理要求和运行习惯。独立配置时应按如下原则组屏。

（1）当换流变压器配置独立的电气量保护装置时，宜按每个 12 脉动换流器对应的换流变压器配置保护装置，每套换流变压器电气量保护装置宜独立组 1 面保护屏。

（2）当换流变压器配置独立的非电量保护装置时，宜按每个 12 脉动换流器对应的换流变压器配置保护装置，每套换流变压器非电量保护装置宜独立组 1 面保护屏。当非电量保护采用三重化配置时，换流变压器非电量三取二出口逻辑应采用单独的装置实现。

（二）通信及接口

1. 与直流控制系统的通信及接口

（1）换流变压器保护装置与直流控制设备的通信接口宜采用高速以太网或控制总线，传输介质为光纤或通信电缆。如果有需要也可采用硬接线方式。

（2）换流变压器保护闭锁直流系统采用交叉方式，即每一套换流变压器保护发出的闭锁信号分别至双重化的直流控制系统。

2. 与换流站运行人员控制系统和保护及故障信息子站的通信接口

换流变压器保护装置应具有与换流站运行人员控制系统和保护及故障信息子站系统通信的功能，以便向其传送保护的动作顺序、动作时间、故障类型、保护状态、报警等信息。通信宜采用以太网接口，通信规约宜采用 DL/T 860《变电站通信网络和系统》。

3. 与换流变压器本体的接口

换流变压器保护与换流变压器本体端子箱或汇控箱之间接口如下：

（1）模拟量输入接口。通常有换流变压器网侧、阀侧套管电流互感器三相电流、换流变压器网侧中性点零序电流信号接入至换流变压器电量保护，其电流互感器二次绕组数量应满足电量保护的冗余要求。

（2）开关量输入接口。通常有下列换流变压器本体跳闸信号接入至换流变压器非电量保护，信号类型采用无源触点，触点的数量应满足非电量保护的冗余要求。

1）本体气体继电器重瓦斯触点。

2）升高座气体继电器重瓦斯触点。

3）阀侧首/尾端套管 SF_6 压力继电器跳闸触点。

4）分接开关油流继电器/压力继电器跳闸触点。

（3）开关量输出接口。换流变压器差动保护、重瓦斯动作可根据设备需要切除油泵。

4. 与时间同步系统的接口

换流变压器保护装置应具备对时功能，宜采用 RS-485 串行或以太网数据通信接口接收时间同步系统发出的 IRIG-B（DC）码，作为对时信号源，也可采用脉冲对时信号。

5. 与换流变压器网侧交流互感器的接口

（1）从换流变压器网侧进线交流电压互感器获取换流变压器引线三相电压。

（2）从换流变压器网侧进线所接交流串中 2 台断路器对应的交流电流互感器获取换流变压器网侧交流断路器三相电流。

6. 与换流变压器网侧交流断路器的接口

（1）输出跳开换流变压器网侧交流断路器跳闸信号，至断路器操作回路。

（2）输出启动交流断路器失灵信号，至断路器保护屏。

（3）换流变压器电量保护出口启动断路器失灵保护、不启动重合闸，非电量保护出口不启动失灵保护、不启动重合闸。

7. 与故障录波器的接口

输出换流变压器保护动作信号，至故障录波器屏。

8. 与换流变压器保护相关的一次设备参数

（1）换流变压器的短路阻抗。

（2）换流变压器的额定功率、电压和电流。

（3）换流变压器过励磁曲线和饱和曲线。

（4）换流变压器调压分接开关抽头的范围和级差。

四、工程实例

图 17-22 为国内 ±500kV MJ 换流站工程极 1 换流变压器保护配置图，图 17-23 为 ±800kV SL 换流站工程极 1 高端换流变压器保护配置图，图 17-24 为 LB 背靠背换流站工程 500kV 侧换流变压器保护配置图。

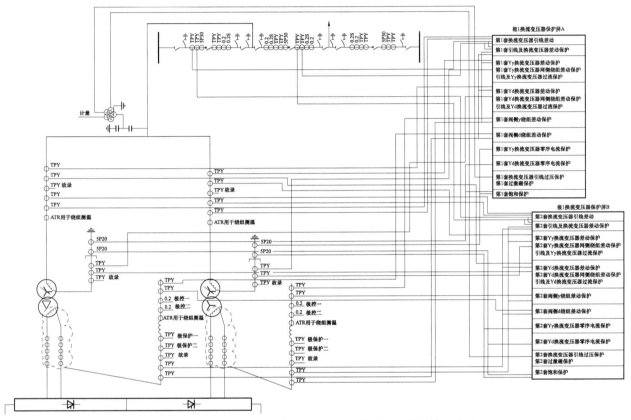

图 17-22　±500kV MJ 换流站工程极 1 换流变压器保护配置图

第四节　直流滤波器保护

对于有直流架空线路的直流工程一般需要装设直流滤波器。直流滤波器通常连接在直流极母线与极中性母线之间，用于降低换流器产生的谐波通过直流线路对邻近通信系统产生干扰。

一、直流滤波器保护配置

（一）直流滤波器保护配置原则

直流滤波器保护的配置除应满足本章第一节中的直流系统保护通用要求外，还要满足以下设计原则。

（1）直流滤波器保护的配置需要考虑直流滤波器的分组情况、特征谐波和接线型式。

（2）每个直流极可按直流滤波器小组单元配置独立的直流滤波器保护，也可按极将直流滤波器保护功能集成在直流保护装置中。

（3）当直流滤波器保护独立配置时，应双重化配置主、后备一体的直流滤波器保护装置。

（4）当直流滤波器保护与直流保护集成设计时，两者之间宜相对独立，当投入或退出直流滤波器的运行，或对直流滤波器一次、二次回路的检修时不应影响直流系统的运行。

（二）直流滤波器保护配置内容

1. 直流滤波器保护配置方法

针对直流滤波器的各种故障及异常运行，每组直流滤波器主要配置差动保护、高压电容器不平衡保护、电阻热过负荷保护、电抗器热过负荷保护、失谐监视保护等。

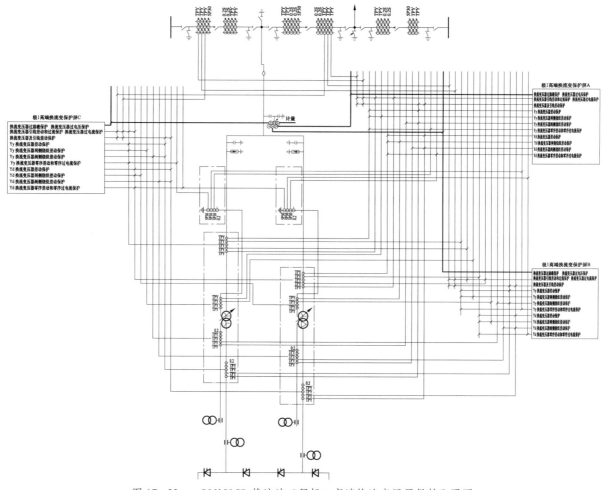

图 17-23　±800kV SL 换流站工程极 1 高端换流变压器保护配置图

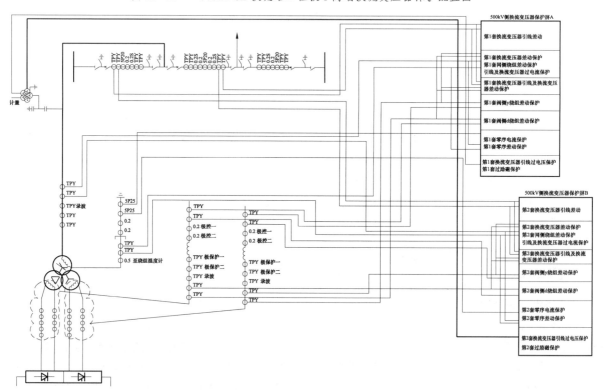

图 17-24　LB 背靠背换流站扩建工程 500kV 侧换流变压器保护配置图

2. 直流滤波器保护配置图

目前已投运的直流输电工程中，直流滤波器常用的有双调谐直流滤波器和三调谐直流滤波器。其中高压电容器的接线方式有的工程采用∏形接线，有的工程采用 H 形接线，不同的电流互感器装设位置，直流滤波器保护功能所采用的测量量略有不同。图 17－25～图 17－28 分别为不同类型的直流滤波器保护配置图，图中直流滤波器保护用测点符号及定义见表 17－7。

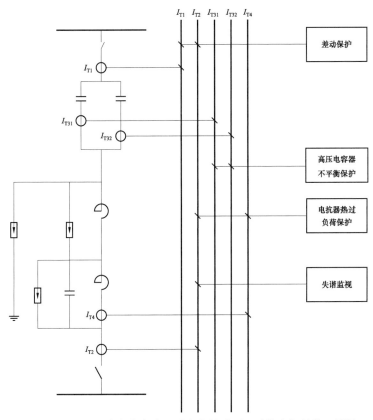

图 17－25　双调谐直流滤波器（电容器采用∏形接线）保护配置图

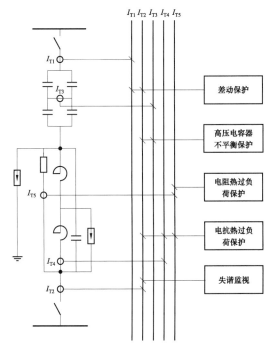

图 17－26　双调谐直流滤波器（电容器采用 H 形接线）
保护配置图

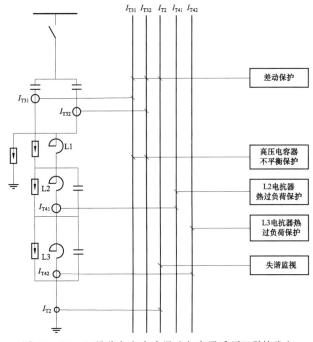

图 17－27　三调谐直流滤波器（电容器采用∏形接线）
保护配置图

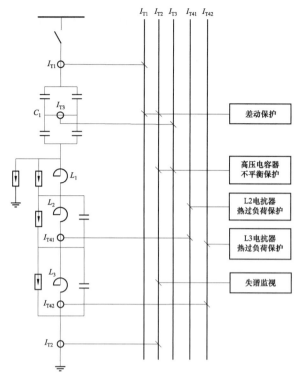

图 17-28 三调谐直流滤波器（高压电容器采用 H 形接线）保护配置图

表 17-7 直流滤波器保护用测点符号及定义

测点符号	电 量 名 称
I_{T1}	直流滤波器高压侧电流
I_{T2}	直流滤波器低压侧电流
I_{T3}	直流滤波器高压侧电容器不平衡电流
I_{T31}	直流滤波器高压侧电容器分支 1 电流
I_{T32}	直流滤波器高压侧电容器分支 2 电流
I_{T4}	直流滤波器电抗器电流
I_{T5}	直流滤波器电阻器电流

（三）直流滤波器保护功能

1. 差动保护

保护范围包括直流滤波器高压端电流互感器和低压端电流互感器之间的区域，用于检测直流滤波器保护区内的接地故障。保护的工作原理是测量直流滤波器高压侧（I_{T1}）和低压侧电流（I_{T2}），当高压侧电流和低压侧电流的差值大于整定值时动作。保护要考虑直流控制系统工况改变、交流系统的运行情况发生很大变化及故障电流所产生的高频分量影响，具有防止冲击电流引起保护误动的功能；保护应具有防止区外故障保护误动的制动特性。保护的动作出口为紧急停运故障滤波器所在的直流极。紧急停运故障滤波器所在的直流极包括发出 ESOF 信号至直流极控系统、跳开换流变压器网侧断路器和高速中性线母线开关。当紧急停运 ESOF 执行后，极

控将相应的直流滤波器高压侧隔离开关分开。

2. 高压电容器不平衡保护

保护的目的是检测高压电容器内部元件损坏，避免由于电容器故障导致剩余完好元件上的过压超过元件承受范围之后的雪崩效应。保护的工作原理是通过检测直流滤波器的高压电容器两桥臂电流（I_{T31}、I_{T32}）的差电流值与和电流的比值（当高压电容器采用∏形接线时），或者直接测量高压电容器两桥臂的不平衡电流（I_{T3}）（当高压电容器采用 H 形接线时）作为动作依据。保护应具有补偿电容器初始不平衡电流的功能。不平衡保护应能根据故障的严重程度的不同，相应地动作于报警信号和跳闸。保护的跳闸出口为根据直流滤波器高压侧电流的大小和高压侧隔离开关断弧能力，选择拉开直流滤波器高压侧隔离开关或紧急停运故障滤波器所在的直流极。若流过直流滤波器高压侧隔离开关的电流超过开关的开断能力，则紧急停运故障滤波器所在的直流极，反之仅拉开直流滤波器高压侧隔离开关，切除直流滤波器。

3. 电抗器热过负荷保护

保护通过检测直流滤波器电抗器的过电流，使电抗器免受过应力影响。保护的工作原理是以流过直流滤波器电抗元件的全电流（I_{T4}）作为判据。电抗过负荷保护应考虑电抗元件各次谐波的集肤效应系数。过负荷保护按原理分为定时限过负荷和反时限过负荷保护。直流滤波器电抗过负荷保护需要直流滤波器电抗器生产厂家提供电抗器流过工频电流时的过负荷曲线，同时需提供各次谐波电流的等效工频系数。定、反时限过负荷保护定值均需与生产厂家提供的电抗器过负荷曲线配合。保护的动作出口为根据直流滤波器高压侧电流的大小和高压侧隔离开关断弧能力，选择拉开直流滤波器高压侧隔离开关或紧急停运故障滤波器所在的直流极。

4. 电阻热过负荷保护

保护的目的是检测直流滤波器电阻器的过电流，防止电阻器受过应力影响。保护的工作原理是以流过直流滤波器电阻元件的全电流（I_{T5}）作为判据，电阻过负荷保护不考虑集肤效应系数。过负荷保护按原理分为定时限过负荷和反时限过负荷保护。直流滤波器电阻过负荷保护需要电阻生产厂家提供电阻流过工频电流时的过负荷曲线，定、反时限过负荷保护定值均需与生产厂家提供电阻过负荷曲线配合。保护的动作出口为根据直流滤波器高压侧电流的大小和高压侧隔离开关断弧能力，选择拉开直流滤波器高压侧隔离开关或紧急停运故障滤波器所在的直流极。

5. 滤波器失谐监视

保护的目的是检测直流滤波器的调谐状态，保护滤波器内部元件参数发生变化时的情况。保护的工作原理是通过比较双极同类型直流滤波器或每极两组直流滤波器中的谐波电

流（I_{T2}）的差异来判断滤波器是否失谐。保护的动作出口为发报警信号。

表 17-8 为直流滤波器保护一览表，包括保护名称、反映的故障或异常运行类型、测量点、保护原理及动作策略。表中保护原理的符号含义参考 DL/T 277《高压直流输电系统控制保护整定技术规程》。

表 17-8　直流滤波器保护一览表

保护名称	反映的故障或异常运行类型	测量点	保护原理	保护动作策略				
				报警	停运故障滤波器所在的直流极			拉开故障滤波器高压侧隔离开关
					闭锁直流极	跳开换流变压器网侧断路器	跳开高速中性母线开关	
差动保护	直流滤波器内部的接地故障	I_{T1}, I_{T2}	$\|I_{diff}\| > \max(I_{cdqd}, KI_{res})$		√	√	√	√
高压电容器不平衡保护	高压电容器内部不对称损坏及短路故障	I_{T2}, I_{T3}	$\dfrac{I_{ub}}{I_{tro}} > K_{ubzd}$ 且 $I_{ub} > I_{ubqd}$	√①	△②	△②	△②	△②
电抗器热过负荷保护	直流滤波器电抗器出现的谐波过负荷	I_{T4}	定时限：$I_{hot} > I_{hotset}$；反时限：保护特性应根据厂家提供的电抗器过负荷曲线配合		△	△	△	△
电阻热过负荷保护	直流滤波器电阻出现的谐波过负荷	I_{T5}	定时限：$I_{hot} > I_{hotset}$；反时限：保护特性应根据厂家提供的电阻过负荷曲线配合		△	△	△	△
失谐监视	滤波器元件早期的细小变化	I_{T2}	$\dfrac{I_{T1\_12}}{I_{T2\_12}} > K_{set1}$ 或 $\dfrac{I_{T2\_12}}{I_{T1\_12}} > K_{set2}$	√				

注　"√"表示动作。"△"表示保护的跳闸出口为根据直流滤波器高压侧电流的大小和高压侧隔离开关断弧能力，选择拉开直流滤波器高压侧隔离开关或停运故障滤波器所在的直流极。

① 保护低定值动作于该动作策略。

② 保护高定值动作于该动作策略。

二、直流滤波器保护整定计算

直流滤波器保护的整定计算原则按 DL/T 277《高压直流输电系统控制保护整定技术规程》的有关规定执行，下面仅简要介绍直流滤波器差动保护、直流滤波器高压电容器不平衡保护、直流滤波器电抗器过负荷保护的整定计算方式。

（一）直流滤波器差动保护

直流滤波器差动保护采用比率制动特性，其差动元件动作特性曲线的启动电流、制动电流及比率制动系数（斜率）3 个参数的计算方式如下。

（1）启动电流 I_{cdqd} 也是差动保护最小动作电流值，应按躲过正常直流滤波器额定负荷时的最大不平衡电流整定，可按式（17-31）计算

$$I_{cdqd} = K_{rel}(K_{er} + \Delta m)I_n \qquad (17-31)$$

式中　I_n ——直流滤波器二次额定电流；

　　　K_{rel} ——可靠系数，取 1.3~1.5；

　　　K_{er} ——电流互感器的比误差，5P 型和 TP 型取 0.01×2，电子式互感器取 0.02；

　　　Δm ——由于电流互感器变比和型式未匹配产生的误差，取 0.1~0.2。

（2）制动电流 I_{res} 尽可能采用低压端电流作为制动电流，由于接地故障发生后低压端电流会减小，有助于提高差动保护灵敏度。

（3）比率制动系数（斜率）K 一般取为 0.5。

（4）差动保护动作电流的动作判据可按式（17-32）计算

$$\|I_{diff}\| > \max(I_{cdqd}, KI_{res}) \qquad (17-32)$$

式中　I_{diff} ——差动保护动作电流；

　　　I_{cdqd} ——启动电流；

　　　K ——比率制动系数；

　　　I_{res} ——制动电流。

（二）直流滤波器高压电容器不平衡保护

（1）不平衡保护。直流滤波器高压电容器不平衡保护动作原则可按式（17-33）计算

$$\frac{I_{ub}}{I_{tro}} > K_{ubzd} \text{ 且 } I_{ub} > I_{ubqd} \qquad (17-33)$$

式中　　I_{ub}——直流滤波器的不平衡电流；

　　　　I_{tro}——直流滤波器的穿越电流；

　　　　I_{ubqd}——不平衡保护启动值；

　　　　K_{ubzd}——不平衡保护定值。

根据电容器厂家给出电容器元件所能承受的过电压计算出滤波器能承担的损坏个数，再根据损坏个数计算出这种情况下不平衡电流的比例 K，不平衡保护定值 K_{ubzd} 可按式（17-34）计算

$$K_{ubzd} = K_{rel1}K \qquad (17-34)$$

式中　　K_{rel1}——可靠系数，一般取 0.8~1.0；

　　　　K——不平衡电流的比例。

（2）不平衡保护速动段。根据电容器参数中给出的电容器单元故障时的不平衡电流设置不平衡速动段，保护判据可按式（17-35）计算

$$I_{ub} > K_{rel2}I_{max} \qquad (17-35)$$

式中　　I_{ub}——直流滤波器的不平衡电流；

　　　　K_{rel2}——可靠系数，推荐取 1.3~1.5；

　　　　I_{max}——电容器单元损坏时承受的过电压情况所对应的不平衡电流大小。

（三）直流滤波器电抗器过负荷保护

直流滤波器电抗器过负荷保护按原理分为定时限过负荷和反时限过负荷保护 2 种。

（1）定时限过负荷保护。首先将流过直流滤波器中电抗器的电流根据各次谐波电流的等效工频系数转换成为等效的工频热效应电流。定时限过负荷保护可按式（17-36）计算

$$I_{hot} > I_{hotset} \qquad (17-36)$$

式中　　I_{hot}——等效的工频热效应电流；

　　　　I_{hotset}——定时限过负荷保护的定值，由生产厂家提供的电抗器过负荷曲线确定。

（2）反时限过负荷保护。保护曲线根据各次谐波电流的等效工频系数转换成为等效的工频热效应电流，然后根据生产厂家提供电抗器流过工频电流时的过负荷曲线得出。直流滤波器电抗器反时限过负荷动作曲线如图 17-29 所示。

三、装置及外部接口

（一）保护装置的配置及组屏

1. 保护装置的配置

在直流输电工程中，由于直流滤波器连接于直流极母线

和直流中性母线之间，其保护动作出口要闭锁直流系统，因此大部分直流输电工程是将直流滤波器保护功能集成在直流极保护主机内实现，不配置独立的直流滤波器保护装置。

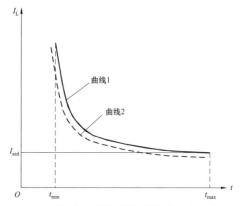

图 17-29　直流滤波器电抗反时限过负荷动作曲线图

I_L—流过电抗的电流；I_{szd}—电抗反时限过负荷保护的最小动作电流；t—电抗反时限过负荷保护动作时间；t_{min}、t_{max}—电抗反时限过负荷保护最小、最大动作时间；曲线 1—生产厂家提供的反时限过负荷曲线；曲线 2—电抗反时限过负荷动作曲线

但根据国内的运行习惯和管理要求，也有少数直流工程是将直流滤波器保护从直流极保护主机中分离出来，单独配置直流滤波器保护装置。

2. 保护装置的组屏

每组直流滤波器的双重化保护装置应相互独立，宜放在不同的保护屏中，也可放在同一屏内；但不同极的直流滤波器保护装置不宜放在同一面屏内。

当每个极配置 2 组直流滤波器，又存在一组滤波器运行，另一组滤波器退出时，在设计组屏方案时应充分考虑出现一次设备退出，相应二次设备仍在运行的情况。例如当采用每个极的 2 组直流滤波器的第 1 套保护组 1 面屏，第 2 套保护组 1 面屏，就会存在不能将一组滤波器的保护完全退出的情况。

（二）通信及接口

1. 与直流控制系统的接口

（1）当配置独立的直流滤波器保护装置时，其保护装置与直流控制设备之间的通信接口宜采用高速以太网或控制总线，如果需要也可采用硬接线方式。

（2）直流滤波器保护与直流控制系统交换的信息主要为保护发出紧急停运信号至直流极控系统，停运故障直流滤波器所在的极。

2. 与换流站运行人员控制系统和保护及故障信息子站的通信接口

直流滤波器保护装置应具有与换流站运行人员控制系统

和保护及故障信息子站系统通信的功能，以便向其传输保护的动作顺序、动作时间、故障类型、保护状态、报警等信息。通信宜采用以太网接口，通信规约宜采用 DL/T 860《变电站通信网络和系统》。

3. 与时间同步系统的接口

直流滤波器保护装置应具备对时功能，宜采用 RS-485 串行或以太网数据通信接口接收时间同步系统发出的 IRIG-B（DC）码，作为对时信号源，也可采用脉冲对时信号。

4. 与直流滤波器测量设备的接口

直流滤波器电流端子箱输入全直流滤波器保护的接口如下：

（1）直流滤波器高压侧电流。

（2）直流滤波器低压侧电流。

（3）直流滤波器高压侧电容电流。

（4）直流滤波器电阻电流。

（5）直流滤波器电抗电流。

5. 与换流变压器网侧交流断路器的接口

（1）输出跳开换流变压器网侧交流断路器跳闸信号，至断路器操作回路。

（2）输出启动交流断路器失灵信号，至断路器保护屏。

6. 与故障录波器的接口

输出各保护动作信号，至故障录波器屏。

7. 与直流滤波器保护相关的一次设备参数

（1）直流滤波器电阻和电抗器的过负荷曲线。

（2）直流滤波器电抗器集肤效应系数。

（3）直流滤波器电容器串并结构，不平衡电流关系。

四、工程实例

图 17-30 为 ±500kV MJ 换流站工程极 1 直流滤波器保护配置图，图 17-31 为 ±600kV QD 换流站工程极 1 直流滤波器保护配置图。

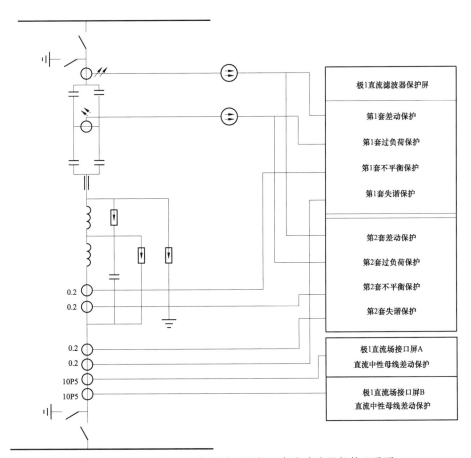

图 17-30　±500kV MJ 换流站工程极 1 直流滤波器保护配置图

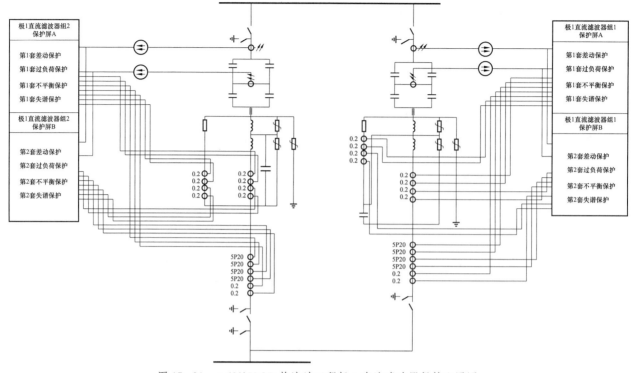

图 17-31　±600kV QD 换流站工程极 1 直流滤波器保护配置图

第五节　交流滤波器及无功补偿电容器保护

交流滤波器及无功补偿电容器是直流换流站的重要组成部分，通常也作为并联电容器连接在换流站交流侧母线上，起着向系统提供无功功率，补偿换流器换流过程中消耗的无功功率和滤除换流器产生的交流谐波电流，控制系统谐波在可接受的范围内的重要作用。

一、交流滤波器及无功补偿电容器保护配置

（一）交流滤波器及无功补偿电容器保护配置原则

交流滤波器及无功补偿电容器保护的配置除满足本章第一节中的直流系统保护通用要求外，还要满足以下设计原则。

（1）交流滤波器保护的配置需要考虑交流滤波器的分组情况、特征谐波和接线型式。

（2）每个交流滤波器分组可按滤波器小组单元，为滤波器大组公共区域和其中的每个小组滤波器分别配置独立的交流滤波器保护；也可按每个交流滤波器大组配置交流滤波器保护，其保护范围包括相应的滤波器大组公共区域和其中每个小组滤波器。

（3）交流滤波器及无功补偿电容器保护通常采用独立的主、后备一体的保护装置，双重化配置。

（二）交流滤波器及无功补偿电容器保护配置内容

1. 交流滤波器及无功补偿电容器保护配置方法

针对交流滤波器及无功补偿电容器的各种故障及异常运行，交流滤波器及无功补偿电容器保护的配置如下。

小组交流滤波器主要配置差动保护、过电流保护、电容器不平衡保护、零序过电流保护、电抗器热过负荷保护、电阻热过负荷保护、失谐监视等。对并联无功补偿电容器主要配置差动保护、过电流保护、电容器不平衡保护、零序过电流保护。对小组交流滤波器（无功补偿电容器）断路器，还需要配置断路器失灵保护。

大组交流滤波器公共区域主要配置滤波器母线差动保护、母线过电压保护。

2. 交流滤波器及无功补偿电容器保护配置图

交流滤波器按其频率阻抗特性分为调谐滤波器和高通滤波器，调谐滤波器有单调谐滤波器、双调谐滤波器、三调谐滤波器 3 种类型。图 17-32～图 17-37 分别为不同类型的小组交流滤波器保护配置图，图 17-38～图 17-39 为无功补偿电容器保护配置图，图 17-40 为大组交流滤波器保护配置图，图中交流滤波器保护用测点符号及定义见表 17-9。

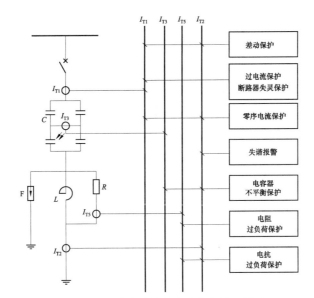

图 17-32　单调谐交流滤波器保护配置图

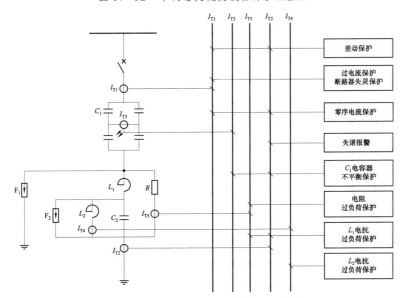

图 17-33　双调谐交流滤波器（模式 1）保护配置图

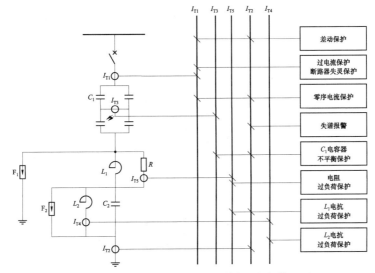

图 17-34　双调谐交流滤波器（模式 2）保护配置图

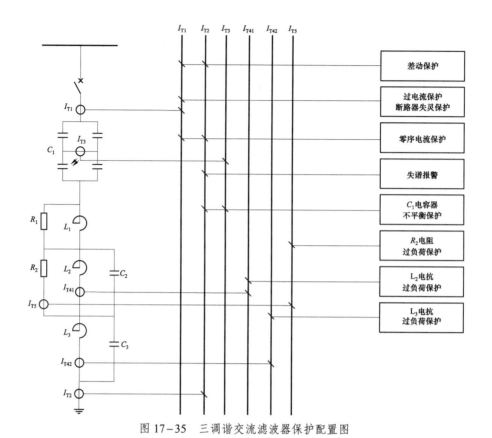

图 17-35　三调谐交流滤波器保护配置图

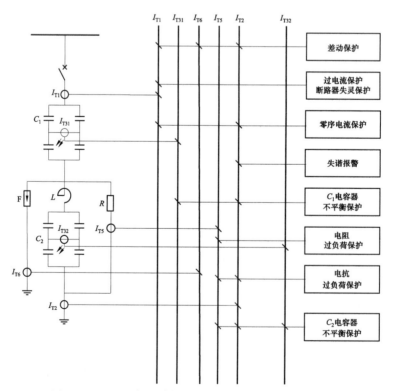

图 17-36　HP3 高通型交流滤波器（模式 1）保护配置图

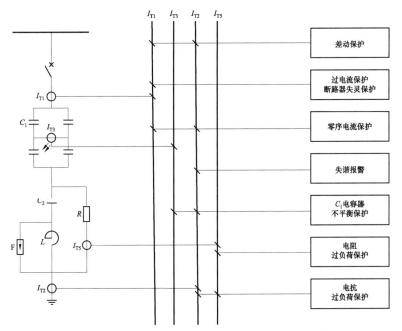

图 17-37　HP3 高通型交流滤波器（模式 2）保护配置图

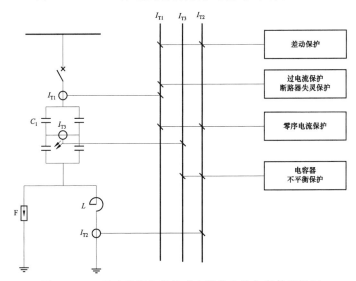

图 17-38　无功补偿电容器（有阻尼电抗）保护配置图

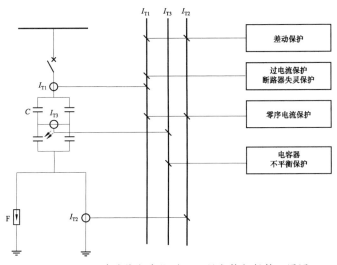

图 17-39　无功补偿电容器（无阻尼电抗）保护配置图

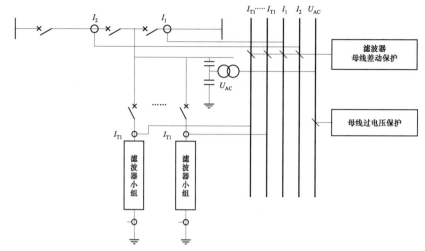

图 17-40 交流滤波器大组母线保护配置图

表 17-9 交流滤波器及无功补偿电容器保护用模拟量符号及定义

测点符号	电量名称
I_1	大组交流滤波器串边断路器电流
I_2	大组交流滤波器串中断路器电流
U_{AC}	大组交流滤波器母线电压
I_{T1}	小组交流滤波器（无功补偿电容器）高压侧电流
I_{T2}	小组交流滤波器（无功补偿电容器）低压侧电流
I_{T3}	小组交流滤波器（无功补偿电容器）高压侧电容不平衡电流
I_{T4}	小组交流滤波器电抗器电流
I_{T5}	小组交流滤波器电阻器电流
I_{T6}	小组交流滤波器避雷器电流

（三）交流滤波器及无功补偿电容器保护功能

1. 小组交流滤波器（无功补偿电容器）保护

（1）差动保护。差动保护用于检测小组交流滤波器（无功补偿电容器）内部的各种接地和相间短路故障。保护的工作原理是测量交流滤波器组、无功补偿电容器组高压侧电流（I_{T1}）和低压侧的电流（I_{T2}），逐相比较差动电流，保护只对工频敏感。交流滤波器（无功补偿电容器）差动保护应包括差动速断、稳态比率差动和差动电流异常报警功能；具有防止区外故障保护误动的制动特性；具有判别电流互感器断线时是否闭锁差动保护和报警的功能；当高、低压侧电流互感器变比不一致时，电流补偿应由软件实现。保护的动作出口为跳开本小组交流滤波器（无功补偿电容器）断路器。

（2）过电流保护。保护的目的是防止流过交流滤波器（无功补偿电容器）的电流超出设备承受能力而损坏。交流滤波器（无功补偿电容器）过电流保护为短路故障的后备保护。保护的工作原理是采用小组交流滤波器（无功补偿电容器）高压侧电流（I_{T1}）的工频分量。保护的动作出口为跳开本小组交流滤波器（无功补偿电容器）断路器。

（3）零序过电流保护。零序过电流保护用于检测交流滤波器（无功补偿电容器）低压端的短路故障，避免因故障电流小，差动保护可能检测不到，作为差动保护的后备保护。即交流滤波器（无功补偿电容器）零序电流保护是交流滤波器（无功补偿电容器）发生不对称接地故障时的后备保护。保护综合采用交流滤波器（无功补偿电容器）高压侧电流（I_{T1}）和低压侧电流（I_{T2}）的工频分量。零序过电流保护配置两段，Ⅰ段采用高压侧电流的自产零序电流工频分量，Ⅱ段采用低压侧电流的自产零序电流工频分量。保护的动作出口为跳开本小组交流滤波器（无功补偿电容器）断路器。

（4）电容器不平衡保护。保护的目的是保护电容器，避免由于电容器内部的电容元件损坏导致的电容器单元雪崩故障。保护以电容器内部元件损坏出现的桥臂间的不平衡电流（I_{T3}）与穿越电流（I_{T2}）的比值作为动作判据。对于 H 形接线的电容器，电容器不平衡保护电流由不平衡电流的电流互感器直接测量。不平衡电流保护应具备补偿电容器固有不平衡电流的功能，能根据故障的严重程度的不同，相应地动作于报警信号和跳闸。

（5）电阻热过负荷保护。保护可防止交流滤波器的电阻因过负荷而损坏。保护以流过交流滤波器电阻的全电流（I_{T5}）作为计算电阻发热的判据。保护应计及电阻电流特征谐波的影响；采用反时限特性，能根据流经电阻的全电流反应电阻的运行状况，相应地动作于报警信号和跳闸。

（6）电抗器热过负荷保护。保护用于防止因谐波电流造成电抗器产生集肤效应时的过负荷而损坏。保护以流过交流滤波器电抗器的全电流（I_{T4}）作为计算电抗发热的判据，并考虑该电抗器的集肤效应系数。保护应计及电抗器电流特征谐波的影响；采用反时限特性，能根据流经电抗器的全电流反应电抗器的运行状况，相应地动作于报警信号和跳闸。

（7）失谐监视。保护可根据交流滤波器早期电气量的细小变化检测交流滤波器失谐情况。保护计算交流滤波器低压侧的电流互感器自产零序谐波电流（I_{T2}），根据交流滤波器低压侧电流特征监视交流滤波器调谐点，用以反应交流滤波器的异常工作状况。保护通常延时动作于信号。

（8）断路器失灵保护。保护用于实现小组交流滤波器（无功补偿电容器）断路器失灵判别功能。保护的工作原理是采集小组交流滤波器（无功补偿电容器）保护动作触点和高压侧电流（I_{T1}），小组断路器失灵保护电流元件采用相电流判据。交流滤波器（无功补偿电容器）保护动作后，若流过小组断路器的电流大于失灵保护定值，经一定延时，保护跳开相邻断路器。

2. 大组交流滤波器公共区域保护

（1）交流滤波器母线差动保护。保护范围为交流滤波器母线进线电流互感器与小组交流滤波器（无功补偿电容器）高压侧电流互感器之间的区域，用于检测此区域之内的接地和相间故障，是大组交流滤波器母线及其引线发生故障时的主保护。保护以交流滤波母线各支路电流的差值作为动作依据，以快速切除交流滤波器母线及其引线故障。保护仅对工频电流敏感。保护应具有防止区外故障保护误动的制动特性；具有防止电流互感器饱和引起保护误动的功能；具有电流互感器断线报警功能，可通过控制字选择是否闭锁差动保护。保护的动作出口为同时跳开与大组交流滤波器母线相连的所有断路器。

（2）交流滤波器母线过电压保护。保护用于检测交流滤波器母线上严重交流持续过电压，避免交流滤波器组因过应力而损坏。保护以交流滤波器母线上相对地间的电压（U_{AC}）构成动作判据，保护应计及谐波电压的影响。保护根据过电压情况动作于报警信号和跳闸。保护定值应根据系统过电压研究的结果确定。仅当出现严重的过电压时，保护动作后应切除本大组全部小组交流滤波器断路器；当交流过电压水平不是很高时，由直流控制系统承担无功电压控制功能，综合无功交换和电压波动的情况，投切小组交流滤波器（无功补偿电容器）。

表 17-10 为交流滤波器及无功补偿电容器保护一览表，包括保护名称、反映的故障或异常运行类型、测量点、保护原理及动作策略。表中保护原理的符号含义参考 DL/T 277《高压直流输电系统控制保护整定技术规程》。

表 17-10 交流滤波器及无功补偿电容器保护一览表

保护名称	反映的故障或异常运行类型	测量点	保 护 原 理	报警	跳开本小组交流滤波器断路器	跳开与大组交流滤波器母线相连的所有断路器
					保护动作策略	
1. 小组交流滤波器（无功补偿电容器）保护						
差动保护	交流滤波器（无功补偿电容器）内部的各种故障	I_{T1}、I_{T2}	$\lvert I_{diff} \rvert > \max(I_{cdqd}, KI_{res})$		√	
过电流保护	交流滤波器（无功补偿电容器）的电流超出设备承受能力	I_{T1}	$I_{op} > I_{set}$ Ⅰ 段 $I_{set} = K_{rel}I_{rush}$ Ⅱ 段 $I_{set} = K_{rel}I_n$		√	
零序过电流保护	交流滤波器（无功补偿电容器）低压端的短路故障	I_{T1}、I_{T2}	$I_{op} > I_{set}$		√	
电容器不平衡保护	电容器内部元件损坏导致的电容器单元雪崩故障	I_{T2}、I_{T3}	$\dfrac{I_{ub}}{I_{tro}} > K_{ubzd}$ 且 $I_{ub} > I_{ubqd}$	√[①]	√[②]	
电抗热过负荷保护	由于谐波电流造成的电抗器产生集肤效应时的过负荷	I_{T4}	定时限：$I_{hot} > I_{hotset}$； 反时限：保护特性应根据厂家提供电抗器的过负荷曲线配合	√[①]	√[②]	
电阻热过负荷保护	交流滤波器的电阻器的过负荷	I_{T5}	定时限：$I_{hot} > I_{hotset}$； 反时限：保护特性应根据厂家提供电阻的过负荷曲线配合	√[①]	√[②]	
失谐监视	滤波器元件早期的细小变化	I_{T2}	$I_a + I_b + I_c \geq 3K_{set}I_{harmtot}$	√		

保护名称	反映的故障或异常运行类型	测量点	保 护 原 理	保护动作策略		
				报警	跳开本小组交流滤波器断路器	跳开与大组交流滤波器母线相连的所有断路器
断路器失灵保护	实现小组交流滤波器(无功补偿电容器)断路器失灵判别功能	I_{T1}	保护动作触点与 $I_{op} > I_{set}$			√
2. 大组交流滤波器保护						
滤波器母线差动保护	大组交流滤波器母线及其引线发生的各种故障	I_1、I_2、I_{T11}······I_{T1n}	$\|I_{diff}\| > \max(I_{cdqd}, KI_{res})$			√
滤波器母线过电压保护	交流滤波器母线的持续过电压	U_{AC}	$U_{phmax} > U_{set}$	√[①]		√[②]

注 "√"表示动作。

① 保护低定值动作于该动作策略。

② 保护高定值动作于该动作策略。

二、交流滤波器及无功补偿电容器保护整定计算

交流滤波器及无功补偿电容器保护的整定计算原则按 DL/T 277《高压直流输电系统控制保护整定技术规程》的有关规定执行,下面仅简要介绍大组交流滤波器母线差动保护,小组交流滤波器的差动保护、过电流保护、零序过电流保护、断路器失灵保护的整定计算方式。

(一)小组交流滤波器差动保护

(1)差动电流 I_{diff}。小组交流滤波器差动保护通常采用比率制动原理,由交流滤波器高、低压侧电流互感器的电流差值构成动作判据。差动电流通常可按式(17-37)计算

$$|I_{diff}| > \max(I_{cdqd}, KI_{res}) \qquad (17-37)$$

式中 K ——比率制动系数;

I_{cdqd} ——差动电流启动定值;

I_{res} ——制动电流,尽可能采用交流滤波器低压侧电流作为制动电流,以提高差动保护灵敏度。

(2)启动电流 I_{cdqd}。也是差动保护最小动作电流值,应按躲过交流滤波器过电压运行时的最大不平衡电流整定,可按式(17-38)计算

$$I_{cdqd} \geq 1.5 K_{rel}(K_{er} + \Delta m)I_n \qquad (17-38)$$

式中 I_n ——交流滤波器二次额定电流;

K_{rel} ——可靠系数,取 1.3～1.5;

K_{er} ——电流互感器的比误差,5P 型和 TP 型取 0.01×2;

Δm ——由于电流互感器变比未完全匹配产生的误差,可取为 0.05。

(3)比率制动系数。按交流滤波器末端发生金属接地故障时,比率差动元件具有足够的灵敏度整定,一般情况下推荐取为 0.5。

(4)灵敏度系数。应保证金属性短路情况下,最小差动电流为额定电流的 0.5I_n,灵敏度系数大于 1.5。

(5)差动速断保护。差动电流速断保护是纵差保护的一个补充部分,其速断元件的整定值一般需躲过合闸时产生的最大不平衡电流及区外故障时的不平衡电流,可取 2～3 倍交流滤波器额定电流。

(二)小组交流滤波器过电流保护

小组交流滤波器过电流保护的动作判据可按式(17-39)计算

$$I_{op} > I_{set} \qquad (17-39)$$

式中 I_{op} ——交流滤波器过电流保护动作电流;

I_{set} ——交流滤波器过电流保护动作定值。

交流滤波器过电流保护可配置 2 段,Ⅰ段保护为快速跳闸段,动作延时不小于 10ms,为选配;Ⅱ段保护为延时跳闸段,Ⅱ段过电流保护延时需与设备参数配合。

(1)Ⅰ段过电流保护动作定值按躲过交流滤波器投入时的冲击电流来整定,动作定值可按式(17-40)计算

$$I_{set} = K_{rel}I_{rush} \qquad (17-40)$$

式中 K_{rel} ——可靠系数,推荐取 1.1～1.2;

I_{rush} ——交流滤波器投入时的冲击电流。

(2)Ⅱ段过电流保护动作定值按躲过交流滤波器的最大负荷电流来整定,动作定值可按式(17-41)计算

$$I_{set} = K_{rel}I_n \qquad (17-41)$$

式中 K_{rel} ——可靠系数,推荐取 1.3～1.5;

I_n ——交流滤波器的额定二次电流。

（三）小组交流滤波器零序过电流保护

小组交流滤波器零序过电流保护的动作判据可按式（17-42）计算

$$I_{op} > I_{set} \qquad (17-42)$$

式中　I_{op}——交流滤波器零序电流保护动作电流；

　　　I_{set}——交流滤波器零序电流保护动作定值。

交流滤波器零序过电流保护可配置 2 段，Ⅰ段保护为快速跳闸段，动作延时不少于 0.3s，为选配；Ⅱ段保护为延时跳闸段，动作延时需要考虑躲开外部故障时其他保护的切除时间及故障恢复的最长时间。

（1）Ⅰ段零序电流保护动作定值按小于最小负荷情况下的基波电流来整定，其动作定值可按式（17-43）计算

$$I_{set} = K_{rel} I_{FUND} \qquad (17-43)$$

式中　K_{rel}——可靠系数，推荐取 0.8；

　　　I_{FUND}——交流滤波器额定基波电流。

（2）Ⅱ段零序电流保护动作定值按大于正常运行时系统中的零序电流和测量误差来整定，动作定值在保证二次值不低于 $0.1I_n$ 时，推荐取 0.1 倍的一次值。

（四）小组交流滤波器断路器失灵保护

小组交流滤波器断路器失灵保护的动作条件为：在收到小组断路器失灵启动信号，同时流过小组交流滤波器相电流（或零、负序电流）大于判别元件的整定值时，保护延时动作。

相电流判别元件的整定值大于正常运行负荷电流的 30%~70%。

断路器失灵保护经相电流判别的动作时间（从启动失灵保护算起）应在保证断路器失灵保护动作选择性的前提下尽量缩短，应大于断路器动作时间和保护返回时间之和，再考虑一定的时间裕度。

（五）大组交流滤波器母线差动保护

（1）差动电流 I_{diff}。大组交流滤波器母线差动保护通常采用比例制动原理，以交流滤波母线各支路电流的差值作为动作判据，差动电流通常可按式（17-44）计算

$$|I_{diff}| > \max(I_{cdqd}, K I_{res}) \qquad (17-44)$$

式中　K——比率制动系数；

　　　I_{cdqd}——差动电流启动定值；

　　　I_{res}——制动电流。

（2）启动电流 I_{cdqd}。也是差动保护最小动作电流值，应可靠躲过区外故障最大不平衡电流和任一元件电流回路断线时由于负荷电流引起的最大电流差值。通常可按式（17-45）和式（17-46）计算。

1）电流差值启动元件定值按躲正常运行时最大不平衡电流计算。

$$I_{cdqd} \geq K_{rel}(K_{er} + \Delta m)I_{scmax} \qquad (17-45)$$

式中　K_{rel}——可靠系数，取 1.5；

　　　K_{er}——电流互感器的比误差，5P 型和 TP 型取 0.01×2；

　　　Δm——电流互感器变比未完全匹配产生的相对误差，取 0.05；

　　　I_{scmax}——流过电流互感器的最大短路电流。

2）电流差值启动元件定值按躲任一元件电流回路断线时由于负荷电流引起的最大电流差值计算。

$$I_{cdqd} \geq K_{rel} I_{L.max} \qquad (17-46)$$

式中　K_{rel}——可靠系数，取 1.5~1.8；

　　　$I_{L.max}$——母线上诸元件在正常情况下的最大支路负荷电流（不考虑交流串内支路）。

（3）比率制动系数。交流滤波器母线差动保护的比率制动系数，按最小运行方式下发生母线故障时，比率差动元件具有足够的灵敏度整定，一般情况下推荐取为 0.5。

（4）灵敏系数 K_{lm} 按保证被保护母线最小方式故障时有足够灵敏度校验，应保证灵敏系数不小于 2，可按式（17-47）计算

$$K_{lm} = I_{k.min} / I_{dz} \qquad (17-47)$$

式中　I_{dz}——保护动作电流；

　　　$I_{k.min}$——母线故障最小短路电流。

三、装置及外部接口

（一）保护装置的配置及组屏

1. 保护装置的配置

小组交流滤波器（无功补偿电容器）和大组公共区域的保护功能可分别由独立的保护装置实现，也可由单台保护装置实现。

当小组交流滤波器（无功补偿电容器）和大组公共区域的保护功能分别由独立的保护装置实现时，是以单个小组交流滤波器（无功补偿电容器）为保护对象，为大组滤波器公共区域和其中的每个小组交流滤波器（无功补偿电容器）分别配置独立的交流滤波器（无功补偿电容器）保护装置；由单台保护装置实现时，是以交流滤波器大组中的全部小组交流滤波器和交流滤波器大组引线为保护对象，为每个交流滤波器大组配置集中式保护装置。

小组交流滤波器（无功补偿电容器）断路器失灵保护功能可视具体情况配置在交流滤波器大组保护装置中，或在每个交流滤波器小组（无功补偿电容器）保护装置中。从简化接线和节省投资的角度考虑，宜配置在大组交流滤波器保护装置中。

2. 保护装置的组屏

当按滤波器大组公共区域和其中的每个小组交流滤波器（无功补偿电容器）分别配置独立的交流滤波器（无功补偿电容器）保护装置时，宜为大组交流滤波器和其中的每个小组

交流滤波器（无功补偿电容器）分别配置保护屏，双重化的交流滤波器（无功补偿电容器）保护装置宜在不同的保护屏中。同一小组交流滤波器（无功补偿电容器）的双重化保护装置也可放在同一屏内，但不同小组交流滤波器（无功补偿电容器）的保护装置不宜放在同一屏内。

当按每个大组交流滤波器配置集中式保护装置时，应为每个分组交流滤波器配置独立的保护屏，双重化的保护装置应放在不同的保护屏中。

（二）通信及接口

1. 与换流站运行人员控制系统和保护及故障信息子站的通信接口

交流滤波器（无功补偿电容器）保护装置应具有与换流站运行人员控制系统和保护及故障信息子站系统通信的功能，以便向其传送保护的动作顺序、动作时间、故障类型、保护状态、报警等信息。通信宜采用以太网接口，通信规约宜采用 DL/T 860《变电站通信网络和系统》。

2. 与时间同步系统的接口

交流滤波器（无功补偿电容器）保护装置应具备对时功能，宜采用 RS-485 串行或以太网数据通信接口接收时间同步系统发出的 IRIG-B（DC）码，作为对时信号源，也可采用脉冲对时信号。

3. 与交流滤波器（无功补偿电容器）测量设备的接口

（1）交流滤波器（无功补偿电容器）电流端子箱输入至交流滤波器（无功补偿电容器）保护回路的接口如下：

1）交流滤波器高压端电流。

2）交流滤波器低压端电流。

3）交流滤波器电容器不平衡电流。

4）交流滤波器电阻支路电流。

5）交流滤波器电抗支路电流。

6）交流滤波器避雷器支路电流。

（2）交流滤波器（无功补偿电容器）母线电压端子箱输入至交流滤波器（无功补偿电容器）保护回路的接口为交流滤波器大组母线电压。

4. 与交流滤波器（无功补偿电容器）断路器的接口

（1）输出跳开大组交流滤波器引线断路器跳闸信号，至串中断路器操作回路。

（2）输出起动大组交流滤波器引线断路器失灵信号，至串中断路器保护屏。

（3）输出跳开小组交流滤波器断路器跳闸信号，至小组滤波器断路器操作回路。

（4）输出启动小组交流滤波器断路器失灵信号。

5. 与故障录波器的接口

输出各保护动作信号，至故障录波器屏。

6. 与交流滤波器（无功补偿电容器）保护相关的一次设备参数

（1）交流滤波器电阻和电抗器的过负荷曲线。

（2）交流滤波器电抗器集肤效应系数。

（3）交流滤波器（无功补偿电容器）电容器串并结构，不平衡电流关系。

四、工程实例

图 17-41 为 ±500kV MJ 换流站工程 ACF1 大组的第 1 小组滤波器保护配置图，图 17-42 为 ±500kV MJ 换流站工程 ACF1 大组滤波器保护配置图，图 17-43 为 ±800kV YL 换流站工程 ACF1 大组滤波器保护配置图。

第六节　直流系统暂态故障录波

一、直流系统暂态故障录波配置

（一）配置要求

换流站直流系统暂态故障录波装置主要记录故障情况下换流站内阀厅及直流配电装置、换流变压器、交流滤波器等区域的电流、电压以及直流控制保护系统的动作信息。

直流系统暂态故障录波具备连续监视的能力，经启动元件启动后，即开始记录，故障消除或系统振荡平息后，启动元件返回，再经预先整定的时间后停止记录。

直流系统暂态故障录波通常由独立的直流暂态故障录波装置实现，有部分直流工程中直流控制保护系统也内置了暂态故障录波功能。

（二）配置原则

直流系统暂态故障录波的配置原则，主要有以下方面。

（1）直流系统暂态故障录波宜按阀厅和直流配电装置区、换流变压器区、交流滤波器区分别配置独立的暂态故障录波装置，也可由独立的故障录波主机和录波 I/O 采集单元构成。

（2）阀厅及直流配电装置区域故障录波装置配置原则是：每极单 12 脉动换流器接线换流站按极配置，双极区相关录波信息应分别接入两极的暂态故障录波装置；每极双 12 脉动换流器串联接线换流站按换流器配置，直流滤波器相关录波信息接入相应极的高端换流器暂态故障录波装置，双极区域相关录波信息分别接入两极低端换流器暂态故障录波装置；背靠背换流站按背靠背换流单元配置。

（3）换流变压器区域故障录波装置按每个12脉动换流器对应的换流变压器独立配置。

（4）交流滤波器组区域故障录波装置按每个交流滤波器大组独立配置。

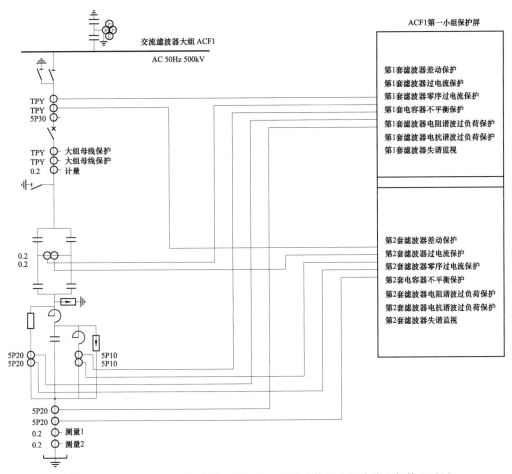

图 17-41　±500kV MJ 换流站工程 ACF1 大组的第 1 小组滤波器保护配置图

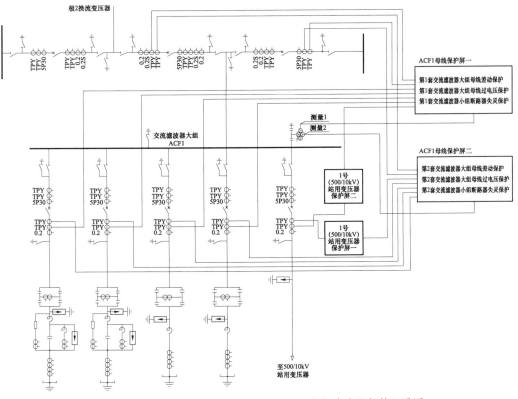

图 17-42　±500kV MJ 换流站工程 ACF1 大组滤波器保护配置图

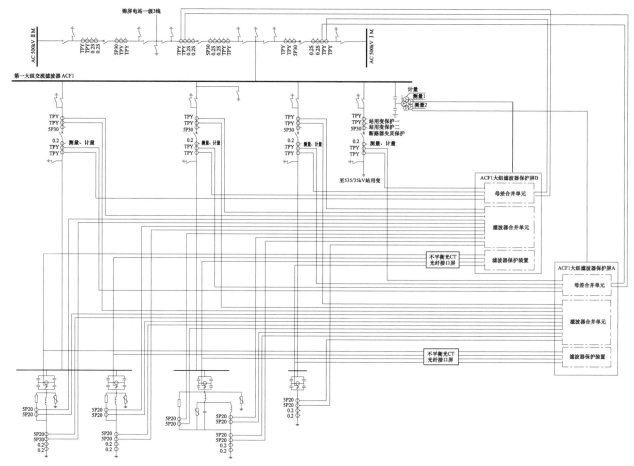

图 17-43 ±800kV YL 换流站工程 ACF1 大组滤波器保护配置图

（5）每套暂态故障录波装置的录波量配置应不少于 64 路模拟量、128 路开关量，还应配备必要的分析软件和本地显示器、键盘、鼠标，以满足就地对故障进行综合分析的需要。

（6）直流系统暂态故障录波装置宜具备组网功能，并与交流系统暂态故障录波装置共同组成录波专网，通过录波专网与保护和故障信息管理子站系统通信，工程中也可根据需要配置独立的直流系统故障录波工作站，实现对换流站直流系统的故障分析。

二、直流系统暂态故障录波装置技术要求

直流系统暂态故障录波装置的基本功能和技术性能应符合 GB/T 22390.6《高压直流输电系统控制与保护设备 第 6 部分：换流站暂态故障录波装置》和 DL/T 553《电力系统动态记录装置通用技术条件》的规定，还应考虑如下要求。

1. 功能要求

（1）数据采集功能。直流系统故障录波装置的开关量采用无源触点方式，模拟量采样宜满足以下要求。

1）对常规电磁式互感器，采用 57.7/100V 交流电压信号或 1A 交流电流信号，供录波装置使用。

2）对电子式测量装置，宜采用数字量光信号的传输模式，通过 TDM 总线或 IEC 60044-8 协议，供录波装置使用；也可采取经 D/A 转换为 ±10V 直流电压或 4～20mA 直流电流模拟量信号，供录波装置使用。

3）对零磁通电流测量装置，可采取经 D/A 转换为 ±1.667V 直流电压信号，供录波装置使用。

4）对于高频信号，可采用控制系统的合理输出方式，如 10V 或 5V 的电压信号。

（2）故障分析功能。录波分析软件应能实现录波信号选择、图形处理、信号处理，具备谐波分析、序分量计算、功率计算、阻抗计算、向量图、阻抗轨迹图等功能。

（3）对时功能。通常接收换流站内时间同步系统发出的 IRIG-B（DC）时码作为对时信号源，对时精度应小于 1ms。

（4）通信管理功能。直流系统故障录波装置通常需要与保护及故障录波信息管理子站系统通信，通信规约宜采用 DL/T 860《变电站通信网络和系统》，也可采用 DL/T 667《远动设备及系统 第 5 部分 传输规约 第 103 篇 继电保护设备信息接口配套标准》。

2. 性能要求

（1）采样频率要求。直流系统暂态故障录波装置的测量

精度应不低于 0.5%，模拟量的采样频率在高速故障记录期间应不低于 10kHz。

（2）测量接口。直流系统暂态故障录波装置应考虑到测量板卡输入阻抗对换流变压器末屏电压、直流电压测量装置分压比及动态性能的影响；模拟量输入板卡应考虑非周期分量、直流分量及谐波的真实传变，测量元件应具有一定的过电压或者过负荷能力。

（3）启动及联合启动。直流系统暂态故障录波装置应具有模拟量越限启动、开关量变位启动、手动启动及远方启动等启动方式；各套故障录波装置之间应具有联合启动功能，即当某一台故障录波装置启动后，其他故障录波装置应能同时启动，联合启动时间误差不大于 10ms。

（4）波形记录。直流系统暂态故障录波装置的波形记录应满足以下要求。

1）直流系统暂态故障录波装置至少应能记录触发前 500ms，触发后 2500ms，共 3000ms 的数据。转换性故障期间不应丢失故障数据。

2）直流系统暂态故障录波装置应能记录多次连续故障的波形，并可恢复、存储及清除任何记录。若系统发生振荡，直流系统暂态故障录波装置应记录振荡的周期。

（5）故障数据存储。直流系统暂态故障录波装置的故障数据存储应有足够的容量，可存储多次连续故障记录数据，内存容量应能满足记录在 30s 内连续发生 4 次直流线路故障的要求，能不中断地存入全部故障数据。录波数据的存储格式应采用 GB/T 22386《电力系统暂态数据交换通用格式》中规定的电力系统暂态数据交换通用格式。

三、直流系统暂态故障录波装置录波信号

（一）阀厅及直流配电装置区录波信号

阀厅及直流配电装置区域直流暂态故障录波装置用于记录换流变压器阀侧至直流线路、接地极线路之间的所有电气设备的电流、电压，以及直流控制保护的动作信息；对于背靠背换流站，则用于记录整流侧与逆变侧换流变压器阀侧之间所有电气设备的电流、电压，以及直流控制保护的动作信息。

1. 每极单 12 脉动换流器接线换流站

（1）模拟量信号：宜包括换流变压器阀侧绕组电流；所有直流测点电压（包括直流极母线、中性母线等电压）；所有直流测点电流（包括直流线路、极母线、中性母线、接地极、站内接地开关、直流各转换开关等电流）；直流滤波器所有测点电流（包括直流滤波器高/低压侧、电抗器支路、电阻支路、高压电容不平衡等电流）；直流功率指令值、测量值；直流电流指令值；换流器触发角/关断角指令值、测量值；换流器触发脉冲编码等。

（2）开关量信号：宜包括控制系统主/备用方式；闭锁；解锁；移向；投旁通对；跳换流变压器进线断路器；功率回降；再启动；换相失败；换流变压器充电；禁止换流器解锁；直流保护跳闸；换流变压器保护跳闸；直流滤波器保护跳闸；对站直流保护动作等。

2. 每极双 12 脉动换流器串联接线换流站

（1）模拟量信号：宜包括高端/低端换流变压器阀侧绕组电流；所有直流测点电压（包括直流极母线、中性母线、换流器连接母线等电压）；所有直流测点电流（包括直流线路、换流器高/低端、中性母线、接地极、站内接地开关、直流各转换开关、换流器旁路开关等电流）；直流滤波器所有测点电流（包括直流滤波器高/低压侧、电抗器支路、电阻支路、高压电容不平衡等电流）；直流功率指令值、测量值；直流电流指令值；高端/低端换流器触发角/关断角指令值、测量值；高端/低端换流器触发脉冲编码等。

（2）开关量信号：宜包括换流器/极/双极控制系统主/备用方式；高端/低端换流器隔离、闭锁、解锁、移向、投旁通对；跳高端/低端换流变压器进线断路器；功率回降；再启动；换向失败；高端/低端换流变压器充电；禁止高端/低端换流器解锁；直流保护跳闸；高端/低端换流变压器保护跳闸；直流滤波器保护跳闸；对站直流保护动作等。

3. 背靠背换流站

（1）模拟量信号：宜包括换流变压器阀侧绕组电流；所有直流测点电压（包括直流极母线、中性母线等电压）；所有直流测点电流（包括换流器高/低端、站内接地等电流）；直流功率指令值、测量值；整流站/逆变站直流电流指令值；整流站/逆变站换流器触发角指令值、测量值；整流站/逆变站换流器触发脉冲编码等。

（2）开关量信号：宜包括整流站/逆变站控制系统主/备用方式；整流站/逆变站闭锁、解锁、移向、投旁通对；整流站/逆变站跳换流变压器进线断路器；整流站/逆变站功率回降；整流站/逆变站换流变压器充电；禁止换流器解锁；换相失败；直流保护跳闸；换流变压器保护跳闸等。

（二）换流变压器区域录波信号

换流变压器区域暂态故障录波装置用以记录换流变压器进线断路器至换流变压器阀侧所有电流、电压以及换流变压器保护的动作信息。

1. 两端直流输电换流站

（1）模拟量信号：宜包括换流变压器网侧进线电压、进线断路器电流、绕组电流、中性点电流；阀侧套管电压、绕组电流；有载分接开关位置等。

（2）开关量信号：宜包括换流变压器保护动作闭锁直流系统、跳交流侧断路器。

2. 背靠背换流站

（1）模拟量信号：宜包括两端换流变压器网侧进线电压、进线断路器电流、绕组电流、中性点电流；阀侧套管电压、绕组电流；有载分接开关位置。

（2）开关量信号：宜包括换流变压器保护动作闭锁直流系统、跳交流侧断路器。

（三）交流滤波器区域录波信号

交流滤波器区域暂态故障录波装置用以记录交流滤波器母线及各小组滤波器的所有电流、电压，以及相关滤波器保护的动作信息。

（1）模拟量信号：宜包括大组交流滤波器母线电压、进线断路器电流；各小组交流滤波器高/低压侧电流、电抗器支路电流、电阻支路电流、电容器不平衡电流。

（2）开关量信号：宜包括各小组交流滤波器投入/退出；大组交流滤波器保护动作；各小组交流滤波器保护动作。

四、装置及外部接口

（一）故障录波装置及组屏

直流系统暂态故障录波装置应独立组屏，每台暂态故障录波装置组 1 面屏，每面故障录波屏包括 1 套故障录波装置、1 套故障录波分析软件和相应的远传和接口设备。

（二）通信及接口

1. 与直流系统保护的接口

直流系统暂态故障录波装置与直流保护系统，采用硬接线方式接口。

2. 与直流控制系统的接口

直流系统暂态故障录波装置与直流控制系统，宜采取光信号的数字量总线传输模式，也可采取经 D/A 转换为模拟量的硬接线方式接口。

3. 与一次测量设备的接口

（1）直流系统暂态故障录波装置与常规电磁式互感器，采取交流采样的硬接线方式接口。

（2）直流系统暂态故障录波装置与电子式测量装置，可采取光信号的数字量总线传输模式，也可采取经 D/A 转换为模拟量的硬接线方式接口。

（3）直流系统暂态故障录波装置与零磁通电流测量装置，通常采取经 D/A 转换为模拟量的硬接线方式接口。

4. 与时间同步系统的接口

直流系统暂态故障录波装置采用 RS－485 串行数据通信接口接收时间同步系统发出的 IRIG－B（DC）码，作为对时信号源，也可采用脉冲对时信号。

5. 与保护及故障录波信息子站的接口

直流系统暂态故障录波装置与保护及故障录波信息管理子站系统之间采取以太网或 RS－485 串行数据通信接口，通过子站向各级调度端远传录波信息。

第七节　直流线路故障定位及监测

一、直流线路故障定位系统

（一）直流线路故障定位装置配置

为了实现直流线路故障的精确定位，快速处理故障，通常在两端直流输电系统的每侧换流站都配置直流线路故障定位装置。直流线路故障定位装置根据实际需求可以选择单套配置或双重化冗余配置。

（二）直流线路故障定位装置原理及组成

1. 直流线路故障定位装置的原理

国内直流输电工程中的直流线路故障定位装置通常采用双端行波检测原理，即利用线路内部故障产生的初始行波浪涌到达线路两端测量点时的绝对时间之差来计算故障点到两端测量点之间的距离。

图 17－44 为双端行波测距法原理图，设故障初始波以相同的传播速度 v 到达 M 端和 N 端母线（形成第一个方向行波浪涌）的绝对时间分别为 T_{M1} 和 T_{N1}，则 M 端和 N 端母线到故障点的距离 D_{MF} 和 D_{NF} 可按式（17－48）和式（17－49）进行计算。

$$D_{MF} = \frac{L - (T_{N1} - T_{M1})v}{2} \quad （17－48）$$

$$D_{NF} = \frac{L - (T_{M1} - T_{N1})v}{2} \quad （17－49）$$

式中　L——线路长度。

2. 直流线路故障定位装置的组成

直流线路故障定位系统通常由前端行波数据采集耦合箱、对时系统、行波测距装置、工控机，以及通信设备等组成。图 17－45 为直流线路故障定位系统组成框图。

前端行波数据采集耦合箱内包含 1 台电流互感器，串联安装在直流输电线路接地电容回路中，直接获得直流输电线路的暂态电流信号，将该电流信号传输到行波测距装置内，

图 17－44　双端行波测距法原理图

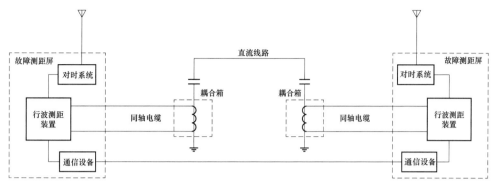

图 17-45　直流线路故障定位系统组成框图

行波测距装置对故障暂态电流进行高频采样，通过对时系统提供的精确时钟同步信号，处理测距结果。工控机实现两端故障数据的分析、处理，形成故障数据文件，完成数据的打印、显示，键盘控制等。通信设备用于线路两端之间交换启动数据。

（三）直流线路故障定位装置功能

直流线路故障定位装置具有的功能包括故障定位功能、启动功能、通信功能、对时功能及显示功能。

1. 故障定位功能

直流线路故障定位装置应能检测直流线路上任一点的接地故障及线间短路故障，其测距精度应不受线路参数、直流输电系统运行方式变化、互感器误差、故障位置、故障类型、塔间导线弧垂、大地电阻率，以及任何干扰因素的影响，其故障测距的误差不应超过 ±0.5km 或 1 个塔距。

2. 启动功能

启动功能包括自启动和远方启动，同时应能通过与直流线路保护的配合正确地识别所监视线路的故障，有效地防止系统的误启动和漏检。

3. 通信功能

能与直流输电线路对端故障定位装置通信，接受和发送故障定位数据。直流线路两侧故障定位装置通常采用 2Mbit/s 专用通道进行通信，通信协议为 G.703 标准通信接口协议。

直流线路故障定位装置宜具有与保护及故障信息子站系统通信的功能，通信宜采用以太网接口，规约宜采用 DL/T 860《变电站通信网络和系统》。

4. 对时功能

直流线路故障定位装置应具有对时功能。当采用换流站统一的时间同步系统时，一般采用光纤接口的 IRIG-B（DC）时码作为对时信号，对时精度应小于 1μs。当接收换流站内时间同步系统不能满足对时精度要求或接口有困难时，直流线路故障定位装置需要配置独立的对时设备。

5. 显示功能

对直流线路故障所处位置和故障发生的时间应分别能在两端换流站的直流线路故障定位装置上显示并打印，故障点的显示方式应是直流线路铁塔号码及故障点到该换流站的距离。

二、接地极线路故障监测系统

（一）接地极线路故障监测系统配置

接地极是直流输电系统运行的重要组成部分，它在单极大地回线方式和双极运行方式中分别承载引导入地电流和不平衡电流的作用，接地极的安全稳定运行直接关系到直流输电系统能否正常可靠运行。因此，有必要对接地极线路配置独立的故障监测系统，作为直流控制保护系统内所包括的接地极线路保护的补充功能，进行有效的故障定位，以便减少系统运行风险，提高直流输电可靠性。

（二）接地极线路故障监测系统原理及组成

目前，国内直流输电工程中的接地极线路故障监测系统，主要采用注入电流方式和高频脉冲反射方式 2 种原理。

1. 注入电流方式

注入电流方式也称阻抗监视方式。图 17-46 为注入电流方式接线图，在接地极极线上安装阻断滤波器 C_2/L_2 和 C_3/L_3，在接地极极线接地回路上安装注入滤波器 C_1/L_1，通过注入变压器 EL1 注入高频交流电流，控制楼内的监测装置采集接地极极线上的电流和注入点的接地电压，通过接地极线路故障监测主机计算出接地极线路阻抗，并进行故障分析。如果阻抗值突然发生大幅度的变化，则可能发生接地极线路故障。

EL1 变压器通过屏蔽双绞线型信号电缆与直流控制保护系统连接。

2. 高频脉冲反射方式

高频脉冲反射方式也称时域反射方式。图 17-47 为高频脉冲反射方式接线图，在接地极极线上安装耦合电容器 C_1/C_2，同时安装避雷器 F1 用于保护耦合电容器，通过载波单元 Z_1 向接地极线路注入高频脉冲，脉冲沿接地极线路前行，在线路上介质不均匀的地方反射回注入点。在主控制楼内配置接地极线路故障监测主机采集反射脉冲，并进行故障分析。正常情况下，脉冲在接地极线路末端反射回来，如果线路上有故障，就会在故障点产生一个额外的反射波，通过分析反射波形可以判定故障类型。

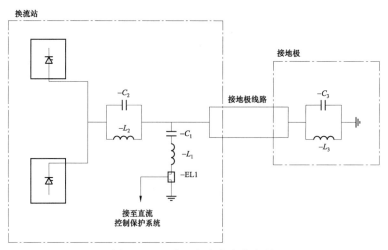

图 17-46 注入电流方式接线图

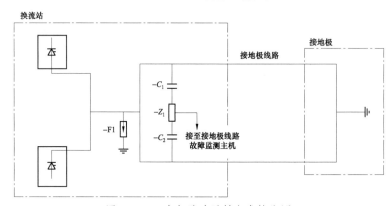

图 17-47 高频脉冲反射方式接线图

载波单元 Z1 通过 75Ω 同轴电缆与主机连接。

（三）接地极线路故障监测系统功能

接地极故障监测系统具有的功能包括故障监测功能、通信功能，以及对时功能。

1. 故障监测功能

接地极线路故障监测系统应能够对接地极线路的运行状态进行实时的监视，一旦接地极及其引线出现开路或接地故障，应能正确地记录并报警。

接地极线路故障监测系统还应具有自检功能，当设备发生自身故障时应闭锁可能的误报警。

当工程存在共用接地极的情况时，接地极线路故障监测系统需要对故障数据自动进行修正，以满足共用接地极的要求。

2. 通信功能

通常接地极线路故障监测系统能将系统故障等信息接入换流站控制系统。与换流站控制系统的通信采用以太网接口，通信协议采用 TCP/IP 标准协议。

3. 对时功能

接地极线路故障监测系统应具有对时功能。一般采用 IRIG-B（DC）对时信号，也可采用秒脉冲或网络时间报文对时信号，对时精度小于 1ms。

参考文献

[1] 赵畹君. 高压直流输电工程技术（2 版）. 北京：中国电力出版社，2010.

[2] 中国电力科学研究院. 特高压输电技术. 直流输电分册. 北京：中国电力出版社，2012.

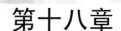

第十八章

换流站二次辅助系统

二次辅助系统是相对于换流站控制保护主系统而言的，本章换流站二次辅助系统主要包括站用直流电源系统、交流不间断电源系统、阀冷却控制保护系统、谐波监视系统、全站时间同步系统、火灾自动报警系统、图像监视及安全警卫系统和设备状态监测系统。二次辅助系统对于换流站的生产运行具有重要作用，配置合理和完善的二次辅助系统能有效保证生产主系统的可靠运行，提升换流站的整体智能化和运行管理水平，提高运检人员的工作效率，节约换流站设备维护成本。国内换流站中二次辅助系统的应用，经历了设备配置从少到多、子系统从分散到集成、设备技术水平从落后到先进的逐步发展完善的历程。

第一节 站用直流电源系统

为了向控制、信号、保护、自动装置、事故照明、交流不停电电源装置等负荷供电，换流站应设置可靠的站用直流电源系统。站用直流电源系统的设计应考虑高可靠性和稳定性，电源容量和电压质量均应满足在最严重的情况下能保证用电设备可靠工作的要求。

一、系统配置及接线

（一）配置原则

换流站站用直流电源系统的配置应遵循与极或换流器对应的原则，以避免某一极或换流器的停运而影响另外一极或换流器的运行。主要设置原则如下：

（1）每极单12脉动换流器接线换流站宜按直流极和站公用设备分别设置独立的站用直流电源系统。

（2）每极双12脉动换流器串联接线换流站宜按换流器和站公用设备，也可按直流极和站公用设备分别设置独立的站用直流电源系统。

（3）背靠背换流站宜按背靠背换流单元和站公用设备分别设置独立的站用直流电源系统。

（4）站公用直流电源系统可集中设置也可按区域分散设置。当配电装置区域设有继电器小室时，站公用设备用直流电源系统宜根据控制楼、继电器小室的位置和数量，按区域

分散设置。

（二）系统电压

换流站直流电源系统电压可采用220V或110V，两种电压等级在技术上各有优缺点，在国内已投运的换流站中均有成熟的运行经验。换流站直流电源系统电压应根据用电设备类型、额定容量、供电距离、安装地点和运行习惯等因素综合比较决定。对每极采用双12脉动换流器串联接线的换流站，由于场地面积较大，电磁环境复杂，系统电压采用220V电压等级在抗电磁干扰能力、电缆截面选择上的优势更为突出。

由于换流站直流负荷中通常没有大容量的直流电动机等动力负荷，因此直流电源系统一般按控制负荷和动力负荷合并供电考虑。在正常运行情况下，直流母线电压应为直流电源系统标称电压的105%；在均衡充电运行情况下，直流母线电压不应高于直流电源系统标称电压的110%；在事故放电末期，蓄电池组出口端电压不应低于直流电源系统标称电压的87.5%。

（三）系统接线

直流电源系统接线须满足各类负荷的供电需求，同时结合不同地区的运行习惯和特殊要求，设计中可采用如下3种典型的系统接线。

1. 2组蓄电池2套充电装置接线

图18-1为2组蓄电池2套充电装置典型接线图，其接线的主要特点如下：

（1）直流电源系统采用两段单母线接线，两段直流馈电母线之间设置联络隔离开关，正常运行时，两段直流馈电母线分别独立运行。

（2）每组蓄电池及其充电装置分别接入相应母线段。充电装置经双投隔离开关分别接入充电母线和馈电母线。

（3）2组蓄电池的直流电源系统应满足在正常运行中两段馈电母线切换时不中断供电的要求。切换时2组蓄电池应满足标称电压相同，电压差小于规定值，且直流电源系统处于正常运行状态，并应尽量保证2组蓄电池采用相同的型式及使用寿命。切换过程中允许短时并列运行。

（4）蓄电池组和充电装置应经隔离和保护电器接入直流

电源系统。

（5）每组蓄电池应设有专门的试验放电回路。试验放电

设备宜经隔离和保护电器直接与蓄电池出口回路并接。

（6）直流电源系统应采用不接地方式。

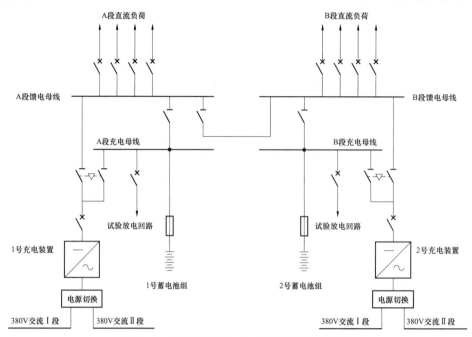

图 18-1　2 组蓄电池 2 套充电装置典型接线图

2. 2 组蓄电池 3 套充电装置接线

图 18-2 为 2 组蓄电池 3 套充电装置典型接线图，其接线的主要特点与 2 组蓄电池 2 套充电装置接线基本相同，区别在于当第 1 套（或第 2 套）充电装置故障时，第 3 套充电装置可经双投隔离开关接入 A 段（或 B 段）充电母线，给 1 号（或 2 号）蓄电池组充电。由于有第 3 套充电装置，因此，第 1、2 套充电装置有 2 种接入母线的方式。

第一种方式为第 1、2 套充电装置直接接入馈电母线，如图 18-2（a）所示。此种接线形式中，在对蓄电池组进行充放电试验时，只能由第 3 套充电装置对 1 号（或 2 号）蓄电池组进行充电。

第二种方式为第 1、2 套充电装置经双投隔离开关分别接入馈电母线和充电母线，如图 18-2（b）所示。此种接线形式中，在对 1 号（或 2 号）蓄电池组进行充放电试验时，可由第 3 套充电装置，也可由第 1 套（或第 2 套）充电装置对 1 号（或 2 号）蓄电池组进行充电。

3. 3 组蓄电池 4 套充电装置接线

在目前已投运的换流站工程中，部分保护装置按三重化冗余来配置，为了提高第 3 套保护信号电源供电的可靠性，在 2 组蓄电池和 3 套充电装置接线的基础上再配置了 1 组独立的小容量蓄电池和 1 套充电装置，图 18-3 为 3 组蓄电池 4 套充电装置典型接线图，其接线的主要特点如下：

（1）直流电源系统采用三段单母线接线，三段直流馈电母线之间设置联络电器，正常运行时，三段直流馈电母线分

别独立运行。

（2）3 号蓄电池组及其相应的 4 号充电装置接入 C 段母线。

（3）其余特点与 2 组蓄电池和 3 套充电装置接线相同。

以上 3 种接线方式中，2 组蓄电池 2 套充电装置接线方式比较简单，可以节省投资减少运行维护工作量；2 组蓄电池 3 套充电装置接线方式可靠性比较高，运行方式灵活；3 组蓄电池 4 套充电装置接线提高了三重化冗余配置的第 3 套保护装置电源供电的可靠性，系统接线比较复杂。在实际工程设计中，应结合考虑不同地区的运行习惯和特殊要求来选择合适的接线形式。

（四）网络设计

1. 供电方式

直流网络宜采用集中辐射形供电方式或分层辐射形供电方式。根据负荷分布和地区习惯，换流站直流网络的设计原则如下：

（1）主控楼内的站公用直流负荷、交流不间断电源、直流分电柜电源应采用集中辐射形供电。

（2）对每极单 12 脉动换流器接线换流站直流极和换流变压器对应的直流负荷应采用集中辐射形供电；双极区对应的直流负荷宜采用集中辐射形供电，当负荷无法布置在主控楼时，可采用分层辐射形供电。

（3）对每极双 12 脉动换流器串联接线换流站的换流器和换流变压器对应的直流负荷宜采用集中辐射形供电；直流极

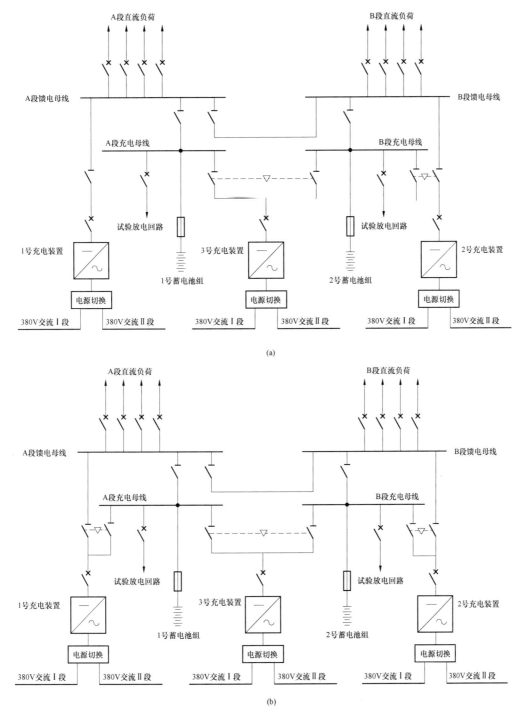

图 18-2　2 组蓄电池 3 套充电装置接线图

（a）充电装置仅接入馈电母线；（b）充电装置经双投隔离开关接入充馈电母线

对应的直流负荷可采用集中或分层辐射形供电；双极区对应的直流负荷宜采用集中辐射形供电，当负荷无法布置在主控楼时，可采用分层辐射形供电。

（4）对背靠背换流站背靠背换流单元和换流变压器对应的直流负荷应采用集中辐射形供电。

（5）交流配电装置区的直流负荷，可根据设备布置情况采用集中辐射形供电或分层辐射形供电。

2. 直流分电柜的设置及接线

根据换流站的直流负荷分布情况，直流分电柜的设置及接线原则如下：

（1）当每极双 12 脉动换流器串联接线换流站按换流器设置直流电源系统时，可分别设置极 1 和极 2 直流分电柜。极 1 和极 2 直流分电柜 A（B，C）段馈电母线宜分别由来自于各自极的高端和低端换流器直流电源系统的 1 号（2 号，3 号）

449

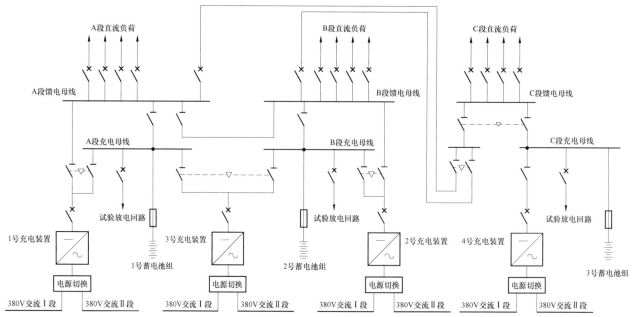

图 18-3　3 组蓄电池 4 套充电装置接线图

蓄电池组的各 1 回直流电源供电。每段馈电母线的 2 回直流电源进线之间宜采用先断后合的手动切换方式,3 段馈电母线之间不宜设联络电器。

(2) 当双极区对应的二次设备未布置在主控楼时,可设置双极直流分电柜。双极直流分电柜 A(B) 段馈电母线宜由来自于站公用直流电源系统的 1 号(2 号)蓄电池组的 2 回直流电源供电,2 段馈电母线之间不宜设联络电器。

(3) 当交流配电装置区域的多个继电器小室共用 1 套直流电源系统时,可在未配置直流电源系统的继电器小室设置直流分电柜。直流分电柜 A(B) 段馈电母线宜由来自于交流配电装置区域直流电源系统的 1 号(2 号)蓄电池组的 2 回直流电源供电,2 段馈电母线之间不宜设联络电器。

(4) 当站公用和交流配电装置区域的直流电源系统需设置第 3 段(C 段)直流馈电母线时,可设置 C 段直流分电柜。C 段馈电母线宜分别由来自于各直流电源系统的 1 号和 2 号不同蓄电池组的各 1 回直流电源供电。2 回直流电源之间宜采

用先断后合的手动切换方式。

(5) 直流分电柜的电源进线应经隔离电器接至直流分电柜馈电母线。

3. 负荷分配原则

换流站直流电源系统中馈电母线可以有 2 段或 3 段,对于每段馈电母线所接的设备,应按以下原则进行分配:

(1) 对于要求单电源供电的负荷:单重配置的设备可由 A 段或 B 段馈电母线取 1 路电源供电,2 段馈电母线应尽量平均分配负荷;双重化配置的设备应分别由 A、B 段馈电母线各取 1 路电源供电;三重化配置的设备应分别由 A、B、C 段馈电母线各取 1 路电源供电。

(2) 对于要求双电源供电的负荷,应同时由 A 段和 B 段馈电母线各取 1 路电源供电。

根据工程实际情况,表 18-1~表 18-3 分别列出了每极单 12 脉动换流器接线换流站、每极双 12 脉动换流器串联线换流站、背靠背换流站的主要直流负荷供电需求。

表 18-1　每极单 12 脉动换流器接线换流站主要直流负荷供电需求表

序号	供电区域	A 段馈电母线负荷	B 段馈电母线负荷	C 段馈电母线负荷
1	极 1(极 2)	极控装置电源 1	极控装置电源 2	
		极保护装置电源 1	极保护装置电源 2	
		直流滤波器保护装置电源 1	直流滤波器保护装置电源 2	
		换流变压器保护装置电源 1	换流变压器保护装置电源 2	
		测量接口装置电源 1	测量接口装置电源 2	
		极区 I/O 单元或测控装置电源 1	极区 I/O 单元或测控装置电源 2	

续表

序号	供电区域	A 段馈电母线负荷	B 段馈电母线负荷	C 段馈电母线负荷
1	极 1（极 2）	阀冷控制保护、阀基电子装置电源 1	阀冷控制保护、阀基电子装置电源 2	
		第 1 套极控信号电源	第 2 套极控信号电源	
		第 1 套极保护信号电源	第 2 套极保护信号电源	第 3 套极保护信号电源
		第 1 套测量接口装置信号电源	第 2 套测量接口装置信号电源	第 3 套测量接口装置信号电源
		第 1 套 I/O 单元或测控装置信号电源	第 2 套 I/O 单元或测控装置信号电源	
				阀厅、直流配电装置极区隔离开关和接地开关控制电源
2	站公用	站控主机电源 1	站控主机电源 2	
		双极测量接口装置电源 1	双极测量接口装置电源 2	
		双极 I/O 单元或测控装置电源 1	双极 I/O 单元或测控装置电源 2	
		第 1 套站控主机信号电源	第 2 套站控主机信号电源	
		第 1 套双极测量接口装置信号电源	第 2 套双极测量接口装置信号电源	第 3 套双极测量接口装置信号电源
		双极第 1 套 I/O 单元或测控装置信号电源	双极第 2 套 I/O 单元或测控装置信号电源	
				单套配置的单电源供电控制保护设备、自动装置
		直流开关操作电源 1	直流开关操作电源 2	直流配电装置双极区隔离开关和接地开关控制电源
3	交流配电装置区	交流站控主机电源 1	交流站控主机电源 2	
		交流配电装置区 I/O 单元或测控装置电源 1	交流配电装置区 I/O 单元或测控装置电源 2	
		第 1 套交流保护、交流滤波器保护装置电源	第 2 套交流保护、交流滤波器保护装置电源	
		第 1 套交流站控主机信号电源	第 2 套交流站控主机信号电源	
		第 1 套 I/O 单元或测控装置信号电源	第 2 套 I/O 单元或测控装置信号电源	
		断路器操作电源 1	断路器操作电源 2	
				单套配置的单电源供电控制保护设备、自动装置
				交流配电装置区隔离开关和接地开关控制电源（如果有）

表 18-2 每极双 12 脉动换流器串联接线换流站主要直流负荷供电需求表

序号	供电区域	A 段馈电母线负荷	B 段馈电母线负荷	C 段馈电母线负荷
1	极 1（极 2）	极/换流器控制装置电源 1	极/换流器控制装置电源 2	
		极/换流器保护装置电源 1	极/换流器保护装置电源 2	
		直流滤波器保护装置电源 1	直流滤波器保护装置电源 2	
		换流变压器保护装置电源 1	换流变压器保护装置电源 2	
		极/换流器测量接口装置电源 1	极/换流器测量接口装置电源 2	
		极/换流器 I/O 单元或测控装置电源 1	极/换流器 I/O 单元或测控装置电源 2	
		第 1 套极/换流器控制装置信号电源	第 2 套极/换流器控制装置信号电源	
		第 1 套极/换流器保护装置信号电源	第 2 套极/换流器保护装置信号电源	第 3 套极/换流器保护装置信号电源
		第 1 套极/换流器测量接口装置信号电源	第 2 套极/换流器测量接口装置信号电源	第 3 套极/换流器测量接口装置信号电源
		第 1 套 I/O 单元或测控装置信号电源	第 2 套 I/O 单元或测控装置信号电源	
		阀冷控制保护、阀基电子装置电源 1	阀冷控制保护、阀基电子装置电源 2	
				阀厅、直流配电装置极（换流器）区隔离开关和接地开关控制电源
2	站公用	站控主机电源 1	站控主机电源 2	
		双极测量接口装置电源 1	双极测量接口装置电源 2	
		双极 I/O 单元或测控装置电源 1	双极 I/O 单元或测控装置电源 2	
		第 1 套站控主机信号电源	第 2 套站控主机信号电源	
		第 1 套双极测量接口装置信号电源	第 2 套双极测量接口装置信号电源	第 3 套双极测量接口装置信号电源
		双极第 1 套 I/O 单元或测控装置信号电源	双极第 2 套 I/O 单元或测控装置信号电源	
				单套配置的单电源供电控制保护设备、自动装置
		直流开关操作电源 1	直流开关操作电源 2	直配电装置双极区隔离开关和接地开关控制电源
3	交流配电装置区	交流站控主机电源 1	交流站控主机电源 2	
		交流配电装置区 I/O 单元或测控装置电源 1	交流配电装置区 I/O 单元或测控装置电源 2	
		第 1 套交流保护、交流滤波器保护装置电源	第 2 套交流保护、交流滤波器保护装置电源	
		第 1 套交流站控主机信号电源	第 2 套交流站控主机信号电源	
		第 1 套 I/O 单元或测控装置信号电源	第 2 套 I/O 单元或测控装置信号电源	
		断路器操作电源 1	断路器操作电源 2	

序号	供电区域	A 段馈电母线负荷	B 段馈电母线负荷	C 段馈电母线负荷
				单套配置的单电源供电控制保护设备、自动装置
				交流配电装置区隔离开关和接地开关控制电源（如果有）

表 18-3　背靠背换流站主要直流负荷供电需求表

序号	供电区域	A 段馈电母线负荷	B 段馈电母线负荷	C 段馈电母线负荷
1	换流单元	换流单元控制装置电源 1	换流单元控制装置电源 2	
		换流单元保护装置电源 1	换流单元保护装置电源 2	
		换流变压器保护装置电源 1	换流变压器保护装置电源 2	
		换流单元测量接口装置电源 1	换流单元测量接口装置电源 2	
		换流单元 I/O 单元或测控装置电源 1	换流单元 I/O 单元或测控装置电源 2	
		阀冷控制保护、阀基电子装置电源 1	阀冷控制保护、阀基电子装置电源 2	
		第 1 套换流单元控制信号电源	第 2 套换流单元控制信号电源	
		第 1 套换流单元保护信号电源	第 2 套换流单元保护信号电源	第 3 套换流单元保护信号电源
		第 1 套测量接口装置信号电源	第 2 套测量接口装置信号电源	第 3 套测量接口装置信号电源
		第 1 套 I/O 单元或测控装置信号电源	第 2 套 I/O 单元或测控装置信号电源	
				阀厅接地开关控制电源
2	站公用	站控主机电源 1	站控主机电源 2	
		第 1 套站控主机信号电源	第 2 套站控主机信号电源	
				单套配置的单电源供电控制保护设备、自动装置
3	交流配电装置区	交流站控主机电源 1	交流站控主机电源 2	
		交流配电装置区 I/O 单元或测控装置电源 1	交流配电装置区 I/O 单元或测控装置电源 2	
		第 1 套交流保护、交流滤波器保护装置电源	第 2 套交流保护、交流滤波器保护装置电源	
		第 1 套交流站控主机信号电源	第 2 套交流站控主机信号电源	
		第 1 套 I/O 单元或测控装置信号电源	第 2 套 I/O 单元或测控装置信号电源	
		断路器操作电源 1	断路器操作电源 2	
				单套配置的单电源供电控制保护设备、自动装置
				交流配电装置区隔离开关和接地开关控制电源（如果有）

二、负荷统计及设备选择

（一）负荷统计

1. 直流负荷分类

换流站直流电源负荷包括全站的控制、保护、自动装置、断路器分/合闸、交流不间断电源、直流长明灯和直流应急照明。这些直流负荷按性质可分为如下 3 类：

（1）经常负荷：要求直流系统在正常和事故工况下均应可靠供电的负荷。

（2）事故负荷：要求直流系统在交流电源系统事故停电时间内可靠供电的负荷。

（3）冲击负荷：在短时间内施加的较大负荷电流。冲击负荷出现在事故初期（1min）称为初期冲击负荷，出现在事故末期或事故过程中称随机负荷（5s）。

2. 直流负荷统计

直流负荷统计应符合以下 2 点规定：

（1）采用 2 组蓄电池 2 套充电装置接线及 2 组蓄电池 3 套充电装置接线的设计方案时，每组蓄电池的负荷统计均需要计算本直流系统供电区域内的所有负荷。

（2）采用 3 组蓄电池 4 套充电装置接线的设计方案时，对于大容量的 2 组蓄电池的负荷统计，需要计算本区域内的所有负荷；对于小容量的 1 组蓄电池的负荷统计，仅需计算本区域内 C 段馈电母线的负荷。

换流站直流负荷统计时的负荷系数及计算时间见表 18-4。

表 18-4　换流站直流负荷统计时的负荷系数及计算时间表

序号	负 荷 名 称	负荷系数	经常负荷	事故负荷			备　注
				初期	持续	随机	
				1min	2h	5s	
1	监控设备、保护设备、计量设备、阀基电子设备、阀冷控制保护设备、自动装置等	0.8	√	√	√		如果装置能给出正常和事故情况下的不同功耗，则装置正常直流功耗计入经常负荷，装置事故直流功耗计入事故负荷
2	高压断路器跳闸	0.6		√			
3	事故后恢复供电高压断路器合闸	1				√	按站用电恢复时断路器合闸电流最大的 1 台统计
4	交流不间断电源	0.6		√	√		
5	直流长明灯	1	√	√	√		
6	直流应急照明	1		√	√		

（二）设备选择

1. 蓄电池组

换流站直流电源系统的蓄电池通常采用阀控式密封铅酸蓄电池，无端电池。蓄电池组个数及容量选择应符合下列要求。

（1）蓄电池组个数可参考 DL/T 5044—2014《电力工程直流电源系统设计技术规程》中"C.1 蓄电池参数选择"的规定选择；单体蓄电池浮充电电压应根据厂家推荐值选取，当无产品资料时，宜取 2.23～2.27V；单体蓄电池均衡充电电压应根据蓄电池的个数和直流母线电压允许的最高电压值确定，但不得超出蓄电池规定的电压允许范围；单体蓄电池放电终止电压应根据蓄电池的个数和直流母线允许的最低电压值确定，但不得低于蓄电池规定的最低允许电压值。

（2）蓄电池容量的选择可参考 DL/T 5044—2014 中附录 C.2 的方法计算。蓄电池容量换算系数应根据厂家设备参数选取，当无产品资料时，可参考 DL/T 5044—2014 中附录 C.3 的参数。

参考国内近期已投运的直流输电工程，对每极单 12 脉动换流器接线换流站，每组极用直流电源系统蓄电池容量一般为 300～400Ah（系统电压采用 DC110V）或 150～200Ah（系统电压采用 DC220V）；对每极双 12 脉动换流器串联接线换流站，当按换流器配置直流电源系统时，每组换流器用蓄电池容量一般为 600Ah（系统电压采用 DC110V）或 300Ah（系统电压采用 DC220V）。当按极配置直流电源系统时，每组极用蓄电池容量一般为 800Ah（系统电压采用 DC110V）或 400Ah（系统电压采用 DC220V）。

2. 充电装置

换流站直流电源系统的充电装置通常采用高频开关电源模块型充电装置。充电装置额定电流计算应符合下列要求。

（1）满足浮充要求，其浮充输出电流应按蓄电池自放电电流与经常负荷电流之和计算。

（2）满足蓄电池均衡充电要求，其充电输出电流应满足：当蓄电池脱开直流母线充电时，铅酸蓄电池应按（1.0～1.25）I_{10} 选择；当蓄电池充电同时还向经常负荷供电时，铅酸蓄电池应按（1.0～1.25）I_{10} 并叠加经常负荷电流选择。

（3）高频开关电源模块数量宜根据充电装置额定电流和单个模块额定电流选择。充电装置及整流模块的详细选择计算可参考 DL/T 5044—2014 中附录 D 的相关规定。

3. 熔断器及直流断路器

直流系统熔断器及直流断路器的选择可参考 DL/T 5044—2014 中第 6.5 和 6.6 节的相关规定。其他要求如下：

（1）蓄电池出口回路宜采用熔断器，也可采用具有选择性保护的直流断路器。

（2）充电装置直流侧出口回路宜采用直流断路器，也可采用熔断器。当直流断路器有极性要求时，应采用反极性接线。

（3）直流主屏至直流分屏的馈线回路宜采用具有短路延时特性的直流塑壳空气断路器，也可采用熔断器加隔离电器的组合。

（4）直流主屏其他馈线回路、分屏馈线回路以及蓄电池试验放电回路宜采用直流断路器。

各级保护电器的配置应根据直流电源系统短路电流计算结果，保证具有可靠性、选择性、灵敏性和速动性。主要原则如下：

（1）各级断路器宜采用标准型 B 型或 C 型脱扣器的直流断路器。

（2）上级断路器应根据下级断路器出口短路时的最小短路电流来校验灵敏性；最后一级断路器应根据馈线回路最小短路电流来校验灵敏性。

（3）当下级断路器出口短路，而上级断路器和下级断路器动作特征无法配合时，上级断路器宜选用带短路短延时保护的直流断路器，通过时限来满足级差配合的要求。

级差配合的具体计算可参考 DL/T 5044—2014 中附录 A 的相关规定。

4. 隔离开关

直流系统隔离开关的选择可参考 DL/T 5044—2014 中第 6.7 节的相关规定。其他要求如下：

（1）直流分电柜的进线回路应采用单投或双投隔离开关。

（2）当充电装置出口回路同时接至充电母线和馈电母线时，应采用双投隔离开关。

（3）母线联络隔离开关额定电流一般按全部负荷的 60% 选择即可满足要求，同时考虑到允许直流母线采取并联切换方式，该隔离开关应具有切断负荷电流的能力。

三、监测、监控及信号

（一）监测及监控

直流电源系统应装设常测表计、蓄电池自动巡检装置、绝缘监测装置、馈线状态采集模块和微机监控装置，以实现对直流电源系统运行状态和相关参量的监视和测量。各设备的主要要求如下：

1. 常测表计

（1）直流电压表宜装设在直流柜母线、直流分电柜母线、蓄电池回路和充电装置输出回路上。

（2）直流电流表宜装设在蓄电池回路和充电装置输出回路上。

（3）直流电源系统测量表计宜采用 $4\frac{1}{2}$ 位精度数字式表计，准确度不应低于 1.0 级。

2. 蓄电池自动巡检装置

每组蓄电池应配置 1 套蓄电池自动巡检装置，实时测量全部单体电池电压和蓄电池组温度等参数，并应具备通信接口，实现与微机监控装置或其他智能装置通信。

3. 绝缘监测装置

直流电源系统应按每组蓄电池装设 1 套绝缘监测装置。应具备以下主要功能：

（1）实时监测和显示直流电源系统母线电压、母线对地电压和母线对地绝缘电阻。

（2）具有监测各种类型接地故障的功能，实现对各支路的绝缘检测功能。

（3）具备 2 组直流电源合环故障报警功能。

（4）具备交流窜电故障及时报警并选出互窜或窜入支路的功能。

（5）具有自检和故障报警功能。

（6）具有对外通信功能。

4. 微机监控装置

直流电源系统宜按每套充电装置配置 1 套微机监控装置。微机监控装置应具备以下功能：

（1）具有对直流电源系统各段母线电压、充电装置输出电压和电流及蓄电池组电压和电流等的监测功能。

（2）具有对直流电源系统各种异常和故障报警、蓄电池组出口熔断器检测、自诊断报警以及主要断路器/开关位置状态等的监视功能。

（3）具有对充电装置开机、停机和充电装置运行方式切换等的监控功能。

（4）具有对设备的遥信、遥测、遥调及遥控的功能。

（5）具备对时功能。

（6）具备对外通信功能，通信规约宜符合 DL/T 860《变电站通信网络和系统》系列标准的有关规定。

5. 馈线状态量模块

馈线状态量模块宜按馈线屏设置，采集本屏内所有馈线回路的位置状态及断路器跳闸告警信号，并通过通信接口上传至相应微机监控装置。

（二）信号

直流电源系统应能将采集的系统状态信号和各种告警信号上传至换流站控制系统。表 18-5 为直流电源系统主要信息表。

表 18-5　直流电源系统主要信息表

序号	名　称	就地显示		上传换流站控制系统	
		开关量	模拟量	开关量	模拟量
1	蓄电池及其回路（按每组蓄电池统计）				
1.1	蓄电池组出口电压	—	√	—	√
1.2	蓄电池组电流	—	√	—	√
1.3	蓄电池浮充电流	—	√	—	√
1.4	蓄电池试验放电电流	—	√	—	△
1.5	单体蓄电池电压（1~N）	—	√	—	△
1.6	单体蓄电池内阻（1~N）	—	△	—	△
1.7	蓄电池组或蓄电池室温度	—	√	—	√
1.8	蓄电池回路保护电器状态及动作告警	√	—	√	—
1.9	蓄电池组巡检装置故障	√	—	√	—
1.10	蓄电池组巡检装置通信异常	√	—	√	—
2	充电装置（按每套充电装置统计）				
2.1	充电装置输入电压	—	√	—	√
2.2	充电装置输入电流	—	√	—	√
2.3	充电装置输出电压	—	√	—	√
2.4	充电装置输出电流	—	√	—	√
2.5	充电装置故障	√	—	√	—
2.6	充电装置浮充电压设定值	—	△	—	△
2.7	充电装置均充电压设定值	—	△	—	△
2.8	充电装置运行状态（浮充、均充）	√	—	√	—
2.9	充电装置交流侧保护电器状态及动作告警	√	—	√	—
2.10	充电装置直流侧保护电器状态及动作告警	√	—	√	—
3	直流母线及绝缘监测装置（按每套装置统计）				
3.1	直流母线电压	—	√	—	√
3.2	直流正/负母线对地电压和对地电阻	—	√	—	△
3.3	直流母线电压异常	√	—	√	—
3.4	直流母线绝缘异常	√	—	√	—
3.5	直流电源系统接地	√	—	√	—
3.6	绝缘监测装置及通信故障	√	—	√	—

续表

序号	名　称	就地显示		上传换流站控制系统	
		开关量	模拟量	开关量	模拟量
3.7	交流窜电故障报警	√	—	√	—
3.8	直流电源合环故障报警	√	—	√	—
4	直流电源系统微机监控装置和直流馈线				
4.1	直流馈线断路器状态及动作报警	√	—	√	—
4.2	母联联络电器状态	√	—	√	—
4.3	微机监控装置及通信故障	√	—	√	—

注　"√"表示该项应列入，"△"表示该项在有条件时或需要时可列入。

四、通信及接口

蓄电池自动巡检仪、绝缘监测装置和馈线状态量模块采集相关信息后，通过通信总线将信息上传至相应微机监控装置。微机监控装置汇总所有信息后宜采用以太网口、DL/T 860 标准协议上传至电源系统总监控装置或换流站控制系统。图 18-4 为直流电源系统通信网络图，图中为 3 组蓄电池 4 组充电装置接线的通信网络，如果为 2 组蓄电池 2 组充电装置或者 2 组蓄电池 3 组充电装置接线的直流系统，其对应的通信网络需要取消蓄电池组 3 巡检装置、4 号监控装置和直流馈线柜 C 的绝缘监测装置及馈线状态采集模块。

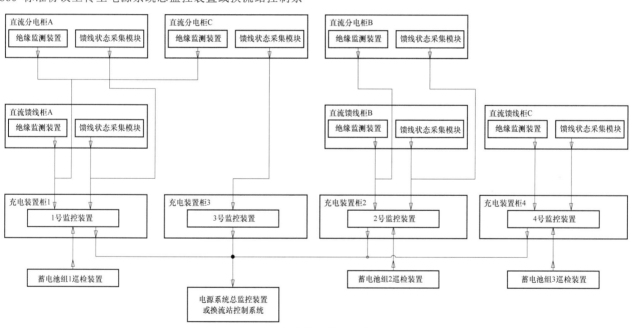

图 18-4　直流电源系统通信网络图

第二节　交流不间断电源系统

为了向换流站内重要的二次设备如换流站控制系统的主机或服务器、工作站、交换机、远动通信设备，以及调度数据网和二次安全防护等设备供电，换流站应设置不间断电源系统（uninterruptible power system，UPS），以确保在站内交流电源中断时，对换流站控制系统不间断供电，在正常运行时对站内交流电源进行隔离、稳压，并消除浪涌影响，保证换流站控制系统的电源安全，维持换流站系统和设备的正常运行。

一、系统配置及接线

（一）配置原则

1. 设置原则

交流不间断电源系统应根据换流站电压等级、建设规模、二次设备布置方式，以及换流站控制系统设备的要求配置，主要有以下原则。

（1）全站设置 1 套交流不间断电源系统，主机按双重化配置。

（2）可根据全站设备布置及负荷需要按区域分散设置，每个区域设置1套交流不间断电源系统，主机按双重化配置。

2. 系统配置

换流站交流不间断电源系统应为在线式，采用静态整流、逆变装置，并具有旁路隔离和稳压功能。

每套交流不间断电源系统主机容量按 100%计算负荷选择，直流备电时间为 2h，直流备用电源原则上应从站内直流母线引接，不设置 UPS 专用蓄电池组。

（二）系统电压

交流不间断电源系统的输出有 380V 三相输出和 220V 单相输出 2 种形式，换流站 UPS 系统由于容量较小，一般采用 220V 单相输出。

换流站交流不间断电源配电系统宜采用三相五线制供电接地系统（TN—S 系统），应设置工作接地和保护接地，其工作接地与保护接地可共用接地装置。

（三）系统接线

交流不间断电源系统一般由整流器、逆变器、静态转换开关、隔离变压器、逆止二极管、断路器等部分组成，系统接线方式包括 UPS 主机接线方式和 UPS 输出侧母线接线方式 2 部分内容。由单台 UPS 主机构成交流不间断电源系统时，主要有单主机 UPS 接线、双主机串联冗余接线、双主机并联冗余接线，以及双重化冗余 UPS 接线等方式。输出侧母线接线方式分为单母线接线和单母线分段接线 2 种。

在换流站工程设计中，交流不间断电源系统主机均按双重化配置，其接线通常采用双主机并联冗余或双重化冗余的 UPS 接线方式。双主机并联冗余的 UPS 共用 1 套旁路装置；

双重化冗余的 2 套 UPS 分别设置旁路装置，此时 2 台 UPS 主机的交流电源由不同站用电源母线引接，直流电源由站内直流系统的不同母线段引接。交流不间断电源输入/输出回路应装设隔离变压器，当直流电源由站内直流系统引接时，直流回路应装设逆止二极管。交流不间断电源旁路应设置隔离变压器，当输入电压变化范围不能满足负荷要求时，旁路还应设置自动调压器。

换流站控制保护系统一般均为冗余配置方式，当其 UPS 负荷有成对馈电要求时，母线接线采用单母线分段方式可提高供电可靠性，其他情况下可采用单母线接线。

1. 并联冗余 UPS 接线

并联冗余 UPS 构成的不间断电源系统接线如图 18-5 所示。该接线由 2 台 UPS 主机组成，2 台主机交流输出端并联连接至同一段主馈电母线。正常运行时，2 台主机同步并联运行，均匀分担负荷。当 1 台主机故障或需要退出运行时，则由另 1 台主机承担全部负荷，确保负荷供电的不间断。该接线方式下的旁路装置仅设置 1 套，为 2 台 UPS 主机所共用，当单台运行的 UPS 主机故障或过负荷时切换至旁路运行，以保证向负荷不间断供电。

并联冗余 UPS 构成的不间断电源系统的 2 台 UPS 主机一般应为同容量、同厂家、同型号的产品。双主机应完全同步，其逆变器输出的频率、相位及电压必须相同，2 台主机之间无环流。

每套 UPS 主机由 220V/380V 交流电源经整流器、逆变器向负荷供电；当 220V/380V 交流电源失电或 UPS 整流器故障时，则由站用直流电源回路经逆变器向负荷供电；当逆变器故障或过负荷时，由静态开关自动切换到旁路供电。

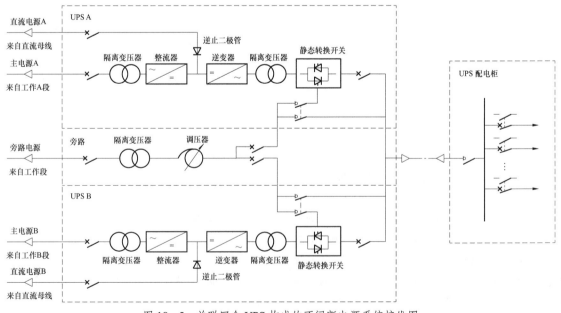

图 18-5　并联冗余 UPS 构成的不间断电源系统接线图

2. 双重化冗余 UPS 接线

双重化冗余 UPS 构成的不间断电源系统接线如图 18-6 所示。该接线由 2 套相互独立的 UPS 系统组成，每套系统均配置独立的 UPS 主机、旁路和配电柜，馈电母线采用单母线分段接线，2 段母线之间设置联络断路器。

正常运行时 2 套 UPS 系统采用分列运行方式，每套系统向

对应母线段的 UPS 负荷供电。当任 1 套 UPS 系统故障或需要退出运行时，手动合上母联断路器，由另 1 套 UPS 承担全部负荷。

每套 UPS 主机由 220V/380V 交流电源经整流器、逆变器向负荷供电；当 220V/380V 交流电源失电或 UPS 整流器故障时，则由站用直流电源回路经逆变器向负荷供电；当逆变器故障或过负荷时，由静态开关自动切换到旁路供电。

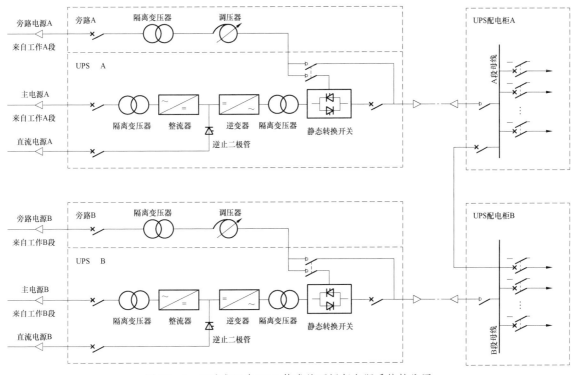

图 18-6　双重化冗余 UPS 构成的不间断电源系统接线图

由于换流站工程中通常较少采用单台 UPS 和串联冗余 UPS 构成的不间断电源系统，因此本节不再详述这 2 种接线方式。

（四）网络设计

交流不间断电源系统宜采用辐射供电方式，包括集中辐射形供电方式和分层辐射形供电方式。当全站交流不间断电源系统采用集中设置方式时，对供电距离较远且相对集中的不间断负荷，可根据 UPS 负荷需要和设备布置情况，合理设置分配电柜或分配电箱，采用分层辐射形供电方式，以节省电缆。

主控楼内的换流站控制系统的主机或服务器、工作站、远动通信设备，以及调度数据网、二次安全防护设备、大屏幕显示器、录音系统、火灾自动报警系统主机等站公用 UPS 负荷宜采用集中辐射形供电；辅控楼和交流场的 UPS 负荷可根据设备布置情况采用集中辐射形供电或分层辐射形供电。

二、负荷统计及设备选择

（一）负荷统计

交流不间断电源负荷分为计算机负荷和非计算机负荷。

计算 UPS 容量时，应对不间断负荷进行统计，按 UPS 负荷可能出现的最大运行方式计算，统计计算应遵守下列原则：

（1）连续运行的负荷应予以计算。

（2）不经常而连续运行的负荷，应予以计算。

（3）经常而短时及经常而断续运行的负荷，应予以计算。

（4）由同一 UPS 供电的互为备用的负荷只计算运行的部分。

（5）互为备用而由不同 UPS 供电的负荷，应全部计算。

换流站常用的 UPS 负荷参见表 18-6。

随着设备制造的更新换代，有越来越多的二次设备如交换机、电能量计费终端、时间同步设备、故障测距装置等已由原要求 UPS 电源供电改为直流电源供电。另外，有些直流控制保护设备厂家采用交流供电的就地显示设备和监控主机，进行 UPS 负荷统计时也需要考虑。

换流站交流不间断电源系统的容量计算应依据 DL/T 5491—2014《电力工程交流不间断电源系统设计技术规程》附录 C 推荐的方法。UPS 的额定容量与负荷的功率因数密切相关，因此计算时应计及负荷功率校正系数的影响。同时，

当设备安装点海拔高度大于 1000m 时，由于空气密度降低，对于采用空气冷却的 UPS 其散热条件变差，所以需考虑海拔高度的降容影响。

表 18-6　换流站常用的 UPS 负荷

序号	负 荷 名 称	负荷类型	运行方式	功率因数	容量换算系数
1	操作员工作站	计算机负荷	经常、连续	0.90	0.7
2	工程师工作站	计算机负荷	不经常、连续	0.90	0.5
3	仿真培训工作站	计算机负荷	不经常、连续	0.90	0.5
4	网络打印机	计算机负荷	不经常、间断	0.60	0.5
5	系统主机或服务器	计算机负荷	经常、连续	0.98	0.7
6	调度数据网络及安全防护设备	非计算机负荷	经常、连续	0.95	0.7
7	远动通信设备	非计算机负荷	经常、连续	0.90	0.8
8	火灾自动报警系统	非计算机负荷	经常、连续	0.80	0.8
9	时间同步系统	计算机负荷	经常、连续	0.80	0.8
10	电能计费系统	计算机负荷	经常、连续	0.80	0.8
11	故障测距装置	计算机负荷	经常、连续	0.80	0.8
12	录音系统	计算机负荷	经常、连续	0.9	0.7
13	大屏幕显示器	非计算机负荷	经常、连续	0.9	0.8

（二）UPS 设备选择

1. UPS 主机

换流站内 UPS 主机应采用整流—逆变双变换在线式，220V 单相输出方式。交流不间断电源交流主电源输入宜采用 380V 三相三线制输入，容量小于 10kVA 的交流不间断电源交流系统输入可采用 220V 单相输入。

UPS 备用直流电源由站内直流电源系统引接，其直流输入电压宜与换流站内直流电源系统标称电压一致，一般采用 110V 或 220V。直流输入电压允许变化范围应适应直流系统变化的要求，同时为了防止 UPS 整流器向站内直流系统的蓄电池充电，UPS 直流输入回路应配置逆止二极管，逆止二极管反向击穿电压不应低于输入直流额定电压的 2 倍。UPS 内部与直流有直接电气联系的回路应浮空，以免造成换流站直流电源系统接地。

根据 DL/T 5491—2014，UPS 主机输入参数的技术要求如下：

（1）交流输入电压允许范围：−15%～+15%。

（2）直流输入电压允许范围：−20%～+15%。

（3）输入频率允许范围：±5%。

（4）输入电流谐波失真：不应大于 5%。

UPS 主机输出参数的技术要求如下：

（1）输出电压稳定性：稳态±2%，动态±5%。

（2）输出频率稳定性：稳态±1%，动态±2%。

（3）输出电压波形失真度：非线性负荷不应大于 5%。

（4）输出额定功率因数：0.8（滞后）。

（5）输出电流峰值系数：不宜小于 3。

（6）过负荷能力：不应低于 125%/10min，150%/1min，200%/5s。

2. UPS 旁路

为保障 UPS 主机故障、临时过负荷或停运检修期间的供电连续性，一般需设置 UPS 旁路。旁路应设置隔离变压器，当输入电压变化范围不能满足负荷要求时，旁路还应设置自动调压器。

从安装、维护的便利程度和安全性角度出发，旁路隔离变压器及自动调压器应采用干式自然风冷结构。在选择隔离变压器短路阻抗时，应校验 UPS 配电系统上下级断路器（或熔断器）之间的选择性。

UPS 旁路的接线方式应根据负荷要求来确定。当 UPS 为单相输出时，旁路宜采用 380V 二相二线制输入，也可采用 220V 单相输入。

一般来说，应设置静态开关用于旁路供电的投切，宜采用电子和机械混合型转换开关，根据 DL/T 5491—2014 的要求，其切换时间不应大于 5ms。手动维修旁路开关应具有同步闭锁功能。

（三）断路器

交流不间断电源系统的断路器主要包括交流主断路器

（交流输入断路器、旁路输入断路器、交流输出断路器、维修旁路断路器）、直流输入断路器、母联断路器及交流馈线断路器等。断路器的选择可参考行业标准 DL/T 5153《火力发电厂厂用电设计技术规程》的有关规定。其他要求如下：

（1）交流不间断电源系统带输入隔离变压器的交流输入断路器、旁路输入断路器额定电流按照躲过隔离变压器启动冲击电流选择。

（2）交流不间断电源系统交流输出断路器、维修旁路断路器、母联断路器额定电流按照交流不间断电源额定电流的 1.5～2 倍选择。

（3）交流不间断电源系统直流输入断路器额定电流按照交流不间断电源最大直流电流选择。

（4）交流不间断电源系统交流输出断路器与交流馈线断路器之间应满足 2～4 级的级差配合要求，保证上、下级断路器之间具有选择性。

（5）交流主断路器宜选择 D 型脱扣器，交流馈线断路器宜选择 C 型脱扣器；直流输入断路器应选用直流专用断路器，不得用交流断路器替代。

（6）UPS 采用单相输出时，电源及馈线回路应采用二极断路器。

（7）交流不间断电源主断路器宜带有辅助触点和报警触点，交流馈线断路器宜带有报警触点。

三、监测及信号

1. 监测

UPS 主机宜采用数字式多功能仪表显示各种运行参数，测量内容应包括交流输入电压、直流输入电压、输出电压、输出频率、输出功率。其 UPS 输出电压、输出频率和输出功率或电流应能在控制室进行监视。

UPS 旁路宜测量交流输入电压、频率及输出电压。

UPS 主配电柜宜测量进线电流、母线电压和频率。

UPS 分配电柜宜测量母线电压。

UPS 主机柜上测量仪表精度不应低于 1.0 级。当旁路柜、配电柜上的测量仪表采用常规仪表时，其测量精度不应低于 1.5 级。

2. 信号

交流不间断电源系统应具有交流输入电压低、直流输入电压低、逆变器输入/输出电压异常、整流器故障、逆变器故障、静态开关故障、风机故障、馈线跳闸等故障报警及旁路运行等异常运行报警功能。

交流不间断电源系统综合故障等重要信号应采用无源触点输出，并采用硬接线接入换流站控制系统。交流不间断电源系统测点信息见表 18-7～表 18-8。

表 18-7　模拟量测点信息表

序号	测点名称	硬接线	通信
1	UPS 主配电柜母线电压	√	—
2	UPS 主配电柜母线频率	√	—
3	UPS 主配电柜进线电流	√	—
4	UPS 输出功率	—	√
5	UPS 输出功率因数	—	√
6	UPS 输出电压	—	√
7	UPS 输出频率	—	√
8	UPS 输出电流	—	√
9	整流器输入电流	—	√
10	整流器输入电压	—	√
11	整流器输入频率	—	√
12	整流器输入功率因数	—	√
13	逆变器输入电压	—	√
14	旁路输入电流	—	√
15	旁路输入电压	—	√
16	旁路输入频率	—	√

表 18-8　开关量测点信息表

序号	测点名称	硬接线	通信
1	UPS 综合故障报警	√	—
2	UPS 旁路运行	√	—
3	UPS 馈线断路器动作报警	√	—
4	整流器输入电压低报警	—	√
5	旁路输入电压低报警	—	√
6	逆变器输入电压异常报警	—	√
7	UPS 输出电压异常报警	—	√
8	静态开关处于旁路位置报警	—	√
9	静态开关处于主机位置	—	√
10	手动维修旁路断路器位置	—	√
11	整流器故障报警	—	√
12	逆变器故障报警	—	√
13	静态开关故障报警	—	√
14	同步跟踪故障	—	√
15	UPS 装置故障报警	—	√

续表

序号	测点名称	硬接线	通信
16	UPS 温度异常	—	√
17	UPS 冷却风扇故障	—	√
18	UPS 过负荷锁机	—	√
19	UPS 输出短路	—	√
20	主电源进线断路器失电	—	√
21	主电源进线断路器事故跳闸	—	√
22	直流电源进线断路器失电	—	√
23	直流电源进线断路器事故跳闸	—	√

续表

序号	测点名称	硬接线	通信
24	交流旁路电源进线断路器失电	—	√
25	旁路电源进线断路器事故跳闸	—	√

四、通信及接口

交流不间断电源系统是换流站安全可靠运行的重要保障,应具有与站内换流站控制系统或交直流一体化电源系统通信的功能,其通信接口宜采用以太网口,通信协议宜符合 DL/T 860《变电站通信网络和系统》的有关规定。可通过设置 UPS 监控装置实现 UPS 主机的运行状态及 UPS 系统内各开关设备的状态量信息的汇总及上传,图 18-7 为交流不间断电源系统通信网络图。

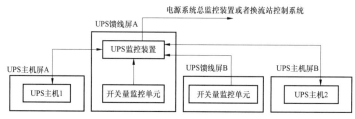

图 18-7 交流不间断电源系统通信网络图

第三节 阀冷却控制保护系统

换流站的每个换流器需要配置 1 套完全独立的阀冷却系统,每套阀冷却系统又分为阀内冷却系统和阀外冷却系统。阀内冷却系统目前均采用内水冷系统,其主要由主循环泵、补水泵、膨胀水箱、主过滤器、离子交换器、阀门、仪表、冷却水管等组成。阀外冷却系统一般分为水冷却和空气冷却 2 种方式:水冷却方式的阀外冷却系统主要由冷却塔、喷淋水泵、软化水装置、加药(或反渗透)装置、旁路过滤装置、喷淋水池等组成;空气冷却方式的阀外冷却系统主要设备为冷却风机。

每套阀冷却系统需要配置相应的阀冷却控制保护系统,一般由阀冷却设备供货商成套提供,用于实现阀冷却系统的控制、监视和保护,主要包含对阀冷却系统各种水泵、风扇、电动阀门等调节控制,对主要设备的运行状态和运行参数的监视以及对水温、流量及压力异常和冷却水渗漏等设置保护。本节将主要说明阀冷却控制保护系统的系统构成、功能要求、设备配置及接口设计等。

一、系统构成

(一)配置原则

阀冷却控制保护系统应按每个极、换流器或换流单元独立

双重化冗余配置,冗余的范围从阀冷却控制保护系统的电源、控制主机、I/O 板卡到为该控制保护系统提供信息的传感器等。

阀内、外冷却系统的控制保护通常是统筹考虑、统一配置的,也可以根据工程的实际需要分别独立配置,如阀内冷却控制保护系统负责阀内冷设备的监控和保护,阀外冷却控制保护系统负责阀外冷设备的监控和保护。阀内冷和阀外冷控制保护系统分别组屏,通过硬接线方式交换必要的信号。

(二)系统组成

阀冷却控制保护系统一般包括阀冷却控制保护系统控制器(或控制主机)、信号采集 I/O 单元、各种传感器及通信网络。图 18-8 为阀冷却控制保护系统结构图。

(1)阀冷却控制保护系统控制器(或控制主机)是阀冷却控制保护系统的核心元件,采用双重化冗余配置,集成了控制、监视和保护功能。控制器通常由 CPU、电源模块、接口模块、通信模块、人机界面模块等组成。

(2)信号采集 I/O 单元通常采用双重化配置,用于采集阀冷却系统各种设备的状态信号和冷却水压力、温度等模拟量信号,并发送指令信号至相关设备。

(3)各种传感器用于阀冷却系统前端模拟量的采集,主要包括温度传感器、流速传感器、压力传感器、液位传感器等。传感器采用双重化或三重化冗余配置方式。

（4）阀冷却控制系统通信网络采用冗余设计，从控制器到 I/O 单元及控制器至直流控制系统的通信网络均采用冗余的现场总线网络。当阀冷却控制保护系统与直流控制保护系统之间无法通过通信总线传输信息时，可根据需要配置阀冷却接口设备，将阀冷却系统的相关信息通过阀冷却接口设备传送至直流控制保护系统。

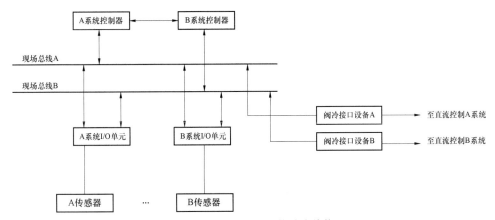

图 18-8　阀冷却控制保护系统结构图

二、阀冷却控制系统功能

（一）控制方式

阀冷却控制系统的基本控制方式主要有手动控制、自动控制和事故控制 3 种。

1. 手动控制

手动控制时，换流阀在未投入运行状态，主循环泵、补水泵、电加热器、风扇、电磁阀和电动三通阀等设备能通过控制柜操作面板进行手动操作，完成系统设备的检修维护及调试。

2. 自动控制

自动控制一般为正常运行控制方式，可通过主控制室操作员工作站下发自动操作指令，实现对阀冷却系统的控制。当主控制室下发操作指令时，就地操作面板的操作命令将会失效。

阀冷却控制保护系统收到自动启动指令后，阀冷却控制保护系统的控制主机通过监测水温、流量、压力、电导率、水位、漏水检测等参数，并根据设定好的整定值，自动调整主循环泵、风机、补水泵等设备的运行状态，同时监控阀冷却系统的运行状况和检测系统故障，及时发出报警或跳闸信号。

3. 事故控制

阀冷却控制系统需设置紧急停运按钮，阀冷却系统处于自动控制或手动控制运行时，当系统或设备发生紧急事故，运行人员操作紧急停运按钮应能够立刻停止主循环泵的运行，同时阀冷却控制系统发出跳闸信号至直流控制保护系统，闭锁直流。

（二）控制功能

换流站通过改变晶闸管换流阀的导通角连续调节系统输送容量。晶闸管阀的导通角不同，流过晶闸管阀的电流有效值不同，晶闸管阀的发热量也不同。因此，阀冷却系统的控制功能应确保阀冷却水进阀温度基本稳定，严禁晶闸管阀运行时冷却水进阀温度骤升骤降，并要求改变水冷散热量来跟踪晶闸管阀热负荷的变化，使阀冷却水进阀温度稳定在设定范围内。

1. 主循环泵控制

阀内冷却系统通常配备 2 台主循环泵，1 运 1 备，互为冗余，用于阀内冷却水的循环。每台主循环泵具有主泵工频旁路回路和主泵软启回路 2 个独立的工作回路，其中只要任 1 回路正常均可以保证主泵正常工作。通常情况下，即使换流阀退出运行，主循环泵也不切除，内冷却循环水系统保持运行。除非内冷却循环水系统自身故障跳闸（因为主循环泵停泵时间过长后，冷却系统的内部水质下降很快，可能会导致再启动泵时电导率严重超标）。

正常工作时，主循环泵的控制原则：保持循环冷却管道中的流量恒定，阀冷却控制系统则根据进出阀的水温、压力，自动调整主循环泵的出力情况。其主要的控制功能如下：

（1）主循环泵的启停控制。在自动模式下，主循环泵启停控制命令由换流站控制系统远程下达，正常情况下 1 号主循环泵为工作泵，2 号主循环泵为备用泵，远程命令首先启动工作泵投入运行。

（2）主循环泵的定时切换和人工切换。1 号主循环泵运行时，当 2 号主循环泵正常时可以进行定时切换和人工切换；当 2 号主循环泵故障时则不允许切换，运行的主循环泵继续保持运行。在操作主循环泵切换过程中，不能产生进阀流量陡升、陡降现象，确保在切换过程中进阀流量变化满足换流阀对流量的要求。

（3）主循环泵故障切换控制。主循环泵故障分为严重故障和轻微故障2种。主循环泵严重故障包括主循环泵旁路回路故障、主循环泵软启回路故障；主循环泵轻微故障包括主泵过热或主泵软启信号电源开关断开等。

当1号主循环泵运行时出现故障（含严重故障和轻微故障），2号主循环泵正常，则切换到2号主循环泵；当1号主循环泵运行时出现严重故障，而2号主循环泵出现轻微故障，则切换到2号主循环泵；当1号主循环泵运行时出现严重故障，而2号主循环泵也出现严重故障，则不允许切换，请求停运。

（4）流量低且压力低切换主循环泵控制。如果1号主循环泵先运行，当无电气回路故障而出现冷却水流量压力低报警，且2号主循环泵无故障时，则切换到2号运行；当切换到2号主循环泵运行后，如果继续出现水流量压力低报警，而1号主循环泵正常，则延时数分钟后再切换回1号主循环泵运行。

2. 温度控制

阀冷却系统的温度可按低温段、中温段、高温段实施分段控制。

（1）低温段控制。冷却水进阀温度处于低温段时，电动三通阀全关，切除室外阀外冷散热器回路，使系统散热量最小。若此时冷却水进阀温度继续下降至设定值时，启动电加热器，防止冷却水进阀温度过低导致沿程管路及被冷却器件损伤。低温段控制一般用于冬天室外环境温度极低，换流器处于低负荷运行的工况。

（2）中温段控制。冷却水进阀温度处于中温段时，通过开/关电动三通阀改变冷却水经空气散热器的流量，从而改变系统散热量，最终使冷却水进阀温度稳定在电动三通阀工作温度范围内。

（3）高温段控制。冷却水进阀温度处于高温段时，电动三通阀全开，冷却介质全部流经室外阀外冷却设备的冷却回路，系统散热通过室外的阀外冷却系统的散热器完成。高温段控制一般用于夏天室外环境温度较高，换流器满负荷的运行工况。

阀冷却系统的温度控制是由阀内冷却系统的电动三通阀和电加热器，以及阀外冷却系统的散热器共同完成的。电动三通阀能控制阀内冷却水参与内部或外部散热循环；电加热器是为了防止换流阀凝露或环境温度过低而引起进阀水温过低。

3. 补水控制

补水控制分为内冷补水控制和外冷补水控制2种方式。

（1）内冷补水控制。阀内冷却系统通常需配置补水回路，当内冷水循环系统里的水消耗到一定程度时，通过补水回路对循环水进行补充。补水回路一般设置2台互为备用的补水泵、1台原水泵和补水箱。

阀冷系统在自动模式下运行时，补水泵能根据膨胀水箱的液位情况自动从补水箱中抽水补充，即液位低于设定值时补水泵启动自动补水，一直到膨胀水箱液位到达停泵液位时停止。当监测到运行的补水泵故障时，能自动切换到备用的补水泵。同时，补水泵也可以手动启停。不论是手动补水还是自动补水，补水箱液位低报警时，将强制停止补水泵，防止将大量空气吸入换流阀冷却水系统。

原水泵通常仅考虑手动启动功能，在任何液位时都可由运行人员手动启动，当达到高液位时水泵自动停泵，以补充补水箱中的水量。

（2）外冷补水控制。阀外冷却系统的补水系统主要由1台全自动过滤器、1台补水电动开关阀和液位传感器等设备组成。

室外喷淋水池需配置自动补水阀及电子水位计，用来自动检测喷淋水池水位。当室外喷淋水位达到低水位时，自动开启补水阀补水，并联锁启动综合水泵房内的水泵，对喷淋水池的水进行补充；当室外喷淋水位达到高水位时，则自动关闭补水阀，并联锁关闭综合水泵房内的水泵。

4. 补气控制

在阀内冷却系统中，为了保持除氧功能和保证冷却水进阀压力，一般还需配置氮气稳压回路。氮气稳压回路设置补气电磁阀、排气电磁阀，2种电磁阀均为1用1备方式。

当膨胀水箱内的气体压力低于补气电磁阀打开压力值时，补气电磁阀自动打开；当膨胀水箱压力高于补气电磁阀关闭压力值时，补气电磁阀自动关闭。补气电磁阀具有手动操作和故障切换功能。

当膨胀水箱压力高于排气电磁阀打开压力值时，排气电磁阀自动打开；当膨胀水箱压力低于排气电磁阀关闭压力值时，排气电磁阀自动关闭。排气电磁阀具有手动操作功能。

5. 喷淋泵及风机控制

阀外冷却系统采用水冷方式时，需配置冷却塔，每个冷却塔配置冗余的喷淋泵和冷却风机；采用风冷方式时，需配置多台冷却风机。

2台喷淋泵采用1用1备的运行方式，任何时候只有1台喷淋泵运行。在工作泵故障时自动切换；2台泵均正常时，工作泵按照预设的切换时间切换；备用泵故障时禁止工作泵定时切换。喷淋泵有自动控制和手动控制2种方式。自动控制方式是指当冷却循环水进阀温度和喷淋水池液位高于设定值，同时冷却风机正在运行，此时阀冷却控制系统下发启动喷淋泵的命令，启动喷淋泵；手动控制方式是指人工手动启动喷淋泵。

每台冷却风机均配置1台变频器，变频器的工作频率为30～50Hz，变频器分自动控制和手动控制2种方式：自动控制方式是根据预设定的温度启动冷却风机。在冷却风机启动后，根据进阀温度和目标温度之间的偏差值自动控制风机的转速以调整温度偏差，防止进阀温度陡升、陡降。手动控制方式指通过变频器操作面板，设定冷却风机的工作频率，控制冷却风机启停和转速。

6. 软化与加药控制

阀外冷却系统采用水冷方式时，管道内容易产生结垢和粘泥沉积，造成管道堵塞、传热效率降低、设备腐蚀等危害。还会在系统运行时，导致受热接触面减少，使闭式冷却塔效率降低，给冷却水系统的运行和操作带来很大的困难。

因此，阀外冷的水系统需要对水进行软化和加药处理，阻止结垢和杀菌灭藻。一般情况下，阀外水冷系统会配置 1 套软化水装置和 1 套加药装置。

（1）软化水装置为全自动软化装置，可自动连续制水，一般配置 2 台，安装在室外喷淋水池的补水口处，根据补水量的大小可以 2 台同时工作，或 1 用 1 备。

（2）加药装置具有自动加药功能。应每天按照预设定的时间定量加缓蚀阻垢剂，应按照预设定的时间间隔定量加杀菌灭藻剂。

（三）监视功能

为了保证阀冷却系统的正常稳定运行，阀冷却控制保护系统需要对主循环水泵、喷淋水泵、冷却风扇、电动阀门等重要设备的运行状态进行监视，同时还需要对阀冷却水温度、流量、电导率、压力和室内膨胀水箱、室外水池水位、环境温度等参数进行监测。

在阀冷却系统监视的各种参量中，对于影响直流输电系统正常运行的信号，如进阀温度过高、主循环泵故障等，应采用硬接线的方式接入直流控制保护系统，用于判断是否跳闸停极（或换流器）。对于不影响直流输电系统正常运行，只是影响阀冷系统运行的信号，可采用通信总线的方式接入直流控制保护系统，发出报警信号，通知运行人员及时处理。

表 18-9 为阀冷却控制系统主要监视信号。由于阀冷却控制系统的信号采集 I/O 单元为双重化配置，因此，这些监视信号也需要双重化配置，通过硬接线分别接入信号采集 I/O 单元。

表 18-9　阀冷却控制系统主要监视信号表

编号	信　号　名　称	信号类型	级别	备　注
1	A/B 系统直流控制电源故障	开关量	报警	
2	交流动力电源故障	开关量	报警	
3	主循环泵软启器故障	开关量	报警	
4	主循环泵工频回路故障	开关量	报警	
5	主循环泵过热	开关量	报警	
6	电加热器故障	开关量	报警	
7	补水泵故障	开关量	报警	
8	原水泵故障	开关量	报警	
9	主泵出水压力传感器故障	开关量	报警	
10	进阀压力传感器故障	开关量	报警	
11	回水压力传感器故障	开关量	报警	
12	冷却水进阀温度传感器故障	开关量	报警	
13	3 台冷却水进阀温度传感器均故障	开关量	跳闸	
14	冷却水出阀温度传感器故障	开关量	报警	
15	冷却水电导率传感器故障	开关量	报警	
16	膨胀水箱液位传感器故障	开关量	报警	
17	冷却水流量传感器故障	开关量	报警	
18	去离子水电导率传感器故障	开关量	报警	

菌灭藻剂。

编号	信 号 名 称	信号类型	级别	备 注
19	阀厅温湿度传感器故障	开关量	报警	
20	室外温度传感器故障	开关量	报警	
21	电动三通阀/蝶阀/电磁阀故障	开关量	报警	
22	去离子水流量低	开关量	报警	
23	原水罐液位低	开关量	报警	
24	膨胀水箱液位低	开关量	报警	
25	膨胀水箱液位超低	开关量	跳闸	参考值：≤10%
26	膨胀水箱液位高	开关量	报警	
27	冷却水流量低	开关量	报警	
28	冷却水流量超低	开关量	跳闸	参考值：≤3530L/min
29	冷却水流量超高	开关量	报警	
30	主泵出水压力高	开关量	报警	
31	主泵出水压力低	开关量	报警	
32	进阀压力低/超低	开关量	报警	
33	进阀压力高/超高	开关量	报警	
34	回水压力低/超低	开关量	报警	
35	冷却水进阀温度低/超低	开关量	报警	
36	冷却水进阀温度高	开关量	报警	
37	冷却水进阀温度超高	开关量	跳闸	参考值：≥50℃
38	冷却水出阀温度高	开关量	报警	
39	冷却水电导率高/超高	开关量	报警	
40	去离子水电导率高	开关量	报警	
41	阀厅室内温度高	开关量	报警	
42	阀厅室内湿度高	开关量	报警	
43	阀冷却水系统渗漏	开关量	报警	
44	阀冷却水系统泄漏	开关量	跳闸	参考值：≥340L/h
45	喷淋泵故障	开关量	报警	
46	过滤泵故障	开关量	报警	
47	风机故障	开关量	报警	
48	变频器故障	开关量	报警	
49	喷淋水池液位传感器故障	开关量	报警	
50	喷淋水池液位低/超低	开关量	报警	

编号	信 号 名 称	信号类型	级别	备　注
51	进阀温度	模拟量	状态	单位：℃
52	出阀温度	模拟量	状态	单位：℃
53	阀厅环境温度	模拟量	状态	单位：℃
54	室外环境温度	模拟量	状态	单位：℃
55	外冷进水温度	模拟量	状态	单位：℃
56	外冷回水温度	模拟量	状态	单位：℃
57	冷却水流量	模拟量	状态	单位：L/min
58	冷却水进阀压力	模拟量	状态	单位：bar
59	冷却水回水压力	模拟量	状态	单位：bar
60	冷却水电导率	模拟量	状态	单位：μS/cm
61	去离子水电导率	模拟量	状态	单位：μS/cm
62	高位水箱液位	模拟量	状态	单位：mm

注　表中提供的参考值为国内某每极双 12 脉动换流器串联接线换流站的设计值。

三、阀冷却保护系统功能

为了确保阀冷却系统安全稳定运行，应为阀冷却系统配置相应的保护。阀冷却系统一般配置温度异常保护、流量及压力异常保护、膨胀水箱液位异常保护、泄漏保护和冷却水电导率高保护等。

（一）温度异常保护

温度异常保护分为进阀温度异常保护和出阀温度异常保护 2 种。

（1）进阀温度异常保护。用于检测阀内却冷系统的进阀水温，当温度达到门槛值时，阀冷却保护系统向直流控制保护系统发出跳闸指令。目前，国内直流工程中温度异常保护主要采用三取二逻辑出口方式，即在换流阀供水管道上设置三台进阀温度传感器，监测换流阀进水温度，当两只或三只传感器同时检测到进阀温度高于设定值时，阀冷却保护系统发出跳闸指令；当有两只传感器同时故障，第三只温度传感器检测值超过进阀温度设定值时，阀冷却保护系统发出跳闸指令；当三只传感器全部故障，阀冷却保护系统发出跳闸指令。

（2）出阀温度异常保护。用于检测阀内却冷系统的出阀水温，当温度达到门槛值时，阀冷保护系统向直流控制保护系统发出功率回降信号。通常在换流阀出水管道上设置 2 台出阀温度传感器监测出阀温度，当任意 1 只传感器检测到出阀温度高于门槛值，阀冷保护系统向直流控制保护系统发出功率回降信号。

（二）流量及压力异常保护

流量及压力异常保护用于防止因阀内冷却水回路中流量及压力降低，换流阀与冷却系统的热交换效率减少，而导致换流阀温度过高。

通常在换流阀冷却水管道上设置 2 台冗余的流量传感器；在换流阀进水口管道处设置 2～3 台压力传感器，在出水口管道处设置 2 台冗余的压力传感器。

（1）当正在运行的主循环泵故障时，阀冷系统出现出水压力低报警，系统自动切换到备用泵运行。

（2）当 2 台主循环泵均故障时，同时进阀压力值低于压力低门槛值时，阀冷却保护系统延时发出跳闸指令。

（3）当冷却水流量低于流量超低门槛值，同时进阀压力值低于压力低门槛值时，阀冷却保护系统延时发出跳闸指令。

（4）当进阀压力值低于压力超低门槛值，且出阀压力值低于出阀压力超低门槛值时，阀冷却保护系统延时发出跳闸指令。

（三）膨胀水箱液位异常保护

膨胀水箱液位异常保护是保证膨胀水箱处于正常水位，防止液位低于超低液位，氮气进入密闭式管道系统，造成水泵汽蚀，导致流量、压力等急剧下降而影响换流阀正常运行的一种保护。

膨胀水箱液位异常保护一般在膨胀水箱设置 2 台液位传感器，1 台液位开关。

（1）当 2 台膨胀水箱液位传感器检测值同时低于超低液位门槛值时，阀冷保护系统延时发出跳闸指令。

（2）当膨胀水箱的 1 台液位传感器检测值低于超低液位门槛值，同时液位开关检测到液位低时，阀冷保护系统延时发出跳闸指令。

（四）泄漏保护

泄漏保护用于防止阀内冷却的水管故障导致冷却水渗漏，影响换流阀正常运行。泄漏保护的原理是通过膨胀水箱中的水位变化趋势判断是否有渗漏现象。

阀冷却保护系统对膨胀水箱的液位进行连续监测，每个扫描周期都对当前值进行计算和判断。2 台液位传感器同时检测液位。当液位传感器的液位变化满足跳闸逻辑时，泄漏保护发出报警或跳闸信号。

需要说明的是阀外冷却的风冷却风机启/停信号，应参与内冷泄漏保护的出口判别。内冷却系统泄漏报警须排除温度变化导致液位变化，以及换流阀投/退出运行、风冷风机启/停信号、主循环泵切换和电动三通阀工作的影响，在泄漏报警进行相应的闭锁。

（五）冷却水电导率高保护

冷却水电导率高保护一方面应考虑阀水冷却系统管道在高电压下的均压要求，避免由于管道上电压差不均匀导致绝缘击穿；另一方面应考虑泄漏后换流阀元器件表面的绝缘要求。

冷却水电导率高保护通常设置电导率高和电导率超高 2 级预警，不设置跳闸，不停运直流系统。

（六）保护定值整定原则

为了保证阀冷却系统的安全性和可靠性，阀冷却系统保护定值整定主要按以下原则考虑：

（1）进阀温度跳闸定值、出阀温度跳闸定值或降功率定值，需根据换流阀厂家提供的技术参数设定。

（2）进阀压力低/超低、出阀压力超低定值应由阀冷却厂家根据泵的性能曲线和换流阀厂家提供的阀塔压降确定。

（3）冷却水流量超低、超高定值应根据换流阀厂家提供的冷却水流量保护定值整定；冷却水流量高、低定值应根据换流阀厂家提供的流量要求范围或数值适当整定，跳闸延时时间建议为 10s。

（4）膨胀水箱液位低定值：建议跳闸值为 10%，延时时间为 10s。

（5）泄漏定值应根据换流阀厂家提供的技术参数设定，建议延时时间为 30s。

四、设备配置及接口方案

（一）设备配置

每极单 12 脉动换流器接线换流站、每极双 12 脉动换流器串联接线换流站、背靠背换流站分别按极、换流器、背靠背换流单元配置阀冷却系统，每套阀冷却系统配置双重化的阀冷却控制保护系统。

（1）阀冷却控制保护系统的控制器配置。阀冷却控制保护系统通常采用 PLC 控制系统，其 PLC 控制系统应满足以下要求：

1）PLC 控制系统的 CPU、电源模块、I/O 模块、接口模块、通信模块、人机界面模块均采用双重化冗余配置，所有模块均要求具有在线更换功能，方便系统维护。

2）PLC 控制系统通信网络应冗余设计，CPU 与 I/O 模块及 CPU 与直流控制保护系统均采用交叉冗余的通信网络，人机界面与 CPU 通信网络采用冗余设计。

3）PLC 控制系统采用热备用模式的主动冗余原理，发生故障时能无扰动地自动切换。无故障时 2 个子单元均处于运行状态，如果发生故障，正常工作的子单元能独立完成整个过程的控制。

（2）阀冷却控制保护系统的传感器配置。表 18-10 为阀冷却控制保护系统主要传感器设备配置表，主要传感器设备包括温度传感器、流量传感器、压力传感器、液位传感器等。各种传感器的配置需满足阀冷却控制和保护功能的要求。

表 18-10　阀冷却控制保护系统主要传感器设备配置表

序号	名　称	作　用	数量	备注
1	冷却水进阀温度传感器	监视冷却水进阀温度	3	
2	冷却水进阀压力传感器	监视系统压力	2~3	
3	冷却水出阀温度传感器	监视冷却水出阀温度	2	
4	冷却水出阀压力传感器	监视主泵进口压力	2	
5	冷却水电导率传感器	监视冷却介质水质	2	
6	室外环境温度传感器	监视室外温度	2	
7	阀厅温湿度传感器	监视阀厅室内温度	2	

序号	名　称	作　用	数量	备注
8	膨胀水箱电容式液位传感器	监视膨胀水箱液位，检漏	2～3	
9	膨胀水箱压力传感器	监视膨胀水箱内的压力	2	
10	主过滤器压差传感器	监视高位水箱液位，检漏	2	
11	冷却塔进水温度传感器	监视冷却塔进水温度	2	阀外水冷配置
12	冷却塔出水温度传感器	监视冷却塔出水温度	2	阀外水冷配置
13	喷淋水池温度传感器	监视喷淋水池水温	2	阀外水冷配置
14	喷淋水池液位传感器	监视水池液位	2	阀外水冷配置
15	冷却水进阀流量传感器	监视进阀流量	2	

（二）内部接口

阀冷却控制保护系统和各种传感器、电磁阀、水泵通常由阀冷却设备厂家成套供货，因此，阀冷却控制保护系统与上述相关设备的接口属于阀冷却系统的内部接口，一般均采用硬接线方式。

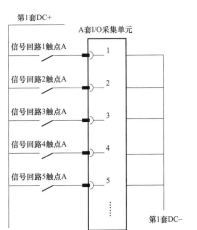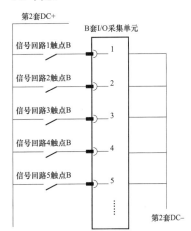

图 18-9　重要开入信号内部接口引接方式

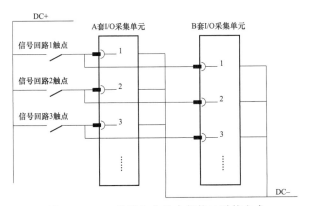

图 18-10　一般开入信号内部接口引接方式

图 18-11 为开出信号内部接口引接方式，I/O 单元与出口继电器均按双重化方式设置，2 套出口继电器触点并联后同时接入受控回路。

1. 开关量信号

图 18-9 为重要开入信号内部接口引接方式，2 套信号触点与 2 套 I/O 单元之间采用一对一接入方式；图 18-10 为一般开入信号内部接口引接方式，单套信号触点同时接入 2 套 I/O 单元。

2. 模拟量信号

图 18-12 为模拟信号内部接口引接方式。针对同一点的测量信号，第 1 套 I/O 单元采集传感器 A 的信号，第 2 套 I/O 单元采集传感器 B 的信号。当有传感器 C，需要采用 3 取 2 方式时，则将信号送至公用 I/O 单元，公用 I/O 单元采用单独的信号电源。

（三）外部接口

阀冷却控制保护系统与直流控制保护系统之间的接口属于阀冷却系统的外部接口，通常采用硬接线或总线通信的方式接口。

1. 接口方案

目前的直流工程中，直流控制保护系统和阀冷却控制保护系统通常不由同一厂家供货，两者之间直接接口存在困难，直流控制保护系统厂家需配置阀冷却接口设备与阀冷却控

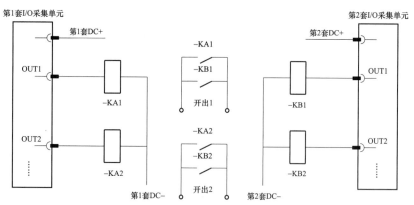

图 18-11　开出信号内部接口引接方式

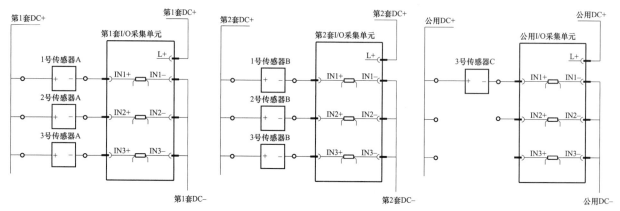

图 18-12　模拟信号内部接口引接方式

制保护系统连接。阀冷却接口设备可单独配置阀冷却接口屏，也可将阀冷却接口设备布置在阀内冷却控制屏中。

根据直流控制保护系统技术特点的不同，阀冷却控制保护系统与直流控制保护系统的接口主要有以下 2 种方式。

（1）接口方式 1。阀冷却控制保护系统采用双重化冗余配置，阀冷却接口设备的 I/O 单元采用单套配置，I/O 单元的总线接口双重化配置，接口方式如图 18-13 所示。

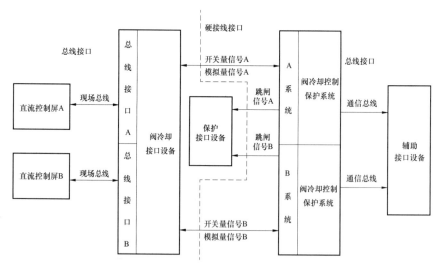

图 18-13　阀冷却控制保护系统外部接口方式 1

阀冷却接口设备有硬接线和总线 2 种接口方式，分别用于连接阀冷却控制保护系统和直流控制系统。

1）阀冷却控制保护系统的重要开关量和模拟量信号通过硬接线方式传输至阀冷却接口设备，而阀冷系统的保护跳

闸信号则通过硬接线方式单独传输至保护接口设备，通过保护接口设备实现跳开交流侧断路器和直流紧急停运。

2）阀冷却接口设备与直流控制系统之间采用一一对应的现场总线方式接口，总线主要传输阀冷却控制保护系统的

重要开关量和模拟量信号。

3）阀冷却控制保护 A/B 系统采用 RJ-45 或 RS-485 通信总线方式与辅助接口设备接口，通过辅助接口设备将阀冷却系统中不参与逻辑判断的状态信号、报警信号上送至换流站控制系统的站控层。

（2）接口方式 2。阀冷却控制保护系统采用双重化冗余配置，阀冷却接口设备的 I/O 单元采用双重化配置，每套 I/O 单元的总线接口单套配置，接口方式如图 18-14 所示。

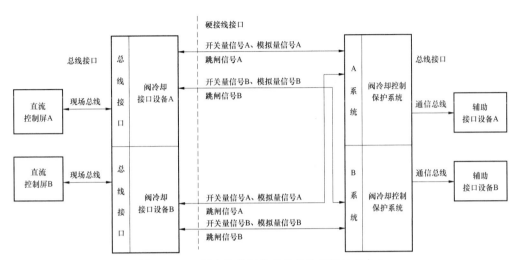

图 18-14　阀冷却控制保护系统外部接口方式 2

阀冷却接口设备有硬接线和总线 2 种接口方式，分别用于连接阀冷却控制保护系统与直流控制系统。

1）阀冷却控制保护 A/B 系统的重要开关量（含保护跳闸信号）和模拟量信号通过硬接线方式，交叉传输至阀冷却接口 A/B 设备。阀冷却系统的保护跳闸信号直接接入阀冷却接口设备，通过现场总线传输至直流控制系统，由直流控制系统执行停极或跳闸指令。

2）阀冷却接口设备与直流控制系统之间采用一一对应的现场总线方式接口，总线主要传输阀冷却控制保护系统的重要开关量和模拟量信号。

3）阀冷却控制保护 A/B 系统采用一一对应的 RS-485 总线或光纤接口方式与辅助接口设备 A/B 连接，通过辅助接口设备将阀冷却系统中不参与逻辑判断的状态信号、报警信号上传至换流站控制系统的站控层。

2. 接口信号

（1）阀内冷却控制保护系统与直流控制保护系统的接口信号。阀内冷却控制保护系统与直流控制保护系统的接口主要在阀内冷却控制屏和阀冷却接口设备之间，接口类型采用硬接线形式，主要接口信号如下：

1）直流控制保护系统下发至阀内冷却控制保护系统的开关量信号，主要包括远方启动/停止主泵、换流阀解锁/闭锁、直流控制系统 A/B 有效等。

2）阀内冷却控制保护系统上传至直流控制保护系统的开关量信号，主要包括阀内冷却系统运行/停运、阀内冷却系统启动跳闸、阀内冷却控制 A/B 系统有效、阀内冷却系统准

备就绪、阀内冷却控制系统请求停水冷、阀内冷控制系统故障、功率回降等。

3）阀内冷却控制保护系统上传至直流控制保护系统的模拟量信号，主要包括阀厅温度、进阀温度、出阀温度、室外温度等。

（2）阀外冷却控制保护系统与直流控制保护系统的接口信号。阀外冷却控制保护系统与直流控制保护系统接口主要在阀外冷却控制屏和阀冷却接口设备之间，接口类型采用硬接线形式，主要接口信号如下：

1）直流控制保护系统下发至阀外冷却控制保护系统的开关量信号，主要包括换流阀解锁/闭锁、直流控制系统 A/B 有效等。

2）阀外冷却控制保护系统上传至直流控制保护系统的开关量信号，主要包括阀外冷却系统 A/B 系统有效、阀外冷却系统准备就绪等。

第四节　谐波监视系统

由于换流器具有非线性特征，在换流站的交、直流系统中将出现谐波电压和谐波电流。换流站产生的谐波有特征谐波和非特征谐波 2 种主要类型。特征谐波主要是换流引起的谐波，非特征谐波主要是指换流变压器参数和控制的各种不对称引起的谐波，以及交流电网中通过换流变压器转移到换流器侧的谐波。

当系统中存在谐波分量时，会引起局部并联或串联谐振，

放大了谐波分量，从而增加因谐波产生的附加损耗和发热，可能造成设备故障或降低设备的使用效率。此外，谐波还将加速电力设备元件绝缘老化，缩短元件使用寿命，导致电力设备工作不正常，同时还可能干扰邻近的通信系统，降低通信质量。因此，在换流站的设计中，谐波的监视与治理就显得尤为重要。

一、系统配置

（一）配置原则

换流站通常配置 1 套谐波监视系统，用于对换流站交、直流系统中的谐波进行自动在线监测和分析，以获取各次谐波的统计值。

换流站谐波监视系统可以独立配置，也可以将谐波监视功能集成在换流站控制系统中。

（二）配置方式

换流站谐波监视系统通常分独立配置和集成配置 2 种方式，2 种方式均能适应换流站谐波监视的需要。

1. 独立配置方式

当谐波监视系统独立配置时，通常由谐波监视工作站、谐波监测装置组成，其系统组成如图 18-15 所示。其中，谐波监视工作站用于显示谐波分析的结果，谐波监测装置用于采集数据、对数据进行谐波分析和计算，并将分析结果上传到谐波监视工作站；谐波监测装置根据工程中谐波监视的需求，通常分为直流谐波监测装置和交流谐波监测装置。谐波监视工作站通过 LAN 网接收谐波监测装置的数据，LAN 网采用星型拓扑结构，单网配置。

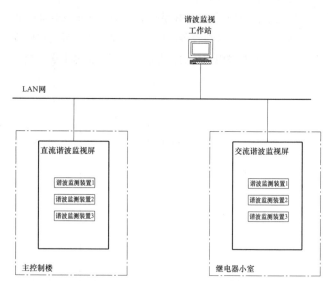

图 18-15　独立配置的谐波监视系统组成图

2. 集成配置方式

当谐波监视系统集成配置时，其功能由换流站控制系统实现，仅设置独立的谐波监视主机，其系统组成如图 18-16 所示。谐波监视主机采用与换流站控制系统相同的软/硬件平台，通过数据总线和换流站控制系统就地层的数据采集单元共享采集的数据，通过换流站控制系统的站 LAN 网将谐波监视数据显示在操作员工作站上。

由于集成配置的谐波监视系统与换流站控制系统共享采集数据，接线简单，相对于独立配置方式具有较好的经济性。

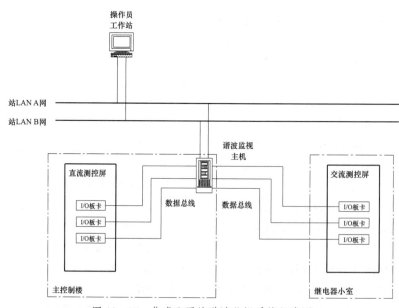

图 18-16　集成配置的谐波监视系统组成图

二、系统功能

（一）数据采集

谐波监视系统一般需对换流站直流线路电流和电压、接地极线路电流、直流滤波器组电流、换流变压器网侧电流和电压、换流变压器中性点侧电流及直流偏磁、交流滤波器各小组电流、主要交流联络线路电流和电压等监视点的谐波进行实时测量和分析。其中，直流线路电流和电压、换流变压器网侧电流通常是换流站必配的谐波监测量，其他监测量可根据工程需要选择。

（二）数据处理和存储

对于独立配置的情况，测量和计算的数据被连续地存储在谐波监测装置的缓存里，并被传输到谐波监视工作站存入数据库。

对于集成配置的情况，数据采集由换流站控制系统就地层的数据采集单元完成，由谐波监视主机对数据进行计算，并存入换流站控制系统的数据库。

（三）数据显示与输出

谐波监视工作站应实现图表求值和报告的显示及打印输出，主要包括：

（1）存储的数据，包括交/直流电压、电流中 1～50 次的谐波含量，交流电压的总谐波畸变率，交流电流的总谐波畸变率，电话干扰系数和直流侧的等值干扰电流等数据。

（2）谐波监视系统能对所测谐波值，按照标准进行数理分析，得出各次谐波的统计值。

（3）谐波监视系统应能在指定时间内或每日定时监测谐波，监测延续时间应可调。谐波监测结果应能带时标自动存储且长期保存，并可用图形或表格打印输出所选择的谐波分析值。

（4）对实时监视的交/直流系统中比较重要的电流、电压信号，谐波监视系统应能在需要时显示历史数据报表和数据波形，协助整个系统进行诊断。

（5）谐波监视系统应能将谐波分析数据通过数据网或其他通道方式传送到相关调度中心。

三、装置及外部接口

（一）设备组屏及布置

（1）独立配置时，谐波监视工作站可布置在主控室控制台上，谐波监测装置和通信设备等宜采用组屏方式，布置在控制楼内二次设备室和相应的继电器小室。

（2）集成配置时，谐波分析主机一般单独组 1 面独立的谐波监视主机屏，布置在控制楼内二次设备室。

（二）通信及接口

1. 与交流电流/电压互感器的接口

采集交流谐波数据的谐波监测装置对交流电流/电压互感

器的要求：① 采用测量级电流/电压互感器二次绕组；② 精度不低于 0.5 级；③ 电流互感器二次额定输出电流为 1A，电压互感器二次额定输出电压为 57.7/100V。

2. 与直流电流/电压测量装置的接口

采集直流谐波数据的谐波监测装置一般根据直流电流、直流电压测量装置输出的情况配置接口，可以选择配置光电转换装置直接采集数字信号，也可以采集模拟量信号。零磁通直流电流测量装置的模拟量输出通常为±1.667V，罗可夫斯基线圈直流电流测量装置和直流电压测量装置的模拟量输出通常为±10V。

3. 与换流站控制系统的接口

谐波监视系统独立配置时，通常不考虑与换流站控制系统的接口。

谐波监视系统集成配置时，谐波监视系统设备基本属于换流站控制系统的子设备，谐波监视主机与换流站控制系统就地层的数据采集单元采用数据总线接口，与换流站控制系统站 LAN 网采用网络接口。

第五节 全站时间同步系统

换流站控制保护系统、自动化装置、安全稳定控制系统等均应基于统一的时间基准运行，以满足事件顺序记录、故障录波、实时数据采集等对时间一致性的要求。换流站应配置 1 套公用的时间同步系统，用于接收外部时间基准信号，并按照要求的时间精度对外输出时间同步信息，为换流站各被授时系统或设备提供全站统一的时间基准，使各系统或设备在统一的时间基准上进行数据比较、运行监控及事故后的故障分析。

一、系统结构

（一）系统构成

换流站时间同步系统通常由主时钟、从时钟、天线和信号传输介质组成。为提高时间同步系统的可靠性，时间同步系统推荐采用主备方式，图 18-17 为主备式时间同步系统结构图。

主时钟双重化配置，互为热备用，每套主时钟均采用 2 路无线授时基准信号，宜选用不同的授时源。根据实际需要和技术要求，主时钟还可留有接收上一级时钟同步系统下发的有线时间基准信号的接口。

从时钟也称为扩展时钟，其配置应根据工程规模和二次设备的布置确定。从时钟的信号接收单元应能接收双套主时钟的基准信号，该 2 路时间基准信号互为备用。

主时钟和从时钟的信号接收单元在接收到外部时间基准信号时，按照设定的优先级选择其中一路时间基准信号作为

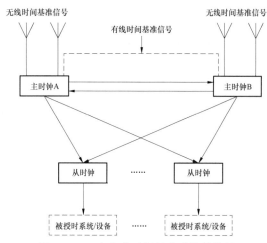

图 18-17 主备式时间同步系统结构图

时间源，当该基准信号失步或低品质时，应能自动切换到另一路时间基准信号。当 2 路时间基准信号均失步时，时钟进入守时保持状态，基准信号重新恢复后，自动结束守时保持状态，并被接收的时间基准信号牵引入同步状态。

换流站时间同步系统的主时钟通常布置在控制楼内，在换流站辅控制楼（如果有）及各继电器小室分别设置从时钟，主时钟和从时钟之间采用光纤连接。天线通常安装在控制楼屋顶，安装位置应视野开阔，可见天空，同时还要考虑天线防积水等因素。控制楼屋顶的天线需考虑防雷，天线不应超出站内避雷带（针）所能覆盖的保护范围，以减少雷击危险。

（二）时间同步信号

1. 同步信号类型

换流站时间同步系统的对时方式主要包括硬对时、软对时、编码对时、网络对时 4 种方式。

（1）硬对时。硬对时也称为脉冲对时，换流站中通常采用的脉冲对时信号主要有秒脉冲（1 pulse per second，1PPS）和分脉冲（1 pulse per minute，1PPM），时间同步信号输出方式有 TTL 电平、静态无源触点、RS-422、RS-485 和光纤等。秒脉冲和分脉冲的对时精度可达到微秒级。

（2）软对时。软对时主要指串口报文对时（如 RS-232、RS-422/485 等），时间报文包含的信息主要有年、月、日、时、分、秒，也可包含其他内容，如报警信息等，报文信息格式为 ASCII 码、BCD 码或十六进制码。串口报文对时的精度可以达到毫秒级。串口报文对时受距离限制，如 RS-232 口传输距离约 30m，RS-422 口传输距离约为 150m，距离的增大将导致对时延时变长。

（3）编码对时。编码时间信号有多种，换流站通常应用的有 IRIG-B 和 DCF77 码 2 种。其中 IRIG-B 码分调制和非调制 2 种，非调制 IRIG-B 码即为 IRIG-B（DC）码，调制后为 IRIG-B（AC）码。IRIG-B（DC）码通常采用 TTL 接口和 RS-485/422 接口输出，也可借助光纤接口实现较远距离的传输，IRIG-B（DC）码的对时精度可达亚微秒级。IRIG-B（AC）码一般采用平衡接口输出，对时精度一般为微秒级。

DCF77 码也是一种编码对时，最初的 DCF77 码指时间源来自于频率为 77.5kHz、传送精确时间信息的长波发射台，该长波发射台位于德国法兰克福，时间源为原子钟，编码采用有固定格式的 BCD 码；而现在换流站使用的 DCF77 码对时只是引用了这种时间格式，其时钟源来自卫星或地面授时系统。DCF77 码的对时精度可达毫秒级，采用脉冲方式输出时间编码。

（4）网络对时。网络对时基于网络时间协议（Network Time Protocol，NTP）、简单网络时间协议（Simple Network Time Protocol，SNTP）和精确时间协议（Precision Time Protocol，PTP），根据同步源和网络路径的差异，NTP 在多数情况下能够提供 1～50ms 的时间精确度，SNTP 是在 NTP 基础上简化了时间访问协议的版本，其授时精度为秒级，PTP 是 IEEE 1588（网络测量和控制系统的精密时钟同步协议标准）规范的一种精确时间协议，用于对标准以太网或其他采用多播技术的分布式总线系统中终端设备的时钟进行亚微秒级同步。在换流站中主要用到的网络对时方式为 NTP 和 SNTP，用于向控制系统的各服务器设备授时。

2. 传输介质

换流站时间同步信号的传输介质通常包括同轴电缆、屏蔽控制电缆、光纤和屏蔽双绞线等。

（1）同轴电缆。用于室内传输 TTL 电平信号，如 1PPS、1PPM、IRIG-B（DC）码的 TTL 电平信号，传输距离不长于 15m。

（2）屏蔽控制电缆。屏蔽控制电缆可用于以下信号：

1）传输 RS-232C 串行口时间报文，传输距离不长于 15m。

2）传输静态无源触点脉冲信号，传输距离不长于 150m。

3）传输 RS-422，RS-485，IRIG-B（DC）码、IRIG-B（AC）码等信号，传输距离不长于 150m。

（3）光纤。主要用于主、从时钟之间的连接（同一面屏内的主、从时钟之间可不使用光纤），以及需要远距离传输各种时间信号的场合。

（4）屏蔽双绞线。用于传输网络时间报文，传输距离不大于 100m。

3. 时钟接口容量及二次接线要求

（1）时钟接口容量。主时钟接口输出容量应考虑换流站终期规模所有从时钟的授时需求，从时钟的接口输出容量和接口类型应考虑本功能房间终期规模所有可能需要授时的设备对时间信号的数量及类型要求。

（2）二次接线要求。主时钟宜布置在控制楼计算机室；其他不同建筑物内的二次功能房间，如辅控制楼内的直流控制保护设备间、各继电器小室等应分别设置从时钟，主时钟与位于不同房间的从时钟之间采用光纤连接。从时钟与被授时设备之间应根据对时信号的类型选择合适的传输介质，并充分考虑传输距离对时间信号强度及精度的影响。

（3）新建换流站宜配置全站统一的时间同步系统，满足站内所有二次设备的授时需求。当全站统一的时间同步系统不能满足某些二次设备的授时需求时，可由该设备供货商配套提供其专用的对时系统。

二、系统功能

（一）主时钟功能

主时钟由时间信号同步单元、守时单元、时间信号输出单元、显示与报警单元组成。

1. 时间信号同步单元

（1）时间信号同步单元用于接收基准时间信号，并将本地时间同步到基准时间。

（2）时间信号同步单元支持 2 路及以上时间信号源同时输入，能根据时间信息的状态、信号质量、主备控制策略等进行自动优化、选择及锁定当前授时信号。

（3）时间信号同步单元能同时接收北斗卫星导航系统和全球卫星定位系统（Global Positioning System，GPS）的授时信号。在地面时间中心存在时，能根据需要接收地面时间中心的基准时间信号。

2. 守时单元

守时单元采用高精度、高稳定性的恒温晶体作为本地守时时钟，其包括本地守时时钟和辅助电源（电池）。时间信号同步单元正常工作时，守时单元的时间被同步到基准时间。当接收不到有效的基准信号时，守时单元在规定的保持时间内输出符合守时精度要求的时间信号。其时间同步精度指标应优于 1μs/h，守时时间≥12h。

3. 时间信号输出单元

时间信号输出单元应能提供多种对时信号，满足换流站二次设备对时间信号稳定、可靠及高精度的要求。

换流站的脉冲对时信号、IRIG-B 码、串行口时间报文、网络时间报文等时间输出信号的接口类型、精度等要求执行 DL/T 1100.1—2009《电力系统的时间同步系统　第 1 部分：技术规范》中 5.4 条时间同步输出信号的相关规定。表 18-11 为时间同步信号接口类型及精度对照表。

表 18-11　时间同步信号接口类型及精度对照表

时间信号类型 ＼ 接口类型 （时间精度）	光纤	RS-422，RS-485	静态无源触点	TTL	AC	RS-232C	RJ-45
1PPS	1μs	1μs	3μs	1μs	—	—	—
1PPM	1μs	1μs	3μs	1μs	—	—	—
串口时间报文	1~10ms	1~10ms	—	—	—	1~10ms	—
IRIG-B（DC）码	1μs	1μs	—	1μs	—	—	—
IRIG-B（AC）码	—	—	—	—	20μs	—	—
DCF77 码	—	—	1~10ms	—	—	—	—
网络授时（NTP）	—	—	—	—	—	—	1~50ms

时间信号输出单元应保证时间信号有效时输出，时间无效时禁止输出或输出无效标志。在多时间源工作模式下，时间输出不受时间源切换的影响。主时钟时间信号输出口在电气上均需相互隔离。

4. 显示与报警单元

显示与报警单元应提供通信接口，将装置运行情况、锁定卫星的数量、同步或失步状态等信息上传，实现对时间同步系统的监视及管理，同时应能将电源报警、时间有效性等重要报警信号以无源触点的形式输出。

（二）从时钟功能

主时钟的时间信号输出路数有限，应根据实际需要配置从时钟。

从时钟的时间信号由主时钟通过光（电）接口输入，支持 A、B 路输入，并可实现 2 路时间基准信号的自动切换。

从时钟应具有延时补偿功能，用来补偿主时钟到从时钟间传输介质引入的时延。

从时钟应具备自诊断功能，并支持通过本地人机界面、外部接口显示信息、设置配置参数，同时应能提供装置故障报警的信号。

三、二次设备的时间同步要求

1. 时间同步系统的对时范围

换流站时间同步系统的对时范围通常包括：直流控制保护装置，控制系统站控层设备、就地层分布式 I/O 单元或测控装置，保护及故障信息管理子站，交流保护装置，故障录波装置，交直流线路故障测距装置，接地极线路故障监测系统，电能计量系统，安稳装置，相量测量装置及站内其他智能设备等。

2. 二次设备的时间同步要求

表 18-12 为换流站中与直流系统有关的二次设备的时间同步技术要求，与交流系统有关的二次设备的时间同步技术要求同常规交流变电站。

表 18-12　换流站二次设备的时间同步技术要求

二次设备名称	时间同步准确度要求	时间同步信号类型
直流控制系统主机	1ms	IRIG-B（DC）、1PPM、1PPS、DCF-77
直流系统保护装置	1ms	IRIG-B（DC）、1PPM、1PPS 、DCF-77
换流站控制系统站控层设备	1ms	NTP/SNTP
换流站控制系统就地层设备	1ms	IRIG-B（DC）、1PPM、DCF-77
保护及故障信息管理子站	1ms	IRIG-B（DC）
直流故障录波装置	1ms	IRIG-B（DC）
直流线路故障测距装置	1μs	IRIG-B（DC）
接地极线路故障监测装置	1ms	IRIG-B（DC）、1PPS、DCF-77

四、工程实例

1. ±500kV JM 换流站

±500kV JM 换流站时间同步系统接收 GPS 系统的授时信号。全站共配置 1 面主时钟屏和 3 面扩展时钟屏，主时钟屏布置于控制楼 2 层，配置 2 台 GPS 主时钟和 2 台从时钟，每台主时钟经独立的天线各自接收 GPS 卫星的时间基准信号。在 500kV 交流配电装置区的 3 个继电器小室内分别设置 1 面扩展时钟屏，每面屏含 2 台从时钟，向本继电器小室内的保护装置、测控装置、故障录波装置等授时，各从时钟通过光缆分别与控制楼的 2 台 GPS 主时钟相连，时间基准信号互为备用。

±500kV JM 换流站监控系统及直流控制保护设备采用国内某 A 厂商的产品，监控系统站控层设备采用 NTP 对时；直流控制保护设备、监控系统就地层设备等采用 1PPM 对时；接地极线路故障监测装置采用 1PPS 对时，直流故障录波装置、直流线路故障测距装置采用 IRIG-B（DC）码对时；接地极线路故障监测装置采用 1PPS 对时。图 18-18 为 ±500kV JM 换流站时间同步系统屏柜配置及光缆连接图。

2. ±800kV ZZ 换流站

±800kV ZZ 换流站时间同步系统同时接收 GPS 系统和北斗系统的授时信号。全站共配置 1 面主时钟屏和 4 面扩展时钟屏，对时天线安装在控制楼顶，主时钟屏布置于控制楼 3 层站及双极控制保护设备室内，配置 2 台主时钟，每台主时钟经独立的天线同时接收 GPS 卫星和北斗卫星的时间基准信号。在极 1、极 2 辅控制楼和 500kV 配电装置区域的 2 个继电器小室内分别设置 1 面扩展时钟屏，每面屏含 1 台从时钟装置，向本继电器小室内的保护装置、测控装置、录波装置等授时，各从时钟通过光缆分别与控制楼的 2 台主时钟相连。

与 ±500kV JM 换流站不同，±800kV ZZ 换流站的主时钟装置配置了足量的扩展输出板卡，可满足控制楼内所布置设备的对时需求，故在主时钟屏内未另外配置单独的从时钟装置。

±800kV ZZ 换流站监控系统及直流控制保护设备采用国内某 B 厂商的产品，除监控系统站控层设备采用 NTP 对时外，其他大部分二次设备采用 IRIG-B（DC）码对时。图 18-19 为 ±800kV ZZ 换流站时间同步系统屏柜配置及光缆连接图。

第六节　火灾自动报警系统

火灾自动报警系统是实现火灾早期探测、发出火灾报警信号，为人员疏散、防止火灾蔓延和启动自动灭火设备提供控制和指示的系统。火灾自动报警系统设备应选择符合国家有关标准和有关市场准入制度的产品。

一、探测范围及区域划分

（一）探测范围

换流站火灾自动报警系统的探测范围通常包括下列主要

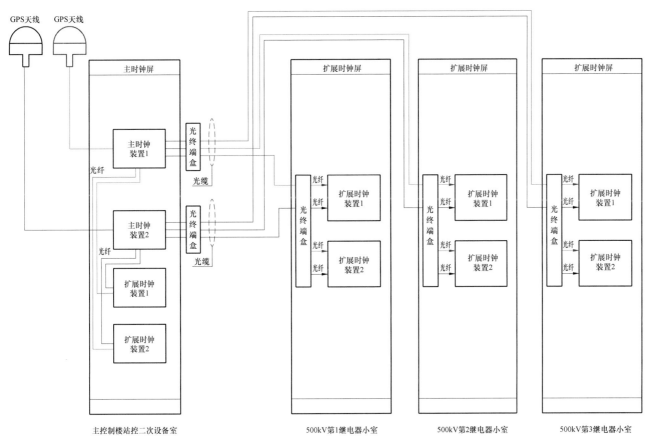

图 18-18　±500kV JM 换流站时间同步系统屏柜配置及光缆连接图

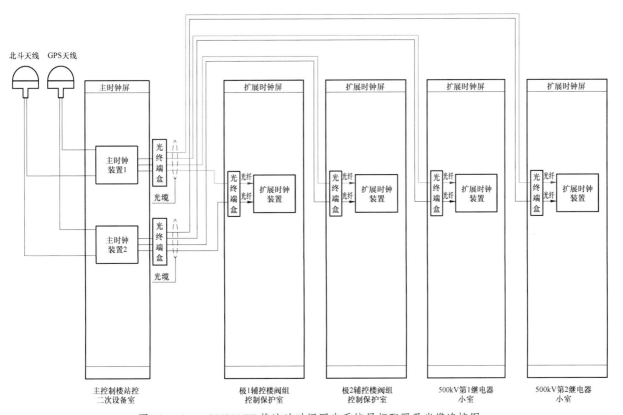

图 18-19　±800kV ZZ 换流站时间同步系统屏柜配置及光缆连接图

场所和设备。

（1）主要场所。包括阀厅、主/辅控制楼、就地设备室、综合水泵房、综合楼、电缆通道、换流变压器安装/检修厂房（如果有）、检修备品库、车库等场所。

其中主/辅控制楼主要有主控制室、培训室、资料室、会议室，站及双极控制保护设备室、极/换流器控制保护设备室、极/换流器阀冷却设备室、站公用蓄电池室、极/换流器蓄电池室，通信设备室，极/换流器 380V 配电室等；就地设备室主要有就地继电器小室、蓄电池室、380V 公用配电室、35kV 及 10kV 配电室、户内 GIS 室、户内直流场等；综合楼主要有会议室、办公室、值班休息室、餐厅、厨房；电缆通道主要指电缆隧道、电缆竖井、电缆夹层、户内电缆沟、重要功能房间活动地板下的电缆区域等。

（2）主要设备。包括换流变压器、油浸式平波电抗器、单台容量为 125MVA 及以上的油浸式变压器以及单台容量为 200Mvar 及以上的高压并联电抗器等设备。

（二）报警区域和探测区域的划分

1. 报警区域

换流站火灾报警区域应根据防火分区划分，可将 1 个防火分区划分为 1 个报警区域，也可将发生火灾时需要同时联动消防或暖通设备的相邻多个防火分区划分为 1 个报警区域。

2. 探测区域

换流站原则上按以下要求和产品的具体性能划分探测区域：

（1）探测区域应按独立房（套）间划分，1 个探测区域的面积不宜超过 500m²。

（2）红外光束感烟火灾探测器和缆式线型感温火灾探测器的探测区域长度不宜超过 100m，空气管差温火灾探测器的探测区域长度宜为 20～100m。

（3）楼梯间、防烟和消防楼梯间前室、电缆隧道，以及建筑物夹层等应单独划分探测区域。

二、系统设计

换流站火灾自动报警系统通常由火灾探测报警系统、吸气式烟雾探测报警系统和消防联动控制系统 3 部分构成。其中，吸气式烟雾探测系统一般用于完成常规点式探测器烟雾识别困难的高大空间（如阀厅）或安装困难的狭窄空间（如地板下）等场所火灾初期的探测报警功能，可作为火灾探测报警系统的子系统，早期的直流工程也有单独配置自成系统的。

（一）火灾探测报警系统的设计

换流站火灾探测报警系统的主要设计要求如下：

（1）火灾探测报警系统应采用集中报警系统的形式，由火灾报警系统工作站（或图形显示装置）、火灾报警控制器、火灾探测器、手动火灾报警按钮、火灾声光警报器等全部或部分设备组成。

（2）火灾探测报警系统应设有自动和手动 2 种触发装置。

（3）火灾探测报警系统应采用智能型、总线式网络结构。报警总线回路应按换流站终期建设规模配置，每一报警总线回路宜采用环形总线方式。

（4）火灾探测报警系统总线上应设置总线短路隔离器，每只总线短路隔离器保护的火灾探测器、手动火灾报警按钮和模块等设备的总数不应超过 32 个；总线穿越防火分区时，应在穿越处设置总线短路隔离器。

（5）火灾报警控制器的容量应按换流站终期建设规模配置，系统应易于扩展，每一总线回路所连接设备的总数不宜超过 200 点，且应留有不少于额定容量 10%的裕量。火灾探测器等其他设备应按本期规模配置。

（6）不同形式的换流站火灾报警控制器的设置方式有所不同。每极单 12 脉动换流器接线换流站宜设置 1 台火灾报警控制器，布置在控制楼；每极双 12 脉动换流器串联接线换流站宜设置 1 台火灾报警主控制器和 2 台火灾报警分控制器，火灾报警主控制器布置在控制楼，火灾报警分控制器布置在每个辅控制楼，也可根据需要布置在综合楼或备班楼；背靠背换流站宜设置 1 台集中火灾报警控制器，布置在控制楼，当有多个换流器单元设置有辅控制楼时，也可在每个辅控制楼设置 1 台火灾报警分控制器。

（7）火灾报警控制器宜为联动型火灾报警控制器，集成消防联动控制器的功能，应能根据设定的控制逻辑发出信号，实现对风机、空调、消防系统等设备的联动控制，并显示受控设备的工作状态。

（8）火灾报警控制器应能够接收并发出火灾报警信号和故障信号，同时完成相应的显示和控制功能。

每极单 12 脉动换流器接线换流站、每极双 12 脉动换流器串联接线换流站、背靠背换流站火灾自动探测报警系统示意图分别如图 18-20～图 18-22 所示。

（二）吸气式烟雾探测报警系统的设计

由于传统点式感烟探测器工作原理是被动感烟，需等待烟雾慢慢扩散到其附件时才能报警，存在灵敏度偏低且调节范围小、易受空调及其他因素影响、探测器安装方式单一、不能直接安装在设备内部等诸多缺点。对于换流站内阀厅等高大空间场所，若采用传统的点式探测器，烟雾识别存在一定的困难，故通常采用灵敏度高、主动采样的吸气式烟雾探测报警系统来实现火灾初期的探测报警功能。

1. 工作原理

吸气式烟雾探测技术的原理是通过一个内置的吸气泵及分布在被保护区域内的 PVC 采样管网，24h 不间断地主动采集空气样品，经过一个特殊的过滤装置滤掉灰尘后送至一个

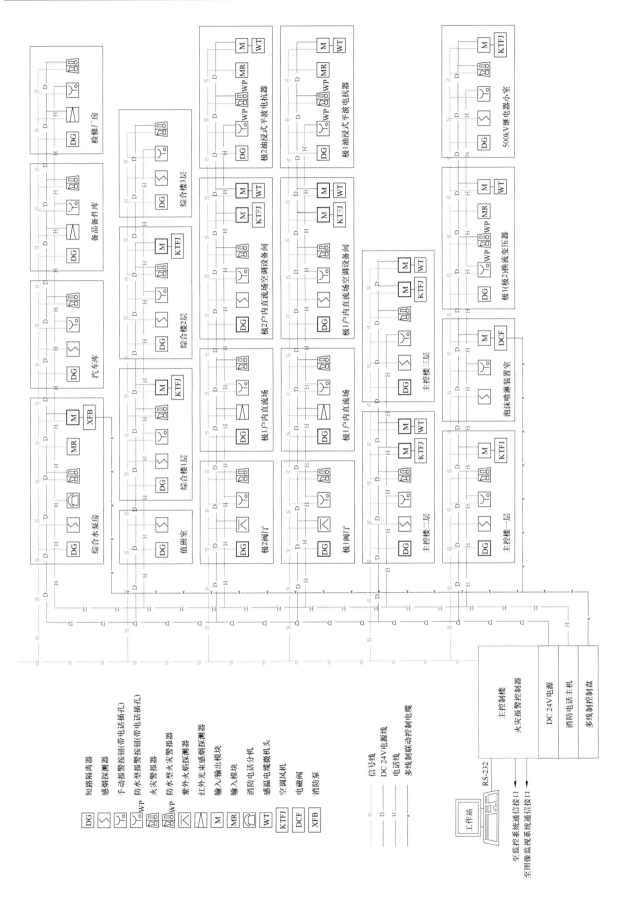

图 18-20　每极单 12 脉动换流器接线换流站火灾自动探测报警系统示意图

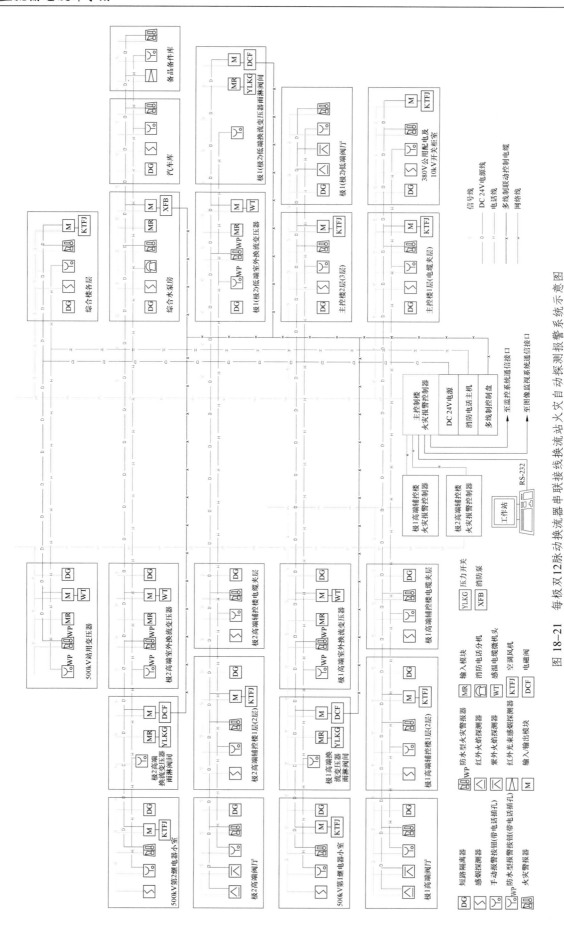

图 18-21 每极双 12 脉动换流器串联接线换流站火灾自动探测报警系统示意图

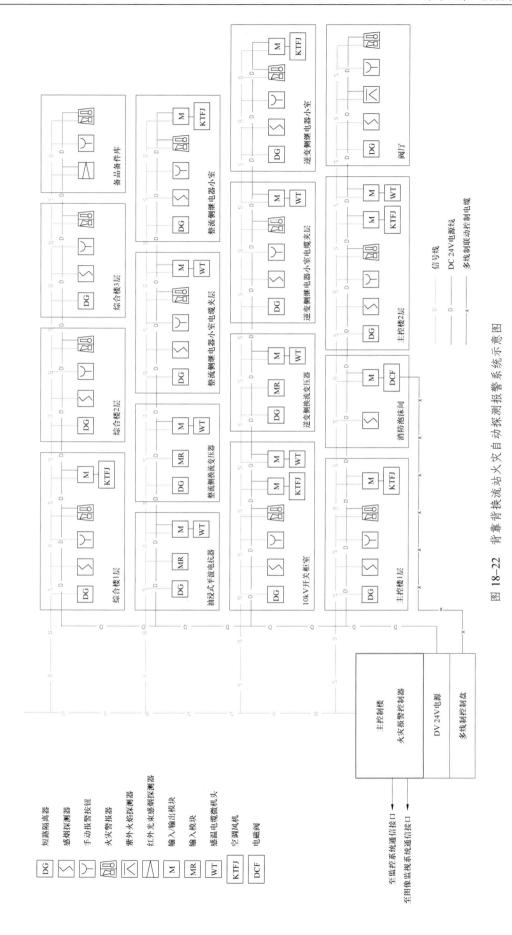

图18-22 背靠背换流站火灾自动探测报警系统示意图

特制的吸气式激光探测器，空气样品在探测器中经过分析，将其中燃烧产生的微粒加以测定，由此给出准确的烟雾浓度值，并根据事先设定的报警浓度值发出火灾报警。图 18-23 为吸气式烟雾探测器采样管路示意图，图 18-24 为吸气式烟雾探测系统工作原理图。

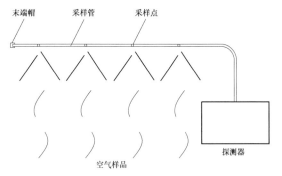

图 18-23　吸气式烟雾探测器采样管路示意图

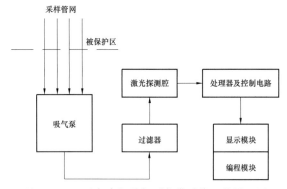

图 18-24　吸气式烟雾探测报警系统工作原理图

2. 系统设计

换流站吸气式烟雾探测报警系统的设计需满足以下基本要求：

（1）吸气式烟雾探测报警系统宜由吸气式感烟火灾探测器、空气采样管理主机（或编程模块）、空气采样显示器（也称显示模块）、空气采样管网等全部或部分设备组成。

（2）吸气式烟雾探测报警系统宜采用智能型、模块化、环形网络结构。

（3）吸气式烟雾探测报警系统宜配置 1 台独立的空气采样管理主机（或编程模块），实现对网络上所有探测、显示设备的编程或读取信息。

（4）空气采样管理主机（或编程模块）的容量应按换流站终期建设规模配置，并易于扩展，每一总线回路所连接设备的总数应留有不少于额定容量 10%的裕量。吸气式感烟火灾探测器等其他设备应按本期规模配置。

（5）吸气式感烟火灾探测器应采用基于光学空气监测技术和微处理器控制技术的烟雾采样探测装置，由吸气泵、过滤器、激光探测腔、控制电路、继电器输出及就地信号指示

灯等部分组成。

（6）每个吸气式感烟火灾探测器可根据需要配置 1 个空气采样显示器（显示模块），该显示器应能以数字或可视发光图条的方式显示探测器测得的被保护区域中的烟雾浓度，并根据烟雾浓度和预设的报警值，产生报警输出信号。

（7）吸气式烟雾探测报警系统应具有针对火灾报警的发热、冒烟、燃烧、高温各个阶段，设置警告（表明系统已经检测出异常现象）、行动（表明已有火灾隐患存在）、火警 1（表明某处已有明火）、火警 2（表明某处已处于热辐射阶段）等多层次的报警功能。各级报警阈值应可根据环境状态自动调节设置。

（8）吸气式烟雾探测报警系统宜具有与火灾探测报警及联动控制系统的接口功能，将吸气式烟雾探测报警系统状态、火灾报警信号、故障信号等信息上传至火灾探测报警系统，实现吸气式烟雾探测报警系统和火灾探测报警系统的双重报警和集中监控功能。同时，从火灾探测报警和联动控制系统的联动控制模块输出信号联动控制阀厅内的消防和暖通设备。

（9）当吸气式烟雾探测报警系统不具有与火灾探测报警及联动控制系统的接口功能时，其探测器应配有可编程继电器，用于实现与火灾声光警报器、阀厅内消防和暖通设备的联动控制。

（10）吸气式烟雾探测报警系统的编程模块和远方显示模块宜与火灾探测报警系统的火灾报警控制器合并组屏；当布置有困难时，也可设置独立的吸气式烟雾探测报警系统中央报警屏。

（三）消防联动控制系统的设计

1. 系统设计

（1）消防联动控制系统宜由消防联动控制器、消防专用电话、消防应急广播、输入/输出/中继模块等全部或部分设备组成，完成消防联动控制的功能。

（2）消防联动控制器的功能宜集成在火灾报警控制器中。当火灾报警控制器集成了消防联动控制器的功能时，消防联动控制系统的设计要求为：① 消防联动控制设备的控制信号宜和火灾探测器的报警信号在同一总线回路上传输。② 联动控制设备宜通过总线编码模块控制。③ 火灾探测报警系统的控制器应能接收和显示消防联动控制设备的工作状态。

2. 联动控制设计

火灾自动报警系统应能根据工艺需求实现与换流站内风机、空调、门禁、电梯及自动灭火系统等的联动控制，联动控制回路宜按以下要求设计：

（1）联动型火灾报警控制器或消防联动控制器应能按照

设定的控制逻辑向各相关的受控设备发出联动控制信号，并接受相关设备的联动反馈信号。

（2）联动型火灾报警控制器或消防联动控制器的电压控制输出应采用直流 24V，其电源容量应满足受控消防设备同时启动且维持工作的控制容量要求。

（3）各受控设备接口的特性参数应与联动型火灾报警控制器或消防联动控制器发出的联动控制信号相匹配。

（4）消防水泵、消防电磁阀等重要控制设备，除具有就地控制和自动联动控制方式外，还应在主控制室设置手动直接控制装置。

（5）消防联动控制系统的联动输出触点应为无源触点，触点容量应满足受控设备控制回路的要求。

（6）需要火灾自动报警系统联动控制的消防设备，其联动触发信号应采用 2 个独立的报警触发装置报警信号的"与"逻辑组合。对于采用排油注氮灭火的变压器或电抗器，还宜增加本体重瓦斯保护、变压器断路器跳闸、油箱超压开关同时动作的条件才能启动排油注氮装置；采用水喷淋灭火的变压器或电抗器，水喷淋启动逻辑宜增加变压器超温保护和变压器断路器跳闸同时动作的条件。

（7）启动电流较大的消防设备宜分时启动。

三、火灾探测器的选择

火灾探测器的选择要根据探测区域内可能发生的初期火灾的形成和发展特征、房间高度、环境条件以及可能引起误报的原因等因素来确定。换流站火灾探测器的选择应满足 GB 50116《火灾自动报警系统设计规范》的要求，下面提出对火灾探测器选择的原则性要求。

1. 点型火灾探测器的选择场所

换流站点型火灾探测器主要使用场所如下。

（1）主/辅控制楼、综合楼的各有关功能房间；门厅、过厅、走道、楼梯间；就地继电器小室、380V 公用配电室、35kV 及 10kV 配电室等场所宜选择点型感烟探测器。其中蓄电池室应选择防爆类的点型感烟探测器。

（2）阀厅宜选择点型紫外火焰探测器，作为吸气式烟雾探测报警系统的后备，探测阀塔内产生的电弧。还可选择点型红外火焰探测器，作为吸气式烟雾探测报警系统的后备。

2. 线型火灾探测器的选择场所或部位

（1）户内 GIS 室、户内直流场、检修备品库换流变压器安装/检修厂房等场所宜选择红外光束感烟探测器。

（2）电缆隧道、电缆竖井、电缆夹层、户内电缆沟、重要功能房间活动地板下的电缆区域等场所；换流变压器、油浸式平波电抗器、高压并联电抗器等设备宜选择缆式线型感温火灾探测器。

3. 吸气式感烟火灾探测器的选择场所

换流站内吸气式感烟火灾探测器的选择条件通常为：① 点型火灾探测器不适宜的大空间、建筑高度超过 12m 或有特殊要求的场所，此外，高度大于 12m 的空间场所宜选择 2 种及以上火灾参数的火灾探测器；② 需要进行火灾早期探测的重要场所；③ 需要进行隐蔽探测的场所；④ 人员不宜进入的场所。

根据上述条件，换流站内吸气式感烟探测器的使用场所如下。

（1）阀厅内的阀塔及送、回风口宜采用吸气式感烟火灾探测器。

（2）主、辅控制楼的通信设备室、站及双极控制保护设备室、极/换流器控制保护设备室、站及双极辅助设备室、极/换流器辅助设备室等重要功能房间及其对应的活动地板下的电缆区域可根据需要采用吸气式感烟火灾探测器。

四、系统设备的设置

（一）火灾报警系统工作站、火灾报警控制器的设置

1. 火灾报警系统工作站的设置

换流站火灾报警系统工作站应设置在有人值班的主控制室内，其与集中报警系统主机应采用专线连接。

2. 火灾报警控制器的设置

当换流站控制楼内设置火灾报警系统工作站时，控制楼内火灾报警控制器可组屏布置在二次设备室，否则主火灾报警控制器宜采用壁挂式设置在有人值班的主控制室内。

当辅控制楼内的火灾报警控制器组屏时，宜设置在辅控制楼二次设备室内；当采用壁挂式时，宜设置在辅控制楼 1 层门厅附近。

（二）火灾探测器的设置

1. 点型火灾探测器的设置

换流站点型火灾探测器的设置数量和布置应满足 GB 50116《火灾自动报警系统设计规范》相关条文的要求。此外，火焰探测器的设置应考虑探测器的探测视角及最大探测距离，避免出现探测死角；应避免光源直接照射在火焰探测器的探测窗口；单波段的火焰探测器不应设置在平时有阳光、白炽灯等光源直接或间接照射的场所。

2. 线型火灾探测器的设置

换流站线型火灾探测器的设置应满足 GB 50116《火灾自动报警系统设计规范》相关条文的要求。此外，线型光束感烟火灾探测器的设置应保证其接收端避开日光和人工光源照射；反射式探测器应保证在反射板与探测器间任何部位进行模拟试验时，探测器均能正确响应。

线型感温火灾探测器在保护电缆时，应采用接触式布置；与线型感温火灾探测器连接的模块不宜设置在长期潮湿或温度变化较大的场所。

3. 吸气式感烟火灾探测器的设置

吸气式感烟火灾探测器的设置应考虑以下要求：

（1）非高灵敏度型吸气式感烟火灾探测器的采样管网安装高度不应超过 16m，高灵敏度吸气式感烟火灾探测器的采样管网安装高度可以超过 16m。采样管网安装高度超过 16m 时，灵敏度可调的探测器必须设置为高灵敏度，且应减小采样管长度、减少采样孔数量。

（2）吸气式感烟火灾探测器的每个采样孔的保护面积、保护半径应符合点型感烟火灾探测器的保护面积、保护半径的要求。

（3）一台探测器的采样管总长不宜超过 200m，单管长度不宜超过 100m，同一根采样管不应穿越防火分区。采样孔总数不宜超过 100 个，单管上的采样孔数量不宜超过 25 个。

（4）每台探测器可接 1~4 根采样管，当每根管的长度不相等时，应在探测器的所有管道出口处设置 1 个末端帽，以保证空气采样系统内的气流平衡。

（5）同一个探测器的采样管网系统不宜监测不同类型的环境。

（6）同一个被保护区内的采样点间距不应超过 9m，不应少于 1m。

（7）采样管路和采样孔应有明显的火灾探测器标识。

（8）有过梁、空间支架的建筑中，采样管路宜固定在过梁、空间支架上。

（三）手动火灾报警按钮的设置

换流站每个防火分区应至少设置 1 只手动火灾报警按钮。从 1 个防火分区内的任何位置到最邻近的手动火灾报警按钮的步行距离不应大于 30m。手动火灾报警按钮宜设置在疏散通道或出入口处。

每台换流变压器、油浸式平波电抗器、单台容量在 125MVA 及以上的油浸式变压器、单台容量为 200Mvar 及以上的高压并联电抗器的附近，应设置 1 个手动火灾报警按钮。

设置在户外的手动火灾报警按钮应选用防雨型。

（四）火灾警报器的设置

火灾警报器应设置在每个楼层的楼梯口、建筑物的主要出入口、建筑内部拐角等处的明显部位，且不宜与安全出口指示标志灯具设置在同一面墙上。

每个报警区域内应均匀设置火灾警报器，其声压级不应小于 60dB；在环境噪声大于 60dB 的场所，其声压级应高于背景噪声 15dB。

火灾警报器设置在墙上时，其底边距地面高度应大于 2.2m。

（五）消防专用电话的设置

换流站火灾自动报警系统可根据需要设置消防专用电话，消防专用电话网络应为独立的消防通信系统。

消防专用电话总机应设置在有人值班的主控制室，消防水泵房等部位宜设置消防专用电话分机。在有人值班的主控制室应设置可直接报警的外线电话。

设有手动火灾报警按钮或消火栓按钮的位置，宜设置电话插孔，并宜选择带有电话插孔的手动火灾报警按钮。

（六）模块/模块箱、接线端子箱的设置

每个报警区域内的模块宜相对集中布置在本报警区域内金属模块箱中，不应将模块设置在配电（控制）柜（箱）内，未集中布置的模块附近应有明显的标识。

模块箱应采用金属结构，宜布置在箱内模块所连接设备的附近；模块箱在墙上安装时，其底边距地面高度宜为 1.3~1.5m；当模块箱与配电箱、照明箱等相邻布置时，其底边距地面高度宜与相邻设备箱一致。

接线端子箱应采用金属结构，建筑物之间火灾报警设备的连线，宜通过接线端子箱转接，接线端子箱宜布置在与电缆沟连接方便的位置；接线端子箱在墙上安装时，其底边距地面高度宜为 1.3~1.5m。

五、系统布线

（一）一般规定

换流站火灾自动报警系统布线除应满足 GB 50116《火灾自动报警系统设计规范》相关条文的要求，还需满足下列要求。

（1）吸气式烟雾探测系统的空气采样管宜采用阻燃 ABS 管或 PVC 管，最小管径不宜小于 25mm，管壁厚度应不小于 2mm。

（2）火灾自动报警系统的传输线路穿的金属管宜采用热镀锌钢管，钢管的最小管径应满足钢管穿线根数的要求，不宜小于 20mm。

（3）火灾自动报警系统的主干电源线的线芯截面积不宜小于 2.5mm²；消防联动控制线缆的线芯截面积不宜小于 1.5mm²。

（二）屋内布线

换流站火灾自动报警系统屋内布线除应满足 GB 50116《火灾自动报警系统设计规范》相关条文的要求，还需满足下列要求：

（1）阀厅内吸气式火灾探测系统的线路应采用穿金属管明敷设或沿桥架明敷设；主、辅控制楼无吊顶处及墙面的火灾探测报警系统的管线应采用暗敷设，有吊顶处的管线可在吊顶内明敷设。

（2）当穿管的管路长度过长或有弯曲时应加装过线盒，导线接头应在接线盒内焊接或用端子连接，管内不应有接头

或扭结。

（3）不同电压等级的线缆不应穿入同一根保护管内，当合用同一线槽时，线槽内应有隔板分隔。信号线和电源线可共管穿线，消防电话线应单独穿管敷设。

（三）屋外布线

火灾自动报警系统的电缆敷设应尽量利用换流站内电缆沟、架。在电缆沟内敷设时，不得与电力电缆同层敷设。在无电缆沟的室外区域，火灾自动报警系统的电缆应穿管敷设。

六、系统供电

火灾自动报警系统应设有交流电源和蓄电池备用电源。

1. 交流电源

火灾自动报警系统应采用 2 路 220V、50Hz 交流电源供电。当 1 路交流电源消失时，系统应能自动切换至另 1 路交流电源上；当 2 路交流电源均消失时，系统应能自动切换至蓄电池备用电源。

对于需要单独提供交流电源的吸气式火灾探测系统等，宜提供经切换后的站用交流电源，同一区域需要多路交流电源时，可采用环网供电方式。

2. 直流电源

（1）火灾自动报警系统的蓄电池备用电源宜采用火灾报警控制器自带的 24V 直流电源。直流备用电源系统应具有自动充电及完善的蓄电池监视功能，其蓄电池容量应保证火灾自动报警及联动控制系统在火灾状态同时工作负荷条件下连续工作 3h 以上。

（2）火灾自动报警系统中的现场探测和联动设备宜采用火灾报警控制器中引出总线上的直流电源工作。当火灾报警控制器中引出的总线上的直流电源不能满足吸气式感烟火灾探测器的工作电压和功耗要求时，吸气式烟雾探测系统可根据需要配置专用电源，其专用电源宜集中设置。

3. 交流不间断电源

火灾自动报警系统中的火灾报警系统工作站（或图形显示装置）、火灾报警控制器的电源，宜由换流站的 UPS 供电。

七、通信及接口

1. 与换流站控制系统的接口

火灾自动报警系统应能与换流站控制系统接口，接口方式宜采用以太网口或 RS-485 串口。重要的火灾和故障报警信号还应采用硬接线方式接入换流站控制系统。

2. 与换流站辅助控制系统的接口

（1）应能与换流站内图像监视及安全警卫系统接口，在发生火灾时能在图像监视系统主机上自动推出相应火灾报警区域的画面，接口方式宜采用以太网口或 RS-485 串口。

（2）应能与门禁系统接口，确认发生火灾时应控制相应建筑物、房间出入口的门禁处于开启状态，对于玻璃伸缩门，应自动敞开，对于推拉门，应自动解锁。

3. 与自动灭火系统的接口

（1）与自动喷水灭火系统的接口。自动喷水灭火系统的手动或自动控制方式、水流指示器、信号阀、压力开关、喷淋消防泵的启动和停止的动作信号应能够反馈至火灾报警控制器或消防联动控制器。

（2）与气体、泡沫自动灭火系统的接口。气体、泡沫自动灭火系统的装置启动、喷放各阶段的反馈信号，应反馈至火灾报警控制器或消防联动控制器，系统的联动反馈信号包括手动或自动控制方式、选择阀的动作信号、压力开关的动作信号等。

4. 与通风及空调系统的接口

通风及空调系统电源开关的断开信号应作为系统联动的反馈信号传送至火灾报警控制器或消防联动控制器。

5. 与电梯的接口

消防联动控制器应具有发出联动控制信号强制所有电梯停于首层的功能。电梯运行状态信息和停于首层的反馈信号，应传送至火灾报警系统工作站（或图形显示装置）显示，轿厢内应设置能直接与换流站运行值班人员通话的专用电话。

第七节　图像监视及安全警卫系统

为保证换流站安全运行，便于运行维护管理，换流站内应设置 1 套图像监视及安全警卫系统，该系统由图像监视和安全警卫 2 个子系统组成。图像监视子系统完成视频监控相关业务，实现音视频、报警及状态信息采集、传输、储存和处理功能；安全警卫子系统实现换流站周界安全防护和建筑物、各功能房间的准入控制。

一、监控范围

换流站图像监视及安全警卫系统的监控范围要求无死区，无遮挡，主要包括换流站围墙、进站大门、阀厅、控制楼各功能房间、就地继电器小室、交/直流配电室、交/直流配电装置、换流变压器、换流器、平波电抗器、综合水泵房、检修备品库等。

二、系统功能

1. 基本功能

换流站图像监视及安全警卫系统的基本功能应包括以下需求及通信接口：

（1）满足设备外观监视、巡视及应急指挥的基本需求。支持全天候监视及恶劣天气情况下巡视站内换流变压器、换流器、平波电抗器、交/直流配电装置等主要设备，以及全景监视换流站内主控制室、直流控制保护室、继电器小室、通信机房、蓄电池室、交/直流配电室等功能房间。

（2）满足安保与防火、防盗的需求。能够对非法侵入企图形成有效威慑和阻挡，换流站出入口的监视应能够清晰辨识人员的体貌特征、进出机动车的外观和号牌，较大区域范围的监视应能辨别监控范围内的人员活动情况。

（3）满足运行人员对前端设备的控制需求。运行人员可根据需要对摄像机进行控制，如镜头变焦、转向、设置预置位等；对于安全警卫子系统可实现远方或就地布防、撤防功能。

（4）满足应急演练及异常事件分析需求。可有效存储录像、图片和站区出入记录。

（5）与换流站控制系统通信。实现本系统重要报警和故障信息的反馈至换流站控制系统。

（6）与火灾自动报警系统联动。视频摄像机、门禁系统等宜与相应区域的火灾自动报警探测器联动，实现火情的视频复核，以及火警状态下的出入口门锁解锁。

（7）与换流站运维中心通信。能够将换流站内视频及图像信息实时远传至运维中心。

2. 可扩展功能

换流站图像监视及安全警卫系统的可扩展功能主要包括三维场景信息展示、换流站区可疑行为跟踪及分析、重要警戒区域闯入报警、出入车辆自动放行及与阀厅红外测温系统的集成等功能。

（1）三维场景信息展示功能。三维场景是指基于3D图形渲染技术，通过对站内各建筑物、电气设备等进行三维建模，实现换流站全息全景模拟。在三维场景中动态展示监控设备的各种数据，提供多种形式的视频监控图像展示，与三维场景相结合展示现场实时图像信息。

（2）可疑行为跟踪及分析功能。行为视频跟踪是通过在图像监视及安全警卫系统监控地图上设定热区，以逐级方式快速定位，在监控地图上显示出当前视点位置和方向，单击热点后到达指定位置。对进入热点区域的人或物进行视频跟踪，对于闯入热点区域或敏感区域的可疑行为进行语音报警等。

（3）警戒区域闯入报警功能。对于重要的带电区域，如换流变压器，交、直流滤波器区，可采用固定式枪机对划定的警戒区域进行监控，当有人员闯入该区域，达到触发条件时即触发报警，采用报警音方式或闪光方式提醒进入该区域的人员注意，该功能可有效预防误入间隔导致的人身安全事故和设备损坏事故。

（4）出入车辆自动放行功能。正常情况下只有巡检车辆或搭载值班人员的班车会周期性、有时间规律的进出换流站，当事故或检修情况下，检修车辆会进入换流站。对于授权放

行的车辆，登记车辆并录入系统白名单，当该车辆再次访问换流站时，识别出车牌后，和数据库已录入的车牌号进行比对，判别是否为授权车辆，如果是已登记车辆，则开启闸门放行，如果是未登记的车辆则联动通知值班人员，通过调阅视频决定是否手动开启闸门，识别过程中抓拍带有车牌号信息的图片并存档，为后续溯源工作提供依据。

（5）与阀厅红外测温系统的集成功能。阀厅红外测温系统的前端设备主要包括可见光摄像机和红外热成像摄像机，通过可见光图像与红外热成像的匹配对比实现异常温度区域的观察和定位。目前已投运及在建换流站，阀厅红外测温系统一般自成系统，与图像监视系统相互独立。从设备配置来看，除前端的红外热成像仪为红外测温系统的特有设备外，其他设备配置与图像监视系统具有高度相似性和重叠性，如工作站、服务器、存储单元、交换机、可见光摄像机等设备，故阀厅红外测温系统与图像监视系统具备共享平台、接口设备及部分前端设备的客观条件，从避免资源重复配置、便于运行管理角度，在条件具备时图像监视系统可与阀厅红外测温系统集成，在统一的系统平台上查阅视频信息和阀厅红外测温信息。

三、系统设计

图像监视及安全警卫系统的设计应符合现行国家标准GB 50394《入侵报警系统工程设计规范》、GB 50395《视频安防监控系统工程设计规范》中的相关规定，并应满足GA 1089《电力设施治安风险等级和安全防范要求》中的相关要求。

图像监视及安全警卫系统主要由系统监控平台、接口（传输）设备及前端设备等三部分组成，其中系统监控平台按全站最终规模配置，并留有远方监视的接口；接口（传输）设备和前端设备可按本期建设规模配置。

图像监视及安全警卫系统的摄像机经历了从模拟摄像机到数字摄像机的发展历程，相应的系统设备组成也存在一定的差异。模拟摄像机的感光器件将采集到的视频、图像信息转换为模拟电信号传输至存储设备（录像机），因模拟量信息不便于存储、拷贝及访问，需借助模数转换器和编码器将模拟量转换为具有一定编码格式的数字量进行存储。数字摄像机输出数字编码格式的视频及图像信息，可直接存储，无需模数转换及编码环节。此外，随着技术的进步，数字摄像机相对模拟摄像机更为清晰，且其视频信号传输及云台、镜头控制可通过同一根网线实现，而模拟摄像机则同时需要接入视频信号电缆、控制信号电缆等，布线复杂，成本较高，且不便于系统扩容。

图18-25、图18-26分别为采用模拟摄像机和采用数字摄像机的图像监视及安全警卫系统结构示意图。

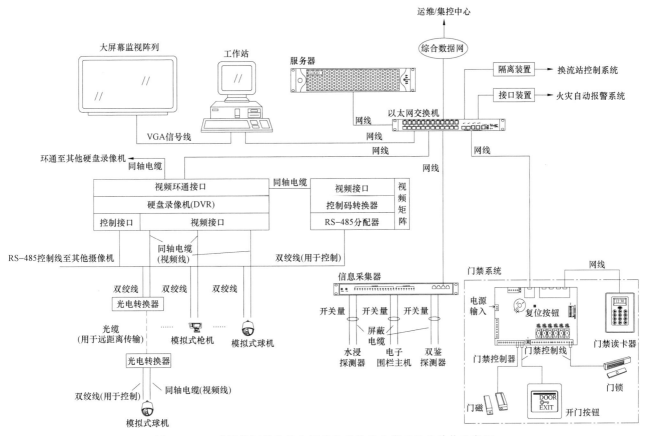

图18-25 采用模拟摄像机的图像监视及安全警卫系统结构示意图

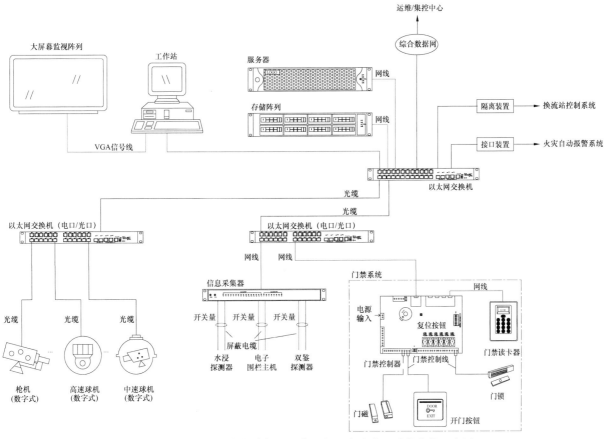

图18-26 采用数字摄像机的图像监视及安全警卫系统结构示意图

（一）系统监控平台

系统监控平台包括对前端设备进行管理和控制，实现音视频数据、报警及状态等信息呈现，与其他系统通信、信息远传等功能的硬件和软件。对于采用模拟摄像机和数字摄像机的系统来说，软、硬件设备存在一定的差异。

1. 监控平台硬件

采用模拟摄像机的系统，监控平台硬件主要由服务器、存储单元（录像机）、视频矩阵和工作站等设备构成。服务器实现系统的外部访问、布防、撤防、报警联动等功能；录像机用于模拟摄像机的接入，视频信息的模数转换、编码、存储，与视频矩阵及服务器的通信等功能，并可与其他硬盘录像机环通，形成录像机阵列；视频矩阵实现视频信号在显示终端上的切换和轮巡，换流站配置的摄像机较多，而显示终端的数量和尺寸都是有限的，为了实现快捷的调阅摄像机的监控画面，或对目标摄像机进行调焦、转向等控制功能，需要利用视频矩阵将显示终端或工作站与目标摄像机根据需要分别接通。独立配置的视频矩阵硬件设备一般只配置在采用模拟摄像机的系统里，称为模拟矩阵，以刺刀螺母连接器（bayonet nut connector，BNC）视频接口及串行控制接口与录像机、模拟摄像机和显示终端等通信。工作站实现系统信息的显示、运行人员和本系统的人机接口等功能。

采用数字摄像机的系统，监控平台硬件相对简单，主要由服务器、存储单元（录像机）、工作站等设备构成。服务器实现系统的外部访问、布防、撤防、报警联动等信息处理功能。存储单元实现对视频信息、报警信息、建筑物进出记录的分类存储；工作站实现图像监视及安全警卫系统的显示，及运行人员和本系统的人机接口。数字矩阵主要实现视频画面的组合、拼接等，并可对数字摄像机及其他网络型前端设备分配 IP 地址。数字矩阵功能由系统监控平台的软、硬件和以太网交换机等共同完成，无需单独配置硬件设备，并可通过以太网交换机的级联实现扩容。

2. 监控平台软件

图像监视及安全警卫系统监控平台的软件主要由操作系统和专业应用软件组成，主要为各换流站的实际设备配置生成实例化的监控界面，为图像监视及安全警卫系统提供应用支撑。对于采用数字摄像机的系统，监控平台的软件还依托服务器、以太网交换机等硬件共同实现数字视频矩阵的功能。

（二）接口（传输）设备

接口（传输）设备由信息采集器、光电转换器、各类通信线缆及以太网交换机组成。其中信息采集器用于无源触点类信息的采集和上送，可接入电子围栏、红外对射、红外双鉴等设备的报警信息；考虑抗电磁干扰、保真等因素，信号在远距离传输时一般采用光缆，在发送端将电信号转换为光信号在光缆中传输，在接收端再将光信号转换为电信号使用，这个过程需要借助光电转换器；采用模拟摄像机的系统，通信线缆包括传输视频信号的同轴电缆、传输控制及开关量信号的屏蔽电缆、用于电磁干扰环境中传输视频及控制信号的光缆等。在采用数字摄像机的系统中，通信电缆与采用模拟摄像机的系统存在一定差异，视频信号及控制信号的传输主要通过光缆、网络线和双绞线等；以太网交换机主要用于视频、图像等信息的汇集和转发，是前端设备和系统监控平台的连接枢纽。

（三）前端设备

图像监视系统的前端设备主要由各类摄像机和辅助设备组成，摄像机包括高速球机、中速球机、枪机等；辅助设备包括为摄像机供电的综合电源、电源防雷保护器等。综合电源的电源输入为站内 AC 220V 电源，通过变压、整流、逆变等过程转换为摄像机、门禁控制器、电子围栏脉冲发生器等设备所需的各类交流、直流电源；综合电源采用 2 路交流电源输入接口，当主供电源停电时，可自动切换到备用供电线路上。为避免供电回路故障、雷电侵入波等对系统设备造成冲击，摄像机等设备的电源输入端、传输线路上可配置防雷保护器，通过吸收或阻止涌流的方式有效保护系统设备。

安全警卫子统可包括电子围栏、红外对射、红外双鉴、门禁、声光报警器等的全部或部分设备，这些设备一般由前端传感部分和就地布置的控制器组成，遭遇非法入侵时，将报警信号以无源触点或通信报文方式经接口设备上送系统平台，实现报警呈现和视频联动。

四、设备配置

（一）摄像机

1. 摄像机选型原则

换流站内宜选用体积小、质量轻、便于现场安装与检修的摄像机。摄像机根据形状和功能的差异，大体上可分为固定式摄像机和一体化摄像机 2 大类，其中固定式摄像机也称为枪机，包括不可转动的枪机和在支承部位配置了电动云台的枪机；一体化摄像机按形状可分为半球机、球机 2 种，根据镜头转动及聚焦速度又可分为低速球机、中速球机和高速球机等 3 种，对于相对固定的监视目标，可选用固定式摄像机，对视距、视角等有轮巡或遥控要求时，宜选用具备自动变焦、聚焦、连续旋转及预置位功能的一体化摄像机。

根据工作环境的不同，摄像机宜选配相应的防护罩，户外使用的摄像机应具备较强的防水、防尘、抗电磁干扰能力及对恶劣气象条件的适应性；室内使用的摄像机应考虑防尘和抗电磁干扰性能，其中蓄电池室使用的摄像机还应采用防爆型。

换流站各区域通常按以下原则选择摄像机：

（1）户外配电装置区域。单个摄像机监控范围较大，对摄像机快速变焦、准确定位要求高，宜选用高速球机，为提高抗干扰能力，室外及高压场地摄像机的视频及控制信号宜采用光纤传输。

（2）阀厅。利用有限数量的摄像机实现对阀厅内过道、阀塔、穿墙套管等的监视，宜选用高速球机，阀厅内部电磁干扰问题较为严重，故视频、控制信号传输应采用光纤。

（3）继电器小室等功能房间。一般通过几个摄像机的配合实现对整个房间的图像监视，单个摄像机的监控范围相对固定，对变焦、定位的要求不高，可选用中速球机或带云台的枪机。

（4）对防爆有要求的房间。换流站内蓄电池室等房间对摄像机有防爆要求，宜选用防爆型中速球机。

（5）要求监控固定位置的场所。如换流站大门、控制楼入口等，对图像质量要求较高，仅需监控固定的方向，宜选用固定式枪机。

（6）换流站全景监控。全景摄像机采用"鱼眼"镜头或其他类似原理的镜头，可实现360°无死角监控，换流站可根据需要配置1～2台全景摄像机，布置在换流站高位，如阀厅外的顶部等，用于运行人员对于较大范围的图像监控。

（7）因模拟摄像机在图像分辨率、系统扩展便利性等各方面均落后于数字摄像机，故新建换流站的摄像机宜选用数字摄像机。

（8）从备件的通用性角度考虑，同一换流站的摄像机类型宜尽量少。

2. 摄像机配置

目前换流站通常为有人值班，换流站内摄像机数量的配置主要实现全站安全、防火、防盗等功能。换流站摄像机型式及数量配置参考见表18-13。

3. 摄像机性能要求

换流站选用的各类摄像机，其性能要求可参考表18-14。

表18-13 换流站摄像机型式及数量配置参考表

序号	监视区域或设备			设备型式	摄像机型式	安装数量
1	换流变压器/平波电抗器/高压并联电抗器				高速球机、云台枪机	BOXIN内、外安装，每相内、外各1个
2	交流配电装置	1个半断路器接线方式		AIS	高速球机	每1～2串1个
				GIS/HGIS	高速球机	共3～4个
3		双母线接线方式		AIS	高速球机	每2个间隔1个
				GIS	高速球机	共3～4个
4		66/35kV配电装置			高速球机	每段母线1～2个
5		交流滤波器组		田字型布置方式	高速球机	每1～2大组4个，布置在"田"字四角
				一字型布置方式	高速球机	每大组1～2个
6	阀厅				高速球机	每阀厅4～8个
7	直流配电装置				高速球机	共4～6个
8	各功能房间	主控制室			中速球机	1个
9		直流控制保护室			中速球机	每室2～3个
10		继电器小室			中速球机	每室2～3个
11		通信机房			中速球机	每室1～2个
12		阀冷却控制保护设备室			中速球机	每室1个
13		蓄电池室			防爆中速球机	每室1个
14		高压开关柜室			中速球机	每段母线1个
15		站用电室			中速球机	每室1～2个
16		综合水泵房			中速球机	1个

序号	监视区域或设备		设备型式	摄像机型式	安装数量
17	各功能房间	其他房间（干式变压器室、低压配电室等）		中速球机	每室1~2个
18	公共区域	主/辅控制楼门厅		中速球机	1个
19		主/辅控制楼各层走道		固定枪机	每层楼1~2个
20		换流站全景位（安装在控制楼顶或阀厅外顶部）		全景摄像机	1~2个
21		综合楼门厅		中速球机	1个
22		综合楼各层走道		固定枪机	每层楼1~2个
23		周界及站区主要道路		高速球机	每200m 1个
24		进站大门		固定枪机	1个
25		车库		中速球机	每间1个
26		警传室房顶		高速球机	1个

表18-14 换流站摄像机性能要求参考表

性能指标 / 摄像机类型	全景摄像机	高速球机	中速球机	枪机
转速	水平速度≥90°/s 垂直速度≥75°/s①	水平速度≥90°/s 垂直速度≥75°/s	水平速度≥75°/s 垂直速度≥50°/s	—
清晰度（有效像素）	≥2048×1536	≥704×576	≥704×576	≥704×576
红外功能（有效照射距离）	≥50m，支持手动/自动调节	≥50m，支持手动/自动调节	≥40m，支持手动/自动调节	≥20m，支持手动/自动调节
最低照度要求	≤0.7Lux	≤0.7Lux	≤0.2Lux	≤0.5Lux
视频接口	网络/光纤	网络/光纤	网络/光纤	网络/光纤

① 根据成像原理差异，部分全景摄像机也可不通过转动的方式实现全景成像。

（二）安全警卫设备

1. 电子围栏

电子围栏是由脉冲发生器和前端围栏组成的周界防御及报警系统，高压脉冲通过沿围墙布线的围栏形成回路，威慑并阻挡入侵行为。换流站周界通常采用6线围栏，防区分段不超过200m，每个防区配置相应的脉冲发生器，输出的脉冲电平经围栏形成回路，遭遇攀爬、损坏、断线等异常状况应能输出报警信号。围栏宜每隔10m左右悬挂警示牌。实际工程中，电子围栏的防区长度可根据周界总长度、地形和客观需要设定。电子围栏应将入侵报警、电源、装置报警等信号输出至图像监视及安全警卫系统。

2. 红外对射

红外对射探测器是一种光束遮断式感应器，不宜单独作为换流站周界防护手段，可作为电子围栏缺失区域的补充防护，如在换流站进站大门顶部可设置1对红外对射探测器，遭遇异常入侵时应能输出报警信号。入侵报警及电源、装置报警等信号应输出至图像监视及安全警卫系统。

3. 红外双鉴

红外双鉴探测器是一种将微波探测技术和被动红外探测技术组合在一起的探测器，当2种技术的侦测均报警时才输出报警信号。红外双鉴探测器可根据需要布置在控制楼大门内侧，采用吸顶安装或侧墙安装的方式，用于在有人进入时联动控制楼门厅的摄像机对进入者进行复核。红外双鉴动作及电源、装置报警等信号应输出至图像监视及安全警卫系统。

4. 门禁系统

门禁系统由门禁控制器、门磁、门锁、开门按钮和读卡器组成，门禁控制器和开门按钮安装在室内，门磁和门锁分别用于感应及控制门的开关状态，读卡器安装在室外。门禁系统的推荐安装位置包括主/辅控制楼大门、主控制室、直流控制保护室、继电器小室、通信机房、蓄电池室、站用电室、综合楼大门等。门禁系统遭遇入侵及电源、装置报警等信号应输出至图像监视及安全警卫系统。

（三）系统监控平台

系统监控平台的主要组成设备包括工作站、服务器、存储单元及视频矩阵（主要用于模拟摄像机）等。系统监控平台宜按换流站终期建设规模一次建成。

1. 工作站

一般布置于主控制室操作台内，由计算机及显示设备组成，运行人员通过工作站实现与服务器的数据接口，其中显示设备包括操作台上的显示器，并可扩展至大屏幕显示阵列和警传室显示器。

2. 服务器

服务器是对图像监视及安全警卫系统信息进行综合处理的设备，负责对系统统一管控，如现场摄像机的变焦和定位、门禁卡的授权和电磁锁开闭、摄像机与电子围栏、火灾自动报警系统报警信息的联动等。

服务器宜采用主、备方式冗余配置，当主服务器出现故障时，备用服务器可自动接管。服务器的硬件配置、信息处理能力等应满足换流站远景建设规模的需求，并应采用工业级专用硬件平台、非 Windows 操作系统和中文操作界面。

3. 存储单元（录像机）

负责对视频录像、图片、报警信息、出入记录等进行分类存储。由多块硬盘及相应的外设组成，并应支持自动循环存储。

4. 视频矩阵

视频矩阵是指通过阵列切换的方法将多路视频信号任意输出至有限数量的监控设备上的电子装置。对于模拟视频矩阵，因单台设备的视频及控制接口容量有限，当图像监视系统扩容超过现有矩阵的容量限制时，需新增模拟视频矩阵，投资成本较高，且新增模拟视频矩阵的系统接入所涉及的改接线相对复杂，故在换流站建设初期，模拟视频矩阵的配置宜按照其远景建设规模考虑。对于数字视频矩阵，因不需要单独的硬件实体，在系统服务器处理能力足够时，可通过以太网交换机的级联实现便利的扩容。

（四）接口（传输）设备

接口设备主要包括以太网交换机、信息采集器、光电转换设备及各类通信线缆，主要实现信息采集、转换、传输、汇集及转发功能。

1. 以太网交换机

以太网交换机应采用工业级产品，具备网络风暴抑制功能，支持组播和 VLAN 划分。交换机及端口数量应根据当前建设规模需要接入的设备数量确定，并应根据需要接入的摄像机等设备的接口类型配置相应的光纤接口或 RJ-45 接口。

2. 信息采集器

信息采集器主要用于无源触点类报警信息的接入，并支持控制命令输出，经以太网经交换机与系统服务器通信，接入及输出容量可按照当期规模配置。

3. 光电转换设备

光电转换器的光、电接口类型宜根据工程需求灵活配置，数量可按照当期规模配置。

4. 通信线缆

图像监视及安全警卫系统的通信线缆主要包括光缆、同轴电缆（用于模拟摄像机）、屏蔽双绞线等，线缆的选型需综合考虑通信距离、抗干扰需求等因素。

（五）辅助设备

1. 综合电源

综合电源输出容量按满足换流站终期建设规模配置。系统内各设备均由综合电源辐射式供电，当供电电缆较长不能满足设备供电质量要求，或个别设备所需电源较特殊时，可向该设备直接提供独立的交流电源，在设备前安装电源适配器转换成其所需的电源。

综合电源故障、前端设备电源故障等报警信号应能以无源触点信号送出。

2. 防雷保护器

宜对摄像机等对电涌较为敏感的设备分别配置防雷保护器，设备数量根据当期建设规模考虑。

五、设备布置及安装

1. 主机等后台设备安装

图像监视及安全警卫系统服务器、以太网交换机、信息采集器等宜组屏安装，可配置服务器屏和接口屏。服务器屏设置在临近主控制室的站公用设备室，布置服务器、交换机、综合电源等设备；接口屏分散设置在各就地继电器小室及辅助控制楼（若有），布置交换机、信息采集器、综合电源等设备，用于接入本区域的图像监视及安全警卫系统的前端设备，接口屏与服务器屏间采用光缆连接。显示器及大屏幕等显示设备布置在主控制室适当位置。

2. 摄像机等前端设备安装

户内摄像机可采用吸顶、侧墙或轨道安装方式，摄像机距地面 2.5～5m 范围或吊顶下 200mm，并妥善考虑与其他照明灯具的相对位置，采用顺光源方向安装。户外摄像机宜采用立杆安装，用于监视换流变压器、高压电抗器等设备的摄像机也可安装于防火墙上，摄像机距地面 3.5～10m。户外摄像机所需的电源适配器等附件设备安装在独立配置的箱体内，箱体悬挂于立杆上，悬挂高度应便于检修和维护。

户外摄像机立杆应做防锈、防腐处理，并应良好接地；摄像机及其立杆的安装位置应充分考虑与配电装置的电气距离；高位安装的全景摄像机应考虑防雷。

3. 布线

建筑物内的布线应采用穿镀锌管沿墙暗敷，室外配电装置、围墙等区域的布线必须穿镀锌管或 PVC 管沿电缆沟、电缆竖井敷设或埋入地下。新建换流站应结合站内建、构筑物的施工，妥善规划用于图像监视及安全警卫系统的线缆路径，提前预埋建筑物穿管和过道路埋管。

第八节　设备状态监测系统

换流站内各设备的正常运行是直流输电系统安全稳定运行的基础，换流变压器等主设备造价昂贵、检修复杂，一旦发生故障可能造成巨大的经济损失，通过监测各设备当前运行状态来评估其健康状况，对于制订状态检修策略有重要意义。换流站内电力设备的状态监测主要采用定期预防性试验、带电检测、带电在线状态监测等 3 种方法，随着传感器技术、数字分析技术与计算机技术的发展和应用，在线状态监测技术在换流站中得到了较为广泛的应用。

一、设备状态监测系统功能要求

换流站内设备状态监测系统的选用需要考虑以下技术原则：

（1）设备状态监测系统的接入不应影响电气一次设备的完整性和正常运行，能准确可靠地连续或周期性监测、记录被监测设备的状态参数及特征信息，监测数据应能反映设备状态，并且系统具有自检、自诊断和数据上传功能。

（2）设备状态监测系统具有测量数字化、功能集成化、通信网络化、状态可视化等主要技术特征，符合易扩展、易升级、易改造、易维护的工业化应用要求。

（3）设备状态监测系统的选用应综合考虑设备的运行状况、重要程度、资产价值等因素，并通过经济技术比较，选用安全可靠、具有良好运行业绩的产品。

（4）宜建立统一的状态监测系统后台，实现各类设备状态监测数据的汇总与分析。

二、设备状态监测对象及参量

（一）监测对象

换流站设备状态监测的对象主要包括换流变压器、油浸式电抗器、降压变压器、联络变压器等充油设备。高压组合电器、断路器、避雷器、重要设备的套管等，可根据实际工程经过技术经济比较后确定状态监测的对象、方式及监测的参量。

（1）换流变压器、油浸式电抗器、降压变压器、联络变压器。通过对油中所含气体组分的监测反映设备的运行状况，如绝缘性能恶化、放电故障、受潮等；铁芯、夹件接地电流可采用在线测量方式，用于判断铁芯和夹件是否存在多点接地等问题；局部放电可采用超高频在线监测或带电检测方式。

（2）高压组合电器（GIS/HGIS）、SF_6 断路器。SF_6 气体压力决定了高压组合电器、断路器的绝缘性能和灭弧性能，而 SF_6 气体含水量则关系到设备的安全运行，主要表现为 SF_6 气体在电弧下的分解物遇水会发生化学反应，生成具有腐蚀性的化合物，可能损坏绝缘件，在温度降低时可能形成凝露水，使绝缘件的绝缘强度降低甚至发生闪络。宜按断路器气室为 GIS/HGIS、断路器配置 SF_6 气体压力、湿度在线状态监测；可根据需求预留局部放电传感器及测试接口，满足超高频局放在线监测或带电检测需求。

（3）换流变压器套管、油浸式电抗器套管、直流穿墙套管、直流电压测量装置。配置 SF_6 气体压力在线监测，实时反映套管或直流电压测量装置的绝缘性能。

（4）金属氧化物（MOV）避雷器。运行中的金属氧化物（MOV）避雷器因承受长期工频电压、冲击电压和内部受潮等因素的作用，容易引起 MOV 阀片老化、MOV 避雷器泄漏电流增加及功耗加剧，使避雷器内部阀片温度升高直至发生热崩溃，可能导致避雷器爆炸。故对于每台直流配电装置区、交流配电装置区的高压 MOV 避雷器的绝缘性能宜采用在线监测方式，未配置在线监测的 MOV 避雷器应安装监测仪表，由运行人员通过日常巡视掌握其运行状态。

（二）设备状态监测配置

根据工程中的实际应用状况，换流站设备状态监测的对象及参量可参考表 18-15 配置。

表 18-15　换流站设备状态监测配置表

监测对象	监测参量	适用电压等级	备　注
SF_6 断路器	SF_6 气体压力、湿度	500kV 及以上	
换流变压器	油中溶解气体[①]、微水	330kV 及以上	
	顶层油温		
	储油器油位		

续表

监测对象	监测参量	适用电压等级	备　注
换流变压器	铁芯、夹件接地电流		
	局部放电		可预留超高频传感器及测试接口，满足运行中开展局部放电带电检测需要
降压变压器、联络变压器	油中溶解气体①、微水	330kV 及以上	
	铁芯、夹件接地电流	220kV 及以上	
油浸式电抗器	油中溶解气体①、微水		
高压组合电器（GIS/HGIS）	SF_6 气体压力、湿度	220kV 及以上	
	局部放电		可预留超高频传感器及测试接口，满足运行中开展局部放电带电检测需要
换流变压器阀侧及油浸式电抗器套管	SF_6 气体压力		
换流器直流侧穿墙套管	SF_6 气体压力		
直流电压测量装置	SF_6 气体压力	直流配电装置区	
金属氧化物避雷器	泄漏全电流（阻性电流、容性电流）、动作次数	直流配电装置区、330kV 及以上交流场	

① 监测参量至少应包括氢气（H_2）、乙炔（C_2H_2）、一氧化碳（CO）、甲烷（CH_4）、乙烯（C_2H_4）、乙烷（C_2H_6）等 6 种参量；二氧化碳（CO_2）、氧气（O_2）、氮气（N_2）、总烃等为可选监测量。

三、系统设备配置

换流站设备状态监测系统由前端采集装置、分析处理装置和站端监测平台组成，实现在线监测状态数据的采集、传输、后台处理及存储转发功能。

1. 前端采集装置

前端采集装置安装于被监测设备本体或附近，用于自动采集和发送被监测设备状态信息。根据监测对象和监测参量的差异，前端采集装置可以是传感器、测量装置或其他信号采集装置，能够通过电缆直连、现场总线、以太网、无线等通信方式与分析处理单元通信。

（1）断路器、组合电器 SF_6 气体压力、湿度传感器按气室分别配置，宜采用 SF_6 气体压力、湿度一体化监测的传感器。

（2）换流变压器、油浸式电抗器等充油设备的油中溶解气体及微水含量采集装置按每台（相）充油设备分别配置，宜采用气体及微水一体化监测的采集装置。

（3）换流变压器、降压变压器、联络变压器等的铁芯、夹件接地电流的监测可通过配置穿芯式电流互感器（如罗氏线圈）测量，监测量可接入换流站控制系统。

（4）换流变压器、油浸式电抗器套管、直流穿墙套管及直流电压测量装置的 SF_6 气体压力按每相（个）套管分别配置监测装置，宜采用支持就地仪表显示和信息上传的监测装置。

（5）金属氧化物避雷器泄漏电流和动作次数在线监测按每台避雷器分别配置测量装置，宜采用支持就地仪表显示和信息上传的设备。

2. 分析处理装置

分析处理装置一般采用智能电子设备（Intelligent Electronic Device，IED），接收前端采集装置发送的各类监测数据，对其进行分析、处理、汇集，并对处理结果打包和标准化，实现与站端监测平台的标准化数据通信。分析处理单元的配置宜结合状态监测类别、设备布置、数据处理能力等因素综合考虑，一般遵循以下原则：

（1）断路器、组合电器（GIS/HGIS）SF_6 气体压力、湿度监测宜按每电压等级分别配置相应的 IED，IED 的数量可根据配置的前端传感器总数及 IED 的数据处理能力综合确定。

（2）换流变压器等充油设备的油中溶解气体及微水监测可按每台充油设备配置 1 台 IED；也可根据设备布置，每个区域配置 1 台 IED。

（3）换流变压器套管、油浸式电抗器套管、直流穿墙套管及直流电压测量装置等的 SF_6 气体压力可按照每个区域配置 1 台 IED。

（4）金属氧化物避雷器泄漏电流及动作次数监测按每电压等级或每个区域分别配置 1～2 台 IED。

3. 站端监测平台

站端监测平台以整个换流站的状态监测系统为管理对象，实现对前端采集装置和分析处理装置的管理，如对前端采集装置和分析处理装置的参数设置、数据召唤、对时、强制重启等控制功能；实现对监测对象运行状态的综合分析功能，并与运维中心的监测主站通信。

站端监测平台由服务器、存储设备和显示设备组成，服务器宜采用主备设计，电源应采用 UPS 供电。站端监测平台宜分别建立历史数据库和实时数据库，历史数据库应能存放连续的不少于 5 年的历史数据。站端监测平台应能够根据生产运行需要及换流站设备变更的实际状况，对监测系统进行配置和修改。

四、通信及接口

换流站设备状态监测系统的通信及接口主要有：

（1）前端采集装置与一次设备的物理接口。前端采集装置与一次设备一般采用物理连接，如 SF_6 气体压力及湿度传感器直接安装在断路器或组合电器的气室内，采用法兰与一次设备本体接口；充油设备油中溶解气体与微水状态监测装置，与被监测的换流变压器、电抗器的出油阀和回油阀等采用油管连接；金属氧化物避雷器的绝缘监测装置及动作计数器串联在避雷器的接地回路中，实现对泄漏电流和动作次数的监测。

（2）前端采集装置与分析处理装置的接口。前端采集装置与分析处理装置一般采用电缆连接，分析处理装置向前端采集装置提供其所需的工作电源，分析、处理前端采集装置发送的各类监测参量。相同类型的前端采集装置也可采用总线方式与分析处理装置连接。

（3）分析处理装置与站端监测平台的接口。分析处理装置与站端监测平台的服务器和存储设备一般经网络交换机互联，分析处理装置分散布置在各被监测对象区域，与网络交换机的接口采用光纤网络接口，避免换流站电磁环境对监测数据造成干扰。

（4）站端状态监测系统与主站的接口。各换流站的站端设备状态监测系统经隔离装置（正向）与运维中心的状态监测主站通信，实现换流站设备状态监测数据、历史曲线等信息的上送。

（5）站端状态监测系统与换流站控制系统的接口。状态监测系统向换流站控制系统上报的信号主要包括前端采集装置、分析处理装置及综合监测平台相关设备的故障、失电等，通常以无源触点方式接入换流站控制系统。

图 18-27 为换流站设备状态监测系统的通信及接口示意图。

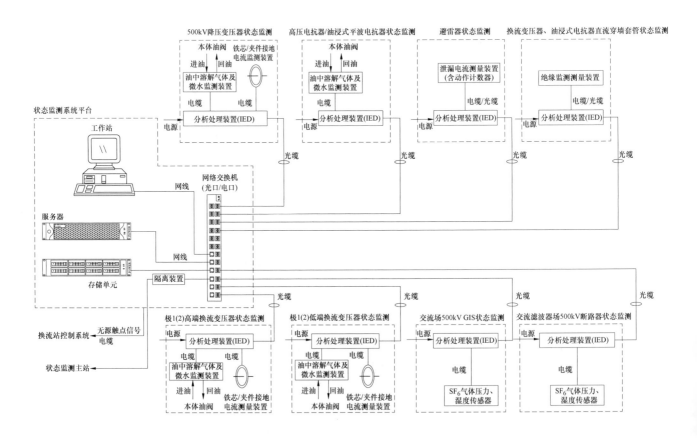

图 18-27　换流站设备状态监测系统的通信及接口示意图

五、工程实例

本节以±800kV ZZ换流站工程为实例介绍换流站设备状态监测系统。该换流站配置了1套设备状态监测系统，设置2面综合监测系统屏，布置在主控制楼，其中1面屏安装有系统服务器及交换机，另1面屏主要安装了以太网交换机，用于接入各就地布置的分析处理装置。

（一）监测对象

表18-16为±800kV ZZ换流站设备状态监测系统监测对象配置表。

表18-16　±800kV ZZ换流站设备状态监测系统监测对象配置表

监测对象	监测参量	备注
换流变压器	油中溶解气体、微水	
	铁芯、夹件接地电流	
	调压开关分接头动作次数	
	顶层油温	
	储油柜油位	
换流变压器阀侧套管	SF_6气体压力	
换流器直流侧穿墙套管	SF_6气体压力	
直流电压测量装置	SF_6气体压力	
500kV降压变压器	油中溶解气体、微水	
直流配电装置区避雷器	泄漏全电流	
	动作次数	
500kV GIS	SF_6气体压力	仅断路器气室
直流开关、换流器旁路开关	SF_6气体压力	

（二）状态监测系统的设备配置

1. 前端采集装置

按照监测对象的数量分别配置相应的传感器、测量装置或其他信号采集装置。

2. 分析处理装置

（1）换流变压器的油中溶解气体、微水监测与铁芯、夹件接地电流监测共用分析处理装置，全站按高端换流变压器（含极1、极2）和低端换流变压器（含极1、极2）分别配置1台油中溶解气体、微水监测与铁芯、夹件接地电流监测共用的分析处理装置，共2台。换流变压器调压开关动作次数、顶层油温、储油柜油位及换流变压器阀侧套管SF_6气体压力等4项监测参量共用分析处理装置，每台换流变压器分别配置1台分析处理装置。

（2）每台500kV降压变压器为油中溶解气体及微水监测分别配置1台分析处理装置。

（3）全站直流配电装置区的直流开关、换流器旁路开关、直流电压测量装置的SF_6气体压力监测共配置1台分析处理装置。

（4）全站直流配电装置区的避雷器泄漏全电流监测、动作计数监测共配置1台分析处理装置。

（5）500kV GIS断路器气室的SF_6气体压力监测共配置1台分析处理装置。

（三）通信及接口

1. 前端采集装置与分析处理装置的接口

换流变压器的油中溶解气体、微水监测，以及铁芯、夹件接地电流监测的各前端采集装置按照极1（2）高端、极1（2）低端分别以总线方式互联后，经电缆接入相应的分析处理装置。其他各项状态监测的前端采集装置与分析处理装置均采用"点对点"方式以电缆连接。

2. 分析处理装置与综合监测平台的接口

各分析处理装置均经光缆接入位于综合监测系统屏内的以太网交换机，实现与综合监测平台服务器的通信。

3. 状态监测系统与主站的接口

该换流站状态监测系统经正向隔离装置接入综合数据网，实现状态监测数据的上传。

4. 状态监测系统与换流站控制系统的接口

该换流站状态监测系统的前端采集装置、分析处理装置及综合监测平台设备故障、失电等报警信号以无源触点方式接入换流站控制系统。

第十九章

换流站二次回路设计及布置

第一节 直流系统测量装置

直流系统测量装置是为直流控制保护系统提供电流量、电压量的测量装置。直流控制保护系统通过直流系统测量装置提供的数据进行分析判断，采取相应的控制策略和保护功能，保证直流输电系统的安全运行。直流系统测量装置分为直流测量装置和交流测量装置：直流测量装置主要指换流站直流侧的直流电流、电压测量装置；交流测量装置主要指换流变压器网侧和交直流滤波器组用的交流电流、电压互感器。

本节主要介绍直流测量装置的配置和型式选择需求、精度及二次输出的要求，有关直流测量装置的分类、构成和原理等相关内容见第十三章第六节直流测量装置。本节还介绍了与换流站应用有关的交流测量装置特殊要求，与常规变电站相同的要求不再赘述。

一、一般要求

直流系统测量装置应满足下列基本要求：

（1）直流系统测量装置的配置、类型、精度及二次输出应满足直流控制保护、测量计量以及故障录波的需求。

（2）直流测量装置的一次转换器、合并单元的数量，交流测量装置二次绕组的数量应满足直流控制保护系统冗余度要求。

（3）直流测量装置输出数据采样率应满足直流控制保

护、故障录波、故障测距和测量计量的要求，输出信号可为数字量，也可为模拟量。

（4）电流测量装置的配置应避免出现保护的死区，二次输出的分配应避免当 1 套保护停用后保护区内故障时保护出现动作死区。

（5）电压测量装置的配置应保证在运行方式改变时，直流控制保护系统不会失去电压。

（6）直流测量装置应具备抗电磁干扰性能强、测量精度高、响应时间快的特性，应考虑从一次传感器输出至合并单元之间传输路径中电磁场的影响。

二、直流系统测量装置配置

为保证直流控制保护系统能够快速、有效、可靠地监测直流输电系统，应在一次系统中配置相应的测量点，各测量点的配置应根据直流控制保护系统的需求确定。尽管目前各厂商的直流控制保护系统技术特点不同，相应各区域测量点的配置也略有不同，但并不影响其控制策略和保护功能。本节将根据以往工程测量点的配置，介绍较为典型的配置方案。

（一）直流侧测量装置配置

1. 两端直流输电换流站

两端直流输电换流站直流侧的测量点主要布置在阀厅及直流配电装置区域，每极单、双 12 脉动换流器接线换流站直流侧测量点配置示意分别如图 19—1、图 19—2 所示，两端直流输电换流站直流侧的测量点名称及功能见表 19—1。

表 19-1　两端直流输电换流站直流侧的测量点名称及功能表

序号	测 点 名 称	参量	功 能
1	直流线路电压	U_{dL}	用于测量、直流控制、直流保护
2	直流中性母线电压	U_{dN}	用于测量、直流控制、直流保护
3	直流线路电流	I_{dL}	用于测量、直流控制、直流保护
4	中性母线电流	I_{dE}	用于测量、直流控制、直流保护
5	中性线电流（近阀侧）	I_{dNC}	用于测量、直流控制、直流保护
6	接地极电流	I_{dEL}	用于测量、直流控制、直流保护
7	高速接地开关电流	I_{dG}	用于测量、直流控制、直流保护

续表

序号	测 点 名 称	参量	功 能
8	金属回线电流	I_{dME}	用于测量、直流控制、直流保护
9	换流器高压端电流	I_{dP}	用于测量、直流控制、直流保护
10	换流器低压端电流	I_{dN}	用于测量、直流控制、直流保护
11	高、低端换流器连接电流	I_{dM}	用于测量、直流控制、直流保护
12	接地极线路电流1	I_{dEL1}	用于测量、直流控制、直流保护
13	接地极线路电流2	I_{dEL2}	用于测量、直流控制、直流保护
14	直流滤波器高压侧电流	I_{T1}	用于测量、直流保护、直流滤波器保护
15	直流滤波器低压侧电流	I_{T2}	用于测量、直流保护、直流滤波器保护

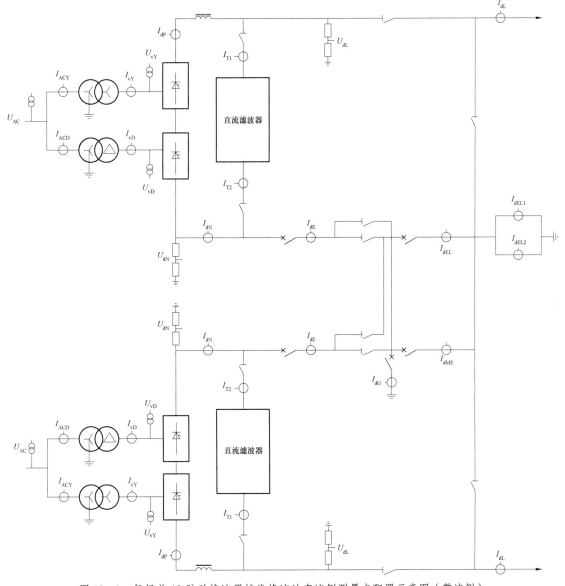

图 19-1 每极单 12 脉动换流器接线换流站直流侧测量点配置示意图（整流侧）

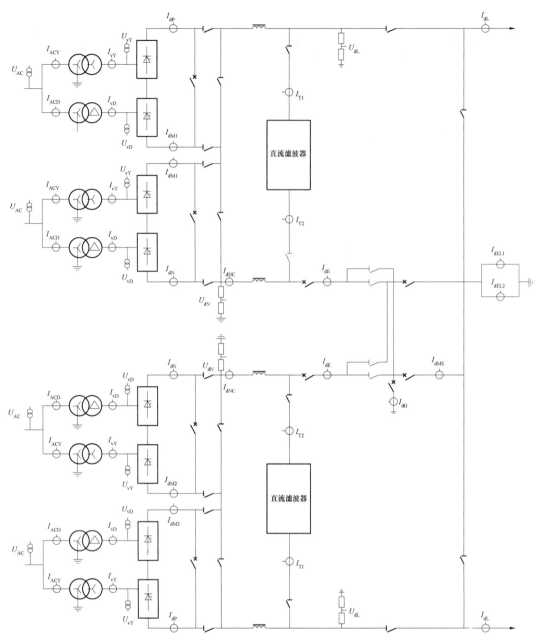

图 19-2　每极双 12 脉动换流器串联接线换流站直流侧测量点配置示意图（整流侧）

2. 背靠背换流站

背靠背换流站换流单元的测量点主要布置在阀厅内，背靠背换流站换流单元测量点的典型配置分别如图 19-3、图 19-4 所示，各测量点的名称及功能见表 19-2。

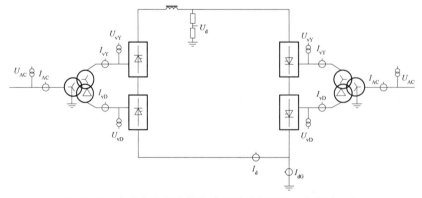

图 19-3　背靠背换流站换流单元测量点配置示意图（一）

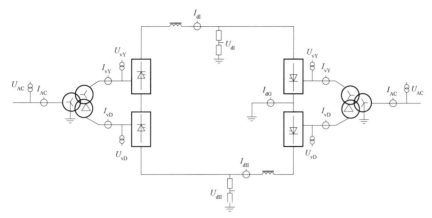

图 19－4　背靠背换流站换流单元测量点配置示意图（二）

表 19－2　背靠背换流站换流单元测量点的名称及功能表

序号	测　点　名　称	参量	功　　能
1	直流母线电压	U_{d}、U_{dI}、U_{dII}	用于测量、直流控制、直流保护
2	直流母线电流	I_{d}、I_{dI}、I_{dII}	用于测量、直流控制、直流保护
3	接地电流	I_{dG}	用于测量、直流控制、直流保护

（二）交流测量装置配置

换流站内与直流控制保护系统相关的交流测量装置主要布置在交流滤波器和换流变压器区域，交流滤波器及换流变压器区域测量点典型配置示意如图 19－5 所示，交流滤波器及换流变压器区域测量点的名称及功能见表 19－3。

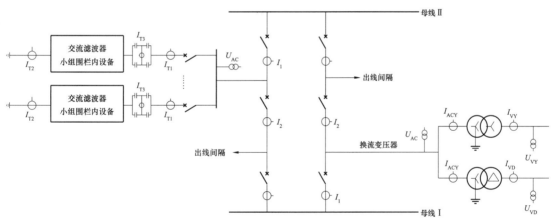

图 19－5　交流滤波器及换流变压器区域测量点典型配置示意图

表 19－3　交流滤波器及换流变压器区域测量点的名称及功能

序号	测　点　名　称	参量	功　　能
1	交流滤波器大组母线电压	U_{AC}	用于直流控制和交流滤波器组的计量、测量及保护
2	换流变压器网侧交流电压	U_{AC}	用于直流控制和换流变压器的计量、测量及保护
3	Yy 换流变压器阀侧绕组套管末屏电压	U_{VY}	用于直流保护、换流变压器保护
4	Yd 换流变压器阀侧绕组套管末屏电压	U_{VD}	用于直流保护、换流变压器保护
5	交流滤波器小组高压侧电流	I_{T1}	用于交流滤波器组的计量、测量及保护
6	交流滤波器小组低压侧电流	I_{T2}	用于交流滤波器组的测量及保护
7	交流滤波器小组高压侧电容不平衡电流	I_{T3}	用于交流滤波器组的测量及保护

序号	测 点 名 称	参量	功 能
8	Yy 换流变压器网侧绕组套管电流	I_{ACY}	用于直流保护、换流变压器保护
9	Yd 换流变压器网侧绕组套管电流	I_{ACD}	用于直流保护、换流变压器保护
10	Yy 换流变压器阀侧绕组套管电流	I_{VY}	用于直流控制、直流保护、换流变压器保护
11	Yd 换流变压器阀侧绕组套管电流	I_{VD}	用于直流控制、直流保护、换流变压器保护

三、直流系统测量装置的选用要求

（一）类型选择

1. 直流电流测量装置选择

直流电流测量装置主要包括光电型、全光纤型、零磁通型、霍尔元件型和普通电磁型 5 种测量装置，其中全光纤型直流电流测量装置目前在换流站中较少应用。换流站直流电流测量装置的类型通常按照以下原则来选择。

（1）两端直流输电换流站直流线路和换流器的电流测量通常采用光电型直流测量装置；直流中性母线和直流接地极线的电流测量可采用零磁通型直流电流测量装置，也可采用光电型直流电流测量装置；直流滤波器高低压侧回路电流的测量可采用光电型直流电流测量装置，也可采用电磁式电流互感器。换流变压器中性点可以采用独立的霍尔电流测量装置测量直流偏磁。

（2）背靠背换流站直流极母线的电流电压测量通常采用组合光电型测量装置，也可采用独立式的直流电流和电压测量装置；直流中性母线的电流电压测量通常采用零磁通型直流电流测量装置。

2. 直流电压测量装置选择

直流电压测量装置按其工作原理分为电压型和电流型。其中，电压型由直流分压器和转换器及传输系统组成，电流型由高电阻和直流电流互感器串联构成。电流型的直流电压测量装置目前在换流站中应用较少。

（1）两端直流输电换流站中直流极线和直流中性母线通常采用电压型直流电压测量装置。

（2）背靠背换流站通常在直流极母线配置直流电流电压组合型测量装置。

3. 交流测量装置选择

换流站交流滤波器和换流变压器区域的交流测量装置类型选择原则上与常规交流变电站一致，但在电流互感器的选择上有以下特殊要求需要注意。

（1）交流滤波器小组高压侧的电流测量装置通常采用电磁式的电流互感器，也可以根据换流站的总平面布置需要，采用光电型的电流测量装置。

（2）交流滤波器小组高压电容器不平衡电流的测量宜采用测量级的电磁式电流互感器，也可以根据精度和布置要求采用光电型的电流测量装置。

（3）换流变压器的套管电流互感器应满足直流控制保护系统冗余化配置的需求。用于换流变压器保护的网侧、阀侧套管电流互感器应配置 TPY 级绕组，用于直流保护的阀侧套管可配置 P 级绕组；用于换流站控制系统的阀侧套管电流互感器可配置测量级绕组。

（二）精度要求

1. 直流电流测量装置精度要求

直流电流测量装置精度应满足 GB/T 26216.1《高压直流输电系统直流电流测量装置 第 1 部分：电子式直流电流测量装置》的要求，表 19-4 为直流电流测量装置准确级及其误差限值表。

（1）当直流电流测量装置用于保护时，通常要求当被测电流低于规定的 2h 过负荷电流时，测量误差不大于该测量装置额定电流的 ±2%；当被测电流达到额定电流的 300% 时，测量误差不能超过测量装置额定电流的 ±10%。

（2）当直流电流测量装置用于控制时，通常要求当被测电流在最小保证值和所规定的 2h 过负荷运行电流之间时，测量误差不大于额定电流的 ±0.75%，在被测电流达到额定电流的 300% 时，测量误差不大于额定电流的 ±10%。

（3）用于同一功能的多个直流电流测量装置，如用于极差动保护、极间电流平衡控制等测量装置，在被测电流为额定电流的 150% 及以下时，配合精度等于或优于 ±1%；当被测电流为连续过负荷电流的 150%～300% 时，测量系统的精度应能保证设备正确动作。

直流控制保护系统采用的电流测量装置的准确级通常为 0.2 级，也可根据实际需求配置。

表 19-4 直流电流测量装置准确级及其误差限值表

准确级	在下列额定电流（%）下的电流误差 ±%		
	10%～110%	110%～300%	300%～600%
0.1	0.1		
0.2	0.2	1.5	10
0.5	0.5		
0.55	0.55		

续表

准确级	在下列额定电流（%）下的电流误差±%		
	10%~110%	110%~300%	300%~600%
1.0	1	3、5、10*	
1.5	1.5		

* 对于1.0级和1.5级，110%以上额定电流下的误差可从推荐值3%、5%、10%中选取。

2. 直流电压测量装置的精度要求

直流电压测量装置精度应满足GB/T 26217《高压直流输电系统直流电压测量装置》的要求，直流电压测量装置的准确级及其误差限值，详见表19-5。

直流控制保护系统采用的直流电压测量装置的准确级一般为0.5级。即在额定电压值的10%~100%之间，测量误差在±0.5%；在额定电压值的100%~150%之间时，允许此时的测量误差为±1.0%。

表19-5 直流电压测量装置准确级及其误差限值表

准确级	在下列额定电压（%）下的电压误差±%	
	10%~100%	100%~150%
0.1	0.1	0.3
0.2	0.2	0.5
0.5	0.5	1.0
1.0	1.0	3、5、10

（三）输出要求

1. 零磁通型直流电流测量装置输出要求

零磁通型直流电流测量装置一般包括一次传感器、传输系统和电子模块，其中电子模块包括功率放大器、二极管等元件，通常安装于户内控制室；传输系统一般采用屏蔽双绞线的电缆，也可以采用光电转换后通过光缆传输，用以提高户外信号传输的抗干扰性。零磁通型直流电流测量装置的输出方式如图19-6所示。

图19-6 零磁通型直流电流测量装置输出方式框图

零磁通型直流电流测量装置通常为模拟量输出形式，通过电子模块输出的额定二次电压标准值为±1.667V，每个电子模块可对外输出3~4路模拟信号。由于二次输出电压较低，容易产生干扰，信号接收设备不能相隔太远，宜布置在同一房间或相邻房间，采用屏蔽电缆传输。

图19-6中仅示意了1套零磁通型直流电流测量装置的输入输出回路，在实际工程应用中，测量装置的数量应满足

直流控制保护系统冗余配置的要求。

（1）对于双重化配置的直流控制保护系统，需配置2套完全独立的零磁通型直流电流测量装置，包括一次传感器及对应的电子模块。2套电子模块分别对应双重化的直流控制保护系统，同1套直流控制保护系统可以共用1个电子模块。

零磁通型直流电流测量装置多用于中性母线及双极区的电流信号测量。双极区域的电流信号需要提供给2个极的控制保护系统。通常有2种接口方式，如图19-7所示，在实际工程中2种方式均有应用，可根据具体工程中直流控制保护系统的需求来考虑接口方式。

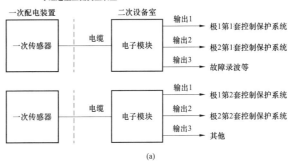

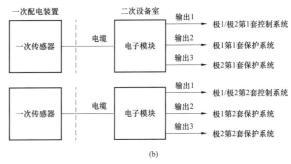

图19-7 电子模块输出接口方框图
（a）输出接口方式1；（b）输出接口方式2

1）对于图19-7（a）所示的输出接口方式1，每个电子模块的输出1接至极1的控制保护系统的测量接口设备；输出2接至极2的控制保护系统的测量接口设备；输出3可用于故障录波等其他二次设备。

2）对于图19-7（b）所示的输出接口方式2，每个电子模块的输出1接至极1控制系统的测量接口设备，同时并接至极2控制系统的测量接口设备；输出2接至极1保护系统的测量接口设备；输出3接至极2保护系统的测量接口设备。故障录波系统的信号从极1/极2保护系统处并接。

（2）对于直流控制系统双重化、直流保护系统三重化的配置方式，需配置3套完全独立的零磁通型直流电流测量装置，其输出接口方式与图19-7类似，但需增加1套零磁通型直流电流测量装置，包括一次传感器及相应的电子模块，

对应第 3 套直流保护系统。

2. 光电型直流电流测量装置输出要求

（1）输出方式。图 19-8 为国内换流站中广泛采用的光电型直流电流测量装置输出方式框图，其主要包括高精度分流器、一次转换器（也称远端模块）、传输系统、二次转换器、合并单元。

1）高精度分流器可以是分流电阻，也可以是罗可夫斯基线圈（Rogovski Coil），其中罗可夫斯基线圈主要用于测量电流中的谐波分量。

2）一次转换器（远端模块），该部分位于装置的高压部分，其功能是实现被测信号的模数转换及数据发送。其工作电源由二次转换器或合并单元内的激光器提供。

3）传输系统采用光缆传输，光缆通常选用多模光缆。

4）二次转换器，该部分位于二次设备室，用于接收一次转换器通过光纤传输的数字信号，并为一次转换器提供供能激光。二次转换器接收的数字信号通过模块中处理器芯片的检验控制传输至相应合并单元，或直接传输至控制保护装置。目前换流站工程中，二次转换器一般不单独配置，将其功能含在合并单元内。

5）合并单元通常组屏应布置在二次设备室。如合并单元不含二次转换器功能时，其将接收二次转换器输出的信号，并将多个测量装置的采样量汇集并转换为数字量输出，传至相应的控制保护设备，如图 19-8（a）所示。如合并单元含二次转换器功能时，其将直接接收一次转换器的输出信号，如图 19-8（b）所示。

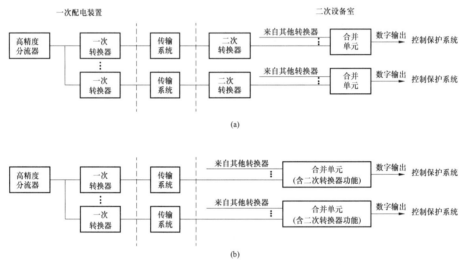

图 19-8　光电型直流电流测量装置输出方式框图
（a）带二次转换器的输出方式；（b）不带二次转换器的输出方式

（2）一次转换器（远端模块）的配置。双重化或三重化配置的直流控制保护设备应分别接入光电型直流电流测量装置不同的远端模块。通常同 1 套直流控制和保护设备采用的远端模块可共用 1 个，在配置足够数量的远端模块情况下，直流控制和保护设备也可分别采用不同的远端模块。对于双

极共用的光电型直流电流测量装置，两极的直流控制保护设备需分别接入测量装置的不同远端模块。图 19-9 示意了直流线路的光电型直流电流测量装置远端模块接线，每 1 套直流控制和保护设备共用了 1 个远端模块。

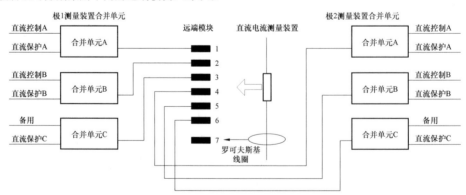

图 19-9　直流线路的光电型直流电流测量装置远端模块接线示意图

1）当直流控制保护系统双重化配置时，直流电流测量装置至少需要配置 2 个远端模块，用于本极的直流控制保护设

备。如果对极的直流控制保护设备需要该测量装置的信号，则需要另外再配置 2 个远端模块。

2）当直流控制系统双重化、直流保护系统三重化的配置时，直流电流测量装置至少需要配置 3 个远端模块，分别用于本极的双重直流控制保护设备及第三重直流保护设备。如果对极的直流控制保护设备需要该测量装置的信号，则需要另外再配置 3 个远端模块。

3）对于直流线路上的直流电流测量装置还需单独配置 1 个罗可夫斯基线圈及对应的远端模块，用于线路上的谐波电流测量。

对于图 19-1 所示的每极单 12 脉动换流器接线换流站典型测量点配置情况，若直流电流测量装置均采用光电型电流互感器，其远端模块的配置见表 19-6。

表 19-6　每极单 12 脉动换流器接线换流站直流侧光电型直流电流测量装置远端模块配置

序号	测点名称	远端模块数量	
		控制保护双重化	控制保护三重化
1	极 1/极 2 直流线路电流 I_{dL}	4+1	6+1
2	极 1/极 2 换流器高压端电流 I_{dP}	2	3
3	极 1/极 2 换流器低压端电流 I_{dN}	2	3
4	极 1/极 2 中性母线电流 I_{dE}	4	6
5	接地极电流 I_{dEL}	4	6
6	金属回线电流 I_{dME}	4	6
7	高速接地开关电流 I_{dG}	4	6
8	接地极线路电流 I_{dEL1}	4	6
9	接地极线路电流 I_{dEL2}	4	6

注　直流线路电流 I_{dL} 远端模块数量"+1"为罗可夫斯基线圈对应的远端模块。

对于图 19-2 所示的每极双 12 脉动换流器串联接线换流站典型测量点配置情况，若直流电流测量装置均采用光电型电流互感器，其远端模块的配置见表 19-7。

表 19-7　每极双 12 脉动换流器串联接线换流站直流侧光电型直流电流测量装置远端模块配置

序号	测点名称	远端模块数量	
		控制保护双重化	控制保护三重化
1	极 1/极 2 直流线路电流 I_{dL}	4+1	6+1
2	极 1/极 2 高端换流器高压端直流电流 I_{dP}	2	3

（续表）

序号	测点名称	远端模块数量	
		控制保护双重化	控制保护三重化
3	极 1/极 2 高端换流器低压端直流电流 I_{dM}	2	3
4	极 1/极 2 低端换流器高压端直流电流 I_{dM}	2	3
5	极 1/极 2 低端换流器低压端直流电流 I_{dN}	2	3
6	极 1/极 2 换流器中性线电流 I_{dNC}	2	3
7	极 1/极 2 中性母线电流 I_{dE}	4	6
8	接地极电流 I_{dEL}	4	6
9	金属回线电流 I_{dME}	4	6
10	高速接地开关电流 I_{dG}	4	6
11	接地极线路电流 I_{dEL1}	4	6
12	接地极线路电流 I_{dEL2}	4	6

注　直流线路电流 I_{dL} 远端模块数量"+1"为罗可夫斯基线圈对应的远端模块。

对于图 19-3、图 19-4 所示的背靠背换流站换流单元的典型测量点配置情况，若直流电流测量装置均采用光电型电流互感器，其远端模块的配置见表 19-8。

表 19-8　背靠背换流站换流单元的光电型直流电流测量装置远端模块配置

序号	测点名称	远端模块数量	
		控制保护双重化	控制保护三重化
1	直流母线电流 I_d、I_{dI}、I_{dII}	2	3
2	接地电流 I_{dG}	2	3

实际工程中，一次转换器（远端测量模块）的数量除了应满足直流控制保护系统冗余和设备配置的要求外，一般还需考虑配置 1~2 个备用模块。

（3）合并单元的配置。合并单元的类型、参数和接口应满足继电保护、自动装置和测量、计量的要求。合并单元应具有完善的自检功能，并能正确及时反映自身和电子互感器内部的异常信息。

1）直流电流测量装置的合并单元宜按极配置，每套合并单元采集本极范围内直流电流测量装置的远端模块信号，双重化或三重化控制保护装置对应的合并单元应分别独立配置。

2）对于双极区光电型直流测量装置，其对应的合并单元宜按双极区单独配置。如果工程情况特殊不能单独配置时，可采用与极合并配置的方式，将双极区的所有测量信号分别送至 2 个极配置的合并单元。

3）每个合并单元采集的测量装置信号数量通常不超过 9 路。合并单元输出采用数字量光纤接口传输信号，并符合 TDM 协议或 IEC 60044－8 协议。每 1 套直流控制和保护设备在合并单元上输出的端口是相互独立的，每个合并单元可提供不少于 5 路的输出端口。

3. 霍尔电流测量装置输出要求

国内换流站中应用的霍尔元件型直流电流测量装置结构与光电型直流电流测量装置基本类似，包含霍尔传感器、一次转换器（也称远端模块）、传输系统、二次转换器和合并单元等设备，其中霍尔传感器的结构功能可看第十三章第六节，其他设备环节的功能、输出要求与光电型直流电流测量装置相同，这里不再重复。

4. 直流电压测量装置输出要求

本节介绍以阻容性分压型直流电压测量装置为例，说明直流电压测量装置的输出需求。

（1）输出方式。直流电压测量装置的输出方式主要有 2 种：第 1 种是直流分压器的输出在就地不经过转换，而是在二次设备室里的转换单元进行数据处理后输出至直流控制保护或合并单元；第 2 种是直流分压器的输出在就地经过远端模块转换，再通过光纤输出至二次设备室里的合并单元。

1）直流电压测量装置的输出方式 1 如图 19－10 所示，主要包括直流分压器、传输系统和二次转换器。直流分压器采用精密电阻分压器传感直流电压，通过并联电容分压器均压以保证测量装置的频率特性及暂态特性。传输系统采用屏蔽电缆，如屏蔽同轴电缆。二次转换器接收并处理直流分压器的输出信号，以模拟量方式输出（额定值为±10、±5V）供二次设备使用。

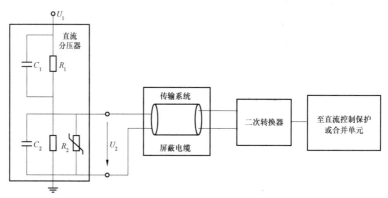

图 19－10　直流电压测量装置输出方式 1

2）直流电压测量装置的输出方式 2 如图 19－11 所示，其中包括直流分压器、一次转换器（远端模块）、传输系统和合并单元，其结构与光电型直流电流互感器的基本相同。与方式 1 相比，方式 2 配置了远端模块，直接将测量到的电压信号转变为数字信号，通过光纤传输到合并单元。

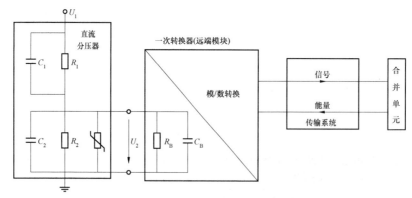

图 19－11　直流电压测量装置输出方式 2

（2）二次转换器配置。二次转换器输出接口应满足双重化或三重化配置的直流控制保护设备的接入要求。图 19－10 所示的直流电压测量装置的输出方式中，二次转换器主要有 2 种构成方式，分别如图 19－12（a）、（b）所示。

图 19－12（a）中二次转换器主要由分压板及信号适配器组成，图 19－12（b）中二次转换器主要由平衡板及分压板组成。2 种二次转换器虽然结构不同，但其分压板冗余配置的原则是相同的，以满足冗余配置直流控制保护系统的要求，对

应于图 19－1、图 19－2 的换流站直流侧的测量点配置情况，其直流电压测量装置对应的分压板模块配置见表 19－9。

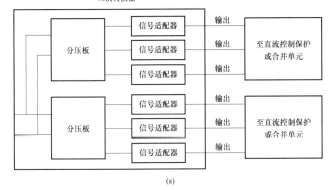

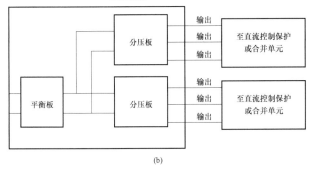

图 19－12　直流电压测量装置二次转换器的结构
（a）二次转换器构成方式 1；（b）二次转换器构成方式 2

表 19－9　直流电压测量装置二次转换器
（分压板）配置

序号	名　　称	分压板模块数量	
		控制保护双重化	控制保护三重化
1	极 1 直流线路电压 U_{dL}	2	3
2	极 1 直流中性母线电压 U_{dN}	2	3
3	极 2 直流线路电流 U_{dL}	2	3
4	极 2 直流中性母线电压 U_{dN}	2	3

1）对于双重化配置的直流控制保护系统，每个直流分压器需配置 2 个分压板模块，每个分压板对应 1 套直流控制保护设备。

2）对于三重化配置的直流控制保护系统，每个直流分压器需配置 3 个分压板模块，每个分压板对应 1 套直流控制保护设备。

3）每 1 套分压板模块可输出 3～6 路信号，分别对应本极或对极的直流控制保护设备。

对于图 19－11 所示的直流电压测量装置输出方式，远端模块配置见表 19－10，其配置原则与光电型直流电流测量装置相似。每 1 套直流控制和保护设备采用的远端模块可共用 1 个，也可分开配置。

表 19－10　直流电压测量装置远端模块配置

序号	名　　称	远端模块数量	
		控制保护双重化	控制保护三重化
1	极 1 直流线路电压 U_{dL}	4	6
2	极 1 直流中性母线电压 U_{dN}	2	3
3	极 2 直流线路电压 U_{dL}	4	6
4	极 2 直流中性母线电压 U_{dN}	2	3

（3）合并单元配置。直流电压测量装置的合并单元可以不单独配置，按所测量的区域与光电型直流电流测量装置的合并单元共用。当需要单独配置合并单元时，应按极配置 1 套，且合并单元的数量应满足直流控制保护系统冗余要求。

5. 交流测量装置输出要求

（1）交流测量装置二次接口。对于换流站控制系统的 I/O 测控设备双重化的配置，交流测量装置可以采用相互独立的 2 个测量级二次绕组分别与之对应，如图 19－13（a）、19－14（a）所示；在二次绕组数量受限时，也可采用 1 个测量级二次绕组串接（电流互感器）或并接（电压互感器）的方式，如图 19－13（b）、19－14（b）所示。

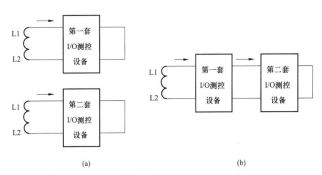

图 19－13　交流电流互感器测量级接线示意图
（a）独立方式；（b）串接方式

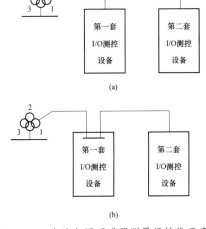

图 19－14　交流电压互感器测量级接线示意图
（a）独立方式；（b）并接方式

（2）换流变压器套管末屏电压互感器接口。换流变压器套管末屏电压互感器的额定二次电压采用110V。目前，二次侧输出有直接输出和带信号放大器输出 2 种方式，如图19-15 所示。

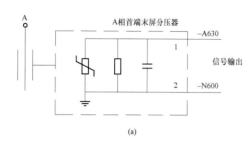

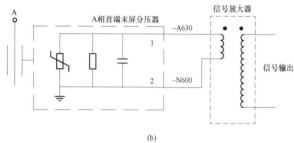

图 19-15　末屏分压器的二次输出示意图
（a）直接输出；（b）带信号放大器输出

由于末屏电压互感器的输出容量较小，目前常见的为0.8～1VA，因此早期有的工程中增加了信号放大器输出，将输出容量提高到 5VA。但近期换流站中，多次出现了由于信号放大器的故障，不同程度影响到直流输电系统的事件。因此，目前换流站都取消了信号放大器，采用信号直接输出至直流控制保护系统。针对于末屏电压互感器输出容量小，直流控制保护厂家对自身的设备做了相应优化，增大了设备输入阻抗，以满足末屏电压互感器小容量输出的要求。

（四）组屏要求

直流测量装置的二次设备，如合并单元、二次转换器等测量接口设备通常由一次设备成套提供，组屏布置在主、辅助控制楼内的二次设备室。直流测量装置接口设备的组屏方式应满足直流控制保护系统的冗余要求。

（1）当直流控制保护系统采用双重化配置时，直流测量装置的接口设备需双重化配置，每 1 套接口设备单独组屏；当直流控制保护系统采用三重化配置时，直流测量装置的接口设备需三重化配置，每 1 套接口设备单独组屏。

（2）每个极区域的直流测量装置接口设备单独组屏，双极区的直流测量装置接口设备可单独组屏，也可以平均分配布置在 2 个极的接口设备屏内。

（3）同 1 套直流电流和电压的测量接口设备可分开组屏，也可以联合组屏。

四、工程实例

直流系统测量装置的配置需要根据工程的具体情况来确定，本节将通过工程实例，对直流侧的测量装置配置情况进行说明，交流侧的测量装置配置与常规交流变电站类似，不再列举工程实例。

（一）±500kV 换流站直流侧测量装置配置

本节以±500kV MJ 换流站工程为实例介绍±500kV 换流站直流侧的测量装置配置。

1. 直流侧测量装置配置方式

±500kV MJ 换流站的直流控制及直流保护采用双重化配置。直流侧的区域采用电磁式电流互感器、光电型直流电流测量装置、零磁通型直流电流测量装置和直流电压测量装置。在直流极线以及直流滤波器高压侧上配置光电型直流电流测量装置，全站共 12 个；在极中性线、站内接地极线和接地极线路上配置了零磁通型直流电流测量装置，全站共 8 个；在直流滤波器区域配置电磁式电流互感器；在每极的直流极线和极中性线上配置了直流电压测量装置，全站共 4 个。

±500kV MJ 换流站直流侧的测点配置及测量装置相关参数见图 19-16 和表 19-11。

表 19-11　±500kV MJ 换流站直流侧测量装置参数表

序号	测 点 名 称	电量名称	型 式	技 术 参 数
1	换流器高压端电流	I_{dP}	电子式光电型	精度：0.5 远端模块数量：4
2	换流器低压端电流	I_{dN}	零磁通型	精度：0.2 电子模块数量：2
3	直流线路电流	I_{dL}	电子式光电型	精度：0.5 远端模块数量：4
4	中性母线电流	I_{dE}	零磁通型	精度：0.2 电子模块数量：2
5	高速接地开关电流	I_{dG}	零磁通型	精度：0.2 电子模块数量：2

续表

序号	测 点 名 称	电量名称	型 式	技 术 参 数
6	金属回线电流	I_{dME}	零磁通型	精度：0.2 远端模块数量：2
7	接地极线路电流1	I_{dEL1}	零磁通型	精度：0.2 电子模块数量：2
8	接地极线路电流2	I_{dEL2}	零磁通型	精度：0.2 电子模块数量：2
9	直流滤波器高压侧电流	I_{T1}	电子式光电型	精度：1.0（测控）/5P（保护） 远端模块数量：4
10	直流滤波器高压侧电容器不平衡电流	I_{T3}	电子式光电型	精度：1.0（测控）/5P（保护） 远端模块数量：4
11	直流滤波器低压侧电流	I_{T2}	电磁式	0.2/0.2/10P/10P
12	直流线路电压	U_{dL}	阻容分压型	精度：0.2 每台分压器信号输出路数：6
13	直流中性母线电压	U_{dN}	阻容分压型	精度：0.2 每台分压器信号输出路数：6

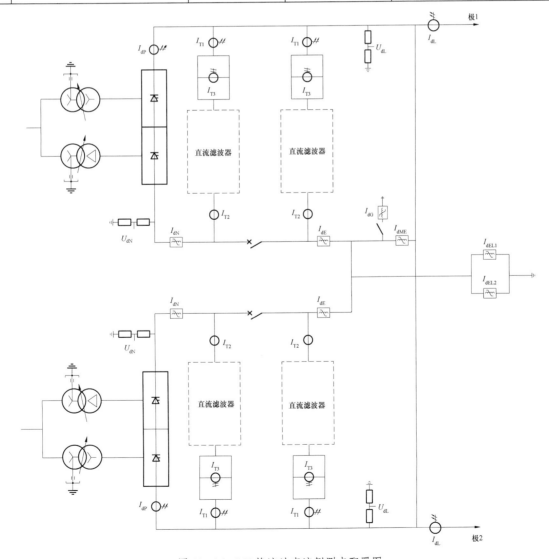

图 19-16 MJ换流站直流侧测点配置图

2. 直流侧测量装置接口方式

（1）光电型直流电流测量装置的合并单元由测量装置厂家配套提供，合并单元采用双重化配置，布置在测量接口屏内。光电型直流电流测量装置的远端模块与合并单元采用光纤通道传输数字信号，合并单元与直流控制保护系统之间采用一一对应的 TDM 总线连接，如图 19-17 所示。

（2）零磁通型直流电流测量装置配置 2 套一次传感器及电子模块，分别对应双重化冗余配置的直流控制保护设备。每个电子模块可输出 3 路 ±1.667V 的模拟信号，分别用于直流控制、直流保护及故障录波，如图 19-18 所示。

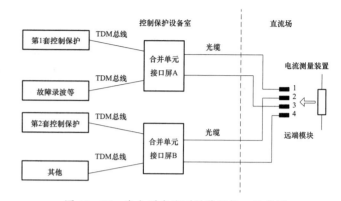

图 19-17　光电型直流测量装置接口示意图

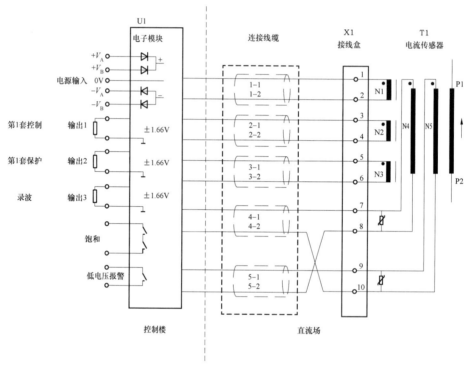

图 19-18　零磁通式直流电流测量装置接口示意图

（3）直流分压器配置 1 个分压板和 6 个信号适配器，输出信号采用模拟量 ±5V 的电压信号，可输出 6 路信号，如图 19-19 所示。

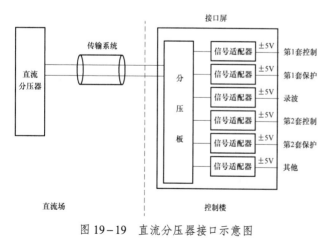

图 19-19　直流分压器接口示意图

（二）±800kV 换流站直流侧测量装置配置

本节以 ±800kV CX 换流站工程为实例介绍 ±800kV 换流站直流侧的测量装置配置。

1. 直流侧测量装置配置方式

±800kV CX 换流站的直流控制及直流保护采用双重化配置。直流侧区域采用电磁式电流互感器、光电型直流电流测量装置和直流电压测量装置。在除直流滤波器支路外，均配置了光电型直流电流测量装置，每极区域配置 6 个，站内接地极线和接地极线路配置 4 个，全站共 16 个。直流滤波器区域采用 π 型接线方式，配置电磁式电流互感器。在直流极线、中性线和换流器连接母线上均配置 1 个直流电压测量装置，全站共 6 个。

±800kV CX 换流站直流侧的测点配置及测量装置相关参数见图 19-20 和表 19-12。

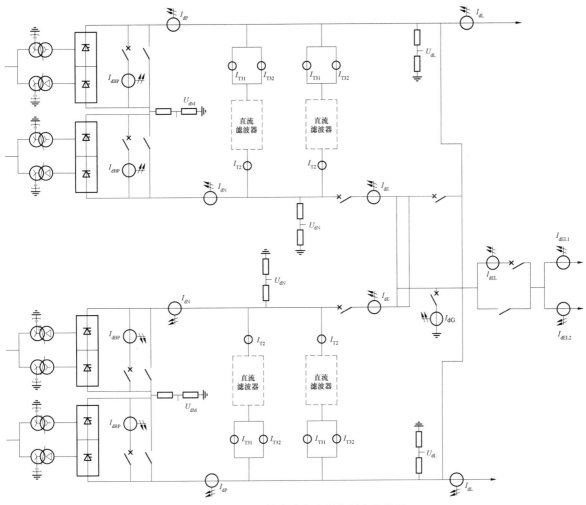

图 19-20　CX 换流站直流侧的测点配置图

表 19-12　±800kV CX 换流站直流侧测量装置参数表

序号	测 点 名 称	电量名称	型式	技 术 参 数
1	换流器高压端电流	I_{dP}	电子式光电型	精度：0.2 远端模块数量：3（备用 1 个）
2	换流器低压端电流	I_{dN}	电子式光电型	精度：0.2 远端模块数量：3（备用 1 个）
3	直流线路电流	I_{dL}	电子式光电型	精度：0.2 远端模块数量：6（备用 2 个）
4	中性母线电流	I_{dE}	电子式光电型	精度：0.2 远端模块数量：6（备用 2 个）
5	换流器旁路支路电流	I_{dBP}	电子式光电型	精度：0.2 远端模块数量：3（备用 1 个）
6	接地极线路电流 1	I_{dEL1}	电子式光电型	精度：0.2 远端模块数量：6（备用 2 个）
7	接地极线路电流 2	I_{dEL2}	电子式光电型	精度：0.2 远端模块数量：6（备用 2 个）
8	高速接地开关电流	I_{dG}	电子式光电型	精度：0.2 远端模块数量：6（备用 2 个）
9	接地极电流	I_{dEL}	电子式光电型	精度：0.2 远端模块数量：6（备用 2 个）

序号	测 点 名 称	电量名称	型 式	技 术 参 数
10	直流滤波器高压侧电容器分支 1 电流	I_{T31}	电磁式	精度：0.2/0.2/0.2/0.2
11	直流滤波器高压侧电容器分支 2 电流	I_{T32}	电磁式	精度：0.2/0.2/0.2/0.2
12	直流滤波器低压侧电流	I_{T2}	电磁式	精度：0.2/0.2
13	直流线路电压	U_{dL}	阻容分压型	精度：0.2 远端模块数量：6（备用 2 个）
14	直流中性母线电压	U_{dN}	阻容分压型	精度：0.2 远端模块数量：3（备用 1 个）
15	换流器连接母线电压	U_{dM}	阻容分压型	精度：0.2 远端模块数量：3（备用 1 个）

2. 直流侧测量装置接口方式

直流电流/电压测量装置的接口均是采用远端模块与合并单元的方式，即测量装置的远端模块通过光纤将信号传送至合并单元。合并单元采用双重化配置，合并单元与直流控制保护系统之间采用 TDM 总线交叉联系，如图 19-21 所示。

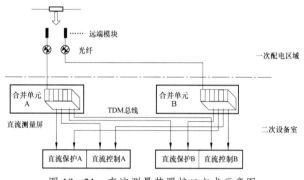

图 19-21　直流测量装置接口方式示意图

（三）背靠背换流站换流单元测量装置配置

本节以 GL 背靠背换流站工程为例介绍背靠背换流站直流侧的测量装置配置。

1. 换流单元测量装置配置方式

GL 背靠背换流站单元 I 直流控制采用双重化配置，直流保护采用三重化配置。GL 换流站单元 I 在直流正、负极母线上均采用了直流电流电压组合型测量装置，在换流阀接地中性线上采用了零磁通式直流电流测量装置。

GL 背靠背换流站换流单元的测点配置及测量装置相关参数见图 19-22 和表 19-13。

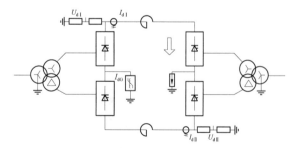

图 19-22　GL 背靠背换流站换流单元测点配置图

表 19-13　GL 背靠背换流站换流单元测量装置参数表

序号	测点名称	电量名称	型 式	技术参数
1	直流母线电流、电压	I_{dI}、U_{dI} I_{dII}、U_{dII}	直流电流电压组合型测量装置	精度：0.2 远端模块数量：3
2	接地电流	I_{dG}	零磁通型	精度：0.2 电子模块数量：1

2. 换流单元测量装置接口方式

直流电流电压组合型测量装置配置了 3 个远端模块，以及对应的 3 套合并单元，每个合并单元可以输出 4 路直流电压信号和 5 路直流电流信号。每路输出采用 ±5V 的模拟信号，3 套合并单元的输出分别对应双重化的直流控制和三重化的直流保护（第 3 个合并单元只对应第 3 套直流保护）。

零磁通型直流电流测量装置配置 1 套一次传感器及电子模块，电子模块可输出 4 路 ±1.667V 的模拟信号，分别对应三重化的直流保护和 1 套故障录波。在早期工程中，并没有严格要求按照三重化冗余配置 3 套零磁通型直流电流测量的一次传感器及电子模块，但近期已开展了增加零磁通型直流电流测量冗余度的前期研究工作，以满足直流保护三重化冗余配置的需求。

第二节　二　次　接　线

换流站内与交流系统相关设备的二次接线要求和变电站基本相同，而与直流输电系统相关设备的二次接线，还需要根据换流站的要求特殊考虑。因此，本节将重点介绍与直流输电系统相关的断路器、隔离开关、换流变压器、选相控制器等设备的二次接线要求。

一、断路器及隔离开关二次接线

断路器和隔离开关的二次接线主要包含设备操动机构相

关的控制、信号及电源引接等回路。换流站的直流断路器和隔离开关、换流变压器和交流滤波器进线的交流断路器的控制及二次回路设计需满足直流控制保护系统的相关要求，本节将详细说明。对于其他断路器和隔离开关与变电站类似，不再详述。

（一）一般要求

（1）断路器控制回路应能监视电源及跳、合闸回路的完整性，应能指示断路器合位与分位的状态，自动合闸或跳闸时应有明显信号。断路器控制回路应有防止断路器跳跃的闭锁装置，压力闭锁跳合闸回路一般采用本体机构箱的闭锁回路。

（2）为了防止隔离开关、接地开关误操作，隔离开关、接地开关和其相应的断路器之间应设置联锁装置或联锁回路。

（3）所有开关的位置信号、报警信号均需要接入换流站控制系统。参与控制及联锁逻辑的断路器、隔离开关、接地开关的位置应同时接入分位、合位2个位置信号。

（4）当换流站双极闭锁切除负荷后，会产生工频过电压，此时要求大组交流滤波器进线断路器能开断大容量电流。为了保证断路器能有效开断电流，降低断路器的开断容量，可在二次回路设计上考虑首先开断小组交流滤波器断路器，后开断大组交流滤波器断路器。

（5）对于交流断路器，建议配置断路器预分状态的辅助触点（early make 触点）。Early Make 触点能在断路器完全断开前提供断路器的分位信号。直流控制系统需要接受此触点信号，用于判断换流变压器是否连接在交流系统中，在换流变压器断开前，提前闭锁对应的换流器。

（二）断路器二次接线

1. 控制方式

换流站内断路器的控制方式主要包括远方控制、就地控制2种控制方式，其通过断路器本体上的远方/就地切换开关实现。当切换开关指向"远方"位置时，可通过操作员工作站或间隔层测控单元执行远方操作；当切换开关指向"就地"位置时，远方操作不起作用，只能通过断路器本体上的合、分闸按钮进行操作。

2. 控制电源

换流站内断路器控制电源一般包括操作电源、信号电源、电机电源，以及加热照明电源。

（1）断路器的控制电源通常采用辐射状供电方式，能对电源回路的状态进行监视，并有对应的报警信号。

（2）操作电源采用2路独立的直流电源，每1路对应1组分合闸操作回路。

（3）信号电源主要是给操动机构中的计数器、扩展继电器提供电源，可采用1路单独的直流电源供电。

（4）电机电源一般采用1路交流 380/220V 电源。如采用直流电机，可采用1路单独的直流电源供电。

（5）加热照明电源一般采用1路交流 380/220V 电源供电。加热照明和交流电机电源不宜共用1路电源。

3. 控制回路

（1）操动机构。操动机构是断路器本身附带的分合闸传动装置，由断路器厂家随断路器配套提供，根据传动方式的不同分为电磁式、弹簧储能式、气动式及液压式等。直流工程中交、直流场断路器一般采用液压或弹簧操动机构。

（2）分合闸回路。换流站中断路器的分合闸回路的设计应注意以下特殊要求：

1）换流站的交流断路器通常配置了操作箱，但直流断路器一般不配置操作箱，操作回路均在本体机构箱内实现。

2）交流断路器通常配置2组跳闸控制线圈和1组合闸控制线圈，但直流断路器一般都配置2组合闸和2组跳闸控制线圈。直流断路器配置2组合闸控制线圈主要是与冗余的直流保护配合，如直流断路器的开关保护，为防止直流断路器无法断弧，动作出口需要重新合上断路器，以免造成直流断路器损坏。为了保证动作出口的可靠性，直流断路器需配置双重化的合闸控制线圈。

3）设计中应注意跳合闸线圈的参数。跳、合闸线圈电流需考虑与跳合闸继电器、防跳继电器、串接信号继电器参数的匹配，以及对控制电缆截面、二次保护设备选择的影响。

4）在直流断路器就地操作跳、合闸回路中，需要串接1副允许就地操作的"允许"触点。允许就地操作是一对联锁释放触点，只有在满足五防逻辑、顺序控制等条件下，运行人员才能在就地对直流断路器进行操作，防止误操作。直流断路器允许就地操作回路示意如图 19-23 所示。

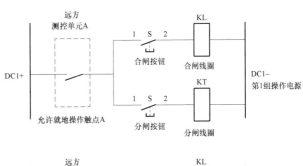
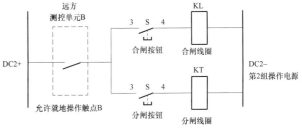

图 19-23 直流断路器允许就地操作回路示意图

换流站控制系统的测控单元开出一对允许就地操作的

触点，串联在操作电源的正端，只有在满足条件的情况下，运行人员手动操作就地按钮（TA/HA）才能使断路器分/合闸。当换流站控制系统的测控单元双重化配置时，第 1 套测控单元开出的允许就地操作触点串接在第 1 组分/合闸操作回路中，第 2 套测控单元开出的允许就地操作触点串接在第 2 组分/合闸操作回路中。当换流站控制系统的测控单元单重化配置时，测控单元开出的允许就地操作触点串接在第 1 组分/合闸操作回路中，第 2 组可不配置就地手动操

作回路。

（3）防跳回路。断路器的防跳回路一般采用本体上的防跳回路。换流站交流断路器广泛采用电流启动电压保持的"串联防跳"接线方式，但直流断路器的操动机构广泛采用的是电压启动并自保持的"并联防跳"接线方式，且防跳回路配置在分闸控制回路上，保证在出现跳跃现象下断路器能在合位状态，保护直流设备，这一点与交流场断路器的接线有所不同，如图 19-24 所示。

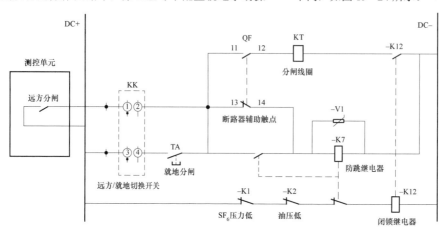

图 19-24　直流断路器防跳回路示意图

当远方/就地切换开关 KK 的 1-2 触点导通，3-4 触点关断，此时为远方操作。分闸操作前断路器处于合位状态，断路器辅助触点 DL_{11-12} 闭合、DL_{13-14} 打开。如果远方执行分闸指令，分闸线圈励磁后使断路器跳闸，此时断路器辅助触点 DL_{11-12} 打开，DL_{13-14} 闭合，分闸回路断开。若此时有合闸指令产生，且分闸指令由于粘连没有复位，将会出现反复分闸、合闸的跳跃现象。为了防止这种跳跃，专设了"防跳"继电器-K7，并联在分闸回路上。当分闸过程完成后，DL_{13-14} 闭

合使得防跳继电器-K7 励磁并通过分闸指令触点自保持，闭锁继电器-K12 的回路失磁（-K12 继电器回路上还串接了其他闭锁继电器），-K12 辅助触点断开，分闸回路断开，保证直流断路器不出现反复的分合现象。

4. 信号回路

（1）当换流站控制系统的测控装置是双重化配置时，断路器的报警信号和状态信号均需双重化配置，分别接入对应的测控装置，如图 19-25 所示。

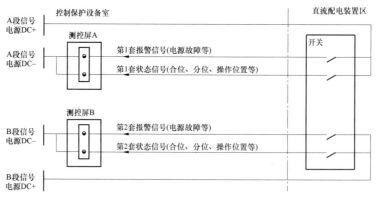

图 19-25　直流场开关与测控装置接口示意图（一）

当断路器只有单套信号，不能满足信号双重化配置要求时，单套的报警信号和状态信号先接入测控屏 A，再从测控屏 A 并接入测控屏 B，要注意测控屏 A 和 B 的信号开入电源需采用同一段电源，工程中信号开入电源应引接 1 路独立的直流电源，如图 19-26 所示。

当换流站控制系统的测控装置为单套配置时，交直流断路器的状态信号和报警信号可单重化配置接入测控装置。

（2）对于直流场的断路器，其辅助触点的数量需要满足直流控制保护系统的要求。对于双极区的断路器，一般配置 8 对以上辅助触点，分别用于换流站控制系统和两极三重化的

直流极保护（双重化的直流极保护可配置 6 对辅助触点）；对于其他区域的断路器，可配置 5 对以上的辅助触点，分别用于换流站控制系统和三重化的直流极保护（双重化的直流极保护可配置 4 对辅助触点）。

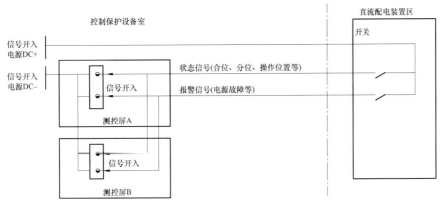

图 19-26　直流场开关与测控装置接口示意图（二）

（三）隔离开关二次接线

换流站的隔离开关和接地开关在控制方式、操作电源，以及信号回路等二次接线方面基本相同，这里仅对直流隔离开关二次接线进行说明，对于接地开关相关接线不再重复。

1. 控制方式

换流站内的直流隔离开关一般采用远方控制和就地控制 2 种控制方式，通过隔离开关本体上的远方/就地切换开关实现切换。

（1）当切换开关指向远方位置时，可通过操作员工作站或间隔层测控单元执行远方操作，此时远方操作指令包含了隔离开关的五防联锁条件，只有在满足五防联锁条件的情况下，远方操作指令才能下发至隔离开关操动机构。

（2）当切换开关指向就地位置时，远方操作不起作用，只能通过隔离开关本体上的合、分闸按钮进行操作。就地操作时，隔离开关采用电气联锁的方式，如果换流站控制系统软件判断满足五防联锁条件，隔离开关分合闸回路中串接的联锁触点会闭合，允许就地进行分合闸操作。

就地控制方式也可分为就地有联锁控制和就地无联锁控制，即当切换开关指向就地有联锁时，就地操作需要满足电气联锁条件；当切换开关指向就地无联锁时，就地操作则不受任何条件限制。就地无联锁方式一般只用于停电调试检修。

2. 控制电源

换流站的直流隔离开关的控制电源一般包括操作电源、电机电源及加热照明电源。其中操作电源采用 1 路独立的直流电源，也可以采用 1 路独立的交流 220V 电源。电机电源和加热照明电源采用交流 380/220V 电源，电机电源和加热照明不宜共用 1 路电源。

3. 控制回路

（1）隔离开关的操动机构由各设备制造厂配套提供，主要有电动操动机构、电动液压操动机构和气动操动机构。目前换流站的直流隔离开关一般采用电动操动机构。

（2）直流隔离开关操作电源采用交流电源时，其控制回路与常规变电站相似，当采用直流电源时，其控制回路通常采用双端控制方式，其接线如图 19-27 所示。

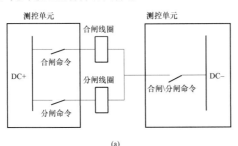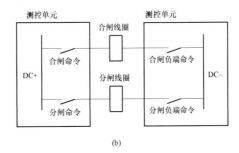

(a)　　　　　　　　　　　　　　　(b)

图 19-27　隔离开关双端控制回路示意图
（a）分合闸控制负端合并方式；（b）分合闸控制负端分开方式

以图 19-27（a）所示的分合闸控制负端合并方式为例，测控单元分别开出 3 对触点：合闸、分闸、合闸/分闸命令。当需要合闸时，合闸和合闸/分闸 2 对触点同时动作，合闸线圈导通；当需要分闸时，分闸和合闸/分闸 2 对触点同时动作，

分闸线圈导通。这种接线方式可避免直流电源在就地操动机构附近接地时，导致合闸、分闸线圈误动作。

（3）由于换流站顺序控制操作功能相对复杂，且直流断路器和隔离/接地开关的五防闭锁条件包含了较多的其他交、直流断路器和隔离/接地开关，逻辑复杂，因此，目前的换流站工程中直流断路器和直流隔离/接地开关通常没有设置硬接线联锁，只设置了电气联锁，五防联锁条件由换流站控制系统判断。交流断路器和隔离/接地开关的五防联锁功能也由换流站控制系统实现，同时也可根据需要配置硬接线的联锁回路。

4. 信号回路

（1）目前大多数换流站的测控装置为双重化配置，交、直流隔离开关的状态信号、报警信号均需双重化配置，分别接入对应的测控装置，接线方式可参见图 19-25。如果只能提供单套的状态和报警信号，接线方式可参见图 19-26。对于交、直流隔离开关的分、合闸控制信号，由于隔离开关的分、合闸线圈均为单套配置，双重化测控装置发出的分、合闸控制信号，可以在测控装置上并接后再接入隔离开关的分、合闸回路，也可以在隔离开关的分、合闸回路上将控制信号并接，如图 19-28 所示。

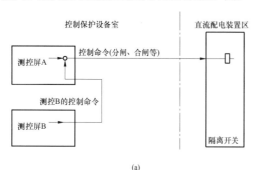

图 19-28　隔离开关控制回路接口示意图
（a）在测控装置处并接；（b）在隔离开关处并接

（2）对于直流隔离开关和接地开关，其辅助触点的数量需要满足直流控制保护系统的要求。对于双极区的隔离开关和接地开关，至少配置 8 对辅助触点，分别用于单极双重化的控制和两极三重化的直流极保护。对于其他区域的开关，可配置 5 对以上的辅助触点，分别用于单极双重化的控制和三重化的直流极保护。

二、换流变压器二次接线

换流变压器的二次接线主要包含换流变压器冷却系统二次接线、有载调压分接开关二次接线，以及本体信号二次接线。

（一）冷却系统二次接线

变压器的冷却方式主要有自然风冷却、强迫油循环风冷却、强迫油循环水冷却等，直流工程中的换流变压器通常采用强迫油循环风冷却方式。换流变压器强迫油循环风冷却系统主要由冷却器组、散热片及相应的控制装置组成。换流变压器根据容量要求配置一定数量的冷却器组，每组冷却器含 1 台潜油泵及相应数量的冷却风扇。冷却系统控制装置的二次回路通常由设备制造厂设计，并成套提供相应的控制箱，其控制二次回路接线各厂不尽相同，但大同小异。

1. 一般要求

（1）换流变压器冷却系统采用 2 路相互独立的交流 380/220V 电源，1 路主电源，1 路备用电源，具有自动切换功能，当主电源故障能自动切换到备用电源。

（2）换流变压器冷却系统有自动控制模式和手动控制模式 2 种工作方式，可通过切换开关实现工作方式的切换。

（3）当换流变压器投入或退出运行时，工作冷却器可控制投入或退出。当工作冷却器故障时，备用冷却器能自动投入运行。当冷却器全停时，应发报警信号通知运行人员及时处理，或者延时断开换流变压器进线交流断路器。

（4）冷却器的工作电源需要设置手动强投的功能。当换流变压器冷却系统失去一路电源同时电源切换装置出现故障，将导致换流变压器失去冷却功能，此时需要通过运行人员手动强行投入冷却器的电源，确保冷却器能够运行。

（5）冷却器的风扇和潜油泵应配置过负荷、短路及断相运行的保护装置。

（6）当冷却系统在运行中发生故障时，能发出事故信号并传送至换流站控制系统，告知值班人员，迅速予以处理。

2. 控制

冷却系统控制装置通常采用 PLC 逻辑控制器实现控制功能。冷却系统控制装置通过对换流变压器运行温度、负荷、冷却器的状态计算处理，结合直流控制系统命令对换流变压器冷却器的潜油泵、风扇启停进行控制，同时将冷却器运行状态送至直流控制保护系统。

冷却系统控制装置的二次接线需符合下述要求：

（1）冷却系统控制装置宜按双重化配置，每台换流变压器配置 1 套。控制装置采用直流电源供电，也可采用冷却系统 2 路交流 380/220V 切换后的电源供电。

（2）当冷却系统控制装置在自动控制模式下，其基本控制逻辑如下：

1）换流变压器投运时，控制系统将自动启动至少1组冷却器，并在一定的运行周期内，对工作冷却器组、备用冷却器组的风扇和潜油泵之间自动进行循环轮换。

2）换流变压器投运切换至停运状态，自动控制逻辑根据顶部油温逐个停止工作冷却器组，最后一组冷却器的风扇运行一段时间后（可配置）停止。

3）冷却系统控制装置可根据换流变压器电流大小或顶层油温启动控制冷却器，根据顶层油温退出控制冷却器。

4）自动控制逻辑启动风扇时总是先启动运行时间最短且非手动控制模式的1组；自动控制逻辑停止风扇时总是先停止运行时间最长且非强投和手动控制模式的1组。

（3）当冷却系统控制装置在手动控制模式下，通过人为操作启动和停止冷却器，不再进行自动轮换冷却器。

（4）冷却系统控制装置需判断冷却器是否具备冗余冷却能力，并将该信号传至换流站控制系统。

（5）换流变压器保护（差动保护、重瓦斯保护）动作后，可通过冷却系统控制装置切除冷却器。

（6）冷却系统控制装置可输出各自所监测的换流变压器冷却器状态信号及自身状态信号，通过通信总线或硬接线上传至换流站控制系统。

3. 信号

换流变压器冷却系统控制装置主要信号见表19-14。

表19-14　冷却系统控制装置主要信号表

序号	信号名称	信号类型	备注
1	换流变压器网侧电流	模拟量输入	
2	换流变压器顶层油温	模拟量输入	
3	换流变压器绕组温度	模拟量输入	
4	换流变压器顶层油温风冷控制信号	开关量输入	（可选）
5	换流变压器绕组温度风冷控制信号	开关量输入	（可选）
6	冷却器手动/自动状态	开关量输入	
7	冷却器运行/停止状态	开关量输入	
8	换流变压器故障停止冷却器	开关量输入	
9	冷却器故障信号	开关量输出	
10	冷却器启停命令	开关量输出	
11	控制装置正常/故障	开关量输出	
12	冷却系统具备冗余冷却能力信号	开关量输出	
13	冷却系统1段动力电源故障	开关量输出	

续表

序号	信号名称	信号类型	备注
14	冷却系统2段动力电源故障	开关量输出	
15	冷却系统1段控制电源故障	开关量输出	
16	冷却系统2段控制电源故障	开关量输出	

（二）有载调压分接开关二次接线

换流变压器一般都配置有载调压分接开关，其目的是补偿换流变压器网侧电压的变化，以及将触发角调整在适当的范围内，保证直流输电运行的安全性和经济性。有载调压分接开关的调压范围一般为20%～30%，每挡调节量为1%～2%，以达到有载调压分接开关调节和换流器触发控制联合工作，做到既无明显的调节死区，又可避免频繁往返运动。

换流变压器有载调压分接开关由换流站直流控制系统进行控制，其相关二次接线主要包括电机电源回路、控制回路、挡位输出及故障信号回路。

（1）电机电源回路。有载调压分接开关的电机电源一般采用1路380V交流电源，380V交流电源可以引自换流变本体端子箱里双路切换后的交流电源，也可以单独提供1路交流电源。

（2）控制回路。有载调压分接开关的控制包括调压开关的升挡、降挡、停止，这些指令可以通过远方/就地切换开关实现远方后台操作和就地操作。需要注意直流控制系统与有载调压分接开关之间的对应关系，即直流控制系统需要升高电压，此时应与调压开关厂家确认有载调压开关对应的是升挡还是降挡，通常都采用的是升挡升压的模式。

（3）挡位输出及故障信号。换流变压器的每相有载调压分接开关应具有分接开关位置的BCD码信号输出，每相有载调压分接开关的挡位信号需要双套输出，分别对应双重化的直流控制系统。在有些直流工程中，还需要额外为换流变压器的过励磁保护提供一对挡位信号BCD码。换流变压器有载调压分接开关的主要信号见表19-15。

表19-15　换流变压器有载调压分接开关主要信号表

序号	信号名称	信号类型	备注
1	分接开关挡位BCD码	开关量输出	
2	分接开关最高挡位报警	开关量输出	
3	分接开关最低挡位报警	开关量输出	
4	分接开关油流/压力继电器重瓦斯动作	开关量输出	
5	分接开关压力释放阀报警	开关量输出	
6	分接开关压力释放阀跳闸	开关量输出	
7	滤油机压力报警	开关量输出	

续表

序号	信号名称	信号类型	备注
8	滤油机电机保护动作	开关量输出	
9	分接开关油位计低油位报警	开关量输出	
10	分接开关油位计高油位报警	开关量输出	
11	分接开关调节进行中	开关量输出	
12	电源故障	开关量输出	
13	远方/就地操作位置	开关量输出	
14	分接开关升挡	开关量输入	
15	分接开关降挡	开关量输入	
16	分接开关停止	开关量输入	

（三）本体二次接线及信号

1. 二次接线

换流变压器本体引接的非电量信号、运行状态信号及事故报警信号主要用于换流变压器本体的保护和监视。所有信号均应按相配置，本体信号中的开关量信号采用无源触点输出，模拟量信号一般采用 4～20mA 输出。本体信号二次接线需要满足以下要求：

（1）换流变压器本体的非电量跳闸信号需满足换流变压器非电量保护冗余配置的需求。当换流变压器非电量保护采用三取二跳闸出口方式时，用于跳闸的非电量信号需配置 3 套独立的触点。当换流变压器非电量保护采用单套配置时，二次回路设计可考虑增加相应的防误动措施，如对于本体的 2 个不同位置压力释放阀触点，采用 2 个触点串接，只有当 2 个触点同时动作后才允许出口跳闸，2 个触点并接后发事故报警信号。

（2）换流变压器本体状态报警信号触点需满足换流站控制系统冗余配置的需求。目前在国内直流工程中，换流变压器本体上的信号与换流站控制系统的连接主要有 2 种方式，这 2 种方式要求配置的信号触点数量也不相同。

方式 1：换流站控制系统的测控单元单重化配置，每套测控单元的现场总线接口双重化配置，换流变压器本体的状态报警信号触点数量可单套配置，接口方式如图 19-29 所示。

方式 2：换流站控制系统的测控单元双重化配置，每套测控单元的现场总线接口单重化配置。换流变压器中的状态报警信号触点数量需双套配置，接口方式如图 19-30 所示。

（3）换流变压器的非电量保护需设置独立的电源回路（包括空气断路器及其电源监视回路）和出口跳闸回路，且必须与电气量保护完全分开。

（4）换流变压器的非电量保护跳闸触点应直接接入控制保护系统或非电量保护屏，不能经中间元件转接。若必须经中间元件转接，应采用直流电源或交流 UPS 电源给中间元件供电，避免交流电源波动引起保护误动。

（5）换流变压器的非电量保护跳闸信号触点应采用动合触点，防止回路松动导致保护误动作。

（6）换流变压器的气体继电器与接线盒之间应采用防油、阻燃导线。接线盒具有防雨措施并进行密封处理。

（7）换流变压器阀侧充气套管密度（压力）继电器需分级设置报警和跳闸。

2. 信号

换流变压器本体的信号主要包括模拟量和开关量信号，用于反应换流变压器本体的运行状态。表 19-16 为换流变压器本体非电量模拟信号表，表 19-17 为换流变压器本体开关量信号表。

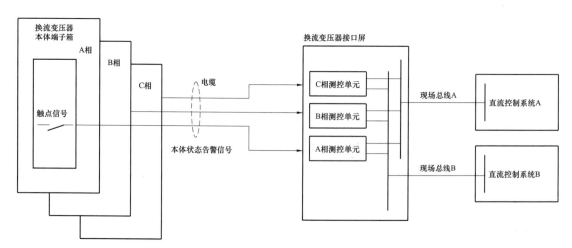

图 19-29　换流变压器状态报警信号接口方式 1 示意图

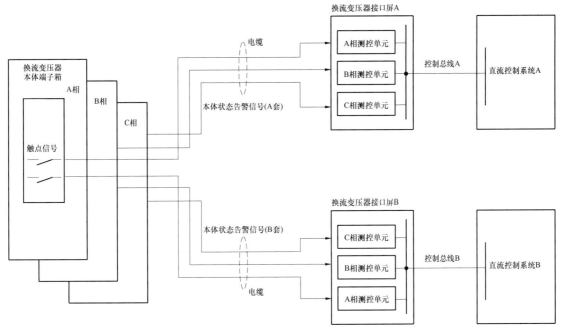

图 19-30 换流变压器状态报警信号接口方式 2 示意图

表 19-16 换流变压器本体非电量模拟信号表

序号	信号名称	信号类型	备注
1	阀侧首端套管 SF_6 压力	模拟量输出	信号可接入换流站控制系统，也可接入在线监测系统
2	阀侧尾端套管 SF_6 压力	模拟量输出	
3	顶层油温	模拟量输出	
4	绕组温度	模拟量输出	
5	本体油位	模拟量输出	

表 19-17 换流变压器本体开关量信号表

序号	信号名称	信号类型	备注
1	本体重瓦斯动作	开关量输出	
2	本体轻瓦斯动作	开关量输出	
3	升高座重瓦斯动作	开关量输出	
4	升高座轻瓦斯动作	开关量输出	
5	本体压力释放阀报警	开关量输出	
6	阀侧首端 SF_6 压力跳闸	开关量输出	
7	阀侧尾端 SF_6 压力报警	开关量输出	
8	顶层油温 1 级报警	开关量输出	
9	顶层油温 2 级报警	开关量输出	
10	绕组温度 1 级报警	开关量输出	
11	绕组温度 2 级报警	开关量输出	
12	本体油位计低油位报警	开关量输出	
13	本体油位计高油位报警	开关量输出	
14	油枕胶囊报警	开关量输出	

三、选相控制器配置及二次接线

(一) 选相控制器原理

选相控制器是一种用于断路器分、合闸相位控制的智能型控制设备，完成断路器的分、合闸控制功能。它可以针对不同使用对象选择暂态冲击最小的相位完成断路器的合闸操作，减小合闸过程所产生的涌流冲击或暂态过电压。同时，选相控制器也具有断路器分闸的控制功能，减少分闸过程中断路器的重燃、重击穿次数，提高电气元件的使用寿命。

1. 合闸控制原理

选相控制器的合闸控制基本原理如图 19-31 所示。当断路器没有选相控制器进行合闸控制时，断路器将会在交流电压的任一角度下合闸，存在过电压的危险。使用选相控制器后，可以控制断路器在交流电压的过零点合闸，保证冲击最小。

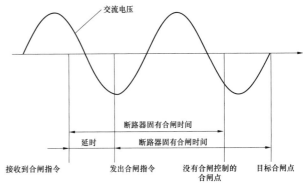

图 19-31 合闸控制基本原理示意图

选相控制器接收到合闸指令后，装置启动元件动作，进入选相控制流程。选相控制流程暂保留此合闸指令并计算断路器的固有合闸时间，同时对各种因素造成的延时（如温度、控制回路电压等）进行补偿，将该合闸指令参照电压过零点经一定延时后，以分相指令的形式发送至各相断路器合闸线圈，确保合闸时暂态时间最短，设备暂态冲击最小。

2. 分闸控制原理

选相控制器接收到手动分闸指令后，启动选相控制流程，根据断路器的开断特性确定最安全的触头分离时刻，经过预期燃弧时间后在紧随的电流过零点可靠开断。选相控制器根据断路器的固有分闸时间和预期燃弧时间，对各种因素造成的延时进行补偿，自动计算出合适的选相分闸等待时间，到达选相分闸等待时间后，发出选相分闸指令，保证分闸过程中断路器的重燃、重击穿次数最少。

3. 控制参数补偿

选相控制器为了提高预测精度，选相控制器配有自适应补偿元件，通常的补偿参数有环境温度、控制电压、SF6气压等。

（1）环境温度的补偿主要应用在温差较大的区域，用于修正环境温度的不同，对断路器机械特性的影响。断路器操动机构分合时间的离散性和断路器所处的环境温度有关。实验发现温度对分、合闸时间影响较大，通常温度越低，分、合闸时间越长。但在同一环境温度下测量，分、合闸时间基本稳定。

（2）控制电压的补偿主要在电压变化较大的情况下使用。当控制电压较低时，对应启动分、合闸线圈的速度也变慢了。目前，在国内直流换流站中，控制电压采用的是直流电压，其电压波动很小，可以忽略控制电压的影响。

（3）SF6气压的补偿主要是断路器气室绝缘情况对分合闸时间的影响。

（二）选相控制器配置

换流站中选相控制器的配置需要根据系统过电压研究结论来确定，主要用于感性、容性设备的断路器分合操作，通常在换流变压器的交流侧断路器、交流滤波器和电容器小组的断路器配置选相控制器。

（1）换流变压器交流侧断路器配置选相控制器是为了限制合闸涌流和防止交流系统产生谐振过电压，以及避免合闸时产生的谐波电流注入交流滤波器，导致低压侧内部元件过负荷。在一些直流工程中，高压站用变压器交流侧断路器也配置了选相控制器，其作用与换流变压器相同。

换流变压器（高压站用变压器）交流侧断路器用选相控制器可与断路器操作箱共同组屏，也可与换流变压器（高压站用变压器）测控装置共同组屏。

（2）交流滤波器和电容器小组断路器配置的选相控制器是为了限制合闸涌流，降低投切操作对系统的扰动。

交流滤波器小组断路器用选相控制器可与小组断路器操作箱共同组屏，也可按交流滤波器大组单独组屏。

（三）选相控制器二次接线

选相控制器对外二次接线主要包括工作电源、电流电压信号、断路器位置信号、分合闸指令等基本二次接线。选相控制器典型接线如图19-32所示。

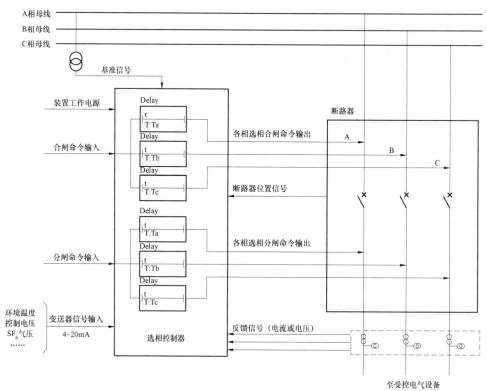

图 19-32 选相控制器典型接线

选相控制器的主要二次接线需符合下述要求：

（1）选相控制器的工作电压是根据换流站内的交直流电源电压来确定，通常采用直流 110V 或直流 220V。

（2）选相控制器的基准电压信号采用断路器电源侧的交流三相电压，也可以采用单相电压。

（3）选相控制器的反馈信号需采集受控回路断路器处的三相电流，宜采用电流互感器的测量级二次绕组，也可采用保护级二次绕组。同时，选相控制器的反馈信号还需采集断路器的分相分、合闸位置信号。

（4）选相控制器的分、合闸指令输出宜直接接入断路器机构，不需经过断路器操作箱回路。测控装置输出的分、合闸指令直接接入选相控制器的相应输入端口。

（5）选相控制器一般具备切换功能，可以选择经过选相控制器和不经过选相控制器 2 种输出方式。

图 19－33 示意了选相控制器分、合闸指令的切换回路。切换开关 QK 通常与选相控制器布置在同一个屏内。当 QK 指向选相时，其 QK 的 1－2、3－4、5－6 触点闭合，11－12、13－14、15－16 触点断开。断路器测控装置开出的三相分、合闸指令信号输入选相控制器内，经计算补偿后，选相控制器分相开出分、合闸信号至断路器机构，不需经过断路器操作箱的操作回路。当 QK 指向非选相时，其 QK 的 1－2、3－4、5－6 触点断开，11－12、13－14、15－16 触点闭合。断路器测控装置开出的三相分、合闸指令信号就直接转入断路器操作箱，经过操作回路后开出分相分、合闸信号至断路器机构。

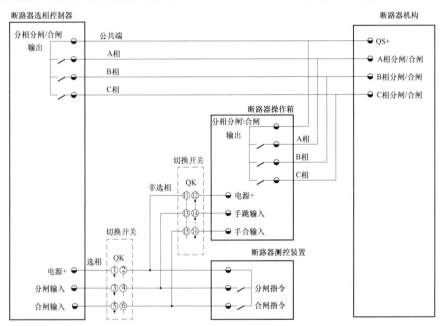

图 19－33　选相控制器输出切换接线示意图

需要注意，对于换流变压器与线路配串（1 个半断路器接线的方式）的中断路器配有选相控制器时，选相控制器需要输出 1 对跳闸触点去闭锁该断路器的重合闸功能。这是因为断路器配置有重合闸功能时，当换流变压器对应的断路器通过选相控制器进行手动分闸操作时，分闸信号没有经过断路器操作箱的手跳继电器，而是直接接至断路器机构箱，这样就不会完成手动分闸闭锁断路器的重合闸功能，有可能导致换流变又通过中断路器连接到交流系统中。

四、控制电缆和控制光缆选择

（一）控制电缆选择

换流站的控制电缆主要用于二次设备之间，以及一次设备与二次设备之间的信号传输。换流站控制电缆的选择需要满足 GB 50217《电力工程电缆设计规范》、DL/T 5499《换流站二次系统设计技术规程》的有关要求。

（1）所有控制电缆需采用阻燃型电缆。为了保证阻燃电缆的品质，换流站控制电缆宜采用 B 类以上的阻燃电缆。

（2）控制电缆的绝缘水平一般采用 0.45/0.75kV，对于特高压等级的换流站，控制电缆的绝缘水平也可采用 0.6/1.0kV。

（3）对于开关量信号的控制电缆，户外一般选用铠装外部总屏蔽电缆，户内可选用外部总屏蔽电缆，例如 ZRB－KVVP2/22、ZRB－KVVP2 等型号；对于模拟量信号的控制电缆，户外一般可选用铠装对绞分屏蔽加总屏蔽电缆，户内可选用对绞分屏蔽加总屏蔽电缆，例如 ZRB－DJVP2VP2/22、ZRB－DJVP2VP2 等型号。

（4）控制电缆的型号尽量少，即芯数和截面种类不宜太多，芯数可按 4、7、10、14、19 芯，截面按 1.5、2.5、4、6mm² 等来选择。对绞分屏蔽加总屏蔽电缆按 2×2、4×2 选择，截面积可按 1mm² 选择。

（二）控制光缆选择

由于换流站的规模较大，且电磁环境恶劣，长距离的信号传输容易受到干扰，而光信号的传输不受周围环境的影响，传输的速度快，因此换流站内采用了大量的光缆来传输信号数据。换流站在如下情况时采用光缆作为传输介质：

（1）直流控制保护系统的内部通信总线采用光缆连接。

（2）直流测量装置的传输总线采用光缆连接，如光电型直流电流测量装置。

（3）直流控制系统和阀基电子设备间的触发信号传输介质可采用光纤，阀基电子设备至换流阀的触发信号采用光纤传输。

（4）不同建筑物内二次设备之间的通信网络连线应采用光缆，同一建筑物内二次设备之间的网络通信和控制总线传输介质宜采用光缆。

换流站的光缆选择通常需要考虑下述要求：

（1）换流站所采用的光缆应根据传输的距离及速率选择多模或单模光缆，目前换流站内一般采用多模光缆。

（2）室内设备屏柜之间的光信号传输宜采用尾缆，对于建筑物内跨楼层光缆，由于软装光缆或尾缆在穿越电缆竖井时容易损坏，一般宜采用非金属加强芯光缆。室外光缆宜采用非金属加强芯光缆。同时，为方便现场接线的可靠性和快捷性，在条件允许时就地光缆宜尽量采用单端或双端预制光缆的技术或工艺。

（3）每根光缆芯数不宜大于24芯。每根光缆或尾缆应留有足够的备用光纤芯，换流站中备用光纤芯一般要求不低于使用光纤数量的100%。

五、二次接地及抗干扰要求

（一）二次接地要求

换流站二次回路和设备的接地应符合 DL/T 5136《火力发电厂、变电站二次接线设计技术规程》的相关规定，遵循如下主要原则：

（1）所有敏感电子装置的工作接地不应与安全地或保护地混接。

（2）在控制楼、辅助控制楼二次设备室的活动地板下、就地继电器小室电缆桥架上或者电缆沟支架上，敷设截面积不小于 100mm² 的铜排，形成室内二次等电位接地网。该二次等电位接地网按屏柜布置的方向，首末端连接成环后用 4 根截面积不小于 50mm² 的铜缆在就近电缆竖井或电缆沟入口与主接地网一点可靠连接。室内二次等电位接地网示意如图 19-34 所示。

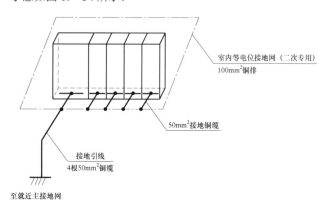

图 19-34　室内二次等电位接地网示意图

（3）沿配电装置至主、辅控制楼或就地继电器室的电缆沟道，敷设截面积不小于 100mm² 的铜排或铜缆构建室外二次等电位接地网。铜排或铜缆敷设在电缆沟沿线单侧支架上，每隔适当距离与电缆沟支架固定，并在控制楼、辅助控制楼、就地继电器小室、配电装置区的就地端子箱处与主接地网紧密连接。室外二次等电位接地网示意如图 19-35 所示。

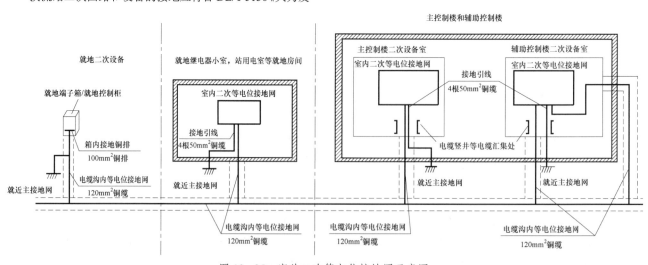

图 19-35　室外二次等电位接地网示意图

（4）电压互感器的二次回路必须并且只能有一点接地。独立的、与其他互感器二次回路没有电的联系电压互感器的二次回路，宜在配电装置区实现一点接地。已在室内一点接地的电压互感器二次绕组，宜在配电装置区将二次绕组中性点经放电间隙或氧化锌阀片接地，其击穿电压峰值应大于 $30I_{max}$ 伏特（I_{max} 为电网接地故障时通过换流站的可能最大接地电流有效值，单位为 kA）。为防止造成电压二次回路多点接地的现象，应定期检查放电间隙或氧化锌阀片。

（5）电流互感器的二次回路必须分别并且只能有一点接地。独立的、与其他互感器二次回路没有电的联系的电流互感器二次回路，宜在配电装置区实现一点接地。由多组电流互感器绕组组合且有电路直接联系的回路，电流互感器二次回路宜在第一级"和"电流处一点接地。备用电流互感器二次绕组应在配电装置区短接并一点接地。

（6）控制电缆的屏蔽层两端可靠接地。对于双重屏蔽的电缆，内屏蔽宜 1 点接地，外屏蔽层宜 2 点接地。在室内的电缆屏蔽层接于屏柜内的二次等电位接地铜排；在配电装置区的屏蔽层接于端子箱内等电位接地铜排。

（7）就地端子箱内设置截面积为 $100mm^2$ 的二次等电位铜排，并使用 $100mm^2$ 的铜绞线与电缆沟内的二次等电位接地铜排、铜绞线或金属导管内的接地电缆（当端子箱附近无电缆沟时）相连，连通后的二次等电位地网使用 $100mm^2$ 的铜绞线与端子箱就近的主接地网连接。配电装置区的就地端子箱外壳通过扁钢或铜排与附近的主接地网 1 点连接。

（8）微机型继电保护装置屏（柜）内的交流供电电源的中性线（零线）不应接入二次等电位接地网。

（二）抗干扰措施

换流站控制保护设备应具有完备的、良好的抗干扰性能，控制保护设备的抗扰度要求应符合 DL/T 1087《±800kV 特高压直流换流二次设备抗扰度要求》的规定。

抗干扰措施主要是保证换流站内运行的控制保护系统设备在受到各种传导、辐射电磁骚扰的影响时，仍能按规定的性能安全可靠运行。通常考虑的抗干扰措施主要如下：

（1）为减少电磁干扰和削弱干扰源，阀厅采取严格的屏蔽措施，控制室和保护小室等建筑物也应屏蔽。

（2）提高控制保护设备的抗干扰水平，用于换流站的控制保护设备必须满足相关规定的抗扰度要求。

（3）微机型继电保护装置所有二次回路的电缆均应使用屏蔽电缆。采用屏蔽控制电缆时，考虑同一电缆内电缆芯的安排、不同电缆的敷设路径、电缆屏蔽层接地等方面的措施，以减少并列电缆的耦合。

（4）滤波和隔离措施。如电子装置电源进线设置必要的滤波去耦措施，控制设备的信号输入/输出回路采用光电隔离或继电器隔离以防止干扰信号的串入，在各种装置的交直流

电源输入处设置电源防雷器。

（5）屏内配线考虑将不同类型的电缆分开布置，减少并列敷设电缆的耦合。

（6）尽可能采用光纤设备，以提高抗电磁干扰的能力。经过配电装置的通信网络连线均应采用光纤介质。

（7）经长电缆跳闸回路，宜采取增加出口继电器动作功率等措施，防止误动。涉及直接跳闸的重要回路应采用动作电压在额定直流电源电压的 55%~70% 范围以内的中间继电器，并要求其动作功率不低于 5W。

（8）遵循保护装置 24V 开入电源不出二次设备室的原则，以免引进干扰。

（9）合理规划二次电缆的敷设路径，尽可能离开高压母线、避雷器和避雷针的接地点、并联电容器、CVT、结合电容及电容式套管等设备，避免和减少迂回，缩短二次电缆的长度。

（10）必要时，在各建筑物的电缆沟入口处，二次设备屏柜底部安装如 Roxtex 类型的封堵防屏蔽设备。

第三节　二次设备布置

一、一般要求

换流站二次设备的布置可遵照 DL/T 5499《换流站二次系统设计技术规程》的规定，满足下列主要的布置原则。

（1）二次设备的布置要结合工程远景规模规划，充分考虑分期扩建的便利，屏柜的布置宜功能明确、紧凑成组，使光/电缆最短、敷设时交叉最少，并应合理设置预留和备用屏位。

（2）主/辅助控制楼的位置应与阀厅毗邻布置，并按规划建设容量在第一期工程中一次建成。主/辅助控制楼需要按照功能分区的原则来设置二次设备室。极、换流器和站公用的二次设备一般需分别设置不同的二次设备室。

（3）就地继电器小室的位置和数量需根据换流站的规划建设规模和一次设备的型式确定。新建本期规模的就地继电器小室，预留远期规模的就地继电器小室。在满足电气安全净距的条件下，就地继电器小室可利用配电装置内的空余位置下放布置。

（4）二次设备一般布置在对应的一次配电装置临近的主/辅助控制楼、就地继电器小室内。

（5）换流阀对应的阀基电子设备宜布置在主/辅助控制楼的极、换流器二次设备室内，并紧邻阀厅放置。阀冷却系统对应的二次设备应放置在阀冷却设备附近，一般单独设置阀冷控制保护设备间放置相应的二次设备。

（6）直流电源屏及交流不间断电源屏应该靠近负荷中心布置，且直流电源屏宜布置在蓄电池室相邻的房间内。

（7）主/辅助控制楼、继电器小室需考虑适当的电磁屏蔽措施。主/辅助控制楼二层及以上各二次设备室、控制室一般采用抗静电活动地板，主/辅助控制楼一层、就地继电器小室可采用电缆沟，也可采用电缆夹层。

二、控制楼二次设备布置

（一）控制楼设置

1. 每极单12脉动换流器接线换流站控制楼设置

每极单12脉动换流器接线换流站通常采用两厅一楼一字形布置，设置1个控制楼，极1阀厅、极2阀厅分置于控制楼两侧，如图19-36所示。控制楼内通常设置主控制室、仿真培训分析室、站公用设备室、极1/极2控制保护设备室、极1/极2辅助设备室、极1/极2阀冷设备室、通信设备室，以及蓄电池室等。

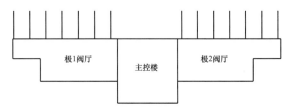

图19-36　2厅1楼的一字形布置图

2. 每极双12脉动换流器串联接线换流站控制楼设置

每极双12脉动换流器串联接线换流站在考虑全站的合理用地及交、直流场的布置等综合因素，一般将两极低端阀厅采用背对背形布置，设置1个控制楼和2个辅助控制楼，如图19-37所示；也可采用高、低端阀厅一字形布置，设置1

个控制楼和1个辅助控制楼，如图19-38所示。

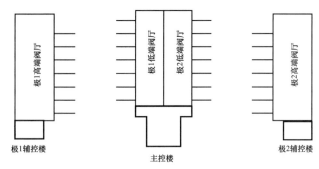

图19-37　1主2辅、阀厅背靠背形布置图

（1）对于背靠背形的布置方案，控制楼内通常设置主控制室、仿真培训分析室、站公用设备室、极1及其低端换流器控制保护设备室、极2及其低端换流器控制保护设备室、极1/极2低端换流器辅助设备室、极1/极2低端换流器阀冷设备室、通信设备室，以及直流电源室等。极1和极2辅助控制楼内通常设置极1/极2高端换流器控制保护设备室、极1/极2高端换流器辅助设备室、极1/极2高端换流器阀冷却设备室，以及蓄电池室等。

（2）对于一字形的布置方案，控制楼内通常设置主控制室、仿真培训分析室、站公用设备室、极1控制保护设备室、极1高/低端换流器控制保护设备室、极1高/低端换流器辅助设备室、极1高/低端换流器阀冷设备室、通信设备室以及蓄电池室等。辅助控制楼内通常设置极2控制保护设备室、极2高/低端换流器控制保护设备室、极2高/低端换流器阀冷设备室以及蓄电池室等。

图19-38　1主1辅、阀厅一字形布置图

3. 背靠背换流站控制楼设置

背靠背换流站一般设置1个控制楼，当背靠背换流单元在2个以上时，可增设辅助控制楼。控制楼、辅助控制楼均需与相应换流单元阀厅毗邻布置，如图19-39所示。控制楼内通常设置主控制室、仿真培训分析室、站公用设备室、1/2号换流单元控制保护设备室、辅助设备室、阀冷却设备室、通信设备室以及蓄电池室等。

（二）控制楼二次设备布置

控制楼二次设备的布置应根据主/辅助控制楼设置特点，在控制楼内分别设置不同的二次设备功能房间。新建工程应按工程最终规模规划并布置二次设备，设备布置应遵循功能统一明确、布置简洁紧凑的原则，并合理考虑预留屏（柜）位。

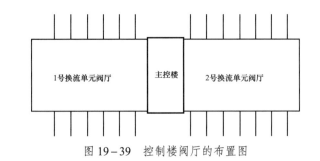

图19-39　控制楼阀厅的布置图

1. 主控制室

主控制室布置在控制楼内，为便于运行人员操作维护，其面积范围宜为120~160m²的规整房间，开间控制在15~16m为宜，进深10m左右。在设计主控制室二次设备布置时，

需要征询运行人员的意见，做到科学合理，符合运行习惯。如紧急停极按钮的布置方式，为了方便运行人员在紧急情况下闭锁直流系统，紧急停极按钮可布置在主控制台上，也可以布置在人员进出口周边的墙上，需要和运行人员充分交流，了解运行人员习惯。

下面给出 3 种典型的国内直流工程换流站主控室布置方式。

（1）方式 1 的布置如图 19-40 所示，采用 2 台相邻布置的大屏幕电视作为监控信息展示，安装在主控制室的正中间墙壁上。主控制台与大屏幕电视墙面对面布置，辅助控制台布置在主控制台的两侧。主控制台主要放置操作员工作站、图像监视工作站、火灾报警系统工作站、调度通信设备等。辅助控制台主要布置保护及故障录波子站工作站、工程师工作站、打印机等。紧急停极按钮可布置在主控制台上。

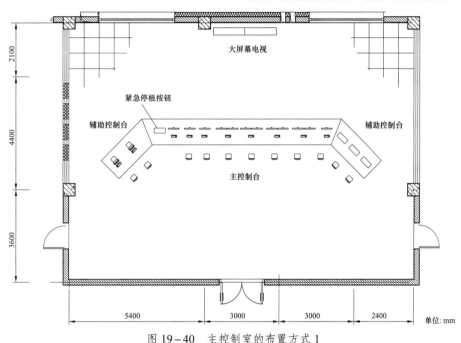

图 19-40　主控制室的布置方式 1

（2）方式 2 的布置如图 19-41 所示，采用 2 台分列布置的大屏幕电视作为监控信息展示，安装在主控制室的正中间墙壁上。主控制台与大屏幕电视墙面对面布置，辅助控制台与主控制台背靠背布置。主控制台分 2 排，第 1 排主控制台

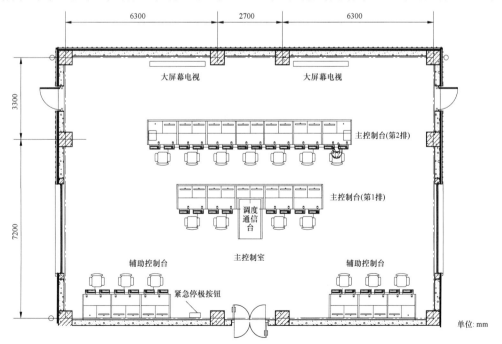

图 19-41　主控制室的布置方式 2

主要放置操作员工作站、调度通信台、站长工作站等；第 2 排主控制台可放置操作员工作站、工程师工作站、文档工作站等。辅助控制台主要布置保护及故障录波子站工作站、故障录波工作站、图像监视工作站、火灾报警系统工作站等。紧急停极按钮布置在主控制进门的墙边。

（3）方式 3 的布置如图 19－42 所示，采用大屏幕电视墙作为监控信息展示，布置在主控制室的正中间墙壁上。主控制台与大屏幕电视墙面对面布置，辅助控制台布置在一侧。主控制台上主要放置操作员工作站、保护及故障录波子站工作站、故障录波工作站、调度通信设备等人机接口设备。辅助控制台主要布置图像监视工作站、火灾报警系统工作站、

工程师工作站等人机接口设备。紧急停极按钮布置在主控制台上。

2. 仿真培训分析室

系统仿真培训分析室一般与主控制室布置在同一层，便于运行人员的培训及事故分析。系统仿真培训分析室面积范围宜为 50～60m²，主要布置仿真主机、培训工作站等设备。

3. 站公用设备室

站公用设备室用于布置换流站公用二次设备，通常将双极公用的二次设备也布置于其内。站公用设备室面积一般为 150～200m²，需要布置在其中的二次屏柜估算见表 19－18。

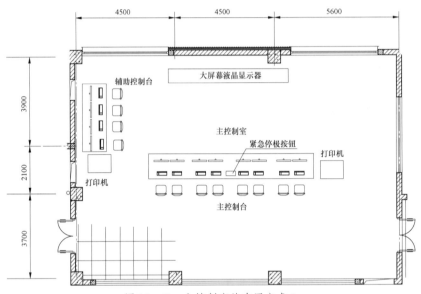

图 19－42　主控制室的布置方式 3

表 19－18　站公用设备室二次设备屏柜估算表

序号	屏　柜　名　称	数量	单位	备　　注
1	服务器屏	2～3	面	
2	通信接口屏	2	面	
3	远动接口屏	1	面	
4	站/双极控制屏	2	面	
5	直流双极测量屏	3～6	面	需根据厂家的配屏情况确定具体数量
6	站用电控制屏	2	面	
7	事件顺序记录屏	2～4	面	
8	直流线路故障定位屏	1～2	面	
9	图像监视主机屏	2～3	面	根据场地规模确定屏柜数量
10	火灾报警主机屏	1～2	面	根据场地规模确定屏柜数量
11	时间同步主屏	1	面	
12	谐波监视屏	1	面	

序号	屏 柜 名 称	数量	单位	备 注
13	保护及故障录波子站主机屏	1	面	
14	安稳设备屏	2	面	
15	电能表屏	1～2	面	
16	UPS 电源柜	2～4	面	
17	直流电源柜	6～7	面	

需要注意的是，火灾报警主机屏需要根据 GB 50116《火灾自动报警系统设计规范》的要求，设置在有人值班的房间和场所。因此，需要针对控制楼房间的配置情况，酌情布置在主控制室或者站公用设备室，方便运行人员日常维护。

4. 极/换流器控制保护设备室

极/换流器控制保护设备室应根据换流站内阀厅的布置，分别对应设置在控制楼和辅控制楼内。阀基电子设备屏与阀厅的阀塔之间距离不能太远，需要布置在极/换流器控制保护设备室紧靠阀厅的一侧，否则需要紧靠阀厅设置独立的阀基电子设备室。

（1）每极单 12 脉动换流器接线换流站按极设置极 1 控制保护设备室和极 2 控制保护设备室，面积一般为 100～150m²，需要布置在其中的二次屏柜估算见表 19-19。

表 19-19 极控制保护设备室二次设备屏柜估算表

序号	屏 柜 名 称	数量	单位	备 注
1	直流极控制屏	2	面	
2	直流极保护屏	2～3	面	双重化配置 2 面，三重化配置 3 面
3	直流极测量屏	2～3	面	
4	直流极测量接口屏	2～3	面	当控制系统与测量屏不能直接接口，需增加 2～3 面接口屏
5	直流滤波器保护屏	2	面	当保护功能集成在直流极保护屏中时，可不计列
6	阀基电子设备屏	3	面	
7	阀基电子设备接口屏	1～2	面	当控制系统与阀基电子设备屏不能直接接口，需增加 1～2 面接口屏
8	换流变压器电量保护屏	2～3	面	当单独配置双重化/三重化电量保护，可按 2 面/3 面考虑；当电量保护的功能含在直流极保护屏中时，可不计列
9	换流变压器非电量保护屏	1～3	面	当单独配置单重化/三重化非电量保护，分别按 1 面/3 面考虑
10	故障录波采集屏	2	面	
11	事件顺序记录屏	1	面	

（2）每极双 12 脉动换流器串联接线换流站按换流器设置极 1/极 2 高端换流器控制保护设备室、极 1/极 2 低端换流器控制保护设备室、极 1 控制保护设备室、极 2 控制保护设备室。换流器控制保护设备室的面积一般为 60～100m²，极控制保护设备室的面积一般为 50～60m²，需要布置在其中的二次屏柜估算见表 19-20。极控制保护设备室在条件允许时，可以单独设置，也可和换流器控制保护设备联合布置。

（3）背靠背换流站宜按背靠背换流单元设置控制保护设备室，面积一般为 100～120m²，需要布置在其中的二次屏柜估算见表 19-21。

表 19-20 极/换流器控制保护设备室二次设备屏柜估算表

序号	屏柜名称	数 量		单位	备 注
		极控制保护设备室	换流器控制保护设备室		
1	直流极控制屏	2		面	
2	直流极保护屏	2～3		面	双重化配置2面,三重化配置3面
3	直流极测量屏	2～3		面	
4	直流极测量接口屏	2～3		面	当控制系统与测量屏不能直接接口,需增加 2～3 面测量接口屏
5	直流滤波器保护屏	2		面	当保护功能集成在直流极保护屏中时,可不计列
6	直流换流器控制屏		2	面	
7	直流换流器保护屏		2～3	面	双重化配置2面,三重化配置3面
8	直流换流器测量屏		2～3	面	
9	阀基电子设备屏		3	面	
10	阀基电子设备接口屏		1～2	面	当控制系统与阀基电子设备屏不能直接接口,需增加1～2面接口屏
11	换流变压器电量保护屏		2～3	面	当单独配置双重化/三重化电量保护,可按2面/3面考虑;当电量保护的功能含在直流换流器保护屏中时,可不计列
12	换流变压器非电量保护屏		1～3	面	当单独配置单重化/三重化非电量保护,分别按1面/3面考虑
13	故障录波采集屏		2	面	
14	事件顺序记录屏		1	面	

表 19-21 换流单元控制保护设备室二次设备屏柜估算表

序号	屏柜名称	数量	单位	备 注
1	换流单元控制屏	2	面	
2	换流单元保护屏	2～3	面	双重化配置2面,三重化配置3面
3	换流单元测量屏	2～3	面	
4	换流单元测量接口屏	2～3	面	如控制系统与测量屏不能直接接口,需增加2～3面测量接口屏
5	阀基电子设备屏	3	面	
6	阀基电子设备接口屏	1～2	面	如控制系统与阀基电子设备屏不能直接接口,需增加1～2面接口屏
7	换流变压器电量保护屏	2～3	面	当单独配置双重化/三重化电量保护,可按2面/3面考虑;当电量保护的功能含在换流单元保护屏中时可省去。整流侧和逆变侧各需2～3面
8	换流变压器非电量保护屏	1～3	面	当单独配置单重化/三重化非电量保护时,分别按1面/3面考虑;整流侧和逆变侧各需1～3面
9	故障录波采集屏	2	面	
10	事件顺序记录屏	1	面	

5. 极/换流器/换流单元辅助设备室

极/换流器/换流单元辅助设备室一般按极或换流器或换流单元设置，布置在对应的控制楼或辅助控制楼内，主要布置各换流器对应的二次接口屏、信号采集屏。极/换流器/换流单元辅助设备室面积一般为100～120m²，需要布置在其中的二次屏柜估算见表19－22。

表19－22　极/换流器/换流单元辅助设备室二次设备屏柜估算表

序号	屏柜名称	数量	单位	备注
1	换流变压器接口屏	2～4	面	背靠背换流站需考虑两侧的换流变压器的接口屏
2	换流器接口屏	2～4	面	
3	直流场接口屏	6～9	面	背靠背换流站不需考虑。若配置直流就地继电器小室，可布置在其内
4	低压站用电接口屏	1～2	面	
5	直流电源柜	6～7	面	
6	低压站用电保护	1	面	低压站用电的保护设备可以单独组屏，也可以放置在对应的开关柜内

6. 阀冷却控制保护设备间

为了保证阀冷却控制保护设备有良好的工作环境，在阀冷却设备室内需要单独设置1间阀冷却控制保护设备间，用于布置阀冷却控制保护屏、阀冷却系统动力屏、阀冷却接口屏等。当不单独设置阀外冷设备间时，阀冷却控制保护设备间内需配置阀内、外冷的控制保护屏和动力屏，其数量一般为10～14面，面积约为50m²；当单独在控制楼外设置阀外冷设备间时，阀冷却控制保护设备间内只需配置阀内冷的控制保护屏和动力屏，其数量一般为5～7面，面积为20～30m²。阀外冷的动力屏和控制保护屏5～7面则布置在阀外冷却设备间内。

7. 通信设备室

换流站通信设备室一般独立设置在控制楼内，用于布置通信交换机、音频配线架、数字配线架、保护用通信接口屏和通信电源设备等通信设备。

三、就地继电器小室布置

（一）就地继电器小室设置

就地继电器小室主要用于布置户外交直流配电装置和交流滤波器组相关的二次设备，其设置的数量应根据换流站的建设规模、一次设备的形式和布置确定。为了运行维护方便，就地继电器小室一般不宜设置太多。各安装单位的屏柜布置应与配电装置的排列次序相对应，应使控制电缆最短，敷设时交叉最少。

交流场相关二次设备宜布置在对应的交流就地继电器小室内；交流滤波器组相关二次设备宜根据交流滤波器组的配串情况布置在对应的交流继电器小室内，也可根据交流滤波器组的布置情况就近单独设置交流滤波器小室布置其相关的二次设备。

当直流场规模较大且距控制楼较远时，可根据具体情况在直流场适当的位置设置直流就地继电器小室，布置直流场相关二次接口设备。如直流场距控制楼较且二次设备较少近时，可不设置直流就地继电器小室，其相关二次接口设备可就近布置在控制楼的辅助设备室。

（二）就地继电器小室二次设备布置

交流就地继电器小室布置的主要二次设备为就地测控及其接口屏、交流线路保护、母线保护屏、断路器保护屏、站用变压器保护屏、交流滤波器组保护屏、时间同步扩展屏、故障录波器屏、保护子站屏、电能表屏、同步相量测量屏、安稳控制屏、直流电源柜及试验电源柜等二次设备。表19－23为每一交流滤波器大组二次设备屏柜估算表，交流场其他安装单位二次设备屏的估算与常规交流变电站相同，不再估列。

表19－23　每一交流滤波器大组二次设备屏柜估算表

序号	屏柜名称	数量	单位	备注
1	交流滤波器保护屏	2	面	交流滤波器按大组和小组合并配置保护时，采用此屏柜数量（每大组4小组）
2	交流滤波器操作箱屏	2	面	
3	交流滤波器大组保护	2	面	交流滤波器保护按大组和小组分别配置保护，采用此屏柜数量（每大组4小组）
4	交流滤波器小组保护	2×4	面	

序号	屏柜名称	数量	单位	备　注
5	交流滤波器接口屏	4	面	
6	交流滤波器测量接口屏	3～4	面	当交流滤波器小组分支的电流互感器采用光电式时，需配置测量接口屏
7	交流滤波器故障录波屏	1～2	面	
8	交流滤波器电能表屏	1	面	可与交流场其他电能表联合组屏

直流就地继电器小室布置的主要二次设备为直流场的就地测控及其接口屏、交直流电源柜等，数量一般为6～12面，面积为40～60m²。

四、直流及交流不间断电源设备布置

（一）直流电源系统设备布置

直流电源系统设备包括蓄电池组和相应的直流电源屏等，应就近布置在直流电源负荷中心旁。直流电源设备的布置应遵照 DL/T 5044《电力工程直流电源系统设计技术规程》的规定。

站公用设备、直流极/换流器、背靠背换流单元对应的直流电源系统设备布置在控制楼或辅助控制楼内。交流系统对应的直流电源系统设备布置在交流就地继电器小室内。

1. 直流电源屏布置

直流电源屏包括直流充电机柜、直流联络柜、直流馈线

柜的布置应满足以下要求：

（1）直流电源系统屏柜应尽量靠近蓄电池室布置。

（2）站公用的直流电源屏可布置在站公用设备室内；直流极/换流器的直流电源屏可布置在极/换流器辅助设备室内；背靠背换流单元的直流电源屏可布置在换流单元辅助设备室内。

（3）直流电源屏通常布置在同一排屏位上；也可以根据房间的大小，将直流电源屏分成 2 列布置，但不同直流电源工作母线段的馈线屏、充电机屏宜分别布置在同一列，直流联络屏可根据情况布置在其中的一列。

2. 蓄电池组布置

直流电源系统蓄电池组的布置应满足以下要求：

（1）每组蓄电池组应设置单独的蓄电池室，当多组蓄电池布置在一个房间时，应在不同蓄电池组之间采取有效的防火隔爆措施，其防火隔爆墙的高度不宜低于 2100mm，蓄电池室的典型布置如图 19－43 所示。

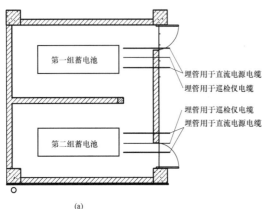 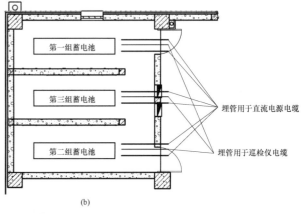

图 19－43　蓄电池室布置图

（a）2 组蓄电池；（b）3 组蓄电池

每组蓄电池预埋3根镀锌钢管至电缆沟或活动地板下，其中 2 根用于敷设蓄电池正、负极与母线联络屏连接的电缆，镀锌钢管截面需根据蓄电池正负极电缆的计算截面积确定；1 根用于敷设蓄电池巡检仪与直流系统监控单元连接的电缆用。蓄电池埋管深度不小于300mm，蓄电池室管端头高出地面。

（2）蓄电池室宜布置在0m层。当工程需要时也可将蓄电池室设置在0m以上层，但应注意对楼板荷重的要求。

（3）蓄电池安装宜采用钢架组合结构，可多层叠放，应便于安装、维护和更换蓄电池。台架的底层距地面为 150～300mm，整体高度不宜超过 1700mm。

（4）为了便于运行人员通行，蓄电池室内应设有运行和检修通道。通道一侧安装有蓄电池时，通道宽度应在 0.8m 以上；若通道两侧均安装有蓄电池时，通道宽度应在 1m 以上。

（5）蓄电池室应尽量靠近直流屏柜所在的二次设备间。

（6）蓄电池巡检仪宜安装在蓄电池支架上。

（二）交流不间断电源系统（UPS）设备布置

（1）UPS 设备的布置需结合换流站二次设备间的布置予以确定，宜靠近负荷中心布置，以节省电缆用量和便于运行维护，并避开潮湿和多灰尘的场所。UPS 电源设备的屏柜一般布置在控制楼内，主要给换流站控制系统的服务器及人机接口工作站等设备供电。如果辅助控制楼、就地交流继电器小室内的设备需要 UPS 电源，可在辅助控制楼、就地交流继电器小室内设置 UPS 分配电屏或逆变电源屏。

（2）UPS 设备屏柜可与直流电源屏共室布置，也可布置于邻近的二次设备室，如站公用设备室。当 UPS 设备屏布置于二次设备室时，由于 UPS 主机设备发热量较大，需要布置在房间通风处，远离控制保护屏柜，且不应影响其他二次屏柜的搬运。

（3）UPS 设备布置的区域宜设置空气调节装置，温度变化率不宜大于 10℃/h，相对湿度宜为 30%～80%，任何情况下无凝露。

第二十章

换流站通信设计

直流输电系统为了安全、经济、合理地传输电能，保证电能质量指标，及时地处理和防止系统事故，需要集中管理、统一调度，并建立与之相适应的通信系统。因此，配套通信是直流输电系统不可缺少的重要组成部分，是实现调度自动化和管理现代化的基础，是确保安全运行、经济调度的重要技术手段。

换流站通信设计包括换流站与调度端、换流站与管理端、换流站与运行维护端、送端换流站与受端换流站、换流站与变电站之间，以及换流站站内通信的各类信息通道设计。换流站所传输的信息包括调度自动化信息、继电保护及安全稳定控制系统信息、图像监视信息、动力和环境监测信息、交换机中继线信息、会议电视信息、数据信息等常规电网生产、调度及管理信息，以及换流站站间的直流远动信息、直流线路故障定位装置站间交换信息等。

第一节　换流站业务信息种类及传输要求

一、常规电网生产、调度及管理业务信息

（一）系统调度业务信息

1. 调度自动化

调度自动化数据业务信息是为保障电力系统安全、稳定、经济运行所必需的电网运行状态实时监视和控制数据信息。主要包括系统远动信息、电能计量信息、相量测量信息。

其中调度端监测控制和数据采集系统（Supervisory Control And Data Acquisition，SCADA）/能量管理系统（Energy Management System，EMS）系统与换流站交换的远动信息，是一种要求具有高可靠性的实时数据业务。远动信息一般包括遥测、遥信、遥控、遥调信息，传输时延不大于250ms，要求通道误码率不大于 10^{-5}。

调度端 SCADA/EMS 系统之间交换的数据信息，包括转发的实时远动信息和一些电力应用软件（如超短期负荷预测、网络等值等）运行需要的相关调度端的准实时信息，传输时延不大于400ms，误码率不大于 10^{-5}。

2. 继电保护及安全稳定控制系统

继电保护及安全稳定控制系统业务信息是输电线路继电保护装置间和电网安全自动装置间传递的远方信息，是电网安全运行所必需的信息，要求极高的可靠性、依赖性和较短的传输时延。其信息包括命令信息、准实时电网数据信息、故障录波信息、保护子站信息、安全稳定装置控制系统非实时数据以及保护本身记录的历史数据等非实时数据信息。

（1）命令信息。命令信息为实时信息。主要传送线路继电保护信息、安全稳定控制系统实时信息。通道误码率不大于 10^{-7}，传输时延不大于12ms。

（2）准实时数据信息。事故信息处理及控制系统、安全稳定控制系统准实时数据信息随着系统运行情况的变化，每2～5m 数据更新一次，以准实时方式跟随系统运行的变化而变化，从而进行恰当的控制。对这些数据传输时间要求宜在6～8s 内，通道误码率不大于 10^{-5}。

（3）非实时数据信息。故障录波信息、保护子站信息、安全稳定装置控制系统非实时数据以及保护本身记录的历史数据等都是非实时数据信息，用于调用故障录波曲线数据信息、故障测距信息等，以便分析故障，这部分数据信息量大，传输时间为 10～15min。

（二）话音业务

主要包括系统调度电话、行政电话等。系统调度电话采用带备份的专线电路和具有最高优先级别的电路交换方式来承载业务。行政电话可采用专线电路、电路交换以及互联网协议（Internet Protocol，IP）方式来承载业务。系统调度电话传输时延不大于150ms，行政电话传输时延不大于250ms，通道误码率都不大于 10^{-5}。

（三）视频业务

主要包括图像监视信息、会议电视信息。图像监视信息传输时延不大于250ms，通道误码率不大于 10^{-5}；会议电视信息传输时延不大于400ms，通道误码率不大于 10^{-6}。

（四）其他业务

主要包括动力和环境监测信息、生产管理及办公自动化信息。动力和环境监测信息传输时延不大于400 ms，通道误码率不大于 10^{-5}。生产管理及自动化信息对传输时延要求一

般，分钟级即可。

二、直流输电系统专有业务信息

直流远动系统，主要用于送端换流站和受端换流站的直流控制保护系统之间的信息交换和处理，以确保两端换流站直流控制保护系统的快速协调控制。直流远动系统包括极控直流远动、极保护直流远动和站间局域网（Local area network，LAN）直流远动。

直流远动信息是实时的数据信息。根据直流输电系统电压等级的不同，传输时延有所不同，一般传输时延不大于30ms，通道误码率要小于10^{-7}。

直流线路故障定位装置站间信息，是实时的数据信息。传输时延不大于30ms，通道误码率不大于10^{-7}。

直流输电系统专用业务信息量详见表20-1。

表20-1 直流输电系统专用业务信息量表

信息	图像	模拟量	开关量
极控	无	直流电流指令值；控制调制命令（直流功率指令值）	运行控制状态，直流线路状态，系统运行控制方式，运行接线方式，控制模式，控制操作命令
极保护	无	直流电流测量值	无
站LAN/直流站控	无	单、双极直流功率，直流电流，直流电压，换流母线三相电压、频率等重要测量监视信号；控制调制命令（直流功率指令值）	运行控制状态，直流线路状态，系统运行控制方式，运行接线方式，控制模式，控制操作命令
直流线路故障定位装置	无	电压、电流行波信号	无

第二节 业务信息对传输通道及接口的要求

一、换流站至调度端的系统调度信息

系统远动信息、故障录波信息、相量测量信息、保护子站信息等可采用电力调度数据网或专线电路作为信息传输的通道。

电能计量信息、安全稳定装置控制系统数据信息应采用电力调度数据网作为信息传输的通道。

以上信息利用电力调度数据网传输方式时，应配置接入电力调度数据网的主备站内通信通道。通信接口采用以太网方式，接口要求应符合IEEE 802.3标准。

以上信息利用专线电路传输方式时，应配置不同路由的主备站端光纤通信通道。通信接口应优先选用符合ITU-T

G.703建议的2Mbit/s接口。

二、换流站与换流站的站间信息

直流远动信息、直流线路故障定位装置站间交换信息应采用专线电路作为信息传输的通道。

以上信息利用专线电路传输方式时，应配置不同路由的主备站间光纤通信通道。通信接口应优先选用符合ITU-T G.703建议的2Mbit/s接口。

三、换流站与变电站的站间信息

继电保护信息、安全稳定装置信息应采用专线电路作为信息传输的通道。

利用专线电路传输方式时，应配置不同路由的主备站间光纤通信通道。通信接口应优先选用符合ITU-T G.703建议的2Mbit/s接口。

四、换流站图像监视信息

图像监视信息应采用电力综合数据网作为信息传输的通道，应配置接入电力综合数据网的站内通信通道。通信接口采用以太网方式，接口要求应符合IEEE 802.3标准。

五、换流站站内通信信息

1. 交换机中继线信息

系统调度交换机中继线信息应采用专线电路作为信息传输的通道。应配置不同路由的主备站间以及站端光纤通信通道。通信接口应优先选用符合ITU-T G.703建议的2Mbit/s接口。

行政交换机中继线信息采用IP方式作为信息传输的通道。应配置接入电力综合数据网的站内通信通道；通信接口采用以太网方式，接口要求应符合IEEE 802.3标准。

行政交换机中继线信息采用专线电路作为信息传输的通道。应配置站端光纤通信通道；通信接口应优先选用符合ITU-T G.703建议的2Mbit/s接口。

2. 其他通信信息

动力和环境监测信息、会议电视信息可采用电力综合数据网或专线电路作为信息传输的通道。

以上信息利用电力综合数据网传输方式时，应配置接入电力综合数据网的站内通信通道。通信接口采用以太网方式，接口要求应符合IEEE 802.3标准。

以上信息利用专线电路传输方式时，亦配置站端单路光纤通信通道。通信接口应优先选用符合ITU-T G.703建议的2Mbit/s接口。

3. 生产、运行维护管理信息

生产、运行维护管理信息系统可采用电力综合数据网或

专线电路作为信息传输的通道。

利用电力综合数据网传输方式时，亦配置接入电力综合数据网的站内通信通道。通信接口采用以太网方式，接口要求应符合 IEEE 802.3 标准。

利用专线电路传输方式时，应配置站端单路光纤通信通道。通信接口应优先选用符合 ITU-T G.703 建议的 2Mbit/s 接口。

第三节　换流站站间业务信息通道组织

一、电力系统主要通信方式

光纤通信，是以光波作为载体，以光纤（即光导纤维）为传输介质传送信息的一种通信方式。光纤通信具有通信容量大、通信质量高、抗电磁干扰、抗核辐射、抗化学侵蚀、重量轻、节省有色金属等一系列优点，已在电力系统通信专网中得到了广泛的应用。目前光纤通信是直流输电系统中最主要的通信方式。

电力线载波通信，是利用架空电力线路的相导线作为信息传输的媒介。这是电力系统特有的一种通信方式，具有高度的可靠性和经济性，且与调度管理的分布基本一致，它是电力系统的基本通信方式之一。但电力线载波通信受限于其先天技术体制，传输速率低，传输通道数量较少。而目前直流远动信息对传输速率要求较高，如果采用电力线载波传输直流远动信息，首先会降低极控制系统反应速度和精度，给安全运行带来隐患；其次不能满足换流站间直流远动信息传输要求。

微波通信，是在视距范围内以大气为媒介进行直线传播的一种通信方式。这种通信方式传输比较稳定可靠，通信容量较载波通信要大，噪声干扰小，通信质量高。其主要缺点是一次投资大，电路传输衰减大，远距离通信需要增设中继站，中继站的站距较短，当地形复杂时，选站困难，运行维护成本高。

二、光纤通道组织基本原则

在电力通信领域，光纤通信中的光缆除了采用普通光缆以外，更多采用的是电力特种光缆，这些依附于输电线路同杆架设的光缆，不仅发挥了光纤通信的优点，而且充分利用了电力系统的杆路资源，降低了工程综合造价，已成为电力系统的主要通信方式。这些光缆主要有光纤复合架空地线（Optical Fiber Composite Overhead Ground Wire，OPGW）、全介质自承式光缆（All Dielectric Self-Supporting Optical Fiber Cable，ADSS）和光缆复合相线（Optical Phase Conductor，OPPC）3 种。其中，OPGW 光纤通信是直流输电工程的主要通信手段。

在直流输电工程中，应依据实际电网需要，从可行性、可靠性、经济性等方面来论证拟建光纤通信电路的必要性，进行光缆路由方案比较并选择架设方式，提出光纤通信电路建设方案和光纤中继站方案，确定光缆纤芯数量及类型、光纤通信电路容量。同时应满足接入现有各级系统通信电路的要求，保证现有电路的完整性和可靠性。

三、通道建设及带宽的选择原则

在直流输电工程中需要组织建设换流站站间主用通道、换流站站间备用通道。上述 2 条通道需完全独立，并充分考虑各级通信资源的共享，开发和发挥已有资源的应用。通道带宽的选择不仅需要充分考虑工程的各类业务需求，同时也应该根据相关通信网规划设计以及相关规定为以后其他电路预留一定带宽。若工程中有其他运行管理需求，可根据实际情况组织建设第 3 条光纤通道。

四、光缆纤芯的选择原则

为了满足光纤通信系统将来传输信息量迅速增大的需求，同时考虑光缆的价格和光缆的使用寿命，在建设直流输电工程光纤通信系统时，必须选择合适的光缆纤芯数量及类型，使系统具有最佳性能价格比。

直流输电线路如架设 OPGW 光缆，宜配置 24/36 芯光缆，跨江河、铁路等大跨越处以及高山、高海拔地区可架设双光缆。光缆纤芯类型的选择需要结合光纤通信中继站的选择进行，光缆纤芯可采用常规 ITU-T G.652D 光纤或符合 ITU-TG 652 标准的超低损耗光纤。

五、光纤通信中继站的设置原则

随着直流输电系统的建设，需在直流线路沿线设置多个光纤通信中继站。直流线路经过的地区往往交通不便，自然条件恶劣，设置光纤通信中继站比较困难。采用超长距离光纤通信技术可以减少常规中继站的设置数量，提高光纤电路运行可靠性，节约土地资源和工程投资，大大减轻运行维护工作量，在直流输电系统中具有十分重要的意义。

1. 光纤超长距离传输的计算方法

超长传输距离的光纤通信系统是光噪声比受限系统。为了提高光信噪比，延长光纤通信的传输距离，功率放大器、前置放大器、遥泵放大技术、纠错技术、喇曼技术、色散补偿等技术是目前实现超长距离传输的主要途径。

为了达到超长传输距离，需要结合 OPGW 光缆的纤芯参数以及适合的光纤放大技术和设备。对于单通道无电中继光纤传输系统的再生段长度，可以利用衰减受限中继段和色散受限中继段计算公式，按最坏值设计法对超长传输距离进行理论计算。

2. 光纤通信中继站的设置原则

（1）光纤通信中继站的选择应满足光纤传输质量指标的

要求。

（2）为了便于工程投运后的日常运行、维护和管理，光纤通信中继站宜设置在已有变电站内，不宜设置独立的中继站。

（3）设置的光纤通信中继站应尽量靠近直流线路，以便减少交叉线路需要改造的地线长度。在提高中继站设站可靠性和光纤通信系统可靠性的同时降低地线改造费用。

（4）设置的光纤通信中继站应尽量选择电压等级较高的变电站。

（5）如需设置独立的光纤通信中继站，不应选在易受洪水威胁的地方，站址高程宜在 50 年一遇的洪水位之上，否则应有防护设施，同时，应选在交通方便，靠近可靠电源和居民区的地方，方便施工，便于维护。

六、换流站站间通道组织的实现方式

换流站站间的通道组织应采用光纤通信电路，主要有以下方式：

（1）直流输电线路全程架设 OPGW 光缆，并新建全线光纤电路，用以组织主用光纤通道；利用电力系统中已有的 OPGW 光缆资源和现有光纤电路，并新建部分光纤电路，用以组织备用光纤通道。

（2）直流输电线路部分架设 OPGW 光缆（不全线架设光缆），通过与其他输电线路交叉实现光缆 T 接，从而将光缆接入现有变电站，利用系统中已有的 OPGW 光缆资源和

现有光纤电路，并新建部分光纤电路，用以组织主用光纤通道；利用与主用光纤通道不同路由的已有 OPGW 光缆资源和现有光纤电路，并新建部分光纤电路，用以组织备用光纤通道。

（3）利用不同路由的已有 OPGW 光缆资源和现有光纤电路，并新建部分光纤电路，组织主用和备用光纤通道。

以上系统已有 OPGW 光缆宜尽量采用 220kV 及以上高电压等级交直流 OPGW 光缆。

七、直流输电工程通道建设及组织方案示意图

直流输电工程主备光纤电路路由方案示意如图 20-1 所示，换流站站间主备通道组织方案示意如图 20-2 所示。

第四节　直流远动通道传输时延计算

在光纤传输系统中，传输时延主要由光纤时延和光纤传输设备时延组成。光纤时延，是光信号在光纤中的传输时延，可按 0.005ms/km 计算；在光纤传输设备内部，需要完成同步复用、映射和定位，进行各类开销处理、指针调整、连接处理，以及数据流的缓冲、固定比特塞入处理等，这些都增加了光纤传输设备的传输时延。光纤传输设备的时延由映射时延（从 2Mbit/s 到光口）、去映射时延（从光口到 2Mbit/s）和直通时延（从光口到光口）组成。

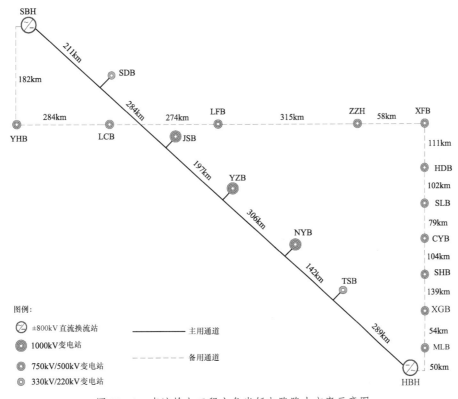

图 20-1　直流输电工程主备光纤电路路由方案示意图

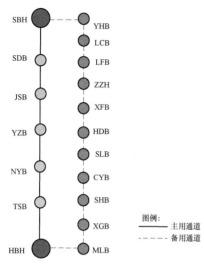

图 20-2 换流站站间主备通道组织方案示意图

另外，在采用超长距离传输技术时，一些新型技术和设备的应用也会造成一定传输时延。增强型前向纠错（Enhanced Forward Error Correction，EFEC）作为一项超长距离传输的重要技术，在工程中越来越多地得到应用。其通过在传输码列中加入冗余纠错码，在一定条件下，通过解码可以自动纠正传输误码，降低接收信号的误码率，从而提高传输质量的增益，但提高增益的同时也带了一定的时延。

综合以上因素，光纤传输系统的传输时延计算公式如下：

$$T = L \times 0.005 + 0.12 + (N-2) \times 0.04 + M \times 0.2 \quad (20-1)$$

式中　　L——光缆长度，km；

　　　　N——网元数量；

　　　　M——EFEC 电路区段数量；

　　0.005——光信号在光纤的传播速度，ms/km；

　　0.12——两终端站上、下 2Mbit/s 业务时的总时延，ms；

　　0.04——光信号通过一个网元的时延，ms；

　　0.2——光信号通过一个 EFEC 电路区段的时延，ms。

由式（20-1）计算出相关直流输电工程的直流远动通道传输时延数据见表 20-2。

表 20-2　直流输电工程的直流远动通道传输时延的数据

工程	主用电路光缆长度（km）	主用电路站点数量（个）	主用电路站EFEC 区段（段）	主用电路时延（ms）	备用电路光缆长度（km）	备用电路站点数量（个）	主用电路EFEC 区段（段）	备用电路时延（ms）
JQ 直流工程	4381.5	17	11	27.03	4552.5	28	7	26.72
HZ 直流工程	2739.2	14	7	17.22	3146.98	18	3	17.70
JH 直流工程	2912	11	9	18.64	3431.3	22	11	18.52

根据工程经验，直流远动信息的传输时延一般要求不大于 30ms。

第五节　站内通信及辅助设施

一、系统调度交换机及行政交换机

系统调度交换机为解决换流站生产调度通信所需而设置，系统调度交换机需满足换流站的生产调度通信以及调度通信组网的要求。换流站应设置 1 台系统调度交换机，用户数量 48~96 门，同时配置主备 2 套录音系统、2 个调度台。系统调度交换机的组网宜采用 Q 信令（D-channel signaling protocol at Q reference point for PBX networking，QSIG）及 2Mbit/s 数字中继方式，分别由 2 个不同路由就近与上级汇接中心连接。

行政交换机用以满足换流站生产和管理需要，将承担站内用户间、用户与市话网间、用户与电力系统网间的话音/非话业务的交换与组网。当换流站内需设置行政交换机时，应根据电力行政交换网的组网要求，选择适合的技术体制，并配置相应的接入设备进行组网，用户数量根据实际需求配置。同时，行政交换机可就近接入当地市话网。

调度用户与行政用户之间应有一定的隔离，隔离程度可以设置。

二、电力综合数据网及电力调度数据网

电力综合数据网传输的信息种类主要包括检修票、计划、公文、调度生产管理、电力交易信息、企业资源计划（Enterprise Resource Planning，ERP）等业务。一般划分为 6 个虚拟私人网络（Virtual Private Network，VPN），即信息 VPN、调度 VPN、通信 VPN、视频 VPN、多媒体子系统（IP Multimedia Subsystems，IMS）VPN 以及备用 VPN。综合数据网可采用 IP、多协议标签交换（Multi-Protocol Label Switching，MPLS）技术，支持 MPLS VPN，以便于实现各种业务的安全隔离、服务质量（Quality of Service，Qos）、流量工程等。换流站内应设置电力综合数据网接入设备，分别由 2 个不同路由就近与上级汇接中心连接。

电力调度数据网络主要承载变电站自动化系统的实时数据、电能量计量信息等。调度数据网承载的业务信息对网络

可靠性要求高，网络的可用率、实时业务的传输时延（业务应有不同的优先级）、网络的收敛时间等关键性能指标应予以保证。换流站内应设置电力调度数据网接入设备及安全防护设备，调度数据网接入设备应分别由 2 个不同路由就近与上级汇接中心连接。

电力综合数据网及电力调度数据网应根据整个网络的配置要求来进行设计和配置，满足各级调度及运行管理单位对换流站的接入要求。

三、广播系统

为方便换流站生产、运行，换流站可配置 1 套广播系统，主要由广播呼叫主站，吸顶扬声器、室内壁挂音箱、室外壁挂音箱和户外地坪音箱组成，覆盖主控楼、辅控楼、阀厅、继电器小室、直流场和交流场户外配电装置等区域。使用广播功能通知移动的工作人员，可以进行例行的、紧急的播音，还可实现将来自不同地点的呼叫同时向不同地区播音，具有选区功能，可以向全体或选定地区播放，同时还可播放背景音乐等。

四、会议电视系统

会议电视系统采用数字信号处理、压缩编码和数据传输等技术把相隔多个地点的会议电视设备连接在一起，达到与会各方有如身临现场参加会议，面对面交流沟通的效果。会议电视系统具有真实、高效、实时的特点，以及管理、指挥和协同决策的简便而有效的技术手段。会议电视系统由视音频信号的采集、编解码部分，传输以及显示和播放 3 个部分组成，各部分均要遵循相应的标准。

为了加强与上级单位的联系，提高协同工作效率，节约运行成本，换流站内应设置 1 套会议电视系统设备，该系统主要由高清会议电视终端和配套外围设备组成。根据运行管理的要求，接入上级单位的会议电视系统中。同时，按照永临结合原则对会议电视系统进行配置，并考虑在换流站建设期间应能开通至建设管理单位的视频会议。

五、通信用房

为了便于运行、维护管理和设备安装以及减少建筑面积，换流站通信用房为通信机房、通信蓄电池室。换流站的系统调度交换机、行政交换机、光纤通信设备、高频开关电源设备、动力和环境监测系设备、综合数据网接入设备、配线设备及保护通信接口设备等将放置于通信机房内；蓄电池将放置于通信蓄电池室内。调度数据网接入设备及安全防护设备可根据运行要求及习惯，布置在电气二次用房或通信机房内。

通信机房技术要求参照 DL/T 5225—2005《220kV～500kV 变电所通信设计技术规定》执行。

六、通信电源

通信电源系统是一个不停电的高频开关电源系统，它由高频开关电源（整流模块、监控模块）、交流配电柜、直流配电柜及密封式铅酸免维护蓄电池构成。高频开关电源的各关键部分为双重化设置，用以保证通信电源系统安全、可靠供电。正常时，交流 380V 电源经整流器整流后对蓄电池浮充并向负荷供电，市电失电后，由蓄电池单独供电。

换流站内应设置 2 套独立的、互为备用的直流 48V 电源系统。每套电源系统宜配置 1 套高频开关电源和 1 或 2 组 48V 免维护蓄电池。高频开关电源整流单元和蓄电池容量宜根据远期设备负荷确定并留有裕度，同时应提供相关计算数据。

七、综合布线

换流站综合布线系统是按标准的、统一的和简单的结构化方式编制和布置各种建筑物内各种系统的通信线路，主要包括网络系统、电话系统等。综合布线系统将所有语音、数据等系统进行统一的规划设计的结构化布线系统，为办公提供信息化、智能化的物质介质，支持语音、数据、图文、多媒体等综合应用。

综合布线同传统的布线相比较，有着许多优越性，是传统布线所无法相比的。其特点主要表现在具有兼容性、开放性、灵活性、可靠性、先进性和经济性，而且在设计、施工和维护方面也给人们带来了许多方便。

在换流站内考虑全站音频电缆网络布线，在换流站控制楼及相关的辅助建筑物内宜采用综合布线。

八、动力和环境监测系统

动力和环境监测系统是对通信电源、机房空调及环境实施集中监控管理。其对分布的各个独立系统内的设备进行遥测、遥信、遥控，实时监视各系统和设备的运行状态、记录和处理相关数据、及时侦测故障、通知人员处理，从而提高电源系统的可靠性和通信设备的安全性。监控系统的软、硬件应采用模块化结构，使之具有最大的灵活性和扩展性，以适应不同规模监控系统网络和不同数量监控对象的需要。监控系统的软、硬件应提供开放的接口，具备接入各种设备监控信息的能力。

换流站通信机房应配置动力和环境监测系统，用于采集通信机房内的环境信息（包括温度、湿度、烟雾等）、电源系统告警和状态信息、通信设备总告警信息、安防信息等，并将信息接入相应动力环境监测主站。

第二十一章

换流站总图设计

第一节　站址选择及总体规划

一、站址选择

（一）基本原则

换流站站址选择应综合考虑国家政策和法规、工程建设规模和投资、电源点和负荷分布位置、输送距离、运行经济性和安全性等诸多因素，确保站址位置选择恰当，总体布置合理紧凑，工程建设经济效益明显。换流站站址选择还应遵循以下基本原则：

（1）换流站站址选择除应遵守常规交流变电站站址选择有关规定外，尚应结合换流站的工艺特点，根据电力系统规划、环境、水源、周边设施、交通运输等条件，通过技术比较和经济效益分析确定。

（2）站址选择应满足换流站在电力系统中的地位和作用。整流站尽量靠近电源汇集点（大型水力发电厂、火电厂、核电站等）；逆变站尽量靠近负荷中心；"背靠背"换流站应在电能转换点或电力系统平衡计算需要的落点位置选择。

（3）站址应避开各类严重污染源，当完全避开有困难时，换流站应处于严重污染源的主导风向的上风侧，并应对污染源的影响进行评估。

（4）当换流阀外冷却方式采用水冷却时，站址附近应有可靠水源，其水量及水质应满足换流站生产、消防及生活用水的要求。

（5）站址选择应考虑换流站与邻近设施、周围环境的相互影响和协调。

（6）站址宜选择在铁路、公路和河流等交通线路附近，交通运输条件应满足换流变压器及平波电抗器等大件设备的运输要求。

（二）一般要求

站址选择时除应考虑节约用地、进出线要求、地形地质条件、防洪和防涝要求、外引电源及城镇公共设施等因素外，还应结合换流站特点，重点考虑环境保护、水源、周边设施、

交通运输等方面的要求。

1. 环境保护

（1）站址应避开居民区、自然保护区、风景名胜区、公园、河滨及湖泊之间的地峡等。

（2）站址宜避开噪声敏感建筑物集中区域，有条件时可加大噪声源与敏感建筑物间距。

（3）站址选择时应取得地方环保部门的选址意见，并由环境评价单位进行环境影响的论证和评价，取得环境保护主管部门的审批意见。

2. 水源

当换流阀的外冷却系统采用水冷方式时，其冷却用水量是确定换流站供水水源和供水方式的重要依据。水源条件应包括下列内容：

（1）可供利用的水源及其可靠性和经济性。

（2）拟用水源与农业及其他工业用水的关系。

（3）采用自来水时，应落实供水距离和水量。

（4）采用地下水源时，应通过勘察确认地下水的水量、水质及取水地段。

3. 周边设施

站址选择应调查拟选站址周边已有或已规划的设施，如：军事设施、机场、电磁干扰限制区、采空区和塌陷影响区、炸药库、油气管道等，确认站址与以上区域或设施的相互关系是否满足国家及行业的相关标准要求。

（1）站址与机场的距离。在机场附近选址时，必须遵守国务院、中央军委关于印发《军用机场净空规定》的通知（国发〔2001〕29 号）、MH 5001《民用机场飞行区技术标准》、GB 6364《航空无线电导航台（站）电磁环境要求》和 GJB 4595《VHF/UHF 航空无线电通讯台站电磁环境要求》等相关规定，核实站址是否满足机场净空保护及电磁环境影响范围的要求，并应取得机场管理部门的相关协议。

（2）站址与地下开采区的距离。拟选站区周边范围有地下开采区时，应落实开采区边界，站址落点应避开采空区和塌陷影响区，且距采空的塌陷影响区距离不应小于塌陷影响区的半径，其计算方法见式（21−1）

$$R = H / \tan\beta \qquad (21-1)$$

式中　R——塌陷影响区半径，m；

H——开采深度，m；

β——影响角，°。

（3）站址与危险品库的距离。拟选站址地区有炸药生产区或贮存库时，应核实炸药生产区和贮存库的位置、炸药的危险等级及计算药量，站区与炸药生产区或贮存库的安全距离应满足 GB 50089《民用爆破器材工程设计安全规范》的规定。

（4）站址与油气管道的距离。拟选站址地区有油气管道时，应落实油气管道的位置、走向和管道的材质及管径，站区与油气管道的安全距离应满足 GB 50253《输油管道设计规范》及 GB 50251《输气管道工程设计规范》的规定。

4. 交通运输

站址选择应考虑交通运输条件，尽量选在铁路、公路等交通线附近，方便进站道路引接及大件设备运输。大件设备通常采用公路、铁路＋公路、水路＋公路等运输方式。

（1）水路运输：水路运输的特点是运量大、运费低，当具备水运条件时，应优先利用水路运输。水路运输装、卸船处应有可靠的码头，码头上宜有大型起重机械。水路运输应考虑通航季节和潮汐时间与风力的影响。对内陆通航河道，应调查航道等级和通航季节，航道等级一般不低于三级；还应调查航道上、下游是否建有拦水坝、丁坝、水电站等影响船舶通行的设施，必要时，应取得相关部门的协议。

（2）铁路运输：一般换流变压器的运输尺寸都超出了机车车辆的限界要求，属于超限运输，应落实铁路运输沿线的隧道净空、桥梁限重等是否满足换流变压器运输的要求，当不满足要求时，应与有关部门协商调整的途径、方案和费用。必要时，应签订大件运输协议。

（3）公路运输：应落实公路运输沿线的条件是否满足大件运输的要求，当不满足要求时，应与有关部门协商调整的途径、方案和费用。

（4）大件运输参考资料：换流站的大件设备主要包括：换流变压器、平波电抗器（油浸式或干式）、直流穿墙套管等。国内部分已建换流站的换流变压器、平波电抗器和直流穿墙套管的运输质量和尺寸见表 21-1～表 21-3。

表 21-1　换流变压器外形尺寸及质量表

电压	换流变压器型号	运输尺寸（mm）			运输质量（t）
		长	宽	高	
±800kV	±800kV YL 站高端 Yy 换流变压器	12 989	3450	4750	326
	±800kV SL 站高端 Yy 换流变压器	12 570	3630	4839	327
	±800kV ZZ 站高端 Yy 换流变压器	13 000	3500	4850	370
	±800kV PE 站高端 Yy 换流变压器	12 630	3460	4850	334.5
±660kV	±660kV QD 站 Yy 换流变压器	12 460	3470	4839	304
±500kV	±500kV JM 站 Yy 换流变压器	9850	4550	4900	275.5
	±500kV XR 站 Yy 换流变压器	10 661	3954	4738	280
	±500kV FN 站 Yy 换流变压器	11 584	3974	4820	297
±400kV	±400kV LS 站 Yy 换流变压器	8924	3400	3982	147

表 21-2　平波电抗器外形尺寸及质量表

电压	平波电抗器型号	运输尺寸（mm）			运输质量（t）
		长	宽	高	
±800kV	±800kV YL 站 800kV 平波电抗器，干式，75mH，4500A	4820	4820	4314	77
	±800kV SL 站 800kV 平波电抗器，干式，50mH，5000A	4890	4890	3684	68
	±800kV ZZ 站 800kV 平波电抗器，干式，50mH，5000A	5100	5100	3950	70
	±800kV PE 站 800kV 平波电抗器，干式，75mH，3125A	4270	4270	4211	45
±660kV	±660kV QD 站 660kV 平波电抗器，干式，75mH，3030A	4750	4750	3900	40
±500kV	±500kV JM 站 500kV 平波电抗器，油浸式，290mH	4934	3960	4610	147
	±500kV XR 站 500kV 平波电抗器，油浸式，300mH	5200	3900	4626	134
	±500kV FN 站 500kV 平波电抗器，干式，100mH	5000	5000	4300	70
±400kV	±400kV LS 站 400kV 平波电抗器，油浸式，600mH	4400	3202	4082	86

表 21-3 直流穿墙套管外形尺寸及质量表

电压	序号	套管型号	运输尺寸（mm）			运输质量（t）
			长	宽	高	
±800kV	1	±800kV YL 站 800kV 穿墙套管，4500A	18 804	1500	2000	3.851
	2	±800kV SL 站 800kV 穿墙套管，5000A	21 580	1920	2310	12
	3	±800kV ZZ 站 800kV 穿墙套管，5000A	18 804	1500	2000	3.851
	4	±800kV PE 站 800kV 穿墙套管，3125A	23 500	1920	2310	8.6
±660kV	1	±660kV QD 站 660kV 穿墙套管，3125A	21 500	1500	2000	5.6
±500kV	1	±500kV FN 站 500kV 穿墙套管，3000A	15 200	1500	1500	3.7

1）大件运输牵引车主要性能见表 21-4。

表 21-4 常用牵引车主要性能表

项目	单位	车型性能				
		威廉姆 TG300	威廉姆 TG200	奔驰 Actros 3354	IVECO 410E52	MAN 50.604
自重/压载重/总重	kg	29 200/45 500/74 700	15 944/36 000/51 944	10 330/30 000/40 330	15 000/33 000/48 000	15 000/35 000/50 000
空车轴重：双前/双后	kg	16 960/12 240	9408/6536	6000/4330	9000/6000	9000/16 000
重车轴重：双前/双后	kg	25 356/49 344	13 788/38 156	9000/31 330	16 000/32 000	
外形尺寸：长/宽/高	mm	9270/3350/3500	8190/2820/3180	7510/2580/3714	8950/2500/3620	9370/2500/3960
轴距	mm	1625/3740/1625	1450/3040/1510	3900/1450	1875/2875/1400	1520/3155/1400
牵引总重	t	300	200	250	280	270
发动机额定功率	hp/rpm	560/2100	420/2100	537/1800	514/1900	600/1900
发动机最大扭矩	kg·m/rpm	206/1200	160/1200	240/1080	224/1100	270/1100～1500
最大爬坡度	%	14	10	12	11	11

2）轴线平板车尺寸可由单轴两纵列、单轴三纵列、单轴四纵列进行横向或纵向的拼接，一般情况下，两纵列拼接的轴线车宽度可满足换流站大件设备运输对平板的承载吨位、长度和宽度等要求。

轴线车宽度可根据使用要求拼成 2 纵列、3 纵列、4 纵列。2 纵列轻型板宽 2.99m，重型板宽 3.63m 或 3.40m；3 纵列轻型板宽约 4.81m，重型板宽约 5.79m；4 纵列重型板宽 7.58m。重型板的横向拼接示例如图 21-1 所示。

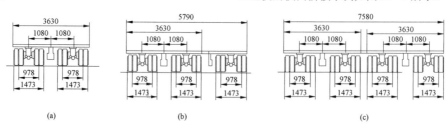

图 21-1 重型板的横向拼接图

（a）两纵列；（b）三纵列；（c）四纵列

轴线平板车运输实景如图 21-2 所示。

图 21-2 换流变压器轴线车运输实景

工程中常用各种轴线平板车的示意图、尺寸如图 21-3～ 图 21-6 所示，其对应的性能参数见表 21-5。

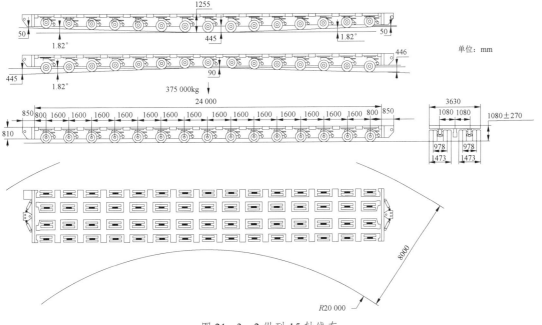

图 21-3 2 纵列 15 轴线车

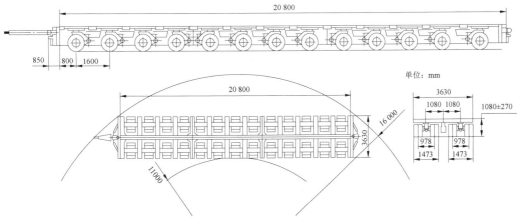

图 21-4 2 纵列 13 轴线车

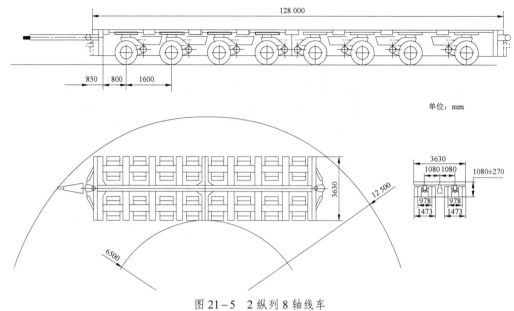

图 21-5 2 纵列 8 轴线车

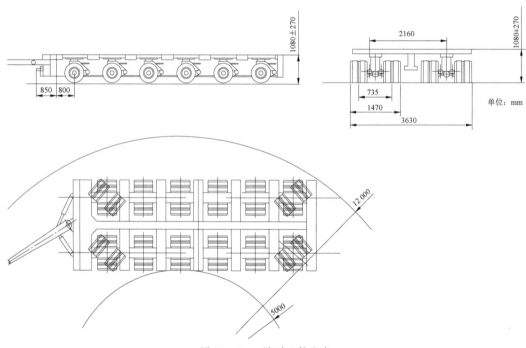

图 21-6 2 纵列 6 轴线车

表 21-5 各种轴线平板车主要性能参数表

序号	类型（列数×轴数）	外形尺寸（m）（长×宽×高）	最大承载力（t）	额定荷载（t）	单轴自重（t）	总轴重（t）	道路最大限坡（%）	路面承受压力（kPa）	对应宽度路面宽度转弯处（内/外）半径（m）						
									8.0	7.0	6.5	5.5	5.0	4.5	4.0
1	2×15	24.00×3.63×1.08	450	360	3.5	48	8.0	49.0	—	15/21.7	—	25/31	30/35	45/50	—
2	2×13	20.80×3.63×1.08	390	312	3.2	42	8.0	49.0	7.8/15.8	—	—	25/30	30/35	45/49	
3	2×8	12.80×3.63×1.08	240	192	3.2	26	8.0	49.0	—	4.0/10.5	—	—	25/29	38/41	
4	2×6	9.30×3.63×1.08	180	144	3.2	20	8.0	49.0	—	—	2.4/9.0	—	—	15/19	

3）换流站中有些质量和尺寸稍小的设备，如站用电变压器、高压电抗器、换流变压器穿墙套管、塔形干式平波电抗器等设备，可采用半挂车进行运输。如 IVECO 半挂车的参数：牵引车型号为 330-36HT，半挂车型号为 THT9460T，全车自重 22t，载重 60t，相关参数如图 21-7 所示。

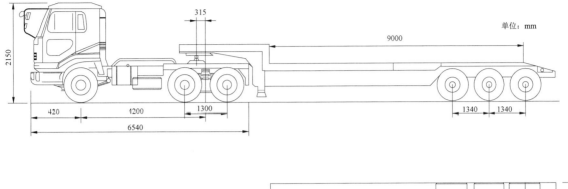

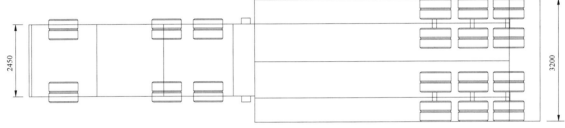

图 21-7 60t 低平台半挂车

4）桥式车组能够很好地解决轴线平板车运输过程中道路、桥梁、涵洞的超载、限高等方面的问题。工程中常用的 10+10 轴桥式运输车组参考技术参数见表 21-6。

表 21-6 10+10 轴桥式运输车组参考技术参数

序号	项　　目	单位	参数
1	外形尺寸	m	79×6.3×1.08
2	最大承载力	t	550
3	额定荷载	t	550
4	单轴自重	t	3.2
5	车辆总重	t	231
6	道路最大纵坡	—	8%

续表

序号	项　　目	单位	参数
7	15m 宽路面内/外转弯半径	m	17/32
8	13m 宽路面内/外转弯半径	m	30/43
9	8m 宽路面内/外转弯半径	m	70/78
10	轮胎数量	条	240
11	路面承受压力	kPa	49
12	通过最低高度	m	5.1

桥式车组公路行驶状态如图 21-8 所示，桥式车组结构尺寸如图 21-9 所示。

图 21-8 桥式承载梁车组公路转弯

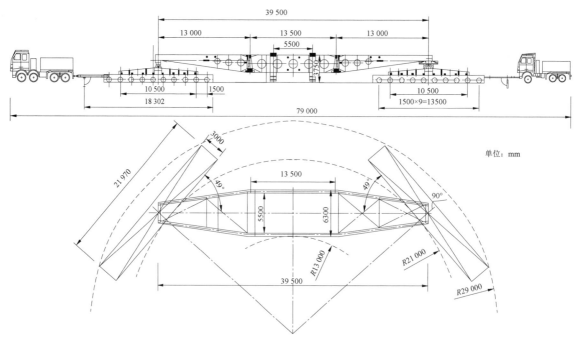

图 21-9　10+10 轴桥式车组结构尺寸

图 21-9 中的 10 轴线车板长度约 22m，将前后牵引车、前后轴线车、桥式承载梁连为一体时，其长度达到 79m，车组有 2 个转向轴，桥式梁长 39.5m，前后轴线车板通过 8m 宽路面转弯处的内半径为 21m，桥式承载梁的扫空面宽度为 8.0m。道路转弯内半径越小，桥式承载梁的扫空面宽度越大；路面宽度越小，车组转弯所需要的内转弯半径和承载梁的扫空面宽度越大。实际运输中，前后轴线车板配置的轴数，依所运输设备的重量、运输路径的道路和桥涵等条件综合确定，其长度受道路转弯半径、路面宽度的制约，因此，对桥式运输车组的选择，应全面综合考虑确定。牵引车与轴线车板间以铰链牵引杆连接，若采用牵引车前拉后推方式，车组有 4 个转向轴，在控制轴线平板的轴数、长度、宽度和纵列数以及道路弯道内侧扫空面宽度时，可在弯道行驶时，形成一定的转向角，能有效减小桥式车组对路面宽度的要求。

换流站工程中，进站道路路面宽度一般为 6m，能满足 2 纵列 10 轴线车板在 21m 内转弯半径上行驶宽度要求，但应校核桥式承载梁长度和道路弯道处内转弯半径和桥式承载梁的扫空面宽度，即转向角 90°时，道路转弯内侧、路面以外一定宽度的场地内不得有突出地面的障碍物；当因道路运输条件限制，采用 3 纵列轴线车板时，其重型车板宽度约 5.79m，车体两侧的路面安全宽度应宽出 0.5m，因此，采用 3 纵列轴线车板运输时，进站道路和站内的运输通道路面宽度应设置为 7.0m。

5）标准轨距铁路的机车车辆应满足国家标准 GB 146.1《标准轨距铁路的机车车辆限界》的限界要求；超限货物装载限界应满足国家标准 GB 146.2《标准轨距铁路建筑限界》的要求。等于或小于基本货物装载限界的货物列车可在全国标准轨距铁路通行；最大级超限货物装载限界的货物列车可通行采用本建筑限界标准的铁路。

标准轨距铁路的机车车辆限界如图 21-10 所示，超限货物列车装载参考限界如图 21-11 所示。

（三）工作内容

换流站站址选择分规划选站和工程选站两个阶段，规划选站阶段是在电力系统划定区域内，选择多个可能的站址，通过技术经济论证，提出推荐建站的地区和站址顺序；工程选站阶段则是根据规划选站阶段审定的站址，进一步落实外部条件，进行必要的现场勘测和试验工作，对至少 2 个站址进行综合技术经济论证，提出推荐站址方案，作为项目建设单位进行项目决策的技术依据。站址选择的内容如下：

1. 准备工作

（1）以项目建设单位的委托函为基础，收集项目建设单位对拟建项目相关信息，明确选站工作的具体任务和要求，并拟定选站工作计划。

（2）初步了解拟选址地区电力系统现状及负荷发展情况、运输条件、水源条件、地质情况和土地条件等。

（3）规划选站阶段，应在 1:50 000、1:100 000 的地形图或卫星图片的拟选区内拟选多个可能的站址落点；工程选站阶段，在 1:10 000 或 1:50 000 的地形图标识出拟选站址的位置、站区外形、水源、大件运输的车站或码头、出线走廊等。

（4）拟定收资提纲，内容包括拟选址地区的土地利用总体规划、城镇分布现状及规划、矿产分布、地质构造、交通现状和发展规划、供水和排水条件等资料。

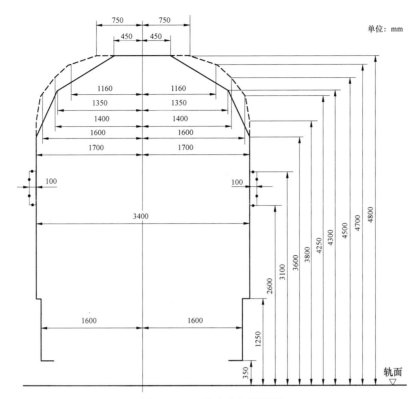

图 21-10　机车车辆限界图

注：——————机车车辆限界基本轮廓；
－－－－－－电气化铁路干线电力机车轮廓；
—·—·—·—列车信号装置限界轮廓。

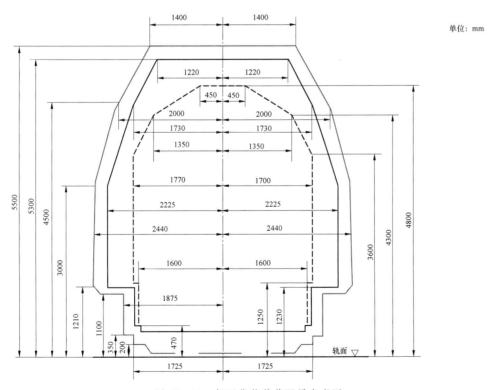

图 21-11　超限货物装载限界参考图

注：——————基本建筑限界；
——————最大级超限货物装载限界；
－－－－－－基本货物装载限界（机车车辆限界基本轮廓）。

2. 现场收资踏勘

（1）前往当地相关职能部门了解和收集拟选站址地区的各项相关情况，常见收资部门及需要收集资料具体见表 21－7。

表 21－7　常见收资部门及收资内容

序号	收资部门	收 资 内 容
1	国土部门	了解和收集拟选站址的土地性质；了解矿产资源分布和探矿权情况
2	规划部门	了解和收集拟选站址地区的城镇规划情况
3	环境保护部门	了解和落实环境保护、水土保持等方面的要求
4	水利部门	了解和落实区域内水系和水库分布、洪水和内涝水位等情况
5	水务部门	了解和落实区域供水条件和状况
6	林业部门	了解和落实区域林权等级和分布状况
7	交通部门	了解和落实区域交通设施规划情况
8	文化和旅游部门	了解和核实文物分布等情况

（2）现场踏勘时，应对拟选站址的地形地貌、周边环境、进出线走廊、交通条件、道路桥梁、河道水位变迁、防洪设施的标准、社会公用设施等进行了解。

（3）对拟选站址应取得当地国土、规划、文物、环保等职能部门的协议。

3. 方案比选

在现场踏勘和资料收集的基础上，对具备建站条件的多个站址进行技术经济比较，估算项目的投资和运行费用，提出推荐站址。

二、总体规划

（一）一般要求

（1）总体规划应与落点地区的土地利用总体规划、城镇规划、工业园区和风景名胜区等各项规划相协调。

（2）总体规划方案应根据地形、地质、耕地保护、自然水系、环境保护、进站道路、进出线等条件，结合工艺布置确定。

（3）总体规划应根据工艺布置以及施工、运行、检修和生态环境保护需要，结合站址自然条件按最终规模统筹规划，近远期结合，以近期为主；宜根据建设需要分期征用土地。

（4）协调站区直流、交流和接地极线路的关系，合理确定交流和直流线路出线方向，尽量避免或减少线路相互交叉跨越。

（5）站区方位应方便进站道路引接，尽量利用已有道路，缩短进站道路长度和土石方工程量。

（6）总体规划应考虑洪水和内涝影响，针对换流站所处的地理位置和实际的洪涝情况，以避开、防护、疏导为原则，合理确定防洪涝方案。

（7）山区、丘陵地带的换流站宜依山顺势布置，尽量避免大开挖破坏山体平衡，造成滑坡和坍塌。

（8）地震区的总体规划应考虑有利于抗震的地形和地段进行布置，站区尽量避开陡坎、有危岩的山体和破碎带。

（9）协调站区与站外水源、排水口位置，缩短站外给排水管线长度。按就近排放的原则布置排水出口位置，优先采用重力排水方式，排入周围自然水系。

（10）合理确定取土场、弃土场的位置、数量和容量，满足环境保护和水土保持的要求。

（11）充分利用和保护天然排水系统及农田灌溉系统，当站区改变上述系统时，应合理采取措施，恢复其正常功能。

（12）合理确定施工临建的位置和面积、施工道路、施工用电、用水、通信。

（13）充分利用站址周边已有的交通、给排水及防洪等公用设施。

（二）设计内容

根据总体规划的要求，拟定一个或多个规划方案，并进行技术经济比较，确定总体规划推荐方案，绘制总体规划图。总体规划图在站址区域地形图（常用比例尺为 1:5000 或 1:10 000）上绘制，一般包括以下内容：

（1）站区位置及主要出入口位置。

（2）各级电压进出线方位、进出线回路及走廊宽度。

（3）进站道路接引点、路径和桥涵位置。

（4）水源地及供水管线路径、取水设施及建（构）筑物。

（5）排水设施、排水口位置及排水路径。

（6）施工临建的位置及范围。

（7）取土场、弃土场的位置及范围。

（8）附近电力系统中有关的变电站、外引电源、发电厂的位置。

（9）接地极位置，当图幅范围未覆盖接地极位置时，可在图中插入更小比例地形图，标明换流站与接地极的位置关系。

（10）换流站与周边设施（塌陷区、石油天然气管道、易燃易爆危险品区等）的相互位置关系。

第二节　总平面及竖向布置

一、总平面布置

（一）一般要求

（1）总平面布置应结合站区具体条件，在满足工艺要求的前提下，做到布置紧凑合理，扩建方便。

（2）在满足带电安全、防火、检修和卫生间距的前提下，将全站的建构筑物合理归类分区，按生产区、辅助及附属生产区功能区进行规划布置，缩减布置间距，减少边角空余场地，提高场地利用率。

（3）总平面布置应合理利用地形，将换流变压器、平波电抗器、阀厅、控制楼、GIS 等大型设备和主要建筑物尽量布置于地质条件较好的地段，主要建筑的长轴一般应顺自然地形等高线布置。当站区地形条件受限制时，应协调工艺专业的布置需要，确定合理的总平面布置方案。

（4）建（构）筑物之间的防火间距应满足 GB 50016《建筑设计防火规范》、GB 50229《火力发电厂与变电所设计防火规范》及其他有关规程、规范的规定。生产与贮存火灾危险性较大的建（构）筑物，应设置围栅及防火堤，形成独立的防火分区。

（5）总平面布置应考虑噪声控制的要求，将主要设备噪声源集中布置，并远离站内外要求安静的区域；充分利用阀厅、备品备件库、GIS 室等高大建筑物对噪声的隔离作用，控制噪声传播途径；将主要设备噪声源低位布置以缩小噪声传播距离；适当增大综合楼等建筑物与噪声源的间距，综合楼宜布置于夏季主导风向的上风侧，门窗不要面向噪声源，其排列应使建筑多数面积位于较安静的区域中，具体要求见第二十六章第五节。

（6）位于风沙地区的换流站，建筑物的长轴宜平行于风沙季节的主导风向，减少大面积墙面遭受风沙侵袭。

（7）总平面布置应考虑节能降耗的要求，建筑物朝向合理，自然采光和通风良好。

（8）屋外配电装置应尽量远离易扬尘的道路和场地，并视具体条件留有适当的防护距离，可采用种植防护林带、硬化覆盖等方法来减少尘土对电气设备的影响。

（9）站内外道路的设置应满足检修、运输、巡视和消防的要求。道路布置宜顺直、短捷、环形贯通。进站大门宜正对换流变广场，避免换流变压器和平波电抗器的运输车辆站内迂回转弯。

（10）位于膨胀土地区、湿陷性黄土地区、盐渍土等特殊场地的换流站应满足相关规范对总平面布置的要求。

（二）生产区布置

总平面布置设计应配合工艺流程的需要，对生产区内的建（构）筑物、道路和广场、地下设施、消防和安全等相关项目平面和竖向布置的适宜性进行控制和设计，使各生产区内的布置满足工艺流程顺畅、布置紧凑合理、符合消防及安全要求。

换流站生产区主要包括换流区、直流配电装置区、交流配电装置区及交流滤波器区等，详见表 21-8。生产区的布置方式和由工艺专业根据工艺流程的需要进行布置，相关内容见第十四章。

表 21-8 生产区主要功能分区一览表

名称	功能区内的建（构）筑物及设备	布置形式
换流区	阀厅、控制楼、换流变压器、平波电抗器（油浸式）、阀外冷却设备、换流变压器母线塔、换流变压器搬运轨道、事故集油池、备用换流变压器、备用平波电抗器等	主要有"一字形"或"面对面"布置
直流配电装置	双极对称装设平波电抗器、直流无源滤波器、直流电压测量装置、直流电流测量装置、直流隔离开关、高速转换开关、中性点设备、直流载波通信设备及过电压保护设备、直流继电器室、备用平波电抗器室、双极直流出线塔、接地极设备及出线塔等	有户内式和户外式
交流配电装置	交流继电器室；交流母线、断路器、隔离开关、电流互感器、电压互感器、避雷器等 AIS 设备；或 GIS（户外或户内）；紧凑型组合电器 HGIS；GIL 分支母线等设备	有瓷柱式 AIS、户外或户内 GIS、紧凑型组合电器 HGIS
交流滤波器区	交流滤波器、交流母线、断路器、隔离开关、电流互感器、电压互感器、避雷器等 AIS 设备和设施；或 GIS、HGIS 等设备	交流滤波器的类型和数量，按大、小组方式布置

（三）辅助及附属生产区布置

换流站的辅助及附属设施包括深井泵房、综合水泵房、生产消防水池、排水泵站、阀外冷设备、综合楼、检修备品库、专用品库、警传室、车库等。

辅助设施宜布置于服务对象的附近，一般情况下，换流阀的外冷设备布置在阀厅附近；综合水泵房及生产消防水池靠近阀外冷设备；消防设施应靠近带油设备布置。综合

楼、车库等附属生产设施宜相对集中布置于大门附近，形成换流站对外交通联系、对内过渡的功能区。

工程中一般将辅助及附属生产设施相对集中布置，便于运行人员使用，缩短站内步行距离。综合楼朝向应考虑采光和通风的需求；检修备品库入库大门可利用广场的空间，便于入库车辆的回转和调车；污水处理设施应根据应考虑风向影响并置于隐蔽地段。布置实例如图 21-12 及图 21-13 所示。

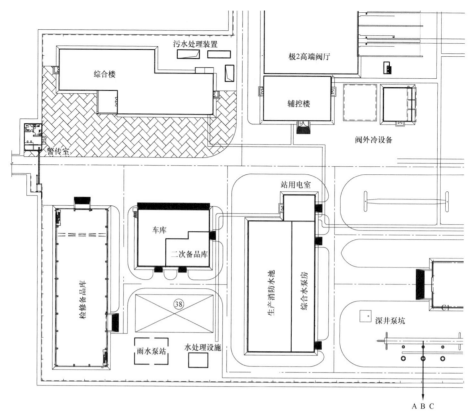

图 21-12　辅助及附属生产区布置实例一

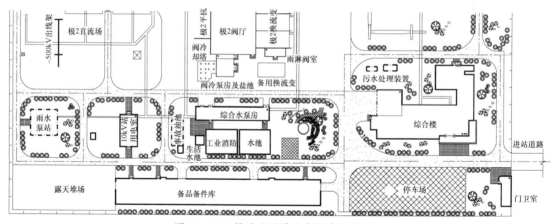

图 21-13　辅助及附属生产区布置实例二

（四）站区总平面布置实例

1.±500kV LN 换流站总平面布置

该换流站采用每极单 12 脉动换流器接线，安装 12 台换流变压器，备用 2 台；阀厅及控制楼"一字形"布置，并与户内直流配电装置联合布置站区北侧，双极直流向北出线；500kV 交流配电装置区采用敞开式 AIS 配电装置布置于站区南侧；500kV 交流滤波器分片集中布置于 500kV 交流配电装置区东西两侧；辅助及附属生成区集中布置于阀厅及直流场西侧。

辅助及附属设施集中布置，车库、综合泵房和水池联合布置在综合楼、换流区之间，可降低换流变压器噪声对综合楼内人员的干扰；利用建筑高度和立面特点进行空间组合，

将检修备品库布置于综合楼后侧，进站视觉效果较好；站区大门正对换流变压器广场，换流变压器的站内运输通道短捷顺畅。滤波器场与综合楼间设置隔声屏障，同时利用站前广场加大综合楼与噪声源的距离，降低噪声的影响。

±500kV LN 换流站总平面布置见二维码图 21-1。

二维码图 21-1　±500kV LN 换流站总平面布置

2. ±500kV NZ 换流站总平面布置

该换流站为双回 500kV 换流站合建,采用每极单 12 脉动换流器接线,安装 24 台换流变压器,备用 4 台,搬运轨道共轨布置;阀厅及控制楼"面对面"布置于站区中部,有效阻挡换流变噪声向外传播;±500kV 户外直流配电装置位于站区南侧;500kV 户外 GIS 配电装置位于站区北侧;500kV 交流滤波器集中布置于站区西侧,便于噪声控制;辅助及附属生产区布置于站区东南角。

辅助及附属设施相对集中布置,设有综合楼、检修备品库及换流变现场检修厂房,检修备品库及换流变现场检修厂房外形均采用 L 型,相对布置形成围合空间,有效利用场地空间;换流变现场检修厂房靠近换流区布置,换流变广场至检修厂房的轨道短捷。综合水泵房及水池利用边角地块布置,使站区规整。

±500kV NZ 换流站总平面布置见二维码图 21-2。

二维码图 21-2 ±500kV NZ 换流站总平面布置

3. ±660kV QD 换流站总平面布置

该换流站是 ±660kV 直流换流站与 500kV 变电站的合建换流站,±660kV 直流每极单 12 脉动换流器接线,换流站的交流配电装置与 500kV 变电站的 HGIS 交流配电装置联合布置。±660kV 直流配电装置布置于站区西侧;阀厅及控制楼"一字形"布置于站区中部;500kV HGIS 交流配电装置布置于站区东侧;交流滤波器区集中布置站区北侧,便于噪声控制;500kV 联络变压器及无功补偿装置、220kV 户外 GIS 设备布置于交流配电装置南侧;辅助和附属生产区位于阀厅南侧。

辅助及附属设施相对集中布置,设有综合楼、检修备品库、车库、综合水泵房及水池,综合楼建筑朝向较好,综合水泵房及水池靠近换流区布置,充分利用站前空间,供水管线较短。站区进站大门正对换流变广场且距离短捷,便于站内换流变压器和联络变压器的运输。

±660kV QD 换流站总平面布置见二维码图 21-3。

二维码图 21-3 ±660kV QD 换流站总平面布置

4. ±800kV ZZ 换流站总平面布置

该站是 ±800kV 每极双 12 脉动换流器串联接线换流站,±800kV 直流配电装置位于站区北侧;阀厅及换流变"面对面"布置于站区中部;500kV 户内 GIS 室布置于站区南侧,与高、低端阀厅形成三面围合空间,从三面阻止换流变压器噪声向外传播;500kV 交流滤波器区集中布置于站区东侧,远离人员集中场所,有利于改善运行人员工作环境,便于噪声控制;辅助和附属生产区位于阀厅西南角。

辅助及附属设施相对集中布置,设有综合楼、检修备品库、车库、雨水泵站、综合水泵房及水池等,综合楼建筑朝向较好,位于高端阀厅和附属建筑围合的隐蔽空间内,可有效降低换流区噪声对综合楼内人员的干扰;综合水泵房及水池靠近换流区布置,阀冷系统供水管线长度较短;检修备品库的车辆进出大门,正对综合楼前广场,有利于换流变压器备用套管运输车辆的回转,方便平板车辆进出检修备品库和超长套管的装卸作业。

±800kV ZZ 换流站总平面布置见二维码图 21-4。

二维码图 21-4 ±800kV ZZ 换流站总平面布置

5. ±800kV CX 换流站总平面布置图

该站是 ±800kV 每极双 12 脉动换流器串联接线换流站,±800kV 直流配电装置位于站区东侧;阀厅及换流变"一字形"布置于站区中部;500kV 交流配电装置布置于站区西侧;500kV 交流滤波器区分片集中布置于交流配电装置西侧和南侧;辅助和附属生产区位于阀厅西南角。

辅助及附属设施相对集中布置,设有综合楼、净水站、综合水泵房、生活水池及工业消防水池、备品备件库、车库等,综合楼建筑朝向较好;综合水泵房及水池靠近换流区布置,阀冷系统供水管线长度较短;站区进站大门正对换流变广场且距离短捷,便于站内换流变压器的运输。

±800kV CX 换流站总平面布置见二维码图 21-5。

二维码图 21-5 ±800kV CX 换流站总平面布置

6. ±500kV GL "背靠背"换流站总平面布置图

该"背靠背"换流站在已建开关站基础上扩建,4 套单 12 脉动阀组分 2 期分别建设,一期建设 2 个"背靠背"单元,安装 12 台换流变压器,备用 1 台,流变压器的网侧各配置对应的 500kV 交流配电装置。二期建设 2 个"背靠背"换流单元,两网侧各安装 6 台换流变压器,共 12 台。2 个阀厅与控制楼呈"一字形"布置于站区中部,交流网侧 I 配电装置位于阀厅东侧,接入已有 500kV 开关站配电装置,其交流滤波器分散布置于其北侧和东侧;交流网侧 II 配电装置位于阀厅西侧,其交流滤波器分散布置于其北侧和西侧;辅助和附属生产区布置于站区东南侧。

辅助和附属生产区采用长条形相对集中布置,适应主要生产区布置形式,进站侧围墙较规整。换流站利用已有 500kV 开关站配电装置和公用设施,减小换流站公用设施投资费用。

±500kV GL"背靠背"换流站总平面布置见二维码图 21-6。

二维码图 21-6 ±500kV GL"背靠背"换流站总平面布置
（阴影部分为开关站已建范围）

二、竖向布置

（一）一般要求

（1）换流站的场地设计标高应高于频率为 1%（重现期）的洪水水位和历史最高内涝水位,当不满足时,应采取防洪涝措施;位于季节性洪冲积场地,站区场地设计高程应高于场地的壅水高度,并应防止洪水倒灌站区。

（2）站区竖向布置应满足换流站设备、建构筑布置需要,场地排水应根据站区地地形、地区降雨量、场地土地性质、站区竖向及道路布置,合理选择排水方式,宜采用地面散流渗排、雨水明沟、暗沟、暗管或混合式排水方式。

（3）站区竖向布置应合理利用自然地形,因地制宜确定竖向布置形式,地形平坦地区,竖向布置宜接近自然地形,避免大挖大填;山区丘陵地区,结合工艺布置,适当采用阶梯式布置。

（4）场地标高的确定在满足防洪、防内涝的前提下,尽量做到土方平衡,使土方工程量最小。对于特殊地质条件的

站址,当采用土方平衡会增加工程难度和费用时,可以不要求土方平衡。弃土场的选择应按就近原则,减少运距,如需外购土方,应对土源场地进行测量和勘探工作。

（5）场地设计标高应满足进站道路纵坡限制要求。站内道路的最大坡度,应满足设备运输和检修车辆通行的要求,其连接的站内场地标高应能相互衔接。

（6）条件允许时,远期填方区可作为消纳远期基槽余土场地;预留场地需远期开挖的,在不影响换流站安全运行的情况下,可留待后期处理。

（7）主要生产建筑物的底层设计标高高出室外地坪不应小于 0.3m,其他建筑物底层设计标高高出室外地坪不应小于 0.15m。

（8）位于膨胀土地区、湿陷性黄土地区、盐渍土等特殊场地的换流站应满足相关规范对竖向布置的要求。

（二）竖向布置形式

常用的竖向布置形式有平坡式和阶梯式,这两种布置形式主要根据场地自然地形条件进行选用。

1. 平坡式竖向布置

平坡式竖向布置在工程中广泛采用,其优点是站内交通、工艺流程和管线敷设条件好;缺点是当地形起伏大时,场地大挖大填,土石方工程量大,地基处理费用较高。

平坡式场地设计坡度,一般为 0.5%~2%,不应小于 0.3%,在满足检修、维护和采取防冲刷措施情况下,局部最大不宜超过 6%。平坡式布置的场地设计坡度,可按式（21-5）计算:

$$i_{设} = \frac{B \times i_{地} - (H-h) \times 100C}{B} \qquad (21-5)$$

式中 $i_{设}$ ——场地设计坡度（%）;

$i_{地}$ ——自然地形平均坡度（%）;

H ——基础埋置深度;

h ——耕植土层厚度;

C ——填、挖方平衡系数,一般取 1.8;

B ——场地宽度。

常见平坡式布置形式见表 21-9。

表 21-9 平坡式布置形式表

分类名称		图式	布置特点	优缺点	选用条件
水平型平坡			场地平整无坡度	能为站内道路设计创造良好技术条件,但场地排水条件较差,需要加强排水管网和雨水口的设置	在自然地形比较平坦,场地面积不大,采用地下排水系统,场地土壤雨水渗透性较好时选用
斜面型平坡式	单斜面平坡式		场地设计平面有平缓坡度,高差小于 1.0m	能利用地形、便于排水,可减少平整场地的土石方量,若两个坡面的连接处形成汇水形状。"V"、"L"场地的坡度变换处应设置雨水明沟、雨水口等,便于场地排水可与道路的排水结合设置	在自然地形坡度小于 3% 时,自然地面单向倾斜时选用
	由场地中央向边缘双向斜面的平坡式				宜在自然地面中央凸出,向周围倾斜时选用

续表

分类名称		图 式	布置特点	优缺点	选用条件
斜面型平坡式	由场地边缘向中央双向斜面的平坡式		场地设计平面有平缓坡度，高差小于1.0m	能利用地形、便于排水，可减少平整场地的土石方量，若两个坡面的连接处形成汇水形状。"V"、"L"场地的坡度变换处应设置雨水明沟、雨水口等，便于场地排水可与道路的排水结合设置	宜在自然地形周围偏高，而中央比较低注时选用
	组合型平坡式		场地由多个接近于自然地形的设计平面和斜面组成		宜在自然地形起伏不平时选用

注 1——原自然地面；2——整平后地面；3——排洪沟。

2. 阶梯式竖向布置

站区自然地形坡度在 5%～8%以上，且站区范围内的原地形有明显的单向坡度时，站区竖向布置宜采用阶梯式，阶梯宜平行自然等高线布置，并应根据土、石方工程量的计算比较确定台阶的位置。阶梯式布置的优点是土石方工程量相对较小，地基处理费用较低；缺点是站内交通、电缆沟道和管线敷设条件差、台阶的设置增加站区用地面积。应根据地形条件、工艺布置和功能分区需要，结合台阶的工程量、用地面积等因素综合比较，选择合适的台阶位置和高度。

（1）台阶应结合自然地形条件按功能分区划分，可将单个功能区放在一个台阶上，也可将两个以上功能区放在一个台阶上。如：将直流配电装置布置在一个台阶上，也可将换流区和直流配电装置两个功能区放在一个台阶上。台阶宜顺自然地形等高线布置，应避免设在不良工程地质地段。台阶

的数量不宜过多，一般以 2～3 个为宜。

（2）台阶的宽度应满足建筑物和构筑物、运输线路和绿化等布置要求，以及操作、检修、消防和施工的需要。

（3）台阶高度主要考虑以下因素影响：① 自然地形条件；② 跨越台阶的设备和导线对地的安全距离要求；③ 跨台阶处的站内道路最大限制纵坡。站内台阶的高度不宜大于4m，否则，易导致站内道路引线过长，造成站内道路布置困难，增加挡土墙等支挡结构的工程量。

（4）台阶的连接有边坡和挡土墙两种方式，应据地形条件、材料来源、工程地质和水文地质条件、台阶高度、挖填方、台阶上下建筑物的布置与荷载分布，经技术经济比较确定。

（5）台阶与建构筑物的距离应满足 GB 50187《工业企业总平面设计规范》的相关规定。

（6）常见阶梯式布置形式见表 21-10。

表 21-10 阶 梯 式 布 置 形 式 表

分类名称	图 式	优缺点	选用条件
单向降低的阶梯式		能充分利用地形，可节约场地平整的土方量和建、构筑物的基础工程量，排水条件比较好。但道路连接困难。防排洪沟、跌水、急流槽、护坡、挡土墙等工程量增加	1. 在地形复杂、高差大，特别在山区和丘陵地区建站采用较多；2. 宜在场地自然坡度大于5%～8%时选用；3. 宜在生产工艺要求两相邻整平场地高差在1.5～4.0m时选用
由场地中央向边缘降低的阶梯式			
由场地边缘向中央降低的阶梯式			

注 1——原自然地面；2——整平后地面；3——排洪沟。

（7）阶梯式竖向布置的工程实例见二维码图 21-7、图 21-14。

二维码图 21-7 阶梯式竖向布置

以上竖向布置是一个"背靠背"换流站的二级台阶的设计，其中的换流区和电网Ⅰ侧的交流配电装置、交流滤波器区位于低台阶，电网Ⅱ侧的交流配电装置、交流滤波器区位于高台阶，台阶间采用挡土墙支挡。为满足运输及消防要求，台阶的顶部和底部均设有道路，南北两侧各增加一条爬坡道路，连接两级台阶，并在挡墙内设置连接高低台阶的楼梯。

图 21-14 挡墙连接高低台阶实景

（三）各功能区竖向设计及实例

1. 换流区

换流区竖向布置以阀厅及控制楼为中心，协调阀厅及控制楼室内地坪与换流变压器基础、搬运轨道、换流变广场的高程关系，阀厅地坪宜比室外设计地面高 0.30m；换流变压器广场排水应考虑搬运轨道布置的要求，排水坡向应朝向广场外围或背向换流变压器油池排水，综合考虑搬运轨道纵坡限制和场地排水要求，换流变广场排水坡度宜为 0.3%。

换流区阀厅及控制楼"一字形"布置时的竖向布置实例见二维码图 21-8，阀厅及控制楼"面对面"布置时的竖向布置实例见二维码图 21-9。

二维码图 21-8 换流区竖向布置（一）

二维码图 21-9 换流区竖向布置（二）

2. 直流配电装置

直流配电装置的竖向设计应根据场地内道路的布置情况，合理划分分水线和汇水线，并沿汇水线设置雨水口，场地坡度宜控制在 0.5%～1% 之间。

户外型直流配电装置竖向布置实例见二维码图 21-10。

二维码图 21-10 户外直流配电装置竖向布置实例

3. 交流滤波器区

交流滤波器区场地坡度应考虑滤波器母线构架纵向坡度的限制，协调设备构（支）架的基础埋设深度、设备操作机构箱和操作连杆与上部设备的高程关系。场地坡度宜垂直于主母线方向，坡度一般为 0.5%～2%；平行于主母线方向的场地宜采用零坡，困难条件下不得大于 1%。

交流滤波器区竖向布置实例见二维码图 21-11。

二维码图 21-11 交流滤波器区竖向布置实例

4. 交流配电装置区

交流配电装置需要考虑母线构架纵向坡度的限制，协调设备构（支）架的基础埋设深度、设备操作机构箱和操作连杆与上部设备的高程关系，竖向设计要求同交流滤波器区。

交流配电装置场地竖向布置实例见二维码图 21-12。

二维码图 21-12 交流配电装置场地竖向布置实例

第三节　道路及广场

一、道路

（一）进站道路

进站道路与国家支（干）线公路、城市道路、车站、码头相衔接，满足换流站施工、运行和检修期间的设备、材料运输以及人员交通的需要。

1. 道路标准

进站道路一般采用公路型，当引接道路为城市型道路时，可采用城市型设计。

进站道路宜按 GBJ 22《厂矿道路设计规范》规定的四级厂矿道路设计，路面宽度、道路纵坡、转弯半径、桥式车组承载梁的弯道扫空面宽度、路基和路面结构层等，应根据换流站大件设备运输要求进行校验和设计。

2. 道路路径选择

（1）平原地区：应采用较高的平面线形标准，尽量减少长直线或小偏角的使用，但不应为避免长直线而随意转弯。道路线路避让局部障碍物时应使线形连续和舒适。纵断面应结合桥涵、通道、交叉等构筑物的布局，合理确定路基设计高程，并避免纵断面频繁起落。

（2）微丘地区：平面线形应充分利用地形，将平面和纵断面线形进行有利的组合，微小地形宜就近穿过，避免线形曲折，不宜为了道路顺直而采用长直线形造成纵断面上下起伏，影响车辆行驶的舒适性。

（3）山岭重丘地区：应综合考虑道路平、纵、横三者之间的关系，为提高道路线形质量，应恰当掌握设计标准，并注意以下问题：

1）路径应随地形变化进行布设，在确定道路平面、纵断面位置的同时，兼顾道路横断面挖填平衡关系，横坡较缓的地段，可采用半挖半填或填大于挖的路基断面；横坡较陡的地段，可采用全挖或挖大于填的路基断面。同时还应调配纵向土、石方平衡，减少弃土和取土情况的发生。

2）平、纵、横面应统筹兼顾，不能为了纵坡平缓，而使路线平面曲折迂回，或为使平面顺直、纵坡平缓，而采取深挖高填方式；或只顾工程的经济性而过分迁就地形，而使平、纵面过多采用极限或接近极限的指标。

3）冲沟比较发育的地段，宜采用绕行方案，无法绕行时，可考虑采用高路堤或高架桥的穿行方案。

3. 路面设计

路面一般由面层、基层和垫层组成，各层常用做法如下：

（1）常用面层：水泥混凝土面层、沥青面层。

（2）常用基层：水泥稳定碎石、水泥稳定土、级配碎石、级配砾石。

（3）常用垫层：三七（或二八）灰土、水泥稳定土。

换流站的路面设计，应根据直流换流站交、直流电压等级和设备运输质量的大小计算确定，在设计基准期内，在行车荷载和温度梯度综合作用下，不产生疲劳断裂作为设计标准；以最重轴载和最大温度梯度综合作用下，不产生极限断裂作为验算标准。

（二）站内道路

1. 布置要求

（1）满足使用要求。须按照道路所在位置，满足运行巡视、检修、运输和消防等的使用要求。

（2）便于分区管理。换流站内实行功能分区布置，利用道路来作为分隔和功能区过渡使各功能区的范围清晰明确，减少相互干扰。

（3）力求规则，环形贯通。站内各主要建（构）筑物应有道路相通，道路宜与建筑平行布置便于引接和消防，并尽可能整齐规则，环形贯通。无法成环时，应设置有利于车辆调头的场地。

（4）适应竖向布置特点。站内道路设计标高及纵坡的确定，应与场地的竖向布置相适应，便于场地排水。采用阶梯布置时，应尽可能结合平面布置设置道路，将各个阶梯连成整体。

（5）与进站道路协调配合。站内外道路应成为有机的整体，道路的平面位置、纵坡和设计标高均应相互衔接顺畅，便于车辆行驶。

（6）路径短捷。站内道路在满足上述各项要求的同时还应做到路径短捷，避免迂回重复。

2. 主要技术要求

（1）大件运输通道的净空高度和宽度应满足换流变压器、平波电抗器运输车辆和设备的高度、宽度、安全间距的要求。其他地段的道路建筑限界根据 GB 4387—2008《工业企业厂内铁路、道路运输安全规程》确定：跨越道路上空架设管线距路面的最小净高不得小于 5.0m，现有低于 5m 的在改、扩建时应予以解决。跨越道路上空的建（构）筑物（含桥梁、隧道等）距路面的最小净距，应按行驶车辆的最大高度或车辆装载物料后的最大高度另加 0.5m~1.0m 的安全间距采用（安全间距可根据行驶车辆的悬挂装置确定），并不宜小于 5.0m。如有足够依据，确保安全通行时，净空高度可小于 5m，但不得小于 4.5m。净空侧高按净空高度减小 1.0m 确定；净空顶角宽度根据路面宽度确定，路面宽度小于 4.5m、4.5~9.0m、9.0m 以上时，分别采用 0.5m、0.75m、1.5m；当道路设置下承式桥梁结构、绿化带等分隔设施时，根据设计需要确定分隔设施宽度。

道路建筑限界如图 21-15 所示。道路限高、限宽和限速示意如图 21-16 所示。

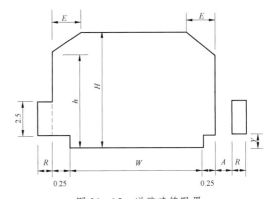

图 21-15 道路建筑限界

W—路面宽度；R—人行道宽度；H—净空高度；h—净空侧高；
E—净空顶角宽度；Y—路缘的净空高度，一般采用 0.25m；
A—设置分隔设施所需要的宽度

图 21-16　站内道路限高、限宽和限速示意

（2）最小净距：道路边缘至相邻建（构）筑物的最小净距见表 21-11。

表 21-11　站内道路边缘至相邻建（构）筑物的最小净距

相邻建（构）筑物名称		最小净距（m）
建筑物外墙	建筑物面向道路一侧无出入口	1.5
	建筑物面向道路一侧有出入口，但不通行汽车	3.0

续表

相邻建（构）筑物名称		最小净距（m）
建筑物外墙	建筑物面向道路一侧有汽车出入口	6.0
屋外配电装置		1.0
围墙		1.0

注　1. 表中最小净距：城市型厂内道路自路面边缘算起，公路型厂内道路自路肩边缘算起。

2. 跨越公路型道路的单个管线支架、无工艺限制条件的设备构（支）架外缘至路边缘最小净距，可采用 1.0m。

3. 生产工艺有特殊要求的建（构）筑物至站内道路边缘的最小净距应符合现行有关规范要求。

4. 当站内道路与建筑物之间设置边沟、管线等时，应按需要确定其净距。

（3）路面宽度：站内主要道路宽度应满足大件设备运输车辆通行的要求；消防通道路面宽度应满足 GB 50016《建筑设计防火规范》关于消防车辆通行的最小通道宽度要求。站内道路宽度宜按表 21-12 的规定采用。

（4）转弯半径：站内道路的转弯半径，主要取决于所行驶车辆的技术性能和转弯处的场地条件而定。有大型轴线车、桥式承载车组行驶的主要路段，道路转弯半径应根据轴线车、桥式承载车组的技术性能确定。站内次要道路转弯处，应满足消防车转弯半径的要求，一般不小于 9.0m。站内主要道路宽度和转弯半径应按表 21-12 的规定采用。

表 21-12　站内道路宽度和转弯半径

序号	道路类型	电压等级（kV）	路面宽度（m）	道路转弯半径（m）	备　注
1	换流变压器运输通道	±500～±660	5.5	18.0	桥式车组运输时，5.5m 宽路面转弯半径不小于 25m，扫空面宽度不小于 9m
		±800	5.5	25.0	
2	平波电抗器运输通道	±500～±660	4.0	12.0	
		±800	4.5	15.0	
3	换流变压器套管运输通道	±500～±660	4.0	12.0	
		±800	4.5	15.0	
4	联络变压器运输通道	220	4.5	12.0	桥式车组运输时，5.5m 宽路面转弯半径不小于 25m，扫空面宽度不小于 8m
		330～750	5.5	15.0	
		1000	5.5	21.0	
5	高压电抗器运输通道	330～500	4.0	12.0	桥式车组运输时，5.5m 宽路面转弯半径不小于 25m，扫空面宽度不小于 8m
		750	4.5	12.0	
		1000	4.5	18.0	
6	消防通道	220～1000	4.0	9.0	

续表

序号	道路类型	电压等级（kV）	路面宽度（m）	道路转弯半径（m）	备 注
7	检修道路	330～1000	3.0	7.0	
8	巡视小道		0.8～1.5		

注　1. 换流变压器、主变压器、高压电抗器采用桥式车组运输时，应校核桥式车组承载梁在转弯处内扫空面宽度，以确定内转弯路面外侧的限界宽度。

　　2. 表中所列"道路转弯半径"为车辆直角转弯时所需道路内转弯半径。

　　3. 换流变压器运输道路的路面宽度基于2纵列轴线车宽度确定，当采用2纵列以上轴线或平板时，其路面宽度应进行核实。

二、站区广场

（一）换流变压器广场

换流变压器广场主要用于换流变压器安装和检修时的搬运，广场内主要布置有换流变压器搬运轨道、电缆沟（隧）道、换流变压器事故排油管沟道和排水管道。广场的设计应考虑以下要求：

（1）广场结构层设计强度应满足大件运输车辆满载时的附加应力要求。

（2）广场坡度应满足大面积硬化场地排水、搬运小车对轨道纵坡限制要求，与搬运轨道坡度协调一致。一般情况下，沿阀厅纵向搬运轨道采用零坡；沿阀厅横向搬运轨道结合广场排水及换流变压器安装需要，坡度不宜大于0.3%。

（3）水泥混凝土广场面板应按照 JTG D40《公路水泥混凝土路面设计规范》的规定设置胀缝、缩缝；广场与轨道基础、电缆沟等构筑物之间应设置变形缝，避免作用力的相互传导。

（4）广场水泥混凝土面层中宜加入防裂纤维或设置防裂钢筋网。

（二）综合楼前广场

综合楼前广场主要用于运行、检修人员通勤车辆停放，一般应满足如下要求：

（1）停车场面积应根据停车车型、停放形式和停车数量确定。

（2）结构层设计应满足车辆行驶要求。

（3）广场面层宜铺设与综合楼色调相协调的面砖。

（4）广场坡度宜采用0.5%～1%，除特殊情况外，不应小于0.3%或大于2%。

（5）广场设计防裂措施，可参考水泥混凝土换流变压器广场的措施。

第二十二章

换流站建（构）筑物设计

第一节 阀 厅 设 计

一、一般说明

阀厅是换流站的主要生产建筑物，位于换流站的换流区域，用于布置换流阀组及相关设备。通常情况下，1 幢阀厅布置 1 个换流器单元的换流桥及相关设备。

阀厅内布置有换流阀组、高压套管（包括换流变压器阀侧套管、直流套管、平波电抗器套管）、直流电流/电压测量装置、避雷器、接地刀闸等电气设备及其连接导体、绝缘子，以及电缆/光缆桥架、阀内冷却水管、空调送风/回风管、事故排烟风机等辅助系统设备与设施，其设计应充分满足工艺流程、设备布置及功能需求，满足运行维护的需要，妥善考虑结构安全、建筑防火、安全疏散、电磁屏蔽、气密、保温隔热、隔声、防水、排水、抗风等相关技术要求，保障换流站设备及设施安全和人员生命财产安全。

两端直流输电换流站阀厅外观实例图见图 22-1。

图 22-2 某±660kV 换流站阀厅内景照片

背靠背换流站阀厅外观实例图见图 22-3。

图 22-3 某背靠背换流站阀厅外观照片

背靠背换流站阀厅内景实例图见图 22-4。

图 22-1 某±800kV 换流站阀厅外观照片

两端直流输电换流站阀厅内景实例图见图 22-2。

图 22-4 某背靠背换流站阀厅内景照片

二、建筑设计

（一）建筑设计原则

阀厅建筑设计应遵循的主要设计原则如下：

（1）满足工艺流程、设备布置及功能需求，以及运行维护的需要。

（2）满足建筑布置的合理性、建筑选材的适用性、建筑构造的科学性。

（3）针对建筑防火、安全疏散、电磁屏蔽、气密、保温隔热、隔声、防水、排水、抗风等相关技术要求提出妥善的解决方案。

（4）与站区其他建筑物的立面造型和色彩方案统筹考虑，并与周边自然、人文环境和谐统一。

（二）建筑技术要求

1. 建筑防火

（1）火灾危险性类别：阀厅内的换流阀由大量合成材料和非导电体组成，长期运行于高电压和大电流下，若元部件故障或电气连接不良，有可能产生电弧并引发火灾事故；其他电气设备如高压套管、直流电流/电压测量装置、避雷器、接地刀闸及其连接导体，辅助系统设备及设施如电缆/光缆桥架、阀内冷却水管、空调送风/回风管、事故排烟风机等均采用不燃性或难燃性材料制作，发生火灾事故的概率极低。

阀厅的火灾危险性具有以下两个特征：① 生产过程采用不燃烧或难燃烧物质；② 若部分电气设备（换流阀组）出现故障，有引发火灾事故的可能性。阀厅这些特征与 GB 50016《建筑设计防火规范》相关条文描述的丁类厂房火灾危险性特征基本吻合。GB/T 50789《±800kV 直流换流站设计规范》、DL/T 5459《换流站建筑结构设计技术规程》规定阀厅的火灾危险性类别为丁类。

（2）耐火等级：阀厅属于布置换流阀组及相关设备的高压配电装置室，GB 50016 相关条文规定"油浸变压器室、高压配电装置室的耐火等级不应低于二级"。GB/T 50789、DL/T 5459 规定阀厅的耐火等级为二级。

1）阀厅建筑构件的燃烧性能和耐火极限见表 22-1。

表 22-1　阀厅各建筑构件的燃烧性能和耐火极限

序号	构件名称		燃烧性能	耐火极限
1	墙体	防火墙	不燃性	≥3.00h
		承重墙	不燃性	≥2.50h
		非承重外墙	不燃性	不限
			难燃性	≥0.50h
		房间隔墙	不燃性	≥0.50h
			难燃性	≥0.75h

续表

序号	构件名称	燃烧性能	耐火极限
2	结构柱	不燃性	≥2.00h
3	结构梁	不燃性	≥1.50h
4	屋顶承重构件	不燃性	≥1.00h
5	屋面板	不燃性	≥1.00h

当阀厅除防火墙外的非承重外墙采用复合压型钢板围护结构时，其内部保温隔热芯材应为 A 级不燃性材料。

当阀厅屋面采用复合压型钢板围护结构时，其保温隔热芯材应为 A 级不燃性材料；当采用现浇钢筋混凝土屋面时，屋面防水层宜采用不燃、难燃材料，当采用可燃防水材料且铺设在可燃、难燃保温材料上时，防水材料或可燃、难燃保温材料应采用不燃材料作防护层。

当阀厅采用钢结构梁、柱、屋顶承重构件时，应采取适当的防火保护措施。

2）阀厅门窗的耐火性能见表 22-2。

表 22-2　阀厅门窗的耐火性能

序号	门窗部位		耐火性能	
			耐火隔热性	耐火完整性
1	门	防火墙上的门	≥1.50h	≥1.50h
		其他部位的门	不限	不限
2	窗	防火墙上的窗	≥1.50h	≥1.50h
		其他部位的窗	不限	不限

（3）防火分区：阀厅作为火灾危险性为丁类、耐火等级为二级的单层厂房，根据 GB 50016 对不同火灾危险性、不同耐火等级厂房的层数和每个防火分区的最大允许建筑面积的规定，每幢阀厅的最大允许建筑面积不作限定，宜将 1 幢阀厅（1 个换流器单元）作为 1 个独立的防火分区。

2. 安全疏散

换流站运行期间，任何人不得进入阀厅±0.000m 层；换流站停运期间，阀厅±0.000m 层允许人员进入工作，人员安全疏散的问题应予考虑。

（1）安全出口设置：阀厅作为火灾危险性为丁类、耐火等级为二级的单层厂房，根据 GB 50016 相关条文规定，其安全出口的数量不应少于 2 个，室内任一点至安全出口的距离不作限定。

从换流站的运行管理，以及阀厅建筑围护结构电磁屏蔽和气密性能角度考虑，阀厅±0.000m 层安全出口的数量不宜过多，宜按 2 个设置，其中 1 个安全出口应通向室外，另 1 个安全出口宜通向控制楼。

（2）交通组织：阀厅室内一般不设置楼梯、电梯，其交通组织系指±0.000m层的水平交通。

阀厅±0.000m层水平交通应结合工艺设备布置和安全出口考虑，既要满足运行维护便利性要求，又要满足发生紧急情况（如火灾、地震等）时的人员疏散要求。

阀厅±0.000m层水平交通分为主通道和次通道：① 主通道沿阀厅纵向（长度方向）布置，通往2个安全出口；② 次通道主要沿阀厅横向（宽度方向）布置，分为若干个通道，其中一部分汇入主通道，另一部分单独通往安全出口。

阀厅±0.000m层水平交通组织示意图见图22-5。

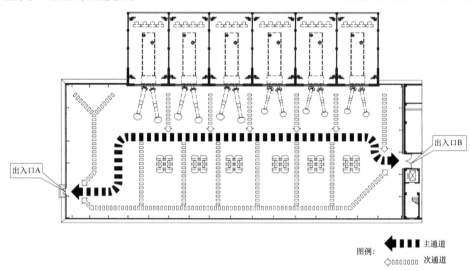

图22-5 阀厅±0.000m层水平交通组织示意图

3. 电磁屏蔽

为了防止阀厅内的换流阀组换相时产生的电磁波信号对阀厅外的电气设备和邻近通信系统形成骚扰，同时也为了防止外部电磁波信号对阀厅内的电气设备形成骚扰，阀厅应采取电磁屏蔽措施。

（1）电磁屏蔽效能指标：对电磁波信号频率范围在10kHz～10MHz之间的磁场屏蔽效能不低于40dB；对电磁波信号频率范围在10～1000MHz之间的磁场屏蔽效能不低于30dB。

（2）电磁屏蔽措施：为了满足电磁屏蔽效能指标要求，应使阀厅成为一个由六面体金属板（网）构成的、能够防止电磁波信号进入或逃逸的、导电性能优良的法拉第金属笼体（Faraday Cage），并与主接地网形成可靠的导电连接。

1）墙体电磁屏蔽通过其内层彩色压型钢板的导电连接实现，墙体内层彩色压型钢板之间、以及彩色压型钢板与封边包角彩钢板之间应在边缘处进行搭接，其重叠宽度不应小于50mm，并采用间距250～300mm的不锈钢自钻自攻螺钉进行导电连接。

2）屋面电磁屏蔽通过其内层彩色压型钢板的导电连接实现，屋面内层彩色压型钢板之间，以及彩色压型钢板与封边包角彩钢板之间应在边缘处进行搭接，其重叠宽度不应小于50mm，并采用间距250～300mm的不锈钢自钻自攻螺钉进行导电连接。

3）地坪电磁屏蔽通过敷设于其混凝土地坪内的镀锌焊接钢丝网（钢丝网规格通常为$\phi4mm@50mm\times50mm$）的导电连接实现，地坪内的镀锌焊接钢丝网之间应在边缘处进行搭接，其重叠宽度不应小于50mm，通过相互焊接进行导电连接。

阀厅地坪镀锌焊接钢丝网焊接示意图见图22-6。

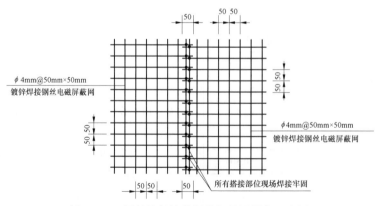

图22-6 阀厅地坪镀锌焊接钢丝网焊接示意图

4）墙体内层彩色压型钢板与屋面内层彩色压型钢板的交界部位应与封边包角彩钢板在边缘处进行搭接，其重叠宽度不应小于 50mm，并采用间距 250～300mm 的不锈钢自钻自攻螺钉进行导电连接。墙体内层彩色压型钢板接近地面的部位应与固定于地面的过渡角钢之间通过间距 250～300mm 的不锈钢自钻自攻螺钉进行导电连接，该过渡角钢应与地面电磁屏蔽网之间焊接牢固。

5）换流变压器、中性线和直流极线等穿墙套管孔洞四周的电磁屏蔽通过增加压型钢板重叠宽度、缩小自钻自攻螺钉间距等方式进行加强，墙体内层彩色压型钢板与封边包角彩钢板之间的重叠宽度宜为 100mm，并采用间距 150～200mm 的不锈钢自钻自攻螺钉进行导电连接。

6）各出入口门应采用电磁屏蔽门，与控制楼之间的观察窗应采用电磁屏蔽窗。电缆/光缆桥架、阀内冷却水管、空调送风/回风管、事故排烟风机等穿墙开孔处应采取适当的金属板（网）电磁屏蔽措施。

7）六面体金属板（网）电磁屏蔽体应与主接地网之间实现接地连接，接地电阻不应大于 1Ω。

4. 气密

阀厅内部设备运行期间，换流阀组、直流套管等会出现静电吸尘现象，若吸附于设备表面的灰尘过多，运行过程中极易发生闪络事故。为了保证阀厅正常运行状态下室内空气的洁净度，有效阻止室外空气中的灰尘渗入，采用中央空调系统加压送风能够使阀厅室内维持 5～10Pa 的微正压，建筑围护结构应具有优良的气密性能，不应出现明显的"漏气"现象。

（1）气密性指标：阀厅的气密性能应满足 GB/T 21086《建筑幕墙》规定的 3 级气密性能指标要求，即 1.2m³/（m²·h）≥ qA［建筑幕墙整体（含开启部分）气密性能分级指标］> 0.5m³/（m²·h）。

（2）气密性措施：阀厅应成为一个气密性能优良的封闭"盒子"：

1）墙体和屋面内、外层彩色压型钢板之间的搭接缝隙均应封堵密实，纵向重叠宽度不应小于 150mm，横向搭接不应小于 50mm，纵、横向搭接板缝内均应设置通长密封胶带。

2）墙体和屋面阴、阳角部位的内、外层彩色压型钢板均应采用封边包角彩钢板收边，彩色压型钢板与封边包角彩钢板之间的所有缝隙均应封堵密实，搭接板缝内均应设置通长密封胶带。

3）墙体和屋面内、外层彩色压型钢板与门窗、设备孔洞之间均应采用封边包角彩钢板收边，所有孔隙均应封堵密实，搭接板缝内均应设置通长密封胶带。

4）现场复合压型钢板围护结构内层彩色压型钢板的内表面应铺设隔气膜，隔气膜之间均应采用专用胶带粘接成一

个整体。

5）墙体和屋面围护结构均不应设置采光窗，以避免玻璃破碎对气密性造成不利影响。

6）通风百叶窗的叶片应安装自动启闭装置，事故排烟风机的外侧应安装带联动装置的百叶窗。

7）各出入口门、观察窗均应具有优良的气密性能。

5. 保温隔热

为了保证换流阀稳定工作，阀厅室内温度应控制在合理范围（详见第二十五章第一节），其建筑围护结构应具有优良的保温隔热性能，以保证阀厅室内热环境的稳定性，有效降低中央空调系统能耗。

阀厅建筑围护结构保温隔热设计应结合换流站所处地区的气候特点，采用建筑热工分析计算方法，定量选择适当种类和厚度的墙体、屋面保温隔热材料，使其综合传热系数满足 GB 50189《公共建筑节能设计标准》规定的该地区建筑围护结构热工性能限值要求。

阀厅建筑围护结构常用的保温隔热材料包括岩棉、玻璃纤维棉、硅酸铝纤维棉等，上述材料应与彩色压型钢板、防水卷材等建筑材料配套使用，以实现阀厅建筑围护结构保温隔热的目的。

6. 隔声

阀厅内部设备运行期间大约会产生 90dB（A）的噪声，为了减少设备噪声对周围环境的影响，阀厅建筑围护结构应具有优良的隔声性能，有效控制声波的传播途径。

（1）隔声指标：阀厅建筑围护结构的隔声性能应满足 GB/T 50121《建筑隔声评价标准》规定的 5 级空气声隔声性能指标要求，即 35dB≤$R_{tr, w}$ + C_{tr}（空气声隔声性能分级指标）<40dB。

（2）隔声措施：

1）建筑围护结构所有孔隙均应实施严密的封堵，避免"声桥"现象。

2）各出入口门、观察窗均应具有优良的隔声性能。

3）内部架空巡视走道与（主）控制楼的衔接部位宜设置"声闸"，阻断噪声传播途径。

7. 防水和排水

（1）水密性指标：阀厅建筑围护结构应具有优良的水密性，整体水密性指标应满足 GB/T 21086 规定的 5 级水密性指标要求，即 ΔP（水密性能分级指标）≥2000Pa。

（2）屋面防水等级：根据 GB 50345《屋面工程技术规范》相关条文的规定，建筑屋面防水应根据建筑物的类别、重要程度、使用功能要求确定防水等级，并按相应等级进行防水设防。阀厅作为换流站的重要生产建筑物，其屋面防水等级应为 I 级。

（3）屋面防水方案：阀厅屋面可分为复合压型钢板屋面、

压型钢板为底模的现浇钢筋混凝土组合屋面两种类型：① 当采用复合压型钢板屋面时，应选用 360° 直立锁缝暗扣连接方式的外层压型钢板（纵向不允许搭接）及防水垫层组成的围护结构进行防水设防，屋面排水坡度宜为 5%～10%；② 当采用压型钢板为底模的现浇钢筋混凝土组合屋面时，应铺设 2 道柔性防水卷材（或 1 道柔性防水卷材和 1 道柔性防水涂料）进行防水设防，屋面排水坡度宜为 3%～5%。

（4）屋面排水：阀厅屋面宜采用有组织排水，屋面雨水经过外天沟、雨水斗和水落管收集之后排入站区雨水管网。为了避免当天沟出水口被积污堵塞时，囤积在沟内的雨水渗入阀厅内部，天沟侧壁宜按一定的间距设置溢水孔。

1）设计雨水流量计算公式如下：

$$q_y = \frac{q_j \Psi F_w}{10\,000} \qquad (22-1)$$

式中　q_y——设计雨水流量（L/s）；

　　　q_j——设计暴雨强度（L/s·hm²），按当地或相邻地区暴雨强度公式计算；当天沟溢水可能流入室内时，设计暴雨强度应乘以 1.5 的系数；

　　　Ψ——径流系数，根据防水性能差异按 0.9～1.0 取值；

　　　F_w——汇水面积（m²），雨水汇水面积应按屋面水平投影面积计算。

注：阀厅屋面雨水排水管道设计降雨历时应按 5min 计算，排水设计重现期 ≥10 年；屋面雨水排水设施及溢流设施的总排水能力应 ≥50 年重现期的雨水量。

2）屋面雨水斗的设置应根据屋面汇水情况并结合建筑结构承载、管系敷设等因素确定；雨水斗的设计排水负荷应根据雨水斗的特性，并结合屋面排水条件确定，可按表 22-3 选用。

表 22-3　屋面雨水斗的最大泄流量（L/s）

雨水斗规格（mm）		50	75	100	125	150
重力流排水系统	重力流雨水斗泄流量	—	5.6	10.0	—	23.0
	87 型雨水斗泄流量	—	8.0	12.0	—	26.0
满管压力流排水系统	雨水斗泄流量	6.0～18.0	12.0～32.0	25.0～70.0	60.0～120.0	100.0～140.0

注　满管压力流雨水斗应根据不同型号的具体产品确定其最大泄流量。

3）重力流屋面雨水排水立管的最大设计泄流量见表 22-4。

表 22-4　重力流屋面雨水排水立管的泄流量

铸铁管		塑料管		钢管	
公称直径（mm）	最大泄流量（L/s）	公称外径×壁厚（mm）	最大泄流量（L/s）	公称外径×壁厚（mm）	最大泄流量（L/s）
75	4.3	75×2.3	4.5	108×4.0	9.4
100	9.5	90×3.2	7.4	133×4.0	17.1
		110×3.2	12.8		
125	17.0	125×3.2	18.3	159×4.5	27.8
		125×3.7	18.0	168×6.0	30.8
150	27.8	160×4.0	35.5	219×6.0	65.5
		160×4.7	34.7		
200	60.0	200×4.9	64.6	245×6.0	89.8
		200×5.9	62.8		
250	108.0	250×6.2	117.0	273×7.0	119.1
		250×7.3	114.1		
300	176.0	315×7.7	217.0	325×7.0	194.0
—		315×9.2	211.0	—	—

8. 抗风

阀厅屋面复合压型钢板围护结构主要由外层压型钢板、保温隔热材料、内层压型钢板、固定座、支撑檩条等共同组成。外层压型钢板是直接受风荷载作用的部位，由于板材自重轻、柔度大、受风面积大，若板材材质、连接及构造措施选用或处理不当，在风荷载的频繁作用下，存在屋面板被风掀开破坏的可能性。

阀厅复合压型钢板屋面的外层压型钢板为 360° 直立锁缝暗扣板，压型钢板与安装于屋面檩条上的暗扣固定座（滑动式）采用咬口锁边连接方式进行固定，暗扣板板型及其咬合过程示意图见图 22-7。

（1）压型钢板材质要求：彩色涂层钢板作为阀厅屋面外层压型钢板的基板，主要技术指标为：① 板材屈服强度宜为 300～350MPa；② 板材厚度宜为 0.65～0.8mm；③ 双面热镀铝锌量不应低于 150g/m²（其中铝含量 55%、锌含量 43.5%、硅含量 1.5%）；④ 正面涂覆层宜采用聚偏二氟乙烯（PVDF），厚度不应小于 20μm。

（2）暗扣固定座材质要求：暗扣固定座用于阀厅屋面外层压型钢板的连接固定，主要技术指标为：① 板材屈服强度不应低于 550MPa；② 板材厚度不应小于 3mm；③ 双面热镀锌量不应低于 275g/m²。

（3）构造加强措施：增强复合压型钢板屋面抗风能力的主要构造措施有加强屋面抗风薄弱部位的固定；加强暗扣固定座与次檩条的连接；加强屋面围护结构的缝隙封堵等。

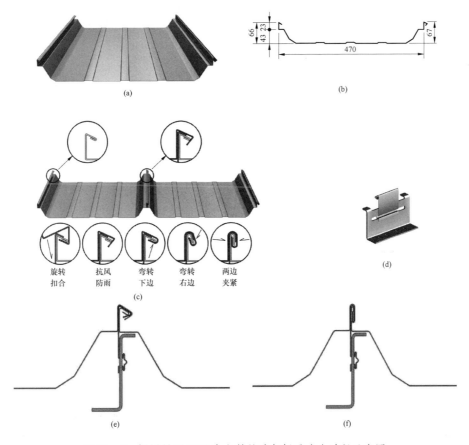

图 22-7 阀厅屋面 360°直立锁缝暗扣板及咬合过程示意图

（a）某 360°直立锁缝暗扣板透视图；（b）某 360°直立锁缝暗扣板横断面图；（c）某 360°直立锁缝暗扣板咬合过程示意图；
（d）某 360°直立锁缝暗扣板专用滑动固定座；（e）暗扣板与固定座咬合之前；（f）暗扣板与固定座咬合之后

1）暗扣固定座的数量对阀厅屋面压型钢板的抗风能力起着决定作用，在屋面角部、边缘带、檐口、屋脊等抗风能力较为薄弱的部位，可通过缩小次檩条间距（比如将次檩条间距从 1.4m 缩小到 0.7m）的方式以增加暗扣固定座的数量，从而增强上述部位的抗风能力。

2）统计表明，暗扣固定座与檩条脱离是屋面暗扣式压型钢板被风掀开的最主要原因，暗扣固定座与檩条的连接非常重要。通过增加暗扣固定座与檩条之间连接用自钻自攻螺钉的数量，即由通常的 2 颗钉增加至 4 颗钉，能显著增强暗扣固定座与次檩条之间的连接强度。

3）阀厅屋面暗扣式压型钢板外形不太规则，使得阀厅屋脊、檐口边缘带等部位压型钢板与封边包角彩钢板之间均存在一定缝隙，若这些缝隙不采取适当的封堵措施，则室外空气将通过缝隙进入围护结构内部空腔，形成较大的风压力并作用于压型钢板内表面，造成围护结构破坏。为了避免上述情况发生，阀厅屋脊、檐口边缘带等部位压型钢板与封边包角彩钢板的缝隙均应采取严密的封堵措施。

9. 其他

（1）防潮：为了保证换流阀能够稳定工作，避免发生闪络事故，阀体表面不允许出现结露现象，阀厅室内空气的相对湿度应控制在合理范围（详见第二十五章第一节）。

当换流站位于地下水位较高或土壤较潮湿的地区时，阀厅应采取可靠的防潮措施，以防土壤中的潮气侵入阀厅内部：

1）墙身应设置防潮隔离层，墙身 −0.060m 标高处用 20mm 厚防水水泥砂浆（内掺水泥用量 5% 的 JJ91 硅质密实剂）粉刷。

2）室内地坪应设置防潮隔离层，细石混凝土垫层之上均匀涂刷 2 道柔性防水涂料（纵横向各涂刷 1 道），或铺设 2 道柔性防水卷材（上下层错缝铺贴）。

（2）防风沙：当换流站位于我国西北、华北北部、东北西部等风沙较大地区时，阀厅应采取可靠的防风沙措施：

1）对室外的出入口处宜增设防风沙前室。

2）建筑围护结构的所有孔隙（包括设备开孔、管线开孔等）均应封堵密实。

3）出入口门应具有优良的气密性能，通风百叶窗的叶片应安装自动启闭装置，事故排烟风机的外侧应安装带联动装置的百叶窗。

4）室内电缆沟、风道与室外的衔接部位应采取防风沙封堵措施。

（3）防坠落：阀厅属于单层高大厂房，±800kV 高端阀厅的建筑高度将近 30m，工作人员在高空作业过程中存在坠落风险，设计应采取可靠的防坠落措施：

1）侧墙区域的架空巡视走道应设置全封闭式（两侧和顶部均封闭）或半封闭式（两侧封闭、顶部开敞）安全防护网；屋架上部区域的架空巡视走道宜设置全封闭式或半封闭式安全防护网，当设置安全防护网有困难时，可设置高度为 1.1～1.2m 的安全防护栏杆。

2）屋面巡视走道宜沿阀厅纵向（屋脊方向）布置，该巡视走道的安全防护栏杆高度宜为 1.1～1.2m。

3）屋面巡视检修钢爬梯应与屋面巡视走道无缝连接，该巡视检修钢爬梯应设置全梯段安全护笼，且应采取防攀措施，以防止未经授权的人员随意攀爬。

（4）防触电：阀厅内布置有诸多高压电气设备，为了有效防止工作人员触电，应采取接地、空间隔离等防护措施：

1）用于固定墙体、屋面内层彩色压型钢板的钢檩条与檩托板之间，檩托板与主体结构钢柱、钢屋架之间应通过 35mm² 铜绞线形成可靠的导电连接。主体结构钢柱与主接地网之间应通过 150mm² 接地铜绞线形成可靠的导电连接，接地电阻不应大于 1Ω。

2）墙体、屋面内层彩色压型钢板的波谷部位与钢檩条之间应通过 35mm² 铜绞线形成可靠的导电连接。墙体内层彩色压型钢板接近地面处应通过支撑角钢和扁钢固定 60mm×8mm 接地铜排，接地铜排每隔 8～10m 与主接地网之间应通过 150mm² 接地铜绞线形成可靠的导电连接，接地电阻不应大于 1Ω。

3）电磁屏蔽门的金属门扇和门框，电磁屏蔽观察窗的窗框均应通过 35mm² 铜绞线与主体钢结构之间形成可靠的导电连接。

4）巡视走道的安全防护网或安全防护栏杆、走道板、支撑系统均应通过 35mm² 铜绞线与主体钢结构之间形成可靠的导电连接。

5）其他金属构件（金属桥架、钢线槽、钢爬梯、风管、吊架、支架、灯具外壳、火灾探测器金属外壳、视频监控系统金属外壳和转接箱金属外壳、消防模块箱金属外壳、照明箱外壳、配电箱外壳、检修箱外壳等）均应通过 35mm² 铜绞线与主接地网之间形成可靠的接地连接。

6）阀厅内部架空巡视走道用于工作人员观察高压电气设备的运行情况，为了使人员与设备之间保持合理的安全距离，应采取适当的空间隔离措施：对架空巡视走道设置全封闭式（两侧和顶部均封闭）或半封闭式（两侧封闭、顶部开敞）安全防护网。

（5）防小动物：阀厅内部设备运行期间，若小动物闯入阀厅内部，极易造成高压电气设备损毁、危及运行安全，设计应采取有效的防小动物措施：

1）±0.000m 层各安全出口门的内侧应加装可拆卸式挡板，以防老鼠、黄鼠狼、野兔、蛇等小动物闯入。

2）在室外安全出口处设置前室，以防蝙蝠、鸟类等小动物闯入。

（三）建筑布置

1. ±800kV 换流站

（1）布置组合：±800kV 换流站可分为两种类型：① 每极采用双 12 脉动换流器串联接线方案的 ±800kV 换流站，按极 1、极 2 双极配置，每极配置 ±800kV 高端阀厅、±400kV 低端阀厅各 1 幢，全站共配置 4 幢阀厅；② 每极采用单 12 脉动换流器接线方案的 ±800kV 换流站，按极 1、极 2 双极配置，每极配置 ±800kV 阀厅 1 幢，全站共配置 2 幢阀厅。

两类 ±800kV 换流站阀厅建筑配置见表 22-5。

表 22-5 ±800kV 换流站阀厅建筑配置一览表

序号	换流站类型	阀厅建筑配置			
		极编号	阀厅名称	电压等级	数量（幢）
1	每极采用双 12 脉动换流器串联接线方案	极 1	极 1 高端阀厅	±800kV	1
			极 1 低端阀厅	±400kV	1
		极 2	极 2 高端阀厅	±800kV	1
			极 2 低端阀厅	±400kV	1
2	每极采用单 12 脉动换流器接线方案	极 1	极 1 阀厅	±800kV	1
		极 2	极 2 阀厅	±800kV	1

1）每极采用双 12 脉动换流器串联接线方案的 ±800kV 换流站，阀厅及控制楼布置组合分为"三列式"和"一字形"两种布置组合：① 阀厅及控制楼"三列式"布置组合示意图见图 22-8；② 阀厅及控制楼"一字形"布置组合分为 A、B 两种布置组合方案，方案 A 示意图见图 22-9，方案 B 示意图见图 22-10。

2）每极采用单 12 脉动换流器接线方案的 ±800kV 换流站，阀厅及控制楼采用"一字形"布置组合，其布置组合示意图见图 22-11。

（2）单体布置：±800kV 换流站高端阀厅及低端阀厅建筑平面均呈规则的"矩形"，其平面布置实例如下：

1）±800kV 极 1、极 2 高端阀厅平面布置实例图见图 22-12，剖面实例图见图 22-13。

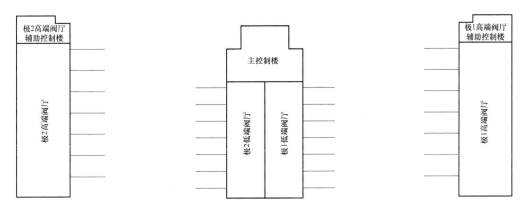

图 22-8 ±800kV 换流站（每极双 12 脉动换流器串联接线方案）阀厅及控制楼"三列式"布置组合示意图

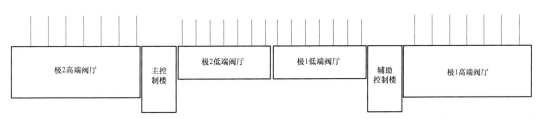

图 22-9 ±800kV 换流站（每极双 12 脉动换流器串联接线方案）阀厅及控制楼"一字形"布置组合（方案 A）示意图

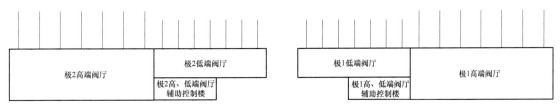

图 22-10 ±800kV 换流站（每极双 12 脉动换流器串联接线方案）阀厅及控制楼"一字形"布置组合（方案 B）示意图

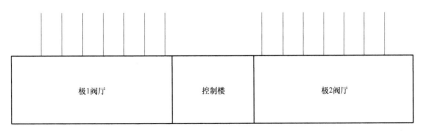

图 22-11 ±800kV 换流站（每极单 12 脉动换流器接线方案）阀厅及控制楼"一字形"布置组合示意图

2）±400kV 极 1、极 2 低端阀厅分为"背靠背"联合布置和"一字形"联合布置两种方式：① 当阀厅及控制楼采用"三列式"布置组合时，2 幢低端阀厅采用"背靠背"联合布置形式，其平面布置实例图见图 22-14，剖面实例图见

图 22-15；② 当阀厅及控制楼采用"一字形"布置组合时，±400kV 低端阀厅与 ±800kV 高端阀厅、控制楼组成"一字形"联合建筑，其平面布置实例图见图 22-16，剖面实例图见图 22-17。

561

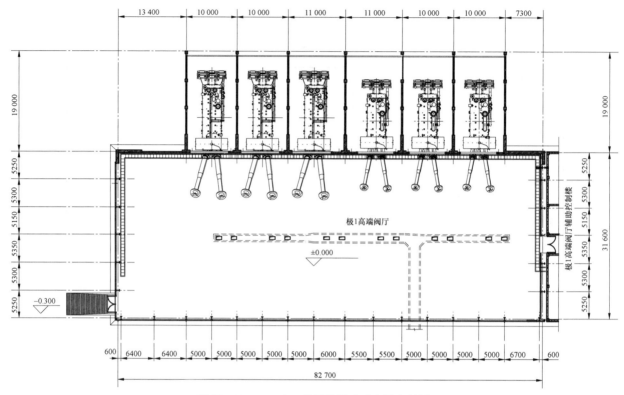

图 22-12 ±800kV 高端阀厅平面布置实例图

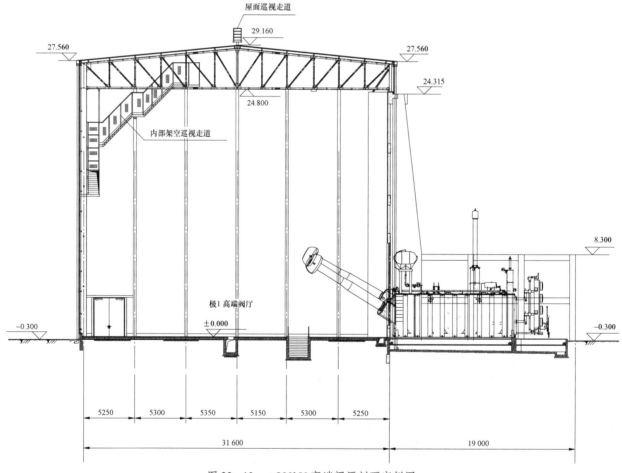

图 22-13 ±800kV 高端阀厅剖面实例图

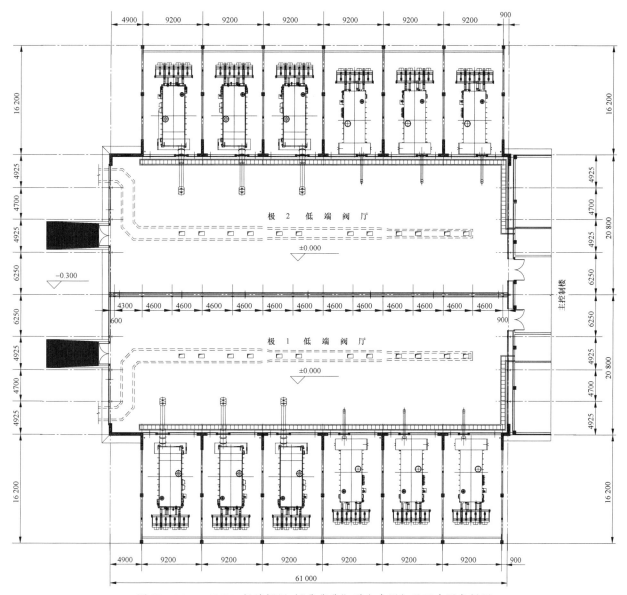

图 22-14 ±400kV 低端阀厅（"背靠背"联合布置）平面布置实例图

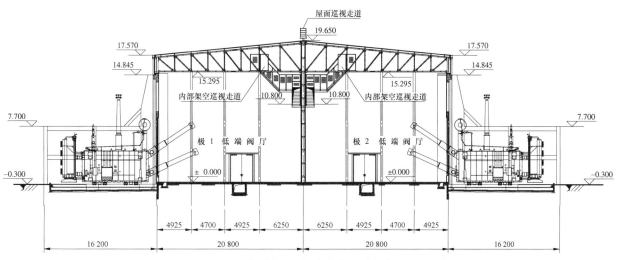

图 22-15 ±400kV 低端阀厅（"背靠背"联合布置）剖面实例图

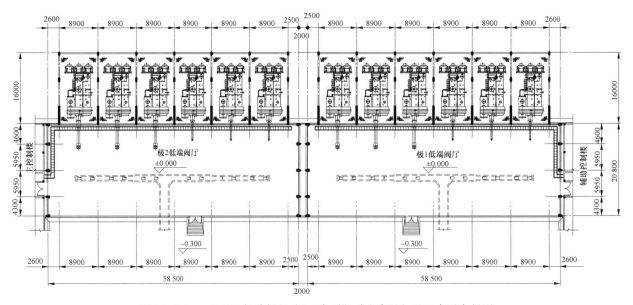

图 22-16　±400kV 低端阀厅（"一字形"联合布置）平面布置实例图

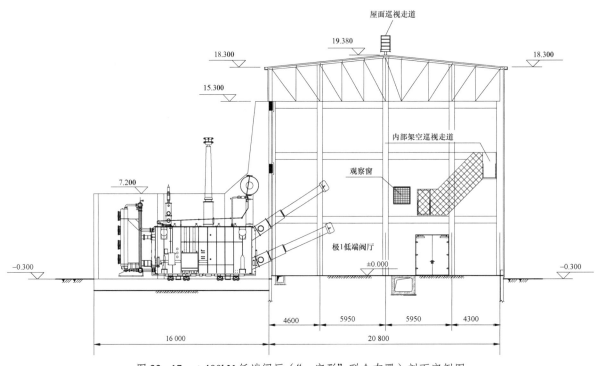

图 22-17　±400kV 低端阀厅（"一字形"联合布置）剖面实例图

2. ±500kV 换流站

（1）布置组合：±500kV 换流站有两种类型：① 单回直流输电±500kV 换流站；② 双回直流输电±500kV 换流站。

两类±500kV 换流站阀厅建筑配置见表 22-6。

表 22-6　±500kV 换流站阀厅建筑配置一览表

序号	换流站类型	阀厅建筑配置		
		极编号	阀厅名称	数量（幢）
1	单回直流输电	极1	极1阀厅	1
		极2	极2阀厅	1

续表

序号	换流站类型	阀厅建筑配置		
		极编号	阀厅名称	数量（幢）
2	双回直流输电	第Ⅰ回 极1	极1阀厅	1
		极2	极2阀厅	1
		第Ⅱ回 极1	极1阀厅	1
		极2	极2阀厅	1

1）单回直流输电±500kV 换流站，阀厅及控制楼采用"一字形"布置组合，其布置组合示意图见图 22-18。

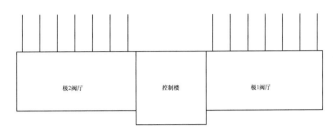

图 22-18　±500kV 换流站（单回直流输电）阀厅及控制楼布置组合示意图

2）双回直流输电±500kV 换流站，阀厅及控制楼布置组合分为"三列式"和"一字形"两种布置组合方案：① 阀厅及控制楼"三列式"布置组合示意图见图 22-19；② 阀厅及控制楼"一字形"布置组合示意图见图 22-20。

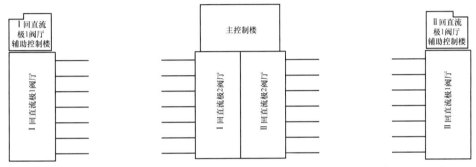

图 22-19　±500kV 换流站（双回直流输电）阀厅及控制楼"三列式"布置组合示意图

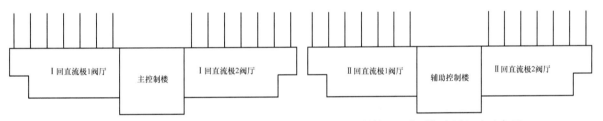

图 22-20　±500kV 换流站（双回直流输电）阀厅及控制楼"一字形"布置组合示意图

（2）单体布置：±500kV 换流站的 12 脉动换流器单元可分为二重阀、四重阀两种类型，其阀体单元的结构、外形尺寸等均存在较大差别：① 二重阀换流器单元的阀塔数量为 6 个，外形"瘦高"；② 四重阀换流器单元的阀塔数量为 3 个，外形"矮胖"。

1）±500kV 阀厅（二重阀）建筑平面均呈规则的"矩形"，其平面布置实例图见图 22-21，剖面实例图见图 22-22。

2）±500kV 阀厅（四重阀）建筑平面可采用"刀把形"或"矩形"，"刀把形"平面布置实例图见图 22-23，剖面实例图见图 22-24。

3. 背靠背换流站

（1）布置组合：背靠背换流站的阀厅配置与换流单元的数量相对应：① 当换流站设置 1 个换流单元时，配置 1 幢阀厅；② 当换流站设置 2 个换流单元时，配置 2 幢阀厅；③ 当换流站设置 4 个换流单元时，配置 4 幢阀厅。

背靠背换流站阀厅建筑配置见表 22-7。

表 22-7　背靠背换流站阀厅建筑配置一览表

序号	换流站类型	阀厅建筑配置	
		阀厅名称	数量（幢）
1	1 个换流单元	阀厅	1
2	2 个换流单元	单元 1 阀厅	1
		单元 2 阀厅	1
3	4 个换流单元	单元 1 阀厅	1
		单元 2 阀厅	1
		单元 3 阀厅	1
		单元 4 阀厅	1

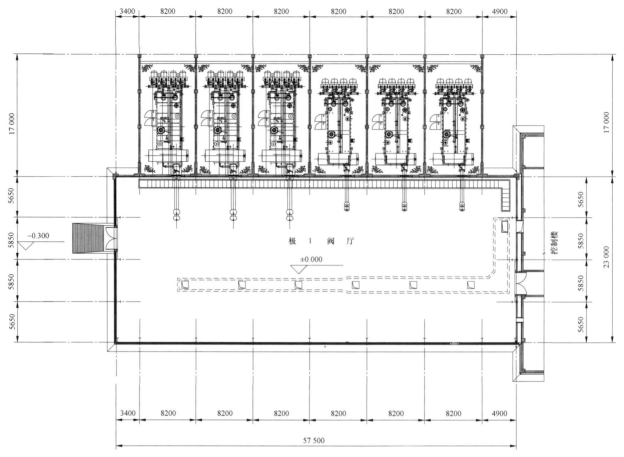

图 22-21　±500kV 阀厅（二重阀）平面布置实例图

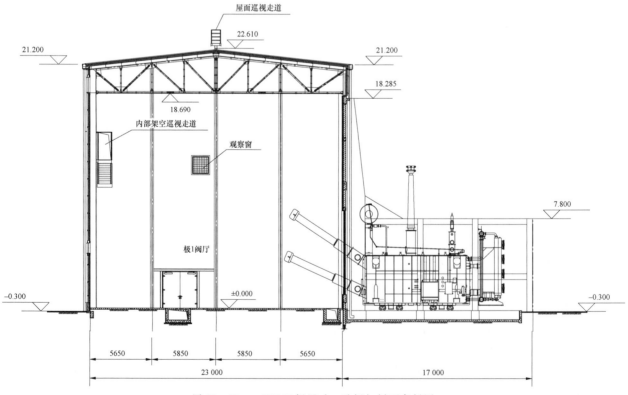

图 22-22　±500kV 阀厅（二重阀）剖面实例图

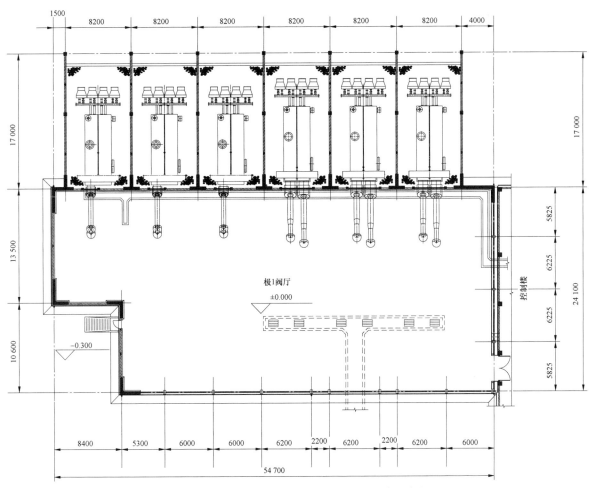

图 22-23　±500kV 阀厅（四重阀）平面布置实例图

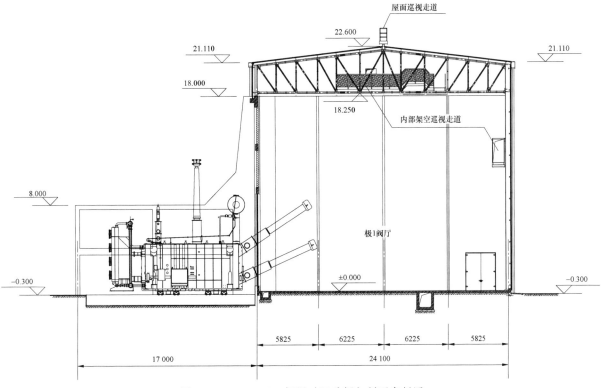

图 22-24　±500kV 阀厅（四重阀）剖面实例图

1）1个换流单元的背靠背换流站，阀厅及控制楼布置组合示意图见图22-25。

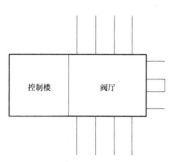

图22-25　背靠背换流站（1个换流单元）阀厅及
控制楼布置组合示意图

2）2个换流单元的背靠背换流站，阀厅及控制楼布置组

合示意图见图22-26。

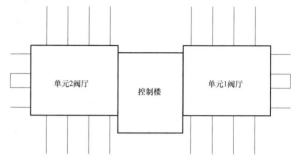

图22-26　背靠背换流站（2个换流单元）阀厅及
控制楼布置组合示意图

3）4个换流单元的背靠背换流站，阀厅及控制楼布置组合示意图见图22-27。

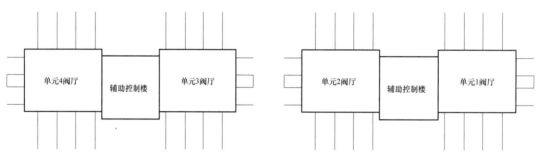

图22-27　背靠背换流站（4个换流单元）阀厅及控制楼布置组合示意图

（2）单体布置：背靠背换流站阀厅内部的换流器单元可分为三种组合方案：①二重阀+二重阀组合方案；②四重阀+四重阀组合方案；③二重阀+四重阀组合方案。

1）背靠背阀厅（二重阀+二重阀）建筑平面均呈规则的"矩形"，其平面布置实例图见图22-28，剖面实例图见图22-29。

2）背靠背阀厅（四重阀+四重阀）建筑平面均呈规则的"矩形"，其平面布置实例图见图22-30，剖面实例图见图22-31。

3）背靠背阀厅（二重阀+四重阀）建筑平面均呈规则的"矩形"，其平面布置实例图见图22-32，剖面实例图见图22-33。

（四）建筑围护结构

1. 墙体围护结构

阀厅墙体围护结构主要分为现场复合压型钢板墙体围护结构、工厂复合彩钢夹芯板墙体围护结构、钢筋混凝土（或砖砌体）+压型钢板组合墙体围护结构三种类型。

（1）现场复合压型钢板墙体围护结构：该围护结构以钢檩条（如高频焊接H型钢、C型或Z型冷弯薄壁型钢等）为

支撑构件，以单层彩色压型钢板作为内墙面和外墙面围护材料，压型钢板通过自钻自攻螺钉固定于钢檩条上，内外两层压型钢板之间的空隙铺设岩棉或玻璃纤维棉作为保温隔热材料，其构造示意图见图22-34。

按从外至内的顺序，现场复合压型钢板墙体围护结构构造层次如下：

1）外层彩色压型钢板，用自钻自攻螺钉固定于钢檩条上。

2）镀锌钢丝网（用于固定保温隔热棉），扁钢压条固定于钢檩条之间。

3）岩棉或玻璃纤维棉保温隔热层（室外侧防潮防腐贴面，室内侧阻燃型铝箔贴面），与镀锌钢丝网固定。

4）钢檩条（支撑构件，外侧翼缘粘贴防冷桥保温条），与主体结构钢柱固定。

5）防水隔气膜，覆盖于内层彩色压型钢板内表面。

6）内层彩色压型钢板（兼做电磁屏蔽层），用自钻自攻螺钉固定于钢檩条上。

现场复合压型钢板墙体围护结构典型节点详图见图22-35～图22-36。

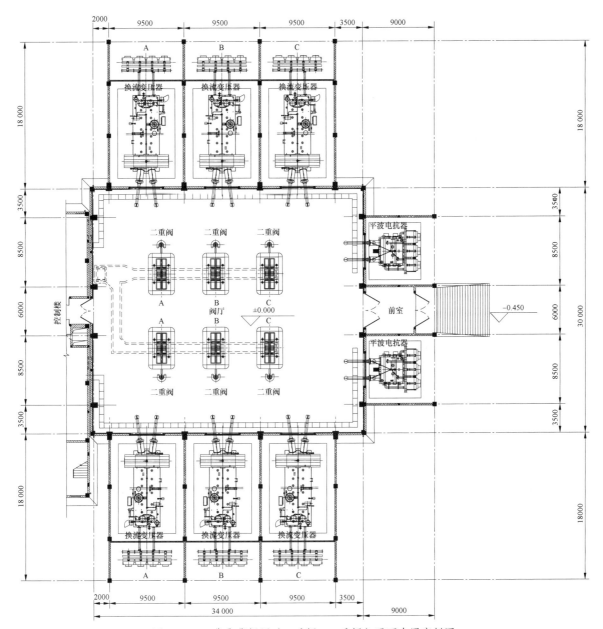

图 22-28 背靠背阀厅（二重阀＋二重阀）平面布置实例图

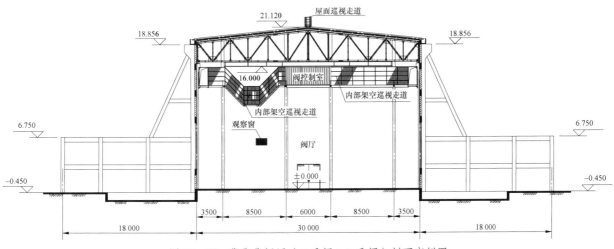

图 22-29 背靠背阀厅（二重阀＋二重阀）剖面实例图

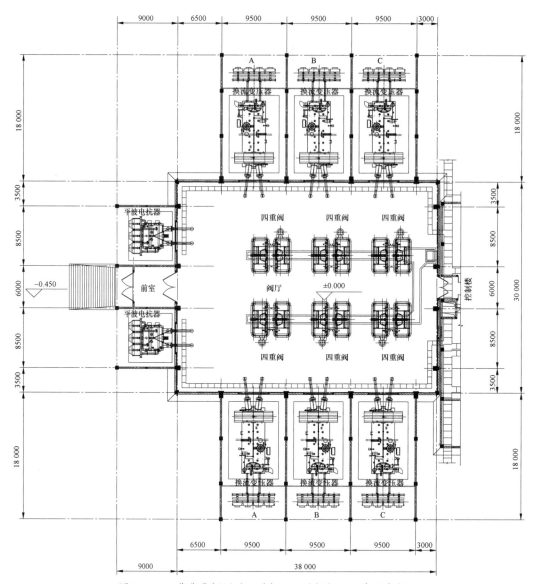

图 22-30 背靠背阀厅（四重阀＋四重阀）平面布置实例图

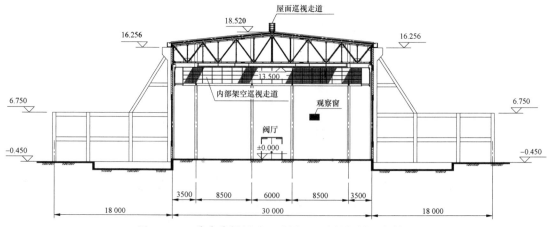

图 22-31 背靠背阀厅（四重阀＋四重阀）剖面实例图

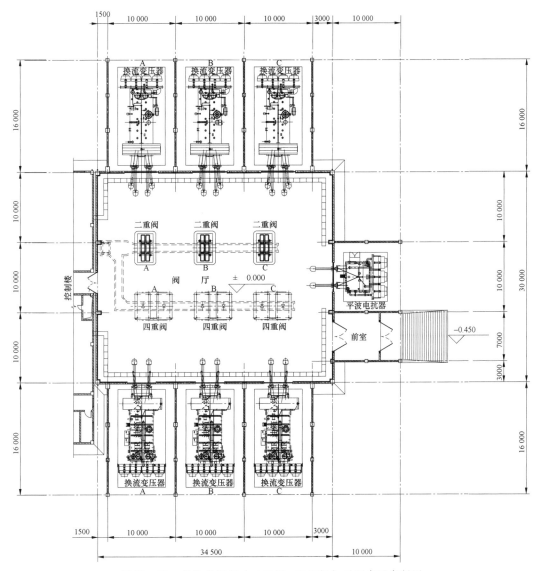

图 22-32 背靠背阀厅（二重阀＋四重阀）平面布置实例图

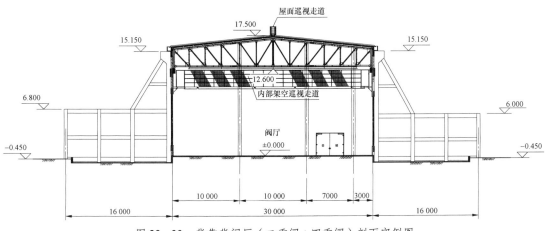

图 22-33 背靠背阀厅（二重阀＋四重阀）剖面实例图

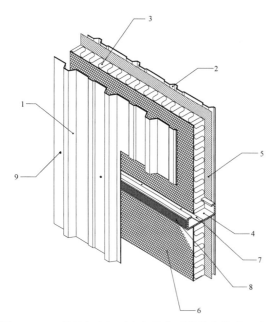

图 22-34 现场复合压型钢板墙体围护结构构造示意图

1—外层彩色压型钢板；2—内层彩色压型钢板（兼做电磁屏蔽层）；3—岩棉或玻璃纤维棉保温隔热层（室外侧防腐防潮贴面，室内侧阻燃型铝箔贴面）；4—钢檩条（支撑构件，与主体钢柱固定）；5—防水隔汽膜；6—镀锌钢丝网（用于固定保温隔热棉）；7—扁钢压条；8—防冷桥保温条；9—自钻自攻螺钉

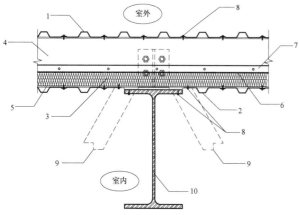

图 22-35 现场复合压型钢板墙体围护结构典型节点详图（一）

1—外层彩色压型钢板；2—内层彩色压型钢板（兼做电磁屏蔽层）；3—岩棉或玻璃纤维棉保温隔热层（室外侧防腐防潮贴面，室内侧阻燃型铝箔贴面）；4—钢檩条（支撑构件，与主体钢柱固定）；5—防水隔汽膜；6—镀锌钢丝网（用于固定保温隔热棉）；7—扁钢压条；8—自钻自攻螺钉；9—彩钢搭接板；10—主体钢柱

（2）工厂复合彩钢夹芯板墙体围护结构：该围护结构以钢檩条（如高频焊接 H 型钢、C 型或 Z 型冷弯薄壁型钢等）为支撑构件，以工厂复合彩钢夹芯板（岩棉或玻璃纤维棉保温隔热芯材）作为墙体围护材料，通过自钻自攻螺钉固定于钢檩条上，其构造示意图见图 22-37。

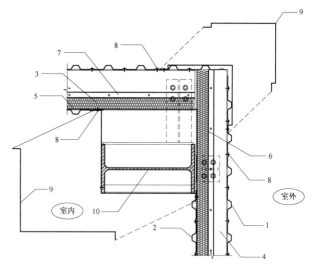

图 22-36 现场复合压型钢板墙体围护结构典型节点详图（二）

1—外层彩色压型钢板；2—内层彩色压型钢板（兼做电磁屏蔽层）；3—岩棉或玻璃纤维棉保温隔热层（室外侧防腐防潮贴面，室内侧阻燃型铝箔贴面）；4—钢檩条（支撑构件，与主体钢柱固定）；5—防水隔汽膜；6—镀锌钢丝网（用于固定保温隔热棉）；7—扁钢压条；8—自钻自攻螺钉；9—彩钢包角板；10—主体钢柱

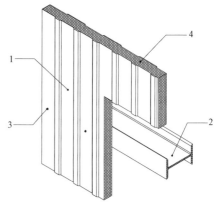

图 22-37 工厂复合彩钢夹芯板墙体围护结构构造示意图

1—工厂复合彩钢夹芯板；2—钢檩条（支撑构件，与主体钢柱固定）；3—自钻自攻螺钉；4—岩棉或玻璃纤维棉保温隔热芯材

按从外至内的顺序，工厂复合彩钢夹芯板墙体围护结构构造层次如下：

1）工厂复合彩钢夹芯板（岩棉或玻璃纤维棉保温隔热芯材），用自钻自攻螺钉固定于钢檩条上。

2）钢檩条（支撑构件），与主体结构钢柱固定。

（3）钢筋混凝土（或砖砌体）+压型钢板组合墙体围护结构：该围护结构以钢筋混凝土墙或钢筋混凝土框架砖砌体填充墙作为基层墙体，以钢檩条（如 C 型或 Z 型冷弯薄壁型钢等）为支撑构件，以单层彩色压型钢板作为内墙面围护材料、通过自钻自攻螺钉固定于钢檩条上，内墙彩色压型钢板与钢筋混凝土墙或钢筋混凝土框架砖砌体填充墙之间的空隙铺设岩棉或玻璃纤维棉作为保温隔热材料，其构造示意图见图22-38。

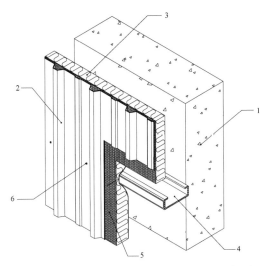

图22-38　钢筋混凝土（或砖砌体）+压型钢板
组合墙体围护结构构造示意图

1—钢筋混凝土墙（或钢筋混凝土框架砌体填充墙）；2—内墙彩色压型
钢板（兼做电磁屏蔽层）；3—岩棉或玻璃纤维棉保温隔热层（室外侧
防腐防潮贴面，室内侧阻燃型铝箔贴面）；4—钢檩条（支撑构件，
与墙体固定）；5—防水隔汽膜；6—自钻自攻螺钉

按从外至内的顺序，钢筋混凝土（或砖砌体）+压型钢板组合墙体围护结构构造层次如下：

1）钢筋混凝土墙或钢筋混凝土框架砖砌体填充墙。

2）钢檩条（支撑构件），与钢筋混凝土墙或钢筋混凝土框架砖砌体填充墙固定。

3）岩棉或玻璃纤维棉保温隔热层（室外侧防潮防腐贴面，室内侧阻燃型铝箔贴面）。

4）防水隔气膜，覆盖于内墙彩色压型钢板内表面。

5）内墙彩色压型钢板（兼做电磁屏蔽层），用自钻自攻螺钉固定于钢檩条上。

2. 屋面围护结构

阀厅屋面围护结构主要分为现场复合压型钢板屋面围护结构、压型钢板为底模的现浇钢筋混凝土组合屋面围护结构两种类型。

（1）现场复合压型钢板屋面围护结构：该围护结构以钢檩条（主檩条采用高频焊接H型钢，次檩条采用C型或Z型冷弯薄壁型钢等）为支撑构件，以单层彩色压型钢板作为屋面外层和内层围护材料，屋面外层彩色压型钢板采用360°直立锁缝暗扣板，通过暗扣固定座（滑动式）咬口锁边固定于次檩条上，屋面内层彩色压型钢板通过自钻自攻螺钉固定于主钢檩条上，内外两层压型钢板之间的空隙铺设岩棉或玻璃纤维棉作为保温隔热材料，其构造示意图见图22-39。

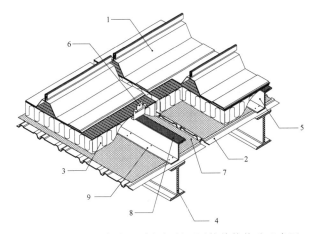

图22-39　现场复合压型钢板屋面围护结构构造示意图

1—360°直立锁缝暗扣彩色压型钢板；2—内层彩色压型钢板（兼做电磁
屏蔽层）；3—岩棉或玻璃纤维棉保温隔热层（室外侧防腐防潮贴面，
室内侧阻燃型铝箔贴面）；4—主钢檩条（支撑构件，与钢屋架固定）；
5—次钢檩条（与主钢檩条固定）；6—暗扣固定座（滑动式）；
7—防水隔汽膜；8—防冷桥保温条；9—自钻自攻螺钉

按从上至下的顺序，现场复合压型钢板屋面围护结构构造层次如下：

1）360°直立锁缝暗扣式彩色压型钢板（纵向不允许搭接），与暗扣固定座咬合固定。

2）暗扣固定座（滑动式），与次钢檩条固定。

3）岩棉或玻璃纤维棉保温隔热层（室外侧防潮防腐贴面，室内侧阻燃型铝箔贴面）。

4）次钢檩条（支撑构件，外侧翼缘粘贴防冷桥保温条），与主钢檩条固定。

5）防水隔气膜，覆盖于内层彩色压型钢板内表面。

6）内层彩色压型钢板（兼做电磁屏蔽层），用自钻自攻螺钉固定于主钢檩条上。

7）主钢檩条（支撑构件），与钢屋架固定。

（2）压型钢板为底模的现浇钢筋混凝土组合屋面围护结构：该围护结构以钢檩条（"H"型热轧钢）为支撑构件，以高强度压型钢板楼承板为底模浇筑钢筋混凝土屋面板，其上铺设2道柔性防水卷材（或1道柔性防水卷材和1道柔性防水涂料）以及保温隔热层、细石混凝土保护层等，其构造示意图见图22-40。

按从上至下的顺序，压型钢板为底模的现浇钢筋混凝土组合屋面围护结构构造层次如下：

1）细石混凝土保护层。

2）聚乙烯膜或土工布隔离层。

3）保温隔热层（如挤塑型聚苯乙烯泡沫塑料板）。

4）2道柔性防水卷材（或1道柔性防水卷材和1道柔性防水涂料）。

5）水泥砂浆找平层。

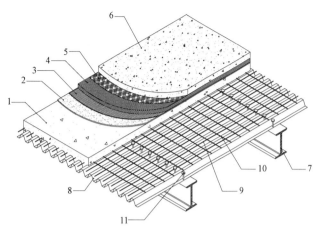

图 22-40 压型钢板为底模的现浇钢筋混凝土组合
屋面围护结构构造示意图

1—现浇钢筋混凝土屋面板（以高强度压型钢板楼承板为底模）；
2—水泥砂浆找平层；3—2 道柔性防水卷材（或 1 道柔性防水卷材和
1 道柔性防水涂料）；4—保温隔热层（如挤塑型聚苯乙烯泡沫塑料板）；
5—聚乙烯膜或土工布隔离层；6—细石混凝土保护层；7—钢檩条
（支撑构件，与钢屋架固定）；8—高强度压型钢板楼承板；
9—纵向受力钢筋；10—横向受力钢筋；11—圆柱头焊钉

6）现浇钢筋混凝土屋面板（以高强度压型钢板楼承板为底模）。

7）钢梁（支撑构件），与钢屋架固定。

3. 门窗

（1）门窗配置：阀厅门窗配置应满足人员疏散、设备运输检修及运行需要：

1）阀厅±0.000m 层安全出口门宜按 2 樘设置，其中 1 樘门作为阀厅室内外空间的联系门，另 1 樘门作为阀厅与控制楼之间的联系门。2 樘门均应满足人员安全疏散要求，且至少应有 1 樘门的净空尺寸能够满足阀厅内部最大设备的运输要求，以及换流阀安装检修升降平台车的出入要求。阀厅室外安全出口门外观实例图见图 22-41。

图 22-41 阀厅室外安全出口门外观照片

2）阀厅内部架空巡视走道与控制楼之间应设置 1 樘满足人员安全疏散要求的联系门。

3）阀厅与控制楼之间的适当部位应设置 1 樘便于控制楼内工作人员了解阀厅内部设备运行情况的观察窗。阀厅观察窗外观实例图见图 22-42。

图 22-42 阀厅观察窗外观照片

（2）门窗性能：

1）电磁屏蔽：对电磁波信号频率范围在 10kHz～10MHz 之间的磁场屏蔽效能不低于 40dB；对电磁波信号频率范围在 10～1000MHz 之间的磁场屏蔽效能不低于 30dB。

2）气密：q_1（单位缝长气密性能分级指标）≤0.5m^3/（m·h），q_2（单位面积气密性能分级指标）≤1.5m^3/（m^2·h）。

3）抗风：3.5kPa≤p_3（抗风压性能分级指标）＜4kPa。

4）水密：ΔP（水密性能分级指标）≥500Pa（门）/2500Pa（窗）。

5）隔声：40dB≤$R_w + C_{tr}$（空气声隔声性能分级指标）＜45dB。

6）传热：K（传热系数）≤2W/（m^2·K）。

7）耐火（隔热性和完整性）：≥1.50h。

（3）门窗制作及安装要求：门窗制作除应符合国家相关标准的要求外，还应满足下列要求：

1）门扇应采用厚度≥1mm 的双面镀锌钢板制作，通过熔焊工艺连续焊接成为电磁屏蔽壳体，壳体内部应衬钢龙骨加强，内部空腔宜填充膨胀珍珠岩防火板。门框应采用厚度 ≥2mm 的双面镀锌钢板制作，内部空腔可填充 C25 细石混凝土（待安装之后填充）。

2）电磁簧片采用具有优良弹性和耐磨性的铍青铜材料制作，用于门扇之间、门扇与门框之间的导电连接；为了便于维修拆卸，铍青铜电磁簧片应为分段式。

3）门扇和门框均采用聚酯烤漆面层，厚度为 50μm；门铰链、拉手、闭门器等五金配件相关技术参数应符合国家相关标准的要求，耐火性能不低于门扇和门框的要求。

4）门扇两侧均应配置拉手，且室内侧应安装手动推杆锁，满足人员逃生要求；不设门槛，地面门框凸起高度应≤10mm；门框与门洞之间安装间隙宜≤10mm。

5）窗框采用厚度≥1.5mm 的双面镀锌钢板制作，内部空腔可填充 C25 细石混凝土（待安装之后填充）。

6）窗玻璃采用双层中空铯钾防火玻璃，厚度为 8mm＋

12mm A（空气层）+8mm，窗框与玻璃之间的缝隙应采用 2mm 厚防火膨胀密闭条和防火胶填堵。

7）窗电磁屏蔽网采用带角钢边框的 25mm×25mm× 1.8mm 不锈钢板网（或镀锌钢板网）。

4. 换流变压器阀侧套管开孔封堵

换流变压器的交流相高压导线通过阀侧套管引入阀厅，与阀厅内的换流系统通过悬吊管型母线相连。换流变压器阀侧套管穿越防火墙上的预留孔洞应采取封堵措施，确保阀厅整体电磁屏蔽、气密、保温隔热、隔声、防水等性能不受影响。

换流变压器阀侧套管开孔封堵应采用具有国际"FM 认证"的结构岩棉复合防火板为封堵材料，开孔封堵实例图见图 22-43。

（1）开孔封堵性能：

1）电磁屏蔽：对电磁波信号频率范围在 10kHz～10MHz 之间的磁场屏蔽效能不低于 40dB；对电磁波信号频率范围在 10～1000MHz 之间的磁场屏蔽效能不低于 30dB。

2）耐火（隔热性和完整性）：≥3.00h。

3）气密：1.2m³/（m²·h）≥q_A[建筑幕墙整体（含开启部分）气密性能分级指标]＞0.5m³/（m²·h）。

4）水密：ΔP（水密性能分级指标）≥2000Pa。

5）隔声：35dB≤$R_{tr.w}+C_{tr}$（空气声隔声性能分级指标）＜40dB。

图 22-43 换流变压器阀侧套管开孔封堵照片

6）传热：K（传热系数）≤0.35W/（m²·K）。

（2）开孔封堵材料要求：结构岩棉复合防火板面板采用无磁性钢板（不锈钢板）材料，外侧板厚度为 0.6mm，内侧板厚度为 0.5mm，内外侧板宜采用浅肋、小波板型；芯材采用 A 级不燃性结构岩棉芯材。

（3）开孔封堵示意图：① 当换流变压器阀侧套管开孔宽度 W≤6m 时，其封堵立面图见图 22-44，断面图见图 22-45，150mm 厚结构岩棉复合防火板拼接示意图见图 22-46；② 当换流变压器阀侧套管开孔宽度 6m＜W≤9m 时，其封堵立面图见图 22-47，断面图见图 22-48，200mm 厚结构岩棉复合防火板拼接示意图见图 22-49。

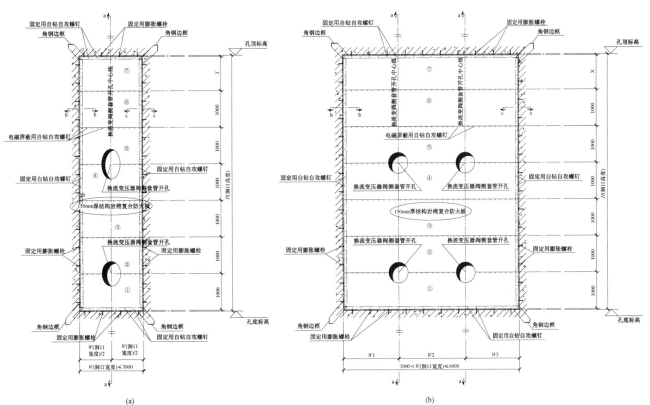

(a)　　　　　　　　(b)

图 22-44 换流变压器阀侧套管开孔封堵立面图（W≤6m）

（a）换流变压器阀侧套管封堵立面图（W≤3m）；（b）换流变压器阀侧套管封堵立面图（3m＜W≤6m）

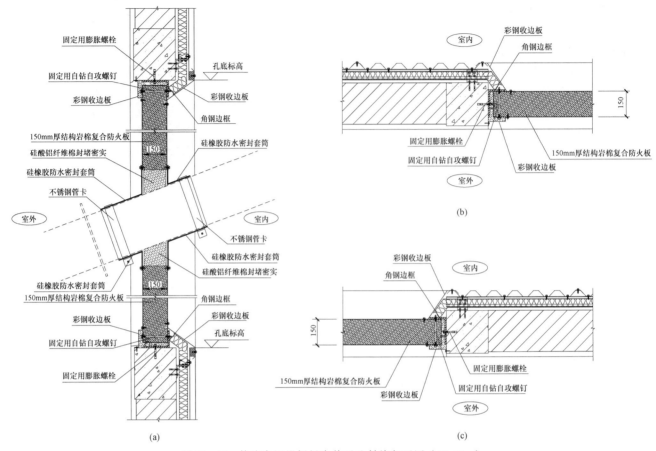

图 22-45　换流变压器阀侧套管开孔封堵断面图（$W \leqslant 6m$）

（a）换流变压器阀侧套管封堵 a-a 断面图（$W \leqslant 6m$）；（b）换流变压器阀侧套管封堵 b-b 断面图（$W \leqslant 6m$）；
（c）换流变压器阀侧套管封堵 c-c 断面图（$W \leqslant 6m$）

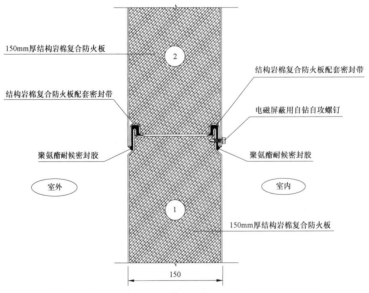

图 22-46　150mm 厚结构岩棉复合防火板拼接示意图

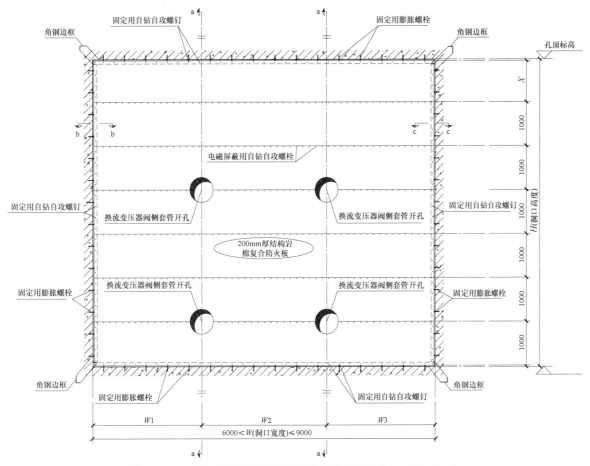

图 22－47　换流变压器阀侧套管开孔封堵立面图（6m＜W≤9m）

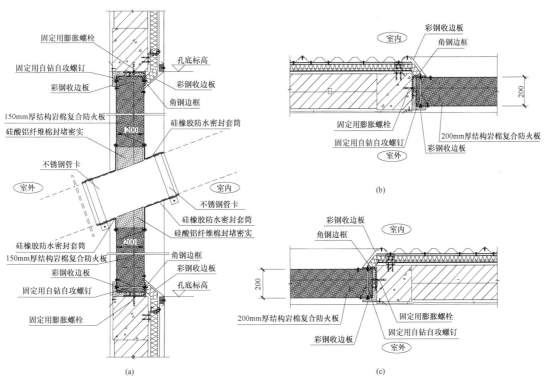

图 22－48　换流变压器阀侧套管开孔封堵断面图（6m＜W≤9m）

（a）换流变压器阀侧套管封堵 a－a 断面图（6m＜W≤9m）；（b）换流变压器阀侧套管封堵 b－b 断面图（6m＜W≤9m）；

（c）换流变压器阀侧套管封堵 c－c 断面图（6m＜W≤9m）

577

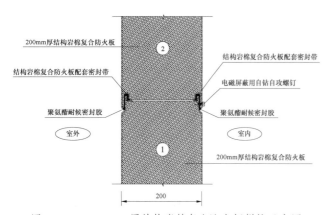

图 22-49　200mm 厚结构岩棉复合防火板拼接示意图

（五）其他建筑部位

1. 室内地坪及沟道

（1）地坪：阀厅地坪由基层、混凝土垫层、钢筋混凝土结构层、电磁屏蔽构造层、饰面层等构造层次组成，其构造示意图见图 22-50。

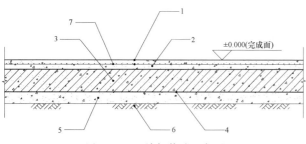

图 22-50　地坪构造示意图

1—环氧树脂自流平工业地坪涂料饰面层；2—C25 混凝土电磁屏蔽构造层（内配 ϕ4mm@50mm×50mm 镀锌焊接钢丝电磁屏蔽网，厚度依单项工程）；3—C25 钢筋混凝土结构层（内配 ϕ12mm@150mm×150mm 双层双向钢筋网，厚度依单项工程）；4—防水（防潮）隔离层（2 道聚氨酯防水涂料或 2 层柔性卷材）；5—C15 混凝土垫层（厚度依单项工程）；6—素土夯实层（压实系数 $\lambda_c \geqslant 0.95$）；7—ϕ4mm@50mm×50mm 镀锌焊接钢丝电磁屏蔽层

地坪设计技术要点如下：

1）地坪应满铺 ϕ4mm@50mm×50mm 镀锌焊接钢丝电磁屏蔽网，该电磁屏蔽网应与内墙彩色压型钢板之间具有优良的导电连接。

2）地坪的均布活荷载标准值应≥10kN/m²。

3）地坪应设置防水（防潮）隔离层（地下水位较高或土壤较潮湿的地区）。

4）地坪的钢筋混凝土结构层、电磁屏蔽构造层应设置纵、横向缩缝。

5）地坪采用耐磨、抗冲击、不起尘、防潮、防滑、易清洁的饰面材料。

6）位于膨胀土地区、湿陷性黄土地区、软土地区、盐渍土地区、永冻土地区的换流站，其地坪基层应采取适当的构

造措施，如增设三七灰土（或三合土）垫层、沥青砂垫层、变形缓冲层（立砌漂石）等。

（2）风道：风道是为中央空调系统向阀厅室内加压送风而设置的，其出风口断面示意图见图 22-51。

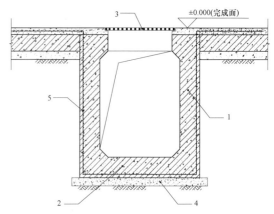

图 22-51　风道出风口断面示意图

1—风道壁（C25 钢筋混凝土，配筋及厚度依单项工程）；2—风道底板（C25 钢筋混凝土，配筋及厚度依单项工程）；3—钢格栅通风盖板；4—C15 混凝土垫层（厚度依单项工程）；5—ϕ4mm@50mm×50mm 镀锌焊接钢丝电磁屏蔽网

风道设计技术要点如下：

1）风道底板和侧壁均应铺设 ϕ4mm@50mm×50mm 镀锌焊接钢丝电磁屏蔽网，该电磁屏蔽网应与室内地坪电磁屏蔽网相互焊接为一体。

2）风道出风口宜采用钢格栅通风盖板，其承载能力应满足阀厅设备安装及检修车的通行要求。

3）风道内壁应采用光滑、易清洁、不起尘的饰面材料。

（3）电缆沟：电缆沟是为阀厅内部敷设电缆而设置的，其断面示意图见图 22-52。

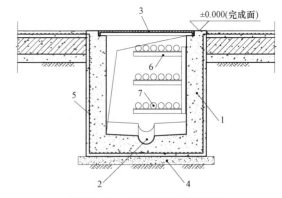

图 22-52　电缆沟断面示意图

1—电缆沟壁（C25 混凝土，厚度依单项工程）；2—电缆沟排水带凹槽底板（C25 混凝土，厚度依单项工程）；3—钢质电缆沟盖板；4—C15 混凝土垫层（厚度依单项工程）；5—ϕ4mm@50mm×50mm 镀锌焊接钢丝电磁屏蔽网；6—角钢电缆支架；7—电缆

电缆沟设计技术要点如下：

1）电缆沟底板和侧壁均应铺设 ϕ4mm@50mm×50mm 镀锌焊接钢丝电磁屏蔽网，该电磁屏蔽网应与室内地坪电磁屏蔽网相互焊接为一体。

2）电缆沟底板应设置纵向排水坡度为0.5%的排水凹槽。

3）电缆沟盖板宜选用钢质盖板或包角钢混凝土盖板，盖板饰面材质和颜色应与阀厅地坪饰面层统一。

2. 巡视走道

（1）内部架空巡视走道：阀厅内部架空巡视走道布置根据运行和检修的需要设置：

1）两端直流输电换流站：阀厅内部架空巡视走道宜与阀塔平行布置。通常情况下，架空巡视走道应沿换流变压器阀厅侧防火墙的对侧阀厅纵墙室内侧布置，且宜通过斜钢梯通至上部屋架区域；当屋架区域设有高位阀冷却水膨胀水箱时，架空巡视走道宜通至该膨胀水箱区域。两端直流输电换流站阀厅内部架空巡视走道"U字形"布置示意图见图22-53。

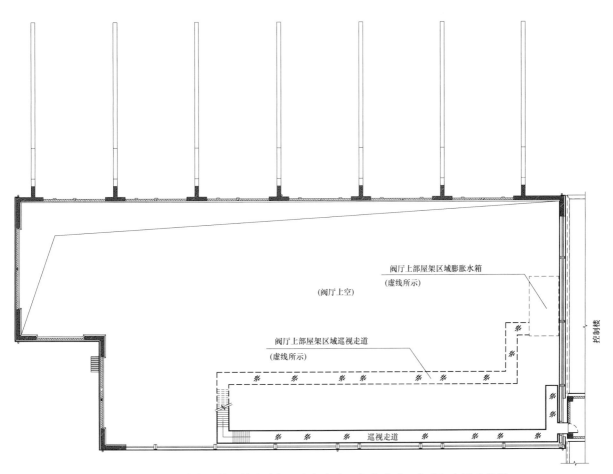

图22-53　两端直流输电换流站阀厅内部架空巡视走道"U字形"布置示意图

2）背靠背换流站：阀厅内部架空巡视走道宜环绕阀塔布置，当屋架区域设有高位阀冷却水膨胀水箱时，架空巡视走道宜通至该膨胀水箱区域。背靠背换流站阀厅内部架空巡视走道"口字形"布置示意图见图22-54。

3）巡视走道净宽宜为 1.1～1.2m，走道水平段净高宜为 2～2.2m，斜钢梯的梯段净高应≥2.2m。阀厅内部架空巡视走道典型断面示意图见图22-55。

4）侧墙区域的架空巡视走道应设置全封闭式（两侧和顶部均封闭）或半封闭式（两侧封闭、顶部开敞）安全防护网；屋架上部区域的架空巡视走道宜设置全封闭式或半封闭式安全防护网，当设置安全防护网有困难时，可设置高度为1.1～1.2m 的安全防护栏杆。防护网和安全防护栏杆应能承受不小于1kN/m 的水平荷载。

5）巡视走道的走道板、斜钢梯的踏步板应采用具有防滑性能的花纹钢板制作，巡视走道两侧应安装踢脚板，走道板与踢脚板之间应连续焊接成为一个整体，以防止细微颗粒物（如灰渣、粉尘）掉落至阀塔、高压套管等设备表面。

6）巡视走道支撑结构应与主体结构之间连接牢固。

7）巡视走道应采取可靠的接地措施。

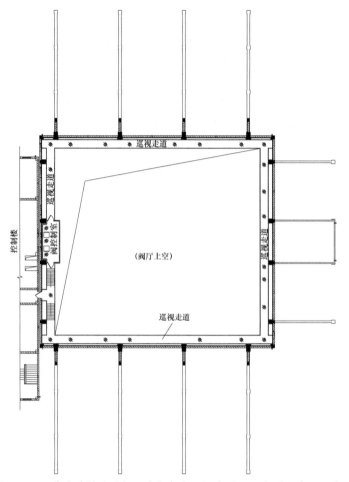

图 22－54　背靠背换流站阀厅内部架空巡视走道"口字形"布置示意图

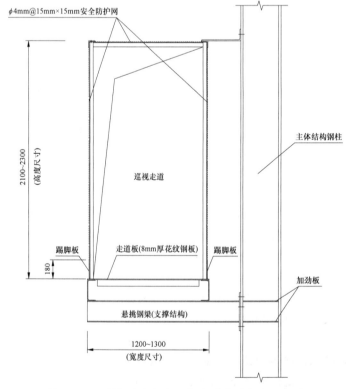

图 22－55　阀厅内部架空巡视走道典型断面示意图

（2）屋面巡视走道：阀厅屋面巡视走道宜沿阀厅纵向（屋脊方向）设置，其布置示意图见图22-56。

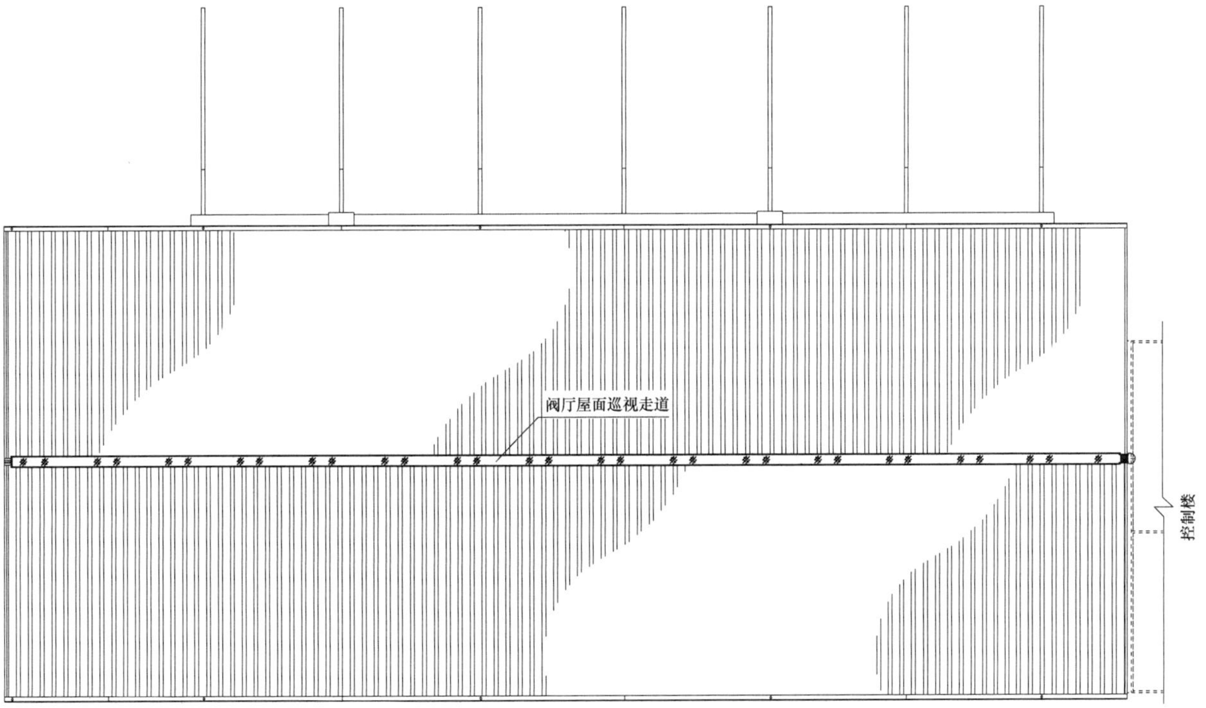

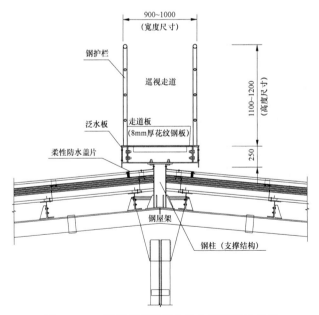

图22-56　阀厅屋面巡视走道布置示意图

屋面巡视走道设计技术要点如下：

1）巡视走道净宽宜为0.8~0.9m，且应设置高度为1.1~1.2m的安全防护栏杆，安全防护栏杆应能承受不小于1kN/m的水平荷载。走道典型断面示意图见图22-57。

图22-57　阀厅屋面巡视走道典型断面示意图

2）巡视走道的走道板应采用具有防滑性能的花纹钢板制作，走道板之间应连续焊接成为一个整体。

3）巡视走道应与屋面巡视检修钢爬梯连接成为一个整体。

4）巡视走道钢柱支撑结构穿屋脊部位应采取可靠的防水措施。

5）巡视走道支撑结构应与主体结构之间连接牢固。

6）巡视走道应采取可靠的接地措施。

三、结构设计

（一）一般规定

（1）阀厅结构设计使用年限为50年，结构安全等级为一级，抗震设防类别为乙类。

（2）阀厅地基基础设计等级不应低于乙级，基础最大沉降量不宜大于50mm，相邻柱基之间沉降差不应大于1/500，当为高压缩性土时，基础绝对沉降量可适当放大，但应满足工艺要求并采取适当措施，避免阀厅沉降差过大对设备的影响。

（3）阀厅一般不设置伸缩缝，对于长度超过55m的现浇钢筋混凝土框架结构或长度超过45m的剪力墙结构，应采取减小混凝土收缩和温度变化的措施，并考虑温度变化和混凝土收缩对结构的影响。

（4）阀厅与控制楼联合布置时，阀厅与控制楼之间应设置防震缝。当阀厅、控制楼均为混凝土结构时，防震缝宽度不应小于100mm；当阀厅和控制楼之一为钢结构时，防震缝宽度不应小于150mm；当其中较低房屋高度大于15m时，防震缝宽度应适当加宽。

（二）结构形式及布置

1. 结构形式

阀厅的结构形式多种多样，我国已建和在建的±400kV～±800kV两端直流输电换流站及背靠背换流站工程中，阀厅主要采用了以下四种结构形式：

（1）全钢结构：阀厅采用钢柱＋钢屋架组成的钢排架结构形式，阀厅与换流变压器之间防火墙采用钢筋混凝土剪力墙结构，阀厅钢柱与换流变压器防火墙脱开布置。全钢结构阀厅三维实例图见图22-58。

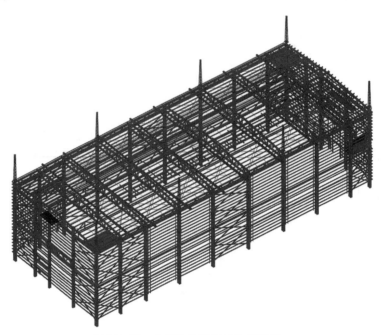

图22-58　全钢结构阀厅三维实例图

（2）钢—钢筋混凝土框架（或框架剪力墙）混合结构：阀厅在远离换流变压器侧采用钢结构柱，靠近换流变压器侧采用钢筋混凝土框架（或框架剪力墙）结构同时兼做防火墙，横向通过钢屋架联系，形成钢—钢筋混凝土框架（或框架剪力墙）混合结构。钢—钢筋混凝土框架剪力墙混合结构阀厅三维实例图见图22-59。

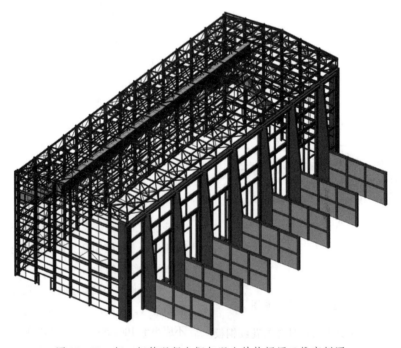

图22-59　钢—钢筋混凝土框架混合结构阀厅三维实例图

（3）钢—钢筋混凝土剪力墙混合结构：阀厅在远离换流　变压器侧采用钢结构柱，靠近换流变压器侧采用钢筋混凝

土剪力墙结构同时兼做防火墙，横向通过钢屋架联系，形成钢—钢筋混凝土剪力墙混合结构。钢—钢筋混凝土剪力墙

混合结构阀厅三维实例图见图22-60。

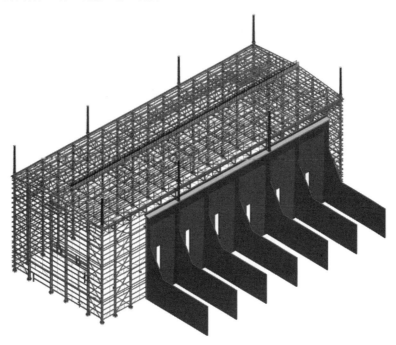

图22-60　钢—钢筋混凝土剪力墙混合结构阀厅三维实例图

（4）钢筋混凝土框排架混合结构：阀厅两侧均采用钢筋混凝土框架结构兼做防火墙，横向通过钢屋架联系，形成钢

筋混凝土框排架混合结构。钢筋混凝土框排架混合结构阀厅三维实例图见图22-61。

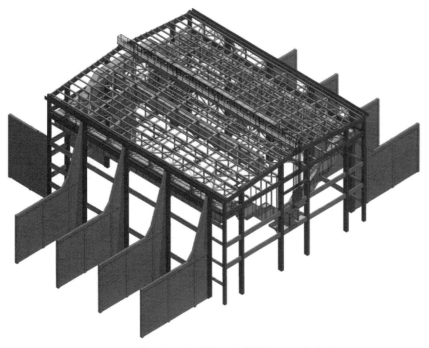

图22-61　钢筋混凝土框排架混合结构阀厅三维实例图

阀厅结构形式应根据工程所在地抗震设防烈度、气象条件、阀厅高度、场地条件、结构材料和施工等因素，经技术、经济比较后综合确定。一般情况下当阀厅一侧布置有换流变压器时宜采用钢—钢筋混凝土框架（或框架剪力墙）混合结

构、钢—钢筋混凝土剪力墙结构；当阀厅两侧均布置有换流变压器时宜采用钢筋混凝土框排架混合结构；当抗震设防烈度较高、混凝土施工困难以及工期要求较高时也可采用全钢结构。

2. 结构受力体系及布置

阀厅结构布置应尽量使其平面和竖向规则，避免平面扭转和侧向刚度不规则。结构体系的确定应符合下列要求：① 应具有明确的计算简图和合理的地震作用传递途径；② 应避免因部分结构或构件破坏导致整个结构丧失抗震能力或对重力荷载的承载能力；③ 应具有必要的抗震承载能力、良好的变形能力和消耗地震能量的能力；④ 对可能出现的薄弱部位，应采取措施提高其抗震能力。

（1）全钢结构：阀厅结构与防火墙脱开布置，阀厅与防火墙之间设置防震缝。

1）阀厅横向结构系统由钢柱和屋架组成，主要承受屋面荷载、悬挂阀塔荷载、横向风荷载和地震作用；纵向结构系统由钢柱、柱间支撑组成，主要承受纵向风荷载和地震作用。此外还有屋面支撑、檩条、墙梁等共同组成空间结构。

钢柱与基础连接一般设计成固结，柱顶与屋架连接可以设计成铰接或刚结。对于全钢结构阀厅，柱顶与屋架宜设计为刚接，以增加阀厅在排架平面内的刚度和节约钢材。

2）阀厅柱网布置除考虑结构受力和刚度要求外，尚应满足工艺使用要求，使柱的位置与设备布置相协调。柱网布置时应避开换流变压器套管开孔，通常将钢柱布置在换流变压器横向防火墙与纵向防火墙相交的位置。阀厅两端山墙柱布置时应避开直流穿墙套管等工艺设备和门窗洞口。

为满足工艺要求和节省阀厅占地，阀厅靠近防火墙侧钢柱不能突入阀厅过多，实际工程中常将防火墙在钢柱处设计成Y字形，使阀厅钢柱位于Y形剪力墙内。

全钢结构阀厅结构平面布置实例图见图22-62，剖面布置实例图见图22-63。

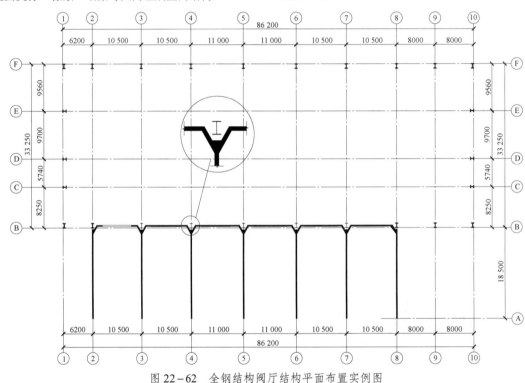

图22-62 全钢结构阀厅结构平面布置实例图

（2）钢—钢筋混凝土框架（或框架剪力墙）混合结构：阀厅结构与防火墙结构联合布置，防火墙兼做阀厅受力结构。当阀厅高度较大、地震设防烈度较高时宜采用钢—钢筋混凝土框架剪力墙混合结构；当阀厅高度不大、地震设防烈度较低时，宜采用钢—钢筋混凝土框架混合结构。

1）阀厅横向结构系统由钢柱、屋架和钢筋混凝土框架（或框架剪力墙）组成，主要承受屋面荷载、悬挂阀塔荷载、横向风荷载和地震作用；纵向结构系统在远离换流变压器侧由钢柱和柱间支撑组成，靠近换流变压器侧为钢筋混凝土框架（或框架剪力墙）结构，主要承受纵向风荷载和地震作用。

此外还有屋面支撑、檩条、墙梁等共同组成空间结构。

2）阀厅柱网及剪力墙布置除考虑结构受力和刚度要求外，尚应满足工艺使用要求，使柱与剪力墙的位置与设备布置相协调。靠近换流变压器侧框架柱或剪力墙布置时应避开换流变压器套管开孔，通常将框架柱或剪力墙布置在换流变压器横向防火墙与纵向防火墙相交的位置；远离换流变压器侧钢柱宜布置在与横向防火墙框架相对应的位置上，当钢柱距大于9m时，也可在每台换流变压器中间对应位置布置钢柱，以减小钢柱和屋架间距，相应屋架一侧支撑在钢柱上，另一侧支撑在钢筋混凝土托梁上。阀厅两端山墙柱布置时应

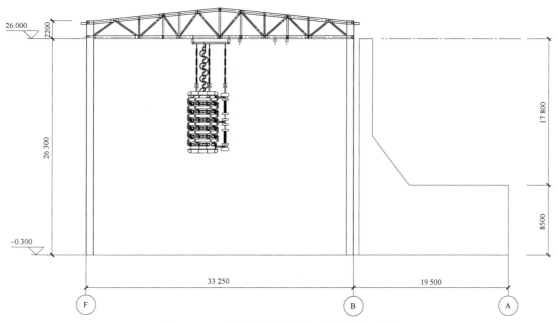

图 22-63　全钢结构阀厅结构剖面布置实例图

避开直流穿墙套管等工艺设备和门窗洞口。

　　结构布置时可通过调整钢柱支撑和框架剪力墙的布置使阀厅两侧沿纵向刚度尽量接近，减少结构在地震作用下的扭转效应。

　　钢—钢筋混凝土框架剪力墙结构阀厅结构平面布置实例图见图 22-64，剖面布置实例图见图 22-65。

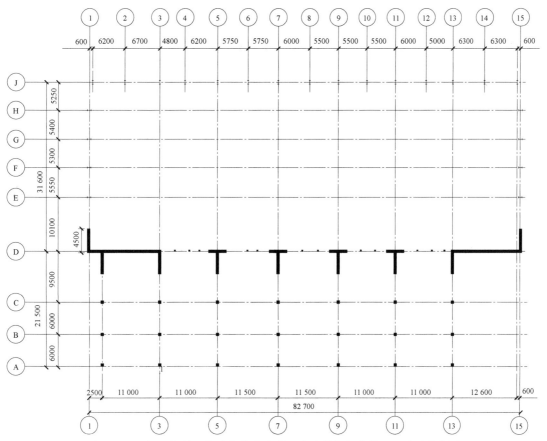

图 22-64　钢—钢筋混凝土框架剪力墙混合结构阀厅结构平面布置实例图

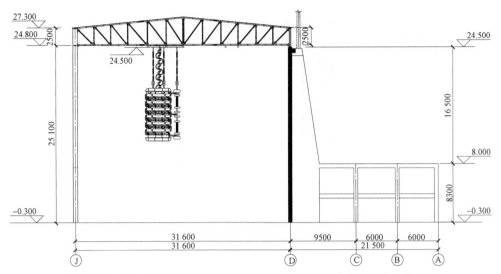

图 22-65 钢—钢筋混凝土框架剪力墙混合结构阀厅结构剖面布置实例图

（3）钢—钢筋混凝土剪力墙混合结构：阀厅结构与防火墙联合布置，防火墙兼做阀厅受力结构。

1）阀厅横向结构系统由钢柱、屋架和钢筋混凝土剪力墙组成，主要承受屋面荷载、悬挂阀塔荷载、横向风荷载和地震作用；纵向结构系统在远离换流变压器侧由钢柱和柱间支撑组成，靠近换流变压器侧为钢筋混凝土剪力墙结构，主要承受纵向风荷载和地震作用。此外还有屋面支撑、檩条、墙梁等共同组成空间结构。

2）阀厅柱网及剪力墙布置除考虑结构受力和刚度要求外，尚应满足工艺使用要求，使柱与剪力墙的位置与设备布置相协调。靠近换流变压器侧剪力墙较长，布置时可结合换流变压器套管开孔设置跨高比较大的连梁，将其分成长度较均匀的若干墙段；远离换流变压器侧钢柱宜布置在与横向防火墙相对应的位置上，当钢柱柱距大于9m时，也可在每台换流变压器中间对应位置布置钢柱，以减小钢柱和屋架间距，相应屋架一侧支撑在钢柱上，另一侧支撑在钢筋混凝土剪力墙上。阀厅两端山墙柱布置时应避开直流穿墙套管等工艺设备和门窗洞口。

结构布置时可通过调整钢柱支撑和剪力墙的分段使阀厅两侧沿纵向刚度尽量接近，减少结构在地震作用下的扭转效应。

钢—钢筋混凝土剪力墙混合结构阀厅结构平面布置实例图见图 22-66，剖面布置实例图见图 22-67。

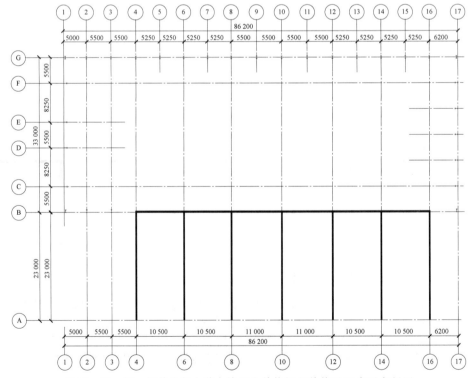

图 22-66 钢—钢筋混凝土剪力墙混合结构阀厅结构平面布置实例图

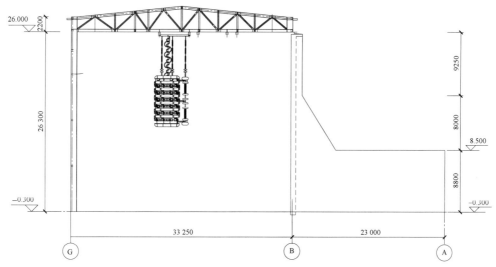

图 22-67 钢—钢筋混凝土剪力墙混合结构阀厅结构剖面实例图

（4）钢筋混凝土框排架混合结构：阀厅结构与防火墙结构联合布置，防火墙兼做阀厅受力结构。

1）阀厅横向结构系统由位于阀厅两侧的横向防火墙框架和钢屋架组成，主要承受屋面荷载、悬挂阀塔荷载、横向风荷载和地震作用；纵向结构系统由阀厅两侧的纵向防火墙框架组成，主要承受纵向风荷载和地震作用。此外还有屋面支撑、檩条等共同组成空间结构。

2）阀厅柱网布置除考虑结构受力和刚度要求外，尚应满足工艺使用要求，使柱的位置与设备布置相协调。柱网布置时应避开换流变压器套管开孔，通常将框架柱布置在换流变压器纵向防火墙与横向防火墙相交的轴线上，钢屋架支承在两侧框架柱上。当阀厅纵向柱距大于 9m 时，也可在两柱中间布置屋架，以减小屋架间距，相应屋架两端支承在纵向钢筋混凝土框架托梁上。阀厅两端山墙柱布置时应避开工艺设备和门窗洞口。

钢筋混凝土框排架混合结构阀厅结构平面布置实例图见图 22-68，剖面布置实例图见图 22-69。

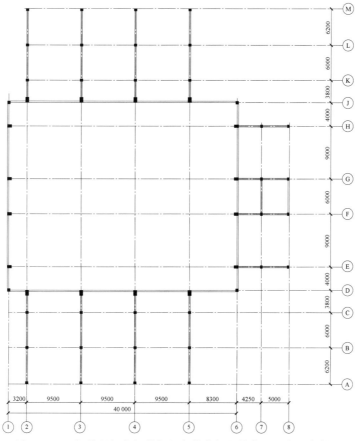

图 22-68 钢筋混凝土框排架混合结构阀厅结构平面布置实例图

（三）结构计算

1. 荷载计算

阀厅设计荷载应按 GB 50009《建筑结构荷载规范》采用，作用在阀厅上的荷载包括永久荷载（恒荷载）和可变荷载（活荷载），在地震区还应考虑地震作用。

（1）永久荷载：永久荷载主要包括结构自重、固定不变的设备及管道重量等。

1）阀厅柱、屋架、支撑等构件的自重可根据设计选用的截面计算出的自重，乘以节点板等附件的增加系数，对钢结构柱、屋架及支撑等可取 1.1～1.2 左右，混凝土结构可取 1.0。

2）复合压型钢板墙面、屋面的自重按均布荷载计算，自重标准值可按 GB 50009 取值或根据其具体做法通过计算确定。

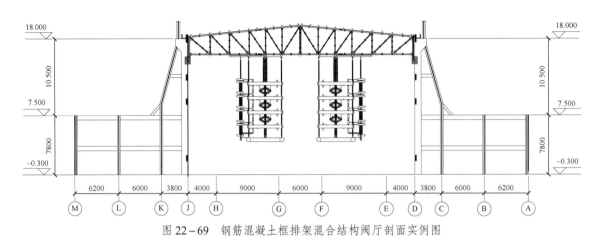

图 22−69　钢筋混凝土框排架混合结构阀厅剖面实例图

3）阀塔自重在进行阀厅整体分析、地震作用计算以及正常使用验算时一般按永久荷载考虑，但在阀塔安装或事故情况下的荷载工况应按可变荷载对结构承载能力进行复核。

4）其他如巡视走道、操作平台、管道支架、固定不变的设备等自重，按实际情况计算。

（2）可变荷载：可变荷载主要包括屋面活荷载、巡视走道检修荷载及各种可能随时间变化的设备荷载、风荷载、雪荷载等。

1）风荷载：作用在阀厅上的风荷载，其基本风压、风荷载标准值、风荷载体型系数等，应按 GB 50009 采用，其中 ±800kV 及以上换流站阀厅基本风压重现期应取 100 年。计算围护构件及连接时，应采用局部体型系数和阵风系数。

2）屋面雪荷载和活荷载：应按 GB 50009 采用。

3）运行维护、检修荷载：巡视走道和设备操作平台按 2kN/m² 计算，对于检修、安装时的堆料活荷载，可按实际情况合理分区考虑。阀厅地面均布荷载按 10kN/m² 计算，对于检修车可能到达的沟道、检修盖板等部位应考虑检修车的轮压荷载。设计屋面板、檩条、挑檐等构件时，施工或检修集中荷载标准值不应小于 1.0kN，并应布置在最不利位置处进行验算。

4）其他荷载：阀厅一般不设置伸缩缝，对于长度超过 55m 的现浇钢筋混凝土框架结构或长度超过 45m 的剪力墙结构，应考虑温度应力的作用。

（3）地震作用：阀厅属重点设防（乙类）建筑物，位于地震区的阀厅应按 GB 50011《建筑抗震设计规范》计算地震作用。

（4）荷载组合：阀厅设计根据其使用过程中在结构上可能同时出现的荷载，按承载能力极限状态和正常使用极限状态分别进行荷载组合，并取各自的最不利的组合进行设计。

阀厅的荷载组合原则及荷载分项系数、组合值系数取值等按照 GB 50009 的要求进行。阀厅屋面雪荷载与活荷载一般不同时组合，而是取其中的较大值；设计屋面板、檩条、挑檐等构件时，施工或检修集中荷载不与构件自重以外的其他活荷载同时考虑。

2. 内力及位移计算

阀厅结构布置因受工艺布置限制等原因通常为平面不规则结构，其内力及位移计算宜采用空间结构分析法。当防火墙兼作阀厅受力结构时，阀厅与防火墙应整体建模进行计算；当阀厅与防火墙脱开布置且不作为阀厅受力结构时可分开计算。

阀厅结构在风荷载标准值作用下，其顶部位移不宜超过 $H/400$，H 为基础顶面至柱顶的总高度。

3. 抗震计算

（1）阀厅应在其 2 个主轴方向分别计算水平地震作用，对质量和刚度分布不均匀的结构应计入双向水平地震作用下的扭转影响，设防烈度为 8 度及以上且屋架跨度大于 24m 时，应计算竖向地震作用。

（2）阀厅抗震计算宜采用空间结构计算模型、振型分解反应谱法进行计算，对平面规则、刚度比较均匀的阀厅结构可采用底部剪力法，对特别不规则的阀厅结构应采用时程分析法进行多遇地震下的补充计算。

（3）阀厅地震作用计算时，对轻型墙板或与柱柔性连接的预制混凝土墙板，应计入其自重但不应计入其刚度；对框架填充墙或嵌入式钢筋混凝土墙板，应计入其刚度影响。

（4）阀厅上附属设备可直接将其作为一个质点计入整个结构进行分析，但对于悬挂阀塔应考虑其在水平地震作用下对阀厅结构的竖向作用效应。阀塔是通过悬垂绝缘子悬挂在屋架下方的吊梁上，与阀塔吊梁为柔性连接，其地震作用不同于刚性固定在屋架上的设备，体型及重量均较大的悬挂阀塔在地震作用下会产生晃动，其晃动时的离心力会同时产生水平和竖向地震力。由于底部剪力法、振型分解反应谱法均难以模拟和计算类似索结构阀塔的地震效应，有条件时宜采用时程分析法计算阀塔的地震作用。

（5）阀厅结构应进行多遇地震作用下的抗震变形验算，其弹性层间位移角限值应满足如下要求：对钢筋混凝土框架结构为1/550；对框架剪力墙结构为1/800；对剪力墙结构为1/1000；对纯钢结构为1/250。

（6）对8度Ⅲ、Ⅳ类场地和9度时的阀厅结构应进行罕遇地震下薄弱层弹塑性变形验算；对7度Ⅲ、Ⅳ类场地和8度时阀厅结构宜进行罕遇地震下薄弱层弹塑性变形验算。其弹塑性层间位移角限值为1/50。

（四）屋架及支撑

阀厅一般采用钢屋架+檩条+复合压型钢板组成的轻型有檩屋面，在风荷载较大且抗震设防烈度不高的地区也可考虑选用钢筋混凝土屋面。

1. 屋架

（1）屋架形式：阀厅屋架主要承受屋面荷载、屋架下部悬挂的阀塔及其他设备荷载等，常用屋架形式主要有双坡梯形钢屋架、单坡梯形钢屋架、三角形钢屋架。阀厅屋架宜采用双坡梯型钢屋架，便于屋面排水及巡视走道的布置；当两座阀厅背靠背布置或建筑设计为单坡排水时，可采用单坡梯形钢屋架；当屋面采用轻型有檩体系，且屋架与钢柱铰接时也可采用三角形钢屋架。

（2）屋架几何尺寸及连接：阀厅跨度一般为20～36m，柱距为6～12m，屋架跨中经济高度为跨度的1/8～1/10，对采用轻型屋面的屋架取小值，对采用现浇钢筋混凝土屋面的屋架或三角形屋架取大值。当屋架上设置有巡视走道时屋架高度尚应满足巡视走道布置和通行要求。

1）对于双坡梯形屋架，端部高度一般在2～2.5m，屋架上弦坡度一般取10%左右；对单坡梯形屋架，其较小端部高度可取1.5～2.5m，屋架上弦坡度可取5%～10%；对三角形屋架，屋架上弦坡度一般取1:3左右。

2）屋架节间长度应结合屋架下部阀塔吊梁、巡视走道的布置综合考虑。阀塔吊梁应尽量布置在屋架下弦节点上，确有困难时可以通过吊梁转换，避免屋架下弦受弯。屋架斜腹杆布置一般采用人字式或单斜式，腹杆与主材、腹杆与腹杆

之间的夹角宜为35°～55°，腹杆布置时需考虑巡视走道通行的要求。

3）屋面檩条间距根据屋面复合压型钢板类型确定。当采用钢筋混凝土屋面时，屋面次梁应布置在屋架上弦节点上。

4）在运输条件许可的前提下，阀厅钢屋架宜采用在工厂分段加工，现场拼装的方案，此时腹杆与弦杆之间采用焊接连接，弦杆拼接采用螺栓连接；当分段运输有困难时，可采用腹杆与弦杆分开加工，现场组装的方案，此时腹杆和弦杆之间以及弦杆拼接均采用螺栓连接。同时为满足接地要求，所有采用螺栓连接的构件之间均应采用铜绞线进行接地连接。

5）屋架与钢柱之间应采用螺栓连接；屋架与钢筋混凝土框架或剪力墙顶部宜采用螺栓连接，地震设防烈度为9度时宜采用钢板铰，亦可用螺栓，柱顶宜同时设置埋铁，且锚筋不应少于4Φ16。另外为增强阀厅的抗震性能，减少地震时屋架与混凝土结构之间的作用力，避免钢屋架与混凝土结构之间连接破坏，可在屋架与钢筋混凝土结构连接处设置具有阻尼作用的消能减震装置。

2. 屋架支撑

（1）屋架支撑布置原则：为保证阀厅承重结构在安装和使用过程中的整体稳定性，提高结构的空间作用，减小屋架杆件在平面外的计算长度，应根据屋架形式、跨度及所在地区抗震设防烈度等设置支撑系统。

屋架支撑系统包括横向支撑、竖向支撑、纵向支撑和系杆（刚性系杆和柔性系杆），屋架支撑的布置原则如下：

1）在设置有纵向支撑的水平面内必须设置横向支撑，并将二者布置为封闭型。

2）所有横向支撑、纵向支撑和竖向支撑均应与屋架、托架的杆件或系杆组成几何不变的桁架形式。

3）应使风、地震等水平力尽快由作用点传递到屋架支座。地震区应适当加强支撑，并加强支撑节点的连接强度。

（2）屋架支撑的布置和形式：屋架支撑的布置和形式应结合工艺设备和管道布置进行，避免与阀冷管道、风道等发生碰撞。

1）横向支撑：所有屋架上、下弦均应设置横向水平支撑，一般在阀厅两端各设置一道。当阀厅长度大于66m时，宜在阀厅中部（柱间支撑开间）增设一道上下弦横向水平支撑。

2）竖向支撑：所有屋架均应设置竖向支撑。竖向支撑设置在设有横向支撑的屋架间，屋架跨度不大于30m时，屋架中部竖杆平面内设置一道竖向支撑；屋架跨度大于30m时，应在距离两端各1/3跨度附近的竖杆平面内各设一道竖向支撑；梯形屋架在屋架两端部应各设置一道竖向支撑。

3）纵向支撑：屋架下弦的两端宜设置纵向水平支撑，并

与屋架横向水平支撑形成封闭的支撑体系。

4）系杆：屋架上弦水平系杆在屋架上弦横向支撑节点处通长设置，檩条刚度较大时可以采用檩条兼作系杆。屋架下弦系杆在屋架下弦横向支撑节点处通长设置，屋架下部的吊梁可兼作下弦系杆。

屋架支撑宜采用交叉支撑腹杆形式，但竖向支撑当高度不大于 2.5m 时可采用单腹杆形式。屋架支撑布置实例图见图 22-70、图 22-71。

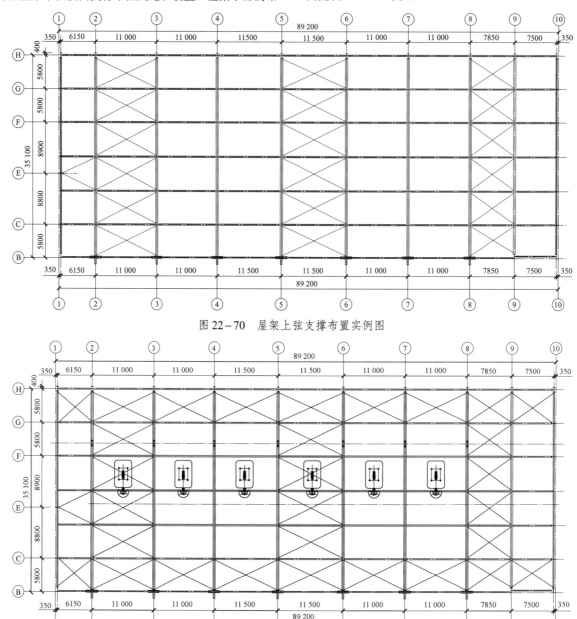

图 22-70　屋架上弦支撑布置实例图

图 22-71　屋架下弦支撑布置实例图

（3）支撑杆件截面设计及连接：屋架支撑中的交叉斜杆按拉杆设计；在两个横向支撑之间及相应于竖向支撑平面屋架间的上、下弦节点处的系杆，除在上、下弦杆端部及上弦杆跨中的系杆外，一般按拉杆设计；当横向支撑在厂房单元端部第二柱间时，则第一柱间的所有系杆均按压杆设计。

1）按压杆设计的支撑和刚性系杆宜选择圆管、方管等回转半径较大的截面形式，按拉杆设计的柔性系杆及交叉斜杆一般采用单角钢制作，对有张紧装置的交叉斜杆可采用直径

不小于 16mm 的圆钢截面。

2）支撑与屋架连接设计时应尽量减小节点偏心值，交叉支撑在交叉点处尽量不中断，支撑连接宜采用摩擦型高强度螺栓。

（五）柱及柱间支撑

阀厅中的钢筋混凝土框架和剪力墙的设计应按照 GB 50010《混凝土结构设计规范》中的相关规定进行，下面重点介绍钢柱及柱间支撑的设计。

1. 钢柱

（1）柱的类型及截面形式：阀厅内一般不设置吊车，阀厅钢柱通常选择沿整个柱高截面不变的等截面柱；柱截面形式一般选用 H 形实腹式柱，当柱截面较大时也可选用格构式柱。

（2）柱的计算长度及容许长细比：阀厅为单层排架结构，阀厅钢柱的计算长度与阀厅结构形式、钢柱的支撑情况及柱与基础和屋架的连接方式等密切相关。

1）钢柱在排架平面内的计算长度 $H_0 = \mu H$，H 为柱的高度，当柱顶与屋架铰接时，取柱脚底面至柱顶面的高度，当柱顶与屋架刚接时，可取杜脚底面至屋架下弦重心线之间的高度；μ 为柱的计算长度系数，根据排架在平面内有无支撑分别按 GB 50017《钢结构设计规范》中有支撑和无支撑排架进行计算，其中有支撑排架根据其侧移刚度大小分为强支撑排架和弱支撑排架。

对于全钢结构阀厅，钢柱与防火墙脱开布置，阀厅钢柱按无支撑排架考虑。对于钢—混凝土框架混合结构、钢—钢筋混凝土剪力墙混合结构，钢柱下部与基础相连，上部通过屋架与防火墙相连，而防火墙刚度一般较大，钢柱平面内计算长度可按有支撑排架考虑。

2）钢柱在排架平面外的计算长度应取钢柱在排架平面外侧向支点之间的距离。

3）钢柱的长细比，无抗震要求时不宜超过 150；有抗震设防要求时，当轴压比小于 0.2 时不宜大于 150，轴压比不小于 0.2 时，不宜大于 $120\sqrt{235/f_{ay}}$。

（3）柱截面尺寸的选择及计算：钢柱截面尺寸根据阀厅的高度、柱距、跨度等确定，以满足阀厅承载能力和刚度的要求。

1）对于 H 形实腹式柱，其截面高度 h 可取柱高度 H 的 $1/25\sim1/35$（无支撑排架取大值，有支撑排架取小值），截面宽度 b 取 $0.4\sim1.0$ 截面高度。

2）钢柱内力宜采用空间整体计算，对一般实腹式钢柱应按压弯构件进行截面强度以及钢柱平面内和平面外的稳定计算。当采用平面简化计算时，由于排架柱在平面外设置有支撑，相应弯矩较小，可以按单向压弯构件进行截面强度以及钢柱在平面内和平面外稳定的计算。

（4）柱脚形式及构造：阀厅钢柱柱脚通常设计为刚性固定柱脚，柱脚与基础连接方式主要有插入式柱脚和外露式柱脚两种方式。有抗震设防要求时宜采用插入式柱脚，当抗震设防烈度不大于 7 度时也可采用外露式柱脚。

1）对于插入式柱脚，钢柱插入杯口深度不得小于钢柱截面高度的 1.5 倍，有抗震要求时不得小于钢柱截面高度的 2.5 倍。钢柱埋入部分宜在柱翼缘上设置圆头焊钉，其直径不得小于 16mm，其水平和竖向的中心间距不得大于 200mm。插入式钢柱的安装可采用钢垫板方案，一般在柱脚底板下设置钢垫板，柱脚底板与基础顶面之间留出 50mm 左右的灌浆层，钢柱脚安装校正后，再采用无收缩细石混凝土或无机灌浆料二次灌浆。

插入式柱脚连接实例图见图 22-72。

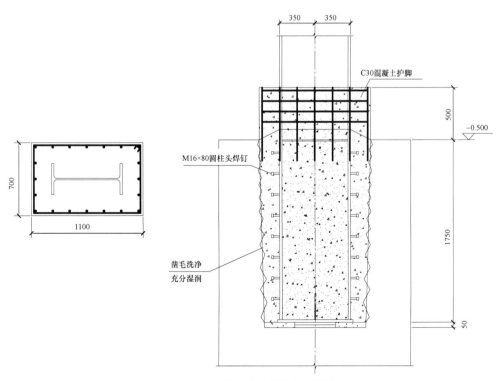

图 22-72　插入式柱脚连接实例图

2）对于外露式柱脚，柱脚底板厚度和锚栓直径应通过计算确定，柱脚底板厚度一般取 20～40mm，地基螺栓规格不宜小于 M36，地脚螺栓不宜承受柱脚底部的水平剪力，此水平剪力由柱脚底板与基础混凝土之间的摩擦力（摩擦系数可取 0.4）或设置抗剪键来承受。钢柱安装可采用调平螺母的方案，即在每个柱脚锚栓上配置调平螺母，调平螺母位于柱脚底板

下，用来调整柱底板标高，钢柱安装校正后再采用无收缩细石混凝土或无机灌浆料将柱脚底板与基础顶面间的间隙浇灌密实，最后将柱脚锚栓螺母拧紧，并将螺母与垫板以及垫板与柱脚底板焊牢。

外露式柱脚连接实例图见图 22－73。

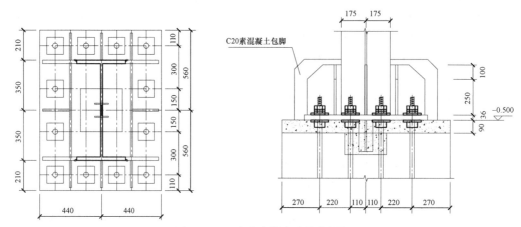

图 22－73 外露式柱脚连接实例图

2. 柱间支撑

（1）柱间支撑布置原则：为保证阀厅结构的纵向稳定和空间刚度，减少钢柱在平面外的计算长度，同时承受阀厅纵向荷载，应根据阀厅纵向长度、高度及所在地区抗震设防烈度等设置柱间支撑。柱间支撑的布置原则如下：

1）钢柱纵向柱间支撑的设置应满足工艺布置的要求。

2）柱间支撑布置应与屋架支撑布置相协调，一般与屋架

上、下弦横向支撑及垂直支撑设在同一柱距内。

3）柱间支撑的设置应满足阀厅纵向抗侧刚度的要求，同时还应考虑其对结构温度变形的影响及由此产生的附加应力，尽可能布置在温度区段的中部。

4）两道柱间支撑的中心距离不宜大于 60m。

5）当钢柱截面高度大于 600mm 时，宜设置双片柱间支撑。

阀厅纵向柱间支撑布置实例图见图 22－74。

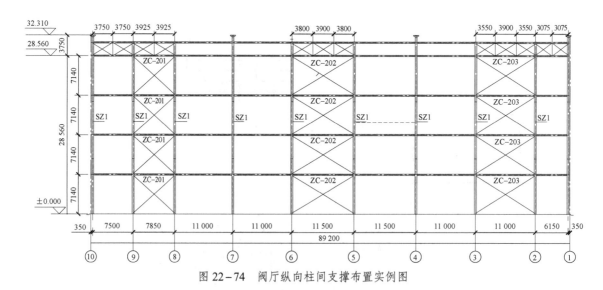

图 22－74 阀厅纵向柱间支撑布置实例图

（2）柱间支撑形式：柱间支撑的主要形式有 X 形交叉撑、V 形撑或 Λ 形撑等，一般宜选用 X 形交叉支撑。

（3）支撑杆件截面设计及连接：柱间支撑截面一般采用

回转半径较大的截面如方钢管、钢管等，也可采用角钢、H 型钢等。

1）当采用单片支撑时，支撑平面外的计算长度大于平面

内的计算长度时，一般采用不等边角钢短边与柱相连，或采用两个角钢组成的 T 形截面。

2）当采用双片支撑时，两单片支撑应以连系杆连接。当支撑平面内的计算长度大于平面外的计算长度时，一般采用不等边角钢长边与柱相连或两个等边角钢组成的截面。当支撑内力较大时，可采用工字钢或槽钢组成的截面。

3）柱间支撑的截面大小由计算确定，X 形柱间支撑一般可按拉杆设计，地震作用时，X 形支撑、V 形或 Λ 形支撑应考虑拉压杆的共同作用，其地震作用及验算按拉杆计算，并计及相交受压杆的影响，压杆卸载系数宜取 0.3。

4）当抗震设防烈度为 7 度或 8 度 I、II 类场地时，其长细比不宜超过 200；抗震设防烈度为 8 度 III、IV 类场地或 8 度以上时，其长细比不宜超过 150。

5）支撑与柱一般采用高强度螺栓连接，也可采用安装螺栓加现场焊接。

6）柱间交叉支撑端部的连接，对单角钢支撑应计入强度折减，当抗震设防烈度为 8、9 度时不得采用单面偏心连接；交叉支撑有一杆中断时，交叉节点板应予以加强，其承载力不

小于 1.1 倍杆件承载力；支撑杆件的截面应力比不宜大于 0.75。

7）支柱间支撑应采用整根材料，超过材料最大长度规格时可采用对接焊缝等强度拼接。柱间支撑构件的连接，不应小于支撑杆件塑性承载力的 1.2 倍。

8）支撑与柱脚的连接位置和构造措施，应保证将地震作用直接传给基础即支撑与柱的交点宜位于柱底；同时柱间支撑的基础顶部应设置混凝土拉梁与混凝土基础连成整体。

（六）阀塔吊梁及穿墙套管支架

1. 阀塔吊梁

（1）吊梁布置：阀塔承重吊梁应尽量布置在屋架下弦节点处，或通过设置主次吊梁转换，将阀塔荷载传至屋架节点上。当必须将阀塔吊梁布置在屋架下弦节点中间时，应考虑屋架下弦在吊梁荷载作用下受弯的影响。

阀塔吊梁布置还应兼顾其他设备如悬挂避雷器、绝缘子以及阀冷管道、风道的布置。当阀塔吊梁跨度较大、地震设防烈度较高时，可在吊梁之间设置支撑。

不带支撑阀塔吊梁平面布置实例图见图 22-75，带支撑阀塔吊梁平面布置实例图见图 22-76。

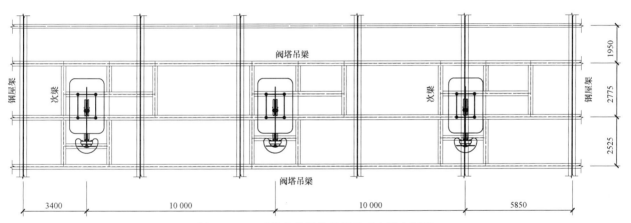

图 22-75　不带支撑阀塔吊梁平面布置实例图

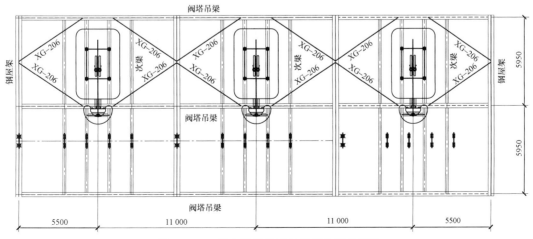

图 22-76　带支撑阀塔吊梁平面布置实例图

（2）吊梁截面设计：阀塔吊梁一般选用 H 型钢，阀塔悬挂点直接布置在 H 型钢梁下翼缘上，吊梁一般按受弯构件进行计算，当吊梁兼做支撑且承受轴力较大时宜按压弯构件进行计算。阀塔吊梁变形不宜大于 1/400。

（3）吊梁节点设计：阀塔吊梁与屋架之间常用连接方式见图 22-77，吊梁上翼缘与屋架下翼缘采用高强螺栓连接，吊梁及屋架下翼缘处均设置加劲肋。

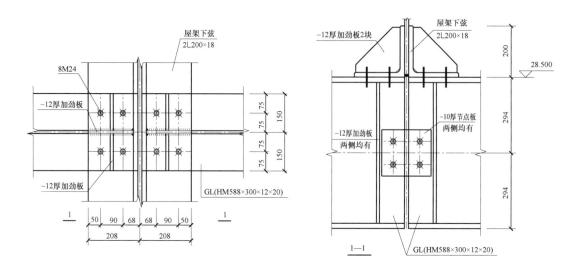

图 22-77　阀塔吊梁与屋架下弦连接实例图

阀塔吊梁次梁与主梁之间的连接宜采用节点处相对变形较小、且可以防止梁端部发生扭转的连接方式如端板连接等，

阀塔吊点处宜设置加劲肋。阀塔吊梁次梁与主梁连接实例图见图 22-78。

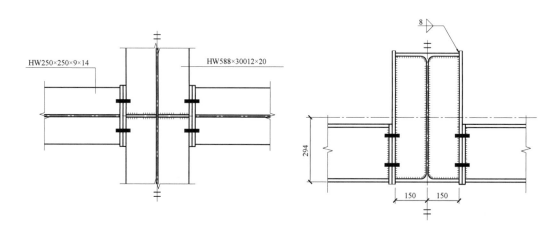

图 22-78　阀塔吊梁次梁与主梁连接实例图

2. 穿墙套管支架

直流套管通过穿墙套管支架固定在阀厅外墙上，根据电压等级不同，套管重量从几吨到十几吨、长度从几米到二十米以上不等，穿墙套管支架主要承受套管重量、套管内外不平衡荷载及地震作用等，设计时应充分考虑各种荷载对支架的不利作用。

穿墙套管支架由法兰和钢梁组成，固定套管的法兰板应有足够的厚度，法兰板和钢梁之间宜设置加劲肋；法兰支撑钢梁除承受套管的重力外，还应考虑套管内外不平衡荷载产生的弯扭作用，其截面型式宜采用抗扭能力较强的箱型截面，直流穿墙套管支架实例图见图 22-79。当支撑钢梁跨度较大时，可将法兰上下支撑梁设计为桁架式结构，见图 22-80。

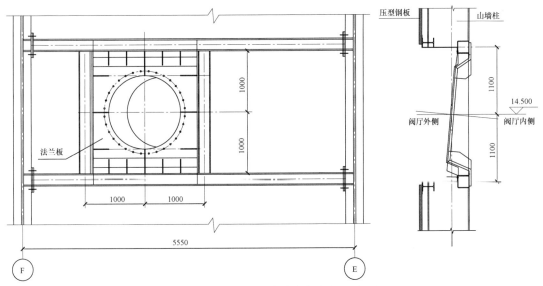

图 22-79　直流穿墙套管支架实例图（一）

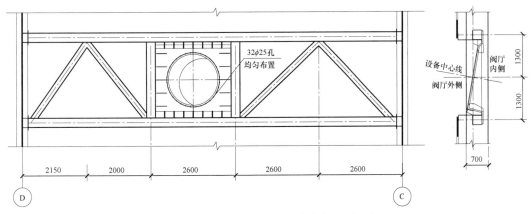

图 22-80　直流穿墙套管支架实例图（二）

第二节　控 制 楼 设 计

一、一般说明

控制楼是换流站的主要生产建筑物，位于换流站换流区域，用于布置换流站控制、保护、监测及相关设备，是工作人员监控操作及维护的中心场所。

控制楼内布置有主控制室、控制保护设备室、通信机房、阀冷却设备室、空调设备室、交流/直流配电室、蓄电池室等工艺设备用房，以及安全工器具室、二次备品及工作室、交接班室、会议室、办公室、资料室、卫生间等其他辅助及附属用房，其设计应充分满足工艺流程、设备布置及功能需求，满足运行维护的需要，妥善考虑结构安全、建筑防火、安全疏散、电磁屏蔽、保温隔热、隔声、防水、排水等相关技术要求，保障换流站设备及设施安全和人员生命财产安全，并为控制楼内的工作人员日常值班、办公及生活创造便利条件。

当 ±800kV 换流站每极采用双 12 脉动换流器串联接线方案时，通常设有控制楼和辅助控制楼，其外观实例图见图 22-81、图 22-82。

±500kV 换流站控制楼外观实例图见图 22-83。

背靠背换流站控制楼外观实例图见图 22-84。

二、建筑设计

（一）建筑设计原则

控制楼建筑设计应遵循的主要设计原则如下：

（1）满足工艺流程、设备布置及功能需求，以及运行维护的需要。

（2）坚持"以人为本"的设计理念，保证工作人员日常活动（值班、办公及生活）需要。

图 22-81　某 ±800kV 换流站控制楼外观照片

图 22-82　某 ±800kV 换流站辅助控制楼外观照片

图 22-83　某 ±500kV 换流站控制楼外观照片

图 22-84 某背靠背换流站控制楼外观照片

（3）与站区其他建筑物的立面造型和色彩方案统筹考虑，并与周边自然、人文环境和谐统一。

（二）建筑技术要求

1. 建筑防火

（1）火灾危险性类别：控制楼内无含油电气设备和易燃、易爆危险品，交流/直流配电屏、计算机监控设备、控制保护屏、换流变压器接口屏、通信屏、阀冷却设备、阀冷却控制保护屏、空调设备、蓄电池组等生产及辅助设备，以及电缆/光缆桥架、阀冷却水管道、空调送风/回风管道、给排水及消防管道等设施均采用常温环境下不易燃烧的材料制作，正常情况下其内部设备、设施及物品引发火灾事故的概率低。

GB 50229《火力发电厂与变电站设计防火规范》、GB/T 50789《±800kV 直流换流站设计规范》、DL/T 5459《换流站建筑结构设计技术规程》规定控制楼的火灾危险性类别为戊类。

（2）耐火等级：GB/T 50789、DL/T 5459 规定控制楼的耐火等级为二级，其建筑构件、门窗及内部装修材料的燃烧性能和耐火极限如下：

1）控制楼建筑构件的燃烧性能和耐火极限见表 22-8。

表 22-8 控制楼各建筑构件的燃烧性能和耐火极限

序号		构 件 名 称		燃烧性能	耐火极限
1	墙体	防火墙		不燃性	≥3.00h
		承重墙		不燃性	≥2.50h
		非承重外墙		不燃性	不限
				难燃性	≥0.50h
		楼梯间和前室的墙、电梯井的墙		不燃性	≥2.00h
		疏散走道两侧的隔墙		不燃性	≥1.00h
		电缆竖井、管道竖井井壁		不燃性	≥1.00h
		功能用房之间隔墙	交流配电室、直流屏室、交流不停电电源（UPS）室、蓄电池室、空调设备室的隔墙	不燃性	≥2.00h
			其他功能用房之间的隔墙	不燃性	≥0.50h
				难燃性	≥0.75h
2		结构柱		不燃性	≥2.50h
3		结构梁		不燃性	≥1.50h

续表

序号	构件名称		燃烧性能	耐火极限
4	楼板	交流配电室、直流屏室、交流不停电电源（UPS）室、蓄电池室、空调设备室的楼板	不燃性	≥1.50h
		其他功能用房之间的楼板	不燃性	≥1.00h
5	屋顶承重构件		不燃性	≥1.00h
6	屋面板		不燃性	≥1.00h
7	疏散楼梯		不燃性	≥1.00h
8	吊顶（包括吊顶格栅）		不燃性	≥0.25h

当控制楼除防火墙外的非承重外墙采用外保温时，保温材料的燃烧性能不应低于 B₁ 级；当采用金属夹芯板材围护时，其内部保温隔热芯材应为 A 级不燃性材料，耐火极限不应低于 0.50h。

当控制楼屋面采用复合压型钢板围护结构时，其保温隔热芯材应为 A 级不燃性材料；当采用现浇钢筋混凝土屋面时，屋面防水层宜采用不燃、难燃材料，当采用可燃防水材料且铺设在可燃、难燃保温材料上时，防水材料或可燃、难燃保温材料应采用不燃材料作防护层。

当控制楼采用钢结构梁、柱、屋顶承重构件时，应采取适当的防火保护措施。

2）控制楼门窗的耐火性能见表 22-9。

表 22-9 控制楼门窗的耐火性能

序号	门窗部位		耐火性能	
			耐火隔热性	耐火完整性
1	门	防火墙上的门，交流配电室、直流屏室、交流不停电电源（UPS）室、蓄电池室、空调设备室的门	≥1.50h	≥1.50h
		除交流配电室、直流屏室、交流不停电电源（UPS）室、蓄电池室、空调设备室外的其他设备用房门	≥1.00h	≥1.00h
		封闭楼梯间门	≥1.00h	≥1.00h
		电缆竖井、管道竖井检查门	≥0.50h	≥0.50h
		交接班室、会议室、办公室、资料室、卫生间的门	不限	不限
2	窗	防火墙上的窗	≥1.50h	≥1.50h
		其他部位的窗	不限	不限

3）控制楼内部装修材料的燃烧性能应符合 GB 50222《建筑内部装修设计防火规范》的相关规定，各功能用房和门厅、过厅、走道、楼梯间等的楼（地）面、内墙面、顶棚等部位内部装修材料的燃烧性能应满足表 22-10 的要求。

表 22-10 控制楼各功能用房和部位
内部装修材料燃烧性能

序号	功能用房和部位	楼（地）面	内墙面	顶棚
1	主控制室、控制保护设备室、交流配电室、直流屏室、交流不停电电源（UPS）室、电气蓄电池室、通信机房、通信蓄电池室、阀冷却设备室、空调设备室、换流变压器接口屏室	A 级不燃性	A 级不燃性	A 级不燃性
2	安全工器具室、二次备品及工作室	B₁ 级难燃性	A 级不燃性	A 级不燃性
3	交接班室、会议室、办公室、资料室、盥洗间、卫生间	B₁ 级难燃性	A 级不燃性	A 级不燃性
4	门厅、过厅、走道	B₁ 级难燃性	A 级不燃性	A 级不燃性
5	楼梯间	A 级不燃性	A 级不燃性	A 级不燃性

注 安装在钢龙骨上燃烧性能达到 B₁ 级的纸面石膏板、矿棉吸声板可作为 A 级装修材料使用。

（3）防火分区：控制楼作为火灾危险性为戊类、耐火等级为二级的多层厂房，每幢控制楼的最大允许建筑面积不作限定，宜将 1 幢控制楼作为 1 个独立的防火分区单元。

2. 安全疏散

控制楼的安全疏散包括安全出口设置、水平及垂直交通组织等内容，其安全疏散设计要求如下：

（1）首层安全出口的数量不应少于 2 个，主要的安全出口应与站区道路衔接。

（2）安全出口应分散布置，其相邻 2 个安全出口最近边缘之间的水平距离不应小于 5m。

（3）走道作为联系各楼层功能用房与楼梯的交通纽带，其布置应满足人员安全疏散的要求。

（4）当楼层建筑面积小于或等于 400m² 时，可设置 1 部楼梯；当楼层建筑面积大于 400m² 时，应设置不少于 2 部楼梯。

（5）楼梯间应能天然采光和自然通风，并宜靠外墙设置；当不能天然采光和自然通风时，应按防烟楼梯间的要求设置。

（6）安全出口、走道、楼梯等部位应设置灯光疏散指示标志和消防应急照明灯具。

3. 电磁屏蔽

为了防止邻近的户外配电装置区域设备（如换流变压器、平波电抗器、交流开关场设备、直流开关场设备）发出的电磁波信号对控制楼内的控制保护设备形成骚扰，控制楼应采取电磁屏蔽措施。

（1）电磁屏蔽效能指标：对电磁波信号频率范围在 10kHz～10MHz 之间的磁场屏蔽效能不低于 40dB；对电磁波信号频率范围在 10～1000MHz 之间的磁场屏蔽效能不低于 30dB。

（2）电磁屏蔽方案：电磁屏蔽分为整体方案和局部方案，在具体工程中，选用哪种电磁屏蔽方案应根据工艺要求确定。

1）整体电磁屏蔽方案是对整幢控制楼采取电磁屏蔽措施，使之成为一个由六面体金属板（网）构成的、能够阻止电磁波信号进入或逃逸的电磁屏蔽体，并与主接地网形成可靠的导电连接。

2）局部电磁屏蔽方案是对控制楼内的部分功能用房（如主控制室、控制保护设备室等）分别采取电磁屏蔽措施，使之成为各自独立的电磁屏蔽体，并与主接地网形成可靠的导电连接。

（3）电磁屏蔽措施：彩色压型钢板电磁屏蔽措施参见本章第一节。镀锌焊接钢丝网电磁屏蔽包括楼地面铺设 φ4mm@50mm×50mm 镀锌焊接钢丝网，内墙面和顶棚铺设 φ3mm@20mm×20mm 镀锌焊接钢丝网，确保电磁屏蔽对象（整幢控制楼或主控制室、控制保护设备室等功能用房）成为导电性能优良的六面体金属网等电位体，并与主接地网形成可靠的导电连接。

4. 保温隔热

控制楼内的主控制室、控制保护设备室、交流配电室、直流屏室、通信机房等设备用房，以及办公室、会议室等其他工作人员办公用房，其室内温度应控制在合理范围（详见

第二十五章第二节），建筑围护结构应具有优良的保温隔热性能，以保证控制楼室内热环境的稳定性，有效降低空调系统能耗。

控制楼建筑围护结构保温隔热设计应结合换流站所处地区的气候特点，采用建筑热工分析计算方法，定量选择适当种类和厚度的墙体、屋面保温隔热材料，以及外墙节能门窗，使其综合传热系数满足 GB 50189《公共建筑节能设计标准》规定的该地区建筑围护结构热工性能限值要求。

控制楼外墙围护结构保温隔热可采用外墙外保温、外墙内保温和外墙夹芯保温等三种方案，其中外墙外保温方案在工程中应用较为普遍。

5. 隔声

根据 GB/T 50087《工业企业噪声控制设计规范》对工作场所噪声标准的规定，控制楼各主要工作场所的噪声控制指标见表 22-11。

表 22-11　控制楼工作场所噪声控制指标

序号	工作场所	室内背景噪声等效声级限值 [dB（A）]
1	控制保护设备室、交流配电室、直流屏室、通信机房、安全工器具室、二次备品及工作室	70
2	主控制室、会议室、办公室、交接班室	60

注　室内背景噪声等效声级系指由外部传入室内的噪声等效声级。

6. 防水和排水

控制楼作为换流站的重要生产建筑物，内部布置有交流/直流配电屏、计算机监控设备、控制保护屏、换流变压器接口屏、通信屏、蓄电池组等工艺设备，屋面不应出现雨水渗漏问题，其屋面防水等级应为 I 级，同时各功能用房的布置还应兼顾室内设备防水要求。

（1）控制楼屋面可分为现浇钢筋混凝土板屋面和复合压型钢板屋面：① 当采用现浇钢筋混凝土板屋面时，可采用 2 道柔性防水卷材（或 1 道柔性防水卷材和 1 道柔性防水涂料）进行防水设防，结构找坡方式的屋面排水坡度不应小于 3%，材料找坡方式的屋面排水坡度宜为 2%；② 当采用复合压型钢板屋面时，应选用 360° 直立锁缝暗扣连接方式的外层压型钢板（纵向不允许搭接）及防水垫层组成的围护结构进行防水设防，屋面排水坡度宜为 5%～10%。

（2）控制楼屋面宜采用有组织排水，水落管的数量和管径应根据当地暴雨强度经雨水流量计算确定，水落管的材质应根据当地气候条件合理选用。

（3）控制保护设备室、交流配电室、直流屏室、交流不

停电电源（UPS）室、换流变压器接口屏室、通信机房、蓄电池室等设备用房对防水有严格的要求，上述设备用房不应布置在卫生间及其他易积水房间的下层，且房间内部不应布置给排水管道。

（4）主控制室、控制保护设备室、通信机房、交流配电室、直流屏室等功能用房的顶棚送风口应结合设备、灯具布置综合考虑，尽可能使送风口不在设备的正上方，以避免空调送风口凝结水滴落到配电屏、控制保护屏、通信屏等设备表面。

7. 其他

（1）防潮：位于地下水位较高或土壤较潮湿地区的换流站，当控制楼设有地下室（或半地下室）时，地下室底板和侧壁外侧应均匀涂刷 2 道柔性防水涂料（纵横向各涂刷 1 道），或铺设 2 道柔性防水卷材（上下层错缝铺贴）。当控制楼不设地下室（或半地下室）时，应在墙身和室内地坪设置防潮隔离层：

1）墙身 −0.060m 标高处用 20mm 厚防水水泥砂浆（内掺水泥用量 5% 的 JJ91 硅质密实剂）粉刷。

2）室内地坪细石混凝土垫层之上均匀涂刷 2 道柔性防水涂料（纵横向各涂刷 1 道），或铺设 2 道柔性防水卷材（上下层错缝铺贴）。

（2）防风沙：当换流站位于我国西北、华北北部、东北西部等风沙较大地区时，控制楼应采取可靠的防风沙措施：

1）主出入口处宜增设防风沙前室。

2）建筑围护结构的所有孔隙（包括设备开孔、管线开孔

等）均应封堵密实。

3）外墙门窗应具有优良的气密性能。

4）室内电缆沟与室外的衔接部位应采取防风沙封堵措施。

（3）防坠落：控制楼的上人屋面、楼梯、吊物孔、回廊、阳台的临空处，以及窗台高度＜0.9m 的采光通风窗均存在人员坠落风险，应采取安全防护措施：

1）女儿墙、防护栏杆的高度应≥1.05m，当防护栏杆底部有宽度 ≥0.22m，高度≤0.45m 的可踏部位，其高度应从可踏部位顶面计算。

2）防护栏杆离楼（地）面或屋面 0.1m 高度内不应留空。

3）防护栏杆应能承受≥1kN/m 的水平荷载，且应采用坚固、耐久的材料制作。

（4）防小动物：±0.000m 层各安全出口门，以及控制保护设备室、交流配电室、直流屏室、交流不停电电源（UPS）室、通信机房、蓄电池室等房间门的内侧应加装可拆卸式挡板，以防老鼠、黄鼠狼、野兔、蛇等小动物闯入。

（5）采光与通风：主控制室、会议室、办公室等功能用房应尽量靠建筑外墙布置，且应设置采光通风窗，以充分利用天然采光和自然通风。

（三）建筑布置

1. 布置组合

（1）±800kV 换流站：阀厅及控制楼布置组合详见本章第一节，±800kV 换流站控制楼建筑配置见表 22−12。

表 22−12 ±800kV 换流站控制楼建筑配置一览表

序号	换流站类型	控制楼建筑配置			
		阀厅及控制楼布置组合方案		控制楼名称	数量（幢）
1	每极采用双 12 脉动换流器串联接线方案	"三列式"布置组合		控制楼	1
				极 1 高端阀厅辅助控制楼	1
				极 2 高端阀厅辅助控制楼	1
		"一字形"布置组合	方案 A	控制楼	1
				辅助控制楼	1
			方案 B	控制楼	1
				极 1 高、低端阀厅辅助控制楼	1
				极 2 高、低端阀厅辅助控制楼	1
2	每极采用单 12 脉动换流器接线方案	"一字形"布置组合		控制楼	1

（2）±500kV 换流站：阀厅及控制楼布置组合详见本章

第一节，±500kV 换流站控制楼建筑配置见表 22−13。

表 22-13 ±500kV 换流站控制楼建筑配置一览表

序号	换流站类型	控制楼建筑配置		
		阀厅及控制楼布置组合方案	控制楼名称	数量（幢）
1	单回直流输电	"一字形"布置组合	控制楼	1
2	双回直流输电	"三列式"布置组合	控制楼	1
			Ⅰ回直流极 1 阀厅辅助控制楼	1
			Ⅱ回直流极 1 阀厅辅助控制楼	1
		"一字形"布置组合	控制楼	1
			辅助控制楼	1

（3）背靠背换流站：阀厅及控制楼布置组合详见本章第一节，背靠背换流站控制楼建筑配置见表 22-14。

表 22-14 背靠背换流站控制楼建筑配置一览表

序号	换流站类型	控制楼建筑配置	
		控制楼名称	数量（幢）
1	1 个换流单元	控制楼	1
2	2 个换流单元	控制楼	1
3	4 个换流单元	控制楼	1
		辅助控制楼	1

2. 功能组成

控制楼内的功能用房按其使用性质和功能进行划分，可分为生产用房、辅助及附属用房两类，详见表 22-15。

表 22-15 控制楼内部功能用房分类

序号	功能用房类别	功能用房名称
1	生产用房	主控制室、控制保护设备室、交流配电室、直流屏室、交流不停电电源（UPS）室、电气蓄电池室、通信机房、通信蓄电池室、阀冷却设备室、阀冷却控制设备室、空调设备室、换流变压器接口屏室等
2	辅助及附属用房	安全工器具室、二次备品及工作室、交接班室、会议室、办公室、资料室、盥洗间、卫生间等

3. 布置要求

控制楼通常采用 2～4 层布置形式。控制楼内部功能用房布置、层高和净高应满足工艺流程、设备布置及功能需求，并为站内工作人员日常活动（值班、办公及生活）提供便利条件。

（1）主控制室是全站的控制指挥场所，起着"神经中枢"的作用，宜布置在控制楼的较高楼层。为了便于日常工作联系，交接班室宜与主控制室邻近布置，会议室、办公室宜与主控制室同层布置。主控制室、会议室、办公室应尽量靠建筑外墙布置。控制楼内的主控制室室内景实例图见图 22-85。

（2）控制保护设备室、通信机房应与主控制室邻近（同层或相邻楼层）布置。

（3）交流配电室、换流变压器接口屏室等宜布置在控制楼首层。电气蓄电池室、通信蓄电池室宜靠建筑外墙布置。

（4）阀冷却设备室应布置在控制楼首层，且应布置在与阀外冷却装置毗邻的部位，应有一面墙紧邻阀厅。

（5）当控制楼首层布置换流阀安装检修升降平台车泊位时，走道布置和宽度应能满足换流阀安装检修升降平台车通行和转弯要求。控制楼内的换流阀安装检修升降平台车泊位实例图见图 22-86。

（6）当控制楼为 2 层时，宜设置吊物孔并配备单轨吊；当控制楼为 3～4 层时，宜设置客货两用电梯。

（7）控制楼各楼层层高宜控制在 4.5～5.4m，不宜超过 6m。控制楼内部功能用房及门厅、过厅、走道、楼梯间等部位的净高见表 22-16。

图 22-85　某 ±800kV 换流站主控制室内景照片

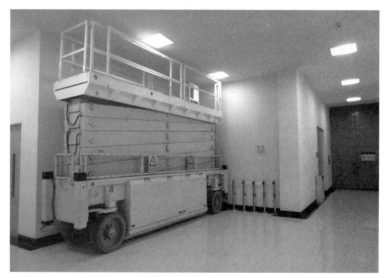

图 22-86　控制楼内换流阀安装检修升降平台车泊位照片

表 22-16　控制楼内部功能用房及部位净高一览表

序号	功能用房及部位名称	净高（m）
1	主控制室、控制保护设备室、交流配电室、直流屏室、交流不停电电源（UPS）室、通信机房、换流变压器接口屏室	3～3.3
2	阀冷却设备室、空调设备室	3.5～4
3	电气蓄电池室、通信蓄电池室	≥2.6
4	安全工器具室、二次备品及工作室	≥3
5	会议室	2.8～3.3
6	交接班室、办公室、资料室	2.6～3
7	盥洗间、卫生间	2.4～2.8
8	首层门厅、走道	3.2～3.5
9	二层及以上楼层的过厅、走道	3～3.3

注　本表数据仅供参考，若工艺设备对房间净高有特殊要求时，应以工艺资料为准。

4. 布置实例

（1）±800kV 换流站：站内设有控制楼和辅助控制楼。控制楼内的功能用房包括主控制室、控制保护设备室、交流配电室、直流屏室、交流不停电电源（UPS）室、电气蓄电池室、通信机房、通信蓄电池室、阀冷却设备室、阀冷却控制设备室、空调设备室、换流变压器接口屏室，以及安全工器具室、二次备品及工作室、交接班室、会议室、办公室、资料室、男女卫生间等。辅助控制楼内的功能用房包括控制保护设备室、交流配电室、电气蓄电池室、阀冷却设备室、阀冷却控制设备室、空调设备室、换流变压器接口屏室等。

1）控制楼宜采用2～4层布置形式，控制楼（3层布置）平面布置实例图见图 22-87，控制楼（4层布置）平面布置实例图见图 22-88。

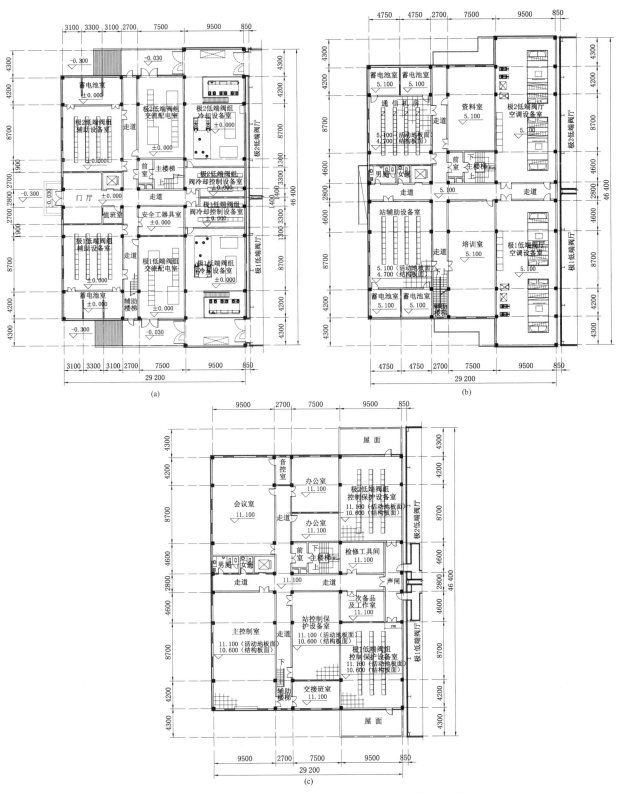

图 22-87 ±800kV 换流站控制楼（3 层布置）平面布置实例图

（a）首层平面图；（b）二层平面图；（c）三层平面图

图 22-88 ±800kV 换流站控制楼（4 层布置）平面布置实例图

（a）首层平面图；（b）二层平面图；（c）三层平面图；（d）四层平面图

2）辅助控制楼宜采用 2～3 层布置形式，辅助控制楼（2 层布置）平面布置实例图见图 22-89，辅助控制楼（3 层布置）平面布置实例图见图 22-90。

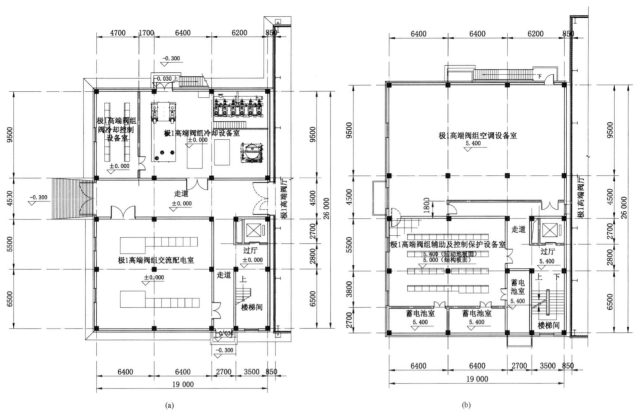

(a)　　　　　　　　　　　　　　　(b)

图 22-89　±800kV 换流站辅助控制楼（2 层布置）平面布置实例图

（a）首层平面图；（b）二层平面图

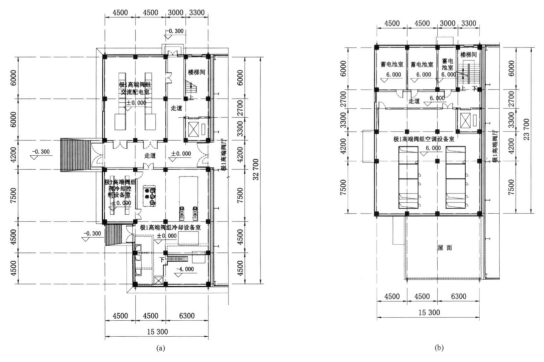

(a)　　　　　　　　　　　　　　　(b)

图 22-90　±800kV 换流站辅助控制楼（3 层布置）平面布置实例图（一）

（a）首层平面图；（b）二层平面图

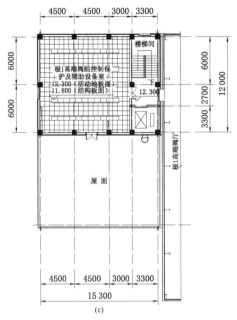

图 22-90 ±800kV 换流站辅助控制楼（3 层布置）平面布置实例图（二）

（c）三层平面图

（2）±500kV 换流站：控制楼内的功能用房设置与 ±800kV 换流站控制楼基本相同。控制楼宜采用 3 层布置形式，其平面布置实例图见图 22-91。

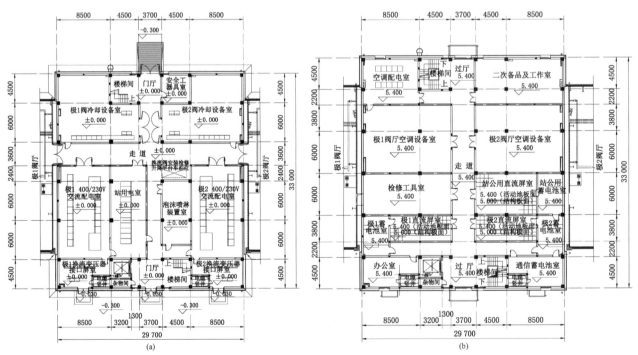

图 22-91 ±500kV 换流站控制楼平面布置实例图（一）

（a）首层平面图；（b）二层平面图

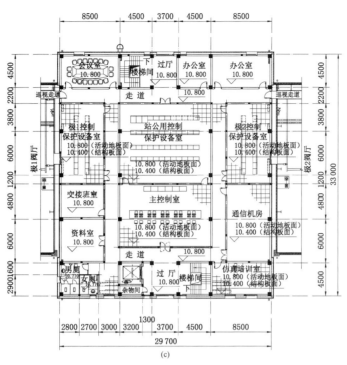

图 22-91　±500kV 换流站控制楼平面布置实例图（二）

（c）三层平面图

（3）背靠背换流站：控制楼内的功能用房设置与±800kV 换流站控制楼基本相同。控制楼宜采用 3 层布置形式，其平面布置实例见图 22-92。

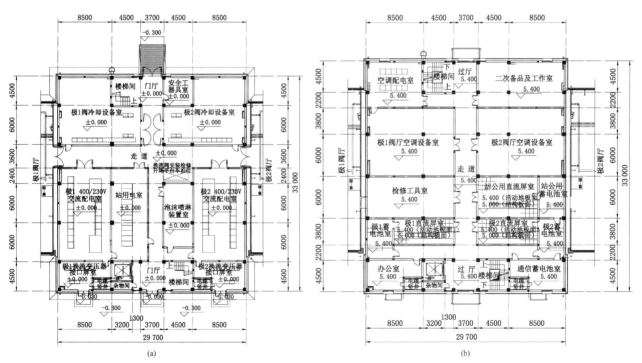

图 22-92　背靠背换流站控制楼平面布置实例图（一）

（a）首层平面图；（b）二层平面图

607

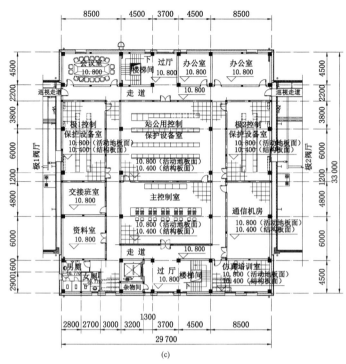

图22-92 背靠背换流站控制楼平面布置实例图（二）

（c）三层平面图

三、结构设计

（一）一般规定

（1）控制楼设计使用年限为 50 年，结构安全等级为一级，抗震设防类别为乙类。

（2）控制楼地基基础设计等级不应低于乙级，可根据地基复杂程度以及地基问题可能造成建筑物破坏或影响正常使用的程度予以提高。

（3）控制楼基础最大沉降量不宜大于 50mm，相邻基础之间沉降差不应大于1/500。当为高压缩性土时，基础绝对沉降量可适当加大，但应避免与紧邻阀厅间产生过大沉降差，造成对带电设备安全运行的不利影响。

（4）控制楼与阀厅联合布置时，两者之间应设置防震缝，其防震缝的设置原则见本章第一节。

（二）结构形式及布置

1. 结构形式

我国已建成换流站中，控制楼结构类别，根据主要结构所用的材料、抗侧力结构的力学模型及其受力特性，分为以下三种常用结构形式：① 钢筋混凝土框架结构，三维实例图见图22-93；② 钢筋混凝土框架—剪力墙结构，三维实例图见图22-94；③ 钢框架—支撑结构，三维实例图见图22-95。

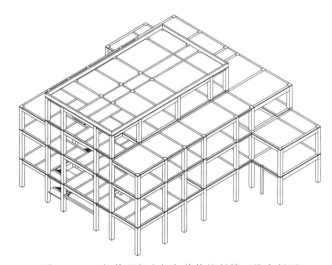

图22-93 钢筋混凝土框架结构控制楼三维实例图

国内已建成换流站控制楼的结构形式以钢筋混凝土框架结构应用最为广泛。在抗震设防烈度较高地区，因结构抗震需求，控制楼可采用钢筋混凝土框架—剪力墙结构；在少数严寒地区，为降低冬季施工对工程工期的不利影响，控制楼可采用钢框架—支撑结构。控制楼楼盖形式宜与主体结构相匹配，钢筋混凝土框架、框架—剪力墙结构采用现浇钢筋混凝土楼盖，而钢结构通常采用压型钢板为底模的现浇钢筋混凝土组合楼盖。

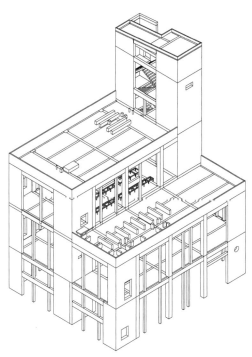

图 22-94 钢筋混凝土框架—剪力墙结构控制楼三维实例图

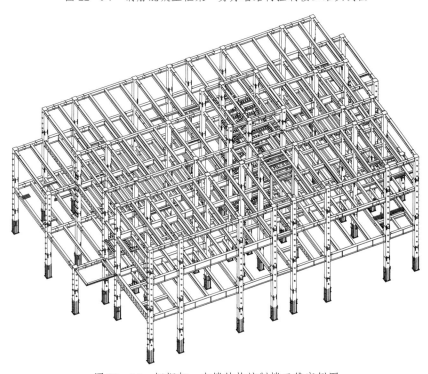

图 22-95 钢框架—支撑结构控制楼三维实例图

2. 结构布置

控制楼结构布置应尽量做到平面简单、规则、对称，竖向连续、均匀，承载力、刚度、质量分布对称、均匀，刚度中心和质量中心尽可能重合，应符合下列规定：① 采用规则结构，不应采用严重不规则结构；② 具有明确的计算简图；③ 具有合理的直接传力途径，上部结构的竖向力和水平力能以明确路径传递到基础、地基；④ 具有整体牢固性和尽量多

的冗余度，杜绝部分结构或构件破坏而引起大范围的连续倒塌；⑤ 构件或结构之间避免似连接非连接、似分离非分离的不明确状态。

（1）钢筋混凝土框架结构：钢筋混凝土框架结构的平面形状根据建筑使用及平面造型等因素确定，结构布置时结合建筑及工艺要求进行。

1）柱网宜采取方形或矩形布置方式，尽量避免建筑平面

609

的特殊形状导致柱网的不规则布置。

2）抗震框架的平面布置应力求简单、规则、均匀和对称，使刚度中心与质量重心尽量减少偏差，并尽量使框架结构的纵向、横向具有相近的自振特性。

3）框架结构的柱网尺寸不仅要满足建筑使用要求，还需结合考虑框架梁及楼板的合理跨度及技术经济指标等因素综合考虑，整个结构的柱网尺寸宜均匀相近，且不宜超过10m。

4）框架结构应布置并设计为双向抗侧力体系，主体结构的梁柱不应采用铰接。

5）合理规划次梁布置，力求框架柱受力均衡。

钢筋混凝土框架控制楼结构布置实例图见图 22-96。

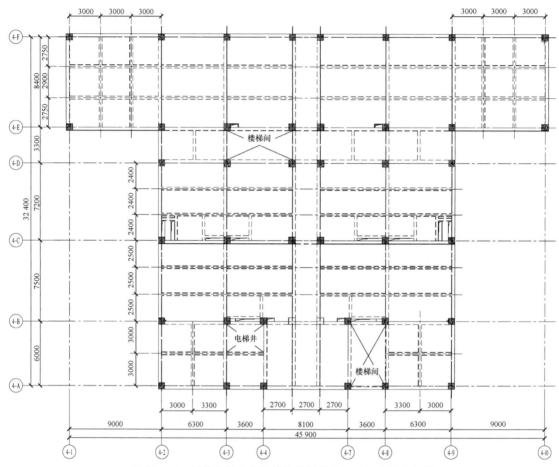

图 22-96　钢筋混凝土框架结构控制楼结构平面布置实例图

（2）钢筋混凝土框架—剪力墙结构：框架—剪力墙结构布置应结合建筑及工艺要求进行，剪力墙的布置原则为"均匀、对称、分散、周边"。

1）框架—剪力墙结构应设计为双向抗侧力体系，即纵、横主轴均应设置剪力墙架。

2）纵向与横向剪力墙宜相互交联成组布置成 T 形、L 形、口形等形状。

3）剪力墙宜贯通控制楼全高，避免沿高度方向突然中断而出现刚度突变。剪力墙厚度沿高度宜从下至上逐渐减薄。

4）剪力墙的截面高度不宜过大，否则应根据构造设置结构孔洞。

5）剪力墙适宜布置在电梯间、楼梯间、建筑平面复杂部位。横向剪力墙宜布置在接近房屋的端部但又非建筑物尽端的位置。

6）剪力墙最大间距应根据表 22-17 确定，同时保证楼盖应具有良好的整体性及足够平面刚度，以便楼层水平剪力可靠地传递给剪力墙。

表 22-17　剪力墙的最大间距

楼盖型式	非抗震设计	抗震设计		
		6度、7度	8度	9度
现浇	≤5B，且≤60m	≤4B，且≤50m	≤3B，且≤40m	≤2B，且≤30m

注　B 为楼盖的宽度。

框架—剪力墙辅助控制楼结构平面布置实例图见图 22-97。

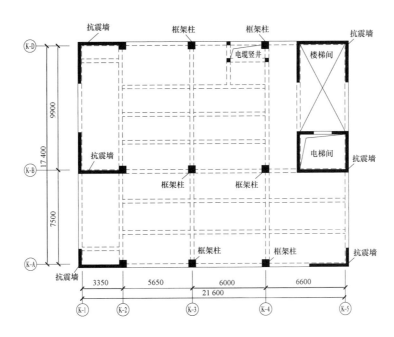

图 22-97 钢筋混凝土框架—剪力墙结构辅助控制楼结构平面布置实例图

（3）钢框架—支撑结构：钢框架—支撑结构布置应结合建筑及工艺要求进行，支撑设置的位置应考虑建筑门窗、工艺设备及管道布置等要求。

1）钢框架—支撑结构应设计为双向抗侧力体系，即纵向、横向柱网均应设置带支撑的框架。

2）在钢框架—支撑结构体系中支撑框架是抵抗水平力的主要构件。支撑框架在平面两方向的布置宜规则对称，支撑框架之间的楼盖长宽比不宜大于3。

3）建筑平面为方形或接近方形时，柱间垂直支撑可布置在四角及其中间部位。当建筑为狭长形时，宜在横向的两端及中部设置支撑，纵向宜布置在中部，支撑布置示意图见图 22-98。

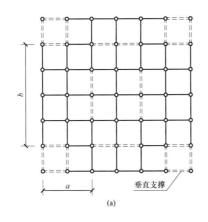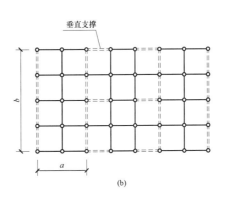

图 22-98 钢框架支撑典型布置图
（a）正方形建筑平面；（b）长方形建筑平面

4）支撑宜贯通控制楼连续布置，避免沿高度方向突然中断而出现刚度突变。

5）对于非抗震或6度以下（含6度）设防区，当顶部贯通设置支撑有困难时，可不设置支撑而通过梁柱刚性连接来抵抗侧力。

6）对于设备、管道孔洞较多的楼层，应设置水平刚性支撑或采用钢筋混凝土组合楼板，以保证楼层有足够的平面整体刚度。

钢框架—支撑结构控制楼结构平面布置实例图见图 22-99。

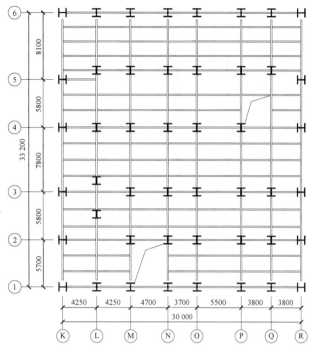

图 22-99　钢框架—支撑结构控制楼结构平面布置实例图

3. 基础

控制楼基础选型，应根据地质条件、建筑高度及体型、结构类型、荷载情况、有无地下室和施工条件等，进行技术和经济的综合分析后确定，基础设计原则如下：

（1）无地下室，地基条件较好时，优先选用独立柱基，柱基之间宜设置拉梁，以增强基础整体性和抗震性能。

（2）无地下室，地基承载力较低时，单独柱基不满足设计要求，可选用柱下条形基础。

（3）有地下室且有防水要求时，如地基条件较好，可选用单独柱基加防水板做法。防水板下应铺设有一定厚度的易压缩材料如聚苯板，以减少柱基沉降对防水板的不利影响。

（4）有地下室且有防水要求时，如地基条件较差，宜采用筏板基础，筏板基础可选用有梁式（反梁）或无梁式，以满足地基允许承载力和上部结构允许变形要求。

（5）如地基土为软弱土层，采用天然地基不能满足设计要求时，可考虑进行地基处理，包括桩基（预制桩、灌注桩）、复合地基及其他措施。

（6）处于地下水位以下带地下室的筏板基础防水等级不宜低于二级。

（7）当地基土或地下水具有腐蚀性时，基础部分应按照GB 50046《工业建筑防腐蚀设计规范》采取相应的防腐蚀措施。

（三）结构计算

1. 荷载计算

控制楼楼（地）面均布活荷载的标准值及其组合值、频遇值和准永久值系数，不应小于表 22-18 的规定；屋面均布活荷载的标准值及其组合值、频遇值和准永久值系数，不应小于表 22-19 的规定。在生产使用和安装检修过程中，当设备、管道、运输工具等产生的局部荷载大于表中数值时，地面及楼（屋）面应按实际荷载进行设计。

表 22-18　控制楼楼（地）面均布活荷载标准值及其组合值、频遇值和准永久值系数

序号	类别	标准值（kN/m²）	组合值系数 Ψ_c	准永久值系数 Ψ_q	频遇值系数 Ψ_f	计算主梁、柱及基础的折减系数
1	主控制室、控制保护设备室、交流配电室、通信机房	4.0	0.9	0.8	0.8	0.7
2	直流屏室、阀冷却设备室、空调设备室、安全工器具室、二次备品及工作室	5.0	0.9	0.8	0.6	0.7
3	蓄电池室、交流不停电源室	8.0	0.9	0.8	0.6	0.7
4	会议室、办公室、资料室、卫生间	2.5	0.7	0.5	0.6	0.85
5	走廊、门厅、楼梯	4.0	0.7	0.6	0.7	0.85
6	地面	4.0	—	—	—	—

表 22-19　控制楼屋面均布活荷载标准值及其组合值、频遇值和准永久值系数

序号	类别	标准值（kN/m²）	组合值系数 Ψ_c	频遇值系数 Ψ_f	准永久值系数 Ψ_q	计算主梁、柱及基础的折减系数
1	上人屋面	2.0	0.7	0.6	0.5	1.0
2	不上人屋面	0.7	0.7	0.6	0.0	1.0

对于风荷载，基本风压的取值应根据建（构）筑物的重要性和结构风荷载的控制作用大小按以下规定确定：

（1）对于 ±660kV 及以下直流换流站的控制楼的基本风压应按 GB 50009《建筑结构荷载规范》规定的 50 年一遇的风压值采用；

（2）对于 ±800kV 换流站控制楼的基本风压应按 100 年一遇的风压值采用。

控制楼地震作用、其他荷载及荷载效应组合应遵循 GB 50011《建筑抗震设计规范》、GB 50009 及 DL/T 5459 的规定。

2. 内力及位移计算

控制楼通常采用 2～4 层布置形式，其层高较高，工艺设备房间的活荷载较大，楼层局部错层、开孔等情况普遍存在，同时通常存在立面不规则收进，结构具有一定的不规则性和复杂性，因此，控制楼宜采用空间结构模型有限元程序进行结构内力及位移分析计算。

在风荷载标准值作用下，对于钢筋混凝土框架结构，楼层层间最大水平位移与层高之比不宜超过 1/550；对于框架—剪力墙结构，楼层层间最大水平位移与层高之比不宜超过 1/800；对于多层钢框架结构，柱顶水平位移不宜超过 $H/500$（H 为基础顶面至柱顶的总高度），楼层层间最大水平位移与层高（h）之比不宜超过 $h/400$。

3. 抗震计算

（1）抗震设计应符合 GB 50011、DL/T 5459 的相关规定。

（2）抗震设防类别为重点设防类（简称乙类），地震作用应符合当地抗震设防烈度要求。当抗震设防烈度为 6~8 度时，应符合本地区抗震设防烈度提高一度的要求，当抗震设防烈度为 9 度时，应进行专题论证。

（3）应分别进行 2 个主轴方向的水平地震作用计算，对平面刚度和质量分布不均匀的结构应计入双向水平地震作用的扭转影响，宜采用振型分解反应谱法进行多遇地震作用下的内力和变形分析。

（4）如果存在结构不规则且具有明显薄弱部位可能导致重大地震破坏的情况，应进行罕遇地震作用下的弹塑性分析，可根据结构特点采用静力弹塑性分析或弹塑性时程分析。

（5）当采用底部剪力法时，突出屋面的小建（构）筑物（如：屋顶间、女儿墙等）的地震效应应乘以增大系数 3，此增大部分不应向下传递，但与该突出部分相连的构件应予计入。注：突出屋面的小建（构）筑物，一般指其重力荷载小于标准层 1/3 的建（构）筑物。

（6）当采用钢筋混凝土结构时，阻尼比可按 0.05 取值；当采用钢结构时，阻尼比可按 0.035 取值；当有可靠依据时，阻尼比可适当调整。

（7）在多遇地震标准值作用下，楼层最大弹性层间位移限值宜按表 22-20 采用。

表 22-20　弹性层间位移限值

结构类型	弹性层间位移限值
钢筋混凝土框架	$h/550$
钢筋混凝土框架—剪力墙	$h/800$
多层钢框架结构	$h/250$

注　h 为计算楼层层高。

（8）在 7~8 度时楼层屈服强度系数小于 0.5 的钢筋混凝土框架结构和 9 度时，应进行罕遇地震作用下薄弱层的弹塑性变形验算；在 7 度Ⅲ、Ⅳ场地和 8 度时，宜进行罕遇地震作用下薄弱层的弹塑性变形验算。弹塑性层间位移限值按表 22-21 采用。

表 22-21　弹塑性层间位移限值

结构类型	弹塑性层间位移限值
钢筋混凝土框架	$h/50$
钢筋混凝土框架—剪力墙	$h/100$
多层钢框架结构	$h/50$

注　h 为计算楼层层高。

第三节　其他建（构）筑物设计

一、户内直流场

（一）一般说明

户内直流场是换流站的主要生产建筑物，位于换流站的直流开关场区域，用于大气污闪比较严重的换流站布置高压直流电气设备。通常情况下，1 幢户内直流场布置 1 极的直流开关场相关设备。

户内直流场内布置有平波电抗器、直流滤波器、直流电容器、直流电压分压器、直流避雷器、隔离开关、接地开关等电气设备及其连接导体、绝缘子，以及电缆/光缆桥架、空调送风/回风管、事故排烟风机等辅助系统设备与设施，其设计应充分满足工艺流程、设备布置及功能需求，满足运行维护的需要，妥善考虑结构安全、建筑防火、安全疏散、气密、保温隔热、防水、排水等相关技术要求，保障换流站设备及设施安全和人员生命财产安全。

两端直流输电换流站户内直流场外观实例图见图 22-100。

图 22-100　某±500kV 换流站户内直流场外观照片

两端直流输电换流站户内直流场内景实例图见图 22-101。

（二）建筑设计

1. 建筑技术要求

（1）建筑防火及安全疏散：户内直流场是用于布置直流开关场相关电气设备的配电装置室，其火灾危险性类别、耐火等级及安全疏散应满足 GB 50016《建筑设计防火规范》、

图 22-101 某 ±500kV 换流站户内直流场内景照片

GB 50229《火力发电厂与变电站设计防火规范》的要求。

1）根据 GB 50229 相关规定，户内直流场的火灾危险性类别根据其内部单台电气设备的充油量确定，其火灾危险性分类见表 22-22。

表 22-22 户内直流场的火灾危险性分类

序号	单台电气设备充油量（kg）	火灾危险性类别
1	>60	丙类
2	≤60	丁类
3	—	戊类

注 当户内直流场内火灾危险性较高的生产部分占整个防火分区建筑面积的比例小于 5%时，可按火灾危险性较低的生产部分确定其火灾危险性类别。

2）根据 GB/T 50789《±800kV 直流换流站设计规范》、DL/T 5459《换流站建筑结构设计技术规程》的规定，户内直流场的耐火等级为二级。户内直流场建筑构件的燃烧性能和耐火极限见表 22-23，门窗的耐火性能见表 22-24。

表 22-23 户内直流场各建筑构件的燃烧性能和耐火极限

序号	构件名称		燃烧性能	耐火极限
1	墙体	防火墙	不燃性	≥3.00h
		承重墙	不燃性	≥2.50h
		非承重外墙	不燃性	不限
			难燃性	≥0.50h
		房间隔墙	不燃性	≥0.50h
			难燃性	≥0.75h
2	结构柱		不燃性	≥2.00h
3	结构梁		不燃性	≥1.50h
4	屋顶承重构件		不燃性	≥1.00h
5	屋面板		不燃性	≥1.00h

当户内直流场除防火墙外的非承重外墙采用复合压型钢板围护结构时，其内部保温隔热芯材应为 A 级不燃性材料。

当户内直流场屋面采用复合压型钢板围护结构时，其保温隔热芯材应为 A 级不燃性材料；当采用现浇钢筋混凝土屋面时，屋面防水层宜采用不燃、难燃材料，当采用可燃防水材料且铺设在可燃、难燃保温材料上时，防水材料或可燃、难燃保温材料应采用不燃材料作防护层。

当户内直流场采用钢结构梁、柱、屋顶承重构件时，应采取适当的防火保护措施。

表 22-24 户内直流场门窗的耐火性能

序号	门窗部位		耐火性能	
			耐火隔热性	耐火完整性
1	门	防火墙上的门	≥1.50h	≥1.50h
		其他部位的门	不限	不限
2	窗	防火墙上的窗	≥1.50h	≥1.50h
		其他部位的窗	不限	不限

3）根据 GB 50016 对不同火灾危险性、不同耐火等级厂房的层数和每个防火分区的最大允许建筑面积的规定，户内直流场每个防火分区的最大允许建筑面积见表 22-25。

表 22-25 户内直流场每个防火分区的最大允许建筑面积

序号	火灾危险性类别	每个防火分区最大允许建筑面积（m²）
1	丙	8000
2	丁	不限
3	戊	不限

当户内直流场内布置有单台设备充油量在 60kg 以上的电气设备（如直流滤波器、直流电容器等）时，该区域宜设置阻火隔墙与其他区域隔离，阻火隔墙（含框架柱、梁、砖砌体）的耐火极限应≥3.00h。

4）户内直流场通常为单层厂房，根据 GB 50016 相关条文规定，安全出口的数量不应少于 2 个，且应有 1 个安全出口作为运输通道通往室外并与站区主要道路衔接，其净空尺寸应满足户内直流场内最大设备的搬运要求。

根据 GB 50016 对不同火灾危险性、不同耐火等级厂房内任一点至最近安全出口的直线距离的规定，户内直流场室内任一点至最近安全出口的直线距离见表 22-26。

表 22-26 户内直流场内任一点至最近安全出口的直线距离

序号	火灾危险性类别	室内任一点至最近安全出口的直线距离（m）
1	丙	80
2	丁	不限
3	戊	不限

（2）气密：若户内直流场内的电气设备表面吸附的灰尘过多，运行过程中就容易发生闪络事故。为了保证户内直流场室内空气的洁净度，有效阻止室外空气中的灰尘渗入，采用中央空调系统加压送风方式能够使户内直流场室内维持5～10Pa的微正压，建筑围护结构应具有优良的气密性能。

户内直流场的气密性能应满足 GB/T 21086《建筑幕墙》规定的3级气密性能指标要求，即 1.2m³/（m²·h）≥qA［建筑幕墙整体（含开启部分）气密性能分级指标］>0.5m³/（m²·h）；墙体、屋面围护结构应采取有效的封堵措施：

1）墙体和屋面内、外层彩色压型钢板之间的搭接缝隙均应封堵密实。

2）门窗应具有优良的气密性能。

3）采光窗宜为固定窗，玻璃应选用不易破碎的夹胶（或夹丝）玻璃。

4）通风百叶窗的叶片应安装自动启闭装置，事故排烟风机的外侧应安装带联动装置的百叶窗。

（3）保温隔热：为了保证户内直流场内部电气设备正常运行，户内直流场室内温度应控制在合理范围（详见第二十五章第三节），建筑围护结构应具有优良的保温隔热性能。

户内直流场建筑围护结构保温隔热设计应结合换流站所处地区的气候特点，采用建筑热工分析计算方法，定量选择适当种类和厚度的墙体、屋面保温隔热材料，使其综合传热系数满足 GB 50189《公共建筑节能设计标准》规定的该地区建筑围护结构热工性能限值要求。

（4）防水和排水：户内直流场屋面不得出现漏水问题，其屋面防水等级应为Ⅰ级。

1）户内直流场建筑围护结构的水密性应满足 GB/T 21086 规定的5级水密性指标要求，即 ΔP（水密性能指标）≥2000Pa。

2）户内直流场屋面可分为复合压型钢板屋面、压型钢板为底模的现浇钢筋混凝土组合屋面两种类型：① 当采用复合压型钢板屋面时，应选用360°直立锁缝暗扣连接方式的外层压型钢板及防水垫层组成的围护结构进行防水设防，屋面排水坡度宜为5%～10%；② 当采用压型钢板为底模的现浇

钢筋混凝土组合屋面时，应铺设2道柔性防水卷材（或1道柔性防水卷材和1道柔性防水涂料）进行防水设防，屋面排水坡度宜为3%～5%。

3）户内直流场屋面宜采用有组织排水，屋面雨水经过外天沟、雨水斗和水落管收集之后排入站区雨水管网。为了避免当天沟出水口被积污堵塞时，囤积在沟内的雨水渗入户内直流场内部，天沟侧壁宜按一定的间距设置溢水孔。

（5）其他：户内直流场其他建筑技术要求包括防潮、防风沙、防坠落、防触电、防小动物等。

1）当换流站位于地下水位较高或土壤较潮湿的地区时，户内直流场墙身及室内地坪应设置防潮隔离层：① 墙身-0.060m 标高处用 20mm 厚防水水泥砂浆（内掺水泥用量5%的 JJ91 硅质密实剂）粉刷；② 室内地坪细石混凝土垫层之上均匀涂刷2道柔性防水涂料（纵横向各涂刷1道），或铺设2道柔性防水卷材（上下层错缝铺贴）。

2）当换流站位于我国西北、华北北部、东北西部等风沙较大地区时，户内直流场应采取有效的防风沙措施：① 建筑围护结构的所有孔隙（包括设备开孔、管线开孔等）均应封堵密实；② 出入口门应具有优良的气密性能，通风百叶窗的叶片应安装自动启闭装置，事故排烟风机的外侧应安装带联动装置的百叶窗；③ 室内电缆沟、风道与室外的衔接部位应采取防风沙封堵措施。

3）户内直流场屋面巡视检修钢爬梯应设置全梯段安全护笼，且应采取防止未经授权人员随意攀爬的措施。

4）户内直流场内布置有诸多高压电气设备，存在人员触电风险。通过对户内直流场的钢结构、压型钢板围护结构（含门窗）、其他金属构件（金属桥架、钢线槽、钢爬梯、风管、吊架、支架、灯具外壳、火灾探测器金属外壳、视频监控系统金属外壳和转接箱金属外壳、消防模块箱金属外壳、照明箱外壳、配电箱外壳、检修箱外壳等）采取与主接地网接地措施，以及对高压电气设备采取设置隔离围栏等措施，以有效防止人员触电。

5）户内直流场各安全出口门的内侧应加装可拆卸式挡板，以防止老鼠、黄鼠狼、野兔、蛇等小动物闯入。

2. 建筑布置

（1）布置组合：户内直流场宜与阀厅、控制楼联合布置。

1）当阀厅及控制楼采用"一字形"布置组合时，户内直流场与阀厅、控制楼联合布置示意图见图 22-102。

2）当阀厅及控制楼采用"三列式"布置组合时，户内直流场宜与高端阀厅、辅助控制楼联合布置，其联合布置示意图见图 22-103。

（2）单体布置：户内直流场建筑平面均呈"矩形"，其平面布置实例图见图 22-104 和图 22-105。

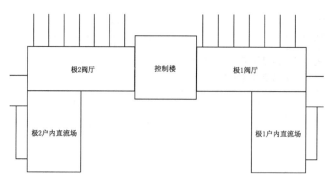

图 22-102　户内直流场与阀厅、控制楼联合布置示意图

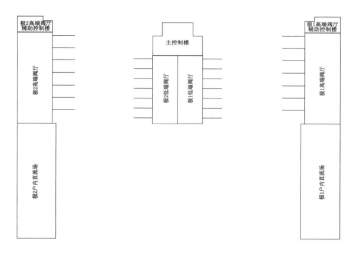

图 22-103　户内直流场与高端阀厅、辅助控制楼联合布置示意图

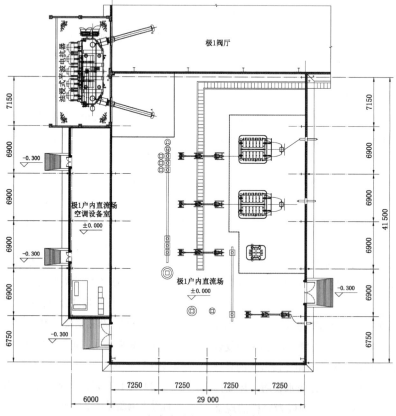

图 22-104　户内直流场平面布置实例图（一）

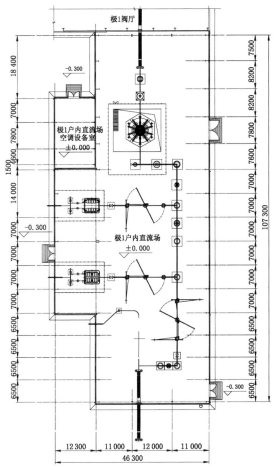

图 22-105 户内直流场平面布置实例图（二）

3. 建筑围护结构

（1）墙体和屋面围护结构：户内直流场墙体宜采用现场复合压型钢板墙体围护结构或工厂复合彩钢夹芯板墙体围护结构；屋面可采用现场复合压型钢板屋面围护结构或压型钢板为底模的现浇钢筋混凝土组合屋面围护结构。

除无需采取电磁屏蔽措施外，户内直流场墙体和屋面围护结构构造要求参见本章第一节。

（2）门窗：户内直流场可设置固定采光窗，窗框料应采用断桥铝合金型材，玻璃应采用夹胶（或夹丝）玻璃。

除无电磁屏蔽技术指标要求外，户内直流场门窗性能、制作及安装要求参见本章第一节。

4. 室内地坪

除无需采取电磁屏蔽措施外，户内直流场室内地坪构造要求参见本章第一节。

（三）结构设计

1. 一般规定

（1）户内直流场结构设计使用年限为 50 年，结构安全等级为一级，抗震设防分类为乙类，地基基础设计等级不应低于乙级。

（2）户内直流场荷载和荷载效应组合应按 GB 50009《建筑结构荷载规范》、GB 50011《建筑抗震设计规范》、DL/T 5459《换流站建筑结构设计技术规程》的有关规定进行设计计算。

（3）户内直流场通常与阀厅联合布置，二者之间应设置变形缝，变形缝应满足防震缝要求，防震缝宽度可采用 100~150mm。当其中较低房屋高度大于 15m 时，防震缝宽度应适当加宽。

（4）户内直流场采用单层钢结构厂房时，其纵向温度伸缩缝间距，在采暖和非采暖地区房屋一般不宜大于 220m、在采暖地区非采暖房屋一般不宜大于 180m。

（5）户内直流场一般不设置桥式吊车，在风荷载标准值作用下，单层钢结构框架的柱顶水平位移不宜超过高度的 1/150。

2. 结构形式

户内直流场为单层工业厂房，跨度和高度相对较大，承受的荷载相对比较简单，其承重结构可采用钢结构框排架结构体系，也可采用钢筋混凝土框排架结构体系。为了减小承重结构的截面尺寸、节约钢材，如无特殊要求，屋盖宜采用轻型屋面，屋盖结构体系宜采用钢桁架有檩屋盖体系，当跨度超过 42m 以上时，可采用钢网架有檩屋盖体系。

目前，户内直流场应用的工程较少，已建换流站户内直流场承重结构均采用钢框排架结构体系、屋盖结构体系均采用钢桁架有檩屋盖体系。

户内直流场结构三维实例图见图 22-106。

3. 结构受力体系及支撑布置

（1）结构受力体系：当户内直流场采用钢结构框排架结构体系时，承重结构主要由横向结构、纵向结构系统和屋盖系统组成。横向结构系统是由钢柱和钢屋架组成的排架结构，纵向结构系统是由钢柱、连系梁、柱间支撑组成，屋盖系统是由钢屋架和支撑组成，三者共同组成空间受力结构体系，主要承受屋面荷载、风荷载和地震作用。户内直流场结构平、剖面布置实例图分别见图 22-107、图 22-108。

（2）支撑布置：当户内直流场屋盖采用钢桁架有檩屋盖体系时，为保证屋架的整体稳定性及结构整体空间作用，应设置屋盖及柱间支撑系统。屋盖支撑系统包括横向支撑、纵向支撑、竖向支撑和系杆（刚性系杆和柔性系杆），屋盖及柱间支撑系统布置应满足下列规定：

1）屋架上下弦均应设置横向支撑，在厂房两端开间各设置一道，当厂房单元长度大于 66m 或抗震设防烈度 9 度、厂房单元长度大于 42m 时，在柱间支撑开间内应增设一道。

2）竖向支撑宜设置在设有横向支撑的屋架间，跨中和端部各设一道。

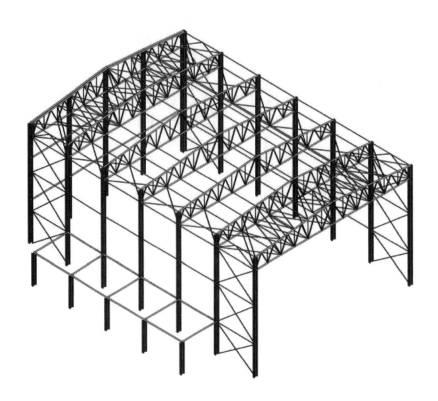

图 22-106 户内直流场结构三维实例图

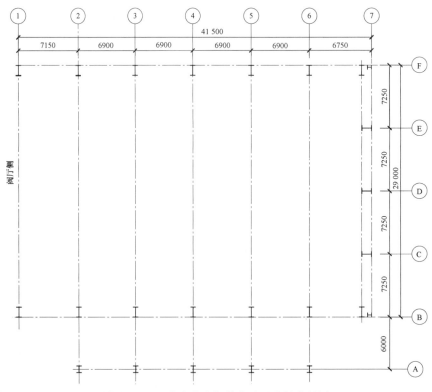

图 22-107 户内直流场结构平面布置实例图

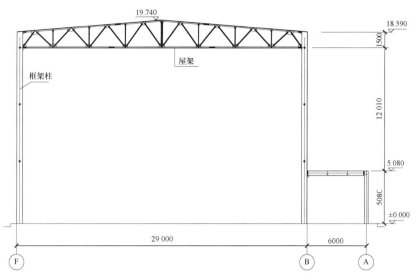

图 22-108 户内直流场结构剖面布置实例图

3）屋架下弦端节间应设置纵向支撑，纵向支撑与横向支撑应布置成封闭型，以增强厂房刚度。

4）在未设置竖向支撑的屋架间，相应于竖向支撑的屋架上下弦节点处应设置水平系杆，其余可根据上下弦长细比要求适当增设，一般间距不宜大于6m。

5）柱间支撑布置应满足建筑物纵向刚度的要求，同时还应考虑柱间支撑的设置对结构温度变形的影响，及由此产生

的附加应力。

6）柱间支撑的设置应与屋盖支撑布置相协调，一般均与屋盖上、下弦横向支撑及垂直支撑设在同一柱距内。

户内直流场屋架下、上弦支撑结构布置实例图分别见图22-109、图 22-110，户内直流场柱间支撑结构布置实例图见图22-111、图 22-112。

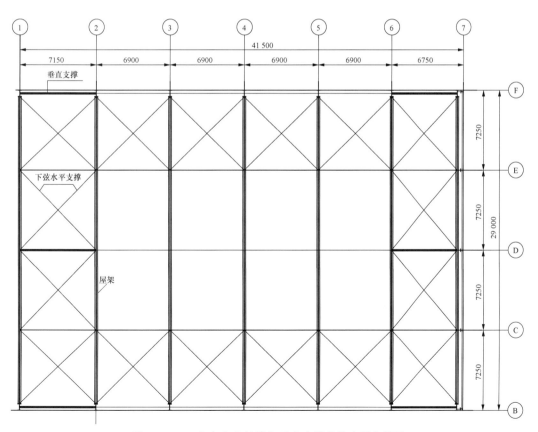

图 22-109 户内直流场屋架下弦支撑结构布置实例图

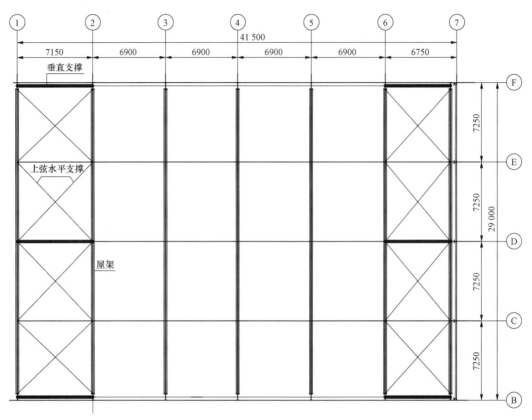

图 22-110 户内直流场屋架上弦支撑结构布置实例图

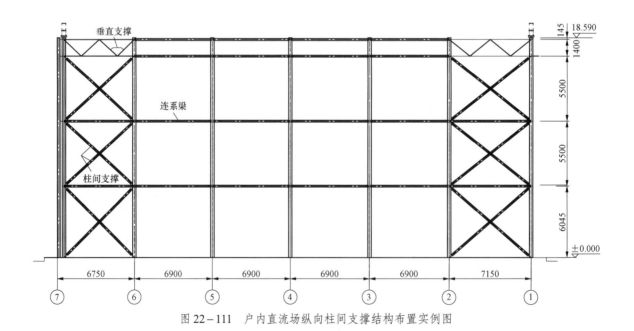

图 22-111 户内直流场纵向柱间支撑结构布置实例图

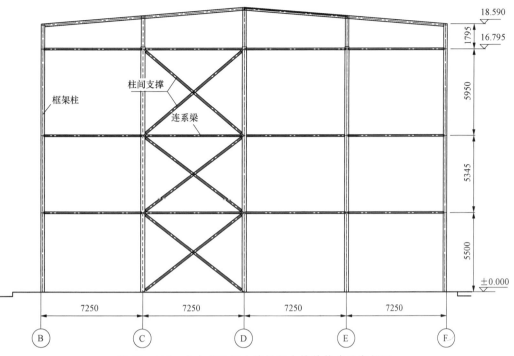

图 22-112　户内直流场山墙柱间支撑结构布置实例图

4. 节点设计要求

户内直流场钢结构节点设计应满足以下要求：

（1）排架柱与基础的连接宜采用固结，柱脚应能可靠传递柱身承载力，宜采用埋入式、插入式或外包式柱脚，6、7度时也可采用外露式柱脚。

（2）排架横梁与柱的连接宜采用螺栓刚性连接，排架纵向连系梁及柱间支撑与柱连接宜采用螺栓铰接连接。

（3）屋面支撑与屋架连接宜采用螺栓铰接连接。

（4）排架柱及屋架的拼接连接应采用钢结构用摩擦型高强度螺栓连接，其余连接可采用普通螺栓连接。

二、综合楼

（一）一般说明

综合楼位于换流站的辅助生产区域，是集办公、培训、生活及后勤服务等多种功能于一体的综合性附属生产建筑物。

综合楼外观实例图见图 22-113、图 22-114。

图 22-113　某 ±660kV 换流站综合楼外观照片

图 22-114　某±800kV 换流站综合楼外观照片

（二）功能用房组成和配置

1. 功能用房组成

综合楼内部功能用房主要包括行政办公室、生产办公室、档案室、资料室、会议室、培训教室、接待室、休息室、活动室、阅览室、配电室、通信室、收发室、餐厅、主副食加工间、备餐间、食品库、餐具洗消间、安全工器具室、储藏室、盥洗间及男女卫生间、洗衣间等。

综合楼内部功能用房按照使用性质和功能进行划分，可分为行政及生产办公用房、职工生活用房、后勤服务用房、其他用房等四种类别，见表 22-27。

表 22-27　综合楼内部功能用房分类

序号	功能用房类别	功能用房名称
1	行政及生产办公用房	行政办公室、生产办公室、档案室、资料室、会议室、培训教室、接待室等
2	职工生活用房	休息室、活动室、阅览室等
3	后勤服务用房	餐厅、主副食加工间、备餐间、食品库、餐具洗消间等
4	其他用房	配电室、通信室、收发室、安全工器具室、储藏室、盥洗间及男女卫生间、洗衣间等

2. 功能用房配置

当同一区域范围内有多个换流站，且其中 1 个换流站对周围其他换流站担负运维管理的职责，该换流站即为区域中心换流站，其他换流站为非区域中心换流站。

（1）区域中心换流站：综合楼建筑面积通常在 3500～4500m² 之间，其内部功能用房及功能部位配置见表 22-28。

表 22-28　区域中心换流站综合楼内部功能用房及功能部位配置一览表

序号	功能用房或功能部位	数量（间）	房间面积（m²/间）
1	行政办公室	6～10	20～25
2	生产办公室	10～15	20～25
3	档案室	1～2	20～25
4	资料室	1～2	20～25
5	会议室	6～8	50～120
6	培训教室	3～4	50
7	休息室	25～30	20～25
8	活动室	1～2	50
9	阅览室	1～2	50
10	洗衣间	3～4	20～25
11	大、小餐厅	大餐厅：1 小餐厅：2～3	大餐厅：100～150 小餐厅：25～30
12	主副食加工间、备餐间、食品库、餐具洗消间等	1	60～100
13	通信室	1	20～25
14	配电室	1	20～25
15	安全工器具室	1	20～25
16	储藏室	3～4	10～15
17	盥洗间及男女卫生间	3～4	40～50
18	门厅、过厅、走道、楼梯间等其他功能部位	（依单项工程）	（依单项工程）

注　本表数据仅供参考，不作为确定换流站综合楼功能用房配置数量和面积的依据，设计应根据换流站实际需求配置相应的功能用房。

（2）非区域中心换流站：综合楼建筑面积通常在 2000～2500m² 之间，其内部功能用房及功能部位配置见表 22-29。

表 22-29　非区域中心换流站综合楼内部功能用房及功能部位配置一览表

序号	功能用房或功能部位	数量（间）	房间面积（m²/间）
1	行政办公室	3~5	20~25
2	生产办公室	6~8	20~25
3	档案室	1	20~25
4	资料室	1	20~25
5	会议室	3~4	50~120
6	培训教室	1~2	50
7	休息室	15~20	20~25
8	活动室	1	50
9	阅览室	1	50
10	洗衣间	1~2	20~25
11	餐厅	1	80~120
12	主副食加工间、备餐间、食品库、餐具洗消间等	1	60~100
13	通信室	1	20~25
14	配电室	1	20~25
15	安全工器具室	1	20~25
16	储藏室	2~3	10~15
17	盥洗间及男女卫生间	2~3	40~50
18	门厅、过厅、走道、楼梯间等其他功能部位	（依单项工程）	（依单项工程）

注　本表数据仅供参考，不作为确定换流站综合楼功能用房配置数量和面积的依据，设计应根据换流站实际需求配置相应的功能用房。

（三）结构设计

综合楼是换流站一般性建筑物，其建筑结构安全等级为二级，抗震设防分类为丙类，地基基础设计等级为丙级。

综合楼的荷载主要包括结构自重、设备荷载、雪荷载、楼（屋）面检修荷载、风荷载和地震作用等，其荷载和荷载效应组合应按 GB 50009、DL/T 5459 的有关规定进行计算。

综合楼一般为多层建筑，根据地震烈度及地基条件等因素，可采用钢筋混凝土框架结构，也可采用砖混结构，当抗震设防烈度较高、地基条件较差时宜采用钢筋混凝土框架结构。国内换流站综合楼采用钢筋混凝土结构居多，即主体结构采用现浇钢筋混凝土框架结构，楼（屋）面板采用现浇钢筋混凝土板。

三、换流变压器及油浸式平波电抗器基础

（一）一般规定

（1）换流变压器、油浸式平波电抗器基础是安装换流变压器、油浸式平波电抗器的大型设备基础，是换流站主要生产构筑物，其结构设计使用年限为 50 年，结构安全等级为一级，抗震设防分类为乙类，地基基础设计等级不应低于乙级。

（2）换流变压器、油浸式平波电抗器基础除应进行地基承载力和变形验算外，还应进行风荷载和地震作用下的倾覆稳定计算。

（3）换流变压器基础最大沉降量应满足工艺要求，且不宜大于 50mm，基础沉降差不宜大于 $L/500$（L 为基础纵向长度）。

（二）基础形式

换流变压器、油浸式平波电抗器基础特点是设备荷载大，地基承载力和变形要求较高，基础型式宜采用钢筋混凝土板式基础。当地基条件较好时，换流变压器、油浸式平波电抗器基础宜独立设置，当地基条件较差、地基承载力或变形验算不满足工艺要求时，可与阀厅和防火墙基础联合设计成整板基础。

换流变压器基础平面布置及剖面工程实例图见图 22-115、图 22-116。

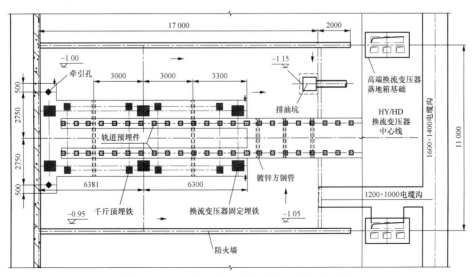

图 22-115　换流变压器基础平面布置实例图

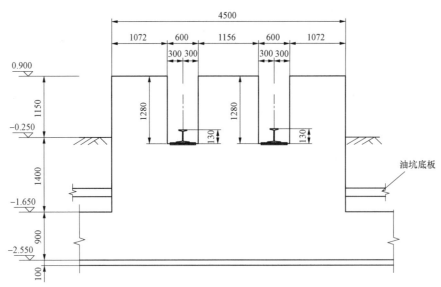

图 22-116 换流变压器基础剖面图

当地震基本烈度不低于 8 度时,换流变压器设备与基础之间宜采取隔震措施,隔震方案可采用铅芯橡胶隔震支座,其构造见图 22-117。

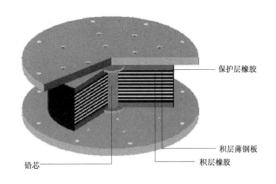

图 22-117 铅芯橡胶隔震支座构造图

（三）其他设计要求

（1）换流变压器、油浸式平波电抗器基础为大体积混凝土基础,设计应采取措施减少大体积混凝土温度应力,如设置后浇带、配置温度钢筋、选用低水化热水泥、添加混凝土外加剂等。

（2）设备底座与基础之间宜采用预埋钢板焊接连接。每块预埋铁尺寸不宜过大,可采用分块组合方式,以减小施工安装难度,并满足预埋铁平整度要求。预埋件较大时应设置透气孔,孔直径不宜小于 20mm,以保证预埋铁下混凝土的密实度。

（3）换流变压器基础区域应设置储油坑及排油设施,储油坑容积应按容纳 20%设备油量确定。储油坑底应设置坡度,通过排油管道将事故油排入事故集油池内,排油管道内径不

小于 100mm,管口应加装铁栅滤网。储油坑内应铺设不小于 250mm 厚的卵石层,卵石粒径应为 50～80mm,可起隔火降温作用,防止绝缘油燃烧扩散。储油坑底板的厚度不宜小于 150mm,宜采用双向配筋,且底板下回填土密实度不应小于 0.95。

（4）根据运行维护的要求,在换流变压器、油浸式平波电抗器的油坑内,应设置检修巡视走道,走道板宜采用镀锌钢格栅,走道板宽度不宜小于 0.6m,走道临空侧（如有）应设置高度不小于 1.05m 的安全栏杆。

四、搬运轨道基础

（一）一般规定

（1）搬运轨道基础是用于换流变压器、油浸式平波电抗器安装和检修运输,是换流站辅助生产构筑物,其结构设计使用年限为 50 年,结构安全等级为二级,抗震设防分类为丙类,地基基础设计等级不低于丙级。

（2）搬运轨道基础应进行地基承载力和变形验算。搬运轨道基础沉降差不大于 $L/500$（L 为搬运轨道每温度区段纵向长度）。

（二）基础形式

搬运轨道基础特点是基础长度较长,承受安装、检修和运输过程中设备自重的短期荷载作用,对不均匀沉降要求较高。为满足变形设计要求,搬运轨道基础形式宜采用钢筋混凝土带肋条形基础（见图 22-118）；当地质条件较好或基础埋置深度较小时,搬运轨道基础形式宜采用平板式条形基础（见图 22-119）,设计应根据地质条件情况合理采用。

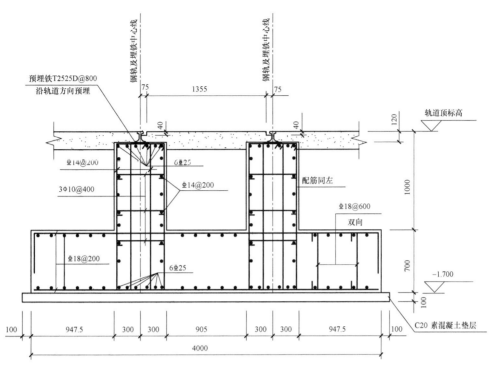

图 22-118 带肋条形基础

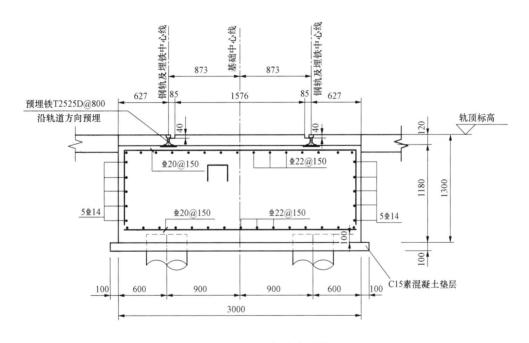

图 22-119 平板式条形基础

（三）其他设计要求

（1）搬运轨道基础布置应满足换流变压器、油浸式平波电抗器的设备安装、检修的运输要求，路径应合理、便捷。当高端换流变压器和低端换流变压器面对面布置时，其运输轨道可采用共轨布置。为节省站区用地，搬运轨道基础可布置在站区道路上。

（2）搬运轨道顶标高应综合考虑设备运输和场地排水要求确定，轨道顶标高应尽量和场地标高相协调。纵向运输轨道的坡度宜采用零坡，横向安装轨道的坡度不宜大于3‰。由于搬运轨道基础较长，不利于场地排水，基础周边场地应加强排水措施。

（3）搬运轨道基础属于超长混凝土结构，为减少温度应力影响，基础宜设置伸缩缝，基础伸缩缝间距不应大于30m。当地质条件较差时，为了保证基础连续刚度，减少相邻温度区段不均匀沉降，基础可不设置伸缩缝，但应设置后浇带，基础后浇带间距不应大于30m。

（4）搬运轨道基础除采用伸缩缝或后浇带措施外，还应采取其他设计措施减少大体积混凝土温度应力，如配置温度钢筋、选用低水化热水泥、添加混凝土外加剂等，同时应满足大体积混凝土施工规范要求。基础外露表面宜配置温度构造钢筋，避免基础表面产生温度裂缝，表面温度构造钢筋按照直径小、间距密的原则设置，宜配置单层双向钢筋$\phi 6mm@100mm$。

（5）搬运轨道钢轨与基础的连接，一般采用焊接方式，在极寒地区宜采用基础预埋地脚螺栓、压板连接方式。当采用焊接时，焊缝宜采用连续间断角焊缝，埋铁间距不宜大于800mm；当采用压板时，压板间距不宜大于600mm。

（6）搬运轨道顶标高安装误差不宜大于±3mm，轨道之间水平距离误差容许值为0～−5mm、高差最大误差不应大于1mm。轨道内侧与场地之间的间隙和交叉处轨道之间间隙不宜小于40mm，且宜同宽（见图22-120～图22-121），轨道连接处缝宽不应大于5mm。

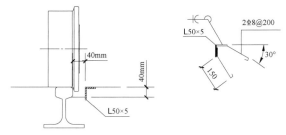

图 22-120 轨道容限

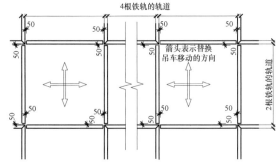

图 22-121 轨道交叉原则

（7）牵引孔应根据换流变压器和平波电抗器运输要求设置。牵引孔承受水平力较大，为满足基础抗倾覆稳定要求，牵引孔基础宜与搬运轨道基础有可靠连接，并应进行抗倾覆验算，牵引孔洞四周应采取防止混凝土局部破坏措施。牵引孔大样图见图22-122。

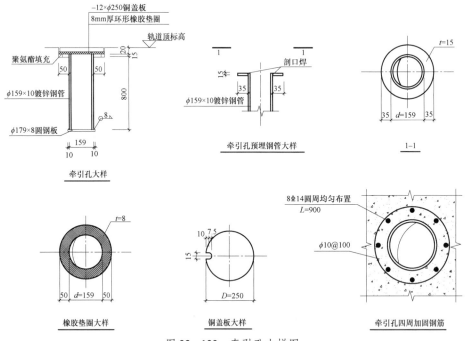

图 22-122 牵引孔大样图

（8）当电缆沟横穿搬运轨道时，轨道基础可采用暗沟或埋管方式，并应满足电缆沟净空和排水要求。当排水（油）管网横穿搬运轨道时，可采用预埋方式。

第二十三章

换流站供水及消防

第一节 供 水

一、换流站用水

（一）用水分类

换流站用水按照其用途主要分为综合生活用水、生产用水和消防用水三部分。

综合生活用水包括站内工作人员生活用水、淋浴用水、冲洗汽车、浇洒道路和站区绿化等用水。

生产用水包括换流阀内外冷却循环水系统的补充水、空调系统补充水、换流变压器喷淋降温用水和设备冲洗用水等。若阀外冷却系统采用空冷方式，则无换流阀外冷却循环水系统的补充水。

消防用水包括室内外消火栓和水喷雾灭火系统在火灾时的灭火用水。

（二）用水量

换流站用水量主要由综合生活用水量、生产用水量、消防用水量组成。

1. 综合生活用水量

综合生活用水量应根据换流站所在地区水资源充沛程度、用水习惯、站内人员编制等情况综合分析确定。换流站内综合生活用水定额表见表23-1。

表23-1 换流站内综合生活用水定额表

项 目	用水定额	时变化系数	使用时间或次数	备 注
生活用水	30～50 [L/（人·班）]	1.5～2.5	8（h）	
淋浴用水	40～60 [L/（人·班）]	1	1（h）	
冲洗汽车用水	250～400 [L/（辆·日）]	—	10（min）	按站内全部汽车每日冲洗一次计算
浇洒道路用水	1.0～1.5 [L/（m²·日）]	—	2～3（次/日）	根据路面种类及气候条件

续表

项 目	用水定额	时变化系数	使用时间或次数	备 注
站区绿化用水	1.0～2.0 [L/（m²·次）]	—	1～2（次/日）	根据站区绿化面积

2. 生产用水量

（1）阀冷却系统由阀外冷却系统和阀内冷却系统两部分组成，其补充水量按以下情况考虑。

1）阀外冷却系统采用水冷方式或空气—水联合冷却方式时，为补充冷却塔蒸发、风吹和系统连续排污从循环冷却水（喷淋水）系统中损失的水量，需要向阀外循环冷却水系统中持续补充新鲜水。补充水量按照换流阀制造厂家提供的设备散热量、换流阀进水温度要求，根据环境气象参数、循环冷却水的浓缩倍数等计算确定，详见第二十四章。阀外冷却系统采用空冷方式时，冷却介质为空气，不需要补充水。

2）阀内冷却系统的内冷水采用密闭循环的方式，正常运行时耗水量极少。内冷水水质为电导率0.1～0.5μs/cm的工业纯水，其补充水的除盐处理设备为单级阴阳混合离子交换器。为保障内冷水的水质，换流站均采用外购纯水进行补充。生产给水系统设计时不考虑其补充水量。

（2）当采用集中式全空气空调系统、空气—水集中式空调系统等型式调节阀厅、户内直流场、控制楼等建筑物的室内温、湿度时，空调系统需在投运前和设备检修期间进行短时间补水，但补充水量很小（每个系统0.5m³/h），一般由生活给水系统提供，生产给水系统设计时不考虑空调系统补充水量。

（3）换流变压器喷淋降温系统用于夏季环境温度高、系统输送容量大导致换流变压器运行温度过高时，对换流变压器进行短时间喷水降温；设备冲洗水系统用于在设备检修期间提供电气设备的冲洗用水。换流变压器喷淋降温和设备冲洗用水均不属于日常运行用水，生产给水系统设计时不考虑其用水量。

综上所述，生产用水量仅需考虑换流阀外冷却系统喷淋水的补充水量。生产用水量与换流站的规模如电压等级、输送容量、气象参数等密切相关，据统计国内已建部分换流站的生产用水量：±500kV 换流站设计生产用水量为 28～32m³/h，±800kV 换流站设计生产用水量为 40～60m³/h。

3. 消防用水量

换流站水消防系统主要保护对象包括换流变压器、单台容量在 125MVA 及以上的站用变压器、联络变压器、油浸式平波电抗器等设备及控制楼、阀厅、综合楼、户内直流场、GIS 室和检修备品备件库等站内建筑物。

消防用水量按以下原则确定：

（1）站内同一时间内发生火灾次数按照一次考虑，消防用水量按照最大一次灭火用水量考虑。

（2）当换流变压器采用水喷雾灭火系统保护时，站内消防用水量为换流变压器水喷雾灭火系统用水量与其室外消火栓用水量之和。

（3）当换流变压器采用泡沫喷雾灭火系统保护时，站内消防用水量为灭火所需消防用水量最大的一座建筑物的室内、外消火栓系统用水量之和。

（三）水质要求

1. 生活用水水质要求

换流站内生活用水分为生活饮用水和非饮用水两部分。生活饮用水的水质应符合现行国家标准 GB 5749《生活饮用水卫生标准》的要求。非饮用水（如便器冲洗、汽车冲洗、浇洒道路、绿化用水等）水质应符合现行国家标准 GB/T 18920《城市污水再生利用城市杂用水水质》的要求，可采用中水或雨水回用，大多数换流站的绿化用水采用处理后的生活污水。

2. 生产用水水质要求

阀内冷却系统为闭式循环冷却水系统，其补充水的水质应满足换流阀对冷却水水质的要求：电导率 0.1～0.5μs/cm、含氧量不大于 200ppb、悬浮物含量 50～100μm。

阀外冷却系统的循环冷却水（喷淋水）为间冷开式系统，喷淋水采用软化水。阀外冷却系统的补充水的水质应符合现行国家标准 GB/T 50109《工业用水软化除盐设计规范》对软化装置进水水质的要求。

3. 消防用水水质要求

消防用水对水质无特殊要求。对管道没有腐蚀、不对水雾喷头造成堵塞的水源均可作为消防用水。

二、供水水源

（一）水源选择

换流站的供水水源主要包括城镇自来水、地下水和地表水。供水水源的选用，应通过技术经济比较后综合确定。所选水源应水量充沛可靠、水质良好，取水、输水安全经济且施工与运行维护方便。

市政自来水水质良好，供水稳定，运行维护工作量小，

宜优先选用。选择自来水作为供水水源时，应取得供水单位保证换流站供水的文件。

地下水水质水温比较稳定，不易受到污染，取水工程量及运行维护工作量相对较小，亦可选作换流站水源。选择地下水作为供水水源时，应经过详细的水文地质勘查，取得确切的水文地质资料。

地表水包括江河水、湖水和水库水等，地表水的水质、水量易受外界条件影响发生变化，从取水到水处理的工艺流程复杂，运行、维护费用高，工作量大。因此，除非在水源条件非常有限的地区，一般不选择地表水作为换流站供水水源。

选择江河、湖泊、水库或地下水作为换流站供水水源时，还应遵照国家《建设项目水资源论证管理办法》的有关规定，委托有建设项目水资源论证资质的单位进行水资源论证，编制建设项目水资源论证报告书并申办取水许可证。

（二）水源设计

1. 阀外冷却系统采用水冷方式

当阀外冷却系统采用水冷方式时，作为阀外冷却系统喷淋水的补充水不仅用水量大，且为连续用水，冷却水一旦短缺，将会导致换流阀因温度过高而停止运行，补充水的供水可靠性直接影响换流站生产运行的安全。因此，换流站宜有两路可靠水源。当仅有一路可靠水源时，站内应设置容积不小于 3 天生产用水量的储水池。

2. 阀外冷却系统采用空冷方式

当阀外冷却系统采用空冷方式时，日常用水仅为生活用水，无需考虑换流阀外冷却循环水系统的补充水，换流站采用一路可靠水源。

3. 阀外冷却系统采用空气—水联合冷却方式

当阀外冷却系统采用空气—水联合冷却方式时，水冷系统仅在夏季环境温度高、空冷系统无法满足换流阀进水温度要求时投入运行，对经空气冷却器降温后的内冷水进一步降温。作为辅助冷却的水冷却系统，虽然运行时间短、用水量小，但对运行时的供水保障率要求不减，因此，换流站宜有两路可靠水源，当仅有一路水源时，应在站内设置容积不小于 3 天生产用水量的储水池。

（三）设计供水量

设计供水量应按换流站综合生活用水、生产用水和消防用水等各项的最高日用水量之和加上未预见水量确定，未预见水量宜按最高日用水量的 15%～25% 计算。

（四）水源水质

1. 生活用水水源

引接城镇自来水作为生活饮用水的水源时，其水质应符合集中式供水方式的要求；地下水和地表水作为水源时，其水质应分别符合国家现行 GB/T 14848《地下水质量标准》和

GB 3838《地表水环境质量标准》的要求，或符合 CJ 3020《生活饮用水水源水质标准》的要求。当水源水质不符合上述要求时，不宜作为生活饮用水水源。若限于条件需加以利用时，应采用相应的净化工艺进行处理，处理后的水质应符合 GB 5749《生活饮用水卫生标准》的要求。

2. 生产用水水源

地下水和地表水作为生产用水的水源，其水质应满足阀外冷却系统的补充水的水质要求。当其水质不满足时，在原水进入生产水池之前，应采取相应的净化工艺进行处理。

三、给水系统

换流站站区给水系统包括生活给水系统、生产给水系统和消防给水系统，各给水系统宜相互独立。

（一）生活给水系统

生活给水系统由生活水箱、带气压罐的全自动给水机组及其给水管路等组成，主要为综合楼、控制楼、检修备品库及警卫室等提供生活、淋浴用水和道路冲洗及绿化等用水。其水量应满足站内全部生活用水的要求，其水压应满足最不利配水点的水压要求。

当生活供水水源为城镇自来水，且送至站区的自来水的流量和压力均满足用水要求，站内生活给水应尽量利用自来水的水压直接供水。

全自动给水机组和水箱宜与消防水泵和生产水泵一同布置在综合水泵房内。当站址位于冬季气温较高的南方地区时，也可采用将生活水箱、给水机组通过共同底座和围护结构联合成整体的一体化设备布置在室外以节省建筑面积。

（二）生产给水系统

1. 换流阀冷却循环水系统补充水

该系统由生产水池、生产水泵及其给水管路等组成，主要为换流阀外冷却水系统提供补充水。

（1）换流站应设置生产水池，生产水池容积应根据水源条件和生产用水量计算确定。当换流站有两路可靠水源时，生产水池的有效容积一般按 1 天的最高日生产用水量确定；当换流站仅有一路可靠水源时，生产水池的有效容积一般按不小于 3 天的最高日生产用水量确定。

生产水池应隔成 2 个相对独立的空间，相互之间通过管道和阀门连通，以便在某个水池检修、清洗时仍能维持正常生产。为防止水质恶化，避免水流在池内形成死角，宜在水池内设置导流墙，并应合理布置水池的进出水管。

（2）生产给水系统为换流阀外冷却水系统提供补充水，其系统设置应与阀冷却系统相配套。

1）当换流站采用单 12 脉动阀组接线设置 2 个阀厅时，每个阀厅均配有独立的阀冷却系统。生产给水宜设置 2 套独立的系统，分别与两极的阀冷却系统相对应，每套给水系统

设一用一备 2 台生产水泵和单独通往相应阀冷却设备室的给水管路，使每极换流阀均有其独立的给水泵组及管路。图 23-1 为 ±500kV 换流站生产给水系统图。

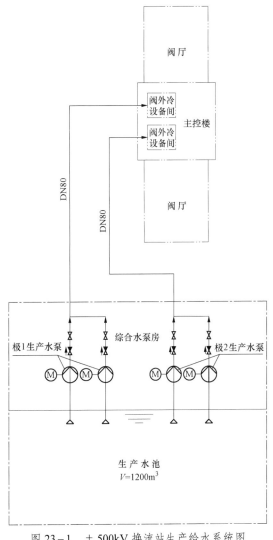

图 23-1　±500kV 换流站生产给水系统图

2）当换流站采用双 12 脉动阀组串联接线设置 4 个阀厅时，每个阀厅均配有独立的阀冷却系统。生产给水宜设置为 4 套独立的系统，每套给水系统设一用一备 2 台生产水泵和单独通往相应阀冷却设备室的给水管路，使每组换流阀均有其独立的给水泵组与管路。图 23-2 为 ±800kV 换流站生产给水系统图。

生产水泵自生产水池取水，经水泵加压后，通过各自的生产给水管道分别送往阀外冷却系统。生产水泵宜采用占地面积小、噪声低、能耗低的立式离心泵，水泵均设置在综合水泵房内。

（3）生产水泵的运行应与阀外冷却系统的运行控制联锁，水泵的启、停宜通过接收阀外冷却系统发出的联动触发信号自动控制。

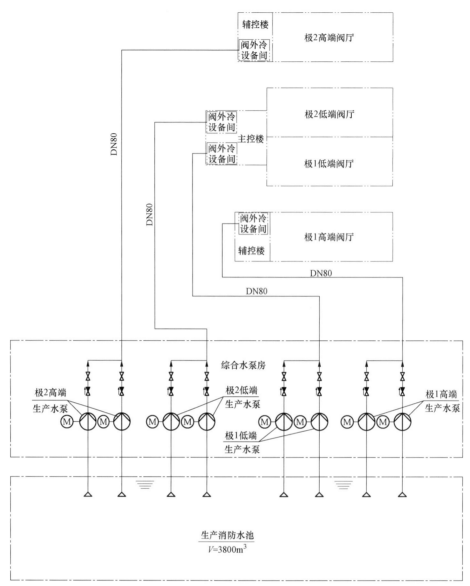

图 23-2　±800kV 换流站生产给水系统图

2. 换流变压器喷淋降温系统

换流变压器喷淋降温系统主要由喷淋水泵和布置在换流变压器两侧的喷水管道组成。早期为追求散热效果，直接向变压器的冷却器及本体与冷却器之间的油管喷水，造成冷却器的散热管和油管表面结垢而影响散热。近年来的工程一般设计成向换流变压器紧邻防火墙的两侧空间进行喷水，以降低换流变压器运行环境的温度。

喷淋降温系统的水泵启停一般为人工手动就地控制，随着运行单位对操作条件要求的提高，近年来也开始采用压力变频控制，只要手动打开喷淋管的阀门，喷淋水泵根据压力变化自动启动。

3. 设备冲洗用水系统

设备冲洗用水一般不单独设置给水系统，冲洗用水可直接从换流变压器喷淋降温系统给水管道或生活给水系统管道上引接，冲洗给水管道敷设至需要冲洗的电气设备区域，管道上设置洒水栓。

（三）消防给水系统

消防给水应采用独立的临时高压消防给水系统，系统由消防水池、消防给水泵组和配有消火栓的消防给水管网等组成。

1. 消防水池

换流站站址一般远离城市，消防主要依靠自救，因此，站内应设置消防水池，消防水池的消防储水量按满足最大的一起火灾灭火用水量确定。消防水池的补水时间不宜超过 48h。

水池应设置就地水位显示装置，并应将水池的水位信号上传至换流站的主控制室或有人值班的场所。

为避免消防用水因长期不用水质恶化，消防水池宜与生产水池合建。当消防水池与生产水池合建时，应采取确保消防用水不作他用的技术措施。

2. 消防给水泵配置

当换流变压器采用水喷雾灭火系统时，消防水泵一般按 2 台 50%电动消防水泵（主泵）、1 台 100%柴油机消防泵（备用泵）和 2 台稳压泵（含气压罐）进行配置；当换流变压器采用泡沫喷雾灭火系统时，消防水泵一般按 3 台 50%电动消防泵（2 运 1 备，互为备用）和 2 台稳压泵（含气压罐）进行配置。

消防水泵的启停直与消防给水系统出水干管的压力联锁。正常运行时，2 台稳压泵（1 运 1 备，互为备用）交替运行，维持消防给水系统压力；火灾发生时，电动消防水泵根据消防给水系统出水干管的压力依次投入运行，当主泵故障或启动失败时，备用泵自动投入运行。

3. 消防给水管网布置

站区消防给水管网在控制楼、阀厅和换流变压器周围应布置成环状，设置在管网上的室外消火栓布置间距不宜大于 80m。消防水泵房应有两条出水管与环状管网相连，并保证当其中一条出水管检修时，另外一条出水管仍能满足换流站消防给水设计流量。

（四）综合水泵房及水池布置

综合水泵房及水池的布置方式主要有三种方式：① 泵房及水池半地下式联合布置，② 半地下式水池与泵房平行布置，③ 地下式水池与地上式泵房上下布置（采用长轴深井泵）。

（1）泵房及水池半地下式联合布置—平面布置实例图见图 23-3，剖面实例图见图 23-4。

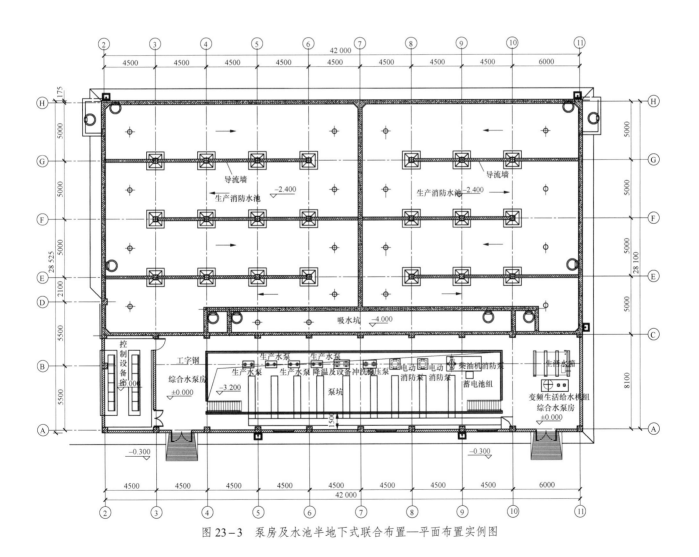

图 23-3　泵房及水池半地下式联合布置—平面布置实例图

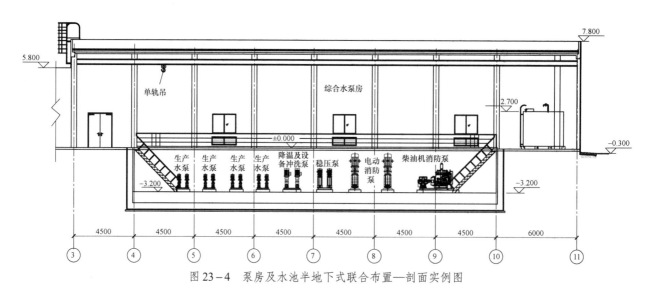

图 23-4 泵房及水池半地下式联合布置—剖面实例图

（2）半地下式水池与地上式泵房平行布置实例见图 23-5。

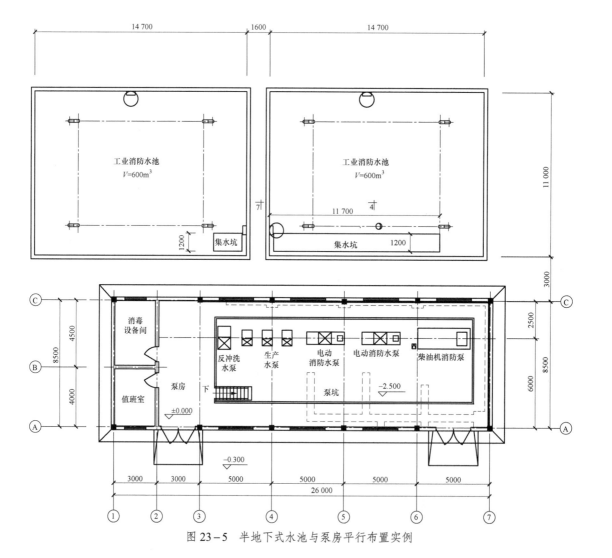

图 23-5 半地下式水池与泵房平行布置实例

（3）地下式水池与地上式泵房上下布置—平面布置实例图见图 23-6，剖面实例图见图 23-7。

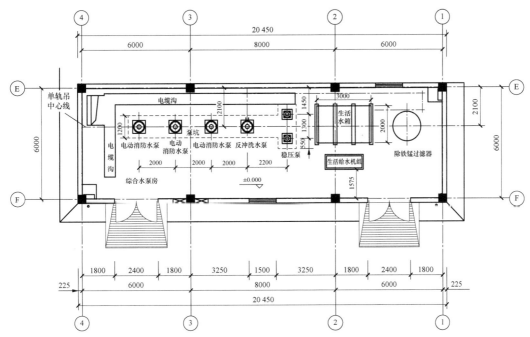

图 23-6　地下式水池与地上式泵房上下布置—平面布置实例图

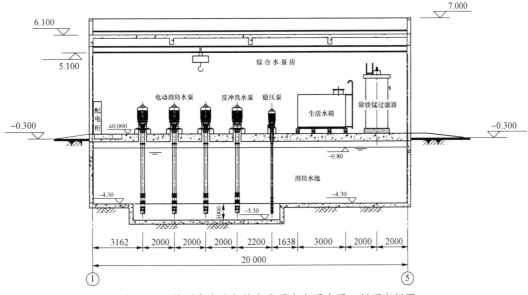

图 23-7　地下式水池与地上式泵房上下布置—剖面实例图

第二节　消　防

换流站的消防按照"预防为主，防消结合"的原则进行设计，主要包括消火栓系统、水喷雾灭火系统、泡沫灭火系统、移动式灭火器和火灾探测报警系统等。其中火灾探测报警系统详见第十八章。

一、建筑物消防

（一）阀厅消防

阀厅（含高、低端阀厅）火灾危险性类别为丁类，最低耐火等级为二级。

换流阀的制造过程中生产厂家一般均会考虑多种防火措施，阀厅仅配置移动式灭火器用于扑救初起火灾，必要时可利用室外消火栓进行消防。

（二）控制楼消防

常规高压直流换流站通常设一座控制楼，特高压直流换流站通常设有主控制楼和辅助控制楼。控制楼（含控制楼、辅助控制楼）火灾危险性类别为戊类，最低耐火等级为二级。

控制楼消防包括室内、外消火栓灭火系统和移动式灭火器的配置。控制楼各楼层均应设有室内消火栓，消火栓布置应满足 GB 50229《火力发电厂与变电站设计防火规范》和 GB

50974《消防给水及消火栓系统技术规范》相关规定。同时，控制楼各楼层应根据不同房间的火灾特点，设置不同类型的手提式移动灭火器，灭火器布置应执行 GB 50140《建筑灭火器配置设计规范》和 DL 5027《电力设备典型消防规程》的相关规定。

（三）户内直流场消防

户内直流场根据单台设备充油量来确定其火灾危险性类别：单台设备充油量 60kg 以上为丙类；单台设备充油量 60kg 及以下为丁类；无含油电气设备为戊类；最低耐火等级为二级。

户内直流场采用室外消火栓灭火系统和移动式灭火器消防。

二、换流变压器及油浸式平波电抗器消防

换流变压器及油浸式平波电抗器为换流站的核心设备，具有电压等级高、体形大、油量多的特点，因此是换流站消防的重点保护对象。

（一）消防方式

换流变压器及油浸式平波电抗器的消防方式主要包括水喷雾灭火系统、泡沫喷雾灭火系统或其他固定式灭火系统。

水喷雾灭火系统设计按照 GB 50219《水喷雾灭火系统技术规范》、GB 50229、GB 50974 执行。

泡沫喷雾灭火系统设计按照 GB 50151《泡沫灭火系统设计规范》执行。

（二）水喷雾灭火系统

1. 水喷雾管道及喷头的布置要求

水喷雾管道及喷头的布置除应符合 GB 50219 的有关规定外，在布置时还应满足以下要求：

（1）水喷雾管道及喷头布置不应妨碍运行维护人员对变压器（或平波电抗器）的巡视与检修维护。

（2）布置在换流变压器（或平波电抗器）运输方向侧的水喷雾管道，采用法兰、卡箍或其他便于拆卸的方式进行连接。

（3）当换流变压器（或平波电抗器）采用隔声罩降噪措施时，水雾喷头的布置不应导致喷雾效果受到隔声罩组件的影响，水喷雾管道支架布置宜与隔声罩的固定支撑结构统一考虑。

（4）水喷雾管道及喷头与电气设备带电部分的距离要满足安全净距的要求。

（5）当水喷雾管道穿过防火墙时，采用墙内预埋金属套管的方式从套管内穿过，管道与套管之间的空隙应采用耐火材料封堵。

（6）水喷雾管道、喷头及支架与站内接地网采取可靠连接措施。

2. 水喷雾系统管道的布置形式

（1）水喷雾系统管道进入防火墙内的方式主要包括管道从换流变压器外侧防火墙穿墙进入方式和管道沿换流变压器广场管沟进入方式。

1）管道从换流变压器外侧防火墙穿墙进入时，水喷雾消防管道被变压器本体或隔声罩遮挡，这种布置形式使得换流变压器广场观感上显得简洁美观，详见图 23-8。

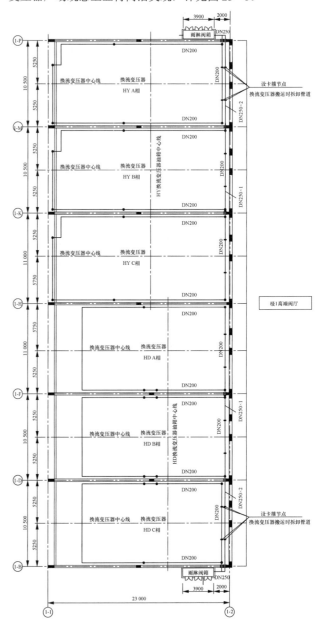

图 23-8　水喷雾管道从换流变压器外侧防火墙穿墙布置图

2）管道沿换流变压器广场的管沟进入，即将水喷雾消防管道敷设在换流变压器广场的管沟内，管道安装维护方便，但增加了一条管沟。管沟一般与电缆沟形成双沟模式，电缆沟一般采用固定盖板，一定距离设检修孔，而消防管沟只能设活动盖板。消防管沟的设置在一定程度上影响了换流变压器广场的地面整体美观性，详见图 23-9。

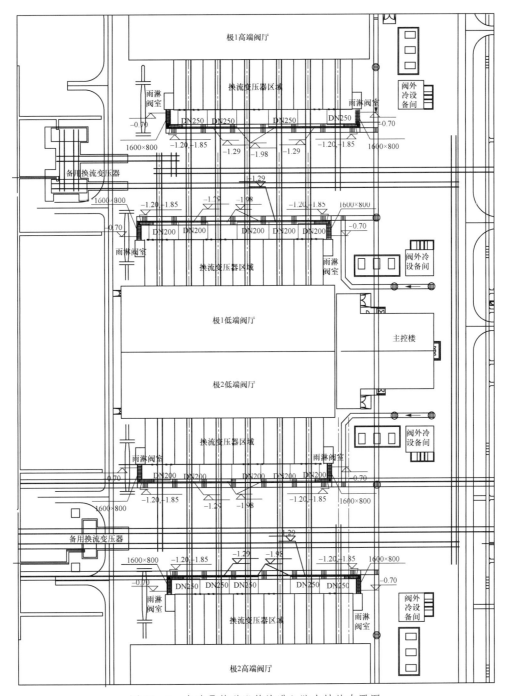

图 23-9 水喷雾管道沿管沟进入防火墙的布置图

（2）单台设备水喷雾管道布置形式主要包括地上式 2-3 环环形布置形式和地下单环配立管布置形式。

1）地上式 2-3 环环形布置形式一般指采取绕换流变压器（或平波电抗器）四周布置 2-3 层水平环型管道，水雾喷头从环管上接出形式。其水雾包络范围全面，灭火效果好，但对美观性有一定的影响，尤其是变压器检修时拆卸工作量较大，操作不便。水喷雾管道地上式 2-3 环环形布置图详见图 23-10。

2）地下单环配立管布置形式一般指在变压器（或平波电抗器）格栅下面布置一个水平环型管道，再通过立管从环管上接出形式。从视野角度看无环管包裹变压器，相对比较美观，变压器检修时拆卸工作量较小，但每根立管底部均需设支墩固定，施工较为不便。水喷雾管道地下单环环形配立管布置图详见图 23-11。

3. 雨淋阀间

雨淋阀间的形式较多，有板房形式、砌体房屋形式和钢板柜形式等，此外还有户外露天布置形式。

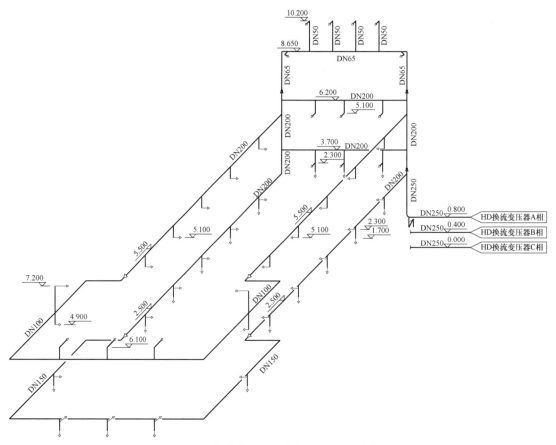

图 23-10　水喷雾管道地上式 2-3 环环形布置图

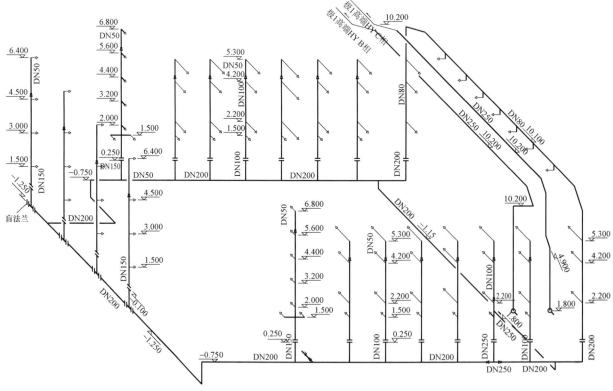

图 23-11　水喷雾管道地下单环环形配立管布置图

雨淋阀一般布置在换流变压器防火墙外侧，考虑到与阀厅、控制楼风格保持一致，近年来采用彩色压型钢板的板房形式雨淋阀间较多，且把穿墙外露管道一起罩在雨淋阀间内，使防火墙外侧看起来简洁、美观。

图 23-12、图 23-13 为雨淋阀间工程实例。

图 23-12　雨淋阀间—板房形式

图 23-13　雨淋阀间—砌体房屋形式

4. 辅助消火栓

换流变压器及油浸式平波电抗器采用水喷雾灭火系统时，在换流变压器周围还应设置一定数量的室外消火栓，消防人员可从消火栓上接出水带，安装喷雾水枪，辅助固定水

喷雾灭火系统进行灭火和扑救流散火灾，以阻止火灾蔓延扩大。消火栓给水设计流量不小于 15L/s。

（三）泡沫喷雾灭火系统

1. 泡沫喷雾系统一般规定

泡沫喷雾灭火系统设计除满足 GB 50151 外，还应满足以下要求：

（1）泡沫喷雾灭火系统装置的数量应根据保护对象的平面布置和管道布置的要求，对系统响应时间进行计算后确定。

（2）每套系统的储液罐、启动装置、氮气驱动装置、泡沫液控制阀门及干式管道的规模，应按其保护对象的终期规模进行设计。

（3）泡沫液储存温度不低于 0℃。

（4）管道及喷头布置与上述水喷雾管道及喷头的布置要求相同。

图 23-14 为泡沫喷雾系统安装照片。

图 23-14　泡沫喷雾系统安装照片

2. 泡沫喷雾管道的布置形式

泡沫喷雾管道的布置与泡沫设备间的布置有关，其布置方式与水喷雾系统类似。泡沫喷雾管道及喷头相比较水喷雾系统而言管道数量少且管径也较小，喷头数量少，比较适合换流变压器（或平波电抗器）采用隔声罩时的情形。

3. 泡沫设备间

泡沫设备间可单独设置，也可设置在控制楼内。

泡沫喷雾灭火系统的储液罐、启动装置、氮气驱动装置安装在温度高于 0℃的泡沫设备间内。如温度达不到要求，需考虑采暖措施。

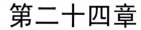

第二十四章

换流站阀冷却系统

第一节 系 统 设 计

一、阀冷却系统功能及分类

（一）功能

换流阀是换流站实现交直流电能转换的核心设备，换流阀内的晶闸管在运行过程中因功率损耗所产生的热量导致温度上升，如果不采取冷却降温措施，一旦超过其可承受的最高结温，晶闸管将会损毁。因此换流阀需配置冷却系统，通过该系统连续不断地吸收晶闸管散发的热量，使其处于正常工作状态。

（二）分类

阀冷却系统按其承担的功能，可划分为阀内冷却系统和阀外冷却系统。阀内冷却系统的功能是通过冷却介质的循环流动不断吸收晶闸管散发的热量，并将热量传递给阀外冷却系统；阀外冷却系统的功能则是利用水和空气吸收阀内冷却系统的热量，并传递到室外大气。

二、阀内冷却系统

（一）系统构成

阀内冷却系统可使用的冷却介质包括水、油、空气和氟利昂等，由于水在比热、传热系数和对环境的影响等方面具有综合优势，目前已建和在建的换流站均使用水作为冷却介质。因冷却水需进入换流阀塔内部，所以冷却水的温度、流量、电导率、溶解氧含量等指标必须控制在规定范围之内，才能保证换流阀的安全运行。

阀内冷却系统为闭式单循环水冷却系统，主要由内冷却水主循环回路、水处理旁路和定压补水装置构成。换流阀分为光触发阀（Light Triggered Thyristor，LTT）、电触发阀（Electrically Triggered Thyristor，ETT），两者的内冷却系统差别在于 ETT 需要除氧，而 LTT 则不需要，定压补水方式也有差别，除此之外的其他部分均相同。

（1）ETT 阀内冷却系统主要设备：① 内冷却水主循环回路主要设备包括主循环水泵、过滤器、电动三通阀、电加热器、脱气罐等；② 水处理旁路主要设备包括精混床离子交换器、过滤器、氮气瓶、膨胀罐等；③ 定压补水装置包括膨胀罐、补充水泵、补水箱等。

（2）LTT 阀内冷却系统主要设备：① 内冷却水主循环回路主要设备包括主循环水泵、过滤器、电动三通阀、电加热器、脱气罐等；② 水处理旁路主要设备包括精混床离子交换器、过滤器等；③ 定压补水装置包括高位膨胀水箱、补充水泵、补水箱等。

（二）工艺流程

ETT 阀内冷却系统流程图见图 24-1，LTT 阀内冷却系统流程图见图 24-2。

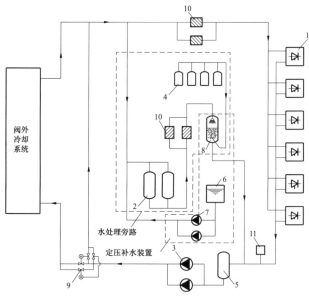

图 24-1 ETT 阀内冷却系统流程图

1—换流阀；2—精混床离子交换器；3—主循环水泵；4—氮气瓶；
5—脱气罐；6—补水箱；7—补充水泵；8—膨胀罐；
9—电动三通阀；10—过滤器；11—电加热器

1. 主循环回路

内冷却水进入换流阀塔，吸收晶闸管的散热后，由主循环水泵驱动进入阀外冷却系统闭式蒸发型冷却塔或空气冷却器内的换热盘管，在换热盘管中与热交换介质（空气或水）进行热量交换，降温后的内冷却水再返回换流阀，从而形成

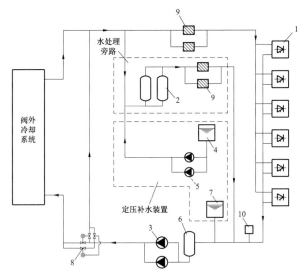

图 24-2　LTT 阀内冷却系统流程图

1—换流阀；2—精混床离子交换器；3—主循环水泵；4—补水箱；
5—补充水泵；6—脱气罐；7—高位膨胀水箱；8—电动三通阀；
9—过滤器；10—电加热器

一个闭式循环回路。

过滤器用于防止内冷却水中的颗粒状杂质进入换流阀。

脱气罐用于去除内冷却水中的空气，防止水流因空气阻塞变小或出现断流的现象。

电加热器用于防止系统在极端低温条件下，阀内冷却系统降负荷或不带负荷运行时，室外内冷却水管道发生冻裂和阀厅内冷却水管外表面产生凝露。

电动三通调节阀用于调节流经室外换热设备的水量，控制低温环境及换流阀低负荷运行时内冷却水温度，避免水温过低或波动过大。

2. 水处理旁路

内冷却水的电导率应控制在 0.1～0.5μs/cm（水温 25℃时）范围内，LTT 阀的晶闸管冷却器可通过氧饱和并形成保护膜的方式防止腐蚀，因此对内冷却水中氧气含量没有要求，而 ETT 阀内冷却水中溶解氧的含量应不高于 200ppb，电导率及溶解氧含量的具体数据均应由换流阀制造厂提出，为了满足所要求的指标，需设置水处理旁路对内冷却水进行处理。

（1）去离子：内冷却水在循环使用时，水中的离子态杂质将析出，为了降低内冷却水的电导率，通过在主循环回路上并联一个水处理旁路，分流一部分内冷却水经旁路进入精混床离子交换器进行处理，去除水中的离子态杂质，处理后的去离子水再返回主循环回路，精混床离子交换器出水电导率应控制在 0.3μs/cm（水温 25℃时）以下。

精混床离子交换器出口处设置过滤器用于拦截可能破碎流出的树脂颗粒。

（2）除氧：对于 ETT 阀而言，为了避免晶闸管冷却器产生氧化腐蚀，需要去除内冷却水中的溶解氧，通常在水处理旁路上设置氮气除氧装置。装置由氮气瓶、膨胀罐、减压阀、安全阀、电磁阀、压力传感器等组成，高压氮气瓶通过减压阀与膨胀罐底部连接，通过向膨胀罐底部注入氮气并使之与内冷却水混合接触，使溶解在水中的氧气析出并通过顶部的自动排气阀排出。

3. 定压补水装置

内冷却水主循环回路需要保持压力恒定以及防止空气进入系统，根据水温的变化，需要进行补水及泄压。

（1）ETT 阀：主循环回路通过设有带氮气密封的膨胀罐进行定压，当阀内冷却水温度上升导致体积膨胀压力增大时，通过打开膨胀罐顶部电磁阀，排出一部分氮气使阀冷系统压力下降；当阀内冷却水温度下降导致体积缩小压力降低时，通过打开氮气稳压回路的补气电磁阀，将氮气瓶内的氮气补到膨胀罐中，使阀内冷却系统压力增加。

阀内冷却系统补水主要通过监测膨胀罐液位来实现，当液位降低至下限值时，补充水泵将自动启动并补水，液位到达上限值时水泵将自动停止运行。补水过程中膨胀罐压力升高达到设定值时，膨胀罐顶部电磁阀自动打开，通过排出一部分氮气而泄压。

为了使补充的原水不引起内冷却水电导率的波动，原水首先进入水处理旁路，经精混床离子交换器处理后再进入主循环回路。

（2）LTT 阀：主循环回路利用开式高位膨胀水箱进行定压，主循环水泵进水管上设有膨胀管与开式高位膨胀水箱底部相连，当内冷却水受热膨胀导致压力上升时，将通过膨胀管转入膨胀水箱，水箱内的水位随之上升以缓冲主循环回路的压力，反之，膨胀水箱向主循环回路充水增压。

膨胀水箱设有液位传感器，当液位降低至低位设定值时，补充水泵将自动启动并补水，液位到达高位设定值时水泵将自动停止运行。

（三）设计要点

（1）主循环水泵、精混床离子交换器、过滤器、补充水泵、电动三通阀均应一用一备。

（2）精混床离子交换器的处理水量宜按 2h 将阀内冷却系统容积内的水处理一遍确定。

（3）除氧装置应根据换流阀对水中含氧量的要求设置，一般情况下，ETT 阀应设置氮气除氧装置。

（4）ETT 阀内冷却系统高位膨胀水箱宜设置 2 个且并联运行。

（5）补水水质采用纯净水或蒸馏水。补水应接入内冷却水处理旁路，经精混床离子交换器处理后再进入内冷却水主循环回路。

（6）进入每个换流阀的冷却水支管上均宜设置流量平衡阀或截止阀，以保证各阀塔之间流量分配均衡。

（7）电加热器应布置在阀塔的出水管上，电加热器的容量应分档可调。

（8）内冷却水补充水量宜取内冷却水循环水量的 1%～2%。

（9）阀内冷却系统应配置移动式原水箱和 1 台原水泵，用于向补水箱内充水。

（10）内冷却水主循环回路及水处理旁路均应配置机械式过滤器，主循环回路过滤器宜布置在换流阀的进水总管上，过滤精度应满足换流阀的要求，且不宜低于 100μm；水处理旁路过滤器布置在精混床离子交换器出水管上，过滤精度不应低于 10μm。

（11）系统中所有与内冷却水接触的设备、管路及配件均采用不锈钢。

（四）设计计算

设计计算主要包括内冷却水循环水量、水处理旁路水量和内冷却水循环回路总阻力计算，设备选型计算由设备制造厂完成。

1. 原始数据

进行阀内冷却系统各种计算之前，需要收集与阀内冷却系统设计有关的原始数据，具体项目详见表 24-1。

表 24-1 阀内冷却系统原始数据表

序号	项 目	单位	备 注
1	换流阀晶闸管散热量	kW	提供 25～50℃（增量为 5℃）不同阀厅温度条件下，额定工况、连续过荷、3s 过负荷的数据
2	内冷却水电导率	μs/cm	
3	换流阀最高进水温度	℃	夏季正常运行工况
4	换流阀最低进水温度	℃	冬季正常运行工况，应高于晶闸管冷却器外表面的凝露温度
5	换流阀进水报警水温	℃	
6	换流阀进水跳闸水温	℃	
7	进、出换流阀水温差	℃	夏季正常运行工况
8	内冷却水含氧量	ppb	
9	其他		指一些特殊要求,如水中悬浮物颗粒直径大小、pH 值等

2. 计算项目

（1）内冷却系统循环水量按式（24-1）计算：

$$G_{ch} = \frac{3.6Q_{ch}}{c\Delta t} \tag{24-1}$$

式中　G_{ch}——内冷却水循环水量，m^3/h；

　　　Q_{ch}——换流阀散发到内冷却水中的热量，kW，取表 24-1 中换流阀晶闸管连续过负荷时的散热量；

　　　Δt——换流阀进、出水温差，℃，当缺乏数据时，Δt 一般取 13℃；

　　　c——水的比热容，kJ/kg·K。

（2）水处理旁路水流量按式（24-2）计算：

$$G_{cx} = L/t \tag{24-2}$$

式中　G_{cx}——水处理旁路水流量，m^3/h；

　　　L——内冷却水系统水容量，m^3；

　　　t——时间，h，取 2h。

（3）内冷却水循环回路总阻力计算：

1）水管沿程阻力按式（24-3）计算：

$$H_1 = iL \tag{24-3}$$

式中　H_1——水管沿程阻力，kPa；

　　　i——特定流量、管径时每米管长水压降，kPa；

　　　L——管道长度，m。

2）水管局部阻力按式（24-4）计算：

$$H_2 = \sum \xi_i v_i^2 / 2g \tag{24-4}$$

式中　H_2——水管局部阻力，kPa；

　　　v_i——i 管段内冷却水流速，m/s；

　　　ξ_i——局部构件 i 的阻力系数。

3）设备内部阻力按式（24-5）计算：

$$H_3 = \sum h_i \tag{24-5}$$

式中　H_3——设备内部阻力，kPa；

　　　h_i——各设备内部阻力，kPa，由设备厂家提供。

4）内冷却水循环回路总阻力按式（24-6）计算：

$$H_{ch} = H_1 + H_2 + H_3 + H_4 \tag{24-6}$$

式中　H_{ch}——内冷却水循环回路总阻力，kPa；

　　　H_1——水管沿程阻力，kPa；

　　　H_2——水管局部阻力，kPa；

　　　H_3——设备内部阻力，kPa；

　　　H_4——换流阀塔内部阻力，kPa，由换流阀厂家提供。

三、阀外冷却系统

根据热交换介质的不同，阀外冷却系统分为水冷却（水冷型）、空气冷却（空冷型）、空气—水联合冷却（空冷串水冷型）三种冷却方式。

阀外冷却系统冷却方式的选择主要受站址当地水源和气候条件的影响，应综合考虑水源情况、取水便利性、站址当地气候特点、设备投资、占地面积、运行维护等因素，经过技术经济比较后确定。

（一）水冷型

1. 适用条件

当同时满足以下条件时，阀外冷却系统宜采用水冷型。

（1）站址附近水资源丰富且取水方便。

（2）站址夏季月平均最高气温高于35℃，进阀水温与室外极端最高气温的温差低于5℃（考虑周边热岛效应）。

2. 系统构成

水冷型阀外冷却系统主要由喷淋水循环回路、水处理旁路、补水处理装置及加药装置所组成。

喷淋水循环回路为开式系统，主要设备包括闭式蒸发型冷却塔、喷淋水泵等，并设置有喷淋缓冲水池；水处理旁路为开式循环系统，主要设备包括砂滤器及旁滤水泵，补水处理装置为喷淋水循环回路提供喷淋补充水并对喷淋水进行过滤、软化或除盐处理。主要设备包括活性炭过滤器、全自动软水装置、反渗透装置等；加药装置用于改善喷淋水的水质，主要设备包括储药罐及加药计量泵。

3. 工艺流程

水冷型阀外冷却系统流程图见图24-3。

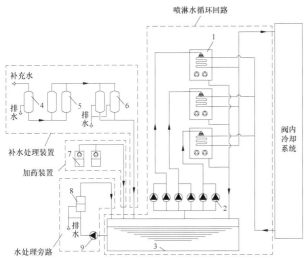

图24-3　水冷型阀外冷却系统流程图

1—闭式蒸发型冷却塔；2—喷淋水泵；3—喷淋缓冲水池；
4—活性炭过滤器；5—全自动软水装置；6—反渗透装置；
7—加药装置；8—砂滤器；9—自循环水泵

（1）喷淋水循环回路：内冷却水因吸收晶闸管散热升温后由主循环水泵驱动进入闭式蒸发型冷却塔换热盘管，喷淋水泵从喷淋缓冲水池抽水并均匀喷洒到换热盘管外表面，喷淋水吸热后由液态变为气态（水蒸气），再由冷却塔风机排至大气，未蒸发的喷淋水再返回喷淋缓冲水池，如此周而复始地循环。喷淋水在变为水蒸气的相变过程中吸收大量的热，从而使冷却塔换热盘管内的内冷却水得到冷却。

每套阀外冷却系统配有多台冷却塔（50%冗余），冷却塔风机均可变频调速运行。内冷却水温度的控制主要通过调节冷却塔运行数量和冷却塔风机的转速来实现。通常，夏季室外气温较高时，所有冷却塔低速运行，当其中一台冷却塔故障或停机检修时，其余冷却塔的风机全部提速运行即冷却塔满负荷运行。冬季室外气温低时，为防止晶闸管冷却器表面结露，进入换流阀的内冷却水温度不得低于最低设计水温（根据阀厅温、湿度确定），除调节冷却塔运行数量和风机转速外，还可利用三通阀使一部分升温后的内冷却水不经过冷却塔降温，通过旁路与经冷却塔降温后的水混合，将进阀水温控制在允许范围内。过渡季节在室外气温降低或换流阀负荷较小时，可首先调节冷却塔运行台数，再通过调节冷却塔变频调速风机的转速来实现对水温的控制。

（2）水处理旁路：喷淋缓冲水池由多种原因常常会混入杂质，为了保持喷淋水的洁净，需要采取过滤的方式清除杂质，通常设置水处理旁路用于过滤喷淋水中的杂质及加强喷淋水的循环流动，防止水质变坏。水处理旁路为开式循环系统，旁滤水泵从喷淋缓冲水池内抽取一部分喷淋水，送入砂滤器或机械式过滤器进行过滤处理，洁净水再返回喷淋缓冲水池。

（3）补水处理装置：冷却塔运行时，喷淋水的不断蒸发以及风吹飘逸会造成损耗，另外，当喷淋缓冲水池中水的含盐浓度升高和杂质成分增多时，需排掉一部分喷淋水。以上几种情况均导致喷淋水减少，因此，喷淋水需要补充。

喷淋补充水一般采用自来水、地下水或地表水。为了延缓换热盘管外表面的腐蚀及结垢，保证换热盘管的换热效率，补充水需进行软化或除盐处理。目前，国内换流站对喷淋补充水的软化普遍采用钠离子交换，除盐则采用反渗透过滤。当来自换流站生产给水系统的水中有机物、余氯和悬浮物等含量较高时，还需设置活性炭过滤器对补充水进行预处理。喷淋水的水质标准见表24-2。

表24-2　喷淋水的水质标准

项　目	控制值
pH 值	6.5～8.5
硬度（以 $CaCO_3$ 计）	50～300mg/L
总碱度	50～300mg/L
溶解性总固体	≤1000mg/L
氯化物	≤250mg/L
硫酸盐	≤250mg/L
电导率	<1800μs/cm
细菌总数	≤80CFU/mL

注　表中数据来源于厂家资料，供设计参考。

对喷淋补充水的处理应考虑换流站生产给水的水质、废水处理设施、设备投资、占地面积、运行维护费用等诸多因数，经过综合比较并听取建设和运行部门的意见后确定。国内换流站常用的喷淋补充水水处理方式有以下 3 种：

1）喷淋补充水—活性炭过滤器—全自动软水装置—反渗透装置。

2）喷淋补充水—活性炭过滤器—全自动软水装置。

3）喷淋补充水—活性炭过滤器—反渗透装置。

（4）加药装置：喷淋水加药装置设置原则及要求如下。

1）为了防止闭式蒸发型冷却塔换热盘管外表面结垢，对喷淋补充水进行软化处理后，一般还需投加缓蚀阻垢剂以进一步改善水质。如对喷淋补充水进行了除盐处理，由于出水水质较好，一般不需要再投加缓蚀阻垢剂。

2）为了控制喷淋水中微生物的滋生，需要向水中投加杀菌灭藻剂。

3）缓蚀阻垢剂和杀菌灭藻剂均使用环保产品，且杀菌灭藻剂宜选用氧化性和非氧化性制剂并交替使用。

4. 设计要点

（1）闭式蒸发型冷却塔宜按照三用一备或二用一备的原则配置，冗余度不应小于 50%。

（2）喷淋水泵、全自动软水装置应一用一备，反渗透装置宜一用一备。

（3）喷淋缓冲水池的有效容积宜按满足阀外冷却系统 24h 用水量需求确定，水池宜采用地下式。

（4）喷淋缓冲水池宜设置水处理旁路过滤杂质，旁滤水流量一般为喷淋水循环水量的 5%。

（5）喷淋补充水采用离子交换进行软化处理时，宜设置地下盐池，其有效容积宜满足储存 3 个月的耗盐量需求，地下盐池加盐口宜布置在室内。

（6）多台闭式蒸发型冷却塔并联运行时，宜在每台冷却塔内冷却水进水管上设置流量平衡阀或截止阀使水流量分配均衡。

（7）闭式蒸发型冷却塔的噪声及振动传播至周围环境的噪声级和振动级应符合国家现行有关标准的规定，否则，应采取隔声和隔振措施。

（8）寒冷及严寒地区，应采取防止喷淋水结冰及室外设备停运后受冻损坏的措施。

（9）阀外冷却系统废水应达标排放。

5. 设计计算

设计计算主要包括喷淋水补充水量及喷淋水回路总阻力计算，喷淋水循环水量与冷却塔结构形式、容量等有关，通常由冷却塔制造厂计算，设备选型计算也由设备制造厂完成。

（1）喷淋水补充水量为蒸发、排污和风吹飘逸损失三部分损失之和。

1）蒸发损失水量按式（24-7）计算：

$$Q_1 = P/M \qquad (24-7)$$

式中　Q_1——蒸发损失水量，L/s；

　　　P——冷却塔冷却容量，kW；

　　　M——水的汽化潜热，kJ/kg，取 2260kJ/kg。

2）排污损失水量按式（24-8）计算：

$$Q_2 = \frac{Q_1 N}{N-1} \qquad (24-8)$$

式中　Q_2——排污损失水量，L/s；

　　　Q_1——蒸发损失水量，L/s；

　　　N——浓缩倍数，取 3～5。

3）风吹飘逸损失水量按式（24-9）计算：

$$Q_3 = Q_w \times 0.001\% \qquad (24-9)$$

式中　Q_3——风吹飘逸损失水量，L/s；

　　　Q_w——喷淋水循环水量，L/s；

　　0.001%——风吹飘逸损失率。

4）喷淋水补充水量按式（24-10）计算：

$$Q = K(Q_1 + Q_2 + Q_3) \qquad (24-10)$$

式中　Q——喷淋水补充水量，L/s；

　　　K——安全系数，取 1.10～1.15；

　　　Q_1——蒸发损失水量，L/s；

　　　Q_2——排污损失水量，L/s；

　　　Q_3——风吹飘逸损失水量，L/s。

（2）喷淋水回路总阻力按式（24-11）计算：

$$H = H_1 + H_2 + H_3 + H_4 \qquad (24-11)$$

式中　H——喷淋水回路总阻力，kPa；

　　　H_1——喷淋水回路水管沿程阻力，kPa，按式（24-3）计算；

　　　H_2——喷淋水回路水管局部阻力，kPa，按式（24-4）计算；

　　　H_3——冷却塔喷淋布水管与喷淋缓冲水池水面的高差，kPa；

　　　H_4——喷淋水回路中冷却塔水力损失及所需喷射压力，kPa。

6. 废水来源及排放

（1）废水来源：水冷型阀外冷却系统由于喷淋补充水水处理工艺流程的需要以及喷淋缓冲水池的排污，必然会产生废水，主要有以下来源：

1）活性炭过滤器反冲洗后的废水，其主要成分基本与原水保持一致，包括悬浮颗粒物、大分子有机物或藻类（若进水为地表水时）等。

2）全自动软水装置反冲洗和再生废水，全自动软水装置反冲洗一般采用预先储存的软化水，反冲洗废水中含有少量盐分和悬浮物；树脂再生使用浓度为 3.5% 的盐水，再生废水含盐量较高。

3）反渗透装置正常运行时未通过渗透膜而被排出的一部分水（弃水），弃水量可根据回收率进行调节，弃水中离子种类与进水相同，离子浓度则随回收率波动，如当回收率为 75% 时，弃水的总含盐量为进水的 4 倍，即相当于浓缩 4 倍。

另外，反渗透膜需要定期用化学药剂进行清洗，清洗后会产生废液，废液不直接排放，一般采取收集后运出站外处理的模式。

4）喷淋缓冲水池中的存水，当浓缩达到一定倍率后需要排污，排污废水中含杀菌灭藻剂、缓蚀阻垢剂、各种盐分。

（2）废水排放：换流站阀冷却系统的设计中，应遵守国家的环保法规，高度重视废水的达标排放，应建立防治结合，以防为主的意识，在喷淋补充水处理方案设计时应一并考虑废水处理工艺。药品或制剂应选用环保产品，尽可能将阀外冷废水统一收集并集中储存，通过检测其成分及浓度，对不符合排放标准的指标采取有效的处理措施，直到全部指标达标后再排出站外。

（二）空冷型

1. 适用条件

当同时满足以下条件时，阀外冷却系统宜采用空冷型。

（1）站址附近水资源匮乏且取水困难。

（2）站址夏季月平均气温较低，进阀水温与室外极端最高气温的温差高于 5℃（考虑周边热岛效应）。

2. 系统构成

空冷型阀外冷却系统设备只有空气冷却器（空冷器），每套阀外冷却系统由 1 组空冷器组成。空冷器是由带翅片的换热管束、工频和变频调速风机及电机、构架、百叶窗以及检修平台等构成的整体换热设备，换流站空冷器多采用干冷水平鼓风式或引风式。

3. 工艺流程

空冷型阀外冷却系统流程图见图 24-4。

如图 24-4 所示，吸收换流阀热量升温后的内冷却水进入室外空冷器，空冷器配置的风机驱动室外大气冲刷换热管束外表面，使换热盘管内的内冷却水得以冷却，降温后的内冷却水再返回至换流阀。

空冷器所配置的风机包括工频和变频两部分，通过调节投入运行的工频风机台数和变频风机的转速，实现对空冷器出水温度（换流阀进水温度）的控制。

4. 设计要点

（1）用于计算空冷器传热量的室外大气干球温度应取当地极端最高干球温度，当空冷器布置区域的建筑物、电气设备和地面容易形成热岛效应时，空冷器的进风温度应相应提高，可采取现场实测和模拟试验的方法确定提高的幅度。以

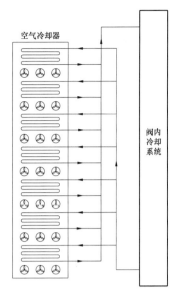

图 24-4 空冷型阀外冷却系统流程图

往工程在缺乏数据的情况下取值为 3℃。

（2）空冷器宜采用干式，空冷器换热管束数量按 N（最不利情况所需）+1 确定，且换热面积冗余应达到 20%～30%。

（3）寒冷、严寒地区空冷器宜设置保温棚。

（4）空冷器的噪声及振动传播至周围环境的噪声级和振动级应符合国家标准和规范规定的限值。如达不到要求，应采取隔声和隔振措施。

5. 设计计算

空冷器的选择及计算详见本章第二节。

（三）空冷串水冷型

1. 适用条件

当同时满足以下条件时，阀外冷却系统宜采用空冷串水冷型：

（1）站址夏季短时气温较高（夏季极端最高气温高于 40℃，但每年总时长不超过 500h），进阀水温与室外极端最高气温的温差低于 5℃（考虑周边热岛效应）。

（2）其他条件满足采用空冷型的要求。

2. 系统构成

空冷串水冷型阀外冷却系统，由空冷型和水冷型阀外冷却系统联合构成。主要设备包括空冷器、闭式蒸发型冷却塔、补水处理装置和加药装置等。

3. 工艺流程

空冷串水冷型阀外冷却系统流程图见图 24-5。

当环境气温较低时，在换流阀内吸热后的高温内冷却水由主循环水泵驱动进入空冷器，经空冷器冷却降温后再返回换流阀，此时，空冷器承担 100% 热负荷；由于空冷器的散热能力随环境气温的上升而递减，当空冷器出水温度上升到临界设定值时，打开和关闭相应的电动阀门，经空冷器降温后的内冷却水将流入冷却塔，在冷却塔内二次降温后再进入换

流阀，冷却塔承担超出空冷器冷却能力的热负荷；当环境气温下降，空冷器的出水温度满足换流阀对进水温度的要求时，冷却塔退出运行，仍由空冷器承担全部热负荷。

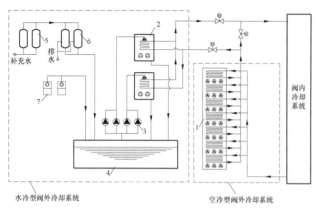

图 24-5 空冷串水冷型阀外冷却系统流程图
1—空气冷却器；2—闭式蒸发型冷却塔；3—喷淋水泵；4—喷淋缓冲水池；
5—全自动软水装置；6—反渗透装置；7—加药装置

4. 设计要点

（1）空气冷却器和闭式蒸发型冷却塔所承担热负荷的分配比例应结合气象参数、设备投资、空冷器占地面积、冷却塔运行时间、耗水量等因素进行技术经济比较后确定。

（2）闭式蒸发型冷却塔应选用 2 台，按照 2×100% 容量配置，正常情况下，两台冷却塔降负荷同时运行，当其中 1 台冷却塔出现故障，且进、出水管阀门不关闭时，部分经过降温的低温冷却水与未经降温的高温冷却水混合，混合后的水温应不超过进阀水温报警值。

（3）喷淋补充水的水处理方案应根据补充水的水质、冷却塔运行时长、水处理设备投资、运行维护成本等因数，经综合比较后确定。由于冷却塔的年运行时间不长，喷淋水的总耗量也不大，水处理方案宜从简。

（4）空冷部分其他设计要点见本节空冷型阀外冷却系统。

（5）水冷部分其他设计要点见本节水冷型阀外冷却系统。

5. 设计计算

（1）空冷器的传热和选型计算见本章第二节。

（2）水冷部分设计计算见本节水冷型阀外冷却系统。

第二节 阀冷却设备

一、阀内冷却设备

（一）主循环回路设备

1. 主循环水泵

（1）型式：主循环水泵一般采用卧式端吸式离心水泵。

（2）技术参数确定：主循环水泵的流量和扬程计算要求如下：

1）主循环水泵流量按式（24-12）计算：

$$G_{chp} = 1.15 G_{ch} \qquad (24-12)$$

式中 G_{chp} ——主循环水泵流量，m^3/h；

G_{ch} ——内冷却水循环水量，m^3/h。

2）主循环水泵扬程按式（24-13）计算：

$$H_{chp} = 1.15 H_{ch} \qquad (24-13)$$

式中 H_{chp} ——主循环水泵扬程，m；

H_{ch} ——内冷却水循环回路总阻力，m。

（3）主循环水泵性能及结构要求如下：

1）运行曲线应处在高效区。

2）泵体应通过弹性联轴器与电动机相连，且联轴器应有保护装置。

3）泵体材质采用不锈钢，轴封应采用机械密封。

4）鼠笼式感应电动机在全电压下启动时，启动电流不超过满负荷正常工作电流的 6 倍。

5）卧式电动机应使用耐摩擦的含润滑油轴承，轴承正常运行时间应超过 5000h。

6）电动机的绝缘等级不低于 F 级，防护等级不低于 IP54。

2. 过滤器

（1）型式：过滤器为机械式，由外壳、滤芯、压差传感器（或压差表）及配套阀门等组成，外壳顶部设有手动排气阀，底部设有手动排水阀，如图 24-6 所示。

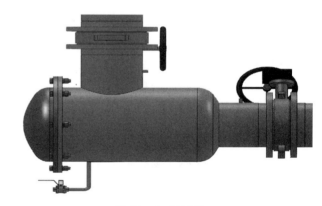

图 24-6 过滤器

（2）性能及结构要求：

1）可在不中断内冷却水流动的情况下清洗或更换。

2）滤芯、壳体均采用不锈钢材料，其滤芯过滤精度不应低于 100μm，且应具有足够的机械强度抵抗水的冲击和冲刷。

3）水流阻力不宜大于 20kPa。

3. 脱气罐

脱气罐及配套的自动排气阀和泄水阀材质均为不锈钢。罐体的设计应保证微气泡在上升过程中不被水流带走，且能顺利上升至罐顶而排出，即水流速度应小于微气泡上升速度。

4. 电加热器

电加热器采用不锈钢材质,并可在线检修。电加热器所提供的热量应能补偿阀外冷却系统室外水管及室外换热设备的自然散热损失,包括辐射和对流散热损失,此计算由阀冷却设备制造厂完成。

5. 电动三通阀

电动三通阀材质为不锈钢,采用机械连杆式。

(二)水处理旁路设备

1. 精混床离子交换器

(1)型式:装有阴阳树脂的罐体为立式结构,一用一备的 2 个罐体安装在水处理设备的共用底座上,外形如图 24-7 所示。树脂采用核级非再生树脂,粒径在 0.3~1.2mm 范围内,树脂使用寿命至少应为 1 年。出水管上应装设不锈钢过滤器,出水口配置电导率传感器用于监视树脂的活性。

图 24-7 精混床离子交换器

(2)技术参数确定。

1)离子交换器的处理水量按 2h 将阀内冷却系统容积内的全部水量处理一遍确定。

2)离子交换器直径应根据离子交换器处理水量 Q 和过滤速度 v 计算确定。一般滤速选择 0.011 1~0.016 7m/s,离子交换器直径 d 可按式(24-14)计算:

$$d=\sqrt{\frac{4Q}{\pi v}} \qquad (24-14)$$

交换树脂层高度通常在 700mm 以上,并应考虑一定的膨胀量,离子交换器的具体高度由设备制造厂确定。

2. 氮气除氧装置

氮气除氧装置由膨胀罐、氮气瓶、减压阀、电磁阀、压力传感器、安全阀等组成。

(三)定压补水装置

1. 高位膨胀水箱

高位膨胀水箱的高度宜控制在 2~2.5m 范围内,液位波动范围在高度的 35%~75%之间,膨胀水箱 40%的有效容积即可满足阀内冷却水膨胀的需求,膨胀水箱有效容积的计算与内冷却水的物理特性以及温度均有关系,可按式(24-15)进行计算:

$$\Delta V=\alpha\Delta tV_0 \qquad (24-15)$$

式中 ΔV——膨胀水箱有效容积,即内冷却水的容积增量,L;

α ——水的平均体积膨胀系数,L/℃;

Δt——内冷却水水温的最大变化值,℃;

V_0——内冷却水总水量,L。

2. 水泵及补水箱

补充水泵及补水箱材质均为不锈钢,补充水泵出口设置电动阀门,补水箱为密封式,补水箱设有液位传感器且顶部设有常闭电磁阀。

补充水泵的流量在满足内冷却水补充水量要求的基础上,应有 15%的富裕度;补充水泵的扬程应根据补水点的静压值确定,并应有 15%的富裕度。

原水泵及移动式原水箱材质均为不锈钢,原水泵采用手动进行启停控制。

3. 膨胀罐

膨胀罐材质为不锈钢并使用氮气进行密封,膨胀罐具有定压和除氧排气的双重功能,其有效容积可容纳内冷却水的容积增量,可参照式(24-15)进行计算。

二、阀外冷却设备

(一)水冷型设备

1. 闭式蒸发型冷却塔

(1)类型:由于被冷却介质(内冷却水)与喷淋水不发生接触,且通过喷淋水的蒸发吸热带走被冷却介质的热量,所以换流站阀冷却系统采用的冷却塔被称为闭式蒸发型冷却塔(可简称为闭式冷却塔或冷却塔)。

按水和空气在冷却塔内的流动方向可分为逆流式冷却塔和横流式冷却塔。由于逆流传热的换热平均温差大,具有较高的换热效率,换流站一般采用逆流式冷却塔。

按风机类型不同可分为引风式和鼓风式冷却塔,两种型式在换流站都有应用,但以引风式冷却塔居多。

1)逆流鼓风式冷却塔如图 24-8 所示,被冷却介质在冷却塔的盘管内循环流动,喷淋水由水泵送入冷却塔,塔内的配水系统将喷淋水均匀喷洒到高温换热盘管外表面,与换热盘管内的被冷却介质进行热交换,同时塔外的空气由风机从塔底送入,与喷淋水的流动方向相反,空气向上流经盘管,喷淋水的一部分因吸收被冷却介质的热量变成水蒸气,热湿空气从塔顶排放到大气中，剩余未蒸发部分的水将落入冷却塔底部的集水盘。

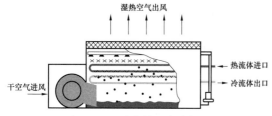

图 24-8　逆流鼓风式冷却塔

逆流鼓风式冷却塔具有垂直向上的气流设计，排风口与进风口保持着一定距离，热湿空气直接从排风口向上排入大气，减少了回流的可能。冷却塔的电机和风机处于干空气区域，且安装位置较低，因此其运行不受热湿空气的影响，检修维护也方便。

2）逆流引风式冷却塔分为带热交换层和无热交换层两种类型。如图 24-9 所示，在逆流引风式冷却塔中，被冷却

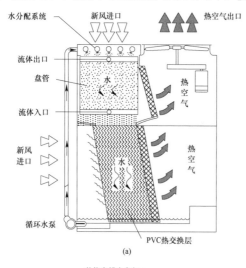

(a)

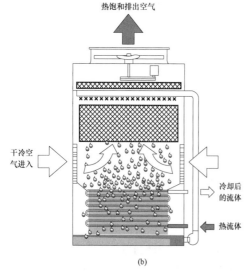

(b)

图 24-9　逆流引风式冷却塔
（a）逆流引风式冷却塔（带热交换层）；
（b）逆流引风式冷却塔（无热交换层）

介质在冷却塔的盘管内循环流动，喷淋水通过喷淋泵送至冷却塔内的水分配系统，由水分配系统将喷淋水均匀喷洒在高温换热盘管外表面，一部分水将蒸发并带走被冷却介质的热量，剩余部分的水则落入底部集水盘，如果冷却塔设有热交换层，下落的水先落在热交换层上，由热交换层将水均匀分散为水膜状态以便与空气进行热交换，然后再落入底部水盘，依靠风机的抽引作用，热湿空气将从塔顶被排放到大气中。

（2）组成和结构：目前换流站使用逆流引风式冷却塔较多，本手册选取逆流引风式冷却塔进行介绍。逆流引风式冷却塔包括塔体、换热盘管、热交换层、动力传动系统、进风导叶板、挡水板、水分配系统、检修通道、集水盘等。整体外形结构见图 24-10。

图 24-10　逆流引风式冷却塔整体外形结构

（3）技术参数确定：冷却塔的技术参数，通常由冷却塔制造厂根据换流阀散热量、内冷却水流量、进阀水温、出阀水温、湿球温度等原始数据，利用冷却塔选型软件完成计算和确定。

（4）性能及结构要求。

1）冷却能力应能保证换流阀在各种条件下的进口水温要求，且应有充足的裕度。

2）在额定流量下，盘管换热性能应符合：对数平均温差 $\Delta T_m \leqslant 5K$，传热系数 $K \geqslant 3500 \ [W/(m^2 \cdot K)]$ 的要求。

3）年可用率不应低于98%。

4）换热盘管、塔体、挡水板、集水盘等采用不锈钢材质，进风导叶板采用 PVC 或不锈钢材质，喷嘴采用大直径 360° 加固扣眼式塑料喷嘴。

5）热交换层填料材质应具有良好的亲水性能、热力学性能和阻力性能，能耐高温，抗低温，耐腐烂、抗衰减或生物侵害，并具有较强的强度和刚度。

6）电动机应布置在冷却塔箱体外且易于调整的不锈钢机座上，电机顶部设置不锈钢防雨罩，底部设置隔振装置。

7）塔体顶部应设置不锈钢检修平台。

8）满负荷运行时，在距离设备外壳 1.5m 及地面以上 1.0m 处测得的声功率级应不超过 95dB（A）。

2. 喷淋水泵

（1）型式：喷淋水泵采用卧式离心水泵。

（2）技术参数确定：喷淋水泵的流量和扬程计算要求如下：

1）喷淋水泵的流量与冷却塔结构形式、容量等有关，通常由冷却塔制造厂计算。

2）水泵扬程用于克服喷淋水回路的阻力，并使喷淋水有一定喷射压力，喷淋水回路总阻力按式（24－11）计算，水泵扬程应在总阻力的基础上，考虑 15%的富裕度。

（3）喷淋水泵性能及结构要求如下：

1）泵体应通过弹性联轴器与电动机相连，联轴器应有保护装置。

2）泵体与电动机应固定在共同的铸铁底座或钢制底座上。

3）泵体材质采用不锈钢。

4）泵体轴封应采用机械密封。

3. 补充水处理设备

（1）活性炭过滤器：活性炭过滤器主要包括过滤器本体、果壳活性炭滤料、石英砂垫层、进水装置、出水多孔板、排水帽、取样装置、测压装置、管道及阀门、电动阀门控制装置等。其整体外形结构见图 24－11。

图 24－11 活性炭过滤器整体外形结构

1）活性炭过滤器处理水量在喷淋水补充水量的基础上考虑 10%～30%的裕度，与本体工艺有关的参数由设备制造厂计算和确定。

2）活性炭过滤器性能及结构要求如下：① 出水水质应达到如下标准：游离余氯（Cl）≤0.05mg/L，一氯胺（NH₂Cl）≤0.05mg/L，臭氧（O₃）≤0.02mg/L，二氧化氯（ClO₂）≤0.02mg/L；② 过滤器应配置压差传感器及 PLC，可根据进出水压差或按照设定的时间间隔进行自动反冲洗；③ 罐本体材

质为碳钢（Q235B），内部衬胶二层（衬胶厚度 5mm），设备外部管道为钢衬胶（衬胶厚度 3mm）。

（2）全自动软水装置：全自动软水装置由树脂罐、盐箱、多路阀、管道、仪表及控制柜等组成，如图 24－12 所示。一般情况下，树脂罐进水水质应符合表 24－3 的要求，出水硬度应低于 0.03mmol/L。

表 24－3 离子交换器进水水质要求

项 目		指 标
浊度（NTU）	对流再生	<2
	顺流再生	<5
COD（mg/L）（KMnO₄ 法）		<2
游离余氯（mg/L）		<0.1
铁（mg/L）		<0.3

注 表中数据来源于厂家资料，供设计参考。

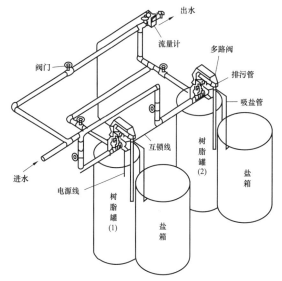

图 24－12 全自动软水装置结构图

全自动软水装置处理水量在喷淋水补充水量的基础上考虑 10%～30%的裕度，与本体工艺有关的参数由设备制造厂计算和确定。

（3）反渗透装置：反渗透装置由保安过滤器、高压泵、反渗透膜组件、化学清洗装置、加药装置等组成。反渗透装置外形结构见图 24－13。

1）反渗透装置各组件的主要功能如下：① 保安过滤器的作用是截留细小颗粒物、胶体、悬浮物等，防止大颗粒物进入高压泵，以保护反渗透膜；② 高压泵为通过反渗透膜的被过滤水提供动力；③ 反渗透膜的构造及工作流程见图 24－14，反渗透膜组件膜元件的排列组合由膜制造厂采用软件进行计算；④ 化学清洗装置包括化学清洗箱、化学清洗泵、清洗过滤器、管道及阀门等，反渗透膜污染物通常有胶体、

混合胶体、金属氧化物、微溶盐和细菌残骸等，对于有机成分，一般采用碱液清洗，对于金属氧化物、胶体等，一般采

图 24-13 反渗透装置外形结构

用酸洗，对于细菌藻类等，一般采用杀菌类药剂清洗；⑤ 考虑膜元件对余氯的耐受能力以及防止微生物的滋生，通常在过滤系统前端配置一套非氧化性杀菌加药装置。

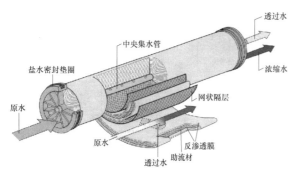

图 24-14 反渗透膜工作示意图

2）反渗透装置的产水量在喷淋水补充水量的基础上考虑 10%～15% 的裕度，与反渗透装置本体工艺有关的参数由设备制造厂计算和确定。

3）反渗透装置的性能及结构要求如下：① 反渗透膜的水回收率应不低于 75%，脱盐率应不低于 98.5%；② 保安过滤器的外壳和滤芯采用不锈钢，过滤精度宜为 5μm，保安过滤器应配压差传感器；③ 高压泵过流部分材料采用不锈钢，进、出口处均应装设压力表及压力传感器，压力低时报警及停泵，压力高时报警及停泵，水泵应采用变频控制；④ 应设水旁通支路，当膜组件发生损坏或其他元件故障不能正常出水时，可保证喷淋缓冲水池补水不被中断。

（4）旁滤设备：喷淋水旁滤设备主要由水泵、全自动反

冲洗钢丝网过滤器或石英砂过滤器、管道及附件等组成，如图 24-15 所示。水处理流量宜为喷淋水循环流量的 5%，过滤器出水浊度应小于 3NTU。

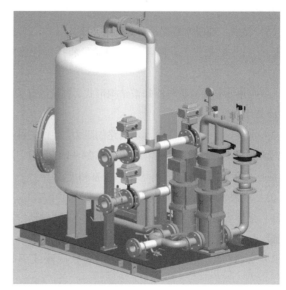

图 24-15 喷淋水旁滤设备外形结构（石英砂过滤器）

当采用石英砂过滤器作为过滤设备时，推荐滤速一般为 30～60m/h，则砂滤器的直径可按式（24-16）计算：

$$D = \sqrt{\frac{4Q}{\pi v}} \qquad (24-16)$$

式中 D ——过滤器直径，m；

Q ——水处理流量，m^3/h；

v ——过滤速度，30～60m/h。

（5）加药装置：加药装置主要由加药计量泵、贮药桶及液位计等组成。喷淋水中投加的药剂包括氧化性杀菌灭藻剂、非氧化性杀菌灭藻剂、阻垢剂、分散剂等。投加药剂的种类、投加方式与投加量应在实验室进行静态模拟与动态模拟分析后确定。

氧化性杀菌灭藻剂、非氧化性杀菌灭藻剂宜交替使用，用于控制喷淋水中微生物的生长。低磷系列缓蚀阻垢剂用于降低污垢在冷却塔换热盘管表面的沉积速率及腐蚀率。

冷却塔换热盘管对腐蚀和污垢的控制指标见表 24-4。

表 24-4 冷却塔换热盘管腐蚀和污垢的控制指标

项 目	控 制 值
年腐蚀率	＜0.005mm/a
污垢沉积率污垢粘附速率	≤15mg/cm²
污垢热阻	＜3.44×10⁻⁴m²·K/W

注 表中数据来源于厂家资料，供设计参考。

4. 泵坑排水设备

泵坑排水设备采用不锈钢潜水泵，集水坑内设液位传感

器，水泵根据集水坑液位的高低自动启停，并具有就地手动控制功能，水泵的工作状态信号应发送至阀冷却控制系统。

（二）空气冷却器

空气冷却器是以空气作为冷却介质，由风机驱动空气横掠翅片管束外表面，使管内高温流体得到冷却或冷凝的设备。空气冷却器简称"空冷器"。

1. 组成及分类

空冷器基本结构包括管箱、风机、构架、百叶窗、梯子及平台等附件。外形结构见图 24-16。

按照通风方式分类：鼓风式和引风式。内类空冷器的构造和型式如图 24-17 和 24-18 所示。采用鼓风式或引风式应根据使用条件通过技术经济比较后确定。

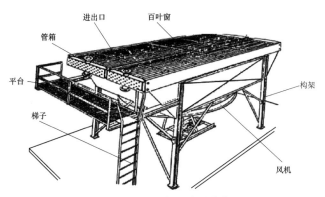

图 24-16　空冷器外形结构

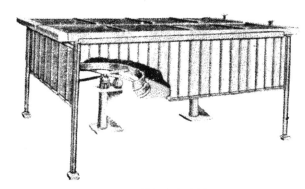

图 24-17　鼓风式空冷器

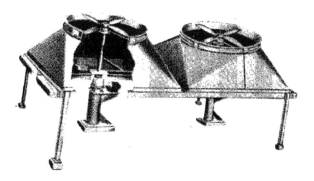

图 24-18　引风式空冷器

按照管束布置方式分类：水平式、斜顶式和立式，如图 24-19 所示。

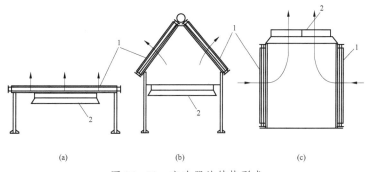

图 24-19　空冷器的结构形式
（a）水平式；（b）斜顶式；（c）立式
1—管束；2—风机

按照冷却方式分类：干式和湿式。

目前换流站均采用水平干式空冷器，本手册只选取水平干式空冷器进行介绍。

2. 技术参数确定

空冷器的技术参数，由空冷器制造厂根据室外气温、晶闸管散热量、内冷却水流量、进阀水温、出阀水温等原始数据，利用空冷器选型软件完成计算和确定。

3. 性能及结构要求

（1）冷却能力应能保证换流阀在最不利条件下的进口水温要求，且应有充足的裕度。

（2）在额定流量下，换热性能应符合：对数平均温差 $\Delta T_m \leqslant 8K$，传热系数 $K \geqslant 65$ [W/（m²·K）] 的要求。

（3）年可用率不应低于 98%。

（4）管束采用不锈钢翅片管，与内冷却水接触的材料均采用不锈钢（1Cr18Ni9Ti），密封材料不得使用含石棉、石墨、铜等影响水质的材质。

（5）管束应设置一定的坡度，最低处应配置不锈钢泄空阀。

（6）在满足冷却要求的前提下，空冷器应选用风量、风压低的风机，风机采用高效低噪声变频调速风机，风机与电机直联，风机所配电机防护等级不低于 IP55。设备满负荷运行时，在距离设备外壳 1.5m 及地面上 1.0m 处测得的声功率级应不超过 105dB（A）。

（7）百叶窗应为手动调节型，材质采用铝合金或热镀锌钢。

（8）设备设计时应考虑的载荷包括设计压力、重力载荷、地震载荷、风载荷、雪载荷、偏心载荷、局部载荷、冲击载荷、温差应力和其他机械载荷。设备的各项载荷应考虑在安装、水压试验及正常工作状态下可能出现的最不利的载荷组合。

（9）管束的进、出水口处均应设置联箱、调节阀和闸阀，水管与联箱之间宜用不锈钢软管连接。

（10）管箱、管板、管箱法兰、接管法兰的腐蚀裕量应不小于 3mm。

第三节　设备及水管布置

一、阀内冷却设备及水管布置

主循环设备是由主循环水泵、过滤器、脱气罐、电加热器、水管及阀门、仪表、就地控制柜等和共同底座组成的整体机组，见图 24-20；水处理设备是由精混床离子交换器、过滤器、氮气除氧装置、膨胀罐、补充水泵及补水箱、水管及阀门、仪表等和共同底座组成的整体机组，见图 24-21。

图 24-20　阀内冷却系统主循环设备

主循环设备和水处理设备布置在控制楼一层阀冷却设备室，高位膨胀水箱布置在阀厅屋架上方或控制楼屋顶。

（一）主循环设备

主循环设备布置应符合下列要求：

（1）设备四周应留有通道，电控柜前通道不应小于 1.5m，底座侧边至墙面的距离不得小于 0.7m，底座端边至墙面的距离不得小于 1.0m。

（2）底座宜布置在土建基础上，并采用焊接方式固定在基础预埋铁上。

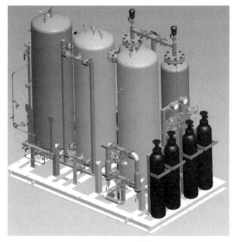

图 24-21　阀内冷却系统水处理设备

（3）基础平面尺寸应较底座每边宽 0.1～0.15m，且宜高出地面 0.1～0.2m。

（4）设备宜布置在埋地基础上，当设备布置在楼板上时，应考虑采取减震措施。

（5）主循环水泵正上方应设置电动单轨吊，其起吊重量应满足电机的起重要求，起吊净空宜在 2.0m 以上，起吊路径不应有障碍物。

（6）主循环设备应有可靠接地措施。

（二）水处理设备

水处理设备布置应符合下列要求：

（1）宜与主循环设备相邻布置。

（2）设备四周应留有不小于 0.7m 的通道，离子交换罐前的通道应满足更换树脂对操作空间的要求，补水箱前的通道应满足人工补水对操作空间的要求，一般不宜小于 0.8m。

（3）宜布置在土建基础上，底座采用焊接方式固定在基础预埋铁上。

（4）基础平面尺寸应较设备底座每边宽 0.1～0.15m，且宜高出地面 0.1～0.2m。

（5）水处理设备应有可靠接地措施。

（三）膨胀水箱

膨胀水箱布置应符合下列要求：

（1）膨胀水箱（高位水箱）底部应高出内冷却水管道最高点 2.0m 以上。

（2）当膨胀水箱布置在阀厅屋架上方以及控制楼屋顶时，均应设置检修平台和楼梯，以便于阀门和传感器的巡检。图 24-22 示意了膨胀水箱布置在阀厅屋架上方的情况。

（四）水管布置

阀内冷却系统水管包括内冷却水管和水处理旁路水管。阀冷却设备室设备和管道平面布置图见图 24-23，来自阀厅及室外换热设备的内冷却水供、回水管均在阀冷却设备室与主循环设备连接，水处理旁路水管与内冷却水供、回水管连接。

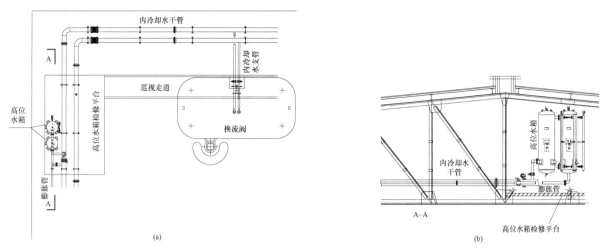

图 24-22　阀厅内膨胀水箱布置

（a）平面图；（b）剖面图

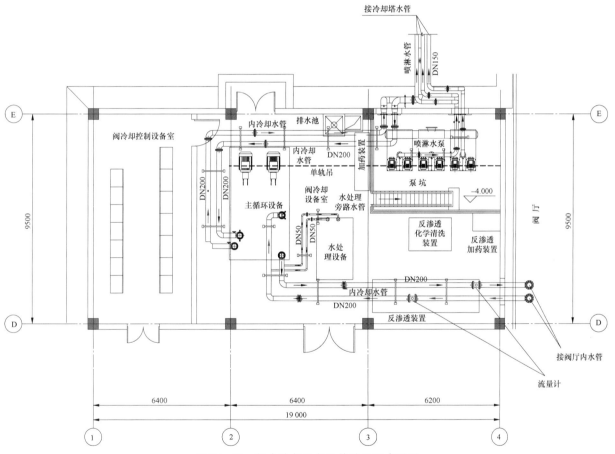

图 24-23　阀内冷却设备及管道平面布置图

阀内冷却水管布置应符合下列要求：

（1）水管路径力求短而直，应尽量避免管道交叉。

（2）室内水管应尽量沿墙、梁、柱直线明装敷设，且应便于安装和更换。管道应尽量共用支架，以避免支架过多。

（3）流量计前后应留有满足要求的直管段。

（4）阀冷却设备室水管布置不得影响电动单轨吊的运行，当阀厅检修车通过管道下方时，管道或支架的底标高应

高于检修车顶部至少 0.1m。

（5）室外水管架空布置时，不得妨碍运行人员及车辆通行。

（6）水管穿越墙壁和楼板处应设套管，且水管应有可靠接地措施。

（7）当换流阀塔采用悬吊式安装方式时，阀厅内的水管可布置在屋架上方，如图 24-24 所示，或者紧贴屋架下方布置，具体要求如下：

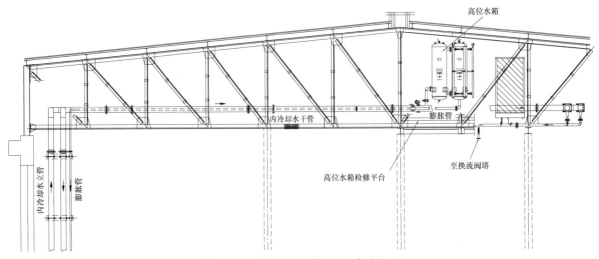

图 24-24 阀厅水管布置（屋架上方）

1）阀厅内的立管布置应满足与电气设备的带电距离要求。

2）与换流阀相连支管上的手动阀门及仪表应布置在巡视走道附近且应便于操作和检修。

3）阀厅内管道的支撑或固定点应设置在阀厅钢梁或檩条上，其最大间距应满足相关规范的要求。

4）内冷却水干管不宜布置在阀塔正上方，干管与连接换流阀进出水口的支管之间不得采用软管连接。

（8）当换流阀塔采用地面支撑安装方式时，阀厅内的水管宜布置在地沟内，如图 24-25 所示，具体要求如下：

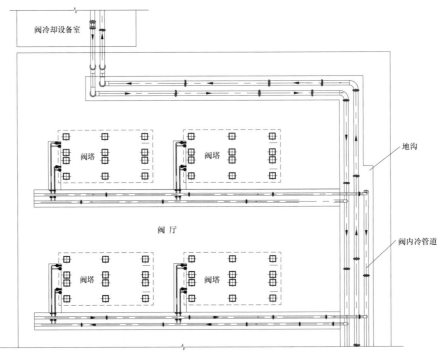

图 24-25 阀厅水管布置（地沟方式）

1）地沟的走向和布置应避免与电缆沟交叉。

2）沟底应设排水坡度，并应将水管非正常泄漏或检修时的泄水接至阀厅外的排水井，并应防止雨水倒灌进室内沟道。

3）地沟内应设水管支架，可在沟壁预埋铁或者在沟内预埋角钢或槽钢横梁，地沟的宽度和深度应便于水管的安装和检修，同时避免沟道过宽和过深造成土建费用高、沟盖板过重的问题，沟道断面尺寸可参照国标图集 03R411-1《室外热力管道安装-地沟敷设》确定。

二、阀外冷却设备及水管布置

（一）水冷型设备及水管

闭式蒸发型冷却塔一般布置在室外喷淋缓冲水池顶板

上，如图24-26所示，喷淋水泵布置在阀冷却设备室泵坑或地下室内；水处理旁滤设备、补水处理装置及加药装置一般布置在阀冷却设备室零米层或地下室。

图24-26 闭式蒸发型冷却塔及其进出水管布置

1. 闭式蒸发型冷却塔

闭式蒸发型冷却塔布置应符合下列要求：

（1）冷却塔进、出风口与障碍物（墙壁、建筑物、电气设备等）之间应保持足够的距离，以保证气流通畅和便于散热，具体要求由设备制造厂提出。

（2）冷却塔应布置在建筑物的下风向，避免或减轻飘滴、汽雾和噪声对周边建筑物或其他设备的影响。

（3）单侧进风的冷却塔进风口宜面向夏季主导风向，双侧进风的冷却塔进风口宜平行夏季主导风向。

（4）冷却塔的布置应减少湿热空气回流对冷却效果的影响。

（5）应避免将冷却塔布置在有热源发生点的区域，以免导致其进风口的湿球温度上升。

（6）布置在喷淋缓冲水池顶部的冷却塔，宜采用焊接方式与水池顶板上的预埋铁固定。

（7）冷却塔应有可靠接地措施。

2. 喷淋水泵

如图24-27所示，喷淋水泵布置在阀冷却设备室泵坑内，吸水端和吸水联箱面对喷淋缓冲水池。水泵正上方安装单轨吊，以方便喷淋水泵的安装起吊和搬运。喷淋水泵电机端离坑壁至少应有0.8m以上的巡检通道，水泵之间的水平间距不宜小于0.5m。喷淋水泵应有可靠接地措施。

3. 其他设备

阀外冷却系统的水处理旁滤设备、补水处理装置及加药装置，包括活性炭过滤器、反渗透装置、全自动软水装置、加药装置、旁滤设备、活性炭反洗装置、反渗透化学清洗装置等，均布置在阀冷却设备室，如图24-30所示。

图24-27 泵坑内喷淋水泵

设备布置应符合下列要求：

（1）加药装置宜布置在阀冷却设备室零米层，旁滤设备宜布置在泵坑或地下室。

（2）活性炭过滤器、反渗透装置、全自动软水装置应尽可能布置在阀冷却设备室零米层。

（3）活性炭过滤器反洗装置、反渗透化学清洗装置由于维护、检修简单，当阀冷却设备室零米层面积紧张时，宜布置在地下室。

（4）活性炭过滤器如图24-28所示，当设备的部件需要从顶部拆卸时，设备上部空间高度应满足设备的拆卸和操作要求。

图 24-28　活性炭过滤器

（5）反渗透装置如图 24-29 所示，其端部应预留反渗透膜的更换场地，具体要求应根据反渗透膜组件的长度确定。

（6）全自动软水装置的树脂再生需要盐溶液，为了减少运行人员加盐的频率，有条件时宜设置地下混凝土盐池，盐池的容积以保证三个月的用量为宜，加盐口宜布置在室内，盐池应分设化盐池和盐液池。

（7）阀外冷却设备的排水均应接至阀冷却设备室零米层的排水池（兼洗手池）内，通过水池排水管排至室外雨水检

查井，以避免站内雨水倒灌进泵坑。

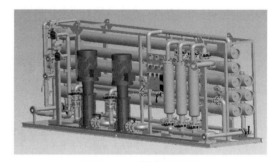

图 24-29　反渗透装置

（8）所有设备应有可靠接地措施。

4. 喷淋缓冲水池

喷淋缓冲水池的布置应符合下列要求：

（1）水池应靠近阀冷却设备室泵坑，与泵坑之间的距离宜控制在 4.0m 之内。

（2）当冷却塔布置在水池顶板上时，水池的长、宽尺寸应满足冷却塔的布置需求。

（3）喷淋缓冲水池应为地下式，池顶一般高出室外地面 0.3～0.5m,喷淋缓冲水池及预埋管平面布置示意见图 24-31。

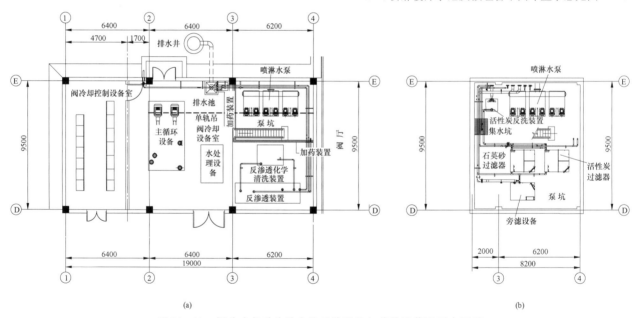

图 24-30　阀外冷却系统补水处理装置及加药装置等平面布置图
（a）零米层布置图；（b）-4.00m 层布置图

（4）水池应设有检修人孔、导流墙、通气管、溢流管等，水池底部应有 0.005 的坡度坡向集水坑。集水坑内宜设置泄水管通向排水检查井，当不能自流泄水时，可采用水泵抽排。溢流管宜布置在靠近排水检查井的一侧。水池内壁宜贴瓷砖或涂刷杀菌防藻涂料。

（5）为了便于巡视人员就地观察喷淋缓冲水池内的液位，水池宜设置浮球式液位计。

5. 水管布置

阀外冷却系统水管包括喷淋水管、水处理旁路水管、补水管及排水管。阀外冷却系统水管布置应符合下列要求：

（1）从阀冷却设备室通向冷却塔的内冷却水管和喷淋水管，宜布置在同一管架内，室外架空敷设的水管支架之间的间距应满足国家有关规范的要求。

（2）水管穿越水池壁和阀冷却设备室外墙处应预埋套管。

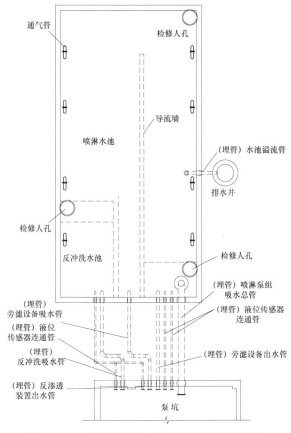

图 24－31 喷淋缓冲水池及预埋管平面布置图

（3）阀冷却设备室内阀外冷却系统水管的布置要求同阀内冷却水管。

（4）各种金属水管应有可靠接地措施。

（二）空冷型设备及水管

空冷器布置在室外地面，与阀冷却设备室共有 2 根内冷却水管相连。

1. 空冷器布置

空冷器占地面积较大，如图 24－32 所示，其布置应符合下列要求：

（1）空冷器四周一定范围内应无障碍物遮挡，如建筑物、围墙、电气设备和杆件等，以保证气流通畅和便于散热，具体要求由设备制造厂提出。

（2）空冷器宜布置在夏季主导风向的下侧，且应远离发热源（如换流变压器的散热器、室外空调设备等），以避免热岛效应的产生。

（3）为了节省水管长度，空冷器宜靠近阀冷却设备室布置，且不宜布置在控制楼主入口侧。

（4）空冷器应尽可能远离人员工作和休息区布置，其噪声和振动的频率特性及传播方式，通过计算确定，对于受影响区域，不满足规范要求时，应采取降噪隔振措施。

（5）空冷器布置不应影响换流变压器的搬运。

（6）空冷器的支腿应放置在混凝土支墩上，支墩离地面

高度宜为 0.15～0.4m。

（7）从阀冷却控制设备室到空冷器电机的电缆，室外部分宜敷设在电缆沟内。

（8）空冷器及配套电机应有可靠接地措施。

图 24－32 空气冷却器

2. 水管布置

水管布置应符合下列要求：

（1）当水管采用架空方式敷设时，水管支架型式应相同，水管与电气设备之间应满足带电距离的要求，且不影响地面交通和电气设备的安装、转运。

（2）当水管采用地沟方式敷设时，地沟宜为明沟，并应避免与电缆沟，其他地下水管交叉，尽可能沿道路两边布置。穿马路处应设暗沟或套管，穿换流变压器搬运轨道或换流变广场的地沟宜采用可通行暗沟，不具备条件时可采用半通行暗沟或不通行暗沟。沟底应放坡和设置排水点，用于水管非正常泄漏或检修时的泄水。室外阀冷却水管采用暗沟敷设平面布置示意见图 24－33。

（3）水管及支架应有可靠接地措施。

（三）设备及水管防冻措施

在寒冷和严寒地区，空冷器和闭式蒸发型冷却塔冬季停运期间，可采取的防冻措施如下：

（1）对于 ETT 换流阀，在内冷却水中加入防冻液（乙二醇），乙二醇混合液的冰点温度应不低于当地极端最低气温；对于 LTT 换流阀，可在内冷却水管上设置电加热装置，同时主循环水泵不停运。

（2）室外水管、空冷器、冷却塔外壳覆盖保温帆布，室外水管外壁设置保温伴热带（电热丝加热）。

（3）空冷器和冷却塔换热管束以及室外水管的最低点均设置泄空阀，有条件时，可利用空气压缩机将压缩空气注入设备换热管束内，快速排尽管束内的存水。

（4）关闭空冷器顶部百叶窗和冷却塔进风导叶板以减少空气对流。

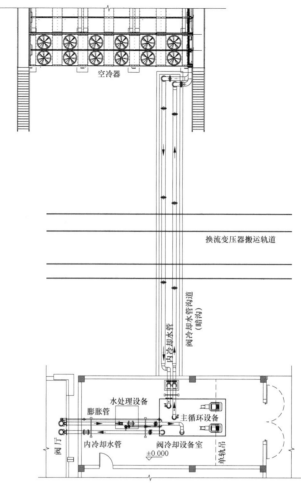

图 24-33　室外阀冷却水管暗沟敷设平面布置图

（5）为空冷器和冷却塔设置防冻保温棚，如图 24-34 所示，保温棚屋顶设电动天窗，四周墙体可拆卸或设置电动百叶窗、电动卷帘，在冬季停运或检修期间，屋顶电动天窗、电动百叶窗及电动卷帘均关闭。此外，保温棚内还可配置暖风机，维持棚内温度 5℃以上。

图 24-34　空冷器保温棚

第二十五章

换流站供暖通风及空调

第一节 阀厅供暖通风及空调

一、室内环境标准

阀厅内布置有换流阀及附属设备。换流阀运行时散发大量热量，尽管其水冷却系统带走了大部分热量，但仍有一部分热量将散发到阀厅空气中，在夏季，如不消除这部分热量，将导致阀厅温度上升。温度过高将影响换流阀各元件的正常运行，所以阀厅需要冷却降温。在冬季，当换流阀停止运行后，由于阀厅空间高、面积大，围护结构蓄热能力小，如果不设置供暖设施，在北方地区，阀厅室内温度就会较低，可能出现设备受冻损坏的情况。此外，阀冷系统如在冬季启动，晶闸管冷却器及内部水管表面温度与室温之差不宜过大，否则容易发生结露问题。如果阀厅内的相对湿度过高，换流阀运行时将会发生闪络现象，因此室内的相对湿度也应控制在合适的范围之内。为了保持阀厅内空气的洁净，除了阀厅围护结构加强密封外，还应采取措施使阀厅内空气压力高于室外空气压力，以防止灰尘通过围护结构的缝隙渗入。

一般来说，阀厅室内环境标准应由换流阀制造厂提出，如果换流阀制造厂未提要求，阀厅室内环境应按如下标准设计：温度 10～50℃，相对湿度 10%～60%，一般情况下微正压为 5～10Pa，全新风运行时的最大值不宜超过 50Pa。

二、供暖设计

（一）系统型式

当严寒、寒冷地区的换流站附近有城市供暖热网、区域供暖热网、电厂蒸气或热水等外部热源时，全站应充分利用外部热源设置热水集中供暖系统，在此情况下，阀厅供暖热源宜采用 95/70℃的热水。其他情况下，阀厅应采用分散式电热供暖系统。

（二）设计原则

（1）阀厅应尽量利用空调系统用于冬季供暖，供暖能力不足或空调系统无法运行时，应增加供暖设施。

（2）计算供暖热负荷时，不计入电气设备的散热量。

（3）严寒、寒冷地区，冬季换流阀正常运行时，通风系统应进行热量平衡计算，如达不到设计温度时，应增加供暖设施。

（三）负荷计算

1. 围护结构的基本耗热量

围护结构基本耗热量为外门、外窗、外墙、地面和屋顶耗热量的总和。

2. 附加耗热量

按 GB 50019《工业建筑供暖通风与空气调节设计规范》的规定，具体要求如下：

（1）朝向附加耗热量。由于阀厅一般有四个朝向的外墙，在计算中可以不考虑朝向附加。

（2）风力附加耗热量。当阀厅位于不避风的高地、河边、旷野上时应考虑风力附加耗热量，风力附加率宜取 5%～10%。

（3）高度附加耗热量。阀厅高度以 4m 为起点，每高出 1m 应附加 2%，但总的附加率不应大于 15%。

（4）冷风渗透附加耗热量。按基本耗热量的 30%计算冷风渗透附加耗热量。对设有空调的阀厅，冬季空调系统采用新风维持室内正压时，冷风渗透耗热附加率宜综合考虑送风正压值与阀厅高度方向上的热压相互作用的因素。

（5）外门附加耗热量。对于短时间开启的、无热风幕的外门，冷风侵入耗热量可采用外门基本耗热量乘以外门附加率进行计算，可按主入口外门基本耗热量的 500%计算。

3. 供暖总热负荷

阀厅供暖总热负荷按式（25-1）计算

$$Q = 1.5 \times 1.15 \sum KA(t_n - t_w) + 5 \sum K_m A_m (t_n - t_w) \quad (25-1)$$

式中 Q——总热负荷，W；

K——各围护结构传热系数，W/（m²·℃）；

K_m——门的传热系数，W/（m²·℃）；

A——各围护结构面积，m²；

A_m——外门面积，m²；

t_n、t_w——室内、外供暖计算温度，℃。

（四）设备及管道布置

阀厅供暖设备采用热水型或电热暖风机。挂墙式暖风机安装高度宜为 2.5～3.5m，落地式暖风机直接布置在阀厅地面。

暖风机的分布应考虑阀厅工艺设备、电缆桥架、阀冷水管和电气套管等的位置和暖风机气流作用范围等因素，宜沿阀厅长度方向布置，并应尽可能使室内气流分布合理、温度场均匀。

供暖热水管道应避免与阀冷水管、电气套管、风管、电缆桥架相互碰撞，并考虑暖风机和管道漏水时，不应喷洒到电气设备上。

暖风机及供热水管应布置在电气设备的带电距离之外。

三、通风设计

（一）通风方式选择

由于通风系统简单、投资节省、运行维护费用低，阀厅降温应优先考虑通风方式。对于蒸发冷却效率达到 80%以上的中等湿度及干燥的地区，宜采用喷水蒸发冷却通风方式；其他地区采用空气直接冷却通风方式。

（二）设计原则

（1）通风系统宜独立设置，应采用机械送风、机械排风系统，通风设备应设 100%备用。

（2）进入阀厅的空气应两级过滤，过滤等级应满足换流阀的要求，一般情况下，初效过滤器等级宜为 G4，中效过滤器等级宜为 F6，亚高效过滤器等级宜为 H10。

（3）通风换气次数宜为每小时 0.6~2.5 次。

（4）阀厅应设置露点检测装置，并采取防止结露的有效措施。

（5）通风设备应与火灾信号联锁。

（6）通风设备应采用双电源供电，并配置自动切换装置。

（7）通风系统应设置集中监控系统。

（三）负荷计算

夏季通风室内热负荷应按夏季空调区域冷负荷方法，并根据以下各项的热量进行逐时计算得出：① 通过围护结构的传热量；② 照明散热量；③ 换流阀及附属设备的散热量。

热负荷计算详见 GB 50019《工业建筑供暖通风与空气调节设计规范》。

（四）空气直接冷却通风

室外空气经过过滤后由送风机直接进入阀厅内，利用室外空气和室内空气的温差进行降温，升温后的空气再由排风机排出室外。

空气直接冷却通风量按式（25-2）计算

$$L = \frac{Q}{0.28c\rho_{av}\Delta t} \quad (25-2)$$

$$\Delta t = t_{ex} - t_{in}$$

式中　L——通风量，m³/h；

　　　Q——阀厅热负荷，W；

c——空气比热容，取值 1.01kJ/（kg·℃）；

ρ_{av}——进排风平均密度，kg/m³；

Δt——进排风温差，℃；

t_{in}、t_{ex}——进、排风温度，℃。

实际所需通风量在计算所得通风量的基础上，还应加上系统的漏风量，其中风管漏风量取计算通风量的 10%，设备漏风量取计算通风量的 5%。

对于空气直接冷却系统而言，室内空气状态的变化是一个等湿加热过程，在焓湿图查阅空气的状态变化过程，可以确定阀厅的温度、相对湿度。

（五）喷水蒸发冷却通风

1. 通风降温过程

室外空气经过过滤和喷水蒸发冷却降温后由送风机送入阀厅，升温后的热空气再由排风机排出室外。

降温过程如图 25-1 所示，室外空气流过被水淋湿的填料，喷洒到填料上的液态水通过吸收空气的显热而汽化，使流经填料的空气被冷却，即干球温度降低，湿球温度不变，空气的含湿量增加。

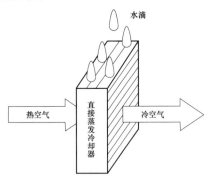

图 25-1　直接蒸发冷却物理过程

阀厅采用水蒸发冷却通风可以降低送风温度，从而减少通风设备的耗电量。

空气处理过程在焓湿图上的情况见图 25-2。经过喷水蒸发冷却器的室外空气由状态点 1（进风干球温度为 t_{gw}）沿等焓线向状态点 2（空气湿球温度 t_{sw}）移动，因蒸发冷却器效率达不到 100%，所以空气只能被冷却到状态点 3（冷却器的空气出口干球温度为 t_{go}）。

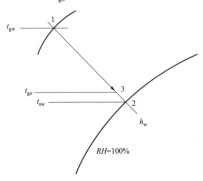

图 25-2　等焓冷却加湿过程

2. 设计计算

蒸发冷却效率可按式（25-3）计算

$$\eta_t = \frac{t_{gw} - t_{go}}{t_{gw} - t_{sw}} \qquad (25-3)$$

式中　η_t——蒸发冷却效率，%（按表 25-1 取值）；

t_{gw}——进风空气的干球温度，℃；

t_{go}——出风空气的干球温度，℃；

t_{sw}——空气的湿球温度，℃。

由式（25-3）可得蒸发冷却后空气出口温度

$$t_{go} = t_{gw} - \eta_t(t_{gw} - t_{sw}) \qquad (25-4)$$

蒸发冷却加湿需水量可按式（25-5）计算

$$G = L(d_s - d_j) \qquad (25-5)$$

式中　G——加湿所需水量，kg/h；

L——处理空气量，kg/h［按式（25-2）计算］；

d_s——出风空气的含湿量，kg/kg 干空气；

d_j——进风空气的含湿量，kg/kg 干空气。

直接蒸发冷却设备的最大小时耗水量应包括水蒸发损失、风吹损失和排污损失，最大小时耗水量应按式（25-6）计算

$$W = 1.1\left(1 + \frac{1}{R-1}\right)\frac{3600Q_z}{r} \qquad (25-6)$$

式中　W——最大耗水量，kg/h；

R——循环水的浓缩倍率，即循环水离子浓度与补水离子浓度的比值，可按 2～4 取值；

Q_z——蒸发冷却机组的制冷量，kW；

r——水的汽化潜热，kJ/kg（可按 20℃时 2454kJ/kg 取值）；

1.1——风吹损失等安全裕量系数。

表 25-1　部分城市蒸发冷却效率

区域划分	湿球温度	城市名称	直接蒸发冷却效率（DEC）
干燥地区	$t_s < 23℃$	拉萨、西宁、乌鲁木齐、昆明、兰州、呼和浩特、银川	85%
中等湿度地区	$23℃ \leq t_s < 28℃$	贵阳、太原、哈尔滨、长春、沈阳、西安、北京、成都、重庆、济南、天津、石家庄、郑州	80%

注　1. 表中湿球温度为夏季空调室外计算湿球温度。

　　2. 表中直接蒸发冷却效率为推荐值。

3. 直接蒸发冷却设备

直接蒸发冷却设备主要包括过滤器、风机、循环水泵、布水排污系统、填料层及箱体等。如图 25-3 所示，水将

水从底部的集水箱送到顶部的布水系统，由布水系统均匀地喷淋在填料上，水在重力的作用下流回集水箱，而室外空气通过填料时，空气在喷水蒸发的作用下被冷却。

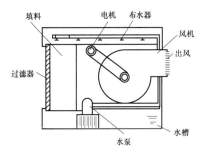

图 25-3　直接蒸发冷却设备结构示意图

（六）通风设备及布置

阀厅通风系统由于风量较大，一般采用离心风机送风，排风机则可以采用离心风机或轴流风机。

通风系统包含的设备较多，为便于布置和维护，一般情况下，可将送风机、空气过滤器、喷水蒸发冷却设备等组合在一个箱体内。如采用轴流风机排风，则轴流风机应布置在阀厅外墙的高位。如采用离心风机排风，可与送风机一起组合在同一箱体内。

组合成箱体式的通风设备，宜布置在室外地面，也可以布置在控制楼屋面，阀厅内通风管道、室内箱体式通风设备的布置要求同阀厅空调系统。

通风系统所有室外电动执行机构和传感器应为防雨型并设置防雨罩，寒冷地区，室外仪表、电动执行机构和传感器应采取防冻措施。

室外布置的空气处理设备功能段缝隙、风管法兰处应采取防雨措施。

箱体式通风设备进风口下缘距室外地坪不宜小于 2m，以免地面扬尘被吸入，进风口及阀厅外墙上的排风口应考虑防雨措施。

在风沙大的地区，进风口应设置防风沙措施，如新风口处设置沉沙井或防沙百叶窗等。

四、空调设计

当通风系统无法保证阀厅室内温度和相对湿度时，特别是在一些高温、高湿地区，阀厅应采用空调系统。

（一）系统组成及工艺流程

图 25-4 所示为某换流站阀厅空调的流程图，采用风冷螺杆式冷（热）水机组+组合式空气处理机组+送/回风管及风口的系统型式，冷水管路采用一台囊式补水定压装置用于补水和定压。

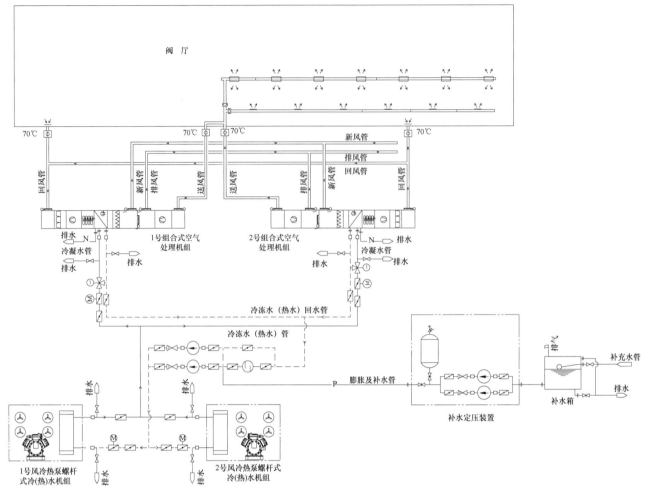

图 25-4　阀厅空调系统流程图

在夏季，由冷（热）水机组提供的冷水被送至空气处理机组内的表冷器，空气处理机组则从阀厅内抽取空气，在机组内进行冷却降温、除湿、过滤处理后再通过送风机送入阀厅，以维持阀厅的温湿度环境。在冬季，根据需要，空气处理机组将利用冷（热）水机组提供的热水加热送入室内的空气。当室外气温低至冷热（水）机组无法启动时，则可启动组合式空气处理机组内的电加热器加热送入室内的空气。

通过调节空气处理机组新风阀门开度使新风量大于渗透风量可使阀厅维持一定的微正压。

在冬、夏之间的过渡季节，室外冷（热）水机组将不投入运行，空气处理机组直接将室外空气过滤后送入阀厅以维持阀厅温湿度和微正压。

（二）设计原则

（1）每个阀厅空调系统应独立设置，空气处理机组及制冷设备应设 100%备用。

（2）进入阀厅的空气应设置不少于两级过滤，过滤等级应满足换流阀的要求，一般情况下，初效过滤器等级宜为 G4，中效过滤器等级宜为 F6，亚高效过滤器等级宜为 H10。

（3）换气次数宜为每小时 0.6～2 次。

（4）阀厅应设置露点检测装置，并采取防止结露的有效措施。

（5）空气处理机组应与火灾信号联锁。

（6）空调设备应采用双电源供电，并配置自动切换装置。

（7）空调系统应设置集中监控系统。

（三）设计计算

空调系统设计计算包括空调负荷计算、风量计算、风管阻力计算、水管阻力计算。

1. 空调负荷计算

（1）空调负荷基本构成。空调负荷计算包括夏季冷、湿负荷和冬季热、湿负荷计算，空调冷、热负荷均由两大部分构成：空调区域负荷与空调系统负荷。

（2）夏季空调冷负荷。夏季空调冷负荷包括空调区域冷负荷和空调系统冷负荷。

1）空调区域冷负荷，应根据以下各项得热量进行逐时计算得出：① 通过围护结构传入的热量；② 照明散热量；③ 设备散热量（由换流阀厂提供）。

2）空调系统冷负荷包括以下几项：① 空调区域冷负荷；② 新风冷负荷；③ 附加冷负荷，包括空气通过风机和风管的温升、风管的漏风量附加，制冷设备和冷水系统的冷量损失，孔洞渗透冷量损失。

（3）冬季空调热负荷。冬季空调热负荷包括空调区域热负荷和空调系统热负荷。

1）空调区域热负荷仅计算围护结构的耗热量，不考虑设备发热量。

2）空调系统热负荷包括以下几项：① 空调区域热负荷；② 加热新风所需的热负荷；③ 附加热负荷（仅计算风管的漏风量附加）。

（4）空调系统夏季及冬季湿负荷。对阀厅空调系统而言，仅为空调系统的新风湿负荷。

（5）计算方法及公式。阀厅空调负荷计算方法及公式详见 GB 50019《工业建筑供暖通风与空气调节设计规范》。

2. 风量计算

空气系统风量应按排风干球温度和进风干球温度之差计算，并加上系统的漏风量，其中风管漏风量一般可取计算风量的 10%，设备漏风量可取计算风量的 5%。

设备制冷量则根据空气处理过程通过焓差计算确定，具体计算方法同本章第二节中全空气集中式空调系统。

选择加热器、表冷器等设备时，应附加风管漏风量；选择通风机时应同时附加风管和设备漏风量。

3. 其他计算

风管及水管阻力计算方法及公式详见中国建筑工业出版社《实用供热空调设计手册》。

（四）空气处理过程

空气的冷却、加热、加湿、净化、降噪处理过程参见本章第二节控制楼全空气集中式空调系统的有关内容。

（五）空调系统冷热源

1. 冷源

空调系统的冷源宜采用人工冷源并独立设置。由于阀厅空调系统冷量一般在 150～800kW 范围内及冷源设备普遍布置在室外，空调系统冷源宜采用由风冷螺杆压缩式冷水机组或风冷模块活塞压缩式冷水机组提供的冷水，根据阀厅对室内温、湿度无精度要求，允许的送风温差大，且室内设备散热负荷常年较大的特点，为了节能考虑，冷水供水温度宜按 10～12℃ 设计，供回水温差宜为 5℃。

2. 热源

当全站设置集中供暖系统时，空调系统宜采用热水作为热源，热水供回水温度宜为 60/50℃。其他情况下，采用热泵型风冷冷水机组，即风冷冷（热）水机组制备的热水作为热源，热水供回水温度宜为 45/40℃。当机组无法启动时，采用电加热器作为空调系统的热源。

（六）空气处理设备

空气处理设备一般采用组合式空气处理机组，机组由回风段、回风消声段、回风机段、排风/新风调节和回风/新风混合段、初效/中效/亚高效过滤段、冷却/加热段、加湿段（需要时）、电加热段、送风机段、送风消声段、送风段及必要的中间段组成。

机组用于实现对空气的冷却、加热、加湿、净化、降噪处理，并通过调节新风、排风、回风阀的比例，控制室内的微正压值。

机组所配风机均采用离心式，宜采用双风机，当空调回风管较短时可采用单风机；当机组风量较小时，采用定频风机；当风量较大时，为了降低启动电流的目的，则采用变频调速风机。

空气处理机组采用表面式空气冷却器，同时可作为风冷冷（热）水机组的热水换热设备用于冬季供暖。但寒冷和严寒地区，当采用供暖热水作为热源时，空气处理机组应另设热水加热盘管。

空气处理机组是否需要设置加湿器，应根据阀厅空调热湿负荷、室内温、湿度要求和室外气候特点，对空气处理过程进行校核后确定。

（七）空调气流组织

阀厅常用的气流组织型式有以下 3 种：

（1）上送下回。送风管布置在阀厅屋架上方，通过射流风口向下送风，回风口布置在阀厅下部，如图 25-5 所示。此型式无地下风道，风管布置在屋架上方，为了使送风射流达到一定的距离，送风速度要高。当阀厅高度较高时，夏季冷气流往往不宜到达阀厅下部，冬季供暖时，热气流更不易到达阀厅下部，可采用增加扰流风机的方式加以解决。

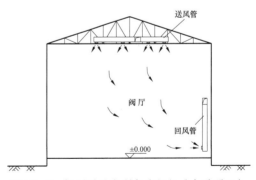

图 25-5　阀厅通风空调气流组织（上送下回）

（2）下送上回。通过地下风道和送风格栅向阀厅上送风，回风口布置在阀厅屋架下方，如图 25-6 所示。

在夏季，气流受热自然上升，符合空气的热动力特性，所以气流顺畅，温度场呈下低上高分布，水平回风管布置在屋架下方，布置较为方便。在地下岩石比较多且坚硬地区，地下开挖难度和工程量均较大。在地下水位较高和相对湿度较大的地区，地下风道会导致送风含湿量增加。另外，地下风道与阀厅地下电缆沟存在交叉的可能。

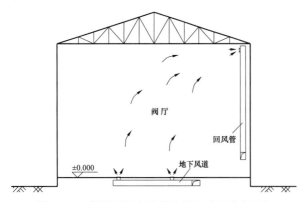

图 25-6　阀厅通风空调气流组织（下送上回）

（3）上送及下送、中部回风。屋架上方布置风管和射流向下送风，地下风道和送风格栅上送，回风口设置在阀厅中部位置，如图 25-7 所示。

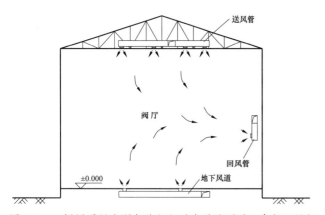

图 25-7　阀厅通风空调气流组织（上送及下送、中部回风）

此型式由于是上下送风，上部风口的气流射程短，阀塔区域内气流均衡且垂直方向温度梯度小，风管布置难易程度和工程量介于以上 2 种形式之间，不利方面同下送上回送风形式。

（八）设备及管道布置

设备及管道布置应符合以下要求：

（1）所有设备的布置和管道连接应符合工艺流程，应便于安装、操作与维修以及风冷冷（热）水机组的散热，设备、水管、风管、电缆桥架的布置应排列有序，做到整齐美观。

（2）风冷冷（热）水机组可布置在阀厅室外地面，如图 25-8 所示；也可布置在控制楼屋面，如图 25-9 所示。

（3）对于空气处理机组而言，在北方天气寒冷地区，为了设备的防冻，空气处理机组宜布置在控制楼空调设备室，如图 25-10 所示。南方地区，空气处理机组可布置在控制楼空调设备室，为了达到节省控制楼建筑面积的目的，组合式空气处理机组可布置在阀厅室外地面，如图 25-8 所示，也

可布置在控制楼屋面，如图 25-9 所示。

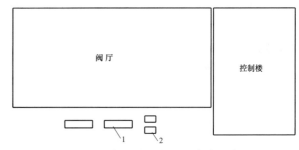

图 25-8　阀厅通风空调设备地面布置
1—组合式空气处理机组；2—风冷冷（热）水机组

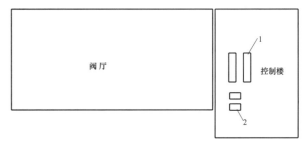

图 25-9　阀厅通风空调设备屋面布置
1—组合式空气处理机组；2—风冷冷（热）水机组

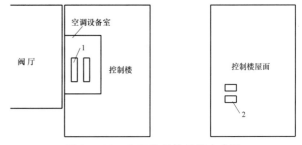

图 25-10　空气处理机组室内布置
1—组合式空气处理机组；2—风冷冷（热）水机组

（4）室外布置的空气处理机组及风管，应加强机组功能段之间缝隙以及风管法兰处的密封，机组顶部可采取设置挡雨板的措施防雨，空气处理机组箱体的隔热层不宜小于40mm。

（5）所有室外电动执行机构和传感器应为防雨型并设置防雨罩。寒冷地区，室外仪表、电动执行机构和传感器应采取防冻措施。

（6）空气处理机组新风口下缘距室外地坪不宜小于2m，以免地面扬尘被吸入，在风沙大的地区，新风口应采取防风沙措施，如新风口处设置沉沙井、防沙百叶窗。新风口及阀厅外墙上的排风口应考虑防雨措施。

（7）阀厅内风管的布置应合理规划，垂直风管应尽可能靠柱边和墙边布置，并满足与电气设备和套管之间的带电距离要求。风管应避免与阀冷却水管、屋架、光缆桥架冲突。

（8）屋架上方风管的送风口宜选用可调节送风角度和风

量的射流风口，屋架上方的送风口不应布置在阀塔正上方，以免风口表面的冷凝水滴落到阀塔上。

（9）地下风道内壁应光滑并刷防尘防霉涂料，地面格栅送风口宜采用不锈钢制作并带铝合金风量调节阀，格栅的强度应能够承受阀厅检修车的荷载。格栅风口与地下风道之间

不需固定，可作为地下风道的清扫口。

（10）当空气处理机组及辅助设备布置在空调设备室时，空调设备室宜靠近阀厅。图 25-11 所示为某换流站极 1 高端阀厅空调设备间设备及水管平面布置情况。

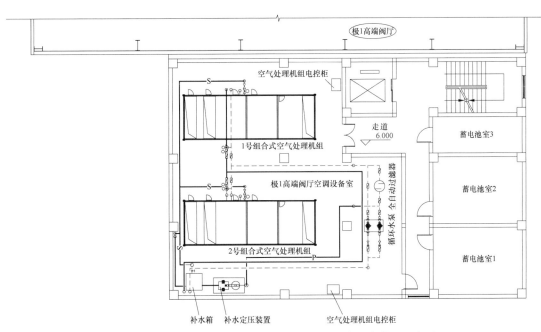

图 25-11　换流站极 1 高端阀厅空调设备间设备及水管平面布置图

（11）空调设备及管道布置的其他要求参见本章第二节全空气空调系统的相关部分。

（九）空调集中监控系统设计

阀厅空调系统应设置集中监控系统，由于与控制楼全空气中央空调系统的集中监控相同，可参见本章第二节控制楼空调集中监控系统设计的有关内容。

五、防火及排烟设计

（一）防火及排烟功能

（1）使空调系统与阀厅隔绝，防止火种通过风道进入阀厅。

（2）在确认火灾已经被扑灭且不能复燃的情况下，启动排烟系统，消除阀厅内烟气、异味及有害物质，为工作人员进入阀厅迅速检修和恢复生产提供保障。

（二）设计原则

（1）阀厅通风及空气处理设备应与火灾信号联锁，火灾时其电源应被自动切断。

（2）送、回风总管穿过阀厅外墙及地下风道处应设置防火阀。

（3）空调设备、风道及附件材料、保温材料应采用不燃型。

（4）排烟口应设置在屋架上方，排烟换气次数宜按每小时 0.25～0.5 次计算。

（5）排烟风机进口处应设置 280℃熔断关闭的全自动防火阀并与排烟风机联锁。

（6）当利用空调系统的回风机和回风道排烟时，风管上应设置必要的控制阀门进行工况切换。

第二节　控制楼供暖通风及空调

一、室内环境标准

控制楼一般为 2～4 层的建筑物且紧靠阀厅布置，为了保证工艺设备的正常运行和为运行人员提供舒适的工作环境，室内应保持一定的环境标准，工艺房间的室内温湿度等要求应由电气专业提出，当无明确要求时可按表 25-2 选用。

表 25-2　控制楼室内空气计算参数推荐值

房间名称	夏季 温度（℃）	夏季 相对湿度（%）	冬季 温度（℃）	冬季 相对湿度（%）
主控制室	26～28	50～70	18～20	50～70
控制保护设备室	26～28	50～70	16～18	50～70

续表

分类 房间名称	夏　季		冬　季	
	温度 （℃）	相对湿度 （%）	温度 （℃）	相对湿度 （%）
通信机房	26～28	50～70	16～18	50～70
阀冷却控制设备室	26～28	≤70	16～18	
交流配电室	≤35			
蓄电池室	≤30		20	
阀冷却设备室	30～35		5	
二次备品室	≤30	≤60	5	≤60
办公室、会议室和 交接班室	26～28		16～18	
资料室	26～28	≤70	16～18	≤70

注　表中蓄电池室内布置的是阀控式密封铅酸蓄电池，当布置的是固定型排气式铅酸蓄电池时，夏季室内温度不做规定，冬季室内温度宜维持在18℃。

二、供暖设计

（一）系统型式

严寒、寒冷地区的换流站，当换流站附近有城市供暖热网、区域供暖热网、电厂蒸气或热水等外部热源时，全站应充分利用外部热源设置热水集中供暖系统，在此情况下，控制楼供暖热源宜采用95/70℃的热水。其他情况下，控制楼应采用分散式电热供暖系统。

（二）设计原则

（1）控制楼宜利用空调系统用于冬季供暖，供暖能力不足或空调系统无法运行时，应增加供暖设施。

（2）供暖热水管不得进入电气和通信设备间。

（3）蓄电池室热水散热器应采用耐腐蚀型，电取暖器应选用防爆型，防爆等级应为ⅡCT1（即为Ⅱ类，C级，T1组）。

（4）电取暖设备应配备温度控制器。

（5）严寒、寒冷地区的交流配电室，当冬季室内温度有可能低于−5℃时，应设置采暖设施，室内温度按5℃设计。

（三）设计计算

1. 冬季供暖负荷

冬季供暖负荷计算详见 GB 50019《工业建筑供暖通风与空气调节设计规范》。

2. 通风耗热量

蓄电池室冬季围护结构耗热量宜由散热器承担，冬季连续运行的排风热损失应由热风装置补偿，热风系统的通风耗热量按式（25−7）计算

$$Q = 0.28cL_S\rho_S(t_s - t_w) \qquad (25-7)$$

式中　Q——通风耗热量，W；

　　　c——空气比热容，取 1.01kJ/（kg·℃）；

　　　ρ_S——空气密度，kg/m³；

　　　L_S——送风量，m³/h；

　　　t_s——送风温度，℃；

　　　t_w——室外通风计算温度，℃。

三、通风设计

通风设计包含交流配电室、蓄电池室、阀冷却设备室，其他常规房间的通风不再详述。

（一）交流配电室通风

交流配电室对环境温度要求为−5℃～35℃，相对湿度应保证不产生结露现象，同时室内空气应保持洁净。

1. 设计原则

（1）当周围环境洁净时，宜采用自然进风、机械排风系统；当周围空气含尘严重，应采用机械送风系统，进风应过滤，室内保持正压。

（2）夏季通风室外计算温度大于等于30℃的地区，通风系统宜采取降温通风措施。在蒸发冷却效率达到80%以上的中等湿度及干燥的地区，宜采用喷水蒸发冷却降温，其他地区则采用表冷器降温。

（3）无可开启外窗的交流配电室，应设换气次数不少于每小时 6 次的灭火后排风装置。用于排除室内设备散热的排风机，可兼作灭火后通风换气用。

（4）机械送风系统的空气处理设备宜按 2×50%设计风量配置。

（5）通风机应与火灾信号联锁。

（6）通风机应设置自动控制装置，可根据房间温度设定值或时间设定值自动启停，同时风机的启停也可手动控制。

2. 通风负荷

（1）盘柜散热量应由设备制造厂提供，当缺乏数据时，可按表25−3取值。

表 25−3　电气盘柜散热量

电气盘柜类别	每面散热量（W）
10kV 或 35kV 高压开关柜	200～300
380/220V 低压配电柜	250～350
控制柜	200～250

（2）当配电室内布置有干式变压器时，应计算干式变压器的散热量。

干式变压器的散热量由负载功率损耗（短路损耗）和空载功率损耗两部分组成，按式（25−8）计算

$$Q = P_{ul} + P_{lo} \qquad (25-8)$$

式中 Q——变压器散热量，W；

P_{ul}——变压器空载功率损耗，W；

P_{lo}——变压器负载功率损耗，W。

干式变压器的负载功率损耗和空载功率损耗应由设备制造厂提供，当缺乏数据时，可按表 25-4 取值。设置互备或专备变压器时，散热量为运行变压器的散热量与互备或专备变压器的空载功率损耗之和。

表 25-4 干式变压器的空载功率损耗和负载功率损耗

额定容量（kVA）	高压（kV）	低压（kV）	空载功率损耗（W）	不同绝缘耐热等级下的负载功率损耗（W）		
				B（100℃）	F（120℃）	H（145℃）
30			220	710	750	800
50			310	990	1060	1130
80			420	1370	1460	1560
100			450	1570	1670	1780
125			530	1840	1960	2100
160			610	2120	2250	2410
200			700	2510	2680	2870
250			810	2750	2920	3120
315	6~11	0.4	990	3450	3670	3930
400			1100	3970	4220	4520
500			1310	4860	5170	5530
630			1510	5850	6220	6660
800			1710	6930	7360	7880
1000			1990	8100	8610	9210
1250			2350	9630	10 260	10 980
1600			2760	11 700	12 400	13 270
2000			3400	14 400	15 300	16 370
2500			4000	17 100	18 180	19 460

（3）10kV 或 35kV 交流配电室共箱母线的散热量（负载时）可按每根 100~150W/m 进行估算，主母线按 80%计，分支母线按 100%计。

（4）通风负荷为干式变压器散热量、盘柜散热量和共箱母线散热量的总和，当采用降温通风且室内外温差大于 5℃时，还应包括围护结构的得热量。

3．空气直接冷却通风

通风系统直接从室外机械进风或自然进风，利用室外空气和室内空气的温差进行降温，升温后的空气再由风机排出室外。

排热通风量按式（25-9）计算

$$L = \frac{3\,600Q}{\rho c(t_p - t_j)} \qquad (25-9)$$

式中 L——排热通风量，m³/h；

Q——通风负荷，kW；

c——空气的比热，1.01kJ/（kg·℃）；

ρ——空气的密度，kg/m³；

t_p——排出空气的温度，℃；

t_j——进入空气的温度，℃。

换气通风量按式（25-10）计算

$$L = nV \qquad (25-10)$$

式中 L——换气通风量，m³/h；

n——换气次数，1/h；

V——房间体积，m³。

4．降温通风

（1）表冷器冷却降温通风。通风系统设置表冷器，当室外通风设计温度高于室内设计温度，室外空气焓值高于室内焓值时，室外空气不进入室内，只有室内空气的循环流动，并通过表冷器对循环空气进行降温处理,通风系统宜设置可调节的新风口，以便在室外温度降低且焓值低于室内值时，通风系统的进风由循环风切换至新风。室外空气处理分区见图 25-12。

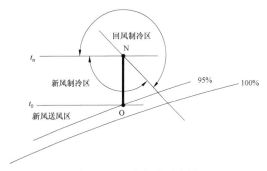

图 25-12 空气处理分区
t_n—室内温度；t_o—送风温度

空气处理设备送风量应按排风干球温度和进风干球温度之差计算确定，设备制冷量则根据空气处理过程通过焓差计算确定。具体计算方法同全空气空调系统。

表冷器冷源采用人工冷源，如利用控制楼空调制冷机组提供的冷水。

（2）喷水蒸发冷却通风。室外空气经过喷水蒸发冷却降温后由送风机送入交流配电室，升温后的热空气再由排风机排出室外。原理及有关计算可参见本章第一节阀厅通风设计的有关内容。

5．设备及风管布置

设备及风管布置应符合以下要求：

（1）进风口应尽量设置在空气洁净、非太阳直射区。机械送风系统进风口下缘距室外地坪不宜小于 2m。

（2）室内空气宜从低热强度区向高热强度区流动，排风口宜布置在房间的高热强度区，并设在房间的上部，同时应避免进风、排风短路。

（3）布置有干式变压器的交流配电室，当采用自然进风、机械排风系统时，排风口宜靠近干式变压器的排热口布置。当采用风管送风、机械排风系统时，应合理组织通风气流，避免干式变压器周围局部区域形成高温。

（4）所有通风进风口、排风口为防雨型，并设置防止小动物、昆虫进入室内的不锈钢网或铝板网。

（5）风沙较大地区，进风口和排风口都应考虑防风沙措施，如设置电动风阀及防沙百叶窗等。

（二）蓄电池室通风

1. 蓄电池分类及室内空气设计参数

换流站常用的蓄电池通常为阀控式密封（免维护式）铅酸蓄电池和固定型排气式铅酸蓄电池 2 种，其中阀控式密封（免维护式）铅酸蓄电池在换流站应用较多。蓄电池室室内空气设计参数详见表 25-5。

表 25-5　蓄电池室内空气设计参数表

建筑物或房间名称	夏季		冬季		换气次数
	温度	湿度	温度	湿度	
	℃	%	℃	%	每小时的次数
阀控式密封铅酸蓄电池室	≤30	—	20	—	≥3（正常）≥6（事故）
固定型排气式铅酸蓄电池室	—	—	18	—	≥6
调酸室	—	—	10	—	≥5

2. 设计原则

（1）阀控式密封铅酸蓄电池室通风设计原则如下：

1）当室内未设置氢气浓度检测仪时，平时通风系统排风量应按换气次数不少于每小时 3 次计算，排风机宜按 2×100% 配置；事故通风系统排风量应按换气次数不少于每小时 6 次计算。排风可由 2 台平时通风用排风机共同保证。

2）当室内设置氢气浓度检测仪时，事故通风系统排风量应按换气次数不少于每小时 6 次计算，风机宜按 2×50% 配置，且应与氢气浓度检测仪联锁。当空气中氢气体积浓度达到 0.7% 时，事故排风机应自动投入运行。

3）当夏季通风系统不能满足设备对室内温度的要求，需要采取降温措施时，降温设备可采用防爆型空调机，并应与氢气浓度检测仪联锁，空气中氢气体积浓度达到 0.7% 时应能自动停止运行。

4）进风宜过滤，室内应保持负压。

5）冬季送风温度不宜高于 35℃，并应避免热风直接吹向蓄电池。

6）排风系统不应与其他通风系统合并设置，排风应排至室外。

7）风机及电机应采用防爆型，防爆等级应不低于氢气爆炸混合物的类别、级别、组别（ⅡCT1），通风机及电机应直接连接。室内不应装设开关和插座。

8）风机应与火灾信号联锁。

9）通风系统的设备、风管及其附件，应采取防腐措施。

（2）固定型排气式铅酸蓄电池室通风设计原则如下：

1）通风换气量按室内空气最大含氢量的体积浓度不超过 0.7% 计算，且换气次数不少于每小时 6 次，调酸室通风换气次数不宜少于每小时 5 次，且下部排风量为总排风量的 2/3，上部排风量为总排风量的 1/3。排风机不应少于 2 台。

2）当采用机械进风、机械排风系统时，排风量至少比送风量大 10%。

3）其他要求同阀控式密封铅酸蓄电池室的 4~9 条。

3. 设备及风管布置

排风系统的吸风口应设在上部，上缘距顶棚平面或屋顶的距离不应大于 0.1m，如图 25-13 A-A 及图 25-14 B-B 所示，调酸室的吸风口下缘与地面距离不应大于 0.3m。

蓄电池室不允许吊顶，为保证通风气流通畅，应与土建专业配合，尽量保证顶棚不被结构梁分隔成多个部分，蓄电池室通风如图 25-13 所示。当土建结构梁不能上翻，蓄电池室的顶棚被梁分隔时，每个分隔均应设置吸风口，如图 25-14 所示。

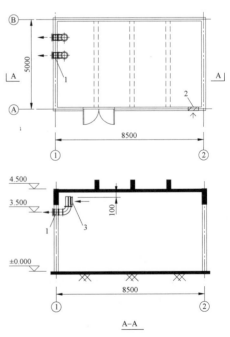

图 25-13　蓄电池室通风布置图（一）

1—防爆防腐轴流风机；2—进风百叶窗；3—吸风口

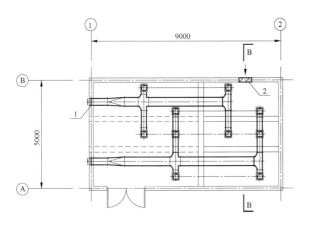

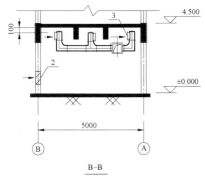

图 25-14 蓄电池室通风布置图（二）
1—防爆防腐轴流风机；2—进风百叶窗；3—吸风口

（三）阀冷却设备室通风

阀冷却设备室冷却水循环水泵电机散热量较大，且阀冷水管的夏季水温将达到 50℃以上，若不采取排热或降温措施，室内温度将会很高，不利于安装在设备和管道上的传感器、控制元器件、仪表的正常运行。因此，阀冷却设备室应采取机械通风方式排热和排湿气。

1. 设计原则

（1）阀冷却设备室夏季室内环境温度不宜高于 35℃。

（2）通风量应按排除室内设备及管道散热量来确定，同时满足通风换气次数不小于每小时 5 次的要求。

（3）当周围环境洁净时，宜采用自然进风、机械排风系统；当周围空气含尘严重时，应采用机械送风系统，进风应过滤，室内保持正压。

（4）当通风系统不能满足降温要求时，应设置降温措施。

（5）风沙较大地区，进风口和排风口都应考虑防风沙措施，如设置电动风阀或防沙百叶窗等。

（6）通风机应设置自动控制装置，可根据房间的温度设定值或时间设定值自动启停，同时风机的启停也可手动控制。

（7）寒冷及严寒地区，通风系统进、排风口应设可关闭的阀门。

2. 通风量计算

通风热负荷应为设备及管道的散热量与围护结构得热量之和，其中设备及管道的发热量应由设备制造厂提供，排热

通风量按式（25-9）计算，进风温度取当地夏季通风室外计算干球温度，排风温度取 30~35℃。

四、空调设计

（一）系统型式

控制楼空调系统主要有以下型式：

（1）全空气集中式空调系统：空调房间的冷（湿）负荷全部由送风空气承担。由空气处理机组实现对空气的冷却、加热、加湿、除湿、过滤、降噪处理，并可提供新风以保证室内空气品质；通过调节风阀的刀度可以控制空调房间的正压值；通过调节新风量的比例实现空调系统的节能运行。

（2）空气—水集中式空调系统：空调房间的冷负荷由冷水系统承担。由空调末端设备实现对空气的冷却、加热、除湿处理，空调末端设备一般采用风机盘管、柜式空气处理机组、新风机组。

（3）多联空调系统：由室外机连接数台相同或不同型式、容量的直接膨胀式室内机构成的单一制冷循环系统。室外机可根据需要调节压缩机制冷剂循环量并供给各室内机，因此多联空调系统也称变制冷剂流量（Varied Refrigerant Volume，VRV）空调系统。室内机分布在不同的房间内承担对空气的冷却、加热、除湿功能。

（4）分散式空调系统：空调房间的冷负荷由风冷分体式空调机组承担。

（二）系统设计

1. 型式选择

（1）对于高温、高湿地区，控制楼宜采用全空气集中式空调系统；对于干燥和凉爽地区，控制楼宜采用多联空调系统。

（2）当控制楼设置冷（热）水机组为空调系统提供冷（热）水时，对于允许冷（热）水管进入的房间如办公室、会议室、交接班室、阀冷却设备室等可设置空气—水集中式空调系统。

（3）当换流站设置主、辅控楼时，辅控楼工艺房间数量通常较少，此时宜设置多联空调系统或分散式空调系统。

2. 设计要点

（1）空调冷（热）水管不允许进入电气设备间，如主控制室、控制保护设备室、通信机房、阀冷却控制设备室、交流配电室等。

（2）规划全空气集中式空调系统、空气—水集中式空调系统及多联空调系统时，设备区和运行人员工作区空调系统宜分别或独立设置。

（3）长期有人工作或值班房间应有满足卫生要求的每人每小时 30m³ 的新鲜空气量。

（4）夏季室外炎热潮湿地区，电气二次备品室宜设置除湿机。

（5）风冷冷（热）水机组宜按 2×100% 或 3×50% 容量设计，配套的冷水循环泵应一用一备，空气处理机组宜按照设计冷负荷及风量的 2×100% 或 3×50% 配置。

（6）当主控制室、控制保护设备室、通信机房、阀冷却控制设备室、阀冷却设备室、蓄电池室、交流配电室采用多联空调系统时，其室内外机均应设 100% 备用；当设置分散式空调系统时，以上房间的空调设备备用率不应低于 50%。

（7）蓄电池室空调室内机应采用耐腐蚀且防爆型，防爆等级应为 ⅡCT1（即为 Ⅱ 类，C 级，T1 组）。

（8）空调系统应与供暖系统及通风系统设置专用的电源柜，采用双电源供电并配自动切换装置。

（三）空调负荷计算

1. 空调负荷基本构成

空调负荷计算包括夏季冷、湿负荷和冬季热、湿负荷计算，空调冷、热负荷均由两大部分构成：空调区域负荷与空调系统负荷。

2. 夏季空调冷负荷

（1）空调区域冷负荷应根据以下各项得热量进行逐时计算得出：

1）通过围护结构传入的热量。

2）外窗进入室内的太阳辐射热量。

3）人体散热量。

4）照明散热量。

5）设备散热量（由设备制造厂提供）。

6）渗透空气带入的热量（仅对无新风的房间）。

（2）空调系统冷负荷包括以下几项：

1）空调区域冷负荷。

2）新风冷负荷。

3）附加冷负荷，包括空气通过风机和风管的温升、风管的漏风量附加，制冷设备和冷水系统的冷量损失，孔洞渗透冷量损失。

3. 冬季空调热负荷

（1）空调区域热负荷仅计算围护结构的耗热量，不考虑设备发热量。

（2）空调系统热负荷包括以下几项：

1）空调区域热负荷。

2）加热新风所需的热负荷。

3）附加热负荷（仅计算风管的漏风量附加）。

4. 空调系统夏季湿负荷

空调系统湿负荷包括人体散湿量和渗透空气带入的湿量（仅对无新风的房间）。

5. 空调系统冬季湿负荷

冬季室内的余湿量可以不计算。当室外新风的相对湿度

较低时，则需要计算空调系统的加湿量。

6. 计算公式

空调负荷计算方法及公式详见 GB 50019《工业建筑供暖通风与空气调节设计规范》。

（四）全空气空调系统

1. 系统组成及工艺流程

图 25-15 示意了某换流站主控楼空调系统流程图，其中一层和二层采用了全空气集中式空调系统，空调系统由风冷螺杆式冷（热）水机组、组合式空气处理机组、送/回风管及风口所组成，冷水管路设高位水箱用于补水和定压。

在夏季，由冷（热）水机组提供的冷水被送至空气处理机组内的表冷器，空气处理机组则从主控楼各房间抽取空气，在机组内进行冷却降温、除湿、过滤处理后再通过送风机送入各空调房间，以维持室内的温湿度环境。在冬季，根据需要，空气处理机组将利用冷（热）水机组提供的热水加热送入室内的空气，当室外气温低至冷热（水）机组无法启动时，则可启动组合式空气处理机组内的电加热器加热送入室内的空气。

在冬、夏之间的过渡季节，室外冷（热）水机组将不投入运行，空气处理机组直接将室外空气过滤后送入各空调房间以维持室内温湿度。

2. 送风量的确定

将空调系统所担负的各空调房间的风量相加，再加上系统的漏风量即可计算出系统的送风量。

系统的漏风量可按风管漏风量和设备漏风量分别计算。风管漏风量取计算风量的 10%，设备漏风量取计算风量的 5%。

选择加热器、表冷器等设备时，应附加风管漏风量；选择通风机时应同时附加风管和设备漏风量。

3. 新风量的确定

新风量不应小于下列 3 项计算风量中的最大值：

（1）全部设备间空调系统总送风量的 5%，加上其他人员值班和工作间空调系统总送风量的 10%。

（2）满足卫生要求需要的风量，应保证每人不小于每小时 30m³ 的新鲜空气。

（3）当电气设备间需要维持一定的正压值时，保持室内正压所需要的风量，室内正压值宜为 5Pa 左右。

4. 风道内风速

确定空调系统风管内的风速时，应综合考虑其经济性、消声要求和风管的断面尺寸限制等因素。根据换流站空调系统的特点，空调风道的设计风速可按下列数据选取：总风管和总支管为 8~12m/s；无送、回风口的支管为 6~8m/s；有送、回风口的支管为 3~5m/s。

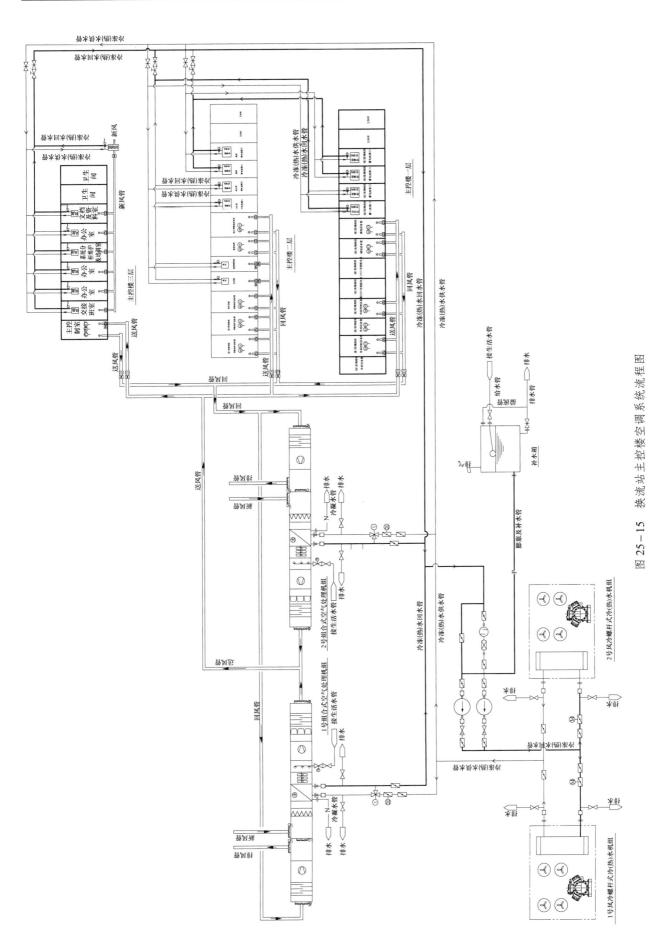

图 25-15　换流站主控楼空调系统流程图

风管阻力计算方法及公式详见中国建筑工业出版社《实用供热空调设计手册》。

5. 气流组织

气流组织的设计应注意以下要点：

（1）送风方式一般采用侧送、散流器平送或下送。采用侧送时应尽量采用贴附射流，回风口宜设在空调房间的下部；采用散流器送风时，回风可采用上回方式。

（2）送、回风口风速取值应满足下列要求：

1）采用侧送或散流器平送时，送风口的风速宜采用3～5m/s。

2）采用散流器下送风时，送风口风速宜采用3～4m/s。

3）回风口设在空调房间的上部时，回风口风速宜选用4～5m/s。

4）回风口设在空调房间的下部，不靠近操作位置时，回风口的风速宜选用3～4m/s；靠近操作位置时，宜选用1.5～2m/s。

6. 制冷负荷计算

图25－16所示为控制楼典型的空气处理过程焓湿图，空调设备的制冷负荷按式（25－11）计算

$$Q_{ch} = 0.28L(h_m - h_b) \qquad (25-11)$$

式中　Q_{ch}——空调设备的制冷负荷，W；

　　　L——空调系统送风量，kg/h；

　　　h_b——表面冷却器空气最终状态点的热焓，kJ/kg；

　　　h_m——混合空气状态点热焓，kJ/kg。

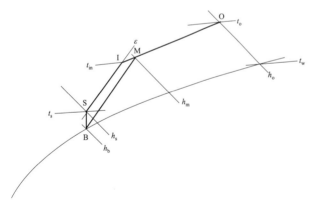

图25－16　空气处理过程焓湿图

B—表冷器空气最终状态点；O—室外空气状态点；I—室内空气状态点；M—混合空气状态点；S—送风状态点；t_w—室外空气湿球温度

7. 空气的冷却

换流站控制楼空调系统宜采用人工冷源。按照冷媒种类，常用的表冷器有水冷式和直接膨胀式。水冷式表冷器以水作为冷媒，通过与空气进行间接热交换，带走空气的显热和潜热，达到冷却空气的目的；直接膨胀式空气冷却器（即蒸发器）则是以制冷剂作为冷媒，通过蒸发器与空气进行间接热交换。

采用表冷器时，应注意以下设计要点：

（1）水冷式表冷器应在设计工况的计算负荷基础上附加15%～20%的余量。

（2）空气与冷媒应反向流动，表冷器或蒸发器迎风面的空气质量流速宜采用2.5～3.5kg/（m²·s）。

（3）水冷式表冷器的冷水进口温度，应比空气的出口干球温度至少低3.5℃，冷水的温升宜为2.5～6.5℃。目前常用的冷水冷媒进出口的温度为7/12℃，管内水流速宜采用0.6～1.5m/s。

（4）水冷式表冷器的排数应通过计算确定，一般情况下宜采用4～6排，不宜超过8排。用于新风处理时，一般宜为4～8排，不宜少于4排。

（5）直接膨胀式空气冷却器的负荷应在设计工况的基础上附加10%～15%的余量。

（6）直接膨胀式空气冷却器的蒸发温度，应比空气的出口干球温度至少低3.5℃，同时要考虑防止其表面结霜。

8. 空气的加热

当空调系统需要加热时，一次加热应在空气处理机组中进行，二次加热应根据具体工程情况，可在空气处理机内加热，也可在风道内加热。换流站空气加热器一般采用2种空气加热器：热水空气加热器和电加热器。

采用空气加热器时，应注意以下设计要点：

（1）热水空气加热器面积应考虑积灰结垢等因素，传热面积宜在计算面积的基础上附加10%～20%。

（2）计算热水空气加热器的压力损失时，对空气侧应考虑1.1的安全系数，对水侧应考虑1.2的安全系数。

（3）电加热器的配用功率及级数，应按不同加热方式和调节方式计算确定。

（4）电加热器应与风机联锁；安装有电加热器部分的金属风道，应有可靠的接地；安装电加热器处的前后800mm范围内的风管，应采用不导电的不燃材料进行保温，与电热段连接的风管法兰，其垫片和螺栓均应绝缘。

（5）电加热器应设计超温保护装置。

9. 空气的加湿与除湿

（1）空气的加湿：通常采用高压喷雾加湿器、高压微雾加湿器、水喷淋湿膜加湿器等对空气进行加湿处理。

（2）空气的除湿：利用表冷器将含湿量较高的空气进行等湿冷却至饱和状态，然后根据除湿量的大小进一步降温处理，使其在饱和状态下降低绝对含湿量，最后通过加热器升温至送风状态，达到除湿的目的。

10. 空气的净化

采用空气过滤器时，应注意以下设计要点：

（1）室外新风和室内回风，在进入热湿（质）交换处理之前，必须先经过过滤处理。

（2）如果周围空气环境良好，可采用初效过滤器进行净化处理；当室外空气环境较差时，宜采用初效加中效两级过滤。

（3）空气通过过滤器时的风速，宜取 0.4～1.2m/s。

（4）在空气过滤器的前、后，应设置压差指示装置，以便能及时地更换过滤器，确保空调送风的品质。

（5）过滤器选用易更换、易清洗型。

11. 噪声控制

空调设备和风道引起的噪声，均能通过风道等途径传入空调房间，与其他噪声合并，形成室内复合噪声。控制楼内有人员值班、工作的房间和设备间可参照 GB/T 50087《工业企业噪声控制设计规范》中的有关规定执行，主控制室、办公室、会议室、交接班室等房间的噪声控制标准为 60dB（A），控制保护设备室、通信机房、交流配电室等的噪声控制标准为 70dB（A）。

噪声控制应注意以下设计要点：

（1）动力设备如空气处理机组内的离心风机、暖风机、通风用轴流风机等，应选用低噪声型。

（2）组合式空调机组应设计消声段，尽可能把机组产生的噪声消除或最大程度地减弱，主送、回风道上应设计风道消声器，进一步控制机组产生的噪声向空调房间扩散。

（3）送、回风道，特别是主风管内的空气流速不宜太高，风管内的风速宜按表 25-6 选用。

表 25-6　空调风管内的风速

室内允许噪声级 ［dB（A）］	主管风速 （m/s）	支管风速 （m/s）
25～35	3～4	≤2
35～50	4～7	2～3
50～65	6～9	3～5
65～85	8～12	5～8

（4）空调送风口应选用流线型的，一般可选用方形或圆形散流器。

12. 空气处理机组

空气处理机组是全空气集中式空调系统的关键设备，机组具备的功能包括：空气的加热和冷却、空气的加湿和除湿、空气的净化、空调系统的消噪、控制新风/排风/回风的比例。

空气处理机组采用功能段组合式结构，一般由回风段、排风/新风调节及回风/新风混合段、过滤段、表冷段、辅助加热段、加湿段、消声段、风机段、中间检修段、送风段组成。按其结构可分为立式和卧式 2 种，最常用为卧式。

13. 空气处理机组及管道布置

在北方天气寒冷地区，为了设备的防冻，空气处理机组一般布置在控制楼空调设备间。南方地区，空气处理机组可以布置在控制楼空调设备间，也可将组合式空气处理机组布置在控制楼屋面或室外地面。

空气处理机组及管道布置应注意以下设计要点：

（1）空调设备间布置要求如下：

1）应有良好的通风及采光设施。在寒冷地区，应设计供暖系统以维持室内一定的环境温度。

2）宜有一面外墙便于设置新风口和排风口。

3）地面或楼面宜有 0.005 的排水坡度，并应设地漏以及清洗过滤器的水池。

4）应考虑空气处理机组第一次进入设备间的通道，如果从外门、楼梯无法搬运时，可考虑在土建未砌墙时，先将机组搬运至设备间。

（2）设备布置和管道连接，应符合工艺流程，并做到排列有序、整齐美观，并应便于安装、操作与维修。机组及辅助设备与配电盘之间的距离和主要通道的宽度不应小于 1.5m；与非主要通道的宽度，不应小于 0.8m。兼作检修用的通道宽度，应根据拆卸或更换设备、部件的尺寸确定，同时还要考虑操作阀门的空间。

（3）冷凝水的积水盘排水点应设水封，并应考虑水封的安装空间。

（4）室外空气处理机组的顶部应考虑防雨措施，以免雨水顺着功能段间的缝隙进入机组内。

（5）风管、水管、电缆穿屋面处的开孔或预留孔，应配合土建做好防水设计。电缆穿屋面处应设防火封堵。

（6）布置在室外地面的空气处理机组及辅助设备，从空调配电控制柜至各设备的电缆宜布置在电缆沟内并辅以少量预埋管；设备布置在屋面时，电缆宜布置在专用桥架内。

（7）新风进风口应设置在室外空气较洁净的地点，新风口应考虑防雨措施。在风沙较大地区，新风口不应布置在主导风向，且新风口应设置防沙百叶或设置沉沙井等防沙措施。排风口也应采取防沙措施。

（8）室外配电柜面板应采用不锈钢材质，防护等级为 IP55，室外布置的电机、传感器、电动执行机构均应设置不锈钢防雨罩。当有冻结可能时，空气处理机组及辅助设备的元器件、测量表计、传感器等要采取有效的防冻及防雪措施。

（9）空气处理机组及辅助设备布置在室外地面或屋面时，应放置在混凝土基础上，基础高出地面或建筑屋面的高度宜为 0.2～0.4m。

（10）空调系统的风管，当符合下列条件之一时，应设防火阀：

1）穿越空调设备间的隔墙和楼板处。

2）通过重要设备或火灾危险性大的房间隔墙和楼板处。

3）穿越变形缝处的两侧。

（11）空调风管不宜穿过防火墙和非燃烧体楼板，如必须穿过，应在穿过处设置防火阀，且在防火阀两侧各 2m 范围内的风管保温材料应采用不燃材料，穿越处的空隙应采用不燃烧材料填塞。

（12）下列空气调节设备及管道应保温：

1）冷（热）水管道和冷水箱。

2）冷风管及空气调节设备。

3）室内布置的冷凝水管。

（13）设备和管道保温及保护应符合下列要求：

1）保温层的外表面不得产生冷凝水。

2）保温层的外表面应设隔汽层。

3）管道和支架之间应采取防止"冷桥"的措施。

4）明装风管及水管保温层外应设金属保护层。

（14）室外布置的空调设备，应考虑设备冲洗用水龙头和检修用电源箱。

（15）寒冷地区，对于室外布置的空气处理设备和水管，宜采用在循环介质水中加入防冻液（乙二醇）用于冬季防冻。

（16）空调系统的噪声和振动的频率特性及传播方式，通过计算确定，对于受影响区域，不满足规范要求时，应采取降噪隔振措施。

14. 冷源设备及冷水管道

（1）冷源设备。控制楼宜使用人工冷源，人工冷源由以下 2 种设备提供：

1）螺杆压缩式冷水机组。螺杆式制冷压缩机属于容积式气体压缩机组，螺杆压缩式冷水机组以螺杆式制冷压缩机为动力，制取低温冷水作为空调系统的冷源。换流站使用风冷型机组，机组可冬季运行并制取高温热水作为空调系统的热源，机组结构紧凑、运行平稳、制冷效率较高、运行调节方便、使用寿命长，但与活塞式机组相比，噪声和耗电量较大。

2）活塞压缩式冷水机组。活塞式制冷压缩机是最传统的容积式气体压缩机组，活塞压缩式冷水机组以活塞式制冷压缩机为动力，制取低温冷水作为空调系统的冷源，换流站一般采用风冷模块式，机组可冬季运行并制取高温热水作为空调系统的热源。机组的特点是每台机组中包含若干个单元制冷机，可根据空调系统负荷的变化情况分别投入运行，所以运行调节方便，机组备用率低，占地面积小，但模块数量有限制，与螺杆式机组相比，设备投资较高。

（2）冷源设备选择。控制楼空调系统可选用上述 2 种冷源设备，冬季不需要提供空调热水时，选用单冷型，否则选用热泵型，冷水供、回水温度宜为 7℃ 和 12℃，热水供、回水温度宜为 45℃ 和 40℃。

（3）设备及冷水管道布置。空调冷水系统为闭式循环系统，一般包括风冷冷（热）水机组、冷水循环泵、供回水管路、补水定压装置、冷水过滤装置等。设备及冷水管道布置

应注意以下设计要点：

1）机组可布置在室外地面或控制楼屋面，机组及辅助设备的布置和管道连接应符合工艺流程，冷（热）水机组四周应有足够的空间以便于安装、操作与维修，且与建筑物外墙、电气设备及其他障碍物之间应留有一定的距离，以利于冷（热）水机组的散热。

2）动力设备如冷（热）水机组、冷水循环泵、补水定压装置，当布置在楼板或屋面时应设置减振装置。

3）屋面布置的设备应放置在混凝土基础上，基础高出屋面防水层的高度宜为 0.2～0.4m。

4）水管阻力计算方法及公式详见《实用供热空调设计手册》。

5）当冷水系统支管环路的压降较小，主干管路的压降起主要作用时，系统应采用同程式。

6）冷水管道低点应设置泄水装置，高点设置排气装置。

7）空调冷媒水系统的调节宜采用变流量调节方式。

8）冷水系统应设计可靠的定压装置，以保证系统稳定可靠地运行。常用的定压设备为膨胀水箱，这种形式比较简单，而且运行可靠。当冷水系统比较庞大复杂，没有条件安装膨胀水箱时，则采用囊式补水定压装置（含补水稳压水泵）。

9）当冷水系统较大或分支管之间负荷差别较大时，宜在每个分支管路上安装平衡阀，保证系统各点均能分配到额定的流量。

10）水管、电缆穿屋面处的开孔或预留孔，应配合土建设计做好防水处理。电缆穿屋面处应设防火封堵。

11）布置在室外地面的冷（热）水机组、冷水循环泵、补水定压装置等设备，从空调配电控制柜至各设备的电缆宜布置在电缆沟内并辅以少量预埋管；设备布置在屋面时，电缆宜布置在专用桥架内。

12）对于屋面及地面布置的风冷冷（热）水机组和组合式空气处理机组，为方便检修及运行维护，生活水管应引至机组旁并设置水龙头。

13）屋面布置的空调设备应增加巡视照明，以方便夜间巡视或故障处理。

14）管道的保温及防护同空气处理机组。

15）寒冷地区，对于室外布置的冷（热）水机组和水管，宜采用在循环介质水中加入防冻液（乙二醇）用于冬季防冻，必要时，还可采用设置保温棚的方式防冻。

16）冷（热）水机组的噪声和振动的频率特性及传播方式，通过计算确定，对于受影响区域，不满足规范要求时，应采取降噪隔振措施。

（五）空气—水集中式空调系统

如图 25-15 所示，某换流站主控楼的蓄电池室以及办公室、会议室、交接班室等值班人员工作区采用了空气—水集

中式空调系统，各房间设置的末端设备，包括风机盘管和新风机组，利用冷（热）水机组提供的冷（热）水对室内空气进行冷却和加热处理以维持室内温湿度环境，新风机组用于将室外空气处理后送入各房间。

1. 末端设备分类

空气—水集中式空调系统采用的空调末端设备主要为风机盘管及柜式空气处理机组。风机盘管的类型很多，按结构形式可分为立式、卧式、立柱式、壁挂式和顶棚（卡）式；按安装形式可分为明装和暗装；按风压大小可分为高压型和低压型。柜式空气处理机组按结构形式可分为立式、卧式；按安装形式可分为明装和暗装；按风压大小可分为高压型和低压型。

2. 设备及冷水管道布置

设备及冷水管道布置应注意以下设计要点：

（1）空气—水集中式空调系统宜采用两管制。

（2）末端设备凝结水管的排水坡度不应小于 0.01。

（3）暗装设备的室内回风口宜带尼龙网式过滤器，并设置单层百叶风口，吊顶上应设置方便检修水系统阀门及软接管的检修门。

（4）为防止设备振动导致连接管断裂漏水以及拆卸检修的方便，供、回水管与设备连接处应采用软连接。

（5）带电加热器的设备应设置欠风保护或送风超温保护。

（6）柜式空气处理机组应配电动三通调节阀及恒温控制器，风机盘管应配电动二通阀及恒温控制器。

（六）多联空调系统

1. 系统组成

多联空调系统由室外机、室内机、制冷剂配管（管道、管道分支配件等）和自动控制器件等组成，其中室外机由压缩机、换热盘管、风机、控制设备等组成；室内机由换热盘管、风机、电子膨胀阀等组成，室内机按其外形分为壁挂式、风管天井式、吊顶落地式、一面出风嵌入式、二面出风嵌入式、四面出风嵌入式等机型。

如图 25-17 所示，室内机与室外机间制冷剂连接的管路有两条，即液体管和气体管，管路系统有 2 种配管方式：一种是用 Y 形分支接头，依次分流和连接室内机，可用于垂直和水平分支；另外一种方式采用分支集管，适宜在同一楼层水平方向分支。

2. 设计要点

（1）北方地区的建筑物如有供暖，宜选用单冷型机组用于夏季空调；夏热冬冷地区，当冬季要求供暖，且建筑物内无热水集中供暖设施时，可选用热泵型机组或带辅助电热装置的室内机。

（2）应根据建筑物房间的使用功能和使用时间的不同，

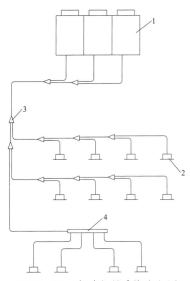

图 25-17　多联空调系统流程图

1—室外机；2—室内机；3—Y 形分支接头；4—分支集管

以及建筑楼层和防火分区的划分情况，合理划分多联机系统，为设备区域服务的空调系统应与人员工作和休息区域的空调系统分开设置。

（3）根据建筑物房间的平面形式、空调负荷大小、设备布置、装修、使用功能和管理要求，选择合适的室内机（形式、容量、台数）以及确定是否需要接风管送风。

（4）室内机总容量与室外机容量之比（配比系数）宜在100%～130%。

（5）当设计条件与多联机样本上所给的名义制冷量和名义制热量对应的各项条件不一致时，应进行室内外机的容量修正。

（6）新风供应可采用以下几种方式：

1）室内机自吸新风。每层或整栋建筑物设置新风总管，然后通过送风支管与室内机相连，新风负荷由室内机承担。该方式因存在冬季防冻问题，不宜在寒冷地区使用。

2）采用带有全热交换器的新风机组，用排风预冷（热）新风。

3）采用专用分体式新风机组，经直接膨胀冷却处理新风后，再送入每个房间。

（7）室外机与室内机之间的高差及最远距离、室外机之间的高差、室内机之间的高差均不得超过设备生产厂家规定的限值。

（8）室内外机之间的制冷剂配管设计参见多联机制造厂提供的技术手册。

（9）空调室外机一般布置在控制楼屋面，并尽可能处在视线盲区。图 25-18 所示为某换流站辅控楼多联空调室外机平面布置情况。

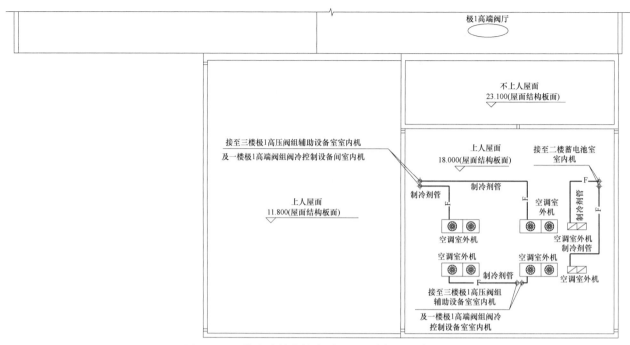

图 25-18　换流站辅控楼多联空调室外机平面布置图

（10）空调室内机的布置应合理，避免室内温度场的失衡。同时空调送风不应正面吹向电气盘柜，以免盘柜表面凝露，空调室内机及送风口也不应布置在电气盘柜正上方。图 25-19 所示为某换流站主控楼多联空调室内机平面布置情况。

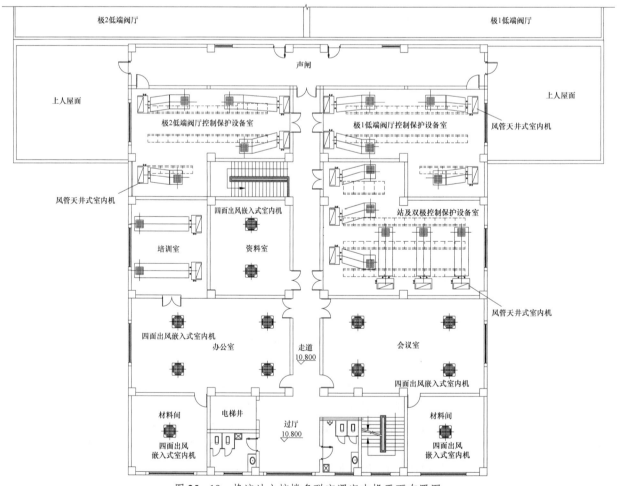

图 25-19　换流站主控楼多联空调室内机平面布置图

（11）对于利用室内机集中送风的空调系统，需要进行空调房间气流组织、风量分配与风管的设计与计算。风管系统的总阻力（送风与回风管道）应小于空调机铭牌上给出的机外余压。如机外余压不足以克服管路系统的阻力，则需另设增压风机。对噪声有要求的空调房间，还需进行消声设计。

（12）室内机及空调风口的布置与灯具及吊顶密切配合，做到美观协调。

（13）空调冷凝水应收集后集中排放至室外排水井、下水管、室内地漏、排水池等，冷凝水管不应外露在控制楼外墙面。室内布置的立管需要进行掩蔽处理。

（14）冷剂管穿屋面如设套管，待制冷剂管安装后，套管出口应采用胶泥或其他防水材料进行密封。

（15）屋面室外机的制冷剂管及电缆应排列整齐，当管道和电缆较多时，宜布置在槽盒或桥架内。

（16）屋面应设置巡视照明灯，以方便夜间巡视或故障处理，

此外屋面宜设置生活水管及水龙头，方便设备的检修和清洗。

（七）分散式空调系统

（1）北方地区的建筑物如有供暖，宜选用单冷分体式空调机用于夏季空调；夏热冬冷地区，当冬季要求供暖，且建筑物内无热水集中供暖设施时，可选用热泵型分体式空调机或带辅助电热装置的分体式空调机。

（2）分体式空调机的数量和总冷量应不小于空调房间冷、热负荷，总风量应符合房间换气次数的要求。

（3）根据空调房间的面积、使用功能、室内设备布置、装修情况，确定空调室内机的型式（如壁挂、柜式、吊顶式等）以及是否需要接风管送风。如图 25-20 所示，换流站辅控楼极 1 高端阀组控制保护设备室空调室内机采用的是卧式暗装吊顶式并利用风管送风的平面布置图。

（4）空调室外机一般布置在控制楼屋面，并尽可能处在视线盲区。图 25-20 所示为某换流站辅控楼分体式空调机平面布置情况。

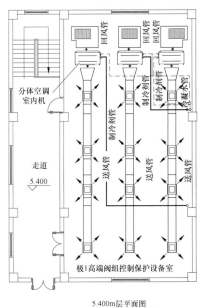

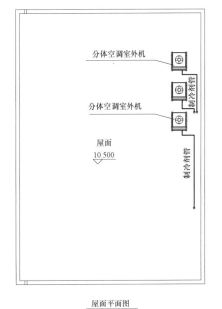

图 25-20　换流站辅控楼分体式空调机平面布置图

（5）对于利用室内机集中送风的空调系统，需要进行空调房间气流组织、风量分配与风管的设计与计算。风管系统的总阻力（含送风与回风系统）应小于空调机铭牌上给出的机外余压。如机外余压不足以克服管路系统的阻力，则需另设增压风机。对噪声有要求的空调房间，还需进行消声设计。

（6）空调室内机的布置应合理，避免室内温度场的失衡。同时空调送风不应正面吹向电气盘柜，以免盘柜表面凝露。对于进深较长，无法通过空调室内机的布置控制室内温度场的均衡时，宜通过风管送风形成合理的气流组织。

（7）室内外机之间连接铜管的最长距离不宜超过 15m，

室内外机之间的最大允许高差有两种情况：① 当室内机高于室外机时，不应超过 10m；② 当室内机低于室外机时，不应超过 5m。

（8）分体空调连接室内外机的冷剂管以及冷凝水管布置时，应尽量减少对室内和外墙立面美观的影响，必要时可对沿墙面敷设的冷剂管加设槽盒或其他方式进行掩蔽处理。

（9）当分体空调室外机布置在屋面时，冷剂管穿屋面应设套管。待制冷剂管安装后，套管出口应采用胶泥或其他防水材料进行密封。

（10）空调冷凝水管应接至排水系统，不得散排，排水立

管不宜布置在建筑主立面。

（11）控制保护设备室、通信机房、阀冷却控制设备室、阀冷却设备室、蓄电池室、交流配电室空调机应设置备用，三台及以下备用一台，四台以上宜备用二台。

五、防火及排烟设计

（一）防火及排烟功能

（1）使空调系统与空调房间隔绝，防止火种通过风道进入空调房间。

（2）控制烟气蔓延，为人员疏散提供安全保障。

（3）火势已经被彻底扑灭且不能复燃的情况下，启动排烟系统，消除火灾房间内的烟气、异味及有害物质，为工作人员进入房间进行恢复操作提供保障。

（二）设计原则

（1）空调防火系统宜与建筑防火分区一致。

（2）通风及空调设备应与火灾信号联锁，火灾时其电源应被自动切断。

（3）空调设备、风道及附件材料、保温材料应采用不燃型。

（4）空调机电加热器应采用套管式，不允许采用电阻丝或电热棒直接加热送风。

（5）当符合下列条件之一时，空调系统的送风管和回风管应设置防火阀：

1）送、回风总管穿过通风、空调设备间的隔墙或楼板处。

2）通过重要或火灾危险大的房间隔墙或楼板处。

3）每层送、回风水平干管同垂直总管交接处的水平管段上。

4）穿越防火分区处。

5）穿越防火分隔处的变形缝两侧。

（6）风管不宜穿过防火墙和非燃烧体楼板，如必须穿过时，应在穿过处设防火阀。穿过防火墙两侧各 2m 范围内的风管保温材料应采用不燃烧材料，穿过处的缝隙应采用不燃烧材料堵塞。

（7）无外窗的空调房间宜采用独立的排烟系统。当利用空调系统进行排烟时，必须采用安全可靠的措施，并应设有将空调系统自动或手动切换为排烟系统的装置。

（三）排烟方式

（1）自然排烟：排烟房间至少含有一面外墙、外窗或通过排烟口能够将烟气排至室外时采用自然排烟方式，排烟设计应符合以下规定：

1）排烟口应设在房间净高的 1/2 以上，排烟口的下边缘距顶棚或楼板下 800mm 以内。

2）内走道排烟口设置应按照 GB 50016《建筑设计防火规范》的要求进行。

3）自然排烟窗、排烟口、送风口应由非燃烧材料制成，

宜设置手动或自动开启装置，手动开关应设在距地面 0.8～1.5m。

（2）机械排烟：不具备自然排烟的房间应采用机械排烟方式，排烟设计应符合以下规定：

1）排烟风量取以下两项的最大值，满足 6 次/h 的房间换气，每平方米建筑面积的送风量不少于 60m³/h。

2）排烟系统为独立系统时，排烟风机要选用专用风机。

3）机械排烟设备及阀门应电动控制，并应与消防系统联锁。

六、空调集中监控系统

（一）空调系统控制方式

（1）分散式空调系统可不设置集中监控系统，均采用就地控制。

（2）多联空调系统应设置集中控制器对空调室外机和室内机进行控制，此外，电气设备室及通信机房室内机应设线控器，其他房间宜设遥控器。

（3）全空气集中式空调系统和空气—水集中式空调系统应设置就地控制和集中监控，且应与阀厅、户内直流场（如有）空调集中监控系统合并设置。

（4）多联空调系统集控器、全空气集中式空调系统和空气—水集中式空调系统的集中监控系统均应与全站智能辅助控制系统以通信方式连接，使运行人员能够实时监控空调系统运行状况，通信协议和通信接口应符合全站智能辅助控制系统的要求。

（二）集中监控系统组成及设计

全空气集中式空调系统和空气—水集中式空调系统设置就地和集中监控对空调系统的水温、水压，空气温度、湿度，室内正压值，水流量等参数进行监测、显示和自动调节。集中监控采用 PLC 或 DCS 方式，以及参数越限和设备故障进行报警。集中监控系统主要由中央管理站、集中控制柜、远程 I/O 站、就地控制柜、通信电缆、就地检测设备等硬件和相关软件所组成。直流电源、传感器及控制器均冗余配置。

集中监控系统控制对象主要包括风冷冷（热）水机组、组合式空气处理机组、循环水泵、风机盘管、柜式空调机组、补水定压装置（如有）及自动清洗过滤器等。

上层的中央监控系统（中央管理站）一般设置在主控室内，在管理站上可实现对空调系统的集中监督管理及运行方案指导，并可实现设备的远动控制，能对空调系统中的各监控点的参数、各运转设备及部件的状态、系统的动态图形及各项历史资料进行显示和打印。

所有自动控制设备均应设有手动控制功能，以便在调试、检修或运行期间进行手动控制。

第三节　换流站其他建筑物供暖通风及空调

一、户内直流场供暖通风及空调

（一）室内环境标准

户内直流场设备对室内温度、相对湿度、微正压、空气中悬浮物浓度等的要求应由设备制造厂提出。当设备制造厂未提出具体要求时，户内直流场室内环境按如下标准设计：温度10～45℃，相对湿度25%～65%。

（二）供暖设计

户内直流场与阀厅冬季热负荷特性及室内温度要求基本相同，供暖系统与阀厅完全一致，可参照阀厅设计供暖系统，具体见本章第一节有关阀厅供暖设计的内容。

（三）通风设计

除空气过滤仅需设初效过滤器外，通风设计的其他方面均与阀厅相同，可参照阀厅设计通风系统，具体见本章第一节有关阀厅通风设计的内容。

（四）空调设计

当通风系统无法保证户内直流场室内温度和相对湿度时，特别是在一些高温、高湿地区，户内直流场则应采用空调系统。

户内直流场与阀厅空调冷、热负荷的特性相同，室内温、湿度标准也相近，除空气过滤仅需设初效过滤器外，空调设计其他方面均与阀厅相同，可参照阀厅设计空调系统，具体见本章第一节有关阀厅空调设计的内容。

（五）排烟设计

户内直流场排烟设计与阀厅相同，具体见本章第一节有关阀厅排烟设计的内容。

二、换流变压器隔声罩通风

（一）通风方式

换流变压器通过设置隔声罩的方式抑制噪声的传播，其冷却器一般布置在罩外，主体则布置于罩内，本体的散热将导致罩内空气温度的上升，所以需要设置通风系统消除此部分余热。

换流变压器隔声罩一般采用自然进风、机械排风的通风方式，室外空气通过布置在隔声门两侧的百叶进风口进入罩

内，在罩内吸热升温后由布置在罩顶的2台轴流风机排至室外。百叶进风口以及轴流风机出口均装设阻抗复合式消声器以防止噪声外传，通风方案如图25-21所示。

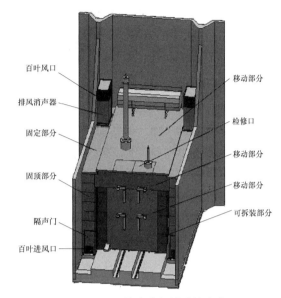

图25-21　换流变压器通风方案

风机的启停采用PLC控制，罩内设有温度传感器，当罩内温度升高到30℃时启动第一台风机，达到35℃时启动第二台风机；而当罩内温度降低到30℃停止一台风机，降低到25℃时则停止另一台风机。另外，风机的启停还可根据设定时间自动运行，且能通过监控系统远程控制。

（二）设计原则

（1）每个换流变压器隔声罩设置一套自然进风、机械排风系统，夏季排风温度不宜超过45℃，进风及排风温差不应超过15℃。

（2）每个罩内应设置两台排风机，宜按照2×75%的总排热通风量设计。

（3）排风机应与火灾信号联锁。

（4）通风系统应设置PLC和手动控制。

（5）风机应采用双电源供电，控制箱内应设置电源自动切换装置。

（三）通风量计算

通风热负荷应为变压器本体散热量与围护结构得热量之和，其中变压器本体的发热量应由设备制造厂提供，排热通风量按式（25-9）计算，进风温度取当地夏季通风室外计算干球温度。

第二十六章

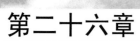

换流站噪声控制

第一节 概 述

一、噪声

（一）噪声的定义

声音是人类与许多其他生物感知外界环境的主要媒介，声音与水和空气一样，也是人类生存和发展的一个环境要素。判断一个声音是否属于噪声，主观因素往往起决定性作用。同一个人对同一声音，在不同的时间、地点等条件下，常会作出不同的主观判断。

生理学将对人体有害或人们不需要的声音成为噪声。从物理学的观点看，振幅和频率杂乱、断续或统计上无规的声振动，也称为噪声（反之为乐音）。而从社会管理角度来讲，凡是超过法规规定限值的声音就是噪声。

（二）噪声的污染

噪声污染是一种物理性污染，这与水体和空气的化学污染不同，归纳起来其具有能量物理性、污染难避性、范围局限性、非致命性、实时感官性、社会普遍性及危害潜伏性。

噪声污染的这些特点以及声源和暴露人群的广泛存在和交错分布，使噪声污染一直被人们认为是最厌恶、最直接的环境污染之一，在我国城市中平均占到各种公害投诉案件的60%~70%。

（三）噪声的危害

虽然噪声对人们的影响可分为听觉的和非听觉的两条途径，但噪声的实际危害是多方面的，有的甚至还是相当严重，尤其对儿童的健康和生长发育十分有害，必须引起人们的高度重视。噪声污染的危害归纳起来主要有4个方面：① 损伤听力，影响人体健康；② 影响人们的休息与工作，降低劳动生产率；③ 影响语言清晰度和通信联络；④ 噪声对动物、建筑物和仪器设备也会产生不利影响。

二、声学基础知识

（一）声波的产生

声音源于物体的振动，并因而引起媒质（气体、液体和固体）的振动，这种振动在媒质中传播并为振动接收器（人耳朵或传感器）所接收，从而感觉到声音。发出声音的振动体称为声源，它可以是固体、液体和气体。

（二）声波的传播

声源发出的声音必须通过中间弹性媒（介）质才能传播出去，媒质可以是气体、液体和固体，它们被称为空气声、水声和固体（结构）声。声音在媒质中的传播仅仅是振动状态的传播，而物质并未发生迁移，媒质只是在原来的位置附近来回振动而已，声音是媒质质点振动动量的传递，是一种声能量的传播，称为声辐射。

声音以波动的形式传播，这种形式称为声波。按振动方向，又可分为：① 纵波（疏密波）：在气体、液体和固体介质中，质点的振动方向和波的传播方向相互平行；② 横波：质点的振动方向和波的传播方向相互垂直，仅在固体介质中产生。

声波的传播空间称为声场，声场可以无限大，也可特指某局部空间。可分为以下几种声场：① 自由声场：在均匀、各向同性的介质中，边界影响可以不计的声波传播场所，例如宽阔的空间或在消声室中；② 扩散声场：空间内各点的声能密度相同，从各个方向到达某点的声强相等，到达某点的各波束之间的相位是无规则的。扩散声场是一种理想声场。

（三）噪声的物理量度

（1）声压级：声压与基准声压之比以10为底的对数乘以20，计算公式如下

$$L_P = 20\lg(p/p_0) \qquad (26-1)$$

式中 L_p ——声压级，dB；

p ——声压，Pa；

p_0 ——基准声压：2×10^{-5} Pa。

（2）声功率级：声功率与基准声功率之比以10为底的对数乘以10，计算公式如下

$$L_W = 10\lg(W/W_0) \qquad (26-2)$$

式中 L_W ——声功率级，dB；

W ——声功率，W；

W_0 ——基准声功率为：1×10^{-12} W。

（3）A声级：用A计权网络测得的声压级，单位dB（A）。

（4）等效连续A声级：在规定测量时间T内A声级的能

量平均值，简称为等效声级。除特别指明外，本章中噪声值皆为等效声级。计算公式如下

$$L_{eq} = 10 \lg \left(\frac{1}{T} \int_0^T 10^{0.1 \cdot L_A} \, \mathrm{d}t \right) \qquad (26-3)$$

式中　　L_{eq}——等效连续 A 声级，dB（A）；

　　　　L_A——t 时刻的瞬时 A 声级，dB（A）；

　　　　T——规定的测量时间段。

（四）频谱和频程

（1）频谱和频谱分析：频谱是指声音的频率成分与能量分布的关系，体现了声音的频谱特性。频谱图是以（中心）频率为横坐标（以对数标度，因为人们对不同频率声音的主观感受为音调，不与频率成线型关系），以各频率成分对应的强度（声压级或声强级）为纵坐标，作出的声强度—频率曲线图。

频谱分析的意义：① 了解声源的频率特性，明确治理方向，计算总声压级和降噪量；② 核查和分析噪声治理的效果；③ 标明噪声控制元件和设备的特性和指标。

（2）频程：人耳听阈范围为 20~20 000Hz，频率相差 1000 倍，在听阈范围内将频率分为若干有代表性的段带（简称为频带）。任一频带都有它的上限频率 f_2、下限频率 f_1 和中心频率 f_0，上、下限频率之间的频率范围称为频带宽度，又称带宽。频带以该频带的中心频率命名该频带，中心频率为上下限频率的几何平均值，计算公式如下

$$f_0 = \sqrt{f_2 f_1} \qquad (26-4)$$

频带划分：按等比法则划分，即 $f_2 / f_1 = 2^n$，则有

1）$n=1$ 称为倍频程（1oct），即 $f_2 / f_1 = 2^1$。

2）$n=1/2$ 称为 1/2 倍频程（1/2oct），即 $f_2 / f_1 = 2^{1/2}$。

3）$n=1/3$ 称为 1/3 倍频程（1/3oct），即 $f_2 / f_1 = 2^{1/3}$。

倍频程和 1/3 倍频程频率范围见表 26-1。

表 26-1　倍频程和 1/3 倍频程频率范围表

倍频程频率范围			1/3 倍频程频率范围		
下限频率 f_1	中心频率 f_0	上限频率 f_2	下限频率 f_1	中心频率 f_0	上限频率 f_2
11	16	22	14.1	16	17.8
			17.8	20	22.4
22	31.5	44	22.4	25	28.2
			28.2	31.5	35.5
			35.5	40	44.7
44	63	88	44.7	50	56.2
			56.2	63	70.8
			70.8	80	89.1
88	125	177	89.1	100	112
			112	125	141
			141	160	178
177	250	354	178	200	224
			224	250	282
			282	315	355
354	500	707	355	400	447
			447	500	562
			562	630	708
707	1000	1414	708	800	891
			891	1000	1122
			1122	1250	1413
1414	2000	2828	1413	1600	1778
			1778	2000	2239
			2239	2500	2818
2828	4000	5656	2818	3150	3548
			3548	4000	4467
			4467	5000	5623

续表

倍频程频率范围			1/3 倍频程频率范围		
下限频率 f_1	中心频率 f_0	上限频率 f_2	下限频率 f_1	中心频率 f_0	上限频率 f_2
5656	8000	11 312	5623	6300	7079
			7079	8000	8913
			8913	10 000	11 220
11 312	16 000	22 624	11 220	12 500	14 130
			14 130	16 000	17 780
			17 780	20 000	22 390

三、噪声控制原则

换流站的噪声控制原则是使站界和周围敏感点噪声满足中华人民共和国环境保护部和地方环境保护厅有关批文要求，并应符合现行国家标准 GB 12348—2008《工业企业厂界环境噪声排放标准》和 GB 3096—2008《声环境质量标准》的规定。

换流站噪声控制设计时要遵循的主要原则如下：

（1）新建和改、扩建换流站的噪声控制设计应与工程设计同步进行。

（2）噪声控制应从设备噪声源、噪声传播途径、噪声接收者的防护等方面采取控制措施。

（3）噪声控制设计，应对站址周围环境、设备噪声源、降噪效果及其经济性进行综合分析，在满足工艺要求的前提下，积极慎重地采用新技术、新设备和新材料。

四、噪声控制主要内容

换流站噪声控制设计主要内容如下：

（1）明确换流站站界和周围环境噪声控制标准，给出换流站周围噪声敏感目标分布情况。

（2）给出对站界和环境有影响的主要设备噪声源的源强、数量和位置。

（3）对换流站本期和远景进行噪声预测，应覆盖全部敏感目标，给出各敏感目标的预测值、站界噪声值、噪声超标范围和程度。

（4）针对工程特点和所在区域的环境特征提出噪声控制方案，并进行技术和经济可行性论证，明确噪声控制方案的降噪效果和达标分析。

（5）各种降噪设施的施工图设计。

第二节 噪 声 控 制 标 准

一、环境噪声控制标准

GB 3096—2008《声环境质量标准》是为了防治噪声污染，保障城乡居民正常生活、工作和学习的声环境质量而制定的，它是换流站周围环境噪声控制标准的依据。

（一）声环境功能区分类

按换流站站址所在区域的使用功能特点和环境质量要求，声环境功能区分为以下五种类型：

（1）0 类声环境功能区：指康复疗养区等特别需要安静的区域。

（2）1 类声环境功能区：指以居民住宅、医疗卫生、文化教育、科研设计、行政办公为主要功能，需要保持安静的区域。

（3）2 类声环境功能区：指以商业金融、集市贸易为主要功能，或者居住、商业、工业混杂，需要维护住宅安静的区域。

（4）3 类声环境功能区：指以工业生产、仓储物流为主要功能，需要防止工业噪声对周围环境产生严重影响的区域。

（5）4 类声环境功能区：指交通干线两侧一定距离之内，需要防止交通噪声对周围环境产生严重影响的区域，包括 4a 类和 4b 类两种类型。4a 类为高速公路、一级公路、二级公路、城市快速路、城市主干路、城市次干路、城市轨道交通（地面段）、内河航道两侧区域；4b 类为铁路干线两侧区域。

（二）声环境功能区的划分

（1）城市声环境功能区的划分：城市区域应按照 GB/T 15190—2014《声环境功能区划分技术规范》的规定划分声环境功能区，分别执行本标准规定的 0、1、2、3、4 类声环境区环境噪声限值。

（2）乡村声环境功能的确定：乡村区域一般不划分声环境功能区，根据环境管理的需要，县级以上人民政府环境保护行政主管部门可按以下要求确定乡村区域适用的声环境质量要求：

1）位于乡村的康复疗养区执行 0 类声环境功能区要求。

2）村庄原则上执行 1 类声环境功能区要求，工业活动较多的村庄以及有交通干线经过的村庄（指执行 4 类声环境功能区要求以外的地区）可局部或全部执行 2 类声环境功能区要求。

3）集镇执行 2 类声环境功能区要求。

4）独立于村庄、集镇之外的工业、仓储集中区执行 3 类声环境功能区要求。

5）位于交通干线两侧一定距离（参考 GB/T 15190—2014《声环境功能区划分技术规范》第 8.3 条规定）内的噪声敏感建筑物执行 4 类声环境功能区要求。

（三）环境噪声限值

换流站环境噪声应采用噪声敏感目标所受的噪声贡献值与背景噪声值按能量叠加后的预测值，各类声环境功能区的环境噪声等效声级 L_{eq} 限值应按表 26-2 规定确定。

表 26-2　各类声环境功能区的环境噪声等效声级 L_{eq} 限值　　　　dB（A）

声环境功能区类别		时　　段	
		昼间	夜间
0 类		50	40
1 类		55	45
2 类		60	50
3 类		65	55
4	4a 类	70	55
	4b 类	70	60

二、站界噪声排放限值

GB 12348—2008《工业企业厂界环境噪声排放标准》是为贯彻《中华人民共和国环境保护法》和《中华人民共和国环境噪声污染防治法》，防治工业企业噪声污染，改善声环境质量而制定的。它是换流站站界噪声控制标准的依据。

新建工程站界噪声应采用噪声贡献值，改、扩建工程应采用噪声贡献值与受到已建工程影响的站界噪声值按能量叠加后的预测值。换流站站界环境噪声等效声级 L_{eq} 限值应按表 26-3 规定确定。

表 26-3　换流站站界环境噪声等效声级 L_{eq} 限值　　　　dB（A）

站界声环境功能区类别	时　　段	
	昼间	夜间
0	50	40
1	55	45
2	60	50
3	65	55
4	70	55

三、工作场所噪声控制标准

换流站各类工作场所噪声等效声级限值 L_{eq} 应按表 26-4 规定确定。

表 26-4　换流站各类工作场所噪声等效声级 L_{eq} 限值　　　　dB（A）

工 作 场 所	噪声限值
生产和作业的工作地点	90
生产场所的值班室、休息室室内背景噪声等效声级	70
主控制室、通信、计算机室、办公室、会议室、设计室、实验室室内背景噪声等效声级	60
值班宿舍室室内背景噪声等效声级	55

注　室内背景噪声等效声级指室外传入室内的噪声等效声级。

四、噪声监测要求

（一）测量仪器

测量仪器为积分平均声级计或环境噪声自动监测仪，其性能应不低于 GB3785.1—2010《电声学声级计第一部分：规范》和 GB/T 17181—1997《积分平均声级计》对 2 型仪器的要求。测量 35dB 以下的噪声应使用 1 型声级计，且测量范围应满足所测量噪声的需要。校准所用仪器应符合 GB/T 15173—2010《电声学声校准器》对 1 级或 2 级声校准器的要求。当需要进行噪声的频谱分析时，仪器性能应符合 GB/T 3241—2010《电声学倍频程和分数倍频程滤波器》中对滤波器的要求。

测量仪器和校准仪器应定期检定合格，并在有效使用期限内使用；每次测量前、后必须在测量现场进行声学校准，其前、后校准示值偏差不得大于 0.5dB，否则测量结果无效。测量时传声器加防风罩。测量仪器时间计权特性设为"F"档，采样时间间隔不大于 1s。

（二）测点位置

（1）环境噪声测点位置：根据监测对象和目的，可选择以下三种测点条件（指传声器所置位置）进行环境噪声测量：

1）一般户外噪声测点位置在距离任何反射物（地面除外）至少 3.5m 外测量，距地面高度 1.2m 以上。必要时可置于高层建筑上，以扩大监测受声范围。使用监测车辆测量，传声器应固定在车顶部高度 1.2m 高度处。

2）噪声敏感建筑物户外噪声测点位置在噪声敏感建筑物外，距墙壁或窗户 1m 处，距地面高度 1.2m 以上。

3）噪声敏感建筑物室内噪声测点位置在距离墙面和其他反射面至少 1m，距离窗约 1.5m 处，距离地面 1.2～1.5m 高。

噪声敏感建筑物监测点一般设于户外。不得不在噪声敏感建筑物室内监测时，应在门窗全打开状况下进行室内噪声测量，并采用较该噪声敏感建筑物所在声环境功能区对应环境噪声限值低 10dB（A）的值作为评价依据。

（2）换流站站界噪声测点位置：换流站站界噪声的测点布设及位置应满足以下要求：

1）根据换流站声源、周围噪声敏感建筑物的布局以及毗邻的区域类别，在换流站站界布设多个测点，其中包括距噪声敏感建筑物较近以及受被测声源影响大的位置。

2）一般情况下，测点选在换流站站界外 1m、高度 1.2m以上、距离一反射面距离不小于 1m 的位置。当站界有围墙且周围有受影响的噪声敏感建筑物时，测点应选在站界外 1m、高于围墙 0.5m 以上的位置；当站界无法测量到声源的实际排放状况时（如声源位于高空、站界设有声屏障等），应按测点位置的一般规定设置测点，同时在受影响的噪声敏感建筑户外 1m 处另设测点。

（三）测量条件

气象条件：测量应在无雨雪、无雷电天气，风速 5m/s 以下时进行。不得不在特殊气象条件下测量时，应采取必要措施保证测量准确性，同时注明当时所采取的措施及气象条件。

测量工况：测量应在换流站设备声源正常工作时间进行，同时注明当时的工况。

（四）测量结果评价

（1）以昼间和夜间换流站设备噪声源正常工作时段的稳态噪声测量 1min 的等效连续 A 声级 L_{eq} 作为评价噪声敏感建筑物户外（或室内）环境噪声水平，是否符合所处声环境功能区的环境质量要求的依据。

（2）以昼间和夜间换流站设备噪声源正常工作时段的稳态噪声测量 1min 的等效连续 A 声级 L_{eq} 减去背景噪声修正值作为评价换流站站界环境噪声水平，是否符合所处声环境功能区的环境质量要求的依据。

（3）在换流站噪声测量中，经常会遇到频带声压级转换

成 A 计权声压级的问题，具体计算步骤如下：

1）在该声音频谱的每一个中心频率的频带上按表 26-5进行 A 计权，求得每一个频带 A 声压级 L_{Ai}。

$$L_{Ai} = L_{pi} + \Delta i \qquad (26-5)$$

式中：Δi 为 A 计权修正值（见表 26-5）。

2）而该声音总的 A 计权声压级为

$$L_A = 10\lg(\sum 10^{0.1 L_{Ai}}) \qquad (26-6)$$

表 26-5　A 计权修正值与中心频率的关系（1/3 倍频程）

中心频率 （Hz）	A 计权修正值 （dB）	中心频率 （Hz）	A 计权修正值 （dB）
16	−56.7	630	−1.9
20	−50.5	800	−0.8
25	−44.7	1000	0
31.5	−39.4	1250	+0.6
40	−34.6	1600	+1.0
50	−30.2	2000	+1.2
63	−26.2	2500	+1.3
80	−22.5	3150	+1.2
100	−19.1	4000	+1.0
125	−16.1	5000	+0.5
160	−13.4	6300	−0.1
200	−10.9	8000	−1.1
250	−8.6	10 000	−2.5
315	−6.6	12 500	−4.3
400	−4.8	16 000	−6.6
500	−3.2	20 000	−9.3

下面给出一个具体的换算例子，如何从倍频带声压级计算 A 计权声压级（见表 26-6）。

表 26-6　倍频带声压级计算 A 计权声压级实例

中心频率（Hz）	31.5	63	125	250	500	1000	2000	4000	8000
频带声压级（dB）	60	65	73	76	85	80	78	62	60
A 计权修正值（dB）	−39.4	−26.2	−16.1	−8.6	−3.2	0	+1.2	+1.0	−1.1
修正后频带 A 计权声压级 ［dB（A）］	20.6	38.8	56.9	67.4	81.8	80	79.2	63	58.9
总的 A 计权声压级［dB（A）］	85.2								

（五）测量结果修正

（1）站界噪声测量值与背景噪声值相差大于或等于3dB（A）时，测量结果修正要求如下：

1）计算噪声测量值与背景噪声值的差值（ΔL_1 ＝噪声测量值−背景噪声值），修约到个位数。

2）站界噪声测量值与背景噪声值的差值（ΔL_1）大于

10dB（A）时，站界噪声测量值不做修正。

3）站界噪声测量值与背景噪声值的差值（ΔL₁）在 3～10dB（A）之间时，按表 26-7 进行修正（噪声排放值＝噪声测量值＋修正值）。

表 26-7　3dB(A) ≪ ΔL₁ ≪ 10dB(A) 时噪声测量值修正表

差值［dB（A）］	3	4～5	6～10
修正值［dB（A）］	-3	-2	-1

4）按 2 和 3 条进行修正后得到的噪声排放值，应修约到个位数。

（2）站界噪声测量值与背景噪声值相差小于 3dB（A）时，应采取措施降低背景噪声后，使得噪声测量值与背景噪声值相差 3dB（A）以上，再按第（1）条进行修正。对于仍无法满足噪声测量值与背景噪声值的差值（ΔL₁）大于或等于 3dB（A）要求的，应按下列进行修正：

1）计算噪声测量值与被测噪声源排放限值的差值（ΔL₂＝噪声测量值－排放限值），修约到个位数。

2）噪声测量值与被测噪声源排放限值的差值（ΔL₂）小于或等于 4dB（A）时，按照表 26-8 给出定性结果，并评价为达标。

3）噪声测量值与被测噪声源排放限值的差值（ΔL₂）大于或等于 5dB（A）时，无法对其达标情况进行评价，应创造条件重新测量。

表 26-8　ΔL₁ ≪ 3dB(A) 时噪声测量值修正表

（噪声测量值—排放限值）［dB（A）］ （ΔL₂）	修正结果	评价
≪4	＜排放限值	达标
≫5	无法评价	

第三节　设备噪声源

换流站主要设备噪声源有换流变压器、平波电抗器、交直流滤波器场电抗器和电容器、交流变压器、阀冷却塔、空气冷却器等。这一节主要讨论设备噪声源的声学特性并阐述影响每个设备噪声源声功率的主要参数。

一、换流变压器

（1）换流变压器是高压直流换流站单台设备中声功率最高的设备。换流变压器噪声产生的主要原因如下：① 换流变压器铁芯在磁通作用下产生磁致伸缩引起的振动噪声；② 换流变压器绕组在电磁力的作用下产生的振动噪声；③ 换流变

压器冷却器中的冷却风扇和油泵运行时产生的振动噪声。

（2）换流变压器噪声特性如下：① 换流变压器铁芯磁致伸缩产生的振动噪声频率主要是 100Hz 基频及其倍频；② 换流变压器绕组的振动噪声水平主要与负载电流和漏磁场等因素有关，其中负载电流应同时考虑基波电流和谐波电流；③ 换流变压器冷却器噪声以中高频噪声为主，噪声水平主要与冷却器和油泵的选型等因素有关。

（3）未采用隔声罩的换流变压器可只考虑本体噪声；采用隔声罩的换流变压器应同时考虑本体噪声和冷却器噪声。

图 26-1 为某换流站换流变压器噪声频谱。图 26-2 为某换流站换流变压器冷却风扇噪声频谱。

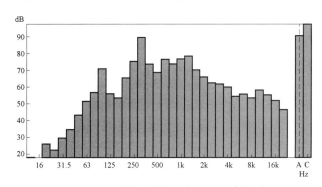

图 26-1　某换流站换流变压器噪声频谱

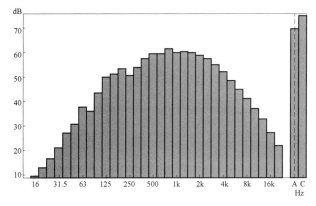

图 26-2　某换流站换流变压器冷却器噪声频谱

二、电抗器

（1）换流站中电抗器设备主要分为以下六类：① 平波电抗器，采用油浸式铁芯或干式空芯；② 交/直流滤波器电抗器，一般采用干式空芯；③ 电力线载波滤波器电抗器，一般采用干式空芯；④ 无线电干扰滤波器电抗器，一般采用干式空芯；⑤ 高压并联电抗器，一般采用油浸式铁芯；⑥ 低压并联电抗器，一般采用干式空芯。

（2）在换流站电抗器设备噪声源中，应重点关注平波电抗器、交/直流滤波器电抗器和高压并联电抗器噪声对换流站总声级的影响。

（3）对于油浸式平波电抗器和高压并联电抗器，其噪声

主要是铁芯间隙材料伸缩而产生的铁芯振动引起，其他噪声与换流变压器的发声机理相似。

（4）对于各类干式空芯电抗器，其噪声主要由绕组在电磁力的作用下产生的振动引起，噪声水平主要与电流和结构设计有关。

（5）在考虑电抗器的声学性能时，平波电抗器绕组电流应同时考虑直流电流和谐波电流；交流滤波器电抗器绕组电流应同时考虑基波电流和谐波电流；直流滤波器电抗器绕组电流应考虑谐波电流；并联电抗器绕组电流主要考虑基波电流，谐波电流可忽略不计。

图 26-3 为某换流站油浸式平波电抗器噪声频谱。图 26-4 为某换流站交流滤波电抗器噪声频谱。

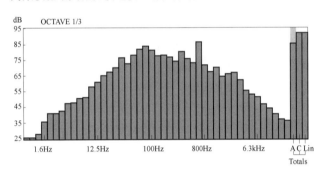

图 26-3　某换流站油浸式平波电抗器噪声频谱

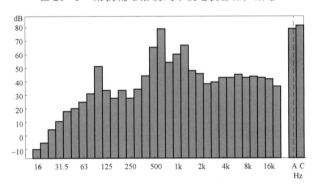

图 26-4　某换流站交流滤波电抗器噪声频谱

三、电容器

（1）换流站中电容器设备主要分为以下三类：① 交/直流滤波器电容器，一般采用壳式；② 电力线载波滤波器电容器，一般采用壳式；③ 无线电干扰滤波器电容器，一般采用瓷套式。

（2）在换流站电容器设备噪声源中，应重点关注交/直流滤波器电容器噪声对换流站总声级的影响。

（3）电容器噪声主要是由电容器单元介质内电极间的电场力及电磁力产生的元件振动引起，其中电磁力产生的振动噪声较小，可忽略不计。

（4）电容器塔的声功率级可按所有电容器单元作为独立的声源相加确定，计算公式如下

$$L_w^{\text{stack}} = L_w^{\text{unit}} + 10\lg N \qquad (26-7)$$

式中　L_w^{stack}——单个电容器塔的声功率级，dB（A）；

$\quad\quad L_w^{\text{unit}}$——单个电容器单元的声功率级，dB（A）；

$\quad\quad N$——电容器单元数量。

（5）交/直流滤波器电容器噪声水平主要由下列因素决定：① 电容器基波电压和谐波电压；② 电容器单元和电容器塔的结构设计；③ 电容器单元数量。

图 26-5 为某换流站交流滤波电容器噪声频谱。

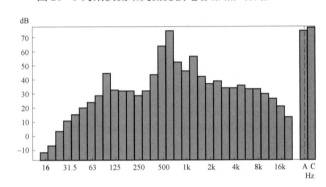

图 26-5　某换流站交流滤波电容器噪声频谱

四、空气冷却器噪声

（1）空气冷却器由管束、轴流通风机、钢构架 3 部分组成，其噪声由轴流通风机产生。

（2）空气冷却器轴流通风机主要包括空气动力性噪声、机械噪声和电磁噪声，其中空气动力性噪声的强度最大，电磁噪声强度最小。轴流风机噪声以中高频为主。

（3）轴流通风机噪声在最佳功率工况点的比 A 声压级 L_{SA} 不应大于 35dB。

（4）轴流通风机噪声在测试工况点的比 A 声压级的计算公式为

$$L_{SA} = L_A - 10\lg(QP^2) + 19.8 \qquad (26-8)$$

式中　L_{SA}——轴流通风机进气口（或出气口）的比 A 声压级，dB；

$\quad\quad L_A$——轴流通风机进气口（或出气口）的 A 声压级，dB（A）；

$\quad\quad Q$——轴流通风机测试工况点流量，单位为立方米每分，m^3/min；

$\quad\quad P$——轴流通风机测试工况点压力，单位为帕，Pa。

五、其他噪声源

（1）交流变压器的噪声发声机理与换流变压器相似。交流变压器的噪声水平通常低于换流变压器，主要由以下两个因素决定：① 交流变压器的谐波电流含量较低；② 交流变压器的直流偏磁电流含量较低或无直流偏磁电流。

（2）换流站交流导体和金具电晕产生的可听噪声由以下两部分组成：① 正极性流注放电产生的宽频带噪声，为电晕噪声的主要部分；② 由于电压周期变化使导体附近带电离子往返运动产生的纯音，频率是50Hz的倍频。

（3）换流站直流导体和金具电晕产生的可听噪声主要来源于正极性流注放电。

（4）闭式蒸发式阀冷却塔噪声主要由轴流通风机产生。

六、声源的典型声功率级和频谱特性

确定换流站设备声功率的方法主要有三种：① 计算；② 测量：声压测量法（根据声音测量标准在声学测量室或户外完成）、声强测量法、振动测量法；③ 计算和测量相结合。确定设备的声功率级的三种测量法总结见表26-9。

表26-9　确定声功率的三种方法

方法	所需设备	优　点	缺　点
声压测量法	声级计；配有FFT分析仪或实时滤波器	简单且快速；低成本测量设备	需要某种测量试验室或自由场条件；对背景噪声和声音反射敏感
声强测量法	声强仪	正确操作下为最精确的方法；不受持续的背景噪声的影响；用于诊断的很好的工具	耗时较长；需要两个传声器和专用软件；使用的设备比声压测量法昂贵
振动测量法	振动传感器或激光设备	通过简单扫描较快地得到声功率计算值	由于辐射效率或平均振幅的不确定性，会产生较大误差；需要昂贵的激光设备

主要设备噪声源的声源类型和 A 计权声功率级可按表26-10采用，主要设备噪声源倍频程中心频率的 A 计权声功率级可按表26-11采用。

表26-10　主要设备噪声源倍频程中心频率的 A 计权声功率级　dB（A）

噪　声　源	声源类型	A 计权声功率级
换流变压器（±800kV 换流站）	面声源	120
换流变压器（±500kV 换流站）	面声源	115
油浸式平波电抗器（±500kV 换流站）	面声源	110
换流变压器冷却风扇	面声源	98
1000kV 交流滤波器电容器	线声源	88
1000kV 交流滤波器电抗器	点声源	88
750kV 交流滤波器电容器	线声源	87
750kV 交流滤波器电抗器	点声源	87
500kV 交流滤波器电容器	线声源	85
500kV 交流滤波器电抗器	点声源	85

续表

噪　声　源	声源类型	A 计权声功率级
直流滤波器高压电容器	线声源	80
直流滤波器电抗器	点声源	80
空气冷却器（空冷）	面声源	100
闭式蒸发式阀冷却塔（水冷）	面声源	95
极性母线平波电抗器（干式空芯）	点声源	92
1000kV 联络变压器	面声源	102
750kV 联络变压器	面声源	100
500kV 联络变压器	面声源	98
500kV 站用变压器	面声源	93
320Mvar 高压并联电抗器	面声源	104
280Mvar 高压并联电抗器	面声源	102
240Mvar 高压并联电抗器	面声源	101
200Mvar 高压并联电抗器	面声源	98

注　表中设备噪声源 A 计权声功率级由现场噪声测量和软件计算相结合确定，供设计参考。

表26-11　主要设备噪声源倍频程中心频率的 A 计权声功率级　dB（A）

设备名称	倍频程中心频率的 A 计权声功率级								总的 A 计权声功率级
	63	125	250	500	1000	2000	4000	8000	
换流变压器（±800kV 换流站）	81	101	105	120	102	99	94	84	120
换流变压器（±500kV 换流站）	76	96	100	115	97	94	89	79	115
油浸式平波电抗器（±500kV 换流站）	87	102	98	103	106	102	95	82	110
1000kV 交流滤波器电容器	53	63	61	88	74	66	57	44	88

续表

设备名称	倍频程中心频率的 A 计权声功率级								总的 A 计权声功率级
	63	125	250	500	1000	2000	4000	8000	
1000kV 交流滤波器电抗器	67	74	82	84	81	79	55	47	88
750kV 交流滤波器电容器	52	62	60	87	73	65	56	43	87
750kV 交流滤波器电抗器	66	73	81	83	80	78	54	46	87
500kV 交流滤波器电容器	50	60	58	85	71	63	54	41	85
500kV 交流滤波器电抗器	64	71	79	81	78	76	52	44	85
直流滤波器高压电容器	29	40	40	77	75	71	65	55	80
直流滤波器电抗器	60	75	67	76	73	70	45	40	80
换流变压器冷却风扇	77	80	86	90	93	93	88	80	98
空气冷却器（空冷）	66	74	83	92	95	94	93	87	100
闭式蒸发式阀冷却塔（水冷）	90	89	90	84	76	73	70	67	95
极性母线平波电抗器（干式空心）	58	68	72	92	77	75	65	52	92
1000kV 主变压器	71	102	79	79	79	73	70	63	102
750kV 联络变压器	69	100	78	90	77	71	68	61	100
500kV 联络变压器	67	98	76	88	75	69	66	59	98
500kV 站用变压器	61	92	76	82	76	63	60	54	93
320Mvar 高压并联电抗器	80	101	95	98	94	90	82	67	104
280Mvar 高压并联电抗器	78	99	93	96	92	88	80	65	102
240Mvar 高压并联电抗器	77	98	92	95	91	87	79	64	101
200Mvar 高压并联电抗器	74	95	89	92	88	84	76	61	98

注　表中设备噪声源倍频程中心频率的 A 计权声功率级由现场噪声测量确定，供设计参考。

第四节　噪　声　预　测

换流站噪声预测的基本思路是在确定的设备声源源强基础上，计算出声波传播途径中的各种衰减和对各种影响因素的修正后，预测出到达预测点上的声波强度，这是建立噪声预测基本模式的基础。噪声预测方法大致上有物理学和几何声学法、实验室缩尺模型法、计算机模拟法等，本节主要介绍物理学和几何声学法。

环境噪声预测时应考虑背景噪声影响，站界噪声预测时不考虑背景噪声影响。背景噪声在一天中会随时段的不同而变化，它与气象条件、公路、铁路、飞机、非换流站设备的运行等因素有关，它对噪声的测量有较大影响。

一、预测软件

换流站噪声预测通常采用环境噪声预测软件完成，国际上普遍采用的噪声软件包括德国的 SoundPLAN、Cadna/A、IMMI、LIMA，法国的 Mithra、英国的 Noisemap 等，从原理上看，都仅仅考虑空气声传播。国内用的较多的是 SoundPLAN 和 Canda，其中 SoundPLAN 软件主要适合工业企业噪声预测分析，比如电厂、石油化工、换流站等，而 Cadna 主要适合城市噪声预测分析。

南方电网科学研究院和合肥工业大学联合开发的"直流换流站环境噪声计算软件"是目前国内唯一拥有自主知识产权的噪声预测软件，它主要用于直流换流站噪声的预测计算，主要包括建模、计算评估、图形编辑显示和文档管理等功能。该软件增加了直流换流站主要设备的噪声图库图元，且具备常用输变电设备噪声辐射频谱数据库，相比较其他软件更容易建立模型，提高建模效率。

二、预测模型

换流站噪声预测模型应包括地形模型、建（构）筑物模型、设备噪声源模型。

（一）地形模型

根据换流站竖向布置和站外地形图，可采用 AutoCAD Civil 3D、鸿业等软件建立换流站整平后的三维数字地形模型，通过原始测量点数据、现有等高线图形、DEM 文件、LandXML 格式文件等任意一种源数据，也可以混合使用多种源数据生成曲面，建立三维数字地形模型，三维数字地形模型应包括换流站竖向布置、挖填方边坡、站址周围等高线等信息。然后将生成的三维数字地形模型导入到噪声预测软件中即可。某换流站整平后的地形模型见图 26-6。

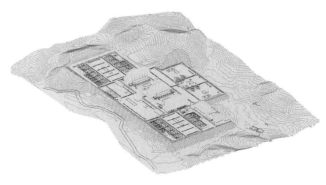

图 26-6　某换流站整平后的地形模型

（二）建（构）筑物模型

噪声预测时需要建立的建（构）筑物模型有：阀厅、控制楼、继电器室、综合楼、综合水泵房、检修备品库、警传室、防火墙、围墙和声屏障等，构架和设备支架可以忽略不计。

建（构）筑物模型应包括几何尺寸、反射损失、吸声系数等参数。建（构）筑物不同表面的反射损失和吸声系数可按表 26-12 取值。

表 26-12　建（构）筑物不同表面的反射损失和吸收系数值

建筑物表面类型	反射损失（dB）	吸声系数
光滑的表面	1	0.21
带阳台的面和粗糙的表面	2	0.37
吸声墙	4	0.6
高吸声墙	8~11	0.84~0.92

注　表中建（构）筑物不同表面的反射损失和吸收系数值来源于 SoundPLAN 软件说明书。

防火墙、围墙、声屏障可简化为具有一定高度的薄屏障；建筑物、土堤可简化为具有一定高度的厚屏障。屏障应包含几何尺寸、吸声系数或反射损失等参数。

（三）噪声源模型

设备噪声源主要参数应包括声源几何尺寸、声源类型、声功率级、倍频程频谱或 1/3 倍频程频谱。根据设备噪声源特性以及预测点与声源之间的距离等情况，声源可简化为点声源、线声源、面声源。当没有实测的设备噪声源声学特性参数时，设备噪声源类型、声功率级和频谱特性可按第 3 节表 26-10 和表 26-11 的规定取值。

三、预测方法

从声源传播到预测点的声级大小取决于：① 声源的声功率级；② 声源和预测点之间的传播路径，即距离、障碍物、地面状况、声源与预测点之间的连线与地面的夹角等；③ 气象条件、预测点附近的反射面等。

（一）基本公式

换流站噪声传播衰减包括几何发散衰减 A_{div}、大气吸收衰减 A_{atm}、地面效应衰减 A_{gr}、屏障屏蔽衰减 A_{bar}、其他多方面效应衰减 A_{misc}。

（1）在环境影响评价中，应根据声源声功率级或靠近声源某一参考位置处的已知声级（如实测得到的）、户外声传播衰减，计算距离声源较远处的预测点的声级。在已知距离无指向性点声源参考点 r_0 处的倍频带（用 63~8000Hz 的 8 个标称倍频带中心频率）声压级 $L_P(r_0)$ 和计算出参考点（r_0）到预测点（r）处之间的户外声传播衰减后，预测点 8 个倍频带声压级 $[L_P(r)]$ 按式（26-9）计算。

$$L_P(r) = L_P(r_0) - (A_{\text{div}} + A_{\text{atm}} + A_{\text{gr}} + A_{\text{bar}} + A_{\text{misc}}) \quad (26-9)$$

（2）预测点的 A 声级 $L_A(r)$ 按公式（26-10）计算，即将 8 个倍频带声压级合成，计算出预测点的 A 声级 $[L_A(r)]$。

$$L_A(r) = 10\lg\left(\sum_{i=1}^{8} 10^{0.1(L_{Pi}(r) - \Delta L_i)}\right) \quad (26-10)$$

式中　$L_A(r)$——预测点（r）处的 A 声级，dB（A）；

　　　$L_{pi}(r)$——预测点（r）处，第 i 倍频带声压级，dB；

　　　ΔL_i——第 i 倍频带 A 计权网络修正值，dB（见表 26-5）。

（3）在只考虑几何发散衰减时，可按式（26-11）计算。

$$L_A(r) = L_A(r_0) - A_{\text{div}} \quad (26-11)$$

式中　$L_A(r_0)$——预测点（r_0）处的 A 声级 [dB（A）]。

（二）几何发散衰减 (A_{div})

（1）点声源的几何发散衰减包括无指向性点声源和具有指向性点声源。

1）无指向性点声源几何发散衰减的基本公式为

$$L_P(r) = L_P(r_0) - 20\lg(r / r_0) \quad (26-12)$$

式（26-12）中第二项表示了点声源的几何发散衰减

$$A_{\text{div}} = 20\lg(r / r_0) \quad (26-13)$$

如果已知点声源的倍频带声功率级 L_w 或 A 计权声功率级 L_{Aw}，且声源处于自由声场，则式（26-12）等效为式（26-14）或式（26-15）

$$L_P(r) = L_w - 20\lg(r) - 11 \quad (26-14)$$

$$L_A(r) = L_{Aw} - 20\lg(r) - 11 \qquad (26-15)$$

如果声源处于半自由声场，则公式（26-12）等效为式（26-16）或式（26-17）

$$L_P(r) = L_w - 20\lg(r) - 8 \qquad (26-16)$$

$$L_A(r) = L_{Aw} - 20\lg(r) - 8 \qquad (26-17)$$

2）具有指向性点声源在自由空间中辐射声波时，其强度分布的一个主要特性是指向性。

对于自由空间的点声源，其在某一 θ 方向上距离 r 处的倍频带声压级 $[L_p(r)_\theta]$

$$L_p(r)_\theta = L_w - 20\lg(r) + D_{I\theta} - 11 \qquad (26-18)$$

式中 $D_{I\theta}$ —— θ 方向上的指向性指数，$D_{I\theta} = 10\lg R_\theta$；

R_θ —— 指向性因数，$R_\theta = \dfrac{I_\theta}{I}$；

I —— 所在方向上的平均声强，W/m^2；

I_θ —— 某一 θ 方向上的声强，W/m^2。

按式（26-12）计算具有指向性点声源几何发散衰减时，式（26-12）中的 $L_P(r)$ 和 $L_P(r_0)$ 必须是在同一方向的倍频带声压级。

3）反射体引起的修正 ΔL_r：当点声源与预测点处在反射体同侧附近时（如图26-7所示），到达预测点的声级是直达声与反射声叠加的结果，从而使预测点声级增高。

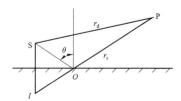

图 26-7 反射体的影响

当满足下列条件时，需考虑反射体引起的声级增高：① 反射体表面平整光滑，坚硬的；② 反射体尺寸远远大于所有声波波长 λ；③ 入射角 $\theta < 85°$。

$r_r - r_d \gg \lambda$ 反射引起的修正量 ΔL_r 与 r_r / r_d 有关（$r_r = $ IP、$r_d = $ SP），可按表26-13计算：

表 26-13 反射体引起的修正量

r_r / r_d	dB
≈ 1	3
≈ 1.4	2
≈ 2	1
> 2.5	0

（2）线声源的几何发散衰减包括无限长线声源和有限长线声源。

1）无限长线声源几何发散衰减的基本公式为

$$L_P(r) = L_P(r_0) - 10\lg(r / r_0) \qquad (26-19)$$

式（26-19）中第二项表示了无限长线声源的几何发散衰减

$$A_{\text{div}} = 10\lg(r / r_0) \qquad (26-20)$$

2）有限长线声源：如图26-8所示，设线声源长度为 l_0，单位长度线声源辐射的倍频带声功率级为 L_w。在线声源垂直平分线上距离声源 r 处的声压级为

$$L_P(r) = L_w + 10\lg\left[\frac{1}{r}\arctan\left(\frac{l_0}{2r}\right)\right] - 8 \qquad (26-21)$$

或

$$L_P(r) = L_P(r_0) + 10\lg\left[\frac{\frac{1}{r}\arctan\left(\frac{l_0}{2r}\right)}{\frac{1}{r_0}\arctan\left(\frac{l_0}{2r_0}\right)}\right] \qquad (26-22)$$

① 当 $r > l_0$ 且 $r_0 > l_0$ 时，式（26-22）可近似简化为式（26-12），即在有限长线声源的远场，有限长线声源可当作点声源处理；② 当 $r < l_0 / 3$ 且 $r_0 < l_0 / 3$ 时，式（26-22）可近似简化为式（26-19），即在近场区，有限长线声源可当作无限长线声源处理；③ 当 $l_0 / 3 < r < l_0$ 且 $l_0 / 3 < r_0 < l_0$ 时，公式（26-22）可作近似计算

$$L_P(r) = L_P(r_0) - 15\lg\left(\frac{r}{r_0}\right) \qquad (26-23)$$

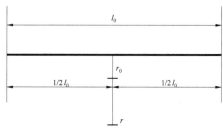

图 26-8 有限长线声源

（3）面声源的几何发散衰减：如果已知面声源单位面积的声功率为 W，各面积元噪声的相位是随机的，面声源可看作由无数点声源连续分布组合而成，其合成声级可按能量叠加法求出。

图26-9给出了长方形面声源中心轴线上的声衰减曲线，当预测点和面声源中心距离 r 处于以下条件时，可按下述方法近似计算：

1）当 $r < a / \pi$ 时，几乎不衰减（$A_{\text{div}} \approx 0$）。

2）当 $a / \pi < r < b / \pi$ 时，距离加倍衰减3dB左右，类似线声源衰减特性 $[A_{\text{div}} \approx 10\lg(r / r_0)]$。

3）当 $r > b / \pi$ 时，距离加倍衰减趋近于6dB，类似点声源衰减特性 $[A_{\text{div}} \approx 20\lg(r / r_0)]$。

图中面声源的 $b > a$，虚线为实际衰减量。

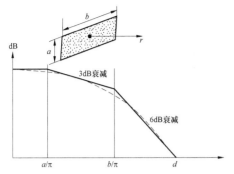

图 26-9　长方形面声源中心轴线上的衰减特性

（三）大气吸收引起的衰减 (A_{atm})

大气吸收引起的衰减按式（26-24）计算。

$$A_{atm} = \frac{a(r-r_0)}{1000} \qquad (26-24)$$

式中　A_{atm}——大气吸收衰减，dB；

$\quad\quad\ r$——预测点到声源的距离，m；

$\quad\quad\ r_0$——参考点到声源的距离，m；

$\quad\quad\ a$——大气吸收衰减系数，dB/km，预测中可根据站址所在区域常年平均气温和相对湿度按表 26-14 选择相应的大气吸收衰减系数。

表 26-14　倍频带噪声的大气吸收衰减系数 α

温度（℃）	相对湿度（%）	大气吸收衰减系数 α（dB/km）							
		倍频带中心频率（Hz）							
		63	125	250	500	1000	2000	4000	8000
10	70	0.1	0.4	1.0	1.9	3.7	9.7	32.8	117.0
15	20	0.3	0.6	1.2	2.7	8.2	28.2	28.8	202.0
15	50	0.1	0.5	1.2	2.2	4.2	10.8	36.2	129.0
15	80	0.1	0.3	1.1	2.4	4.1	8.3	23.7	82.8
20	70	0.1	0.3	1.1	2.8	5.0	9.0	22.9	76.6
30	70	0.1	0.3	1.0	3.1	7.4	12.7	23.1	59.3

（四）地面效应衰减 (A_{gr})

（1）地面类型可分为：① 坚实地面，包括铺筑过的路面、水面、冰面，以及夯实地面；② 疏松地面，包括被草或其他植被覆盖的地面，以及农田等适合于植物生长的地面；③ 混合地面，由坚实地面和疏松地面组成。

（2）声波越过疏松地面时，或大部分为疏松地面的混合地面，在预测点仅计算 A 声级前提下，地面效应引起的衰减可按式（26-25）进行计算。

$$A_{gr} = 4.8 - \left(\frac{2h_m}{r}\right)\left[17 + \left(\frac{300}{r}\right)\right] \qquad (26-25)$$

式中　r——预测点到声源的距离，m；

$\quad\quad h_m$——传播路径的平均离地高度，m；可按图 26-10 进行计算，$h_m = F/r$，F 为面积，m^2；若 A_{gr} 计算出负值，则 A_{gr} 用 0 代替。

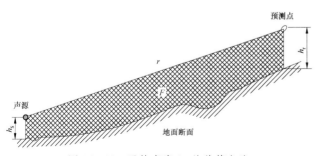

图 26-10　平均高度 h_m 的估算方法

（3）其他情况可参照 GB/T 17247.2—1998《声学户外声传播的衰减第 2 部分：一般计算方法》进行计算。

（五）屏障引起的衰减 (A_{bar})

位于换流站声源和预测点之间的实体障碍物，如防火墙、围墙、建筑物、土坡或地堑等起声屏障作用。声屏障的存在使声波不能直达某些预测点，从而引起声能量的较大衰减。在噪声预测计算时，一般将各种形式的屏障简化为具有一定高度的薄屏障。

如图 26-11 所示，S、O、P 三点在同一平面内且垂直地面。

定义 $\delta = SO + OP - SP$ 为声程差，$N = 2\delta/\lambda$ 为菲涅尔数，其中 λ 为声波波长。

在噪声预测中，声屏障插入损失的计算方法应需要根据实际情况作简化处理。

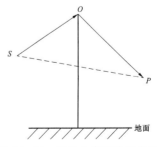

图 26-11　无线长声屏障示意图

（1）有限长薄屏障在点声源声场中引起的衰减首先计算

689

图 26-12 所示三个传播途径的声程差 δ_1、δ_2、δ_3 和相应的菲涅尔数 N_1、N_2、N_3。声屏障引起的衰减按式（26-26）计算

$$A_{\mathrm{bar}} = -10\lg\left(\frac{1}{3+20N_1} + \frac{1}{3+20N_2} + \frac{1}{3+20N_3}\right)$$

$$(26-26)$$

当屏障很长（作无限长处理）时，则按式（26-27）计算

$$A_{\mathrm{bar}} = -10\lg\left(\frac{1}{3+20N_1}\right) \qquad (26-27)$$

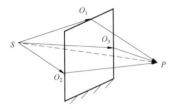

图 26-12 在有限长声屏障上不同的传播路径

（2）双绕射计算：对于图 26-13 所示的双绕射情形，可按式（26-28）计算绕射声与直达声之间的声程差 δ

$$A_{\mathrm{bar}} = [(d_{ss} + d_{sr} + e)^2 + a^2]^{\frac{1}{2}} - d \qquad (26-28)$$

式中 a ——声源和接收点之间的距离在平行于屏障上边界的投影长度，m；

d_{ss} ——声源到第一绕射边的距离，m；

d_{sr} ——第二绕射边到接收点的距离，m；

e ——在双绕射情况下两个绕射边界之间的距离，m；

d ——声源到接收点之间的距离，m。

屏障衰减量 A_{bar} 参照 GB/T 17247.2《声学户外声传播的衰减第 2 部分：一般计算方法》进行计算。

在任何频带上。屏障衰减 A_{bar} 在单绕射（薄屏障）情况，衰减最大取 20dB；在双绕射（即厚屏障）情况，衰减最大取 25dB。

计算声屏障衰减后，不再考虑地面效应引起的衰减。

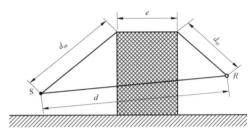

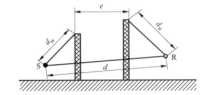

图 26-13 利用建筑物、土堤作为厚屏障

（3）绿化林带噪声衰减计算与树种、林带结构和密度等因素有关。在声源附近的绿化林带，或在预测点附近的绿化林带，或两者均有的情况下都可以使声波衰减，见图 26-14。

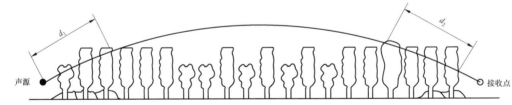

图 26-14 通过树和灌木时噪声衰减示意图

通过树叶传播造成的噪声衰减随通过树叶传播距离 d_f 的增长而增加，其中 $d_f = d_1 + d_2$，为计算 d_1 和 d_2，可假设弯曲路径的半径为 5km。

表 26-15 中的第一行给出了通过总长度为 10～20m 的密叶时，由密叶引起的衰减；第二行为通过总长度 20～200m 之间密叶时的衰减系数；当通过密叶的路径长度大于 200m 时，可使用 200m 的衰减值。

表 26-15 倍频带噪声通过密叶传播时产生的衰减

项 目	传播距离 d_f（m）	倍频带中心频率（Hz）							
		63	125	250	500	1000	2000	4000	8000
衰减量 dB	$10 \leqslant d_f < 20$	0	0	1	1	1	1	2	3
衰减系数 dB/m	$20 \leqslant d_f < 200$	0.02	0.03	0.04	0.05	0.06	0.08	0.09	0.12

（六）其他多方面原因引起的衰减 (A_{misc})

其他衰减包括通过工业场所、房屋群的衰减等，可参照 GB/T 17247.2—1998《声学户外声传播的衰减第 2 部分：一般计算方法》进行计算。

在换流站噪声计算时，一般不考虑自然条件（如风、温度梯度、雾）引起的附加修正。

四、预测内容

（1）换流站噪声预测范围宜为站界向外200m，如仍不能满足相应声环境功能区噪声等效声级限值时，应将预测范围扩大到满足限值的距离。

（2）噪声预测主要包括以下内容：① 预测站界噪声贡献值，给出站界噪声贡献值的最大值及位置；② 预测敏感目标预测值，敏感目标所受噪声的影响程度，确定噪声影响的范围。

（3）噪声预测应绘制等声级线图，说明噪声超标的范围和程度。必要时，可采用表格表示站界贡献值和敏感目标预测值。

（4）根据站界和敏感目标受影响的状况，明确影响站界和敏感目标的主要噪声源，分析站界和敏感目标的超标原因。

五、预测结果

（1）换流站噪声预测通常采用图例和表格法表示声级预测计算结果：① 图例法：即如图26-15所示的用于描述等效声级的等声级线图；② 表格法：如表26-16、表26-17所示，表中列出了接收点的等效声级预测值。

图26-15显示了计算后得到的换流站站内及其周围环境的等效声级的预测值（用不同的颜色代表相应的声压级），其缺点是从中看不出哪个声源是主要噪声源。

（2）使用表格表示计算结果的方法非常有用，特别是声源阵列表格的建立。表中显示了每个频率下各声源或声源组在总声压级中所占的比重，因此可以从表中得知需重点降噪的设备：① 表26-16中，每行按各声源或声源组排列，每列表示各声源或声源组在不同倍频程频率或窄频段下的声压级；② 表26-17按声压级由大到小排列了各声源或声源组，并列出了各声源或声源组所对应的发声对象。

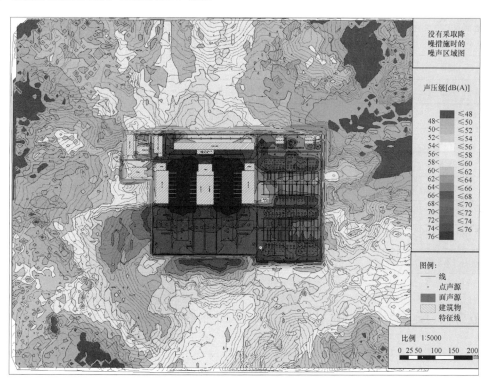

图26-15　用图例法表示等效声级计算结果

表26-16　声源阵列表（a）

接受点（换流站最近的房屋）：X（570.00m），Y（130.00m），Z（1.50m）											
每个频率下各声源或者声源组在总声压级中所占比重的等级											
			1	2	3	4	5	6	7	8	9
频率	总计		1000（Hz）	500（Hz）	700（Hz）	600（Hz）	250（Hz）	125（Hz）	2000（Hz）	1200（Hz）	其他声源
序号	dB（A）	声源组	dB（A）	dB（A）	dB（A）	dB（A）	dB（A）	dB（A）	dB（A）	dB（A）	dB（A）
Tot:	40.6	—	35.6	34.5	29.6	29.4	27.8	27.1	26.1	25.9	25.0
1	34.3	1	29.3	29.4	7.8	8.6	23.2	21.2	23.1	—	26.1

序号	dB（A）	声源组	dB（A）	dB（A）	dB（A）	dB（A）	dB（A）	dB（A）	dB（A）	dB（A）	dB（A）
2	32.6	10	29.8	27.4	—	—	—	—	19.7	20.2	20.7
3	32.5	9	29.9	27.6	—	1.3	—	—	19.6	19.1	17.1
4	32.0	3	26.4	25.3	—	27.7	—	—	—	23.1	12.2
5	31.1	8	20.0	17.8	29.5	19.7	—	—	9.8	—	21.3
6	29.5	7	19.5	17.2	—	22.4	—	—	9.4	—	27.5
7	28.9	6	—	21.7	—	—	25.1	24.8	—	—	4.4
8	25.7	4	23.1	22.3	—	—	—	—	—	—	—
9	23.4	5	—	18.8	—	—	17.8	19.2	—	—	—
10	12.3	2	—	9.4	—	—	4.4	—	—	—	7.4

注 "—"表示噪声源不包含该次频率。

表 26-17 声源阵列表（b）

等级	dB（A）	声源组	描 述	X [m]	Y [m]	Z [m]
1	34.3	1	<声源组>换流变压器及其冷却风扇	23.0	1.0	2.8
2	32.6	10	<声源组>36th 电容器和电抗器	168.5	−7.0	4.5
3	32.5	9	<声源组>24th 电容器和电抗器	163.5	−15.0	4.5
4	32.0	3	<声源组>平波电抗器	5.0	26.0	8.0
5	31.1	8	<声源组>13th 电容器和电抗器	170.0	−13.3	4.5
6	29.5	7	<声源组>11th 电容器和电抗器	162.0	−8.3	4.5
7	28.9	6	<声源组>交流并联电抗器	166.5	−12.5	1.5
8	25.7	4	<声源组>PLC 滤波器	−41.0	−12.2	18.4
9	23.4	5	<声源组>交流并联电容器	165.5	−8.5	5.0
10	12.3	2	<声源组>阀冷却风扇	−16.3	−25.3	2.0

第五节 噪声控制措施

声学系统一般是由声源、传播途径和接收者组成。要控制噪声及其污染，必须从三方面进行考虑：① 降低噪声源的噪声；② 控制传播途径；③ 接收者的听力保护。在具体的工程实践中，只采取单方面的措施是不够的，通常需要采取综合措施。对于换流站，其噪声治理主要从噪声源和传播途径两个方面进行控制。

一、站址选择及总平面布置

（一）站址选择

在站址选择时，宜遵循下列原则：

（1）站址宜避开噪声敏感建筑物集中区域（如居民区、医疗区、文教区等）。

（2）噪声沿顺风方向和逆风方向传播，由于声线弯折方向的不同，会有很大的差异。为使居住区受到的影响最小，站址宜位于城镇居民集中区的当地常年夏季最小频率风向的上风侧。

（3）由于建筑物室内噪声污染程度与建筑物的门窗开闭状况关系很大，夏季是受噪声干扰最严重的季节，站址宜位于周围主要噪声源的当地常年夏季最小频率风向的下风侧。

（4）站址应充分利用天然缓冲地域使噪声敏感区与高噪声设备隔开。天然缓冲地域是指站址附近在近期或远期都不会设置噪声敏感建筑物的天然隔离带，诸如沙石荒滩、宽阔水面、农田森林、山丘丘陵等。

（二）总平面布置

换流站总平面布置在满足工艺布置要求的前提下，宜遵循下列原则：

（1）主要设备噪声源宜相对集中，并宜远离站内外要求安静的区域。

（2）应充分利用阀厅、备品备件库、GIS 室等高大建筑物对噪声的隔离作用。

（3）主要设备噪声源宜低位布置，以缩小噪声传播距离。

（4）对于室内要求安静的建筑物，门窗不要面向噪声源，其排列应使建筑多数面积位于较安静的区域中，其高度的设计不宜使其暴露在许多强声源的直达声场中。

二、噪声源控制

控制噪声源是降低环境噪声的最根本和最有效的方法。它是通过研制和选择低噪声的设备（如采取改进设备构造、提高加工工艺和加工精度等方法生产的低噪声设备），使发声体的噪声功率降低。

（一）换流变压器、油浸式平波电抗器和高压并联电抗器

从设备本体噪声控制角度来说，降低换流变压器、油浸式平波电抗器和高压并联电抗器设备的措施有：

（1）铁芯优化设计：① 采用合适的磁通密度；② 选择高磁导率和低磁致伸缩的铁芯材料；③ 采用合理接缝技术的铁芯结构；④ 在铁芯硅钢片之间加橡胶薄膜；⑤ 合理控制铁芯的绑扎力和夹件的夹紧力；⑥ 对于油浸式电抗器，应采用硬度高的铁芯间隙材料。

（2）油箱噪声控制措施：① 在铁芯垫脚与油箱接触的部位增加减振胶垫；② 在油箱外壁的槽型加强铁内填充干燥的细沙，或在加强铁之间加装隔声板。

（3）绕组噪声控制措施：① 在绕组端部加装磁屏蔽；② 应用先进的绕组设计减小阻抗制造公差。

（4）冷却器噪声控制措施是采用低噪声的风扇和油泵。

根据现有的经验可知，换流变压器、油浸式平波电抗器和高压并联电抗器本体的降噪措施随着降噪效果的增加其制造成本急剧上升，并且其声功率值降低程度非常有限。因此即使对其投入大量的降噪措施，其噪声水平仍然较高。

（二）干式空芯电抗器

干式空芯电抗器可采用下列降噪措施：① 各层导线均采用环氧玻璃纱进行包封，降低振动幅度；② 优化电抗器结构和质量，使设备的自振频率偏离主要的振动频率；③ 绕组周围设置装设吸声材料的玻璃纤维隔声罩。

换流站干式空芯电抗器通常的降噪方法是在电抗器周围加隔声罩，隔声罩的设计必须和干式空芯电抗器的设计相结合，需满足设备通风散热和电气净距的要求。干式空芯电抗器隔声罩最大降噪量的典型值为：① 顶部和底部隔声板：5dB（A）；② 周围加装圆筒式隔声罩：10dB（A）；③ 加装完整声罩：15dB（A）。

图 26-16　干式平波电抗器周围加装圆筒式隔声罩实例

图 26-17　交流滤波场干式空芯电抗器
周围加装圆筒式隔声罩实例

（三）电容器

降低电容器噪声的关键在于降低电容器表面的振动，通常采用的降噪措施包括：① 适当降低电容器介质的工作场强；② 增加电容器单元壳体的刚度；③ 提高电容芯子的压紧系数；④ 电容器单元内部安装隔声材料；⑤ 电容器单元与支撑构架之间安装减振垫。

由于电容器塔高度高，噪声辐射复杂，并有一定的方向性，因此需在换流站布置时对其位置和方向进行优化。换流站通常采用双塔结构电容器组，以降低声源的高度，有效地减小其噪声的传播范围。

图 26-18　交流滤波器场双塔结构电容器组

（四）冷却风扇

低噪声风扇的设计技术已经成熟，而且很多技术对降低冷却风扇的噪声都是很有效的，包括：① 采用大直径低转速轴流风扇；② 采用消声器和空气挡板。

三、控制传播途径

由于声能量随着离开声源距离的增加而衰减，在噪声源确定的情况下，主要考虑尽量加大噪声源与噪声敏感点之间的距离或在噪声源与噪声敏感点之间增设吸隔声降噪设施。

（一）换流变压器隔声罩

换流变压器隔声罩是用带有通风散热消声器的隔声室把换流变压器本体封闭起来，把冷却风扇放在隔声室外面，为了减小隔声室里的混响声，在隔声室里换流变压器两侧防火墙和阀厅侧防火墙上贴吸声体。隔声罩相比隔声屏障和消声屏障，可以有效地阻隔噪声向外传播，尤其是对低频噪声有很好的降噪效果，通过对已建换流变压器隔声罩进行噪声测试，其隔声罩内外声压级差约为 20～25dB（A）。隔声罩是换流变压器采用最多的一种降噪措施。

国内已建和在建的换流变压器隔声罩发展经历了两个阶段：第一阶段为拆卸式隔声罩，如 ±800kV ZZ 换流站换流变压器隔声罩（见图 26-19）；第二阶段为移动式隔声罩，如 ±800kV FX 换流站换流变压器隔声罩（见图 26-20）。

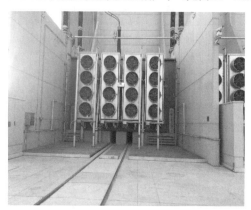

图 26-19 换流变压器可拆卸式隔声罩

图 26-20 换流变压器移动式隔声罩

（1）可拆卸式隔声罩结构型式：可拆卸式隔声罩由 4 部分组成，具体细分为顶部固定部分、顶部可拆卸部分、前端固定部分、前端可拆卸部分。当换流变压器需要检修时，只用拆除可拆卸部分。可拆卸式隔声罩钢结构效果图见图 26-21，可拆卸式隔声罩设计效果图见图 26-22。

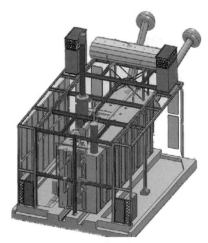

图 26-21 可拆卸式隔声罩钢结构效果图

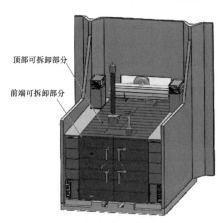

图 26-22 可拆卸式隔声罩设计效果图

（2）移动式隔声罩结构型式：移动式隔声罩的特点是一部分隔声罩钢结构固定在换流变压器上，它们可以随换流变压器整体一起移动，移动式隔声罩单体效果图见图 26-23，移动式隔声罩整体效果图见图 26-24。

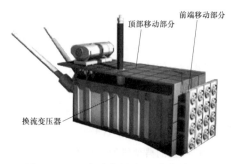

图 26-23 移动式隔声罩单体效果图

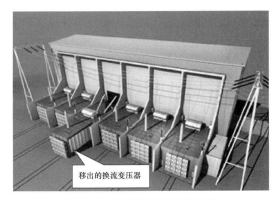

图 26-24　动式隔声罩整体效果图

移动式隔声罩由 4 部分组成，具体细分为顶部固定部分、顶部移动部分、前端固定部分、前端移动部分。顶部固定部分的隔声围护结构与换流变压器两侧防火墙连接，前端固定部分与换流变压器基础连接，在更换换流变压器时不用拆除；移动部分的隔声围护结构是固定在换流变压器本体上，在更换换流变压器时此部分与换流变压器一同移出。

移动部分吸隔声板通过钢架与换流变压器本体连接在一起，当换流变压器运行时其自身振动会通过支撑钢架向外传递从而引起吸隔声板振动向外辐射噪声，导致隔声罩整体降噪效果下降。为防止出现这种固体传声现象，在吸隔声板与支撑钢架之间设置隔振器，以切断吸隔声板与换流变压器本体之间声桥，从而保证隔声罩的降噪效果。移动式隔声罩固定部分结构图见图 26-25，移动式隔声罩移动部分结构图见图 26-26。

图 26-25　移动式隔声罩固定部分结构图

图 26-26　移动式隔声罩移动部分结构图

（3）隔声罩防水处理：顶部隔声罩吸隔声板的防水处理有两种类型：① 板与板拼接处、安装螺栓处等直接利用耐候密封胶进行防水处理；② 顶部固定部分与防火墙的交接处采用泛水板进行防水处理，顶部固定部分与防火墙交接处防水处理详图见图 26-27。

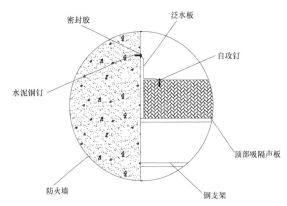

图 26-27　顶部固定部分与防火墙交接处防水处理详图

（4）隔声罩通风散热：换流变压器的损耗包括空载损耗和负载损耗，余热量近似为两者损耗之和。换流变压器的余热主要是通过换流变压器的冷却器把热能排出，但仍有一部分热量会通过换流变压器本身的壳体散发。采用隔声罩时，换流变压器本体置于密闭的隔声室内，壳体所散发的热量需要及时排至隔声罩外面。换流变压器隔声罩通风计算的重要参数是换流变的空载损耗和负载损耗，其通风量可按式（26-29）进行计算

$$L = \frac{Q}{0.28 c \rho_{av} \Delta t} \qquad (26-29)$$

式中　L ——通风量，单位为立方米每小时（m³/h）；

Q ——换流变本体散热量，单位为瓦（W）；

c ——空气比热容，取 $c = 1.01$ [kJ/（kg·K）]；

ρ_{av} ——进排风平均密度，单位为千克每立方米（kg/m³）；

Δt ——进排风温度差，单位为摄氏度（℃）。$\Delta t = t_{ex} - t_{in}$，不应超过 15℃；$t_{in}$、$t_{ex}$ 为进、排风温度，t_{in} 可取当地通风室外计算温度，t_{ex} 宜不大于 45℃。

以某换流站 ±800kV 换流变压器为例，换流变压器单台容量 240MVA，损耗最大值为 700kW，本体余热量近似按 70kW 考虑，其他余热量由换流变压器散热器带走。室外通风计算温度 31℃，BOX-IN 内设计温度为 45℃，忽略 BOX-IN 由内到外的传热。由式（26-17）可以得出，通风量为 15 370m³/h，即配置 2 台风量不小于 7685m³/h 的轴流风机一般可满足换流变压器 BOX-IN 的通风散热要求。

综上所述，为了保证换流变压器的安全运行，改善运行检修人员的工作环境，换流变压器隔声罩应采用自然进风和机械排风的通风方案，进风通过布置在隔声罩内的 2 台消声

器进入室内，排风通过布置在隔声罩顶部的 2 台轴流风机排至室外，每个排风管上应安装消声器。

（5）隔声罩温度控制：每台轴流风机设有远程/就地切换开关，远程控制是通过站内监控系统来实现；就地控制设有手动/自动控制，分别通过启停按钮和 PLC 控制单元来实现。

自动控制采用 PLC 单元，由隔声罩内的温度探头根据隔声罩内温度单独控制风机启停，隔声罩内温度达到 40℃启动第 1 台风机，隔声罩内温度达到 45℃启动第 2 台风机，隔声罩内温度降到 40℃停止 1 台风机，隔声罩内温度降到 35℃停止另 1 台风机。

同时，PLC 控制单元能与火灾报警系统进行联动，接收火灾报警系统的信号后断开风机电源，并采集风机状态信号。

（6）隔声罩降噪效果：通过对某换流站换流变压器隔声罩内、外噪声进行现场噪声测试，得到了换流变压器隔声罩的降噪效果。

测点 1 在隔声罩内，距隔声罩前端声屏障板 1m，测点 2 在隔声罩的外部；距防火墙端部距离为 1m；测点 3、测点 4 和测点 5 在隔声罩的外部，分别离冷却风扇表面为 3.7、10.7、22.7m。

测点 1 噪声频谱图见图 26－28，测点 2 的噪声频谱图见图 26－29。

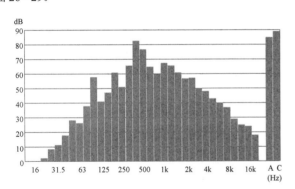

图 26－28　测点 1 噪声频谱图

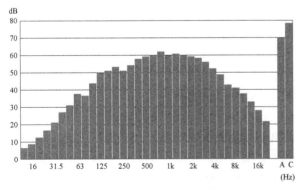

图 26－29　测点 2 噪声频谱图

测点 1 的声压级为 84.7dB（A），测点 2 的声压级为 69.9dB（A），二者相差 14.8dB（A）。测点 1 的频谱显示出的最大噪声频率为 400Hz，其次为 500Hz，但这些频率特征在测点 2

的频谱中都没有明显地显示出来。测点 1 和测点 2 的主要频率处的噪声比较如表 26－18 所示。

表 26－18　测点 1 和测点 2 的主要频率处的噪声比较

主要频率（Hz）	噪声［dB（A）］		
	测点 1	测点 2	差值
400	83.7	57.5	26.2
500	76.8	59.4	17.2

注　表中测点 1 和测点 2 声压级为某换流站换流变压器隔声罩内外现场测量数据。

测点 1 反映的是换流变压器本体的噪声频谱特征，而测点 2 反映的是冷却风扇的中频噪声频谱特征。

测点 3、测点 4、测点 5 的噪声比较如表 26－19 所示。这 3 个测点的频谱特征与测点 2 基本一样，反映的都是冷却风扇的频谱特征。从测点 1 和测点 2 的测试还说明：换流变压器本体噪声远大于冷却风扇的噪声。

表 26－19　测点 3～5 的噪声测量值

测点号	距风扇的距离（m）	噪声声压级［dB（A）］
3	3.7	69.2
4	10.7	64.7
5	22.7	61.7

注　表中测点 3、测点 4、测点 5 声压级为某换流站换流变压器隔声罩外现场测量数据。

（二）声屏障

（1）换流变压器和油浸式平波电抗器声屏障：国内换流变压器和油浸式平波电抗器声屏障有隔声屏障和消声屏障两种型式。

1）在距换流变压器（油浸式平波电抗器）两端防火墙前一定距离设置隔声屏障，同时为了减小噪声的反射，在换流变压器（油浸式平波电抗器）两侧防火墙和背面侧防火墙上贴吸声体。为方便运行人员巡视以及换流变压器（油浸式平波电抗器）通风散热，在隔声屏障一侧设置隔声门，另一侧设置通风风道，并在每台换流变压器（油浸式平波电抗器）前方声屏障板上安装一台轴流风机。换流变压器前设置隔声屏障实例见图 26－30，油浸式平波电抗器前设置隔声屏障实例见图 26－32。

2）在换流变压器（油浸式平波电抗器）两端防火墙前一定距离设置片式阻性消声器，其插入损失 *IL* 不应小于 25dB（A），其基于迎面风速的阻力系数不应大于 1.6。在换流变压器（油浸式平波电抗器）两侧防火墙和背面防火墙上贴吸声体，并在消声屏障两侧设置隔声门。换流变压器前设置消声屏障实例见图 26－31，油浸式平波电抗器前设置消声屏障实例见图 26－33。

图 26-30　换流变压器设置隔声屏障实例

图 26-31　换流变压器设置消声屏障实例

图 26-32　油浸式平波电抗器设置隔声屏障实例

图 26-33　油浸式平波电抗器设置消声屏障实例

3）隔声屏障和消声屏障相比较，其主要特点如下：① 隔声屏障的降噪量与噪声频率、屏障高度以及声源与接收点之间的距离等因素有关。声屏障的降噪效果与噪声频率成分关系很大，对大于 2000Hz 的高频声比 800～1000Hz 左右的中频声的降噪效果要好，但对于 25Hz 左右的低频声，由于声波波长比较长而很容易从屏障上方绕射过去，因此效果就差。且声屏障的降噪效果随着距离的增加而减小。隔声屏障多用于站界和周围环境噪声控制标准为 3 类及以下的情况；② 消声屏障主要优点是解决设备通风散热问题，消声屏障中片式阻性消声器对消除中、高频噪声效果显著，但对低频噪声的消除则不是很有效，一般用于封闭空间进出气通风口。由于目前换流站中换流变压器（油浸式平波电抗器）消声屏障顶部没有封闭，其降噪效果同隔声屏障，但相比于隔声屏障，其造价高，体积大（片式阻性消声器厚度约为 1～2m）。因此综合以上分析，隔声屏障和消声屏障相比较，宜优先采用隔声屏障。

（2）高压并联电抗器和主变压器隔声屏障：换流站高压并联电抗器和主变压器通常采用在其前方设置隔声屏障的降噪措施。为减小噪声的反射，在两侧防火墙上贴吸声体，通过对防火墙上贴吸声体和不贴吸声体分别进行噪声计算可知，防火墙上贴吸声体时接收点的噪声值比防火墙上不贴吸声体时低了 2dB（A）左右，降噪效果比较明显。高压并联电抗器前设置声屏障见图 26-34，主变压器前设置声屏障见图 26-35。

图 26-34　高压并联电抗器前设置声屏障

697

图 26-35　主变压器前设置声屏障

（3）交流滤波器场隔声屏障：由于交流滤波器场一般离围墙比较近，因此可以采取在靠近围墙侧的围栏处或在附近的围墙上设置隔声屏障来降低站界和周围环境噪声。交流滤波器场隔声屏障设计应遵循以下原则：

1）当交流滤波器场靠近站前区时，可选择在交流滤波器组围栏处设置隔声屏障，以减小交流滤波器组噪声对站内运行人员影响。隔声屏障应每隔一定距离设置隔声门，隔声屏障离地 1~3m 应采用透明声屏障，以方便运行人员巡视。

2）其余情况一般采用在围墙上设置隔声屏障的降噪措施，通常的做法是围墙做成 5~6m 高框架围墙，再在其上加 2~3m 高隔声屏障。

3）隔声屏障宜采用 H 型钢结构；当隔声屏障高度较高时，立柱宜采用格构式结构。隔声屏障立柱与基础采用地脚螺栓连接。

4）围墙上隔声屏障立柱宜采用 H 型钢结构，立柱与围墙结构宜采用地脚螺栓连接。

5）站内隔声屏障板跨度不宜超过 3m，站内隔声屏障吸隔声板宜采用嵌入式安装方式，吸隔声板嵌入式安装示意图见图 26-36。

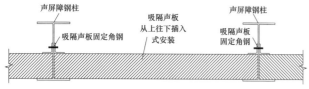

图 26-36　吸隔声板嵌入式安装示意图

6）通过噪声计算可知，在围墙上设置隔声屏障和在围栏处设置隔声屏障，两者站界噪声相差 0~2dB（A），降噪效果相差不大；从经济上比较，在围墙上设置隔声屏障的面积和钢结构用量均小于在围栏处设置隔声屏障；从视觉效果上比较，在围墙设置隔声屏障相比于直接在围栏处设置隔声屏障，能更好地保持换流站的空间完整性，给人较好的视觉感受。对于交流滤波器组，宜优先选用在围墙上设置隔声屏障的降噪措施。交流滤波器场围栏处设置声屏障（H 型钢）见图

26-37，交流滤波器场附近围墙上设置声屏障见图 26-38，交流滤波器场围栏处设置声屏障（格构式）见图 26-39。

图 26-37　交流滤波器场围栏处设置声屏障（H 型钢）

图 26-38　交流滤波器场附近围墙上设置声屏障

图 26-39　交流滤波器场围栏处设置声屏障（格构式）

（4）闭式蒸发式阀冷却塔、空气冷却器和空调机组设置声屏障主要遵循以下原则：① 阀冷却塔和空气冷却器气流方向是：从下方进风，上方排风。为不影响设备通风散热，闭式蒸发式阀冷却塔和空气冷却器宜采用消声屏障和隔声屏障

相组合的方式。消声屏障应采用阻性消声器，设置在隔声屏障下方；② 对于空调机组，一般采用在前方设置隔声屏障。闭式蒸发式阀冷却塔设置消声屏障和隔声屏障见图 26-40，空调机组设置隔声屏障见图 26-41。

图 26-40　闭式蒸发式阀冷却塔
设置消声屏障和隔声屏障

图 26-41　空调机组设置隔声屏障

四、接收者的听力保护

对于采取相应噪声控制措施后其等效声级仍不能达到噪声控制设计限值的工作和生活场所，应采取适宜的个人防护措施，以减少换流站噪声对运行人员健康的损害。换流站通常采取以下措施：

（1）在控制楼内阀厅巡视走道入口处应设置声闸，并设置双道隔声门，在两道隔声门之间设置吸声体。

（2）对于室内要求安静的建筑物，宜设置隔声门和隔声窗。

（3）在高噪声环境工作时应佩戴防噪声耳塞。

第六节　常用声学材料和工程实例

一、常用声学材料的规格及性能要求

下文中声屏障板，吸声体，消声器规格和声学性能参数来源于专业声学厂家降噪材料声学性能检测报告。

（一）声屏障板

（1）100mm 和 150mm 厚声屏障板结构图见图 26-42。

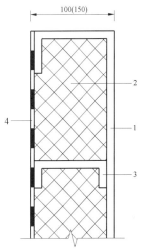

图 26-42　100mm 和 150mm 厚声屏障板结构图
1—2mm 热镀锌钢板；2—48kg/m³ 离心玻璃棉；
3—1.5mm 热镀锌钢骨架；4—1mm 热镀锌穿孔钢板，
孔径 2.5mm，穿孔率 25%

（2）100mm 和 150mm 厚声屏障板吸声系数 α 见表 26-20，100mm 厚和 150mm 厚声屏障板隔声量见表 26-21。

表 26-20　100mm 和 150mm 厚声屏障板吸声系数 α

频率（Hz）	100	125	160	200	250	315	400	500	630	800	1000	1250	1600	2000	2500	3150	4000	5000	降噪系数 NRC
100mm 厚声屏障板	0.42	0.75	0.89	0.93	0.94	0.95	0.93	0.95	0.96	0.93	0.94	0.95	0.96	0.97	0.96	0.92	0.93	0.94	0.95
150mm 厚声屏障板	0.43	0.80	0.94	0.96	0.95	0.96	0.97	0.96	0.96	0.94	0.93	0.95	0.97	0.94	0.96	0.95	0.96	0.97	0.95

表 26－21　100mm 和 150mm 厚声屏障板隔声量　　　　　　　　　　　dB

频率（Hz）	100	125	160	200	250	315	400	500	630	800	1000	1250	1600	2000	2500	3150	4000	5000	计权隔声量 R_w
100mm 厚声屏障板	15.9	21.3	24.8	28.5	29.0	33.4	41.0	43.0	46.2	50.2	51.3	52.1	51.8	48.3	48.5	46.5	44.5	43.8	42
150mm 厚声屏障板	19.5	24.3	34.7	35.7	33.6	37.2	36.6	41.4	43.5	44.4	47.7	49.8	50.3	51.6	49.3	48.1	47.6	47.3	44

（二）吸声体

（1）100mm 厚复合共振吸声体结构图见图 26－43。

（2）100mm 复合共振吸声体吸声系数 α 见表 26－22。

表 26－22　100mm 厚复合共振吸声体吸声系数 α

频率（Hz）	100	125	160	200	250	315	400	500	630	800	1000	1250	1600	2000	2500	3150	4000	5000	降噪系数 NRC
100mm 厚复合共振吸声体	0.58	0.59	0.63	0.74	0.8	0.81	0.88	0.87	0.89	0.93	0.97	0.99	1.02	1.01	0.95	0.92	0.93	0.92	0.9

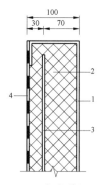

图 26－43　100mm 复合共振吸声体结构图

1—1mm 热镀锌钢板；2—48kg/m³ 离心玻璃棉；

3—1mm 热镀锌复合共振钢板；4—1mm 热镀锌穿孔钢板，

孔径 2.5mm，穿孔率 25%

（三）消声器

（1）1500mm 长和 2400mm 长片式消声器结构图见图 26－44。

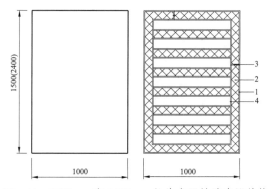

图 26－44　1500mm 和 2400mm 长片式阻性消声器结构图

1—1mm 热镀锌钢板；2—48kg/m³ 离心玻璃棉；

3—1.5mm 厚热镀锌钢骨架；4—1mm 热镀锌穿孔钢板，

孔径 2.5mm，穿孔率 25%

（2）1500mm 和 2400mm 长片式阻性消声器在不同流速下的插入损失 D_i 见表 26－23，1500mm 和 2400mm 长片式阻性消声器在不同流速下的全压损失 ΔP_t 和阻力系数 ζ 见表 26－24。

表 26－23　1500mm 和 2400mm 长片式阻性消声器在不同流速下的插入损失 D_i

消声器	迎面风速 v（m/s）	倍频程中心频率的插入损失 D_i（dB）							
		63	125	250	500	1000	2000	4000	8000
1500mm 长片式阻性消声器	0	4	9	17	28	36	23	18	12
	2	4	8	16	28	33	23	17	11
	4	3	8	15	27	34	22	18	10
	6	3	7	15	25	32	21	15	11

续表

消声器	迎面风速 v （m/s）	倍频程中心频率的插入损失 D_i （dB）							
		63	125	250	500	1000	2000	4000	8000
2400mm 长片式阻性消声器	0	5	12	34	43	47	35	29	19
	2	4	12	32	42	45	33	28	18
	4	4	11	33	40	41	31	28	16
	6	3	11	33	39	40	29	27	15

表 26-24　1500mm 和 2400mm 长片式阻性消声器在不同流速下的全压损失 ΔP_i 和阻力系数 ζ

消声器	迎面风速 v （m/s）	全压损失 ΔP_i （Pa）	阻力系数 ζ
1500mm 长片式阻性消声器	2	3.4	1.38
	4	13.2	
	6	29	
2400mm 长片式阻性消声器	2	3.8	1.45

二、换流站噪声预测及控制方案实例

（一）站址区域环境

某换流站站址由数座山丘及丘间谷地组成，中间山丘地势较高，四周谷地地势较低。在站址西侧发育一冲沟，沟宽约 10m，深约 4m。站址周围民房较多，主要分布在站址东南侧，站址东北侧分布有少量民房。站址实景见图 26-45。

图 26-45　站址实景图

站址整平后站址南侧交流滤波器场为填方区，站内比站外高 12～25m；站址北侧交流滤波器场位于挖方区，但该处地形起伏较大，站外比站内高 3～30m，特别是站址东北角处，站外和站内高差相差不大（相差 3～7m）。

（二）噪声控制标准

根据 GB 12348—2008《工业企业厂界环境噪声排放标准》和 GB 3096—2008《声环境质量标准》标准，并结合当地环境保护厅要求，换流站站界噪声执行 GB 12348—2008 的 2 类标准，即昼间小于 60dB（A），夜间小于 50dB（A）；周围居民区噪声执行 GB 3096—2008 的 1 类标准，即昼间小于 55dB（A），夜间小于 45dB（A）。

（三）总平面布置优化

根据以往直流换流站实际工程的噪声治理经验，对换流站进行总平面布置时，从噪声控制的角度，优化布置了站内主要噪声源和建（构）筑物，以达到降低站内外敏感目标噪声水平的目的。从以下两个方面考虑了总平面布置的优化：① 24 台换流变分成 4 组，每 2 组面对面，全部布置在阀厅之间，将阀厅作为天然声屏障，有效地阻止换流变噪声向站前区及站外敏感目标的传播，同时也阻止了换流变和交流滤波器场噪声声级的相互叠加；② 两组交流滤波器场分开布置，分别布置在站址北侧和南侧，阻止了交流滤波器场噪声声级的相互叠加。

（四）主要设备噪声源

换流站主要噪声源有：换流变压器、干式平波电抗器、500kV 站用变压器、交流滤波器场和直流场电抗器和电容器、阀厅户外空调机组和闭式蒸发式阀冷却塔、远期 500kV 高压并联电抗器，主要设备噪声源的声功率级及频率范围见表 26-10 和表 26-11。

（五）没有采取降噪措施时的预测结果

没有采取降噪措施时的噪声区域图见图 26-46。

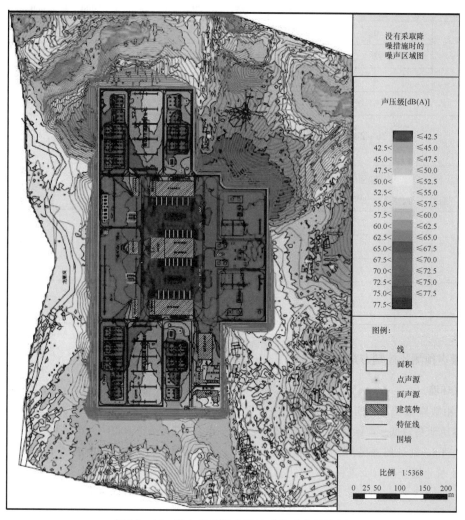

图 26-46 没有采取降噪措施时的噪声区域图

由图 26-46 可知,换流站没有采取降噪措施的情况下:① 除了站址南侧围墙站界处噪声满足 GB 12348—2008 的 2 类夜间 50dB(A)的限值标准,其余站界噪声超标,站界最大噪声为 67.5~70dB(A),分布在站址东北角直流场附近;② 分布在站址东南侧和东侧的民房处噪声超过了 GB 3096—2008 的 1 类夜间标准限值,最大噪声为 62.5~65dB(A),分布在站址东侧;③ 交流滤波器场附近的噪声基本在 70~72.5dB(A)左右,而最严重的换流变压器附近区域的噪声超过了 90dB(A),对在换流变压器内巡视人员有比较大的影响;④ 综合楼附近最大噪声达到 62.5dB(A),对综合楼内运行人员有一定的影响。

(六)采取降噪措施后的噪声预测结果

(1)换流变压器采取隔声罩时的噪声预测结果如下:

不采取任何降噪措施的情况下,站界和周围民房噪声已经超标。由以上分析结果可知,造成站界和周围民房噪声超标的最主要噪声源为换流变压器,要使站界和周围敏感点噪声达标,必须首先对换流变压器采取降噪措施,使之对站界和周围环境的噪声影响减小。

由于换流站周围居民区噪声执行 GB 3096—2008 的 1 类标准,且站址东南侧民房离站界较近,根据以往的工程经验,换流变压器设置声屏障降噪方案通常用于噪声控制标准为 3 类及以下情况。因此考虑对换流变压器采用带有通风散热消声器的隔声室把换流变压器本体封闭起来,把冷却风扇放在隔声室外面,即采用隔声罩。对换流变压器采取隔声罩进行噪声预测,根据站界和周围民房噪声是否达标以及是否需要采取进一步降噪措施。换流变压器采取隔声罩时的噪声区域图见图 26-47。

由图 26-47 可知:① 站址北侧交流滤波组周围站界噪声为 50~55dB(A),超过了 GB 12348—2008 的 2 类夜间 50dB(A)的限值标准,其余站界噪声达标;② 站址东北角交流滤波器组民房处噪声为 55dB（A），超过了 GB 3096—2008 的 1 类夜间 45B（A）标准限值。但这几户居民离边坡非常近，建站过程中这几户民房是要拆掉的；③ 站址东侧居民噪声预测值分别为 45.7 和 45.6dB（A），略微超过了 1 类夜间 45B（A）

标准限值。其余站址周围民房噪声为 42.5～45dB（A），噪声满足 1 类标准；④ 由于站址南侧交流滤波器组离站前区很近，导致综合楼附近噪声达到 57dB（A），对综合楼内运行人员有一定的影响。

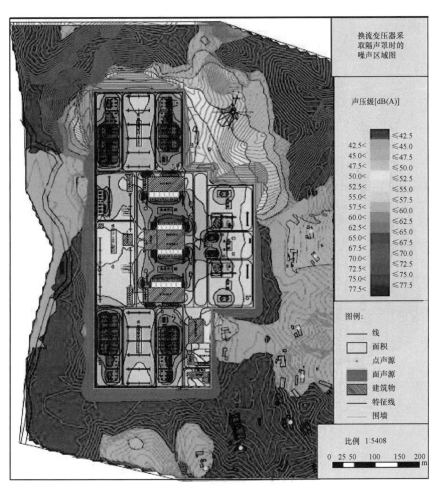

图 26-47　换流变压器采取隔声罩时的噪声区域图

综合以上分析和计算结果，还必须采取进一步降噪措施以确保站界和周围环境噪声达标，并尽量降低综合楼处的噪声，使站内人员和周围居民有一个合适的工作和生活环境。

（2）换流变压器采取隔声罩和交流滤波器场设置声屏障时的噪声预测结果如下：

为了使站界和周围噪声达标，并尽量减小站内噪声，换流变压器采用隔声罩时，还需要从控制传播途径上对交流滤波器组采取进一步降噪措施：① 对于站址北侧交流滤波器组，采取将附近的围墙做到 6m，再在其上加 3m 高声屏障，以降低站界和站址东北角民房噪声；② 对于站址南侧靠近站前区处的交流滤波器组，为了降低其噪声对站前区的影响，选择在其围栏处设置 9m 高声屏障的降噪方案。为方便运行人

员巡视，声屏障每隔一定距离设置隔声门，离地 1～3m 采用透明声屏障。

采取以上降噪措施后的噪声区域图见图 26-48。

从图 26-48 可知，采取以上降噪措施后：① 站界噪声均满足 GB 12348—2008 的 2 类夜间标准 50dB（A）标准；② 站址东侧民房处噪声略微超标外［超了 0.5dB（A）］，其余民房噪声为 42.5～45dB（A），满足 GB 3096—2008 的 1 类夜间 45dB（A）标准限值。由于站址东侧民房是位于还建道路处，将来修建还建道路时是要拆除的。

由以上分析可知，换流站采取以上降噪措施后，减小了换流站噪声对站内运行人员和周围环境的影响，同时站内噪声得到了有效控制。

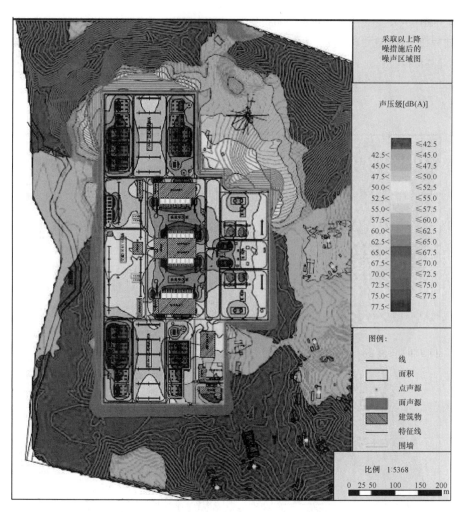

图 26-48　采取以上降噪措施后的噪声区域图

第二十七章

接地极及其引线设计

接地极的电流等于线路上的系统运行电流，对接地极设计有特殊要求。

第一节 概 述

一、接地极的作用

高压直流输电系统（HVDC）按结构可分为两端直流输电系统和多端直流输电系统。目前，世界上已投入运行的 HVDC 工程几乎都是采用两端直流输电系统。两端直流输电系统主要由一个整流站、一个逆变站和直流输电线路三部分组成。两端直流输电系统可分为单极直流输电系统、双极直流输电系统和背靠背直流输电系统。对于单极和双极直流输电系统，因送端整流站和受端逆变站相距往往达数百千米甚至数千千米，为了实现单极大地回线运行方式和节省工程投资，故需要在整流站和逆变站各设置一套用于单极大地回线方式运行的接地装置（以下简称接地极）；而背靠背直流输电系统的整流站和逆变站是建在一起的，无需单极大地回线运行方式，因此无需设置接地极。

接地极主要由接地导体、活性填充材料和导流系统组成。接地极可以看成是换流站的一个组成部分，通过架空线路或电缆，将其与换流站连接起来，构成直流输电大地回线运行系统。放置在陆地上的接地极，被称为陆地接地极；放置在海水或海岸的接地极，被称为海洋或海岸接地极。

按照工程的需要，目前直流输电系统主要接线方式有：① 单极大地回线方式；② 单极金属回线方式；③ 双极两端接地方式；④ 双极一端接地方式。其中②和④接线方式由于只是单点接地，因而地中无电流，接地极只是起钳制中性点电位的作用。①和③接线方式中的接地极不但起着钳制中性点电位的作用，而且还可为直流电流提供通路。因此①和③接线方式对接地极设计有特殊要求，本章仅对此两种接线方式予以叙述。

（一）单极大地回线方式

单极直流系统接线如图 27-1 所示。这种接线大多用于直流海底电缆输电系统，它用一个直流高压极线与大地构成回路，只能以大地回线方式运行。在这种接线方式下，流过

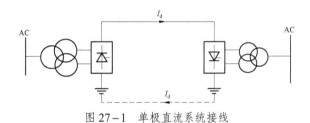

图 27-1 单极直流系统接线

（二）双极两端接地方式

双极直流系统接线如图 27-2 所示。这种接线可选择的运行方式较多，如单极金属与大地回线运行方式、双极对称与不对称运行方式、同极导线并联大地回线运行方式，对接地极设计有特殊要求的有如下几种运行方式。

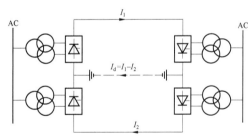

图 27-2 双极直流系统接线

（1）单极大地回线方式。在 HVDC 系统建设初期，为了尽快地发挥经济效益，往往要将先建起来的一极投入运行。此时，流过接地极的电流等于线路上的运行电流，接地极承担着为直流输电系统传送电流的重要作用。

（2）双极对称运行方式。对于双极两端中性点接地方式，当双极对称运行时，在理想的情况下，正负两极的电流相等，地中无电流。然而在实际运行中，由于两极间的换流变压器阻抗和触发角等有偏差，两极的电流不是绝对相等的，有不平衡电流流过接地极。这种不平衡电流通常可由控制系统自动调节两极的触发角，使其小于额定直流电流的 1%。当任意一极输电线路或换流阀发生故障退出运行时，直流系统自动处于单极大地回线运行方式，健全极将继续运行输送一半的

电力,从而有效地提高了系统供电的可靠性和可用率,此时流过接地极的电流与流过健全极上的电流相同。

(3)双极不对称运行方式。包括双极电流或电压不对称两种情况,前者系指正负两极中的电流不相等,流经接地极中的电流为两极电流之差值,并且当两极中的电流大小关系发生变化时,接地极中的电流甚至方向则随之改变;后者一般系指两极电压不相等而电流相等(此时两极输送功率不等),保持接地极中的电流小于直流额定电流的1%。在国外有些直流输电扩建项目中有此运行方式。

(4)同极导线并联大地回线运行方式。同极并联运行是将两个或更多的同极性电极并联,以大地为回线运行方式。显然该系统流过接地极的电流等于流过线路上电流的总和。单极导线并联运行最大的优点是节省电能,减少线路损耗。目前,除葛上直流输电工程外,国内其他工程都取消了此运行方式。

综上所述,接地极作用主要表现为两个方面:一是直接为输电系统传送电流,提高系统运行的可靠性;二是钳制换流站中性点电位,避免两极电压不平衡而损害设备。因此,如接地极设计不当或出现故障,会直接影响到整个直流输电系统的可靠性和单极大地回线运行的安全性。

二、接地极运行特性

直流输电大地回线方式的优点是显而易见的,但可能带来的负面效应也应引起足够的注意。强大的直流电流持续地、长时间地流过接地极所表现出的效应可分为三类,即电磁效应、热力效应和电化效应。

(一)电磁效应

当强大的直流电流经接地极注入大地时,在极址土壤中形成一个恒定的直流电流场,并伴随着出现大地电位升高、地面跨步电位差、接触电位差和转移电势等。这种电磁效应可能带来以下负面影响:

(1)大地电位升高,可能导致部分接地极电流流过极址附近的埋地金属管道、铠装电缆、铁路和具有接地回路的电气(尤其是电力系统)设施等,从而产生负面影响。因为这些设施往往能给接地极电流提供比土壤更好的泄流通道。

(2)极址地面附近跨步电位差可能影响到人畜安全。因此为了确保人畜安全,必须将其控制在安全范围之内。

(3)接触电位差和转移电势也可能影响到人畜安全,同样应将其控制在安全范围之内或采取其他防护措施。

(4)接地极电流场可能会因其改变极址附近大地磁场而导致依靠大地磁场工作的设施在极址附近受到影响。

(5)在单极以大地回线方式运行情况下,换流阀所产生的谐波电流将流过架空引线,可能干扰通信和信号系统,其程度不低于直流线路。减少接地极架空线路上的谐波电流对

通信系统电磁干扰的方法,除了在换流站首端加装滤波器和在通信线路上采取一定技术措施外,最有效的方法是使架空线路远离通信线路。

(二)热力效应

由于土壤并非是良导体,在电流的作用下,电极温度将升高。当温度升高到一定程度时,可导致土壤中的水分被蒸发掉——土壤的导电性能变差,电极出现热不稳定——严重时可使土壤烧结成几乎不导电的玻璃状体——电极丧失运行功能。

影响电极温升的主要因素是接地极的布置及尺寸,相关因素是土壤物理参数。土壤物理参数有土壤电阻率、热导率、热容率和湿度等,因此,对于陆地(含海岸)电极,希望极址土壤有良好的导电和导热性能,有较大的热容系数和足够的湿度,这样可以减小接地极尺寸或保证接地极在运行中有良好的热稳定性能。

(三)电化效应

在直流系统以单极大地回线方式运行的过程中,在电极上将产生氧化还原反应,尤其是在阳极上产生氧化反应,使电极发生电腐蚀,值得设计关注。这种电腐蚀现象不仅仅发生在电极上,也同样发生在埋在极址附近的埋地金属设施的一端和电力系统接地网上。

此外,在电场的作用下,电极附近土壤中的盐类物质可能被电解,形成自由离子。譬如在沿海地区,土壤中含有丰富的钠盐(NaCl),可电解成钠离子和氯离子,这些自由离子在一定程度上会影响到电极运行性能。

三、对接地极引线的要求

接地极引线连接换流站与接地极,是HVDC系统大地回线方式运行回路的一部分。因此,在选择接地极址时,对接地极引线的技术要求和工程造价等要统筹考虑。接地极引线可以是架空线路,也可以是电缆,但目前世界上绝大多数工程的接地极引线采用架空线路。

相对于一般输电架空线路,接地极架空线路有以下主要工作特点及技术要求:

(1)工作电流大。HVDC系统在大地回线方式运行时,流过接地极线路上的电流等于直流线路上的电流,这意味着接地极线路的导线截面可以与直流线路的导线截面相同。但考虑到HVDC系统以大地回线方式运行的时间较少,接地极线路的导线截面可按导线允许温升选择(而非按经济电流密度要求选择)。

(2)工作电压低。接地极线路上的工作电压实际上是电流在导线和接地极上产生的压降,其最大值一般不会超过15kV,因此绝缘配置水平较低。在雷电或事故(操作)过电压下,极易发生绝缘子串闪络。且一旦发生闪络,在

直流续流作用下，较易发生烧坏线路架空地线或因绝缘子串烧坏而导致掉线等次生事故。对此，设计中应采取有效防范措施。

（3）需避腐蚀、防回流。接地极电流入地后，可能有少部分电流回流到接地极线路上（在架空地线与杆塔间流动），甚至可能通过架空地线返回到换流站。前者可能对线路杆塔（基础或塔腿）造成不可忽视的腐蚀影响，后者可能对换流变压器产生不良影响。对此，设计中应采取有别于一般线路设计的技术措施，消除或减少回流。

（4）要求有较高的可靠性。接地极线路是 HVDC 系统大地回线方式运行回路的一部分，也是连接换流站与接地极的唯一通道，要求其有较高的可靠性。

四、大地回线运行方式的优缺点及设计要点

（一）优缺点

迄今为止，HVDC 系统以大地回线方式运行仍然是直流输电系统主要运行方式之一，这也是直流区别于交流输电方式主要特点之一，其主要优点是：

（1）在建设初期，可以先让一极建成，并且利用建成的一极以大地回线方式运行，使直流输电系统提前发挥效益。一般来讲，一极建成较双极建成可提前半年左右。

（2）在一极发生故障时，可以利用健全极继续以大地回线方式运行，此时仍可以输送一半甚至（如果需要）可超过一半的额定功率。因此，实现以大地回线方式运行可以提高供电的可靠性，保持系统运行稳定。

（3）可以利用一极或两极（同极）以大地回线方式运行，减少线损，其经济效益十分显著。

高压直流输电系统以大地回线方式运行也存在不可忽视的缺点，主要表现在：

（1）地电流对接地极附近的埋地金属管道、铠装电缆和其他埋地金属构件等设施产生电腐蚀。

（2）地电流还可能窜入极址附近的电气设备（如电力系统）系统，影响这些系统的正常运行。

（二）设计要点

HVDC 系统以大地回线方式运行的优点是显而易见的，存在的缺点可以通过合理地选择极址和优化接地极设计方案予以克服。对于设计人员而言，特别应做好以下两方面工作：

（1）重视选址工作，择优选择接地极极址。接地极极址地理位置、地形地貌和土壤物理参数对于接地极设计成功与否起着至关重要的作用。极址地理位置直接影响到地电流对环境的影响，且一般不会因改变接地极布置设计使其得到缓解。换言之，一旦确定极址位置，就决定了接地极地电流对环境的影响程度或范围。此外，极址地形地貌和土壤物理参数直接影响到接地极运行特性和工程本体造价。因此，为了克服

（或降低）HVDC 系统以大地回线方式运行带来的负面影响，保证接地极运行特性满足运行要求和降低工程造价，设计人员一定要重视选址环节，并通过广泛的调研和周密细致的技术经济比较，择优选择接地极址。

（2）通过仿真计算，优化接地极设计方案。不同类型、不同布置形状和材料以及不同尺寸的接地极，其技术特性和工程造价有着非常大的差别，且要求的极址地形和地质条件也不同。这意味着，接地极本体设计对于提高接地极运行技术性能和降低工程造价有着很大的优化空间。因此，极址确定后，设计人员要根据极址的地形和地质条件，择优选择接地极类型、布置形状，优化接地极设计尺寸。

第二节　设计技术条件

在开展接地极设计前，设计人员应确定接地极的设计技术条件。接地极的设计技术条件可归纳为四个方面的内容，即系统条件、腐蚀寿命、接地极主要特征参数和电磁环境。系统条件和设计寿命是设计输入，一般必须得到满足；接地极特征参数和电磁环境属于设计输出，设计时应将其控制在允许的范围内。为了帮助设计人员正确理解、评估和确定接地极的设计条件，本节针对部分技术条件的定义及其相关性做了必要的论述。

一、系统条件

系统条件是设计接地极的重要依据，一般由系统规划（设计）部门提供或根据招标书、技术规范书等资料确定。DL/T 5224—2014《高压直流大地返回运行系统设计技术规定》规定，在无资料的情况下，设计时可按下列条件取值。

1. 直流系统接线方式和运行方式

直流系统的接线方式在本章第一节中已做介绍。导致对接地系统设计有特殊要求的接线方式是具有两点接地且允许以大地回线方式运行的直流系统。

在直流系统以大地回线方式运行时，接地极的极性一般是一极为正（阳）极，另一极为负（阴）极。对于单极直流工程，这种极性往往是固定不变的。对于双极直流工程，一般由于允许一极先建成投运，极性也是固定的；双极建成投产后，极性通常不固定，极性随系统运行需要而变化，它取决于地中电流方向，即两极电流之差的方向。对于双极工程，在单极大地回线方式运行时，其接地极的极性取决于运行极的极性：在正极运行时，送端换流站接地极为负（阴）极，受端换流站接地极为正（阳）极；在负极运行时情况正好相反。

2. 运行时间

入地电流持续（运行）时间是设计直流输电大地回线方式运行系统的重要参数，它在很大程度上影响到工程造价。

在接地极设计中，涉及到入地电流持续（运行）时间一般包括下列四种参数：

（1）设计寿命。接地极设计寿命可以根据条件分为可更换和不更换（一次性建设）两种型式，大多数工程按不更换设计安装，其设计寿命与换流站相同。

（2）额定电流持续运行时间。持续时间系指额定电流最长持续时间。对于单极大地回线直流工程，其时间与直流系统运行时间相同；对于双极直流工程，一般系指建设初期单极大地回线运行的时间，有时还需要考虑双极不平衡运行方式的时间。过去，直流系统以单极大地回线方式运行最长持续时间通常发生在建设初期。在高压直流输电系统建设初期，为了尽快地发挥经济效益，往往要将先建起来的一极投入运行，最长持续时间一般为半年。现在，由于直流输电系统正负极建成相隔时间较短，且为了降低对电力系统负面影响，所以大部分工程对大地回线方式运行时间做了限制。基于这一实际情况并结合其他技术条件限制因素，如双极一次建成，额定持续时间宜取 20～60d 甚至更短，这样可大幅度地降低接地极工程造价。

（3）最大过负荷电流持续运行时间。最大过负荷电流宜取 $1.1I_n$。该电流最长持续时间宜取冷却设备投运后最大过负荷电流下持续运行时间，一般取不小于 2h。

（4）最大短时电流持续时间。该电流系指当系统发生故障，尤其是双极直流系统一极因故障退出运行，要求另一极应具有的暂态过负荷能力时，流过接地极的暂态过电流，持续时间应由系统稳定计算确定，一般仅为 3s～10s。

3．入地电流

直流接地极的入地电流一般分为额定电流、最大过负荷电流、最大暂态电流、不平衡电流和等效入地电流。

（1）额定电流。额定电流系指直流系统以大地回线方式运行时，流过接地极的最大正常工作电流。在对称双极直流系统中

$$I_n = \frac{P_n}{2U_n} \qquad (27-1)$$

式中 I_n——额定电流，A；

P_n——双极额定输送容量，kW；

U_n——额定直流电压，kV。

（2）最大过负荷电流。最大过负荷电流系指直流输电系统在最高环境温度时，能在一定时间内可输送的最大负荷电流。最大过负荷电流 I_m 一般取 $1.1I_n$。

（3）最大暂态电流。最大暂态电流系指当直流系统发生故障时，流过接地极的暂态过电流。最大暂态电流一般取 $1.25I_n$～$1.50I_n$。

（4）不平衡电流。不平衡电流为两极电流之差。对于双极对称运行方式，也应考虑不平衡电流流过，其值大小可由

控制系统自动控制在额定电流的 1% 之内。当双极电流不对称运行时，流过接地极的电流为两极运行电流之差。

（5）等效入地电流。新的设计标准引入了等效入地电流概念。所谓等效入地电流是指接地极以阴极或阳极运行的总安时（Ah）数与设计寿命（h）之比。等效入地电流是基于腐蚀的累计效应，将在设计寿命期间的间歇式和波动的腐蚀电流等效为持续恒定的电流，其意义一是便于设计人员评价接地极电流对周边埋地金属管道的影响，二是协助相关方理解接地极电流对周边埋地金属管道的影响。

二、腐蚀寿命

影响接地极使用寿命的主要因素是馈电元件的材料溶解——电腐蚀。众所周知，当直流电流通过电解液时，在电极上将产生氧化还原反应，电解液中的正离子移向阴极，在阴极与电子结合而进行还原反应；负离子移向阳极，在阳极给出电子而进行氧化反应。大地（土壤、水等）相当于电解液，因此当直流电流通过大地返回时，在阳极产生氧化反应，即产生电腐蚀。根据法拉第（Faraday）电解作用定律，阳极的腐蚀量可用式（27-2）表示

$$m = \frac{m_a}{VK_f} \int_{t_1}^{t_2} i(t)dt \qquad (27-2)$$

式中 m——在 t_1 至 t_2 时间流失的金属质量，kg；

V——材料化合价；

K_f——法拉第常数 $= 9.65 \times 10^4 C/mol$；

m_a——材料原子量，kg/mol；

$i(t)$——流过电极的电流，A；

t_1，t_2——时间，s。

法拉第定律表明，阳极电腐蚀量不但与材料有关，而且与电流和作用时间之积成正比。因此，电极设计寿命不同于腐蚀寿命，前者为服役年限，一般与换流站相同（35 年～40 年）；后者除了与服役年限有关外，还与运行方式有关，即采用以阳极运行的电流与时间之积（安培时或安培年）来表示。阳极腐蚀寿命是接地极选材及用量的重要具体设计参数。计算电极腐蚀寿命一般应考虑下列因素：

（1）单极运行。在建设初期单极运行期间，接地极的极性一般是固定的，一端为阴极，另一端为阳极。对于双极中性点两端接地的直流系统，通常是先建成一极，隔一段时间后，再建成另一极。在此情况下，往往是先利用已建成的一极单极运行，这期间阳极的安时数可按式（27-3）计算

$$F_1 = 8760 \times I_n \times T_0 \qquad (27-3)$$

式中 F_1——单极投运期间阳极的安时数，Ah；

I_n——额定电流，A；

T_0——建设初期单极运行时间，年。

（2）一极强迫停运。在双极投运后，当一极出现故障时，另一健全极继续以大地回线方式运行。由于出现故障和接地极出现以阳极运行情况都是随机的，所以两端换流站接地极出现以阳极运行的安时数可按式（27-4）计算

$$F_{2q} = 8760 \times I_n \times P_{qy} \times P_{qt} \times F \times 2 \qquad (27-4)$$

式中　F_{2q}——一极强迫停运时，任意一端接地极出现以阳极运行的安时数，Ah；

P_{qy}——一极强迫停运时，任意一端接地极出现以阳极运行的概率（对于两端对称的双极直流系统，P_{qy} 理论值为50%）；

P_{qt}——一极强迫停运时，任意一端接地极出现以阳极运行的年时间比（在故障情况下，全年累积出现以阳极运行的小时数/8760）；

F——直流系统设计寿命，年。

（3）一极计划停运。在双极投运后，当一极停电检修时，允许另一极以大地回线方式继续运行。同理，两端换流站接地极出现以阳极运行的安时数可按式（27-5）计算

$$F_{2j} = 8760 \times I_n \times P_{jy} \times P_{jt} \times F \times 2 \qquad (27-5)$$

式中　F_{2j}——一极计划停运时，任意一端接地极出现以阳极运行的安时数，Ah；

P_{jy}——一极计划停运时，任意一端接地极出现以阳极运行的概率（对于两端对称的双极直流系统，P_{jy} 理论值为50%）；

P_{jt}——一极计划停运时，任意一端接地极出现以阳极运行的年时间比（在计划检修情况下，全年累积出现以阳极运行的小时数/8760）。

（4）不平衡电流。双极投运后，在不平衡电流（I'_n）作用下的两端换流接地极出现以阳极运行的安时数可按式（27-6）计算

$$F_2 = 8760 \times I'_n \times (F - T_0) \qquad (27-6)$$

式中　F_2——双极运行期间，任意一端接地极出现以阳极运行的安时数，Ah。

每个接地极在规定的运行年限里，以阳极运行的总的安时数 F_y 即为

$$F_y = F_1 + F_{2q} + F_{2j} + F_2$$

应该指出，按上述方法计算得到的腐蚀寿命 F_y 只是用于设计的预期计算值，在实际运行中，往往并不严格按设计时规定的运行方式运行。因此，为了确保接地极在规定的运行年限里正常运行，在接地极设计时应留有一定的裕度。

【算例 27-1】 设某一高压直流输电接地极工程设计条件如下，试计算该接地极阳极腐蚀寿命。

设计寿命（年）	35
建设初期单极大地回线运行极性	阳极
单极大地回线运行最长持续时间（d）	≤30
额定电流（A）	3000
（2h）最大过负荷电流（A）	3300
双极不平衡额定电流（A）	30
每极强迫停运出现阳极的概率 P_{qy}（%）	70
每极计划停运出现阳极的概率 P_{jy}（%）	50
每极年强迫停运时间比 P_{qt}（%）	0.75
每极年计划停运时间比 P_{jt}（%）	1.5

计算阳极腐蚀寿命：

1）在建设初期，该接地极将以单极大地回线方式运行 30d，极性为阳极。根据式（27-3），期间阳极运行安时数

$$F_1 = 8760 \times 3000 \times 30/365 = 2.16 \times 10^6 \text{（Ah）}$$

2）双极投运后，当一极出现故障时，另一健全极继续以大地回线方式运行。根据式（27-4），接地极出现以阳极运行的安时数

$$F_{2q} = 8760 \times 3000 \times 70\% \times 0.75\% \times 35 \times 2 = 9.658 \times 10^6 \text{（Ah）}$$

3）双极投运后，在一极检修下，允许另一极继续以大地回线方式运行。根据式（27-5），接地极出现以阳极运行的安时数

$$F_{2j} = 8760 \times 3000 \times 50\% \times 1.5\% \times 35 \times 2 = 13.797 \times 10^6 \text{（Ah）}$$

4）双极运行情况下，不平衡电流使该接地极出现以阳极运行的安时数

$$F_2 = 8760 \times 30 \times (35 - 30/365) = 9.176 \times 10^6 \text{（Ah）}$$

在设计寿命期间，该接地极总的阳极运行安时数（腐蚀寿命）

$$F_y = F_1 + F_{2q} + F_{2j} + F_2 \approx 33 \times 10^6 \text{（Ah）}$$

三、最大允许跨步电位差

跨步电压或跨步电位差（现统称为跨步电位差）是接地极设计中的重要安全指标，往往直接影响到极址场地大小、布置型式和工程造价。

当人在接地极附近行走或作业时，人的两脚可能处于大地表面的不同电位点上，其电位差称之为跨步电位差。GB 50065—2011《交流电气装置的接地设计规范》规定，"地面上水平距离为 0.8m 的两点间的电位差称之为跨步电位差"。基于与国际标准接轨，DL/T 5224—2014 以及 IEC 62344《General guidelines for the design of earth electrode for hight-voltage direct current（HVDC）links》（简称为 IEC 62344）均定义跨步电位差为人两只脚接触该地面上水平距离为 1m 的任意两点间的电位差——在数值上与地面场强相同（甚至习惯用场强表示）。因此，本章定义最大跨步电位差是指人两脚水平距离为 1m 所能接触到的最大电位差。显然，当最大跨步电位差超过某一安全数值时，可能会对人和动物的安全产生影响。因此，必须对接地极最大跨步电位差加以限制或

采用相应的安全措施来保证人身和动物的安全。

（一）跨步电位差定义及其分布特性

在土壤电阻率各向均匀的情况下，对于单圆环形浅埋型接地极而言，地面任意点处的跨步电位差和最大跨步电位差可以分别按式（27-7）和式（27-8）计算

$$U_k = \frac{\rho I_d}{2\pi^2[(r+R)^2+h^2]^{3/2}} \int_0^{\pi/2} \frac{r-R\cos\theta}{[1-k^2\cos^2\theta]^{3/2}}d\theta$$

$$(27-7)$$

$$U_{max} \approx \frac{\rho\tau}{2\pi h} \qquad (27-8)$$

$$k = \sqrt{\frac{4rR}{(r+R)^2+h^2}} \qquad (27-9)$$

式中　U_k、U_{max}——分别为地面任意点的跨步电位差和最大跨步电位差，V/m；

ρ——土壤电阻率，Ωm；

I_d——直流入地电流，A；

τ——接地极上线溢流密度，A/m；

R、r——分别为接地极极环半径和离开接地极中心的径向距离，m；

h——接地极埋深，m。

式（27-7）有一个椭圆积分因子，其原函数不能用简单的初等函数表达。尽管如此，但从上式不难看出，地面任意点跨步电位差与土壤电阻率和入地电流成正比；在 $r \gg h$ 情况下几乎与离开接地极的水平距离 r 的平方成反比。这表明：① 跨步电位差在径向 r 方向衰减得很快；② 最大跨步电位差发生在接地极附近（$r \approx h$），且近似与埋深 h 成反比；③ 接地极埋设处附近表层土壤电阻率对最大跨步电位差的影响更明显。

必须指出，对于土壤电阻率各向非均匀分布和非单圆环形的接地极，计算跨步电位差需要采用专门的计算软件。

（二）最大允许跨步电位差取值

在接地极设计时，人们更关心的是最大允许跨步电位差。最大允许跨步电位差是设计接地极中重要的控制条件，对工程造价影响非常敏感，特别是对于那些表层土壤电阻率较高的极址，往往起控制作用。因此，合理地确定最大允许跨步电位差，对于保证人畜安全和降低工程造价有着重要的意义。

在我国，对最大允许跨步电位差取值有变迁过程，现行有效技术标准有 DL 437—2012《高压接地极技术导则》和 DL/T 5224—2014。

1. DL 437—2012 技术导则

随着我国国民经济快速发展，尤其是特高压、大功率直流输电工程的不断出现，接地极尺寸越来越受到跨步电位差的限制，选址工作难度越来越大。在此情况下，国内有关科

研设计单位就接地极的跨步电位差允许值开展了专题研究，并通过人体感受试验、统计分析，得到主要结论如下。

（1）人体感受电流试验。试验共获得了 960 人试验数据，其中男性 608 人，女性 352 人，得到人均人体感受电流为 5.3mA，且小于 5.3mA 的概率只有 3.7%。

（2）人体脚—脚电阻试验。试验共获得了 940 人试验数据，其中男性 597 人，女性 343 人，得到人均脚—脚间人体电阻值为 1400Ω，且低于 1400Ω 的概率只有 3.1%。

（3）一只脚与大地的接触电阻试验。在试验室进行了人脚和湿润土壤表面之间接触电阻与土壤电阻率的关系的试验，试验对象个体选取 5 人，其中，男性 4 人，女性 1 人。试验结果表明，在不同的土壤电阻率条件下，得到的 k 值（接触电阻/土壤电阻率）与国外测定的数据基本一致，并且与土壤电阻率的差异和人的体征差异无关。

基于上述研究成果，有关科研设计单位推荐最大允许跨步电位差按式（27-10）计算，并且将其写入 DL 437—2012 导则

$$U_{pm} = 7.42 + 0.031\,8\rho_s \qquad (27-10)$$

式中　U_{pm} 为最大允许跨步电位差，V；ρ_s 为表层土壤电阻率，Ωm。

2. DL/T 5224—2014 设计规程

2013 年，DL/T 5224—2005 设计规定修订为 DL/T 5224—2014 设计规程。在最大允许跨步电位差方面，DL/T 5224—2014 做了以下修订和细化：

（1）对于正常运行的常规接地极，DL/T 5224—2014 规定，在一极最大过负荷电流下，最大允许跨步电位差按式（27-10）计算。不难看出，DL/T 5224—2014 不仅对最大允许跨步电位差计算公式做了修改，还将入地电流由原最大暂态电流改为最大过负荷电流。

（2）参照 IEC 62344《General guidelines for the design of ground electrodes for high-voltage direct current（HVDC）links》和《CIGRE Working Group 14.21-TF2 General Guidelines for the Design of Ground Electrodes for HVDC Links》标准，要求接地极馈电元件要分段设计，以便监测与检修。对此，考虑到监测与检修过程，场地属于职业人员工作场所，DL/T 5224—2014 规定带电检修条件下，最大跨步电位差不大于 50V。

（3）对于共用接地极，DL/T 5224—2014 规定，"设计时应考虑事故情况下可能出现短时（≤30min）同极性大地回线方式运行工况"。但考虑一极事故工况下可能出现同时以同极性大地回流运行方式，属于低概率事件，DL/T 5224—2014 同时规定，"共用接地极的地面最大允许跨步电位差可参照式（27-10）适度放宽。"

（4）对于分体式接地极，DL/T 5224—2014 规定，"当一个接地极因事故原因退出运行时（≤30min），额定电流下的最大跨步电位差应不大于 2.5 倍的 U_{pm}，且不应超过 50V。"

这意味着当其中一个直流分体接地极停运后，另一个直流分体接地极自动承载全部的电流，要求两个分体式接地极的尺寸应该尽量相当——两个分体式接地极电流分配差别不宜大于3:2。

四、最高允许温升

（一）接地极温升特性

当强大的直流电流持续地通过接地极注入大地后，极址土壤的温度将缓慢上升，紧靠接地极表面的土壤温度将上升最快、最高。如果土壤温度超过水的沸点，土壤中的水将很快地被蒸发驱散，从而容易导致接地极故障。因此，接地极最高温度必须严格控制在水的沸点以下。

如果持续给接地极注入一恒定的电流（如单极直流输电系统），则接地极温度将逐步上升，直至达到稳态温度。根据热力学理论，接地极附近任意点土壤温度可用式（27–11）或图27–3描述

$$\theta(t) = \theta_{max}(1 - e^{-k\frac{t}{T}}) + \theta_c \qquad (27-11)$$

式中　$\theta(t)$——为任意时间 t 土壤温度，℃；

θ_{max}——接地极到达稳态的最高温升，℃；

θ_c——（$t=0$）环境温度，℃；

T——接地极热时间常数，s；

k——配合系数，与电极形状、土壤特性及环境条件等因素有关。

由式（27–11）容易看出，对于土壤中某特定点，其温度与环境温度、稳态最高温升、热时间常数和入地电流持续时间有着密切关系。当极址确定后，极址的环境温度和影响温升的土壤参数就确定了，影响接地极温度的只有稳态最高温升 θ_{max}、热时间常数 T 和入地电流持续时间 t 这三个参数。t 属于系统输入参数，θ_{max} 和 T 则均与接地极型式和尺寸等要素紧密相关。对于设计者而言，控制接地极温度实际上就是选择合适的接地极型式及尺寸。

（二）热时间常数

式（27–11）看似简单，但欲获得准确的计算结果仍然较困难，原因在于 θ_{max} 和 k 很难准确确定。在接地极设计中，考虑到接地极址土壤电阻率、热导率和热容率等参数的测量、取值和分布很难准确界定，设计中为了慎重起见，认为极址土壤任意点温度以线性上升[1][5]，其速度为 $t=0_+$ 时的速度。在此情况下，如果将时间常数 T 定义为电极到达稳态温度所需要的时间（$k=1$），则热时间常数可用式（27–12）表示

$$T = \frac{C}{2\lambda}\left(\frac{V_e}{\rho J}\right)^2 \qquad (27-12)$$

式中　T——接地极热时间常数，s；

C——土壤热容率，J/（m³·K）；

λ——土壤热导率，W/（m·K）；

ρ——土壤电阻率，Ωm；

V_e——土壤承受的电压，V；

J——电极表面溢流密度，A/m²。

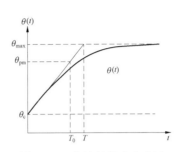

图 27–3　接地极温升示意图

按照上述假设条件和热时间常数的定义，如果将接地极最高温度控制为不超过 100℃，就可得到如下概念性的结论：

（1）如果接地极最高稳态温度小于或等于100℃，额定电流持续时间 t 将不受限制，且可能有大于 $1/e$ 的允许温升裕度。

（2）如果接地极最高稳态温度等于或略大于100℃，额定电流持续时间 t 不宜超过热时间常数 T，但可能有小于 $1/e$ 的允许温升裕度。

（3）如果接地极最高稳态温度远高于100℃，额定电流持续时间 t（$t \ll T$）将严格受到控制，且裕度很小，甚至没有裕度。

（三）最大允许温升

接地极最大允许温升应不大于水的沸点温度与其环境温度之差。水的沸点温度与水的压力或海拔高度有关，设计时可以根据接地极址所处的海拔高度参照表（27–1）取值。

表 27–1　水的沸点与海拔高度的关系

海拔高度 （m）	水的沸点（℃）	备　注
0	100	考虑到常用交联聚乙烯电缆允许温度以及土壤电阻率和电流密度分布不均匀等因素，土壤最高允许温度取值宜低于90℃或低于水的沸点5～10℃
500	98	
1500	95	
2000	93	
3000	91	
4000	88	
5000	83	

五、溢流密度

在接地极设计中，涉及线溢流密度和面溢流密度两个溢流密度概念，这两种不同概念的溢流密度分别用于接地极电流场计算和温升计算。

（一）线溢流密度

所谓线溢流密度（也称线电流密度）就是单位长度电极泄入地中的电流，通常单位为 A/m。

在恒定电流场计算中，为了方便（简化）计算，通常将沿着导体（表面）分布的电流看成是集中在沿导体（中心）线上分布，也即是将面溢流密度转换为线溢流密度。严格上讲，将面电流密度转换为线溢流密度进行恒定电流场分析计算是有误差的，但这种误差在工程上是完全可以接受的。

在接地极设计中，线溢流密度是一个非常重要的物理量，它直接影响到接地极跨步电位差大小、温升高低和电极寿命长短等特征参数的计算，并且接地极线溢流密度分布与接地极布置型式、形状密切相关。所以，设计中应高度重视线溢流密度分布特性，通过合适地选择接地极型式和优化接地极布置形状，力求使之分布均匀或比较均匀。

迄今为止，几乎所有关于接地极设计技术标准都没有对线溢流密度进行直接限制，而是对其相关的特征参数进行限制。尽管如此，由于线溢流密度对接地极关联参数的特殊贡献作用，DL/T 5224 设计规程还是引入了线溢流密度分布偏差系数概念，用于评价接地极的溢流密度特性。平均线溢流密度分布偏差系数按式（27-13）计算

$$k_{er} = \frac{1}{I_d} \int_0^L |\tau(l) - \tau_{av}| dl \qquad (27-13)$$

式中　k_{er}——平均线溢流密度偏差分布系数；

　　　I_d——接地极入地电流，A；

　　　τ_{av}——平均线溢流密度，A/m；

　　　$\tau(l)$——电极上任意点的线溢流密度，A/m；

　　　L——电极总长度，m。

偏差系数 k_{er} 值愈大，表明线溢流密度愈不均匀，接地极的效率愈低。最大线溢流密度偏差系数定义见式（27-14）

$$k_{erm} = \tau_{max}/\tau_{av} \qquad (27-14)$$

式中　k_{erm}——最大线溢流密度偏差系数；

　　　τ_{max}——最大线溢流密度，A/m。

一般情况下，k_{erm} 不宜大于 2。

（二）面溢流密度

所谓面溢流密度就是指接地极表面单位面积泄入地中的电流，通常单位为 A/m²。

在接地极设计中，控制面溢流密度值主要是为了避免发生电渗透效应。DL/T 5224—2014 规定，"对于长期处于单极运行或土壤水分含量少的阳极接地极，额定电流下最大面溢流密度应不超过 1A/m²"。同时规定，对于垂直型接地极，额定电流下最大面溢流密度按式（27-15）进行修正

$$D_v = D_l\left(1 + \frac{\sigma g}{101\,300}h\right) \qquad (27-15)$$

式中　D_v——垂直型接地极允许面溢流密度，A/m²；

　　　D_l——水平型接地极（$h=0$）允许面溢流密度，A/m²；

　　　σ——水密度，1000kg/m³；

　　　g——单位换算系数，9.8N/kg；

　　　h——接地极的水下深度，m。

由式（27-15）可见，随着垂直型接地极的水下深度增加，允许的面溢流密度也可随之增加。

六、临界接地电阻

接地极属于工作性接地，主要目的是钳制中性点电位和限制接地极的稳态温升。要求一是接地电阻应满足系统对中性点电位漂移的限制；二是在任何工况下接地极的温升不得超过允许值。

因此，DL/T 5224—2014 规定，对处于单极大地回线运行状态的接地极，在额定电流（持续时间大于其热时间常数）情况下，接地极温升可能受其接地电阻控制，其临界接地电阻可按式（27-16）计算

$$R_o = \sqrt{2\lambda_m \frac{\rho_{eq}^2}{\rho_m}(\theta_{pm} - \theta_c)} / I_n \qquad (27-16)$$

式中　R_o——接地极的临界接地电阻，Ω；

　　　I_n——额定电流，A；

　　　λ_m——接地极埋设层的土壤等效热导率，W/(m·K)；

　　　ρ_m——接地极埋设层的土壤等效电阻率，Ωm；

　　　θ_{pm}——设计允许的接地极最高温度，℃；

　　　θ_c——土壤自然最高温度，℃；

　　　ρ_{eq}——极址整体大地等效电阻率，Ωm。

对于共用接地极，确定临界接地电阻还应考虑当其中一回以单极大地回线运行时对其他双极系统的中性点电位偏移的影响。

从理论上讲，按照式（27-16）条件确定的电极尺寸是有裕度的：① 有相当的热产生在距离接地极很远的地方，因而对接地极温升影响不大；② 即使在接地极附近范围里，除电极表面外，土壤中的溢流密度也小于约定控制值；③ 没有考虑空气中耗散的热量。

七、电磁环境

（一）大地电位升分布特性

在电流经接地极注入大地（土壤）时，极址周边形成稳定的电流场——大地（土壤）电位上升，并伴随着离开接地极距离的增加而衰减。在土壤电阻率各向均匀的情况下，对于单圆环形水平型接地极而言，地面任意点处的电位升可分别按式（27-17）和式（27-18）计算

$$\phi_{\rm p} = \frac{\rho I_{\rm d}}{2\pi^2 \sqrt{(r+R)^2 + h^2}} \int_0^{\pi/2} \frac{{\rm d}\theta}{\sqrt{1 - k^2\cos^2\theta}}$$

$$\text{（27-17）}$$

$$\Phi_{\rm p} \approx \frac{\rho I_{\rm d}}{2\pi r} \quad (r > 10R) \qquad \text{（27-18）}$$

式中：$\Phi_{\rm p}$ 为地面任意点跨步电位升，V。其他字母含义同式（27-7）。

当计算远离接地极地面（如变电站）电位升时，计算公式就变得十分简单了。

式（27-17）～式（27-18）表明，地面任意点电位升与土壤电阻率、入地电流成正比；在 $r \gg R$ 情况下，电位升几乎与离开接地极的水平距离 r 成反比。这表明电位升在径向 r 方向开始衰减得较快，但速度逐渐变缓慢，特别是深层土壤电阻率大于浅层土壤电阻率时情况更是如此。

对于土壤电阻率各向非均匀分布或非单圆环形的接地极，计算电位升需要采用专门的计算软件，详见本章第九节。

（二）接触电位差及其最大允许值

接触电位差又称接触电势，在 DL/T 5224—2014 设计规程中，接触电位差有两个定义：

（1）人站在离导电金属物水平距离为 1m 处的地面上，触摸离地面的垂直距离为 1.8m 处金属物件时人体承受的电位差。且设计规程规定："在一极最大过负荷电流下，接触电位差应不大于 $7.42 + 0.008\rho_{\rm s}$"。接触电位差通常发生在人站在地面触摸杆塔、金属栅格等金属物。与式（27-10）比较容易看出，该接触电位差的安全标准事实上等同于跨步电位差安全标准，且更严格。

（2）人站在构架（杆塔）上触摸接地极导体（线路导线）或人站在地面触摸接地导体时人体所承受的电位差。设计规程规定，"在单极额定电流下，接地极导体对导流构架（杆塔）间的电压，不宜大于 50V"。该接触电位差实为带电检修时人能承受的最大安全电压。

显然，接触电位差的定义不同对其要求当然也不同，设计时都应进行计算，并使其满足安全要求。

（三）转移电位差及其最大允许值

转移电位差又称转移电势差，系指当接地极运行时，人站在接地极附近地面触摸远方引入的接地导体，或人站在远处地面触摸极址附近引出的接地导体所承受的接触电压。DL/T 5224—2014 规定，"在过负荷电流情况下，对通信系统最大转移电位不大于 60V"。

转移电位差问题过去都发生在通信系统，所以现行设计规程对发生在通信系统中的转移电位差做了明确规定。但事实上，随着我国输油输气管道的发展与建设，转移电位问题开始在输油输气管检修时出现，尤其是在检修时，应引起关注。

（四）对周边设施的影响

接地极地电位升除了可能引发诸如上述人身安全问题外，还可能导致电力变压器磁饱和、埋地金属管道（构架）电腐蚀或影响阴极保护、老式铁路信号灯误动作等问题。有关这些问题的技术条件将在本章第八节介绍。

第三节　接地极址选择

一、对极址的一般要求

接地极址是设计接地极的基础，极址土壤物理参数对接地极设计造价及运行性能有着密切的关系。为了使接地极在持续的大电流情况下，也能安全可靠地运行，降低工程造价，并且不影响或尽可能少影响其他设施，合理地选择极址是十分重要的。

考虑到接地极运行特性和电磁环境问题，选择接地极址一般应考虑下列因素：

（1）离开换流站要有一定距离，但不宜过远，一般宜在 20～60km（但并不意味着在此区间就认为直流电流对换流变压器没有影响）。过近，容易导致换流站接地网拾起较多的直流电流，影响电网变压器磁饱和及设备安全运行甚至腐蚀接地网；过远，会增大线路投资并造成换流站中性点电位过高。此外，距离重要的 220kV 及以上电压等级的交流变电站、电厂（升压站）也要有足够的距离。

（2）有宽敞而又导电性能良好（土壤电阻率低）的大地散流区，特别是在极址附近范围内，土壤电阻率最好应在 100Ωm 以下。这对于降低接地极造价，减小地面跨步电位差和保证接地极安全稳定运行起着极其重要的作用。

（3）极址土壤应有足够的水分，即使在大电流长时间运行的情况下，土壤也应保持潮湿。表层（靠近电极）的土壤应有较好的热特性（热导率和热容率高）。接地极焦炭尺寸大小往往受到发热控制，因此土壤具有好的热特性，对于减少接地电极的尺寸（焦炭用量）是很有意义的。

（4）尽量避开城镇居民区和经济发达地区，协调与地方的经济建设发展规划。

（5）尽可能远离埋地金属管线和电气设施，或者保持与这些设施的距离满足相关规程规范规定的最小距离要求，以免地电流对这些设施造成电腐蚀或增加防腐蚀措施的困难。

（6）保持与铁路尤其是电气化铁路有合理的距离，以免直流电流引起（老式）铁路信号灯误动、动力系统变压器磁饱和以及可能因转移电位差引发的安全问题。

（7）接地极埋设处的地面应该平坦，这不但能给施工和运行带来方便，而且对接地极运行性能也带来好处。

（8）接地极引线走线方便，尽量避免线路出现大跨越，防止出现线路路径不畅情况。

二、极址选择一般工作流程

接地极极址的选择是设计接地极过程中最重要的环节，因为其地理位置直接关系到地电流对环境的影响，地形地貌和土壤参数直接影响到接地极运行性能及工程造价。为了使接地极在持续的大电流情况下也能稳定地运行，并且不影响或尽可能少影响其他设施，降低接地极造价，合理地选择极址是十分重要的。

接地极址的选择过程是一个较复杂的工作过程，也是一环扣一环的作业流程。极址选择包括规划选址和工程选址、极址方案论证与优化、大地物理参数测量与确定等工作过程及内容。极址选择工作量较大，同时也较费时费力，原因在于接地极地电流对接地电气设施（如电力系统）、埋地金属构件设施（如输油输气管线）的影响不仅范围大，而且与极址土壤（大地）电阻率参数密切相关。也就是说，设计人员在进行极址方案论证（仿真计算）前，需要大范围地收集可能受到影响的设施信息、协调地方发展规划和测量直至数十千米深的大地电阻率参数。可想而知，如果对多个极址方案都按上述要求进行逐一仿真计算论证，工作量是巨大的！因此，为了能在众多的极址方案中尽快地选择出合适的接地极址，选址过程一般应遵循图 27-4 所示的选址工序。

三、规划选址

规划选址就是围绕着换流站选址过程中的接地极选址，是换流站选址工作的一部分，其目标主要是在技术上支持换流站站址方案。

（一）估算接地极尺寸

在进行规划选址前，设计人员首先要根据现行技术规程和当前工程的系统条件，估算出接地极的尺寸或占地面积，建立最小极址场地尺寸概念。

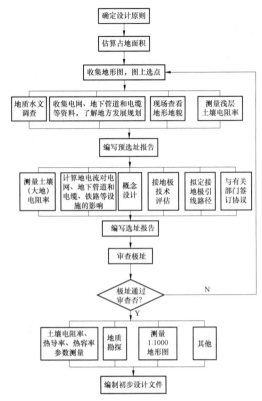

图 27-4　接地极一般选址流程图

接地极最小尺寸一般受跨步电位差控制，而跨步电位差大小除了与系统入地电流、土壤电阻率等客观参数有关外，还与接地极类型、布置形状和埋深等主观（设计）因素密切相关。在规划选址阶段，由于受到各种未知条件的限制，设计人员无法也无需对接地极最小尺寸做出准确的计算，但估算出误差在允许范围内的接地极最小尺寸仍然是非常必要的，也是可能的，具体操作如下。

（1）基于土壤参数分布均匀下的单圆环最小直径。根据 DL/T5224 规定的跨步电位差控制条件（见式 27-10），图 27-5 给出了浅埋型单圆环形布置的接地极最小直径与入地电流、埋深和土壤电阻率的关系曲线。设计人员可根据极址现场实测浅层等效电阻率 ρ（Ωm）和入地电流/埋深比，查得接地极最小圆环直径 Φ（m）。

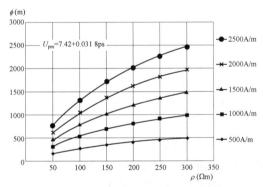

图 27-5　单圆环电极最小直径与入地电流、埋深、土壤电阻率的关系曲线

如某直流工程入地电流为 3000A，极址土壤（等效）电阻率为100Ωm，在埋深为 3m 情况下（入地电流/埋深之比为 3000/3＝1000A/m），查图 27-5 所示曲线得到接地极最小直径为 530m。同理，在入地电流为 5000A 和埋深为 5m 的情况下（入地电流/埋深比值相同），接地极最小直径也为 530m。

（2）多个同心圆环形最小外缘尺寸。如果采用同心双圆环或同心三圆环布置，接地极的外缘尺寸可缩小，即在查得单圆环最小直径基础上，加乘"效果系数"可得到同心双圆环最小直径。根据表 27-14，加乘 0.669 2 效果系数可得到同心双圆环最小直径为 355m。同理，分别加乘 0.555 8、0.507 6 和 0.489 0 系数可得到同心三、四、五圆环的最小直径。

（3）两层土壤模型。在更多情况下，土壤参数分布并非均匀，甚至十分复杂，但在规划选址中按两层土壤模型估算接地极外缘尺寸，还是较适用的。假设土壤模型如图 27-15 所示，电极埋设在上层ρ_1土壤中，图 27-6 给出了两层土壤模型校正曲线。该校正曲线横坐标是上下层土壤电阻率之比ρ_2/ρ_1，纵坐标是修正系数C_0，设计人员可根据层厚与埋深之比H/h选择曲线查得修正系数C_0。在使用两层土壤模型时，先按照上述（1）和（2）方法得到最小外缘尺寸，然后再加乘校正系数C_0，即可得到两层土壤模型下接地极最小外缘尺寸。

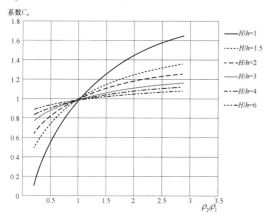

图 27-6 两层土壤模型最小尺寸校正系数曲线

【算例 27-2】设某直流工程额定电流为 3000A，过负荷系数为 1.1；极址场地适合布置浅埋圆环形电极；土壤电性分层为两层，土壤电阻率$\rho_1＝100Ωm$，$\rho_2＝200Ωm$，其厚度 6m。试根据 DL/T5224 规程对跨步电位差的要求，分别估算出单圆环和双圆环形外缘尺寸。

首先，确定均匀大地参数下单圆环形电极最小尺寸。计算入定电流/埋深比 3000×1.1/3.0＝1100A/m，查图 27-5 中曲线：在入定电流/埋深比为 1100A/m 和电阻率为 100Ωm 情况下，查得均匀大地参数下单圆环形电极最小直径Φ 为 580m。

其次，确定均匀大地参数下双圆环形电极最小尺寸。根据上述（2）均匀大地参数下单圆环与双圆环形电极的关系，可得到双圆环形电极最小外缘直径为 389m（＝580×0.67）。

最后，确定大地电性参数为两层情况下的双圆环形电极最小尺寸。层厚与埋深比为 $H/h＝6/3＝2$；下层与上层电阻率比为$\rho_2/\rho_1＝200/100＝2$；查图 27-5 中 $H/h＝2$ 曲线，可得到$\rho_2/\rho＝2$ 情况下系数 $C_0＝1.18$；从而可得到，该直流工程极址大地电性模型为两层结构，如采用单圆环布置方案，最好圆环直径不应小于 684m（＝580×1.18）；如采用双圆环布置方案，最小外缘直径不应小于 459m（＝389m×1.18）。

同理，还可以很方便地估算得到接地极在不同埋深条件下的最小尺寸。

应当指出，按上述方法估算接地极尺寸是有误差的，但其误差范围完全可以满足规划选址技术要求。

（二）室内选址

设计人员通过向有关部门收集资料并根据收集的资料和设计经验，发现极址是本阶段的主要工作目标。向有关部门收集的资料应包括以下内容。

（1）地形图或航测照片。围绕着换流站址不小于 100km 的范围，设计人员可以先收集分辨率不低于 1:20 万地形图或卫星照片，用来初步判断可能适合建接地极的区域；然后再针对这些区域收集分辨率不低于 1:5 万地形图或航测照片，通过观察地形图或航测照片，就可以知道这些区域较详细的地形地貌、城镇建设、交通设施等信息，从而可较快地发现可适合于设立接地极的具体地点——确定预选极址。

（2）地质结构资料。收集各预选接地极址位置的区域地质（结构）资料很重要，其主要目的就是无需进行实地勘探，而是通过收集的地质及结构资料并借助于表 27-2 所列电阻率参数，就可大致了解预选极址深层电阻率及结构，从而可为评估接地极地电流对环境的影响提供计算依据。特别值得一提的是，如果区域地质是泥岩、泥质页岩、砂岩、发育灰岩、铜矿、铁矿等导电性能良好的岩石，几乎可以肯定极址成立。此外，通过收集的地质资料还可以借助表 27-2～表 27-4 所列数据，也可估计出土壤电阻率、热导率和热容率等参数，为评估工程造价提供计算依据。由此可见，现阶段对地质结构资料进行调查不仅重要，同时也是非常有意义的。

表 27-2 土壤（岩石）电阻率参数

物质类型	土壤（岩石）名称	电阻率（Ωm）	备注
水	雨水	＞10^3	与水中导电物质含量相关
	河水	10～10^2	
	海水	（5×10^{-2}）～1	

物质类型	土壤（岩石）名称	电阻率（Ωm）	备　注
水	地下水	$10^{-1}\sim（3\times10^2）$	与水中导电物质含量相关
	冰	$10^4\sim10^8$	
土壤	黏土、粉质黏土	$10\sim10^3$	与水和导电物质含量相关
	粉土		
	湿砂		
	干砂、卵石	$10^3\sim10^5$	
砂岩	泥质页岩	$20\sim10^3$	
	致密砂岩		
	红砂岩	$10\sim10^2$	
灰岩	泥灰岩	$50\sim（8\times10^2）$	
	石灰岩	$（3\times10^2）\sim10^4$	
岩石	花岗岩	$（2\times10^2）\sim10^5$	与含水量关系很大
	闪长岩	$（5\times10^2）\sim10^5$	
	正长岩		
	玄武岩		
	辉长岩		
	玢岩		
	橄榄岩		
	片岩	$（2\times10^2）\sim10^4$	
	片麻岩	$（2\times10^2）\sim（2\times10^4）$	
	白云岩	$10^2\sim10^4$	
	盐岩	$10^4\sim10^8$	
地矿	石膏	$10^2\sim10^8$	与矿物质、含水量有关系
	黄铜矿	$10^{-4}\sim10^{-1}$	
	磁铁矿	$10^{-4}\sim10^3$	
	赤铁矿	$1\sim10^5$	
	石英	$>10^6$	
	云母	$>10^8$	

注　此表数据摘自 DL/T 5159《电力工程物探技术规程》附录。

表27-3　土壤热容率

土壤名称	热容率［J/（m³·K）］×10⁶		
	干	50%湿饱和度	100%湿饱和度
砂	1.26	2.13	3.01
黏土	1.00	2.22	3.43
腐殖土	0.63	2.18	3.77

注　此表数据摘自 DL/T 5224—2014《高压直流输电大地返回运行系统设计技术规定》附录。

表27-4　土壤热导率

土壤名称	热导率［W/（m·K）］	
	干	湿
砂	0.27	1.85
带淤泥及黏土	0.43	1.90
细砂质土壤	0.33	2.3
粉砂土壤	0.37	0.88

续表

土壤名称	热导率［W/（m·K）］	
	干	湿
带砂的黏土	0.42	1.95
火山土	0.13	0.62
黑色耕种土（冰冻）	0.18	1.13
褐色底土（冰冻）	0.08	1.20
黄褐色底土（冰冻）	0.10	0.82
带砂及淤泥的砾石	0.55	2.55
冰（0℃）	—	2.22

注　此表数据摘自 DL/T 5224—2014《高压直流输电大地返回运行系统设计技术规定》附录。

（3）水文资料。收集预选极址区域的水文资料，目的在于避免将接地极放在长时间水淹区或受到洪水冲刷的区域。收集水文资料内容应包括 5 年一遇的水淹区（水位）及最长持续淹没时间，评估预选极址是否存在被洪水冲刷的威胁。

（4）地温。地温系指接地极埋设处的最高温度，其值决定了电极最大允许温升取值。通常在 10～50km 范围里地温差别不大，但在有些地方（如有温泉）则不然，地温差别可达十几乃至几十度。一般来说，接地极不宜放在有温泉的地方。

（5）电力、埋地金属管线和铁路等设施。为了避免接地极在运行中，对附近接地电气设备系统和埋地金属设施的安全运行可能会带来的负面影响，在规划选址阶段，设计人员要重点收集预选极址附近的 220kV 及以上电压等级的变电站地理位置、离开预选极址最小距离 10km 内的主要埋地金属管道（如天然气或石油管线）路径走向及规模、铁路（尤其是电气化铁路）的路径走向等资料。收集这方面资料的作用有两个：其一使极址尽可能远离这些设施；其二根据这些设施的规模和接地方式等，评估对它们是否有影响或影响程度。

（6）其他资料。在某些情况下，需要进行特殊参数的测量。例如，在沿海地区，应对土壤或水进行含盐量分析；对于固定的阳极，应对土壤进行渗透参数的测量；对极址土壤或水进行酸碱度分析，提出 pH 值等。

根据上述资料进行可行性分析研究，并结合线路长度等因素进行经济性比较，择优并排序确定若干处预选极址，为野外踏勘做好方案准备。

（三）野外踏勘

野外踏勘是规划选址中不可缺少的工作过程，也是对室内选址的重要补充或验证，所以踏勘对象原则是针对室内选址过程中的选址方案，但也不应放过在踏勘过程中发现好的新极址。野外踏勘工作重点应关注以下要素：

（1）地形地貌。对极址地形地貌踏勘的工作目的是判断

该极址适合采用哪种形状的接地极以及多大尺寸的接地极。由于极址地形地貌直接影响到接地极布置形状和大小，所以设计人员在现场要通过现场踏勘（实地观察、步量和与地形图或照片上信息进行比对等手段），掌握极址场地的地形地貌和影响到接地极布置（如场地形状、各方向尺寸、相对高差和影响接地极布置的建筑物等）的所有信息，并在图上做好记录。

（2）地质条件。极址场地表层土壤覆盖层厚度不仅影响到电流扩散，还影响接地极埋深，甚至影响接地极型式的选择。地质信息隐藏于地下，踏勘需要地质专业人员参加。现场踏勘时，地质人员要通过极址或周边地形地貌情况以及附近沟塘渠开挖剖面的地质信息，并借助于专业知识，判断出土壤覆盖层结构和大致厚度（基岩埋深）。特别地，如极址场地多处有坚硬且导电性差的岩石露头现象，则基本上可以判定为该极址不宜建接地极。

（3）地下水文。现场踏勘可以了解或观察到极址地下水位，从而可为评估接地极性能和工程造价提供参考依据。地下水文资料用来确定是否有足够丰富的地下水来保证电极在大电流长时间运行条件下，极址土壤始终保持潮湿。极址土壤中的含水量直接影响到土壤物理参数，影响到传导电流。土壤中的水实际上是普通盐的水溶液，因而导电呈电解性。电解溶液传导电流的基本方法是离子向电极的移动，即阴离子向阳极迁移，阳离子向阴极迁移。在离子迁移过程中，水扮演积极的角色。由于水的热导率约等于干土壤平均热导率的 5 倍，所以土壤中的水不仅对电导有帮助，对热导也有帮助。

（4）建筑与设施。地面设施信息虽然可以从地图或航片上获取，但地下设施则不能。此外由于我国城镇发展很快，有些设施地方政府及有关部门并不全面掌握，而当地农民可能较清楚，所以现场踏勘并向当地农民了解预选极址附近设施具体位置等信息是很有必要的。

（5）测量土壤电阻率。土壤电阻率是设计接地极最重要的参数之一，它影响到接地极设计的方方面面。在进行现场踏勘过程中，对预选极址进行土壤电阻率测量是非常必要的。考虑到预选极址方案一般较多，踏勘过程中可以在综合上述信息后有选择性地对预选极址测量土壤电阻率，即只对条件好的和比较好的预选极址进行测量，反之可少测量甚至不测量；只对小于 100m 深的浅层土壤进行分层测量。

事实上，决定土壤（岩石）电阻率值的主要因素是：① 土壤（岩石）类型；② 土壤（岩石）中的水分及其夹杂着盐类的化学成分；③ 土壤（岩石）颗粒大小及其分布；④ 温度；⑤ 压力等。所以在初勘阶段，专业人员可根据土壤（岩石）情况并参照表 27-2 数据，可大致了解土壤（岩石）电阻率值范围。

（四）搜资调研

通过野外踏勘，可以获取极址及周边的显性信息，但不能获取隐性和远离预选极址的资料。为了避免或减少接地极地电流对环境的负面影响，协调与其他行业的发展，向有关部门开展更广泛的搜资调查是十分必要的。搜资调研涉及到的主要部门或行业包括：

（1）地方发展规划。到预选极址所辖的县（市）政府办公室，向政府部门说明拟建接地极的工程情况和可能存在的问题，寻求政府部门的理解和支持；到城镇发展规划部门，了解地方政府在拟建极址附近的城镇建设现状及其发展规划，了解相关行业现有设施建设现状及发展规划。必要时，设计人员还应到乡（镇）政府和相关部门进行更详细的搜资调研。

（2）电网资料。向电力规划设计部门或拟建极址所辖电力部门收集 110kV、220kV 及以上电压等级的电力系统资料。收集资料最小范围宜为距拟建极址不小于 50km 以及与该范围内变电站在电气上有直接相连的所有变电站及线路相关数据，即电网接线图和如表 27-5 和 27-6 所列参数。

表 27-5 变 电 站 参 数

变电名称	地理位置（地名）	接地电阻（Ω）	容量（kVA）	额定电压	变压器型式	变压器台数

表 27-6 线 路 参 数

线路名称	导线截面积（mm²）	导线分列数	回路数	额定电压（kV）	线路长度（km）	地线是否绝缘

（3）地下金属管道。向石油、天然气和自来水规划设计或管理部门，了解距离拟建极址不小于 10km 范围内是否存在或规划有石油（含天然气）、自来水等埋地金属管道。如存在或规划有地下管线设施，则应收集这些地下金属管线与拟建极址的最小距离，增压站、阴极保护装置位置以及管线路径图，管子材料、尺寸和壁厚，涂层材料和防腐措施，是否接地或接地方式，阴极保护等资料。

（4）地下铠装电缆。向电力和地方（甚至包括部队）通信部门，了解在距离拟建接地极极址不小于 10km 范围内是否存在埋地铠装电缆。如存在埋地铠装电缆，则应收集这些地下铠装电缆距拟建接地极极址的最小距离，增音站位置以及电缆路径图，铠装材料、尺寸和壁厚，是否接地或接地方式等资料。

（5）铁路。向铁路部门了解距拟建接地极极址 10km 范围内是否存在铁路或拟建铁路，如存在或规划有铁路，应收集车站位置、铁路路径图、信号灯工作方式、牵引变电站位置等信息。

（6）其他。除了上述设施外，必要时还需收集依靠大地电磁场工作的设施资料，如要向地震局了解地震台位置，听取他们的意见或进行备案。

（五）编写规划选址报告

接地极规划选址报告应围绕换流站不同选址方案编写（当然一个极址方案也可支持多个换流站址方案），原则上应基于室内选址方案，通过野外踏勘和搜资调研，并经与地方政府和相关部门协商后完成规划选址报告。规划选址报告内容至少应包括：

（1）根据系统条件，明确该接地极额定入地电流和设计技术条件，估算接地极尺寸，提出对极址场地的基本要求。

（2）简述各预选极址相对于换流站址（方案）的地理位置（附图）、所辖行政区域，与换流站址间的关系及直线距离，并将各预选极址标注在 1:5 万地形图上。

（3）描述野外踏勘情况。极址附近地形地貌特征（附上照片）和影响接地极布置的地面障碍物，量化最大可使用的场地范围；极址附近地质资料（尤其是覆盖层厚）、水文信息；浅层土壤电阻率调查测量数据。综合野外踏勘信息和初步计算，初步判断极址场地能否满足接地极最小尺寸的要求。

（4）介绍极址周边城镇建设现状和地方发展规划、地方政府或相关行政部门对极址用地的意见；评估或预测地方政府对极址用地的态度。

（5）介绍电网、地下金属管道、地下铠装电缆、铁路等搜资调研详细信息；列出基于搜资调研信息，评价地电流对它们的影响。如判断地电流对这些设施存在或可能存在影响，则应提出缓解措施或者应对策略。

（6）简述接地极线路路径概况、线路长度，特别要说明可能影响到线路路径和造价的要素。

（7）对各预选极址进行技术、经济和相关意见比较，综合比较结果，按优劣排序提出本阶段推荐候选极址。

四、工程选址

相对于规划选址，工程选址特点在于：选址范围明确——原则上是围绕换流站址推荐方案开展接地极选址，或者是对候选极址（预选极址中推荐方案）做论证工作；工作深度加大——对候选极址进行实地勘探，围绕候选极址进一步开展细致的搜资工作，并通过仿真计算明确地回答各候选极址优缺点或存在的问题；提出推荐极址——在获得地方政府的批准和与相关行业协商同意的基础上，通过技术经济比较，为下阶段工作（初步设计）提出推荐极址。

（一）补充踏勘与搜资

进入工程选址阶段，设计人员首先应对候选极址的规划选址报告内容进行仔细阅读复核，如发现有遗漏、遗留的内容和不确定的信息，一定要按本节规划选址中"（三）野外踏勘"的要求进行补充踏勘和搜资。

（二）极址勘探

在工程选址阶段，为了让设计人员通过仿真计算开展有意义的极址方案论证工作，需要对（重点）候选极址开展以下勘探工作。

（1）土壤物理参数测量。土壤物理参数系指接地极周边土壤的电阻率、热导率、热容率等物理参数。因这些参数直接影响到接地极的设计尺寸、工程造价和运行性能，故须实地测量。土壤电阻率的测量深度应大于100m，测量范围应大于接地极可能的布置范围；土壤热导率和热容率的测试深度宜为电极埋设深度。

（2）大地电阻率参数测量。大地电阻率是指浅层土壤至地壳（一般达数十千米）深处岩石的电阻率，其参数虽然对接地极本体设计影响甚微，但对评估接地极地电流对环境的影响有着不可忽视的影响，应实地测量，特别是接地极处于经济发达地区。

（3）地形图测量。为了能使设计人员更贴近工程实际地开展接地极概念设计，对拟推荐的极址方案开展地形图测量是必要的，尤其是地形比较破碎和地貌较复杂的极址更应实地测量。地形图测量比例宜不小于1:2000。

（4）岩土（基岩埋深）测量。对于位于山区、喀斯特地貌的极址或采用垂直型接地极方案的极址，有必要测量极址基岩埋深。测量基岩埋深主要目的：一是用于评价极址是否可埋下接地极；二是便于设计人员确定接地极埋深，避免将接地极埋在岩石中。

（5）地下水位。在进行地质勘探的过程中，收集地下水位埋深资料。

（6）其他参数测量。在工程选址中，除了要进行上述勘探工作外，有些地区还应进行特殊勘探。例如，海岸或潮湿极址宜进行Cl^{-1}、SO_4^{-2}离子含量和pH值测量、温泉地区地温测量、河流卵石层地区泉水涌量测量等。

上述极址勘探具体方法、要求和数据取值，详见本章第四节极址参数测量与勘探。

（三）对环境影响的评价

计算地电流对环境的影响是极址论证阶段的中心工作之一。设计人员要基于极址勘探资料，创建适用于环境评价（计算）的极址模型，并根据搜资调研获取的环境设施资料酌情开展仿真计算，评估地电流对电力系统、通信系统、地下金属管道或铠装电缆、铁路等设施有否影响。对于有影响的，应提出缓解（或解决）的措施及可能发生的费用。

关于计算地电流对上述环境影响的具体方法、判断标准以及缓解措施，参见本章第八节接地极电流对周边设施的影响。

（四）概念设计

前面已经提到，接地极的技术特性和工程造价非常依赖于极址条件。所以在工程选址阶段，设计人员要根据各个候选极址的实际地形地貌条件，完成接地极概念设计。通过概念设计，求证极址是否满足接地极技术要求，估算工程材料用量或造价。接地极概念设计应包含以下内容：

（1）设计原则及技术条件。设计原则及技术条件应符合现行规程规范技术要求，同时应满足顾客合同或标书中规定的技术要求。

（2）极址建模。按照各极址方案的实测土壤数据，分别创建接地极电性模型。

（3）接地极型式选择。在工程选址阶段，为了判断候选极址方案在技术上是否成立，有必要针对各候选极址条件开展接地极型式选择研究。由于不同类型接地极各有优缺点，且技术特性和经济指标相差很大，所以设计人员要结合候选极址方案的地形地貌和地质条件，通过方案优化和技术经济比较，分别给出适合各自极址条件的接地极类型和（可能）存在的问题。有关接地极型式选择具体方法参见本章第六节。

（4）接地极布置形式。为了进行方案比较，设计人员应针对各候选极址推荐的接地极型式和地形地貌条件、实地勘探数据，开展接地极布置形式研究，即分别提出适合各自极址条件的接地极电极布置形状、尺寸、埋深，以及计算出接地电阻、溢流密度、地面最大跨步电位差最高温升和热时间常数等主要技术参数。

（5）材料用量。应针对各候选极址提出的接地极型式和布置形式，分别列出主要材料的用量，如焦炭、馈电元件、导流（电缆）线等主要材料用量、土方开挖量或施工费用。

（五）房屋（设施）搬迁

对影响接地极布置的障碍物，如道路，较大型的沟、渠、塘、堰和地面建筑物或其他设施，应开展跨越研究、搬迁或改造调研，在此基础上做出明确地说明或提出处理方案。如发生费用，应列入工程造价。

（六）接地极线路路径

在工程选址阶段，应考虑接地极线路路径及其长度对极址方案比选的影响。线路专业设计人员应配合工程选址完成下列工作：

（1）在1:50 000地形图或航拍照片上拟定出各候选极址至换流站架空线路路径，必要时对关键路径进行踏勘调研。

（2）量出线路长度，并根据线路路径和长度，结合沿途经过的地貌、交叉跨越、地质及交通等情况，估算出各候选极址的接地极引线所需要的建设费用。

（七）用地批文和相关协议

针对候选极址，在完成了极址勘探、对周边环境影响评价、概念设计和线路路径等工作后，设计人员应进行技术、经济和相关方意见的综合比较，提出不少于 2 个推荐极址方案，并应协助业主办理如下相关手续。

（1）用地批文。将推荐极址方案发文至极址所在的地方政府，寻求批准或与其签订用地协议。发文的内容至少应包括：工程名称，接地极的作用，拟用地的位置、面积或尺寸、性质和经济补偿原则意见，对周边环境影响评价的初步结果，寻求批文或书面协议的意愿等。办理极址用地批复文件或与地方政府签订用地协议是工程选址阶段中的一项重要工作，往往需要工程建设方（或设计人员）与地方政府反复沟通，付出更大的努力和耐心。

（2）相关协议。针对地电流对周边环境影响评价具体情况，酌情将推荐极址方案发函至（如石油或天然气管道、自来水、铁路、通信、必要时包括电力等）相关主管部门备案或签订协议。发文的内容至少应包括：工程名称，接地极的位置、面积或尺寸，地电流对相关方设施影响评价的初步结果、处理意见或建议，寻求签订书面协议的意愿等。在工程选址阶段，如确认地电流对相关方设施存在影响，一定要告知对方，甚至签订书面协议，妥善解决问题，不可有遗留、遗漏的问题，更不能隐瞒问题。

（八）编写工程选址报告

接地极工程选址报告一般是按换流站推荐站址方案编写。工程选址报告是极址选择和技术论证结论性的总结，是一份呈送业主或设计主管部门审查的技术文件。因此要求极址论证中的基础数据应可靠，涉及到的内容应全面，技术结论应具体、明确并力求准确。工程选址报告在内容形式上与规划选址报告有些类似，但在深度和要求上是有区别的，至少有下列内容应符合要求。

（1）简述规划选址过程与结论。为了使读者能快速了解工程选址中候选极址的来龙去脉（特别是基于规划选址结论的工程选址），宜在工程选址报告的开始简要地叙述规划选址过程，各候选极址方案位置、场地条件（附图），各候选极址方案优缺点、方案比较结果，规划选址推荐（评审）候选极址的意见。

（2）综述候选极址概况。分别介绍各候选极址概况，内容应包括候选极址的地理位置（附图）、所辖行政区域，与换流站站址间的关系及直线距离，极址场地地形地貌、地质条件、可用范围和环境条件的描述，适合的接地极型式等。

（3）介绍极址勘探方法结果。按照上述工程选址的勘探内容，分别介绍极址相关参数的勘探方法，展示其采集数据

和图形；详细叙述对勘测数据的处理、设计取值的方法和结果。

（4）论证地电流对环境的影响。创建极址电性模型，基于极址勘探数据和搜资获得的环境设施资料，分别酌情地开展地电流对电力系统、地下金属管线、地下铠装电缆和铁路等环境设施影响的仿真计算，列出计算结果；根据相关标准，提出评判依据、可能受影响的设施（设备）和消除或缓解影响的技术措施。

（5）论述概念设计方案。创建极址电性模型，并基于极址电性模型和按照上述接地极概念设计的要求，开展接地极设计方案研究；详细列出各方案特征参数（如接地电阻、最大跨步电位差、最大接触电位差、最高温度、稳态温度、溢流密度偏差系数、最大溢流密度、腐蚀寿命等）的计算结果，接地极焦炭、馈电元件、电缆、均流装置等主要材料用量，接地极埋深、土方开挖量或施工费用；分析各方案的优缺点。

（6）说明房屋（设施）搬迁状况。判断是否有房屋（设施）搬迁问题；对影响接地极布置的重要障碍物，应在调研的基础上详细说明现状，提出处理建议。

（7）简述线路路径。简要描述接地极线路路径情况、线路长度，特别应交代是否存在严重影响线路路径方案的问题。

（8）阐述用地批文和相关协议情况。详细具体地阐述地方政府对接地极用地的意见，相关方对接地极的反映；展示地方政府对接地极用地的批文或协议文件，出示与相关方的协议文件。

（9）极址方案的技术经济比较。基于上述第（4）款地电流对环境的影响和第（5）款概念设计方案，开展技术经济比较。内容或要素包括地电流对环境的影响评价结果、接地极特征参数、材料的用量、土方开挖量或施工费用、实施难易程度、相关协议、接地极线路长度或费用。开展技术经济比较要客观，应在同样或大致相同的技术条件下开展经济比较，或者在同等或大致相同的经济条件下开展技术比较。

（10）明确（推荐）极址方案。综合上述技术经济结果后，择优提出不宜少于 2 个推荐极址方案。

第四节　极址参数测量与勘探

与常规交流接地装置相比，接地极对土壤参数往往有更多的要求。一般情况下，与接地极设计有关的参数主要有土壤电阻率、热导率、热容率，极址地形、地貌，基岩埋深、地温、湿度（地下水位）等；对于海岸（边）极址，土壤的含盐（NaCl）量也很重要。另外，还有一些参数，如土壤酸碱度、电渗透、水渗透，对于某些极址或工程可能也是重要的。受篇幅限制，下面仅对其中与接地极设计有直接相关的主要参数的测量方法和要求作扼要介绍。

一、大地（土壤）电阻率

（一）技术要求

（1）现场测量。大地（土壤）电阻率定义为两相对面面积为1m²，距离为1m的立方体电阻。由于土壤的取样将破坏其结构和水分从而不能得到其真正的电阻率，因此测量极址大地（土壤）电阻率应在现场进行。迄今为止，几乎所有在现场测试土壤电阻率的方法都是以稳定电流场为基础，假设大地在各个方向上都是均匀的。然而实际上在大多数区域里，土壤在各个方向上是不均匀的，因而实际测得的数据不是真正的电阻率，而是视在电阻率。

（2）测量范围。接地极尺寸及其技术特性与极址附近土壤参数关系十分密切，远离接地极和深层土壤参数对于评估地电流对环境设施的影响不可忽视。因此为了得到可信赖的计算结果，我们希望能够获得不小于1km²极址范围内的详细土壤电阻率测量参数，甚至期望了解到离开接地极数十千米范围内的大地电阻率。在如此之大的范围里，为了减少测试工作量，同时也能满足计算精度要求（基于工程观点），通常对极址附近1～2km²范围内的土壤电阻率进行较详细勘测；

对于远离这个范围直至数十千米以外，采取抽样勘测或者通过搜集资料确定。

（3）测量深度。为了保证接地极特征参数的计算精度和提高接地极地电流对环境影响评估的可靠性，设计人员希望能获得地表至地壳（数十千米甚至上百千米）深处土壤（大地）电阻及其结构分布的可靠参数，因此通常分别采用四极电探法、电位拟合法和MT法等测量方法来实现上述要求。应采取分层测量，以便探明纵向分布不均匀特性。考虑到工程量、费用和工期等因素的限制，通常极距（S）从0至1000m采用四极电探法、数百米至地壳采用MT法测量，电位拟合法适用于数十米至数千米深且地形地貌复杂地带。

（4）测量密度。由于土壤电阻率参数分布往往是不均匀的，所以测量应分块进行。先用方形网格或射线网格将极址分成若干小块，然后在每个网格的节点处进行不同深度的测量。对于电极埋设处，应适当增加测点。测点密度视土壤电阻率分布均匀程度和测深来定：土壤电阻率分布不均匀时，测点密度可以大些，反之则可小些；测深愈深，测点密度可愈小。根据DL/T5224规程，测点密度不应小于表27-7要求，否则其结果可信度难以满足工程要求。

表27-7 不同极距下的布点最小密度

极距S（m）	2	5	10	15	20	30	50	70	100	150	200	300	500	700	1000
密度（个/km²）	49					36				25		16		9	4

（5）测量精度。为了获得比较准确的测试结果，选择试验电源和电流值也是重要的。接地极在直流电流情况下运行，因此，用直流电源测试的土壤电阻率较能代表运行情况的电阻率。除此之外，对于深层电阻率的测试，由于电压探针极距较大，须考虑地中干扰电流对测试结果的影响。减少这种影响最有效的方法是增大试验电流，最小测试电流可用式（27-19）计算

$$I = 2\pi S \frac{V_g}{\rho\varepsilon} \times 100\% \qquad (27-19)$$

式中　I——最小测试电流，A；

　　　ρ——土壤电阻率，Ωm；

　　　S——电压探针极距，m；

　　　V_g——干扰（背景）电压，V；

　　　ε——允许误差，%。

当电压探针极距S大于300m时，应采取（如增大测试电流、补偿等）措施，减少地中干扰电流对测试结果的影响；如同极距下同一测点的测试结果误差大于5%，应重新测量，保证测试结果误差不大于5%。

在电压探针极距S大于300m情况下，宜在相互垂直的两个方向布线测量。

（二）土壤电阻率测量

通常土壤电阻率系指浅层土壤的电阻率，即本手册定义极距S为0～1000m深土壤电阻率。现场测量土壤电阻率一般采用四极电探法（简称四极法）。所谓四极法测量即是用一对电流探极向被测极址注入电流，用另一对探针测量所产生的电位差，然后利用测得的电压和电流关系，计算出所测土壤的电阻率。四极法的电流和电压探极有温纳法（Wenner array）、不等距四极法、库勒伯格法（Schlumberger array）等多种排列方式，其中温纳法是迄今为止用于测量大地电阻率最广泛的方法之一。

（1）温纳法。温纳法电流和电压探针布置在一条直线上（C1-P1-P2-C2），探针极距相等，如图27-7所示。若C1-C2通过的电流为I，P1-P2间测得的电压为U，则测点土壤的视在电阻率即为

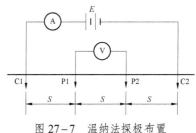

图27-7 温纳法探极布置

$$\rho_s = 2\pi S \frac{U}{I} \qquad (27-20)$$

式中　ρ_s——测点土壤的视在电阻率，Ωm；

　　　S——极距（人们习惯地认为是"测试深度"），m。

该方法操作简单，便于掌握，在土壤分布均匀情况下，测量结果准确。在上下层土壤电阻率有变化情况下，可以通过改变极距 S 来获得其曲线的变化，从而可获得土壤电阻率分层结构。该方法用于"葛—南"、"天—广"和"三—常"等直流工程换流站接地极大地电阻率测量，获得了较满意的效果。

（2）不等距四极法。温纳法不仅要求探针极距相等，而且要求布置在一条直线上，这对于要求测试范围之广、测量极距之大和测量点数目之多的极址而言，探针的布置容易受到房屋、沟、渠、塘、道路、农作物等条件的限制，难以满足要求。对此，可采用不等距四极法测量。该方法测量如图 27-8 所示，设 C1—P1、C1—P2、C2—P1、C2—P2 的距离分别为 S_1、S_2、S_3 和 S_4，当电流 I 从 C1 流入和 C2 流出时，根据恒定电流方程式，可按式（27-21）计算得到土壤电阻率

$$\rho_s = 2\pi S_o \frac{U}{I} \qquad (27-21)$$

其中　$S_o = 1 \Big/ \left(\dfrac{1}{S_1} - \dfrac{1}{S_3} - \dfrac{1}{S_2} + \dfrac{1}{S_4} \right)$

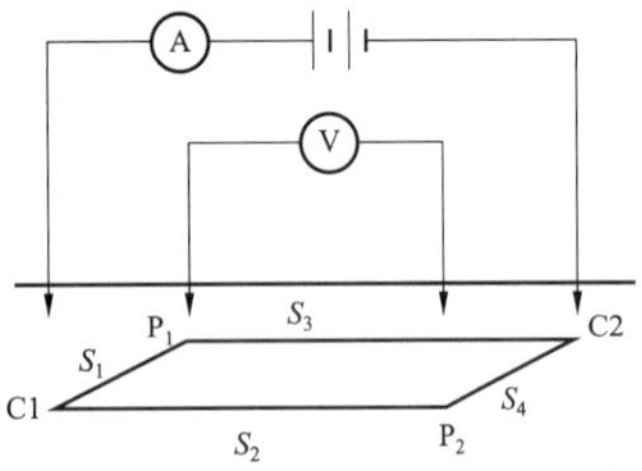

图 27-8　不等距四极法探极布置

比较式（27-20）和式（27-21）可以看出，两式所不同的是"测量深度"有差异：前者极距 S 为测深，后者 S_0 为测深。若各探极的距离相等，且在一条直线上，即有 $S_1 = S_4 = S$，$S_3 = S_2 = 2S$，将其代入式（27-21）即可得到式（27-20），这表明温纳法是不等距四极法的特例，或者说不等距四极法是温纳法的一般形式。

由于不等距四极法的测量探极间的距离可以是任意的，可以不在一条直线上，因而给测量工作带来极大的方便：可以方便地利用场地的架空配电线路作为测量回路；交换电流与电压探极，可获得不同的测试深度；探极布置不受房屋、沟、塘、渠等条件的限制，节省测量费用。

（3）库勒伯格法。该方法如图 27-9 所示，四个探针也是布置在一条线上，但极距不相等——两个电位探针靠近中间且彼此靠近。为了获得准确的测量结果，要求 $S > 5d$。若测试电流为 I，测得的电压为 U，则测点的视在电阻率即为

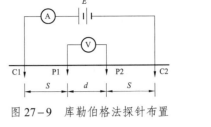

图 27-9　库勒伯格法探针布置

$$\rho_s = \pi \frac{S(S+d)}{d} \times \frac{U}{I} \qquad (27-22)$$

库勒伯格法有效测深被定为 $S/2$。该方法在确定电阻率水平不连续处的深度时，比温纳法具有更高的精度。

（三）解释视在电阻率

采用上述土壤电阻率测量方法，获得的 ρ_s 是不同极距下的视在电阻率。为了开展接地极恒定电流分析计算，还需根据各不同极距测得的视在电阻率值（曲线），解释获得该测点土壤的分层真电阻率。

解释土壤视在电阻率的方法主要有"量板法"和"反演计算法"，两者原理相同。

1. 量板法

量板法是用实测视在电阻率曲线与理论曲线（量板）相比较，求取各土壤电阻率及厚度的一种方法。理论曲线（量板）常用的有培拉耶夫量板[2]，它是基于函数 $\rho_k/\rho_1 = f(s, \rho_2/\rho_1)$ 和模数为 6.25cm 双对数坐标绘制的，其横坐标为 S，纵坐标为 ρ_k/ρ_1，参变量为 ρ_2/ρ_1。详细内容请详见参考文献 [2]。

对于两层结构的土壤模型（实测曲线图为单调升或单调降），采用量板法解释土壤的分层厚度及其真电阻率比较方便，但对于多层结构的土壤模型，则操作较复杂且结果误差较大。

2. 反演计算法

随着计算机技术的快速发展，目前反演计算法软件开始广泛应用。反演计算法可以是用实测视在电阻率曲线与理论计算视在电阻率（响应）曲线相比对，求取各土壤电阻率及厚度的一种方法。理论计算视在电阻率曲线是利用贝塞尔（Bessel）函数的通解，通过给定土壤的分层厚度及其真电阻率，以获取视在电阻率（响应）曲线，并同时将实测视在电阻率曲线与理论计算视在电阻率（响应）曲线绘制在双对数坐标中。

通过不断修正给定的土壤各分层的厚度及其真电阻率，直到实测视在电阻率曲线与理论计算视在电阻率（响应）曲线首尾都吻合（如误差小于 5%）为止，根据恒定电流场唯一性定律，此时给定的土壤的各分层厚度及其真电阻率即为反演计算的结果。

反演计算法软件适用于多层结构的土壤模型，且具有操作较简单、结果误差较小的优点。

（四）大地电阻率测量

通常大地电阻率系指深层岩石的电阻率，即本手册定义极距 S 大于 1000m 深岩石电阻率。

上述四极法具有测量简单，结果准确等优点，但在大范围测量、山区极址测量或测量深度超过 1km 情况下，由于测量工作量很大，上述方法往往不适用。目前在工程中测量大地电阻率一般采用电磁探测（MT）法和电位拟合法。

1. 电磁探测（MT）法

广泛应用于矿产勘探的电磁探测法（又称 MT 法）为测量接地极深层大地电阻率提供了方便。该方法是建立在大地电磁感应原理基础上的电磁测量方法，场源是天然的交变电磁场。测试工作中，不极化电极采用＋字形布置方式，如图 27－10（a）所示，磁探头布置方式如图 27－10（b）所示。

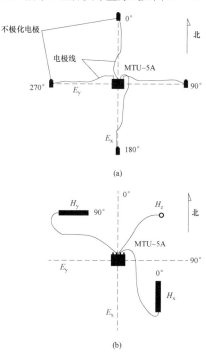

(a)

(b)

图 27－10　电磁探测法布线

（a）十字形布置方式；（b）磁探头布置方式

测试时，在同一点和同一时刻连续记录电场的两个相互垂直的水平分量 E_x 和 E_y，以及磁场三个互相垂直的分量 H_x、H_y 和 H_z，通过计算处理得到该点的波阻抗 Z。当大地电磁呈各向同性和水平层状分布时，阻抗 $Z=E/H$。此方法利用交流电流的趋肤效应原理，通过改变频率，可获取不同勘探深度及其视在电阻率参数，然后再通过计算机（软件）处理，可得到极址电性参数模型。该方法的操作专业技术性较强，详细操作方法请读者阅读有关书籍。

电磁探测法由于利用交变电磁场的感应耦合作用，可以穿透直接勘探难以穿透的高阻层，因此只要选择合适的频段，MT 法可以探测地下数百米到数百千米深度范围内的电性变化。MT 法这些特性使之成为寻找石油等矿产的勘探，特别

是研究大地深部电性分层的一种十分有效的方法。

2. 电位拟合法

众所周知，当给一接地装置注入电流时，其附近地面电位将会升高，显然各点电位除了与入地电流线性相关外，同时与试验场地土壤电阻率及其分布也密切相关。据此，可以采用电位（反演）拟合法，建立极址电性模型。

所谓电位拟合法就是预先给定极址模型，进行地面电位计算，通过合理地不断改变极址土壤电阻率值及其分布，使得地面上沿线各点电位理论计算值与试验值相拟合。电位拟合法工作分两步进行。

第一步现场模拟试验。电位拟合法接线示意图如图 27－11 所示。在被试极址合适的位置安装一个小型（建议采用 ϕ10m 圆环形）模拟电极，在远离模拟电极（建议大于 10km）的地方安装一个辅助电极，布置一条电位测量线（也可租用附近的配电线路，将其中的一相或两相线路串入到试验电源并连接到两个试验电极，另一相线路留作测量电位用）。试验时，给模拟电极注入一定值（宜大于 5A）的直流电流，同时在模拟电极至两电极中点间测量电位升。电位测点数目应足够（满足绘制曲线要求），电位变化大的地方测点应密一些，反之可稀一些。总之应使测得的电位分布曲线有良好的连续性。

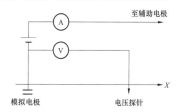

图 27－11　电位拟合法接线示意图

第二步反演拟合。先应根据试验得到的电位分布曲线及形状，同时结合极址地区地质资料，估计出极址土壤电阻率参数分层，即给出初值；然后采用计算机（软件）计算出与模拟试验相同测点的电位。通过不断地修改初值，直到理论计算与模拟试验结果相吻合或比较吻合为止，此时的给定初值即可作为极址电性模型。

由于电位拟合法模拟了接地极运行情况，因此所获得的参数真实可靠，特别适用于极址土壤参数分布复杂（如有山、湖泊、沟渠、地下金属管道交错等）地区和数百米至数千米深处的土壤电阻率值测量。在天生桥至广州 500kV 直流输电工程天生桥侧接地极土壤电阻率参数测量中，国内首次提出并采用该方法，以后其他直流工程也多次采用，均取得了令人满意的效果。

【算例 27－3】我国南方某山区接地极工程采用电位拟合法测量土壤（大地）电阻率参数。试验中，采用 ϕ10m 模拟电极，埋深 1m，且与辅助电极的距离约为 10km。当注入电流 10A 时，在沿着辅助电极方向测得的电压 U_x 如表 27－8 所示。试采用电位拟合法确定该极址电性参数及结构。

表 27-8 电位拟合法测量数据

X（m）	5	8	10	15	20	50	100	200	300	500	1000	2000	5000
U_x（V）	12.68	27.98	34.4	42.9	48.4	62.5	70.6	46.05	78.4	80.15	81.35	82.14	82.48
P_x（V）	69.8	54.5	48.1	39.6	34.1	20.0	11.90	6.45	4.10	2.35	1.15	0.36	0
P_j（V）	65.2	52.2	46.8	38.5	33.4	19.7	11.93	6.47	4.30	2.46	1.20	0.43	0

（1）将测得的沿线电压 U_x 数据录入到计算机（ETTG 软件界面）中，获取沿着辅助电极 X 方向实测电位 P_x 曲线，见实线。

（2）给定该极址电性参数初值，计算出电流为 10A 时在沿着辅助电极 X 方向的电位升 P_j，见虚线；调整极址电性模型参数，直到计算电位升 P_j 曲线与实测电位升 P_x 曲线拟合完好（误差小于允许值）为止。此时给定的极址电性模型参数（右上角数据）即为该极址电性参数，如图 27-12 所示。

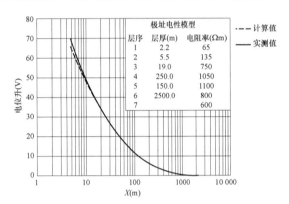

图 27-12 用电位升曲线拟合法创建极址模型

二、土壤热容率、热导率

（一）土壤热容率

热容率系指单位体土壤每升高 1K 所需的热量。土壤热容率通常是在实验室用绝热的热量计测量，其方法既可利用持续热源，也可利用间歇热源。目前比较常用的仪器有（美国杜邦公司产品）910 DSC 示差扫描量热计。

间歇热源法是应用一种恒定功率间歇地给封在绝热套里的样品加热，记录温度对时间的变化曲线，获得焓与温度的相互关系，即得样品比热。由于采用间歇加热方式，样品中的焓分布均匀，故这种方法常用于高精度测量。

持续热源法是以恒定功率持续地给封在绝热套里的样品加热，经过一段时间加热后，根据样品的温升与焓即可求得比热。比热乘以比重即是热容率。

送往实验室的样品，应是取自所选极址场地的每种典型土壤抽样或在此地区内的各种土壤。取样土壤最好是取自电极埋深处的土壤，取样数目不宜低于极址土壤分类数。

（二）土壤热导率

土壤的热导率定义为单位长度两端温差 1℃下单位面积土壤每秒传递的热量。土壤热导率测试分为实验室和现场测试两种。

（1）实验室测量热导率。实验室测量热导率是将土壤样品放在两块热导率为已知的圆金属板中，使在其一端加热，用一组热电偶测量两端的温度，通过样品的热流量则由一套传感装置进行测量。经过 10min 至 2h 的热流量测试之后，经由仪器内部进行热流乘以样品厚度除以温差的运算予给出热导率读数。还有一种用美国生产的 JR-Ⅱ 激光扫描仪测量热导率：将土壤制成直径约 8mm，厚度约 1mm 的圆薄片，用激光瞬时照射试件表面加热，并根据试件背面温度升高来求得热散系数，然后用热扩散系数乘以比热和密度，即得土壤热导率。

（2）现场测量热导率。实验室测量热导率需要获取和运送样品，由于在这过程中破坏了土壤原有状态，致使影响测量结果，因此，有时采用现场测试法。现场测试法也分为静态法和暂态法两种：前者是利用埋设的球体，并对球体加热到使其热流量均匀分布，由于这一过程通常要花好几天，故不是一种实用的方法。后者则是使用一根内装加热器和测温元件的圆柱形测量极，将它插进所需深度的土壤里，加热器突然供热，使热量以恒定速率传入土壤，同时对测量极与土壤接触面的温升加以监控，可以获得土壤温升与热的输出量和时间之间的关系，然后根据热传导理论，求出热导率。此方法通常只需约 1h 即可。

三、地形图

在多数情况下，极址场地地形是有起伏的，且不仅有沟、塘、渠、堰之类的农用设施，甚至有道路、房屋和其他地面建筑物。这些设施可能会影响到接地极布置。为了方便接地极布置和优化设计方案，在初步设计前应开展极址地形图测量。

地形图测量范围不仅要全覆盖接地极，而且要覆盖（优化设计方案时）可选择的区域。所以地形图测量范围一般宜不小于 1km²。

根据 DL/T 5224 规程，极址地形图测量比例宜为 1:2000 或 1:1000，测量精度应满足 GB/T 15967《1:500、1:1000、1:2000 地形图航空摄影测量数字化测图规范》要求。

四、基岩埋深图

为了避免将接地极埋在岩石层，对于极址土壤覆盖层浅、极址位于地质条件复杂的山区或采用垂直型接地极，在初步设计前有必要开展基岩埋深图勘探。

可以采用钻探法来勘探基岩深度。勘探点的选择应由地质工程师结合接地极布置形状确定。

五、其他参数

（一）土壤温度

土壤温度测量应能反映出极址土壤的最高和最低温度（在特别寒冷地区），以及季节性地温度变化情况。每天的大气温度对埋深 1m 以下的土壤温度没有明显的影响，但季节变化可使十余米深的土壤温度发生变化。对于 20m 以下的深度认为地温是不变的。

极址土壤最高和最低温度资料最常用的方法是通过搜资获取。对于不能通过搜资获取极址土壤最高和最低温度资料，DL/T 5224—2014 规定，"对于没有地热源和四季分明的地区，土壤自然最高温度可按该地区历年高温季节的平均最高气温降 10℃取值；土壤最低温度可按该地区历年低温季节的平均最低气温加 10℃取值"。

极址土壤最高和最低温度最好采用热敏电阻温度计测量。热敏电阻温度计是一种具有灵敏度高和稳定性好的仪表，并且使用方便，价格也较便宜，尤其适合于遥测。但是对于长期埋在土壤中的热敏电阻，为了避免机械振动损坏和受腐蚀，需对热敏电阻加以保护。典型的保护方法是用环氧树脂将其固定在不锈钢壳内。在一平方千米面积里，具有代表性的测位数目不宜低于 6 个。测量中除了按时记录地温外，还需对当时气象、湿度等情况加以描述，以便合理地处理测试数据。

（二）地下水位

通常采用钻探或挖井的方法获得地下水位。钻探法比较简单，也比较快，但不易看出地下水的丰富程度。而挖井方法恰恰弥补了钻探法这一缺点。因此，两者可兼顾采用。地下水位也与季节有关，因此对地下水位的勘探，也要像测量地温那样，在一平方千米的区域里选择若干个有代表性的钻探点，探明最高水位、最低水位以及随季节变化情况。为了获得较准确的数据，在条件允许情况下，建议勘探四次（春夏秋冬各一次），但每次勘探位置不要变动。

地下水位统一采用海拔高度标出，这样便于确定电极埋设深度。

（三）pH 值、Cl⁻与 SO₄⁻²离子含量

为了评价极址土壤对接地极（自然）腐蚀，在某些地方可能需要对土壤 pH 值、地下水 Cl⁻与 SO₄⁻²离子含量开展测量。pH 值、地下水 Cl⁻与 SO₄⁻²离子含量之和及土壤电渗透是设计参考性数据。

GB 50021—2009《岩土工程勘测规范》规定：地下水 pH

值在 3～11 且 Cl⁻和 SO₄⁻²离子含量之和小于 500mg/L 属于弱腐蚀；PH 值在 3～11 且 Cl⁻和 SO₄⁻²离子含量之和大于 500mg/L 属于中等腐蚀；pH 值小于 3 属于强腐蚀。

考虑到低洼潮湿地方，地下水充足，土壤导电性能更好，焦炭可能失去（部分）保护作用，因此容易导致馈电元件腐蚀严重。在此条件下，如果土壤中 Cl⁻和 SO₄⁻²含量之和较高或具严重的酸性，将更加重馈电元件腐蚀，设计时应予考虑。

（四）水渗透率

对于陆地接地极，土壤中的水分对接地极运行有着重要的作用。为了评价接地极运行中失去的水分是否能得到有效补充，必要条件下（如温升条件控制或干燥少雨的旱地接地极址），可能需要了解（测量）土壤中关于水流动的相关参数，以便进行失水补充平衡的评估或采取相应的设计对策。土壤中水流量的计算见式（27－23）[5]。

$$\Phi = n\left(k_{\mathrm{p}}\nabla p + k_{\mathrm{e}}E + k_{\mathrm{t}}\nabla T\right) \qquad (27-23)$$

式中　　Φ——水流量；

n——土壤孔隙率；

k_{p}、k_{e}、k_{t}——分别为土壤中水渗透率、电渗透率和热渗透率；

p、E、T——分别为水的静压力、电场强度和温度；

∇——梯度算子。

当前，我国绝大部分接地极址都选择在土壤水分丰富的稻田，且单极额定电流持续运行时间较短，对上述水渗透率、电渗透率和热渗透率等参数没有要求进行测量，也没有进行对失水补充平衡的评估。

六、数据处理

从现场测得的土壤电阻率、热导率、热容率、地下水位等土壤参数的原始数据可能呈现出较大的分散性。导致这些数据各异的原因可归纳为三类：一是测量误差；二是由湿度或温度变化引起的差别；三是客观上存在的差异。为了便于分析计算，有必要对测量数据进行统计、校正和等效简化处理。

（一）数理统计

理论上，测量误差可以采用数据统计的方法进行修正，但这需要（对同一测量对象）有较多的测量数据。根据统计学理论，若对同一标本进行 J 次抽样检查，并且其检验参数（X_j）遵循高斯（正态）分布，则检验参数平均值（$\overline{X}$）和标准偏差（σ）分别由式（27－24）和式（27－25）计算

$$\overline{X} = \frac{1}{J}\sum_{j=1}^{J} X_j \qquad (27-24)$$

$$\sigma = \sqrt{\frac{1}{J}\sum_{j=1}^{J}(X_j - \overline{X})^2} \qquad (27-25)$$

若取置信度为 95%，则

$$X = \overline{X} \pm 1.96\sigma \qquad (27-26)$$

对于土壤电阻率，须按各自的测深和测位分别进行处理。假定在测位为 n 处对第 i 层的土壤进行了 J 次测试，其值为 ρ_{inj}，根据式（27-24）和式（27-25），则第 n 号测点处的第 i 层土壤平均电阻率（$\bar{\rho}_{in}$）和标准偏差（σ_P）分别是

$$\bar{\rho}_{in} = \frac{1}{J}\sum_{j=1}^{J}\rho_{inj}$$

$$\sigma_P = \sqrt{\frac{1}{J}\sum_{j=1}^{J}(\rho_{inj}-\bar{\rho}_{in})^2}$$

基于安全考虑，土壤电阻率参数取其极大值，即

$$\rho_{in} = \bar{\rho}_{in} + 1.96\sigma_P(\Omega m) \tag{27-27}$$

式（27-27）表明，该处的电阻率小于 ρ_{in} 的概率为 95%，而大于 ρ_{in} 的概率只有 5%。

同理，土壤热导率、热容率和地温的测量数据取值分别按式（27-28）、式（27-29）和式（27-30）计算

$$\lambda = \bar{\lambda} - 1.96\sigma_\lambda[W/(m\cdot℃)] \tag{27-28}$$

$$C = \bar{C} - 1.96\sigma_C[J/(m^3\cdot℃)] \tag{27-29}$$

$$T_t = \bar{T}_t + 1.96\sigma_t(℃) \tag{27-30}$$

式（27-28）或式（27-29）表明，该极址土壤的热导率或热容率大于 λ 或 C 的概率为 95%，小于 λ 或 C 的概率则为 5%，而式（27-30）表达的最高温度概率刚好与此相反。

对于极址地下水位测试数据的处理方式应视测试结果而定。如果在同一时期里，各个测位的测试数据（海拔高度）基本相同，则也可以将测得的全部数据看作是对同一标本的抽样结果。此时，可先按式（27-25）和式（27-26）计算出平均值和偏差，然后再按式（27-26）计算出极址的最高水位（取正）和最低水位（取负）。

（二）年平均值

同一测点位置，土壤湿度或温度不同可能引起测得的数据有较大的差别，也可以说上述参数值与季节（温度和湿度）变化有关。对于这些测量数据，如果都取不利于电极运行的极值（最大值或最小值）来设计接地极是不经济的。在现实情况下，一是土壤温度上升的速度往往非常慢，电极温升过程甚至跨越季节变化期；二是季节变化对地面 3m 及以下深处

的土壤电阻率、热特性、地温等参数值通常影响相对较小；三是系统以额定电流和最大持续时间运行的概率不大，尤其对双极对称接线系统更是如此；四是接地极以额定电流运行时，上述有关参数同时出现对接地极运行最不利条件（季节）的概率也是很小的。基于这些因素，在计算温升及相关参数时，可结合工程具体情况选择采用年平均最大或最小数值，甚至采用年平均值。

（三）等效电阻率

对于一个庞大的接地极而言，在更多的情况下土壤参数并非各向均匀，有时甚至相差颇大，设计中如何使用这些参数非常重要。在充分考虑这些参数对电极设计作用的同时，将非均匀分布的大地物理参数等效为均匀分布参数，可使计算大为简化。

通常，极址土壤电阻率系采用温纳尔四极法探测获得，测得的值是视在电阻率值。设第 m 层（探测深度）共测了 N 个测点，测得土壤（视在）电阻率值分别为 ρ_1，ρ_2，ρ_3······ρ_N。如果将该区域土壤电阻率参数视为单一均匀值 ρ_m，且当测点数目足够多或者电阻率值接近的测点数同该区域范围大致成比例时，根据恒定电流场基本原理，则第 m 层（探测深度）的等效视在电阻率值 ρ_m 可按式（27-31）计算

$$\rho_m = \frac{N}{\sum_{n=1}^{N}\frac{1}{\rho_n}} \tag{27-31}$$

（四）绘制分布图

将极址土壤电阻率、地质构造、最高和最低水位的分布情况用图表示出来，有利于设计人员选择接地极布置形状、安装位置及其埋设深度。表示方式可以像地形图中等高线那样，把平面上的数值基本上相同的参数用首尾相连的等值线圈起来，并在被圈起来的区域里标出所代表的数值、深度（厚度）等信息。

【算例 27-4】设采用图 27-7 所示温纳尔法测量极址土壤（大地）电阻率参数，获得不同测深情况下的视在电阻率参数见表 27-9，试计算各测深的等效视在电阻率，并根据等效视在电阻率创建该极址土壤电性模型。

表 27-9 实测土壤（大地）视在电阻率

极距 S（m）	实测土壤（大地）视在电阻率（Ωm）										等效值（Ωm）
2	65	81	74	161	156	165	235	216	67	53	**97.5**
5	143	153	254	190	124	97	114	120	97	128	**131**
10	260	348	491	420	149	139	133	144	272	348	**217**
15	307	218	613	556	203	200	173	180	500	589	**276**
30	392	455	604	614	340	667	269	249	860	676	**444**
50	515	680	833	656	563	593	367	336	1045	1131	**583**

续表

极距 S （m）	实测土壤（大地）视在电阻率（Ωm）										等效值 （Ωm）
100	686	682	1339	847	930	1058	1525	520	464	687	**766**
150	776	595	1105	1020	1250	1446	2117	571	466	925	**848**
200	503	653	1229	794	1700	1581	1282	640	578	644	**804**
300	454	624	1020	924	1610	1277	1367	636	507	646	**764**
500	524	501	832	1270	1672	2352	1239	543	441	695	**754**
700	423	606	781	1358	1361	2155	508	484	601	984	**992**
1000	462	765	955	1189							746

（1）计算各测深的视在等效电阻率。按式（27–31）计算，可以分别得到不同极距离 S（深度）等效视在电阻率值见表 27–9 "等效值" 栏所列数据。

（2）创建极址电性模型。根据不同极距离等效视在电阻率值，通过反演计算法或量板法可以得到不同深度下的土壤（大地）电阻率值真值。图 27–13 显示的是采用反演计算（拟合）法得到的不同极距离 S（深度）下的土壤（大地）视在电阻率值拟合曲线。由图 27–13 可以看出，实测等效值与反演计算值吻合较好（误差约 3%），即该极址从上至下可分为三层，电阻率分别为 98Ωm、1120Ωm 和 800Ωm，层厚分别为 5.5m 和 80m。

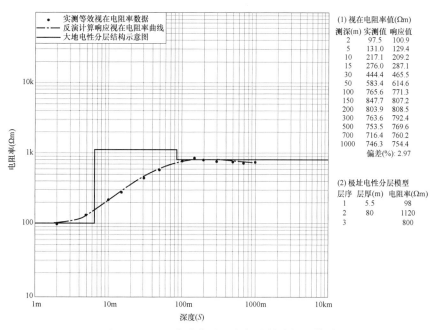

图 27–13　反演计算（拟合）法创建极址模型

第五节　接地极主要材料

接地极的主要材料一般系指接地极馈电元件材料和活性填充材料，前者的作用就是将电流按照设计人员的意志导入大地，后者的主要作用是保护馈电元件和改善接地极发热特性。活性填充材料一般仅用于陆地接地极和海岸接地极。

一、馈电元件材料

（一）对馈电元件材料的一般要求

直流输电系统利用大地作为回路运行时，电流在土壤或海水中的流动主要是靠土壤或海水中电解质来完成的，由于这一工况有如正负极置于电解槽中，因此对接地极材料的耐电腐蚀性能有特殊要求。

电极在阳极状态下失去物质（电腐蚀）的量服从法拉第定律，即在电极上析出或溶解的物质质量（m）与通过的电流与时间的乘积成正比，其数学表达式见式（27-2）。这就是说，通过金属进入介质的电荷越多，其腐蚀量就越大。

接地极在外加直流电压和上千安培的直流电流长时间地通过电极的情况下，金属材料会逐渐溶解损失，并且数量往往是惊人的。因此，为了提高接地极运行的可靠性和接地极使用寿命，希望接地极材料具有很强的耐电腐蚀性能。除此以外，由于接地极又是一个庞大的导电装置，所以还希望接地极材料导电性能好，加工（焊接）方便，来源广泛、综合经济性能好，运行时无毒、污染小。

（二）常用馈电元件材料的耐腐蚀特性

迄今为止，世界上已成功地用于直流输电接地极中的馈电元件材料主要有碳钢、高硅铸铁和高硅铬铁，少数国外工程使用了石墨和铜，铁氧体作为新一代馈电元件材料也在研究中。

1. 碳钢

碳钢分为低碳钢（含碳量＜0.25%）、中碳钢（含碳量为0.25%～0.6%）和高碳钢（含碳量＞0.6%）。研究结果表明，碳钢直接放在土壤中的平均电腐蚀率约9kg/（A·a）；碳钢碳含量低，抗电解腐蚀性能稍强，但差别并不十分明显。

试验结果表明，放在焦炭中碳钢电腐蚀明显地低于9kg/（A·a），但含水量增加，腐蚀率也增加，特别是当地下水中含丰富导电物质（如NaCl、Ca^{2+}、Mg^{2+0}等）时，则钢棒附设焦炭床结构的钢棒电解速率大大增加。此外，随着含盐量的增加，碳钢的电解速率也明显增大。

碳钢在土壤或海水中，由于氧气加速腐蚀的作用，其化学腐蚀有以下典型的趋势：土壤（或海水）中含氧量越高，化学腐蚀速度越快；碳钢在含氧丰富的海水中电化学腐蚀特别快，如在含氧丰富的海水飞溅区的电化学腐蚀速度是无氧情况下腐蚀速度的几十倍，腐蚀厚度达1.27mm/年。

接地极阳极附近发生析氧反应，导致附近的土壤存在着大量氧气，且不断有补充和增加，直至含氧量饱和排放。因此，直流接地阳极除电解腐蚀外，还有严重的电化学腐蚀。

2. 石墨

石墨是有名的惰性材料，是由焦炭在2000℃～2400℃烧结而成。石墨分子结构呈晶体结构，其晶体结构中不显示阳离子晶格和流动电子，其共价键非常稳定，在常温电解液中不会发生离子化。其导电和导热性能更接近金属，电解速率很小，适合作直流阳极。在早期直流输电工程的海岸和海水接地极中广泛应用。

但是，由于石墨具有非常松散的层状结构，有明显的多孔性，气体容易渗入石墨的层状结构内，破坏层间较弱的结合使石墨变成疏松的粉状物质而溶解，且其溶解速度与析出

O_2量有关，即与散出电流有关。一般石墨电极都用合成树脂浸渍，使合成树脂在石墨的微孔中固化，阻止O_2的侵入。由于阳极析出Cl_2对合成树脂有浸渍破坏作用，破坏其固化，使石墨点蚀而溶解。所以在海岸和海水环境中，石墨电极的寿命取决于浸渍剂保护作用时间的长短，因而限制了这种材料的使用。新西兰岸边接地极在运行九年后，用高硅铸铁更换了损坏的石墨电极。

目前，在阴极保护业中，国内外基本都用高硅铸铁替代石墨电极，因为高硅铸铁也是一种理想阳极材料，且抗腐蚀性优于石墨电极。

3. 高硅铸铁和高硅铬铁

高硅铸铁和高硅铬铁是含硅量很高的铁硅合金，作为一种抗腐蚀材料在阴极保护业中作辅助阳极材料而广泛地加以应用。自1980年以来，高硅铸铁和高硅铬铁在接地极工程中也获得了越来越多的应用。高硅铸铁和高硅铬铁电极基本成分见表27-10。

表27-10　铁硅合金电极基本成分[1]

化学成分（%）	高硅铸铁	高硅铬铁
硅（Si）	14.25～15.25	14.25～15.25
锰（Mn）	＜0.5	≤0.5
碳（C）	＜1.4	＜1.4
磷（P）	＜0.25	＜0.25
硫（S）	＜0.1	＜0.1
铬（Cr）	0	4～5
铁（Fe）	余量	余量

高硅铸铁之所以具有较强的抗腐蚀性，是因为铸件表面很容易氧化形成一层致密的SiO_2薄膜，产生钝化，从而阻碍了腐蚀的进一步发展。高硅铸铁的抗腐蚀能力随合金中含硅量的增加而增强，但其脆性也增加。如果含硅量低于14.5%，则耐腐蚀能力急剧下降；如果含硅量高于14.5%，则耐腐蚀能力提高不多；如果含硅量高达18%以上，则合金极脆而不能使用，因此通常把高硅铸铁中含硅量控制为14.5%左右。

高硅铸铁在国内的阴极保护业中已成功地应用了很多年。在没有焦炭回填料的情况下，也成功地被用作阳极材料，在淡水中电解速率一般在0.2～1kg/（A·a）。

高硅铸铁在有卤铁气体，特别是在有氯气生成的环境中应用时，由于氯气的腐蚀性很强，会浸入破坏致密的SiO_2晶体，使铸铁表面产生坑坑洼洼的点蚀现象，加速了高硅铸铁电极的腐蚀且不均匀，这就阻碍了它在海水中或其他一些场合的应用。

为了改善高硅铸铁在海水中的腐蚀性能，往往在原高硅

铸铁成分的基础上添加 4.5%左右的铬。铬与硅能形成一个更加钝化和稳定的金属氧化物薄膜，该薄膜不仅能阻止进一步电解腐蚀，而且能抵抗氧气的侵蚀。其电解速率在淡水中与高硅铸铁的相似［为 0.25～1kg/（A·a）］，在海水中高硅铸铁略低。

据 HARCO（美）公司阴极保护产品样本介绍，高硅铬铁阳极的电解速率随溢流密度增加而增加，在海水中还与埋设方式有关，试验结果见表 27-11。

表 27-11　海水中高硅铬铁电腐蚀（试验）特性[1]

溢流密度 （A/m²）	使用时间 （年）	电解速率 （kg/A·a）	设置状况
11	1.95	0.308	悬　挂
8.5	2.77	0.689	埋藏在泥浆中
26	1.95	0.467	悬　挂
23.5	2.77	0.939	埋　藏

将阳极悬挂或支撑在海底上是最理想的，这样阳极产生的氯气可以很快地扩散，避免了腐蚀的增加。高硅铸铁和高硅铬铁电极在国内外直流输电工程中已得到了广泛应用，并有相当成熟的应用经验。

4. 铁氧体电极

国外近几年研了新一代电极材料——铁氧体电极，并在阴极保护业中得到了推广应用。铁氧体电极基本属于不溶性材料，在海水中的电解速率小于 1g/（A·a），经实测，铁氧体电极在海水中的电解速率为 875mg/（A·a）。铁氧体在含 3%NaCl 的土壤中，其电解速率为 10g/（A·a），基本上不随散流密度变化而变化。

铁氧体电极内游离的 Fe^{2+} 越多，导电性能越好，电阻率越低，但其电解腐蚀速率较高；反之，则耐腐蚀性能好，其电阻率高。一般电阻率控制在 10^{-1}～$10^{-3}\Omega cm$ 范围内。

铁氧体电极由于电解损耗小，所以电极产品尺寸相对较小，目前典型产品尺寸为：长 880mm，有效长度 720mm，直径 ϕ60mm。但其电阻率比高硅铸铁大，所以陆地电极回填料仍按原尺寸，在海水中则不受限制。

铁氧体电极的腐蚀特性要优于高硅类电极，是电极材料新一代抗腐蚀材料，并在国外的一些阴极保护工业中得到了应用。国内也有很多研究机构在研制铁氧体电极，并已成功地研制出适合作为电极的铁氧体材料，但由于工艺的限制，至今国内还没有一家研制成产品。

5. 铜

铜分为红铜、黄铜和青铜。理论计算铜的电解速率为 10.46kg/（A·a），比铁的理论值略大。经在同一土壤、同一溢流密度下实测铜的电解速率为 7.008kg/（A·a），比铁电解速率 6.789kg/（A·a）略大，但铜的价格却是铁的几十倍，且铜进入土壤后会污染地下水。所以，铜不宜作接地阳极使用。

但是，铜对海水的电化学腐蚀有很好的钝化作用，裸铜作接地阴极是令人满意的。例如，瑞典高特兰岛的维斯比换流站接地极和丹麦至瑞典的康梯—斯堪工程中瑞典侧海水阴极接地极都采用了裸铜作接地极材料。

铜虽然在自然腐蚀情况下比钢铁的抗腐蚀特性优越，但它在大溢流密度作用下，电解腐蚀的速度与铁相近，在海水中甚至比铁还高，而价格也比铁贵得多。因此铜只有在电极使用得很少（大部分时间是自然腐蚀）和溢流密度很小（限制运行方式）的情况下才使用，特别是在土壤含盐量高的地方。

6. 国产常用馈电元件材料的腐蚀试验

在"葛—上"、"天—广"和"三—常"直流输电工程中，中国电力科学研究院（原武汉高压研究所）先后对国产材料的腐蚀特性做了大量试验研究，其结果与国外同类材料试验结果没有明显的差异，试验结果见表 27-12。

表 27-12　不同材料放置在土壤和焦炭中的腐蚀率［kg/（A·a）］

材料名称	置于土壤中		放置在不同湿度的焦炭中（试验值）				备　注
	理论值	试验值	5%	10%	20%	30%	
铁（钢）	9.1	7～10	0.114	0.286	2.850	5.945	试验结果表明，腐蚀率随着电流密度的增加而有所增大。本表数据是基于 100A/m² 的试验值的统计结果
石墨		0.8～1.2	0.011	0.028	0.031	0.048	
高硅铸铁		0.2～3	0.03	0.048	0.06	0.081	
铜	10.4	8～11	0.009 5	0.03	0.049	0.234	
高硅铬铁	0.3～1.0（放置在海水中）						
铁氧体	0.001（放置在海水中）						

试验还发现，腐蚀并非沿面均匀，特别是碳钢腐蚀有明显的不均匀现象，出现凹坑（汇集效应），最大凹深超过平均凹深值的 2 倍。

（三）馈电元件材料的选择

设计在选择馈电元件材料时，应根据导电性能良好、抗腐蚀性强、机械加工方便、无毒副作用、经济性好的原则，结合工程和市场条件，通过技术经济比较选择馈电元件材料，具体如下：

（1）用于接地极的馈电元件材料宜为碳钢、高硅铸铁、高硅铬铁、石墨等材料。根据上述常用馈电元件材料的腐蚀特性，要求碳钢的含碳量宜小于 0.5%，石墨材料必须经过亚麻油浸泡处理，高硅铸铁和高硅铬铁化学成分应符合表 27-10 所列成分的要求。

（2）对于阳极运行寿命小于 20×10^6Ah 且极址地下水属于弱腐蚀性的接地极，馈电元件材料宜选择碳钢，以简化导流系统设计。

（3）如阳极运行寿命大于 40×10^6Ah 或者极址地下水达到中等及以上腐蚀性，馈电元件材料宜采用高硅铸（铬）铁或石墨。

（4）对海岸、海洋以及土壤 Cl 高的接地极，馈电元件材料应采用高硅铬铁。

（5）如选择碳钢且因腐蚀寿命要求其直径大于 60mm，宜选择高硅铸（铬）铁或石墨，以降低施工难度。关于馈电元件尺寸的选择，除了应遵循满足腐蚀寿命的技术要求外，还应尽可能地选择尺寸规格符合标准的定型产品。

二、活性填充材料

理论和实践都证明，地电流从散流金属元件至回填料的外表导电主要是电子导电，所以对材料的电腐蚀作用会大大降低。另外，由于导电回填料提供的附加体积，降低了接地极和土壤交界面处的面电流密度，从而起到了限制土壤电渗透和降低发热等作用。因而迄今为止，除了海水电极以外所有陆地和海岸接地极都使用了导电的填充材料。

焦炭分为煤焦炭和石油焦炭两类，前者系烟煤干馏的产物，后者是在精炼石油的裂化过程中留下来的固体残留物。根据目前的市场情况，煤焦炭含碳量较低，一般在 70%～90%，含硫量往往达到 6% 以上。石油焦炭（以下简称焦炭）含碳量较高，一般达到 95% 以上，含硫量仅为 1% 以下。含碳量高意味着电导率高，含硫量低意味着可减少对环境的污染。从技术上讲，选择石油焦炭更合适，但从经济上讲石油焦炭较贵。

目前，焦炭碎屑是成功地用于接地极的唯一填充材料。经过对比试验，发现未经过煅烧的焦炭其挥发性达 15%～20%，其电阻率高于煅烧后的焦炭约 4 个数量级，所以用于接地极的焦炭必须经过煅烧。

焦炭通过电流也会有损耗。电流流过焦炭，将使焦炭发热，部分氧化，尤其是焦炭颗粒状接触为点接触，点接触处发热首先被氧化成灰分。灰分为不导电材料，因此散流金属与焦炭的电子导电特征部分被破坏，以离子导电代替部分电子导电，散流金属的电解腐蚀随之增加。焦炭的损耗速率为 0.5～1kg/（A•a），损耗速率取决于焦炭表面的电流密度。

基于接地极填充材料的功能、运行环境和工程经验，对成品焦炭（粉末状）的技术条件主要包括如下三个方面：

（1）化学成分。根据当前石油煅烧焦炭原材料的主要化学成分，对成品焦炭的化学成分的要求如下：

湿度（含水率）	≤0.1%
挥发性	≤0.7%
灰尘	≤2%
含硫率	≤1%
含铁量	0.04%
含硅量	0.06%
含碳率	≥95%

（2）物理特性。对焦炭的物理特性有以下几个方面的要求：

电阻率（在 1100kg/m³ 下）	≤0.3Ωm
容重	1040～1150kg/m³
密度	2.0g/cm³
孔隙率	45%～55%
热容率	>1.0 $[J/(m^3 \cdot K)]\times10^6$

（3）颗粒成分。焦炭原材料是成块状的，应捣碎成碎屑方能使用。一般来讲，捣碎焦炭颗粒越小，导电性能越好，但透气性越差；反之则相反。为了使捣碎的焦炭既导电性能好，又有较好的透气性，其颗粒成分（筛号）一般宜符合下列要求：

13×25（cm）	5%～7%
25×40（cm）	15%～20%
40×80（cm）	30%～35%
80×80（cm）	50%～38%

顺便指出，传统的筛号单位为"目"，即指单位平方英寸面积的网孔数——目数越高，颗粒越细。这里的颗粒成分表达了类似的概念，即单位平方厘米面积占有的网孔数，且部分为长方形颗粒。

在出厂前，应对成品焦炭按批次进行抽查监测，确保产品符合相关标准的要求。

在焦炭运输、装卸、存放和现场施工过程中都应小心，不要将污物或其他外部物质混入焦炭。否则会影响焦炭的品质或作用。

因焦炭在运输、敷设等过程中容易发生损耗，设计（或订购）中应根据运输、极址条件情况，考虑 10%～15% 的用量裕度。

三、实际工程应用技术

以上叙述，为工程选择材料提供了依据。在实际工程中，还必须根据具体条件，对以下方面予以充分考虑。

1. 端部效应

在设计接地极时，尤其是确定材料尺寸时，应以溢流密度（单位长度电极泻入地中的电流，又称线电流密度）为基础。接地极溢流密度分布遵循恒定电流场基本原理，其特征与接地极布置形状及土壤电阻率分布密切相关。在土壤电阻率分布各向均匀情况下，除了圆（球）形布置外，其他布置形式的接地极溢流密度分布一般是不均匀的，外缘端部溢流密度明显高出其他部位。例如，葛上直流工程南桥接地极采用直线形布置，模拟计算发现，端部溢流密度是平均值的 3 倍以上。运行结果也表明，端部腐蚀十分严重，中部较完好。高硅铸铁类电极也是如此，若直线形布置（垂直或深井型接地极也是直线形布置），则端部的电极元件所通过的电流要远大于平均每个元件的电流。虽然这种情况对接地极的接地电阻影响甚微，但是局部溢流密度对跨步电位差、（阳极）电渗透、土壤热稳定性和材料的损耗是至关重要的。改善措施最好的方法是尽可能使接地极布置成圆环，对于不具备采用圆环形电极的极址，也应尽量避免出现"突出"点。如果是直线形或射线形，应在其端部增加"均流环"。这样做实际上是减小端部元件间的间距，增加其互电阻，从而达到减小端部效应的目的。

2. 堆积与颈缩效应

由于馈电棒材料存在电阻，因此接地极上各点的电位是不同的，也就是说，即使是标准的圆环形电极，各点的溢流密度也有差异，特别是对于入流点位置少或不合适的情况，电流馈入点溢流密度较大而形成"堆积"现象。其"堆积"程度与土壤电阻率成反比，与馈电棒材料电阻率成正比。尤其是对于土壤电阻率低（如海岸电极）和馈电棒材料电阻率高（如高硅铸铁）的情况，"堆积"效应更明显[4]。我国葛上直流工程南桥接地极采用ϕ30 圆钢，土壤电阻率在 2Ωm 以下。运行一年后检查发现，尽管两个电流馈入点都在中部，但电流馈入点附近的馈电棒腐蚀严重。

高硅铸铁类电极在阴极保护业应用中也会碰到类似问题。运行结果表明，单个元件溢流密度存在着严重的堆积效应，电流引入点的溢流密度大约是平均溢流密度的 3 倍，颈部首先变细，因此阴极保护技术上称之为"颈缩"现象。

解决电流堆积效应或腐蚀的"颈缩"现象问题的最好方法是选择合适的电流注入位置，适当增加入流点数；建立合理的导流系统，减少接地极上任意两点间电位差，消除或降低电流堆积效应；对于高硅铸铁类电极，电流引入点放在单个元件的中部，如美国的 DURIRO 公司高硅铬铁电极产品和加拿大的 ANOTEC 公司的高硅铸铁（铬）产品就是这样。目前，国内高硅铸铁和高硅铬铁电极产品，只有端部进线一种。若采取国产高硅电极，设计时除考虑因电极布置溢流密度分布不均匀外，还必须考虑单个元件的"堆积"或"颈缩"效应。

3. 连接和接续

在通常情况下，接地极馈电方式因电极材料的不同而分为使用配电电缆和不使用配电电缆两种情况。

由于高硅电极类电极材料焊接十分困难，导电性较差，所以这类电极元件通常需要使用配电电缆。高硅类电极（商品）元件都有电缆引出，电缆引线的长短可以根据用户的需要确定。该电缆引线除耐受正常工作电流发热外，有可能在土壤中长时期耐受达 90℃ 甚至更高环境温度，另外还要防止阳极析出气体破坏电气绝缘。因此，对元件引线的要求除正常通流容量要求外，还必须有较高的耐热等级和防止浸蚀的护套。

铁具有很好的导电性能和机械加工容易等优点，所以用铁作为电极可以不需要设置配电电缆，只需要将入流电缆直接焊接在铁棒上，与铁焊接牢靠即可。入流电缆与铁棒的连接，或单个元件的电缆线与配电电缆的连接，可在地下连接，也可在地面上连接，接头均应用放热焊接，以减少化学电池产生的可能，且接头要用环氧包封，严防水分、气体渗入。

第六节　接 地 极 设 计

一、接地极类型及其选择

目前世界上已投入运行的接地极可分为两类：一类是陆地电极，另一类是海洋电极。此外，在陆地电极中，一些诸如共用、分体和紧凑型等有别于传统接地极设计布置方式的特殊类型接地极正逐渐在工程中得到应用。陆地电极和海洋电极由于它们面对的极址环境条件不同，其电极布置方式是截然不同的。即使同为陆地电极类的特殊型接地极，其布置方式、适用条件、技术特性也与传统接地极往往相差甚远。因此，设计人员应根据系统条件、周边环境、地质条件等要素，因地制宜地选择最适合的接地极类型。

（一）陆地接地极

陆地接地极主要是以土壤中电解液作为导电媒质，其敷设方式分为两种型式：一种是水平型（也称沟型）电极，平行于地面布置；另一种是垂直型（又称井型）电极，它是由若干根垂直于地面布置的子电极组成。陆地电极馈电棒一般采用导电性能良好、耐腐蚀、连接容易、无污染的金属或石墨材料，并且在其周围填充石油焦炭。

水平型电极埋设深度一般为 2～5m，可充分利用一般浅层土壤电阻率较低的有利条件进行散流。由于水平型电极埋设深度较浅，设计人员可以将其布置成水平圆环形或任意首尾相接的光滑环形，从而容易获得较均匀的散流特性，有利于降低电极温升和跨步电位差。此外水平型电极具有施工运行方便、造价低廉等优点，特别适用于额定电流下运行时间较长，极址表层土壤电阻率低，场地宽阔且地形较平坦的情况。

垂直型电极底端埋深一般为数十米，少数达数百米（又称为深井型接地极）。如在瑞典南部穿越波罗的海直流电缆输电工程中的试验电极，采用了深井型电极，其下端部埋深达550m。垂直型电极最大的优点是由于跨步电位差较低而使其占地面积较小（且随着子电极长度增加该优点更突出）。垂直型电极也存在一些缺点，主要表现在运行时端部溢流密度高（发热严重），产生的气体不易排出，施工难度较大（费用较高）。此外，由于子电极之间是相对独立的，显然若将这些子电极连起来，无疑增加了导（流）线接线的难度。因此，垂直型电极较适用于额定电流下运行时间短（如不超过15d）、土壤覆盖层较厚（大于10m）、极址场地受到限制的地方。

由于水平型和垂直型电极在技术特性上具有较强的互补性，设计人员可根据系统条件和极址条件选择合适的电极型式。

（二）海洋接地极

海洋电极主要是以海水作为导电媒质。海水是一种导电性比陆地更要好的回流电路，海水电阻率约为 $0.2\Omega m$，而陆地则为 $10\sim1000\Omega m$，甚至更高。海洋电极在布置方式上又分为海岸电极和海水电极两种。

海岸电极的导电元件必须有支持物，并设有牢固的围栏式保护设施，以防止受波浪、冰块的冲击而损害。在这些保护设施上设有很多孔洞，保证电极周围的海水能够不断循环地流散，以便电极散热和排放阳极周围所产生的氯气与氧气。海岸电极多数采用沿海岸直线形布置，以获得最小的接地电阻值和最大散流通道。

海水电极的导电元件放置在海水中，并采用专门支撑设施和保护设施，使导电元件保持相对固定和免受海浪或冰块的冲击。如果仅作为阴极运行，采用海水电极是比较经济的。如果运行中因潮流反转需要变更极性，则每个接地极均应按阳极要求设计，并应考虑因鱼类有向阳极聚集的习性而受到伤害的预防措施。此外，还应考虑阳极附近生成氯气对电极的腐蚀作用，选择耐氯气腐蚀的材料作为电极材料。

由于海岸或海洋电极比陆地电极有较小的接地电阻和电场强度，因而在有条件的地方海岸或海洋电极得到了广泛地采用。

（三）特殊型接地极

当前，随着直流输电工程不断建设，为了解决接地极极址选择日趋困难的现实问题，接地极设计技术有些新的发展——一

些有别于传统（一个换流站使用一个接地极）布置方式的特殊型接地极开始陆续用于工程。由于这类（特殊型）接地极在布置方式、技术特性等方面较传统布置设计的接地极有较大差别，设计方法和对其要求也有特殊性。具体详见本章第七节。

二、接地极布置形状及其选择

广义上讲，只要极址场地条件允许，并且能满足系统运行的技术要求，采用任何形式布置的接地极都是可以的。但是不同布置形状的电极，其运行特性有很大的差别。换言之，在满足相同的系统运行条件下，选择不同形状的电极对极址场地要求和工程造价会产生重大影响。这些都源自于不同布置形状的电极，其溢流密度分布有着很大的差异。

（一）溢流密度分布的相关性分析

接地极溢流密度分布均匀程度对于保证接地极安全运行和降低接地极造价有着十分重要的意义。如果溢流密度严重不均匀，可能导致溢流密度大的地方温度过高、腐蚀严重和地面跨步电位差升高等问题。因此，接地极布置形状选择的设计指导思想就是力求使溢流密度分布均匀。为了评价接地极溢流密度分布特性，式（27-13）引入了偏差系数概念。

溢流密度的分布与电极形状、土壤电阻率大小及其分布有着密切的关系。

（1）溢流密度与电极形状的关系。理论分析和运行结果表明，接地极泄入地中的溢流密度大小及分布与电极几何形状密切相关。为了说明该问题，图 27-14 列举了三种典型形状（垂直型、星型和双圆环型）的电极进行对比分析。

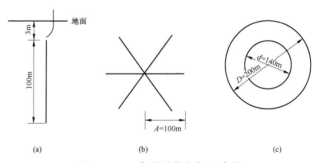

图 27-14 典型形状电极示意图

（a）垂直型；（b）星型（埋深 3m）；（c）双圆环型（埋深 3m）

设大地电阻率参数为 $100\Omega m$ 且各向均匀，接地极布置形式如图 27-14 所示。分析结果表明，入地电流并非是沿着电极均匀地泄入大地：对于垂直型和星型电极，溢流密度各处都不相等，k_{er} 值分别为 0.222 和 0.323，特别是星型电极分布严重不均匀，端点的线溢流密度较平均值高出达约 3 倍以上；对于双圆环电极，k_{er} 值为 0.1，外环上的溢流密度较内环大，电流分配比例与内外环径之比有关，但同一圆环上的溢流密

度处处相等。

（2）溢流密度与极址土壤电阻率大小的关系。如果将图 27-14（b）所示星型电极放在土壤电阻率大小不同的极址中，分析计算结果表明，土壤电阻率值愈高，溢流密度愈不均匀，反之溢流密度趋向均匀。特别是当土壤电阻率为零或非常小时，溢流密度各处均匀，并与电极形状无关。

（3）溢流密度与极址土壤电性模型结构的关系。通常极址土壤电阻率分布并非各向均匀，尤其是在垂直于地面方向，往往随着深度不同土壤电阻率值相差甚远。

如果将图 27-14（b）所示星形电极置于如图 27-15 所示具有两层电性结构的极址区域中，H 为电极埋设层层厚，则计算结果表明，虽然电极埋设层土壤电阻率值各处相等，但溢流密度分布不均匀系数 k_{er} 值随着下层 ρ_2 值的变化而变化。如果电极埋设层土壤电阻率值高于相邻土壤层，则溢流密度趋向于均匀，k_{er} 值随之减小，反之则增大。溢流密度与极址土壤电性模型结构有关，这是因为在电流扩散过程中，在不同电性土壤层的接合面有积累电荷，积累电荷的场强会对电极上溢流密度产生影响。

图 27-15　两层结构极址模型

总之，影响溢流密度因素很多，也很复杂。对于某种非单圆环形电极，其溢流密度不大可能有一个固定不变的值，而是与其尺寸大小、土壤电阻率值、极址电性模型结构和边界条件等诸多因素有关。

（二）溢流密度分布的影响

溢流密度可严重地影响到最大跨步电位差、温升和热时间常数等重要技术指标。为了说明这一现象，设想分别将总长度 L 均为 1000m 不同布置形状的接地极埋在土壤电阻率为 $100\Omega m$ 且分布各向均匀的极址中，在埋深为 3m 和入地电流为 1000A（意味着平均线溢流密度均为 1.0A/m）持续运行下，通过仿真计算分别得到三种布置形式电极的溢流密度、最大跨步电位差、温升及其热时间常数、接地电阻结果见表 27-13。

表 27-13　不同形状的接地极主要技术参数比较表

参数名称 ＼ 电极形状		垂直型电极（L=1000m）		水平星形电极（L=1000m）			水平圆环形（L=1000m）	
		167m×6	φ318m	－	＋	＊	○	◎
		28m×6 根×6	28m×36 根	500m×2	250m×4	167m×6	φ318m	φ187m/φ131m
溢流密度	偏差系数（k_{er}）	0.428	0.225	0.091	0.213	0.382	0	0.129
	最大溢流密度（A/m）	2.291	1.62	2.409	2.586	2.946	1	1.507
最大跨步电位差（V）		2.913	1.882	8.275	8.871	9.49	5.72	7.493
最高温升（℃）	运行 10d	22.8	11.6	24.9	28.9	37.6	4.5	5.6
	持续运行（稳态）	190	147	168	216	292	203	367
热时间常数（d）		86	133	68.8	77	80	480	712
接地电阻（Ω）		0.194	0.171	0.183	0.207	0.241	0.201	0.27
涉及场地面积（亩）		167	119	—	375	167	119	41

注　在计算温升时，假设土壤热导率为 1.0［W/（m·K）］，热容率为 2.0［J/（m³·K）］×10⁶。

由表 27-13 所列计算结果可得到以下结论：

（1）溢流密度分布与电极类型和布置形式密切相关。水平类型电极的溢流密度偏差系数较垂直型电极小；圆环形布置形状的电极溢流密度偏差系数较其他布置形状小。特别地，单圆环形水平布置偏差系数为 0——溢流密度分布均匀，即使是垂直型电极，单圆环形布置的偏差系数值仍然最小。

（2）溢流密度偏差系数对最大跨步电位差参数影响很

大。表中列举各种型式的电极尽管其平均溢流密度相同，但溢流密度偏差系数值各不相同；对于同一种布置型式的接地极，偏差系数愈大，最大跨步电位差愈高。跨步电位差过高，意味着设计时必须采取措施——增大电极尺寸或增加埋设深度或增设栅栏。

（3）溢流密度偏差系数与最高温升及其热时间常数关系密切。对于同一种布置型式的接地极，偏差系数愈大，电极最大暂态温升愈高，热时间常数愈小。热时间常数系指电极到达稳态温升值所需的时间。热时间常数越小，表明电极温度上升速度越快，也就是说在相同的电流和作用时间条件下，电极温度上升越高，这对接地极安全运行是不利的。

（4）垂直型和水平型电极具有互为相反性。对于同一种布置型式的接地极，接地极最高暂态温升随着溢流密度偏差系数增加而增加，而最高稳态温升随着接地电阻的增大而增高。

此外仿真计算还显示，在土壤各向均匀的条件下，溢流密度偏差系数与土壤电阻率值无关，对接地电阻影响没有直接关系。

（三）平面布置形状的选择

通过上述对三种典型布置形状的电极开展溢流密度及其相关性的分析研究，我们掌握了接地极型式及其布置形状对接地极关键参数的影响。基于上述结论，设计在选择接地极布置形状时，宜遵循下列基本原则。

1. 力求使溢流密度分布均匀

为了获得比较均匀的溢流密度分布特性，根据世界上已投运的接地极设计运行经验和上述理论分析结果，在进行接地极平面布置设计中，宜遵循下列选形规则：

（1）在场地允许的情况下，一般应优先选择单圆形布置，其次是多个同心圆环形布置，但同心圆环数一般不超过 3 个（过多会不经济）。

（2）在场地条件受到限制而不能采用圆环型电极的情况下，宜采用首尾衔接的环形布置，且应尽可能地使电极布置得圆滑些（尽量减少圆弧的曲率，也即增大圆弧的半径）。

（3）如果地形整体性较差或呈长条状（如山岔、河岸），可采用星形（直线型）电极。如端部溢流密度过高，可在端部增加一个大小合适的"均流环"，以降低端点溢流密度。特别地，在出现电极埋设层土壤电阻率高于相邻土壤层情况下，即使采用星形或直线形布置，也有可能获得比较均匀的溢流密度分布特性。

（4）对于海水电极，由于海水导电性能强，电极形状对溢流密度的影响不像陆地那样明显，因此海水电极布置形状主要取决于海湾条件和运行维护方便等其他因素。

（5）对于海岸电极，电极一般应沿海岸敷设。由于海岸土壤电阻率很低（一般约为 $0.5\Omega m$），并且面对是海水，所以即使采用直线型电极，也只需在端部几米处增加一个"均流环"，就可能获得比较均匀的溢流密度特性。

2. 接地极的分段

为了便于维修和更换损坏的电极，接地极一般应分成若干段，运行时通过测量每一独立的电极注入点的电流，并根据电流的平衡或差异，则可判断哪一部分电极是否发生故障。当发现故障时，可以切断该部分电极的电流开关，并可在不影响整个接地极工作情况下检修故障部分。接地极分段也会

带来一些问题，主要表现在电流分配发生畸变，断开点溢流密度会明显增加，其程度与断开距离密切相关。所以接地极分段应控制断开距离，一般不要大于 2m。

3. 充分利用极址场地

对于那些受温升和跨步电位差条件（极址土壤导电性能差，并且入地电流大和持续时间长）控制的接地极，可优先选择多个同心圆环形布置。若选用单圆环布置，容易产生两个问题：① 因要求环径较大，极址（中央）不能充分利用，容易受到极址场地面积的限制；② 若极址（或环径）受到限制，为了满足温升和跨步电位差的要求，势必要增加焦炭断面尺寸和埋设深度（或采取其他措施），因此焦炭用量大，工程造价高。而选用双圆环或三圆环同心布置，正好可弥补单圆环布置的上述缺点，整个极址得到了利用，分散了热量（意味着可减少焦炭断面尺寸）。虽然电极总长度增加了，但同时可减少电极外缘尺寸，降低跨步电位差，从而可获得较好的技术经济特性。

4. 尽可能对称布置

在条件允许的情况下，电极应尽可能对称布置。电极对称布置不仅有利于降低跨步电位差，改善接地极运行性能，也有利于导流系统布置，提高导流系统分流的均衡度和可靠性，降低导流系统的工程造价。

（四）立面布置型式及其选择

前面提到，陆地接地极型式分为水平型和垂直型，两者技术特性及工程造价差异明显。特别值得一提的是，由于接地极尺寸往往受到跨步电位差和最大温升技术条件的控制，因此在选择接地极布置型式时，宜遵循下列原则：

（1）在极址场地允许的情况下，可优先选择常规水平型布置。由于水平型接地极溢流密度分布较均匀、运行特性良好和施工运行方便等优点，因此迄今为止，我国几乎所有在建和投入运行的接地极均是浅埋型水平布置。但水平型接地极由于跨步电位差较大，往往要求极址场地面积较大、地形较平坦，导致选址相对较困难。

（2）在极址场地受限和额定电流持续时间较短的情况下，可考虑选择垂直型布置。与水平型接地极相比，采用垂直型布置，对场地条件的要求相对较宽松些——可允许稍大高差；可以有效甚至成倍地降低跨步电位差或对极址场地尺寸的要求，且随着子电极长度的增加，降低效果更明显。因此，垂直型接地极较适用于跨步电位差值达标困难、额定电流持续时间较短和极址场地高差较大的直流输电接地极工程。但采用垂直型布置，应特别关注两点：① 表层土壤覆盖层（含导电良好且松软的岩石层）至少要大于 8m，否则由于子电极长度受限而难以发挥其效果；② 保证下端点处的溢流密度和温升要符合设计技术条件。

（3）在极址场地受限和额定电流持续时间较长的情况

下，可考虑选择诸如共用、分体式和紧凑型等特殊型接地极。为了降低跨步电位差和温升，解决接地极址选择难问题，适应我国高压直流输电发展需要，接地极设计理念需要创新，设计技术需要发展。为此，近些年我国曾成功开展了分体式接地极、共用接地极和紧凑型接地极等新兴接地极设计技术研究，且其成果陆续在实际工程得到推广应用。有关这类特殊型接地极设计技术详见本章第七节。

在此必须指出，在同一个接地极单元，水平型和垂直型接地极不宜混合采用，这样不仅会严重地影响到各自优势的发挥，而且容易凸显其各自的劣势。

三、电极形状的优化

以上我们通过对几种典型形状电极的溢流密度分布特性进行了分析，得到了溢流密度与电极布置型（形）式、极址电性模型的关系，创建了接地极布置选型（形）的方法，为优化接地极布置设计奠定了基础。电极布置的优化设计就是力求使接地极以较少材料用量，获取较好的电极运行特性，在造价和性能上寻求平衡点。由于电极运行表征（如电极温升、跨步电位差、电流分配、电极腐蚀等）和材料用量都与溢流密度分布均匀与否直接相关，电极尺寸与接地电阻关系密切，因此对电极形状的优化，就是力求使电流不均匀系数 k_{er} 和跨步电位差值尽可能最小。

在实际工程中，采用单圆环形电极往往易受到地形条件的限制，有时不得不采用其他形状布置的电极，如多圆环形、星形（直线形）、垂直型、椭圆形等非单圆环布置形式。下面就这些非单圆环形电极的形状进行优化。

（一）垂直型电极

由多根垂直于地面布置的子电极组成的接地极称之为垂直型接地极。垂直型接地极的子电极间是相对独立的，平面布置更可以是任意的。研究结果表明，如将垂直子电极布置成单圆环形状，则每根子电极可以获得相同的电流。否则，就有可能出现某些子电极得到的电流较大，而另一些子电极得到的电流较小。例如，如子电极布置成直线形状，就可能出现位于端部的子电极得到的电流大大地高于其他子电极的情况。因此，为了获得比较好的溢流密度特性，充分发挥每一根子电极的作用，在条件允许的情况下，子电极应尽可能布置成圆环形。

关于垂直型接地极的技术特点、适用环境或条件、设计要领等更多技术详见本章第七节。

（二）星形电极

通常情况下，星形电极的溢流密度是很不均匀的，如果不断增加电极分支数，电流不均匀系数 k_{er} 值则进一步增加，接地电阻只是逐步降至某一定值。所以过多地增加电极分支数是不经济的，一般电极分支数不超过 6 个为宜。如果确有必要，可仅在端部增加"羊角"电极，如图 27-16 所示。

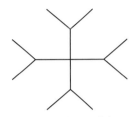

图 27-16　端部增加"羊角"示意图

在均匀土壤中，星形电极端部的溢流密度往往要高出平均值的 2 倍以上，即使增加了上述"羊角"电极，端部的溢流密度可能仍然较大。为了降低端部的溢流密度，还可以在端部加装一个大小合适的屏蔽环，如图 27-17 所示。模拟分析结果表明，加装屏蔽环后的星形电极，溢流密度分布特性可得到明显的改善，从而可大大地改善接地极运行特性。

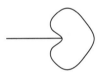

图 27-17　端部加装"均流环"示意图

（三）多圆环形电极

圆环形数应适当，且应同心布置。圆环的数量应根据技术经济比较后择优选择。一般来讲，如果土壤电阻率较高，入地电流大并且时间长，宜采用双圆环或多圆环电极，否则可采用单圆环电极。表 27-14 列出了外环直径为 600m 在土壤电阻率各向均匀情况下，不同圆环数的跨步电位差和接地电阻"效果系数"，可供设计参考。表 27-14 结果显示，适当增加圆环数对降低跨步电位差和接地电阻是有效的，但效果逐渐降低，因而过多地增加圆环数量是不经济的，通常宜为 2～3 个，一般不要超过 3 个圆环。

表 27-14　不同圆环数的跨步电位差和接地电阻"效果系数"

	单圆环（外环）	双圆环	3 圆环	4 圆环	5 圆环
跨步电位差效果系数	1	0.669 2	0.555 8	0.507 6	0.489 0
接地电阻效果系数	1	0.819 0	0.750 0	0.724 0	0.716 0
偏差系数（k_{er}）	0	0.124 0	0.175 0	0.253 0	0.301 0

注　"效果系数"定义为相对于单个外环电极的参比系数。

圆环半径应优化配置。对于采用多圆环电极，各圆环半径大小配合要适当。图27-18展示的是同心布置的双圆环布置在电阻率分别为100Ωm和1000Ωm的土壤中，不同k值（内/外环直径比）下的跨步电位差曲线。由图27-18可以看出，对于双圆环电极，跨步电位差并非是随着内环增大而不断降低，而是当$k(d/D) \approx 0.75$时，可获得最小的接地电阻或跨步电位差。这容易理解，如果内环过小（$d/D \to 0$），内环发挥不了作用；反之，如果内环过大（$d/D \to 1$），容易受外环的屏蔽影响，内环同样发挥不了作用；如果内环直径等于0或等于外环直径，即变成单环。这一特性也不随着极址模型变化而发生明显的变化。因此，当采用双圆环电极时，两圆环直径大小配合要适当，宜取$k \approx 0.7 \sim 0.8$。

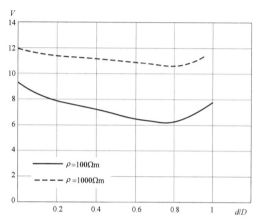

图27-18　不同k值下的跨步电压相应曲线

同理，对于三圆环电极也可以得到类似结论，即当k_1（内/外环直径比）≈ 0.6且k_2（中/外环直径比）≈ 0.866时，可获得较小的接地电阻和跨步电位差。

值得一提的是，无论是接地电阻还是跨步电位差分布特性，它们与k值的关系具有很高的一致性，尤其是最佳k值几乎是相同的，且与土壤电阻率几乎无关。

四、接地极临界尺寸

接地极的尺寸系指电极在特定的型式和布置形状下，满足设计技术条件要求的电极长度、焦炭断面边长和馈电棒直径。电极长度、焦炭断面边长和馈电棒直径三者是互有联系的，临界尺寸的确定就是在满足设计技术条件要求下，通过协调与优化三者间的关系，使其尺寸最小或者说材料用量最少。

（一）电极长度

在特定的极址模型、电极布置形状和埋深条件下，接地极的接地电阻值主要与电极长度有关。换言之，确定电极最小允许长度实际上是确定其最大允许接地极电阻。

对于接地极而言，满足直流输电系统安全运行的电极最小尺寸通常不受中性点电位（漂移）控制，而是在长时间（如连续运行时间大于数月）额定电流运行下，可能受电极最大

允许温升控制；在短时间运行可能受最大允许跨步电位差控制。因此，计算确定电极尺寸可有两种途径：① 先根据允许最大温升作为控制条件，计算出电极最小尺寸，然后校核跨步电位差，判断其是否满足要求；② 先以最大跨步电位差为控制条件，获取电极所需最小尺寸，然后校核最大温升，判断其是否满足要求。前者通常适用于接地极受温升条件控制，而后者往往更适用于接地极受跨步电位差条件控制。下面仅就温升要求来讨论电极的最大允许接地电阻。

1. 稳态温升条件

假设接地极埋设在多层电性结构的土壤中，电极埋设m层的土壤电阻率、热导率和热容率分别是ρ_m、λ_m和C_m。如果无限期地给该接地极注入恒定电流I_d，则该接地极附近土壤温度将逐渐上升，直至到达稳态温度。根据热力学理论，接地极温度$\theta(t)$可用图27-3或式（27-11）描述。由于被加热的对象是敞开边界的大地，因此极址土壤温升上升速度往往非常缓慢。在接地极设计中，考虑到接地极址土壤电阻率、热导率和热容率等参数的测量、取值和分布很难准确地界定，因此为了慎重起见，在设计时做了两点假设：① 认为极址土壤任意点温度以线性上升，其速度为$t = 0_+$时的速度；② 定义时间常数T为土壤温度按其初始速度线性上升到稳态温度θ_{max}所需要的时间[1][5]（此时$k = 1$）。基于上述假设和焦耳—楞次定律，并通过公式变换，可以得到接地极满足稳态温升的条件是

$$R_e \leqslant R_o \qquad (27-32)$$

式中　R_o——临界接地电阻，Ω，可按式（27-16）计算；
　　　R_e——接地极的接地电阻，Ω。

对于R_e的计算，一般需要采用计算软件计算，特别是对于任意布置形状和复杂边界的极址模型。但对于极址土壤电阻率分布均匀且水平单圆环形布置的接地极，接地电阻可按式（27-33）计算

$$R_e = \frac{\rho}{2\pi^2 R} \ln\left(\frac{4R}{\sqrt{Sh/\pi}}\right) \qquad (27-33)$$

式中　R_e——接地电阻，Ω；

　　　ρ——土壤电阻率，Ωm；

　　　R——圆环半径，m；

　　　S——焦炭断面边长，m；

　　　h——接地极埋深，m。

令$R_e = R_o$，即可确定满足稳态温升要求的最小电极尺寸。

式$R_e \leqslant R_o$物理意义可以理解为：当入地电流为I_d，持续时间为T时，土壤吸收的电能等于$I_d^2 R_0 T$；当电能全部转换成热能时，可导致极土壤最高温升为$\theta_{max} - \theta_e$，建立了温升与接地电阻的关系，与接地极形状无关。换言之，对于一个无限期以大地回线运行的直流系统，在给定温升（$\theta_{max} - \theta_e$）和入地电流的条件下，使其接地极电阻满足式$R_e = R_o$要求，即可

得到最小电极长度。由此可见，确定接地极满足稳态温升的最小电极长度的过程实际上是计算 R_e 和 R_o 的过程。

前面已提到，按照 $R_e = R_o$ 条件确定的电极尺寸还是有些裕度的，这些潜在的裕度给接地极安全运行增加了安全系数。

2. 暂态温升条件

对于大多数直流输电系统，特别是对称双极系统，单极大地回线方式只是发生在建设初期和单极故障或检修期间，并且单极大地回线方式运行的时间一般较短，最多不超过半年。也就是说，接地极温度尚未进入稳态或者离允许温度相差甚远，电流就切断了。这样，接地极长度尺寸可以不受 $R_e \leqslant R_o$ 要求控制，而受跨步电位差控制。

尽管如此，在此情况下还是要校验局部的暂态温度。为了安全起见，在计算接地极暂态温升时，可不考虑耗散的热量，认为电能全部转换成热量。根据能量平衡关系，当直流系统以单极大地回线方式运行时，欲使接地极最高温度不超过允许值 θ_{pm}，要求接地极上任一点 P 处的面电流密度应满足式（27-34）要求

$$J_P \leqslant \sqrt{\frac{(\theta_{pm} - \theta_c)C_P}{\rho_P T_0}} \qquad (27-34)$$

式中　J_P——点 P 处焦炭与土壤接触面处面电流密度，A/m^2；

　　θ_c 和 θ_{pm}——分别为接地极环境温度和最高允许温度，℃；

　　C_P——点 P 处土壤热容率，$J/(m^3 \cdot K)$；

　　ρ_P——点 P 处土壤电阻率，Ωm；

　　T_0——额定电流最长持续运行时间，s。

由此可见，只要土壤中任一点的电流密度满足式（27-34）的要求，则土壤中任意点的暂态温度就不会超过允许温度 θ_{pm}。因此，设计中可以通过增加接地极表面面积来满足接地极最大暂态温升要求。增加电极表面面积可以是增大焦炭断面尺寸，也可以是增加电极长度。设计时，是选择增加焦炭断面还是选择增加电极长度，需要结合极址条件，通过技术经济比较优化确定。

（二）焦炭截面

前面已提到，焦炭有两方面的作用：① 增加电极表面积，降低电极表面的溢流密度，从而降低温升及其上升速度，同时可避免电渗透现象发生；② 保护馈电棒，使之不受或少受电腐蚀。因此，电极焦炭截面尺寸应满足上述要求。

根据式（27-34），对于非稳态温升条件下的接地极，如果电极表面的电流密度各处相同（如单圆环布置），电极焦灰截面应满足式（27-35）要求

$$S \geqslant \frac{I_d}{4L}\sqrt{\frac{\rho T_0}{C(\theta_{pm} - \theta_c)}} \qquad (27-35)$$

式中　S——电极焦炭截面边长，m；

　　L——电极总长度，m；

　　θ_c 和 θ_{pm}——分别为接地极环境温度和最高允许温度，℃；

　　ρ——土壤电阻率，Ωm；

　　C——土壤热容率，$J/(m^3 \cdot K)$。

在实际工程中，由于受电极形状和土壤参数分布不均匀等因素的影响，电极表面各处电流密度往往是不一样的，有时相差可能达数倍。如果出现电流密度不均匀，特别是严重不均匀情况，就可能出现即使接地电阻满足热稳定要求，局部温度也不满足要求的情况。因此，如果说以接地电阻作为控制条件来确定接地极尺寸，是为了使接地极满足稳态温升条件下发热要求的全局控制，那么用热时间常数来决定焦炭截面，则是为了使接地极满足非稳态温升条件下发热要求的局部控制。

如果接地极溢流密度不均匀，为了保证任意点 P 处最高温度不超过给定的允许值，根据式（27-34），电极任意点 P 处的焦炭截面边长应满足式（27-36）的要求

$$S_P \geqslant \frac{k_P \tau_P}{4}\sqrt{\frac{\rho_P T_0}{C_P(\theta_{pm} - \theta_c)}} \qquad (27-36)$$

式中　S_P——任意点 P 处焦炭截面边长，m；

　　k_P——土壤电阻率不均匀系数；

　　τ_P——土壤电阻率各向均匀分布时点 P 处的溢流密度，A/m。

其他与式（27-34）相同。

影响溢流密度分布主要因素来自两个方面：① 电极形状；② 土壤电阻率分布。因此式（27-36）中引入 τ_P 和 k_P，前者仅与电极形状有关，后者与接地极埋设层（含相邻层）土壤电阻率参数分布相关。

在接地极水平地穿越 N 个土壤电阻率分别为 ρ_1，ρ_2，…，ρ_n，…，ρ_N 的情况下，如果不计相邻层的影响，k_P 可按式（27-37）计算

$$k_P = \frac{\rho_d}{\rho_P} \qquad (27-37)$$

$$\rho_d = \frac{N}{\sum_1^N \frac{1}{\rho_n}} \qquad (27-38)$$

如果考虑相邻层的影响，式（27-38）中的 ρ_n 可按式（27-39）修正为 ρ_n'

$$\rho_n' \approx \rho_n\left[1 + \frac{(\rho_上 - \rho_n)S}{(2h - S)(\rho_上 + \rho_n)} + \frac{(\rho_下 - \rho_n)S}{(2H - 2h - S)(\rho_下 + \rho_n)}\right] \qquad (27-39)$$

式中　H——上下层间界面的距离，m；

　　h——上层界面至电极中心的距离，m；

　　$\rho_上$——上层土壤电阻率，Ωm；

　　$\rho_下$——下层土壤电阻率，Ωm；

　　S——焦炭截面边长，m。

依照式（27—36）计算，可求得任意段（点）电极满足发热条件要求的最小焦炭截面尺寸。

不难看出，如果接地极形状是非圆环形，必然存在 τ_p 大于平均值；若土壤电阻率系非均匀分布，必然存在 $k_p>1$。在此情况下，如果整个接地极的焦炭截面采用一个尺寸，并且按发热最严重段点取值，显然其焦炭用量比电流均匀条件下焦炭用量多。所以，在接地极的溢流密度不均匀情况下，特别是在 τ_p 远大于平均值或 k_p 远大于 1 的情况下，整个接地极焦炭截面采用一个尺寸是很不经济的，而根据溢流密度大小采用两种或多种尺寸，不仅运行安全，而且可以获得很好的经济效益。

值得指出，按以上方法计算确定的接地极焦炭截面尺寸，只是反映出电极任意部位受发热控制必须满足的条件。对于长时间以阳极运行的接地极，还应将最大面电流密度控制在允许范围内，以免发生电渗透。

此外，当 T_0 较小时，计算得到的焦炭截面尺寸可能很小，若焦炭截面尺寸太小，馈电棒容易失去焦炭的保护。在此情况下，即使焦炭截面尺寸不受发热控制，为了使馈电棒少受电腐蚀，焦炭截面尺寸也不能太小。因此，焦炭截面边长不宜小于 300mm，否则纵使整个馈电棒可靠地置于焦炭之中，并受到一定的保护，施工比较困难。

（三）接地极馈电棒截面直径

接地极在运行中，馈电元件起着导流作用。在馈电元件将电流导入焦炭中的同时，也伴随着被溶解（电腐蚀）。对馈电元件直径的确定，务必要保证在规定腐蚀寿命内，不仅要保持电流畅通，而且应始终使其载流能力和温升控制满足技术要求。为此，馈电元件尺寸应同时满足式（27–40a）和式（27–40b）的要求

$$\Phi_P \geqslant \sqrt{\frac{4k_1k_2\tau_P FV_f + \pi\phi^2 g\rho_m I_N \times 10^{-3}}{\pi g \rho_m I_N \times 10^{-3}}} \quad (27-40a)$$

$$\Phi_P \geqslant \frac{4S}{\pi}\sqrt{\frac{\rho C_P}{\rho_p C}} \times 10^3 \quad (27-40b)$$

式中　Φ_P——点 P 处馈电元件等效直径，mm；

τ_P——点 P 处的溢流密度，A/m；

k_1——保护系数，焦炭中单位面积离子流与总电流之比；

k_2——电腐蚀汇集效应系数；

F——阳极运行寿命，A·a；

V_f——馈电元件材料在土壤中的电腐蚀速率，kg/(A·a)；

ϕ——接地极运行时间到达设计寿命时的馈电元件残余等效直径，mm；

g——馈电元件材料密度，g/cm³；

I_N——额定电流，A；

ρ——焦炭电阻率，Ωm；

C——焦炭热容率，J/(m³·K)。

在使用式（27–40）时应注意以下参数的取值：

（1）保护系数 k_1。前面已提到，焦炭有保护馈电棒的作用，这是因为在焦炭与馈电棒间存在电子导电。为此式中引入了保护系数 k_1——定义为焦炭中单位面积泄入地中的离子流与总电流之比。一般来讲，k_1 的取值与焦炭的物理特性、断面尺寸、夯实程度，水的化学成分等有关，可以通过实际试验结果确定。根据试验，k_1 取值在 0.1～0.6。在没有可靠试验数据情况下，设计时可根据极址土壤条件和馈电元件材料并参照表 27–15 试验结果取值。

表 27–15　常用材料电腐蚀数据

材料名称	比重（g/cm³）	腐蚀速率 [kg/(A·a)]	汇集效应系数
铁（钢）	7.86	9.1	3.0
高硅铸铁	7.03	2.0	2.0/3.0（海水中）
高硅铬铁	7.02	1.0	2
石墨	2.1	1.0	>3.0

（2）汇集系数 k_2。电腐蚀有汇集效应，即电腐蚀并非均匀，腐蚀可以发生在某一部分，甚至一点。试验结果表明，汇集效应程度与馈电元件材料有关，碳钢材料的腐蚀汇集效应较其他材料更明显。对此，在设计接地极和选定馈电棒尺寸时引入系数 k_2。根据试验结果，碳钢材料的汇集系数 k_2 不宜小于 2.5，其他材料不宜小于 1.5。

（3）馈电元件残余等效直径 ϕ。随着接地极运行时间变长，馈电元件可能逐步被腐蚀、变细。但要求在设计寿命期间（包括退役前），馈电元件始终应畅通无阻，且满足载流要求，因此式中引入残余等效直径。对于铁材料，残余等效直径 ϕ 一般应不小于 20mm。

（4）在使用式（27–40b）计算馈电元件尺寸时，S 值应是根据水的沸点确定的焦炭断面最小尺寸。

值得指出，如电极表面各处电流密度不相同，设计中可以根据电流密度大小，按式（27–40）计算分段确定馈电棒尺寸；特别地，若某处溢流密度很大，可以加大该段馈电棒尺寸或使用抗电腐蚀能力强的材料。这不仅可节省材料，而且也给施工安装带来很大的方便。

五、接地极埋深

接地极埋深是影响最大跨步电位差值的重要因素，且涉及到土壤参数的设计取值，关系到施工土方开挖量和施工费用。对此，在设计接地极时应通过技术经济比较后择优确定接地极埋设深度。一般应考虑下述几个方面因素：

（1）控制最大跨步电位差。通常，电极埋设深度对最大跨步电位差影响十分敏感，故可以改变电极埋设深度使跨步

电位差满足要求。在电极长度远大于电极埋深并且溢流密度分布均匀情况下，接地极最小埋设深度可按式（27－41）近似计算

$$h = \frac{\rho_1 \tau}{2\pi U_{pm}} \qquad (27-41)$$

式中　h——接地极最小埋设深度，m；

ρ_1——地面土壤等效电阻率，Ωm；

τ——接地极溢流密度，A/m；

U_{pm}——最大允许跨步电位差，V/m。

如果溢流密度不均匀，可通过改变埋设深度，计算相应条件下的跨步电位差（计算方法详见本章第九节），即用"试凑法"求得地面任意点最大跨步电位差不大于允许值情况下的电极最小埋设深度。

（2）电极埋设层土壤性能应良好。接地极埋设深度的设计取值除了必须服从于地面任意点最大跨步电位差的要求外，最好能将它铺在土壤电阻率低，热特性好，水分充足的土壤中，而不应放在诸如岩石、砂卵石层和干燥无水的高电阻率层中。这是因为接地极尺寸，以及接地极所反映出的技术指标在很大程度上取决于它周围土壤参数的物理特性。换言之，如果能将接地极铺设在土壤电阻率低，热特性能好，水分充足的土壤中，对缩小接地极尺寸，提高接地极运行的安全性、可靠性是十分有好处的。反之则相反。

（3）尽可能减少土方开挖量。在满足上述条件要求的情况下，应尽可能减小电极的埋设深度，水平布置接地极最大埋深不应超过 5m，这对于减少土方开挖量和环境破坏是重要的，特别是在极址地形不平坦情况下尤为重要。通常极址地形是不平坦的，即使在平原地带，仍可能存在沟、塘、渠之类的低洼地带。当接地电极穿越这些低洼地带时，如果以这些低洼地带标高来确定整个接地极的埋设深度，土方开挖量有时达到难以接受的地步。在此情况下，可根据地形地貌条件，采用不等埋设深度分段埋设，在电极穿越沟、塘、渠之类低洼地带，可采用电缆跳线跨接。这样既可以减少土方开挖量和对环境的破坏，同时在这些低洼地带的跨步电位差不会超过允许值。

（4）避免外部因素破坏。接地极埋深也不宜过浅，以免可能受到来自田间作业、机耕等方面的外力破坏，同时可避免大气温度对电极运行性能的影响，一般接地极埋深不应小于 2.0m。

综上所述，设计中确定接地极埋深取决于多方面的因素，合理的设计取值应根据具体情况进行技术经济比较，择优取值。

六、导流系统

导流系统的作用就是将直流入地电流按照设计者意愿导入接地极。由于接地极的整体接地电阻往往很小，所以各子

电极（段）的接地电阻（含互阻）和馈电元件导体的电阻对电流分配有着不可忽视的影响。为了将电流均匀地或比较均匀地分配到各馈电元件，必须采用合适的导线（电缆）以合适的布置方式将馈电元件连接起来，组成导流系统。

（一）结构及其布置

接地极导流系统一般是由构架（塔）、母线（含隔离开关）、导流干线、导流支线（配电电缆、引流电缆）、电缆跳线和辅助设施等组成。合理地选择导流系统的结构和布置方式是十分重要的，否则可能会出现部分支路电流过大，而另一些支路电流很小甚至无电流的不平衡现象。设计导流系统时，应力求使流过同级别路线上的电流相等或大体相等。为了获得较好的电流分配特性，保证导流系统安全运行，根据工程运行经验和理论分析计算，接地极导流系统布置设计一般应遵循如下原则：

（1）结构。导流系统的接线顺序为：来自换流站的接地极线路应先（或通过接地极线路监视电抗器）接到导流系统母线上，然后依次连接隔离开关、导流干线、导流支线（配电电缆或引流电缆）、各馈电元件，且导流支路（数）应是"链式分裂"结构。接地极地电流也按上述流动次序由单点母线流入，多点导入各馈电元件。导流干线可以是架空线，也可以是电缆。图 27－19 所示是针对单圆环形布置电极的两种典型型式导流干线布置及其接线。

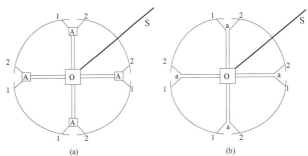

图 27－19　典型的导流干线布置及接线示意图

（a）采用架空线；（b）采用电缆

S－O：接地极引线；O：中心构架；A：分支构架；

A－O：架空导流干线；a－O：电缆导流干线；

a－1、a－2、A－1、A－2：馈电电缆

（2）布置形式。理论分析和运行经验告诉我们，导流干线布置与电极形状合理配合是获得较好的分流特性的关键。具体而言，中心构架（母线）应尽可能地位于电极几何中心位置；对称形布置的接地极，导流干线一般也应是对称形布置；非对称形布置的接地极，导流干线一般也宜是非对称形布置。

（3）导流干线。导流干线是连接母线与配电电缆（或引流电缆）的主干支路线，可以采用 ASCR 架空线，也可以采用电缆，两者都已用于实际工程。采用 ASCR 架空线需要多

个分支构架，但无需专门设置母线（用跳线代替母线）；采用电缆则只需要中心构架，但需要专门设置（管）母线，前者较后者往往更经济。导流干线分支数要适当，导流干线分支数过多则接线复杂；导流干线分支数过少则降低均流效果和可靠性。设计时应根据工程具体情况择优选择导流干线型式及其分支数。

（4）导流支线。导流支线是连接导流干线与馈电元件的支路线，采用电缆连接。根据馈电元件材料不同，导流支线又分为配电电缆和引流电缆。

1）配电电缆。如果馈电元件采用非碳钢材料，则须设置配电电缆，原因在于非碳钢材料接续较困难，且导电性能较差。配电电缆是连接导流干线与馈电元件的支路线（也可以是导流干线的延伸线），沿着接地极附近敷设，如图27-20（a）所示。

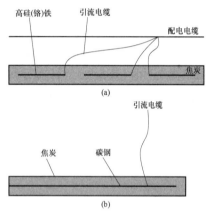

图 27-20 配电和引流电缆接线示意图
（a）非碳钢材料馈电元件；（b）碳钢馈电元件

2）引流电缆。引流电缆是连接导流线或配电电缆与馈电元件的支路线。如果馈电元件采用碳钢材料，可无需设置配电电缆（引流电缆直接接到碳钢上），如图27-20（b）所示。

对每个在电气上独立的电极段，至少应在其首尾部位各配置 1 条支路线（即至少有两条配电电缆或引流电缆与该段电极相连接），且要求与之相连接的两条导流线不在同一沟道里，以防当一条支路线停运（损坏检修）时，不影响该段电极运行，也不影响到其他支路线安全运行。

（5）电缆跳线。在电极穿越沟、塘、渠、堤等严重地形不平坦地段，电极可以不连续，但应用电缆跳线使电极保持电气连接。电缆跳线应使用双电缆错位并联跨接。

（6）接点位置。对馈电元件采用非碳钢材料，宜将每6～8 支馈电元件的引流电缆并联后就近接入配电电缆上的一个接点；对采用碳钢的馈电元件，引流电缆和电缆跳线应尽量避免接在电流溢流密度大且离开馈电棒端点至少在 5m 远的

地方，避免引流电缆接点受到腐蚀。

（7）其他设施。对于多换流站共用接地极，宜在导流系统母线前串接"隔离开关"，且宜将其安装在中心构架（塔）上或附近位置；对于可能需要在接地极端串接"接地极线路监视电抗器"的工程，一般应将其安装在中心构架（塔）附近位置。这些设施的选型虽属于换流站的设计内容，但在接地极设计中应考虑它们的安装位置。

（二）电缆选型

电缆选型是导流系统设计中的一项重要工作内容，要求所选择电缆的技术条件原则上应符合 GB 50217《电力工程电缆设计规范》技术标准。但因接地极用电缆有其特殊性，故其选型应予以重视。具体说来，设计人员在选择接地极用电缆时，首先应分别计算出导流系统在正常和事故情况下流过各支路（电缆）的最大电流，然后再结合电缆敷设方式、环境条件以及接地极运行特点等因素，做出符合以下条件要求的选择：

（1）接地极电流具有同极性，一般采用不带金属铠装的交联聚乙烯绝缘的单芯电缆，电缆芯应为铜材，以方便与馈电元件的连接。

（2）接地极导流线对地工作电压虽低（一般不超过1000V），但要求所选电缆的标称绝缘强度不宜低于 6kV，以使其具有足够的电气强度和一定抗土壤压力的机械强度。

（3）水平型接地极表面最高温度可达 90℃（局部可能更高），要求绝缘外套特性应具有良好的热稳定性，缆芯可在最高工作温度不低于 90℃下持续工作；对垂直型接地极，电缆最高工作温度应与接地极的设计最高温度相适应。

（4）电缆应有足够的载流容量储备，即确保在一回支路（一根电缆）断开的情况下，流过健全回路电缆的最大电流仍应能满足式（27-42a）的要求

$$I_{max} \leq k_1 k_2 k_3 I_o \qquad (27-42a)$$

式中　I_{max}——流过健全回路电缆的最大持续电流，A；

　　　I_o——单根电缆允许持续载流量（基础值），A；

　　　k_1、k_2、k_3——分别为温度、土壤热阻和平行敷设校正系数。

根据 GB 50217 规定，在使用式（27-42a）时，温度系数 k_1 可按式（27-42b）计算；单根电缆允许持续载流量（基础值）I_o、土壤热阻校正系数 k_2 和平行敷设校正系数 k_3 可根据工程具体情况按表 27-16 取值

$$k_1 = \sqrt{\frac{\theta_m - \theta_2}{\theta_m - \theta_1}} \qquad (27-42b)$$

式中　θ_m——缆芯最高工作温度，℃；

　　　θ_1——对应于额定载流量的基准环境温度，℃；

　　　θ_2——实际环境温度，℃。

表 27-16　直埋交联聚乙烯铜芯电缆截面选择相关参数取值表

基准允许载流量 I_0			不同土壤热阻的校正系数 k_2					
电缆截面（mm²）	允许载流（A）	土壤热阻系数（km/W）	土壤特征描述					校正系数（k_2）
70	226	0.8	土壤很湿，常下雨。如湿度大于 9% 的沙土					1.05
95	269	1.2	土壤潮湿，常下雨。如湿度 ≤9% 且 ≥7% 的沙土					1.0
120	300	1.5	土壤较干燥。如湿度 ≤12% 且 ≥8% 的沙土					0.93
150	339	2.0	土壤干燥。如湿度 ≤7% 且 ≥4% 的沙土					0.87
185	382	3.0	多石地层，非常干燥。如湿度 ≤4% 的沙土					0.75
240	435	多根电缆并行敷设下校正系数 k_3						
300	495	电缆根数		1	2	3	4	5	6
400	574	净间距（mm）	100	1	0.90	0.85	0.80	0.75	0.75
500	635		200	1	0.92	0.87	0.84	0.82	0.81
630	704		300	1	0.93	0.90	0.87	0.86	0.85

（三）连接与续接

国内外工程接地极导流系统曾发生多起电缆被烧坏的事故，绝大多数发生在导流系统接点位置。换言之，接地极导流系统连接与续接点是薄弱点，必须特别重视和妥善处置。接地极导流系统导线的连接与续接技术要点如下：

（1）除分支接点外，所有的电缆中间不应有接头，以减少安全风险。

（2）地面铝材与铜材（如母线与主干电缆）的连接，应通过铜-铝过渡板用螺栓可靠连接，防止接触点（面）被电蚀（增大接触电阻）；铜-铝过渡板额定载流量应与该支路的电缆载流量相匹配。

（3）对于地下导体（如碳钢馈电元件的续接、电缆与碳钢馈电元件、电缆与电缆）的连接，宜采用焊接，不宜采用压接或螺栓连接。焊接质量必须牢固可靠，焊接的接触电阻应不大于同等长度原规格及材料的电阻；所有的电缆接点必须牢固可靠、绝缘长效。

（四）对电缆及其接头的保护

目前在我国，接地极极址通常是不征地的，也没有类似于变电站围墙那样的设防，更没有常驻运行人员看护接地极，且农民可以照常在接地极极址上自由地耕种。这些现状，可能给接地极安全运行带来风险。为了降低接地极运行风险，设计时除了要严格执行 GB 50217 规定外，还应采取如下措施：

（1）在电缆由地面进入地下部分，应将电缆套上 PVC 或 PPR 保护管，且将其牢固地绑扎在构架上；在有条件情况下，最好设置围墙或栅栏。

（2）对于主干线电缆、配电电缆和跳线电缆，应将电缆埋设在离地面不小于 1m 深的沟内，且在沿电缆线的四周填满厚度不小于 200mm 的沙子；此外，在沿电缆线填满沙子的正上方，应覆盖宽度不小于电缆宽度加 200mm 的混凝土预制板，以保护电缆，使之免受外力因素破坏。

（3）对于采用非碳钢材料的馈电元件，应在引流电缆上套上 PVC 或 PPR 保护管。

（4）地下所有的电缆接头（如电缆与电缆、电缆与碳钢馈电元件），都应用环氧树脂进行密封，且务必确保接头密封可靠、长效，防止接头被电腐蚀。

七、辅助设施

接地极辅助设施包括检测井、渗水井、注水装置、在线监测系统等。

（1）检测井。为了在现场随时获取接地极运行时的温度、湿度等信息，陆地接地极一般应设置检测井。检测井一般设置在电极溢流密度较大或温升高、馈电电缆接入点的地方。检测井采用 PVC 管，垂直布置在电极的上方和靠近电极的两侧，底部开露，与电极平齐，上端齐地面。检测时，温度计或湿度计可伸到电极顶部。

（2）渗水井。渗水井具有双重功能：① 将地面的水引入到电极，使电极保持潮湿；② 为接地极运行时产生的气体提供排出通道，使接地极保持良好的工作状态。渗水井一般布置在地面有水（如水稻田）的地方，且在电极的正上方，间距约 40～60m 一个。为了有利于水渗入和气体的排出，渗水井一般采用渗水性好的卵石和砂子。渗水井地面采用砂子填充，并设置防淤池，以免淤泥堵塞井口。

（3）注水装置。如果接地极的极址系旱地，且单极大地回线运行时间较长（接地极温升受到控制），可能需要专设注水装置，使用水泵通过管道向电极注水。注水装置由水泵、主水管、控制水阀、渗水管等组成。水泵将水源的水通过埋在地下的 PVC 主管线，将水送到设立在接地极地面上各个控制水阀，然后通过渗水管将水注入到电极。渗水管道采用 PVC 管，沿着电极敷设在电极的上方。为了让水能均匀顺利地渗入到焦炭中和防止水流冲刷焦炭，在 PVC 管的下方每隔数米开一孔洞，孔洞下面应垫一块水泥预制板。水可以取自附近的沟、塘、河、渠等水源。为了使注水设施能正常工作，设计时，应对水泵功率和管径尺寸大小、控制阀数量及其布置等进行论证。

（4）排气。对于垂直型（深井）接地极，排放因电解而产生的气体要比浅层水平接地极困难得多，特别是深井接地极。若接地极排气不畅，气体积聚过多，就会产生气阻效应。气阻效应会直接增大接地电阻，加重接地极发热，甚至发生热不稳定性。气阻已成为深井接地极一大难题，在国内阴极保护中已有数个 100m 左右的深井阳极因气阻不能正常工作而报废。

因此，当垂直接地极深度超过 10m 时，一般需考虑设置专门的排气管。排气管可用直径 10cm 左右并钻有较密孔隙的塑料管。在接地极使用期限内，这塑料管的孔洞有可能被堵塞。由于气体堵塞而引起接地极电阻增大，是垂直（井）型接地极的一个缺点。国外采用高压空气冲洗排气管堵塞的方法，从有关资料来看，似乎是不成功的。国内在阴极保护中采用预制阳极的办法，即将深井阳极分段组合，各有一个封闭的排气室，该组阳极产生的气体，聚在排气室内只能从公共通道的排气管逸出，而不进入其他分段阳极。它好像现代高层建筑的通风系统，不论楼层多高，由于每个房间都是互相独立封闭的，只与公共通道有关，永远保持空气畅通。该方法基本解决了气阻问题，从实际应用中来看，效果不错。

（5）在线监测系统。接地极在线监测系统是一个安装在接地极，用于实时监控接地极运行状况并将监测信息通过通信通道自动传到换流站值班室的一套装置。给接地极安装在线监测系统，运行时可以在换流站控制室十分方便地检测到接地极电流分配，以及接地极温度、湿度、电流密度等数据，及时掌握接地极工作状态。2014 年前，我国在线监测系统尚未广泛用于工程。2015 年后，国家电网公司（运行部门）要求所辖的接地极工程都装设在线监测系统。

（6）标识桩。在接地极施工完后，有必要在其正上地面且沿着接地极（尤其在转弯位置）设置水泥标识桩。目的是一则方便运行维护，二则起警示作用，避免无意识的人为破坏。

八、计算示例

【算例 27-5】设某一高压直流输电接地极址为平地，土壤电阻率值为 100Ωm，土壤热导率值为 1.0W/（K·m）、热容率为 2.0J/（K·cm³），最高环境温度为 30℃，且土壤参数分布各向均匀。其他设计条件如下：

1）系统条件：见【算例 27-1】。

2）技术条件：

允许最大跨步电位差（V）

$$\leqslant 7.42 + 0.031\,8\rho_s\ （\rho_s 是表层土壤电阻率）$$

电极允许最高温度（℃） $\leqslant 90$

土壤最高环境温度（℃） $\leqslant 30$

电极表面最大允许面电流密度（A/m²） $\leqslant 1.0$

试分别论证在额定电流持续运行 30d 和 180d 情况下，该接地极的最小尺寸。

根据题意（极址为平地，且场地面积不受限制），优先采用单/双圆环布置。下面分别论证其最小尺寸。

（一）判断受控条件

接地极尺寸主要受最大温升和跨步电位差条件控制。假设该接地极长期以单极大地回线运行，根据式（27-16），满足稳态温升下的临界接地电阻

$$R_0 = \sqrt{2.0 \times 1.0 \times 100 \times (90-30)/3000} = 0.036\,5\ （\Omega）$$

根据式（27-33），即有等式 $0.036\,5 = \dfrac{100}{2\pi^2 R}\ln\left(\dfrac{4R}{\sqrt{0.6 \times 3.0/\pi}}\right)$。解方程可得到满足长时间持续运行热稳定要求下的接地极最小半径 R 为 1216m。

根据式（27-12），热时间常数

$$T = \dfrac{2.0 \times 10^6}{2 \times 1.0}\left[\dfrac{0.036\,5 \times 3000}{100 \times 3000/(4 \times 0.6 \times 2 \times 1216 \times \pi)}\right]^2$$
$$= 518.5\ （d）$$

根据式（27-8），地面最大跨步电位差

$$U_{\max} \approx \dfrac{100}{2 \times \pi \times 3} \cdot \dfrac{3300}{2 \times \pi \times 1216} = 2.083\ （V）$$

而接地极允许最大跨步电位差 $U_{pm} = 7.42 + 0.031\,8 \times 100 = 10.6$（V）。$U_{\max} < U_{pm}$ 表明，在长时间持续运行情况下，接地极布置尺寸不受最大允许跨步电位差要求控制，而是受热稳定要求控制。

（二）额定电流持续运行 30d

（1）阳极运行寿命。根据【算例 27-1】计算结果，$F_y = 33 \times 10^6$（Ah）。

（2）接地极尺寸。接地极以单极大地回线运行最长持续时间不超过 30d，远小于热时间常数 T，因此可以判断接地极尺寸受跨步电位差控制。在此情况下，可先根据跨步电位差控制条件确定接地极布置最小半径 $R_{\min}$，然后再根据最大允许温升，确定最小焦炭断面尺寸 $S_{\min}$，最后按照腐蚀寿命和发热确定馈电元件最小直径 $\phi_{\min}$。

采用单圆环布置。根据式（27-8），在埋深 3m 情况下，接地极最小半径

$$R_{\min} = \frac{\rho I_d}{2\pi^2 h U_{pm}} = \frac{100 \times 3300}{4 \times \pi^2 \times 3 \times 10.6} = 263\,(\text{m})$$

根据式（27-35），最小焦炭断面尺寸

$$S_{\min} \geqslant \frac{3000}{4\pi \times 526} \sqrt{\frac{100 \times 30 \times 24 \times 3600}{2 \times 10^6 \times (90-30)}} = 0.667\,(\text{m})$$

根据式（27-40a）和式（27-40b），在采用碳钢材料作为馈电元件情况下，馈电元件最小直径

$$\phi_{\min 1} \geqslant \sqrt{\frac{4 \times 0.3 \times 3.0 \times 100 \times 1.652 \times 33 \times 10^6}{\dfrac{8760 \times 9.1 + \pi \times 25^2 \times 7.86 \times 100 \times 3000 \times 10^{-3}}{\pi \times 7.86 \times 100 \times 3000 \times 10^{-3}}}}$$
$$= 58.1\,(\text{mm})$$

或

$$\phi_{\min 2} \geqslant \frac{4 \times 0.667}{\pi} \sqrt{\frac{0.3 \times 2 \times 10^6}{100 \times 1 \times 10^6}} \times 10^3 = 65.7\,(\text{mm})$$

因为 $\phi_{\min 2} > \phi_{\min 1}$，故馈电元件最小直径 $\phi_{\min}$ 应选择 65.7mm，取66mm。

（三）额定电流持续运行 180d

（1）阳极运行寿命。参照【算例27-1】计算

$F_1 = 8760 \times 3000 \times 180 / 365 = 12.96 \times 10^6\,(\text{Ah})$

$F_2 = 8760 \times 30 \times (35 - 180/365) = 9.068 \times 10^6\,(\text{Ah})$

$F_{2q} = 8760 \times 3000 \times 70\% \times 0.75\% \times 35 \times 2 = 9.658 \times 10^6\,(\text{Ah})$

$F_{2j} = 8760 \times 3000 \times 50\% \times 1.5\% \times 35 \times 2 = 13.8 \times 10^6\,(\text{Ah})$

$F_y = F_1 + F_{2q} + F_{2j} + F_2 \approx 46 \times 10^6\,(\text{Ah})$

接地极尺寸。单极大地回线运行最长持续时间不超过180d，仍然小于热时间常数 T，因此可以判断接地极尺寸由跨步电位差控制。同理，仍可先根据跨步电位差控制条件确定接地极布置最小半径 $R_{\min}$，然后再确定最小焦炭断面尺寸 $S_{\min}$ 和馈电元件最小直径 $\phi_{\min}$。

1）单圆环布置。根据上述计算结果，在埋深3m情况下，接地极最小半径 $R_{\min} = 289$m。根据式（27-35），在 $T_o = 180$d 情况下，要求最小焦炭断面尺寸

$$S_{\min} \geqslant \frac{3000}{4\pi \times 526} \sqrt{\frac{100 \times 180 \times 24 \times 3600}{2 \times 10^6 \times (90-30)}} = 1.634\,(\text{m})$$

根据式（27-40a）和式（27-40b），在采用碳钢材料作为馈电元件情况下，要求馈电元件最小直径

$$\phi_{\min 1} \geqslant \sqrt{\frac{4 \times 0.3 \times 3.0 \times 100 \times 1.816 \times 46 \times 10^6}{\dfrac{8760 \times 9.1 + \pi \times 25^2 \times 7.86 \times 100 \times 3000 \times 10^{-3}}{\pi \times 7.86 \times 100 \times 3000 \times 10^{-3}}}}$$
$$= 70.0\,(\text{mm})$$

或

$$\phi_{\min 2} \geqslant \frac{4 \times 1.634}{\pi} \sqrt{\frac{0.3 \times 2 \times 10^6}{100 \times 1 \times 10^6}} \times 10^3 = 161.2\,(\text{mm})$$

因为 $\phi_{\min 2} > \phi_{\min 1}$，故馈电元件最小直径 $\phi_{\min}$ 应选择 161.2mm，取162mm。

2）双圆环布置。如采用双圆环布置，根据表27-14，接地极外环最小半径为 176m（$=0.6692 \times 263$），内环最小半径为 132m（$=176 \times 0.75$）。在此情况下，要求最小焦炭断面尺寸

$$S_{\min} \geqslant \frac{3000}{4\pi \times 616} \sqrt{\frac{100 \times 180 \times 24 \times 3600}{2 \times 10^6 \times (90-30)}} = 1.395\,(\text{m})$$

要求馈电元件最小直径

$$\phi_{\min 1} \geqslant \sqrt{\frac{4 \times 0.3 \times 3.0 \times 100 \times 1.551 \times 46 \times 10^6}{\dfrac{8760 \times 9.1 + \pi \times 25^2 \times 7.86 \times 100 \times 3000 \times 10^{-3}}{\pi \times 7.86 \times 100 \times 3000 \times 10^{-3}}}}$$
$$= 60.1\,(\text{mm})$$

或

$$\phi_{\min 2} \geqslant \frac{4 \times 1.395}{\pi} \sqrt{\frac{0.3 \times 2 \times 10^6}{100 \times 1 \times 10^6}} \times 10^3 = 137.6\,(\text{mm})$$

同理，馈电元件最小直径 $\phi_{\min}$ 应选择 137.6mm，取138mm。

上述算例计算结果表明，在额定电流持续运行 180d 下，如仍然采用半径为 263m 的单圆环布置，虽然跨步电位差和温度也能满足要求，但与持续运行 30d 相比，焦炭和馈电元件用量增加了约 5 倍。由此可见，对于受温升条件控制的接地极，适当地增大接地极布置半径可以有效地降低焦炭和馈电元件用量。

应该指出，上述计算结果是基于极址土壤参数各向分布均匀和采用单圆环形接地极，否则，计算就没有这样简单，一般需要使用计算软件方能计算。尽管如此，该算例展示的一般接地极设计计算时的技术思路是相同的。

第七节　特殊型接地极设计

一、目的与概念

随着我国电力工业快速发展，高压直流输电正在成为我国电力输送重要部分，特别是随着西电东送和全国联网工程的稳步推进，我国直流输电正朝着高电压、大容量的方向发展，接地极的设计额定电流也逐步提高，按照传统的常规方式设计接地极，选址工作变得愈加困难。一方面，我国负荷多集中在东部发达地区，周边电力系统异常复杂（接地极选址时首先要考虑减少对电力系统的影响），大型地下金属设施也较多，因而接地极对这些设施的影响问题显得更加突出；另一方面，在电源（换流站）集中的西部山区，因受地理条件的制约，寻找（适于埋设接地极的）平地本身就比较困难。常规型接地极占地面积大大地增加了选址难度，以至于有些工程不得不超常规地远离换流站选择接地极址。如在国内某直流工程中，受端接地极线路长达 220km，大大地增加了接地极线路造价。

为了解决高压直流输电接地极选址日趋困难的问题，节

省工程投资，我国自21世纪初就相继开展了共用接地极、分体式接地极、紧凑型接地极、垂直型接地极和广域接地极等特殊型接地极的设计技术研究，并且其中部分成果已陆续用于实际工程，取得了较好的经济效益和社会效益。

（1）共用接地极。共用接地极定义为被两个及以上换流站共同使用的单个接地极或分体式接地极。三峡龙泉换流站和荆门换流站在国内首次成功地采用了共用接地极（址），随后深圳换流站也成功地采用了共用接地极。共用接地极可以省去一个接地极，其优点是不言而喻的。

（2）分体式接地极。由两个及以上子接地极并联后通过线路连接到一个换流站中性点的接地极称之为分体式接地极。国内首次采用分体式接地极的工程是兴仁换流站接地极。该接地极是由两个子接地极并联组成。分体式接地极设计技术的应用，在一定程度上缓解了山区接地极选址难的问题。

（3）紧凑型接地极。紧凑型接地极就是通过在其外部采取技术措施，改善电极的溢流密度分布特性，从而实现压缩占地面积的接地极。紧凑型接地极设计技术意义在于使部分较小的极址场地也可以建接地极，且技术指标满足工程要求。紧凑型接地极首次在向家坝特高压换流站共乐接地极工程中得到应用。

（4）垂直（深井）型接地极。垂直（深井）型接地极是由许多按照一定平面形状分布的垂直于地面布置的子电极组成。根据子电极埋设深度，垂直型接地极又可分为常规型和深井型接地极。常规型垂直型接地极的子电极上端部埋深靠近地面，下端部埋深可达数十米；深井型接地极埋深可达数百米。因此在同等条件下，垂直型接地极的跨步电位差较水平型接地极低很多，从而可大幅度降低对极址场地的要求。我国首个垂直型接地极是普洱换流站接地极，于2015年5月建成投产。

上述特殊型接地极在技术要求、布置方式和适应极址条件等方面有别于常规型接地极。对此，本节将一一做介绍，可供设计人员参考。

此外，广域接地极的应用也在研究探讨中。所谓广域接地极，顾名思义，就是将区域内的2个及以上接地极，通过架空线路连接起来，构成该区域直流输电接地极系统，服务于该地区所有的换流站。广域接地极的优点就是，将单点入地的大电流转换为多点入地的小电流，从而可以大幅度降低地电流对环境的影响（程度和范围）；可相互利用各直流输电系统以单极大地回线方式运行的间歇周期，提高接地极利用效率；一旦广域型接地极建成，将会彻底解决该地区后续换流站接地极建设问题。所以，广域型接地极比较适用于直流受电发达的地区，如"珠三角"和"长三角"地区。

二、共用接地极（址）

与常规型接地极相比，共用接地极（址）在入地电流、设计原则、过电压及可靠性、电磁环境等方面均有别于常规型接地极，设计中应予以注意。

（一）入地电流

为了便于分析，图27-21以两个换流站共用一个接地极为例，介绍多换流站共用接地极运行特点及设计应注意的问题。

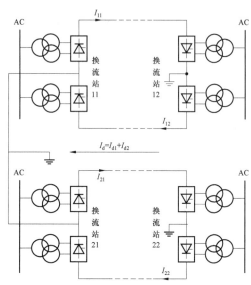

图27-21　两换流站共用一个接地极示意图

设换流站11和站21分别隶属于两个不同的双极直流系统的一侧换流站，接地极和换流站11同时建设；换流站21建设时不再建设新的接地极，而是通过引线将换流站21与接地极连接起来，形成两个换流站共用一个接地极的情形。另一侧换流站21和站22类似。两换流站共用接地极有以下几种主要运行方式。

（1）两站对称双极运行。此运行工况下，流过接地极的电流 $I_d = I_{d1} + I_{d2} = I_{11} - I_{12} + I_{21} - I_{22} \approx 0$，中性点电位漂移 $V_0 \approx 0$，接地极电位升 $V_e \approx 0$。因此两站对称双极运行时，相当于两独立直流系统双极对称运行。

（2）一站双极对称运行，另一站以单极大地回线方式运行。此运行工况相当于一个换流站单极运行。若换流站11正极运行，换流站21双极对称运行，则 $I_d \approx I_{11}$，中性点电位漂移 $V_0 \approx (R_e + R_t)I_{11}$（$R_e$ 和 R_t 分别是接地极接地电阻及其线路电阻），接地极电位升 $V_e \approx R_e I_{11}$。

（3）两站异极性单极大地回线方式运行。若换流站11正极运行，换流站21负极运行，则系统变成两站异极性单极运行。在此运行工况下，流过接地极的电流 $I_d = I_{11} - I_{22}$，中性点电位漂移 $V_0 = (R_e + R_t) \times (I_{11} - I_{22})$，接地极电位升 $V_0 = R_e(I_{11} - I_{22})$。特别地，当 $I_{11} = I_{22}$ 时，如地电流为0，相当于构成了一个新的对称双极系统在运行。

（4）两站同极性单极大地回线方式运行。若换流站 11 正（负）极运行，换流站 21 亦正（负）极运行，则系统变成两站同极性单极运行。当两站同极性单极运行时，流过接地极的电流 $I_d = I_{11} + I_{21}$，中性点电位漂移 $V_0 = (R_e + R_t) \times (I_{11} + I_{21})$，接地极电位升 $V_0 = R_e(I_{11} + I_{21})$。

容易看出，当两个直流系统同时以同极性单极大地回路方式运行时，共用接地极出现最大入地电流，其值为两直流系统直流电流之和。这是最严重的运行工况，应予以限制。

（二）设计条件

由于各个直流工程建设周期可能不同且多换流站（长时间）持续地同时出现同极性大地回线方式运行的可能性极小，因此共用接地极的设计原则与"一站一极"有区别，一般应结合出现影响接地极设计尺寸的运行工况的概率，可按以下组合确定。

（1）额定入地电流。共用接地极的额定电流应取最大的一个直流系统以单极大地回线方式运行电流与其他双极系统不平衡的电流之和。

（2）一站单极运行时最大暂态电流。考虑额定电流最大的一个直流系统以单极大地回线方式运行，其他直流系统双极运行。

（3）两站同时单极运行时最大暂态电流。因出现暂态电流的时间非常短暂，两个或多个直流系统同时出现同极性最大暂态电流的概率十分小，以至可以不考虑。相比之下，共用接地极中的两个直流系统同时出现同极性以大地回线方式运行的可能性较大，且电流大于一个单极的最大暂态电流，故应予考虑。出现这种情况时，宜尽快转换运行方式（将单极大地运行方式转换为单极金属运行方式），考虑到极性转换需要时间，建议持续运行时间不小于 20min。

（4）不平衡电流。受控制系统和设备的影响，共用接地极在运行时会出现不平衡电流为共用接地极的换流站不平衡电流之和。

（5）设计寿命。电极的设计寿命取决于该接地极以阳极运行的累计安时数，因此共用接地极的设计寿命应是各个直流输电系统分别以阳极运行的安时数之和。

（三）安全问题

共用接地极的安全性问题，如系统过电压、可靠性、接地极设计原则等，也是值得关注的问题。

1. 系统过电压

（1）接地极电位升高。通常接地极的接地电阻很小，在正常双极运行工况下，各个 HVDC 系统几乎可以认为是各自独立的，即共接地极不会对系统造成影响。但当一个直流系统中的一极以大地回线方式运行时，接地极电位升高可能导致其他双极运行系统的正负极电压不对称，应在设计及运行

中予以考虑。

（2）暂态过电压。当一个直流系统接地极线路发生短路或断路故障时，在另一系统的中性线上可能产生过电压。设图 27-21 所示两个直流系统输送容量为 2000MW（500kV，2000A），接地电阻为 0.2Ω；接地极线路都采用 2×LGJ-630/50 导线，长度为 50km。当出现下列情况时，采用 EMTDC 仿真软件模拟结果如下：

1）当 1 号系统以单极大地回线方式运行，2 号系统双极正常运行，且 1 号系统的直流（极）线发生对地（雷击）短路故障（瞬间）时，1 号系统中性线上将可能产生 100kV 过电压；

2）当两系统同时出现同极性以大地回线方式运行，且 1 号系统接地极线路发生断路故障时，中性线上将可能产生 200kV 过电压。

上述仿真计算结果表明，两个直流系统共用接地极时，在正常情况下，中性线上的电压较独立接地极正常时的电压一般增加不足 1kV；在事故情况下，最大过电压可达到 100～200kV，但与独立接地极相比，上升并不多，不影响安全运行。

2. 可靠性问题

确保接地极安全可靠运行目的之一，就是当直流系统一极出现故障时，健全极能继续正常运行，从而提高 HVDC 系统运行的可靠性。如果接地极系统本身出现故障（退出运行），则任何一极导线出现故障会导致双极停运。这意味着，如果采用共用接地极且当出现上述故障时，会导致与共用接地极相连的其他高压直流输电系统同时失去双极，显然可靠性降低了。不过这种情况极少发生，不必过度担心。

为了避免共用接地极出现可靠性降低的问题，提高大地回线运行系统设计可靠性和安全性是关键。具体可以采取以下措施：

（1）每条高压直流输电接地极线路应是独立的。如果多个接地极线路在同一走廊里，虽然可以考虑共用接地极线路，但由于线路一旦出现故障（或检修），将影响到多个直流系统正常运行，即可靠性降低了。相反，如果每条 HVDC 接地极线路分别接到共用接地极上，即接地极线路是独立的，共用接地极的可靠性基本不受影响。

（2）导流系统应是独立的。与共用接地极线路问题类似，如果每条高压直流输电接地极的导流系统是独立的，则导流系统故障不影响共用接地极的可靠性。

（3）如共用导流系统，应考虑加装在线监测系统。在导流系统各个支路上安装电流传感器、在注流接点处安装温度传感器。传感器信息通过处理经通信装置送到换流站，实现在换流站实时监视，发现异常及时处理，保证导流系统可靠。

（4）考虑接地极本体中任一子段电极或导流系统中任一支路的检修或退出运行。影响接地极安全运行的主要控制要

745

素是接地极运行寿命、温升，以及导流电缆过载能力（含焊接质量）。前者可以通过适当加大馈电元件的尺寸或者选择耐腐蚀材料的馈电元件使其满足要求，后者可以通过优化接地极布置，并保证接地极本体中任一子段电极或导流系统中任一支路退出运行或者在同极性大电流短时（如持续数小时）运行下，流过各导流线的最大电流不超过其安全载流量。

（四）电磁环境

随着我国基础建设不断完善，接地极地电流对环境的影响备受人们关注。与"一站一极"比较，共用接地极可以减少甚至可能消除地电流对环境的影响。

（1）充分利用好的极址。共用接地极可以充分利用条件（较）好的接地极极址。此时多换流站共用接地极（总电流）对环境的影响不比多接地极对环境的综合（叠加）影响大，甚至还小。

（2）降低接地极地电流的影响范围。对于电力系统和大型地下金属设施而言，接地极是一个污染源。在有条件的地方采用共用接地极设计，可以减少接地极数量，从而可降低接地极影响范围，有利于环境保护。

（3）异极性运行。共用接地极的不同直流线路如果异极性运行，可抵消甚至可消除地电流对环境的影响。因此，当共用接地极异极性运行时，地面上任意点的电位较一个接地极大地回线运行时是下降的，场强也是随之降低的。相反，如果是多个独立接地极运行，无论它们是同极性还是异极性运行，某些地面上的场强（两点电位差）是增加的，因而可能导致部分地方受影响程度加剧。

（4）避免同极性单极大地回线方式运行。与"一站一极"比较，多换流站共用接地极对环境影响区别仅在出现同极性单极大地回线方式运行工况。但此工况可以控制在很短时间内：

1）建设初期利用先建成的一极单极运行，可以采用大地回线方式运行，也可以采用金属回路方式运行。即使采用大地回线方式，也可尽量减少单极大地回线方式运行的时间或控制运行极性，故出现同极性单极大地回线方式运行情况是完全可以避免的。

2）一极检修，另一极单极运行。当一极（例行）检修时，另一极可采用单极大地回线方式或金属回线方式运行。由于（例行）检修的时间和极性属于可控因素，因此出现同极性单极大地回线方式运行情况也是可以避免的。

3）一极出现故障，另一极单极运行。据统计，一个双极直流输电系统出现一极故障停运的年时间概率（年故障停运小时/8760）一般不到1%（一极年故障停运时间不到90h），每个接地极出现阳极的概率为50%。每年两换流站出现同极性单极大地回路方式运行的时间是非常少的，对环境的影响也是非常有限的。即使出现两换流站同极性运行，并且对环境的影响大到不能接受，直流输电系统能够较快地转换为金属回线运行。在设计接地极时，短暂时间的两额定电流之和却是不得不考虑的制约因素。

综上所述，多直流输电系统采用共用接地极对环境的影响不会增加，相反在受控状态下，是减少地电流对环境的影响一种有效的方法。

三、紧凑型接地极

顾名思义，紧凑型接地极就是相对于常规接地极布置得更紧凑的接地极。理论分析结果表明，采用紧凑型接地极可较常规型接地极减少占地面积40%（具体效果取决于极址电性模型及结构）。由于紧凑型接地极可有效降低占地面积，可能使得更多的地方具备建设接地极的条件，从而为改善甚至解决地电流对环境的影响、缩短接地极线路长度，提供更多的优化空间。此外，紧凑型接地极就是通过外部技术措施改善溢流密度分布特性，因此紧凑型接地极特别适合于极址场地面积较小，额定电流下持续运行的时间较长（如大于20d）的工程。

（一）基本概念

受地面影响，常规型接地极溢流密度分布往往有强烈的"趋外"效应，且随着下层土壤电阻率值的增加，趋外效应更加明显。为了方便表述，以下以双圆环为例，说明紧凑型接地极设计原理。

1. 常规型接地极电流的趋外效应

为了说明趋外效应，让我们先看看常规型接地极溢流密度分布。如果将双圆环（$\phi_1 = 300m$，$\phi_2 = 210m$）电极水平地埋在图27-15所示两层电性结构（$\rho_1 = 100\Omega m$，$\rho_2 = 100\Omega m/1000\Omega m$，$H = 10m$）的极址场域中，仿真计算结果显示，溢流密度的趋外效应明显，特别是在$\rho_1 < \rho_2$情况下，溢流密度的屏蔽趋外效应更是突出。如在入地电流为1500A时和$\rho_2 = 1000\Omega m$的情况下，外环溢流密度达1.08A/m，而内环的溢流密度不到0.2A/m。即使在土壤电阻率各向均匀条件下（$\rho_2 = 100\Omega m$），外环溢流密度达0.96A/m，而其他内环的溢流密度也只有约0.25A/m。

接地极溢流密度的屏蔽趋外效应，直接引发跨步电位差、温升和腐蚀的趋外效应。由于溢流密度的趋外效应，使得极址中间部分得不到充分利用，降低了极址使用率。

2. 消除接地极的电流屏蔽趋外效应

溢流密度分布的趋外效应产生的根本原因是多极环间的接地阻抗严重失衡。位于同一（或相距不远）场域内并联的两个接地体，其等效电路可以用图27-22（a）所示电路代替，其中：R_{11}和R_{22}分别是接地体1和接地体2的自阻抗；E_{12}是流过接地体2电流I_2在接地体1上作用的电动势；E_{21}是流过接地体1电流I_1在接地体2上的作用的电动势。

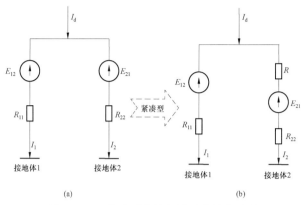

图 27-22　紧凑型接地极原理等效电路图

（a）常规接地极；（b）紧凑型接地极

由图 27-22（a）可以看出，任一接地体对无穷远处的阻抗（接地电阻）可以被看作是由两部分阻抗串联组成：一是自阻抗——由本支路（极环）上的电流在本极环上作用的阻抗；二是互阻抗——由其他支路（极环）上的电流在本极环上作用的阻抗。自阻抗和互阻抗有以下特点：

（1）一般情况下，互阻抗对于电流的分配有重要影响，尤其是多极环紧凑布置，互阻抗对于电流的分配往往起主导作用。

（2）极环的自阻抗大小与其半径大致成（非线性）反比，但极环的相对位置对其互阻抗大小影响很大，且一般是外环互阻抗小，内环大。

（3）（相对于 ρ_1）随着 ρ_2 增加，自阻抗大小对溢流密度分布影响随之起主导作用。

通过以上对极环间阻抗的分析可清楚地看到，影响接地极溢流密度分布不均匀因素是阻抗，包括自阻抗和互阻抗。理论上讲，对溢流密度分布进行有效控制，不外乎就是两种技术思路：一种思路是低阻抗平衡——"削减"高阻抗极环的阻抗，实现低阻抗平衡下对溢流密度分布的控制；另一种思路是高阻抗平衡——"填补"低阻抗极环的阻抗，实现高阻抗平衡下对溢流密度分布的控制。作为接地装置，人们当然希望前一种思路能获得成功。

（1）低阻抗平衡。低阻抗平衡思路需要"削减"高阻抗极环的阻抗。减小接地装置的阻抗，需要降低土壤电阻率，或者增大极环间的距离（减少互阻抗），或者增大接地装置尺寸。降低土壤电阻率需要大面积更换土壤，这显然不现实；增大极环间的距离或增大接地装置尺寸，直接导致增大接地极的占地面积，显然这与紧凑型接地极所要实现的目的是背道而驰。由此可见，低阻抗平衡思路不可行。

（2）高阻抗平衡。高阻抗平衡就是在低阻抗或较低阻抗极环（支路）上增加阻抗——串接电阻元件，如图 27-22（b）所示。显然，用高阻抗平衡的技术思路实现控制溢流密度分

布，技术上可行，造价低廉，且容易实施。

（二）接地极平面布置

紧凑型接地极设计的技术思路是：建立极址电性模型——选择（优化）接地极形状和布置方案——分析计算各极环的自阻抗和互阻抗——确定串接均流装置的位置及其电阻元件的参数（包括阻值、电流、功率）等；技术难点是：选择（优化）接地极形状和布置方案并分析计算各子电极的自阻抗和互阻抗。

在平面布置设计方面，紧凑型接地极与常规型接地极所追求的目标没有本质的区别，都力求使溢流密度分布均匀，但为了方便控制溢流密度的分布，紧凑型接地极平面布置一般应遵循以下要求：

（1）在场地允许的情况下，应优先选择多个同心圆环布置，且圆环数不得少于两个，但不宜超过 5 个，须根据极址具体条件优化确定圆环数。

（2）在场地条件受到限制而不能采用圆环型电极的情况下，宜采用首尾衔接的环形布置，且应尽可能地使电极布置得圆滑些。

（3）如果地形整体性较差或呈长条状（如山岔沟、河岸），可采用星形（直线形）电极。如端部溢流密度过高，可在端部增加一个大小合适的"均流环"或"羊角"电极，以降低端点溢流密度。

（4）对于上述（1）多个同心圆环布置的电极，一般应在外极环或自然溢流密度过大的其他极环串入均流装置；对于（2）和（3）非圆环形布置情况，如果出现局部自然溢流密度过大情况，一般应在溢流密度开始变大的适当位置（如溢流密度开始明显增大地方）设置断点，也即对溢流密度过大电极（子段）进行隔离，如图 27-23 所示，以便串接均流装置。

（5）断点要可靠，不仅馈电元件要断开，而且不能填充焦炭。

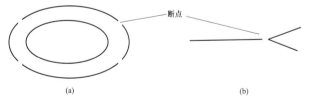

图 27-23　非圆环形电极断点设置位置示意图

（a）椭圆形电极在外环设置四个断点；

（b）星形电极端部设置断点

（三）导流系统接线

紧凑型接地极导流系统设计结构和电缆选型等要求与常规型接地极相同。但与常规型接地极相比，由于紧凑型接地极要将均流装置串接到电极中，所以导流系统布置设计相对

较复杂些。

1. 均流装置定位

均流装置平面定位一般遵循两种方式：一是将所有的均流装置集中放置在接地极中心构架/母线附近的地面上，采用围墙或格栅将其与构架、母线一并围起来进行管理；另一种是将均流装置布置在电极断开点附近，并安装在离开地面安全高度的构架上。前者的优点是便于对均流装置维护管理，可靠性较高，缺点是电缆接线较长，比较适合于圆环形布置的接地极；后者优点是电缆接线较短，缺点是运行维护稍困难且需要采用相应的防盗措施，比较适合于非圆环形布置的接地极。

2. 导流线接线

（1）圆环布置。多圆环布置紧凑型接地极的导流线支路一般相对独立。为了便于描述，这里以三圆环布置和ABC三个方向导流为例，说明多圆环布置紧凑型接地极导流线接线设计。

1）外环（三子段电极）共用一台均流装置。在接地极中心构架附近设置主母线和次母线，均流装置连接主母线和次母线。接地极线路接入分流主母线后，沿着ABC三路方向，用12支路（电缆）将其分别接到内环和中环；用6支路（电缆）连接次母线和外环，如图27-24所示。由图可见，内环和中环是直接接到主母线上，外环是通过均流装置接到主母线上。该接线方式较适用于要求均流装置功率较小（即电阻小或通过的电流小）的情况，接线方式简单，使用均流装置数量较少。

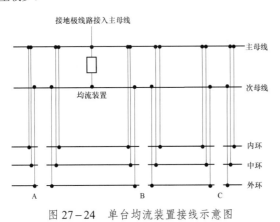

图 27-24　单台均流装置接线示意图

2）外环（三子段电极）分别使用3台均流装置。当单台均流装置功率不能满足要求或者要求对各子段电极的电流分别进行控制时，需要采用多台均流装置，如图27-25所示。与图27-24比较，图27-25取消了次母线或者说将次母线分为三段，每个均流装置与一个子段电极连接。使用多台均流装置分别对不同子段电极进行控制的优点是，电流调节准确方便，对均流装置功率要求容易得到满足。

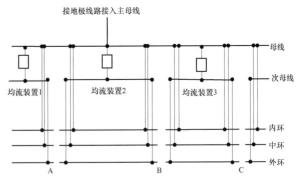

图 27-25　多台均流装置接线示意图

（2）非圆环布置。对于非圆环布置形式的接地极，用电缆将均流装置连接到该断点两侧电极上即可。为了便于描述，这里以直线形布置为例，说明非圆环布置紧凑型接地极导流线接线设计。鉴于直线布置形式的接地极端点电流密度很大，因此可以在两端点合适的位置分别设置一个或两个断点，并串入均流装置。两个断点情况如图27-26所示。

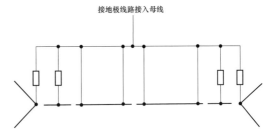

图 27-26　直线形布置紧凑型接地极接线示意图

（四）均流装置的参数计算与选择

紧凑型接地极接线设计完成后，设计人员就可以根据需要，通过选择合适的均流参数和有效地控制溢流密度分布，实现压缩极址占地面积的目的。

1. 均流装置电气参数计算

均流装置电气参数包括电阻值、电流、功率和电压，其中关键是要计算出装置的电阻值和通过电流是多少。对于图27-24～图27-26所示接线，计算涉及到电路和电场问题。

（1）状态方程。设接地极有 N 个独立的子段电极，每个子段电极都直接或通过均流装置与母线连接（其中最多只能有 $N-1$ 个子段电极是通过均流装置与母线连接），如果母线上的电位 V 处处相等且忽略电缆电阻，根据电路理论，即有一般方程式（27-43）

$$V = \left.\begin{array}{l} (R_1 + R_{11})I_1 + R_{12}I_2 + R_{13}I_3 + \cdots\cdots + R_{1N}I_N \\ R_2 I_1 + (R_2 + R_{22})I_2 + R_{23}I_3 + \cdots\cdots + R_{2N}I_N \\ \qquad\cdots\cdots \\ R_i I_1 + \cdots\cdots + (R_i + R_{ij})I_i + \cdots\cdots + R_{iN}I_N \\ \qquad\cdots\cdots \\ R_N I_1 + R_N I_2 + R_N I_3 + \cdots\cdots + (R_N + R_{NN})I_N \end{array}\right\} \quad (27\text{-}43)$$

$$I_d = I_1 + I_2 + I_3 + ,\cdots, + I_j + ,\cdots, I_N$$

式中　　V——母线上的电位，V；

　　　　I_d——接地极入地电流，A；

　　　　I_i——第 i 条支路上的电流，A；

　　　　R_i——第 i 条支路上的均流装置阻抗，Ω；

　　　　R_{ij}——第 j 条支路上的电流对第 i 条支路的互阻抗，$i=j$ 时为自阻抗，Ω。

式（27-43）是由 $N+1$ 个独立方程式组成的状态方程组，其中：R_{ij} 是与极址电性模型和接地极布置形式有关的阻抗；V、R_i 和 I_i 是待求未知数。如果给定均流装置阻抗 R_i 或给定 I_i，则只有 $N+1$ 个未知数，因此具有唯一解。

（2）阻抗参数计算。如何选择均流装置及其参数？一般地讲，如果设计谋求低接地电阻，则不应使用均流装置；如果希望降低接地极温升，选择均流装置的阻抗时应力求使溢流密度均匀分布；如果希望压缩极址占地面积，应尽可能地使地面场强分布均匀，选择均流装置的阻抗。

1）温升控制工况。如果接地极尺寸受最大温升控制，则为了降低最大温升，要求溢流密度尽可能均匀。这样可以按式（27-44）给定 I_i 值，代入式（27-43），即可求解得到均流装置所需阻抗 R_i 值。

$$I_i = L_i I_d / L \qquad (27-44)$$

式中　　L——电极总长度，m；

　　　　L_i——第 i 支路子段电极的长度，m。

其他同式（27-43）。

2）跨步电位差控制工况。在我国，大多数工程的接地极尺寸受最大跨步电位差控制，而最大跨步电位差与溢流密度密切相关，因此可以先通过调节（给定）均流装置的阻抗 R_i，代入式（27-43）计算得到 I_i；然后再基于得到的溢流密度分布，计算最大跨步电位差。通过反复调节均流装置的阻抗 R_i，可获得最大跨步电位差下的均流装置的阻抗 R_i。

（3）最小额定功率计算。通过上述计算，可以得到各支路需要配置的均流装置阻抗 R_i 和流过的电流 I_i。因此各支路均流装置总的最小额定功率可按式（27-45）计算

$$P_i = I_i^2 R_i / 1000 \qquad (27-45)$$

式中　　P_i——第 i 条支路均流装置总的最小额定功率，kW。

其他同式（27-43）。但值得说明的是，此时的 I_i 应为 $N-1$ 状态下的事故电流。

（4）额定电压。均流装置额定电压即为式（27-43）中 V。需要说明的是，此时的 I_d 应为暂态过电流。

2．均流装置参数选择

上述计算均系针对单个支路的仿真计算结果。在实际工程中，由于极址电性模型、计算模型可能有误差和均流装置产品规格、生产条件、运输和安装条件等因素的限制，因此在最终选择均流装置参数时应注意以下事项。

（1）尽可能选择定型或便于定型的产品。目前国内有少数生产均流装置的公司和产品，如所需参数与定型或便于定型的产品参数一致或差别不大，可直接选用；如差别较大，可进行串并联组合，但串并联后的阻抗值应符合该支路的计算值，总功率应大于该支路的计算最小值。

（2）最好选择单个产品。在满足技术条件的情况下，一条支路最好选择一台均流装置，这样结构简单。

（3）阻抗值应能调节。考虑到计算可能有误差，均流装置的阻抗值应能调节，调节范围应不小于标称值的 ±15%。

（4）结构简单，维护方便。均流装置电阻应采用优质、耐用和电阻率稳定的金属材料，尽量取消或简化辅助材料或元件；均流装置应是散热好、免维护或维护方便的户外型设备。

（5）试验验证与确认。在有条件的情况下，在接地极安装建成后或采购均流装置前，建议尽快进行模拟试验。通过模拟试验，验证仿真计算结果和确定均流装置的阻抗值。

（五）均流装置

当前，我国用于直流输电工程的均流装置没有定型产品。为解决向上 ±800kV 直流工程向家坝接地极设计问题，2007 年中南电力设计院对紧凑型接地极设计和均流装置技术要求进行了系统的研究，并与深圳某厂商合作研发了均流装置，在此予以简单介绍。

1．基本要求

均流装置主体元件是一个大功率纯电阻性的元件，要求采用机械性能和抗氧化性能好、电阻率稳定可靠、适用户外环境和耐温较高的材料。一般要求：主体元件电阻值在 0.1～3.0Ω，且电阻值稳定和配备有分接头；额定载流量一般宜在 200～1000A（直流电流），对地直流干闪电压（绝缘水平）宜不小于 3kV，功率宜在 50～500kW。总之，均流装置的电阻值、额定电流、功率等主要参数应满足工程具体需求。

2．冷却降温

在额定电流运行情况下，均流装置会产生大量的热量，必须采取有效方式进行散热冷却。按冷却方式划分，目前均流装置大体上可分为两种类型：①自然冷却型，也称"免维护"；②风机冷却型。

（1）自然冷却型。自然冷却型均流装置结构简单，仅有电阻元件，基本上没有其他辅助元件，架空安置——靠空气对流进行自然冷却。由于电阻元件是由稳定性较好的不锈钢合金材料制造，且均流装置工作电压很低（几乎不存在污闪问题），所以如果将其放置在一个认为安全的位置，可以实现免维护或者运行维护工作量很小。

（2）风机冷却型。对于风机冷却型的均流装置，除了有电阻元件外，还设置了风机，即用风机进行冷却。按照风机供电方式的不同，又分为有源和无源两种型式。一是有源风机冷却型均流装置需要可靠的供电电源，这对于偏远地区尤其是偏远山区，由于供电可能成了主要问题，使得有源风机

冷却均流装置在工程使用中受到限制；二是无源风机冷却，即不需要专门引进电源，而是利用接地极入地电流，通过DC/AC转换作为风机冷却驱动电源。由此可见，无源风机冷却的优势是不言而喻的。

3. 产品简介

2007年，中南电力设计院与深圳某厂商联合开发了一种NGR0.433kV-500A-COM型无源冷却型均流装置（样品），也称为智能型风机冷却型均流装置，并通过了广东省电力行业高低压电工产品质量检测中心真型试验。

（1）产品结构及功能。该装置主要由主体元件、DC/AC逆变电源和冷却风机三部分组成，利用接地极直流作为驱动风机电源，其逻辑框图如图27-27所示。

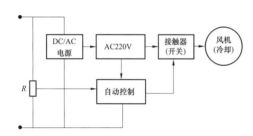

图27-27 无源风机冷却均流装置工作原理框图

1）主体元件。主体元件R是一个大功率纯电阻性的元件，采用机械性能和抗氧化性能好的不锈钢合金材料；主体元件R电阻值为0.5Ω，额定电流500A，额定功率125kW，对地额定直流电压（绝缘水平）为3kV。

2）DC/AC电源。DC/AC电源是利用直流电流在电阻器元件上产生的压降作为直流电源，并将其转换成稳定的交流电源，为冷却风机和自动控制电路提供工作电源。

3）自动控制。自动控制部分元件主要由交流继电器、热继电器组成，当电阻元件上电压和温度超过整定值时，启动接触器，反之断开接触器。

4）接触器（开关）。AC220V正常并接通接触器，冷却风机开始运行，反之停止运行。

5）风机（冷却）。采用风机冷却，确保设备最高温度不超过相关标准的限制。

（2）主要技术参数。NGR0.433kV-500A-COM型无源冷却型均流装置主要技术参数见表27-17。

表27-17 NGR0.433kV-500A-COM型无源冷却型均流装置主要技术参数

序号	参数名称	单位	参数
1	对地直流干闪电压	kV	
2	额定直流电流	A	500
3	标称电阻值	Ω	0.5±5%（在0.4Ω处带抽头）

续表

序号	参数名称	单位	参数
4	额定功率	kW	125
5	电阻元件材料		特殊不锈钢合金元件
6	电阻率	μΩm	1.25
7	电阻温度系数	1/K	<0.02%
8	电阻材料熔点	℃	1375~1500
9	最高工作温度	℃	≤385*
10	总的通风量	m³/h	
11	抗拉强度	MPa	700
12	运行寿命	年	35

* 符合DL/T 780—2001《配电系统中性点接地电阻器》要求。

四、分体式接地极

（一）概念

分体式接地极为由两个及以上分接地极并联后通过接地极线路连接到一个换流站中性点的接地极。这意味着分体式接地极比较适用于单个极址面积较小（单个极址不能满足要求）而附近有两个及以上且相距较近的小极址群区域。由此可见，对于丘陵地区，特别是山区，分体式接地极技术的应用具有现实意义。

理论上，分体式接地极可以由N个小型接地极并联组成，但随着N的增大，除了电流分配更难以掌控外，无疑增加了运行维护与管理的困难，所以N最好不要大于3。

如果将分体式接地极看成是各小型接地极的组合，可以说，上述接地极设计理念、技术条件和计算方法等都可以用于分体式接地极。因此关于分体式接地极，下面只介绍其值得注意的技术点。

（二）设计技术条件

1. 极址土壤参数测量与建模

由于分体式接地极中单个极址往往相距数千米甚至更远，所以土壤参数测量与建模应符合下列要求：

1）分别测量各单个接地极址（0~1000m）浅层土壤电阻率参数。

2）对于深层大地电阻率参数的测量（MT法），可以根据各单个接地极址地形地貌、地质条件，结合它们的位置（距离），确定是否需要分开测量。

3）分别测量各单个接地极址地形图，并给出它们的相对位置。

4）对各单个接地极址分别开展热导率、热容率等其他参数的测量。

5）根据各单个接地极址测的数据，分别创建计算模型。

2. 入地电流

对于分体式接地极，单个接地极位置是相对独立的，且各单个接地极额定入地电流之和等于换流站额定电流。不难看出，如果知道各单个接地极入地电流，设计分体式接地极就简单了——用各自的入地电流分开设计，其方法与常规型接地极就没有差异了。

与常规型接地极设计相比，分体式接地极设计首要问题或难点是如何确定各单个接地极的入地电流。一般来说有两种方法确定单个接地极入地电流：

（1）在单个接地极之间距离较远，致使它们间的互阻抗对电流的影响可以忽略不计或者它们的极址模型差异很大的情况下，可以先分别计算出各单个接地极的接地电阻，然后按照电流分配公式（考虑架空线路阻抗），计算出各自的分配电流。

（2）与上述情况相反，在单个接地极之间距离较近，致使它们间的互阻抗对电流的影响不可忽略的情况下，计算电流分配时应考虑它们间相互影响，也即联合各单个接地极（包括架空线路阻抗）一并计算出各自分配电流。

3. 跨步电位差

设计规程中明确规定，"对于分体式接地极，当一个接地极因事故原因退出运行（≤30min）时，额定电流下的最大跨步电位差应不大于 2.5 倍的 U_{pm}，且不应超过 50V。"这是基于以下两点考虑的：

（1）考虑地面架空线出现一根断线事故。对于导流线设计，设计规程规定"当一根导流线或一段电极停运（损坏或检修）时，不影响到其他导流线和馈电电缆的安全运行"。地面架空线是分体式接地极导流线的一部分，应考虑一根导流线断开情况。

（2）当架空线出现一根断线事故时，需要判断（分裂导线中的）健全导线是否能满足继续运行要求。如果不能满足要求，意味着与事故架空线连接的接地极可能退出运行。在此情况下，健全接地极将自动承担更大的电流；设计规程要求分体式接地极中单个接地极间电流分配差别不宜太大，并以两分体式接地极（最严重情况）为例，规定两分体式接地极中的单个接地极电流分配比不宜大于 3:2。

（三）电流分配的控制

分体式接地极设计基本目标应是尽可能地使各单个接地极在正常运行情况下，各项特性指标（而不仅是电流）达到平衡或基本平衡，切忌严重不平衡。实现这一目标的设计技术关键归结到两点：① 根据自然分配的电流和极址条件，优化单个接地极设计；② 充分利用极址条件并优化电极设计后，调节电流分配。对前者，与普通接地极设计无差异，在此不做赘叙；对后者，这里以如图 27-28 所示两分体式接地

极为例，简要论述控制电流分配的设计方法或措施。

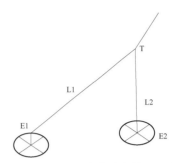

图 27-28　两分体式接地极接线示意图

T 为接地极线路分支塔；L1、L2 分别为两接地极架空分流线；
E1、E2 分别为两接地极

（1）优化单个接地极布置设计。根据各单个接地极极址场地和电性模型，优化单个接地极布置，计算出各自的接地电阻和自然分配电流，并根据自然分配电流完成各自单个接地极优化。接下来，比较各单个接地极优化设计后主要技术指标，如最大跨步电位差、最高温度等主要指标，差别较大，则需要调整单个接地极布置设计。总之，力求通过单个接地极布置设计使主要技术指标达到平衡或比较平衡并满足规程规定的技术要求。

（2）选择合适的分流点。合理选择分流塔 T 的位置，即可通过调节分支架空线路 L1 或 L2 的长度（改变线路阻抗）来调节电流分配。该方法随着 E1 和 E2 间距的增大，效果随之明显。

（3）分支架空线路采用的导线型号。如果通过改变分流塔 T 的位置，其分流结果仍不能满足要求，还可将分支架空线路 L1 导线由良导体改为非良导体导线，如将分支架空线路 L1 改为耐热合金绞线甚至钢绞线，增加线路 L1 支路的阻抗。

（4）串接均流装置。对于采用上述（2）和（3）措施后，其分流结果仍不能满足要求的，可在分支架空线路 L1 中串入合适的均流电阻。

五、垂直型接地极

前面已提到，垂直型接地极是由众多的垂直于地面布置的子电极并联组合而成，子电极是相对独立的（首尾不相连），这种布置形式铸就了垂直型接地极的溢流密度分布不均匀，即使在极址土壤各向均匀下，溢流密度在端点集中效应也与水平（星形）接地极相似。此外，由于垂直型接地极是垂直于地面布置，使得电极往往正交于极址土壤分层交界面（通常极址导电模型为水平分层结构）且各部分受地面的影响不同，因此垂直型接地极有些不同于水平型接地极的技术特点。

（一）主要技术特性

与水平型接地极相比，垂直型接地极的主要技术特点（区别）表现在以下几个方面。

1. 溢流密度分布

（1）仿真计算结果表明，在土壤电阻率参数分布各向均匀情况下，下端部处的溢流密度最大，次之是上端部，中部最小，且最大值几乎高出平均值的 1 倍；随着子电极埋深增加，溢流密度分布逐渐呈现出对称性，但溢流密度分布不均匀性（k_{erm}）没有得到明显改善；随着子电极长度的增加，溢流密度分布不均匀性有加剧的趋向；溢流密度分布与土壤电阻率值大小几乎无关。

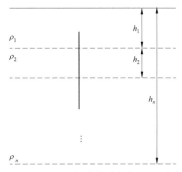

图 27-29　垂直型接地极埋深示意图

（2）在大地土壤电阻率参数（垂直方向）分布不均匀情况下，溢流密度分布与周边土壤电阻率参数值密切相关，且大致与其成反比。如一根长度为 Lo 的垂直子电极埋设在如图 27-29 所示的电性模型为多层水平结构的土壤中，且穿越 n 个不同土壤电阻率值层，则子电极任意点 P 处土壤电阻率参数对溢流密度的影响可按式（27-46）修正

$$\tau_{\mathrm{P}} = k_{\mathrm{P}} \tau'_{\mathrm{P}} \qquad (27-46a)$$

$$k_{\mathrm{P}} = \frac{1}{\rho_{\mathrm{P}}} \times \frac{L_o}{\sum_{n=1}^{N} \dfrac{\Delta L_n}{\rho_n}} \qquad (27-46b)$$

式中　τ_{P}——考虑土壤电阻率参数影响后点 P 处的溢流密度，A/m；

τ'_{P}——均匀土壤中点 P 处的溢流密度，A/m；

k_{P}——点 P 处土壤电阻率系数；

ρ_{P}——点 P 处土壤电阻率，Ωm；

ρ_n——电极穿越第 n 层土壤电阻率值，Ωm；

ΔL_n——穿越第 n 层土壤电阻率的子电极长度，m。

应当指出，式（27-46）虽只适用于单根垂直型接地极，但它表达的土壤电阻率对溢流密度影响的概念及其计算方法，对多根垂直子电极也是可以借鉴的。

2. 端部发热较严重

接地极的温升与面电流密度的平方成正比，典型（均匀土壤中）的垂直型接地极的温度场分布云图如图 27-30 所示。仿真计算和模拟试验结果均表明：

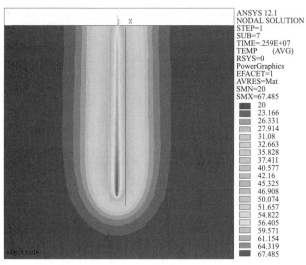

图 27-30　垂直型接地极温度场分布云图

（1）端部发热往往最为严重，设计时需高度关注。

（2）温升速度较快，在同等条件下垂直型接地极允许在额定电流下持续运行的时间较短。

（3）在额定电流及其持续时间远小于热时间常数下，垂直型接地极温度可按式（27-47）计算

$$\theta(t) = \theta_{\mathrm{c}} + \rho J^2 t / C \qquad (27-47)$$

式中　$\theta(t)$ 和 θ_{c}——分别为时间等于 t 和 $t=0_+$ 时的电极表面温度，℃；

J——电极表面电流密度，A/m²；

ρ、C——分别是电极表面处的土壤电阻率和热容率，单位分别是 Ωm 和 J/（m³·K）；

t——额定电流持续时间，s。

3. 跨步电位差较小

由于垂直型接地极可将大部分的电流直接引导到地下深处，所以垂直型接地极跨步电位差较低。仿真结果表明，在极址模型、布置形状、入地电流、电极总长度和最小埋深等条件相同情况下，随着垂直型子电极长度增加，最大跨步电位差降低效果越明显，反之效果变差。例如，电极长度为 30m，垂直布置型式的跨步电位差大约只有水平布置型式的 1/3。

4. 端部电腐蚀较严重

垂直型接地极溢流密度不均匀特性同样可引发电腐蚀不均匀问题，因此确定馈电元件尺寸时需给予适当考虑。

5. 排气较困难

接地极在运行时，会伴随着诸如氢气、氧气、水蒸气等气体的产生，需要及时将其排出，否则会影响到接地极运行特性。水平型接地极由于埋深较浅，气体可通过渗水井自然排放，一般无需设置排气装置。垂直型尤其是深井垂直型接地极则不然，由于埋深达数十甚至数百米，自然排放困难，需要专门设置排气装置。

（二）适用环境或条件

垂直型接地极的优缺点是显而易见的。在此需要强调的是，在设计中采用垂直型接地极时，应特别关注垂直型接地极的适用环境或条件，扬长避短。具体说来，垂直型接地极的适用环境或条件如下。

1. 技术条件

（1）额定电流最长持续时间。垂直型接地极主要受控要素是端部温度，而在多项影响温度的因素中，额定电流最长持续时间是一项既敏感又可掌控的设计要素。在早期的直流工程中，额定电流最长持续时间设计取值为 6 个月，但在后续多个工程中，由于双极建成周期的缩短，将额定电流最长持续时间相继减少为 3 个月、1 个月甚至更短。特别值得指出，我国南方某换流站接地极是我国第一个采用垂直型接地极的工程，额定电流最长持续时间确定为 5d。

基于技术和经济比较结果，垂直型接地极的额定电流最长持续时间一般不宜超过 15d。否则不仅技术上难以做到，且不经济。

（2）最高允许温度。对接地极最高允许温度的限制判据是电极最高温度不得超过水的沸点。对于垂直型尤其是深井型接地极而言，下端部水压力往往较大，其沸点自然超过100℃。所以，在设计垂直型接地极时，可按 DL/T5224—2014 设计标准规定，对最高允许温度根据水压进行校正取值，这样可大幅度降低焦炭使用量或增加额定电流可持续时间。

（3）最大允许面电流密度。为了防止电渗透现象发生，DL/T5224—2014 设计标准规定，对长时期处于单极大地回线方式运行的或土壤中水分较少的接地极，最大面电流密度不应超过 1A/m²。考虑到垂直型接地极额定电流持续时间较短和地下水压往往较高等因素，设计垂直型接地极时，应适当调整甚至可不考虑限制最大允许面电流密度。

2. 极址条件

（1）对极址地形地貌要求较宽松。由于垂直型接地极各子电极是相对独立的，因此允许极址地面高差较大一些。此外，垂直型接地极可大幅度降低跨步电位差，从而减小了对极址场地的面积要求。总之，相对于水平型接地极，垂直型接地极对极址地形地貌和极址场地面积的要求可降低很多。这是垂直型接地极最大的优点。

（2）要求极址土壤覆盖较厚。极址土壤覆盖层厚不仅有利于散流，也有利于采用较长的子电极，即更能发挥垂直型接地极的优势和降低工程造价。应当指出，对于某些导电性能较好的岩石，如金属矿、石墨矿、泥岩、沉积岩、强风化的砂岩、泥水含量高的灰岩等，也适用于垂直型接地极。

（三）垂直型接地极设计

1. 平面布置形状的选择

理论上讲，多根子电极可以在平面上任意布置，但不同的布置形状其技术特性和工程造价相差甚远。为了获得优良的技术特性和最大限度地降低工程造价，力求使每根子电极获得相同或大致相同的入地电流是选择垂直型接地极平面布置时追求的目标。研究结果表明，垂直型接地极平面布置形状与水平型接地极类似，依然是在场地允许的情况下，应优先选择单圆形布置，其次是多个同心圆环形布置。更多内容详见本章第六节。

在此有两点值得注意：① 在同一极址场地内，垂直型接地极不宜与水平型接地极"混合使用"，否则可能会严重地削弱各自的优点；② 在选择垂直型接地极平面布置形状时，不能仅仅看到地形地貌，还应充分考虑地下（子电极到达）的地质条件，避免将子电极置于不适合的岩石中，影响施工和实际效果。

2. 子电极长度及其数目的配合

在特定的水平布置形状下，不同的子电极长度及其数目对电极运行特性也会产生明显的影响。图 27-31 所示的是基于圆环半径239m 和均匀大地条件［土壤电阻率、热导率和热容参数分别为100Ωm、1.0W/（m·K）和2.0×10⁶J/（m³·K）］下，垂直型接地极特征参数与不同 L_0/D（L_0 为垂直接地极极长，D 为垂直接地极间距）的关系曲线。仿真计算结果表明，随着子电极数目的增加，溢流密度分布偏差系数 k_{er} 值有所增加，接地电阻虽然有所降低，但速度逐渐减慢；当子电极长度和数量一定时，k_{er} 值和接地电阻将随着布置的半径增大而减小。

一般来讲，子电极长度应根据地质条件确定，但不宜过长，一般不超过 50m。为了使子电极长度和间隔达到优化配合，对于圆环形电极，子电极长度和数目可按式（27-48）要求配置

$$\eta×子电极长度×子电极数目 = 圆环的周长 \quad (27-48)$$

式中 η 为配合系数，在 0.6～1.1 时电极特性较好。

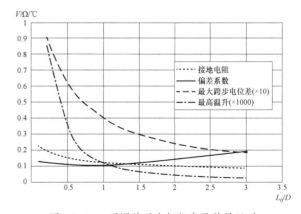

图 27-31　不同的子电极长度及其数目对
电极运行特性的影响

3. 优化设计

完成平面布置形状选择后，就可针对特定布置形状开展

优化设计——需结合极址地形地貌和地质环境、跨步电位差和温度等控制条件综合考虑，并通过技术经济比较后择优选取。

垂直型接地极优化设计就是合理地确定子电极的长度、根数、断面尺寸、间距及上端部埋深等设计参数。这些设计参数对接地极运行各特征参数影响的敏感度虽各不同，但却有着较复杂的相互关联性，因此需要统筹考虑，并往往需要借助于专业计算软件方能完成。由此可见，垂直型接地极优化设计是一个相对较复杂的过程。

垂直型接地极优化设计具体操作方法及流程应该是：

（1）给出设计方案初值。内容包括：① 根据地质条件给出子电极长度；② 根据图 27-31 所示曲线或式（27-48），给出子电极数量（该图显示的虽仅是特定条件下子电极长度及其数量的关系，但其变化规律或趋势对于指导设计人员确定子电极长度及其数量仍然有参考意义）；③ 给出子电极（含焦炭）直径（暂取 0.8m）；④ 给出子电极上端部埋深初值（暂取 5m）。

（2）仿真计算。根据设计方案初值，采用专业计算软件对设计方案（初值）的特征参数进行仿真计算，得到该方案的技术特征参数。

（3）评判与调整初值。根据仿真计算得到特征参数结果，判断是否需要调整初值。一般而言：① 如跨步电位差超过允许值，可适当增加子电极长度或埋深；反之，应适当减少子电极长度或埋深；② 如最高温度超过允许值，应适当增加子电极数量或直径；反之，应适当减少子电极数量或直径。

（4）再仿真计算。完成初值调整后，一般需再次开展仿真计算。如此反复，直到所有的技术性能都能满足设计控制要求为止，从而可得到在技术上满足要求的子电极的长度、根数、断面、间距及上端部埋深等优化布置设计参数。

（5）技术经济比较。仿真计算结果表明，子电极的长度、根数、断面、间距及上端部埋深间虽有较强的关联性，但对工程造价的影响敏感度是不同的。因此，优化布置设计结果还需结合不同平面形状布置方案，通过技术经济比较方能确定。

4. 子电极结构

垂直型接地极的主体部分也是由馈电元件和焦炭组成，与水平型接地极基本相同。但由于垂直型接地极是垂直于地面布置，埋设深度往往达数十米甚至更深，且施工方式不同，因此其结构与水平型接地极有所不同。典型的垂直型子电极结构或纵向断面如图 27-32 所示。

（1）焦炭断面。垂直型接地极一般需采用机械钻孔施工，焦炭断面呈圆形。在实际工程中，单根垂直子电极的断面尺寸（直径 ϕ）很难按照溢流密度分布及需要随心所欲地变化，而是相对不变的。

（2）馈电元件。由于垂直型接地极的溢流密度分布往往不均匀（端点或电阻率较小，土壤层的溢流密度较大），且更

换维护很困难，因此为了提高馈电元件的抗腐蚀能力和运行可靠性，垂直型接地极的馈电元件宜采用腐蚀能力强的材料（如高硅铬铁）。

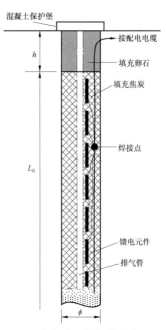

图 27-32　垂直型子电极纵向断面示意图

（3）引流电缆。每根子电极需配置独立的引流电缆，并沿着子电极敷设。引流电缆上端与配电电缆连接，下端与馈电元件组（自带电缆）焊接成一点。每组馈电元件数一般不超过 8 只，以增强导流的可靠性。在此有两点必须指出：① 焊接点必须采用环氧树脂可靠密封；② 引流电缆的最高允许温度必须与设计采用的最高温度限值相适应。

（4）排气管。垂直型接地极一般需在焦炭的中间设置排气管道，以便运行时排放产生的气体。排气管一般可采用直径不小于 80mm、管壁厚度（含连接件）需满足机械强度的要求且管壁上钻有孔洞的 PPR 管（又称三型聚丙烯管）。安装时，还需在钻有孔洞的管体外，缠包 1～2 层厚度不超过 1mm 的土工布，以防止焦炭粉泄漏到管内。

（5）承载构件。鉴于垂直型接地极结构的特点，往往需要将馈电元件、引流电缆、排气管（甚至包括监测传感器）等设施整合成一个整体，以便吊装施工。此外，还需配置定位支架以便这些设施位于焦炭中央。对于常规垂直型接地极，可采用绑扎的方式将馈电元件、引流电缆（甚至包括监测传感器）固定在排气管上。这样，要求排气管有足够的机械强度，即至少能承受起整个垂直子电极（不含焦炭）的重力、施工时的附加荷重及动力；对于深井垂直型接地极，需要配置专门的承载构件，以满足上述各种荷载的要求。

5. 导流系统

合理地设计导流系统对于接地极安全运行和最大限度地降低导流电缆工程造价是十分重要的。垂直型接地极导流系

统设计原则与水平型接地极相似，即导流系统（导流线—配电电缆—引流电缆）宜采用"链式分裂"结构，以节省电缆；导流系统主体支路采用双向供电，以确保其可靠性；力求使流过同级别导流线中的电流相等或大体相等。更多要求参见本章第六节，在此不赘述了。

第八节　接地极电流对周边设施的影响

当强大的直流电流经接地极注入大地时，在极址土壤中形成一个恒定的直流电流场。此时，如果极址附近有（变压器中性点接地）变电站、埋地金属管道或铠装电缆等金属设施，由于这些设施可能给地电流提供了比大地土壤更为良好的导电通道，因此一部分电流将沿着并通过这些设施流向远方，从而可能给这些设施带来不良影响。对此，在接地极选址过程中，应进行充分论证甚至避让。

一、对电力系统的影响

在我国，110kV 及以上电压等级的变压器中性点几乎都是直接接地的。假设变电站位于接地极电流场范围内，那么在场内变电站间会产生电位差，直流电流将会通过大地、交流输电线路，由一个变电站（变压器中性点）流入，在另一个变电站（变压器中性点）流出。如果流过变压器绕组的直流电流较大，可能给电力系统带来下列不良影响。

（1）引起变压器铁心磁饱和。变压器铁心磁饱和可导致变压器噪声增加、损耗增大和温升增高。如磁饱和严重，可能影响变压器使用寿命甚至损坏。

（2）对电磁感应式电压互感器的影响。这种互感器可能通过直流电流，从而可能导致与其有关的继电保护装置的误工作。但一般情况下，此问题不突出。

（3）电腐蚀。理论上讲，当直流地电流流过电力系统接地网时，可能对接地网材料产生电腐蚀，但由于窜入接地网直流电流通常相对较小，因此直流电流产生的腐蚀也是很小的，可以忽略。

由此可见，目前接地极电流对电网的影响主要集中在对电力变压器的磁饱和影响。

（一）对变压器影响的分析

励磁电流及其波形特点。电力变压器铁心磁通与励磁电流关系曲线并非是线性的。对于热轧硅钢片，当磁通密度在 0.8～1.3T 时，磁化曲线进入弯曲部分；而当磁通密度超过 1.3T 时，磁化曲线进入饱和部分。现代变压器铁心多采用冷轧硅钢片，其导磁率较热轧硅钢片高。一般采用热轧硅钢片的电力变压器，磁通密度选择在 1.25～1.45T，冷轧硅钢片为 1.5～1.7T。现代变压器几乎都采用冷轧硅钢片。

由于变压器铁心磁化曲线存在饱和以及铁心磁化曲线对称于原点，因此磁通及励磁电流波形也对称于原点，如图 27-33 实线所示。对典型的电力变压器励磁电流波形进行分析可以发现，在无直流分量情况下，除基波外，还含奇次谐波，在额定电压下各谐波电流的幅值如下：

一次	三次	五次	七次	九次	十一次
100%	50%	10%	2%	1%	0.5%

励磁电流中的高次谐波电流对电流有效值影响不大，其标幺有效值 I_e 仅为

$$I_e = \sqrt{1 + 0.5^2 + 0.1^2 + 0.02^2} = 1.13$$

虽然变压器绕组中励磁电流包含有高次谐波分量，但由于变压器低（中）压绕组一般为Δ接线，为三次谐波电流提供了通道，从而使得通过铁心的磁通仍为正弦波，保证了电压波形不变。

接地极电流对变压器磁饱和影响可借助于图 27-33 叙述。当变压器绕组无直流分量，励磁电流 $i(t)$ 工作在铁心磁化曲线 $\phi(t)$ 的直线段，此时若铁心中磁通为正弦波时，励磁电流 I_e 也是正弦波，如图 27-33 实线所示。

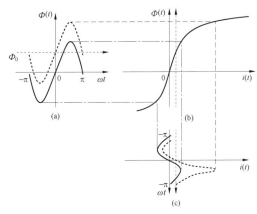

图 27-33　直流电流对变压器励磁电流的影响
（a）铁心中磁通曲线；（b）铁心材料励磁曲线；
（c）变压器绕组中励磁电流

当变压器线圈中有直流电流流过时，由于直流电流的偏磁影响，可能使得励磁电流工作在铁心磁化曲线的饱和区，导致励磁电流的正半波出现尖顶，负半波可能是正弦波，如图 27-33（c）虚线所示。显然其幅值的大小除了与变压器设计有关外，还与直流电流值密切相关。容易看出，此时的励磁电流波形既非对称于原点，也非对称于 Y 轴。将其分解为傅里叶级数，除了含有 1，3，5，…奇次倍频谐波外，还包含有 0，2，4，…，偶次倍频谐波。对各个倍频谐波电流进一步分析，三的倍频谐波电流属于零序电流，1，4，7，10，…为正序电流，2，5，8，11，…为负序电流。励磁电流幅值和波形的变化对变压器影响主要表现在以下几个方面。

（1）噪声增大。当变压器线圈中有直流电流流过时，励

磁电流会明显增大。对于单相变压器，当直流电流达到额定励磁电流时，噪声增大 10dB；若达到 4 倍额定励磁电流，噪声增大 20dB[3]。此外，变压器中增加了谐波成分，会使变压器噪声频率发生变化，可能会因某一频率与变压器结构部件发生共振使噪声增大。

（2）对电压波形的影响。在我国，110kV 及以上变压器一般采用 Y_N/Δ 连接，超高压、大容量变压器，特别是自耦变压器一般采用 $Y_N/\Delta/Y_N$ 连接。对于 Y_N/Δ 和 $Y_N/\Delta/Y_N$ 连接的三相变压器，虽然当接地极电流流过 Y_N 绕组时，增加励磁谐波电流，但由于原边和副边绕组都可以为三的倍频谐波电流提供通道，直接为变压器提供所需的三的倍频谐波电流，使得主磁通接近正弦波，从而使电动势波形也接近于正弦波。然而事实上，当铁心工作在严重饱和区时，漏磁通会增加，在一定的程度上使电压波峰变平。

（3）变压器铜耗增加。变压器铜耗包括基本铜耗和附加铜耗。前面已提到，在直流电流的作用下，变压器励磁电流可能会大幅度地增加，因此变压器基本铜耗可能会急剧增加。但由于主磁通仍为正弦波，且磁密变化相对不大，所以直流偏磁电流对附加铜耗产生的影响相对较小，铜耗主要是基本铜耗。

（4）变压器铁耗增大。变压器铁耗包括基本铁耗（磁滞和涡流损耗）和附加铁耗（漏磁损耗）。基本铁耗与通过铁心磁密的平方成正比，与频率成正比。对于采用 Y_N/Δ 和 $Y_N/\Delta/Y_N$ 接线的变压器，尽管励磁电流包含着谐波分量，但由于主磁通仍然维持正弦波，因此变压器绕组中的直流电流不会对基本铁耗（铁心中的磁滞和涡流损耗）产生太大的影响。然而由于励磁电流进入了磁化曲线的饱和区，使得铁心和空气的磁导率接近（$\mu/\mu_0 \rightarrow 1$），从而导致变压器的漏磁大大地增加。变压器漏磁通会穿过压板、夹件、油箱等构件，并在其中产生涡流损耗，即附加铁耗。附加铁耗会随着铁心磁密的增加而显著增加。附加铁耗应引起重视，即使在无直流情况下，大型变压器的附加铁耗与基本铁耗相当，甚至更大，这意味着随着变压器绕组中直流分量的增加，变压器的附加铁耗会增加。

（二）流过变压器绕组的直流电流的计算

1. 计算方法

流过变压器的电流是可以计算的。假设变电器 A 和变电器 B 分别位于接地极地电流场，根据欧姆定律，流过变压器每相绕组的直流电流可表示为

$$I_0 = \frac{\phi_a - \phi_b}{3R_{ga} + 3R_{gb} + R_{ta} + R_{tb} + R_l}$$

式中 I_0——流过变压器每相绕组的直流电流，A；

     ϕ_a、ϕ_b——分别为变电器 A、B 的电位，V；

     R_{ga}、R_{gb}——分别为两变电器的接地电阻，Ω；

     R_{ta}、R_{tb}——分别为两变压器每相绕组直流电阻，Ω；

     R_l——每相导线的直流电阻，Ω。

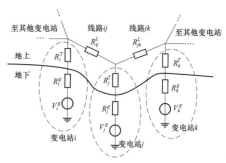

图 27-34   分析交流系统直流分布的电路模型

在实际工程中，计算流过电力系统各变压器绕组的直流电流往往远非如单元支路那样简单，而是一个网络，其网络可以用如图 27-34 所示模型表示。图中，i、j 和 k 表示三个变电站；R_{ij}^L 和 R_{jk}^L 分别为连接变电站的线路 ij 和线路 jk 的直流电阻，其值为相应线路各回路三相所有子导线的直流电阻并联值；R_i^T、R_j^T 和 R_k^T 分别为各相应变电站中性点接地变压器的等效直流电阻；V_i^g、V_j^g 和 V_k^g 分别为各相应变电站的地电位。

如果只计算接地极电流和变电站自身入地的直流电流所产生的地电位，即忽略其他变电站入地直流电流产生的转移电位，则所有流入地的直流电流都在地中任意点产生电位

$$V_i^g = R_{id}I_d + R_i^g I_i \qquad (27-49a)$$

式中 I_d——接地极的入地电流，A；

     I_i——流过变电站 i 的直流电流，A；

     R_i^g——变电站 i 的接地电阻，Ω；

     R_{id}——接地极和变电站 i 之间的转移电阻，Ω。

如接地系统中存在 n 个接地体，并令 $V_d = R_{id}I_d$，各接地体电位可以用矩阵的形式表示为

$$V = V_d - RI \qquad (27-49b)$$

式中 V——n 个接地体的电位，V；

     V_d——由接地极的入地电流在 n 个变电站产生的地电位，也就是变压器中性点不接地时相应变电站的地电位，V；

     I——n 个接地体的电流，A；

     R——对角线元素 R_{ii} 和非对角线元素 R_{ik} 分别为接地体 i 的自电阻、接地体 i 与接地体 k 间的互电阻，Ω。

当求得由接地极的入地电流在相应变电站产生的地电位 V_d 后，即可列出节点电压方程

$$I = GV \qquad (27-49c)$$

其中 G 为 $n \times n$ 的矩阵，其元素 G_{ij} 可以由各段线路的电阻求得。

把式（27-49c）代入式（27-49b），即可以求得如式

（27－50）所示的直流电流在交流系统中的电流分布和各变电站接地网电位

$$I = [E + GR]^{-1} GV_d \qquad (27-50a)$$

$$V = [E + RG]^{-1} V_d \qquad (27-50b)$$

式中，E 为单位阵，上角标 -1 表示求逆阵。

2. 计算范围

随着我国电力系统不断发展，电网接线变得越来越复杂和庞大。理论上，将更多的变电站（电厂）和线路纳入网络计算，有利于提高计算准确度，但计算工作量会急剧增加。为了平衡计算工作量和计算准确度的关系，设计规程规定，"对电位升高 3V 的变电站和与其在电气上相关联的其他变电站，均应纳入计算范围"。因此，在创建计算网络前，应根据极址电性模型和入地电流，确定地电位升高 3V 的边界线。不仅边界线以内的变电站（电厂）、线路要纳入计算网络，而且与它们在电气上有直接连接的所有其他变电站（电厂）、线路，无论它们与接地极有多远，均应纳入计算网络。

应该指出，在十分广域的范围内，准确地计算直流电流在交流系统中的分布还是比较困难的。原因如下：① 大地土壤电阻率分布并非各向均匀，很难真实模拟；② 电网系统很大，需要收集大量的系统资料（如系统接线图、变电站变压器型式及相关参数，以及接地电阻、线路等参数），且难以收集到可靠数据。但可以肯定的是：① 流过各变压器绕组的直流电流大小不仅与接地极的距离相关，而且与极址土壤导电性能、电力系统网络接线及其参数（如变电站接地电阻，导线型号及长度、变压器容量及台数等）有关；② 在一个变电站里单台运行的变压器比多台投运的变压器更容易受到影响；③ 靠近接地极变电站和与接地极成径向布置的变电站较容易流过更多的地电流。

（三）变压器允许的直流电流

理论上讲，当直流电流流过变压器时，总会对变压器产生影响，只是程度不同而已。迄今为止，变压器能允许多大的直流电流我国尚无标准，也没有开展真型试验测试研究，设计人员可依次按下列途径或方法酌情确定。

1. 询问变压器生产厂商

变压器允许的直流电流在很大程度上取决于变压器设计与制造，即其值与变压器结构、铁心材料、磁通密度取值等因素有关，对此可向制造厂家咨询。

2. 借鉴实际工程经验

在直流输电建设过程中，我国一直十分重视变压器直流偏磁问题：在选择接地极址过程中，将直流电流对交流变压器偏磁影响作为极址论证重要依据；在采购换流变压器时，将其允许流过的直流电流写进采购合同。

3. 参照国内交流标准

220kV 及以上大容量变压器在额定电压下，如采用热轧硅钢片，励磁电流通常不超过额定电流的 1%，如采用优质冷轧硅钢片，励磁电流仅是额定电流的 0.1%。励磁电流的大小随着外加电压的增大而急剧增加，对于普通热轧矽钢片，当外加电压在额定电压之上增加 10% 时，励磁电流几乎增加 1 倍[3]。如对于优质冷轧硅钢片，当外加电压在额定电压之上增加 10% 时，励磁电流增加约 3.5 倍；电压增加 15% 时，励磁电流则增加约 8 倍。

我国国标规定，电力变压器在超过 5% 的额定电压下也应能长期安全运行，在此时的励磁电流将较额定电压下的励磁电流大 50%[3]。CIGRÉ[6] 导则认为，现代（高导磁率铁心）单相变压器的励磁电流大约只有额定电流的 0.1%。同时认为当直流电流达到励磁电流时，可听噪声将增加 10dB；当直流电流达到 4 倍励磁电流时，可听噪声将增加 20dB。在葛上直流工程中，加拿大 Teshmont 咨询公司认为，流过变压器绕组的直流电流小于励磁电流的 1.5 倍是可以接受的。

综合上述因素，与变压器在额定电压下运行比较，只要流过变压器绕组的直流电流所引起的励磁电流增量不大于 50%，意味着可听噪声增量不大于 10～15dB，直流电流对变压器的影响是可以接受的。

4. 理论分析判断

通过对部分国内外变压器厂家提供的资料和工程应用情况进行分析，可以得到下列结论：

（1）变压器可允许的直流电流与磁密取值有关。对于冷轧硅钢片，当磁密在 1.65～1.7T 时，变压器绕组允许通过的直流电流为额定电流的 0.45%～0.55%。

（2）变压器可允许的直流电流与变压器硅钢片磁导率特性有关。磁导率越高（优质冷轧硅钢片），允许通过的直流电流越小。对于热轧硅钢片（老式变压器），变压器绕组允许通过的直流电流较大，可达到额定电流的 1%。

（3）变压器可允许的直流电流与变压器类型有关。单相变压器具有独立的磁回路，由于磁阻低，直流较容易引起磁饱和，绕组中只能允许较少的直流电流；三相五柱式变压器有磁回路，但一般铁心面积只有单相变压器的 39%，因此绕组中能允许较大（是单相变压器的 2.5 倍）的直流电流；三相变压器没有独立的磁回路，直流电流引起的磁通只能通过外壳返回，直流磁阻大，所以绕组中能允许更大的直流电流。

综上所述，在无可靠资料情况下，可按噪声增量不大于 10～15dB 考虑，即现代（磁密设计取值 1.7T）变压器绕组中允许流过的接地极直流电流可按式（27－51a）或式（27－51b）估算。

对 Y_N 或 Y_N/Y_N 接线的 220kV 及以上电压等级的变压器

$$I_1 = \frac{kP_\text{m}}{\sqrt{3}U_1} \pm \frac{U_2}{U_1}I_2 \qquad (27-51\text{a})$$

对 Y_N 或 Y_N/Y_N 接线的 220kV 及以上电压等级的自耦变压器

$$I_1 = \frac{kP_\text{m}}{\sqrt{3}(U_1-U_2)} \pm \frac{U_2}{U_1-U_2}I_2 \qquad (27-51\text{b})$$

式中 I_1——高压绕组中允许流过的直流电流，A；

$\quad\quad I_2$——低压绕组中流过的直流电流，A；

$\quad\quad U_1$——高压绕组额定电压，kV；

$\quad\quad U_2$——低压绕组额定电压，kV；

$\quad\quad P_\text{m}$——变压器额定容量，MVA；

$\quad\quad k$——与变压器设计有关的系数：单相变压器一般取 0.3%，三相五柱式变压器取 0.5%，三相变压器能承受更大的直流电流；I_1 和 I_2 同方向取负，反之取正。

5. 参照企业标准

（1）国家电网公司在《国家电网公司物资采购标准—变压器卷》中规定，变压器允许流过最大直流电流应符合表 27-18 规定值。

表 27-18 变压器允许流过最大直流电流

电压等级	最大容量	国家电网公司企业标准要求
220kV	240MVA 三相	三相绕组中性点接处地直流电流 12A
330kV	360MVA 三相	三相绕组中性点接处地直流电流 12A
500kV	400MVA 单相自耦	每相绕组中性点接地直流电流 4A
500kV	750MVA 三相	三相绕组中性点接处地直流电流 12A
750kV	700MVA 单相自耦	每相绕组中性点接地直流电流 6A

每台换流变压器中性点允许直流电流不能超过 10A（根据近年工程经验以及联网提供的数据，在除去触发角不平衡、在换流器交流母线上的正序二次谐波电流以及由交流输电线在直流输电线中感应的基频交流电压，留给接地极产生直流偏磁的允许值约为 2A）。

（2）南方电网公司在 Q/CSG 1101008—2013《500kV 单相自耦交流电力变压器技术规范》中规定，变压器应能耐受不小于 10A 的直流偏磁。Q/CSG 1101007—2013《220kV 三相一体交流电力变压器技术规范》规定，变压器应能耐受不小于 10A 的直流偏磁。在长时间最大直流偏磁（如果存在）作用下，变压器铁心和绕组温升、振动等不超过本技术规范的规定值，变压器油色谱分析结果正常。

（3）南方电网公司（南科院）提供的换流变压器设备规范书中明确指出：每台换流变压器应具备长时承受 10.0A 直流偏磁电流的能力，并应满足相关系统研究的要求。投标人应提供分析报告，阐述直流偏磁电流对变压器安全运行的影响，并阐明所采用的提升变压器直流偏磁电流耐受能力的措施。

（四）抑制直流偏磁的措施

1. 措施的选择

缓解接地极地电流对变压器影响的最好方法是尽可能地使接地极远离变电站或位于合适的位置。但如果受到客观条件的限制，可以根据情况选择采取以下缓解措施：

（1）110kV 变压器中性点不接地。在我国，不是要求每个 110kV 变电站的变压器中性点都需要接地的，因此可以调整 110kV 变电站接地位置，让受影响变电站不接地。

（2）让变压器满足直流偏磁电流要求。变压器可承受的直流偏磁电流与变压器设计密切相关，因此，对于新建工程，可在电力变压器设备订货技术规范书中，明确要求制造厂家须满足直流偏磁电流的技术要求。

（3）在变压器中性点串接隔直装置。对已投运的变压器，如计算得到的流过变压器绕组的直流电流值大于其允许值，可以在关键变压器或受影响变压器的中性点位置加装隔直装置，减少或隔断直流电流。隔直装置的主体元件可分为电阻器和电容器两种，前者主要优点是较容易控制电流，但缺点是该装置可承受的短路电流较小；后者主要优点是该装置制造较容易，且可承受较大的短路电流。简言之，两者优缺点具有互补性，但后者应用更广泛。

需要说明的是，选择加装隔直装置的位置应通过仿真计算优化确定。事实上，不是每个受影响的变压器都需要加装隔直装置——往往只需在部分（电流从大地流入或从大地流出）变压器的中性点位置串接隔直装置即可，选择在电压等级较低、短路电流较小的变压器中性点加装隔直装置可能更经济和更可靠。有关电容器隔直装置更多技术信息详见下述"2.电容器隔直装置"。

（4）在线路上加装串补装置。从理论上讲，在关键和需要的交流线路上加装串补装置不仅可以隔断直流电流，而还可减少线路阻抗，有利于提高线路的自然输送功率。不过，由于在交流线路上加装串补装置不仅费用高，而且涉及到电力系统的方方面面，目前还没有工程实例。

（5）尽可能地减少单极大地回线方式运行。以前的高压直流输电工程，在建设初期、计划检修和一极出现故障时，允许已建成极、未检修极和健全极以单极大地回线方式长时间（30d 以上）运行。现在有的（特）高压直流工程，由于受到直流偏磁和埋地金属管线腐蚀影响，仅允许在一极出现故障时以单极大地回线方式短时（不超过 30min）运行。

2. 电容器隔直装置

目前，国内中国电力科学研究院和广东省电力科学研究院等已研发了电容器隔直装置，并陆续用于工程。2010年，南方电网在岭澳核电站1、2号主变压器中性点成功地安装了我国首台电容器隔直装置。目前，在受影响变压器的中性点加装隔直装置，成了抑制变压器直流偏磁的主要措施。

电容器隔直装置的优点是：为无源方式，安全性较高；隔直效率高；对系统继电保护的影响小至可以忽略；运行维护方便。

（1）基本原理。电容器隔直装置原理如图27-35所示。正常情况下，晶闸管旁路开关在断开状态，机械旁路开关K1和K2闭合，变压器中性点经旁路开关直接接地。在检测到变压器中性点直流偏磁电流超过限值并达到时限时，电容器隔直装置会自动打开机械旁路开关K1，将电容器串入变压器中性点与地网之间，利用电容器"隔直通交"的特点，有效隔断流过变压器中性线的直流电流。选取工频阻抗足够小的电容器，可以保证交流系统的有效接地及交流零序电流的正常流通。电容器隔直装置在电容器支路上并联了一个双向晶闸管支路及一个机械开关K3作为电容器的旁路保护系统。当交流系统发生不对称短路故障时，装置会立即触发导通双向晶闸管旁路开关，并同时发出机械旁路开关K3的合闸信号。故障电流会先通过晶闸管旁路流向大地，达到快速保护电容器的目的。当机械旁路开关K3合上后，故障电流将由晶闸管旁路开关转移到机械旁路开关。双向晶闸管支路与机械开关K3构成了双旁路保护，对电容器会起到更可靠的保护作用。

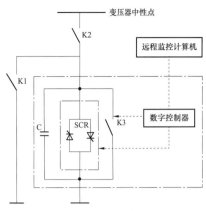

图27-35　电容隔直装置原理图

（2）运行控制。电容器隔直装置设置有手动/自动模式：自动控制模式——旁路开关K3完全由预设的控制策略进行自动控制，在正常运行时选用；手动控制模式——旁路开关K3由装置就地面板按钮控制，在检修方式或试验时选用。

（3）监测功能。监控主站放置在主控室，与电容器隔直装置就地控制器以光纤通信，实现远方监控。其他人员可通过局域网以Web浏览方式访问监测页面（需配置局域网固定IP地址），实现远方实时监测。监控系统对旁路开关K3及重要模拟量实时监测，内容包括：远方控制旁路开关K3的动作；实时监测和提供历史数据记录查询；故障报警实时数字信号、历史记录的查询。

（4）型号及主要参数。表27-19列出了广东省电力科学研究院生产的电容器隔直装置型号及主要参数，可供设计选型参考。

表27-19　电容器隔置装置型号及主要参数

型　号	SYNG/DCBD-CTS-A	SYNG/DCBD-CTS-B
适用范围	220kV电压等级240MVA及以下变压器可与中性线限流电抗器串接使用	500kV电压等级1000MVA及以下变压器可与中性线限流电抗器串接使用
工频阻抗	<0.1Ω	<0.05Ω
固态开关旁路	双向晶闸管/单支路	双向晶闸管/双支路
机械旁路开关	5万次可靠动作/国际采购	5万次可靠动作/国际采购
就地控制器	工业级测控装置/国际采购	工业级测控装置/国际采购
暂态电流耐受能力	15kA（有效值）/300ms	25kA（有效值）/300ms
短时电流耐受能力	20kA（有效值）/4s	25kA（有效值）/4s
电容器组大电流耐受能力（无旁路保护）	11.8kA（有效值）/4s	20kA（有效值）/320ms
主回路对外壳绝缘水平	10/35kV	10/35kV
报警信号输出节点	7个/干节点	7个/干节点
通信方式	光纤/数模转换器	光纤/数模转换器
监控计算机	工作站	工作站
尺寸（长×宽×高）	2300mm×1700mm×2500mm	2900mm×1900mm×2500mm
外壳防护等级	IP55	IP55

二、对埋地金属构件的影响

长期以来，埋地金属管线被腐蚀是困扰行（企）业的重要问题，且经济损失巨大。据百度文库统计，我国每年因管道由于各种原因导致的腐蚀量高达 6000 多万 t。造成经济损失高达 2800 亿元。埋地金属管线除了受到自然腐蚀外，接地极电流可能对接地极附近的埋地金属构件（金属管线、铠装电缆）带来"额外"的负面影响，如电腐蚀、干扰阴极保护系统工作、影响检修人员工作等。

（一）电腐蚀特性

在自然条件下，埋在土壤中的金属构件由于各种原因，管道表面将呈现阳极区和阴极区，并在阳极区局部发生腐蚀。在接地极地电流的作用下，可能使这一现象更加明显。这是由于这些埋地金属设施为地电流提供了比周围土壤更强的导电特性，致使在埋地金属构件的一部分（段）汇集地中电流，又在构件的另一部分（段）将电流释放到土壤中去的结果。

图 27-36（a）描述了接地极以阳极运行时，埋地金属管道上可能产生电腐蚀的情况。在这种情况下，靠近电极的一段管道吸取来自阳极的电流，然后在远离电极的一段管道处将电流释放到土壤中去。这表明，在电极附近的这一段管道相对土壤的电位为负，受到阴极保护；在远离电极的那一段管道相对土壤的电位为正，以致产生腐蚀（阴影部分）。假若接地极是以阴极运行，则管道上直流电流的流向情况与上述情况正好相反：在离开接地极远处的一段管道汇集来自阳极的电流，再由在靠近电极的一段管道将电流释放给阴极。因此，在远离电极的那一段管道受到了阴极保护，而在电极附近的这一部分管道上产生电腐蚀，如图 27-36（b）所示。

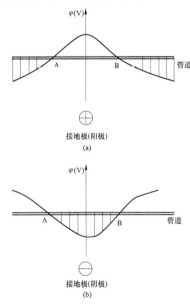

图 27-36 直流地电流对地下金属管道腐蚀分布示意图
（a）阳极；（b）阴极

理论分析结果表明，直流地电流对埋地金属管道的电腐蚀程度除了与入地电流大小及持续时间、土壤电阻率、接地极与埋地金属设施的距离（d）、走向等因素有关外，还与埋地金属设施几何长度（L）密切相关。在其他条件不变情况下，设施 L 越大，电腐蚀程度越严重。一般情况下，当 L/d 小于 1 时，几乎不受电腐蚀影响。由此，接地极地电流主要是对埋地金属管道、铠装电缆、电力线路杆塔基础等这类大跨度的埋地设施的金属构件产生电腐蚀影响。

（二）对埋地金属构件的电腐蚀计算

计算接地极地电流对金属管线或电缆铠装的电腐蚀，应根据埋地金属构件防腐结构的不同，采用适当的计算模型。对于这些线形布置的金属构件设施，无论是管线还是电缆，在计算管线或电缆的电腐蚀问题上，数学模型是相同的，区别在于管壁和铠装是否对地绝缘。当管壁或铠装对地绝缘时，受腐蚀的是接地装置，否则受腐蚀的是管壁或铠装。下面分别讨论。

1. 管壁或铠装对地不绝缘

小型管线的管壁或电缆的铠装可能没有采取包裹防腐措施，而是直接埋在地下。当一条裸金属管道或外套为铠装的电缆经过接地极附近时，在直流电流场的作用下，根据分布参数理论，管道或铠装上任意两点间 dx 段满足式（27-52）微分方程

$$\frac{\mathrm{d}^2 I(x)}{\mathrm{d}x} = \Gamma^2 I(x) - GE(x) \qquad (27-52)$$

其中
$$\Gamma = \sqrt{RG}$$

式中 $I(x)$——流过管线或铠装 dx 段的纵向电流，A；

G——dx 段管线或铠装对地泄漏电导，S；

$E(x)$——沿着管线方向的直流场强，V/m；

R——dx 段管线或铠装的纵向电阻，Ω。

对于管线或铠装上任意从 a 到 b 两点，式（27-52）微分方程的通解矩阵式可以表达为

$$\begin{bmatrix} I_1(x) \\ I_2(x) \end{bmatrix} = \begin{bmatrix} \cosh[\Gamma(x-a)] & \dfrac{1}{\Gamma}\sinh[\Gamma(x-a)] \\ \Gamma\sinh[\Gamma(x-a)] & \cosh[\Gamma(x-a)] \end{bmatrix} \begin{bmatrix} A \\ B \end{bmatrix} + \begin{bmatrix} Z_1(x) \\ Z_2(x) \end{bmatrix}$$

$$(27-53)$$

式中：$I_1(x)$ 是流过管线或铠装 dx 段的电流，A；$I_2(x)$ 是 dx 段对地泄漏电流，A；A 和 B 为常数，根据边界条件确定。$Z_1(x)$ 和 $Z_2(x)$ 是积分函数，其中

$$Z_1(x) = P(x)\mathrm{e}^{-\Gamma x} - Q(x)\mathrm{e}^{\Gamma x}$$
$$Z_2(x) = -\Gamma[P(x)\mathrm{e}^{-\Gamma x} - Q(x)\mathrm{e}^{\Gamma x}] \qquad (27-53\mathrm{a})$$

$$P(x) = \frac{G}{2\Gamma}\int_a^x E(x)\mathrm{e}^{\Gamma x}\mathrm{d}x$$
$$Q(x) = \frac{G}{2\Gamma}\int_a^x E(x)\mathrm{e}^{-\Gamma x}\mathrm{d}x \qquad (27-53\mathrm{b})$$

欲得到式（27-53）的特解，需要给定 a 和 b 点边界条件。边界条件一般有如下几种情况，可根据具体情况给定：① 在离开接地极最近点或有绝缘接头处，$I_1(x)=0$；② 在图27-36所示的 A 和 B 处，有 $I_2(x)=0$；③ 在离开接地极足够远（如大于100km）处，$I_1(x)=0$ 和 $I_2(x)=0$；④ 对于有阴极保护的，由于阴极保护电流由一端注入并在大地的遥远处释放电流，这意味着 $E(x)=0$、$Z_1(x)=0$ 和 $Z_2(x)=0$。所以式（27-53）的特解可简化为

$$I_1(x)=Ae^{-\Gamma x}-Be^{\Gamma x}$$
$$I_2(x)=-\Gamma(Ae^{-\Gamma x}+Be^{\Gamma x}) \qquad (27-54)$$

此时，如果阴极保护电流 I_c 在 a 端注入，边界条件有 $I_1(a)=I_c$ 和 $I_1(b)=0$。

当 a 到 b 段的场强分布变化时，可以将该段分成 $x=x_1<x_2$，…，x_n（$a=x_1<x_2<x_3$，…，$x_{n-1}<x_n=b$）若干小段，如果用 x_n 代替"a"，那么每小段的通解具有与式（27-53）相同的形式，特解是：x_{n-1} 段 b 端消失；$A=I_1(x_n)$，$B=I_2(x_n)$。为了保证在泄漏电导突变处导体上的电流 $I_1(x_n)$ 和电位 $V(x_n)$ 连续，将式（27-53）改写成式（27-55）关于 $I_1(x_n)$ 和 $V(x_n)$ 的函数式

$$
\begin{bmatrix}
\cosh\Gamma(x-x_n) & -\dfrac{1}{\Gamma G}\sinh\Gamma(x-x_n) & -1 & 0 \\[2mm]
\sinh\Gamma(x-x_n) & -\dfrac{1}{G}\cosh\Gamma(x-x_n) & 0 & -1
\end{bmatrix}
$$
$$
\begin{bmatrix}
I_1(x_n) \\ V(x_n) \\ I_1(x) \\ V(x)
\end{bmatrix}
=-\begin{bmatrix}
Z_1(x) \\ Z_2(x)
\end{bmatrix} \qquad (27-55)
$$

式中，$V(x_n)$ 系 x_n 处金属管道或铠装对土壤的电位，V。

由此可以得到包含有 $I_1(x_1)$，$I_1(x_2)$，…，$I_1(x_n)$，$V(x_1)$，$V(x_2)$，…，$V(x_n)$ 2n 个未知数的 2(n-1) 个独立方程组。根据 $I_1(x_1)=I_1(x_n)=0$ 边界条件，可以采用高斯消元法求解得到 $V(x_1)$，$V(x_2)$，…，$V(x_n)$，从而得到 x_n 处金属管道或铠装泄漏电流 $I_2(x_n)$。

根据法拉第腐蚀定律，在直流系统整个设计寿命期间，直流电流对金属管道或铠装壁厚累计的电腐蚀按式（27-56）计算

$$\delta(x_n)=\frac{kV_f I_2(x_n)F_y}{8.76\pi D\rho I_d\Delta x} \qquad (27-56)$$

式中　$\delta(x_n)$——电腐蚀厚度，mm；

$I_2(x_n)$——x_n 处泄漏到大地的电流，A；

V_f——材料电腐蚀速率，kg/（A·a）；

F_y——直流系统以阴极或阳极的累计运行安时数，Ah；

D——管道或铠装的直径，mm；

I_d——接地极入地电流，A；

ρ——材料密度，g/cm³；

Δx——每小段（x_n-x_{n-1}）管道或铠装的长度，m；

k——电流不均匀系数，$k>1$。

理论计算表明，如果在合适的位置将管道或铠装分段绝缘，可以大幅度地降低电腐蚀程度。因此，对于管壁或铠装对地不绝缘情况，可以采用此方法来减少电腐蚀影响。

2. 管道壁或电缆铠装对地绝缘

对于大型埋地金属管线，如石油和天然气管线，为了防止自然腐蚀，通常用三层 PE（环氧粉末＋胶粘剂＋聚乙烯）防腐材料将管道包裹起来，融为一体。电缆分通信电缆和电力电缆，前者铠装对地一般是绝缘的，后者铠装对地有绝缘和非绝缘两种。如果管道壁或铠装对地是绝缘的，可能在增压站或在合适位置接地，以防止雷害。

如果一条对地绝缘（分段接地）的金属管道或铠装电缆通过接地极附近，可以采用集中参数计算流过接地装置的直流电流，其等效电路如图27-37所示。

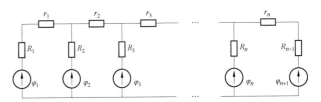

图 27-37　管壁或铠装对地绝缘下的等效电路

φ_n 是第 n 个接地装置处的地电位升，V；

R_n 是第 n 个接地装置的接地电阻，Ω；

r_n 是第 n 至 n+1 段管道或铠装体的直流电阻，Ω

根据上述等效电路图，设网孔的回路电流分别为 I_1'、I_2'，…，I_n'，则可以得到式（27-57）回路方程组

$$
\begin{aligned}
(R_1+r_1+R_2)I_1'-R_2I_2' &= \varphi_1-\varphi_2 \\
-R_2I_1'+(R_2+r_2+R_3)I_2'-R_3I_3' &= \varphi_2-\varphi_3 \\
-R_3I_2'+(R_3+r_3+R_4)I_3'-R_4I_4' &= \varphi_3-\varphi_4 \\
&\cdots \\
-R_nI_{n-1}'+(R_n+r_n+R_{n+1})I_n' &= \varphi_n-\varphi_{n+1}
\end{aligned}
$$
$$(27-57)$$

式（27-57）具有 n+1 个未知数和方程组，具有唯一解。借助于计算机软件，可以很方便地求得各网孔回路电流 I_1'、I_2'，…，I_{n-1}'，…，I_n'，从而可以很方便地求得流过各接地装置的直流电流 I_1，I_2，…，I_n，…，I_{n+1}。

若计算出的电流是由接地装置流入大地（正值），则表明该接地装置可能存在电腐蚀。在直流系统整个设计寿命期间，第 n 个接地装置腐蚀质量可以按式（27-58）计算

$$W_n = \frac{V_f I_n F_y}{8760 I_d} \qquad (27-58)$$

式中：W_n 为直流系统整个设计寿命期间，对接地装置的累计电腐蚀质量，kg。

其他与式（27-56）相同。

解决接地极地电流对接地装置电腐蚀影响的措施简单，可以加大接地装置材料的尺寸，也可以将接地装置材料换成抗电腐蚀能力强的材料，如高硅铸铁或涂层或包裹有机导电材料等。

3. 绝缘有破损的金属管线

理论分析和计算结果显示，接地极地电流对外层绝缘良好的埋地金属管道基本没有影响，对全裸的埋地金属管道的电腐蚀影响往往并不严重，而对包裹层有破损（绝缘遭破坏）的埋地金属管道电腐蚀影响往往更为严重。由于金属管线产品有缺陷或施工过程中不注意等原因，可能导致金属管线包裹层局部破损情况时有发生，因此设计时宜考虑此情况。

对于包裹层有破损的埋地金属管道电腐蚀计算，由于无法有效地界定破损状况及边界条件，故很难建立有意义的仿真计算模型。基于工程评估，设定包裹层破损不改变管道壁对地的场强，计算方法就变得很简单。

如果接地极附近有一条足够长的金属管线穿过，在电流场的作用下可以认为其管道壁对地的场强是稳定的。当该管道包裹层局部存在破坏时，电流可通过破损部位流入土壤中，根据欧姆定律即有方程式

$$\delta = E/\rho \qquad (27-59)$$

式中　　δ——流过管道的面电流密度，A/m²；

　　　　E——管道壁对地的场强，V/m；

　　　　ρ——破损管道处土壤电阻率，Ωm。

例如，按照 GB/T 50991—2014 标准，管道对地场强 E 为 2.5mV/m，如电阻率 25Ωm，则电流密度 δ 为 0.01μA/cm²，由此引起的年平均腐蚀厚度仅约为 0.000 116 2mm。

由此可见，计算包裹层有破损的埋地金属管道电腐蚀的技术难点是计算包裹层有破损点管壁对地的场强。

4. 对输电线路基础的腐蚀

高压输电线路的架空地线一般是对杆塔绝缘的，但也有不绝缘的，其中包括接地极引线。对于地线与杆塔不绝缘的线路，如果它经过接地极附近，在接地极入地电流的作用下，两杆塔间形成电位差，直流电流则经过地线由一个杆塔流入（出），由另一个杆塔流出（入）。因此，在电流流入大地的杆塔基础处将产生电腐蚀。

计算流过各杆塔的直流电流的等效电路与图 27-37 相同，其中：φ_n 是第 n 号杆塔处地电位升，V；I_n 是流过第 n 号杆塔的直流电流，A；R_n 是第 n 号杆塔接地电阻，Ω；r_n 是第

n 至 $n+1$ 号塔间架空地线的直流电阻，Ω。对每一基杆塔基础的腐蚀质量可以按式（27-58）计算。

消除接地极对输电线路铁塔基础腐蚀的方法是：对于计算有影响（长 10~25km）的一段线路，将地线与杆塔绝缘即可；对于紧靠极址（如小于 2km）的杆塔，由于该处地面场强较大，应用沥青或其他绝缘材料将基础与地绝缘，并用玻璃钢板垫在塔脚处，使塔与基础绝缘；如果使用拉线塔，可在拉线中串入一片绝缘子。

（三）评判标准的选择

为了控制管道腐蚀，IEC 和 CIGRE 国际组织、欧美国家和中国制定了相应的技术标准，相关技术条款如下。

1. 国际组织标准

（1）国际电工委员会 IEC/TS 62344 规定，接地极在等效入地电流下，对附近管道上的电流密度不超过 0.1μA/cm² 或者对管道的腐蚀不影响其正常运行寿命是可以接受的。

（2）国际大电网（CIGRE）工作组在《General Guidelines for HVDC Electrode Design》（2017.1）报告中表示对于非保护的铁管，如管道上泄漏电流密度为 1μA/cm²，一年内的腐蚀厚度约为 0.011 62mm 是可以接受的。

2. 欧美标准

英国和欧洲标准 BS/EN 50162—2004《protection against corrosion by stray current from direct current system》中规定的直流干扰评价指标如下。

（1）当管道没有施加阴极保护时，杂散电流引起管道正向电位偏移小于表 27-20 所列数值是可以接受的。

表 27-20　埋地或浸没水中未实施阴极保护构件物上的允许正向电位偏移

构件物金属	电解质电阻率 ρ（Ωm）	最大正电位偏差 ΔU（mV）	
		含 IR[①] 降	排除 IR 降
钢、铸铁	>200	300	20
	15~200	1.5×ρ	20
	<15	20	20
铅	—	1.0×ρ	—
埋在混凝土中的钢筋		200	

① IR 系指管道泄漏电流在绝缘层的压降。

当管道施加阴极保护后，应测得无 IR 降的管道激化电位，如该电位满足阴极保护准则要求，则干扰程度可以接受，否则为不可接受。

（2）美国腐蚀工程师全国协会（NACE）推荐标准《埋地或水下金属管线系统的外腐蚀控制》（RP0169）认为，

管道相对于饱和硫酸铜溶液参比电位（VS.CSE，下同）的电压高于 – 0.85V 可能存在腐蚀，低于 – 1.5V 可能影响涂层损坏。

3. 中国国家标准

GB/T 50991—2014《埋地钢质管道直流干扰防护技术标准》规定：

（1）管道工程处于设计阶段时，可采用管道拟经路由两侧各 20m 范围内的地电位梯度判断土壤中杂散电流的强弱。当地电位梯度大于 0.5mV/m 时，应确认存在直流杂散电流；当地电位梯度大于或等于 2.5mV/m 时，应评估管道敷设后可能受到的直流干扰影响，并应根据评估结果预设干扰防护措施。

（2）管道投运后，对于施加阴极保护的管道，当干扰引起的管道激化电位不满足阴极保护准则要求时（ – 0.85～ – 1.5V）干扰程度为不可接受，应及时采取干扰防护措施。

（3）没有实施阴极保护的管道，宜采用管地电位相对于自然电位的偏移值进行判断。当任意点上的管地电位相对于自然电位正向或负向偏移超过 20mV 时，应确认存在直流干扰；当任意点上的管地电位相对于自然电位正向偏移大于或等于 100mV 时，应及时采取干扰防护措施。

4. 电力行业标准

DL/T 5224—2014 规定：

（1）在接地极与埋地金属管道、埋地电缆、非电气化铁路金属构件的最小距离 d_{min} 小于 10km 或这些埋地金属构件的长度大于 d_{min} 情况下，应计算接地极地电流对它们的影响。换言之，最小距离 d_{min} 大于埋地构件长度可视为满足要求。

（2）对于有包裹绝缘的埋地金属管道，在等效入地电流下，如管道对地电位超过 – 1.5V ～ – 0.85V 范围，需要采取防护措施。

（3）在等效（而非额定）入地电流下，如管壁对地泄漏电流密度超过 1μA/cm² 或累积腐蚀量（厚度）影响其安全运行，应采取防护措施。

对上述标准进行分析和比较，可以看出：

（1）英国和欧洲标准 BS/EN 50162、美国腐蚀工程师全国协会（NACE）推荐标准 RP – 01 – 69 和中国标准 GB/T 50991—2014，这些标准的制定都是基于持久和稳定的电流场（没有考虑接地极入地电流间歇和波动的运行特点），因此确定的电位、场强和电流密度限值比较小。

（2）中国标准 GB/T 50991—2014 严于其他所有标准，主要体现在"地电位梯度大于或等于 2.5mV/m"和"任意点上的管地电位相对于自然电位正向偏移大于或等于 100mV"的限制条款，满足该标准技术要求往往十分困难。

例如，按照 GB/T 50991—2014 标准，管道对地场强 E 为 2.5mV/m，如土壤电阻率取 25Ωm，根据式 $\delta = E / \rho$，则电流密度 δ 为 0.01μA/cm²，由此引起的年平均腐蚀厚度仅约为 0.000 116 2mm。即使按运行 35 年计算，平均累积腐蚀厚度仅约为 0.004 06mm，比自然腐蚀还低很多！

又例如，按照 GB/T 50991—2014 标准，管道对地位偏移不大于为 100mV，如取额定入地电流为 5000A，土壤电阻率取 100Ωm，根据估算，接地极需要远离管道达 80km 以上！很难满足要求。

事实上，单纯用"电场"和"电位"物理量来判断接地极地电流是否对管道存在腐蚀影响是不科学的。原因在于：① 没有考虑管道长度的影响（在同等的电场和电位下，管道越长影响越大）；② 没有引入泄漏电流密度（腐蚀程度源自于泄漏电流密度及其持续时间）；③ 没有考虑腐蚀的时间效应。评判接地极地电流对管道或铠装电缆有否影响，不仅仅是取决于电场和电位物理量，更重要的是取决于管壁泄漏电流密度和累积持续时间（即累计腐蚀量）是否会引起管壁穿孔，是否对受影响物在其设计寿命期间的安全运行构成威胁。

（3）IEC/TS 62344、CIGRE 和 DL/T5224 标准的制定，考虑了接地极（间歇）的运行特点，体现了法拉第电腐蚀定律；考虑的因素较全面，提出的控制限值较科学。在 IEC/TS 62344、CIGRE 和 DL/T5224 标准中，虽然有些控制限值提高了，但总体上并没有降低其他相关技术标准对管道腐蚀的安全要求。

（四）对阴极保护系统的影响

1. 阴极保护系统工作原理

腐蚀学家认为，对于钢（铁）质金属材料，其电位低于 – 0.85V 将受到阴极保护，参比电位低于 – 1.5V，将会导致其防护层脱落。因此，美国腐蚀工程师全国协会（NACE）推荐 – 0.85V、 – 1.5V 分别为对埋地金属构件保护的上下限控制标准。阴极保护就是利用外加手段迫使埋在电解质中被保护的金属构件表面的电位限制在 – 1.5V ～ – 0.85V 范围内，以达到抑制腐蚀的目的。使金属腐蚀下降到最低程度或停止所需要保护的电流密度称之为最小电流密度。新建沥青涂层管道最小保护电流密度一般为 30～50μA/m²，环氧粉末涂层管道一般为 10～30μA/m²。

对于大型或重要的埋地金属管道，如石油和煤气管道等，一般都采用沥青浸渍的玻璃布包裹。其作用一方面是为避免自然腐蚀，另一方面，当采用了阴极保护时，可减少阴极保护电流。值得指出，由于这些防护层不可能是理想的绝缘材料，甚至可能出现小孔，如果管道汇集的电流集中在管道裸露于土壤处释放，可能会加速该部位腐蚀。因此，几乎所有的大型埋地金属构件，尤其是大型金属管线，都采用了阴极保护技术。

阴极保护技术可分为牺牲阳极法和强制排流法两种。虽然两者方法不一样，但保护的基本原理是一样的，都是使被保护构件相对于周边土壤为负的电位。

如图27-38（a）所示，牺牲阳极法是采用比被保护构件更活泼的金属（镁合金棒或锌合金棒）与被保护构件连接，从而在构件和阴极材料之间形成原电池而保护设备——被保护的电极为阴极（采用高纯镁棒为-1.75V，高纯锌棒为-1.1V）。牺牲阳极一般埋设在垂直于管道方向且离开管道水平距离为3～5m的土壤中。

如图27-38（b）所示，强制排流法是在被保护构件施加相对于地为负极性的电压，使被保护构件得到电流。强制排流法采用交流供电，整流后负极接到被保护构件上，正极接到离开管道垂直距离一般在30～50m的接地装置上。接地装置采用高硅铸（铬）铁、石墨等耐电腐蚀强的材料。整流装置输出的直流电压可根据需要调节。

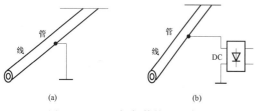

图27-38　阴极保护接线示意图
（a）牺牲阳极法；（b）强制排流法

为了降低阴极保护设施所需功率，一般要求被保护构件具有良好的对地绝缘，必要时还需对被保护构件进行分段（保护）。

2. 对阴极保护系统的影响及计算

在接地极直流入地电流的作用下，由于电位升原因，可能对阴极保护系统产生不良的影响。

（1）干扰阴极保护系统。在正常情况下，阴极保护系统工作状况（输出的电压或电流）是调整好的。在接地极电流的影响下，可能会改变阴极保护输出电压（当改变量超过允许值可能引发报警）。如图27-39所示，判断接地极电流引起地电位升对阴极保护系统的影响可按式（27-60）估算

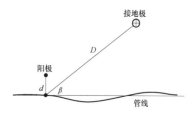

图27-39　接地极与阴极保护系统相对位置示意图

$$D \approx \sqrt{\frac{\rho I_d}{2\pi} \frac{d}{\Delta U} \sin(\beta)} \qquad (27-60)$$

式中　　D——接地极与被保护物（阴极接点处）的水平距离，m；

I_d——接地极入地电流，A；

ρ——土壤电阻率，Ωm；

d——阴极保护系统中正负极接点间的水平距离，m；

ΔU——由接地极入地电流导致阴极保护系统中的被保护物对地允许的波动电压，V；

β——接地极和被保护物（阴极接点处）连线与管道走向间的夹角，度。

式（27-60）表明，在其他条件不变的情况下，ΔU允许值越大，允许的距离D可越小，反之则要求D增大。GB/T 50991—2014《埋地钢质管道直流干扰防护技术标准》只规定了"对于施加阴极保护的管道，当干扰引起的管道激化电位不满足阴极保护准则要求时（-0.85～-1.5V），干扰程度为不可接受"，但对上述ΔU允许值没有做出明显的规定。ΔU与激化电位虽概念不同，但前者会影响后者。

（2）在接头处可能产生电火花。在设计大型管线中，往往采用绝缘法兰对管道进行绝缘（尤其是采用了阴极保护技术的管道），以减少干扰电流对管道的影响范围和程度以及降低阴极保护的电流。对于采用绝缘法兰连接的管线，虽可大大增强管线抗干扰电流的能力，但容易导致来自于雷电流、其他干扰电流在法兰绝缘层处放电。对此，在管线设计时，要求采取诸如用玻璃布包缠并涂装等措施，以防止发生火花放电，甚至安装带有防爆火花间隙的绝缘法兰。相对于雷击电流或交流短路电流，接地极的电流在绝缘法兰两端产生的电位差往往是很低的，不会引发火花放电，但不排除由于绝缘法兰（绝缘垫片或施工）存在质量问题且离接地极太近引发放电的可能性。

（五）防护措施

随着我国经济建设的快速发展，直流输电和埋地钢质管线项目逐年增加。在设计过程中，应尽可能地使接地极（址）与管线保持合理的距离。完全避免接地极地电流对金属管线的影响是很困难的，甚至是不可能的。为了协调相关行业发展，GB/T 50991—2014中针对直流干扰明确了基本原则：在第6.1.1条中提出"管道侧应根据调查与测试的结果，选择排流保护、阴极保护、防腐层修复、等电位连接、绝缘隔离、绝缘装置跨接和屏蔽等干扰防护措施"；在第6.1.7条中提出"高压直流输电接地极与管道之间的距离及干扰防护应符合现行行业标准 DL/T 5224—2014 的有关规定"。

针对直流输电接地极电流的干扰特点，如确认接地极地电流对管线有影响，可根据具体情况选择采用下列防护措施。

（1）排流保护。排流保护可以理解为旁路保护——让干扰电流通过旁路返回到负极，而不是通过被保护物返回到负极。常用的排流保护方式有接地排流、直接排流、极性排流

和强制排流等方式。针对接地极干扰电源，可选用图 27-40 所示排流方式。图 27-40（a）适用于管道阳极区较稳定排流的场合，图 27-40（b）适用于管道阳极区不稳定排流的场合。排流接地装置与管道的距离不宜小于 20m。

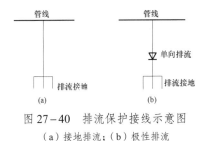

图 27-40　排流保护接线示意图
（a）接地排流；（b）极性排流

（2）阴极保护。阴极保护（含牺牲阳极保护）是一种经典的保护方式，已广泛地应用于埋地金属设施中。阴极保护方法也可用于防护接地极电流对埋地金属管线的防腐。当确定干扰源是接地极电流后，对埋地金属管线采用阴极保护防护措施应做好下列工作：

1）根据接地极入地电流大小，计算确定需要对埋地管线采取保护的范围（区段）。

2）按照界定的保护范围，计算确定满足阴极保护技术要求的电流需求。

3）对于已采用阴极保护措施的管线，要校核现有阴极保护系统是否能覆盖界定的保护范围；必要时，要调整运行参数或运行方式，以满足保护技术要求。

4）对于增加设置的阴极保护系统，应将其布置在受干扰管线的阳极区。

5）要评价接地极入地电流对阴极保护系统的输出电压或电流的影响。

6）考虑到接地极的极性是变化的，应在管线与电源负极（或牺牲阳极）连线中串接导电器件。

阴极保护技术是一项专门的学科，具体保护措施及实施方案请参见其他相关文献资料。

（3）防腐层修复。由于产品的缺陷或运输施工过程疏忽大意以及运行中其他原因，可能导致防腐层存在缺陷。GB/T 50991—2014 规定，对处于干扰区域的管道，每年应进行防腐层缺陷检测，发现防腐层存在缺陷应及时修复。防腐层修复所用材料的绝缘性能不应低于原防腐层。

（4）绝缘隔离。理论分析与仿真计算结果表明，对管线进行分段绝缘隔离，可以大幅度地降低接地极地电流对管线的影响。采用绝缘法兰对管道进行绝缘隔离已广泛地用于埋地管线工程，近些年来，整体埋地型绝缘接头技术也开始用于工程。采用分段绝缘隔离的管线应符合下列要求：

1）绝缘隔离装置两侧各 10m 范围内，管道不应存在防腐层缺陷，以增强隔离效果。

2）绝缘隔离装置应安装高电压防护设施，以防止放电火花。

3）从阴极保护中隔离的管线段，应增加设置独立的阴极保护装置单独进行保护。

【算例 27-6】设增压站 A、增压站 B、增压站 C 有一条长度为 60km、直线状水平敷设、离开接地极最小距离为 10km 的输油管道对称地从接地极附近通过，埋地 0.8m；该管道采用钢质材料，直径为 169mm，管壁厚 4mm；管道外层用 PE 材料包封（绝缘），PE 材料层厚 2.5mm，电阻率为 $1\times10^9\Omega m$；每 500m 长考虑一个 1.0cm² 面积的 PE 材料完全破损（穿孔）；极址电性模型如图 27-15 所示（$\rho_1=100\Omega m$，$\rho_2=500\Omega m$，$H=10m$）。试计算，在接地极入地电流为 3000A 和设计累积以阳极运行的寿命为 30MAh 情况下，直流地电流对管道的电气、腐蚀影响及分布特性，并评价分段绝缘措施的效果。

根据上述条件，按照本节介绍的方法，采用 ETTG 软件，得到直流地电流对管道的电气及腐蚀影响计算结果见表 27-21。

表 27-21　直流地电流对管道的电气及腐蚀影响计算结果明细表

基本信息				PE 绝缘管线					PE 绝缘管线（在 D 和 H 处分段绝缘）				裸管线直接埋地			
站（位置）名称	X 坐标（km）	Y 坐标（km）	电位升（V）	管地电压（V）	IR 压降（V）	纵向电流（A）	泄漏电流（mA/km）	孔蚀深度（mm）	管地电压（V）	纵向电流（A）	泄漏电流（mA/km）	孔蚀深度（mm）	管地电压（V）	纵向电流（A）	泄漏电流（mA/km）	腐蚀深度（mm）
增压站 A	30	10	7.518	6.79	14.313	0.006	15	74.441	1.375	0.001	2.5	15.076	0.138	1.397	3492	0.004
A	27.5	10	8.173	6.137	14.314	0.044	12.5	67.274	0.72	0.007	0	7.898	0.083	7.583	2097	0.002
B	25	10	8.829	5.485	14.317	0.077	12.5	60.131	0.065	0.009	0	0.722	0.069	11.954	1742	0.002
C	22.5	10	9.73	4.589	14.323	0.107	10	50.312	-0.835	0.006	-2.5	-9.149	0.053	15.449	1597	0.001
D	20	10	10.632	3.695	14.33	0.13	7.5	40.511	0.091	0（分段）	0	1.002	0.064	18.93	1615	0.002

基本信息				PE 绝缘管线					PE 绝缘管线（在 D 和 H 处分段绝缘）				裸管线直接埋地			
站（位置）名称	X坐标（km）	Y坐标（km）	电位升（V）	管地电压（V）	IR压降（V）	纵向电流（A）	泄漏电流（mA/km）	孔蚀深度（mm）	管地电压（V）	纵向电流（A）	泄漏电流（mA/km）	孔蚀深度（mm）	管地电压（V）	纵向电流（A）	泄漏电流（mA/km）	腐蚀深度（mm）
E	17.5	10	11.91	2.426	14.338	0.148	5	26.599	1.534	0.012	2.5	16.82	0.051	22.245	1302	0.001
F	15	10	13.188	1.158	14.347	0.158	2.5	12.696	0.258	0.017	0	2.829	0.064	25.712	1635	0.002
G	12.5	10	14.999	−0.643	14.356	0.158	−2.5	−7.047	−1.552	0.012	−5	−17.006	0.032	28.39	820	0.001
H	10	10	16.811	−2.445	14.365	0.148	−7.5	−26.79	0.057	0（分段）	0	0.624	0.016	29.729	407	0
I	7.5	10	19.038	−4.663	14.373	0.126	−10	−51.11	1.806	0.016	2.5	19.798	−0.053	28.321	−1327	−0.002
J	5	10	21.266	−6.882	14.38	0.091	−17.5	−75.44	−0.419	0.019	−2.5	−4.592	−0.148	22.009	−3720	−0.005
K	2.5	10	22.521	−8.132	14.384	0.047	−20	−89.14	−1.673	0.012	−5	−18.33	−0.174	12.516	−4380	−0.006
增压站 B	0	10	23.776	−9.385	14.386	−0.005	−25	−102.9	−2.926	−0.002	−7.5	−32.074	−0.286	−1.442	−7207	−0.009
A	−2.5	10	22.521	−8.132	14.384	−0.056	−20	−89.14	−1.673	−0.015	−5	−18.33	−0.174	−14.269	−4380	−0.006
B	−5	10	21.266	−6.882	14.38	−0.099	−17.5	−75.44	−0.419	−0.02	−2.5	−4.592	−0.148	−23.498	−3720	−0.005
C	−7.5	10	19.038	−4.663	14.373	−0.132	−10	−51.11	1.806	−0.015	2.5	19.798	−0.053	−28.852	−1327	−0.002
D	−10	10	16.811	−2.445	14.365	−0.152	−7.5	−26.79	0.057	0（分段）	0	0.624	0.016	−29.566	407	0
E	−12.5	10	14.999	−0.643	14.356	−0.16	−2.5	−7.047	−1.552	−0.014	−5	−17.006	0.032	−28.062	820	0.001
F	−15	10	13.188	1.158	14.347	−0.157	2.5	12.696	0.258	−0.017	0	2.829	0.064	−25.058	1635	0.002
G	−17.5	10	11.91	2.426	14.338	−0.146	5	26.599	1.534	−0.011	2.5	16.82	0.051	−21.724	1302	0.001
H	−20	10	10.632	3.695	14.33	−0.128	7.5	40.511	0.091	0（分段）	0	1.002	0.064	−18.284	1615	0.002
I	−22.5	10	9.73	4.589	14.323	−0.103	10	50.312	−0.835	−0.008	−2.5	−9.148	0.053	−14.911	1597	0.001
J	−25	10	8.829	5.485	14.317	−0.073	12.5	60.131	0.065	−0.01	0	0.722	0.069	−11.258	1742	0.002
K	−27.5	10	8.173	6.137	14.314	−0.039	12.5	67.274	0.72	−0.007	0	7.898	0.083	−6.744	2097	0.002
增压站 C	−30	10	7.518	6.79	14.313		15	74.441	1.375		2.5	15.076	0.138		3492	0.004

注（1）正值表明有腐蚀，正负号取决于接地极极性；

（2）接地极额定入地电流为 3000A，接地极阳极运行的寿命为 30MAh；

（3）纵向电流为 K 指向 A 方向。

计算结果表明：

（1）影响特性分布具有对称性。由于本算例接地极位于管线的中间位置，所以管线上地面电位升、管地电压、IR 压降、泄漏电流（密度）和腐蚀深度也具有对称性。

（2）对管道的腐蚀影响主要是"孔蚀"。如管道外层 PE 绝缘良好可靠，地电流对管线几乎不产生腐蚀影响；在 PE 绝缘材料有破损的情况下，地电流对管线"孔蚀"影响可能十分突出；对裸埋的管线，地电流对管线的腐蚀影响甚微。

（3）对管线进行分段绝缘可有效降低影响。在管线适当的位置安装绝缘法兰盘（实现纵向绝缘），不仅可有效降低腐蚀，而且还可以有效降低管地电压。

（4）减少单极大地回线运行时间可减少腐蚀。减少单极大地回线运行时间（减少阳极运行寿命）虽可降低腐蚀影响，但按 GB/T 50991—2014 定义要求，不能降低管地电压。

三、对铁路系统的影响

理论上讲，如果接地极离铁路太近，在单极大地回线运行时，接地极地电流可能导致铁路附近大地电位升高、轨对地和轨对轨产生电压。铁路附近大地电位升高可能引发中性点接地的牵引变压器磁饱和；轨对地电压可能对轨道产生电腐蚀，甚至影响到维护人员安全；轨对轨电压可能会使铁路系统中老式信号灯发生误动作。然而值得庆幸的是，现实中铁路系统基于自身防护的需要（电气化铁路的普及、控制系统科技进步）已采用了相应的措施，因此上述问题通常并不突出。

但设计人员必须注意到，在一些支线或矿山铁路中，可能仍有老式机车、信号灯在运行，因此保持接地极与铁路间有适当的距离仍然是必要的。

旧的铁路信号系统采用低压直流电池和继电器，这种型式的典型信号系统是由一根用绝缘铁轨接头隔离的轨道构成，其一端的两根铁轨与电池连接，另一端的两根铁轨与继电器连接，如图27-41所示。继电器线圈平时是带电的，直到火车开来时，由于电池被"短路"，使继电器动作，合上闭锁开关，从而使该区段显示出"停止"信号。

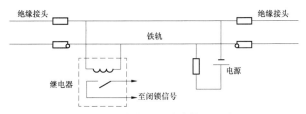

图27-41 铁路信号系统接线示意图

在铁路穿过接地极地电流场情况下，信号系统从铁轨上拾取接地极入地电流，有可能抵消继电器在正常情况下的电流（特别是信号系统的电池接近耗尽时），这样，即使在没有火车开来的情况下，该铁路区段仍然有可能显示"停止"的信号。

解决接地极入地电流对铁路信号系统的影响方法较多，也较简单：① 在美国和世界上其他一些国家，用绝缘铁轨接头将两根铁轨都予以隔开，这样不但可使分段的铁轨比连续的铁轨拾取的电流少，而且两根铁轨的电流、电阻和电压降也近似相等，因此一般不会出现错误信号；② 采用较高电压的电池和灵敏度较低的继电器；③ 假若问题严重到采用这些办法还不能满足要求时，可将信号电路改为交流系统或数码电路系统。

第九节 接地极恒定电流场及温升计算

直流输电接地极是一个可长时间持续地工作在有源状态

下的接地体，因此正确地分析与计算地中电流场和温升，对于确保接地极运行安全并使其造价低廉，避免或减小地电流对环境所产生的影响，是十分重要的。

接地极通常是一个巨大的、形状各异的接地装置。它往往要适应于各种地形条件，穿越多种土壤电阻率区域，边界条件复杂，这使得电流场和温度场计算变得复杂和困难。在求解地电流场时，过去常采用"经典公式"法估算，计算结果误差大，用于工程不理想。随着计算机应用技术的不断发展，目前出现了诸如"有限元"法、"边界元"法、"矩量法"等数值逼近方法。从理论上讲，上述数值逼近法是可信赖的，但由于边界条件的复杂性、勘探手段的局限性以及边界界面划分的可塑性，上述数值逼近法也未能获得满意的计算结果。此外对于一个具有三维敞开边界场的电极而言，上述数值逼近法往往在计算机容量和计算精度要求方面，形成一对难以统一的矛盾。

在工程中，极址土壤电阻率参数一般采用电流注入法或电磁法现场测得，所测得的值是视在电阻率。换言之，每一个测量值是众多不同值混合在一起的等效值，不存在可以客观真实地描述不同电阻率土壤的界面。因此，基于工程观点和我们更感兴趣的是不同土壤电阻率在电场的作用下对我们所研究问题产生的外部综合效应，本节将介绍几种常用的数值求解接地极地电流场的方法，供设计人员参考使用。

一、恒定电流场计算方法

（一）镜像法

在电磁场计算中，镜像法是一种经典的计算方法。

设场域 D 有土壤电阻率分别为 ρ_1 和 ρ_2 两种导电媒质，其分界面是一无限大平面。现在第一种导电媒质 ρ_1 中距分界为 h 处设置一微型电极，载流量为 I_d，如图27-42（a）所示。

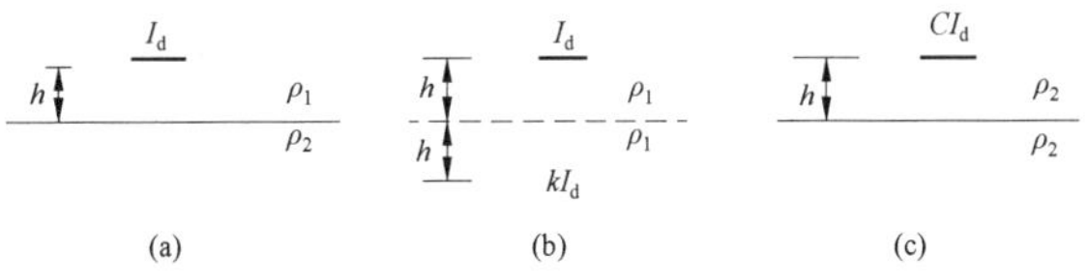

图 27-42 镜像法原理

（a）原电流 I_d；（b）镜像电流 kI_d；（c）电流 CI_d

对于图27-42（a）所示的两种导电媒质中场强的计算问题，镜像法表明：要求上层土壤（ρ_1）中的场强时，可用图27-42（b）所示的均匀导电媒质中（载流量分别为 I_d 和 kI_d）的两个电极来计算；要求下层土壤（ρ_2）中的场强时，则用图27-42（c）均匀导电媒质中（载流量为 CI_d）的一个电极来计算。如采用圆柱坐标系统（原点位于电极中心），根据恒定电流场基本方程式和叠加原理，土壤（ρ_1）中和土壤（ρ_2）中任一点电位可以分别表达为

$$\varphi_1 = \frac{\rho_1 I_d}{4\pi}[f(r,h) + kf(r,-h)] \qquad (27-61a)$$

和

$$\varphi_2 = \frac{\rho_2 I_d}{4\pi}Cf(r,h) \qquad (27-61b)$$

式中：k 是系数；C 是系数。

$$k = \frac{\rho_2 - \rho_1}{\rho_1 + \rho_2} \qquad (27-62a)$$

$$C = \frac{2\rho_1}{\rho_1 + \rho_2} \qquad (27-62b)$$

$f(r,h)$ 是一个与接地极布置形状、尺寸有关的计算因子。设 $P_0(r_0, z_0)$ 为电极中心点，任一点 $P(r, z)$ 的 $f(r,h)$ 值可根据电极布置形状按下列公式计算

$$f(r,z) = \begin{cases} \dfrac{1}{\sqrt{r^2 + (z-z_0)^2}} \qquad \text{（点电极或球形电极）} \\[2ex] \dfrac{1}{2L}\ln\dfrac{\sqrt{(z+L)^2 + r^2} + (z+L)}{\sqrt{(z-L)^2 + r^2} + (z-L)} \\[1ex] \qquad \text{（长度为}2L\text{电极且电流均匀分布）} \\[2ex] \dfrac{2}{\pi\sqrt{(r+R)^2 + (z-z_0)^2}}\int_0^{\frac{\pi}{2}}\dfrac{\mathrm{d}\theta}{\sqrt{1 - k_p^2\cos^2\theta}}, \\[2ex] k_p = \sqrt{\dfrac{4rR}{(r+R)^2 + (z-z_0)^2}} \\[1ex] \qquad \text{（半径为}R\text{的圆环电极）} \end{cases}$$

同理可求得土壤中任一点电场、电流密度。

由镜像法可见，在极址土壤电阻率参数各向均匀的情况下，采用镜像法可使接地极恒定电流场计算变得十分简单。

（二）行波法

行波法是将直流电流场看作是特殊（波源电流为恒定值）的时变场，将直流电流在大地中流动视为电流波的传播。在此基础上，利用行波传播在界面上的折射与反射概念处理界面问题，即将各界面上的积累（束缚）电荷产生的反向电场的计算转化为各界面产生的反射波波源的计算。该方法适用任意层模型，对于平原丘陵地区，具有计算精度高和计算效率高等优点。

1. 界面问题

假设极址模型按电阻率值不同分为 M 层，其值由上至下分别为 ρ_1，ρ_2，$\cdots$，ρ_M，各电性层厚相应分别为 h_1，h_2，$\cdots$，h_{M-1}，并且各电性层交界面为相互平行的无穷大平面。设有一载流量为 I_d 的微型电极置于第 n 层，并距其上层（第 $n-1$ 层）交界面为 h 的土壤中，如图 27-43 所示。

对于图 27-43 所示的模型，行波法为求解任意层中电流场提供了方便。该方法是将入地电流在大地中传播视为电流行波的传播，引入波的折射与反射概念；将各界面上积累电荷产生的反向电场影响的计算，转化为各界面产生的反射波

（并折射到欲求解场域 m 层）波幅的计算。

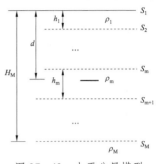

图 27-43　水平分层模型

（1）行波概念。在电磁场中，达朗贝尔方程表达了无限大空间中的时变场动态位与场源 δ（电荷密度）之间的关系[7]，即

$$\varphi(x,y,z,t) = \frac{1}{4\pi\varepsilon}\int_V \frac{\delta(x_o, y_o, z_o, t - r/v)}{r}\mathrm{d}V$$

$$(27-63)$$

式中 x、y、z 为场点 P 的坐标，而 x_o、y_o、z_o 为源点坐标，V 为体电荷空间，$\mathrm{d}V$ 为单元体积，r 为 $\mathrm{d}V$ 与 P 点的距离，ε 为介电常数，v 为行波速度。

对于我们所研究的场可以理解为特殊的时变场，入地电流 I_d 是恒定不变的。若将 I_d 视为点电流，作为式（27-63）的一个特例，其电位函数按比拟方法可以表达为

$$\begin{cases} \varphi(r,t) = \dfrac{\rho I_d}{4\pi r} \cdot f(t - r/v) \\[1ex] f(t - r/v) = 1 \qquad (t \geq r/v) \\[1ex] f(t - r/v) = 0 \qquad (t < r/v) \end{cases}$$

式中：ρ 为土壤电阻率，$f(t-r/v)$ 是一个以空间和时间作为变量的函数，这就意味着此物理量是以速度 v 沿着 r 方向传播出去的。

式（27-63）除表达了恒定电流场中的位函数是一种波外，还建立了位函数与波源电流之间的关系，即波幅正比于波源电流 I_d。从这个意义上讲，电流在媒质中也可以理解为是以波的形式 $f(t-r/v)$ 沿着 r 方向传播。

（2）行波的折射与反射。恒定电流场中的位函数和电流的传播既然可以理解为是以波的方式传播，那么它们的传播具有波的特性：在均匀媒质中，行波按直线传播；若在传播途中媒质发生变化，则要产生反射波和折射波。例如，当行波从介质 ρ_1 传播到介质 ρ_2 中时，在界面上产生反射和折射，其反射和折射电流分别为

$$I_d' = \frac{\rho_2 - \rho_1}{\rho_1 + \rho_2}I_d, \quad I_d'' = \frac{2\rho_1}{\rho_1 + \rho_2}I_d$$

与式（27-62）比较，两者表达形式完全一样。因此，"行波法"可以认为是镜像法的拓展，特别适用于多层水平分层结构的极址模型。

上述例子可以这样理解：在 $t=0$ 时给电极通电 I_d，动态电位 φ（r，t）将以幅值 $\rho_1 I_d/(4\pi r)$ 按速度 v 沿着辐射的 r 方向传播。当 $t \geqslant r/v$ 即电位波传到界面后，一部分反射回来，另一部分折射到媒质 ρ_2 中。也就是说，I'_d 可以被认为是由分界面引起的"反射电流"，反射系数为 $(\rho^2-\rho^1)/(\rho^2+\rho^1)$；$I''_d$ 可以被认为是进入到导电媒质 ρ_2 中的"折射电流"，折射系数为 $2\rho_1/(\rho_1+\rho_2)$。

同理，对于图 27-43 所示的极址电性模型，电流波将在各界面形成多次（理论上为无穷次）折射和反射。第 m 层得到的电流波可以归纳为由来自该层相邻界面（S_{m+1} 或 S_m）的反射波和其他层的折射波两部分组成，这些电流波的波幅及其源点位置可用下列行阵表示

$$\left.\begin{array}{l} \boldsymbol{Q}_m = I_d[q_{m1} \quad q_{m2} \quad q_{m3} \cdots\cdots q_{mk} \cdots q_{mK}] \\ \boldsymbol{Z}_m = \quad [z_{m1} \quad z_{m2} \quad z_{m3} \cdots\cdots z_{mk} \cdots z_{mK}] \end{array}\right\} \tag{27-64}$$

式中：$\boldsymbol{Q}_m$ 为第 m 层截获的折反射波波源行阵，A；$\boldsymbol{Z}_m$ 为第 m 层截获的折反射波波源 Z 坐标位置行阵，m。

（3）行波的叠加。根据电磁场理论叠加原理，第 m 层任意点处的电位函数可以用式（27-65）表示

$$\varphi_P = \frac{\rho_m I_d}{4\pi}\sum_{k=1}^{K_m} q_{mk}f(r,z_{mk}) \tag{27-65}$$

式中　φ_P——P 点的电位，V；

ρ_m——P 点所在层土壤电阻率，Ωm；

q_{mk}——行阵 $\boldsymbol{Q}_m$ 中第 k 列元素，反射波波源电流系数；

z_{mk}——行阵 $\boldsymbol{Z}_m$ 中第 k 列元素，q_{mk} 所在的 Z 坐标，m；

K_m——行阵 $\boldsymbol{Q}_m$ 或 $\boldsymbol{Z}_m$ 列数。

由此可见，用行波法求解电流场的关键归结到求解行波的波源电流及其所在的位置。

2. 溢流密度

由于电极形状、极址土壤电阻率参数分布不均匀等因素，接地极各部位泄入到地中的电流密度一般是不一样的。一般来讲，除了均匀大地导电媒质条件下的极少数标准形接地极的溢流密度可以用解析法近似求解外，其他形状特别是在非均匀大地导电媒质条件下很难用解析法求解。对于难以用解析法求解的电流场，可将电流在接地体上连续分布转换为离散分布，用数值法求解。

（1）离散点电流方程。将接地极离散成 J 个点，各点的坐标位置分别为 $P_1(x_1,y_1,z_1)$，$P_2(x_2,y_2,z_2)$，…，$P_J(x_J,y_J,z_J)$，并且在各离散点分别以电流 I_1，I_2，…，I_J 代替该接地体（一小段）上连续分布的电流。根据接地极在运行中满足的边界条件（接地极体上各点对无穷远处的电位相等和各离散点电流之和恒等于系统入地电流），任意点 P_i 处的电位可以表达为

$$\left.\begin{array}{l} a_{11}I_1 + a_{12}I_2 + a_{13}I_3 + \cdots\cdots + a_{1J}I_J = \varphi \\ a_{21}I_1 + a_{22}I_2 + a_{23}I_3 + \cdots\cdots + a_{2J}I_J = \varphi \\ a_{31}I_1 + a_{32}I_2 + a_{33}I_3 + \cdots\cdots + a_{3J}I_J = \varphi \\ \cdots\cdots\cdots\cdots\cdots\cdots\cdots\cdots\cdots\cdots \\ \cdots\cdots\cdots\cdots + a_{ij}I_j + \cdots\cdots\cdots\cdots \\ \cdots\cdots\cdots\cdots\cdots\cdots\cdots\cdots\cdots\cdots \\ a_{J1}I_1 + a_{J2}I_2 + a_{J3}I_3 + \cdots\cdots + a_{JJ}I_J = \varphi \\ I_1 + I_2 + I_3 + \cdots\cdots\cdots\cdots + I_J = I_d \end{array}\right\} \tag{27-66}$$

式中：φ 为点 P_j 处对无穷远处的电位升，V；a_{ij} 为点 P_i 和 P_j 间的电位系数，Ω。$i=j$ 时称自电位系数；$i\neq j$ 时称互电位系数，其值为 $a_{ij} = \sum\limits_{k=1}^{K} a_{ijk}$。

（2）离散点电流求解。将式（27-66）写成矩阵形式，即

$$\begin{bmatrix} a_{11} & a_{12} & a_{13}\cdots a_{1j}\cdots a_{1J} & -1 \\ a_{21} & a_{22} & a_{23}\cdots a_{2j}\cdots a_{2J} & -1 \\ a_{31} & a_{32} & a_{33}\cdots a_{3j}\cdots a_{3J} & -1 \\ \cdots\cdots\cdots\cdots\cdots\cdots\cdots\cdots \\ a_{J1} & a_{J2} & a_{J3}\cdots a_{Jj}\cdots a_{JJ} & -1 \\ 1 & 1 & 1\cdots 1\cdots 1 & 0 \end{bmatrix} \begin{bmatrix} I_1 \\ I_2 \\ I_3 \\ \cdots \\ I_J \\ \phi \end{bmatrix} = \begin{bmatrix} 0 \\ 0 \\ 0 \\ \cdots \\ 0 \\ I_d \end{bmatrix} \tag{27-67}$$

式（27-67）是一个有 $J+1$ 阶的方阵，在给定入地电流 I_d 的条件下，矩阵有唯一的解，即可求得各离散电流 I_1，I_2，I_3，…，I_J 和接地极电位升 φ，φ/I_d 即为接地电阻 R_e。

3. 电位与场强

如果将接地极离散成 J 个点，则各离散电流分别为 I_1，I_2，I_3，…，I_J。根据电磁场理论的叠加原理，m 层中任意点的电位可以表达为

$$\varphi_p = \frac{\rho_m I_d}{4\pi}\sum_{j=1}^{J}\sum_{k=1}^{K_m} \frac{q_{mk}}{\sqrt{(x_p-x_j)^2+(y_p-y_j)^2+(z_p-z_{mk})^2}} \tag{27-68}$$

$P(x,y,z)$ 处的电场可以表达为

$$E_p = \frac{\rho_m}{4\pi}\left(\sum_{j=1}^{J}I_jS_{xj}i + \sum_{j=1}^{J}I_jS_{yj}j + \sum_{j=1}^{J}I_jS_{zj}k\right) \tag{27-69}$$

式（27-69）中，i、j、k 分别是 x、y、z 三个方向单位向量

$$S_{xj} = \sum_{k=1}^{k_m^j}q_{mk}^j S_{xjk}, \quad S_{yj} = \sum_{k=1}^{k_m^j}q_{mk}^j S_{yjk}, \quad S_{zj} = \sum_{k=1}^{k_m^j}q_{mk}^j S_{zjk}$$

其中，$S_{xjk} = \dfrac{x_p-x_j}{r_{jk}^3}$，$S_{yjk} = \dfrac{y_p-y_j}{r_{jk}^3}$，$S_{zjk} = \dfrac{z_p-z_j}{r_{jk}^3}$

4. 土壤中电流密度

极址土壤中任意点的电流密度可借用欧姆定律确定。设点 P 系土壤中任意一点，如果该点的场强（模值）为 E_p，土壤电阻率为 ρ_p，则该点土壤中的面电流密度 J_P（A/m^2）为

$$J_P = \frac{E_P}{\rho_P} \qquad (27-70)$$

由此可见，求解土壤中电流密度实际上归结到求土壤中的电场问题。

（三）网络法

网络法就是先按照一定规则将极址划分成若干个单元，然后每个单元根据其土壤电阻率的不同，在 X、Y 和 Z 三个方向分别用 6 只电阻代替与周边单元的连接。这样将所有的单元连接起来，便形成只有电阻元件连接的网络，即将地电流场的求解转化为对网络的求解。该方法特别适用于（附近有山岗、沟壑、河流、湖泊等）土壤（大地）电阻率参数各向不同的极址。

1. 单元网络

如图 27-44（a）所示，对于扇径分别为 r_2 和 r_1、扇角为 θ 和扇厚为 D 的扇形土壤块，电阻率为 ρ，它与周边土壤的联系可视为如图 27-44（b）所示的电阻单元网络。

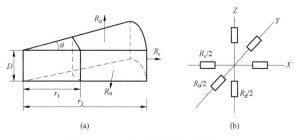

图 27-44　扇形分割单元等值图
（a）扇形土壤块；（b）电阻单元网络

图中：

$$R_r = \int_{r_1}^{r_2} \frac{\rho \, \mathrm{d}r}{D(r\theta)} = \frac{\rho}{D\theta} \ln\left(\frac{r_2}{r_1}\right),$$

$$R_\theta = \frac{1}{\int_{r_1}^{r_2} \frac{D\,\mathrm{d}r}{\rho\theta r}} = \frac{\rho\theta}{D\ln\frac{r_2}{r_1}}, \quad R_d = \frac{\rho D}{\int_{r_1}^{r_2} r\theta\,\mathrm{d}r} = \frac{2\rho\theta}{\theta(r_2^2 - r_1^2)}$$

$$(27-71)$$

同理，对于长、宽、高分别为 $\mathrm{d}x$、$\mathrm{d}y$ 和 $\mathrm{d}z$ 的矩形方体，电阻率为 ρ 的一块土壤，它与周边土壤的联系也可用单元电阻代替，显然其值为

$$R_x = \frac{\rho\mathrm{d}x}{\mathrm{d}y\mathrm{d}z}, \quad R_y = \frac{\rho\mathrm{d}y}{\mathrm{d}x\mathrm{d}z}, \quad R_z = \frac{\rho\mathrm{d}z}{\mathrm{d}x\mathrm{d}y} \qquad (27-72)$$

2. 合成网络

将整个计算场域进行三维空间分割，使之成为有限个互不重叠的单元体，这种分割应从电极开始，一直延展到边界条件为已知的界面。原则上讲，分割可以是任意的，但为了提高计算精度，减少计算工作量，分割应遵循下列原则：① 场域里各界面也应是分割面；② 靠近电极分割密些，远离电极分割稀些；③ 计算远离电极（大于 1km）的电位时，应采用

扇形分割，分析计算电极附近电场电位时，宜根据电极形状来分割；④ 若场域具有对称性，分割也应对称，这样可以减少计算工作量；⑤ 力求使相邻单元的体积不要差距过大，尽量避免出现过宽过扁形体。

通过上述分割，将所研究的域场分割成若干个按照一定规则和顺序排列的单元体。如果对场域进行扇形分割（地平面为圆柱坐标 r、θ 平面），并且在 r，θ 和 Z 方向分别有 I、J 和 K 个面分割，那么可得到 $I \times J \times K$ 个单元。如果我们将第 i 与 $i+1$ 面、第 j 与 $j+1$ 面和第 k 与 $k+1$ 面围成的单元体记作 $V_0(i, j, k)$，节点 N 记作 $N_0(i, j, k)$，那么根据式（27-71），与节点 $N_0(i, j, k)$ 相连的三个方向的电阻应分别是 $R_r(i, j, k)$、$R_\theta(i, j, k)$ 和 $R_d(i, j, k)$。节点间可用一个电阻代替，例如节点 $N_0(i, j, k)$ 与节点 $N_1(i+1, j, k)$ 和节点 $N_2(i-1, j, k)$ 之间，其电阻分别为

$$R_{01} = R_r(i, j, k) + R_r(i+1, j, k); \qquad (27-73a)$$

$$R_{02} = R_r(i, j, k) + R_r(i-1, j, k)。 \qquad (27-73b)$$

同理可得关于 θ 和 Z 方向的四个电阻应分别为

$$R_{03} = R_\theta(i, j, k) + R_\theta(i, j+1, k); \qquad (27-73c)$$

$$R_{04} = R_\theta(i, j, k) + R_\theta(i, j-1, k); \qquad (27-73d)$$

$$R_{05} = R_Z(i, j, k) + R_Z(i, j, k+1); \qquad (27-73e)$$

$$R_{06} = R_Z(i, j, k) + R_Z(i, j, k-1); \qquad (27-73f)$$

将各单元网络都连接起来，就构成了电阻网络。

3. 网络求解

若在上述网络的某些与实际物理场相对应的节点上，按该物理场的边值来给定电位或电流源，就得到代表该物理场等值含源网络模型。这样把求解物理场的问题转化为求解电路网络。

（1）边值问题。求解上述网络，首先要解决边界问题。边值问题可以从两个方面考虑：① 电极本体所在的节点可以看作是恒流源注入点；② 远离电极最外层界面的电位可以直接给出。电极本体所在节点的电流与电极形状、土壤电阻率的分布有关，可以根据各节点注入到网络中的电流之和恒等于接地极入地电流及各个节点电位相等边界条件确定。远离电极最外层界面的电位可以根据它离开电极中心的距离给出合适值。当离开距离足够远（如大于 100km 时），合适的电位值可以是零。对于一个敞开边界场，为了提高计算精度，减小计算工作量，往往需要分级计算。所谓分级计算就是逐渐缩小计算场域，前一级计算得到的某界面电位值可作为下一级计算的给定边值。

（2）线性方程组。对于一个具有 $I \times J \times K$ 个单元的模型，其电路网络有与单元数相同的节点，显而易见，采用节点电压法求解网络最为方便。

1）单元分析。根据节点电压法原理，节点 $N_0(i, j, k)$ 自电导可以表示为

$$G_{00} = \frac{1}{R_{01}} + \frac{1}{R_{02}} + \frac{1}{R_{03}} + \frac{1}{R_{04}} + \frac{1}{R_{05}} + \frac{1}{R_{06}}$$

式中 G_{00} 为节点 N_0（i，j，k）的自导。该节点与周边节点（N_1，N_2，$\cdots$，N_6）的互导则分别为

$$G_{01} = G_{10} = -\frac{1}{R_{01}}, \qquad G_{02} = G_{20} = -\frac{1}{R_{02}}, \qquad G_{03} = G_{30} = -\frac{1}{R_{03}}$$

$$G_{04} = G_{40} = -\frac{1}{R_{04}}, \qquad G_{05} = G_{50} = -\frac{1}{R_{05}}, \qquad G_{06} = G_{60} = -\frac{1}{R_{06}}$$

除电极本体所在的节点外，进入各节点的电流为零，而进入电极所在节点的电流为代表该节点的一段电极泄入地中的电流。于是关于节点 N_0（i，j，k）的单元方程可以表达为

$$G_{00}\varphi_0 + G_{01}\varphi_1 + G_{02}\varphi_2 + G_{03}\varphi_3 + G_{04}\varphi_4 + G_{05}\varphi_5 + G_{06}\varphi_6 = I_0$$

式中 $\varphi_0 \sim \varphi_6$ 为节点 N_0 及周边节点的电位，I_0 系进入节点 N_0 的电流。

2）总体合成。为了得到整个场域关于各节点电位函数的离散表达式，有必要对各节点的编码作适当的改写，以便进行总体合成或归并。设场域被分割成为 $I \times J \times K$ 个单元，远离电极最外层的分割面电位为给定值或零，这样待求节点电位函数的离散数有 $(I-1) \times J \times (k-1)$ 个。如果依次将这些节点按自然数顺序编码，则第 n 个节点编码可以表示为

$$n = (i-1)J(k-1) + (j-1)(k-1) + k$$

式中：$i = 1$，2，$\cdots$，$I-1$；$j = 1$，2，$\cdots$，J；$k = 1$，2，$\cdots$，$K-1$；$n = 1$，2，$\cdots$，N。

如果将全部节点的电位值和进入各节点的电流值都表示为一个 N 阶列阵，分别记作 $\boldsymbol{\varphi}$ 和 $\boldsymbol{I}$ 并用 N 阶方阵 $\boldsymbol{G}$ 表示电导系数，则可以得到一个关于场域内各节点的电位值矩阵表达式为

$$\boldsymbol{G\varphi} = \boldsymbol{I} \tag{27-74a}$$

即

$$\begin{bmatrix} G_{11} \cdots G_{1n} \cdots G_{1N} \\ G_{21} \cdots G_{2n} \cdots G_{2N} \\ \cdots\cdots\cdots\cdots\cdots\cdots \\ G_{N1} \cdots G_{Nn} \cdots G_{NN} \end{bmatrix} \begin{Bmatrix} \phi_1 \\ \phi_2 \\ \vdots \\ \phi_N \end{Bmatrix} = \begin{Bmatrix} I_1 \\ I_2 \\ \vdots \\ I_N \end{Bmatrix} \tag{27-74b}$$

式（27-74b）中 G_{ij} 为电导系数。$i = j$ 时为自导，它等于与节点 i 相连所有电导之和，取正值；$i \neq j$ 时为互导，它等于节点 i 与 j 之间的电导，取负值。不难看出，$\boldsymbol{G}$ 是一个对称的方阵，即 $G_{ij} = G_{ji}$；矩阵的阶数与待求节点电位数相同，因此有唯一的解。

4. 电场及电流密度

由上述方法计算得到位函数的数值解后，可以继续利用计算机计算地中电场、电流密度及其他参数。由恒定电流场理论可知，如果在场域 D 内，任意点的位函数为 $\varphi(x, y, z)$，则该点的电场及电流密度可以分别表达为

$$E(x, y, z) = E_x i + E_y j + E_z k$$

$$\delta(x, y, z) = \frac{1}{\rho(x, y, z)}(E_x i + E_y j + E_z k)$$

其中

$$E_X = \frac{\partial \phi}{\partial x}, E_y = \frac{\partial \phi}{\partial y}, E_z = \frac{\partial \phi}{\partial z}$$

基于电场强度和它对应的位函数之间的关系，可得到关于节点 N（i，j，k）在各方向的电场强度，从而得到关于节点 N（i，j，k）在各方向的面电流密度。

至此我们容易看出，上述网络法主要优点是适用大地导电媒质各向分布不均电流场的求解，特别适用于给定边值条件电流场的求解。但也存在一些缺点，要求较大的计算内存，计算精度不高等。为了提高计算精度，在计算机存储容量许可的情况下，尽可能采取较精细的网格，使离散化的模型能较精确地逼近真实情况。为了能使我们研究的敞开边界场（零电位点离极遥远）做到这一点，往往要分级计算，逐渐缩小计算场域，使敞开边界变为有限边界，达到提高计算精度的目的。

（四）矩量法

矩量法求解接地极的恒定电流场时，以导体的泄漏电流作为基本变量。在利用泄漏电流来描述接地极接地特性的推导中，主要根据两个基本物理定律（电位连续性定律和欧姆定律），进而推导出接地极泄漏电流特性的数学描述。在获得接地极泄漏电流特性的具体表达式后，根据多层土壤中的格林函数，接地极的电位升高、地表电位分布即可通过具体的数学关系获得，具体步骤如下。

1. 导体的泄漏电流

（1）在接地极导体内应用欧姆定律。在图 27-45 所示的接地极导体内应用欧姆定律，并沿导体轴向进行线积分，得到式（27-75）

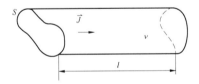

图 27-45　应用于柱导体的欧姆定律图

$$Il = \nu US \tag{27-75}$$

$$IR = U$$

式中　　I ——导体轴向电流；

　　S ——导体横截面积；

　　l ——导体轴向长度；

　　ν ——媒质的电导率；

　　R ——接地体的直流电阻，$R = l/\nu S$；

　　U ——导体内任意段的电位差，$U = \bar{E} \cdot \bar{l}$（$\bar{E}$ 是导体上的电场强度，$\bar{E} = \bar{J}/\nu$）。

（2）电位连续性方程。如图 27-46 所示，依据电位连续性方程，建立导体内和导体外表面土壤中的轴向电位差，即

$$U^e = U^i \tag{27-76}$$

式中　U^e——导体外表面电位，

$$U^e = \bar{l} \cdot \vec{E}^e;$$

U^i——导体内表面电位，

$$U^i = \bar{l} \cdot \vec{E}^i。$$

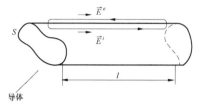

图 27-46　电场轴向分量的连续性

2. 点电流源的格林函数

如图 27-43 所示，以水平分层的土壤为例，在推导接地极泄漏电流分布的数学关系时，一个重要的概念是点电流源在空间产生的电位分布，即点电流源的格林函数。点电流源作用下的分层媒质中电位分布满足

$$\nabla^2 \varphi = 0 \quad 无源区 \quad （27-77a）$$

$$\nabla^2 \varphi = -\rho_l I \delta(\boldsymbol{R} - \boldsymbol{z}_0) \quad 有源区 \quad （27-77b）$$

式中　I——点电流源的电流幅值；

ρ_l——第 l 层土壤的电阻率；

δ——狄拉克函数；

$\boldsymbol{R}$ 和 $\boldsymbol{z}_0$——分别为场点矢量和源点矢量。

有源层中电位函数 φ_l 的解可表述为

$$\varphi_l = \varphi_l' + \frac{\rho_l I}{4\pi |(\boldsymbol{R} - \boldsymbol{z}_0)|} \quad （27-78）$$

式（27-78）的第一部分 φ_l' 满足无源区中的 Laplace 方程式（27-77a）。式（27-78）的第二部分是有源层所特有的分量。式（27-78）第二部分可以利用 Lipsitzch 积分表达为

$$\frac{\rho_l I}{4\pi |(\boldsymbol{R} - \boldsymbol{z}_0)|} = \frac{\rho_l I}{4\pi} \int_0^\infty J_0(\lambda r) e^{-\lambda |z - z'|} d\lambda \quad （27-79）$$

式中　$J_0(\lambda r)$——零阶第一类贝塞尔函数。

对于无源层，假设为第 i 层，满足式（27-77b）的电位函数表达式为

$$\varphi_i = \frac{I\rho_i}{4\pi} \left[\int_0^\infty \alpha_i'(\lambda) J_0(\lambda r) e^{-\lambda(z-z')} d\lambda + \int_0^\infty \beta_i'(\lambda) J_0(\lambda r) e^{\lambda(z-z')} d\lambda \right]$$

$$（27-80a）$$

式中，α_i' 和 β_i' 为待定系数。

有源层即第 l 层的电位函数为

$$\varphi_l = \frac{I\rho_l}{4\pi} \int_0^\infty J_0(\lambda r) e^{-\lambda|z-z'|} d\lambda + \frac{I\rho_l}{4\pi} \int_0^\infty \alpha_l'(\lambda) J_0(\lambda r) e^{-\lambda(z-z')} d\lambda$$

$$+ \frac{I\rho_l}{4\pi} \int_0^\infty \beta_l'(\lambda) J_0(\lambda r) e^{\lambda(z-z')} d\lambda$$

$$（27-80b）$$

式（27-80）中 α_l' 和 β_l' 为待定系数，其求解需要利用土壤分界面的边界条件确定。对于具有 n 层土壤结构的导电媒

质，土壤分界面的边界条件为

$$\varphi_1 = \varphi_2 \quad , \frac{1}{\rho_1}\frac{\partial \varphi_1}{\partial z} = \frac{1}{\rho_2}\frac{\partial \varphi_2}{\partial z} \quad , z = z_1$$

$$\varphi_2 = \varphi_3 \quad , \frac{1}{\rho_2}\frac{\partial \varphi_2}{\partial z} = \frac{1}{\rho_3}\frac{\partial \varphi_3}{\partial z} \quad , z = z_2$$

$$\cdots\cdots$$

$$\varphi_i = \varphi_{i+1} \quad , \frac{1}{\rho_i}\frac{\partial \varphi_i}{\partial z} = \frac{1}{\rho_{i+1}}\frac{\partial \varphi_{i+1}}{\partial z} \quad , z = z_i$$

$$\cdots\cdots$$

$$\varphi_{n-1} = \varphi_n \quad , \frac{1}{\rho_{n-1}}\frac{\partial \varphi_{n-1}}{\partial z} = \frac{1}{\rho_n}\frac{\partial \varphi_n}{\partial z} \quad , z = z_{n-1}$$

$$（27-81a）$$

$$\frac{\partial \varphi_1}{\partial z} = 0 \quad , z = 0 \quad （27-81b）$$

$$\varphi_n = 0 \quad , z = \infty$$

将式（27-81）代入各层土壤分界面的边界条件，求解可得系数 α_i'、β_i' 的表达式。

3. 建立求解方程

将导体内外的电位差表示成导体表面泄漏电流的函数，最终建立求解方程。

为了将接地极的接地性能描述为漏电流的函数，首先在空间中将接地极分割为若干个导体段，对任意一个导体段（以第 n 个导体为例），利用电位连续性条件式（27-76），可得

$$R_n I_n = \sum_m t_{nm}(I_{m-leak}) \quad （27-82a）$$

式中　I_{m-leak}——第 m 段导体的泄漏电流；

t_{nm}——联系第 m 段导体泄漏电流和第 n 段导体外表面电位差的函数，这一函数的求解需要利用分层土壤中的点电流源格林函数。

式（27-82a）写为矩阵的形式为

$$\boldsymbol{RI} = t(\boldsymbol{I}_{leak}) \quad （27-82b）$$

式中　$\boldsymbol{R}$——各段导体轴向直流电阻为元素的对角阵；

$\boldsymbol{I}_{leak}$——各段导体的漏电流向量；

$\boldsymbol{I}$——各段导体轴线电流向量。

对于如图 27-47 所示的由接地网导体构成的电路网络，空间剖分导体时使每段导体仅存在两个端点，不妨设第 n 段导体的两个端点是 n^- 和 n^+。φ_n、φ_{n-1}、$\cdots$、φ_{n-k} 分别为第 n 段、第 $n-1$ 段、$\cdots$、第 $n-k$ 段导体的中点电位。利用节点电压法求解网络，可得由 n^- 节点轴向流入第 n 段导体的电流 I_{n^-} 为

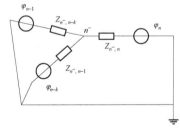

图 27-47　求解轴线电流的网络

$$I_{n^-} = f_{n^-}(\boldsymbol{R}, \boldsymbol{\varphi}) = f_{n^-}(\boldsymbol{R}, \boldsymbol{I}_{\text{leak}}) \qquad (27-83)$$

其中 $\boldsymbol{\varphi}$ 为各段导体的中点电位向量。

利用基尔霍夫电流定律，第 n 段导体泄入大地的电流为

$$I_{n-\text{leak}} = I_{n^-} - I_{n^+} = f_{n^-}(\boldsymbol{R}, \boldsymbol{I}_{\text{leak}}) - f_{n^+}(\boldsymbol{R}, \boldsymbol{I}_{\text{leak}})$$

如果第 n 段导体有电流注入，则轴线电流和泄漏电流的关系为

$$\begin{aligned}
I_{n-\text{leak}} &= I_{n^-} - I_{n^+} + I_e \\
&= f_{n^-}(\boldsymbol{R}, \boldsymbol{I}_{\text{leak}}) - f_{n^+}(\boldsymbol{R}, \boldsymbol{I}_{\text{leak}}) + I_e
\end{aligned}$$

对各段导体进行上述计算可得 n 个轴线电流和 n 个漏电流的关系方程组

$$\boldsymbol{I} = F(\boldsymbol{R}, \boldsymbol{I}_{\text{leak}}, \boldsymbol{I}_e) \qquad (27-84)$$

式中：$\boldsymbol{I}_e$ 为激励向量。将式（27-84）代入（27-82b）可得

$$\boldsymbol{R}F(\boldsymbol{R}, \boldsymbol{I}_{\text{leak}}, \boldsymbol{I}_e) = t(\boldsymbol{I}_{\text{leak}}) \qquad (27-85)$$

求解（27-85）式可获得接地极的泄漏电流分布，利用分层土壤中的格林函数可获得空间任一点的电位，从而求得接地极的接地电阻和地表电位分布。

（五）有限元法

可采取有限元法求解域为 V 和边界为 S 的电流场。利用有限元方法计算此问题首先应将包含接地极的土壤区域 V（简称场域）剖分为有限个规则的单元。不失一般性，多用四面体单元对区域 V 进行剖分，边界 S 将被三角形单元代替。用 e 表示四面体单位的编号，设四面体单元的总数为 M，则 $e = 1$，$2, ..., M$。单元 e 的顶点称为节点，分别用 1、2、3、4 表示，如图 27-48 所示。

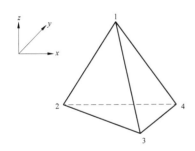

图 27-48　四面体单元的几何结构示意图

经过对场域 V 进行剖分，基于最小势能原理，在笛卡尔直角坐标系中，描述单元 e 内直流电流场的变分表达式可写为

$$F(\varphi^e) = -\int_V \gamma^e \left\{ \left(\frac{\partial \varphi^e}{\partial x}\right)^2 + \left(\frac{\partial \varphi^e}{\partial y}\right)^2 + \left(\frac{\partial \varphi^e}{\partial z}\right)^2 + \varphi^e J_v \right\} \mathrm{d}V - 2\int_{S_2} \varphi^e J_{s2} \mathrm{d}S$$

$$(27-86)$$

式中　S ——给定面电流密度 J_{s2} 的第二类边界面；

J_v ——体电流密度。

场域内的电位分布在笛卡尔直角坐标系中可表示为

$\varphi(x,y,z)$，单元 e 内部的场分布特性 $\varphi(x,y,z)$ 可用已知的多项式 $\varphi^e(x,y,z)$ 近似表示为

$$\varphi^e(x,y,z) = N_1^e \varphi_1^e + N_2^e \varphi_2^e + N_3^e \varphi_3^e + N_4^e \varphi_4^e$$

其中 $N_i^e (i=1,2,3,4)$ 为四面体的形状函数，其表达式为

$$N_i^e(x,y,z) = \frac{1}{6\Delta}(a_i^e + b_i^e x + c_i^e y + d_i^e z), \quad (i=1,2,3,4)$$

其中

$$\Delta = \frac{1}{6} \begin{vmatrix} 1 & 1 & 1 & 1 \\ x_1^e & x_2^e & x_3^e & x_4^e \\ y_1^e & y_2^e & y_3^e & y_4^e \\ z_1^e & z_2^e & z_3^e & z_4^e \end{vmatrix}$$

Δ 为单元 e 的体积，系数 $a_i^e, b_i^e, c_i^e, d_i^e (i=1,2,3,4)$ 由节点坐标决定。

由此可得四面体 e 上的近似场分布 $\varphi^e(x,y,z)$，写成矩阵的形式有

$$\varphi^e(x,y,z) = \begin{bmatrix} N_1^e, N_2^e, N_3^e, N_4^e \end{bmatrix} \begin{Bmatrix} \varphi_1^e \\ \varphi_2^e \\ \varphi_3^e \\ \varphi_4^e \end{Bmatrix} = \boldsymbol{N}_e \boldsymbol{\varphi}_e$$

将插值函数 $\varphi^e(x,y,z)$ 代入描述单元 e 的变分公式（27-86），并利用最小第一变分条件可得

$$\begin{aligned}
\frac{\partial F(\varphi^e)}{\partial \varphi_i^e} &= 0 \\
&= -\sum_{j=1}^4 \int_{V^e} \gamma^e \left\{ \frac{\partial N_i^e}{\partial x} \partial \frac{\partial N_j^e}{\partial x} + \frac{\partial N_i^e}{\partial y} \partial \frac{\partial N_j^e}{\partial y} + \frac{\partial N_i^e}{\partial z} \partial \frac{\partial N_j^e}{\partial z} + N_j^e J_v \right\} \\
&\quad \varphi_j^e \mathrm{d}V - 2\int_{S_2^e} N_i^e J_{s2} \mathrm{d}S
\end{aligned}$$

写成矩阵形式为

$$\frac{\partial F(\varphi^e)}{\partial \varphi_i^e} = \boldsymbol{K}^e \boldsymbol{\varphi}^e - \boldsymbol{f}^e = 0$$

从而得到了描述单元 e 内场分布特性的代数方程为

$$\boldsymbol{K}^e \boldsymbol{\varphi}^e = \boldsymbol{f}^e$$

其中

$$\boldsymbol{K}^e = \begin{bmatrix} K_{11}^e & K_{12}^e & K_{13}^e & K_{14}^e \\ K_{21}^e & K_{22}^e & K_{23}^e & K_{24}^e \\ K_{31}^e & K_{32}^e & K_{33}^e & K_{34}^e \\ K_{41}^e & K_{42}^e & K_{43}^e & K_{44}^e \end{bmatrix}, \quad \boldsymbol{f}^e = \begin{bmatrix} f_1^e \\ f_2^e \\ f_3^e \\ f_4^e \end{bmatrix}, \quad \boldsymbol{\varphi}^e = \begin{bmatrix} \varphi_1^e \\ \varphi_2^e \\ \varphi_3^e \\ \varphi_4^e \end{bmatrix}$$

将场域 V 中所有单元的上述待求解方程合成，即得描述整个场域 V 的代数方程为

$$\boldsymbol{K}\boldsymbol{\varphi} = \boldsymbol{f} \qquad (27-87)$$

其中

刚度矩阵 $\boldsymbol{K} = \begin{bmatrix} K_{11} & K_{12} & K_{13} & \cdots & K_{1n} \\ K_{21} & K_{22} & K_{23} & \cdots & K_{2n} \\ K_{31} & K_{32} & K_{33} & \cdots & K_{3n} \\ \vdots & \vdots & \vdots & \vdots & \vdots \\ K_{n1} & K_{n2} & K_{n3} & \cdots & K_{nn} \end{bmatrix}$

激励向量

$$f = \begin{bmatrix} f_1 \\ f_2 \\ f_3 \\ \vdots \\ f_n \end{bmatrix}$$

节点电位向量

$$\varphi = \begin{bmatrix} \varphi_1 \\ \varphi_2 \\ \varphi_3 \\ \vdots \\ \varphi_n \end{bmatrix}$$

通过求解式（27-87）即可得到场域 V 内的节点电位分布，从而可以得到接地极所在区域的地表电位分布，进而可以计算接地极的跨步电位差分布。

二、温升计算方法

运行中的接地极址的温度分布既是空间位置的函数，又是时间的函数。在接地极设计中，我们虽然提到接地极温升计算问题，但它是基于均匀媒质中球形电极理论，且未考虑热扩散的影响，故使用中受到局限。由于极址土壤物理参数分布往往比较复杂，电极形状又各异，导致实际问题很难用解析法求得满意的解。因此，基于工程的观点，本手册介绍用"有限差分法"求解接地极在运行中的温升。

（一）热扩散方程

热传导理论[8]告诉我们，对于均匀的、各向同性的固体，傅里叶定律在球坐标系中可表示为如下形式

$$q(r,t) = -\lambda \nabla \theta(r,t) \qquad (27-88a)$$

式中：温度梯度 $\nabla \theta(r, t)$ 是垂直于等温面的向量；$q(r, t)$ 是热流密度向量，其中 r 和 t 分别是空间位置和时间变量，表示在单位等位面上和在温度降低的方向上单位时间内的热流量；λ 称为材料的热导率系数，正标量。当热流密度的单位取 W/m²，温度梯度的单位取 K/m 时，则热导率系数 λ 的单位为 W/(m·K)。

在直角坐标系中，式（27-88a）可以写成

$$q(x,y,z,t) = -i\lambda \frac{\partial \theta}{\partial x} - j\lambda \frac{\partial \theta}{\partial y} - k\lambda \frac{\partial \theta}{\partial z} \qquad (27-88b)$$

式中，i、j、k 分别为沿 x、y、z 方向的单位向量。

上式所表达的物理意义可以借助于恒定电流场中的物理概念：$\theta(r, t)$，λ 和 $q(r, t)$ 分别与恒定电流场中的电位、电导率和电流密度成比例。

对于接地极，大地内含热源形式是电流发热。当强大的电流通过接地极注入大地时，对于极址附近土壤中一个很小的体积元 V 建立的能量平衡方程可以表示成

$$\begin{bmatrix} 单位时间内通 \\ 过V的边界进 \\ 入的热量 \end{bmatrix} + \begin{bmatrix} 单位时间内 \\ V内产生的 \\ 能量 \end{bmatrix} = \begin{bmatrix} 单位时间 \\ 内V内能 \\ 量的累积 \end{bmatrix}$$

$$(27-89)$$

式（27-89）中的各项可分别按式（27-90a）、式（27-90b）和（27-90c）计算

$$\begin{bmatrix} 单位时间内通 \\ 过V的边界进 \\ 入的热量 \end{bmatrix} = -\int_A q \cdot n \mathrm{d}A = -\int_v \nabla \cdot q \mathrm{d}V$$

$$(27-90a)$$

式中：A 是体积元 V 的表面积；n 是面积元 $\mathrm{d}A$ 外法线方向上的单位向量；q 是 $\mathrm{d}A$ 处的热流密度向量，负号表示热流是向着体积元 V 内部的。

$$\begin{bmatrix} 单位时间内V \\ 内产生的能量 \end{bmatrix} = \int_V \rho J^2(r,t) \mathrm{d}V \qquad (27-90b)$$

式中：ρ 系体积元 V 的土壤电阻率，Ωm；$J(r, t)$ 系穿入或穿出面积元 d 法线方向上的面电流密度，A/m²。式（27-90b）即为接地极土壤内热源因子。

$$\begin{bmatrix} 单位时间内V \\ 内能量的累积 \end{bmatrix} = \int_V C \frac{\partial \theta(r,t)}{\partial t} \mathrm{d}V \qquad (27-90c)$$

式中：C 为土壤热容率，即单位体积土壤每升高一度需要的热能，J/(m³·K)。

考虑到 V 的体积可取得非常小，因此可得到附近土壤中的热传导微分方程，即

$$\nabla \cdot [\lambda \nabla \theta(r,t)] + \rho J^2(r,t) = C \frac{\partial \theta(r,t)}{\partial t}$$

假若土壤热导率系数为常数，则方程即可简化为

$$\nabla^2 \theta(r,t) + \frac{\rho}{\lambda} J^2(r,t) = \frac{C}{\lambda} \frac{\partial \theta(r,t)}{\partial t} \qquad (27-91)$$

在没有内热源情况下，如在模拟现场测试土壤热导率参数时，式（27-91）即变为纯扩散方程

$$\nabla^2 \theta(r,t) = \frac{C}{\lambda} \times \frac{\partial \theta(r,t)}{\partial t} \qquad (27-92)$$

在稳态情况下，$\frac{\partial \theta(r,t)}{\partial t} = 0$，故式（27-91）和式（27-92）可分别简化为泊松方程和拉普拉斯方程，即

$$\nabla^2 \theta(r,t) + \frac{\rho}{\lambda} J^2(r,t) = 0 \qquad (27-93)$$

$$\nabla^2 \theta(r,t) = 0 \qquad (27-94)$$

由此可见，求解接地极温升实际上是求解泊松方程和拉普拉斯方程。

（二）泊松方程的有限差分表达式

可采用有限差分法求解泊松方程和拉普拉斯方程。有限差分法是以差分为基础的一种数值计算法，它用各离散点上函数的差商来近似代替该点的偏导数，把要求解的边值问题转化为一组相应的差分方程问题，然后根据差分方程组（线性代数方程组），求出在各离散点上的待求函数值，便得到所求边值问题的数值解。

1. 网格分割

应用差分法，首先要解决网格分割问题。原则上讲，网格分割可采用任意的分割方式。但是为了计算方便，应尽量采用有规律的分割方式，这样每个网格就能得出相同形式的差分方程。具体要求如下：

（1）网格的布局应与边界条件协调。通常将极址土壤一些物理参数处理成分层水平分布。在此条件下，网格划分应该使其网格面与边界面垂直和平行，如图27-49（a）所示。尽可能地使网格节点落在边界面或电极上，这样计算起来比较简单、准确。

（2）网格应根据电极形状合理布局。尽可能使整个极址网格划分得具有对称性，这样在计算时，只需计算对称部分，即可了解整个极址地温分布情况，可大大地减少计算工作量。

（3）网格布局应适当地考虑地温分布特点。接地极发热量有相当的部分集中在电极附近，靠近电极附近温度高，远离电极温度低，并且与电极间的距离呈非线性关系。因此，在划分网格时，靠近电极附近（离开电极数十米）网格距应小一些，节点要密一些，如图27-49（b）所示，这有利于提高计算准确度。可先用较大网格"分割"整个待求场域，计算出远离电极土壤中的温度；然后用较小网格"分割"电极附近场域，计算出电极附近土壤中的温度；前一次计算出的结果应作为后一次计算时的边值条件。合理的网格划分是保证计算结果准确的必要条件，同时可使计算简单。

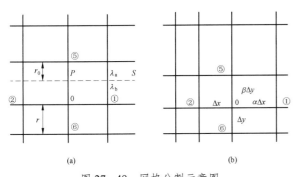

图27-49　网格分割示意图
（a）网格线平行于界面；（b）不等距的网格

2. 单元有限差分方程

通常我们把极址土壤按其电气特性和导热情况进行水平分层处理。从实际情况出发，设极址土壤热导参数及网格切割在 XOZ（或 YOZ）平面上分布情况如图27-49（a）所示，对应的空间透视图如图27-50所示。

（1）等距网格和节点在边界面上的差分方程。对于节点①、②、③、④、⑤、⑥界定的场域 D，如节点①、②、③和④位于热导率分别为 λ_a 和 λ_b 土壤界面中，则温度（稳态）函数分别满足泊松方程

$$\left(\frac{\partial^2\theta}{\partial x^2}\right)_a + \left(\frac{\partial^2\theta}{\partial y^2}\right)_a + \left(\frac{\partial^2\theta}{\partial z^2}\right)_a = \frac{g_a}{\lambda_a}$$

$$\left(\frac{\partial^2\theta}{\partial x^2}\right)_b + \left(\frac{\partial^2\theta}{\partial y^2}\right)_b + \left(\frac{\partial^2\theta}{\partial z^2}\right)_b = \frac{g_b}{\lambda_b}$$

式中：g_a 和 g_b 分别为界面 a 和 b 中的内热源因子，计算见式（27-90b）。

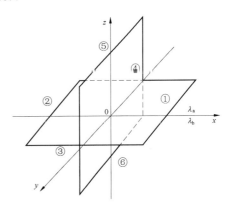

图27-50　网格节点透视图

在场域 D 内，单位时间内的热量应是内热源因子 g_a 和 g_b 之和。根据泰勒公式可导出上述热传导（泊松）方程的有限差分表达式为

$$\theta_1 + \theta_2 + \theta_3 + \theta_4 + \frac{2A}{(1+A)}\theta_5 + \frac{2A}{(1+A)}\theta_6 - 6\theta_0 = r^2\frac{AF_a + F_b}{1+A}$$

（27-95）

其中

$$A = \frac{\lambda_a}{\lambda_b}, F_a = \frac{g_a}{\lambda_a}, F_b = \frac{g_b}{\lambda_b}$$

特别地，在均匀土壤中（$\lambda_a = \lambda_b$），即有 $F_a = F_b = F$ 和 $A = 1$，则式（27-95）有限差分表达式可简化成均匀媒质中差分方程

$$\theta_1 + \theta_2 + \theta_3 + \theta_4 + \theta_5 + \theta_6 - 6\theta_0 = r^2 F \qquad (27-96)$$

（2）跨界面上的节点差分方程。在实际工程中，有时很难做到划分的网格节点都落在边界面上，可能出现跨越边界的网格，如图27-49（a）所示。这样在场域 D 内，单位时间内产生的热量应是内热源因子 g_a 和 g_b 作用之和。g_a 和 g_b 在场域 D 内产生的热量分别满足方程

$$\frac{r-r_0}{2r}\left[\lambda_a\left(\frac{\partial^2\theta}{\partial x^2}\right)_a + \lambda_a\left(\frac{\partial^2\theta}{\partial y^2}\right)_a + \lambda_a\left(\frac{\partial^2\theta}{\partial z^2}\right)_a\right] = \frac{r-r_0}{2r}g_a$$

$$\frac{r+r_0}{2r}\left[\lambda_b\left(\frac{\partial^2\theta}{\partial x^2}\right)_b + \lambda_b\left(\frac{\partial^2\theta}{\partial y^2}\right)_b + \lambda_b\left(\frac{\partial^2\theta}{\partial z^2}\right)_b\right] = \frac{r+r_0}{2r}g_b$$

同理，根据泰勒公式可导出上述热传导（泊松）方程的有限差分表达式为

$$\theta_1 + \theta_2 + \theta_3 + \theta_4 + \frac{2A}{(1+\alpha)\alpha}\theta_5 + \frac{2A}{(1+\alpha)}\theta_6 - \left(4+\frac{2A}{\alpha}\right)\theta_0 = F$$

（27-97）

其中

$$\alpha = \frac{r_0}{r} + \frac{\lambda_b}{\lambda_a}\left(1 - \frac{r_0}{r}\right) \quad (27-97a)$$

$$A = \frac{2\lambda_b r}{(r-r_0)\lambda_a + (r+r_0)\lambda_b}$$

$$F = \frac{(r-r_0)g_a + (r+r_0)g_b}{(r-r_0)\lambda_a + (r+r_0)\lambda_b} \quad (27-97b)$$

特别地，当 $\lambda_a = \lambda_b$（即 $r=r_0$）时，则有 $\alpha=1, A=1, g_a=g_b=g$，即可得到如式（27-96）所示的均匀媒质中差分方程。

（3）不等距网格节点差分方程。前面提到，为了保证计算精度，同时为了减少网格节点数（减少计算工作量），提出靠近电极附近的网格距应小一些，节点应密一些，远离电极的网格距应大一些，节点应稀一些的划分网格的方法。这样在网格节点由密至稀的过度处，必然出现如图27-49（b）所示的不等距网格。对于不等距网格节点，同理根据泰勒公式可导出上述热传导（泊松）方程的有限差分表达式为

$$\frac{\theta_1 + \alpha\theta_2}{\alpha(1+\alpha)\Delta x^2} + \frac{\theta_3 + \beta\theta_4}{\beta(1+\beta)\Delta y^2} + \frac{\theta_5 + \varepsilon\theta_6}{\varepsilon(1+\varepsilon)\Delta z^2} - \left(\frac{1}{\alpha\Delta x^2} + \frac{1}{\beta\Delta y^2} + \frac{1}{\varepsilon\Delta z^2}\right)\theta_0 = \frac{F}{2} \quad (27-98)$$

在 $\Delta x = \Delta y = \Delta z = r$ 的情况下（即 $\alpha = \beta = \varepsilon = 1$），式（27-98）同样可简化成式（27-96）。

（4）对称条件下的网格节点差分方程。事实上，接地极形状往往具有对称性，这样只需计算某一对称部分场域温度分布，就可以知道整个场域的温度分布。例如，在电极形状为圆环形，极址导热参数分布对称于 $x=0$ 或 $y=0$ 平面（通常如此）的情况下，温度分布仅是 z 轴向和径向的函数，这样三维空间网格可简化成二维平面网格。

设场域对称于 $x=0$ 平面，并且网格节点与对称面相重合。因为对称，均匀媒质中差分方程式（27-96）对于所有的网格节点都是适合的，并且有 $\theta_1 = \theta_2$，所以在计算 $x \geq 0$ 场域内的温度分布时，对于对称面上的任一节点，相应的差分方程必然是

$$2\theta_1 + \theta_3 + \theta_4 + \theta_5 + \theta_6 - 6\theta_0 = r^2 F \quad (27-99)$$

对称边界面和绝热边界面上的节点，泊松差分方程表达形式是一致的，这是因为由于 $\theta_1 = \theta_2$，不存在这两点间热交换问题，如同绝热一般的缘故。

上述几种边界条件，包揽了实际工程中碰到的大部分情况。所以在解决实际工程问题中，应通过合理地划分网格，使节点边界条件符合上述条件，并尽可能使其差分方程简单。

（三）热扩散方程求解

1. 稳态温升

（1）稳态方程式。运行中的接地极热传导方程式（27-91）在直角坐标系中为

$$\frac{\partial^2\theta}{\partial x^2} + \frac{\partial^2\theta}{\partial y^2} + \frac{\partial^2\theta}{\partial z^2} + \frac{g}{\lambda} = \frac{C}{\lambda}\frac{\partial\theta}{\partial t} \quad (27-100a)$$

式中 g 为内热源因子，考虑到入地电流不随时间变化，其值为

$$g(x,y,z) = \frac{E^2(x,y,z)}{\rho(x,y,z)}(\text{W}/\text{m}^3)$$

在稳态情况下，有 $\frac{\partial\theta}{\partial t}=0$，因此，接地极进入热稳态运行时，热扩散方程即为

$$\frac{\partial^2\theta}{\partial x^2} + \frac{\partial^2\theta}{\partial y^2} + \frac{\partial^2\theta}{\partial z^2} = \frac{E^2(x,y,z)}{\lambda(x,y,z)\rho(x,y,z)} \quad (27-100b)$$

（2）有限差分方程组。设笛卡尔坐标系 Z 轴垂直地面且经过电极几何中心，XOY 平面为地平面，如图27-51所示；在 $x=\pm x_0$，$y=\pm y_0$ 和 $z=-z_0$ 的边界面上的温度等于土壤环境地温 θ_c；在 $z=r$ 平面上的温度等于大气环境温度 θ_{air}。如果对上述边界面界定的区域，在平行于 YOZ、XOZ 和 XOY 平面方向分别用 I、J 和 K 个各自互相平行和等间距为 r 的平面进行分割，即可得到包括界面在内的等距网格节点数目有 $(I+2) \times (J+2) \times (K+2)$ 个。除去界面上的网格节点（这些节点的温度是给定的）外，界面内的节点就有 $I \times J \times K$ 个。

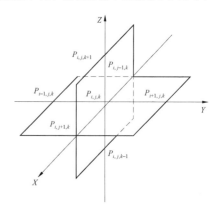

图 27-51 节点排列透视图

任意单元节点 $P_{i,j,k}$ 如图27-51所示。为了便于识别节点，我们用 i、j、k 分别代表节点位置在 X、Y、Z 方向的编号，因此，界定域内的任意节点的温度差分方程一般形式可以表示为

$$C_{i+1,j,k}\theta_{i+1,j,k} + C_{i-1,j,k}\theta_{i-1,j,k} + C_{i,j+1,k}\theta_{i,j+1,k} +$$
$$C_{i,j-1,k}\theta_{i,j-1,k} + C_{i,j,k+1}\theta_{i,j,k+1} + C_{i,j,k-1}\theta_{i,j,k-1} -$$
$$C_{i,j,k}\theta_{i,j,k} = r^2 F_{i,j,k} \quad (27-101)$$

式（27-101）中的系数 C 和函数 F，应根据节点 $P_{i,j,k}$ 所在位置的边界条件取值。对于图27-49所示极址模型，当网格面位于界面 S 上，且为等距网格时，则式（27-101）可简化成

$$\theta_{i+1,j,k} + \theta_{i-1,j,k} + \theta_{i,j+1,k} + \theta_{i,j-1,k} + C_{i,j,k+1}\theta_{i,j,k+1} + $$
$$C_{i,j,k-1}\theta_{i,j,k-1} - C_{i,j,k}\theta_{i,j,k} = r^2 F_{i,j,k} \quad (27-102)$$

式（27-102）中系数 C 和函数 F 可按表27-22取值。

表 27-22　不同边界条件下系数 C 和函数 F 的取值

节点边界条件		$C_{i,j,k+1}$	$C_{i,j,k-1}$	$C_{i,j,k}$	$F_{i,j,k}$	备　注
无边界 （$\lambda_a=\lambda_b$）		1.0	1.0	6.0	$\dfrac{g_a}{\lambda_a}\left(\text{或}\dfrac{g_b}{\lambda_b}\right)$	
边界 面上	地面	0.0	2.0	$6+2hr/\lambda_b$	$\dfrac{2hr\theta_{air}+r^2F_b}{\lambda_b}$	此时 $F_a=0$
	土壤 分界面	$\dfrac{2\lambda_a}{\lambda_a+\lambda_b}$	$\dfrac{2\lambda_b}{\lambda_a+\lambda_b}$	6.0	$\dfrac{g_a+g_b}{\lambda_a+\lambda_b}$	
跨越边界		$\dfrac{2A}{(1+\alpha)\alpha}$	$\dfrac{2A}{1+\alpha}$	$4+\dfrac{2A}{\alpha}$	$\dfrac{(r-r_0)g_a+(r+r_0)g_b}{(r-r_0)\lambda_a+(r+r_0)\lambda_b}$	α 和 A 按式 （27-97a）计算

根据式（27-101）或式（27-102），可建立具有 $I\times J\times K$ 个互为线性关联的差分方程组，此线性方程组的解即为接地极扩散方程在界定区域内的解。

（3）超松弛迭代法求解线性方程组。求解线性方程组的方法有多种。然而必须注意到，实际工程中的方程组未知数（网格节点数）是巨大的，经典的代数法难以适用。从式（27-101）或式（27-102）差分方程可以看出，差分方程组中各个方程都很简单，包括的项数最多不超过 7 项。鉴于此，超松弛迭代法得到了广泛的应用。

根据式（27-102），任意节点 $P_{i,j,k}$ 处的温度可以表示为

$$\theta_{i,j,k}=\left[\theta_{i+1,j,k}+\theta_{i-1,j,k}+\theta_{i,j+1,k}+\theta_{i,j-1,k}+C_{i,j,k+1}\theta_{i,j,k+1}+C_{i,j,k-1}\theta_{i,j,k-1}+r^2F_{i,j,k}\right]/C_{i,j,k} \quad (27-103)$$

因此，我们规定迭代运算顺序依次为 i、j、k，并且小的先算。当所有内点依次按式（27-103）进行了第一次运算后，节点温度函数值记为 $\theta_{i,j,k}^{(1)}$，称为第一次近似值，而将运算前各个节点温度函数值称为初值。初值一般取环境地温。做完一次运算后，接着又照样进行第二次运算，所得节点温度函数值记作 $\theta_{i,j,k}^{(2)}$，如此周而复始地迭代运算。可以看出，在逐次迭代计算中，当节点 $P_{i,j,k}$ 的温度函数值代以第 $(n+1)$ 次新的近似值时，关联节点 $P_{i-1,j,k}$、$P_{i,j-1,k}$ 和 $P_{i,j,k-1}$ 的值已为第 $(n+1)$ 次近似值，但关联节点 $P_{i+1,j,k}$、$P_{i,j+1,k}$ 和 $P_{i,j,k+1}$ 的值则为前一次迭代运算给出的第 n 次近似值。由此可见，第 n 次和第 $(n+1)$ 次迭代循环运算之间的内在联系可通过节点温度函数值的变化表达为

$$\theta_{(i,j,k)}^{(n+1)}=\frac{1}{C_k}$$
$$\left[\theta_{i+1,j,k}^{(n)}+\theta_{i-1,j,k}^{(n+1)}+\theta_{i,j+1,k}^{(n)}+\theta_{i,j-1,k}^{(n+1)}+\right. \quad (27-104)$$
$$\left. C_{k+1}\theta_{i,j,k+1}^{(n)}+C_{k-1}\theta_{i,j,k-1}^{(n+1)}-r^2F_k\right]$$

上述迭代运算求解线性方程组，就是高斯赛德尔迭代法。实践证明，上述方法求解本问题收敛是十分缓慢的。因此超松弛迭代法作为加速迭代收敛的方法，用于解决本问题，是很有效的。

由式（27-104）可得同一节点上相邻两次迭代值 $\theta_{i,j,k}^{(n+1)}$ 和 $\theta_{i,j,k}^{(n)}$ 的差值，即其余数为

$$R_{i,j,k}^{(n)}=\theta_{i,j,k}^{(n+1)}-\theta_{i,j,k}^{(n)}$$
$$=\frac{1}{C_k}\left[\theta_{i+1,j,k}^{(n)}+\theta_{i-1,j,k}^{(n+1)}+\theta_{i,j+1,k}^{(n)}+\theta_{i,j-1,k}^{(n+1)}+C_{k+1}\theta_{i,j,k+1}^{(n)}+C_{k-1}\theta_{i,j,k-1}^{(n+1)}-r^2F_k\right]-\theta_{i,j,k}^{(n)}$$

由此，式（27-104）通过余数 $R_{i,j,k}^{(n)}$ 可以表示成

$$\theta_{i,j,k}^{(n+1)}=\xi R_{i,j,k}^{(n)}+\theta_{i,j,k}^{(n)}$$

式中：ζ 就是超松弛迭代法中根据"矫枉过正"的思想引入的校正常数，也称为加速收敛因子。在超松弛迭代的应用中，必须涉及到迭代解收敛程度的检验问题。理想的收敛情况当然是所有节点的余数 $R_{i,j,k}^{(n)}=0$，但这在实际上是不可能的。因此，我们通过用所有节点上相邻两次迭代解的绝对误差或相对误差不得大于指定的误差范围，作为迭代解收敛程序的检查依据。当某次迭代运算结果满足上述要求时，则此时迭代解即为给定方程组的解，也即为给定边界条件的接地极热扩散方程稳态解。

2. 暂态温升

（1）热扩散方程暂态有限差分式。接地极投运后，要经过一定的时间运行，才进入热稳态。前面我们讨论了接地极热扩散方程稳态数值解方法，其中显然忽略了方程中的暂态项。这里讨论热扩散方程暂态解，式中的暂态项必须予以考虑。对时间的有限差分近似表达式可给定为

$$\frac{\partial\theta}{\partial t}=\frac{\theta_{(t+\Delta t)}-\theta_t}{\Delta t} \quad (27-105)$$

式中：Δt 为时间步长，s。因此，对于图 27-51 所示的网格节点，将式（27-105）代入式（27-100），可类比得到适用于图 27-43 所示极址的边界条件，任意点 P 经过时间 Δt 后，节点温度差分方程为

$$\theta_{(i,j,k,\Delta t)}=\left(\frac{\lambda\Delta t}{Cr^2}\right)$$
$$\left(\theta_{i+1,j,k}+\theta_{i-1,j,k}+\theta_{i,j+1,k}+\theta_{i,j-1,k}+C_{k+1}\theta_{i,j,k+1}+C_{k-1}\theta_{i,j,k-1}\right)+$$
$$\frac{g}{C}\Delta t+\left(1-\frac{C_k\lambda}{Cr^2}\Delta t\right)\theta_{i,j,k}$$

$$(27-106)$$

式中：C、λ 和 g 应分别是 $\theta_{i,j,k}$ 所在点处的土壤热容率、热导率和内热源因子；C_{k-1}、C_k 和 C_{k+1} 为系数，按表 27–22 取值。

同理，根据式（27–106），可建立具有 $I \times J \times K$ 个互为线性关联的、含时间增量的差分方程组。

（2）求解暂态差分方程组。对按式（27–106）建立的互为线性关联的、含时间增量 Δt 的差分方程组，给定初值和时间增量 Δt，便得到经过 Δt 时间后，各节点温度互为线性关联的方程组。对此，同样可求得各节点经过时间 Δt 后的地温分布。这样直到 $t = T$（稳态），便可求得在 $t = 0$ 到 $t = T$ 时间里不同时刻的地温分布。

在计算时，有两点应值得注意：① 给定的时间增量 Δt，必须小于时间常数 T。对于实际工程的接地极，时间常数一般为数星期。Δt 应尽可能小一些，以便得到满意的结果。② 在 $t = 0$ 时，各个节点初值为环境地温，当 $t > 0$ 时，前一次计算出的结果应自动地成为时间增量 Δt 后的计算初值。当 t 等于 T 时，计算出来的结果便是稳态结果。

三、ETTG 软件功能简介

高压直流输电大地返回系统设计计算软件包（简称 ETTG）是我国首个自主开发、迄今为止功能最齐全、用于实际工程最多的接地极设计计算软件。伴随着 ETTG 的不断升级，该软件功能已扩展到可用于变电站接地网设计、相关参数计算、防雷和绘图，成为一个功能齐全、覆盖范围更广的电力工程防雷接地专业设计计算软件。

（一）开发背景及运行环境

在我国，高压接地极设计技术经历了外国引进、消化吸收和自主创新的发展过程。具体说，从"葛上"和"天广"直流工程开始，中南电力设计院开始并持续地开展了直流输电接地极设计计算方法研究，1996 年成功地开发了接地极设计计算程序 ELE（VAX 机版），并首次试用于"天广"直流工程。自 1997 年"龙政"直流工程开始设计建设后，ELE 接地极计算程序开始独立应用于国内外多个直流工程。

DL/T 5224—2005 设计标准颁布后，为了使计算软件与该标准中涉及的计算内容相适应，大幅度地扩充了 ELE 计算功能，并于 2010 年正式将其更名为"高压直流输电大地返回系统设计计算软件包"（ETTG），主页面如图 27–52 所示。2012 年，该软件通过了中国电力规划设计协会专家评审，目前已广泛地用于国内外工程。

ETTG 软件可在 Windows XP 及以上中文版本下操作运行。ETTG 软件规模占硬盘空间约 15MB。

为了保证软件运行顺利，ETTG 软件带有较完善的查错功能：数据输入时对当前键入的数据格式和值（范围）进行在线查错，发现错误及时纠正；保存数据文件时对输入的数据间配合进行查错；此外运行时对运行状态进行差错监视。当出现错误时，信息窗将指出发生错误位置、错误内容，并显示对错误处理的建议。

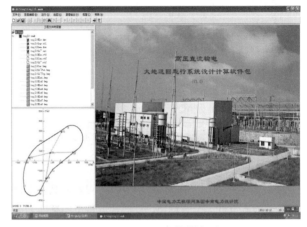

图 27–52　ETTG 软件主页面

ETTG 虽然是一个专业性很强的设计计算软件，但操作风格与通用的 Windows 软件操作基本一致，并且具有一定的查错纠错能力和较完备的帮助系统（包括在线帮助），所以用户很容易掌握。

（二）主要功能

ETTG 软件主要是基于本章所介绍的相关数学模型（之一）开发的设计计算软件，内容不仅覆盖了高压直流输电大地返回系统相关计算，还延伸到传统的接地网设计及相关参数计算。主要功能简述如下：

（1）创建计算模型。对 Wenner 法测量的土壤电阻率参数，采用等效法进行数据处理，并通过反演曲线拟合方式，得到大地（土壤）电性分层模型；还可通过模拟试验中得到的电位分布曲线，进行反演拟合创建大地（土壤）电性分层模型。

（2）恒定电流场电场计算。① 采用行波法开展恒定电流场计算，能够仿真计算 N（$N < 20$）层极址模型中任意形状电极的接地电阻、溢流密度、表面电场强度、地面最大跨步电位差等特征参数，还能计算大地中任意点处的电位、面电流密度、电场强度。② 采用网络法，能够计算极址土壤参数（三维）不均匀的电流场。

（3）接地极稳态和暂态温升计算。可计算出接地极最高暂态和稳态温升、热时间常数；采用有限差分法可计算极址土壤中任意点的暂态和稳态温升及其分布。

（4）接地极选型及优化设计。可开展多种类型（包括紧凑型、分体式、共用、垂直型）接地极仿真计算，帮助设计人员合理选择接地极型式；优化电极长度、焦炭和馈电棒尺寸。

（5）导流系统设计。根据接地极和导流线布置结构，能准确计算出导流系统中直流电流的分配，为选择馈电电缆型号及截面提供依据。

（6）评估计算直流地电流对周边电网的影响。可仿真计算流过任意（复杂）交流网络系统中的直流电流，评估地电流对电力系统影响。

（7）评估计算直流地电流对地下金属设施影响。可仿真计算直流地电流在埋地电缆、管道、地下金属物上产生的腐蚀、安全影响，为选择极址，评价地电流对环境影响提供计算手段。

（8）变电站接地网设计与相关参数计算。设计人员可根据变电站平面布置图，快速完成接地网布置设计及其相关参数计算；基于"滚球法"和"折线法"理论，完成变电站防雷及其保护范围计算。

（9）自动生成施工图。设计人员在完成接地极（含变电站接地网）布置方案设计后，点击"施工详图"按钮，

ETTG 软件将根据确定的接地极布置方案和图形自动完成所有的施工详图和材料清册，并以 dwg 格式将文件保存在指定的位置。

（10）界面操作友好。ETTG 界面及其对控件的操作方式与其他商业软件相似，并提供了较完善的在线帮助及操作手册；采用"数字录入"或"鼠标拖放"或两者结合的操作方式，在视窗适时监视模型下实现参数化建模；在数据录入时和保存前，ETTG 对数据正确性进行查错、甄别，发现错误及时报警。

（11）输出图文并茂。ETTG 根据文件属性可采用多种格式输出，如 Word 格式或文本格式、Excel 格式、图片（曲线或云图）格式、dwg 施工详图格式等，如图 27-53 所示，实现输出图文并茂，可满足不同用户和设计文件的需求。

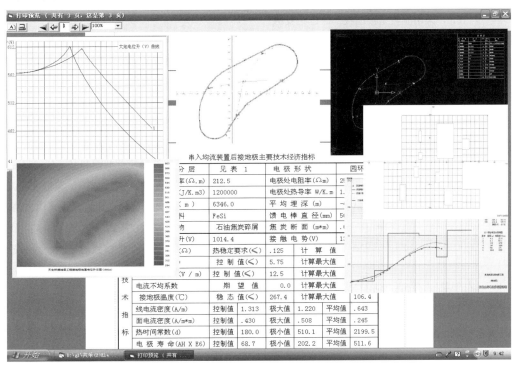

图 27-53　ETTG 输出文件（格式）

（三）工程应用情况

迄今为止，本软件在国内二十多个工程和国外（印度）4个工程中得到了成功的推广应用，均达到了设计预期要求。这里因受篇幅限制，仅代表性地列出三个工程的应用情况。

（1）天生桥换流站阿红接地极。该接地极位于山区，受地形条件限制，只能依地形布置成"腰状"形，属于常规型接地极。ELE（VAX 机版）于 1996 年首次用于天广直流两侧的换流站接地极工程。主要特征参数计算与实测结果比较如表 27-23 所示。

（2）向家坝换流站共乐接地极。设计时，确定该接地极为三换流站共用一个接地极，且因受场地限制，采用紧凑型接地极布置方案，属于共用+紧凑型接地极。该接地极 2012年建成投运，主要特征参数计算与实测结果比较见表 27-24。

表 27-23　天生桥（阿红）接地极部分特征参数计算与实测结果对比表

参数名称	设计计算值	现场测量值	备　注
接地电阻（Ω）	0.327	0.35	差别≤6.6%
地面最高电位升（V）	589	630	差别≤6.5%
最大接触电势（V）	19.9	21.0	差别≤5%
最大跨步电位差（V/m）	4.15	4.5	差别≤8%

注　1. 现场测量单位为当时的武汉高压研究所。

　　2. 受运行（电流及时间）条件等限制，仅对部分主要电气参数做了试验。

表 27-24 向家坝（共乐）接地极部分特征参数计算与实测结果对比表

参数名称	设计计算值	现场测量值	备 注
接地电阻（Ω）	0.278	0.25	差别≤10.0%
地面最高电位升（V）	1262（I=4540A）	1234（I=4540A）	差别≤2.2%
最大跨步电位差（V/m）	10.5（I=8500A）	14.5（I=8500A）	测量时，均流装置未接入

注 1. 现场测量单位为当时的国网电科院武汉高压研究所。
2. 受运行（电流及时间）条件等限制，仅对部分主要电气参数做了试验。

（3）普洱换流站新寨接地极。该接地极位于小山沟，场地十分狭窄（250m×180m），旱地，浅层土壤电阻率在200～800Ωm，且高差超过10m，采用垂直型接地极，这也是我国第一个垂直型接地极工程。该接地极2015年5月建成投运，主要特征参数计算与实测结果比较见表27-25。

表 27-25 普洱（新寨）接地极部分特征参数计算与实测结果对比表

参数名称	设计计算最大值	现场测量最大值	备 注
接地电阻（Ω）	0.162	0.106	偏差≤35.0%
地面最高电位升（V）	506（I=3125A）	331（I=3125A）	偏差≤2.2%
最大接触电势（V）		2.59（I=3125A）	
最大跨步电位差（V/m）	9.72（I=3125A）	9.43（I=3125A）	偏差≤3.0%

注 1. 现场测量单位为当时的南网电科院。
2. 受运行（电流及时间）条件等限制，仅对部分主要电气参数做了试验。

上述计算与实测结果都表明，接地电阻、地面最高电位升、最大接触电势和最大跨步电位差（地面最大场强）等主要特征参数指标，计算与实测结果相差基本上都不大于10%，对于如此庞大的接地极以及复杂的边界条件来说，实现这一精度指标是一件不容易的事。

第十节 接地极引线设计

在我国，接地极离开换流站的距离绝大部分超过30km，部分工程超过100km，个别工程甚至超过200km。由于引线较长，所以迄今为止，我国的接地极引线都是采用架空线路设计。

总体上讲，在设计原则、路径选择、气象条件、杆塔荷载、杆塔及基础等方面，接地极架空线路设计方法与一般架空输电线路设计方法没有太大的区别，设计人员可按照现行GB 50545—2010《110kV～750kV架空输电线路设计规范》中相关条款执行，在此不赘述。但在导地线截面选择、绝缘配合、绝缘子串设计以及其他需要特殊考虑的方面，存在着不同于一般架空输电线路的设计要求，对此本节将予以叙述，可供设计参考。

一、导地线截面选择

（一）导线截面选择原则

与常规输电线路不同，接地极线路的作用不是输送电能，而是换流阀中性点工作接地的连线；在双极对称直流系统中，平常流过接地极线路的电流是很小的，只有在系统以单极大地回线方式运行时，流过接地极线路上的电流与流过直流输电线路上的电流相同。换言之，接地极线路在工作电压低、载流量大、大电流下工作时间短的状态下运行。因此，在选择导线截面时，应遵循下列四项基本原则：

（1）按热稳定技术要求选择并确定导线截面，即无需按经济电流密度选择导线截面，也无需校核诸如导线表面电场、电晕及其损耗、可听噪声等电磁环境指标。

（2）为了降低导线总截面和减少线路风荷载，采用根数适当的多根导线并联。一般情况下，在最大载流量小于2000A情况下，宜采用两根导线；反之，宜采用4根导线，并将导线分两组对称地悬挂在杆塔两侧。

（3）可采用热稳定性较强的导线，如钢芯耐热铝合金绞线、碳纤维导线等，以进一步降低导线截面和荷载，尤其对载流量特别大的线路。

（4）选择合适的导线型号或结构，使其机械强度及技术特性满足本工程沿途地形、大气环境及气象条件的要求。

（二）地线截面选择原则

在接地极线路上架设地线，虽然不会明显地减少线路遭受雷击的概率，但可以增大耦合系数，削弱雷电陡度和幅度，从而可以减少绝缘子因遭受雷击而损害的概率。所以，现行DL/T 5224—2014仍要求在接地极线路上架设地线。

在选择接地极线路上地线截面时，除了需要遵循常规输电线路地线选择原则外，还特别要校核（接地极线路因故被击穿后，直流续流窜入地线中）地线的热稳定，即地线截面（甚至型号）应满足直流续流及持续时间的热稳定要求最小值，防止直流续流烧坏地线。地线一般采用钢绞线，必要时可采用耐热型良导体绞线。

关于窜入地线中直流续流的原理、危害及电流计算方法详见本节（绝缘配合）。

（三）热稳定计算

1. 计算方法

计算导地线允许载流量可采用 GB 50545—2010 中所列公式

$$I = \sqrt{(W_R + W_F - W_S)/R_t'} \qquad (27-107)$$

式中 I——允许载流量，A；

W_R——单位长度导线的辐射散热功率，W/m；

W_F——单位长度导线的对流散热功率，W/m；

W_S——单位长度导线的日照吸热功率，W/m；

R_t'——允许温度时导线的交流电阻，Ω/m。

辐射散热功率 W_R 可按式（27-107a）计算

$$W_R = \pi D E_1 S_1[(\theta + \theta_a + 273)^4 - (\theta_a + 273)^4]$$
$$(27-107a)$$

式中 D——导线外径，m；

E_1——导线表面的辐射散热系数（光亮的新导线取 0.23～0.43；旧导线或涂黑色防腐剂导线取 0.9～0.95）；

S_1——斯特凡-包尔茨曼常数，取 5.67×10^{-8}，W/m^2；

θ——导线表面平均温升，℃；

θ_a——环境温度，℃。

对流散热功率 W_F 可按式（27-107b）计算

$$\left.\begin{array}{l} W_F = 0.57\pi\lambda_f\theta R_e^{0.485} \\ \lambda_f = 2.42 \times 10^{-2} + 7(\theta_a + \theta/2) \times 10^{-5} \\ R_e = VD/V_e \end{array}\right\} \quad (27-107b)$$

式中 λ_f——导线表面空气层的传热系数，W/（m·K）；

R_e——雷诺系数；

V——垂直于导线的风速，m/s；

V_e——导线表面空气层的运动黏度，m^2/s。

日照吸热功率 W_S 可按式（27-107c）计算

$$W_S = \alpha J D \qquad (27-107c)$$

式中 α——导线表面吸热系数（光亮的新导线取 0.23～0.43；旧导线或涂黑色防腐剂导线取 0.9～0.95）；

J——日光对导线的日照强度，W/m^2（当晴天和日光直射时，可取 1000W/m）。

验算导线允许载流量时，导线的平均（允许）温度宜按下列规定取值：

1）钢芯铝绞线和钢芯铝合金绞线宜采用 +70℃，必要时可采用 +80℃。

2）钢芯铝包钢绞线和铝包钢绞线可采用 +80℃，大跨越可采用 +100℃，也可经试验确定。

3）镀锌钢绞线可采用 +125℃。

4）钢芯耐热铝合金可采用 120℃。

2. 常用电线允许载流量

根据上述公式，接地极架空线路常用不同型号单根电线在典型环境条件下计算得到的允许载流量结果见表 27-26，设计人员可根据不同工程具体使用条件查阅、组合使用。

表 27-26 不同型号单根电线允许载流量

电线名称	型号	电阻（Ω/km）	允许温度（℃）	允许载流量（A）
镀锌钢绞线	GJ-50	4.190 2	125	116.1
镀锌钢绞线	GJ-70	2.857 8	125	148.5
钢芯铝绞线	JL/G1A-120/20-26/7	0.249 6	80	378.7
钢芯铝绞线	JL/G1A-185/30-26/7	0.159 2	80	502.2
钢芯铝绞线	JL/G1A-240/30-24/7	0.118 1	80	603.5
钢芯铝绞线	JL/G1A-300/40-24/7	0.096 14	80	686.9
钢芯铝绞线	JL/G1A-400/35-48/7	0.073 89	80	806.9
钢芯铝绞线	JL/G1A-500/45-48/7	0.059 12	80	822.0
钢芯铝绞线	JL/G1A-630/45-45/7	0.045 9	80	1087.4
钢芯耐热铝合金绞线	NRLH$_{60}$GJ-240/30	0.120 1	120	873.6
钢芯耐热铝合金绞线	NRLH$_{60}$GJ-300/40	0.097 7	120	999.9
钢芯耐热铝合金绞线	NRLH$_{60}$GJ-500/45	0.060 1	120	1368.3
碳纤维复合芯导线	JRLX/T-310/40	0.090 2	150	1187.5

二、绝缘配合

现行 DL/T 5224—2014 规定，接地极架空线路的绝缘配合，应满足直流系统以单极大地回线方式运行时，线路在额定电流、最大过负荷电流和最大暂态电流以及操作过电压、大气过电压条件下安全可靠运行。

对接地极线路，安全威胁主要来自绝缘被击穿后的直流续流（烧坏绝缘子或金具）。为了消除直流续流，绝缘配合设计可采取两项措施：① 适当增加接地极线路绝缘水平，防止绝缘闪络；② 在绝缘子串两端加装招弧角（一旦发生闪络，希望能保护绝缘子并帮助拉断电弧）。此外，在无法熄弧情况下，要求二次保护发出闭锁指令（熄弧）。

（一）接地极线路上的电压

1. 工作电压

接地极线路不同于常规输电线路，没有所谓的额定电压的概念，其工作电压是入地电流在接地极及接地极线路上形成的压降。因此，线路上任一点工作电压是不同的，可用式（27-108）计算

$$U_P = I_d R_e + I_L R_0 L_P \qquad (27-108)$$

式中 U_P——接地极线路任意 P 点处的电压，V；

$\quad I_d$——流过接地极的电流，A；

$\quad R_e$——接地极的接地电阻，Ω；

R_0——接地极线路单位长度的电阻，Ω/km；

$\quad I_L$——流过接地极线路上的电流，A；

$\quad L_P$——P 点距接地极的距离，km。

对于非共用型接地极，因 $I_d = I_L$，所以式（27-108）可以写成

$$U_P = I_d(R_e + R_0 L_P)$$

工作电压是沿着换流站至接地极方向逐渐衰减的，且仅在单极大地返回过负荷运行时，接地极线路上的工作电压最高。在通常情况下，接地极侧不超过 2.5kV，换流站端不超过 15kV。

2. 内过电压

当直流系统发生换向失败（丢失脉冲）、直流接线方式转换、换流器短路故障和直流极（线路）接地故障时，在接地极线路上可能产生内过电压（操作过电压）。

内过电压大小除了与短路电流（系统条件）有关外，还与接地极及其线路长度等参数因素有关，因此计算内过电压往往需要采用专业软件计算。事实上，这项计算工作在确定换流站直流侧接地极出线回路绝缘水平时已完成，故在设计接地极线路和确定接地极线路绝缘水平前，设计人员可以向相关专业索取换流站直流侧接地极出线回路绝缘水平参数。表 27-27 列出了我国部分直流工程换流站相关参数，可供设计人员参考使用。

表 27-27　我国部分直流输电工程换流站直流侧接地极出线回路绝缘水平

工程名称（换流站）	额定电流（A）	短路电流（kA）	接地极线路长（km）	中性点绝缘水平（kV）	
				雷电冲击	操作冲击
三峡—常州±500kV 直流输电工程（龙泉）	3000	16（短时，2s）/40（峰值）	50	375	335
三峡—上海±500kV 直流输电工程（宜都）	3000	16（短时，2s）/40（峰值）	63	375	335
呼伦贝尔—辽宁±500kV 直流输电工程（穆家）	3000	16（短时，2s）/40（峰值）	36	124	92
宁东—山东±660kV 直流输电工程（青岛）	3000	16（短时，2s）/40（峰值）	47	345	315
向家坝—上海±800kV 直流输电工程（复龙）	4000	12.2（短时，1s）/30.5（峰值）	85	374	349
锦屏—苏南±800kV 直流输电工程（裕隆）	4500	12（短时，2s）/30（峰值）	75	374	349
哈密南—郑州±800kV 直流输电工程（郑州）	5000	14（短时，2s）/35（峰值）	40.9	374	339
灵州—绍兴±800kV 直流输电工程（灵州）	5000	14（短时，2s）/35（峰值）	42.5	374	349
云南—广东±800kV 直流输电工程（楚雄）	3125	20（短时）/36（峰值）		450	325

在"GS"和"TG"直流工程中，换流站中性点内过电压绝缘水平约为 40kV，大约是 10 倍的最大工作电压。但在特高压直流输电工程中，最大内过电压与最大工作电压之比似乎在扩大，达到甚至超过 20 倍；对同一工程，受端换流站中性点绝缘水平稍低于送端。

在设计普洱换流站接地极线路时，南方电网电力科学研究院利用 PSCAD 软件对操作过电压进行了仿真计算，计算得

到的内过电压波形如图 27-54 所示（最大幅值 269kV，全波长约 46ms），沿线过电压分布如图 27-55 所示。

由图 27-54 可以看出，作用在接地极线路上内过电压波形呈振荡衰减，沿线的过电压水平与距离接地极的距离基本上成正比，在靠近换流站位置，内过电压水平较高，其幅值可达 287kV 以上。

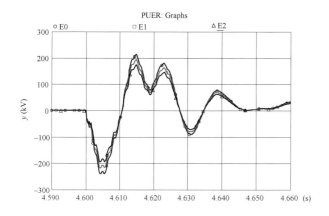

图 27-54　作用在接地极线路上的内过电压波形

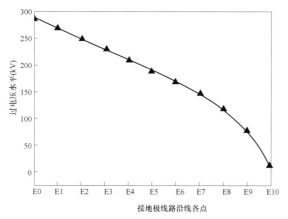

图 27-55　接地极线路上内过电压沿线分布

E0 为中性点母线处；E10 为接地极处

3. 外过电压

接地极线路上的外过电压大小，主要取决于雷电流波头、幅值及雷电波阻抗，与常规线路上外过电压计算方法没有本质上的差别，在此不必重复。但值得提出的是，内过电压一般源自换流站方向，且沿接地极方向呈逐渐衰减趋势，而外过电压没有这一特征，而是以雷击点为中心向两端扩散。

（二）直流续流

在工作电压情况下，因工作电压很低，接地极线路不存在污闪问题，但在过电压尤其是外过电压情况下，接地极线路很容易发生闪络。

1. 直流续流的危害

在单极大地回线运行情况下，一旦发生闪络，由于直流电流没有过零特性，直流续流很难熄灭，很容易将绝缘子或金具烧毁，发生闭锁甚至掉线事故。

（1）1990 年，某 +500kV 直流工程投运不久后，在单极大地方式运行时，两侧换流站接地极线路均发生过闪络掉线事故。

（2）2007 年 6 月 8 日，某±500kV 直流输电工程在单极大地方式运行时送端换流站接地极线路发生雷电击穿，导致直流系统单极闭锁。

（3）2011 年，某±500kV 直流输电工程受端侧换流站接地极线路因雷击闪络导致双极闭锁。

（4）2012 年 7 月 6 日，某±500 直流输电工程送端换流站 II 直流系统在单极金属回线转换为单极大地回线运行方式时，发生导线绝缘子炸裂，导线脱落。

（5）2012 年 12 月 15 日，某±800kV 直流工程送端换流站不对称运行时引起接地极闪络，故障 2s 后健全极重启。

（6）2015 年 7 月 13 日，某±800kV 受端换流站套管发生故障后，在转换成单极大地回线运行时，接地极线路绝缘子击穿，续流（分流）将地线烧断，最终导致烧断导线。

上述事故究其原因，都是由于接地极在大电流运行情况下，接地极线路发生闪络后直流续流无法自动熄灭所致。由此可见，直流续流是威胁接地极线路安全运行的主要因素，设计中必须重视，并予以妥善解决。

2. 直流续流及外部伏安特征的计算

当直流系统以大地回线方式运行且绝缘子被击穿时，除了大部分直流电流仍然继续流向接地极外，有部分电流可能通过被击穿的间隙，称之为"直流续流"，并且在这续流中，有部分续流可能通过杆塔流到架空地线上（在远方入地），称之为"地线续流"。

（1）直流续流。为了使线路杆塔受力平衡，接地极线路通常将导线分两部分对称地布置在杆塔两侧。当单侧（比两侧击穿问题更严重）绝缘子被击穿后，流过闪络点的续流可以用式（27-109）计算

$$I_h \approx I_d \times \frac{2R_e + kR}{2(R_e + R_0) + k(2-k)R}$$
$$k = L_0 / L \qquad (27-109)$$
$$R_0 = R_g R_{eq} / (R_g + R_{eq})$$

式中　I_h——流过闪络点的直流（电弧）续流，A；

$\quad\quad I_d$——大地回线运行总电流，A；

$\quad\quad R$——单侧导线的电阻，Ω；

$\quad\quad R_e$——接地极的接地电阻，Ω；

$\quad\quad R_g$——击穿点的杆塔接地电阻，Ω；

$\quad\quad R_{eq}$——击穿点处相邻地线与杆塔接地电阻的对地等效值，Ω；

$\quad\quad R_0$——R_g 与 R_{eq} 并联后对地电阻值，Ω；

$\quad\quad L_0$——击穿点距接地极的距离，m；

$\quad\quad L$——接地极线路长度，m。

（2）地线续流。当绝缘子被击穿后，在流过闪络点的续流中，有部分电流通过塔头（金属构件）流到架空地线上，然后再经相邻杆塔流入大地。流过单侧的地线续流可按式（27-110）计算

$$I_w = I_h \times \frac{R_g}{2(R_g + R_{eq})} \qquad (27-110)$$

式中　I_w——流过单侧的地线续流，A。

其他同式（27-109）。

（3）外部伏安特征。所谓外部伏安特征是指在接地极线路不同位置（单侧）绝缘子发生闪络后，闪络点电压与电弧电流的关系。这一外部特征可用式（27-111）描述

$$U_P = \left(R_e + \frac{k}{2} R \right) I_d - \left[R_e + R_o + \frac{k(2-k)}{2} R \right] I_h$$

（27-111）

式中　U_P——闪络点电压，V。

其他同式（27-109）。

【算例27-7】普洱换流站接地极线路长100km，采用2*2 NRLH$_{60}$GJ-300/40型号导线，$R=4.817\Omega$，$R_e=0.25\Omega$，R_g和R_{eq}分别取15Ω和7.5Ω，I_d取系统2h持续工作电流3125A。试计算该接地极线路在不同击穿点位置的直流续流和地线续流以及击穿点处外部电压U_P。

1）按式（27-109）计算，得到接地极线路不同位置发生闪络时的直流续流结果如图27-56所示。在$k=0$、0.5和1.0下，直流续流分别为149A、644A和1085A，地线续流分别为50A、215A和361A。

2）按式（27-111）计算，得到击穿点位于接地极线路不同位置时的外部伏安特性曲线如图27-57所示，随着k值的增加，曲线上移。

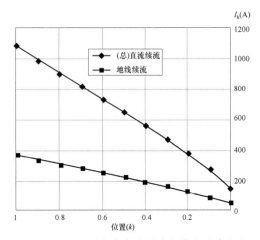

图27-56　不同击穿点处的直流续流分布曲线

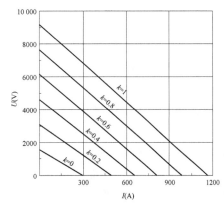

图27-57　外部伏安特性曲线

图27-56所示曲线表明，流过招弧角间隙的直流续流与击穿点距接地极的距离大致成正比。如果杆塔接地电阻相同，流过地线的地线续流I_w大致是直流续流I_h的1/3。图27-57所示结果表明，外部伏安特性曲线呈线性，且随着k值的增加而上移。

3．续流断开（熄弧）条件

在直流熄弧能力的研究中，可以结合电弧伏安特性曲线与外部伏安特性曲线判断电弧熄灭与否。从电路角度看，由于直流电弧是一非线性电阻（阻值随电流及其他因素而变化），可采用如图27-58所示的$R-L$直流电路进行分析，其中：E为直流电源电压，R为回路电阻，L为回路电感，U_h和I_h分别为电弧两端电压和流过的电流。

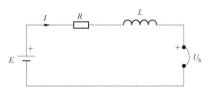

图27-58　带有电弧的$R-L$直流电路

起弧后回路电压平衡方程式可以表达为

$$E = L \frac{dI_h}{dt} + I_h R + U_h$$

当电弧稳定燃烧时，电流稳定无变化，满足

$$L \frac{dI_h}{dt} = 0$$

此时，回路电压平衡方程式可表达为

$$U_h = E - I_h R$$

而电弧稳定燃烧时，电弧自身又必须满足电弧伏安特性$U_h = f(I_h)$。可采用如图27-59所示图解法。

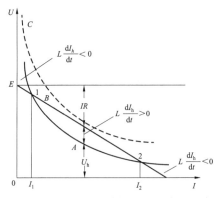

图27-59　电弧伏安特性与外部特性的结合

图27-59中，曲线A表示电弧伏安特性曲线（假定电弧长度在整个燃烧过程中保持不变），直线B表示电弧稳定燃烧时回路电压平衡方程。两条曲线的交点"1"和"2"称为电弧的稳定燃烧点，一般将点"2"称为稳定燃烧点，点"1"称为视在稳定燃烧点。当电弧伏安特性曲线C高于直线B时，电弧必然会熄灭，即电弧熄灭的条件是

$$U_h > E - I_h R$$

（27-112）

在实际接地极线路工程中，式（27-112）中 E 相当于换流站端口电压，R 为整个回路的电阻。随着 E 的增加，直线 B 向上移，要求曲线 C 向上移，即熄弧更困难或要求间隙增大。由此可见，在特定的间隙条件下，判断直流电弧能否熄灭，既取决于电流大小，也取决于外部电压 U_p 大小。

（三）国外仿真试验

迄今为止，能查到的文献显示，仅有巴西伊泰普（ITAIPU）工程在意大利米兰实验站做过直流熄弧仿真试验。根据伊泰普工程接地极线路间隙两端的恢复电压，试验电压 E 分别取 2300V 和 4300V，测试电流从 34A 增加到 456A，分别对棒-棒、（羊）角-（羊）角型招弧角在水平和垂直布置情况下的熄弧特性进行仿真试验研究。

测试中，判断在某一间隙下熄弧电流临界值的方法为：固定间隙距离和电压 E，调节电阻 R 值，逐渐增加电流 I。每个电流下测试次数不小于 10 次，在电流逐级升高的过程中，只要出现在某一电流下电弧不能熄灭的情况，则确定该电流为对应的临界熄弧电流。仿真试验结果如表 27-28 所示。

表 27-28　招弧角的熄弧能力与熄弧间隙的对应关系

招弧角型式（布置方式）	测试电压（V）	测试电流（A）	熄弧间隙（mm）
棒-棒（垂直）	2850	63	200
		159	350
		406	500
	4300	40	200
		100	350
		>381	500
角-角（垂直）	4300	326	200
		>410	350
角-角（水平）	3000	241	60
	4300	456	200

（四）国内仿真试验

2014 年，中国电力工程顾问集团中南电力设计院有限公司与某高校合作，在国内首次开展了接地极线路在内过电压下的闪络特性试验和不同型式招弧角直流熄弧能力仿真试验，获取了有价值的试验数据，为开展接地极线路绝缘配合设计奠定了基础。

1. 招弧角间隙耐压试验

试验在实验室进行。试验中，冲击电压波形为 250/2500μs 标准操作冲击波，试验采用了《高电压试验技术　第一部分：一般试验要求》和 GB/T 16927.2—1997《高电压试验技术第二部分：测量系统》规定的试验和测量方法。通过对不同间隙值的操作冲击试验，得到（武汉地区）不同型式招弧角在不同间隙值对应的操作冲击 50% 放电电压 U_{50} 试验值如表 27-29 所示。

表 27-29　不同间隙值下的操作冲击 50% 放电电压试验值

招弧角间隙距离（mm）	$U_{50\%}$（kV）	
	环-环招弧角	棒-棒招弧角
300	172.5	161.2
400	213.2	202.8
500	231.8	223.3
600	287.0	265.6
700	325.5	308.8

试验结果表明，环-环招弧角的 $U_{50\%}$ 高于棒-棒招弧角。

2. 招弧角及熄弧试验

（1）试验平台。采用大量的电容器、电感器和电阻器，搭建方波直流电源。该平台最大输出直流电压为 6000V，最大直流电流为 2000A，最长放电时间大于 50ms。

（2）招弧角型式。采用与实际工程常用的耐张型、天沟型以及羊角型这三种类型的招弧角开展熄弧试验，如图 27-60 所示。

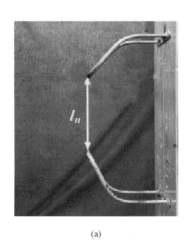
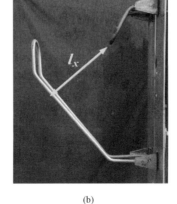
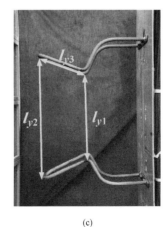

（a）　　　　　　　　　（b）　　　　　　　　　（c）

图 27-60　试验招弧角型式

（a）耐张型；（b）天沟型；（c）羊角型

（3）招弧角间隙及布置方式。耐张型最小间隙距离分别为 400mm、650mm、1000mm、1500mm，分别采用水平和垂直布置；天沟型和羊角型最小间隙距离分别为 400mm、650mm，垂直布置。

（4）外部因素影响测试。开展电磁力、热浮力、风速及其与招弧角相对位置对熄弧电流的影响试验。

（5）试验中，采用 500MHz 示波器记录完整的放电波形（简称"全波"）；采用 200M 示波器记录放电波形起始的一小部分（简称为"波头"），用于精确地记录燃弧初始部分的电压和电流数据；采用高速摄像机进行招弧角电弧的观测。

通过试验，获得了以下主要成果：

（1）获得了耐张型招弧角（垂直布置）、不同间隙（$t=0_+$ 时）电弧伏安特性的实测数据，为接地极线路绝缘配合提供了科学依据。经整理（考虑到自然条件下空气对流好于实验室，借鉴巴西 ITAIPU 工程数据，将电弧场强修正到 2V/mm），得到该型招弧角在不同间隙距离下的电弧伏安特性曲线如图 27-61 所示。

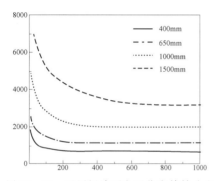

图 27-61　不同间隙下电弧伏安特性曲线

（2）获得了不同型式、不同间隙下电弧长度重要实测数据，为绝缘配合设计建立了不同形式招弧角间隙与实际电弧长度的关系。（通过数据拟合处理后）不同型式及其布置方式招弧角的电弧长度随电弧持续时间的变化如图 27-62 所示。值得指出，在实际情况中，电弧受到电磁力、热浮力等外力的作用，电弧会不断拉长，此时电弧的伏安特性曲线对应的长度应按照拉长后的电弧考虑。

（3）获得了电弧发展至熄灭全过程关键影像数据，为优选招弧角形式提供了科学依据。

（4）其他因素的影响。获得了外部因素（电磁力、热浮力和风速）对电弧的影响特性，其中电磁力对加速电弧熄灭影响较明显，可为招弧角安装方向设计提供帮助。

（五）绝缘配合设计

基于接地极线路（工作电压、内过电压及外过电压）电压特点和上述直流熄弧理论及试验数据，按照现行 DL/T 5224—2014 规定，开展接地极线路绝缘配合设计。

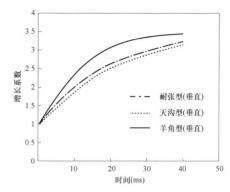

图 27-62　电弧长度增加系数与时间关系曲线

1. 与换流站中性点绝缘水平匹配

换流站中性点绝缘水平是由母线上避雷器（接地极线路侧）的雷电保护水平决定的。对接地极线路绝缘水平的要求：① 绝缘水平应尽可能高于操作过电压水平，以避免接地极线路在操作过电压下发生绝缘击穿；② 绝缘水平应稍低于中性点母线的保护水平，以确保换流站内设备安全。换言之，靠近换流站附近的接地极线路的绝缘水应介于操作过电压与中性点母线的保护水平之间，即接地极线路最高绝缘水平宜按 0.95 倍的中性点母线电压保护水平选取。

2. 工作电压

按照当前直流输电工程接地极线路最高工作电压不超过 15kV 的规定，只需采用一片 XZP-160 型直流绝缘子就可以满足工作电压下的绝缘水平要求。但考虑到绝缘子存在"零值"可能性，所以要求接地极线路上绝缘子不得少于 2 片。

3. 内过电压

迄今为止，接地极线路发生事故原因过半是由内过电压闪络后续流无法熄灭所致，因此适当提高线路绝缘水平，防止内过电压发生击穿，可以大幅度降低接地极线路安全风险。

基于表 27-29 所示试验数据和 DL/T620《交流电气装置的过电压保护及绝缘配合》的规定（考虑 2σ 标准偏差，$\sigma=6\%$），（通过曲线拟合）得到不同型式招弧角和绝缘子片数（间隙）下的内过电压耐受水平如表 27-30 所示。

表 27-30　不同型式招弧角和绝缘子片数（间隙）下的内过电压耐受水平

XZP-160 型绝缘子片数（间隙）（mm）	内过电压耐受水平（kV）	
	环-环招弧角	棒-棒招弧角
2 片（208）	105	95
3 片（352）	160	147
4 片（497）	215	200
5 片（641）	268	252
6 片（786）	322	305

试验结果显示，每片 XZP-160 型直流绝缘子的内过电压耐受水平大约是 50~54kV，比湿闪电压 55kV 稍低。

设计人员可根据工程实际内过电压水平，参照表 27-30 所列不同型式招弧角和绝缘子片数（间隙）下的内过电压耐受水平，选择绝缘子片数。

4. 外过电压

按满足外过电压下不发生闪络的要求来配置接地极线路绝缘子片数是不经济的，也可以说是不现实的。换言之，允许接地极线路在外过电压下发生闪络，但由此引发的续流必须受到控制或尽快将其熄灭。这是当前外过电压下接地极线路绝缘配合设计的原则。

在单极大地回线方式运行情况下，雷击接地极线路时可引发直流续流（电弧）。对此，可联合采用不同间隙下电弧伏安特性曲线和接地极线路不同 k 值的外部伏安特性来评估直流续流能否熄灭。如两曲线相交，则表明不能熄弧，反之可以熄弧（见图 27-63）。

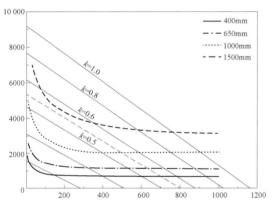

图 27-63　图解法判断直流续流是否熄灭

【算例 27-8】 对于［算例 27-7］所列工程情况，试计算在 $k=0.5$ 下（中间位置）线路的最小熄弧间隙或所需绝缘子片数。

（1）方法一（按国内仿真试验结果）。将图 27-57 和图 27-61 放在一张图上，得到如图 27-63 所示图形。由图可以看出，在线路中间位置（$k=0.5$），要求最小熄弧长度达 1500mm。如采用羊角型招弧角并按图 27-62 所示曲线取 20ms 时的弧长增长系数（大约为 3），则需 500mm（＝1500/3）间隙（5 片绝缘子）。同理，可得到线路上任意位置招弧角最小熄弧间隙。

（2）方法二（按国外仿真试验结果）。根据图 27-57 曲线，在线路中间位置（$k=0.5$）U_P 约 5000V，I_h 为 644A；参照表 27-28 试验结果，可得到最小间隙约为 500mm。

两次结果基本一致。

5. 闭锁保护并断开电弧电流

随着特高压直流输电容量的不断增大，接地极线路发

生闪络后的直流续流也将随之不断增大。特别地，如闪络发生在靠近换流站附近，流过闪络点的续流将可能达到甚至超过 1/3 的额定电流。在此情况下，仅靠招弧角灭弧是困难的。

在此情况下，可在接地极线路保护设计中增加"闭锁保护"，其技术思路是：通过监测接地极线路闪络发生位置并根据当时的系统电流，判断闪络点续流大小；如果判断续流超过某一值（招弧角临界熄弧电流），自动发出闭锁保护指令；判断电弧熄灭后，接束闭锁。

（六）典型绝缘配合设计

1. 绝缘子片数

综上所述，接地极线路上的最大工作电压不足 15kV 时，采用两片绝缘子即可满足技术要求；最大内过电压一般不超过 300kV，避免线路在内过电压下发生闪络是选取接地极线路绝缘子片数的基本条件；外过电压太高，允许外过电压条件下线路发生闪络，但要求通过招弧角或"闭锁保护"尽快拉断直流续流。因此，基于接地极线路上内过电压沿着换流站至接地极方向呈衰减分布特点，绝缘片数应根据内过电压值采取由高至低差异化配置，招弧角间隙按照 0.85 倍的绝缘子串有效绝缘长度设置。即根据安装招弧角的杆塔在线路中的具体位置，配置不同间隙的招弧角间隙。结合当前国内直流输电工程建设（内过电压水平、接地极线路长度及其导线型号等）情况，表 27-31 列出了（海拔 1000m 及下地区）接地极线路最少绝缘子片数典型配置，可供设计参考。

表 27-31　国内接地极线路最少绝缘子片数典型配置（$R_0=5\Omega$）

线路位置（k 值）	不同额定电流下最少绝缘子片数					
	1200A	**1800A**	**3000A**	**4000A**	**5000A**	**6000A**
0.2	2	2	3	3	3	4
0.4	2	2	3	4	5	6
0.6	2	3	5	6	6*	6*
0.8	3	3	5*	6*	6*	6*
1.0	3	4	5*	6*	6*	6*

* 表示招弧角不能熄弧，需要启动"闭锁保护"熄弧；工程条件不同时可能有差异。

2. 空气间隙

迄今为止，关于直流输电接地极线路带电部分与杆塔构件的空气间隙的取值，国内没有进行深入研究，现行 DL/T 5224 也只是套用了一般交流线路 35kV 的设计标准。

随着我国直流输电容量（电压和电流）的不断增加，内

过电压水平也随之增加，接地极线路的绝缘水平也应随之增加。对于接地极线路带电部分与杆塔构件的空气间隙的取值，现在仍然简单地套用一般交流线路 35kV 的设计标准是不合适的，而应与接地极线路上不同工况下的电压相适应。

按照上述接地极线路绝缘水平及配置方法，参照现行 GB 50545 和 DL/T5224 的设计标准，在相应的风偏条件下，与之相配的带电部分与杆塔构件的空气间隙可按表 27-32 取值。

表 27-32　接地极线路带电部分与杆塔构件的空气间隙（m）

线路上绝缘子片数	<3 片	3~4 片	5~6 片
工作电压	0.1	0.2	0.25
内过电压	0.3	0.5	0.7
带电检修	0.6	0.8	1.0

注　一般可不考虑带电检修工况；如需考虑，还应考虑 0.3~0.5m 的人体活动范围。

三、绝缘子串设计

"葛上"工程是我国第一个直流输电工程，其接地极线路没有采用招弧角。该工程投运后，多次发生接地极线路绝缘子烧坏，甚至发生掉线事故。在"天广"直流输电工程，首次在接地极线路绝缘子串两端加装了招弧角，取得了较好的效果。自此以后，国内所有的接地极线路都加装了招弧角，但直到 2014 年我国对招弧角型式的选择并没有开展更深入的研究工作。

通过对图 27-60 所示（常用）的耐张型、天沟型、羊角型三种型式的招弧角开展试验研究，在国内首次获得了直流电弧发展轨迹影像资料，为进一步优化绝缘子串设计提供了科学依据。

（1）天沟型招弧角。天沟型招弧角是目前用得较多的一种垂直布置的型式。试验结果表明，当电弧运动至招弧角末端时，弧根并未停留在招弧角电极末端，而是沿着招弧角外延移动，甚至会移向绝缘子串，危害绝缘子串安全。这主要是由于当电弧运动到末端时，电弧呈现水平布置，此时电磁力和热浮力均向上，导致上电极的弧根继续沿着电极向上运动。因此，天沟型招弧角结构存在设计缺陷，不宜继续采用或需要改进。

（2）羊角型招弧角。在羊角型招弧角端点引弧后，电弧由端点向外发展、拉长电弧直至电弧熄灭，而不是向内发展。这正是设计者所期待的特性。羊角型招弧角的"角"长和对地倾角应适当：适当增加"角"长有利于拉伸电弧长度，但不宜大于招弧角间隙长度；对地倾角宜保持在 45° 左右，太小

影响拉弧效果，太大影响电弧发展方向。

（3）耐张型招弧角。耐张型招弧角是目前广泛用于接地极线路耐张绝缘子串上的招弧角，水平布置。试验结果显示，当电弧点燃后，电弧随着热气流上升而上升，这有利于拉断电弧；在悬垂型绝缘子串中，不宜采用耐张型招弧角。在工程中使用时，必须确保耐张型招弧角位于绝缘子串上方。

接地极线路招弧角没有成型产品，一般需要专门设计。根据试验结果，图 27-64 分别展示了悬垂型和耐张型两种形式的接地极线路绝缘子串组装形式，可供设计人员参考。

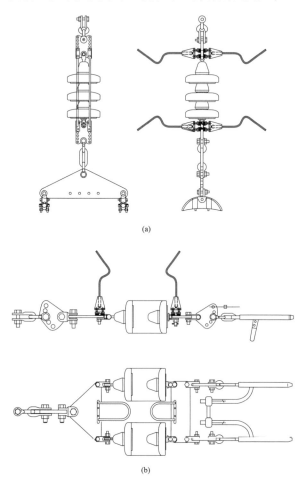

图 27-64　接地极线路悬垂型和耐张型绝缘子串组装形式
（a）悬垂型绝缘子串；（b）耐张型绝缘子串

四、其他特殊设计要求

对于接地极线路设计，除了上述特殊要求外，还有些特殊要求在现行 DL/T 5224—2014 中做了明确规定。

（1）设计气象条件。接地极线路是整个直流系统的一个组成部分，与直流线路具有相同的设计寿命；接地极线路的导线对地距离与 220kV 线路相当。因此，在确定基本风速时，应采用离地面 10m 高处 30 年一遇 10min 年平均最大风速，且设计基本风速不应小于 23.5m/s。

（2）接地极架空线路导线宜采用水平对称布置。接地极

线路虽具有"单一极性"，但为了保持杆塔荷载平衡，通常还是将其分为两束导线对称地布置在杆塔两侧。对于1000m以下档距，水平"极"间距离宜按式（27-113）计算

$$D = 0.5 + 0.65\sqrt{f_c} + A \qquad (27-113)$$

式中 D ——导线水平极线间距离，m；

　　f_c ——导线最大弧垂，m；

　　A ——覆冰线间距离增大常数，m。

重覆冰的水平线间距离应根据运行经验确定，当缺乏经验时，可较式（27-113）要求值加大 5%·15%，重冰区可取下限值。

（3）防雷。因接地极线路绝缘水平很低，架设避雷线不会明显地减少线路遭受雷击的概率，以至在一些国家和地区，接地极线路不架设避雷线。但架设避雷线可以增大与线路间的耦合系数，可削弱雷电陡度和幅度，从而可以减少绝缘子遭受雷击时而损害的概率。我国线路设计规程也规定，110kV及以上电压等级线路应全线架设避雷线，即使是35kV线路，也要求在靠近变电站 2km～3km 范围内架设避雷线。显然，其目的是限制雷电波对变电站设备的损害。基于现行设计规程的要求，并考虑到架设避雷线增加费用很少，迄今为止，我国的接地极线路都是采用全线架设单根避雷线。

（4）接地。从防雷和安全角度上讲，人们希望接地极线路杆塔及其避雷线逐基接地良好。但为了防止入地直流电流腐蚀杆塔基础或者沿着避雷线返回到换流站，要求线路杆塔及其避雷线均对地绝缘。综合两者因素，当前接地极线路采取措施：① 所有的杆塔均接地，且对靠近接地极附近的杆塔，需采用单点连接线将杆塔与接地装置连接；② 在靠近接地极至少10km（与接地极电位升有关）范围内，避雷线需采用绝缘子对杆塔绝缘；③ 对紧靠接地极的少量杆塔，杆塔与基础应绝缘。

（5）交叉跨越。接地极线路电压等级虽不高，但它是直流输电系统中组成部分，其重要性非一般低电压等级线路可比。因此在通常情况下，接地极线路应跨越 110kV 及以下电压等级线路，尽可能钻越 220kV 线路，但不可跨越 220kV 以上电压等级的线路。

（6）接地极线路走廊宽度、对地距离。在终勘定位中，对于接地极线路走廊宽度和对地距离，原则上按照 GB 50545 中关于 110kV 线路的设计标准执行。

（7）基础绝缘。如接地极线路使用铁塔，则地电流很容易在塔腿间流动，从而可能导致基础和塔腿的电腐蚀。为了防止产生电腐蚀，设计规程要求对靠近接地极约 2km 以内的杆塔，基础对地、杆塔对基础应绝缘（在断开接地引下线情况下，接地装置与杆塔的接触电阻宜大于 500Ω）。

参考文献

[1] 赵畹君. 高压直流输电工程技术[M] 中国电力出版社，2011.

[2] 张殿生. 电力工程高压送电线路设计手册. 中国电力出版社，2003.

[3] [苏]C.B.瓦修京斯基. 变压器理论与计算. 北京：机械工业出版社，1983.

[4] 郁祖培，钱之银. 南桥接地极严重腐蚀及故障原因.《华东电力》，1995.6.

[5] EPRI. DC Ground Electrode Design(EL-2020 Project 1467-1 Final Report)，1981.8.

[6] CIGRE Working Group 14.21-TF2. General Guidelines for the Design of Ground Electrodes for HVDC Links. 2000.

[7] 冯慈璋主编. 电磁场. 人民教育出版社，1979.

[8] [美]M.N.奥齐西克著，俞昌铭主译. 热传导. 高等教育出版社，1983.

第二十八章

高压直流输电系统试验

高压直流输电系统的试验分为工厂试验和现场试验两个部分，其中工厂试验主要有两类：一类是针对单个设备进行的型式试验和出厂试验等；另一类是针对几个设备组成的系统进行的功能试验（functional performance tests，FPT）和动态性能试验（dynamic performance tests，DPT）。工厂试验中的型式试验是在产品设计完成后，对制造出来的单个产品进行的定型试验；出厂试验指的是设备出厂时的试验，也是质量检验的试验；功能试验的目的是检验、优化和验证成套直流控制保护设备的总体功能；动态性能试验的目的是测试直流输电系统的暂态特性。现场试验主要包括设备运到现场后的设备试验、分系统试验、站系统试验和接入实际电网后的端对端系统试验四个部分。在直流输电系统试验完成之后，直流输电系统投入试运行，试运行时间一般为15~30天。

直流输电系统的试验流程如图28-1所示。

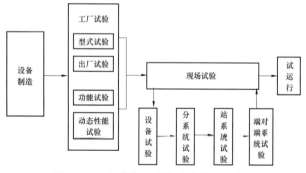

图28-1　直流输电系统试验流程示意图

第一节　功能试验和动态性能试验

直流输电系统的功能试验和动态性能试验是直流控制保护系统及相关设备运到施工现场前的两大试验项目，是直流控制保护系统设备设计、制造与工程现场调试和运行衔接的关键环节。

功能试验和动态性能试验是指借助动模或数字仿真方式对电力系统发电机、换流器、换流变压器、断路器、交直流滤波器、输电线路等进行模拟或仿真，利用接口设备将其与换流站直流控制保护设备组成闭环系统，通过一系列试验项目考查换流站二次系统功能、性能和接口的试验。功能试验和动态性能试验的主要内容是依据工程的功能规范书对直流输电系统的功能和动态性能的要求而确定的。

一、功能试验（FPT）

（一）试验目的

功能试验的目的是检验、优化和验证成套直流控制保护设备的总体功能，主要包括：检验各种不同运行方式下直流控制保护系统的功能；检验各直流控制保护设备间相互配合的正确性；检验直流控制保护设备与阀基电子设备等其他装置之间接口的正确性；验证冗余控制系统的切换能够平稳实现且不影响其他在线设备的运行；验证冗余的供电设备中某一元件故障不影响直流控制保护系统的正常运行；验证控制保护系统通信通道和两站间的信息传送；检验顺序控制逻辑的正确性等。

（二）试验内容

功能试验内容主要包括三个部分：第一部分是屏柜功能试验，主要检验各个装置屏柜的完整性和硬、软件功能；第二部分是局部系统功能试验，是将某一分系统相关的屏柜连接起来，用于检验局部系统功能。有关的局部系统包括直流控制系统、直流系统保护、测量系统、阀基电子设备、顺序事件、暂态故障记录和通信系统等；第三部分是集成系统功能试验，是FPT的主要试验，在屏柜和局部系统功能试验完成后，将直流控制保护系统的主要屏柜连接成一个完整的系统进行试验，检验直流控制保护系统在不同运行条件下的功能。

功能试验一般采用经实践检验准确、可靠的动模或数字仿真模型。动模或数字仿真模型的参数能准确仿真实际工程主设备与电力网络的参数。以国内某±800kV直流输电工程为例，其FPT试验主要分为以下15个试验组进行：

（1）顺序控制与联锁试验。主要验证开关顺序和联锁执行的正确性。

（2）跳闸试验。验证保护系统之间的接口，保护系统与控制系统之间的接口，各个保护单元发出的停运信号能够由控制系统正确地有序执行。

（3）交流无功设备投切试验。在手动控制模式下，验证运行人员发出的无功设备投入和切除指令能够正确被执行；在自动控制模式下，检验依据输送功率的无功设备自动投切的正确性，检验无功单元投/切周期限制、无功单元放电期间禁止投入及在一组无功单元不可用情况下的运行性能。

（4）闭锁的换流器带电试验。检验换流变压器网侧电压测量量的相位正确；检验从直流控制系统到阀基电子设备（valve base equipment，VBE）的触发控制信号，以及从 VBE 到阀的触发脉冲信号能够正确的发送，检验换流器起动顺序的正确性。

（5）空载加压试验。检验直流控制系统的直流电压控制能够正确运行。

（6）换流器闭锁/解锁特性试验。检验直流输电系统起动/停运顺序的正确性，每组换流器均能平滑实现解锁/闭锁；在功率控制模式下，检验另一个极解锁/闭锁时，直流功率能够平滑转移。

（7）直流功率调整试验。功率调整过程中，换流变压器有载分接开关控制、无功设备的投切、无功功率和交流电压控制均正确地工作。

（8）换相失败/误触发试验。验证在换相失败或误触发期间控制系统的稳定性，不会对直流侧的基频分量起放大作用，且换相失败或误触发结束后，控制系统能恢复正常状态。

（9）稳定功能试验。

（10）失去辅助电源试验。验证失去一组冗余电源对直流功率输送不产生任何干扰。

（11）失去冗余设备试验。验证冗余设备的转换能够以无跃变的方式进行，对直流功率输送不产生影响。

（12）失去远方通信试验。验证在远方控制通信失效时，对换流站起/停、功率调整控制等方面性能的影响。

（13）金属/大地回线转换试验。验证金属和大地回线之间能够顺利转换，验证极电流从接地极到某一未运行的直流线路（或相反）的转移能够按设计要求正常实现。

（14）降压运行试验。检验降压运行方式下，当交流系统电压变化时，有载分接开关调整、无功功率或交流电压控制能够正确工作。

（15）电气干扰试验。检验电磁辐射对控制保护屏的影响，验证控制保护屏能够承受功能规范书中界定的干扰，直流系统的运行不受影响。

二、动态性能试验（DPT）

（一）试验目的

动态性能试验是为验证高压直流输电系统的（准）稳态、暂态、动态特性和系统稳定控制等附加控制功能而进行的一系列试验。动态性能试验将在直流输电系统以不同的接线方式、不同的功率输送水平、不同的直流电压运行方式以及外部电力系统处于不同的运行条件下进行。

动态性能试验的主要目的是检验交直流系统的相互影响，优化并确定直流控制和直流保护的功能及参数。在试验中，按照功能规范书的要求，通过仿真系统模拟直流输电系统的各种动态行为（例如直流电流、电压、关断角阶跃等）、直流系统中不同位置的故障、外部电力系统中各种类型的故障等，来考核直流输电系统各个控制器的响应及其相互切换、故障后直流保护的动作特性、稳定控制功能、换相失败后的恢复过程、直流线路故障后的再起动过程等，对直流控制保护系统中与动态特性关系密切的部分进行充分验证。

（二）试验内容

动态性能试验包含两部分内容：一部分是闭环仿真试验，由实时仿真系统与实际控制保护设备连接组成的闭环系统进行的试验；另一部分是动态仿真试验，利用电磁暂态仿真程序进行的动态性能仿真研究。闭环仿真试验系统则主要用于验证实际控制保护系统的动态性能是否达到功能规范书要求；而动态仿真试验系统主要进行直流系统保护整定值的配合和直流控制参数的设置等方面的研究。此外，动态仿真试验与闭环仿真试验结果还将进行相互验证。

对于交直流并联运行的电网，动态性能试验除了包括等值电源模型试验外，还需要进行交直流混合等值电网的仿真试验。以国内某±800kV 直流输电工程为例，其 DPT 试验包括以下 18 个试验组：

（1）直流系统保护试验。在不同运行模式下模拟直流侧故障，验证各种主后备保护的灵敏性与选择性。

（2）无功设备带电试验。检验投切无功补偿设备对交流母线电压的影响，及防止引发换相失败的控制措施的有效性。

（3）闭锁的换流器带电试验。检验换流变压器励磁涌流对交流母线电压的影响。

（4）空载加压试验。验证直流空载加压过程中发生故障时相关保护动作的正确性。

（5）换流阀解锁/闭锁特性试验。验证阀组解锁/闭锁过程中交直流系统的相互影响。

（6）稳态特性试验。验证各种稳态特性是否满足设计要求，即直流系统能否稳定运行，系统运行情况与主回路参数研究报告中的结论是否一致，降压运行条件下运行是否正常。

（7）直流功率调整（升/降）试验。验证直流功率变化不会对交流系统产生负面影响，关注在功率调整过程中无功控制和有载分接开关控制之间的配合情况，检验是否出现触发角限制及逆变侧电流控制。

（8）功率阶跃响应试验。

（9）直流电压阶跃响应试验。验证直流电压控制器的动态特性，检验电压阶跃是否引起过冲。

（10）直流电流阶跃响应试验。验证电流控制器的动态特性，检验电流阶跃响应是否满足功能规范书要求。

（11）关断角阶跃响应试验。验证关断角控制器的动态特性，检查是否引起过冲和换相失败。

（12）控制模式转换（U_d/I_d/Gamma）试验。检验各种控制模式之间能否平稳转换以及各种控制模式下是否能稳定运行。

（13）交流系统故障特性试验。验证在交流系统故障时，直流输电系统的换相特性与恢复特性。

（14）换相失败/误触发试验。检验持续换相失败导致的阀过载保护以及基波、二次谐波保护能否正确动作，同时验证其他保护是否发生误动。

（15）稳定控制功能试验。验证系统稳定控制功能的有效性。

（16）金属/大地回线转换试验。检验转换过程中接地极和直流线路之间分流是否正常，尤其在轻载运行条件下，检验转换开关以及开关保护顺序功能的正确性。

（17）直流线路故障恢复顺序试验。验证故障恢复顺序及时间的正确性。

（18）过负荷特性试验。

三、试验系统

（一）试验系统的构成

试验系统通常由两大部分组成：被测试的设备和为被测试设备进行试验而构建的试验平台（包括与被测试设备的接口等）。

试验系统的设计和建立是直流输电控制保护系统试验的基础，其关键技术包括：

（1）确定参与功能试验和动态性能试验的控制保护系统设备。

（2）对未参与功能试验和动态性能试验的其他控制保护系统设备功能的模拟。

（3）对直流输电主回路和外部电网的模拟。

（二）被测试设备

被测试设备通常是根据功能规范书对 FPT 和 DPT 的要求来确定，参与功能试验和动态性能试验的被测试设备应与现场使用的设备相一致，通常包括：直流控制系统、直流系统保护（含直流保护、交直流滤波器保护、换流变压器保护）、运行人员控制系统、时间同步系统、故障录波系统、保护及故障录波信息管理子站、远动设备、阀基电子设备等。

对于同类型设备，在不影响整体系统性能的前提下，可选取一套装置参加功能试验和动态性能试验，如交流滤波器保护、换流变压器保护等。

（三）试验平台

1. 试验平台的结构

对直流输电工程控制保护设备进行功能和动态性能试验的基础条件是建立一个能够真实模拟工程现场运行环境的实时仿真试验平台，并确定实时仿真试验平台与被测试对象的接口。随着电力系统实时仿真技术、工业过程及其控制实时仿真技术的发展，利用全数字式实时仿真系统对实际控制保护装置进行试验成为重要手段和发展趋势。

应用较多的工具主要有实时数字仿真器（Real Time Digital Simulator，RTDS）和电磁暂态仿真软件（Electro Magnetic Transient in DC System，EMTDC）。

实时仿真试验平台一般由 RTDS 仿真器以及相关的接口设备构成，其与被测试的控制保护设备相连接组成闭环试验系统，将所有参与试验的控制保护设备连接成一个完整的控制保护系统进行试验。

图 28-2 为 RTDS 试验系统示意图。RTDS 与控制保护设备之间的接口包括交流电气量（经电压、电流放大器）连接、直流电气量（经合并单元和光缆）连接和 VBE 接口。通过接口设备使实时仿真系统与参与试验的控制保护设备构成与工程现场基本一致的仿真试验环境。

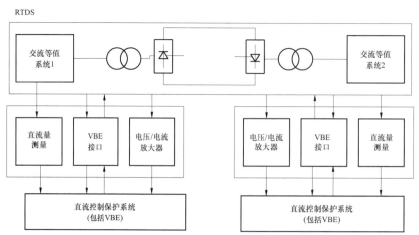

图 28-2 RTDS 试验系统示意图

2. RTDS 仿真器的模拟范围和作用

RTDS 是由加拿大 RTDS 公司开发制造,能够实时仿真计算电力系统所有元件的电磁暂态过程（仿真步长最小可达到 2μs）,具有可实时模拟全系统电磁暂态、机电暂态和中长期动态全过程的功能特点,是一种专门设计用于研究电力系统中电磁暂态过程的系统。

FPT 和 DPT 实时仿真试验一般采用由电力系统实时数字仿真器 RTDS 以及相关的接口设备构成实时仿真试验平台。RTDS 仿真器在 FPT 和 DPT 试验中,能实时地通过 D/A 转换器向与其接口的直流控制保护装置设备传递信号,作用是模拟等值外部交流电力系统、交流滤波器组、换流变压器、晶闸管换流器、平波电抗器、直流滤波器、直流线路和接地极线路以及交直流配电装置区主要开关元件的暂态/动态特性等。对未参与试验的其他控制保护系统设备的功能也可以进行模拟。

3. EMTDC 实时仿真系统的模拟范围和作用

EMTDC 是加拿大马尼托巴直流研究中心开发的一种用于分析交直流暂态过程的电磁暂态仿真软件,是较为成熟、流行的电磁暂态仿真软件之一。可以较为简便地模拟复杂电力系统,包括直流输电系统及其相关的控制系统,计算步长可达微秒级。

EMTDC 程序可以模拟的电气元件主要有:发电机、线路、变压器、断路器及开关、换流器等。EMTDC 的仿真结果可与 RTDS 的仿真结果进行对比分析,相互校核试验结果的正确性。

第二节 设 备 试 验

直流输电工程换流站设备运抵现场后,设备生产商和施工安装单位首先对设备进行开箱检查,然后进行设备安装。设备安装范围包括:换流站阀厅本体设备、阀冷却设备、换流变压器、平波电抗器、交直流配电装置、全站构支架、站用电系统（含一次、二次设备）、控制保护系统、图像监视及安全警卫系统、火灾自动报警系统、消防系统、通信系统等。换流站设备安装完成后,由设备生产商、施工安装单位进行设备试验,以此来考核设备的性能并判断其是否能正常投入调试及运行。

（一）试验目的

设备试验的目的是确认设备在运输中没有损坏;检查设备的状况和安装质量;检查设备是否能够安全的充电、带负荷或起动,以及设备性能和操作是否符合合同规定的技术指标要求。

（二）试验内容

设备试验在换流站所有设备上进行,主要的试验项目如下:

（1）主设备的电介质和绝缘电阻检查,包括介质损耗角测量和高压试验。

（2）换流变压器、电抗器、滤波器、电阻器及测量装置的电阻值测量。

（3）换流变压器及测量装置的变比和极性检查。

（4）换流变压器安装现场局部放电试验。

（5）电流互感器的极性检查和磁化曲线测量。

（6）主设备的空气/SF_6 气体压力、泄漏率和漏点测量试验。

（7）绝缘油试验。

（8）交直流断路器及开关的开/断时间测量。

（9）母线连接处、断路器、隔离开关的接触电阻测量。

（10）各种辅助设备的功能检查。

（11）换流站接地网接地电阻测试。

（12）电缆接线及其绝缘电阻试验。

（13）通风空调系统的风量分配、湿度及温度检查。

（14）水泵等电机设备的功能检查。

（15）所有具有自诊断功能的设备和仪器的自检试验。

（16）诊断软件功能的验证。

第三节 分 系 统 试 验

分系统试验是直流输电工程的各系统设备施工完毕后,进行的一种现场调试试验。分系统是由一些相关的一次设备及其控制保护装置组成的功能单元。对所有分系统均分别进行加电起动或者通电试验,检验其电气特性、机械特性或工作特性,测试控制、保护及远动通信之间的协调配合及各种功能,并进行调整。

分系统试验的目的是检验各分系统设备之间的接口和连接的正确性,各分系统整体性能是否满足有关标准、规范和设计要求,为后续的站系统调试提供有力保障[3]。

一、一次设备分系统试验

（一）交流配电装置区分系统试验

1. 交流断路器分系统试验

交流断路器分系统试验是换流站交流断路器与控制保护系统的联调试验,其目的是验证断路器与二次系统的接口功能是否满足要求。试验内容主要包括:

（1）开关量输出信号联调。

（2）就地/远方跳、合闸操作验证。

（3）同期功能验证。

（4）跳闸传动试验。

（5）选相控制器试验（适用于装有选相控制器的断路器）。

2. 交流隔离开关/接地开关分系统试验

交流隔离开关/接地开关分系统试验是换流站交流隔离开

关/接地开关与控制保护系统的联调试验，其目的是验证隔离开关/接地开关与二次系统的接口功能是否满足要求。试验内容主要包括：

（1）开关量输出信号联调。

（2）就地/远方跳、合闸操作验证。

（3）联锁功能测试。

3. 交流电流互感器分系统试验

交流电流互感器分系统试验是给电流互感器通电注流，在相关保护屏、测量装置和换流站控制系统上检测、核对电流互感器的变比和极性。试验内容主要包括：

（1）检查电流互感器的变比、安装极性是否符合系统的要求。

（2）检查电流互感器的二次回路的连续性，防止二次回路开路。

（3）检查电流互感器二次绕组及相关保护、测量装置的接地是否符合要求。

（4）检查所有相关的模拟量、数字量。

4. 交流电压互感器分系统试验

交流电压互感器分系统试验是给电压互感器通电加压，在相关保护屏、测量装置和换流站控制系统上检测、核对电压互感器的变比和数值。试验内容主要包括：

（1）检查电压互感器二次绕组及相关保护、测量装置的接地是否符合要求。

（2）检查电压互感器二次回路，防止二次回路短路。

（3）检查所有相关的模拟量、数字量。

5. 交流滤波器分系统试验

交流滤波器分系统试验是对电容器不平衡进行调整，对滤波器进行调谐。试验内容主要包括：

（1）调整各相交流滤波器组电抗（可调），使各相滤波器滤波点符合设计要求。

（2）实测绘制各相滤波器、无功补偿电容器幅频曲线、相频特性。

（3）调整电容器的臂电容值使其不平衡电流在允许范围内。

（二）直流配电装置和阀厅设备分系统试验

1. 换流器分系统试验

换流器分系统试验是换流器与控制保护系统的联调试验，其目的是验证换流器与二次系统的接口是否满足要求。试验内容主要包括：

（1）针对换流器的每个开关量输入、输出信号进行联调。

（2）换流器低压加压试验。在换流器进行高压充电前，必须先完成换流变压器带换流器的低压加压试验。其目的是检查换流变压器一次接线的正确性、换流阀触发同步电压的正确性、换流阀触发控制电压的正确性、检查一次电压的相序及换流器触发顺序关系。

2. 直流开关分系统试验

直流开关分系统试验是直流开关与控制保护系统的联调试验，其目的是验证直流开关与二次系统的接口是否满足要求。试验内容主要包括：

（1）开关量输出信号联调。

（2）就地/远方跳、合闸操作验证。

（3）直流开关振荡回路和充电装置的功能试验。

1）充电装置起动试验。在直流开关充电装置一次设备试验完成后，检查充电器整组充电功能是否与设计相符。

2）直流充电电流测量值检查。主要有：① 充电装置功能检查；② 充电电流的调整，调整输出电流值到规定的数值；③ 充电测量的验证，检查电容器电压测量值正确；④ 充电时间的验证，检查从 0V 到最大充电电压的充电时间是否满足设备技术要求。

3）在充电装置和直流控制设备之间测试控制信号。该试验在直流控制和保护设备已安装并工作后实施。在软件中检查充电测量值，进行直流控制中的充电电压控制试验。

4）充电电压控制。在控制软件中模拟主回路电流值，确认其相应充电电压值。

3. 直流电流测量装置分系统试验

直流电流测量装置分系统试验是给电流测量装置通电注入直流电流，在相关保护屏、测量装置和换流站控制系统上检测、核对电流测量装置的变比和极性。试验内容主要包括：

（1）检查直流电流测量装置的变比、安装极性是否符合系统的要求；即检查直流电流测量装置（包括电子式电流互感器）的实际安装方向、二次出线的标识、变比实际的整定位置正确。在直流电流测量装置一次侧通入不小于一次电流额定值 10% 的电流，检查直流电流测量装置的变比、极性以及电流二次回路的正确性。检查所有二次回路中电流幅值的正确性。在有极性要求的电流回路中，检查其电流极性的正确性。

（2）检查准确度是否满足要求。

（3）检查二次回路的完整性，防止二次回路开路。

（4）检查二次侧接地是否符合要求。

（5）检查所有相关的模拟量、数字量是否正确。

（6）检查激光供能系统工作是否正常（仅针对光电型直流电流测量装置）：连接好所有的光缆（从直流电流测量装置连到对应的控制保护测量屏柜或合并单元），安装好激光防护盖子，起动测量屏柜。输入端施加试验用直流电流，在测量屏上检查光信号是否正常，光纤系统的衰减是否满足要求。

4. 直流电压测量装置分系统试验

直流电压测量装置分系统试验是给电压测量装置通电加直流电压，在相关保护屏、测量装置和换流站控制系统上检测、核对电压测量装置的变比和数值。试验内容主要包括：

（1）检查直流电压测量装置的变比，确认电压测量装置的安装位置正确、二次回路接线符合设计要求。

（2）为满足测量要求，现场需要调整直流电压测量装置的低压臂电容，以补偿二次电缆的电容和低通滤波器的电容，使最终低压臂的电容值与出厂的常规试验报告中记录的数值相等。

（3）现场校准隔离放大器，以补偿额定情况下加在测量装置低压臂的电压和实际加在测量装置的电压。

（4）检查电压测量装置的二次相关保护测量装置能否正确采集电压、测量装置的接地是否符合要求。

（5）检查光源工作是否正常（适用时）：连接好所有的光缆（从直流电压测量装置连到对应的控制保护测量屏柜或合并单元），安装好激光防护盖，起动测量屏柜。输入端施加不小于 10%额定直流电压，在测量屏上检查光信号是否正常，光纤系统的衰减是否满足要求。

5. 直流滤波器分系统试验

直流滤波器分系统试验是对电容器不平衡进行调整，对滤波器进行调谐。试验内容主要包括：

（1）调整直流滤波器组电抗（可调），使滤波器滤波点符合设计要求。

（2）实测绘制滤波器幅频曲线、相频特性。

（3）调整电容器的臂电容值使其不平衡电流在允许范围内。

6. 油浸式平波电抗器分系统试验

油浸式平波电抗器分系统试验是平波电抗器与控制保护系统的联调试验，其目的是验证平波电抗器与二次系统的接口功能是否满足要求。

试验内容主要包括：针对平波电抗器的每个开关量、模拟量输出信号，依次进行联调；针对平波电抗器的每组冷却器，验证其投切操作的正确性。

（三）换流变压器分系统试验

换流变压器分系统试验是换流变压器与控制保护系统的联调试验，其目的是验证换流变压器与二次系统的接口功能是否满足要求。试验内容主要包括：

（1）换流变压器开关量、模拟量输出信号联调。

（2）分接开关位置指示和控制命令的联调。

（3）针对换流变压器的每组冷却器，验证其投切操作的正确性。

二、二次设备分系统调试

（一）交流系统保护分系统试验

交流系统保护分系统试验主要包含交流线路保护分系统试验、交流母线保护分系统试验等，其与变电站的试验内容

和方式基本相似，不再重复。

（二）直流系统控制保护分系统试验

1. 换流器/极控制保护分系统试验

换流器/极控制保护分系统试验是换流器/极控制保护（含直流滤波器保护）与交直流断路器，以及直流侧隔离开关的联调试验，其目的是验证控制保护与断路器及隔离开关的接口功能是否满足要求。试验内容主要包括：

（1）输入信号、输出信号校验。针对控制保护的每个输入、输出信号依次进行联调。

（2）跳闸传动试验。检查确认控制保护与断路器、隔离开关的联合动作功能的正确性。

2. 换流变压器保护分系统试验

换流变压器保护分系统试验是换流变压器保护与交流断路器的联调试验，其目的是验证断路器与保护的接口功能是否满足要求。试验内容主要包括：

（1）输入信号、输出信号校验。针对保护的每个输入信号、输出信号依次进行联调。

（2）跳闸传动试验。检查确认保护与断路器的跳闸传动功能的正确性。

3. 交流滤波器/电容器/电抗器保护分系统试验

交流滤波器/电容器/电抗器保护分系统试验是交流滤波器/电容器/电抗器保护与交流断路器的联调试验，其目的是验证断路器与保护的接口功能是否满足要求。试验内容主要包括：

（1）输入信号、输出信号校验。针对保护的每个输入信号、输出信号依次进行联调。

（2）跳闸传动试验。检查确认保护与断路器的跳闸传动功能的正确性。

4. 远动分系统试验

远动系统分系统试验是直流控制保护系统与各级相关调度之间的通信联调试验，其目的是验证相关调度能否正确显示换流站设备状态和控制换流站设备操作。

试验内容主要为：针对每个开关量、模拟量，逐一确认换流站控制保护系统与有关调度的显示值是否一致。

5. 直流故障录波系统分系统试验

直流故障录波系统分系统试验是直流控制保护系统与故障录波系统的联调试验，其目的是验证直流故障录波系统能否正确显示开关量和模拟量的状态，正确起动录波。

试验内容主要为：输入信号的校验，针对保护的每个输入信号依次检查确认故障录波系统显示器状态正确。

6. 最后断路器保护分系统试验

最后断路器保护分系统试验的目的是验证最后断路器保护的接口功能是否满足要求。试验内容主要包括：

（1）站控制系统接口校验。站控制系统根据最后断路器和

最后线路的逻辑做判断,将断路器是否为最后断路器/最后线路的信号发送到断路器保护屏,针对每个开关量输入信号,依次进行联调(如断路器配置了 Early make 接点,可将 Early make 接点信号发送到站控制系统,由站控制系统根据逻辑做判断)。

(2)断路器保护屏接口校验。断路器保护屏根据断路器操作箱辅助接点的动作,以及保护压板的投入状态决定是否为最后断路器动作,触发紧急停运,针对保护的各开关量输出信号,依次进行联调。

(3)通道检查。检查本站最后断路器接受线路对侧跳闸信号是否正确。

7. 保护及故障录波信息管理子站分系统试验

保护及故障录波信息管理子站分系统试验是交/直流系统保护和故障录波系统与保护及故障录波信息子站的通信联调试验,其目的是验证交/直流系统保护及故障录波的信息能否正常接入保护及故障录波信息管理子站中。试验内容主要包括:

(1)针对每个交直流系统保护的信号,依次进行信号联调,检查确认保护及故障录波信息管理子站工作站状态显示正确。

(2)针对每个交直流系统保护的定值设置、复归等操作,依次检查确认保护及故障录波信息管理子站操作正确。

(3)针对每台故障录波器,依次进行信号联调,检查确认保护及故障录波信息管理子站工作站状态显示正确。

8. 直流线路故障定位装置分系统试验

直流线路故障定位装置分系统试验是线路故障定位装置与直流控制保护系统的联调试验。试验内容主要包括:

(1)开关量输出信号、模拟量输出信号联调。

(2)直流线路参数校验。根据直流线路实测参数校准软件设置。

(三)站用交直流电源系统分系统试验

1. 站用交流电源系统分系统试验

站用交流电源系统(含高/低压站用变压器、10kV/400V开关柜)分系统试验是验证站用交流电源系统与控制保护系统的接口功能正常,验证站用交流电源系统的控制和保护回路接线正确性。试验内容主要包括:

(1)输入信号、输出信号校验。针对保护的每个输入信号、输出信号依次进行联调。

(2)检查确认交流站用电源系统的屏柜电源,包括控制回路电源、报警回路电源和操作回路电源。

(3)分接开关的控制和位置指示。

(4)跳闸传动试验。检查确认保护与断路器的跳闸传动功能的正确性。

2. 站用电备用电源自动投入装置分系统试验

站用电备用电源自动投入装置分系统试验是验证站用电备用电源自动投入功能的正确性。试验内容包括:

(1)在假定为故障的站用变压器开关柜内短接低电压故障信号接点。

(2)验证备用电源自动投入逻辑是否正确。

3. 站用直流电源系统分系统试验

站用直流电源系统分系统试验是站用直流电源系统与换流站控制系统的联调试验,其目的是验证站用直流电源系统与换流站控制系统的接口功能正常。试验内容主要包括:

(1)开关量、模拟量输出信号校验。针对站用直流电源系统的每个输出开关量、模拟量信号依次进行联调,查看各种输出信号是否能在运行人员工作站上正确显示。

(2)电源切换试验。检查直流电源切换对屏柜的影响。

4. 交流不间断电源系统(UPS)分系统试验

交流不间断电源系统(UPS)分系统试验是 UPS 系统与换流站控制系统的联调试验,其目的是验证 UPS 系统与换流站控制系统的接口功能正常。试验内容主要包括:

(1)开关量、模拟量输出信号校验。针对 UPS 系统的每个输出开关量、模拟量信号依次进行校验,查看各种输出信号是否能在运行人员工作站上正确显示。

(2)电源切换试验。检查 UPS 系统切换对屏柜的影响。

三、辅助设备分系统调试

1. 阀冷却控制保护系统分系统试验

阀冷却控制保护系统分系统试验是阀冷却控制保护系统与直流控制保护系统的联调试验,其目的是验证阀冷却系统与二次系统的接口功能是否满足要求。试验内容主要包括:

(1)开关量输入信号校验。针对每个监视的开关量输入信号,依次进行校验。在软件中模拟信号发生,在信号接收端通过测量相应两个端子电位是否一致来确认是否收到该信号。

(2)开关量输出信号校验。针对阀冷却控制保护系统每个开关量输出信号,依次进行校验。查看各种输出信号是否能在运行人员工作站上显示。

2. 时间同步系统分系统试验

时钟同步系统分系统试验是时钟同步系统与换流站其他二次系统的对时联调试验,其目的是验证换流站二次系统能否正确接收时钟同步系统的对时信号。

试验内容主要为:针对时钟同步系统对时信号的每个屏柜,检查确认其时间显示正确。

3. 火灾自动报警系统分系统试验

火灾自动报警系统分系统试验是火灾自动报警系统与换流站控制系统、图像监视及安全警卫系统、暖通系统、消防系统等的联调试验,其目的是验证火灾自动报警系统与换流站控制系统、图像监视及安全警卫系统、暖通系统、消防系统等的接口功能是否满足要求。

试验内容主要为开关量输出信号联调，针对每个开关量输出信号，依次进行联调。

4. 图像监视及安全警卫系统分系统试验

图像监视及安全警卫系统分系统试验是图像监视及安全警卫系统与外部系统的联调试验，其目的是验证图像监视及安全警卫系统与换流站控制系统或火灾自动报警系统的接口功能是否满足要求。试验内容主要包括：

（1）在图像监视及安全警卫系统主机上依次对现场摄像机、电子围栏等设备的监控视频、事件信号进行联调。

（2）图像监视及安全警卫系统产生的各种事件信号是否能在运行人员工作站上显示。

5. 设备状态监测分系统试验

设备状态监测分系统试验是设备状态监测分系统与换流站控制系统的联调试验，其目的是验证设备状态监测系统的接口功能是否满足要求。试验内容主要包括：

（1）检查在设备状态监测系统主机上显示的设备状态参数是否与现场设备的参数一致。

（2）设备状态监测系统产生的各种事件信号是否能在运行人员工作站上显示。

6. 消防系统分系统试验

消防系统分系统试验是换流站消防系统与换流站控制系统、火灾自动报警系统的联调试验，其目的是验证消防系统与二次系统的接口功能是否满足要求。试验内容主要包括：

（1）开关量输出信号校验。针对消防系统每个开关量输出信号，依次进行校验。查看各种输出信号是否能在运行人员工作站上显示。

（2）就地/远方起、停泵操作。针对每一个消防泵、稳压泵、柴油机泵、验证消防系统就地/远方起、停泵操作的正确性。

7. 给排水系统分系统试验

给排水系统分系统试验是换流站给排水系统与换流站控制系统、阀冷却补水系统的联调试验，其目的是验证给排水系统与二次系统的接口功能是否满足要求。试验内容主要包括：

（1）开关量输出信号校验。针对给排水系统每个开关量输出信号，依次进行校验。查看各种输出信号是否能在运行人员工作站上显示。

（2）就地/远方起、停泵操作。针对每一台给水泵、潜污泵验证给排水系统就地/远方起、停泵操作的正确性。

第四节　站　系　统　试　验

直流输电工程站系统试验是在完成分系统试验的基础上，换流站内一、二次设备全部投入运行，带电验证换流站全部设备性能的试验，同时也是为端对端系统试验作准备。对于直流输电系统，可根据工程进度，分极、分换流器组进行站系统调试。站系统调试只在各侧换流站内分别完成，对另一侧换流站没有影响。

一、试验目的

站系统试验的主要目的是验证换流站控制系统与全站设备的协调配合能力。即：验证换流站控制系统对交直流配电装置区各种断路器、隔离开关和接地开关控制操作正确；考核顺序控制和线路开路试验（Open Line Tests，OLT）和联锁功能的正确性；验证站内各分系统间的协调配合工作和站间通信系统能力，确认具备端对端调试的条件；校验全站保护系统、换流站控制系统和测量系统。

站系统试验需满足以下条件才能开展：

（1）投入站系统调试的全部设备、设施、送电线路和接地极工程等均已按照设计完成，并经验收检查合格。

（2）各项分系统试验已全部完成且合格。

（3）运行人员控制系统、直流控制系统、调度自动化系统、交/直流系统保护、安全自动装置以及相应的辅助设施均已安装齐全，调试整定合格。

（4）站系统调试方案、调度方案已审批。

二、试验内容

站系统试验包括的主要项目如下：

（1）顺序控制试验。

（2）跳闸试验。

（3）充电试验（含交流系统充电、交流滤波器充电和换流变压器充电）。

（4）线路开路试验（OLT）。

（5）抗干扰试验。

（6）站用电系统切换试验。

（7）直流远动系统试验。

（8）零功率试验。

站系统试验可分极进行，也可两个极同时进行。当每个极有两个换流器时，每个换流器可单独作为一个极进行站系统调试，也可以将两个换流器作为一个极进行站系统调试[2]。

（一）顺序控制试验

顺序控制试验是在不带电的情况下对直流系统进行各种模拟操作，设备包括直流站控制屏、极/换流器控制屏、运行人员控制系统，以检验操作顺序及电气联锁能否正确执行，保证后续的试验和系统调试能顺利进行。顺序操作试验的主要项目内容如下：

（1）投、切交流滤波器和电容器组。

（2）分、合阀厅接地开关。

（3）系统由接地状态转为停运状态。

（4）系统由停运状态转为备用状态。

（5）系统由备用转为大地回线方式。

（6）大地回线方式下投切直流滤波器。

（7）大地回线转为金属回线方式。

（8）大地回线方式转为开路试验方式。

其中项目（3）～（8）在无站间通信手动模式、有站间通信自动模式及无站间通信的自动模式三种状态下均需进行一次。

（二）跳闸试验

跳闸试验包括不带电跳闸和带电跳闸两部分，通过在各种保护屏的输入端模拟故障，检查各个保护跳闸情况是否正常。不带电跳闸试验验证每个保护屏与直流系统控制屏的停运顺序之间的接口及设备开关动作正确与否，带电跳闸试验验证每个极的停运顺序以及直流开关操作顺序。

试验内容包括直流极/换流器保护、直流滤波器保护、换流变压器保护、交流滤波器/并联电容器电抗器组保护、手动紧急跳闸、站用电源系统保护、阀冷却水系统保护、火灾自动报警事故跳闸等。

（三）充电试验

充电试验包含交流配电装置区域（含交流滤波器）的充电试验和换流变压器带换流器的充电试验。

1. 交流配电装置区域的充电试验

交流配电装置区域的充电试验，是通过合交流线路侧断路器，通过交流系统向交流配电装置区域的设备充电。本项试验需在换流变压器带换流器充电试验之前完成，涉及的主要设备有交流配电装置区域的设备及运行人员控制系统。一般交流进出线及交流设备先于直流侧设备完成安装。因此，根据工程进度，交流配电装置区域的充电试验可以在站系统试验前单独进行。

交流配电装置区域的充电试验的主要项目是：

（1）检查交流场和交流滤波器场设备的耐压水平。

（2）检查交流场和交流滤波器场设备的带电投切情况。

2. 换流变压器带换流器充电试验

换流变压器带换流器充电试验，即通过合上换流变压器网侧断路器，向直流侧开路的闭锁状态的换流器充电。本项试验涉及的主要设备有换流变压器、换流器、极/换流器控制保护屏、阀基电子设备及运行人员控制系统。

换流变压器带换流阀充电的主要项目是：

（1）检查换流变压器的带电投切情况，检查带电后振动是否在允许范围内。

（2）测量换流变压器的合闸涌流。

（3）检查换流器控制电压相序、检查极性接入正确性。

（4）检查换流器带电后阀设备运行情况，检查阀厅是否有电晕放电情况。

（5）检查晶闸管元件的运行状态是否正确。

（6）检查阀冷却系统的带电运行情况。

（7）检查阀控系统功能和运行情况。

（8）检查交直流控制保护系统运行情况。

（四）开路试验

开路试验分为不带线路开路试验和带线路开路试验两部分进行。

1. 不带线路开路试验

不带线路开路试验是换流器在不带直流线路情况下进行阀解锁并进行电压升降的试验，以验证换流器及直流侧各设备是否正常工作。不带线路开路试验涉及的主要设备有换流变压器、换流器、直流场设备、直流控制保护屏、阀基电子设备及运行人员控制系统。

该项试验的主要项目是：

（1）检查换流器的触发功能及解锁流器的电压耐受能力。

（2）检查直流侧设备（包括直流滤波器）的耐压能力。

（3）检查试验控制顺序的正确性及开路保护是否会误跳闸。

（4）核实交/直流系统保护是否运行正常。

2. 带线路开路试验

带线路开路试验是换流器在带直流线路，且对侧开路情况下进行阀解锁并进行电压升降的试验。换流器带线路开路试验时，本站应定义为整流站。试验涉及的主要设备有换流变压器、换流器、直流线路、直流侧设备、直流控制保护屏、阀基电子设备及运行人员控制系统。

该项试验的主要目的是：

（1）检查换流器的触发功能及解锁流器的电压耐受能力。

（2）检查直流侧设备（包括直流滤波器）和直流线路的耐压能力。

（3）检查线路开路试验控制顺序的正确性及开路保护是否会误跳闸。

（4）核实交/直流系统保护是否运行正常。

（五）抗干扰试验

抗干扰试验在阀闭锁带电状态下进行，验证在直流控制、保护屏前使用对讲机、手机通话时，控制和保护设备不发生误动作。

（六）站用电系统切换试验

站用电系统切换试验是验证在切除任何一回站用电源进线断路器时，站用电系统的备用电源自动投入功能能否正确动作。

（七）直流远动系统试验

直流远动系统试验是两端换流站之间控制保护系统信息

传输和处理的联调试验，主要目的是验证两站间的通信通道是否正常，直流控制保护系统能否同步。

该项试验的主要目的是：

（1）切换功能检查：检查直流远动系统主备用通道自动切换功能的正确性。在主通道发生故障时，能自动切换到备用通道；当主通道恢复正常时，能自动切换回到主通道。

（2）通道检查。验证本站输出、输入信号至对侧站信号的状态是否正确，通道时延是否在规定范围内。

（八）零功率试验

零功率试验对直流侧两极分别进行，是将极母线与直流线路断开，转而与中性线相连，造成直流侧短路，解锁该极换流阀，将直流电流升至额定。此时载流回路中应无过热点出现，交直流系统保护不应动作。

零功率试验主要目的是考核换流变压器、换流器的热稳定、阀冷却系统、交流滤波器投切等性能。该项内容与直流系统调试中的大功率稳定试验内容有所重复，因此在有的工程中此项内容不再列入站系统试验内容。

第五节　端对端系统试验

端对端系统试验是在站系统试验完成并合格的基础上，接入电网实际运行进行的最后试验。该试验是换流站端对端进行，对于每极单 12 脉动换流器接线的直流输电系统，一般先进行单极试验，在两个单极完成后再进行双极试验；对于每极为双 12 换流器串联接线的直流输电系统，其系统试验可分极、分换流器进行。如可根据工程进度安排，分为单极低端和双极低端系统试验、单极高端和双极高端系统试验、单极和双极高低端交叉系统试验、完整单极和双极系统试验。

一、试验目的

端对端系统试验的主要目的是验证整个直流输电系统的总体功能以及交、直流系统联合运行性能，验证直流输电工程建设是否达到了设计标准。端对端系统试验应具备如下条件：

（1）站系统试验已完成，且试验结果满足要求。

（2）端对端系统调试的实施方案、试验计划、调度方案已批准。

（3）远动通信系统调试、远动信息传递联调均已完成，各项功能满足要求。

（4）各级调度之间的通信畅通。

（5）直流系统的控制参数和保护定值整定完毕，现场与各级调度已核对无误。

二、试验内容

端对端系统试验的主要项目包括：

（1）单极小功率传输试验。

（2）单极大功率传输试验。

（3）双极小功率传输试验。

（4）双极大功率传输试验。

端对端系统试验的主要内容包括：

（1）交/直流系统保护功能校验。

（2）主要控制功能试验。

（3）直流系统动态性能试验。

（4）交/直流系统协调运行功能试验。

在上述调试项目中，除了验证各个操作是否能正常执行外，还需要进行一些测试工作，对直流系统整体性能进行评价，这些测试包括交流电气量测试、交直流谐波测试、暂态电压测试、暂态电流测试、电磁环境测试等。

在特殊的工程中，端对端系统试验还包含了融冰方式试验和孤岛运行方式试验。融冰方式试验是通过改变直流侧的接线方式，在直流线路上产生约 2 倍的额定电流，短时间内使直流线路迅速发热，融化导线表面覆冰，减轻线路杆塔的荷载。孤岛运行方式试验是在模拟孤岛运行方式下，换流站交直流系统发生故障后直流延时恢复，以及直流线路故障时，验证在换流站交流系统上产生的过电压水平是否在规定的范围内，相应避雷器工况是否正常[2]。

（一）单极小功率系统试验

（1）功率正送，起停试验。本项试验是验证直流系统基本的起/停功能、控制系统手动切换和手动紧急停运功能，校核模拟量数据采集是否正常，并检验显示系统的正确性。

（2）功率正送，保护跳闸试验。本项试验是验证直流顺序控制功能，并通过换流器交流侧的通电与断电、换流器解锁与闭锁等物理过程，监测有无过电压、过电流现象以及监视设备的运行工况，验证各种直流控制模式下系统起停过程的正确性和直流系统保护功能。试验内容包括：

1）站间有通信，整流站/逆变站保护跳闸。

2）站间无通信，整流站/逆变站保护跳闸。

3）整流侧/逆变侧阀冷却系统故障起动跳闸。

4）整流侧/逆变侧直流滤波器保护跳闸。

5）本站/线路对端站的最后一条线路跳闸。

（3）功率正送，稳态运行/系统监视功能检查试验。本项试验是检验值班系统电源故障、主机（CPU）故障以及模拟直流线路故障（整流侧）以及现场总线和测量总线故障等情况下的系统控制保护功能和监视系统的功能。

（4）功率正送，稳态运行的联合电流控制试验。本项试验是检验直流系统在电流控制模式下控制系统的性能和控制系统参数优化，包括电流升降变化、主控站转移、控制系统切换、换流变压器分接开关控制、电流指令阶跃、电压指令阶跃、熄弧角阶跃、控制模式转换、电流裕度补偿以及系统动态性能的检验。

（5）功率正送，稳态运行的联合功率控制试验。本项试验是检验直流系统在功率控制模式下控制系统的性能，包括极起动/停运、功率升降、功率升降过程中控制系统切换和通信故障、功率阶跃响应、控制模式转换、电流裕度补偿以及系统动态性能的检验。

（6）功率正送，正常电压/降压运行试验。降压运行功能的设计目的是为了使系统在出现直流线路或站绝缘子严重污秽有闪络危险时，仍能降压继续运行。本项试验是检验直流系统在降压运行方式下控制保护系统的性能。试验内容包括运行人员手动起动及直流线路保护起动降压、换流变压器手动改变分接开关位置控制、功率/电流升降、功率阶跃指令、通信故障、功率控制/联合电流控制转换、电流指令阶跃的动态性能检验。

（7）功率正送，无功功率控制试验。本项试验是检验直流系统无功功率和电压控制的性能、交流滤波器投切的性能。试验内容包括手动投切交流滤波器、交流滤波器需求、交流滤波器替换、无功控制、电压控制的动态性能检验。

（8）功率正送，丢失脉冲试验。本项试验是验证控制系统在触发脉冲故障期间的稳定性能，验证直流系统万一处于谐振或者接近基频谐振工况下，控制是否会放大振荡，同时检查阀连续换相失败保护及直流谐波保护能否正确动作，并检查是否会发生其他意外保护跳闸。试验内容包括：

1）大地/金属回线，逆变侧丢失单次、多次脉冲故障。

2）金属回线，整流侧丢失单次、多次脉冲故障。

3）金属回线，无通信，逆变侧/整流侧丢失多次脉冲故障。

（9）功率反送，起/停试验。本项试验是在功率反送方式下，验证直流系统基本的起/停功能、控制系统手动系统切换和手动紧急停运功能，校核模拟量数据采集是否正常、检测显示系统的准确度，其试验内容与功率正送起停试验基本相同。

（10）功率反送，功率控制试验。本项试验是在功率反送方式下，检验直流系统在功率控制模式下控制系统的性能，对潮流反转以及功率升降系统动态等控制性能进行检验。

（11）正常运行，通信故障的定电流控制试验。本项试验是检验直流系统在通信故障、定电流控制模式下控制保护系统的性能。主要试验内容包括极起动/停运、紧急停运、电流升/降、在电流升降过程中系统切换以及独立电流控制/联合电流控制/功率控制切换。

（12）大地/金属回线转换。此项试验是验证直流电流从接地极转换到直流线路以及从直流线路转换到接地极，直流

系统是否运行正常，并考核金属回线转换开关（MRTB）开断能力及检查开关顺序操作是否正常、检验开关保护回路工作是否正常。试验内容包括不同功率下的大地/金属回线转换、金属回线下换流站利用站内接地网运行的性能检验。

（13）远方控制和就地控制面盘操作试验。本试验的目的是检验远方控制（调度中心）和就地控制面盘（极/换流器控制屏柜）操作极起动/停运、电流（功率）升降是否正常。主要内容包括在远方控制，极起动/停运试验和功率升降试验；在就地控制面盘上操作，极起动/停运试验和功率升降试验。

（14）故障试验。本试验包含直流线路故障、接地极故障、中性母线故障、冗余设备试验等内容。

1）直流线路故障试验目的是检验直流线路保护时序，检测暂时损失直流功率对交流系统的影响，同时根据技术要求校验故障后恢复时间，以及检验直流线路故障定位装置对故障点距离的测量准确度。

2）接地极线路故障试验的目的是检验接地极线路保护功能能否正确动作告警。

3）模拟中性母线故障试验的目的是检验中性母线保护是否正确动作，检测中性母线有无过电压、过电流现象以及监视设备的运行工况。

4）失去冗余设备试验的目的是检验冗余元件的转换平滑，对直流传输无大的扰动。

（二）单极大功率系统试验

（1）功率正送，正常运行的定功率控制试验。此项试验是直流系统在单极大功率运行时，检验极起停、功率升降过程是否有扰动，大地回线/金属回线转换是否正常。

（2）功率正送，全压/降压运行试验。本项试验是在大功率运行时，检验手动起动和保护起动降压控制的保护性能，主要是在额定功率下进行手动和保护起动降压保护试验。

（3）功率正送，无功功率控制试验。本项试验是检验直流系统在功率正送、大功率运行情况下，无功功率和电压控制的性能和滤波器的投切性能。试验内容主要包括大地回线下的无功控制和电压控制检测，有时也在金属回线下进行无功功率控制试验。

（4）功率反送，无功功率控制试验。本项试验是检验直流系统在功率反送、大功率运行情况下，无功功率和电压控制的性能和滤波器的投切性能。与功率正送相比，只进行无功控制，不再进行电压控制方式的试验。

（5）定电流控制试验。本项试验是检验直流系统在大功率运行时电流升/降、分接开关控制、手动调节分接开关和直流控制模式转换是否正常，直流系统是否有扰动。

（6）热运行试验。本项试验是检验在是否投入换流变压器冗余冷却设备条件下，直流系统的输电能力。试验内容包括：

1）大地回线，备用冷却器不投运，功率 1.00p.u.热运

行试验。

2）大地回线，备用冷却器投运，功率 1.10p.u.热运行试验。

3）换流变压器分接开关控制，手动改变分接开关位置试验。

4）金属回线，备用冷却器不投运，功率 1.00p.u.热运行试验。

（三）双极小功率系统试验

（1）功率正送，起停试验。本项试验与单极试验内容基本相同，是为了验证直流系统的基本起停功能，并通过换流器交流侧的通电与断电、换流器解锁闭锁等物理过程，监测有无过电压、过电流现象以及监视设备的运行工况，验证各种直流控制模式下系统起/停过程的正确性和直流系统保护功能。

（2）控制模式转换、双极功率补偿试验。此项试验是检验直流系统双极运行方式下，电流及功率控制模式功率及电流升降、控制系统切换、单极停运、单极重新解锁、通信故障扰动等功能是否正常。

（3）自动/手动功率控制。此项试验是检验直流系统双极运行方式下，直流功率和电流能否按照预设定的功率变化曲线变化。

（4）极跳闸，双极功率补偿。此项试验在功率正送、反送均进行，其目的是检验直流系统双极运行方式下，一极停运和重新投运时，功率补偿功能是否正常。

（5）双极不平衡电流测量试验。此项试验是检验直流系统在双极运行方式下，通过接地极的电流是否小于规定值，同时检验直流系统双极运行方式下，两站利用站内接地网接地起停和运行是否正常。

（6）降压运行试验。此项试验是检验双极降压运行特性，当直流系统在降压运行控制下，直流电压指令升降时，检查无功功率控制或交流电压控制响应情况。

（7）双极功率反转试验。此项试验是检验双极在自动潮流反转过程中，两极功率能够同时平滑的变化、闭锁及自动再解锁，同时检查直流功率变化的平稳性及其对交流系统的影响，验证无功元件投切、分接开关控制、无功功率和交流电压控制功能的正确性。

（8）故障试验。此项试验包括整流侧和逆变侧接地极故障、开路的跳闸试验，交流系统故障试验等，目的是检验直流系统保护动作情况以及直流输电是否能够在规定时间内平稳恢复。另外交流系统故障试验还能够验证交流系统继电保护动作性能，了解交流系统发生故障后整个交直流系统的运行稳定性。

（9）其他试验。其他试验包括就地/远方控制转换试验、模拟交流系统变化控制功能试验和模拟信号附加控制功能试验、功率提升/回降以及安稳装置试验等。就地/远方控制转换试验的目的是检验远方控制直流系统双极起停和双极功率升降功能；模拟交流系统变化控制功能试验和模拟信号附加控制功能试验的目的是检验直流系统的功率调制功能。功率提升/回降以及安全稳定装置试验的目的是验证安稳装置控制直流功率紧急提升/回降的功能，以及极功率提升/回降功能是否正常。

（四）双极大功率系统试验

（1）双极功率升/降。本项试验内容包括手动设定功率升降和自动控制功率升降，其目的是验证直流双极大功率下，直流功率和电流能否按照预先设定的功率变化曲线变化。

（2）无功功率控制。本项试验是检验直流系统在大功率运行下，无功功率和电压控制的性能以及滤波器的投切性能。

（3）降压运行。此项试验是验证在大功率下的降压运行功能是否正常，检查无功控制功能和换流器 U_d/I_d 和 P/Q 特性，验证在规定的交流电压、频率和短路水平下直流控制可否达到规定的运行点。当系统在降压运行控制方式下，直流电压指令升降时，检查换流变压器分接开关及无功功率或交流电压控制动作情况。

（4）额定功率运行试验。此项试验是检验双极额定功率热运行状态下设备的输电能力。验证两端换流站交直流配电装置区域和阀厅、母线、接头线夹、导线、设备等的运行参数值是否都在技术规范允许的范围内。

参考文献

[1] 赵婉君. 高压直流输电工程技术[M]. 第 2 版. 北京：中国电力出版社，2010.

[2] 中国电力科学研究院. 特高压输电技术 直流输电分册[M]. 北京：中国电力出版社，2012.

[3] 国家电网公司直流建设分公司. 高压直流输电系统成套标准化设计[M]. 北京：中国电力出版社，2012.

第二十九章

电压源型直流输电系统

第一节　概　述

一、技术特点

电压源型直流输电是一种以电压源换流器（voltage source converter，VSC）、全控开关器件和脉宽调制（pulse width modulation，PWM）技术为基础的新型输电技术，属新一代直流输电技术[1]。对于这种新型的直流输电技术，国际上的名称尚未统一。CIGRE 和 IEEE 等国际权威电力学术组织将其命名为"基于电压源型换流器的高压直流输电"，即"VSC-HVDC"；ABB 公司则称之为"轻型直流输电"，即"HVDC Light"；西门子公司则称之为"新型直流输电"，即"HVDC PlUS"；阿尔斯通公司则称之为"最大正弦直流输电"，即"HVDC MaxSine"；国内将其命名为"电压源型直流输电"（也常称"柔性直流输电"），即"HVDC Flexible"。以下均以"电压源型直流输电"代指该技术。

自 1990 年 McGill 大学的 Boon-Teck Ooi 与 Xiao Wang 首次提出电压源型直流输电技术以来，由于其独特的技术优势吸引了全世界众多学者和工程人员的关注，近年来呈现迅速发展的趋势。已从最初的容量为 3MW、直流电压为±10kV 的 Hallsjon 工业试验工程发展到容量为 1000MW、直流电压为±320kV 的厦门柔性直流输电科技示范工程。目前，更大容量和更高电压等级的电压源型直流输电工程也正在研究和规划中。换流器拓扑也从最初的开关型换流器发展到可控电压源型换流器[3]，其中开关型换流器主要包括两电平、三电平换流器，可控电压源型换流器主要包括模块化多电平换流器（modular multilevel converter，MMC）[4]和级联两电平换流器（cascaded two level converter，CTLC）[5]。

电压源型直流输电技术具有以下特点[1,2]：

（1）无需无功功率补偿。电压源型直流换流站无需交流侧提供无功功率补偿，而且本身能够起到静止同步补偿器（static synchronous compensator，STATCOM）的作用，可以动态补偿交流系统无功功率，稳定交流母线电压。这意味着交流系统故障时，如果换流器容量允许，那么电压源型直流输电系统既可向交流系统提供有功功率的紧急支援，还可向交流系统提供无功功率的紧急支援，从而既能提高所连接系统的功角稳定性，还能提高所连接系统的电压稳定性。

（2）无换相失败危险。电压源型直流输电的换流器采用的是全控开关器件，如绝缘栅双极型晶体管（insulated gate bipolar transistor，IGBT）、注入加强门极晶体管（injection enhanced gate transistor，IEGT）等，不存在换相失败问题，可接于弱系统。即使受端交流系统发生严重故障，只要换流站交流母线仍然有电压，就能输送一定的功率，其大小取决于换流器的通流能力。

（3）可向无源网络供电。电压源型换流器能够工作在无源逆变方式，无需电网电压换相，受端系统可以是无源网络，能够为无源网络供电，并可实现电网的黑启动。

（4）有功功率和无功功率可独立控制。电压源型换流器具有 2 个控制自由度（调制波的幅值 M 和相位 δ），因而可以同时独立调节有功功率和无功功率，能够快速向交流系统输出或吸收无功功率，有利于系统故障后的快速恢复，提高系统稳定性。

（5）谐波水平低。电压源型直流输电的两电平或三电平换流器采用 PWM 技术，开关频率相对较高，谐波落在较高的频段，可以采用较小容量的滤波器解决谐波问题。对于采用可控电压源型换流器的电压源型直流输电系统，一般采用最近电平调制（nearest level modulation，NLM）技术或载波移相调制技术（carrier phase-shifted sinusoidal pulse width modulation，CPS-SPWM），且通常电平数较高，一般不采用滤波器即可满足谐波要求。

（6）易于构成多端直流系统。电压源型直流输电的换流器电流可以双向流动，直流电压极性不变。因此构成并联型多端直流系统时，在保持多端直流系统电压恒定的前提下，通过改变某端电流的方向，单端潮流可以在正、反两个方向上调节，潮流控制灵活，更能体现出多端直流系统的优势。

（7）占地面积小。电压源型直流换流站无需装设无功补偿装置；对于采用可控电压源型换流器的电压源型直流换流站无需装置交流或直流滤波器；对于采用开关型换流器的电压源型直流换流站，也仅需装设容量较小的交流滤波器。因此相比于电流源型直流换流站，电压源型直流换流站可以减少占地面积。

（8）无最小直流输送功率要求。对于电压源型直流输电系统，对于最小直流输送功率没有要求，甚至可以在零直流输送功率的情况下以 STATCOM 的方式运行，因此调度更为灵活。

（9）换流站损耗较大。与电流源型直流换流站相比，电压源型直流换流站损耗相对较高。采用两电平或三电平换流器的电压源型直流换流站在满载下的单站损耗约占其传输功率的 2%左右；采用模块化多电平换流器的电压源型直流换流站在满载下的单站损耗约占其传输功率的 1.2%左右。

（10）设备成本较高。就技术水平而言，电压源型直流输电单位容量的设备投资成本高于传统直流输电。±320kV/1000MW 换流站单站设备单位造价约 700～900 元/kW，而±800kV/8000MW 换流站单站设备单位造价约 460～500 元/kW。但随着电压源型直流输电技术的快速发展，其设备价格呈现下降趋势。

（11）容量相对较小。由于全控开关器件的电压、电流额定值都比晶闸管低，如不采用多个全控开关器件并联，电压源型换流器的电流额定值就比电流源型换流器的低，因此电压源型换流器基本单元（单个两电平、三电平换流器或单个MMC）的容量比电流源型换流器基本单元（单个 6 脉动换流器）的容量低。

（12）不太适合长距离架空线路输电。电压源型直流输电采用的两电平、三电平或基于半桥子模块 H－MMC 的模块化多电平换流器（详见本小节"三、技术路线"），在直流侧发生短路时，即使 IGBT 全部关断，依然可以通过与 IGBT 反并联的二极管向故障点馈入电流，在直流断路器应用尚不成熟的情况下就必须采取断开换流站交流侧断路器的手段来清除故障。这样，故障清除和直流系统再恢复的时间就比较长。当直流线路采用电缆时，由于电缆故障率低，且如果发生故障，通常是永久性故障，本来就应该停电检修。而当直流线路采用长距离架空线路时，因架空线路发生暂时性短路故障的概率很高，如果每次暂时性故障都跳交流侧断路器，停电时间就会太长，影响电压源型直流输电的可用率。因此，采用的基于两电平、三电平或半桥子模块（H－MMC）的电压源型直流输电技术并不适合于长距离架空线路输电。

二、应用领域

由于电压源型直流输电系统具有的独特技术优势，因此可在以下应用领域发挥其积极的作用：

1. 向偏远地区、岛屿等小容量负荷供电

偏远的小城镇、村庄以及远离大陆电网的海上岛屿、石油钻井平台等负荷，容量通常为几 MW 到数百 MW，且负荷波动较大。由于输电能力以及经济性等因素，向这些地区架设交流输电线路受限。同时该类负荷多为无源或者弱系统，因而限制了传统直流输电线路的架设。而利用柴油或天然气来发电，不但发电成本高、可靠性难以保证，而且通常会破坏环境。采用电压源型直流输电技术，可向无源网络供电且不受输电距离的限制，几 MW 到数百 MW 也符合其经济输电范围，而且电压源型直流换流站具备变频调速的能力，可以实现钻井平台上主要异步电动机的平滑调速，同时换流站占地面积小，设备采用模块化设计，建设周期短，因此采用电压源型直流输电技术向该类负荷供电是一种理想的选择。

2. 大型城市供电

由于土地和经济的因素，大型城市的空中输电走廊发展普遍面临着多种限制，而原有架空配电网络已越来越不能满足电力增容的要求，合理的方法是采用电缆输电。直流电缆比同截面的交流电缆占用空间小、价格便宜、铺设简单、可输送更多的功率，且不受输送距离的限制，因此采用电压源型直流输电向城市中心区域供电可能成为未来城市增容的最佳途径。另外，电压源型直流输电技术可以独立快速地控制有功和无功，并且具有滤波和抑制电压闪变等作用，可以使城市电网的电压和电流较容易地满足电能质量的相关标准。而且电压源型直流可以隔离电网的故障，极大地满足城市环网解列和限制短路电流的需求。而当城市电网发生故障时，又可以作为黑启动电源来提供支撑。

3. 非同步电网互联和电力交易

电压源型直流输电可灵活实现对有功功率和无功功率的控制，具备调节系统潮流、提高系统暂态功角以及电压稳定性和增加系统振荡阻尼的能力，同时可作为 STATCOM 运行。对于非同步电网互联，多数互联点处于电网的薄弱位置，因而这一特性使得电压源型直流输电非常适合于非同步电网的互联。

4. 分布式能源并网

电压源型直流输电可以极大地缓解风电场功率波动而引起的系统电压变化问题，保证风电场的稳定运行；大大提高风电场在交流系统故障下的低电压穿越能力。由于交流电缆充电功率的问题，直流输电系统在超过 60km 以上的大型海上风电场并网中优于交流输电系统。因此，电压源型直流输电技术非常适合在大型陆地/海上风电场并网等场合应用。同时，一些可再生能源发电装机容量小、供电质量不高并且远离主网，如中小型水电厂、小型风电场（含海上风电场）、潮汐电站、太阳能电站等，由于其运营成本很高以及交流线路输送距离限制等原因使采用交流互联方案在技术和经济上可能无法满足要求，在此情况下利用电压源型直流输电接入主网是一个较好的技术方案。随着分布式能源的发展，能源结构进入了大变革的时期。分布式能源特别是风能以其可开发容量大和清洁等优点，成为电力系统中增长相对较快的能源。大规模分布式能源并网运行一方面带来了一定的经济效益和社会效益，另一方面也对电网的电能质量和安全稳定性造成一定的影响。分布式能源采用电压源型直流输电并网具有非常突出的优越性，它可以动态控制无功功率、抑制系统电压波动与闪变、改善并网系统电能质量，从而提高分布式能源的并网性能。同时，该技术还可以结合超导储能、超级电容器储能、大容量蓄电池储能等技术，进一步提高分布式能源的并网性能。

5. 多端直流输电网络

由于电压源型直流输电系统传输的有功功率可以从负至正平滑变化，且在潮流反转时不需改变直流正负极线电压的方向，不涉及大量的开关操作，只需改变电流方向即可。因此，电压源型直流输电技术更适合于构建多端直流输电网络。

6. 提高配电网电能质量

非线性负荷和冲击性负荷使配电网产生诸多电能质量问题，如谐波污染、电压间断、电压波动与闪变等，使一些电压敏感设备如工业过程控制装置、高精度医疗设备、现代化办公设备、电子安全系统等失灵，造成严重的经济损失。电压源型直流输电可以快速控制有功功率与无功功率，稳定供电电压，提高供电质量，因而电压源型直流输电可用于电能质量污染源或敏感源供电以提高配电网电能质量。

世界上第一条商业运行的电压源型直流输电工程于1999年投运，至今已有数十条工程陆续投入商业运行，这些工程广泛分布于世界各地，在风电场接入、大型城市供电、异步电网互联、海上平台送电、弱系统联网、电力市场交易等多个领域，都取得了非常良好的应用效果，发挥出了巨大的技术优势。世界上已投运、在建及规划的部分电压源型直流输电工程见表29-1。

表 29-1　世界上已投运、在建和规划的部分电压源型直流输电工程汇总

序号	工程名称	国家	投运时间（年）	额定功率	直流电压	线路长度	换流器技术	工程特点
1	Hallsjon	瑞典	1997	3MW	±10kV	10km，架空线	两电平，IGBT	试验性工程
2	Gotland	瑞典	1999	50MW	±80kV	70km，电缆	两电平，IGBT	电网互联
3	新信浓三端背靠背直流输电实验性工程	日本	2000	37.5MW	10.6kV	背靠背	多绕组变压器，GTO	试验性工程
4	Tjaereborg	丹麦	2000	7.2MW	±9kV	4.3km，电缆	两电平，IGBT	风电接入
5	Terranora Interconnector	澳大利亚	2000	3×60MW	±80kV	59km，电缆	两电平，IGBT	电网互联
6	Eagle Pass	美国—墨西哥	2000	36MW	±15.9kV	背靠背	三电平，IGBT	电网互联
7	Cross Sound Cable	美国	2002	330MW	±150kV	40km，电缆	三电平，IGBT	电网互联
8	Murray Link	澳大利亚	2002	220MW	±150kV	180km，电缆	三电平，IGBT	电网互联
9	Troll A	挪威	2005	2×44MW	±60kV	70km，电缆	两电平，IGBT	海上平台供电
10	Estlink	爱沙尼亚—芬兰	2006	350MW	±150kV	105km，电缆	两电平，IGBT	电网互联
11	Caprivi Link	纳米比亚	2010	300MW	350kV	950km，架空线	两电平，IGBT	电网互联
12	Trans Bay Cable	美国	2010	400MW	±200kV	85km，电缆	MMC，IGBT	大型城市供电
13	中海油海底交流电缆直流改造工程	中国	2010	3.6MW	±10kV	40km，海缆	多绕组变压器，IGBT	海上平台供电
14	BorWin1	德国	2010	400MW	±150kV	200km，电缆	两电平，IGBT	风电接入
15	上海南汇风电场柔性直流输电工程	中国	2011	18MW	±30kV	8km，电缆	MMC，IGBT	风电接入
16	Valhall	挪威	2011	78MW	150kV	292km	两电平，IGBT	海上平台供电
17	East West	爱尔兰—威尔士	2013	500MW	±200kV	261km，电缆	两电平，IGBT	电网互联
18	南澳±160kV多端柔性直流输电示范工程	中国	2013	200MW	±160kV	56.1km，架空线+电缆	MMC，IGBT和IEGT	风电接入

续表

序号	工程名称	国家	投运时间（年）	额定功率	直流电压	线路长度	换流器技术	工程特点
19	舟山±200kV 五端柔性直流输电科技示范工程	中国	2014	400MW	±200kV	141.5km，电缆	MMC，IGBT	风电接入
20	美国密歇根背靠背直流联网工程	美国	2014	200MW	±71kV	背靠背	CTLC，IGBT	电网互联
21	Skagerrak4	挪威—丹麦	2014	700MW	500kV	244km，电缆	CTLC，IGBT	电网互联
22	HelWin1	德国	2015	576MW	±250kV	130km，电缆	MMC，IGBT	风电接入
23	HelWin2	德国	2015	690MW	±320kV	131km，电缆	MMC，IGBT	风电接入
24	DolWin1	德国	2015	800MW	±320kV	165km，电缆	CTLC，IGBT	风电接入
25	BorWin2	德国	2015	800MW	±300kV	200km，电缆	MMC，IGBT	风电接入
26	SylWin1	德国	2015	864MW	±320kV	205km，电缆	MMC，IGBT	风电接入
27	INELFE	法国—西班牙	2015	2×1000MW	±320kV	65km，电缆	MMC，IGBT	电网互联
28	Åland–Finland Link	芬兰	2015	100MW	±80kV	158km，电缆	两电平，IGBT	电网互联
29	DolWin2	德国	2015	900MW	±320kV	135km，电缆	CTLC，IGBT	风电接入
30	South West Link	瑞典	—	2×720MW	±300kV	250km，电缆+架空线	MMC，IGBT	电网互联
31	Troll A 二期	挪威	2015	2×50MW	±60kV	70km，电缆	两电平，IGBT	海上平台供电
32	厦门±320kV 柔性直流输电科技示范工程	中国	2015	1000MW	±320kV	10.3km，电缆	MMC，IGBT	大型城市供电
33	NordBalt	瑞典—立陶宛	2016	700MW	±300kV	450km，电缆	CTLC，IGBT	电网互联
34	鲁西背靠背直流异步联网工程	中国	2016	1000MW	±350kV	背靠背	MMC，IGBT	电网互联
35	DolWin3	德国	2017	900MW	±320kV	162km，电缆	MMC，IGBT	风电接入
36	渝鄂背靠背直流联网	中国	2018	2×1250MW	±420kV	背靠背	MMC，IGBT	电网互联
37	Caithness Moray HVDC Link	英国	2018	1200MW	±320kV	160km，电缆	CTLC，IGBT	电网互联
38	Johan Sverdrup	挪威	2019	100MW	±80kV	200km，电缆	两电平，IGBT	海上平台供电
39	KF CGS HVDC	德国—丹麦	2019	410MW	±140kV	背靠背	CTLC，IGBT	电网互联
40	Nemo Link	英国—比利时	2019	1000MW	±400kV	140km，电缆	MMC，IGBT	电网互联
41	COBRAcable	丹麦—荷兰	2019	700MW	±320kV	325km，电缆	MMC，IGBT	电网互联
42	Nordlink	挪威—德国	2020	2×700MW	±500kV	624km，电缆+架空线	CTLC，IGBT	电网互联
43	IFA2	法国—英国	2020	1000MW	±320kV	240km，电缆	CTLC，IGBT	电网互联
44	NSL	挪威—英国	2021	2×700MW	±515kV	722km，电缆	CTLC，IGBT	电网互联
45	ULTRANET	德国	2021	2000MW	±380kV	320km，架空线	MMC，IGBT	电网互联
46	BorWin3	德国	—	900MW	±320kV	160 km，电缆	MMC，IGBT	风电接入
47	Franc Italy Link	法国—意大利	—	2×600MW	—	电缆	MMC，IGBT	电网互联

三、技术路线

电压源型直流输电系统的核心是基于全控开关器件的电压源型换流器。开关型换流器和可控电压源型换流器是两种最为主流的技术路线。开关型换流器在功能上类似于一个可控的开关，直流电容器与电压源换流器阀是完全分开的独立设备。可控电压源型换流器在功能上类似于一个可控电压源，直流电容器与电压源换流器阀构成一个不可分割的整体。作为两种最为主要的技术路线，开关型换流器方案和可控电压源型换流器方案在技术性和经济性方面各有优劣，其最根本的区别就在于换流器输出的交流电压波形质量及其带来的损耗差别。

（一）开关型换流器

开关型换流器拓扑与电流源型换流器类似，每个单阀由多个同时开关的绝缘栅双极型晶体管（IGBT）器件串联组成。这种类型的拓扑通常用在输出电平相对较少的换流器中，并采用脉宽调制技术（PWM）以获得更加接近正弦波的输出电压波形。用于电压源型直流输电系统时，这种类型换流器主要有两电平换流器、三电平换流器两类，其中三电平换流器主要有电容钳位式和二极管钳位式两种，工程应用多采用二极管钳位式。两电平换流器和二极管钳位式三电平结构如图 29-1 所示。2010 年前投入商业运行的电压源型直流输电工程中，除了 2000 年投运的 Eagle Pass BTB 工程、2002 年投运的 Murray Link 工程以及 2002 年投运的 Cross Sound Cable 工程采用了二极管钳位式三电平换流器外，其他工程均采用了两电平换流器。

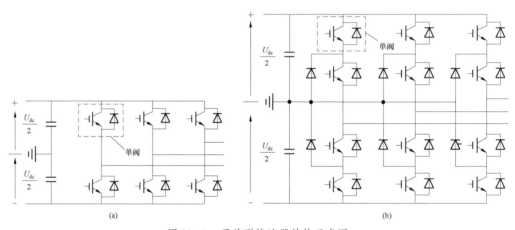

图 29-1　开关型换流器结构示意图
（a）两电平换流器；（b）二极管钳位式三电平换流器

（1）两电平换流器。两电平换流器结构最为简单，控制系统也较容易实现。其每相桥臂通过上下单阀开关的导通和关断控制，使交流侧交替输出 $U_{dc}/2$ 或 $-U_{dc}/2$ 的状态，波形调制采用了脉宽调制（PWM）技术。由于输出电压波形为 $U_{dc}/2$ 和 $-U_{dc}/2$ 交替的阶梯波，故称为两电平换流器。受 IGBT 单管电压水平的限制，为适应高压场合的应用，IGBT 必须串联以提高电压水平。大量串联的 IGBT 器件需配置均压电路且触发脉冲必须精确同步，以保证串联的各 IGBT 器件在开通和关断过程中电压分配的均匀性，各个 IGBT 器件上的电压差别应控制在一个合理的范围内，否则将容易造成器件损坏。此外，由于器件开关频率较高，因而损耗相对较大。同时换流器输出电压谐波含量相对较高，会造成相电抗器等一次设备发热、震动较大，对其设计、制造、运行都带来了一定的困难。

（2）二极管钳位式三电平换流器。二极管钳位式三电平换流器通过换流器上下桥臂开关的不同组合，可以输出 $U_{dc}/2$、$-U_{dc}/2$ 和 0 三种电平。在使用相同的开关器件及单阀时，三电平换流器可以使交流输出的电压等级提高一倍。另一方面，在谐波特性上，采用相同的开关频率，交流输出侧的特征谐波频率也会提高一倍。但由于三电平换流器需要额外的钳位二极管阀，其总造价高于两电平，且其控制保护更加复杂。同时，IGBT 串联存在的均压要求以及换流器损耗和输出电压谐波较大的问题同样存在。

基于开关型换流器的直流换流站基本结构如图 29-2 所示。由图 29-2 可知，基于开关型换流器的直流换流站主设备主要包括换流阀、联接变压器、启动电阻、交流滤波器、相电抗器、直流电容器和直流电抗器。

基于开关型换流器的直流输电较传统直流输电已有诸多优势，但其拓扑结构和控制原理也决定了其具有以下缺点：

（1）开关型换流器方案存在开关器件直接串联动态均压问题，且目前只有少数公司具有成熟的 IGBT 串联技术，换流器供货商单一。

（2）开关型换流器的输出电压波形的谐波和电压上升率 du/dt 较大，依然需要配置交流滤波器。

（3）较高的开关频率带来较大损耗。由于换流器采用 PWM 技术，其开关频率一般在 1～2kHz。基于开关型换流器的直流换流站在满载下的单站总损耗约占其传输功率的 2%

左右，而常规直流一般只有 0.8%左右。

（4）不能通过控制换流器来切断直流故障电流。直流侧发生故障时，一般只能依赖跳开交流断路器以切断故障电流，而交流断路器断开后系统无法在短时间内进行自动重启。这一特性也使得基于开关型换流器的直流工程一般都采用了直流电缆输电，且输电距离较近。

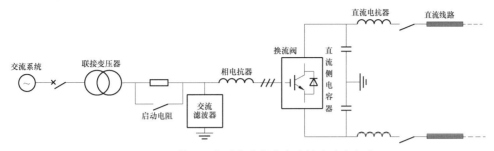

图 29-2　基于开关型换流器的直流换流站主电路

2010 年以后投运以及目前在建的工程多采用了可控电压源型换流器，以降低开关损耗并改进波形质量。

（二）可控电压源型换流器

可控电压源型换流器采用子模块级联的方式，以实现电压及功率等级的提升，其结构如图 29-3 所示。

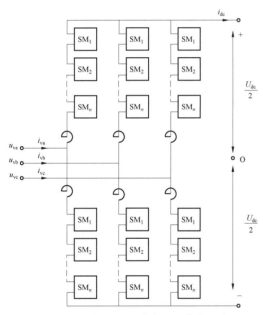

图 29-3　可控电压源型换流器结构示意图

开关器件直接串联对于可控电压源型换流器并非必需，从而可以避免开关器件串联的动态均压问题，降低了全控开关器件应用的门槛。但开关器件的串联也确实可以大幅提升每个子模块的额定电压，从而降低级联子模块数目，简化控制系统设计。可控电压源型换流器主要可分为两类，一是模块化多电平换流器 MMC，另一种是级联两电平换流器 CTLC。两者主要的区别在于 CTLC 的单个子模块 SM 采用多个压接型 IGBT 串联的型式，而 MMC 的单个子模块 SM 采用了单个 IGBT。考虑到这两种换流器差别较小，以下如无代指，均采用 MMC 为例对该技术进行说明。

运行过程中保证上下桥臂任一时刻所有呈导通状态的子模块数量总数不变，即可维持换流器直流侧的电压恒定；通过改变上桥臂或下桥臂呈导通的子模块数量，即可得到期望的输出电压。当子模块数量足够大时，通过多电平技术即可获得优异的谐波性能。

可控电压源型换流器技术使得器件开关频率大幅降低，从而使开关损耗大大降低，与开关型换流站在满载下的单站总损耗约占其传输功率的 2%左右相比，这种新拓扑的单站总损耗只有 1.2%左右，接近常规换流站的损耗水平，这对于电压源型直流输电技术向更大功率范围拓展具有极其重要的意义。该技术在美国 Trans Bay Cable 工程（±200kV/400MW，2010 年投运）中首次得到商业应用，之后投运及在建的工程也多采用了该技术。

根据子模块结构的不同，主要可分为三种，包括半桥子模块、全桥子模块和箝位双子模块[2]，如图 29-4 所示。

1. 半桥子模块

半桥子模块可以输出两个电平，其中 T2 导通、T1 关闭时子模块输出电压为 0，而 T1 导通、T2 关闭时子模块输出电压为 u_c。半桥子模块的结构相对较为简单，工程应用也较多。但基于半桥子模块的电压源型直流输电系统无法像传统直流输电那样通过换流器自身的控制来清除直流侧的故障。当直流侧发生故障时，与全控开关器件反并联的续流二极管构成故障点与交流系统连通的能量馈送回路，无法通过换流器自身控制实现直流故障的清除，在未配置直流断路器时必须通过跳开交流侧断路器将其切断。考虑到高压大容量直流断路器技术尚不成熟，半桥子模块结构主要应用于电缆或背靠背输电工程。此外，由于交流断路器为机械开关，其开断时间约为 3 个工频周波，再加上继电保护动作时间，从故障发生到故障清除约需 3~5 个工频周波。在这段时间里续流二极管需承受该短路电流，在续流二极管无法承受时，一般给该续流二极管并联一个晶闸管 K2，如图 29-4（a）所示，在直流故障发生时触发晶闸管导通，此时晶闸管与续流二极管并联分流。图 29-4（a）中 K1 为旁路机械开关，在选用了无失效短路模式的 IGBT 时，需采用旁路机械开关 K1 来切除故障子模块。

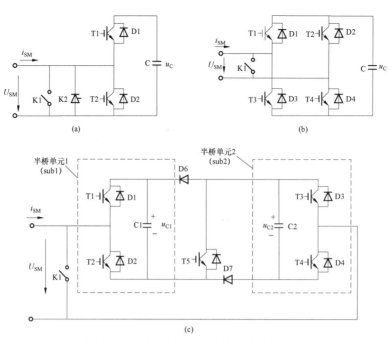

图 29-4　可控电压源型换流器子模块拓扑

（a）半桥子模块；（b）全桥子模块；（c）箝位双子模块

2. 全桥子模块

与半桥子模块相比，全桥子模块的差异性如下：

（1）可应用于架空线路的应用场合，直流故障时无需交流断路器或直流断路器的动作，只需通过换流器的控制即可快速实现直流故障电流的清除。

（2）子模块采用了全桥结构，因而增加了 1 倍子模块 IGBT 数量，设备造价大大提高。

（3）由于直流故障电流可快速清除，因此子模块无需配置保护晶闸管。

（4）桥臂电抗器大小主要受换流站功率运行范围和环流抑制的限制。

（5）子模块可以输出 +1、0、−1 三个电平，这个特性使得换流器可以工作在过调制状态，即电压调制比大于 1，此时可以降低换流器的输入电流以减小损耗。而在电压调制比小于 1 时，全桥子模块换流器在电气上可等效为半桥子模块换流器。

3. 箝位双子模块

基于箝位双子模块构成的换流器在正常工作状态下 T5 一直导通，因此箝位双子模块等效于两个半桥子模块级联，控制方法等同于半桥子模块。与半桥子模块相比，箝位双子模块的差异性如下：

（1）可应用于架空线路的应用场合，直流故障时无需交流断路器或直流断路器的动作，只需闭锁换流器即可快速实现直流故障电流的清除。

（2）增加了 25% 数量的 IGBT，且每个子模块增加了两个箝位二极管 D6 和 D7，成本略有提高。

（3）由于直流故障电流可快速清除，因此子模块无需配置保护晶闸管。

（4）桥臂电抗器大小主要受换流站功率运行范围和环流抑制的限制，可不再考虑故障电流上升率的限制。

三种子模块的基本特性比较见表 29-2。

表 29-2　半桥、全桥和箝位双子模块特性比较

	半桥子模块	全桥子模块	箝位双子模块
能否处理直流故障	否	能	能
子模块/每桥臂	N	$N/2$	$N/2$
IGBT（含反并联二极管）/每桥臂	$2N$	$4N$	$2.5N$
箝位二极管/每桥臂	0	0	N
子模块电容/每桥臂	N	N	N
旁路机械开关/每桥臂	N	N	N
保护晶闸管/每桥臂	N	0	0
最大电平数	$N+1$	$2N+1$	$N+1$

注　当采用具有失效短路特性的 IGBT 时，可省去保护晶闸管和旁路机械开关。

基于可控电压源型换流器的直流换流站基本结构如图 29-5 所示。由图 29-5 可知，基于可控电压源换流器的直流换流站主设备主要包括换流阀、联接变压器、启动电阻、桥臂电抗器、直流电抗器和交流接地装置或直流接地装置。

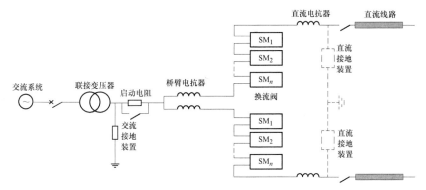

图 29-5　基于可控电压源型换流器的直流换流站基本结构

总体而言，可控电压源型换流器方案可以很好地解决开关型换流器方案存在的问题，其优点主要体现为：

（1）采用子模块级联的方式，降低了器件应用的门槛。同时，即便采用无失效短路特性的 IGBT 时，也可采用旁路开关以切除故障子模块。而换流阀的冗余可通过子模块的冗余来实现，从而提高了系统可靠性。

（2）一般采用最近电平调制技术，可运用较低的开关频率得到较优的输出电压波形，输出电压谐波非常小，一般无需配置交流滤波器。

（3）较低的开关频率带来了整站损耗的降低，在满载下的单站总损耗约占其传输功率的 1.2% 左右，接近传统直流换流站的损耗水平。

（4）可采用全桥子模块或箝位双子模块等技术，实现直流侧故障电流的自清除，大大提高了使用架空直流线路的电压源型直流输电系统的可靠性。

可控电压源型换流器易于实现大电平数目和模块化，谐波和 du/dt 较低，但是也存在直流电容均压控制复杂的问题。可控电压源型换流器的子模块数目巨大，并需要考虑到功率模块之间的脉冲分配和电压均衡，主控制器和功率模块之间需要大量的通信联系，使控制器设计复杂且成本较高。相间存在内部环流，使得桥臂电流发生畸变，同时也增加了对开关器件的电流要求。全桥子模块和箝位双子模块闭锁可以实现直流故障的自清除，但该拓扑尚无工程验证，离实际工程应用还有一段距离。

从以上分析可以看出，开关型换流器方案和可控电压源型换流器方案是两条主要的技术路线，在技术和经济性上也各有优缺点。一般而言，对于高压大容量应用场合宜采用可控电压源型换流器，以降低损耗。考虑到采用半桥子模块的可控电压源型换流器技术为目前电压源型直流输电技术工程应用的主流方向，因此以下主要分析该技术。

第二节　运　行　特　性

电压源型直流输电换流器的运行变量包括交流母线电压、换流器交流输出电压、交流电流、有功功率、无功功率、直流电压、直流电流等。表征各运行变量间关系的运行特性可分为伏安特性、功率特性和谐波特性三类。

一、伏安特性

电压源型直流输电换流器交流侧的基波等效电路原理图如图 29-6 所示。

根据波形调制原理，以归算到联接变压器二次侧的交流母线电压基频分量 u_s 为参考电压，则换流器输出交流基波线电压为

$$u_c = \frac{\mu M}{\sqrt{2}} u_{dc} \angle \delta \qquad (29-1)$$

式中　μ——直流电压利用率，在采用正弦调制时 $\mu = \sqrt{3}/2$；

　　　M——调制比（$0 \leqslant M \leqslant 1$）；

　　　u_{dc}——VSC 直流侧电压；

　　　δ——换流器输出交流电压与交流母线电压之间的相角。

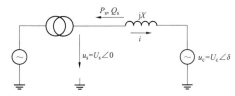

图 29-6　电压源型直流输电换流器交流侧的基波等效电路原理图

由式（29-1），换流器可被认为是一个输出电压幅值与相位可调的无转动惯量的发电机，同时其输出电压基波幅值受直流侧电压幅值的限制。

联接变压器二次侧电流则可表示为

$$i = \frac{u_s - u_c}{jX} \qquad (29-2)$$

直流侧的伏安特性则可表示为

$$I_d = \frac{P_s}{u_{dc}} \qquad (29-3)$$

二、功率特性

换流站交流母线电压基频分量 $\boldsymbol{u}_s$ 与换流器交流输出电压的基频分量 $\boldsymbol{u}_c$ 共同作用于联接变压器和桥臂电抗器的等效电抗上，从而决定换流站的功率。稳态时，通过控制换流器交流输出电压的基波分量 $\boldsymbol{u}_c$ 的幅值与相角即可控制换流器与交流系统间交换的有功功率 P_s 和无功功率 Q_s，如式（29-4）和式（29-5）所示。

$$P_s = \frac{U_s U_c}{X}\sin\delta \qquad (29-4)$$

$$Q_s = \frac{U_s(U_c\cos\delta - U_s)}{X} \qquad (29-5)$$

其中 X 为出口连接电抗，主要由两部分组成，一部分是联接变压器的短路阻抗 X_T，另一部分是桥臂电抗器等效电抗 $X_0/2$。

由式（29-4）和式（29-5）功率方程可得

$$P_s^2 + \left(Q_s + \frac{U_s^2}{X}\right)^2 = \left(\frac{U_s U_c}{X}\right)^2 \qquad (29-6)$$

把式（29-1）代入（29-6）可得受直流侧电压限制的功率特性方程

$$P_s^2 + \left(Q_s + \frac{U_s^2}{X}\right)^2 = \left(\frac{\mu M U_s u_{dc}}{\sqrt{2}X}\right)^2 \qquad (29-7)$$

此外，换流站稳态运行时与交流系统间传输的有功功率和无功功率的大小还受换流器交流侧最大电流 I_{cmax} 和直流侧最大电流 I_{dmax} 的限值的影响，即

$$P_s^2 + Q_s^2 \leqslant (\sqrt{3}U_s I_{cmax})^2 \qquad (29-8)$$

$$-U_d I_{dmax} \leqslant P_s \leqslant U_d I_{dmax} \qquad (29-9)$$

由式（29-7）、式（29-8）和式（29-9）可得换流站稳态功率特性图，如图 29-7 所示。

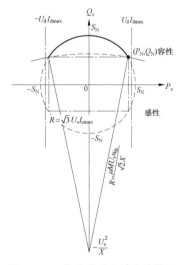

图 29-7　换流站稳态功率特性图

图 29-7 中式（29-7）、式（29-8）和式（29-9）共同约束得到的部分即为换流站稳态功率运行范围。需注意的是在工程设计中需同时考核最小稳态运行电压和最高稳态运行电压下的运行工况，使得该虚线范围可将系统对换流站提出的功率运行范围包含在内；在联接变压器配置有载调压并以二次侧额定电压为控制目标时，认为二次侧电压可以调节在额定电压附近，此时仅需考虑分接开关动作前的最大误差电压即可。

图 29-7 中点划线四方形为额定有功 P_N 和额定无功 Q_N 限定的功率运行范围，一般换流站要求运行在此区域范围内。

换流器交流侧的电压、电流计算标幺基准值选择在额定运行功率下的联接变压器二次侧额定电压、电流，将式（29-7）进行标幺化，可得

$$P_s^{*2} + \left(Q_s^* + \frac{U_s^{*2}}{X^*}\right)^2 = \left(\frac{\mu M U_s^* u_{dc}^*}{\sqrt{2}X^*}\right)^2 \qquad (29-10)$$

由式（29-10）可得调制比的表达式为

$$M = \frac{\sqrt{2}X^*}{\mu u_{dc}^*}\sqrt{\left(\frac{P_s^*}{U_s^*}\right)^2 + \left(\frac{Q_s^*}{U_s^*} + \frac{1}{X^*}\right)^2} \qquad (29-11)$$

由式（29-11）即可得到在换流站调制比的运行范围以及某一运行点的调制比大小。

设稳态运行时 $U_s^* = 1$，式（29-10）中代入 $\mu = \sqrt{3}/2$、最大调制比 $M = 1$，则有

$$P_s^{*2} + \left(Q_s^* + \frac{1}{X^*}\right)^2 = \left(\frac{M u_{dc}^*}{1.633 X^*}\right)^2 \leqslant \left(\frac{u_{dc}^*}{1.633 X^*}\right)^2 \qquad (29-12)$$

式（29-12）表示由直流电压和出口连接电抗共同决定的换流站功率运行范围，如图 29-8 所示。

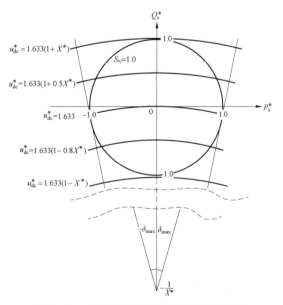

图 29-8　换流站直流电压和出口连接电抗
约束稳态功率特性图

由图 29-8 可知：

（1）直流电压和出口连接电抗的值直接影响换流站的功率运行范围。当 $u_{dc}^* = 1.633$ 时，换流站运行范围位于 $P-Q$ 功率曲线的 III、IV 象限，即换流站只能吸收无功功率，不能向系统注入无功功率；只有当 $u_{dc} > 1.633$ 时，换流站才能向交流系统提供无功功率支撑，因此为保证电压源型直流输电系统的正常工作，其直流侧电压设定值至少大于 1.633 倍交流系统线电压有效值；当 $u_{dc}^* = 1.633(1+X^*)$ 时，两圆内切，换流站可四象限功率圆运行；当 $u_{dc}^* = 1.633(1-X^*)$ 时，两圆外切，换流站无法正常运行。

（2）δ 的稳态运行范围为 $-\arcsin X^* \leqslant \delta \leqslant \arcsin X^*$。即出口连接电抗 X^* 的大小决定了移相角控制范围，此外 δ 还应满足 $-45° < \delta < 45°$ 的要求。通常电压源型直流输电系统出口连接电抗为 0.1～0.3p.u.，则 δ 的工作范围在 $\pm5°\sim\pm20°$ 左右。

需要说明的是，直流额定电压由直流输电容量和距离、IGBT 器件电压和电流能力等因素决定，在直流额定电压确定后，直流电压对换流站功率运行范围的影响实际上就成为了联接变压器二次侧电压或是联接变压器额定变比对功率运行范围的影响。在确定直流电压标幺值 u_{dc}^* 后，即可反推得到联接变压器二次侧额定电压。

换流站功率特性与调制比 M 和移相角 δ 的关系同样是系统设计所关心的问题。以 $u_{dc}^* = 1.633(1+X^*)$ 为例来说明，此时由式（29-10）得到的功率特性如图 29-9 所示。

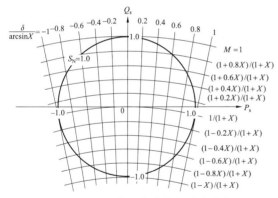

图 29-9 调制比和移相角分布曲线

由图 29-9 可知：

（1）保持 δ 为常数、变化 M，可以得到一组与纵坐标夹角为 δ 的直线，该组直线表明改变调制比 M 即改变换流器交流输出电压 $\boldsymbol{u}_c$ 的幅值可以改变换流器输出无功功率；由于该组直线不与纵轴平行，改变无功功率的同时有功功率也会变化。

（2）保持 M 为常数、变化 δ，则可以得到以 $\left(0, -1/X^*\right)$ 为圆心、$0.6124M \cdot u_{dc}^* / X^*$ 为半径的一组弧线；即改变 δ 就可以控制换流器的输出有功功率的大小，但是由于该曲线不与横轴平行，在改变有功功率的同时无功功率也会变化。

（3）在确定了直流电压、出口连接电抗以及换流站的功率运行范围后，即可得到调制比的运行范围。对于 MMC 结构来说，调制比对于换流器产生的谐波影响较小，但换流器工作在较高的调制比可以减小桥臂电流的大小，从而减小换流站损耗。因此，在进行主回路参数计算时，应确保在功率运行范围内调制比不应太小。同时，为了避免系统扰动或控制因素导致换流器进入过调制区，一般会规定一个最大调制比。实际工程中，一般调制比工作范围设定在 0.75～0.95。

三、谐波特性

图 29-10 为换流站单相等效电路图，其中 PCC 为换流站

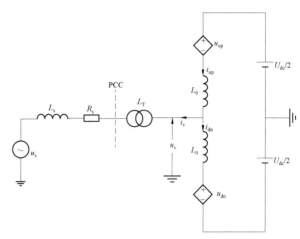

图 29-10 换流站单相等效电路

与交流电网的公共连接点，L_s 为交流系统等值电感，R_s 为交流系统等值电阻，L_T 为联接变压器漏感，L_0 为上下桥臂电感，u_s 为交流系统等值电源，u_v 为联接变压器换流桥侧交流电压，i_{up} 和 i_{dn} 分别为上下桥臂电流，i_v 为联接变压器阀侧电流，u_{up} 和 u_{dn} 分别为上下桥臂输出电压。

根据基尔霍夫电压定律，电压 u_v 满足

$$u_v = -L_0 \frac{di_{up}}{dt} - u_{up} + \frac{U_{dc}}{2} \tag{29-13}$$

$$u_v = L_0 \frac{di_{dn}}{dt} + u_{dn} - \frac{U_{dc}}{2} \tag{29-14}$$

根据基尔霍夫电流定律，有

$$i_v = i_{up} - i_{dn} \tag{29-15}$$

将式（29-13）与式（29-14）相加并代入式（29-15）可得

$$u_v = \frac{u_{dn} - u_{up}}{2} - \frac{L_0}{2} \frac{di_v}{dt} \tag{29-16}$$

根据式（29-16），换流站单相交流等效电路如图 29-11 所示。

可控电压源型换流器输出电压为阶梯波形，含有一定的谐波。换流器对交流侧而言属于谐波电压源。公共耦合点

（PCC 点）的电压谐波畸变程度取决于换流器自身的谐波特性和交流系统的等值电抗、桥臂电抗器以及联接变压器的短路阻抗等因素。

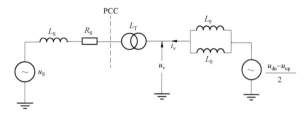

图 29-11　换流站单相交流等效电路

换流器的交流侧谐波计算等值电路如图 29-12 所示，其中 u_{cn} 为换流器输出的 n 次谐波电压值，而换流器输出电压谐波对 PCC 的影响可采用串联分压原理进行计算。

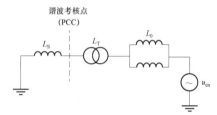

图 29-12　交流侧谐波计算等值电路

换流器一般采用最近电平调制（NLM）技术，此时换流器输出电压波形如图 29-13 所示。

根据最近电平调制的原理，开关角 θ_j 与电平数 N 的数学关系有

$$\theta_j = \arcsin \frac{2(j-0.5)}{N-1} \qquad j = 1,2,\cdots,\frac{N-1}{2} \qquad (29-17)$$

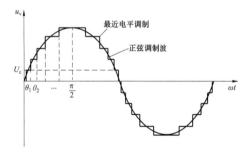

图 29-13　最近电平调制（NLM）原理图

根据傅里叶分析，即可得到采用 NLM 调制的换流器输出 N 电平相电压表达式为

$$u_c = \frac{4}{\pi} U_c \sum_{j=1}^{\frac{N-1}{2}} \sum_{i=1,3,5\cdots}^{\infty} \frac{1}{i} \cos\left[i \arcsin \frac{2(j-0.5)}{N-1}\right] \sin(i\omega t) \qquad (29-18)$$

需要注意的是，电平数 N 是与调制比 m 有关的一个值。设换流器在调制比 $m=1$ 时的电平数为 N_{max}，那么有

$$N = \mathrm{ROUND}(m \cdot N_{max}) \qquad (29-19)$$

式中 ROUND 为四舍五入取整函数。

换流器输出电压总畸变率与调制比的关系如图 29-14 所示。

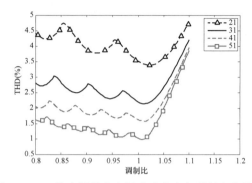

图 29-14　换流器输出电压总畸变率与调制比的关系

典型的 201 电平换流器输出电压谐波频谱图如图 29-15 所示。

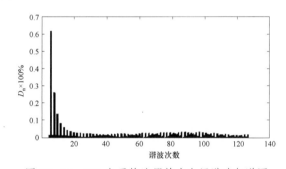

图 29-15　201 电平换流器输出电压谐波频谱图

公共耦合点（PCC 点）的谐波电压总畸变率与系统短路比 SCR 的关系如图 29-16 所示。

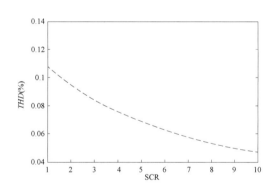

图 29-16　PCC 点谐波电压总畸变率与 SCR 的关系

第三节　电气主接线

电压源型直流换流站主接线通常包括系统接线方式、交流侧接线和直流侧电气接线三部分。考虑到电压源型直流换流站直流系统接地方式的特殊性和重要性，本节最后还对接地方式进行分析。

一、系统接线方式

电压源型直流输电系统的接线方式主要有单极对称接线、单极不对称接线（单极大地回线、单极金属回线）、双极对称接线（双极大地回线、双极金属回线）等。具体选择哪种接线方式，主要取决于两端交流系统的情况和对系统的可靠性要求等。

（一）单极对称接线

单极对称接线如图 29-17 所示，该接线方式为由单个换流器单元构成的双极系统，通过交流侧或直流侧的中性点接地，以构造呈现出了对称的正、负极性的直流线路，从而降低直流极线及其线路的绝缘水平。

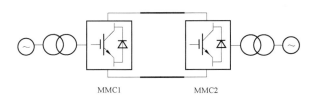

图 29-17　单极对称接线

其特点如下：

（1）无需设置接地极。

（2）联接变压器台数较少，且无需承受直流偏置电压，为常规交流变压器。

（3）可靠性较低。只要换流器单元发生故障或者一个单极的直流线路发生故障，整个双极系统将会全部退出运行。

（4）需设置专门的直流系统接地回路，该接地回路可设置在联接变压器阀侧或直流侧，详见"四、直接系统接地方式"。

（二）单极大地回线接线

单极大地回线如图 29-18 所示，该接线方式只有一根直流极导线，利用大地作为返回线，构成直流侧的闭环回路。

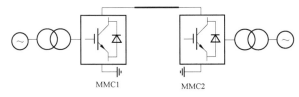

图 29-18　单极大地回线接线

与单极对称接线方式相比，其特点如下：

（1）线路投资省且运行损耗低。

（2）两端换流站需要设置可长期连续流过额定直流电流的接地极系统，且接地极系统是此类工程不可分割的一部分，接地极系统故障，则直流输电工程停运。

（3）直流极线及其线路的电压较高。

（4）变压器承受直流偏置电压，需采用专门的换流变压器。

（5）直流系统接地由接地极回路实现。

（三）单极金属回线接线

为了避免单极大地回线方式所产生的电解腐蚀等问题，以一根低绝缘的金属返回线代替单极大地回线方式中的大地回线，由此构成了单极金属回线的接线方式，如图 29-19 所示。如果实际工程中不允许利用大地（或海水）作为电流回线或选择接地极较为困难的情况下，可考虑采用这种接线方式。金属返回线需一端接地，以固定直流侧电位，属安全接地的性质，在运行时地中无直流电流流过。

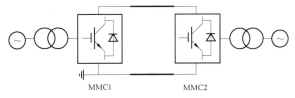

图 29-19　单极金属回线接线

与单极对称接线方式相比，其特点如下：

（1）直流系统接地由站内低压侧极线接地实现。

（2）直流极线及其线路的电压较高。

（3）变压器承受直流偏置电压。

（四）双极大地回线接线

双极大地回线是由两个可独立运行的单极大地回线所组成，如图 29-20 所示。

与单极对称接线方式相比，其特点如下：

（1）变压器承受直流偏置电压。

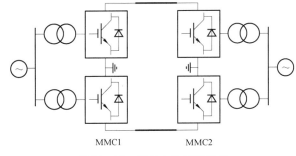

图 29-20　双极大地回线接线

（2）变压器数量增加一倍。

（3）双极两端中性点接地方式在正常运行时地中只有很小的不平衡电流流过。当一极停运后工程转为单极大地回线方式运行时，地回路中才有大的直流电流流过（最大为单极的过负荷电流值），接地极需根据工程所需要的单极大地回线方式运行时间的长短和运行电流的大小进行设计。

（4）运行灵活方便，可在双极大地回线、单极大地回线、单极金属回线、单极双导线并联大地回线这几种方式中切换运行。

（5）可靠性高。在其中一个换流器或直流线路故障时可转为单极不对称运行方式，最多仅损失一半的功率。

（五）双极金属回线接线

与双极大地回线接线相比，双极金属回路接线时两端换流站无需建设接地极，但增加了一根低绝缘的导线作为金属回线，如图29-21所示。

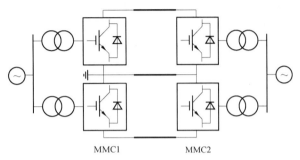

MMC1 MMC2

图29-21 双极金属回线接线

这种接线方式在直流线路可能较短，或是城市中心接地极建设困难时，可能得到一定的应用。

二、交流侧接线

电压源型直流输电系统交流侧接线方式，主要包括交流配电装置的接线方式、联接变压器和桥臂电抗器的接线方式、中性点接地方式以及启动电阻的接线方式。中性点接地方式详见"四、直流系统接地方式"。典型的交流侧接线图如图29-22所示。

交流配电装置的接线方式是根据电力系统的规划要求，综合考虑换流站的建设规模、交流侧电压等级和可靠性指标等因素来确定，与常规交流变电站和常规直流换流站的交流配电装置接线方式选择原则相同。

联接变压器和桥臂电抗器的主要功能是提供一个等效的电抗，为交流系统与直流系统间功率传输提供一个纽带，同时起到抑制换流站输出电压和电流中的谐波分量，抑制短路电流上升速度的作用。尽管电压源型直流输电系统可以不需要联接变压器，但是为充分利用IGBT器件的电流容量，以及交直流侧电压等级的配合，实际工程中通常都要使用联接变压器。为了隔离两端零序分量的相互影响，联接变压器一般设计为消除零序分量的接法，此时联接变压器两侧必须有一侧为不接地系统，即Yn/Y、Yn/△、△/Yn、△/Y、△/Yn和△/△等接法。但有时为了直流系统接地的需要，可配置为Yn/Yn+R的接线方式，详见"四、直流系统接地方式"。实际工程中多接为Yn/Y、Yn/△、△/Yn和Yn/Yn+R接法，且带有载调压。必要时，站用电可从联接变压器第三绕组引接。

启动电阻回路用于减小直流系统充电时对交流系统造成的扰动和对换流器阀上二极管的电流应力。一般考虑在启动电阻上并联一个旁路开关，当系统进行启动时，先通过启动电阻充电。直流充电结束后，再将启动电阻旁路。启动电阻一般可布置在联接变压器的网侧或者阀侧。当接于联接变压器网侧时，启动电阻还可以起到减小变压器励磁涌流的作用。当站用电从联接变压器的第三绕组引接时，为避免限流电阻对站用电的影响，可将启动电阻布置在联接变压器的阀侧。

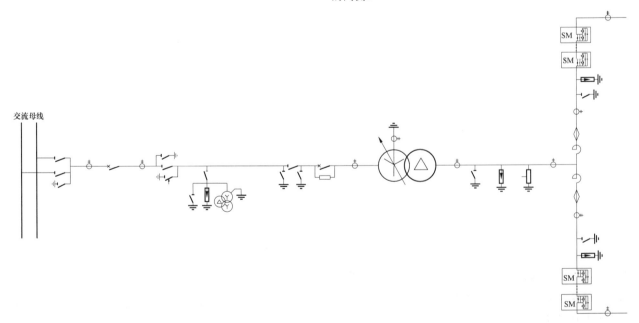

交流母线

图29-22 典型交流侧接线图

三、直流侧接线

电压源型直流输电换流站直流侧一般包括直流电抗器、直流电压测量装置、直流电流测量装置、开关设备和直流避雷器等电气设备。

典型的对称单极系统直流侧接线如图 29－23 所示。

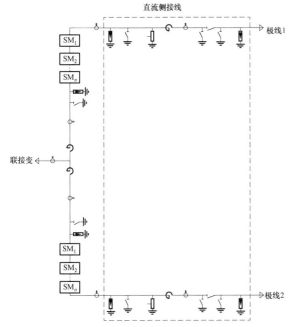

图 29－23　典型的对称单极系统直流侧接线图

对于背靠背换流站，没有直流输电线路，一般可省去直流电抗器，直流侧每极仅需配置一台直流电流测量装置、直流电压测量装置、避雷器和接地开关，因此直流侧接线简单，如图 29－24 所示。

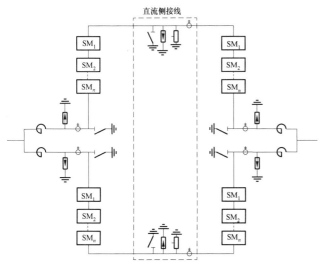

图 29－24　典型的背靠背直流输电系统直流侧接线图

在背靠背换流站两侧阀组存在 STATCOM 运行工况时，可在两极母线上配置隔离开关，直流电流测量装置、直流电

压测量装置和避雷器也在两侧各配置一套，从而满足两端阀组完全独立且相互隔离的要求。其接线如图 29－25 所示。

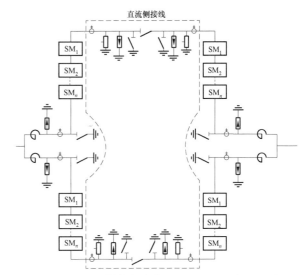

图 29－25　两侧阀组存在 STATCOM 运行工况时
背靠背直流输电系统直流侧接线图

四、直流系统接地方式

对于采用单极大地回线或双极大地回线接线的系统，如图 29－18 和图 29－20 所示，直流系统的接地是通过两侧的直流低压侧/中性母线分别与其对应接地极相连来实现的。

对于采用单极金属回线或双极金属回线接线的系统，如图 29－19 和图 29－21 所示，直流系统的接地是通过单侧的直流低压侧/中性母线与其站内主地网相连来实现的。

而对于采用对称单极接线的系统，由于没有中性母线，因此直流系统接地需要采取别的形式，通常有直流侧接地和交流侧接地两种。

（一）直流侧接地方式

直接侧接地主要有直流侧电容中性点接地和直流侧电阻中性点接地两种方式。

直流侧采用电容中性点接地不会对交流系统产生影响，但增加了需承受直流侧电压的电容器单元。这种方式与传统两电平电压源型直流输电系统是一致的，如图 29－26 所示。按照电容中性点接地方式不同可分为直接接地和经高阻接地两种方式，其中直接接地方式结构较为简单，但也有以下缺点：

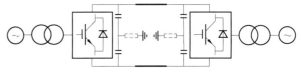

图 29－26　直流侧电容中性点接地示意图

（1）在直流侧短路时，直流电容器相当于短接，电流应力较大。

（2）在换流器的交流侧出口交流母线接地时，直流电容

815

器将与导通的子模块电容器串联形成短接回路，该短路电流还将直接通过子模块中的电力电子器件。

直流侧采用电阻中性点接地方式如图 29－27 所示。这种接地方式下，电阻取值需综合考虑：电阻取的过小则运行损耗大，经济效益差；电阻取的过大则容易受系统杂散参数的影响，电阻无法起到良好的电压平衡作用。这种接地方式一般应用在直流电压等级较低的工程中。

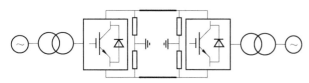

图 29－27　直流侧电阻中性点接地示意图

（二）交流侧接地方式

交流侧接地主要有星形电抗中性点经电阻接地和联接变压器阀侧中性点经电阻接地两种方式。

1. 星形电抗中性点经电阻接地

联接变压器阀侧采用星形电抗构造了一个中性点，然后将此中性点经接地电阻接地，从而使得直流线路对地呈现出了对称的正、负极性，以降低直流线路的绝缘水平，如图 29－28 所示。由于星形电抗需要消耗无功功率，当电抗值取的过小则消耗无功过多；电抗值选的过大时则存在制造成本大、装配困难、现场布置困难等问题。该方式对换流站的无功功率运行范围有影响，同时在换流站启动或解锁时相当于交流系统接入了一个感性无功负载，因此对交流系统电压会有一定的冲击，对于较弱的交流系统其产生的电压波动有可能是不可接受的。一般来说，该电抗器的额定无功功率不宜大于换流站额定有功功率的 20%，其电感值为数亨利（H）。由于电感值较大，采用空芯电抗较为困难，可采用铁芯电抗。由于设备制造公差、系统运行特性、测量误差、控制器参数整定等原因，星型电抗中性点有一定的入地电流，为了抑制和减小该入地电流，需配置中性点电阻，其数值一般在数千欧姆（kΩ）。

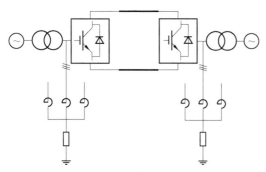

图 29－28　采用星形电抗中性点经电阻接地示意图

2. 联接变压器阀侧中性点经电阻接地

阀侧绕组中性点经电阻接地的方式如图 29－29 所示。

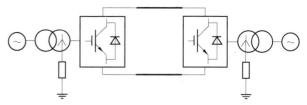

图 29－29　Yy 或 Dy 联接变压器阀侧绕组
中性点经电阻接地示意图

这种接地方式多用于联接变压器网侧为中性点非直接接地系统。在系统正常工作情况下，中性点电阻上仅有不平衡电流流过。在交流侧不对称接地和直流侧单极接地故障下，中性点电阻需承受短时冲击能量，且变压器阀侧绕组需承受故障下的直流电压和故障电流，需对变压器提出较高要求。在系统启动时，中性点电阻上承受较大的应力。中性点电阻越大，限制短路电流的作用越明显，但是一旦系统中出现不平衡电流，对中性点电压偏移的作用也越大。其电阻值一般在数千欧姆。

联接变压器网侧为中性点直接接地系统时，由于联接变压器两侧绕组均采用了接地，因此无法隔断零序分量的流通，联接变压器需承受一定的零序分量。由于变压器阀侧中性点高阻的存在，使得网侧和阀侧间相互传递的零序电流并不大，变压器绕组承受的零序电压也很小。

与星形电抗中性点经电阻接地方式相比，该接地方式设备简单、造价较低、无稳态无功损耗问题且有功损耗也较小。

第四节　主回路参数计算

在主回路参数设计中，一般需要以下参数作为设计输入：

（1）换流站功率运行范围。

（2）直流额定电压。

（3）交流侧系统电压及其波动范围。

主回路参数计算的输出主要包括：

（1）子模块数量。

（2）子模块电容器电容值。

（3）出口连接电抗标么值。

（4）联接变压器的额定变比值。

（5）联接变压器分接开关级差及挡位。

（6）启动电阻值。

（7）直流电抗器电感值。

需要说明的是，直流额定电压的确定需结合 IGBT 的通流能力。一般来说，在相同的直流额定功率下，直流额定电压越高，对 IGBT 通流能力的要求越低，但却线性的增加了子模块的数量，成本也线性增加。因此，直流额定电压的确定和 IGBT 通流能力的要求存在一个优化过程。本章中依然将直流额定电压作为主回路参数设计的输入条件，通过主回路参数设计得到的换流阀参数依然可为直流额定电压的优化选择提供依据和输入。

典型的主回路参数计算流程如图 29－30 所示，在主回路参数初步计算完成后需进行功率运行范围的复核。此外，启动电阻和直流电抗器选择与其余主回路参数设计相对独立，可在主回路其他参数确定后再通过回路计算和仿真确定。

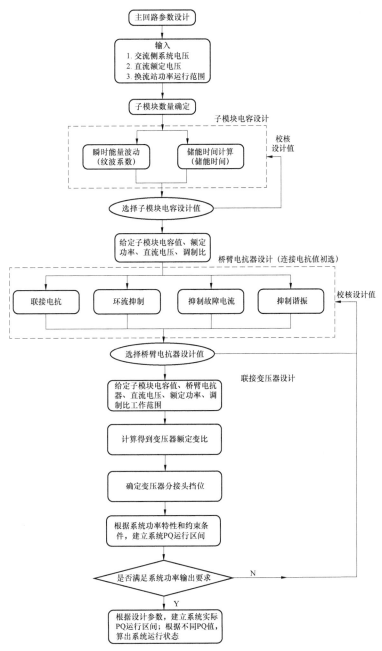

图 29－30　典型的主回路参数计算流程

一、子模块数量确定

如图 29－4（a）所示 MMC 结构，暂不考虑直流电容电压的微小波动，假设子模块的直流电容电压已经被控制为模块直流额定电压 U_c。

对于某桥臂中第 i 个子模块，定义 S_i 为这个子模块的开关函数。当 $S_i=1$ 时，子模块中的上管开通、下管关断，输出电压为 U_c；当 $S_i=0$ 时，子模块中的上管关断、下管开通，输出电压为 0。

定义下标 p 为正极，定义下标 n 为负极，定义 N 为单个桥臂子模块数量，暂时忽略桥臂电抗器上的压降，上下桥臂所有子模块的输出电压之和即为换流器的直流电压

$$U_{dc} = \left(\sum_{i=1}^{N} S_{pi} + \sum_{i=1}^{N} S_{ni} \right) U_c \qquad (29-20)$$

所以为了维持直流电压的恒定，应将上下桥臂开关状态之和控制为一个固定常数，即

$$\sum_{i=1}^{N} S_{pi} + \sum_{i=1}^{N} S_{ni} = K \qquad (29-21)$$

其中 K 由直流母线额定电压和子模块额定直流电压决定，即

$$K = \mathrm{CEIL}\left(\frac{U_{dc}}{U_c} \right) \qquad (29-22)$$

其中 CEIL() 为向上取整函数。

IGBT 器件的标称电压 V_{CE} 通常是指 25℃结温条件下其集电极和发射极之间所能承受的最大阻断电压，IGBT 器件在运行时所承受的电压（包括暂态过程的峰值电压）均不应超过此值。V_{CE} 一般按 1.7～2.5 倍的直流额定电压选定，典型值如下：

（1）在选用标称电压 2500V 的 IGBT 时，模块直流额定电压 U_c 取 1300V。

（2）在选用标称电压 3300V 的 IGBT 时，模块直流额定电压 U_c 取 1600V。

（3）在选用标称电压 4500V 的 IGBT 时，模块直流额定电压 U_c 取 2500V。

对于运行中的任何故障所造成的最大短路电流，阀应具有承受该故障电流的能力，即应使得短路时 IGBT 依然工作于短路安全工作区（SCSOA）内。

在未考虑冗余时，工程设计中一般将 N 直接选择为 K，以保证输出电压幅值范围和电平数目都可以达到最大值。

在实际工程中，换流阀设计为故障容许型，在两次检修之间的（不小于 12 个月）运行周期内，阀元部件的故障或损坏不会造成更多子模块的损坏，阀仍具有正常可靠的运行能力，无需在此期间进行子模块的更换。在国内工程中，一般子模块数考虑 5%～8% 的冗余。

二、子模块电容器电容值确定

子模块电容是子模块中体积最大的元件，其参数的大小直接决定了电容电压的波动范围，同时也会影响到输出交流电压的波形质量。子模块电容储存的能量是交直流能量交换的载体，电容值的设计与换流器功率平衡密切相关[2]。其电容值确定一般有以下两种方法：

（一）基于瞬时能量波动的电容设计

MMC 单相等效电路如图 29-31 所示，图中 j 代表相序 a、b、c。

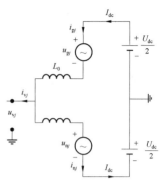

图 29-31　MMC 单相等效电路

定义 MMC 的输出电压调制比 M 为

$$M = \frac{E_j}{U_{dc}/2} \qquad 0 \leqslant M \leqslant 1 \qquad (29-23)$$

式中　E_j——换流器输出相电压基波峰值。

定义 MMC 的输出电流调制比 k 为

$$k = \frac{I_v/2}{I_{dc}/3} \qquad (29-24)$$

在忽略二倍频环流的情况下，以 a 相为例，MMC 上桥臂电压为

$$u_{pa}(t) = \frac{1}{2} U_{dc}[1 - M\sin(\omega_0 t)] \qquad (29-25)$$

根据互补性，MMC 下桥臂电压为

$$u_{na}(t) = \frac{1}{2} U_{dc}[1 + M\sin(\omega_0 t)] \qquad (29-26)$$

上下桥臂各承担一半的交流基波电流、三分之一的直流电流，因此上桥臂电流为

$$i_{pa}(t) = \frac{1}{3} I_{dc}[1 + k\sin(\omega_0 t + \varphi)] \qquad (29-27)$$

下桥臂电流为

$$i_{na}(t) = \frac{1}{3} I_{dc}[1 - k\sin(\omega_0 t + \varphi)] \qquad (29-28)$$

以 a 相上桥臂为例，忽略二倍频分量的影响时其瞬时功率为

$$\begin{aligned} S_{pa}(t) &= u_{pa}(t) \times i_{pa}(t) \\ &= \frac{1}{6} U_{dc} I_{dc}[1 - M\sin(\omega_0 t)][1 + k\sin(\omega_0 t + \varphi)] \end{aligned} \qquad (29-29)$$

$S_{pa}(t)$ 波形如图 29-32 所示。

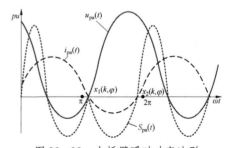

图 29-32　上桥臂瞬时功率波形

又换流器的视在功率为

$$S_{conv} = \frac{\overline{P}_{dc}}{\cos\varphi} \qquad (29-30)$$

忽略换流器内部损耗，由直流侧有功功率与交流侧有功功率相等，可得电压调制比和电流调制比满足

$$Mk\cos\varphi = 2 \qquad (29-31)$$

将式（29-29）在其两个相邻过零点之间进行积分，并化简，可得其能量脉动为

$$\Delta W_{pa}(M) = \frac{2}{3}\frac{P_s}{M\omega_0}\left[1-\left(\frac{M\cos\varphi}{2}\right)^2\right]^{\frac{3}{2}} \qquad (29-32)$$

对于每个子模块，其能量脉动为

$$\Delta W_{SM}(M) = \frac{2}{3}\frac{P_s}{M\omega_0 N}\left[1-\left(\frac{M\cos\varphi}{2}\right)^2\right]^{\frac{3}{2}} \qquad (29-33)$$

而电容的平均储能为

$$W_C = \frac{1}{2}C_0 U_C^2 \qquad (29-34)$$

考虑子模块电容电压纹波系数 ε，有

$$W_C = \frac{1}{4\varepsilon}\Delta W_{SM} \qquad (29-35)$$

因此，可得子模块电容参数

$$\begin{aligned} C_0 &= \frac{\Delta W_{SM}}{2\varepsilon U_C^2} \\ &= \frac{\Delta W_{pa}}{2N\varepsilon U_C^2} \\ &= \frac{S_{conv}}{3MN\omega_0\varepsilon U_C^2}\left[1-\left(\frac{M\cos\varphi}{2}\right)^2\right]^{\frac{3}{2}} \end{aligned} \qquad (29-36)$$

直流电容电压波动可能会造成开关器件承受更高的直流电压，影响器件的安全性。另一方面直流侧电压波动会通过脉冲调制耦合到交流侧，引起交流侧的电压波动和电流波动。因此直流电容电压的波动率必须限制在一定的范围之内，通常要求电容电压纹波系数 ε 应小于 10%。

（二）基于储能时间的电容设计

利用储能时间的经验公式来设计子模块电容，其物理意义为假定 MMC 所有子模块按额定功率放电，则经过给定的时间，子模块电容储能放电完毕。其设计公式为

$$C_0 = \frac{2SE_{MMC}}{6N(U_C)^2} = \frac{SE_{MMC}}{3NU_C^2} \qquad (29-37)$$

式中，S 为换流系统的额定容量，MVA；E_{MMC} 是 MMC 的储能时间常数，典型范围为 10～50kJ/MVA。当选取的电压纹波系数 ε 为 10% 时，E_{MMC} 一般取值 30kJ/MVA；当电压纹波系数 ε 取其他值时，E_{MMC} 取值如下

$$E_{MMC}|_\varepsilon = E_{MMC}|_{\varepsilon=10\%}\times\frac{10\%}{\varepsilon} \qquad (29-38)$$

三、出口连接电抗值

出口连接电抗 X 由两部分组成，一部分是联结变压器的短路阻抗 X_T，另一部分是桥臂电抗器等效电抗 $X_0/2$。

（一）联接变压器短路阻抗

联接变压器短路阻抗的选择需要与变压器电压等级、容量、耐短路电流水平相匹配，同时要考虑变压器制造、运输和经济性等因素。一般来说，500kV 和 220kV 联接变压器短路阻抗典型值为 14% 或 15%，110kV 联接变压器短路阻抗典型值为 12%，35kV 联接变压器短路阻抗典型值为 6%。

（二）桥臂电抗器电感值

桥臂电抗器除了与联接变压器一起构成交直流两侧功率传输的纽带外，还起到桥臂环流抑制和短路电流限制的作用。一般来说，桥臂电抗器的选择有四个约束条件[6]：① 连接电抗。② 环流抑制。③ 抑制故障电流。④ 抑制谐振。

对于约束条件一，典型的连接电抗值为 0.1～0.3p.u.，一般桥臂电抗器和联接变压器大致等分。实际工程中，考虑到联接变压器对出口连接电抗的贡献，因此在桥臂电抗器电感值初选时可主要考虑环流抑制及短路电流限制的作用，可分别计算后取其大值。然后再通过第四个约束条件，即抑制谐振进行校验。

对于约束条件二，一般工程中将桥臂环流分量幅值限值取为桥臂电流基波分量幅值的 30%。

以下对环流抑制的要求进行核算。

在指定环流大小下的桥臂电抗值为

$$L_0 = \frac{1}{8\omega_0^2 C_0 U_C}\left(\frac{P_s}{3I_{km}}+U_{dc}\right) \qquad (29-39)$$

式中　P_s——换流器额定有功功率；

　　　I_{km}——桥臂环流分量幅值限值。

以下对故障电流限制（约束条件三）的作用进行说明。

总的来说，桥臂电抗器等效电抗越大，其对故障电流的抑制越好。但也导致了在确定的功率传输范围及直流额定电压下，联接变压器的阀侧电压需要选择的越低，从而导致了换流阀的电流越大，从而增加了换流阀的成本及运行损耗。因此，在满足故障电流限制的要求前提下，桥臂电抗器宜选小一些。

IGBT 换流阀在各种故障下承受的短路电流主要考虑三种类型，如图 29-33 所示。

（1）故障一桥臂直通故障。桥臂直通将引起的电容直接放电，放电电流在数十至数百个微秒内就能达到几十千安，这种电流一般通过 IGBT 自身驱动保护进行闭锁清除，保护动作时间在 10μs 以内。该故障电流与桥臂电抗器无关，由换流阀制造厂对该短路电流的耐受能力进行设计。

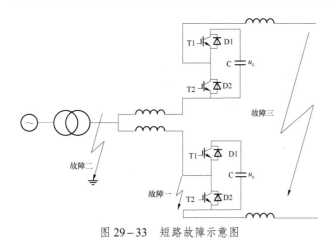

图 29-33　短路故障示意图

（2）故障二联接变压器阀侧对地短路故障。在采用对称单极接线时，对于联接变压器阀侧中性点采用了高阻接地的方式，该故障下换流阀 IGBT 流过的故障电流很小，可以不予考虑。但在直流侧存在中性线接地点时，故障二将导致桥臂通过桥臂电抗器放电。一般情况下，这种故障可以通过桥臂过流保护闭锁 IGBT 实现故障电流清除，典型的保护时间 Δt_{d} 为 1ms，IGBT 应能耐受保护动作前的故障电流。桥臂电抗器越大，那么该故障电流的变化率越小，IGBT 也越安全。

（3）故障三直流极间短路故障。设 t_0 时刻在直流侧发生极间短路故障，此时各子模块电容器与直流故障点将形成放电通路，但由于桥臂电抗器的限流作用，故障电流的上升率得到抑制。直流双极短路故障包括两个过程：

1）换流器闭锁前。系统检测到直流侧短路或开关器件过流时会迅速闭锁开关器件，但从短路发生到开关器件闭锁需要有一段时间 Δt_{d}。在 $[t_0,\ t_0+\Delta t_{\mathrm{d}}]$ 这段时间里，两侧换流站都通过子模块下部续流二极管向短路点注入短路电流，相当于三相短路；同时，子模块电容器通过上部的 IGBT 放电。桥臂电流是交流短路电流和子模块电容器放电电流的叠加，在半个周波内达到峰值。在这个阶段中，由于故障电流流经换流阀，此时阀承受的电流为交流电流与电容放电电流的组合，其中电容放电电流起到决定性作用，即闭锁前的短路电流主要由电容放电电流决定。

2）换流器闭锁后。在 $t>t_0+\Delta t_{\mathrm{d}}$ 时，开关器件闭锁，直流双极短路故障进入第二个阶段，此时交流系统提供的故障电流全部流过续流二极管，直至交流断路器断开，故障持续时间约 100ms。因此，续流二极管必须能够承受此故障电流，否则应配保护晶闸管，在故障发生时触发晶闸管导通，与续流二极管分流。这一阶段的故障电流从子模块的续流二极管及保护晶闸管上流过，其中大部分电流将从保护晶闸管上流过，而晶闸管的耐受短路电流的能力较强，一般来说这一故障仅作校核，即在主回路参数设计完成后再进行详细计算。

需要说明的是，以上分析未计及直流电抗器的影响。在直流侧配置有直流电抗器时，直流电抗器之后的直流侧短路故障电流抑制由桥臂电抗器和直流电抗器共同完成。

以下对谐振抑制（约束条件四）的作用进行说明。

任意时刻，设每个相单元投入的电容总数为 C_{arm}，并设上下桥臂投入的电容总数分别为 $F_{\mathrm{pa}}C_{\mathrm{arm}}$ 和 $F_{\mathrm{na}}C_{\mathrm{arm}}$。上下桥臂电感与相单元构成二阶谐振电路。对于第 h 次谐波，它在由 $F_{\mathrm{pa}}C_{\mathrm{arm}}$、$F_{\mathrm{na}}C_{\mathrm{arm}}$、$2L_0$ 构成的电路引起的谐振频率表达式为

$$\omega_r=\sqrt{\frac{N}{L_0C_0}}\sqrt{\frac{2(h^2-1)+M^2h^2}{4h^2(h^2-1)}},\qquad h=2n,n=1,2,\cdots,\infty$$

（29-40）

式中　M——调制比。

$$L_0C_0=F(\omega,h,M)=\frac{N}{\omega_r^2}\frac{2(h^2-1)+M^2h^2}{4h^2(h^2-1)},\quad h=2n,n=1,2,\cdots,\infty$$

（29-41）

工程设计中，一般考虑二倍频谐振的抑制，因此取 $h=2$ 时，从而 L_0 应不小于下式

$$L_0\big|_{C_r=C_a}=\frac{N}{C_0\omega_0^2}\frac{3+2M^2}{24}\qquad（29-42）$$

四、联接变压器变比

在通过以上计算得到子模块数量、子模块电容器值、桥臂电抗器值、联接变压器短路阻抗后，即可通过功率运行的限制范围来得到联接变压器的变比。

在直流额定电压和出口连接电抗值确定后，直流电压对换流站功率运行范围的影响实际上就成为了联接变压器二次侧电压或是联接变压器额定变比对功率运行范围的影响。在确定直流电压标幺值 u_{dc}^* 后，即可反推得到联接变压器二次侧额定电压。

因此，在确定换流站功率运行范围、最大电压调制比、出口连接电抗值以及直流侧电压标幺值的情况下，可以确定联接变压器的最小电压变比值。

此外，在确定的功率条件下，联接变压器阀侧电压的大小决定了桥臂流过的交流电流，因此最终确定的联接变压器阀侧额定电压需使得桥臂电流（包括直流分量、工频分量和二倍频环流分量）能够满足开关器件的容量要求。

五、联接变压器分接开关

交流电网本身的电压波动会引起联接变压器二次侧电压变化，这时为了补偿联接变压器交流侧系统电压的变化，以使换流器调制比保持在一个最佳的范围，这就需要变压器的变比能够进行一定程度上的调节。在换流站的正常运行中，根据分接开关控制目标的不同，其控制一般有两种方式：

（1）控制二次侧电压。这种分接开关控制较为常见，常

规变压器的控制也一般采用这种方式，以联接变压器阀侧电压为控制目标，在阀侧电压与其额定电压之差超过一定值时，分接开关动作，从而将阀侧电压控制在额定值附近。为了防止分接开关发生来回振荡现象，比较环节应满足滞回特性，滞回曲线的上下门槛值典型值为 ±0.75 分接开关步长。

（2）控制调制比。另外一种分接开关控制方法是控制换流器的调制比，使调制比位于设定的死区范围内。其基本控制原则为：当调制比超过设定上限值时调低联接变压器阀侧电压，低于下限值时调高联接变压器阀侧电压。调制比的死区值不能太小，否则会引起分接开关反复调节。调制比的死区也不宜过大，否则分接开关的中间挡位将失去作用，使得分接开关一般工作于极限状态。换流站典型的额定调制比 M_n 为 0.85，通过分接开关档位控制使得调制比在额定调制比 ±0.1 的死区范围内。

六、功率运行范围复核

经过以上分析计算，即可得到主回路基本参数初值。将

系统电压、调制比运行范围作为约束条件，即可通过第二节"运行特性"中功率特性方程得到换流站的实际功率运行范围。将此运行范围与设计所需功率运行范围进行比较，复核是否满足设计要求，如不满足要求，则返回修正连接电抗值及联接变压器阀侧额定电压、分接开关范围等，直至满足功率运行范围的设计要求。

七、启动电阻

启动电阻值的确定与主回路其他参数的设计相对独立，在主回路其他参数确定后，即可通过回路计算和仿真确定。根据启动方式及启动电阻器所处的位置不同，可分为交流启动电阻器和直流启动电阻器两种。

（1）交流启动电阻器。换流站启动时，若由换流站所接入交流系统为 MMC 中的电容器进行充电，则需安装限流电阻[7]，以限制启动初期不可控整流阶段的子模块电容器充电电流。启动电阻一般可布置在联接变压器的网侧或者阀侧。启动电阻配置方案如图 29-34 所示。

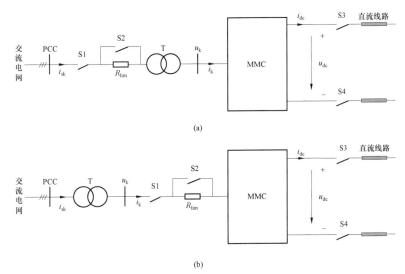

图 29-34　换流站启动电阻器配置方案
（a）启动电阻器接在变压器网侧；（b）启动电阻器接在变压器阀侧

不可控整流启动阶段，所有子模块闭锁触发脉冲，交流系统通过启动电阻由子模块续流二极管向直流侧各子模块电容充电，忽略损耗电阻时等效电路如图 29-35 所示。

其中 R_{lim} 为限流电阻，L_s 为 MMC 交流侧等效电感，L_0 为桥臂电感，C_0 为桥臂等效电容。以 a、b 相为例，MMC 充电回路可等效为一个 RLC 回路，如图 29-36 所示。由于串联二极管的存在，电容会逐渐积累起一定的电压值。

设交流断路器合闸启动瞬间，ab 相间电压表达式为

$$u_{ab}(t) = \sqrt{2}U_s \sin(\omega_0 t + \theta_0) \tag{29-43}$$

其中 U_s 为线电压幅值；ω_0 为系统基波角频率；θ_0 为初

始相位角。

由图 29-36 可知，该充电回路近似为零状态响应的二阶 RLC 回路，其充电电流可表示为

$$i = \frac{\sqrt{2}U_s}{\sqrt{R_e^2 + X_e^2}} \sin(\omega_0 t - \varphi + \theta_0) +$$
$$\frac{\sqrt{2}U_s}{\sqrt{R_e^2 + X_e^2}} e^{-\frac{R_e}{2L_e}t} \sin\left[\sqrt{\frac{1}{C_e L_e} - \left(\frac{R_e}{2L_e}\right)^2} t + \varphi + \theta_0\right] \tag{29-44}$$

其中 R_e 为充电回路等效电阻，在忽略 MMC 交流侧等效电阻时，$R_e = 2R_{lim}$；X_e 为充电回路等效感抗，$X_e = \omega_0(2L + L_0) -$

$\dfrac{1}{2\omega_0 C_0}$；C_e 为充电回路等效电容，$C_e = 2C_0$；L_e 为充电回

等效电感，$L_e = 2L_s + L_0$。

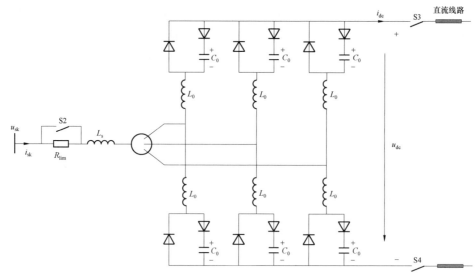

图 29-35　不可控整流启动阶段 MMC 等效电路

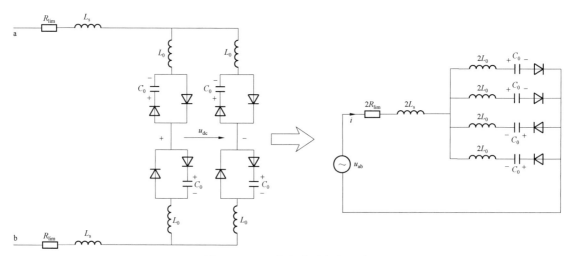

图 29-36　ab 相间等效充电回路

式（29-44）中第一项为稳态分量，第二项为振荡衰减分量。通常 $R_e \gg 2L_e$，因此振荡衰减分量衰减很快，电流最大值由稳态分量来决定。分析可知，充电电流 i 的最大值 I_{max} 出现在 u_{ab} 的第一个周波，有

$$I_{max} = \frac{\sqrt{2}U_s}{\sqrt{R_e^2 + X_e^2}} \qquad (29-45)$$

在给定最大充电电流 I_{max} 时，有

$$R_{lim} \geqslant \frac{1}{2}\sqrt{\frac{2U_s^2}{I_{max}^2} - X^2} \qquad (29-46)$$

一般来说，最大充电电流 I_{max} 应不大于一次设备的额定电流。

在不可控整流充电进入稳态后开关 S2 闭合将限流电阻旁

路，进入子模块电容充电的第二阶段。需要注意的是，由于子模块存在放电电阻损耗、取能电源的损耗、电容介质损耗等，因此在开关 S2 闭合时 S2 上将流过一定的电流，在 S2 采用隔离开关时需对其电流开断能力进行复核。

启动电阻的单次启动能量可通过电磁暂态仿真的方式进行确定。

（2）直流启动电阻器。在电压源型多端直流输电工程中，若在直流母线电压已经建立起来的情况下启动某一换流站，为避免启动过电流，需在直流侧串联启动电阻。此时，直流系统可等效为一个恒定直流电压源，通过限流电阻和 MMC 子模块续流二极管向电容器充电，其直流等效充电回路如图 29-37 所示。

由图 29-37 可知，该电路可等效为一个 RC 串联回路，

流过限流电阻的电流为

$$i = \frac{u_{dc}}{2R_{lim}} e^{-\frac{1}{2R_{lim}C}t} \qquad (29-47)$$

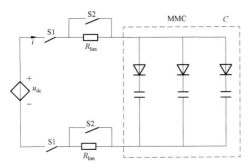

图 29-37 直流等效充电回路

启动阶段限流电阻上消耗的能量即最小单次启动能量为

$$W_R = \int_0^\infty i^2(t)Rdt = \frac{Cu_{dc}^2}{4} \qquad (29-48)$$

由式（29-48）可知，启动电阻的单次启动能量与启动电阻值无关，只与子模块电容的最终储存能量有关。

在充电开始时电容电压为零，考虑到电容电压不会突变，此时将产生最大充电电流，由式（29-47）可知其数值为

$$I_{max} = \frac{u_{dc}}{2R_{lim}} \qquad (29-49)$$

一般来说，最大充电电流 I_{max} 应不大于额定直流电流。

对于每个桥臂，其充电电流为直流线路充电电流的 1/3，即

$$I_{arm\,max} = \frac{u_{dc}}{6R_{lim}} \qquad (29-50)$$

在给定桥臂最大充电电流的情况下，可反推限流电阻的取值为

$$R_{lim} \geqslant \frac{u_{dc}}{6I_{arm\,max}} \qquad (29-51)$$

在充电进行稳态后开关 S2 闭合将限流电阻旁路，并进入子模块电容充电的第二阶段。与交流启动电阻器一样，由于子模块存在放电电阻损耗、取能电源的损耗、电容介质损耗等，因此在开关 S2 闭合时 S2 将流过一定的电流，在 S2 采用隔离开关时需对其电流开断能力进行复核。

八、直流电抗器

与启动电阻类似，直流电抗器电感值的确定与主回路其他参数的设计相对独立，在选择时应考虑：

（1）限制故障电流上升率。在直流侧配置有直流电抗器时，直流电抗器之后的直流侧短路故障电流抑制由桥臂电抗器和直流电抗器共同完成。而桥臂电抗器的电感值根据电压源型直流输电系统对功率传输的要求确定，此时对直流双极

短路故障抑制的要求应通过直流电抗器的设计来满足。计算方法详见本节"三、出口连接电抗值"。

（2）避免直流回路谐振。由于直流侧电压的控制要求，MMC 每个相单元有固定的电容数投入，因此对于每个相单元来说，投入的电容值大小固定。同时，由于桥臂电抗器和直流电抗器的存在，整个换流站有一个固有的振荡频率，该频率由电容和电感的大小决定。由于电感的电阻很小，当系统投入或发生功率振荡时，很可能发生谐振，如果不加以控制，很难抑制该振荡的衰减，同时振荡电流会导致电容电压的进一步不平衡，很可能加剧该振荡。可通过建立直流系统阻抗模型，进行阻抗扫描和故障仿真，以确定直流电抗器的选值可以避免直流回路产生谐振。一般来说，直流电抗器的电感取值应避开基频、二倍频和换流器的特征次谐波频率。

（3）抑制陡波冲击。直流电抗器可以抑制直流配电装置或直流线路所产生的陡波冲击波进入阀厅，用于保护换流阀免于遭受过电压的损害，这一取值要求由过电压仿真确定。

（4）动态响应速度要求。当设计直流电抗器时也要考虑它带来的负面影响，由于直流电压基本固定，输电功率的改变主要依赖于直流电流，因此直流电流改变的快慢直接影响到系统的动态特性，而直流电抗器是会阻碍电流快速变化的。因此，直流电抗器的电感值不能过大，否则电压源型直流输电系统的动态响应速度将不能满足要求，因此需根据这个条件来确定直流电抗器的上限值。

第五节 过电压与绝缘配合

电压源型换流站过电压分析与绝缘配合总的流程如图 29-38 所示。

主要包括系统过电压分析、避雷器配置和绝缘配合设置三个阶段，通过这些阶段对直流输电系统的各种过电压进行准确分析计算，拟定避雷器配置和参数选择方案，进而完成系统设备的绝缘配合，保证直流输电系统在正常运行、故障期间及故障恢复后的安全。考虑到避雷器工作特性、避雷器参数选取原则、换流站设备绝缘配置与电流源型直流换流站基本一致，因此，本节仅对电压源型换流站过电压分析与绝缘配合时候考虑的过电压类型、避雷器配置原则及类型进行简要说明。

一、考虑的过电压类型

按照持续时间的长短，可以将直流换流站过电压分为暂时过电压、操作过电压和雷电过电压。

暂时过电压包括谐振过电压和工频电压升高，持续时间较长，可以达到数秒。其产生的原因主要是空载长线路的电容效应、不对称接地故障、负荷突变以及系统中可能产生的

线性或非线性谐振等。即使多柱并联的金属氧化物避雷器也无法完全吸收这些能量，此时需要配合并联电抗器、静止补偿装置、合闸电阻等设备共同限制过电压，所以不考虑单独使用避雷器去限制暂时过电压。

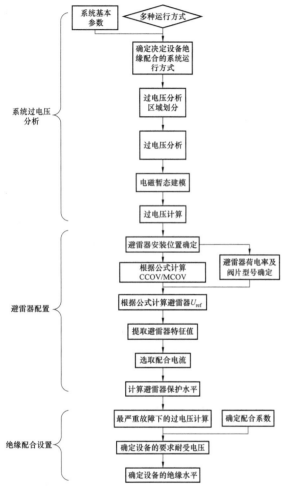

图 29-38　换流站过电压分析与绝缘配合总流程

操作过电压出现在故障及随后清除的过程中。它的持续时间较短，为毫秒级，且其幅值高于暂时过电压，一般采用避雷器限制操作电压。在过电压与绝缘配合计算时应考虑换流站内所有可能的故障。各个故障依照发生位置的不同，可以分为以下三类[8,9]，如图 29-39 所示。

（1）换流站交流场故障：主要考虑交流母线金属性接地故障，分别是三相接地故障 A，两相接地故障 B，单相接地故障 C 和两相相间短路故障 D。

（2）阀厅及换流站直流场故障：主要考虑换流变阀侧母线金属性接地故障和阀故障。换流变阀侧母线金属性接地故障可以细分为三相接地故障 E，两相接地故障 F，单相接地故障 G 和两相相间短路故障 H，阀故障主要考虑阀短路故障 I，桥臂之间短路故障 J，桥臂与电抗器间接地故障 J2。

（3）直流线路故障：主要考虑直流母线接地故障 K，直流母线双极短路故障 L，直流极线断线故障 M，直流极线双极短路故障 N，金属回线断线故障 O。

雷电过电压则主要来源于站内直击雷和线路雷电侵入，因为雷击线路的几率远比雷电直击换流站大，所以沿线路侵入换流站的雷电侵入过电压是对换流站电气设备构成威胁的主要来源。

二、避雷器配置原则及类型

高压直流输电系统中通常采用无间隙金属氧化物避雷器（MOA）作为换流站过电压保护的关键设备。由于电压源型直流输电系统的发展历史较短，关于电压源型直流换流站的避雷器布置尚未形成统一的布置原则，避雷器布置可以参照常规高压直流输电系统，遵循以下原则：

（1）源于交流侧的过电压应尽可能由交流侧的避雷器限制。

（2）源于直流侧的过电压应尽可能由直流侧的避雷器限制。

（3）关键部件应该由紧靠其的避雷器直接保护。

根据以上原则，典型的对称双极和对称单极工程换流站避雷器布置方案分别如图 29-40 和图 29-41 所示。图中避雷器 A 为联接变压器网侧交流母线避雷器，AV 为联接变压器阀侧交流避雷器，LV 为阀底交流避雷器，DB 为高压直流母线避雷器，DL 为高压直流极线避雷器，CBN 为金属回线避雷器，BR 为桥臂电抗器避雷器，NE 为联接变压器中性点接地电阻避雷器。

换流站中主要避雷器的保护功能介绍如下：

（1）联接变压器网侧交流母线避雷器 A：安装在换流站交流母线和联接变压器网侧，主要用于限制交流侧由于各种原因产生的过电压，也能限制由交流侧产生再经联接变压器传递到直流侧的过电压。其用于保护换流站交流母线设备，限制联接变压器一次侧和二次侧过电压。

（2）联接变压器阀侧避雷器 AV：安装在联接变压器阀侧，对联接变压器阀侧绕组提供直接保护，限制联接变压器阀侧绕组过电压；同时若在阀侧安装有星形电抗接地支路，也可以保护相关设备。

（3）阀底避雷器 LV：安装于桥臂电抗器与阀之间，与上述两种避雷器配合，保护桥臂电抗器和子模块级联阀，限制阀底过电压。

（4）高压直流母线避雷器 DB：安装在直流电抗器阀侧直流母线，主要用于直接保护该处的直流母线、穿墙套管等相关设备。

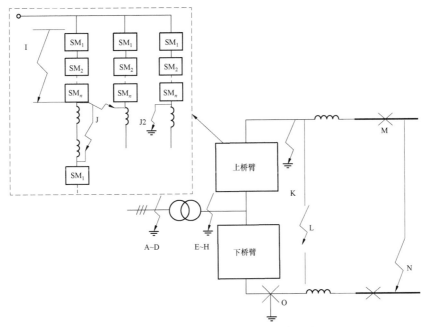

图 29-39 电压源型直流换流站故障示意图

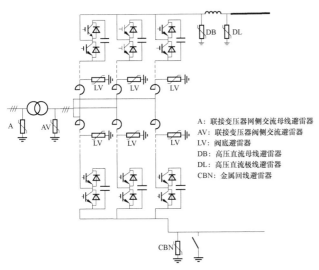

图 29-40 典型的对称双极工程直流换流站避雷器布置
（仅表示单极）

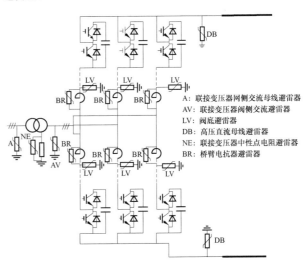

避雷器：

A：联接变压器网侧交流母线避雷器
AV：联接变压器阀侧交流避雷器
LV：阀底避雷器
DB：高压直流母线避雷器
NE：联接变压器中性点电阻避雷器
BR：桥臂电抗器避雷器

图 29-41 典型的对称单极工程直流换流站避雷器布置

（5）高压直流极线避雷器 DL：安装于直流电抗器线路侧，用于限制换流站直流线路由于故障和操作等引起的过电压，也可限制直流侧的雷电过电压。

（6）金属回线避雷器 CBN：安装于金属回线上，保护金属回线。

（7）桥臂电抗器避雷器 BR：安装于桥臂电抗器，与之并联，保护桥臂电抗器。

（8）联接变压器阀侧中性点接地电阻避雷器 NE：对于联接变压器阀侧中性点接地情况，该避雷器与接地电阻并联，保护接地电阻。

除了以上避雷器，电压源型直流换流站还可能配置以下

（1）阀避雷器：跨接在阀上，防止子模块级联阀承受过电压。除了作为换流阀的直接保护外，还可以通过与其他避雷器配合，间接影响其他关键点的过电压水平。

（2）直流电抗器避雷器：跨接在直流电抗器两端，抑制直流电抗器过电压。

第六节 主 设 备 选 型

电压源型换流站主设备包括换流阀、联接变压器、桥臂电抗器、开关设备、启动电阻器、直流电抗器、测量装置等。

一、换流阀

电压源型直流输电系统中的换流阀是实现交直流变换的三相桥式换流器的桥臂，是完成交直流转换功能的基本设备单元。在电压源型直流输电工程中，换流阀协同控制保护系统实现整流和逆变功能。

（一）结构型式与构成

可控电压源型换流阀由三个相单元也就是六个桥臂组成，每个桥臂由若干座阀塔串联组成，每个阀塔由多个子模块串联构成，如图 29-42 所示。

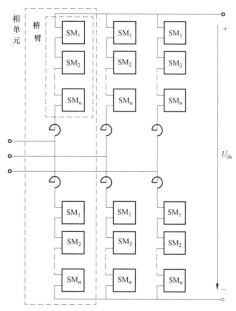

图 29-42 可控电压源型换流器结构示意图

换流阀塔一般为多层结构，采用空气绝缘，可采用户内支撑式或者悬吊式结构，如图 29-43 所示。

子模块主要部件一般包括 IGBT（含续流二极管）、直流电容器、放电电阻、散热器、晶闸管、旁路开关和子模块控制器等。

可控电压源型换流器输出电压阶梯波的每个阶梯都不大，相关器件承受的电压上升率 du/dt 应力和电流上升率 di/dt 应力较小。通过桥臂电抗器的限制和子模块低感母排设计，可将子模块投切过程中的 du/dt 应力和 di/dt 应力抑制在合理的水平内，因而无需设计专门的阻尼回路。

根据选择的 IGBT 是否具有失效短路模式，子模块的结构略有不同。

在选用具有失效短路模式的开关器件时，换流器子模块结构如图 29-44 所示。由于开关器件具有失效短路模式，因此无论上管还是下管故障，都可以通过下管 IGBT 实现旁路。此外，由于具有失效短路模式的开关器件其内部集成的续流二极管电流能力较强，可以承受直流侧短路时的过电流，因此一般无需配备保护晶闸管。

在选用不具备失效短路模式的开关器件时，换流器子模块结构如图 29-45 所示。

由于模块 IGBT 自身不具有失效短路模式，因此需通过附加旁路电路的方式，在故障时将子模块旁路。附加旁路电路可采用保护晶闸管 K2 加快速机械开关 K1 的方式，保护晶闸管 K2 用于保护续流二极管以避免遭受直流侧短路时过电流损坏，快速机械开关 K1 则用以旁路故障子模块。由于模块 IGBT 损坏时具有爆炸性，可能对周边电路带来机械性的破坏。并且模块 IGBT 损坏时也可能通过驱动电路使控制电源也出现问题，因此在设计中，应该对换流阀的制造提出强制性的要求：

(a)

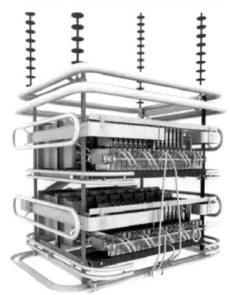

(b)

图 29-43 换流阀阀塔结构

（a）支撑式阀塔；（b）悬吊式阀塔

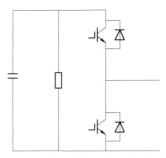

图 29-44　换流器子模块结构（选用失效短路特性器件）

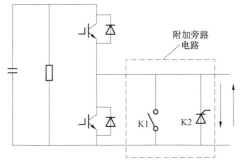

图 29-45　换流器子模块结构（选用无失效短路特性器件）

（1）在机械设计和电气设计时，需要考虑到 IGBT 子模块和旁路模块的可靠隔离。结构设计上应具有良好的安全措施，保证 IGBT 爆炸时的飞溅物体不会影响和破坏旁路电路和附近子模块。

（2）需保证快速机械开关的供电电源和子模块 IGBT 供电电源的独立性，以保证旁路电路的可靠工作。

此外，在换流站利用直流线路充电启动时，要求子模块取能电源在子模块直流电压较低时也能正常工作，典型值为 0.25p.u.，以保证子模块在启动过程中的可控性。

（二）子模块电气参数

1. 全控开关器件

用于电压源型直流换流器的主流大功率全控开关器件主要有绝缘栅双极型晶体管（IGBT）和注入加强门极晶体管（IEGT）两种。

IGBT 是在金属氧化物半导体场效应晶体管（MOSFET）的基础上发展而来，是 MOSFET 和电力双极型晶体管（GTR）相结合的产物，相当于是由 MOSFET 驱动的厚基区 PNP 晶体管。IGBT 采用电压驱动，具有驱动电路简单、驱动功率小、

通态压降低的优点。IGBT 内部采用的是集成电路芯片，单芯片的电流能力提高较为困难，所以大功率的 IGBT 器件都是采用芯片并联的方式。由于 IGBT 承受反向关断电压的能力差，只能达到几十伏的水平，因此 IGBT 需并联续流二极管，从而避免 IGBT 承受过大反压，同时提供反向电流通路。

IGBT 器件主要有模块式和压接式两种。

（1）模块。IGBT 器件的主流仍是采用了平板型的模块式封装方式，采用底板散热，通过螺栓将器件安装在散热器上，芯片与基板之间采用引线连接，工艺结构较为简单，但整体尺寸较大，如图 29-46 所示。

图 29-46　模块式 IGBT 器件

模块式 IGBT 生产厂家众多，已形成标准的电压等级，主要为 600、1200、1700、3300、4500、6500V 系列。3300V 及以上的电压等级通常称为高压 IGBT（HV IGBT），这也是电压源型直流输电主要采用的器件类型。英飞凌、三菱、日立、ABB、DYNEX 等公司均能生产高压模块式 IGBT，所能制造的电压/电流等级相当，可以提供最大 3300V/1500A、4500V/1200A、6500V/750A 系列的 IGBT 模块。

模块封装式 IGBT 损坏后 90% 处于开路状态，即使不是开路也无法保证运行电流的可靠通过，因此设计时需要考虑额外的旁路措施。同时，模块封装式 IGBT 损坏时有很大可能性会发生爆炸。同时模块式由于散热的问题，使得电流进一步提升受到限制，在某些大功率场合需要采用并联设计以提高电流能力。

模块式 IGBT 在无需器件串联的可控电压源型换流器中应用较多。

（2）压接式。压接式 IGBT 与模块式 IGBT 相比，主要体现在封装形式的不同，如图 29-47 所示。压接式结构采用两

图 29-47　压接式 IGBT

827

面散热，使得其散热较为容易，通流能力较强。同时，压接式的芯片和基板之间直接接触，在发生失效时会进入短路运行模式，因而克服了模块封装式IGBT"损坏开路"的缺点，即便在损坏后也可以保证运行电流的可靠通过，无爆炸危险，因此便于串联使用。

压接式IGBT的电压等级主要有1700V、2500V和4500V，电流可以达到3000A的水平。6500V的压接式IGBT也已有报道，但电流较小（1890A），更大电流的IGBT正在研制中。同电压/电流等级的器件，压接式价格约为模块式价格的1.5倍。

IEGT是通过采取增强注入的结构实现了低通态电压，使其兼具GTO和IGBT的优点：低饱和压降，宽安全工作区（吸收回路容量仅为GTO的1/10左右），低栅极驱动功率（比GTO低两个数量级）和较高的工作频率。IEGT具有作为MOS系列电力电子器件的潜在发展前景，具有低损耗、高速动作、高耐压、有源栅驱动智能化等特点，以及采用沟槽结构和多芯片并联而自均流的特性，使其在进一步扩大电流容量方面颇具潜力。

与IGBT一样，器件具有模块式和压接式两种结构，已经达到4500V/2100A的功率水平。模块式封装的IEGT失效时存在爆炸危险，而压接式则在失效时不会爆炸，且压接式IEGT已可具备失效短路模式。鉴于IEGT与IGBT器件较为类似，可归为一类全控型电力电子器件，以下均以IGBT代指该类器件。

对于IGBT换流阀来讲，IGBT模块选型时考虑的重点参数如下：① 标称电压 V_{CE}；② 标称电流 I_C；③ 最大工作结温 T_{vj}；④ 集射极饱和压降 $V_{CE.sat}$；⑤ 开通/关断损耗 E_{on} 和 E_{off}；⑥ 反向恢复损耗 E_{rec}；⑦ 反向恢复电流 I_{rr}；⑧ 集射极漏电流 I_{CES}；⑨ 反偏安全工作区 RB_{SOA}；⑩ 短路安全工作区 SC_{SOA}。

在有更高的电流需求时，IGBT可并联使用。

对于可控电压源型换流器，桥臂电流有效值为

$$I_{rms} = \sqrt{\left(\frac{I_{ac}}{2}\right)^2 + \left(\frac{I_{dc}}{3}\right)^2 + I_{km}^2} \qquad (29-52)$$

式中　I_{ac}——联接变压器阀侧交流电流；

$\quad\quad I_{dc}$——直流侧电流；

$\quad\quad I_{km}$——二倍频环流。

在换流器开关器件选择时，从散热角度出发，流过IGBT的电流有效值一般不高于0.7倍标称电流 I_C，在各种工况下开关器件的运行结温不应超过所选器件允许最高结温。

换流阀采用子模块串联的方式使阀获得足够的电压承受能力，承受正常运行电压以及各种过电压。在进行阀的耐压设计时应考虑足够的安全系数，充分考虑操作冲击条件下子模块串联的电压不均匀分布、过电压保护水平的分散性以及阀内其他非线性因素对阀的耐压能力的影响。

在所有冗余子模块都损坏的条件下，阀的绝缘至少应具有以下安全系数：

（1）对于操作冲击电压，超过避雷器保护水平的15%。

（2）对于雷电冲击电压，超过避雷器保护水平的15%。

（3）对于陡波头冲击电压，超过避雷器保护水平的20%。

如果需要，换流阀应装设无间隙氧化锌避雷器对阀提供保护，限制单次或重复的动态过电压峰值。计算过电压所采用的交流系统短路水平与计算电流时所采用的交流系统短路水平相同。故障前应假定所有的冗余子模块都已损坏，并且IGBT结温为最大设计值。

2. 直流电容器

直流电容器是换流站的直流侧储能元件，它的主要作用是给换流器提供直流电压，同时缓冲系统故障时引起的直流侧电压波动、减小直流侧电压纹波并为受端站提供直流电压支撑。直流侧电容的大小也影响着控制器的响应性能和电压源型直流输电系统直流侧的动态特性。

由于IGBT的快速开关导致的高频脉冲电流会经过由换流阀、直流电容、直流母线形成的回路，如果这个回路中杂散电感过大，尤其在故障时电流变化率增加，就会在阀上产生一个很大的电压应力，甚至导致阀的损坏，因此直流电容上的杂散电感要尽可能小。电压源型直流换流站常用的直流电容为金属化膜电容，这种电容为干式结构，具有自愈功能，且具有耐腐蚀（采用金属或塑料外壳封装）、电感较低等特点。

子模块电容器的额定电压应高于子模块电容器的工作电压，即应考虑子模块稳态电压波动限值、电容电压平衡控制误差、测量误差和计算误差等因素，一般为子模块额定电压的1.3倍左右，具体数值与电容器的容值选择、电容电压平衡控制方法等因素有关。

子模块电容器额定电流的大小，由换流阀桥臂额定电流决定。

3. 直流放电电阻

在换流器停运的情况下，子模块直流电容器可通过该电阻进行放电，因此直流侧电阻器的电阻值设计需要满足放电时间需求，典型的自然放电时间为250s。

此外，在换流阀闭锁的情况下，直流放电电阻还可以实现换流阀各子模块的静态均压。IGBT换流阀闭锁时的静态均压问题是IGBT换流阀设计的重点之一。这一功能需通过高压取能电源及直流放电电阻器的优化配合设计，以实现各子模块的静态均压，其阻值满足换流阀闭锁情况下各子模块静态均压要求。

直流放电电阻器的额定电压与子模块内直流电容器一致。

典型直流放电电阻器的阻值为25kΩ。

4. 保护晶闸管

直流系统短路故障工况时如不采取恰当保护措施，续流二极管可能承受超出其电流耐受能力的故障电流而损坏。此时，可通过在承担短路电流的续流二极管两端并联保护晶闸管分担短路电流，可有效避免续流二极管的热击穿。因此，保护晶闸管的主要功能是保护子模块 IGBT 开关的续流二极管。在直流侧短路故障发生后，交流断路器断开、故障清除前这段时间触发导通旁路故障电流。保护晶闸管在故障期间和IGBT的续流二极管并联分流，选择晶闸管的依据是在双极短路故障时刻到交流断路器分断期间，IGBT 续流二极管处于安全工作区。

晶闸管宜选择通态压降较小的，以分流更多的电流，从而保证IGBT自带续流二极管的安全。晶闸管主要类型有普通晶闸管、快速晶闸管和脉冲功率管。普通晶闸管可分为全压接型和烧结型两种，同等电压和电流等级时，烧结型晶闸管比全压接型晶闸管的通态压降大，且通流能力较小；快速晶闸管的通态压降高，断态重复峰值电压低；脉冲功率管的通态压降更高，通态电流要求为小于 $500\mu s$ 的单个脉冲，不适合多周期群脉冲的电流。因此，宜选择全压接型普通晶闸管，通过参数优化匹配可实现短路故障时晶闸管最大分流比达到90%以上。

5. 旁路开关

当子模块出现组件失效或电容电压过高等不可恢复故障时，需要将故障子模块快速退出运行，并投入冗余子模块，以保证设备和系统安全。旁路开关的最主要作用是隔离故障子模块，使其从主电路中完全隔离出去而不影响设备其余部分的正常运行。

旁路开关与下部 IGBT 模块并联运行，其额定电压不小于IGBT 模块的集射极电压最大值，即与直流电容器额定电压选择原则相同，同时遵循趋于标准电压等级的原则。典型的合闸时间为3ms。其额定电流与换流阀桥臂额定电流相同。

二、联接变压器

联接变压器主要实现以下功能：

（1）提供与直流侧电压相匹配的交流二次侧电压，使换流器工作在最佳的运行范围。

（2）在交流系统和换流站间提供接口电抗。

（3）确保换流器调制比在合适的范围。

（4）阻止零序电流在交流系统和换流站间流动。

需要说明的是，在采用对称双极接线时，联接变压器需承受直流偏置电压，为换流变压器；在采用对称单极接线时，联接变压器无需承受直流偏置电压，为普通交流变压器。

（一）接线组别

为了隔离两端零序分量的相互影响，联接变压器接线组别一般选择为消除零序分量的接法，此时两侧必须有一侧为不接地系统，即 Yny、Ynd、DynR、Dy、Dyn 和 Dd 等接法。但为了直流系统接地的要求，也存在采用 Yn/Yn+R 的接法，阀侧中性点采用了高阻接地，因此限制了零序分量的流通，零序分量对联接变压器的影响较小。实际工程中多接为 Yny、Ynd、Dyn 和 YnynR 接法。

（二）型式

联接变压器可设计为三相或者单相，主要取决于所选用容量的变压器的制造能力以及大件运输限制条件。在变压器制造以及大件运输能够满足条件的情况下，优先选择三相变压器，以减小占地与造价。一般来说，单相变压器多用于换流站容量较大的情况下。

（三）有载调压分接开关

对于电压源型直流换流站来说，调压装置并不是必需的，但调压装置可以起到在低交流电压时稳定传输功率能力的作用。为了使换流站能够运行在最优的功率状况下，可以在变压器的网侧或阀侧绕组加上分接开关，通过调节分接开关来调节二次侧的基准电压，进而获得最大的有功和无功输送能力。比如交流电网本身的电压波动会引起联接变压器二次侧电压变化，这时为了补偿联接变压器交流侧系统电压的变化，以使换流器调制比保持在一个最佳的范围，这就需要变压器的变比能够进行一定程度上的调节。而远距离输电工程有可能采用直流降压运行模式（传统直流输电工程中多采用 70%降压和 80%降压两种运行方式）来消除直流架空线路的绝缘由于气象及污秽等原因而产生的非永久性接地故障，以提高输电系统的可用率。当采用这种模式时，联接变压器所需要的负分接开关调压范围会比较大。此时，需要以 70%降压或80%降压两种运行方式作为工程成套设计的输入，与正常直流电压运行工况一起来进行主回路参数设计。因此，联接变压器分接开关的设计需要考虑换流母线电压稳态运行范围、直流系统全压运行和降压运行要求、分接开关档位的最大制造能力的要求。

在无需降压运行时，以系统额定电压 530kV 为例，其稳态波动范围为 500～550kV、极端情况下电压范围 475～550kV，若以电压稳态波动范围 500～550kV 为设计目标，则有载调压开关按照 $-3 \times 1.25\%$～$+5 \times 1.25\%$ 选择即可满足要求。

另外一种分接开关档位的选择方法则是以调制比控制在某个确定范围为约束条件，结合系统电压稳态波动和功率运行范围，来进行分接开关档位的选择。

三、桥臂电抗器

桥臂电抗器与换流阀一起串接于桥臂，又称阀电抗器。

桥臂电抗器与联接变压器一起，决定了换流站的功率运行范围。同时，桥臂电抗器的电感值影响了桥臂环流的大小，并对故障短路电流起抑制作用。

换流阀在每个开关过程中产生的 du/dt 较大，杂散电容的作用会产生电流脉冲，对换流阀产生强应力，因此桥臂电抗器一般选用杂散电容较小的干式空芯电抗器。

四、启动电阻器

启动电阻器可采用高能陶瓷式、金属绕丝式、金属片状式等型式。由于启动电阻器仅在系统启动过程中发挥作用，启动完成后即由旁路开关将其短路，不应占据换流站太大空间。通常来说，阻值越大，相应的冲击功率就越小，体积也相应减小，但充电时间也就越长。不可控整流的充电时间必须适中，不宜过快也不宜过慢，典型的充电时间为 10s，典型的启动电阻为 5kΩ。

五、直流电抗器

直流电抗器布置在换流阀和直流出线之间，主要用于限制故障电流上升率、避免直流回路谐振、抑制陡波冲击，并应考虑对直流电流动态响应速度的影响。与电流源型直流输电类似，直流电抗器可以采用干式空芯结构或者油浸式铁芯结构。

六、测量装置

为实现换流站控制、保护等功能，需要设置相应的测量装置，以准确快速地获取所需要的各种信号，主要包括：交流侧电压、电流和频率；直流侧电压和电流；阀控信号等。

与电流源型直流输电系统相比，由于 IGBT 对短路电流耐受能力不高，电压源型直流输电系统对换流阀保护相关测量系统有更快的响应时间要求，避免短路故障造成 IGBT 器件的损坏，对阀控系统的过流保护动作的快速性有更加苛刻的要求。一般要求采样频率不低于 50kHz，采样延迟不大于 100μs，量程不小于 15.0p.u.。

此外，在桥臂电抗器阀侧与联接变压器二次侧交流母线需作差动保护时，两侧电流互感器应采用同种类型，以保证保护动作的可靠性。

第七节 典型布置

一、换流站布置基本特点

电压源型直流换流站的配电装置由交流配电装置、联接变压器区域、启动电阻区域、桥臂电抗器区域、阀厅、直流场组成，电气设备布置的基本原则同电流源型直流换流站一致，根据具体工程的输送容量和场地限制的要求，电压源型直流换流站的布置有以下特点：

（1）电压源型直流换流站一般没有无功补偿和滤波装置，交流场设备少，占地面积小。小容量的电压源型直流换流站多采用户内布置，以提升设备的运行环境，提高工程可靠性，并进一步减小占地面积。综合站址场地条件的限制，全户内布置换流站可采用多层或单层的建筑结构。大容量的电压源型直流换流站，除换流阀外，其余配电装置多采用户外布置。

（2）联接变压器布置方式宜根据桥臂电抗器布置型式确定。桥臂电抗器在换流阀阀侧时，若桥臂电抗器采用户内布置，联接变压器阀侧套管宜采用插入阀厅布置，插入阀厅布置的联接变压器阀侧套管采用充气式或干式套管；若桥臂电抗器采用户外布置，联接变压器阀侧套管采用和网侧相同的套管。在桥臂电抗器在换流阀直流侧时，联接变压器宜采用插入阀厅布置。桥臂电抗器采用户内布置时，宜与阀厅隔开，设置单独的桥臂电抗器室。

（3）启动电阻及其旁路回路，可布置在联接变压器网侧或者阀侧。

（4）采用单极对称接线的换流站极 1 和极 2 共设一个阀厅；双极接线的换流站有单极金属回线或单极大地回线的运行方式，按极设置极 1 和极 2 两个阀厅；背靠背换流站按背靠背换流单元设置阀厅，背靠背换流站若每侧换流阀有单独作为静止同步补偿器（STATCOM）的运行方式要求，一般在背靠背两侧分别设置阀厅。

（5）阀塔的相序排列根据接线的便利性和占地面积比较综合确定，一般可采用上下桥臂的阀塔分开布置（阀塔采用"ABCABC"相序排列）或同相的上下桥臂阀塔相邻布置（阀塔采用"AABBCC"相序排列）。

二、换流站典型布置型式

换流站布置根据其功率容量及场地受限情况不同有较大的区别，根据建筑层数的不同可分为多层结构和单层结构两种。

多层布置方案采用紧凑型的布局，接线较为复杂，但换流站占地面积小。在换流站容量较小或是在对换流站的面积要求较严格时，可采用多层布置，以最大限度减小换流站的占地。对于海上平台换流站，一般也都采用多层布置的方式，以减小占地。

单层布置在换流站容量较大时应用较多。单层布置接线简单，但换流站占地较大，在对换流站占地无限制性要求时，一般采用单层布置方式。

以下给出两个单层布置的典型工程布置方案。

HB 换流站采用了双极带金属回线的接线方式，额定直流电压为±320kV，额定直流功率为1000MW。换流站采用了单层布置方式，其电气主接线如图29-48所示。

换流站平面布置图如图29-49所示，采用了"两厅一楼"的布置方式。阀厅及室内直流场联合建筑为一层结构，按极分隔为极1、极2阀厅，分别布置极1和极2换流阀及桥臂电抗器等设备。控制楼布置于极1、极2阀厅之间，内设阀冷设备间、二次设备间、通信机房、主控室等房间。联接变压器呈"一字形"仅靠阀厅布置，阀侧套管伸入阀厅，阀厅与换流变压器之间采用防火墙分隔。联合建筑平面尺寸为117m×64m，其中每极桥臂电抗器室平面尺寸为47.5m×18m，每极阀厅平面尺寸为47.5m×35m，直流场尺寸为117m×11m，控制楼平面尺寸为53m×22m，建筑高度为15m。

HB换流站桥臂电抗器室、阀厅和直流场的典型断面图如图29-50、图29-51、图29-52所示。

LX换流站电压源型直流单元额定直流电压为±350kV，额定直流功率为1000MW。电压源型直流单元采用了单层布置方式，其电气接线如图29-53所示。

换流站电压源型直流单元平面布置图如图29-54所示。背靠背阀厅为户内结构，联接变压器、启动电阻器、桥臂电抗器等阀侧配电装置均布置在户外，其控制楼与常规阀厅共享。背靠背阀厅中间加隔墙，以满足两侧阀组STATCOM独立运行的要求。背靠背阀厅平面尺寸为142m×57m。

LX背靠背换流站联接变压器区、阀厅的典型断面图如图29-55、图29-56所示。

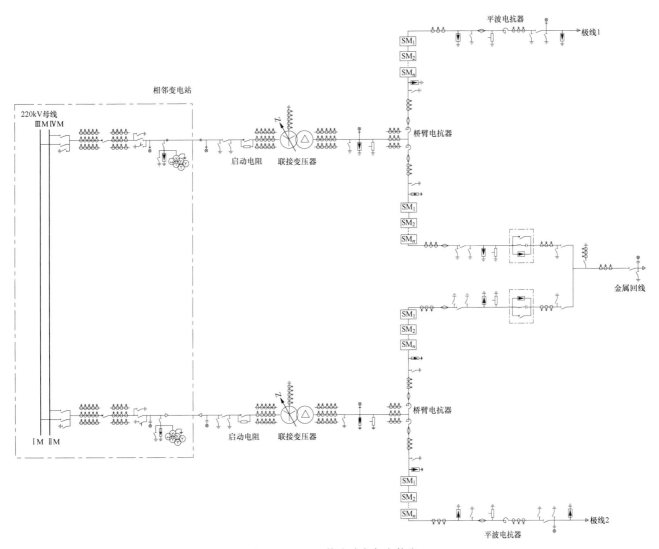

图29-48　HB换流站电气主接线

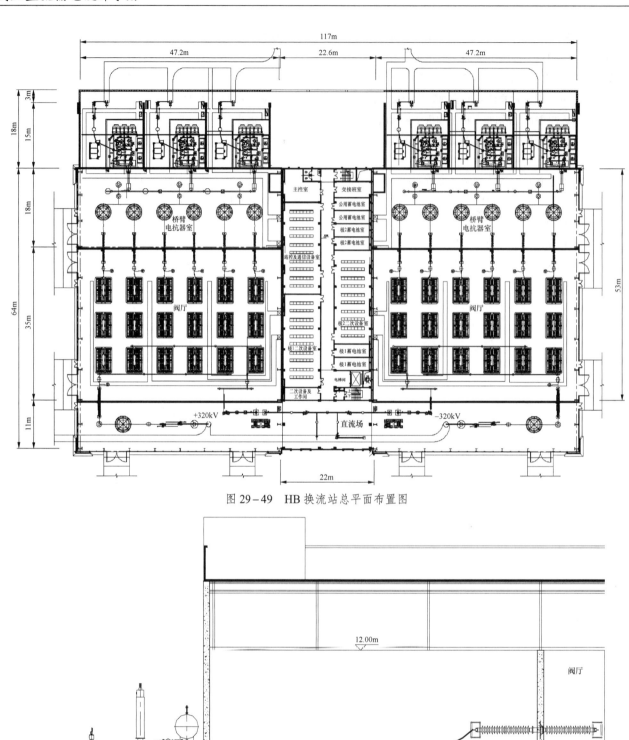

图 29-49　HB 换流站总平面布置图

图 29-50　HB 换流站桥臂电抗器室典型断面图

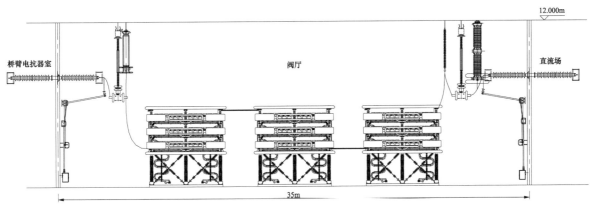

图 29-51　HB 换流站阀厅典型断面图

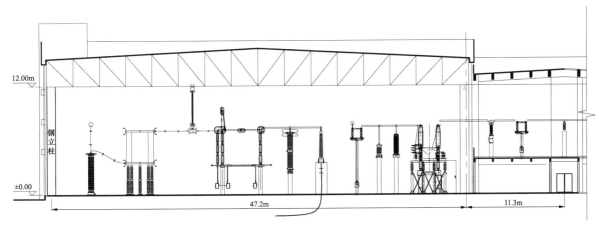

图 29-52　HB 换流站直流场典型断面图

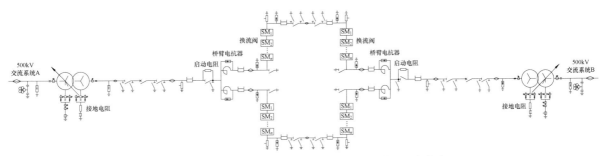

图 29-53　LX 背靠背换流站电压源型直流单元电气接线

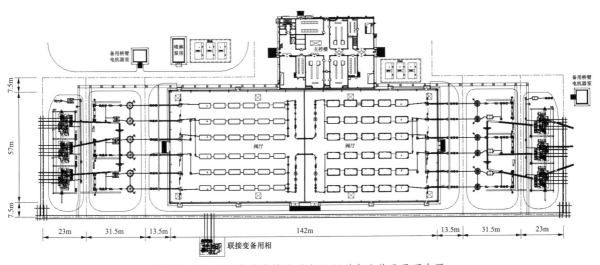

图 29-54　LX 背靠背换流站电压源型直流单元平面布置

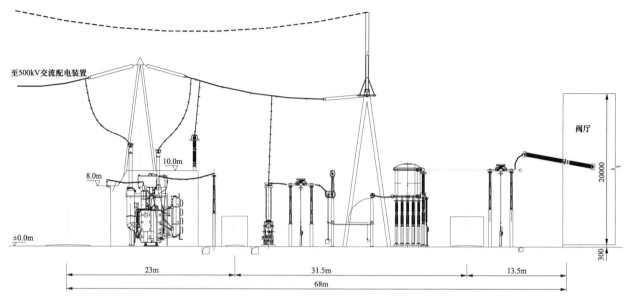

图 29-55 联接变压器区典型断面图

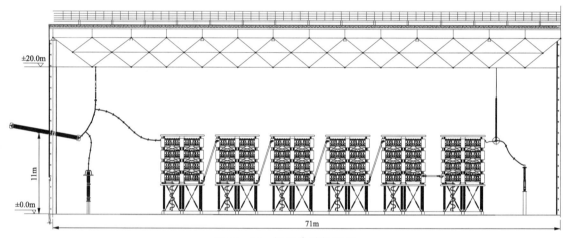

图 29-56 阀厅典型断面图

第八节 控 制 保 护

一、电压源型直流控制保护技术特点

与常规直流输电控制保护系统比较，电压源型直流输电控制保护系统具有以下技术特点[10]。

（一）控制保护系统响应速度更快

与常规直流相比，电压源型直流输电控制保护系统的采样频率提高，控制保护周期缩短。一方面，模块化多电平（MMC）拓扑在发生直流侧故障时，故障电流及其上升率都很大，严重危害设备安全，要求在短时间内进行闭锁，为此，直流保护的采样及响应速率要显著提高。另一方面，面向高频器件 IGBT/IEGT 的控制系统，要充分发挥器件的快速灵活性能，需要在每个开关周期内完成触发计算，也要求直流控制的采样及响应速率较常规直流更快。

通常电压源型直流控制保护系统需要将核心控制保护逻辑计算时间控制在 100μs 内，阀级控制设备需将脉冲触发控制在 100μs 内，电子式互感器的控制量采样上送频率需控制在 10kHz 以上，保护量采样上送频率需控制在 50kHz 以上。

（二）无需配置换相失败检测和预防策略

常规直流输电容易发生换相失败问题，其控制保护系统需配置换相失败检测和预防策略，而电压源型直流换流器无需外加换相电流，不存在换相失败问题，可以工作在无源逆变方式，受端系统可以是孤立网络或无源负荷，具有为受端系统提供"黑启动"电源的能力。

（三）控制更加灵活

直流的功率控制更为独立。与常规直流的电流裕度控制不同，电压源型直流输电采用经典闭环控制，整流侧（逆变侧）控制直流电压，逆变侧（整流侧）控制传输功率，从原理上，无需站间通信，就能实现功率的输送。

由于采用可关断器件，电压源型直流输电系统的有功功率控制和无功功率控制相互独立。常规直流换流站有功功率和无功功率存在耦合关系，在传输有功功率时，需增设无功补偿设备对换流器消耗的无功功率进行补偿，而电压源型直流换流站无需安装无功补偿设备，自身可以起到稳定母线电压的作用。

二、电压源型直流控制系统

电压源型直流控制系统基本沿用常规直流分层、分布式的设计结构。为避免重复，本节与常规直流相同的部分尽量简略，相关内容可参见第十六章常规直流换流站控制系统，本节重点介绍电压源型直流控制系统与常规直流控制系统有差异的部分。

（一）系统分层

同常规直流一样，电压源型直流控制系统也采用模块化、分层分布式的网络结构，整个系统可划分为站控层、控制层和就地层三个层次，图29-57为电压源型直流控制系统分层结构示意图。

1. 站控层

站控层也称运行人员控制层，设备主要由系统服务器、工作站、远动通信设备组成。根据需要站控层设备还可配置培训系统。站控层各设备之间以及与控制层设备通过局域网（LAN）进行数据通信，其主要功能是接收运行人员或远方调度/集控中心的运行监视和操作的指令，实现全站所有系统和设备的数据采集和处理、监视和控制、记录和存储，以及控制系统参数的调整等功能。

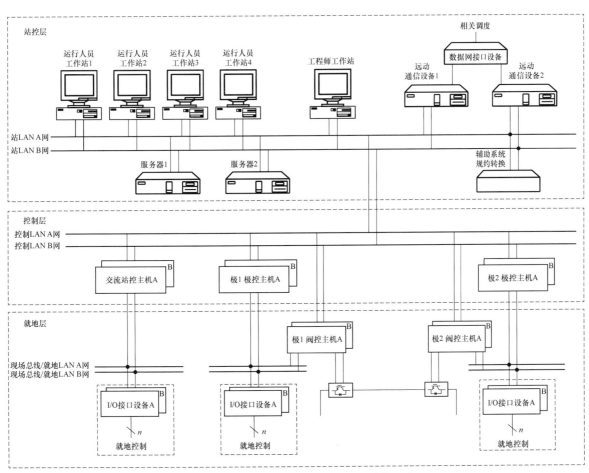

图29-57　电压源型直流控制系统分层结构示意图

2. 控制层

控制层设备的配置和功能应与电压源型直流系统的主回路结构相适应，该层设备主要包括直流极控制主机和交流站控主机。考虑到电压源型直流换流站没有滤波器场，直流站控内容大幅减少，电压源型直流控制系统通常不设置独立的直流站控主机，直流站控功能集成在直流极控主机中。控制层设备通过现场总线或光纤与就地层设备进行数据通信，实现满足直流系统各种响应特性的闭环控制和全站设备的操作、联锁、运行方式转换等功能。

3. 就地层

就地层设备主要由分布式 I/O 单元及阀控制主机组成，实现与站内一次设备的接口。分布式 I/O 单元通过硬接线与断路器、隔离开关、接地开关、水冷、空调等现场一次设备通信，完成信号采集上送、控制命令传递等功能；而阀控主机通过光纤与换流阀子模块通信，实现换流阀子模块电压均衡控制与子模块导通触发控制等功能。

电压源型直流换流站控制系统的站控层设备构成和系统功能与常规直流换流站站控层基本相同，可见第十六章相关内容；其控制层和就地层按功能又可划分为直流极控制系统和交流站控系统，下面对这两系统分别介绍。

（二）直流极控系统

1. 系统构成

（1）功能分层。电压源型直流极控系统根据完成的功能与控制的目标由高至低依次可以分为：系统级控制、换流站级控制、换流器级控制和换流阀级控制，如图 29-58 所示。其中系统级控制、换流站级控制与换流器级控制由控制层的直流极控制主机完成，换流阀级控制由就地层的阀控主机完成。

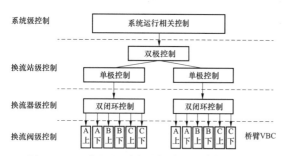

图 29-58　电压源型直流极控分层结构示意图

系统级控制实现系统运行层面的控制功能，包括多端协调控制、运行方式控制、模式控制；换流站级控制实现换流站运行控制，包括双极控制、功率电压输入指令控制、功率区间限制以及顺序控制；换流器级控制实现电压源型直流换流器的闭环控制，是电压源型直流控制的核心，包括有功功率控制、无功功率控制、交流电压控制、直流电压控制、电流闭环控制、锁相以及调制波的生成，同时实现一些快速保护换流器的辅助功能；换流阀级控制实现电压源型直流换流器子模块触发控制和状态监视，包括子模块电压均衡控制、桥臂环流抑制等功能。

对于双端电压源型直流控制系统，由于不包含多端协调控制，而且运行方式控制和模式控制的内容较少，通常会将系统级控制内容合并到换流站级控制中。

（2）硬件设备。电压源型直流极控系统硬件设备包括极控制主机、阀控制主机、I/O 采集单元以及相应的控制 LAN 网、各类通信总线等。

1）极控制主机：为控制层设备，集成系统级控制、换流站级控制、换流器级控制等控制功能。电压源型直流换流站按极配置极控主机，极控主机双重化配置，各极控制功能保持最大程度的独立，以利于单极退出时不影响其他设备的正常运行。双极控制功能通常分别配置在两个极各自的极控主机中，不配置独立的主机。

对于电压源型背靠背直流换流站，考虑到 STATCOM 运行时状态，整流侧与逆变侧不一定同时工作的工况，电压源型背靠背直流换流站整流侧与逆变侧的控制主机不宜合并。

2）阀控主机：为就地层设备，以桥臂为基本单元进行配置，各桥臂功能完全独立，主机双重化配置，双重化主机共用一套光纤接口触发电路与子模块通信，双重化阀控主机及接口电路配置在一台装置中，主机和接口装置通过装置背板通信。根据实际工程的桥臂中子模块数量和阀控主机的承载能力，不同工程单一桥臂配置的阀控装置数量根据工程需要会有所不同。

3）分布式 I/O 设备：为就地层设备，通常按工程本期规模配置，可单重或双重化配置，实际工程中两种配置方式均有采用。单重化配置时，就地层 I/O 设备或测控单元通过两个通信接口接入双重化的现场总线网，实现与控制保护主机的通信；双重化配置时，就地层 I/O 设备或测控单元通过"交叉"冗余方式实现与直流控制保护主机的通信。I/O 设备配置与常规直流无本质区别，可参见第十六章相关内容。

4）控制层网络：用于站内控制层各主机之间或控制与直流保护主机之间的信息交换，实现控制保护相关动作逻辑、运行模式、设备状态信号的相互交换。控制层网络采用双重化星形拓扑结构，主要包括站级控制 LAN 网以及控制保护主机间的快速控制 LAN 网，并满足数据通信的实时性要求。根据各直流控制保护成套设备供货商在系统设计上的差异，控制层网络的构成和网络类型也不尽相同。

5）现场层网络：控制层和就地层设备之间通过各种现场总线、网络通信。现场总线、网络采用双重化星形拓扑结构，并满足数据传输的实时性和可靠性要求。

现场层网络构成极控主机、极保护主机、站控主机和阀控主机、分布式 I/O 设备之间的连接，实现相应设备状态、监视信号、操作命令和电流电压测量信号的传输。现场总线根据传输的信息类型可分为传输开关量信号的现场总线和传输模拟量信号的测量总线。

2. 控制策略和控制模式

（1）基本控制策略。是保证换流阀正常工作的底层策略，包括充电控制策略和稳态控制策略。充电控制策略根据应用场合的不同又可分为交流充电策略和直流充电策略；稳态控制策略通常采用基于直接电流控制的矢量控制方法，包括外环控制，内环控制以及脉冲触发控制。

1）充电控制策略：若电压源型直流输电系统中的各换流站均为有源站，换流阀可采用交流充电策略进行充电；若电压源型直流输电系统中存在无源站，则该无源站换流阀需采用直流充电策略进行充电。

交流系统有电源时，充电方式可采用"不控整流——定直流电压控制"两阶段启动模式。在不控整流阶段，可串联限流电阻限制充电电流的大小，待子模块电压稳定后，将限流电阻旁路后继续充电。不控整流阶段直流侧电压能够达到的最大值为交流侧线电压峰值，小于直流侧直流电压的额定值，因此，换流站须采用定直流电压方式解锁充电，直至子模块电压达到额定值。

交流系统无电源时，需要对侧换流站先交流充电，建立直流电压，然后对本侧换流站进行直流充电。直流充电前，本侧换流站的交流开关应处于断开状态，电源及充电换流站的直流隔离开关应处于闭合状态。

2）外环控制策略：外环控制根据控制目标计算产生内环电流控制需要的交流电流指令值，实现有功功率控制、直流电压控制、无功功率控制、交流电压控制等基本控制目标。

有功功率控制，是直流输电系统的主要控制模式，在这种运行模式下，控制系统根据有功功率参考值控制换流器与交流系统交换的有功功率。为了保持直流输电系统输送功率恒定，控制系统通过对电流的相应调整来补偿交流电压的波动。

直流电压控制，在电压源型直流输电系统中，必须有且仅有一端换流站采用直流电压控制，用于平衡直流系统中传输的功率。直流电压控制产生的电流指令控制流过换流器的有功功率，保持直流侧电压为设定值。

交流电压控制，产生换流器的无功功率指令，整流站和逆变站独立控制。利用交流电压控制可以实现换流变压器网侧交流电压的控制。恒定的交流电压控制可以有效抑制网侧交流电压波动。如果因换流器容量限制不能维持系统的节点电压恒定，通常可采用斜率控制。

无功功率控制，作为一种稳态运行调节功能，可以使直流输电系统产生的无功功率维持在期望的参考值。无功功率控制受到交流电压波动的限制，交流电压控制比无功功率控制具有更高的优先级，若交流系统电压扰动超过程序设定的限制值时，交流电压控制将暂时取代无功功率控制以保证交流电压恒定。

3）内环控制策略：内环电流控制产生换流器输出的三相电压参考值，并以此作为调制信号控制换流器的输出交流电压和交流电流，考虑到交流电流依赖于换相电抗器上的压降，内环电流控制本质上是调节换相电抗器上的压降。内环电流控制可采取传统解耦PI控制或无差拍控制方式，内环电流PI解耦控制器原理如图29-59所示。传统PI控制对测量误差、

一次参数变化的包容能力更强，而无差拍控制利用无差拍计算补充控制前馈值，利用PI调教补偿稳态以及测量误差，对变化的反应更为迅速，有利于提升交流故障穿越性能。

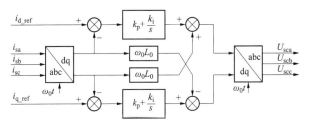

图29-59　内环电流PI解耦控制器原理图

4）脉冲控制策略：在模块化多电平电压源型换流阀运行过程中，电流流经子模块电容时，电容电压会发生变化，需要借助脉冲触发控制策略保持子模块电容电压基本不变。基于排序的子模块电压平衡控制是一种被广泛采用的脉冲触发控制策略。

子模块电压平衡控制策略首先监测各子模块电容电压值，将一个桥臂上已投入的子模块电压和未投入的子模块电压采集到控制器分别进行排序；同时测量桥臂电流方向，判断桥臂电流对子模块电容是充电还是放电。

在桥臂投入电平数变动时，假设电平数变化增量为 M，如果桥臂电流对子模块电容充电，则从未投入的子模块中选取电容电压较低的 M 个子模块投入（若 $M>0$），或从投入的子模块中选取电容电压较高的 M 个子模块退出（$M<0$）；如果桥臂电流对子模块电容放电，则从没有投入的子模块中选取电容电压较高的 M 个子模块投入（$M>0$），或从投入的子模块中选取电容电压较低的 M 个子模块退出（$M<0$）。

（2）上层控制策略。除基本的控制策略外，电压源型直流输电系统应用在不同系统时，还应设计上层控制策略，使电压源型直流输电系统快速灵活的控制特点在诸如海上钻井平台供电、风电场接入、城市供电等多种应用场合得以发挥作用。

1）频率控制策略：当电压源型直流输电系统的换流站单独与风电场相连时，由于风速变化的随机性，换流器不能采用定有功功率控制，否则在风速变化时会引起频率的波动，影响系统的稳定性，此时需要采用定频率控制。电压源型直流输电系统的换流站处于频率控制方式时，可以单独连接风电场作为功率控制站，采用无源频率控制。实现了快速跟踪风电功率变化和维持风电侧系统的频率恒定。当风电场侧换流站运行在频率控制方式时，电网侧换流站应运行在直流电压控制方式，使电压源型直流输电系统可根据风电场输送功率的大小快速调节有功功率。

2）交流故障控制策略：电压源型直流输电系统在交流故障情况下抑制故障电流的控制方法主要有两种。方法一是通

过对外环控制产生的指令值进行 100Hz 滤波处理，消除 2 次谐波后，作为内环电流控制的参考值与交流电流通过正序变换得到的 i_d 和 i_q 进行比较，通过内环电流控制即可消除输出交流电流的负序分量。方法二是采用负序电压控制抑制故障电流，针对交流系统故障电压不平衡的情况，采用对称分量法建立正序与负序控制分量，基于故障时负序电压叠加的方法，消除网侧发生故障时阀侧电流中的负序成分，从而抑制故障电流。在交流系统出现对称或者非对称故障下，通过采用合适的控制策略，利用换流器快速响应能力，可提高电压源型直流输电系统的故障穿越能力。

3) 多端协调控制策略：多端电压源型直流输电系统应可以通过协调控制策略实现系统的平衡运行，且在实现故障端退出运行后，能够维持健全换流站继续运行，充分发挥多端电压源型直流输电系统的优势。

多端电压源型直流输电系统协调控制的关键是对直流侧电压进行控制，目前的控制策略主要有以下几种：基于站间通信的主从控制；单点直流电压协调控制策略；基于直流电压偏差控制的多点直流电压协调控制策略；基于直流电压斜率特性的多点直流电压控制策略。除主从控制外，其他控制方式均不依赖站间通信。

为了避免单点直流电压控制下定直流电压换流站故障闭锁造成整个电压源型多端直流输电系统停运，电压源型多端直流输电系统可采用多点直流电压控制，即至少两个换流站具备控制直流电压的功能，从而提高系统的稳定性与可靠性。电压源型多端直流输电系统的协调控制策略应根据具体工程的特点进行选择，应保证有通信和无通信情况下电压源型多端直流输电系统均能正常运行。

（3）控制模式。是指基于不同运行方式下的直流电压控制、有功功率控制、频率控制、交流电压控制以及无功功率控制等各种控制模式。

1) 运行方式：电压源型直流换流站运行方式包括有源直流输电（有源 HVDC）方式、无源直流输电（无源 HVDC）方式及静止同步补偿器（STATCOM）运行方式。其中，有源 HVDC 方式适用于送、受端换流站均有电源的情况；无源 HVDC 方式适用于只有送端换流站有电源的情况；STATCOM 方式不输送直流功率，换流站工作在无功补偿状态。

2) 控制模式：电压源型直流换流站控制模式分为有功类控制和无功类控制，对应全控器件换流阀控制的两个维度。有功类控制包括直流电压控制、有功功率控制和频率控制，无功类控制包括交流电压控制和无功功率控制，基于直接电流控制的控制模式切换示意如图 29-60 所示。可以看到，对于某一个换流站，有功类控制模式互斥，要从三种模式中选择且必须选择一种，无功类控制模式互斥，要从两种模式中选择且必须选择一种。模式控制应具有在线切换功能，切换

过程中需保证输电系统平稳无扰动。

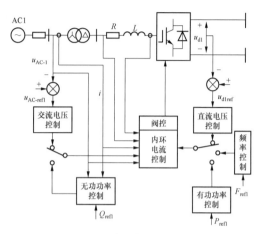

图 29-60 基于直接电流控制的
控制模式切换示意图

通过运行方式和控制模式组合，电压源型直流换流站可以运行的控制模式有：① STATCOM 运行控制无功功率；② STATCOM 运行控制交流电压；③ 有源 HVDC 运行控制直流电压、交流电压；④ 有源 HVDC 运行控制直流电压、无功功率；⑤ 有源 HVDC 运行控制有功功率、交流电压；⑥ 有源 HVDC 运行控制有功功率、无功功率；⑦ 无源 HVDC 运行控制频率、交流电压；⑧ 基本控制模式空载加压运行模式。

3. 系统功能

（1）系统级控制功能。系统级控制主要实现多端协调控制、运行方式控制、模式控制等系统运行层面的控制功能，前文已详细介绍，这里不再赘述。

（2）站级控制功能。站级控制主要实现双极协调控制、功率电压输入指令控制、顺序控制等换流站运行层面的控制功能。

1) 双极协调控制：双极拓扑结构的换流站级控制应包括双极协调控制功能，用于为两极换流器分配有功功率指令。

2) 输入指令控制：输入指令整定控制包含输入指令限制、输入指令变换斜率控制、按一定斜率缓慢给出指令参考值、平缓控制电压源型直流输电运行状态改变。输入指令包括有功功率指令值 P_{set}/有功功率变化斜率指令值 P_{ramp}、无功功率指令值 Q_{set}/无功功率变化斜率指令值 Q_{ramp}、直流电压指令值 U_{dc_set}/直流电压变化斜率指令值 U_{dc_ramp}、交流电压指令值 U_{ac_set}/交流电压变化斜率指令值 U_{ac_ramp} 等。

以有功功率输入指令条件为例，如图 29-61 所示，有功功率参考值设定为调节控制器接收调度的有功功率整定值 P_{set}，经过有功指令调节环节生成有功功率的参考值 P_{ref}，有功指令升降速率 P_{ramp} 及上下限值可根据需要采用不同的设计，功率升降允许命令 P_{ermit} 可执行外部信号闭锁。

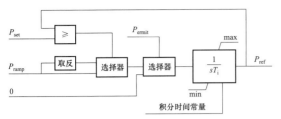

图 29-61　有功功率参考值的设定与调节逻辑框图

无功功率、直流电压、交流电压输入指令调节与有功功率输入指令调节完全相同，只是根据系统运行参数，在参数输入范围限制值上有所区别，不再做详细介绍。

3）顺序控制：各换流站接收来自运行人员指令，通过运

行人员工作站下达启动/停运直流系统的指令。直流系统启动/停运顺控流程如图 29-62 所示。

直流系统启动时，按照如下顺控流程：关上阀厅门且将阀厅门钥匙锁定在闭锁状态→打开阀厅接地开关→处于冷备用状态→极连接→对联接变压器和电容器进行充电完毕，充电电阻退出→处于热备用状态→阀解锁→直流系统运行状态。

直流系统停运时，按照如下顺控流程：阀闭锁→到热备用状态→联接变压器放电→极隔离→到冷备用状态→合上阀厅接地开关→释放阀厅钥匙，允许打开阀厅门。此时，直流系统停运，可进入阀厅检修。

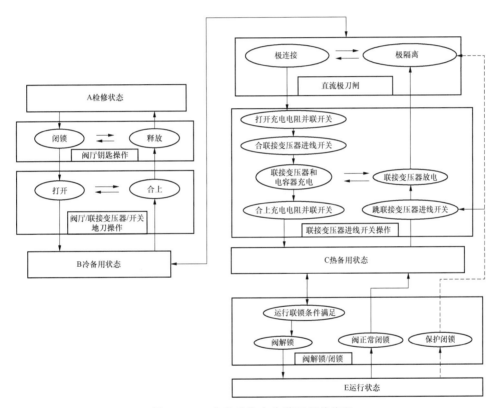

图 29-62　直流系统启动/停运顺控流程

直流系统启动/停运的流程在一般情况下自动执行顺序控制，但顺序控制也可手动执行，在手动执行顺序控制过程中，每一步都是可逆的，如图 29-62 所示。

（3）换流器级控制功能。电压源型直流输电工程的控制策略多采用基于同步旋转坐标系下的直接电流控制，换流器闭环控制系统结构示意如图 29-63 所示。直接电流控制能够直接控制流过换流电抗器和变压器的电流，具有动态响应快、能实现限流等良好的控制性能。

换流器控制系统结构主要由内环控制器、外环控制器、

触发脉冲生成环节、锁相同步和同步坐标变换等环节构成。

（4）换流阀级控制功能。换流阀级控制主要实现电压源型直流换流器子模块电容电压平衡控制、桥臂环流控制、子模块状态监视等功能。

1）子模块电容电压平衡控制：由于二次环流的存在以及电压源型换流器各子模块参数不一致，若不采用软件手段管理各子模块的电容电压，子模块电压不平衡程度加剧，将会导致交直流两侧电压输出波形严重畸变。因此，需要在阀控装置中配置子模块电压平衡控制功能[11,12]。

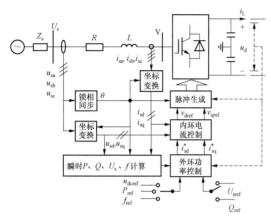

图 29-63　电压源换流器控制系统结构示意图

电容电压平衡控制首先对桥臂中的子模块电压进行排序，根据从极控制系统接收的子模块投入个数，以及桥臂电流对子模块电容的充放电状态，确定具体由桥臂中的哪些模块参与下个周期投切。同时，排序策略还要考虑开关频率与电容均压程度的协调控制。

2）桥臂环流控制：根据桥臂的瞬时能量分析，可以得到桥臂的波动电压呈 2 倍频负序特性，进而在桥臂电抗器中产生 2 倍频负序特性相间环流。相间环流可通过闭环电流抑制策略消除，该策略检测桥臂电流中的 2 倍频环流，调整闭环电流控制器电流参考值的大小，如图 29-64 所示，达到消除相间环流的效果[13]。

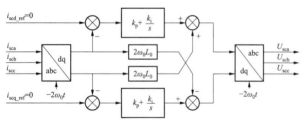

图 29-64　桥臂环流控制器

3）子模块状态监视：换流阀级控制监视全部桥臂子模块运行状态，接收从子模块控制单元发送的监视信息，解码整合后，将子模块状态监视信息分别发送到运行人员工作站以及换流器级控制。运行人员工作站显示具体故障模块序号，换流器级控制根据子模块故障总数判断换流器能否继续正常运行。

（三）站控系统

电压源型直流控制系统无需配置单独的直流站控装置。由于没有交/直流滤波器场，电压源型直流控制系统无需设计滤波器投切策略，特别是单极输电不含双极控制功能的电压源型直流换流站，其极控主机的负载率远远低于常规直流极控主机的负载率，完全可以将直流站控中的顺控功能集成到极控制主机中，因此，已投运的大部分电压源型直流换流站没有设置单独的直流站控主机。

电压源型直流交流站控在硬件配置、系统功能、通信组

网及外部接口等方面与常规直流基本类似，可见第十六章相关内容。

（四）通信及接口

电压源型直流控制系统的外部接口包括：与直流保护的接口，与阀冷却系统的接口，与故障录波系统的接口，与一次设备的接口，与直流测量系统的接口等。

其中，与阀冷却系统的接口，与故障录波系统的接口以及与一次设备的接口与常规直流控制系统的外部接口内容基本相同，可见第十六章的相关内容，本节重点介绍与直流保护系统的接口、与直流测量系统的接口。

1. 与直流保护系统的接口

直流控制系统到直流极保护系统的信号包括：换流阀解闭锁状态、空载加压试验、控制系统触发封波、直流极控制系统值班/备用状态、运行方式、控制模式、线路连接状态（多端系统）、极连接状态、交流进线开关分合状态。

直流保护系统到直流控制系统的信号包括：跳交流断路器、永久性闭锁换流阀、极隔离、触发旁路晶闸管、系统切换、保护动作触发控制主机录波等。

2. 与直流测量系统接口

控制系统需要的测量信号通常包括：换流变压器/联接变压器网侧交流电压、电流，换流阀交流侧电压、电流，换流阀直流侧电压，换流阀桥臂电流方向，换流阀子模块电容电压。

电压源型直流控制系统是面向高频器件 IGBT/IEGT 的控制系统，其响应速度要求比常规电流源型直流输电系统大幅提高，要求采集桥臂电流的互感器信号传输延时更小，采样频率更高。通常电子式互感器的控制量采样上送频率需控制在 10kHz 以上，保护量采样上送频率需控制在 50kHz 以上。

三、电压源型直流保护系统

（一）保护的配置原则

电压源型直流系统保护配置原则与常规直流系统基本相同，主要有以下基本原则。

（1）直流系统保护主机与直流控制主机宜独立配置，也可一体化设计，需要根据实际工程需求具体分析研究后确定。

（2）直流系统保护按保护区域配置，保护区域的划分应满足故障时可以区分出可独立运行的一次设备。每一个保护区应与相邻保护的保护区重叠，不能存在保护死区。

（3）直流系统保护应采用可靠的冗余设计，每一个保护区域的保护采用至少双重化的冗余配置。冗余设计应保证既可防止误动又可防止拒动，任何单一元件的故障都不应引起保护的误动或拒动。

（4）直流系统保护应具有完善的故障录波功能，能记录整个故障过程，录波数据至少要记录保护所使用测点的原始值、保护的输出量等。

（5）直流系统保护应在最短的时间内将故障设备或故障区切除，使故障设备迅速退出运行，并尽可能对系统的影响减至最小。

（二）保护的分区

电压源型直流输电系统的保护根据一次主接线和电压源型直流的特点划分的区域通常为：① 联接变压器保护区；

② 交流连接母线（含启动回路）保护区；③ 换流器保护区；④ 换流阀子模块保护区；⑤ 直流极线保护区；⑥ 直流线路保护区。

图 29－65 为某电压源型直流输电工程 DS 换流站直流系统保护分区图，图中用模拟量符号及定义见表 29－3，各保护分区的保护范围如下。

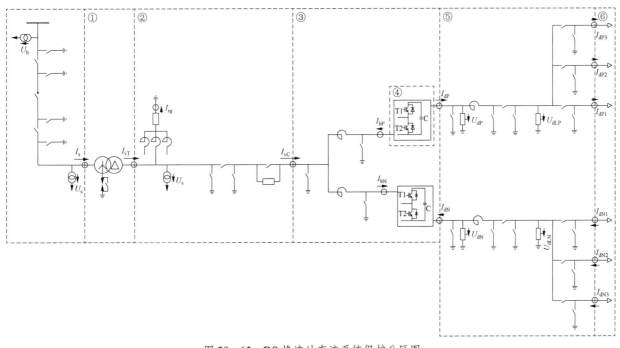

图 29－65　DS 换流站直流系统保护分区图

表 29－3　电压源型直流换流站直流系统保护分区图用模拟量符号及定义

测点名称	电 量 名 称
U_b	并网电压
U_s	联接变压器网侧电压
I_s	联接变压器网侧电流
I_{vT}	联接变压器阀侧电流
U_v	联接变压器阀侧电压
I_{rg}	接地电抗中性点电流
I_{vC}	换流阀交流侧电流
I_{bP}	换流阀正极桥臂电流
I_{bN}	换流阀负极桥臂电流
I_{dP}	换流阀正极直流电流
I_{dN}	换流阀负极直流电流
U_{dP}	换流阀正极直流电压
U_{dN}	换流阀负极直流电压
U_{dLP}	换流阀正极线路电压
U_{dLN}	换流阀负极线路电压

续表

测点名称	电 量 名 称
I_{dP1}	换流阀正极线路 1 电流
I_{dP2}	换流阀正极线路 2 电流
I_{dP3}	换流阀正极线路 3 电流
I_{dN1}	换流阀负极线路 1 电流
I_{dN2}	换流阀负极线路 2 电流
I_{dN3}	换流阀负极线路 3 电流

（1）联接变压器保护区保护范围包括从联接变压器网侧相连的交流断路器至联接变压器阀侧套管之间的导线及所有设备。

（2）交流连接母线保护区保护范围包括从联接变压器阀侧套管到换流阀交流电流互感器之间的所有设备，包括接地电抗器（如果配置），启动电阻以及隔离开关等。

（3）换流器保护区保护范围包括从换流阀交流电流互感器至阀厅直流侧的穿墙套管之间的所有设备，宜覆盖桥臂电抗器，换流阀等区域。

（4）子模块保护区保护范围包括桥臂中每个子模块。

（5）直流极线保护区保护范围包括从阀厅直流侧的直流

穿墙套管到直流出线上的直流电流互感器之间的导线以及直流电抗器等设备。

（6）直流线路保护区保护范围包括两侧换流站出线上的直流电流互感器之间的导线。

其中①区的保护功能在联接变压器保护装置中实现，②、③、⑤、⑥区的保护功能在直流极保护装置中实现，④区的保护功能在阀控装置及子模块控制单元中实现。

（三）保护的动作出口

电压源型直流输电系统的故障分析及其相关保护策略是系统安全可靠运行的关键，针对电压源型直流输电的各个主设备和每种不同的故障类型都应设计相应的保护策略。直流系统保护动作出口方式，也即保护清除故障的操作主要有以下六种。

1. 控制系统切换

由于控制系统问题造成的故障，控制系统切换后故障状态消除。控制系统切换将值班控制系统转为测试状态，原热备用控制系统进入值班状态。利用控制系统切换，可排除控制保护系统设备故障的影响。

2. 临时性闭锁换流阀

临时性闭锁在子模块保护中实现，用来保护换流阀子模块不受系统扰动影响。当检测到桥臂过流时，封锁该桥臂触发脉冲，若短时间扰动消失后，该桥臂阀控主机重新发送触发脉冲，系统恢复到正常运行状态；若短时间内扰动没有消失，则临时性闭锁及其延时逻辑会触发换流阀永久性闭锁命令。

3. 永久性闭锁换流阀

在内部故障和永久性外部故障的情况下，停止向子模块发送触发脉冲，闭锁换流阀。换流阀永久闭锁后，需通过手动开通。

4. 晶闸管开通

为防止子模块上并联二极管损坏，向阀控主机发送晶闸管开通信号，主要用于阀差动保护动作或者检测到双极短路故障。

5. 直流极隔离

极隔离指将直流场设备与直流线路或直流电缆的连接断开。直流极隔离在交流断路器断开且直流线路无电流时方能进行。

6. 交流断路器跳闸

为了避免故障发展造成换流器或换流变压器损坏，跳开联接变压器网侧交流断路器，防止交流系统向换流站注入故障电流。

（四）保护配置及功能

1. 联接变压器保护区

当电压源型直流换流站采用单极拓扑结构，联接变压器中性点没有直流偏差，联接变压器的结构同常规交流变压器，其电量保护的配置和功能同常规交流变压器保护；当电压源型直流换流站采用双极拓扑结构，联接变压器中性点存在直流偏差，联接变压器的结构同常规直流工程中的换流变压器，其电量保护的配置和功能同换流变压器保护，可见第十七章的相关内容。

联接变压器非电量保护功能一般包括瓦斯保护、油温和绕组温度异常保护、变压器冷却系统故障保护。

2. 交流连接母线保护区

交流连接母线保护区配置的保护主要包括交流连接母线差动保护、交流连接母线过流保护、交流过压保护、交流欠压保护、交流频率异常保护、接地过流保护以及零序过流保护。

图29-66为交流连接母线保护区保护配置图。

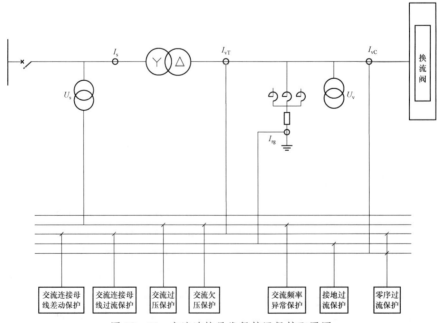

图29-66 交流连接母线保护区保护配置图

（1）交流连接母线差动保护。保护对象为交流连接母线，用于检测交流母线接地故障。保护的工作原理是比较联接变压器阀侧电流和换流阀交流侧电流，偏差高于定值时保护动作。保护的动作出口包括闭锁换流阀，跳开交流断路器。

（2）交流连接母线过流保护。保护对象为交流连接母线以及输电系统，用于检测交流母线接地故障。保护的工作原理是检测联接变压器阀侧电流，电流大小高于定值时保护动作。保护的动作出口为闭锁换流阀，跳开交流断路器。

（3）交流过压保护。保护对象为直流输电系统，其目的是防止系统故障对直流设备造成影响。保护的工作原理是检测联接变压器网侧交流电压，电压大小高于定值时保护动作。保护的动作出口为闭锁换流阀，请求控制系统切换，跳开交流断路器。

（4）交流欠压保护。保护对象为直流输电系统，其目的是防止系统故障对直流设备造成影响。保护的工作原理是检测联接变压器网侧交流电压，电压大小低于定值时保护动作。保护的动作出口为闭锁换流阀，请求控制系统切换，跳开交流断路器。

（5）交流频率异常保护。保护对象为直流输电系统，其目的是防止系统故障对直流设备造成影响。保护的工作原理是检测联接变压器网侧电压频率，检测频率与基准频率的差值大于定值时保护动作。保护动作出口为请求控制系统切换。

（6）接地过流保护。保护对象为换流器阀侧，用于检测换流器和直流场的接地故障、接地电抗器故障。保护的工作原理是检测接地电抗器中性点电流，电流大小高于定值时保护动作。保护的动作出口为闭锁换流阀，请求控制系统切换，跳开交流断路器。

（7）零序过流保护。保护对象为联接变压器阀侧，用于检测换流器和直流场的接地故障、接地电抗器故障。保护的工作原理是检测联接变换器阀侧零序电流和换流阀交流侧零序电流，偏差高于定值时保护动作。保护的动作出口为闭锁换流阀，请求控制系统切换，跳开交流断路器。

3. 换流器保护区

换流器保护区配置的保护主要包括交流过流保护、桥臂过流保护、桥臂电抗差动保护、阀侧零序分量保护、阀差动保护及桥臂环流保护等。

图 29-67 为换流器保护区保护配置图。

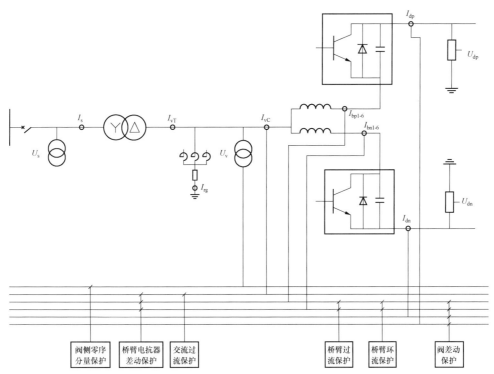

图 29-67　换流器保护区保护配置图

（1）交流过流保护。保护对象为换流器，用于检测换流器及直流接地短路故障。保护的工作原理是检测换流阀交流侧电流，电流大小高于定值时保护动作。保护的动作出口包括闭锁换流阀，请求控制系统切换，跳开交流断路器。

（2）桥臂过流保护。保护对象为换流器，用于检测换流器及直流接地短路故障。保护的工作原理是检测换流阀桥臂电流，电流大小高于定值时保护动作。保护的动作出口为闭锁换流阀，请求控制系统切换，跳开交流断路器。

（3）桥臂电抗差动保护。保护对象为桥臂电抗器，用于检测电抗器及相连母线和外部的短路故障。保护的工作原理是检测流入桥臂电抗器电流之和，大小高于定值时保护动作。保护的动作出口为闭锁换流阀，跳开交流断路器。

（4）阀侧零序分量保护。保护对象为换流器及直流场，用于检测阀区接地故障。保护的工作原理是检测联接变压器阀侧交流零序电压，电压大小高于定值时保护动作。保护的动作出口为闭锁换流阀，跳开交流断路器。

（5）阀差动保护。保护对象为换流器，用于检测换流阀和外部的短路故障。保护的工作原理是检测流入换流阀电流之和大于定值时保护动作。保护的动作出口为闭锁换流阀，跳开交流断路器。

（6）桥臂环流保护。保护对象为换流器，用于检测由于故障所导致的桥臂环流过大。保护的工作原理是检测各桥臂中的电流，计算桥臂环流的大小，电流高于定值时保护动作。保护的动作出口为闭锁换流阀，触发旁路晶闸管，跳开交流断路器。

4. 换流阀及子模块保护区

换流阀及子模块保护区配置的保护主要包括：桥臂过流暂时性闭锁保护、桥臂过流永久性闭锁保护、子模块过压保护、子模块欠压保护等。其中，桥臂过流暂时性闭锁保护、桥臂过流永久性闭锁保护集成在阀控主机中；子模块过压保护、子模块欠压保护集成在子模块控制单元中。

（1）桥臂过流暂时性闭锁保护。保护对象是桥臂，目的是保护桥臂中的开关器件不受系统扰动产生的暂时性过电流影响。保护的工作原理是检测桥臂电流，大小高于定值时保护动作。保护的动作出口为闭锁检测到过电流的桥臂，并在扰动消失一段时间后重新开通桥臂。

（2）桥臂过流永久性闭锁保护。保护对象是桥臂，目的是保护桥臂中的开关器件不受故障电流影响。保护的工作原理是检测桥臂电流，大小高于定值时保护动作。保护的动作出口为闭锁检测到过电流的桥臂并向极保护装置发送请求永久闭锁命令。

（3）子模块过压保护。保护对象是子模块，用于检测子模块故障。保护的工作原理是检测子模块电压，大小高于定值时保护动作。保护的动作出口为旁路子模块，并向阀控主机发送子模块故障信号。

（4）子模块欠压保护。保护对象是子模块，用于检测子模块故障。保护的工作原理是检测子模块电压，大小低于定值时保护动作。保护的动作出口为旁路子模块，并向阀控主机发送子模块故障信号。

5. 直流极线保护区

直流极线保护区配置的保护主要包括直流电压不平衡保护、直流欠压过流保护、直流低电压保护、直流过电压保护、直流母线差动保护等。

图29-68为直流极线保护区保护配置图。

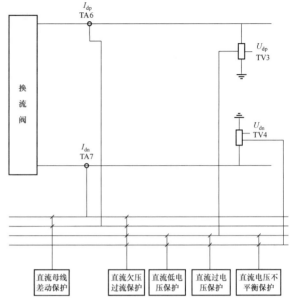

图29-68　直流极线保护区保护配置图

（1）直流电压不平衡保护。保护对象为直流场，用于检测直流线路或母线单极接地故障。保护的工作原理是检测直流正负极电压绝对差值，大小高于定值时保护动作。保护的动作出口包括闭锁换流阀，请求控制系统切换，跳开交流断路器。

（2）直流低压过流保护。保护对象为直流场，用于检测直流极线/线路双极短路故障。保护的工作原理是检测直流电压和直流电流，电流高于定值时并且直流电压低于定值时保护动作。保护的动作出口为闭锁换流阀，触发旁路晶闸管，跳开交流断路器。

（3）直流低电压保护。保护对象为直流场，用于检测直流线路异常电压故障。保护的工作原理是检测直流电压，低于定值时保护动作。保护的动作出口为闭锁换流阀，跳开交流断路器。

（4）直流过电压保护。保护对象为直流场，用于检测直流线路异常电压故障。保护的工作原理是检测直流电压，高于定值时保护动作。保护动作出口为闭锁换流阀，跳开交流断路器。

（5）直流母线差动保护。保护对象为直流场，用于检测直流线路故障。保护的工作原理是检测流入换流阀的直流电流之和，高于定值时保护动作。保护动作出口为闭锁换流阀，跳开交流断路器。

6. 直流线路保护区

直流线路纵差保护的保护对象为直流场，用于检测直流线路故障；保护的工作原理是检测两侧换流站直流电流差值，差值大小高于定值时保护动作；保护的动作出口为闭锁换流阀，跳开交流断路器。

（五）装置及接口

1. 保护装置

随着通信技术的成熟以及控制保护系统的高可靠性要求，控制保护采用独立硬件设备是设计发展趋势。独立配置的直流系统保护，其装置配置方式如下。

（1）联接变压器保护区的保护功能在变压器保护装置中实现。

（2）交流连接母线保护区、换流器保护区、直流极线保护区、直流线路保护区的保护功能在直流极保护装置中实现。

（3）换流阀及子模块保护区的保护功能在阀控装置及子模块控制单元中实现。

直流系统保护设备可以配置独立的保护屏，也可与直流控制系统合并组屏，各互为冗余的直流保护屏应相互独立。

2. 通信及接口

电压源型直流系统保护装置与外部系统的接口与常规直流基本一致，主要包括：与直流控制系统的接口、与时钟同步系统的接口、与故障录波系统的接口、与保护信息子站的接口、与交直流测量设备接口、与联接变压器或直流电抗器本体接口、与交流断路器接口等。详细通信方式及接口信息可参见第十七章换流站直流系统保护的相关内容。

第九节　发展与展望

电压源型直流输电技术凭借其独特的技术优势，已呈现迅速发展的趋势，在新能源并网、城市供电、无源系统供电、电网互联等领域得到一定的应用。作为一项新兴的技术，电压源型直流输电技术需要在以下四个方面进行重点发展。

1. 降低损耗

随着现有技术的进一步提高、新型拓扑以及新型全控开关器件的应用，电压源型直流输电单站损耗还有进一步降低的空间。

2. 降低成本

电压源型直流输电设备成本较高主要体现在换流阀上，随着高压大电流全控开关器件的广泛应用和性价比的提高，电压源型直流输电的设备投资成本降低到与传统直流输电相当也是可以预期的。

3. 提高容量

受单个电力电子全控器件通流能力的限制，电压源型直流输电工程换流站容量的提升依赖于 VSC 基本单元的串、并联组合技术，因此成本较高、控制也较为复杂。如何提高全控器件的电流水平是目前电压源型直流输电工程大容量化亟待解决的问题。

4. 长距离架空线路应用

电压源型直流输电技术的一个重要研究方向就是开发具有直流侧故障自清除能力的 VSC，国内外学者已经提出多种拓扑如基于全桥子模块的 F-MMC 拓扑、基于全桥和半桥子模块混联的拓扑、基于箝位双子模块的 C-MMC 拓扑等，可以解决直流侧故障清除困难的问题，但该拓扑还需实际工程的验证。另外，直流断路器的开发也是一个重要的研究方向，同样可以用来解决直流侧故障清除困难的问题。

参考文献

[1] 汤广福. 基于电压源换流器的高压直流输电技术[M]. 北京：中国电力出版社，2010.

[2] 徐政. 柔性直流输电系统[M]. 北京：机械工业出版社，2012.

[3] 陈名，饶宏，许树楷，等. 柔性直流换流器拓扑方案研究[J]. 南方电网技术，2013，7（3）：7-12.

[4] 王珊珊，周孝信，汤广福，等. 模块化多电平电压源换流器的数学模型[J]. 中国电机工程学报，2011，31（24）：1-8.

[5] Bojorn Jacobson, Patrik Karlsson, Gunnar Asplund, et al. VSC-HVDC Transmission with Cascaded Two-Level Converters[C]. CIGRE 2010, Paris, B4-110.

[6] 赵成勇，胡静，翟晓萌，等. 模块化多电平换流器桥臂电抗器参数设计方法[J]. 电力系统自动化，2013，37（15）：89-94.

[7] 卢毓欣，赵晓斌，黄莹，等. 多端柔性直流系统启动回路设备选型与启动策略[J]. 南方电网技术，2015，9（4）：68-74.

[8] 李泓志，吴文宣，贺之渊，等. 高压大容量柔性直流输电系统绝缘配合[J]. 电网技术，2016，40（6）：1903-1908.

[9] 周浩，沈扬，李敏，等. 舟山多端柔性直流输电工程换流站绝缘配合[J]. 电网技术，2013，37（4）：879-890.

[10] 董云龙，包海龙，田杰，等. 柔性直流输电控制及保护系统[J]. 电力系统自动化，2011，35（19）：89-92.

[11] 管敏渊，徐政. MMC 型 VSC-HVDC 系统电容电压的优化平衡控制[J]. 中国电机工程学报，2011，31（12）：9-14.

[12] Qingrui T, Zheng X, Lie X. Reduced switching-frequency modulation and circulating current suppression for modular multilevel converters[J]. IEEE Transactions on Power Delivery. 2011, 26（03）：2009-2017.

[13] 屠卿瑞，徐政，管敏渊，等. 模块化多电平换流器环流抑制控制器设计[J]. 电力系统自动化，2010，34（18）：57-61，83.

第三十章

多端直流输电系统

第一节 概 述

一、技术特点

多端直流输电系统由 3 个及以上换流站及连接换流站之间的高压直流线路组成。它与交流系统有多个连接端口，易于搭建多端直流输电网络以实现多个电源区域向多个负荷中心供电。与达到同样工程目的而采用多条端对端直流输电方案相比，采用多端直流输电往往更为经济。多端直流输电系统中的换流站既可作为整流站运行，也可作为逆变站运行，运行方式更加灵活，能够充分发挥直流输电的经济性和灵活性[1,2]。

多端直流输电系统的应用场合主要有[3]：

（1）分布在不同区域的风电等新能源通过输电网远距离输送到负荷中心。

（2）从能源基地输送电能到远方的几个负荷中心。

（3）直流输电线路中途分支接入电源或负荷。

（4）几个孤立的交流系统用直流线路实现非同期联网。

二、发展概况

近年来，随着两端直流输电技术的日臻完善，越来越多的国家开始积极探讨和研究多端直流输电技术的应用[4]。按其换流原理的不同，可分为电流源型、电压源型以及混合型多端直流输电系统。目前世界范围内已有多个多端直流工程投入运行（我国已投运 2 个），如表 30-1 所示。其中电流源型多端直流输电工程[5]包括加拿大纳尔逊河直流输电工程、意大利—科西嘉—撒丁岛三端直流输电工程、美国太平洋联络线直流输电工程、加拿大魁北克—美国新英格兰五端直流输电工程、印度 NEA800 直流输电工程；电压源型多端直流输电工程包括日本新信浓三端背靠背直流输电实验性工程、南澳±160kV 多端柔性直流输电示范工程、舟山±200kV 五端柔性直流输电科技示范工程。

表 30-1 世界上运行的多端直流输电工程概况

序号	工 程 名 称	投运时间/（年）	端数	运行电压（kV）	额定功率（MW）
1	加拿大纳尔逊河直流输电工程	1985	4	±500	3800
2	意大利—科西嘉—撒丁岛三端直流输电工程	1987	3	200	200
3	美国太平洋联络线直流输电工程	1989	4	±500	3100
4	加拿大魁北克—美国新英格兰五端直流输电工程	1992	5	±500	2250
5	印度 NEA800 直流输电工程	2015	4	±800	6000
6	日本新信浓三端背靠背直流输电实验性工程	2000	3	10.6	153
7	南澳±160kV 多端柔性直流输电示范工程	2013	3	±160	200
8	舟山±200kV 五端柔性直流输电科技示范工程	2014	5	±200	400

三、接线方式及比较

（一）基本接线方式

在两端高压直流输电系统中，可以认为两换流站是并联的，因为它们具有共同的直流电压；同时也可以认为两换流站是串联的，因为它们通过相同的直流电流。在此基础上，当要增加新的换流站时，就面临着它们是保持共同的直流电压还是维持相同的直流电流的问题。

多端直流输电系统按其结构方式不同可分为两大类[5]：一类是各个换流站经直流输电线路并联连接，如图 30-1 所示；

另一类是各换流站经直流输电线路串联连接，如图 30-2 所示。其中并联连接的多端直流系统，直流网络有两种典型的

接线：一种是辐射状，如图 30-1（a）所示；另外一种是环状，如图 30-1（b）所示。

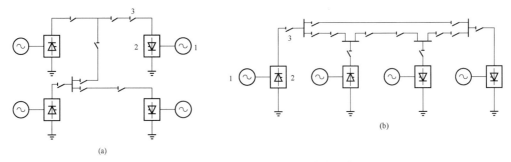

图 30-1　并联型多端直流输电系统示意图
（a）辐射状；（b）环状
1—交流电力系统；2—换流站；3—直流断路器或高速自动隔离开关

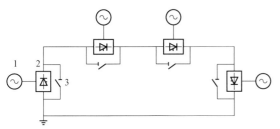

图 30-2　串联型多端直流输电系统示意图
1—交流电力系统；2—换流站；3—旁路开关

另外，对于某些特殊场合，既有串联又有并联的混合式多端直流输电系统也有可能得到应用，如图 30-3 所示。

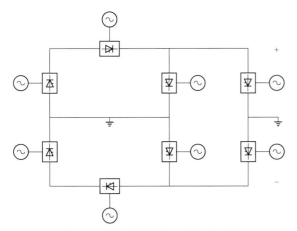

图 30-3　混合式多端直流输电系统

并联型多端直流输电系统的特点是各换流站均在一个基本相同的直流电压下运行，直流电压由其中一个换流站控制，换流站间有功功率的分配和调整主要通过改变换流站的直流电流来实现。

串联型多端直流输电系统的特点是全部换流站通过直流线路串联构成环形，各换流器以同一直流电流运行。各换流器间的有功功率调节和分配主要靠改变各换流站的直流电压来实现，并由其中一个换流站承担整个串联电路中直流电压

的平衡，同时也起到调节闭环中的直流电流的作用。

（二）接线方式比较

考虑到差异，以下对电流源型和电压源型多端直流输电系统的接线分别进行阐述。

1. 电流源型多端直流输电系统接线方式比较

（1）功率调节范围。并联接线的功率分配是靠改变流入各站的直流电流大小来实现的，其调节范围的设定同两端直流输电系统。串联接线的功率分配是靠控制直流电压来实现，其调节范围受换流变压器分接开关调节范围以及换流器控制角运行范围的限制，一般调节范围较小，运行灵活性较差。

（2）潮流反向。串联接线方式下，某站要进行潮流反向时，直流电流方向不变，可通过改变触发角以转换直流电压极性来实现，无须改变接线。并联接线方式下，某站要进行潮流反向时，直流电压方向不变，需改变流入该换流站的直流电流方向，必须通过换流桥的倒闸操作以改变其正负极性才可实现，因此并联接线时不能进行快速潮流翻转。

（3）绝缘配合。对于并联接线，由于各站直流电压相同，整个系统的绝缘配合比较简单。对于串联接线系统，因为系统不同部分的对地电压不同，且随运行工况的变化会有大幅度变化，因此其绝缘配合相对复杂。

（4）扩建灵活性。并联接线系统的扩展，只是增加并联支路数，涉及各换流站电流的重新分配及过电流极限校核。串联接线系统的扩展，需改变整个系统的直流电压水平或改变各站的运行电流，因此问题较为复杂。

（5）经济性。从经济角度考虑，串联接线的一个明显缺点是只有部分负荷却又在额定电流下运行时，系统效率低下。这种情况可能发生在一些换流站轻负荷，而另一些换流站满负荷的状态。因此，这种接线适用于带基本负荷或小容量抽能。对于小容量抽能的情况，如抽能容量占整个系统逆变容量的 20%以下时，串联接线比较经济。在串联抽能时，抽能容量与其换流器两端直流电压成正比，因而与同容量并联抽

能相比，可少用晶闸管元件，技术难度也相应降低。

串联型多端直流输电系统在潮流方向变化较为频繁的场合具有一定的优势，但其功率调节范围小，扩建和运行灵活性差，因此实际工程中多采用并联型接线。

2. 电压源型多端直流输电系统接线方式比较

对于电压源型多端直流输电系统，由于其潮流反转时直流电压极性保持不变，因此非常适合于构建并联型多端直流输电系统，目前的工程应用也均采用了并联型结构，其电路拓扑结构同图30-1。

综上所述，对于电流源型和电压源型多端直流输电系统，实际工程普遍采用并联型接线，且多端直流输电系统与两端系统相比，其差别主要在于系统接线和控制保护，因此本章仅针对并联型多端直流输电系统的系统接线和控制保护进行介绍。

第二节 并联电流源型
多端直流输电系统

一、典型工程系统接线

加拿大纳尔逊河直流输电工程、加拿大魁北克—新英格兰五端直流输电工程、美国太平洋联络线直流输电工程、印度 NEA800 直流输电工程直流侧都采用并联接线方式，其接线分别如图30-4、图30-5、图30-6、图30-7所示。

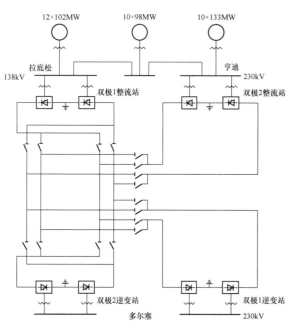

图 30-4 加拿大纳尔逊河直流输电工程主接线示意图

加拿大纳尔逊河直流输电工程是由纳尔逊河双极 1 和双极 2 两个双极直流输电工程所组成。该工程在可靠性方面，要求当线路发生倒塔故障时，仍能输送额定功率。为满足此要求，在双极 1 工程中架设了两条双极直流输电线路，每条

线路都可输送 3600A 的电流。因此，在双极 2 建成后，当一条线路发生倒塔故障时，可以将两个双极的换流器并联，并利用另外一条双极线路，可输送两个双极的额定功率。正常情况下，两个双极系统可独立运行，必要时也可以将两个双

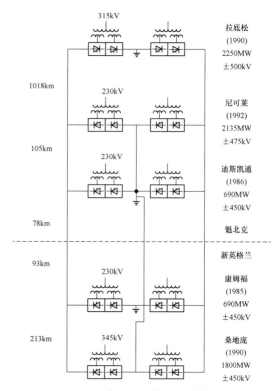

图 30-5 加拿大魁北克—新英格兰五端
直流输电工程主接线示意图

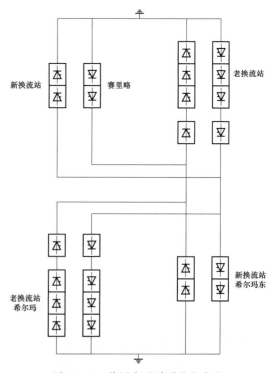

图 30-6 美国太平洋联络线直流
输电工程主接线示意图

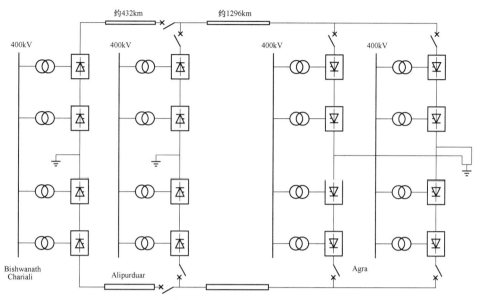

图 30－7　印度 NEA800 直流输电工程主接线示意图

极线路并联运行；当一条输电线路故障检修时，可将两个双极的换流器并联，输送额定功率，以提高输电系统的可用率。为实现并联操作的需要，在拉底松和多尔塞换流站，两个双极的直流侧均装设有操作开关。

加拿大魁北克—美国新英格兰五端直流输电工程为五端系统，只设三个接地极。第一期工程的两个换流站分别有自己的接地极。第二期工程的三个换流站，只在送端拉底松换流站附近的达坎湖边建了一个接地极。尼可莱换流站和桑底庞换流站的中性点则通过金属返回线与迪斯凯通换流站的接地极相连，共用一个接地极。

美国太平洋联络线直流输电工程于 1965 年设计，1970年正式投入运行，其换流站每极由 3 组 6 脉动汞弧阀串联组成，每组额定电压为 133kV，额定电流为 1800A。直流线路长度为 1369km，载流能力为 3000 多 A。1971 年，此工程在地震中损坏，1973 年恢复后，经过研究和试验，把额定电流提高到 2000A。1985 年，由于负荷增长的需要，工程进行了增容，即在每极原有 3 个汞弧阀组的基础上，再串联 1 个100kV、2000A 的 6 脉动晶闸管阀组，从而使直流线路电压升压至 ±500kV，额定容量增至 2000MW。为充分利用此工程直流线路的载流能力，满足南部地区负荷增长的需要，1986年开始考虑扩建工程，1989 年建成。扩建工程是在每端增加一个新的双极换流站，每极 1 组 12 脉动晶闸管换流器，额定电压为 ±500kV，额定电流为 1100A。新站和老站并联运行，构成并联接线的四端直流输电系统，可传输功率 3100MW。为了实现新老换流站的快速并联和解除并联，在新老两站的直流高压侧和中性线侧均装设有高压和低压的高速开关。

印度的 NEA800 直流输电工程的额定电压是 ±800kV，

额定输送功率 6000MW，是一个基于两端直流输电技术的多端直流输电工程。NEA800 有两个送端，一个位于印度东北部地区的 Bishwanath Chariali，另一个位于印度东部地区的 Alipurduar。NEA800 的受端只有一个，位于印度首都新德里附近的工业城市 Agra。第一个送端 Bishwanath Chariali 与第二个送端 Alipurduar 之间的距离约为 432km，Alipurduar 与受端 Agra 之间的距离为 1296km。该系统为远距离单向输电系统，所有换流站均接入 400kV 交流系统。送端两个换流站均采用每极一个 12 脉动换流器接线，每个 12 脉动换流器的额定直流电压是 800kV，额定容量是 1500MW，过载能力是2000MW；受端 Agra 换流站每极由 2 个 12 脉动换流器并联组成，每个 12 脉动换流器的额定直流电压、额定容量和过载能力与送端的 12 脉动换流器相对应。即使该输电系统中的送端或受端有一个 12 脉动换流器故障退出，利用其他 3 个换流器的过载能力仍然能够保证输送额定功率 6000MW。NEA800可以按双极、单极大地和单极金属回线方式运行，也可以按混合方式运行。NEA800 的 3 个换流站分别设置了接地极，且为了提高可靠性，受端 Agra 换流站的两个并联双极分别设置了相互独立的接地极线路。接地极电流按单极运行时的最大稳态过载电流 5000A 考虑。送端两个整流站均按定直流电流独立控制，换流变压器的分接开关用来调整阀侧交流电压使触发角保持在额定值附近。受端换流站中至少有一个逆变器按定直流电压控制，以维持直流线路上的电压为额定值。对于直流线路故障清除，当故障发生在 Alipurduar-Agra 线路段时，故障清除采用常规两端直流输电系统的方法——即检测到直流线路故障时，相应极的整流器强制移相，转入逆变运行状态以去游离，然后再进行重起动。若故障仍然存在，一共进行 2 次全压重起动和 1 次降压重起动。当故障发生在 Bishwanath Chariali-Alipurduar 线路段时，只考虑一次重起动，若重起失败，Bishwanath Chariali 的整流器会控制直流电流到零，然后通过一个高压高速开关将该线路段和 Bishwanath Chariali 整流器一起与 Alipurduar 整流站隔离。这样，常规断路器就可以被用作为上述的高压高速开关。而 Bishwanath Chariali 整流器所损失的功率可以通过该系统其余部分的过载能力来补偿。NEA800 整流站与逆变站之间距离很长，导致线路上的电压降较大，因此整流站和逆变站的绝缘水平取了不同的值。为了充分发挥多端直流输电系统的优势，在 NEA800 系统的多个点上安装了直流高速开关。

二、控制系统

（一）协调控制

并联电流源型多端直流输电系统的控制原则与两端直流输电系统相同，也是由以各端换流器分别控制为基础的基本控制和协调各端及两极运行的系统控制构成。

1. 基本控制

由于所有换流站的直流电压是共同的，所以并联型多端直流输电系统的基本控制原则是由一端换流站控制直流电压，其他各端换流站分别控制各自的直流电流，主要方法有电流裕度法、电压限制法和电压裕度法等。

（1）电流裕度法。并联电流源型多端直流输电系统的各端换流器控制特性都可由三段特性组成：一段定直流电流特性、一段定直流电压特性和一段最小触发角限制特性或定关断角特性。图 30-8 所示为一个四端并联直流输电系统电流裕度法控制模式图，整流站 1 工作在定触发角，整流站 2、逆变站 1、逆变站 2 工作在定直流电流工作状态。

对承担控制直流电压责任的换流站，如果它是整流站则运行于最小触发角限制特性（图 30-8 所示工况），为维持稳定的运行必须保持一个正的电流裕度；如果它是逆变站则运行于定关断角特性，需要快速调整整流站的电流整定值以避免其过负荷。

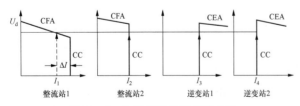

图 30-8　电流裕度法控制模式图

电流裕度法的优点是各端换流站运行于较高的直流电压，因而消耗的无功功率较小，所需装设的无功补偿设备的容量较小。不足之处有：① 某一换流站交流侧电压发生快速且幅度较大的变化时，直流电压也跟着发生变化，导致各端的功率都发生变化；② 控制电压换流站的直流电流快速改变时，直流电压也将发生显著的变化，这是由于定触发角或定关断角特性是斜线的缘故；③ 当改变某些站的电流整定值时，各站需要协调地进行操作，避免实际电流裕度小于给定值，甚至导致无法正常运行；④ 当需要快速控制，特别是某一端因故障退出运行后要求系统快速恢复运行时，就必须借助于整定值的集中调整平衡和快速可靠的通信系统的信息传递。

（2）电压限制法。各换流站均增设直流电压控制，使特性具有定电压部分。正常时，由一个换流站（假设为整流站）将直流电压控制为额定值 U_{dn}，其他各站控制各自的电流。由于整流站设有最大电压 $1.05U_{dn}$ 的限制，而逆变站设有最小电压 $0.95U_{dn}$ 的限制，故在各种情况下，直流电压的偏移不超过 ±5%。如果由于整定误差等原因，可能会出现电流整定值不平衡的情况。当所有整流站的电流整定值的总和大于全部逆变电流整定值的总和时，所有整流站将转入 $1.05U_{dn}$ 定直流电压控制；反之，所有逆变站将转入 $0.95U_{dn}$ 定直流电压控制，使系统仍具有稳定的运行点，从而减轻对通信系统的依赖。限制电压法的主要缺点是：当某逆变站交流电压突然下降到下限以下时，该站将承受全部直流电流以致严重过载，而其他逆变站将变成空载，要采取附加措施加以防止。

（3）电压裕度法。所有换流站都具有一段定电流和一段定电压特性。电压控制端的电压整定值为 U_{dn}，所有电流控制端的电压整定值均增大一个电压裕度。这一方法能限制直流电压的最大值，但仍要依靠电流整定值的集中平衡和信息快速可靠地传递。另外，正常运行时，为保持有定直流电压特性，各换流器的触发角或关断角比其他方法的大，因此无功功率的消耗和阀阻尼回路的损耗均较大，这在经济上是不利的。

2. 系统协调控制

并联电流源型多端直流输电系统协调控制的主要任务是实时处理各换流站功率及电流整定值平衡问题，同时实现各控制单元输出限制配合以及协调各端换流站功率整定值的变化速度等功能，以保证直流系统稳定运行，并防止各端交流系统受到功率变化过快的扰动。一个或多个换流站直流功率发生变化时，需要重新整定各换流站的功率定值。因此，并联多端直流输电系统的控制在不同程度上依靠于远程通信系统。如何减轻对通信系统的依赖，在通道故障时仍能保持主要的控制功能，以及在采用电流裕度法的系统中某一换流站或某段直流线路因故障退出运行且通信系统也同时失效的情况下，如何快速恢复运行等，都是并联多端直流输电系统控制需要继续研究的课题。

（二）起停控制

1. 起动

在多端直流输电系统中，由于换流站多，起动过程比两端系统复杂，因此其起动过程可分为两种情况：一种是初期起动，即多端直流输电系统在全部停电状态下的起动；另一种是后续（或个别）起动，即多端直流输电系统初期起动完成后，其他停运中的换流站的起动。

（1）初期起动。初期起动就是多端直流输电系统在全部停电状态下的起动。对于一个 n 端系统，参与初期起动的换流站数可为 $2\sim n$ 个。并联方式的一种初期起动过程如下：

1）$\alpha=90°$ 左右解锁参与起动的逆变器。

2）$\alpha=85°$ 左右解锁参与起动的第一个整流器，建立起一定的直流电压和电流。

3）$\alpha=85°$ 左右按一定的顺序解锁其他整流器。

4）用适当的速率升电压和电流。此时必须对各站电流定值进行协调配合，直到额定值为止。电压和电流的上升率是独立的，但通常电压先上升。

起动时直流功率的上升率取决于系统条件。通常，上升率都比较低，以便使换流站吸收的无功功率不会引起交流系统电压大幅度下降。如果直流系统是在故障后恢复送电，则从稳定角度考虑，直流功率上升速度可能需要快些。直流功率最大上升速率取决于交流系统的强弱。

（2）后续（或个别）起动。后续起动是多端直流输电系统初期起动完成后，其他停运中的换流站的起动方式。对于一个 n 端系统，参与这种起动方式的换流站数为 $1\sim(n-2)$ 个。

一种整流站的后续起动方案是将欲起动的整流站的电流定值保持在最小值，然后解锁其换流器，把直流电压升到运行电压值，再投入功率调节。对于逆变站，还可先抬高其换相电压，使其按最小关断角状态解锁，此逆变器因反电动势高于其他换流器电压而处于无电流的"偏置"状态，直到其直流电流定值升至最小电流以上，然后由功率调节器将电流升至其整定值。

2. 停运

除故障停运外，多端直流输电系统的停运通常也可分为两种情况：一种是全部停运，即运行中的全部换流站同时停运；另一种是个别（或部分）停运，即运行的换流站中一部分换流站停运。

（1）全部停运。多端系统的全部停运方式，基本上可用两端系统的办法，先减小各换流站直流电流到最小极限值，然后降低直流电压到最小值，再先闭锁整流站，后闭锁逆变站。

（2）个别（或部分）停运。并联型多端直流系统的个别整流站停运，可先将其电流降至零（或最小值），然后再闭锁换流器，再用隔离开关将换流器切除。个别逆变站停运不能简单地向它发闭锁信号，因为这样会造成直流回路短路，从而把全部直流电流都转移到它上面。因此，在闭锁逆变站之前，应先利用换流变压器抽头调节（使抽头位置在阀侧电压最高）及触发脉冲移相（使逆变器的触发角最大）等手段，

提高逆变器的空载直流电压，迫使逆变器被偏置，使流经它的电流为零，然后才能闭锁。以上工作，对于电流控制站，可将其电流定值降至零来完成；对于电压控制站，则先要将其变为电流控制站，然后将电流定值降到零。

在多端直流输电系统中，某一换流站要退出运行，其他各站之间都必须进行电流定值的协调配合，以保证对系统的扰动最小。

（三）潮流反转

并联型多端直流系统的潮流反转，可分为全体潮流反转和个别潮流反转两种情况。所谓全体潮流反转是指运行中的所有换流站的功率都同时反向，而个别潮流反转则是指运行中的个别换流站功率反向。在并联型多端直流系统中，随时都要保持直流电流平衡，潮流反转前后均不能例外。

（1）对于全体潮流反转，则可以像两端直流系统那样，不用改变接线，只要改变换流器触发角，把直流电压极性倒转即可。

（2）对于个别潮流反转，由于系统直流电压极性保持不变，而流过换流器的直流电流方向也是不可改变的，因此必须首先停运并断开要求潮流反转的换流站，然后转换其接线极性，即把换流站两直流出线端子反接，再进行重新起动。因而，直流切换开关是不可缺少的。

三、保护系统

多端直流输电系统的保护原则也是在两端直流输电系统保护原则的基础上发展起来的，它同样要利用换流器的快速控制来降低和消除故障电流，有时也考虑使用适当的高压直流断路器，以提高保护的响应能力。保护所采用的主要措施有紧急停运（包括移相、闭锁、跳断路器等）、快速停运、移相、跳直流断路器或交流断路器等[5]。

本节主要针对并联型多端直流输电系统不采用直流断路器的情况。由于换流站交流系统故障，直流线路故障可以采用与两端直流输电系统相应的保护原则来处理，此处只介绍换流站故障的保护处理机制。

整流站故障（如桥臂短路、桥端短路等）可采用与两端直流输电整流站故障相同的处理方法，即故障极的整流器紧急停运，并退出运行。此时，多端系统需注意各站直流电流的重新分配，同时要停运相应的逆变器。如整流站某换流阀短时丢失触发脉冲，使直流电压和直流电流短时降低，给系统造成小的扰动，待脉冲恢复正常后，控制系统会自动调整，使系统恢复正常运行，不需采取任何措施；如长时间丢失脉冲，则需要故障的换流器紧急停运并退出运行。

当逆变站发生故障（如换相失败、桥臂短路、桥端短路等）而需要紧急停运时，必须快速通知所有整流站，使其故障极全部整流器的触发脉冲移相 $120°$ 到 $150°$，即变为逆变器

运行，直流电流很快降到零。当通过逆变站的直流电流为零后，才能紧急停运故障的逆变器，因此不能简单地采用紧急停运逆变器或旁通对的办法使逆变器停运。因为这样会把全部直流电流都转移到故障的逆变器上，使其难以停运。当故障的逆变器退出运行后，整流器接触移相信号，其触发角 α 按预定的速率减小，直流系统逐渐恢复正常运行。

第三节　并联电压源型多端直流输电系统

一、典型工程

南澳±160kV 多端柔性直流输电示范工程是世界上第一个电压源型多端直流工程，于 2013 年 12 月建成投运，解决了南澳岛风电开发的外送问题。工程共建换流站三座，其中青澳换流站、金牛换流站位于南澳岛上，塑城换流站位于汕头大陆澄海区，换流站均接入 110kV 交流系统，青澳换流站直流线路在金牛换流站汇流后经架空线、海缆、陆缆送往塑城换流站，直流混合输电线路共 40.7km，如图 30-9 所示。青澳换流站额定容量为 50MW，金牛换流站额定容量为 100MW，塑城换流站额定容量为 200MW。南澳岛上远期将再建一座塔屿换流站，其容量为 50MW，届时将形成四端电压源型直流输电系统。该工程直流电压等级±160kV，采用了模块化多电平（MMC）技术，主要有两种运行方式，即：

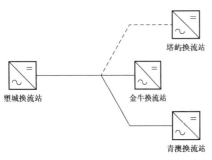

图 30-9　南澳±160kV 多端柔性直流
输电示范工程接线示意图

（1）青澳换流站、金牛换流站作为整流站运行，塑城换流站作为逆变站运行，即两个送端和一个受端，由南澳岛向大陆送电；

（2）青澳换流站、金牛换流站作为逆变站运行，塑城换流站作为整流站运行，即两个受端和一个送端，由大陆向南澳岛送电。

后期，工程在金牛站江流母线至青澳站的极 1 和极 2 出线上各加装了一台直流断路器，并于 2017 年 12 月投运，用于在青澳站内直流侧或青澳站至金牛站架空线发生故障后对青澳站进行解列以及故障清除后的再并列。

舟山±200kV 五端柔性直流输电科技示范工程将舟山本岛、岱山岛、衢山岛、洋山岛和泗礁岛这 5 个岛屿的电力系统通过海底直流电缆互连，采用了模块化多电平（MMC）技术，已于 2014 年 7 月投运。后期为提升可靠性和运行灵活性，对该工程加装了直流断路器，并于 2016 年 12 月投运。其中定海换流站位于舟山本岛上，各换流站间的接线示意如图 30-10 所示。

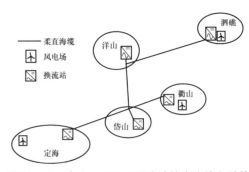

图 30-10　舟山±200kV 五端柔性直流输电科技
示范工程接线示意图

该工程中，定海和岱山换流站的网侧接入 220kV 交流系统，衢山、洋山和泗礁换流站的网侧接入 110kV 交流系统。该工程直流额定电压为±200kV，采用对称单极直流接线。5 个换流站的交直流系统基本参数如表 30-2 所示。

表 30-2　舟山±200kV 五端柔性直流输电科技示范
工程换流站交直流系统参数

参数	换流站				
	定海	岱山	衢山	洋山	泗礁
额定直流功率（MW）	400	300	100	100	100
额定直流电压（kV）	±200	±200	±200	±200	±200
额定直流电流（kA）	1.0	0.75	0.25	0.25	0.25
交流系统标称电压（kV）	220	220	110	110	110

二、控制系统

电压源型多端直流输电系统与电压源型两端直流输电系统的控制分层相同，根据完成的功能和目标可分为换流阀级控制、换流器级控制、换流站级控制和系统级控制。其中电压源型多端直流输电系统的换流阀级、换流器级和换流站级控制策略和原则与两端电压源型直流输电基本类似，可参见第二十九章相关说明。这里主要介绍各个换流站之间、交直流系统之间的协调控制、多端起停控制和潮流反转控制等。

（一）协调控制

在电压源型多端直流输电系统中，基本控制原则是每一端必须在有功功率类物理量（交流侧或直流侧有功功率、直流侧电压、交流系统频率)和无功功率类物理量(交流侧无功功率、交流侧电压)中各选择一个物理量进行控制,同时必须有一端控制直流侧电压。直流电压的稳定就如同交流系统中频率稳定一样,具有重要的意义,为了维持电压源型多端直流输电系统的稳定运行,必须保证直流系统电压的稳定。电压源型多端直流输电系统可以通过系统级的协调控制策略实现系统的平衡运行,且可在实现故障端退出运行后,维持全换流站继续运行,充分发挥电压源型直流输电的优势。协调控制关键是对直流电压的控制,目前的控制方法主要有主从控制、直流电压偏差控制和直流电压斜率控制。

1. 主从控制

主从控制实现较为简单,其主要思路是将电压源型多端直流输电系统中的换流站分为主换流站和从换流站。以一个

四端电压源型多端直流输电系统为例,主从控制模式的控制原理如图 30-11 所示。图中虚线框为各换流站直流电压与功率的运行范围,实心点为各换流站的运行点。在正常运行模式下,主换流站采用定直流电压控制,以维持直流系统的直流电压稳定,主换流站相当于一个功率平衡节点和直流电压稳定节点。从换流站的工作模式有两种:当从换流站与有源交流系统连接时采用定有功功率控制;当从换流站与无源交流系统连接时采用定频率控制。当主换流站因故障退出运行时,主换流站的控制系统会向邻近的从换流站发出控制模式切换的指令,从换流站收到控制模式切换的指令后,迅速将其控制模式调整为定直流电压控制模式,接替主换流站完成功率平衡的任务,使直流电压恢复稳定,实现直流系统的稳定运行。而另外的换流站 3 和换流站 4 在从换流站运行模式切换过程中保持原有状态继续运行。

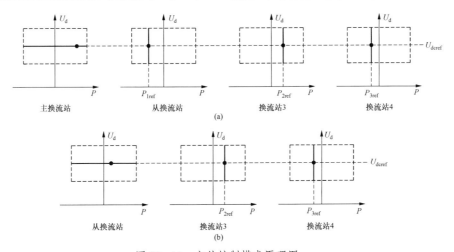

图 30-11 主从控制模式原理图
(a)正常运行模式;(b)主换流站故障退出运行模式

为了提高直流系统的稳定运行能力,避免单点直流电压控制下定直流电压换流站故障闭锁造成整个电压源型多端直流输电系统停运,主从控制可以采用多点直流电压控制的策略,即设计时可以指定多个从换流站具备直流电压调节功能,这种方式可以保证直流电压更加稳定。主从控制的优点是其原理简单清晰,实现容易;缺点是对换流站间通信的要求较高,换流站之间信息交换的快速性和准确性直接影响控制的效果。

2. 直流电压偏差控制

直流电压偏差控制采用的是多点直流电压协调控制策略。以一个四端电压源型多端直流输电系统为例,直流电压偏差控制模式的基本原理如图 30-12 所示。

直流电压偏差控制有两种工作模式:①第一种模式如图 30-12(a)所示,在系统正常运行情况下,换流站 1 采用定直流电压控制,直流电压参考值为 U_{dcref},换流站 2、3、4 均采用定有功功率控制。换流站 1 向直流系统注入功率,工作在整流模式下;换流站 2、3、4 则从直流系统吸收功率,工

作在逆变模式下。换流站 1 出现故障退出运行后,直流电网的功率失衡,换流站注入直流网络的功率小于换流站从直流电网吸收的功率,因此直流电压下降;此时,换流站 2 能够自动地切换为定直流电压控制,新的直流电压参考值为 U_{dcrefL},此数值略低于 U_{dcref}。②第二种模式如图 30-12(b)所示,在系统正常运行情况下,换流站 1 采用定直流电压控制,直流电压参考值为 U_{dcref},换流站 2、3、4 均采用定有功功率控制。换流站 1 向直流系统吸收功率,工作在逆变模式下;换流站 2、3、4 则从直流系统注入功率,工作在整流模式下。换流站 1 出现故障退出运行后,直流电网的功率失衡,换流站注入直流网络的功率大于换流站从直流电网吸收的功率,因此直流电压上升;此时,换流站 2 能够自动地切换为定直流电压控制,新的直流电压参考值为 U_{dcrefH},此数值略高于 U_{dcref}。

与主从控制相比,直流电压偏差控制的优点是无需换流站之间的通信即可实现换流站控制模式的自动切换,其可靠

性更强。但其缺点是多个后备定电压换流站需要多个定电压的优先级，增加了控制器设计的复杂度，控制器参数的选取

会对控制的效果造成影响，使得其在换流站个数较多的多端直流网络中推广应用有一定的难度。

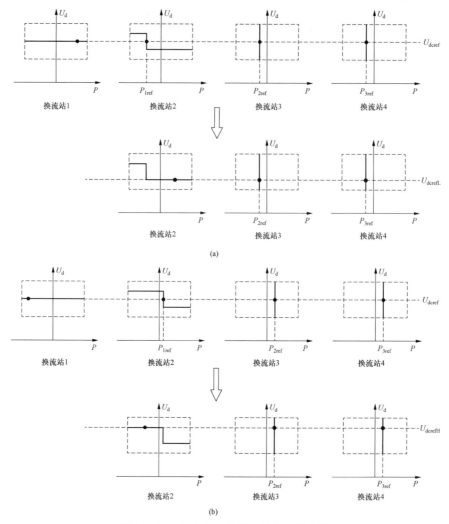

图 30-12　直流电压偏差控制模式原理图

（a）直流电压偏差控制模式 1；（b）直流电压偏差控制模式 2

3. 直流电压斜率控制

直流电压斜率控制采用的是多点直流电压协调控制策略。直流电压斜率控制器结合了功率控制器和直流电压控制器，其控制框图及相应的稳态时直流电压 U_{dc} 与功率 P 的关系曲线如图 30-13 所示。

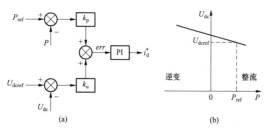

图 30-13　直流电压偏差控制模式原理图

（a）控制框图；（b）直流电压与功率关系曲线

功率控制器的目的是控制换流站的交流输入功率，从而

实现功率的灵活调度；直流电压控制器的目的是稳定直流网络的电压，从而实现直流网络传输功率的平衡。直流电压斜率控制器结合了直流电压控制与功率控制的特点，其目标在于实现对换流站输入交流功率控制的同时，实现直流网络传输功率的平衡。在图 30-13 中，直流电压斜率控制器的输出 err 为

$$err = k_p (P_{ref} - P) + k_u (U_{dcref} - U_{dc}) \qquad (30-1)$$

式（30-1）中 k_p、k_u 为直流电压斜率控制器的比例系数，且 $-k_u/k_p$ 为图 30-12（b）中曲线的斜率。当 $k_p=0$ 时，直流电压斜率控制器等效为定直流电压控制器；当 $k_u=0$ 时，直流电压斜率控制器等效为定功率控制器。

与主从控制和直流电压偏差控制方式的原理不同，直流电压斜率控制方式实现了系统中多个换流站共同作用、同时来决定系统的运行状态，能够弥补只采用一个换流站作为主

站进行直流电压控制的缺陷。当系统中仅存有一个维持功率平衡的换流站，且因某些系统故障致使维持功率平衡的换流站失去功率平衡能力时，如果从换流站无法及时调整其控制方式，系统中的功率缺额将由已经失去功率调节能力的换流站承担，系统的功率平衡将被打破。直流电压斜率控制器将控制直流电压的任务分配到多个换流站，根据各换流站不同的容量特性设定各自的不同斜率调差特性曲线，从而能够将整个网络的功率变化分摊到多个换流站中。其优点是控制的灵活性强，能够迅速地对直流网络的潮流变化作出响应，增强系统稳定运行的能力。

因此，直流电压斜率控制器一般应用于直流网络结构较为简单、功率变化较大、潮流变化频繁的电压源型多端直流输电系统，如海上风电接入直流输电系统等。但其缺点是难以实现单个换流站对交流功率的自由控制，而且在较为复杂的直流网络系统中各换流站的调差特性曲线选取十分困难，采用斜率控制器换流站的直流功率难以精确地跟踪其设定值，导致无法实现直流功率的精确控制。

并联型电压源型多端直流输电系统的协调控制策略应根据具体工程的特点进行选择，保证在有通信和无通信情况下电压源型多端直流输电系统都能正常运行。

（二）启停控制

由于目前技术尚不成熟，现阶段电压源型多端直流输电系统的换流站技术尚不具备单端换流站灵活投切的功能。对于多端直流输电系统，输电系统启动指的是全部换流站同时投入，而输电系统停运指的是全部换流站停运。若需从 M 端直流输电模式切换到 N 端直流输电模式（$M \neq N$），必须换流站停运后重新启动。因此，多端系统的启动/停运策略与两端系统的启动停运策略基本相同，详细启动/停运顺控流程可参见二十九章相关内容。电压源型多端直流输电有源 HVDC 启动/停运配合流程见图 30-14 和图 30-15，电压源型多端直流输电含无源 HVDC 启动/停运配合流程见图 30-16 和图 30-17。

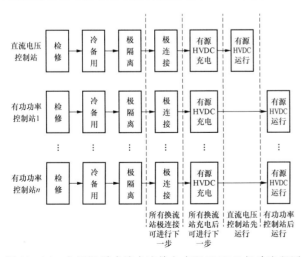

图 30-14　电压源型多端直流输电有源 HVDC 起动流程图

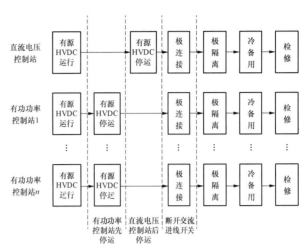

图 30-15　电压源型多端直流输电
有源 HVDC 停运流程图

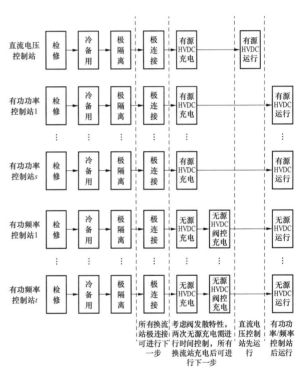

图 30-16　电压源型多端直流输电
含无源 HVDC 起动流程图

图 30-14、图 30-15、图 30-16、图 30-17 中各状态定义如下：

（1）检修：启动电阻旁路开关在断开位置，换流器正负极隔离开关在断开位置，换流阀相关接地开关在合上位置。

（2）冷备用：安全措施拆除，启动电阻旁路开关在断开位置，换流器正负极隔离开关在断开位置，换流器相关接地开关在合上位置。

（3）极连接：启动电阻旁路开关在断开位置，换流器正负极隔离开关在合上位置，换流器相关接地开关在断开位置，阀闭锁。

（4）HVDC 充电：启动电阻旁路开关在合上位置，换流器正负极隔离开关在合上位置，换流器相关接地开关在断开位置，阀闭锁。HVDC 充电可分为有源 HVDC 充电和无源 HVDC 充电。

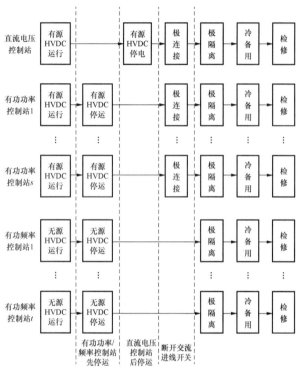

图 30-17 电压源型多端直流输电含无源 HVDC 停运流程图

（5）有源 HVDC 运行：启动电阻旁路开关在合上位置，换流器正负极隔离开关在合上位置，换流器相关接地开关在断开位置并以有源 HVDC 控制方式触发导通。

（6）无源 HVDC 运行：启动电阻旁路开关在合上位置，换流器正负极隔离开关在合上位置，换流器相关接地开关在断开位置并以无源 HVDC 控制方式触发导通。

（三）潮流反转

对于并联型电压源型多端直流输电系统，各换流站在其运行功率区间内四象限运行，只需调节参考值即可实现功率调整及潮流反转。

三、保护系统

电压源型多端直流输电系统的保护系统设计原则与两端直流输电系统的基本一致，保护的配置取决于主回路的设计和控制策略，并与换流器的控制系统结合，充分利用换流器的快速可控能力。在很多异常和故障情况下，首先是通过换流器的控制功能来限制和消除故障；在严重故障条件下，还需要通过跳开交流侧断路器来保障设备的安全。

第四节　关键技术及展望

一、关键技术

（一）直流断路器

由于直流电流无自然过零点，需强迫过零，同时要综合考虑燃弧时间和系统过电压，因此开断直流电流相比开断交流电流要困难很多，高压直流断路器成为多端直流输电技术发展和应用的瓶颈。电流源型和电压源型多端直流输电技术，对于直流断路器的开断时间要求有所区别。

1. 电流源型多端直流输电系统用直流断路器

采用晶闸管换流阀的整流器，具有直流故障电流自清除能力，因此在两端直流输电系统中，直流停运可通过换流器完成，不需要装设直流断路器。对于多端直流输电系统，如果按照传统方法进行处理，需要短时停运整个多端直流系统以清除故障，然后重启直流系统，这会导致与其相连的交流系统受到较大冲击，对弱交流系统的影响更为显著，甚至会带来系统失稳的风险。因此有必要像交流系统一样在多端直流系统上安装高压直流断路器，以切断故障电流并使故障部分退出运行，这将大幅缩短故障后的恢复时间，且不需停运整个多端直流系统。

电流源型高压直流输电工程对于切断故障电流的时间要求一般为两个工频周波以内，可采用机械式断路器，其开断时间约为 35ms。目前该类断路器开断直流电流的方式主要有 2 种。

（1）叠加振荡电流法。该方法利用电弧的负阻特性，在直流电流上叠加一个振幅逐渐增大的振荡电流来制造"人工电流零点"，完成直流电流开断。然而当电弧电流大至一定程度时，其负阻特性将变得不明显，不能保证振荡电流稳定振荡到可产生零点的幅值，因此该类断路器开断电流的能力有一定的限制，但由于其结构简单、容易控制等优点，已成为目前实际工程中应用最多的一类直流断路器。太平洋联络线直流工程应用了该类型断路器，1985 年成功进行了开断线路、开断负载、切除故障和多端系统转换 4 种工况的现场测试；此外，20 世纪 90 年代末，日本东芝公司制造的 500kV，3500A 直流断路器也属于该类断路器，作为金属回线转换开关被用于日本的本洲—四国的直流输电工程中。

（2）电流转移法。该方法通过一预充电电容放电来产生一个与系统电流方向相反的电流来制造"人工电流零点"。采用该原理的断路器可以开断较大的直流电流，且开断时间较短，但该类型断路器的控制较为复杂，可靠性稍弱。

2. 电压源型多端直流输电系统用直流断路器

对于采用半桥子模块拓扑的电压源型多端直流输电系统，直流线路发生短路故障时，在极短时间内就将使得过载能力较低的电压源型换流器闭锁,交流电网通过 IGBT 反并联二极管与直流故障点形成回路,必须通过跳开交流断路器的方式以切除直流故障电流,即换流站退出运行,这种潜在风险大大降低了多端系统运行的可靠性。

为避免该问题,可采用具有直流故障电流自清除能力的换流器拓扑,如全桥子模块、箝位双子模块换流器拓扑等,或采用半桥子模块结合直流断路器的方式。因此,除了推动具有直流故障电流自清除能力的换流器拓扑应用外,开发具有更快开断速度的高压直流断路器具有重要的现实意义。

目前,可用于电压源型多端直流输电系统的直流断路器主要有 2 种电流开断方式,分别是基于纯电力电子器件的固态断路器和基于机械断路器及电力电子开关的混合式断路器。

(1)固态断路器。固态断路器一般由一组反并联全控电力电子电路及其相并联的能量吸收支路构成,如图 30-18所示。该断路器可以很容易克服开断速度的限制,并可以实现在几百微秒时间内切断几千安的短路电流,但在稳态运行时会产生大量损耗。

图 30-18　固态断路器

(2)混合式断路器。混合式断路器一般由快速机械开关 K、全控电力电子电路与能量吸收支路并联组成,如图30-19 所示。混合式断路器兼具机械断路器良好的静态特性以及固态断路器无弧快速分断的动态特性,具有运行损耗低、分断时间短、使用寿命长、可靠性高和稳定性好等优点,但对于快速开关的制造要求很高。在目前设备制造水平下,这种混合式断路器可在几毫秒内完成几十千安直流电流的分断。2016 年 12 月,我国研制的 200kV,2000A,15kA 直流断路器已在舟山多端直流输电工程中成功投运,开断时间小于 3ms。同期,我国研制的 500kV 直流断路器通过了 KEMA 的见证试验,分断电流高达 25kA,开断时间小于 3ms。

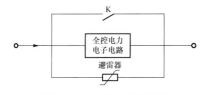

图 30-19　混合式断路器

除了上述直接开断短路电流的方式之外,还可以考虑增加限流器配合断路器开断电流的方式,因为对于需要熄弧的机械开关,电流越大,熄弧越困难;而对于无需熄弧的电力电子器件,关断大电流会引起器件的动态过压,电流幅值越大,过电压越高。因此,可在回路中增加限制短路电流峰值的环节,正常运行时保持低阻态,在发生故障时电阻增加,将短路电流限制在某一较低的值,再将较低的电流开断,这就大大降低了开断电流部分的制造难度,同时可以提高开断容量。

此外,基于"人工过零"基本开断原理,针对传统机械式直流断路器的固有缺点,国内学者和工程人员提出了一种新型机械式高压直流断路器方案,可在几毫秒时间内开断直流故障电流,目前该断路器方案已应用于南澳 ±160kV 多端柔性直流输电示范工程。

(二)直流电缆

高压直流电缆作为直流输电中重要的传输介质,是限制高压直流输电输送容量提升的另一个瓶颈。在直流侧采用直流电缆进行连接时,考虑到电缆故障率较小,对于多端应用也可采用目前应用较为成熟的半桥子模块换流器拓扑。

交流电缆绝缘层中的电场分布与介电常数成反比分配,并且介电常数受温度的影响较小,绝缘中也不会产生空间电荷。然而对于直流电缆,电场分布与材料的电阻率成正比分配,并且绝缘电阻率一般随温度呈指数变化,将在电缆的绝缘中形成空间电荷,从而影响电场分布。聚合物绝缘有大量的局部缺陷,空间电荷效应比较严重,因此,可以认为减少和消除绝缘材料中的空间电荷是研制直流电缆的关键。此外对于并联电流源型直流输电系统,改变潮流方向需要改变电压极性,在带负荷的情况下会引起绝缘内电场强度的增加,通常增加 50%~70%。

随着高压大容量多端直流输电系统及直流电网技术的快速发展,高压直流电缆的需求将大大增加,也同时促进了直流电缆技术的快速发展。

二、展望

(1)电流源型直流输电和电压源型直流输电结合的混合多端直流输电技术,可以保留电流源型和电压源型各自的优势,如能源基地采用电流源型换流站、负荷消纳采用电压源型换流站,或海上平台采用电压源型换流站、陆上采用电流源型换流站,这是多端直流输电系统的一个重要发展方向。

(2)电压源型高压直流输电技术呈现快速发展的趋势,各种新型拓扑、调制方式不断涌现,换流站的损耗在逐步降低,造价也在逐步降低,电压源型的多端直流输电系统将会有快速而长足的发展。同时,直流断路器制造水平随着多端应用的需求也在快速进步,结合直流断路器和大容量 DC/DC 变压器,多端直流输电技术延伸到直流电网领域。

参考文献

[1] 屠卿瑞，徐政. 多端直流系统关键技术概述[J]. 华东电力，2009，37（02）：267－271.

[2] 袁旭峰，程时杰. 多端直流输电技术及其发展[J]. 继电器，2006，34（19）：61－67，70.

[3] 张文亮，汤涌，曾南超. 多端高压直流输电技术及应用前景[J]. 电网技术，2010，34（09）：1－6.

[4] 徐政，屠卿瑞，裘鹏. 从 2010 国际大电网会议看直流输电技术的发展方向[J]. 高电压技术，2010，36（12）：3070－3077.

[5] 赵畹君. 高压直流输电工程技术[M]. 北京：中国电力出版社，2004.

第三十一章

直流输电系统损耗

直流输电系统的损耗主要由换流站损耗、直流线路损耗和接地极系统损耗组成。

换流站内设备类型繁多，它们的损耗机制各不相同，目前所采用的方法是通过分别测试和计算换流站内各主要设备的损耗，然后将这些损耗相加得到换流站的总损耗。通常单端换流站的损耗为换流站额定输送功率的 0.5%～1%。

直流输电线路的损耗，是直流输电系统损耗的主要部分。工程设计时，直流输电线路损耗主要考虑导线电阻损失和电晕损失。

接地极系统损耗由接地极线路损耗和接地极损耗两部分组成，其大小与运行方式有关。

本章针对换流站损耗、直流线路损耗和接地极系统损耗，说明各自的特点，并给出计算方法。

第一节 换流站的损耗

一、换流站损耗分类及计算条件

换流站的损耗分为三类，即空载损耗、运行损耗及附加损耗。

空载损耗指换流站设备在下述状态下产生的损耗：换流站已带电，但换流阀处于闭锁状态，立即带负载所需的辅助设备和站用电设备已投入运行。

运行损耗是指换流站已带电，换流阀在给定负载水平下运行时设备产生的损耗。

附加损耗是向换流站辅助系统供电所消耗功率。

运行损耗及附加损耗受换流站负载水平的影响，因为某些类型的设备（如谐波滤波器和冷却设备）投运的数量取决于负载水平，各个设备自身的损耗亦随负载大小而变化。

换流站的总损耗是所有运行损耗（或空载损耗）及其相应的附加损耗之和。

换流站的损耗应在如下条件下确定：

1. 负载情况

（1）额定的（平衡的）交流系统电压和频率、对称的换流变压器阻抗、对称的触发角。

（2）换流变压器抽头应置于额定交流系统电压的位置。

（3）若预计换流站大部分时间运行在额定负荷下，则按额定负荷水平确定其损耗；若预计换流站在运行中负荷变化范围较大或者换流站有时可能按无功功率控制或交流电压控制方式运行时，则可根据换流站预计的负荷曲线，选定 3～5 个典型的负荷水平来计算换流站的损耗。在不同的负荷水平下计算换流站损耗时，其直流电流、触发角，需投入运行的无功补偿设备和滤波装置、辅助设备和站用电等也必须和相应的负荷水平相一致。各负荷水平的损耗还应乘以相应的加权系数，然后相加起来求出等值损耗。

（4）对应标准参考温度的冷却及其他辅助设备应投入运行以支持相应的负载水平。

2. 空载情况

（1）在空载运行方式下，换流变压器应带电，换流阀应闭锁。

（2）除了维持零功率运行所需的滤波器和无功补偿设备以外，所有的滤波器和无功补偿设备都应切除。

（3）换流站立即带负载所需的站用电负载和相关辅助设备应投入运行。

二、换流站损耗的确定

换流站产生损耗的主要设备包括晶闸管阀、换流变压器、交流滤波器、并联电容器、并联电抗器、平波电抗器、直流滤波器、辅助设备等。表 31-1 中列出了主要产生损耗的设备和其在正常运行条件下的典型损耗作为参考。

表 31-1　主要设备及其典型损耗比例列表

设　备	正常运行条件下的典型损耗（%）
晶闸管阀	25～45
换流变压器	40～55
交流滤波器	4～10
并联电容器（如使用）	0.5～3
并联电抗器（如使用）	2～5
平波电抗器	4～13

续表

设　　备	正常运行条件下的典型损耗（％）
直流滤波器	0.1～1
辅助设备	3～10
总计	100

（一）晶闸管阀损耗

1. 晶闸管阀损耗的组成

晶闸管阀的损耗有85％～95％来自于晶闸管和阻尼电阻。通常采取分别计算出晶闸管损耗的各个损耗分量，然后加起来得到晶闸管的损耗。晶闸管阀的各损耗分量采用出厂试验的数据和标准计算方法来求得。晶闸管阀损耗是按照单个阀为单位来计算的。晶闸管阀的热备用损耗是阀已充电但处于闭锁状态下的损耗，阀冷设备的损耗通常计入站用电损耗中。

晶闸管阀运行损耗由晶闸管阀通态损耗、单阀晶闸管扩散损耗、单阀其他通态损耗、单阀与直流电压相关的损耗、单阀阻尼损耗（与电阻相关的部分）、单阀阻尼损耗（与电容器能量变化相关的部分）、单阀关断损耗、单阀电抗器损耗8个分量组成。

2. 晶闸管阀运行损耗的计算

（1）每一晶闸管阀通态损耗 P_1。是指负荷电流通过晶闸管产生的损耗，它与晶闸管的通态压降和通态电阻有关。P_1可按式（31-1）计算

$$P_1 = \frac{nI_d}{3}\left[U_0 + R_0 I_d\left(\frac{2\pi - \mu}{2\pi}\right)\right] \quad (31-1)$$

式中　n——阀中串联晶闸管级数；

　　　U_0——晶闸管通态压降平均值，V；

　　　R_0——晶闸管通态电阻平均值，Ω；

　　　μ——计算损耗所用的运行工况下的换相角，rad；

　　　I_d——通过换流桥的直流电流，A。

当直流侧谐波电流（均方根的和）大于其直流分量的5％时，P_1改用式（31-2）计算

$$P_1 = \frac{nU_0 I_d}{3} + \frac{nR_0}{3}\left(I_d^2 + \sum_{n=12}^{n=48} I_n^2\right)\left(\frac{2\pi - \mu}{2\pi}\right) \quad (31-2)$$

式中　I_n^2——直流侧各次谐波电流有效值的平方。

（2）单阀晶闸管扩散损耗 P_2。是指晶闸管开通时电流在硅片上扩散期间所产生的附加通态损耗。此时硅片上的电压比晶闸管开通以后的通态压降要高。P_2可按式（31-3）计算

$$P_2 = nf\int_{\omega t}^{\omega t = \alpha + 120 + \mu} [u_1(t) - u_2(t)]i(t)d(\omega t) \quad (31-3)$$

式中　f——系统频率，Hz；

　　　$u_1(t)$——平均的晶闸管通态电压降瞬时值，是在所规定的结温下，通以代表适当幅值和换相角的梯形电流波形的条件下测量的，V；

　　　$u_2(t)$——预计的平均晶闸管通态压降瞬时值，测量条件同$u_1(t)$，但电流已完全扩散，V；

　　　α——触发角，°；

　　　$\omega = 2\pi f$（rad/s）。

（3）单阀其他通态损耗 P_3。是指阀主回路中，除晶闸管以外的其他元件所造成的通态损耗。P_3可按式（31-4）计算

$$P_3 = \frac{I_d^2 R}{3}\left(\frac{2\pi - \mu}{2\pi}\right) \quad (31-4)$$

式中　R——除晶闸管外阀两端之间的直流电阻，Ω。

（4）单阀与直流电压相关的损耗 P_4。是指阀在不导通期间，加在阀两端的电压在阀的并联阻抗的电阻分量上产生的损耗。它包括直流均压电阻、晶闸管断态电阻及反向漏电阻、冷却介质的电阻、阀结构的阻性效应、其他均压网络及光导纤维等产生的损耗。P_4可按式（31-5）计算

$$P_4 = \frac{U_L^2}{2\pi R_{DC}}\left\{\frac{4\pi}{3} + \frac{\sqrt{3}}{4}\left[\cos(2\alpha) + \cos(2\alpha + 2\mu)\right] - \left[\frac{7}{8} + \frac{3m(2-m)}{4}\right] \times \left[2\mu + \sin 2\alpha - \sin(2\alpha + 2\mu)\right]\right\}$$

$$(31-5)$$

式中　R_{DC}——整个阀的断态直流电阻，Ω，它是在阀的直流电流型式试验中，通过测量注入电流的方法求得，也可以用串联晶闸管的直流均压电阻之和来近似的计算；

　　　U_L——换流变压器阀侧绕组线电压有效值，V；

　　　$m = \dfrac{L_1}{L_1 + L_2}$，此处$L_1$是折算到阀侧的换相电压源与星型接线和三角形接线阀绕组的公共耦合点之间的电感，L_2是折算到阀侧的公共耦合点与阀之间的电感。当星型接线的桥与三角形接线的桥分别由两组单独的变压器供电时，$L_1 = 0$，故$m = 0$。

当阀处于热备用状态时，由于阀上的电压为换流变压器阀侧绕组的相电压。P_4可按式（31-6）计算

$$P_4 = \frac{U_L^2}{3R_{DC}} \quad (31-6)$$

（5）单阀阻尼损耗（与电阻相关的部分）P_5。是指阀在关断期间，加在阀两端的交流电压经阻尼电容耦合到阻尼电阻上所产生的损耗。如果有几条阻尼支路，则应分别计算，然后求和。P_5可按式（31-7）计算

$$P_5 = 2\pi f^2 U_L^2 C_{AC}^2 R_{AC}\left[\frac{4\pi}{3} - \frac{\sqrt{3}}{2} + \frac{3\sqrt{3}m^2}{8} + (6m^2 - 12m - 7)\frac{\mu}{4} + \left(\frac{7}{8} + \frac{9m}{4} - \frac{39m^2}{32}\right)\sin 2\alpha + \left(\frac{7}{8} + \frac{3m}{4} + \frac{3m^2}{32}\right)\sin(2\alpha + 2\mu) - \left(\frac{\sqrt{3}m}{16} + \frac{3\sqrt{3}m^2}{8}\right)\cos 2\alpha + \frac{\sqrt{3}m}{16}\cos(2\alpha + 2\mu)\right]$$

$$(31-7)$$

其中 $C_{AC} = \dfrac{C_{ac}}{n}$；　$R_{AC} = nR_{ac}$。

式中　C_{ac}——每级晶闸管的阻尼电容，F；

　　　R_{ac}——每级晶闸管的阻尼电阻，Ω。

其余符号的含义同式（31-5）。

当阀处于热备用状态时，阀上的电压为正弦波，P_5 可按式（31-8）计算

$$P_5 = \frac{R_{AC}U_L^2}{3Z_{AC}^2} \qquad (31-8)$$

其中

$$Z_{AC} = \sqrt{R_{AC}^2 + \left(\frac{1}{2\pi f C_{AC}}\right)^2} \qquad (31-9)$$

（6）单阀阻尼损耗（与电容器能量变化相关的部分）P_6。是指在阀关断期间加在阀上的电压波形阶跃变化时，电容器储能发生变化而产生的损耗。P_6 可按式（31-10）计算

$$P_6 = \frac{U_L^2 f C_{hf}(7+6m^2)}{4}\left[\sin^2\alpha + \sin^2(\alpha+\mu)\right] \qquad (31-10)$$

式中　C_{hf}——阀内部两端之间所有均压和阻尼回路的总电容以及接在阀端所有外部设备的杂散电容。阀内部两端之间的电容可以从阀的设计参数中得到，外部设备的杂散电容主要是换流变压器绕组和套管的杂散电容，可在制造厂测量。其他设备的杂散电容很小，可以忽略不计。

（7）单阀关断损耗 P_7。是指阀在关断过程中，流过晶闸管的反向电流在晶闸管和阻尼电阻上产生的损耗，此反向电流是由晶闸管中存储电荷而引起的。P_7 可按式（31-11）计算

$$P_7 = Q_{rr} f \sqrt{2} U_L \sin(\alpha+\mu+\omega t_0) \qquad (31-11)$$

式中　Q_{rr}——晶闸管存储电荷平均值，C；

$t_0 = \sqrt{\dfrac{Q_{rr}}{\left(\frac{di}{dt}\right)_{i=0}}}$，s；　$\left(\dfrac{di}{dt}\right)_{i=0}$ 是在电流过零时测量的 $\dfrac{di}{dt}$ 值，A/s。

（8）单阀电抗损耗 P_8。在计算电抗器铁芯的磁滞损耗时需要确定铁芯材料的直流磁化曲线，根据其磁化曲线所包围的区域，可求出其磁滞损耗特性。P_8 可按式（31-12）计算

$$P_8 = n_L M K f \qquad (31-12)$$

式中　n_L——阀中电抗器的铁芯数；

　　　M——每个铁芯的质量，kg；

　　　K——磁滞损耗特性，J/kg；

　　　f——系统频率，Hz。

（9）阀的运行损耗 P_T。阀的运行损耗 P_T，是指上述 8 项之和，按式（31-13）计算

$$P_T = \sum_{n=1}^{8} P_n \qquad (31-13)$$

当阀处于热备用状态时，其损耗为

$$P_T' = P_4' + P_5' \qquad (31-14)$$

以上所得为单阀的运行损耗，假定换流站有 N 个阀，则换流站内阀的总损耗 P_S 以及换流站内阀在热备用状态下的损耗 P_S' 分别为

$$P_S = NP_T \qquad (31-15)$$

$$P_S' = NP_T' \qquad (31-16)$$

（二）换流变压器损耗

1. 换流变压器损耗的组成

换流变压器的损耗分为空载损耗和运行损耗。

（1）空载损耗。在空载运行方式下，变压器带电而阀闭锁，此时换流变压器的损耗就是空载损耗（铁芯损耗）。空载损耗（铁芯损耗）应根据 GB 1094—2013《电力变压器》确定。

（2）运行损耗。在运行方式下，变压器的损耗是励磁损耗（铁芯损耗）加上和电流（负载）有关的损耗。当有负载时，就有谐波电压加在变压器上。有负载的铁芯损耗和空载情况下（和负载情况下同样的抽头位置、施加同样的电压）的铁芯损耗是一样的。谐波电压对变压器励磁电流的作用与电压的工频分量相比，可以忽略。

2. 换流变压器损耗的测量和计算

（1）空载损耗。空载损耗和空载电流的测量一般采用如下方法：

将额定频率下的额定电压（主分接）或相应分接电压（其他分接）施加于选定的绕组，其余绕组开路，但开口三角形联结的绕组（如果有）应闭合。

测量时，变压器的温度应接近于试验时的环境空气温度。

选择接到试验电源的绕组和联结方式时，应尽可能使三个芯柱上出现对称的正弦波电压。

试验电压应以平均值电压表读数为准（但该表的刻度具有同一平均值的正弦波形方均根值），令平均值电压表的读数记为 U'。

方均根值电压表与平均值电压表并联。令方均根值电压表读数记为 U。

如果 U' 与 U 之差在 3% 以内，则此试验电压波形满足要求。

设测得的空载损耗为 P_m，则校正后的空载损耗 P_0 为

$$P_0 = P_m(1+d) \qquad (31-17)$$

式中

$$d = (U'-U)/U'$$

（2）负载损耗。变压器的负载损耗既要考虑工频电流分量，也要考虑谐波电流分量，并按以下步骤计算：

1）测量工频 f_1（50Hz 或 60Hz）下的负载损耗 P_1。（根据 GB 1094.1—2013《电力变压器 第 1 部分：总则》）

2）计算工频下绕组的涡流损耗 P_{WE1} 和除绕组外结构部分

的杂散损耗 P_{SEI}，$P_{WEI}+P_{SEI}=P_1-P_R$，式中 $P_R=I_N^2R$，I_N 为额定电流，I_N^2R 为额定电流下的电阻损耗。

3）在一个较高频率 f_m（$f_m \geqslant 150\mathrm{Hz}$）下，测量负载损耗 P_m。如果此负荷损耗是在低负荷电流下测量的，则应折算到额定电流下的数值。

4）根据在工频下和在较高频率下得到的测量值解下列方程，求 P_{WEI} 和 P_{SEI}

$$P_1 = P_R + P_{WE1} + P_{SE1}$$

$$P_M = P_R + P_{WE1}\times(f_m/f_1)^2 + P_{SE1}\times(f_m/f_1)^{0.8} \quad (31-18)$$

5）计算每一阀侧绕组总的营运负载损耗 P：

$$\begin{aligned}P = P_R + P_{WE1}\times\sum_{n=1}^{n=49}(I_n/I_N)^2\times(f_n/f_1)^2 + \\ P_{SE1}\times\sum_{n=1}^{n=49}(I_n/I_N)^2\times(f_n/f_1)^{0.8}\end{aligned} \quad (31-19)$$

式中　P_1——工频总负载损耗；

　　　　I_N——额定电流；

　　　　I_n——n 次谐波电流有效值；

　　　　P_R——额定电流下电阻性损耗；

　　　　P_{SE1}——工频下结构部分（绕组除外）的杂散损耗；

　　　　P_{WE1}——工频下绕组的涡流损耗；

　　　　P_m——在频率 m 下的总负载损耗；

　　　　n——谐波次数。

（三）交流滤波器损耗

1. 交流滤波器损耗的组成

交流滤波器由滤波电容器、滤波电抗器和滤波电阻器组成。在求滤波器损耗时，假定交流系统开路，所有谐波电流都流入滤波器之中的情况。

2. 交流滤波器损耗的计算

（1）交流滤波器电容器损耗。由于电容器的功率因数很低，谐波电流引起的损耗很小，可以忽略不计。电容器的工频损耗在出厂试验时进行测量，并以 W/kvar 给出。电容器组的损耗可按式（31-20）确定

$$P = P_1S \quad (31-20)$$

式中　P_1——电容器组的平均损耗，W/kvar；

　　　　S——交流系统额定电压和额定频率下，电容器的三相无功功率额定值，kvar。

（2）交流滤波器电抗器损耗。在确定滤波电抗器的损耗时，需要计算流经电抗器的工频电流、谐波电流以及电抗器的工频电抗在各次谐波下的品质因数，可按式（31-21）计算

$$P_R = \sum_{n=1}^{49}\left[\frac{(I_{Ln})^2\times X_{Ln}}{Q_n}\right] \quad (31-21)$$

式中　P_R——交流滤波器电抗器的损耗，W；

　　　　I_{Ln}——流经电抗器的 n 次滤波电流，A；

　　　　X_{Ln}——电抗器的 n 次谐波电抗，Ω；$X_{Ln}=n\cdot X_{L_1}$，X_{L_1}

为电抗器的工频电抗；

　　　　Q_n——电抗器在 n 次谐波下的品质因数的平均值。

（3）交流滤波器电阻器损耗。

在计算交流滤波器电阻器损耗时，应同时考虑工频电流和谐波电流。滤波电阻值应在工厂进行测量，并需计算出流经滤波电阻的电流有效值，可按式（31-22）计算

$$P_r = RI_R^2 \quad (31-22)$$

式中　P_r——交流滤波器电阻器损耗，W；

　　　　R——交流滤波器电阻器的电阻值，Ω；

　　　　I_R——流经电阻的电流的有效值，A。

（四）并联电容器组损耗

1. 并联电容器损耗的组成

并联电容器组是由许多电容器串并联构成的。其损耗的组成及原因与交流滤波器电容器相同。

2. 并联电容器损耗的计算

并联电容器损耗的计算与交流滤波器电容器损耗的计算方法相同。

（五）并联电抗器损耗

1. 并联电抗器损耗的组成

为了补偿交流谐波滤波器产生的容性电流，尤其在轻载情况下，可能将并联电抗器接到高压直流换流站的交流母线上。它们的功能与交流输电系统中的常规应用没有区别。

当换流站的负载水平要求将并联电抗器接入交流母线时，才需要将并联电抗器的损耗计入换流站总损耗中。

2. 并联电抗器损耗的测量

因此，在高压直流换流站中的并联电抗器的损耗应根据 GB/T 1094.6—2011《电力变压器　第 6 部分：电抗器》在工厂试验时测量，并校正到最高绕组温度，不考虑热点，按标准环境温度计算。对于油绝缘的电抗器，标准的绕组温度应取 75℃。

如果使用强迫冷却，则冷却设备的功耗应计入换流站的辅助设备总损耗中。

（六）平波电抗器损耗

1. 平波电抗器损耗的组成

平波电抗器的负荷损耗包括直流损耗、谐波电流的损耗及铁芯磁化损耗（如有）之和。平波电抗器有空芯式（干式）和油浸式两种，后者可能有带气隙的铁芯。流经平波电抗器的电流是叠加有谐波分量的直流电流。谐波电流主要是由换流站直流侧产生的特征谐波，也可能有少量的非特殊谐波。平波电抗器的负荷损耗可在出厂时测量，也可按照下面的方式计算。

2. 平波电抗器损耗的计算

平波电抗器的负荷损耗可用式（31-23）计算

$$P_{SR} = \sum_{n=0}^{n}I_n^2\times R_n \quad (31-23)$$

式中　P_{SR}——平波电抗器的负荷损耗，W；

　　　I_n——n 次谐波电流，A；

　　　R_n——n 次谐波电阻，Ω。

当采用带铁芯的油浸式电抗器时，还应计算磁滞损耗。对于 12 脉动系统，其磁滞损耗可用经验公式（31-24）计算

$$P_M = (0.125 \times k_h + 0.125 \times k_e) \times P_d \qquad (31-24)$$

式中　P_M——磁滞损耗；

　　　P_d——直流电流损耗；

$k_h = \sum\limits_{n=12}^{n=48} k_{hn}$——磁滞损耗分量，$k_{hn} = (I_n / I_d) \times n$；

$k_e = \sum\limits_{n=12}^{n=48} k_{en}$——涡流损耗分量，$k_{en} = (I_n / I_d)^2 \times n^{0.5}$。

（七）直流滤波器损耗

1. 直流滤波器损耗的组成

直流滤波器由滤波电容器、滤波电抗器和滤波电阻器组成，其损耗为各组成元件的损耗之和。

2. 直流滤波器损耗的计算

（1）直流滤波电容器的损耗。直流滤波电容器损耗包括直流均压电阻损耗和谐波损耗。谐波损耗可忽略不计。根据电容器均压电阻的平均值，算出电容器组的总电阻，再按照式（31-25）计算

$$P_C = \frac{E_R^2}{R_C} \qquad (31-25)$$

式中　P_C——滤波电容器损耗，W；

　　　E_R——电容器组的额定电压，V；

　　　R_C——电容器组的总电阻，Ω。

（2）直流滤波电抗器的损耗。应先按照规定的负荷水平和运行参数，计算流经电抗器的谐波电流，使用出厂试验时在同样频率下测得的电抗值和品质因数，再用式（31-26）计算损耗

$$P_R = \sum\limits_{n=1}^{n=49} \left(\frac{I_{Ln}^2 \times x_{Ln}}{Q_n} \right) \qquad (31-26)$$

式中　P_R——直流滤波电抗器损耗，W；

　　　I_{Ln}——流经电抗器的 n 次谐波电流，A；

　　　x_{Ln}——电抗器的 n 次谐波电抗，Ω；

　　　Q_n——n 次谐波下的品质因数。

（3）直流滤波器电阻损耗。直流滤波器的电阻损耗计算方法同交流滤波器中电阻损耗计算方法一致。

（八）附加损耗

高压直流换流站的附加损耗取决于站用设备、运行要求及环境条件。而且，它还受随时间而变化的间歇性负荷的影响，如使用的加热、冷却、照明及维修设备。在评价损耗时如果需要考虑除基本辅助负载之外的损耗，应规定辅助设备

投入的程度。

在评价附加损耗时，不必考虑仅在特殊情况下（如停电检修，短时过负荷或暂态扰动）使用的站用电。

确定换流站全部附加损耗时应分别在换流站空载运行和适当的负载水平下多次进行，均采用平均值确定。此损耗应在正常稳态运行条件下计算，或在每个电源主馈线上直接测量确定。

换流变压器的辅助设备损耗可以在出厂试验中单独测量，也可以在换流站辅助设备损耗测量时一同测量。

为了考虑随时间而变化的负荷，例如冷却泵、风机等间歇运行的负荷，或加热和照明等只需要在一天中的某一段时间运行的负荷，应在一定的时段内进行多次测量，再取平均值。

如果用测量确定辅助和站用电设备的损耗，应考虑如下步骤：如果不能在恒定的环境温度 20℃ 下进行附加功耗测量，则对环境温度敏感的那些负荷（如冷却设备）应做适当调整。这种计算应记录在案。如果辅助系统的馈线还向其他设备供电，则这些设备的负荷应单独测量并从测量到的总损耗中扣除。

（九）无线电干扰/线路载波滤波器损耗

除了交流滤波器及直流滤波器以外，高压直流换流站通常还需要防止无线电干扰（RI），或避免干扰电力线载波（PLC）系统的设备。

这种设备可能由串接在交流侧或直流侧的电抗器（或许带有并联的调谐电容器），并联支路或由串并联支路组合而成。并联支路的损耗很小，可以忽略不计。对于串联的滤波器，只需考虑电抗器中的损耗。电抗器的损耗应按下文计算。

对于接在交流侧的滤波器按式（31-27）计算

$$P = \sum\limits_{n=1}^{n=49} \frac{I_n^2 \times X_n}{Q_n} \qquad (31-27)$$

对于接在直流侧的滤波器按式（31-28）计算

$$P = I_d^2 \times R_{PLC} + \sum\limits_{n=12}^{n=48} \frac{I_n^2 \times X_n}{Q_n} \qquad (31-28)$$

式中　R_{PLC}——电抗器直流电阻，Ω；

　　　n——谐波次数；

　　　I_d——直流电流，A；

　　　I_n——计算出的流过电抗器的 n 次谐波电流，A；

　　　X_n——电抗器的 n 次谐波电抗，Ω；

　　　Q_n——n 次谐波下的品质因数。

当交流串联滤波器位于交流谐波滤波器的交流系统侧时，则只需考虑工频分量（$n-1$）电流。当交流串联滤波器位于并联的交流谐波滤波器和换流变压器之间时，或位于换流变压器和阀之间时，电流的工频分量和特征谐波（高达 $n=49$）分量两者都应考虑。

第二节 直 流 线 路 损 耗

直流输电线路损耗包括导线电阻损失、电晕损失、由地线引起的电能损失和绝缘子串泄漏电流引起的电能损失等。其中，后两者较小，可以忽略不计，工程设计时主要考虑导线的电阻损失和电晕损失。

一、电阻损失

直流输电线路的电阻损失与极导线电阻和流经导线的电流有关。直流输电线路中的谐波电流一般很小，其引起的电阻损失可以忽略不计，直流输电线路的电阻损失通常仅考虑直流电流引起的损失，单位长度电阻功率损失可按式（31-29）计算

$$\Delta P_d = I_d^2 R_d \qquad (31-29)$$

式中 ΔP_d ——直流输电线路单位长度的电阻功率损失，W/km；

I_d ——线路上的直流电流，A；

R_d ——直流线路单位长度的电阻，Ω/km。

R_d 的计算与直流系统的运行方式有关。对于双极直流输电线路，双极正常运行时，略去不平衡电流影响，R_d 取两极导线电阻之和；当单极大地回线方式运行时，R_d 取单极导线的电阻；当双极导线并联、单极大地回线方式运行时，R_d 取两极导线的并联电阻。

国内典型的±500kV～±800kV 直流线路单位长度电阻功率损失计算值见表 31-2。由于线路电阻功率损失与线路长度成正比，因此，表中用千公里电阻损失率来表征线路长度为 1000km 时电阻功率损失与线路额定输送功率的比值。从表 31-2 中数据可以看出，我国典型的±500kV 直流线路的千公里电阻损失率一般为 6.38%～7.07%，±800kV 直流线路一般为 2.43%～3.67%。电压和输送功率相同时，单位长度电阻功率损失与千公里电阻损失率均随导电截面的增大而降低。

表 31-2　直流线路双极额定功率运行时单位长度电阻功率损失

电压等级	导线方案	极导线额定电流（A）	子导线 20℃ 直流电阻（Ω/km）	子导线运行线温下的电阻（Ω/km）	单位长度电阻功率损失（kW/km）	千公里电阻损失率（%）
±500kV	4×300	1200	0.099 4	0.106 4	76.61	6.38
	4×400	1800	0.072 3	0.078 6	127.33	7.07
	4×720	3000	0.039 84	0.044 0	198.00	6.60
±660kV	4×1000	3030	0.028 6	0.031 5	144.60	3.62
±800kV	6×630	3125	0.045 9	0.049 6	161.46	3.23
	6×720	4000	0.039 84	0.043 6	232.53	3.63
	6×900	4500	0.031 9	0.034 9	235.58	3.27
	6×900	5000	0.031 9	0.035 2	293.33	3.67
	6×1000	5000	0.028 6	0.031 7	264.17	3.30
	6×1250	5000	0.022 91	0.025 0	208.33	2.60
	8×1250	6250	0.022 91	0.024 9	243.16	2.43

注　表中导线运行线温按环境气温为 15℃，极导线额定电流计算。

二、电晕损失

直流线路电晕功率损失的大小不仅取决于子导线直径、分裂数、极间距离等线路参数，还与环境条件、导线表面状况、天气状况、海拔高度、温度和湿度等许多因素有关，因此，在不同的时间段和不同的环境条件下，电晕损失的测量结果相差很大，通常需要经过长期的测量统计才能较为准确地评估具体线路的年平均电晕损失值。

直流线路电晕功率损失的估算，主要采用安乃堡（Annebery）公式。除此之外，还有皮克公式、巴布科夫（Popkov）公式、IREQ 公式、意大利公式和 EPRI 换算公式等。

安乃堡公式的计算公式详见本书第三十三章式（33-22）～式（33-24）。

用安乃堡公式估算的国内典型±500～±800kV 直流线路单位长度电晕功率损失见表 31-3。从表 31-3 中可以看出，好天气下，相同额定电压双极运行时，对常规钢芯铝绞线，电晕功率损失与电阻功率损失比值随导线截面的增大而显著减小。

表 31－3　典型直流线路的单位长度电晕功率损失

电压等级	导线方案	导线平均对地高（m）	单位长度电晕功率损失（kW/km）	电晕功率损失与电阻功率损失比值（%）
±500kV	4×300	17	4.49	5.86
	4×400	17	2.98	2.34
	4×720	17	1.65	0.83
±660kV	4×1000	21	3.15	2.18
±800kV	6×630	23	6.51	4.03
	6×720	23	5.59	2.40
	6×900	23	4.63	1.97
	6×900	23	4.63	1.58
	6×1000	23	4.22	1.60
	6×1250	23	3.54	1.70
	8×1250	23	2.74	1.1

注　表中电晕功率损失为好天气、标准大气压、额定电压运行时的计算结果。

三、直流线路电能损失分析

线路的电能损失与线路电阻、线路长度、极电流及其持续时间有关。对交流系统而言，如果线路中输送的功率一直保持为最大负荷功率，在 τ 小时内的损耗恰好等于线路全年的实际损耗，则 τ 称为最大负荷损耗小时数[1]。直流输电线路仍可沿用"最大负荷损耗小时数"的概念，但需注意直流系统的额定负荷对应于交流系统的最大负荷。直流工程的最大负荷损耗小时数与最大负荷利用小时相关，可参考交流电网功率因数为 1 时的最大负荷利用小时数与损耗小时数的关系确定。

直流输电线路单位长度的年电能损失可按式（31－30）

计算

$$\Delta A = \Delta P_d \tau + \Delta P_c t_0 \qquad (31-30)$$

式中　ΔA——直流线路单位长度的年电能损失，kW·h/km；
　　　ΔP_d——直流输电线路单位长度的电阻功率损失，kW/km；
　　　ΔP_c——直流输电线路单位长度的电晕功率损失，kW/km；
　　　τ——最大负荷损耗小时数，h；
　　　t_0——年运行小时数，为系统年实际带电时间，h。

根据式（31－30），计算得到典型±500～±800kV 直流线路单位长度的年电能损失如表 31－4。

表 31－4　典型双极直流线路单位长度的年电能损失计算结果

电压等级	导线方案	最大负荷损耗小时数（h）	单位长度电阻年电能损失（×10³kW·h/km）	单位长度电晕年电能损失（×10³kW·h/km）	单位长度年电能损失（×10³kW·h/km）
±500kV	4×300	4500	344.7	38.2	382.9
	4×400	4500	573.0	25.3	598.3
	4×720	4500	891.0	14.0	905.0
±660kV	4×1000	6000	867.8	26.8	894.4
±800kV	6×630	4500	726.6	55.3	781.9
	6×720	4500	1046.4	47.5	1093.9
	6×900	4500	1060.1	39.4	1099.4
	6×900	4500	1320.0	39.4	1359.4
	6×1000	6000	1585.0	35.9	1620.9
	6×1250	5000	1041.7	30.1	1071.8
	8×1250	5000	1215.8	23.3	1239.1

注　1. 系统年实际带电时间按 8500h 估算。

　　2. 最大负荷损耗小时数由最大负荷利用小时数估算。

四、算例

【算例 31-1】某 ±800kV 双极直流线路参数如下：额定工作电压 ±800kV，极导线额定电流 4kA，导线型式 6×JL/GIA-720/50，子导线直径为 36.2mm，额定运行线温下子导线电阻为 0.043 6Ω/km，分裂间距 500mm，导线极间距为 20m，导线平均对地高度为 23m；导线表面最大电场强度为 22.54kV/mm，大气校正系数 δ 取 1；系统年实际带电时间取 8500h，最大负荷损耗小时数取 4500h。计算该线路在额定功率双极运行时的线路损耗。

解：由式（31-29）计算线路双极运行时单位长度电阻功率损失

$$\Delta P_d = I_d^2 R_d = 4000^2 \times 2 \times 0.043\ 6 / 6 = 232\ 533\ \text{W/km}$$

千公里电阻损失率

$$\eta = 232\ 533 / (2 \times 800 \times 4000) = 3.63\%$$

由第三十三章《直流线路电磁环境》式（33-5）计算导线表面最大电场强度：

$$g_{\max} = 23.28\text{kV/cm}$$

由第三十三章《直流线路电磁环境》式（33-23）～式（33-24）计算线路单位长度电晕功率损失

$$K = \frac{2}{\pi}\arctan\left(\frac{2 \times 2300}{2000}\right) = 0.739$$

$$\begin{aligned}\Delta P_c &= 2U(K+1)K_{c2}nr \times 2^{0.25(g_{\max}-g_0)} \times 10^{-3} \\ &= 2 \times 800 \times (0.739+1) \times 0.2 \times 6 \times (3.62/2) \times \\ &\quad 2^{0.25 \times (22.54-22 \times 1)} / 1000 \\ &= 6.64\text{kW/km}\end{aligned}$$

由式（31-30）计算直流输电线路的年电能损失

$$\begin{aligned}\Delta A &= \Delta P_d \tau + \Delta P_c t_0 = (232.533 \times 4500 + 6.64 \times 8500)/1000 \\ &= 1102.84 \times 10^3 \text{kW} \cdot \text{h/km}\end{aligned}$$

第三节　接地极系统损耗

一、接地极线路损耗

（一）接地极线路功率损失

正常运行条件下，接地极线路上的电压很低（为直流电流在接地极和接地极线路电阻上的压降），一般不发生电晕，因此只考虑与电流相关的电阻损失。接地极线路单位长度的电阻功率损失可按式（31-31）计算：

$$\Delta P = I^2 R \tag{31-31}$$

式中　ΔP——接地极线路单位长度的电阻功率损失，W/km；

I——接地极线路上的电流，A；

R——接地极线路单位长度的电阻，Ω/km。

流过接地极线路上的电流与系统运行方式有关。系统运行方式主要有以下三种：双极对称运行、单极大地回线和双极不对称运行。三种系统运行方式对应的接地极线路电流取值原则如下：

（1）双极对称运行：接地极线路上流过很小的不平衡电流，根据 DL/T 5224《高压直流输电大地返回运行系统设计技术规定》，对双极对称运行的直流输电系统，最大不平衡电流宜取额定电流的 1%。

（2）单极大地回线：接地极线路上流过系统运行电流。为方便分析，在计算功率损失及电能损失时，该电流可取系统额定电流。

（3）双极不对称运行：接地极线路上流过较大的不平衡电流。

国内典型的接地极线路单位长度功率损失计算值见表 31-5。从表 31-5 中数据可以看出，在双极对称运行方式下接地极线路的单位长度功率损失极小，可以忽略不计。单极大地回线方式下，接地极线路的单位长度功率损失较大，主要原因是接地极线路的导线总截面比直流线路小，且近年来国内直流工程的接地极线路大都采用耐热导线，导线运行温度高、电阻大。

表 31-5　接地极线路单位长度的功率损失计算值

导线方案	额定工作电流（A）	20℃直流电阻（Ω/km）	单极大地回线下的电阻（Ω/km）	双极对称运行下单位长度功率损失（×10^{-3}kW/km）	单极大地回线下单位长度功率损失（kW/km）
2×LGJQ-400/35	1200	0.073 9	0.089 9	5.32	64.73
2×LGJ-630/55	1800	0.045 2	0.055 0	7.32	89.10
4×LGJ-630/55	3000	0.045 2	0.053 3	10.17	120.02
2×NRLH60G1A-630/45	3030	0.048 73	0.066 3	22.37	304.35
4×LGJ-630/45	3125	0.045 9	0.054 2	11.21	132.32

续表

导线方案	额定工作电流 （A）	20℃直流电阻 （Ω/km）	单极大地回线 下的电阻 （Ω/km）	双极对称运行下单位 长度功率损失 （×10⁻³kW/km）	单极大地回线下单位 长度功率损失 （kW/km）
4×NRLH60G1A－500/45	4000	0.060 1	0.076 3	24.04	305.20
4×NRLH60G1A－500/45	4500	0.060 1	0.076 3	30.43	386.27
4×NRLH60G1A－500/45	5000	0.060 1	0.080 7	37.56	504.38
4×NRLH60G1A－500/45	5000	0.060 1	0.080 7	37.56	504.38
4×NRLH60G1A－500/45	5000	0.060 1	0.080 7	37.56	504.38
4×NRLH60G1A－630/45	6250	0.048 73	0.067 1	47.59	656.25

注　计算双极对称运行方式下的单位长度功率损失，不平衡电流取额定工作电流的1%。

（二）接地极线路年电能损失

由于正常运行时接地极线路一般不发生电晕，且国内直流工程很少采用双极不对称运行方式，因此，接地极线路一般常考虑双极对称运行和单极大地回线两种运行方式下的单位长度年电能损失，其值与各运行方式的持续时间有关，可按式（31－32）计算：

$$\Delta A = \Delta P_1 t_1 + \Delta P_2 t_2 \qquad (31-32)$$

式中　ΔA——接地极线路单位长度年电能损失，kW·h/km；

ΔP_1——双极对称运行方式时，接地极线路的单位长度功率损失，kW/km；

ΔP_2——单极大地回线运行方式时，接地极线路的单位

长度功率损失，kW/km；

t_1——双极对称运行时间，h；

t_2——单极大地回线运行时间，DL/T 5224《高压直流输电大地返回运行系统设计技术规定》，一般取 20～60 天/年，h。

根据式（31－32），计算得到国内典型的接地极线路的单位长度年电能损失，见表31－6。由计算结果可知，接地极线路的单位长度年电能损失主要取决于单极大地回线运行时间，当该时间取 30 天时，接地极线路的单位长度年电能损失约为其所在直流输电系统中直流线路单位长度年电能损失的 10%～30%。

表 31－6　接地极线路单位长度年电能损失

导线方案	额定工作电流 （A）	双极对称运行下单位长度年 电能损失 （×10³kW·h/km）	单极大地回线下单位长度年 电能损失 （×10³kW·h/km）	接地极线路单位长度年 电能损失 （×10³kW·h/km）
2×LGJQ－400/35	1200	0.04	46.60	46.64
2×LGJ－630/55	1800	0.06	64.15	64.21
4×LGJ－630/55	3000	0.08	86.41	86.49
2×NRLH60G1A－630/45	3030	0.17	219.13	219.30
4×LGJ－630/45	3125	0.09	95.27	95.36
4×NRLH60G1A－500/45	4000	0.19	219.74	219.93
4×NRLH60G1A－500/45	4500	0.24	278.11	278.35
4×NRLH60G1A－500/45	5000	0.29	363.15	363.44
4×NRLH60G1A－500/45	5000	0.29	363.15	363.44
4×NRLH60G1A－500/45	5000	0.29	363.15	363.44
4×NRLH60G1A－630/45	6250	0.37	472.50	472.87

注　计算双极对称运行方式下单位长度年电能损失，不平衡电流取额定工作电流的1%，双极对称运行时间 t_1 按每年 7780h 考虑；单极大地回线运行时间 t_2 按每年 720h（30 天）考虑。

二、接地极损耗

（一）接地极损耗概述

接地极的损耗与直流系统的运行方式有关。

（1）当直流输电系统运行在单极大地回线方式和双导线并联大地回线方式时，直流负荷电流将全部通过接地极系统，其损耗应按直流负荷电流计算。

（2）当直流输电系统运行在单极金属回线方式时接地极

系统中无直流电流通过，因此不产生损耗。

（3）当直流输电系统为双极电流对称方式运行时，流经接地极的电流小于额定直流电流的1%，因此产生的损耗可忽略不计。

（4）当直流输电系统为双极电流不对称方式运行时，流经接地极系统的电流为两极电流之差，则接地极的损耗应按两极电流的差值进行计算。

当接地极系统中串联了均流电阻时，第（1）和第（4）条中接地极电阻值应加上均流电阻的阻值。

（二）接地极损耗的计算

接地极损耗可按式（31－33）计算为：

$$P_E = I_E^2 R_E T \qquad (31-33)$$

式中　P_E——接地极的损耗，J；

I_E——流经接地极的电流，A；

R_E——接地极的电阻值，Ω；

T——运行时间，s。

根据国内直流输电系统投入运行的情况，绝大多数时间都是双极平衡运行，不平衡运行的时间很短。而且接地极本体的电阻一般都小于 0.5Ω。故相对于整个直流系统来说，接地极本身的损耗可以忽略不计。

参考文献

[1] 何仰赞等. 电力系统分析[M]. 武汉：华中科技大学出版社，2002.

第三十二章

高压直流输电系统可靠性

高压直流输电系统的可靠性是指在规定的系统条件和环境条件下，在规定时间内传输一定能量的能力。

随着高压直流输电技术的不断发展和投运工程的日益增多，高压直流输电系统的可靠性已成为影响整个电力系统可靠性的重要因素。相对于一般的交流输电系统，高压直流输电系统具有部件繁多、子系统结构复杂、运行方式多样化等特点，这些因素提高了评估高压直流输电系统可靠性的难度。高压直流输电系统是一个典型的可修复系统，所以其可靠性通常采用可用率和停运次数等多项指标来进行评估。

对已建成的高压直流输电系统，可参照 DL/T 989—2013《直流输电系统可靠性评价规程》，采用统计的方法进行可靠性评价。

第一节　可靠性评价指标

一、术语定义

1. 使用（active，ACT）

新（改、扩）建直流输电系统或系统的一部分自正式商业投运起，其可靠性统计对象即进入使用状态。使用状态可分为可用状态和不可用状态。使用状态分类如图 32-1 所示。

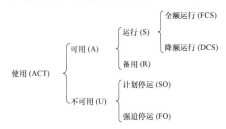

图 32-1　直流输电系统使用状态划分图

（1）可用（available，A）。统计对象处于可以输送电能的状态称为可用。可用又分为运行和备用。

1）运行（in service，S）：统计对象与电网相连接，并处于工作状态称为运行。运行又分为全额运行和降额运行。全额运行（full capacity in service，FCS）指统计对象处于能按额定输送容量输送电能的运行状态；降额运行（derated capacity in service，DCS）指统计对象不能按额定输送容量输送电能的运行状态，或人为错误导致的统计对象输送容量下降的运行

状态。

2）备用（reserve shutdown，R）：统计对象可用，但没有投入运行的状态。

（2）不可用（unavaliable，U）。统计对象不能输送电能的使用状态，或人为错误导致的停运状态。不可用可分为计划停运和强迫停运。

1）计划停运（scheduled outage，SO）：事先向调度申请并由调度许可的停运。

根据统计对象的类型以及停运的影响计划停运分为双极计划停运、单极计划停运、换流器计划停运和单元计划停运。

双极系统中，统计对象两个极在同一时间由同一原因引起的计划停运称为双极计划停运；双极系统其中一极的单独计划停运称为单极计划停运；单极在能量传输的一端由多个换流器构成时，换流器是系统运行方式中最小能量传输单位，换流器的单独计划停运称为换流器计划停运。

背靠背换流站中，换流单元的计划停运称为单元计划停运。

2）强迫停运（forced outage，FO）：未经调度许可由不期望的设备问题或人为错误导致的停运。

根据统计对象的类型以及停运的影响强迫停运分为双极强迫停运、单极强迫停运、换流器强迫停运和单元强迫停运。

双极系统中，统计对象两个极在同一时间由同一原因引起的强迫停运称为双极强迫停运；双极系统其中一极的单独强迫停运称为单极强迫停运；单极运行有不同换流器组合方案的运行方式时，换流器是直流输电系统运行方式中最小的能量传输单位，换流器的单独强迫停运称为换流器强迫停运。

背靠背换流站中，换流单元的强迫停运称为单元强迫停运。

2. 停用（inactive，IACT）

统计对象经规定部门批准停用或因改、扩建而停止使用的状态。统计对象处于停用状态不参加可靠性统计评价。

3. 额定输送容量（maximum continuous capacity，rated transmission capacity，Pm）

在统计期间内，统计对象持续运行在正常状态下能够输

送的最大容量，又称最大持续输送容量。一般取统计对象的设计输送容量。

4. 停运容量（outage capacity，P_O）

由于不可用或者降额运行导致统计对象较额定输送容量下降的那部分容量。

5. 降额系数（outage derating factor，ODF）

统计对象停运容量与额定输送容量之比的百分数。

$$ODF = \frac{P_O}{P_m} \times 100\% \qquad (32-1)$$

6. 总输送电量（total transmission energy，TTE）

在统计期间内，统计对象交换电量的总和。

7. 统计期间小时（period hours，PH）

根据需要选取的时间区间内，统计对象处于使用状态下的小时数。

（1）可用小时（available hours，AH）。在统计期间内，统计对象处于可用状态下的小时数。可用小时分为运行小时和备用小时。

1）运行小时（service hours，SH）：在统计期间内，统计对象处于运行状态下的小时数（含降额运行小时）。

2）降额运行小时（derated capacity inservice hours，DCSH）：在统计期间内，统计对象实际处于降额运行状态下的小时数。

3）备用小时（reserve hours，RH）：在统计期间内，统计对象处于备用状态下的小时数。

（2）不可用小时（unavailable hours，UH）。在统计期间内，统计对象处于不可用状态下的小时数，不可用小时可根据不可用的原因分为计划运小时（SOH）和强迫停运小时（FOH）。

1）计划停运小时（scheduled outage hours，SOH）：在统计期间内，统计对象处于计划停运状态下的小时数。

2）双极计划停运小时（bipolar scheduled outage hours，BPSOH）：统制期间内，统计对象处于双极计划停运状态下的小时数。

3）单极计划停运小时（monopolar scheduled outage hours，MPSOH）：在统计期间内，统计对象处于单极计划停运状态下的小时数。

4）换流器计划停运小时（convertor scheduled outage hours，CSOH）：在统计期间内，统计对象处于换流器计划停运状态下的小时数。

5）单元计划停运小时（convertor unit scheduled outage hours，USOH）：在统计期间内，统计对象处于单元计划停运状态下的小时数。

6）强迫停运小时（forced outage hours，FOH）：在统计期间内，统计对象处于强迫停运状态下的小时数。

7）双极强迫停运小时（bipolar forced outage hours，BPFOH）：在统计期间内，统计对象处于双极强迫停运状态下的小时数。

8）单极强迫停运小时（monopolar forced outage hours，MPFOH）：在统计期间内，统引对象处于单极强迫停运状态下的小时数。

9）换流器强迫停运小时（convertor forced outage hours，CFOH）：在统计期间内，统计对象处于换流器强迫停运状态下的小时数。

10）单元强迫停运小时（convertor unit forced outage hours，UFOH）：在统计期间内，统计对象处于单元强迫停运状态下的小时数。

（3）等效停运小时（equivalent outage hours，EOH）。在统计期间内，按照降额系数折合的统计对象等效不可用的小时数。等效停运小时分为等效计划停运小时（ESOH）和等效强迫停运小时（EFOH）。

1）等效计划停运小时（equivalent scheduled outage hours，ESOH）：在统计期间内，计划停运等效停运小时的总和。

$$ESOH = \sum_{i=1}^{n} ODF_i \times SOH_i \qquad (32-2)$$

式中　i——统计对象第 i 次处于计划停运的状态；

　　ODF_i——统计对象第 i 次处于计划停运状态下的降额系数，%；

　　SOH_i——统计对象第 i 次处于计划停运状态下的计划停运小时，h。

2）等效强迫停运小时（equivalent forced outage hours，EFOH）：在统计期间内，降额运行和强迫停运的等效停运小时的总和。

$$EFOH = \sum_{i=1}^{m} ODF_i \times DCSH_i + \sum_{j=1}^{n} ODF_j \times FOH_j \quad (32-3)$$

式中　i——统计对象第 i 次处于降额运行的状态；

　　ODF_i——统计对象第 i 次处于降额运行状态下的降额系数，%；

　　$DCSH_i$——统计对象第 i 次处于降额运行状态下的降额运行小时，h。

　　j——统计对象第 j 次处于强迫停运状态下；

　　ODF_j——统计对象第 j 次处于强迫停运状态下的降额系数，%；

　　FOH_j——统计对象第 j 次处于强迫停运状态下的强迫停运小时，h。

（4）等效可用小时（equivalent available hours，EAH）。在统计期间内，按照降额系数折合的统计对象等效可用的小时数，其值为统计期间小时与等效停运小时之差。

8. 降额运行次数（derated capacity in service times，DCST）

在统计期间内，统计对象发生降额运行的次数。

9. 不可用次数（unavailable times，UT）

在统计期间内，统计对象处于不可用状态下的次数。

（1）计划停运次数（scheduled outage times，SOT）。在统计期间内，统计对象发生计划停运的次数。

1）双极计划停运次数（bipolar scheduled outage times，BPSOT）：在统计期间内，统计对象发生双极计划停运的次数。

2）单极计划停运次数（monopolar scheduled outage times，MPSOT）：在统计期间内，统计对象发生单极计划停运的次数。

3）换流器计划停运次数（convertor scheduled outage times，CSOT）：在统计期间内，统计对象发生换流器计划停运的次数。

4）单元计划停运次数（convertor unit scheduled outage times，USOT）：在统计期间内，统计对象发生单元计划停运的次数。

（2）强迫停运次数（forced outage times，FOT）。在统计期间内，统计对象发生强迫停运的次数。

1）双极强迫停运次数（bipolar forced outage times，BPFOT）：在统计期间内，统计对象发生双极强迫停运的次数。

2）单极强迫停运次数（monopolar forced outage times，MPFOT）：在统计期间内，统计对象发生单极强迫停运的次数。

3）换流器强迫停运次数（convertor forced outage times，CFOT）：在统计期间内，统计对象发生换流器强迫停运的次数。

4）单元强迫停运次数（convertor unit forced outage times，UFOT）：在统计期间内，统计对象发生单元强迫停运的次数。

以上各专业术语均引自 DL/T 989—2013《直流输电系统可靠性评价规程》。

二、评价指标

评价指标包括能量可用率、能量不可用率、强迫能量不可用率、计划能量不可用率、能量利用率、各类强迫停运次数、降额运行次数以及各类计划停运次数。

1. 能量可用率（energy availability，EA）

在统计期间内，统计对象等效可用小时与统计期间小时之比的百分数。

$$EA = \frac{EAH}{PH} \times 100\% \qquad (32-4)$$

2. 能量不可用率（energy unavailability，EU）

在统计期间内，统计对象等效停运小时与统计期间小时之比的百分数。

$$EU = 1 - EA = \frac{EOH}{PH} \times 100\% \qquad (32-5)$$

（1）强迫能量不可用率（forced energy unavailability，FEU）。在统计期间内，统计对象等效强迫停运小时与统计期间小时之比的百分数。

$$FEU = \frac{EFOH}{PH} \times 100\% \qquad (32-6)$$

（2）计划能量不可用率（scheduled energy unavailability，SEU）。在统计期间内，统计对象等效计划停运小时与统计期间小时之比的百分数。

$$SEU = \frac{ESOH}{PH} \times 100\% \qquad (32-7)$$

3. 能量利用率（energy utilization，U）

在统计期间内，统计对象总输送电量与额定输送容量和统计期间小时的乘积之比的百分数。

$$U = \frac{TTE}{P_m \times PH} \times 100\% \qquad (32-8)$$

以上各评价指标均引自 DL/T 989—2013《直流输电系统可靠性评价规程》。

三、设计目标

1. 两端高压直流输电系统可靠性设计目标值

每极采用一个 12 脉动换流器接线的两端高压直流输电系统换流站可靠性设计目标参考值：

强迫能量不可用率不宜大于 0.5%。

计划能量不可用率不宜大于 1.0%。

单极强迫停运次数不宜大于 5 次/（极·年）。

双极强迫停运次数不宜大于 0.1 次/年。

每极采用两个 12 脉动换流器串联接线的两端高压直流输电系统换流站可靠性设计目标参考值：

强迫能量不可用率不宜大于 0.5%。

计划能量不可用率不宜大于 1%。

换流器单元平均强迫停运次数不宜大于 2 次/（单元·年）。

单极强迫停运次数不宜大于 2 次/（极·年）。

双极强迫停运次数不宜大于 0.1 次/年。

2. 背靠背直流输电系统可靠性设计目标值

强迫能量不可用率不宜大于 0.5%。

计划能量不可用率不宜大于 1.0%。

背靠背换流单元强迫停运次数不宜大于 6 次/年。

以上可靠性设计目标引自 GB/T 51200—2016《高压直流换流站设计规范》和 GB/T 50789—2012《±800kV 直流换流站设计规范》。

第二节　可靠性评估方法

直流系统的可靠性评估基本思路是利用元部件停运数据，通过概率模型计算可靠性指标。直流系统可靠性计算一般需要大量原始运行数据采集，并搭建复杂系统模型，最终采用计算机编程计算完成。本节仅对可靠性评估方法做概念性介绍。

一、高压直流输电系统子系统划分

在进行整个高压直流系统的可靠性研究之前，一般先将系统划分为若干个子系统，对它们的内部特性进行充分地研究，同时需要全面地考虑它们相互之间的关系，然后得到能表征整个高压直流输电系统运行状态及其转移关系的逻辑关系图。

国际大电网会议（CIGRE）建议将引起高压直流输电系统强迫停运的设备或原因分为以下六类。

（1）交流及其辅助设备（AC−E）。是指换流站所有的交流主要设备，包括交流滤波器及并联补偿装置、交流控制和保护装置、换流变压器、同步补偿设备、辅助设备与辅助电源及其他交流开关场设备。

（2）换流器（V）。是指阀本体和阀冷却系统，前者包括形成换流桥的整个阵列，即包括与阀和运行阵列元件相关的全部辅助设备和组件。

（3）直流控制和保护（C−P）。是指除第一类中常规交流控制和保护装置以外的所有控制和保护设备，包括就地控制、监测和保护以及控制盒保护的通信设备等。

（4）直流一次设备（DC−E）。包括直流滤波器、平波电抗器、直流开关设备、接地极、接地极引线以及直流开关场和阀厅设备。

（5）直流输电线路（TL）。包括架空线、海底或陆地电缆线以及除线路保护以外的辅助设备。

（6）其他（O）。主要指人为的误操作和不明原因引起的停运。

在实际的可靠性建模过程中，可将上述的 6 个子系统进行更为细致的划分，如可建立单独的换流变压器子系统或交流滤波器子系统等。

二、可靠性评估方法简介

高压直流系统可靠性研究始于 20 世纪 60 年代末。1968年，国际大电网组织（CIGRE）开始对全世界的高压直流输电系统进行可靠性的统计和分析。同年，比林顿（R.Billinton）教授发表了第一篇有关高压直流输电系统可靠性的论文，应用概率分布法（Probability Distribution Method，PD 法）对英国的金思诺斯（Kingsnorth）直流输电工程进行了可靠性评估。概率分布法根据直流系统元件的故障概率来计算系统的可用输送容量随机地处在各种可能状态下的概率，并以此作为评估高压直流输电系统可靠性的基础指标。这种方法原理较简单、应用起来较方便，但由于不能考虑系统在

各种状态之间的随机转移情况及其后果，因此计算结果会带有误差。同时，该方法没有较强的系统性，建立元件故障率与系统处于各种容量状态的概率关系十分繁琐，且容易出错。上述缺点使得概率分布法在实际工程中的应用受到了很大的限制。

随着 Markov 过程的基本理论和模型引入电力系统的可靠性评估，比林顿（R.Billinton）等人又提出了高压直流输电系统可靠性评估的频率和持续时间法（Frequency and Duration Method，FD 法）。这种方法着眼于建立各子系统的状态空间图并获得相应的等效模型，通过组合各等效模型而建立整个高压直流输电系统的状态空间图。在建立状态空间图及对各子系统等效模型进行组合的过程中，可以考虑实际高压直流输电系统各种复杂的技术条件。但当系统比较复杂时，计算的工作量剧增，且计算中常常对系统的实际条件进行较多的简化。FD 法多用于评估简单的直流输电系统。

近年来，随着各国学者对直流系统可靠性研究方法的不断探索，除了 FD 法外，先后还出现了故障后果分析法、故障树法（Fault Tree Analysis Method，FTA 法）、蒙特卡罗模拟法、成功流法（Goal−Oriented Method，GO 法）等[1]。

故障后果分析法是对直流系统中的每个元件建立可靠性的模型，根据元件的可靠性串并联关系逐个组合元件，最后得到整个直流系统的可靠性指标。该方法属于解析法，在概念上比较简单，使用起来也比较方便，但计算量较大，过程比较繁琐。

故障树法（FTA 法）的引入是考虑到直流输电系统设备众多，FD 法可能很难考虑到所有的设备。FTA 法实质上是事件之间的逻辑关系图，清晰地说明系统是怎样失效的。该方法从引起系统失效的原因出发，列出所有可能引起系统失效的事件，故障树的计算也有专门的软件可以实现。从引起系统失效的事件考虑，还可以计算每个子系统或设备对系统可靠性指标的影响大小，为系统的改进提供可靠性参考。该方法概念清晰、方法简单。其缺点是如果系统过于复杂，其构建故障树的过程将非常复杂和烦琐[2]。

蒙特卡罗模拟法是利用计算机模拟随机出现的各种系统状态，并从大量的模拟结果中统计出系统可靠性指标。模拟法可以在数学模型中更加全面地反映系统的实际条件，适用于系统较为复杂和庞大的情况。但该方法的计算精度和计算时间是密切相关的，即为了获得精度较高的可靠性指标，往往需要很长的计算时间。本方法在国外直流工程中多有应用。

成功流法（GO 法）[3]是一种以成功为导向的系统概率分析技术，该方法在 20 世纪 60 年代中期由美国 Kaman 科学公司提出，用来分析武器和导弹系统的安全性和可靠性。因技术较为复杂和保密等原因，GO 法的普及和应用受到一定的限制。作为一种特殊的可靠性分析方法，GO 法适合用于可修复

系统的研究。近年来 GO 法的功能和算法不断地得到发展和完善，利用它来进行直流输电系统可靠性研究也得到了业内的关注[4]。

我国对高压直流系统可靠性研究始于 20 世纪 80 年代初，研究工作针对葛洲坝—南桥直流工程的可靠性指标、计算参数以及可靠性综合分析和决策等开展了较系统的理论研究。我国高压直流系统可靠性评估的主要方法是 FD 法、FTA 法和混合法（如将 FD 法和 FTA 法相结合的方法）等。而 GO 法在 HVDC 保护系统可靠性研究中也已取得了一定的成果。

第三节　提高直流输电系统的可靠性措施

高压直流输电系统的设计目标是达到高水平的可用率和

可靠性。在换流站的设计中要特别注意避免由于设备故障、误动作或运行人员的错误引起的双极强迫停运，应仔细考虑影响高压直流输电系统性能的相关因素，主要包括：子系统和系统的试验、保护继电器配合、合适的继电器整定值、备品备件以及设计的冗余度等。

本节仅从工程设计的角度出发，简单介绍工程设计中如何提高直流输电系统可靠性。

一、直流输电系统设计要求

（一）直流输电系统构成

高压直流输电系统的接线示意图如图 32-2 所示，主要包括交流系统、换流变压器、换流器、控制保护系统、正负极输电线路、平波电抗器、交流滤波器、直流滤波器和接地极等[5]。

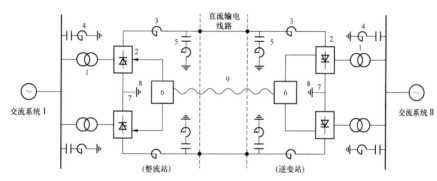

图 32-2　高压直流输电系统接线示意图

1—换流变压器；2—换流器；3—平波电抗器；4—交流滤波器；5—直流滤波器；6—控制保护系统；

7—接地极引线；8—接地极；9—通信系统

从高压直流输电系统的运行方式来看，简单的可分为完整双极运行方式、单极大地回线方式、单极金属回线方式等。对于每极双 12 脉动换流器串联接线的直流系统，还存在不完整双极运行方式。

由此可见，直流输电系统整体的可靠性是和组成整个系统的各个元件、系统的接线方式、控制保护、运行方式息息相关的。

（二）直流输电系统设计要求

（1）在正常平衡的双极运行条件下，单一故障应不引起设备强迫停运而导致直流输送功率的减小大于一个极的额定功率。

（2）高压直流输电系统的设计应能防止由于设备故障、误动作或运行人员错误而引起的错误的功率反转。

（3）换流站的设计应允许一个极（或单元）维修而另一极（或单元）运行。每极的计划检修每年不应多于一次。换流站设计应保证不因维修而引起全站停电。

（4）直接与直流输电系统输送功率相关的控制和保护设计应保证元件的常规故障不应引起直流输电系统容量的减少

大于一个极的额定容量。

（5）换流站辅助系统和相关的控制和保护系统设计应保证单个元件故障不引起直流输送功率减少。所有的冷却系统中冷却泵、冷却风扇和热交换器应留有足够的备用容量，允许冷却系统中任何单一设备损失时不减少高压直流输电系统功率输送容量。为了满足这些要求，必要时应将冷却泵、冷却风扇和热交换器双重化。

二、影响直流输电系统可靠性的主要因素

（一）一次系统

直流输电系统的一次设备种类、数量较多，对系统的可靠性的影响较大[6]。

1. 换流器

现代高压直流工程中多采用 12 脉动换流器作为基本换流单元，以减少换流站所设置的特征谐波滤波器。从接线形式看，又可分为每极单 12 脉动换流器接线（型式 1）和每极双 12 脉动换流器串联接线（型式 2）。型式 1 两端换流站整个双极系统包含两极两端的 4 个换流单元，型式 1 的元件数量较

少，可靠性要高，而一旦一个换流单元故障，输送能力损失一半；型式 2 每个换流单元可以单独控制，实现不平衡运行，其型式复杂，元件多，可靠性较型式 1 低，但一旦一个换流单元故障，输送能力仅损失 1/4。

换流器主要由换流器设备本身（包括换流器避雷器）和冷却系统组成，换流器本身设备及冷却系统故障均导致单换流器停运。

换流器的故障分为如下 3 类：

（1）换流器的触发失败和误导通，是由控制和触发设备的各种故障造成的。

（2）换相失败，是由于外部交流或直流电路条件的变化，加之逆变器熄弧角预置控制不当造成的。交流电压偏低，直流电流偏大，都可能使得换相不能在足够的时间内完成。

（3）内部短路，此故障非常少见，起因可能是接地开关误操作，或绝缘老化和避雷器失效。

2. 换流变压器

换流变压器的接线方式主要是根据换流阀的接线方式，结合换流变压器的制造、安装和运输能力确定每个换流单元所对应的换流变压器类型及接线。每个换流单元连接的换流变压器的类型有以下四种：

（1）1 台三相三绕组变压器，接线型式为 Yyd。

（2）2 台三相双绕组变压器，一台为 Yy 型接线，另一台为 Yd 接线。

（3）3 台单相三绕组变压器，接线型式为 Yyd。

（4）6 台单相双绕组变压器，其中 3 台接线型式为 Yy，另外 3 台接线型式为 Yd。

从可靠性角度看，假定不同类型的换流变压器的故障率和平均修理时间是相同的，则由于采用三相三绕组变压器台数最少，因此对于一个换流单元，它的能量可用率和可靠性最高。换流变压器的 4 种类型接线中，类型（1）可靠性最高，类型（2）及（3）次之，类型（4）较低。因此，在换流变压器的制造、安装和运输能力具备的条件下，应优先采用类型（1）以提高系统的可靠性。但考虑到换流变压器电压等级高、容量大，以及换流变压器的制造、安装和运输能力，采用以上类型（1）、（2）均具有相当大的难度，类型（3）次之，类型（4）则在制造、安装和运输中优势明显。类型（3）在国内面对输送功率较小的换流单元中有成功应用运行案例，而类型（4）在实际高压直流输电工程中应用最普遍。

需要说明的是，对于类型（4），每个换流站设有 12 或 24 台变压器。若有 1 台变压器故障，则会导致单换流阀故障（每个单换流阀配有 6 个单相双绕组变压器），这就使得换流站的运行可靠性降低。为降低运行风险，提供系统可靠性，在换流站内对每一类换流变压器进行备品就显得非常有必要。

3. 交流配电装置

国内直流工程中，交流配电装置一般采用一个半断路器接线的形式，对直流系统而言，暂只考虑交流配电装置出线引起的直流系统的停运。与之相关的交流配电装置出线包括大组滤波器进线和换流变压器进线，若出线中发生接地故障，则会造成降功率运行或单换流器、单极、双极停运。

根据目前直流工程的研究成果，交流滤波器组可能的接线方案有：

（1）交流滤波器分成几个大组（一般为 3～5 大组）接入 3/2 断路器接线串中。

（2）交流滤波器小组直接接母线。

（3）交流滤波器大组 T 接每极换流变压器的交流进线。

（4）交流滤波器小组直接接入一个半断路器接线串中。

一般设计滤波器小组数量时，考虑当任意一小组滤波器退出时，系统直流输送能力仍为 100%，而当有两小组同时退出时，则不能保证直流输送能力 100%。故从可靠性角度看，方案（4）可靠性最高；方案（1）可靠性较方案（4）稍低，该方案滤波器投切灵活，且便于两极间的相互备用，适应性好；方案（2）接线会降低主母线的可靠性；方案（3）为交流滤波器按极配置，在国外一些工程中有运用，其主要缺点是不便于交流滤波器两极间的相互备用，而且增加了换流变压器进线故障的几率。从可靠性角度看，首推方案（4），但其投资太大，很少采用。国内大多数直流输电工程采用可靠性高且投切灵活的方案（1）。

4. 直流配电装置

直流中性母线区域的设备主要为直流穿墙套管、低压电抗器、低压开关和避雷器，若其中有 1 个元件故障，则会导致单极停运。

直流极母线上的设备主要为直流穿墙套管、高压电抗器、高压开关和避雷器，若其中有 1 个元件故障，则会导致单极停运。

直流配电装置旁路开关区域仅在双 12 脉动接线中出现，其区域内主要设备为开关类，若其中有 1 个元件故障，则会导致不平衡运行或降功率运行。

对于"点对点"高压直流输电工程一般按每站每极两到三个平波电抗器（干式）串联布置，故只要有 1 个平波电抗器故障，则该极就会停运。对于"背靠背"高压直流输电工程一般按每站每极一到两台平波电抗器（油浸式）串联布置，故只要有 1 个平波电抗器故障，则该极就会停运。由于平波电抗器体型大、运输较为繁杂，换流站内一般要考虑对其备品。

高压直流系统中，若只有一侧换流站直流滤波器发生故障，则不会造成强迫极停运，但是若两侧换流站同极性直流滤波器发生故障，则会导致单极停运。

5．接地极

接地极对可靠性的影响主要体现在，当单极大地回线运行时，接地极本体运行的性能及其对周边环境影响因素。同时需要注意的是，由接地极引起的直流偏磁影响，可能会造成大范围的变电站停电事故。

6．换流站站用电及辅助系统

换流站一旦失去站用电，将造成直流双极闭锁。

直流电源系统如发生故障，将造成直流系统闭锁。

阀外冷系统故障时，会导致换流器件运行异常，从而引起直流系统闭锁。

（二）控制保护系统

从已有的高压直流输电系统运行的经验来看，直流控制保护系统仍是影响直流输电系统能量可用率和系统可靠性的重要因素。在我国运行的直流输电系统中，也不止一次出现因直流控制保护系统导致直流输电系统双极闭锁事故，对电网稳定和经济运行造成了重大影响。

控制保护系统故障导致单极闭锁或双极闭锁主要表现在：

（1）保护系统的误动和拒动。

（2）通信故障或中断。

（3）控制系统扰动和控制系统板卡故障。

（4）控制参数设置得不合适。

（5）站用电二次系统故障导致系统强迫停运。

（6）主机异常故障、死机频繁导致的系统强迫停运。

（三）直流线路

若线路故障，或线路两端的线路避雷器发生故障都会导致单极停运。直流架空线故障的原因有雷击、滑坡、植物、风等。根据高压直流输电系统的运行经验表明，直流线路故障比内部短路更为频繁，直流架空线接地故障是强迫停运的主要原因。

三、提高直流输电系统可靠性的主要措施

通过对直流输电系统可靠性指标和实际运行的直流输电系统可靠性分析，为了提高系统的可用率，核心思路是从降低元部件故障率和缩短故障停运时间两个方面着手[7][8][9]。

（一）一次系统

1．电气主接线

在直流换流站中，电气主接线包括换流器接线、换流变压器接线、直流配电装置接线、交流滤波器组接线、交流配电装置接线等。各部分不同的接线型式可靠性不同，要对设备制造、运输、投资以及可靠性进行综合比较，选择合适的电气主接线。

2．站用电

提高站用电可靠性包括两个方面，分别是站用电源的可靠性和站用电接线的可靠性。

对高压直流系统换流站站用电的设计，要考虑到站用电的备用，建议采用3回电源供电，其中2回为工作电源，另1回为备用电源，即要有备用电源自动投入装置，以便主供母线故障时可切换到备用电源。站用电系统采用与每个换流器相对应的接线方式，以保证每个换流器站用负荷供电的相对独立性和可靠性，避免任一12脉动换流器站用电装置退出运行影响另一12脉动换流器的安全运行。同时对于每个换流器的重要负荷应带有备用电源。

对站用电容量、备用、负荷分配等方面的考虑可提高整个高压直流输电系统的可靠性。

3．降低元部件故障率

元部件的故障率对系统的可靠性及可用率影响很大，尤其是换流站中的很多重要设备如换流器、换流变压器、平波电抗器、直流场设备以及交流滤波器等。因此，应要求制造厂严把质量关，提高产品质量，努力降低元部件故障率。

另外，制定合理的设备维修周期既可以降低故障率，还可以延长元件的正常工作时间。

4．设备和配件的备用

经过大量研究表明，为减少停运时间，对关键设备和配件进行备用，可以大大提高换流站运行可靠性。以下为建议的换流站主要备品清单[10]：

（1）换流变压器。

（2）换流变压器附件：① 套管；② 泵机；③ 风机。

（3）电抗器：① 平波电抗器；② 并联电抗器；③ 滤波电抗器；④ 接地极电抗器。

（4）换流器：① 晶闸管；② 缓冲回路，阻尼回路，电压分压器；③ 暂态限流电抗器；④ 电子电路板和阀基电子单元；⑤ 光缆。

（5）直流穿墙套管。

（6）交流、直流避雷器。

（7）交流断路器及负载开关附件：① 闭合和跳闸线圈；② 闭合和跳闸机构；③ 控制棒；④ 电弧触头。

（8）电压和电流测量装置：① 电容式电压互感器；② 直流分压器；③ 电压互感器；④ 电流互感器；⑤ 直流电流测量装置。

（9）滤波设备：① 并联电容器；② 电阻器。

（10）其他直流侧设备：① 直流隔离开关；② 中性线电容器组；③ 接地极电容器组。

（11）控制、保护、测量系统：① 阀控（电子板）；② 直流控制（电子板）；③ 故障监视。

（12）站用电及辅助系统：① 低压回路断路器；② 熔断器；③ 低压避雷器；④ 电池；⑤ 不间断电源。

（13）阀冷设备：① 风机；② 泵机；③ 热交换器；④ 机械阀门；⑤ 冷却介质过滤器。

5. 设备搬运

设计阶段，应优化换流站内设备搬运方案，特别是针对换流变压器（包括备用换流变压器）以及平波电抗器等大型设备的搬运。合理的道路设置、轨道设计以及换流变压器的转向方案是缩短停运时间的重要手段。

6. 冗余设计

为了缩短停运时间、降低检修次数，对换流站内某些元件可进行冗余配置。例如零值绝缘子片数设计、高压电容器组内电容器单元的冗余配置等。

（二）控制保护系统

为了提高直流系统的可靠性和可用率，将极和双极停运率减到最低，控制保护系统总体来讲可从以下三个方面着手。

1. 换流站控制系统

换流站控制系统的可靠性可以从系统冗余、系统分层、功能分布、防误操作、自检与监视、合理布置 I/O 测控装置的位置、网络安全等方面来提高。

（1）系统冗余。换流站控制系统通常为多层网络结构，各层网络均采用双网结构，其操作员工作站、系统服务器、控制主机、远动通信设备也均采用冗余配置，当运行的单元发生故障时，系统自动切换到热备用的单元，使得单设备故障不会引起整个系统故障。

（2）系统分层。直流控制系统设计通常采用分层结构，保证双极控制、极控制和换流器控制各层之间的功能相对独立，耦合关系尽量减少，避免某一部分的故障影响整个系统的运行。

（3）功能分布。直流控制系统采用合理的功能分布设计，保证极层和换流器层、两个换流器之间控制功能保持相对独立，故障或检修时互不影响，同时功能分布应使系统相对简单。

（4）防误操作。换流站控制系统通常对所有控制操作，尤其是顺序控制、运行方式转换操作均设计可靠的联锁。同时为了进一步加强控制操作的安全性，尽可能减少运行人员误操作的可能性，在运行人员控制系统中可采用 1 人操作、1 人监护的操作模式，即操作人选择操作命令后，只有在监护人确认后操作人才能执行命令。

（5）自检与监视。整个系统应具有完善的设备自检与监视功能，自诊断功能应能覆盖包括内存、处理器、I/O 测控装置、总线或局域网、通信及电源等所有相关设备。对于自检出现的问题，应根据故障级别进行报警、系统切换、退出运行、闭锁直流等不同的处理方式，来避免单一元件故障造成系统误动。

（6）合理布置 I/O 测控装置的位置。为检修运行方便，合理放置 I/O 测控装置，使其做到相对独立，避免 I/O 测控装置放置不合理的问题，检修 I/O 测控装置或人工操作不当造成保护误动的现象。

（7）网络安全。网络安全方面所采取的措施通常包括实时站 LAN 网与培训 LAN 网通过防火墙隔离，MIS 接口工作站通过单向网络隔离装置与站 MIS 系统隔离，可以减少网络受外部攻击的可能性。

2. 直流系统保护

直流系统保护的可靠性可以从区域的划分、冗余配置、软件功能来提高。

（1）区域的划分。根据可靠性的基本原理，以及电力系统的运行经验，保护装置区域的划分原则遵循面向的一次设备可以独立运行时，负责该部分一次设备的保护装置也要能够独立运行，同时每一个保护区应与相邻保护的保护区重叠，不应存在保护死区，避免因遗漏造成的系统停运。

（2）冗余配置。直流系统保护按照双重化或三重化配置，各保护装置的测量回路、通道及辅助电源等相互独立。为提高保护的可靠性，避免单一元件故障引起保护装置误动跳闸，双重化配置的每套保护装置通常采用启动和动作相"与"的防误逻辑出口，三重化配置的每套保护装置的出口通常采用独立的"三取二"逻辑出口。

（3）软件功能。除了可以利用保护装置的区域划分、保护的冗余配置，还可以从增强软件的自检能力、对测量设备出现的异常增强综合判断、对开关量输入进行防误判断、采用高可靠性的保护原理等软件功能上采取措施来提高可靠性。

3. 设备质量

直流控制保护系统硬件平台的可靠性是保证直流输电系统安全可靠运行的根本。国内直流工程中的控制保护系统硬件板卡故障率相对较高，因此应从物料采购、生产制造、调试到试验每个环节均严格把关，保证产品的质量。

物料采购和生产制造环节上可通过大规模采用低功耗器件、合理的屏柜和机箱散热和抗干扰设计、采用嵌入式分布系统均衡系统各部位负载等技术手段来提高系统的可靠性。

调试和试验环节可通过在产品出厂前，对直流控制保护系统进行整体试验，全面测试所有设备、接口和功能，对整个系统进行负载、容量测试，整体考核控制和保护系统的协调动作，提高设备质量。对于系统设计不合理或者其他系统性原因产生的问题，可以在出厂之前整改，避免这类故障在现场出现，影响系统运行。

（三）直流线路

提高直流线路可靠性的关键是减少直流线路的接地故障，工程设计中，可从以下几个方面来考虑如何提高可靠性。

1. 线路路径

线路路径选择时，可考虑尽量远离道路、村庄等人员活动密集地区，减少杆塔占地面积。

2. 防雷

针对雷害风险高的地区，采取减小地线保护角、改善接地装置、适当加强绝缘、安装线路避雷器等措施。

3. 防风

合理划分线路风速区段，尽量避开微地形、微气象地区，舞动区线路合理安装防舞装置，杆塔采用防松措施。

4. 防冰

线路尽量避开覆冰区域。如无法避开覆冰区，应采取适当的防冰措施，如适当增加双联I串联间距、采用V串或悬垂绝缘子串上插花加装大盘径绝缘子等。

5. 防鸟害

收集线路鸟害范围，安装防鸟设施，如可在悬垂绝缘子串上插花加装大盘径绝缘子等。

（四）其他

1. 合理选择设计风速及地震设防烈度

高压直流工程投资大，输送容量大，在系统中位置十分重要，这就对安全可靠性提出了更高的要求。提高设计风速及地震设防烈度取值是提高安全可靠性的措施，但相应会增加工程投资。为此，应研究采用不同的风速、地震强度等设计条件对造价的影响，对敏感性进行分析，以得到最合适的工程方案。

2. 防火

工程设计及运行管理中，应高度重视防火，坚决杜绝火灾事故。

3. 独立性设计

系统设计中宜确保每一个极之间以及每极的各个换流器之间的最大相互独立，避免其相互之间的故障传递。

4. 新技术的应用

许多新技术的应用都有利于降低元部件的故障率，提高直流输电的可靠性。从直流输电的发展史来看，经历了汞弧阀时期和晶闸管换流时期，由于汞弧阀制造技术复杂、价格昂贵、逆弧故障率高，系统的可靠性较低；晶闸管换流阀不存在逆弧问题，且制造、试验、运行维护和检修都比汞弧阀简单而方便。晶闸管换流阀在直流工程中已广泛应用，有效地提高了直流输电的运行性能和可靠性。近年来，随着全控器件研究的不断发展，以IGBT为核心换流器件的电压源型直流输电技术正在成为未来直流输电发展的新方向。

第四节　部分直流输电系统可靠性指标统计表

表32-1～表32-7为2004年、2005年、2007年、2009年国内±500kV直流输电系统和换流站（含背靠背换流站）的可靠性指标数据。

表32-8为国家能源局官方网站发布的全国2011～2015年全年投运的直流输电系统可靠性指标数据。

表32-1　2004年部分直流输电系统可靠性指标[11]

统计对象	能量可用率（%）	能量不可用率（%）	强迫能量不可用率（%）	计划能量不可用率（%）	系统运行率（%）	强迫停运次数（次）		双极强迫停运时间（h）		计划停运次数（次）		计划停运时间（h）		总输送电量（亿kWh）	能量利用率（%）
						双极	单极	双极	单极	双极	单极	双极	单极		
葛南	82.552	17.448	0.464	16.983	83.190	1	7	7.25	41.75	2	5	1468.89	45.82	63.45	60.19
天广	89.230	10.770	4.680	6.090	95.710	0	11	0	236.35	2	31	361.29	597.97	57.66	36.47
龙政	92.850	7.150	0.922	6.224	96.980	0	7	0	5.353	0	12	0	1090.397	205.88	78.13
江城	96.604	3.396	2.000	1.396	99.250	1	6	13.97	95.55	0	8	0	142.9	90.11	58.73

表32-2　2005年部分直流输电系统可靠性指标[12]

统计对象	能量可用率（%）	能量不可用率（%）	强迫能量不可用率（%）	计划能量不可用率（%）	系统运行率（%）	双极强迫停运次数（次）	双极强迫停运时间（h）	双极计划停运次数（次）	双极计划停运时间（h）	总输送电量（亿kWh）	能量利用率（%）
葛南	65.360	34.630	0.250	34.390	66.840	0	0	2	2905.08	61.61	58.61
天广	91.770	8.220	2.970	5.250	91.480	1	4.67	5	305.28	46.91	29.75
龙政	95.590	4.410	1.260	3.150	98.050	1	10.02	0	0	203.44	77.41
高肇	92.530	7.470	3.220	4.250	89.950	0	0	2	139.85	105.64	40.20
江城	93.790	6.210	1.910	4.300	96.220	1	1.5	1	314.87	183.02	69.64

表 32-3 2005 年部分换流站可靠性指标[12]

统计对象	能量可用率（%）	强迫能量不可用率（%）	计划能量不可用率（%）	能量不可用率（%）	能量利用率（%）
葛洲坝站	66.425	0.123	33.452	33.575	58.607
南桥站	65.656	0.000	34.344	34.344	58.607
江陵站	95.598	0.173	4.229	4.402	69.641
鹅城站	96.091	0.121	3.787	3.909	69.641
龙泉站	96.696	0.045	3.259	3.304	77.413
政平站	96.752	0.153	3.095	3.248	77.413
天生桥站	91.925	2.911	5.165	8.075	29.753
广州站	96.671	0.038	3.291	3.329	28.722
高坡站	94.679	0.910	4.411	5.321	40.198
肇庆站	93.365	2.313	4.322	6.635	41.231

表 32-4 2007 年部分直流输电系统可靠性指标[13]

统计对象	能量可用率（%）	能量不可用率（%）	强迫能量不可用率（%）	计划能量不可用率（%）	系统运行率（%）	双极强迫停运次数（次）	双极强迫停运时间（h）	双极计划停运次数（次）	双极计划停运时间（h）	总输送电量（亿 kWh）	能量利用率（%）
葛南	90.610	9.390	0.680	8.720	91.510	1	8.18	3	723.81	75.64	71.96
天广	93.780	6.220	0.160	6.060	93.880	3	6.68	5	435.37	75.48	47.87
龙政	97.060	2.940	0.010	2.930	96.950	0	0	1	255.13	154.38	58.74
高肇	96.670	3.330	0.810	2.520	97.350	1	0.93	3	217.13	213.08	81.08
江城	94.320	5.680	1.190	4.500	96.020	0	0	3	351.05	179.11	68.16
宜华	91.590	8.410	1.500	6.920	91.730	0	0	4	436.55	97.48	37.09
灵宝	94.480	5.520	2.690	2.830	94.480	1	235.1	2	248.17	29.63	93.97

表 32-5 2007 年部分换流站可靠性指标[13]

统计对象	能量可用率（%）	强迫能量不可用率（%）	计划能量不可用率（%）	能量不可用率（%）	能量利用率（%）
葛洲坝站	91.190	0.180	8.630	8.810	71.960
南桥站	96.920	0.300	2.790	3.080	71.960
江陵站	95.520	0.040	4.440	4.480	68.160
鹅城站	96.110	0.000	3.890	3.890	68.160
龙泉站	97.090	0.000	2.910	2.910	58.740
政平站	97.070	0.000	2.930	2.930	58.740
宜都站	93.860	0.320	5.820	6.140	37.090
华新站	92.430	1.020	6.550	7.570	37.090
天生桥站	94.480	0.030	5.500	5.520	47.870
广州站	94.300	0.130	5.580	5.700	44.900
高坡站	97.550	0.060	2.380	2.450	81.080
肇庆站	97.210	0.370	2.420	2.790	76.090

表 32-6　2009 年部分直流输电系统可靠性指标[14]

统计对象	能量可用率（%）	能量不可用率（%）	强迫能量不可用率（%）	计划能量不可用率（%）	系统运行率（%）	双极强迫停运次数（次）	双极强迫停运时间（h）	双极计划停运次数（次）	双极计划停运时间（h）	总输送电量（亿kWh）	能量利用率（%）
葛南	66.360	33.640	0.230	33.410	69.420	1	15.03	3	2663.97	62.40	59.36
天广	89.901	10.099	0.003	10.096	87.720	0	0	2	229.73	56.92	36.10
龙政	94.470	5.530	0.130	5.400	90.400	0	0	2	468.75	156.52	59.56
高肇	96.320	3.680	0.020	3.660	95.300	0	0	3	242.37	179.76	68.40
江城	89.380	10.620	0.210	10.410	89.580	0	0	3	912.38	148.34	56.45
宜华	92.950	7.050	0.010	7.040	92.980	0	0	2	614.72	154.87	58.93
兴安	96.500	3.500	0.190	3.310	94.440	0	0	2	275.18	167.19	63.62
灵宝	88.110	11.890	0.040	11.850	88.110	—	—	—	—	27.08	85.87
高岭	96.860	3.140	0.220	2.920	99.040	—	—	—	—	70.45	53.61

表 32-7　2009 年部分换流站可靠性指标[14]

统计对象	能量可用率（%）	强迫能量不可用率（%）	计划能量不可用率（%）	强迫停运次数 双极（次）	单极（次）
葛洲坝站	74.830	0.180	24.990	1	0
南桥站	77.380	0.040	22.580	0	1
江陵站	99.970	0.030	0.000	0	2
鹅城站	100.000	0.000	0.000	0	0
龙泉站	98.250	0.130	1.620	0	2
政平站	98.430	0.000	1.570	0	0
宜都站	98.420	0.010	1.570	0	1
华新站	98.450	0.000	1.550	0	0
天生桥站	90.250	0.000	9.750	0	0
广州站	90.010	0.003	9.990	0	1
高坡站	96.730	0.010	3.260	0	1
肇庆站	96.570	0.010	3.420	0	2
兴仁站	96.930	0.003	3.070	0	1
宝安站	96.790	0.180	3.030	0	3
灵宝站	88.110	0.040	11.850	—	1
高岭站	96.860	0.220	2.920	—	2

表 32-8　全国 2011～2015 年全年投运的直流输电系统可靠性指标

可靠性指标	年份	点对点超高压	点对点特高压	背靠背	合计
系统数量（个）	2011 年	9	2	2	13
	2012 年	11	2	2	15
	2013 年	12	3	3	18
	2014 年	12	5	3	20
	2015 年	12	5	3	20

可靠性指标	年份	点对点超高压	点对点特高压	背靠背	合计
额定输送容量（MW）	2011 年	23 964	11 400	2610	37 974
	2012 年	30 964	11 400	2610	44 974
	2013 年	31 564	18 600	4860	55 024
	2014 年	31 564	34 600	4860	71 024
	2015 年	31 564	34 600	4860	71 024
能量可用率（%）	2011 年	95.141	94.379	97.535	95.077
	2012 年	96.385	93.341	95.835	95.581
	2013 年	95.565	92.003	95.606	94.365
	2014 年	94.095	93.089	97.042	93.898
	2015 年	94.983	95.465	95.017	95.220
强迫停运次数（次）	2011 年	28	5	2	35
	2012 年	13	5	0	18
	2013 年	21	8	2	31
	2014 年	19	6	1	26
	2015 年	17	11	0	28
强迫能量不可用率（%）	2011 年	0.220	0.100	0.253	0.186
	2012 年	0.231	0.060	0	0.174
	2013 年	0.216	0.304	0.105	0.236
	2014 年	0.134	0.265	0.012	0.18
	2015 年	0.139	0.523	0	0.317
计划能量不可用率（%）	2011 年	4.639	5.521	2.213	4.737
	2012 年	3.384	6.599	4.165	4.244
	2013 年	4.218	7.693	4.341	5.404
	2014 年	5.771	6.646	2.946	5.923
	2015 年	4.877	4.012	4.983	4.463
总输送电量（亿 kWh）	2011 年	872.52	216.64	173.14	1262.30
	2012 年	1373.74	332.08	185.32	1891.15
	2013 年	1319.25	836.74	130.59	1787.66
	2014 年	1439.44	1068.3	154.23	2661.97
	2015 年	1452.60	1538.80	245.19	3236.59
能量利用率（%）	2011 年	41.56	21.69	75.73	37.95
	2012 年	50.51	33.16	80.83	47.87
	2013 年	47.71	51.35	63.28	50.32
	2014 年	52.06	45.84	47.78	49.11
	2015 年	52.54	50.77	36.92	50.61

参考文献

[1] 杨镝，张焰，祝达康. 特高压直流输电系统可靠性评估方法[J]. 现代电力，2011，28（4）：1－6.

[2] 张静伟，任震，黄雯莹. 直流系统可靠性故障树评估模型及应用[J]. 电力自动化设备，2005，25（6）：62－65.

[3] 张雪松，王超，常勇. GO 法在特高压直流输电可靠性研究中的应用[J]. 高电压技术，2009，35（2）：236－241.

[4] 梅念，陈东，马为民，石岩. 基于扩展 GO 法的 HVDC 保护系统可靠性评估[J]. 电网技术，2013，37（4）：1069－1073.

[5] 陈鹏，查鲲鹏，曹均正，蓝元良. 特高压直流输电系统的简化可靠性模型及其应用[J]. 智能电网，2014，2（5）：1－6.

[6] 周静，马为民，蒋维勇，李亚男. 特高压直流工程的可靠性[J]. 高电压技术，2010，36（1）：173－179.

[7] 周静，马为民，石岩，韩伟. ±800kV 直流输电系统的可靠性及其提高措施[J]. 电网技术，2007，31（3）：7－12.

[8] 申卫华，李学鹏，胡明，孟轩，徐玉香，李维达，薛勤. 直流输电系统可靠性指标和提高可靠性的措施[J]. 电力建设，2007，28（2）：5－10

[9] 黄晓明，胡劲松，胡晓. 提高特高压直流输电系统可靠性的措施[J]. 电力设计，2007，2（1）：65－69.

[10] IEEE Std 1240－2000（R2012）. IEEE Guide for the evaluation of the reliability of HVDC converter stations.

[11] 贾立雄，胡小正. 2004 年度全国直流输电系统运行可靠性分析[J]. 电力设备，2005，6（9）．72　76.

[12] 王鹏. 2005 年全国直流输电系统运行可靠性分析[J]. 电力设备，2007，8（4）：84－88.

[13] 王鹏. 2007 年全国直流输电系统运行可靠性分析（上）[J]. 电力设备，2008，9（8）：84－88.

[14] 李霞. 2009 年全国直流输电系统运行可靠性分析报告[J]. 中国电力教育，2010，28：253－256.

第三十三章

直流线路电磁环境

直流线路的电磁环境影响主要包括电晕效应、电场效应、无线电干扰和可听噪声等，是导地线选型、确定塔头尺寸和导线对地距离等设计环节的重要依据。直流线路的设计应合理地控制电磁环境影响，满足限值要求。

第一节 电 晕

一、电晕现象

当导线表面电场强度超过某一临界值（起晕电场强度）时，高压电场使得导线周围的空气产生电离，从而出现导线的电晕放电现象，如图 33-1。

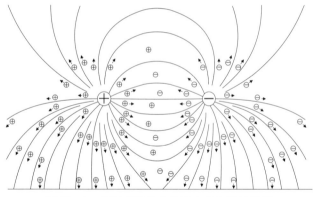

图 33-1 双极直流输电线路电晕电离示意图

由于直流电压作用形式和交流不同，直流线路电晕的发展过程和交流线路有很大差别。交流线路发生电晕时，由于导线电压的极性周期性变化，电晕电荷只在导线附近很小的区域内做往返运动。而直流线路发生电晕时，由于导线的极性固定不变，与导线极性相反的电荷被拉向导线，与导线极性相同的电荷将背离导线，呈正、负两种极性电晕放电模式，从而使得两极、极导线与大地间的整个空间均充满带电离子。

当直流线路发生电晕时，按电离的发生情况可将除导线以外的空间分为电离区和非电离区。一般在紧贴导线附近形成电离区，非电离区则位于两极、极导线与大地间的几乎整个区域。在电离区内，电场强度很高，气体分子发生电离，

产生的电子被电场加速后又与其他分子碰撞，使电离雪崩式发展。与导线极性相反的带电离子朝导线方向运动，最后在导线表面或附近被中和；与导线极性相同的离子向背离导线的方向运动，最终被排斥到电晕区以外。在两极导线间除了正负离子运动外，还存在带电离子的复合和中和现象。上述电离区和非电离区带电离子的运动，形成了直流输电线路上的电晕电流，由此造成的能量损失称为电晕损失。

二、起晕电场强度

线路电晕是在导线表面电场强度超过某一临界值后才开始产生，这一临界值通常称为起晕电场强度，或电晕临界场强度。皮克是最早研究线路电晕的，他通过大量的试验给出了适用于交流线路的起晕电场强度的计算公式。

假设直流输电线路导线起晕电场强度和交流线路起晕电场强度的峰值相同，皮克公式可用于计算直流电压作用下导线的起晕电场强度[1]：

$$g_0 = 30m\delta^{\frac{2}{3}}\left(1 + \frac{0.301}{\sqrt{r}}\right) \qquad (33-1)$$

式中 g_0——导线起晕电场强度，kV/cm；

     m——导线表面粗糙系数；

     δ——大气校正系数；

     r——导线半径，cm。

大气校正系数 δ 与大气压力成正比，与温度成反比，详见式（33-2）。当 p=760 毫米汞柱高（1 标准大气压），t=20℃时，δ=1。

$$\delta = 0.386p / (273 + \theta) \qquad (33-2)$$

式中 p——大气压力，毫米汞柱高；

     θ——温度，℃。

皮克通过试验求取导线表面起晕电场强度时，采用的是光滑导线，相当于式（33-1）中 m 值取 1，实际导线是采用多股绞线，导线在制造和架设过程中可能造成一些伤痕，运行中还会有尘埃、昆虫、鸟粪和水滴等附着在导线表面，以上诸多情况将使得导线表面变得粗糙，为此还需要用导线的表面粗糙系数 m 进行校正。

对于交流线路，理想光滑导线的 m 值取 1；对于洁净的

分裂导线，m 取值范围为 0.7～0.9；对于有刮痕、缺陷点的分裂导线，m 取值范围为 0.5～0.7；对于表面存在鸟粪、污秽、雨、雪等情况，m 取值范围为 0.3～0.5；对于重污秽、大雨、大雾等情况，m 值取 0.2。

直流输电线路的 m 取值一般在 0.4～0.6 之间。我国 $\pm800\text{kV}$ 特高压直流输电工程在进行电磁环境前期研究时，晴天和雨天条件下的 m 值分别取 0.49 和 0.38，晴天和雨天条件下的起晕电场强度分别约为 18kV/cm 和 14kV/cm。

表 33-1 给出按式（33-1）计算不同导线在 20℃，1 标准大气压条件下的晴天起晕电场强度。

表 33-1　不同导线的晴天起晕电场强度

导线铝截面（mm²）	300	400	500	630	720	800	900	1250
导线直径（mm）	23.9	27.6	30	33.8	36.2	38.4	40.6	47.9
起晕电场强度（kV/cm）	18.76	18.48	18.33	18.12	18.00	17.91	17.82	17.57

注　导线表面粗糙系数 m 值取 0.49。

三、导线表面电场强度计算

直流线路电晕放电的严重程度直接和导线表面电场强度，特别是导线表面最大电场强度有关。直流线路导线表面电场强度常用的计算方法有经验公式法、逐步镜像法以及模拟电荷法等。经验公式法计算简便，其精度一般可以满足工程计算的要求，但不能准确反映分裂子导线表面电场强度；逐步镜像法和模拟电荷法计算精度高，但需要借助计算机完成计算。

（一）经验公式法

1. 单极性线路

瓦格纳（Wagner）提出的计算单极性直流线路导线表面最大电场强度公式[2]为

$$g_{\max} = \frac{2U(1+B)}{nd\ln\dfrac{2H}{r_{eq}}} \quad (33-3)$$

式中　$g_{\max}$——导线表面最大电场强度，kV/cm；

U——极导线对地电压，kV；

n——导线分裂数；

d——导线直径，cm；

H——导线对地高度，cm；

r_{eq}——分裂导线等效半径，cm，$r_{eq}=R\sqrt[n]{\dfrac{nd}{2R}}$，其中 R 为通过 n 根子导线中心的圆周半径，cm；

B——分裂系数，取决于分裂根数，两分裂时 $B=2d/2b$，三分裂时 $B=3.464d/2b$，四分裂时 $B=4.24d/2b$，六分裂时 $B=5.31d/2b$，其中 b 为分裂导线的分裂间距，cm。

2. 双极性线路

（1）双极单根导线。安汤姆逊（Adamson）和辛哥拉尼（Hingorani）提出的计算双极线路单根导线表面最大电场强度

公式[2]为

$$g_{\max} = \frac{U}{r\ln\left[\dfrac{s}{r}\cdot\dfrac{1}{\sqrt{1+\left(\dfrac{s}{2H}\right)^2}}\right]\left(1+\dfrac{r}{H}\right)^2} \approx \frac{U}{r\ln\left[\dfrac{s}{r}\cdot\dfrac{1}{\sqrt{1+\left(\dfrac{s}{2H}\right)^2}}\right]} \quad (33-4)$$

式中　$g_{\max}$——导线表面最大电场强度，kV/cm；

U——极导线对地电压，kV；

s——极导线间距（以下简称极间距），cm；

r——导线半径，cm；

H——导线对地高度，cm。

（2）双极分裂导线。对于双极分裂导线，EPRI 给出用梯度因子 g'（kV/cm/kV）来近似计算导线表面最大电场强度的计算方法[2]，该方法被称为马克特—门得尔法。

$$g_{\max} = Ug' \quad (33-5)$$

$$g' = \frac{1+(n-1)\dfrac{r}{R}}{nr\ln\dfrac{2H}{(nrR^{n-1})^{1/n}\sqrt{\dfrac{4H^2}{s^2}+1}}} \quad (33-6)$$

式中　$g_{\max}$——导线表面最大电场强度，kV/cm；

g'——梯度因子，kV/cm/kV；

U——极导线对地电压，kV；

r——导线半径，cm；

R——通过 n 根子导线中心圆周的半径，cm；

H——导线对地高度，cm；

s——极间距，cm；

n——导线分裂数。

（二）逐步镜像法

逐步镜像法的基本原理是在一个多根导线组成的体系中，每一根导线用一系列置于该导线内的镜像电荷来代替，

使表面维持等电位面，一旦这一条件满足，就可根据这些镜像电荷计算导线表面的电场[3]。导线内的镜像电荷由其余导线相对于该导线表面做镜像操作获得，镜像电荷越多，越能准确描述电场分布情况。对于 n 个导体的系统，在考虑大地的情况下，每进行一次镜像操作，导体内会有 $2n-1$ 个镜像电荷。随着镜像次数的增多，计算精度会提高，但是相对的计算量将增大很多。对于输电线路来说，当所需计算精度一定时，镜像次数取决于各导线之间的距离与导线半径之比，比值越大，镜像次数越少。当该比值大于 10 时，只镜像一次便能使误差小于 0.2%[4]。

逐步镜像法的特点是单独处理每根子导线，通过多次镜像达到较高的计算精度。但这种方法要单独考虑每根子导线及其组成的系统，且设置镜像电荷的数目较多，计算复杂。

具体计算步骤如下[3]：

（1）用麦克斯韦电位系数法求出每根子导线的电荷值。

$$[Q] = [P]^{-1}[\varphi] \qquad (33-7)$$

式中　$[Q]$——电荷矩阵；

　　　$[P]$——电位系数矩阵；

　　　$[\varphi]$——电位矩阵。

电位系数矩阵 $[P]$ 中，元素 P_{ij} 表示导线 i 与导线 j 的互电位系数，元素 P_{ii} 表示导线 i 的自电位系数，电位系数计算如式（33-8）、式（33-9）所示，图 33-2 给出电位系数计算参数示意图。

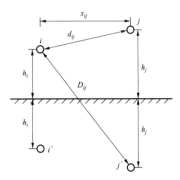

图 33-2　电位系数计算示意图

$$P_{ij} = \frac{1}{2\pi\varepsilon_0} \ln \frac{D_{ij}}{d_{ij}} \qquad (33-8)$$

$$P_{ii} = \frac{1}{2\pi\varepsilon_0} \ln \frac{2h_i}{r_{eq}} \qquad (33-9)$$

式中　D_{ij}——导线 i 与导线 j 的镜像之间的距离，m；

　　　d_{ij}——导线 i 与导线 j 之间的距离，m；

　　　h_i——导线 i 距离地面的高度，m；

　　　r_{eq}——等效半径，$r_{eq} = R\left(\dfrac{nr}{R}\right)^{\frac{1}{n}}$，m；

　　　n——导线分裂数；

　　　r——子导线半径，m；

　　　R——通过 n 根子导线中心圆周的半径，m；

　　　ε_0——真空介电常数，8.854×10^{-12} F/m。

通过式（33-7）计算所得的 $[Q]$ 为每一极导线的模拟电荷总量，子导线上的模拟电荷量为 $[Q]/n$。

（2）将每根子导线的电荷用一系列镜像电荷代替，使导线表面维持等电位面。以 4 分裂导线为例，当只考虑一极镜像时，极内一次镜像后每根子导线镜像电荷分布如图 33-3 所示。求某一子导线内的镜像电荷时，先假设除该导线外所有导线的模拟电荷都集中在导线中心，这些电荷在该导线内的镜像电荷大小等于原模拟电荷但符号相反，位于该导线中心至每一模拟电荷的连线上，距该导线中心距离 L_{ij} 按式（33-10）计算。

$$L_{ij} = r_i^2 / d_{ij} \qquad (33-10)$$

式中　d_{ij}——第 j 个电荷与第 i 根导线之间的距离，m；

　　　r_i——第 i 根导线的半径，m。

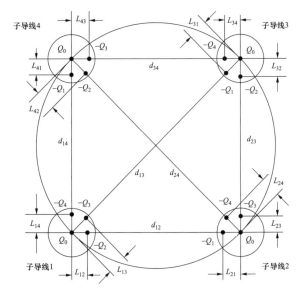

图 33-3　4 分裂导线中镜像电荷分布

图 33-3 中，模拟电荷 Q_1、Q_2、Q_3、Q_4 是由式（33-7）所计算出来的子导线 1、2、3、4 的电荷；其中，在子导线中心处设置电荷 Q_0，且 $Q_0 = Q_1 + Q_2 + Q_3 + Q_4$。

考虑直流线路导线极间的镜像，在导线镜像过程中把直流线路导线及其镜像作为一个统一的系统。以典型单回双极直流线路为例，如图 33-4 所示，1~8 号表示直流线路导线，9、10 号为地线。考虑大地的影响后，1'~8'号表示与大地镜像的直流线路导线，9'、10'号为与大地镜像的地线。按照上述镜像方法，第一次镜像后，子导线（或地线）内部将有 19 个镜像电荷与之对应。

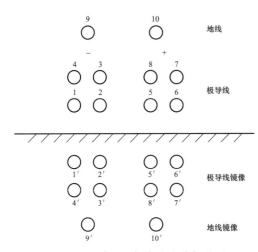

图 33-4　单回双极直流线路标号图

（3）为方便计算，建立直角坐标系，同时将子导线表面圆周等分为若干个点，按公式（33-11）计算导线表面圆周每个计算点的电场强度。

$$\begin{cases} E_x(x) = \dfrac{1}{2\pi\varepsilon_0} \sum_{i=1}^{m} Q_i \left(\dfrac{x-x_i}{d_{ip}^2} - \dfrac{x-x_i}{D_{ip}^2} \right) \\ E_y(y) = \dfrac{1}{2\pi\varepsilon_0} \sum_{i=1}^{m} Q_i \left(\dfrac{y-y_i}{d_{ip}^2} - \dfrac{y-y_i}{D_{ip}^2} \right) \\ E(x,y) = \sqrt{E_x(x)^2 + E_y(y)^2} \end{cases} \quad (33-11)$$

式中　(x, y)——子导线表面计算点坐标；

(x_i, y_i)——镜像电荷 i 的坐标；

d_{ip}——子导线表面计算点与镜像电荷 i 的距离，m；

D_{ip}——子导线表面计算点与镜像电荷 i 所对应模拟电荷的距离，m；

m——总的镜像电荷数。

（三）模拟电荷法

模拟电荷法由 H.Steinbigler 提出，属于等效源的方法，是静电场数值计算的一种主要方法。模拟电荷法本质上是广义的镜像法，基于静电场的惟一性定理，将导体表面连续分布的自由电荷用位于导体内部的一组离散的电荷来替代（例如在导体内部设置一组点电荷、线电荷或环电荷等），这些离散的电荷即为模拟电荷[5]。然后应用叠加定理，用这些模拟电荷的解析公式计算场域中任意一点的电位或电场强度。而这些模拟电荷则根据场域的边界条件确定，模拟电荷法的关键在于寻找和确定模拟电荷。

使用模拟电荷法计算电场强度时除了要设置好模拟电荷的种类和位置，还要选择好匹配点的位置。匹配点设置在导线边界处，匹配点的电位是线路的正常工作电压，匹配点与模拟电荷一一对应，个数相同。

以直流输电线路为例，导线横截面如图 33-5 所示。其中，"•"为模拟电荷，取 n 个在导线内；"×"为已知电位点，

称为匹配点，取 n 个在导线表面；"△"为校核点，取在每 2 个匹配点的中间，共 n 个。

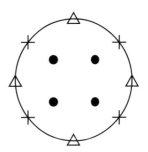

图 33-5　模拟电荷法示意图

具体计算步骤如下[6]：

（1）在导线内设置 n 个模拟电荷 Q_j（j=1，2，…，n）均匀分布于半径为 r_c（小于导线半径 r）的圆周上，模拟电荷数 n 及分布半径 r_c 为人为设定的初始条件。

（2）在导线表面圆周上，设置数量等同于模拟电荷数的匹配点 M_i（i=1，2，…，n），匹配点上的电位值 φ_i（i=1，2，…，n）为线路工作电压。

（3）根据叠加原理，对应于各匹配点 M_i，可以逐一列出由设定的模拟电荷所产生的电位方程：

$$[\varphi] = [P][Q] \quad (33-12)$$

式中　$[Q]$——电荷矩阵；

$[P]$——电位系数矩阵；

$[\varphi]$——电位矩阵。

电位系数矩阵 $[P]$ 中的元素 P_{ij}，表示第 j 个模拟电荷在第 i 个匹配点上产生的电位值。为方便计算，在平面内建立直角坐标系，在大地平面存在时，可由式（33-13）求得。

$$P_{ij} = \dfrac{1}{4\pi\varepsilon_0} \ln \dfrac{(x_i - X_j)^2 + (y_i + Y_j)^2}{(x_i - X_j)^2 + (y_i - Y_j)^2} \quad (33-13)$$

式中　ε_0——真空的介电常数，ε_0=8.854×10^{-12}F/m；

(x_i, y_i)——匹配点坐标；

(X_j, Y_j)——模拟电荷坐标。

（4）求解模拟电荷方程组（33-12），其中矩阵 $[P]$ 为对应匹配点的电位系数矩阵，$[\varphi]$ 为匹配点的电位矩阵，计算获得模拟电荷的电荷量 $[Q]$。

（5）导线表面另取若干个校核点，将求出的模拟电荷代入式（33-12）。此时矩阵 $[P]$ 为对应校核点的电位系数矩阵，方程、求法与匹配点的一致。将计算出的电位与校核点处的电位相比较，若超出误差范围内则增加模拟电荷数目或者修正其位置，直至满足计算精度要求为止。

（6）基于最终算得的模拟电荷矩阵 $[Q]$，导线表面处的电场强度可由式（33-14）~式（33-16）求解。

$$E_{xi} = \sum_{j=1}^{n} \frac{Q_j}{2\pi\varepsilon_0}(x_i' - X_j) \left\{ \frac{1}{(x_i' - X_j)^2 + (y_i' - Y_j)^2} - \frac{1}{(x_i' - X_j)^2 + (y_i' + Y_j)^2} \right\}$$

$$(33-14)$$

$$E_{yi} = \sum_{j=1}^{n} \frac{Q_j}{2\pi\varepsilon_0} \left\{ \frac{y_i' - Y_j}{(x_i' - X_j)^2 + (y_i' - Y_j)^2} - \frac{y_i' + Y_j}{(x_i' - X_j)^2 + (y_i' + Y_j)^2} \right\}$$

$$(33-15)$$

$$E_i = \sqrt{E_{xi}^2 + E_{yi}^2} \qquad (33-16)$$

式中　(x_i', y_i') ——待求场点 i 的坐标；

　　　(X_j, Y_j) ——满足计算精度时所取的模拟电荷坐标。

（四）典型导线的表面最大电场强度

采用马克特—门得尔法，按表 33-2 给出的基本技术参数，计算出各电压等级下，单回双极直流线路在不同导线直径、不同极间距情况时的导线最大表面电场强度，如图 33-6 所示，图中符号 d 表示导线直径。

表 33-2　各种电压等级基本技术参数

电压等级（kV）	±400	±500	±660	±800	±1100
导线铝截面（mm²）	300~500	400~900	720~1250	630~1250	800~1250
导线直径（mm）	23.9~30	27.6~40.6	36.2~47.9	33.8~47.9	38.4~47.9
分裂根数	4	4	4	6	8
导线分裂间距（mm）	450	450	500	500	550
导线高度（m）	10	12	16	18	26

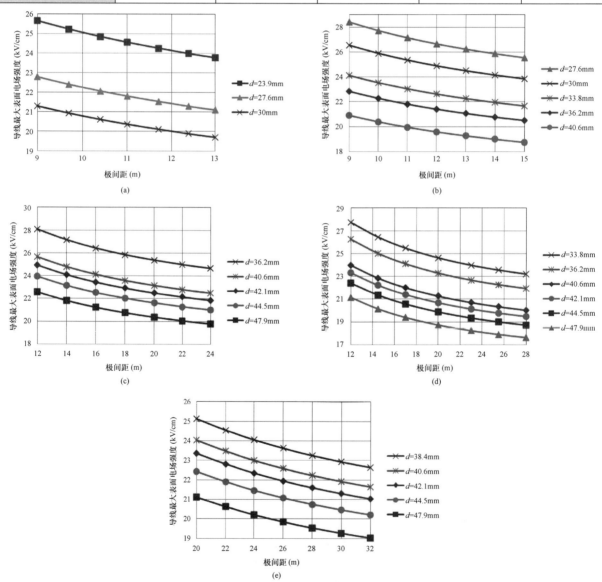

图 33-6　单回双极直流线路不同极间距情况时导线最大表面电场强度

（a）±400kV 直流线路；（b）±500kV 直流线路；（c）±660kV 直流线路；（d）±800kV 直流线路；（e）±1100kV 直流线路

由图 33-6 可知，导线最大表面电场强度随着极间距和导线直径的增大而减小。

四、电晕损失

（一）直流线路电晕损失特点

直流输电线路电晕损失有以下特点：

（1）直流输电线路雨天时电晕损失的增加量相比交流线路小很多，交流线路雨天电晕损失相比晴天最大可增大 50 倍，而直流线路至多增大 10 倍左右，直流线路雨天平均电晕损失约为晴天的 2~4 倍。

（2）导线表面电场强度一定时，不论是雨天还是晴天，直流电晕损失随分裂导线根数的增加而增加。

（3）在风速 0~10m/s 的范围内，直流电晕损失通常随风速的增加而增加。

（4）在给定的电压下，不论是双极还是单极运行，正极性与负极性电晕损失大致相等；双极性线路每一极的电晕损失一般是单极性线路电晕损失的 1.5~2.5 倍。

（二）直流线路电晕损失估算公式

直流线路坏天气时的电晕损失比好天气时大，而坏天气在一年时间中所占的比重一般较小，其电晕损失只是全年电晕损失的一小部分，所以一般着重于计算好天气时的损失，在此基础上再乘上一个适当的系数，将坏天气时的损失增大因素考虑在内，从而粗略估算全年的电晕损失。

世界各国的研究机构对高压直流输电线路电晕损失进行了大量的试验研究，从而得到一系列有较好置信度的经验估算公式[2.7]，如皮克公式、安乃堡公式、巴布科夫公式、IREQ 公式、意大利公式、EPRI 换算公式等。目前，根据国内科研成果和工程经验，安乃堡公式对我国是比较适用的。

1. 皮克公式

美国 EPRI 在皮克提出的交流线路电晕损失估算公式基础上进行修正，得到直流线路电晕损失估算公式[2]，如式（33-17）。

$$P = \frac{K_{c1}}{\delta} \sqrt{\frac{r''}{s}} \left[U - \left(g_0 m_0 r'' \right) \ln\left(\frac{s}{r''} \right) \right]^2 \times 10^{-5} \quad （33-17） ❶$$

式中　P ——双极线路好天气下的电晕损失，kW/km；

　　　U ——极导线对地电压，kV；

　　　K_{c1} ——经验系数；

　　　δ ——大气校正系数，按式（33-2）计算；

　　　s ——极间距，cm；

　　　g_0 ——导线起晕电场强度；

　　　m_0 ——导线表面粗糙系数；

　　　r'' ——导线等效半径，cm。

导线等效半径 r'' 可根据式（33-18）求取，该式是关于分裂导线与单根导线的电晕起始电压比值 K 与 r'' 的方程，而 K 可根据契柯捷耶夫公式［（33-19）~式（33-21）］进行计算，相应导线布置见图 33-7。

$$K = \frac{r'' \ln \dfrac{2H}{r''}}{r \ln \dfrac{2H}{r}} \quad （33-18）$$

二分裂导线（水平布置）$K=K_2$

$$K_2 = \frac{\ln\left[\dfrac{s^2}{rb} \cdot \dfrac{1}{1+(s/2H)^2} \right]}{\left(1+2\dfrac{r}{b}\right) \ln\left[\dfrac{s}{r} \cdot \dfrac{1}{\sqrt{1+(s/2H)^2}} \right]} \quad （33-19）$$

三分裂导线（正三角布置）$K=K_3$

$$K_3 = \frac{\ln\left\{ \dfrac{s^3}{rb^2} \cdot \dfrac{1}{\left[1+(s/2H)^2\right]^{3/2}} \right\}}{\left(1+2\sqrt{3}\dfrac{r}{b}\right) \ln\left[\dfrac{s}{r} \cdot \dfrac{1}{\sqrt{1+(s/2H)^2}} \right]} \quad （33-20）$$

四分裂导线 $K=K_4$

$$K_4 = \frac{\ln\left\{ \dfrac{s^4}{\sqrt{2}rb^3} \cdot \dfrac{1}{\left[1+(s/2H)^2\right]^2} \right\}}{\left(1+3\sqrt{2}\dfrac{r}{b}\right) \ln\left[\dfrac{s}{r} \cdot \dfrac{1}{\sqrt{1+(s/2H)^2}} \right]} \quad （33-21）$$

式中　H ——导线对地高度，cm；

　　　b ——导线分裂间距，cm；

　　　r ——导线半径，cm。

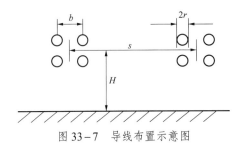

图 33-7　导线布置示意图

2. 安乃堡（Annebery）公式

安乃堡公式是根据瑞典的安乃堡试验工程所得到的数据，经过经验总结与理论分析而得出的，基本反映了线路各种参数、影响因素与电晕损失的关系。

（1）单极直流线路好天气下的电晕损失经验公式为

$$P = UK_{c2}nr \times 2^{0.25(g_{max}-g_0)} \times 10^{-3} \quad （33-22）$$

式中　P ——单极直流线路的电晕损失，kW/km；

---

❶ $g_0 m_0$ 项的数值决定了起晕电场强度，在达拉斯试验中，观察到导线的起晕电场强度近似为 14kV/cm，使用皮克关于最大起晕电场强度的数值（g_0=29.8kV/cm），得到 m_0=0.47。

U——极导线对地电压，kV；

K_{c2}——导线表面系数，取 0.15（光滑导线）～0.35（有缺陷的导线）；

n——导线分裂数；

r——子导线半径，cm；

g_{max}——导线表面最大电场强度，kV/cm；

g_0——导线起晕电场强度，$g_0=22\delta$，kV/cm；

δ——大气校正系数，按式（33-2）计算。

（2）双极直流线路好天气下的电晕损失经验公式为

$$P = 2U(K+1)K_{c2}nr \times 2^{0.25(g_{max}-g_0)} \times 10^{-3} \quad (33-23)$$

$$K = \frac{2}{\pi}\arctan\left(\frac{2H}{s}\right) \quad (33-24)$$

式中 P——双极直流线路的电晕损失，kW/km；

H——导线平均高度（对地最小距离+1/3 弧垂），cm；

s——极间距，cm；

其他参数与式（33-22）中意义相同。

3. 巴布科夫（Popkov）公式

巴布科夫研究了双极直流输电线路电晕理论，根据光滑导线在模拟条件下的试验结果，推导出电晕损失估算公式。经 EPRI 修正，得到经验公式为

$$P = 0.224U\left(\frac{U-U_0}{s}\right)^2 \quad (33-25)$$

式中 P——双极线路好天气下的电晕损失，kW/km；

U——极导线对地电压，kV；

U_0——对应起晕电场强度 14kV/cm 的导线电压，$U_0=14U/g_{max}$，kV；

g_{max}——导线表面最大电场强度，kV/cm；

s——极间距，cm。

4. IREQ 公式

加拿大魁北克水电局研究所（IREQ）经过大量的试验，得出的双极直流输电线路电晕损耗估算公式，见式（33-26）。该公式的适用范围为：电压为±600～±1200kV，分裂数为4～6。

$$P_{dB} = P_0 + k_1(g_{max}-g_0) + k_2\lg\left(\frac{n}{n_0}\right) + 20\lg\left(\frac{d}{d_0}\right) \quad (33-26)$$

式中 P_{dB}——电晕损失，dB（以 1W/m 为基准）；

g_{max}——导线表面最大电场强度，kV/cm；

d——子导线直径，cm；

n——分裂导线的分裂数；

g_0、n_0、d_0——参照值，$g_0=25$kV/cm，$n_0=6$，$d_0=4.064$cm；

k_1、k_2、P_0——经验数据，由季节和天气条件决定，其具体数值见表 33-3。

式（33-26）中 P_{dB} 是以 dB 表示的电晕损失，而实际电晕损失 P 以 W/m 计量，两者的换算关系见式（33-27）。

$$P = 10^{\frac{P_{dB}}{10}} \quad (33-27)$$

表 33-3　IREQ 公式的参数取值

季节	天气条件	P_0（dB）	k_1	k_2
夏季	好	13.7	0.80	28.1
	坏	19.3	0.63	9.7
春、秋季	好	12.3	0.88	36.9
	坏	17.9	0.72	12.8
冬季	好	9.6	1.00	44.3
	坏	14.9	0.85	10.2

5. 意大利公式

意大利经过大量的试验，分别得出好天气和坏天气下的双极直流线路电晕损失估算公式[8]，见式（33-28）～式（33-29）。该公式不考虑季节因素，适用范围为电压±150～±1200kV。

在好天气下为

$$P_{dB} = P_0 + 50\lg\left(\frac{g_{max}}{g_0}\right) + 30\lg\left(\frac{d}{d_0}\right) + 20\lg\left(\frac{n}{n_0}\right) - 10\lg\left(\frac{Hs}{H_0 s_0}\right) \quad (33-28)$$

在坏天气下为

$$P_{dB} = P_0 + 40\lg\left(\frac{g_{max}}{g_0}\right) + 20\lg\left(\frac{d}{d_0}\right) + 15\lg\left(\frac{n}{n_0}\right) - 10\lg\left(\frac{Hs}{H_0 s_0}\right) \quad (33-29)$$

式中 P_{dB}——电晕损失，dB（以 1W/m 为基准），换算关系同式（33-27）；

g_{max}——导线表面最大电场强度，kV/cm；

d——子导线直径，cm；

n——分裂导线的分裂数；

H——导线对地高度，m；

s——极间距，m；

g_0、n_0、d_0、H_0、s_0——参照值，$g_0=25$kV/cm，n_0-3，$d_0=3.05$cm，$H_0=15$m，$S_0=15$m；

P_0——经验常数，好天气下 $P_0=2.9$dB，坏天气下 $P_0=11$dB。

6. EPRI 换算公式

美国 EPRI 总结了美国 Dalles 试验中心试验线段上几种导线（1×61mm，2×40.6mm，2×46mm，4×30.5mm）的测量数据，提出了两个可以同时考虑几种因素的换算公式[2]，如式（33-30）式（33-31）。

$$P_{dB} = P_0 + 56\lg\left(\frac{g}{g_0}\right) + 20\lg\left(\frac{r'}{r_0'}\right) \quad (33-30)$$

$$P_{dB} = P_0 + 40\lg\left(\frac{g}{g_0}\right) + 10\lg\left(\frac{r'}{r_0'}\right) + 10\lg\left(\frac{n}{n_0}\right) + 15\lg\left(\frac{s}{s_0}\right) \quad (33-31)$$

式中　P_{dB}、P_0——待求损失的导线的电晕损失和基准导线的电晕损失，dB（以 1W/m 为基准），换算关系同式（33-27）；

g、g_0——待求导线和基准导线的导线表面电场强度，kV/cm；

r'、r_0'——待求导线和基准导线的等效半径，mm；

n、n_0——待求导线和基准导线的分裂数；

s、s_0——待求线路和基准线路的极间距，m。

式（33-30）采用 2×40.6mm 导线作为基准导线时，估算结果准确度较高；采用其他试验导线作为基准导线时，不能得到较高的准确度。为提高电晕损失估算结果的准确度，EPRI

采用了另一种形式的换算公式，见式（33-31）。

7. 经验系数取值对电晕损失估算的影响

皮克公式的大气校正系数 δ 和经验系数 K_{c1}、安乃堡公式的经验系数 K_{c2} 等取值对电晕损失估算结果的准确性影响较大，为使电晕损失估算值更加准确，应选择合适的估算公式和经验系数。

EPRI 曾对各种方法的电晕损失估算结果与实测值进行过比较，结果列于表 33-4，表 33-5 列出了 EPRI 对一些经验系数的推荐值，三种估算公式在部分情况下的估算结果比较准确，EPRI 采用 x^2 检验法估计了经验公式的可信度，皮克公式和安乃堡公式的可信度较高。

表 33-4　采用 EPRI 经验系数的电晕损失估算值与实测值比较

导线结构（分裂根数×导线直径 mm）		1×61	1×61	2×46	2×46	2×46	4×30.5
极导线对地电压（kV）		±400	±400	±400	±500	±600	±600
极间距（cm）		1980	1050	1050	1830	1830	1120
实测结果（kW/km）		0.7	1.9	1.4	2.5	4.0	6.2
估算结果（kW/km）	皮克公式	0.6	1.3	1.02	1.9	4.31	6.75
	安乃堡公式	0.54	0.82	0.96	1.8	5.2	8.7
	巴布科夫公式	0.4	1.85	1.5	1.5	3.8	11.0

表 33-5　EPRI 的经验系数推荐取值

项目	皮克公式	安乃堡公式
经验系数	$\delta=1.04$，$K_{c1}=123$	$K_{c2}=0.20$

中国电力科学研究院对葛一南直流工程试验线路电晕损失进行了估算和实测，结果列于表 33-6，从表中可以看出，安乃堡公式的估算结果适用范围相对较广。

表 33-6　葛一南直流工程试验线路电晕损失估算值与实测值比较

公式	运行电压（kV）／实测（W/m）／经验系数	±500	±450	±400	±350	±300	±250
	实测（W/m）	6.05	3.52	2.06	1.14	0.58	0.28
皮克公式	$\delta=1.04$，$K_{c1}=123$*	3.38	2.17	1.23	0.55	0.144	0.000 2
	$\delta=1$，$K_{c1}=211.7$	6.05	3.89	2.22	0.99	0.26	0.000 38
	$\delta=1$，$K_{c1}=206$	5.89	3.79	2.14	0.96	0.25	0.000 37
安乃堡公式	$K_{c2}=0.20$*	4.42	2.41	1.32	0.70	0.37	0.185
	$K_{c2}=0.274$	6.06	3.32	1.8	0.96	0.51	0.253
	$K_{c2}=0.266$	5.88	3.20	1.75	0.93	0.49	0.25
巴布科夫公式	—	3.63	2.10	1.06	0.42	0.093	0.000 11

注　*为 EPRI 推荐的经验系数取值。

8. 典型单回双极直流线路的电晕损失

采用安乃堡公式，按表 33-7 给出的基本技术参数，好

天气时，不同电压等级典型单回双极直流线路在不同极间距情况下的电晕损失，如图 33-8，图中符号 d 表示导线直径。

表 33-7 各种电压等级基本技术参数

电压等级	±400kV	±500kV	±660kV	±800kV	±1100kV
导线铝截面（mm²）	300~500	400~900	720~1250	630~1250	800~1250
导线直径（mm）	23.9~30	27.6~40.6	36.2~47.9	33.8~47.9	38.4~47.9
分裂根数	4	4	4	6	8
导线分裂间距（mm）	450	450	500	500	550
极间距（m）	11	13	18	20	26
导线高度（m）	15	17	21	23	31

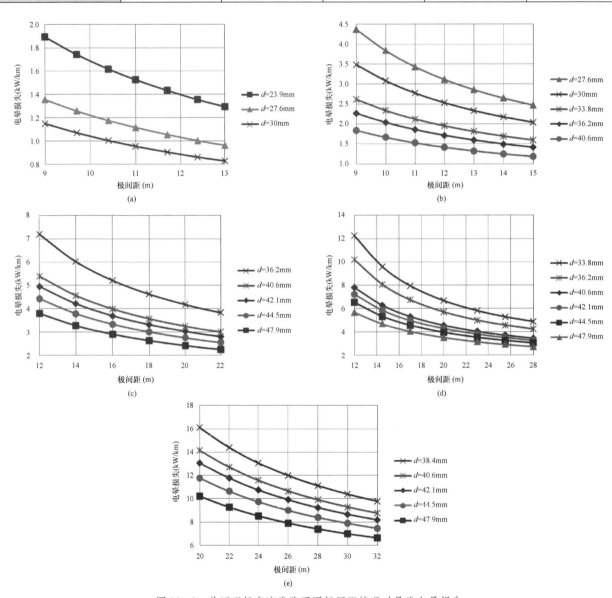

图 33-8 单回双极直流线路不同极间距情况时导线电晕损失

（a）±400kV 直流线路；（b）±500kV 直流线路；（c）±660kV 直流线路；（d）±800kV 直流线路；（e）±1100kV 直流线路

由图 33-8 可知，导线电晕损失随着极间距和导线直径的增大而减小。

上述计算中，未考虑海拔对直流线路电晕损失的影响。目前，电晕损失估算公式中皮克公式可以考虑大气校正系数，即海拔因素，其他估算公式未考虑海拔因素，设计时应考虑海拔因素对电晕损失计算的影响，相关科研单位正在针对海拔高度与直流线路电晕损失的关系进行深入研究。

五、算例

【算例 33-1】已知线路参数如下：额定电压为 ±800kV，最高工作电压为 ±816kV，导线型式为 6×JL/G1A-720/50，单根导线直径为 36.23mm，分裂间距为 500mm，导线极间距为 20m，导线高度为 18m。计算 ±800kV 单回双极直流输电线路导线表面最大电场强度。

解：采用马克特—门得尔法计算导线表面最大电场强度

1. 计算通过 n 根子导线中心圆周的半径 R

$$R = \frac{50}{2 \times \sin\left(\frac{180°}{6}\right)} = 50\,(\text{cm})$$

2. 计算梯度因子

根据式（33-6）计算梯度因子：

$$g' = \frac{1 + (n-1)\dfrac{r}{R}}{n \cdot r \cdot \ln\left[\dfrac{2H}{(n \cdot r \cdot R^{n-1})^{1/n}\sqrt{\dfrac{4H^2}{s^2}+1}}\right]}$$

$$= \frac{1 + (6-1) \times \dfrac{3.62}{2 \times 50}}{6 \times 1.81 \times \ln\left[\dfrac{2 \times 1800}{(6 \times 1.81 \times 50^{6-1})^{1/6} \times \sqrt{\dfrac{4 \times 1800^2}{2000^2}+1}}\right]}$$

$$= 0.028\,53\ (\text{kV/cm/kV})$$

3. 计算导线表面最大电场强度

根据式（33-5）计算单回双极直流输电线路导线表面最大电场强度为

$$g_{\max} = Ug' = 816 \times 0.028\,53 = 23.28\,(\text{kV/cm})$$

【算例 33-2】已知线路参数如下：额定电压为 ±800kV，导线型式为 6×JL/G1A-720/50，单根导线直径为 36.23mm，分裂间距为 500mm，导线极间距为 20m，导线平均高度为 23m，导线表面最大电场强度为 22.54kV/cm，估算 ±800kV 单回直流输电线路单极和双极运行时好天气下的电晕损失。（大气校正系数 δ 取 1）

解：采用安乃堡公式估算直流输电线路单极和双极运行时好天气下的电晕损失

1. 求取经验系数

采用 EPRI 推荐的经验系数：$K_{c2}=0.2$。

2. 估算单极运行时好天气下的电晕损失

根据式（33-22），估算直流线路单极运行时，好天气下的电晕损失为

$$P = UK_{c2}nr \times 2^{0.25(g_{\max}-g_0)} \times 10^{-3}$$
$$= 800 \times 0.2 \times 6 \times 1.811\,5 \times 2^{0.25(22.54-22)} \times 10^{-3}$$
$$= 1.91\,(\text{kW/km})$$

3. 估算双极运行时好天气下的电晕损失

根据式（33-24），计算系数 K

$$K = \frac{2}{\pi}\arctan\left(\frac{2H}{s}\right) = \frac{2}{\pi} \times \arctan\left(\frac{2 \times 2300}{2000}\right) = 0.739$$

根据式（33-23），估算直流线路双极运行时，好天气下的电晕损失为

$$P = 2U(K+1)K_{c2}nr \times 2^{0.25(g_{\max}-g_0)} \times 10^{-3}$$
$$= 2 \times 800 \times (0.739+1) \times 0.2 \times 6 \times 1.81 \times 2^{0.25(22.54-22\times1)} \times 10^{-3}$$
$$= 6.66\,(\text{kW/km})$$

第二节　电　场　效　应

一、电场效应原理及特点

导线发生电晕放电后，极导线间、极导线与大地间的整个空间均充满带电离子（电荷）。这些空间电荷将产生直流输电线路所特有的一些效应。空间电荷本身产生电场，它将大大加强由导线电荷产生的电场；同时空间电荷在电场作用下运动，形成离子流。

直流输电线路合成电场由两部分电场向量迭加：一部分由导线所带电荷产生，这种场与导线排列的几何位置有关，与导线的电压成正比，通常称之为静电场或标称电场；另一部分由空间电荷产生。合成电场强度单位为 kV/m，合成电场强度的大小主要取决于导线电晕放电的严重程度，最大合成电场强度有可能比标称电场强度大很多，可达 3～5 倍。

图 33-9 给出 ±500kV 直流试验线路下合成和标称电场的分布图[1]，该试验线路极导线为 4×LGJQ-300，极间距为 14m，极导线对地距离为 12.5m。图 33-9 中曲线为计算值，短直线为实测值的变化范围。合成电场强度的最大值出现在极导线外侧 2m 附近，合成电场强度的最小值为 0，一般出现在两极导线的中心。

直流输电线路线下的合成电场与交流线路下的电场性质不同，在相同的电场强度值下两者产生的效应也是不同的，因此在比较交直流输电线路电场强度时，不能简单地将直流线路的合成电场强度与交流线路进行数值比较。

导线电晕时，电离形成的离子在电场力的作用下，向空间运动形成离子流，地面单位面积截获的离子流称为离子流密度，单位为 nA/m^2。离子在单位电场强度作用下的迁移速率，称为离子迁移率，用（cm/s）/（V/cm）表示。直流线路负离子的迁移率 [1.8（cm/s）/（V/cm）] 大于正离子 [1.4（cm/s）/（V/cm）]，因此负离子流密度大于正离子流密度。图 33-10 给出了 ±500kV 直流试验线路下离子流密度的分布图，曲线为计算值，短直线为实测值的变化范围。

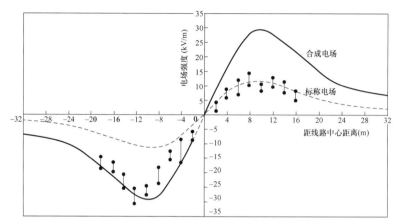

图 33-9   ±500kV 直流试验线路合成电场分布图

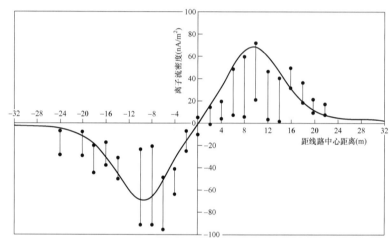

图 33-10   ±500kV 直流试验线路离子流密度分布图

图 33-9 和图 33-10 中合成电场强度和离子流密度的分布是无风时最为理想的情况，实际上正负离子在电场下的迁移速度与风速有关，即使是很小的风（如风速 1m/s）也将使合成电场分布发生畸变。另外，垂直线路方向的风，将使合成电场强度的最大值向顺风方向移动，风速稍大就会使合成电场分布发生严重畸变。

二、人在直流输电线下的感受

直流电场对人的作用主要是使人体表面产生感应电荷，其效应主要是感应电荷与皮肤相互作用的直接感受和电荷放电给人带来的刺痛感。人在直流输电线下的感受主要有直接、截获离子流和暂态电击等感受，现将相关研究结论分述如下。

1. 直接感受

与交流线路不同，在正常运行的直流线路下，基本没有电场变化产生位移电流的现象。人曝露在直流电场中，在体表会产生感应电荷。由于感应电荷的存在，人体内部的合成电场强度几乎为零，直流电场对人体内部几乎没有影响。人

体表面产生的感应电荷达到一定程度后，与皮肤作用，会对皮肤产生刺激感，即直接感受。

美国在直流线路下进行的直接感受试验表明，对穿普通鞋的人，当合成电场强度为 30kV/m 时，毛发和皮肤才开始出现刺激感。国际非电离辐射防护委员会（ICNIRP）指出，对于大多数人，在 25kV/m 的合成电场强度下不会发生因表面电荷引起烦恼的感觉。苏联在研究直流电场效应后认为，直流线路下的允许合成电场强度可达 50kV/m。世界卫生组织报道了志愿者在模拟直流线路下的直接感受试验，在无离子和存在高密度离子流的条件下，出现刺激感的平均直流合成电场强度分别为 45.1kV/m 和 36.9kV/m。

我国在直流线路下进行的人体直接感受试验表明：毛发和皮肤对直流电场最敏感。在地面合成电场强度低于 30kV/m 的地方，皮肤感觉不明显；当地面合成电场强度高于 30kV/m 时，外露皮肤的刺激感才逐步增强，离开高场强区后，皮肤刺激感立即消失，无任何不适反应。

2. 人体截获离子时的感受

人在直流线路下会截获离子，被截获的离子通过人体流

入大地。研究表明：要得到同样的感受，流过人体的直流电流要比交流电流大 5 倍以上；而人在直流线路下截获的离子电流又比感受的临界值小 2 个数量级。因此，人在直流线路下截获离子一般不会有感觉。

3. 暂态电击感受

在直流电场中，人的体表会产生感应电荷，当人接触接地金属体时，电荷会通过接地体放电。直流电场中的离子遇到对地绝缘体，将附着在该物体上使其带电，当人接触该物体时，电荷也可能通过人体流入大地。

以上的放电过程短暂，人体往往会有刺痛感，即暂态电击。放电时产生的刺痛感程度与放电量、电场强度以及人体或物体对地绝缘水平有关，可以分为可感知、恼人和疼痛几个等级。

由于人与人之间的个体差异，每个人发出可感知放电的直流合成电场强度的最小值不同，世界卫生组织（WHO）对此进行过总结，范围为 10～45kV/m。每个人发生恼人和疼痛放电的直流电场强度的最小值也不同，疼痛放电一般只会在以下情况发生：对地绝缘的人接触接地导体，或接地良好的人体接触对地绝缘的金属体。可见，具备必要的条件才会发生疼痛放电。

我国在直流线路下的暂态电击试验表明：当人在地面合成电场强度为 12～26kV/m 的地方触摸停留的大型车辆时，均无感觉。在地面合成电场强度为 6.1～15.1kV/m 时，穿普通鞋的人接触接地金属体、人接触接地金属线的同时触摸空中对地绝缘的金属线以及人打伞在线下行走时均无感觉。考虑极端情况，人打伞触摸金属柄，同时接触接地金属线时，试验结果为：地面合成电场强度小于 9.6kV/m 时，无感觉；地面合成电场强度为 11～13kV/m 时，有轻微感觉；地面合成电场强度为 14.6～15.1kV/m 时，放电与人触摸水龙头的感觉类似，但强度要小；直到达到 32.4kV/m，所发生的暂态电击类似人触摸水龙头的放电。这些基本上都属于可感知放电。

世界卫生组织（WHO）2004 年总结了直流电场对人体影响的研究，没有任何试验结果表明，曝露于直流电场会对人体的健康产生有害、慢性的或迟发性的不利影响。

三、合成电场与离子流密度的限值

直流输电线路电场效应的限值用合成电场强度和离子流密度的限值表示，合理的限值标准，既考虑人在线下的感受，满足生物效应的要求，又避免增加不必要的线路建设投资，使输电线路的造价控制在合理的水平。

GB 50790—2013《±800kV 直流架空输电线路设计规范》和 DL 5497—2015《高压直流架空输电线路设计技术规程》规定我国直流输电线路地面合成电场强度、离子流密度限值如下：

（1）对于一般非居民地区（如跨越农田），合成场强限定在雨天 36kV/m，晴天 30kV/m，离子流密度限定在雨天 150nA/m^2，晴天 100nA/m^2。

（2）对于居民区，合成场强限定在雨天 30kV/m，晴天 25kV/m，离子流密度限定在雨天 100nA/m^2，晴天 80nA/m^2。

（3）对于人烟稀少的非农业耕作地区，合成场强限定在雨天 42kV/m，晴天 35kV/m，离子流密度限定在雨天 180nA/m^2，晴天 150nA/m^2。

线路邻近民房时，房屋所在地面湿导线情况下未畸变合成电场强度限值为 15kV/m。该限值主要考虑减少电击对人造成的不适或不快感，以 25kV/m（晴天）作为邻近民房的最大合成场强，同时按 80%测量值不超过 15kV/m 考虑。直流输电线路 80%测量值不超过 15kV/m 是指：假设测量数据为 100 组，将测量结果按照由小到大的顺序排列，第 81 个数值，即 80%测量值，此时小于或等于 15kV/m 为满足要求。

四、合成电场与离子流密度测量

（一）测量要求及测量仪器布置

由于影响直流线路导线电晕放电的因素很多，产生的空间带电离子的运动变化很大，因此合成电场和离子流的分布也将随之改变。要了解、掌握直流线路运行时的合成电场与离子流密度的情况，需要进行长期的、多时段的测量和统计分析。

DL/T 1089—2008《直流换流站与线路合成场强、离子流密度测量方法》规定了直流输电线路合成电场强度和离子流密度的测量仪器和方法。

地面合成电场强度、离子流密度的测量应在风速小于 2m/s、无雨、无雾、无雪的好天气下进行，测量的时间段不少于 30min。测量合成电场强度和离子流密度时，测量仪表应直接放置在地面上（探头与地面间的距离应小于 200mm），接地板应良好接地。

测量直流输电线路地面合成电场强度和离子流密度时，测量地点应选在地势平坦、远离树木杂草、没有其他电力线路、通信线路及广播线路的空地上。测量仪应与测量人员保持足够远的距离（至少 2.5m），避免产生较大的电场畸变，或影响离子流的分布；与固定物体的距离应该不小于 1m，以减小固定物体对测量值的影响。

直流输电线路的合成电场强度和离子流密度通常需要多套仪器同时测量，一般是在直流输电线路档距中央，垂直线路方向每隔一定距离放置一台旋转电场仪和离子流密度测量板。若要全面给出直流线路下合成电场和离子电流分布，一般需同时放置 20 余套测量设备，图 33-11 和图 33-12 给出了典型的测量布置示意图。

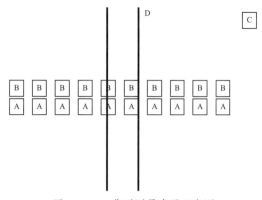

图33-11 典型测量布置示意图

A—地面合成场测量仪器；B—离子流测量仪器；

C—微型气象站；D—直流线路导线

图33-12 实际测量布置情况

（二）合成电场测量原理

测量直流输电线路线下的合成电场，需要用特制的旋转电场仪，该电场仪一方面要能准确测量直流合成电场强度，另一方面又能把截获的离子电流泄流入地，并尽量小地影响正常读数。该电场仪器探头是每隔一定角度开有若干个扇形孔的两个圆片组成，两圆片同轴安置，两者间隔开一定距离并相互绝缘，上面圆片随轴转动并直接接地，下面圆片固定不动并通过一电阻接地。图33-13给出了旋转电场仪测量原理示意图。当动片转动时，直流电场通过转动圆片上的扇形孔，时而作用于定片上，时而又被屏蔽。这样在定片和地之间产生一交变的电流信号。该电流信号与被测直流电场强度成正比，通过测量该交变的电流可以知道直流电场强度的大小，可以用数学说明如下。

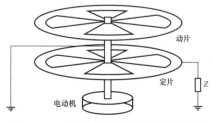

图33-13 旋转电场仪测量原理示意图

假设圆片上共有 n 个扇形孔，每个扇形孔面积为 A_0，上面圆片转动的角速度为 w，则当上圆片转动时下面圆片曝露于直流电场的总面积 A 随时间变化为

$$A(t) = nA_0(1 - \cos n\omega t) \qquad (33-32)$$

若被测直流合成电场的电场强度为 E，空气的介电系数为 ε_0，则定片上感应的电荷 $Q(t)$ 为

$$Q(t) = \varepsilon_0 E A(t) \qquad (33-33)$$

由此可以求得，有直流电场感应的电流为

$$i_e(t) = \frac{dQ(t)}{dt} = \varepsilon_0 E n^2 A_0 \omega \sin n\omega t \qquad (33-34)$$

通过测量 $i_e(t)$ 可以得到合成电场强度 E。

还需要指出的是，沿电力线移动的离子电流，也通过转动圆片上的扇形孔进入定片，若离子电流密度为 J，则进入到下面固定圆片的离子电流为

$$i_j(t) = JA(t) = nA_0 J(1 - \cos n\omega t) \qquad (33-35)$$

由此可见，进入固定圆片的电流 $i(t)$ 是由离子电流 $i_j(t)$ 和感应电流 $i_e(t)$ 两个分量组成，其感应电流 $i_e(t)$ 和 $i_j(t)$ 相角正好差90°。如果能准确区分和测量 $i_e(t)$ 和 $i_j(t)$ 两个分量，利用该仪器可同时用来测量合成电场强度 E 和离子电流密度 J，但由于旋转电场仪的 A 值小，致使 $i_j(t)$ 很小，无法由此准确求得 J 值。由于 $i_j(t) \ll i_e(t)$，$i_j(t)$ 的存在对 $i_e(t)$ 读数影响小，即 $i(t) \approx i_e(t)$，故可以由此确定合成电场强度 E 值。

（三）离子流密度测量原理

离子流密度可通过测量对地绝缘的金属板截获的电流来测量，测量方法主要有两种：一种方法是将金属板通过一个能测量微弱电流的电流表接地，直接测量电流，目前市面出售的数字精密弱电流表的内阻约 $1k\Omega$（实际上是通过测 $1k\Omega$ 上的压降来读数的）；另一种方法是将金属板与地间并联一个电阻，通过测量该电阻上的压降，来推算出流过的电流。并联的电阻在精密数字电压表能读数的条件下，应尽可能地小，若阻值过大，被金属板接受的离子电荷不能很快释放，会导致读数误差，该电阻可以是 $1k\Omega$ 或 $1\sim10k\Omega$ 间。

五、合成电场强度与离子流密度计算方法

随着输送容量的不断提高，直流线路导线截面也越来越大。当导线截面较大时，导线表面电场强度可能小于或等于起晕电场强度，相关科研单位正在对这种情况进行深入计算研究。本章关于合成电场强度、离子流密度等电磁环境指标的计算方法主要适用于导线表面电场强度大于起晕电场强度的情况。

合成电场强度 E_s，空间电荷密度 ρ 和离子流密度 J 的基本方程为

$$\nabla \cdot E_s = -\rho / \varepsilon_0 \qquad (33-36)$$

$$J = K\rho E_s \qquad (33-37)$$

$$\nabla \cdot J = 0 \qquad (33-38)$$

基于上述基本方程，直流线路地面合成电场强度与离子流密度的计算方法可大致分为：半经验公式法、解析法、有限元法和 BPA 法。

在下述各计算方法中规定所用的符号及含义为：

E ——无空间电荷时地面电场强度，即标称电场强度，kV/m；

E_s ——空间电荷存在时地面合成电场强度，kV/m；

ρ、ρ_+、ρ_- ——空间电荷密度、正空间电荷密度、负空间电荷密度，C/m²；

ρ_1 ——导线表面的电荷密度，C/m²；

J、J_+、J_- ——离子流密度、正离子流密度、负离子流密度，nA/m²；

φ ——无空间电荷时空间某点的电位，kV；

φ_s ——有空间电荷时空间某点的合成电位，kV；

φ_e ——空间电荷在空间某点产生的电位，kV；

A ——有空间电荷时场强与无空间电荷时场强的比值，即 E_S/E；

A_1 ——导线表面的 E_S/E；

ε_0 ——真空介电常数，即 $8.854\,187\,817 \times 10^{-12}$ F/m；

K、K_+、K_- ——离子迁移率、正离子的迁移率、负离子的迁移率，cm²/（V·s）；

r ——离子的复合系数；

v_+、v_- ——正、负离子的运动速度矢量，m/s；

w ——风速矢量，m/s。

（一）EPRI 半经验公式法

美国 EPRI 在直流输电线路缩比模型上进行了大量模拟试验，研究了地面合成电场强度和离子流密度与线路基本参数间的关系，在此基础上提出了一种半经验公式法[9]。

1. 基本思路

EPRI 定义了饱和电晕的概念，认为饱和电晕时导线上的电荷为零，电荷全部分布于空间大气中，且此时导线对地电压数倍于导线起晕电压。

EPRI 半经验公式法认为直流输电线下的电场有两种极限情况：一种是没有电晕时，仅由导线上电荷决定的静电场（或称标称电场）；一种是饱和电晕时仅由空间电荷决定的电场，此时电晕已发展的相当严重，线下电场仅取决于极间距和导线高度，导线本身尺寸已不影响线下电场。计算实际线路下的空间电场和离子流密度分布时，首先计算出上述两种极限情况的电场分布和离子电流密度分布，再依照未饱和电晕放电程度，参考试验得到的曲线插值计算出实际情况下合成电场和离子流密度的分布。

2. EPRI 的试验成果

（1）饱和电晕时地面电场强度及离子流密度的横向分布规律：饱和电晕时地面电场强度及离子流密度的横向分布与极间距（S）、导线高度（h）及距线路中心线的距离（x）有关。

以 $\dfrac{x}{H}$ 为横坐标，$F(x) = \dfrac{E_D \cdot H}{U}$ 为纵坐标，不同 $\dfrac{S}{H}$ 值所对应的地面归一化电场强度的横向分布规律分别如图 33－14 所示。其中，E_D 为饱和电晕时地面电场强度，U 为极导线对地电压。

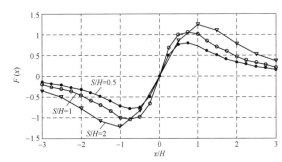

图 33－14　地面归一化电场强度的横向分布

饱和电晕时地面电场强度的最大值 $E_{D\max}$ 按式（33－39）计算：

$$E_{D\max} = 1.31(1 - e^{-1.7S/H}) \cdot \frac{U}{H} \qquad (33-39)$$

以 $\dfrac{x}{H}$ 为横坐标，$C(x) = \dfrac{J_D \cdot H^3}{U^2}$ 为纵坐标，不同 $\dfrac{S}{H}$ 值所对应的地面归一化离子流密度的横向分布规律如图 33－15 所示。其中，J_D 为饱和电晕时离子流密度。

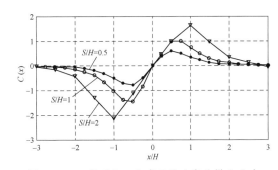

图 33－15　地面归一化离子流密度的横向分布

饱和电晕时地面正、负离子流密度的最大值 $J_{D+\max}$ 和 $J_{D-\max}$ 可按以下两式计算：

$$J_{D+\max} = 1.65 \cdot 10^{-15}(1 - e^{-0.7S/H}) \cdot \frac{U^2}{H^3} \qquad (33-40)$$

$$J_{D-\max} = -2.15 \cdot 10^{-15}(1 - e^{-0.7S/H}) \cdot \frac{U^2}{H^3} \qquad (33-41)$$

（2）未饱和电晕时地面电场强度及离子流密度的幅值变化规律：未饱和电晕时地面电场强度及离子流密度的幅值与极导线对地电压（U）、导线电晕起始电压（U_0）、导线高度（H）及分裂导线等效直径 d_{eq} 有关。

引入修正系数 $K_e = f\left(\dfrac{U}{U_0}\right)$ 表示未饱和电晕时与饱和电晕时的地面电场强度间的关系，以 $\dfrac{U}{U_0}$ 为横坐标，K_e 为纵坐标，不同 $\dfrac{H}{d_{eq}}$ 值所对应的起晕后地面电场强度计算的设计曲线如图 33-16 所示。

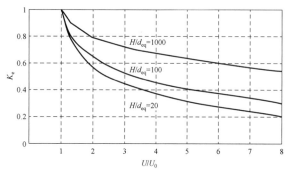

图 33-16 起晕后地面电场强度计算的设计曲线

引入修正系数 $K_i = f\left(\dfrac{U}{U_0}\right)$ 表示未饱和电晕时与饱和电晕时的地面离子流密度间的关系，以 $\dfrac{U}{U_0}$ 为横坐标，K_i 为纵坐标，不同 $\dfrac{H}{d_{eq}}$ 值所对应的起晕后地面离子流密度计算的设计曲线如图 33-17 所示。

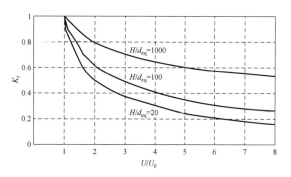

图 33-17 起晕后地面离子流密度计算的设计曲线

3. 地面合成电场强度和离子流密度的计算步骤

直流输电线路的地面合成场强和离子流密度计算步骤如下：

（1）计算地面标称电场强度：无空间电荷存在时，仅由导线上电荷产生的地面标称电场强度 E 可按式（33-42）计算。

$$E = \frac{2UH}{\ln\dfrac{4H}{d_{eq}} - \dfrac{1}{2}\ln\dfrac{4H^2+s^2}{s^2}}\left[\frac{1}{H^2+\left(x-\dfrac{S}{2}\right)^2} - \frac{1}{H^2+\left(x+\dfrac{S}{2}\right)^2}\right]$$

（33-42）

式中　d_{eq}——分裂导线等效直径，m，$d_{eq} = D\sqrt[n]{\dfrac{nd}{D}}$，其中 D 为通过 n 根子导线中心的圆周直径，m。

（2）计算导线起始电晕电压：计算出各分裂导线表面最大电场强度 g_{max}，通过皮克公式计算出导线的电晕起始电场强度 g_0，再采用式（33-43）得到导线起始电晕电压 U_0。

$$U_0 = U \cdot \frac{g_0}{g_{max}}$$

（33-43）

式中　g_0——导线起晕电场强度，kV/cm；

g_{max}——导线表面最大电场强度，kV/cm。

（3）计算地面合成电场强度：有空间电荷后地面某点的合成电场强度 E_S 可按式（33-44）求得：

$$E_S = \frac{U}{H}F(x)\left\{1 - \left[K_e \cdot \frac{U_0}{U} \cdot \left(1 - \frac{E \cdot H}{U \cdot F(x)}\right)\right]\right\}$$

（33-44）

式（33-44）中的 K_e 由图 33-16 查曲线插值计算求得。在线路走廊及附近（$-3H \leqslant x \leqslant 3H$），式（33-44）中的 $F(x)$ 由图 33-14 查曲线插值计算求得，在线路走廊以外（$1 < \dfrac{x-S/2}{H} < 4$），$F(x)$ 按 $F(x) = \dfrac{E_D \cdot H}{U}$ 求取，其中 E_D 按式（33-45）进行计算。

$$E_D = 1.46(1 - e^{-2.5S/H}) \times e^{-0.7(x-S/2)/H} \times \frac{U}{H}$$

（33-45）

（4）计算地面离子电流密度：地面某点的离子电流密度可按式（33-46）求得：

$$J = \frac{U^2}{H^3}C(x)\left\{1 - K_i\frac{U_0}{U}\left[1 - \left(1 - \frac{U_0}{U}\right)^2\right]\right\}$$

（33-46）

式（33-46）中的 K_i 由图 33-17 查曲线插值计算求得。在线路走廊及附近（$-3H \leqslant x \leqslant 3H$），式（33-46）中的 $C(x)$ 由图 33-15 查曲线插值计算求得，在线路走廊以外（$1 < \dfrac{x-S/2}{H} < 4$），$C(x)$ 按 $C(x) = \dfrac{J_D \cdot H^3}{U^2}$ 求取，其中饱和电晕时正、负离子流密度 J_{D+}、J_{D-} 分别按式（33-47）和式（33-48）进行计算。

$$J_{D+} = 1.54 \times 10^{-15}(1 - e^{-S/H}) \times e^{-1.75(X-S/2)/H} \times \frac{U^2}{H^3}$$

（33-47）

$$J_{D-} = -2.0 \times 10^{-15}(1 - e^{-1.5S/H}) \times e^{-1.75(X-S/2)/H} \times \frac{U^2}{H^3}$$

（33-48）

4. 计算流程图

采用半经验公式法计算地面合成场强和离子电流密度的流程如图 33-18 所示。

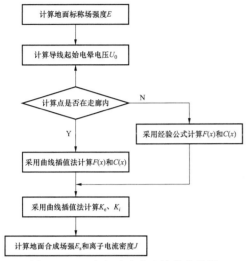

图 33-18　半经验公式法计算流程图

（二）解析法

由于基本方程式（33-36）～式（33-38）所描述的有空间电荷的合成电场方程是非线性的，这种合成电场方程无法直接求解。在前人工作的基础上，Sarma 等人进一步完善了采用 Deutsch 假设的计算方法，认为空间电荷不影响场的方向，仅影响其大小，从而把复杂的二维场问题转为沿电力线求解一维非线性微分方程组的边界值问题，这种计算方法称为解析法。下面简述 Sarma 等人的解析计算方法[10]。

1. 假设条件

（1）空间电荷只影响场强幅值而不影响其方向，即 Deutsch 假设

$$E_s = AE \tag{33-49}$$

式（33-49）中，A 为标量函数。

（2）导线表面附近发生电离后，导线表面场强保持在起晕场强值，即 Kaptzov 假设。

（3）正、负极导线起晕电压相等。

（4）不考虑离子的扩散作用。

（5）双极线路下正、负离子迁移率相同。

（6）离子迁移率与电场强度无关，是一个常数。

2. 计算步骤

求取无空间电荷时标称电场强度 E，然后根据式（33-49），只要求得 A，即可求得 E_s。

根据基本方程［式（33-36）～式（33-38）］和假设条件，经过推导可得

$$A^2 = A_1^2 + \frac{2\rho_1 A_1}{\varepsilon_0} \int_0^U \frac{d\varphi}{E^2} \tag{33-50}$$

$$\frac{1}{\rho^2} = \frac{1}{\rho_1^2} + \frac{2}{\varepsilon_0 \rho_1 A_1} \int_0^U \frac{d\varphi}{E^2} \tag{33-51}$$

求解导线表面的电荷密度 ρ_1 可用迭代法，但若 ρ_1 初值选择不当，可能会不收敛。为此，Sarma 等提出了一个寻找初值的公式

$$\rho_m = \frac{\varepsilon_0 (U - U_0)}{\int_0^U \int_0^U \frac{d\eta}{E^2} d\varphi} \tag{33-52}$$

式中　η——电位变量。

通过平均电荷密度 ρ_m，可以较好地选取 ρ_1 的初值。

解式（33-51）和式（33-52），求得沿无空间电荷的电场线上的 A 和 ρ 值后，便可算出合成电场强度 E_s 和离子流密度 J。

（三）有限元法

有限元法就是将整个区域分割成许多很小的子区域求解每个小区域，这些子区域通常被称为"单元"或者"有限元"[11]，将求解边界问题的原理应用于这些子区域中，求解每个小区域，从而得到整个区域的解。

计算中先将求解区域划分成许多三角形单元，然后设置三角形节点处的电荷密度为一初始值，再利用描述直流线路的方程（33-53）及方程（33-54）计算得到空间电场强度及电位，由电场强度得到新的电荷密度分布，根据新的电荷密度分布计算出合成电场强度 E_s 及电位 φ。若该计算结果满足精度要求及边界条件，则该数值解为最终计算结果，否则改变初始电荷分布（改变电荷初值或细化单元）再次计算，直到满足条件。

根据离子流场的实际情况，为了简化问题，并保证计算结果的可信度，需要采用上一节所提到的假设（2）及假设（6），有限元法的特点是不需要采用 Deutsch 假设[12]。

具体计算步骤如下[13~14]：

（1）将导线及求解域进行有限元剖分，剖分的单元一般采用三角形，如图 33-19 所示。为了满足计算精度，一般将导线表面附近的单元进行细化处理。剖分完成后，先假定空间剖分单元各节点的电荷密度为某一初值，计算各节点的电位和电场强度。

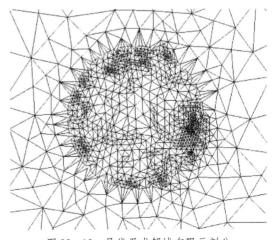

图 33-19　导线及求解域有限元剖分

描述双极直流输电线路合成电场的方程可表达为

$$\nabla^2 \varphi = -(\rho_+ - \rho_-)/\varepsilon_0 \qquad (33-53)$$

$$\boldsymbol{E}_s = -\nabla \varphi \qquad (33-54)$$

（2）根据各节点的电场强度，由电流连续性方程［式（33-57）~式（33-60）］计算各节点的空间电荷密度。

直流输电线路电晕产生的正、负离子的运动速度主要受在电场力作用下的离子迁移、离子扩散和风速这 3 个因素的影响。忽略离子扩散的影响后，正、负离子的运动速度矢量分别可表示为

$$\boldsymbol{v}_+ = K_+ \boldsymbol{E}_s + \boldsymbol{w} \qquad (33-55)$$

$$\boldsymbol{v}_- = -K_- \boldsymbol{E}_s + \boldsymbol{w} \qquad (33-56)$$

双极直流输电线路电流连续方程如下[15]：

$$\boldsymbol{J}_+ = \rho_+ \boldsymbol{v}_+ \qquad (33-57)$$

$$\boldsymbol{J}_- = \rho_- \boldsymbol{v}_- \qquad (33-58)$$

$$\nabla \cdot \boldsymbol{J}_+ = -r\rho_+ \rho_- / e \qquad (33-59)$$

$$\nabla \cdot \boldsymbol{J}_- = r\rho_+ \rho_- / e \qquad (33-60)$$

式中 e——电子电荷量。

（3）根据新的空间电荷密度采用式（33-53）与式（33-54）进行迭代计算，求新的电位与电场强度，直到空间各点的电位和电场强度的计算结果在一定误差范围内同时满足原微分方程和边界条件，这个计算结果就为所求的数值解。这样就获得了整个求解区域内所有单元节点处的空间电荷密度，通过空间电荷密度则可算出合成电场强度 $\boldsymbol{E}_s$。

（四）BPA 法

美国邦纳维尔电力局（Bonneville Power Administration）的 S.Harrington 和 R.Kelley 提出了一种直流输电线路的地面合成场强和离子流密度的 BPA 简化算法，并开发了可以公用的计算机程序 ANYPOLE[2]。BPA 法采用数值算法，在 Deutsch 假设等基本假设的前提下，引入了高斯力线管的概念，对偏微分方程组进行简化处理，将其转化为便于求解的一维的积分方程。高斯力线管的一个端面在导线上，侧面沿电力线，另一端面垂直于电场。通过沿着无电晕的电力线进行线积分，求解电场强度和离子流密度。

基于假设条件，可以获得计算所需的通量管，单根通量管示意图如图 33-20 所示。

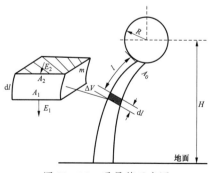

图 33-20 通量管示意图

图 33-20 中所示通量管，起始于导线表面，两边沿着电力线，终端截面垂直于场强方向。图 33-20 中，H 为导线对地高度，R 为导线半径，A_2 和 E_{s2} 分别为沿着电力线方向，距离导线表面 l 处的通量管截面边长和场强；A_1 和 E_{s1} 为 $l+dl$ 处的通量管界面边长和场强；m 为单位厚度；ΔV 为 dl 范围内通量管微元的体积。

根据高斯通量定理，可得到合成电场强度和电荷密度为

$$E_s(l) = \left[\partial \int_0^L \frac{1}{E(l)} dl + \frac{E_0^2}{E(0)^2} \right]^{\frac{1}{2}} E(l) \qquad (33-61)$$

$$\rho(l) = \frac{\partial \varepsilon_0 E(l)}{2E_s(l)} \qquad (33-62)$$

式中 $E_s(l)$——沿电力线方向，距离导线表面 l 处的合成电场强度，V/m；

$E(l)$——沿电力线方向，距离导线表面 l 处的标称电场强度，V/m；

$\rho(l)$——沿电力线方向，距离导线表面 l 处的电荷密度，C/m²；

E_0——导线起晕电场强度，V/m；

∂——计算因子，$\partial = \dfrac{2J(0)}{\varepsilon_0 KE(0)}$；

$J(0)$——导线表面处的离子流密度，A/m²。

式（33-61）中 ∂、$E_s(0)$、$E(0)$ 在线路参数确定的情况下，均为常量，合成电场强度 $E_s(l)$ 是标称电场强度 $E(l)$ 的积分函数。因此，在标称电场强度 $E(l)$ 已经求得的前提下，可通过积分方法获取地面处的合成电场分布情况。获得地面处的合成场强 $E_s(l)$ 及电荷密度 $\rho(l)$ 后，结合式（33-37），可以求得地面处的离子流密度 J。

依据 BPA 方法的求解原理，可得其计算流程如下：

（1）根据皮克公式计算得到导线的起晕电场强度 E_0。

（2）采用逐步镜像法，求解获得导线表面的标称电场强度 $E(0)$。

（3）绘制电力线，形成通量管，要注意尽量采用等位线交割的形式，形成积分微元区域。

（4）采用逐步镜像法，计算电力线上的场强 $E(l)$。

（5）按照式（33-61）计算电力线与地面交点处的合成电场强度 E_s。

（6）按照式（33-62）计算电力线与地面交点处的电荷密度 ρ。

（7）按照式（33-37）计算地面离子流密度 J。

六、算例

【算例 33-3】已知单回双极直流线路参数如下：额定电压 ±800kV，最高工作电压 ±816kV，导线型式 6×JL/G1A-

720/50，导线直径为36.2mm，分裂间距500mm，导线极间距为20m，导线对地高度为18m，电晕起始场强为18kV/cm，导线表面电场强度为23.28kV/cm。计算±800kV单回直流输电线路距离线路中心10m处的晴天地面合成电场强度和离子流密度。

解：采用EPRI半经验公式法计算地面合成电场强度和离子流密度。

1. 计算地面标称电场强度

通过子导线中心圆周的直径D为

$$D = 2 \times \frac{0.5}{2 \times \sin\left(\frac{180°}{6}\right)} = 1\text{m}$$

分裂导线等效直径D_{eq}为

$$D_{\text{eq}} = D \sqrt[n]{\frac{nd}{D}} = 1 \times \sqrt[6]{\frac{6 \times 0.036\,20}{1}} = 0.775\,3\text{m}$$

由式（33-42）计算标称电场强度E：

$$E = \frac{2UH}{\ln\frac{4H}{d_{\text{eq}}} - \frac{1}{2}\ln\frac{4H^2+s^2}{s^2}}\left[\frac{1}{H^2+\left(l-\frac{s}{2}\right)^2} - \frac{1}{H^2+\left(l+\frac{s}{2}\right)^2}\right]$$

$$= \frac{2 \times 816 \times 18}{\ln\frac{4 \times 18}{0.775\,3} - \frac{1}{2}\ln\frac{4 \times 18^2 + 20^2}{20^2}}\left[\frac{1}{18^2+\left(10-\frac{20}{2}\right)^2} - \frac{1}{18^2+\left(10+\frac{20}{2}\right)^2}\right]$$

$$= 13.152\,(\text{kV/m})$$

2. 计算导线起始电晕电压

由式（33-43）计算U_0：

$$U_0 = U \cdot \frac{g_0}{g_{\max}} = 816 \times \frac{18}{23.28} = 630.93\,(\text{kV})$$

3. 计算地面合成电场强度

查图33-14，$s/H=1.11$，$x/H=0.555$，则$F(x)=1$。

查图33-16，$H/d_{\text{eq}}=23.21$，$U/U_0=1.293$，则$K_e=0.814$。

由式（33-44）计算地面合成电场强度为

$$E_s = \frac{U}{H}F(x)\left\{1 - \left[K_e \cdot \frac{U_0}{U} \cdot \left(1 - \frac{E \cdot H}{U \cdot F(x)}\right)\right]\right\}$$

$$= \frac{816}{18} \times 1 \times \left\{1 - \left[0.814 \times \frac{630.93}{816} \cdot \left(1 - \frac{13.152 \times 18}{816 \times 1}\right)\right]\right\}$$

$$= 25.08\,(\text{kV/m})$$

4. 计算地面离子流密度

查图33-15，$s/H=1.11$，$x/H=0.555$，则$C(x)=1.035$。

查图33-17，$H/d_{\text{eq}}=23.21$，$U/U_0=1.293$，则$K_i=0.734$。

由式（33-46）计算离子流密度为

$$J = \frac{U^2}{H^3}C(x)\left\{1 - K_i \cdot \frac{U_0}{U} \cdot \left[1 - \left(1 - \frac{U_0}{U}\right)^2\right]\right\}$$

$$= \frac{816^2}{18^3} \times 1.035 \times \left\{1 - 0.734 \times \frac{630.95}{816} \times \left[1 - \left(1 - \frac{630.95}{816}\right)^2\right]\right\}$$

$$= 54.55\,(\text{A/m}^2)$$

七、典型单回双极直流线路的合成电场与离子流密度

合成电场强度和离子电流密度的大小与导线表面电场强度及起晕电场强度有关，而导线表面电场强度与导线结构，包括极间距、导线高度、子导线分裂间距、导线分裂根数和直径等有关。因此，应选择合适的设计参数，限制导线表面电场强度，使得合成电场强度和离子电流密度满足限值要求。

除了上述影响因素，合成电场强度和离子电流密度的大小还与环境气候有关，计算中应考虑空气质量、湿度等因素的影响，相关科研单位正进行深入研究。我国南、北方空气质量和湿度存在较大差别，目前工程中暂用修正导线对地高度的方法以考虑对直流线路地面合成电场的影响。本节计算中未考虑环境气候对合成电场的影响。

采用EPRI半经验公式法，按表33-8给出的基本技术参数，计算不同情况下单回双极直流线路的地面最大合成电场强度、地面最大离子流密度如图33-21～图33-36，图中符号d表示导线直径。

表33-8　各种电压等级基本技术参数

电压等级	±400kV	±500kV	±660kV	±800kV	±1100kV
导线铝截面（mm²）	300～500	400～900	720～1250	630～1250	800～1250
导线直径（mm）	23.9～30	27.6～40.6	36.2～47.9	33.8～47.9	38.4～47.9
分裂根数	4	4	4	6	8
导线分裂间距（mm）	450	450	500	500	550
极间距（m）	11	13	18	20	26
导线高度（m）	10	12	16	18	26

注　不考虑海拔修正。

（一）不同极间距

图33-21～图33-25给出典型单回双极直流线路在不同

极间距时的地面最大合成电场强度与离子流密度。

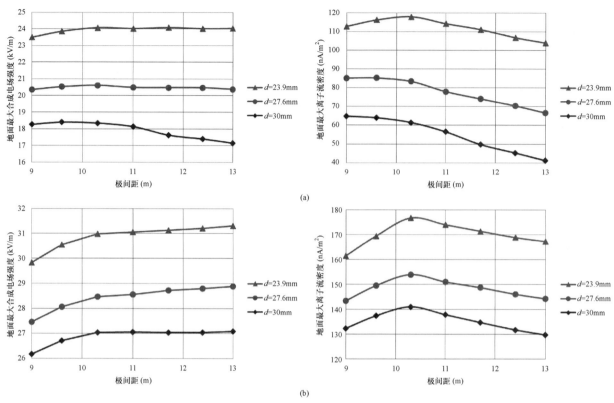

图 33-21 ±400kV 单回双极直流线路不同极间距时地面最大合成场强、最大离子流密度
（a）晴天时；（b）雨天时

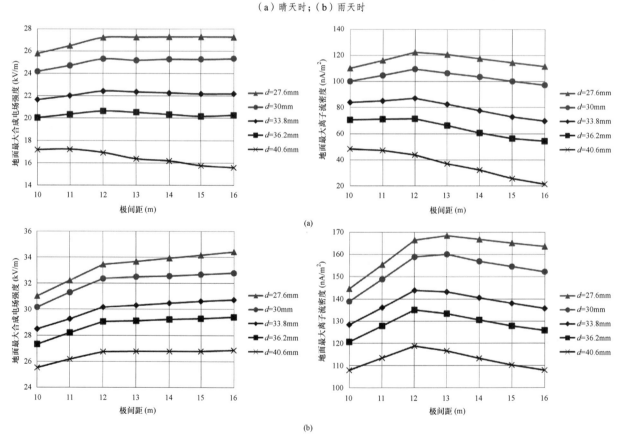

图 33-22 ±500kV 单回双极直流线路不同极间距时地面最大合成场强、最大离子流密度
（a）晴天时；（b）雨天时

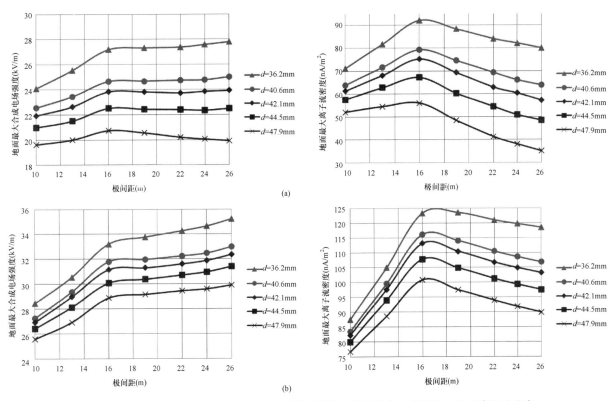

图 33-23　±660kV 单回双极直流线路不同极间距时地面最大合成场强、最大离子流密度

（a）晴天时；（b）雨天时

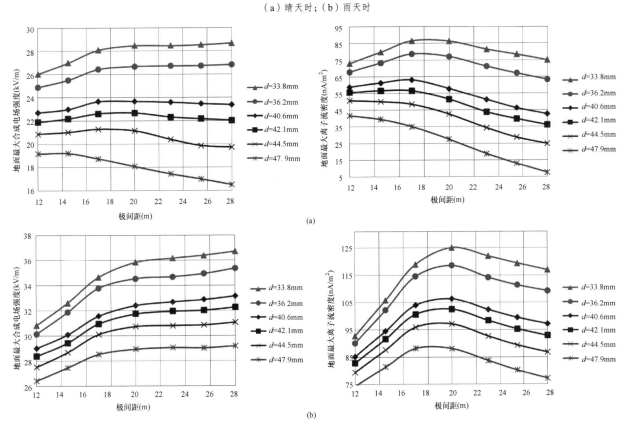

图 33-24　±800kV 单回双极直流线路不同极间距时地面最大合成场强、最大离子流密度

（a）晴天时；（b）雨天时

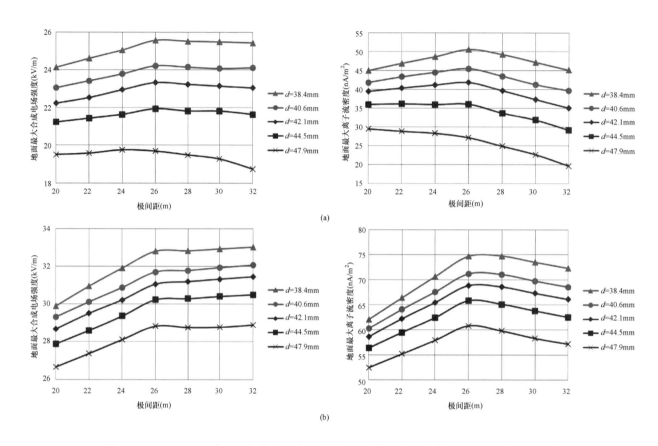

图 33-25　±1100kV 单回双极直流线路不同极间距时地面最大合成场强、最大离子流密度

（a）晴天时；（b）雨天时

由图 33-21～图 33-25 可知，一般情况下最大离子流密度与极间距的关系曲线中会存在一个"拐点"，"拐点"的位置因电压等级和导线截面不同而不同。在这个"拐点"以前，随着极间距的增加，地面最大合成场强和离子流密度呈增大趋势；经过"拐点"后，随着极间距的增加，地面最大离子流密度反而减小，而地面最大合成场强基本不变或者缓慢减小，且随着极间距增加，地面合成场强变化趋势与离子流不一致，这是由于虽然离子流密度在减小，但是地面标称电场强度在增加。

（二）不同导线高度

图 33-26～图 33-30 给出典型单回双极直流线路在不同导线高度时的地面最大合成电场强度与离子流密度。

由图 33-26～图 33-30 可知，地面最大合成场强和最大离子流密度随着导线高度的增加呈减小趋势；当导线高度增大到一定程度后，减小速度变慢。

（三）不同导线分裂间距

图 33-31～图 33-35 给出典型单回双极直流线路在不同导线分裂间距时的地面最大合成电场强度与离子流密度。

由图 33-31～图 33-35 可知，在分裂间距大于 400mm 时，地面最大合成电场强度和最大离子流密度随分裂间距增大而增大。

（四）不同导线分裂根数和直径

图 33-36 给出典型单回双极直流线路在不同导线分裂根数和直径时的晴天地面最大合成电场强度与离子流密度。

由图 33-36 可知，地面最大合成场强和最大离子流密度随着导线分裂根数和导线直径的增大而减小。

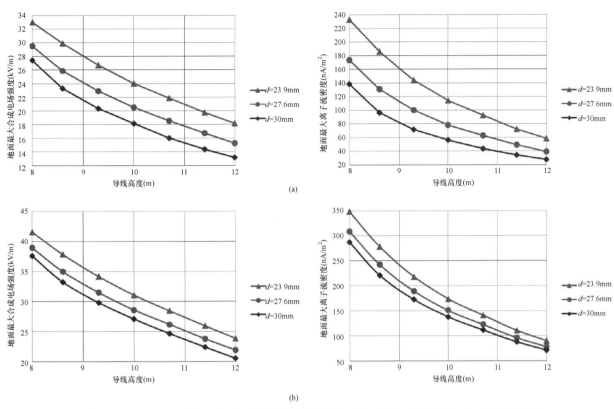

图 33-26　±400kV 单回双极直流线路不同导线高度时地面最大合成场强、最大离子流密度

（a）晴天时；（b）雨天时

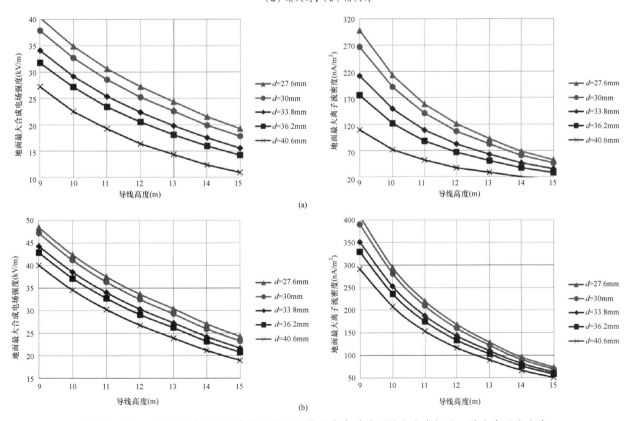

图 33-27　±500kV 单回双极直流线路不同导线高度时地面最大合成场强、最大离子流密度

（a）晴天时；（b）雨天时

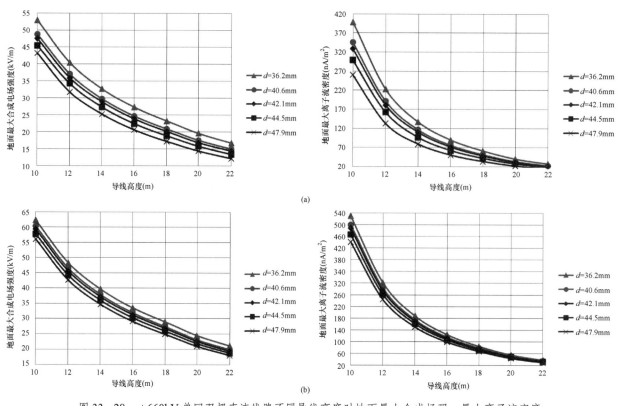

图 33-28　±660kV 单回双极直流线路不同导线高度时地面最大合成场强、最大离子流密度

（a）晴天时；（b）雨天时

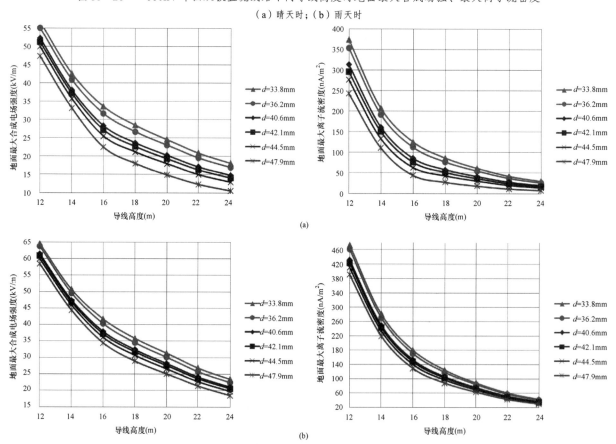

图 33-29　±800kV 单回双极直流线路不同导线高度时地面最大合成场强、最大离子流密度

（a）晴天时；（b）雨天时

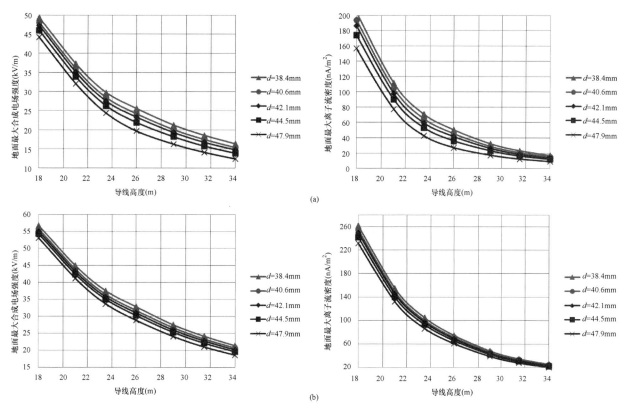

图 33-30　±1100kV 单回双极直流线路不同导线高度时地面最大合成场强、最大离子流密度
（a）晴天时；（b）雨天时

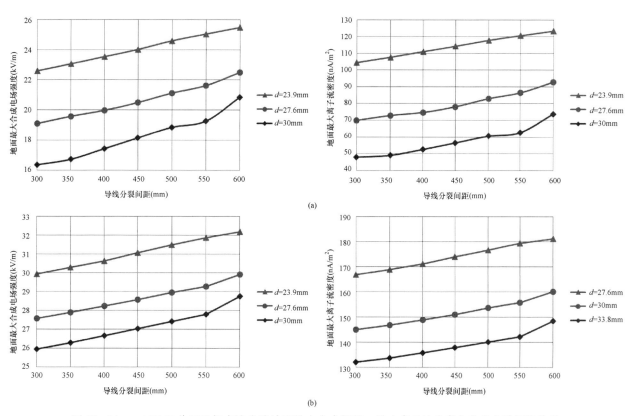

图 33-31　±400kV 单回双极直流线路地面最大合成场强、最大离子流密度与导线分裂间距关系
（a）晴天时；（b）雨天时

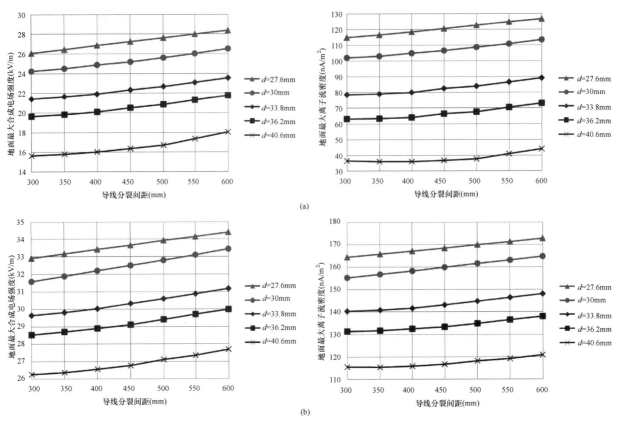

图 33-32 ±500kV 单回双极直流线路地面最大合成场强、最大离子流密度与导线分裂间距关系
（a）晴天时；（b）雨天时

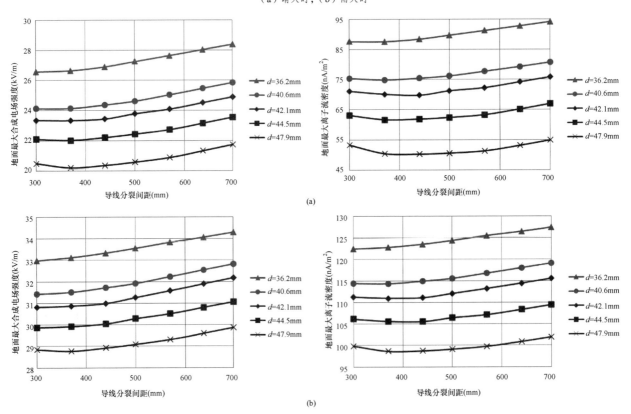

图 33-33 ±660kV 单回双极直流线路地面最大合成场强、最大离子流密度与导线分裂间距关系
（a）晴天时；（b）雨天时

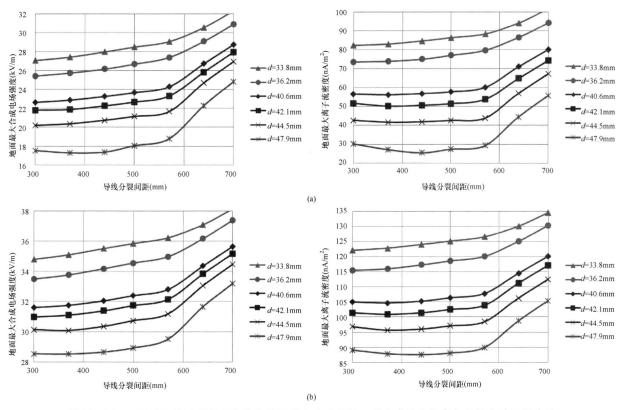

图 33-34　±800kV 单回双极直流线路地面最大合成场强、最大离子流密度与导线分裂间距关系

（a）晴天时；（b）雨天时

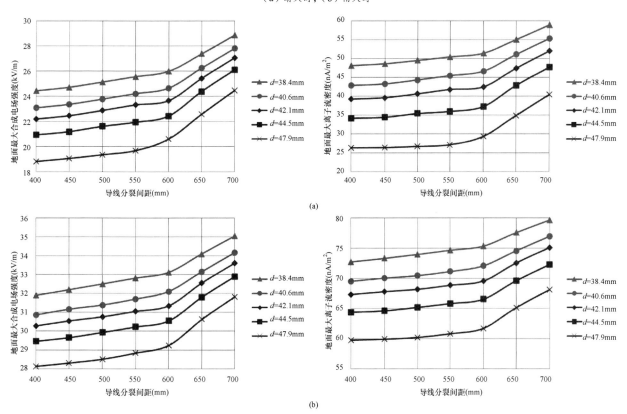

图 33-35　±1100kV 单回双极直流线路地面最大合成场强、最大离子流密度与导线分裂间距关系

（a）晴天时；（b）雨天时

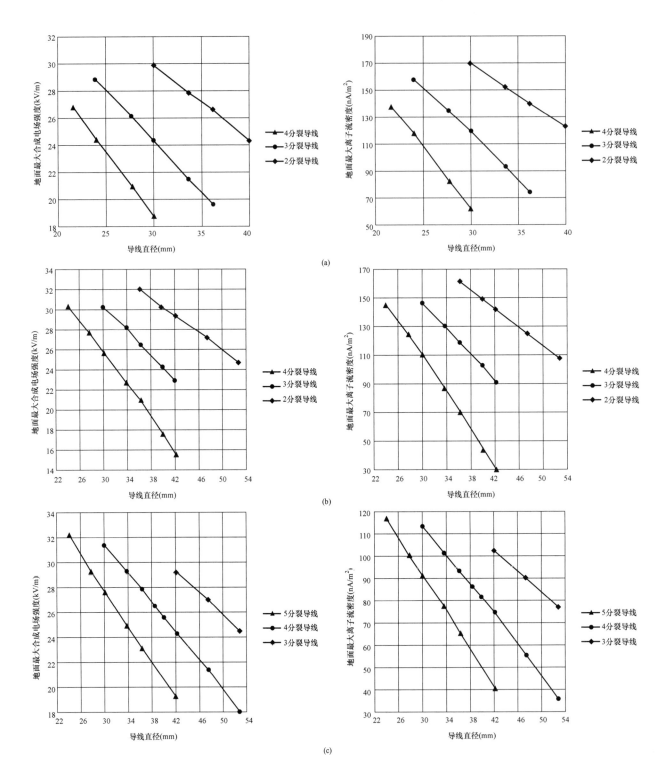

图 33-36 不同电压等级单回双极直流线路地面最大合成场强、最大离子流密度与分裂数和直径的关系（一）
（a）±400kV 直流线路；（b）±500kV 直流线路；（c）±660kV 直流线路

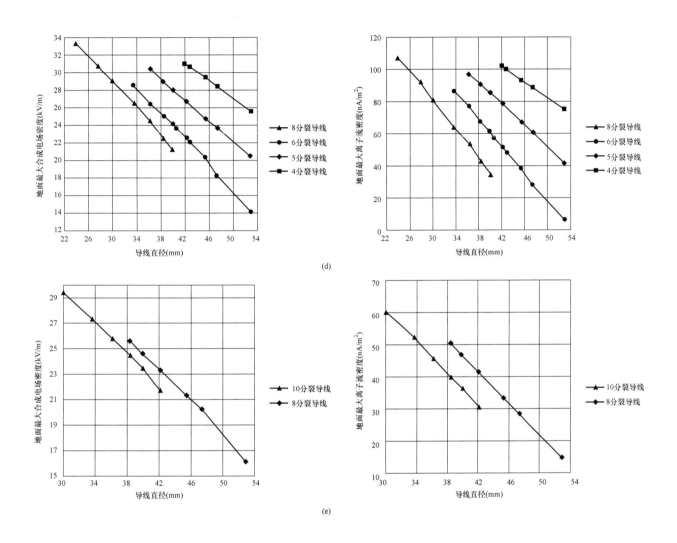

图 33-36　不同电压等级单回双极直流线路地面最大合成场强、最大离子流密度与分裂数和直径的关系（二）

（d）±800kV 直流线路；（e）±1100kV 直流线路

第三节　无线电干扰

一、无线电干扰的形成机理与特性

（一）无线电干扰的形成机理

电晕形成的电流脉冲注入导线，并沿导线向注入点两边流动，从而在导线周围产生电磁场，即无线电干扰场，如图 33-37。由于高压架空输电线的导线上沿线"均匀地"出现电晕放电和电流注入点，考虑其合成效应，导线中形成了一种脉冲重复率很高的"稳态"电流，所以架空送电线周围就形成了的脉冲重复率很高的"稳态"无线电干扰

场。如果与输电线路无线电干扰频段临近的无线电工作频段有重合部分，可能对沿线一定范围内的无线电接收设备的工作产生影响。

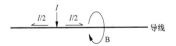

图 33-37　电晕产生的无线电干扰示意图

对于正极性导线，电晕放电点在导线表面的分布随机性大，持续的放电点大多出现在导线表面有缺陷处，其放电脉冲幅值大，且很不规则，是无线电干扰的主要来源。对负极性导线，电晕放电点一般均匀分布在整个导线表面，其脉冲

幅值小，重复出现的脉冲幅值基本一致，与正极性导线相比，对无线电信号的接收干扰不大。对于双极性直流输电线路，正极性导线产生无线电干扰一般要比负极性大 6dB（μV/m）左右。

（二）无线电干扰统计分布特性

大气条件对直流线路无线电干扰的影响较为复杂，根据美国 EPRI 和 BPA 的试验研究结论，直流输电线路无线电干扰随着湿度的增加而减小，随着温度的增加而增加，而气压的改变对无线电干扰没有明显的影响。

1. 下雨对直流输电线路无线电干扰的影响

雨天直流输电线路无线电干扰比晴天有所降低，一般情况下，雨天的无线电干扰水平平均比晴天约低 3dB（μV/m）左右。这一情况和交流输电线路明显不同，交流线路雨天无线电干扰水平比晴天高约 15～28dB（μV/m）。

2. 下雪对直流输电线路无线电干扰的影响

和晴天相比，干雪使直流输电线路无线电干扰增加，湿雪又会使干扰略有减小。

3. 风对直流输电线路无线电干扰的影响

有风时将使直流线路的无线电干扰水平增加，特别是风由负极向正极方向吹时影响最大。根据美国 EPRI 在试验线段下的试验，当风速大于 4m/s，风向由负极导线向正极导线吹时，风速每增加 1m/s，无线电干扰增加 0.3～0.4dB（μV/m）。当风速小于 4m/s 时，其他变量的影响掩盖了风的影响。当风由正极导线向负极导线吹时，由于测量数据很少，尚无法给出定量结果。

4. 不同季节对直流输电线路无线电干扰的影响

根据美国 EPRI 的试验，在晚秋和早冬季节，气温较低，空气湿度较高，直流输电线路的无线电干扰水平较低。夏季是一年中无线电干扰水平最高的季节，此时气温较高，空气湿度较低，导线上又常附着尘埃、昆虫、鸟粪等，加之这一时期风速较大。冬季和早秋季节，无线电干扰水平接近平均值。

基于上述天气、季节对无线电干扰的影响，一般采用具有统计意义的值来表示线路的无线电干扰水平，以下为国际无线电干扰特别委员会（CISPR）提出的几个常用无线电干扰水平值：

（1）95%值，代表大雨条件的平均水平。降雨量超过 0.6mm/h 时可认为是大雨，大雨时的无线电干扰平均水平是最稳定的。因此，研究人员常选择大雨时平均水平作为计算无线电干扰的基准水平。

（2）好天气的平均值，代表导线干燥时的水平。好天气测量虽然分散性大，但实施测量容易，可获得可靠结果。

（3）（全天候）80%值，介于好天气的平均值和95%之间，与平均值相比，受到不稳定性影响较小，因此被取作"特征电平"。

（三）无线电干扰的横向衰减和频谱特性

1. 无线电干扰横向衰减特性

直流输电线路产生的无线电干扰随着与线路距离的增加而逐渐衰减，图 33-38 为计算的某直流线路无线电干扰横向衰减曲线。对双极直流线路，由于正极导线是主要无线电干扰源，因此无线电干扰的横向衰减，是以正极性为对称中心，向两侧衰减。

在测量输电线路的无线电干扰时，测量点一般离输电线路比较近，国际上采用比较多的有三种：离边导线对地投影外 15m、离边导线对地投影外 20m 和走廊边沿。我国采用的是离边导线对地投影外 20m 处。

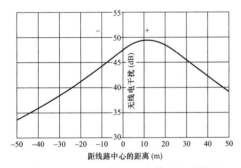

图 33-38　无线电干扰的横向衰减曲线

2. 无线电干扰频谱特性

输电线路电晕放电产生的无线电干扰具有白色频谱特性，其频率基本上在 30MHz 以内。无线电干扰频谱特性用线路附近一定地点的干扰水平随频率变化的函数关系表示，图 33-39 为典型特高压直流线路的实测频谱特性。从频率特性看出，在低频段，干扰水平较高；随着频率增大，干扰水平减小很快。一般来说，当频率大于 10MHz，干扰水平已很小，可忽略不计。国际无线电干扰特别委员会（CISPR）推荐的测量频率为 0.5MHz。

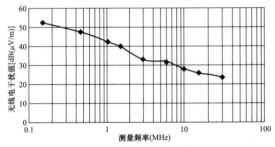

图 33-39　无线电干扰的频谱特性

二、无线电干扰的计量和测量

（一）无线电干扰的计量

无线电干扰是一种电磁场辐射干扰，对电磁场的计量主要是对电场强度和磁感应强度的计量。由于电场和磁场分量之间的比值为常数，所以对电磁场的计量可以归结为电场强度的计量。

通常采用无线电干扰电平衡量输电线路无线电干扰水平，单位为 μV/m。用对数来表示电平大小比较方便，一般用 dB 表示，用 dB 表示的电平级为

$$dB = 20\lg \frac{E_1}{E_0} \qquad (33-63)$$

式中　E_1——被测电平，μV/m；

　　　E_0——基准电平，1μV/m。

（二）无线电干扰的测量

GB/T 7349—2002《高压架空送电线、变电站无线电干扰测量方法》规定了输电线路无线电的测量仪器和方法。

测量仪器：符合 GB/T 6113.1—2008《无线电骚扰和抗扰度测量设备和测量方法规范》，持有效计量检定证书的仪表、准峰值检波器和具有电屏蔽的环状天线或柱状天线。当使用记录器时，应保证不影响测试仪的性能及测量准确度。

测量要求：由于使用柱状天线测量架空送电线路的无线电干扰场的电场分量容易受到其他因素的影响，所以应优先采用环状天线，环状天线底座高度不超过地面 2m，测量时应绕其轴旋转到获得最大读数的位置，并记录方位。在使用柱状天线测量时，柱状天线应按其使用要求架设，且应避免杆状天线端部的电晕放电影响测量结果。如发生电晕放电，应移动天线位置，在不发生电晕放电的地方测量，或改用环状天线。测量人员和其他设备与天线的相对位置应不影响测量读数，尤其在采用柱状天线时。

测量频率：参考测量频率为 0.5（1±10%）MHz，也可用 1MHz，为了避免在单一频率下测量时，由于线路可能出现驻波而带来的误差影响，所以应在干扰频带内对各个频率进行测量并画出相应的曲线，测量可在下列频率或其附近频率进行：0.15，0.25，0.50，1.0，1.5，3.0，6.0，10，15，30MHz。

测量位置：测量地点选在地势较平坦，远离建筑物和树木，没有其他电力线和通信、广播线的地方，电磁环境场强至少比来自被测对象的无线电干扰场强低 6dB（μV/m）。电磁环境场强的测量，可以在线路停电时进行；或者在距线路 400m 以外进行。测量点应选在档距中央附近，距线路末端 10km 以上，若受条件限制应不少于 2km，测量点应远离线路交叉及转角等点，但在对干扰实例进行

调查时，不受此限。测量距离为线路外侧距正极性导线投影 20m 处，同时为了比较，也可在线路外侧距负极性导线投影 20m 处测量。

测量数据：在特定的时间、地点和气象条件下，若仪表读数是稳定的，测量读数为稳定时的仪表读数；若仪表读数是波动的，使用记录器记录或每 5min 读一个数，取其 10min 的平均值为测量读数。对使用不同天线的测量读数，应分别记录与处理。在给定的气象条件下，每次的测量数据为沿线近似等分布的三个地点的测量读数的平均值。注意，在给定的气象条件下，对某个地点、某个测量频率，一日之内不能获得多于一次的测量数据。测量次数不得少于 15 次，最好 20 次以上。在每一种气象条件下，测量次数应与该地区该气象条件出现的频度成正比。

三、无线电干扰的限值

DL 5497—2015《高压直流架空输电线路设计技术规程》和 GB 50790—2013《±800kV 直流架空输电线路设计规范》中规定：海拔 1000m 及以下地区，距直流架空输电线路正极性导线对地投影外 20m 处，80%时间，80%置信度，频率 0.5MHz 时的无线电干扰限值不应超过 58dB（μV/m）。

由于不同天气、季节的线路电晕放电都有明显变化，无线电干扰水平会随天气、季节变化而有很宽范围的变化，因此将无线电干扰限值与统计分布联系起来，即在一年的 80% 时间中，输电线路产生的无线电干扰电平不超过某个规定值，并具有 80%的置信度。

在我国第一条±500kV 直流输电线路葛—南直流工程前期设计中，加拿大泰西蒙咨询公司提出距离导线对地投影外 15m、好天气情况下 1MHz 无线电干扰限值可取 58dB（μV/m）甚至更高，而线路实际无线电干扰最大值不到 53dB（μV/m）。鉴于交流电晕产生的无线电干扰与直流电晕产生的无线电干扰具有相似的特性，我国±500kV 直流线路的无线电干扰允许值一直参照 500kV 交流线路的标准执行，即正极性导线对地投影外 20m 处 0.5MHz 无线电干扰 80%/80%值不超过 55dB（μV/m）。国家标准 GB 15707—1995《高压交流架空送电线无线电干扰限值》规定的限值（0.5MHz）如表 33-9 所列，我国交流线路的标准无线电干扰限值是随电压升高而增大的。

表 33-9　我国交流线路无线电干扰限值

电压（kV）	110	220~330	500	750、1000
限值［dB（μV/m）］	46	53	55	58

直流输电线路运行中尚未发生任何投诉，说明取值是可

行的。事实上直流线路的无线电干扰的效应要小于交流，故国外的直流线路允许无线电干扰电平一般较交流线路高 2～3dB（μV/m）。

为确定输电线路无线电干扰限值，CISPR 18 提出了三个技术要求[16]：① 最小被保护的无线电信号水平；② 获得满意接收质量的最小信噪比；③ 保护距离（保护走廊），即边导线到无线电信号能被满意接收的地点的最小距离。

对于最小被保护的无线电信号水平，国际电信联盟（ITU）已作出推荐，详见表 33-10。由于城市的电台信号会增强，有些国家允许进入城市的输电线路的无线电干扰限值放宽。

表 33-10　国际电信联盟（ITU）推荐的调幅制声音广播信号的最小服务强度

频率（MHz）	0.5	1.0	1.5
信号强度（dB，μV/m）	65	60	57

无线电干扰的程度影响由获得满意接收质量的最小信噪比（信号强度和干扰水平值之差）决定，该信噪比取决于噪声源的性质。就电力线路产生的无线电噪声对无线电广播接收的影响而言，不少国家和机构作过主观评价的研究，结论差别不大，详见表 33-11。对于调幅制声音广播，CISPR 所推荐的获得满意接受质量的信噪比平均值为 26dB（μV/m）。

**表 33-11　对信噪比的主观评价
（信号用平均值检波，干扰用准峰值）**

信噪比（dB）	主 观 评 价
40	对古典音乐收听完全满意
32	对一般收听满意
26	不易察觉的背景噪声
20	背景噪声明显
15	背景噪声很明显

由于各国对电力线路的走廊概念和规定各不一样，所以到目前 CISPR 未能定出适合世界范围的无线电干扰限值，我国直流输电线路保护距离按极导线对地投影外 20m 考虑。

四、无线电干扰的预估

直流输电线路无线电干扰的计算公式主要是根据试验线路和已运行的实际线路大量测量数据总结而得到的，主要有美国电力科学研究院（EPRI）、国际无线电干扰特别委员会（CISPR）、Hirsch、Knudsen、BPA 等经验公式，应用较多的是 CISPR 和 EPRI 经验公式。

（一）国际无线电干扰特别委员会（CISPR）经验公式

国际无线电干扰特别委员会（CISPR）推荐的适用于双极直流输电线路无线电干扰计算公式，见 2010 年 CISPR18-1《架空线路和高压设备的无线电干扰特性　第一部分：现象描述》（第 2 版）。我国 DL/T 691—1999《高压架空送电线路无线电干扰计算方法》中也推荐采用该公式计算双极性直流线路无线电干扰水平。

$$RI = 38 + 1.6(g_{max} - 24) + 46\lg r + 5\lg n + 33\lg\frac{20}{D_r} + \Delta E_w + \Delta E_f$$

$$(33-64)$$

式中　RI——无线电干扰值，dB（μV/m）；

g_{max}——分裂导线表面最大电场强度，kV/cm；

r——子导线半径，cm；

n——导线分裂根数；

D_r——计算点距正极性导线的距离，$D_r = \sqrt{H^2 + x^2}$，m；

H——正极性导线对地距离，m；

x——计算点距正极性导线的水平距离，m；

ΔE_w——气象修正项，每 1000m 增加 3.3dB（μV/m）；

ΔE_f——干扰频率修正项，$\Delta E_f = 5\left[1 - 2(\lg 10 f)^2\right]$，适用于 0.15～30MHz 频段；

f——所需计算的频率，MHz。

式（33-64）中前 4 项计算得到的干扰值是指在基准频率 0.5MHz 下，距正极性导线 20m 处晴天的干扰值。要得到其他频率、距正极性导线更远处和其他气象条件下的干扰值，应增加后面三项计算内容。

式（33-64）计算的是好天气的无线电干扰平均值，80% 时间、80% 置信度无线电干扰值应比该值大 3dB（μV/m）。

（二）美国电力科学研究院（EPRI）经验公式[9]

$$RI = 63.0 + 86\lg(g_{max}/25) + 10\lg(n/3) +$$
$$40\lg(d/4.57) + 20\lg\left(\frac{1+f_0^2}{1+f^2}\right) + 40\lg\frac{D_0}{D_r} \quad (33-65)$$

式中　　　RI——无线电干扰值，dB（μV/m）；

d——子导线直径，cm；

f_0——基准频率，1MHz；

H——正极性导线对地距离，m；

x——计算点距正极性导线的水平距离，m；

D_0——距正极性导线的基准距离，15m；

RI、g_{max}、n、f、D_r 意义与式（33-64）同。

上式计算结果为春秋季节无风时的无线电干扰值，对于夏季和冬季的无线电干扰值，应分别增加和减小 3dB（μV/m）。

（三）Hirsch 经验公式

在直流输电线路无线电干扰的试验研究中，Hirsch 等人发现，无线电干扰值与导线表面电位梯度成正比[17]：

$$RI = k(g_{max} - g_0) \qquad (33-66)$$

式中　RI、g_{max}——意义与式（33-64）同；

　　　　g_0——参考电场强度，kV/cm；

　　　　k——试验获得的经验系数，平均值为 2.4。

此外，Hirsch 等人还发现了测点与导线之间的距离对无线电干扰的影响。

$$RI = RI_0 - 29.4\lg\frac{D}{D_0} - 20\lg\frac{1+f^2}{1+f_0^2} \qquad (33-67)$$

式中　　　RI——无线电干扰值，dB（μV/m）；

　　　　　D——测点与导线之间的距离，m；

　　　　　f——测量频率，MHz；

RI_0、D_0、f_0——相应的参考值。

（四）Knudsen 经验公式

瑞典的 Knudsen 等人根据试验线段的测量结果拟合了直流输电线路无线电干扰的经验公式[17]：

$$RI = 25 + 10\lg n + 20\lg r + 1.5(g_{max} - g_0) - 40\lg\frac{D}{D_0} \qquad (33-68)$$

式中　RI——无线电干扰值，dB（μV/m）；

　　　n——导线分裂数；

　　　r——子导线半径，cm；

　　　g_{max}——分裂导线表面最大电场强度，kV/cm；

　　　D——测点与正极性导线之间的距离，m；

g_0、D_0——参考值，$g_0 = 22\delta$ kV/cm、$D_0 = 30$m，其中 δ 为大气校正系数，按式（33-2）计算。

（五）BPA 经验公式

美国 BPA 利用在达拉斯直流试验场测量得到的数据，拟合了双极直流输电线路无线电干扰经验公式[17]：

$$RI = 51.7 + 86\lg\frac{g_{max}}{g_0} + 40\lg\frac{d}{d_0} \qquad (33-69)$$

式中　RI——无线电干扰值，dB（μV/m）；

　　　g_{max}——分裂导线表面最大电场强度，kV/cm；

　　　d——子导线直径，cm；

g_0、d_0——参考值，$g_0 = 25.6$ kV/cm，$d_0 = 4.62$cm。

（六）海拔修正方法

在海拔高度对直流输电线路的无线电干扰水平的影响方面，国外研究的较少，国内研究单位正在进行深入研究，一般采用美国 EPRI 推荐的交流线路无线电干扰海拔修正方法，即海拔每增加 300m，无线电干扰增加 1dB（μV/m）。

五、典型单回双极直流线路的无线电干扰

极间距、导线高度、子导线分裂间距、导线分裂根数直径等因素对导线的无线电干扰有一定影响。采用 CISPR 经验公式，按表 33-12 给出的基本技术参数，计算不同情况下单回双极直流线路正极导线投影外 20m 处 80%时间，80%置信度，0.5MHz 频率时的无线电干扰值，见图 33-40～图 33-43，图中符号 d 表示导线直径。

表 33-12　各种电压等级基本技术参数

电压等级（kV）	±400	±500	±660	±800	±1100
导线铝截面（mm²）	300～500	400～900	720～1250	630～1250	800～1250
导线直径（mm）	23.9～30	27.6～40.6	36.2～47.9	33.8～47.9	38.4～47.9
分裂根数	4	4	4	6	8
导线分裂间距（mm）	450	450	500	500	550
极间距（m）	11	13	18	20	26
导线高度（m）	15	17	21	23	31

注　不考虑海拔修正。

（一）不同极间距

图 33-40 给出典型单回双极直流线路在不同极间距时的无线电干扰。

由图 33-40 可知，无线电干扰随着极间距增加而减小；

极间距越大，减小速度越慢；随着电压等级的提升，减小速度是逐渐减慢的，表 33-13 给出无线电干扰随极间距的变化规律。

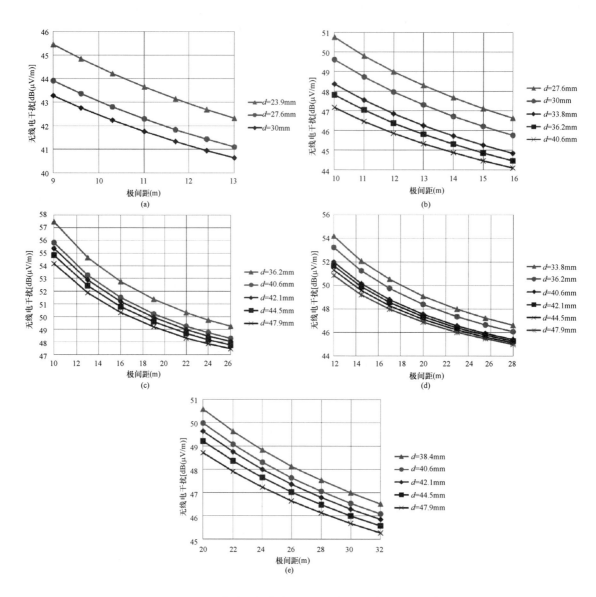

图 33-40　典型双极直流线路不同极间距时无线电干扰

（a）±400kV 直流线路；（b）±500kV 直流线路；（c）±660kV 直流线路；（d）±800kV 直流线路；（e）±1100kV 直流线路

表 33-13　无线电干扰随极间距的变化规律

电 压 等 级	随极间距增大而减小的无线电干扰值 [dB（μV/m）]
±400kV	0.46～1
±500kV	0.37～0.94
±660kV	0.2～0.93
±800kV	0.19～0.84
±1100kV	0.2～0.47

（二）不同导线高度

图 33-41 给出典型单回双极直流线路在不同导线高度时的无线电干扰。

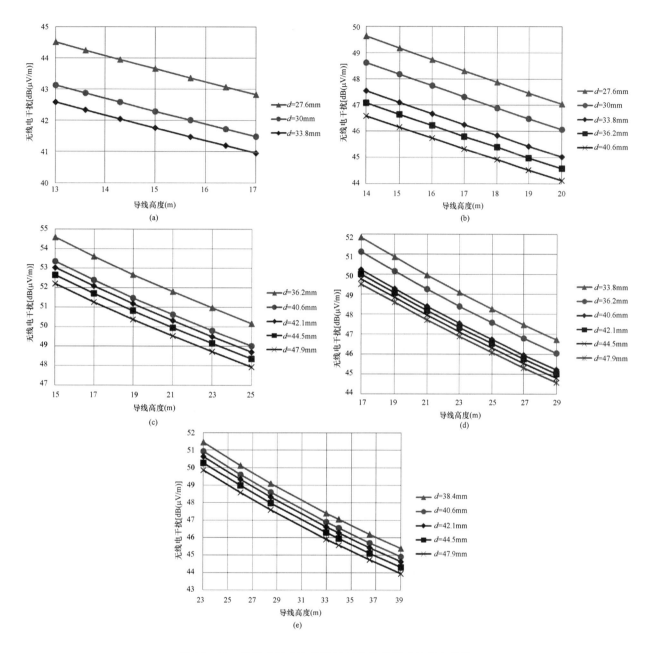

图 33-41　典型双极直流线路不同导线高度时无线电干扰

（a）±400kV 直流线路；（b）±500kV 直流线路；（c）±660kV 直流线路；（d）±800kV 直流线路；（e）±1100kV 直流线路

由图 33-41 可知,无线电干扰随着导线高度增加而减小；减小速度对电压等级不敏感，表 33-14 给出无线电干扰随导线高度的变化规律。

表 33-14　无线电干扰随导线高度的变化规律

电压等级	随导线高度增大而减小的无线电干扰值 [dB（μV/m）]
±400kV、±500kV	0.4～0.46

续表

电压等级	随导线高度增大而减小的无线电干扰值 [dB（μV/m）]
±660kV、±800kV	0.37～0.49
±1100kV	0.32～0.44

（三）不同导线分裂间距

图 33-42 给出典型单回双极直流线路在不同导线分裂间距时的无线电干扰。

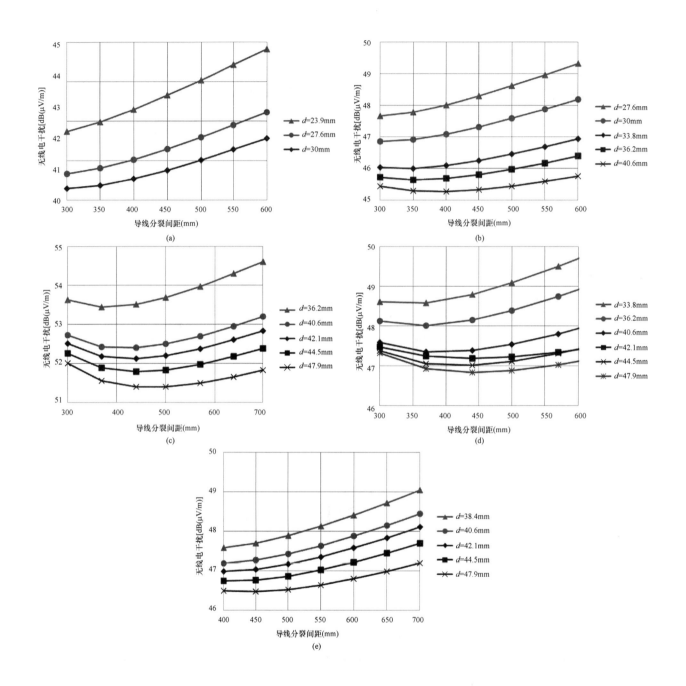

图 33-42　典型双极直流线路不同导线分裂间距时无线电干扰

（a）±400kV 直流线路；（b）±500kV 直流线路；（c）±660kV 直流线路；（d）±800kV 直流线路；（e）±1100kV 直流线路

由图 33-42 可知，随着导线分裂间距的增加，无线电干扰一般呈现先减小后增大的趋势，无线电干扰随导线分裂间距的变化曲线存在一个"拐点"，"拐点"位置与电压等级和导线直径有关。

（四）导线分裂根数和直径

图 33-43 给出典型单回双极直流线路在不同导线分裂根数、直径时的无线电干扰。

由图 33-43 可知，无线电干扰随着导线分裂根数的增加而减小，随导线直径的增大而减小。

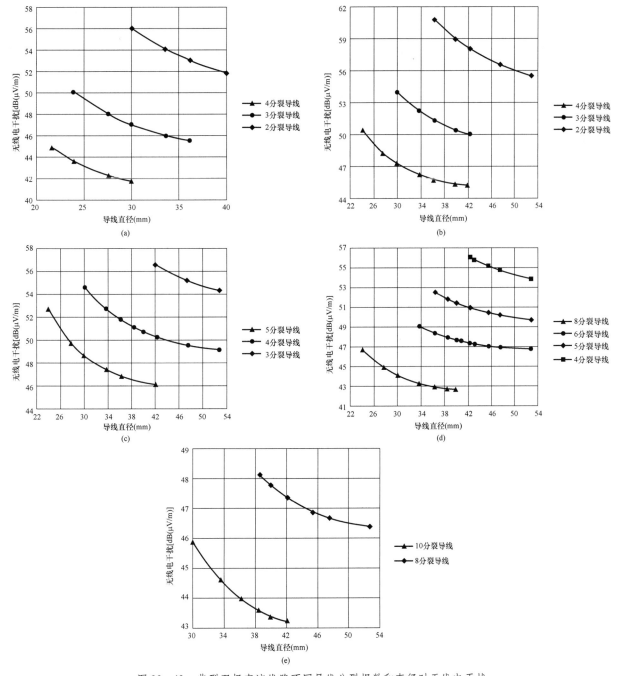

图 33-43　典型双极直流线路不同导线分裂根数和直径时无线电干扰

（a）±400kV 直流线路；（b）±500kV 直流线路；（c）±660kV 直流线路；（d）±800kV 直流线路；（e）±1100kV 直流线路

六、算例

【算例 33-4】已知线路参数如下：额定电压±800kV，导线型式为 6×JL/G1A-720/50，单根导线直径为 36.2mm，分裂间距 450mm，导线极间距为 20m，导线平均高度为 23m，导线表面最大场强为 22.54kV/cm。计算±800kV 单回直流输电线路距正极性导线对地投影外 20m 处无线电干扰值。

解

（一）CISPR 经验公式法

1. 计算正极性导线到计算点之间的距离

$$D_r = \sqrt{20^2 + 23^2} = 30.48\text{m}$$

2. 计算干扰频率修正值

$$\Delta E_f = 5\left\{1 - 2\left[\lg(10 \times 0.5)\right]^2\right\} = 0.114$$

3. 预估 80%时间，80%置信度，0.5MHz 频率时无线电干扰值

根据式（33-64）得到好天气的无线电干扰平均值为

$$RI = 38 + 1.6(g_{max} - 24) + 46\lg r + 5\lg n + \Delta E_f + 33\lg\frac{20}{D_r} + \Delta E_W$$

$$= 38 + 1.6(22.54 - 24) + 46\lg 1.81 + 5\lg 6 + 0.114 + 33\lg\frac{20}{30.48}$$

$$= 45.48\text{dB}(\mu\text{V/m})$$

80%时间，80%置信度，0.5MHz 频率时无线电干扰值即为 48.48dB（μV/m）。

（二）EPRI 经验公式法

1. 计算正极性导线到计算点之间的距离

$$D_r = \sqrt{20^2 + 23^2} = 30.48\text{m}$$

2. 预估春秋季节无风时的无线电干扰

根据式（33 - 65）得到春秋季节无风时的无线电干扰值为

$$RI = 63.0 + 86\lg(g_{max} / 25) + 10\lg(n / 3) +$$

$$41\lg(d / 4.57) + 20\lg\left(\frac{1 + f_0^2}{1 + f^2}\right) + 40\lg\frac{D_0}{D_r}$$

$$= 63.0 + 86\lg(22.54 / 25) + 10\lg(6 / 3) + 41\lg(3.62 / 4.57) +$$

$$20\lg\frac{1 + 1^2}{1 + 0.5^2} + 40\lg\frac{15}{30.48}$$

$$= 49.85\text{dB}（\mu\text{V/m}）$$

第四节　可　听　噪　声

引起输电线路可听噪声的因素较多，有电晕、风等，本节仅论述由电晕引起的可听噪声。

一、可听噪声产生机理与特性

（一）可听噪声产生机理

当导线表面电场强度大于起晕电场强度时，会引起导线周围的空气电离发电。在放电过程中，带电粒子在电场力的作用下加速后，具有较高能量的带电粒子与中性分子发生弹性碰撞，将能量和动能传递给中性分子；由于电晕放电具有一定的脉冲特性和能量动能的传播速度随时间和空间的变化而发生变化，引起声波的产生和传播，其中处在声能频谱中为人耳所能感受到的部分，称为"可听噪声"。

（二）可听噪声统计分布特性

通过大量试验研究证明，直流线路电晕放电产生的可听噪声主要来源于正极性流注放电，因此通常用正极线路产生的可听噪声来衡量整体线路可听噪声水平。

对于交流输电线路，晴天时的可听噪声很小，一般是在小雨、雾和下雪时，导线表面受潮，表面附着水滴，此时可听噪声较大，因此交流输电线路重点考虑雨天的情况。而对于直流输电线路，雨天时导线的起晕电场强度比晴天低，导

线周围的离子比晴天多；下雨初期，导线表面离子浓度不大，电晕放电比晴天稍强；下雨延续一段时间后，导线表面离子增加，使得导线不规则的部位都被较浓的电荷包围，减小了电晕放电强度，使得可听噪声反而有所减小。

空中飘落物附在导线上也会使局部表面场强增大，可听噪声增加，这些飘落物会随季节变化，夏季较多。因此，在确定直流输电线路可听噪声的限值时，应重点考虑夏季晴天的情况。相比夏季晴天情况，春秋季节可听噪声减小 2dB（A），冬季减小 4dB（A）；相比晴天情况，雨天的可听噪声减小 6dB（A）。

（三）可听噪声的频谱特性和横向衰减特性

1. 频谱特性

在人耳能听到的声音频率内（20Hz～20kHz），直流输电线路电晕产生的可听噪声频谱曲线比较平坦。图 33 - 44 给出 ±750kV 输电线路（导线为 4×40.64mm）的实测结果，从图中可以看出，环境噪声在 100Hz 后明显衰减，而直流输电线路的可听噪声在频率很高时才开始衰减，在环境噪声较低的场合，电晕产生的噪声很容易分辨。

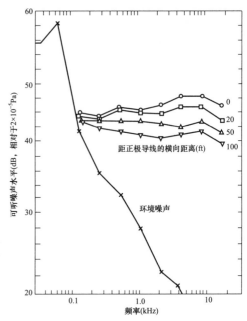

图 33 - 44　直流输电线路可听噪声频谱
特性与环境噪声的比较

2. 横向衰减特性

由于直流线路电晕放电产生的可听噪声主要来源于正极性流注放电，直流线路可听噪声向两侧横向衰减，对称轴是正极性导线。随着距离的增加，可听噪声的衰减要比无线电干扰的衰减慢得多，距离增加一倍可听噪声衰减约 2.6dB（A）。图 33 - 45 是美国 EPRI 在 ±600kV 试验线路下晴天时先后 5 次测得的可听噪声横向分布，图中曲线是 5 次的平均值。

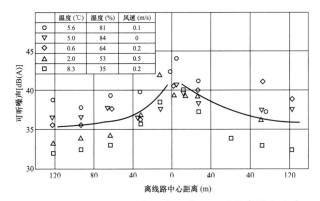

图 33－45　±660kV 试验线路下晴天可听噪声横向分布

二、可听噪声的计量和测量

（一）可听噪声的计量

输电线路可听噪声的计量方式可分为两类：一类是描述声波客观特性的物理量度，常用声压表示，单位为 μPa；另一类是考虑噪声对人听觉刺激的主观量度，由于人能听到的声压级范围很大，用对数来表示声压大小比较方便，常用声压级表示，单位为 dB。

可听噪声用声压级来计量时，由于 20μPa 是正常人在 1000Hz 时能听到的最低声压，通常是以 20μPa 为基准声压，用分贝表示声压级：

$$dB = 20\lg\frac{P}{P_0} \qquad （33-70）$$

式中　P——被测声压，μPa；

　　　P_0——基准声压，20μPa。

噪声可看成不同频率分量的合成，不同频率的声音，即使声压相同，人耳感觉的响亮程度也不同，人耳对 1000～5000Hz 的声音最敏感。为使声音的客观度和人耳听觉的主观感受近似一致，通常在测量声音的声级计中，安装一个滤波网络。当含有各种频率的噪声通过滤波网络时，滤波网络对不同频率成分的衰减是不一样的。声级计的滤波网络一般有 A、B、C 和 D 频率计权网络，A、B、C 计权网络的主要差别是在于对低频成分衰减程度，A 衰减最多，B 其次，C 最少，D 计权专用于飞机噪声的测量[18]。图 33－46 中给出了 A、B、C 和 D 计权的特征，因 A 频率计权网络是模拟人耳对纯音的平均响应，其应用最广泛，直流输电线路的可听噪声即采用 A 计权声级，用该网络计权后所测声压用 dB（A）表示。

对于一个非稳态噪声，用计权级只能测出某一时刻的噪声值，即瞬时值。用一个在相同时间内声能与之相等的连续稳定 A 声级表示该时段内不稳定噪声的声级，即为等效连续 A 声级，用 L_{Aeq} 表示，单位为 dB（A），它反映了在噪声起伏变化的情况下，噪声受者实际接收噪声能量的大小，可表示为

$$L_{Aeq} = 10\lg\frac{1}{T}\int_o^T 10^{\frac{L_{Ai}}{10}} dt \qquad （33-71）$$

式中　L_{Ai}——某一时刻 t 的噪声级；

　　　T——测量的总时间。

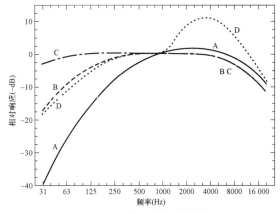

图 33－46　声级计的计权特征

对于非稳态噪声，也可采用统计方法，以声级出现的概率或累计概率来表征对噪声能量进行平均后的起伏变化情况，即统计声级。在规定测量时间 T 内，有 N% 时间的声级超过某一 L_{PA} 值，该 L_{PA} 值叫做统计声级或累计百分级，用 L_N 表示，单位为 dB（A）。例如，L_{10}=50dB（A），表示在整个测量时段内，声级高于 50dB（A）的时间占 10%。

我国环境噪声标准中的限值采用的是等效 A 频率计权网络 L_{Aeq}，而电力行业给出的可听噪声限值是 50% 值 L_{50}。对于直流输电线路可听噪声，EPRI 认为 L_{Aeq} 和 L_{50} 之间的关系为

$$L_{Aeq} = L_{50} + 0.115S^2 \qquad （33-72）$$

式中，S 为标准差。

$$L_5 - L_{50} = 1.64S \qquad （33-73）$$

EPRI 指出，对输电线路晴天 24 小时测量的数据标准，L_5 与 L_{50} 的差值为 3～5dB（A），由式（33－73）可得 S=1.83～3.05dB（A）。再由式（33－72）可得

$$L_{Aeq} - L_{50} = 0.38～1dB（A） \qquad （33-74）$$

对于直流输电线路，晴天时的噪声比雨天时的大，在线路发生电晕噪声期间，噪声稳定，噪声的标准偏差比 24 小时内的小，因此

$$L_{Aeq} - L_{50} ≈ 0.38dB（A） \qquad （33-75）$$

$$L_{Aeq} ≈ L_{50} \qquad （33-76）$$

由此可认为，按输电线路发生电晕噪声期间的 L_{50} 值与 L_{Aeq} 限值是基本一致的。

（二）可听噪声的测量

我国电力行业标准 DL 501—1992《架空送电线路可听噪声测量方法》为输电线路可听噪声的测量规定了仪器和方法。

测量位置应在两侧塔高基本相同的档距中央，与线路外侧导线垂直对地投影处的距离可按实际需求选取。

测量时，噪声计距地面高度为1.5m，传声器对准噪声源方向以测得最大值为原则。为了保证传声器位置距地面高度不变，宜将仪器安装在专用支架上。

如果不用支架，测量人员手持仪器必须将手臂伸直，传声器对准噪声源方向，使仪表读数为最大，不能将仪器靠近身体，影响测量的准确度。

室外测量时传声器应加防风罩，雨雪天气或风速超过6m/s时应停止测量。

测量地点应选择地势比较平坦、周围无障碍物、背景噪声较低的地区。

三、可听噪声限值

GB 50790—2013《±800kV直流架空输电线路设计规范》和DL 5497—2015《高压直流架空输电线路设计技术规程》对可听噪声限值规定如下：海拔1000m及以下地区，距直流架空输电线路正极性导线对地投影外20m处，晴天时由电晕产生的可听噪声50%值（L50）不得超过45dB（A）；海拔高度大于1000m且线路经过人烟稀少地区时，控制在50dB（A）以下。

我国与环境噪声有关的标准有：GB 3096—2008《声环境质量标准》、GB 12348—2008《工业企业厂界环境噪声排放标准》、GB 12523—2011《建筑施工场界环境噪声排放标准》等，其中前两个标准对不同的区域划分了相应的噪声标准，见表33-15。

表33-15　中国的环境噪声标准 dB（A）

类别	昼间	夜间
0	50	40
1	55	45
2	60	50
3	65	55
4	70	55

注　0类标准适用于疗养区、高级别墅区、高级宾馆区等特别需要安静的区域（工业企业厂界噪声无此类标准）；1类标准适用于以居住、文教机关为主的区域。乡村居住环境可参照执行该类标准；2类标准适用于居住、商业、工业混杂区；3类标准适用于工业区；4类标准适用于城市中的道路交通干线道路两侧区域，穿越城区的内河航道两侧区域。

对于直流输电线路，海拔1000m及以下地区满足1类地区的夜间噪声限值，海拔高度大于1000m且线路经过人烟稀少地区满足2类地区的夜间噪声限值。

我国交流输电线路的可听噪声限值规定为：在海拔不超过1000m时，边相导线投影外20m处湿导线条件下可听噪声限值为55dB（A）。湿导线条件下可听噪声值是指年出现概率值为5%的可听噪声值，若换算到晴天50%概率的可听噪声值

要减去7～10dB（A）。直流线路可听噪声晴天比雨天大，因此直流线路可听噪声限值（晴天50%概率的可听噪声值）参照交流线路可听噪声限值选取，一般乡村居住环境区可听噪声限值取45dB（A），人烟稀少地区可听噪声限值取50dB（A）。

四、可听噪声的预估方法

直流噪声主要由正极性线路产生，因此对于单回双极直流线路，只需计算正极性导线产生的噪声。直流线路的可听噪声可以利用经验公式估算，这些公式一般是根据试验线路和已运行的实际线路大量的测量数据经归纳而得到的。美国、加拿大、德国、日本等国家均有各自的计算公式[9]，美国EPRI和BPA总结出的公式应用较多。

（一）美国电力科学研究院（EPRI）经验公式

美国EPRI总结出预估直流输电线路电晕产生的可听噪声计算公式为

$$AN = 56.9 + 124\lg\left(\frac{g_{max}}{25}\right) + 25\lg\left(\frac{d}{4.45}\right) + 18\lg\left(\frac{n}{2}\right) - 10\lg Dr - 0.02Dr + k_n \quad (33-77)$$

式中　AN——可听噪声值，dB（A）；

g_{max}——导线表面最大电场强度，kV/cm；

d——导线直径，cm；

n——导线分裂数；

Dr——正极性导线到计算点之间的距离，m；

k_n——修正项。当$n \geq 3$时，$k_n = 0$dB（A）；当$n = 2$时，$k_n = 2.6$dB（A）；当$n = 1$时，$k_n = 7.5$dB（A）。

采用该式计算得到的是夏季晴天可听噪声的50%值（L_{50}）。

（二）美国邦纳维尔电力局（BPA）经验公式

美国BPA总结出预估直流输电线路电晕产生的可听噪声的公式见式（33-78），该式计算得到的是春秋季节好天气时可听噪声的50%值。

$$AN = -133.4 + 86\lg g_{max} + 40\lg d_{eq} - 11.4\lg Dr \quad (33-78)$$

其中

$$d_{eq} = 0.66n^{0.64}d \quad (n > 2) \quad (33-79)$$

$$d_{eq} = d \quad (n = 1, 2) \quad (33-80)$$

式中　AN、g_{max}、d、n、Dr——意义与式（33-77）同。

（三）德国FGH公司经验公式

德国FGH公司总结出预估直流输电线路电晕产生的可听噪声的公式见式（33-81），该式计算得到的是晴天最大值，适用范围：$2 \leq n \leq 5$，$1 \leq r \leq 2$。

$$AN = 1.4g_{max} + 10\lg n + 40\lg 2r - 10\lg Dr - 1 \quad (33-81)$$

式中　　　　　r——导线半径，cm；

（四）魁北克水电局（IREQ）经验公式

魁北克水电局（IREQ）总结出的预估直流输电线路电晕产生的可听噪声的公式为

$$AN = k(g_{max} - 25) + 10\lg n + 40\lg 2r - 11.4\lg Dr + AN_0$$

$$（33-82）$$

式中　　　　　r ——导线半径，cm；

AN、g_{max}、n、Dr ——意义与式（33-77）同；

　　k、AN_0 ——经验常数，取决于晴天的季节，表33-16为一些典型季节下 k 和 AN_0 值。

表 33-16　典型季节下 k 和 AN_0 值

季节	k	AN_0
夏天	1.54	26.5
春、秋	0.84	26.6
冬天	0.51	24

采用该式计算得到的是晴天平均值，适用范围：$4 \leqslant n \leqslant 8$，$r \leqslant 2.5$。

（五）日本中央电力研究院（CRIEPI）经验公式

日本中央电力研究院（CRIEPI）总结出的预估直流输电线路电晕产生的可听噪声的公式为

$$AN = 10 \frac{g_{60}}{g_{60} - g_{50}} \left(1 - \frac{g_{50}}{g_{max}}\right) + 50 - 10\lg Dr$$

$$（33-83）$$

$$g_{50} = \left(\frac{\lg n}{106} + \frac{\lg d}{21} + \frac{1}{2s^2} + \frac{1}{113}\right)^{-1}$$

$$g_{60} = \left(\frac{\lg n}{72} + \frac{\lg d}{21} + \frac{1}{2s^2} + \frac{1}{2538}\right)^{-1}$$

$$（33-84）$$

式中　　　　　r ——导线半径，cm；

　　　　　　　s ——极间距，m。

AN、g_{max}、n、Dr ——意义与式（33-44）同。

g_{60} 和 g_{50} 分别表示 AN_0=60、50dB（A）时导线表面最大场强，可用式（33-84）表示。

采用该式计算得到的是晴天平均值，适用范围：$1 \leqslant n \leqslant 4$，$1.12 \leqslant r \leqslant 2.47$，$8.44 \leqslant s$。

（六）同塔双回直流线路可听噪声的预估方法

同塔双回直流线路可听噪声的预估，可先分别计算双

回线路每回产生的可听噪声，再将每回噪声的单位由分贝表示转换为以声压表示，将两回线路产生的声压进行叠加，就得到了同塔双回输电线路产生的总声压，再进行相应的转换就可以得到同塔双回输电线路产生的以分贝表示的可听噪声。

第一回线路产生的声压为

$$P_1 = 10^{(AN_1)/20} \times 20 \times 10^{-6}$$

$$（33-85）$$

式中　P_1 ——第一回线路产生的声压，μPa；

　　AN_1 ——第一回线路产生的可听噪声，dB（A）。

第二回线路产生的声压为

$$P_2 = 10^{(AN_2)/20} \times 20 \times 10^{-6}$$

$$（33-86）$$

式中　P_2 ——第二回线路产生的声压，μPa；

　　AN_2 ——第二回线路产生的可听噪声，dB（A）。

总的声压为 $P = P_1 + P_2$，μPa。

总的可听噪声为 $AN = 20\lg \dfrac{P}{P_0}$，dB（A）。

（七）海拔修正方法

国外在海拔高度对直流输电线路可听噪声影响方面开展的研究较少，一般参考美国 EPRI 推荐的交流线路方法来修正海拔高度对直流线路可听噪声的影响，即海拔每增加 1000m，可听噪声增加 3.3dB（A）。

中国电科院在北京特高压直流试验基地和西藏高海拔试验基地分别进行了 2 年多直流线路电磁环境真型试验，结果表明，从海拔 0~4300m，直流线路可听噪声增加量只有美国 EPRI 推荐的海拔修正量的 30% 左右。但由于海拔及离子对导线电晕放电及其产生噪声的影响，直流线路可听噪声随海拔增加非线性增加，在海拔较低时的可听噪声增加量比海拔较高时的增加量大，对此科研单位正进行深入研究。我国直流线路工程中暂按海拔每增加 1000m，可听噪声增加 2.2dB（A）修正。

五、典型直流线路的可听噪声

极间距、导线高度、子导线分裂间距、导线分裂根数和直径等因素对导线的可听噪声有一定影响。采用 EPRI 推荐公式，按表 33-17 给出的基本技术参数，计算不同情况下正极导线投影外 20m 处的晴天可听噪声 50% 值（L50），如图 33-47~图 33-50 所示，图中符号 d 表示导线直径。

表 33-17　各种电压等级基本技术参数

电压等级	±400kV	±500kV	±500kV 双回	±660kV	±800kV	±1100kV
导线铝截面（mm²）	300~500	400~900	400~900	720~1250	630~1250	800~1250
导线直径（mm）	23.9~30	27.6~40.6	27.6~40.6	36.2~47.9	33.8~47.9	38.4~47.9
分裂根数	4	4	4	4	6	8

导线分裂间距（mm）	450	450	500	500	500	550
极间距（m）	11	13	18	18	20	26
导线高度（m）	15	17	17	21	23	31

注　1. 双回 ±500kV 的极间距和导线高度均指下导线，上导线的极间距考虑比下导线小 4m，层间距取 14m，导线极性排列方式为（ +－
－+ ）。

2. 不考虑海拔修正。

（一）不同极间距

图 33-47 给出典型直流线路在不同极间距时的可听噪声。由图 33-47 可知，可听噪声随着极间距增加而减小；极间距越大，减小速度越慢；随着电压等级的提升，减小速度是逐渐减慢的。可听噪声随极间距增大的变化规律详见表 33-18。

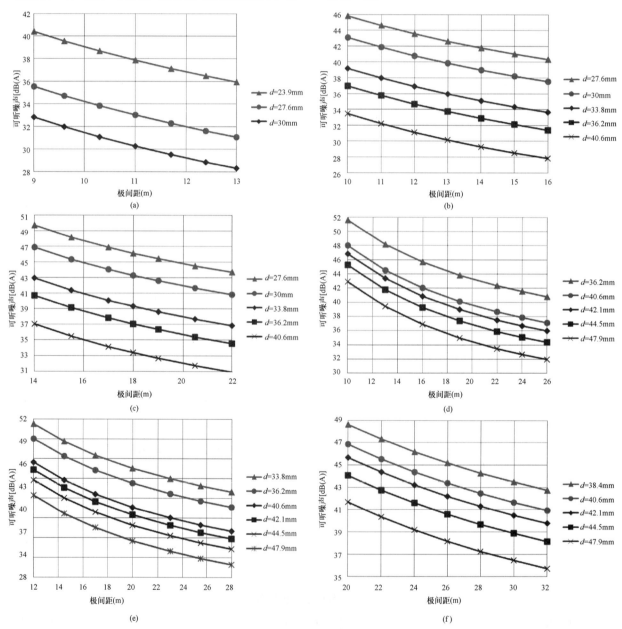

图 33-47　典型直流线路不同极间距时可听噪声

（a）±400kV 单回直流线路；（b）±500kV 单回直流线路；（c）±500kV 双回直流线路；（d）±660kV 单回直流线路；
（e）±800kV 单回直流线路；（f）±1100kV 单回直流线路

表 33-18 可听噪声随极间距的变化规律

回路数	电压等级	随极间距增大而减小的可听噪声值〔dB（A）/m〕
单回	±400kV、±500kV	0.65～1.4
	±660kV、±800kV	0.3～1.1
	±1100kV	0.35～0.65
双回	±500kV	0.54～1.05

（二）不同导线高度

图 33-48 给出典型直流线路在不同导线高度时的可听噪声。

由图 33-48 可知，可听噪声随着导线高度增加而减小，导线高度越大，减小速度越慢；相对于极间距，导线高度变化引起变化量较小。表 33-19 给出可听噪声随导线高度的变化规律。

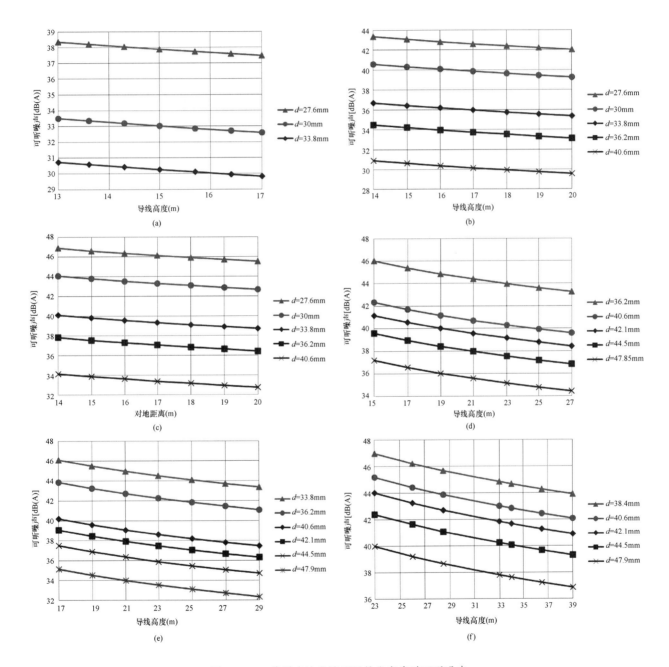

图 33-48 典型直流线路不同导线高度时可听噪声

（a）±400kV 单回直流线路；（b）±500kV 单回直流线路；（c）±500kV 双回直流线路；（d）±660kV 单回直流线路；
（e）±800kV 单回直流线路；（f）±1100kV 单回直流线路

表 33-19 可听噪声随导线高度的变化规律

回路数	电压等级	随导线高度增大而减小的可听噪声值 [dB（A）/m]
单回	±400kV、±500kV	0.2～0.29
	±660kV、±800kV	0.17～0.32
	±1100kV	0.15～0.26
双回	±500kV	0.2～0.29

（三）不同导线分裂间距

图 33-49 给出典型直流线路在不同导线分裂间距时的可听噪声。

由图 33-49 可知，一般情况下，随着导线分裂间距增加，可听噪声呈先减小后增大的趋势，可听噪声随导线分裂间距的变化曲线存在一个"拐点"，"拐点"位置与电压等级和导线直径有关。

（四）不同导线分裂根数和直径

图 33-50 给出典型直流线路在不同导线分裂根数和直径时的可听噪声。

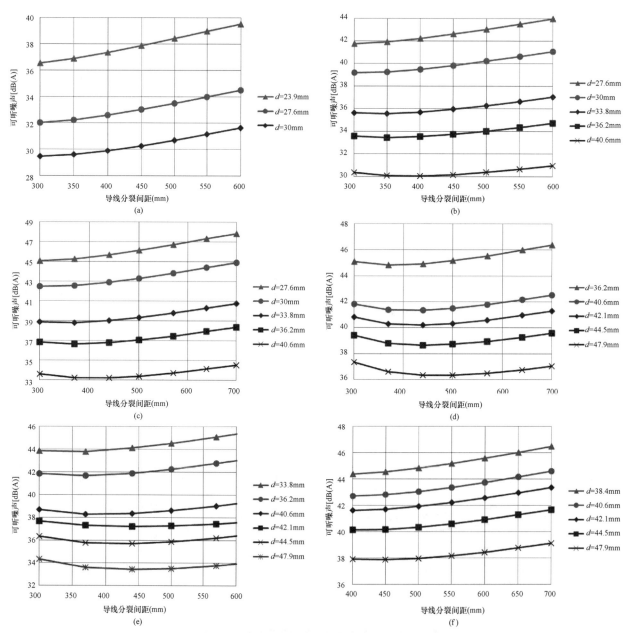

图 33-49 典型直流线路不同导线分裂间距时可听噪声

（a）±400kV 单回直流线路；（b）±500kV 单回直流线路；（c）±500kV 双回直流线路；（d）±660kV 单回直流线路；（e）±800kV 单回直流线路；（f）±1100kV 单回直流线路

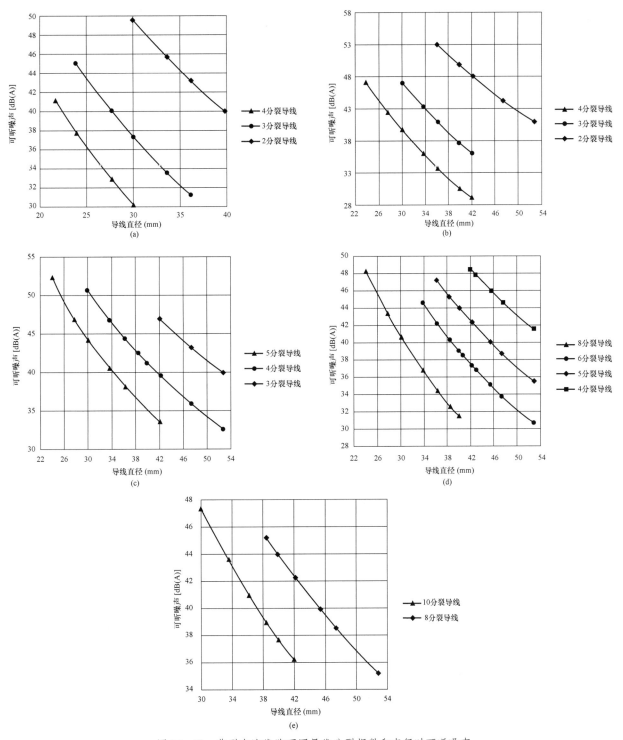

图33-50　典型直流线路不同导线分裂根数和直径时可听噪声

（a）±400kV 直流线路；（b）±500kV 直流线路；（c）±660kV 直流线路；（d）±800kV 直流线路；（e）±1100kV 直流线路

由图33-50可知，可听噪声随着导线分裂根数的增加而减小，随导线直径增大而减小。

六、算例

【算例33-5】已知单回双极线路参数如下：额定电压

±800kV，导线型式为 6×JL/G1A－720/50，单根导线直径为 36.23mm，分裂间距 450mm，导线极间距为 20m，导线平均高度为 23m，导线表面最大电场强度为 22.54kV/cm。计算 ±800kV 单回直流输电线路距正极性导线对地投影外 20m 处的可听噪声。

（一）EPRI 计算法

正极性导线到计算点之间的距离为：$Dr = \sqrt{20^2 + 23^2} = 30.48\text{m}$，导线为 6 分裂，$k_n = 0$。

根据式（33-77）得到夏季晴天可听噪声的 50% 值为

$$
\begin{aligned}
AN &= 56.9 + 124\lg\left(\frac{g_{max}}{25}\right) + 25\lg\left(\frac{d}{4.45}\right) + \\
&\quad 18\lg\left(\frac{n}{2}\right) - 10\lg R_P - 0.02R_P + k_n \\
&= 56.9 + 124\lg\left(\frac{22.54}{25}\right) + 25\lg\left(\frac{3.62}{4.45}\right) + \\
&\quad 18\lg\left(\frac{6}{2}\right) - 10\lg(30.48) - 0.02 \times 30.48 \\
&= 42.23\text{dB（A）}
\end{aligned}
$$

（二）BPA 计算法

根据式（33-78）得到：$d_{eq} = 36.2 \times 0.66 \times 6^{0.64} = 75.2\text{mm}$

根据式（33-79）得到春秋季节好天气时可听噪声的 50% 值：

$$
\begin{aligned}
AN &= -133.4 + 86\lg g_{max} + 40\lg d_{eq} - 11.4\lg R_P \\
&= -133.4 + 86\lg(22.54) + 40\lg(75.2) - 11.4\lg(30.48) \\
&= 41.09\text{dB（A）}
\end{aligned}
$$

第五节　磁　　场

一、磁场限值

DL/T 1088—2008《±800kV 特高压直流线路电磁环境参数限值》中规定直流架空输电线路电流在线下地面产生的磁感应强度应不超过 10mT。

国际非电离辐射防护委员会（ICNIRP）于 1994 年正式发布了《限制静态磁场的曝露导则》，并在 2009 年发布了修订版。ICNIRP 导则关于静态磁场的曝露限值见表 33-20，静态磁场的公众曝露限值为 400mT。

表 33-20　ICNIRP 导则关于静态（直流）磁场的曝露限值

曝露特性	磁感应强度
头和躯干曝露（职业）	2T
四肢曝露（职业）	8T
身体任何部分曝露（公众）	400mT

二、直流线路磁场的计算

直流线路磁场是一恒定磁场，磁感应强度决定于导线中的电流值，可根据式（33-87）计算。

$$
B = \left(\frac{\mu_0}{2\pi}\right) \times \frac{Ir}{D} \tag{33-87}
$$

式中　B——磁感应强度，T；

　　　I——电流，A；

　　　D——计算点与导线间的距离，m；

　　　r——磁场方向上的单位矢量；

　　　μ_0——磁导系数，$4\pi \times 10^{-7}\text{T} \cdot \text{m/A}$。

根据图 33-51 所示，直流线路正极在（x, y）处产生的磁场可分解为垂直分量 B_v 和水平分量 B_h，其计算公式如下：

$$
B_v = \left(\frac{\mu_0}{2\pi}\right) \times \frac{I}{D}\sin(\theta) \tag{33-88}
$$

$$
B_h = \left(\frac{\mu_0}{2\pi}\right) \times \frac{I}{D}\cos(\theta) \tag{33-89}
$$

式中　θ——磁场方向与水平方向的夹角，°。

直流线路正负极导线在（x, y）处产生的磁感应强度 B 等于垂直分量 B_{lv} 和水平分量 B_{lh} 的平方根，即 $B = \sqrt{B_{lv}^2 + B_{lh}^2}$。

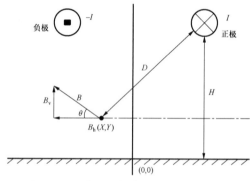

图 33-51　单回双极直流线路磁场示意图

图 33-52 给出我国典型单回双极直流线路的磁感应强度，计算基本技术参数见表 33-21。

表 33-21　磁感应强度计算基本技术参数

电压等级	±400kV	±500kV	±660kV	±800kV	±1100kV
额定电流（kA）	1.5	3.2	3	5	5.45
极间距（m）	11	13	18	20	28
导线高度（m）	10	12	16	18	26

由图 33-52 可知，直流线路磁感应强度小于 $50\mu\text{T}$，数量级上与地球磁场相当。尽管直流线路的输送功率越来越大，但直流线路的磁感应强度仍然远小于规范限值 10mT，因此进行直流线路设计时一般可不校核磁感应强度。

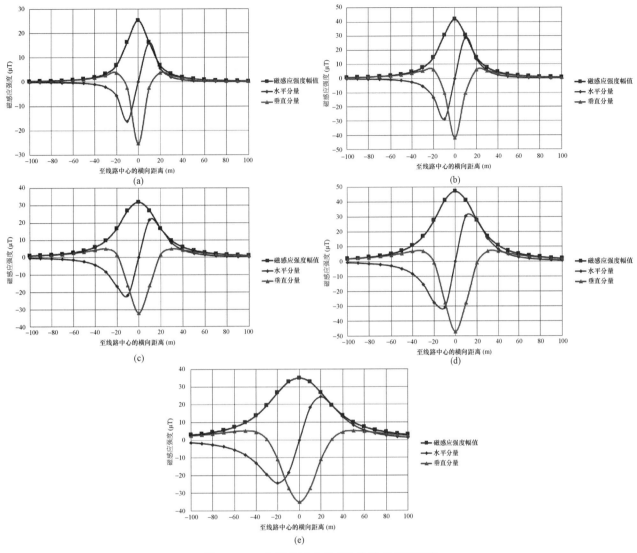

图 33－52 典型单回双极直流线路磁感应强度
（a）±400kV 直流线路；（b）±500kV 直流线路；（c）±660kV 直流线路；（d）±800kV 直流线路；（e）±1100kV 直流线路

第六节 相 关 标 准

一、国外无线电干扰限值标准

美国能源部规定的架空线路无线电干扰限值为：对于

±800kV 和 ±1200kV 在走廊边缘 0.5MHz 80% 的限值为 58dB（μV/m）。

加拿大规定的无线电干扰限值是以 0.5MHz、距边相导线投影外 15m 处为基准的，且无线电干扰限值是随电压升高而增大的，具体取值如表 A－1。加拿大标准还规定，进入城区的输电线路，无线电干扰限值允许放宽，因为城市的电台信号会增强。

表 A－1 加拿大无线电干扰标准

交流电压（kV）	无线电干扰限值		备 注
	距边相导线投影外 15m 处 [dB（μV/m）]	距边相导线投影外 20m 处 [dB（μV/m）]	
70～200	49	45.1	110kV 线路高度按 6m 计
200～300	53	49.5	220kV 线路高度按 6.5m 计
300～400	56	52.6	330kV 线路高度按 8m 计
400～600	60	57.2	500kV 线路高度按 8m 计
600～800	63	55～58	750kV 路线建议值

表 A-2 给出国外几个主要国家的无线电干扰值。

表 A-2 国外无线电干扰限值

标准	无线电干扰限值 0.5MHz		无线电干扰限值 1.0MHz		备注
	15m 处 [dB（μV/m）]	20m 处 [dB（μV/m）]	15m 处 [dB（μV/m）]	20m 处 [dB（μV/m）]	
IEEE 导则	61	59	56	54	
美国能源部规范			53～58		
加拿大标准	60	57.2	55	52.2	500kV 线高 8m

二、国外可听噪声限值标准

1. 环境噪声标准

表 B-1 给出日本的环境噪声标准。

表 B-1 日本的环境噪声标准 dB（A）

地域类型	时 间 段		
	昼间	朝夕	夜间
AA	45	40	35
A	50	45	40
B	60	55	50

注 AA 地域为特别需要安静的地方，如疗养院；A 地域为一般的安静
　　地方，如居住环境；
　　B 地域为一般性地区，为居住、商业和少量工业混合区。

2. 直流线路噪声标准

表 B-2 给出国外高压直流输电线路可听噪声的行业标准。

表 B-2 国外高压直流输电线路可听噪声行业标准

规范及标准	限 值 内 容
美国能源部规范	走廊边缘 50%以上的好天气，不超过 40～45dB（A）
日本环境部规划	走廊边缘晴阴天气 50%的噪声不超过 40dB（A）
巴西	走廊边缘可听噪声不超过 40dB（A）

参考文献

[1] 赵畹君. 高压直流输电工程技术[M]. 北京：中国电力出版社，2012.

[2] Harald, L. Hill. Transmission line reference book HVDC to ±600kV[M]. USA：EPRI and BPA，1977.

[3] M.P.Sarma, W. Janischewskyi. Electrostatic field of a system of parallel cylindrical conductors[J]. IEEE Transactions on Power Apparatus and Systems，1969，88（7）：1069-1079.

[4] 邵方殷，傅宾兰. 高压输电线路分裂导线表面和周围电场的计算[J]. 电网技术，1984，Z1-009：83-91.

[5] A.Yializis, E.Kuffel and P.H.Alexander. An optimized charge simulation method for the calculation of high voltage fields[J]. IEEE Transactions on Power Apparatus and Systems，1978，97（6）：2434-2440.

[6] H.Singer, H.Steinbigler and P.Weiss. A charge simulation method for the calculation of high voltage fields[J]. IEEE Transactions on Power Apparatus and Systems，1974，93（5）：1660-1974.

[7] 刘振亚. 特高压交直流电网[M]. 北京：中国电力出版社，2013.

[8] U.Corbellini, P.Pelacchi. Corona losses in HVDC bipolar lines[J]. IEEE Transactions on Power Delivery，1996，11（3）：1475-1480.

[9] High Voltage Transmission Research Center. HVDC transmission line reference book[R]. USA：High Voltage Transmission Research Center，1993.

[10] Sarma M.P., Janischewskyj, W.Analysis of corona losses on DC transmission lines：I-unipolar lines[J]. IEEE Transactions on Power Apparatus and Systems，1969，88（5）：718-731.

[11] D.H.Norrie, and G.deVries. An introduction to the finite element analysis[M]. New York：Academic Press，1978.

[12] W.Janischewskyj, P.Sarma Maruvada, G.Gela. Corona losses and ionized fields of HVDC Transmission Lines[J]. CIGRE Paper，1982，36（9）.

[13] W.Janischewskyj, G.Gela. Finite element solution for electric fields of coronating DC transmission lines[J]. IEEE Transactions on Power Apparatus and Systems，1979，98（3）：1000-1016.

[14] G.Gela. Computation of ionized fields associated with

unipolar DC transmission systems[D]. Ph.D Thesis, University of Toronto, Canada，1980.

[15] Takuma T, Ikeda T, Kawamoto T. Calculation of ion flow fields of HVDC transmission lines by the finite element method[J]. IEEE Transactions on Power Apparatus and Systems，1981，100（12）：4802－4810.

[16] 邬雄，万保全. 输变电工程的电磁环境[M]. 北京：中国电力出版社，2009.

[17] 饶宏. 高海拔特高压直流输电工程电磁环境[M]. 北京：中国电力出版社，2015.

[18] 刘振亚. 特高压直流输电技术研究成果专辑[M]. 北京：中国电力出版社，2006.

第三十四章

直流线路导地线选择

第一节 导 线 选 择

一、导线选择原则

直流输电线路的导线要满足技术性方面的要求，并具有合理的经济性能。技术性方面主要考虑导线的电气性能和机械性能，经济性方面既要考虑线路初期投资，也要考虑线路运行期内的损耗、维护费用等。

（1）载流量。导线的载流量应满足系统额定输送功率的要求，导线的长期允许载流量应满足直流输电系统连续过负荷（参见第二章）时的输送功率要求。

（2）电磁环境。高压直流输电线路电磁环境特性参数主要包括地面合成电场强度、地面离子流密度、无线电干扰和电晕噪声等，应满足规程规范中电磁环境限值的要求。

（3）机械强度。导线的机械性能，包括弧垂特性、耐振性能、安全系数及过载能力、悬点应力允许使用档距和高差、风偏特性，以及荷载特性等，应满足线路建设环境的基本要求，并具备一定的安全裕度。建设环境包括线路所经地区的气象条件（风速、覆冰厚度、气温、雷暴强度和舞动区划分等）、地形条件、植被情况和交叉跨越情况等。

（4）经济性。输电线路的导线应采用全寿命周期经济评价方法，进行经济性比较后确定。

影响导线经济性的主要因素包括线路建设初期投资、建设年限、系统条件、折现率和工程使用年限等。其中，线路建设初期投资包括架线、杆塔、基础和附件投资、施工建设成本以及设计、监理、管理成本等；系统条件主要与线路负荷水平相关，主要包括线路额定电流、年最大负荷损耗小时数和电价等。

（5）其他因素。导线选择还需考虑导线的制造、施工和运行条件，导线对杆塔、绝缘子和金具的制造及施工运行方面的影响等。

二、导线选择流程

直流输电线路导线选择的一般设计流程如图34-1。

三、常用导线型式分类及用途

我国输电线路中应用最为广泛的导线型式是圆线同心绞钢芯铝绞线。多年的工程实践证明，钢芯铝绞线具有稳定的机械、电气性能，施工和运行维护方便。我国高压直流输电线路工程除采用常规的钢芯铝绞线型式外，随着技术发展，还逐步采用了高导电率的钢芯铝绞线、铝合金芯铝绞线、钢芯铝合金绞线等新型导线。

表34-1列出我国直流输电线路的常用导线及部分新型导线的类型和特点[1]。

表34-2列出常用导线单线类型的主要参数及参考标准。

表34-1 直流输电线路常用导线类型及主要特点

导线类型	典型型号	导线结构概况	主要特点及用途
钢芯铝绞线	JL/G1A 等（或 LGJ 等）	内层芯线为单股或多股镀锌钢线；外层载流部分为单层或多层硬铝线	电气、机械性能良好，常规输电线路中应用广泛，有丰富的生产、施工和运行经验
钢芯铝合金绞线	JLHA1/G1A 等（或 LHGJ 等）	内层芯线为单股或多股镀锌钢线；外层载流部分为铝合金线	抗拉强度高，机械特性好，外层耐磨性能好于铝线。多用于高山大岭、重冰区和大跨越线路
铝合金芯铝绞线	JL/JLHA1 等	内层芯线为多股高强度铝合金线；外层为单层或多层硬铝线	防腐性能好，重量较轻，导电率较高，电阻损耗较低，抗拉强度接近钢芯铝绞线，多作为节能导线采用

导线类型	典型型号	导线结构概况	主要特点及用途
铝合金线	JLHA1 等 （或 LHJ 等）	以铝—镁—硅系合金单线多股绞制而成	抗拉强度高于硬铝线，导电率略低于硬铝线，密度、线膨胀系数、弹性系数接近硬铝线。JLHA1、JLHA2 的高强度全铝合金线抗拉强度高，弧垂特性较好，硬度较高，耐磨性能好，多用于高差较大的地形恶劣地区。JLHA3、JLHA4 的中强度全铝合金线多作为节能导线采用
耐热铝合金导线	JNRLH1	与普通铝合金导线的结构相近，载流部分铝合金采用允许连续运行温度 150℃～230℃的耐热铝合金材料；内层可采用镀锌钢或铝包（股）钢或复合材料作加强芯	导线的长期允许载流能力高，耐热铝合金线多用于接地极线路、大跨越线路和增容改造线路
铝包钢绞线	JLB14 等 （或 LBJ、LBGJ）	以多股冷拉包铝钢线绞制而成	抗拉强度高，机械特性好，导电率高于镀锌钢线。可用作大跨越线路导线，或替换镀锌钢线用作导线的加强芯，也可用作良导体地线
铝包钢芯铝绞线	JL1/LB14 等	内层加强芯为单股或多股高强度铝包钢线； 外层载流部分为硬铝线	与钢芯铝绞线机械性能接近，单重略轻，导电率略高，并且具有良好的防腐性能
铝包钢芯铝合金绞线	JLHA1/LB14 等	内层加强芯为单股或多股高强度铝包钢线； 外层载流部分为单层或多层高强度铝合金线	与钢芯铝合金绞线机械性能接近，单重略轻，导电率略高，并且具有良好的防腐性能
扩径导线	JL1K/G1A 等	以常规钢芯铝绞线为设计基础，采用抽股方式得到，减少铝股截面而外径不降低	外径较等截面的常规钢芯铝绞线大，改善导线电晕，多用于高海拔平丘地区
型线	JLRX JL1X JLHA3X 等	常见型线单线有梯形和 Z（S）形结构，材料多为软铝，也可采用硬铝或铝合金制成型线； 内层可采用镀锌钢或铝合金或铝包钢或复合材料作加强芯，整线也可采用同种材料绞制，如中强度全铝合金型线	采用型线绞合方式，压缩线股之间的间隙，使得同等截面导线的外径减小，表面光滑。 型线较等截面导线的外径小，可减小导线风荷载；较等外径导线的载流截面大，可降低损耗或提高输电能力。不同材料组合的型线可用于重冰区或改造线路
复合材料芯导线	JLRX/F1A 等， 或 ACCC/TW， 或 ACFR， JNRLH1/F1A 等	内层芯线是单根或多股纤维增强树脂基复合材料芯棒。 外层载流部分一般采用软铝制成型线，或采用耐热铝合金	碳纤维复合芯抗拉强度很高，且质量轻，与软铝型线或耐热铝合金材料组合，导线的长期允许载流能力高，高温弧垂特性好，多用于增容改造线路，也可用于大跨越线路等

注　1. 型号中"J"表示绞线；"/"左侧表示外层线股型号，右侧表示内层线股型号；"X"表示型线；"K"表示扩径。

　　2. 典型型号中，括号外为 GB/T 1179—2008 等新标准型号格式，括号内为 GB 1179—1983 等旧标准型号格式。典型型号仅为示例，如钢芯铝绞线还有 JL1/G2A、JL1/G3A、JL3/G3A 等。

表34-2　常用导线单线类型及主要参数

单线类型	材料名称	单线代号[1]	20℃时的导电率（IACS）	20℃时的直流电阻率（nΩ·m）	连续运行允许温度（℃）	20℃时的电阻温度系数（1/℃）	铝（合金）截面占比	密度（g/cm³）	线膨胀系数（10⁻⁶/℃）	弹性模量[2]（GPa）	最小抗拉强度（MPa）	参考标准
铝线	硬铝	L、LX1、LX2	61%	28.264	70～80（大跨越90）	0.004 03	≥99.5%	2.703	23	59	160～185	GB/T 17048—2017
		L1、L1X1、L1X2	61.50%	28.034		0.004 07						

续表

单线类型	材料名称	单线代号[1]	20℃时的导电率（IACS）	20℃时的直流电阻率（nΩ·m）	连续运行允许温度（℃）	20℃时的电阻温度系数（1/℃）	铝（合金）截面占比	密度（g/cm³）	线膨胀系数（10⁻⁶/℃）	弹性模量[2]（GPa）	最小抗拉强度（MPa）	参考标准
铝线	硬铝	L2、L2X1、L2X2	62%	27.808	70～80（大跨越90）	0.004 10	≥99.5%	2.703	23	59	160～170	GB/T 17048—2017
		L3、L3X1、L3X2	62.50%	27.586		0.004 13					160～170	
	软铝圆线	LR	62.50%	27.586	150	0.004 13					最大 98	GB/T 3955—2009
	软铝型线	LRX1、LRX2	63%	27.37	150	0.004 16					60～95	GB/T 29325—2012
铝合金线	高强铝合金	LHA1	52.50%	32.84	70～80（大跨越90）	0.003 6	100%	2.703	23	63	315～325	GB/T 23308—2009
		LHA2	53.00%	32.53		0.003 6					295	
	中强铝合金	LHA3	58.50%	29.472		0.003 9					230～250	NB/T 42042—2014
		LHA4	57.00%	30.247		0.003 8					255～290	
	普通耐热铝合金	NRLH1	60%	28.735	150	0.004					159～169	GB/T 30551—2014
	高强耐热铝合金	NRLH2	55%	31.347	150	0.003 6					225～248	
	超耐热铝合金	NRLH3	60%	28.735	210	0.004					159～176	
	特耐热铝合金	NRLH4	58%	29.726	230	0.003 8					159～169	
铝包钢线	铝包钢	LB14	14%	123.15	80（大跨越100）	0.003 4	13%	7.14	12	170	1500～1590	GB/T 17937—2009
		LB20A	20.30%	84.8		0.003 6	25%	6.59	13	162	1070～1340	
		LB20B	20.30%	84.8		0.003 6	25%	6.53	12.6	155	1320	
		LB23	23%	74.96		0.003 6	30%	6.27	12.9	149	1220	
		LB27	27%	63.86		0.003 6	37%	5.91	13.4	140	1080	
		LB30	30%	57.47		0.003 8	43%	5.61	13.8	132	880	
		LB35	35%	49.26		0.003 9	52%	5.15	14.5	122	810	
		LB40	40%	43.1		0.004	62%	4.64	15.5	109	680	
镀锌钢线	1级强度镀锌钢	G1A	9%	191.57	125	0.005	0%	7.78	11.5	196	1290～1340	GB/T 3428—2012
	2级强度镀锌钢	G2A									1380～1450	
	3级强度镀锌钢	G3A									1520～1620	
	4级强度镀锌钢	G4A									1720～1870	
	5级强度镀锌钢	G5A									1820～1960	

续表

单线类型	材料名称	单线代号 [1]	20℃时的导电率（IACS）	20℃时的直流电阻率（nΩ·m）	连续运行允许温度（℃）	20℃时的电阻温度系数（1/℃）	铝（合金）截面占比	密度（g/cm³）	线膨胀系数（10⁻⁶/℃）	弹性模量 [2]（GPa）	最小抗拉强度（MPa）	参考标准
纤维增强树脂基复合材料芯棒	1级强度A级温度复合芯棒	F1A	—	—	120	—	—	2.0	2.0	110	2100	GB/T 29324—2012
	1级强度B级温度复合芯棒	F1B			160					120		
	2级强度A级温度复合芯棒	F2A			120					110	2400	
	2级强度B级温度复合芯棒	F2B			160					120		

注　1. 此表中的"X1"和"X2"分别表示型线的两种截面形状［梯形和Z（S）形］，详见 GB/T 29325—2012。

　　2. 表中材料弹性模量为单股线参考值，绞制后材料的弹性模量见相关绞线标准。

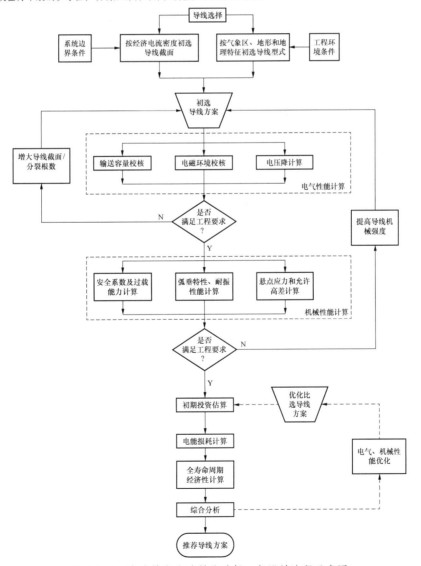

图 34-1　直流输电线路导线选择一般设计流程示意图

第二节 导 线 截 面

一、电流密度

导线的电流密度 J 由下式计算

$$J = \frac{I}{S_C} \quad (34-1)$$

式中　I——流过极导线的电流，A；

　　　S_C——极导线的截面积，mm^2。

电流密度计算中，导线的截面积一般指导线载流截面积，即导线中承载电流的导体部分截面积，对于钢芯铝绞线和钢芯铝合金绞线等，导体材料主要是铝或铝合金。

对于直流输电线路，在额定输送功率为 P，额定电压为 $\pm U_{DC}$ 下，则导线的电流密度为

$$J = \frac{P}{2U_{DC} \cdot S_C} \quad (34-2)$$

二、经济电流密度

经济电流密度是在总结了大量的输电线路设计、建设和运行经验的基础上，通过计算统计分析而得出的，它可以反映该数据统计时期的导线截面选用情况，有助于简化设计工作，因而被广泛采用。

经济电流密度由线路的建设成本、运行成本和损耗成本决定，即经济电流密度与建设材料的产量和价格、电能成本、电价水平及供电负荷水平等因素相关，可通过全寿命周期经济性评价得到。

表 34-3 给出的我国 20 世纪 50 年代制定的架空送电线路经济电流密度数据是参考了前苏联的经验，主要用于交流线路。早期的直流线路建设时，尚没有直流线路的经济电流密度及相关数据，故而曾参考采用表 34-3 的规定，现今已不再适用。

高压直流输电线路工程一般输送容量较大，输送距离较远，负荷利用率更高。近年来，随着我国国民经济的发展，随着各种建设原材料的产量和效率的提高，以及电力负荷需求迅速增长和电价的变化，电流密度相对过去有明显下降的趋势。

国内外已建的部分直流输电线路工程导线与电流密度情况见表 3-5。

表 34-4 给出国内近年来在建直流输电线路工程的导线与电流密度情况。

基于我国 2010～2016 年已建、在建的特高压直流输电线路工程的设计、建设和运行经验，采用本章第六节的计算方法，按照各种不同的边界条件（包括额定输送功率、年最大负荷损耗小时数、折现率和电价等），计算分析得出可用于特高压直流输电线路的参考经济电流密度见表 34-5。

表 34-3　水电部颁发的经济电流密度值（1956 年）

导线材料	最大负荷利用小时数（h）		
	3000 以下	3000～5000	5000 以上
铝	1.65	1.15	0.9
铜	3.0	2.25	1.75

表 34-4　国内近年直流输电线路工程导线与电流密度情况（2016～2017 年）

工程项目	额定功率（MW）	额定电流（A）	额定电压（kV）	线路长度（km）	导线型号*	导线截面（mm²）	电流密度（A/mm²）
酒—湖	8000	5000	±800	2370	6×JL/G-1250	7500	0.67
锡—泰	10 000	6250	±800	1619	8×JL/G-1250	10 000	0.625
晋—江	8000	5000	±800	1110	6×JL/G-1250	7500	0.67
上—山	10 000	6250	±800	1238	8×JL/G-1250	10 000	0.625
扎—青	10 000	6250	±800	1200	8×JL/G-1250	10 000	0.625
准—东	12 000	5455	±1100	3319	8×JL/G-1250	10 000	0.55

注　* 鉴于工程中有多个导线线型，本表忽略了单丝等级和钢芯截面大小，仅标出导线铝截面规格。

表 34-5　特高压直流输电线路参考经济电流密度　　A/mm²

电　价 ＼ 年最大负荷损耗小时数	3000h	4000h	5000h	6000h
0.2 元/（kW·h）	0.9～1.2	0.8～1.1	0.7～1.05	0.7～0.85
0.3 元/（kW·h）	0.7～1.0	0.7～0.85	0.65～0.85	0.6～0.8

电 价 ＼ 年最大负荷损耗小时数	3000h	4000h	5000h	6000h
0.4 元/（kW·h）	0.7～0.8	0.65～0.85	0.6～0.75	0.53～0.7
0.5 元/（kW·h）	0.65～0.85	0.6～0.75	0.53～0.7	0.49～0.7

注 计算条件：±800kV 特高压直流线路，6 分裂导线，导线截面 630～1250mm²，平丘地形，27m/s 基本风速，10mm 覆冰，额定输送 5000～10 000MW，折现率 8%～10%。

三、允许载流量

根据我国直流输电线路现行设计规范 GB 50790—2013《±800kV 直流架空输电线路设计规范》和 DL 5497—2015《高压直流架空输电线路设计技术规程》，验算导线允许载流量时，钢芯铝绞线和钢芯铝合金绞线的允许温度可采用 70℃（大跨越不得超过 90℃），钢芯铝包钢绞线（包括铝包钢绞线）的允许温度可采用 80℃（大跨越不得超过 100℃）；钢绞线的允许温度可采用 125℃；环境气温应采用最热月平均最高温度，并应考虑太阳辐射的影响。太阳辐射功率密度应采用 0.1W/cm²，相应风速应为 0.5m/s（大跨越风速应为 0.6m/s）。流过线路导线的直流电流，应取换流站整流阀在冷却设备投运时可允许的最大过负荷电流。在无可靠系统资料情况下，流过线路导线的最大过负荷电流可取 1.10 倍的额定电流。

架空导线载流量的计算原理由导线的发热和散热的热平衡方程式推导而来，热平衡方程式为

$$W_j + W_S = W_R + W_F \tag{34-3}$$

式中 W_j——单位长度导线电阻产生的发热功率，W/m；

W_S——单位长度导线的日照吸热功率，W/m；

W_R——单位长度导线的辐射散热功率，W/m；

W_F——单位长度导线的对流散热功率，W/m。

由此，可计算出导线的允许载流量为

$$I = \sqrt{(W_R + W_F - W_S)/R_{dt}} \tag{34-4}$$

其中，

$$R_{dt} = R_0[1 + k_{RT}(\theta_t - 20)] \tag{34-5}$$

R_{dt}——导线在最高允许温度时的导线直流电阻，Ω/km；

R_0——导线 20℃时的导线直流电阻，Ω/km；

θ_t——导线的最高允许温度，℃；

k_{RT}——导线电阻温度系数，1/℃。

辐射散热功率 W_R 的算式

$$W_R = \pi d E_1 S_1 [(\Delta\theta + \theta_a + 273)^4 - (\theta_a + 273)^4] \tag{34-6}$$

式中 d——导线外径，m；

E_1——导线表面的辐射散热系数，光亮的新线为 0.23～0.43；旧线或涂黑色防腐剂的线为 0.90～0.95；

S_1——斯特凡—包尔茨曼常数，为 5.67×10^{-8}，W/m²；

$\Delta\theta$——导线表面的平均温升，℃；

θ_a——环境气温，℃。环境气温应采用线路所在地区最高气温月的最高平均气温，取多年平均值。我国大部分地区环境气温可取 35℃。

对流散热功率 W_F 的算式

$$W_F = 0.57\pi\lambda_f\theta Re^{0.485} \tag{34-7}$$

式中 λ_f——导线表面空气层的传热系数，W/m℃；

Re——雷诺数。

$$\lambda_f = 2.42 \times 10^{-2} + 7(\theta_a + \theta/2) \times 10^{-5} \tag{34-8}$$

$$Re = Vd/\upsilon \tag{34-9}$$

V——垂直于导线的风速，m/s；一般线路的计算风速采用 0.5m/s，大跨越由于导线平均高度在 30m 以上，风速相应增加，一般取 0.6m/s；

υ——导线表面空气层的运动粘度，m²/s；

$$\upsilon = 1.32 \times 10^{-5} + 9.6(\theta_a + \theta/2) \times 10^{-8} \tag{34-10}$$

日照吸热功率 W_S 的算式

$$W_S = \alpha_S J_S d \tag{34-11}$$

式中 α_S——导线表面的吸热系数，光亮的新线为 0.35～0.46；旧线或涂黑色防腐剂的线为 0.9～0.95；

J_S——日光对导线的日照强度，W/m²，当晴天、日光直射导线时，可采用 1000W/m²。

图 34-2 为常用 240～1520mm² 截面的钢芯铝绞线的允许载流量计算值。当导线型式、环境条件取值发生变化时，可按式（34-4）进行计算。

表 34-6 列出常用钢芯铝绞线的允许载流量和不同电压等级下的最大输送容量。

表 34-6 常用钢芯铝绞线允许载流量及允许输送容量一览表

导线型号	单根子导线 20℃ 直流电阻（Ω/km）	外径（mm）	单根子导线允许载流量（A）	不同电压等级下，单根子导线的允许输送容量（MW）				
				±400kV	±500kV	±660kV	±800kV	±1100kV
JL/G1A-240/30	0.118 1	21.6	503.4	403	503	664	805	1107
JL/G1A-300/40	0.096 1	23.9	570.8	457	571	753	913	1256

导线型号	单根子导线20℃直流电阻（Ω/km）	外径（mm）	单根子导线允许载流量（A）	不同电压等级下，单根子导线的允许输送容量（MW）				
				±400kV	±500kV	±660kV	±800kV	±1100kV
JL/G1A－400/35	0.073 9	26.8	667.6	534	668	881	1068	1469
JL/G1A－500/45	0.059 1	30	765.3	612	765	1010	1224	1684
JL/G1A－630/45	0.045 9	33.8	891.4	713	891	1177	1426	1961
JL/G1A－720/50	0.039 8	36.2	971.6	777	972	1283	1555	2138
JL/G1A－800/55	0.035 5	38.4	1042.0	834	1042	1375	1667	2292
JL/G3A－900/40	0.032 1	39.9	1104.9	884	1105	1458	1768	2431
JL/G3A－1000/45	0.028 9	42.1	1178.0	942	1178	1555	1885	2592
JL/G1A－1120/90	0.025 8	45.3	1266.5	1013	1266	1672	2026	2786
JL/G3A－1250/70	0.023 1	47.4	1350.3	1080	1350	1782	2160	2971

注　计算环境温度取35℃，导线允许线温取70℃，风速取0.5m/s，太阳辐射功率密度取1000W/m²。

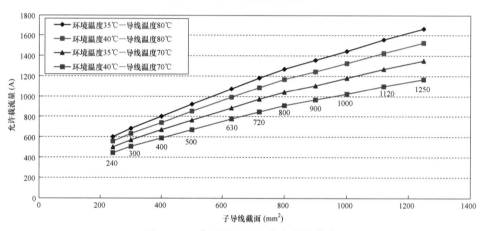

图34－2　常用导线允许载流量计算值

注　计算环境温度取35℃，导线允许线温取70℃，风速取0.5m/s，太阳辐射功率密度取1000W/m²。

第三节　导线电磁环境

一、电磁环境限值

直流输电线路的电磁环境影响主要包括导线表面电场强度、地面合成电场强度、离子流、可听噪声、无线电干扰和磁感应强度等，导线选择时，应合理地限制电磁环境影响，满足有关限值的要求，具体限值详见第三十三章。

二、电磁环境计算

高压直流输电线路的电磁环境影响与极导线方案（子导线直径、分裂根数及分裂型式等）密切相关，导线选择时，需根据直流线路的几何参数（极间距、对地高度等）对可能的极导线方案进行电磁环境计算比较，计算方法见第三十三章。不同电压等级、典型导线的电磁环境计算结果见第三十三章图33－36、图33－43、图33－50。

三、电磁环境对导线外径的要求

DL 5497—2015《高压直流架空输电线路设计技术规程》要求，对于海拔不超过1000m的地区，当选用现行国家标准GB/T 1179《圆线同心绞架空导线》中的钢芯铝绞线时，单回双极±500kV和±660kV直流输电线路的导线外径和分裂根数应不小于表34－7所列数值。

表34－7　单回双极±500kV和±660kV直流
输电线路导线最小外径和分裂根数

标称电压（kV）	±500			±660		
分裂根数×导线外径（mm）	2×44.5	3×30.5	4×23.72	4×36.2	5×33.6	6×30.0

表34－7中数据是以我国第一条±500kV和第一条±660kV直流输电线路导线为基础，通过对单回双极±500kV和±660kV直流输电线路在不同分裂型式下的导线表面电场强度、合成电场强度、离子流密度、可听噪声、无线电干扰

各项指标进行计算给出。

对于海拔高度不超过 1000m 的地区，当选用现行国家标准 GB/T 1179《圆线同心绞架空导线》中的钢芯铝绞线时，单回双极 ±800kV 和 ±1100kV 直流输电线路在第三十三章表 33-8、表 33-12 典型电压等级基本技术参数取值下，电磁环境要求的导线外径和分裂根数应不小于表 34-8 所给的计算值，计算中，导线表面场强采用马克特—门得尔法，地面合成电场强度和地面离子流密度采用 EPRI 半经验公式法，无线电干扰采用 CISPR 经验公式，可听噪声采用 EPRI 推荐公式。

表 34-8　单回双极 ±800kV 和 ±1100kV 直流输电线路最小导线外径和分裂根数

标称电压（kV）	±800		±1100	
分裂根数×导线外径（mm）	5×39.90	6×33.6	8×30	8×39.9
				10×33.60

直流线路的电磁环境与很多因素有关，表 34-7 和表 34-8 仅适用于一般情况，当线路几何参数、外部条件（海拔等）发生改变时，仍需按第三十三章给出的方法进行计算。

第四节　电线机械性能

输电线路导、地线除满足电气性能的要求外，还应具有良好的机械性能。电线的力学特性计算方法见文献[1]、[2]。本节给出与导、地线选择相关的应力弧垂特性、铝部应力、悬点应力及允许高差、过载能力和风偏特性等计算原则和方法。

一、设计安全系数

导线、地线的设计安全系数，应满足我国现行直流输电线路设计的有关规定❶：

导线、地线在弧垂最低点的设计安全系数应不小于 2.5，悬挂点的设计安全系数应不小于 2.25。

导线、地线在弧垂最低点的最大张力，按式（34-12）进行计算

$$T_{max} \leqslant \frac{T_p}{K_C} \qquad (34-12)$$

式中　T_{max} ——导线、地线在弧垂最低点的最大张力，N；

　　　T_p ——导线、地线的拉断力，N；

　　　K_C ——导线、地线的设计安全系数。

对于重覆冰地区、重要交叉跨越段和抢修困难段等地区，一旦发生断线事故影响大、经济损失严重，导线、地线的安全系数取值可适当提高，以增加线路的安全裕度。

为防止发生导线断股、断线事故，提高线路各部件的安全储备，必要时还要按稀有风速或稀有覆冰气象条件验算导、地线的张力。对于高压直流输电线路，在稀有气象条件时，导、地线弧垂最低点的最大张力，不应超过导、地线拉断力的 70%，悬挂点的最大张力，不应超过导、地线拉断力的 77%（DL 5497—2015），对于 ±800kV 特高压直流输电线路，导、地线弧垂最低点的最大张力，不应超过导、地线拉断力的 60%，悬挂点的最大张力，不应超过导、地线拉断力的 66%（GB 50790—2013）。设计时，常常按稀有气象条件下，导、地线的允许张力的限值，反算出对应的风速或覆冰厚度，以比较不同导、地线的过载能力。

二、铝部应力

设计、运行经验表明，导、地线的年平均运行应力与它的耐振性能密切相关。导、地线平均运行张力的上限和相应的防振措施，应符合我国现行输电线路规程的规定。

表 34-9　导、地线平均运行张力的上限和相应的防振措施

情　况	平均运行张力的上限（拉断力的百分数，%）		防　振　措　施
	钢芯铝绞线	镀锌钢绞线	
档距不超过 500m 的开阔地区	16	12	不需要
档距不超过 500m 的非开阔地区	18	18	不需要
档距不超过 120m	18	18	不需要
不论档距大小	22	—	护线条
不论档距大小	25	25	防振锤（阻尼线）或另加护线条

实际上，导、地线的耐振性能不仅与年平运行张力占拉断力的百分比有关，而且更取决于电线铝部的应力。架空电线长期经受的交变应力超过某一极限值时，将发生疲劳断股，

这一应力值被称为疲劳极限[3]。一般线材的疲劳极限可在旋转反复弯曲试验机上进行试验获得。导、地线选择比较时，应将铝部长期运行应力限制在铝部线材的疲劳极限以内，并留

---

❶ GB 50790—2013《±800kV 直流架空输电线路设计规范》和 DL 5497—2015《高压直流架空输电线路设计技术规程》。

有一定的安全裕度。

表 34-10 给出可供参考的常用电线线材的疲劳极限[3]。

表 34-10　常用电线线材的疲劳极限[3]

序号	线　材	疲劳极限（MPa）
1	硬铝线	59～69
2	硬铜线	137～147
3	铝镁硅合金线	76～88
4	耐热铝合金线	～60
5	5005 铝合金线	～90
6	镀锌钢线	294～353
7	高强度镀锌钢线	353～422

随着导线及材料制造工艺的进步，不同线型的疲劳极限也发生变化，具体线材的疲劳极限可通过试验确定。对于架空线路，电线在带有静态拉应力的条件下产生振动时，线股的实际疲劳极限将会降低。

工程设计中在进行导、地线选型比较时，一般采用简化的方法计算导线铝部分配的应力，不计扭绞影响，也不考虑钢、铝股的永久伸长。假设电线受力均在弹性阶段，钢和铝的伸长率相同，根据电线应力分布试验结果，铝钢材料应力分配基本遵循弹性分配原则，即

$$\frac{\sigma_a}{E_a} = \frac{\sigma}{E} \tag{34-13}$$

$$E = \frac{E_s + mE_a}{1+m} \tag{34-14}$$

式中　E_a，E_s，E——分别为铝、钢和导线综合弹性系数，MPa；

　　　σ_a，σ——分别为铝和导线应力，MPa；

m——铝钢截面比。

不计线温变化，钢、铝股无永久伸长时的铝部应力可按下式计算

$$\sigma_a = \frac{E_a(1+m)}{E_s + mE_a}\sigma \tag{34-15}$$

图 34-3 给出常规 G1A 钢线、JL 硬铝线绞制而成的钢芯铝绞线，在年平均运行张力和最大使用张力分别为拉断力的 25% 和 40% 时，不同铝钢比下导线的铝部应力计算值，计算中，钢的弹性系数取 190 000MPa，铝的弹性系数取 55 000MPa，钢股单丝 1% 伸长应力取 1100MPa，铝股单丝破断强度取 160MPa。

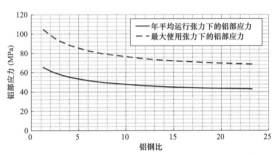

图 34-3　JL/G1A 系列钢芯铝绞线的铝部应力

三、弧垂特性

输电线路导线弧垂的大小影响铁塔的设计高度，进而影响铁塔指标和工程投资。工程设计中在进行导线选择计算时需计算比较不同导线的弧垂特性，并将弧垂特性差异的影响计入投资中。

在给定档距、高差、应力的条件下，电线最大弧垂可采用悬链线公式（34-16）进行计算

$$f_m = \frac{\sigma_0}{\gamma}\left[\cosh\left(\frac{\gamma l}{2\sigma_0}\right)\times\sqrt{1+\left(\frac{h}{\frac{2\sigma_0}{\gamma}\sinh\frac{\gamma l}{2\sigma_0}}\right)^2} - \sqrt{1+\left(\frac{h}{l}\right)^2} + \frac{h}{l}\times\left(\sinh^{-1}\frac{h}{l} - \sinh^{-1}\frac{h}{\frac{2\sigma_0}{\gamma}\sinh\frac{\gamma l}{2\sigma_0}}\right)\right] \tag{34-16}$$

式中　l——档距（两悬挂点之间的水平距离），m；

　　　h——高差（两悬挂点之间的垂直距离，待求悬挂点的相对高程较高时为正，反之为负），m；

　　　f_m——最大弧垂，m；

　　　γ——电线比载（取最大弧垂工况），N/m·mm²；

　　　σ_0——电线水平应力（取最大弧垂工况），MPa。由给定的最大使用应力和年平均运行应力，用状态方程[1]求得。

对于地势平坦、高差不大的线路，在电线比较时，也可采用简化的平抛物线公式（34-17）计算电线最大弧垂 f_m：

$$f_m = \frac{\gamma l^2}{8\sigma_0} \tag{34-17}$$

电线最大弧垂一般出现在最高气温或最大覆冰无风工况。电线的应力和比载之比 $\dfrac{\sigma_0}{\gamma}$ 越大，电线弧垂越小。

在线路设计中，还常采用电线的计算拉断力（单位 kN）与单位重量（单位 N/m）之比（简称拉重比，单位 km）来预评估电线的弧垂特性。一般情况下，对于截面规格相近的电线，电线拉重比越大，其弧垂特性越好；电线拉重比相近时，截面越大，其覆冰弧垂特性越好。

四、悬点应力和允许高差

在输电线路设计中，大都用电线弧垂最低点的水平张力或应力进行计算，实际上电线其他各点的张力或应力都比弧垂最低点大。电线的悬挂点综合应力按悬链线公式（34-18）或平抛物线公式（34-19）进行计算

$$\sigma = \sigma_0 + \gamma y = \sigma_0 \left[\left(\sqrt{1 + \left(\frac{h}{\frac{2\sigma_0}{\gamma} \operatorname{sh} \frac{\gamma l}{2\sigma_0}} \right)^2} \right) \operatorname{ch} \frac{\gamma l}{2\sigma_0} - \frac{\gamma h}{2\sigma_0} \right]$$

$$（34-18）$$

$$\sigma = \sigma_0 + \gamma y = \sigma_0 + \frac{\gamma^2 l_v^2}{2\sigma_0} \qquad （34-19）$$

式中 σ——悬挂点处的电线应力，MPa；

σ_0——电线水平应力（取悬点应力计算条件下的弧垂最低点应力），MPa；

y——悬挂点与弧垂最低点的垂直距离，m；

l_v——悬挂点与弧垂最低点的水平距离（即单侧垂直档距），m。

对于地形起伏较大、高山大岭地区的线路，导线悬挂点应力大，需检查导线悬挂点应力是否超出允许值。在线路导线选型时，应根据工程地形条件预估可能的档距、高差分布，并校核导线的允许高差是否满足工程需求。若导线难以满足对悬挂点应力及允许高差的要求时，应比较分析需要的导线放松情况，必要时则应选择机械性能更好的导线型式。

在给定档距情况下，导线悬点应力允许的最大高差可按式（34-20）计算

$$h_m = \operatorname{sh} \left[\operatorname{ch}^{-1} \left(\frac{\sigma_p}{\sigma_m} \right) - \frac{\gamma l}{2\sigma_m} \right] \times \frac{2\sigma_m}{\gamma} \operatorname{sh} \frac{\gamma l}{2\sigma_m} \quad （34-20）$$

式中 h_m——导线的允许高差，m；

σ_p——导线悬挂点允许应力，MPa；

σ_m——导线最低点的最大使用应力，MPa。

五、风偏特性

绝缘子串的风偏角影响杆塔的塔头尺寸，虽然绝缘子串风偏角的大小不仅与导线风偏特性有关，还与绝缘子串参数（重量、风压）和垂直档距系数等有关，但在导线选择时，往往是仅比较导线的风偏特性，以评估不同导线对杆塔塔头尺寸的影响。

导线风偏角 η 按式（34-21）计算

$$\eta = \tan^{-1} \frac{\gamma_4}{\gamma_1} \qquad （34-21）$$

式中 γ_1——导线自重比载，N/m·mm²；

γ_4——导线风荷载比载，N/m·mm²。

六、荷载特性

电线荷载影响杆塔的重量，导线选择时，应比较导线方案的荷载大小，以评估导线对各种杆塔重量的影响。

第五节 地 线 选 择

一、地线型式

高压直流输电线路需全线架设地线，避免导线遭受雷击而造成闪络事故，保证线路的安全运行。此外，地线还可具有其他方面的作用，如采用光纤复合架空地线（OPGW）时实现通信功能；作为屏蔽线以降低直流线路对通信线的影响；导线断线时提供支持力；有时作为回流导体，以实现"单极—金属回路"的单极运行方式等。

地线型式的选择主要是要满足机械和电气两方面的要求，包括地线安全系数、弧垂特性、表面电场强度、耐雷性能和热稳定性的要求等，此外，还需考虑地线的耐腐蚀性能、运行寿命和经济性等。

地线型式可分为普通地线和光纤复合地线。表 34-11 列出了我国直流输电线路的常用地线类型和特点，单丝的主要参数及参考标准见表 34-2。

表 34-11 直流输电线路常用地线类型及主要特点

地线类型	典型型号	地线结构概况	主要特点及用途
镀锌钢绞线	JG1A 等 （或 GJ）	多股镀锌钢线绞制成绞线	一般做架空地线用，机械性能良好，成本也不高，有丰富的运行经验
铝包钢绞线	JLB14 等 （或 LBJ、LBGJ）	多股冷拉包铝钢线绞制而成	导电性能好于镀锌钢线，抗拉强度高，机械性能好，单重轻，耐腐蚀性能好，运行寿命长。一般用作良导体地线
钢芯铝绞线	JL1/G1A 等 （或 LGJ）	内层加强芯为单股或多股镀锌钢线；外层载流部分为硬铝线	一般作为导线采用，也可作为良导体地线采用。用作地线时，铝钢比一般在 1.72 以下，因铝部疲劳问题，近年来应用极少

地线类型	典型型号	地线结构概况	主要特点及用途
钢芯铝合金绞线	JLHA1/G1A（或 LHGJ）	内层加强芯为单股或多股镀锌钢线；外层载流部分为铝合金线	外层抗拉强度、机械特性和耐磨性能好于铝线。多用于高山大岭、重冰区和大跨越线路。一般作为导线使用，也可作为良导体地线采用。用作地线时，铝钢比一般在 1.72 以下
光纤复合架空地线	OPGW	由一个或多个光单元和一层或多层单线绞合组成。光单元可以作为芯线，也可以与其他线股同层绞制。光单元为光纤及其外围保护元件，一般有不锈钢管型，铝包不锈钢管型，塑料松套铝管型或铝骨架型等。承受张力的金属线，可以是全铝包钢线，铝合金线，或铝包钢线和铝合金线混绞	用于兼作系统通信、运动保护、遥测、遥控等通信传输的线路架空地线

注 典型型号中，括号外为 GB/T 1179—2008 等新标准型号格式，括号内为 GB 1179—1983 等旧标准型号格式。典型型号只给出示例，如钢芯铝绞线还可能有 JL1/G2A、JL1/G3A、JL3/G3 等。

二、地线机械性能

地线机械性能需满足设计规范的要求（参见第四节），且要求地线的设计安全系数不低于导线的设计安全系数。

当一根地线采用光纤复合地线（OPGW）时，宜与另一根地线的应力弧垂特性等机械性能相匹配。

DL 5497—2015《高压直流架空输电线路设计技术规程》规定，对于无冰区段和覆冰区段，地线采用镀锌钢绞线时最小标称截面应分别不小于 80mm² 和 100mm²。

三、地线表面电场强度

（一）地线表面电场强度的限值

对于高压直流输电线路，由于地线上的感应电荷较大，有可能在地线表面产生很大的电场强度，当它超过地线的起始电晕电场强度时，亦会产生电晕。工程设计时，通常对地线的表面电场强度进行一定的限制。

我国直流线路设计规程规范规定，地线的表面电场强度不宜大于 18kV/cm。

我国早期的直流输电线路地线选择时，计算对比了直流线路地线的起始电晕电场强度，并考虑到海拔高度的影响以及导线的电晕会使地线表面电场强度增大等因素，线路正常运行时，地线表面的标称电场强度一般按不超过 12kV/cm 左右控制。近来设计的特高压直流输电线路，根据中国电力科学研究院的计算和现场测试结果，地线的表面电场强度有所放宽，选择地线直径时，按标称电场强度不超过 18kV/cm 作为控制条件。

（二）地线表面电场强度的计算方法

直流输电线路的地线是否发生电晕、地线电晕放电的严重程度直接和地线表面电场强度的大小，特别是表面最大电场强度有关，在直流输电线路地线选择时，需要计算地线的表面电场强度，并将其控制到合理的程度。地线表面的标称电场强度计算方法很多，工程中常采用的有逐次镜像法和模拟电荷法等，尤其是逐次镜像法采用的较多且比较准确，但计算较为复杂。

对于工程设计中的地线表面电场强度计算，也可采用参考文献[4]给出的近似公式。

1. 两根单地线、极导线水平布置的双极输电线路

对于分裂导线按正多边形布置的输电线路，导线表面平均电位梯度 g_{av} 可用式（34-22）计算

$$g_{av} = \frac{2U}{nd \cdot ln\left(\dfrac{\dfrac{2H}{r_{eq}}}{\sqrt{1+\left(\dfrac{2H}{s}\right)^2}}\right)} \qquad (34-22)$$

式中　U——对地电压，kV；

　　　n——极导线的分裂根数；

　　　d——子导线直径，cm；

　　　H——导线高度，cm；

　　　s——极间距，cm；

　　　r_{eq}——极导线的等效半径，cm，$r_{eq}=R\sqrt[n]{\dfrac{nd}{2R}}$，其中 R 为通过 n 根子导线中心的圆周半径，cm。

假定极导线和地线均对称布置、两极导线上的电荷数值相等但极性相反、两根地线的电荷也数值相等极性相反，地线表面标称电场强度 g_{avw} 可按式（34-23）计算

$$g_{avw} = g_{av} \times \frac{nd}{d_w} \times \frac{ln\left(\dfrac{A_1}{A_2}\right)}{ln\left(\dfrac{T_W}{F_W}\right)} \qquad (34-23)$$

$$A_1 = \sqrt{\dfrac{\left(\dfrac{s}{2}-\dfrac{s_W}{2}\right)^2+(H_W+H)^2}{\left(\dfrac{s}{2}-\dfrac{s_W}{2}\right)^2+(H_W-H)^2}} \qquad (34-24)$$

$$A_2 = \sqrt{\dfrac{\left(\dfrac{s}{2}+\dfrac{s_W}{2}\right)^2+(H_W+H)^2}{\left(\dfrac{s}{2}+\dfrac{s_W}{2}\right)^2+(H_W-H)^2}} \qquad (34-25)$$

$$F_W = \sqrt{1+\left(\dfrac{2H_W}{s_W}\right)^2} \qquad (34-26)$$

$$T_W = \dfrac{4H_W}{d_W} \qquad (34-27)$$

式中　A_1、A_2、F_W、T_W——与地线有关的几何参数；

$\qquad\quad d_W$——地线直径，cm；

$\qquad\quad H_W$——地线高度，cm；

$\qquad\quad s_W$——两根地线间的水平距离，cm。

图 34-4 为双地线、水平双极直流输电线路的布置示意图。

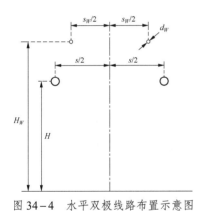

图 34-4　水平双极线路布置示意图

2. 单根单地线、单极输电线路

对于分裂导线按正多边形布置的直流输电线路，导线表面平均电位梯度 g_{av} 可用式（34-28）计算

$$g_{av} = \dfrac{2U}{nd \cdot ln\left(\dfrac{2H}{r_{eq}}\right)} \qquad (34-28)$$

地线表面标称电场强度 g_{avw} 可按式（34-29）计算

$$g_{avw} = g_{av} \cdot \dfrac{nd}{d_W} \cdot \dfrac{ln\left(\dfrac{H+H_W}{H-H_W}\right)}{ln(4H_W \cdot d_W)} \qquad (34-29)$$

图 34-5 为单地线、单极直流输电线路的布置示意图。

前述的逐次镜像法和模拟电荷法，以及按式（34-23）或按式（34-29）得到的地线表面电场强度均为标称电场强度，是按极导线和地线均不发生电晕计算的（不考虑空间电荷和带电粒子产生的电场）。实际上，直流输电线路的导线一般均处于电晕状态，而极导线的电晕会明显增大地线的表

面电场强度。有资料[4]显示，一条双地线的 400kV 直流输电线路，在线路不发生电晕时，地线的表面电场强度为 2.9kV/cm，而当导线严重电晕时，地线的表面电场强度可达到 10.9kV/cm。

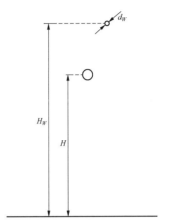

图 34-5　单地线、单极线路的布置示意图

当考虑空间电荷和带电粒子产生的电场（考虑导线电晕的影响）时，地线表面电场强度的计算非常复杂。对于线路发生电晕时的地线表面电场强度计算以及地线电晕等问题，有关科研单位正在进行研究。

图 34-6 给出了特高压直流输电线路典型地线在不同导线极间距的情况下，表面最大电场强度随极导线对地高度变化的计算结果。

四、耐雷性能

地线的主要作用是防雷，除必须对导线有良好的防雷保护外，其本身还需要有足够的耐雷电流性能。工程运行经验表明，地线外层单丝直径越大，发生雷击断股的事故概率越低，因此，地线最外层单线直径不宜过小。

GB 50790—2013《±800kV 直流架空输电线路设计规范》规定，光纤复合架空地线的最外层单线直径不应小于 3.0mm。

五、地线热稳定要求

输电线路发生短路故障时，地线（或 OPGW）要满足热稳定的要求。对于直流输电线路，短路电流衰减较快，且幅值不高，切断时间也较快，近年来直流输电线路的地线大都采用较大截面的铝包钢绞线或铝包钢丝铠装的 OPGW，热稳定问题不突出，仅在必要时对地线热稳定进行校核。

短路热稳定计算时，各种地线的允许温度可按下列规定取值：

（1）钢（铝包钢）芯铝（铝合金）绞线可采用 200℃。

（2）镀锌钢绞线可采用 400℃。

（3）铝包钢绞线可采用 300℃。

（4）光纤复合架空地线的允许温度应采用产品试验保证值。

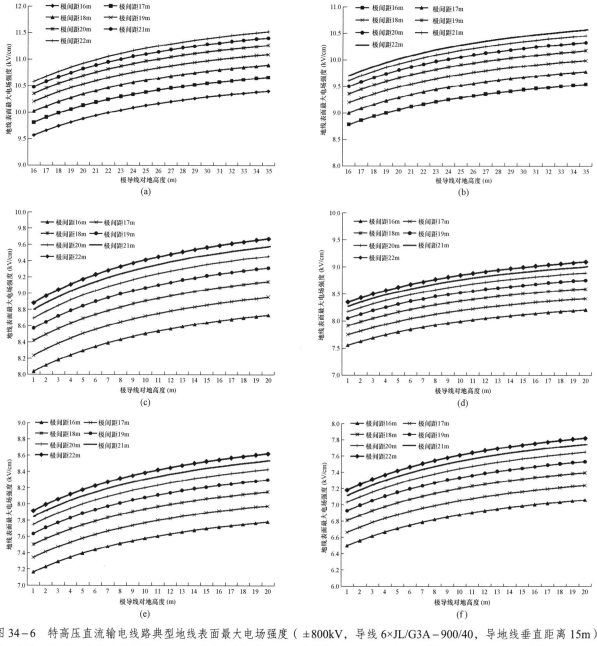

图 34-6 特高压直流输电线路典型地线表面最大电场强度（±800kV，导线 6×JL/G3A-900/40，导地线垂直距离 15m）

（a）地线截面 120mm²；（b）地线截面 150mm²；（c）地线截面 180mm²；（d）地线截面 210mm²；（e）地线截面 240mm²；（f）地线截面 300mm²

对于由单一材料及合金类绞线构成的电线，如钢绞线、铝绞线、铝合金绞线等，地线验算短路热稳定允许电流可按公式（34-30）计算[1]。

$$I = \sqrt{\frac{Q}{T}} = \sqrt{\frac{C}{\alpha_0 R_0 T} \ln \frac{\alpha_0(\theta_2 - 20) + 1}{\alpha_0(\theta_1 - 20) + 1}} \quad (34-30)$$

式中 I——地线验算短路热稳定允许电流，A；

Q——地线短路热稳定允许热容量，A²·s；

C——载流部分单位长度的热容量，J/(℃·cm)；

α_0——载流部 20℃ 时的电阻温度系数，℃⁻¹；

R_0——载流部 20℃ 时的单位长度电阻，Ω/cm；

T——计算短路热稳定的时间，s；

θ_1——地线初始温度，℃；

θ_2——地线短路热稳定允许温度，℃。

导线载流部分单位长度的热容量 C 可由式（34-31）求得

$$C = c\rho S \quad (34-31)$$

式中 c——导线载流部分金属材料的比热，J/(g·℃)；

ρ——导线载流部分金属材料的密度，g/cm³；

---

❶ 参考 DL/T 5497—2015 附录 G，仅热容量的量纲不同。

S ——导线载流部分金属材料的截面，cm^2。

对于多种金属材料制成的绞线，计算电线允许短路电流的方法通常采用的有：同温法、异温法和综合法[5]。同温法是考虑短路电流持续的瞬间，各种金属瞬时传热并同时达到同一温度；异温法不考虑传热，各金属的电阻、电流分配、发热温度各不相同；综合法是以异温法为基础，补充考虑了传热及集肤效应的影响。同温法所得的计算结果（允许电流）偏大，异温法所得的计算结果偏小，综合法计算结果较为精确，但计算复杂。考虑到短路电流持续时间较短，各种金属材料之间的热传递很小，因此，工程中一般采用异温法或其简化方法进行计算。

对于多种金属材料制成的绞线，如钢（铝包钢）芯铝（铝合金）绞线，假设短路时金属产生的热能不向外部扩散导出，也不考虑各金属部分之间的传热，若忽略钢截面的影响，也可采用式（34-30）计算，所得的结果会偏小，即所得允许热稳定电流偏安全。对于钢（铝包钢）芯铝（铝合金）绞线，当钢的部分在总截面中占的比例较大时，也可以考虑一部分钢的热容量，按 DL/T 832—2003《光纤复合架空地线》附录

G，假定钢的温升是铝（合金）的 0.5 倍，将其热容量计入综合热容量计算，结果将接近测量值。

对于铝包钢线，钢所占比例较高，钢部分吸收的热量不容忽略，一般采用加权平均法求出铝包钢线的综合比热，再按式（34-30）计算其热稳定允许电流

$$c_z \cdot m_z \cdot \Delta\theta_z = c_{al} \cdot m_{al} \cdot \Delta\theta_{al} + c_{st} \cdot m_{st} \cdot \Delta\theta_{st}$$

（34-32）

式中　c_z ——铝包钢线综合比热，$J/(g \cdot ℃)$；

c_{al}，c_{st} ——分别为铝、钢比热，$J/(g \cdot ℃)$；

m_z ——为铝包钢线的质量，g；

m_{al}，m_{st} ——分别为铝、钢的质量，g；

$\Delta\theta_z$ ——为铝包钢线的温升，$℃$；

$\Delta\theta_{al}$，$\Delta\theta_{st}$ ——分别为铝、钢的温升，$℃$。

铝包钢线中的铝、钢为紧密接触的两种金属，现行电力行业标准及制造商在计算铝包钢绞线允许电流时，大都按铝、钢的温升相同考虑。

常用材料热稳定计算的相关参数见表 34-12。常用地线型号的热稳定计算参考值见表 34-13。

表 34-12　常用材料热稳定计算的相关参数

材料名称	单丝型号	导电率（IACS）	电阻率（$nΩ \cdot m$）	电阻温度系数（1/℃）	铝截面占比	密度（g/cm^3）	比热（$J/g \cdot ℃$）
铝	L1 等	61%等	28.264 等	0.004	—	2.703	0.91
铝合金	LHA1 等	52.50%等	32.84 等	0.003 6	—	2.703	0.92
钢	G1A 等	9%	191.57	0.005	—	7.78	0.48
铝包钢	LB14	14%	123.15	0.003 4	13%	7.14	0.50
	LB20A	20.30%	84.8	0.003 6	25%	6.59	0.52
	LB20B	20.30%	84.8	0.003 6	25%	6.53	0.52
	LB23	23%	74.96	0.003 6	30%	6.27	0.53
	LB27	27%	63.86	0.003 6	37%	5.91	0.55
	LB30	30%	57.47	0.003 8	43%	5.61	0.57
	LB35	35%	49.26	0.003 9	52%	5.15	0.60
	LB40	40%	43.1	0.004	62%	4.64	0.63

注　表中比热为计算参考值。

表 34-13　常用地线的热稳定计算参考值

地线型号	截面积（mm^2）	载流部 20℃时的电阻（Ω/km）	载流部 20℃时的电阻温度系数（1/℃）	比热（$[J/(℃ \cdot g)]$）	密度（g/cm^3）	热容量（$J/℃ \cdot cm$）	地线初始温度（℃）	地线短路热稳定允许温度（℃）	地线短路热稳定允许热容量（$kA^2 \cdot s$）
GJ-80	79.4	2.876 1	0.005	0.48	7.78	2.97	40	400	20.0
GJ-100	101	2.465 1	0.005	0.48	7.78	3.77	40	400	29.7
GJ-125	125	1.929 1	0.005	0.48	7.78	4.52	40	400	45.4
GJ-150	153	1.550 6	0.005	0.48	7.78	5.71	40	400	71.4

续表

地线型号	截面积（mm²）	载流部20℃时的电阻（Ω/km）	载流部20℃时的电阻温度系数（1/℃）	比热（[J/（℃·g）]）	密度（g/cm³）	热容量（J/℃·cm）	地线初始温度（℃）	地线短路热稳定允许温度（℃）	地线短路热稳定允许热容量（kA²·s）
GJ-180	183	1.273 5	0.005	0.48	7.78	6.83	40	400	104.0
JLB20-100	101	0.855 8	0.003 6	0.522	6.59	3.47	40	300	70.8
JLB20-120	121	0.712 2	0.003 6	0.522	6.59	4.16	40	300	101.9
JLB20-150	148	0.583 0	0.003 6	0.522	6.59	5.09	40	300	152.2
JLB20-180	183	0.472 2	0.003 6	0.522	6.59	6.30	40	300	232.4
JLB27-100	101	0.644 4	0.003 6	0.556	5.91	3.32	40	300	89.7
JLB27-120	121	0.536 3	0.003 6	0.556	5.91	3.97	40	300	129.1
JLB27-150	148	0.439 0	0.003 6	0.556	5.91	4.86	40	300	193.0
JLB27-180	183	0.355 6	0.003 6	0.556	5.91	6.01	40	300	294.5
JLB35-100	101	0.497 1	0.003 9	0.599	5.15	3.12	40	300	106.6
JLB35-120	121	0.413 7	0.003 9	0.599	5.15	3.73	40	300	153.5
JLB35-150	148	0.338 7	0.003 9	0.599	5.15	4.57	40	300	229.3
JLB35-180	183	0.274 3	0.003 9	0.599	5.15	5.65	40	300	350.1
JLB40-100	101	0.434 9	0.004	0.637	4.64	2.98	40	300	115.7
JLB40-120	121	0.362 0	0.004	0.637	4.64	3.58	40	300	166.6
JLB40-150	148	0.296 3	0.004	0.637	4.64	4.37	40	300	248.9
JLB40-180	183	0.240 0	0.004	0.637	4.64	5.41	40	300	379.9

注　表中地线允许热容量按 GB 1179—2017、表 34-12 中的导线参数和公式（34-30）计算。

第六节　经济性比较

在满足输送容量、电磁环境和机械性能等技术要求的前提下，导线截面及其参数选择时，还要进行不同导线方案的经济性比较。导线全寿命周期的经济性比较需考虑线路工程的初期投资、电能损耗，运行维护费用及资金的时间价值等。

一、初期投资

直流输电线路的初期投资不仅与线路电压等级、导线型式有关，还与工程地形地貌、气象条件、海拔高度和走廊情况等多种因素有关。导线方案比较时，投资预估的重点是较准确估算各导线方案的投资差额。一般情况下，可先估算基准导线方案的投资额，并按相同的概算原则，分项估算不同导线方案与基准导线方案的投资差，然后得到不同方案的投资总差额。

不同导线方案的工程初期投资差额对经济比较的影响很大，而材料价格、人工费用等往往随时间不同而波动，工程指标也会因设计阶段的不同而不同，因此，在进行初投资估算时，应统一计算方法和取值原则。

输电线路初期投资成本中，一部分对导线方案变化的敏感性较高，需逐项计算费用，如导线材料费用、铁塔费用、基础费用和附件费用等，一部分则对导线方案变化的敏感性较低，可根据本体投资和所占比例进行估算，如建设单位管理费、勘察设计费和生产准备费等，还有一部分费用与导线方案基本无关，如地线材料费用（因导线方案变化引起的地线方案改变除外）、建设场地征用及清理费（因导线电磁环境影响走廊宽度变化的除外）、监测装置等附属设施费用及材料站建设等其他辅助设施费用等。

表 34-14 列出导线比较时初期投资估算的主要项目及主要影响因素。

表 34−14　初期投资估算主要项目及影响因素

类别	主要项目	主要影响因素
材料费用	导线费用	导线费用由导线价格和导线用量确定。导线价格一般以当前市场价为参考，影响导线价格的因素包括导线原材料价格和不同原材料所占比例（如钢芯铝绞线的铝钢比），导线单丝强度、导电率等技术性能，导线绞制工艺（圆线、型线、扩径导线；标准绞、非标准绞），导线研发成本、试验成本、设备升级的成本等
	杆塔费用	杆塔费用由杆塔工程量和塔材价格确定。对于不同导线方案，杆塔工程量预估需考虑导线荷载对单基塔重的影响，导线弧垂对塔高或杆塔公里基数的影响，导线风偏对塔头尺寸的影响等
	基础费用	基础费用由基础工程量和基础价格确定。基础工程量预估需考虑导线荷载对基础作用力的影响
	附件费用	附件费用包括绝缘子费用和金具费用。对于不同导线方案，需考虑绝缘子串配置、用量和绝缘子单价的差异，金具配置、用量的差异，以及特殊金具型式的生产研发成本、试验成本等
安装费用	导线安装	材料费用、人工费用、机械费用等
	铁塔安装	
	基础施工	
	附件安装	
其他费用	建设场地征用及清理费用	铁塔塔头尺寸，导线电磁环境控制的最大走廊宽度；建筑物拆迁数量；土地征用面积等
	勘察设计费	本体投资和取费原则
	法人管理费	本体投资和取费原则
	施工措施费	影响施工措施的工程特点

二、损耗及运行维护费用

在运行期内，输电线路工程每年发生的费用主要是线路损耗和运行维护等费用。

线路的损耗费用主要是电阻损失和电晕损失，其计算详见第三十一章。

线路每年的运行维护费用一般可以认为是一定值，可按线路工程的一般评价方法，采用初始投资乘以一定的维护费率 k 取得，运行维护费率 k 常取 1.4%～2%。

三、资金的时间价值

依据工程经济学的资金时间价值理论，等额的资金在不同的时间内的价值是不相等的。在对工程技术进行经济评价时，需考虑每笔费用发生的时间，即考虑资金的时间价值。折现率和工程经济寿命是经济评价中与资金时间价值相关的主要参数。

（一）折现率

若运行期第 i 年发生的费用为 a，折现率为 r，那么第 i 年费用的折现值 A_i 为

$$A_i = a(1+r)^{-1} \qquad (34-33)$$

工程使用时间距离现在时间越往后、折现率越高，当年

费用的折现值越低。

工程经济评价中设定的折现率一般采用基准收益率。不同部门不同行业的基准收益率不同，一般来说，基准收益率应大于银行的利率，一般在银行利率基础上加 5% 左右的风险系数，或采用所在部门和行业的平均投资收益率作为基准[6]。以往输电线路工程经济评价中设定的折现率取值一般有 8%、10%、12% 三种，具体工程应结合工程建设时期的社会折现率和收益情况来设定。

社会折现率系指建设项目国民经济评价中衡量经济内部收益率的基准值，也是计算项目经济净现值的折现率，是项目经济可行性和方案比选的主要判据。社会折现率是根据国家的社会经济发展目标、发展战略、发展优先顺序、发展水平、宏观调控意图、社会成员的费用效益时间偏好、社会投资收益水平、资金供给状况、资金机会成本等因素综合确定。根据 2006 年由国家发展改革委（国家计委）和建设部发布施行的《建设项目经济评价方法与参数》第三版[7]，我国测定并发布的社会折现率为 8%，对于受益期长的建设项目，效益实现的风险较小，社会折现率可适当降低，但不应低于 6%。

（二）工程使用年限

在线路全寿命周期技术经济比较时，工程使用年限一般采用工程的经济使用年限，它不同于工程的设计使用年限，

超高压线路工程经济使用年限一般取 30 年，也有部分特高压线路工程取 50 年。计算可以表明，当考虑资金的时间价值后，工程经济使用年限取 30 年或 50 年的经济评价结果相差并不是很大，线路全寿命周期内运行成本的资金价值，主要集中在工程投入使用的前 30 年，见表 34-15。

（三）等年值现在值系数

若运行期内每年发生的费用均为 a，工程运行期为 n 年，折现率为 r_0，那么运行期内的总费用折现值 A 为

$$A = a(1+r_0)^{-1} + a(1+r_0)^{-2} + \cdots + a(1+r_0)^{-n}$$
$$= \sum_{i=1}^{n} a(1+r_0)^{-i}$$
$$= a \frac{(1+r_0)^n - 1}{(1+r_0)^n \cdot r_0} \quad (34-34)$$
$$= aM$$

其中，$M = \dfrac{(1+r_0)^n - 1}{(1+r_0)^n \cdot r_0}$ 为等年值现在值系数（也称年金现值系数）。

表 34-15 给出了不同折现率与不同计算年限所对应的常用等年值现在值系数。

表 34-15　常用等年值现在值系数表

计算年限（年）	折现率		
	8%	10%	12%
10	6.71	6.14	5.65
20	9.82	8.51	7.47
30	11.26	9.43	8.06
40	11.92	9.78	8.24
50	12.23	9.91	8.30
100	12.49	10.00	8.33

四、全寿命周期经济性比较方法

输电线路工程导线方案的全寿命周期经济性比较，一般采用费用现值比较法和费用年值比较法，两种方法原理相同，方案比较时以费用现值小或费用年值小为优。

（一）费用现值比较法

费用现值比较法是将线路工程每年发生的运行维护、损耗费用折算成现值 U，与初始投资的现值 Z 相加，对总费用现值 T 进行比较，费用现值较低的方案为优。费用现值指工程竣工投产时的资金价值。

考虑了工程初期投资，工程全寿命周期内运行、损耗费用和资金时间价值的技术方案总费用现值 T 为

$$T = Z + U \quad (34-35)$$

输电线路工程建设施工工期为 m 年，工程初期静态投资费用 C 和工程初期投资的现在值 Z 的表达式如下

$$C = \sum_{t=1}^{t=m} Z_t \quad (34-36)$$

$$Z = \sum_{t=1}^{t=m} Z_t (1+r_0)^{m+1-t} \quad (34-37)$$

式中　t——从工程开工这一年起的年份；

r_0——电力工程投资收益率（即折现率）；

Z_t, Z——分别为工程建设期第 t 年投入的资金，建设期每年投资分别折算到竣工投产时间（第 m 年）后的费用之和。

我国线路建设施工工期约 1~2 年，国内设计中常采用建设年限 2 年，第一年投资 60%，第二年投资 40% 计算。

工程开工后的运行维护、损耗的总费用折现值 U 按下式计算

$$U = \sum_{t=1}^{t=m} u_t (1+r_0)^{m+1-t} + \sum_{t=m+1}^{t=m+n} \frac{u_t}{(1+r_0)^{t-m-1}} \quad (34-38)$$

式中　n——工程使用年限；

u_t——开工第 t 年发生的年运行维护、损耗的费用。

工程计算时，一般可假设施工期内、投产后的运行维护费率均为 k，投运后 n 年内每年的维护、损耗费用相等，以 u_0 表示，年电能损耗费用以 u_{W0} 表示

$$u_0 = kZ + u_{W0} \quad (34-39)$$

则式（34-38）可简化为

$$U = \sum_{t=1}^{t=m} kZ_t (1+r_0)^{m+1-t} + \sum_{i=1}^{i=n} (1+r_0)^{-i} u_0$$
$$= kZ + M(kZ + u_{W0}) \quad (34-40)$$
$$= (1+M)kZ + Mu_{W0}$$

工程技术方案总费用现值 T 可简化为

$$T = Z + kZ + Mu_0$$
$$= (1 + k + kM)Z + Mu_{W0} \quad (34-41)$$

（二）费用年值比较法

费用年值比较法（年费用最小法）是将参加比较的方案在计算期内的全部支出费用折算成等额年费用进行比较，年费用低的方案在经济上最优。费用年值比较法和费用现值比较法的原理相同，折算年费用为工程竣工投产时的资金价值。年费用的 NF 计算公式

$$NF = Z \left[\frac{r_0(1+r_0)^n}{(1+r_0)^n - 1} \right] +$$
$$\frac{r_0(1+r_0)^n}{(1+r_0)^n - 1} \left[\sum_{t=1}^{t=m} u_t (1+r_0)^{m+1-t} + \sum_{t=m+1}^{t=m+n} \frac{u_t}{(1+r_0)^{t-m-1}} \right]$$
$$= \frac{Z}{M} + \frac{U}{M} \quad (34-42)$$

工程计算时，一般可假设施工期内、投产后的运行维护

费率均为 k，投运后 n 年内每年的维护、损耗费用相等，以 u_0 表示，则式（34-42）可简化为

$$NF = \frac{Z}{M} + \frac{k \cdot Z}{M} + u_0$$
$$= \frac{(1+k) \cdot Z}{M} + k \cdot Z + u_{W0} \quad (34-43)$$
$$= \frac{(1+k+kM) \cdot Z}{M} + u_{W0}$$

五、算例

【算例 34-1】某 ±800kV 直流输电线路，双极运行，设计基本风速 27m/s，覆冰 10mm，地形为平丘，海拔高度小于 1000m，系统最高运行电压 ±816kV，额定输送功率 8000MW，额定电流 5000A，年最大负荷损耗小时数 5000h，电价 0.5 元/（kW·h），施工期按两年，第一年投资 60%，第二年投资 40%，工程经济使用年限按 30 年，设备运行维护费率取 1.4%，折现率取 10%，杆塔型式采用双极水平排列自立式铁塔，悬垂绝缘子串为 V 串布置，极间距为 20m，极导线平均对地高度为 23m，分别采用全寿命周期费用现值法和全寿命周期费用年值法比较导线方案 A、B 的全寿命周期经济性。

两种导线方案的参数见表 34-16，两种导线方案的静态投资及投资差额见表 34-17。

表 34-16 导线方案参数表

导线方案	A	B
分裂根数	6	6
导线型号	JL1/G3A-1000/45	JL1/G3A-1250/70
铝根数×单丝直径（mm）	72×4.21	76×4.58
钢根数×单丝直径（mm）	7×2.8	7×3.57
铝截面（mm²）	1002.27	1252.09
钢截面（mm²）	43.10	70.07
导线总截面（mm²）	1045.38	1322.16
外径（mm）	42.08	47.35
单位长度质量（kg/km）	3108.78	4010.39
导线弹性模量（GPa）	60.57	62.15
导线热胀系数（10⁻⁶/℃）	21.51	21.14
额定抗拉力（kN）	221.14	294.23
20℃直流电阻（Ω/km）	0.0286	0.0229
铝钢截面比	23.25	17.87

表 34-17 静态投资及投资差额比较

导线方案	导线型号及分裂数	导线价格（万元/t）	导线耗量（t/km）	架线费用（万元/km）	塔材费用（万元/km）	基础费用（万元/km）	附件费用（万元/km）	安装费和其他费用（万元/km）	估算静态投资（万元/km）
A	6×JL1/G3A-1000/45	1.68	38.0	103.1	120.0	47.7	57.0	109.3	437
B	6×JL1/G2A-1250/70	1.66	49.1	126.0	137.8	50.3	64.4	115.4	494
方案 B 与方案 A 的费用差额（万元/km）		22.9		17.8	2.6	7.4	6.1		57

解：按照本章所述方法依次对导线方案进行电能损耗计算、全寿命周期费用现值计算和全寿命周期费用年值计算。

1. 电能损耗比较

根据式（31-29），线路采用导线方案 A 时单位长度的电阻损耗功率为

$$5000^2 \times (2 \times 0.0286/6)/1000 = 238.33 \, \text{kW/km}$$

线路采用导线方案 B 时单位长度的电阻损耗功率为

$$5000^2 \times (2 \times 0.0229/6)/1000 = 190.83 \, \text{kW/km}$$

对于 ±800kV 直流输电线路，6×1000mm² 导线方案单位长度的电晕损耗功率约为 4.22kW/km，6×1250mm² 导线方案单位长度的电晕损耗功率约为 3.54kW/km。

年最大负荷利用小时数 5000h，线路年带电双极运行时间 8500h，线路采用导线方案 A 时单位长度的年电能损失为

$$(238.33 \times 5000 + 4.22 \times 8500)/1000 = 1227.5 \, \text{MW·h/km}$$

线路采用导线方案 B 时单位长度的年电能损失为

$$(190.83 \times 5000 + 3.54 \times 8500)/1000 = 984.2 \, \text{MW·h/km}$$

若以导线方案 A 为基准导线方案，则线路采用导线方案 B 时的年电能损失可减少

$$1227.5 - 984.2 = 243.3 \, \text{MW·h/km}$$

电价 0.5 元/kW·h，则线路采用导线方案 B 时，每年电能损耗费用与基准导线方案 A 的差额为

$$\Delta u_{W0BA} = -243.3 \times 1000 \times 0.5/10\,000 = -12.17 \, \text{万元/km}$$

2. 全寿命周期费用现值计算

建设年限 2 年，第一年投资 60%，第二年投资 40%，折现率为 10%，工程初期投资折算到竣工投产时间的现在值 Z 为

$$Z = Z_1(1+10\%)^2 + Z_2(1+10\%)$$
$$= C \times 60\% \times 1.21 + C \times 40\% \times 1.1 = 1.166C$$

导线方案 B 与方案 A 的初期投资现在值差额为

$$\Delta Z_{BA} = Z_B - Z_A = 1.166 \times (C_B - C_A)$$

947

$$=1.166 \times 57 = 66.46 \text{ 万元/km}$$

施工期内、投产后的运行维护费率均为 $k=1.4\%$，投运后每年的维护、损耗费用为

$$u_0 = k \cdot Z + u_{W0} = 1.4\%Z + u_{W0}$$

导线方案 B 与方案 A 的年维护、损耗费用差额为

$$\Delta u_{0BA} = 1.4\% \times \Delta Z_{BA} + \Delta u_{W0BA}$$

$$= 1.4\% \times 66.46 - 12.17 = -11.24 \text{ 万元/km}$$

工程经济使用年限为 30 年，折现率为 10%，等年值现在值系数为

$$M = \frac{(1+10\%)^{30} - 1}{(1+10\%)^{30} \cdot 10\%} = 9.43$$

工程技术方案全寿命周期总费用现值为

$$T = (1 + k + kM) \cdot Z + M \cdot u_{W0}$$

$$= (1 + 1.4\% + 1.4\% \times 9.43) \times Z + 9.43 u_{W0}$$

$$= 1.146Z + 9.43 u_{W0}$$

导线方案 B 与方案 A 的全寿命周期总费用现值差额为

$$\Delta T_{BA} = 1.146 \Delta Z_{BA} + 9.43 \Delta u_{0BA}$$

$$= 1.146 \times 66.46 + 9.43 \times (-11.24) = -29.83 \text{ 万元/km}$$

与导线方案 A 相比，方案 B 的全寿命周期总费用现值更低，因此导线方案 $6 \times JL1/G3A - 1250/70$ 的全寿命周期经济性更好。

3. 全寿命周期费用年值计算

工程经济使用年限为 30 年，折现率为 10%，施工期内、投产后的运行维护费率均为 1.4%，等年值现在值系数 M 为 9.43，工程技术方案的费用年值为

$$NF = \frac{(1+k) \cdot Z}{M} + k \cdot Z + u_{W0}$$

$$= \frac{(1 + 1.4\% + 1.4\% \times 9.43) \cdot Z}{9.43} + u_{W0} = 0.1215Z + u_{W0}$$

导线方案 B 与方案 A 的全寿命周期费用年值差额为

$$\Delta NF_{BA} = 0.1215 \Delta Z_{BA} + \Delta u_{0BA}$$

$$= 0.1215 \times 66.46 - 11.24 = -3.17 \text{ 万元/km}$$

与导线方案 A 相比，方案 B 的全寿命周期费用年值更低，因此导线方案 $6 \times JL1/G3A - 1250/70$ 的全寿命周期经济性更好。

第七节　导　地　线　资　料

一、说明

1. 导地线型式及标准

我国的导、地线标准经过了多次修订。

GB 1179—1974《铝绞线及钢芯铝绞线》中将钢芯铝绞线分为三类：LGJQ——轻型钢芯铝绞线，LGJ——钢芯铝绞线和 LGJJ——加强型钢芯铝绞线。

GB 1179—1983《铝绞线及钢芯铝绞线》与国际电工委员会 IEC 207—1966、IEC 209—1966 的规定一致，钢芯铝绞线的标准型号是 LGJ，防腐钢芯铝绞线的标准型号是 LGJF。该标准导线材料品种较单一，铝线没有导电率的区分，钢线没有抗拉强度和镀锌层厚度的区分。

GB 9329—1988《铝合金绞线及钢芯铝合金线》标准参照采用了 IEC 208 及 IEC 210。标准中的主要型号有：LH_AJ——热处理铝镁硅合金绞线，LH_BJ——热处理铝镁硅稀土合金绞线，LH_AGJ——钢芯热处理铝镁硅合金绞线，LH_BGJ——钢芯热处理铝镁硅稀土合金绞线等。

GB/T 1179—1999《圆线同心绞架空导线》等同采用了 IEC 61089—1991 标准，将铝线、钢线、铝合金线和铝包钢线均纳入标准，导线可由单一金属单线绞成或由任意两种金属单线组合而成，并对钢线抗拉强度和镀锌层厚度进行了分级，命名方式也作出了修改，例如：JL/G1A——钢芯铝绞线，JLHA1/G1A——钢芯铝合金绞线，JL/LB1A——铝包钢芯铝绞线。

GB/T 1179—2008《圆线同心纹架空导线》标准增加了 GB 1179—1983 标准中的国内常用导线，沿用了 GB/T 1179—1999 中的命名方法。

GB/T 1179—2017 在 GB/T 1179—2008 版的基础上，剔除了不常用导线，补充了一些单线规格的导线，并沿用了 GB/T 1179—2008 版中的命名方法。

我国输电线路各导线型式的主要标准有：

GB/T 1179—2017　圆线同心绞架空导线

GB/T 3428—2012　架空绞线用镀锌钢线

GB/T 3955—2009　电工圆铝线

GB/T 17048—2017　架空绞线用硬铝线

GB/T 17937—2009　电工用铝包钢线

GB/T 23308—2009　架空绞线用铝—镁—硅系合金圆线

2. 导线的型号及表示方法

圆线同心绞架空导线用的单线名称和代号有：

1）硬铝线：L、L1、L2 和 L3。

2）铝合金线：LHA1、LHA2、LHA3 和 LHA4。

3）铝包钢：LB14、LB20A、LB27、LB35 和 LB40。

4）镀锌钢线：G1A、G2A、G3A、G4A 和 G5A。

对 GB/T 1179—2017 标准中导线型号的命名规则归纳如下：

1）对于单一导线：

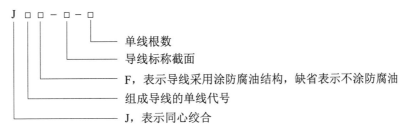

例 JLHA1-400-37 表示为：由 37 根 LHA1 型铝合金线绞制成的铝合金绞线，其标称截面为 400mm²。

2）对于组合导线：

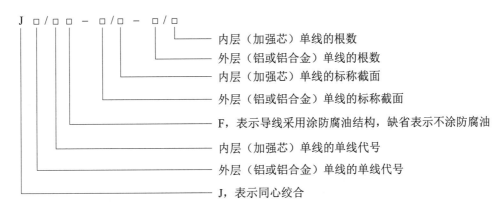

例 JL/G1A-630/45-45/7 表示为：由 45 根 L 型硬铝线和 7 根 A 级镀层 1 级强度镀锌钢线绞制成的钢芯铝绞线，硬铝线的标称截面为 630mm²，钢线的标称截面为 45mm²。

3. 导地线资料检索

表 34-18　导地线参数资料检索表

资 料 名 称	检索表号
钢芯铝绞线	表 34-19
钢芯铝绞线（ASTM B232/B232M-01ᵉ¹）	表 34-31
镀锌钢绞线	表 34-32
高强度铝合金绞线	表 34-35
中强度铝合金绞线	表 34-36
铝包钢绞线	表 34-40～表 34-41
钢芯铝合金绞线	表 34-44～表 34-45
铝合金芯铝绞线	表 34-46～表 34-47
铝包钢芯铝绞线	表 34-49～表 34-50
钢芯铝（合金）绞线的弹性模量和线膨胀系数	表 34-20
钢绞线的弹性模量和线膨胀系数	表 34-33
铝合金绞线及铝合金芯铝绞线的弹性模量和线膨胀系数	表 34-37

续表

资 料 名 称	检索表号
铝包钢绞线的弹性模量和线膨胀系数	表 34-42
铝包钢芯铝（合金）绞线的弹性模量和线膨胀系数	表 34-51
钢（铝包钢）芯铝（铝合金）绞线的绞合节径比	表 34-21
钢及铝包钢绞线绞合节径比	表 34-34
绞制引起的标准增量（铝合金芯铝绞线除外）	表 34-22
铝合金芯铝绞线的绞制增量	表 34-48
硬铝圆线的机械性能	表 34-23
硬铝型线的机械性能	表 34-24
镀锌钢线的机械性能	表 34-25～表 34-29
高强度铝合金线的机械性能	表 34-38
中强度铝合金的机械性能	表 34-39
铝包钢线的机械性能	表 34-43
镀锌钢线镀锌层的质量要求	表 34-30
各单线的导电率、电阻率、电阻温度系数、线膨胀系数、弹性模量等	表 34-2

注 导地线资料仅给出部分常用截面规格的导地线结构参数。

二、钢芯铝绞线

表 34-19　钢芯铝绞线的结构参数（GB/T 1179—2017）

标称截面铝/钢	钢比（%）	计算面积（mm²）			单线根数		单线直径（mm）		直径（mm）		单位长度质量（kg/km）	额定拉断力（kN）JL，JL1，JL2，JL3			直流电阻20℃（Ω/km）			
		铝	钢	总和	铝	钢	铝	钢	钢芯	绞线		G1A	G2A	G3A	L	L1	L2	L3
300/15	5.2	297	15.3	312	42	7	3.00	1.67	5.0	23.0	940.2	68.41	70.56	72.70	0.097 3	0.096 5	0.095 8	0.095 0
300/20	6.2	303	18.8	322	45	7	2.93	1.85	5.6	23.1	984.2	73.60	76.23	78.86	0.095 1	0.094 3	0.093 6	0.092 8
300/25	8.8	306	27.1	333	48	7	2.85	2.22	6.7	23.8	1057.3	83.76	87.55	91.34	0.094 3	0.093 5	0.092 8	0.092 0
300/40	13.0	300	38.9	339	24	7	3.99	2.66	8.0	23.9	1132.0	92.36	97.81	102.9	0.096 1	0.095 4	0.094 6	0.093 8
300/50	16.3	300	48.8	348	26	7	3.83	2.98	8.9	24.3	1208.6	103.6	110.4	116.8	0.096 4	0.095 6	0.094 8	0.094 1
300/70	23.3	305	71.3	377	30	7	3.60	3.60	10.8	25.2	1400.6	127.2	132.2	144.3	0.094 6	0.093 9	0.093 1	0.092 4
315/22	6.9	316	21.8	338	45	7	2.99	1.99	6.0	23.9	1043.2	79.19	82.24	85.28	0.091 4	0.090 7	0.090 0	0.089 3
400/20	5.1	406	20.9	427	42	7	3.51	1.95	5.9	26.9	1284.7	89.48	92.41	95.34	0.071 0	0.070 4	0.069 8	0.069 3
400/25	6.9	392	27.1	419	45	7	3.33	2.22	6.7	26.6	1293.9	96.37	100.2	104.0	0.073 7	0.073 1	0.072 5	0.071 9
400/35	8.8	391	34.4	425	48	7	3.22	2.50	7.5	26.8	1348.6	103.7	108.5	112.9	0.073 9	0.073 3	0.072 7	0.072 1
400/50	13.0	400	51.8	452	54	7	3.07	3.07	9.2	27.6	1510.5	123.0	130.2	137.5	0.072 4	0.071 8	0.071 2	0.070 6
400/65	16.3	399	65.1	464	26	7	4.42	3.44	10.3	28.0	1610.6	135.4	144.5	153.6	0.072 4	0.071 8	0.071 3	0.070 7
400/95	22.9	408	93.3	501	30	19	4.16	2.50	12.5	29.1	1859.0	171.6	184.6	196.7	0.070 9	0.070 4	0.069 8	0.069 2
450/30	6.9	450	31.1	482	45	7	3.57	2.38	7.1	28.6	1488.0	107.6	111.9	116.0	0.064 1	0.063 6	0.063 1	0.062 6
450/60	13.0	451	58.4	509	54	7	3.26	3.26	9.8	29.3	1703.2	138.6	146.8	155.0	0.064 2	0.063 6	0.063 1	0.062 6
500/35	6.9	500	34.6	534	45	7	3.76	2.51	7.5	30.1	1651.3	119.4	124.3	128.8	0.057 8	0.057 4	0.056 9	0.056 4
500/45	8.8	489	43.1	532	48	7	3.60	2.80	8.4	30.0	1687.0	127.3	133.3	138.9	0.059 1	0.058 7	0.058 2	0.057 7
500/65	13.0	499	64.7	564	54	7	3.43	3.43	10.3	30.9	1885.5	153.5	162.5	171.6	0.058 0	0.057 5	0.057 0	0.056 6
560/40	6.9	560	38.6	598	45	7	3.98	2.65	8.0	31.8	1848.7	133.6	139.0	144.0	0.051 6	0.051 2	0.050 8	0.050 4
560/70	12.7	559	70.9	630	54	19	3.63	2.18	10.9	32.7	2101.8	172.4	182.3	192.2	0.051 8	0.051 3	0.050 9	0.050 5
630/45	6.9	629	43.4	673	45	7	4.22	2.81	8.4	33.8	2078.4	150.2	156.3	161.9	0.045 9	0.045 5	0.045 2	0.044 8
630/55	8.8	640	56.3	696	48	7	4.12	3.20	9.6	34.3	2208.3	164.3	172.2	180.1	0.045 2	0.044 8	0.044 4	0.044 1
630/80	12.7	629	79.6	708	54	19	3.85	2.31	11.6	34.7	2363.1	191.4	202.5	212.9	0.046 0	0.045 6	0.045 3	0.044 9
710/50	6.9	709	49.2	758	45	7	4.48	2.99	9.0	35.9	2344.2	169.5	176.4	182.8	0.040 7	0.040 4	0.040 1	0.039 8
710/90	12.6	709	89.6	799	54	19	4.09	2.45	12.3	36.8	2664.6	215.6	228.2	239.8	0.040 8	0.040 4	0.040 1	0.039 8
720/50	6.9	725	50.1	775	45	7	4.53	3.02	9.1	36.2	2395.9	171.2	178.2	185.2	0.039 8	0.039 5	0.039 2	0.038 9
800/35	4.3	799	34.6	834	72	7	3.76	2.51	7.5	37.6	2481.7	167.4	172.2	176.8	0.036 2	0.035 9	0.035 6	0.035 3
800/55	6.9	814	56.3	871	45	7	4.80	3.20	9.6	38.4	2690.0	192.2	200.1	208.0	0.035 5	0.035 2	0.034 9	0.034 6
800/65	8.3	799	66.6	866	84	7	3.48	3.48	10.4	38.3	2731.7	194.8	203.7	212.5	0.036 2	0.035 9	0.035 6	0.035 4
800/70	8.8	808	71.3	879	48	7	4.63	3.60	10.8	38.6	2790.1	207.7	212.7	224.8	0.035 8	0.035 5	0.035 2	0.034 9
800/100	12.7	799	102	901	54	19	4.34	2.61	13.1	39.1	3006.6	243.7	257.9	271.1	0.036 2	0.035 9	0.035 6	0.035 3
900/40	4.3	900	38.9	939	72	7	3.99	2.66	8.0	39.9	2793.8	188.4	193.8	198.9	0.032 1	0.031 9	0.031 6	0.031 4
900/75	8.3	898	74.9	973	84	7	3.69	3.69	11.1	40.6	3071.3	214.8	219.7	231.8	0.032 2	0.032 0	0.031 7	0.031 4
1000/45	4.3	1002	43.1	1045	72	7	4.21	2.80	8.4	42.1	3108.5	209.5	215.5	221.1	0.028 9	0.028 6	0.028 4	0.028 2
1000/80	8.1	1003	81.7	1085	84	19	3.90	2.34	11.7	42.9	3418.0	241.0	251.9	262.0	0.028 8	0.028 6	0.028 4	0.028 2
1120/50	4.2	1120	47.3	1167	72	7	4.45	1.78	8.9	44.5	3467.7	222.8	229.1	235.3	0.025 8	0.025 6	0.025 4	0.025 2
1120/90	8.1	1120	91.0	1211	84	19	4.12	2.47	12.4	45.3	3813.4	268.8	280.8	292.2	0.025 8	0.025 6	0.025 4	0.025 2
1250/70	5.6	1252	70.1	1322	76	7	4.58	3.57	10.7	47.4	4011.1	277.4	282.3	294.2	0.023 1	0.022 9	0.022 7	0.022 5
1250/100	8.1	1248	102	1350	84	19	4.35	2.61	13.1	47.9	4252.3	299.8	313.4	325.9	0.023 2	0.023 0	0.022 8	0.022 6
1400/135	9.6	1400	134	1534	88	19	4.50	3.00	15.0	51.0	4926.4	358.2	376.0	392.6	0.020 7	0.020 5	0.020 3	0.020 2
1440/120	8.1	1439	117	1556	84	19	4.67	2.80	14.0	51.4	4899.7	345.4	361.0	375.4	0.020 1	0.020 0	0.019 8	0.019 6

表 34-20　钢芯铝绞线、钢芯铝合金绞线的弹性模量和线膨胀系数

单线根数		钢比（%）	最终弹性模量（GPa）	线膨胀系数×10⁻⁶ 1/℃
铝/铝合金	钢			
6	1	16.7	74.3	18.8
7	7	19.8	77.7	18.3
12	7	58.3	104.7	15.3
18	1	5.6	62.1	21.1
22	7	9.8	67.1	20.1
24	7	13.0	70.5	19.4
26	7	16.3	73.9	18.9
30	7	23.3	80.5	17.9
42	7	5.2	61.6	21.3
45	7	6.9	63.7	20.8
48	7	8.8	65.9	20.3
54	7	13.0	70.5	19.4
54	19	12.7	70.2	19.5
72	7	4.3	60.6	21.5
72	19	4.2	60.5	21.5
76	7	5.6	62.2	21.1
84	7	8.3	65.4	20.4
84	19	8.1	65.2	20.5
88	19	9.6	66.8	20.1

表 34-21　钢（铝包钢）芯铝（铝合金）绞线绞合节径比

结 构 元 件	绞 层	节 径 比
钢及铝包钢加强芯	6 根层 12 根层	16～26 14～22
铝及铝合金绞层	外层 内层	10～14 10～16

表 34-22　绞制引起的标准增量（除铝合金芯铝绞线外）¹⁾

绞制结构				增量（增加）%			绞制结构				增量（增加）%		
铝		钢		质量		电阻	铝		钢		质量		电阻
单线根数	绞层数²⁾	单线根数	绞层数²⁾	铝	钢		单线根数	绞层数²⁾	单线根数	绞层数²⁾	铝	钢	
6	1	1	—	1.52	—	1.52	30	2	19	2	2.23	0.77	2.23
18	2	1	—	1.90	—	1.90	54	3	19	2	2.33	0.77	2.33
7	1	7	1	1.67	0.43	1.67	72	4	19	2	2.32	0.77	2.32
12	1	7	1	2.17	0.43	2.17	76	4	19	2	2.34	0.77	2.34
22	2	7	1	2.04	0.43	2.04	84	4	19	2	2.40	0.77	2.40
24	2	7	1	2.08	0.43	2.08	88	4	19	2	2.39	0.77	2.39
26	2	7	1	2.16	0.43	2.16	7	1			—	—	1.31³⁾
30	2	7	1	2.23	0.43	2.23	19	2			—	—	1.80³⁾
42	3	7	1	2.23	0.43	2.23	37	3			—	—	2.04³⁾
45	3	7	1	2.23	0.43	2.23	61	4			—	—	2.19³⁾
48	3	7	1	2.24	0.43	2.24	91	5			—	—	2.30
54	3	7	1	2.33	0.43	2.33			7	1	—	1.11⁴⁾	1.11⁴⁾
72	4	7	1	2.32	0.43	2.32			19	2	—	1.58⁴⁾	1.58⁴⁾
76	4	7	1	2.34	0.43	2.34			37	3	—	1.84⁴⁾	1.84⁴⁾
84	4	7	1	2.40	0.43	2.40							

注 1）这些增量系采用每个相应铝绞层或钢绞层的平均节径比计算。

2）每种型式的同心绞单线绞层数不包括中心线。

3）铝包钢绞线的增量与铝绞线的增量相同。

4）镀锌钢绞线的增量。

表 34-23　硬铝圆线的机械性能
（ GB/T 17048—2017 ）

型号	标称直径 d （ mm ）	抗拉强度 （ MPa，最小值 ）
L L1	d=1.25	200
	1.25＜d≤1.50	195
	1.50＜d≤1.75	190
	1.75＜d≤2.00	185
	2.00＜d≤2.25	180
	2.25＜d≤2.50	175
	2.50＜d≤3.00	170
	3.00＜d≤3.50	165
	3.50＜d≤5.00	160
L2 L3	1.25≤d≤3.00	170
	3.00＜d≤3.50	165
	3.50＜d≤5.00	160

表 34-24　硬铝型线的机械性能
（ GB/T 17048—2017 ）

型号	标称等效直径 d （ mm ）	抗拉强度 （ MPa，最小值 ）
LX1、LX2 L1X1、L1X2	2.00	185
	2.00＜d≤2.25	180
	2.25＜d≤2.50	175
	2.50＜d≤3.00	170
	3.00＜d≤3.50	165
	3.50＜d≤6.00	160
L2X1、L2X2 L3X1、L3X2	2.00≤d≤3.00	170
	3.00＜d≤3.50	165
	3.50＜d≤6.00	160

表 34-25　1 级强度镀锌钢线的机械性能（GB/T 3428—2012）

标称直径 D （ mm ） 大于	标称直径 D （ mm ） 小于及等于	直径偏差 （ mm ）	1%伸长时的 应力最小值 （ MPa ）	抗拉强度 最小值 （ MPa ）	伸长率 最小值 [1] （ % ）	卷绕试验芯 轴直径 （ mm ）	扭转试验 扭转次数 [2] 最小值
			A 级镀锌层				
1.24	2.25	±0.03	1170	1340	3.0	1D	18
2.25	2.75	±0.04	1140	1310	3.0	1D	16
2.75	3.00	±0.05	1140	1310	3.5	1D	16
3.00	3.50	±0.05	1100	1290	3.5	1D	14
3.50	4.25	±0.06	1100	1290	4.0	1D	12
4.25	4.75	±0.06	1100	1290	4.0	1D	12
4.75	5.50	±0.07	1100	1290	4.0	1D	12
			B 级镀锌层				
1.24	2.25	±0.05	1100	1240	4.0	1D	
2.25	2.75	±0.06	1070	1210	4.0	1D	
2.75	3.00	±0.06	1070	1210	4.0	1D	
3.00	3.50	±0.07	1000	1190	4.0	1D	
3.50	4.25	±0.09	1000	1190	4.0	1D	
4.25	4.75	±0.10	1000	1190	4.0	1D	
4.75	5.50	±0.11	1000	1190	4.0	1D	

注　1）伸长率的最小值是对 250mm 标距而言。如采用其他标距，则这些数值应使用 650/（标距+400）这个系数进行校正。

2）扭转试验试样长度：钢线标称直径的 100 倍。

表 34-26　2 级强度镀锌钢线的机械性能（GB/T 3428—2012）

标称直径 D （mm）		直径偏差 （mm）	1%伸长时的应力最小值 （MPa）	抗拉强度最小值 （MPa）	伸长率最小值 [1]（%）	卷绕试验芯轴直径 （mm）	扭转试验扭转次数 [2]最小值
大于	小于及等于						
A 级镀锌层							
1.24	2.25	±0.03	1310	1450	2.5	3D	16
2.25	2.75	±0.04	1280	1410	2.5	3D	16
2.75	3.00	±0.05	1280	1410	3.0	3D	16
3.00	3.50	±0.05	1240	1410	3.0	4D	14
3.50	4.25	±0.06	1170	1380	3.0	4D	12
4.25	4.75	±0.06	1170	1380	3.0	4D	12
4.75	5.50	±0.07	1170	1380	3.0	4D	12
B 级镀锌层							
1.24	2.25	±0.05	1240	1380	2.5	3D	
2.25	2.75	±0.06	1210	1340	2.5	3D	
2.75	3.00	±0.06	1210	1340	3.0	4D	
3.00	3.50	±0.07	1170	1340	3.0	4D	
3.50	4.25	±0.09	1100	1280	3.0	4D	
4.25	4.75	±0.10	1100	1280	3.0	4D	
4.75	5.50	±0.11	1100	1280	3.0	4D	

注　1）伸长率的最小值是对 250mm 标距而言。如采用其他标距，则这些数值应使用 650/（标距+400）这个系数进行校正。

　　2）扭转试验试样长度：钢线标称直径的 100 倍。

表 34-27　3 级强度镀锌钢线的机械性能（GB/T 3428—2012）

标称直径 D （mm）		直径偏差 （mm）	1%伸长时的应力最小值 （MPa）	抗拉强度最小值 （MPa）	伸长率最小值 [1]（%）	卷绕试验芯轴直径 （mm）	扭转试验扭转次数 [2]最小值
大于	小于及等于						
A 级镀锌层							
1.24	2.25	±0.03	1450	1620	2.0	4D	14
2.25	2.75	±0.04	1410	1590	2.0	4D	14
2.75	3.00	±0.05	1410	1590	2.5	4D	12
3.00	3.50	±0.05	1380	1550	2.5	4D	12
3.50	4.25	±0.06	1340	1520	2.5	4D	10
4.25	4.75	±0.06	1340	1520	2.5	4D	10
4.75	5.50	±0.07	1270	1500	2.5	4D	10

注　1）伸长率的最小值是对 250mm 标距而言。如采用其他标距，则这些数值应使用 650/（标距+400）这个系数进行校正。

　　2）扭转试验试样长度：钢线标称直径的 100 倍。

表 34-28　4 级强度镀锌钢线的机械性能（GB/T 3428—2012）

标称直径 D （mm）		直径偏差 （mm）	1%伸长时的应力最小值 （MPa）	抗拉强度最小值 （MPa）	伸长率最小值 [1]（%）	卷绕试验芯轴直径 （mm）	扭转试验扭转次数 [2]最小值
大于	小于及等于						
A 级镀锌层							
1.24	2.25	±0.03	1580	1870	3.0	4D	12
2.25	2.75	±0.05	1580	1820	3.0	4D	12
2.75	3.00	±0.05	1550	1820	3.5	4D	12
3.00	3.50	±0.05	1550	1770	3.5	4D	12
3.50	4.25	±0.06	1500	1720	3.5	4D	10
4.25	4.75	±0.06	1480	1720	3.5	4D	8

注　1）伸长率的最小值是对 250mm 标距而言。如采用其他标距，则这些数值应使用 650/（标距+400）这个系数进行校正。

　　2）扭转试验试样长度：钢线标称直径的 100 倍。

表 34-29　5 级强度镀锌钢线的机械性能（GB/T 3428—2012）

标称直径 D（mm）		直径偏差（mm）	1%伸长时的应力最小值（MPa）	抗拉强度最小值（MPa）	伸长率最小值[1]（%）	卷绕试验芯轴直径（mm）	扭转试验扭转次数[2]最小值
大于	小于及等于						
			A 级镀锌层				
1.24	2.25	±0.03	1600	1960	3.0	4D	12
2.25	2.75	±0.05	1600	1910	3.0	4D	12
2.75	3.00	±0.05	1580	1910	3.5	4D	12
3.00	3.50	±0.05	1580	1870	3.5	4D	12
3.50	4.25	±0.06	1550	1820	3.5	4D	10
4.25	4.75	±0.06	1500	1820	3.5	4D	8

注　1）伸长率的最小值是对 250mm 标距而言。如采用其他标距，则这些数值应使用 650/（标距+400）这个系数进行校正。

　　2）扭转试验试样长度：钢线标称直径的 100 倍。

表 34-30　镀锌钢线镀锌层的质量要求（GB/T 3428—2012）

标称直径 D（mm）		镀锌层单位面积质量最小值（g/m²）	
大于	大于	小于及等于	小于及等于
1.24	1.50	185	370
1.50	1.75	200	400
1.75	2.25	215	430
2.25	3.00	230	460
3.00	3.50	245	490
3.50	4.25	260	520
4.25	4.75	275	550
4.75	5.50	290	580

表 34-31　美国钢芯铝绞线的结构参数（ASTM B232/B232M-01$^{\varepsilon1}$）

产品代号	绞制根数/直径		计算截面积		外径	计算单重	计算拉断力	直流电阻 20℃
	铝	钢	铝	钢				
	根/mm	根/mm	mm²	mm²	mm	kg/km	kN	Ohm/km
Thraser	76/4.43	19/2.07	1171.4	63.9	45.79	3759	251.9	0.024 77
Kiwi	72/4.41	7/2.94	1099.8	47.5	44.1	3431	221.7	0.026 42
Bluebird	84/4.07	19/2.44	1092.8	88.8	44.76	3736	268	0.026 56
Chukar	84/3.70	19/2.22	903.2	73.5	40.7	3089	227.8	0.032 16
Falcon	54/4.36	19/2.62	806.2	102.4	39.26	3046	243	0.036 01
Lapwing	45/4.78	7/3.18	807.5	55.6	38.22	2670	187.4	0.035 83
Parrot	54/4.25	19/2.55	766.1	97	38.25	2892	230.5	0.037 94
Nuthatch	45/4.65	7/3.10	764.2	52.8	37.2	2529	177.6	0.037 74
Plover	54/4.14	19/2.48	726.9	91.8	37.24	2742	218.4	0.040 02
Bobolink	45/4.53	7/3.02	725.3	50.1	36.24	2400	170.5	0.039 84
Martin	54/4.02	19/2.41	685.4	86.7	36.17	2586	206.1	0.042 38
Dipper	45/4.40	7/2.93	684.2	47.2	35.19	2263	160.7	0.042 16
Pheasant	54/3.90	19/2.34	645.1	81.7	35.1	2435	194.1	0.045 01

续表

产品代号	绞制根数/直径		计算截面积		外径	计算单重	计算拉断力	直流电阻20℃
	铝	钢	铝	钢				
	根/mm	根/mm	mm²	mm²	mm	kg/km	kN	Ohm/km
Bittern	45/4.27	7/2.85	644.4	44.7	34.17	2133	151.6	0.044 8
Skylark	36/4.78	1/4.78	646	17.9	33.46	1919	117.2	0.044 57
Grackle	54/3.77	19/2.27	602.8	76.9	33.97	2280	184.2	0.048 03
Bunting	45/4.14	7/2.76	605.8	41.9	33.12	2004	142.4	0.047 79
Finch	54/3.65	19/2.19	565	71.6	32.85	2133	174.6	0.051 44
Bluejay	45/4.00	7/2.66	565.5	38.9	31.98	1870	132.7	0.051 18
Curlew	54/3.51	7/3.51	522.5	67.7	31.59	1976	161.5	0.055 18
Ortolan	45/3.85	7/2.57	523.9	36.3	30.81	1734	123.3	0.055 17
Tanager	36/4.30	1/4.30	522.8	14.5	30.1	1553	94.8	0.054 88
Cardinal	54/3.38	7/3.38	484.5	62.8	30.42	1833	149.7	0.059 73
Rail	45/3.70	7/2.47	483.8	33.5	29.61	1602	116.1	0.059 75
Catbird	36/4.14	1/4.14	484.6	13.5	28.98	1440	87.9	0.059 44
Canary	54/3.28	7/3.28	456.3	59.1	29.52	1726	141	0.063 32
Ruddy	45/3.59	7/2.40	455.5	31.7	28.74	1509	109.4	0.063 32
Mallard	30/4.14	19/2.48	403.8	91.8	28.96	1841	171.2	0.071 86
Condor	54/3.08	7/3.08	402.3	52.2	27.72	1522	124.3	0.071 73
Tern	45/3.38	7/2.25	403.8	27.8	27.03	1335	97.5	0.071 68
Drake	26/4.44	7/3.45	402.6	65.4	28.11	1627	139.7	0.071 67
Cuckoo	24/4.62	7/3.08	402.3	52.2	27.72	1522	123.8	0.071 66
Coot	36/3.77	1/3.77	401.9	11.2	26.39	1194	72.9	0.071 34
Redwing	30/3.92	19/2.35	362.1	82.4	27.43	1651	153.7	0.079 87
Starling	26/4.21	7/3.28	361.9	59.1	26.68	1465	125.9	0.079 63
Stilt	24/4.39	7/2.92	363.3	46.9	26.32	1372	113.3	0.079 61
Gannet	26/4.07	7/3.16	338.3	54.9	25.8	1366	117.3	0.085 51
Flamingo	24/4.23	7/2.82	337.3	43.7	25.4	1276	105.5	0.085 46
Egret	30/3.70	19/2.22	322.6	73.5	25.9	1472	140.6	0.089 84
Scoter	30/3.70	7/3.70	322.6	75.3	25.9	1484	135.5	0.089 84
Grosbeak	26/3.97	7/3.09	321.8	52.5	25.2	1302	111.9	0.089 57
Rook	24/4.14	7/2.76	323.1	41.9	24.8	1222	101	0.089 6
Swift	36/3.38	1/3.38	323	9	23.7	960	60.7	0.089 16
Kingbird	18/4.78	1/4.78	323	17.9	23.9	1030	69.7	0.089 14
Teal	30/3.61	19/2.16	307.1	69.6	25.2	1398	133.4	0.094 43
Wood Du	30/3.61	7/3.61	307.1	71.6	25.3	1413	129	0.094 43
Squab	26/3.87	7/3.01	305.8	49.8	24.5	1236	108.1	0.094 22
Peacock	24/4.03	7/2.69	306.1	39.8	24.2	1159	95.9	0.094 13

三、钢绞线

表 34-32 钢绞线的结构参数（GB/T 1179—2017）

标称截面（mm²）	单线根数	计算面积（mm²）	直径 单线（mm）	直径 绞线（mm）	单位长度质量（kg/km）	额定拉断力（kN） JG1A	JG2A	JG3A	JG4A	JG5A	20℃直流电阻（Ω/km）
80	7	79.4	3.80	11.4	624.5	102.4	109.6	120.7	136.5	144.5	2.876 1
90	7	88.0	4.00	12.0	692.0	113.5	121.4	133.7	151.3	160.1	2.439 9
80	19	78.9	2.30	11.5	623.9	103.4	111.3	125.5	143.7	150.8	3.260 1
100	19	101	2.60	13.0	797.2	132.1	142.2	160.4	183.6	192.7	2.465 1
125	19	125	2.90	14.5	991.8	164.4	177.0	199.5	228.4	239.7	1.929 1
150	19	153	3.20	16.0	1207.6	197.1	215.5	236.9	270.5	285.7	1.550 6
180	19	183	3.50	17.5	1444.7	235.8	257.8	283.3	323.6	341.8	1.273 5
240	19	239	4.00	20.0	1886.9	308.0	329.5	362.9	410.7	434.5	1.064 5
75	37	74.4	1.60	11.2	589.4	99.7	107.9	120.5	139.1	145.8	0.815 0
115	37	116	2.00	14.0	921.0	155.8	168.5	188.3	217.4	227.8	2.622 5
155	37	154	2.30	16.1	1218.0	201.4	216.8	244.4	279.8	293.6	1.678 4
200	37	196	2.60	18.2	1556.5	257.3	277.0	312.3	357.5	375.2	1.269 1
245	37	244	2.90	20.3	1936.4	320.2	344.6	388.6	444.8	466.8	0.993 1
300	37	298	3.20	22.4	2357.7	383.9	419.6	461.2	526.7	556.5	0.798 3
355	37	356	3.50	24.5	2820.5	459.2	501.9	551.8	630.1	665.7	0.655 6
465	37	465	4.00	28.0	3683.9	599.8	641.6	706.7	799.7	846.2	0.548 0

表 34-33 钢绞线的弹性模量和线膨胀系数（GB/T 1179—2017）

单线根数	最终弹性模量 GPa	线膨胀系数 ×10⁻⁶1/℃
7	205.0	11.5
19	190.0	11.5
37	185.0	11.5
61	180.0	11.5

表 34-34 钢及铝包钢绞线绞合节径比

结 构 元 件	绞 层	节 径 比
钢及铝包钢绞线	所有绞层	10～16

四、铝合金绞线

表 34-35 JLHA1、JLHA2 高强度铝合金绞线的结构参数（GB/T 1179—2017）

标称截面（mm²）	计算面积（mm²）	单线根数（n）	直径 单线（mm）	直径 绞线（mm）	单位长度质量（kg/km）	额定拉断力（kN） JLHA1	JLHA2	20℃直流电阻（Ω/km） JLHA1	JLHA2
300	299	37	3.21	22.5	825.9	97.32	88.33	0.111 9	0.110 9
360	362	37	3.53	24.7	998.8	114.1	106.8	0.092 5	0.091 7
400	400	37	3.71	26.0	1103.2	126.0	118.0	0.083 8	0.083 0
465	460	37	3.98	27.9	1269.6	145.0	135.8	0.072 8	0.072 1
500	500	37	4.15	29.1	1380.4	157.7	147.6	0.067 0	0.066 3
520	518	37	4.22	29.5	1427.4	163.0	152.7	0.064 8	0.064 1
580	575	37	4.45	31.2	1587.2	181.3	169.8	0.058 2	0.057 7

标称截面 （mm²）	计算面积 （mm²）	单线根数 （n）	直径		单位长度质量 （kg/km）	额定拉断力 （kN）		20℃直流电阻 （Ω/km）	
			单线 （mm）	绞线 （mm）		JLHA1	JLHA2	JLHA1	JLHA2
630	631	61	3.63	32.7	1743.8	198.9	186.2	0.053 2	0.052 7
650	645	61	3.67	33.0	1782.4	203.3	190.4	0.052 0	0.051 5
720	725	61	3.89	35.0	2002.5	228.4	213.9	0.046 3	0.045 9
800	801	61	4.09	36.8	2213.7	252.5	236.4	0.041 9	0.041 5
825	817	61	4.13	37.2	2257.2	257.4	241.1	0.041 1	0.040 7
930	919	61	4.38	39.4	2538.8	289.5	271.1	0.036 5	0.036 2
1000	1001	61	4.57	41.1	2763.8	315.2	295.2	0.033 5	0.033 2
1050	1037	91	3.81	41.9	2868.8	310.5	290.8	0.032 4	0.032 1
1150	1161	91	4.03	44.3	3209.7	347.4	325.3	0.028 9	0.028 7
1300	1291	91	4.25	46.8	3569.7	386.3	361.8	0.026 0	0.025 8
1450	1441	91	4.49	49.4	3984.2	431.2	403.8	0.023 3	0.023 1

表34-36　JLHA3、JLHA4中强度铝合金绞线的结构参数（GB/T 1179—2017）

标称截面 （mm²）	计算面积 （mm²）	单线根数 n	直径		单位长度质量 （kg/km）	额定拉断力 （kN）		20℃直流电阻 （Ω/km）	
			单线 （mm）	绞线 （mm）		JLHA3	JLHA4	JLHA3	JLHA4
300	298	37	3.20	22.4	820.7	71.42	81.83	0.101 1	0.103 7
315	315	37	3.29	23.0	867.6	75.49	86.50	0.095 6	0.098 1
335	336	37	3.40	23.8	926.5	80.62	92.38	0.089 5	0.091 9
340	340	37	3.42	23.9	937.5	81.57	93.47	0.088 5	0.090 8
400	400	37	3.71	26.0	1103.2	96.00	106.0	0.075 2	0.077 2
425	426	37	3.83	26.8	1175.7	102.3	113.0	0.070 5	0.072 4
450	451	37	3.94	27.6	1244.2	108.3	119.5	0.066 7	0.068 4
500	503	37	4.16	29.1	1387.1	115.7	128.2	0.059 8	0.061 4
530	531	61	3.33	30.0	1467.4	127.5	146.1	0.056 7	0.058 2
560	560	37	4.39	30.7	1544.7	128.8	142.8	0.053 7	0.055 1
630	631	61	3.63	32.7	1743.8	151.5	167.3	0.047 7	0.049 0
675	674	61	3.75	33.8	1861.0	161.7	178.5	0.044 7	0.045 9
710	710	61	3.85	34.7	1961.5	170.4	188.2	0.042 4	0.043 5
775	774	91	3.29	36.2	2139.2	176.4	202.1	0.039 0	0.040 0
800	801	61	4.09	36.8	2213.7	184.3	204.4	0.037 6	0.038 6
870	871	91	3.49	38.4	2407.2	198.5	227.4	0.034 6	0.035 5
900	898	61	4.33	39.0	2481.1	206.6	229.1	0.033 5	0.034 4
940	937	91	3.93	43.2	3052.4	251.7	277.9	0.027 3	0.028 0
975	973	91	3.69	40.6	2691.0	221.9	245.0	0.031 0	0.031 8

表34-37　铝合金绞线及铝合金芯铝绞线的弹性模量和线膨胀系数（GB/T 1179—2017）

单线根数	最终弹性模量（GPa）	线膨胀系数×10⁻⁶ 1/℃
7	59.0	23.0
19	55.0	23.0
37	55.0	23.0
61	53.0	23.0
91	53.0	23.0

表 34-38　LHA1、LHA2 高强度铝合金线的机械性能（GB/T 23308—2009）

标称直径 d（mm）	LHA1		LHA2	
	抗拉强度（最小值）（MPa）	伸长率（最小值）（%）	抗拉强度（最小值）（MPa）	伸长率（最小值）（%）
$d \leqslant 3.50$	325	≥3.0	≥295	≥3.5
$d > 3.50$	315			

表 34-39　LHA3、LHA4 中强度铝合金线的机械性能（NB/T 42042—2014）

标称直径 d（mm）	LHA3		LHA4	
	抗拉强度（MPa）	伸长率（%）	抗拉强度（MPa）	伸长率（%）
$2.00 \leqslant d < 3.00$	≥250	≥3.5	≥290	≥3.0
$3.00 \leqslant d < 3.50$	≥240		≥275	
$3.50 \leqslant d < 4.00$	≥240		≥265	
$4.00 \leqslant d \leqslant 5.00$	≥230		≥255	

五、铝包钢绞线

表 34-40　JLB14 和 JLB20A 铝包钢绞线的结构参数（GB/T 1179—2017）

标称截面（mm²）	计算面积（mm²）	单线根数 n	直径 单线（mm）	直径 绞线（mm）	单位长度质量（kg/km） JLB14	单位长度质量（kg/km） JLB20A	额定拉断力（kN） JLB14	额定拉断力（kN） JLB20A	20℃直流电阻（Ω/km） JLB14	20℃直流电阻（Ω/km） JLB20A
80	79.4	7	3.80	11.4	574.3	530.0	120.7	99.24	1.571 6	1.082 2
90	90.2	7	4.05	12.2	652.3	602.1	137.1	109.1	1.383 5	0.952 7
95	95.1	7	4.16	12.5	688.2	635.2	144.6	112.3	1.311 3	0.903 0
80	80.3	19	2.32	11.6	583.8	538.8	127.7	107.6	1.560 9	1.074 8
100	101	19	2.60	13.0	733.2	676.7	160.4	135.2	1.242 8	0.855 8
120	121	19	2.85	14.3	881.0	813.1	192.7	162.4	1.034 3	0.712 2
150	148	19	3.15	15.8	1076.2	993.3	229.5	198.4	0.846 7	0.583 0
170	173	19	3.40	17.0	1253.9	1157.3	267.4	226.0	0.726 7	0.500 4
185	183	19	3.50	17.5	1328.7	1226.3	283.3	232.2	0.685 8	0.472 2
210	210	19	3.75	18.8	1525.3	1407.8	319.0	262.3	0.597 4	0.411 4
240	239	19	4.00	20.0	1735.4	1601.8	362.9	288.9	0.525 1	0.361 6
300	298	37	3.20	22.4	2168.0	2001.0	461.2	398.7	0.422 3	0.290 8
350	352	37	3.48	24.4	2564.0	2366.5	545.5	446.9	0.357 1	0.245 9
380	377	37	3.60	25.2	2743.9	2532.5	572.5	478.3	0.333 7	0.229 8
400	398	37	3.70	25.9	2898.4	2675.2	604.7	497.3	0.315 9	0.217 5
420	420	37	3.80	26.6	3057.2	2821.7	637.8	524.5	0.299 5	0.206 2
450	451	37	3.94	27.6	3286.6	3033.5	685.7	563.9	0.278 6	0.191 8
465	465	37	4.00	28.0	3387.5	3126.6	706.7	562.6	0.270 3	0.186 1
500	503	37	4.16	29.1	3663.9	3381.7	764.4	593.4	0.249 9	0.172 1
590	588	37	4.50	31.5	4287.3	3957.1	894.5	670.8	0.213 5	0.147 0
600	599	37	4.54	31.9	4363.9	4027.1	910.4	682.8	0.209 8	0.144 5
600	600	61	3.54	32.7	4380.6	4043.2	866.9	724.4	0.209 6	0.144 3
630	631	61	3.63	32.7	4606.2	4251.3	911.6	761.7	0.199 3	0.137 3
670	670	37	4.80	33.6	4878.0	4502.3	1004.3	716.4	0.187 7	0.129 2
800	805	61	4.10	36.9	5876.2	5423.5	1162.9	925.8	0.156 3	0.107 6

表 34-41　JLB27、JLB35、JLB40 铝包钢绞线的结构参数（GB/T 1179—2017）

标称截面（mm²）	计算面积（mm²）	单线根数 n	直径 单线（mm）	直径 绞线（mm）	单位长度质量（kg/km） JLB27	JLB35	JLB40	额定拉断力（kN） JLB27	JLB35	JLB40	20℃直流电阻（Ω/km） JLB27	JLB35	JLB40
80	79.4	7	3.80	11.4	475.3	414.2	373.2	85.74	64.30	53.98	0.814 9	0.628 6	0.550 0
90	90.2	7	4.05	12.2	539.9	470.5	423.9	97.39	73.04	61.32	0.717 4	0.553 4	0.484 2
95	95.1	7	4.16	12.5	569.7	496.4	447.2	102.8	77.07	64.70	0.680 0	0.524 5	0.458 9
100	101	19	2.60	13.0	606.9	528.9	476.5	108.9	81.71	68.60	0.644 4	0.497 1	0.434 9
120	121	19	2.85	14.3	729.2	635.5	572.5	130.9	98.18	82.42	0.536 3	0.413 7	0.362 0
150	148	19	3.15	15.8	890.8	776.3	699.4	159.9	119.9	100.7	0.439 0	0.338 7	0.296 3
170	173	19	3.40	17.0	1037.9	904.4	814.8	186.3	139.7	117.3	0.376 9	0.290 7	0.254 3
185	183	19	3.50	17.5	1099.8	958.4	863.5	197.4	148.1	124.3	0.355 6	0.274 3	0.240 0
210	210	19	3.75	18.8	1262.5	1100.2	991.2	226.6	170.0	142.7	0.309 8	0.239 0	0.209 1
240	239	19	4.00	20.0	1436.5	1251.8	1127.8	257.9	193.4	162.4	0.272 3	0.210 0	0.183 8
300	298	37	3.20	22.4	1794.5	1563.8	1408.9	321.4	241.0	202.3	0.219 0	0.168 9	0.147 8
350	352	37	3.48	24.4	2122.3	1849.4	1666.2	381.0	285.1	239.3	0.185 2	0.142 8	0.125 0
380	377	37	3.60	25.2	2271.2	1979.1	1783.1	406.7	305.1	256.1	0.173 0	0.133 5	0.116 8
400	398	37	3.70	25.9	2399.1	2090.6	1883.6	429.7	322.2	270.5	0.163 8	0.126 3	0.110 5
420	420	37	3.80	26.6	2530.6	2205.1	1986.8	453.2	339.9	285.3	0.155 3	0.119 8	0.104 8
450	451	37	3.94	27.6	2720.5	2370.6	2135.9	487.2	365.4	306.8	0.144 4	0.111 4	0.097 5
465	465	37	4.00	28.0	2803.9	2443.4	2201.4	502.2	376.6	316.2	0.140 1	0.108 1	0.094 6
500	503	37	4.16	29.1	3032.7	2642.7	2381.0	543.1	407.3	342.0	0.129 6	0.100 0	0.087 5
510	513	37	4.20	29.4	3091.3	2693.8	2427.0	553.6	415.2	348.6	0.127 1	0.098 1	0.085 8
590	588	37	4.50	31.5	3548.7	3092.4	2786.2	635.5	476.7	400.2	0.110 7	0.085 4	0.074 7
600	599	37	4.54	31.9	3612.1	3147.6	2835.9	646.9	485.2	407.3	0.108 8	0.083 9	0.073 4
600	600	61	3.54	32.7	3626.0	3159.7	2846.8	616.0	462.0	387.8	616.0	0.083 8	0.073 4
630	631	61	3.63	32.7	3812.7	3322.4	2993.4	647.7	485.8	407.8	647.7	0.079 7	0.069 8
670	670	37	4.80	33.6	4037.7	3518.5	3170.0	723.1	542.3	455.3	723.1	0.075 1	0.065 7
800	805	61	4.10	36.9	4863.9	4238.4	3818.7	826.3	619.7	520.3	826.3	0.062 5	0.054 7

表 34-42　铝包钢绞线的弹性模量和线膨胀系数（GB/T 1179—2017）

单线根数	最终弹性模量（GPa） JLB14	JLB20A	JLB27	JLB35	JLB40	线膨胀系数×10⁻⁶/℃ JLB14	JLB20A	JLB27	JLB35	JLB40
7	161.5	153.9	133.0	115.9	103.6	12.0	13.0	13.4	14.5	15.5
19	161.5	153.9	133.0	115.9	103.6	12.0	13.0	13.4	14.5	15.5
37	153.0	145.8	126.0	109.8	98.1	12.0	13.0	13.4	14.5	15.5
61	153.0	145.8	126.0	109.8	98.1	12.0	13.0	13.4	14.5	15.5

表 34-43　铝包钢线的机械性能参数（绞前）（GB/T 17937—2009）

等级	型式	标称直径 d（mm）	抗拉强度（最小值）（MPa）	1%伸长时的应力（最小值）（MPa）
LB14	—	2.25＜d≤3.00	1590	1410
		3.00＜d≤3.50	1550	1380
		3.50＜d≤4.75	1520	1340
		4.75＜d≤5.50	1500	1270
LB20	A	1.24＜d≤3.25	1340	1200
		3.25＜d≤3.45	1310	1180
		3.45＜d≤3.65	1270	1140
		3.65＜d≤3.95	1250	1100
		3.95＜d≤4.10	1210	1100
		4.10＜d≤4.40	1180	1070
		4.40＜d≤4.60	1140	1030
		4.60＜d≤4.75	1100	1000
		4.75＜d≤5.50	1070	1000

续表

等级	型式	标称直径 d（mm）	抗拉强度（最小值）（MPa）	1%伸长时的应力（最小值）（MPa）
LB20	B	1.24＜d≤5.50	1320	1100
LB23	—	2.50＜d≤5.00	1220	980
LB27	—	2.50＜d≤5.00	1080	800
LB30	—	2.50＜d≤5.00	880	650
LB35	—	2.50＜d≤5.00	810	590
LB40	—	2.50＜d≤5.00	630	500

六、钢芯铝合金绞线

表 34-44　钢芯（高强）铝合金绞线的结构参数（GB/T 1179—2017）

标称截面 铝合金/钢	钢比（%）	计算面积（mm²）铝合金	钢	总和	单线根数 铝合金	钢	单线直径 铝合金	钢	直径（mm）钢芯	绞线	单位长度质量（kg/km）	额定拉断力（kN）JLHA1/G1A	JLHA1/G2A	JLHA1/G3A	JLHA2/G1A	JLHA2/G2A	JLHA2/G3A	直流电阻20℃（Ω/km）JLHA1	JLHA2
300/15	5.2	297	15.3	312	42	7	3	1.67	5	23	940.2	114.4	116.6	118.7	105.5	107.7	109.8	0.113 1	0.112
300/20	6.9	273	18.8	292	45	7	2.78	1.85	5.6	22.2	900.7	110.8	113.4	116.1	102.6	105.2	107.9	0.122 7	0.121 6
300/25	8.8	335	29.6	364	48	7	2.98	2.32	7	24.8	1155.7	142.5	146.7	150.5	132.5	136.6	140.5	0.100 2	0.099 3
300/40	13	244	31.7	276	24	7	3.6	2.4	7.2	21.6	921.5	113.1	117.5	121.6	108.2	112.6	116.7	0.137 2	0.135 9
300/50	16.3	239	38.9	278	26	7	3.42	2.66	8	21.7	963.5	122	127.4	132.5	114.8	120.3	125.3	0.140 5	0.139 1
300/70	8.8	306	27.1	333	48	7	2.85	2.22	6.7	23.8	1057.9	131.2	135	138.8	122	125.8	129.6	0.109 6	0.108 6
400/20	13	300	38.9	339	24	7	3.99	2.66	8	23.9	1132	138.9	144.3	149.4	132.9	138.3	143.4	0.111 7	0.110 7
400/25	16.3	300	48.8	348	26	7	3.83	2.98	8.9	24.3	1208.6	150	156.8	163.2	144	150.9	157.2	0.112	0.110 9
400/35	6.9	392	27.1	419	45	7	3.33	2.22	6.7	26.6	1294.7	159.1	162.9	166.7	147.3	151.1	154.9	0.085 7	0.084 9
400/65	8.8	391	34.4	425	48	7	3.22	2.5	7.5	26.8	1348.7	166.2	171	175.5	154.5	159.3	163.8	0.085 9	0.085 1
400/95	13	400	51.8	452	54	7	3.07	3.07	9.2	27.6	1510.5	186.6	194.2	201.4	174.9	182.2	189.4	0.084 1	0.083 3
500/35	6.9	500	34.6	534	45	7	3.76	2.51	7.5	30.1	1651.3	196.9	201.7	206.2	186.9	191.7	196.2	0.067 2	0.066 6
500/45	8.8	489	43.1	532	48	7	3.6	2.8	8.4	30	1687	203	209.1	214.7	193.3	199.3	204.9	0.068 7	0.068 1
500/65	13	502	65.1	567	54	7	3.44	3.44	10.3	31	1896.5	234.7	243.8	252.9	219.6	228.7	237.8	0.067	0.066 3
630/45	6.9	629	43.4	673	45	7	4.22	2.81	8.4	33.8	2078.4	247.7	253.8	259.5	235.2	241.2	246.9	0.053 3	0.052 8
630/55	8.8	640	56.3	696	48	7	4.12	3.2	9.6	34.3	2208.3	263.5	271.4	279.3	250.7	258.6	266.5	0.052 5	0.052
630/80	12.7	622	78.9	701	54	19	3.83	2.3	11.5	34.5	2339.7	286	297	307.3	273.5	284.6	294.8	0.054	0.053 5
710/50	6.9	709	49.2	758	45	7	4.48	2.99	9	35.9	2346.1	279.5	286.4	292.7	265.3	272.2	278.6	0.047 4	0.046 9
710/90	12.6	709	89.6	799	54	19	4.09	2.45	12.3	36.8	2664.6	325.6	338.1	349.8	311.4	323.9	335.6	0.047 4	0.046 9
720/50	6.9	725	50.1	775	45	7	4.53	3.02	9.1	36.2	2397.9	283.6	290.6	297.7	269.1	276.1	283.2	0.046 3	0.045 9
800/35	4.3	799	34.6	834	72	7	3.76	2.51	7.5	37.6	2481.9	291.3	296.2	300.7	275.3	280.2	284.7	0.042	0.041 6
800/55	7	801	56.3	857	45	7	4.76	3.2	9.6	38.2	2654.8	314.2	322.1	329.9	298.2	306	313.9	0.042	0.041 6
800/65	8.3	799	66.6	866	84	7	3.48	3.48	10.4	38.3	2730.1	316.3	325.1	334	293.5	302.3	311.2	0.042 1	0.041 7
800/70	8.8	808	71.3	879	48	7	4.63	3.6	10.8	38.6	2792.1	332.9	337.9	350	316.8	321.8	333.9	0.041 6	0.041 2
800/100	12.7	799	101.7	901	54	19	4.34	2.61	13.1	39.1	3006.6	367.5	381.8	395	351.5	365.8	379	0.042 1	0.041 7

续表

标称截面铝合金/钢	钢比（%）	计算面积（mm²）			单线根数		单线直径		直径（mm）		单位长度质量（kg/km）	额定拉断力（kN）						直流电阻20℃（Ω/km）	
		铝合金	钢	总和	铝合金	钢	铝合金	钢	钢芯	绞线		JLHA1/G1A	JLHA1/G2A	JLHA1/G3A	JLHA2/G1A	JLHA2/G2A	JLHA2/G3A	JLHA1	JLHA2
900/40	4.3	900	38.9	939	72	7	3.99	2.66	8	39.9	2794	327.9	333.4	338.4	309.9	315.4	320.4	0.037 3	0.037
900/75	8.3	898	74.9	973	84	7	3.69	3.69	11.1	40.6	3069.6	347	352	364.1	330	335	347	0.037 4	0.037 1
1000/45	4.3	1002	43.1	1045	72	7	4.21	2.8	8.4	42.1	3109.1	364.9	370.9	376.5	344.8	350.8	356.4	0.033 5	0.033 2
1120/50	4.2	1120	47.3	1167	72	19	4.45	1.78	8.9	44.5	3468	387.7	393.9	400.2	366.4	372.7	379	0.03	0.029 7
1120/90	8.1	1120	91	1211	84	19	4.12	2.47	12.4	45.3	3811.3	433.7	445.8	457.1	412.4	424.5	435.8	0.03	0.029 7
1250/50	4.2	1249	52.7	1302	72	19	4.7	1.88	9.4	47	3868.6	432.4	439.4	446.5	408.7	415.7	422.7	0.026 9	0.026 6
1250/70	5.6	1252	70.1	1322	76	7	4.58	3.57	10.7	47.4	4011.1	471.5	476.5	488.3	446.4	451.3	463.3	0.026 8	0.026 6
1250/100	8.1	1248	101.7	1350	84	19	4.35	2.61	13.1	47.9	4246.6	483.7	497.2	509.7	460	473.5	486	0.026 9	0.026 6
1400/135	9.6	1400	134.3	1534	88	19	4.5	3	15	51	4926.4	564.3	582.1	598.7	537.7	555.5	572.1	0.024	0.023 8
1440/120	8.13	1439	117	1556	84	19	4.67	2.8	14	51.4	4899.7	557.3	572.8	587.3	529.9	545.5	559.9	0.023 4	0.023 2

表 34－45　钢芯（中强）铝合金绞线的结构参数（GB/T 1179—2017）

标称截面铝合金/钢	钢比（%）	计算面积（mm²）			单线根数		单线直径		直径（mm）		单位长度质量（kg/km）	额定拉断力（kN）						直流电阻20℃（Ω/km）	
		铝合金	钢	总和	铝合金	钢	铝合金	钢	钢芯	绞线		JLHA3/G1A	JLHA3/G2A	JLHA3/G3A	JLHA4/G1A	JLHA4/G2A	JLHA4/G3A	JLHA3	JLHA4
300/15	5.2	297	15.3	312	42	7	3	1.67	5	23	940.2	89.19	91.34	93.48	104	106.2	108.3	0.101 5	0.104 2
300/20	6.9	273	18.8	292	45	7	2.78	1.85	5.6	22.2	900.7	90.3	92.94	95.6	101.2	103.9	106.5	0.110 1	0.113
300/25	8.8	335	29.6	364	48	7	2.98	2.32	7	24.8	1155.7	117.4	121.6	125.4	130.8	135	138.8	0.089 9	0.092 3
300/40	13	244	31.7	276	24	7	3.6	2.4	7.2	21.6	921.5	94.73	99.16	103.3	100.8	105.3	109.4	0.123 2	0.126 4
300/50	16.3	239	38.9	278	26	7	3.42	2.66	8	21.7	963.5	101.7	107.1	112.2	113.6	119.1	124.2	0.126 1	0.129 4
300/70	8.8	306	27.1	333	48	7	2.85	2.22	6.7	23.8	1057.9	108.3	112	115.6	120.5	124.3	128.1	0.098 4	0.101
400/20	13	300	38.9	339	24	7	3.99	2.66	8	23.9	1132	116.4	121.8	126.9	123.9	129.3	134.4	0.100 3	0.102 9
400/25	16.3	300	48.8	348	26	7	3.83	2.98	8.9	24.3	1208.6	127.5	134.4	140.7	135	141.9	148.2	0.100 5	0.103 2
400/35	6.9	392	27.1	419	45	7	3.33	2.22	6.7	26.6	1294.7	125.8	129.6	133.3	145.4	149.1	152.9	0.076 9	0.078 9
400/65	8.8	391	34.4	425	48	7	3.22	2.5	7.5	26.8	1348.7	133	137.8	142.3	152.5	157.3	161.8	0.077 1	0.079 1
400/95	13	400	51.8	452	54	7	3.07	3.07	9.2	27.6	1510.5	152.9	160.2	167.4	172.9	180.2	187.4	0.075 4	0.077 4
500/35	6.9	500	34.6	534	45	7	3.76	2.51	7.5	30.1	1651.3	159.4	164.3	168.8	171.9	176.7	181.2	0.060 3	0.061 9
500/45	8.8	489	43.1	532	48	7	3.6	2.8	8.4	30	1687	166.4	172.4	178	178.6	184.6	190.2	0.061 7	0.063 3
500/65	13	502	65.1	567	54	7	3.44	3.44	10.3	31	1896.5	192	201.1	210.2	217.1	226.2	235.3	0.060 1	0.061 7
630/45	6.9	629	43.4	673	45	7	4.22	2.81	8.4	33.8	2078.4	194.3	200.3	206	210	216.1	221.7	0.047 9	0.049 1
630/55	8.8	640	56.3	696	48	7	4.12	3.2	9.6	34.3	2208.3	209.1	217	224.9	225.1	233	240.9	0.047 1	0.048 3
630/80	12.7	622	78.9	701	54	19	3.83	2.3	11.5	34.5	2339.7	239.3	250.4	260.6	254.9	265.9	276.2	0.048 5	0.049 8
710/50	6.9	709	49.2	758	45	7	4.48	2.99	9	35.9	2346.1	219.2	226.1	232.5	236.9	243.8	250.2	0.042 5	0.043 6
710/90	12.6	709	89.6	799	54	19	4.09	2.45	12.3	36.8	2664.6	265.3	277.8	289.5	283	295.6	307.2	0.042 5	0.043 6
720/50	6.9	725	50.1	775	45	7	4.53	3.02	9.1	36.2	2397.9	222	229	236	240.1	247.1	254.1	0.041 6	0.042 7
800/35	4.3	799	34.6	834	72	7	3.76	2.51	7.5	37.6	2481.9	231.4	236.2	240.7	251.3	256.2	260.7	0.037 7	0.038 7
800/55	7	801	56.3	857	45	7	4.76	3.2	9.6	38.2	2654.8	246.1	254	261.9	266.1	274	281.9	0.037 7	0.038 7

续表

标称截面铝合金/钢	钢比(%)	计算面积(mm²)			单线根数		单线直径		直径(mm)		单位长度质量(kg/km)	额定拉断力(kN)						直流电阻20℃(Ω/km)	
		铝合金	钢	总和	铝合金	钢	铝合金	钢	钢芯	绞线		JLHA3/G1A	JLHA3/G2A	JLHA3/G3A	JLHA4/G1A	JLHA4/G2A	JLHA4/G3A	JLHA3	JLHA4
800/65	8.3	799	66.6	866	84	7	3.48	3.48	10.4	38.3	2730.1	251.7	260.6	269.5	289.7	298.5	307.4	0.037 7	0.038 7
800/70	8.8	808	71.3	879	48	7	4.63	3.6	10.8	38.6	2792.1	264.3	269.2	281.4	284.5	289.4	301.6	0.037 3	0.038 3
800/100	12.7	799	101.7	901	54	19	4.34	2.61	13.1	39.1	3006.6	299.6	313.9	327.1	319.6	333.8	347	0.037 8	0.038 7
900/40	4.3	900	38.9	939	72	7	3.99	2.66	8	39.9	2794	260.4	265.9	270.9	282.9	288.4	293.4	0.033 5	0.034 4
900/75	8.3	898	74.9	973	84	7	3.69	3.69	11.1	40.6	3069.6	283	288	300.1	304.4	309.4	321.4	0.033 6	0.034 5
1000/45	4.3	1002	43.1	1045	72	7	4.21	2.8	8.4	42.1	3109.1	279.7	285.2	291.3	304.7	310.8	316.4	0.030 1	0.030 9
1120/50	4.2	1120	47.3	1167	72	19	4.45	1.78	8.9	44.5	3468	297.2	303.5	309.8	323.8	330.1	336.4	0.026 9	0.027 6
1120/90	8.1	1120	91	1211	84	19	4.12	2.47	12.4	45.3	3811.3	343.3	355.4	366.6	369.9	382	393.2	0.026 9	0.027 6
1250/50	4.2	1249	52.7	1302	72	19	4.7	1.88	9.4	47	3868.6	331.6	338.6	345.6	361.2	368.2	375.3	0.024 1	0.024 8
1250/100	8.1	1248	101.7	1350	84	19	4.35	2.61	13.1	47.9	4246.6	382.9	396.4	408.9	412.5	426	438.6	0.024 1	0.024 8
1400/135	9.6	1400	134.3	1534	88	19	4.5	3	15	51	4926.4	451.3	469.1	485.7	484.5	502.4	518.9	0.021 6	0.022 1
1440/120	8.13	1439	117	1556	84	19	4.67	2.8	14	51.4	4899.7	441.1	456.6	471.1	475.3	490.8	505.3	0.021	0.021 5

七、铝合金芯铝绞线

表 34-46　（JL/LHA1、JL1/LHA1、JL2/LHA1、JL3/LHA1）铝合金芯铝绞线的结构参数（GB/T 1179—2017）

标称截面铝/铝合金	计算面积(mm²)			单线根数		单线直径(mm)		直径(mm)		单位长度质量(kg/km)	额定拉断力(kN)	20℃直流电阻(Ω/km)			
	铝	铝合金	总和	铝	铝合金	铝	铝合金	铝合金芯	绞线			JL/LHA1	JL1/LHA1	JL2/LHA1	JL3/LHA1
165/175	166	176	342	18	19	3.43	3.43	17.2	24.0	942.8	81.65	0.093 4	0.093 0	0.092 6	0.092 2
335/80	335	78.1	413	30	7	3.77	3.77	11.3	26.4	1139.3	76.96	0.072 4	0.071 9	0.071 5	0.071 0
210/220	211	222	433	18	19	3.86	3.86	19.3	27.0	1194.0	100.2	0.073 8	0.073 5	0.073 1	0.072 8
365/165	366	165	531	42	19	3.33	3.33	16.7	30.0	1467.2	111.4	0.057 8	0.057 4	0.057 1	0.056 8
375/85	375	87.5	463	30	7	3.99	3.99	12.0	27.9	1276.2	86.21	0.064 7	0.064 2	0.063 8	0.063 4
235/250	238	251	488	18	19	4.10	4.10	20.5	28.7	1347.1	113.1	0.065 4	0.065 1	0.064 8	0.064 5
415/95	418	97.4	515	30	7	4.21	4.21	12.6	29.5	1420.8	95.98	0.058 1	0.057 7	0.057 3	0.056 9
260/275	264	278	542	18	19	4.32	4.32	21.6	30.2	1495.6	125.6	0.058 9	0.058 6	0.058 4	0.058 1
465/110	469	109	578	30	7	4.46	4.46	13.4	31.2	1594.5	107.7	0.051 8	0.051 4	0.051 1	0.050 7
465/210	464	210	674	42	19	3.75	3.75	18.8	33.8	1860.6	137.0	0.045 6	0.045 3	0.045 0	0.044 8
505/65	505	65.4	570	54	7	3.45	3.45	10.4	31.1	1575.2	103.5	0.051 8	0.051 4	0.051 0	0.050 7
455/205	456	207	663	42	19	3.72	3.72	18.6	33.5	1831.0	134.8	0.046 3	0.046 0	0.045 7	0.045 5
270/420	272	420	692	24	37	3.80	3.80	26.6	34.2	1910.5	169.1	0.047 2	0.047 0	0.046 8	0.046 6
515/230	515	233	748	42	37	3.95	3.95	19.8	35.6	2064.4	152.0	0.041 1	0.040 8	0.040 6	0.040 3
535/240	533	239	772	42	37	4.02	2.87	20.1	36.2	2135.0	159.2	0.039 7	0.039 5	0.039 3	0.039 0
307/470	306	472	778	24	37	4.03	4.03	28.2	36.3	2148.7	190.2	0.041 9	0.041 8	0.041 6	0.041 5
580/260	579	262	841	42	19	4.19	4.19	21.0	37.7	2322.9	171.1	0.036 5	0.036 3	0.036 1	0.035 8
345/530	345	532	878	24	37	4.28	4.28	30.0	38.5	2423.6	214.5	0.037 2	0.037 0	0.036 9	0.036 8

续表

标称截面铝/铝合金	计算面积（mm²）			单线根数		单线直径（mm）		直径（mm）		单位长度质量（kg/km）	额定拉断力（kN）	20℃直流电阻（Ω/km）			
	铝	铝合金	总和	铝	铝合金	铝	铝合金	铝合金芯	绞线			JL/LHA1	JL1/LHA1	JL2/LHA1	JL3/LHA1
650/295	650	294	944	42	19	4.44	4.44	22.2	40.0	2608.3	192.1	0.032 5	0.032 3	0.032 1	0.031 9
665/300	668	301	969	42	37	4.50	3.22	22.5	40.5	2679.0	199.9	0.031 7	0.031 5	0.031 3	0.031 1
570/390	568	389	957	54	37	3.66	3.66	25.6	40.3	2646.7	197.0	0.032 7	0.032 5	0.032 4	0.032 2
820/215	817	215	1032	72	19	3.80	3.80	19.0	41.8	2852.9	185.4	0.029 2	0.029 0	0.028 8	0.028 6
630/430	632	433	1065	54	37	3.86	3.86	27.0	42.5	2943.8	219.1	0.029 4	0.029 3	0.029 1	0.029 0
745/335	747	336	1083	42	37	4.76	3.40	23.8	42.8	2994.2	223.3	0.028 3	0.028 2	0.028 0	0.027 8
800/550	803	550	1352	54	37	4.35	4.35	30.5	47.9	3738.7	278.3	0.023 2	0.023 0	0.022 9	0.022 8
915/240	914	241	1155	72	19	4.02	4.02	20.1	44.2	3192.8	207.5	0.026 1	0.025 9	0.025 7	0.025 5
705/485	709	486	1196	54	37	4.09	4.09	28.6	45.0	3305.1	246.0	0.026 2	0.026 1	0.025 9	0.025 8
1020/270	1021	270	1291	72	19	4.25	4.25	21.3	46.8	3568.6	231.9	0.023 3	0.023 2	0.023 0	0.022 9
790/540	792	542	1334	54	37	4.32	4.32	30.2	47.5	3687.3	274.5	0.023 5	0.023 4	0.023 2	0.023 1
1145/300	1145	302	1447	72	19	4.50	4.50	22.5	49.5	4000.8	260.0	0.020 8	0.020 7	0.020 5	0.020 4

表34-47 （JL/LHA2、JL1/LHA2、JL2/LHA2、JL3/LHA2）铝合金芯铝绞线的结构参数（GB/T 1179—2017）

标称截面铝/铝合金	计算面积（mm²）			单线根数		单线直径（mm）		直径（mm）		单位长度质量（kg/km）	额定拉断力（kN）	20℃直流电阻（Ω/km）			
	铝	铝合金	总和	铝	铝合金	铝	铝合金	铝合金芯	绞线			JL/LHA2	JL1/LHA2	JL2/LHA2	JL3/LHA2
165/175	166	176	342	18	19	3.43	3.43	17.2	24.0	942.8	76.64	0.090 5	0.090 1	0.089 7	0.089 3
335/80	335	78.1	413	30	7	3.77	3.77	11.3	26.4	1139.3	75.48	0.071 6	0.071 1	0.070 7	0.070 2
210/220	211	222	433	18	19	3.86	3.86	19.3	27.0	1194.0	96.01	0.071 4	0.071 1	0.070 8	0.070 5
365/165	366	165	531	42	19	3.33	3.33	16.7	30.0	1467.2	106.7	0.056 7	0.056 4	0.056 0	0.055 7
375/85	375	87.5	463	30	7	3.99	3.99	12.0	27.9	1276.2	84.55	0.063 9	0.063 5	0.063 1	0.062 7
235/250	238	251	488	18	19	4.10	4.10	20.5	28.7	1347.1	108.3	0.063 3	0.063 0	0.062 8	0.062 5
415/95	418	97.4	515	30	7	4.21	4.21	12.6	29.5	1420.8	94.13	0.057 4	0.057 0	0.056 7	0.056 3
260/275	264	278	542	18	19	4.32	4.32	21.6	30.2	1495.6	120.3	0.057 0	0.056 8	0.056 5	0.056 3
465/110	469	109	578	30	7	4.46	4.46	13.4	31.2	1594.5	105.6	0.051 2	0.050 8	0.050 5	0.050 2
465/210	464	210	674	42	19	3.75	3.75	18.8	33.8	1860.6	133.0	0.044 7	0.044 4	0.044 2	0.043 9
505/65	505	65.4	570	54	7	3.45	3.45	10.4	31.1	1575.2	101.6	0.051 4	0.051 1	0.050 7	0.050 3
455/205	456	207	663	42	19	3.72	3.72	18.6	33.5	1831.0	130.9	0.045 4	0.045 2	0.044 9	0.044 6
270/420	272	420	692	24	37	3.80	3.80	26.6	34.2	1910.6	161.1	0.045 4	0.045 2	0.045 0	0.044 9
515/230	515	233	748	42	19	3.95	3.95	19.8	35.6	2064.4	147.6	0.040 3	0.040 1	0.039 8	0.039 6
535/240	533	239	772	42	37	4.02	2.87	20.1	36.2	2135.0	152.4	0.039 0	0.038 8	0.038 6	0.038 3
307/470	306	472	778	24	37	4.03	4.03	28.2	36.3	2148.7	181.2	0.040 3	0.040 2	0.040 1	0.039 9
580/260	579	262	841	42	19	4.19	4.19	21.0	37.7	2322.9	166.1	0.035 8	0.035 6	0.035 4	0.035 2
345/530	345	532	878	24	37	4.28	4.28	30.0	38.5	2423.6	204.4	0.035 8	0.035 6	0.035 5	0.035 4
650/295	650	294	944	42	19	4.44	4.44	22.2	40.0	2608.3	186.5	0.031 9	0.031 7	0.031 5	0.031 3
665/300	668	301	969	42	37	4.50	3.22	22.5	40.5	2679.0	191.3	0.031 1	0.030 9	0.030 7	0.030 6
570/390	568	389	957	54	37	3.66	3.66	25.6	40.3	2646.7	190.0	0.031 9	0.031 7	0.031 6	0.031 4

续表

标称截面铝/铝合金	计算面积（mm²）			单线根数		单线直径（mm）		直径（mm）		单位长度质量（kg/km）	额定拉断力（kN）	20℃直流电阻（Ω/km）			
	铝	铝合金	总和	铝	铝合金	铝	铝合金	铝合金芯	绞线			JL/LHA2	JL1/LHA2	JL2/LHA2	JL3/LHA2
820/215	817	215	1032	72	19	3.80	3.80	19.0	41.8	2852.9	181.5	0.028 8	0.028 6	0.028 4	0.028 2
630/430	632	433	1065	54	37	3.86	3.86	27.0	42.5	2943.8	211.3	0.028 7	0.028 5	0.028 4	0.028 2
745/335	747	336	1083	42	37	4.76	3.40	23.8	42.8	2994.2	213.7	0.027 8	0.027 7	0.027 5	0.027 3
800/550	803	550	1352	54	37	4.35	4.35	30.5	47.9	3738.7	268.4	0.022 6	0.022 5	0.022 4	0.022 2
915/240	914	241	1155	72	19	4.02	4.02	20.1	44.2	3192.8	203.1	0.025 7	0.025 6	0.025 4	0.025 2
705/485	709	486	1196	54	37	4.09	4.09	28.6	45.0	3305.1	237.3	0.025 5	0.025 4	0.025 3	0.025 2
1020/270	1021	270	1291	72	19	4.25	4.25	21.3	46.8	3568.6	227.0	0.023 0	0.022 9	0.022 7	0.022 6
790/540	792	542	1334	54	37	4.32	4.32	30.2	47.5	3687.3	264.7	0.022 9	0.022 8	0.022 7	0.022 6
1145/300	1145	302	1447	72	19	4.50	4.50	22.5	49.5	4000.8	254.5	0.020 5	0.020 4	0.020 3	0.020 1

表 34-48　铝合金芯铝绞线的绞制增量 1)

绞 线 结 构				增量 2)（增加）%	
铝线根数	铝线层数 3)	铝合金根数	铝合金线层数 3)	铝	铝合金
4	1	3		1.51	1.51
12	1	7	1	2.17	1.29
30	2	7	1	2.23	1.29
54	3	7	1	2.31	1.29
18	1	19	2	2.49	1.58
42	2	19	2	2.44	1.58
72	3	19	2	2.45	1.58
24	1	37	3	2.67	1.84
42	2	37	3	2.44	1.84
54	2	37	3	2.57	1.84

注　1）表中增量系采用每个相应绞层的平均节径比计算。

　　2）绞线单位长度质量与电阻增量相同。

　　3）每种型式的同心绞单线绞层数不包括中心线。

八、铝包钢芯铝绞线

表 34-49　（JL/LB14、JL1/LB14、JL2/LB14、JL3/LB14）铝包钢芯铝绞线的结构参数（GB/T 1179—2017）

标称截面铝/铝包钢	钢比（%）	计算面积（mm²）			单线根数		单线直径（mm）		直径（mm）		单位长度质量（kg/km）	额定拉断力（kN）	20℃直流电阻（Ω/km）			
		铝	铝包钢	总和	铝	铝包钢	铝	铝包钢	铝包钢芯	绞线			JL/LB14	JL1/LB14	JL2/LB14	JL3/LB14
300/25	8.8	306	27.1	333	48	7	2.85	2.22	6.7	23.8	1040.5	90.26	0.092 5	0.091 7	0.091 0	0.090 3
300/40	13.0	300	38.9	339	24	7	3.99	2.66	8.0	23.9	1106.9	102.9	0.093 3	0.092 6	0.091 9	0.091 1
300/50	16.3	300	48.8	348	26	7	3.83	2.98	8.9	24.3	1177.2	116.8	0.092 9	0.092 1	0.091 4	0.090 7

续表

标称截面 铝/铝包钢	钢比 (%)	计算面积 (mm²)			单线根数		单线直径 (mm)		直径 (mm)		单位长度质量 (kg/km)	额定拉断力 (kN)	20℃直流电阻 (Ω/km)			
		铝	铝包钢	总和	铝	铝包钢	铝	铝包钢	铝包钢芯	绞线			JL/LB14	JL1/LB14	JL2/LB14	JL3/LB14
300/70	23.3	305	71.3	377	30	7	3.60	3.60	10.8	25.2	1354.7	144.3	0.089 7	0.089 0	0.088 4	0.087 7
385/50	13.0	387	50.1	437	54	7	3.02	3.02	9.1	27.2	1429.5	133.0	0.072 6	0.072 0	0.071 4	0.070 9
400/35	8.8	391	34.4	425	48	7	3.22	2.50	7.5	26.8	1326.6	112.9	0.072 4	0.071 9	0.071 3	0.070 7
400/50	13.0	400	51.8	452	54	7	3.07	3.07	9.2	27.6	1477.2	137.5	0.070 2	0.069 7	0.069 1	0.068 6
400/65	16.3	399	65.1	464	26	7	4.42	3.44	10.3	28.0	1568.1	153.6	0.069 7	0.069 2	0.068 6	0.068 1
400/95	31.8	408	93.3	501	30	19	4.16	2.50	12.5	29.1	1797.8	196.7	0.067 3	0.066 6	0.066 2	0.065 7
440/30	6.9	443	30.6	474	45	7	3.54	2.36	7.1	28.3	1443.4	114.0	0.064 2	0.063 7	0.063 2	0.062 7
435/35	13.0	437	56.6	494	54	7	3.21	3.21	9.6	28.9	1615.0	150.3	0.064 2	0.063 7	0.063 2	0.062 7
490/35	6.9	492	34.1	526	45	7	3.73	2.49	7.5	29.9	1603.2	126.7	0.057 8	0.057 4	0.056 9	0.056 5
485/60	13.0	485	62.8	547	54	7	3.38	3.38	10.1	30.4	1790.6	166.6	0.057 9	0.057 5	0.057 0	0.056 6
550/40	6.9	551	38.0	589	45	7	3.95	2.63	7.9	31.6	1796.5	141.8	0.051 6	0.051 2	0.050 7	0.050 3
620/40	6.9	620	42.8	663	45	7	4.19	2.79	8.4	33.5	2021.4	159.6	0.045 8	0.045 5	0.045 1	0.044 7
610/75	12.7	609	77.6	687	54	19	3.79	2.28	11.4	34.1	2243.2	206.9	0.046 1	0.045 7	0.045 4	0.045 0
630/45	6.9	623	43.1	667	45	7	4.20	2.80	8.4	33.6	2031.8	160.5	0.045 6	0.045 2	0.044 9	0.044 5
630/55	8.8	640	56.3	696	48	7	4.12	3.20	9.6	34.3	2172.1	180.1	0.044 2	0.043 9	0.043 5	0.043 2
700/50	6.9	697	48.2	745	45	7	4.44	2.96	8.9	35.5	2270.7	179.4	0.040 8	0.040 5	0.040 2	0.039 8
700/85	12.7	689	87.4	776	54	19	4.03	2.42	12.1	36.3	2534.0	233.4	0.040 8	0.040 5	0.040 1	0.039 8
720/50	6.9	725	50.1	775	45	7	4.53	3.02	9.1	36.2	2365.6	185.0	0.039 2	0.038 9	0.038 6	0.038 3
790/35	4.3	791	34.1	825	72	7	3.74	2.49	7.5	37.4	2432.0	165.9	0.036 2	0.035 9	0.035 6	0.035 3
785/65	8.3	785	65.4	851	84	7	3.45	3.45	10.4	38.0	2642.7	208.9	0.036 2	0.035 9	0.035 6	0.035 3
775/100	12.7	777	98.6	875	54	19	4.28	2.57	12.9	38.5	2858.1	263.3	0.036 2	0.035 9	0.035 6	0.035 3
800/55	6.9	814	56.3	871	45	7	4.80	3.20	9.6	38.4	2653.8	208.0	0.034 9	0.034 6	0.034 4	0.034 1
800/70	8.8	808	71.3	879	48	7	4.63	3.60	10.8	38.6	2744.3	224.8	0.035 0	0.034 8	0.034 5	0.034 2
800/100	12.7	795	101	896	54	19	4.33	2.60	13.0	39.0	2925.2	269.0	0.035 3	0.035 0	0.034 8	0.034 5
880/75	8.3	884	73.6	957	84	7	3.66	3.66	11.0	40.3	2974.2	228.1	0.032 1	0.031 9	0.031 6	0.031 4
890/115	12.7	890	113	1002	54	19	4.58	2.75	13.8	41.2	3274.4	301.5	0.031 6	0.031 3	0.031 1	0.030 9
900/40	4.3	900	38.9	939	72	7	3.99	2.66	8.0	39.9	2770.7	188.9	0.031 8	0.031 6	0.031 3	0.031 1
900/75	8.3	898	74.9	973	84	7	3.69	3.69	11.1	40.6	3023.2	231.8	0.031 6	0.031 4	0.031 1	0.030 9
990/45	4.3	988	42.8	1031	72	7	4.18	2.79	8.4	41.8	3041.6	207.7	0.029 0	0.028 8	0.028 5	0.028 3
1025/45	4.3	1021	44.3	1066	72	7	4.25	2.84	8.5	42.5	3145.1	214.7	0.028 1	0.027 9	0.027 6	0.027 4
1015/85	8.3	1014	84.5	1098	84	7	3.92	3.92	11.8	43.1	3411.8	261.6	0.028 0	0.027 7	0.027 6	0.027 3
1140/50	4.3	1135	49.2	1184	72	7	4.48	2.99	9.0	44.8	3493.9	238.4	0.025 2	0.025 0	0.024 8	0.024 6
1100/90	8.2	1098	89.6	1188	84	19	4.08	2.45	12.3	44.9	3684.2	286.0	0.025 9	0.025 7	0.025 5	0.025 3
1225/100	8.2	1226	100	1326	84	19	4.31	2.59	13.0	47.4	4112.3	320.4	0.023 3	0.023 0	0.022 8	0.022 6
1270/105	8.1	1271	103	1375	84	19	4.39	2.63	13.2	48.3	4261.9	331.5	0.022 3	0.022 2	0.022 0	0.021 8
1405/115	8.1	1408	114	1523	84	19	4.62	2.77	13.9	50.8	4721.4	367.4	0.020 2	0.020 0	0.019 9	0.019 7

表 34-50　（JL/LB20A、JL1/LB20A、JL2/LB20A、JL3/LB20A）铝包钢芯铝绞线的结构参数（GB/T 1179—2017）

标称截面 铝/铝包钢	钢比 (%)	计算面积 (mm²)			单线根数		单线直径 (mm)		直径 (mm)		单位长度质量 (kg/km)	额定拉断力 (kN)	20℃直流电阻 (Ω/km)			
		铝	铝包钢	总和	铝	铝包钢	铝	铝包钢	铝包钢芯	绞线			JL/LB20A	JL1/LB20A	JL2/LB20A	JL3/LB20A
300/15	5.2	297	15.3	312	42	7	3	1.67	5	23	921.8	68.87	0.095 7	0.094 9	0.094 1	0.093 4
300/20	6.9	303	20.9	324	45	7	2.93	1.95	5.9	23.4	976.8	76.67	0.093 1	0.092 3	0.091 6	0.090 9
300/25	8.8	306	27.1	333	48	7	2.85	2.22	6.7	23.8	1025.6	84.57	0.091 6	0.090 9	0.090 2	0.089 5
300/40	13	300	38.9	339	24	7	3.99	2.66	8	23.9	1085.5	94.69	0.092 1	0.091 4	0.090 7	0.09

标称截面铝/铝包钢	钢比（%）	计算面积（mm²）			单线根数		单线直径（mm）		直径（mm）		单位长度质量（kg/km）	额定拉断力（kN）	20℃直流电阻（Ω/km）			
		铝	铝包钢	总和	铝	铝包钢	铝	铝包钢	铝包钢芯	绞线			JL/LB20A	JL1/LB20A	JL2/LB20A	JL3/LB20A
300/50	16.3	300	48.8	348	26	7	3.83	2.98	8.9	24.3	1150.3	106.5	0.091 3	0.090 6	0.089 9	0.089 3
300/70	23.3	305	71.3	377	30	7	3.6	3.6	10.8	25.2	1315.4	130.1	0.087 7	0.087	0.086 4	0.085 7
310/20	6.9	310	21.3	331	45	7	2.96	1.97	5.9	23.7	996.9	78.25	0.091 2	0.090 5	0.089 7	0.089
395/25	6.9	394	27.1	421	45	7	3.34	2.22	6.7	26.7	1268.8	97.6	0.071 6	0.071	0.070 5	0.069 9
385/50	13	387	50.1	437	54	7	3.02	3.02	9.1	27.2	1401.8	124	0.071 6	0.071 1	0.070 5	0.07
400/20	5.1	406	20.9	427	42	7	3.51	1.95	5.9	26.9	1261.4	90.11	0.069 9	0.069 3	0.068 8	0.068 2
400/25	6.9	392	27.1	419	45	7	3.33	2.22	6.7	26.6	1262.3	97.2	0.072	0.071 5	0.070 9	0.070 3
400/35	8.8	391	34.4	425	48	7	3.22	2.5	7.5	26.8	1307.6	105.7	0.071 8	0.071 2	0.070 7	0.070 1
400/50	13	400	51.8	452	54	7	3.07	3.07	9.2	27.6	1448.6	128.1	0.069 3	0.068 8	0.068 2	0.067 7
400/65	16.3	399	65.1	464	26	7	4.42	3.44	10.3	28	1532.2	140.6	0.068 6	0.068 1	0.067 5	0.067
400/95	31.8	408	93.3	501	30	19	4.16	2.5	12.5	29.1	1746.1	177.2	0.065 8	0.065 3	0.064 8	0.064 3
440/30	6.9	443	30.6	474	45	7	3.54	2.36	7.1	28.3	1426.5	107.6	0.063 7	0.063 2	0.062 7	0.062 2
435/35	13	437	56.6	494	54	7	3.21	3.21	9.6	28.9	1583.7	140.1	0.063 4	0.062 9	0.062 4	0.061 9
490/35	6.9	492	34.1	526	45	7	3.73	2.49	7.5	29.9	1584.4	119.6	0.057 4	0.057	0.056 5	0.056 1
485/60	13	485	62.8	547	54	7	3.38	3.38	10.1	30.4	1755.9	154.1	0.057 2	0.056 7	0.056 3	0.055 9
550/40	6.9	551	38	589	45	7	3.95	2.63	7.9	31.6	1775.5	133.9	0.051 2	0.050 8	0.050 4	0.05
545/70	12.7	544	69	613	54	19	3.58	2.15	10.8	32.2	1961.6	169.7	0.051	0.050 6	0.050 2	0.049 8
620/40	6.9	620	42.8	663	45	7	4.19	2.79	8.4	33.5	1997.8	150.6	0.045 5	0.045 1	0.044 8	0.044 4
610/75	12.7	609	77.6	687	54	19	3.79	2.28	11.4	34.1	2200.2	190.6	0.045 5	0.045 2	0.044 8	0.044 5
630/45	6.9	623	43.1	667	45	7	4.2	2.8	8.4	33.6	2008	151.5	0.045 3	0.044 9	0.044 6	0.044 2
630/55	8.8	640	56.3	696	48	7	4.12	3.2	9.6	34.3	2172.1	2141	180.1	169.9	0.044 2	0.043 8
700/50	6.9	697	48.2	745	45	7	4.44	2.96	8.9	35.5	2244.1	169.3	0.040 5	0.040 2	0.039 9	0.040 5
700/85	12.7	689	87.4	776	54	19	4.03	2.42	12.1	36.3	2485.6	215.1	0.040 3	0.039 9	0.039 6	0.040 3
720/50	6.9	725	50.1	775	45	7	4.53	3.02	9.1	36.2	2337.9	176.2	0.039	0.038 7	0.038 3	0.039
790/35	4.3	791	34.1	825	72	7	3.74	2.49	7.5	37.4	2413.2	159.1	0.036	0.035 7	0.035 5	0.036
785/65	8.3	785	65.4	851	84	7	3.45	3.45	10.4	38	2606.6	196.4	0.035 8	0.035 6	0.035 3	0.035 8
775/100	12.7	777	98.6	875	54	19	4.28	2.57	12.9	38.5	2803.4	242.6	0.035 7	0.035 4	0.035 1	0.035 7
800/55	6.9	814	56.3	871	45	7	4.8	3.2	9.6	38.4	2622.7	197.8	0.034 7	0.034 4	0.034 1	0.034 7
800/70	8.8	808	71.3	879	48	7	4.63	3.6	10.8	38.6	2704.9	210.5	0.034 7	0.034 4	0.034 2	0.034 7
800/100	12.7	795	101	896	54	19	4.33	2.6	13	39	2869.3	248.3	0.034 9	0.034 6	0.034 3	0.034 9
880/75	8.3	884	73.6	957	84	7	3.66	3.66	11	40.3	2933.5	211.3	0.031 8	0.031 6	0.031 3	0.031 8
890/115	12.7	890	113	1002	54	19	4.58	2.75	13.8	41.2	3211.8	277.8	0.031 2	0.030 9	0.030 7	0.031 2
900/40	4.3	900	38.9	939	72	7	3.99	2.66	8	39.9	2749.3	181.2	0.031 7	0.031 4	0.031 2	0.031 7
900/75	8.3	898	74.9	973	84	7	3.69	3.69	11.1	40.6	2981.8	214.8	0.031 3	0.031 1	0.030 8	0.031 3
990/45	4.3	988	42.8	1031	72	7	4.18	2.79	8.4	41.8	3018	199	0.028 9	0.028 6	0.028 4	0.028 9
1025/45	4.3	1021	44.3	1066	72	7	4.25	2.84	8.5	42.5	3120.6	205.8	0.027 9	0.027 7	0.027 5	0.027 9
1015/85	8.3	1014	84.5	1098	84	7	3.92	3.92	11.8	43.1	3365.1	242.4	0.027 8	0.027 5	0.027 3	0.027 8
1110/45	4.2	1110	46.8	1157	72	19	4.43	1.77	8.9	44.3	3382.1	222	0.025 7	0.025 5	0.025 3	0.025 7
1140/50	4.3	1135	49.2	1184	72	7	4.48	2.99	9	44.8	3466.7	228.5	0.025 1	0.024 9	0.024 7	0.025 1

标称截面铝/铝包钢	钢比（%）	计算面积（mm²）铝	铝包钢	总和	单线根数 铝	铝包钢	单线直径（mm）铝	铝包钢	直径（mm）铝包钢芯	绞线	单位长度质量（kg/km）	额定拉断力（kN）	20℃直流电阻（Ω/km）JL/LB20A	JL1/LB20A	JL2/LB20A	JL3/LB20A
1100/90	8.2	1098	89.6	1188	84	19	4.08	2.45	12.3	44.9	3634.6	269	0.025 6	0.025 4	0.025 2	0.025 6
1235/50	4.2	1239	52.2	1291	72	19	4.68	1.87	9.4	46.8	3774.7	247.7	0.023	0.022 9	0.022 7	0.023
1225/100	8.2	1226	100	1326	84	19	4.31	2.59	13	47.4	4056.9	300.4	0.023	0.022 8	0.022 6	0.023
1270/105	8.1	1271	103	1375	84	19	4.39	2.63	13.2	48.3	4204.6	310.9	0.022 2	0.022	0.021 8	0.022 2
1420/60	4.2	1419	60.3	1480	72	19	5.01	2.01	10.1	50.1	4329	284.5	0.020 1	0.019 9	0.019 9	0.020 1
1435/60	4.2	1436	60.3	1497	72	19	5.04	2.01	10.1	50.4	4376.2	287.1	0.019 9	0.019 7	0.019 6	0.019 9
1405/115	8.1	1408	114	1523	84	19	4.62	2.77	13.9	50.8	4658	344.6	0.02	0.019 8	0.019 7	0.02

表 34-51　铝包钢芯铝绞线、铝包钢芯铝合金绞线的弹性模量和线膨胀系数（GB/T 1179—2017）

单线根数 铝/铝合金	铝包钢	钢比（%）	最终弹性模量（GPa）LB14	LB20A	线膨胀系数×10⁻⁶/℃ LB14	LB20A
6	1	16.7	71.4	70.3	19.3	19.7
7	7	19.8	74.0	72.7	18.8	19.3
12	7	58.3	97.4	94.4	15.9	16.7
18	1	5.6	61.6	60.6	21.4	21.6
22	7	9.8	65.3	64.6	20.4	20.8
24	7	13.0	68.2	67.2	19.9	20.2
26	7	16.3	71.1	70.0	19.3	19.8
30	7	23.3	76.8	75.2	18.4	18.9
42	7	5.2	60.6	60.3	21.5	21.7
45	7	6.9	62.4	61.9	21.1	21.3
48	7	8.8	64.3	63.6	20.6	20.9
54	7	13.0	68.2	67.3	19.9	20.2
54	19	12.7	68.0	67.0	19.9	20.3
72	7	4.3	59.8	59.4	21.7	21.9
72	19	4.2	59.6	59.3	21.7	21.9
84	7	8.3	63.8	63.2	20.7	21.0
84	19	8.1	63.7	63.1	20.8	21.1

参考文献

[1] 张殿生. 国家电力公司东北电力设计院. 电力工程高压送电线路设计手册. 第 2 版. 北京：中国电力出版社出版，2003.

[2] 邵天晓. 架空送电线路的电线力学计算. 第 2 版. 北京：中国电力出版社出版，2003.

[3] 机械工业手册电机工程手册编辑委员会. 电机工程手册. 输变电、配电设备卷. 第 2 版. 北京：机械工业出版社，1997.

[4] High Voltage Transmission Research Center. HVDC transmission line reference book[R]. USA：High Voltage Transmission Research Center，1993.

[5] 程慕尧. OPGW 的温升及允许短路电流的具体计算方法. 中国电机工程学会输电线路专委会 1997 年综合学术年会. 1997.

[6] 石兴国，毛良虎，丁云伟. 技术经济学. 北京：中国电力出版社，2004.

[7] 国家发展改革委，建设部. 建设项目经济评价方法与参数. 第 3 版. 北京：中国计划出版社，2006.

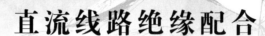

第三十五章

直流线路绝缘配合

直流线路的绝缘配合设计应使线路在正常运行电压（工作电压）、内过电压（操作过电压）及外过电压（雷电过电压）等条件下安全可靠的运行，具体设计内容是确定绝缘子型式及片数，以及在相应工况的风速下导线对杆塔的空气间隙距离。

第一节　直流线路绝缘配合特点

在直流电压的作用下，绝缘子的电弧发展及污秽特点均与交流不同。交流电流具有过零、电弧重燃和恢复等特点，直流电流不存在类似现象；直流线路具有恒定的正负极和明显的吸尘现象。因此，绝缘子的直流电气特性与交流有明显差异。

一、直流线路绝缘子的积污特性

在交流电场下，绝缘子是否带电，其表面的积污量差异不太明显。但在直流恒定电场的作用下，绝缘子表面的积污量约为交流作用时的 1.5～2 倍。

直流线路导线和杆塔间的场强分布不均匀，导致绝缘子串的每一片绝缘子上的电位梯度不同，并出现两端高、中间低的现象。绝缘子串两端场强的集中效应使端部吸附尘粒的电场力增强，端部污秽更为严重。

直流线路绝缘子（串）特有的积污特性，是影响污闪特性的重要因素，也容易出现水泥膨胀、钢脚电极腐蚀等问题。

二、直流线路绝缘子的污闪特性

直流线路绝缘子在污闪过程中，存在着严重的飘弧现象，容易引起绝缘子伞裙间及片间电弧短接，与交流线路相比，直流线路绝缘子的污闪电压较低。

美国 EPRI 的试验结果表明，盘形绝缘子串的直流污闪电压比交流低 50%。日本 NGK 公司的试验结果表明，支柱绝缘子在盐密 0.1mg/cm^2 时的直流污闪电压比交流低 36%～43%[1]。重庆大学对多种绝缘子的污闪特性研究表明，在盐密 0.03～0.2mg/cm^2 时，直流污闪电压比交流低 15%～30%，污秽越严重，污闪电压差值越大。

三、直流线路绝缘子污闪电压与极性的关系

与交流相比，绝缘子直流污秽闪络特性具有明显的极性效应，负极性临界污闪电压比正极性低 10%～20%，早期 BPA、NGK、东京电力工业中央研究所的相关试验均验证了这一结论[1]。

清华大学对污秽绝缘子在正、负极性直流电压作用下污闪电压差异的研究指出：负极性电弧燃烧比较稳定，持续时间较长，容易造成桥络。而正极性电弧不稳定，持续时间较短，不易形成稳定桥络，同时正电弧较易飘离，电弧的飘离使弧柱拉长，弧压降增大[2]。

绝缘子污闪特性试验一般采用负极性，是一种偏严格的试验方法。

第二节　直流线路绝缘子型式

直流线路绝缘子与交流有较大差别，主要是因为直流具有积尘效应、电弧易在棱间桥接、绝缘材料易老化及金具构件易电解腐蚀等特点，因此对直流线路绝缘子的爬电距离、形状及材料等提出了更高的技术要求。

一、盘形悬式绝缘子

盘形悬式绝缘子一般分为瓷和玻璃两种。瓷绝缘子的绝缘部件是氧化铝陶瓷，具有优良的抗老化能力和化学稳定性，外力冲击时不易破碎，表面釉可阻止电弧的蚀刻；盘形玻璃绝缘子是以钢化玻璃为绝缘体，具有强度大、热稳定性高、不易老化的特点，同时由于玻璃绝缘子具有零值自爆的特点，可以减轻维护检测工作量。

与交流线路相比，直流线路盘形悬式绝缘子的主要技术特点有：

（1）盘径大和爬距大。如通用的 160kN 和 210kN 直流线路绝缘子采用 320mm 的盘径，标称爬距达到 545mm，爬高比为 3.21。与相同结构高度的交流线路标准型盘形绝缘子相比，爬距增加很多。

（2）长短交错棱布置。如直流线路钟罩型盘形绝缘子伞裙

的下表面采用长短棱交错布置，使得相邻两棱端间的空气间隙增加，同时第二道棱较为陡峭，可有效抑制局部电弧的伸展。

（3）体积电阻率高。直流电压下瓷和玻璃介质中钠离子的定向迁移会引起绝缘件的损坏。同时，瓷和玻璃介质中的杂质在直流电压作用下产生的热应力也会引起温升，导致介质局部膨胀而发生击穿。因此，直流线路绝缘子的体积电阻率要求较高，均应进行离子迁移试验和热破坏试验。

（4）安装防腐锌套。直流线路绝缘子腐蚀主要表现为钢脚腐蚀，当钢脚经过泄漏电流时，不断发生氧化反应和腐蚀，使得机械强度降低。同时在钢脚和混凝土的接触部位形成的腐蚀物堆积，产生的机械应力会引起瓷件破裂。因此，为防止钢脚的腐蚀，直流线路绝缘子都安装有防腐锌套，在重污秽地区还应适当提高锌套的设计标准。

直流线路绝缘子 V 形布置时，钢帽也易出现电腐蚀现象，安装锌环是一种抑制腐蚀的有效措施。

二、复合绝缘子

复合绝缘子一般由伞裙、护套、芯棒和端部金具组成。其中伞裙护套由有机合成材料硅橡胶制成，芯棒一般是由玻璃纤维作为增强材料、环氧树脂作为基体的玻璃钢复合材料。复合绝缘子是一种不可击穿型绝缘子，硅橡胶的憎水性和憎水性迁移使得复合绝缘子具有很好的耐污性能，免清扫，运行维护方便。

与交流线路相比较，直流线路复合绝缘子的主要技术要求有：

（1）直流电弧对硅橡胶的电蚀损比交流电弧要严重得多，复合绝缘子伞裙与护套的设计（包括材质和结构）应能防止直流电弧的电蚀损与灼伤。

（2）在持续潮湿条件下，硅橡胶表面憎水性会暂时减弱而导致泄漏电流剧增，应对端部金具采取防腐措施，如加装防电解腐蚀的阳极保护电极。

（3）加强芯棒护套与端部金具连接区的密封层，以抵御直流电弧的灼损。

（4）芯棒应具有尽可能小的离子迁移电流和较高的耐弱酸侵蚀能力。

（5）外绝缘表面应有比交流更大的爬电比距和适当的伞间距。

三、长棒形瓷绝缘子

长棒形瓷绝缘子由瓷棒体和端部铁帽组成，结构较为简单。瓷棒体是由氧化铝高强度瓷棒整体烧制而成的，具有很高的强度；瓷棒体与端部铁帽之间可采用铅锑合金胶合剂（铅的质量分数为 95%）浇注连接，膨胀系数小。

长棒形瓷绝缘子是不可击穿型，无须检测零值；伞型结构为敞开式的空气动力型，自清洗能力强。因此，长棒形瓷绝缘子具有耐污性能较好、自清洗能力强、运行维护简便等特点。

四、盘形瓷/玻璃复合绝缘子

瓷/玻璃复合绝缘子是近年来发展起来的新型绝缘子，主要有两种形式：

一种形式是由钢脚、铁帽、瓷/玻璃芯和复合伞裙组成，其吸取了瓷/玻璃绝缘子和复合绝缘子的各自特点。与传统盘形绝缘子一样，瓷/玻璃复合绝缘子的钢脚、铁帽与瓷/玻璃芯间采用了胶装结构，从而具有稳定可靠的机械拉伸强度；不同的是，瓷/玻璃复合绝缘子除钢脚、铁帽和芯盘外，还具有模压成型的硅橡胶复合外绝缘伞裙，可有效地提高耐污性能，污闪电压可比相同类型的传统盘形绝缘子提高约 70% 以上[3]，同时复合伞裙有良好的耐冲击性能，也减少了绝缘子因外力或环境温差骤变而导致的爆裂概率。

另一种形式是在传统的盘形瓷/玻璃绝缘子表面涂覆硫化硅橡胶（RTV）涂料，改变绝缘子表面的状况，使其由亲水性变为憎水性，从而提高绝缘子的耐污性能。RTV 涂料可在生产工厂或者安装现场进行涂覆。

五、直流绝缘子型式选择

复合绝缘子耐污性能好，在同样的污秽条件下，串长较盘形绝缘子串长明显缩短，可有效的减小塔头尺寸；自从第一条 ±500kV 直流线路葛一南线（1993 年）试用了 24 支后，复合绝缘子在直流线路上逐渐推广使用，经过几十年的发展、试用、检测和改进，其质量可以达到较高水平；复合绝缘子的制造成本低，相比盘形绝缘子具有较为明显的价格优势。复合绝缘子主要在一般气象区的悬垂串上大量使用，最近建设的特高压直流线路（如普一侨、云一广、哈一郑直流工程）的耐张串也进行了局部试用。

盘形瓷/玻璃绝缘子的使用历史悠久，运行经验丰富，制造和检测手段齐全，技术成熟，质量稳定，瓷绝缘子可做到其运行劣化率不大于十万分之五，玻璃绝缘子可做到其年均自爆率不大于万分之一。虽然随着复合绝缘子的推广，盘形绝缘子的使用率有所降低，但由于它们优良的机械特性，在耐张串和重冰区悬垂串上，仍然主要采用盘形绝缘子。

长棒形瓷绝缘子在国外具有很长的制造应用历史，近年来在我国电网中逐渐采用；瓷/玻璃复合绝缘子是一种新型绝缘子，近年来在我国输电线路上开始挂网运行。

六、直流线路盘形绝缘子电腐蚀抑制措施

直流线路盘形绝缘子的金具存在着电解腐蚀现象：正极性导线的绝缘子腐蚀钢脚，负极性导线的绝缘子腐蚀铁帽。因此，为保证直流线路的运行安全，要求盘形绝缘子具有钢

脚、铁帽的防电腐蚀措施。

（一）铁帽防腐锌环

绝缘子铁帽与瓷面之间的缝隙处容易汇聚液体，液体桥接了铁帽与瓷面间的缝隙，形成了铁帽—液体—瓷面—钢脚的泄漏电流路径。对于直流输电线路负极性侧的绝缘子，铁帽作为电解回路的阳极，在电解过程中会因大量失去电子而被腐蚀。

绝缘子串 I 形布置时，泄漏电流沿绝缘子表而均匀分布，铁帽的帽口边缘电流密度小，腐蚀相对较为轻微。而绝缘子串 V 形布置时，由于绝缘子串的倾斜，受潮绝缘子的轴向下边缘局部泄漏电流较大，导致局部电腐蚀现象比 I 形串严重。电压等级越高，铁帽电腐蚀现象越严重。根据对已建直流线路绝缘子运行情况的初步统计，在未采取抑制措施的情况下，±500kV 直流线路盘形绝缘子铁帽发生电腐蚀的比例约为 1%～3%，西南潮湿地区的 ±800kV 直流盘形绝缘子铁帽发生电腐蚀的比例则高达 80%。

轻微电腐蚀时，盘形绝缘子的电气、机械特性仍可满足线路运行要求，但随着泄漏电流的增大和电腐蚀的加速发展，绝缘子电气、机械性能会明显下降，严重时将影响线路的安全稳定运行。

在绝缘子铁帽与瓷面的缝隙处安装锌环是一种较为有效的抑制铁帽电腐蚀的措施。安装锌环后，由于锌的电化学活性强于铁，可以作为牺牲阳极替代铁腐蚀。另外，锌环位于铁帽与瓷面的缝隙处，液体直接接触锌环，泄漏电流的路径可变为铁帽—锌环—液体—瓷面—钢脚，锌环代替铁帽与瓷面液体构成电解回路，从而也减少了铁帽的电腐蚀。

（二）钢脚防腐锌套

直流电压下的钢脚腐蚀一般发生于正极性侧。随着钢脚的电腐蚀，直径横截面逐渐减小，机械强度降低。钢脚与水泥接触部位由于电解产物（如各类锌盐和碱类）的体积膨胀，形成应力通过胶装水泥传递到瓷或玻璃件，导致瓷或玻璃件破裂。

在盘形绝缘子钢脚上加装锌套作为"牺牲电极"是一种较为有效的防腐措施，在发生电解腐蚀时，锌套由于具有较大的电化学势而首先被电解，从而保护了钢脚本体，如图 35−1 所示。

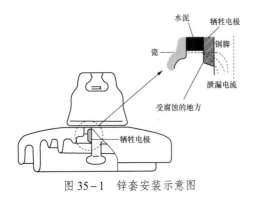

图 35−1　锌套安装示意图

第三节　工作电压下直流线路盘形绝缘子片数选择

直流线路盘形绝缘子片数选择方法一般有两种：一种是按照污秽条件下绝缘子串的污闪电压来选择，即污耐压法；另一种是按污秽条件下绝缘子串的爬电比距（λ）来选择，即爬电比距法。这两种方法都是以线路允许的污闪事故率为基础进行计算。

一、地区污秽等级的确定

地区污秽等级主要根据地区的污、湿特性，运行经验以及绝缘表面污秽物的等值附盐密度（简称盐密）三个因素综合考虑确定。对于交流输电线路，按照现行污区分布图，结合现场污秽调查确定污秽等级。而对于直流输电线路，我国尚未对直流污区图的绘制作出明确规定，污区划分一般均参照交流线路的污区分布图，并结合沿线污秽调查和运行经验，分为清洁区、轻污区、中污区和重污区，表 35−1 给出了直流线路污区对应的盐密取值。

表 35−1　直流线路污区划分

直流线路污区	清洁区	轻污区	中污区	重污区
盐密（mg/cm²）	0.03	0.05	0.08	0.15

二、污耐压法

污耐压法是在现场污秽调研和试验研究的基础上，充分考虑污秽成分、上下表面污秽不均匀、灰密等因素对绝缘子污闪电压的影响，并考虑试验分散性后选择绝缘子片数的方法。

换句话说，污耐压法是根据人工污秽试验获得的实际绝缘子在不同污秽程度下的污闪电压来选择绝缘子片数，使绝缘子串的污闪电压大于线路的最高运行电压，并留有一定的安全裕度。在设计中要考虑人工污秽试验与自然污秽情况的等价性的问题，通过考虑灰密、污秽分布和盐的种类等因素的影响，对人工污秽试验结果进行修正来满足实际工程要求。

我国早期的直流线路工程在选择绝缘子片数时，设计大都采用日本 NGK 基于其试验数据推荐的绝缘子污耐压计算方法；近年来，中国电力科学研究院和国内其他一些研究机构根据试验情况，也提出了相应的绝缘子污耐压计算方法。这些绝缘子污耐压计算方法原理是一致的，仅在修正系数的取值上稍有差别，表 35−2 给出了主要的几种方法。其中，中国电力科学院推荐的方法被广泛应用在特高压直流线路工程设计中。

表 35-2　主要的几种绝缘子污耐压计算方法

提出单位	配置公式	灰密修正系数 K_1	上下表面不均匀修正系数 K_2	盐密修正 K_3	多串修正 K_4
早期各设计院	$N=\dfrac{KU_{\mathrm{N}}}{K_1K_2U_{50}(1-3\sigma)}$	$K_1=\left(\dfrac{NSDD}{0.1}\right)^{-0.12}$	$K_2=1-A\log(T/B)$ $A=0.38$	—	—
中国电科院	$N=\dfrac{KU_{\mathrm{N}}}{K_1K_2U_{50}(1-3\sigma)}$	$K_1=0.98(NSDD)^{-n}$ $n=0.25(ESDD)^{0.15}$	$K_2=1-A\log(T/B)$ 当 $ESDD\leqslant 0.1\mathrm{mg/cm^2}$ 时，$A=0.2$；当 $ESDD>0.1\mathrm{mg/cm^2}$ 时，$A=0.3$	—	—
重庆大学	$N=\dfrac{KU_{\mathrm{N}}}{K_2U_{50}(1-3\sigma)}$	—	$K_2=1-A\log(T/B)$ $A=0.38$	—	—
清华大学深圳研究生院	$N=\dfrac{KU_{\mathrm{N}}K_4}{K_1K_2K_3(1-3\sigma)U_{50}}$	$K_1=0.99(NSDD)^{-0.13}$	$K_2=1-A\log(T/B)$ 当 $ESDD\leqslant 0.08$，$A=0.47$；$ESDD>0.08$，$A=0.53$	$K_3=1+1.49R^{1.6}$ 其中 $R=0.5$	0.94

式中　N——绝缘子片数；

　　　U_{N}——额定电压，kV；

　　　K——最高工作电压倍数；

　　　U_{50}——单片绝缘子污闪电压，kV；

　$ESDD$——等值盐密，$\mathrm{mg/cm^2}$；

　$NSDD$——灰密，$\mathrm{mg/cm^2}$；

　　　T/B——绝缘子上下表面积污比。

（一）绝缘子的人工污秽闪络试验

人工污秽试验方法一般有盐雾法、固体层法和带电积尘法三种。其中，IEC1245 规定的标准方法是盐雾法和固体层法；我国行业标准目前只规定了固体层法。

法国 SEDIVER 使用上述三种试验方法对包括瓷、玻璃和合成材料在内的数十个绝缘子进行试验，给出了不同试验方法下耐污性能最好的几种绝缘子的试验数据。其结论是：用不同试验方法得出的绝缘优劣顺序完全不同，即三种试验方法不等效[1]。

同样是采用固体层法，由于施加电压方式的不同，试验结果也会有很大差别。通常的加压方式主要有升压法、雾中耐受法、升降法和重复闪络法。中国电力科学研究院给出了传统直流钟罩型盘形绝缘子在上述四种加压方法下的比较结果：升压法求得的污闪电压最高，其次是升降法和重复闪络法，雾中耐受法得到的污闪电压最低[1]。试验方法建议首选升降法，如果试验工作量太大也允许采用升压法[4]。

（二）污闪电压与串长的关系

从国内外的研究成果来看，在 ±800kV 直流电压及以下（串长小于 12m），绝缘子串污闪电压与串长呈线性关系，如图 35-2 所示。

中国电力科学研究院对悬垂串 300kN 级 60 片钟罩形盘形绝缘子和 45 片三伞形盘形绝缘子在相同盐密和灰密条件下分别进行了直流人工污秽试验，结果表明：盘形绝缘子串的污闪电压与片数成正比[1]。

清华大学在 0.03～0.2mg/cm² 下（盐灰比为 1:6）对 XZP1-300 钟罩型瓷绝缘子进行了不同串长的试验，试验布置如图 35-3 所示。试验得出在不同盐密条件下，污闪电压与串长呈现良好的线性关系，见图 35-4 所示。

因此，在实际工程应用时，直流线路绝缘子整串的污闪电压，可根据单片绝缘子的耐污特性，考虑一定系数后进行线性外推。

（三）污闪电压与盐密的关系

当灰密保持不变时，绝缘子饱和受潮后吸附的水量是一定的。在盐密处于较低水平时，随着盐密的增大，可溶出的盐分增多，电导率增大，绝缘子污闪电压下降较多。当盐密处于较高水平，即当液体中含盐量已经较高时，继续增大盐量，可溶出盐的增量减少，电导率趋向于平缓，绝缘子污闪电压下降较少。

绝缘子直流人工污秽闪络电压 U_{50} 与盐密 $ESDD$ 的关系可按式（35-1）计算。

$$U_{50}=A\times(ESDD)^{-a} \qquad (35-1)$$

式中　A——由绝缘子材质和结构决定的常数；

　　　a——污秽对污闪电压 U_{50} 影响的特征指数。

（1）中国电力科学研究院提供的国产 XSP-210 型绝缘子污闪电压 U_{50} 与试验盐密 $ESDD$ 的关系可按式（35-2）计算。

$$U_{50}=3.36ESDD^{-0.378} \qquad (35-2)$$

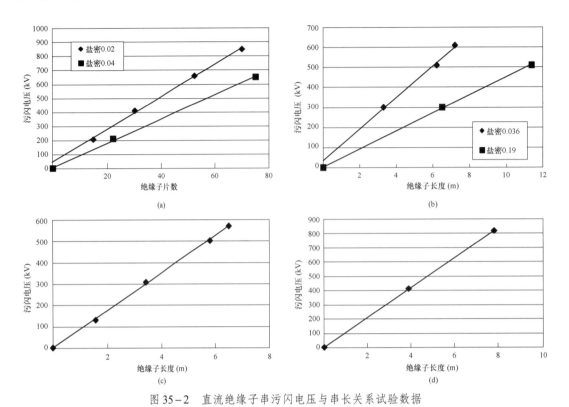

图 35-2 直流绝缘子串污闪电压与串长关系试验数据

（a）美国试验数据；（b）意大利试验数据；（c）日本 NGK 试验数据；（d）STRI 试验数据（盐密/灰密=0.05/0.3mg/cm²）

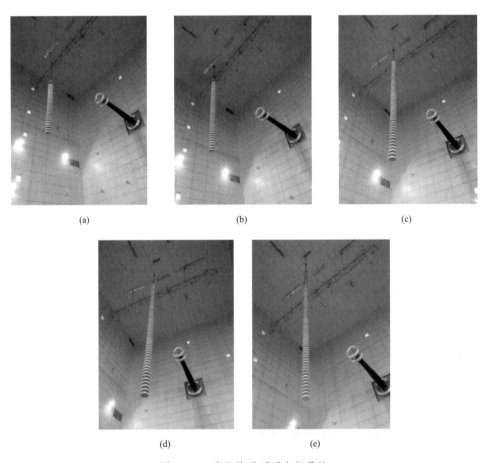

图 35-3 瓷绝缘子不同串长悬挂

（a）25 片；（b）40 片；（c）56 片；（d）72 片；（e）85 片

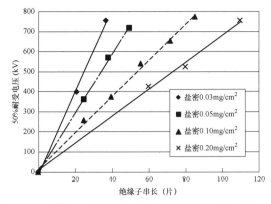

图 35-4　不同盐密下长串瓷绝缘子污闪电压与串长关系

（2）清华大学在海拔 2100m 地区进行了特高压直流线路全尺寸悬式瓷、玻璃绝缘子的直流污闪特性试验，试验灰密取 1.0mg/cm²，试验用的各类型绝缘子污闪电压 U_{50} 与试验盐密 ESDD 之间的关系可按式（35-3）～式（35-6）计算。

$$XZP-300（瓷）：U_{50}=2.99ESDD^{-0.51} \quad （35-3）$$

$$XZSP-300（瓷）：U_{50}=3.31ESDD^{-0.49} \quad （35-4）$$

$$FC400（玻璃）：U_{50}=3.36ESDD^{-0.42} \quad （35-5）$$

$$FC530P（玻璃）：U_{50}=4.21ESDD^{-0.39} \quad （35-6）$$

（3）日本提供的 CA-745EZ（210kN）型绝缘子直流污闪电压 U_{50} 与试验盐密 ESDD 的关系可按式（35-7）计算。

$$U_{50}=5.98ESDD^{-0.308} \quad （35-7）$$

（4）自然污秽试验的污闪电压一般要高于人工污秽试验，

且数据分散性很大，除灰密和污秽分布不均匀的影响外，盐类成分起了主要作用。多种复合盐染污的绝缘子污闪电压要高于氯化钠，根据单一氯化钠染污绝缘子的污闪特性进行绝缘设计是保守的。CIGRE 518《Outdoor Insulation in Polluted Conditions：Guidelines for Selection and Dimensioning》（下面简称 CIGRE 518）给出了不同成分盐密对污闪电压的影响曲线，如图 35-5 所示。

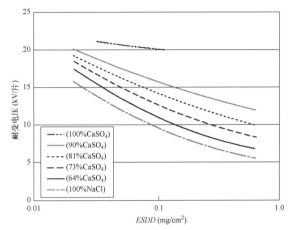

图 35-5　不同成分盐密对污闪电压的影响

（5）我国早期直流线路没有足够的绝缘子污闪电压数据，大都采用了 NGK 提供的直流绝缘子 CA-735EZ 的污耐压值进行计算，如表 35-3 所示。

表 35-3　单片 CA-735EZ 绝缘子的污耐压值[5]　　　　　　　　　kV

ESDD（mg/cm²）	0.03	0.05	0.08	0.15	备　注
污闪电压（kV）	13.5	11.9	9.8	7.9	1986 年日本在 CIGRE 报告
	17.8	15.2	13.2	10.7	1989 年 NGK 提供葛—南使用
	15.01	12.72	10.86	9.08	2000 年 NGK 提供龙—政使用
	14.7	12.7	11.0	9.0	2000 年日本 ±500 阿纪线用
	17.7	15.0	12.8	10.7	2002 年 NGK 提供贵—广使用

注　1. 所有数据灰密为 0.1mg/cm²。

　　2. 葛南数据为砥石粉土，按 4 次耐压法得出。

　　3. 龙政数据为高岭土，按升压法得出。

（四）污闪电压与灰密的关系

灰密的增加会增大污秽饱和湿润时吸附的水量，增加导电物质的溶解程度，从而提高绝缘子的表面电导率，使绝缘子的污闪电压降低。而当灰密增大到一定程度后，导电物质已经完全溶解，灰密再增加，吸附的水分再多，对提高电导率变的不明显，污闪电压的下降逐渐呈饱和趋势。

绝缘子污闪电压灰密修正系数 K_1 可按式（35-8）计算。

$$K_1=B×(NSDD)^{-b} \quad （35-8）$$

式中　B——绝缘子材质和结构决定的常数；

　　　b——污秽对污闪电压 U_{50} 影响的特征指数。

（1）国内按照国家标准进行的污秽试验所使用的灰密为 1mg/cm²，绝缘子污闪电压的灰密修正系数 K_1 可按式（35-9）计算：

$$K_1=0.996NSDD^{-0.123} \quad （35-9）$$

（2）中国电力科学研究院给出了常压下 210kN 钟罩型瓷绝缘子的灰密修正关系式，其是与盐密有关的幂函数，如式（35-10）所示。

$$K_1 = 0.98 NSDD^{-n}$$
$$n = 0.25 ESDD^{0.15} \qquad (35-10)$$

（3）在海拔为 1970m 的云南电力试验研究院超高压试验基地，清华大学与南方电网科研院采用相同 $ESDD$（0.05mg/cm^2）、不同 $NSDD$（等值灰密）条件，试验得到 XZP1-300 绝缘子直流污闪电压与灰密的关系曲线[6]，如图 35-6 所示。

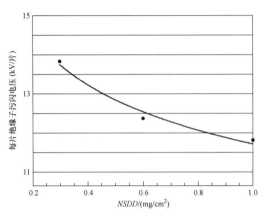

图 35-6　灰密对直流污闪电压影响曲线

污闪电压的灰密修正系数 K_1 可按式（35-11）计算：

$$K_1 = 0.99 NSDD^{-0.13} \qquad (35-11)$$

（4）DL 5497—2015《高压直流架空输电线路设计技术规程》和 GB 50790—2013《±800kV 直流架空输电线路设计规范》均提出了绝缘子直流污闪电压与灰密的 -0.12 次方成比例的降低，该修正方法在我国早期直流线路设计中被广泛应用。

（5）国外绝缘子污闪电压长串试验数据都是在轻灰密（0.1mg/cm^2）条件下得到的，污闪电压的灰密修正系数 K_1 可按式（35-12）计算：

$$K_1 = 0.73 NSDD^{-0.13} \qquad (35-12)$$

（6）根据图 35-7 所示的国际上主要研究机构的绝缘子污闪电压试验数据，CIGRE 518 提出了灰密修正系数 K_1 可按式（35-13）计算：

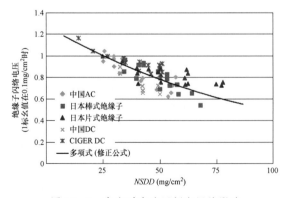

图 35-7　灰密对直流污闪电压的影响

$$K_1 = \left(\frac{NSDD}{NSDD_0} \right)^{-0.106} \qquad (35-13)$$

式中　$NSDD_0 = 0.1 mg/cm^2$。

（五）污闪电压与上、下表面积污比的关系

运行中的绝缘子上、下表面积聚的污秽物是非常不均匀的，上、下表面积污比（T/B）一般为 1:5～1:10，最高可达 1:20。当上、下表面积污比（T/B）为 1:5 时，绝缘子污闪电压比污秽均匀分布时的污闪电压提高约 30%；上、下表面积污比（T/B）为 1:10 时，污闪电压提高约 50%[7]。

我国直流输电线路设计时，绝缘子上、下表面积污比（T/B）一般按表 35-4 所示取值。

表 35-4　直流线路绝缘子上下表面污秽比值

盐密（mg/cm²）	0.03	0.05	0.08	0.1	0.15
灰密（mg/cm²）	0.18	0.30	0.48	0.6	0.90
上、下表面积污比（T/B）	1:3	1:5	1:8	1:10	1:10

污闪电压绝缘子上下表面污秽分布不均匀修正系数可按式（35-14）计算。

$$K_2 = 1 - A \lg(T/B) \qquad (35-14)$$

式中　K_2——绝缘子上下表面污秽不均匀分布修正系数；

　　　T——绝缘子上表面盐密值，mg/cm^2；

　　　B——绝缘子下表面盐密值，mg/cm^2；

　　　A——常数，跟绝缘子型式和盐密有关，一般可取 0.21～0.49[1]。

中国电力科学研究院建议当 $ESDD \leq 0.1 mg/cm^2$ 时，A 取 0.2；当 $ESDD > 0.1 mg/cm^2$ 时，A 取 0.3。清华大学在高海拔地区对直流线路 XZP1-300 绝缘子试验结果表明：当 $ESDD \leq 0.08 mg/cm^2$ 时，A 取 0.47；当 $ESDD > 0.08 mg/cm^2$ 时，A 取 0.53。美国电科院根据相关试验，建议 A 取 0.38，该系数在我国早期直流线路设计上被广泛应用。

CIGRE 518 对于绝缘子上下表面积污比修正系数的研究成果如下：对于 NON-HTM（非憎水性转移型）绝缘子，A 取值为 0.4；对于 HTM 绝缘子，A 可以近似为 0.15。

（六）绝缘子片数的选择

绝缘子的自然积污情况比较复杂，运行线路的绝缘子表面盐密、灰密及上下表面积污情况等与人工污秽实验室的试验条件并不完全相同，绝缘子片数的计算一般可在试验数据的基础上，综合考虑上述各种因素的影响，估算出自然污秽条件下单片绝缘子的污闪电压，以进行外绝缘设计。

绝缘子片数可按式（35-15）计算。

$$N = \frac{KU_N}{U'_{50}(1 - n\sigma)} \qquad (35-15)$$

式中 N ——绝缘子片数；

U_N ——系统额定电压，kV；

K ——最高工作电压倍数，±400kV、±500kV 和 ±660kV 为 1.03，±800kV 和 ±1100kV 为 1.02；

U'_{50} ——绝缘子的单片污闪电压修正值，kV；

σ ——绝缘子污闪电压的标准偏差，一般取 7%；

n ——标偏倍数。

绝缘子的单片污闪电压修正值 U'_{50} 可按式（35-16）计算。

$$U'_{50} = U_{50} K_1 K_2 \qquad (35-16)$$

式中 U_{50} ——单片绝缘子污闪电压，kV，宜根据工程实际情况试验确定；

K_1 ——灰密修正系数；

K_2 ——不均匀修正系数。

不同标偏倍数所对应的绝缘子耐受概率见表 35-5 所示。

表 35-5 不同标偏倍数代表的绝缘子耐受概率

n	2	2.5	3
闪络概率	2.3%	0.62%	0.13%
耐受概率	97.7%	99.38%	99.87%

（七）算例

±500kV 直流输电线路，所在地区盐密取值为 0.05mg/cm²，灰密取值为 0.30mg/cm²，上下表面积污比（T/B）取值为 1:5，采用我国早期统一的污耐压法计算 CA-735EZ 绝缘子的片数。CA-735EZ 绝缘子的污闪电压采用表 35-3 中 NGK 在 2002 年提供的数值。

（1）根据所在地区盐密值查表 35-3，得出单片绝缘子的污闪电压值。

$$U_{50\%} = 15 \, (kV)$$

（2）求污闪电压灰密修正系数。

$$K_1 = \left(\frac{0.3}{0.1}\right)^{-0.12} = 0.876\,5$$

（3）求污闪电压绝缘子上下表面污秽不均匀分布修正系数。

$$K_2 = 1 - 0.38 \times \log\left(\frac{1}{5}\right) = 1.266$$

（4）求污闪电压修正值。

$$U'_{50} = 15 \times 0.876\,5 \times 1.266 = 16.64 \, (kV)$$

（5）求 CA-735EZ 绝缘子的片数。

$$N = \frac{1.03 \times 500}{16.64 \times (1 - 3 \times 0.07)}$$
$$= 39.18$$

（6）取整后，绝缘子片数为 40。

三、爬电比距法

当直流绝缘子无可靠污闪电压数据时，也可参照污秽等级按爬电比距选择绝缘子片数。按爬电比距选择绝缘子片数是交流线路常用的方法，直流线路按爬电比距选择绝缘子片数还缺乏足够的运行经验，只能根据交流线路的运行经验，再考虑二者积污特性和污闪特性的差别，外推到直流线路的设计中。

（一）爬电比距要求值

直流线路极电压是同标称电压的交流线路相电压的 $\sqrt{3}$ 倍，因此直流线路的爬电比距起码是交流的 $\sqrt{3}$ 倍。2005 年，中国电力科学研究院曾会同有关省电力试验研究所对葛一南直流工程的外绝缘运行状况进行调查，并将葛一南直流工程绝缘子串的放电现象和邻近的同等级交流线路进行了对比，发现当直流绝缘子串的实际爬电比距低于交流绝缘子串的 1.7 倍时，二者表面放电状态存在较为明显的差别，当比距倍数为 1.9~2.0 时，二者的表面放电趋于同一。参照中国电科院对交直流积污的测试结果，当用爬电比距法选择绝缘子片数时，直流线路的爬电比距不宜小于同地区交流线路（额定线电压）的 2 倍。

表 35-6 给出了几个典型 ±500kV 直流线路的爬电比距取值情况[5]。

表 35-6 几个典型 ±500kV 直流线路的爬电比距取值

盐密 （mg/cm²）	爬电比距（cm/kV）					
	葛一南	天一广	龙一政	贵一广	三一广	三一沪
0.03	3.27	3.27	3.58	—	—	—
0.05	3.48		3.80	4.14	4.14	4.48
0.06		3.48				
0.07	3.92					
0.08		3.82	4.48	4.82	4.82	5.26

葛一南直流工程设计时，还根据对原电力部提出的我国电网 110~220kV 交流线路防污运行经验数据的分析，得出在导线对地电压情况下，交流爬电比距 $\lambda_{交}$ 与等值盐密的对数拟合关系，如式（35-17）所示。

$$\lambda_{交} = 0.889\,1 \times \ln(ESDD) + 6.260\,6 \qquad (35-17)$$

式中 $ESDD$ ——等值盐密，mg/cm²。

根据交直流爬电比距关系，直流线路爬电比距 $\lambda_{直}$ 可按式（35-18）计算。

$$\lambda_\text{直}=\frac{2\times\lambda_\text{交}}{\sqrt{3}} \qquad (35-18)$$

近年来，交直流线路设计均采用统一爬电比距[用相（极）最高电压计算]，设计时应注意数值的等效折算。

（二）绝缘子片数的选择

采用爬电比距法时，直流线路绝缘子片数按式（35-19）计算：

$$n\geqslant\frac{\lambda U}{L_S}$$

$$L_S=K_eL_{01} \qquad (35-19)$$

式中　n——绝缘子片数；

　　　L_S——单片绝缘子的有效爬电距离，cm；

　　　λ——爬电比距，cm/kV；

　　　U——系统标称电压，kV；

　　　K_e——单片绝缘子的爬电距离有效系数；

　　　L_{01}——单片绝缘子的几何爬电距离，cm。

（三）算例

±500kV 直流输电线路，所在地区盐密取值为 0.05mg/cm²，按爬电比距法计算 210kN 钟罩型瓷绝缘子片数。

（1）根据所在地区盐密值，计算交流相对地爬电比距。

$$\lambda_\text{交}=0.889\,1\times\ln(0.05)+6.260\,6$$
$$=3.597（\text{cm/kV}）$$

（2）根据交直流积污特性差别求得直流爬电比距，直交流爬距比取 2。

$$\lambda_\text{直}=\frac{\lambda_\text{交}\times2}{\sqrt{3}}$$
$$=4.154（\text{cm/kV}）$$

（3）根据爬电比距法求得绝缘子片数。210kN 钟罩型瓷绝缘子爬电距离为 54.5cm，有效爬距系数为 1。

$$n=\frac{\lambda_\text{直}U}{L_s}$$
$$=\frac{4.154\times500}{54.5\times1}$$
$$=38.1$$

（4）取整后，绝缘子片数为 39。

四、严重覆冰条件下的绝缘子片数

在严重覆冰条件下，绝缘子伞裙边缘挂有冰柱，当上下绝缘子伞裙被冰柱"桥接"，绝缘子放电电压接近最低值。而绝缘子覆冰闪络发生在融冰过程中的概率要大于覆冰过程，在融冰时，冰柱部分先融化，间隙形成"水帘"，从而使绝缘子耐压降低。

绝缘子覆冰闪络电压不仅跟覆冰状况、冰水电导率有关，

也受绝缘子伞形、材质、串型、串长等因素的影响。覆冰绝缘设计时，应综合考虑上述因素的影响。

（一）绝缘子伞形的影响

覆冰条件相近时，不同伞形绝缘子（钟罩形、双伞形和三伞形）的覆冰闪络电压梯度相近，双伞形和三伞形绝缘子的闪络电压梯度略高于钟罩形绝缘子，图 35-8 给出了上述三种伞形绝缘子覆冰闪络电压梯度和盐密的关系曲线[1]。

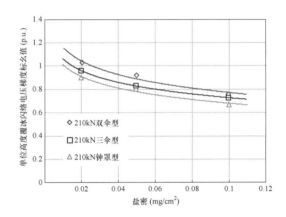

图 35-8　不同伞形绝缘子的覆冰闪络电压梯度和盐密的关系

（二）绝缘子材质的影响

玻璃绝缘子覆冰闪络电压梯度与电瓷绝缘子大致相同，并且均略高于复合绝缘子，图 35-9 给出了不同材质绝缘子的覆冰闪络电压梯度和盐密的关系曲线[1]。

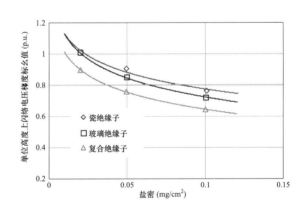

图 35-9　不同材质绝缘子的覆冰闪络电压梯度和盐密的关系曲线

（三）绝缘子串型的影响

V 形的悬挂方式使绝缘子串结冰后难以沿表面形成冰桥，同时由于泄漏电流的热效应，V 形串两片绝缘子之间的桥接部分容易出现冰融断现象，这就增加了覆冰表面放电通道的空气间隙，从而使 V 形串的覆冰闪络电压高于 I 形串。

在相同的试验环境下，V 形串覆冰闪络电压梯度比 I 形串高约 21%左右（10 片绝缘子短串试验结果），图 35－10 给出了 V 形串和 I 形串覆冰闪络电压梯度和盐密之间的关系曲线[1]。

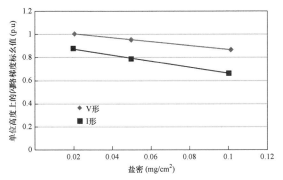

图 35－10　不同绝缘子串形的覆冰闪络梯度和盐密的关系曲线

（四）绝缘子串长的影响

随着串长的增加，覆冰闪络电压梯度呈现出下降的趋势，而且为非线性关系，图 35－11 给出了中国电力科学研究院对钟罩形绝缘子 XZP－210 在不同串长条件下的覆冰闪络电压试验结果[1]。

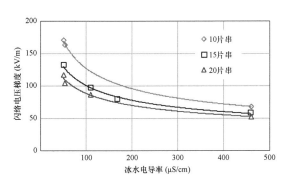

图 35－11　绝缘子串覆冰闪络电压梯度和串长的关系曲线

（五）覆冰状况的影响

随着覆冰厚度增加，绝缘子串闪络电压梯度下降，

图 35－12 给出了美国 EPRI 的相关覆冰试验研究成果，覆冰用水的电导率为 33μS/cm[1]。

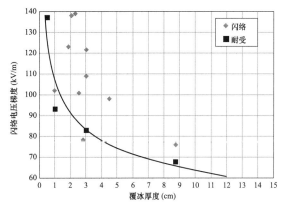

图 35－12　绝缘子串覆冰闪络电压梯度和覆冰厚度的关系曲线

（六）冰水电导率的影响

绝缘子串的覆冰闪络电压梯度和冰水电导率关系密切，冰水电导率越大，覆冰闪络电压梯度越低，如图 35－13 所示[1]。

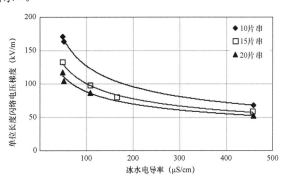

图 35－13　绝缘子串覆冰闪络梯度与冰水电导率的关系

当冰水电导率从 50μS/cm 增加到 108μS/cm，覆冰闪络梯度下降了约 25%～40%；当冰水电导率提高到 460μS/cm 时，覆冰闪络梯度低于 50μS/cm 时的 50%。

DL 5497—2015《高压直流架空输电线路设计技术规程》给出了部分国、内外覆冰绝缘子闪络电压试验的相关数据，如表 35－7 所示。

表 35－7　直流绝缘子覆冰闪络试验数据

单位	绝缘子盘径（mm）／绝缘子结构高度（mm）	每串片数	冰水导电率（μS/cm）	电压梯度（kV/m）	备注
中国电力科学研究院	ϕ320 / H170	20	57	106	最小放电电压、室外
		19	108	86.6	
		19	450	52.6	
美国 BPA 美国 EPRI	ϕ327 / H165	20	10	99	最小放电电压、室外
			15.6	95	
			238	69	

单位	$\dfrac{绝缘子盘径（mm）}{绝缘子结构高度（mm）}$	每串片数	冰水导电率（μS/cm）	电压梯度（kV/m）	备注
重庆大学	$\dfrac{\phi320}{H170}$	9~21	100~200	78.1~80	最小放电电压、室内
美国 EPRI	$\dfrac{\phi320}{H170}$	38	32.3	68	最小放电电压、室外
日本 RIEPI	$\dfrac{\phi320}{H165}$	10	25	80	污闪电压、室外

在海拔 1000m 及以下地区，当冰水电导率小于 150μS/cm 时，覆冰绝缘子闪络电压梯度 U_n 可按式（35-20）计算：

$$U_n = 155S^{-0.18} \qquad (35-20)$$

式中 S——冰水电导率，μS/cm。

（七）覆冰条件下绝缘子片数计算

覆冰条件下，直流线路绝缘子片数可按式（35-21）计算：

$$n = \frac{U_m}{H \times U_n} \qquad (35-21)$$

式中 n——绝缘子片数；

U_m——系统最高工作电压，kV；

H——单片绝缘子结构高度，m；

U_n——绝缘子覆冰闪络电压梯度，kV/m，一般应根据试验确定。

五、规程规定

GB 50790—2013、DL 5497—2015 对直流输电线路绝缘配合设计的要求有如下规定：

（1）在海拔高度 1000m 以下地区，轻污区工作电压要求的悬垂绝缘子串绝缘子片数（钟罩型）不宜小于表 35-8 的数值。

表 35-8 轻污区工作电压要求的悬垂绝缘子串片数（钟罩型）

标称电压（kV）	±500kV		±660kV		±800kV	±1100kV
串型	"I"型	"V"型	"I"型	"V"型	"V"型	"V"型
单片绝缘子的高度（mm）	170	170	170（195）	170（195）	170（195）	240
爬距（mm）	545	545	545（635）	545（635）	545（635）	635
绝缘子片数（片）	40	38	53（46）	51（44）	60（56）	83

注 ±1100kV 为准东—华东工程数据。

（2）在重冰区海拔高度 1000m 以下清洁地区，采用 160kN 和 210kN 钟罩型直流绝缘子"I"型时，±500kV 线路绝缘子片数不宜小于 42 片，±660kV 线路绝缘子片数不宜小于 55 片。

（3）耐张绝缘子串的绝缘子片数可取悬垂串同样的数值。在中、重污区，爬电距离可根据运行经验较悬垂绝缘子串适当减少。

第四节 工作电压下直流线路复合绝缘子长度选择

一、复合绝缘子的直流污闪特性

（一）复合绝缘子污闪电压与长度的关系

与盘形绝缘子一样，复合绝缘子直流污闪电压与长度呈线性关系。重庆大学在海拔 232m 的条件下进行了不同长度复

合绝缘子的直流污闪试验研究，试验结果验证了其线性关系，如图 35-14 所示[8]。

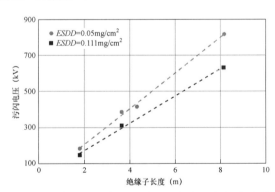

图 35-14 直流线路复合绝缘子污闪电压与长度的关系

中国南方电网公司在瑞典输电研究院（STRI）实验室，对自主研发的 ±800kV 特高压直流复合绝缘子，完成了全电压、全尺寸污闪特性试验。试验在 ESDD/NSDD = 0.05/0.33-0.34mg/cm² 条件下，得到 8.16m 和 4.23m 两种复合

绝缘子的污闪电压分别为816kV和412kV，闪络梯度分别为106.7kV/m和105.6kV/m，两者基本呈线性关系。

（二）复合绝缘子的憎水性和憎水性迁移

复合绝缘子优异的耐污闪性能来源于硅橡胶材料的憎水性和憎水性迁移。硅橡胶中的聚硅氧烷分子为弱极性，表面还含有大量低表面能的小分子非极性羧基团（如甲基）和游离态的有机硅低聚物。羧基团排列在硅氧主链外侧，使整个聚硅氧烷分子呈非极性和低表面能，水在硅橡胶表面就会形成相互分离的水珠或水滴状态，难以构成导电通路，复合绝缘子从而具有很好的憎水性；游离态的低聚物具有向表面扩散的特性，使吸附在复合绝缘子表面的污秽层也具有憎水性。

复合绝缘子的憎水性迁移速度跟污秽灰成分、湿度和温度有关。污秽灰成分对憎水性迁移影响很大，硅藻土含量越高，憎水性迁移越快；湿度对憎水性迁移也有一定影响，湿度越大，憎水性迁移越慢；温度对憎水性迁移影响很大，温度升高加快了小分子聚合物的迁移，憎水性迁移变快。复合绝缘子的污闪电压随憎水性迁移时间逐渐增大，并最终饱和。

我国直流线路一般按照弱憎水性的污闪特性确定复合绝缘子的长度，弱憎水性是污秽层从完全亲水状态向憎水状态转变时的过渡环节。中国电力科学研究院在国家电网公司特高压直流试验基地的污秽及环境试验室，进行了复合绝缘子的污闪试验，在采用V形串布置时，复合绝缘子在弱憎水性条件下的污闪电压比亲水性条件下提高了11.11%。

（三）污闪电压与盐密的关系

与盘形绝缘子一样，直流线路复合绝缘子污闪电压梯度随着盐密的增加而降低，符合负幂指数关系，可按式（35-22）计算：

$$U_{50} = A \times (ESDD)^{-\alpha} \qquad (35-22)$$

式中　A——由绝缘子材质和结构决定的常数；

　　　α——污秽对污闪电压 U_{50} 影响的特征指数。

中国电力科学研究院对一大两小、一大一小两种伞形的复合绝缘子进行了±800kV直流污闪特性试验，绝缘子结构参数如表35-9所示，试验结果如图35-15所示。

表 35-9　复合绝缘子试品的结构参数

伞型	试品	盘径（mm）	爬电距离（mm）	伞间距（mm）	绝缘高度（mm）	每米绝缘高度的爬电距离（mm/m）
一大两小	BBS 1	218/147/147	12 120	110/33/38	2950	4108
	BBS 2	189/110/110	13 877	90/31/29	3925	3536
	BBS 3	175/125/125	6339	120/42/38	2020	3138
一大一小	BS 4	175/125	6235	90/47	2020	3087

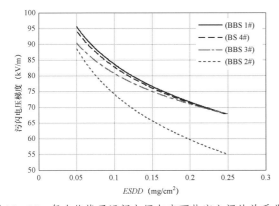

图35-15　复合绝缘子污闪电压与表面盐密之间的关系曲线

中国南方电网技术研究中心根据在瑞典STRI实验室完成的±800kV直流复合绝缘子全电压全尺寸污秽特性试验情况，提出了复合绝缘子污闪电压梯度与盐密的计算公式：

$$U_{50} = 40.03 \times (ESDD)^{-0.34} \qquad (35-23)$$

清华大学和中国南方电网技术研究中心在海拔1970m的云南电力试验研究院超高压试验基地，采用一大一小外形结构的复合绝缘子（结构高度2250mm、大伞直径218mm、小伞直径146mm），在灰密为1mg/cm²的条件下，得到了复合绝缘子污闪电压梯度与盐密的计算公式[9]：

$$U_{50} = 30.7 \times (ESDD)^{-0.2855} \qquad (35-24)$$

清华大学在高海拔环境下，选用了一大一中四小、一大两小两种伞型复合绝缘子和XZP-300瓷绝缘子进行了直流污闪特性试验，图35-16为试验结果。由试验结果可知，复合绝缘子污闪电压梯度比瓷绝缘子高约15%～25%，污闪电压受污秽程度的影响相对较小，在污秽严重地区使用具有优势。

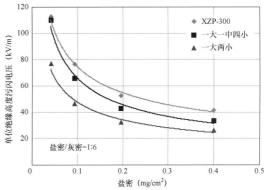

图35-16　复合绝缘子与瓷绝缘子的污闪特性比较

（四）污闪电压与灰密的关系

复合绝缘子污闪电压与灰密之间的关系曲线见图35-17所示[9]，盐密取值 0.1mg/cm²。

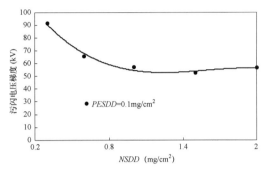

图 35-17　复合绝缘子污闪电压与灰密之间的关系曲线

当灰密在 0.3～1.0mg/cm² 之间变化，复合绝缘子污闪电压随着灰密的增加而下降，灰密修正系数可按式（35-25）计算：

$$K_1 = 0.99 NSDD^{0.3225} \quad (35-25)$$

当灰密＞1.0mg/cm² 时，复合绝缘子污闪电压随着灰密的增加出现变化趋缓现象，甚至略有升高，可不考虑进行灰密修正。

（五）污闪电压与污秽不均匀分布的关系

复合绝缘子伞的下表面无棱，上下表面爬电距离相差不大，直流污闪梯度随污秽不均匀度的变化幅度较盘形瓷或玻璃绝缘子要小，复合绝缘子上下表面污秽比分别为 1:1 和 1:7 时，污闪电压相差大约 6.5%。

复合绝缘子污闪电压污秽不均匀分布修正系数可按式（35-26）计算：

$$K_2 = 1 - A \lg (T/B) \quad (35-26)$$

式中　K_2——污秽不均匀分布修正系数；

　　　T——绝缘子上表面盐密；

　　　B——绝缘子下表面盐密；

　　　A——常数，跟绝缘子型式有关。

复合绝缘子的常数 A 取值较盘形瓷或玻璃绝缘子要小，清华大学相关试验推荐 A 取值为 0.2[9]。

（六）污闪电压与伞形的关系

复合绝缘子污闪电压不仅与污秽度相关，还与其本身的结构参数密切相关。通过改变复合绝缘子伞裙直径、数量和间距等结构参数，可以在给定的结构高度下生产出不同爬电距离的复合绝缘子；但过度追求大爬距，绝缘子的耐污性能不会获得明显的改善，反而还可能出现下降。

清华大学和中国南方电网技术研究中心在盐密和灰密分别为 0.1mg/cm² 和 0.6mg/cm² 条件下，对一大一小、一大两小、一大一大一中四小、一中两小等 4 种不同伞形复合绝缘子污闪特性的试验结果进行了研究对比，试验样品的参数如表 35-10 所示，试验结果如图 35-18 所示。由试验结果可知：① 一大一小和一大两小伞形的复合绝缘子的直流污闪特性较优，一大一中四小伞形的复合绝缘子污闪特性次之，而一大一中两小伞形的复合绝缘子的污闪特性较差；② 爬电系数增大到一定程度后，复合绝缘子污闪电压没有明显提高。

我国直流线路复合绝缘子爬电系数取值一般为 3.8，CIGRE 518 建议复合绝缘子爬电系数不大于 4。

表 35-10　复合绝缘子试品的结构参数

编号	伞裙结构	伞伸出（mm）			伞间距（mm）	爬电距离（mm）	爬电系数 CF
10	一大一小	90	66	—	90	7550	3.97
11		90	66	—	100	7000	3.68
25	一大两小	90	54	—	110	7700	4.05
32		90	54	—	120	7453	3.92
33	一大一中四小	82.5	56.5	34	158	7560	3.9
34		90.9	70.9	45.9	193	7700	4.05
35	一大一中两小	97	77	57	268	5527	2.91
36		79.5	64.5	49.5	182	6956	3.66

注　爬电系数，绝缘子总的爬电距离与绝缘高度的比值。

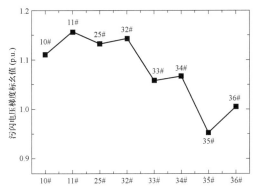

图 35－18　不同伞裙结构复合绝缘子污闪电压比较

二、污耐压法

与盘形绝缘子片数选择一样，复合绝缘子长度选择污耐压法可按式（35－27）计算：

$$L = \frac{KU_N}{U'_{50} \times (1 - n\sigma)} \qquad (35-27)$$

式中　L——复合绝缘子长度，m；

U_N——系统额定电压，kV；

K——最高工作电压倍数；

U'_{50}——复合绝缘子单位长度污闪电压修正值，kV；

σ——绝缘子污闪电压的标准偏差，一般取 7%；

n——标偏倍数。

复合绝缘子单位长度污闪电压修正值 U'_{50} 可按式（35－28）计算：

$$U'_{50} = U_{50}K_1K_2 \qquad (35-28)$$

式中　U_{50}——复合绝缘子单位长度污闪电压，kV/m，一般根据工程实际情况试验确定；

K_1——灰密修正系数；

K_2——绝缘子上下表面污秽不均匀分布修正系数。

三、爬电比距法

与盘形绝缘子片数选择爬电比距法不同，用爬电比距法选择复合绝缘子长度时，可首先计算出相同污秽条件下的盘形绝缘子爬电距离，然后根据复合绝缘子和盘形绝缘子两者之间的污闪特性差别对爬电距离进行修正，最后结合复合绝缘子爬电系数（爬电距离/干弧距离）推算其长度。

根据 DL 5497—2015 和 GB 50790—2013 的规定：复合绝缘子在轻、中、重污区的爬电比距不宜小于盘形悬式绝缘子最小要求值的 3/4，重污区可根据污耐压试验结果适当减小爬电距离。

复合绝缘子长度还应满足雷电过电压和操作过电压的要求。

四、算例

$\pm 500kV$ 直流输电线路，所在地区盐密取值为 $0.08mg/cm^2$，暂不考虑灰密修正，上下表面积污比（T/B）为 1:8，复合绝缘子污闪电压值采用图 35－15 所示的 BBS1#号绝缘子试验数据，按污耐压法计算复合绝缘子长度。

1）根据盐密取值查得复合绝缘子单位长度污闪电压。

$$U_{50} = 87.4 \text{ (kV/m)}$$

2）灰密不考虑修正，系数 K_1 取 1。

3）根据上下表面积污比，求得污秽不均匀修正系数 K_2。

$$\begin{aligned} K_2 &= 1 - A\log(T/B) \\ &= 1 - 0.2 \times \log(1/8) \\ &= 1.18 \end{aligned}$$

4）根据修正系数，求得复合绝缘子单位长度污闪电压修正值 U'_{50}。

$$\begin{aligned} U'_{50} &= U_{50}K_1K_2 \\ &= 87.4 \times 1 \times 1.18 \\ &= 103.13 \text{ (kV/m)} \end{aligned}$$

5）绝缘子污闪电压的标准偏差系数取 7%，标偏倍数取 3，求得复合绝缘子长度。

$$\begin{aligned} L &= 1.03 \times U_N / U'_{50} / (1 - n\sigma) \\ &= 1.03 \times 500 / 103.13 / (1 - 3 \times 0.07) \\ &= 6.32 \text{ (m)} \end{aligned}$$

第五节　海拔及串型修正

一、海拔修正

（1）DL 5497—2015 和 GB 50790—2013 规定：高海拔地区，随着海拔升高或气压降低，污秽绝缘子的闪络电压随之降低。在海拔高度超过 1000m 的地区，绝缘子的片数应进行修正，修正方法可按照式（35－29）确定。

$$n_H = n e^{0.1215 m_1 (H-1000)/1000} \qquad (35-29)$$

式中　n——海拔 1000m 每联绝缘子所需片数；

n_H——高海拔地区每联绝缘子所需片数；

H——海拔高度，m；

m_1——特征指数，反映气压对于污闪电压的影响程度，由试验确定。

特征指数 m_1 如无试验数据，可参考交流绝缘子试验值，一般可取 0.4～0.6。表 35－11 给出了部分形状绝缘子 m_1 参考值。

表 35-11 部分形状绝缘子 m_1 参考值

绝缘子形状	m_1
普通形	0.5
双伞防污形	0.38
三伞防污形	0.31

（2）根据试验情况，国内外研究机构还提出了直流线路绝缘子污闪电压与气压之间的关系式，如式（35-30）所示。

$$\frac{U}{U_0} = \left(\frac{P}{P_0}\right)^n \qquad (35-30)$$

式中 U_0——常压 P_0 下的污闪电压，kV；

U——气压 P 下的污闪电压，kV；

n——下降指数。

下降指数 n 反映气压对于污闪电压的影响程度，因绝缘子结构形状、表面盐密及其他条件的不同，n 值有差异，表 35-12 给出了国外研究机构推荐的 n 值。

表 35-12 国内外研究机构推荐的 n 值[10]

研究机构	n 值
日本	0.35～0.40
前苏联	0.4～0.5
瑞典	0.50
加拿大	0.35

绝缘子直流污闪电压随气压下降的指数分散性较大，但都小于相同条件下交流污闪电压的指数，气压对直流污闪电压的影响比交流要小。

复合绝缘子直流污闪电压随气压下降的规律和盘形绝缘子是一致的，但下降指数要大于盘形绝缘子，一般为 $0.6～0.8$[8]。

（3）在实际线路工程的外绝缘设计中，非线性公式应用起来很不方便。中国电力科学研究院在高海拔地区进行了相关试验研究，对盘形绝缘子片数的海拔修正提出线性公式，如式（35-31）所示。

$$n_H = \frac{n_0}{1 - k_1(H/1000)} \qquad (35-31)$$

式中 k_1——海拔修正系数，由试验确定，表 35-13 给出了部分绝缘子的参考值；

n_0——0m 海拔的绝缘子片数；

n_H——海拔 H_m 高度的绝缘子片数；

H——海拔高度，m。

表 35-13 k_1 的参考值

序号	伞型	型号	k_1
1	钟罩型绝缘子	CA-756EZ	0.021
2	双伞型绝缘子	XZWP-300	0.039
3	三伞型绝缘子	CA-776EZ	0.039

清华大学的相关研究进一步表明，绝缘子上下表面污秽分布情况对绝缘子直流电弧发展路径影响较大，影响着污闪电压随海拔升高而下降的速率，通过比较不同海拔高度下 210kN、300kN 钟罩型绝缘子人工污秽试验结果，得出了绝缘子表面污秽分布均匀与不均匀两种条件下直流污闪线性海拔修正系数分别为 6% 和 3%[11]。

二、绝缘子串型式

（一）并联绝缘子串

并联绝缘子串的联间距和串长对污闪电压有影响。中国电力科学研究院在盐密和灰密分别为 0.1mg/cm² 和 1.0mg/cm² 的条件下，进行了并联绝缘子串污闪特性试验，对于 60 片串，当并联串间距为 600mm 时，其污闪电压与单联串基本相当，而当串间距减小为 500mm 时，污闪电压下降了 6%，并联串的污闪电压随串间距减小而下降。与 60 片串相比，23 片串在 500mm 串间距下，其污闪电压仅下降了 2%，并联串的污闪电压随串长增加而下降[12]。

特高压直流线路大多采用双串或多串并联形式，并联串的联间距对污闪电压有一定影响。工程设计中，特高压直流线路并联串的联间距取值在 600mm 及以上时，可不考虑其对污闪电压的影响。

（二）V 形绝缘子串

我国直流线路直线塔一般采用 V 形悬垂绝缘子串。尽管与 I 形绝缘子串的人工污秽试验结果相比，V 形串没有明显差别，但由于 V 形串结构有利于减少绝缘子表面积污，污秽仅为单 I 串的 85% 甚至更低，相应增大了绝缘子串污闪电压，有利于减少直流线路绝缘子片数、缩短串长。

第六节 过电压条件下的绝缘子片数

一、操作过电压

（一）操作过电压产生情况

直流线路上产生操作过电压的情况主要有以下两种：

（1）在双极运行时，一极对地短路，将在健全极产生操作过电压。这种操作过电压不仅影响直流线路绝缘配合，还影响两侧换流站直流开关场过电压保护和绝缘配合。过电压的幅值除了与线路参数相关外，还受两侧电路阻抗的影响。

（2）对开路的线路不受控充电，也称空载加压。当直流线路对端开路，而本侧以最小触发角解锁时，将在开路端产生很高的过电压。这种过电压不但能加在直流线路上，而且也可能直接施加在对侧直流开关场和未导通的换流器上。这种过电压可通过在站控中协调两侧的网络状态和解锁顺序，或者在极控中加连锁的技术，将发生概率降低到工程设计可不予考虑的程度。

（二）操作过电压倍数

美国太平洋联络线实测健全极上的过电压为 1.7p.u.左右，前苏联 ±400kV 和 ±500kV 直流线路操作过电压为1.7p.u.，巴西的伊泰普 ±660kV 直流架空线路操作过电压按 1.7p.u.设计，美国能源部颁布的直流超高压输电线路电气和机械设计标准，操作过电压设计值取 1.65p.u.。直流线路操作过电压水平与线路终端参数和接地故障位置有关，我国 ±500kV 直流线路的过电压水平一般在 1.5～1.8p.u.，±660kV 直流线路操作过电压水平计算结果在 1.7p.u.，±800kV 直流线路操作过电压水平计算结果在 1.6～1.8p.u.，±1100kV 直流线路操作过电压水平计算结果在 1.5～1.58p.u.。

（三）操作过电压配合方法

按操作过电压选择绝缘子片数应满足式（35-32）的要求。

$$U_{50} \geqslant KK_0 U_m \qquad (35-32)$$

式中　U_{50}——绝缘子串的正极性 50%操作冲击放电电压，kV；

　　　K——操作过电压倍数；

　　　K_0——线路绝缘子串操作过电压配合系数，1.25；

　　　U_m——最高运行电压。

（四）操作过电压下的绝缘子片数

直流线路绝缘子的积污较交流线路严重得多，污秽条件要求的绝缘子片数较多。根据美国 EPRI 试验验证，在同一污秽条件下，同型号的绝缘子直流操作耐压为直流耐压的 2.2～2.3 倍，又根据大量试验研究，当预加直流电压时，绝缘子 50%操作冲击电压是 50%污闪运行电压的 1.7～2.3 倍。因此，直流线路绝缘子片数由污秽条件下的额定工作电压决定，操作过电压一般不成为选择绝缘子片数的决定条件。

例如，±500kV 直流线路最高运行电压为515kV，过电压水平取1.8p.u.，根据式（35-32）所示的绝缘子串正极性 50%操作冲击放电电压计算公式，求得操作过电压要求的绝缘子串正极性 50%操作冲击放电电压为1159kV。考虑相对空气密度系数为 0.85，污秽影响系数为 1.1，可求得在相对空气密度系数为 1 时的绝缘子串临界操作电压为1500kV，其对应绝缘子（170mm 结构高度）需要 25～27 片。而由于按污秽条件下

绝缘子闪络性能选定的 ±500kV 直流线路绝缘子片数基本上在 35 片以上。

二、雷电过电压

直流线路雷电过电压的产生机理和交流线路相同，绝缘子串的雷电冲击闪络电压和绝缘子型式的关系很小，主要取决于绝缘子的串长，并和串长呈线性关系。

由于直流输电所具有的某些特性，使得线路绝缘子串的雷电过电压要求有所不同。一方面，直流线路发生雷击引起绝缘闪络并建弧后，不存在断路器跳闸问题，通常是整流器转为逆变器运行，使得直流电压和电流降为零，经过一定的去游离时间后，重新再启动，直流系统恢复送电，整个过程不超过 100ms，基本上不影响线路连续运行。另一方面，直流线路绝缘子的积污效应较强，绝缘子片数一般由污秽条件下的工作电压控制，而不是雷电过电压。因此，在实际工程设计中，直流线路绝缘子片数的选择也不取决于雷电过电压。

一般来说，直流线路单极反击闪络率要求不大于 0.6 次/（100km·年）。根据葛—南直流工程的雷电校核计算，若线路采用 28 片绝缘子串，当冲击接地电阻小于 10Ω 时，单极反击闪络次数为 0.11 次/（100km·年），双极反击闪络次数为 0.005 次/（100km·年），即 1000km 的双极闪络次数为 20 年 1 次。当冲击接地电阻为 20Ω 时，单极反击闪络次数为 0.59 次/（100km·年），双极反击闪络次数为 0.027 次/（100km·年）[13]。而 ±500kV 直流线路按污秽条件选择的绝缘子片数基本上在 35 片以上，一般也能满足防雷要求。

第七节　空气间隙选取

直流输电线路空气间隙应能耐受直流工作电压、操作过电压和系统外部的雷电过电压，并考虑海拔高度、雨、雾等环境因素对空气间隙产生的影响。

一、工作电压间隙

（一）棒—棒和棒—板间隙的直流放电特性

输电线路塔头空气间隙在直流电压下的放电特性研究，通常是与棒—板、棒—棒两种电极形状间隙的放电特性联系在一起的。棒—板间隙代表了类似尖端对平板结构的电极形状，棒—棒间隙代表了类似尖端对尖端结构的电极形状。借助棒—板和棒—棒电极放电特性的研究特性，可对类似或接近形状结构的电极放电特性进行估算。

国内外研究机构对棒—板和棒—棒间隙在直流电压下的放电特性进行过研究，图 35-19 和图 35-20[12]给出了中国电力科学研究院在北京、西藏以及国外相关机构对棒—板和

棒—棒间隙直流放电特性曲线。

从图 35-19 中棒—板间隙的放电特性曲线可以看出，棒—板间隙的放电特性具有明显的极性效应，负极性放电电压远高于正极性放电电压，且分散性较大，负极性电压（北京）的放电梯度约为 -978kV/m。正极性放电电压与间隙距离呈线性关系，放电梯度在北京和西藏分布约为 478kV/m 和 235kV/m。

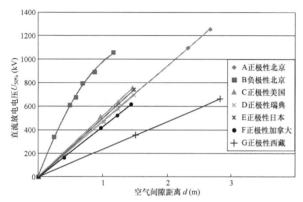

图 35-19 棒—板间隙的直流放电特性

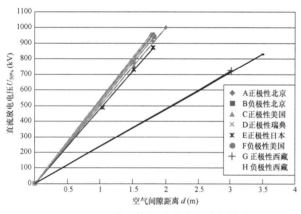

图 35-20 棒—棒间隙的直流放电特性

从图 35-20 中棒—棒间隙的放电特性曲线可以看出，正极性棒—棒间隙的直流放电电压与负极性非常接近，都与间隙距离呈线性关系。棒—棒间隙的放电电压比正极性棒—板间隙的放电电压稍高，北京和西藏棒—棒间隙的平均放电电压梯度分别约为 500kV/m 和 239kV/m。

（二）直流杆塔空气间隙的直流放电特性

国外对于输电线路塔头空气间隙在直流电压下的放电特性研究很少。中国电力科学研究院曾对 ±500kV 和 ±800kV 直线塔悬垂绝缘子串 I 形串布置进行了导线与杆塔空气间隙研究，图 35-21 为正极性直流电压的试验结果，图 35-22 为负极性直流电压的试验结果[12]。

在正极性直流电压作用下，正极性导线对塔身间隙的放电电压与间隙距离呈线性关系，平均放电梯度为 460kV/m，更接近于棒—板间隙的放电电压。

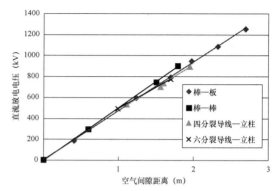

图 35-21 分裂导线对杆塔空气间隙的正极性直流放电特性

在负极性直流电压作用下，负极性导线对塔身间隙的放电电压明显高于正极性导线，与棒—棒间隙的放电电压相近，远低于棒—板间隙的放电电压。

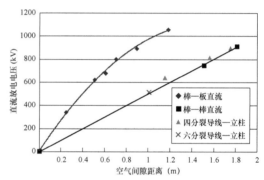

图 35-22 分裂导线对杆塔空气间隙的负极性直流放电特性

由于正极性导线对塔身间隙的放电电压低于负极性导线对塔身的放电电压，因此在计算直流工作电压下杆塔空气间隙距离时，按正极性导线对塔身间隙的放电电压考虑。

（三）直流杆塔工作电压空气间隙计算

直流线路绝缘子串风偏后导线对杆塔空气间隙的 50%放电电压 U_{50} 应符合式（35-33）要求：

$$U_{50} = \frac{K_2 K_3 U_e}{(1 - 3\sigma_N) K_1} \qquad (35-33)$$

式中　U_e——额定工作电压，kV；

　　　σ_N——空气间隙直流放电电压的变异系数，可取 0.9%；

　　　K_1——直流电压下空气密度校正系数，标准气象条件下取 1；

　　　K_2——直流电压下空气湿度校正系数，标准气象条件下取 1；

　　　K_3——安全系数，1.15；如绝缘子串为 V 串，K_3 取 1.25。

通过式（35-33）计算出导线对杆塔空气间隙的 50%放电电压 U_{50} 后，再根据导线对杆塔空气间隙的正极性直流放电特性，即可取得直流杆塔工作电压空气间隙。

二、操作过电压间隙

操作过电压是电力系统开关操作或短路故障引起的系统内参数振荡造成的过电压。由于操作过电压的幅值会大大超过工作电压，因此可能对系统的绝缘造成威胁。

操作过电压波形随电力系统中电感和电容的不同而千变万化，为了模拟操作过电压，通常采用两类试验电压波形。一类为非周期性指数衰减波，波前时间从数十微秒到数百微秒，半峰值时间达数千微秒，GB 16927.1—2011 规定的操作冲击电压的标准波形为 250/2500μs。另一类是衰减振荡波，其振荡频率从数十赫兹到数百赫兹，相当于波前时间为数百微秒到数千微秒。

正极性的操作冲击 50%放电电压明显低于负极性，因此空气间隙外绝缘强度试验通常在正极性下进行。

（一）棒—棒和棒—板间隙的直流正极性操作冲击放电特性

中国电力科学研究院曾用户外场的 6MV 冲击电压发生器对棒—棒和棒—板间隙的直流正极性操作冲击放电特性进行了试验研究，图 35－23 为棒—板和棒—棒间隙试验特性曲线，图 35－24 为 3m 棒—棒间隙试验特性曲线[14]。

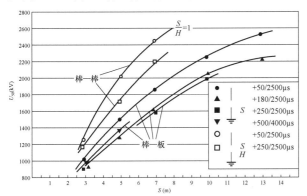

图 35－23　典型电极的正极性操作冲击放电特性
（H——棒高；S——间隙距离）

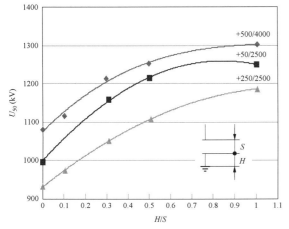

图 35－24　棒—棒间隙操作冲击放电特性
（H——棒高；S——间隙距离，取 3m）

在正极性操作冲击作用下，棒—板和棒—棒间隙的放电特性都呈现出饱和现象，棒—棒间隙的放电电压高于棒—板间隙。

（二）直流线路杆塔空气间隙的操作冲击放电特性

直流输电线路导线排列方式、绝缘子串悬挂方式、导线分裂形式的变化，使得导线和铁塔之间构成空气间隙的电极形状各不相同，在操作冲击电压作用下的直流线路杆塔空气间隙放电特性存在很大差别，需通过实际尺寸的试品放电试验来得出。

（1）中国电力科学研究院在 20 世纪 80 年代初对 ±500kV 直流线路导线与杆塔空气间隙放电特性进行研究，图 35－25 为操作冲击放电曲线。试验时，模拟导线采用 4 根 22mm 的铁管组成，间距为 450mm，长 22m。模拟导线两端安装了直径 0.6m 的均压环。塔身立柱宽 1.1m，长 17m[14]。

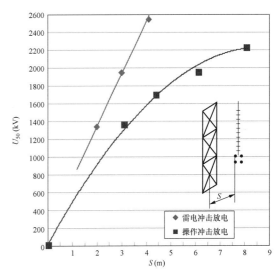

图 35－25　导线—塔身空气间隙冲击放电特性

（2）中国电力科学研究院对 ±500kV 拉线塔导线对塔身及拉线的冲击放电电压进行了模拟试验，结果见图 35－26 所示[14]。

（3）中国电力科学研究院对 ±800kV 杆塔空气间隙的冲击放电特性进行了试验研究，并与 ±500kV 直流线路间隙、棒—棒间隙和棒—板间隙放电电压进行了对比，结果如图 35－27 所示[14]。绝缘子串采用 V 形串布置，夹角为 90°，两端安装均压环；模拟导线长 25m，六分裂结构，子导线间距为 450mm。

（4）中国电力科学研究院在北京（海拔 55m）、宝鸡（海拔 900m）和青海（海拔 2200m）进行了大量 ±800kV 直流线路 V 串塔头空气间隙的操作冲击放电特性试验，图 35－28 为采用差值法得到的 0m、500m、1000m、1500m 和 2000m 海拔的操作冲击放电特性曲线。

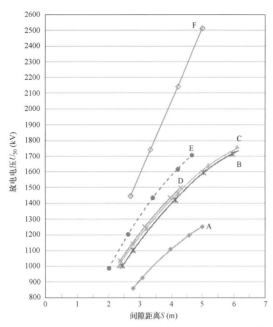

图 35－26　四分裂导线—塔空气间隙冲击放电特性

A——棒—板间隙+250/2500 μs；B——导线—塔间隙

（拉线上移）+250/2500 μs；C——导线—塔间隙（原拉线）+

250/2500 μs；D——导线—塔柱；E——棒—棒间隙+250/2500 μs；

F——导线—塔间隙（原拉线）+1.5/40 μs

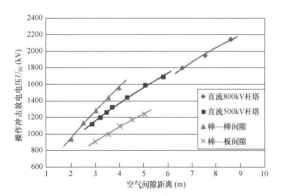

图 35－27　直流线路塔头空气间隙操作冲击放电特性比较

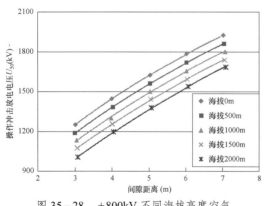

图 35－28　±800kV 不同海拔高度空气
间隙操作冲击放电特性

（5）中国电力科学研究院针对 ±1000kV 及以上直流线路

直线塔 V 形串布置时的导线—塔身的空气间隙进行试验，图 35－29 是在北京获得的低海拔地区塔头空气间隙操作冲击放电特性曲线，图 35－30 是在西藏获得的 4300m 高海拔地区塔头空气间隙操作冲击放电特性曲线。

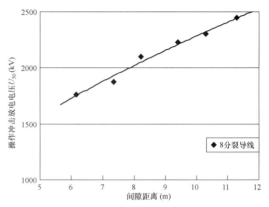

图 35－29　±1100kV 直流线路塔头空气
间隙操作冲击放电特性（北京）

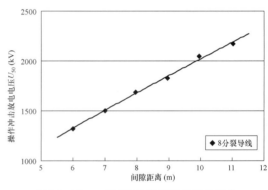

图 35－30　±1100kV 直流线路塔头空气
间隙操作冲击放电特性（西藏）

采用插值法对在北京和西藏获得的 ±1000kV 及以上线路 8 分裂导线塔头间隙操作冲击放电电压值进行拟合计算，可得到如图 35－31 所示的不同海拔下，±1000kV 及以上直流线路 8 分裂导线塔头间隙操作冲击放电特性。

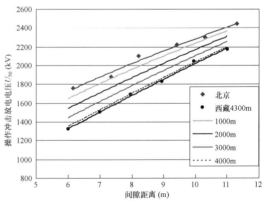

图 35－31　±1100kV 8 分裂导线塔头
间隙操作冲击放电特性

（三）直流杆塔操作过电压空气间隙计算

绝缘子串风偏后导线对杆塔空气间隙正极性 50%操作冲击放电电压可按式（35−34）进行计算：

$$U_{50} = \frac{U_m k_2 k_3}{(1-2\sigma_S)k_1} \qquad (35-34)$$

式中　U_m——最高工作电压，kV；

　　　k_1、k_2——操作冲击电压下间隙放电电压的空气密度、湿度校正系数；

　　　k_3——操作过电压倍数；

　　　σ_S——空气间隙在操作过电压下放电电压的变异系数，取 5%。

通过式（35−34）计算出导线对杆塔空气间隙正极性 50%操作冲击放电电压后，再根据导线对杆塔空气间隙的正极性操作冲击放电特性，即可确定直流杆塔操作过电压间隙。

三、雷电过电压间隙

（一）棒—棒和棒—板间隙的雷击冲击放电特性

中国电力科学研究院用户外场的 6MV 冲击电压发生器对棒—板和棒—棒间隙的雷电冲击特性进行了试验研究，特性曲线如图 35−32 所示[14]。

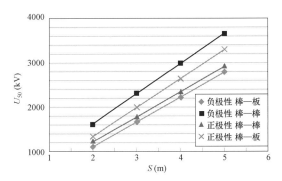

图 35−32　典型电极的雷电冲击放电特性

在雷电冲击作用下，棒—板和棒—棒间隙的放电电压都呈线性关系，负极性棒—板间隙的放电电压最高，其次是负极性棒—棒间隙和正极性棒—棒间隙，正极性棒—板间隙的放电电压最低。

（二）直流线路杆塔空气间隙的雷电冲击放电特性

中国电力科学研究院曾对±500kV 直流线路导线与杆塔空气间隙的雷电冲击放电特性进行了研究，近年来对±800kV 直流线路导线与杆塔空气间隙的雷电冲击放电特性也进行了研究，并与±500kV 直流线路塔头间隙雷电冲击放电特性进行了对比，结果如图 35−33 所示[1]。

±800kV 塔头间隙雷电冲击放电电压与空气间隙距离保持着较好的线性关系，并与±500kV 的特性曲线有较好的延续性[1]。

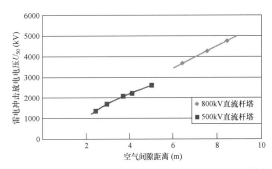

图 35−33　直流线路塔头空气间隙雷电冲击放电特性

（三）直流杆塔雷电过电压空气间隙计算

在雷电过电压情况下，空气间隙的正极性雷电冲击放电电压应与绝缘子串的 50%雷电冲击放电电压相匹配，不必按绝缘子串的 50%雷电冲击放电电压的 100%确定间隙，只需按绝缘子串的 50%雷电冲击放电电压的 80%确定间隙（间隙按 0 级污秽要求的绝缘长度配合），即按式（35−35）进行配合计算。

$$U'_{50\%} = 80\% \times U_{50} \qquad (35-35)$$

式中　U_{50}——绝缘子串的 50%雷电冲击放电电压，kV，数值可根据绝缘子串的雷电冲击试验获得或由绝缘长度求得。

对于高压直流线路而言，一般不考虑雷电过电压情况。一般认为，当雷击造成带电部分对塔身放电时，在很短时间（100ms）内，直流系统两端控制系统能很快动作，使故障极闭锁。另外，故障极在很短的时间内就能升压启动，如空气自绝缘恢复则就能很快恢复供电。直流两极电压相差较大，相当于两极不平衡绝缘，雷击不会造成两极同时故障，即使一极雷击故障，另一极仍可输送一半的额定功率。因此，直流系统遭雷击对系统的影响与交流相比要小得多。所以自葛—南直流工程以来，直流线路在进行塔头设计时，雷电过电压下的空气间隙不作为塔头控制条件。

四、空气间隙影响因素

（一）海拔修正

海拔高度对空气间隙放电电压的影响实际上就是气压、温度和湿度等大气参数对放电电压的影响。在国内外现行标准中海拔校正主要有以下三种方法。

1. IEC 60071−2: 1996 中的海拔校正方法

IEC 60071−2: 1996《绝缘配合　第二部分：应用导则》中给出了外绝缘污闪电压从标准气象条件校正至海拔 2000m 时的校正因数 K_h 的计算公式：

$$K_h = e^{m\left(\frac{H}{8150}\right)} \qquad (35-36)$$

式中　H——海拔高度，m；

　　　m——与电压类型和间隙结构有关的校正因子，对于工频及雷电冲击电压 m=1.0，对于操作冲击电压 m

可由图 35-34 中所示的曲线查到。

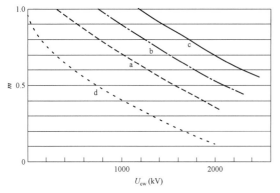

图 35-34 指数 m 与操作冲击电压的关系曲线
曲线 a——相地绝缘间隙；曲线 b——纵绝缘间隙；
曲线 c——相相绝缘间隙；曲线 d——棒板绝缘间隙

GB 50790—2013《±800kV 直流架空输电线路设计规范》、DL 5497—2015《高压直流架空输电线路设计技术规程》、GB/T 50064—2014《交流电气装置的过电压保护和绝缘配合设计规范》也均沿用了该海拔修正公式。

当海拔高度超过 2000m 时，宜通过试验研究确定，也可按照公式进行修正。

2. GB 311.1—2012 中的海拔校正方法

GB 311.1—2012《绝缘配合　第 1 部分：定义、原则和规程》规定，空气间隙的闪络电压取决于空气中的绝对湿度和空气密度。绝缘强度随温度和绝对湿度增加而增加；随空气密度减小而降低。湿度和周围温度的变化对外绝缘强度的影响通常会相互抵消。因此，作为绝缘配合的目的，在确定设备外绝缘的要求污闪电压时，仅考虑了空气密度的影响。即

$$K_t = \left(\frac{p}{p_0}\right)^m \qquad (35-37)$$

式中　p——设备安装地点的大气压力，kPa；

$\quad\quad p_0$——标准参考大气压力，101.3kPa；

$\quad\quad m$——空气密度修正指数（具体取值见 GB/T 16927.1）。

3. GB/T 16927.1—2011 中的海拔校正方法

GB/T 16927.1—2011《高电压试验技术　第一部分：一般定义及试验要求》给出了修正因素 K_t，可以将在试验条件下（温度 t、压力 p、湿度 h）测得的破坏性放电电压 U 换算到标准参考大气条件下（温度 t_0、压力 p_0、湿度 h_0）的电压值 U_0。

$$U_0 = U / K_t \qquad (35-38)$$

K_t 是下列两个因素的乘积，即

$$K_t = K_1 K_2 \qquad (35-39)$$

式中　K_1——空气密度修正因素，取决于相对空气密度 δ，

$\quad\quad\quad K_1 = \delta^m$；

$\quad\quad K_2$——湿度修正因素，可表示为 $K_2 = K^W$。

当温度以摄氏度表示时，相对空气密度 δ 为

$$\delta = \frac{p}{p_0} \times \frac{273 + t_0}{273 + t} \qquad (35-40)$$

K 取决于试验电压类型并由绝对湿度 h 与相对空气密度 δ 的比率的函数来求得；

m 和 W 为校正指数，依赖于预放电模型，其具体取值参见 GB/T 16927.1。

（二）塔身宽度影响

中国电力科学研究院在 ±800kV 塔头间隙放电试验时，采用多种横担和塔身宽度进行了试验比较。当单导线到塔身的间隙为 6.5m 时，横担宽度每增加 1m，放电电压降低约 3.5%左右。

原武汉高压研究院总结多个实验室的研究结果，认为导线对杆塔的正极性操作冲击电压与对应导线位置的塔身宽度 ω 之间存在以下关系式：

$$U_{50}(\omega) = U_{50(1)} \times (1.03 - 0.03 \times \omega) \qquad (35-41)$$

式中　$U_{50(1)}$——塔身宽为 1m 时的操作冲击 50%放电电压，kV；

$\quad\quad U_{50(\omega)}$——塔身宽为 ω 时的操作冲击 50%放电电压，kV。

式（35-40）适用于 ω 的取值范围为 0.02～5m 时。

（三）直流叠加操作冲击的影响

直流输电线路故障引起的过电压波形是叠加在直流运行电压之上的震荡波形，波形具有较大的随机性。考虑到直流预电压可能对操作冲击放电特性的影响，国内外在典型电极间隙的放电特性研究中也进行了直流叠加冲击的试验。

中国电力科学研究院于 1985 年研究了直流叠加冲击对杆塔空气间隙放电电压的影响，图 35-35 为试验得到的棒—板间隙的直流叠加操作冲击试验结果，直流叠加操作冲击的放电电压高于操作冲击的放电电压 12%～17%[1]。

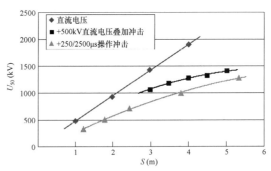

图 35-35 棒—板间隙的正极性直流叠加
操作冲击放电特性

图 35-36 为 ±500kV 直流杆塔导线—塔身间隙的直流叠加操作冲击电压放电试验结果，正极性直流叠加操作冲击的放电电压比正极性操作冲击的放电电压高约 3%～5%。

图 35-37 为 ±800kV 直流杆塔导线—塔身间隙的直流叠加操作冲击电压放电试验结果，正极性直流叠加操作冲击的放电电压比正极性操作冲击的放电电压高约 2%～4%[12]。

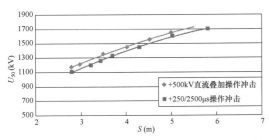

图 35－36　±500kV 直流导线—塔身间隙的正极性
直流叠加操作冲击放电特性

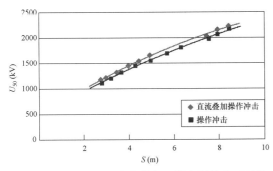

图 35－37　±800kV 直流导线—塔身间隙的正极性
直流叠加操作冲击放电特性

从试验结果可以看出，±800kV 直流线路塔头间隙的叠加试验结果和 ±500kV 的基本一致，在进行直流线路塔头空气间隙设计时，从偏于安全考虑，可仍按正极性操作冲击放电电压来选取空气间隙距离。

五、空气间隙取值

表 35－14～表 35－17 分别给出了我国 ±400kV～±1100kV 直流输电线路，在相应风偏条件下，带电部分与杆塔构件（包括拉线、脚钉等）的最小间隙。

表 35－14　±400kV、±500kV、±660kV 单回路带电部分与杆塔构件的最小间隙

标称电压（kV）	±400kV		±500kV		±660kV	
海拔高度（m）	4500	5000	500	1000	500	1000
工作电压（m）	1.60	1.70	1.30	1.40	1.70	1.85
操作过电压 1.7p.u.	3.90	4.20	2.45	2.65	3.90	4.10

注　1. ±400kV 间隙为青—藏直流工程数据。
　　2. ±500kV 和 ±660kV 间隙数据引自 DL 5497—2015。

表 35－15　±500kV 双回路带电部分与杆塔构件的最小间隙

标称电压（kV）	±500	
海拔高度（m）	500	1000
工作电压（m）	1.30	1.40
操作过电压 1.8p.u.	2.75	2.95
雷电过电压	4.2	

注　数据引自 DL 5497—2015。

表 35－16　±800kV 单回路带电部分与杆塔构件的最小间隙

标称电压（kV）	±800		
海拔高度（m）	500	1000	2000
工作电压（m）	2.1	2.3	2.5
操作过电压 1.6p.u.	4.9	5.3	5.9
雷电过电压	—		

注　数据引自 GB 50790—2013。

表 35－17　±1100kV 单回路带电部分与杆塔构件的最小间隙

标称电压（kV）	±1100				
海拔高度（m）	1000	1500	2000	2500	3000
工作电压（m）	3.2	3.5	3.7	4.0	4.2
操作过电压 1.5p.u.	8.1	8.4	8.7	9.0	9.2
操作过电压 1.58p.u.	8.9	9.2	9.5	9.7	9.9

注　准东—华东直流工程数据。

第八节　绝缘子资料

表 35－18～表 35－20 给出了国内部分厂家直流绝缘子的型号及技术参数。

表 35－18　直流盘形瓷绝缘子

厂家	绝缘子型式	绝缘子代号	绝缘件公称直径（mm）	公称结构高度（mm）	公称爬电距离（mm）	联接标记（mm）	规定机电（械）破坏负荷（kN）	湿工频耐受电压（kV）	雷电冲击耐受电压（kV）
A	钟罩型	XZP－160	330	170	560	20	160	±55	140
		XZP－210	330	170	560	20	210	±55	140
		XZP－240	330	170	560	24	240	±55	140

厂家	绝缘子型式	绝缘子代号	绝缘件公称直径（mm）	公称结构高度（mm）	公称爬电距离（mm）	联接标记（mm）	规定机电（械）破坏负荷（kN）	湿工频耐受电压（kV）	雷电冲击耐受电压（kV）
A	钟罩型	XZP－300	390	195	635	24	300	±55	140
		XZP－420	340	205	560	28	420	±55	140
	双伞型	XZWP1－160	360	170	545	20	160	±55	140
		XZWP1－210	360	170	545	20	210	±55	140
		XZWP1－240	360	170	545	24	240	±55	140
		XZWP1－300	360	195	545	24	300	±55	140
		XZWP1－420	400	205	600	28	420	±60	145
	三伞型	XZP2－160	340	170	560	20	160	±55	140
		XZP2－210	340	170	560	20	210	±55	140
		XZP2－240	340	170	560	24	240	±55	140
		XZP2－300	400	195	635	24	300	±60	150
		XZP2－420	400	205	635	28	420	±60	150
B	钟罩型	XZP－120	280	146	450	16	120	50	135
		XZP－160	320	170	545	20	160	55	150
		XZP－210	320	170	545	20/24	210	55	150
		XZP－240	320	170	545	24	240	55	150
		XZP1－300	400	195	635	24	300	60	155
		XZP2－300	340	195	570	24	300	55	150
		XZP1－400	340	205	545	28	400	55	150
		XZP2－400	400	205	635	28	400	60	155
		XZP－530	380	240	635	32	530	60	155
	双伞型	XZWP－160	360	170	545	20	160	55	150
		XZWP－210	360	170	545	20	210	55	150
		XZWP－240	360	170	545	24	240	55	150
		XZWP－300	360	195	545	24	300	55	150
		XZWP－400	400	205	600	28	400	60	155
	三伞型	XZSP－160	340	170	545	20	160	55	150
		XZSP－210	340	170	545	20	210	55	150
		XZSP－240	350	170	550	24	240	55	150
		XZSP－300	400	195	635	24	300	60	155

续表

厂家	绝缘子型式	绝缘子代号	绝缘件公称直径（mm）	公称结构高度（mm）	公称爬电距离（mm）	联接标记（mm）	规定机电（械）破坏负荷（kN）	湿工频耐受电压（kV）	雷电冲击耐受电压（kV）
C	钟罩型	CA-735EZ	320	170	560	20	160	±55	140
		CA-745EZ	320	170	560	20	210	±55	140
		CA-756EZ	400	195	635	24	300	±60	150
		CA-763EZ	340	205	560	28	400	±55	140
		CA-785EZ	380	240	635	32	530	±55	140
		CA-785EX	380	240	635	32	550	±55	140
	三伞型	CA-772EZ	340	170	560	20	160	±55	140
		CA-774EZ	340	170	560	20	210	±55	140
		CA-776EZ	400	195	635	24	300	±60	150
		CA-778EY	400	204	635	28	420	±60	150
		CA-779EX	400	240	635	32	550	±60	150

表 35-19　直流盘形玻璃绝缘子

厂家	绝缘子型式	绝缘子代号	绝缘件公称直径（mm）	公称结构高度（mm）	公称爬电距离（mm）	联接标记（mm）	规定机电（械）破坏负荷（kN）	湿工频耐受电压（kV）	雷电冲击耐受电压（kV）
D	钟罩形	U160BP/170HDC	330	170	550	20	160	±65	140
		U210BP/170HDC	330	170	550	20	210	±65	140
		U240BP/170HDC	330	170	550	24	240	±65	140
		U300BP/195HDC	390	195	635	24	300	±65	140
		U300BP2/195HDC	330	195	550	24	300	±60	140
		U300BP3/195HDC	380	195	710	24	300	±75	155
		U400BP/205HDC（U420BP/205HDC）	360	205	550	28	400（420）	±65	140
		U400BP2/205HDC（U420BP2/205HDC）	380	205	620	28	400（420）	±70	150
		U530BP/240HDC（U550BP/240HDC）	360	240	650	32	530（550）	±70	150
		U530BP2/240HDC（U550BP2/240HDC）	380	240	720	32	530（550）	±70	150
		U760BP/280HDC（U800BP/280HDC）	400	280	710	36	760（800）	±75	150
		U840BP/300HDC	400	300	710	40	840	±75	150

厂家	绝缘子型式	绝缘子代号	绝缘件公称直径（mm）	公称结构高度（mm）	公称爬电距离（mm）	联接标记（mm）	规定机电（械）破坏负荷（kN）	湿工频耐受电压（kV）	雷电冲击耐受电压（kV）
D	三伞形	U160BP/170TDC	320	170	550	20	160	±55	130
		U210BP/170TDC	320	170	550	20	210	±55	130
		U240BP/170TDC	320	170	550	24	240	±55	130
		U300BP/195TDC	380	195	635	24	300	±60	150
		U400BP/205TDC（U420BP/205TDC）	400	205	650	28	400（420）	±60	150
		U530BP/240TDC（U550BP/240TDC）	400	240	635	32	530（550）	±60	150
	草帽形	U160BP/170MDC	420	170	390	20	160	±60	95
		U210BP/170MDC	420	170	390	20	210	±60	95
		U240BP/170MDC	420	170	390	24	240	±60	95
		U300BP/195MDC	455	195	450	24	300	±60	100
E	钟罩型	FC160P/C170DC	330	170	550	20	160	65	140
		FC210P/C170DC	330	170	560	20	210	65	140
		FC240P/C170DC	330	170	560	20	240	65	140
		FC30P/C195DC	360	195	635	24	300	65	140
		FC300P/C195DC	380	195	690	24	300	65	140
		FC400P/C205DC	360	205	560	28	400	65	140
		FC420P/C205DC	360	205	560	28	420	65	140
		FC530P/C240DC	360	240	635	32	530	75	140
		FC550P/C240DC	360	240	635	32	550	75	140
		FC400F/C205DC	360	205	620	28	400	75	140
		FC420F/C205DC	360	205	620	28	420	75	140
		FC530F/C240DC	380	240	720	32	530	75	150
		FC550F/C240DC	380	240	720	32	550	75	150
	三伞型	FC160P/C155T DC	330	155	550	20	160	65	140
		FC160P/C170T DC	330	170	550	20	160	65	140
		FC210P/C170T DC	330	170	550	20	210	65	140
		FC240P/C170T DC	330	170	550	24	240	65	140
		FC30P/C195T DC	400	195	635	24	300	70	140
		FC400P/C205T DC	400	205	635	28	400	70	140
		FC420P/C205T DC	400	205	635	28	420	70	140
		FC530P/C240T DC	400	240	635	32	530	70	140
		FC550P/C240T DC	400	240	635	32	550	70	140
	空气动力型	FC160D/C155DC	420	146/155/170	380	20	160	60	90
		FC210D/C170DC	420	170	380	20	210	60	90

续表

厂家	绝缘子型式	绝缘子代号	绝缘件公称直径（mm）	公称结构高度（mm）	公称爬电距离（mm）	联接标记（mm）	规定机电（械）破坏负荷（kN）	湿工频耐受电压（kV）	雷电冲击耐受电压（kV）
F	钟罩型	LXZY－160	320	170	560	20	160	55	210
		LXZY－210	320	170	560	20	210	55	210
		LXZY－240	320	170	560	24	240	55	210
		LXZY－300	390	195	635	24	300	60	225
		LXZY－420	360	205	550	28	420	65	225
		LXZY－550	360	240	620	32	550	65	240
		LXZY－830	400	270	720	36	830	75	255
	空气动力型	LXAZY－160	420	170	390	20	160	60	210
		LXAZY－210	420	170	390	20	210	60	210
		LXAZY－300	450	195	450	24	300	60	225
	三伞型	LXAZY－160T	330	170	550	20	160	55	210
		LXAZY－210T	330	170	550	20	210	55	210
		LXAZY－300T	360	195	635	24	300	60	225
		LXAZY－420T	380	205	635	28	420	65	225

表 35－20 直流复合绝缘子

生产厂家	产品型号	额定电压（kV）	额定机械负荷（kN）	连接结构标记	结构高度（mm）	最小公称爬电距离（mm）	雷电冲击耐受电压（kV）	操作冲击耐受电压（kV）	直流1min湿耐受电压（kV）
G	FXBZW－±400/160－EE	±400	160	26	8000	28 030	2800	1800	750
	FXBZW－±400/210－EE	±400	210	28	8000	28 030	2800	1800	750
	FXBZW－±400/300－EE	±400	300	34	8000	28 030	2800	1800	750
	FXBZW－±400/420－EE	±400	420	40	8000	28 030	2800	1800	750
	FXBZW－±400/550－EE	±400	550	42	8000	28 030	2800	1800	750
	FXBZW－±500/160－1	±500	160	20R	5440	18 025	2550	1550	600
	FXBZW－±500/160－2	±500	160	20R	6290	21 060	2550	1550	600
	FXBZW－±500/160－3	±500	160	20R	6800	22 800	2550	1550	600
	FXBZW－±500/210－1	±500	210	20R	5440	18 025	2550	1550	600
	FXBZW－±500/210－2	±500	210	20R	6290	21 060	2550	1550	600
	FXBZW－±500/210－3	±500	210	20R	6800	22 800	2550	1550	600
	FXBZW－±500/300－1	±500	300	24R	5440	18 025	2550	1550	600
	FXBZW－±500/300－2	±500	300	24R	6290	21 060	2550	1550	600
	FXBZW－±500/300－3	±500	300	24R	6800	22 800	2550	1550	600
	FXBZW－±500/420－1	±500	420	28R	5440	18 025	2550	1550	600
	FXBZW－±500/420－2	±500	420	28R	6290	21 060	2550	1550	600
	FXBZW－±500/420－3	±500	420	28R	6800	22 800	2550	1550	600
	FXBZW－±500/550－1	±500	550	32R	5440	18 025	2550	1550	600
	FXBZW－±500/550－2	±500	550	32R	6290	21 060	2550	1550	600

生产厂家	产品型号	额定电压（kV）	额定机械负荷（kN）	连接结构标记	结构高度（mm）	最小公称爬电距离（mm）	雷电冲击耐受电压（kV）	操作冲击耐受电压（kV）	直流1min湿耐受电压（kV）
	FXBZW－±500/550－3	±500	550	32R	6800	22 800	2550	1550	600
	FXBZW－±660/160－EE－1	±660	160	20	8500	33 400	2800	1800	750
	FXBZW－±660/160－EE－2	±660	160	20	9200	38 400	2800	1800	750
	FXBZW－±660/210－EE－1	±660	210	20	8500	33 400	2800	1800	750
	FXBZW－±660/210－EE－2	±660	210	20	9200	38 400	2800	1800	750
	FXBZW－±660/300－EE－1	±660	300	24	8500	33 400	2800	1800	750
	FXBZW－±660/300－EE－2	±660	300	24	9200	38 400	2800	1800	750
	FXBZW－±660/420－EE－1	±660	420	28	8500	33 400	2800	1800	750
	FXBZW－±660/420－EE－2	±660	420	28	9200	38 400	2800	1800	750
	FXBZW－±800/160－EE－1	±800	160	26	9600	36 960	3600	1950	900
	FXBZW－±800/160－EE－2	±800	160	26	10 200	38 250	3600	1950	900
	FXBZW－±800/160－EE－3	±800	160	26	10 600	40 810	3600	1950	900
	FXBZW－±800/160－EE－4	±800	160	26	11 000	42 350	3600	1950	900
	FXBZW－±800/160－EE－5	±800	160	26	11 800	45 430	3600	1950	900
	FXBZW－±800/160－EE－6	±800	160	26	12 000	45 000	3600	1950	900
	FXBZW－±800/160－EE－7	±800	160	26	13 000	48 750	3600	1950	900
	FXBZW－±800/210－EE－1	±800	210	28	9600	36 960	3600	1950	900
	FXBZW－±800/210－EE－2	±800	210	28	10 200	38 250	3600	1950	900
G	FXBZW－±800/210－EE－3	±800	210	28	10 600	40 810	3600	1950	900
	FXBZW－±800/210－EE－4	±800	210	28	11 000	42 350	3600	1950	900
	FXBZW－±800/210－EE－5	±800	210	28	11 800	45 430	3600	1950	900
	FXBZW－±800/210－EE－6	±800	210	28	12 000	45 000	3600	1950	900
	FXBZW－±800/210－EE－7	±800	210	28	13 000	48 750	3600	1950	900
	FXBZW－±800/240－EE－1	±800	240	30	9600	36 960	3600	1950	900
	FXBZW－±800/240－EE－2	±800	240	30	10 200	38 250	3600	1950	900
	FXBZW－±800/240－EE－3	±800	240	30	10 600	40 810	3600	1950	900
	FXBZW－±800/240－EE－4	±800	240	30	11 000	42 350	3600	1950	900
	FXBZW－±800/240－EE－5	±800	240	30	11 800	45 430	3600	1950	900
	FXBZW－±800/240－EE－6	±800	240	30	12 000	45 000	3600	1950	900
	FXBZW－±800/240－EE－7	±800	240	30	13 000	48 750	3600	1950	900
	FXBZW－±800/300－EE－1	±800	300	34	9600	36 960	3600	1950	900
	FXBZW－±800/300－EE－2	±800	300	34	10 200	38 250	3600	1950	900
	FXBZW－±800/300－EE－3	±800	300	34	10 600	40 810	3600	1950	900
	FXBZW－±800/300－EE－4	±800	300	34	11 000	42 350	3600	1950	900
	FXBZW－±800/300－EE－5	±800	300	34	11 800	45 430	3600	1950	900
	FXBZW－±800/300－EE－6	±800	300	34	12 000	45 000	3600	1950	900
	FXBZW－±800/300－EE－7	±800	300	34	13 000	48 750	3600	1950	900

生产厂家	产　品　型　号	额定电压（kV）	额定机械负荷（kN）	连接结构标记	结构高度（mm）	最小公称爬电距离（mm）	雷电冲击耐受电压（kV）	操作冲击耐受电压（kV）	直流1min湿耐受电压（kV）
	FXBZW－±800/420－EE－1	±800	420	40	9600	36 960	3600	1950	900
	FXBZW－±800/420－EE－2	±800	420	40	10 200	38 250	3600	1950	900
	FXBZW－±800/420－EE－3	±800	420	40	10 600	40 810	3600	1950	900
	FXBZW－±800/420－EE－4	±800	420	40	11 000	42 350	3600	1950	900
	FXBZW－±800/420－EE－5	±800	420	40	11 800	45 430	3600	1950	900
	FXBZW－±800/420－EE－6	±800	420	40	12 000	45 000	3600	1950	900
	FXBZW－±800/420－EE－7	±800	420	40	13 000	48 750	3600	1950	900
	FXBZW－±800/550－EE－1	±800	550	42	9600	36 960	3600	1950	900
	FXBZW－±800/550－EE－2	±800	550	42	10 200	38 250	3600	1950	900
	FXBZW－±800/550－EE－3	±800	550	42	10 600	40 810	3600	1950	900
	FXBZW－±800/550－EE－4	±800	550	42	11 000	42 350	3600	1950	900
	FXBZW－±800/550－EE－5	±800	550	42	11 800	45 430	3600	1950	900
	FXBZW－±800/550－EE－6	±800	550	42	12 000	45 000	3600	1950	900
	FXBZW－±800/550－EE－7	±800	550	42	13 000	48 750	3600	1950	900
	FXBZW－±1100/160－EE－1	±1100	160	26	12 300	47 355	4500	2200	1150
	FXBZW－±1100/160－EE－2	±1100	160	26	13 900	53 155	4500	2200	1150
	FXBZW－±1100/160－EE－3	±1100	160	26	15 400	59 290	4500	2200	1150
	FXBZW－±1100/160－EE－4	±1100	160	26	16 600	63 910	4500	2200	1150
G	FXBZW－±1100/210－EE－1	±1100	210	28	12 300	47 355	4500	2200	1150
	FXBZW－±1100/210－EE－2	±1100	210	28	13 900	53 155	4500	2200	1150
	FXBZW－±1100/210－EE－3	±1100	210	28	15 400	59 290	4500	2200	1150
	FXBZW－±1100/210－EE－4	±1100	210	28	16 600	63 910	4500	2200	1150
	FXBZW－±1100/240－EE－1	±1100	210	30	12 300	47 355	4500	2200	1150
	FXBZW－±1100/240－EE－2	±1100	240	30	13 900	53 155	4500	2200	1150
	FXBZW－±1100/240－EE－3	±1100	240	30	15 400	59 290	4500	2200	1150
	FXBZW－±1100/240－EE－4	±1100	240	30	16 600	63 910	4500	2200	1150
	FXBZW－±1100/300－EE－1	±1100	300	34	12 300	47 355	4500	2200	1150
	FXBZW－±1100/300－EE－2	±1100	300	34	13 900	53 155	4500	2200	1150
	FXBZW－±1100/300－EE－3	±1100	300	34	15 400	59 290	4500	2200	1150
	FXBZW－±1100/300－EE－4	±1100	300	34	16 600	63 910	4500	2200	1150
	FXBZW－±1100/420－EE－1	±1100	420	40	12 300	47 355	4500	2200	1150
	FXBZW－±1100/420－EE－2	±1100	420	40	13 900	53 155	4500	2200	1150
	FXBZW－±1100/420－EE－3	±1100	420	40	15 400	59 290	4500	2200	1150
	FXBZW－±1100/420－EE－4	±1100	420	40	16 600	63 910	4500	2200	1150
	FXBZW－±1100/550－EE－1	±1100	550	42	12 300	47 355	4500	2200	1150
	FXBZW－±1100/550－EE－2	±1100	550	42	13 900	53 155	4500	2200	1150
	FXBZW－±1100/550－EE－3	±1100	550	42	15 400	59 290	4500	2200	1150

生产厂家	产品型号	额定电压（kV）	额定机械负荷（kN）	连接结构标记	结构高度（mm）	最小公称爬电距离（mm）	雷电冲击耐受电压（kV）	操作冲击耐受电压（kV）	直流1min湿耐受电压（kV）
G	FXBZW－±1100/550－EE－4	±1100	550	42	16 600	63 910	4500	2200	1150
	FXBZW－±1100/1000－EE－1	±1100	1000	50	12 300	47 355	4500	2200	1150
	FXBZW－±1100/1000－EE－2	±1100	1000	50	13 900	53 155	4500	2200	1150
	FXBZW－±1100/1000－EE－3	±1100	1000	50	15 400	59 290	4500	2200	1150
	FXBZW－±1100/1000－EE－4	±1100	1000	50	16 600	63 910	4500	2200	1150
H	FXBZ－±500/160	±500	160	20	5440±50	18 025	2550	1550	900
	FXBZ－±500/210	±500	210	20	5440±50	18 025	2550	1550	900
	FXBZ－±500/300	±500	300	24	5440±50	18 025	2550	1550	900
	FXBZ－±500/420	±500	420	28	5440±50	18 025	2550	1550	900
	FXBZ－±660/160	±660	160	20	7660±50	27 000	3000	1800	1400
	FXBZ－±660/210	±660	210	20	7660±50	27 000	3000	1800	1400
	FXBZ－±660/300	±660	300	24	7660±50	27 000	3000	1800	1400
	FXBZ－±660/420	±660	420	28	7660±50	27 000	3000	1800	1400
	FXBZ－±660/550	±660	550	32	7660±50	27 000	3000	1800	1400
	FXBZ－±800/160－1	±800	160	环环26/球碗20	9600±50	36 960	3600	1950	900
	FXBZ－±800/160－2	±800	160	环环26/球碗20	10 600±50	40 810	3600	1950	900
	FXBZ－±800/160－3	±800	160	环环26/球碗20	11 000±50	42 350	3600	1950	900
	FXBZ－±800/160－4	±800	160	环环26/球碗20	11 800±50	45 430	3600	1950	900
	FXBZ－±800/240－1	±800	240	环环30/球碗20	9600±50	36 960	3600	1950	900
	FXBZ－±800/240－2	±800	240	环环30/球碗20	10 600±50	40 810	3600	1950	900
	FXBZ－±800/240－3	±800	240	环环30/球碗20	11 000±50	42 350	3600	1950	900
	FXBZ－±800/240－4	±800	240	环环30/球碗20	11 800±50	45 430	3600	1950	900
	FXBZ－±800/300－1	±800	300	环环34/球碗24	9600±50	36 960	3600	1950	900
	FXBZ－±800/300－2	±800	300	环环34/球碗24	10 600±50	40 810	3600	1950	900
	FXBZ－±800/300－3	±800	300	环环34/球碗24	11 000±50	42 350	3600	1950	900
	FXBZ－±800/300－4	±800	300	环环34/球碗24	11 800±50	45 430	3600	1950	900
	FXBZ－±800/420－1	±800	420	环环40/球碗28	9600±50	36 960	3600	1950	900

续表

生产厂家	产　品　型　号	额定电压（kV）	额定机械负荷（kN）	连接结构标记	结构高度（mm）	最小公称爬电距离（mm）	雷电冲击耐受电压（kV）	操作冲击耐受电压（kV）	直流1min湿耐受电压（kV）
H	FXBZ－±800/420－2	±800	420	环环40/球碗28	10 600±50	40 810	3600	1950	900
	FXBZ－±800/420－3	±800	420	环环40/球碗28	11 000±50	42 350	3600	1950	900
	FXBZ－±800/420－4	±800	420	环环40/球碗28	11 800±50	45 430	3600	1950	900
	FXBZ－±800/550－1	±800	550	环环42/球碗32	9600±50	36 960	3600	1950	900
	FXBZ－±800/550－2	±800	550	环环42/球碗32	10 600±50	40 810	3600	1950	900
	FXBZ－±800/550－3	±800	550	环环42/球碗32	11 000±50	42 350	3600	1950	900
	FXBZ－±800/550－4	±800	550	环环42/球碗32	11 800±50	45 430	3600	1950	900
	FXBZ－±800/160－S	±800	160	环环26/球碗20	10 600±50	33 600	3600	1950	900
	FXBZ－±800/240－S	±800	240	环环30/球碗20	10 600±50	33 600	3600	1950	900
	FXBZ－±800/300－S	±800	300	环环34/球碗24	10 600±50	33 600	3600	1950	900
	FXBZ－±800/420－S	±800	420	环环40/球碗28	10 600±50	33 600	3600	1950	900
	FXBZ－±800/550－S	±800	550	环环42/球碗32	10 600±50	33 600	3600	1950	900
	FXBZ－±1100/240	±1100	240	环环30/球碗20	14 000±50	46 500	4950	2500	1250
	FXBZ－±1100/300	±1100	300	环环34/球碗24	14 000±50	46 500	4950	2500	1250
	FXBZ－±1100/420	±1100	420	环环40/球碗28	14 000±50	46 500	4950	2500	1250
	FXBZ－±1100/550	±1100	550	环环42/球碗32	14 000±50	46 500	4950	2500	1250
	FXBZ－±1100/840	±1100	840	环环52/球碗40	14 000±50	46 500	4950	2500	1250
	FXBZ－±1100/1000	±1100	1000	环环53/球碗44	14 000±50	46 500	4950	2500	1250
	FXBZ－±1100/240	±1100	240	环环30/球碗20	14 200±50	46 500	4950	2500	1250
	FXBZ－±1100/300	±1100	300	环环34/球碗24	14 200±50	46 500	4950	2500	1250

生产厂家	产 品 型 号	额定电压（kV）	额定机械负荷（kN）	连接结构标记	结构高度（mm）	最小公称爬电距离（mm）	雷电冲击耐受电压（kV）	操作冲击耐受电压（kV）	直流1min湿耐受电压（kV）
H	FXBZ－±1100/420	±1100	420	环环40/球碗28	14 200±50	46 500	4950	2500	1250
	FXBZ－±1100/550	±1100	550	环环42/球碗32	14 200±50	46 500	4950	2500	1250
	FXBZ－±1100/840	±1100	840	环环52/球碗40	14 200±50	46 500	4950	2500	1250
	FXBZ－±1100/1000	±1100	1000	环环53/球碗40	14 200±50	46 500	4950	2500	1250
I	FXBZ－±800/210	±800	210	20	8700	31 100	3600	1950	900
	FXBZ－±800/300	±800	300	24	8700	30 100	3600	1950	900
	FXBZ－±800/400	±800	400	28	8700	30 100	3600	1950	900
	FXBZ－±800/530	±800	530	32	8700	29 800	3600	1950	900
	FXBZ－±500/160－A	±500	160	20	5440	17 600	2550	1550	600
	FXBZ－±500/160－B	±500	160	20	6290	20 700	2750	1650	650
	FXBZ－±500/160－C	±500	160	20	6800	22 700	2950	1750	700
	FXBZ－±500/180－A	±500	180	20	5440	17 600	2550	1550	600
	FXBZ－±500/180－B	±500	180	20	6290	20 700	2750	1650	650
	FXBZ－±500/180－C	±500	180	20	6800	22 700	2950	1750	700
	FXBZ－±500/210－A	±500	210	20	5440	17 600	2550	1550	600
	FXBZ－±500/210－B	±500	210	20	6290	20 700	2750	1650	650
	FXBZ－±500/210－C	±500	210	20	6800	22 700	2950	1750	700
	FXBZ－±500/240－A	±500	240	20	5440	17 600	2550	1550	600
	FXBZ－±500/240－B	±500	240	20	6290	20 700	2750	1650	650
	FXBZ－±500/240－C	±500	240	20	6800	22 700	2950	1750	700
	FXBZ－±500/300－A	±500	300	24	5440	17 600	2550	1550	600
	FXBZ－±500/300－B	±500	300	24	6290	20 700	2750	1650	650
	FXBZ－±500/300－C	±500	300	24	6800	22 700	2950	1750	700
	FXBZ－±500/400－A	±500	400	28	5440	18 000	2550	1550	600
	FXBZ－±500/400－B	±500	400	28	6290	21 300	2750	1650	650
	FXBZ－±500/400－C	±500	400	28	6800	23 000	2950	1750	700

参考文献

[1] 赵畹君等. 高压直流输电工程技术. 第2版. [M]. 北京：中国电力出版社，2010.

[2] 张仁豫，关志成. 染污绝缘子在交流及正负极性直流电压作用下污闪电压差异的研究[J]. 高电压技术，1984年2期.

[3] 孙成秋等. 新型悬式瓷复合绝缘子[J]. 电磁避雷器，2006年第2期：22－23.

[4] 关志成等. 绝缘子及输变电设备外绝缘[M]. 北京：清华大学出版社，2006.

[5] 周刚等. ±800kV直流架空输电线路绝缘选择[J]. 高电压技术，2009.2，35（2）：231－235.

[6] 张福增，赵锋，等. 高海拔直流线路大吨位绝缘子配置方法研究[J]. 中国电机工程学报，2008.12，28（34）：21－28.

[7] 付斌. 影响直流线路防污设计的各种因素[J]. 高电压技术, 1995.12, 21 (4): 55－58.

[8] 张志劲, 蒋兴良, 等. 低气压下复合绝缘子长串直流污闪特性[J]. 高电压技术, 2008.08, 34 (8): 1644－1649.

[9] 关志成, 彭功茂. 复合绝缘子自然污秽与人工污秽试验的等价性分析[J]. 高电压技术, 2010.08, 36 (8): 1871－1876.

[10] 王向朋, 周军, 等. 特高压直流用绝缘子污闪特性研究概况[J]. 企业技术开发, 2009.8, 29 (15): 31－34.

[11] 张福增, 杨皓麟, 等. 线路绝缘子直流污闪电压修正研究[J]. 高电压技术, 2008.4, 34 (3): 451－454.

[12] 于永清等. 特高压输电技术直流输电分册[M]. 北京: 中国电力出版社, 2012.

[13] 薛春林等. 三沪直流输电线路工程绝缘配合及绝缘子选型研究[J]. 电力建设, 2007.11, 28 (11): 14－21.

[14] 刘振亚等. 特高压直流外绝缘技术[M]. 北京: 中国电力出版社, 2009.

第三十六章

直流线路防雷设计

第一节 直流线路雷电过电压

直流线路雷电过电压的产生机理、影响因素和防护措施与交流线路基本类似，但其电压恒定，且系统采用电力电子元器件，在绝缘闪络特性、引雷特性和雷击防护等方面与交流线路有所不同。

一、雷电放电过程

雷电放电是雷云对大地、雷云之间或雷云内部的放电现象。雷云中的电荷分布不均匀，往往形成多个电荷密集中心。大部分雷电放电是在云间或云内进行的，只有小部分是对地发生的，雷云对地的电位可高达 $10^5kV \sim 10^6kV$。

雷电放电通道的形状主要是线状的，有时云层中也能见到片状雷电，极为罕见的情况下会出现球状雷电。雷云与地之间的线状雷电可能从雷云向下开始，称为下行雷，下行雷可分为正下行雷和负下行雷；线状雷电也可能从地面突出物向上开始，称之为上行雷，上行雷也可分为正上行雷和负上行雷。最常见的是负下行雷。

负下行雷的放电过程通常可分为三个主要阶段，即先导、主放电和余光。当雷云中电荷密集处的电场强度达到 $2500 \sim 3000kV/m$ 时，首先会出现向下发展的放电，称之为先导放电。当下行负先导接近地面时，地面较突出的部分迎着它向上放电，称之为迎面先导。当迎面先导与下行先导相遇时，就会产生强烈的中和效应，出现极人的电流（$10 \sim 1000kA$），并伴随着雷鸣和闪光，这就是雷云放电的主放电阶段。主放电过程是逆着下行负先导通道由下向上发展的，当主放电到达雷云时结束。随后云中残留电荷经过主放电通道流下来，称之为余光阶段。由于云中电阻较大，故余光阶段对应的电流不大（$100 \sim 1000A$），但持续时间较长（$0.03 \sim 0.15s$）。

在一个雷云单体中，常常有多个电荷密集中心，因此，一次雷云放电也常常包含多次放电脉冲，称为多重放电。每个放电脉冲称为一次闪击，每次后续闪击的主放电过程与首次闪击的主放电过程在机理上没有差别，只是电流幅值一般较小，约为首次的 $1/3 \sim 1/2$，而电流波前时间较首次小得多，

因此，其电流上升的最大陡度反而比首次放电的最大陡度大 $3 \sim 5$ 倍，会在电感性的被击物体上造成较高的过电压[1]。

直流输电线路路径长度较长，线路易遭受雷击而造成输电线路闪络事故的概率增加；邻近换流站线路遭受雷击后，雷电过电压波会沿直流输电线路侵入换流站，可能会危及站内设备安全运行，因此，在进行设计时需考虑直流输电线路雷电过电压及其防护措施。

二、输电线路雷电过电压

输电线路的雷电过电压主要分为两种：感应雷电过电压和直击雷电过电压。

当雷击直流输电线路附近地面时，电磁感应会在极导线上产生感应过电压。感应过电压包含静电感应和电磁感应两个分量。由于雷电主放电速度远小于光速，主放电通道基本垂直于导线，脉冲磁场与导线的互感不大，电磁感应较弱，电磁感应过电压远小于静电感应过电压，因此输电线路雷击感应过电压主要考虑静电感应过电压。对于静电感应过电压，由于导线上方的地线对静电场存在屏蔽作用，使得导线上产生的感应过电压有所降低。运行经验表明，感应雷电过电压对 35kV 及以下的线路威胁较大；而对直流输电线路而言，因其绝缘配置较高，感应雷电过电压不是线路雷击闪络的主要因素，简化计算中可不考虑，仅在计算雷电反击时，计入极导线上的感应电压分量。

直击雷电过电压分为雷击杆塔、绕击导线和雷击地线三种情况。由于雷电过电压对电力系统危害较大，在直流输电线路防雷设计时需重点关注这三种情况，如图 36-1 所示。

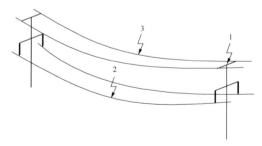

图 36-1 雷击输电线路的三种情况

1—雷击杆塔；2—绕击导线；3—雷击地线

（一）雷击杆塔

当雷击杆塔塔顶时，雷电流部分经被击杆塔接地装置流入大地，一部分电流则经过地线由相邻杆塔入地。在雷电流作用下，雷击点电位升高，当其超过线路绝缘雷电冲击放电电压时，会对极导线发生闪络放电，称为反击。

雷击塔顶的先导放电过程如图36-2（a）所示，导线、地线和杆塔上虽然都会感应出极性相反的束缚电荷，但是先导放电的发展速度较慢，若不计导线运行电压，导线上的电位仍为零，地线和杆塔的电位也为零，因此线路绝缘上不会出现电位差。在主放电阶段，先导通道中的负电荷与杆塔、地线及大地中的正电荷迅速中和，形成雷电冲击电流，如图36-2（b）所示。负极性的雷电冲击波一部分沿着杆塔向下传播，另一部分沿地线向两侧传播，使塔顶电位不断升高，并通过电磁耦合使导线电位发生变化；而由塔顶向雷云迅速发展的正极性雷电波，引起空间电磁场迅速变化，又使导线上出现正极性的感应雷电波。作用在线路绝缘上的电压为横担高度处杆塔电位与极导线电位之差。这一电压一旦超过绝缘子串的雷电冲击放电电压，反击随即发生[2]。

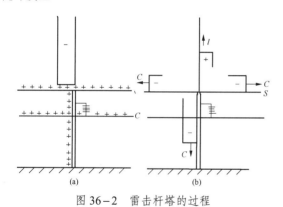

图36-2　雷击杆塔的过程

（二）绕击导线

雷电绕过地线击于导线，直接在导线上产生雷电过电压，称为绕击，如图36-3所示。

当雷电过电压超过线路绝缘的雷电冲击放电电压时，会发生冲击闪络，形成雷电绕击事故。

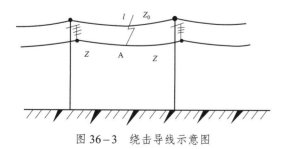

图36-3　绕击导线示意图

输电线路绕击闪络率与地线保护角、杆塔高度以及线路经过地区的地形、地貌和地质条件等有关。

（三）雷击地线

根据模拟试验和实际运行经验，雷击档距中央地线的概率较小，但雷击点会产生很高的过电压。由于地线的外径较小、雷击点距离杆塔较远，雷电过电压波传播到杆塔时，强烈的电晕衰减作用使其大幅下降，一般不足以造成杆塔绝缘闪络，通常情况下只需要考虑雷击点地线对导线的反击问题。如图36-4所示，雷击地线A点时，当地线上的雷电过电压超过空气间隙雷电冲击放电电压，将在地线与导线间发生闪络[3][4]。

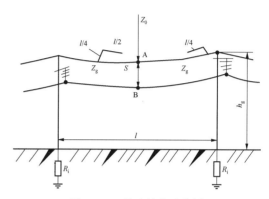

图36-4　雷击地线示意图

三、直流输电线路雷电特性

在实际工程的防雷设计中，交、直流线路采用的方法基本相同，只需针对各自不同的特点加以区别。

（一）雷击保护特性

当线路遭受雷击闪络后，由于交、直流系统对线路的投切采用不同性质的元件完成，使得两者的雷击保护特性不同。

对于交流输电系统，当雷击架空输电线路引起绝缘闪络后，系统保护装置动作，断开线路两侧的断路器，切断故障电流，并在规定的时间内进行重合闸操作，线路恢复正常送电。

而对于直流输电系统而言，当线路遭受雷击闪络后，直流系统的控制保护系统启动，迅速将整流侧的触发角移相至160°左右，整流站转为逆变站运行，故障电流降为零。经过一段去游离时间之后，故障点熄弧，再启动直流系统恢复正常送电。

另外，直流线路与换流站换流阀之间用平波电抗器阻隔，可在一定程度上限制和降低从直流线路上侵入雷电波的幅值和陡度，从而也减少了对换流站的危害。

（二）线路闪络特性

对于双极直流线路，极导线上的运行电压极性相反，具有天然不平衡绝缘的特点。

从防雷角度来看，直流线路与交流线路最大的不同点在于其两极具有极性相反的稳定工作电压，这使得同等绝缘强度下两极线路的耐雷水平和引雷能力都有很大差异，绕击更为明显。对于负极性雷，正极线路的耐雷水平要低于负极。超高压交、直流线路的运行经验表明，对于广泛存在的负极性雷，绕击更易发生在直流线路的正极导线和交流线路的正半周期，即导线电压与雷电先导极性相反时引雷能力更强。也就是说正极线路更容易产生迎面先导，发生绕击的概率高于负极线路。

当雷云电荷为负时，所发生的雷云放电为负极性放电，雷电流极性为负；反之，雷电流极性为正。统计资料表明，对于不同地形地貌，雷电流正负极性的比例不同，负极性所占比例在 70%～90% 之间。中国南方电网超高压公司广州局统计的 2003～2006 年 ±500kV 天一广、贵一广 I 直流线路雷击运行统计数据说明，正极性导线更容易发生雷击闪络[5]。

**表 36-1　中国南方电网超高压公司广州局
直流线路雷击闪络率统计**

线路名称	地形	时间	闪络导线极性	闪络类型
天一广	水塘	2003 年 8 月 23 日	+	绕击
	山地	2004 年 8 月 11 日	+	绕击
	山地	2004 年 8 月 23 日	+	绕击
	山地	2004 年 9 月 19 日	+	反击
	平地	2004 年 9 月 21 日	+	绕击
	山地	2006 年 6 月 2 日	+	绕击
贵一广 I	山地	2006 年 5 月 4 日	−	绕击
	山地	2006 年 6 月 16 日	+	不明

此外，交流系统由于电压存在过零点情况，雷击闪络需考虑建弧率问题；而对于直流线路，由于极导线电压恒定，建弧率为 1。

随着直流输电线路电压等级的不断提高，极导线电压在反击计算中的影响越来越大，如 ±1100kV 线路，极导线电压已经和空气间隙的雷电冲击 50% 放电电压处于同一数量级。因此，在直流线路的反击计算时，应计及线路电压的影响。

（三）雷电危害及运行特点

对于交流输电线路，由于断路器设备对跳闸次数有要求，当跳闸次数超过要求后，需要对断路器进行停电检修。所以，交流输电系统把"雷击跳闸率"作为线路的防雷性能指标。另外，雷击交流输电线路造成跳闸后，由于工频电弧的作用，有时会烧坏绝缘子。所以，运行人员需寻找故障点，必要时还需更换绝缘子，这也是必须控制交流线路雷击跳闸率的因素之一。

直流输电系统是通过控制整流侧移相来切断故障电流，直流系统采用线路雷击闪络率作为防雷性能指标。雷击直流架空输电线路发生绝缘闪络时，直流短路电流也较大，可能会烧坏绝缘子，这与交流架空输电线路相同。因此，直流输电线路的雷击闪络率也应控制在一定范围内。

我国交流输电线路的雷击跳闸运行统计数据（折算到年平均 40 个雷暴日）：110kV 为 0.525 次/（100km·年）；220kV 为 0.315 次/（100km·年）；330kV 为 0.2 次/（100km·年）；500kV 为 0.14 次/（100km·年）。

表 36-2 给出了 2004～2007 年间部分 ±500kV 直流线路的雷电闪络情况。

表 36-2　部分 ±500kV 直流线路雷电闪络情况统计（2004～2007 年）

线路	线路长度（km）	雷击闪络次数					雷击闪络率[次/100km·年]
		2004	2005	2006	2007	合计	
葛一南	1045	4	0	3	4	11	0.26
三一常	895	1	2	1	4	8	0.22
三一广	940	1	2	4	4	11	0.29
三一沪	1070	—	—	—	5	5	0.47
						平均	0.28

中国南方电网公司 2011 年 ±800kV 直流线路雷击闪络 1 次，雷击闪络率为 0.073 次/100km·年；±500kV 直流线路雷击闪络 9 次，雷击闪络率为 0.295 次/（100km·年）。

2005～2011 年间，中国南方电网公司部分直流线路雷击闪络率情况统计见表 36-3。

表 36-3　中国南方电网公司部分直流线路雷电闪络情况统计（2005～2011 年）

项　　目	2005	2006	2007	2008	2009	2010	2011
直流雷击闪络率（次/100km·年）	0.27	1.402	0.328	0.885	0.328	0.565	0.203 4

运行统计数据表明，我国±500kV 直流线路的雷击闪络率高于交流 500kV 线路雷击跳闸率的平均值（0.14 次/100km·年）[5]，从收集到的数据看，直流线路实际运行雷电闪络率一般大于 0.2 次/100（km·年）。±800kV 直流线路由于绝缘强度等设计标准较高，雷击闪络率小于±500kV 直流线路。

直流线路雷电过电压的危害一定程度上小于交流线路，但为提高系统运行可靠性，也应将直流线路的雷击闪络率控制在一定的水平，对直流线路的防雷设计提出相关要求。

第二节　雷　电　参　数

雷电放电受气象条件、地形和地质等许多自然因素影响，有很大的随机性，因而表征雷电特性的各种参数也具有一定的统计规律。各国选择在典型地区建立雷电观测点，进行长期系统的雷电观察，将观察的数据进行统计分析，得到相应的各种雷电参数，为输电线路防雷保护设计提供重要依据。

一、雷暴日

地面上不同地区雷电活动的频繁程度通常是用年平均雷暴日来衡量。雷暴日是指在指定地区内一年四季所有发生雷电放电的天数，以 T_d 表示，由于各年的雷暴日变化较大，所以应采用多年平均值。

根据雷电活动的频繁程度，通常把年平均雷暴日数不超过 15 的地区称为少雷区，年平均雷暴日数超过 15 但不超过 40 的地区称为中雷区，年平均雷暴日数超过 40 但不超过 90 的地区称为多雷区，年平均雷暴日数超过 90 的地区及根据运行经验雷害特殊严重的地区称为雷电活动特殊强烈地区。

我国各地雷电活动的情况与所处的纬度及距离海洋的远近有关。大致可以划分为四个区域：西北地区年平均雷暴日一般在 15 天以下；长江以北大部分地区（包括东北）在 15～40 天之间；长江以南地区在 40 天以上；北纬 23° 以南，一般在 80 天以上，其中海南、广东、云南和贵州等地区均超过 90 天，雷州半岛和海南岛最高，为 100～133 天[6]。

二、地闪密度及地面落雷密度

输电线路防雷设计中，一般采用地闪密度 N_g 来表征地面落雷强度，代表每年每平方公里落雷次数，单位为次/（km²·年）[7]。

GB 50057—2010《建筑物防雷设计规范》规定，在无准确气象资料的情况下，大地每年每平方公里的落雷次数 N_g 和年平均雷暴日 T_d 的关系可由式（36-1）确定

$$N_g = 0.1 \times T_d \quad (36-1)$$

Anderson R B 和 Eriksson A J 在 1980 年给出的经验公式如式（36-2）[8]：

$$N_g = 0.023 T_d^{1.3} \quad (36-2)$$

IEEE 推荐的经验公式如式（36-3）：

$$N_g = 0.04 T_d^{1.25} \quad (36-3)$$

GB/T 50064—2014《交流电气装置的过电压保护和绝缘配合设计规范》中，在 T_d=40 的地区，大地每平方公里的落雷次数 N_g 为 2.78 次，与式（36-2）计算结果一致，因此，输电线路防雷设计中通常采用该公式[9]。

防雷设计中，也可采用地面落雷密度（γ）来表示地面落雷强度，代表每平方公里、每雷暴日（d）地面落雷次数，单位为次/（km²·雷暴日）。

DL/T 620—1997《交流电气装置的过电压保护和绝缘配合》认为地闪密度 N_g 和平均年雷暴日数 T_d 之间存在相关性[9]。

$$N_g = \gamma \cdot T_d \quad (36-4)$$

式中　N_g——每年每平方公里落雷次数，次/（km²·a）；

γ——地面落雷密度，次/（km²·雷暴日）；

T_d——年平均雷暴日数，天。

DL/T 620—1997 中推荐，在雷暴日 40 天时，地面落雷密度 γ 可取 0.07。国外地面落雷密度 γ 数据如下，可供设计参考[10]。

前苏联	0.09
加拿大（H.Linck）	0.15
奥地利（普润提斯）	0.13
德国（按磁钢棒记录）	0.2
美国（Hagengath）	0.09
美国（超高压输电设计）	0.1
英国	0.19

雷电定位系统（LLS）利用磁场定位和时差定位原理，来监测雷击点各落雷参数，并绘制出电网地闪密度分布图。作为示例，图 36-5 给出了中国南方五省区电网地闪密度分布图。在输电线路防雷计算中，利用雷电定位系统（LLS）测得的地闪密度计算得到的雷电跳闸闪络率与实际运行数据存在一定差距，相关研究机构正在继续开展这方面的研究工作，以期更好地指导输电线路防雷设计。输电线路防雷设计过程中，目前仍然按照气象部门提供的雷暴日数量来划分雷电活动强弱地区。

三、雷电流幅值及概率分布

雷电流幅值是指雷电的脉冲电流所能达到的最高值。在不同国家，不同地区和不同自然条件下，该幅值差异很大。对于雷电流幅值，不同标准给出了不同的雷电流概率密度函数。

落雷密度（0.01 2003~2013）

0.78　2.78　7.98　15.5

图 36-5　雷电定位系统测量的中国南方电网落雷密度分布图（2003～2013）

国内输电线路防雷设计中，一般采用 GB/T 50064—2014 推荐的相关公式进行计算。

根据 GB/T 50064—2014，除不包括陕南的西北地区和内蒙古自治区的部分地区以外，我国一般地区雷击输电线路杆塔雷电流幅值概率分布可按式（36-5）计算：

$$P(I_0 \geq i_0) = 10^{-\frac{i_0}{88}} \qquad (36-5)$$

式中　　I_0——雷电流幅值的变量，kA；

i_0——给定的雷电流幅值，kA；

$P(I_0 \geq i_0)$——雷电流幅值超过 i_0（kA）的概率。

年雷暴日在 20 及以下的部分地区（我国除陕南以外的西北地区、内蒙古自治区），雷电流幅值概率分布可按式（36-6）计算：

$$P(I_0 \geq i_0) = 10^{-\frac{i_0}{44}} \qquad (36-6)$$

I_0，i_0，$P(I_0 \geq i_0)$ 符号意义同式（36-5）。

雷击输电线路杆塔多重雷击的第二次及后续雷击，雷电流幅值概率分布可按式（36-7）计算：

$$P(I_0 \geq i_0) = \frac{1}{1 + \left(\frac{i_0}{12}\right)^{2.7}} \qquad (36-7)$$

I_0，i_0，$P(I_0 \geq i_0)$ 符号意义同式（36-5）。

国外相关研究机构在统计大量雷电数据的基础上提出了不同雷电流幅值概率分布。Pobolansky 在分析欧洲、澳洲和美国等国家的雷电观测数据后，认为雷电流幅值服从对数正态分布[11]：

$$P(I) = \frac{1}{1 + (I / 25)^2} \qquad (36-8)$$

式中　　I——雷电流幅值，kA；

$P(I)$——幅值大于 I 的雷电流概率。

该公式适用于雷电流大小 5～200kA。

其他研究者根据不同地区的观测数据提出了不同的计算公式，IEEE 1243—1997《IEEE Guide for Improving the Lightning Performance of Transmission Lines》推荐式（36-9）作为雷电流幅值的概率分布：

$$P(I) = \frac{1}{1 + (I / 31)^{2.6}} \qquad (36-9)$$

I，$P(I)$ 符号意义同式（36-8），适用于雷电流大小 2kA～200kA。

CIGRE 63—1991《Guide to procedures for estimating the lightning performance of transmission lines》的推荐公式较为复杂，但与式（36-9）计算结果相差不大。

四、雷电流等效波形

防雷设计中常用的雷电流等效波形有双斜角波、半余弦波和双指数波三种[6][10]。

（一）双斜角波

为了简化分析和计算，可将雷电流用等值双斜角波形加以表示，雷电流陡度：

$$a = \frac{I_m}{\tau_f} \qquad (36-10)$$

式中　　a——雷电流的波头陡度；

I_m——雷电流幅值，kA；

τ_f——波头时间，μs。

斜角波波尾部分可以是无限长，此时又称之为斜角平顶波。若有一定的波长，则称之为三角波。斜角波的数学表达式比较简单，用其分析雷电流所引起的波过程比较方便，在输电线路防雷设计中得到广泛采用。世界各国测得的对地放电雷电流波形差异不大，波长大致在 40μs 左右，波头时间大致在 1～4μs，平均在 2.6μs 左右。GB/T 500064—2014 建议雷电流等效波形按双斜角波考虑，波头时间 τ_f 取 2.6μs，波头陡度取 $I_m / 2.6$，波尾时间 τ_t 取 50μs。

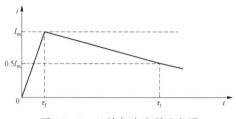

图 36-6 双斜角波波形示意图

（二）半余弦波

半余弦波形多用于分析雷电流波头的作用，计算雷电流通过电感支路时间所引起的压降较为方便，在高塔防雷设计时，更接近实际且偏安全。

$$i = \frac{I_m}{2}(1 - \cos\omega t) \tag{36-11}$$

$$\omega = 2\pi f = 2\pi\frac{1}{T} = \frac{\pi}{\tau_f} \tag{36-12}$$

式中 I_m——雷电流幅值，kA；

ω——波的角频率，rad/s；

t——时间，μs；

τ_f——波头时间，μs。

波头最大陡度出现在波头中间 $t = \tau_f / 2$ 处，其值为

$$a_{max} = \left(\frac{di}{dt}\right)_{max} = \frac{I_m\omega}{2} \tag{36-13}$$

式中 a_{max}——雷电流波头陡度最大值。

I_m、ω 符号的意义同式（36-11）、式（36-12）。

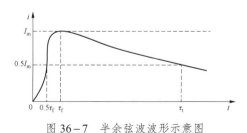

图 36-7 半余弦波波形示意图

（三）双指数波

双指数波又称为雷电流的标准波形，其表达式为

$$i = I_0(e^{\alpha t} - e^{\beta t}) \tag{36-14}$$

式中 I_0——某一固定的雷电流幅值，kA；

α, β——时间常数；

t——时间，μs。

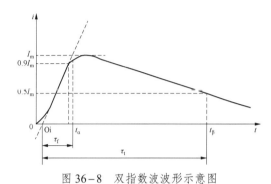

图 36-8 双指数波波形示意图

由于双指数波形式比较复杂，在输电线路工程防雷设计中一般很少采用。

五、雷电通道波阻抗

根据 GB/T 50064—2014，雷电通道等值波阻抗 Z_0 在不同的雷电流幅值下可区别对待，Z_0 随雷电流幅值变化的规律可按图 36-9 确定。

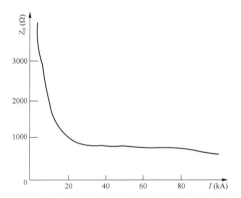

图 36-9 雷电流通道等值波阻抗和雷电流幅值的关系

第三节 输电线路反击闪络率计算

工程设计中一般采用 GB/T 50064—2014《交流电气装置的过电压保护和绝缘配合设计规范》推荐的计算方法进行输电线路反击闪络率计算。

一、输电线路雷电反击计算模型

（一）导线波阻抗及耦合系数

1. 导线波阻抗

假定输电线路是无损耗的，导线中波的运动可以近似看

成是平面电磁波的传播，可将麦克斯韦静电方程运用到波过程的计算中。

如图36-10所示，设有与地面平行的若干平行导线系统，导线 k 的电位可由麦克斯韦静电方程表示为

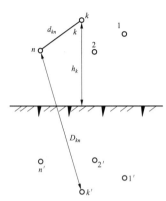

图36-10 平行多导线系统

$$U_k = a_{k1}Q_1 + a_{k2}Q_2 + \cdots + a_{kk}Q_k + \cdots + a_{kn}Q_n \quad (36-15)$$

$$a_{kk} = \frac{1}{2\pi\varepsilon_0\varepsilon_r}\ln\frac{2h_k}{r_k} \quad (36-16)$$

$$a_{kn} = \frac{1}{2\pi\varepsilon_0\varepsilon_r}\ln\frac{D_{kn}}{d_{kn}} \quad (36-17)$$

式中 $Q_1, Q_2, \cdots, Q_k, \cdots, Q_n$ ——导线 1，2，$\cdots$，k，$\cdots$，n 单位长度上的电荷；

a_{kk} ——导线 k 单位长度的自电位系数；

a_{kn} ——单位长度导线 k 与导线 n 间的互电位系数；

r_k ——导线 k 的半径，m；

h_k ——导线 k 的平均高度，m；

d_{kn} ——导线 k 与导线 n 间的距离，m；

D_{kn} ——导线 n 与导线 k 的镜像 k' 间的距离，m；

ε_0 ——空气的介电系数；

ε_r ——导线所在介质的相对介电系数，此式中 $\varepsilon_r = 1$。

在式（36-15）中，右侧乘以 $\frac{v}{v}$（v 为波速），并以 $i = Qv$ 代入，则可得

$$U_k = z_{k1}i_1 + z_{k2}i_2 + \cdots + z_{kk}i_k + \cdots + z_{kn}i_n \quad (36-18)$$

$$z_{kk} = \frac{a_{kk}}{v} = \frac{1}{2\pi}\sqrt{\frac{\mu_0}{\varepsilon_0}}\ln\frac{2h_k}{r_k} = 60\ln\frac{2h_k}{r_k} \quad (36-19)$$

$$z_{kn} = \frac{a_{kn}}{v} = \frac{1}{2\pi}\sqrt{\frac{\mu_0}{\varepsilon_0}}\ln\frac{D_{kn}}{d_{kn}} = 60\ln\frac{D_{kn}}{d_{kn}} \quad (36-20)$$

式中 z_{kk} ——导线 k 的自波阻抗；

z_{kn} ——导线 k 与导线 n 间的互波阻抗；

μ_0 ——空气的导磁系数。

a_{kk}、a_{kn}、r_k、h_k、d_{kn}、D_{kn}、ε_0 符号的含义与式（36-16）和式（36-17）相同。

对于分裂导线，可用分裂导线等效半径 r_{eq} 代替 r_k 进行计算，其中 r_{eq} 计算公式见式（36-21）和式（36-22）[10][12]：

$$r_{eq} = (nr_k b^{n-1})^{\frac{1}{n}} \quad (36-21)$$

$$R = \frac{b}{2\sin\frac{\pi}{n}}(n>1) \quad (36-22)$$

式中 n ——分裂导线根数；

r_k ——子导线半径，m；

r_{eq} ——极分裂导线的有效半径，m；

R ——分裂导线所占圆周的半径，也称为分裂导线半径，m；

b ——分裂间距，m。

我国直流线路极导线分裂根数均为偶数，对称布置，常用的分裂导线等效半径 r_{eq} 计算如表36-4所示。

表36-4 等效半径计算公式

序号	分裂根数	等效半径计算公式
1	$n=2$	$r_{eq} = (r_k b)^{\frac{1}{2}}$
2	$n=4$	$r_{eq} = 1.091(r_k b^3)^{\frac{1}{4}}$
3	$n=6$	$r_{eq} = 1.349(r_k b^5)^{\frac{1}{6}}$
4	$n=8$	$r_{eq} = 1.639(r_k b^7)^{\frac{1}{8}}$
5	$n=10$	$r_{eq} = 1.941(r_k b^9)^{\frac{1}{10}}$
6	$n=12$	$r_{eq} = 2.249(r_k b^{11})^{\frac{1}{12}}$

在雷电冲击波作用下，电线上会产生电晕，电晕套改变了电容，但不改变电感，因此考虑电晕耦合效应的导线自阻抗为[12]

$$Z_c = 60\sqrt{\ln\left(\frac{2h}{R'_c}\right)\ln\left(\frac{2h}{r}\right)} \quad (36-23)$$

式中 R'_c ——考虑电晕后的导线半径，m；

r ——导线半径，m；

h ——电线高度，m。

2. 耦合系数计算

（1）几何耦合系数（k_0）几何耦合系数可由无损耗平行多导线系统波的传播方程求得。

设两根地线（1 及 2）和任一极导线（3），则可列出式（36-24）

$$\left.\begin{array}{l} u_1 = z_{11}i_1 + z_{12}i_2 + z_{13}i_3 \\ u_2 = z_{21}i_1 + z_{22}i_2 + z_{23}i_3 \\ u_3 = z_{11}i_1 + z_{12}i_2 + z_{13}i_3 \end{array}\right\} \qquad (36-24)$$

令导线上的电流 $i_3 = 0$，若认为两根地线电位相同，即 $u_1 = u_2 = u$，解联立方程式（36-24）（未知数为 u_3、i_1、i_2），则两根地线与一根导线的几何耦合系数可用式（36-25）表示

$$K_{0(1,2-3)} = \frac{z_{13}(z_{22}-z_{12}) + z_{23}(z_{11}-z_{12})}{z_{11}z_{12}-z_{12}^2} \qquad (36-25)$$

如果两地线悬挂高度及直径均相等，则 $z_{11}=z_{22}$，此时

$$K_{0(1,2-3)} = \frac{z_{13}+z_{23}}{z_{11}+z_{12}} = \frac{k_{0(1-3)} + k_{0(2-3)}}{1 + k_{0(1-2)}} \qquad (36-26)$$

（2）考虑电晕效应的耦合系数（k）当雷击时，由于地线上的冲击电压超过地线的起始电晕电压，地线上将出现电晕。由于电晕的存在，使地线径向尺寸增大。

电线电晕套半径的计算可用式（36-27）[12]。

$$R_c = \frac{V}{E_0 \ln\left(\dfrac{2h}{R_c}\right)} \qquad (36-27)$$

式中　V——电线电压，kV；

　　　R_c——为电晕套半径，m；

　　　E_0——临界梯度，kV/m，一般可取 1500kV/m；

　　　h——电线高度，m。

考虑电晕效应的耦合系数（k）也可按式（36-28）简单计算：

$$k = k_1 k_0 \qquad (36-28)$$

式中　k_0——导线和地线（或耦合线）间几何耦合系数；

　　　k_1——电晕效应校正系数。

（二）杆塔模型

GB/T 50064—2014 推荐采用分段波阻抗模拟杆塔雷电过程。Hara 在 1996 年提出了杆塔无损线模型，具有一定的代表性。该模型根据垂直导体不同高度处波阻抗不同的概念，将杆塔波阻抗分为主材、塔身和横担三部分，每段都可以计算出一个波阻抗。主材和塔身部分波阻抗可通过其自身的尺寸和几何函数计算。

主材部分可视为一个不平行多导体系统，该系统如图 36-11 所示。

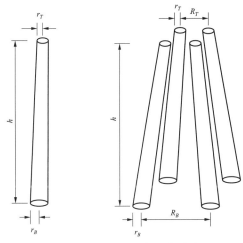

图 36-11　不平行多导体系统

$$\left.\begin{array}{l} r = r_T^{1/3} r_B^{2/3} \\ R = R_T^{1/3} R_B^{2/3} \end{array}\right\} \qquad (36-29)$$

式中　r_T、r_B——分别为不平行多导线系统顶部和底部导线的半径；

　　　R_T、R_B——分别为不平行导线系统顶部和底部导线间间距，如图 36-11 所示[13]。

文献［14］在特高压直流输电线路防雷计算中，采用 Hara 模型，建立了杆塔的分段波阻抗模型，具体如图 36-12 所示：

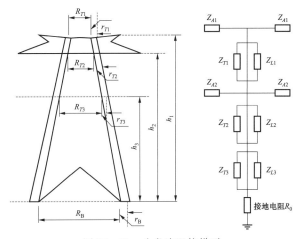

图 36-12　分段波阻抗模型

主材部分波阻抗计算公式为

$$Z_{Tk} = 60\left(\ln\frac{2\sqrt{2}h_k}{r_{ek}} - 2\right) \qquad (36-30)$$

$$r_{ek} = 2^{1/8}\left(r_{Tk}^{1/3} r_B^{2/3}\right)^{1/4}\left(R_{Tk}^{1/3} R_B^{2/3}\right)^{3/4} \qquad (36-31)$$

式中　r_{Tk}——主材等效半径；

　　　R_{Tk}——主材中心间的距离；

　　　h_k, r_B, R_B——具体符号含义详见图 36-12。

有主材时的波阻抗值通常比无主材情况下的波阻抗减少

约 10%，塔身每部分波阻抗为对应主材部分的 9 倍，即

$$Z_{Lk} = 9Z_{Tk} \qquad (36-32)$$

实测表明，电磁波通过含塔身的多导线系统时需要更长时间，仿真中，模型塔身部分的长度可取对应主材部分的 1.5 倍。

横担的波阻抗采用下式进行计算：

$$Z_{Ak} = 60\ln\frac{2h_k}{r_{Ak}} \qquad (36-33)$$

式中　h_k ——为第 k 部分横担对应的对地高度，m；

　　　r_{Ak} ——为第 k 部分横担对应的等值半径，m，可取杆塔与横担连接处横担宽度的 1/4[14]。

二、耐雷水平计算

（一）感应电压

当雷击杆塔时，由于雷电通道所产生的电磁场迅速变化，将在导线上感应出与雷电流极性相反的电压。

GB/T 50064—2014 推荐感应电压分量可按式（36−34）、式（36−35）和式（36−36）计算：

$$u_i = \frac{60ah_{c.t}}{k_\beta c}\left[\ln\frac{h_T + d_R + k_\beta ct}{(1+k_\beta)(h_T + d_R)}\right]\left(1 - \frac{h_{t.av}}{h_{c.av}}k_0\right) \qquad (36-34)$$

$$k_\beta = \sqrt{i/(500+i)} \qquad (36-35)$$

$$d_R = 5i^{0.65} \qquad (36-36)$$

式中　u_i ——反击时的感应电压分量，kV；

　　　i ——雷电流瞬时值，kA；

　　　a ——雷电流陡度，kA/μs；

　　　k_β ——主放电速度与光速 c 的比值；

　　　$h_{c.t}$ ——导线在杆塔处的悬挂高度，m；

　　　$h_{c.av}$ ——导线对地平均高度，m；

　　　$h_{t.av}$ ——地线对地平均高度，m；

　　　d_R ——雷击杆塔时，迎面先导的长度，m；

　　　k_0 ——地线和导线间的耦合系数；

　　　h_t ——杆塔高度，m。

（二）绝缘上承受的电压

雷击杆塔或地线时，极导线上电压 U_c 由三个分量组成，分别为雷击塔顶时导线上的感应过电压、雷击点电压和极导线工作电压[5]。

$$U_c = u_i(1-k_0) + U_{tp}k \pm U_{DC} \qquad (36-37)$$

式中　u_i ——雷击塔顶时在极导线上形成的感应过电压分量，kV；

　　　U_{tp} ——雷击点（塔顶、地线）的电压，kV；

　　　U_{DC} ——极导线上工作电压，kV；

　　　k_0 ——地线与导线间的几何耦合系数；

　　　k ——地线与导线间考虑电晕效应的耦合系数。

线路绝缘上的电压为横担高度处杆塔电位和导线电位之差，故线路绝缘上承受的电压最大值（U_I）为

$$U_I = U_{tp} - U_c \qquad (36-38)$$

将式（36−37）代入式（36−38），线路绝缘上承受的电压可按式（36−39）计算。

$$U_I = U_{tp}(1-k) - u_i(1-k_0) \mp U_{DC} \qquad (36-39)$$

（三）闪络判据

绝缘闪络的判据主要有经验公式法、相交法和先导发展法三种。

经验公式法认为，雷击杆塔时，当反击雷过电压大于等于塔头绝缘（绝缘子串或塔头间隙的雷电冲击 50%放电电压 $U_{50\%}$）时判断发生绝缘闪络。相交法主要通过雷电过电压波和绝缘冲击放电伏秒特性曲线是否相交来判别是否闪络；当承受电压峰值大于绝缘雷电冲击 50%放电电压值时，判定为发生绝缘闪络。先导发展法是基于长空气间隙放电过程的实验研究结果，利用空气放电的物理机制，计算空气间隙中先导放电发生的情况，当间隙中先导长度达到间隙长度时，判定发生绝缘闪络。

在工程设计简化计算中，通常采用经验公式法或相交法。

用相交法（伏秒特性法）判断绝缘闪络，是比较绝缘承受电压和雷电冲击波下的伏秒特性曲线 $u(t)$。如图 36−13 所示，当绝缘承受的过电压波与伏秒特性曲线相交即判断为闪络，不相交则不闪络。

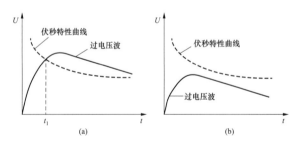

图 36−13　相交法判断绝缘子串闪络

（a）与伏秒特性曲线相交；（b）与伏秒特性曲线不相交

对于采用 V 型绝缘子串的输电线路，常存在空气绝缘间隙的绝缘强度小于绝缘子串的绝缘强度情况，在判断线路闪络时需要加以考虑。

（四）反击耐雷水平

反击耐雷水平是指雷击杆塔或地线时线路绝缘不发生闪络的最大雷电流幅值，目前多采用数值计算的方法，通过建立数学模型，计算反击耐雷水平。

科研单位按宁东—山东 ±660kV 直流输电示范工程塔型和间隙尺寸计算得到，单回线路杆塔单极反击耐雷水平为 173kA～192kA，双极同时反击闪络的雷电流在 400kA 以上。

表 36-5 和表 36-6 给出了中国电力科学研究院、清华大学按向一上±800kV 直流工程典型塔型尺寸和间隙,计算的反击耐雷水平。

表 36-5 向一上±800kV 直流工程反击雷电性能的计算（中国电科院计算）

工频接地电阻（Ω）	反击耐雷水平（kA）	反击闪络率 [次/100km·年]
30	136	0.845
20	174	0.311
15	204	0.095
10	249	0.030
5	327	0.004

表 36-6 向一上±800kV 直流工程反击雷电性能的计算（清华大学计算）

工频接地电阻（Ω）	反击耐雷水平（kA）	反击闪络率 [次/100km·年]
30	218	0.110
20	250	0.047 5
15	270	0.028 1
10	290	0.016 7
5	316	0.008 4

三、反击闪络率计算

若雷击杆塔时的耐雷水平为 I_1,雷电流幅值超过 I_1 的概率为 P_1,建弧率为 η,则 100km 线路每年雷电反击闪络的次数 N 为

$$N = N_L \eta g P_1 \qquad (36-40)$$

式中 P_1——雷电流幅值超过雷击杆塔耐雷水平 I_1 的概率;

N_L——每年每百公里线路的落雷次数,次/(100km·年);

g——击杆率,平原取 1/6,山区取 1/4。

根据 GB/T 50064—2014,线路每年每百公里的落雷次数为

$$N_L = 0.1 N_g (28 h_T^{0.6} + b) \qquad (36-41)$$

式中 N_g——地闪密度,次/(km²·年),对平均雷电日为 40d 的地区,暂取 2.78 次/(km²·年);

b——两根地线之间的距离,m;

h_T——杆塔高度,m。

四、雷电反击闪络率计算流程

在直流输电线路工程防雷设计时,多采用基于行波法的电磁暂态计算方法,利用 EMTP 等软件,建立仿真模型,计算直流输电线路综合反击闪络率,其主要过程如框图 36-14

所示。

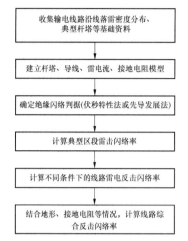

图 36-14 综合反击闪络率计算流程图

五、简化计算方法

在 GB/T 50064—2014 颁布以前,输电线路反击多采用简化集中参数来进行计算,计算模型如图 36-15 所示。

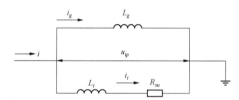

图 36-15 雷击塔顶（附近地线）反击计算模型

上图中 i 为雷电流,i_g 为地线上的雷电流分量,i_t 为流经杆塔和接地电阻的雷电流分量,u_{tp} 为塔顶电位。

根据参考文献 [10],图中 L_g 为杆塔两侧邻档地线的电感并联值（μH）,取 0.42l（l 为档距,m）;R_{su} 为杆塔冲击接地电阻;L_t 为杆塔电感（μH）,铁塔的杆塔波阻抗取 150Ω,对应的电感为 0.5μH/m。

（一）感应电压

由于地线的屏蔽作用,导线上感应的过电压最大值（u_i）为

$$u_i = a h_{c.av} \left(1 - \frac{h_{t.av}}{h_{c.av}} k_0\right) \qquad (36-42)$$

式中 k_0——导线与地线间的几何耦合系数;

$h_{t.av}$——地线的平均高度,m;

$h_{c.av}$——导线的平均高度,m;

a——感应过电压系数,其值等于以 kA/μs 计的雷电流陡度值,一般取 $\frac{I}{2.6}$,I 为雷电流,kA。

（二）塔顶电位

雷击塔顶后,由于地线的分流作用,只有一部分雷电流流过杆塔和接地电阻,可用分流系数表示流经杆塔的雷电流

和总雷电流的关系。

$$i_t = \beta i \tag{36-43}$$

式中　i_t ——流经杆塔的雷电流瞬时值，kA；

　　　i ——总雷电流瞬时值，kA；

　　　β ——杆塔分流系数。

杆塔分流系数 β 可近似按图36-15所示的等值电路图来进行计算。

如设计中取雷电流波头为斜角波（$i = at$），则按图36-15所示，β 值可写为

$$\beta = \cfrac{1}{1 + \cfrac{L_t}{L_g} + \cfrac{R_{su}}{L_g}t} \tag{36-44}$$

如令 β 为常数，则式（36-44）中的 t 宜取由 $0 \sim \tau_t$ 的平均值，于是式（36-44）可变为

$$\beta = \cfrac{1}{1 + \cfrac{L_t}{L_g} + \cfrac{R_{su}}{L_g}\cfrac{\tau_t}{2}} \tag{36-45}$$

式中　τ_t ——波头长度，μs；

　　　R_{su} ——杆塔冲击接地电阻，Ω；

　　　L_t ——杆塔等值电感，μH；

　　　L_g ——杆塔两侧邻档地线的电感并联值，μH。

按斜角波计算时，雷电流陡度取 $a = \dfrac{\mathrm{d}i}{\mathrm{d}t} = \dfrac{I}{2.6}$，故塔顶电位的最大值为

$$U_{tp} = R_{su}\beta I + L_t\beta\frac{\mathrm{d}i}{\mathrm{d}t} = R_{su}\beta I + L_t\beta\frac{I}{2.6} = \beta I\left(R_{su} + \frac{L_t}{2.6}\right) \tag{36-46}$$

式中　I ——雷电流幅值，kA。

其余符号含义与式（36-45）相同。

（三）绝缘上承受的电压

线路绝缘上的电压为横担高度处杆塔电位和导线电位之差，故线路绝缘上承受的电压最大值 U_I 按照式（36-47）计算。

$$U_I = (1-k)\beta R_{su}I + \left(\frac{h_a}{h_t} - k\right)\beta a I_t + \left(1 - \frac{h_{t.av}}{h_{c.av}}k_0\right)a h_{c.av} \tag{36-47}$$

式中参数符号同式（36-41）和式（36-47）。

（四）反击耐雷水平

雷击杆塔时，当反击雷电过电压大于等于塔头绝缘（绝缘子串或塔头间隙的50%冲击放电电压 $U_{50\%}$）时判断为闪络，反击耐雷水平可由式（36-48）计算得出：

$$I_1 = \cfrac{U_{50\%}}{(1-k)\beta R_{su} + \left(\cfrac{h_a}{h_t} - k\right)\beta\cfrac{L_t}{\tau_t} + \left(1 - \cfrac{h_{t.av}}{h_{c.av}}k_0\right)\cfrac{h_{c.av}}{\tau_t}} \tag{36-48}$$

式中　$U_{50\%}$ ——绝缘子串或塔头间隙50%冲击放电电压，kV；

　　　R_{su} ——杆塔的冲击接地电阻，Ω；

　　　L_t ——杆塔等值电感，μH；

　　　k ——耦合系数，按照式（36-28）计算；

　　　k_0 ——地线与导线间的几何耦合系数；

　　　τ_t ——雷电流的波头时间，μs，一般 $\tau_t = 2.6$μs；

　　　$h_{c.av}$ ——导线平均高度，m；

　　　$h_{t.av}$ ——地线平均高度，m；

　　　h_a ——横担对地高度，m；

　　　h_t ——杆塔高度，m；

　　　β ——分流系数。

在雷电冲击电压作用下，绝缘子串和间隙的正极性冲击放电电压低于负极性。同时，考虑到大部分直击雷是负极性，当雷击塔顶或地线时，相当于在导线上施加了正极性雷电冲击电压，因此防雷计算中，$U_{50\%}$ 应取正极性冲击放电电压值。

（五）反击闪络率计算

按照式（36-48）计算得出线路的反击耐雷水平后，参照式（36-40）计算线路的反击闪络率，其中线路每年每百公里的落雷次数（雷暴日40d）计算公式如下：

$$N_L = 0.28(b + 4h) \tag{36-49}$$

式中　b ——两根地线之间的距离，m；

　　　h ——地线平均高度，m。

（六）考虑极导线电压的反击耐雷水平

对于直流输电线路而言，由于极导线电压较高，在雷击杆塔时，应考虑线路工作电压，基于DL/T 620—1997的方法，参照式（36-48），考虑极导线电压的反击耐雷水平计算公式如式（36-50）：

$$I_1 = \cfrac{U_{50\%} \pm U_{DC}}{(1-k)\beta R_{su} + \left(\cfrac{h_a}{h_t} - k\right)\beta\cfrac{L_t}{\tau_t} + \left(1 - \cfrac{h_{t.av}}{h_{c.av}}k_0\right)\cfrac{h_{c.av}}{\tau_t}} \tag{36-50}$$

式中各符号意义与式（36-48）相同，对于正极导线，式（36-50）中 U_{DC} 应取负号，对于负极导线，则取正号。

第四节　输电线路绕击闪络率计算

早在20世纪60年代，各国就利用模拟实验、现场实测、理论模型和计算机综合分析等手段对输电线路的绕击性能展开了研究工作，取得了很多重要的成果，提出了一些确定输电线路绕击耐雷性能的方法，为提高输电线路绕击耐雷水平，保障线路的安全可靠运行提供了重要依据和参考。用于分析输电线路绕击耐雷性能的方法主要有电气几何模型法、经验法和先导发展模型法。工程设计中常采用电气几何模型法。

一、电气几何模型法（EGM）

（一）基本原理

电气几何模型法（EGM）起源于 20 世纪 60 年代。它以雷击机理的现代知识作为基础，是一种将雷电放电特性与线路杆塔尺寸相结合的几何分析方法。电气几何模型法的基本原理为：由雷云向地面发展的先导放电通道头部到达距被击物体临界击穿距离（简称击距）的位置以前，击中点是不确定的。对某个物体先达到相应击距时，向该物体放电。

GB/Z 24842—2009《1000kV 特高压交流输变电工程过电压和绝缘配合》中介绍了电气几何模型法主要原理如图 36–16 所示。

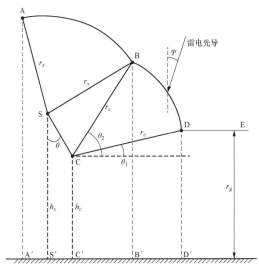

图 36–16　雷电直击线路导线的电气几何模型

图 36–16 是线路的横断面图，显示了雷直击双地线线路导线的电气几何模型。S 点是地线，C 点是导线，AA′为杆塔中心线，θ 是线路地线对导线的保护角。若雷电先导头部落入 AB 弧面，放电将击向地线，使导线得到保护，称弧 AB 为保护弧。若先导头部落入 BD 弧面，则击中导线，称弧 BD 为暴露弧。若先导头部落入 DE 平面，则击中大地，故称 DE 平面为大地捕雷面。随着雷电流幅值增大，暴露弧 BD 逐渐缩小，当雷电流幅值增大到最大绕击导线电流 $I_{\max}$ 时，暴露弧 BD 缩小为 0，即不再发生绕击。图 36–16 中 ψ 是雷电先导入射角。

对于实际输电线路工程而言，可根据地形确定平均地面倾斜角，如高山大岭地面倾角平均可取 30°，一般山地可取 20°，丘陵地区可取 10°，平地可按照 0°考虑。

（二）击距公式的选择

电气几何模型中击距的计算，相关研究者和机构提出的公式各有不同。

在计算击距计算公式中，击距与雷电流幅值的关系，大致可用式（36–51）来表示：

$$r = AI^b \quad (\text{m, kA}) \qquad (36–51)$$

式中　A、b——均为系数，不同研究者建议取不同的值。

Eriksson 于 1987 年提出击距不仅与雷电流幅值有关，还与建筑物的高度有关，其击距公式为

$$\left.\begin{array}{l} r_s = 0.67 h_T^{0.6} I^{0.74} \\ r_c = 0.67 h_c^{0.6} I^{0.74} \end{array}\right\} \qquad (36–52)$$

式中　h_T　——地线挂点高度，m；

　　　h_c　——导线平均高度，m；

　　　r_c　——导线击距，m；

　　　r_s　——地线击距，m。

Rizk 于 1990 年提出的击距公式如式（36–53）：

$$\left.\begin{array}{l} r_s = 1.57 h_s^{0.45} I^{0.69} \\ r_c = 1.57 h_c^{0.45} I^{0.69} \end{array}\right\} \qquad (36–53)$$

式中　h_s　——地线平均高度，m；

　　　h_c、r_c、r_s 意义同式（36–52）。

IEEE Standard 1243—1997《IEEE Guide for Improving the Lightning Performance of Transmission Lines》给出的击距公式如式（36–54）和式（36–55）：

$$r_s = r_c = 10 I^{0.65} \qquad (36–54)$$

$$r_g = \begin{cases} [3.6 + 1.7\ln(43 - h_c)] I^{0.65} & h_c < 40\text{m} \\ 5.5 I^{0.65} & h_c \geqslant 40\text{m} \end{cases} \qquad (36–55)$$

式中　r_g　——地面击距，m；

　　　h_c、r_c、r_s 意义同式（36–52）。

在工程设计中，一般采用 GB/T 50064—2014《交流电气装置的过电压保护和绝缘配合设计规范》中推荐的击距公式，见式（36–56）～式（36–58）：

$$r_s = 10 I^{0.65} \qquad (36–56)$$

$$r_c = 1.63(5.015 I^{0.578} - 0.001 U_{DC})^{1.125} \qquad (36–57)$$

$$r_g = \begin{cases} [3.6 + 1.7\ln(43 - h_{c.av})] I^{0.65} & h_{c.av} < 40\text{m} \\ 5.5 I^{0.65} & h_{c.av} \geqslant 40\text{m} \end{cases} \qquad (36–58)$$

式中　r_s　——雷电对地线的击距，m；

　　　I　——雷电流幅值，kA；

　　　r_c　——雷电对导线的击距，m；

　　　U_{DC}——极导线上工作电压，kV；

　　　r_g　——雷电对大地的击距，m；

　　　$h_{c.av}$——导线对地平均高度，m。

（三）绕击耐雷水平计算

根据 GB/T 50064—2014《交流电气装置的过电压保护和绝缘配合设计规范》，推荐雷电为负极性时，绕击耐雷水平 $I_{\min}$ 按式（36–59）计算：

$$I_{\min} = \left(U_{-50\%} + \frac{2Z_0}{2Z_0 + Z_c} U_{DC} \right) \frac{2Z_0 + Z_c}{Z_0 Z_c} \qquad (36–59)$$

式中　$I_{\min}$——绕击耐雷水平，kA；

$U_{-50\%}$——绝缘负极性50%闪络电压绝对值，kV；

U_{DC}——极导线电压，kV；

Z_0——雷电通道波阻抗，Ω；

Z_c——导线波阻抗，Ω。

二、绕击闪络率计算

当假设雷电垂直射入地面时，线路屏蔽失效并且闪络的次数可表示为[15]

$$N_{sf} = 2N_g L \int_{I_{min}}^{I_{max}} Z_S(I)P(I)dI \qquad (36-60)$$

式中　N_{sf}——线路每百公里每年屏蔽失效且闪络次数，次/（100km·年）；

N_g——地闪密度，次/（km²·年）；

$Z_S(I)$——雷电流I对应的暴露弧BD在地面投影距离，m；

$P(I)$——雷电流幅值概率密度函数；

L——线路长度，km；

I_{min}——能引起导线绕击闪络的最小雷电流，kA，即绕击耐雷水平；

I_{max}——导线最大绕击电流，kA。

在计算暴露弧 BD 在地面投影距离时，应考虑先导入射角的影响，先导入射角的概率分布密度函数 $P_g(\psi)$ 可按式（36-61）计算：

$$P_g(\psi) = 0.75\cos^3\psi \qquad (36-61)$$

式中　ψ——雷电先导入射角，（°）。

三、雷电绕击闪络率计算流程

在直流输电线路工程防雷设计中，推荐采用电气几何模型法（EGM），考虑必要的地形等因素，利用相关防雷分析程序，计算直流输电线路综合绕击闪络率，其主要计算过程如以下框图36-17所示。

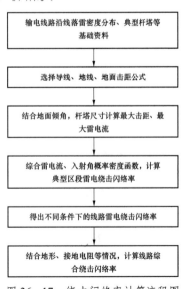

图36-17　绕击闪络率计算流程图

四、经验法

随着设计和运行经验积累，我国输电线路防雷设计的绕击计算方法历经多次修改，在以往的输电线路绕击计算中也采用过经验法，该方法是根据 220kV 及以下输电线路的设计运行经验总结而来。

该方法认为雷电绕过地线直击导线的概率与地线对边导线的保护角、杆塔高度以及线路经过的地形、地貌和地质条件有关，线路绕击率按平原和山区区分，与保护角和杆塔高度的关系不同，其计算简单方便。

DL/T 620—1997 中给出的输电线路绕击的计算公式：

$$I_2 = \frac{U_{50\%}}{100} \qquad (36-62)$$

式中　$U_{50\%}$——绝缘50%雷电放电电压，kV；

I_2——绕击耐雷水平，kA。

绕击率 P_α（即绕击概率），与地线对导线外侧导线的保护角、杆塔高度以及沿线路的地形地貌地质条件有关，可以按式（36-63）、式（36-64）计算：

$$\lg P_\alpha = \frac{\alpha\sqrt{h_t}}{86} - 3.9 \quad （对平原线路） \qquad (36-63)$$

$$\lg P_\alpha' = \frac{\alpha\sqrt{h_t}}{86} - 3.35 \quad （对山区线路） \qquad (36-64)$$

式中　P_α——线路绕击率，指一次雷击线路中出现绕击的概率；

α——地线对边导线的保护角，（°）；

h_t——杆塔高度，m。

由式（36-63）、式（36-64）可知，山区线路的绕击率约为平原线路的 3 倍，或相当于保护角增大 8° 的情况。

线路绕击闪络率可由下式计算：

$$N = N_L \eta_1 P_\alpha P_2 \qquad (36-65)$$

式中　N——绕击闪络率，次/（100km·年）；

η_1——建弧率，直流线路一般取 1；

P_α——线路雷电流绕击率；

P_2——超过雷绕击导线时耐雷水平的雷电流概率。

第五节　雷击档距中央地线

一、雷击线路一般档距中央地线

雷击线路一般档距中央地线时，导地线之间的距离按照气温+15℃、无风进行校验，相关规程给出了经验公式。

按照 DL 5497—2015《高压直流架空输电线路设计技术规程》，±500kV、±660kV 线路导地线档中距离应满足下式（36-66）：

$$S \geqslant 0.012L + 1.5 \qquad (36-66)$$

式中 S——导线与地线间的距离，m；

L——档距，m。

GB 50790—2013《±800kV 直流架空输电线路设计规范》建议档距中央导线与地线之间的距离采用数值计算的方法确定。

根据国网电科院研究成果，一般档距中央，导线与地线距离也可按式（36-67）校验：

$$S \geq 0.015L + U_m/500 + 2 \qquad (36-67)$$

式中 S——导线与地线间的距离，m；

U_m——系统最高电压，kV；

L——实际档距，m。

二、雷击线路大档距中央地线

对于档距较大的情况，当按雷击线路档距中央地线来选定导线与地线间的距离时，采用式（36-66）和式（36-67）计算的距离往往过大，此时应按避免反击的条件进行计算。

当档距 $l > v\tau_t$（v 表示波的传播速度，一般取 225m/μs；τ_t 表示波头长度）时，来自杆塔的返回波在雷电流达到最大值之前尚未到达雷击点，此时，雷击点的电压最大值为

$$U = \frac{I}{2} \times \frac{z}{2} \qquad (36-68)$$

式中 z——地线波阻抗，Ω；

I——耐雷水平，各电压等级线路反击耐雷水平要求值可参照第三节中相关规定取值，kA；

U——雷击点电压最大值，kV。

可以认为，一般情况下导线和地线基本平行，两者之间存在互感和线间电容，雷击地线时，在导线上将耦合出一个相应电压，则导线与地线间的距离宜符合式（36-69）要求。

$$S_1 \geq \frac{U(1-k)}{E_1} \qquad (36-69)$$

式中 U——雷击点的电压最大值，kV；

k——考虑电晕时的耦合系数；

E_1——空气间隙平均击穿强度，kV/m；

S_1——导线与地线间的距离，m。

工程计算中，常取导线与地线间空气间隙平均击穿强度为 700kV/m，考虑电晕时的耦合系数 k 取 0.2，式（36-69）简化为

$$S_1 \geq \frac{U(1-k)}{E_1} = \frac{90I(1-0.2)}{700} \approx 0.1I \qquad (36-70)$$

式中 S_1、U、k、E_1 代号含义与式（36-69）一致。

对于直流输电线路的耐雷水平，常规 ±500kV 输电线路雷击杆顶时直流线路耐雷水平达到 125kA～175kA，在大跨越档距中央和换流站进出线（2～3km）段，耐雷水平不小于 175kA。±800kV 向—上直流工程杆塔工频接地电阻在 10～15Ω 时，其反击耐雷水平大于 200kA。

根据瓦格纳和希尔曼的管—管预击穿电流理论，当导线和地线之间的冲击电压较大时，导地线间出现预击穿电流。预击穿电流可降低雷击点过电压，产生击穿时延，使得间隙不易击穿，因此按照式（36-69）计算的雷击点的电压最大值对应的档距条件（$l > v\tau_f$）可适当放大。

实际工程设计中，根据具体情况可将两根地线在档距中央附近设联结点，以降低雷击档距中央地线时的地线电压，起到降低档距中央导地线之间距离的目的[10]。

第六节 接 地 设 计

一、土壤电阻率及其测量

（一）土壤电阻率

接地装置的接地电阻是由金属接地体和一定范围内的大地所构成的，前者电阻值小于后者，所以，土壤的电阻率决定了接地装置电阻的大小。土壤性质的好坏，直接影响到接地装置的性能。对安装接地装置地点的土壤电阻率，应进行实测，GB 17949.1—2000《接地系统的土壤电阻率、接地阻抗和地面电位测量导则》提供了土壤电阻率测量的指导方法。

GB 50065—2011《交流电气装置的接地设计规范》附录 J 给出了不同类型土壤的电阻率参考值，可作为无实测土壤电阻率情况下的参考，见表 36-7。

表 36-7 不同土壤电阻率的参考值

类别	名 称	电阻率近似值（$\Omega \cdot m$）	不同情况下电阻率的变化范围（$\Omega \cdot m$）		
			较湿时（一般地区、多雨区）	较干时（少雨区、沙漠区）	地下水含盐碱时
土	陶黏土	10	5～20	10～100	3～10
	泥炭、泥灰岩、沼泽地	20	10～30	50～300	3～30
	捣碎的木炭	40	—	—	—
	黑土、园田土、陶土	50	30～100	50～300	10～30

类别	名　　称	电阻率近似值（Ω·m）	不同情况下电阻率的变化范围（Ω·m）		
			较湿时（一般地区、多雨区）	较干时（少雨区、沙漠区）	地下水含盐碱时
土	白垩土、黏土	60	30～100	50～300	10～30
	砂质黏土	100	30～100	50～300	10～30
	黄土	200	100～200	250	30
	含砂黏土、砂土	300	100～1000	1000 以上	30～100
	河滩中的砂	—	300	—	—
	煤	—	350	—	—
	多石土壤	400	—	—	—
	上层红色风化粘土、下层红色页岩	500（30%湿度）	—	—	—
	表层土夹石、下层砾石	600（15%湿度）	—	—	—
砂	砂、砂砾	1000	25～1000	1000～2500	—
	砂层深度大于10m地下水较深的草原	1000			
	地面粘土深度不大于 1.5m、底层多岩石				
岩石	砾石、碎石	5000	—	—	—
	多岩山地	5000	—	—	—
	花岗岩	200 000	—	—	—
混凝土	在水中	40～55	—	—	—
	在湿土中	100～200	—	—	—
	在干土中	500～1300	—	—	—
	在干燥的大气中	12 000～18 000	—	—	—
矿	金属矿石	0.01～1	—	—	—

土壤电阻率在一年中是随季节变化的，故土壤电阻率实测值应考虑季节系数，表36-8给出常用的季节系数。

表36-8　土壤干燥时的季节系数

埋深（m）	ψ值	
	水平接地体	2～3m 的垂直接地体
0.5	1.4～1.8	1.2～1.4
0.8～1.0	1.25～1.45	1.15～1.3
2.5～3.0	1.0～1.1	1.0～1.1

测定土壤电阻率时，如土壤比较干燥，则应采用表36-8中较小值，如比较潮湿，则应采用较大值。

（二）测量土壤电阻率的方法

GB 17949.1—2000《接地系统的土壤电阻率、接地阻抗和地面电位测量导则》中土壤电阻率的测量主要采用深度变化法（三点法）、两点法和四点法。

1. 深度变化法（三点法）

此法又名三点法，用此方法需多次测量接地电阻。每次测量时，被试电极的埋地深度需加深一给定量，其目的是迫使更多的测试电流流过深层土壤。所测电阻值将反映深度增加时土壤电阻率的变化。

深度变化法能测量到被试电极邻近区域（相当于该被试电极地下部分长度的5～10倍）的土壤特性。

2. 两点法

可用西坡（Shepard）土壤电阻率测定仪和相似的两点法在现场粗略地测量经翻动过的土壤电阻率。这种装置可在短时间内对小块土壤进行大量测量。

3. 四点法

要对大体积未翻动过的土壤进行土壤电阻率的测量，最准确的方法是四点法。将小电极埋入被测土壤呈一字排列的四个小洞中，埋入深度均为 b，直线间隔均为 a。测试电流 I 流入外侧两电极，而内侧两电极间的电位差 V 可用电位差计或高阻电压表测量。V/I 即为电阻 R。

通常采用四点法的两种形式：

（1）等距法又称为温纳（Wenner）法，采用此种方法时，电极按图 36-17（a）等距布置。设 a 为两邻近电极间距，则以 a，b 的单位表示的电阻率 ρ 为

$$\rho = \frac{4\pi aR}{1 + \frac{2a}{\sqrt{a^2+4b^2}} - \frac{a}{\sqrt{a^2+b^2}}} \qquad (36-71)$$

式中　ρ——视在土壤电阻率，$\Omega \cdot m$；

　　　R——所测电阻，Ω；

　　　a——电极间距，m；

　　　b——电极深度，m。

必须说明，式（36-71）不适用于打入深度为 b 的接地棒，该式仅适用于埋在深度 b 的带绝缘连接线的小电级。实际上，四个电极通常置于间距为 a 的直线上，入地深度不超过 $0.1a$，因而可假定 $b=0$，则公式简化为

$$\rho = 2\pi aR \qquad (36-72)$$

从而得到深度直到 a 的视在土壤电阻率。

在各种电极间距时得出的一组数据即为各种视在土壤电阻率，以该数据与间距的关系绘成曲线，即可判断该地区是否存在多种土壤层或是否有岩石层，还可判断其各自的电阻率和深度。

（2）非等距法也称为施伦贝格—巴莫（Schlumberger-Palmer）法。由于温纳法的缺点是当电极间距增加到相当大时，内侧两个电极的电位差迅速下降。为了能测量大间距电流极时的土壤电阻率，可用图 36-18（b）中的布置方式。此时电极布置在相应的电流极附近，如此可升高所测的电位差值。

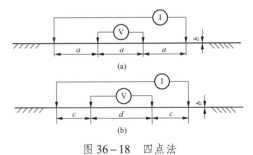

图 36-18　四点法
（a）电极均布；（b）电极非均布

此种布置的计算公式很易于确定，如果电极埋地深度 b 与其距离 d 和 c 相较甚小时，所测得电阻率可按式（36-73）计算：

$$\rho = \pi c(c+d)R/d \qquad (36-73)$$

式中　ρ——视在土壤电阻率，$\Omega \cdot m$；

　　　R——所测电阻，Ω；

　　　c——电流极与电位极间距，m；

　　　d——电位极间距，m。

在实际工程中，土壤电阻率的测量一般等距法或温纳（Wenner）法。

二、杆塔接地装置设计

从防雷的角度，直流线路的接地与交流线路没有本质区别。

（一）常规接地装置设计

1. 一般要求

GB 50065—2011 中对于杆塔接地装置的一般要求也适用于直流输电线路。

（1）杆塔的工频接地电阻限值要求。杆塔的工频接地电阻，应根据不同的土壤电阻率范围，设计相应的接地装置，以满足 GB 50790—2013《±800kV 直流架空输电线路设计规范》和 DL 5497—2015《高压直流架空输电线路设计技术规程》中关于工频接地电阻的相关要求，具体条款详见本章第七节中相关内容。

（2）设计接地装置时采用的土壤电阻率。设计接地装置时采用的土壤电阻率，应取雷季中最大值，式（36-74）给出考虑季节因素的土壤电阻率计算公式。

$$\rho = \rho_0 \psi \qquad (36-74)$$

式中　ρ——土壤电阻率，$\Omega \cdot m$；

　　　ρ_0——雷季中无雨水时所测得的土壤电阻率，$\Omega \cdot m$；

　　　ψ——考虑土壤干燥所取的季节系数，可采用表 36-8 所列数据。

（3）一般接地体长度要求。放射形接地体每根的最大允许长度应符合表 36-9 规定。

表 36-9　放射形接地体每根的最大长度

土壤电阻率 ρ（$\Omega \cdot m$）	$\rho \leq 500$	$500 < \rho \leq 1000$	$1000 < \rho \leq 2000$	$2000 < \rho \leq 5000$
最大长度（m）	40	60	80	100

（4）常用的杆塔接地装置型式一般根据土壤电阻率大小分类设计，主要原则如下。

1）在土壤电阻率 $\rho \leq 100\Omega \cdot m$ 的潮湿地区，可利用杆塔自然接地；但发电厂和换流站的进线段，则应另设雷电保护接地装置；在居民区，当自然接地电阻符合要求时，可不设

人工接地装置；

2）在土壤电阻率 $100\Omega \cdot m < \rho \leq 300\Omega \cdot m$ 的地区，除应利用杆塔自然接地外，还应增设人工接地装置，接地体埋设深度不宜小于 0.6m；

3）在土壤电阻率 $300\Omega \cdot m < \rho \leq 2000\Omega \cdot m$ 的地区，一

般采用水平敷设的接地装置，接地体埋设深度不宜小于 0.5m；

（5）对于接地体布置，综合考虑不同因素，主要要求如下。

1）居民区和水田中的接地装置，宜围绕杆塔基础敷设成闭合环形；

2）当接地装置由很多水平接地体或垂直接地体组成时，为减少相邻接地体的屏蔽作用，垂直接地体的间距不应小于其长度的 2 倍；水平接地体的间距可根据具体情况确定，但不宜小于 5m。

（6）根据工程实际情况，接地装置常采用不同类型的材料，对于不同材料的一般要求如下。

水平敷设时可采用圆钢、扁钢；垂直敷设时可采用角钢、钢管和圆钢等。接地体的材料一般采用钢材。人工接地体敷设在腐蚀性较强场所的接地装置，应根据腐蚀的性质采取热镀锌、热镀锡等防腐措施或适当加大接地体截面。接地网采用钢材时，按机械强度要求的钢接地材料的最小尺寸，应符合表 36－10 的要求。接地网采用铜或铜覆钢材时，按机械强度要求的铜或铜覆钢材料的最小尺寸，应符合表 36－11 的要求。

表 36－10　钢接地材料的最小尺寸

种类	规格及单位	地上	地下
圆钢	直径（mm）	8	8/10
扁钢	截面（mm²）	48	48
	厚度（mm）	4	4
角钢	厚度（mm）	2.5	4
钢管	管壁厚（mm）	2.5	3.5/2.5

注　1. 地下部分圆钢的直径，其分子、分母数据分别对应于架空线路和发电厂、变电站的接地网。

　　2. 地下部分钢管的壁厚，其分子、分母数据分别对应于埋入土壤和埋于室内混凝土地坪中。

　　3. 架空线路杆塔的接地体引出线，其截面不应小于 50mm²，并应热镀锌。

表 36－11　铜或铜覆钢接地材料的最小尺寸

种类	规格及单位	地上	地下
铜棒	直径（mm）	8	水平接地体为 8
			垂直接地体为 15
扁铜	截面（mm²）	50	50
	厚度（mm）	2	2
铜绞线	截面（mm²）	50	50
铜覆圆钢	直径（mm）	8	10
铜覆钢绞线	直径（mm）	8	10

续表

种类	规格及单位	地上	地下
铜覆扁钢	截面（mm²）	48	48
	厚度（mm）	4	4

注　1. 铜绞线单股直径不小于 1.7mm。

　　2. 各类铜覆钢材的尺寸为钢材的尺寸，铜层厚度不应小于 0.25mm。

2. 工频接地电阻计算

输电线路的杆塔接地，理论上应首先考虑利用其本身的自然接地体（包括铁塔基础、埋入地中的杆段及其底盘、拉线盘等），在自然接地体不能满足要求时，才考虑补充敷设人工接地装置。即按如下两步来考虑：① 利用自然接地体；② 在自然接地体不能满足要求的情况下，可于基础坑中围绕基础添加环形接地带，或于地表面再添加浅埋（一般埋深为 0.3～0.6m）的接地带、管等接地装置。

（1）人工接地装置一般均由垂直埋设的管、水平敷设的带和环等一些简单的接地体组合而成，简单人工接地体的工频接地电阻计算如下。

1）均匀土壤中垂直接地体的接地电阻可按下式（36－75）计算：

当 $l \gg d$ 时：

$$R_v = \frac{\rho}{2\pi l}\left(\ln\frac{8l}{d} - 1\right) \qquad (36-75)$$

式中　R_v——垂直接地体的接地电阻，Ω；

　　　　ρ——土壤电阻率，$\Omega \cdot m$；

　　　　l——垂直接地体的长度，m；

　　　　d——接地体用圆导体时，圆导体的直径，m。

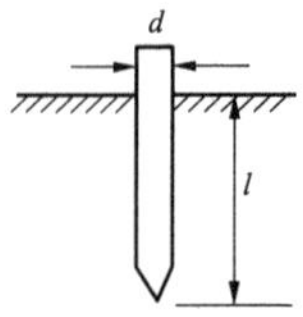

2）当接地体用其他型式导体时，其等效直径为

图 36－19　垂直接地体的示意

管状导体，$d = d_1$ 　　　　　　（36－76）

扁导体，$d = \dfrac{b}{2}$ 　　　　　　（36－77）

等边角钢，$d = 0.84b$ 　　　　（36－78）

不等边角钢，$d = 0.71[b_1 b_2(b_1^2 + b_2^2)]^{0.25}$ 　（36－79）

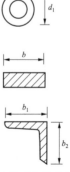

图 36－20　几种型式导体的计算用尺寸

表 36-12 给出了常用简单人工接地体的工频接地电阻计算公式[10]。

表 36-12　常用简单人工接地体的工频接地电阻计算公式

接地装置型式	工频接地电阻计算公式
	接地引下线或上口紧靠地面的金属管（当 $l \geq d$ 时）： $$R_1 = \frac{\rho}{2\pi l}\left(\ln\frac{8l}{d} - 1\right),\ \Omega \qquad (36-80)$$ 式中　ρ——计算用土壤电阻率，$\Omega \cdot m$； 　　　l——金属管（或引下线）长度，m； 　　　d——金属管（线）直径，m
	上口埋在地下的金属管： $$R_2 = \frac{\rho}{2\pi l}\left(\ln\frac{2l}{d} + \frac{1}{2}\ln\frac{4h+l}{4h-l}\right),\ \Omega \qquad (36-81)$$ 式中　ρ——计算用土壤电阻率，$\Omega \cdot m$； 　　　h——地面到金属管长度之半间的距离，m； 　　　l——金属管（或引下线）长度，m
	浅埋的水平接地体： $$R_3 = \frac{\rho}{2\pi l}\left(\ln\frac{l^2}{hd}\right),\ \Omega \qquad (36-82)$$ 式中　ρ——计算用土壤电阻率，$\Omega \cdot m$； 　　　d——接地体直径，m； 　　　h——接地体埋深，m； 　　　l——金属管（或引下线）长度，m
	深埋（于基础坑）的接地环： $$R_4 = \frac{\rho}{2\pi^2 D}\left(\ln\frac{8D}{d} + \frac{\pi D}{4h}\right),\ \Omega \qquad (36-83)$$ 式中　ρ——计算用土壤电阻率，$\Omega \cdot m$； 　　　D——环的直径，m； 　　　d——接地体直径，m； 　　　h——接地体埋深，m

为了简化计算，GB 50065—2011 中列出了简易公式如表 36-13 所示。

表 36-13　人工接地体的工频接地电阻简易计算公式

接地体型式	简易计算公式	备　　注
垂直式	$R \approx 0.3\rho$	长度 3m 左右的接地体
单根水平式	$R \approx 0.03\rho$	长度 60m 左右的接地体
复合式 （接地网）	$R \approx 0.5\dfrac{\rho}{\sqrt{S}} = 0.28\dfrac{\rho}{r}$ 或 $R \approx \dfrac{\sqrt{\pi}}{4}\dfrac{\rho}{\sqrt{S}} + \dfrac{\rho}{L} = \dfrac{\rho}{4r} + \dfrac{\rho}{L}$	（1）面积 S 大于 100m² 的闭合接地网； （2）r 为与接地网面积 S 等价的圆半径，即等效半径，m。L 为接地体总长，m

（2）复合式人工接地装置由管、带、环等简单人工接地体组合而成。在工程计算中一般采用利用系数法和电阻系数法计算其工频接地电阻。

1）利用系数法：利用系数法在计算出单个（如单根管、带、环等）人工接地体的接地电阻后，按通常的方法计算其并联电阻值，然后再考虑一个反映接地体间相互屏蔽影响的利用系数，即得到综合的工频接地电阻值，其计算公式如表 36-14 所示。

表 36-14 复合式人工接地装置的工频接地电阻计算公式（利用系数法）

接地装置型式	简图	计 算 公 式
n 根水平射线的复合接地装置		$$R_5 = \frac{R_3}{n} \times \frac{1}{\eta} \qquad (36-84)$$ 式中　R_3——一根射线的接地电阻，可按式（36-82）式计算； 　　　η——工频利用系数
敷设在基坑底部的深埋接地环和引线的复合接地装置		$$R_6 = \frac{R_4 \times \dfrac{R_1}{n}}{R_4 + \dfrac{R_1}{n}} \times \frac{1}{\eta} \qquad (36-85)$$ 式中　R_1、R_4——引下线及深埋环的电阻值，可用式（36-80）及式（36-83）计算； 　　　n——引下线数； 　　　η——工频利用系数
引下线、深埋环和水平射线的复合接地装置		$$R_7 = \frac{R_5 \times R_6}{R_5 + R_6} \times \frac{1}{\eta} \qquad (36-86)$$ 式中　R_5、R_6——可利用式（36-84）及式（36-85）计算； 　　　η——工频利用系数
		$$\left.\begin{array}{l} R_8' = \dfrac{R_5 \times R_6}{R_5 + R_6} \times \dfrac{1}{\eta'} \\[2mm] R_8 = \dfrac{R_8'}{4} \times \dfrac{1}{\eta} \end{array}\right\} \qquad (36-87)$$ 式中　R_8'、R_8——单个环、带及四个环、带的电阻； 　　　η'、η——单个环、带及四个环带的工频利用系数
垂直电极和水平射线的复合接地装置		$$\left.\begin{array}{l} R' = \dfrac{R_2}{n} \times \dfrac{1}{\eta'} \\[2mm] R_9 = \dfrac{R' \times R_5}{R + R_5} \times \dfrac{1}{\eta} \end{array}\right\} \qquad (36-88)$$ 式中　R_2——可利用式（36-81）计算； 　　　R_5——可利用式（36-84）计算； 　　　η'、η——垂直电极、垂直电极和水平射线的工频利用系数

注　工频利用系数 η'、$\eta \approx \eta_i/0.9 \leqslant 1$，对于自然接地 η'、$\eta \approx \eta_i/0.7$。冲击利用系数 η_i 值参照式（36-20）选取。

2）电阻系数法：GB 50065—2011 中采用形状系数进行接地电阻计算。

① 均匀土壤中不同形状水平接地体的接地电阻，可按式（36-89）计算：

$$R_h = \frac{\rho}{2\pi L}\left(\ln\frac{L^2}{hd} + A\right) \qquad (36-89)$$

式中　R_h——水平接地体的接地电阻，Ω；

　　　L——水平接地体的总长度，m；

　　　h——水平接地体的埋设深度，m；

　　　d——水平接地体的直径或等效直径，m；

　　　A——水平接地体的形状系数，可按表 36-15 和表 36-16 取值。

表 36-15 水平接地体的形状系数

水平接地极形状	—	∟	人	＋	□	⯙	✳	❋	❋
形状系数 A	−0.6	−0.18	0	0.89	1	2.19	3.03	4.71	5.65

表 36-16 不同接地装置种类中的 A 和 L 的取值

接地装置种类	形 状	参 数
铁塔接地装置		$A=1.76$ $L=4(l_1+l_2)$
钢筋混凝土杆放射型接地装置		$A=2.0$ $L=4l_1+l_2$
钢筋混凝土杆环型接地装置		$A=1.0$ $L=8l_2$(当 $l_1=0$) $L=4l_1$(当 $l_1\neq0$)

② 均匀土壤中水平接地体为主边缘闭合的复合接地体（接地网）的接地电阻，可按式（36-90）～式（36-93）计算：

$$R_n = \alpha_1 R_e \qquad (36-90)$$

$$\alpha_1 = \left(3\ln\frac{L_0}{\sqrt{S}} - 0.2\right)\frac{\sqrt{S}}{L_0} \qquad (36-91)$$

$$R_e = 0.213\frac{\rho}{\sqrt{S}}(1+B) + \frac{\rho}{2\pi L}\left(\ln\frac{S}{9hd} - 5B\right) \qquad (36-92)$$

$$B = \frac{1}{1+4.6\dfrac{h}{\sqrt{S}}} \qquad (36-93)$$

式中 R_n——任意形状边缘闭合接地网的接地电阻，Ω；

R_e——等值（即等面积、等水平接地体总长度）方形接地网的接地电阻，Ω；

S——接地网的总面积，m^2；

d——水平接地体的直径或等效直径，m；

h——水平接地体的埋设深度，m；

L_0——接地网的外缘边线总长度，m；

L——水平接地体的总长度，m。

③ 典型两种电阻率土壤中的接地装置。

a）按电阻率分为两层土壤的垂直接地体的接地电阻（图 36-21），可按式（36-93）～式（36-96）计算：

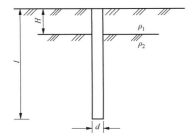

图 36-21 按电阻率分为两层土壤的垂直接地体示意图

$$R = \frac{\rho_a}{2\pi l}\left(\ln\frac{4l}{d} + C\right) \qquad (36-94)$$

$$l < H \text{ 时，} \rho_a = \rho_1 \qquad (36-95)$$

$$l > H \text{ 时，} \rho_a = \frac{\rho_1\rho_2}{\dfrac{H}{l}(\rho_2-\rho_1)+\rho_1} \qquad (36-96)$$

$$C = \sum_{n=1}^{\infty}\left(\frac{\rho_2-\rho_1}{\rho_2+\rho_1}\right)^n \ln\frac{2nH+l}{2(n-1)H+l} \qquad (36-97)$$

b）土壤具有图 36-22 所示的两个剖面结构时，水平接地网的接地电阻 R 可按式（36-98）计算：

$$R = \frac{0.5\rho_1\rho_2\sqrt{S}}{\rho_1 S_2 + \rho_2 S_1} \qquad (36-98)$$

式中 S_1、S_2——分别覆盖在 ρ_1、ρ_2 电阻率土壤上的接地网面积，m^2；

S——接地网总面积，m^2。

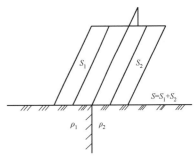

图 36-22 覆盖两种电阻率土壤的接地网示意图

④ 常用接地装置简化计算方法。

GB 50065—2011《交流电气装置的接地设计规范》给出了常用的各种型式接地装置工频接地电阻简化计算方法，具体可见表 36-17。

表 36-17 各种型式接地装置的工频接地电阻简易计算式

接地装置型式	接地电阻简易计算式
n 根水平射线（$n\leq12$，每根长约 60m）	$R \approx \dfrac{0.062\rho}{n+1.2}$
沿装配式基础周围敷设的深埋式接地体（铁塔）	$R \approx 0.07\rho$
装配式基础的自然接地体（铁塔）	$R \approx 0.1\rho$
深埋式接地与装配式基础自然接地的综合（铁塔）	$R \approx 0.05\rho$

（3）对于杆塔接地装置的热稳定校验，GB 50065—2011 中给出了接地装置热稳定要求计算的相关方法，具体可按式（36-99）计算。

接地导体（线）的最小截面要求

$$S_g \geq \frac{I_g}{C}\sqrt{t_e} \qquad (36-99)$$

式中 S_g——接地导体（线）的最小截面，mm^2；

I_g——流过接地导体（线）的最大接地故障不对称电

流有效值，A；

t_e ——接地故障的等效持续时间，s；

C ——接地导体（线）材料的热稳定系数，根据材料的种类、性能及最大允许温度和接地故障前接地导体（线）的初始温度确定。

在校验接地导体（线）的热稳定时，接地导体（线）的初始温度取 40℃。

对钢和铝材的最大允许温度分别取 400℃ 和 300℃。钢和铝材的热稳定系数 C 值分别为 70 和 120。

铜和铜覆钢材采用放热焊接方式时的最大允许温度，应根据土壤腐蚀的严重程度经验算分别取 900℃、800℃ 或 700℃。爆炸危险场所，应按专用规定选取。铜和铜覆钢材的热稳定系数 C 值可采用表 36-18 给出的数值。

表 36-18　铜和铜覆钢材接地导体（线）的热稳定用系数 C 值

最大允许温度（℃）	铜	导电率 40%铜镀钢绞线	导电率 30%铜镀钢绞线	导电率 20%铜镀钢棒
700	249	167	144	119
800	259	173	150	124
900	268	179	155	128

（4）输电线路杆塔的接地电阻可分为两部分，一部分为杆塔基础的自然接地电阻，另一部分为人工接地装置的接地电阻。考虑杆塔自然接地体的工频接地电阻可由表 36-19 计算。

试验表明，当土壤中有水分时，由于混凝土具有毛细管作用而吸收水分，使其具有导电性。特别是特高压直流输电线路杆塔基础尺寸和埋深较大，钢筋较多，杆塔基础的散流能力较强，基础本身的自然接地电阻就较小。科研单位对特高压线路取消人工接地装置进行过研究，对特高压直流线路常规淘挖基础和岩石基础，当非西北地区土壤电阻率＜500Ω·m，西北地区土壤电阻率＜1500Ω·m 时，自然接地电阻可分别控制在 20Ω 以下和 55Ω 以下，此时不装设人工水平接地体即可以满足反击要求。

此时，可以充分考虑利用杆塔的自然接地作用，使接地电阻满足要求同时又尽量节省钢材。对于一些土壤电阻率不高的地区，可以考虑不装设人工接地装置。

GB 50065—2011 中规定，杆塔自然接地极的效果在 $\rho \leqslant 300Ω·m$ 可以计及杆塔自然接地体的作用，其冲击系数

$$\alpha = \frac{1}{1.35 + \alpha_i I_i^{1.5}} \qquad (36-100)$$

式中　α_i ——对钢筋混凝土杆、钢筋混凝土桩和铁塔的基础（一个塔腿）为 0.053，对装配式钢筋混凝土基础（一个塔腿）和拉线盘（带拉线棒）为 0.038。

文献［10］给出了各种基础型式在考虑自然接地效果情况下的工频接地电阻计算公式，如表 36-19 所示。

表 36-19　计及杆塔自然接地体作用的工频接地电阻计算公式

接地装置型式	简　图	计　算　公　式
拉线盘		$$R' = \frac{\sqrt{\pi}}{5\sqrt{S}} \times \rho$$ $$R_{11} = \frac{R'}{n\eta} \qquad (36-101)$$ 式中　S ——拉线盘的面积，m； 　　　n ——拉线盘数。
装配式钢筋混凝土基础		底座：$$R_D = \frac{\rho}{2D}$$ $$D = \sqrt{\frac{4AB}{\pi}} \qquad (36-102)$$ 式中　D ——底座的等效直径，m； 　　　A、B ——底座的边长，m。 底座和柱的联合计算公式为$$R_{12} = \frac{R''R_D}{R'' + R_D} \times \frac{1}{\eta} \qquad (36-103)$$ 其中：$$R'' = \frac{1.4\rho}{2\pi l}\ln\frac{4l}{d}$$ 一基塔的总接地电阻为$$R_{13} = \frac{R_{12}}{n} \times \frac{1}{\eta} \qquad (36-104)$$ 式中　n ——每基塔的基础数； 　　　η ——工频利用系数。

续表

接地装置型式	简　图	计　算　公　式
敷设在基坑底部的深埋接地及钢筋混凝土基础		$R_{14}=\dfrac{R_6 R_{13}}{R_6+R_{13}}\times\dfrac{1}{\eta}$　（36-105） 式中　η——工频利用系数； 　　　R_6 按式（36-85）计算，R_{13} 按式（36-104）计算
沿每个基坑单独敷设的深埋接地及钢筋混凝土基础		$\left.\begin{array}{l}R_{15}=\dfrac{R_6 R_{12}}{R_6+R_{12}}\times\dfrac{1}{\eta}\\[3mm]R_{16}=\dfrac{R_{15}}{4}\times\dfrac{1}{\eta}\end{array}\right\}$　（36-106） 式中　R_{16}——一基塔的总电阻； 　　　η——工频利用系数； 　　　R_6 按式（36-85）计算，R_{12} 按式（36-103）计算

注　表中工频利用系数可取 0.9。

3. 冲击接地电阻计算

GB 50065—2011 给出了不同接地装置的冲击接地电阻计算方法：

（1）单独接地体或杆塔接地装置的冲击接地电阻，可按式（36-107）进行计算：

$$R_{su}=\alpha R \qquad (36-107)$$

式中　R_{su}——单独接地体或杆塔接地装置的冲击接地电阻，Ω；

　　　R——单独接地体或杆塔接地装置的工频接地电阻，Ω；

　　　α——单独接地体或杆塔接地装置的冲击系数。

冲击系数计算方法如式（36-108）～式（36-113）。

1）铁塔接地装置：

$$\alpha=0.74\rho^{-0.4}(7.0+\sqrt{L})[1.56-\exp(-3.0I_i^{-0.4})]$$
$$(36-108)$$

2）钢筋混凝土杆环型接地装置：

$$\alpha=2.94\rho^{-0.5}(6.0+\sqrt{L})[1.23-\exp(-2.0I_i^{-0.3})]$$
$$(36-109)$$

3）钢筋混凝土杆放射型接地装置：

$$\alpha=1.36\rho^{-0.4}(1.3+\sqrt{L})[1.55-\exp(-4.0I_i^{-0.4})]$$
$$(36-110)$$

4）单独接地体接地电阻的冲击系数计算：

① 垂直接地体：

$$\alpha=2.75\rho^{-0.4}(1.8+\sqrt{L})[0.75-\exp(-1.50I_i^{-0.2})]$$
$$(36-111)$$

② 单端流入冲击电流的水平接地体：

$$\alpha=1.62\rho^{-0.4}(5.0+\sqrt{L})[0.79-\exp(-2.3I_i^{-0.2})]$$
$$(36-112)$$

③ 中部流入冲击电流的水平接地体：

$$\alpha=1.16\rho^{-0.4}(7.1+\sqrt{L})[0.78-\exp(-2.3I_i^{-0.2})]$$
$$(36-113)$$

式中　I_i——流过杆塔接地装置或单独接地体的冲击电流，kA；

　　　ρ——土壤电阻率，Ω；

　　　L——几何尺寸，m。

（2）由较多水平接地体组成的接地装置，其冲击电阻可由式（36-114）计算。

整个接地装置（包括自然接地体）的综合冲击接地电阻计算可按前款所述工频接地电阻计算办法进行，只是将公式中的工频利用系数换成冲击利用系数，将各单个接地体的工频接地电阻折算成冲击接地电阻即可。

由 n 根等长水平放射形接地体组成的接地装置，其冲击接地电阻可按下式计算：

$$R_{su}=\dfrac{R_{hi}}{n}\times\dfrac{1}{\eta_i} \qquad (36-114)$$

式中　R_{hi}——每根水平放射形接地体的冲击接地电阻，Ω；

　　　η_i——计及各接地体间相互影响的冲击利用系数。

各种型式接地体的冲击利用系数 η_i 可采用表 36-20 的数值。对于工频利用系数可取为 0.9；自然接地体，工频利用系数取为 0.7。

表 36-20 接地体的冲击利用系数 η_i

接地体型式	接地导体（线）的根数	冲击利用系数	备 注
n 根水平射线 （每根长 10～80m）	2	0.83～1.0	较小值用于较短的射线
	3	0.75～0.90	
	4～6	0.65～0.80	
以水平接地体连接的 垂直接地体	2	0.80～0.85	$\dfrac{D（垂直接地极间距）}{l（垂直接地极长度）}=2～3$ 较小值用于 $\dfrac{D}{l}=2$ 时
	3	0.70～0.80	
	4	0.70～0.75	
	6	0.65～0.70	
自然接地体	拉线棒与拉线盘间	0.6	—
	铁塔的各基础间	0.4～0.5	
	门型、各种拉线杆塔的各基础间	0.7	

当接地装置由较多水平接地体或垂直接地体组成时，垂直接地体的间距不应小于其长度的 2 倍；水平接地体的间距不宜小于 5m。

（3）由水平接地体连接的 n 根垂直接地装置，其冲击接地电阻可由式（36-115）计算。

$$R_{su}=\frac{\dfrac{R_{vi}\times R'_{hi}}{n}}{\dfrac{R_{vi}}{n}+R'_{hi}}\times\frac{1}{\eta_i} \qquad (36-115)$$

式中 R_{vi} ——每根垂直接地体的冲击接地电阻，Ω；

R'_{hi} ——水平接地体的冲击接地电阻，Ω。

（二）含接地模块装置设计

为了降低接地装置的接地电阻，人们采取了各种各样的措施，近年来，国内输电线路工程在高土壤电阻率或射线敷设困难地区常用接地模块与圆钢结合的方式进行输电线路杆塔接地装置的设计。

接地模块的主要组成材料是石墨粉。在石墨粉中添加少量金属氧化物和适量的粘合剂加水搅拌后注入模具干燥成形。为了使接地模块具有一定的机械强度，在模块中间夹有金属网，并在模块中预埋了扁铁或圆钢，使模块之间能够相互焊接。

在设计含接地模块的接地装置时，一般将普通射线与接地模块并联处理。国内生产接地模块的厂家较多，型号各不相同，在接地模块配置上需根据不同厂家的产品进行复核，以满足接地电阻限值的要求。

下面以工程中常见的风车式水平射线型接地装置为例，计算其在土壤电阻率为 2000Ω·m 地区的接地模块配置。

工程中常根据厂家提供的模块参数开展设计，接地模块配置计算过程如下：

（1）普通圆钢工频接地电阻 R_h 计算，具体计算方法参照上节中计算公式。

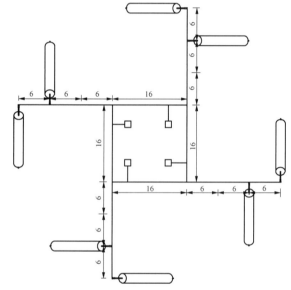

图 36-23 风车型复合接地装置示意图

（2）模块工频接地电阻的计算步骤如下：

1）单模块工频接地电阻计算：

$$R_{nj}\approx k_1\rho \qquad (36-116)$$

式中 R_{nj} ——单模块电阻，Ω；

ρ ——土壤电阻率，$\Omega\cdot m$；

k_1 ——该型接地模块单块降阻系数。

2）多模块工频接地电阻计算：

$$R_m=R_{nj}/N\eta \qquad (36-117)$$

式中 R_m ——多模块工频接地电阻，Ω；

R_{nj} ——单模块工频接地电阻，Ω；

N ——模块数量；

η ——该型接地模块利用系数。

（3）接地模块与圆钢组合后接地电阻可由式（36-118）计算，即

$$R = \frac{R_h R_m}{R_h + R_m} \qquad (36-118)$$

式中 R_h——普通圆钢工频接地电阻，Ω；

R_m——多模块工频接地电阻，Ω；

R——含模块接地装置整体工频接地电阻，Ω。

（4）根据规程规范要求的工频接地电阻限值推算出需要的模块数量。

【算例 36-1】下面以某型接地模块为例，计算模块配置数量。

1）普通圆钢接地电阻：

$$R_h = \frac{\rho}{2\pi L}\left(\ln\frac{L^2}{hd} + A\right) = \frac{2000}{2\pi \times 136}\left(\ln\frac{136^2}{0.8 \times 0.012} + 1\right) = 36.2\Omega$$

2）接地模块接地电阻：

设接地模块为 N 块，其接地电阻为

单个模块工频接地电阻 $R_{nj} \approx 0.22\rho = 0.22 \times 2000 = 440\Omega$。

N 块接地模块组合后的工频接地电阻 $R_m = R_{nj}/N\eta = 440/(N \times 0.8) = 550/N$。

3）接地模块与圆钢组合后接地电阻

$$R = \frac{R_h R_m}{R_h + R_m} = \frac{36.2 \times \left(\frac{550}{N}\right)}{36.2 + \left(\frac{550}{N}\right)} = \frac{19910N}{36.2N + 550}$$

根据 GB 50065—2011《交流电气装置的接地设计规范》要求，土壤电阻率为 2000Ω·m 时，其工频接地电阻限值为 25Ω。则求得 N=6.8，工程实际运用中考虑一定裕度，可配该型模块 8 块。

三、常用接地装置

国内直流输电线路工程中常用的接地装置型式主要有水平放射线型接地体、水平放射线型+接地模块型式和水平放射线型+离子接地体的型式，具体如图 36-24 所示。

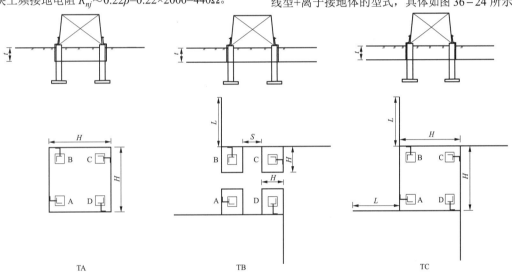

图 36-24 水平放射线型接地体示意图

（一）水平放射线型接地体

（1）常规水平放射线型接地装置适用于非居民区的自立式矩形或方形铁塔。

（2）图中 TA 型为 500Ω·m 以下接地装置型式，工频接地电阻按 15Ω 控制。接地装置方框尺寸可根据具体铁塔根开大小适当进行增减。

（3）图中 TB 型接地装置为 TA 型补充型式，适用于铁塔基础分别布置于有较大高差的台阶地、梯田等类似情况。接地射线按地形情况布置，接地方框边长不小于 3m，且同一台地高程中的接地方框（2个或3个）应连接一起（图示为 2 个一组，分别布置于 2 个台地的情况），方框间连接线长度 S 也可根据铁塔根开适当增减（不小于 4m）。

（4）图中 TC 型为 2000Ω·m 以下接地装置型式，其中土壤电阻率在 1000Ω·m 以下时工频接地电阻按 20Ω 控制；土壤电阻率在 1000～2000Ω·m 时工频接地电阻按 25Ω 控制。接地装置方框尺寸可根据具体铁塔根开大小适当进行增减。

图 36-27 为特高压直流输电线路工程中采用的"水平放射线型接地装置图"。

（二）水平放射线型+接地模块接地型式

水平放射线型+接地模块接地装置适用于 2000Ω·m 以上高土壤电阻率地区，按照不同的土壤电阻率，选用不同的接地装置型号，工频接地电阻按 30Ω 控制。

图 36-28 为特高压直流输电线路工程中采用的"水平放射线+接地模块接地装置图"。

（三）水平放射线型+离子接地体的接地型式

水平放射线型+离子接地体接地装置适用于 4000Ω·m 以上高土壤电阻率地区，按照不同的土壤电阻率，选用不同的接地装置型号，工频接地电阻按 30Ω 控制。

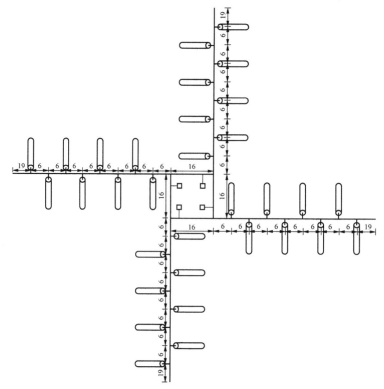

图 36-25 水平放射线型+接地模块示意图

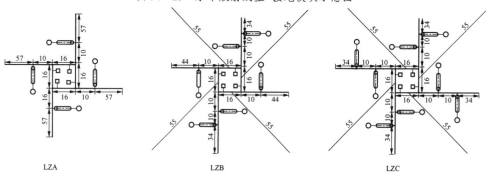

图 36-26 水平放射线型+离子接地体示意图

图 36-29 为特高压直流输电线路工程中采用的"水平放射线+离子接地体接地装置图"。

四、高土壤电阻率地区的接地问题

对于高土壤电阻率地区，常规杆塔接地装置难以将杆塔接地电阻降至限值以下，一般采用土壤的化学处理、换土、采用伸长接地带（有时辅助以引外接地）等几种措施。通过实践来看，前两种办法由于费工费时、维护工作量大。因此，一般较少采用。在实际工程中，通常在高土壤电阻率地区采用伸长接地带（有时辅助以引外接地或接地模块）或连续伸长接地体。

（一）伸长接地带在高土壤电阻率地区的应用

雷电冲击电流在特高土壤电阻率地区伸长接地带中的传播，其波阻抗 z_0 可由式（36-119）和式（36-120）计算。

$$z_0 = \sqrt{\frac{L'}{C'}} = \sqrt{\frac{\varepsilon\mu}{C'}} = \frac{L'}{\sqrt{\varepsilon\mu}} \qquad (36-119)$$

$$\varepsilon = \varepsilon_r \frac{1}{4\pi \times 9 \times 10^9} \qquad (36-120)$$

式中　ε ——介电系数；

　　　ε_r ——相对介电系数；

　　　μ ——导磁系数，H/m；

　　　C' ——接地体单位长度电容，F/m；

　　　L' ——接地体单位长度外电感，H/m。

单根水平接地体单位长度的外电感

$$L' = \frac{1}{l}\left[\frac{\mu_0 l}{2\pi}\left(\ln\frac{4l}{d}-1\right)\right] = 2 \times 10^{-7}\left(\ln\frac{4l}{d}-1\right)$$

$$(36-121)$$

式中　l ——接地体长度，m；

　　　d ——接地体直径，m。

通常，$L' \approx 1.7 \sim 1.8\mu H/m$。

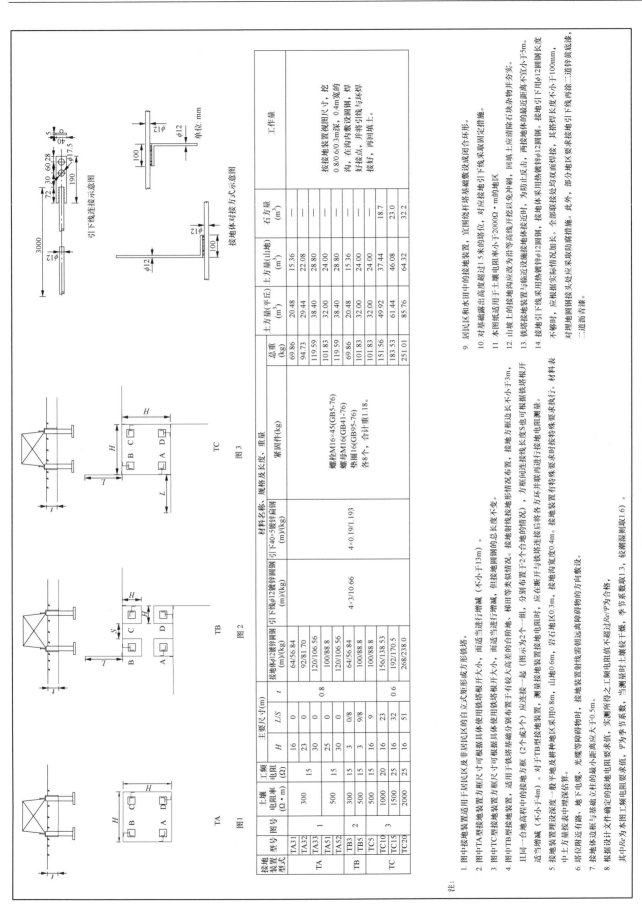

图36-27　水平放射线接地装置图

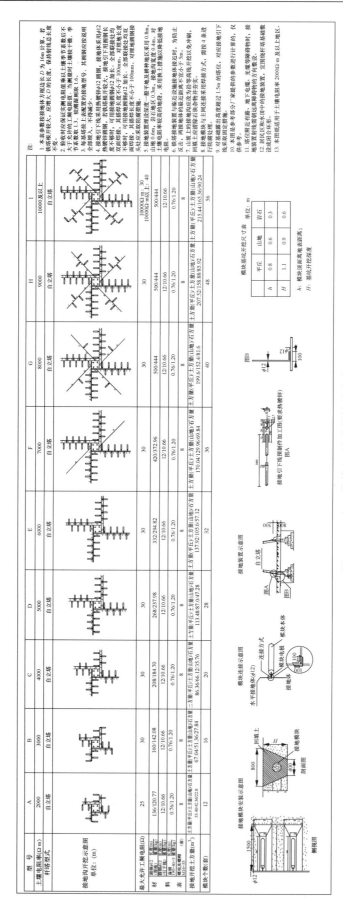

图36-28 水平放射射线+接地模块接地装置图

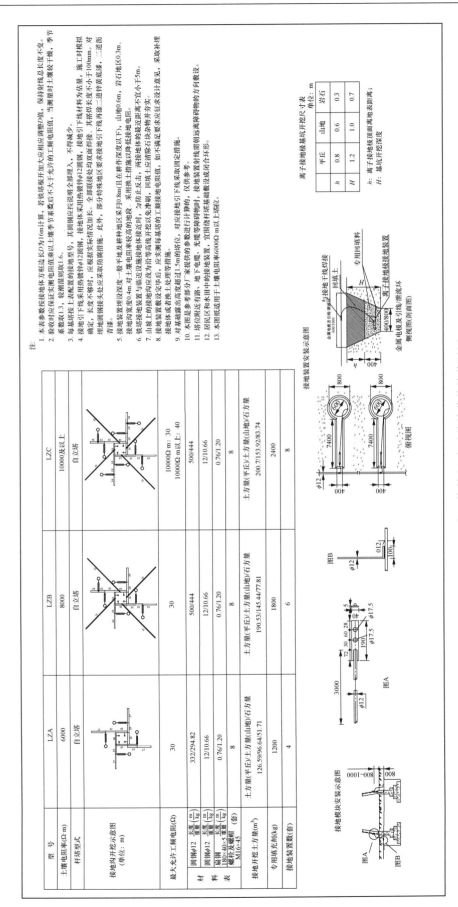

图36-29　水平放射线+离子接地体接地装置图

若取 $L' \approx 1.7\mu H/m$，则单根水平接地带的波阻抗为

$$z_0 = \frac{3\times10^8}{\sqrt{\varepsilon_r}}\times1.7\times10^{-6} = \frac{510}{\sqrt{\varepsilon_r}} \qquad (36-122)$$

当 ε_r =4～15 时，z_0 =150～255Ω。这一数值和国内、外的试验结果基本吻合。

表 36-21　不同岩土和水的相对介电系数

名称	花岗岩	正长岩	闪长岩	玄武岩	片麻岩	大理岩	石炭岩	砂岩	土壤	水
相对介电系数 ε_r	7～12	13～14	8～9	12	8～15	8	15	9～11	2～20	≈80

原东北电业管理局技术改进局曾以 Ⅱ 型链形回路对土壤电阻率 ρ=1200～5000Ω·m 情况下不同长度接地带的阻抗和进行了试验研究。通过试验发现，在 ρ=1200～5000Ω·m 的范围内，当土壤电阻率相同时，若接地带总长度相等，则用多根较短的接地带比根数少而长的接地带起始波阻抗（z_0）低，

由于接地体电感的作用，接地体阻抗逐渐下降，直到 8μs 左右才趋于稳定，试验结果详见表 36-22。

因此，在设计中对高土壤电阻率地区，一般均采用多根并联水平伸长接地组合的方式。

表 36-22　不同土壤电阻率情况下各种伸长接地组合的阻抗-时间曲线

土壤电阻率（Ω·m）	组合方式	接地体总长（m）	阻抗（Ω）			波形
			z_0	z_2	z_4	
1200	2×100	200	100	27	19	3.5/30
	2×60∥2×40	200	63	17	14	
	5×40	200	55	15	13	
2000	4×100	400	100	16.5	13	
	2×100∥2×60∥2×40	400	79	13	12	
	4×60∥4×40	400	67	11	10	
5000	100∥100	200	100	65	54	
	100∥60∥40	200	92	60	52	
	2×60∥2×40	200	88	57	50	

注　z_2 表示 2μs 时的波阻抗，z_4 表示 4μs 时的波阻抗。

（二）连续伸长接地体在特高土壤电阻率地区的应用

土壤电阻率很高（如 ρ=8000～10 000Ω·m 及以上）时，接地体周围的泄漏电导（G）的作用已变得很小。此时，电容效应及位移电流显著增加，因而波过程就起着重要作用。

图 36-30 为土壤电阻率 ρ=8000Ω·m，长 50m 的水平接地体从塔顶测量得到的冲击阻抗随时间变化的关系曲线。由图 36-30 可以看出，在 t=0 之后表现出的接地体初始阻抗（即波阻抗）约为 250Ω。在 t=0.5μs 时，由于位移电流和传导电流共同作用的结果，使接地体阻抗降为 125Ω 左右。在此之后，由于从接地体末端（它相当于开路）传来负反射电流波，使冲击阻抗又急剧上升，最终趋为稳态电阻值。同时，由图 36-30 可以看出，接地体的波阻抗小于它的稳态电阻。这时，波过程对接地是有利的。在特高土壤电阻率地区，为了减小冲击接地电阻，可以利用波过程的这一有利条件，将波过程转变到电阻过程的时间延长，因而可采用连续伸长接地体。这样，连续伸长接地体的长度至少应满足在冲击电流的波头

时间范围内无终端反射，其长度应为

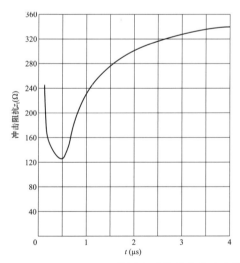

图 36-30　ρ=8000Ω·m 地区水平接地体的冲击阻抗（直角波）

$$l \geq \frac{\tau_t v}{2} \qquad (36-123)$$

式中　l——连续伸长接地体长度，m；

　　　τ_t——波头长度，μs；

　　　v——波速，m/s。

冲击电流在接地体内传播的速度（v）可由电磁场和电路的相似性得到，即

$$v = \frac{1}{\sqrt{L'C'}} = \frac{1}{\sqrt{\varepsilon\mu}} \qquad (36-124)$$

式中　v——波速，m/s；

其他符号含义同式（36-119）。

将 ε 及 μ 值代入式（36-124），则得

$$v = \frac{3 \times 10^8}{\sqrt{\varepsilon_r}}, \text{m/s} \qquad (36-125)$$

这样，当取 τ_t=6μs、ε_r=4～15 时，连续伸长接地体的长度应为 230～450m。由于连续伸长接地体长度较长，一般沿线路方向埋设并可与邻塔接地装置相连，这在一定程度上起到对导线的耦合作用。在工程中使用时，一般埋设 1～2 条连续伸长接地体。为了降低接地装置的起始冲击阻抗，可并联一些短的水平接地带。

（三）引外接地的应用

GB 50065—2011 建议，在高土壤电阻率地区，如在杆塔附近有可以利用的低电阻率的土壤，为了减小冲击接地电阻，可以采用引外接地，即用较长的接地带引至低电阻率的土壤中再作集中接地。但引外接地的距离（即引线的长度）是有一定要求的，它决定于大地的电性参数 ρ 及 ε_r。例如，当土壤电阻率不很高时，接地带周围的泄漏电导相对较大，如接地带过长，其末端电位已很低，此时，与接地带末端相连的引外接地装置就不能起到降低接地冲击阻抗的作用，因此，接地规程推荐引外接地线的最大长度不宜大于表 36-9 所列数值的 1.5 倍。

参考文献 [10] 建议，当冲击电流的波头长度为 3～6μs 时，引外线的最大长度 l_{max} 可按式（36-126）估算[10]

$$l_{max} = (0.026\,5 \sim 0.053)\rho\sqrt{\varepsilon_r} \qquad (36-126)$$

式中　　　ρ——土壤电阻率，Ω·m；

　　　　　ε_r——地的相对介电系数，一般地区可取 ε_r=9；

　　　　　0.026 5——用于波头长度 3μs；

　　　　　0.053——用于波头长度 6μs。

第七节　防雷接地的相关规定及措施

直流输电线路防雷设计应综合考虑线路的重要性、沿线雷电活动特点、地形地貌和土壤电阻率，结合沿线附近线路的运行经验，提出合理的防护措施。

一、防雷设计的有关规定

GB 50790—2013《±800kV 直流架空输电线路设计规范》和 DL 5497—2015《高压直流架空输电线路设计技术规程》提出了防雷设计方面的相关要求，在输电线路防雷设计过程中应遵照执行。

（一）GB 50790—2013 相关规定

（1）应结合当地已有的运行经验、地区雷电活动的强弱特点、地形地貌特点及土壤电阻率高低等因素进行 ±800kV 线路防雷设计；在计算耐雷水平后，应通过技术经济比较，采用合理的防雷方式。

（2）±800kV 线路应沿全线架设双地线。杆塔上地线对导线宜采用负保护角，在山区不宜大于 −10°。

（3）档距中央导线与地线之间的距离宜用数值计算的方法确定。

（4）雷季干燥时每基杆塔不连地线的工频接地电阻不应大于表 36-23 所列数值。当土壤电阻率超过 2000Ω·m，接地电阻很难降到 30Ω 时，可采用 6～8 根总长不超过 500m 的反射形接地体或连续伸长接地体，其接地电阻可不受限制。

表 36-23　雷季干燥时每基杆塔不连地线的工频接地电阻

土壤电阻率（Ω·m）	100 及以下	100 以上～500	500 以上～1000	1000 以上～2000	2000 以上
工频接地电阻（Ω）	10	15	20	25	30

（5）通过耕地的直流输电线路的接地体应埋设在耕作深度以下；位于居民区和水田的接地体应敷设成环形。

（二）DL 5497—2015 相关规定

（1）直流线路的防雷设计，应根据线路电压、负荷性质和系统运行方式，结合当地已有线路的运行经验、地区雷电活动的强弱特点、地形地貌特点及土壤电阻率高低等因素，在计算耐雷水平后，通过技术经济比较，采用合理的防雷方式。

（2）高压直流架空输电线路应沿全线架设双地线。杆塔上地线对导线的保护角，不宜大于表 36-24 所列值。

表 36-24　杆塔上地线对导线的保护角

标称电压（kV）	±500		±660	
地形	平丘	山区	平丘	山区
单回路	10°	0°	0°	−10°
双回路	0°		—	

（3）在一般档距的档距中央，导线与地线的距离，应按下式校验（计算条件为：气温+15℃，无风）：

$$S \geqslant 0.012L+1.5 \qquad (36-127)$$

式中　S——导线与地线间的距离，m；

　　　L——档距，m。

（4）在雷季干燥时，每基杆塔不连地线的工频接地电阻，不宜大于表36-25所列数值。

表36-25　雷季干燥时每基杆塔不连地线的工频接地电阻

土壤电阻率（Ω·m）	100及以下	100以上～500	500以上～1000	1000以上～2000	2000以上
工频接地电阻（Ω）	10	15	20	25	30*

注　* 如土壤电阻率超过2000Ω·m，接地电阻很难降到30Ω时，可采用6～8根总长不超过500m的反射形接地体或连续伸长接地体，其接地电阻不受限制。

（5）通过耕地的输电线路，其接地体应埋设在耕作深度以下，位于居民区和水田的接地体应敷设成环形。

二、防雷设计的相关措施

除了上述通用的架设双地线、控制档距中央导地线间距、降低杆塔接地电阻、减小地线保护角等规程规定的手段外，还可采取以下措施。

（一）加强线路绝缘

通常采用增加绝缘子片数或更换为大干弧距离的复合绝缘子的方法来提高线路耐雷水平。在原有绝缘配置的基础上，增加一定数量的绝缘子，提高线路绝缘水平。但是，增加绝缘子片数受杆塔头部绝缘间隙及导线对地安全距离的限制，设计过程中需要根据实际情况核实。

（二）加装耦合地线

为了提高线路的防雷性能，减少线路的雷击跳闸率，可采用在导线下面（或其附近）加挂耦合线（即架空地线）的办法。加挂耦合线能在雷击杆塔时起到分流和耦合作用，降低杆塔绝缘上所承受的电压，提高线路的耐雷水平。

（三）安装线路避雷器

线路避雷器具有很好的钳制电位作用，在雷击过程中可以分流雷电流、保护线路绝缘子，可以显著提高线路的耐雷水平。但由于线路避雷器仅对已安装的杆塔起保护作用，且价格较高，需要有针对性地选择线路塔位安装，在实际工程中可结合运行经验确定。

安装线路防雷用避雷器应符合下列要求：

（1）安装线路避雷器宜根据技术经济原则因地制宜地制定实施方案。

（2）线路避雷器宜在下列地点安装：多雷区发电厂、变电站进线段且接地电阻较大的杆塔；山区线路易击段杆塔和易击杆；山区线路杆塔接地电阻过大、易发生闪络且改善接地电阻困难也不经济的杆塔；大跨越的高杆塔；多雷区同塔双回路线路易击段的杆塔。

参考文献

[1] R.H.Golde. 雷电[M]. 北京：水利电力出版社，1983.

[2] 张纬钹，何金良，高玉明. 过电压防护及绝缘配合[M]. 北京：清华大学出版社，2002.

[3] 解广润. 电力系统过电压[M]. 北京：水利电力出版社，1985.

[4] 张红. 高电压技术. 第2版. [M]. 北京：中国电力出版社，2013.

[5] 张翠霞，葛栋，殷禹. 直流输电系统的防雷保护[J]. 高电压技术，2008，34(10)：2070-2074.

[6] 潘忠林. 现代防雷技术[M]. 北京：电子科技大学出版社，1997.

[7] 赵斌财，周浩，钟一俊，陈稼苗，朱天浩，张利庭，王坚敏. 输电线路绕击方法浅议[J]. 电瓷避雷器，2008，1(221)：29-39.

[8] 陈水明，何金良，曾嵘. 输电线路雷电防护技术研究（一）：雷电参数[J]. 高电压技术，2009，35(12)：2903-2909.

[9] Anderson R B, Eriksson A J. Lightning parameters for engineering application[J]. Elect ra, 1980, 39 (69): 652102.

[10] 张殿生. 电力工程高压送电线路设计手册[M]. 第2版. 北京：中国电力出版社，2002.

[11] 李瑞芳，吴广宁，曹晓斌，马御棠，刘平，苏杰. 雷电流幅值概率计算公式[J]. 电工技术学报，2011，26(4)：161-164.

[12] EPRI, AC transmission line reference book-200kV and above（Third Edition）[M]. 2005.

[13] Hara T，Yamamoto O. Modeling of a transmission tower for lightning surge analysis[J]. IEEE Proc of Trans Disrib，1996，143（3）：283－289.

[14] 杨庆，赵杰，司马文霞，冯杰，袁涛. 云广特高压直流

线路反击耐雷性能[J]. 高电压技术，2008，34（7）：1330－1333.

[15] IEEE Std 1243－1997. IEEE guide for improving the lightning performance of transmission lines[S]，1997.

第三十七章

直流线路对地及交叉跨越

第一节　对地及交叉跨越的有关
定义及基本原则

一、有关定义

（1）居民区：工业企业地区、港口、码头、火车站、城乡等人口密集地区。

（2）非居民区：上述居民区以外的地区，均属非居民区。对于时常有人、有车辆或农业机械到达的房屋稀少的地区，亦属非居民区。

（3）交通困难地区：车辆、农业机械不能到达的地区。

（4）公路等级分为高速公路和一级、二级、三级、四级公路：

1）高速公路为专供汽车分向、分车道行驶并应全部控制出入的多车道公路，应符合下列规定：① 四车道高速公路应能适应将各种汽车折合成小客车的年平均日交通量 25 000～55 000 辆；② 六车道高速公路应能适应将各种汽车折合成小客车的年平均日交通量 45 000～85 000 辆；③ 八车道高速公路应能适应将各种汽车折合成小客车的年平均日交通量 60 000～100 000 辆。

2）一级公路为供汽车分向、分车道行驶，并可根据需要控制出入的多车道公路，应符合下列规定：① 四车道一级公路应能适应将各种汽车折合成小客车的年平均日交通量 15 000～30 000 辆；② 六车道一级公路应能适应将各种汽车折合成小客车的年平均日交通量 25 000～55 000 辆。

3）二级公路为供汽车行驶的双车道公路。双车道二级公路应能适应将各种汽车折合成小客车的年平均日交通量 5000～15 000 辆。

4）三级公路为主要供汽车行驶的双车道公路。双车道三级公路应能适应将各种汽车折合成小客车的年平均日交通量 2000～6000 辆。

5）四级公路为主要供汽车行驶的双车道或单车道公路，应符合下列规定：① 双车道四级公路应能适应将各种汽车折

合成小客车的年平均日交通量 2000 辆以下；② 单车道四级公路应能适应将各种汽车折合成小客车的年平均日交通量 400 辆以下。

二、基本原则

决定直流输电线路对地及交叉跨越距离的控制因素，主要有电场强度、电气绝缘强度以及其他因素。其中，其他因素主要是考虑为减小或避免输电线路与其他部门设施之间的相互影响，其取值需由相关部门认可或协商决定。

对地及交叉跨越距离按用途可分为三类：垂直距离、净空距离和水平距离。

直流架空输电线路导线对地面和各种交叉跨越（建筑物、树林、铁路、道路、河流、管道、索道及各种架空线路等）的垂直距离，应在最大弧垂条件下，满足最小垂直距离的要求；最大风偏条件下，满足最小净空距离要求。无风时，线路边线对交叉跨越物的水平距离应满足最小水平距离的要求。

一般线路导线的最大弧垂应按导线运行温度+40℃（若导线按允许温度+80℃设计时，导线运行温度取+50℃）和覆冰无风条件计算并取较大者。大跨越线路导线最大弧垂应按导线实际能达到的最高温度和覆冰无风条件计算并取较大者。

对于重覆冰区的线路，还应计算导线不均匀覆冰和验算覆冰工况下的弧垂增大。

当线路与铁路、高速公路及一级公路交叉且交叉档距大于 200m 时，还应按导线最高温度（按不同条件要求取+70℃或+80℃）计算最大弧垂。

验算覆冰条件、导线最高温度及覆冰不均匀情况下，对被交叉跨越物的间隙距离校核按操作过电压间隙控制。

需要指出的是，对于新电压等级的直流输电线路，需要根据各种距离的性质和控制条件，计算确定其最小距离允许值。此外，地面合成电场强度、离子流密度与极导线方案密切相关，当极导线方案发生较大变化时，也需根据具体情况对最小距离允许值进行修正。

第二节　导线对地距离要求

一、居民区、非居民区、交通困难地区导线对地最小距离要求

导线对地面的最小距离，在最大计算弧垂情况下，应满足表 37-1 中的要求。

表 37-1 中的导线对地最小距离主要由电场强度控制。对于居民区和一般非居民区，地面最大合成电场强度和离子流密度按第三十三章第二节中有关限值控制；对于人烟稀少的非农业耕作地区，地面合成电场强度按雨天 42kV/m、晴天 35kV/m 控制，离子流密度按雨天 180nA/m²、晴天 150nA/m² 控制。

表 37-1　导线对地面最小距离（m）

标称电压（kV）		±500						±660	±800（水平 V 串/水平 I 串）
地区　导线截面（mm²）		4×300	4×400	4×500	4×630	4×720	4×900	4×1000	—
居民区		16.0	16.0	15.5	15.5	15.0	15.0	18.0	21.0/21.5
非居民区	农业耕作区	12.5	12.5	12.0	12.0	11.5	11.5	16.0	18.0/18.5
	人烟稀少的非农业耕作区	9.5						14.0	16.0/17.0
交通困难地区		9.0						13.5	15.5

注　1. 表中数值用于单回双极线路及采用+-/-+极性布置的同塔双回双极线路。

　　2. 相关试验结果表明，空气质量和湿度对地面合成电场强度有较大影响，进而影响导线对地最小距离的取值，表中数据未考虑空气质量和湿度的影响，在灰尘严重和气候干燥地区，宜适当增加极导线对地距离。

　　3. 随着海拔高度增加，为满足地面合成场强的要求，导线对地距离需适当增加。当海拔超过 1000m 时，每增加 1000m 海拔高度，导线对地最小距离建议增加 6%。

对于交通困难地区，导线对地最小距离按操作过电压的放电间隙，再根据人体高度、物体的高度，并考虑一定的裕度而确定；此外，还需按电场强度限值进行校核。

工程实际设计中，还应结合具体环境影响评价报告的要求值进行校核。

二、导线与山坡、峭壁、岩石之间的最小净空距离要求

导线与山坡、峭壁、岩石之间的最小净空距离，在最大计算风偏情况下，应满足表 37-2 中的要求。

表 37-2　导线与山坡、峭壁、岩石的最小净空距离（m）

线路经过地区	标称电压（kV）		
	±500	±660	±800
步行可以到达的山坡	9.0	11.0	13.0
步行不能到达的山坡、峭壁和岩石	6.5	8.5	11.0

表 37-2 中的最小净空距离要求取值原则与交流线路一样，均是以操作过电压间隙值为基础，再计及人、畜及携带物的高度，并考虑一定裕度而确定的。例如 ±800kV 特高压直流输电线路，操作过电压间隙取 7.5m（确定对地及交叉跨越距离时，操作过电压间隙取值：±800kV 线路为 7.5m、±660kV 为 5.0m、±500kV 为 3.0m，下同），对于步行可达到的山坡，人、畜及携带物的总高取 3.5m，再加 2.0m 裕度，取 13m；对于步行不可达到的山坡、峭壁、岩石，仅考虑操作过电压间隙和人扬鞭高度，导线最大风偏后的最小净空距离值取 11.0m。

第三节 交叉跨越距离要求

一、对公路的最小距离要求

直流线路与公路交叉或水平接近时，应满足表 37-3 中

最小距离的要求。

直流线路跨越公路时，导线对公路路面的最小垂直距离由地面合成电场强度和离子流密度控制，并按照居民区的标准进行取值；杆塔基础外缘至路基边缘的最小水平距离取值一般随电压等级升高而增大，或按相关部门协议要求取值。

表 37-3　直流线路与公路的最小距离

项目	垂直距离（m）			水平距离（m）				
	±500kV	±660kV	±800kV	类　　别		±500kV	±660kV	±800kV
至公路路面	16	18	21.5	交叉	杆塔外缘至路基边缘	8.0 或按协议取值	15.0 或按协议取值	15.0 或按协议取值
				平行	边导线至路基边缘 开阔地区	最高塔高		
					路径受限制地区	8.0 或按协议取值	10.5 或按协议取值	12.0 或按协议取值

二、对铁路的最小距离要求

直流线路与铁路交叉或水平接近时，应满足表 37-4 中最小距离的要求。

表 37-4　直流线路与铁路的最小距离

项　　目	垂直距离（m）			水平距离（m）				
	±500kV	±660kV	±800kV	类　　别		±500kV	±660kV	±800kV
至铁路轨顶	16	18	21.5	杆塔外缘至轨道中心	交叉	30	35 或按协议取值	塔高加 3.1m，无法满足要求时可以适当减小，但不得小于 40m
至铁路承力索接触线（杆顶）	6（8.5）	8（10.5）	15		平行	最高塔高加 3.1m，困难时双方协商确定		

注　垂直距离中，括号内的数值用于跨越杆顶。

1. 对铁路轨顶的最小垂直距离

直流线路跨越铁路时，导线对轨顶的最小垂直距离参照跨越公路，即按居民区标准进行取值。

2. 对电气化铁路承力索或接触线（杆顶）的最小垂直距离

导线对铁路承力索或接触线的最小垂直距离，按电气绝缘强度控制，并考虑适当裕度而定。如 ±660kV 直流线路，操作过电压间隙取 5m，考虑 3m 裕度，取为 8m。

确定导线对铁路承力索杆顶或接触线杆顶的最小垂直距离时，考虑到登杆维修人员受到的静电感应影响，对该杆顶的电场强度进行了限制，按合成场强雨天 50kV/m、晴天 42kV/m 进行控制。

国内 ±800kV 线路规范中，导线至承力索或接触线的垂直距离仅给出 15m 的要求值。该取值是按场强限值计算的要求值，可用于跨越承力索接触线杆顶情况；对于未跨越杆顶

的情况，建议可按 12.5m 取值（操作过电压间隙 7.5m，导线动态范围取 2m，考虑 3m 裕度）。

3. 线路杆塔基础外缘至交叉铁路的最小水平距离

铁道部铁建设函〔2009〕327 号文规定，特高压输电线路交叉跨越铁路时，杆塔基础外缘至轨道中心水平距离不应小于"塔高加 3.1m"。当无法满足此要求时，可适当减小距离，但不得小于 40m。

4. 与铁路平行的最小水平距离

铁道部铁建设函〔2009〕327 号文规定，线路与铁路平行接近时，杆塔基础外缘至轨道中心的水平距离不小于"塔高加 3.1m"，困难时协商确定。

在路径受限制地段，也应控制直流线路与铁路的平行距离和长度，并对每一交叉段和接近段进行验算，以确定线路对铁路通信、信号和闭锁装置的干扰和危险影响。对电气化铁路，要降低在铁路接触网的导线和承力索上所感

应的电压。在导线最大风偏情况下，线路边导线至接触网导线的距离应大于 45m，至非电气化铁路建筑物的距离应大于 15m。

三、对电力线的最小距离要求

直流线路与电力线交叉或水平接近时，应满足表 37-5 中最小距离的要求。

表 37-5　导线与电力线的最小距离

项目	垂直距离（m）			水平距离（m）					
	±500kV	±660kV	±800kV	类　别			±500kV	±660kV	±800kV
至被跨越电力线	6	8	10.5	与边导线间（平行）	路径受限制地区（最大风偏情况下）	开阔地区	最高塔高		
						边导线间			
							13	18	20
至被跨越电力线杆顶	8.5	10.5	15			导线风偏至邻塔			
							8.5	11	13

1. 对电力线导（地）地线的最小垂直距离

表 37-5 中的最小垂直距离取值是在操作过电压间隙的基础上，考虑一定的裕度而定。如 ±800kV 特高压直流线路跨越电力线时，对电力线导（地）线的最小垂直距离，按操作过电压间隙 7.5m，加上 3.0m 裕度，取值为 10.5m。

2. 对电力线杆塔顶的最小垂直距离

导线对电力线杆塔顶的最小垂直距离取值参照了交叉铁路接触网杆顶的标准进行取值。

四、对弱电线的最小距离要求

直流线路与弱电线交叉或水平接近时，应满足表 37-6 中最小距离的要求。

表 37-6　导线与弱电线的最小距离

项目	垂直距离（m）			水平距离（m）					
	±500kV	±660kV	±800kV	类　别			±500kV	±660kV	±800kV
至被跨越弱电线	8.5	14	17	与边导线间（平行）	路径受限制地区（最大风偏情况下）	开阔地区	最高塔高		
							8	11	13

弱电线路相对于一般高压电力线杆塔、电气化铁路承力索或接触线杆塔而言，相关保护措施较为宽松，且杆塔高度较低，容易攀爬，因此应降低弱电线被跨越处的电场强度。计算直流线路跨越弱电线的最小垂直距离时，场强限值一般按合成场强雨天 42kV/m、晴天 35kV/m 进行控制。

五、对管道的最小距离要求

1. 对特殊管道交叉跨越距离要求

直流线路与特殊管道交叉或水平接近时，应满足表 37-7 中最小距离的要求。

表 37-7　导线与特殊管道的最小距离

项目	垂直距离（m）			水平距离（m）					
	±500kV	±660kV	±800kV	类　别			±500kV	±660kV	±800kV
至特殊管道任何部分	9	14	17	边导线至管道、索道任何部分	开阔地区	交叉	最高塔高		
						平行	最高塔高	最高塔高	天然气、石油（非埋地管道）：最高塔高+3m
至索道任何部分	6	8	12.5		路径受限制地区		风偏时 9	风偏时 13	风偏时 15

（1）对特殊管道的最小垂直距离。特殊管道是指架设在地面上，输送易燃易爆物品的管道。直流线路导线对此类管道的最小垂直距离可参照跨越弱电线取值，或按相关协议要求进行取值。

（2）对特殊管道的最小水平距离。在路径受限制地区，直流线路边导线在最大风偏情况下与特殊管道的最小水平距离，可参照步行可以到达山坡的净空距离，必要时增加了一定裕度。

2. 与埋地油气管道交叉跨越距离要求

直流线路与埋地管道交叉跨越时的安全距离，取决于线路对管道产生的电磁影响。直流线路对管道的电磁影响包括对人身安全的影响、对管道安全的影响以及对管道的干扰腐蚀等方面。

工程设计时，应根据收集的输电线路信息（电压等级、额定电流、短路电流等）和管道运行资料（管道尺寸、形状、防腐层材料类型、土壤电阻率等），结合现场相对位置关系，计算直流线路对管道的电磁影响，并依此得出交叉跨域的安全距离。

六、对河流的最小距离要求

直流线路与河流交叉或水平接近时，应满足表 37-8 中最小距离的要求。

表 37-8　导线与河流的最小距离

项　目		垂直距离（m）			水平距离（m）			
		±500kV	±660kV	±800kV	类别	±500kV	±660kV	±800kV
通航河流	至五年一遇洪水位	9	12.5	15.0	边导线至斜坡上缘（线路与拉纤小路平行）		最高塔高	
	至最高航行水位桅顶	6	8	10.5				
不通航河流	百年一遇洪水位	8	10	12.5				
	冬季至冰面	12	16	18.5				

七、导线与建筑物之间的最小距离要求

直流线路跨越建筑物时，应满足表 37-9 中最小距离的要求。

表 37-9　导线与建筑物之间的最小距离

项目	垂直距离（m）			净空距离（m）（最大计算风偏情况下）			水平距离（m）（无风时）		
	±500kV	±660kV	±800kV	±500kV	±660kV	±800kV	±500kV	±660kV	±800kV
建筑物	9	14	16	8.5	13.5	15.5	5	6.5	7

1. 导线与建筑物之间的最小垂直距离

导线与建筑物之间的最小垂直距离，按电气绝缘强度控制，并进行电场强度校核。最终取值在交通困难地区最小对地距离值的基础上，酌情增加了一定裕度。

当线路临近民房时，在湿导线情况下房屋所在地面的未畸变合成电场不得超过 15kV/m。

2. 导线与建筑物之间的最小净空距离

考虑到导线风偏的短时性，参照我国交流输电线路跨越建筑物时净空距离与垂直距离取值的数值关系，该最小净空距离按在最小垂直距离基础上减 0.5m 进行取值。

八、导线与树木之间的最小距离要求

直流线路跨越树木时，应满足表 37-10 中最小距离的要求。

表 37-10　导线与树木之间的最小距离

项　目	垂直距离（m）			净空距离（m）		
	±500kV	±660kV	±800kV	±500kV	±660kV	±800kV
树木	7	10.5	13.5	7	10.5	10.5
果树、经济作物、城市绿化灌木及街道航道树木	8.5	12	15			

1. 导线与林区树木之间的最小垂直距离

直流线路导线与林区树木之间的最小垂直距离取值，以操作过电压间隙加上一定的裕度为基础，并校核电场强度，比较取其较大者。例如，±660kV 线路导线与树木最小垂直距离，按操作过电压间隙 5.0m 加上 3.5m 裕度，为 8.5m；按静电场强 27kV/m，合成场强雨天 60kV/m，晴天 52kV/m 计算则为 10.5m。±660kV 线路导线对树木最小垂直距离取为 10.5m。

2. 导线与果树、经济作物、城市绿化灌木及街道树之间的最小垂直距离

该类树木超高生长的可能性较小，但考虑该类树木与人接触的机会较多，且大多采用跨越方案，故在跨越一般树木的取值基础上增加了 1.5m 的裕度。

3. 导线与树木之间的最小净空距离

我国 110kV～750kV 交流输电线路导线与树木、果树之间的最小垂直距离、最小净空距离，都是按电气安全绝缘间隙加上一定裕度计算得到的，大都取相近或相同的取值。对于特高压输电线路，按电场强度控制时，与树木之间的最小垂直距离值较大，考虑到导线最大风偏的短时性，最小净空距离按电气绝缘强度控制，如 ±800kV 线路取值为 10.5m。

第四节　走　廊　设　计

一、房屋拆迁

线路不应跨越长期住人和屋顶为可燃材料的建筑物，对于非长期住人的耐火屋顶的建筑物，如确需跨越时，应与有关方面协商，征得同意。

边线外最小水平距离以内的建筑物应拆除。最小水平距离以外的建筑物，若满足最小净空距离要求，则按湿导线情况下房屋所在地面的未畸变合成电场强度不超过 15kV/m 校核，不满足要求的也应拆除。

线路跨越蔬菜大棚时原则上可不拆迁，但应做好有效接地措施。

线路跨越非长期住人的养殖场时可按不拆迁处理，但须

核实其屋顶材料，必要时应对其进行改造。

二、林木处理

（1）线路经过经济作物和集中林区时，以高跨方案为主，原则上不砍伐通道。必要时，也可因地制宜，采取修剪或更换树种等方案。必须砍伐时，需征得有关部门同意。

（2）高跨地段的林木高度，应按该地段主要树种平均自然生长高度，对多种树木混合生长的林木，取最高的树种的自然生长高度进行设计。

（3）当跨越林木时，导线与各种林木（考虑自然生长高度）之间的最小垂直距离及最小净空距离（最大计算风偏情况下）应符合本章第三节的相关要求。

（4）对于成片树林（竹林）、经济林，高速公路、国道或省道、铁路等两侧绿化林，具有降噪、防风、固沙等特殊功能的林木，河流、库区，坝、堤、岸的防护林带，山区生长缓慢、难以成活、移栽困难的林木，也宜按高跨设计。

三、直流线路与采石场、炸药库的距离要求

1. 与采石场的距离要求

直流输电线路应尽量远离采石场，工程设计时，应根据线路走向及采石场的性质、范围、规模和爆破作业等情况综合确定。考虑到采石场爆破作业对输电线路运行安全的影响，一般可取 300m。对于线路走廊特别受限地区，经过爆破论证，其安全距离可以进一步减小。

对于不满足安全距离要求的采石场，应考虑关停、封闭。

2. 与炸药库的距离要求

在有条件的情况下，线路应尽量远离炸药库。若因路径受限制，线路对炸药库的最小距离应满足如下规定：对于地面炸药库，应满足 GB 50089—2007《民用爆破器材工程设计安全规范》的规定；对于洞库及覆土炸药库，应满足 GB 50154—2009《地下及覆土火药炸药仓库设计安全规范》的规定。

（1）对于地面炸药库，应满足表 37-11 的规定。

表 37-11　线路与地面炸药库的最小外部距离

计算药量（t）	200	180	160	140	120	100	90	80	70	60	50	45	40	35	30	25
与地面库距离（m）	2000	1930	1850	1760	1680	1580	1530	1480	1400	1330	1260	1210	1170	1120	1060	990
计算药量（t）	20	18	16	14	12	10	9	8	7	6	5	2	1	0.5	0.3	0.1
与地面库距离（m）	940	900	860	830	770	740	720	680	650	630	590	430	380	310	290	280

注　1. 表中数值取自 GB 50089 中对 220kV 以上架空输电线路的要求值，建议直流线路按不低于上述要求值执行。

2. 计算药量为中间值时，外部距离采用线性插入法确定。

3. 表中外部距离适用于平坦地形，遇到其他特定地形时，其数值可适当增减，具体可参照 GB 50089 附录 A。

（2）对于洞库及覆土炸药库，输电线路与其最小外部距离应符合下述要求：① 缓坡地形岩石洞库，应按爆炸飞石、爆炸空气冲击波、爆炸地震波三种外部允许距离中的最大值确定；② 陡坡地形的岩石洞库和黄土洞库，应按爆炸空气冲击波、爆炸地震波两种外部允许距离中的最大值确定；③ 覆土库应按爆炸空气冲击波允许距离确定。

以符合一定存药条件的缓坡地形岩石洞库为例，其爆炸飞石外部允许距离应按表 37-12 取值后，再按不同的岩石性质乘以相应的折减系数。折减系数详见表 37-13。

表 37-12　线路与缓坡地形岩石洞库爆炸飞石的外部允许距离

装药等效直径（m）		1.40	1.76	2.01	2.22	2.39	3.01	3.44	3.79	4.08	4.34	4.57	4.78	4.97	5.14
存药量（t）		10	20	30	40	50	100	150	200	250	300	350	400	450	500
与峒库口轴线交角（α）	0°≤α≤50°	860	1110	1280	1400	1530	1950	2250	2500	2690	2900	3070	3190	3340	3490
	50°<α≤60°	602	777	896	980	1071	1365	1575	1750	1883	2030	2149	2233	2338	2443
	60°<α≤70°	516	666	768	840	918	1170	1350	1500	1614	1740	1842	1914	2004	2094
	70°<α≤80°	430	555	640	700	765	975	1125	1250	1345	1450	1535	1595	1670	1745
	80°<α≤90°	344	444	512	560	612	780	900	1000	1076	1160	1228	1276	1336	1396

注　1. 表中数值取自 GB 50154 中对 750kV 输电线路的要求值，建议直流线路按不低于上述要求值执行。

2. 表中存药量指梯恩梯当量，当为其他火药、炸药时，应换算为梯恩梯当量。

3. 当洞库存药条件中横截面积比小于 0.23 时，其外部允许距离应按表中距离乘以 0.85。

4. 采取表中距离时，应以装药等效直径为依据确定。当装药等效直径已定，实际存药量小于或等于表中相应存药量时，可直接采用表中距离；实际存药量大于表中存药量并不超过 1 倍时，应按表中距离乘以 1.3。

5. 实际等效装药直径为中间值时，其相应存药量和外部允许距离应采用线性插入法确定。

6. 表中距离指水平投影距离，由洞口的中心点算起。

7. 当线路与峒库口轴线交角在 90°以上时，不执行爆炸飞石外部允许距离。

表 37-13　各类岩石洞库爆炸飞石外部允许距离的折减系数

岩石类别	抗压强度（kPa）	代表性岩石	折减系数
极硬岩	>60 000	花岗岩、玄武岩、安山岩、闪长岩等	1.0
硬质岩	30 000～60 000	钙质胶结的砾岩、砂岩、灰岩等	0.8
软质岩	5000～30 000	泥质胶结的砾岩、页岩、泥灰岩等	0.7

其他各类地形、不同岩性的洞库及覆土库，其爆炸空气冲击波、爆炸地震波外部允许距离的计算方法及限值要求，详见 GB 50154 中的相关规定。

第五节　对地及交叉跨越距离汇总

直流线路对地及交叉跨越距离基本要求见表 37-14、表 37-15 所示。

表 37-14　直流输电线路对地距离基本要求

场所		垂直距离（m）			净空距离（m）			水平距离（m）		
		±500kV	±660kV	±800kV	±500kV	±660kV	±800kV	±500kV	±660kV	±800kV
居民区		15（16）	18	21						
非居民区	农业耕作区	11.5（12.5）	16	18						
	非农业耕作区	9.5	14	16						
交通困难区		9	13.5	15.5						
步行可达山坡					9	11	13.0			

续表

场所	垂直距离（m）			净空距离（m）			水平距离（m）		
	±500kV	±660kV	±800kV	±500kV	±660kV	±800kV	±500kV	±660kV	±800kV
步行不可达山坡				6.5	8.5	11.0			
建筑物	9	14	16	8.5	13.5	15.5	5	6.5	7
树木/果树	7/8.5	10.5/12	13.5/15	7	10.5	10.5			

注　±500kV 对地距离括号外数值用于 4×720mm² 导线，括号内数值用于 4×400mm² 导线。

表 37-15　直流线路与铁路、公路、河流、管道、索道及各种架空线路交叉或水平接近的基本要求

项目		垂直距离（m）			水平距离（m）				
		±500kV	±660kV	±800kV	类　别		±500kV	±660kV	±800kV
铁路	至轨顶	16	18	21.5	杆塔外缘至轨道中心	交叉	30	35 或按协议取值	塔高加 3.1m，无法满足要求时可以适当减小，但不得小于 40
	至承力索接触线（杆顶）	6（8.5）	8（10.5）	15		平行	最高塔高加 3.1m，困难时双方协商确定		
公路	至路面	16	18	21.5	交叉	杆塔外缘至路基边缘	8 或按协议取值	15 或按协议取值	15 或按协议取值
					平行 边导线至路基边缘	开阔地区	最高塔高		
						路径受限制地区	8.0 或按协议取值	10.5 或按协议取值	12.0 或按协议取值
通航河流	至五年一遇洪水位	9	12.5	15	边导线至斜坡上缘（线路与拉纤小路平行）		最高塔高		
	至最高航行水位桅顶	6	8	10.5					
不通航河流	百年一遇洪水位	8	10	12.5					
	冬季至冰面	12	16	18.5					
弱电线	至被跨越物	8.5	14	17	与边导线间（平行）	开阔地区	最高塔高		
						路径受限制地区（最大风偏情况下）	8	11	13
电力线	至被跨越物（杆顶）	6（8.5）	8（10.5）	10.5（15）	与边导线间（平行）	开阔地区	最高塔高		
						路径受限制地区（最大风偏情况下）	边导线间 13，导线风偏至邻塔 8.5	边导线间 18，导线风偏至邻塔 11	边导线间 20，导线风偏至邻塔 13
特殊管道、索道	至管道任何部分	9	14	17	边导线至管、索道任何部分	交叉	最高塔高		
						开阔地区 平行	最高塔高	最高塔高	天然气、石油（非埋地管道）：最高塔高+3m
	至索道任何部分	6	8	12.5		路径受限制地区	风偏时 9	风偏时 13	风偏时 15

±1100kV 直流特高压输电线路暂无相关设计规范，准东—华东 ±1100kV 特高压直流输电工程对地及交叉跨越距离如表 37-16、表 37-17 所示。

表 37-16　±1100kV 特高压直流输电线路对地最小距离

地　区			垂直距离（m）						净空距离（m）	水平距离（m）
			海拔高度 500m	海拔高度 1000m	海拔高度 1500m	海拔高度 2000m	海拔高度 2500m	海拔高度 3000m		
南方	居民区		27.5	28.5	29	29.5	30.5	31		
	非居民区	农业耕作区	24.5	25	25.5	26	26.5	27		
		人烟稀少的非农耕区	21.5	22	22.5	23	24	24.5		
	交通困难地区		20.5	21	21.5	21.5	22.5	23		
北方	居民区		30.5	31.5	32	32.5	33.5	34		
	非居民区	农业耕作区	27.5	28	28.5	29	29.5	30		
		人烟稀少的非农耕区	21.5	22	22.5	23	24	24.5		
	交通困难地区		20.5	21	21.5	21.5	22.5	23		
步行可以到达的山坡									15.5	
步行不能到达的山坡、峭壁和岩石									13.5	
建筑物			21.5						21	7
树木（果树）			17（19.5）						14	

表 37-17　±1100kV 特高压直流线路与铁路、公路、河流、管道、索道及各种架空线路交叉或平行接近的最小距离

项　　目			垂直距离（m）	水平距离（m）	
铁路	轨顶		28.5	杆塔外缘至轨道中心	交叉：塔高加 3.1m，无法满足要求时可适当减小，但不得小于 40m；最高塔高加 3.1m
	承力索或接触线		19.5		
公路			28.5	交叉　杆塔外缘至路基边缘	15 或按协议取值
				平行　边导线至路基边缘　开阔地区	最高塔高
				路径受限制地区	15 或按协议取值
通航河流	五年一遇洪水位		19.5	边导线至斜坡上缘（线路与拉纤小路平行）	最高塔高
	最高航行水位桅顶		13.0		
不通航河流	百年一遇洪水位		15.0		
	冬季至冰面		25.0		
弱电线及杆顶			22.0	与边导线间（平行）　开阔地区	最高塔高
				路径受限制地区（最大风偏情况下）	15.5
电力线（塔顶）			13（19.5）	与边导线间（平行）　开阔地区	最高塔高
				路径受限制地区	杆塔同步，边导线间 22；杆塔交错，导线风偏至邻塔 15.5

续表

项　　目	垂直距离（m）	水平距离（m）			
特殊管道	22.0	边导线至管、索道任何部分	开阔地区	交叉	最高塔高
				平行	天然气、石油（非埋地管道）：最高塔高+3m
索道	13.0		路径受限制地区（最大风偏情况下）		17.5

注　1. 当线路跨越拟建铁路桥梁地段，考虑到铁路架桥机施工情况，±1100kV 线路导线至轨顶的垂直距离不应小于32m。

　　2. 路径受限值地区，±1100kV 线路与电力线平行时的线间水平距离按档距 600m 计算，工程设计时按实际情况进行校验。

第三十八章

对有线和无线通信设施的影响及防护

高压直流架空输电线路对电信线路的危险和干扰影响及防护，是研究高压直流架空输电线路正常运行和故障状态下，处于其电磁场内的电信线路中出现的外来感应电压和电流。这些电压和电流既可能对维护人员和电信设备造成危险影响；又可能对电信、信号的传输造成干扰影响。因此，解决好高压直流输电线路与电信线路间的电磁兼容是非常重要的技术课题。

高压直流输电线路对有线通信的影响，按物理性质一般分为静电影响、电磁影响和地电流影响。直流输电线路中的直流电压和谐波电压通过电容耦合对电信线路所产生的影响称为静电影响；直流输电线路和大地中的直流操作电流和谐波电流通过电感耦合对电信线路所产生的影响称为电磁影响；通过电力设备接地装置的短路电流，在流入与流出大地的区域与远方大地之间产生电位差，使大地电位升高，通过大地电阻耦合对电信局（站）接地装置、地下电信电缆所产生的影响称为地电流影响。这些影响源的频率分主要分布在20～3400Hz。

高压直流架空输电线路对无线电台站的影响，是研究高压直流架空输电线路导线电晕、连接部件间火花放电及二次辐射对邻近的无线电设备的影响，称为直流输电线路的无线电干扰。高压直流输电线路对无线电设施的干扰影响主要分为有源干扰和无源干扰两类。影响源的频率主要在0.5MHz～30MHz。

新建高压直流架空输电线路，应包含直流输电线路对有线通信和无线电设备的影响及防护设计，使高压直流架空输电线路的路径选择和设计体现经济效益和社会效益的最佳组合，保证强、弱电间良好的电磁兼容环境，协调迅速发展的电力、电信建设。

第一节　对电信线路危险影响

直流输电线路极导线发生接地短路时，由于不平衡电流对电信线路产生的磁危险影响（感性耦合影响），通常是以电信线路上感应的纵电动势和对地电压来衡量。首先计算纵电动势，当纵电动势超过允许标准时，再通过对地电压计算来确定通信线路是否存在危险影响。本节提出了直流输电线路对电信线路磁危险影响计算方法、参数选取、危险影响允许

值及防护措施。

一、直流输电线路极导线电感量

（一）单根导线电感量

极导线为单导线的直流输电线路发生接地时，故障回路导线对地电感量可按式（38-1）进行计算。

$$L = \frac{\mu_0}{2\pi} \ln \frac{2h}{r_m} + \frac{\mu_0}{2\pi} V_{11} \qquad (38-1)$$

$$r_m = e^{-\frac{1}{4}} r = 0.779r \qquad (38-2)$$

$$\lambda = 2h\sqrt{2\pi f \mu_0 \sigma} \qquad (38-3)$$

式中　L——直流输电线路故障回路导线对地电感量，H/m；

μ_0——真空磁导率，H/m，其值为：$\mu_0 = 4\pi \times 10^{-7}$；

r_m——圆柱形导线的等值半径，亦称自几何半径，m；

r——导线所在圆周的半径，m；

h——故障回路导线平均对地高度，m；

σ——大地导电率，S/m；

f——影响电流的视在频率，取30Hz；

λ——卡尔松积分参数；

V_{11}——卡尔松积分中的无因次子。

常用多股导线的r_m与r的计算关系可按表38-1取值。

表38-1　多股导线的r_m与r的计算关系

导　线　种　类		r_m
有色金属绞线	7 股	0.726r
	19 股	0.758r
	37 股	0.768r
	61 股	0.772r
	91 股	0.774r
钢芯铝绞线（约为）		0.81r
空芯有色金属绞线及忽略钢芯影响的钢芯铝绞线	两层 26 股	0.809r
	两层 30 股	0.826r
	三层 54 股	0.81r
单层钢芯铝绞线		0.35r～0.70r

卡尔松积分中的无因次子 V_{11}，可通过计算卡尔松积分参　　数 λ 后查表 38－2 取值。

表 38－2　卡尔松积分无因次子 V_{11} 的值

λ	V_{11}	λ	V_{11}	λ	V_{11}	λ	V_{11}	λ	V_{11}	λ	V_{11}	λ	V_{11}
0.01	5.225 8	0.26	2.079 4	0.51	1.507 4	0.76	1.201 9	1.02	0.997 3	1.52	0.753 0
0.02	4.537 3	0.27	2.045 9	0.52	1.491 9	0.77	1.192 4	1.04	0.984 5	1.54	0.745 6
0.03	4.136 5	0.28	2.013 8	0.53	1.476 7	0.78	1.183 1	1.06	0.972 0	1.56	0.738 5
0.04	3.853 5	0.29	1.982 9	0.54	1.461 9	0.79	1.173 9	1.08	0.959 9	1.58	0.731 4
0.05	3.635 0	0.30	1.953 2	0.55	1.447 4	0.80	1.164 9	1.10	0.948 0	1.60	0.724 5
0.06	3.457 3	0.31	1.924 6	0.56	1.433 2	0.81	1.156 0	1.12	0.936 5	1.62	0.717 7
0.07	3.307 7	0.32	1.897 0	0.57	1.419 3	0.82	1.147 3	1.14	0.925 2	1.64	0.711 1
0.08	3.178 8	0.33	1.870 4	0.58	1.405 8	0.83	1.138 7	1.16	0.914 2	1.66	0.704 5
0.09	3.065 5	0.34	1.844 7	0.59	1.392 5	0.84	1.130 2	1.18	0.903 4	1.68	0.698 1
0.10	2.964 7	0.35	1.819 8	0.60	1.379 4	0.85	1.121 9	1.20	0.892 9	1.70	0.691 8
0.11	2.873 9	0.36	1.795 8	0.61	1.366 7	0.86	1.113 6	1.22	0.882 7	1.72	0.685 6
0.12	2.791 4	0.37	1.772 5	0.62	1.354 2	0.87	1.105 6	1.24	0.872 7	1.74	0.679 5
0.13	2.715 8	0.38	1.749 9	0.63	1.341 9	0.88	1.097 6	1.26	0.862 9	1.76	0.673 5
0.14	2.646 2	0.39	1.728 0	0.64	1.329 9	0.89	1.089 7	1.28	0.853 3	1.78	0.667 7
0.15	2.581 7	0.40	1.706 7	0.65	1.318 1	0.90	1.082 0	1.30	0.843 9	1.80	0.661 9
0.16	2.521 5	0.41	1.686 1	0.66	1.306 6	0.91	1.074 4	1.32	0.834 8	1.82	0.656 2
0.17	2.465 3	0.42	1.666 0	0.67	1.295 2	0.92	1.066 9	1.34	0.825 8	1.84	0.650 6
0.18	2.412 6	0.43	1.646 5	0.68	1.284 1	0.93	1.059 5	1.36	0.817 0	1.86	0.645 1
0.19	2.362 9	0.44	1.627 5	0.69	1.273 2	0.94	1.052 2	1.38	0.808 4	1.88	0.639 7
0.20	2.315 9	0.45	1.609 0	0.70	1.262 4	0.95	1.045 0	1.40	0.800 0	1.90	0.634 4
0.21	2.271 5	0.46	1.591 0	0.71	1.251 9	0.96	1.037 9	1.42	0.791 8	1.92	0.629 2
0.22	2.229 3	0.47	1.573 4	0.72	1.241 6	0.97	1.030 9	1.44	0.783 7	1.94	0.624 0
0.23	2.189 2	0.48	1.556 3	0.73	1.231 4	0.98	1.024 0	1.46	0.775 8	1.96	0.618 9
0.24	2.150 9	0.49	1.539 6	0.74	1.221 4	0.99	1.017 2	1.48	0.768 0	1.98	0.614 0
0.25	2.114 4	0.50	1.523 3	0.75	1.211 6	1.00	1.010 5	1.50	0.760 4	2.00	0.609 0

（二）分裂导线电感量

极导线为分裂导线的直流输电线路发生接地时，故障回路导线对地电感量可按式（38－4）进行计算。

$$L = \frac{\mu_0}{2\pi}\ln\frac{2h}{D_s} + \frac{\mu_0}{2\pi}V_{11} \qquad (38-4)$$

分裂导线的自几何均距与其分裂间距及导线分裂根数有关，由于分裂导线总是布置在正多边形的顶点上，所以式（38－5）中的自几何均距可按式（38－6）求出。

$$D_s = \sqrt[n]{B_n r_m d_n^{\,n-1}} \qquad (38-5)$$

$$B_n = \frac{n}{[2\sin(\pi/n)]^{n-1}} \qquad (38-6)$$

式中　D_s——故障回路分裂导线的自几何均距，m；

　　　n——分裂导线子导线的根数；

　　　B_n——与分裂导线束中子导线数 n 有关的系数；

　　　d_n——分裂导线按正多边形排列时子导线间的分裂间距，m。

其他符号意义同式（38－1）～式（38－3）。

各种分裂导线自几何均距的计算关系可按表 38－3 取值计算。

表 38-3 $n=2\sim12$ 的 D_s 计算式

导线分裂根数 n	自几何均距 D_s
$n=2$	$D_s = \sqrt[2]{1.00 r_m d_n^{2-1}}$
$n=3$	$D_s = \sqrt[3]{1.00 r_m d_n^{3-1}}$
$n=4$	$D_s = \sqrt[4]{1.414\,213 r_m d_n^{4-1}}$
$n=5$	$D_s = \sqrt[5]{2.618\,034 r_m d_n^{5-1}}$
$n=6$	$D_s = \sqrt[6]{6.00 r_m d_n^{6-1}}$
$n=7$	$D_s = \sqrt[7]{16.393\,73 r_m d_n^{7-1}}$
$n=8$	$D_s = \sqrt[8]{51.999\,89 r_m d_n^{8-1}}$
$n=9$	$D_s = \sqrt[9]{187.754 r_m d_n^{9-1}}$
$n=10$	$D_s = \sqrt[10]{760.131\,7 r_m d_n^{10-1}}$
$n=11$	$D_s = \sqrt[11]{3409.749 r_m d_n^{11-1}}$
$n=12$	$D_s = \sqrt[12]{16\,783.9 r_m d_n^{12-1}}$

（三）简化公式

极导线为分裂导线的直流输电线路发生接地时，在获取相关参数有困难的情况下，可将式（38-4）通过一定的等值简化，可按式（38-7）简化计算。

$$L = \frac{\mu_0}{2\pi}\left[\ln\frac{1.8514}{D_s\sqrt{2\pi f \mu_0 \sigma}} + \frac{4h\sqrt{\pi f \mu_0 \sigma}}{3}\right] \quad (38-7)$$

符号意义同式（38-2）~式（38-6）。

二、故障电流与变化率

（一）故障电流描述

输电线路短路电流含有两种分量，即按指数单调衰减的非周期分量和幅值恒定的周期分量。对于交流输电线路，由于非周期分量衰减的速度较快，且比重较小，所以一般只考虑单一频率的稳态周期分量的影响，其感应纵电动势为互感阻抗与短路电流的乘积，即 $E=\omega M_t l_t I$。这一结论是假定故障电流为时间变量 t 的单一频率正弦波函数，并在这一条件下利用场方程问题的经典解法求解出的正弦稳态解。

直流输电线路短路电流则有所不同，它基本上不存在稳态周期分量，而只有暂态非周期分量。这是由于直流输电系统内装有脉冲控制调节装置，如定电流调节器等。当直流输电线路出现线路短路故障时，这些保护装置可以在 5~10ms 内迅速地限制和消除故障电流，所以短路电流的稳态值是很小的。但是由于脉冲控制不是连续的，加上线路电容的放电作用，在故障的初始阶段，故障电流将会有较大的脉冲，其

持续时间约为 10~45ms，峰值一般可达到额定电流的 2~6 倍，为幅值随时间衰减而频率随时间略为增大的正弦波，整个振荡持续时间约为 100ms，频率约为 20~40Hz。这个故障电流是故障点线路两侧电流的叠加值，包含了整流侧的电源电流，也包含了线路电容的放电电流。

在实际工程应用中，如果继续假设故障电流为单一频率稳态的正弦波，并按 $E=\omega M_t l_t I$（额定电流的 2~3 倍）来计算感应纵电动势会带来较大的误差，也没有足够的理论依据；同时要简化计算确定影响电流幅值的大小、持续时间的长短、波形的频率特性以及故障点两侧的电流分配，具有一定的难度，这种情况下可采用电流上升速率简化计算。

（二）故障电流上升的速率

直流输电线路正常工作时的直流电流，在稳定状态下对邻近电信线不产生感应。但在暂态情况下，即在回路短路事故时，由于电流随时间快速变化而产生感应。在事故暂态状态下，通过直流输电线路等效电路，从经典电工原理得出式（38-8）微分方程（先忽略直流输电线路的线电容 C）。

$$U_d = R_t i_d(t) + L_t \frac{d i_d(t)}{dt} \quad (38-8)$$

式中 U_d ——直流输电线路的工作电压，kV；

R_t ——短路回路总的有效电阻，包括换流器内阻及直流输电线路的有效电阻，Ω；$R_t = R_1 + R_a$；

R_1 ——直流输电线路的有效电阻，Ω；

R_a ——换流器内阻，Ω；

L_t ——短路回路总的电感量，H；$L_t = L_d + l_p L$；

L_d ——平波电抗器的电感量，H；

L ——直流输电线路单极导线对地的电感量，H/km；

l_p ——直流输电线路短路回路总长度，km；

C ——直流输电线路的等效电容，F；

$i_d(t)$ ——来自直流输电线路短路，换流站侧电源的电流，kA。

上述微分方程解得

$$i_d(t) = \frac{U_d}{R_t}\left[1 - \exp\left(-\frac{R_t}{L_t}t\right)\right] \quad (38-9)$$

直流输电线路短路发生的瞬间，故障出现后电流立即上升的速率，在 $t=0$ 时 $d i_d(t)/dt$ 有极大值：

$$\left.\frac{d i_d(t)}{dt}\right|_{t=0} = \frac{U_d}{L_t} = \frac{U_d}{L_d + l_p L} \quad (38-10)$$

如果故障点靠近换流站，$l_p=0$km，仅平波电抗器有效，改写为

$$\left.\frac{d i_d(t)}{dt}\right|_{t=0} = \frac{U_d}{L_t} = \frac{U_d}{L_d} \quad (38-11)$$

关于故障出现后电流立即上升的速率，ITU—T（国际电

信联盟电信标准化部门，前身为CCITT）导则（2008年版）举例描述如下：直流输电线路短路故障发生，在故障出现后电流立即上升，U_d 的平均值等于直流电压，用直流电压代入上式得到平均上升速率。如果故障点靠近换流站，仅平波电抗器有效，例如，当 $U_d=400$kV，$L_d=0.4$H，$di_d(t)/dt=1$kA/ms。换流器在 5～10ms 内起控制作用，因此这个电流不会超过额定电流的 2～6 倍。到最高点后，电流以上述相同的上升时间的下降速度下降接近至零。

（三）放电电流的修正

直流输电线路故障出现后电流上升速率，线路电容的放电电流也是一个不可忽视的重要分量。直流输电线路电容的放电电流大小，与导线所储存的电荷量直接相关，也就是与导线的截面、架设高度、运行地面环境以及气候有关，且线路电容也是一个分布参数。在工程实践中，直流输电线路任意点故障，要根据现场情况，详细计算放电电流的大小、时间特性、频率特性以及变化率，同样比较困难。

为了满足工程设计需要，得到简化的计算修正公式，从一般原理及实测数据对比，推导说明直流输电线路任意点故障放电电流的强度及左右两侧电流的分配，使计算公式修正得到量化和简化。由于直流输电线路导线，一定时间内所存储的电荷是恒定的，作以下设定：① 任意点故障两侧入地电流强度之和是一定的；② 两侧入地电流具有相同的物理特性；③ 任意点两侧入地电流强度大小按两侧线路长度比例线性分配。

如果故障点紧靠换流站，根据直流输电线路工程短路试验测试数据，对比采用式（38-11）计算数据可看出，大量数据表明，短路电流强度测试数据比用式（38-11）计算数据高出约 25%～30%（k_f）左右。由于式（38-11）的计算是在紧靠换流站忽略了线路电容，对故障电流的计算，可认为这高出的约 25%～30%（k_f）是线路电容放电电流所致，也就是说，直流输电线路任意点故障线路电容的放电电流是来自换流站电源侧电流的 k_f 倍。同时认为电流上升速率特性相同，幅值也具有同样线性关系。

综上所述，任意点故障线路电容的放电电流上升速率用式（38-12）表达：

$$\left.\frac{di_f(t)}{dt}\right|_{t=0}=k_f\frac{U_d}{L_d} \qquad (38-12)$$

式中　i_f——任意点故障线路电容的放电电流，A；

　　　k_f——直流输电线路结构系数（线路电容放电电流强度与换流站侧电源故障电流强度的比例系数），与导线储存的电荷直接相关，长度达1000km左右的线路一般取 0.2～0.3，无资料取 0.25。

直流输电线路任意点故障，可得出线路左右两侧放电电流

$$i_f=i_{f1}+i_{f2} \qquad (38-13)$$

式中　i_{f1}——故障点右侧线路电容的放电电流，A；

　　　i_{f2}——故障点左侧线路电容的放电电流，A。

同理得：

$$di_f/dt=di_{f1}/dt+di_{f2}/dt \qquad (38-14)$$

根据前面所述原则可知：

$$\left.\frac{di_{f1}(t)}{dt}\right|_{t=0}=k_f\frac{U_d}{L_d}\times\frac{l_p}{l} \qquad (38-15)$$

$$\left.\frac{di_{f2}(t)}{dt}\right|_{t=0}=k_f\frac{U_d}{L_d}\times\frac{l-l_p}{l}=k_f\frac{U_d(l-l_p)}{L_dl} \qquad (38-16)$$

式中　l——直流输电线路全段长度，km。

那么，直流输电线路任意点故障，来自换流站侧故障电流立即上升速率为式（38-10）和式（38-15）的叠加，即

$$\left.\frac{di(t)}{dt}\right|_{t=0}=U_d\left(\frac{1}{L_d+l_pL}+\frac{k_fl_p}{L_dl}\right) \qquad (38-17)$$

式中　$i(t)$——直流输电线路任意点故障，来自换流站侧电源电流和线路电容放电电流的叠加，kA。

来自逆变站侧故障电流立即上升速率，由于只有线路电容放电电流，直接用式（38-16）计算。

三、无限长接近线路互感系数计算

（一）通用计算参数

相关参数的计算：

$$X=\alpha a \qquad (38-18)$$

$$\alpha=\sqrt{\mu_0\omega\sigma} \qquad (38-19)$$

$$\omega=2\pi f \qquad (38-20)$$

式中　X——计算参数（无量纲）；

　　　α——计算系数，l/m；

　　　a——接近等值距离，m；

　　　μ_0——真空磁导率，$\mu_0=4\pi\times10^{-7}$，H/m；

　　　ω——影响电流的角频率，rad/s；

　　　σ——大地电导率，S/m。计算感性耦合危险影响纵电动势时为 30Hz 的大地电导率，计算电话回路干扰影响噪声计电动势时为 800Hz 的大地电导率；

　　　f——影响电流的视在频率，Hz。计算感性耦合危险影响纵电动势时 30Hz；计算电话回路干扰影响噪声计电动势时取 800Hz。

（二）平行接近的互感系数

平行接近的互感系数的多项式计算：

令 $\alpha=\sqrt{\mu_0\omega\sigma}$，$X=\alpha a$，则：

当 $X\leqslant6$ 时

$$\operatorname{Re}M_0(X) = 123.36 - 1.69X + 23.937X^2 - 4.9614X^3$$
$$+ 0.44212X^4 - 0.01526X^5 + 0.001215e^X$$
$$- 200\ln X$$

$$(38-21)$$

$$\operatorname{Im}M_0(X) = -339 + 193.67X - 49.77X^2 + 6.979X^3$$
$$- 0.5243X^4 + 0.01672X^5 + 180.42e^{-X}$$
$$- 0.00146e^X - 0.274\ln X$$

$$(38-22)$$

$$|M_0(X)| = 142.5 + 45.96X - 1.413X^2 - 198.4\ln X$$

$$(38-23)$$

当 $X > 6$ 时

$$\operatorname{Re}M_0(X) = -23.21e^{-0.7X} \qquad (38-24)$$

$$\operatorname{Im}M_0(X) = -400X^{-2}$$

$$|M_0(X)| = 400X^{-2} \qquad (38-25)$$

式中 $\operatorname{Re}M_0(X)$ ——复数实部（Real Part），μH/km；

$\operatorname{Im}M_0(X)$ ——复数虚部（Imaginary Part），μH/km；

X ——计算参数（无量纲），见式（38-18）；

$|M_0(X)|$ ——互感系数模值，μH/km。

（三）斜接近或交叉的互感系数

平行接近的互感系数可按下列多项式计算：

1. 按复数计算

令 $\alpha = \sqrt{\mu_0\omega\sigma}$，$X_A = \alpha a_A$，$X_B = \alpha a_B$，则：

$$[M_0(X)]_{X_A}^{X_B} = \frac{T(X_B) \mp T(X_A)}{X_B \mp X_A} \qquad (38-26)$$

$$T(X) = \int_0^X M_0(X)\mathrm{d}X \qquad (38-27)$$

当电信线路在输电线路一侧斜接近时，使用"－"号；当电信线路与输电线路交叉时，使用"＋"号，分别用 $T(X)$ 的实部和虚部按式（38-26）计算 $M_0(X)$ 的实部和虚部。

当电信线路在输电线路一侧且斜接近的角度很小，即 $\alpha a_A \approx \alpha a_B$ 时，式（38-26）的数值不定，此时可按 $\alpha a = \dfrac{\alpha a_A + \alpha a_B}{2}$，并按平行接近计算互感系数。$T(X)$ 的多项式计算

当 $X \leqslant 6$ 时

$$\operatorname{Re}T(X) = 323.36X - 0.845X^2 + 7.979X^3 - 1.2404X^4$$
$$+ 0.0884X^5 - 0.00254X^6 + 0.001215e^X$$
$$- 200X\ln X$$

$$(38-28)$$

$$\operatorname{Im}T(X) = 180.42 - 338.73X + 96.84X^2 - 16.59X^3 + 1.745X^4$$
$$- 0.105X^5 + 0.00279X^6 - 180.42e^{-X} - 0.00146e^X$$
$$- 0.274X\ln X$$

$$(38-29)$$

当 $X > 6$ 时

$$\operatorname{Re}T(X) = 444.218 + 33.157e^{-0.7X} \qquad (38-30)$$

$$\operatorname{Im}T(X) = -444.29 + 400X^{-1} \qquad (38-31)$$

式中 $\operatorname{Re}T(X)$ ——复数实部（Real Part），μH/km；

$\operatorname{Im}T(X)$ ——复数虚部（Imaginary Part），μH/km；

X ——计算参数（无量纲），见式（38-18）；

$|M_0(X)|$ ——互感系数模值，μH/km。

2. 按模值计算

令 $\alpha = \sqrt{\mu_0\omega\sigma}$，$X_A = \alpha a_A$，$X_B = \alpha a_B$，则：

$$[M_0(X)]_{X_A}^{X_B} = \frac{S(X_B) \mp S(X_A)}{X_B \mp X_A} \qquad (38-32)$$

$$S(X) = \int_0^X |M_0(X)|\mathrm{d}X \qquad (38-33)$$

当电信线路在输电线路一侧斜接近时，使用"－"号；当电信线路与输电线路交叉时，使用"＋"号。

$S(X)$ 的多项式计算公式：

当 $X \leqslant 6$ 时

$$S(X) = 340.9X + 22.98X^2 - 0.471X^3 - 198.4X\ln X$$

$$(38-34)$$

当 $X > 6$ 时

$$S(X) = 701.69 - 400X^{-1} \qquad (38-35)$$

3. 30Hz 互感系数

可从图 38-1 中查取。

四、危险纵电动势计算

（一）计算规定

（1）直流输电线路发生接地短路故障，故障电流来自整流站电源侧的电流和线路电容的放电电流两个部分，应考虑来自整流站侧故障电流对电信线路的磁危险影响；一般来说，来自整流站侧的故障电流的影响起控制作用，验算电信线路对地电压时，可同时考虑来自逆变站侧故障电流对电信线路的磁危险影响。

（2）直流输电线路对埋地电信电缆线路或电信光缆线路应考虑地电流影响，并应按直流输电线路发生一极导线接地短路故障时，流过杆塔接地装置的短路电流计算。

（3）直流输电线路对埋地电信电缆线路或电信光缆线路同时产生磁感应和地电流两种影响时，应按两者平方和的平方根计算合成影响。

（4）在增音机、分线箱、分线盒等处装有放电器防护的电信线路，应考虑当放电器动作时，电信线路的对地电压。

（5）带有地线的直流输电线路，在计算磁危险影响时，可考虑地线的返回电流效应。

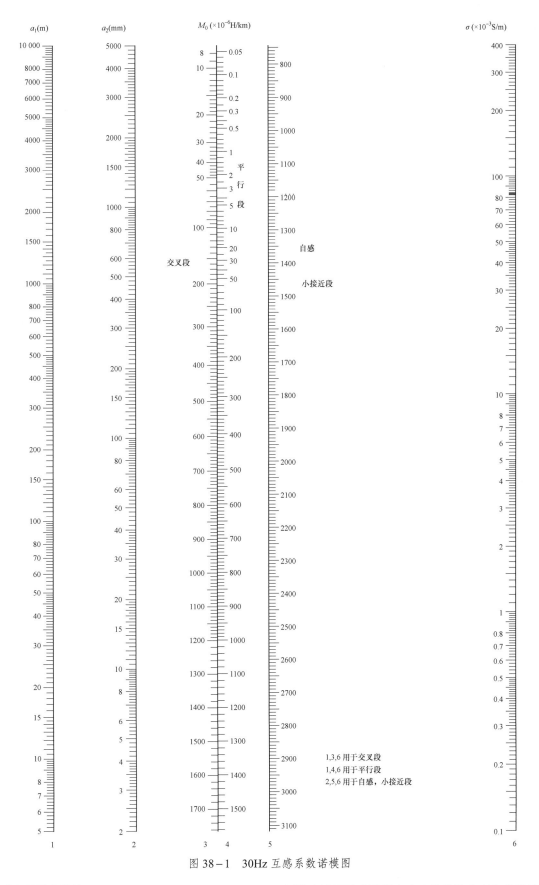

图 38-1　30Hz 互感系数诺模图

（二）磁危险影响计算

（1）当直流输电线路的一极导线发生接地短路故障时，

短路电流通过感性耦合在电信线路上产生的磁感应纵电动势，可按式（38-36）计算。在实际工程应用中，要简化计算确定影响电流幅值的大小、持续时间的长短、波形的频率特性以及故障点两侧的电流分配，具有一定的难度。

$$E = \sum_{i=1}^{n} \omega M_i l_i I_s st \qquad (38-36)$$

式中　E——电信线路上的磁感应纵电动势，V；

ω——影响电流的视在角频率，rad/s，$\omega = 2\pi f$，$f=30Hz$；

M_i——30Hz 时直流输电线路与电信线路间第 i 段互感系数，H/km；

l_i——直流输电线路与电信线路间第 i 段接近段长度，km；

I_s——直流输电线路一极导线在不同地点接地，短路电流各频率分量的加权值之和，A；

s——接近段内电信线路外皮或地线在 30Hz 时的屏蔽系数；

t——接近段内直流输电线路架空地线在 30Hz 时的屏蔽系数。

（2）当采用式（38-36）计算有困难时，宜按简化式（38-37）和式（38-38）计算。

1）直流输电线路一极导线接地，来自整流站侧故障电流的磁感应纵电动势（峰值）。

$$E = U_d \left(\frac{1}{L_d + \sum_{i=0}^{n} l_i L} + \frac{k_f \sum_{i=0}^{n} l_i}{L_d l} \right) \sum_{i=1}^{n} M_i l_i st \qquad (38-37)$$

2）直流输电线路一极导线接地，来自逆变站侧故障电流的磁感应纵电动势（峰值）。

$$E = k_f \frac{U_d \left(l - \sum_{i=0}^{n} l_i \right)}{L_d l} \sum_{i=1}^{n} M_i l_i st \qquad (38-38)$$

式中　U_d——直流输电线路的工作电压，kV；

L_d——平波电抗器的电感量，H；

L——直流输电线路单极导线对地的电感量，H/km；

k_f——直流输电线路结构系数（线路电容放电电流强度与整流站侧电源故障电流强度的比例系数），与导线储存的电荷直接相关，长度 1000km 左右的线路一般取 0.2～0.3，无资料取 0.25；

l——直流输电线路总长度，km。

式中其他符号含义同式（38-36）。

（3）无人增音站采用了防护滤波器时，相邻无人增音段电信电缆线路上的磁感应纵电动势的累加，应考虑防护滤波器对磁感应影响的抑制衰减作用，衰减系数可取 0.1～0.2。

（4）电信电缆线路、光缆线路遭受直流输电线路感性耦合危险影响的计算长度应按下列情况确定：

1）电信电缆线路装设有隔离变压器时，应按隔离变压器分隔段长度单独确定。

2）电信电缆线路在无人增音站采用了防护滤波器时，宜按无人增音段长度确定。

3）电信电缆线路在无人增音站无分隔防护装置时，应按远供电源段长度计算。

4）光缆线路按光缆金属线对或金属构件各段的实际长度计算。

5）遥控、遥信线路应按实回线长度计算。

五、危险影响允许值

（一）电信维修人员人身安全

在直流输电线路极导线发生接地短路故障状态下，架空明线电信线路上感应产生的纵电动势或对地电压不应超过 3000V（峰值）。

直流输电线路对电信线路危险影响，主要发生在直流输电线路的一极导线接地短路故障的初始阶段，此阶段的短路电流暂态最大，其持续时间约 0.01～0.045s，频率平均在 30Hz 左右，因此该电流通过感性耦合在电信线路上感应产生纵电动势和对地电压，这可能危及电信维修人员的生命安全和电信设备安全。故直流输电线路对电信线路危险影响标准的制定原则应与交流输电线路一样，由于直流输电线路接地短路故障初始阶段的短路电流暂态值持续时间比交流输电线路故障切除时间要短得多，故直流输电线路的危险影响标准应比交流输电线路高。

就架空明线电信线路而言，对其危险影响标准是以电信维修人员安全的允许电压为控制条件。人体触电致死的主要原因是由于电流通过人体后引起心肌纤维性颤动，它取决于通过人体电流的大小、通电时间、电流流经人体的途径和电流频率。人身安全允许电压由允许通过人体的安全电流与该电流通过人体回路的总阻抗来确定。

国内外在制定交流输电线路对架空明线电信线路的危险影响标准时，都对线路故障切除时间提出要求，如我国国家标准 GB 6830—86、电力行业标准 DL 5033—2006 和 CCITT（国际电报电话咨询委员会）《防护导则》中规定的 650V，则要求故障切除时间不得超过 0.5s，如超过 0.5s 则应为 430V。1996 年 10 月，ITU-T 通过的 K.33 建议（当前被新版 ITU-T K.68—2008 建议替代）（Limits for people safety related to coupling into telecommunications system from a.c.electric power and a.c.electrified railway installations in fault conditions，交流电力和交流电气化铁道装置在故障状态下对电信系统产生耦合时的人身安全限值），提出交流输电线路对架空明线电信线路的危险影响新的标准是按故障切除时间分等级，故障切除时间越短，危险影响标准越高，见表 38-4。

表38-4　允许电压值的相对危险性比较

交流输电线路故障切除时间 t（s）	纵电动势或对地电压允许值 （有效值）（V）
0.5＜t≤1.0	430
0.35＜t≤0.5	650
0.2＜t＜0.35	1000
0.1＜t≤0.2	1500
t≤0.1	2000

当电信维修人员接触到带电的架空明线电信线路导线时，电流流经人体的途径最大可能是从手到脚或从手到手。当通电时间为 0.02～0.05s 时，在心肌纤维性颤动概率为 5% 情况下：从手到脚途经通过人体的安全电流允许值为 1000～940mA（有效值），接触回路总阻抗为 3930Ω（其中人体阻抗取 750Ω，电源阻抗取 180Ω，工作鞋阻抗取 3000Ω），则人身安全电压允许值为 3930～3694V（有效值）；从手到手途经过人体的安全电流允许值为 2500～2350mA（有效值），接触回路总阻抗为 930Ω（其中人体阻抗取 750Ω，电源阻抗取 180Ω），人身安全电压允许值为 2325～2186V（有效值）。因此，直流输电线路对架空明线电信线路危险影响允许值（纵电动势或对地电压）取 3000V（峰值）。实际上，当直流输电线路的一极导线发生接地短路故障的一瞬间，电信维修人员正巧在架空明线电信线路杆上作业，又正巧碰触带电导线的概率非常小。

（二）电信电缆安全

电缆试验电压值是避免电缆介质绝缘强度击穿的保证值，已具有足够的安全系数。介质耐压强度与过电压作用时间成比例。过去电缆试验电压是 2min 的试验值，近年来国内外均采用了 IEC708（1983）标准，电缆试验电压采用了 3s 和 1min 的试验值。而直流输电线路接地短路故障切除时间极短，一般在 0.01～0.045s 范围内，此时击穿耐压值还将进一步提高。为此电缆试验电压可采用电缆出厂时 3s 直流或交流试验电压值。如缺少 3s 数值，也可采用 1min 或 2min 的试验值，也可采用实测值。

通信行业标准 YD/T 322—1996《铜芯聚烯烃绝缘铝塑综合护套市内通信电缆》表 11 中规定，导线与屏蔽间直流电气强度为 6kV（3s）、3kV（1min）。GB/T 13849.1—2013 有相同的规定。

为确保安全，电压允许值与试验电压比较保留了 0.85 的裕度。由于计算直流输电线路的感应电压采用的是峰值，如果试验电压为直流，则为 $0.85U_{Dt}$；如果试验电压为交流，应该将有效值转换为最大值，则为 $0.85\sqrt{2}U_{At}=1.2U_{At}$。

在直流输电线路极导线发生接地短路故障状态下，电信

电缆线路芯线上磁感应产生的纵电动势或对地电压允许值应符合下列规定。

（1）电信电缆线路芯线两端接有隔离变压器或防雷保安器时：

1）无远距离供电的电信电缆线路：

$$U_s≤0.85U_{Dt} \tag{38-39}$$
$$U_s≤1.2U_{At} \tag{38-40}$$

2）"导线—大地"制远距离供电的电信电缆线路：

$$U_s≤0.85U_{Dt}-U_{rs} \tag{38-41}$$
$$U_s≤1.2U_{At}-U_{rs} \tag{38-42}$$

3）"导线—导线"制远距离供电，而中心点接地的电信电缆线路：

$$U_s≤0.85U_{Dt}-\frac{U_{rs}}{2} \tag{38-43}$$
$$U_s≤1.2U_{At}-\frac{U_{rs}}{2} \tag{38-44}$$

式中　U_{Dt}——电缆芯线与接地护套的直流试验电压，V；
　　　U_{At}——电缆芯线与接地护套的交流试验电压（有效值），V；
　　　U_{rs}——影响计算区段远供电压，V；
　　　U_s——直流输电线路故障时，电缆芯线的感应电压（峰值），V。

（2）当电信电缆芯线不符合本条第 1 款规定的条件时，电信电缆芯线上的磁感应电压允许值不应超过 3000V（峰值）。

（三）电信设备安全

（1）在直流输电线路极导线发生接地短路故障状态下，电信电缆线路两端设备的安全电压不应超过 1456V（峰值）。

关于电信设备安全，对于交流输电线路的影响，ITU-T 提出的 K.53 建议（当前被新版 ITU-T K.68—2008 建议替代）根据连接到电信线路的电信设备中的损耗与 650V/0.5s 条件下的损耗相同，导出了典型情况下，线路具有金属的信号导线或远距离供电的电信线路，任何一点上的感应电压允许值随电力线故障持续时间不同而变化的结果，见表38-5。

表38-5　设备安全电压允许值

故障持续时间 t（s）	允许电压（有效值，V）
t≤0.2	1030
0.2＜t≤0.35	780
0.35＜t≤0.5	650

在直流输电线路设计中，应将上表允许电压有效值转化为最大值或峰值。对于直流输电线路而言（t≤0.2），计算的感应电压为峰值，则允许值应乘 $\sqrt{2}$，即 1030$\sqrt{2}$ V=1456V 为直流输电线路对电信线路两端设备安全电压的危险影响允

许值。

（2）在直流输电线路极导线发生接地短路故障状态下，对于市话通信系统，应同时考虑电信维护工作人员的人身安全、电信电缆线路及两端设备的绝缘电气强度、保安单元的过流能力。

（四）电信光缆安全

光缆 PE 层的厚度一般等于或大于 2mm，其工频绝缘强度按通信行业标准 YD 5012—2003《光缆线路对地绝缘指标及测试方法》中 A.0.2 规定，外护层内铠装与金属加强芯间应不小于直流 20kV（5s）。在直流输电线路极导线发生接地短路故障状态下，电信光缆线路上的磁感应电压（包含磁感应纵电动势和磁感应对地电压）应符合下列规定。

（1）有金属线对、无远距离供电的电信光缆线路：

$$U_s \leqslant 0.85 U_{Dt} \qquad (38-45)$$

（2）有金属线对、有远距离供电的电信光缆线路：

1）"导线—大地"制远距离供电的电信光缆线路：

$$U_s \leqslant 0.85 U_{Dt} - U_{rs} \qquad (38-46)$$

2）"导线—导线"制远距离供电，而中心点接地的电信光缆线路：

$$U_s \leqslant 0.85 U_{Dt} - \frac{U_{rs}}{2} \qquad (38-47)$$

（3）无金属线对、有金属构件的电信光缆线路：

$$U_s \leqslant 0.85 U_{Dt} \qquad (38-48)$$

式中　U_{Dt}——光缆绝缘外护套的直流试验电压，V；

U_{rs}——影响计算区段远供电压，V；

U_s——直流输电线路故障时，光缆金属线对或金属构件上的感应电压（峰值），V。

（4）无金属构件和线对的光缆线路可不考虑危险影响。

（五）综合影响的考虑

直流输电线路对埋地电信电缆线路或电信光缆线路同时产生磁感应和地电流两种影响时，应考虑合成后的影响。

六、危险影响防护措施

当直流输电线路对电信线路产生危险影响时，应采取防护措施以保证人身和设备的安全。防护措施应根据直流输电线路和电信线路的等级、安全和质量进行技术经济比较来确定。可选用下列防护措施。

（一）在直流输电线路方面

（1）直流输电线路与电信线路保持合理的间距。

（2）架设屏蔽线（包含架设良导体地线）。

（3）限制单极导线短路电流（如，加大平波电抗器电感量）。

（4）限制缩短接地故障时间。

（5）杆塔接地装置远离埋地电缆、埋地光缆敷设。

（二）在电信线路方面

（1）电信线路与直流输电线路保持合理的间距。

（2）加装放电器、维护携带保安器、电信电缆过电压保安器、幻通谐振变压器、中和变压器、防护滤波器、隔离变压器、耦合线圈等。

（3）加挂屏蔽线。

（4）采用屏蔽电缆或高屏蔽电缆以及提高电缆屏蔽效应的措施。

（5）采用无线中继线路及光纤线路。

（6）架空电缆、架空光缆吊线间隔一定距离接地。

（7）采用无金属光缆。

（三）放电器安装注意事项

（1）在架空电信明线上安装放电器的总数：对于载波回路，每增音段内的电信线路不应超过 15 处；对于音频回路不应超过 25 处。放电器安装允许处数是按维护情况考虑的。在特殊情况下，根据有关部门的协议，可装置更多的放电器。

（2）对绝缘强度高又不带避雷器的市话电缆，宜在分线箱、配线箱处加装放电器。

第二节　对电信线路干扰影响

由于直流输电系统直流换流站的换流阀在对交—直流的整流、逆变过程中，分别在交流网侧和直流网侧产生 50～5000Hz 的谐波，并形成相应的谐波干扰，这种干扰会给与换流站相连的全部直流、交流输电线路邻近的音频电话线路带来有害的音频噪声干扰影响。

电话回路中的噪声电压是由直流输电线路的基波和各次谐波电流和电压的感应而引起的。欲计算电话回路的噪声电压，就要逐一求出直流输电线路每个谐波分量，然后再计算每个谐波分量在电话回路上产生的噪声电压。显然，这样计算是非常繁杂的。为计算简单，通常是用等效于频率 800Hz 的电流和电压来计算，此电流和电压称为等效干扰电流和等效干扰电压。等效干扰电流和等效干扰电压在话机中产生的噪声电压值和直流输电线路各次谐波电流和电压在话机中产生的噪声电压值相同。

一、直流输电系统的谐波

（一）特征谐波电压

在换流站设备参数完全平衡和交流系统电压完全对称的条件下，换流器在直流侧只可能产生特征谐波电压，每极采用 12 脉动阀组接线，它将在直流侧产生特征谐波电压次数为：$n = 12k$（$k = 1, 2, 3, \cdots, \infty$）。特征谐波电压幅值和相位大小主要取决于直流电压、直流电流水平、换流变压器的短路阻抗、换流器的触发角和熄弧角等因素。

（二）非特征谐波电压

由于交流系统和换流站各设备参数的不对称等原因，会导致换流器在直流侧产生各次频率的非特征谐波电压。同时直流侧谐波电流、换流变压器网侧绕组的直流电流对换流器产生的谐波电压的影响。导致非特征谐波电流产生的不对称因素有：相间换流变短路阻抗偏差、六脉冲桥间换流变压器短路阻抗偏差、六脉冲桥间理想空载电压偏差、阀间触发角不平衡、交流系统电压不平衡（负序）、交流系统背景谐波的影响、换流变压器直流偏磁的影响等。

非特征谐波电压的大小和相位取决于以上各种偏差的大小及它们的组合情况，谐波的分布和各偏差的分布之间的关系是随机的。

因换流逆变等设备存在杂散电容，它们会导致换流器在直流侧产生 3 倍次谐波电压（3，6，9…）。

（三）电气噪声

电气噪声以特征谐波为主，12 脉冲整流阀主要产生 12、24、36、48 次和 60 次谐波，其他各次谐波也产生附加噪声。但总的说来，它们的影响与 $12n$ 次特征谐波相比是非常小的。噪声可认为是由大小和相位不断变化、且沿着直流输电线路和接地极线从换流站向外流的谐波电流造成的。它们将感应耦合与其相邻的或相交的有线通信回路。通信回路耦合的噪声总量取决于通信回路受干扰区域内谐波电流的大小和各次谐波频率下直流输电线路与通信回路间的互阻抗值，干扰的严重程度取决于每条回路的屏蔽系数、回路的纵向平衡、代表每次谐波频率的相对干扰效应的加权系数和回路上综合横向噪声限值。

限制直流高压输电线路对通信线路的干扰影响使其在容许的范围内，有多种措施：在每个换流站安装直流滤波器，提高直流滤波器的参数水平可降低谐波电流量；改变输电线路或通信线路的路径；改善通信线路的屏蔽系数和敏感系数等。

在工程建设中具体采取什么样的措施，需要经过技术经济各个方面的比较，围绕直流输电线路进行周密、细致的感应防护协调研究，使工程造价尽可能低。

二、干扰影响综述

（一）干扰影响各分量

（1）输电线路对电信线路干扰影响的计算，ITU－T 导则历年版本都作了介绍，列出了详细的计算公式及计算参数。根据导则第 2 卷 7 章对干扰影响的计算的描述，干扰影响各分量可展开如图 38－2。

在图 38－2 中，干扰影响各分量含义如下：① 平衡分量：输电线路相导线几何位置对电信线路不对称，引起的对电信线路干扰分量；② 剩余分量：输电线路电气指标对地不平衡，引起的对电信线路干扰分量；③ 环路效应影响：电信线路双电话线几何位置对输电线路不对称，引起的对电信线路干扰分量；④ 不平衡的影响：电信线路双电话线电气指标对地不平衡，引起的对电信线路干扰分量。

图 38－2　干扰影响各分量展开图

具体计算时，将根据输电线路和电信线路的运行方式、电气特性、相对位置关系对上述各分量详细的计算、简化或取舍。对于交流输电线路影响双线电话回路的计算，电力行业标准 DL/T 5033—2006《输电线路对电信线路危险和干扰影响防护设计规程》主要考虑了三个分量影响的计算。

（2）对于直流输电线路对电信线路干扰影响的计算，20 世纪 80 年代为进行我国第一条 ±500kV 葛—上直流输电工程建设，中国电力科学研究院"直流输电线路对电信线路影响研究报告"最早介绍各分量（包含了感性耦合、容性耦合）的详细计算方法及公式。随着架空通信明线的淘汰，后期的研究及文献成果大都认为：在一般情况下，容性耦合比感性耦合产生的干扰要小得多，故前者可以忽略；干扰影响主要由谐波电流引起，而谐波电压引起的干扰影响一般可忽略。

（二）分量的简化

在进行直流输电线路设计时，对邻近通信线路的计算结果力求准确，这固然重要。但是，在计算中精确获取部分计算参数有一定难度，所采取的某些参数都是相当粗略的，如视在大地电导率，电信线的敏感性等，且对一些客观的环境假定也趋于理想的情况。所以，即使是采用最经典的数学公式计算，计算结果也只是对影响程度的一个数量级的评估。为简化计算，对干扰影响各分量讨论如下：

（1）不考虑环路效应影响，理由：① 电信线路双电话线的间距远远小于与输电线路的相对位置的间距；② 电信线路如果是电缆，铜芯双绞线成扭绞布置，节距极小。

（2）忽略静电感应影响，理由：① 电话回路的电信线路当前主要为 HYA 系列电缆，外屏蔽层有效抑制了静电感应；② 长期工程计算表明，即使是无屏蔽的电信线路，容性耦合相对感性耦合产生的干扰是极小的，当相对位置的间距保持 50m 以上时，容性耦合产生的干扰迅速下降。在双极两端中性点接地方式系统中，当直流输电线路与电信线间接近距离 a 在 100～200m 时，电感应分量的影响在总噪声中占有较大比重。但随着接近距离 a 的逐渐增大，电感应分量急剧下降，磁感应分量上升为主要分量。其中电流平衡分量又比剩余电

流分量随 a 的增大而衰减更快，因此当接近距离 a 大于 $300\sim$ $600m$ 时，实际上，剩余电流已上升为主要影响分量。所以，感性耦合电流剩余分量产生的干扰所占权重最大。

（3）感性耦合电流剩余分量产生的干扰所占权重最大。

所以，我国近 30 年的直流输电线路工程设计实践中，普遍广泛采用等效干扰电流法，来分析直流输电线路感性耦合对邻近通信线路的干扰影响。

三、等效干扰电流

（一）等效干扰电流计算

等效干扰电流法基于实用观念，即将直流线路的各次谐波电流分量按加权系数归算到 800Hz 频率下并取平方和的平方根后折算成单一频率的等效电流，来表示总的综合效应。这种观念和方法来自于 CCITT 导则"Directives concerning the protection of telecommunication line against harmful effects from electric power and electrified railway line（防止电信线路遭受电力线路或电气化铁道线路危险影响的防护），April 1988"，主要优点是在研究的过程中可简化电力系统分析和通信系统分析之间的相互联系。之所以众多直流输电工程采用等效干扰电流 I_{eq} 作为直流滤波器设计的判断依据，是因为采用等效干扰电流 I_{eq} 作为判据，则不必要对直流输电线路周围的通信线路分布情况、两线之间的耦合程度、大地导电率等多方面因素做详细调查，就可以根据 I_{eq} 制定出直流滤波器的基本方案。这对于简化直流滤波器设计

流程，尤其是在工程前期阶段，各线路、通信参数不全的情况下是十分有利的。

等效干扰电流 I_{eq} 是单一简单的参数，某一位置的等效干扰电流 $I_{eq}(x)$ 为两个换流站干扰电流的几何和：

$$I_{eq}(x) = \sqrt{I_e(x)_r^2 + I_e(x)_i^2} \qquad (38-49)$$

式中　$I_{eq}(x)$——沿输电线路任意坐标 x 位置上 800Hz 的噪声加权等效干扰电流，mA；

　　　$I_e(x)_r$——整流器谐波电压所引起的在坐标 x 处等效干扰电流的幅值，mA；

　　　$I_e(x)_i$——逆变器谐波电压所引起的在坐标 x 处等效干扰电流的幅值，mA。

某一位置由任意一个站的谐波所导致的等效干扰电流 I_{eq} 可以通过式（38-50）来计算：

$$I_{eq}(x) = \sqrt{\sum_{n=1}^{m} \left[I_g(n,x) \cdot P(n) \cdot H_f \right]^2} \qquad (38-50)$$

式中　$I_g(n,x)$——x 位置上 n 次剩余有效谐波电流的幅值，mA；

　　　$P(n)$——CCITT 所规定的 n 次谐波的噪声加权系数；

　　　H_f——为耦合系数，表示直流输电线路与音频通信线路之间的耦合阻抗与频率相关的耦合效应；

　　　m——计算中所考虑的最高谐波次数，通常为 50。

各次谐波频率的加权系数见表 38-6，这是 CCITT 推荐的值，适用于欧洲及电力系统为 50Hz 的区域。

表 38-6　直流输电线路各次谐波噪声加权系数表

谐波次数 n	频率（Hz）	$P(n)$	谐波次数 n	频率（Hz）	$P(n)$
1	50	0.000 71	31	1550	0.842
3	150	0.035 5	33	1650	0.807
5	250	0.178	35	1750	0.775
7	350	0.376	37	1850	0.745
9	450	0.582	39	1950	0.720
11	550	0.733	41	2050	0.698
13	650	0.851	43	2150	0.679
15	750	0.955	45	2250	0.661
16	800	1.000	47	2350	0.643
17	850	1.035	49	2450	0.625
19	950	1.109	51	2550	0.607
21	1050	1.109	53	2650	0.590
23	1150	1.035	55	2750	0.571
25	1250	0.977	57	2850	0.553
27	1350	0.928	59	2950	0.534
29	1450	0.881	61	3050	0.519

采用 H_f 来代表耦合阻抗与频率的关系。通常直流换流站规范书中都规定了典型的 H_f 耦合系数的值与频率的关系，见表 38-7。

表 38-7　直流输电线路与典型明线网络耦合系数表

频率（Hz）	耦合系数（H_f）
40～500	0.70
600	0.80
800	1.00
1200	1.30
1800	1.75
2400	2.15
3000	2.55
3600	2.88
4200	2.95
4800	2.98
5000	3.00

注　其他频率的 H_f 值可采取线性插值方法求取。

（二）总的 I_{eq} 表示方法

总的等效干扰电流 I_{eq} 与剩余等效干扰电流 I_{dqr} 和平衡等效干扰电流 I_{dqb} 的关系，可按式（38-51）计算。

$$I_{eq} = \sqrt{I_{dqr}^2 + \left(\frac{Z_{mb}}{Z_{mr}}\right)^2 I_{dqb}^2} \qquad (38-51)$$

式中　I_{eq}——总的等效干扰电流，mA；

I_{dqr}——以大地为回路的剩余电流的 800Hz 的等效干扰电流，mA；

I_{dqb}——以两极导线为回路的平衡电流的 800Hz 的等效干扰电流，mA；

Z_{mr}——直流输电线路以大地回路与电信线路 800Hz 的感性耦合阻抗，Ω/km；

Z_{mb}——直流输电线路以导线回路与电信线路 800Hz 的感性耦合阻抗，Ω/km。

当直流输电线路和电话线路的间距保持一定距离时，$Z_{mb}/Z_{mr} < 0.05$。也就是说，通常情况下直流输电线路的平衡等效干扰电流可以忽略，总的等效干扰电流 I_{eq} 约等于通过大地返回的剩余等效干扰电流 I_{dqr}。

（三）等效干扰电流的限制

在实际工程设计中，对于直流输电线路允许的等效干扰电流，没有统一的标准。它取决于高压直流输电线路的设备性能、工作状态以及电信、电力部门的设计原则。等效干扰电流的大小还取决于高压直流系统的接线方式、滤波系统的

配置及运行状态，在单极运行中由于大地模式电流较高，因而电话干扰显著高于双极运行的情况。

对电话回路干扰影响程度及感应防护协调是一个复杂的问题，它与直流滤波器性能直接相关，具体工程建设中下列两个基本问题是相互关联的。

（1）遭受有害干扰的有线通信回路数目、与电信部门协调进程，在受影响有线通信线路上采取的补救措施需要多少费用？

（2）实施各种可行的直流滤波器设计方案后的干扰水平、制造技术难度，这些滤波器设计方案各需多少费用？

这就构成了重要的造价/性能比的选择问题。实质部分是，首先确定计划的直流输电线路相关的有线通信回路的数目及特性，然后计算每条通信回路的感应干扰大致水平，要求有关计算精度尽可能详细确定每个受干扰区域的参数。直流滤波器设计方案的变化，将直接引起直流输电线路的谐波电流分布的变化，谐波标准的确定是一个综合优化的结果。主要是根据沿线通信线路自身的抗干扰能力所要求的谐波指标和滤波器性能，在技术经济上合理时，所能设计达到的谐波指标协调一致所决定的。

国际上没有针对特高压直流线路的谐波指标和对直流滤波性能的要求，我国现有直流工程中均以直流线路等效干扰电流作为直流谐波性能的衡量指标。直流线路等效干扰电流是一个中间指标，直流滤波最终的性能标准，应以不影响周围通信线路的通信质量为前提，使周围的通信线路上的干扰限制在可接受的水平。如果不综合考虑各项因素，单纯地提高滤波性能要求（降低直流等效干扰电流）只是减少直流线路对周围通信线路的干扰的一个方面，往往可能在直流滤波器设备上多用了许多投资，却并不一定收到明显的效果。

（四）分析影响通信线路程度

1. 市话电缆的特点

市话通信系统是最接近用户的部分，包含市话交换网和用户接入网，其中由铜芯双绞线市话通信电缆连接的包括交换设备、接入网设备相关部分和总配线架、终端设备等。直流输电线路对市话通信系统延伸长度不定的金属导线的影响是最受关注的。与市话通信系统连接的铜芯双绞线 HYA 型市话通信电缆的延伸长度大致分为 4 种情况（2006 年中南电力设计院调查总结）：

（1）用户密集的城区一般为 100～600m，小于 1000m。

（2）经济较发达的农村一般为 1000～2500m。

（3）较偏远的山区一般为 2500～5000m。

（4）极少数情况达到 5000～10 000m。

2. 相对位置关系的调查统计

为获得更多的资料，2006 年对中南电力设计院近 3 年设计的 500kV 以上交直流输电线路工程间距 2km 内的通信线路

进行了调查分析，并按邻近的通信线路性质、平行接近长度及间距范围进行分类统计。调查输电工程 23 个，路径走廊长度达 3150km，涉及地区包含 10 个省市，统计通信线路 889 条，其中 HYA 电缆 882 条，基本反映了当前高压输电线路路径走廊对沿线通信线路影响的普遍情况，统计结果详见表 38-8、表 38-9。

表 38-8　近期工程与通信线路平行接近统计

序号	工程名称	调查时间 年·月	线路长度 km	调查地点	以下平行长度范围内（km）HYA 电缆条数						明线 条数
					≤1	≤2	≤3	≤5	≤8	≤10	
1	蔡白接地极线路	05.3	61	湖北	11	5	1				
2	神木送出线路	05.4	245	山西	30	16	8	3			3
3	万龙Ⅱ回	05.5	65	湖北	9	4	2	1			
4	葛凤线Ⅱ接	05.6	36	湖北	12	6	2				
5	云南—七甸	05.9	163	云南	16	8	3	1			1
6	防城港送出	05.11	135	广西	22	15	5				
7	乐万Ⅱ回线	05.10	121	江西	21	13	4				
8	宁东直流线路	05.11	202	陕西	26	16					
9	官亭—西宁 750kV	05.10	50	青海	10	3	1				
10	沙塘—龙滩	05.12	259	广西	48	26	12	3			
11	沙塘—柳州东	06.1	65	广西	8	5	1	1			
12	贵广直流Ⅱ回	06.2	509	广西	67	33	16	2			
13	水布垭—潜江	06.3	269	湖北	59	25	11	3	2		
14	张家坝—长寿	06.2	158	重庆	26	13	7	1	1		
15	荆门电厂送出	06.3	72	湖北	15	9	2				
16	彭水—恩施	06.5	155	重庆	17	8	5	2			
17	罗百Ⅱ回	06.6	102	云南	16	6	3	1			
18	贵广接地极线路	06.6	82	贵州	2	3	1				
19	襄樊电厂送出	06.6	19	湖北	7	2	1				
20	新洲—黄冈	06.7	65	湖北	22	11	3				
21	黄冈—黄石	06.7	63	湖北	21	13	5				
22	兰州—平凉 750kV	06.9	122	甘肃	15	9	5				2
23	官亭—拉西瓦 750kV	06.10	132	青海	17	8	6	2			1
	总计		3150		497	257	105	20	3	0	7

注　表中举例，"≤1"表示 0～1km 范围内；"≤5"表示 3～5km 范围内。

表 38-9　近期各类通信线路平行接近长度、间距分类表

平均间距范围	以下平行长度范围内（km）HYA 电缆条数					明线条数
	≤1	≤2	≤3	≤5	≤8	
≥0m	9	3	0	0	0	0
≥50m	10	5	2	0	0	0
≥100m	13	9	3	0	0	0

平均间距范围	以下平行长度范围内（km）HYA 电缆条数					明线条数
	≤1	≤2	≤3	≤5	≤8	
≥200m	19	12	5	1	0	0
≥300m	25	15	8	2	0	1
≥500m	35	22	11	3	0	2
≥800m	60	36	14	3	1	2
≥1200m	82	45	17	3	1	2
≥1500m	105	51	19	4	1	0
≥2000m	139	59	26	4	0	0
总计 条数	497	257	105	20	3	7
总计 比例	56%	29.1%	11.9%	2.3%	0.3%	0.8%

注 表中举例，"≥0m"表示 0~50m 间距范围内；"≥500m"表示 500~800m 间距范围内。

根据以上统计分析的情况，同时结合在 2007 年初对向家坝—上海 ±800kV 直流输电线路拟建工程，对鄂东段的电信部门通信线路的接近情况进行了调查，调查统计的结果与以上统计情况相吻合，进一步证明以上统计分析的情况反映了当前高压输电线路路径走廊对沿线通信线路影响的普遍情况。从以上的统计可以看出。在总长度 3150km 的线路走廊通信线路 889 条，其中 HYA 电缆 882 条，占 99.2%。

3. 影响范围分析

如果将所调查的 3150km 的路径走廊等效认为是拟建直流输电线路的走廊，根据上述统计结果，约 2000km 的直流输电线路，按等效干扰电流 I_{eq} 为 1000~6000mA 区间以及不同的干扰噪声电动势控制标准（现行四部协议和电力行业 4.5mV，通信行业 1mV），对受影响超过限值的通信线路的条数预估统计见表 38-10。

表 38-10 拟建 2000km 直流输电线路受影响的通信线路条数

控制标准（mV）	不同 I_{eq} 条件下受影响的通信线路条数							
	1000	2200	2500	3000	3500	4000	5000	6000
4.5	2	14	16	21	25	30	47	53
1	34	90	93	107	130	133	138	185

预估统计表明，放宽直流滤波性能指标，等效干扰电流 I_{eq} 限制为 2200~3500mA，对于邻近的通信线路来说通常要求间距大于 300~500m。大多数情况，要使直流输电线路与通信线路的相对位置关系达到这些要求或适当改造并不困难，电力建设项目要在这方面投入的改造费用不会明显增加。应密切关注国家及通信行业，对电话回路噪声电动势控制标准应用的政策及进展。

4. 工程运行回访

近期运行的特高压直流输电工程，双极运行等效干扰电流大都限制在 3000mA 左右。中南电力设计院、山东电力工程咨询院有限公司，2013 年对向家坝—上海、锦屏—苏南 ±800kV 直流输电线路、云南—广东 ±800kV 直流输电线路、宁东—山东 ±660kV 直流输电线路进行了工程回访，并对沿线干扰影响作了调查。

调研结果表明：① 我国电信设备及电缆线路已经达到国际先进水平；光接入点的普及 HYA 电缆大幅减少和有效长度减短。② 总的等效干扰电流，在直流输电线路两端较大、中间较小，大幅降低影响程度。③ 沿线没有电话用户反映干扰情况或投诉，极少电话偶尔有噪声可能是由于气候变化、输电系统、电话系统运行工况微小变化产生。④ 双极运行等效干扰电流限制在 3000mA 左右，未使沿线电话产生明显干扰。

（五）放宽直流滤波器指标

1. 继续放宽等效干扰电流

通信网络技术随着数字化、光纤化的方向发展，从而大大提高了通信网络本身的防强电影响能力；虽然超高压直流输电线路朝着超远距离、高电压等级化的方向发展，但超高压直流输电线路对未来高数字化、光纤化的通信核心网络线路的影响将很小。随着电信本地中继网络、接入网络及用户网络，为了实现高信息量的传输，与其电信核心网络相匹配的发展要求，加速减少 HYA 电缆，走全面光纤化的发展道路。使得超高压直流输电线路对未来通信网络线路的影响将不明显，所以继续放宽等效干扰电流限制指标完全可以预期。

2. 取消直流滤波器

部分学者提出直接取消直流滤波器，是一个值得继续探讨的问题。对于特高压直流工程，如果直接取消直流滤波器，仅装设平波电抗器，则双极运行时直流极线上的等效干扰电流将达到 $13 \sim 20A$ 左右，对周围电话网络干扰程度提高，取决于周围电话网络的数量及品质，构成了性能造价比的选择，同时与企业决策者的产业政策相关。

四、电信线路的变换损耗与敏感系数

（一）电信设备的平衡度

ITU-T K.10—1996 建议，给出了供测试和研究电信设备之间的失衡—纵向变换损耗（LCL）的通常表示法。图 38-3 显示了电信线路受干扰的通常表示法，噪声产生机制中两种不同的传输路径；图 38-4 显示了对双端口设备进行不平衡测试的通常方法。

图 38-3 中，$u_c = (u_1 + u_2) / 2$ 为共模电压；$i_c = i_1 + i_2$ 为共模电流；$u_d = u_1 - u_2$ 为差模电压。

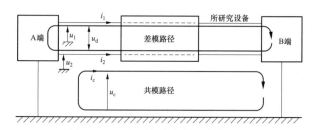

图 38-3 受干扰系统的通常表示法

图 38-4 中，Z_{d1}、Z_{d2} 为终端 1 和终端 2 的差模阻抗；Z_{L1} 为终端 1 的共模阻抗（干扰源）；Z_{L2} 为终端 2 的共模阻抗；E_{L1} 为在被测设备输入端施加的干扰性纵向电动势；U_c 为在被测设备输入端施加的共模电压；I_c 为共模电路中的电流；U_{d1}、U_d 为被测设备输入端口和输出端口处的差模电压。

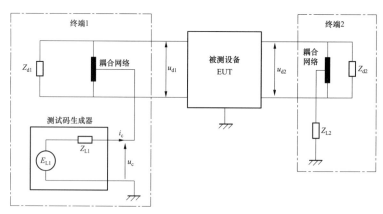

图 38-4 测试设备不平衡影响的一般方法

（二）纵横向变换比 C_{800}

ITU-T 导则第 2 卷，给出的由平行的输电线路或电气化铁路线路中剩余电流引起的电信电路横向电压 U_p，其干扰噪声经验计算如式（38-52）：

$$U_p = I_p H k_{e800} l Z_{800} k_{t800} C_{800} \qquad (38-52)$$

式中
- I_p——剩余电流的加权值，即施感线路中的噪声剩余电流；
- H——总校正因子，考虑耦合系数与频率的相关性；
- k_{e800}、k_{t800}——频率为 800Hz 时的屏蔽因子；
- l——暴露段长度；
- Z_{800}——施感线路与感应线路之间在频率为 800Hz 时产生的每单位长度互阻抗；
- C_{800}——频率为 800Hz 时的通信回路纵向与横向变换比，与需要计算 U_p 的端部有关。

结合图 38-3、图 38-4 中所示符号，纵向与横向变换比

C_{800} 的值，可用式（38-53）表示。

$$C_{800}' = \frac{U_{d1}}{E_{L1}} \qquad (38-53)$$

纵向与横向变换比 C_{800} 用 dB 表示，称为纵向变换损耗（LCL）。在 CCITT O.9 建议书中，LCL 定义为纵向路径中外加电动势的值和被测设备输入端口处的差模电压的比值，用分贝表示如式（38-54）。

$$LCL = 20\log_{10}\left(\frac{E_{L1}}{U_{d1}}\right) \qquad (38-54)$$

ITU-T 导则第六卷（2008 版）第 4.2 节中，关于平衡技术参数所描述的平衡度的计算与式（38-53）相同。

（三）敏感系数 λ

输电线路电流剩余分量感应引起的不平衡影响噪声计电动势分量 e_{rl}，我国相关设计标准都有类似的描述，噪声计算如式（38-55）。

$$e_{rl} = I_p l Z_{800} k_{800} \lambda \qquad (38-55)$$

式中　λ——敏感系数（也习惯用 η 表示）。其他符号含义类似式（38-52）。

我国早期出版的文件和工程设计标准对敏感系数有明确的定量定义，曾经在工程实践中广泛应用。

（1）四部协议《防止和解决电力线路对通信信号线路危险和干扰影响的原则协议》定义为：双线电话回路杂音电动势与该回路一条导线上诱起的等值电动势的比值。

（2）水电部电力规划设计管理局标准 SDGJ 79—88《防止送电线路对电信线路危害影响及其保护设计技术规定》定义为：双线电话回路杂音电压的 2 倍（杂音电动势）与该回路一条导线上产生的等值电动势的比值。

（3）中国工程建设标准化协会标准 CECS67：94《交流电气化铁道对电信线路杂音干扰影响的计算规程》定义为：在两端匹配，其长度为 1/4 左右波长（800Hz）的电气短线上，同步测得的差模杂音计电压（600Ω）与共模杂音计电压（高阻）之比值。

上述 3 个标准对敏感系数的定量定义，其含义是一致的；当前电力行业工程设计的有效标准没有明确定量定义，但从计算公式分析，采用了相同的概念。结合图 38-3、图 38-4 中所示符号，可写出敏感系数 λ 如式（38-56）。

$$\lambda = \frac{2U_{d1}}{E_{L1}} \tag{38-56}$$

有文献称式（38-56）为电话回路敏感系数；同时称式（38-53）为始端（或终端）敏感系数。我国出版的其他标准、书籍及学术文献，对敏感系数的定义、计算及测量方法有众多介绍，但在具体数值应用上并未严格区分式（38-53）和式（38-56）的差异、解释不尽统一。

（四）C_{800} 与 λ 的差异

比较干扰噪声计算式（38-52）和式（38-55）、比较电信设备对地不平衡度计算式（38-53）和式（38-56），纵向与横向变换比 C_{800}（纵向变换损耗 LCL）与敏感系数 λ 界定范围及概念有所不同，有下列差异：

（1）C_{800} 代入干扰噪声计算式（38-52）的计算结果为噪声计电压。

（2）λ 代入干扰噪声计算式（38-55）的计算结果为噪声计电动势。

（3）它们的关系为：$\lambda = 2C_{800}$。

五、干扰影响噪声电动势的计算

（一）计算规定

（1）双极两端中性点接地方式，应作为评判对电信线路是否存在其干扰影响的主要条件。这种方式是大多数直流输电线路所采用的正负两极对地，两端换流站的中性点均接地的系统构成方式。

（2）直流输电线路在单极大地回线（或单极双导线并联大地回线方式）运行方式下的干扰影响为最大，在单极金属回线（或双极金属中线方式）运行方式下的干扰影响为最小。单极回线只是在调试、试运行或当直流系统发生故障和检修时采用，不作为一种常态运行方式，可不作为评判对电信线路是否存在其干扰影响的条件。

（3）双线电话回路的干扰影响有环路影响和不平衡影响，一般情况，环路影响可忽略不计。

（4）对于直流输电线路与当前运行的 HYA 电信线路接近时，非特别接近状况可忽略基波和谐波电压的感应影响。

（5）对电信线路干扰影响的总体评估，应用等效干扰电流法进行计算。

（6）对受多条直流输电线路干扰影响的电信线，应按平方和的平方根计算多条直流输电线路的合成干扰影响。

（7）对传输音频信号的中继线或用户线应计算干扰影响，而对传输频分复用（FDM）或时分复用（TDM）的电信线路不考虑干扰影响。

（8）当有屏蔽体时，应计入屏蔽体 800Hz 的屏蔽系数。

（9）对兼作电话用的有线广播双线回路宜按音频双线电话回路计算干扰影响。

（10）无金属信号线对的光缆线路不考虑干扰影响。

（11）800Hz 互感系数，可按图 38-5 查取。

（二）音频双线电话回路计算

（1）直流输电线路在单极大地回线运行方式下，谐波电流通过感性耦合在双线电话回路上产生的噪声计电动势，可按式（38-57）计算。

$$e_{rI} = 2\pi f \lambda I_{dqr} \sum_{i=1}^{n} M_{mri} l_i K_{800} \tag{38-57}$$
$$f = 800\text{Hz}$$

式中　e_{rI}——由于大地回路的谐波电流（电流剩余分量、地模分量）通过感性耦合在双线电话回路上产生的噪声计电动势，mV；

　　　λ——双线电话噪声敏感系数，按实际情况取值；

　　　I_{dqr}——直流输电线路以大地回路谐波电流（电流剩余分量、地模分量）的等效干扰电流，mA；

　　　M_{mri}——800Hz 时直流输电线路以大地回路与电信线路间第 i 段互感系数，H/km；

　　　l_i——直流输电线路与电信线路间第 i 段接近段长度，km；

　　　K_{800}——800Hz 磁屏蔽系数。

（2）直流输电线路在单极金属回线运行方式下，谐波电流通过感性耦合在双线电话回路上产生的噪声计电动势，可按式（38-58）计算。

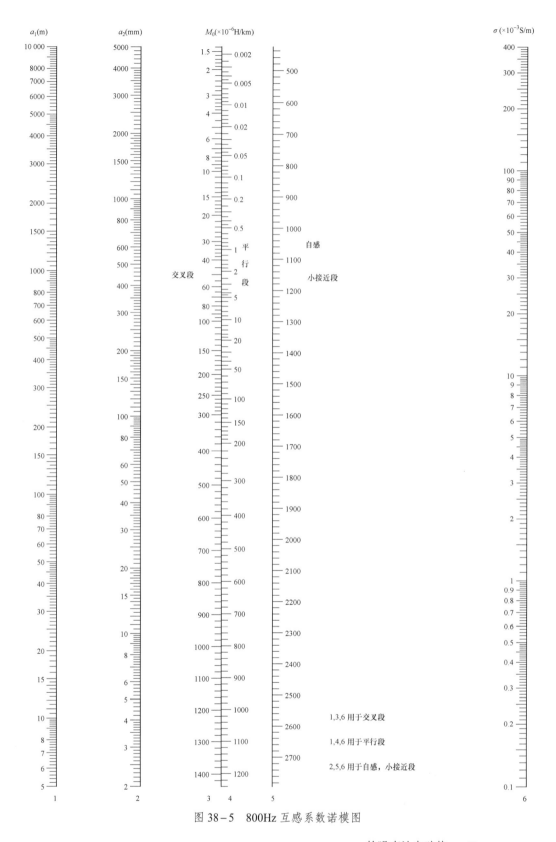

图38-5 800Hz互感系数诺模图

$$e_{bl} = 2\pi f \lambda I_{dqb} \sum_{i=1}^{n} M_{mbi} l_i K_{800} \qquad (38-58)$$

式中　e_{bl}——由于导线回路的谐波电流（电流平衡分量、平模分量）通过感性耦合在双线电话回路上产生

的噪声计电动势，mV；

I_{dqb}——直流输电线路以导线为回路谐波电流（电流平衡分量、平模分量）的等效干扰电流，mA；

M_{mbi}——800Hz时直流输电线路以导线回路与电信线路

间第 i 段互感系数，H/km。

（3）直流输电线路在双极两端中性点接地方式正常运行情况下，谐波电流通过感性耦合在双线电话回路上产生总的噪声电动势，可按式（38-59）计算。

$$e = \sqrt{e_{rl}^2 + e_{bl}^2} \qquad (38-59)$$

式中 e ——由等效干扰电流通过感性耦合在音频双线电话回路上产生的总噪声计电动势，mV；

e_{rl} ——双极正常运行情况下，由于大地回路的谐波电流（电流剩余分量、地模分量）通过感性耦合在双线电话回路上产生的噪声计电动势，计算公式与式（38-57）相同，mV；

e_{bl} ——双极正常运行情况下，由于导线回路的谐波电流（电流平衡分量、平模分量）通过感性耦合在双线电话回路上产生的噪声计电动势，计算公式与式（38-58）相同，mV。

（4）直流输电线路各种接线方式正常运行，在已知总的等效干扰电流 I_{eq} 情况下，对音频双线电话回路干扰影响总噪声计电动势可按式（38-60）简化计算。

$$e = 2\pi f \lambda I_{eq} \sum_{i=1}^{n} M_{mri} l_i K_{800} \qquad (38-60)$$

六、干扰影响允许值

（一）ITU-T 标准

（1）ITU-T 导则第六卷（1988 年版）指出：连接电话用户的电话局到国际电话交换局的一个或几个部分的线路，它受全部电力线路磁场和电场感应产生的噪声电压不应超过 0.5mV（电动势 1mV），这是用户话机通话时在线路终端的值，这个值是假设电信装置安装在尽可能完全对地平衡的回路里，这个值也符合最现代设备结构和最新技术标准；同时 1988 年版在第 2 卷第 7 章提到，通信线路的纵向变换损耗（LCL）为 60dB。在规定通信线路噪声干扰电动势的允许值的同时，也规定了通信线路必须满足的要求，目前执行这个标准的有德国、芬兰、意大利、日本、挪威、波兰和瑞典等国。

（2）ITU-T 建议 K.53-2000 的 4.1.2 款规定：在电信线路的任何终端，一对芯线的两条导线之间的长期允许感应噪声的电压为 0.5mV。

（3）ITU-T 建议 K.68-2008 第 6.5 节关于噪声电压限制规定：由干扰结构中所有施加感应电力设备在正常工作条件下共同产生的，感应电信设备线对的两条线间的感应噪声电压限制在感应电信设备的任何终端处均为 0.5mV，该电压会降低由感应电信设备提供的基于话音业务的质量。

（4）ITU-T 导则第六卷（2008 年版）第 6.2 节允许的干扰 a）款规定：行政部门普遍使用噪声计加权进行噪声测量，

由全部电力线影响连接客户中继线到内部交换机所产生的噪声杂音计电压不超过 0.5mV。这个值是在客户"线路"终端测量的值。

（5）以上 ITU-T 导则和建议，规定噪声电动势允许值 1mV，噪声电压 0.5mV。在规定噪声的允许值的同时指出，电信设备之间的失衡——纵向变换损耗（LCL），必须符合 ITU-T K.10-1996 建议书要求。

（二）国家标准及文件

（1）国家标准 GB 7437—87《公用模拟长途电话自动交换网传输性能指标》规定：通过电力线的磁感应或静电感应，在用户话机线路端产生的杂音纵电动势，在国际通话时应不超过 1mV。由于该规定的应用条件是"在国际通话时"，在实际工程中很难界定和评估，故基本没有执行。

（2）我国在 20 世纪 90 年代前通信线路及通信技术发展很不平衡，1988 年 5 月由当时邮电部主编的国家标准《通信线路遭受强电线路干扰影响的允许值》（送审稿）相关条文规定：对于全国各大区、省（自治区、直辖市）、地区（市）以及沿海特区和开放城市等的电话回路，感应杂音计电动势允许值为 1mV。这个标准因种种原因未能获得批准。

（3）水利电力部、铁道部、邮电部、解放军通信兵部于 1961 年 3 月颁布了《防止和解决电力线路对通信、信号线路危险和干扰影响的原则协议》（简称四部协议），这是个原则性的联合文件，在当前的工程建设协调中还发挥一定作用。该协议第 51 条规定，一般电话回路内由各种干扰线路感应而诱起的杂音电动势总和不应超过下列数值（主要指架空明线）：① 设有增音站的双线回路：4.5mV；② 未设有增音站的双线回路：10mV；③ 单线回路：30mV。

"四部协议"至今没有新版本，90 年代启动过更新工作，但因分歧意见大未完成。其中的相关内容（特别是技术部分）虽已过时，相关原则对当前的协调工作仍有指导作用。

（三）通信行业标准

（1）通信行业标准 YD 5006—2003《本地电话网用户线路工程设计规范》2.9.2 条规定，本地电话网用户电缆线路遭受强电线路（含电气化铁道供电网）电磁耦合影响的规定：当强电线路正常运行时电缆线路遭受电磁耦合影响值不大于 1mV（在话机端上测量）。

（2）通信行业标准 YD 2002—1992《长途通信干线电缆线路工程设计规范》9.2.7 条规定，强电设施与通信线路接近时，对于电缆线路中的音频业务回路（通信线路维护人员的使用的音频电话回路），产生的干扰杂音计电压值不宜超过 3.5mV。

（四）电力行业标准

（1）电力行业标准 DL/T 5033—2006《输电线路对电信线路危险和干扰影响防护设计规程》按市话和农话及使用性质

作了规定（由于架空明线基本拆除，表述方式发生了一定变化）。其中 4.2 款干扰影响允许值章节中指出，音频双线电话回路噪声计电动势允许值应符合下列规定：① 县电话局至县及以上电话局的电话回路为 4.5mV；② 县电话局及至县以下电话局的电话回路为 10mV；③ 业务电话回路为 7mV；另外，兼作电话用有线广播双线回路噪声计电动势允许值应为 10mV。

（2）电力行业标准 DL/T 436—2005《高压直流架空送电线路技术导则》，考虑到随着电信网络技术的发展，普遍采用了"本地电话网"的概念，取消了以前的通信线路级别及地域的划分，在表述方式上作了一些调整，相对电力行业标准 DL 5033—2006 规定的允许值更加严格。该技术导则在 10.2 款干扰影响及防护章节中指出，音频双线电话回路的杂音电动势允许值为：① 本地电话网的电话回路 4.5mV；② 架空明线的电话回路 10mV；③ 业务电话回路 7.0mV；另外，兼作电话回路的有线广播双线回路的杂音电动势允许值为 10mV。

（3）电力行业标准 DL/T 5340—2015《直流架空输电线路对电信线路危险和干扰影响防护设计技术规程》对于噪声计电动势允许值采取了新的表述方式：考虑电话回路敏感系数 λ 性能的噪声计电动势值应符合表 38-11 的规定。

表 38-11 电话回路噪声计电动势允许值

敏感系数 λ	噪声计电动势（mV）
λ≥5‰	4.5
5‰>λ>1‰	2.0
λ≤1‰	1.0

在目前的情况下，我国架空电信明线全部淘汰，电信线路光进铜退加速进行中，多数工程实际计算结果大都在 2mV 以下。这个标准要严格于电力行业标准 DL/T 436—2005、DL/T 5033—2006，但比 ITU-T 标准要宽松，这是符合我国国情的。

（五）最新研究成果及文献

（1）2006 年，中国电力科学研究院"十五"国家科技攻关资助项目"±800kV 直流输电线路对电信线路影响研究"按电话回路性质对允许值进行了表述：① 长途电话 1.0mV；② 本地电话 4.5mV；③ 专用电话 7mV 等[1]。

（2）2007 年，国家电网公司特高压直流输变电工程关键技术研究成果，由国网北京网联直流工程技术有限公司（现国网北京经济技术研究院）与武汉高压研究院（现中国电科院）、华北电力大学以及北京邮电大学合作进行"高压直流系统谐波特性与标准研究"，提出电话回路噪声计电动势水平不超过 2mV[2-3]。

（3）2006 年，中国电力工程顾问集团公司中南电力设计

院进行"±800kV 直流滤波器性能指标选择及性能计算研究"，根据我国电力线路走廊通道与通信线路相对位置关系的普遍情况，探讨得出以下结论：① 将 4.5mV 允许值标准提高到 1.0mV；② 放宽直流滤波性能指标或取消滤波器；③ 工程协调技术经济比较等问题。研究结论表明：如果放宽直流滤波性能指标（等效干扰电流 I_{eq} 限制为 2200～3500mA），同时提高干扰影响噪声电动势的控制标准（1.0mV），计算分析表明需改造的通信线路条数明显增加，随之电力建设项目要在这方面投入的改造费用也明显增加，而大多数工程实际计算结果大都在 2mV 以下[4-6]。

（4）中国卫星通信集团和北京邮电大学于 2007 年撰文《现行标准对通信音频干扰限值的规定》指出：由于我国人口众多，且电力和通信行业发展较快，在我国高压电力系统与通信系统邻近的可能性比外国更大，为降低工程造价，同时保证通信系统的质量，对于公用电话回路音频干扰限值，参考 ITU-T 建议和其他国家的规定，建议噪声电动势应小于 1～2mV[7]。

（六）统一标准的预期

电话噪声允许值，还没有相应明确的国家标准，应用标准和行业规范还不完善，造成电力、电信和铁道各方限值不仅数值相差大，且冠名表述（噪声计电动势、噪声计电压）的概念也不相同。我国经济水平的提高、电力和通信建设高速发展，通信服务质量和服务水平向国际标准看齐是可预期的。

1996 年编制电力行业标准 DL/T 5063《送电线路对电信线路干扰影响设计规程》时，就对干扰影响允许值与国际接轨过预期，在第三章允许值条文说明中强调：如果敏感系数达到 1‰、噪声计电动势允许值为 1mV 与敏感系数为 4‰、噪声计电动势允许值为 4.5mV 基本是对等的。当电信设备、电信线路达到"尽可能对地完全平衡，符合最新式设备的要求"时，与国际标准 1mV 接轨是不困难的。但必须注意到，对架空电信明线，特别是敏感系数为 5‰～6‰的架空农村电话线要求与国际标准接轨是难以做到的。2006 年修订该行业标准时，又强调了该观点。

七、干扰影响防护措施

当直流输电线路对电信线路感应产生的噪声计电动势超过干扰影响允许值时，应根据具体情况，通过技术经济比较和协商，采取必要的防护措施，以避免影响电信回路的正常工作。可选用的防护措施如下：

（一）在直流输电线路方面

（1）与电信线路保持合理的间距。

（2）采用良导体地线。

（3）架设屏蔽线。

（二）在电信线路方面

（1）改迁电信线路路径。

（2）改明线为电缆或光缆。

（3）改有线通信为无线通信。

（4）加挂屏蔽线。

第三节　对无线通信设施影响

一、无线电干扰机理

高压直流输电线路对无线电设施的干扰影响主要分为有源干扰和无源干扰两大部分。

（一）有源干扰

高压直流输电线路的有源干扰是由输电线路和大地间形成的干扰电磁场对无线电设施产生的无线电干扰，有源干扰主要由以下几个方面产生：换流站阀中产生的触发脉冲，通过开关电路传到线路上；输电线路上的电晕脉冲；绝缘子和金具上的局部放电脉冲等。

高压直流输电线路的有源干扰，属于不对称分布在导线和大地间形成的干扰电磁场，主要来自：导线电晕放电；因绝缘子表面污秽而产生的泄漏电流；有缺陷绝缘子的间隙击穿火花；连接金具、线夹的电晕及火花放电；间隔棒、导线接续金具、补修管、防振器具及均压屏蔽环的电晕及火花；绝缘避雷线间隙及其小绝缘子的感应电压放电；换流站的各种干扰源通过母线传入线路上。其中导线电晕放电产生的干扰频率主要集中在10MHz以下，该频段的干扰主要是由空间连续分布的电晕脉冲产生的电流，通过输电线路导线向外界辐射而产生电磁干扰，随着频率的进一步增高，其干扰幅值迅速下降，基本淹没在背景场中。绝缘子和金具火花放电产生的干扰频率则在30MHz以上，该频段由于明显受到高频集肤效应的影响，所产生的脉冲电流在导线表面流过，传播衰减很大，同时由于输电线路上其相对数量较少并且分布稀疏，在空间上主要呈不连续分布的点源辐射特征，所以在输电线路上其产生的无线电干扰影响较小。这种无线电干扰较明显的地方主要是在变电站和换流站。因此，所谓高压直流输电线路的有源干扰，主要取决于导线的电晕放电产生的无线电干扰。

但直流输电线路的电晕的物理特性与交流输电线路的电晕有较大区别，交流输电线路产生电晕时，其交变电场使因电晕产生的带电离子在导线附近很小区域内反复振荡，在导线周围大部分空间中不存在带电离子；而直流输电线路产生电晕时，由于其输电线路的电场极性是固定的，所以在空间产生方向固定的电场，使其从导线发射出的同极性带电离子在电场的作用下朝背离导线方向运动，进入大地和另一极，

或远方空间，导线周围空间中充满了带电离子。由于其每极导线周围都有一固定的电离层，同时在导线和地面之间以及各导线之间的间隔产生空间电荷，因为这些空间电荷的缘故，实际电场与理论上的静止电场有明显不同。这些自由电子和稳态原（电）子间相互碰撞引起电晕放电，同时直流输电线路表面产生的这种同极性离子会削弱导线表面场强，进而改善输电线路电晕效应的作用，这种作用相当于屏蔽层也称为"屏蔽效应"，限制了紧靠导线表面附近的电场。在单极直流输电线路中，只有一种极性的离子流向大地和线路周围的空间，而双极直流输电线路就存在正负离子流相遇的区域，将发生复合现象，离子从一极导线发射出来后运动至另一极导线，并中和那里的异极性离子，从而削弱了离子对于导线表面场强的"屏蔽效应"，所以双极直流输电线路的电晕效应比单极直流输电线路强。同时由于这种"屏蔽效应"的存在，也可认为同电压等级的交流输电线路的有源干扰要比其直流输电线路明显。

根据上述直流输电线路无线电干扰的特性和国内外相关大量的测试试验可知，双极运行的高压直流输电线路的无线电干扰水平一般小于或等于同电压等级的高压交流输电线路；双极运行的高压直流输电线路的负极性导线引起的干扰实际上可以忽略，主要仅考虑正极性导线引起的无线电干扰；同时双极运行的高压直流输电线路产生的无线电干扰比单极正极性线路略高，分裂导线比单导线无线电干扰水平低等特性。高压直流输电线路导线或金具电晕放电产生的干扰电磁波，对邻近的无线电台站产生的电磁干扰，是带电粒子的运动或电荷的中和过程。因此高压直流输电线路的无线电干扰特性主要取决于：直流输电线路的运行方式；线路电压等级、导线表面电位梯度和极性；天气情况等。

（二）无源干扰

高压直流输电线路的无源干扰是高压直流输电线路的导线和铁塔等金属构件受邻近的无线电设施的无线电电磁场（无线电波）的激励产生感应电流，并向空间辐射和反射，这种二次辐射和反射将影响原无线电信号的幅值和相位，对无线电设施形成无线电干扰。无源干扰主要由以下几个方面产生：高压直流输电线路导线的各种分裂形式、导线尺寸和导线悬挂形式等产生的电磁屏障；高压直流输电线路各种铁塔塔型及其金属构件尺寸和布置等产生的电磁屏障。根据高压直流输电线路结构上的特点和无线电信号受激励的特性，可以认为高压直流输电线路的无源干扰，主要取决于直流输电线路的铁塔的尺寸。

高压直流输电线路处于各类无线电接收（发射）台附近时，其各种入射电磁波以不同的角度穿过输电线路到达无线电接收（发射）台站，输电线路的铁塔、导线和地线等金属

部件,在受到这些入射电磁波的无线电电磁场的激励下产生感应电流,并向空间发出二次辐射电磁波,这些二次辐射场叠加在原激励电磁场上,改变了原电磁波的幅值和相位等,对邻近的无线电设施正常工作形成的干扰为输电线路的无源干扰。随着高压直流输电线路电压等级的不断提高,特高压直流输电线路更长,铁塔也更加高大,对无线电台站的无源干扰也变得更为突出。

输电线路无源干扰对无线电台站的影响程度、是否起主导作用等问题,国外研究机构和我国各大相关研究院所及总参的相关部门都在积极研究探索,并开展了大量的试验活动进行模拟试验,取得了丰硕的研究成果,但这个问题在国内外尚无定论。

输电线路无源干扰水平定义为(单位:dB)

$$RI_{无源} = 20 \lg \frac{E_{有障碍物}}{E_{无障碍物}} \qquad (38-61)$$

式中 $E_{有障碍物}$——考虑输电线路以及铁塔影响时观测点的空间电场强度;

  $E_{无障碍物}$——无输电线路以及铁塔影响时观测点的空间电场强度。

总体而言,输电线路对无线台站的无源干扰呈如下特点:

(1)输电线路(主要指铁塔)距离接收天线越近,其影响越大。

(2)输电线路(主要指铁塔)对不同极化的电磁场响应不同。铁塔对垂直极化的电磁场最敏感,而水平导体(主要指导线)对垂直极化的电磁场不敏感;铁塔对水平极化的电磁场不敏感,而水平导体对水平极化的电磁场又敏感。

(3)输电线路的电压等级越高,铁塔的等效高度越高大,对垂直极化电磁波的二次辐射能力越强,影响越明显;干扰物的反射面越大,越光滑,反射效率越高,影响也就越大。

根据国内外最新的研究,输电线路铁塔和地线组成的回路与入射电磁波频率在中波频段时可能产生谐振现象,这种谐振对调幅广播电台,中波电台等台站形成明显的无源干扰影响,这种情况在防护中值得引起重视,应注意避免这种谐振现象的发生,研究提出的评估公式为

$$f_n = W \frac{1.08C}{2(h_1 + h_2 + b)} \qquad (38-62)$$

式中 f_n——谐振频率,Hz;

  W——为波长的个数,$W=1,2,3\cdots$;

  C——为真空中光速;

  h_1,h_2——构成环形天线的两个垂直杆塔高度,m;

  b——档距长度,m;

  1.08——通过计算和实验研究等方法所取得的经验系数。

直流输电线路对短波无线电测向台站等的无源干扰,主要体现在垂直接地体的电磁散射方面,这是因为短波无线电测向台接收和发射的电磁波的极化方向是垂直于大地的。如果在短波无线电测向台附近存在垂直接地导体,如输电线路的铁塔,则其接地导体表面电场强度的切向分量应为零,故在垂直接地导体表面将产生与垂直于大地入射电场强度方向相反的散射电场强度,这个散射电场强度将影响短波无线电测向台的电磁场分布,从而对其产生无源干扰。

通过我国各大相关研究院所对输电线路的无源干扰模拟试验和分析研究的成果,结合相关的规定要求,特高压直流线路在不同无线电台站允许背景电磁骚扰增量情况下,对无线电台站的无源干扰的防护间距见表38-12。

表 38-12 无源干扰防护距离表 m

无线电台站	允许背景电磁噪声增量 [dB(μV/m)]	±800kV 直流输电线路
一级	0.5	2000
二级	1.0	1000
三级	1.5	500

二、防护间距

(一)无线电干扰防护间距

由于高压直流输电线路的无线电干扰的特性在本质上和高压交流输电线路相类似,并略低于同电压等级的交流输电线路,并且其铁塔的几何形状也较同电压等级的交流输电线路单薄,导线也较同电压等级的交流输电线路少,所以其无源干扰也较同电压等级的交流输电线路低,因此对高压交流输电线路的相关规范和研究成果完全可合理应用于高压直流输电线路。

根据我国一些相关的国家标准和规定,结合我国各大相关研究院所近年来通过模拟和现场试验等积累的大量的试验数据和资料,在总结我国设计和已运行的高压直流输电线路的相关经验和实际运行情况的基础上,对高压直流输电线路对各类无线电台站影响和防护进行了深入的分析和研究后,推荐并提出了高压直流输电线路与常见的各类无线台站的安全防护距离见表38-13。

由于我国缺乏高压直流输电线路对各种无线电台站安全防护距离的相关国家标准和行业规程规范,所以工程实际中遇到国家大型和重要的军用无线电台站时,在满足表38-13的情况下,建议仍然需要和相关无线台站的主管部门充分沟通达成一致意见为宜。

表 38－13　防 护 距 离 表

序号	无线电设施名称		不同直流输电线路电压等级防护距离（m）									参照标准
			±1100kV			±800kV			±660～±400kV			
			I	II	III	I	II	III	I	II	III	
1	调幅广播	收音台	2000	1000	700	2000	1000	500	1200	900	500	GB 7495—1987
		监测台	2400	1250	750	2000	1000	500	2000	1000	500	
2	短波无线电收信台		2200	1600	1200	2000	1100	700	2000	1100	700	GB 13614—2012
3	短波无线电测向台		2600			2000			2000			GB 13614—2012
4	电视差转台、转播台	VHF（I）（48.5～92）MHz	750			600			500			GBJ 143—1990
		VHF（III）（167～223）MHz	750			350			350			
5	对空情报雷达	VHF（80～300）MHz	2400			1600			1600			GB 13618—1992
		VHF（300～3000）MHz	2400			1000			1000			
6	无方向信标台（150～1750）kHz		800			500			500			GB 6364—2013
			不应有超出无方向信标天线中心底部为基准垂直张角3°的障碍物									
7	航向信标台（108.1～111.95）kHz		3000			3000			3000			
8	对海长波远程无线电导航台（90～110）kHz		500			500			500			GB 13613—2011
9	地震地电台		1500			1500			1500			GB/T 19531.2—2004

（二）无线电干扰防护间距计算方法

1. 对电视差转台和电视转播台的影响计算

根据国家标准 GBJ 143—90《架空电力线路、变电所对电视差转台、转播台无线电干扰防护间距标准》的规定，接收信号频率在 VHF（I）和 VHF（III）频段时，架空电力线路对上述台站有源干扰防护间距的计算采用该标准规定的控制信杂比计算法，有源干扰防护间距的计算公式为

$$D = 20 \times 2^{\frac{\left(N_{20} - S + \frac{S}{N} + A\right)}{B}} \quad (38-63)$$

式中　D——高压架空输电线路对电视差转台和电视转播台干扰防护间距，M；

N_{20}——距架空电力线路20m处，在给定置信水平和时间概率下的电视干扰统计值，dB（μV/m）；GBJ 143—1990 推荐 500kV 输电线路 VHF（I）频段（48.5～92）MHz：取 31.8dB（μV/m），VHF（III）频段（167～223）MHz：取 23dB（μV/m），"±800kV云广特高压直流输电线路对无线电台站影响的研究"推荐 ±800kV 输电线路 VHF（I）频段（48.5～92）MHz：取 35dB（μV/m），VHF（III）

频段（167～223）MHz：取 26dB（μV/m）；

S——电视差转、收转信号场强，dB（μV/m）；推荐彩色电视取 49dB（μV/m），黑白电视取 46dB（μV/m）；

S/N——电视差转、收转所需信噪比，dB，按 GBJ 143—1990 中给出的 40dB 取值；

B——每倍程距离干扰场强的衰减量，dB，按 GBJ 143—1990 中给出的 6dB 取值；

A——干扰分配系数，在电视差转、转播台附近存在有两个或两个以上干扰源时，A 取 3；只有架空电力线路一个干扰源时，A 取 0。

2. 对短波无线电收信台和测向台的影响计算

根据国家标准 GB 13614—2012《短波无线电收信台（站）及测向台（站）电磁环境要求》的规定，架空电力线路对短波无线电收信台（站）和测向台（站）产生电磁辐射干扰影响时的保护要求，适用于工作在 1.5～30MHz 频段内的无线电收信台（站）和测向台（站）。架空电力线路对上述台站有源干扰防护间距的计算采用该标准规定的控制背景噪声计算法，有源干扰防护间距的计算公式为

$$D = 10^k \quad (38-64)$$

其中：

$$K = \frac{RI_0 + \Delta RI_d + \Delta RI_y + \Delta RI_f - N_0 - 10 \times \lg(10^{0.1 \times \delta N} - 1)}{20} + 0.85$$

$$(38-65)$$

式中 D —— 高压架空输电线路对短波无线电（站）干扰防护间距，M；

RI_0 —— 为距离架空直流输电线路边导线地面投影 20m 处 0.5MHz 的无线电干扰电平，dB（μV/m）；可通过无线电干扰水平计算式（33-64）获得；

ΔRI_d —— 距离修正值，dB（μV/m），可采用式（38-66）或式（38-67）确定。

当距离 $D < 100$m 时，

$$\Delta RI_d = -20 \times K_p \times \lg\left(\frac{D}{20}\right) \quad (38-66)$$

当距离 $D > 100$m 时，

$$\Delta RI_d = -13.98 \times K_p - 20 \times \lg\left(\frac{D}{100}\right) \quad (38-67)$$

式中 K_p —— 衰减系数，当频率在 0.15MHz～0.4MHz 段时取 1.8；当频率在 0.4MHz～30MHz 段时取 1.65；

ΔRI_y —— 雨天无线电干扰增量，一般取 15dB；

ΔRI_f —— 频率修正值，dB（μV/m），可采用式（38-68）确定：

$$\Delta RI_f = 5 \times \{1 - 2 \times [\lg(10 \times f)]^2\} \quad (38-68)$$

式中 f —— 为干扰频率，MHz；推荐在 0.15MHz～4MHz 频段内使用。

对于较高频段的不同频率无线电干扰的折算关系修正项，推荐使用美国通用电气公司给出的计算式（38-69）：

$$\Delta RI_f = -6 - 20 \times \lg f \quad (38-69)$$

式中 N_0 —— 为环境的背景噪声电平，dB（μV/m）；1.5MHz 时我国北方地区建议取 12dB（μV/m），南方地区建议取 21.9dB（μV/m），有关研究院所建议取 30dB（μV/m）；

δN —— 为允许背景场强的增量，dB（μV/m），可按台（站）的级别取值如下：

一级台（站）：取 0.5dB（μV/m）；

二级台（站）：取 1.0dB（μV/m）；

三级台（站）：取 1.5dB（μV/m）。

3. 对调幅广播收音台的影响计算

根据国家标准 GB 7495—1987《架空电力线路与调幅广播收音台的防护间距》的规定，架空电力线路对调幅广播收音台（站）产生电磁辐射干扰影响时的保护要求，适用于工

作在 526.5kHz～26.1MHz 频段内的无线电调幅广播收音台（站）。架空直流输电线路对上述台站有源干扰防护间距的计算采用该标准规定的控制背景噪声计算法，有源干扰防护间距计算公式为：

$$D = 10^{\left(\frac{RI_0 - N_0 - 10 \times \lg(10^{0.1 \times \delta N} - 1)}{20}\right)} - 0.6$$

$$(38-70)$$

式中 D —— 高压架空输电线路对调幅广播收音台干扰防护间距，m；

RI_0 —— 为距离架空直流输电线路边导线地面投影 20m 处某个频点的无线电干扰电平，dB（μV/m）；可通过无线电干扰水平计算式（33-64）获得；

N_0 —— 为环境的背景噪声电平，dB（μV/m）；1.5MHz 时我国北方地区建议取 12dB（μV/m），南方地区建议取 21.9dB（μV/m），有关研究院所建议取 30dB（μV/m）；

δN —— 为允许背景场强的增量，dB（μV/m），可按台（站）的级别取值如下：

一级台（站）：取 0.4dB（μV/m）；

二级台（站）：取 1.0dB（μV/m）；

三级台（站）：取 1.5dB（μV/m）。

（三）关于对地磁台站的影响问题

高压直流输电线路对地震地磁台的影响，是高压直流输电线路和高压交流输电线路有明显差别的地方，也是高压直流输电线路路径选择影响较明显的一个制约因素，根据 GB/T 19531.2—2004《地震台站观测环境技术要求 第 2 部分：电磁观测》中的有关规定：

高压直流输电线路距地磁观测点的最小距离，应符合下列要求：

（1）线路垂直方向上，满足下列公式：

$$D = 0.4 \times \beta \times I \quad (38-71)$$

$$\beta = \Delta I / I \quad (38-72)$$

式中 D —— 高压直流输电线路与地磁观测点观测仪器的最小距离，km；

I —— 高压直流输电线路的额定电流，A；

ΔI —— 高压直流输电线路上允许的最大不平衡电流，A；

β —— 高压直流输电线路上允许的最大不平衡电流 ΔI 对额定电流 I 的比值。

（2）在接地极附近，高压直流输电线路接地极与地磁观测点观测仪器的最小距离，应符合下式：

$$D_1 = (0.4 \times \beta \times I) / 2 \quad (38-73)$$

式中 D_1 —— 高压直流输电线路接地极与地磁观测点观测仪器的最小距离，km。

由此看出，高压直流输电线路上允许的最大不平衡电流 ΔI，在高压直流输电线路与地磁台地磁观测点的安全隔距的控制中，起到十分重要的作用，所以合理限制高压直流输电线路上允许的最大不平衡电流，对高压直流输电线路路径选择有重要的积极意义。

三、无线电干扰防护措施

（一）在直流输电线路方面

（1）合理选择导线分裂数、子导线尺寸及布置方式，控制和降低导线表面电场强度，并合理选择铁塔的呼高和档距，限制和降低输电线路的无源干扰。其中适当增加导线的分裂数是降低电晕强度的有效措施。

（2）架空直流输电线路尽量从无线电台（站）的非主要收发方向侧通过。

（3）改变架空直流输电线路架设方式，如采用高压电缆埋地等。

（二）在无线电台（站）方面

（1）改善或增加接收天线，采用方向性强，增益高，鉴别度好的天线，并合理调整天线方向，使直流输电线路对其的无线电干扰降到最低。

（2）无线电台（站）加大发射功率，提高接收信杂比，在可行的情况下提高工作频率。

（3）采用抗干扰能力强的传送方式和通信手段。例如接收信号端采用传输频率较高的微波传输形式和通信光纤的传输形式等。

（4）无线电台（站）将接收或发射天线在条件允许的情况下，移动到更高和更有利的位置。

（5）无线电台（站）搬迁。

参考文献

[1] 陆家榆，鞠勇，庞廷智. ±800kV 直流输电线路对电信线路影响研究[J]. 中国电力，2007，40（4）：20-23.

[2] 郑劲，张小武，孙中明，李书芳. 特高压直流输电工程的谐波限制标准及滤波器的设计[J]. 电网技术，2007，13（31）：1-6.

[3] 张小武，郑劲，李妮，邬雄. 直流输电工程等效干扰电流限值的研究[J]. 武汉大学学报（工学版），2010，2（43）：253-256.

[4] 陈东，张凌，熊万洲. 特高压直流滤波器滤波标准初步研究[J]. 高电压技术，2006，32（9）：125-128.

[5] 熊万洲. ±800kV 直流输电等效干扰电流指标分析[J]. 电网技术，2008，2（32）：81-84.

[6] 熊万洲. 公众电话杂音允许值与±800kV 输电工程中的协调[J]. 电网与水力发电进展，2008，6（24）：41-44.

[7] 周皓静，刘红杰. 现行标准对通信音频干扰限值的规定[J]. 电信工程技术与标准化，2007，10：44-47.

第三十九章

直流线路杆塔设计

第一节 导 线 布 置

直流线路导线布置需要综合考虑电磁环境、绝缘子金具串型式、绝缘配合、防雷保护、覆冰条件下导地线水平偏移等因素。单回双极直流线路常用的导线布置型式主要有水平布置、垂直布置；同塔双回直流线路常用的导线布置型式为上下两层布置。

一、单回直流线路导线布置

（一）导线水平布置

直流线路大部分为单回双极架设，正负两极导线布置在杆塔两侧，一般直线塔两侧极导线通常呈水平对称布置。

图 39-1、图 39-2 分别为 ±500kV 和 ±800kV 直流线路工程导线水平布置的典型杆塔。

（二）导线垂直布置

双极架设的直流输电线路在路径拥挤地区可采用导线垂直布置的杆塔。与导线水平布置的杆塔相比，这种布置方式可缩小走廊宽度，减少房屋拆迁量，降低工程造价。

±800kV 直流线路导线垂直布置的典型杆塔如图 39-3 所示。

二、同塔双回直流线路导线布置

一般情况下，同塔双回直流线路导线布置方式主要有两种：上下两层布置和单层水平布置。

为了节约线路走廊资源，一般采用上下两层、每层两极的布置方式。荆—泾直流工程和牛—从直流工程均采用这种布置方式。±500kV 同塔双回直流线路典型杆塔如图 39-4。

对于导线上下两层布置的同塔双回直流线路，导线极性排列方式需综合考虑电磁环境、防雷性能及运行维护等因素。

三、导线的线间距离

（1）水平线间距离宜按式（39-1）计算：

$$D = k_i L_k + \frac{\sqrt{2}U}{110} + k_f \sqrt{f_c} + A \qquad (39-1)$$

式中 k_i ——悬垂绝缘子串系数，可按表 39-1 的规定确定；

D ——导线水平极间距离，m；

L_k ——悬垂绝缘子串长度，m；

U ——系统标称电压，kV；

f_c ——导线最大弧垂，m；

k_f ——系数，1000m 以下档距取 0.65，1000～2000m 取 0.8～1.0；

A ——增大系数，对于 15mm 及以下覆冰，$A=0$；20～30mm 覆冰，$A=0.5$；40mm 及以上覆冰，$A=1.0$m。

表 39-1 悬垂绝缘子串系数

悬垂串形式	I—I 串	I—V 串	V—V 串
k_i	0.4	0.4	0

（2）导线垂直排列的垂直线间距离，宜采用式（39-1）计算结果的 75%。

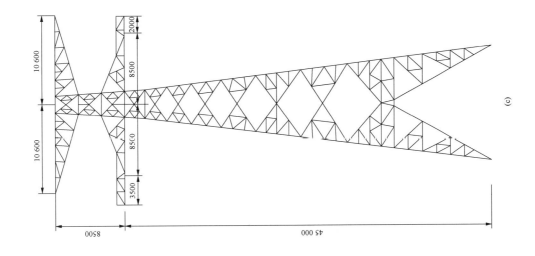

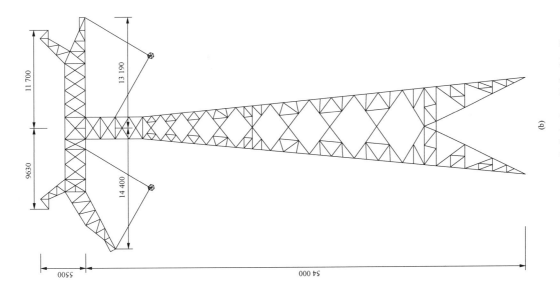

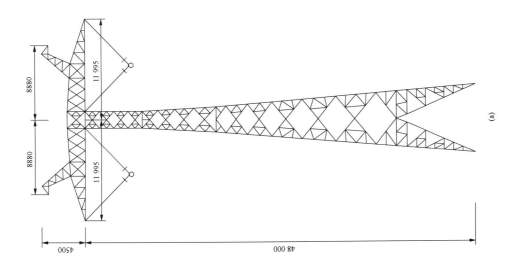

图 39-1 ±500kV 直流线路工程典型杆塔
(a) 直线塔; (b) 直线转角塔; (c) 耐张塔

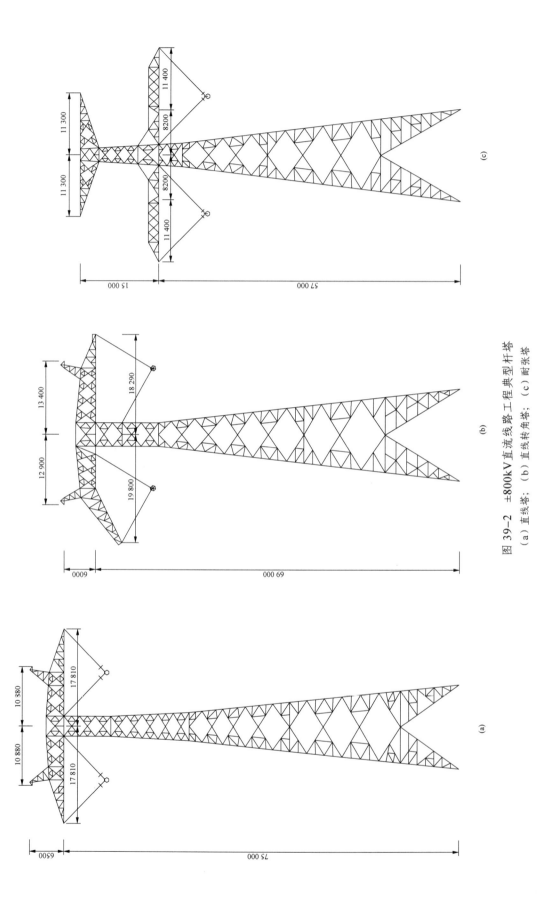

图 39-2　±800kV 直流线路工程典型杆塔
(a) 直线塔；(b) 直线转角塔；(c) 耐张塔

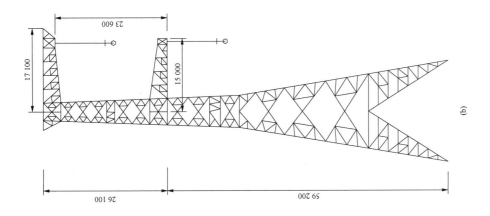

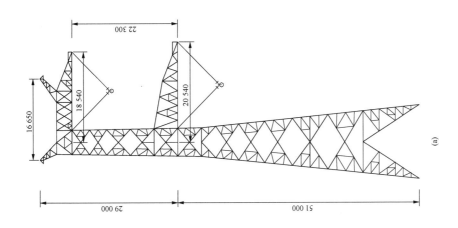

图 39-3　±800kV 直流线路典型的 F 型塔
（a）直线塔；（b）耐张塔

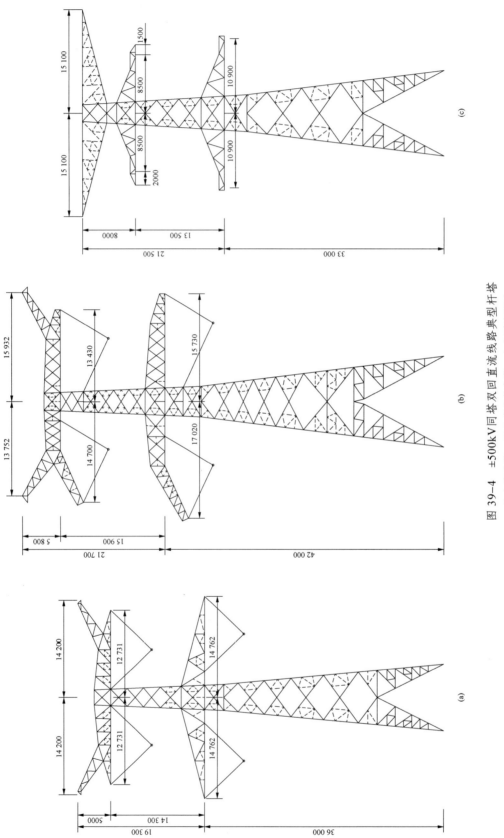

图 39-4 ±500kV同塔双回直流线路典型杆塔图
(a) 直线塔; (b) 直线转角塔; (c) 耐耐张塔图

第二节　杆　塔　型　式

杆塔型式的选择主要取决于电压等级、回路数、地形地质情况及使用条件等。根据结构型式和受力特点，直流线路铁塔可分为拉线塔和自立式铁塔两大类，常用的是极导线呈水平对称布置的自立式铁塔。

一、拉线塔

拉线塔一般由塔头、主柱、拉线三部分组成，一般只适用于直线塔。拉线塔塔型简洁、施工方便、塔重较轻，工程造价低，主要适用于荒漠、戈壁等走廊开阔的平坦地区。拉线塔的缺点是占地范围大，塔位场地的选择受限制，且拉线的防松、防盗等问题对运行维护要求较高。

直流线路拉线塔可设计成单柱式拉线塔、悬索拉线塔等型式。单柱式拉线塔曾在±500kV直流线路工程中广泛使用。悬索拉线塔比单柱式拉线塔更轻，在国外开阔地区超高压线路中有过应用，但国内尚无使用经验。

直流线路单柱式拉线塔的极导线一般为水平布置，见图39-5。其绝缘子串可采用V型串或I型串两种型式。对于直流线路悬索拉线塔，根据其绝缘子串型式可分为I串悬索拉线塔和V串悬索拉线塔等，见图39-6。

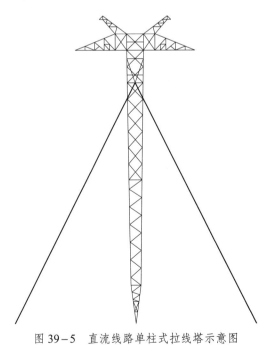

图39-5　直流线路单柱式拉线塔示意图

二、自立式铁塔

与拉线塔相比，自立式铁塔具有占地少，施工、运行维护方便等优点。国内直流线路大多采用自立式铁塔。

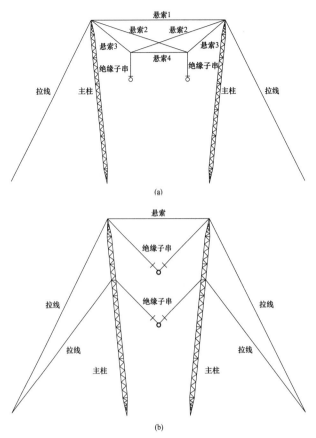

图39-6　直流线路悬索拉线塔示意图

（a）I串悬索拉线塔；（b）V串悬索拉线塔

（一）直线塔

1. 导线水平布置

导线水平布置的单回（双极）直流线路自立式直线塔可分为干字型、门型、三柱组合式和单极酒杯组合式等型式，见图39-7。

干字型塔是国内外最常用的塔型，其型式简洁、传力清楚、塔重较轻、基础费用少、运行维护方便。干字型塔绝缘子串悬挂方式一般有I型串和V型串两种型式。

门型塔可以缩小极间距，减小扭矩。该塔型横担跨度一般较大，可能存在变形问题。门型塔通常采用V型绝缘子串。

三柱组合式塔的变形问题较小，但其在钢材耗量、基础混凝土耗量及占地面积方面不具优势。该塔型需采用V型绝缘子串。

单极酒杯组合式塔中每个单极塔均为独立运行的杆塔，塔位选择灵活，基础作用力和受地表变形影响均较小，适用于岩溶区及采动影响区。该塔型一般采用V型绝缘子串。

2. 导线垂直布置

导线垂直布置的单回（双极）直流线路自立式直线塔可分为F型塔、Z型塔和猫头型垂直布置塔，见图39-8。

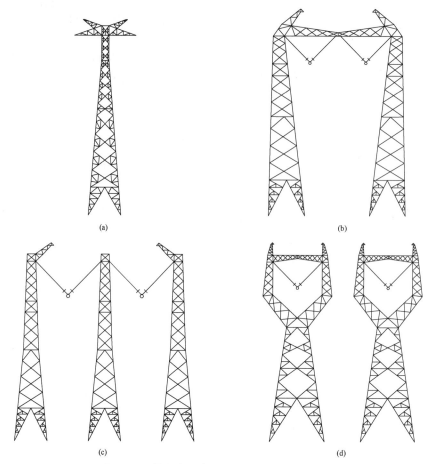

图 39-7　导线水平布置的自立式直线塔示意图

（a）干字型；（b）门型；（c）三柱组合式；（d）单极酒杯组合式

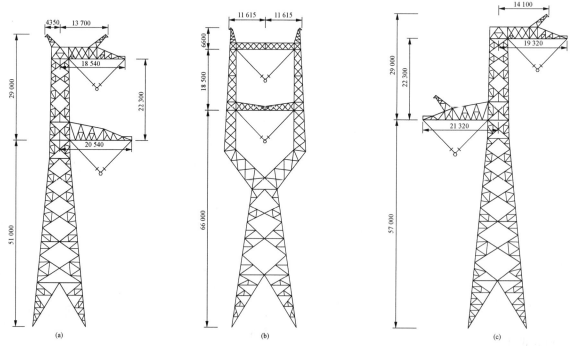

图 39-8　导线垂直布置的自立式直线塔

（a）F 型塔；（b）猫头型垂直布置塔；（c）Z 型塔

在走廊拥挤地段可使用 F 型杆塔或猫头型垂直布置塔。

山区坡度较大时可采用 Z 型塔。Z 型塔实际上是由水平布置干字型塔改造而来，将一侧的极导线横担抬高，定位时高抬的横担置于高边坡侧，降低杆塔呼高，节约工程投资。

（二）直线转角塔

与交流线路一样，直流线路常采用直线小转角塔改变

线路走向，以避让房屋和其他设施。同耐张塔相比，其基础混凝土及铁塔钢材耗量较小，且由于不采用耐张绝缘子串，大大减少了绝缘子使用数量，降低了工程投资。对于采用 V 串的直流线路，直线转角塔一般采用 L 串，见图 39－9。

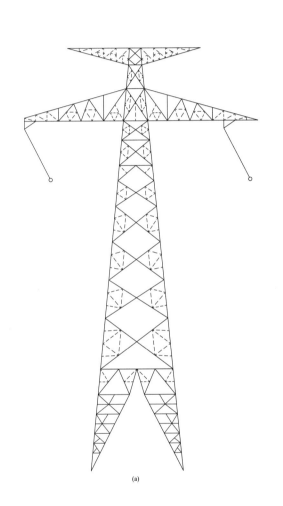

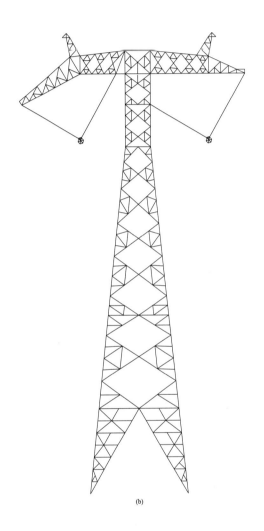

（a）
（b）

图 39－9　自立式直线转角塔示意图

（a）使用 I 串的直线转角塔；（b）使用 L 串的直线转角塔

（三）耐张塔

单回双极直流线路自立式耐张塔一般采用导线水平布置的干字型塔，具有结构简单、受力清晰、占用走廊窄、施工安装和运行方便等优点。

±500kV 直流线路耐张塔多采用软跳线。随着直流电压等级的提高，耐张串和跳线串越来越长，采用软跳线会导致塔高增加、横担加长，经济性较差。故±660kV 及以上电压等级的直流线路耐张塔多采用刚性跳线。

跳线绝缘子串有 I 型和 V 型两种型式。±500kV 直流线路跳线串多采用 I 型串；对于±660kV 及以上电压等级直流线路，跳线串一般采用 V 型串，见图 39－10。

（四）极导线与接地极线路同塔架设杆塔

近年来，为提高走廊利用效率，减少走廊清理费用，部分工程中将直流线路和接地极线路同塔架设，其塔型如图 39－11 所示。

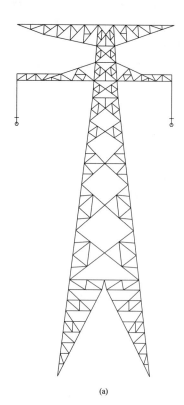
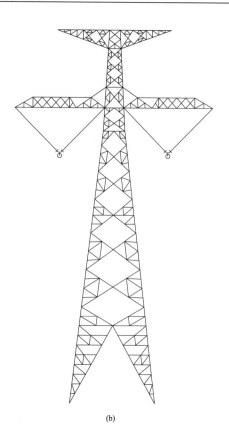

(a)　　　　　　　　　　　　　　　(b)

图 39-10　导线水平布置的自立式耐张塔示意图

（a）采用 I 型跳线串；（b）采用 V 型跳线串

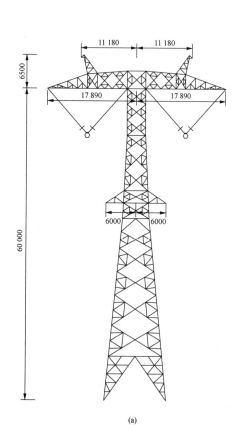
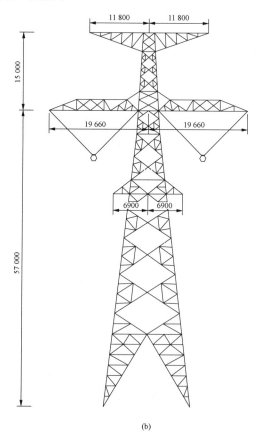

(a)　　　　　　　　　　　　　　　(b)

图 39-11　极导线与接地极线路同塔架设杆塔

（a）直线塔；（b）耐张塔

第三节 杆 塔 荷 载

杆塔荷载按其值随时间变化的规律可分为永久荷载和可变荷载。

永久荷载：导线及地线、绝缘子及其附件、杆塔结构、各种固定设备等的重力荷载；拉线或纤绳的初始张力、预应力等荷载。

可变荷载：风和冰（雪）荷载；导线、地线及拉线的张力；安装检修的各种附加荷载；结构变形引起的次生荷载以及各种振动动力荷载；温度作用和地震作用等。

杆塔荷载按作用方向一般可分解为横向荷载、纵向荷载和垂直荷载。

一、杆塔荷载组合

各类杆塔均应计算线路正常运行情况、断线（或纵向不平衡张力）情况、不均匀覆冰情况和安装情况下的荷载组合，必要时应验算地震等稀有情况下的荷载组合。

（一）正常运行情况

正常运行情况应计算下列荷载组合：

（1）基本风速、无冰、未断线（包括最小垂直荷载和最大水平荷载组合）。

悬垂型杆塔应计算与线路方向成0°、45°（或60°）及90°风向；一般耐张塔应计算90°和45°两种风向；对于终端杆塔，除计算90°和45°两种风向外，还应计算0°风方向；对于悬垂转角杆塔和小角度耐张杆塔，还应考虑与导、地线张力的横向分力相反的风向。

（2）设计覆冰、相应风速及气温、未断线。

（3）最低气温、无风、无冰、未断线（适用于终端和转角杆塔）。

（二）断线情况

断线情况指断地线、断导线（或分裂导线有纵向不平衡张力）的事故情况，断线情况应按－5℃、有冰、无风的气象条件，计算下列荷载组合：

（1）单回路悬垂型杆塔：任意一极导线有纵向不平衡张力，地线未断；断任意一根地线，导线未断。

（2）双回路悬垂型杆塔：同一档内，任意两极导线有纵向不平衡张力；同一档内，断一根地线和任意一极导线有纵向不平衡张力。

（3）单回路耐张型杆塔：同一档内，断任意一根地线和任意一极导线有纵向不平衡张力。

（4）双回路耐张型杆塔：同一档内，任意两极导线有纵向不平衡张力；同一档内，断一根地线和任意一极导线有纵向不平衡张力。

（三）不均匀覆冰情况

不均匀覆冰情况指在覆冰不均匀条件下，导、地线产生纵向不平衡张力，此时未断线。各类杆塔不均匀覆冰的不平衡张力应按－5℃、10m/s风速的气象条件计算下列荷载组合：

（1）10mm冰区：所有导、地线同时同向有不均匀覆冰的不平衡张力，即杆塔不均匀覆冰受弯。

（2）重覆冰区：所有导、地线同时同向有不均匀覆冰的不平衡张力，即杆塔不均匀覆冰受弯；所有导、地线同时不同向有不均匀覆冰的不平衡张力，即杆塔不均匀覆冰受扭。

（四）安装情况

安装情况指导、地线架设时的吊装、锚线或紧线情况，应计算10m/s风速、无冰、相应气温气象条件下的荷载组合。导、地线的架设次序，一般考虑自上而下地逐极（根）架设。对于双回路杆塔，应按实际需要，考虑是否分期架设的情况。终端杆塔应考虑换流站侧导、地线已架设或未架设的情况。

1. 悬垂型杆塔的安装情况

（1）一根地线进行吊装或锚线作业，另一根地线未架设或已架设，导线未架设。

（2）一极导线进行吊装或锚线作业，其余导线未架设或已架设，地线已架设。

2. 耐张型杆塔的安装情况

（1）锚塔：锚地线时，相邻档内的导线及地线均未架设；锚导线时，在同档内的地线已架设。

（2）紧线塔：紧地线时，相邻档内的地线已架设或未架设，同档内的导线均未架设；紧导线时，同档内的地线已架设，相邻档内的导线和地线已架设或未架设。

（五）验算情况

验算情况一般包括地震、稀有覆冰、脱冰跳跃等。

（1）位于基本地震烈度为九度及以上地区的各类杆塔均应进行抗震验算。验算条件：有风（风荷载为最大设计值的30%）、无冰、未断线。

（2）各类杆塔的验算覆冰荷载情况，按验算冰厚、－5℃、10m/s风速，所有导、地线同时同向有不平衡张力。

（3）重覆冰线路垂直档距与水平档距之比（垂直档距系数）小于0.8的杆塔，应按导、地线脱冰跳跃和不均匀覆冰时产生的上拔力校验导线横担和地线支架，导线上拔力可取最大使用张力的5%～10%，地线上拔力可取最大使用张力的5%。相邻塔位高差较大时，还应校验耐张型杆塔横担受扭情况。

二、杆塔导、地线荷载

作用杆塔上的荷载均可以按荷载的方向分解为横向荷载、纵向荷载和垂直荷载，其中横向荷载主要是风荷载和导、地线的张力在横向上的分量，纵向荷载主要是风荷载和导、地线的张力在纵向上的分量，垂直荷载主要是杆塔自重，导线及地线、绝缘子及金具和各种固定设备等的重力荷载。在这些荷载中，起主要作用的是导、地线荷载和杆塔风荷载。

（一）导线及地线线条风荷载

（1）风向与导、地线方向成夹角时，导线、地线风载在垂直和顺线条方向的分量按表39－2选用。

表39－2 角度风作用时线条风荷载分配表

风向角 θ（°）	线条风荷载		角度风作用示意图
	X	Y	
0	0	$0.25W_x$	
45	$0.5W_x$	$0.15W_x$	
60	$0.75W_x$	0	
90	W_x	0	

注 1. X、Y分别为垂直和顺导、地线方向风荷载的分量。

2. W_x 为风垂直于导、地线方向吹时，导、地线风荷载标准值，按式（39－2）计算。

（2）导线及地线风荷载的标准值，应按式（39－2）计算：

$$W_x = \alpha W_0 \mu_z \mu_{sc} \beta_c d L_p B_1 \sin^2 \theta \quad (39-2)$$

$$W_0 = V^2 / 1600 \quad (39-3)$$

式中 W_x ——垂直于导线及地线方向的水平风荷载标准值，kN；

α ——风压不均匀系数，应根据设计基本风速，按表39－3确定；

μ_z ——风压高度变化系数，基准高度为10m的风压高度变化系数，按表39－4确定；

μ_{sc} ——导线或地线的体型系数：线径小于17mm或覆冰时（不论线径大小），$\mu_{sc}=1.2$；线径大于或等于17mm，$\mu_{sc}=1.1$；

β_c ——导线及地线风荷载调整系数，仅用于计算作用于杆塔上的导线及地线风荷载（不适用于导线

及地线张力弧垂计算和风偏角计算），β_c 按表39－3确定；

d ——导线或地线的外径，或覆冰时的计算外径；分裂导线取所有子导线外径的总和，m；

L_p ——杆塔的水平档距，m；

B_1 ——导、地线及绝缘子串覆冰风荷载增大系数，5mm冰区取1.1，10mm冰区取1.2，15mm冰区取1.3，20mm及以上冰区取1.5～2.0；

θ ——风向与导线或地线方向之间的夹角，°；

W_0 ——基准风压标准值（根据贝努利公式 $W_0 = \frac{1}{2}\rho V^2$，标准空气密度 $\rho \approx 1.25 \times 10^{-3} \text{t/m}^3$，得出统一公式：$W_0 = V^2 / 1600$），kN/m²；

V ——基准高度为10m的风速，m/s。

表39－3 风压不均匀系数 α 和导地线风载调整系数 β_c

	风速 V（m/s）	<20	20≤V<27	27≤V<31.5	≥31.5
α	杆塔荷载计算	1.00	0.85	0.75	0.70
	设计杆塔（风偏计算用）	1.00	0.75	0.61	0.61
β_c	杆塔荷载计算	1.00	1.10	1.20	1.30

注 对跳线计算，±500kV线路 α 宜取1.0，±800kV线路 α 宜取1.2。

表39－4 风压高度变化系数 μ_z（DL/T 5154—2012）

离地面或海平面高度（m）	地面粗糙度类别			
	A	B	C	D
5	1.17	1.00	0.74	0.62
10	1.38	1.00	0.74	0.62

续表

离地面或 海平面高度（m）	地面粗糙度类别			
	A	B	C	D
15	1.52	1.14	0.74	0.62
20	1.63	1.25	0.84	0.62
30	1.80	1.42	1.00	0.62
40	1.92	1.56	1.13	0.73
50	2.03	1.67	1.25	0.84
60	2.12	1.77	1.35	0.93
70	2.20	1.86	1.45	1.02
80	2.27	1.95	1.54	1.11
90	2.34	2.02	1.62	1.19
100	2.40	2.09	1.70	1.27
150	2.64	2.38	2.03	1.61
200	2.83	2.61	2.30	1.92
250	2.99	2.80	2.54	2.19
300	3.12	2.97	2.75	2.45
350	3.12	3.12	2.94	2.68
400	3.12	3.12	3.12	2.91
≥450	3.12	3.12	3.12	3.12

注　地面粗糙度类别 A 类指近海面和海岛、海岸、湖岸及沙漠地区；B 类指田野、乡村、丛林、丘陵以及房屋比较稀疏的乡镇和城市郊区；C 类指有密集建筑群的城市市区；D 类指有密集建筑群且房屋较高的城市市区。

（二）绝缘子串风荷载的标准值

绝缘子串风荷载的标准值，应按式（39-4）计算：

$$W_I = W_0 \mu_z B_1 A_I \qquad (39-4)$$

式中　W_I——绝缘子串风荷载标准值，kN；

A_I——绝缘子串承受风压面积计算值，m²。

（三）各冰区导、地线的断线张力或不平衡张力取值

（1）10mm 及以下冰区导、地线断线张力（或分裂导线纵向不平衡张力）的取值应符合表 39-5 中的导、地线最大使用张力的百分数值，垂直冰荷载取 100%设计覆冰荷载。

表 39-5　10mm 及以下冰区导、地线断线张力
（或分裂导线纵向不平衡张力）取值表（%）

地形	地线	悬垂型杆塔	耐张型杆塔
		双分裂以上导线	双分裂及以上导线
平丘	100	20	70
山地	100	25	70

（2）中冰区导、地线的断线张力（或分裂导线纵向不平衡张力）的取值应符合表 39-6 中的导、地线最大使用张力的百分数值，垂直冰荷载取 100%设计覆冰荷载。

表 39-6　中冰区导、地线断线张力
（或分裂导线纵向不平衡张力）取值表（%）

冰区 （mm）	悬垂型杆塔		耐张型杆塔	
	双分裂以上 导线	地线	双分裂及以上 导线	地线
15	35	100	70	100
20	45	100	70	100

（3）重冰区导、地线的断线张力（或分裂导线纵向不平衡张力）可按表 39-7 的覆冰率计算，垂直冰荷载取 100%设计覆冰荷载。

表 39-7　重冰区导、地线断线时
（或分裂导线纵向不平衡张力）覆冰率取值表（%）

冰区（mm）	悬垂型杆塔	耐张型杆塔
20	70	100
30	80	100
40	90	100
50	100	100

重冰区导、地线断线张力（或分裂导线纵向不平衡张力）除应按表 39-7 的覆冰率进行计算外，具体取值不应低于表 39-8 中的导、地线最大使用张力的百分数值。

表 39-8　重冰区导、地线断线张力
（或分裂导线纵向不平衡张力）取值表（%）

冰区（20mm）	悬垂型杆塔		耐张型杆塔	
	导线	地线	导线	地线
20	55	100	75	100
30	60	100	80	100
40	65	100	85	100
50	70	100	90	100

（四）各冰区不均匀覆冰情况的导、地线不平衡张力取值

（1）10mm 及以下冰区不均匀覆冰情况的导、地线不平衡张力的取值应符合表 39-9 中的导、地线最大使用张力的百分数值，垂直冰荷载取不小于 75% 设计覆冰荷载。

表 39-9　10mm 及以下冰区不均匀覆冰情况的导、
地线不平衡张力取值表（%）

悬垂型杆塔		耐张型杆塔	
导线	地线	导线	地线
10	20	30	40

（2）重覆冰区不均匀覆冰情况的导、地线不平衡张力的取值可按表 39-10 的覆冰率计算，垂直冰荷载取不小于 75% 设计覆冰荷载。

表 39-10　重覆冰区不均匀覆冰情况的导、
地线不平衡张力覆冰率取值表（%）

悬垂型杆塔		耐张型杆塔	
一侧	另一侧	一侧	另一侧
100	20	100	0

中冰区不均匀覆冰情况的导、地线不平衡张力的取值除按表 39-10 的覆冰率进行计算外，具体取值不应低于表 39-11 中的导、地线最大使用张力的百分数值。

表 39-11　中冰区不均匀覆冰的导、
地线不平衡张力取值表（%）

冰区（mm）	悬垂型杆塔		耐张型杆塔	
	导线	地线	导线	地线
15	15	25	35	45
20	20	30	40	50

重冰区不均匀覆冰情况的导、地线不平衡张力的取值除按表 39-10 的覆冰率进行计算外，具体取值不应低于表 39-12 中的导、地线最大使用张力的百分数值。

表 39-12　重冰区不均匀覆冰的导、
地线不平衡张力取值表（%）

冰区（mm）	悬垂型杆塔		耐张型杆塔	
	导线	地线	导线	地线
20	25	46	42	54
30	29	50	46	58
40	33	54	50	63
50	38	58	54	67

（五）安装时的附加荷载

安装时的附加荷载可按表 39-13 选用。

表 39-13　附加荷载标准值　　　　kN

电压（kV）	导线		地线		跳线
	悬垂型杆塔	耐张型杆塔	悬垂型杆塔	耐张型杆塔	
±500	4.0	6.0	2.0	2.0	3.0
±800	8.0	12.0	4.0	4.0	6.0

三、杆塔风荷载

在杆塔所受荷载中，杆塔风荷载所占比例较大，特别是对于全塔高度较高的直线塔而言，杆塔风荷载是其所承受的主要荷载。

（1）风向与塔面成夹角时，塔身和横担风载在塔面两垂直方向的分量，按表 39-14 选用。

表39-14 角度风作用时杆塔风荷载分配表

风向角	塔　　身		水平横担		角度风作用示意图
θ（°）	X	Y	X	Y	
0	0	W_{sb}	0	W_{sc}	
45	$K_1 \times 0.424 \times (W_{sa}+W_{sb})$	$K_1 \times 0.424 \times (W_{sa}+W_{sb})$	$0.4W_{sc}$	$0.7W_{sc}$	
60	$K_1 \times (0.747W_{sa}+0.249W_{sb})$	$K_1 \times (0.431W_{sa}+0.144W_{sb})$	$0.4W_{sc}$	$0.7W_{sc}$	
90	W_{sa}	0	$0.4W_{sc}$	0	

注 1. W_{sa}、W_{sb} 分别为风垂直于图中"a"面及"b"面吹时，塔身风荷载标准值，按式（39-5）计算。

2. W_{sc} 为风垂直于横担正面吹时，横担风荷载标准值，按式（39-5）计算。

3. K_1 为塔身风载断面形状系数：对单角钢断面或圆断面杆件组成塔架取 1.0，对组合角钢断面取 1.1。

（2）杆塔风荷载的标准值，应按下式计算：

$$W_s = W_0 \mu_z \mu_S B_2 A_s \beta_z \qquad (39-5)$$

式中 W_s ——杆塔风荷载标准值，kN；

μ_s ——构件的体型系数；

B_2 ——杆塔构件覆冰风荷载增大系数，5mm 冰区取 1.1，10mm 冰区取 1.2，15mm 冰区取 1.6，20mm 冰区取 1.8，20mm 以上冰区取 2.0～2.5；

A_s ——迎风面构件的投影面积计算值，m²；

β_z ——杆塔风荷载调整系数。

（3）构件的体型系数 μ_s 应符合下列规定：

角钢塔体型系数 μ_s 应取 $1.3(1+\eta)$，塔架背风面风载降低系数 η 应符合表 39-15 的规定，η 中间值可按线性插入法计算。

表39-15 塔架背风面风载降低系数 η

A_s/A b/a	≤0.1	0.2	0.3	0.4	0.5	>0.6
≤1	1.0	0.85	0.66	0.50	0.33	0.15
2	1.0	0.90	0.75	0.60	0.45	0.30

注 A 为塔架轮廓面积；a 为塔架迎风面宽度；b 为塔架迎风面与背风面之间距离。

钢管塔体型系数 μ_s 应按下列规定取值：① 当 $\mu_z W_0 d^2 \le 0.003$ 时，μ_s 值按角钢塔架的 μ_S 值乘 0.8 采用，d 为钢管直径，m；② 当 $\mu_z W_0 d^2 \ge 0.021$ 时，μ_s 值按角钢塔架的 μ_s 值乘 0.6 采用；③ 当 $0.003 < \mu_z W_0 d^2 < 0.021$ 时，μ_s 值按插入法计算。

当铁塔为钢管和角钢等不同类型截面组成的混合结构时，可按不同类型杆件迎风面积分别计算或按照杆塔迎风面积加权平均计算 μ_s 值。

（4）杆塔风荷载调整系数 β_z 应符合下列规定：

杆塔结构设计，当杆塔全高不超过 60m 时，杆塔风荷载调整系数 β_z 应按表 39-16 对全高采用一个系数；当杆塔全高超过 60m 时，杆塔风荷载调整系数 β_z 应按现行国家标准 GB 50009《建筑结构荷载规范》采用由下至上逐段增大的数值，但其加权平均值不应小于 1.6，对单柱拉线杆塔不应小于 1.8。

表39-16 杆塔风荷载调整系数 β_z

杆塔全高 H（m）		20	30	40	50	60
β_z	单柱拉线杆塔	1.0	1.4	1.6	1.7	1.8
	其他杆塔	1.0	1.25	1.35	1.5	1.6

注 1. 中间值按插入法计算。

2. 对自立式杆塔，表中数值适用于高度与根开之比为 4～6。

第四节 杆塔材料

一、杆塔材料的使用原则及要求

直流架空输电线路杆塔一般采用钢结构，如自立式铁塔或拉线塔，也有特殊杆塔采用混凝土、钢管混凝土和玻璃纤维增强树脂（也称玻璃钢，glass fiber reinforced plastic，GFRP）等结构。

（一）钢材

钢结构自立式铁塔主要采用角钢和钢管两种，而拉线塔主要采用角钢。钢材的材质应根据结构的重要性、结构形式、连接方式、钢材厚度和结构所处的环境及气温条件等进行合理选择。钢材强度等级宜采用 Q235、Q345、Q390 和 Q420，有条件时也可采用 Q460 及更高等级。钢材的质量应符合现行国家标准 GB/T 700《碳素结构钢》和 GB/T 1591《低合金高强度结构钢》的规定。

1. 钢材质量等级要求

钢材的质量等级分为 A、B、C、D、E 五个等级，A 级钢只保证抗拉强度、屈服点、伸长率，必要时也可附加冷弯试验的要求，对化学成分碳、锰含量可以不作为交货条件；B、C、D、E 级钢均应保证抗拉强度、屈服点、伸长率、冷弯和冲击韧性（对应温度分别为+20℃、0℃、−20℃、−40℃）等力学性能。直流输电线路中通常根据杆塔工作温度选择钢材质量等级，一般要求杆塔结构钢材均不得低于 B 级钢的质量要求。

2. 厚度对钢材的影响

杆塔结构钢材一般为热轧钢材，经过轧制后，钢材内部的非金属夹杂物被压成薄片，出现分层现象，使钢材沿厚度方向受拉的性能恶化，并且有可能在焊缝收缩时出现层间撕裂。当采用 40mm 及以上厚度的钢板焊接时，应采取防止钢材层状撕裂的措施。

3. 高强钢的使用

高强钢具有强度高、承载能力强的特点，采用高强钢可以提高构件的承载力，减少组合角钢的使用，简化结构构造。常见的高强钢有 Q390、Q420 和 Q460。

受压构件规格选择要考虑稳定和强度两个方面，而受压构件的稳定系数与构件长细比和屈服强度有关。一般角钢受压构件，长细比 λ 小于 40 时使用高强钢，可使构件承载力大幅提高；长细比 λ 在 40～80 之间时使用高强钢有一定优势。

4. 钢材的连接

钢材的连接主要分为螺栓连接和焊缝连接两种，通常尽可能采用螺栓连接，方便构件的安装和更换。

（1）螺栓连接，一般采用 4.8 级、5.8 级、6.8 级和 8.8 级热浸镀锌螺栓，有条件时也可采用 10.9 级螺栓，其材质和机械特性应符合现行国家标准 GB/T 3098.1《紧固件机械性能 螺栓、螺钉和螺柱》和 GB/T 3098.2《紧固件机械性能 螺母 粗牙螺纹》的有关规定，也可参考电力行业标准 DL/T 284《输电线路杆塔及电力金具用热浸镀锌螺栓与螺母》。

（2）焊缝连接，应根据连接部位的重要性以及被连接构件的受力特性确定焊缝质量等级，其技术要求和检验质量标准，应符合 GB 50661《钢结构焊接规范》和 GB 50205《钢结构工程施工质量验收规范》中有关焊接部分的相关规定。

焊条、焊丝和相应的焊剂选择应与主体金属力学性能相适应，当不同强度的钢材连接时，可采用与低强度钢材相适应的焊接材料。

（二）钢筋混凝土及钢管混凝土

钢筋混凝土一般用于大跨越杆塔，其优点是用钢量少、结构刚度大；缺点是自重及塔身风荷载大、基础混凝土量大、施工难度大、施工周期长，塔身容易受温差应力应变作用而开裂。20 世纪 90 年代以来的超高压和特高压线路工程几乎未采用。钢管混凝土采用钢管构件内灌注混凝土的方法，充分发挥混凝土的抗压性能和钢管的抗拉性能，适用于超大荷载的大跨越杆塔，缺点是杆塔自重大、计算复杂、施工难度大，应用较少。大跨越杆塔一般多采用钢管或组合角钢。

（三）GFRP

GFRP 作为一种新型环保复合材料，具有轻质高强、电绝缘性能好、耐腐蚀、易维护等优点，越来越被工程界所重视，正逐步取代木材及金属合金，国内、外在低电压、小荷载输电线路工程中已经有了一定程度的应用，如 GFRP 单管杆和 GFRP 横担杆塔等。由于 GFRP 弹性模量较低、节点连接困难的问题，一定程度上限制了其在输电线路工程中的应用。

二、常用材料性能参数（GB 50545—2010、GB 50790—2013、DL/T 5154—2012、GB 50017—2003、GB 50010—2010、DL/T 5485—2013、YB/T 5004—2012）

（一）钢材、螺栓和锚栓的强度设计值

表 39–17　钢材、螺栓和锚栓的强度设计值　　　　　　　　　　　N/mm²

材料	类别	厚度或直径（mm）	抗拉	抗压和抗弯	抗剪	孔壁承压
钢材	Q235	≤16	215	215	125	370
		>16～40	205	205	120	
		>40～60	200	200	115	
		>60～100	190	190	110	
	Q345	≤16	310	310	180	510
		>16～35	295	295	170	490

续表

材料	类别	厚度或直径（mm）	抗拉	抗压和抗弯	抗剪	孔壁承压
钢材	Q345	>35~50	265	265	155	440
		>50~100	250	250	145	415
	Q390	≤16	350	350	205	530
		>16~35	335	335	190	510
		>35~50	315	315	180	480
		>50~100	295	295	170	450
	Q420	≤16	380	380	220	560
		>16~35	360	360	210	535
		>35~50	340	340	195	510
		>50~100	325	325	185	480
	Q460	≤16	415	415	240	595
		>16~35	395	395	230	575
		>35~50	380	380	220	560
		>50~100	360	360	210	535
镀锌粗制螺栓（C级）	4.8 级	标称直径 D≤39	200	—	170	螺杆承压 420
	5.8 级	标称直径 D≤39	240	—	210	520
	6.8 级	标称直径 D≤39	300	—	240	600
	8.8 级	标称直径 D≤39	400	—	300	800
	10.9 级	标称直径 D≤39	500	—	380	900
锚栓	Q235 钢	外径≥16	160	—	—	—
	Q345 钢	外径≥16	205	—	—	—
	35 号优质碳素钢	外径≥16	190	—	—	—
	45 号优质碳素钢	外径≥16	215	—	—	—
	40Cr 合金结构钢	外径≥16	260	—	—	—
	42CrMo 合金结构钢	外径≥16	310	—	—	—

注 1. 8.8 级及以上高强度螺栓应具有 A 类（塑性性能）和 B 类（强度）试验项目的合格证明。

2. 40Cr 合金结构钢、42CrMo 合金结构钢抗拉强度为热处理后的强度，热处理后的材料机械性能应能满足现行国家标准 GB/T 3077《合金结构钢》的要求。

3. 孔壁承压强度适用于构件上螺栓端距大于等于 1.5 倍螺栓直径的情况。

（二）钢材（型钢）物理性能指标

表 39－18　钢材（型钢）物理性能指标

弹性横量 E（N/mm²）	剪变模量 G（N/mm²）	线膨胀系数 α（以每℃计）	质量密度 ρ（kg/m³）
206×10³	79×10³	12×10⁻⁶	7850

（三）焊缝强度设计值

表 39－19　焊 缝 强 度 设 计 值

N/mm²

焊接方法和焊条型号	构件钢材		对接焊缝				角焊缝
	牌号	厚度或直径（mm）	抗压 f_c^w	焊缝质量为下列等级时，抗拉 f_t^w		抗剪 f_v^w	抗拉、抗压和抗剪 f_f^w
				一级、二级	三级		
自动焊、半自动焊和 E43 型焊条的手工焊	Q235	≤16	215	215	185	125	160
		>16～40	205	205	175	120	
		>40～60	200	200	170	115	
		>60～100	190	190	160	110	
自动焊、半自动焊和 E50 型焊条的手工焊	Q345	≤16	310	310	265	180	200
		>16～35	295	295	250	170	
		>35～50	265	265	225	155	
		>50～100	250	250	210	145	
自动焊、半自动焊和 E55 型焊条的手工焊	Q390	≤16	350	350	300	205	220
		>16～35	335	335	285	190	
		>35～50	315	315	270	180	
		>50～100	295	295	250	170	
	Q420	≤16	380	380	320	220	220
		>16～35	360	360	305	210	
		>35～50	340	340	290	195	
		>50～100	325	325	275	185	
自动焊、半自动焊和 E60 型焊条的手工焊	Q460	≤16	415	415	350	240	240
		>16～35	395	395	335	230	
		>35～50	380	380	320	220	
		>50～100	360	360	305	210	

注　1. 自动焊和半自动焊所采用的焊丝和焊剂，应保证其熔敷金属的力学性能不低于现行国家标准 GB/T 5293《埋弧焊用碳钢焊丝和焊剂》和 GB/T 12470《低合金钢埋弧焊用焊剂》中相关的规定。

　　2. 焊缝质量等级应符合现行国家标准 GB 50205《钢结构工程施工质量验收规范》的规定。其中厚度小于 8mm 钢材的对接焊缝，不应采用超声波探伤确定焊缝质量等级。

　　3. 对接焊缝在受压区的抗弯强度设计值取 f_c^w，在受拉区的抗弯强度设计值取 f_t^w。

　　4. 表中厚度系指计算点的钢材厚度，对轴心受拉和受压构件系指截面中较厚板件的厚度。

（四）镀锌钢绞线强度设计值

表 39-20　镀锌钢绞线强度设计值　　　　　　　　　　　　　　　　　　　　N/mm²

股数	热镀锌钢丝抗拉强度标准值					
	1175	1270	1370	1470	1570	1670
	整根钢绞线抗拉强度设计值 f_g					
7 股	690	745	800	860	920	980
19 股	670	720	780	840	900	950
37 股	635	690	740	790	850	900

注　1. 整根钢绞线的抗拉承载力设计值等于总截面与 f_g 的乘积。
　　2. 强度设计值 f_g 中已考虑了材料分项系数 1.57，并计入了换算系数：7 股 0.92，19 股 0.90，37 股 0.85。

（五）混凝土轴心抗压、轴心抗拉强度标准值、设计值和弹性模量

表 39-21　混 凝 土 强 度 标 准 值　　　　　　　　　　　　　　　　　　　　N/mm²

强度种类	混凝土强度等级													
	C15	C20	C25	C30	C35	C40	C45	C50	C55	C60	C65	C70	C75	C80
轴心抗压 f_{ck}	10.0	13.4	16.7	20.1	23.4	26.8	29.6	32.4	35.5	38.5	41.5	44.5	47.4	50.2
轴心抗拉 f_{tk}	1.27	1.54	1.78	2.01	2.20	2.39	2.51	2.64	2.74	2.85	2.93	2.99	3.05	3.11

表 39-22　混 凝 土 强 度 设 计 值　　　　　　　　　　　　　　　　　　　　N/mm²

强度种类	混凝土强度等级													
	C15	C20	C25	C30	C35	C40	C45	C50	C55	C60	C65	C70	C75	C80
轴心抗压 f_c	7.2	9.6	11.9	14.3	16.7	19.1	21.1	23.1	25.3	27.5	29.7	31.8	33.8	35.9
轴心抗拉 f_t	0.91	1.10	1.27	1.43	1.57	1.71	1.80	1.89	1.96	2.04	2.09	2.14	2.18	2.22

表 39-23　混凝土弹性模量　　　　　　　　　　　　　　　　　　　　　　　×10⁴N/mm²

混凝土强度等级	C15	C20	C25	C30	C35	C40	C45	C50	C55	C60	C65	C70	C75	C80
E_c	2.20	2.55	2.80	3.00	3.15	3.25	3.35	3.45	3.55	3.60	3.65	3.70	3.75	3.80

（六）普通钢筋的强度标准值、设计值和弹性模量

表 39-24　普通钢筋强度标准值　　　　　N/mm²

牌号	公称直径 d（mm）	屈服强度标准值 f_{yk}	极限强度标准值 f_{stk}
HPB300	6～14	300	420
HRB335	6～14	335	455
HRB400、HRBF400、RRB400	6～50	400	540
HRB500、HRBF500	6～50	500	630

表 39-25　普通钢筋强度设计值　　　　　　N/mm²

牌号	抗拉强度设计值 f_y	抗压强度设计值 f_y'
HPB300	270	270
HRB335	300	300
HRB400、HRBF400、RRB400	360	360
HRB500、HRBF500	435	435

表 39-26　钢筋弹性模量　　×10⁵N/mm²

牌　号	E_s
HPB300	2.10
HRB335、HRB400、HRB500 HRBF400、HRBF500 RRB400	2.00

三、常用型材的设计参数

（一）等边角钢

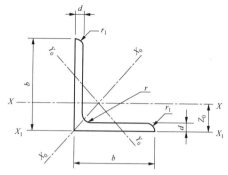

图 39-12　等边角钢截面图

注　d——肢厚度；b——肢宽度；r——内圆弧半径；r_1——边端圆弧半径；Z_0——重心距离；i_x——绕平行轴 X 的回转半径；i_{y0}——绕最小轴 Y_0 的回转半径；i_{x0}——绕对称轴 X_0 的回转半径；$W_{x\min}$——绕 X 轴的最小截面抵抗矩

表 39-27　常用等边角钢截面尺寸、截面面积及截面特性

规格	b（mm）	d（mm）	截面面积（cm²）	i_x（cm）	i_{y0}（cm）	i_{x0}（cm）	$W_{x\min}$（cm³）	r（mm）	Z_0（cm）
L40×3	40	3.0	2.359	1.23	0.79	1.55	1.23	5.00	1.09
L40×4	40	4.0	3.086	1.22	0.79	1.54	1.60	5.00	1.13
L45×4	45	4.0	3.486	1.38	0.89	1.74	2.05	5.00	1.26
L45×5	45	5.0	4.292	1.37	0.88	1.72	2.51	5.00	1.30
L50×4	50	4.0	3.897	1.54	0.99	1.94	2.56	5.50	1.38
L50×5	50	5.0	4.803	1.53	0.98	1.92	3.13	5.50	1.42
L56×4	56	4.0	4.390	1.73	1.11	2.18	3.24	6.00	1.53
L56×5	56	5.0	5.415	1.72	1.10	2.17	3.97	6.00	1.57
L63×4	63	4.0	4.978	1.96	1.26	2.46	4.13	7.00	1.70
L63×5	63	5.0	6.143	1.94	1.25	2.45	5.08	7.00	1.74
L70×5	70	5.0	6.875	2.16	1.39	2.73	6.32	8.00	1.91
L70×6	70	6.0	8.160	2.15	1.38	2.71	7.48	8.00	1.95
L75×5	75	5.0	7.412	2.33	1.50	2.92	7.32	9.00	2.04
L75×6	75	6.0	8.797	2.31	1.49	2.90	8.64	9.00	2.07
L80×6	80	6.0	9.397	2.47	1.59	3.11	9.87	9.00	2.19
L80×7	80	7.0	10.860	2.46	1.58	3.10	11.37	9.00	2.23
L90×7	90	7.0	12.301	2.78	1.78	3.50	14.54	10.00	2.48
L90×8	90	8.0	13.944	2.76	1.78	3.48	16.42	10.00	2.52
L90×10	90	10.0	17.167	2.74	1.76	3.45	20.07	10.00	2.59
L100×7	100	7.0	13.796	3.09	1.99	3.89	18.10	12.00	2.71
L100×8	100	8.0	15.638	3.08	1.98	3.88	20.47	12.00	2.76
L100×10	100	10.0	19.261	3.05	1.96	3.84	25.06	12.00	2.84
L110×8	110	8.0	17.238	3.40	2.19	4.28	24.95	12.00	3.01
L110×10	110	10.0	21.261	3.38	2.17	4.25	30.60	12.00	3.09

规格	b（mm）	d（mm）	截面面积（cm²）	i_x（cm）	i_{y0}（cm）	i_{x0}（cm）	W_{xmin}（cm³）	r（mm）	Z_0（cm）
L110×12	110	12.0	25.200	3.35	2.15	4.22	36.05	12.00	3.16
L125×8	125	8.0	19.750	3.88	2.50	4.88	32.52	14.00	3.37
L125×10	125	10.0	24.373	3.85	2.48	4.85	39.97	14.00	3.45
L125×12	125	12.0	28.912	3.83	2.46	4.82	47.17	14.00	3.53
L140×10	140	10.0	27.373	4.34	2.78	5.46	50.58	14.00	3.82
L140×12	140	12.0	32.512	4.31	2.76	5.43	59.80	14.00	3.90
L140×14	140	14.0	37.567	4.28	2.75	5.40	68.75	14.00	3.98
L140×16	140	16.0	42.539	4.26	2.74	5.36	77.46	14.00	4.06
L160×10	160	10.0	31.502	4.98	3.20	6.27	66.70	16.00	4.31
L160×12	160	12.0	37.441	4.95	3.18	6.24	78.98	16.00	4.39
L160×14	160	14.0	43.296	4.92	3.16	6.20	90.95	16.00	4.47
L160×16	160	16.0	49.067	4.89	3.14	6.17	102.63	16.00	4.55
L180×12	180	12.0	42.241	5.59	3.58	7.05	100.82	16.00	4.89
L180×14	180	14.0	48.896	5.56	3.56	7.02	116.25	16.00	4.97
L180×16	180	16.0	55.467	5.54	3.55	6.98	131.13	16.00	5.05
L180×18	180	18.0	61.055	5.50	3.51	6.94	145.64	16.00	5.13
L200×14	200	14.0	54.642	6.20	3.98	7.82	144.70	18.00	5.46
L200×16	200	16.0	62.013	6.18	3.96	7.79	163.65	18.00	5.54
L200×18	200	18.0	69.301	6.15	3.94	7.75	182.22	18.00	5.62
L200×20	200	20.0	76.505	6.12	3.93	7.72	200.42	18.00	5.69
L200×24	200	24.0	90.661	6.07	3.90	7.64	236.17	18.00	5.87
L220×16	220	16.0	68.664	6.81	4.37	8.59	199.55	21.00	6.03
L220×18	220	18.0	76.752	6.79	4.35	8.55	222.37	21.00	6.11
L220×20	220	20.0	84.756	6.76	4.34	8.52	244.77	21.00	6.18
L220×22	220	22.0	92.676	6.73	4.32	8.48	266.78	21.00	6.26
L220×24	220	24.0	100.512	6.70	4.31	8.45	288.39	21.00	6.33
L220×26	220	26.0	108.264	6.68	4.30	8.41	309.62	21.00	6.41
L250×18	250	18.0	87.842	7.74	4.97	9.76	290.12	24.00	6.84
L250×20	250	20.0	97.045	7.72	4.95	9.73	319.66	24.00	6.92
L250×24	250	24.0	115.201	7.66	4.92	9.66	377.34	24.00	7.07
L250×26	250	26.0	124.154	7.63	4.90	9.62	405.50	24.00	7.15
L250×28	250	28.0	133.022	7.61	4.89	9.58	433.22	24.00	7.22
L250×30	250	30.0	141.807	7.58	4.88	9.55	460.51	24.00	7.30
L250×32	250	32.0	150.508	7.56	4.87	9.51	487.39	24.00	7.37
L250×35	250	35.0	163.402	7.52	4.86	9.46	526.97	24.00	7.48

规格	b（mm）	d（mm）	截面面积（cm²）	i_x（cm）	i_{y0}（cm）	i_{x0}（cm）	W_{xmin}（cm³）	r（mm）	Z_0（cm）
L280×20	280	20.0	109.260	8.68	5.56	10.94	404.57	26.00	7.66
L280×22	280	22.0	119.580	8.65	5.55	10.91	441.71	26.00	7.74
L280×24	280	24.0	129.816	8.62	5.53	10.87	478.32	26.00	7.82
L280×26	280	26.0	139.968	8.6	5.51	10.84	514.40	26.00	7.89
L280×28	280	28.0	150.037	8.57	5.50	10.80	549.97	26.00	7.97
L280×30	280	30.0	160.022	8.54	5.49	10.76	585.05	26.00	8.04
L280×32	280	32.0	169.922	8.51	5.47	10.73	619.64	26.00	8.12
L280×35	280	35.0	184.617	8.48	5.46	10.67	670.65	26.00	8.23
L300×20	300	20.0	117.492	9.32	5.98	11.74	466.79	28.00	8.15
L300×22	300	22.0	128.612	9.29	5.96	11.71	509.86	28.00	8.23
L300×24	300	24.0	139.648	9.26	5.94	11.68	552.35	28.00	8.31
L300×26	300	26.0	150.600	9.24	5.92	11.64	594.27	28.00	8.39
L300×28	300	28.0	161.469	9.21	5.91	11.61	635.63	28.00	8.46
L300×30	300	30.0	172.253	9.18	5.89	11.57	676.45	28.00	8.54
L300×32	300	32.0	182.954	9.15	5.88	11.53	716.73	28.00	8.61
L300×35	300	35.0	198.848	9.11	5.86	11.48	776.19	28.00	8.72

（二）钢管

工程中常采用的标准钢管属性见表39-28和表39-29。

表39-28　Q235钢管系列规格

序号	规格（mm）			截面面积（cm²）	惯性矩（cm⁴）	截面模量（cm³）	回转半径（cm）	径厚比
	标示	管径	壁厚					
1	D76×3	76	3	6.880	45.91	12.08	2.583	25.3
2	D76×4	76	4	9.048	58.81	15.48	2.550	19.0
3	D89×3	89	3	8.105	75.02	16.86	3.042	29.7
4	D89×4	89	4	10.681	96.68	21.73	3.009	22.3
5	D102×3	102	3	9.331	114.42	22.43	3.502	34.0
6	D102×4	102	4	12.315	148.09	29.04	3.468	25.5
7	D114×3	114	3	10.462	161.24	28.29	3.926	38.0
8	D114×4	114	4	13.823	209.35	36.73	3.892	28.5
9	D127×3	127	3	11.687	224.75	35.39	4.385	42.3
10	D127×4	127	4	15.457	292.61	46.08	4.351	31.8
11	D140×3	140	3	12.912	303.08	43.30	4.845	46.7
12	D140×4	140	4	17.090	395.47	56.50	4.810	35.0
13	D159×4	159	4	19.478	585.33	73.63	5.482	39.8

序号	规格（mm）			截面面积（cm²）	惯性矩（cm⁴）	截面模量（cm³）	回转半径（cm）	径厚比
	标示	管径	壁厚					
14	D159×5	159	5	24.190	717.88	90.30	5.448	31.8
15	D168×4	168	4	20.609	693.28	82.53	5.800	42.0
16	D168×5	168	5	25.604	851.14	101.33	5.766	33.6
17	D180×4	180	4	22.117	856.81	95.20	6.224	45.0
18	D180×5	180	5	27.489	1053.17	117.02	6.190	36.0
19	D194×5	194	5	29.688	1326.54	136.76	6.684	38.8
20	D194×6	194	6	35.437	1567.21	161.57	6.650	32.3
21	D203×5	203	5	31.102	1525.11	150.26	7.003	40.6
22	D203×6	203	6	37.134	1803.07	177.64	6.968	33.8
23	D219×5	219	5	33.615	1925.34	175.83	7.568	43.8
24	D219×6	219	6	40.150	2278.74	208.10	7.534	36.5
25	D245×5	245	5	37.699	2715.51	221.67	8.487	49.0
26	D245×6	245	6	45.050	3218.68	262.75	8.453	40.8
27	D273×5	273	5	42.097	3780.81	276.98	9.477	54.6
28	D273×6	273	6	50.328	4487.08	328.72	9.442	45.5
29	D299×6	299	6	55.229	5929.20	396.60	10.361	49.8
30	D299×7	299	7	64.214	6847.88	458.05	10.327	42.7
31	D325×6	325	6	60.130	7651.33	470.85	11.280	54.2
32	D325×7	325	7	69.932	8844.02	544.25	11.246	46.4
33	D356×6	356	6	65.973	10 105.15	567.71	12.376	59.3
34	D356×7	356	7	76.749	11 689.85	656.73	12.341	50.9
35	D377×6	377	6	69.932	12 035.01	638.46	13.119	62.8
36	D377×7	377	7	81.367	13 928.95	738.94	13.084	53.9
37	D406×6	406	6	75.398	15 083.04	743.01	14.144	67.7
38	D406×7	406	7	87.745	17 466.68	860.43	14.109	58.0
39	D426×7	426	7	92.143	20 226.52	949.60	14.816	60.9
40	D426×8	426	8	105.055	22 952.91	1077.60	14.781	53.3
41	D457×7	457	7	98.960	25 055.35	1096.51	15.912	65.3
42	D457×8	457	8	112.846	28 446.36	1244.92	15.877	57.1
43	D480×7	480	7	104.018	29 096.21	1212.34	16.725	68.6
44	D480×8	480	8	118.627	33 044.61	1376.86	16.690	60.0

表 39-29 Q345 标准化钢管系列规格

序号	规格（mm）			截面面积（cm²）	惯性矩（cm⁴）	截面模量（cm³）	回转半径（cm）	径厚比
	标示	管径	壁厚					
1	D89×4	89	4	10.681	96.68	21.73	3.009	22.3
2	D102×4	102	4	12.315	148.09	29.04	3.468	25.5
3	D114×4	114	4	13.823	209.35	36.73	3.892	28.5
4	D127×4	127	4	15.457	292.61	46.08	4.351	31.8
5	D140×4	140	4	17.090	395.47	56.50	4.810	35.0
6	D159×4	159	4	19.478	585.33	73.63	5.482	39.8
7	D159×5	159	5	24.190	717.88	90.30	5.448	31.8
8	D168×4	168	4	20.609	693.28	82.53	5.800	42.0
9	D168×5	168	5	25.604	851.14	101.33	5.766	33.6
10	D180×5	180	5	27.489	1053.17	117.02	6.190	36.0
11	D180×6	180	6	32.798	1242.72	138.08	6.155	30.0
12	D194×5	194	5	29.688	1326.54	136.76	6.684	38.8
13	D194×6	194	6	35.437	1567.21	161.57	6.650	32.3
14	D203×5	203	5	31.102	1525.11	150.26	7.003	40.6
15	D203×6	203	6	37.134	1803.07	177.64	6.968	33.8
16	D219×5	219	5	33.615	1925.34	175.83	7.568	43.8
17	D219×6	219	6	40.150	2278.74	208.10	7.534	36.5
18	D245×5	245	5	37.699	2715.51	221.67	8.487	49.0
19	D245×6	245	6	45.050	3218.68	262.75	8.453	40.8
20	D273×5	273	5	42.097	3780.81	276.98	9.477	54.6
21	D273×6	273	6	50.328	4487.08	328.72	9.442	45.5
22	D299×6	299	6	55.229	5929.20	396.60	10.361	49.8
23	D299×7	299	7	64.214	6847.88	458.05	10.327	42.7
24	D325×6	325	6	60.130	7651.33	470.85	11.280	54.2
25	D325×7	325	7	69.932	8844.02	544.25	11.246	46.4
26	D356×7	356	7	76.749	11 689.85	656.73	12.341	50.9
27	D356×8	356	8	87.462	13 246.99	744.21	12.307	44.5
28	D377×7	377	7	81.367	13 928.95	738.94	13.084	53.9
29	D377×8	377	8	92.740	15 791.85	837.76	13.049	47.1
30	D406×8	406	8	100.028	19 814.11	976.06	14.074	50.8
31	D406×9	406	9	112.249	22 125.70	1089.94	14.040	45.1
32	D426×8	426	8	105.055	22 952.91	1077.60	14.781	53.3
33	D426×9	426	9	117.904	25 639.69	1203.74	14.747	47.3

续表

序号	规格（mm）			截面面积（cm²）	惯性矩（cm⁴）	截面模量（cm³）	回转半径（cm）	径厚比
	标示	管径	壁厚					
34	D457×10	457	10	140.429	35 091.32	1535.73	15.808	45.7
35	D457×9	457	9	126.669	31 791.55	1391.32	15.842	50.8
36	D480×10	480	10	147.655	40 789.65	1699.57	16.621	48.0
37	D480×9	480	9	133.172	36 942.28	1539.26	16.655	53.3
38	D508×10	508	10	156.451	48 520.25	1910.25	17.611	50.8
39	D508×11	508	11	171.751	53 055.99	2088.82	17.576	46.2
40	D529×10	529	10	163.049	54 919.07	2076.34	18.353	52.9
41	D529×11	529	11	179.008	60 067.24	2270.97	18.318	48.1
42	D559×10	559	10	172.473	65 001.14	2325.62	19.413	55.9
43	D559×11	559	11	189.375	71 116.31	2544.41	19.379	50.8
44	D584×11	584	11	198.015	81 297.36	2784.16	20.262	53.1
45	D584×12	584	12	215.639	88 230.82	3021.60	20.228	48.7
46	D610×11	610	11	207.000	92 870.86	3044.95	21.181	55.5
47	D610×12	610	12	225.441	100 813.69	3305.37	21.147	50.8
48	D630×12	630	12	232.981	111 268.00	3532.32	21.854	52.5
49	D630×13	630	13	251.987	119 964.15	3808.39	21.819	48.5
50	D660×12	660	12	244.290	128 267.04	3886.88	22.914	55.0
51	D660×13	660	13	264.239	138 322.04	4191.58	22.880	50.8
52	D711×13	711	13	285.068	173 668.13	4885.18	24.682	54.7
53	D711×14	711	14	306.557	186 235.06	5238.68	24.648	50.8
54	D762×14	762	14	328.988	230 167.94	6041.15	26.450	54.4
55	D762×15	762	15	352.015	245 633.75	6447.08	26.416	50.8
56	D813×15	813	15	376.049	299 442.36	7366.36	28.219	54.2
57	D813×16	813	16	400.616	318 221.72	7828.33	28.184	50.8
58	D864×16	864	16	426.251	383 285.16	8872.34	29.987	54.0
59	D864×17	864	17	452.358	405 820.47	9393.99	29.952	50.8
60	D914×17	914	17	479.061	481 994.52	10 546.93	31.719	53.8
61	D914×18	914	18	506.676	508 664.77	11 130.52	31.685	50.8
62	D965×18	965	18	535.516	600 536.21	12 446.35	33.488	53.6
63	D965×19	965	19	564.670	631 919.93	13 096.79	33.453	50.8
64	D965×20	965	20	593.761	663 101.16	13 743.03	33.418	48.3
65	D965×21	965	21	622.789	694 080.80	14 385.09	33.384	46.0
66	D965×22	965	22	651.755	724 859.71	15 023.00	33.349	43.9

索　引